“十三五”国家重点图书出版规划项目

中华通历

先秦（下）

主编：王双怀

编者：王双怀　陈佳荣　方　骏

董海鹏　张锦华　樊英峰

陕西师范大学出版总社

目録

CONTENTS

春秋日曆

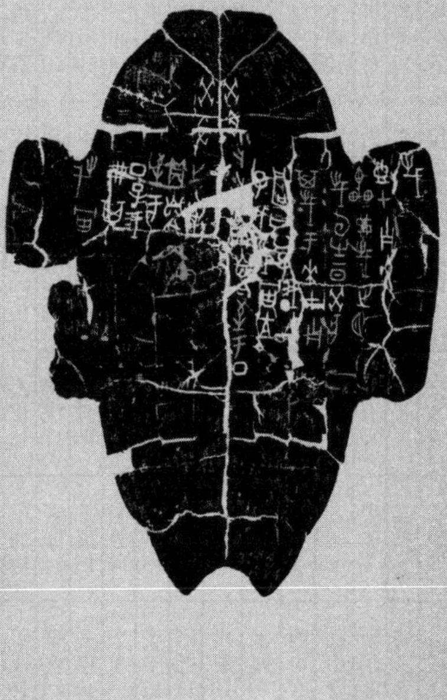

春秋日曆

周平王元年（辛未 羊年） 公元前 770 ～ 前 769 年

夏曆月序		中西曆日對照	初一	初二	初三	初四	初五	初六	初七	初八	初九	初十	十一	十二	十三	十四	十五	十六	十七	十八	十九	二十	二一	二二	二三	二四	二五	二六	二七	二八	二九	三十	節氣與天象
正月小	庚寅	天干地支 西曆	庚寅 6	辛卯 7	壬辰 8	癸巳 9	甲午 10	乙未 11	丙申 12	丁酉 13	戊戌 14	己亥 15	庚子 16	辛丑 17	壬寅 18	癸卯 19	甲辰 20	乙巳 21	丙午 22	丁未 23	戊申 24	己酉 25	庚戌 26	辛亥 27	壬子 28	癸丑 (3)	甲寅 2	乙卯 3	丙辰 4	丁巳 5	戊午 6		乙未立春
二月大	辛卯	天干地支 西曆	己未 7	庚申 8	辛酉 9	壬戌 10	癸亥 11	甲子 12	乙丑 13	丙寅 14	丁卯 15	戊辰 16	己巳 17	庚午 18	辛未 19	壬申 20	癸酉 21	甲戌 22	乙亥 23	丙子 24	丁丑 25	戊寅 26	己卯 27	庚辰 28	辛巳 29	壬午 30	癸未 31	甲申 (4)	乙酉 2	丙戌 3	丁亥 4	戊子 5	辛巳春分
三月小	壬辰	天干地支 西曆	己丑 6	庚寅 7	辛卯 8	壬辰 9	癸巳 10	甲午 11	乙未 12	丙申 13	丁酉 14	戊戌 15	己亥 16	庚子 17	辛丑 18	壬寅 19	癸卯 20	甲辰 21	乙巳 22	丙午 23	丁未 24	戊申 25	己酉 26	庚戌 27	辛亥 28	壬子 29	癸丑 30	甲寅 (5)	乙卯 2	丙辰 3	丁巳 4		
四月大	癸巳	天干地支 西曆	戊午 5	己未 6	庚申 7	辛酉 8	壬戌 9	癸亥 10	甲子 11	乙丑 12	丙寅 13	丁卯 14	戊辰 15	己巳 16	庚午 17	辛未 18	壬申 19	癸酉 20	甲戌 21	乙亥 22	丙子 23	丁丑 24	戊寅 25	己卯 26	庚辰 27	辛巳 28	壬午 29	癸未 30	甲申 31	乙酉 (6)	丙戌 2	丁亥 3	戊辰立夏 戊午日食
五月小	甲午	天干地支 西曆	戊子 4	己丑 5	庚寅 6	辛卯 7	壬辰 8	癸巳 9	甲午 10	乙未 11	丙申 12	丁酉 13	戊戌 14	己亥 15	庚子 16	辛丑 17	壬寅 18	癸卯 19	甲辰 20	乙巳 21	丙午 22	丁未 23	戊申 24	己酉 25	庚戌 26	辛亥 27	壬子 28	癸丑 29	甲寅 30	乙卯 (7)	丙辰 2		乙卯夏至
六月小	乙未	天干地支 西曆	丁巳 3	戊午 4	己未 5	庚申 6	辛酉 7	壬戌 8	癸亥 9	甲子 10	乙丑 11	丙寅 12	丁卯 13	戊辰 14	己巳 15	庚午 16	辛未 17	壬申 18	癸酉 19	甲戌 20	乙亥 21	丙子 22	丁丑 23	戊寅 24	己卯 25	庚辰 26	辛巳 27	壬午 28	癸未 29	甲申 30	乙酉 31		
七月大	丙申	天干地支 西曆	丙戌 (8)	丁亥 2	戊子 3	己丑 4	庚寅 5	辛卯 6	壬辰 7	癸巳 8	甲午 9	乙未 10	丙申 11	丁酉 12	戊戌 13	己亥 14	庚子 15	辛丑 16	壬寅 17	癸卯 18	甲辰 19	乙巳 20	丙午 21	丁未 22	戊申 23	己酉 24	庚戌 25	辛亥 26	壬子 27	癸丑 28	甲寅 29	乙卯 30	壬寅立秋
閏七月小	丙申	天干地支 西曆	丙辰 31	丁巳 (9)	戊午 2	己未 3	庚申 4	辛酉 5	壬戌 6	癸亥 7	甲子 8	乙丑 9	丙寅 10	丁卯 11	戊辰 12	己巳 13	庚午 14	辛未 15	壬申 16	癸酉 17	甲戌 18	乙亥 19	丙子 20	丁丑 21	戊寅 22	己卯 23	庚辰 24	辛巳 25	壬午 26	癸未 27	甲申 28		
八月大	丁酉	天干地支 西曆	乙酉 29	丙戌 30	丁亥 (10)	戊子 2	己丑 3	庚寅 4	辛卯 5	壬辰 6	癸巳 7	甲午 8	乙未 9	丙申 10	丁酉 11	戊戌 12	己亥 13	庚子 14	辛丑 15	壬寅 16	癸卯 17	甲辰 18	乙巳 19	丙午 20	丁未 21	戊申 22	己酉 23	庚戌 24	辛亥 25	壬子 26	癸丑 27	甲寅 28	丁亥秋分
九月小	戊戌	天干地支 西曆	乙卯 29	丙辰 30	丁巳 31	戊午 (11)	己未 2	庚申 3	辛酉 4	壬戌 5	癸亥 6	甲子 7	乙丑 8	丙寅 9	丁卯 10	戊辰 11	己巳 12	庚午 13	辛未 14	壬申 15	癸酉 16	甲戌 17	乙亥 18	丙子 19	丁丑 20	戊寅 21	己卯 22	庚辰 23	辛巳 24	壬午 25	癸未 26		壬申立冬
十月大	己亥	天干地支 西曆	甲申 27	乙酉 28	丙戌 29	丁亥 30	戊子 (12)	己丑 2	庚寅 3	辛卯 4	壬辰 5	癸巳 6	甲午 7	乙未 8	丙申 9	丁酉 10	戊戌 11	己亥 12	庚子 13	辛丑 14	壬寅 15	癸卯 16	甲辰 17	乙巳 18	丙午 19	丁未 20	戊申 21	己酉 22	庚戌 23	辛亥 24	壬子 25	癸丑 26	
十一月大	庚子	天干地支 西曆	甲寅 27	乙卯 28	丙辰 29	丁巳 30	戊午 31	己未 (1)	庚申 2	辛酉 3	壬戌 4	癸亥 5	甲子 6	乙丑 7	丙寅 8	丁卯 9	戊辰 10	己巳 11	庚午 12	辛未 13	壬申 14	癸酉 15	甲戌 16	乙亥 17	丙子 18	丁丑 19	戊寅 20	己卯 21	庚辰 22	辛巳 23	壬午 24	癸未 25	丙辰冬至
十二月小	辛丑	天干地支 西曆	甲申 26	乙酉 27	丙戌 28	丁亥 29	戊子 30	己丑 31	庚寅 (2)	辛卯 2	壬辰 3	癸巳 4	甲午 5	乙未 6	丙申 7	丁酉 8	戊戌 9	己亥 10	庚子 11	辛丑 12	壬寅 13	癸卯 14	甲辰 15	乙巳 16	丙午 17	丁未 18	戊申 19	己酉 20	庚戌 21	辛亥 22	壬子 23		庚子立春

* 平王東迁，是爲東周。東周分爲春秋、戰國兩個時期。“春秋”以魯史《春秋》而得名，其起始年代爲公元前 722 年。學術界爲研究的方便，將“春秋”開始的年代定爲公元前 770 年。《長術》：正戊子，三丁亥，五丙戌，八乙卯，十甲寅，十二癸丑朔。閏十二。

周平王二年（壬申 猴年） 公元前769～前768年

夏曆月序		中西曆日對照	初一	初二	初三	初四	初五	初六	初七	初八	初九	初十	十一	十二	十三	十四	十五	十六	十七	十八	十九	二十	二一	二二	二三	二四	二五	二六	二七	二八	二九	三十	節氣與天象
正月大	壬寅	天干地支西曆	癸丑24	甲寅25	乙卯26	丙辰27	丁巳28	戊午29	己未(3)	庚申2	辛酉3	壬戌4	癸亥5	甲子6	乙丑7	丙寅8	丁卯9	戊辰10	己巳11	庚午12	辛未13	壬申14	癸酉15	甲戌16	乙亥17	丙子18	丁丑19	戊寅20	己卯21	庚辰22	辛巳23	壬午24	
二月大	癸卯	天干地支西曆	癸未25	甲申26	乙酉27	丙戌28	丁亥29	戊子30	己丑31	庚寅(4)	辛卯2	壬辰3	癸巳4	甲午5	乙未6	丙申7	丁酉8	戊戌9	己亥10	庚子11	辛丑12	壬寅13	癸卯14	甲辰15	乙巳16	丙午17	丁未18	戊申19	己酉20	庚戌21	辛亥22	壬子23	丙戌春分
三月小	甲辰	天干地支西曆	癸丑24	甲寅25	乙卯26	丙辰27	丁巳28	戊午29	己未30	庚申(5)	辛酉2	壬戌3	癸亥4	甲子5	乙丑6	丙寅7	丁卯8	戊辰9	己巳10	庚午11	辛未12	壬申13	癸酉14	甲戌15	乙亥16	丙子17	丁丑18	戊寅19	己卯20	庚辰21	辛巳22		癸酉立夏
四月大	乙巳	天干地支西曆	壬午23	癸未24	甲申25	乙酉26	丙戌27	丁亥28	戊子29	己丑30	庚寅31	辛卯(6)	壬辰2	癸巳3	甲午4	乙未5	丙申6	丁酉7	戊戌8	己亥9	庚子10	辛丑11	壬寅12	癸卯13	甲辰14	乙巳15	丙午16	丁未17	戊申18	己酉19	庚戌20	辛亥21	
五月小	丙午	天干地支西曆	壬子22	癸丑23	甲寅24	乙卯25	丙辰26	丁巳27	戊午28	己未29	庚申30	辛酉(7)	壬戌2	癸亥3	甲子4	乙丑5	丙寅6	丁卯7	戊辰8	己巳9	庚午10	辛未11	壬申12	癸酉13	甲戌14	乙亥15	丙子16	丁丑17	戊寅18	己卯19	庚辰20		辛酉夏至
六月小	丁未	天干地支西曆	辛巳21	壬午22	癸未23	甲申24	乙酉25	丙戌26	丁亥27	戊子28	己丑29	庚寅30	辛卯31	壬辰(8)	癸巳2	甲午3	乙未4	丙申5	丁酉6	戊戌7	己亥8	庚子9	辛丑10	壬寅11	癸卯12	甲辰13	乙巳14	丙午15	丁未16	戊申17	己酉18		丁未立秋
七月大	戊申	天干地支西曆	庚戌19	辛亥20	壬子21	癸丑22	甲寅23	乙卯24	丙辰25	丁巳26	戊午27	己未28	庚申29	辛酉30	壬戌31	癸亥(9)	甲子2	乙丑3	丙寅4	丁卯5	戊辰6	己巳7	庚午8	辛未9	壬申10	癸酉11	甲戌12	乙亥13	丙子14	丁丑15	戊寅16	己卯17	
八月小	己酉	天干地支西曆	庚辰18	辛巳19	壬午20	癸未21	甲申22	乙酉23	丙戌24	丁亥25	戊子26	己丑27	庚寅28	辛卯29	壬辰30	癸巳(10)	甲午2	乙未3	丙申4	丁酉5	戊戌6	己亥7	庚子8	辛丑9	壬寅10	癸卯11	甲辰12	乙巳13	丙午14	丁未15	戊申16		壬辰秋分
九月大	庚戌	天干地支西曆	己酉17	庚戌18	辛亥19	壬子20	癸丑21	甲寅22	乙卯23	丙辰24	丁巳25	戊午26	己未27	庚申28	辛酉29	壬戌30	癸亥31	甲子(11)	乙丑2	丙寅3	丁卯4	戊辰5	己巳6	庚午7	辛未8	壬申9	癸酉10	甲戌11	乙亥12	丙子13	丁丑14	戊寅15	丁丑立冬
十月小	辛亥	天干地支西曆	己卯16	庚辰17	辛巳18	壬午19	癸未20	甲申21	乙酉22	丙戌23	丁亥24	戊子25	己丑26	庚寅27	辛卯28	壬辰29	癸巳30	甲午(12)	乙未2	丙申3	丁酉4	戊戌5	己亥6	庚子7	辛丑8	壬寅9	癸卯10	甲辰11	乙巳12	丙午13	丁未14		
十一月大	壬子	天干地支西曆	戊申15	己酉16	庚戌17	辛亥18	壬子19	癸丑20	甲寅21	乙卯22	丙辰23	丁巳24	戊午25	己未26	庚申27	辛酉28	壬戌29	癸亥30	甲子31	乙丑(1)	丙寅2	丁卯3	戊辰4	己巳5	庚午6	辛未7	壬申8	癸酉9	甲戌10	乙亥11	丙子12	丁丑13	辛酉冬至
十二月小	癸丑	天干地支西曆	戊寅14	己卯15	庚辰16	辛巳17	壬午18	癸未19	甲申20	乙酉21	丙戌22	丁亥23	戊子24	己丑25	庚寅26	辛卯27	壬辰28	癸巳29	甲午30	乙未31	丙申(2)	丁酉2	戊戌3	己亥4	庚子5	辛丑6	壬寅7	癸卯8	甲辰9	乙巳10	丙午11		丙午立春

*《長術》：正壬子，三辛亥，五庚戌，七己酉，九戊申，十二丁未。

周平王三年（癸酉 鷄年） 公元前768 ~ 前767年

夏曆月序		中西曆日對照	初一	初二	初三	初四	初五	初六	初七	初八	初九	初十	十一	十二	十三	十四	十五	十六	十七	十八	十九	二十	二一	二二	二三	二四	二五	二六	二七	二八	二九	三十	節氣與天象
正月大	甲寅	干支 天地 曆西	丁未12	戊申13	己酉14	庚戌15	辛亥16	壬子17	癸丑18	甲寅19	乙卯20	丙辰21	丁巳22	戊午23	己未24	庚申25	辛酉26	壬戌27	癸亥28	甲子(3)	乙丑2	丙寅3	丁卯4	戊辰5	己巳6	庚午7	辛未8	壬申9	癸酉10	甲戌11	乙亥12	丙子13	
二月大	乙卯	干支 天地 曆西	丁丑14	戊寅15	己卯16	庚辰17	辛巳18	壬午19	癸未20	甲申21	乙酉22	丙戌23	丁亥24	戊子25	己丑26	庚寅27	辛卯28	壬辰29	癸巳30	甲午31	乙未(4)	丙申2	丁酉3	戊戌4	己亥5	庚子6	辛丑7	壬寅8	癸卯9	甲辰10	乙巳11	丙午12	壬辰春分
三月小	丙辰	干支 天地 曆西	丁未13	戊申14	己酉15	庚戌16	辛亥17	壬子18	癸丑19	甲寅20	乙卯21	丙辰22	丁巳23	戊午24	己未25	庚申26	辛酉27	壬戌28	癸亥29	甲子30	乙丑(5)	丙寅2	丁卯3	戊辰4	己巳5	庚午6	辛未7	壬申8	癸酉9	甲戌10	乙亥11		
四月大	丁巳	干支 天地 曆西	丙子12	丁丑13	戊寅14	己卯15	庚辰16	辛巳17	壬午18	癸未19	甲申20	乙酉21	丙戌22	丁亥23	戊子24	己丑25	庚寅26	辛卯27	壬辰28	癸巳29	甲午30	乙未31	丙申(6)	丁酉2	戊戌3	己亥4	庚子5	辛丑6	壬寅7	癸卯8	甲辰9	乙巳10	己卯立夏
五月小	戊午	干支 天地 曆西	丙午11	丁未12	戊申13	己酉14	庚戌15	辛亥16	壬子17	癸丑18	甲寅19	乙卯20	丙辰21	丁巳22	戊午23	己未24	庚申25	辛酉26	壬戌27	癸亥28	甲子29	乙丑30	丙寅(7)	丁卯2	戊辰3	己巳4	庚午5	辛未6	壬申7	癸酉8	甲戌9		丙寅夏至
六月大	己未	干支 天地 曆西	乙亥10	丙子11	丁丑12	戊寅13	己卯14	庚辰15	辛巳16	壬午17	癸未18	甲申19	乙酉20	丙戌21	丁亥22	戊子23	己丑24	庚寅25	辛卯26	壬辰27	癸巳28	甲午29	乙未30	丙申31	丁酉(8)	戊戌2	己亥3	庚子4	辛丑5	壬寅6	癸卯7	甲辰8	
七月小	庚申	干支 天地 曆西	乙巳9	丙午10	丁未11	戊申12	己酉13	庚戌14	辛亥15	壬子16	癸丑17	甲寅18	乙卯19	丙辰20	丁巳21	戊午22	己未23	庚申24	辛酉25	壬戌26	癸亥27	甲子28	乙丑29	丙寅30	丁卯31	戊辰(9)	己巳2	庚午3	辛未4	壬申5	癸酉6		壬子立秋
八月大	辛酉	干支 天地 曆西	甲戌7	乙亥8	丙子9	丁丑10	戊寅11	己卯12	庚辰13	辛巳14	壬午15	癸未16	甲申17	乙酉18	丙戌19	丁亥20	戊子21	己丑22	庚寅23	辛卯24	壬辰25	癸巳26	甲午27	乙未28	丙申29	丁酉30	戊戌(10)	己亥2	庚子3	辛丑4	壬寅5	癸卯6	戊戌秋分 甲戌日食
九月小	壬戌	干支 天地 曆西	甲辰7	乙巳8	丙午9	丁未10	戊申11	己酉12	庚戌13	辛亥14	壬子15	癸丑16	甲寅17	乙卯18	丙辰19	丁巳20	戊午21	己未22	庚申23	辛酉24	壬戌25	癸亥26	甲子27	乙丑28	丙寅29	丁卯30	戊辰31	己巳(11)	庚午2	辛未3	壬申4		
十月大	癸亥	干支 天地 曆西	癸酉5	甲戌6	乙亥7	丙子8	丁丑9	戊寅10	己卯11	庚辰12	辛巳13	壬午14	癸未15	甲申16	乙酉17	丙戌18	丁亥19	戊子20	己丑21	庚寅22	辛卯23	壬辰24	癸巳25	甲午26	乙未27	丙申28	丁酉29	戊戌30	己亥(12)	庚子2	辛丑3	壬寅4	壬午立冬
十一月小	甲子	干支 天地 曆西	癸卯5	甲辰6	乙巳7	丙午8	丁未9	戊申10	己酉11	庚戌12	辛亥13	壬子14	癸丑15	甲寅16	乙卯17	丙辰18	丁巳19	戊午20	己未21	庚申22	辛酉23	壬戌24	癸亥25	甲子26	乙丑27	丙寅28	丁卯29	戊辰30	己巳31	庚午(1)	辛未2		丙寅冬至
十二月大	乙丑	干支 天地 曆西	壬申3	癸酉4	甲戌5	乙亥6	丙子7	丁丑8	戊寅9	己卯10	庚辰11	辛巳12	壬午13	癸未14	甲申15	乙酉16	丙戌17	丁亥18	戊子19	己丑20	庚寅21	辛卯22	壬辰23	癸巳24	甲午25	乙未26	丙申27	丁酉28	戊戌29	己亥30	庚子31	辛丑(2)	

*《長術》：正丁未，二丙子，四乙亥，六甲戌，八癸酉，十壬申，十二辛未。

周平王四年（甲戌 狗年） 公元前767～前766年

夏曆月序		中西曆日對照	初一	初二	初三	初四	初五	初六	初七	初八	初九	初十	十一	十二	十三	十四	十五	十六	十七	十八	十九	二十	二一	二二	二三	二四	二五	二六	二七	二八	二九	三十	節氣與天象
正月小	丙寅	天干 地支 西曆	壬寅 2	癸卯 3	甲辰 4	乙巳 5	丙午 6	丁未 7	戊申 8	己酉 9	庚戌 10	辛亥 11	壬子 12	癸丑 13	甲寅 14	乙卯 15	丙辰 16	丁巳 17	戊午 18	己未 19	庚申 20	辛酉 21	壬戌 22	癸亥 23	甲子 24	乙丑 25	丙寅 26	丁卯 27	戊辰 28	己巳 (3)	庚午 2		辛亥立春
二月大	丁卯	天干 地支 西曆	辛未 3	壬申 4	癸酉 5	甲戌 6	乙亥 7	丙子 8	丁丑 9	戊寅 10	己卯 11	庚辰 12	辛巳 13	壬午 14	癸未 15	甲申 16	乙酉 17	丙戌 18	丁亥 19	戊子 20	己丑 21	庚寅 22	辛卯 23	壬辰 24	癸巳 25	甲午 26	乙未 27	丙申 28	丁酉 29	戊戌 30	己亥 31	庚子 (4)	丁酉春分
三月小	戊辰	天干 地支 西曆	辛丑 2	壬寅 3	癸卯 4	甲辰 5	乙巳 6	丙午 7	丁未 8	戊申 9	己酉 10	庚戌 11	辛亥 12	壬子 13	癸丑 14	甲寅 15	乙卯 16	丙辰 17	丁巳 18	戊午 19	己未 20	庚申 21	辛酉 22	壬戌 23	癸亥 24	甲子 25	乙丑 26	丙寅 27	丁卯 28	戊辰 29	己巳 30		
四月大	己巳	天干 地支 西曆	庚午 (5)	辛未 2	壬申 3	癸酉 4	甲戌 5	乙亥 6	丙子 7	丁丑 8	戊寅 9	己卯 10	庚辰 11	辛巳 12	壬午 13	癸未 14	甲申 15	乙酉 16	丙戌 17	丁亥 18	戊子 19	己丑 20	庚寅 21	辛卯 22	壬辰 23	癸巳 24	甲午 25	乙未 26	丙申 27	丁酉 28	戊戌 29	己亥 30	甲申立夏
閏四月大	己巳	天干 地支 西曆	庚子 31	辛丑 (6)	壬寅 2	癸卯 3	甲辰 4	乙巳 5	丙午 6	丁未 7	戊申 8	己酉 9	庚戌 10	辛亥 11	壬子 12	癸丑 13	甲寅 14	乙卯 15	丙辰 16	丁巳 17	戊午 18	己未 19	庚申 20	辛酉 21	壬戌 22	癸亥 23	甲子 24	乙丑 25	丙寅 26	丁卯 27	戊辰 28	己巳 29	
五月小	庚午	天干 地支 西曆	庚午 30	辛未 (7)	壬申 2	癸酉 3	甲戌 4	乙亥 5	丙子 6	丁丑 7	戊寅 8	己卯 9	庚辰 10	辛巳 11	壬午 12	癸未 13	甲申 14	乙酉 15	丙戌 16	丁亥 17	戊子 18	己丑 19	庚寅 20	辛卯 21	壬辰 22	癸巳 23	甲午 24	乙未 25	丙申 26	丁酉 27	戊戌 28		辛未夏至
六月大	辛未	天干 地支 西曆	己亥 29	庚子 30	辛丑 31	壬寅 (8)	癸卯 2	甲辰 3	乙巳 4	丙午 5	丁未 6	戊申 7	己酉 8	庚戌 9	辛亥 10	壬子 11	癸丑 12	甲寅 13	乙卯 14	丙辰 15	丁巳 16	戊午 17	己未 18	庚申 19	辛酉 20	壬戌 21	癸亥 22	甲子 23	乙丑 24	丙寅 25	丁卯 26	戊辰 27	戊午立秋
七月小	壬申	天干 地支 西曆	己巳 28	庚午 29	辛未 30	壬申 31	癸酉 (9)	甲戌 2	乙亥 3	丙子 4	丁丑 5	戊寅 6	己卯 7	庚辰 8	辛巳 9	壬午 10	癸未 11	甲申 12	乙酉 13	丙戌 14	丁亥 15	戊子 16	己丑 17	庚寅 18	辛卯 19	壬辰 20	癸巳 21	甲午 22	乙未 23	丙申 24	丁酉 25		己巳日食
八月大	癸酉	天干 地支 西曆	戊戌 26	己亥 27	庚子 28	辛丑 29	壬寅 30	癸卯 (10)	甲辰 2	乙巳 3	丙午 4	丁未 5	戊申 6	己酉 7	庚戌 8	辛亥 9	壬子 10	癸丑 11	甲寅 12	乙卯 13	丙辰 14	丁巳 15	戊午 16	己未 17	庚申 18	辛酉 19	壬戌 20	癸亥 21	甲子 22	乙丑 23	丙寅 24	丁卯 25	癸卯秋分
九月小	甲戌	天干 地支 西曆	戊辰 26	己巳 27	庚午 28	辛未 29	壬申 30	癸酉 31	甲戌 (11)	乙亥 2	丙子 3	丁丑 4	戊寅 5	己卯 6	庚辰 7	辛巳 8	壬午 9	癸未 10	甲申 11	乙酉 12	丙戌 13	丁亥 14	戊子 15	己丑 16	庚寅 17	辛卯 18	壬辰 19	癸巳 20	甲午 21	乙未 22	丙申 23		丁亥立冬
十月大	乙亥	天干 地支 西曆	丁酉 24	戊戌 25	己亥 26	庚子 27	辛丑 28	壬寅 29	癸卯 30	甲辰 (12)	乙巳 2	丙午 3	丁未 4	戊申 5	己酉 6	庚戌 7	辛亥 8	壬子 9	癸丑 10	甲寅 11	乙卯 12	丙辰 13	丁巳 14	戊午 15	己未 16	庚申 17	辛酉 18	壬戌 19	癸亥 20	甲子 21	乙丑 22	丙寅 23	
十一月小	丙子	天干 地支 西曆	丁卯 24	戊辰 25	己巳 26	庚午 27	辛未 28	壬申 29	癸酉 30	甲戌 31	乙亥 (1)	丙子 2	丁丑 3	戊寅 4	己卯 5	庚辰 6	辛巳 7	壬午 8	癸未 9	甲申 10	乙酉 11	丙戌 12	丁亥 13	戊子 14	己丑 15	庚寅 16	辛卯 17	壬辰 18	癸巳 19	甲午 20	乙未 21		辛未冬至
十二月大	丁丑	天干 地支 西曆	丙申 22	丁酉 23	戊戌 24	己亥 25	庚子 26	辛丑 27	壬寅 28	癸卯 29	甲辰 30	乙巳 31	丙午 (2)	丁未 2	戊申 3	己酉 4	庚戌 5	辛亥 6	壬子 7	癸丑 8	甲寅 9	乙卯 10	丙辰 11	丁巳 12	戊午 13	己未 14	庚申 15	辛酉 16	壬戌 17	癸亥 18	甲子 19	乙丑 20	

*《長術》：正辛丑，三庚子，五己亥，七戊戌，九丁酉，十丙申，十二乙未朔。閏九。

周平王五年（乙亥 猪年） 公元前 766 ~ 前 765 年

夏曆月序		中西曆日對照	初一	初二	初三	初四	初五	初六	初七	初八	初九	初十	十一	十二	十三	十四	十五	十六	十七	十八	十九	二十	二一	二二	二三	二四	二五	二六	二七	二八	二九	三十	節氣與天象
正月小	戊寅	天干地支西曆	丙寅21	丁卯22	戊辰23	己巳24	庚午25	辛未26	壬申27	癸酉28	甲戌(3)	乙亥2	丙子3	丁丑4	戊寅5	己卯6	庚辰7	辛巳8	壬午9	癸未10	甲申11	乙酉12	丙戌13	丁亥14	戊子15	己丑16	庚寅17	辛卯18	壬辰19	癸巳20	甲午21		
二月大	己卯	天干地支西曆	乙未22	丙申23	丁酉24	戊戌25	己亥26	庚子27	辛丑28	壬寅29	癸卯30	甲辰31	乙巳(4)	丙午2	丁未3	戊申4	己酉5	庚戌6	辛亥7	壬子8	癸丑9	甲寅10	乙卯11	丙辰12	丁巳13	戊午14	己未15	庚申16	辛酉17	壬戌18	癸亥19	甲子20	壬寅春分
三月小	庚辰	天干地支西曆	乙丑21	丙寅22	丁卯23	戊辰24	己巳25	庚午26	辛未27	壬申28	癸酉29	甲戌30	乙亥(5)	丙子2	丁丑3	戊寅4	己卯5	庚辰6	辛巳7	壬午8	癸未9	甲申10	乙酉11	丙戌12	丁亥13	戊子14	己丑15	庚寅16	辛卯17	壬辰18	癸巳19		己丑立夏
四月大	辛巳	天干地支西曆	甲午20	乙未21	丙申22	丁酉23	戊戌24	己亥25	庚子26	辛丑27	壬寅28	癸卯29	甲辰30	乙巳31	丙午(6)	丁未2	戊申3	己酉4	庚戌5	辛亥6	壬子7	癸丑8	甲寅9	乙卯10	丙辰11	丁巳12	戊午13	己未14	庚申15	辛酉16	壬戌17	癸亥18	
五月小	壬午	天干地支西曆	甲子19	乙丑20	丙寅21	丁卯22	戊辰23	己巳24	庚午25	辛未26	壬申27	癸酉28	甲戌29	乙亥30	丙子(7)	丁丑2	戊寅3	己卯4	庚辰5	辛巳6	壬午7	癸未8	甲申9	乙酉10	丙戌11	丁亥12	戊子13	己丑14	庚寅15	辛卯16	壬辰17		丙子夏至
六月大	癸未	天干地支西曆	癸巳18	甲午19	乙未20	丙申21	丁酉22	戊戌23	己亥24	庚子25	辛丑26	壬寅27	癸卯28	甲辰29	乙巳30	丙午31	丁未(8)	戊申2	己酉3	庚戌4	辛亥5	壬子6	癸丑7	甲寅8	乙卯9	丙辰10	丁巳11	戊午12	己未13	庚申14	辛酉15	壬戌16	
七月大	甲申	天干地支西曆	癸亥17	甲子18	乙丑19	丙寅20	丁卯21	戊辰22	己巳23	庚午24	辛未25	壬申26	癸酉27	甲戌28	乙亥29	丙子30	丁丑31	戊寅(9)	己卯2	庚辰3	辛巳4	壬午5	癸未6	甲申7	乙酉8	丙戌9	丁亥10	戊子11	己丑12	庚寅13	辛卯14	壬辰15	癸亥立秋 癸亥日食
八月小	乙酉	天干地支西曆	癸巳16	甲午17	乙未18	丙申19	丁酉20	戊戌21	己亥22	庚子23	辛丑24	壬寅25	癸卯26	甲辰27	乙巳28	丙午29	丁未30	戊申(10)	己酉2	庚戌3	辛亥4	壬子5	癸丑6	甲寅7	乙卯8	丙辰9	丁巳10	戊午11	己未12	庚申13	辛酉14		戊申秋分
九月大	丙戌	天干地支西曆	壬戌15	癸亥16	甲子17	乙丑18	丙寅19	丁卯20	戊辰21	己巳22	庚午23	辛未24	壬申25	癸酉26	甲戌27	乙亥28	丙子29	丁丑30	戊寅31	己卯(11)	庚辰2	辛巳3	壬午4	癸未5	甲申6	乙酉7	丙戌8	丁亥9	戊子10	己丑11	庚寅12	辛卯13	
十月小	丁亥	天干地支西曆	壬辰14	癸巳15	甲午16	乙未17	丙申18	丁酉19	戊戌20	己亥21	庚子22	辛丑23	壬寅24	癸卯25	甲辰26	乙巳27	丙午28	丁未29	戊申30	己酉(12)	庚戌2	辛亥3	壬子4	癸丑5	甲寅6	乙卯7	丙辰8	丁巳9	戊午10	己未11	庚申12		癸巳立冬
十一月大	戊子	天干地支西曆	辛酉13	壬戌14	癸亥15	甲子16	乙丑17	丙寅18	丁卯19	戊辰20	己巳21	庚午22	辛未23	壬申24	癸酉25	甲戌26	乙亥27	丙子28	丁丑29	戊寅30	己卯31	庚辰(1)	辛巳2	壬午3	癸未4	甲申5	乙酉6	丙戌7	丁亥8	戊子9	己丑10	庚寅11	丁丑冬至
十二月小	己丑	天干地支西曆	辛卯12	壬辰13	癸巳14	甲午15	乙未16	丙申17	丁酉18	戊戌19	己亥20	庚子21	辛丑22	壬寅23	癸卯24	甲辰25	乙巳26	丙午27	丁未28	戊申29	己酉30	庚戌31	辛亥(2)	壬子2	癸丑3	甲寅4	乙卯5	丙辰6	丁巳7	戊午8	己未9		

*《長術》：正乙丑，二甲午，四癸巳，七壬戌，九辛酉，十一庚申。

周平王六年（丙子 鼠年） 公元前765 ~ 前764年

夏曆月序		中西曆日對照	初一	初二	初三	初四	初五	初六	初七	初八	初九	初十	十一	十二	十三	十四	十五	十六	十七	十八	十九	二十	二一	二二	二三	二四	二五	二六	二七	二八	二九	三十	節氣與天象
正月大	庚寅	天干 地支 西曆	庚申 10	辛酉 11	壬戌 12	癸亥 13	甲子 14	乙丑 15	丙寅 16	丁卯 17	戊辰 18	己巳 19	庚午 20	辛未 21	壬申 22	癸酉 23	甲戌 24	乙亥 25	丙子 26	丁丑 27	戊寅 28	己卯 29	庚辰 (3)	辛巳 2	壬午 3	癸未 4	甲申 5	乙酉 6	丙戌 7	丁亥 8	戊子 9	己丑 10	辛酉立春
二月小	辛卯	天干 地支 西曆	庚寅 11	辛卯 12	壬辰 13	癸巳 14	甲午 15	乙未 16	丙申 17	丁酉 18	戊戌 19	己亥 20	庚子 21	辛丑 22	壬寅 23	癸卯 24	甲辰 25	乙巳 26	丙午 27	丁未 28	戊申 29	己酉 30	庚戌 31	辛亥 (4)	壬子 2	癸丑 3	甲寅 4	乙卯 5	丙辰 6	丁巳 7	戊午 8		丁未春分
三月小	壬辰	天干 地支 西曆	己未 9	庚申 10	辛酉 11	壬戌 12	癸亥 13	甲子 14	乙丑 15	丙寅 16	丁卯 17	戊辰 18	己巳 19	庚午 20	辛未 21	壬申 22	癸酉 23	甲戌 24	乙亥 25	丙子 26	丁丑 27	戊寅 28	己卯 29	庚辰 30	辛巳 (5)	壬午 2	癸未 3	甲申 4	乙酉 5	丙戌 6	丁亥 7		
四月大	癸巳	天干 地支 西曆	戊子 8	己丑 9	庚寅 10	辛卯 11	壬辰 12	癸巳 13	甲午 14	乙未 15	丙申 16	丁酉 17	戊戌 18	己亥 19	庚子 20	辛丑 21	壬寅 22	癸卯 23	甲辰 24	乙巳 25	丙午 26	丁未 27	戊申 28	己酉 29	庚戌 30	辛亥 31	壬子 (6)	癸丑 2	甲寅 3	乙卯 4	丙辰 5	丁巳 6	甲午立夏
五月小	甲午	天干 地支 西曆	戊午 7	己未 8	庚申 9	辛酉 10	壬戌 11	癸亥 12	甲子 13	乙丑 14	丙寅 15	丁卯 16	戊辰 17	己巳 18	庚午 19	辛未 20	壬申 21	癸酉 22	甲戌 23	乙亥 24	丙子 25	丁丑 26	戊寅 27	己卯 28	庚辰 29	辛巳 30	壬午 (7)	癸未 2	甲申 3	乙酉 4	丙戌 5		壬午夏至
六月大	乙未	天干 地支 西曆	丁亥 6	戊子 7	己丑 8	庚寅 9	辛卯 10	壬辰 11	癸巳 12	甲午 13	乙未 14	丙申 15	丁酉 16	戊戌 17	己亥 18	庚子 19	辛丑 20	壬寅 21	癸卯 22	甲辰 23	乙巳 24	丙午 25	丁未 26	戊申 27	己酉 28	庚戌 29	辛亥 30	壬子 31	癸丑 (8)	甲寅 2	乙卯 3	丙辰 4	
七月大	丙申	天干 地支 西曆	丁巳 5	戊午 6	己未 7	庚申 8	辛酉 9	壬戌 10	癸亥 11	甲子 12	乙丑 13	丙寅 14	丁卯 15	戊辰 16	己巳 17	庚午 18	辛未 19	壬申 20	癸酉 21	甲戌 22	乙亥 23	丙子 24	丁丑 25	戊寅 26	己卯 27	庚辰 28	辛巳 29	壬午 30	癸未 31	甲申 (9)	乙酉 2	丙戌 3	戊辰立秋
八月大	丁酉	天干 地支 西曆	丁亥 4	戊子 5	己丑 6	庚寅 7	辛卯 8	壬辰 9	癸巳 10	甲午 11	乙未 12	丙申 13	丁酉 14	戊戌 15	己亥 16	庚子 17	辛丑 18	壬寅 19	癸卯 20	甲辰 21	乙巳 22	丙午 23	丁未 24	戊申 25	己酉 26	庚戌 27	辛亥 28	壬子 29	癸丑 30	甲寅 (10)	乙卯 2	丙辰 3	癸丑秋分
九月小	戊戌	天干 地支 西曆	丁巳 4	戊午 5	己未 6	庚申 7	辛酉 8	壬戌 9	癸亥 10	甲子 11	乙丑 12	丙寅 13	丁卯 14	戊辰 15	己巳 16	庚午 17	辛未 18	壬申 19	癸酉 20	甲戌 21	乙亥 22	丙子 23	丁丑 24	戊寅 25	己卯 26	庚辰 27	辛巳 28	壬午 29	癸未 30	甲申 31	乙酉 (11)		
十月大	己亥	天干 地支 西曆	丙戌 2	丁亥 3	戊子 4	己丑 5	庚寅 6	辛卯 7	壬辰 8	癸巳 9	甲午 10	乙未 11	丙申 12	丁酉 13	戊戌 14	己亥 15	庚子 16	辛丑 17	壬寅 18	癸卯 19	甲辰 20	乙巳 21	丙午 22	丁未 23	戊申 24	己酉 25	庚戌 26	辛亥 27	壬子 28	癸丑 29	甲寅 30	乙卯 (12)	戊戌立冬
十一月小	庚子	天干 地支 西曆	丙辰 2	丁巳 3	戊午 4	己未 5	庚申 6	辛酉 7	壬戌 8	癸亥 9	甲子 10	乙丑 11	丙寅 12	丁卯 13	戊辰 14	己巳 15	庚午 16	辛未 17	壬申 18	癸酉 19	甲戌 20	乙亥 21	丙子 22	丁丑 23	戊寅 24	己卯 25	庚辰 26	辛巳 27	壬午 28	癸未 29	甲申 30		壬午冬至
闰十一大	庚子	天干 地支 西曆	乙酉 31	丙戌 (1)	丁亥 2	戊子 3	己丑 4	庚寅 5	辛卯 6	壬辰 7	癸巳 8	甲午 9	乙未 10	丙申 11	丁酉 12	戊戌 13	己亥 14	庚子 15	辛丑 16	壬寅 17	癸卯 18	甲辰 19	乙巳 20	丙午 21	丁未 22	戊申 23	己酉 24	庚戌 25	辛亥 26	壬子 27	癸丑 28	甲寅 29	
十二月小	辛丑	天干 地支 西曆	乙卯 30	丙辰 31	丁巳 (2)	戊午 2	己未 3	庚申 4	辛酉 5	壬戌 6	癸亥 7	甲子 8	乙丑 9	丙寅 10	丁卯 11	戊辰 12	己巳 13	庚午 14	辛未 15	壬申 16	癸酉 17	甲戌 18	乙亥 19	丙子 20	丁丑 21	戊寅 22	己卯 23	庚辰 24	辛巳 25	壬午 26	癸未 27		丁卯立春

*《長術》：正己未，三戊午，五丁巳，七丙辰，十乙酉，十二甲申。

周平王七年（丁丑 牛年） 公元前 764 ~ 前 763 年

夏曆月序		中西曆日對照	初一	初二	初三	初四	初五	初六	初七	初八	初九	初十	十一	十二	十三	十四	十五	十六	十七	十八	十九	二十	二一	二二	二三	二四	二五	二六	二七	二八	二九	三十	節氣與天象
正月大	壬寅	天干 地支 西曆	甲申28	乙酉(3)	丙戌2	丁亥3	戊子4	己丑5	庚寅6	辛卯7	壬辰8	癸巳9	甲午10	乙未11	丙申12	丁酉13	戊戌14	己亥15	庚子16	辛丑17	壬寅18	癸卯19	甲辰20	乙巳21	丙午22	丁未23	戊申24	己酉25	庚戌26	辛亥27	壬子28	癸丑29	癸丑春分
二月小	癸卯	天干 地支 西曆	甲寅30	乙卯31	丙辰(4)	丁巳2	戊午3	己未4	庚申5	辛酉6	壬戌7	癸亥8	甲子9	乙丑10	丙寅11	丁卯12	戊辰13	己巳14	庚午15	辛未16	壬申17	癸酉18	甲戌19	乙亥20	丙子21	丁丑22	戊寅23	己卯24	庚辰25	辛巳26	壬午27		
三月小	甲辰	天干 地支 西曆	癸未28	甲申29	乙酉30	丙戌(5)	丁亥2	戊子3	己丑4	庚寅5	辛卯6	壬辰7	癸巳8	甲午9	乙未10	丙申11	丁酉12	戊戌13	己亥14	庚子15	辛丑16	壬寅17	癸卯18	甲辰19	乙巳20	丙午21	丁未22	戊申23	己酉24	庚戌25	辛亥26		庚子立夏
四月大	乙巳	天干 地支 西曆	壬子27	癸丑28	甲寅29	乙卯30	丙辰31	丁巳(6)	戊午2	己未3	庚申4	辛酉5	壬戌6	癸亥7	甲子8	乙丑9	丙寅10	丁卯11	戊辰12	己巳13	庚午14	辛未15	壬申16	癸酉17	甲戌18	乙亥19	丙子20	丁丑21	戊寅22	己卯23	庚辰24	辛巳25	
五月小	丙午	天干 地支 西曆	壬午26	癸未27	甲申28	乙酉29	丙戌30	丁亥(7)	戊子2	己丑3	庚寅4	辛卯5	壬辰6	癸巳7	甲午8	乙未9	丙申10	丁酉11	戊戌12	己亥13	庚子14	辛丑15	壬寅16	癸卯17	甲辰18	乙巳19	丙午20	丁未21	戊申22	己酉23	庚戌24		丁亥夏至
六月大	丁未	天干 地支 西曆	辛亥25	壬子26	癸丑27	甲寅28	乙卯29	丙辰30	丁巳31	戊午(8)	己未2	庚申3	辛酉4	壬戌5	癸亥6	甲子7	乙丑8	丙寅9	丁卯10	戊辰11	己巳12	庚午13	辛未14	壬申15	癸酉16	甲戌17	乙亥18	丙子19	丁丑20	戊寅21	己卯22	庚辰23	癸酉立秋
七月大	戊申	天干 地支 西曆	辛巳24	壬午25	癸未26	甲申27	乙酉28	丙戌29	丁亥30	戊子31	己丑(9)	庚寅2	辛卯3	壬辰4	癸巳5	甲午6	乙未7	丙申8	丁酉9	戊戌10	己亥11	庚子12	辛丑13	壬寅14	癸卯15	甲辰16	乙巳17	丙午18	丁未19	戊申20	己酉21	庚戌22	
八月小	己酉	天干 地支 西曆	辛亥23	壬子24	癸丑25	甲寅26	乙卯27	丙辰28	丁巳29	戊午30	己未(10)	庚申2	辛酉3	壬戌4	癸亥5	甲子6	乙丑7	丙寅8	丁卯9	戊辰10	己巳11	庚午12	辛未13	壬申14	癸酉15	甲戌16	乙亥17	丙子18	丁丑19	戊寅20	己卯21		己未秋分
九月大	庚戌	天干 地支 西曆	庚辰22	辛巳23	壬午24	癸未25	甲申26	乙酉27	丙戌28	丁亥29	戊子30	己丑31	庚寅(11)	辛卯2	壬辰3	癸巳4	甲午5	乙未6	丙申7	丁酉8	戊戌9	己亥10	庚子11	辛丑12	壬寅13	癸卯14	甲辰15	乙巳16	丙午17	丁未18	戊申19	己酉20	癸卯立冬
十月大	辛亥	天干 地支 西曆	庚戌21	辛亥22	壬子23	癸丑24	甲寅25	乙卯26	丙辰27	丁巳28	戊午29	己未30	庚申(12)	辛酉2	壬戌3	癸亥4	甲子5	乙丑6	丙寅7	丁卯8	戊辰9	己巳10	庚午11	辛未12	壬申13	癸酉14	甲戌15	乙亥16	丙子17	丁丑18	戊寅19	己卯20	
十一月小	壬子	天干 地支 西曆	庚辰21	辛巳22	壬午23	癸未24	甲申25	乙酉26	丙戌27	丁亥28	戊子29	己丑30	庚寅31	辛卯(1)	壬辰2	癸巳3	甲午4	乙未5	丙申6	丁酉7	戊戌8	己亥9	庚子10	辛丑11	壬寅12	癸卯13	甲辰14	乙巳15	丙午16	丁未17	戊申18		丁亥冬至
十二月大	癸丑	天干 地支 西曆	己酉19	庚戌20	辛亥21	壬子22	癸丑23	甲寅24	乙卯25	丙辰26	丁巳27	戊午28	己未29	庚申30	辛酉31	壬戌(2)	癸亥2	甲子3	乙丑4	丙寅5	丁卯6	戊辰7	己巳8	庚午9	辛未10	壬申11	癸酉12	甲戌13	乙亥14	丙子15	丁丑16	戊寅17	壬申立春

*《長術》：正甲寅，二癸未，四壬午，閏五辛巳，七庚辰，九己卯，十一戊寅。

周平王八年（戊寅 虎年） 公元前 763 ~ 前 762 年

夏曆月序		中西曆日對照	初一	初二	初三	初四	初五	初六	初七	初八	初九	初十	十一	十二	十三	十四	十五	十六	十七	十八	十九	二十	二一	二二	二三	二四	二五	二六	二七	二八	二九	三十	節氣與天象
正月小	甲寅	天干地支西曆	己卯18	庚辰19	辛巳20	壬午21	癸未22	甲申23	乙酉24	丙戌25	丁亥26	戊子27	己丑28	庚寅(3)	辛卯2	壬辰3	癸巳4	甲午5	乙未6	丙申7	丁酉8	戊戌9	己亥10	庚子11	辛丑12	壬寅13	癸卯14	甲辰15	乙巳16	丙午17	丁未18		
二月大	乙卯	天干地支西曆	戊申19	己酉20	庚戌21	辛亥22	壬子23	癸丑24	甲寅25	乙卯26	丙辰27	丁巳28	戊午29	己未30	庚申31	辛酉(4)	壬戌2	癸亥3	甲子4	乙丑5	丙寅6	丁卯7	戊辰8	己巳9	庚午10	辛未11	壬申12	癸酉13	甲戌14	乙亥15	丙子16	丁丑17	戊午春分
三月小	丙辰	天干地支西曆	戊寅18	己卯19	庚辰20	辛巳21	壬午22	癸未23	甲申24	乙酉25	丙戌26	丁亥27	戊子28	己丑29	庚寅30	辛卯(5)	壬辰2	癸巳3	甲午4	乙未5	丙申6	丁酉7	戊戌8	己亥9	庚子10	辛丑11	壬寅12	癸卯13	甲辰14	乙巳15	丙午16		乙巳立夏
四月小	丁巳	天干地支西曆	丁未17	戊申18	己酉19	庚戌20	辛亥21	壬子22	癸丑23	甲寅24	乙卯25	丙辰26	丁巳27	戊午28	己未29	庚申30	辛酉31	壬戌(6)	癸亥2	甲子3	乙丑4	丙寅5	丁卯6	戊辰7	己巳8	庚午9	辛未10	壬申11	癸酉12	甲戌13	乙亥14		
五月大	戊午	天干地支西曆	丙子15	丁丑16	戊寅17	己卯18	庚辰19	辛巳20	壬午21	癸未22	甲申23	乙酉24	丙戌25	丁亥26	戊子27	己丑28	庚寅29	辛卯30	壬辰(7)	癸巳2	甲午3	乙未4	丙申5	丁酉6	戊戌7	己亥8	庚子9	辛丑10	壬寅11	癸卯12	甲辰13	乙巳14	壬辰夏至 丙子日食
六月小	己未	天干地支西曆	丙午15	丁未16	戊申17	己酉18	庚戌19	辛亥20	壬子21	癸丑22	甲寅23	乙卯24	丙辰25	丁巳26	戊午27	己未28	庚申29	辛酉30	壬戌31	癸亥(8)	甲子2	乙丑3	丙寅4	丁卯5	戊辰6	己巳7	庚午8	辛未9	壬申10	癸酉11	甲戌12		
七月大	庚申	天干地支西曆	乙亥13	丙子14	丁丑15	戊寅16	己卯17	庚辰18	辛巳19	壬午20	癸未21	甲申22	乙酉23	丙戌24	丁亥25	戊子26	己丑27	庚寅28	辛卯29	壬辰30	癸巳31	甲午(9)	乙未2	丙申3	丁酉4	戊戌5	己亥6	庚子7	辛丑8	壬寅9	癸卯10	甲辰11	己卯立秋
八月小	辛酉	天干地支西曆	乙巳12	丙午13	丁未14	戊申15	己酉16	庚戌17	辛亥18	壬子19	癸丑20	甲寅21	乙卯22	丙辰23	丁巳24	戊午25	己未26	庚申27	辛酉28	壬戌29	癸亥30	甲子(10)	乙丑2	丙寅3	丁卯4	戊辰5	己巳6	庚午7	辛未8	壬申9	癸酉10		甲子秋分
九月大	壬戌	天干地支西曆	甲戌11	乙亥12	丙子13	丁丑14	戊寅15	己卯16	庚辰17	辛巳18	壬午19	癸未20	甲申21	乙酉22	丙戌23	丁亥24	戊子25	己丑26	庚寅27	辛卯28	壬辰29	癸巳30	甲午31	乙未(11)	丙申2	丁酉3	戊戌4	己亥5	庚子6	辛丑7	壬寅8	癸卯9	
十月大	癸亥	天干地支西曆	甲辰10	乙巳11	丙午12	丁未13	戊申14	己酉15	庚戌16	辛亥17	壬子18	癸丑19	甲寅20	乙卯21	丙辰22	丁巳23	戊午24	己未25	庚申26	辛酉27	壬戌28	癸亥29	甲子30	乙丑(12)	丙寅2	丁卯3	戊辰4	己巳5	庚午6	辛未7	壬申8	癸酉9	戊申立冬
十一月大	甲子	天干地支西曆	甲戌10	乙亥11	丙子12	丁丑13	戊寅14	己卯15	庚辰16	辛巳17	壬午18	癸未19	甲申20	乙酉21	丙戌22	丁亥23	戊子24	己丑25	庚寅26	辛卯27	壬辰28	癸巳29	甲午30	乙未31	丙申(1)	丁酉2	戊戌3	己亥4	庚子5	辛丑6	壬寅7	癸卯8	壬辰冬至 甲戌日食
十二月小	乙丑	天干地支西曆	甲辰9	乙巳10	丙午11	丁未12	戊申13	己酉14	庚戌15	辛亥16	壬子17	癸丑18	甲寅19	乙卯20	丙辰21	丁巳22	戊午23	己未24	庚申25	辛酉26	壬戌27	癸亥28	甲子29	乙丑30	丙寅31	丁卯(2)	戊辰2	己巳3	庚午4	辛未5	壬申6		

*《長術》：正戊寅，二丁未，四丙午，六乙巳，八甲辰，十癸卯，十二壬寅。

周平王九年（己卯 兔年） 公元前 762 ～ 前 761 年

夏曆月序		中西曆日對照	初一	初二	初三	初四	初五	初六	初七	初八	初九	初十	十一	十二	十三	十四	十五	十六	十七	十八	十九	二十	二一	二二	二三	二四	二五	二六	二七	二八	二九	三十	節氣與天象
正月大	丙寅	天干地支西曆	癸酉7	甲戌8	乙亥9	丙子10	丁丑11	戊寅12	己卯13	庚辰14	辛巳15	壬午16	癸未17	甲申18	乙酉19	丙戌20	丁亥21	戊子22	己丑23	庚寅24	辛卯25	壬辰26	癸巳27	甲午28	乙未(3)	丙申2	丁酉3	戊戌4	己亥5	庚子6	辛丑7	壬寅8	丁丑立春
二月小	丁卯	天干地支西曆	癸卯9	甲辰10	乙巳11	丙午12	丁未13	戊申14	己酉15	庚戌16	辛亥17	壬子18	癸丑19	甲寅20	乙卯21	丙辰22	丁巳23	戊午24	己未25	庚申26	辛酉27	壬戌28	癸亥29	甲子30	乙丑31	丙寅(4)	丁卯2	戊辰3	己巳4	庚午5	辛未6		癸亥春分
三月大	戊辰	天干地支西曆	壬申7	癸酉8	甲戌9	乙亥10	丙子11	丁丑12	戊寅13	己卯14	庚辰15	辛巳16	壬午17	癸未18	甲申19	乙酉20	丙戌21	丁亥22	戊子23	己丑24	庚寅25	辛卯26	壬辰27	癸巳28	甲午29	乙未30	丙申(5)	丁酉2	戊戌3	己亥4	庚子5	辛丑6	
四月小	己巳	天干地支西曆	壬寅7	癸卯8	甲辰9	乙巳10	丙午11	丁未12	戊申13	己酉14	庚戌15	辛亥16	壬子17	癸丑18	甲寅19	乙卯20	丙辰21	丁巳22	戊午23	己未24	庚申25	辛酉26	壬戌27	癸亥28	甲子29	乙丑30	丙寅31	丁卯(6)	戊辰2	己巳3	庚午4		庚戌立夏
五月小	庚午	天干地支西曆	辛未5	壬申6	癸酉7	甲戌8	乙亥9	丙子10	丁丑11	戊寅12	己卯13	庚辰14	辛巳15	壬午16	癸未17	甲申18	乙酉19	丙戌20	丁亥21	戊子22	己丑23	庚寅24	辛卯25	壬辰26	癸巳27	甲午28	乙未29	丙申30	丁酉(7)	戊戌2	己亥3		丁酉夏至
六月小	辛未	天干地支西曆	庚子4	辛丑5	壬寅6	癸卯7	甲辰8	乙巳9	丙午10	丁未11	戊申12	己酉13	庚戌14	辛亥15	壬子16	癸丑17	甲寅18	乙卯19	丙辰20	丁巳21	戊午22	己未23	庚申24	辛酉25	壬戌26	癸亥27	甲子28	乙丑29	丙寅30	丁卯31	戊辰(8)		
七月大	壬申	天干地支西曆	己巳2	庚午3	辛未4	壬申5	癸酉6	甲戌7	乙亥8	丙子9	丁丑10	戊寅11	己卯12	庚辰13	辛巳14	壬午15	癸未16	甲申17	乙酉18	丙戌19	丁亥20	戊子21	己丑22	庚寅23	辛卯24	壬辰25	癸巳26	甲午27	乙未28	丙申29	丁酉30	戊戌31	甲申立秋
八月小	癸酉	天干地支西曆	己亥(9)	庚子2	辛丑3	壬寅4	癸卯5	甲辰6	乙巳7	丙午8	丁未9	戊申10	己酉11	庚戌12	辛亥13	壬子14	癸丑15	甲寅16	乙卯17	丙辰18	丁巳19	戊午20	己未21	庚申22	辛酉23	壬戌24	癸亥25	甲子26	乙丑27	丙寅28	丁卯29		
閏八月大	癸酉	天干地支西曆	戊辰30	己巳(10)	庚午2	辛未3	壬申4	癸酉5	甲戌6	乙亥7	丙子8	丁丑9	戊寅10	己卯11	庚辰12	辛巳13	壬午14	癸未15	甲申16	乙酉17	丙戌18	丁亥19	戊子20	己丑21	庚寅22	辛卯23	壬辰24	癸巳25	甲午26	乙未27	丙申28	丁酉29	己巳秋分
九月大	甲戌	天干地支西曆	戊戌30	己亥31	庚子(11)	辛丑2	壬寅3	癸卯4	甲辰5	乙巳6	丙午7	丁未8	戊申9	己酉10	庚戌11	辛亥12	壬子13	癸丑14	甲寅15	乙卯16	丙辰17	丁巳18	戊午19	己未20	庚申21	辛酉22	壬戌23	癸亥24	甲子25	乙丑26	丙寅27	丁卯28	甲寅立冬
十月大	乙亥	天干地支西曆	戊辰29	己巳30	庚午(12)	辛未2	壬申3	癸酉4	甲戌5	乙亥6	丙子7	丁丑8	戊寅9	己卯10	庚辰11	辛巳12	壬午13	癸未14	甲申15	乙酉16	丙戌17	丁亥18	戊子19	己丑20	庚寅21	辛卯22	壬辰23	癸巳24	甲午25	乙未26	丙申27	丁酉28	戊辰日食
十一月小	丙子	天干地支西曆	戊戌29	己亥30	庚子31	辛丑(1)	壬寅2	癸卯3	甲辰4	乙巳5	丙午6	丁未7	戊申8	己酉9	庚戌10	辛亥11	壬子12	癸丑13	甲寅14	乙卯15	丙辰16	丁巳17	戊午18	己未19	庚申20	辛酉21	壬戌22	癸亥23	甲子24	乙丑25	丙寅26		戊戌冬至
十二月大	丁丑	天干地支西曆	丁卯27	戊辰28	己巳29	庚午30	辛未31	壬申(2)	癸酉2	甲戌3	乙亥4	丙子5	丁丑6	戊寅7	己卯8	庚辰9	辛巳10	壬午11	癸未12	甲申13	乙酉14	丙戌15	丁亥16	戊子17	己丑18	庚寅19	辛卯20	壬辰21	癸巳22	甲午23	乙未24	丙申25	壬午立春

*《長術》：正壬申，二辛丑，四庚子，七己巳，九戊辰，十一丁卯。

周平王十年（庚辰 龍年） 公元前761～前760年

夏曆月序		中西曆日對照	夏曆日序																														節氣與天象
			初一	初二	初三	初四	初五	初六	初七	初八	初九	初十	十一	十二	十三	十四	十五	十六	十七	十八	十九	二十	二一	二二	二三	二四	二五	二六	二七	二八	二九	三十	
正月大	戊寅	天干地支 西曆	丁酉 26	戊戌 27	己亥 28	庚子 29	辛丑 (3)	壬寅 2	癸卯 3	甲辰 4	乙巳 5	丙午 6	丁未 7	戊申 8	己酉 9	庚戌 10	辛亥 11	壬子 12	癸丑 13	甲寅 14	乙卯 15	丙辰 16	丁巳 17	戊午 18	己未 19	庚申 20	辛酉 21	壬戌 22	癸亥 23	甲子 24	乙丑 25	丙寅 26	
二月小	己卯	天干地支 西曆	丁卯 27	戊辰 28	己巳 29	庚午 30	辛未 31	壬申 (4)	癸酉 2	甲戌 3	乙亥 4	丙子 5	丁丑 6	戊寅 7	己卯 8	庚辰 9	辛巳 10	壬午 11	癸未 12	甲申 13	乙酉 14	丙戌 15	丁亥 16	戊子 17	己丑 18	庚寅 19	辛卯 20	壬辰 21	癸巳 22	甲午 23	乙未 24		戊辰春分
三月大	庚辰	天干地支 西曆	丙申 25	丁酉 26	戊戌 27	己亥 28	庚子 29	辛丑 30	壬寅 (5)	癸卯 2	甲辰 3	乙巳 4	丙午 5	丁未 6	戊申 7	己酉 8	庚戌 9	辛亥 10	壬子 11	癸丑 12	甲寅 13	乙卯 14	丙辰 15	丁巳 16	戊午 17	己未 18	庚申 19	辛酉 20	壬戌 21	癸亥 22	甲子 23	乙丑 24	乙卯立夏
四月小	辛巳	天干地支 西曆	丙寅 25	丁卯 26	戊辰 27	己巳 28	庚午 29	辛未 30	壬申 31	癸酉 (6)	甲戌 2	乙亥 3	丙子 4	丁丑 5	戊寅 6	己卯 7	庚辰 8	辛巳 9	壬午 10	癸未 11	甲申 12	乙酉 13	丙戌 14	丁亥 15	戊子 16	己丑 17	庚寅 18	辛卯 19	壬辰 20	癸巳 21	甲午 22		
五月小	壬午	天干地支 西曆	乙未 23	丙申 24	丁酉 25	戊戌 26	己亥 27	庚子 28	辛丑 29	壬寅 30	癸卯 (7)	甲辰 2	乙巳 3	丙午 4	丁未 5	戊申 6	己酉 7	庚戌 8	辛亥 9	壬子 10	癸丑 11	甲寅 12	乙卯 13	丙辰 14	丁巳 15	戊午 16	己未 17	庚申 18	辛酉 19	壬戌 20	癸亥 21		癸卯夏至
六月大	癸未	天干地支 西曆	甲子 22	乙丑 23	丙寅 24	丁卯 25	戊辰 26	己巳 27	庚午 28	辛未 29	壬申 30	癸酉 31	甲戌 (8)	乙亥 2	丙子 3	丁丑 4	戊寅 5	己卯 6	庚辰 7	辛巳 8	壬午 9	癸未 10	甲申 11	乙酉 12	丙戌 13	丁亥 14	戊子 15	己丑 16	庚寅 17	辛卯 18	壬辰 19	癸巳 20	己丑立秋
七月小	甲申	天干地支 西曆	甲午 21	乙未 22	丙申 23	丁酉 24	戊戌 25	己亥 26	庚子 27	辛丑 28	壬寅 29	癸卯 30	甲辰 31	乙巳 (9)	丙午 2	丁未 3	戊申 4	己酉 5	庚戌 6	辛亥 7	壬子 8	癸丑 9	甲寅 10	乙卯 11	丙辰 12	丁巳 13	戊午 14	己未 15	庚申 16	辛酉 17	壬戌 18		
八月小	乙酉	天干地支 西曆	癸亥 19	甲子 20	乙丑 21	丙寅 22	丁卯 23	戊辰 24	己巳 25	庚午 26	辛未 27	壬申 28	癸酉 29	甲戌 30	乙亥 (10)	丙子 2	丁丑 3	戊寅 4	己卯 5	庚辰 6	辛巳 7	壬午 8	癸未 9	甲申 10	乙酉 11	丙戌 12	丁亥 13	戊子 14	己丑 15	庚寅 16	辛卯 17		甲戌秋分
九月大	丙戌	天干地支 西曆	壬辰 18	癸巳 19	甲午 20	乙未 21	丙申 22	丁酉 23	戊戌 24	己亥 25	庚子 26	辛丑 27	壬寅 28	癸卯 29	甲辰 30	乙巳 31	丙午 (11)	丁未 2	戊申 3	己酉 4	庚戌 5	辛亥 6	壬子 7	癸丑 8	甲寅 9	乙卯 10	丙辰 11	丁巳 12	戊午 13	己未 14	庚申 15	辛酉 16	己未立冬
十月大	丁亥	天干地支 西曆	壬戌 17	癸亥 18	甲子 19	乙丑 20	丙寅 21	丁卯 22	戊辰 23	己巳 24	庚午 25	辛未 26	壬申 27	癸酉 28	甲戌 29	乙亥 30	丙子 (12)	丁丑 2	戊寅 3	己卯 4	庚辰 5	辛巳 6	壬午 7	癸未 8	甲申 9	乙酉 10	丙戌 11	丁亥 12	戊子 13	己丑 14	庚寅 15	辛卯 16	
十一月小	戊子	天干地支 西曆	壬辰 17	癸巳 18	甲午 19	乙未 20	丙申 21	丁酉 22	戊戌 23	己亥 24	庚子 25	辛丑 26	壬寅 27	癸卯 28	甲辰 29	乙巳 30	丙午 31	丁未 (1)	戊申 2	己酉 3	庚戌 4	辛亥 5	壬子 6	癸丑 7	甲寅 8	乙卯 9	丙辰 10	丁巳 11	戊午 12	己未 13	庚申 14		癸卯冬至
十二月大	己丑	天干地支 西曆	辛酉 15	壬戌 16	癸亥 17	甲子 18	乙丑 19	丙寅 20	丁卯 21	戊辰 22	己巳 23	庚午 24	辛未 25	壬申 26	癸酉 27	甲戌 28	乙亥 29	丙子 30	丁丑 31	戊寅 (2)	己卯 2	庚辰 3	辛巳 4	壬午 5	癸未 6	甲申 7	乙酉 8	丙戌 9	丁亥 10	戊子 11	己丑 12	庚寅 13	戊子立春

*《長術》：正丙寅，二乙丑，四甲子，六癸亥，九壬辰，十一辛卯朔。閏正月。

周平王十一年（辛巳 蛇年） 公元前760 ~ 前759年

夏曆月序		中西曆日對照	夏曆日序																													節氣與天象
			初一	初二	初三	初四	初五	初六	初七	初八	初九	初十	十一	十二	十三	十四	十五	十六	十七	十八	十九	二十	二一	二二	二三	二四	二五	二六	二七	二八	二九	三十	
正月大	庚寅*	天干 地支 西曆	辛卯 14	壬辰 15	癸巳 16	甲午 17	乙未 18	丙申 19	丁酉 20	戊戌 21	己亥 22	庚子 23	辛丑 24	壬寅 25	癸卯 26	甲辰 27	乙巳 28	丙午 (3)	丁未 2	戊申 3	己酉 4	庚戌 5	辛亥 6	壬子 7	癸丑 8	甲寅 9	乙卯 10	丙辰 11	丁巳 12	戊午 13	己未 14	庚申 15	
二月大	辛卯	天干 地支 西曆	辛酉 16	壬戌 17	癸亥 18	甲子 19	乙丑 20	丙寅 21	丁卯 22	戊辰 23	己巳 24	庚午 25	辛未 26	壬申 27	癸酉 28	甲戌 29	乙亥 30	丙子 31	丁丑 (4)	戊寅 2	己卯 3	庚辰 4	辛巳 5	壬午 6	癸未 7	甲申 8	乙酉 9	丙戌 10	丁亥 11	戊子 12	己丑 13	庚寅 14	甲戌春分
三月小	壬辰	天干 地支 西曆	辛卯 15	壬辰 16	癸巳 17	甲午 18	乙未 19	丙申 20	丁酉 21	戊戌 22	己亥 23	庚子 24	辛丑 25	壬寅 26	癸卯 27	甲辰 28	乙巳 29	丙午 30	丁未 (5)	戊申 2	己酉 3	庚戌 4	辛亥 5	壬子 6	癸丑 7	甲寅 8	乙卯 9	丙辰 10	丁巳 11	戊午 12	己未 13		
四月小	癸巳	天干 地支 西曆	庚申 14	辛酉 15	壬戌 16	癸亥 17	甲子 18	乙丑 19	丙寅 20	丁卯 21	戊辰 22	己巳 23	庚午 24	辛未 25	壬申 26	癸酉 27	甲戌 28	乙亥 29	丙子 30	丁丑 31	戊寅 (6)	己卯 2	庚辰 3	辛巳 4	壬午 5	癸未 6	甲申 7	乙酉 8	丙戌 9	丁亥 10	戊子 11		辛酉立夏
五月大	甲午	天干 地支 西曆	己丑 12	庚寅 13	辛卯 14	壬辰 15	癸巳 16	甲午 17	乙未 18	丙申 19	丁酉 20	戊戌 21	己亥 22	庚子 23	辛丑 24	壬寅 25	癸卯 26	甲辰 27	乙巳 28	丙午 29	丁未 30	戊申 (7)	己酉 2	庚戌 3	辛亥 4	壬子 5	癸丑 6	甲寅 7	乙卯 8	丙辰 9	丁巳 10	戊午 11	戊申夏至
六月小	乙未	天干 地支 西曆	己未 12	庚申 13	辛酉 14	壬戌 15	癸亥 16	甲子 17	乙丑 18	丙寅 19	丁卯 20	戊辰 21	己巳 22	庚午 23	辛未 24	壬申 25	癸酉 26	甲戌 27	乙亥 28	丙子 29	丁丑 30	戊寅 31	己卯 (8)	庚辰 2	辛巳 3	壬午 4	癸未 5	甲申 6	乙酉 7	丙戌 8	丁亥 9		
七月大	丙申	天干 地支 西曆	戊子 10	己丑 11	庚寅 12	辛卯 13	壬辰 14	癸巳 15	甲午 16	乙未 17	丙申 18	丁酉 19	戊戌 20	己亥 21	庚子 22	辛丑 23	壬寅 24	癸卯 25	甲辰 26	乙巳 27	丙午 28	丁未 29	戊申 30	己酉 31	庚戌 (9)	辛亥 2	壬子 3	癸丑 4	甲寅 5	乙卯 6	丙辰 7	丁巳 8	甲午立秋
八月小	丁酉	天干 地支 西曆	戊午 9	己未 10	庚申 11	辛酉 12	壬戌 13	癸亥 14	甲子 15	乙丑 16	丙寅 17	丁卯 18	戊辰 19	己巳 20	庚午 21	辛未 22	壬申 23	癸酉 24	甲戌 25	乙亥 26	丙子 27	丁丑 28	戊寅 29	己卯 30	庚辰 (10)	辛巳 2	壬午 3	癸未 4	甲申 5	乙酉 6	丙戌 7		庚辰秋分
九月小	戊戌	天干 地支 西曆	丁亥 8	戊子 9	己丑 10	庚寅 11	辛卯 12	壬辰 13	癸巳 14	甲午 15	乙未 16	丙申 17	丁酉 18	戊戌 19	己亥 20	庚子 21	辛丑 22	壬寅 23	癸卯 24	甲辰 25	乙巳 26	丙午 27	丁未 28	戊申 29	己酉 30	庚戌 31	辛亥 (11)	壬子 2	癸丑 3	甲寅 4	乙卯 5		
十月大	己亥	天干 地支 西曆	丙辰 6	丁巳 7	戊午 8	己未 9	庚申 10	辛酉 11	壬戌 12	癸亥 13	甲子 14	乙丑 15	丙寅 16	丁卯 17	戊辰 18	己巳 19	庚午 20	辛未 21	壬申 22	癸酉 23	甲戌 24	乙亥 25	丙子 26	丁丑 27	戊寅 28	己卯 29	庚辰 30	辛巳 (12)	壬午 2	癸未 3	甲申 4	乙酉 5	甲子立冬
十一月大	庚子	天干 地支 西曆	丙戌 6	丁亥 7	戊子 8	己丑 9	庚寅 10	辛卯 11	壬辰 12	癸巳 13	甲午 14	乙未 15	丙申 16	丁酉 17	戊戌 18	己亥 19	庚子 20	辛丑 21	壬寅 22	癸卯 23	甲辰 24	乙巳 25	丙午 26	丁未 27	戊申 28	己酉 29	庚戌 30	辛亥 31	壬子 (1)	癸丑 2	甲寅 3	乙卯 4	戊申冬至
十二月小	辛丑	天干 地支 西曆	丙辰 5	丁巳 6	戊午 7	己未 8	庚申 9	辛酉 10	壬戌 11	癸亥 12	甲子 13	乙丑 14	丙寅 15	丁卯 16	戊辰 17	己巳 18	庚午 19	辛未 20	壬申 21	癸酉 22	甲戌 23	乙亥 24	丙子 25	丁丑 26	戊寅 27	己卯 28	庚辰 29	辛巳 30	壬午 31	癸未 (2)	甲申 2		癸酉立春

*《長術》：正庚寅，三己丑，五戊子，七丁亥，九丙戌，十一乙酉。

周平王十二年（壬午 馬年） 公元前759 ~ 前758年

夏曆月序		中西曆日對照	初一	初二	初三	初四	初五	初六	初七	初八	初九	初十	十一	十二	十三	十四	十五	十六	十七	十八	十九	二十	二一	二二	二三	二四	二五	二六	二七	二八	二九	三十	節氣與天象
正月大	壬寅	干支 天地西曆	乙酉 3	丙戌 4	丁亥 5	戊子 6	己丑 7	庚寅 8	辛卯 9	壬辰 10	癸巳 11	甲午 12	乙未 13	丙申 14	丁酉 15	戊戌 16	己亥 17	庚子 18	辛丑 19	壬寅 20	癸卯 21	甲辰 22	乙巳 23	丙午 24	丁未 25	戊申 26	己酉 27	庚戌 28	辛亥 (3)	壬子 2	癸丑 3	甲寅 4	
二月大	癸卯	干支 天地西曆	乙卯 5	丙辰 6	丁巳 7	戊午 8	己未 9	庚申 10	辛酉 11	壬戌 12	癸亥 13	甲子 14	乙丑 15	丙寅 16	丁卯 17	戊辰 18	己巳 19	庚午 20	辛未 21	壬申 22	癸酉 23	甲戌 24	乙亥 25	丙子 26	丁丑 27	戊寅 28	己卯 29	庚辰 30	辛巳 31	壬午 (4)	癸未 2	甲申 3	己卯春分
三月小	甲辰	干支 天地西曆	乙酉 4	丙戌 5	丁亥 6	戊子 7	己丑 8	庚寅 9	辛卯 10	壬辰 11	癸巳 12	甲午 13	乙未 14	丙申 15	丁酉 16	戊戌 17	己亥 18	庚子 19	辛丑 20	壬寅 21	癸卯 22	甲辰 23	乙巳 24	丙午 25	丁未 26	戊申 27	己酉 28	庚戌 29	辛亥 30	壬子 (5)	癸丑 2		
四月大	乙巳	干支 天地西曆	甲寅 3	乙卯 4	丙辰 5	丁巳 6	戊午 7	己未 8	庚申 9	辛酉 10	壬戌 11	癸亥 12	甲子 13	乙丑 14	丙寅 15	丁卯 16	戊辰 17	己巳 18	庚午 19	辛未 20	壬申 21	癸酉 22	甲戌 23	乙亥 24	丙子 25	丁丑 26	戊寅 27	己卯 28	庚辰 29	辛巳 30	壬午 31	癸未 (6)	丙寅立夏
五月小	丙午	干支 天地西曆	甲申 2	乙酉 3	丙戌 4	丁亥 5	戊子 6	己丑 7	庚寅 8	辛卯 9	壬辰 10	癸巳 11	甲午 12	乙未 13	丙申 14	丁酉 15	戊戌 16	己亥 17	庚子 18	辛丑 19	壬寅 20	癸卯 21	甲辰 22	乙巳 23	丙午 24	丁未 25	戊申 26	己酉 27	庚戌 28	辛亥 29	壬子 30		
六月大	丁未	干支 天地西曆	癸丑 (7)	甲寅 2	乙卯 3	丙辰 4	丁巳 5	戊午 6	己未 7	庚申 8	辛酉 9	壬戌 10	癸亥 11	甲子 12	乙丑 13	丙寅 14	丁卯 15	戊辰 16	己巳 17	庚午 18	辛未 19	壬申 20	癸酉 21	甲戌 22	乙亥 23	丙子 24	丁丑 25	戊寅 26	己卯 27	庚辰 28	辛巳 29	壬午 30	癸丑夏至
閏六月小	丁未	干支 天地西曆	癸未 31	甲申 (8)	乙酉 2	丙戌 3	丁亥 4	戊子 5	己丑 6	庚寅 7	辛卯 8	壬辰 9	癸巳 10	甲午 11	乙未 12	丙申 13	丁酉 14	戊戌 15	己亥 16	庚子 17	辛丑 18	壬寅 19	癸卯 20	甲辰 21	乙巳 22	丙午 23	丁未 24	戊申 25	己酉 26	庚戌 27	辛亥 28		庚子立秋
七月大	戊申	干支 天地西曆	壬子 29	癸丑 30	甲寅 31	乙卯 (9)	丙辰 2	丁巳 3	戊午 4	己未 5	庚申 6	辛酉 7	壬戌 8	癸亥 9	甲子 10	乙丑 11	丙寅 12	丁卯 13	戊辰 14	己巳 15	庚午 16	辛未 17	壬申 18	癸酉 19	甲戌 20	乙亥 21	丙子 22	丁丑 23	戊寅 24	己卯 25	庚辰 26	辛巳 27	
八月小	己酉	干支 天地西曆	壬午 28	癸未 29	甲申 30	乙酉 (10)	丙戌 2	丁亥 3	戊子 4	己丑 5	庚寅 6	辛卯 7	壬辰 8	癸巳 9	甲午 10	乙未 11	丙申 12	丁酉 13	戊戌 14	己亥 15	庚子 16	辛丑 17	壬寅 18	癸卯 19	甲辰 20	乙巳 21	丙午 22	丁未 23	戊申 24	己酉 25	庚戌 26		乙酉秋分
九月大	庚戌	干支 天地西曆	辛亥 27	壬子 28	癸丑 29	甲寅 30	乙卯 31	丙辰 (11)	丁巳 2	戊午 3	己未 4	庚申 5	辛酉 6	壬戌 7	癸亥 8	甲子 9	乙丑 10	丙寅 11	丁卯 12	戊辰 13	己巳 14	庚午 15	辛未 16	壬申 17	癸酉 18	甲戌 19	乙亥 20	丙子 21	丁丑 22	戊寅 23	己卯 24	庚辰 25	己巳立冬
十月小	辛亥	干支 天地西曆	辛巳 26	壬午 27	癸未 28	甲申 29	乙酉 30	丙戌 (12)	丁亥 2	戊子 3	己丑 4	庚寅 5	辛卯 6	壬辰 7	癸巳 8	甲午 9	乙未 10	丙申 11	丁酉 12	戊戌 13	己亥 14	庚子 15	辛丑 16	壬寅 17	癸卯 18	甲辰 19	乙巳 20	丙午 21	丁未 22	戊申 23	己酉 24		
十一月大	壬子	干支 天地西曆	庚戌 25	辛亥 26	壬子 27	癸丑 28	甲寅 29	乙卯 30	丙辰 31	丁巳 (1)	戊午 2	己未 3	庚申 4	辛酉 5	壬戌 6	癸亥 7	甲子 8	乙丑 9	丙寅 10	丁卯 11	戊辰 12	己巳 13	庚午 14	辛未 15	壬申 16	癸酉 17	甲戌 18	乙亥 19	丙子 20	丁丑 21	戊寅 22	己卯 23	癸丑冬至
十二月小	癸丑	干支 天地西曆	庚辰 24	辛巳 25	壬午 26	癸未 27	甲申 28	乙酉 29	丙戌 30	丁亥 31	戊子 (2)	己丑 2	庚寅 3	辛卯 4	壬辰 5	癸巳 6	甲午 7	乙未 8	丙申 9	丁酉 10	戊戌 11	己亥 12	庚子 13	辛丑 14	壬寅 15	癸卯 16	甲辰 17	乙巳 18	丙午 19	丁未 20	戊申 21		戊戌立春

*《長術》：正乙酉，二甲寅，四癸丑，六壬子，八辛亥，十庚戌，十一己酉朔。閏十。

周平王十三年（癸未 羊年） 公元前758 ~ 前757年

夏曆月序		中西曆日對照	初一	初二	初三	初四	初五	初六	初七	初八	初九	初十	十一	十二	十三	十四	十五	十六	十七	十八	十九	二十	二一	二二	二三	二四	二五	二六	二七	二八	二九	三十	節氣與天象
正月大	甲寅	天干 地支 西曆	己酉22	庚戌23	辛亥24	壬子25	癸丑26	甲寅27	乙卯28	丙辰(3)	丁巳2	戊午3	己未4	庚申5	辛酉6	壬戌7	癸亥8	甲子9	乙丑10	丙寅11	丁卯12	戊辰13	己巳14	庚午15	辛未16	壬申17	癸酉18	甲戌19	乙亥20	丙子21	丁丑22	戊寅23	
二月小	乙卯	天干 地支 西曆	己卯24	庚辰25	辛巳26	壬午27	癸未28	甲申29	乙酉30	丙戌31	丁亥(4)	戊子2	己丑3	庚寅4	辛卯5	壬辰6	癸巳7	甲午8	乙未9	丙申10	丁酉11	戊戌12	己亥13	庚子14	辛丑15	壬寅16	癸卯17	甲辰18	乙巳19	丙午20	丁未21		甲申春分
三月大	丙辰	天干 地支 西曆	戊申22	己酉23	庚戌24	辛亥25	壬子26	癸丑27	甲寅28	乙卯29	丙辰30	丁巳(5)	戊午2	己未3	庚申4	辛酉5	壬戌6	癸亥7	甲子8	乙丑9	丙寅10	丁卯11	戊辰12	己巳13	庚午14	辛未15	壬申16	癸酉17	甲戌18	乙亥19	丙子20	丁丑21	辛未立夏
四月大	丁巳	天干 地支 西曆	戊寅22	己卯23	庚辰24	辛巳25	壬午26	癸未27	甲申28	乙酉29	丙戌30	丁亥31	戊子(6)	己丑2	庚寅3	辛卯4	壬辰5	癸巳6	甲午7	乙未8	丙申9	丁酉10	戊戌11	己亥12	庚子13	辛丑14	壬寅15	癸卯16	甲辰17	乙巳18	丙午19	丁未20	
五月小	戊午	天干 地支 西曆	戊申21	己酉22	庚戌23	辛亥24	壬子25	癸丑26	甲寅27	乙卯28	丙辰29	丁巳30	戊午(7)	己未2	庚申3	辛酉4	壬戌5	癸亥6	甲子7	乙丑8	丙寅9	丁卯10	戊辰11	己巳12	庚午13	辛未14	壬申15	癸酉16	甲戌17	乙亥18	丙子19		戊午夏至
六月大	己未	天干 地支 西曆	丁丑20	戊寅21	己卯22	庚辰23	辛巳24	壬午25	癸未26	甲申27	乙酉28	丙戌29	丁亥30	戊子31	己丑(8)	庚寅2	辛卯3	壬辰4	癸巳5	甲午6	乙未7	丙申8	丁酉9	戊戌10	己亥11	庚子12	辛丑13	壬寅14	癸卯15	甲辰16	乙巳17	丙午18	乙巳立秋
七月小	庚申	天干 地支 西曆	丁未19	戊申20	己酉21	庚戌22	辛亥23	壬子24	癸丑25	甲寅26	乙卯27	丙辰28	丁巳29	戊午30	己未31	庚申(9)	辛酉2	壬戌3	癸亥4	甲子5	乙丑6	丙寅7	丁卯8	戊辰9	己巳10	庚午11	辛未12	壬申13	癸酉14	甲戌15	乙亥16		
八月大	辛酉	天干 地支 西曆	丙子17	丁丑18	戊寅19	己卯20	庚辰21	辛巳22	壬午23	癸未24	甲申25	乙酉26	丙戌27	丁亥28	戊子29	己丑30	庚寅(10)	辛卯2	壬辰3	癸巳4	甲午5	乙未6	丙申7	丁酉8	戊戌9	己亥10	庚子11	辛丑12	壬寅13	癸卯14	甲辰15	乙巳16	庚寅秋分 丙子日食
九月小	壬戌	天干 地支 西曆	丙午17	丁未18	戊申19	己酉20	庚戌21	辛亥22	壬子23	癸丑24	甲寅25	乙卯26	丙辰27	丁巳28	戊午29	己未30	庚申31	辛酉(11)	壬戌2	癸亥3	甲子4	乙丑5	丙寅6	丁卯7	戊辰8	己巳9	庚午10	辛未11	壬申12	癸酉13	甲戌14		甲戌立冬
十月大	癸亥	天干 地支 西曆	乙亥15	丙子16	丁丑17	戊寅18	己卯19	庚辰20	辛巳21	壬午22	癸未23	甲申24	乙酉25	丙戌26	丁亥27	戊子28	己丑29	庚寅30	辛卯(12)	壬辰2	癸巳3	甲午4	乙未5	丙申6	丁酉7	戊戌8	己亥9	庚子10	辛丑11	壬寅12	癸卯13	甲辰14	
十一月小	甲子	天干 地支 西曆	乙巳15	丙午16	丁未17	戊申18	己酉19	庚戌20	辛亥21	壬子22	癸丑23	甲寅24	乙卯25	丙辰26	丁巳27	戊午28	己未29	庚申30	辛酉31	壬戌(1)	癸亥2	甲子3	乙丑4	丙寅5	丁卯6	戊辰7	己巳8	庚午9	辛未10	壬申11	癸酉12		己未冬至
十二月大	乙丑	天干 地支 西曆	甲戌13	乙亥14	丙子15	丁丑16	戊寅17	己卯18	庚辰19	辛巳20	壬午21	癸未22	甲申23	乙酉24	丙戌25	丁亥26	戊子27	己丑28	庚寅29	辛卯30	壬辰31	癸巳(2)	甲午2	乙未3	丙申4	丁酉5	戊戌6	己亥7	庚子8	辛丑9	壬寅10	癸卯11	癸卯立春

*《長術》：正戊申，四丁丑，六丙子，八乙亥，十甲戌，十二癸酉。

周平王十四年（甲申 猴年） 公元前757 ~ 前756年

夏曆月序	中西曆日對照	夏曆日序																														節氣與天象
		初一	初二	初三	初四	初五	初六	初七	初八	初九	初十	十一	十二	十三	十四	十五	十六	十七	十八	十九	二十	二一	二二	二三	二四	二五	二六	二七	二八	二九	三十	
正月小 丙寅	天干地支西曆	甲辰12	乙巳13	丙午14	丁未15	戊申16	己酉17	庚戌18	辛亥19	壬子20	癸丑21	甲寅22	乙卯23	丙辰24	丁巳25	戊午26	己未27	庚申28	辛酉29	壬戌(3)	癸亥2	甲子3	乙丑4	丙寅5	丁卯6	戊辰7	己巳8	庚午9	辛未10	壬申11		
二月小 丁卯	天干地支西曆	癸酉12	甲戌13	乙亥14	丙子15	丁丑16	戊寅17	己卯18	庚辰19	辛巳20	壬午21	癸未22	甲申23	乙酉24	丙戌25	丁亥26	戊子27	己丑28	庚寅29	辛卯30	壬辰31	癸巳(4)	甲午2	乙未3	丙申4	丁酉5	戊戌6	己亥7	庚子8	辛丑9		己丑春分
三月大 戊辰	天干地支西曆	壬寅10	癸卯11	甲辰12	乙巳13	丙午14	丁未15	戊申16	己酉17	庚戌18	辛亥19	壬子20	癸丑21	甲寅22	乙卯23	丙辰24	丁巳25	戊午26	己未27	庚申28	辛酉29	壬戌30	癸亥(5)	甲子2	乙丑3	丙寅4	丁卯5	戊辰6	己巳7	庚午8	辛未9	
四月大 己巳	天干地支西曆	壬申10	癸酉11	甲戌12	乙亥13	丙子14	丁丑15	戊寅16	己卯17	庚辰18	辛巳19	壬午20	癸未21	甲申22	乙酉23	丙戌24	丁亥25	戊子26	己丑27	庚寅28	辛卯29	壬辰30	癸巳31	甲午(6)	乙未2	丙申3	丁酉4	戊戌5	己亥6	庚子7	辛丑8	丙子立夏
五月小 庚午	天干地支西曆	壬寅9	癸卯10	甲辰11	乙巳12	丙午13	丁未14	戊申15	己酉16	庚戌17	辛亥18	壬子19	癸丑20	甲寅21	乙卯22	丙辰23	丁巳24	戊午25	己未26	庚申27	辛酉28	壬戌29	癸亥30	甲子(7)	乙丑2	丙寅3	丁卯4	戊辰5	己巳6	庚午7		甲子夏至
六月大 辛未	天干地支西曆	辛未8	壬申9	癸酉10	甲戌11	乙亥12	丙子13	丁丑14	戊寅15	己卯16	庚辰17	辛巳18	壬午19	癸未20	甲申21	乙酉22	丙戌23	丁亥24	戊子25	己丑26	庚寅27	辛卯28	壬辰29	癸巳30	甲午31	乙未(8)	丙申2	丁酉3	戊戌4	己亥5	庚子6	
七月大 壬申	天干地支西曆	辛丑7	壬寅8	癸卯9	甲辰10	乙巳11	丙午12	丁未13	戊申14	己酉15	庚戌16	辛亥17	壬子18	癸丑19	甲寅20	乙卯21	丙辰22	丁巳23	戊午24	己未25	庚申26	辛酉27	壬戌28	癸亥29	甲子30	乙丑31	丙寅(9)	丁卯2	戊辰3	己巳4	庚午5	庚戌立秋
八月小 癸酉	天干地支西曆	辛未6	壬申7	癸酉8	甲戌9	乙亥10	丙子11	丁丑12	戊寅13	己卯14	庚辰15	辛巳16	壬午17	癸未18	甲申19	乙酉20	丙戌21	丁亥22	戊子23	己丑24	庚寅25	辛卯26	壬辰27	癸巳28	甲午29	乙未30	丙申(10)	丁酉2	戊戌3	己亥4		乙未秋分
九月大 甲戌	天干地支西曆	庚子5	辛丑6	壬寅7	癸卯8	甲辰9	乙巳10	丙午11	丁未12	戊申13	己酉14	庚戌15	辛亥16	壬子17	癸丑18	甲寅19	乙卯20	丙辰21	丁巳22	戊午23	己未24	庚申25	辛酉26	壬戌27	癸亥28	甲子29	乙丑30	丙寅31	丁卯(11)	戊辰2	己巳3	
十月小 乙亥	天干地支西曆	庚午4	辛未5	壬申6	癸酉7	甲戌8	乙亥9	丙子10	丁丑11	戊寅12	己卯13	庚辰14	辛巳15	壬午16	癸未17	甲申18	乙酉19	丙戌20	丁亥21	戊子22	己丑23	庚寅24	辛卯25	壬辰26	癸巳27	甲午28	乙未29	丙申30	丁酉(12)	戊戌2		庚辰立冬
十一月大 丙子	天干地支西曆	己亥3	庚子4	辛丑5	壬寅6	癸卯7	甲辰8	乙巳9	丙午10	丁未11	戊申12	己酉13	庚戌14	辛亥15	壬子16	癸丑17	甲寅18	乙卯19	丙辰20	丁巳21	戊午22	己未23	庚申24	辛酉25	壬戌26	癸亥27	甲子28	乙丑29	丙寅30	丁卯31	戊辰(1)	甲子冬至
十二月小 丁丑	天干地支西曆	己巳2	庚午3	辛未4	壬申5	癸酉6	甲戌7	乙亥8	丙子9	丁丑10	戊寅11	己卯12	庚辰13	辛巳14	壬午15	癸未16	甲申17	乙酉18	丙戌19	丁亥20	戊子21	己丑22	庚寅23	辛卯24	壬辰25	癸巳26	甲午27	乙未28	丙申29	丁酉30		

*《長術》：正癸卯，二壬申，四辛未，六庚午，九己亥，十一戊戌。

周平王十五年（乙酉 鷄年）公元前**756**～前755年

夏曆月序		中西曆日對照	初一	初二	初三	初四	初五	初六	初七	初八	初九	初十	十一	十二	十三	十四	十五	十六	十七	十八	十九	二十	二一	二二	二三	二四	二五	二六	二七	二八	二九	三十	節氣與天象
正月大	戊寅	天干地支西曆	戊戌31	己亥(2)	庚子2	辛丑3	壬寅4	癸卯5	甲辰6	乙巳7	丙午8	丁未9	戊申10	己酉11	庚戌12	辛亥13	壬子14	癸丑15	甲寅16	乙卯17	丙辰18	丁巳19	戊午20	己未21	庚申22	辛酉23	壬戌24	癸亥25	甲子26	乙丑27	丙寅28	丁卯(3)	己酉立春 戊戌日食
二月小	己卯	天干地支西曆	戊辰2	己巳3	庚午4	辛未5	壬申6	癸酉7	甲戌8	乙亥9	丙子10	丁丑11	戊寅12	己卯13	庚辰14	辛巳15	壬午16	癸未17	甲申18	乙酉19	丙戌20	丁亥21	戊子22	己丑23	庚寅24	辛卯25	壬辰26	癸巳27	甲午28	乙未29	丙申30		乙未春分
二月小	己卯	天干地支西曆	丁酉31	戊戌(4)	己亥2	庚子3	辛丑4	壬寅5	癸卯6	甲辰7	乙巳8	丙午9	丁未10	戊申11	己酉12	庚戌13	辛亥14	壬子15	癸丑16	甲寅17	乙卯18	丙辰19	丁巳20	戊午21	己未22	庚申23	辛酉24	壬戌25	癸亥26	甲子27	乙丑28		
三月大	庚辰	天干地支西曆	丙寅29	丁卯30	戊辰(5)	己巳2	庚午3	辛未4	壬申5	癸酉6	甲戌7	乙亥8	丙子9	丁丑10	戊寅11	己卯12	庚辰13	辛巳14	壬午15	癸未16	甲申17	乙酉18	丙戌19	丁亥20	戊子21	己丑22	庚寅23	辛卯24	壬辰25	癸巳26	甲午27	乙未28	壬午立夏
四月小	辛巳	天干地支西曆	丙申29	丁酉30	戊戌31	己亥(6)	庚子2	辛丑3	壬寅4	癸卯5	甲辰6	乙巳7	丙午8	丁未9	戊申10	己酉11	庚戌12	辛亥13	壬子14	癸丑15	甲寅16	乙卯17	丙辰18	丁巳19	戊午20	己未21	庚申22	辛酉23	壬戌24	癸亥25	甲子26		
五月大	壬午	天干地支西曆	乙丑27	丙寅28	丁卯29	戊辰30	己巳(7)	庚午2	辛未3	壬申4	癸酉5	甲戌6	乙亥7	丙子8	丁丑9	戊寅10	己卯11	庚辰12	辛巳13	壬午14	癸未15	甲申16	乙酉17	丙戌18	丁亥19	戊子20	己丑21	庚寅22	辛卯23	壬辰24	癸巳25	甲午26	己巳夏至
六月大	癸未	天干地支西曆	乙未27	丙申28	丁酉29	戊戌30	己亥31	庚子(8)	辛丑2	壬寅3	癸卯4	甲辰5	乙巳6	丙午7	丁未8	戊申9	己酉10	庚戌11	辛亥12	壬子13	癸丑14	甲寅15	乙卯16	丙辰17	丁巳18	戊午19	己未20	庚申21	辛酉22	壬戌23	癸亥24	甲子25	乙卯立秋
七月小	甲申	天干地支西曆	乙丑26	丙寅27	丁卯28	戊辰29	己巳30	庚午31	辛未(9)	壬申2	癸酉3	甲戌4	乙亥5	丙子6	丁丑7	戊寅8	己卯9	庚辰10	辛巳11	壬午12	癸未13	甲申14	乙酉15	丙戌16	丁亥17	戊子18	己丑19	庚寅20	辛卯21	壬辰22	癸巳23		
八月大	乙酉	天干地支西曆	甲午24	乙未25	丙申26	丁酉27	戊戌28	己亥29	庚子30	辛丑(10)	壬寅2	癸卯3	甲辰4	乙巳5	丙午6	丁未7	戊申8	己酉9	庚戌10	辛亥11	壬子12	癸丑13	甲寅14	乙卯15	丙辰16	丁巳17	戊午18	己未19	庚申20	辛酉21	壬戌22	癸亥23	辛丑秋分
九月大	丙戌	天干地支西曆	甲子24	乙丑25	丙寅26	丁卯27	戊辰28	己巳29	庚午30	辛未31	壬申(11)	癸酉2	甲戌3	乙亥4	丙子5	丁丑6	戊寅7	己卯8	庚辰9	辛巳10	壬午11	癸未12	甲申13	乙酉14	丙戌15	丁亥16	戊子17	己丑18	庚寅19	辛卯20	壬辰21	癸巳22	乙酉立冬
十月小	丁亥	天干地支西曆	甲午23	乙未24	丙申25	丁酉26	戊戌27	己亥28	庚子29	辛丑30	壬寅(12)	癸卯2	甲辰3	乙巳4	丙午5	丁未6	戊申7	己酉8	庚戌9	辛亥10	壬子11	癸丑12	甲寅13	乙卯14	丙辰15	丁巳16	戊午17	己未18	庚申19	辛酉20	壬戌21		
十一月大	戊子	天干地支西曆	癸亥22	甲子23	乙丑24	丙寅25	丁卯26	戊辰27	己巳28	庚午29	辛未30	壬申31	癸酉(1)	甲戌2	乙亥3	丙子4	丁丑5	戊寅6	己卯7	庚辰8	辛巳9	壬午10	癸未11	甲申12	乙酉13	丙戌14	丁亥15	戊子16	己丑17	庚寅18	辛卯19	壬辰20	己巳冬至
十二月小	己丑	天干地支西曆	癸巳21	甲午22	乙未23	丙申24	丁酉25	戊戌26	己亥27	庚子28	辛丑29	壬寅30	癸卯31	甲辰(2)	乙巳2	丙午3	丁未4	戊申5	己酉6	庚戌7	辛亥8	壬子9	癸丑10	甲寅11	乙卯12	丙辰13	丁巳14	戊午15	己未16	庚申17	辛酉18		甲寅立春

*《長術》：正丁酉，三丙申，五乙未，七甲午，八癸巳，十壬辰。閏七。

周平王十六年（丙戌 狗年） 公元前755 ~ 前754年

夏曆月序		中西曆日對照	初一	初二	初三	初四	初五	初六	初七	初八	初九	初十	十一	十二	十三	十四	十五	十六	十七	十八	十九	二十	二一	二二	二三	二四	二五	二六	二七	二八	二九	三十	節氣與天象
正月大	庚寅	干支 天地西曆	壬戌 19	癸亥 20	甲子 21	乙丑 22	丙寅 23	丁卯 24	戊辰 25	己巳 26	庚午 27	辛未 28	壬申 (3)	癸酉 2	甲戌 3	乙亥 4	丙子 5	丁丑 6	戊寅 7	己卯 8	庚辰 9	辛巳 10	壬午 11	癸未 12	甲申 13	乙酉 14	丙戌 15	丁亥 16	戊子 17	己丑 18	庚寅 19	辛卯 20	
二月小	辛卯	干支 天地西曆	壬辰 21	癸巳 22	甲午 23	乙未 24	丙申 25	丁酉 26	戊戌 27	己亥 28	庚子 29	辛丑 30	壬寅 31	癸卯 (4)	甲辰 2	乙巳 3	丙午 4	丁未 5	戊申 6	己酉 7	庚戌 8	辛亥 9	壬子 10	癸丑 11	甲寅 12	乙卯 13	丙辰 14	丁巳 15	戊午 16	己未 17	庚申 18		庚子春分
三月小	壬辰	干支 天地西曆	辛酉 19	壬戌 20	癸亥 21	甲子 22	乙丑 23	丙寅 24	丁卯 25	戊辰 26	己巳 27	庚午 28	辛未 29	壬申 30	癸酉 (5)	甲戌 2	乙亥 3	丙子 4	丁丑 5	戊寅 6	己卯 7	庚辰 8	辛巳 9	壬午 10	癸未 11	甲申 12	乙酉 13	丙戌 14	丁亥 15	戊子 16	己丑 17		丁亥立夏
四月大	癸巳	干支 天地西曆	庚寅 18	辛卯 19	壬辰 20	癸巳 21	甲午 22	乙未 23	丙申 24	丁酉 25	戊戌 26	己亥 27	庚子 28	辛丑 29	壬寅 30	癸卯 31	甲辰 (6)	乙巳 2	丙午 3	丁未 4	戊申 5	己酉 6	庚戌 7	辛亥 8	壬子 9	癸丑 10	甲寅 11	乙卯 12	丙辰 13	丁巳 14	戊午 15	己未 16	
五月小	甲午	干支 天地西曆	庚申 17	辛酉 18	壬戌 19	癸亥 20	甲子 21	乙丑 22	丙寅 23	丁卯 24	戊辰 25	己巳 26	庚午 27	辛未 28	壬申 29	癸酉 30	甲戌 (7)	乙亥 2	丙子 3	丁丑 4	戊寅 5	己卯 6	庚辰 7	辛巳 8	壬午 9	癸未 10	甲申 11	乙酉 12	丙戌 13	丁亥 14	戊子 15		甲戌夏至
六月大	乙未	干支 天地西曆	己丑 16	庚寅 17	辛卯 18	壬辰 19	癸巳 20	甲午 21	乙未 22	丙申 23	丁酉 24	戊戌 25	己亥 26	庚子 27	辛丑 28	壬寅 29	癸卯 30	甲辰 31	乙巳 (8)	丙午 2	丁未 3	戊申 4	己酉 5	庚戌 6	辛亥 7	壬子 8	癸丑 9	甲寅 10	乙卯 11	丙辰 12	丁巳 13	戊午 14	己丑日食
七月小	丙申	干支 天地西曆	己未 15	庚申 16	辛酉 17	壬戌 18	癸亥 19	甲子 20	乙丑 21	丙寅 22	丁卯 23	戊辰 24	己巳 25	庚午 26	辛未 27	壬申 28	癸酉 29	甲戌 30	乙亥 31	丙子 (9)	丁丑 2	戊寅 3	己卯 4	庚辰 5	辛巳 6	壬午 7	癸未 8	甲申 9	乙酉 10	丙戌 11	丁亥 12		辛酉立秋
八月大	丁酉	干支 天地西曆	戊子 13	己丑 14	庚寅 15	辛卯 16	壬辰 17	癸巳 18	甲午 19	乙未 20	丙申 21	丁酉 22	戊戌 23	己亥 24	庚子 25	辛丑 26	壬寅 27	癸卯 28	甲辰 29	乙巳 30	丙午 (10)	丁未 2	戊申 3	己酉 4	庚戌 5	辛亥 6	壬子 7	癸丑 8	甲寅 9	乙卯 10	丙辰 11	丁巳 12	丙午秋分
九月大	戊戌	干支 天地西曆	戊午 13	己未 14	庚申 15	辛酉 16	壬戌 17	癸亥 18	甲子 19	乙丑 20	丙寅 21	丁卯 22	戊辰 23	己巳 24	庚午 25	辛未 26	壬申 27	癸酉 28	甲戌 29	乙亥 30	丙子 31	丁丑 (11)	戊寅 2	己卯 3	庚辰 4	辛巳 5	壬午 6	癸未 7	甲申 8	乙酉 9	丙戌 10	丁亥 11	
十月大	己亥	干支 天地西曆	戊子 12	己丑 13	庚寅 14	辛卯 15	壬辰 16	癸巳 17	甲午 18	乙未 19	丙申 20	丁酉 21	戊戌 22	己亥 23	庚子 24	辛丑 25	壬寅 26	癸卯 27	甲辰 28	乙巳 29	丙午 30	丁未 (12)	戊申 2	己酉 3	庚戌 4	辛亥 5	壬子 6	癸丑 7	甲寅 8	乙卯 9	丙辰 10	丁巳 11	庚寅立冬
十一月小	庚子	干支 天地西曆	戊午 12	己未 13	庚申 14	辛酉 15	壬戌 16	癸亥 17	甲子 18	乙丑 19	丙寅 20	丁卯 21	戊辰 22	己巳 23	庚午 24	辛未 25	壬申 26	癸酉 27	甲戌 28	乙亥 29	丙子 30	丁丑 31	戊寅 (1)	己卯 2	庚辰 3	辛巳 4	壬午 5	癸未 6	甲申 7	乙酉 8	丙戌 9		甲戌冬至
十二月大	辛丑	干支 天地西曆	丁亥 10	戊子 11	己丑 12	庚寅 13	辛卯 14	壬辰 15	癸巳 16	甲午 17	乙未 18	丙申 19	丁酉 20	戊戌 21	己亥 22	庚子 23	辛丑 24	壬寅 25	癸卯 26	甲辰 27	乙巳 28	丙午 29	丁未 30	戊申 31	己酉 (2)	庚戌 2	辛亥 3	壬子 4	癸丑 5	甲寅 6	乙卯 7	丙辰 8	

*《長術》：正辛酉，三庚申，五己未，七戊午，九丁巳，十一丙辰。

周平王十七年（丁亥 猪年） 公元前754 ~ 前753年

夏曆月序		西中曆日對照	初一	初二	初三	初四	初五	初六	初七	初八	初九	初十	十一	十二	十三	十四	十五	十六	十七	十八	十九	二十	二一	二二	二三	二四	二五	二六	二七	二八	二九	三十	節氣與天象
正月小	壬寅	天干地支 西曆	丁巳9	戊午10	己未11	庚申12	辛酉13	壬戌14	癸亥15	甲子16	乙丑17	丙寅18	丁卯19	戊辰20	己巳21	庚午22	辛未23	壬申24	癸酉25	甲戌26	乙亥27	丙子28	丁丑(3)	戊寅2	己卯3	庚辰4	辛巳5	壬午6	癸未7	甲申8	乙酉9		己未立春
二月大	癸卯	天干地支 西曆	丙戌10	丁亥11	戊子12	己丑13	庚寅14	辛卯15	壬辰16	癸巳17	甲午18	乙未19	丙申20	丁酉21	戊戌22	己亥23	庚子24	辛丑25	壬寅26	癸卯27	甲辰28	乙巳29	丙午30	丁未31	戊申(4)	己酉2	庚戌3	辛亥4	壬子5	癸丑6	甲寅7	乙卯8	乙巳春分
三月小	甲辰	天干地支 西曆	丙辰9	丁巳10	戊午11	己未12	庚申13	辛酉14	壬戌15	癸亥16	甲子17	乙丑18	丙寅19	丁卯20	戊辰21	己巳22	庚午23	辛未24	壬申25	癸酉26	甲戌27	乙亥28	丙子29	丁丑30	戊寅(5)	己卯2	庚辰3	辛巳4	壬午5	癸未6	甲申7		
四月小	乙巳	天干地支 西曆	乙酉8	丙戌9	丁亥10	戊子11	己丑12	庚寅13	辛卯14	壬辰15	癸巳16	甲午17	乙未18	丙申19	丁酉20	戊戌21	己亥22	庚子23	辛丑24	壬寅25	癸卯26	甲辰27	乙巳28	丙午29	丁未30	戊申31	己酉(6)	庚戌2	辛亥3	壬子4	癸丑5		壬辰立夏
五月小	丙午	天干地支 西曆	甲寅6	乙卯7	丙辰8	丁巳9	戊午10	己未11	庚申12	辛酉13	壬戌14	癸亥15	甲子16	乙丑17	丙寅18	丁卯19	戊辰20	己巳21	庚午22	辛未23	壬申24	癸酉25	甲戌26	乙亥27	丙子28	丁丑29	戊寅30	己卯(7)	庚辰2	辛巳3	壬午4		己卯夏至
六月大	丁未	天干地支 西曆	癸未5	甲申6	乙酉7	丙戌8	丁亥9	戊子10	己丑11	庚寅12	辛卯13	壬辰14	癸巳15	甲午16	乙未17	丙申18	丁酉19	戊戌20	己亥21	庚子22	辛丑23	壬寅24	癸卯25	甲辰26	乙巳27	丙午28	丁未29	戊申30	己酉31	庚戌(8)	辛亥2	壬子3	
七月小	戊申	天干地支 西曆	癸丑4	甲寅5	乙卯6	丙辰7	丁巳8	戊午9	己未10	庚申11	辛酉12	壬戌13	癸亥14	甲子15	乙丑16	丙寅17	丁卯18	戊辰19	己巳20	庚午21	辛未22	壬申23	癸酉24	甲戌25	乙亥26	丙子27	丁丑28	戊寅29	己卯30	庚辰31	辛巳(9)		丙寅立秋
八月大	己酉	天干地支 西曆	壬午2	癸未3	甲申4	乙酉5	丙戌6	丁亥7	戊子8	己丑9	庚寅10	辛卯11	壬辰12	癸巳13	甲午14	乙未15	丙申16	丁酉17	戊戌18	己亥19	庚子20	辛丑21	壬寅22	癸卯23	甲辰24	乙巳25	丙午26	丁未27	戊申28	己酉29	庚戌30	辛亥(10)	辛亥秋分
九月大	庚戌	天干地支 西曆	壬子2	癸丑3	甲寅4	乙卯5	丙辰6	丁巳7	戊午8	己未9	庚申10	辛酉11	壬戌12	癸亥13	甲子14	乙丑15	丙寅16	丁卯17	戊辰18	己巳19	庚午20	辛未21	壬申22	癸酉23	甲戌24	乙亥25	丙子26	丁丑27	戊寅28	己卯29	庚辰30	辛巳31	
十月大	辛亥	天干地支 西曆	壬午(11)	癸未2	甲申3	乙酉4	丙戌5	丁亥6	戊子7	己丑8	庚寅9	辛卯10	壬辰11	癸巳12	甲午13	乙未14	丙申15	丁酉16	戊戌17	己亥18	庚子19	辛丑20	壬寅21	癸卯22	甲辰23	乙巳24	丙午25	丁未26	戊申27	己酉28	庚戌29	辛亥30	乙未立冬
十一月小	壬子	天干地支 西曆	壬子(12)	癸丑2	甲寅3	乙卯4	丙辰5	丁巳6	戊午7	己未8	庚申9	辛酉10	壬戌11	癸亥12	甲子13	乙丑14	丙寅15	丁卯16	戊辰17	己巳18	庚午19	辛未20	壬申21	癸酉22	甲戌23	乙亥24	丙子25	丁丑26	戊寅27	己卯28	庚辰29		庚辰冬至
闰十一大	壬子	天干地支 西曆	辛巳30	壬午31	癸未(1)	甲申2	乙酉3	丙戌4	丁亥5	戊子6	己丑7	庚寅8	辛卯9	壬辰10	癸巳11	甲午12	乙未13	丙申14	丁酉15	戊戌16	己亥17	庚子18	辛丑19	壬寅20	癸卯21	甲辰22	乙巳23	丙午24	丁未25	戊申26	己酉27	庚戌28	
十二月大	癸丑	天干地支 西曆	辛亥29	壬子30	癸丑31	甲寅(2)	乙卯2	丙辰3	丁巳4	戊午5	己未6	庚申7	辛酉8	壬戌9	癸亥10	甲子11	乙丑12	丙寅13	丁卯14	戊辰15	己巳16	庚午17	辛未18	壬申19	癸酉20	甲戌21	乙亥22	丙子23	丁丑24	戊寅25	己卯26	庚辰27	甲子立春

*《長術》：正乙卯，四甲申，六癸未，八壬午，十辛巳，十二庚辰。

周平王十八年（戊子 鼠年） 公元前753～前752年

夏曆月序		中西曆日對照	初一	初二	初三	初四	初五	初六	初七	初八	初九	初十	十一	十二	十三	十四	十五	十六	十七	十八	十九	二十	二一	二二	二三	二四	二五	二六	二七	二八	二九	三十	節氣與天象
正月小	甲寅	天干地支 西曆	辛巳 28	壬午 29	癸未 (3)	甲申 2	乙酉 3	丙戌 4	丁亥 5	戊子 6	己丑 7	庚寅 8	辛卯 9	壬辰 10	癸巳 11	甲午 12	乙未 13	丙申 14	丁酉 15	戊戌 16	己亥 17	庚子 18	辛丑 19	壬寅 20	癸卯 21	甲辰 22	乙巳 23	丙午 24	丁未 25	戊申 26	己酉 27		
二月大	乙卯	天干地支 西曆	庚戌 28	辛亥 29	壬子 30	癸丑 31	甲寅 (4)	乙卯 2	丙辰 3	丁巳 4	戊午 5	己未 6	庚申 7	辛酉 8	壬戌 9	癸亥 10	甲子 11	乙丑 12	丙寅 13	丁卯 14	戊辰 15	己巳 16	庚午 17	辛未 18	壬申 19	癸酉 20	甲戌 21	乙亥 22	丙子 23	丁丑 24	戊寅 25	己卯 26	庚戌春分
三月小	丙辰	天干地支 西曆	庚辰 27	辛巳 28	壬午 29	癸未 30	甲申 (5)	乙酉 2	丙戌 3	丁亥 4	戊子 5	己丑 6	庚寅 7	辛卯 8	壬辰 9	癸巳 10	甲午 11	乙未 12	丙申 13	丁酉 14	戊戌 15	己亥 16	庚子 17	辛丑 18	壬寅 19	癸卯 20	甲辰 21	乙巳 22	丙午 23	丁未 24	戊申 25		丁酉立夏
四月小	丁巳	天干地支 西曆	己酉 26	庚戌 27	辛亥 28	壬子 29	癸丑 30	甲寅 31	乙卯 (6)	丙辰 2	丁巳 3	戊午 4	己未 5	庚申 6	辛酉 7	壬戌 8	癸亥 9	甲子 10	乙丑 11	丙寅 12	丁卯 13	戊辰 14	己巳 15	庚午 16	辛未 17	壬申 18	癸酉 19	甲戌 20	乙亥 21	丙子 22	丁丑 23		
五月小	戊午	天干地支 西曆	戊寅 24	己卯 25	庚辰 26	辛巳 27	壬午 28	癸未 29	甲申 30	乙酉 (7)	丙戌 2	丁亥 3	戊子 4	己丑 5	庚寅 6	辛卯 7	壬辰 8	癸巳 9	甲午 10	乙未 11	丙申 12	丁酉 13	戊戌 14	己亥 15	庚子 16	辛丑 17	壬寅 18	癸卯 19	甲辰 20	乙巳 21	丙午 22		乙酉夏至
六月大	己未	天干地支 西曆	丁未 23	戊申 24	己酉 25	庚戌 26	辛亥 27	壬子 28	癸丑 29	甲寅 30	乙卯 31	丙辰 (8)	丁巳 2	戊午 3	己未 4	庚申 5	辛酉 6	壬戌 7	癸亥 8	甲子 9	乙丑 10	丙寅 11	丁卯 12	戊辰 13	己巳 14	庚午 15	辛未 16	壬申 17	癸酉 18	甲戌 19	乙亥 20	丙子 21	辛未立秋
七月小	庚申	天干地支 西曆	丁丑 22	戊寅 23	己卯 24	庚辰 25	辛巳 26	壬午 27	癸未 28	甲申 29	乙酉 30	丙戌 31	丁亥 (9)	戊子 2	己丑 3	庚寅 4	辛卯 5	壬辰 6	癸巳 7	甲午 8	乙未 9	丙申 10	丁酉 11	戊戌 12	己亥 13	庚子 14	辛丑 15	壬寅 16	癸卯 17	甲辰 18	乙巳 19		
八月大	辛酉	天干地支 西曆	丙午 20	丁未 21	戊申 22	己酉 23	庚戌 24	辛亥 25	壬子 26	癸丑 27	甲寅 28	乙卯 29	丙辰 30	丁巳 (10)	戊午 2	己未 3	庚申 4	辛酉 5	壬戌 6	癸亥 7	甲子 8	乙丑 9	丙寅 10	丁卯 11	戊辰 12	己巳 13	庚午 14	辛未 15	壬申 16	癸酉 17	甲戌 18	乙亥 19	丙辰秋分
九月大	壬戌	天干地支 西曆	丙子 20	丁丑 21	戊寅 22	己卯 23	庚辰 24	辛巳 25	壬午 26	癸未 27	甲申 28	乙酉 29	丙戌 30	丁亥 31	戊子 (11)	己丑 2	庚寅 3	辛卯 4	壬辰 5	癸巳 6	甲午 7	乙未 8	丙申 9	丁酉 10	戊戌 11	己亥 12	庚子 13	辛丑 14	壬寅 15	癸卯 16	甲辰 17	乙巳 18	辛丑立冬
十月小	癸亥	天干地支 西曆	丙午 19	丁未 20	戊申 21	己酉 22	庚戌 23	辛亥 24	壬子 25	癸丑 26	甲寅 27	乙卯 28	丙辰 29	丁巳 30	戊午 (12)	己未 2	庚申 3	辛酉 4	壬戌 5	癸亥 6	甲子 7	乙丑 8	丙寅 9	丁卯 10	戊辰 11	己巳 12	庚午 13	辛未 14	壬申 15	癸酉 16	甲戌 17		
十一月大	甲子	天干地支 西曆	乙亥 18	丙子 19	丁丑 20	戊寅 21	己卯 22	庚辰 23	辛巳 24	壬午 25	癸未 26	甲申 27	乙酉 28	丙戌 29	丁亥 30	戊子 31	己丑 (1)	庚寅 2	辛卯 3	壬辰 4	癸巳 5	甲午 6	乙未 7	丙申 8	丁酉 9	戊戌 10	己亥 11	庚子 12	辛丑 13	壬寅 14	癸卯 15	甲辰 16	乙酉冬至
十二月大	乙丑	天干地支 西曆	乙巳 17	丙午 18	丁未 19	戊申 20	己酉 21	庚戌 22	辛亥 23	壬子 24	癸丑 25	甲寅 26	乙卯 27	丙辰 28	丁巳 29	戊午 30	己未 31	庚申 (2)	辛酉 2	壬戌 3	癸亥 4	甲子 5	乙丑 6	丙寅 7	丁卯 8	戊辰 9	己巳 10	庚午 11	辛未 12	壬申 13	癸酉 14	甲戌 15	庚午立春

*《長術》：正庚戌，二己卯，閏三戊寅，五丁丑，八丙午，十乙巳，十二甲辰。

周平王十九年（己丑牛年） 公元前752 ~ 前751年

夏曆月序		中西曆日對照	初一	初二	初三	初四	初五	初六	初七	初八	初九	初十	十一	十二	十三	十四	十五	十六	十七	十八	十九	二十	二一	二二	二三	二四	二五	二六	二七	二八	二九	三十	節氣與天象
正月大	丙寅	干支 天地西曆	乙亥16	丙子17	丁丑18	戊寅19	己卯20	庚辰21	辛巳22	壬午23	癸未24	甲申25	乙酉26	丙戌27	丁亥28	戊子(3)	己丑2	庚寅3	辛卯4	壬辰5	癸巳6	甲午7	乙未8	丙申9	丁酉10	戊戌11	己亥12	庚子13	辛丑14	壬寅15	癸卯16	甲辰17	
二月小	丁卯	干支 天地西曆	乙巳18	丙午19	丁未20	戊申21	己酉22	庚戌23	辛亥24	壬子25	癸丑26	甲寅27	乙卯28	丙辰29	丁巳30	戊午31	己未(4)	庚申2	辛酉3	壬戌4	癸亥5	甲子6	乙丑7	丙寅8	丁卯9	戊辰10	己巳11	庚午12	辛未13	壬申14	癸酉15		丙辰春分
三月大	戊辰	干支 天地西曆	甲戌16	乙亥17	丙子18	丁丑19	戊寅20	己卯21	庚辰22	辛巳23	壬午24	癸未25	甲申26	乙酉27	丙戌28	丁亥29	戊子30	己丑(5)	庚寅2	辛卯3	壬辰4	癸巳5	甲午6	乙未7	丙申8	丁酉9	戊戌10	己亥11	庚子12	辛丑13	壬寅14	癸卯15	癸卯立夏
四月小	己巳	干支 天地西曆	甲辰16	乙巳17	丙午18	丁未19	戊申20	己酉21	庚戌22	辛亥23	壬子24	癸丑25	甲寅26	乙卯27	丙辰28	丁巳29	戊午30	己未31	庚申(6)	辛酉2	壬戌3	癸亥4	甲子5	乙丑6	丙寅7	丁卯8	戊辰9	己巳10	庚午11	辛未12	壬申13		
五月小	庚午	干支 天地西曆	癸酉14	甲戌15	乙亥16	丙子17	丁丑18	戊寅19	己卯20	庚辰21	辛巳22	壬午23	癸未24	甲申25	乙酉26	丙戌27	丁亥28	戊子29	己丑30	庚寅(7)	辛卯2	壬辰3	癸巳4	甲午5	乙未6	丙申7	丁酉8	戊戌9	己亥10	庚子11	辛丑12		庚寅夏至
六月大	辛未	干支 天地西曆	壬寅13	癸卯14	甲辰15	乙巳16	丙午17	丁未18	戊申19	己酉20	庚戌21	辛亥22	壬子23	癸丑24	甲寅25	乙卯26	丙辰27	丁巳28	戊午29	己未30	庚申31	辛酉(8)	壬戌2	癸亥3	甲子4	乙丑5	丙寅6	丁卯7	戊辰8	己巳9	庚午10	辛未11	
七月小	壬申	干支 天地西曆	壬申12	癸酉13	甲戌14	乙亥15	丙子16	丁丑17	戊寅18	己卯19	庚辰20	辛巳21	壬午22	癸未23	甲申24	乙酉25	丙戌26	丁亥27	戊子28	己丑29	庚寅30	辛卯31	壬辰(9)	癸巳2	甲午3	乙未4	丙申5	丁酉6	戊戌7	己亥8	庚子9		丙子立秋
八月小	癸酉	干支 天地西曆	辛丑10	壬寅11	癸卯12	甲辰13	乙巳14	丙午15	丁未16	戊申17	己酉18	庚戌19	辛亥20	壬子21	癸丑22	甲寅23	乙卯24	丙辰25	丁巳26	戊午27	己未28	庚申29	辛酉30	壬戌(10)	癸亥2	甲子3	乙丑4	丙寅5	丁卯6	戊辰7	己巳8		壬戌秋分
九月大	甲戌	干支 天地西曆	庚午9	辛未10	壬申11	癸酉12	甲戌13	乙亥14	丙子15	丁丑16	戊寅17	己卯18	庚辰19	辛巳20	壬午21	癸未22	甲申23	乙酉24	丙戌25	丁亥26	戊子27	己丑28	庚寅29	辛卯30	壬辰31	癸巳(11)	甲午2	乙未3	丙申4	丁酉5	戊戌6	己亥7	
十月大	乙亥	干支 天地西曆	庚子8	辛丑9	壬寅10	癸卯11	甲辰12	乙巳13	丙午14	丁未15	戊申16	己酉17	庚戌18	辛亥19	壬子20	癸丑21	甲寅22	乙卯23	丙辰24	丁巳25	戊午26	己未27	庚申28	辛酉29	壬戌30	癸亥(12)	甲子2	乙丑3	丙寅4	丁卯5	戊辰6	己巳7	丙午立冬 庚子日食
十一月小	丙子	干支 天地西曆	庚午8	辛未9	壬申10	癸酉11	甲戌12	乙亥13	丙子14	丁丑15	戊寅16	己卯17	庚辰18	辛巳19	壬午20	癸未21	甲申22	乙酉23	丙戌24	丁亥25	戊子26	己丑27	庚寅28	辛卯29	壬辰30	癸巳31	甲午(1)	乙未2	丙申3	丁酉4	戊戌5		庚寅冬至
十二月大	丁丑	干支 天地西曆	己亥6	庚子7	辛丑8	壬寅9	癸卯10	甲辰11	乙巳12	丙午13	丁未14	戊申15	己酉16	庚戌17	辛亥18	壬子19	癸丑20	甲寅21	乙卯22	丙辰23	丁巳24	戊午25	己未26	庚申27	辛酉28	壬戌29	癸亥30	甲子31	乙丑(2)	丙寅2	丁卯3	戊辰4	

*《長術》：正甲戌，二癸卯，四壬寅，六辛丑，八庚子，十一己巳。

周平王二十年（庚寅 虎年） 公元前751～前750年

夏曆月序		中西曆日對照	初一	初二	初三	初四	初五	初六	初七	初八	初九	初十	十一	十二	十三	十四	十五	十六	十七	十八	十九	二十	二一	二二	二三	二四	二五	二六	二七	二八	二九	三十	節氣與天象
正月大	戊寅	天干 地支 西曆	己巳 5	庚午 6	辛未 7	壬申 8	癸酉 9	甲戌 10	乙亥 11	丙子 12	丁丑 13	戊寅 14	己卯 15	庚辰 16	辛巳 17	壬午 18	癸未 19	甲申 20	乙酉 21	丙戌 22	丁亥 23	戊子 24	己丑 25	庚寅 26	辛卯 27	壬辰 28	癸巳 (3)	甲午 2	乙未 3	丙申 4	丁酉 5	戊戌 6	乙亥立春
二月小	己卯	天干 地支 西曆	己亥 7	庚子 8	辛丑 9	壬寅 10	癸卯 11	甲辰 12	乙巳 13	丙午 14	丁未 15	戊申 16	己酉 17	庚戌 18	辛亥 19	壬子 20	癸丑 21	甲寅 22	乙卯 23	丙辰 24	丁巳 25	戊午 26	己未 27	庚申 28	辛酉 29	壬戌 30	癸亥 31	甲子 (4)	乙丑 2	丙寅 3	丁卯 4		辛酉春分
三月大	庚辰	天干 地支 西曆	戊辰 5	己巳 6	庚午 7	辛未 8	壬申 9	癸酉 10	甲戌 11	乙亥 12	丙子 13	丁丑 14	戊寅 15	己卯 16	庚辰 17	辛巳 18	壬午 19	癸未 20	甲申 21	乙酉 22	丙戌 23	丁亥 24	戊子 25	己丑 26	庚寅 27	辛卯 28	壬辰 29	癸巳 30	甲午 (5)	乙未 2	丙申 3	丁酉 4	
四月小	辛巳	天干 地支 西曆	戊戌 5	己亥 6	庚子 7	辛丑 8	壬寅 9	癸卯 10	甲辰 11	乙巳 12	丙午 13	丁未 14	戊申 15	己酉 16	庚戌 17	辛亥 18	壬子 19	癸丑 20	甲寅 21	乙卯 22	丙辰 23	丁巳 24	戊午 25	己未 26	庚申 27	辛酉 28	壬戌 29	癸亥 30	甲子 31	乙丑 (6)	丙寅 2		戊申立夏 戊戌日食
五月大	壬午	天干 地支 西曆	丁卯 3	戊辰 4	己巳 5	庚午 6	辛未 7	壬申 8	癸酉 9	甲戌 10	乙亥 11	丙子 12	丁丑 13	戊寅 14	己卯 15	庚辰 16	辛巳 17	壬午 18	癸未 19	甲申 20	乙酉 21	丙戌 22	丁亥 23	戊子 24	己丑 25	庚寅 26	辛卯 27	壬辰 28	癸巳 29	甲午 30	乙未 (7)	丙申 2	乙未夏至
六月小	癸未	天干 地支 西曆	丁酉 3	戊戌 4	己亥 5	庚子 6	辛丑 7	壬寅 8	癸卯 9	甲辰 10	乙巳 11	丙午 12	丁未 13	戊申 14	己酉 15	庚戌 16	辛亥 17	壬子 18	癸丑 19	甲寅 20	乙卯 21	丙辰 22	丁巳 23	戊午 24	己未 25	庚申 26	辛酉 27	壬戌 28	癸亥 29	甲子 30	乙丑 31		
七月大	甲申	天干 地支 西曆	丙寅 (8)	丁卯 2	戊辰 3	己巳 4	庚午 5	辛未 6	壬申 7	癸酉 8	甲戌 9	乙亥 10	丙子 11	丁丑 12	戊寅 13	己卯 14	庚辰 15	辛巳 16	壬午 17	癸未 18	甲申 19	乙酉 20	丙戌 21	丁亥 22	戊子 23	己丑 24	庚寅 25	辛卯 26	壬辰 27	癸巳 28	甲午 29	乙未 30	壬午立秋
闰七月小	甲申	天干 地支 西曆	丙申 31	丁酉 (9)	戊戌 2	己亥 3	庚子 4	辛丑 5	壬寅 6	癸卯 7	甲辰 8	乙巳 9	丙午 10	丁未 11	戊申 12	己酉 13	庚戌 14	辛亥 15	壬子 16	癸丑 17	甲寅 18	乙卯 19	丙辰 20	丁巳 21	戊午 22	己未 23	庚申 24	辛酉 25	壬戌 26	癸亥 27	甲子 28		
八月小	乙酉	天干 地支 西曆	乙丑 29	丙寅 30	丁卯 (10)	戊辰 2	己巳 3	庚午 4	辛未 5	壬申 6	癸酉 7	甲戌 8	乙亥 9	丙子 10	丁丑 11	戊寅 12	己卯 13	庚辰 14	辛巳 15	壬午 16	癸未 17	甲申 18	乙酉 19	丙戌 20	丁亥 21	戊子 22	己丑 23	庚寅 24	辛卯 25	壬辰 26	癸巳 27		丁卯秋分
九月大	丙戌	天干 地支 西曆	甲午 28	乙未 29	丙申 30	丁酉 31	戊戌 (11)	己亥 2	庚子 3	辛丑 4	壬寅 5	癸卯 6	甲辰 7	乙巳 8	丙午 9	丁未 10	戊申 11	己酉 12	庚戌 13	辛亥 14	壬子 15	癸丑 16	甲寅 17	乙卯 18	丙辰 19	丁巳 20	戊午 21	己未 22	庚申 23	辛酉 24	壬戌 25	癸亥 26	辛亥立冬
十月小	丁亥	天干 地支 西曆	甲子 27	乙丑 28	丙寅 29	丁卯 30	戊辰 (12)	己巳 2	庚午 3	辛未 4	壬申 5	癸酉 6	甲戌 7	乙亥 8	丙子 9	丁丑 10	戊寅 11	己卯 12	庚辰 13	辛巳 14	壬午 15	癸未 16	甲申 17	乙酉 18	丙戌 19	丁亥 20	戊子 21	己丑 22	庚寅 23	辛卯 24	壬辰 25		
十一月大	戊子	天干 地支 西曆	癸巳 26	甲午 27	乙未 28	丙申 29	丁酉 30	戊戌 31	己亥 (1)	庚子 2	辛丑 3	壬寅 4	癸卯 5	甲辰 6	乙巳 7	丙午 8	丁未 9	戊申 10	己酉 11	庚戌 12	辛亥 13	壬子 14	癸丑 15	甲寅 16	乙卯 17	丙辰 18	丁巳 19	戊午 20	己未 21	庚申 22	辛酉 23	壬戌 24	乙未冬至
十二月大	己丑	天干 地支 西曆	癸亥 25	甲子 26	乙丑 27	丙寅 28	丁卯 29	戊辰 30	己巳 31	庚午 (2)	辛未 2	壬申 3	癸酉 4	甲戌 5	乙亥 6	丙子 7	丁丑 8	戊寅 9	己卯 10	庚辰 11	辛巳 12	壬午 13	癸未 14	甲申 15	乙酉 16	丙戌 17	丁亥 18	戊子 19	己丑 20	庚寅 21	辛卯 22	壬辰 23	庚辰立春

*《長術》：正戊辰，三丁卯，五丙寅，七乙丑，九甲子，十一癸亥，十二壬戌朔。閏十一。

周平王二十一年（辛卯 兔年） 公元前**750**～前749年

夏曆月序		中西曆日對照	初一	初二	初三	初四	初五	初六	初七	初八	初九	初十	十一	十二	十三	十四	十五	十六	十七	十八	十九	二十	二一	二二	二三	二四	二五	二六	二七	二八	二九	三十	節氣與天象
正月小	庚寅	天干地支西曆	癸巳24	甲午25	乙未26	丙申27	丁酉28	戊戌(3)	己亥2	庚子3	辛丑4	壬寅5	癸卯6	甲辰7	乙巳8	丙午9	丁未10	戊申11	己酉12	庚戌13	辛亥14	壬子15	癸丑16	甲寅17	乙卯18	丙辰19	丁巳20	戊午21	己未22	庚申23	辛酉24		
二月大	辛卯	天干地支西曆	壬戌25	癸亥26	甲子27	乙丑28	丙寅29	丁卯30	戊辰31	己巳(4)	庚午2	辛未3	壬申4	癸酉5	甲戌6	乙亥7	丙子8	丁丑9	戊寅10	己卯11	庚辰12	辛巳13	壬午14	癸未15	甲申16	乙酉17	丙戌18	丁亥19	戊子20	己丑21	庚寅22	辛卯23	丙寅春分
三月大	壬辰	天干地支西曆	壬辰24	癸巳25	甲午26	乙未27	丙申28	丁酉29	戊戌30	己亥(5)	庚子2	辛丑3	壬寅4	癸卯5	甲辰6	乙巳7	丙午8	丁未9	戊申10	己酉11	庚戌12	辛亥13	壬子14	癸丑15	甲寅16	乙卯17	丙辰18	丁巳19	戊午20	己未21	庚申22	辛酉23	癸丑立夏
四月小	癸巳	天干地支西曆	壬戌24	癸亥25	甲子26	乙丑27	丙寅28	丁卯29	戊辰30	己巳31	庚午(6)	辛未2	壬申3	癸酉4	甲戌5	乙亥6	丙子7	丁丑8	戊寅9	己卯10	庚辰11	辛巳12	壬午13	癸未14	甲申15	乙酉16	丙戌17	丁亥18	戊子19	己丑20	庚寅21		
五月大	甲午	天干地支西曆	辛卯22	壬辰23	癸巳24	甲午25	乙未26	丙申27	丁酉28	戊戌29	己亥30	庚子(7)	辛丑2	壬寅3	癸卯4	甲辰5	乙巳6	丙午7	丁未8	戊申9	己酉10	庚戌11	辛亥12	壬子13	癸丑14	甲寅15	乙卯16	丙辰17	丁巳18	戊午19	己未20	庚申21	庚子夏至
六月小	乙未	天干地支西曆	辛酉22	壬戌23	癸亥24	甲子25	乙丑26	丙寅27	丁卯28	戊辰29	己巳30	庚午31	辛未(8)	壬申2	癸酉3	甲戌4	乙亥5	丙子6	丁丑7	戊寅8	己卯9	庚辰10	辛巳11	壬午12	癸未13	甲申14	乙酉15	丙戌16	丁亥17	戊子18	己丑19		丁亥立秋
七月大	丙申	天干地支西曆	庚寅20	辛卯21	壬辰22	癸巳23	甲午24	乙未25	丙申26	丁酉27	戊戌28	己亥29	庚子30	辛丑31	壬寅(9)	癸卯2	甲辰3	乙巳4	丙午5	丁未6	戊申7	己酉8	庚戌9	辛亥10	壬子11	癸丑12	甲寅13	乙卯14	丙辰15	丁巳16	戊午17	己未18	
八月小	丁酉	天干地支西曆	庚申19	辛酉20	壬戌21	癸亥22	甲子23	乙丑24	丙寅25	丁卯26	戊辰27	己巳28	庚午29	辛未30	壬申(10)	癸酉2	甲戌3	乙亥4	丙子5	丁丑6	戊寅7	己卯8	庚辰9	辛巳10	壬午11	癸未12	甲申13	乙酉14	丙戌15	丁亥16	戊子17		壬申秋分
九月小	戊戌	天干地支西曆	己丑18	庚寅19	辛卯20	壬辰21	癸巳22	甲午23	乙未24	丙申25	丁酉26	戊戌27	己亥28	庚子29	辛丑30	壬寅31	癸卯(11)	甲辰2	乙巳3	丙午4	丁未5	戊申6	己酉7	庚戌8	辛亥9	壬子10	癸丑11	甲寅12	乙卯13	丙辰14	丁巳15		丙辰立冬
十月大	己亥	天干地支西曆	戊午16	己未17	庚申18	辛酉19	壬戌20	癸亥21	甲子22	乙丑23	丙寅24	丁卯25	戊辰26	己巳27	庚午28	辛未29	壬申30	癸酉(12)	甲戌2	乙亥3	丙子4	丁丑5	戊寅6	己卯7	庚辰8	辛巳9	壬午10	癸未11	甲申12	乙酉13	丙戌14	丁亥15	
十一月小	庚子	天干地支西曆	戊子16	己丑17	庚寅18	辛卯19	壬辰20	癸巳21	甲午22	乙未23	丙申24	丁酉25	戊戌26	己亥27	庚子28	辛丑29	壬寅30	癸卯31	甲辰(1)	乙巳2	丙午3	丁未4	戊申5	己酉6	庚戌7	辛亥8	壬子9	癸丑10	甲寅11	乙卯12	丙辰13		辛丑冬至
十二月大	辛丑	天干地支西曆	丁巳14	戊午15	己未16	庚申17	辛酉18	壬戌19	癸亥20	甲子21	乙丑22	丙寅23	丁卯24	戊辰25	己巳26	庚午27	辛未28	壬申29	癸酉30	甲戌31	乙亥(2)	丙子2	丁丑3	戊寅4	己卯5	庚辰6	辛巳7	壬午8	癸未9	甲申10	乙酉11	丙戌12	乙酉立春

*《長術》：正壬辰，三辛卯，五庚寅，七己丑，九戊子，十一丁亥。

周平王二十二年（壬辰 龍年） 公元前749～前748年

夏曆月序		中西曆日對照	夏曆日序																													節氣與天象
			初一	初二	初三	初四	初五	初六	初七	初八	初九	初十	十一	十二	十三	十四	十五	十六	十七	十八	十九	二十	二一	二二	二三	二四	二五	二六	二七	二八	二九	三十	
正月大	壬寅	天干 地支 西曆	丁亥13	戊子14	己丑15	庚寅16	辛卯17	壬辰18	癸巳19	甲午20	乙未21	丙申22	丁酉23	戊戌24	己亥25	庚子26	辛丑27	壬寅28	癸卯29	甲辰(3)	乙巳2	丙午3	丁未4	戊申5	己酉6	庚戌7	辛亥8	壬子9	癸丑10	甲寅11	乙卯12	丙辰13	
二月小	癸卯	天干 地支 西曆	丁巳14	戊午15	己未16	庚申17	辛酉18	壬戌19	癸亥20	甲子21	乙丑22	丙寅23	丁卯24	戊辰25	己巳26	庚午27	辛未28	壬申29	癸酉30	甲戌31	乙亥(4)	丙子2	丁丑3	戊寅4	己卯5	庚辰6	辛巳7	壬午8	癸未9	甲申10	乙酉11		辛未春分
三月大	甲辰	天干 地支 西曆	丙戌12	丁亥13	戊子14	己丑15	庚寅16	辛卯17	壬辰18	癸巳19	甲午20	乙未21	丙申22	丁酉23	戊戌24	己亥25	庚子26	辛丑27	壬寅28	癸卯29	甲辰30	乙巳(5)	丙午2	丁未3	戊申4	己酉5	庚戌6	辛亥7	壬子8	癸丑9	甲寅10	乙卯11	
四月小	乙巳	天干 地支 西曆	丙辰12	丁巳13	戊午14	己未15	庚申16	辛酉17	壬戌18	癸亥19	甲子20	乙丑21	丙寅22	丁卯23	戊辰24	己巳25	庚午26	辛未27	壬申28	癸酉29	甲戌30	乙亥31	丙子(6)	丁丑2	戊寅3	己卯4	庚辰5	辛巳6	壬午7	癸未8	甲申9		戊午立夏
五月大	丙午	天干 地支 西曆	乙酉10	丙戌11	丁亥12	戊子13	己丑14	庚寅15	辛卯16	壬辰17	癸巳18	甲午19	乙未20	丙申21	丁酉22	戊戌23	己亥24	庚子25	辛丑26	壬寅27	癸卯28	甲辰29	乙巳30	丙午(7)	丁未2	戊申3	己酉4	庚戌5	辛亥6	壬子7	癸丑8	甲寅9	丙午夏至
六月大	丁未	天干 地支 西曆	乙卯10	丙辰11	丁巳12	戊午13	己未14	庚申15	辛酉16	壬戌17	癸亥18	甲子19	乙丑20	丙寅21	丁卯22	戊辰23	己巳24	庚午25	辛未26	壬申27	癸酉28	甲戌29	乙亥30	丙子31	丁丑(8)	戊寅2	己卯3	庚辰4	辛巳5	壬午6	癸未7	甲申8	
七月小	戊申	天干 地支 西曆	乙酉9	丙戌10	丁亥11	戊子12	己丑13	庚寅14	辛卯15	壬辰16	癸巳17	甲午18	乙未19	丙申20	丁酉21	戊戌22	己亥23	庚子24	辛丑25	壬寅26	癸卯27	甲辰28	乙巳29	丙午30	丁未31	戊申(9)	己酉2	庚戌3	辛亥4	壬子5	癸丑6		壬辰立秋
八月大	己酉	天干 地支 西曆	甲寅7	乙卯8	丙辰9	丁巳10	戊午11	己未12	庚申13	辛酉14	壬戌15	癸亥16	甲子17	乙丑18	丙寅19	丁卯20	戊辰21	己巳22	庚午23	辛未24	壬申25	癸酉26	甲戌27	乙亥28	丙子29	丁丑30	戊寅(10)	己卯2	庚辰3	辛巳4	壬午5	癸未6	丁丑秋分 甲寅日食
九月小	庚戌	天干 地支 西曆	甲申7	乙酉8	丙戌9	丁亥10	戊子11	己丑12	庚寅13	辛卯14	壬辰15	癸巳16	甲午17	乙未18	丙申19	丁酉20	戊戌21	己亥22	庚子23	辛丑24	壬寅25	癸卯26	甲辰27	乙巳28	丙午29	丁未30	戊申31	己酉(11)	庚戌2	辛亥3	壬子4		
十月大	辛亥	天干 地支 西曆	癸丑5	甲寅6	乙卯7	丙辰8	丁巳9	戊午10	己未11	庚申12	辛酉13	壬戌14	癸亥15	甲子16	乙丑17	丙寅18	丁卯19	戊辰20	己巳21	庚午22	辛未23	壬申24	癸酉25	甲戌26	乙亥27	丙子28	丁丑29	戊寅30	己卯(12)	庚辰2	辛巳3	壬午4	壬戌立冬
十一月小	壬子	天干 地支 西曆	癸未5	甲申6	乙酉7	丙戌8	丁亥9	戊子10	己丑11	庚寅12	辛卯13	壬辰14	癸巳15	甲午16	乙未17	丙申18	丁酉19	戊戌20	己亥21	庚子22	辛丑23	壬寅24	癸卯25	甲辰26	乙巳27	丙午28	丁未29	戊申30	己酉31	庚戌(1)	辛亥2		丙午冬至
十二月小	癸丑	天干 地支 西曆	壬子3	癸丑4	甲寅5	乙卯6	丙辰7	丁巳8	戊午9	己未10	庚申11	辛酉12	壬戌13	癸亥14	甲子15	乙丑16	丙寅17	丁卯18	戊辰19	己巳20	庚午21	辛未22	壬申23	癸酉24	甲戌25	乙亥26	丙子27	丁丑28	戊寅29	己卯30	庚辰31		

*《長術》：正丙戌，三乙酉，五甲申，八癸丑，十壬子，十二辛亥。

周平王二十三年（癸巳 蛇年） 公元前748～前747年

夏曆月序		中西曆日對照	夏曆日序																														節氣與天象
			初一	初二	初三	初四	初五	初六	初七	初八	初九	初十	十一	十二	十三	十四	十五	十六	十七	十八	十九	二十	二一	二二	二三	二四	二五	二六	二七	二八	二九	三十	
正月大	甲寅	干支 天地西曆	辛巳 (2)	壬午 2	癸未 3	甲申 4	乙酉 5	丙戌 6	丁亥 7	戊子 8	己丑 9	庚寅 10	辛卯 11	壬辰 12	癸巳 13	甲午 14	乙未 15	丙申 16	丁酉 17	戊戌 18	己亥 19	庚子 20	辛丑 21	壬寅 22	癸卯 23	甲辰 24	乙巳 25	丙午 26	丁未 27	戊申 28	己酉 (3)	庚戌 2	辛卯立春
二月小	乙卯	干支 天地西曆	辛亥 3	壬子 4	癸丑 5	甲寅 6	乙卯 7	丙辰 8	丁巳 9	戊午 10	己未 11	庚申 12	辛酉 13	壬戌 14	癸亥 15	甲子 16	乙丑 17	丙寅 18	丁卯 19	戊辰 20	己巳 21	庚午 22	辛未 23	壬申 24	癸酉 25	甲戌 26	乙亥 27	丙子 28	丁丑 29	戊寅 30	己卯 31		丁丑春分
三月大	丙辰	干支 天地西曆	庚辰 (4)	辛巳 2	壬午 3	癸未 4	甲申 5	乙酉 6	丙戌 7	丁亥 8	戊子 9	己丑 10	庚寅 11	辛卯 12	壬辰 13	癸巳 14	甲午 15	乙未 16	丙申 17	丁酉 18	戊戌 19	己亥 20	庚子 21	辛丑 22	壬寅 23	癸卯 24	甲辰 25	乙巳 26	丙午 27	丁未 28	戊申 29	己酉 30	
四月小	丁巳	干支 天地西曆	庚戌 (5)	辛亥 2	壬子 3	癸丑 4	甲寅 5	乙卯 6	丙辰 7	丁巳 8	戊午 9	己未 10	庚申 11	辛酉 12	壬戌 13	癸亥 14	甲子 15	乙丑 16	丙寅 17	丁卯 18	戊辰 19	己巳 20	庚午 21	辛未 22	壬申 23	癸酉 24	甲戌 25	乙亥 26	丙子 27	丁丑 28	戊寅 29		甲子立夏
闰四月大	丁巳	干支 天地西曆	己卯 30	庚辰 31	辛巳 (6)	壬午 2	癸未 3	甲申 4	乙酉 5	丙戌 6	丁亥 7	戊子 8	己丑 9	庚寅 10	辛卯 11	壬辰 12	癸巳 13	甲午 14	乙未 15	丙申 16	丁酉 17	戊戌 18	己亥 19	庚子 20	辛丑 21	壬寅 22	癸卯 23	甲辰 24	乙巳 25	丙午 26	丁未 27	戊申 28	
五月大	戊午	干支 天地西曆	己酉 29	庚戌 30	辛亥 (7)	壬子 2	癸丑 3	甲寅 4	乙卯 5	丙辰 6	丁巳 7	戊午 8	己未 9	庚申 10	辛酉 11	壬戌 12	癸亥 13	甲子 14	乙丑 15	丙寅 16	丁卯 17	戊辰 18	己巳 19	庚午 20	辛未 21	壬申 22	癸酉 23	甲戌 24	乙亥 25	丙子 26	丁丑 27	戊寅 28	辛亥夏至
六月小	己未	干支 天地西曆	己卯 29	庚辰 30	辛巳 31	壬午 (8)	癸未 2	甲申 3	乙酉 4	丙戌 5	丁亥 6	戊子 7	己丑 8	庚寅 9	辛卯 10	壬辰 11	癸巳 12	甲午 13	乙未 14	丙申 15	丁酉 16	戊戌 17	己亥 18	庚子 19	辛丑 20	壬寅 21	癸卯 22	甲辰 23	乙巳 24	丙午 25	丁未 26		丁酉立秋
七月大	庚申	干支 天地西曆	戊申 27	己酉 28	庚戌 29	辛亥 30	壬子 31	癸丑 (9)	甲寅 2	乙卯 3	丙辰 4	丁巳 5	戊午 6	己未 7	庚申 8	辛酉 9	壬戌 10	癸亥 11	甲子 12	乙丑 13	丙寅 14	丁卯 15	戊辰 16	己巳 17	庚午 18	辛未 19	壬申 20	癸酉 21	甲戌 22	乙亥 23	丙子 24	丁丑 25	
八月大	辛酉	干支 天地西曆	戊寅 26	己卯 27	庚辰 28	辛巳 29	壬午 30	癸未 (10)	甲申 2	乙酉 3	丙戌 4	丁亥 5	戊子 6	己丑 7	庚寅 8	辛卯 9	壬辰 10	癸巳 11	甲午 12	乙未 13	丙申 14	丁酉 15	戊戌 16	己亥 17	庚子 18	辛丑 19	壬寅 20	癸卯 21	甲辰 22	乙巳 23	丙午 24	丁未 25	癸未秋分
九月小	壬戌	干支 天地西曆	戊申 26	己酉 27	庚戌 28	辛亥 29	壬子 30	癸丑 31	甲寅 (11)	乙卯 2	丙辰 3	丁巳 4	戊午 5	己未 6	庚申 7	辛酉 8	壬戌 9	癸亥 10	甲子 11	乙丑 12	丙寅 13	丁卯 14	戊辰 15	己巳 16	庚午 17	辛未 18	壬申 19	癸酉 20	甲戌 21	乙亥 22	丙子 23		丁卯立冬
十月大	癸亥	干支 天地西曆	丁丑 24	戊寅 25	己卯 26	庚辰 27	辛巳 28	壬午 29	癸未 30	甲申 (12)	乙酉 2	丙戌 3	丁亥 4	戊子 5	己丑 6	庚寅 7	辛卯 8	壬辰 9	癸巳 10	甲午 11	乙未 12	丙申 13	丁酉 14	戊戌 15	己亥 16	庚子 17	辛丑 18	壬寅 19	癸卯 20	甲辰 21	乙巳 22	丙午 23	
十一月小	甲子	干支 天地西曆	丁未 24	戊申 25	己酉 26	庚戌 27	辛亥 28	壬子 29	癸丑 30	甲寅 31	乙卯 (1)	丙辰 2	丁巳 3	戊午 4	己未 5	庚申 6	辛酉 7	壬戌 8	癸亥 9	甲子 10	乙丑 11	丙寅 12	丁卯 13	戊辰 14	己巳 15	庚午 16	辛未 17	壬申 18	癸酉 19	甲戌 20	乙亥 21		辛亥冬至
十二月大	乙丑	干支 天地西曆	丙子 22	丁丑 23	戊寅 24	己卯 25	庚辰 26	辛巳 27	壬午 28	癸未 29	甲申 30	乙酉 31	丙戌 (2)	丁亥 2	戊子 3	己丑 4	庚寅 5	辛卯 6	壬辰 7	癸巳 8	甲午 9	乙未 10	丙申 11	丁酉 12	戊戌 13	己亥 14	庚子 15	辛丑 16	壬寅 17	癸卯 18	甲辰 19	乙巳 20	丙申立春

*《長術》：正辛巳，二庚戌，四己酉，六戊申，八丁未，十丙子，十二乙亥朔。閏九。

周平王二十四年（甲午 馬年） 公元前747 ~ 前746年

夏曆月序		中西曆日對照	初一	初二	初三	初四	初五	初六	初七	初八	初九	初十	十一	十二	十三	十四	十五	十六	十七	十八	十九	二十	二一	二二	二三	二四	二五	二六	二七	二八	二九	三十	節氣與天象
正月小	丙寅	干支 西曆	丙午21	丁未22	戊申23	己酉24	庚戌25	辛亥26	壬子27	癸丑28	甲寅(3)	乙卯2	丙辰3	丁巳4	戊午5	己未6	庚申7	辛酉8	壬戌9	癸亥10	甲子11	乙丑12	丙寅13	丁卯14	戊辰15	己巳16	庚午17	辛未18	壬申19	癸酉20	甲戌21		
二月小	丁卯	干支 西曆	乙亥22	丙子23	丁丑24	戊寅25	己卯26	庚辰27	辛巳28	壬午29	癸未30	甲申31	乙酉(4)	丙戌2	丁亥3	戊子4	己丑5	庚寅6	辛卯7	壬辰8	癸巳9	甲午10	乙未11	丙申12	丁酉13	戊戌14	己亥15	庚子16	辛丑17	壬寅18	癸卯19		壬午春分
三月大	戊辰	干支 西曆	甲辰20	乙巳21	丙午22	丁未23	戊申24	己酉25	庚戌26	辛亥27	壬子28	癸丑29	甲寅30	乙卯(5)	丙辰2	丁巳3	戊午4	己未5	庚申6	辛酉7	壬戌8	癸亥9	甲子10	乙丑11	丙寅12	丁卯13	戊辰14	己巳15	庚午16	辛未17	壬申18	癸酉19	己巳立夏
四月小	己巳	干支 西曆	甲戌20	乙亥21	丙子22	丁丑23	戊寅24	己卯25	庚辰26	辛巳27	壬午28	癸未29	甲申30	乙酉31	丙戌(6)	丁亥2	戊子3	己丑4	庚寅5	辛卯6	壬辰7	癸巳8	甲午9	乙未10	丙申11	丁酉12	戊戌13	己亥14	庚子15	辛丑16	壬寅17		
五月大	庚午	干支 西曆	癸卯18	甲辰19	乙巳20	丙午21	丁未22	戊申23	己酉24	庚戌25	辛亥26	壬子27	癸丑28	甲寅29	乙卯30	丙辰(7)	丁巳2	戊午3	己未4	庚申5	辛酉6	壬戌7	癸亥8	甲子9	乙丑10	丙寅11	丁卯12	戊辰13	己巳14	庚午15	辛未16	壬申17	丙辰夏至
六月小	辛未	干支 西曆	癸酉18	甲戌19	乙亥20	丙子21	丁丑22	戊寅23	己卯24	庚辰25	辛巳26	壬午27	癸未28	甲申29	乙酉30	丙戌31	丁亥(8)	戊子2	己丑3	庚寅4	辛卯5	壬辰6	癸巳7	甲午8	乙未9	丙申10	丁酉11	戊戌12	己亥13	庚子14	辛丑15		
七月大	壬申	干支 西曆	壬寅16	癸卯17	甲辰18	乙巳19	丙午20	丁未21	戊申22	己酉23	庚戌24	辛亥25	壬子26	癸丑27	甲寅28	乙卯29	丙辰30	丁巳31	戊午(9)	己未2	庚申3	辛酉4	壬戌5	癸亥6	甲子7	乙丑8	丙寅9	丁卯10	戊辰11	己巳12	庚午13	辛未14	癸卯立秋
八月大	癸酉	干支 西曆	壬申15	癸酉16	甲戌17	乙亥18	丙子19	丁丑20	戊寅21	己卯22	庚辰23	辛巳24	壬午25	癸未26	甲申27	乙酉28	丙戌29	丁亥30	戊子(10)	己丑2	庚寅3	辛卯4	壬辰5	癸巳6	甲午7	乙未8	丙申9	丁酉10	戊戌11	己亥12	庚子13	辛丑14	戊子秋分
九月大	甲戌	干支 西曆	壬寅15	癸卯16	甲辰17	乙巳18	丙午19	丁未20	戊申21	己酉22	庚戌23	辛亥24	壬子25	癸丑26	甲寅27	乙卯28	丙辰29	丁巳30	戊午31	己未(11)	庚申2	辛酉3	壬戌4	癸亥5	甲子6	乙丑7	丙寅8	丁卯9	戊辰10	己巳11	庚午12	辛未13	
十月小	乙亥	干支 西曆	壬申14	癸酉15	甲戌16	乙亥17	丙子18	丁丑19	戊寅20	己卯21	庚辰22	辛巳23	壬午24	癸未25	甲申26	乙酉27	丙戌28	丁亥29	戊子30	己丑(12)	庚寅2	辛卯3	壬辰4	癸巳5	甲午6	乙未7	丙申8	丁酉9	戊戌10	己亥11	庚子12		壬申立冬
十一月大	丙子	干支 西曆	辛丑13	壬寅14	癸卯15	甲辰16	乙巳17	丙午18	丁未19	戊申20	己酉21	庚戌22	辛亥23	壬子24	癸丑25	甲寅26	乙卯27	丙辰28	丁巳29	戊午30	己未31	庚申(1)	辛酉2	壬戌3	癸亥4	甲子5	乙丑6	丙寅7	丁卯8	戊辰9	己巳10	庚午11	丙辰冬至
十二月小	丁丑	干支 西曆	辛未12	壬申13	癸酉14	甲戌15	乙亥16	丙子17	丁丑18	戊寅19	己卯20	庚辰21	辛巳22	壬午23	癸未24	甲申25	乙酉26	丙戌27	丁亥28	戊子29	己丑30	庚寅31	辛卯(2)	壬辰2	癸巳3	甲午4	乙未5	丙申6	丁酉7	戊戌8	己亥9		

*《長術》：正乙巳，二甲戌，四癸酉，六壬申，八辛未，十庚午，十二己巳。

周平王二十五年（乙未 羊年） 公元前 746 ~ 前 745 年

夏曆月序	中西曆日對照	初一	初二	初三	初四	初五	初六	初七	初八	初九	初十	十一	十二	十三	十四	十五	十六	十七	十八	十九	二十	二一	二二	二三	二四	二五	二六	二七	二八	二九	三十	節氣與天象
正月大 戊寅	天干地支 西曆	庚子 10	辛丑 11	壬寅 12	癸卯 13	甲辰 14	乙巳 15	丙午 16	丁未 17	戊申 18	己酉 19	庚戌 20	辛亥 21	壬子 22	癸丑 23	甲寅 24	乙卯 25	丙辰 26	丁巳 27	戊午 28	己未 (3)	庚申 2	辛酉 3	壬戌 4	癸亥 5	甲子 6	乙丑 7	丙寅 8	丁卯 9	戊辰 10	己巳 11	辛丑立春
二月小 己卯	天干地支 西曆	庚午 12	辛未 13	壬申 14	癸酉 15	甲戌 16	乙亥 17	丙子 18	丁丑 19	戊寅 20	己卯 21	庚辰 22	辛巳 23	壬午 24	癸未 25	甲申 26	乙酉 27	丙戌 28	丁亥 29	戊子 30	己丑 31	庚寅 (4)	辛卯 2	壬辰 3	癸巳 4	甲午 5	乙未 6	丙申 7	丁酉 8	戊戌 9		丁亥春分
三月小 庚辰	天干地支 西曆	己亥 10	庚子 11	辛丑 12	壬寅 13	癸卯 14	甲辰 15	乙巳 16	丙午 17	丁未 18	戊申 19	己酉 20	庚戌 21	辛亥 22	壬子 23	癸丑 24	甲寅 25	乙卯 26	丙辰 27	丁巳 28	戊午 29	己未 30	庚申 (5)	辛酉 2	壬戌 3	癸亥 4	甲子 5	乙丑 6	丙寅 7	丁卯 8		
四月大 辛巳	天干地支 西曆	戊辰 9	己巳 10	庚午 11	辛未 12	壬申 13	癸酉 14	甲戌 15	乙亥 16	丙子 17	丁丑 18	戊寅 19	己卯 20	庚辰 21	辛巳 22	壬午 23	癸未 24	甲申 25	乙酉 26	丙戌 27	丁亥 28	戊子 29	己丑 30	庚寅 31	辛卯 (6)	壬辰 2	癸巳 3	甲午 4	乙未 5	丙申 6	丁酉 7	甲戌立夏
五月小 壬午	天干地支 西曆	戊戌 8	己亥 9	庚子 10	辛丑 11	壬寅 12	癸卯 13	甲辰 14	乙巳 15	丙午 16	丁未 17	戊申 18	己酉 19	庚戌 20	辛亥 21	壬子 22	癸丑 23	甲寅 24	乙卯 25	丙辰 26	丁巳 27	戊午 28	己未 29	庚申 30	辛酉 (7)	壬戌 2	癸亥 3	甲子 4	乙丑 5	丙寅 6		辛酉夏至
六月小 癸未	天干地支 西曆	丁卯 7	戊辰 8	己巳 9	庚午 10	辛未 11	壬申 12	癸酉 13	甲戌 14	乙亥 15	丙子 16	丁丑 17	戊寅 18	己卯 19	庚辰 20	辛巳 21	壬午 22	癸未 23	甲申 24	乙酉 25	丙戌 26	丁亥 27	戊子 28	己丑 29	庚寅 30	辛卯 31	壬辰 (8)	癸巳 2	甲午 3	乙未 4		
七月大 甲申	天干地支 西曆	丙申 5	丁酉 6	戊戌 7	己亥 8	庚子 9	辛丑 10	壬寅 11	癸卯 12	甲辰 13	乙巳 14	丙午 15	丁未 16	戊申 17	己酉 18	庚戌 19	辛亥 20	壬子 21	癸丑 22	甲寅 23	乙卯 24	丙辰 25	丁巳 26	戊午 27	己未 28	庚申 29	辛酉 30	壬戌 31	癸亥 (9)	甲子 2	乙丑 3	戊申立秋
八月大 乙酉	天干地支 西曆	丙寅 4	丁卯 5	戊辰 6	己巳 7	庚午 8	辛未 9	壬申 10	癸酉 11	甲戌 12	乙亥 13	丙子 14	丁丑 15	戊寅 16	己卯 17	庚辰 18	辛巳 19	壬午 20	癸未 21	甲申 22	乙酉 23	丙戌 24	丁亥 25	戊子 26	己丑 27	庚寅 28	辛卯 29	壬辰 30	癸巳 (10)	甲午 2	乙未 3	癸巳秋分
九月大 丙戌	天干地支 西曆	丙申 4	丁酉 5	戊戌 6	己亥 7	庚子 8	辛丑 9	壬寅 10	癸卯 11	甲辰 12	乙巳 13	丙午 14	丁未 15	戊申 16	己酉 17	庚戌 18	辛亥 19	壬子 20	癸丑 21	甲寅 22	乙卯 23	丙辰 24	丁巳 25	戊午 26	己未 27	庚申 28	辛酉 29	壬戌 30	癸亥 31	甲子 (11)	乙丑 2	
十月小 丁亥	天干地支 西曆	丙寅 3	丁卯 4	戊辰 5	己巳 6	庚午 7	辛未 8	壬申 9	癸酉 10	甲戌 11	乙亥 12	丙子 13	丁丑 14	戊寅 15	己卯 16	庚辰 17	辛巳 18	壬午 19	癸未 20	甲申 21	乙酉 22	丙戌 23	丁亥 24	戊子 25	己丑 26	庚寅 27	辛卯 28	壬辰 29	癸巳 30	甲午 (12)		丁丑立冬
十一月大 戊子	天干地支 西曆	乙未 2	丙申 3	丁酉 4	戊戌 5	己亥 6	庚子 7	辛丑 8	壬寅 9	癸卯 10	甲辰 11	乙巳 12	丙午 13	丁未 14	戊申 15	己酉 16	庚戌 17	辛亥 18	壬子 19	癸丑 20	甲寅 21	乙卯 22	丙辰 23	丁巳 24	戊午 25	己未 26	庚申 27	辛酉 28	壬戌 29	癸亥 30	甲子 31	壬戌冬至
十二月大 己丑	天干地支 西曆	乙丑 (1)	丙寅 2	丁卯 3	戊辰 4	己巳 5	庚午 6	辛未 7	壬申 8	癸酉 9	甲戌 10	乙亥 11	丙子 12	丁丑 13	戊寅 14	己卯 15	庚辰 16	辛巳 17	壬午 18	癸未 19	甲申 20	乙酉 21	丙戌 22	丁亥 23	戊子 24	己丑 25	庚寅 26	辛卯 27	壬辰 28	癸巳 29	甲午 30	

*《長術》：正己亥，三戊戌，五丁酉，七丙申，九乙未，十一甲午。

周平王二十六年（丙申 猴年） 公元前745 ~ 前744年

夏曆月序		中西曆日對照	夏曆日序																													節氣與天象
			初一	初二	初三	初四	初五	初六	初七	初八	初九	初十	十一	十二	十三	十四	十五	十六	十七	十八	十九	二十	二一	二二	二三	二四	二五	二六	二七	二八	二九	三十	
正月小	庚寅	天干 地支 西曆	乙未 31	丙申 (2)	丁酉 2	戊戌 3	己亥 4	庚子 5	辛丑 6	壬寅 7	癸卯 8	甲辰 9	乙巳 10	丙午 11	丁未 12	戊申 13	己酉 14	庚戌 15	辛亥 16	壬子 17	癸丑 18	甲寅 19	乙卯 20	丙辰 21	丁巳 22	戊午 23	己未 24	庚申 25	辛酉 26	壬戌 27	癸亥 28		丙午立春
二月大	辛卯	天干 地支 西曆	甲子 29	乙丑 (3)	丙寅 2	丁卯 3	戊辰 4	己巳 5	庚午 6	辛未 7	壬申 8	癸酉 9	甲戌 10	乙亥 11	丙子 12	丁丑 13	戊寅 14	己卯 15	庚辰 16	辛巳 17	壬午 18	癸未 19	甲申 20	乙酉 21	丙戌 22	丁亥 23	戊子 24	己丑 25	庚寅 26	辛卯 27	壬辰 28	癸巳 29	壬辰春分
閏二月小	辛卯	天干 地支 西曆	甲午 30	乙未 31	丙申 (4)	丁酉 2	戊戌 3	己亥 4	庚子 5	辛丑 6	壬寅 7	癸卯 8	甲辰 9	乙巳 10	丙午 11	丁未 12	戊申 13	己酉 14	庚戌 15	辛亥 16	壬子 17	癸丑 18	甲寅 19	乙卯 20	丙辰 21	丁巳 22	戊午 23	己未 24	庚申 25	辛酉 26	壬戌 27		
三月小	壬辰	天干 地支 西曆	癸亥 28	甲子 29	乙丑 30	丙寅 (5)	丁卯 2	戊辰 3	己巳 4	庚午 5	辛未 6	壬申 7	癸酉 8	甲戌 9	乙亥 10	丙子 11	丁丑 12	戊寅 13	己卯 14	庚辰 15	辛巳 16	壬午 17	癸未 18	甲申 19	乙酉 20	丙戌 21	丁亥 22	戊子 23	己丑 24	庚寅 25	辛卯 26		己卯立夏
四月小	癸巳	天干 地支 西曆	壬辰 27	癸巳 28	甲午 29	乙未 30	丙申 31	丁酉 (6)	戊戌 2	己亥 3	庚子 4	辛丑 5	壬寅 6	癸卯 7	甲辰 8	乙巳 9	丙午 10	丁未 11	戊申 12	己酉 13	庚戌 14	辛亥 15	壬子 16	癸丑 17	甲寅 18	乙卯 19	丙辰 20	丁巳 21	戊午 22	己未 23	庚申 24		
五月大	甲午	天干 地支 西曆	辛酉 25	壬戌 26	癸亥 27	甲子 28	乙丑 29	丙寅 30	丁卯 (7)	戊辰 2	己巳 3	庚午 4	辛未 5	壬申 6	癸酉 7	甲戌 8	乙亥 9	丙子 10	丁丑 11	戊寅 12	己卯 13	庚辰 14	辛巳 15	壬午 16	癸未 17	甲申 18	乙酉 19	丙戌 20	丁亥 21	戊子 22	己丑 23	庚寅 24	丙寅夏至
六月小	乙未	天干 地支 西曆	辛卯 25	壬辰 26	癸巳 27	甲午 28	乙未 29	丙申 30	丁酉 31	戊戌 (8)	己亥 2	庚子 3	辛丑 4	壬寅 5	癸卯 6	甲辰 7	乙巳 8	丙午 9	丁未 10	戊申 11	己酉 12	庚戌 13	辛亥 14	壬子 15	癸丑 16	甲寅 17	乙卯 18	丙辰 19	丁巳 20	戊午 21	己未 22		癸丑立秋
七月大	丙申	天干 地支 西曆	庚申 23	辛酉 24	壬戌 25	癸亥 26	甲子 27	乙丑 28	丙寅 29	丁卯 30	戊辰 31	己巳 (9)	庚午 2	辛未 3	壬申 4	癸酉 5	甲戌 6	乙亥 7	丙子 8	丁丑 9	戊寅 10	己卯 11	庚辰 12	辛巳 13	壬午 14	癸未 15	甲申 16	乙酉 17	丙戌 18	丁亥 19	戊子 20	己丑 21	
八月大	丁酉	天干 地支 西曆	庚寅 22	辛卯 23	壬辰 24	癸巳 25	甲午 26	乙未 27	丙申 28	丁酉 29	戊戌 30	己亥 (10)	庚子 2	辛丑 3	壬寅 4	癸卯 5	甲辰 6	乙巳 7	丙午 8	丁未 9	戊申 10	己酉 11	庚戌 12	辛亥 13	壬子 14	癸丑 15	甲寅 16	乙卯 17	丙辰 18	丁巳 19	戊午 20	己未 21	戊戌秋分
九月小	戊戌	天干 地支 西曆	庚申 22	辛酉 23	壬戌 24	癸亥 25	甲子 26	乙丑 27	丙寅 28	丁卯 29	戊辰 30	己巳 31	庚午 (11)	辛未 2	壬申 3	癸酉 4	甲戌 5	乙亥 6	丙子 7	丁丑 8	戊寅 9	己卯 10	庚辰 11	辛巳 12	壬午 13	癸未 14	甲申 15	乙酉 16	丙戌 17	丁亥 18	戊子 19		癸未立冬
十月大	己亥	天干 地支 西曆	己丑 20	庚寅 21	辛卯 22	壬辰 23	癸巳 24	甲午 25	乙未 26	丙申 27	丁酉 28	戊戌 29	己亥 30	庚子 (12)	辛丑 2	壬寅 3	癸卯 4	甲辰 5	乙巳 6	丙午 7	丁未 8	戊申 9	己酉 10	庚戌 11	辛亥 12	壬子 13	癸丑 14	甲寅 15	乙卯 16	丙辰 17	丁巳 18	戊午 19	
十一月大	庚子	天干 地支 西曆	己未 20	庚申 21	辛酉 22	壬戌 23	癸亥 24	甲子 25	乙丑 26	丙寅 27	丁卯 28	戊辰 29	己巳 30	庚午 31	辛未 (1)	壬申 2	癸酉 3	甲戌 4	乙亥 5	丙子 6	丁丑 7	戊寅 8	己卯 9	庚辰 10	辛巳 11	壬午 12	癸未 13	甲申 14	乙酉 15	丙戌 16	丁亥 17	戊子 18	丁卯冬至
十二月大	辛丑	天干 地支 西曆	己丑 19	庚寅 20	辛卯 21	壬辰 22	癸巳 23	甲午 24	乙未 25	丙申 26	丁酉 27	戊戌 28	己亥 29	庚子 30	辛丑 31	壬寅 (2)	癸卯 2	甲辰 3	乙巳 4	丙午 5	丁未 6	戊申 7	己酉 8	庚戌 9	辛亥 10	壬子 11	癸丑 12	甲寅 13	乙卯 14	丙辰 15	丁巳 16	戊午 17	壬子立春

*《長術》：正癸巳，三壬辰，六辛酉，七庚申，九己未，十一戊午朔。閏六。

周平王二十七年（丁酉 鷄年） 公元前744 ~ 前743年

夏曆月序		中西曆日對照	初一	初二	初三	初四	初五	初六	初七	初八	初九	初十	十一	十二	十三	十四	十五	十六	十七	十八	十九	二十	二一	二二	二三	二四	二五	二六	二七	二八	二九	三十	節氣與天象
正月小	壬寅	干支 天地西曆	己未 18	庚申 19	辛酉 20	壬戌 21	癸亥 22	甲子 23	乙丑 24	丙寅 25	丁卯 26	戊辰 27	己巳 28	庚午 (3)	辛未 2	壬申 3	癸酉 4	甲戌 5	乙亥 6	丙子 7	丁丑 8	戊寅 9	己卯 10	庚辰 11	辛巳 12	壬午 13	癸未 14	甲申 15	乙酉 16	丙戌 17	丁亥 18		
二月大	癸卯	干支 天地西曆	戊子 19	己丑 20	庚寅 21	辛卯 22	壬辰 23	癸巳 24	甲午 25	乙未 26	丙申 27	丁酉 28	戊戌 29	己亥 30	庚子 31	辛丑 (4)	壬寅 2	癸卯 3	甲辰 4	乙巳 5	丙午 6	丁未 7	戊申 8	己酉 9	庚戌 10	辛亥 11	壬子 12	癸丑 13	甲寅 14	乙卯 15	丙辰 16	丁巳 17	丁酉春分
三月小	甲辰	干支 天地西曆	戊午 18	己未 19	庚申 20	辛酉 21	壬戌 22	癸亥 23	甲子 24	乙丑 25	丙寅 26	丁卯 27	戊辰 28	己巳 29	庚午 30	辛未 (5)	壬申 2	癸酉 3	甲戌 4	乙亥 5	丙子 6	丁丑 7	戊寅 8	己卯 9	庚辰 10	辛巳 11	壬午 12	癸未 13	甲申 14	乙酉 15	丙戌 16		甲申立夏
四月小	乙巳	干支 天地西曆	丁亥 17	戊子 18	己丑 19	庚寅 20	辛卯 21	壬辰 22	癸巳 23	甲午 24	乙未 25	丙申 26	丁酉 27	戊戌 28	己亥 29	庚子 30	辛丑 31	壬寅 (6)	癸卯 2	甲辰 3	乙巳 4	丙午 5	丁未 6	戊申 7	己酉 8	庚戌 9	辛亥 10	壬子 11	癸丑 12	甲寅 13	乙卯 14		
五月小	丙午	干支 天地西曆	丙辰 15	丁巳 16	戊午 17	己未 18	庚申 19	辛酉 20	壬戌 21	癸亥 22	甲子 23	乙丑 24	丙寅 25	丁卯 26	戊辰 27	己巳 28	庚午 29	辛未 30	壬申 (7)	癸酉 2	甲戌 3	乙亥 4	丙子 5	丁丑 6	戊寅 7	己卯 8	庚辰 9	辛巳 10	壬午 11	癸未 12	甲申 13		壬申夏至
六月大	丁未	干支 天地西曆	乙酉 14	丙戌 15	丁亥 16	戊子 17	己丑 18	庚寅 19	辛卯 20	壬辰 21	癸巳 22	甲午 23	乙未 24	丙申 25	丁酉 26	戊戌 27	己亥 28	庚子 29	辛丑 30	壬寅 31	癸卯 (8)	甲辰 2	乙巳 3	丙午 4	丁未 5	戊申 6	己酉 7	庚戌 8	辛亥 9	壬子 10	癸丑 11	甲寅 12	
七月小	戊申	干支 天地西曆	乙卯 13	丙辰 14	丁巳 15	戊午 16	己未 17	庚申 18	辛酉 19	壬戌 20	癸亥 21	甲子 22	乙丑 23	丙寅 24	丁卯 25	戊辰 26	己巳 27	庚午 28	辛未 29	壬申 30	癸酉 31	甲戌 (9)	乙亥 2	丙子 3	丁丑 4	戊寅 5	己卯 6	庚辰 7	辛巳 8	壬午 9	癸未 10		戊午立秋
八月大	己酉	干支 天地西曆	甲申 11	乙酉 12	丙戌 13	丁亥 14	戊子 15	己丑 16	庚寅 17	辛卯 18	壬辰 19	癸巳 20	甲午 21	乙未 22	丙申 23	丁酉 24	戊戌 25	己亥 26	庚子 27	辛丑 28	壬寅 29	癸卯 30	甲辰 (10)	乙巳 2	丙午 3	丁未 4	戊申 5	己酉 6	庚戌 7	辛亥 8	壬子 9	癸丑 10	甲辰秋分
九月小	庚戌	干支 天地西曆	甲寅 11	乙卯 12	丙辰 13	丁巳 14	戊午 15	己未 16	庚申 17	辛酉 18	壬戌 19	癸亥 20	甲子 21	乙丑 22	丙寅 23	丁卯 24	戊辰 25	己巳 26	庚午 27	辛未 28	壬申 29	癸酉 30	甲戌 31	乙亥 (11)	丙子 2	丁丑 3	戊寅 4	己卯 5	庚辰 6	辛巳 7	壬午 8		
十月大	辛亥	干支 天地西曆	癸未 9	甲申 10	乙酉 11	丙戌 12	丁亥 13	戊子 14	己丑 15	庚寅 16	辛卯 17	壬辰 18	癸巳 19	甲午 20	乙未 21	丙申 22	丁酉 23	戊戌 24	己亥 25	庚子 26	辛丑 27	壬寅 28	癸卯 29	甲辰 30	乙巳 (12)	丙午 2	丁未 3	戊申 4	己酉 5	庚戌 6	辛亥 7	壬子 8	戊子立冬
十一月大	壬子	干支 天地西曆	癸丑 9	甲寅 10	乙卯 11	丙辰 12	丁巳 13	戊午 14	己未 15	庚申 16	辛酉 17	壬戌 18	癸亥 19	甲子 20	乙丑 21	丙寅 22	丁卯 23	戊辰 24	己巳 25	庚午 26	辛未 27	壬申 28	癸酉 29	甲戌 30	乙亥 31	丙子 (1)	丁丑 2	戊寅 3	己卯 4	庚辰 5	辛巳 6	壬午 7	壬申冬至 癸丑日食
十二月大	癸丑	干支 天地西曆	癸未 8	甲申 9	乙酉 10	丙戌 11	丁亥 12	戊子 13	己丑 14	庚寅 15	辛卯 16	壬辰 17	癸巳 18	甲午 19	乙未 20	丙申 21	丁酉 22	戊戌 23	己亥 24	庚子 25	辛丑 26	壬寅 27	癸卯 28	甲辰 29	乙巳 30	丙午 31	丁未 (2)	戊申 2	己酉 3	庚戌 4	辛亥 5	壬子 6	

*《長術》：正丁巳，三丙辰，五乙卯，七甲寅，十癸未，十二壬午。

周平王二十八年（戊戌 狗年） 公元前743 ~ 前742年

夏曆月序		中西曆日對照	夏曆日序																													節氣與天象
			初一	初二	初三	初四	初五	初六	初七	初八	初九	初十	十一	十二	十三	十四	十五	十六	十七	十八	十九	二十	二一	二二	二三	二四	二五	二六	二七	二八	二九	三十	
正月小	甲寅	天干地支西曆	癸丑7	甲寅8	乙卯9	丙辰10	丁巳11	戊午12	己未13	庚申14	辛酉15	壬戌16	癸亥17	甲子18	乙丑19	丙寅20	丁卯21	戊辰22	己巳23	庚午24	辛未25	壬申26	癸酉27	甲戌28	乙亥(3)	丙子2	丁丑3	戊寅4	己卯5	庚辰6	辛巳7		丁巳立春
二月大	乙卯	天干地支西曆	壬午8	癸未9	甲申10	乙酉11	丙戌12	丁亥13	戊子14	己丑15	庚寅16	辛卯17	壬辰18	癸巳19	甲午20	乙未21	丙申22	丁酉23	戊戌24	己亥25	庚子26	辛丑27	壬寅28	癸卯29	甲辰30	乙巳31	丙午(4)	丁未2	戊申3	己酉4	庚戌5	辛亥6	癸卯春分
三月小	丙辰	天干地支西曆	壬子7	癸丑8	甲寅9	乙卯10	丙辰11	丁巳12	戊午13	己未14	庚申15	辛酉16	壬戌17	癸亥18	甲子19	乙丑20	丙寅21	丁卯22	戊辰23	己巳24	庚午25	辛未26	壬申27	癸酉28	甲戌29	乙亥30	丙子(5)	丁丑2	戊寅3	己卯4	庚辰5		
四月大	丁巳	天干地支西曆	辛巳6	壬午7	癸未8	甲申9	乙酉10	丙戌11	丁亥12	戊子13	己丑14	庚寅15	辛卯16	壬辰17	癸巳18	甲午19	乙未20	丙申21	丁酉22	戊戌23	己亥24	庚子25	辛丑26	壬寅27	癸卯28	甲辰29	乙巳30	丙午31	丁未(6)	戊申2	己酉3	庚戌4	庚寅立夏
五月小	戊午	天干地支西曆	辛亥5	壬子6	癸丑7	甲寅8	乙卯9	丙辰10	丁巳11	戊午12	己未13	庚申14	辛酉15	壬戌16	癸亥17	甲子18	乙丑19	丙寅20	丁卯21	戊辰22	己巳23	庚午24	辛未25	壬申26	癸酉27	甲戌28	乙亥29	丙子30	丁丑(7)	戊寅2	己卯3		丁丑夏至
六月大	己未	天干地支西曆	庚辰4	辛巳5	壬午6	癸未7	甲申8	乙酉9	丙戌10	丁亥11	戊子12	己丑13	庚寅14	辛卯15	壬辰16	癸巳17	甲午18	乙未19	丙申20	丁酉21	戊戌22	己亥23	庚子24	辛丑25	壬寅26	癸卯27	甲辰28	乙巳29	丙午30	丁未31	戊申(8)	己酉2	
七月小	庚申	天干地支西曆	庚戌3	辛亥4	壬子5	癸丑6	甲寅7	乙卯8	丙辰9	丁巳10	戊午11	己未12	庚申13	辛酉14	壬戌15	癸亥16	甲子17	乙丑18	丙寅19	丁卯20	戊辰21	己巳22	庚午23	辛未24	壬申25	癸酉26	甲戌27	乙亥28	丙子29	丁丑30	戊寅31		癸亥立秋
八月小	辛酉	天干地支西曆	己卯(9)	庚辰2	辛巳3	壬午4	癸未5	甲申6	乙酉7	丙戌8	丁亥9	戊子10	己丑11	庚寅12	辛卯13	壬辰14	癸巳15	甲午16	乙未17	丙申18	丁酉19	戊戌20	己亥21	庚子22	辛丑23	壬寅24	癸卯25	甲辰26	乙巳27	丙午28	丁未29		
八月大	辛酉	天干地支西曆	戊申30	己酉(10)	庚戌2	辛亥3	壬子4	癸丑5	甲寅6	乙卯7	丙辰8	丁巳9	戊午10	己未11	庚申12	辛酉13	壬戌14	癸亥15	甲子16	乙丑17	丙寅18	丁卯19	戊辰20	己巳21	庚午22	辛未23	壬申24	癸酉25	甲戌26	乙亥27	丙子28	丁丑29	己酉秋分
九月小	壬戌	天干地支西曆	戊寅30	己卯31	庚辰(11)	辛巳2	壬午3	癸未4	甲申5	乙酉6	丙戌7	丁亥8	戊子9	己丑10	庚寅11	辛卯12	壬辰13	癸巳14	甲午15	乙未16	丙申17	丁酉18	戊戌19	己亥20	庚子21	辛丑22	壬寅23	癸卯24	甲辰25	乙巳26	丙午27		癸巳立冬
十月大	癸亥	天干地支西曆	丁未28	戊申29	己酉30	庚戌(12)	辛亥2	壬子3	癸丑4	甲寅5	乙卯6	丙辰7	丁巳8	戊午9	己未10	庚申11	辛酉12	壬戌13	癸亥14	甲子15	乙丑16	丙寅17	丁卯18	戊辰19	己巳20	庚午21	辛未22	壬申23	癸酉24	甲戌25	乙亥26	丙子27	
十一月大	甲子	天干地支西曆	丁丑28	戊寅29	己卯30	庚辰31	辛巳(1)	壬午2	癸未3	甲申4	乙酉5	丙戌6	丁亥7	戊子8	己丑9	庚寅10	辛卯11	壬辰12	癸巳13	甲午14	乙未15	丙申16	丁酉17	戊戌18	己亥19	庚子20	辛丑21	壬寅22	癸卯23	甲辰24	乙巳25	丙午26	丁丑冬至
十二月小	乙丑	天干地支西曆	丁未27	戊申28	己酉29	庚戌30	辛亥31	壬子(2)	癸丑2	甲寅3	乙卯4	丙辰5	丁巳6	戊午7	己未8	庚申9	辛酉10	壬戌11	癸亥12	甲子13	乙丑14	丙寅15	丁卯16	戊辰17	己巳18	庚午19	辛未20	壬申21	癸酉22	甲戌23	乙亥24		壬戌立春

*《長術》：正壬子，二辛巳，四庚辰，六己卯，八戊寅，十丁丑，十二丙子。

周平王二十九年（己亥 猪年） 公元前742 ~ 前741年

夏曆月序		中西曆日對照	初一	初二	初三	初四	初五	初六	初七	初八	初九	初十	十一	十二	十三	十四	十五	十六	十七	十八	十九	二十	二一	二二	二三	二四	二五	二六	二七	二八	二九	三十	節氣與天象
正月大	丙寅	干支	丙子	丁丑	戊寅	己卯	庚辰	辛巳	壬午	癸未	甲申	乙酉	丙戌	丁亥	戊子	己丑	庚寅	辛卯	壬辰	癸巳	甲午	乙未	丙申	丁酉	戊戌	己亥	庚子	辛丑	壬寅	癸卯	甲辰	乙巳	
		天地西曆	25	26	27	28	(3)	2	3	4	5	6	7	8	9	10	11	12	13	14	15	16	17	18	19	20	21	22	23	24	25	26	
二月大	丁卯	干支	丙午	丁未	戊申	己酉	庚戌	辛亥	壬子	癸丑	甲寅	乙卯	丙辰	丁巳	戊午	己未	庚申	辛酉	壬戌	癸亥	甲子	乙丑	丙寅	丁卯	戊辰	己巳	庚午	辛未	壬申	癸酉	甲戌	乙亥	戊申春分
		天地西曆	27	28	29	30	31	(4)	2	3	4	5	6	7	8	9	10	11	12	13	14	15	16	17	18	19	20	21	22	23	24	25	
三月小	戊辰	干支	丙子	丁丑	戊寅	己卯	庚辰	辛巳	壬午	癸未	甲申	乙酉	丙戌	丁亥	戊子	己丑	庚寅	辛卯	壬辰	癸巳	甲午	乙未	丙申	丁酉	戊戌	己亥	庚子	辛丑	壬寅	癸卯	甲辰		乙未立夏 丙子日食
		天地西曆	26	27	28	29	30	(5)	2	3	4	5	6	7	8	9	10	11	12	13	14	15	16	17	18	19	20	21	22	23	24		
四月大	己巳	干支	乙巳	丙午	丁未	戊申	己酉	庚戌	辛亥	壬子	癸丑	甲寅	乙卯	丙辰	丁巳	戊午	己未	庚申	辛酉	壬戌	癸亥	甲子	乙丑	丙寅	丁卯	戊辰	己巳	庚午	辛未	壬申	癸酉	甲戌	
		天地西曆	25	26	27	28	29	30	31	(6)	2	3	4	5	6	7	8	9	10	11	12	13	14	15	16	17	18	19	20	21	22	23	
五月小	庚午	干支	乙亥	丙子	丁丑	戊寅	己卯	庚辰	辛巳	壬午	癸未	甲申	乙酉	丙戌	丁亥	戊子	己丑	庚寅	辛卯	壬辰	癸巳	甲午	乙未	丙申	丁酉	戊戌	己亥	庚子	辛丑	壬寅	癸卯		壬午夏至
		天地西曆	24	25	26	27	28	29	30	(7)	2	3	4	5	6	7	8	9	10	11	12	13	14	15	16	17	18	19	20	21	22		
六月大	辛未	干支	甲辰	乙巳	丙午	丁未	戊申	己酉	庚戌	辛亥	壬子	癸丑	甲寅	乙卯	丙辰	丁巳	戊午	己未	庚申	辛酉	壬戌	癸亥	甲子	乙丑	丙寅	丁卯	戊辰	己巳	庚午	辛未	壬申	癸酉	己巳立秋
		天地西曆	23	24	25	26	27	28	29	30	31	(8)	2	3	4	5	6	7	8	9	10	11	12	13	14	15	16	17	18	19	20	21	
七月小	壬申	干支	甲戌	乙亥	丙子	丁丑	戊寅	己卯	庚辰	辛巳	壬午	癸未	甲申	乙酉	丙戌	丁亥	戊子	己丑	庚寅	辛卯	壬辰	癸巳	甲午	乙未	丙申	丁酉	戊戌	己亥	庚子	辛丑	壬寅		
		天地西曆	22	23	24	25	26	27	28	29	30	31	(9)	2	3	4	5	6	7	8	9	10	11	12	13	14	15	16	17	18	19		
八月小	癸酉	干支	癸卯	甲辰	乙巳	丙午	丁未	戊申	己酉	庚戌	辛亥	壬子	癸丑	甲寅	乙卯	丙辰	丁巳	戊午	己未	庚申	辛酉	壬戌	癸亥	甲子	乙丑	丙寅	丁卯	戊辰	己巳	庚午	辛未		甲寅秋分
		天地西曆	20	21	22	23	24	25	26	27	28	29	30	(10)	2	3	4	5	6	7	8	9	10	11	12	13	14	15	16	17	18		
九月大	甲戌	干支	壬申	癸酉	甲戌	乙亥	丙子	丁丑	戊寅	己卯	庚辰	辛巳	壬午	癸未	甲申	乙酉	丙戌	丁亥	戊子	己丑	庚寅	辛卯	壬辰	癸巳	甲午	乙未	丙申	丁酉	戊戌	己亥	庚子	辛丑	戊戌立冬
		天地西曆	19	20	21	22	23	24	25	26	27	28	29	30	31	(11)	2	3	4	5	6	7	8	9	10	11	12	13	14	15	16	17	
十月小	乙亥	干支	壬寅	癸卯	甲辰	乙巳	丙午	丁未	戊申	己酉	庚戌	辛亥	壬子	癸丑	甲寅	乙卯	丙辰	丁巳	戊午	己未	庚申	辛酉	壬戌	癸亥	甲子	乙丑	丙寅	丁卯	戊辰	己巳	庚午		
		天地西曆	18	19	20	21	22	23	24	25	26	27	28	29	30	(12)	2	3	4	5	6	7	8	9	10	11	12	13	14	15	16		
十一月大	丙子	干支	辛未	壬申	癸酉	甲戌	乙亥	丙子	丁丑	戊寅	己卯	庚辰	辛巳	壬午	癸未	甲申	乙酉	丙戌	丁亥	戊子	己丑	庚寅	辛卯	壬辰	癸巳	甲午	乙未	丙申	丁酉	戊戌	己亥	庚子	癸未冬至
		天地西曆	17	18	19	20	21	22	23	24	25	26	27	28	29	30	31	(1)	2	3	4	5	6	7	8	9	10	11	12	13	14	15	
十二月大	丁丑	干支	辛丑	壬寅	癸卯	甲辰	乙巳	丙午	丁未	戊申	己酉	庚戌	辛亥	壬子	癸丑	甲寅	乙卯	丙辰	丁巳	戊午	己未	庚申	辛酉	壬戌	癸亥	甲子	乙丑	丙寅	丁卯	戊辰	己巳	庚午	丁卯立春
		天地西曆	16	17	18	19	20	21	22	23	24	25	26	27	28	29	30	31	(2)	2	3	4	5	6	7	8	9	10	11	12	13	14	

*《長術》：正丙午，閏二乙巳，四甲辰，六癸卯，八壬寅，十辛丑，十二庚子。

周平王三十年（庚子 鼠年） 公元前 741 ~ 前 740 年

夏曆月序		中西曆日對照	夏曆日序																														節氣與天象
			初一	初二	初三	初四	初五	初六	初七	初八	初九	初十	十一	十二	十三	十四	十五	十六	十七	十八	十九	二十	二一	二二	二三	二四	二五	二六	二七	二八	二九	三十	
正月小	戊寅	天干地支西曆	辛未15	壬申16	癸酉17	甲戌18	乙亥19	丙子20	丁丑21	戊寅22	己卯23	庚辰24	辛巳25	壬午26	癸未27	甲申28	乙酉29	丙戌(3)	丁亥2	戊子3	己丑4	庚寅5	辛卯6	壬辰7	癸巳8	甲午9	乙未10	丙申11	丁酉12	戊戌13	己亥14		
二月大	己卯	天干地支西曆	庚子15	辛丑16	壬寅17	癸卯18	甲辰19	乙巳20	丙午21	丁未22	戊申23	己酉24	庚戌25	辛亥26	壬子27	癸丑28	甲寅29	乙卯30	丙辰31	丁巳(4)	戊午2	己未3	庚申4	辛酉5	壬戌6	癸亥7	甲子8	乙丑9	丙寅10	丁卯11	戊辰12	己巳13	癸丑春分
三月大	庚辰	天干地支西曆	庚午14	辛未15	壬申16	癸酉17	甲戌18	乙亥19	丙子20	丁丑21	戊寅22	己卯23	庚辰24	辛巳25	壬午26	癸未27	甲申28	乙酉29	丙戌30	丁亥(5)	戊子2	己丑3	庚寅4	辛卯5	壬辰6	癸巳7	甲午8	乙未9	丙申10	丁酉11	戊戌12	己亥13	
四月小	辛巳	天干地支西曆	庚子14	辛丑15	壬寅16	癸卯17	甲辰18	乙巳19	丙午20	丁未21	戊申22	己酉23	庚戌24	辛亥25	壬子26	癸丑27	甲寅28	乙卯29	丙辰30	丁巳31	戊午(6)	己未2	庚申3	辛酉4	壬戌5	癸亥6	甲子7	乙丑8	丙寅9	丁卯10	戊辰11		庚子立夏
五月大	壬午	天干地支西曆	己巳12	庚午13	辛未14	壬申15	癸酉16	甲戌17	乙亥18	丙子19	丁丑20	戊寅21	己卯22	庚辰23	辛巳24	壬午25	癸未26	甲申27	乙酉28	丙戌29	丁亥30	戊子(7)	己丑2	庚寅3	辛卯4	壬辰5	癸巳6	甲午7	乙未8	丙申9	丁酉10	戊戌11	丁亥夏至
六月小	癸未	天干地支西曆	己亥12	庚子13	辛丑14	壬寅15	癸卯16	甲辰17	乙巳18	丙午19	丁未20	戊申21	己酉22	庚戌23	辛亥24	壬子25	癸丑26	甲寅27	乙卯28	丙辰29	丁巳30	戊午31	己未(8)	庚申2	辛酉3	壬戌4	癸亥5	甲子6	乙丑7	丙寅8	丁卯9		
七月大	甲申	天干地支西曆	戊辰10	己巳11	庚午12	辛未13	壬申14	癸酉15	甲戌16	乙亥17	丙子18	丁丑19	戊寅20	己卯21	庚辰22	辛巳23	壬午24	癸未25	甲申26	乙酉27	丙戌28	丁亥29	戊子30	己丑31	庚寅(9)	辛卯2	壬辰3	癸巳4	甲午5	乙未6	丙申7	丁酉8	甲戌立秋
八月小	乙酉	天干地支西曆	戊戌9	己亥10	庚子11	辛丑12	壬寅13	癸卯14	甲辰15	乙巳16	丙午17	丁未18	戊申19	己酉20	庚戌21	辛亥22	壬子23	癸丑24	甲寅25	乙卯26	丙辰27	丁巳28	戊午29	己未30	庚申(10)	辛酉2	壬戌3	癸亥4	甲子5	乙丑6	丙寅7		己未秋分
九月小	丙戌	天干地支西曆	丁卯8	戊辰9	己巳10	庚午11	辛未12	壬申13	癸酉14	甲戌15	乙亥16	丙子17	丁丑18	戊寅19	己卯20	庚辰21	辛巳22	壬午23	癸未24	甲申25	乙酉26	丙戌27	丁亥28	戊子29	己丑30	庚寅31	辛卯(11)	壬辰2	癸巳3	甲午4	乙未5		丁卯日食
十月大	丁亥	天干地支西曆	丙申6	丁酉7	戊戌8	己亥9	庚子10	辛丑11	壬寅12	癸卯13	甲辰14	乙巳15	丙午16	丁未17	戊申18	己酉19	庚戌20	辛亥21	壬子22	癸丑23	甲寅24	乙卯25	丙辰26	丁巳27	戊午28	己未29	庚申30	辛酉(12)	壬戌2	癸亥3	甲子4	乙丑5	甲辰立冬
十一月小	戊子	天干地支西曆	丙寅6	丁卯7	戊辰8	己巳9	庚午10	辛未11	壬申12	癸酉13	甲戌14	乙亥15	丙子16	丁丑17	戊寅18	己卯19	庚辰20	辛巳21	壬午22	癸未23	甲申24	乙酉25	丙戌26	丁亥27	戊子28	己丑29	庚寅30	辛卯31	壬辰(1)	癸巳2	甲午3		戊子冬至
十二月大	己丑	天干地支西曆	乙未4	丙申5	丁酉6	戊戌7	己亥8	庚子9	辛丑10	壬寅11	癸卯12	甲辰13	乙巳14	丙午15	丁未16	戊申17	己酉18	庚戌19	辛亥20	壬子21	癸丑22	甲寅23	乙卯24	丙辰25	丁巳26	戊午27	己未28	庚申29	辛酉30	壬戌31	癸亥(2)	甲子2	

*《長術》：正庚午，二己亥，五戊辰，七丁卯，九丙寅，十一乙丑。

周平王三十一年（辛丑 牛年） 公元前 740 ~ 前 739 年

夏曆月序		中西曆日對照	初一	初二	初三	初四	初五	初六	初七	初八	初九	初十	十一	十二	十三	十四	十五	十六	十七	十八	十九	二十	二一	二二	二三	二四	二五	二六	二七	二八	二九	三十	節氣與天象
正月小	庚寅	天干地支西曆	乙丑3	丙寅4	丁卯5	戊辰6	己巳7	庚午8	辛未9	壬申10	癸酉11	甲戌12	乙亥13	丙子14	丁丑15	戊寅16	己卯17	庚辰18	辛巳19	壬午20	癸未21	甲申22	乙酉23	丙戌24	丁亥25	戊子26	己丑27	庚寅28	辛卯(3)	壬辰2	癸巳3		癸酉立春
二月大	辛卯	天干地支西曆	甲午4	乙未5	丙申6	丁酉7	戊戌8	己亥9	庚子10	辛丑11	壬寅12	癸卯13	甲辰14	乙巳15	丙午16	丁未17	戊申18	己酉19	庚戌20	辛亥21	壬子22	癸丑23	甲寅24	乙卯25	丙辰26	丁巳27	戊午28	己未29	庚申30	辛酉31	壬戌(4)	癸亥2	戊午春分
三月大	壬辰	天干地支西曆	甲子3	乙丑4	丙寅5	丁卯6	戊辰7	己巳8	庚午9	辛未10	壬申11	癸酉12	甲戌13	乙亥14	丙子15	丁丑16	戊寅17	己卯18	庚辰19	辛巳20	壬午21	癸未22	甲申23	乙酉24	丙戌25	丁亥26	戊子27	己丑28	庚寅29	辛卯30	壬辰(5)	癸巳2	
四月小	癸巳	天干地支西曆	甲午3	乙未4	丙申5	丁酉6	戊戌7	己亥8	庚子9	辛丑10	壬寅11	癸卯12	甲辰13	乙巳14	丙午15	丁未16	戊申17	己酉18	庚戌19	辛亥20	壬子21	癸丑22	甲寅23	乙卯24	丙辰25	丁巳26	戊午27	己未28	庚申29	辛酉30	壬戌31		乙巳立夏
五月大	甲午	天干地支西曆	癸亥(6)	甲子2	乙丑3	丙寅4	丁卯5	戊辰6	己巳7	庚午8	辛未9	壬申10	癸酉11	甲戌12	乙亥13	丙子14	丁丑15	戊寅16	己卯17	庚辰18	辛巳19	壬午20	癸未21	甲申22	乙酉23	丙戌24	丁亥25	戊子26	己丑27	庚寅28	辛卯29	壬辰30	
六月小	乙未	天干地支西曆	癸巳(7)	甲午2	乙未3	丙申4	丁酉5	戊戌6	己亥7	庚子8	辛丑9	壬寅10	癸卯11	甲辰12	乙巳13	丙午14	丁未15	戊申16	己酉17	庚戌18	辛亥19	壬子20	癸丑21	甲寅22	乙卯23	丙辰24	丁巳25	戊午26	己未27	庚申28	辛酉29		癸巳夏至
闰六月大	乙未	天干地支西曆	壬戌30	癸亥31	甲子(8)	乙丑2	丙寅3	丁卯4	戊辰5	己巳6	庚午7	辛未8	壬申9	癸酉10	甲戌11	乙亥12	丙子13	丁丑14	戊寅15	己卯16	庚辰17	辛巳18	壬午19	癸未20	甲申21	乙酉22	丙戌23	丁亥24	戊子25	己丑26	庚寅27	辛卯28	己卯立秋
七月大	丙申	天干地支西曆	壬辰29	癸巳30	甲午31	乙未(9)	丙申2	丁酉3	戊戌4	己亥5	庚子6	辛丑7	壬寅8	癸卯9	甲辰10	乙巳11	丙午12	丁未13	戊申14	己酉15	庚戌16	辛亥17	壬子18	癸丑19	甲寅20	乙卯21	丙辰22	丁巳23	戊午24	己未25	庚申26	辛酉27	
八月小	丁酉	天干地支西曆	壬戌28	癸亥29	甲子30	乙丑(10)	丙寅2	丁卯3	戊辰4	己巳5	庚午6	辛未7	壬申8	癸酉9	甲戌10	乙亥11	丙子12	丁丑13	戊寅14	己卯15	庚辰16	辛巳17	壬午18	癸未19	甲申20	乙酉21	丙戌22	丁亥23	戊子24	己丑25	庚寅26		乙丑秋分
九月大	戊戌	天干地支西曆	辛卯27	壬辰28	癸巳29	甲午30	乙未31	丙申(11)	丁酉2	戊戌3	己亥4	庚子5	辛丑6	壬寅7	癸卯8	甲辰9	乙巳10	丙午11	丁未12	戊申13	己酉14	庚戌15	辛亥16	壬子17	癸丑18	甲寅19	乙卯20	丙辰21	丁巳22	戊午23	己未24	庚申25	己酉立冬
十月小	己亥	天干地支西曆	辛酉26	壬戌27	癸亥28	甲子29	乙丑30	丙寅(12)	丁卯2	戊辰3	己巳4	庚午5	辛未6	壬申7	癸酉8	甲戌9	乙亥10	丙子11	丁丑12	戊寅13	己卯14	庚辰15	辛巳16	壬午17	癸未18	甲申19	乙酉20	丙戌21	丁亥22	戊子23	己丑24		
十一月小	庚子	天干地支西曆	庚寅25	辛卯26	壬辰27	癸巳28	甲午29	乙未30	丙申31	丁酉(1)	戊戌2	己亥3	庚子4	辛丑5	壬寅6	癸卯7	甲辰8	乙巳9	丙午10	丁未11	戊申12	己酉13	庚戌14	辛亥15	壬子16	癸丑17	甲寅18	乙卯19	丙辰20	丁巳21	戊午22		癸巳冬至
十二月大	辛丑	天干地支西曆	己未23	庚申24	辛酉25	壬戌26	癸亥27	甲子28	乙丑29	丙寅30	丁卯31	戊辰(2)	己巳2	庚午3	辛未4	壬申5	癸酉6	甲戌7	乙亥8	丙子9	丁丑10	戊寅11	己卯12	庚辰13	辛巳14	壬午15	癸未16	甲申17	乙酉18	丙戌19	丁亥20	戊子21	戊寅立春

*《長術》：正甲子，三癸亥，五壬戌，七辛酉，十庚寅，十一己丑朔。閏十。

周平王三十二年（壬寅 虎年） 公元前 739 ～ 前 738 年

夏曆月序		中西曆日對照	初一	初二	初三	初四	初五	初六	初七	初八	初九	初十	十一	十二	十三	十四	十五	十六	十七	十八	十九	二十	二一	二二	二三	二四	二五	二六	二七	二八	二九	三十	節氣與天象
正月小	壬寅	天干地支	己丑	庚寅	辛卯	壬辰	癸巳	甲午	乙未	丙申	丁酉	戊戌	己亥	庚子	辛丑	壬寅	癸卯	甲辰	乙巳	丙午	丁未	戊申	己酉	庚戌	辛亥	壬子	癸丑	甲寅	乙卯	丙辰	丁巳		己丑日食
		西曆	22	23	24	25	26	27	28	(3)	2	3	4	5	6	7	8	9	10	11	12	13	14	15	16	17	18	19	20	21	22		
二月大	癸卯	天干地支	戊午	己未	庚申	辛酉	壬戌	癸亥	甲子	乙丑	丙寅	丁卯	戊辰	己巳	庚午	辛未	壬申	癸酉	甲戌	乙亥	丙子	丁丑	戊寅	己卯	庚辰	辛巳	壬午	癸未	甲申	乙酉	丙戌	丁亥	甲子春分
		西曆	23	24	25	26	27	28	29	30	31	(4)	2	3	4	5	6	7	8	9	10	11	12	13	14	15	16	17	18	19	20	21	
三月小	甲辰	天干地支	戊子	己丑	庚寅	辛卯	壬辰	癸巳	甲午	乙未	丙申	丁酉	戊戌	己亥	庚子	辛丑	壬寅	癸卯	甲辰	乙巳	丙午	丁未	戊申	己酉	庚戌	辛亥	壬子	癸丑	甲寅	乙卯	丙辰		辛亥立夏
		西曆	22	23	24	25	26	27	28	29	30	(5)	2	3	4	5	6	7	8	9	10	11	12	13	14	15	16	17	18	19	20		
四月大	乙巳	天干地支	丁巳	戊午	己未	庚申	辛酉	壬戌	癸亥	甲子	乙丑	丙寅	丁卯	戊辰	己巳	庚午	辛未	壬申	癸酉	甲戌	乙亥	丙子	丁丑	戊寅	己卯	庚辰	辛巳	壬午	癸未	甲申	乙酉	丙戌	
		西曆	21	22	23	24	25	26	27	28	29	30	31	(6)	2	3	4	5	6	7	8	9	10	11	12	13	14	15	16	17	18	19	
五月小	丙午	天干地支	丁亥	戊子	己丑	庚寅	辛卯	壬辰	癸巳	甲午	乙未	丙申	丁酉	戊戌	己亥	庚子	辛丑	壬寅	癸卯	甲辰	乙巳	丙午	丁未	戊申	己酉	庚戌	辛亥	壬子	癸丑	甲寅	乙卯		戊戌夏至
		西曆	20	21	22	23	24	25	26	27	28	29	30	(7)	2	3	4	5	6	7	8	9	10	11	12	13	14	15	16	17	18		
六月大	丁未	天干地支	丙辰	丁巳	戊午	己未	庚申	辛酉	壬戌	癸亥	甲子	乙丑	丙寅	丁卯	戊辰	己巳	庚午	辛未	壬申	癸酉	甲戌	乙亥	丙子	丁丑	戊寅	己卯	庚辰	辛巳	壬午	癸未	甲申	乙酉	甲申立秋
		西曆	19	20	21	22	23	24	25	26	27	28	29	30	31	(8)	2	3	4	5	6	7	8	9	10	11	12	13	14	15	16	17	
七月大	戊申	天干地支	丙戌	丁亥	戊子	己丑	庚寅	辛卯	壬辰	癸巳	甲午	乙未	丙申	丁酉	戊戌	己亥	庚子	辛丑	壬寅	癸卯	甲辰	乙巳	丙午	丁未	戊申	己酉	庚戌	辛亥	壬子	癸丑	甲寅	乙卯	
		西曆	18	19	20	21	22	23	24	25	26	27	28	29	30	31	(9)	2	3	4	5	6	7	8	9	10	11	12	13	14	15	16	
八月大	己酉	天干地支	丙辰	丁巳	戊午	己未	庚申	辛酉	壬戌	癸亥	甲子	乙丑	丙寅	丁卯	戊辰	己巳	庚午	辛未	壬申	癸酉	甲戌	乙亥	丙子	丁丑	戊寅	己卯	庚辰	辛巳	壬午	癸未	甲申	乙酉	庚午秋分
		西曆	17	18	19	20	21	22	23	24	25	26	27	28	29	30	(10)	2	3	4	5	6	7	8	9	10	11	12	13	14	15	16	
九月小	庚戌	天干地支	丙戌	丁亥	戊子	己丑	庚寅	辛卯	壬辰	癸巳	甲午	乙未	丙申	丁酉	戊戌	己亥	庚子	辛丑	壬寅	癸卯	甲辰	乙巳	丙午	丁未	戊申	己酉	庚戌	辛亥	壬子	癸丑	甲寅		甲寅立冬
		西曆	17	18	19	20	21	22	23	24	25	26	27	28	29	30	31	(11)	2	3	4	5	6	7	8	9	10	11	12	13	14		
十月大	辛亥	天干地支	乙卯	丙辰	丁巳	戊午	己未	庚申	辛酉	壬戌	癸亥	甲子	乙丑	丙寅	丁卯	戊辰	己巳	庚午	辛未	壬申	癸酉	甲戌	乙亥	丙子	丁丑	戊寅	己卯	庚辰	辛巳	壬午	癸未	甲申	
		西曆	15	16	17	18	19	20	21	22	23	24	25	26	27	28	29	30	(12)	2	3	4	5	6	7	8	9	10	11	12	13	14	
十一月小	壬子	天干地支	乙酉	丙戌	丁亥	戊子	己丑	庚寅	辛卯	壬辰	癸巳	甲午	乙未	丙申	丁酉	戊戌	己亥	庚子	辛丑	壬寅	癸卯	甲辰	乙巳	丙午	丁未	戊申	己酉	庚戌	辛亥	壬子	癸丑		戊戌冬至
		西曆	15	16	17	18	19	20	21	22	23	24	25	26	27	28	29	30	31	(1)	2	3	4	5	6	7	8	9	10	11	12		
十二月大	癸丑	天干地支	甲寅	乙卯	丙辰	丁巳	戊午	己未	庚申	辛酉	壬戌	癸亥	甲子	乙丑	丙寅	丁卯	戊辰	己巳	庚午	辛未	壬申	癸酉	甲戌	乙亥	丙子	丁丑	戊寅	己卯	庚辰	辛巳	壬午	癸未	癸未立春
		西曆	13	14	15	16	17	18	19	20	21	22	23	24	25	26	27	28	29	30	31	(2)	2	3	4	5	6	7	8	9	10	11	

*《長術》：正戊子，三丁亥，五丙戌，七乙酉，九甲申，十二癸丑。

周平王三十三年（癸卯 兔年） 公元前**738** ~ 前737年

夏曆月序		中西日曆對照	夏曆日序																														節氣與天象
			初一	初二	初三	初四	初五	初六	初七	初八	初九	初十	十一	十二	十三	十四	十五	十六	十七	十八	十九	二十	二一	二二	二三	二四	二五	二六	二七	二八	二九	三十	
正月小	甲寅	天干地支西曆	甲申12	乙酉13	丙戌14	丁亥15	戊子16	己丑17	庚寅18	辛卯19	壬辰20	癸巳21	甲午22	乙未23	丙申24	丁酉25	戊戌26	己亥27	庚子28	辛丑(3)	壬寅2	癸卯3	甲辰4	乙巳5	丙午6	丁未7	戊申8	己酉9	庚戌10	辛亥11	壬子12		
二月小	乙卯	天干地支西曆	癸丑13	甲寅14	乙卯15	丙辰16	丁巳17	戊午18	己未19	庚申20	辛酉21	壬戌22	癸亥23	甲子24	乙丑25	丙寅26	丁卯27	戊辰28	己巳29	庚午30	辛未31	壬申(4)	癸酉2	甲戌3	乙亥4	丙子5	丁丑6	戊寅7	己卯8	庚辰9	辛巳10		己巳春分
三月大	丙辰	天干地支西曆	壬午11	癸未12	甲申13	乙酉14	丙戌15	丁亥16	戊子17	己丑18	庚寅19	辛卯20	壬辰21	癸巳22	甲午23	乙未24	丙申25	丁酉26	戊戌27	己亥28	庚子29	辛丑30	壬寅(5)	癸卯2	甲辰3	乙巳4	丙午5	丁未6	戊申7	己酉8	庚戌9	辛亥10	
四月小	丁巳	天干地支西曆	壬子11	癸丑12	甲寅13	乙卯14	丙辰15	丁巳16	戊午17	己未18	庚申19	辛酉20	壬戌21	癸亥22	甲子23	乙丑24	丙寅25	丁卯26	戊辰27	己巳28	庚午29	辛未30	壬申31	癸酉(6)	甲戌2	乙亥3	丙子4	丁丑5	戊寅6	己卯7	庚辰8		丙辰立夏
五月大	戊午	天干地支西曆	辛巳9	壬午10	癸未11	甲申12	乙酉13	丙戌14	丁亥15	戊子16	己丑17	庚寅18	辛卯19	壬辰20	癸巳21	甲午22	乙未23	丙申24	丁酉25	戊戌26	己亥27	庚子28	辛丑29	壬寅30	癸卯(7)	甲辰2	乙巳3	丙午4	丁未5	戊申6	己酉7	庚戌8	癸卯夏至
六月小	己未	天干地支西曆	辛亥9	壬子10	癸丑11	甲寅12	乙卯13	丙辰14	丁巳15	戊午16	己未17	庚申18	辛酉19	壬戌20	癸亥21	甲子22	乙丑23	丙寅24	丁卯25	戊辰26	己巳27	庚午28	辛未29	壬申30	癸酉31	甲戌(8)	乙亥2	丙子3	丁丑4	戊寅5	己卯6		
七月大	庚申	天干地支西曆	庚辰7	辛巳8	壬午9	癸未10	甲申11	乙酉12	丙戌13	丁亥14	戊子15	己丑16	庚寅17	辛卯18	壬辰19	癸巳20	甲午21	乙未22	丙申23	丁酉24	戊戌25	己亥26	庚子27	辛丑28	壬寅29	癸卯30	甲辰31	乙巳(9)	丙午2	丁未3	戊申4	己酉5	庚寅立秋
八月大	辛酉	天干地支西曆	庚戌6	辛亥7	壬子8	癸丑9	甲寅10	乙卯11	丙辰12	丁巳13	戊午14	己未15	庚申16	辛酉17	壬戌18	癸亥19	甲子20	乙丑21	丙寅22	丁卯23	戊辰24	己巳25	庚午26	辛未27	壬申28	癸酉29	甲戌30	乙亥(10)	丙子2	丁丑3	戊寅4	己卯5	乙亥秋分
九月小	壬戌	天干地支西曆	庚辰6	辛巳7	壬午8	癸未9	甲申10	乙酉11	丙戌12	丁亥13	戊子14	己丑15	庚寅16	辛卯17	壬辰18	癸巳19	甲午20	乙未21	丙申22	丁酉23	戊戌24	己亥25	庚子26	辛丑27	壬寅28	癸卯29	甲辰30	乙巳31	丙午(11)	丁未2	戊申3		
十月大	癸亥	天干地支西曆	己酉4	庚戌5	辛亥6	壬子7	癸丑8	甲寅9	乙卯10	丙辰11	丁巳12	戊午13	己未14	庚申15	辛酉16	壬戌17	癸亥18	甲子19	乙丑20	丙寅21	丁卯22	戊辰23	己巳24	庚午25	辛未26	壬申27	癸酉28	甲戌29	乙亥30	丙子(12)	丁丑2	戊寅3	己未立冬
十一月大	甲子	天干地支西曆	己卯4	庚辰5	辛巳6	壬午7	癸未8	甲申9	乙酉10	丙戌11	丁亥12	戊子13	己丑14	庚寅15	辛卯16	壬辰17	癸巳18	甲午19	乙未20	丙申21	丁酉22	戊戌23	己亥24	庚子25	辛丑26	壬寅27	癸卯28	甲辰29	乙巳30	丙午31	丁未(1)	戊申2	癸卯冬至
十二月小	乙丑	天干地支西曆	己酉3	庚戌4	辛亥5	壬子6	癸丑7	甲寅8	乙卯9	丙辰10	丁巳11	戊午12	己未13	庚申14	辛酉15	壬戌16	癸亥17	甲子18	乙丑19	丙寅20	丁卯21	戊辰22	己巳23	庚午24	辛未25	壬申26	癸酉27	甲戌28	乙亥29	丙子30	丁丑31		

*《長術》：正癸未，二壬子，四辛亥，六庚戌，八己酉，十戊申，十二丁未。

周平王三十四年（甲辰 龍年） 公元前**737** ~ 前736年

夏曆月序	中西曆日對照	初一	初二	初三	初四	初五	初六	初七	初八	初九	初十	十一	十二	十三	十四	十五	十六	十七	十八	十九	二十	二一	二二	二三	二四	二五	二六	二七	二八	二九	三十	節氣與天象
正月大 丙寅	天干地支西曆	戊寅(2)	己卯2	庚辰3	辛巳4	壬午5	癸未6	甲申7	乙酉8	丙戌9	丁亥10	戊子11	己丑12	庚寅13	辛卯14	壬辰15	癸巳16	甲午17	乙未18	丙申19	丁酉20	戊戌21	己亥22	庚子23	辛丑24	壬寅25	癸卯26	甲辰27	乙巳28	丙午29	丁未(3)	戊子立春
二月小 丁卯	天干地支西曆	戊申2	己酉3	庚戌4	辛亥5	壬子6	癸丑7	甲寅8	乙卯9	丙辰10	丁巳11	戊午12	己未13	庚申14	辛酉15	壬戌16	癸亥17	甲子18	乙丑19	丙寅20	丁卯21	戊辰22	己巳23	庚午24	辛未25	壬申26	癸酉27	甲戌28	乙亥29	丙子30		甲戌春分
閏二月小 丁卯	天干地支西曆	丁丑31	戊寅(4)	己卯2	庚辰3	辛巳4	壬午5	癸未6	甲申7	乙酉8	丙戌9	丁亥10	戊子11	己丑12	庚寅13	辛卯14	壬辰15	癸巳16	甲午17	乙未18	丙申19	丁酉20	戊戌21	己亥22	庚子23	辛丑24	壬寅25	癸卯26	甲辰27	乙巳28		
三月小 戊辰	天干地支西曆	丙午29	丁未30	戊申(5)	己酉2	庚戌3	辛亥4	壬子5	癸丑6	甲寅7	乙卯8	丙辰9	丁巳10	戊午11	己未12	庚申13	辛酉14	壬戌15	癸亥16	甲子17	乙丑18	丙寅19	丁卯20	戊辰21	己巳22	庚午23	辛未24	壬申25	癸酉26	甲戌27		辛酉立夏
四月大 己巳	天干地支西曆	乙亥28	丙子29	丁丑30	戊寅31	己卯(6)	庚辰2	辛巳3	壬午4	癸未5	甲申6	乙酉7	丙戌8	丁亥9	戊子10	己丑11	庚寅12	辛卯13	壬辰14	癸巳15	甲午16	乙未17	丙申18	丁酉19	戊戌20	己亥21	庚子22	辛丑23	壬寅24	癸卯25	甲辰26	
五月小 庚午	天干地支西曆	乙巳27	丙午28	丁未29	戊申30	己酉(7)	庚戌2	辛亥3	壬子4	癸丑5	甲寅6	乙卯7	丙辰8	丁巳9	戊午10	己未11	庚申12	辛酉13	壬戌14	癸亥15	甲子16	乙丑17	丙寅18	丁卯19	戊辰20	己巳21	庚午22	辛未23	壬申24	癸酉25		戊申夏至
六月大 辛未	天干地支西曆	甲戌26	乙亥27	丙子28	丁丑29	戊寅30	己卯31	庚辰(8)	辛巳2	壬午3	癸未4	甲申5	乙酉6	丙戌7	丁亥8	戊子9	己丑10	庚寅11	辛卯12	壬辰13	癸巳14	甲午15	乙未16	丙申17	丁酉18	戊戌19	己亥20	庚子21	辛丑22	壬寅23	癸卯24	乙未立秋
七月大 壬申	天干地支西曆	甲辰25	乙巳26	丙午27	丁未28	戊申29	己酉30	庚戌31	辛亥(9)	壬子2	癸丑3	甲寅4	乙卯5	丙辰6	丁巳7	戊午8	己未9	庚申10	辛酉11	壬戌12	癸亥13	甲子14	乙丑15	丙寅16	丁卯17	戊辰18	己巳19	庚午20	辛未21	壬申22	癸酉23	
八月小 癸酉	天干地支西曆	甲戌24	乙亥25	丙子26	丁丑27	戊寅28	己卯29	庚辰30	辛巳(10)	壬午2	癸未3	甲申4	乙酉5	丙戌6	丁亥7	戊子8	己丑9	庚寅10	辛卯11	壬辰12	癸巳13	甲午14	乙未15	丙申16	丁酉17	戊戌18	己亥19	庚子20	辛丑21	壬寅22		庚辰秋分
九月大 甲戌	天干地支西曆	癸卯23	甲辰24	乙巳25	丙午26	丁未27	戊申28	己酉29	庚戌30	辛亥31	壬子(11)	癸丑2	甲寅3	乙卯4	丙辰5	丁巳6	戊午7	己未8	庚申9	辛酉10	壬戌11	癸亥12	甲子13	乙丑14	丙寅15	丁卯16	戊辰17	己巳18	庚午19	辛未20	壬申21	乙丑立冬
十月大 乙亥	天干地支西曆	癸酉22	甲戌23	乙亥24	丙子25	丁丑26	戊寅27	己卯28	庚辰29	辛巳30	壬午(12)	癸未2	甲申3	乙酉4	丙戌5	丁亥6	戊子7	己丑8	庚寅9	辛卯10	壬辰11	癸巳12	甲午13	乙未14	丙申15	丁酉16	戊戌17	己亥18	庚子19	辛丑20	壬寅21	
十一月大 丙子	天干地支西曆	癸卯22	甲辰23	乙巳24	丙午25	丁未26	戊申27	己酉28	庚戌29	辛亥30	壬子31	癸丑(1)	甲寅2	乙卯3	丙辰4	丁巳5	戊午6	己未7	庚申8	辛酉9	壬戌10	癸亥11	甲子12	乙丑13	丙寅14	丁卯15	戊辰16	己巳17	庚午18	辛未19	壬申20	己酉冬至
十二月小 丁丑	天干地支西曆	癸酉21	甲戌22	乙亥23	丙子24	丁丑25	戊寅26	己卯27	庚辰28	辛巳29	壬午30	癸未31	甲申(2)	乙酉2	丙戌3	丁亥4	戊子5	己丑6	庚寅7	辛卯8	壬辰9	癸巳10	甲午11	乙未12	丙申13	丁酉14	戊戌15	己亥16	庚子17	辛丑18		癸巳立春

*《長術》：正丁丑，二丙午，五乙亥，七甲戌，八癸酉，十壬申，十二辛未朔。閏七。

周平王三十五年（乙巳 蛇年） 公元前736～前735年

夏曆月序		中西曆日對照	初一	初二	初三	初四	初五	初六	初七	初八	初九	初十	十一	十二	十三	十四	十五	十六	十七	十八	十九	二十	二一	二二	二三	二四	二五	二六	二七	二八	二九	三十	節氣與天象
正月大	戊寅	天干支 地西曆	壬寅19	癸卯20	甲辰21	乙巳22	丙午23	丁未24	戊申25	己酉26	庚戌27	辛亥28	壬子(3)	癸丑2	甲寅3	乙卯4	丙辰5	丁巳6	戊午7	己未8	庚申9	辛酉10	壬戌11	癸亥12	甲子13	乙丑14	丙寅15	丁卯16	戊辰17	己巳18	庚午19	辛未20	
二月小	己卯	天干支 地西曆	壬申21	癸酉22	甲戌23	乙亥24	丙子25	丁丑26	戊寅27	己卯28	庚辰29	辛巳30	壬午31	癸未(4)	甲申2	乙酉3	丙戌4	丁亥5	戊子6	己丑7	庚寅8	辛卯9	壬辰10	癸巳11	甲午12	乙未13	丙申14	丁酉15	戊戌16	己亥17	庚子18		己卯春分
三月小	庚辰	天干支 地西曆	辛丑19	壬寅20	癸卯21	甲辰22	乙巳23	丙午24	丁未25	戊申26	己酉27	庚戌28	辛亥29	壬子30	癸丑(5)	甲寅2	乙卯3	丙辰4	丁巳5	戊午6	己未7	庚申8	辛酉9	壬戌10	癸亥11	甲子12	乙丑13	丙寅14	丁卯15	戊辰16	己巳17		丙寅立夏
四月小	辛巳	天干支 地西曆	庚午18	辛未19	壬申20	癸酉21	甲戌22	乙亥23	丙子24	丁丑25	戊寅26	己卯27	庚辰28	辛巳29	壬午30	癸未31	甲申(6)	乙酉2	丙戌3	丁亥4	戊子5	己丑6	庚寅7	辛卯8	壬辰9	癸巳10	甲午11	乙未12	丙申13	丁酉14	戊戌15		
五月大	壬午	天干支 地西曆	己亥16	庚子17	辛丑18	壬寅19	癸卯20	甲辰21	乙巳22	丙午23	丁未24	戊申25	己酉26	庚戌27	辛亥28	壬子29	癸丑30	甲寅(7)	乙卯2	丙辰3	丁巳4	戊午5	己未6	庚申7	辛酉8	壬戌9	癸亥10	甲子11	乙丑12	丙寅13	丁卯14	戊辰15	甲寅夏至
六月小	癸未	天干支 地西曆	己巳16	庚午17	辛未18	壬申19	癸酉20	甲戌21	乙亥22	丙子23	丁丑24	戊寅25	己卯26	庚辰27	辛巳28	壬午29	癸未30	甲申31	乙酉(8)	丙戌2	丁亥3	戊子4	己丑5	庚寅6	辛卯7	壬辰8	癸巳9	甲午10	乙未11	丙申12	丁酉13		己巳日食
七月大	甲申	天干支 地西曆	戊戌14	己亥15	庚子16	辛丑17	壬寅18	癸卯19	甲辰20	乙巳21	丙午22	丁未23	戊申24	己酉25	庚戌26	辛亥27	壬子28	癸丑29	甲寅30	乙卯31	丙辰(9)	丁巳2	戊午3	己未4	庚申5	辛酉6	壬戌7	癸亥8	甲子9	乙丑10	丙寅11	丁卯12	庚子立秋
八月小	乙酉	天干支 地西曆	戊辰13	己巳14	庚午15	辛未16	壬申17	癸酉18	甲戌19	乙亥20	丙子21	丁丑22	戊寅23	己卯24	庚辰25	辛巳26	壬午27	癸未28	甲申29	乙酉30	丙戌(10)	丁亥2	戊子3	己丑4	庚寅5	辛卯6	壬辰7	癸巳8	甲午9	乙未10	丙申11		丙戌秋分
九月大	丙戌	天干支 地西曆	丁酉12	戊戌13	己亥14	庚子15	辛丑16	壬寅17	癸卯18	甲辰19	乙巳20	丙午21	丁未22	戊申23	己酉24	庚戌25	辛亥26	壬子27	癸丑28	甲寅29	乙卯30	丙辰31	丁巳(11)	戊午2	己未3	庚申4	辛酉5	壬戌6	癸亥7	甲子8	乙丑9	丙寅10	
十月大	丁亥	天干支 地西曆	丁卯11	戊辰12	己巳13	庚午14	辛未15	壬申16	癸酉17	甲戌18	乙亥19	丙子20	丁丑21	戊寅22	己卯23	庚辰24	辛巳25	壬午26	癸未27	甲申28	乙酉29	丙戌30	丁亥(12)	戊子2	己丑3	庚寅4	辛卯5	壬辰6	癸巳7	甲午8	乙未9	丙申10	庚午立冬
十一月大	戊子	天干支 地西曆	丁酉11	戊戌12	己亥13	庚子14	辛丑15	壬寅16	癸卯17	甲辰18	乙巳19	丙午20	丁未21	戊申22	己酉23	庚戌24	辛亥25	壬子26	癸丑27	甲寅28	乙卯29	丙辰30	丁巳31	戊午(1)	己未2	庚申3	辛酉4	壬戌5	癸亥6	甲子7	乙丑8	丙寅9	甲寅冬至 丁酉日食
十二月大	己丑	天干支 地西曆	丁卯10	戊辰11	己巳12	庚午13	辛未14	壬申15	癸酉16	甲戌17	乙亥18	丙子19	丁丑20	戊寅21	己卯22	庚辰23	辛巳24	壬午25	癸未26	甲申27	乙酉28	丙戌29	丁亥30	戊子31	己丑(2)	庚寅2	辛卯3	壬辰4	癸巳5	甲午6	乙未7	丙申8	

*《長術》：正辛丑，二庚午，四己巳，六戊辰，九丁酉，十一丙申。

周平王三十六年（丙午 馬年） 公元前 735 ~ 前 734 年

夏曆月序		中西曆日對照	初一	初二	初三	初四	初五	初六	初七	初八	初九	初十	十一	十二	十三	十四	十五	十六	十七	十八	十九	二十	二一	二二	二三	二四	二五	二六	二七	二八	二九	三十	節氣與天象
正月小	庚寅	天干地支西曆	丁酉 9	戊戌 10	己亥 11	庚子 12	辛丑 13	壬寅 14	癸卯 15	甲辰 16	乙巳 17	丙午 18	丁未 19	戊申 20	己酉 21	庚戌 22	辛亥 23	壬子 24	癸丑 25	甲寅 26	乙卯 27	丙辰 28	丁巳 (3)	戊午 2	己未 3	庚申 4	辛酉 5	壬戌 6	癸亥 7	甲子 8	乙丑 9		己亥立春
二月大	辛卯	天干地支西曆	丙寅 10	丁卯 11	戊辰 12	己巳 13	庚午 14	辛未 15	壬申 16	癸酉 17	甲戌 18	乙亥 19	丙子 20	丁丑 21	戊寅 22	己卯 23	庚辰 24	辛巳 25	壬午 26	癸未 27	甲申 28	乙酉 29	丙戌 30	丁亥 31	戊子 (4)	己丑 2	庚寅 3	辛卯 4	壬辰 5	癸巳 6	甲午 7	乙未 8	乙酉春分
三月小	壬辰	天干地支西曆	丙申 9	丁酉 10	戊戌 11	己亥 12	庚子 13	辛丑 14	壬寅 15	癸卯 16	甲辰 17	乙巳 18	丙午 19	丁未 20	戊申 21	己酉 22	庚戌 23	辛亥 24	壬子 25	癸丑 26	甲寅 27	乙卯 28	丙辰 29	丁巳 30	戊午 (5)	己未 2	庚申 3	辛酉 4	壬戌 5	癸亥 6	甲子 7		
四月小	癸巳	天干地支西曆	乙丑 8	丙寅 9	丁卯 10	戊辰 11	己巳 12	庚午 13	辛未 14	壬申 15	癸酉 16	甲戌 17	乙亥 18	丙子 19	丁丑 20	戊寅 21	己卯 22	庚辰 23	辛巳 24	壬午 25	癸未 26	甲申 27	乙酉 28	丙戌 29	丁亥 30	戊子 31	己丑 (6)	庚寅 2	辛卯 3	壬辰 4	癸巳 5		壬申立夏
五月小	甲午	天干地支西曆	甲午 6	乙未 7	丙申 8	丁酉 9	戊戌 10	己亥 11	庚子 12	辛丑 13	壬寅 14	癸卯 15	甲辰 16	乙巳 17	丙午 18	丁未 19	戊申 20	己酉 21	庚戌 22	辛亥 23	壬子 24	癸丑 25	甲寅 26	乙卯 27	丙辰 28	丁巳 29	戊午 30	己未 (7)	庚申 2	辛酉 3	壬戌 4		己未夏至
六月大	乙未	天干地支西曆	癸亥 5	甲子 6	乙丑 7	丙寅 8	丁卯 9	戊辰 10	己巳 11	庚午 12	辛未 13	壬申 14	癸酉 15	甲戌 16	乙亥 17	丙子 18	丁丑 19	戊寅 20	己卯 21	庚辰 22	辛巳 23	壬午 24	癸未 25	甲申 26	乙酉 27	丙戌 28	丁亥 29	戊子 30	己丑 31	庚寅 (8)	辛卯 2	壬辰 3	
七月小	丙申	天干地支西曆	癸巳 4	甲午 5	乙未 6	丙申 7	丁酉 8	戊戌 9	己亥 10	庚子 11	辛丑 12	壬寅 13	癸卯 14	甲辰 15	乙巳 16	丙午 17	丁未 18	戊申 19	己酉 20	庚戌 21	辛亥 22	壬子 23	癸丑 24	甲寅 25	乙卯 26	丙辰 27	丁巳 28	戊午 29	己未 30	庚申 31	辛酉 (9)		乙巳立秋
八月大	丁酉	天干地支西曆	壬戌 2	癸亥 3	甲子 4	乙丑 5	丙寅 6	丁卯 7	戊辰 8	己巳 9	庚午 10	辛未 11	壬申 12	癸酉 13	甲戌 14	乙亥 15	丙子 16	丁丑 17	戊寅 18	己卯 19	庚辰 20	辛巳 21	壬午 22	癸未 23	甲申 24	乙酉 25	丙戌 26	丁亥 27	戊子 28	己丑 29	庚寅 30	辛卯 (10)	辛卯秋分
九月小	戊戌	天干地支西曆	壬辰 2	癸巳 3	甲午 4	乙未 5	丙申 6	丁酉 7	戊戌 8	己亥 9	庚子 10	辛丑 11	壬寅 12	癸卯 13	甲辰 14	乙巳 15	丙午 16	丁未 17	戊申 18	己酉 19	庚戌 20	辛亥 21	壬子 22	癸丑 23	甲寅 24	乙卯 25	丙辰 26	丁巳 27	戊午 28	己未 29	庚申 30		
闰九月大	戊戌	天干地支西曆	辛酉 31	壬戌 (11)	癸亥 2	甲子 3	乙丑 4	丙寅 5	丁卯 6	戊辰 7	己巳 8	庚午 9	辛未 10	壬申 11	癸酉 12	甲戌 13	乙亥 14	丙子 15	丁丑 16	戊寅 17	己卯 18	庚辰 19	辛巳 20	壬午 21	癸未 22	甲申 23	乙酉 24	丙戌 25	丁亥 26	戊子 27	己丑 28	庚寅 29	乙亥立冬
十月大	己亥	天干地支西曆	辛卯 30	壬辰 (12)	癸巳 2	甲午 3	乙未 4	丙申 5	丁酉 6	戊戌 7	己亥 8	庚子 9	辛丑 10	壬寅 11	癸卯 12	甲辰 13	乙巳 14	丙午 15	丁未 16	戊申 17	己酉 18	庚戌 19	辛亥 20	壬子 21	癸丑 22	甲寅 23	乙卯 24	丙辰 25	丁巳 26	戊午 27	己未 28	庚申 29	己未冬至 辛卯日食
十一月大	庚子	天干地支西曆	辛酉 30	壬戌 31	癸亥 (1)	甲子 2	乙丑 3	丙寅 4	丁卯 5	戊辰 6	己巳 7	庚午 8	辛未 9	壬申 10	癸酉 11	甲戌 12	乙亥 13	丙子 14	丁丑 15	戊寅 16	己卯 17	庚辰 18	辛巳 19	壬午 20	癸未 21	甲申 22	乙酉 23	丙戌 24	丁亥 25	戊子 26	己丑 27	庚寅 28	
十二月小	辛丑	天干地支西曆	辛卯 29	壬辰 30	癸巳 31	甲午 (2)	乙未 2	丙申 3	丁酉 4	戊戌 5	己亥 6	庚子 7	辛丑 8	壬寅 9	癸卯 10	甲辰 11	乙巳 12	丙午 13	丁未 14	戊申 15	己酉 16	庚戌 17	辛亥 18	壬子 19	癸丑 20	甲寅 21	乙卯 22	丙辰 23	丁巳 24	戊午 25	己未 26		甲辰立春

*《長術》：正乙未，三甲午，五癸巳，七壬辰，九辛卯，十二庚申。

周平王三十七年（丁未 羊年） 公元前 734 ~ 前 733 年

夏曆月序		中西曆日對照	夏曆日序																														節氣與天象
			初一	初二	初三	初四	初五	初六	初七	初八	初九	初十	十一	十二	十三	十四	十五	十六	十七	十八	十九	二十	二一	二二	二三	二四	二五	二六	二七	二八	二九	三十	
正月大	壬寅	天干地支	庚申	辛酉	壬戌	癸亥	甲子	乙丑	丙寅	丁卯	戊辰	己巳	庚午	辛未	壬申	癸酉	甲戌	乙亥	丙子	丁丑	戊寅	己卯	庚辰	辛巳	壬午	癸未	甲申	乙酉	丙戌	丁亥	戊子	己丑	
		西曆	27	28	(3)	2	3	4	5	6	7	8	9	10	11	12	13	14	15	16	17	18	19	20	21	22	23	24	25	26	27	28	
二月小	癸卯	天干地支	庚寅	辛卯	壬辰	癸巳	甲午	乙未	丙申	丁酉	戊戌	己亥	庚子	辛丑	壬寅	癸卯	甲辰	乙巳	丙午	丁未	戊申	己酉	庚戌	辛亥	壬子	癸丑	甲寅	乙卯	丙辰	丁巳	戊午		庚寅春分
		西曆	29	30	31	(4)	2	3	4	5	6	7	8	9	10	11	12	13	14	15	16	17	18	19	20	21	22	23	24	25	26		
三月大	甲辰	天干地支	己未	庚申	辛酉	壬戌	癸亥	甲子	乙丑	丙寅	丁卯	戊辰	己巳	庚午	辛未	壬申	癸酉	甲戌	乙亥	丙子	丁丑	戊寅	己卯	庚辰	辛巳	壬午	癸未	甲申	乙酉	丙戌	丁亥	戊子	丁丑立夏
		西曆	27	28	29	30	(5)	2	3	4	5	6	7	8	9	10	11	12	13	14	15	16	17	18	19	20	21	22	23	24	25	26	
四月小	乙巳	天干地支	己丑	庚寅	辛卯	壬辰	癸巳	甲午	乙未	丙申	丁酉	戊戌	己亥	庚子	辛丑	壬寅	癸卯	甲辰	乙巳	丙午	丁未	戊申	己酉	庚戌	辛亥	壬子	癸丑	甲寅	乙卯	丙辰	丁巳		
		西曆	27	28	29	30	31	(6)	2	3	4	5	6	7	8	9	10	11	12	13	14	15	16	17	18	19	20	21	22	23	24		
五月大	丙午	天干地支	戊午	己未	庚申	辛酉	壬戌	癸亥	甲子	乙丑	丙寅	丁卯	戊辰	己巳	庚午	辛未	壬申	癸酉	甲戌	乙亥	丙子	丁丑	戊寅	己卯	庚辰	辛巳	壬午	癸未	甲申	乙酉	丙戌	丁亥	甲子夏至
		西曆	25	26	27	28	29	30	(7)	2	3	4	5	6	7	8	9	10	11	12	13	14	15	16	17	18	19	20	21	22	23	24	
六月小	丁未	天干地支	戊子	己丑	庚寅	辛卯	壬辰	癸巳	甲午	乙未	丙申	丁酉	戊戌	己亥	庚子	辛丑	壬寅	癸卯	甲辰	乙巳	丙午	丁未	戊申	己酉	庚戌	辛亥	壬子	癸丑	甲寅	乙卯	丙辰		辛亥立秋
		西曆	25	26	27	28	29	30	31	(8)	2	3	4	5	6	7	8	9	10	11	12	13	14	15	16	17	18	19	20	21	22		
七月小	戊申	天干地支	丁巳	戊午	己未	庚申	辛酉	壬戌	癸亥	甲子	乙丑	丙寅	丁卯	戊辰	己巳	庚午	辛未	壬申	癸酉	甲戌	乙亥	丙子	丁丑	戊寅	己卯	庚辰	辛巳	壬午	癸未	甲申	乙酉		
		西曆	23	24	25	26	27	28	29	30	31	(9)	2	3	4	5	6	7	8	9	10	11	12	13	14	15	16	17	18	19	20		
八月大	己酉	天干地支	丙戌	丁亥	戊子	己丑	庚寅	辛卯	壬辰	癸巳	甲午	乙未	丙申	丁酉	戊戌	己亥	庚子	辛丑	壬寅	癸卯	甲辰	乙巳	丙午	丁未	戊申	己酉	庚戌	辛亥	壬子	癸丑	甲寅	乙卯	丙申秋分
		西曆	21	22	23	24	25	26	27	28	29	30	(10)	2	3	4	5	6	7	8	9	10	11	12	13	14	15	16	17	18	19	20	
九月小	庚戌	天干地支	丙辰	丁巳	戊午	己未	庚申	辛酉	壬戌	癸亥	甲子	乙丑	丙寅	丁卯	戊辰	己巳	庚午	辛未	壬申	癸酉	甲戌	乙亥	丙子	丁丑	戊寅	己卯	庚辰	辛巳	壬午	癸未	甲申		庚辰立冬
		西曆	21	22	23	24	25	26	27	28	29	30	31	(11)	2	3	4	5	6	7	8	9	10	11	12	13	14	15	16	17	18		
十月大	辛亥	天干地支	乙酉	丙戌	丁亥	戊子	己丑	庚寅	辛卯	壬辰	癸巳	甲午	乙未	丙申	丁酉	戊戌	己亥	庚子	辛丑	壬寅	癸卯	甲辰	乙巳	丙午	丁未	戊申	己酉	庚戌	辛亥	壬子	癸丑	甲寅	
		西曆	19	20	21	22	23	24	25	26	27	28	29	30	(12)	2	3	4	5	6	7	8	9	10	11	12	13	14	15	16	17	18	
十一月大	壬子	天干地支	乙卯	丙辰	丁巳	戊午	己未	庚申	辛酉	壬戌	癸亥	甲子	乙丑	丙寅	丁卯	戊辰	己巳	庚午	辛未	壬申	癸酉	甲戌	乙亥	丙子	丁丑	戊寅	己卯	庚辰	辛巳	壬午	癸未	甲申	甲子冬至
		西曆	19	20	21	22	23	24	25	26	27	28	29	30	31	(1)	2	3	4	5	6	7	8	9	10	11	12	13	14	15	16	17	
十二月小	癸丑	天干地支	乙酉	丙戌	丁亥	戊子	己丑	庚寅	辛卯	壬辰	癸巳	甲午	乙未	丙申	丁酉	戊戌	己亥	庚子	辛丑	壬寅	癸卯	甲辰	乙巳	丙午	丁未	戊申	己酉	庚戌	辛亥	壬子	癸丑		己酉立春
		西曆	18	19	20	21	22	23	24	25	26	27	28	29	30	31	(2)	2	3	4	5	6	7	8	9	10	11	12	13	14	15		

*《長術》：正庚寅，二己未，四戊午，五丁巳，七丙辰，九乙卯，十一甲寅朔。閏四。

周平王三十八年（戊申 猴年） 公元前733 ~ 前732年

夏曆月序		中西曆日對照	初一	初二	初三	初四	初五	初六	初七	初八	初九	初十	十一	十二	十三	十四	十五	十六	十七	十八	十九	二十	二一	二二	二三	二四	二五	二六	二七	二八	二九	三十	節氣與天象
正月大	甲寅	天干地支 西曆	甲寅 16	乙卯 17	丙辰 18	丁巳 19	戊午 20	己未 21	庚申 22	辛酉 23	壬戌 24	癸亥 25	甲子 26	乙丑 27	丙寅 28	丁卯 29	戊辰 (3)	己巳 2	庚午 3	辛未 4	壬申 5	癸酉 6	甲戌 7	乙亥 8	丙子 9	丁丑 10	戊寅 11	己卯 12	庚辰 13	辛巳 14	壬午 15	癸未 16	
二月大	乙卯	天干地支 西曆	甲申 17	乙酉 18	丙戌 19	丁亥 20	戊子 21	己丑 22	庚寅 23	辛卯 24	壬辰 25	癸巳 26	甲午 27	乙未 28	丙申 29	丁酉 30	戊戌 31	己亥 (4)	庚子 2	辛丑 3	壬寅 4	癸卯 5	甲辰 6	乙巳 7	丙午 8	丁未 9	戊申 10	己酉 11	庚戌 12	辛亥 13	壬子 14	癸丑 15	乙未春分
三月小	丙辰	天干地支 西曆	甲寅 16	乙卯 17	丙辰 18	丁巳 19	戊午 20	己未 21	庚申 22	辛酉 23	壬戌 24	癸亥 25	甲子 26	乙丑 27	丙寅 28	丁卯 29	戊辰 30	己巳 (5)	庚午 2	辛未 3	壬申 4	癸酉 5	甲戌 6	乙亥 7	丙子 8	丁丑 9	戊寅 10	己卯 11	庚辰 12	辛巳 13	壬午 14		壬午立夏
四月大	丁巳	天干地支 西曆	癸未 15	甲申 16	乙酉 17	丙戌 18	丁亥 19	戊子 20	己丑 21	庚寅 22	辛卯 23	壬辰 24	癸巳 25	甲午 26	乙未 27	丙申 28	丁酉 29	戊戌 30	己亥 31	庚子 (6)	辛丑 2	壬寅 3	癸卯 4	甲辰 5	乙巳 6	丙午 7	丁未 8	戊申 9	己酉 10	庚戌 11	辛亥 12	壬子 13	癸未日食
五月小	戊午	天干地支 西曆	癸丑 14	甲寅 15	乙卯 16	丙辰 17	丁巳 18	戊午 19	己未 20	庚申 21	辛酉 22	壬戌 23	癸亥 24	甲子 25	乙丑 26	丙寅 27	丁卯 28	戊辰 29	己巳 30	庚午 (7)	辛未 2	壬申 3	癸酉 4	甲戌 5	乙亥 6	丙子 7	丁丑 8	戊寅 9	己卯 10	庚辰 11	辛巳 12		己巳夏至
六月大	己未	天干地支 西曆	壬午 13	癸未 14	甲申 15	乙酉 16	丙戌 17	丁亥 18	戊子 19	己丑 20	庚寅 21	辛卯 22	壬辰 23	癸巳 24	甲午 25	乙未 26	丙申 27	丁酉 28	戊戌 29	己亥 30	庚子 31	辛丑 (8)	壬寅 2	癸卯 3	甲辰 4	乙巳 5	丙午 6	丁未 7	戊申 8	己酉 9	庚戌 10	辛亥 11	
七月小	庚申	天干地支 西曆	壬子 12	癸丑 13	甲寅 14	乙卯 15	丙辰 16	丁巳 17	戊午 18	己未 19	庚申 20	辛酉 21	壬戌 22	癸亥 23	甲子 24	乙丑 25	丙寅 26	丁卯 27	戊辰 28	己巳 29	庚午 30	辛未 31	壬申 (9)	癸酉 2	甲戌 3	乙亥 4	丙子 5	丁丑 6	戊寅 7	己卯 8	庚辰 9		丙辰立秋
八月小	辛酉	天干地支 西曆	辛巳 10	壬午 11	癸未 12	甲申 13	乙酉 14	丙戌 15	丁亥 16	戊子 17	己丑 18	庚寅 19	辛卯 20	壬辰 21	癸巳 22	甲午 23	乙未 24	丙申 25	丁酉 26	戊戌 27	己亥 28	庚子 29	辛丑 30	壬寅 (10)	癸卯 2	甲辰 3	乙巳 4	丙午 5	丁未 6	戊申 7	己酉 8		辛丑秋分
九月大	壬戌	天干地支 西曆	庚戌 9	辛亥 10	壬子 11	癸丑 12	甲寅 13	乙卯 14	丙辰 15	丁巳 16	戊午 17	己未 18	庚申 19	辛酉 20	壬戌 21	癸亥 22	甲子 23	乙丑 24	丙寅 25	丁卯 26	戊辰 27	己巳 28	庚午 29	辛未 30	壬申 31	癸酉 (11)	甲戌 2	乙亥 3	丙子 4	丁丑 5	戊寅 6	己卯 7	
十月小	癸亥	天干地支 西曆	庚辰 8	辛巳 9	壬午 10	癸未 11	甲申 12	乙酉 13	丙戌 14	丁亥 15	戊子 16	己丑 17	庚寅 18	辛卯 19	壬辰 20	癸巳 21	甲午 22	乙未 23	丙申 24	丁酉 25	戊戌 26	己亥 27	庚子 28	辛丑 29	壬寅 30	癸卯 (12)	甲辰 2	乙巳 3	丙午 4	丁未 5	戊申 6		丙戌立冬
十一月大	甲子	天干地支 西曆	己酉 7	庚戌 8	辛亥 9	壬子 10	癸丑 11	甲寅 12	乙卯 13	丙辰 14	丁巳 15	戊午 16	己未 17	庚申 18	辛酉 19	壬戌 20	癸亥 21	甲子 22	乙丑 23	丙寅 24	丁卯 25	戊辰 26	己巳 27	庚午 28	辛未 29	壬申 30	癸酉 31	甲戌 (1)	乙亥 2	丙子 3	丁丑 4	戊寅 5	庚午冬至
十二月小	乙丑	天干地支 西曆	己卯 6	庚辰 7	辛巳 8	壬午 9	癸未 10	甲申 11	乙酉 12	丙戌 13	丁亥 14	戊子 15	己丑 16	庚寅 17	辛卯 18	壬辰 19	癸巳 20	甲午 21	乙未 22	丙申 23	丁酉 24	戊戌 25	己亥 26	庚子 27	辛丑 28	壬寅 29	癸卯 30	甲辰 31	乙巳 (2)	丙午 2	丁未 3		

*《長術》：正癸丑，四壬午，六辛巳，八庚辰，十己卯，十二戊寅。

周平王三十九年（己酉 鷄年） 公元前 732 ~ 前 731 年

夏曆月序		中西曆日對照	夏曆日序																														節氣與天象
			初一	初二	初三	初四	初五	初六	初七	初八	初九	初十	十一	十二	十三	十四	十五	十六	十七	十八	十九	二十	二一	二二	二三	二四	二五	二六	二七	二八	二九	三十	
正月大	丙寅	天干地支西曆	戊申 4	己酉 5	庚戌 6	辛亥 7	壬子 8	癸丑 9	甲寅 10	乙卯 11	丙辰 12	丁巳 13	戊午 14	己未 15	庚申 16	辛酉 17	壬戌 18	癸亥 19	甲子 20	乙丑 21	丙寅 22	丁卯 23	戊辰 24	己巳 25	庚午 26	辛未 27	壬申 28	癸酉 (3)	甲戌 2	乙亥 3	丙子 4	丁丑 5	甲寅立春
二月大	丁卯	天干地支西曆	戊寅 6	己卯 7	庚辰 8	辛巳 9	壬午 10	癸未 11	甲申 12	乙酉 13	丙戌 14	丁亥 15	戊子 16	己丑 17	庚寅 18	辛卯 19	壬辰 20	癸巳 21	甲午 22	乙未 23	丙申 24	丁酉 25	戊戌 26	己亥 27	庚子 28	辛丑 29	壬寅 30	癸卯 31	甲辰 (4)	乙巳 2	丙午 3	丁未 4	庚子春分
三月小	戊辰	天干地支西曆	戊申 5	己酉 6	庚戌 7	辛亥 8	壬子 9	癸丑 10	甲寅 11	乙卯 12	丙辰 13	丁巳 14	戊午 15	己未 16	庚申 17	辛酉 18	壬戌 19	癸亥 20	甲子 21	乙丑 22	丙寅 23	丁卯 24	戊辰 25	己巳 26	庚午 27	辛未 28	壬申 29	癸酉 30	甲戌 (5)	乙亥 2	丙子 3		
四月大	己巳	天干地支西曆	丁丑 4	戊寅 5	己卯 6	庚辰 7	辛巳 8	壬午 9	癸未 10	甲申 11	乙酉 12	丙戌 13	丁亥 14	戊子 15	己丑 16	庚寅 17	辛卯 18	壬辰 19	癸巳 20	甲午 21	乙未 22	丙申 23	丁酉 24	戊戌 25	己亥 26	庚子 27	辛丑 28	壬寅 29	癸卯 30	甲辰 31	乙巳 (6)	丙午 2	丁亥立夏
五月大	庚午	天干地支西曆	丁未 3	戊申 4	己酉 5	庚戌 6	辛亥 7	壬子 8	癸丑 9	甲寅 10	乙卯 11	丙辰 12	丁巳 13	戊午 14	己未 15	庚申 16	辛酉 17	壬戌 18	癸亥 19	甲子 20	乙丑 21	丙寅 22	丁卯 23	戊辰 24	己巳 25	庚午 26	辛未 27	壬申 28	癸酉 29	甲戌 30	乙亥 (7)	丙子 2	乙亥夏至
六月小	辛未	天干地支西曆	丁丑 3	戊寅 4	己卯 5	庚辰 6	辛巳 7	壬午 8	癸未 9	甲申 10	乙酉 11	丙戌 12	丁亥 13	戊子 14	己丑 15	庚寅 16	辛卯 17	壬辰 18	癸巳 19	甲午 20	乙未 21	丙申 22	丁酉 23	戊戌 24	己亥 25	庚子 26	辛丑 27	壬寅 28	癸卯 29	甲辰 30	乙巳 31		
七月小	壬申	天干地支西曆	丙午 (8)	丁未 2	戊申 3	己酉 4	庚戌 5	辛亥 6	壬子 7	癸丑 8	甲寅 9	乙卯 10	丙辰 11	丁巳 12	戊午 13	己未 14	庚申 15	辛酉 16	壬戌 17	癸亥 18	甲子 19	乙丑 20	丙寅 21	丁卯 22	戊辰 23	己巳 24	庚午 25	辛未 26	壬申 27	癸酉 28	甲戌 29		辛酉立秋
闰七月大	壬申	天干地支西曆	乙亥 30	丙子 31	丁丑 (9)	戊寅 2	己卯 3	庚辰 4	辛巳 5	壬午 6	癸未 7	甲申 8	乙酉 9	丙戌 10	丁亥 11	戊子 12	己丑 13	庚寅 14	辛卯 15	壬辰 16	癸巳 17	甲午 18	乙未 19	丙申 20	丁酉 21	戊戌 22	己亥 23	庚子 24	辛丑 25	壬寅 26	癸卯 27	甲辰 28	
八月小	癸酉	天干地支西曆	乙巳 29	丙午 30	丁未 (10)	戊申 2	己酉 3	庚戌 4	辛亥 5	壬子 6	癸丑 7	甲寅 8	乙卯 9	丙辰 10	丁巳 11	戊午 12	己未 13	庚申 14	辛酉 15	壬戌 16	癸亥 17	甲子 18	乙丑 19	丙寅 20	丁卯 21	戊辰 22	己巳 23	庚午 24	辛未 25	壬申 26	癸酉 27		丙午秋分
九月大	甲戌	天干地支西曆	甲戌 28	乙亥 29	丙子 30	丁丑 31	戊寅 (11)	己卯 2	庚辰 3	辛巳 4	壬午 5	癸未 6	甲申 7	乙酉 8	丙戌 9	丁亥 10	戊子 11	己丑 12	庚寅 13	辛卯 14	壬辰 15	癸巳 16	甲午 17	乙未 18	丙申 19	丁酉 20	戊戌 21	己亥 22	庚子 23	辛丑 24	壬寅 25	癸卯 26	辛卯立冬
十月小	乙亥	天干地支西曆	甲辰 27	乙巳 28	丙午 29	丁未 30	戊申 (12)	己酉 2	庚戌 3	辛亥 4	壬子 5	癸丑 6	甲寅 7	乙卯 8	丙辰 9	丁巳 10	戊午 11	己未 12	庚申 13	辛酉 14	壬戌 15	癸亥 16	甲子 17	乙丑 18	丙寅 19	丁卯 20	戊辰 21	己巳 22	庚午 23	辛未 24	壬申 25		
十一月大	丙子	天干地支西曆	癸酉 26	甲戌 27	乙亥 28	丙子 29	丁丑 30	戊寅 31	己卯 (1)	庚辰 2	辛巳 3	壬午 4	癸未 5	甲申 6	乙酉 7	丙戌 8	丁亥 9	戊子 10	己丑 11	庚寅 12	辛卯 13	壬辰 14	癸巳 15	甲午 16	乙未 17	丙申 18	丁酉 19	戊戌 20	己亥 21	庚子 22	辛丑 23	壬寅 24	乙亥冬至
十二月小	丁丑	天干地支西曆	癸卯 25	甲辰 26	乙巳 27	丙午 28	丁未 29	戊申 30	己酉 31	庚戌 (2)	辛亥 2	壬子 3	癸丑 4	甲寅 5	乙卯 6	丙辰 7	丁巳 8	戊午 9	己未 10	庚申 11	辛酉 12	壬戌 13	癸亥 14	甲子 15	乙丑 16	丙寅 17	丁卯 18	戊辰 19	己巳 20	庚午 21	辛未 22		庚申立春

*《長術》：正戊申，二丁丑，四丙子，七乙巳，九甲辰，十一癸卯，十二壬寅朔。閏十二。

周平王四十年（庚戌 狗年） 公元前731～前730年

夏曆月序		中西曆日對照	初一	初二	初三	初四	初五	初六	初七	初八	初九	初十	十一	十二	十三	十四	十五	十六	十七	十八	十九	二十	二一	二二	二三	二四	二五	二六	二七	二八	二九	三十	節氣與天象
正月大	戊寅	干支	壬申	癸酉	甲戌	乙亥	丙子	丁丑	戊寅	己卯	庚辰	辛巳	壬午	癸未	甲申	乙酉	丙戌	丁亥	戊子	己丑	庚寅	辛卯	壬辰	癸巳	甲午	乙未	丙申	丁酉	戊戌	己亥	庚子	辛丑	
		天地西曆	23	24	25	26	27	28	(3)	2	3	4	5	6	7	8	9	10	11	12	13	14	15	16	17	18	19	20	21	22	23	24	
二月小	己卯	干支	壬寅	癸卯	甲辰	乙巳	丙午	丁未	戊申	己酉	庚戌	辛亥	壬子	癸丑	甲寅	乙卯	丙辰	丁巳	戊午	己未	庚申	辛酉	壬戌	癸亥	甲子	乙丑	丙寅	丁卯	戊辰	己巳	庚午		丙午春分
		天地西曆	25	26	27	28	29	30	31	(4)	2	3	4	5	6	7	8	9	10	11	12	13	14	15	16	17	18	19	20	21	22		
三月大	庚辰	干支	辛未	壬申	癸酉	甲戌	乙亥	丙子	丁丑	戊寅	己卯	庚辰	辛巳	壬午	癸未	甲申	乙酉	丙戌	丁亥	戊子	己丑	庚寅	辛卯	壬辰	癸巳	甲午	乙未	丙申	丁酉	戊戌	己亥	庚子	癸巳立夏
		天地西曆	23	24	25	26	27	28	29	30	(5)	2	3	4	5	6	7	8	9	10	11	12	13	14	15	16	17	18	19	20	21	22	
四月大	辛巳	干支	辛丑	壬寅	癸卯	甲辰	乙巳	丙午	丁未	戊申	己酉	庚戌	辛亥	壬子	癸丑	甲寅	乙卯	丙辰	丁巳	戊午	己未	庚申	辛酉	壬戌	癸亥	甲子	乙丑	丙寅	丁卯	戊辰	己巳	庚午	
		天地西曆	23	24	25	26	27	28	29	30	31	(6)	2	3	4	5	6	7	8	9	10	11	12	13	14	15	16	17	18	19	20	21	
五月小	壬午	干支	辛未	壬申	癸酉	甲戌	乙亥	丙子	丁丑	戊寅	己卯	庚辰	辛巳	壬午	癸未	甲申	乙酉	丙戌	丁亥	戊子	己丑	庚寅	辛卯	壬辰	癸巳	甲午	乙未	丙申	丁酉	戊戌	己亥		庚辰夏至
		天地西曆	22	23	24	25	26	27	28	29	30	(7)	2	3	4	5	6	7	8	9	10	11	12	13	14	15	16	17	18	19	20		
六月大	癸未	干支	庚子	辛丑	壬寅	癸卯	甲辰	乙巳	丙午	丁未	戊申	己酉	庚戌	辛亥	壬子	癸丑	甲寅	乙卯	丙辰	丁巳	戊午	己未	庚申	辛酉	壬戌	癸亥	甲子	乙丑	丙寅	丁卯	戊辰	己巳	丙寅立秋
		天地西曆	21	22	23	24	25	26	27	28	29	30	31	(8)	2	3	4	5	6	7	8	9	10	11	12	13	14	15	16	17	18	19	
七月小	甲申	干支	庚午	辛未	壬申	癸酉	甲戌	乙亥	丙子	丁丑	戊寅	己卯	庚辰	辛巳	壬午	癸未	甲申	乙酉	丙戌	丁亥	戊子	己丑	庚寅	辛卯	壬辰	癸巳	甲午	乙未	丙申	丁酉	戊戌		
		天地西曆	20	21	22	23	24	25	26	27	28	29	30	31	(9)	2	3	4	5	6	7	8	9	10	11	12	13	14	15	16	17		
八月大	乙酉	干支	己亥	庚子	辛丑	壬寅	癸卯	甲辰	乙巳	丙午	丁未	戊申	己酉	庚戌	辛亥	壬子	癸丑	甲寅	乙卯	丙辰	丁巳	戊午	己未	庚申	辛酉	壬戌	癸亥	甲子	乙丑	丙寅	丁卯	戊辰	壬子秋分
		天地西曆	18	19	20	21	22	23	24	25	26	27	28	29	30	(10)	2	3	4	5	6	7	8	9	10	11	12	13	14	15	16	17	
九月大	丙戌	干支	己巳	庚午	辛未	壬申	癸酉	甲戌	乙亥	丙子	丁丑	戊寅	己卯	庚辰	辛巳	壬午	癸未	甲申	乙酉	丙戌	丁亥	戊子	己丑	庚寅	辛卯	壬辰	癸巳	甲午	乙未	丙申	丁酉	戊戌	丙申立冬
		天地西曆	18	19	20	21	22	23	24	25	26	27	28	29	30	31	(11)	2	3	4	5	6	7	8	9	10	11	12	13	14	15	16	
十月小	丁亥	干支	己亥	庚子	辛丑	壬寅	癸卯	甲辰	乙巳	丙午	丁未	戊申	己酉	庚戌	辛亥	壬子	癸丑	甲寅	乙卯	丙辰	丁巳	戊午	己未	庚申	辛酉	壬戌	癸亥	甲子	乙丑	丙寅	丁卯		
		天地西曆	17	18	19	20	21	22	23	24	25	26	27	28	29	30	(12)	2	3	4	5	6	7	8	9	10	11	12	13	14	15		
十一月小	戊子	干支	戊辰	己巳	庚午	辛未	壬申	癸酉	甲戌	乙亥	丙子	丁丑	戊寅	己卯	庚辰	辛巳	壬午	癸未	甲申	乙酉	丙戌	丁亥	戊子	己丑	庚寅	辛卯	壬辰	癸巳	甲午	乙未	丙申		庚辰冬至
		天地西曆	16	17	18	19	20	21	22	23	24	25	26	27	28	29	30	31	(1)	2	3	4	5	6	7	8	9	10	11	12	13		
十二月大	己丑	干支	丁酉	戊戌	己亥	庚子	辛丑	壬寅	癸卯	甲辰	乙巳	丙午	丁未	戊申	己酉	庚戌	辛亥	壬子	癸丑	甲寅	乙卯	丙辰	丁巳	戊午	己未	庚申	辛酉	壬戌	癸亥	甲子	乙丑	丙寅	乙丑立春
		天地西曆	14	15	16	17	18	19	20	21	22	23	24	25	26	27	28	29	30	31	(2)	2	3	4	5	6	7	8	9	10	11	12	

*《長術》：正壬申，二辛丑，四庚子，六己亥，八戊戌，十一丁卯。

周平王四十一年（辛亥 猪年） 公元前730 ~ 前729年

夏曆月序		中西曆日對照	初一	初二	初三	初四	初五	初六	初七	初八	初九	初十	十一	十二	十三	十四	十五	十六	十七	十八	十九	二十	二一	二二	二三	二四	二五	二六	二七	二八	二九	三十	節氣與天象
正月小	庚寅	干支 天地 / 西曆	丁卯13	戊辰14	己巳15	庚午16	辛未17	壬申18	癸酉19	甲戌20	乙亥21	丙子22	丁丑23	戊寅24	己卯25	庚辰26	辛巳27	壬午28	癸未(3)	甲申2	乙酉3	丙戌4	丁亥5	戊子6	己丑7	庚寅8	辛卯9	壬辰10	癸巳11	甲午12	乙未13		
二月大	辛卯	干支 天地 / 西曆	丙申14	丁酉15	戊戌16	己亥17	庚子18	辛丑19	壬寅20	癸卯21	甲辰22	乙巳23	丙午24	丁未25	戊申26	己酉27	庚戌28	辛亥29	壬子30	癸丑31	甲寅(4)	乙卯2	丙辰3	丁巳4	戊午5	己未6	庚申7	辛酉8	壬戌9	癸亥10	甲子11	乙丑12	辛亥春分 丙申日食
三月小	壬辰	干支 天地 / 西曆	丙寅13	丁卯14	戊辰15	己巳16	庚午17	辛未18	壬申19	癸酉20	甲戌21	乙亥22	丙子23	丁丑24	戊寅25	己卯26	庚辰27	辛巳28	壬午29	癸未30	甲申(5)	乙酉2	丙戌3	丁亥4	戊子5	己丑6	庚寅7	辛卯8	壬辰9	癸巳10	甲午11		
四月大	癸巳	干支 天地 / 西曆	乙未12	丙申13	丁酉14	戊戌15	己亥16	庚子17	辛丑18	壬寅19	癸卯20	甲辰21	乙巳22	丙午23	丁未24	戊申25	己酉26	庚戌27	辛亥28	壬子29	癸丑30	甲寅31	乙卯(6)	丙辰2	丁巳3	戊午4	己未5	庚申6	辛酉7	壬戌8	癸亥9	甲子10	戊戌立夏
五月小	甲午	干支 天地 / 西曆	乙丑11	丙寅12	丁卯13	戊辰14	己巳15	庚午16	辛未17	壬申18	癸酉19	甲戌20	乙亥21	丙子22	丁丑23	戊寅24	己卯25	庚辰26	辛巳27	壬午28	癸未29	甲申30	乙酉(7)	丙戌2	丁亥3	戊子4	己丑5	庚寅6	辛卯7	壬辰8	癸巳9		乙酉夏至
六月大	乙未	干支 天地 / 西曆	甲午10	乙未11	丙申12	丁酉13	戊戌14	己亥15	庚子16	辛丑17	壬寅18	癸卯19	甲辰20	乙巳21	丙午22	丁未23	戊申24	己酉25	庚戌26	辛亥27	壬子28	癸丑29	甲寅30	乙卯31	丙辰(8)	丁巳2	戊午3	己未4	庚申5	辛酉6	壬戌7	癸亥8	
七月大	丙申	干支 天地 / 西曆	甲子9	乙丑10	丙寅11	丁卯12	戊辰13	己巳14	庚午15	辛未16	壬申17	癸酉18	甲戌19	乙亥20	丙子21	丁丑22	戊寅23	己卯24	庚辰25	辛巳26	壬午27	癸未28	甲申29	乙酉30	丙戌31	丁亥(9)	戊子2	己丑3	庚寅4	辛卯5	壬辰6	癸巳7	壬申立秋
八月小	丁酉	干支 天地 / 西曆	甲午8	乙未9	丙申10	丁酉11	戊戌12	己亥13	庚子14	辛丑15	壬寅16	癸卯17	甲辰18	乙巳19	丙午20	丁未21	戊申22	己酉23	庚戌24	辛亥25	壬子26	癸丑27	甲寅28	乙卯29	丙辰30	丁巳(10)	戊午2	己未3	庚申4	辛酉5	壬戌6		丁巳秋分
九月大	戊戌	干支 天地 / 西曆	癸亥7	甲子8	乙丑9	丙寅10	丁卯11	戊辰12	己巳13	庚午14	辛未15	壬申16	癸酉17	甲戌18	乙亥19	丙子20	丁丑21	戊寅22	己卯23	庚辰24	辛巳25	壬午26	癸未27	甲申28	乙酉29	丙戌30	丁亥31	戊子(11)	己丑2	庚寅3	辛卯4	壬辰5	
十月大	己亥	干支 天地 / 西曆	癸巳6	甲午7	乙未8	丙申9	丁酉10	戊戌11	己亥12	庚子13	辛丑14	壬寅15	癸卯16	甲辰17	乙巳18	丙午19	丁未20	戊申21	己酉22	庚戌23	辛亥24	壬子25	癸丑26	甲寅27	乙卯28	丙辰29	丁巳30	戊午(12)	己未2	庚申3	辛酉4	壬戌5	辛丑立冬
十一月小	庚子	干支 天地 / 西曆	癸亥6	甲子7	乙丑8	丙寅9	丁卯10	戊辰11	己巳12	庚午13	辛未14	壬申15	癸酉16	甲戌17	乙亥18	丙子19	丁丑20	戊寅21	己卯22	庚辰23	辛巳24	壬午25	癸未26	甲申27	乙酉28	丙戌29	丁亥30	戊子31	己丑(1)	庚寅2	辛卯3		乙酉冬至
十二月小	辛丑	干支 天地 / 西曆	壬辰4	癸巳5	甲午6	乙未7	丙申8	丁酉9	戊戌10	己亥11	庚子12	辛丑13	壬寅14	癸卯15	甲辰16	乙巳17	丙午18	丁未19	戊申20	己酉21	庚戌22	辛亥23	壬子24	癸丑25	甲寅26	乙卯27	丙辰28	丁巳29	戊午30	己未31	庚申(2)		

*《長術》：正丙寅，三乙丑，五甲子，七癸亥，九壬戌，十一辛酉。

周平王四十二年（壬子 鼠年） 公元前 729 ~ 前 728 年

夏曆月序		中西曆日對照	夏曆日序																														節氣與天象
			初一	初二	初三	初四	初五	初六	初七	初八	初九	初十	十一	十二	十三	十四	十五	十六	十七	十八	十九	二十	二一	二二	二三	二四	二五	二六	二七	二八	二九	三十	
正月大	壬寅	天干地支 西曆	辛酉 2	壬戌 3	癸亥 4	甲子 5	乙丑 6	丙寅 7	丁卯 8	戊辰 9	己巳 10	庚午 11	辛未 12	壬申 13	癸酉 14	甲戌 15	乙亥 16	丙子 17	丁丑 18	戊寅 19	己卯 20	庚辰 21	辛巳 22	壬午 23	癸未 24	甲申 25	乙酉 26	丙戌 27	丁亥 28	戊子 29	己丑 (3)	庚寅 2	庚午立春
二月小	癸卯	天干地支 西曆	辛卯 3	壬辰 4	癸巳 5	甲午 6	乙未 7	丙申 8	丁酉 9	戊戌 10	己亥 11	庚子 12	辛丑 13	壬寅 14	癸卯 15	甲辰 16	乙巳 17	丙午 18	丁未 19	戊申 20	己酉 21	庚戌 22	辛亥 23	壬子 24	癸丑 25	甲寅 26	乙卯 27	丙辰 28	丁巳 29	戊午 30	己未 31		丙辰春分 辛卯日食
三月大	甲辰	天干地支 西曆	庚申 (4)	辛酉 2	壬戌 3	癸亥 4	甲子 5	乙丑 6	丙寅 7	丁卯 8	戊辰 9	己巳 10	庚午 11	辛未 12	壬申 13	癸酉 14	甲戌 15	乙亥 16	丙子 17	丁丑 18	戊寅 19	己卯 20	庚辰 21	辛巳 22	壬午 23	癸未 24	甲申 25	乙酉 26	丙戌 27	丁亥 28	戊子 29	己丑 30	
四月小	乙巳	天干地支 西曆	庚寅 (5)	辛卯 2	壬辰 3	癸巳 4	甲午 5	乙未 6	丙申 7	丁酉 8	戊戌 9	己亥 10	庚子 11	辛丑 12	壬寅 13	癸卯 14	甲辰 15	乙巳 16	丙午 17	丁未 18	戊申 19	己酉 20	庚戌 21	辛亥 22	壬子 23	癸丑 24	甲寅 25	乙卯 26	丙辰 27	丁巳 28	戊午 29		癸卯立夏
闰四月小	乙巳	天干地支 西曆	己未 30	庚申 31	辛酉 (6)	壬戌 2	癸亥 3	甲子 4	乙丑 5	丙寅 6	丁卯 7	戊辰 8	己巳 9	庚午 10	辛未 11	壬申 12	癸酉 13	甲戌 14	乙亥 15	丙子 16	丁丑 17	戊寅 18	己卯 19	庚辰 20	辛巳 21	壬午 22	癸未 23	甲申 24	乙酉 25	丙戌 26	丁亥 27		
五月大	丙午	天干地支 西曆	戊子 28	己丑 29	庚寅 30	辛卯 (7)	壬辰 2	癸巳 3	甲午 4	乙未 5	丙申 6	丁酉 7	戊戌 8	己亥 9	庚子 10	辛丑 11	壬寅 12	癸卯 13	甲辰 14	乙巳 15	丙午 16	丁未 17	戊申 18	己酉 19	庚戌 20	辛亥 21	壬子 22	癸丑 23	甲寅 24	乙卯 25	丙辰 26	丁巳 27	庚寅夏至
六月大	丁未	天干地支 西曆	戊午 28	己未 29	庚申 30	辛酉 31	壬戌 (8)	癸亥 2	甲子 3	乙丑 4	丙寅 5	丁卯 6	戊辰 7	己巳 8	庚午 9	辛未 10	壬申 11	癸酉 12	甲戌 13	乙亥 14	丙子 15	丁丑 16	戊寅 17	己卯 18	庚辰 19	辛巳 20	壬午 21	癸未 22	甲申 23	乙酉 24	丙戌 25	丁亥 26	丁丑立秋
七月小	戊申	天干地支 西曆	戊子 27	己丑 28	庚寅 29	辛卯 30	壬辰 31	癸巳 (9)	甲午 2	乙未 3	丙申 4	丁酉 5	戊戌 6	己亥 7	庚子 8	辛丑 9	壬寅 10	癸卯 11	甲辰 12	乙巳 13	丙午 14	丁未 15	戊申 16	己酉 17	庚戌 18	辛亥 19	壬子 20	癸丑 21	甲寅 22	乙卯 23	丙辰 24		
八月大	己酉	天干地支 西曆	丁巳 25	戊午 26	己未 27	庚申 28	辛酉 29	壬戌 30	癸亥 (10)	甲子 2	乙丑 3	丙寅 4	丁卯 5	戊辰 6	己巳 7	庚午 8	辛未 9	壬申 10	癸酉 11	甲戌 12	乙亥 13	丙子 14	丁丑 15	戊寅 16	己卯 17	庚辰 18	辛巳 19	壬午 20	癸未 21	甲申 22	乙酉 23	丙戌 24	壬戌秋分
九月大	庚戌	天干地支 西曆	丁亥 25	戊子 26	己丑 27	庚寅 28	辛卯 29	壬辰 30	癸巳 31	甲午 (11)	乙未 2	丙申 3	丁酉 4	戊戌 5	己亥 6	庚子 7	辛丑 8	壬寅 9	癸卯 10	甲辰 11	乙巳 12	丙午 13	丁未 14	戊申 15	己酉 16	庚戌 17	辛亥 18	壬子 19	癸丑 20	甲寅 21	乙卯 22	丙辰 23	丁未立冬
十月大	辛亥	天干地支 西曆	丁巳 24	戊午 25	己未 26	庚申 27	辛酉 28	壬戌 29	癸亥 30	甲子 (12)	乙丑 2	丙寅 3	丁卯 4	戊辰 5	己巳 6	庚午 7	辛未 8	壬申 9	癸酉 10	甲戌 11	乙亥 12	丙子 13	丁丑 14	戊寅 15	己卯 16	庚辰 17	辛巳 18	壬午 19	癸未 20	甲申 21	乙酉 22	丙戌 23	
十一月小	壬子	天干地支 西曆	丁亥 24	戊子 25	己丑 26	庚寅 27	辛卯 28	壬辰 29	癸巳 30	甲午 31	乙未 (1)	丙申 2	丁酉 3	戊戌 4	己亥 5	庚子 6	辛丑 7	壬寅 8	癸卯 9	甲辰 10	乙巳 11	丙午 12	丁未 13	戊申 14	己酉 15	庚戌 16	辛亥 17	壬子 18	癸丑 19	甲寅 20	乙卯 21		辛卯冬至
十二月大	癸丑	天干地支 西曆	丙辰 22	丁巳 23	戊午 24	己未 25	庚申 26	辛酉 27	壬戌 28	癸亥 29	甲子 30	乙丑 31	丙寅 (2)	丁卯 2	戊辰 3	己巳 4	庚午 5	辛未 6	壬申 7	癸酉 8	甲戌 9	乙亥 10	丙子 11	丁丑 12	戊寅 13	己卯 14	庚辰 15	辛巳 16	壬午 17	癸未 18	甲申 19	乙酉 20	乙亥立春

*《長術》：正庚申，四己丑，六戊子，八丁亥，九丙戌，十一乙酉朔。閏八。

周平王四十三年（癸丑 牛年） 公元前728 ~ 前727年

夏曆月序		中西曆日對照	夏曆日序																														節氣與天象
			初一	初二	初三	初四	初五	初六	初七	初八	初九	初十	十一	十二	十三	十四	十五	十六	十七	十八	十九	二十	二一	二二	二三	二四	二五	二六	二七	二八	二九	三十	
正月小	甲寅	天干地支西曆	丙戌 21	丁亥 22	戊子 23	己丑 24	庚寅 25	辛卯 26	壬辰 27	癸巳 28	甲午 (3)	乙未 2	丙申 3	丁酉 4	戊戌 5	己亥 6	庚子 7	辛丑 8	壬寅 9	癸卯 10	甲辰 11	乙巳 12	丙午 13	丁未 14	戊申 15	己酉 16	庚戌 17	辛亥 18	壬子 19	癸丑 20	甲寅 21		
二月小	乙卯	天干地支西曆	乙卯 22	丙辰 23	丁巳 24	戊午 25	己未 26	庚申 27	辛酉 28	壬戌 29	癸亥 30	甲子 31	乙丑 (4)	丙寅 2	丁卯 3	戊辰 4	己巳 5	庚午 6	辛未 7	壬申 8	癸酉 9	甲戌 10	乙亥 11	丙子 12	丁丑 13	戊寅 14	己卯 15	庚辰 16	辛巳 17	壬午 18	癸未 19		辛酉春分
三月小	丙辰	天干地支西曆	甲申 20	乙酉 21	丙戌 22	丁亥 23	戊子 24	己丑 25	庚寅 26	辛卯 27	壬辰 28	癸巳 29	甲午 30	乙未 (5)	丙申 2	丁酉 3	戊戌 4	己亥 5	庚子 6	辛丑 7	壬寅 8	癸卯 9	甲辰 10	乙巳 11	丙午 12	丁未 13	戊申 14	己酉 15	庚戌 16	辛亥 17	壬子 18		戊申立夏
四月大	丁巳	天干地支西曆	癸丑 19	甲寅 20	乙卯 21	丙辰 22	丁巳 23	戊午 24	己未 25	庚申 26	辛酉 27	壬戌 28	癸亥 29	甲子 30	乙丑 31	丙寅 (6)	丁卯 2	戊辰 3	己巳 4	庚午 5	辛未 6	壬申 7	癸酉 8	甲戌 9	乙亥 10	丙子 11	丁丑 12	戊寅 13	己卯 14	庚辰 15	辛巳 16	壬午 17	
五月小	戊午	天干地支西曆	癸未 18	甲申 19	乙酉 20	丙戌 21	丁亥 22	戊子 23	己丑 24	庚寅 25	辛卯 26	壬辰 27	癸巳 28	甲午 29	乙未 30	丙申 (7)	丁酉 2	戊戌 3	己亥 4	庚子 5	辛丑 6	壬寅 7	癸卯 8	甲辰 9	乙巳 10	丙午 11	丁未 12	戊申 13	己酉 14	庚戌 15	辛亥 16		丙申夏至
六月大	己未	天干地支西曆	壬子 17	癸丑 18	甲寅 19	乙卯 20	丙辰 21	丁巳 22	戊午 23	己未 24	庚申 25	辛酉 26	壬戌 27	癸亥 28	甲子 29	乙丑 30	丙寅 31	丁卯 (8)	戊辰 2	己巳 3	庚午 4	辛未 5	壬申 6	癸酉 7	甲戌 8	乙亥 9	丙子 10	丁丑 11	戊寅 12	己卯 13	庚辰 14	辛巳 15	壬子日食
七月小	庚申	天干地支西曆	壬午 16	癸未 17	甲申 18	乙酉 19	丙戌 20	丁亥 21	戊子 22	己丑 23	庚寅 24	辛卯 25	壬辰 26	癸巳 27	甲午 28	乙未 29	丙申 30	丁酉 31	戊戌 (9)	己亥 2	庚子 3	辛丑 4	壬寅 5	癸卯 6	甲辰 7	乙巳 8	丙午 9	丁未 10	戊申 11	己酉 12	庚戌 13		壬午立秋
八月大	辛酉	天干地支西曆	辛亥 14	壬子 15	癸丑 16	甲寅 17	乙卯 18	丙辰 19	丁巳 20	戊午 21	己未 22	庚申 23	辛酉 24	壬戌 25	癸亥 26	甲子 27	乙丑 28	丙寅 29	丁卯 30	戊辰 (10)	己巳 2	庚午 3	辛未 4	壬申 5	癸酉 6	甲戌 7	乙亥 8	丙子 9	丁丑 10	戊寅 11	己卯 12	庚辰 13	丁卯秋分
九月大	壬戌	天干地支西曆	辛巳 14	壬午 15	癸未 16	甲申 17	乙酉 18	丙戌 19	丁亥 20	戊子 21	己丑 22	庚寅 23	辛卯 24	壬辰 25	癸巳 26	甲午 27	乙未 28	丙申 29	丁酉 30	戊戌 31	己亥 (11)	庚子 2	辛丑 3	壬寅 4	癸卯 5	甲辰 6	乙巳 7	丙午 8	丁未 9	戊申 10	己酉 11	庚戌 12	
十月大	癸亥	天干地支西曆	辛亥 13	壬子 14	癸丑 15	甲寅 16	乙卯 17	丙辰 18	丁巳 19	戊午 20	己未 21	庚申 22	辛酉 23	壬戌 24	癸亥 25	甲子 26	乙丑 27	丙寅 28	丁卯 29	戊辰 30	己巳 (12)	庚午 2	辛未 3	壬申 4	癸酉 5	甲戌 6	乙亥 7	丙子 8	丁丑 9	戊寅 10	己卯 11	庚辰 12	壬子立冬
十一月小	甲子	天干地支西曆	辛巳 13	壬午 14	癸未 15	甲申 16	乙酉 17	丙戌 18	丁亥 19	戊子 20	己丑 21	庚寅 22	辛卯 23	壬辰 24	癸巳 25	甲午 26	乙未 27	丙申 28	丁酉 29	戊戌 30	己亥 31	庚子 (1)	辛丑 2	壬寅 3	癸卯 4	甲辰 5	乙巳 6	丙午 7	丁未 8	戊申 9	己酉 10		丙申冬至
十二月大	乙丑	天干地支西曆	庚戌 11	辛亥 12	壬子 13	癸丑 14	甲寅 15	乙卯 16	丙辰 17	丁巳 18	戊午 19	己未 20	庚申 21	辛酉 22	壬戌 23	癸亥 24	甲子 25	乙丑 26	丙寅 27	丁卯 28	戊辰 29	己巳 30	庚午 31	辛未 (2)	壬申 2	癸酉 3	甲戌 4	乙亥 5	丙子 6	丁丑 7	戊寅 8	己卯 9	

*《長術》：正甲申，三癸未，六壬子，八辛亥，十庚戌，十二己酉。

周平王四十四年（甲寅 虎年） 公元前727～前726年

夏曆月序		中西曆日對照	夏曆日序																														節氣與天象
			初一	初二	初三	初四	初五	初六	初七	初八	初九	初十	十一	十二	十三	十四	十五	十六	十七	十八	十九	二十	二一	二二	二三	二四	二五	二六	二七	二八	二九	三十	
正月大	丙寅	天干地支 西曆	庚辰10	辛巳11	壬午12	癸未13	甲申14	乙酉15	丙戌16	丁亥17	戊子18	己丑19	庚寅20	辛卯21	壬辰22	癸巳23	甲午24	乙未25	丙申26	丁酉27	戊戌28	己亥(3)	庚子2	辛丑3	壬寅4	癸卯5	甲辰6	乙巳7	丙午8	丁未9	戊申10	己酉11	辛巳立春
二月小	丁卯	天干地支 西曆	庚戌12	辛亥13	壬子14	癸丑15	甲寅16	乙卯17	丙辰18	丁巳19	戊午20	己未21	庚申22	辛酉23	壬戌24	癸亥25	甲子26	乙丑27	丙寅28	丁卯29	戊辰30	己巳31	庚午(4)	辛未2	壬申3	癸酉4	甲戌5	乙亥6	丙子7	丁丑8	戊寅9		丁卯春分
三月小	戊辰	天干地支 西曆	己卯10	庚辰11	辛巳12	壬午13	癸未14	甲申15	乙酉16	丙戌17	丁亥18	戊子19	己丑20	庚寅21	辛卯22	壬辰23	癸巳24	甲午25	乙未26	丙申27	丁酉28	戊戌29	己亥30	庚子(5)	辛丑2	壬寅3	癸卯4	甲辰5	乙巳6	丙午7	丁未8		
四月小	己巳	天干地支 西曆	戊申9	己酉10	庚戌11	辛亥12	壬子13	癸丑14	甲寅15	乙卯16	丙辰17	丁巳18	戊午19	己未20	庚申21	辛酉22	壬戌23	癸亥24	甲子25	乙丑26	丙寅27	丁卯28	戊辰29	己巳30	庚午31	辛未(6)	壬申2	癸酉3	甲戌4	乙亥5	丙子6		甲寅立夏
五月大	庚午	天干地支 西曆	丁丑7	戊寅8	己卯9	庚辰10	辛巳11	壬午12	癸未13	甲申14	乙酉15	丙戌16	丁亥17	戊子18	己丑19	庚寅20	辛卯21	壬辰22	癸巳23	甲午24	乙未25	丙申26	丁酉27	戊戌28	己亥29	庚子30	辛丑(7)	壬寅2	癸卯3	甲辰4	乙巳5	丙午6	辛丑夏至
六月小	辛未	天干地支 西曆	丁未7	戊申8	己酉9	庚戌10	辛亥11	壬子12	癸丑13	甲寅14	乙卯15	丙辰16	丁巳17	戊午18	己未19	庚申20	辛酉21	壬戌22	癸亥23	甲子24	乙丑25	丙寅26	丁卯27	戊辰28	己巳29	庚午30	辛未31	壬申(8)	癸酉2	甲戌3	乙亥4		丁未日食
七月大	壬申	天干地支 西曆	丙子5	丁丑6	戊寅7	己卯8	庚辰9	辛巳10	壬午11	癸未12	甲申13	乙酉14	丙戌15	丁亥16	戊子17	己丑18	庚寅19	辛卯20	壬辰21	癸巳22	甲午23	乙未24	丙申25	丁酉26	戊戌27	己亥28	庚子29	辛丑30	壬寅31	癸卯(9)	甲辰2	乙巳3	丁亥立秋
八月小	癸酉	天干地支 西曆	丙午4	丁未5	戊申6	己酉7	庚戌8	辛亥9	壬子10	癸丑11	甲寅12	乙卯13	丙辰14	丁巳15	戊午16	己未17	庚申18	辛酉19	壬戌20	癸亥21	甲子22	乙丑23	丙寅24	丁卯25	戊辰26	己巳27	庚午28	辛未29	壬申30	癸酉(10)	甲戌2		癸酉秋分
九月大	甲戌	天干地支 西曆	乙亥3	丙子4	丁丑5	戊寅6	己卯7	庚辰8	辛巳9	壬午10	癸未11	甲申12	乙酉13	丙戌14	丁亥15	戊子16	己丑17	庚寅18	辛卯19	壬辰20	癸巳21	甲午22	乙未23	丙申24	丁酉25	戊戌26	己亥27	庚子28	辛丑29	壬寅30	癸卯31	甲辰(11)	
十月大	乙亥	天干地支 西曆	乙巳2	丙午3	丁未4	戊申5	己酉6	庚戌7	辛亥8	壬子9	癸丑10	甲寅11	乙卯12	丙辰13	丁巳14	戊午15	己未16	庚申17	辛酉18	壬戌19	癸亥20	甲子21	乙丑22	丙寅23	丁卯24	戊辰25	己巳26	庚午27	辛未28	壬申29	癸酉30	甲戌(12)	丁巳立冬
十一月大	丙子	天干地支 西曆	乙亥2	丙子3	丁丑4	戊寅5	己卯6	庚辰7	辛巳8	壬午9	癸未10	甲申11	乙酉12	丙戌13	丁亥14	戊子15	己丑16	庚寅17	辛卯18	壬辰19	癸巳20	甲午21	乙未22	丙申23	丁酉24	戊戌25	己亥26	庚子27	辛丑28	壬寅29	癸卯30	甲辰31	辛丑冬至
十二月小	丁丑	天干地支 西曆	乙巳(1)	丙午2	丁未3	戊申4	己酉5	庚戌6	辛亥7	壬子8	癸丑9	甲寅10	乙卯11	丙辰12	丁巳13	戊午14	己未15	庚申16	辛酉17	壬戌18	癸亥19	甲子20	乙丑21	丙寅22	丁卯23	戊辰24	己巳25	庚午26	辛未27	壬申28	癸酉29		

*《長術》：正己卯，二戊申，四丁未，六丙午，八乙巳，十一甲戌。

周平王四十五年（乙卯 兔年） 公元前726 ~ 前725年

夏曆月序		中西曆日對照	初一	初二	初三	初四	初五	初六	初七	初八	初九	初十	十一	十二	十三	十四	十五	十六	十七	十八	十九	二十	二一	二二	二三	二四	二五	二六	二七	二八	二九	三十	節氣與天象
正月大	戊寅	干支 天地西曆	甲戌30	乙亥31	丙子(2)	丁丑2	戊寅3	己卯4	庚辰5	辛巳6	壬午7	癸未8	甲申9	乙酉10	丙戌11	丁亥12	戊子13	己丑14	庚寅15	辛卯16	壬辰17	癸巳18	甲午19	乙未20	丙申21	丁酉22	戊戌23	己亥24	庚子25	辛丑26	壬寅27	癸卯28	丙戌立春
二月小	己卯	干支 天地西曆	甲辰(3)	乙巳2	丙午3	丁未4	戊申5	己酉6	庚戌7	辛亥8	壬子9	癸丑10	甲寅11	乙卯12	丙辰13	丁巳14	戊午15	己未16	庚申17	辛酉18	壬戌19	癸亥20	甲子21	乙丑22	丙寅23	丁卯24	戊辰25	己巳26	庚午27	辛未28	壬申29		壬申春分
闰二月大	己卯	干支 天地西曆	癸酉30	甲戌31	乙亥(4)	丙子2	丁丑3	戊寅4	己卯5	庚辰6	辛巳7	壬午8	癸未9	甲申10	乙酉11	丙戌12	丁亥13	戊子14	己丑15	庚寅16	辛卯17	壬辰18	癸巳19	甲午20	乙未21	丙申22	丁酉23	戊戌24	己亥25	庚子26	辛丑27	壬寅28	
三月小	庚辰	干支 天地西曆	癸卯29	甲辰30	乙巳(5)	丙午2	丁未3	戊申4	己酉5	庚戌6	辛亥7	壬子8	癸丑9	甲寅10	乙卯11	丙辰12	丁巳13	戊午14	己未15	庚申16	辛酉17	壬戌18	癸亥19	甲子20	乙丑21	丙寅22	丁卯23	戊辰24	己巳25	庚午26	辛未27		己未立夏
四月大	辛巳	干支 天地西曆	壬申28	癸酉29	甲戌30	乙亥31	丙子(6)	丁丑2	戊寅3	己卯4	庚辰5	辛巳6	壬午7	癸未8	甲申9	乙酉10	丙戌11	丁亥12	戊子13	己丑14	庚寅15	辛卯16	壬辰17	癸巳18	甲午19	乙未20	丙申21	丁酉22	戊戌23	己亥24	庚子25	辛丑26	
五月小	壬午	干支 天地西曆	壬寅27	癸卯28	甲辰29	乙巳30	丙午(7)	丁未2	戊申3	己酉4	庚戌5	辛亥6	壬子7	癸丑8	甲寅9	乙卯10	丙辰11	丁巳12	戊午13	己未14	庚申15	辛酉16	壬戌17	癸亥18	甲子19	乙丑20	丙寅21	丁卯22	戊辰23	己巳24	庚午25		丙午夏至
六月小	癸未	干支 天地西曆	辛未26	壬申27	癸酉28	甲戌29	乙亥30	丙子31	丁丑(8)	戊寅2	己卯3	庚辰4	辛巳5	壬午6	癸未7	甲申8	乙酉9	丙戌10	丁亥11	戊子12	己丑13	庚寅14	辛卯15	壬辰16	癸巳17	甲午18	乙未19	丙申20	丁酉21	戊戌22	己亥23		癸巳立秋
七月大	甲申	干支 天地西曆	庚子24	辛丑25	壬寅26	癸卯27	甲辰28	乙巳29	丙午30	丁未31	戊申(9)	己酉2	庚戌3	辛亥4	壬子5	癸丑6	甲寅7	乙卯8	丙辰9	丁巳10	戊午11	己未12	庚申13	辛酉14	壬戌15	癸亥16	甲子17	乙丑18	丙寅19	丁卯20	戊辰21	己巳22	
八月小	乙酉	干支 天地西曆	庚午23	辛未24	壬申25	癸酉26	甲戌27	乙亥28	丙子29	丁丑30	戊寅(10)	己卯2	庚辰3	辛巳4	壬午5	癸未6	甲申7	乙酉8	丙戌9	丁亥10	戊子11	己丑12	庚寅13	辛卯14	壬辰15	癸巳16	甲午17	乙未18	丙申19	丁酉20	戊戌21		戊寅秋分
九月大	丙戌	干支 天地西曆	己亥22	庚子23	辛丑24	壬寅25	癸卯26	甲辰27	乙巳28	丙午29	丁未30	戊申31	己酉(11)	庚戌2	辛亥3	壬子4	癸丑5	甲寅6	乙卯7	丙辰8	丁巳9	戊午10	己未11	庚申12	辛酉13	壬戌14	癸亥15	甲子16	乙丑17	丙寅18	丁卯19	戊辰20	壬戌立冬
十月大	丁亥	干支 天地西曆	己巳21	庚午22	辛未23	壬申24	癸酉25	甲戌26	乙亥27	丙子28	丁丑29	戊寅30	己卯(12)	庚辰2	辛巳3	壬午4	癸未5	甲申6	乙酉7	丙戌8	丁亥9	戊子10	己丑11	庚寅12	辛卯13	壬辰14	癸巳15	甲午16	乙未17	丙申18	丁酉19	戊戌20	
十一月小	戊子	干支 天地西曆	己亥21	庚子22	辛丑23	壬寅24	癸卯25	甲辰26	乙巳27	丙午28	丁未29	戊申30	己酉31	庚戌(1)	辛亥2	壬子3	癸丑4	甲寅5	乙卯6	丙辰7	丁巳8	戊午9	己未10	庚申11	辛酉12	壬戌13	癸亥14	甲子15	乙丑16	丙寅17	丁卯18		丙午冬至
十二月大	己丑	干支 天地西曆	戊辰19	己巳20	庚午21	辛未22	壬申23	癸酉24	甲戌25	乙亥26	丙子27	丁丑28	戊寅29	己卯30	庚辰31	辛巳(2)	壬午2	癸未3	甲申4	乙酉5	丙戌6	丁亥7	戊子8	己丑9	庚寅10	辛卯11	壬辰12	癸巳13	甲午14	乙未15	丙申16	丁酉17	辛卯立春

*《長術》：正癸酉，三壬申，五辛未，六庚午，八己巳，十戊辰朔。閏五。

周平王四十六年（丙辰 龍年） 公元前**725** ~ 前724年

夏曆月序	中西曆日對照		夏曆日序																														節氣與天象
			初一	初二	初三	初四	初五	初六	初七	初八	初九	初十	十一	十二	十三	十四	十五	十六	十七	十八	十九	二十	二一	二二	二三	二四	二五	二六	二七	二八	二九	三十	
正月大	庚寅	干支	戊戌	己亥	庚子	辛丑	壬寅	癸卯	甲辰	乙巳	丙午	丁未	戊申	己酉	庚戌	辛亥	壬子	癸丑	甲寅	乙卯	丙辰	丁巳	戊午	己未	庚申	辛酉	壬戌	癸亥	甲子	乙丑	丙寅	丁卯	
		西曆	18	19	20	21	22	23	24	25	26	27	28	29	(3)	2	3	4	5	6	7	8	9	10	11	12	13	14	15	16	17	18	
二月小	辛卯	干支	戊辰	己巳	庚午	辛未	壬申	癸酉	甲戌	乙亥	丙子	丁丑	戊寅	己卯	庚辰	辛巳	壬午	癸未	甲申	乙酉	丙戌	丁亥	戊子	己丑	庚寅	辛卯	壬辰	癸巳	甲午	乙未	丙申		丁丑春分
		西曆	19	20	21	22	23	24	25	26	27	28	29	30	31	(4)	2	3	4	5	6	7	8	9	10	11	12	13	14	15	16		
三月大	壬辰	干支	丁酉	戊戌	己亥	庚子	辛丑	壬寅	癸卯	甲辰	乙巳	丙午	丁未	戊申	己酉	庚戌	辛亥	壬子	癸丑	甲寅	乙卯	丙辰	丁巳	戊午	己未	庚申	辛酉	壬戌	癸亥	甲子	乙丑	丙寅	甲子立夏
		西曆	17	18	19	20	21	22	23	24	25	26	27	28	29	30	(5)	2	3	4	5	6	7	8	9	10	11	12	13	14	15	16	
四月小	癸巳	干支	丁卯	戊辰	己巳	庚午	辛未	壬申	癸酉	甲戌	乙亥	丙子	丁丑	戊寅	己卯	庚辰	辛巳	壬午	癸未	甲申	乙酉	丙戌	丁亥	戊子	己丑	庚寅	辛卯	壬辰	癸巳	甲午	乙未		
		西曆	17	18	19	20	21	22	23	24	25	26	27	28	29	30	31	(6)	2	3	4	5	6	7	8	9	10	11	12	13	14		
五月大	甲午	干支	丙申	丁酉	戊戌	己亥	庚子	辛丑	壬寅	癸卯	甲辰	乙巳	丙午	丁未	戊申	己酉	庚戌	辛亥	壬子	癸丑	甲寅	乙卯	丙辰	丁巳	戊午	己未	庚申	辛酉	壬戌	癸亥	甲子	乙丑	辛亥夏至
		西曆	15	16	17	18	19	20	21	22	23	24	25	26	27	28	29	30	(7)	2	3	4	5	6	7	8	9	10	11	12	13	14	
六月小	乙未	干支	丙寅	丁卯	戊辰	己巳	庚午	辛未	壬申	癸酉	甲戌	乙亥	丙子	丁丑	戊寅	己卯	庚辰	辛巳	壬午	癸未	甲申	乙酉	丙戌	丁亥	戊子	己丑	庚寅	辛卯	壬辰	癸巳	甲午		
		西曆	15	16	17	18	19	20	21	22	23	24	25	26	27	28	29	30	31	(8)	2	3	4	5	6	7	8	9	10	11	12		
七月小	丙申	干支	乙未	丙申	丁酉	戊戌	己亥	庚子	辛丑	壬寅	癸卯	甲辰	乙巳	丙午	丁未	戊申	己酉	庚戌	辛亥	壬子	癸丑	甲寅	乙卯	丙辰	丁巳	戊午	己未	庚申	辛酉	壬戌	癸亥		戊戌立秋
		西曆	13	14	15	16	17	18	19	20	21	22	23	24	25	26	27	28	29	30	31	(9)	2	3	4	5	6	7	8	9	10		
八月大	丁酉	干支	甲子	乙丑	丙寅	丁卯	戊辰	己巳	庚午	辛未	壬申	癸酉	甲戌	乙亥	丙子	丁丑	戊寅	己卯	庚辰	辛巳	壬午	癸未	甲申	乙酉	丙戌	丁亥	戊子	己丑	庚寅	辛卯	壬辰	癸巳	癸未秋分
		西曆	11	12	13	14	15	16	17	18	19	20	21	22	23	24	25	26	27	28	29	30	(10)	2	3	4	5	6	7	8	9	10	
九月小	戊戌	干支	甲午	乙未	丙申	丁酉	戊戌	己亥	庚子	辛丑	壬寅	癸卯	甲辰	乙巳	丙午	丁未	戊申	己酉	庚戌	辛亥	壬子	癸丑	甲寅	乙卯	丙辰	丁巳	戊午	己未	庚申	辛酉	壬戌		
		西曆	11	12	13	14	15	16	17	18	19	20	21	22	23	24	25	26	27	28	29	30	31	(11)	2	3	4	5	6	7	8		
十月大	己亥	干支	癸亥	甲子	乙丑	丙寅	丁卯	戊辰	己巳	庚午	辛未	壬申	癸酉	甲戌	乙亥	丙子	丁丑	戊寅	己卯	庚辰	辛巳	壬午	癸未	甲申	乙酉	丙戌	丁亥	戊子	己丑	庚寅	辛卯	壬辰	戊辰立冬
		西曆	9	10	11	12	13	14	15	16	17	18	19	20	21	22	23	24	25	26	27	28	29	30	(12)	2	3	4	5	6	7	8	
十一月小	庚子	干支	癸巳	甲午	乙未	丙申	丁酉	戊戌	己亥	庚子	辛丑	壬寅	癸卯	甲辰	乙巳	丙午	丁未	戊申	己酉	庚戌	辛亥	壬子	癸丑	甲寅	乙卯	丙辰	丁巳	戊午	己未	庚申	辛酉		壬子冬至
		西曆	9	10	11	12	13	14	15	16	17	18	19	20	21	22	23	24	25	26	27	28	29	30	31	(1)	2	3	4	5	6		
十二月大	辛丑	干支	壬戌	癸亥	甲子	乙丑	丙寅	丁卯	戊辰	己巳	庚午	辛未	壬申	癸酉	甲戌	乙亥	丙子	丁丑	戊寅	己卯	庚辰	辛巳	壬午	癸未	甲申	乙酉	丙戌	丁亥	戊子	己丑	庚寅	辛卯	
		西曆	7	8	9	10	11	12	13	14	15	16	17	18	19	20	21	22	23	24	25	26	27	28	29	30	31	(2)	2	3	4	5	

*《長術》：正丁酉，三丙申，五乙未，七甲午，九癸巳，十一壬辰。

周平王四十七年（丁巳 蛇年） 公元前 724 ~ 前 723 年

夏曆月序		中西曆日對照	初一	初二	初三	初四	初五	初六	初七	初八	初九	初十	十一	十二	十三	十四	十五	十六	十七	十八	十九	二十	二一	二二	二三	二四	二五	二六	二七	二八	二九	三十	節氣與天象
正月大	壬寅	天干 地支 西曆	壬辰6	癸巳7	甲午8	乙未9	丙申10	丁酉11	戊戌12	己亥13	庚子14	辛丑15	壬寅16	癸卯17	甲辰18	乙巳19	丙午20	丁未21	戊申22	己酉23	庚戌24	辛亥25	壬子26	癸丑27	甲寅28	乙卯(3)	丙辰2	丁巳3	戊午4	己未5	庚申6	辛酉7	丙申立春
二月小	癸卯	天干 地支 西曆	壬戌8	癸亥9	甲子10	乙丑11	丙寅12	丁卯13	戊辰14	己巳15	庚午16	辛未17	壬申18	癸酉19	甲戌20	乙亥21	丙子22	丁丑23	戊寅24	己卯25	庚辰26	辛巳27	壬午28	癸未29	甲申30	乙酉31	丙戌(4)	丁亥2	戊子3	己丑4	庚寅5		壬午春分
三月大	甲辰	天干 地支 西曆	辛卯6	壬辰7	癸巳8	甲午9	乙未10	丙申11	丁酉12	戊戌13	己亥14	庚子15	辛丑16	壬寅17	癸卯18	甲辰19	乙巳20	丙午21	丁未22	戊申23	己酉24	庚戌25	辛亥26	壬子27	癸丑28	甲寅29	乙卯30	丙辰(5)	丁巳2	戊午3	己未4	庚申5	
四月大	乙巳	天干 地支 西曆	辛酉6	壬戌7	癸亥8	甲子9	乙丑10	丙寅11	丁卯12	戊辰13	己巳14	庚午15	辛未16	壬申17	癸酉18	甲戌19	乙亥20	丙子21	丁丑22	戊寅23	己卯24	庚辰25	辛巳26	壬午27	癸未28	甲申29	乙酉30	丙戌31	丁亥(6)	戊子2	己丑3	庚寅4	己巳立夏 辛酉日食
五月小	丙午	天干 地支 西曆	辛卯5	壬辰6	癸巳7	甲午8	乙未9	丙申10	丁酉11	戊戌12	己亥13	庚子14	辛丑15	壬寅16	癸卯17	甲辰18	乙巳19	丙午20	丁未21	戊申22	己酉23	庚戌24	辛亥25	壬子26	癸丑27	甲寅28	乙卯29	丙辰30	丁巳(7)	戊午2	己未3		丁巳夏至
六月小	丁未	天干 地支 西曆	庚申4	辛酉5	壬戌6	癸亥7	甲子8	乙丑9	丙寅10	丁卯11	戊辰12	己巳13	庚午14	辛未15	壬申16	癸酉17	甲戌18	乙亥19	丙子20	丁丑21	戊寅22	己卯23	庚辰24	辛巳25	壬午26	癸未27	甲申28	乙酉29	丙戌30	丁亥31	戊子(8)		
七月大	戊申	天干 地支 西曆	己丑2	庚寅3	辛卯4	壬辰5	癸巳6	甲午7	乙未8	丙申9	丁酉10	戊戌11	己亥12	庚子13	辛丑14	壬寅15	癸卯16	甲辰17	乙巳18	丙午19	丁未20	戊申21	己酉22	庚戌23	辛亥24	壬子25	癸丑26	甲寅27	乙卯28	丙辰29	丁巳30	戊午31	癸卯立秋
八月小	己酉	天干 地支 西曆	己未(9)	庚申2	辛酉3	壬戌4	癸亥5	甲子6	乙丑7	丙寅8	丁卯9	戊辰10	己巳11	庚午12	辛未13	壬申14	癸酉15	甲戌16	乙亥17	丙子18	丁丑19	戊寅20	己卯21	庚辰22	辛巳23	壬午24	癸未25	甲申26	乙酉27	丙戌28	丁亥29		
闰八月大	己酉	天干 地支 西曆	戊子30	己丑(10)	庚寅2	辛卯3	壬辰4	癸巳5	甲午6	乙未7	丙申8	丁酉9	戊戌10	己亥11	庚子12	辛丑13	壬寅14	癸卯15	甲辰16	乙巳17	丙午18	丁未19	戊申20	己酉21	庚戌22	辛亥23	壬子24	癸丑25	甲寅26	乙卯27	丙辰28	丁巳29	戊子秋分
九月小	庚戌	天干 地支 西曆	戊午30	己未31	庚申(11)	辛酉2	壬戌3	癸亥4	甲子5	乙丑6	丙寅7	丁卯8	戊辰9	己巳10	庚午11	辛未12	壬申13	癸酉14	甲戌15	乙亥16	丙子17	丁丑18	戊寅19	己卯20	庚辰21	辛巳22	壬午23	癸未24	甲申25	乙酉26	丙戌27		癸酉立冬
十月大	辛亥	天干 地支 西曆	丁亥28	戊子29	己丑30	庚寅(12)	辛卯2	壬辰3	癸巳4	甲午5	乙未6	丙申7	丁酉8	戊戌9	己亥10	庚子11	辛丑12	壬寅13	癸卯14	甲辰15	乙巳16	丙午17	丁未18	戊申19	己酉20	庚戌21	辛亥22	壬子23	癸丑24	甲寅25	乙卯26	丙辰27	
十一月小	壬子	天干 地支 西曆	丁巳28	戊午29	己未30	庚申31	辛酉(1)	壬戌2	癸亥3	甲子4	乙丑5	丙寅6	丁卯7	戊辰8	己巳9	庚午10	辛未11	壬申12	癸酉13	甲戌14	乙亥15	丙子16	丁丑17	戊寅18	己卯19	庚辰20	辛巳21	壬午22	癸未23	甲申24	乙酉25		丁巳冬至
十二月大	癸丑	天干 地支 西曆	丙戌26	丁亥27	戊子28	己丑29	庚寅30	辛卯31	壬辰(2)	癸巳2	甲午3	乙未4	丙申5	丁酉6	戊戌7	己亥8	庚子9	辛丑10	壬寅11	癸卯12	甲辰13	乙巳14	丙午15	丁未16	戊申17	己酉18	庚戌19	辛亥20	壬子21	癸丑22	甲寅23	乙卯24	壬寅立春

*《長術》：正辛卯，三庚寅，六己未，八戊午，十丁巳，十二丙辰。

周平王四十八年（戊午 馬年） 公元前 723 ~ 前 722 年

夏曆月序		中西曆日對照	初一	初二	初三	初四	初五	初六	初七	初八	初九	初十	十一	十二	十三	十四	十五	十六	十七	十八	十九	二十	二一	二二	二三	二四	二五	二六	二七	二八	二九	三十	節氣與天象
正月小	甲寅	天干地支西曆	丙辰 25	丁巳 26	戊午 27	己未 28	庚申 (3)	辛酉 2	壬戌 3	癸亥 4	甲子 5	乙丑 6	丙寅 7	丁卯 8	戊辰 9	己巳 10	庚午 11	辛未 12	壬申 13	癸酉 14	甲戌 15	乙亥 16	丙子 17	丁丑 18	戊寅 19	己卯 20	庚辰 21	辛巳 22	壬午 23	癸未 24	甲申 25		
二月大	乙卯	天干地支西曆	乙酉 26	丙戌 27	丁亥 28	戊子 29	己丑 30	庚寅 31	辛卯 (4)	壬辰 2	癸巳 3	甲午 4	乙未 5	丙申 6	丁酉 7	戊戌 8	己亥 9	庚子 10	辛丑 11	壬寅 12	癸卯 13	甲辰 14	乙巳 15	丙午 16	丁未 17	戊申 18	己酉 19	庚戌 20	辛亥 21	壬子 22	癸丑 23	甲寅 24	戊子春分
三月大	丙辰	天干地支西曆	乙卯 25	丙辰 26	丁巳 27	戊午 28	己未 29	庚申 30	辛酉 (5)	壬戌 2	癸亥 3	甲子 4	乙丑 5	丙寅 6	丁卯 7	戊辰 8	己巳 9	庚午 10	辛未 11	壬申 12	癸酉 13	甲戌 14	乙亥 15	丙子 16	丁丑 17	戊寅 18	己卯 19	庚辰 20	辛巳 21	壬午 22	癸未 23	甲申 24	乙亥立夏 乙卯日食
四月小	丁巳	天干地支西曆	乙酉 25	丙戌 26	丁亥 27	戊子 28	己丑 29	庚寅 30	辛卯 31	壬辰 (6)	癸巳 2	甲午 3	乙未 4	丙申 5	丁酉 6	戊戌 7	己亥 8	庚子 9	辛丑 10	壬寅 11	癸卯 12	甲辰 13	乙巳 14	丙午 15	丁未 16	戊申 17	己酉 18	庚戌 19	辛亥 20	壬子 21	癸丑 22		
五月大	戊午	天干地支西曆	甲寅 23	乙卯 24	丙辰 25	丁巳 26	戊午 27	己未 28	庚申 29	辛酉 30	壬戌 (7)	癸亥 2	甲子 3	乙丑 4	丙寅 5	丁卯 6	戊辰 7	己巳 8	庚午 9	辛未 10	壬申 11	癸酉 12	甲戌 13	乙亥 14	丙子 15	丁丑 16	戊寅 17	己卯 18	庚辰 19	辛巳 20	壬午 21	癸未 22	壬戌夏至
六月小	己未	天干地支西曆	甲申 23	乙酉 24	丙戌 25	丁亥 26	戊子 27	己丑 28	庚寅 29	辛卯 30	壬辰 31	癸巳 (8)	甲午 2	乙未 3	丙申 4	丁酉 5	戊戌 6	己亥 7	庚子 8	辛丑 9	壬寅 10	癸卯 11	甲辰 12	乙巳 13	丙午 14	丁未 15	戊申 16	己酉 17	庚戌 18	辛亥 19	壬子 20		戊申立秋
七月大	庚申	天干地支西曆	癸丑 21	甲寅 22	乙卯 23	丙辰 24	丁巳 25	戊午 26	己未 27	庚申 28	辛酉 29	壬戌 30	癸亥 31	甲子 (9)	乙丑 2	丙寅 3	丁卯 4	戊辰 5	己巳 6	庚午 7	辛未 8	壬申 9	癸酉 10	甲戌 11	乙亥 12	丙子 13	丁丑 14	戊寅 15	己卯 16	庚辰 17	辛巳 18	壬午 19	
八月小	辛酉	天干地支西曆	癸未 20	甲申 21	乙酉 22	丙戌 23	丁亥 24	戊子 25	己丑 26	庚寅 27	辛卯 28	壬辰 29	癸巳 30	甲午 (10)	乙未 2	丙申 3	丁酉 4	戊戌 5	己亥 6	庚子 7	辛丑 8	壬寅 9	癸卯 10	甲辰 11	乙巳 12	丙午 13	丁未 14	戊申 15	己酉 16	庚戌 17	辛亥 18		甲午秋分
九月大	壬戌	天干地支西曆	壬子 19	癸丑 20	甲寅 21	乙卯 22	丙辰 23	丁巳 24	戊午 25	己未 26	庚申 27	辛酉 28	壬戌 29	癸亥 30	甲子 31	乙丑 (11)	丙寅 2	丁卯 3	戊辰 4	己巳 5	庚午 6	辛未 7	壬申 8	癸酉 9	甲戌 10	乙亥 11	丙子 12	丁丑 13	戊寅 14	己卯 15	庚辰 16	辛巳 17	戊寅立冬
十月小	癸亥	天干地支西曆	壬午 18	癸未 19	甲申 20	乙酉 21	丙戌 22	丁亥 23	戊子 24	己丑 25	庚寅 26	辛卯 27	壬辰 28	癸巳 29	甲午 30	乙未 (12)	丙申 2	丁酉 3	戊戌 4	己亥 5	庚子 6	辛丑 7	壬寅 8	癸卯 9	甲辰 10	乙巳 11	丙午 12	丁未 13	戊申 14	己酉 15	庚戌 16		
十一月大	甲子	天干地支西曆	辛亥 17	壬子 18	癸丑 19	甲寅 20	乙卯 21	丙辰 22	丁巳 23	戊午 24	己未 25	庚申 26	辛酉 27	壬戌 28	癸亥 29	甲子 30	乙丑 31	丙寅 (1)	丁卯 2	戊辰 3	己巳 4	庚午 5	辛未 6	壬申 7	癸酉 8	甲戌 9	乙亥 10	丙子 11	丁丑 12	戊寅 13	己卯 14	庚辰 15	壬戌冬至
十二月小	乙丑	天干地支西曆	辛巳 16	壬午 17	癸未 18	甲申 19	乙酉 20	丙戌 21	丁亥 22	戊子 23	己丑 24	庚寅 25	辛卯 26	壬辰 27	癸巳 28	甲午 29	乙未 30	丙申 31	丁酉 (2)	戊戌 2	己亥 3	庚子 4	辛丑 5	壬寅 6	癸卯 7	甲辰 8	乙巳 9	丙午 10	丁未 11	戊申 12	己酉 13		丁未立春

*《長術》：正丙戌，二乙卯，三甲寅，五癸丑，七壬子，十辛巳，十二庚辰朔。閏二。

周平王四十九年 魯隱公元年（己未 羊年） 公元前 722 ~ 前 721 年 歲在諏訾

魯曆月序		西曆中曆日對照	初一	初二	初三	初四	初五	初六	初七	初八	初九	初十	十一	十二	十三	十四	十五	十六	十七	十八	十九	二十	二一	二二	二三	二四	二五	二六	二七	二八	二九	三十	節氣與天象
正月小	乙丑	天干地支西曆	辛巳16	壬午17	癸未18	甲申19	乙酉20	丙戌21	丁亥22	戊子23	己丑24	庚寅25	辛卯26	壬辰27	癸巳28	甲午29	乙未30	丙申31	丁酉(2)	戊戌2	己亥3	庚子4	辛丑5	壬寅6	癸卯7	甲辰8	乙巳9	丙午10	丁未11	戊申12	己酉13		丁未立春
二月大	丙寅	天干地支西曆	庚戌14	辛亥15	壬子16	癸丑17	甲寅18	乙卯19	丙辰20	丁巳21	戊午22	己未23	庚申24	辛酉25	壬戌26	癸亥27	甲子28	乙丑(3)	丙寅2	丁卯3	戊辰4	己巳5	庚午6	辛未7	壬申8	癸酉9	甲戌10	乙亥11	丙子12	丁丑13	戊寅14	己卯15	
三月小	丁卯	天干地支西曆	庚辰16	辛巳17	壬午18	癸未19	甲申20	乙酉21	丙戌22	丁亥23	戊子24	己丑25	庚寅26	辛卯27	壬辰28	癸巳29	甲午30	乙未31	丙申(4)	丁酉2	戊戌3	己亥4	庚子5	辛丑6	壬寅7	癸卯8	甲辰9	乙巳10	丙午11	丁未12	戊申13		癸巳春分
四月大	戊辰	天干地支西曆	己酉14	庚戌15	辛亥16	壬子17	癸丑18	甲寅19	乙卯20	丙辰21	丁巳22	戊午23	己未24	庚申25	辛酉26	壬戌27	癸亥28	甲子29	乙丑30	丙寅(5)	丁卯2	戊辰3	己巳4	庚午5	辛未6	壬申7	癸酉8	甲戌9	乙亥10	丙子11	丁丑12	戊寅13	
五月小	己巳	天干地支西曆	己卯14	庚辰15	辛巳16	壬午17	癸未18	甲申19	乙酉20	丙戌21	丁亥22	戊子23	己丑24	庚寅25	辛卯26	壬辰27	癸巳28	甲午29	乙未30	丙申31	丁酉(6)	戊戌2	己亥3	庚子4	辛丑5	壬寅6	癸卯7	甲辰8	乙巳9	丙午10	丁未11		庚辰立夏
六月大	庚午	天干地支西曆	戊申12	己酉13	庚戌14	辛亥15	壬子16	癸丑17	甲寅18	乙卯19	丙辰20	丁巳21	戊午22	己未23	庚申24	辛酉25	壬戌26	癸亥27	甲子28	乙丑29	丙寅30	丁卯(7)	戊辰2	己巳3	庚午4	辛未5	壬申6	癸酉7	甲戌8	乙亥9	丙子10	丁丑11	丁卯夏至
七月小	辛未	天干地支西曆	戊寅12	己卯13	庚辰14	辛巳15	壬午16	癸未17	甲申18	乙酉19	丙戌20	丁亥21	戊子22	己丑23	庚寅24	辛卯25	壬辰26	癸巳27	甲午28	乙未29	丙申30	丁酉31	戊戌(8)	己亥2	庚子3	辛丑4	壬寅5	癸卯6	甲辰7	乙巳8	丙午9		
八月大	壬申	天干地支西曆	丁未10	戊申11	己酉12	庚戌13	辛亥14	壬子15	癸丑16	甲寅17	乙卯18	丙辰19	丁巳20	戊午21	己未22	庚申23	辛酉24	壬戌25	癸亥26	甲子27	乙丑28	丙寅29	丁卯30	戊辰31	己巳(9)	庚午2	辛未3	壬申4	癸酉5	甲戌6	乙亥7	丙子8	甲寅立秋
九月大	癸酉	天干地支西曆	丁丑9	戊寅10	己卯11	庚辰12	辛巳13	壬午14	癸未15	甲申16	乙酉17	丙戌18	丁亥19	戊子20	己丑21	庚寅22	辛卯23	壬辰24	癸巳25	甲午26	乙未27	丙申28	丁酉29	戊戌30	己亥(10)	庚子2	辛丑3	壬寅4	癸卯5	甲辰6	乙巳7	丙午8	己亥秋分
十月小	甲戌	天干地支西曆	丁未9	戊申10	己酉11	庚戌12	辛亥13	壬子14	癸丑15	甲寅16	乙卯17	丙辰18	丁巳19	戊午20	己未21	庚申22	辛酉23	壬戌24	癸亥25	甲子26	乙丑27	丙寅28	丁卯29	戊辰30	己巳31	庚午(11)	辛未2	壬申3	癸酉4	甲戌5	乙亥6		丁未日食
十一月大	乙亥	天干地支西曆	丙子7	丁丑8	戊寅9	己卯10	庚辰11	辛巳12	壬午13	癸未14	甲申15	乙酉16	丙戌17	丁亥18	戊子19	己丑20	庚寅21	辛卯22	壬辰23	癸巳24	甲午25	乙未26	丙申27	丁酉28	戊戌29	己亥30	庚子(12)	辛丑2	壬寅3	癸卯4	甲辰5	乙巳6	癸未立冬
十二月小	丙子	天干地支西曆	丙午7	丁未8	戊申9	己酉10	庚戌11	辛亥12	壬子13	癸丑14	甲寅15	乙卯16	丙辰17	丁巳18	戊午19	己未20	庚申21	辛酉22	壬戌23	癸亥24	甲子25	乙丑26	丙寅27	丁卯28	戊辰29	己巳30	庚午31	辛未(1)	壬申2	癸酉3	甲戌4		丁卯冬至

朔閏異同	曆名	正月	二月	三月	四月	五月	六月	七月	八月	九月	十月	十一	十二	閏月	曆名	正月	二月	三月	四月	五月	六月	七月	八月	九月	十月	十一	十二	閏月
	周曆殷曆	庚戌庚辰	己卯己酉	己酉己卯	戊寅己酉	戊申戊寅	丁丑戊申	丁未丁丑	丙子丁未	丙午丙子	乙亥丙午	乙巳乙亥	乙亥乙巳		夏曆新曆	庚戌庚戌	己卯庚辰	己酉己酉	戊寅己卯	戊申戊申	丁丑戊寅	丁未戊申	丙子丁丑	丙午丁未	乙亥丙子	乙巳丙午	甲戌乙亥	

*《春秋》紀年自此始。正表用魯曆。附表天干上加“---”者表示閏月。《春秋長曆》：正月庚辰，二月己酉，三月己卯，四月己酉，五月戊寅，六月戊申，七月丁丑，八月丁未，九月丙子，十月丙午，十一乙亥，十二乙巳。

周平王五十年 魯隱公二年（庚申 猴年） 公元前 **721** ~ 前 720 年 歲在降婁

魯曆月序		中西曆日對照	魯曆日序																														節氣與天象
			初一	初二	初三	初四	初五	初六	初七	初八	初九	初十	十一	十二	十三	十四	十五	十六	十七	十八	十九	二十	二一	二二	二三	二四	二五	二六	二七	二八	二九	三十	
正月大	丁丑	天干 地支 西曆	乙亥5	丙子6	丁丑7	戊寅8	己卯9	庚辰10	辛巳11	壬午12	癸未13	甲申14	乙酉15	丙戌16	丁亥17	戊子18	己丑19	庚寅20	辛卯21	壬辰22	癸巳23	甲午24	乙未25	丙申26	丁酉27	戊戌28	己亥29	庚子30	辛丑31	壬寅(2)	癸卯2	甲辰3	
二月小	戊寅	天干 地支 西曆	乙巳4	丙午5	丁未6	戊申7	己酉8	庚戌9	辛亥10	壬子11	癸丑12	甲寅13	乙卯14	丙辰15	丁巳16	戊午17	己未18	庚申19	辛酉20	壬戌21	癸亥22	甲子23	乙丑24	丙寅25	丁卯26	戊辰27	己巳28	庚午29	辛未(3)	壬申2	癸酉3		壬子立春
三月大	己卯	天干 地支 西曆	甲戌4	乙亥5	丙子6	丁丑7	戊寅8	己卯9	庚辰10	辛巳11	壬午12	癸未13	甲申14	乙酉15	丙戌16	丁亥17	戊子18	己丑19	庚寅20	辛卯21	壬辰22	癸巳23	甲午24	乙未25	丙申26	丁酉27	戊戌28	己亥29	庚子30	辛丑31	壬寅(4)	癸卯2	戊戌春分
四月小	庚辰	天干 地支 西曆	甲辰3	乙巳4	丙午5	丁未6	戊申7	己酉8	庚戌9	辛亥10	壬子11	癸丑12	甲寅13	乙卯14	丙辰15	丁巳16	戊午17	己未18	庚申19	辛酉20	壬戌21	癸亥22	甲子23	乙丑24	丙寅25	丁卯26	戊辰27	己巳28	庚午29	辛未30	壬申(5)		
五月大	辛巳	天干 地支 西曆	癸酉2	甲戌3	乙亥4	丙子5	丁丑6	戊寅7	己卯8	庚辰9	辛巳10	壬午11	癸未12	甲申13	乙酉14	丙戌15	丁亥16	戊子17	己丑18	庚寅19	辛卯20	壬辰21	癸巳22	甲午23	乙未24	丙申25	丁酉26	戊戌27	己亥28	庚子29	辛丑30	壬寅31	乙酉立夏
六月小	壬午	天干 地支 西曆	癸卯(6)	甲辰2	乙巳3	丙午4	丁未5	戊申6	己酉7	庚戌8	辛亥9	壬子10	癸丑11	甲寅12	乙卯13	丙辰14	丁巳15	戊午16	己未17	庚申18	辛酉19	壬戌20	癸亥21	甲子22	乙丑23	丙寅24	丁卯25	戊辰26	己巳27	庚午28	辛未29		
七月大	癸未	天干 地支 西曆	壬申30	癸酉(7)	甲戌2	乙亥3	丙子4	丁丑5	戊寅6	己卯7	庚辰8	辛巳9	壬午10	癸未11	甲申12	乙酉13	丙戌14	丁亥15	戊子16	己丑17	庚寅18	辛卯19	壬辰20	癸巳21	甲午22	乙未23	丙申24	丁酉25	戊戌26	己亥27	庚子28	辛丑29	壬申夏至
八月小	甲申	天干 地支 西曆	壬寅30	癸卯31	甲辰(8)	乙巳2	丙午3	丁未4	戊申5	己酉6	庚戌7	辛亥8	壬子9	癸丑10	甲寅11	乙卯12	丙辰13	丁巳14	戊午15	己未16	庚申17	辛酉18	壬戌19	癸亥20	甲子21	乙丑22	丙寅23	丁卯24	戊辰25	己巳26	庚午27		己未立秋
九月大	乙酉	天干 地支 西曆	辛未28	壬申29	癸酉30	甲戌31	乙亥(9)	丙子2	丁丑3	戊寅4	己卯5	庚辰6	辛巳7	壬午8	癸未9	甲申10	乙酉11	丙戌12	丁亥13	戊子14	己丑15	庚寅16	辛卯17	壬辰18	癸巳19	甲午20	乙未21	丙申22	丁酉23	戊戌24	己亥25	庚子26	
十月小	丙戌	天干 地支 西曆	辛丑27	壬寅28	癸卯29	甲辰30	乙巳(10)	丙午2	丁未3	戊申4	己酉5	庚戌6	辛亥7	壬子8	癸丑9	甲寅10	乙卯11	丙辰12	丁巳13	戊午14	己未15	庚申16	辛酉17	壬戌18	癸亥19	甲子20	乙丑21	丙寅22	丁卯23	戊辰24	己巳25		甲辰秋分
十一月大	丁亥	天干 地支 西曆	庚午26	辛未27	壬申28	癸酉29	甲戌30	乙亥31	丙子(11)	丁丑2	戊寅3	己卯4	庚辰5	辛巳6	壬午7	癸未8	甲申9	乙酉10	丙戌11	丁亥12	戊子13	己丑14	庚寅15	辛卯16	壬辰17	癸巳18	甲午19	乙未20	丙申21	丁酉22	戊戌23	己亥24	戊子立冬
十二月小	戊子	天干 地支 西曆	庚子25	辛丑26	壬寅27	癸卯28	甲辰29	乙巳30	丙午(12)	丁未2	戊申3	己酉4	庚戌5	辛亥6	壬子7	癸丑8	甲寅9	乙卯10	丙辰11	丁巳12	戊午13	己未14	庚申15	辛酉16	壬戌17	癸亥18	甲子19	乙丑20	丙寅21	丁卯22	戊辰23		
閏月大	戊子	天干 地支 西曆	己巳24	庚午25	辛未26	壬申27	癸酉28	甲戌29	乙亥30	丙子31	丁丑(1)	戊寅2	己卯3	庚辰4	辛巳5	壬午6	癸未7	甲申8	乙酉9	丙戌10	丁亥11	戊子12	己丑13	庚寅14	辛卯15	壬辰16	癸巳17	甲午18	乙未19	丙申20	丁酉21	戊戌22	癸酉冬至

朔閏異同	曆名	正月	二月	三月	四月	五月	六月	七月	八月	九月	十月	十一	十二	閏月		曆名	正月	二月	三月	四月	五月	六月	七月	八月	九月	十月	十一	十二	閏月
	周曆殷曆	甲辰甲戌	甲戌甲辰	癸卯癸酉	癸酉癸卯	壬寅壬申	壬申壬寅	辛丑壬申	辛未辛丑	庚子辛未	庚午庚子	---己亥---庚午	己巳己亥	戊戌己巳		夏曆新曆	甲辰乙巳	癸酉甲戌	癸卯甲辰	癸酉癸酉	壬寅癸卯	壬申---壬申	辛丑壬寅	---辛未辛未	庚子辛丑	庚午辛未	己亥庚子	己巳庚午	戊戌己亥

*《長曆》：正月甲戌，二月甲辰，三月癸酉，四月癸卯，五月壬申，六月壬寅，七月壬申，八月辛丑，九月辛未，十月庚子，十一庚午，十二己亥，閏月己巳。

周平王五十一年 魯隱公三年（辛酉 鶏年） 公元前720 ~ 前719年 歲在大梁

魯曆月序		中西曆日對照	初一	初二	初三	初四	初五	初六	初七	初八	初九	初十	十一	十二	十三	十四	十五	十六	十七	十八	十九	二十	二一	二二	二三	二四	二五	二六	二七	二八	二九	三十	節氣與天象
正月大	己丑	干支曆 天地西曆	己亥23	庚子24	辛丑25	壬寅26	癸卯27	甲辰28	乙巳29	丙午30	丁未31	戊申(2)	己酉2	庚戌3	辛亥4	壬子5	癸丑6	甲寅7	乙卯8	丙辰9	丁巳10	戊午11	己未12	庚申13	辛酉14	壬戌15	癸亥16	甲子17	乙丑18	丙寅19	丁卯20	戊辰21	丁巳立春
二月小	庚寅	干支曆 天地西曆	己巳22	庚午23	辛未24	壬申25	癸酉26	甲戌27	乙亥28	丙子(3)	丁丑2	戊寅3	己卯4	庚辰5	辛巳6	壬午7	癸未8	甲申9	乙酉10	丙戌11	丁亥12	戊子13	己丑14	庚寅15	辛卯16	壬辰17	癸巳18	甲午19	乙未20	丙申21	丁酉22		己巳日食
三月大	辛卯	干支曆 天地西曆	戊戌23	己亥24	庚子25	辛丑26	壬寅27	癸卯28	甲辰29	乙巳30	丙午31	丁未(4)	戊申2	己酉3	庚戌4	辛亥5	壬子6	癸丑7	甲寅8	乙卯9	丙辰10	丁巳11	戊午12	己未13	庚申14	辛酉15	壬戌16	癸亥17	甲子18	乙丑19	丙寅20	丁卯21	癸卯春分
四月小	壬辰	干支曆 天地西曆	戊辰22	己巳23	庚午24	辛未25	壬申26	癸酉27	甲戌28	乙亥29	丙子30	丁丑(5)	戊寅2	己卯3	庚辰4	辛巳5	壬午6	癸未7	甲申8	乙酉9	丙戌10	丁亥11	戊子12	己丑13	庚寅14	辛卯15	壬辰16	癸巳17	甲午18	乙未19	丙申20		庚寅立夏
五月大	癸巳	干支曆 天地西曆	丁酉21	戊戌22	己亥23	庚子24	辛丑25	壬寅26	癸卯27	甲辰28	乙巳29	丙午30	丁未31	戊申(6)	己酉2	庚戌3	辛亥4	壬子5	癸丑6	甲寅7	乙卯8	丙辰9	丁巳10	戊午11	己未12	庚申13	辛酉14	壬戌15	癸亥16	甲子17	乙丑18	丙寅19	
六月小	甲午	干支曆 天地西曆	丁卯20	戊辰21	己巳22	庚午23	辛未24	壬申25	癸酉26	甲戌27	乙亥28	丙子29	丁丑30	戊寅(7)	己卯2	庚辰3	辛巳4	壬午5	癸未6	甲申7	乙酉8	丙戌9	丁亥10	戊子11	己丑12	庚寅13	辛卯14	壬辰15	癸巳16	甲午17	乙未18		戊寅夏至
七月大	乙未	干支曆 天地西曆	丙申19	丁酉20	戊戌21	己亥22	庚子23	辛丑24	壬寅25	癸卯26	甲辰27	乙巳28	丙午29	丁未30	戊申31	己酉(8)	庚戌2	辛亥3	壬子4	癸丑5	甲寅6	乙卯7	丙辰8	丁巳9	戊午10	己未11	庚申12	辛酉13	壬戌14	癸亥15	甲子16	乙丑17	甲子立秋
八月小	丙申	干支曆 天地西曆	丙寅18	丁卯19	戊辰20	己巳21	庚午22	辛未23	壬申24	癸酉25	甲戌26	乙亥27	丙子28	丁丑29	戊寅30	己卯31	庚辰(9)	辛巳2	壬午3	癸未4	甲申5	乙酉6	丙戌7	丁亥8	戊子9	己丑10	庚寅11	辛卯12	壬辰13	癸巳14	甲午15		
九月大	丁酉	干支曆 天地西曆	乙未16	丙申17	丁酉18	戊戌19	己亥20	庚子21	辛丑22	壬寅23	癸卯24	甲辰25	乙巳26	丙午27	丁未28	戊申29	己酉30	庚戌(10)	辛亥2	壬子3	癸丑4	甲寅5	乙卯6	丙辰7	丁巳8	戊午9	己未10	庚申11	辛酉12	壬戌13	癸亥14	甲子15	己酉秋分
十月小	戊戌	干支曆 天地西曆	乙丑16	丙寅17	丁卯18	戊辰19	己巳20	庚午21	辛未22	壬申23	癸酉24	甲戌25	乙亥26	丙子27	丁丑28	戊寅29	己卯30	庚辰31	辛巳(11)	壬午2	癸未3	甲申4	乙酉5	丙戌6	丁亥7	戊子8	己丑9	庚寅10	辛卯11	壬辰12	癸巳13		
十一月大	己亥	干支曆 天地西曆	甲午14	乙未15	丙申16	丁酉17	戊戌18	己亥19	庚子20	辛丑21	壬寅22	癸卯23	甲辰24	乙巳25	丙午26	丁未27	戊申28	己酉29	庚戌30	辛亥(12)	壬子2	癸丑3	甲寅4	乙卯5	丙辰6	丁巳7	戊午8	己未9	庚申10	辛酉11	壬戌12	癸亥13	甲午立冬
十二月小	庚子	干支曆 天地西曆	甲子14	乙丑15	丙寅16	丁卯17	戊辰18	己巳19	庚午20	辛未21	壬申22	癸酉23	甲戌24	乙亥25	丙子26	丁丑27	戊寅28	己卯29	庚辰30	辛巳31	壬午(1)	癸未2	甲申3	乙酉4	丙戌5	丁亥6	戊子7	己丑8	庚寅9	辛卯10	壬辰11		戊寅冬至

朔閏異同	曆名	正月	二月	三月	四月	五月	六月	七月	八月	九月	十月	十一	十二	閏月	曆名	正月	二月	三月	四月	五月	六月	七月	八月	九月	十月	十一	十二	閏月
	周曆殷曆	戊辰戊戌	丁酉戊辰	丁卯丁酉	丁酉丁卯	丙寅丙申	丙申丙寅	乙丑乙未	乙未乙丑	甲子甲午	甲午甲子	癸亥甲午	癸巳癸亥		夏曆新曆	戊辰己巳	丁酉戊戌	丁卯戊辰	丙申丁酉	丙寅丙寅	乙未丙申	乙丑乙丑	乙未乙未	甲子乙丑	甲午乙未	癸亥甲子	癸巳甲午	

*《長曆》：正月戊戌，二月戊辰，三月丁酉，四月丁卯，五月丙申，六月丙寅，七月乙未，八月乙丑，九月甲午，十月甲子，十一甲午，十二癸亥。

周桓王元年 魯隱公四年（壬戌 狗年） 公元前719～前718年 歲在實沈

魯曆月序		中西曆日對照	魯曆日序																													節氣與天象
			初一	初二	初三	初四	初五	初六	初七	初八	初九	初十	十一	十二	十三	十四	十五	十六	十七	十八	十九	二十	二一	二二	二三	二四	二五	二六	二七	二八	二九	三十	
正月大	辛丑	天干地支 西曆	癸巳 12	甲午 13	乙未 14	丙申 15	丁酉 16	戊戌 17	己亥 18	庚子 19	辛丑 20	壬寅 21	癸卯 22	甲辰 23	乙巳 24	丙午 25	丁未 26	戊申 27	己酉 28	庚戌 29	辛亥 30	壬子 31	癸丑 (2)	甲寅 2	乙卯 3	丙辰 4	丁巳 5	戊午 6	己未 7	庚申 8	辛酉 9	壬戌 10	
二月小	壬寅	天干地支 西曆	癸亥 11	甲子 12	乙丑 13	丙寅 14	丁卯 15	戊辰 16	己巳 17	庚午 18	辛未 19	壬申 20	癸酉 21	甲戌 22	乙亥 23	丙子 24	丁丑 25	戊寅 26	己卯 27	庚辰 28	辛巳 (3)	壬午 2	癸未 3	甲申 4	乙酉 5	丙戌 6	丁亥 7	戊子 8	己丑 9	庚寅 10	辛卯 11		癸亥立春
三月大	癸卯	天干地支 西曆	壬辰 12	癸巳 13	甲午 14	乙未 15	丙申 16	丁酉 17	戊戌 18	己亥 19	庚子 20	辛丑 21	壬寅 22	癸卯 23	甲辰 24	乙巳 25	丙午 26	丁未 27	戊申 28	己酉 29	庚戌 30	辛亥 31	壬子 (4)	癸丑 2	甲寅 3	乙卯 4	丙辰 5	丁巳 6	戊午 7	己未 8	庚申 9	辛酉 10	己酉春分
四月大	甲辰	天干地支 西曆	壬戌 11	癸亥 12	甲子 13	乙丑 14	丙寅 15	丁卯 16	戊辰 17	己巳 18	庚午 19	辛未 20	壬申 21	癸酉 22	甲戌 23	乙亥 24	丙子 25	丁丑 26	戊寅 27	己卯 28	庚辰 29	辛巳 30	壬午 (5)	癸未 2	甲申 3	乙酉 4	丙戌 5	丁亥 6	戊子 7	己丑 8	庚寅 9	辛卯 10	
五月小	乙巳	天干地支 西曆	壬辰 11	癸巳 12	甲午 13	乙未 14	丙申 15	丁酉 16	戊戌 17	己亥 18	庚子 19	辛丑 20	壬寅 21	癸卯 22	甲辰 23	乙巳 24	丙午 25	丁未 26	戊申 27	己酉 28	庚戌 29	辛亥 30	壬子 31	癸丑 (6)	甲寅 2	乙卯 3	丙辰 4	丁巳 5	戊午 6	己未 7	庚申 8		丙申立夏
六月大	丙午	天干地支 西曆	辛酉 9	壬戌 10	癸亥 11	甲子 12	乙丑 13	丙寅 14	丁卯 15	戊辰 16	己巳 17	庚午 18	辛未 19	壬申 20	癸酉 21	甲戌 22	乙亥 23	丙子 24	丁丑 25	戊寅 26	己卯 27	庚辰 28	辛巳 29	壬午 30	癸未 (7)	甲申 2	乙酉 3	丙戌 4	丁亥 5	戊子 6	己丑 7	庚寅 8	癸未夏至
七月小	丁未	天干地支 西曆	辛卯 9	壬辰 10	癸巳 11	甲午 12	乙未 13	丙申 14	丁酉 15	戊戌 16	己亥 17	庚子 18	辛丑 19	壬寅 20	癸卯 21	甲辰 22	乙巳 23	丙午 24	丁未 25	戊申 26	己酉 27	庚戌 28	辛亥 29	壬子 30	癸丑 31	甲寅 (8)	乙卯 2	丙辰 3	丁巳 4	戊午 5	己未 6		
八月大	戊申	天干地支 西曆	庚申 7	辛酉 8	壬戌 9	癸亥 10	甲子 11	乙丑 12	丙寅 13	丁卯 14	戊辰 15	己巳 16	庚午 17	辛未 18	壬申 19	癸酉 20	甲戌 21	乙亥 22	丙子 23	丁丑 24	戊寅 25	己卯 26	庚辰 27	辛巳 28	壬午 29	癸未 30	甲申 31	乙酉 (9)	丙戌 2	丁亥 3	戊子 4	己丑 5	己巳立秋
九月小	己酉	天干地支 西曆	庚寅 6	辛卯 7	壬辰 8	癸巳 9	甲午 10	乙未 11	丙申 12	丁酉 13	戊戌 14	己亥 15	庚子 16	辛丑 17	壬寅 18	癸卯 19	甲辰 20	乙巳 21	丙午 22	丁未 23	戊申 24	己酉 25	庚戌 26	辛亥 27	壬子 28	癸丑 29	甲寅 30	乙卯 (10)	丙辰 2	丁巳 3	戊午 4		乙卯秋分
十月大	庚戌	天干地支 西曆	己未 5	庚申 6	辛酉 7	壬戌 8	癸亥 9	甲子 10	乙丑 11	丙寅 12	丁卯 13	戊辰 14	己巳 15	庚午 16	辛未 17	壬申 18	癸酉 19	甲戌 20	乙亥 21	丙子 22	丁丑 23	戊寅 24	己卯 25	庚辰 26	辛巳 27	壬午 28	癸未 29	甲申 30	乙酉 31	丙戌 (11)	丁亥 2	戊子 3	
十一月小	辛亥	天干地支 西曆	己丑 4	庚寅 5	辛卯 6	壬辰 7	癸巳 8	甲午 9	乙未 10	丙申 11	丁酉 12	戊戌 13	己亥 14	庚子 15	辛丑 16	壬寅 17	癸卯 18	甲辰 19	乙巳 20	丙午 21	丁未 22	戊申 23	己酉 24	庚戌 25	辛亥 26	壬子 27	癸丑 28	甲寅 29	乙卯 30	丙辰 (12)	丁巳 2		己亥立冬
十二月大	壬子	天干地支 西曆	戊午 3	己未 4	庚申 5	辛酉 6	壬戌 7	癸亥 8	甲子 9	乙丑 10	丙寅 11	丁卯 12	戊辰 13	己巳 14	庚午 15	辛未 16	壬申 17	癸酉 18	甲戌 19	乙亥 20	丙子 21	丁丑 22	戊寅 23	己卯 24	庚辰 25	辛巳 26	壬午 27	癸未 28	甲申 29	乙酉 30	丙戌 31	丁亥 (1)	癸未冬至

朔閏異同	曆名	正月	二月	三月	四月	五月	六月	七月	八月	九月	十月	十一	十二	閏月	曆名	正月	二月	三月	四月	五月	六月	七月	八月	九月	十月	十一	十二	閏月
	周曆 殷曆	壬戌 癸巳	壬辰 壬戌	辛酉 壬辰	辛卯 辛酉	庚申 辛卯	庚寅 庚申	庚申 庚寅	己丑 己未	己未 己丑	戊子 戊午	戊午 戊子	丁亥 丁巳		夏曆 新曆	壬戌 甲子	壬辰 癸巳	辛酉 壬戌	辛卯 壬辰	庚申 辛酉	庚寅 庚寅	己未 庚申	己丑 己丑	戊午 己未	戊子 己丑	戊午 己未	丁亥 戊子	

*《長曆》：正月癸巳，二月壬戌，三月壬辰，四月辛酉，五月辛卯，六月庚申，七月庚寅，八月己未，九月己丑，十月戊午，十一戊子，十二丁巳。

周桓王二年 魯隱公五年（癸亥 猪年） 公元前718～前717年 歲在鶉首

魯曆月序		中西曆日對照	初一	初二	初三	初四	初五	初六	初七	初八	初九	初十	十一	十二	十三	十四	十五	十六	十七	十八	十九	二十	二一	二二	二三	二四	二五	二六	二七	二八	二九	三十	節氣與天象
正月小	癸丑	天干 地支 西曆	戊子 2	己丑 3	庚寅 4	辛卯 5	壬辰 6	癸巳 7	甲午 8	乙未 9	丙申 10	丁酉 11	戊戌 12	己亥 13	庚子 14	辛丑 15	壬寅 16	癸卯 17	甲辰 18	乙巳 19	丙午 20	丁未 21	戊申 22	己酉 23	庚戌 24	辛亥 25	壬子 26	癸丑 27	甲寅 28	乙卯 29	丙辰 30		
二月大	甲寅	天干 地支 西曆	丁巳 31	戊午 (2)	己未 2	庚申 3	辛酉 4	壬戌 5	癸亥 6	甲子 7	乙丑 8	丙寅 9	丁卯 10	戊辰 11	己巳 12	庚午 13	辛未 14	壬申 15	癸酉 16	甲戌 17	乙亥 18	丙子 19	丁丑 20	戊寅 21	己卯 22	庚辰 23	辛巳 24	壬午 25	癸未 26	甲申 27	乙酉 28	丙戌 (3)	戊辰立春
三月小	乙卯	天干 地支 西曆	丁亥 2	戊子 3	己丑 4	庚寅 5	辛卯 6	壬辰 7	癸巳 8	甲午 9	乙未 10	丙申 11	丁酉 12	戊戌 13	己亥 14	庚子 15	辛丑 16	壬寅 17	癸卯 18	甲辰 19	乙巳 20	丙午 21	丁未 22	戊申 23	己酉 24	庚戌 25	辛亥 26	壬子 27	癸丑 28	甲寅 29	乙卯 30		甲寅春分
四月大	丙辰	天干 地支 西曆	丙辰 31	丁巳 (4)	戊午 2	己未 3	庚申 4	辛酉 5	壬戌 6	癸亥 7	甲子 8	乙丑 9	丙寅 10	丁卯 11	戊辰 12	己巳 13	庚午 14	辛未 15	壬申 16	癸酉 17	甲戌 18	乙亥 19	丙子 20	丁丑 21	戊寅 22	己卯 23	庚辰 24	辛巳 25	壬午 26	癸未 27	甲申 28	乙酉 29	
五月小	丁巳	天干 地支 西曆	丙戌 30	丁亥 (5)	戊子 2	己丑 3	庚寅 4	辛卯 5	壬辰 6	癸巳 7	甲午 8	乙未 9	丙申 10	丁酉 11	戊戌 12	己亥 13	庚子 14	辛丑 15	壬寅 16	癸卯 17	甲辰 18	乙巳 19	丙午 20	丁未 21	戊申 22	己酉 23	庚戌 24	辛亥 25	壬子 26	癸丑 27	甲寅 28		辛丑立夏
六月大	戊午	天干 地支 西曆	乙卯 29	丙辰 30	丁巳 31	戊午 (6)	己未 2	庚申 3	辛酉 4	壬戌 5	癸亥 6	甲子 7	乙丑 8	丙寅 9	丁卯 10	戊辰 11	己巳 12	庚午 13	辛未 14	壬申 15	癸酉 16	甲戌 17	乙亥 18	丙子 19	丁丑 20	戊寅 21	己卯 22	庚辰 23	辛巳 24	壬午 25	癸未 26	甲申 27	
七月小	己未	天干 地支 西曆	乙酉 28	丙戌 29	丁亥 30	戊子 (7)	己丑 2	庚寅 3	辛卯 4	壬辰 5	癸巳 6	甲午 7	乙未 8	丙申 9	丁酉 10	戊戌 11	己亥 12	庚子 13	辛丑 14	壬寅 15	癸卯 16	甲辰 17	乙巳 18	丙午 19	丁未 20	戊申 21	己酉 22	庚戌 23	辛亥 24	壬子 25	癸丑 26		戊子夏至
八月大	庚申	天干 地支 西曆	甲寅 27	乙卯 28	丙辰 29	丁巳 30	戊午 31	己未 (8)	庚申 2	辛酉 3	壬戌 4	癸亥 5	甲子 6	乙丑 7	丙寅 8	丁卯 9	戊辰 10	己巳 11	庚午 12	辛未 13	壬申 14	癸酉 15	甲戌 16	乙亥 17	丙子 18	丁丑 19	戊寅 20	己卯 21	庚辰 22	辛巳 23	壬午 24	癸未 25	乙亥立秋 甲寅日食
九月大	辛酉	天干 地支 西曆	甲申 26	乙酉 27	丙戌 28	丁亥 29	戊子 30	己丑 31	庚寅 (9)	辛卯 2	壬辰 3	癸巳 4	甲午 5	乙未 6	丙申 7	丁酉 8	戊戌 9	己亥 10	庚子 11	辛丑 12	壬寅 13	癸卯 14	甲辰 15	乙巳 16	丙午 17	丁未 18	戊申 19	己酉 20	庚戌 21	辛亥 22	壬子 23	癸丑 24	
十月小	壬戌	天干 地支 西曆	甲寅 25	乙卯 26	丙辰 27	丁巳 28	戊午 29	己未 30	庚申 (10)	辛酉 2	壬戌 3	癸亥 4	甲子 5	乙丑 6	丙寅 7	丁卯 8	戊辰 9	己巳 10	庚午 11	辛未 12	壬申 13	癸酉 14	甲戌 15	乙亥 16	丙子 17	丁丑 18	戊寅 19	己卯 20	庚辰 21	辛巳 22	壬午 23		庚申秋分
十一月大	癸亥	天干 地支 西曆	癸未 24	甲申 25	乙酉 26	丙戌 27	丁亥 28	戊子 29	己丑 30	庚寅 31	辛卯 (11)	壬辰 2	癸巳 3	甲午 4	乙未 5	丙申 6	丁酉 7	戊戌 8	己亥 9	庚子 10	辛丑 11	壬寅 12	癸卯 13	甲辰 14	乙巳 15	丙午 16	丁未 17	戊申 18	己酉 19	庚戌 20	辛亥 21	壬子 22	甲辰立冬
十二月小	甲子	天干 地支 西曆	癸丑 23	甲寅 24	乙卯 25	丙辰 26	丁巳 27	戊午 28	己未 29	庚申 30	辛酉 (12)	壬戌 2	癸亥 3	甲子 4	乙丑 5	丙寅 6	丁卯 7	戊辰 8	己巳 9	庚午 10	辛未 11	壬申 12	癸酉 13	甲戌 14	乙亥 15	丙子 16	丁丑 17	戊寅 18	己卯 19	庚辰 20	辛巳 21		
閏月大	甲子	天干 地支 西曆	壬午 22	癸未 23	甲申 24	乙酉 25	丙戌 26	丁亥 27	戊子 28	己丑 29	庚寅 30	辛卯 31	壬辰 (1)	癸巳 2	甲午 3	乙未 4	丙申 5	丁酉 6	戊戌 7	己亥 8	庚子 9	辛丑 10	壬寅 11	癸卯 12	甲辰 13	乙巳 14	丙午 15	丁未 16	戊申 17	己酉 18	庚戌 19	辛亥 20	戊子冬至

朔閏異同	曆名	正月	二月	三月	四月	五月	六月	七月	八月	九月	十月	十一	十二	閏月
	周曆殷曆	丁巳丁亥	丙戌丙辰	丙辰丙戌	乙酉丙辰	乙卯乙酉	甲申乙卯	---甲寅---甲申	癸未甲寅	癸丑癸未	壬午癸丑	壬子壬午	壬午壬子	辛亥辛巳
	夏曆新曆	丁巳戊午	丙戌戊子	丙辰丁巳	乙酉---丙戌	---乙卯乙卯	甲申乙酉	甲寅甲寅	癸未甲申	癸丑癸丑	壬午癸未	壬子壬子	辛巳壬午	辛亥壬子

*《長曆》：正月丁亥，二月丙辰，三月丙戌，四月丙辰，五月乙酉，六月乙卯，七月甲申，八月甲寅，九月癸未，十月癸丑，十一壬午，十二壬子，閏月辛巳。

周桓王三年 魯隱公六年（甲子 鼠年） 公元前717～前716年 歲在鶉火

魯曆月序		中西曆日照對	初一	初二	初三	初四	初五	初六	初七	初八	初九	初十	十一	十二	十三	十四	十五	十六	十七	十八	十九	二十	二一	二二	二三	二四	二五	二六	二七	二八	二九	三十	節氣與天象
正月小	乙丑	天干地支西曆	壬子21	癸丑22	甲寅23	乙卯24	丙辰25	丁巳26	戊午27	己未28	庚申29	辛酉30	壬戌31	癸亥(2)	甲子2	乙丑3	丙寅4	丁卯5	戊辰6	己巳7	庚午8	辛未9	壬申10	癸酉11	甲戌12	乙亥13	丙子14	丁丑15	戊寅16	己卯17	庚辰18		癸酉立春
二月大	丙寅	天干地支西曆	辛巳19	壬午20	癸未21	甲申22	乙酉23	丙戌24	丁亥25	戊子26	己丑27	庚寅28	辛卯29	壬辰(3)	癸巳2	甲午3	乙未4	丙申5	丁酉6	戊戌7	己亥8	庚子9	辛丑10	壬寅11	癸卯12	甲辰13	乙巳14	丙午15	丁未16	戊申17	己酉18	庚戌19	
三月小	丁卯	天干地支西曆	辛亥20	壬子21	癸丑22	甲寅23	乙卯24	丙辰25	丁巳26	戊午27	己未28	庚申29	辛酉30	壬戌31	癸亥(4)	甲子2	乙丑3	丙寅4	丁卯5	戊辰6	己巳7	庚午8	辛未9	壬申10	癸酉11	甲戌12	乙亥13	丙子14	丁丑15	戊寅16	己卯17		己未春分
四月大	戊辰	天干地支西曆	庚辰18	辛巳19	壬午20	癸未21	甲申22	乙酉23	丙戌24	丁亥25	戊子26	己丑27	庚寅28	辛卯29	壬辰30	癸巳(5)	甲午2	乙未3	丙申4	丁酉5	戊戌6	己亥7	庚子8	辛丑9	壬寅10	癸卯11	甲辰12	乙巳13	丙午14	丁未15	戊申16	己酉17	丙午立夏
五月小	己巳	天干地支西曆	庚戌18	辛亥19	壬子20	癸丑21	甲寅22	乙卯23	丙辰24	丁巳25	戊午26	己未27	庚申28	辛酉29	壬戌30	癸亥31	甲子(6)	乙丑2	丙寅3	丁卯4	戊辰5	己巳6	庚午7	辛未8	壬申9	癸酉10	甲戌11	乙亥12	丙子13	丁丑14	戊寅15		
六月大	庚午	天干地支西曆	己卯16	庚辰17	辛巳18	壬午19	癸未20	甲申21	乙酉22	丙戌23	丁亥24	戊子25	己丑26	庚寅27	辛卯28	壬辰29	癸巳30	甲午(7)	乙未2	丙申3	丁酉4	戊戌5	己亥6	庚子7	辛丑8	壬寅9	癸卯10	甲辰11	乙巳12	丙午13	丁未14	戊申15	癸巳夏至
七月小	辛未	天干地支西曆	己酉16	庚戌17	辛亥18	壬子19	癸丑20	甲寅21	乙卯22	丙辰23	丁巳24	戊午25	己未26	庚申27	辛酉28	壬戌29	癸亥30	甲子31	乙丑(8)	丙寅2	丁卯3	戊辰4	己巳5	庚午6	辛未7	壬申8	癸酉9	甲戌10	乙亥11	丙子12	丁丑13		
八月大	壬申	天干地支西曆	戊寅14	己卯15	庚辰16	辛巳17	壬午18	癸未19	甲申20	乙酉21	丙戌22	丁亥23	戊子24	己丑25	庚寅26	辛卯27	壬辰28	癸巳29	甲午30	乙未31	丙申(9)	丁酉2	戊戌3	己亥4	庚子5	辛丑6	壬寅7	癸卯8	甲辰9	乙巳10	丙午11	丁未12	庚辰立秋
九月小	癸酉	天干地支西曆	戊申13	己酉14	庚戌15	辛亥16	壬子17	癸丑18	甲寅19	乙卯20	丙辰21	丁巳22	戊午23	己未24	庚申25	辛酉26	壬戌27	癸亥28	甲子29	乙丑30	丙寅(10)	丁卯2	戊辰3	己巳4	庚午5	辛未6	壬申7	癸酉8	甲戌9	乙亥10	丙子11		乙丑秋分
十月大	甲戌	天干地支西曆	丁丑12	戊寅13	己卯14	庚辰15	辛巳16	壬午17	癸未18	甲申19	乙酉20	丙戌21	丁亥22	戊子23	己丑24	庚寅25	辛卯26	壬辰27	癸巳28	甲午29	乙未30	丙申31	丁酉(11)	戊戌2	己亥3	庚子4	辛丑5	壬寅6	癸卯7	甲辰8	乙巳9	丙午10	
十一月大	乙亥	天干地支西曆	丁未11	戊申12	己酉13	庚戌14	辛亥15	壬子16	癸丑17	甲寅18	乙卯19	丙辰20	丁巳21	戊午22	己未23	庚申24	辛酉25	壬戌26	癸亥27	甲子28	乙丑29	丙寅30	丁卯(12)	戊辰2	己巳3	庚午4	辛未5	壬申6	癸酉7	甲戌8	乙亥9	丙子10	己酉立冬
十二月小	丙子	天干地支西曆	丁丑11	戊寅12	己卯13	庚辰14	辛巳15	壬午16	癸未17	甲申18	乙酉19	丙戌20	丁亥21	戊子22	己丑23	庚寅24	辛卯25	壬辰26	癸巳27	甲午28	乙未29	丙申30	丁酉31	戊戌(1)	己亥2	庚子3	辛丑4	壬寅5	癸卯6	甲辰7	乙巳8		甲午冬至

朔閏異同	曆名	正月	二月	三月	四月	五月	六月	七月	八月	九月	十月	十一	十二	閏月	曆名	正月	二月	三月	四月	五月	六月	七月	八月	九月	十月	十一	十二	閏月
	周曆殷曆	辛巳辛亥	庚戌庚辰	庚辰庚戌	己酉己卯	己卯己酉	戊申己卯	戊寅戊申	丁未戊寅	丁丑丁未	丙午丁丑	丙子丙午	乙巳丙子		夏曆新曆	庚辰壬午	庚戌辛亥	庚辰辛巳	己酉庚戌	己卯庚辰	戊申己酉	戊寅戊寅	丁未戊申	丁丑丁丑	丙午丁未	丙子丙子	乙巳丙午	

*《長曆》：正月辛亥，二月庚辰，三月庚戌，四月己卯，五月己酉，六月己卯，七月戊申，八月戊寅，九月丁未，十月丁丑，十一丙午，十二丙子。

周桓王四年 魯隱公七年（乙丑 牛年） 公元前716～前715年 歲在鶉尾

魯曆月序		西日照中曆對	初一	初二	初三	初四	初五	初六	初七	初八	初九	初十	十一	十二	十三	十四	十五	十六	十七	十八	十九	二十	二一	二二	二三	二四	二五	二六	二七	二八	二九	三十	節氣與天象
正月大	丁丑	干支 天地 西曆	丙午 9	丁未 10	戊申 11	己酉 12	庚戌 13	辛亥 14	壬子 15	癸丑 16	甲寅 17	乙卯 18	丙辰 19	丁巳 20	戊午 21	己未 22	庚申 23	辛酉 24	壬戌 25	癸亥 26	甲子 27	乙丑 28	丙寅 29	丁卯 30	戊辰 31	己巳 (2)	庚午 2	辛未 3	壬申 4	癸酉 5	甲戌 6	乙亥 7	
二月小	戊寅	干支 天地 西曆	丙子 8	丁丑 9	戊寅 10	己卯 11	庚辰 12	辛巳 13	壬午 14	癸未 15	甲申 16	乙酉 17	丙戌 18	丁亥 19	戊子 20	己丑 21	庚寅 22	辛卯 23	壬辰 24	癸巳 25	甲午 26	乙未 27	丙申 28	丁酉 (3)	戊戌 2	己亥 3	庚子 4	辛丑 5	壬寅 6	癸卯 7	甲辰 8		戊寅立春
三月大	己卯	干支 天地 西曆	乙巳 9	丙午 10	丁未 11	戊申 12	己酉 13	庚戌 14	辛亥 15	壬子 16	癸丑 17	甲寅 18	乙卯 19	丙辰 20	丁巳 21	戊午 22	己未 23	庚申 24	辛酉 25	壬戌 26	癸亥 27	甲子 28	乙丑 29	丙寅 30	丁卯 31	戊辰 (4)	己巳 2	庚午 3	辛未 4	壬申 5	癸酉 6	甲戌 7	甲子春分
四月小	庚辰	干支 天地 西曆	乙亥 8	丙子 9	丁丑 10	戊寅 11	己卯 12	庚辰 13	辛巳 14	壬午 15	癸未 16	甲申 17	乙酉 18	丙戌 19	丁亥 20	戊子 21	己丑 22	庚寅 23	辛卯 24	壬辰 25	癸巳 26	甲午 27	乙未 28	丙申 29	丁酉 30	戊戌 (5)	己亥 2	庚子 3	辛丑 4	壬寅 5	癸卯 6		
五月大	辛巳	干支 天地 西曆	甲辰 7	乙巳 8	丙午 9	丁未 10	戊申 11	己酉 12	庚戌 13	辛亥 14	壬子 15	癸丑 16	甲寅 17	乙卯 18	丙辰 19	丁巳 20	戊午 21	己未 22	庚申 23	辛酉 24	壬戌 25	癸亥 26	甲子 27	乙丑 28	丙寅 29	丁卯 30	戊辰 31	己巳 (6)	庚午 2	辛未 3	壬申 4	癸酉 5	辛亥立夏
六月小	壬午	干支 天地 西曆	甲戌 6	乙亥 7	丙子 8	丁丑 9	戊寅 10	己卯 11	庚辰 12	辛巳 13	壬午 14	癸未 15	甲申 16	乙酉 17	丙戌 18	丁亥 19	戊子 20	己丑 21	庚寅 22	辛卯 23	壬辰 24	癸巳 25	甲午 26	乙未 27	丙申 28	丁酉 29	戊戌 30	己亥 (7)	庚子 2	辛丑 3	壬寅 4		戊戌夏至 甲戌日食
七月大	癸未	干支 天地 西曆	癸卯 5	甲辰 6	乙巳 7	丙午 8	丁未 9	戊申 10	己酉 11	庚戌 12	辛亥 13	壬子 14	癸丑 15	甲寅 16	乙卯 17	丙辰 18	丁巳 19	戊午 20	己未 21	庚申 22	辛酉 23	壬戌 24	癸亥 25	甲子 26	乙丑 27	丙寅 28	丁卯 29	戊辰 30	己巳 31	庚午 (8)	辛未 2	壬申 3	
八月小	甲申	干支 天地 西曆	癸酉 4	甲戌 5	乙亥 6	丙子 7	丁丑 8	戊寅 9	己卯 10	庚辰 11	辛巳 12	壬午 13	癸未 14	甲申 15	乙酉 16	丙戌 17	丁亥 18	戊子 19	己丑 20	庚寅 21	辛卯 22	壬辰 23	癸巳 24	甲午 25	乙未 26	丙申 27	丁酉 28	戊戌 29	己亥 30	庚子 31	辛丑 (9)		乙酉立秋
九月大	乙酉	干支 天地 西曆	壬寅 2	癸卯 3	甲辰 4	乙巳 5	丙午 6	丁未 7	戊申 8	己酉 9	庚戌 10	辛亥 11	壬子 12	癸丑 13	甲寅 14	乙卯 15	丙辰 16	丁巳 17	戊午 18	己未 19	庚申 20	辛酉 21	壬戌 22	癸亥 23	甲子 24	乙丑 25	丙寅 26	丁卯 27	戊辰 28	己巳 29	庚午 30	辛未 (10)	庚午秋分
十月小	丙戌	干支 天地 西曆	壬申 2	癸酉 3	甲戌 4	乙亥 5	丙子 6	丁丑 7	戊寅 8	己卯 9	庚辰 10	辛巳 11	壬午 12	癸未 13	甲申 14	乙酉 15	丙戌 16	丁亥 17	戊子 18	己丑 19	庚寅 20	辛卯 21	壬辰 22	癸巳 23	甲午 24	乙未 25	丙申 26	丁酉 27	戊戌 28	己亥 29	庚子 30		
十一月大	丁亥	干支 天地 西曆	辛丑 31	壬寅 (11)	癸卯 2	甲辰 3	乙巳 4	丙午 5	丁未 6	戊申 7	己酉 8	庚戌 9	辛亥 10	壬子 11	癸丑 12	甲寅 13	乙卯 14	丙辰 15	丁巳 16	戊午 17	己未 18	庚申 19	辛酉 20	壬戌 21	癸亥 22	甲子 23	乙丑 24	丙寅 25	丁卯 26	戊辰 27	己巳 28	庚午 29	乙卯立冬
十二月小	戊子	干支 天地 西曆	辛未 30	壬申 (12)	癸酉 2	甲戌 3	乙亥 4	丙子 5	丁丑 6	戊寅 7	己卯 8	庚辰 9	辛巳 10	壬午 11	癸未 12	甲申 13	乙酉 14	丙戌 15	丁亥 16	戊子 17	己丑 18	庚寅 19	辛卯 20	壬辰 21	癸巳 22	甲午 23	乙未 24	丙申 25	丁酉 26	戊戌 27	己亥 28		己亥冬至
閏月大	戊子	干支 天地 西曆	庚子 29	辛丑 30	壬寅 31	癸卯 (1)	甲辰 2	乙巳 3	丙午 4	丁未 5	戊申 6	己酉 7	庚戌 8	辛亥 9	壬子 10	癸丑 11	甲寅 12	乙卯 13	丙辰 14	丁巳 15	戊午 16	己未 17	庚申 18	辛酉 19	壬戌 20	癸亥 21	甲子 22	乙丑 23	丙寅 24	丁卯 25	戊辰 26	己巳 27	

朔閏異同	曆名	正月	二月	三月	四月	五月	六月	七月	八月	九月	十月	十一	十二	閏月
	周曆殷曆	乙亥乙巳	甲辰乙亥	甲戌甲辰	甲辰甲戌	癸酉癸卯	癸卯癸酉	壬申壬寅	壬寅壬申	辛未辛丑	辛丑辛未	庚午辛丑	庚子庚午	
	夏曆新曆	乙亥丙子	甲辰丙午	甲戌乙亥	癸卯乙巳	癸酉甲戌	癸卯甲辰	壬申癸酉	壬寅壬寅	辛未壬申	辛丑---辛丑	庚午辛未	庚子庚子	---己巳庚午

*《長曆》：正月乙巳，二月乙亥，三月甲辰，四月甲戌，五月癸卯，六月癸酉，七月壬寅，八月壬申，九月辛丑，十月辛未，十一辛丑，十二庚午，閏月庚子。

周桓王五年 魯隱公八年（丙寅 虎年） 公元前715～前714年 歲在壽星

魯曆月序		中西曆日對照	初一	初二	初三	初四	初五	初六	初七	初八	初九	初十	十一	十二	十三	十四	十五	十六	十七	十八	十九	二十	二一	二二	二三	二四	二五	二六	二七	二八	二九	三十	節氣與天象
正月小	己丑	天干地支西曆	庚午28	辛未29	壬申30	癸酉31	甲戌(2)	乙亥2	丙子3	丁丑4	戊寅5	己卯6	庚辰7	辛巳8	壬午9	癸未10	甲申11	乙酉12	丙戌13	丁亥14	戊子15	己丑16	庚寅17	辛卯18	壬辰19	癸巳20	甲午21	乙未22	丙申23	丁酉24	戊戌25		甲申立春
二月大	庚寅	天干地支西曆	己亥26	庚子27	辛丑28	壬寅(3)	癸卯2	甲辰3	乙巳4	丙午5	丁未6	戊申7	己酉8	庚戌9	辛亥10	壬子11	癸丑12	甲寅13	乙卯14	丙辰15	丁巳16	戊午17	己未18	庚申19	辛酉20	壬戌21	癸亥22	甲子23	乙丑24	丙寅25	丁卯26	戊辰27	
三月大	辛卯	天干地支西曆	己巳28	庚午29	辛未30	壬申31	癸酉(4)	甲戌2	乙亥3	丙子4	丁丑5	戊寅6	己卯7	庚辰8	辛巳9	壬午10	癸未11	甲申12	乙酉13	丙戌14	丁亥15	戊子16	己丑17	庚寅18	辛卯19	壬辰20	癸巳21	甲午22	乙未23	丙申24	丁酉25	戊戌26	庚午春分
四月小	壬辰	天干地支西曆	己亥27	庚子28	辛丑29	壬寅30	癸卯(5)	甲辰2	乙巳3	丙午4	丁未5	戊申6	己酉7	庚戌8	辛亥9	壬子10	癸丑11	甲寅12	乙卯13	丙辰14	丁巳15	戊午16	己未17	庚申18	辛酉19	壬戌20	癸亥21	甲子22	乙丑23	丙寅24	丁卯25		丁巳立夏
五月大	癸巳	天干地支西曆	戊辰26	己巳27	庚午28	辛未29	壬申30	癸酉31	甲戌(6)	乙亥2	丙子3	丁丑4	戊寅5	己卯6	庚辰7	辛巳8	壬午9	癸未10	甲申11	乙酉12	丙戌13	丁亥14	戊子15	己丑16	庚寅17	辛卯18	壬辰19	癸巳20	甲午21	乙未22	丙申23	丁酉24	
六月小	甲午	天干地支西曆	戊戌25	己亥26	庚子27	辛丑28	壬寅29	癸卯30	甲辰(7)	乙巳2	丙午3	丁未4	戊申5	己酉6	庚戌7	辛亥8	壬子9	癸丑10	甲寅11	乙卯12	丙辰13	丁巳14	戊午15	己未16	庚申17	辛酉18	壬戌19	癸亥20	甲子21	乙丑22	丙寅23		甲辰夏至
七月大	乙未	天干地支西曆	丁卯24	戊辰25	己巳26	庚午27	辛未28	壬申29	癸酉30	甲戌31	乙亥(8)	丙子2	丁丑3	戊寅4	己卯5	庚辰6	辛巳7	壬午8	癸未9	甲申10	乙酉11	丙戌12	丁亥13	戊子14	己丑15	庚寅16	辛卯17	壬辰18	癸巳19	甲午20	乙未21	丙申22	庚寅立秋
八月小	丙申	天干地支西曆	丁酉23	戊戌24	己亥25	庚子26	辛丑27	壬寅28	癸卯29	甲辰30	乙巳31	丙午(9)	丁未2	戊申3	己酉4	庚戌5	辛亥6	壬子7	癸丑8	甲寅9	乙卯10	丙辰11	丁巳12	戊午13	己未14	庚申15	辛酉16	壬戌17	癸亥18	甲子19	乙丑20		
九月大	丁酉	天干地支西曆	丙寅21	丁卯22	戊辰23	己巳24	庚午25	辛未26	壬申27	癸酉28	甲戌29	乙亥30	丙子(10)	丁丑2	戊寅3	己卯4	庚辰5	辛巳6	壬午7	癸未8	甲申9	乙酉10	丙戌11	丁亥12	戊子13	己丑14	庚寅15	辛卯16	壬辰17	癸巳18	甲午19	乙未20	丙子秋分
十月小	戊戌	天干地支西曆	丙申21	丁酉22	戊戌23	己亥24	庚子25	辛丑26	壬寅27	癸卯28	甲辰29	乙巳30	丙午31	丁未(11)	戊申2	己酉3	庚戌4	辛亥5	壬子6	癸丑7	甲寅8	乙卯9	丙辰10	丁巳11	戊午12	己未13	庚申14	辛酉15	壬戌16	癸亥17	甲子18		庚申立冬
十一月大	己亥	天干地支西曆	乙丑19	丙寅20	丁卯21	戊辰22	己巳23	庚午24	辛未25	壬申26	癸酉27	甲戌28	乙亥29	丙子30	丁丑(12)	戊寅2	己卯3	庚辰4	辛巳5	壬午6	癸未7	甲申8	乙酉9	丙戌10	丁亥11	戊子12	己丑13	庚寅14	辛卯15	壬辰16	癸巳17	甲午18	
十二月小	庚子	天干地支西曆	乙未19	丙申20	丁酉21	戊戌22	己亥23	庚子24	辛丑25	壬寅26	癸卯27	甲辰28	乙巳29	丙午30	丁未31	戊申(1)	己酉2	庚戌3	辛亥4	壬子5	癸丑6	甲寅7	乙卯8	丙辰9	丁巳10	戊午11	己未12	庚申13	辛酉14	壬戌15	癸亥16		甲辰冬至

朔閏異同	曆名	正月	二月	三月	四月	五月	六月	七月	八月	九月	十月	十一	十二	閏月	曆名	正月	二月	三月	四月	五月	六月	七月	八月	九月	十月	十一	十二	閏月
	周曆殷曆	己巳庚子	己亥己巳	戊辰---己亥	---戊戌戊辰	丁卯戊戌	丁酉丁卯	丁卯丁酉	丙申丙寅	丙寅丙申	乙未乙丑	乙丑乙未	甲午甲子	甲子甲午	夏曆新曆	己亥庚子	戊辰己巳	戊戌己亥	丁卯己巳	丁酉戊戌	丙寅丁卯	丙申丁酉	乙丑丙寅	乙未丙申	乙丑乙丑	甲午乙未	甲子甲子	

*《長曆》：正月己巳，二月己亥，三月戊辰，四月戊戌，五月丁卯，六月丁酉，七月丙寅，八月丙申，九月乙丑，十月乙未，十一甲子，十二甲午。

周桓王六年 魯隱公九年（丁卯 兔年）公元前714～前713年 歲在大火

魯曆月序		中西曆日對照	初一	初二	初三	初四	初五	初六	初七	初八	初九	初十	十一	十二	十三	十四	十五	十六	十七	十八	十九	二十	二一	二二	二三	二四	二五	二六	二七	二八	二九	三十	節氣與天象
正月大	辛丑	干支 天地 西曆	甲子17	乙丑18	丙寅19	丁卯20	戊辰21	己巳22	庚午23	辛未24	壬申25	癸酉26	甲戌27	乙亥28	丙子29	丁丑30	戊寅31	己卯(2)	庚辰2	辛巳3	壬午4	癸未5	甲申6	乙酉7	丙戌8	丁亥9	戊子10	己丑11	庚寅12	辛卯13	壬辰14	癸巳15	己丑立春
二月小	壬寅	干支 天地 西曆	甲午16	乙未17	丙申18	丁酉19	戊戌20	己亥21	庚子22	辛丑23	壬寅24	癸卯25	甲辰26	乙巳27	丙午28	丁未(3)	戊申2	己酉3	庚戌4	辛亥5	壬子6	癸丑7	甲寅8	乙卯9	丙辰10	丁巳11	戊午12	己未13	庚申14	辛酉15	壬戌16		
三月大	癸卯	干支 天地 西曆	癸亥17	甲子18	乙丑19	丙寅20	丁卯21	戊辰22	己巳23	庚午24	辛未25	壬申26	癸酉27	甲戌28	乙亥29	丙子30	丁丑31	戊寅(4)	己卯2	庚辰3	辛巳4	壬午5	癸未6	甲申7	乙酉8	丙戌9	丁亥10	戊子11	己丑12	庚寅13	辛卯14	壬辰15	乙亥春分
四月小	甲辰	干支 天地 西曆	癸巳16	甲午17	乙未18	丙申19	丁酉20	戊戌21	己亥22	庚子23	辛丑24	壬寅25	癸卯26	甲辰27	乙巳28	丙午29	丁未30	戊申(5)	己酉2	庚戌3	辛亥4	壬子5	癸丑6	甲寅7	乙卯8	丙辰9	丁巳10	戊午11	己未12	庚申13	辛酉14		
五月大	乙巳	干支 天地 西曆	壬戌15	癸亥16	甲子17	乙丑18	丙寅19	丁卯20	戊辰21	己巳22	庚午23	辛未24	壬申25	癸酉26	甲戌27	乙亥28	丙子29	丁丑30	戊寅31	己卯(6)	庚辰2	辛巳3	壬午4	癸未5	甲申6	乙酉7	丙戌8	丁亥9	戊子10	己丑11	庚寅12	辛卯13	壬戌立夏
六月小	丙午	干支 天地 西曆	壬辰14	癸巳15	甲午16	乙未17	丙申18	丁酉19	戊戌20	己亥21	庚子22	辛丑23	壬寅24	癸卯25	甲辰26	乙巳27	丙午28	丁未29	戊申30	己酉(7)	庚戌2	辛亥3	壬子4	癸丑5	甲寅6	乙卯7	丙辰8	丁巳9	戊午10	己未11	庚申12		己酉夏至
七月大	丁未	干支 天地 西曆	辛酉13	壬戌14	癸亥15	甲子16	乙丑17	丙寅18	丁卯19	戊辰20	己巳21	庚午22	辛未23	壬申24	癸酉25	甲戌26	乙亥27	丙子28	丁丑29	戊寅30	己卯31	庚辰(8)	辛巳2	壬午3	癸未4	甲申5	乙酉6	丙戌7	丁亥8	戊子9	己丑10	庚寅11	
八月大	戊申	干支 天地 西曆	辛卯12	壬辰13	癸巳14	甲午15	乙未16	丙申17	丁酉18	戊戌19	己亥20	庚子21	辛丑22	壬寅23	癸卯24	甲辰25	乙巳26	丙午27	丁未28	戊申29	己酉30	庚戌31	辛亥(9)	壬子2	癸丑3	甲寅4	乙卯5	丙辰6	丁巳7	戊午8	己未9	庚申10	丙申立秋
九月小	己酉	干支 天地 西曆	辛酉11	壬戌12	癸亥13	甲子14	乙丑15	丙寅16	丁卯17	戊辰18	己巳19	庚午20	辛未21	壬申22	癸酉23	甲戌24	乙亥25	丙子26	丁丑27	戊寅28	己卯29	庚辰30	辛巳(10)	壬午2	癸未3	甲申4	乙酉5	丙戌6	丁亥7	戊子8	己丑9		辛巳秋分
十月大	庚戌	干支 天地 西曆	庚寅10	辛卯11	壬辰12	癸巳13	甲午14	乙未15	丙申16	丁酉17	戊戌18	己亥19	庚子20	辛丑21	壬寅22	癸卯23	甲辰24	乙巳25	丙午26	丁未27	戊申28	己酉29	庚戌30	辛亥31	壬子(11)	癸丑2	甲寅3	乙卯4	丙辰5	丁巳6	戊午7	己未8	
十一月小	辛亥	干支 天地 西曆	庚申9	辛酉10	壬戌11	癸亥12	甲子13	乙丑14	丙寅15	丁卯16	戊辰17	己巳18	庚午19	辛未20	壬申21	癸酉22	甲戌23	乙亥24	丙子25	丁丑26	戊寅27	己卯28	庚辰29	辛巳30	壬午(12)	癸未2	甲申3	乙酉4	丙戌5	丁亥6	戊子7		乙丑立冬
十二月大	壬子	干支 天地 西曆	己丑8	庚寅9	辛卯10	壬辰11	癸巳12	甲午13	乙未14	丙申15	丁酉16	戊戌17	己亥18	庚子19	辛丑20	壬寅21	癸卯22	甲辰23	乙巳24	丙午25	丁未26	戊申27	己酉28	庚戌29	辛亥30	壬子31	癸丑(1)	甲寅2	乙卯3	丙辰4	丁巳5	戊午6	己酉冬至

朔閏異同	曆名	正月	二月	三月	四月	五月	六月	七月	八月	九月	十月	十一	十二	閏月
	周曆殷曆	癸巳甲子	癸亥癸巳	壬辰癸亥	壬戌壬辰	辛卯壬戌	辛酉辛卯	庚寅辛酉	庚申庚寅	己丑庚申	己未己丑	己丑己未	戊午戊子	
	夏曆新曆	癸巳甲午	癸亥癸亥	壬辰癸巳	壬戌癸亥	辛卯壬辰	辛酉壬戌	庚寅辛卯	庚申辛酉	己丑庚寅	己未庚申	戊子己丑	戊午己未	

*《長曆》：正月甲子，二月癸巳，三月癸亥，四月壬辰，五月壬戌，六月辛卯，七月辛酉，八月庚寅，九月庚申，十月己丑，閏月己未，十一戊子，十二戊午。

周桓王七年 魯隱公十年（戊辰 龍年） 公元前713 ～ 前712年 歲在析木

魯曆月序		西日中曆對照	初一	初二	初三	初四	初五	初六	初七	初八	初九	初十	十一	十二	十三	十四	十五	十六	十七	十八	十九	二十	二一	二二	二三	二四	二五	二六	二七	二八	二九	三十	節氣與天象
正月小	癸丑	天干地支西曆	己未 7	庚申 8	辛酉 9	壬戌 10	癸亥 11	甲子 12	乙丑 13	丙寅 14	丁卯 15	戊辰 16	己巳 17	庚午 18	辛未 19	壬申 20	癸酉 21	甲戌 22	乙亥 23	丙子 24	丁丑 25	戊寅 26	己卯 27	庚辰 28	辛巳 29	壬午 30	癸未 31	甲申 (2)	乙酉 2	丙戌 3	丁亥 4		
二月大	甲寅	天干地支西曆	戊子 5	己丑 6	庚寅 7	辛卯 8	壬辰 9	癸巳 10	甲午 11	乙未 12	丙申 13	丁酉 14	戊戌 15	己亥 16	庚子 17	辛丑 18	壬寅 19	癸卯 20	甲辰 21	乙巳 22	丙午 23	丁未 24	戊申 25	己酉 26	庚戌 27	辛亥 28	壬子 29	癸丑 (3)	甲寅 2	乙卯 3	丙辰 4	丁巳 5	甲午立春
三月小	乙卯	天干地支西曆	戊午 6	己未 7	庚申 8	辛酉 9	壬戌 10	癸亥 11	甲子 12	乙丑 13	丙寅 14	丁卯 15	戊辰 16	己巳 17	庚午 18	辛未 19	壬申 20	癸酉 21	甲戌 22	乙亥 23	丙子 24	丁丑 25	戊寅 26	己卯 27	庚辰 28	辛巳 29	壬午 30	癸未 31	甲申 (4)	乙酉 2	丙戌 3		庚辰春分
四月大	丙辰	天干地支西曆	丁亥 4	戊子 5	己丑 6	庚寅 7	辛卯 8	壬辰 9	癸巳 10	甲午 11	乙未 12	丙申 13	丁酉 14	戊戌 15	己亥 16	庚子 17	辛丑 18	壬寅 19	癸卯 20	甲辰 21	乙巳 22	丙午 23	丁未 24	戊申 25	己酉 26	庚戌 27	辛亥 28	壬子 29	癸丑 30	甲寅 (5)	乙卯 2	丙辰 3	
五月小	丁巳	天干地支西曆	丁巳 4	戊午 5	己未 6	庚申 7	辛酉 8	壬戌 9	癸亥 10	甲子 11	乙丑 12	丙寅 13	丁卯 14	戊辰 15	己巳 16	庚午 17	辛未 18	壬申 19	癸酉 20	甲戌 21	乙亥 22	丙子 23	丁丑 24	戊寅 25	己卯 26	庚辰 27	辛巳 28	壬午 29	癸未 30	甲申 31	乙酉 (6)		丁卯立夏
六月大	戊午	天干地支西曆	丙戌 2	丁亥 3	戊子 4	己丑 5	庚寅 6	辛卯 7	壬辰 8	癸巳 9	甲午 10	乙未 11	丙申 12	丁酉 13	戊戌 14	己亥 15	庚子 16	辛丑 17	壬寅 18	癸卯 19	甲辰 20	乙巳 21	丙午 22	丁未 23	戊申 24	己酉 25	庚戌 26	辛亥 27	壬子 28	癸丑 29	甲寅 30	乙卯 (7)	甲寅夏至
七月小	己未	天干地支西曆	丙辰 2	丁巳 3	戊午 4	己未 5	庚申 6	辛酉 7	壬戌 8	癸亥 9	甲子 10	乙丑 11	丙寅 12	丁卯 13	戊辰 14	己巳 15	庚午 16	辛未 17	壬申 18	癸酉 19	甲戌 20	乙亥 21	丙子 22	丁丑 23	戊寅 24	己卯 25	庚辰 26	辛巳 27	壬午 28	癸未 29	甲申 30		
八月大	庚申	天干地支西曆	乙酉 31	丙戌 (8)	丁亥 2	戊子 3	己丑 4	庚寅 5	辛卯 6	壬辰 7	癸巳 8	甲午 9	乙未 10	丙申 11	丁酉 12	戊戌 13	己亥 14	庚子 15	辛丑 16	壬寅 17	癸卯 18	甲辰 19	乙巳 20	丙午 21	丁未 22	戊申 23	己酉 24	庚戌 25	辛亥 26	壬子 27	癸丑 28	甲寅 29	辛丑立秋
九月小	辛酉	天干地支西曆	乙卯 30	丙辰 31	丁巳 (9)	戊午 2	己未 3	庚申 4	辛酉 5	壬戌 6	癸亥 7	甲子 8	乙丑 9	丙寅 10	丁卯 11	戊辰 12	己巳 13	庚午 14	辛未 15	壬申 16	癸酉 17	甲戌 18	乙亥 19	丙子 20	丁丑 21	戊寅 22	己卯 23	庚辰 24	辛巳 25	壬午 26	癸未 27		
十月大	壬戌	天干地支西曆	甲申 28	乙酉 29	丙戌 30	丁亥 (10)	戊子 2	己丑 3	庚寅 4	辛卯 5	壬辰 6	癸巳 7	甲午 8	乙未 9	丙申 10	丁酉 11	戊戌 12	己亥 13	庚子 14	辛丑 15	壬寅 16	癸卯 17	甲辰 18	乙巳 19	丙午 20	丁未 21	戊申 22	己酉 23	庚戌 24	辛亥 25	壬子 26	癸丑 27	丙戌秋分
十一月小	癸亥	天干地支西曆	甲寅 28	乙卯 29	丙辰 30	丁巳 31	戊午 (11)	己未 2	庚申 3	辛酉 4	壬戌 5	癸亥 6	甲子 7	乙丑 8	丙寅 9	丁卯 10	戊辰 11	己巳 12	庚午 13	辛未 14	壬申 15	癸酉 16	甲戌 17	乙亥 18	丙子 19	丁丑 20	戊寅 21	己卯 22	庚辰 23	辛巳 24	壬午 25		庚午立冬
十二月大	甲子	天干地支西曆	癸未 26	甲申 27	乙酉 28	丙戌 29	丁亥 30	戊子 (12)	己丑 2	庚寅 3	辛卯 4	壬辰 5	癸巳 6	甲午 7	乙未 8	丙申 9	丁酉 10	戊戌 11	己亥 12	庚子 13	辛丑 14	壬寅 15	癸卯 16	甲辰 17	乙巳 18	丙午 19	丁未 20	戊申 21	己酉 22	庚戌 23	辛亥 24	壬子 25	
閏月大	甲子	天干地支西曆	癸丑 26	甲寅 27	乙卯 28	丙辰 29	丁巳 30	戊午 31	己未 (1)	庚申 2	辛酉 3	壬戌 4	癸亥 5	甲子 6	乙丑 7	丙寅 8	丁卯 9	戊辰 10	己巳 11	庚午 12	辛未 13	壬申 14	癸酉 15	甲戌 16	乙亥 17	丙子 18	丁丑 19	戊寅 20	己卯 21	庚辰 22	辛巳 23	壬午 24	乙卯冬至

朔閏異同	曆名	正月	二月	三月	四月	五月	六月	七月	八月	九月	十月	十一	十二	閏月
	周曆殷曆	戊子戊午	丁巳丁亥	丁亥丁巳	丙辰丙戌	丙戌丙辰	乙卯丙戌	乙酉乙卯	甲寅乙酉	甲申甲寅	癸丑甲申	癸未癸丑	壬子---癸未	---壬午壬子
	夏曆新曆	丁亥戊子	丁巳戊午	丁亥丁亥	丙辰丁巳	丙戌丙戌	乙卯丙辰	乙酉丙戌	甲寅---乙卯	---甲申乙酉	癸丑甲寅	癸未甲申	壬子癸丑	壬午癸未

*《長曆》：正月丁亥，二月丁巳，三月丙戌，四月丙辰，五月丙戌，六月乙卯，七月乙酉，八月甲寅，九月甲申，十月癸丑，十一癸未，十二壬子。

周桓王八年 魯隱公十一年（己巳 蛇年） 公元前 712 ~ 前 711 年 歲在星紀

魯曆月序		中西曆對照	初一	初二	初三	初四	初五	初六	初七	初八	初九	初十	十一	十二	十三	十四	十五	十六	十七	十八	十九	二十	二一	二二	二三	二四	二五	二六	二七	二八	二九	三十	節氣與天象
正月小	乙丑	干支曆 天地西	癸未25	甲申26	乙酉27	丙戌28	丁亥29	戊子30	己丑31	庚寅(2)	辛卯2	壬辰3	癸巳4	甲午5	乙未6	丙申7	丁酉8	戊戌9	己亥10	庚子11	辛丑12	壬寅13	癸卯14	甲辰15	乙巳16	丙午17	丁未18	戊申19	己酉20	庚戌21	辛亥22		己亥立春
二月大	丙寅	干支曆 天地西	壬子23	癸丑24	甲寅25	乙卯26	丙辰27	丁巳28	戊午(3)	己未2	庚申3	辛酉4	壬戌5	癸亥6	甲子7	乙丑8	丙寅9	丁卯10	戊辰11	己巳12	庚午13	辛未14	壬申15	癸酉16	甲戌17	乙亥18	丙子19	丁丑20	戊寅21	己卯22	庚辰23	辛巳24	
三月小	丁卯	干支曆 天地西	壬午25	癸未26	甲申27	乙酉28	丙戌29	丁亥30	戊子31	己丑(4)	庚寅2	辛卯3	壬辰4	癸巳5	甲午6	乙未7	丙申8	丁酉9	戊戌10	己亥11	庚子12	辛丑13	壬寅14	癸卯15	甲辰16	乙巳17	丙午18	丁未19	戊申20	己酉21	庚戌22		乙酉春分
四月大	戊辰	干支曆 天地西	辛亥23	壬子24	癸丑25	甲寅26	乙卯27	丙辰28	丁巳29	戊午30	己未(5)	庚申2	辛酉3	壬戌4	癸亥5	甲子6	乙丑7	丙寅8	丁卯9	戊辰10	己巳11	庚午12	辛未13	壬申14	癸酉15	甲戌16	乙亥17	丙子18	丁丑19	戊寅20	己卯21	庚辰22	壬申立夏
五月小	己巳	干支曆 天地西	辛巳23	壬午24	癸未25	甲申26	乙酉27	丙戌28	丁亥29	戊子30	己丑31	庚寅(6)	辛卯2	壬辰3	癸巳4	甲午5	乙未6	丙申7	丁酉8	戊戌9	己亥10	庚子11	辛丑12	壬寅13	癸卯14	甲辰15	乙巳16	丙午17	丁未18	戊申19	己酉20		
六月大	庚午	干支曆 天地西	庚戌21	辛亥22	壬子23	癸丑24	甲寅25	乙卯26	丙辰27	丁巳28	戊午29	己未30	庚申(7)	辛酉2	壬戌3	癸亥4	甲子5	乙丑6	丙寅7	丁卯8	戊辰9	己巳10	庚午11	辛未12	壬申13	癸酉14	甲戌15	乙亥16	丙子17	丁丑18	戊寅19	己卯20	己未夏至
七月小	辛未	干支曆 天地西	庚辰21	辛巳22	壬午23	癸未24	甲申25	乙酉26	丙戌27	丁亥28	戊子29	己丑30	庚寅31	辛卯(8)	壬辰2	癸巳3	甲午4	乙未5	丙申6	丁酉7	戊戌8	己亥9	庚子10	辛丑11	壬寅12	癸卯13	甲辰14	乙巳15	丙午16	丁未17	戊申18		丙午立秋
八月大	壬申	干支曆 天地西	己酉19	庚戌20	辛亥21	壬子22	癸丑23	甲寅24	乙卯25	丙辰26	丁巳27	戊午28	己未29	庚申30	辛酉31	壬戌(9)	癸亥2	甲子3	乙丑4	丙寅5	丁卯6	戊辰7	己巳8	庚午9	辛未10	壬申11	癸酉12	甲戌13	乙亥14	丙子15	丁丑16	戊寅17	
九月小	癸酉	干支曆 天地西	己卯18	庚辰19	辛巳20	壬午21	癸未22	甲申23	乙酉24	丙戌25	丁亥26	戊子27	己丑28	庚寅29	辛卯30	壬辰(10)	癸巳2	甲午3	乙未4	丙申5	丁酉6	戊戌7	己亥8	庚子9	辛丑10	壬寅11	癸卯12	甲辰13	乙巳14	丙午15	丁未16		辛卯秋分 己卯日食
十月大	甲戌	干支曆 天地西	戊申17	己酉18	庚戌19	辛亥20	壬子21	癸丑22	甲寅23	乙卯24	丙辰25	丁巳26	戊午27	己未28	庚申29	辛酉30	壬戌31	癸亥(11)	甲子2	乙丑3	丙寅4	丁卯5	戊辰6	己巳7	庚午8	辛未9	壬申10	癸酉11	甲戌12	乙亥13	丙子14	丁丑15	丙子立冬
十一月小	乙亥	干支曆 天地西	戊寅16	己卯17	庚辰18	辛巳19	壬午20	癸未21	甲申22	乙酉23	丙戌24	丁亥25	戊子26	己丑27	庚寅28	辛卯29	壬辰30	癸巳(12)	甲午2	乙未3	丙申4	丁酉5	戊戌6	己亥7	庚子8	辛丑9	壬寅10	癸卯11	甲辰12	乙巳13	丙午14		
十二月大	丙子	干支曆 天地西	丁未15	戊申16	己酉17	庚戌18	辛亥19	壬子20	癸丑21	甲寅22	乙卯23	丙辰24	丁巳25	戊午26	己未27	庚申28	辛酉29	壬戌30	癸亥31	甲子(1)	乙丑2	丙寅3	丁卯4	戊辰5	己巳6	庚午7	辛未8	壬申9	癸酉10	甲戌11	乙亥12	丙子13	庚申冬至

朔閏異同	曆名	正月	二月	三月	四月	五月	六月	七月	八月	九月	十月	十一	十二	閏月	曆名	正月	二月	三月	四月	五月	六月	七月	八月	九月	十月	十一	十二	閏月
	周曆殷曆	壬子壬午	辛巳辛亥	辛亥辛巳	庚辰庚戌	庚戌庚辰	己卯己酉	己酉己卯	戊寅戊申	戊申戊寅	丁丑戊申	丁未丁丑	丙子丁未		夏曆新曆	辛亥壬子	辛巳壬午	庚戌辛亥	庚辰庚辰	庚戌庚戌	己卯庚辰	己酉己酉	戊寅己卯	戊申己酉	丁丑戊寅	丁未戊申	丙子丁丑	

*《長曆》：正月壬午，二月辛亥，三月辛巳，四月庚戌，五月庚辰，六月己酉，七月己卯，八月戊申，九月戊寅，十月戊申，十一丁丑，十二丁未。

周桓王九年 魯桓公元年（庚午 馬年） 公元前711～前710年 歲在玄枵

魯曆月序		西中曆對照	初一	初二	初三	初四	初五	初六	初七	初八	初九	初十	十一	十二	十三	十四	十五	十六	十七	十八	十九	二十	二一	二二	二三	二四	二五	二六	二七	二八	二九	三十	節氣與天象
正月小	丁丑	天干地支西曆	丁丑14	戊寅15	己卯16	庚辰17	辛巳18	壬午19	癸未20	甲申21	乙酉22	丙戌23	丁亥24	戊子25	己丑26	庚寅27	辛卯28	壬辰29	癸巳30	甲午31	乙未(2)	丙申2	丁酉3	戊戌4	己亥5	庚子6	辛丑7	壬寅8	癸卯9	甲辰10	乙巳11		乙巳立春
二月大	戊寅	天干地支西曆	丙午12	丁未13	戊申14	己酉15	庚戌16	辛亥17	壬子18	癸丑19	甲寅20	乙卯21	丙辰22	丁巳23	戊午24	己未25	庚申26	辛酉27	壬戌28	癸亥(3)	甲子2	乙丑3	丙寅4	丁卯5	戊辰6	己巳7	庚午8	辛未9	壬申10	癸酉11	甲戌12	乙亥13	
三月大	己卯	天干地支西曆	丙子14	丁丑15	戊寅16	己卯17	庚辰18	辛巳19	壬午20	癸未21	甲申22	乙酉23	丙戌24	丁亥25	戊子26	己丑27	庚寅28	辛卯29	壬辰30	癸巳31	甲午(4)	乙未2	丙申3	丁酉4	戊戌5	己亥6	庚子7	辛丑8	壬寅9	癸卯10	甲辰11	乙巳12	庚寅春分
四月小	庚辰	天干地支西曆	丙午13	丁未14	戊申15	己酉16	庚戌17	辛亥18	壬子19	癸丑20	甲寅21	乙卯22	丙辰23	丁巳24	戊午25	己未26	庚申27	辛酉28	壬戌29	癸亥30	甲子(5)	乙丑2	丙寅3	丁卯4	戊辰5	己巳6	庚午7	辛未8	壬申9	癸酉10	甲戌11		
五月大	辛巳	天干地支西曆	乙亥12	丙子13	丁丑14	戊寅15	己卯16	庚辰17	辛巳18	壬午19	癸未20	甲申21	乙酉22	丙戌23	丁亥24	戊子25	己丑26	庚寅27	辛卯28	壬辰29	癸巳30	甲午31	乙未(6)	丙申2	丁酉3	戊戌4	己亥5	庚子6	辛丑7	壬寅8	癸卯9	甲辰10	丁丑立夏
六月小	壬午	天干地支西曆	乙巳11	丙午12	丁未13	戊申14	己酉15	庚戌16	辛亥17	壬子18	癸丑19	甲寅20	乙卯21	丙辰22	丁巳23	戊午24	己未25	庚申26	辛酉27	壬戌28	癸亥29	甲子30	乙丑(7)	丙寅2	丁卯3	戊辰4	己巳5	庚午6	辛未7	壬申8	癸酉9		乙丑夏至
七月大	癸未	天干地支西曆	甲戌10	乙亥11	丙子12	丁丑13	戊寅14	己卯15	庚辰16	辛巳17	壬午18	癸未19	甲申20	乙酉21	丙戌22	丁亥23	戊子24	己丑25	庚寅26	辛卯27	壬辰28	癸巳29	甲午30	乙未31	丙申(8)	丁酉2	戊戌3	己亥4	庚子5	辛丑6	壬寅7	癸卯8	
八月小	甲申	天干地支西曆	甲辰9	乙巳10	丙午11	丁未12	戊申13	己酉14	庚戌15	辛亥16	壬子17	癸丑18	甲寅19	乙卯20	丙辰21	丁巳22	戊午23	己未24	庚申25	辛酉26	壬戌27	癸亥28	甲子29	乙丑30	丙寅31	丁卯(9)	戊辰2	己巳3	庚午4	辛未5	壬申6		辛亥立秋
九月大	乙酉	天干地支西曆	癸酉7	甲戌8	乙亥9	丙子10	丁丑11	戊寅12	己卯13	庚辰14	辛巳15	壬午16	癸未17	甲申18	乙酉19	丙戌20	丁亥21	戊子22	己丑23	庚寅24	辛卯25	壬辰26	癸巳27	甲午28	乙未29	丙申30	丁酉(10)	戊戌2	己亥3	庚子4	辛丑5	壬寅6	丁酉秋分
十月小	丙戌	天干地支西曆	癸卯7	甲辰8	乙巳9	丙午10	丁未11	戊申12	己酉13	庚戌14	辛亥15	壬子16	癸丑17	甲寅18	乙卯19	丙辰20	丁巳21	戊午22	己未23	庚申24	辛酉25	壬戌26	癸亥27	甲子28	乙丑29	丙寅30	丁卯31	戊辰(11)	己巳2	庚午3	辛未4		
十一月大	丁亥	天干地支西曆	壬申5	癸酉6	甲戌7	乙亥8	丙子9	丁丑10	戊寅11	己卯12	庚辰13	辛巳14	壬午15	癸未16	甲申17	乙酉18	丙戌19	丁亥20	戊子21	己丑22	庚寅23	辛卯24	壬辰25	癸巳26	甲午27	乙未28	丙申29	丁酉30	戊戌(12)	己亥2	庚子3	辛丑4	辛巳立冬
十二月小	戊子	天干地支西曆	壬寅5	癸卯6	甲辰7	乙巳8	丙午9	丁未10	戊申11	己酉12	庚戌13	辛亥14	壬子15	癸丑16	甲寅17	乙卯18	丙辰19	丁巳20	戊午21	己未22	庚申23	辛酉24	壬戌25	癸亥26	甲子27	乙丑28	丙寅29	丁卯30	戊辰31	己巳(1)	庚午2		乙丑冬至
閏月大	戊子	天干地支西曆	辛未3	壬申4	癸酉5	甲戌6	乙亥7	丙子8	丁丑9	戊寅10	己卯11	庚辰12	辛巳13	壬午14	癸未15	甲申16	乙酉17	丙戌18	丁亥19	戊子20	己丑21	庚寅22	辛卯23	壬辰24	癸巳25	甲午26	乙未27	丙申28	丁酉29	戊戌30	己亥31	庚子(2)	

朔閏異同	曆名	正月	二月	三月	四月	五月	六月	七月	八月	九月	十月	十一	十二	閏月
	周曆殷曆	丙午丙子	乙亥丙午	乙巳乙亥	甲戌乙巳	甲辰甲戌	甲戌甲辰	癸卯癸酉	癸酉癸卯	壬寅壬申	壬申壬寅	辛丑辛未	辛未辛丑	
	夏曆新曆	丙午丁未	乙亥丙子	乙巳丙午	甲戌乙亥	甲辰甲辰	癸酉甲戌	癸卯癸卯	壬申癸酉	壬寅癸卯	壬申癸酉	辛丑壬寅	辛未壬申	

*《長曆》：正月丙子，二月丙午，三月乙亥，四月乙巳，五月甲戌，六月甲辰，七月癸酉，八月癸卯，九月壬申，十月壬寅，十一辛未，十二辛丑，閏月辛未。

周桓王十年 魯桓公二年（辛未 羊年） 公元前 **710** ～ 前 709 年 歲在娵訾

魯曆月序		中西曆日對照	初一	初二	初三	初四	初五	初六	初七	初八	初九	初十	十一	十二	十三	十四	十五	十六	十七	十八	十九	二十	二一	二二	二三	二四	二五	二六	二七	二八	二九	三十	節氣與天象
正月小	己丑	天干地支西曆	辛丑2	壬寅3	癸卯4	甲辰5	乙巳6	丙午7	丁未8	戊申9	己酉10	庚戌11	辛亥12	壬子13	癸丑14	甲寅15	乙卯16	丙辰17	丁巳18	戊午19	己未20	庚申21	辛酉22	壬戌23	癸亥24	甲子25	乙丑26	丙寅27	丁卯28	戊辰(3)	己巳2		庚戌立春
二月大	庚寅	天干地支西曆	庚午3	辛未4	壬申5	癸酉6	甲戌7	乙亥8	丙子9	丁丑10	戊寅11	己卯12	庚辰13	辛巳14	壬午15	癸未16	甲申17	乙酉18	丙戌19	丁亥20	戊子21	己丑22	庚寅23	辛卯24	壬辰25	癸巳26	甲午27	乙未28	丙申29	丁酉30	戊戌31	己亥(4)	丙申春分
三月小	辛卯	天干地支西曆	庚子2	辛丑3	壬寅4	癸卯5	甲辰6	乙巳7	丙午8	丁未9	戊申10	己酉11	庚戌12	辛亥13	壬子14	癸丑15	甲寅16	乙卯17	丙辰18	丁巳19	戊午20	己未21	庚申22	辛酉23	壬戌24	癸亥25	甲子26	乙丑27	丙寅28	丁卯29	戊辰30		
四月大	壬辰	天干地支西曆	己巳(5)	庚午2	辛未3	壬申4	癸酉5	甲戌6	乙亥7	丙子8	丁丑9	戊寅10	己卯11	庚辰12	辛巳13	壬午14	癸未15	甲申16	乙酉17	丙戌18	丁亥19	戊子20	己丑21	庚寅22	辛卯23	壬辰24	癸巳25	甲午26	乙未27	丙申28	丁酉29	戊戌30	癸未立夏
五月小	癸巳	天干地支西曆	己亥31	庚子(6)	辛丑2	壬寅3	癸卯4	甲辰5	乙巳6	丙午7	丁未8	戊申9	己酉10	庚戌11	辛亥12	壬子13	癸丑14	甲寅15	乙卯16	丙辰17	丁巳18	戊午19	己未20	庚申21	辛酉22	壬戌23	癸亥24	甲子25	乙丑26	丙寅27	丁卯28		
六月大	甲午	天干地支西曆	戊辰29	己巳30	庚午(7)	辛未2	壬申3	癸酉4	甲戌5	乙亥6	丙子7	丁丑8	戊寅9	己卯10	庚辰11	辛巳12	壬午13	癸未14	甲申15	乙酉16	丙戌17	丁亥18	戊子19	己丑20	庚寅21	辛卯22	壬辰23	癸巳24	甲午25	乙未26	丙申27	丁酉28	庚午夏至
七月大	乙未	天干地支西曆	戊戌29	己亥30	庚子31	辛丑(8)	壬寅2	癸卯3	甲辰4	乙巳5	丙午6	丁未7	戊申8	己酉9	庚戌10	辛亥11	壬子12	癸丑13	甲寅14	乙卯15	丙辰16	丁巳17	戊午18	己未19	庚申20	辛酉21	壬戌22	癸亥23	甲子24	乙丑25	丙寅26	丁卯27	丙辰立秋
八月小	丙申	天干地支西曆	戊辰28	己巳29	庚午30	辛未31	壬申(9)	癸酉2	甲戌3	乙亥4	丙子5	丁丑6	戊寅7	己卯8	庚辰9	辛巳10	壬午11	癸未12	甲申13	乙酉14	丙戌15	丁亥16	戊子17	己丑18	庚寅19	辛卯20	壬辰21	癸巳22	甲午23	乙未24	丙申25		
九月大	丁酉	天干地支西曆	丁酉26	戊戌27	己亥28	庚子29	辛丑30	壬寅(10)	癸卯2	甲辰3	乙巳4	丙午5	丁未6	戊申7	己酉8	庚戌9	辛亥10	壬子11	癸丑12	甲寅13	乙卯14	丙辰15	丁巳16	戊午17	己未18	庚申19	辛酉20	壬戌21	癸亥22	甲子23	乙丑24	丙寅25	壬寅秋分
十月小	戊戌	天干地支西曆	丁卯26	戊辰27	己巳28	庚午29	辛未30	壬申31	癸酉(11)	甲戌2	乙亥3	丙子4	丁丑5	戊寅6	己卯7	庚辰8	辛巳9	壬午10	癸未11	甲申12	乙酉13	丙戌14	丁亥15	戊子16	己丑17	庚寅18	辛卯19	壬辰20	癸巳21	甲午22	乙未23		丙戌立冬
十一月大	己亥	天干地支西曆	丙申24	丁酉25	戊戌26	己亥27	庚子28	辛丑29	壬寅30	癸卯(12)	甲辰2	乙巳3	丙午4	丁未5	戊申6	己酉7	庚戌8	辛亥9	壬子10	癸丑11	甲寅12	乙卯13	丙辰14	丁巳15	戊午16	己未17	庚申18	辛酉19	壬戌20	癸亥21	甲子22	乙丑23	
十二月小	庚子	天干地支西曆	丙寅24	丁卯25	戊辰26	己巳27	庚午28	辛未29	壬申30	癸酉31	甲戌(1)	乙亥2	丙子3	丁丑4	戊寅5	己卯6	庚辰7	辛巳8	壬午9	癸未10	甲申11	乙酉12	丙戌13	丁亥14	戊子15	己丑16	庚寅17	辛卯18	壬辰19	癸巳20	甲午21		庚午冬至

朔閏異同	曆名	正月	二月	三月	四月	五月	六月	七月	八月	九月	十月	十一	十二	閏月
	周曆殷曆	庚子辛未	庚午庚子	己亥庚午	己巳己亥	戊戌己巳	戊辰戊戌	丁酉戊辰	丁卯丁酉	丙申---丁卯	丙寅丙申	---丙申丙寅	乙丑乙未	乙未乙丑
	夏曆新曆	庚子辛丑	庚午辛未	己亥庚子	己巳庚午	戊戌---己亥	---戊辰戊辰	丁酉戊戌	丁卯丁卯	丙申丁酉	丙寅丙寅	乙未丙申	乙丑丙寅	乙未丙申

*《長曆》：正月庚子，二月庚午，三月己亥，四月己巳，五月戊戌，六月戊辰，七月丁酉，八月丁卯，九月丙申，十月丙寅，十一乙未，十二乙丑。

周桓王十一年 魯桓公三年（壬申 猴年）公元前709～前708年 歲在降婁

魯曆月序		中西曆日對照	初一	初二	初三	初四	初五	初六	初七	初八	初九	初十	十一	十二	十三	十四	十五	十六	十七	十八	十九	二十	二一	二二	二三	二四	二五	二六	二七	二八	二九	三十	節氣與天象
正月大	辛丑	天干地支	乙未	丙申	丁酉	戊戌	己亥	庚子	辛丑	壬寅	癸卯	甲辰	乙巳	丙午	丁未	戊申	己酉	庚戌	辛亥	壬子	癸丑	甲寅	乙卯	丙辰	丁巳	戊午	己未	庚申	辛酉	壬戌	癸亥	甲子	乙卯立春
		西曆	22	23	24	25	26	27	28	29	30	31	(2)	2	3	4	5	6	7	8	9	10	11	12	13	14	15	16	17	18	19	20	
二月小	壬寅	天干地支	乙丑	丙寅	丁卯	戊辰	己巳	庚午	辛未	壬申	癸酉	甲戌	乙亥	丙子	丁丑	戊寅	己卯	庚辰	辛巳	壬午	癸未	甲申	乙酉	丙戌	丁亥	戊子	己丑	庚寅	辛卯	壬辰	癸巳		
		西曆	21	22	23	24	25	26	27	28	29	(3)	2	3	4	5	6	7	8	9	10	11	12	13	14	15	16	17	18	19	20		
三月大	癸卯	天干地支	甲午	乙未	丙申	丁酉	戊戌	己亥	庚子	辛丑	壬寅	癸卯	甲辰	乙巳	丙午	丁未	戊申	己酉	庚戌	辛亥	壬子	癸丑	甲寅	乙卯	丙辰	丁巳	戊午	己未	庚申	辛酉	壬戌	癸亥	辛丑春分
		西曆	21	22	23	24	25	26	27	28	29	30	31	(4)	2	3	4	5	6	7	8	9	10	11	12	13	14	15	16	17	18	19	
四月小	甲辰	天干地支	甲子	乙丑	丙寅	丁卯	戊辰	己巳	庚午	辛未	壬申	癸酉	甲戌	乙亥	丙子	丁丑	戊寅	己卯	庚辰	辛巳	壬午	癸未	甲申	乙酉	丙戌	丁亥	戊子	己丑	庚寅	辛卯	壬辰		戊子立夏
		西曆	20	21	22	23	24	25	26	27	28	29	30	(5)	2	3	4	5	6	7	8	9	10	11	12	13	14	15	16	17	18		
五月大	乙巳	天干地支	癸巳	甲午	乙未	丙申	丁酉	戊戌	己亥	庚子	辛丑	壬寅	癸卯	甲辰	乙巳	丙午	丁未	戊申	己酉	庚戌	辛亥	壬子	癸丑	甲寅	乙卯	丙辰	丁巳	戊午	己未	庚申	辛酉	壬戌	
		西曆	19	20	21	22	23	24	25	26	27	28	29	30	31	(6)	2	3	4	5	6	7	8	9	10	11	12	13	14	15	16	17	
六月小	丙午	天干地支	癸亥	甲子	乙丑	丙寅	丁卯	戊辰	己巳	庚午	辛未	壬申	癸酉	甲戌	乙亥	丙子	丁丑	戊寅	己卯	庚辰	辛巳	壬午	癸未	甲申	乙酉	丙戌	丁亥	戊子	己丑	庚寅	辛卯		乙亥夏至
		西曆	18	19	20	21	22	23	24	25	26	27	28	29	30	(7)	2	3	4	5	6	7	8	9	10	11	12	13	14	15	16		
七月大	丁未	天干地支	壬辰	癸巳	甲午	乙未	丙申	丁酉	戊戌	己亥	庚子	辛丑	壬寅	癸卯	甲辰	乙巳	丙午	丁未	戊申	己酉	庚戌	辛亥	壬子	癸丑	甲寅	乙卯	丙辰	丁巳	戊午	己未	庚申	辛酉	壬辰日食
		西曆	17	18	19	20	21	22	23	24	25	26	27	28	29	30	31	(8)	2	3	4	5	6	7	8	9	10	11	12	13	14	15	
八月小	戊申	天干地支	壬戌	癸亥	甲子	乙丑	丙寅	丁卯	戊辰	己巳	庚午	辛未	壬申	癸酉	甲戌	乙亥	丙子	丁丑	戊寅	己卯	庚辰	辛巳	壬午	癸未	甲申	乙酉	丙戌	丁亥	戊子	己丑	庚寅		壬戌立秋
		西曆	16	17	18	19	20	21	22	23	24	25	26	27	28	29	30	31	(9)	2	3	4	5	6	7	8	9	10	11	12	13		
九月大	己酉	天干地支	辛卯	壬辰	癸巳	甲午	乙未	丙申	丁酉	戊戌	己亥	庚子	辛丑	壬寅	癸卯	甲辰	乙巳	丙午	丁未	戊申	己酉	庚戌	辛亥	壬子	癸丑	甲寅	乙卯	丙辰	丁巳	戊午	己未	庚申	丁未秋分
		西曆	14	15	16	17	18	19	20	21	22	23	24	25	26	27	28	29	30	(10)	2	3	4	5	6	7	8	9	10	11	12	13	
十月大	庚戌	天干地支	辛酉	壬戌	癸亥	甲子	乙丑	丙寅	丁卯	戊辰	己巳	庚午	辛未	壬申	癸酉	甲戌	乙亥	丙子	丁丑	戊寅	己卯	庚辰	辛巳	壬午	癸未	甲申	乙酉	丙戌	丁亥	戊子	己丑	庚寅	
		西曆	14	15	16	17	18	19	20	21	22	23	24	25	26	27	28	29	30	31	(11)	2	3	4	5	6	7	8	9	10	11	12	
十一月小	辛亥	天干地支	辛卯	壬辰	癸巳	甲午	乙未	丙申	丁酉	戊戌	己亥	庚子	辛丑	壬寅	癸卯	甲辰	乙巳	丙午	丁未	戊申	己酉	庚戌	辛亥	壬子	癸丑	甲寅	乙卯	丙辰	丁巳	戊午	己未		辛卯立冬
		西曆	13	14	15	16	17	18	19	20	21	22	23	24	25	26	27	28	29	30	(12)	2	3	4	5	6	7	8	9	10	11		
十二月大	壬子	天干地支	庚申	辛酉	壬戌	癸亥	甲子	乙丑	丙寅	丁卯	戊辰	己巳	庚午	辛未	壬申	癸酉	甲戌	乙亥	丙子	丁丑	戊寅	己卯	庚辰	辛巳	壬午	癸未	甲申	乙酉	丙戌	丁亥	戊子	己丑	丙子冬至
		西曆	12	13	14	15	16	17	18	19	20	21	22	23	24	25	26	27	28	29	30	31	(1)	2	3	4	5	6	7	8	9	10	

朔閏異同	曆名	正月	二月	三月	四月	五月	六月	七月	八月	九月	十月	十一	十二	閏月
	周曆殷曆	甲子甲午	甲午甲子	癸亥癸巳	癸巳癸亥	壬戌癸巳	壬辰壬戌	辛酉壬辰	辛卯辛酉	庚申辛卯	庚寅庚申	己未庚寅	巳丑己未	
	夏曆新曆	甲子乙丑	甲午乙未	癸亥甲子	癸巳甲午	壬戌癸亥	壬辰壬辰	辛酉辛酉	辛卯辛卯	庚申辛酉	庚寅庚寅	己未庚申	己丑庚寅	

*《長曆》：正月甲午，二月甲子，三月癸巳，四月癸亥，五月癸巳，六月壬戌，七月壬辰，八月辛酉，九月辛卯，十月庚申，十一庚寅，十二己未。

周桓王十二年 魯桓公四年（癸酉 鷄年） 公元前 **708** ~ 前 707 年 歲在大梁

魯曆月序		中西日曆對照	初一	初二	初三	初四	初五	初六	初七	初八	初九	初十	十一	十二	十三	十四	十五	十六	十七	十八	十九	二十	二一	二二	二三	二四	二五	二六	二七	二八	二九	三十	節氣與天象
正月小	癸丑	天干 地支 西曆	庚寅11	辛卯12	壬辰13	癸巳14	甲午15	乙未16	丙申17	丁酉18	戊戌19	己亥20	庚子21	辛丑22	壬寅23	癸卯24	甲辰25	乙巳26	丙午27	丁未28	戊申29	己酉30	庚戌31	辛亥(2)	壬子2	癸丑3	甲寅4	乙卯5	丙辰6	丁巳7	戊午8		庚寅日食
二月大	甲寅	天干 地支 西曆	己未9	庚申10	辛酉11	壬戌12	癸亥13	甲子14	乙丑15	丙寅16	丁卯17	戊辰18	己巳19	庚午20	辛未21	壬申22	癸酉23	甲戌24	乙亥25	丙子26	丁丑27	戊寅28	己卯(3)	庚辰2	辛巳3	壬午4	癸未5	甲申6	乙酉7	丙戌8	丁亥9	戊子10	庚申立春
三月小	乙卯	天干 地支 西曆	己丑11	庚寅12	辛卯13	壬辰14	癸巳15	甲午16	乙未17	丙申18	丁酉19	戊戌20	己亥21	庚子22	辛丑23	壬寅24	癸卯25	甲辰26	乙巳27	丙午28	丁未29	戊申30	己酉31	庚戌(4)	辛亥2	壬子3	癸丑4	甲寅5	乙卯6	丙辰7	丁巳8		丙午春分
四月大	丙辰	天干 地支 西曆	戊午9	己未10	庚申11	辛酉12	壬戌13	癸亥14	甲子15	乙丑16	丙寅17	丁卯18	戊辰19	己巳20	庚午21	辛未22	壬申23	癸酉24	甲戌25	乙亥26	丙子27	丁丑28	戊寅29	己卯30	庚辰(5)	辛巳2	壬午3	癸未4	甲申5	乙酉6	丙戌7	丁亥8	
五月小	丁巳	天干 地支 西曆	戊子9	己丑10	庚寅11	辛卯12	壬辰13	癸巳14	甲午15	乙未16	丙申17	丁酉18	戊戌19	己亥20	庚子21	辛丑22	壬寅23	癸卯24	甲辰25	乙巳26	丙午27	丁未28	戊申29	己酉30	庚戌31	辛亥(6)	壬子2	癸丑3	甲寅4	乙卯5	丙辰6		癸巳立夏
六月大	戊午	天干 地支 西曆	丁巳7	戊午8	己未9	庚申10	辛酉11	壬戌12	癸亥13	甲子14	乙丑15	丙寅16	丁卯17	戊辰18	己巳19	庚午20	辛未21	壬申22	癸酉23	甲戌24	乙亥25	丙子26	丁丑27	戊寅28	己卯29	庚辰30	辛巳(7)	壬午2	癸未3	甲申4	乙酉5	丙戌6	庚辰夏至
七月小	己未	天干 地支 西曆	丁亥7	戊子8	己丑9	庚寅10	辛卯11	壬辰12	癸巳13	甲午14	乙未15	丙申16	丁酉17	戊戌18	己亥19	庚子20	辛丑21	壬寅22	癸卯23	甲辰24	乙巳25	丙午26	丁未27	戊申28	己酉29	庚戌30	辛亥31	壬子(8)	癸丑2	甲寅3	乙卯4		
八月大	庚申	天干 地支 西曆	丙辰5	丁巳6	戊午7	己未8	庚申9	辛酉10	壬戌11	癸亥12	甲子13	乙丑14	丙寅15	丁卯16	戊辰17	己巳18	庚午19	辛未20	壬申21	癸酉22	甲戌23	乙亥24	丙子25	丁丑26	戊寅27	己卯28	庚辰29	辛巳30	壬午31	癸未(9)	甲申2	乙酉3	丁卯立秋
九月小	辛酉	天干 地支 西曆	丙戌4	丁亥5	戊子6	己丑7	庚寅8	辛卯9	壬辰10	癸巳11	甲午12	乙未13	丙申14	丁酉15	戊戌16	己亥17	庚子18	辛丑19	壬寅20	癸卯21	甲辰22	乙巳23	丙午24	丁未25	戊申26	己酉27	庚戌28	辛亥29	壬子30	癸丑(10)	甲寅2		壬子秋分
十月大	壬戌	天干 地支 西曆	乙卯3	丙辰4	丁巳5	戊午6	己未7	庚申8	辛酉9	壬戌10	癸亥11	甲子12	乙丑13	丙寅14	丁卯15	戊辰16	己巳17	庚午18	辛未19	壬申20	癸酉21	甲戌22	乙亥23	丙子24	丁丑25	戊寅26	己卯27	庚辰28	辛巳29	壬午30	癸未31	甲申(11)	
十一月小	癸亥	天干 地支 西曆	乙酉2	丙戌3	丁亥4	戊子5	己丑6	庚寅7	辛卯8	壬辰9	癸巳10	甲午11	乙未12	丙申13	丁酉14	戊戌15	己亥16	庚子17	辛丑18	壬寅19	癸卯20	甲辰21	乙巳22	丙午23	丁未24	戊申25	己酉26	庚戌27	辛亥28	壬子29	癸丑30		丁酉立冬
十二月大	甲子	天干 地支 西曆	甲寅(12)	乙卯2	丙辰3	丁巳4	戊午5	己未6	庚申7	辛酉8	壬戌9	癸亥10	甲子11	乙丑12	丙寅13	丁卯14	戊辰15	己巳16	庚午17	辛未18	壬申19	癸酉20	甲戌21	乙亥22	丙子23	丁丑24	戊寅25	己卯26	庚辰27	辛巳28	壬午29	癸未30	辛巳冬至
閏月小	甲子	天干 地支 西曆	甲申31	乙酉(1)	丙戌2	丁亥3	戊子4	己丑5	庚寅6	辛卯7	壬辰8	癸巳9	甲午10	乙未11	丙申12	丁酉13	戊戌14	己亥15	庚子16	辛丑17	壬寅18	癸卯19	甲辰20	乙巳21	丙午22	丁未23	戊申24	己酉25	庚戌26	辛亥27	壬子28		甲申日食

朔閏異同	曆名	正月	二月	三月	四月	五月	六月	七月	八月	九月	十月	十一	十二	閏月
	周曆殷曆	己未己丑	戊子戊午	戊午戊子	丁亥丁巳	丁巳丁亥	丙戌丙辰	丙辰丙戌	乙酉丙辰	乙卯乙酉	甲申乙卯	甲寅甲申	癸未甲寅	
	夏曆新曆	戊午庚申	戊子己丑	丁巳己未	丁亥戊子	丁巳戊午	丙戌丁亥	丙辰丙辰	乙酉丙戌	乙卯乙卯	甲寅甲申	甲寅甲寅	癸未--甲申	甲寅

*《長曆》：正月己丑，二月戊午，三月戊子，四月丁巳，五月丁亥，六月丙辰，七月丙戌，八月丙辰，九月乙酉，十月乙卯，十一甲申，十二甲寅，閏月癸未。

周桓王十三年 魯桓公五年（甲戌 狗年） 公元前707～前706年 歲在實沈

魯曆月序		中西曆日對照	初一	初二	初三	初四	初五	初六	初七	初八	初九	初十	十一	十二	十三	十四	十五	十六	十七	十八	十九	二十	二一	二二	二三	二四	二五	二六	二七	二八	二九	三十	節氣與天象
正月大	乙丑	干支	癸丑	甲寅	乙卯	丙辰	丁巳	戊午	己未	庚申	辛酉	壬戌	癸亥	甲子	乙丑	丙寅	丁卯	戊辰	己巳	庚午	辛未	壬申	癸酉	甲戌	乙亥	丙子	丁丑	戊寅	己卯	庚辰	辛巳	壬午	丙寅立春
		天地西曆	29	30	31	(2)	2	3	4	5	6	7	8	9	10	11	12	13	14	15	16	17	18	19	20	21	22	23	24	25	26	27	
二月大	丙寅	干支	癸未	甲申	乙酉	丙戌	丁亥	戊子	己丑	庚寅	辛卯	壬辰	癸巳	甲午	乙未	丙申	丁酉	戊戌	己亥	庚子	辛丑	壬寅	癸卯	甲辰	乙巳	丙午	丁未	戊申	己酉	庚戌	辛亥	壬子	辛亥春分
		天地西曆	28	(3)	2	3	4	5	6	7	8	9	10	11	12	13	14	15	16	17	18	19	20	21	22	23	24	25	26	27	28	29	
三月小	丁卯	干支	癸丑	甲寅	乙卯	丙辰	丁巳	戊午	己未	庚申	辛酉	壬戌	癸亥	甲子	乙丑	丙寅	丁卯	戊辰	己巳	庚午	辛未	壬申	癸酉	甲戌	乙亥	丙子	丁丑	戊寅	己卯	庚辰	辛巳		
		天地西曆	30	31	(4)	2	3	4	5	6	7	8	9	10	11	12	13	14	15	16	17	18	19	20	21	22	23	24	25	26	27		
四月大	戊辰	干支	壬午	癸未	甲申	乙酉	丙戌	丁亥	戊子	己丑	庚寅	辛卯	壬辰	癸巳	甲午	乙未	丙申	丁酉	戊戌	己亥	庚子	辛丑	壬寅	癸卯	甲辰	乙巳	丙午	丁未	戊申	己酉	庚戌	辛亥	戊戌立夏
		天地西曆	28	29	30	(5)	2	3	4	5	6	7	8	9	10	11	12	13	14	15	16	17	18	19	20	21	22	23	24	25	26	27	
五月小	己巳	干支	壬子	癸丑	甲寅	乙卯	丙辰	丁巳	戊午	己未	庚申	辛酉	壬戌	癸亥	甲子	乙丑	丙寅	丁卯	戊辰	己巳	庚午	辛未	壬申	癸酉	甲戌	乙亥	丙子	丁丑	戊寅	己卯	庚辰		
		天地西曆	28	29	30	31	(6)	2	3	4	5	6	7	8	9	10	11	12	13	14	15	16	17	18	19	20	21	22	23	24	25		
六月大	庚午	干支	辛巳	壬午	癸未	甲申	乙酉	丙戌	丁亥	戊子	己丑	庚寅	辛卯	壬辰	癸巳	甲午	乙未	丙申	丁酉	戊戌	己亥	庚子	辛丑	壬寅	癸卯	甲辰	乙巳	丙午	丁未	戊申	己酉	庚戌	丙戌夏至
		天地西曆	26	27	28	29	30	(7)	2	3	4	5	6	7	8	9	10	11	12	13	14	15	16	17	18	19	20	21	22	23	24	25	
七月小	辛未	干支	辛亥	壬子	癸丑	甲寅	乙卯	丙辰	丁巳	戊午	己未	庚申	辛酉	壬戌	癸亥	甲子	乙丑	丙寅	丁卯	戊辰	己巳	庚午	辛未	壬申	癸酉	甲戌	乙亥	丙子	丁丑	戊寅	己卯		壬申立秋
		天地西曆	26	27	28	29	30	31	(8)	2	3	4	5	6	7	8	9	10	11	12	13	14	15	16	17	18	19	20	21	22	23		
八月大	壬申	干支	庚辰	辛巳	壬午	癸未	甲申	乙酉	丙戌	丁亥	戊子	己丑	庚寅	辛卯	壬辰	癸巳	甲午	乙未	丙申	丁酉	戊戌	己亥	庚子	辛丑	壬寅	癸卯	甲辰	乙巳	丙午	丁未	戊申	己酉	
		天地西曆	24	25	26	27	28	29	30	31	(9)	2	3	4	5	6	7	8	9	10	11	12	13	14	15	16	17	18	19	20	21	22	
九月小	癸酉	干支	庚戌	辛亥	壬子	癸丑	甲寅	乙卯	丙辰	丁巳	戊午	己未	庚申	辛酉	壬戌	癸亥	甲子	乙丑	丙寅	丁卯	戊辰	己巳	庚午	辛未	壬申	癸酉	甲戌	乙亥	丙子	丁丑	戊寅		戊午秋分
		天地西曆	23	24	25	26	27	28	29	30	(10)	2	3	4	5	6	7	8	9	10	11	12	13	14	15	16	17	18	19	20	21		
十月大	甲戌	干支	己卯	庚辰	辛巳	壬午	癸未	甲申	乙酉	丙戌	丁亥	戊子	己丑	庚寅	辛卯	壬辰	癸巳	甲午	乙未	丙申	丁酉	戊戌	己亥	庚子	辛丑	壬寅	癸卯	甲辰	乙巳	丙午	丁未	戊申	壬寅立冬
		天地西曆	22	23	24	25	26	27	28	29	30	31	(11)	2	3	4	5	6	7	8	9	10	11	12	13	14	15	16	17	18	19	20	
十一月小	乙亥	干支	己酉	庚戌	辛亥	壬子	癸丑	甲寅	乙卯	丙辰	丁巳	戊午	己未	庚申	辛酉	壬戌	癸亥	甲子	乙丑	丙寅	丁卯	戊辰	己巳	庚午	辛未	壬申	癸酉	甲戌	乙亥	丙子	丁丑		
		天地西曆	21	22	23	24	25	26	27	28	29	30	(12)	2	3	4	5	6	7	8	9	10	11	12	13	14	15	16	17	18	19		
十二月大	丙子	干支	戊寅	己卯	庚辰	辛巳	壬午	癸未	甲申	乙酉	丙戌	丁亥	戊子	己丑	庚寅	辛卯	壬辰	癸巳	甲午	乙未	丙申	丁酉	戊戌	己亥	庚子	辛丑	壬寅	癸卯	甲辰	乙巳	丙午	丁未	丙戌冬至
		天地西曆	20	21	22	23	24	25	26	27	28	29	30	31	(1)	2	3	4	5	6	7	8	9	10	11	12	13	14	15	16	17	18	

朔閏異同	曆名	正月	二月	三月	四月	五月	六月	七月	八月	九月	十月	十一	十二	閏月
	周曆殷曆	癸丑癸未	壬午癸丑	壬子壬午	辛巳壬子	辛亥---辛巳	---辛巳辛亥	庚戌庚辰	庚辰庚戌	己酉己卯	己卯己酉	戊申戊寅	戊寅戊申	丁未戊寅
	夏曆新曆	癸丑癸未	壬午癸丑	---壬子癸未	辛巳壬子	辛亥辛巳	庚辰辛亥	庚戌庚辰	己卯庚戌	己酉己卯	己卯戊申	戊申戊寅	戊寅戊申	丁未

*《長曆》：正月癸丑，二月壬午，三月壬子，四月辛巳，五月辛亥，六月庚辰，七月庚戌，八月己卯，九月己酉，十月戊寅，十一戊申，十二戊寅。

周桓王十四年 魯桓公六年（乙亥 猪年） 公元前 706 ~ 前 705 年 歲在鶉首

魯曆月序		中西曆日對照	初一	初二	初三	初四	初五	初六	初七	初八	初九	初十	十一	十二	十三	十四	十五	十六	十七	十八	十九	二十	二一	二二	二三	二四	二五	二六	二七	二八	二九	三十	節氣與天象
正月小	丁丑	干支 天地西曆	戊申 19	己酉 20	庚戌 21	辛亥 22	壬子 23	癸丑 24	甲寅 25	乙卯 26	丙辰 27	丁巳 28	戊午 29	己未 30	庚申 31	辛酉 (2)	壬戌 2	癸亥 3	甲子 4	乙丑 5	丙寅 6	丁卯 7	戊辰 8	己巳 9	庚午 10	辛未 11	壬申 12	癸酉 13	甲戌 14	乙亥 15	丙子 16		辛未立春
二月大	戊寅	干支 天地西曆	丁丑 17	戊寅 18	己卯 19	庚辰 20	辛巳 21	壬午 22	癸未 23	甲申 24	乙酉 25	丙戌 26	丁亥 27	戊子 28	己丑 (3)	庚寅 2	辛卯 3	壬辰 4	癸巳 5	甲午 6	乙未 7	丙申 8	丁酉 9	戊戌 10	己亥 11	庚子 12	辛丑 13	壬寅 14	癸卯 15	甲辰 16	乙巳 17	丙午 18	
三月小	己卯	干支 天地西曆	丁未 19	戊申 20	己酉 21	庚戌 22	辛亥 23	壬子 24	癸丑 25	甲寅 26	乙卯 27	丙辰 28	丁巳 29	戊午 30	己未 31	庚申 (4)	辛酉 2	壬戌 3	癸亥 4	甲子 5	乙丑 6	丙寅 7	丁卯 8	戊辰 9	己巳 10	庚午 11	辛未 12	壬申 13	癸酉 14	甲戌 15	乙亥 16		丁巳春分
四月大	庚辰	干支 天地西曆	丙子 17	丁丑 18	戊寅 19	己卯 20	庚辰 21	辛巳 22	壬午 23	癸未 24	甲申 25	乙酉 26	丙戌 27	丁亥 28	戊子 29	己丑 30	庚寅 (5)	辛卯 2	壬辰 3	癸巳 4	甲午 5	乙未 6	丙申 7	丁酉 8	戊戌 9	己亥 10	庚子 11	辛丑 12	壬寅 13	癸卯 14	甲辰 15	乙巳 16	甲辰立夏
五月小	辛巳	干支 天地西曆	丙午 17	丁未 18	戊申 19	己酉 20	庚戌 21	辛亥 22	壬子 23	癸丑 24	甲寅 25	乙卯 26	丙辰 27	丁巳 28	戊午 29	己未 30	庚申 31	辛酉 (6)	壬戌 2	癸亥 3	甲子 4	乙丑 5	丙寅 6	丁卯 7	戊辰 8	己巳 9	庚午 10	辛未 11	壬申 12	癸酉 13	甲戌 14		
六月大	壬午	干支 天地西曆	乙亥 15	丙子 16	丁丑 17	戊寅 18	己卯 19	庚辰 20	辛巳 21	壬午 22	癸未 23	甲申 24	乙酉 25	丙戌 26	丁亥 27	戊子 28	己丑 29	庚寅 30	辛卯 (7)	壬辰 2	癸巳 3	甲午 4	乙未 5	丙申 6	丁酉 7	戊戌 8	己亥 9	庚子 10	辛丑 11	壬寅 12	癸卯 13	甲辰 14	辛卯夏至
七月大	癸未	干支 天地西曆	乙巳 15	丙午 16	丁未 17	戊申 18	己酉 19	庚戌 20	辛亥 21	壬子 22	癸丑 23	甲寅 24	乙卯 25	丙辰 26	丁巳 27	戊午 28	己未 29	庚申 30	辛酉 31	壬戌 (8)	癸亥 2	甲子 3	乙丑 4	丙寅 5	丁卯 6	戊辰 7	己巳 8	庚午 9	辛未 10	壬申 11	癸酉 12	甲戌 13	
八月小	甲申	干支 天地西曆	乙亥 14	丙子 15	丁丑 16	戊寅 17	己卯 18	庚辰 19	辛巳 20	壬午 21	癸未 22	甲申 23	乙酉 24	丙戌 25	丁亥 26	戊子 27	己丑 28	庚寅 29	辛卯 30	壬辰 31	癸巳 (9)	甲午 2	乙未 3	丙申 4	丁酉 5	戊戌 6	己亥 7	庚子 8	辛丑 9	壬寅 10	癸卯 11		丁丑立秋
九月大	乙酉	干支 天地西曆	甲辰 12	乙巳 13	丙午 14	丁未 15	戊申 16	己酉 17	庚戌 18	辛亥 19	壬子 20	癸丑 21	甲寅 22	乙卯 23	丙辰 24	丁巳 25	戊午 26	己未 27	庚申 28	辛酉 29	壬戌 30	癸亥 (10)	甲子 2	乙丑 3	丙寅 4	丁卯 5	戊辰 6	己巳 7	庚午 8	辛未 9	壬申 10	癸酉 11	癸亥秋分
十月小	丙戌	干支 天地西曆	甲戌 12	乙亥 13	丙子 14	丁丑 15	戊寅 16	己卯 17	庚辰 18	辛巳 19	壬午 20	癸未 21	甲申 22	乙酉 23	丙戌 24	丁亥 25	戊子 26	己丑 27	庚寅 28	辛卯 29	壬辰 30	癸巳 31	甲午 (11)	乙未 2	丙申 3	丁酉 4	戊戌 5	己亥 6	庚子 7	辛丑 8	壬寅 9		
十一月大	丁亥	干支 天地西曆	癸卯 10	甲辰 11	乙巳 12	丙午 13	丁未 14	戊申 15	己酉 16	庚戌 17	辛亥 18	壬子 19	癸丑 20	甲寅 21	乙卯 22	丙辰 23	丁巳 24	戊午 25	己未 26	庚申 27	辛酉 28	壬戌 29	癸亥 30	甲子 (12)	乙丑 2	丙寅 3	丁卯 4	戊辰 5	己巳 6	庚午 7	辛未 8	壬申 9	丁未立冬
十二月小	戊子	干支 天地西曆	癸酉 10	甲戌 11	乙亥 12	丙子 13	丁丑 14	戊寅 15	己卯 16	庚辰 17	辛巳 18	壬午 19	癸未 20	甲申 21	乙酉 22	丙戌 23	丁亥 24	戊子 25	己丑 26	庚寅 27	辛卯 28	壬辰 29	癸巳 30	甲午 31	乙未 (1)	丙申 2	丁酉 3	戊戌 4	己亥 5	庚子 6	辛丑 7		辛卯冬至

朔閏異同	曆名	正月	二月	三月	四月	五月	六月	七月	八月	九月	十月	十一	十二	閏月
	周曆殷曆	丁丑丁未	丙午丁丑	丙子丙午	乙巳丙子	乙亥乙巳	甲辰乙亥	甲戌甲辰	癸卯甲戌	癸酉癸卯	癸卯癸酉	壬申壬寅	壬寅壬申	
	夏曆新曆	丁丑丁丑	丙午丁未	丙子丁丑	乙巳丙午	乙亥丙子	甲辰乙巳	甲戌乙亥	癸卯甲辰	癸酉甲戌	壬寅癸卯	壬申癸酉	壬寅壬寅	

*《長曆》：正月丁未，二月丁丑，三月丙午，四月丙子，五月乙巳，六月乙亥，七月甲辰，八月甲戌，九月癸卯，十月癸酉，十一壬寅，十二壬申。

周桓王十五年 魯桓公七年（丙子 鼠年）公元前 705 ～ 前 704 年 歲在鶉火

魯曆月序		西日中曆對照	初一	初二	初三	初四	初五	初六	初七	初八	初九	初十	十一	十二	十三	十四	十五	十六	十七	十八	十九	二十	二一	二二	二三	二四	二五	二六	二七	二八	二九	三十	節氣與天象
正月大	己丑	天干地支西曆	壬寅8	癸卯9	甲辰10	乙巳11	丙午12	丁未13	戊申14	己酉15	庚戌16	辛亥17	壬子18	癸丑19	甲寅20	乙卯21	丙辰22	丁巳23	戊午24	己未25	庚申26	辛酉27	壬戌28	癸亥29	甲子30	乙丑31	丙寅(2)	丁卯2	戊辰3	己巳4	庚午5	辛未6	
二月小	庚寅	天干地支西曆	壬申7	癸酉8	甲戌9	乙亥10	丙子11	丁丑12	戊寅13	己卯14	庚辰15	辛巳16	壬午17	癸未18	甲申19	乙酉20	丙戌21	丁亥22	戊子23	己丑24	庚寅25	辛卯26	壬辰27	癸巳28	甲午29	乙未(3)	丙申2	丁酉3	戊戌4	己亥5	庚子6		丙子立春
三月大	辛卯	天干地支西曆	辛丑7	壬寅8	癸卯9	甲辰10	乙巳11	丙午12	丁未13	戊申14	己酉15	庚戌16	辛亥17	壬子18	癸丑19	甲寅20	乙卯21	丙辰22	丁巳23	戊午24	己未25	庚申26	辛酉27	壬戌28	癸亥29	甲子30	乙丑31	丙寅(4)	丁卯2	戊辰3	己巳4	庚午5	壬戌春分
四月小	壬辰	天干地支西曆	辛未6	壬申7	癸酉8	甲戌9	乙亥10	丙子11	丁丑12	戊寅13	己卯14	庚辰15	辛巳16	壬午17	癸未18	甲申19	乙酉20	丙戌21	丁亥22	戊子23	己丑24	庚寅25	辛卯26	壬辰27	癸巳28	甲午29	乙未30	丙申(5)	丁酉2	戊戌3	己亥4		
五月大	癸巳	天干地支西曆	庚子5	辛丑6	壬寅7	癸卯8	甲辰9	乙巳10	丙午11	丁未12	戊申13	己酉14	庚戌15	辛亥16	壬子17	癸丑18	甲寅19	乙卯20	丙辰21	丁巳22	戊午23	己未24	庚申25	辛酉26	壬戌27	癸亥28	甲子29	乙丑30	丙寅31	丁卯(6)	戊辰2	己巳3	己酉立夏
六月小	甲午	天干地支西曆	庚午4	辛未5	壬申6	癸酉7	甲戌8	乙亥9	丙子10	丁丑11	戊寅12	己卯13	庚辰14	辛巳15	壬午16	癸未17	甲申18	乙酉19	丙戌20	丁亥21	戊子22	己丑23	庚寅24	辛卯25	壬辰26	癸巳27	甲午28	乙未29	丙申30	丁酉(7)	戊戌2		丙申夏至
七月大	乙未	天干地支西曆	己亥3	庚子4	辛丑5	壬寅6	癸卯7	甲辰8	乙巳9	丙午10	丁未11	戊申12	己酉13	庚戌14	辛亥15	壬子16	癸丑17	甲寅18	乙卯19	丙辰20	丁巳21	戊午22	己未23	庚申24	辛酉25	壬戌26	癸亥27	甲子28	乙丑29	丙寅30	丁卯31	戊辰(8)	
八月小	丙申	天干地支西曆	己巳2	庚午3	辛未4	壬申5	癸酉6	甲戌7	乙亥8	丙子9	丁丑10	戊寅11	己卯12	庚辰13	辛巳14	壬午15	癸未16	甲申17	乙酉18	丙戌19	丁亥20	戊子21	己丑22	庚寅23	辛卯24	壬辰25	癸巳26	甲午27	乙未28	丙申29	丁酉30		癸未立秋
九月大	丁酉	天干地支西曆	戊戌31	己亥(9)	庚子2	辛丑3	壬寅4	癸卯5	甲辰6	乙巳7	丙午8	丁未9	戊申10	己酉11	庚戌12	辛亥13	壬子14	癸丑15	甲寅16	乙卯17	丙辰18	丁巳19	戊午20	己未21	庚申22	辛酉23	壬戌24	癸亥25	甲子26	乙丑27	丙寅28	丁卯29	
十月大	戊戌	天干地支西曆	戊辰30	己巳(10)	庚午2	辛未3	壬申4	癸酉5	甲戌6	乙亥7	丙子8	丁丑9	戊寅10	己卯11	庚辰12	辛巳13	壬午14	癸未15	甲申16	乙酉17	丙戌18	丁亥19	戊子20	己丑21	庚寅22	辛卯23	壬辰24	癸巳25	甲午26	乙未27	丙申28	丁酉29	戊辰秋分
十一月小	己亥	天干地支西曆	戊戌30	己亥31	庚子(11)	辛丑2	壬寅3	癸卯4	甲辰5	乙巳6	丙午7	丁未8	戊申9	己酉10	庚戌11	辛亥12	壬子13	癸丑14	甲寅15	乙卯16	丙辰17	丁巳18	戊午19	己未20	庚申21	辛酉22	壬戌23	癸亥24	甲子25	乙丑26	丙寅27		壬子立冬
十二月大	庚子	天干地支西曆	丁卯28	戊辰29	己巳30	庚午(12)	辛未2	壬申3	癸酉4	甲戌5	乙亥6	丙子7	丁丑8	戊寅9	己卯10	庚辰11	辛巳12	壬午13	癸未14	甲申15	乙酉16	丙戌17	丁亥18	戊子19	己丑20	庚寅21	辛卯22	壬辰23	癸巳24	甲午25	乙未26	丙申27	丙申冬至
閏月小	庚子	天干地支西曆	丁酉28	戊戌29	己亥30	庚子31	辛丑(1)	壬寅2	癸卯3	甲辰4	乙巳5	丙午6	丁未7	戊申8	己酉9	庚戌10	辛亥11	壬子12	癸丑13	甲寅14	乙卯15	丙辰16	丁巳17	戊午18	己未19	庚申20	辛酉21	壬戌22	癸亥23	甲子24	乙丑25		

朔閏異同	曆名	正月	二月	三月	四月	五月	六月	七月	八月	九月	十月	十一	十二	閏月
	周曆殷曆	辛未辛丑	辛丑辛未	庚午庚子	庚子庚午	己巳庚子	己亥己巳	戊辰己亥	戊戌戊辰	丁卯戊戌	丁酉丁卯	丙寅丁酉	丙申丙寅	---丙申
	夏曆新曆	辛未壬申	辛丑辛丑	庚午辛未	庚子庚子	己巳庚午	己亥庚子	戊辰己巳	戊戌己亥	丁卯---戊辰	丁酉戊戌	---丙寅丁卯	丙申丁酉	乙丑丙寅

*《長曆》：正月辛丑，二月辛未，三月庚子，四月庚午，五月庚子，六月己巳，七月己亥，八月戊辰，九月戊戌，十月丁卯，十一丁酉，十二丙寅，閏月丙申。

周桓王十六年 魯桓公八年（丁丑 牛年）公元前 **704** ~ 前 703 年 歲在鶉尾

魯曆月序	中西曆日對照	初一	初二	初三	初四	初五	初六	初七	初八	初九	初十	十一	十二	十三	十四	十五	十六	十七	十八	十九	二十	二一	二二	二三	二四	二五	二六	二七	二八	二九	三十	節氣與天象
正月大 辛丑	干支曆 天地西	丙寅26	丁卯27	戊辰28	己巳29	庚午30	辛未31	壬申(2)	癸酉2	甲戌3	乙亥4	丙子5	丁丑6	戊寅7	己卯8	庚辰9	辛巳10	壬午11	癸未12	甲申13	乙酉14	丙戌15	丁亥16	戊子17	己丑18	庚寅19	辛卯20	壬辰21	癸巳22	甲午23	乙未24	辛巳立春
二月小 壬寅	干支曆 天地西	丙申25	丁酉26	戊戌27	己亥28	庚子(3)	辛丑2	壬寅3	癸卯4	甲辰5	乙巳6	丙午7	丁未8	戊申9	己酉10	庚戌11	辛亥12	壬子13	癸丑14	甲寅15	乙卯16	丙辰17	丁巳18	戊午19	己未20	庚申21	辛酉22	壬戌23	癸亥24	甲子25		
三月大 癸卯	干支曆 天地西	乙丑26	丙寅27	丁卯28	戊辰29	己巳30	庚午31	辛未(4)	壬申2	癸酉3	甲戌4	乙亥5	丙子6	丁丑7	戊寅8	己卯9	庚辰10	辛巳11	壬午12	癸未13	甲申14	乙酉15	丙戌16	丁亥17	戊子18	己丑19	庚寅20	辛卯21	壬辰22	癸巳23	甲午24	丁卯春分
四月小 甲辰	干支曆 天地西	乙未25	丙申26	丁酉27	戊戌28	己亥29	庚子30	辛丑(5)	壬寅2	癸卯3	甲辰4	乙巳5	丙午6	丁未7	戊申8	己酉9	庚戌10	辛亥11	壬子12	癸丑13	甲寅14	乙卯15	丙辰16	丁巳17	戊午18	己未19	庚申20	辛酉21	壬戌22	癸亥23		甲寅立夏
五月大 乙巳	干支曆 天地西	甲子24	乙丑25	丙寅26	丁卯27	戊辰28	己巳29	庚午30	辛未31	壬申(6)	癸酉2	甲戌3	乙亥4	丙子5	丁丑6	戊寅7	己卯8	庚辰9	辛巳10	壬午11	癸未12	甲申13	乙酉14	丙戌15	丁亥16	戊子17	己丑18	庚寅19	辛卯20	壬辰21	癸巳22	
六月小 丙午	干支曆 天地西	甲午23	乙未24	丙申25	丁酉26	戊戌27	己亥28	庚子29	辛丑30	壬寅(7)	癸卯2	甲辰3	乙巳4	丙午5	丁未6	戊申7	己酉8	庚戌9	辛亥10	壬子11	癸丑12	甲寅13	乙卯14	丙辰15	丁巳16	戊午17	己未18	庚申19	辛酉20	壬戌21		辛丑夏至
七月大 丁未	干支曆 天地西	癸亥22	甲子23	乙丑24	丙寅25	丁卯26	戊辰27	己巳28	庚午29	辛未30	壬申31	癸酉(8)	甲戌2	乙亥3	丙子4	丁丑5	戊寅6	己卯7	庚辰8	辛巳9	壬午10	癸未11	甲申12	乙酉13	丙戌14	丁亥15	戊子16	己丑17	庚寅18	辛卯19	壬辰20	戊子立秋
八月小 戊申	干支曆 天地西	癸巳21	甲午22	乙未23	丙申24	丁酉25	戊戌26	己亥27	庚子28	辛丑29	壬寅30	癸卯31	甲辰(9)	乙巳2	丙午3	丁未4	戊申5	己酉6	庚戌7	辛亥8	壬子9	癸丑10	甲寅11	乙卯12	丙辰13	丁巳14	戊午15	己未16	庚申17	辛酉18		
九月大 己酉	干支曆 天地西	壬戌19	癸亥20	甲子21	乙丑22	丙寅23	丁卯24	戊辰25	己巳26	庚午27	辛未28	壬申29	癸酉30	甲戌(10)	乙亥2	丙子3	丁丑4	戊寅5	己卯6	庚辰7	辛巳8	壬午9	癸未10	甲申11	乙酉12	丙戌13	丁亥14	戊子15	己丑16	庚寅17	辛卯18	癸酉秋分
十月小 庚戌	干支曆 天地西	壬辰19	癸巳20	甲午21	乙未22	丙申23	丁酉24	戊戌25	己亥26	庚子27	辛丑28	壬寅29	癸卯30	甲辰31	乙巳(11)	丙午2	丁未3	戊申4	己酉5	庚戌6	辛亥7	壬子8	癸丑9	甲寅10	乙卯11	丙辰12	丁巳13	戊午14	己未15	庚申16		戊午立冬 壬辰日食
十一月大 辛亥	干支曆 天地西	辛酉17	壬戌18	癸亥19	甲子20	乙丑21	丙寅22	丁卯23	戊辰24	己巳25	庚午26	辛未27	壬申28	癸酉29	甲戌30	乙亥(12)	丙子2	丁丑3	戊寅4	己卯5	庚辰6	辛巳7	壬午8	癸未9	甲申10	乙酉11	丙戌12	丁亥13	戊子14	己丑15	庚寅16	
十二月小 壬子	干支曆 天地西	辛卯17	壬辰18	癸巳19	甲午20	乙未21	丙申22	丁酉23	戊戌24	己亥25	庚子26	辛丑27	壬寅28	癸卯29	甲辰30	乙巳31	丙午(1)	丁未2	戊申3	己酉4	庚戌5	辛亥6	壬子7	癸丑8	甲寅9	乙卯10	丙辰11	丁巳12	戊午13	己未14		壬寅冬至

朔閏異同	曆名	正月	二月	三月	四月	五月	六月	七月	八月	九月	十月	十一	十二	閏月
	周曆殷曆	丙寅乙丑	乙未乙未	乙丑甲子	甲午甲午	甲子癸亥	癸巳癸巳	癸亥癸亥	壬辰壬辰	壬戌壬戌	辛卯辛卯	辛酉辛酉	庚寅庚寅	庚申
	夏曆新曆	乙未丙申	甲子乙丑	甲午乙未	甲子甲子	癸巳甲午	癸亥癸亥	壬辰癸巳	壬戌癸亥	辛卯壬辰	辛酉壬戌	庚寅辛卯	庚申辛酉	

*《長曆》：正月乙丑，二月乙未，三月甲子，四月甲午，五月癸亥，六月癸巳，七月癸亥，八月壬辰，九月壬戌，十月辛卯，十一辛酉，十二庚寅。

周桓王十七年 魯桓公九年（戊寅 虎年）公元前703 ~ 前702年 歲在壽星

魯曆月序		中西曆日對照	初一	初二	初三	初四	初五	初六	初七	初八	初九	初十	十一	十二	十三	十四	十五	十六	十七	十八	十九	二十	二一	二二	二三	二四	二五	二六	二七	二八	二九	三十	節氣與天象
正月大	癸丑	干支曆 天地西	庚申 15	辛酉 16	壬戌 17	癸亥 18	甲子 19	乙丑 20	丙寅 21	丁卯 22	戊辰 23	己巳 24	庚午 25	辛未 26	壬申 27	癸酉 28	甲戌 29	乙亥 30	丙子 31	丁丑 (2)	戊寅 2	己卯 3	庚辰 4	辛巳 5	壬午 6	癸未 7	甲申 8	乙酉 9	丙戌 10	丁亥 11	戊子 12	己丑 13	丙戌立春
二月大	甲寅	干支曆 天地西	庚寅 14	辛卯 15	壬辰 16	癸巳 17	甲午 18	乙未 19	丙申 20	丁酉 21	戊戌 22	己亥 23	庚子 24	辛丑 25	壬寅 26	癸卯 27	甲辰 28	乙巳 (3)	丙午 2	丁未 3	戊申 4	己酉 5	庚戌 6	辛亥 7	壬子 8	癸丑 9	甲寅 10	乙卯 11	丙辰 12	丁巳 13	戊午 14	己未 15	
三月小	乙卯	干支曆 天地西	庚申 16	辛酉 17	壬戌 18	癸亥 19	甲子 20	乙丑 21	丙寅 22	丁卯 23	戊辰 24	己巳 25	庚午 26	辛未 27	壬申 28	癸酉 29	甲戌 30	乙亥 31	丙子 (4)	丁丑 2	戊寅 3	己卯 4	庚辰 5	辛巳 6	壬午 7	癸未 8	甲申 9	乙酉 10	丙戌 11	丁亥 12	戊子 13		壬申春分
四月大	丙辰	干支曆 天地西	己丑 14	庚寅 15	辛卯 16	壬辰 17	癸巳 18	甲午 19	乙未 20	丙申 21	丁酉 22	戊戌 23	己亥 24	庚子 25	辛丑 26	壬寅 27	癸卯 28	甲辰 29	乙巳 30	丙午 (5)	丁未 2	戊申 3	己酉 4	庚戌 5	辛亥 6	壬子 7	癸丑 8	甲寅 9	乙卯 10	丙辰 11	丁巳 12	戊午 13	
五月小	丁巳	干支曆 天地西	己未 14	庚申 15	辛酉 16	壬戌 17	癸亥 18	甲子 19	乙丑 20	丙寅 21	丁卯 22	戊辰 23	己巳 24	庚午 25	辛未 26	壬申 27	癸酉 28	甲戌 29	乙亥 30	丙子 31	丁丑 (6)	戊寅 2	己卯 3	庚辰 4	辛巳 5	壬午 6	癸未 7	甲申 8	乙酉 9	丙戌 10	丁亥 11		己未立夏
六月大	戊午	干支曆 天地西	戊子 12	己丑 13	庚寅 14	辛卯 15	壬辰 16	癸巳 17	甲午 18	乙未 19	丙申 20	丁酉 21	戊戌 22	己亥 23	庚子 24	辛丑 25	壬寅 26	癸卯 27	甲辰 28	乙巳 29	丙午 30	丁未 (7)	戊申 2	己酉 3	庚戌 4	辛亥 5	壬子 6	癸丑 7	甲寅 8	乙卯 9	丙辰 10	丁巳 11	丁未夏至
七月小	己未	干支曆 天地西	戊午 12	己未 13	庚申 14	辛酉 15	壬戌 16	癸亥 17	甲子 18	乙丑 19	丙寅 20	丁卯 21	戊辰 22	己巳 23	庚午 24	辛未 25	壬申 26	癸酉 27	甲戌 28	乙亥 29	丙子 30	丁丑 31	戊寅 (8)	己卯 2	庚辰 3	辛巳 4	壬午 5	癸未 6	甲申 7	乙酉 8	丙戌 9		
八月大	庚申	干支曆 天地西	丁亥 10	戊子 11	己丑 12	庚寅 13	辛卯 14	壬辰 15	癸巳 16	甲午 17	乙未 18	丙申 19	丁酉 20	戊戌 21	己亥 22	庚子 23	辛丑 24	壬寅 25	癸卯 26	甲辰 27	乙巳 28	丙午 29	丁未 30	戊申 31	己酉 (9)	庚戌 2	辛亥 3	壬子 4	癸丑 5	甲寅 6	乙卯 7	丙辰 8	癸巳立秋
九月小	辛酉	干支曆 天地西	丁巳 9	戊午 10	己未 11	庚申 12	辛酉 13	壬戌 14	癸亥 15	甲子 16	乙丑 17	丙寅 18	丁卯 19	戊辰 20	己巳 21	庚午 22	辛未 23	壬申 24	癸酉 25	甲戌 26	乙亥 27	丙子 28	丁丑 29	戊寅 30	己卯 (10)	庚辰 2	辛巳 3	壬午 4	癸未 5	甲申 6	乙酉 7		己卯秋分
十月大	壬戌	干支曆 天地西	丙戌 8	丁亥 9	戊子 10	己丑 11	庚寅 12	辛卯 13	壬辰 14	癸巳 15	甲午 16	乙未 17	丙申 18	丁酉 19	戊戌 20	己亥 21	庚子 22	辛丑 23	壬寅 24	癸卯 25	甲辰 26	乙巳 27	丙午 28	丁未 29	戊申 30	己酉 31	庚戌 (11)	辛亥 2	壬子 3	癸丑 4	甲寅 5	乙卯 6	
十一月小	癸亥	干支曆 天地西	丙辰 7	丁巳 8	戊午 9	己未 10	庚申 11	辛酉 12	壬戌 13	癸亥 14	甲子 15	乙丑 16	丙寅 17	丁卯 18	戊辰 19	己巳 20	庚午 21	辛未 22	壬申 23	癸酉 24	甲戌 25	乙亥 26	丙子 27	丁丑 28	戊寅 29	己卯 30	庚辰 (12)	辛巳 2	壬午 3	癸未 4	甲申 5		癸亥立冬
十二月大	甲子	干支曆 天地西	乙酉 6	丙戌 7	丁亥 8	戊子 9	己丑 10	庚寅 11	辛卯 12	壬辰 13	癸巳 14	甲午 15	乙未 16	丙申 17	丁酉 18	戊戌 19	己亥 20	庚子 21	辛丑 22	壬寅 23	癸卯 24	甲辰 25	乙巳 26	丙午 27	丁未 28	戊申 29	己酉 30	庚戌 31	辛亥 (1)	壬子 2	癸丑 3	甲寅 4	丁未冬至

朔閏異同	曆名	正月	二月	三月	四月	五月	六月	七月	八月	九月	十月	十一	十二	閏月
	周曆殷曆	己丑庚申	己未己丑	戊子己未	戊午戊子	戊子戊午	丁巳丁亥	丁亥丁巳	丙辰丙戌	丙戌丙辰	乙卯乙酉	乙酉乙卯	甲寅乙酉	
	夏曆新曆	己丑庚寅	己未庚申	戊子己丑	戊午戊午	丁亥戊子	丁巳丁巳	丁亥丁亥	丙辰丁巳	丙戌丙戌	乙卯丙辰	乙酉丙戌	甲寅乙卯	

*《長曆》：正月庚申，二月己丑，三月己未，四月戊子，五月戊午，六月丁亥，七月丁巳，八月丙戌，九月丙辰，十月乙酉，十一乙卯，十二乙酉。

周桓王十八年 魯桓公十年（己卯 兔年）公元前 702 ~ 前 701 年 歲在大火

魯曆月序		中西曆日對照	初一	初二	初三	初四	初五	初六	初七	初八	初九	初十	十一	十二	十三	十四	十五	十六	十七	十八	十九	二十	二一	二二	二三	二四	二五	二六	二七	二八	二九	三十	節氣與天象
正月小	乙丑	干支曆	乙卯	丙辰	丁巳	戊午	己未	庚申	辛酉	壬戌	癸亥	甲子	乙丑	丙寅	丁卯	戊辰	己巳	庚午	辛未	壬申	癸酉	甲戌	乙亥	丙子	丁丑	戊寅	己卯	庚辰	辛巳	壬午	癸未		
		天地西曆	5	6	7	8	9	10	11	12	13	14	15	16	17	18	19	20	21	22	23	24	25	26	27	28	29	30	31	(2)	2		
二月大	丙寅	干支曆	甲申	乙酉	丙戌	丁亥	戊子	己丑	庚寅	辛卯	壬辰	癸巳	甲午	乙未	丙申	丁酉	戊戌	己亥	庚子	辛丑	壬寅	癸卯	甲辰	乙巳	丙午	丁未	戊申	己酉	庚戌	辛亥	壬子	癸丑	壬辰立春
		天地西曆	3	4	5	6	7	8	9	10	11	12	13	14	15	16	17	18	19	20	21	22	23	24	25	26	27	28	(3)	2	3	4	
三月小	丁卯	干支曆	甲寅	乙卯	丙辰	丁巳	戊午	己未	庚申	辛酉	壬戌	癸亥	甲子	乙丑	丙寅	丁卯	戊辰	己巳	庚午	辛未	壬申	癸酉	甲戌	乙亥	丙子	丁丑	戊寅	己卯	庚辰	辛巳	壬午		戊寅春分 甲寅日食
		天地西曆	5	6	7	8	9	10	11	12	13	14	15	16	17	18	19	20	21	22	23	24	25	26	27	28	29	30	31	(4)	2		
四月大	戊辰	干支曆	癸未	甲申	乙酉	丙戌	丁亥	戊子	己丑	庚寅	辛卯	壬辰	癸巳	甲午	乙未	丙申	丁酉	戊戌	己亥	庚子	辛丑	壬寅	癸卯	甲辰	乙巳	丙午	丁未	戊申	己酉	庚戌	辛亥	壬子	
		天地西曆	3	4	5	6	7	8	9	10	11	12	13	14	15	16	17	18	19	20	21	22	23	24	25	26	27	28	29	30	(5)	2	
五月大	己巳	干支曆	癸丑	甲寅	乙卯	丙辰	丁巳	戊午	己未	庚申	辛酉	壬戌	癸亥	甲子	乙丑	丙寅	丁卯	戊辰	己巳	庚午	辛未	壬申	癸酉	甲戌	乙亥	丙子	丁丑	戊寅	己卯	庚辰	辛巳	壬午	乙丑立夏
		天地西曆	3	4	5	6	7	8	9	10	11	12	13	14	15	16	17	18	19	20	21	22	23	24	25	26	27	28	29	30	31	(6)	
六月小	庚午	干支曆	癸未	甲申	乙酉	丙戌	丁亥	戊子	己丑	庚寅	辛卯	壬辰	癸巳	甲午	乙未	丙申	丁酉	戊戌	己亥	庚子	辛丑	壬寅	癸卯	甲辰	乙巳	丙午	丁未	戊申	己酉	庚戌	辛亥		
		天地西曆	2	3	4	5	6	7	8	9	10	11	12	13	14	15	16	17	18	19	20	21	22	23	24	25	26	27	28	29	30		
七月大	辛未	干支曆	壬子	癸丑	甲寅	乙卯	丙辰	丁巳	戊午	己未	庚申	辛酉	壬戌	癸亥	甲子	乙丑	丙寅	丁卯	戊辰	己巳	庚午	辛未	壬申	癸酉	甲戌	乙亥	丙子	丁丑	戊寅	己卯	庚辰	辛巳	壬子夏至
		天地西曆	(7)	2	3	4	5	6	7	8	9	10	11	12	13	14	15	16	17	18	19	20	21	22	23	24	25	26	27	28	29	30	
八月小	壬申	干支曆	壬午	癸未	甲申	乙酉	丙戌	丁亥	戊子	己丑	庚寅	辛卯	壬辰	癸巳	甲午	乙未	丙申	丁酉	戊戌	己亥	庚子	辛丑	壬寅	癸卯	甲辰	乙巳	丙午	丁未	戊申	己酉	庚戌		戊戌立秋
		天地西曆	31	(8)	2	3	4	5	6	7	8	9	10	11	12	13	14	15	16	17	18	19	20	21	22	23	24	25	26	27	28		
九月大	癸酉	干支曆	辛亥	壬子	癸丑	甲寅	乙卯	丙辰	丁巳	戊午	己未	庚申	辛酉	壬戌	癸亥	甲子	乙丑	丙寅	丁卯	戊辰	己巳	庚午	辛未	壬申	癸酉	甲戌	乙亥	丙子	丁丑	戊寅	己卯	庚辰	
		天地西曆	29	30	31	(9)	2	3	4	5	6	7	8	9	10	11	12	13	14	15	16	17	18	19	20	21	22	23	24	25	26	27	
十月小	甲戌	干支曆	辛巳	壬午	癸未	甲申	乙酉	丙戌	丁亥	戊子	己丑	庚寅	辛卯	壬辰	癸巳	甲午	乙未	丙申	丁酉	戊戌	己亥	庚子	辛丑	壬寅	癸卯	甲辰	乙巳	丙午	丁未	戊申	己酉		甲申秋分
		天地西曆	28	29	30	(10)	2	3	4	5	6	7	8	9	10	11	12	13	14	15	16	17	18	19	20	21	22	23	24	25	26		
十一月大	乙亥	干支曆	庚戌	辛亥	壬子	癸丑	甲寅	乙卯	丙辰	丁巳	戊午	己未	庚申	辛酉	壬戌	癸亥	甲子	乙丑	丙寅	丁卯	戊辰	己巳	庚午	辛未	壬申	癸酉	甲戌	乙亥	丙子	丁丑	戊寅	己卯	戊辰立冬
		天地西曆	27	28	29	30	31	(11)	2	3	4	5	6	7	8	9	10	11	12	13	14	15	16	17	18	19	20	21	22	23	24	25	
十二月小	丙子	干支曆	庚辰	辛巳	壬午	癸未	甲申	乙酉	丙戌	丁亥	戊子	己丑	庚寅	辛卯	壬辰	癸巳	甲午	乙未	丙申	丁酉	戊戌	己亥	庚子	辛丑	壬寅	癸卯	甲辰	乙巳	丙午	丁未	戊申		
		天地西曆	26	27	28	29	30	(12)	2	3	4	5	6	7	8	9	10	11	12	13	14	15	16	17	18	19	20	21	22	23	24		
閏月大	丙子	干支曆	己酉	庚戌	辛亥	壬子	癸丑	甲寅	乙卯	丙辰	丁巳	戊午	己未	庚申	辛酉	壬戌	癸亥	甲子	乙丑	丙寅	丁卯	戊辰	己巳	庚午	辛未	壬申	癸酉	甲戌	乙亥	丙子	丁丑	戊寅	壬子冬至
		天地西曆	25	26	27	28	29	30	31	(1)	2	3	4	5	6	7	8	9	10	11	12	13	14	15	16	17	18	19	20	21	22	23	

朔閏異同	曆名	正月	二月	三月	四月	五月	六月	七月	八月	九月	十月	十一	十二	閏月
	周曆殷曆	甲申甲寅	癸丑甲申	癸未癸丑	壬子癸未	壬午壬子	辛亥壬午	辛巳辛亥	辛亥辛巳	庚辰庚戌	庚戌---庚辰	己卯己酉	---己酉己卯	戊寅戊申
	夏曆新曆	甲申乙酉	癸丑甲寅	癸未甲申	壬子癸丑	壬午壬午	辛亥壬子	---辛巳---辛巳	庚戌辛亥	庚辰辛巳	己酉庚戌	己卯庚辰	己酉庚戌	戊寅己卯

*《長曆》：正月甲寅，二月甲申，三月癸丑，四月癸未，五月壬子，六月壬午，七月辛亥，八月辛巳，九月庚戌，十月庚辰，十一己酉，十二己卯，閏月戊申。

周桓王十九年 魯桓公十一年（庚辰 龍年）公元前 701 ~ 前 700 年 歲在析木

魯曆月序		中西曆日對照	初一	初二	初三	初四	初五	初六	初七	初八	初九	初十	十一	十二	十三	十四	十五	十六	十七	十八	十九	二十	二一	二二	二三	二四	二五	二六	二七	二八	二九	三十	節氣與天象
正月小	丁丑	干支曆 天地西	己卯24	庚辰25	辛巳26	壬午27	癸未28	甲申29	乙酉30	丙戌31	丁亥(2)	戊子2	己丑3	庚寅4	辛卯5	壬辰6	癸巳7	甲午8	乙未9	丙申10	丁酉11	戊戌12	己亥13	庚子14	辛丑15	壬寅16	癸卯17	甲辰18	乙巳19	丙午20	丁未21		丁酉立春
二月大	戊寅	干支曆 天地西	戊申22	己酉23	庚戌24	辛亥25	壬子26	癸丑27	甲寅28	乙卯29	丙辰(3)	丁巳2	戊午3	己未4	庚申5	辛酉6	壬戌7	癸亥8	甲子9	乙丑10	丙寅11	丁卯12	戊辰13	己巳14	庚午15	辛未16	壬申17	癸酉18	甲戌19	乙亥20	丙子21	丁丑22	
三月小	己卯	干支曆 天地西	戊寅23	己卯24	庚辰25	辛巳26	壬午27	癸未28	甲申29	乙酉30	丙戌31	丁亥(4)	戊子2	己丑3	庚寅4	辛卯5	壬辰6	癸巳7	甲午8	乙未9	丙申10	丁酉11	戊戌12	己亥13	庚子14	辛丑15	壬寅16	癸卯17	甲辰18	乙巳19	丙午20		癸未春分
四月大	庚辰	干支曆 天地西	丁未21	戊申22	己酉23	庚戌24	辛亥25	壬子26	癸丑27	甲寅28	乙卯29	丙辰30	丁巳(5)	戊午2	己未3	庚申4	辛酉5	壬戌6	癸亥7	甲子8	乙丑9	丙寅10	丁卯11	戊辰12	己巳13	庚午14	辛未15	壬申16	癸酉17	甲戌18	乙亥19	丙子20	庚午立夏
五月小	辛巳	干支曆 天地西	丁丑21	戊寅22	己卯23	庚辰24	辛巳25	壬午26	癸未27	甲申28	乙酉29	丙戌30	丁亥31	戊子(6)	己丑2	庚寅3	辛卯4	壬辰5	癸巳6	甲午7	乙未8	丙申9	丁酉10	戊戌11	己亥12	庚子13	辛丑14	壬寅15	癸卯16	甲辰17	乙巳18		
六月大	壬午	干支曆 天地西	丙午19	丁未20	戊申21	己酉22	庚戌23	辛亥24	壬子25	癸丑26	甲寅27	乙卯28	丙辰29	丁巳30	戊午(7)	己未2	庚申3	辛酉4	壬戌5	癸亥6	甲子7	乙丑8	丙寅9	丁卯10	戊辰11	己巳12	庚午13	辛未14	壬申15	癸酉16	甲戌17	乙亥18	丁巳夏至
七月小	癸未	干支曆 天地西	丙子19	丁丑20	戊寅21	己卯22	庚辰23	辛巳24	壬午25	癸未26	甲申27	乙酉28	丙戌29	丁亥30	戊子31	己丑(8)	庚寅2	辛卯3	壬辰4	癸巳5	甲午6	乙未7	丙申8	丁酉9	戊戌10	己亥11	庚子12	辛丑13	壬寅14	癸卯15	甲辰16		甲辰立秋
八月大	甲申	干支曆 天地西	乙巳17	丙午18	丁未19	戊申20	己酉21	庚戌22	辛亥23	壬子24	癸丑25	甲寅26	乙卯27	丙辰28	丁巳29	戊午30	己未31	庚申(9)	辛酉2	壬戌3	癸亥4	甲子5	乙丑6	丙寅7	丁卯8	戊辰9	己巳10	庚午11	辛未12	壬申13	癸酉14	甲戌15	乙巳日食
九月大	乙酉	干支曆 天地西	乙亥16	丙子17	丁丑18	戊寅19	己卯20	庚辰21	辛巳22	壬午23	癸未24	甲申25	乙酉26	丙戌27	丁亥28	戊子29	己丑30	庚寅(10)	辛卯2	壬辰3	癸巳4	甲午5	乙未6	丙申7	丁酉8	戊戌9	己亥10	庚子11	辛丑12	壬寅13	癸卯14	甲辰15	己丑秋分
十月小	丙戌	干支曆 天地西	乙巳16	丙午17	丁未18	戊申19	己酉20	庚戌21	辛亥22	壬子23	癸丑24	甲寅25	乙卯26	丙辰27	丁巳28	戊午29	己未30	庚申31	辛酉(11)	壬戌2	癸亥3	甲子4	乙丑5	丙寅6	丁卯7	戊辰8	己巳9	庚午10	辛未11	壬申12	癸酉13		癸酉立冬
十一月大	丁亥	干支曆 天地西	甲戌14	乙亥15	丙子16	丁丑17	戊寅18	己卯19	庚辰20	辛巳21	壬午22	癸未23	甲申24	乙酉25	丙戌26	丁亥27	戊子28	己丑29	庚寅30	辛卯(12)	壬辰2	癸巳3	甲午4	乙未5	丙申6	丁酉7	戊戌8	己亥9	庚子10	辛丑11	壬寅12	癸卯13	
十二月小	戊子	干支曆 天地西	甲辰14	乙巳15	丙午16	丁未17	戊申18	己酉19	庚戌20	辛亥21	壬子22	癸丑23	甲寅24	乙卯25	丙辰26	丁巳27	戊午28	己未29	庚申30	辛酉31	壬戌(1)	癸亥2	甲子3	乙丑4	丙寅5	丁卯6	戊辰7	己巳8	庚午9	辛未10	壬申11		丁巳冬至

朔閏異同	曆名	正月	二月	三月	四月	五月	六月	七月	八月	九月	十月	十一	十二	閏月	曆名	正月	二月	三月	四月	五月	六月	七月	八月	九月	十月	十一	十二	閏月
	周曆殷曆	戊申戊寅	丁丑戊申	丁未丁丑	丙子丁未	丙午丙子	乙亥丙午	乙巳乙亥	甲戌乙巳	甲辰甲戌	癸酉甲辰	癸卯癸酉	癸酉癸卯		夏曆新曆	戊申己酉	丁丑戊寅	丁未戊申	丙子丁丑	丙午丙午	乙亥乙亥	乙巳乙巳	甲戌乙亥	甲辰甲辰	癸酉甲戌	癸卯甲辰	壬申甲戌	

*《長曆》：正月戊寅，二月戊申，三月丁丑，四月丁未，五月丙子，六月丙午，七月乙亥，八月乙巳，九月甲戌，十月甲辰，十一癸酉，十二癸卯。

周桓王二十年 魯桓公十二年（辛巳 蛇年）公元前700～前699年 歲在星紀

魯曆月序		中西曆日對照	初一	初二	初三	初四	初五	初六	初七	初八	初九	初十	十一	十二	十三	十四	十五	十六	十七	十八	十九	二十	二一	二二	二三	二四	二五	二六	二七	二八	二九	三十	節氣與天象
正月大	己丑	天干地支西曆	癸酉12	甲戌13	乙亥14	丙子15	丁丑16	戊寅17	己卯18	庚辰19	辛巳20	壬午21	癸未22	甲申23	乙酉24	丙戌25	丁亥26	戊子27	己丑28	庚寅29	辛卯30	壬辰31	癸巳(2)	甲午2	乙未3	丙申4	丁酉5	戊戌6	己亥7	庚子8	辛丑9	壬寅10	壬寅立春
二月小	庚寅	天干地支西曆	癸卯11	甲辰12	乙巳13	丙午14	丁未15	戊申16	己酉17	庚戌18	辛亥19	壬子20	癸丑21	甲寅22	乙卯23	丙辰24	丁巳25	戊午26	己未27	庚申28	辛酉(3)	壬戌2	癸亥3	甲子4	乙丑5	丙寅6	丁卯7	戊辰8	己巳9	庚午10	辛未11		
三月大	辛卯	天干地支西曆	壬申12	癸酉13	甲戌14	乙亥15	丙子16	丁丑17	戊寅18	己卯19	庚辰20	辛巳21	壬午22	癸未23	甲申24	乙酉25	丙戌26	丁亥27	戊子28	己丑29	庚寅30	辛卯31	壬辰(4)	癸巳2	甲午3	乙未4	丙申5	丁酉6	戊戌7	己亥8	庚子9	辛丑10	戊子春分
四月小	壬辰	天干地支西曆	壬寅11	癸卯12	甲辰13	乙巳14	丙午15	丁未16	戊申17	己酉18	庚戌19	辛亥20	壬子21	癸丑22	甲寅23	乙卯24	丙辰25	丁巳26	戊午27	己未28	庚申29	辛酉30	壬戌(5)	癸亥2	甲子3	乙丑4	丙寅5	丁卯6	戊辰7	己巳8	庚午9		
五月大	癸巳	天干地支西曆	辛未10	壬申11	癸酉12	甲戌13	乙亥14	丙子15	丁丑16	戊寅17	己卯18	庚辰19	辛巳20	壬午21	癸未22	甲申23	乙酉24	丙戌25	丁亥26	戊子27	己丑28	庚寅29	辛卯30	壬辰31	癸巳(6)	甲午2	乙未3	丙申4	丁酉5	戊戌6	己亥7	庚子8	乙亥立夏
六月小	甲午	天干地支西曆	辛丑9	壬寅10	癸卯11	甲辰12	乙巳13	丙午14	丁未15	戊申16	己酉17	庚戌18	辛亥19	壬子20	癸丑21	甲寅22	乙卯23	丙辰24	丁巳25	戊午26	己未27	庚申28	辛酉29	壬戌30	癸亥(7)	甲子2	乙丑3	丙寅4	丁卯5	戊辰6	己巳7		壬戌夏至
七月大	乙未	天干地支西曆	庚午8	辛未9	壬申10	癸酉11	甲戌12	乙亥13	丙子14	丁丑15	戊寅16	己卯17	庚辰18	辛巳19	壬午20	癸未21	甲申22	乙酉23	丙戌24	丁亥25	戊子26	己丑27	庚寅28	辛卯29	壬辰30	癸巳31	甲午(8)	乙未2	丙申3	丁酉4	戊戌5	己亥6	
八月小	丙申	天干地支西曆	庚子7	辛丑8	壬寅9	癸卯10	甲辰11	乙巳12	丙午13	丁未14	戊申15	己酉16	庚戌17	辛亥18	壬子19	癸丑20	甲寅21	乙卯22	丙辰23	丁巳24	戊午25	己未26	庚申27	辛酉28	壬戌29	癸亥30	甲子31	乙丑(9)	丙寅2	丁卯3	戊辰4		己酉立秋
九月大	丁酉	天干地支西曆	己巳5	庚午6	辛未7	壬申8	癸酉9	甲戌10	乙亥11	丙子12	丁丑13	戊寅14	己卯15	庚辰16	辛巳17	壬午18	癸未19	甲申20	乙酉21	丙戌22	丁亥23	戊子24	己丑25	庚寅26	辛卯27	壬辰28	癸巳29	甲午30	乙未(10)	丙申2	丁酉3	戊戌4	甲午秋分
十月小	戊戌	天干地支西曆	己亥5	庚子6	辛丑7	壬寅8	癸卯9	甲辰10	乙巳11	丙午12	丁未13	戊申14	己酉15	庚戌16	辛亥17	壬子18	癸丑19	甲寅20	乙卯21	丙辰22	丁巳23	戊午24	己未25	庚申26	辛酉27	壬戌28	癸亥29	甲子30	乙丑31	丙寅(11)	丁卯2		
十一月大	己亥	天干地支西曆	戊辰3	己巳4	庚午5	辛未6	壬申7	癸酉8	甲戌9	乙亥10	丙子11	丁丑12	戊寅13	己卯14	庚辰15	辛巳16	壬午17	癸未18	甲申19	乙酉20	丙戌21	丁亥22	戊子23	己丑24	庚寅25	辛卯26	壬辰27	癸巳28	甲午29	乙未30	丙申(12)	丁酉2	己卯立冬
十二月小	庚子	天干地支西曆	戊戌3	己亥4	庚子5	辛丑6	壬寅7	癸卯8	甲辰9	乙巳10	丙午11	丁未12	戊申13	己酉14	庚戌15	辛亥16	壬子17	癸丑18	甲寅19	乙卯20	丙辰21	丁巳22	戊午23	己未24	庚申25	辛酉26	壬戌27	癸亥28	甲子29	乙丑30	丙寅31		癸亥冬至
閏月大	庚子	天干地支西曆	丁卯(1)	戊辰2	己巳3	庚午4	辛未5	壬申6	癸酉7	甲戌8	乙亥9	丙子10	丁丑11	戊寅12	己卯13	庚辰14	辛巳15	壬午16	癸未17	甲申18	乙酉19	丙戌20	丁亥21	戊子22	己丑23	庚寅24	辛卯25	壬辰26	癸巳27	甲午28	乙未29	丙申30	

朔閏異同	曆名	正月	二月	三月	四月	五月	六月	七月	八月	九月	十月	十一	十二	閏月
	周曆殷曆	壬寅壬申	壬申壬寅	辛丑辛未	辛未辛丑	庚子庚午	庚午庚子	己亥庚午	己巳己亥	戊戌己巳	戊辰戊戌	丁酉戊辰	丁卯丁酉	
	夏曆新曆	壬寅癸卯	辛未癸酉	辛丑壬寅	辛未壬申	庚子辛丑	庚午庚午	己亥己亥	己巳己巳	戊戌戊戌	戊辰戊辰	丁酉戊戌	丁卯戊辰	

*《長曆》：正月壬申，二月壬寅，三月辛未，四月辛丑，五月庚午，六月庚子，七月庚午，八月己亥，九月己巳，十月戊戌，十一戊辰，十二丁酉，閏月丁卯。

周桓王二十一年 魯桓公十三年（壬午 馬年）公元前 699 ~ 前 698 年 歲在玄枵

魯曆月序		西日中曆對照	初一	初二	初三	初四	初五	初六	初七	初八	初九	初十	十一	十二	十三	十四	十五	十六	十七	十八	十九	二十	二一	二二	二三	二四	二五	二六	二七	二八	二九	三十	節氣與天象
正月大	辛丑	天干 地支 西曆	丁酉 31	戊戌 (2)	己亥 2	庚子 3	辛丑 4	壬寅 5	癸卯 6	甲辰 7	乙巳 8	丙午 9	丁未 10	戊申 11	己酉 12	庚戌 13	辛亥 14	壬子 15	癸丑 16	甲寅 17	乙卯 18	丙辰 19	丁巳 20	戊午 21	己未 22	庚申 23	辛酉 24	壬戌 25	癸亥 26	甲子 27	乙丑 28	丙寅 (3)	丁未立春
二月小	壬寅	天干 地支 西曆	丁卯 2	戊辰 3	己巳 4	庚午 5	辛未 6	壬申 7	癸酉 8	甲戌 9	乙亥 10	丙子 11	丁丑 12	戊寅 13	己卯 14	庚辰 15	辛巳 16	壬午 17	癸未 18	甲申 19	乙酉 20	丙戌 21	丁亥 22	戊子 23	己丑 24	庚寅 25	辛卯 26	壬辰 27	癸巳 28	甲午 29	乙未 30		癸巳春分
三月大	癸卯	天干 地支 西曆	丙申 31	丁酉 (4)	戊戌 2	己亥 3	庚子 4	辛丑 5	壬寅 6	癸卯 7	甲辰 8	乙巳 9	丙午 10	丁未 11	戊申 12	己酉 13	庚戌 14	辛亥 15	壬子 16	癸丑 17	甲寅 18	乙卯 19	丙辰 20	丁巳 21	戊午 22	己未 23	庚申 24	辛酉 25	壬戌 26	癸亥 27	甲子 28	乙丑 29	
四月小	甲辰	天干 地支 西曆	丙寅 30	丁卯 (5)	戊辰 2	己巳 3	庚午 4	辛未 5	壬申 6	癸酉 7	甲戌 8	乙亥 9	丙子 10	丁丑 11	戊寅 12	己卯 13	庚辰 14	辛巳 15	壬午 16	癸未 17	甲申 18	乙酉 19	丙戌 20	丁亥 21	戊子 22	己丑 23	庚寅 24	辛卯 25	壬辰 26	癸巳 27	甲午 28		庚辰立夏
五月大	乙巳	天干 地支 西曆	乙未 29	丙申 30	丁酉 31	戊戌 (6)	己亥 2	庚子 3	辛丑 4	壬寅 5	癸卯 6	甲辰 7	乙巳 8	丙午 9	丁未 10	戊申 11	己酉 12	庚戌 13	辛亥 14	壬子 15	癸丑 16	甲寅 17	乙卯 18	丙辰 19	丁巳 20	戊午 21	己未 22	庚申 23	辛酉 24	壬戌 25	癸亥 26	甲子 27	
六月小	丙午	天干 地支 西曆	乙丑 28	丙寅 29	丁卯 30	戊辰 (7)	己巳 2	庚午 3	辛未 4	壬申 5	癸酉 6	甲戌 7	乙亥 8	丙子 9	丁丑 10	戊寅 11	己卯 12	庚辰 13	辛巳 14	壬午 15	癸未 16	甲申 17	乙酉 18	丙戌 19	丁亥 20	戊子 21	己丑 22	庚寅 23	辛卯 24	壬辰 25	癸巳 26		戊辰夏至
七月大	丁未	天干 地支 西曆	甲午 27	乙未 28	丙申 29	丁酉 30	戊戌 31	己亥 (8)	庚子 2	辛丑 3	壬寅 4	癸卯 5	甲辰 6	乙巳 7	丙午 8	丁未 9	戊申 10	己酉 11	庚戌 12	辛亥 13	壬子 14	癸丑 15	甲寅 16	乙卯 17	丙辰 18	丁巳 19	戊午 20	己未 21	庚申 22	辛酉 23	壬戌 24	癸亥 25	甲寅立秋
八月小	戊申	天干 地支 西曆	甲子 26	乙丑 27	丙寅 28	丁卯 29	戊辰 30	己巳 31	庚午 (9)	辛未 2	壬申 3	癸酉 4	甲戌 5	乙亥 6	丙子 7	丁丑 8	戊寅 9	己卯 10	庚辰 11	辛巳 12	壬午 13	癸未 14	甲申 15	乙酉 16	丙戌 17	丁亥 18	戊子 19	己丑 20	庚寅 21	辛卯 22	壬辰 23		
九月大	己酉	天干 地支 西曆	癸巳 24	甲午 25	乙未 26	丙申 27	丁酉 28	戊戌 29	己亥 30	庚子 (10)	辛丑 2	壬寅 3	癸卯 4	甲辰 5	乙巳 6	丙午 7	丁未 8	戊申 9	己酉 10	庚戌 11	辛亥 12	壬子 13	癸丑 14	甲寅 15	乙卯 16	丙辰 17	丁巳 18	戊午 19	己未 20	庚申 21	辛酉 22	壬戌 23	己亥秋分
十月小	庚戌	天干 地支 西曆	癸亥 24	甲子 25	乙丑 26	丙寅 27	丁卯 28	戊辰 29	己巳 30	庚午 31	辛未 (11)	壬申 2	癸酉 3	甲戌 4	乙亥 5	丙子 6	丁丑 7	戊寅 8	己卯 9	庚辰 10	辛巳 11	壬午 12	癸未 13	甲申 14	乙酉 15	丙戌 16	丁亥 17	戊子 18	己丑 19	庚寅 20	辛卯 21		甲申立冬
十一月大	辛亥	天干 地支 西曆	壬辰 22	癸巳 23	甲午 24	乙未 25	丙申 26	丁酉 27	戊戌 28	己亥 29	庚子 30	辛丑 (12)	壬寅 2	癸卯 3	甲辰 4	乙巳 5	丙午 6	丁未 7	戊申 8	己酉 9	庚戌 10	辛亥 11	壬子 12	癸丑 13	甲寅 14	乙卯 15	丙辰 16	丁巳 17	戊午 18	己未 19	庚申 20	辛酉 21	
十二月小	壬子	天干 地支 西曆	壬戌 22	癸亥 23	甲子 24	乙丑 25	丙寅 26	丁卯 27	戊辰 28	己巳 29	庚午 30	辛未 31	壬申 (1)	癸酉 2	甲戌 3	乙亥 4	丙子 5	丁丑 6	戊寅 7	己卯 8	庚辰 9	辛巳 10	壬午 11	癸未 12	甲申 13	乙酉 14	丙戌 15	丁亥 16	戊子 17	己丑 18	庚寅 19		戊辰冬至

朔閏異同	曆名	正月	二月	三月	四月	五月	六月	七月	八月	九月	十月	十一	十二	閏月		曆名	正月	二月	三月	四月	五月	六月	七月	八月	九月	十月	十一	十二	閏月
	周曆殷曆	丙申丁卯	丙寅丙申	乙未丙寅	乙丑乙未	乙未乙丑	甲子乙甲午	甲午---甲子	---癸亥癸巳	癸巳癸亥	壬戌壬辰	壬辰壬戌	辛酉壬辰	辛卯辛酉		夏曆新曆	丙申丁酉	丙寅丁卯	乙未丁酉	---乙丑---丙寅	甲午丙申	甲子乙丑	甲午甲午	癸亥癸亥	癸巳癸巳	壬戌壬戌	壬辰壬辰	辛酉壬戌	辛卯辛卯

*《長曆》：正月丙申，二月丙寅，三月乙未，四月乙丑，五月甲午，六月甲子，七月癸巳，八月癸亥，九月壬辰，十月壬戌，十一壬辰，十二辛酉。

周桓王二十二年 魯桓公十四年（癸未 羊年）公元前 698 ~ 前 697 年 歲在娵訾

魯曆月序		中西曆日對照	魯曆日序																														節氣與天象
			初一	初二	初三	初四	初五	初六	初七	初八	初九	初十	十一	十二	十三	十四	十五	十六	十七	十八	十九	二十	二一	二二	二三	二四	二五	二六	二七	二八	二九	三十	
正月大	癸丑	天干 地支 西曆	辛卯 20	壬辰 21	癸巳 22	甲午 23	乙未 24	丙申 25	丁酉 26	戊戌 27	己亥 28	庚子 29	辛丑 30	壬寅 31	癸卯 (2)	甲辰 2	乙巳 3	丙午 4	丁未 5	戊申 6	己酉 7	庚戌 8	辛亥 9	壬子 10	癸丑 11	甲寅 12	乙卯 13	丙辰 14	丁巳 15	戊午 16	己未 17	庚申 18	癸丑立春
二月小	甲寅	天干 地支 西曆	辛酉 19	壬戌 20	癸亥 21	甲子 22	乙丑 23	丙寅 24	丁卯 25	戊辰 26	己巳 27	庚午 28	辛未 (3)	壬申 2	癸酉 3	甲戌 4	乙亥 5	丙子 6	丁丑 7	戊寅 8	己卯 9	庚辰 10	辛巳 11	壬午 12	癸未 13	甲申 14	乙酉 15	丙戌 16	丁亥 17	戊子 18	己丑 19		
三月大	乙卯	天干 地支 西曆	庚寅 20	辛卯 21	壬辰 22	癸巳 23	甲午 24	乙未 25	丙申 26	丁酉 27	戊戌 28	己亥 29	庚子 30	辛丑 31	壬寅 (4)	癸卯 2	甲辰 3	乙巳 4	丙午 5	丁未 6	戊申 7	己酉 8	庚戌 9	辛亥 10	壬子 11	癸丑 12	甲寅 13	乙卯 14	丙辰 15	丁巳 16	戊午 17	己未 18	己亥春分
四月小	丙辰	天干 地支 西曆	庚申 19	辛酉 20	壬戌 21	癸亥 22	甲子 23	乙丑 24	丙寅 25	丁卯 26	戊辰 27	己巳 28	庚午 29	辛未 30	壬申 (5)	癸酉 2	甲戌 3	乙亥 4	丙子 5	丁丑 6	戊寅 7	己卯 8	庚辰 9	辛巳 10	壬午 11	癸未 12	甲申 13	乙酉 14	丙戌 15	丁亥 16	戊子 17		丙戌立夏
五月大	丁巳	天干 地支 西曆	己丑 18	庚寅 19	辛卯 20	壬辰 21	癸巳 22	甲午 23	乙未 24	丙申 25	丁酉 26	戊戌 27	己亥 28	庚子 29	辛丑 30	壬寅 31	癸卯 (6)	甲辰 2	乙巳 3	丙午 4	丁未 5	戊申 6	己酉 7	庚戌 8	辛亥 9	壬子 10	癸丑 11	甲寅 12	乙卯 13	丙辰 14	丁巳 15	戊午 16	
六月大	戊午	天干 地支 西曆	己未 17	庚申 18	辛酉 19	壬戌 20	癸亥 21	甲子 22	乙丑 23	丙寅 24	丁卯 25	戊辰 26	己巳 27	庚午 28	辛未 29	壬申 30	癸酉 (7)	甲戌 2	乙亥 3	丙子 4	丁丑 5	戊寅 6	己卯 7	庚辰 8	辛巳 9	壬午 10	癸未 11	甲申 12	乙酉 13	丙戌 14	丁亥 15	戊子 16	癸酉夏至
七月小	己未	天干 地支 西曆	己丑 17	庚寅 18	辛卯 19	壬辰 20	癸巳 21	甲午 22	乙未 23	丙申 24	丁酉 25	戊戌 26	己亥 27	庚子 28	辛丑 29	壬寅 30	癸卯 31	甲辰 (8)	乙巳 2	丙午 3	丁未 4	戊申 5	己酉 6	庚戌 7	辛亥 8	壬子 9	癸丑 10	甲寅 11	乙卯 12	丙辰 13	丁巳 14		
八月大	庚申	天干 地支 西曆	戊午 15	己未 16	庚申 17	辛酉 18	壬戌 19	癸亥 20	甲子 21	乙丑 22	丙寅 23	丁卯 24	戊辰 25	己巳 26	庚午 27	辛未 28	壬申 29	癸酉 30	甲戌 31	乙亥 (9)	丙子 2	丁丑 3	戊寅 4	己卯 5	庚辰 6	辛巳 7	壬午 8	癸未 9	甲申 10	乙酉 11	丙戌 12	丁亥 13	己未立秋
九月小	辛酉	天干 地支 西曆	戊子 14	己丑 15	庚寅 16	辛卯 17	壬辰 18	癸巳 19	甲午 20	乙未 21	丙申 22	丁酉 23	戊戌 24	己亥 25	庚子 26	辛丑 27	壬寅 28	癸卯 29	甲辰 30	乙巳 (10)	丙午 2	丁未 3	戊申 4	己酉 5	庚戌 6	辛亥 7	壬子 8	癸丑 9	甲寅 10	乙卯 11	丙辰 12		乙巳秋分
十月大	壬戌	天干 地支 西曆	丁巳 13	戊午 14	己未 15	庚申 16	辛酉 17	壬戌 18	癸亥 19	甲子 20	乙丑 21	丙寅 22	丁卯 23	戊辰 24	己巳 25	庚午 26	辛未 27	壬申 28	癸酉 29	甲戌 30	乙亥 31	丙子 (11)	丁丑 2	戊寅 3	己卯 4	庚辰 5	辛巳 6	壬午 7	癸未 8	甲申 9	乙酉 10	丙戌 11	
十一月小	癸亥	天干 地支 西曆	丁亥 12	戊子 13	己丑 14	庚寅 15	辛卯 16	壬辰 17	癸巳 18	甲午 19	乙未 20	丙申 21	丁酉 22	戊戌 23	己亥 24	庚子 25	辛丑 26	壬寅 27	癸卯 28	甲辰 29	乙巳 30	丙午 (12)	丁未 2	戊申 3	己酉 4	庚戌 5	辛亥 6	壬子 7	癸丑 8	甲寅 9	乙卯 10		己丑立冬
十二月大	甲子	天干 地支 西曆	丙辰 11	丁巳 12	戊午 13	己未 14	庚申 15	辛酉 16	壬戌 17	癸亥 18	甲子 19	乙丑 20	丙寅 21	丁卯 22	戊辰 23	己巳 24	庚午 25	辛未 26	壬申 27	癸酉 28	甲戌 29	乙亥 30	丙子 31	丁丑 (1)	戊寅 2	己卯 3	庚辰 4	辛巳 5	壬午 6	癸未 7	甲申 8	乙酉 9	癸酉冬至

朔閏異同	曆名	正月	二月	三月	四月	五月	六月	七月	八月	九月	十月	十一	十二	閏月		曆名	正月	二月	三月	四月	五月	六月	七月	八月	九月	十月	十一	十二	閏月
	周曆殷曆	庚申辛卯	庚寅庚申	己未庚寅	己丑己未	戊午己丑	戊子戊午	戊午戊子	丁亥丁巳	丁巳丁亥	丙戌丙辰	丙辰丙戌	乙酉乙卯			夏曆新曆	庚申辛酉	庚寅辛卯	己未庚申	己丑庚寅	戊午己未	戊子己丑	丁巳戊午	丁亥戊子	丙辰丁巳	丙戌丙戌	丙辰丙辰	乙酉丙戌	

*《長曆》：正月辛卯，二月庚寅，三月庚寅，四月己未，五月己丑，六月戊午，七月戊子，八月丁巳，九月丁亥，十月丙辰，十一丙戌，十二乙卯。

周桓王二十三年 魯桓公十五年（甲申 猴年）公元前697年 歲在降婁

魯曆月序	中西曆日對照	初一	初二	初三	初四	初五	初六	初七	初八	初九	初十	十一	十二	十三	十四	十五	十六	十七	十八	十九	二十	二一	二二	二三	二四	二五	二六	二七	二八	二九	三十	節氣與天象
正月小 乙丑	天干 地支 西曆	丙戌 10	丁亥 11	戊子 12	己丑 13	庚寅 14	辛卯 15	壬辰 16	癸巳 17	甲午 18	乙未 19	丙申 20	丁酉 21	戊戌 22	己亥 23	庚子 24	辛丑 25	壬寅 26	癸卯 27	甲辰 28	乙巳 29	丙午 30	丁未 31	戊申 (2)	己酉 2	庚戌 3	辛亥 4	壬子 5	癸丑 6	甲寅 7		
二月大 丙寅	天干 地支 西曆	乙卯 8	丙辰 9	丁巳 10	戊午 11	己未 12	庚申 13	辛酉 14	壬戌 15	癸亥 16	甲子 17	乙丑 18	丙寅 19	丁卯 20	戊辰 21	己巳 22	庚午 23	辛未 24	壬申 25	癸酉 26	甲戌 27	乙亥 28	丙子 29	丁丑 (3)	戊寅 2	己卯 3	庚辰 4	辛巳 5	壬午 6	癸未 7	甲申 8	戊午立春
三月小 丁卯	天干 地支 西曆	乙酉 9	丙戌 10	丁亥 11	戊子 12	己丑 13	庚寅 14	辛卯 15	壬辰 16	癸巳 17	甲午 18	乙未 19	丙申 20	丁酉 21	戊戌 22	己亥 23	庚子 24	辛丑 25	壬寅 26	癸卯 27	甲辰 28	乙巳 29	丙午 30	丁未 31	戊申 (4)	己酉 2	庚戌 3	辛亥 4	壬子 5	癸丑 6		甲辰春分
四月大 戊辰	天干 地支 西曆	甲寅 7	乙卯 8	丙辰 9	丁巳 10	戊午 11	己未 12	庚申 13	辛酉 14	壬戌 15	癸亥 16	甲子 17	乙丑 18	丙寅 19	丁卯 20	戊辰 21	己巳 22	庚午 23	辛未 24	壬申 25	癸酉 26	甲戌 27	乙亥 28	丙子 29	丁丑 30	戊寅 (5)	己卯 2	庚辰 3	辛巳 4	壬午 5	癸未 6	
五月小 己巳	天干 地支 西曆	甲申 7	乙酉 8	丙戌 9	丁亥 10	戊子 11	己丑 12	庚寅 13	辛卯 14	壬辰 15	癸巳 16	甲午 17	乙未 18	丙申 19	丁酉 20	戊戌 21	己亥 22	庚子 23	辛丑 24	壬寅 25	癸卯 26	甲辰 27	乙巳 28	丙午 29	丁未 30	戊申 31	己酉 (6)	庚戌 2	辛亥 3	壬子 4		辛卯立夏
六月大 庚午	天干 地支 西曆	癸丑 5	甲寅 6	乙卯 7	丙辰 8	丁巳 9	戊午 10	己未 11	庚申 12	辛酉 13	壬戌 14	癸亥 15	甲子 16	乙丑 17	丙寅 18	丁卯 19	戊辰 20	己巳 21	庚午 22	辛未 23	壬申 24	癸酉 25	甲戌 26	乙亥 27	丙子 28	丁丑 29	戊寅 30	己卯 (7)	庚辰 2	辛巳 3	壬午 4	戊寅夏至 甲寅日食
七月小 辛未	天干 地支 西曆	癸未 5	甲申 6	乙酉 7	丙戌 8	丁亥 9	戊子 10	己丑 11	庚寅 12	辛卯 13	壬辰 14	癸巳 15	甲午 16	乙未 17	丙申 18	丁酉 19	戊戌 20	己亥 21	庚子 22	辛丑 23	壬寅 24	癸卯 25	甲辰 26	乙巳 27	丙午 28	丁未 29	戊申 30	己酉 31	庚戌 (8)	辛亥 2		
八月大 壬申	天干 地支 西曆	壬子 3	癸丑 4	甲寅 5	乙卯 6	丙辰 7	丁巳 8	戊午 9	己未 10	庚申 11	辛酉 12	壬戌 13	癸亥 14	甲子 15	乙丑 16	丙寅 17	丁卯 18	戊辰 19	己巳 20	庚午 21	辛未 22	壬申 23	癸酉 24	甲戌 25	乙亥 26	丙子 27	丁丑 28	戊寅 29	己卯 30	庚辰 31	辛巳 (9)	乙丑立秋
九月大 癸酉	天干 地支 西曆	壬午 2	癸未 3	甲申 4	乙酉 5	丙戌 6	丁亥 7	戊子 8	己丑 9	庚寅 10	辛卯 11	壬辰 12	癸巳 13	甲午 14	乙未 15	丙申 16	丁酉 17	戊戌 18	己亥 19	庚子 20	辛丑 21	壬寅 22	癸卯 23	甲辰 24	乙巳 25	丙午 26	丁未 27	戊申 28	己酉 29	庚戌 30	辛亥 (10)	庚戌秋分
十月小 甲戌	天干 地支 西曆	壬子 2	癸丑 3	甲寅 4	乙卯 5	丙辰 6	丁巳 7	戊午 8	己未 9	庚申 10	辛酉 11	壬戌 12	癸亥 13	甲子 14	乙丑 15	丙寅 16	丁卯 17	戊辰 18	己巳 19	庚午 20	辛未 21	壬申 22	癸酉 23	甲戌 24	乙亥 25	丙子 26	丁丑 27	戊寅 28	己卯 29	庚辰 30		
十一月大 乙亥	天干 地支 西曆	辛巳 31	壬午 (11)	癸未 2	甲申 3	乙酉 4	丙戌 5	丁亥 6	戊子 7	己丑 8	庚寅 9	辛卯 10	壬辰 11	癸巳 12	甲午 13	乙未 14	丙申 15	丁酉 16	戊戌 17	己亥 18	庚子 19	辛丑 20	壬寅 21	癸卯 22	甲辰 23	乙巳 24	丙午 25	丁未 26	戊申 27	己酉 28	庚戌 29	甲午立冬
十二月小 丙子	天干 地支 西曆	辛亥 30	壬子 (12)	癸丑 2	甲寅 3	乙卯 4	丙辰 5	丁巳 6	戊午 7	己未 8	庚申 9	辛酉 10	壬戌 11	癸亥 12	甲子 13	乙丑 14	丙寅 15	丁卯 16	戊辰 17	己巳 18	庚午 19	辛未 20	壬申 21	癸酉 22	甲戌 23	乙亥 24	丙子 25	丁丑 26	戊寅 27	己卯 28		戊寅冬至

朔閏異同	曆名	正月	二月	三月	四月	五月	六月	七月	八月	九月	十月	十一	十二	閏月
	周曆殷曆	乙卯乙酉	甲申乙卯	甲寅甲申	癸未甲寅	癸丑癸未	壬午癸丑	壬子壬午	辛巳壬子	辛亥辛巳	庚辰辛亥	庚戌庚辰	庚辰庚戌	

曆名	正月	二月	三月	四月	五月	六月	七月	八月	九月	十月	十一	十二	閏月
夏曆新曆	乙卯乙卯	甲申乙酉	甲寅乙卯	癸未甲申	癸丑甲寅	壬午癸未	壬子癸丑	辛巳壬午	辛亥壬子	庚辰---辛巳	庚戌辛亥	己卯庚辰	---己酉己酉

*《長曆》：正月乙酉，二月乙卯，三月甲申，四月甲寅，五月癸未，六月癸丑，七月壬午，八月壬子，九月辛巳，十月辛亥，十一庚辰，十二庚戌，閏月己卯。

周莊王元年 魯桓公十六年（乙酉 鷄年）公元前697 ~前 **696** ~ 前695年 歲在大梁

魯曆月序		中西曆日對照	初一	初二	初三	初四	初五	初六	初七	初八	初九	初十	十一	十二	十三	十四	十五	十六	十七	十八	十九	二十	二一	二二	二三	二四	二五	二六	二七	二八	二九	三十	節氣與天象
正月大	丁丑	天干地支 西曆	庚辰 29	辛巳 30	壬午 31	癸未 (1)	甲申 2	乙酉 3	丙戌 4	丁亥 5	戊子 6	己丑 7	庚寅 8	辛卯 9	壬辰 10	癸巳 11	甲午 12	乙未 13	丙申 14	丁酉 15	戊戌 16	己亥 17	庚子 18	辛丑 19	壬寅 20	癸卯 21	甲辰 22	乙巳 23	丙午 24	丁未 25	戊申 26	己酉 27	
二月小	戊寅	天干地支 西曆	庚戌 28	辛亥 29	壬子 30	癸丑 31	甲寅 (2)	乙卯 2	丙辰 3	丁巳 4	戊午 5	己未 6	庚申 7	辛酉 8	壬戌 9	癸亥 10	甲子 11	乙丑 12	丙寅 13	丁卯 14	戊辰 15	己巳 16	庚午 17	辛未 18	壬申 19	癸酉 20	甲戌 21	乙亥 22	丙子 23	丁丑 24	戊寅 25		癸亥立春
三月大	己卯	天干地支 西曆	己卯 26	庚辰 27	辛巳 28	壬午 (3)	癸未 2	甲申 3	乙酉 4	丙戌 5	丁亥 6	戊子 7	己丑 8	庚寅 9	辛卯 10	壬辰 11	癸巳 12	甲午 13	乙未 14	丙申 15	丁酉 16	戊戌 17	己亥 18	庚子 19	辛丑 20	壬寅 21	癸卯 22	甲辰 23	乙巳 24	丙午 25	丁未 26	戊申 27	
四月小	庚辰	天干地支 西曆	己酉 28	庚戌 29	辛亥 30	壬子 31	癸丑 (4)	甲寅 2	乙卯 3	丙辰 4	丁巳 5	戊午 6	己未 7	庚申 8	辛酉 9	壬戌 10	癸亥 11	甲子 12	乙丑 13	丙寅 14	丁卯 15	戊辰 16	己巳 17	庚午 18	辛未 19	壬申 20	癸酉 21	甲戌 22	乙亥 23	丙子 24	丁丑 25		己酉春分
五月大	辛巳	天干地支 西曆	戊寅 26	己卯 27	庚辰 28	辛巳 29	壬午 30	癸未 (5)	甲申 2	乙酉 3	丙戌 4	丁亥 5	戊子 6	己丑 7	庚寅 8	辛卯 9	壬辰 10	癸巳 11	甲午 12	乙未 13	丙申 14	丁酉 15	戊戌 16	己亥 17	庚子 18	辛丑 19	壬寅 20	癸卯 21	甲辰 22	乙巳 23	丙午 24	丁未 25	丙申立夏
六月小	壬午	天干地支 西曆	戊申 26	己酉 27	庚戌 28	辛亥 29	壬子 30	癸丑 31	甲寅 (6)	乙卯 2	丙辰 3	丁巳 4	戊午 5	己未 6	庚申 7	辛酉 8	壬戌 9	癸亥 10	甲子 11	乙丑 12	丙寅 13	丁卯 14	戊辰 15	己巳 16	庚午 17	辛未 18	壬申 19	癸酉 20	甲戌 21	乙亥 22	丙子 23		戊申日食
七月大	癸未	天干地支 西曆	丁丑 24	戊寅 25	己卯 26	庚辰 27	辛巳 28	壬午 29	癸未 30	甲申 (7)	乙酉 2	丙戌 3	丁亥 4	戊子 5	己丑 6	庚寅 7	辛卯 8	壬辰 9	癸巳 10	甲午 11	乙未 12	丙申 13	丁酉 14	戊戌 15	己亥 16	庚子 17	辛丑 18	壬寅 19	癸卯 20	甲辰 21	乙巳 22	丙午 23	癸未夏至
八月小	甲申	天干地支 西曆	丁未 24	戊申 25	己酉 26	庚戌 27	辛亥 28	壬子 29	癸丑 30	甲寅 31	乙卯 (8)	丙辰 2	丁巳 3	戊午 4	己未 5	庚申 6	辛酉 7	壬戌 8	癸亥 9	甲子 10	乙丑 11	丙寅 12	丁卯 13	戊辰 14	己巳 15	庚午 16	辛未 17	壬申 18	癸酉 19	甲戌 20	乙亥 21		庚午立秋
九月大	乙酉	天干地支 西曆	丙子 22	丁丑 23	戊寅 24	己卯 25	庚辰 26	辛巳 27	壬午 28	癸未 29	甲申 30	乙酉 31	丙戌 (9)	丁亥 2	戊子 3	己丑 4	庚寅 5	辛卯 6	壬辰 7	癸巳 8	甲午 9	乙未 10	丙申 11	丁酉 12	戊戌 13	己亥 14	庚子 15	辛丑 16	壬寅 17	癸卯 18	甲辰 19	乙巳 20	
十月小	丙戌	天干地支 西曆	丙午 21	丁未 22	戊申 23	己酉 24	庚戌 25	辛亥 26	壬子 27	癸丑 28	甲寅 29	乙卯 30	丙辰 (10)	丁巳 2	戊午 3	己未 4	庚申 5	辛酉 6	壬戌 7	癸亥 8	甲子 9	乙丑 10	丙寅 11	丁卯 12	戊辰 13	己巳 14	庚午 15	辛未 16	壬申 17	癸酉 18	甲戌 19		乙卯秋分
十一月大	丁亥	天干地支 西曆	乙亥 20	丙子 21	丁丑 22	戊寅 23	己卯 24	庚辰 25	辛巳 26	壬午 27	癸未 28	甲申 29	乙酉 30	丙戌 31	丁亥 (11)	戊子 2	己丑 3	庚寅 4	辛卯 5	壬辰 6	癸巳 7	甲午 8	乙未 9	丙申 10	丁酉 11	戊戌 12	己亥 13	庚子 14	辛丑 15	壬寅 16	癸卯 17	甲辰 18	庚子立冬
十二月小	戊子	天干地支 西曆	乙巳 19	丙午 20	丁未 21	戊申 22	己酉 23	庚戌 24	辛亥 25	壬子 26	癸丑 27	甲寅 28	乙卯 29	丙辰 30	丁巳 (12)	戊午 2	己未 3	庚申 4	辛酉 5	壬戌 6	癸亥 7	甲子 8	乙丑 9	丙寅 10	丁卯 11	戊辰 12	己巳 13	庚午 14	辛未 15	壬申 16	癸酉 17		
閏月大	戊子	天干地支 西曆	甲戌 18	乙亥 19	丙子 20	丁丑 21	戊寅 22	己卯 23	庚辰 24	辛巳 25	壬午 26	癸未 27	甲申 28	乙酉 29	丙戌 30	丁亥 31	戊子 (1)	己丑 2	庚寅 3	辛卯 4	壬辰 5	癸巳 6	甲午 7	乙未 8	丙申 9	丁酉 10	戊戌 11	己亥 12	庚子 13	辛丑 14	壬寅 15	癸卯 16	甲申冬至

朔閏異同	曆名	正月	二月	三月	四月	五月	六月	七月	八月	九月	十月	十一	十二	閏月		曆名	正月	二月	三月	四月	五月	六月	七月	八月	九月	十月	十一	十二	閏月
	周曆殷曆	己酉己卯	己卯己酉	戊申---戊寅	---戊寅戊申	丁未丁丑	丁丑丁未	丙午丁丑	丙子丙午	乙巳丙子	乙亥乙巳	甲辰乙亥	甲戌甲辰	癸卯甲戌		夏曆新曆	己卯己卯	戊申己酉	戊寅戊寅	丁未戊申	丁丑丁丑	丙午丁未	丙子丁丑	乙巳丙午	乙亥丙子	甲辰乙巳	甲戌乙亥	癸卯甲辰	

*《長曆》：正月己酉，二月戊寅，三月戊申，四月丁丑，五月丁未，六月丁丑，七月丙午，八月丙子，九月乙巳，十月乙亥，十一甲辰，十二甲戌。

周莊王二年 魯桓公十七年（丙戌 狗年）公元前695～前694年 歲在實沈

魯曆月序		中西曆日對照	初一	初二	初三	初四	初五	初六	初七	初八	初九	初十	十一	十二	十三	十四	十五	十六	十七	十八	十九	二十	二一	二二	二三	二四	二五	二六	二七	二八	二九	三十	節氣與天象
正月大	己丑	干支	甲辰	乙巳	丙午	丁未	戊申	己酉	庚戌	辛亥	壬子	癸丑	甲寅	乙卯	丙辰	丁巳	戊午	己未	庚申	辛酉	壬戌	癸亥	甲子	乙丑	丙寅	丁卯	戊辰	己巳	庚午	辛未	壬申	癸酉	戊辰立春
		天地西曆	17	18	19	20	21	22	23	24	25	26	27	28	29	30	31	(2)	2	3	4	5	6	7	8	9	10	11	12	13	14	15	
二月小	庚寅	干支	甲戌	乙亥	丙子	丁丑	戊寅	己卯	庚辰	辛巳	壬午	癸未	甲申	乙酉	丙戌	丁亥	戊子	己丑	庚寅	辛卯	壬辰	癸巳	甲午	乙未	丙申	丁酉	戊戌	己亥	庚子	辛丑	壬寅		
		天地西曆	16	17	18	19	20	21	22	23	24	25	26	27	28	(3)	2	3	4	5	6	7	8	9	10	11	12	13	14	15	16		
三月大	辛卯	干支	癸卯	甲辰	乙巳	丙午	丁未	戊申	己酉	庚戌	辛亥	壬子	癸丑	甲寅	乙卯	丙辰	丁巳	戊午	己未	庚申	辛酉	壬戌	癸亥	甲子	乙丑	丙寅	丁卯	戊辰	己巳	庚午	辛未	壬申	甲寅春分
		天地西曆	17	18	19	20	21	22	23	24	25	26	27	28	29	30	31	(4)	2	3	4	5	6	7	8	9	10	11	12	13	14	15	
四月小	壬辰	干支	癸酉	甲戌	乙亥	丙子	丁丑	戊寅	己卯	庚辰	辛巳	壬午	癸未	甲申	乙酉	丙戌	丁亥	戊子	己丑	庚寅	辛卯	壬辰	癸巳	甲午	乙未	丙申	丁酉	戊戌	己亥	庚子	辛丑		辛丑立夏
		天地西曆	16	17	18	19	20	21	22	23	24	25	26	27	28	29	30	(5)	2	3	4	5	6	7	8	9	10	11	12	13	14		
五月大	癸巳	干支	壬寅	癸卯	甲辰	乙巳	丙午	丁未	戊申	己酉	庚戌	辛亥	壬子	癸丑	甲寅	乙卯	丙辰	丁巳	戊午	己未	庚申	辛酉	壬戌	癸亥	甲子	乙丑	丙寅	丁卯	戊辰	己巳	庚午	辛未	
		天地西曆	15	16	17	18	19	20	21	22	23	24	25	26	27	28	29	30	31	(6)	2	3	4	5	6	7	8	9	10	11	12	13	
六月小	甲午	干支	壬申	癸酉	甲戌	乙亥	丙子	丁丑	戊寅	己卯	庚辰	辛巳	壬午	癸未	甲申	乙酉	丙戌	丁亥	戊子	己丑	庚寅	辛卯	壬辰	癸巳	甲午	乙未	丙申	丁酉	戊戌	己亥	庚子		己丑夏至
		天地西曆	14	15	16	17	18	19	20	21	22	23	24	25	26	27	28	29	30	(7)	2	3	4	5	6	7	8	9	10	11	12		
七月大	乙未	干支	辛丑	壬寅	癸卯	甲辰	乙巳	丙午	丁未	戊申	己酉	庚戌	辛亥	壬子	癸丑	甲寅	乙卯	丙辰	丁巳	戊午	己未	庚申	辛酉	壬戌	癸亥	甲子	乙丑	丙寅	丁卯	戊辰	己巳	庚午	
		天地西曆	13	14	15	16	17	18	19	20	21	22	23	24	25	26	27	28	29	30	31	(8)	2	3	4	5	6	7	8	9	10	11	
八月小	丙申	干支	辛未	壬申	癸酉	甲戌	乙亥	丙子	丁丑	戊寅	己卯	庚辰	辛巳	壬午	癸未	甲申	乙酉	丙戌	丁亥	戊子	己丑	庚寅	辛卯	壬辰	癸巳	甲午	乙未	丙申	丁酉	戊戌	己亥		乙亥立秋
		天地西曆	12	13	14	15	16	17	18	19	20	21	22	23	24	25	26	27	28	29	30	31	(9)	2	3	4	5	6	7	8	9		
九月大	丁酉	干支	庚子	辛丑	壬寅	癸卯	甲辰	乙巳	丙午	丁未	戊申	己酉	庚戌	辛亥	壬子	癸丑	甲寅	乙卯	丙辰	丁巳	戊午	己未	庚申	辛酉	壬戌	癸亥	甲子	乙丑	丙寅	丁卯	戊辰	己巳	庚申秋分
		天地西曆	10	11	12	13	14	15	16	17	18	19	20	21	22	23	24	25	26	27	28	29	30	(10)	2	3	4	5	6	7	8	9	
十月小	戊戌	干支	庚午	辛未	壬申	癸酉	甲戌	乙亥	丙子	丁丑	戊寅	己卯	庚辰	辛巳	壬午	癸未	甲申	乙酉	丙戌	丁亥	戊子	己丑	庚寅	辛卯	壬辰	癸巳	甲午	乙未	丙申	丁酉	戊戌		庚午日食
		天地西曆	10	11	12	13	14	15	16	17	18	19	20	21	22	23	24	25	26	27	28	29	30	31	(11)	2	3	4	5	6	7		
十一月大	己亥	干支	己亥	庚子	辛丑	壬寅	癸卯	甲辰	乙巳	丙午	丁未	戊申	己酉	庚戌	辛亥	壬子	癸丑	甲寅	乙卯	丙辰	丁巳	戊午	己未	庚申	辛酉	壬戌	癸亥	甲子	乙丑	丙寅	丁卯	戊辰	乙巳立冬
		天地西曆	8	9	10	11	12	13	14	15	16	17	18	19	20	21	22	23	24	25	26	27	28	29	30	(12)	2	3	4	5	6	7	
十二月小	庚子	干支	己巳	庚午	辛未	壬申	癸酉	甲戌	乙亥	丙子	丁丑	戊寅	己卯	庚辰	辛巳	壬午	癸未	甲申	乙酉	丙戌	丁亥	戊子	己丑	庚寅	辛卯	壬辰	癸巳	甲午	乙未	丙申	丁酉		己丑冬至
		天地西曆	8	9	10	11	12	13	14	15	16	17	18	19	20	21	22	23	24	25	26	27	28	29	30	31	(1)	2	3	4	5		

朔閏異同	曆名	正月	二月	三月	四月	五月	六月	七月	八月	九月	十月	十一	十二	閏月	曆名	正月	二月	三月	四月	五月	六月	七月	八月	九月	十月	十一	十二	閏月
	周曆殷曆	癸酉癸卯	癸卯癸酉	壬申壬寅	壬寅壬申	辛未辛丑	辛丑辛未	庚午庚子	庚子庚午	己巳庚子	己亥己巳	戊辰己亥	戊戌戊辰		夏曆新曆	癸酉癸酉	壬寅癸卯	壬申壬申	辛丑壬寅	辛未壬申	辛丑辛丑	庚午辛未	庚子庚子	己巳庚午	己亥庚子	戊辰己巳	戊戌己亥	

*《長曆》：正月癸卯，二月癸酉，三月壬寅，四月壬申，五月辛丑，六月辛未，七月庚子，八月庚午，九月庚子，十月己巳，十一己亥，十二戊辰。

周莊王三年 魯桓公十八年（丁亥 猪年）公元前694年 歲在鶉首

魯曆月序		中西曆日對照	魯曆日序																														節氣與天象
			初一	初二	初三	初四	初五	初六	初七	初八	初九	初十	十一	十二	十三	十四	十五	十六	十七	十八	十九	二十	二一	二二	二三	二四	二五	二六	二七	二八	二九	三十	
正月大	辛丑	天干地支西曆	戊戌6	己亥7	庚子8	辛丑9	壬寅10	癸卯11	甲辰12	乙巳13	丙午14	丁未15	戊申16	己酉17	庚戌18	辛亥19	壬子20	癸丑21	甲寅22	乙卯23	丙辰24	丁巳25	戊午26	己未27	庚申28	辛酉29	壬戌30	癸亥31	甲子(2)	乙丑2	丙寅3	丁卯4	
二月小	壬寅	天干地支西曆	戊辰5	己巳6	庚午7	辛未8	壬申9	癸酉10	甲戌11	乙亥12	丙子13	丁丑14	戊寅15	己卯16	庚辰17	辛巳18	壬午19	癸未20	甲申21	乙酉22	丙戌23	丁亥24	戊子25	己丑26	庚寅27	辛卯28	壬辰(3)	癸巳2	甲午3	乙未4	丙申5		甲戌立春
三月大	癸卯	天干地支西曆	丁酉6	戊戌7	己亥8	庚子9	辛丑10	壬寅11	癸卯12	甲辰13	乙巳14	丙午15	丁未16	戊申17	己酉18	庚戌19	辛亥20	壬子21	癸丑22	甲寅23	乙卯24	丙辰25	丁巳26	戊午27	己未28	庚申29	辛酉30	壬戌31	癸亥(4)	甲子2	乙丑3	丙寅4	庚申春分
四月小	甲辰	天干地支西曆	丁卯5	戊辰6	己巳7	庚午8	辛未9	壬申10	癸酉11	甲戌12	乙亥13	丙子14	丁丑15	戊寅16	己卯17	庚辰18	辛巳19	壬午20	癸未21	甲申22	乙酉23	丙戌24	丁亥25	戊子26	己丑27	庚寅28	辛卯29	壬辰30	癸巳(5)	甲午2	乙未3		
五月大	乙巳	天干地支西曆	丙申4	丁酉5	戊戌6	己亥7	庚子8	辛丑9	壬寅10	癸卯11	甲辰12	乙巳13	丙午14	丁未15	戊申16	己酉17	庚戌18	辛亥19	壬子20	癸丑21	甲寅22	乙卯23	丙辰24	丁巳25	戊午26	己未27	庚申28	辛酉29	壬戌30	癸亥31	甲子(6)	乙丑2	丁未立夏
六月大	丙午	天干地支西曆	丙寅3	丁卯4	戊辰5	己巳6	庚午7	辛未8	壬申9	癸酉10	甲戌11	乙亥12	丙子13	丁丑14	戊寅15	己卯16	庚辰17	辛巳18	壬午19	癸未20	甲申21	乙酉22	丙戌23	丁亥24	戊子25	己丑26	庚寅27	辛卯28	壬辰29	癸巳30	甲午(7)	乙未2	甲午夏至
七月小	丁未	天干地支西曆	丙申3	丁酉4	戊戌5	己亥6	庚子7	辛丑8	壬寅9	癸卯10	甲辰11	乙巳12	丙午13	丁未14	戊申15	己酉16	庚戌17	辛亥18	壬子19	癸丑20	甲寅21	乙卯22	丙辰23	丁巳24	戊午25	己未26	庚申27	辛酉28	壬戌29	癸亥30	甲子31		
八月大	戊申	天干地支西曆	乙丑(8)	丙寅2	丁卯3	戊辰4	己巳5	庚午6	辛未7	壬申8	癸酉9	甲戌10	乙亥11	丙子12	丁丑13	戊寅14	己卯15	庚辰16	辛巳17	壬午18	癸未19	甲申20	乙酉21	丙戌22	丁亥23	戊子24	己丑25	庚寅26	辛卯27	壬辰28	癸巳29	甲午30	庚辰立秋
九月小	己酉	天干地支西曆	乙未31	丙申(9)	丁酉2	戊戌3	己亥4	庚子5	辛丑6	壬寅7	癸卯8	甲辰9	乙巳10	丙午11	丁未12	戊申13	己酉14	庚戌15	辛亥16	壬子17	癸丑18	甲寅19	乙卯20	丙辰21	丁巳22	戊午23	己未24	庚申25	辛酉26	壬戌27	癸亥28		
十月大	庚戌	天干地支西曆	甲子29	乙丑30	丙寅(10)	丁卯2	戊辰3	己巳4	庚午5	辛未6	壬申7	癸酉8	甲戌9	乙亥10	丙子11	丁丑12	戊寅13	己卯14	庚辰15	辛巳16	壬午17	癸未18	甲申19	乙酉20	丙戌21	丁亥22	戊子23	己丑24	庚寅25	辛卯26	壬辰27	癸巳28	丙寅秋分
十一月小	辛亥	天干地支西曆	甲午29	乙未30	丙申31	丁酉(11)	戊戌2	己亥3	庚子4	辛丑5	壬寅6	癸卯7	甲辰8	乙巳9	丙午10	丁未11	戊申12	己酉13	庚戌14	辛亥15	壬子16	癸丑17	甲寅18	乙卯19	丙辰20	丁巳21	戊午22	己未23	庚申24	辛酉25	壬戌26		庚戌立冬
十二月大	壬子	天干地支西曆	癸亥27	甲子28	乙丑29	丙寅30	丁卯(12)	戊辰2	己巳3	庚午4	辛未5	壬申6	癸酉7	甲戌8	乙亥9	丙子10	丁丑11	戊寅12	己卯13	庚辰14	辛巳15	壬午16	癸未17	甲申18	乙酉19	丙戌20	丁亥21	戊子22	己丑23	庚寅24	辛卯25	壬辰26	

朔閏異同	曆名	正月	二月	三月	四月	五月	六月	七月	八月	九月	十月	十一	十二	閏月		曆名	正月	二月	三月	四月	五月	六月	七月	八月	九月	十月	十一	十二	閏月
	周曆殷曆	丁卯戊戌	丁酉丁卯	丙寅丁酉	丙申丙寅	乙丑丙申	乙未乙丑	乙丑乙未	甲午甲子	甲子甲午	癸巳癸亥	癸亥---癸巳	壬辰壬戌	---壬戌壬辰		夏曆新曆	丁卯戊辰	丁酉丁酉	丙寅丁卯	丙申丙申	乙丑丙寅	乙未乙未	甲子乙丑	甲午---乙未	---癸亥甲子	癸巳甲午	癸亥甲子	壬辰癸巳	壬戌癸亥

*《長曆》：正月戊戌，二月丁卯，三月丁酉，四月丙寅，五月丙申，六月乙丑，七月乙未，八月甲子，九月甲午，十月癸亥，十一癸巳，十二壬戌。

周莊王四年 魯莊公元年（戊子 鼠年） 公元前694 ~ 前**693** ~ 前692年 歲在鶉火

魯曆月序		中西曆日對照	初一	初二	初三	初四	初五	初六	初七	初八	初九	初十	十一	十二	十三	十四	十五	十六	十七	十八	十九	二十	二一	二二	二三	二四	二五	二六	二七	二八	二九	三十	節氣與天象
正月小	癸丑	干支 天地 西曆	癸巳27	甲午28	乙未29	丙申30	丁酉31	戊戌(1)	己亥2	庚子3	辛丑4	壬寅5	癸卯6	甲辰7	乙巳8	丙午9	丁未10	戊申11	己酉12	庚戌13	辛亥14	壬子15	癸丑16	甲寅17	乙卯18	丙辰19	丁巳20	戊午21	己未22	庚申23	辛酉24		甲午冬至
二月大	甲寅	干支 天地 西曆	壬戌25	癸亥26	甲子27	乙丑28	丙寅29	丁卯30	戊辰31	己巳(2)	庚午2	辛未3	壬申4	癸酉5	甲戌6	乙亥7	丙子8	丁丑9	戊寅10	己卯11	庚辰12	辛巳13	壬午14	癸未15	甲申16	乙酉17	丙戌18	丁亥19	戊子20	己丑21	庚寅22	辛卯23	己卯立春
三月小	乙卯	干支 天地 西曆	壬辰24	癸巳25	甲午26	乙未27	丙申28	丁酉29	戊戌(3)	己亥2	庚子3	辛丑4	壬寅5	癸卯6	甲辰7	乙巳8	丙午9	丁未10	戊申11	己酉12	庚戌13	辛亥14	壬子15	癸丑16	甲寅17	乙卯18	丙辰19	丁巳20	戊午21	己未22	庚申23		
四月大	丙辰	干支 天地 西曆	辛酉24	壬戌25	癸亥26	甲子27	乙丑28	丙寅29	丁卯30	戊辰31	己巳(4)	庚午2	辛未3	壬申4	癸酉5	甲戌6	乙亥7	丙子8	丁丑9	戊寅10	己卯11	庚辰12	辛巳13	壬午14	癸未15	甲申16	乙酉17	丙戌18	丁亥19	戊子20	己丑21	庚寅22	乙丑春分
五月小	丁巳	干支 天地 西曆	辛卯23	壬辰24	癸巳25	甲午26	乙未27	丙申28	丁酉29	戊戌30	己亥(5)	庚子2	辛丑3	壬寅4	癸卯5	甲辰6	乙巳7	丙午8	丁未9	戊申10	己酉11	庚戌12	辛亥13	壬子14	癸丑15	甲寅16	乙卯17	丙辰18	丁巳19	戊午20	己未21		壬子立夏
六月大	戊午	干支 天地 西曆	庚申22	辛酉23	壬戌24	癸亥25	甲子26	乙丑27	丙寅28	丁卯29	戊辰30	己巳31	庚午(6)	辛未2	壬申3	癸酉4	甲戌5	乙亥6	丙子7	丁丑8	戊寅9	己卯10	庚辰11	辛巳12	壬午13	癸未14	甲申15	乙酉16	丙戌17	丁亥18	戊子19	己丑20	
七月小	己未	干支 天地 西曆	庚寅21	辛卯22	壬辰23	癸巳24	甲午25	乙未26	丙申27	丁酉28	戊戌29	己亥30	庚子(7)	辛丑2	壬寅3	癸卯4	甲辰5	乙巳6	丙午7	丁未8	戊申9	己酉10	庚戌11	辛亥12	壬子13	癸丑14	甲寅15	乙卯16	丙辰17	丁巳18	戊午19		己亥夏至
八月大	庚申	干支 天地 西曆	己未20	庚申21	辛酉22	壬戌23	癸亥24	甲子25	乙丑26	丙寅27	丁卯28	戊辰29	己巳30	庚午31	辛未(8)	壬申2	癸酉3	甲戌4	乙亥5	丙子6	丁丑7	戊寅8	己卯9	庚辰10	辛巳11	壬午12	癸未13	甲申14	乙酉15	丙戌16	丁亥17	戊子18	丙戌立秋
九月大	辛酉	干支 天地 西曆	己丑19	庚寅20	辛卯21	壬辰22	癸巳23	甲午24	乙未25	丙申26	丁酉27	戊戌28	己亥29	庚子30	辛丑31	壬寅(9)	癸卯2	甲辰3	乙巳4	丙午5	丁未6	戊申7	己酉8	庚戌9	辛亥10	壬子11	癸丑12	甲寅13	乙卯14	丙辰15	丁巳16	戊午17	
十月小	壬戌	干支 天地 西曆	己未18	庚申19	辛酉20	壬戌21	癸亥22	甲子23	乙丑24	丙寅25	丁卯26	戊辰27	己巳28	庚午29	辛未30	壬申(10)	癸酉2	甲戌3	乙亥4	丙子5	丁丑6	戊寅7	己卯8	庚辰9	辛巳10	壬午11	癸未12	甲申13	乙酉14	丙戌15	丁亥16		辛未秋分
十一月大	癸亥	干支 天地 西曆	戊子17	己丑18	庚寅19	辛卯20	壬辰21	癸巳22	甲午23	乙未24	丙申25	丁酉26	戊戌27	己亥28	庚子29	辛丑30	壬寅31	癸卯(11)	甲辰2	乙巳3	丙午4	丁未5	戊申6	己酉7	庚戌8	辛亥9	壬子10	癸丑11	甲寅12	乙卯13	丙辰14	丁巳15	乙卯立冬
十二月小	甲子	干支 天地 西曆	戊午16	己未17	庚申18	辛酉19	壬戌20	癸亥21	甲子22	乙丑23	丙寅24	丁卯25	戊辰26	己巳27	庚午28	辛未29	壬申30	癸酉(12)	甲戌2	乙亥3	丙子4	丁丑5	戊寅6	己卯7	庚辰8	辛巳9	壬午10	癸未11	甲申12	乙酉13	丙戌14		
閏月大	甲子	干支 天地 西曆	丁亥15	戊子16	己丑17	庚寅18	辛卯19	壬辰20	癸巳21	甲午22	乙未23	丙申24	丁酉25	戊戌26	己亥27	庚子28	辛丑29	壬寅30	癸卯31	甲辰(1)	乙巳2	丙午3	丁未4	戊申5	己酉6	庚戌7	辛亥8	壬子9	癸丑10	甲寅11	乙卯12	丙辰13	己亥冬至

朔閏異同	曆名	正月	二月	三月	四月	五月	六月	七月	八月	九月	十月	十一	十二	閏月
	周曆殷曆	辛卯壬戌	辛酉辛卯	庚寅辛酉	庚申庚寅	己丑庚申	己未己丑	戊子己未	戊午戊子	丁亥戊午	丁巳丁亥	丁亥丁巳	丙辰丙戌	
	夏曆新曆	辛卯壬辰	辛酉壬戌	庚寅辛卯	庚申庚寅	己丑庚寅	己未己未	戊子己丑	戊午戊午	丁亥戊子	丁巳戊午	丙戌戊子	丙辰丁巳	

*《長曆》：正月壬辰，二月壬戌，三月辛卯，四月辛酉，五月庚寅，六月庚申，七月己丑，八月己未，九月戊子，十月戊午，十一丁亥，十二丁巳，閏月丙戌。

周莊王五年 魯莊公二年（己丑 牛年）公元前 692 ~ 前 691 年 歲在鶉尾

魯曆月序		西中曆日對照	初一	初二	初三	初四	初五	初六	初七	初八	初九	初十	十一	十二	十三	十四	十五	十六	十七	十八	十九	二十	二一	二二	二三	二四	二五	二六	二七	二八	二九	三十	節氣與天象
正月小	乙丑	干支 天地西曆	丁巳 14	戊午 15	己未 16	庚申 17	辛酉 18	壬戌 19	癸亥 20	甲子 21	乙丑 22	丙寅 23	丁卯 24	戊辰 25	己巳 26	庚午 27	辛未 28	壬申 29	癸酉 30	甲戌 31	乙亥 (2)	丙子 2	丁丑 3	戊寅 4	己卯 5	庚辰 6	辛巳 7	壬午 8	癸未 9	甲申 10	乙酉 11		甲申立春
二月大	丙寅	干支 天地西曆	丙戌 12	丁亥 13	戊子 14	己丑 15	庚寅 16	辛卯 17	壬辰 18	癸巳 19	甲午 20	乙未 21	丙申 22	丁酉 23	戊戌 24	己亥 25	庚子 26	辛丑 27	壬寅 28	癸卯 (3)	甲辰 2	乙巳 3	丙午 4	丁未 5	戊申 6	己酉 7	庚戌 8	辛亥 9	壬子 10	癸丑 11	甲寅 12	乙卯 13	
三月小	丁卯	干支 天地西曆	丙辰 14	丁巳 15	戊午 16	己未 17	庚申 18	辛酉 19	壬戌 20	癸亥 21	甲子 22	乙丑 23	丙寅 24	丁卯 25	戊辰 26	己巳 27	庚午 28	辛未 29	壬申 30	癸酉 31	甲戌 (4)	乙亥 2	丙子 3	丁丑 4	戊寅 5	己卯 6	庚辰 7	辛巳 8	壬午 9	癸未 10	甲申 11		庚午春分
四月大	戊辰	干支 天地西曆	乙酉 12	丙戌 13	丁亥 14	戊子 15	己丑 16	庚寅 17	辛卯 18	壬辰 19	癸巳 20	甲午 21	乙未 22	丙申 23	丁酉 24	戊戌 25	己亥 26	庚子 27	辛丑 28	壬寅 29	癸卯 30	甲辰 (5)	乙巳 2	丙午 3	丁未 4	戊申 5	己酉 6	庚戌 7	辛亥 8	壬子 9	癸丑 10	甲寅 11	
五月小	己巳	干支 天地西曆	乙卯 12	丙辰 13	丁巳 14	戊午 15	己未 16	庚申 17	辛酉 18	壬戌 19	癸亥 20	甲子 21	乙丑 22	丙寅 23	丁卯 24	戊辰 25	己巳 26	庚午 27	辛未 28	壬申 29	癸酉 30	甲戌 31	乙亥 (6)	丙子 2	丁丑 3	戊寅 4	己卯 5	庚辰 6	辛巳 7	壬午 8	癸未 9		丁巳立夏
六月大	庚午	干支 天地西曆	甲申 10	乙酉 11	丙戌 12	丁亥 13	戊子 14	己丑 15	庚寅 16	辛卯 17	壬辰 18	癸巳 19	甲午 20	乙未 21	丙申 22	丁酉 23	戊戌 24	己亥 25	庚子 26	辛丑 27	壬寅 28	癸卯 29	甲辰 30	乙巳 (7)	丙午 2	丁未 3	戊申 4	己酉 5	庚戌 6	辛亥 7	壬子 8	癸丑 9	甲辰夏至
七月小	辛未	干支 天地西曆	甲寅 10	乙卯 11	丙辰 12	丁巳 13	戊午 14	己未 15	庚申 16	辛酉 17	壬戌 18	癸亥 19	甲子 20	乙丑 21	丙寅 22	丁卯 23	戊辰 24	己巳 25	庚午 26	辛未 27	壬申 28	癸酉 29	甲戌 30	乙亥 31	丙子 (8)	丁丑 2	戊寅 3	己卯 4	庚辰 5	辛巳 6	壬午 7		
八月大	壬申	干支 天地西曆	癸未 8	甲申 9	乙酉 10	丙戌 11	丁亥 12	戊子 13	己丑 14	庚寅 15	辛卯 16	壬辰 17	癸巳 18	甲午 19	乙未 20	丙申 21	丁酉 22	戊戌 23	己亥 24	庚子 25	辛丑 26	壬寅 27	癸卯 28	甲辰 29	乙巳 30	丙午 31	丁未 (9)	戊申 2	己酉 3	庚戌 4	辛亥 5	壬子 6	辛卯立秋
九月小	癸酉	干支 天地西曆	癸丑 7	甲寅 8	乙卯 9	丙辰 10	丁巳 11	戊午 12	己未 13	庚申 14	辛酉 15	壬戌 16	癸亥 17	甲子 18	乙丑 19	丙寅 20	丁卯 21	戊辰 22	己巳 23	庚午 24	辛未 25	壬申 26	癸酉 27	甲戌 28	乙亥 29	丙子 30	丁丑 (10)	戊寅 2	己卯 3	庚辰 4	辛巳 5		丙子秋分
十月大	甲戌	干支 天地西曆	壬午 6	癸未 7	甲申 8	乙酉 9	丙戌 10	丁亥 11	戊子 12	己丑 13	庚寅 14	辛卯 15	壬辰 16	癸巳 17	甲午 18	乙未 19	丙申 20	丁酉 21	戊戌 22	己亥 23	庚子 24	辛丑 25	壬寅 26	癸卯 27	甲辰 28	乙巳 29	丙午 30	丁未 31	戊申 (11)	己酉 2	庚戌 3	辛亥 4	
十一月小	乙亥	干支 天地西曆	壬子 5	癸丑 6	甲寅 7	乙卯 8	丙辰 9	丁巳 10	戊午 11	己未 12	庚申 13	辛酉 14	壬戌 15	癸亥 16	甲子 17	乙丑 18	丙寅 19	丁卯 20	戊辰 21	己巳 22	庚午 23	辛未 24	壬申 25	癸酉 26	甲戌 27	乙亥 28	丙子 29	丁丑 30	戊寅 (12)	己卯 2	庚辰 3		辛酉立冬
十二月大	丙子	干支 天地西曆	辛巳 4	壬午 5	癸未 6	甲申 7	乙酉 8	丙戌 9	丁亥 10	戊子 11	己丑 12	庚寅 13	辛卯 14	壬辰 15	癸巳 16	甲午 17	乙未 18	丙申 19	丁酉 20	戊戌 21	己亥 22	庚子 23	辛丑 24	壬寅 25	癸卯 26	甲辰 27	乙巳 28	丙午 29	丁未 30	戊申 31	己酉 (1)	庚戌 2	乙巳冬至

朔閏異同	曆名	正月	二月	三月	四月	五月	六月	七月	八月	九月	十月	十一	十二	閏月	曆名	正月	二月	三月	四月	五月	六月	七月	八月	九月	十月	十一	十二	閏月
	周曆殷曆	丙戌丙辰	乙卯乙酉	乙酉乙卯	甲寅甲申	甲申甲寅	癸丑甲申	癸未癸丑	壬子癸未	壬午壬子	辛亥壬午	辛巳辛亥	庚戌辛巳		夏曆新曆	丙戌丁亥	乙卯丙辰	乙酉丙戌	甲寅乙卯	甲申甲申	癸丑癸丑	癸未癸未	壬子壬子	壬午壬午	辛亥壬子	辛巳壬午	庚戌辛亥	

*《長曆》：正月丙辰，二月乙酉，三月乙卯，四月甲申，五月甲寅，六月甲申，七月癸丑，八月癸未，九月壬子，十月壬午，十一辛亥，十二辛巳。

周莊王六年 魯莊公三年（庚寅 虎年）公元前 691 ~ 前 690 年 歲在壽星

魯曆月序		中西曆日對照	魯曆日序																														節氣與天象
			初一	初二	初三	初四	初五	初六	初七	初八	初九	初十	十一	十二	十三	十四	十五	十六	十七	十八	十九	二十	二一	二二	二三	二四	二五	二六	二七	二八	二九	三十	
正月大	丁丑	干支天地西曆	辛亥3	壬子4	癸丑5	甲寅6	乙卯7	丙辰8	丁巳9	戊午10	己未11	庚申12	辛酉13	壬戌14	癸亥15	甲子16	乙丑17	丙寅18	丁卯19	戊辰20	己巳21	庚午22	辛未23	壬申24	癸酉25	甲戌26	乙亥27	丙子28	丁丑29	戊寅30	己卯31	庚辰(2)	
二月小	戊寅	干支天地西曆	辛巳2	壬午3	癸未4	甲申5	乙酉6	丙戌7	丁亥8	戊子9	己丑10	庚寅11	辛卯12	壬辰13	癸巳14	甲午15	乙未16	丙申17	丁酉18	戊戌19	己亥20	庚子21	辛丑22	壬寅23	癸卯24	甲辰25	乙巳26	丙午27	丁未28	戊申(3)	己酉2		己丑立春
三月大	己卯	干支天地西曆	庚戌3	辛亥4	壬子5	癸丑6	甲寅7	乙卯8	丙辰9	丁巳10	戊午11	己未12	庚申13	辛酉14	壬戌15	癸亥16	甲子17	乙丑18	丙寅19	丁卯20	戊辰21	己巳22	庚午23	辛未24	壬申25	癸酉26	甲戌27	乙亥28	丙子29	丁丑30	戊寅31	己卯(4)	乙亥春分
四月小	庚辰	干支天地西曆	庚辰2	辛巳3	壬午4	癸未5	甲申6	乙酉7	丙戌8	丁亥9	戊子10	己丑11	庚寅12	辛卯13	壬辰14	癸巳15	甲午16	乙未17	丙申18	丁酉19	戊戌20	己亥21	庚子22	辛丑23	壬寅24	癸卯25	甲辰26	乙巳27	丙午28	丁未29	戊申30		
五月大	辛巳	干支天地西曆	己酉(5)	庚戌2	辛亥3	壬子4	癸丑5	甲寅6	乙卯7	丙辰8	丁巳9	戊午10	己未11	庚申12	辛酉13	壬戌14	癸亥15	甲子16	乙丑17	丙寅18	丁卯19	戊辰20	己巳21	庚午22	辛未23	壬申24	癸酉25	甲戌26	乙亥27	丙子28	丁丑29	戊寅30	壬戌立夏
六月小	壬午	干支天地西曆	己卯31	庚辰(6)	辛巳2	壬午3	癸未4	甲申5	乙酉6	丙戌7	丁亥8	戊子9	己丑10	庚寅11	辛卯12	壬辰13	癸巳14	甲午15	乙未16	丙申17	丁酉18	戊戌19	己亥20	庚子21	辛丑22	壬寅23	癸卯24	甲辰25	乙巳26	丙午27	丁未28		
七月大	癸未	干支天地西曆	戊申29	己酉30	庚戌(7)	辛亥2	壬子3	癸丑4	甲寅5	乙卯6	丙辰7	丁巳8	戊午9	己未10	庚申11	辛酉12	壬戌13	癸亥14	甲子15	乙丑16	丙寅17	丁卯18	戊辰19	己巳20	庚午21	辛未22	壬申23	癸酉24	甲戌25	乙亥26	丙子27	丁丑28	庚戌夏至
八月小	甲申	干支天地西曆	戊寅29	己卯30	庚辰31	辛巳(8)	壬午2	癸未3	甲申4	乙酉5	丙戌6	丁亥7	戊子8	己丑9	庚寅10	辛卯11	壬辰12	癸巳13	甲午14	乙未15	丙申16	丁酉17	戊戌18	己亥19	庚子20	辛丑21	壬寅22	癸卯23	甲辰24	乙巳25	丙午26		丙申立秋
九月大	乙酉	干支天地西曆	丁未27	戊申28	己酉29	庚戌30	辛亥31	壬子(9)	癸丑2	甲寅3	乙卯4	丙辰5	丁巳6	戊午7	己未8	庚申9	辛酉10	壬戌11	癸亥12	甲子13	乙丑14	丙寅15	丁卯16	戊辰17	己巳18	庚午19	辛未20	壬申21	癸酉22	甲戌23	乙亥24	丙子25	
十月小	丙戌	干支天地西曆	丁丑26	戊寅27	己卯28	庚辰29	辛巳30	壬午(10)	癸未2	甲申3	乙酉4	丙戌5	丁亥6	戊子7	己丑8	庚寅9	辛卯10	壬辰11	癸巳12	甲午13	乙未14	丙申15	丁酉16	戊戌17	己亥18	庚子19	辛丑20	壬寅21	癸卯22	甲辰23	乙巳24		辛巳秋分
十一月大	丁亥	干支天地西曆	丙午25	丁未26	戊申27	己酉28	庚戌29	辛亥30	壬子31	癸丑(11)	甲寅2	乙卯3	丙辰4	丁巳5	戊午6	己未7	庚申8	辛酉9	壬戌10	癸亥11	甲子12	乙丑13	丙寅14	丁卯15	戊辰16	己巳17	庚午18	辛未19	壬申20	癸酉21	甲戌22	乙亥23	丙寅立冬
十二月小	戊子	干支天地西曆	丙子24	丁丑25	戊寅26	己卯27	庚辰28	辛巳29	壬午30	癸未(12)	甲申2	乙酉3	丙戌4	丁亥5	戊子6	己丑7	庚寅8	辛卯9	壬辰10	癸巳11	甲午12	乙未13	丙申14	丁酉15	戊戌16	己亥17	庚子18	辛丑19	壬寅20	癸卯21	甲辰22		
閏月大	戊子	干支天地西曆	乙巳23	丙午24	丁未25	戊申26	己酉27	庚戌28	辛亥29	壬子30	癸丑31	甲寅(1)	乙卯2	丙辰3	丁巳4	戊午5	己未6	庚申7	辛酉8	壬戌9	癸亥10	甲子11	乙丑12	丙寅13	丁卯14	戊辰15	己巳16	庚午17	辛未18	壬申19	癸酉20	甲戌21	庚戌冬至

朔閏異同	曆名	正月	二月	三月	四月	五月	六月	七月	八月	九月	十月	十一	十二	閏月		曆名	正月	二月	三月	四月	五月	六月	七月	八月	九月	十月	十一	十二	閏月
	周曆殷曆	庚辰庚戌	庚戌庚辰	己卯己酉	己酉己卯	戊寅戊申	戊申戊寅	丁丑丁未	丁未丁丑	丙子---丁未	---丙午丙子	乙亥丙午	乙巳乙亥	甲戌乙巳		夏曆新曆	庚辰辛巳	己酉辛亥	己卯庚辰	戊申庚戌	戊寅---己卯	---戊申戊申	丁丑丁丑	丁未丁未	丙子丙子	丙午丙午	乙亥丙子	乙巳乙巳	甲戌乙亥

*《長曆》：正月庚戌，二月庚辰，三月己酉，四月己卯，五月戊申，六月戊寅，七月丁未，八月丁丑，九月丁未，十月丙子，十一丙午，十二乙亥，閏月乙巳。

周莊王七年 魯莊公四年（辛卯 兔年）公元前 690 ~ 前 689 年 歲在析木

魯曆月序		西日中曆對照	初一	初二	初三	初四	初五	初六	初七	初八	初九	初十	十一	十二	十三	十四	十五	十六	十七	十八	十九	二十	二一	二二	二三	二四	二五	二六	二七	二八	二九	三十	節氣與天象
正月小	己丑	干支曆天地西	乙亥22	丙子23	丁丑24	戊寅25	己卯26	庚辰27	辛巳28	壬午29	癸未30	甲申31	乙酉(2)	丙戌2	丁亥3	戊子4	己丑5	庚寅6	辛卯7	壬辰8	癸巳9	甲午10	乙未11	丙申12	丁酉13	戊戌14	己亥15	庚子16	辛丑17	壬寅18	癸卯19		乙未立春 乙亥日食
二月大	庚寅	干支曆天地西	甲辰20	乙巳21	丙午22	丁未23	戊申24	己酉25	庚戌26	辛亥27	壬子28	癸丑(3)	甲寅2	乙卯3	丙辰4	丁巳5	戊午6	己未7	庚申8	辛酉9	壬戌10	癸亥11	甲子12	乙丑13	丙寅14	丁卯15	戊辰16	己巳17	庚午18	辛未19	壬申20	癸酉21	
三月小	辛卯	干支曆天地西	甲戌22	乙亥23	丙子24	丁丑25	戊寅26	己卯27	庚辰28	辛巳29	壬午30	癸未31	甲申(4)	乙酉2	丙戌3	丁亥4	戊子5	己丑6	庚寅7	辛卯8	壬辰9	癸巳10	甲午11	乙未12	丙申13	丁酉14	戊戌15	己亥16	庚子17	辛丑18	壬寅19		辛巳春分
四月大	壬辰	干支曆天地西	癸卯20	甲辰21	乙巳22	丙午23	丁未24	戊申25	己酉26	庚戌27	辛亥28	壬子29	癸丑30	甲寅(5)	乙卯2	丙辰3	丁巳4	戊午5	己未6	庚申7	辛酉8	壬戌9	癸亥10	甲子11	乙丑12	丙寅13	丁卯14	戊辰15	己巳16	庚午17	辛未18	壬申19	戊辰立夏
五月大	癸巳	干支曆天地西	癸酉20	甲戌21	乙亥22	丙子23	丁丑24	戊寅25	己卯26	庚辰27	辛巳28	壬午29	癸未30	甲申31	乙酉(6)	丙戌2	丁亥3	戊子4	己丑5	庚寅6	辛卯7	壬辰8	癸巳9	甲午10	乙未11	丙申12	丁酉13	戊戌14	己亥15	庚子16	辛丑17	壬寅18	
六月小	甲午	干支曆天地西	癸卯19	甲辰20	乙巳21	丙午22	丁未23	戊申24	己酉25	庚戌26	辛亥27	壬子28	癸丑29	甲寅30	乙卯(7)	丙辰2	丁巳3	戊午4	己未5	庚申6	辛酉7	壬戌8	癸亥9	甲子10	乙丑11	丙寅12	丁卯13	戊辰14	己巳15	庚午16	辛未17		乙卯夏至
七月大	乙未	干支曆天地西	壬申18	癸酉19	甲戌20	乙亥21	丙子22	丁丑23	戊寅24	己卯25	庚辰26	辛巳27	壬午28	癸未29	甲申30	乙酉31	丙戌(8)	丁亥2	戊子3	己丑4	庚寅5	辛卯6	壬辰7	癸巳8	甲午9	乙未10	丙申11	丁酉12	戊戌13	己亥14	庚子15	辛丑16	辛丑立秋
八月小	丙申	干支曆天地西	壬寅17	癸卯18	甲辰19	乙巳20	丙午21	丁未22	戊申23	己酉24	庚戌25	辛亥26	壬子27	癸丑28	甲寅29	乙卯30	丙辰31	丁巳(9)	戊午2	己未3	庚申4	辛酉5	壬戌6	癸亥7	甲子8	乙丑9	丙寅10	丁卯11	戊辰12	己巳13	庚午14		
九月大	丁酉	干支曆天地西	辛未15	壬申16	癸酉17	甲戌18	乙亥19	丙子20	丁丑21	戊寅22	己卯23	庚辰24	辛巳25	壬午26	癸未27	甲申28	乙酉29	丙戌30	丁亥(10)	戊子2	己丑3	庚寅4	辛卯5	壬辰6	癸巳7	甲午8	乙未9	丙申10	丁酉11	戊戌12	己亥13	庚子14	丁亥秋分
十月小	戊戌	干支曆天地西	辛丑15	壬寅16	癸卯17	甲辰18	乙巳19	丙午20	丁未21	戊申22	己酉23	庚戌24	辛亥25	壬子26	癸丑27	甲寅28	乙卯29	丙辰30	丁巳31	戊午(11)	己未2	庚申3	辛酉4	壬戌5	癸亥6	甲子7	乙丑8	丙寅9	丁卯10	戊辰11	己巳12		
十一月大	己亥	干支曆天地西	庚午13	辛未14	壬申15	癸酉16	甲戌17	乙亥18	丙子19	丁丑20	戊寅21	己卯22	庚辰23	辛巳24	壬午25	癸未26	甲申27	乙酉28	丙戌29	丁亥30	戊子(12)	己丑2	庚寅3	辛卯4	壬辰5	癸巳6	甲午7	乙未8	丙申9	丁酉10	戊戌11	己亥12	辛未立冬
十二月小	庚子	干支曆天地西	庚子13	辛丑14	壬寅15	癸卯16	甲辰17	乙巳18	丙午19	丁未20	戊申21	己酉22	庚戌23	辛亥24	壬子25	癸丑26	甲寅27	乙卯28	丙辰29	丁巳30	戊午31	己未(1)	庚申2	辛酉3	壬戌4	癸亥5	甲子6	乙丑7	丙寅8	丁卯9	戊辰10		乙卯冬至

朔閏異同	曆名	正月	二月	三月	四月	五月	六月	七月	八月	九月	十月	十一	十二	閏月	曆名	正月	二月	三月	四月	五月	六月	七月	八月	九月	十月	十一	十二	閏月
	周曆殷曆	甲辰甲戌	癸酉甲辰	癸卯癸酉	壬申癸卯	壬寅壬申	壬申壬寅	辛丑辛未	辛未辛丑	庚子庚午	庚午庚子	己亥己巳	己巳己亥		夏曆新曆	甲辰乙巳	癸酉乙亥	癸卯甲辰	壬申癸酉	壬寅癸卯	辛未壬申	辛丑辛丑	庚午辛未	庚子庚子	庚午庚午	己亥己亥	己巳己巳	

*《長曆》：正月甲戌，二月甲辰，三月癸酉，四月癸卯，五月壬申，六月壬寅，七月辛未，八月辛丑，九月庚午，十月庚子，十一己巳，十二己亥。

周莊王八年 魯莊公五年（壬辰 龍年）公元前689年 歲在星紀

魯曆月序		中西曆日對照	初一	初二	初三	初四	初五	初六	初七	初八	初九	初十	十一	十二	十三	十四	十五	十六	十七	十八	十九	二十	二一	二二	二三	二四	二五	二六	二七	二八	二九	三十	節氣與天象
正月大	辛丑	干支 天地 西曆	己巳 11	庚午 12	辛未 13	壬申 14	癸酉 15	甲戌 16	乙亥 17	丙子 18	丁丑 19	戊寅 20	己卯 21	庚辰 22	辛巳 23	壬午 24	癸未 25	甲申 26	乙酉 27	丙戌 28	丁亥 29	戊子 30	己丑 31	庚寅 (2)	辛卯 2	壬辰 3	癸巳 4	甲午 5	乙未 6	丙申 7	丁酉 8	戊戌 9	
二月小	壬寅	干支 天地 西曆	己亥 10	庚子 11	辛丑 12	壬寅 13	癸卯 14	甲辰 15	乙巳 16	丙午 17	丁未 18	戊申 19	己酉 20	庚戌 21	辛亥 22	壬子 23	癸丑 24	甲寅 25	乙卯 26	丙辰 27	丁巳 28	戊午 29	己未 (3)	庚申 2	辛酉 3	壬戌 4	癸亥 5	甲子 6	乙丑 7	丙寅 8	丁卯 9		庚子立春
三月大	癸卯	干支 天地 西曆	戊辰 10	己巳 11	庚午 12	辛未 13	壬申 14	癸酉 15	甲戌 16	乙亥 17	丙子 18	丁丑 19	戊寅 20	己卯 21	庚辰 22	辛巳 23	壬午 24	癸未 25	甲申 26	乙酉 27	丙戌 28	丁亥 29	戊子 30	己丑 31	庚寅 (4)	辛卯 2	壬辰 3	癸巳 4	甲午 5	乙未 6	丙申 7	丁酉 8	丙戌春分
四月小	甲辰	干支 天地 西曆	戊戌 9	己亥 10	庚子 11	辛丑 12	壬寅 13	癸卯 14	甲辰 15	乙巳 16	丙午 17	丁未 18	戊申 19	己酉 20	庚戌 21	辛亥 22	壬子 23	癸丑 24	甲寅 25	乙卯 26	丙辰 27	丁巳 28	戊午 29	己未 30	庚申 (5)	辛酉 2	壬戌 3	癸亥 4	甲子 5	乙丑 6	丙寅 7		
五月大	乙巳	干支 天地 西曆	丁卯 8	戊辰 9	己巳 10	庚午 11	辛未 12	壬申 13	癸酉 14	甲戌 15	乙亥 16	丙子 17	丁丑 18	戊寅 19	己卯 20	庚辰 21	辛巳 22	壬午 23	癸未 24	甲申 25	乙酉 26	丙戌 27	丁亥 28	戊子 29	己丑 30	庚寅 31	辛卯 (6)	壬辰 2	癸巳 3	甲午 4	乙未 5	丙申 6	癸酉立夏
六月小	丙午	干支 天地 西曆	丁酉 7	戊戌 8	己亥 9	庚子 10	辛丑 11	壬寅 12	癸卯 13	甲辰 14	乙巳 15	丙午 16	丁未 17	戊申 18	己酉 19	庚戌 20	辛亥 21	壬子 22	癸丑 23	甲寅 24	乙卯 25	丙辰 26	丁巳 27	戊午 28	己未 29	庚申 30	辛酉 (7)	壬戌 2	癸亥 3	甲子 4	乙丑 5		庚申夏至
七月大	丁未	干支 天地 西曆	丙寅 6	丁卯 7	戊辰 8	己巳 9	庚午 10	辛未 11	壬申 12	癸酉 13	甲戌 14	乙亥 15	丙子 16	丁丑 17	戊寅 18	己卯 19	庚辰 20	辛巳 21	壬午 22	癸未 23	甲申 24	乙酉 25	丙戌 26	丁亥 27	戊子 28	己丑 29	庚寅 30	辛卯 31	壬辰 (8)	癸巳 2	甲午 3	乙未 4	
八月大	戊申	干支 天地 西曆	丙申 5	丁酉 6	戊戌 7	己亥 8	庚子 9	辛丑 10	壬寅 11	癸卯 12	甲辰 13	乙巳 14	丙午 15	丁未 16	戊申 17	己酉 18	庚戌 19	辛亥 20	壬子 21	癸丑 22	甲寅 23	乙卯 24	丙辰 25	丁巳 26	戊午 27	己未 28	庚申 29	辛酉 30	壬戌 31	癸亥 (9)	甲子 2	乙丑 3	丁未立秋
九月小	己酉	干支 天地 西曆	丙寅 4	丁卯 5	戊辰 6	己巳 7	庚午 8	辛未 9	壬申 10	癸酉 11	甲戌 12	乙亥 13	丙子 14	丁丑 15	戊寅 16	己卯 17	庚辰 18	辛巳 19	壬午 20	癸未 21	甲申 22	乙酉 23	丙戌 24	丁亥 25	戊子 26	己丑 27	庚寅 28	辛卯 29	壬辰 30	癸巳 (10)	甲午 2		壬辰秋分
十月大	庚戌	干支 天地 西曆	乙未 3	丙申 4	丁酉 5	戊戌 6	己亥 7	庚子 8	辛丑 9	壬寅 10	癸卯 11	甲辰 12	乙巳 13	丙午 14	丁未 15	戊申 16	己酉 17	庚戌 18	辛亥 19	壬子 20	癸丑 21	甲寅 22	乙卯 23	丙辰 24	丁巳 25	戊午 26	己未 27	庚申 28	辛酉 29	壬戌 30	癸亥 31	甲子 (11)	
十一月小	辛亥	干支 天地 西曆	乙丑 2	丙寅 3	丁卯 4	戊辰 5	己巳 6	庚午 7	辛未 8	壬申 9	癸酉 10	甲戌 11	乙亥 12	丙子 13	丁丑 14	戊寅 15	己卯 16	庚辰 17	辛巳 18	壬午 19	癸未 20	甲申 21	乙酉 22	丙戌 23	丁亥 24	戊子 25	己丑 26	庚寅 27	辛卯 28	壬辰 29	癸巳 30		丙子立冬
十二月大	壬子	干支 天地 西曆	甲午 (12)	乙未 2	丙申 3	丁酉 4	戊戌 5	己亥 6	庚子 7	辛丑 8	壬寅 9	癸卯 10	甲辰 11	乙巳 12	丙午 13	丁未 14	戊申 15	己酉 16	庚戌 17	辛亥 18	壬子 19	癸丑 20	甲寅 21	乙卯 22	丙辰 23	丁巳 24	戊午 25	己未 26	庚申 27	辛酉 28	壬戌 29	癸亥 30	庚申冬至

朔閏異同	曆名	正月	二月	三月	四月	五月	六月	七月	八月	九月	十月	十一	十二	閏月	曆名	正月	二月	三月	四月	五月	六月	七月	八月	九月	十月	十一	十二	閏月
	周曆殷曆	戊戌己巳	戊辰戊戌	丁酉戊辰	丁卯丁酉	丙申丁卯	丙寅丙申	乙未丙寅	乙丑乙未	乙未乙丑	甲子甲午	甲午甲子	癸亥癸巳		夏曆新曆	戊戌己亥	戊辰己巳	丁酉戊戌	丁卯戊辰	丙申丁酉	丙寅丁卯	乙未丙申	乙丑丙寅	甲午乙未	甲子甲子	癸巳甲午	癸亥┅癸亥	癸巳

*《長曆》：正月己巳，二月戊戌，三月戊辰，四月丁酉，五月丁卯，六月丙申，七月丙寅，八月乙未，九月乙丑，十月甲午，十一甲子，十二癸巳。

周莊王九年 魯莊公六年（癸巳 蛇年）公元前689～前688年 歲在玄枵

魯曆月序		中西曆日對照	初一	初二	初三	初四	初五	初六	初七	初八	初九	初十	十一	十二	十三	十四	十五	十六	十七	十八	十九	二十	二一	二二	二三	二四	二五	二六	二七	二八	二九	三十	節氣與天象
正月小	癸丑	天干地支 西曆	甲子 31	乙丑 (1)	丙寅 2	丁卯 3	戊辰 4	己巳 5	庚午 6	辛未 7	壬申 8	癸酉 9	甲戌 10	乙亥 11	丙子 12	丁丑 13	戊寅 14	己卯 15	庚辰 16	辛巳 17	壬午 18	癸未 19	甲申 20	乙酉 21	丙戌 22	丁亥 23	戊子 24	己丑 25	庚寅 26	辛卯 27	壬辰 28		
二月大	甲寅	天干地支 西曆	癸巳 29	甲午 30	乙未 31	丙申 (2)	丁酉 2	戊戌 3	己亥 4	庚子 5	辛丑 6	壬寅 7	癸卯 8	甲辰 9	乙巳 10	丙午 11	丁未 12	戊申 13	己酉 14	庚戌 15	辛亥 16	壬子 17	癸丑 18	甲寅 19	乙卯 20	丙辰 21	丁巳 22	戊午 23	己未 24	庚申 25	辛酉 26	壬戌 27	乙巳立春
三月小	乙卯	天干地支 西曆	癸亥 28	甲子 (3)	乙丑 2	丙寅 3	丁卯 4	戊辰 5	己巳 6	庚午 7	辛未 8	壬申 9	癸酉 10	甲戌 11	乙亥 12	丙子 13	丁丑 14	戊寅 15	己卯 16	庚辰 17	辛巳 18	壬午 19	癸未 20	甲申 21	乙酉 22	丙戌 23	丁亥 24	戊子 25	己丑 26	庚寅 27	辛卯 28		辛卯春分
四月大	丙辰	天干地支 西曆	壬辰 29	癸巳 30	甲午 31	乙未 (4)	丙申 2	丁酉 3	戊戌 4	己亥 5	庚子 6	辛丑 7	壬寅 8	癸卯 9	甲辰 10	乙巳 11	丙午 12	丁未 13	戊申 14	己酉 15	庚戌 16	辛亥 17	壬子 18	癸丑 19	甲寅 20	乙卯 21	丙辰 22	丁巳 23	戊午 24	己未 25	庚申 26	辛酉 27	
五月小	丁巳	天干地支 西曆	壬戌 28	癸亥 29	甲子 30	乙丑 (5)	丙寅 2	丁卯 3	戊辰 4	己巳 5	庚午 6	辛未 7	壬申 8	癸酉 9	甲戌 10	乙亥 11	丙子 12	丁丑 13	戊寅 14	己卯 15	庚辰 16	辛巳 17	壬午 18	癸未 19	甲申 20	乙酉 21	丙戌 22	丁亥 23	戊子 24	己丑 25	庚寅 26		戊寅立夏
六月大	戊午	天干地支 西曆	辛卯 27	壬辰 28	癸巳 29	甲午 30	乙未 31	丙申 (6)	丁酉 2	戊戌 3	己亥 4	庚子 5	辛丑 6	壬寅 7	癸卯 8	甲辰 9	乙巳 10	丙午 11	丁未 12	戊申 13	己酉 14	庚戌 15	辛亥 16	壬子 17	癸丑 18	甲寅 19	乙卯 20	丙辰 21	丁巳 22	戊午 23	己未 24	庚申 25	
七月小	己未	天干地支 西曆	辛酉 26	壬戌 27	癸亥 28	甲子 29	乙丑 30	丙寅 (7)	丁卯 2	戊辰 3	己巳 4	庚午 5	辛未 6	壬申 7	癸酉 8	甲戌 9	乙亥 10	丙子 11	丁丑 12	戊寅 13	己卯 14	庚辰 15	辛巳 16	壬午 17	癸未 18	甲申 19	乙酉 20	丙戌 21	丁亥 22	戊子 23	己丑 24		乙丑夏至
八月大	庚申	天干地支 西曆	庚寅 25	辛卯 26	壬辰 27	癸巳 28	甲午 29	乙未 30	丙申 31	丁酉 (8)	戊戌 2	己亥 3	庚子 4	辛丑 5	壬寅 6	癸卯 7	甲辰 8	乙巳 9	丙午 10	丁未 11	戊申 12	己酉 13	庚戌 14	辛亥 15	壬子 16	癸丑 17	甲寅 18	乙卯 19	丙辰 20	丁巳 21	戊午 22	己未 23	壬子立秋
九月小	辛酉	天干地支 西曆	庚申 24	辛酉 25	壬戌 26	癸亥 27	甲子 28	乙丑 29	丙寅 30	丁卯 31	戊辰 (9)	己巳 2	庚午 3	辛未 4	壬申 5	癸酉 6	甲戌 7	乙亥 8	丙子 9	丁丑 10	戊寅 11	己卯 12	庚辰 13	辛巳 14	壬午 15	癸未 16	甲申 17	乙酉 18	丙戌 19	丁亥 20	戊子 21		
十月大	壬戌	天干地支 西曆	己丑 22	庚寅 23	辛卯 24	壬辰 25	癸巳 26	甲午 27	乙未 28	丙申 29	丁酉 30	戊戌 (10)	己亥 2	庚子 3	辛丑 4	壬寅 5	癸卯 6	甲辰 7	乙巳 8	丙午 9	丁未 10	戊申 11	己酉 12	庚戌 13	辛亥 14	壬子 15	癸丑 16	甲寅 17	乙卯 18	丙辰 19	丁巳 20	戊午 21	丁酉秋分
十一月小	癸亥	天干地支 西曆	己未 22	庚申 23	辛酉 24	壬戌 25	癸亥 26	甲子 27	乙丑 28	丙寅 29	丁卯 30	戊辰 31	己巳 (11)	庚午 2	辛未 3	壬申 4	癸酉 5	甲戌 6	乙亥 7	丙子 8	丁丑 9	戊寅 10	己卯 11	庚辰 12	辛巳 13	壬午 14	癸未 15	甲申 16	乙酉 17	丙戌 18	丁亥 19		壬午立冬
十二月大	甲子	天干地支 西曆	戊子 20	己丑 21	庚寅 22	辛卯 23	壬辰 24	癸巳 25	甲午 26	乙未 27	丙申 28	丁酉 29	戊戌 30	己亥 (12)	庚子 2	辛丑 3	壬寅 4	癸卯 5	甲辰 6	乙巳 7	丙午 8	丁未 9	戊申 10	己酉 11	庚戌 12	辛亥 13	壬子 14	癸丑 15	甲寅 16	乙卯 17	丙辰 18	丁巳 19	

朔閏異同	曆名	正月	二月	三月	四月	五月	六月	七月	八月	九月	十月	十一	十二	閏月
	周曆殷曆	癸巳癸亥	壬戌壬辰	壬辰壬戌	辛酉壬辰	辛卯辛酉	---庚申---辛卯	庚寅庚申	己未庚寅	己丑己未	戊午己丑	戊子戊午	丁巳戊子	丁亥丁巳
	夏曆新曆	癸巳癸亥	壬戌壬辰	---壬辰壬戌	辛酉壬辰	辛卯辛酉	庚申辛卯	庚寅庚申	己未庚寅	己丑己未	戊午戊子	戊子戊午	丁巳丁亥	丁亥

*《長曆》：正月癸亥，二月壬辰，三月壬戌，四月壬辰，五月辛酉，六月辛卯，七月庚申，八月庚寅，九月己未，十月己丑，十一戊午，十二戊子。

周莊王十年 魯莊公七年（甲午 馬年）公元前688 ~ 前687 ~前686年 歲在娵訾

魯曆月序		中西曆日對照	初一	初二	初三	初四	初五	初六	初七	初八	初九	初十	十一	十二	十三	十四	十五	十六	十七	十八	十九	二十	二一	二二	二三	二四	二五	二六	二七	二八	二九	三十	節氣與天象
正月大	乙丑	天干地支西曆	戊午 20	己未 21	庚申 22	辛酉 23	壬戌 24	癸亥 25	甲子 26	乙丑 27	丙寅 28	丁卯 29	戊辰 30	己巳 31	庚午 (1)	辛未 2	壬申 3	癸酉 4	甲戌 5	乙亥 6	丙子 7	丁丑 8	戊寅 9	己卯 10	庚辰 11	辛巳 12	壬午 13	癸未 14	甲申 15	乙酉 16	丙戌 17	丁亥 18	丙寅冬至
二月小	丙寅	天干地支西曆	戊子 19	己丑 20	庚寅 21	辛卯 22	壬辰 23	癸巳 24	甲午 25	乙未 26	丙申 27	丁酉 28	戊戌 29	己亥 30	庚子 31	辛丑 (2)	壬寅 2	癸卯 3	甲辰 4	乙巳 5	丙午 6	丁未 7	戊申 8	己酉 9	庚戌 10	辛亥 11	壬子 12	癸丑 13	甲寅 14	乙卯 15	丙辰 16		庚戌立春
三月大	丁卯	天干地支西曆	丁巳 17	戊午 18	己未 19	庚申 20	辛酉 21	壬戌 22	癸亥 23	甲子 24	乙丑 25	丙寅 26	丁卯 27	戊辰 28	己巳 (3)	庚午 2	辛未 3	壬申 4	癸酉 5	甲戌 6	乙亥 7	丙子 8	丁丑 9	戊寅 10	己卯 11	庚辰 12	辛巳 13	壬午 14	癸未 15	甲申 16	乙酉 17	丙戌 18	
四月小	戊辰	天干地支西曆	丁亥 19	戊子 20	己丑 21	庚寅 22	辛卯 23	壬辰 24	癸巳 25	甲午 26	乙未 27	丙申 28	丁酉 29	戊戌 30	己亥 31	庚子 (4)	辛丑 2	壬寅 3	癸卯 4	甲辰 5	乙巳 6	丙午 7	丁未 8	戊申 9	己酉 10	庚戌 11	辛亥 12	壬子 13	癸丑 14	甲寅 15	乙卯 16		丙申春分
五月大	己巳	天干地支西曆	丙辰 17	丁巳 18	戊午 19	己未 20	庚申 21	辛酉 22	壬戌 23	癸亥 24	甲子 25	乙丑 26	丙寅 27	丁卯 28	戊辰 29	己巳 30	庚午 (5)	辛未 2	壬申 3	癸酉 4	甲戌 5	乙亥 6	丙子 7	丁丑 8	戊寅 9	己卯 10	庚辰 11	辛巳 12	壬午 13	癸未 14	甲申 15	乙酉 16	癸未立夏
六月小	庚午	天干地支西曆	丙戌 17	丁亥 18	戊子 19	己丑 20	庚寅 21	辛卯 22	壬辰 23	癸巳 24	甲午 25	乙未 26	丙申 27	丁酉 28	戊戌 29	己亥 30	庚子 31	辛丑 (6)	壬寅 2	癸卯 3	甲辰 4	乙巳 5	丙午 6	丁未 7	戊申 8	己酉 9	庚戌 10	辛亥 11	壬子 12	癸丑 13	甲寅 14		
七月大	辛未	天干地支西曆	乙卯 15	丙辰 16	丁巳 17	戊午 18	己未 19	庚申 20	辛酉 21	壬戌 22	癸亥 23	甲子 24	乙丑 25	丙寅 26	丁卯 27	戊辰 28	己巳 29	庚午 30	辛未 (7)	壬申 2	癸酉 3	甲戌 4	乙亥 5	丙子 6	丁丑 7	戊寅 8	己卯 9	庚辰 10	辛巳 11	壬午 12	癸未 13	甲申 14	辛未夏至
八月小	壬申	天干地支西曆	乙酉 15	丙戌 16	丁亥 17	戊子 18	己丑 19	庚寅 20	辛卯 21	壬辰 22	癸巳 23	甲午 24	乙未 25	丙申 26	丁酉 27	戊戌 28	己亥 29	庚子 30	辛丑 31	壬寅 (8)	癸卯 2	甲辰 3	乙巳 4	丙午 5	丁未 6	戊申 7	己酉 8	庚戌 9	辛亥 10	壬子 11	癸丑 12		
九月大	癸酉	天干地支西曆	甲寅 13	乙卯 14	丙辰 15	丁巳 16	戊午 17	己未 18	庚申 19	辛酉 20	壬戌 21	癸亥 22	甲子 23	乙丑 24	丙寅 25	丁卯 26	戊辰 27	己巳 28	庚午 29	辛未 30	壬申 31	癸酉 (9)	甲戌 2	乙亥 3	丙子 4	丁丑 5	戊寅 6	己卯 7	庚辰 8	辛巳 9	壬午 10	癸未 11	丁巳立秋
十月小	甲戌	天干地支西曆	甲申 12	乙酉 13	丙戌 14	丁亥 15	戊子 16	己丑 17	庚寅 18	辛卯 19	壬辰 20	癸巳 21	甲午 22	乙未 23	丙申 24	丁酉 25	戊戌 26	己亥 27	庚子 28	辛丑 29	壬寅 30	癸卯 (10)	甲辰 2	乙巳 3	丙午 4	丁未 5	戊申 6	己酉 7	庚戌 8	辛亥 9	壬子 10		壬寅秋分
十一月大	乙亥	天干地支西曆	癸丑 11	甲寅 12	乙卯 13	丙辰 14	丁巳 15	戊午 16	己未 17	庚申 18	辛酉 19	壬戌 20	癸亥 21	甲子 22	乙丑 23	丙寅 24	丁卯 25	戊辰 26	己巳 27	庚午 28	辛未 29	壬申 30	癸酉 31	甲戌 (11)	乙亥 2	丙子 3	丁丑 4	戊寅 5	己卯 6	庚辰 7	辛巳 8	壬午 9	
十二月小	丙子	天干地支西曆	癸未 10	甲申 11	乙酉 12	丙戌 13	丁亥 14	戊子 15	己丑 16	庚寅 17	辛卯 18	壬辰 19	癸巳 20	甲午 21	乙未 22	丙申 23	丁酉 24	戊戌 25	己亥 26	庚子 27	辛丑 28	壬寅 29	癸卯 30	甲辰 (12)	乙巳 2	丙午 3	丁未 4	戊申 5	己酉 6	庚戌 7	辛亥 8		丁亥立冬
閏月大	丙子	天干地支西曆	壬子 9	癸丑 10	甲寅 11	乙卯 12	丙辰 13	丁巳 14	戊午 15	己未 16	庚申 17	辛酉 18	壬戌 19	癸亥 20	甲子 21	乙丑 22	丙寅 23	丁卯 24	戊辰 25	己巳 26	庚午 27	辛未 28	壬申 29	癸酉 30	甲戌 31	乙亥 (1)	丙子 2	丁丑 3	戊寅 4	己卯 5	庚辰 6	辛巳 7	辛未冬至

朔閏異同	曆名	正月	二月	三月	四月	五月	六月	七月	八月	九月	十月	十一	十二	閏月	曆名	正月	二月	三月	四月	五月	六月	七月	八月	九月	十月	十一	十二	閏月
	周曆殷曆	丁巳丁亥	丙戌丙辰	丙辰丙戌	乙酉乙卯	乙卯乙酉	甲申甲寅	甲寅甲申	癸未甲寅	癸丑癸未	壬午癸丑	壬子壬午	辛巳壬子		夏曆新曆	丙辰丁巳	丙戌丙戌	乙卯丙辰	乙酉丙戌	乙卯乙卯	甲申乙酉	甲寅乙卯	癸未甲申	癸丑甲寅	壬午癸未	壬子癸丑	辛巳壬午	

*《長曆》：正月丁巳，二月丁亥，三月丙辰，四月丙戌，閏月乙卯，五月乙酉，六月甲寅，七月甲申，八月甲寅，九月癸未，十月癸丑，十一壬午，十二壬子。

周莊王十一年 魯莊公八年（乙未 羊年）公元前686年 歲在降婁

魯曆月序		西曆中日對照	初一	初二	初三	初四	初五	初六	初七	初八	初九	初十	十一	十二	十三	十四	十五	十六	十七	十八	十九	二十	二一	二二	二三	二四	二五	二六	二七	二八	二九	三十	節氣與天象
正月小	丁丑	干支	壬午	癸未	甲申	乙酉	丙戌	丁亥	戊子	己丑	庚寅	辛卯	壬辰	癸巳	甲午	乙未	丙申	丁酉	戊戌	己亥	庚子	辛丑	壬寅	癸卯	甲辰	乙巳	丙午	丁未	戊申	己酉	庚戌		
		天地西曆	8	9	10	11	12	13	14	15	16	17	18	19	20	21	22	23	24	25	26	27	28	29	30	31	(2)	2	3	4	5		
二月大	戊寅	干支	辛亥	壬子	癸丑	甲寅	乙卯	丙辰	丁巳	戊午	己未	庚申	辛酉	壬戌	癸亥	甲子	乙丑	丙寅	丁卯	戊辰	己巳	庚午	辛未	壬申	癸酉	甲戌	乙亥	丙子	丁丑	戊寅	己卯	庚辰	丙辰立春
		天地西曆	6	7	8	9	10	11	12	13	14	15	16	17	18	19	20	21	22	23	24	25	26	27	28	(3)	2	3	4	5	6	7	
三月大	己卯	干支	辛巳	壬午	癸未	甲申	乙酉	丙戌	丁亥	戊子	己丑	庚寅	辛卯	壬辰	癸巳	甲午	乙未	丙申	丁酉	戊戌	己亥	庚子	辛丑	壬寅	癸卯	甲辰	乙巳	丙午	丁未	戊申	己酉	庚戌	壬寅春分
		天地西曆	8	9	10	11	12	13	14	15	16	17	18	19	20	21	22	23	24	25	26	27	28	29	30	31	(4)	2	3	4	5	6	
四月小	庚辰	干支	辛亥	壬子	癸丑	甲寅	乙卯	丙辰	丁巳	戊午	己未	庚申	辛酉	壬戌	癸亥	甲子	乙丑	丙寅	丁卯	戊辰	己巳	庚午	辛未	壬申	癸酉	甲戌	乙亥	丙子	丁丑	戊寅	己卯		
		天地西曆	7	8	9	10	11	12	13	14	15	16	17	18	19	20	21	22	23	24	25	26	27	28	29	30	(5)	2	3	4	5		
五月大	辛巳	干支	庚辰	辛巳	壬午	癸未	甲申	乙酉	丙戌	丁亥	戊子	己丑	庚寅	辛卯	壬辰	癸巳	甲午	乙未	丙申	丁酉	戊戌	己亥	庚子	辛丑	壬寅	癸卯	甲辰	乙巳	丙午	丁未	戊申	己酉	己丑立夏
		天地西曆	6	7	8	9	10	11	12	13	14	15	16	17	18	19	20	21	22	23	24	25	26	27	28	29	30	31	(6)	2	3	4	
六月小	壬午	干支	庚戌	辛亥	壬子	癸丑	甲寅	乙卯	丙辰	丁巳	戊午	己未	庚申	辛酉	壬戌	癸亥	甲子	乙丑	丙寅	丁卯	戊辰	己巳	庚午	辛未	壬申	癸酉	甲戌	乙亥	丙子	丁丑	戊寅		丙子夏至
		天地西曆	5	6	7	8	9	10	11	12	13	14	15	16	17	18	19	20	21	22	23	24	25	26	27	28	29	30	(7)	2	3		
七月大	癸未	干支	己卯	庚辰	辛巳	壬午	癸未	甲申	乙酉	丙戌	丁亥	戊子	己丑	庚寅	辛卯	壬辰	癸巳	甲午	乙未	丙申	丁酉	戊戌	己亥	庚子	辛丑	壬寅	癸卯	甲辰	乙巳	丙午	丁未	戊申	
		天地西曆	4	5	6	7	8	9	10	11	12	13	14	15	16	17	18	19	20	21	22	23	24	25	26	27	28	29	30	31	(8)	2	
八月小	甲申	干支	己酉	庚戌	辛亥	壬子	癸丑	甲寅	乙卯	丙辰	丁巳	戊午	己未	庚申	辛酉	壬戌	癸亥	甲子	乙丑	丙寅	丁卯	戊辰	己巳	庚午	辛未	壬申	癸酉	甲戌	乙亥	丙子	丁丑		壬戌立秋
		天地西曆	3	4	5	6	7	8	9	10	11	12	13	14	15	16	17	18	19	20	21	22	23	24	25	26	27	28	29	30	31		
九月大	乙酉	干支	戊寅	己卯	庚辰	辛巳	壬午	癸未	甲申	乙酉	丙戌	丁亥	戊子	己丑	庚寅	辛卯	壬辰	癸巳	甲午	乙未	丙申	丁酉	戊戌	己亥	庚子	辛丑	壬寅	癸卯	甲辰	乙巳	丙午	丁未	
		天地西曆	(9)	2	3	4	5	6	7	8	9	10	11	12	13	14	15	16	17	18	19	20	21	22	23	24	25	26	27	28	29	30	
十月小	丙戌	干支	戊申	己酉	庚戌	辛亥	壬子	癸丑	甲寅	乙卯	丙辰	丁巳	戊午	己未	庚申	辛酉	壬戌	癸亥	甲子	乙丑	丙寅	丁卯	戊辰	己巳	庚午	辛未	壬申	癸酉	甲戌	乙亥	丙子		戊申秋分
		天地西曆	(10)	2	3	4	5	6	7	8	9	10	11	12	13	14	15	16	17	18	19	20	21	22	23	24	25	26	27	28	29		
十一月大	丁亥	干支	丁丑	戊寅	己卯	庚辰	辛巳	壬午	癸未	甲申	乙酉	丙戌	丁亥	戊子	己丑	庚寅	辛卯	壬辰	癸巳	甲午	乙未	丙申	丁酉	戊戌	己亥	庚子	辛丑	壬寅	癸卯	甲辰	乙巳	丙午	壬辰立冬
		天地西曆	30	31	(11)	2	3	4	5	6	7	8	9	10	11	12	13	14	15	16	17	18	19	20	21	22	23	24	25	26	27	28	
十二月小	戊子	干支	丁未	戊申	己酉	庚戌	辛亥	壬子	癸丑	甲寅	乙卯	丙辰	丁巳	戊午	己未	庚申	辛酉	壬戌	癸亥	甲子	乙丑	丙寅	丁卯	戊辰	己巳	庚午	辛未	壬申	癸酉	甲戌	乙亥		
		天地西曆	29	30	(12)	2	3	4	5	6	7	8	9	10	11	12	13	14	15	16	17	18	19	20	21	22	23	24	25	26	27		

朔閏異同	曆名	正月	二月	三月	四月	五月	六月	七月	八月	九月	十月	十一	十二	閏月
	周曆殷曆	辛亥辛巳	庚辰辛亥	庚戌庚辰	己卯庚戌	己酉己卯	己卯己酉	戊申戊寅	戊寅戊申	丁未丁丑	丁丑丁未	丙午丙子	丙子丙午	
	夏曆新曆	辛亥辛亥	庚辰辛巳	庚戌庚戌	己卯庚辰	己酉己酉	戊寅己卯	戊申己酉	戊寅戊寅	丁未戊申	丁丑┅戊寅	丙午丁未	┅丙子丁丑	乙巳丙午

*《長曆》：正月辛巳，二月辛亥，三月庚辰，四月庚戌，五月己卯，六月己酉，七月戊寅，八月戊申，九月丁丑，十月丁未，十一丙子，十二丙午。

周莊王十二年 魯莊公九年（丙申 猴年）公元前686～前685年 歲在降婁

魯曆月序		中西曆日對照	初一	初二	初三	初四	初五	初六	初七	初八	初九	初十	十一	十二	十三	十四	十五	十六	十七	十八	十九	二十	二一	二二	二三	二四	二五	二六	二七	二八	二九	三十	節氣與天象
正月大	己丑	天干地支西曆	丙子28	丁丑29	戊寅30	己卯31	庚辰(1)	辛巳2	壬午3	癸未4	甲申5	乙酉6	丙戌7	丁亥8	戊子9	己丑10	庚寅11	辛卯12	壬辰13	癸巳14	甲午15	乙未16	丙申17	丁酉18	戊戌19	己亥20	庚子21	辛丑22	壬寅23	癸卯24	甲辰25	乙巳26	丙子冬至
二月小	庚寅	天干地支西曆	丙午27	丁未28	戊申29	己酉30	庚戌31	辛亥(2)	壬子2	癸丑3	甲寅4	乙卯5	丙辰6	丁巳7	戊午8	己未9	庚申10	辛酉11	壬戌12	癸亥13	甲子14	乙丑15	丙寅16	丁卯17	戊辰18	己巳19	庚午20	辛未21	壬申22	癸酉23	甲戌24		辛酉立春
三月大	辛卯	天干地支西曆	乙亥25	丙子26	丁丑27	戊寅28	己卯29	庚辰(3)	辛巳2	壬午3	癸未4	甲申5	乙酉6	丙戌7	丁亥8	戊子9	己丑10	庚寅11	辛卯12	壬辰13	癸巳14	甲午15	乙未16	丙申17	丁酉18	戊戌19	己亥20	庚子21	辛丑22	壬寅23	癸卯24	甲辰25	
四月小	壬辰	天干地支西曆	乙巳26	丙午27	丁未28	戊申29	己酉30	庚戌31	辛亥(4)	壬子2	癸丑3	甲寅4	乙卯5	丙辰6	丁巳7	戊午8	己未9	庚申10	辛酉11	壬戌12	癸亥13	甲子14	乙丑15	丙寅16	丁卯17	戊辰18	己巳19	庚午20	辛未21	壬申22	癸酉23		丁未春分 乙巳日食
五月大	癸巳	天干地支西曆	甲戌24	乙亥25	丙子26	丁丑27	戊寅28	己卯29	庚辰30	辛巳(5)	壬午2	癸未3	甲申4	乙酉5	丙戌6	丁亥7	戊子8	己丑9	庚寅10	辛卯11	壬辰12	癸巳13	甲午14	乙未15	丙申16	丁酉17	戊戌18	己亥19	庚子20	辛丑21	壬寅22	癸卯23	甲午立夏
六月小	甲午	天干地支西曆	甲辰24	乙巳25	丙午26	丁未27	戊申28	己酉29	庚戌30	辛亥31	壬子(6)	癸丑2	甲寅3	乙卯4	丙辰5	丁巳6	戊午7	己未8	庚申9	辛酉10	壬戌11	癸亥12	甲子13	乙丑14	丙寅15	丁卯16	戊辰17	己巳18	庚午19	辛未20	壬申21		
七月大	乙未	天干地支西曆	癸酉22	甲戌23	乙亥24	丙子25	丁丑26	戊寅27	己卯28	庚辰29	辛巳30	壬午(7)	癸未2	甲申3	乙酉4	丙戌5	丁亥6	戊子7	己丑8	庚寅9	辛卯10	壬辰11	癸巳12	甲午13	乙未14	丙申15	丁酉16	戊戌17	己亥18	庚子19	辛丑20	壬寅21	辛巳夏至
八月大	丙申	天干地支西曆	癸卯22	甲辰23	乙巳24	丙午25	丁未26	戊申27	己酉28	庚戌29	辛亥30	壬子31	癸丑(8)	甲寅2	乙卯3	丙辰4	丁巳5	戊午6	己未7	庚申8	辛酉9	壬戌10	癸亥11	甲子12	乙丑13	丙寅14	丁卯15	戊辰16	己巳17	庚午18	辛未19	壬申20	戊辰立秋
九月小	丁酉	天干地支西曆	癸酉21	甲戌22	乙亥23	丙子24	丁丑25	戊寅26	己卯27	庚辰28	辛巳29	壬午30	癸未31	甲申(9)	乙酉2	丙戌3	丁亥4	戊子5	己丑6	庚寅7	辛卯8	壬辰9	癸巳10	甲午11	乙未12	丙申13	丁酉14	戊戌15	己亥16	庚子17	辛丑18		
十月大	戊戌	天干地支西曆	壬寅19	癸卯20	甲辰21	乙巳22	丙午23	丁未24	戊申25	己酉26	庚戌27	辛亥28	壬子29	癸丑30	甲寅(10)	乙卯2	丙辰3	丁巳4	戊午5	己未6	庚申7	辛酉8	壬戌9	癸亥10	甲子11	乙丑12	丙寅13	丁卯14	戊辰15	己巳16	庚午17	辛未18	癸丑秋分
十一月小	己亥	天干地支西曆	壬申19	癸酉20	甲戌21	乙亥22	丙子23	丁丑24	戊寅25	己卯26	庚辰27	辛巳28	壬午29	癸未30	甲申31	乙酉(11)	丙戌2	丁亥3	戊子4	己丑5	庚寅6	辛卯7	壬辰8	癸巳9	甲午10	乙未11	丙申12	丁酉13	戊戌14	己亥15	庚子16		丁酉立冬
十二月大	庚子	天干地支西曆	辛丑17	壬寅18	癸卯19	甲辰20	乙巳21	丙午22	丁未23	戊申24	己酉25	庚戌26	辛亥27	壬子28	癸丑29	甲寅30	乙卯(12)	丙辰2	丁巳3	戊午4	己未5	庚申6	辛酉7	壬戌8	癸亥9	甲子10	乙丑11	丙寅12	丁卯13	戊辰14	己巳15	庚午16	

朔閏異同	曆名	正月	二月	三月	四月	五月	六月	七月	八月	九月	十月	十一	十二	閏月
	周曆殷曆	乙巳丙子	---乙亥---乙巳	甲辰乙亥	甲戌甲辰	癸卯甲戌	癸酉癸卯	壬寅癸酉	壬申壬寅	壬寅壬申	辛未辛丑	辛丑辛未	庚午庚子	庚子庚午

曆名	正月	二月	三月	四月	五月	六月	七月	八月	九月	十月	十一	十二	閏月
夏曆新曆	乙亥乙亥	甲辰乙巳	甲戌甲戌	癸卯甲辰	癸酉癸酉	壬寅癸卯	壬申壬申	辛丑壬寅	辛未壬申	庚子壬寅	庚午辛未	庚子辛丑	

*《長曆》：正月丙子，二月乙巳，三月乙亥，四月甲辰，五月甲戌，六月癸卯，七月癸酉，八月壬寅，閏月壬申，九月辛丑，十月辛未，十一庚子，十二庚午。

周莊王十三年 魯莊公十年（丁酉 鷄年）公元前 685 ~ 前 684 年 歲在大梁

魯曆月序		中西曆日對照	初一	初二	初三	初四	初五	初六	初七	初八	初九	初十	十一	十二	十三	十四	十五	十六	十七	十八	十九	二十	二一	二二	二三	二四	二五	二六	二七	二八	二九	三十	節氣與天象
正月小	辛丑	天干地支西曆	辛未17	壬申18	癸酉19	甲戌20	乙亥21	丙子22	丁丑23	戊寅24	己卯25	庚辰26	辛巳27	壬午28	癸未29	甲申30	乙酉31	丙戌(1)	丁亥2	戊子3	己丑4	庚寅5	辛卯6	壬辰7	癸巳8	甲午9	乙未10	丙申11	丁酉12	戊戌13	己亥14		辛巳冬至
二月大	壬寅	天干地支西曆	庚子15	辛丑16	壬寅17	癸卯18	甲辰19	乙巳20	丙午21	丁未22	戊申23	己酉24	庚戌25	辛亥26	壬子27	癸丑28	甲寅29	乙卯30	丙辰31	丁巳(2)	戊午2	己未3	庚申4	辛酉5	壬戌6	癸亥7	甲子8	乙丑9	丙寅10	丁卯11	戊辰12	己巳13	丙寅立春
三月小	癸卯	天干地支西曆	庚午14	辛未15	壬申16	癸酉17	甲戌18	乙亥19	丙子20	丁丑21	戊寅22	己卯23	庚辰24	辛巳25	壬午26	癸未27	甲申28	乙酉(3)	丙戌2	丁亥3	戊子4	己丑5	庚寅6	辛卯7	壬辰8	癸巳9	甲午10	乙未11	丙申12	丁酉13	戊戌14		
四月大	甲辰	天干地支西曆	己亥15	庚子16	辛丑17	壬寅18	癸卯19	甲辰20	乙巳21	丙午22	丁未23	戊申24	己酉25	庚戌26	辛亥27	壬子28	癸丑29	甲寅30	乙卯31	丙辰(4)	丁巳2	戊午3	己未4	庚申5	辛酉6	壬戌7	癸亥8	甲子9	乙丑10	丙寅11	丁卯12	戊辰13	壬子春分
五月小	乙巳	天干地支西曆	己巳14	庚午15	辛未16	壬申17	癸酉18	甲戌19	乙亥20	丙子21	丁丑22	戊寅23	己卯24	庚辰25	辛巳26	壬午27	癸未28	甲申29	乙酉30	丙戌(5)	丁亥2	戊子3	己丑4	庚寅5	辛卯6	壬辰7	癸巳8	甲午9	乙未10	丙申11	丁酉12		
六月大	丙午	天干地支西曆	戊戌13	己亥14	庚子15	辛丑16	壬寅17	癸卯18	甲辰19	乙巳20	丙午21	丁未22	戊申23	己酉24	庚戌25	辛亥26	壬子27	癸丑28	甲寅29	乙卯30	丙辰31	丁巳(6)	戊午2	己未3	庚申4	辛酉5	壬戌6	癸亥7	甲子8	乙丑9	丙寅10	丁卯11	己亥立夏
七月小	丁未	天干地支西曆	戊辰12	己巳13	庚午14	辛未15	壬申16	癸酉17	甲戌18	乙亥19	丙子20	丁丑21	戊寅22	己卯23	庚辰24	辛巳25	壬午26	癸未27	甲申28	乙酉29	丙戌30	丁亥(7)	戊子2	己丑3	庚寅4	辛卯5	壬辰6	癸巳7	甲午8	乙未9	丙申10		丙戌夏至
八月大	戊申	天干地支西曆	丁酉11	戊戌12	己亥13	庚子14	辛丑15	壬寅16	癸卯17	甲辰18	乙巳19	丙午20	丁未21	戊申22	己酉23	庚戌24	辛亥25	壬子26	癸丑27	甲寅28	乙卯29	丙辰30	丁巳31	戊午(8)	己未2	庚申3	辛酉4	壬戌5	癸亥6	甲子7	乙丑8	丙寅9	
九月小	己酉	天干地支西曆	丁卯10	戊辰11	己巳12	庚午13	辛未14	壬申15	癸酉16	甲戌17	乙亥18	丙子19	丁丑20	戊寅21	己卯22	庚辰23	辛巳24	壬午25	癸未26	甲申27	乙酉28	丙戌29	丁亥30	戊子31	己丑(9)	庚寅2	辛卯3	壬辰4	癸巳5	甲午6	乙未7		癸酉立秋
十月大	庚戌	天干地支西曆	丙申8	丁酉9	戊戌10	己亥11	庚子12	辛丑13	壬寅14	癸卯15	甲辰16	乙巳17	丙午18	丁未19	戊申20	己酉21	庚戌22	辛亥23	壬子24	癸丑25	甲寅26	乙卯27	丙辰28	丁巳29	戊午30	己未(10)	庚申2	辛酉3	壬戌4	癸亥5	甲子6	乙丑7	戊午秋分
十一月小	辛亥	天干地支西曆	丙寅8	丁卯9	戊辰10	己巳11	庚午12	辛未13	壬申14	癸酉15	甲戌16	乙亥17	丙子18	丁丑19	戊寅20	己卯21	庚辰22	辛巳23	壬午24	癸未25	甲申26	乙酉27	丙戌28	丁亥29	戊子30	己丑31	庚寅(11)	辛卯2	壬辰3	癸巳4	甲午5		
十二月大	壬子	天干地支西曆	乙未6	丙申7	丁酉8	戊戌9	己亥10	庚子11	辛丑12	壬寅13	癸卯14	甲辰15	乙巳16	丙午17	丁未18	戊申19	己酉20	庚戌21	辛亥22	壬子23	癸丑24	甲寅25	乙卯26	丙辰27	丁巳28	戊午29	己未30	庚申(12)	辛酉2	壬戌3	癸亥4	甲子5	壬寅立冬

朔閏異同	曆名	正月	二月	三月	四月	五月	六月	七月	八月	九月	十月	十一	十二	閏月		曆名	正月	二月	三月	四月	五月	六月	七月	八月	九月	十月	十一	十二	閏月
	周曆殷曆	己巳己亥	己亥己巳	戊辰己亥	戊戌戊辰	丁卯戊戌	丁酉丁卯	丙寅丁酉	丙申丙寅	乙丑丙申	乙未乙丑	甲子乙未	甲午甲子			夏曆新曆	己巳庚午	己亥庚子	戊辰己巳	戊戌戊戌	丁卯丁卯	丁酉丁酉	丙寅丙寅	丙申丙申	乙丑丙寅	乙未丙申	甲子乙丑	甲午乙未	

*《長曆》：正月己亥，二月己巳，三月己亥，四月戊辰，五月戊戌，六月丁卯，七月丁酉，八月丙寅，九月丙申，十月乙丑，十一乙未，十二甲子。

周莊王十四年 魯莊公十一年（戊戌 狗年）公元前684 ~ 前683年 歲在實沈

魯曆月序		中西曆日對照	初一	初二	初三	初四	初五	初六	初七	初八	初九	初十	十一	十二	十三	十四	十五	十六	十七	十八	十九	二十	二一	二二	二三	二四	二五	二六	二七	二八	二九	三十	節氣與天象
正月大	癸丑	天干地支 西曆	乙丑 6	丙寅 7	丁卯 8	戊辰 9	己巳 10	庚午 11	辛未 12	壬申 13	癸酉 14	甲戌 15	乙亥 16	丙子 17	丁丑 18	戊寅 19	己卯 20	庚辰 21	辛巳 22	壬午 23	癸未 24	甲申 25	乙酉 26	丙戌 27	丁亥 28	戊子 29	己丑 30	庚寅 31	辛卯 (1)	壬辰 2	癸巳 3	甲午 4	丁亥冬至
二月小	甲寅	天干地支 西曆	乙未 5	丙申 6	丁酉 7	戊戌 8	己亥 9	庚子 10	辛丑 11	壬寅 12	癸卯 13	甲辰 14	乙巳 15	丙午 16	丁未 17	戊申 18	己酉 19	庚戌 20	辛亥 21	壬子 22	癸丑 23	甲寅 24	乙卯 25	丙辰 26	丁巳 27	戊午 28	己未 29	庚申 30	辛酉 31	壬戌 (2)	癸亥 2		
三月大	乙卯	天干地支 西曆	甲子 3	乙丑 4	丙寅 5	丁卯 6	戊辰 7	己巳 8	庚午 9	辛未 10	壬申 11	癸酉 12	甲戌 13	乙亥 14	丙子 15	丁丑 16	戊寅 17	己卯 18	庚辰 19	辛巳 20	壬午 21	癸未 22	甲申 23	乙酉 24	丙戌 25	丁亥 26	戊子 27	己丑 28	庚寅 (3)	辛卯 2	壬辰 3	癸巳 4	辛未立春
四月小	丙辰	天干地支 西曆	甲午 5	乙未 6	丙申 7	丁酉 8	戊戌 9	己亥 10	庚子 11	辛丑 12	壬寅 13	癸卯 14	甲辰 15	乙巳 16	丙午 17	丁未 18	戊申 19	己酉 20	庚戌 21	辛亥 22	壬子 23	癸丑 24	甲寅 25	乙卯 26	丙辰 27	丁巳 28	戊午 29	己未 30	庚申 31	辛酉 (4)	壬戌 2		丁巳春分 甲午日食
五月大	丁巳	天干地支 西曆	癸亥 3	甲子 4	乙丑 5	丙寅 6	丁卯 7	戊辰 8	己巳 9	庚午 10	辛未 11	壬申 12	癸酉 13	甲戌 14	乙亥 15	丙子 16	丁丑 17	戊寅 18	己卯 19	庚辰 20	辛巳 21	壬午 22	癸未 23	甲申 24	乙酉 25	丙戌 26	丁亥 27	戊子 28	己丑 29	庚寅 30	辛卯 (5)	壬辰 2	
六月小	戊午	天干地支 西曆	癸巳 3	甲午 4	乙未 5	丙申 6	丁酉 7	戊戌 8	己亥 9	庚子 10	辛丑 11	壬寅 12	癸卯 13	甲辰 14	乙巳 15	丙午 16	丁未 17	戊申 18	己酉 19	庚戌 20	辛亥 21	壬子 22	癸丑 23	甲寅 24	乙卯 25	丙辰 26	丁巳 27	戊午 28	己未 29	庚申 30	辛酉 31		甲辰立夏
七月大	己未	天干地支 西曆	壬戌 (6)	癸亥 2	甲子 3	乙丑 4	丙寅 5	丁卯 6	戊辰 7	己巳 8	庚午 9	辛未 10	壬申 11	癸酉 12	甲戌 13	乙亥 14	丙子 15	丁丑 16	戊寅 17	己卯 18	庚辰 19	辛巳 20	壬午 21	癸未 22	甲申 23	乙酉 24	丙戌 25	丁亥 26	戊子 27	己丑 28	庚寅 29	辛卯 30	辛卯夏至
八月小	庚申	天干地支 西曆	壬辰 (7)	癸巳 2	甲午 3	乙未 4	丙申 5	丁酉 6	戊戌 7	己亥 8	庚子 9	辛丑 10	壬寅 11	癸卯 12	甲辰 13	乙巳 14	丙午 15	丁未 16	戊申 17	己酉 18	庚戌 19	辛亥 20	壬子 21	癸丑 22	甲寅 23	乙卯 24	丙辰 25	丁巳 26	戊午 27	己未 28	庚申 29		
九月大	辛酉	天干地支 西曆	辛酉 30	壬戌 31	癸亥 (8)	甲子 2	乙丑 3	丙寅 4	丁卯 5	戊辰 6	己巳 7	庚午 8	辛未 9	壬申 10	癸酉 11	甲戌 12	乙亥 13	丙子 14	丁丑 15	戊寅 16	己卯 17	庚辰 18	辛巳 19	壬午 20	癸未 21	甲申 22	乙酉 23	丙戌 24	丁亥 25	戊子 26	己丑 27	庚寅 28	戊寅立秋
十月小	壬戌	天干地支 西曆	辛卯 29	壬辰 30	癸巳 31	甲午 (9)	乙未 2	丙申 3	丁酉 4	戊戌 5	己亥 6	庚子 7	辛丑 8	壬寅 9	癸卯 10	甲辰 11	乙巳 12	丙午 13	丁未 14	戊申 15	己酉 16	庚戌 17	辛亥 18	壬子 19	癸丑 20	甲寅 21	乙卯 22	丙辰 23	丁巳 24	戊午 25	己未 26		
十一月大	癸亥	天干地支 西曆	庚申 27	辛酉 28	壬戌 29	癸亥 30	甲子 (10)	乙丑 2	丙寅 3	丁卯 4	戊辰 5	己巳 6	庚午 7	辛未 8	壬申 9	癸酉 10	甲戌 11	乙亥 12	丙子 13	丁丑 14	戊寅 15	己卯 16	庚辰 17	辛巳 18	壬午 19	癸未 20	甲申 21	乙酉 22	丙戌 23	丁亥 24	戊子 25	己丑 26	癸亥秋分
十二月小	甲子	天干地支 西曆	庚寅 27	辛卯 28	壬辰 29	癸巳 30	甲午 31	乙未 (11)	丙申 2	丁酉 3	戊戌 4	己亥 5	庚子 6	辛丑 7	壬寅 8	癸卯 9	甲辰 10	乙巳 11	丙午 12	丁未 13	戊申 14	己酉 15	庚戌 16	辛亥 17	壬子 18	癸丑 19	甲寅 20	乙卯 21	丙辰 22	丁巳 23	戊午 24		戊申立冬

朔閏異同	曆名	正月	二月	三月	四月	五月	六月	七月	八月	九月	十月	十一	十二	閏月	曆名	正月	二月	三月	四月	五月	六月	七月	八月	九月	十月	十一	十二	閏月
	周曆殷曆	甲子甲午	癸巳癸亥	癸亥癸巳	壬辰壬戌	壬戌壬辰	辛卯辛酉	辛酉辛卯	庚寅辛酉	庚申庚寅	己丑---庚申	---己未己丑	戊子己未	戊午戊子	夏曆新曆	癸亥乙丑	癸巳甲午	壬戌甲子	壬辰癸巳	壬戌壬戌	辛卯---辛卯	辛酉辛酉	---庚寅庚寅	庚申庚申	己丑庚寅	己未己未	戊子己丑	戊午己未

*《長曆》：正月甲午，二月癸亥，三月癸巳，閏月壬戌，四月壬辰，五月辛酉，六月辛卯，七月辛酉，八月庚寅，九月庚申，十月己丑，十一己未，十二戊子。

周莊王十五年 魯莊公十二年（己亥 猪年）公元前683 ~ 前682年 歲在鶉首

魯曆月序		中西曆日對照	初一	初二	初三	初四	初五	初六	初七	初八	初九	初十	十一	十二	十三	十四	十五	十六	十七	十八	十九	二十	二一	二二	二三	二四	二五	二六	二七	二八	二九	三十	節氣與天象
正月大	乙丑	干支曆 天地西	己未25	庚申26	辛酉27	壬戌28	癸亥29	甲子30	乙丑(12)	丙寅2	丁卯3	戊辰4	己巳5	庚午6	辛未7	壬申8	癸酉9	甲戌10	乙亥11	丙子12	丁丑13	戊寅14	己卯15	庚辰16	辛巳17	壬午18	癸未19	甲申20	乙酉21	丙戌22	丁亥23	戊子24	
二月小	丙寅	干支曆 天地西	己丑25	庚寅26	辛卯27	壬辰28	癸巳29	甲午30	乙未31	丙申(1)	丁酉2	戊戌3	己亥4	庚子5	辛丑6	壬寅7	癸卯8	甲辰9	乙巳10	丙午11	丁未12	戊申13	己酉14	庚戌15	辛亥16	壬子17	癸丑18	甲寅19	乙卯20	丙辰21	丁巳22		壬辰冬至
三月大	丁卯	干支曆 天地西	戊午23	己未24	庚申25	辛酉26	壬戌27	癸亥28	甲子29	乙丑30	丙寅31	丁卯(2)	戊辰2	己巳3	庚午4	辛未5	壬申6	癸酉7	甲戌8	乙亥9	丙子10	丁丑11	戊寅12	己卯13	庚辰14	辛巳15	壬午16	癸未17	甲申18	乙酉19	丙戌20	丁亥21	丁丑立春
四月大	戊辰	干支曆 天地西	戊子22	己丑23	庚寅24	辛卯25	壬辰26	癸巳27	甲午28	乙未(3)	丙申2	丁酉3	戊戌4	己亥5	庚子6	辛丑7	壬寅8	癸卯9	甲辰10	乙巳11	丙午12	丁未13	戊申14	己酉15	庚戌16	辛亥17	壬子18	癸丑19	甲寅20	乙卯21	丙辰22	丁巳23	
五月小	己巳	干支曆 天地西	戊午24	己未25	庚申26	辛酉27	壬戌28	癸亥29	甲子30	乙丑31	丙寅(4)	丁卯2	戊辰3	己巳4	庚午5	辛未6	壬申7	癸酉8	甲戌9	乙亥10	丙子11	丁丑12	戊寅13	己卯14	庚辰15	辛巳16	壬午17	癸未18	甲申19	乙酉20	丙戌21		癸亥春分
六月大	庚午	干支曆 天地西	丁亥22	戊子23	己丑24	庚寅25	辛卯26	壬辰27	癸巳28	甲午29	乙未30	丙申(5)	丁酉2	戊戌3	己亥4	庚子5	辛丑6	壬寅7	癸卯8	甲辰9	乙巳10	丙午11	丁未12	戊申13	己酉14	庚戌15	辛亥16	壬子17	癸丑18	甲寅19	乙卯20	丙辰21	己酉立夏
七月小	辛未	干支曆 天地西	丁巳22	戊午23	己未24	庚申25	辛酉26	壬戌27	癸亥28	甲子29	乙丑30	丙寅31	丁卯(6)	戊辰2	己巳3	庚午4	辛未5	壬申6	癸酉7	甲戌8	乙亥9	丙子10	丁丑11	戊寅12	己卯13	庚辰14	辛巳15	壬午16	癸未17	甲申18	乙酉19		
八月大	壬申	干支曆 天地西	丙戌20	丁亥21	戊子22	己丑23	庚寅24	辛卯25	壬辰26	癸巳27	甲午28	乙未29	丙申30	丁酉(7)	戊戌2	己亥3	庚子4	辛丑5	壬寅6	癸卯7	甲辰8	乙巳9	丙午10	丁未11	戊申12	己酉13	庚戌14	辛亥15	壬子16	癸丑17	甲寅18	乙卯19	丁酉夏至
九月小	癸酉	干支曆 天地西	丙辰20	丁巳21	戊午22	己未23	庚申24	辛酉25	壬戌26	癸亥27	甲子28	乙丑29	丙寅30	丁卯31	戊辰(8)	己巳2	庚午3	辛未4	壬申5	癸酉6	甲戌7	乙亥8	丙子9	丁丑10	戊寅11	己卯12	庚辰13	辛巳14	壬午15	癸未16	甲申17		癸未立秋
十月大	甲戌	干支曆 天地西	乙酉18	丙戌19	丁亥20	戊子21	己丑22	庚寅23	辛卯24	壬辰25	癸巳26	甲午27	乙未28	丙申29	丁酉30	戊戌31	己亥(9)	庚子2	辛丑3	壬寅4	癸卯5	甲辰6	乙巳7	丙午8	丁未9	戊申10	己酉11	庚戌12	辛亥13	壬子14	癸丑15	甲寅16	乙酉日食
十一月小	乙亥	干支曆 天地西	乙卯17	丙辰18	丁巳19	戊午20	己未21	庚申22	辛酉23	壬戌24	癸亥25	甲子26	乙丑27	丙寅28	丁卯29	戊辰30	己巳(10)	庚午2	辛未3	壬申4	癸酉5	甲戌6	乙亥7	丙子8	丁丑9	戊寅10	己卯11	庚辰12	辛巳13	壬午14	癸未15		己巳秋分
十二月大	丙子	干支曆 天地西	甲申16	乙酉17	丙戌18	丁亥19	戊子20	己丑21	庚寅22	辛卯23	壬辰24	癸巳25	甲午26	乙未27	丙申28	丁酉29	戊戌30	己亥31	庚子(11)	辛丑2	壬寅3	癸卯4	甲辰5	乙巳6	丙午7	丁未8	戊申9	己酉10	庚戌11	辛亥12	壬子13	癸丑14	癸丑立冬
閏月小	丙子	干支曆 天地西	甲寅15	乙卯16	丙辰17	丁巳18	戊午19	己未20	庚申21	辛酉22	壬戌23	癸亥24	甲子25	乙丑26	丙寅27	丁卯28	戊辰29	己巳30	庚午(12)	辛未2	壬申3	癸酉4	甲戌5	乙亥6	丙子7	丁丑8	戊寅9	己卯10	庚辰11	辛巳12	壬午13		

朔閏異同	曆名	正月	二月	三月	四月	五月	六月	七月	八月	九月	十月	十一	十二	閏月	曆名	正月	二月	三月	四月	五月	六月	七月	八月	九月	十月	十一	十二	閏月
	周曆殷曆	丁亥戊午	丁巳丁亥	丁亥丁巳	丙辰丙戌	丙戌丙辰	乙卯乙酉	乙酉乙卯	甲寅甲申	甲申甲寅	癸丑甲申	癸未癸丑	壬子癸未		夏曆新曆	丁亥己丑	丁巳戊午	丙戌戊子	丙辰丁巳	乙酉丙戌	乙卯乙卯	乙酉乙酉	甲寅甲寅	甲申甲申	癸丑癸丑	癸未癸未	壬子癸丑	

*《長曆》：正月戊午，二月丁亥，三月丁巳，四月丙戌，五月丙辰，六月乙酉，七月乙卯，八月甲申，九月甲寅，十月甲申，十一癸丑，十二癸未。

周僖王元年 魯莊公十三年（庚子 鼠年）公元前682 ~ 前681年 歲在鶉火

魯曆月序		中西曆日對照	初一	初二	初三	初四	初五	初六	初七	初八	初九	初十	十一	十二	十三	十四	十五	十六	十七	十八	十九	二十	二一	二二	二三	二四	二五	二六	二七	二八	二九	三十	節氣與天象
正月大	丁丑	天干地支西曆	癸未14	甲申15	乙酉16	丙戌17	丁亥18	戊子19	己丑20	庚寅21	辛卯22	壬辰23	癸巳24	甲午25	乙未26	丙申27	丁酉28	戊戌29	己亥30	庚子31	辛丑(1)	壬寅2	癸卯3	甲辰4	乙巳5	丙午6	丁未7	戊申8	己酉9	庚戌10	辛亥11	壬子12	丁酉冬至
二月小	戊寅	天干地支西曆	癸丑13	甲寅14	乙卯15	丙辰16	丁巳17	戊午18	己未19	庚申20	辛酉21	壬戌22	癸亥23	甲子24	乙丑25	丙寅26	丁卯27	戊辰28	己巳29	庚午30	辛未31	壬申(2)	癸酉2	甲戌3	乙亥4	丙子5	丁丑6	戊寅7	己卯8	庚辰9	辛巳10		癸丑日食
三月大	己卯	天干地支西曆	壬午11	癸未12	甲申13	乙酉14	丙戌15	丁亥16	戊子17	己丑18	庚寅19	辛卯20	壬辰21	癸巳22	甲午23	乙未24	丙申25	丁酉26	戊戌27	己亥28	庚子29	辛丑(3)	壬寅2	癸卯3	甲辰4	乙巳5	丙午6	丁未7	戊申8	己酉9	庚戌10	辛亥11	壬午立春
四月小	庚辰	天干地支西曆	壬子12	癸丑13	甲寅14	乙卯15	丙辰16	丁巳17	戊午18	己未19	庚申20	辛酉21	壬戌22	癸亥23	甲子24	乙丑25	丙寅26	丁卯27	戊辰28	己巳29	庚午30	辛未31	壬申(4)	癸酉2	甲戌3	乙亥4	丙子5	丁丑6	戊寅7	己卯8	庚辰9		戊辰春分
五月大	辛巳	天干地支西曆	辛巳10	壬午11	癸未12	甲申13	乙酉14	丙戌15	丁亥16	戊子17	己丑18	庚寅19	辛卯20	壬辰21	癸巳22	甲午23	乙未24	丙申25	丁酉26	戊戌27	己亥28	庚子29	辛丑30	壬寅(5)	癸卯2	甲辰3	乙巳4	丙午5	丁未6	戊申7	己酉8	庚戌9	
六月小	壬午	天干地支西曆	辛亥10	壬子11	癸丑12	甲寅13	乙卯14	丙辰15	丁巳16	戊午17	己未18	庚申19	辛酉20	壬戌21	癸亥22	甲子23	乙丑24	丙寅25	丁卯26	戊辰27	己巳28	庚午29	辛未30	壬申31	癸酉(6)	甲戌2	乙亥3	丙子4	丁丑5	戊寅6	己卯7		乙卯立夏
七月大	癸未	天干地支西曆	庚辰8	辛巳9	壬午10	癸未11	甲申12	乙酉13	丙戌14	丁亥15	戊子16	己丑17	庚寅18	辛卯19	壬辰20	癸巳21	甲午22	乙未23	丙申24	丁酉25	戊戌26	己亥27	庚子28	辛丑29	壬寅30	癸卯(7)	甲辰2	乙巳3	丙午4	丁未5	戊申6	己酉7	壬寅夏至
八月大	甲申	天干地支西曆	庚戌8	辛亥9	壬子10	癸丑11	甲寅12	乙卯13	丙辰14	丁巳15	戊午16	己未17	庚申18	辛酉19	壬戌20	癸亥21	甲子22	乙丑23	丙寅24	丁卯25	戊辰26	己巳27	庚午28	辛未29	壬申30	癸酉31	甲戌(8)	乙亥2	丙子3	丁丑4	戊寅5	己卯6	
九月小	乙酉	天干地支西曆	庚辰7	辛巳8	壬午9	癸未10	甲申11	乙酉12	丙戌13	丁亥14	戊子15	己丑16	庚寅17	辛卯18	壬辰19	癸巳20	甲午21	乙未22	丙申23	丁酉24	戊戌25	己亥26	庚子27	辛丑28	壬寅29	癸卯30	甲辰31	乙巳(9)	丙午2	丁未3	戊申4		己丑立秋
十月大	丙戌	天干地支西曆	己酉5	庚戌6	辛亥7	壬子8	癸丑9	甲寅10	乙卯11	丙辰12	丁巳13	戊午14	己未15	庚申16	辛酉17	壬戌18	癸亥19	甲子20	乙丑21	丙寅22	丁卯23	戊辰24	己巳25	庚午26	辛未27	壬申28	癸酉29	甲戌30	乙亥(10)	丙子2	丁丑3	戊寅4	甲戌秋分
十一月小	丁亥	天干地支西曆	己卯5	庚辰6	辛巳7	壬午8	癸未9	甲申10	乙酉11	丙戌12	丁亥13	戊子14	己丑15	庚寅16	辛卯17	壬辰18	癸巳19	甲午20	乙未21	丙申22	丁酉23	戊戌24	己亥25	庚子26	辛丑27	壬寅28	癸卯29	甲辰30	乙巳31	丙午(11)	丁未2		
十二月大	戊子	天干地支西曆	戊申3	己酉4	庚戌5	辛亥6	壬子7	癸丑8	甲寅9	乙卯10	丙辰11	丁巳12	戊午13	己未14	庚申15	辛酉16	壬戌17	癸亥18	甲子19	乙丑20	丙寅21	丁卯22	戊辰23	己巳24	庚午25	辛未26	壬申27	癸酉28	甲戌29	乙亥30	丙子(12)	丁丑2	戊午立冬
閏月小	戊子	天干地支西曆	戊寅3	己卯4	庚辰5	辛巳6	壬午7	癸未8	甲申9	乙酉10	丙戌11	丁亥12	戊子13	己丑14	庚寅15	辛卯16	壬辰17	癸巳18	甲午19	乙未20	丙申21	丁酉22	戊戌23	己亥24	庚子25	辛丑26	壬寅27	癸卯28	甲辰29	乙巳30	丙午31		壬寅冬至

朔閏異同	曆名	正月	二月	三月	四月	五月	六月	七月	八月	九月	十月	十一	十二	閏月	曆名	正月	二月	三月	四月	五月	六月	七月	八月	九月	十月	十一	十二	閏月
	周曆殷曆	壬午壬子	辛亥壬午	辛巳辛亥	庚戌辛巳	庚辰庚戌	己酉庚辰	己卯己酉	己酉己卯	戊寅戊申	戊申戊寅	丁丑丁未	丁未丁丑		夏曆新曆	壬午癸未	辛亥壬子	辛巳壬午	庚戌辛亥	庚辰辛巳	己酉庚戌	己卯己卯	戊申己酉	戊寅戊寅	丁未戊申	丁丑丁丑	丁未丁未	

*《長曆》：正月壬子，二月壬午，三月辛亥，四月辛巳，五月庚戌，六月庚辰，七月己酉，八月己卯，九月戊申，十月戊寅，十一丁未，十二丁丑。

周僖王二年 魯莊公十四年（辛丑 牛年）公元前 680 年 歲在鶉尾

魯曆月序		中西曆日對照	初一	初二	初三	初四	初五	初六	初七	初八	初九	初十	十一	十二	十三	十四	十五	十六	十七	十八	十九	二十	二一	二二	二三	二四	二五	二六	二七	二八	二九	三十	節氣與天象
正月大	己丑	干支曆 天地西	丁未 (1)	戊申 2	己酉 3	庚戌 4	辛亥 5	壬子 6	癸丑 7	甲寅 8	乙卯 9	丙辰 10	丁巳 11	戊午 12	己未 13	庚申 14	辛酉 15	壬戌 16	癸亥 17	甲子 18	乙丑 19	丙寅 20	丁卯 21	戊辰 22	己巳 23	庚午 24	辛未 25	壬申 26	癸酉 27	甲戌 28	乙亥 29	丙子 30	丁未日食
二月小	庚寅	干支曆 天地西	丁丑 31	戊寅 (2)	己卯 2	庚辰 3	辛巳 4	壬午 5	癸未 6	甲申 7	乙酉 8	丙戌 9	丁亥 10	戊子 11	己丑 12	庚寅 13	辛卯 14	壬辰 15	癸巳 16	甲午 17	乙未 18	丙申 19	丁酉 20	戊戌 21	己亥 22	庚子 23	辛丑 24	壬寅 25	癸卯 26	甲辰 27	乙巳 28		丁亥立春
三月大	辛卯	干支曆 天地西	丙午 (3)	丁未 2	戊申 3	己酉 4	庚戌 5	辛亥 6	壬子 7	癸丑 8	甲寅 9	乙卯 10	丙辰 11	丁巳 12	戊午 13	己未 14	庚申 15	辛酉 16	壬戌 17	癸亥 18	甲子 19	乙丑 20	丙寅 21	丁卯 22	戊辰 23	己巳 24	庚午 25	辛未 26	壬申 27	癸酉 28	甲戌 29	乙亥 30	癸酉春分
四月小	壬辰	干支曆 天地西	丙子 31	丁丑 (4)	戊寅 2	己卯 3	庚辰 4	辛巳 5	壬午 6	癸未 7	甲申 8	乙酉 9	丙戌 10	丁亥 11	戊子 12	己丑 13	庚寅 14	辛卯 15	壬辰 16	癸巳 17	甲午 18	乙未 19	丙申 20	丁酉 21	戊戌 22	己亥 23	庚子 24	辛丑 25	壬寅 26	癸卯 27	甲辰 28		
五月大	癸巳	干支曆 天地西	乙巳 29	丙午 30	丁未 (5)	戊申 2	己酉 3	庚戌 4	辛亥 5	壬子 6	癸丑 7	甲寅 8	乙卯 9	丙辰 10	丁巳 11	戊午 12	己未 13	庚申 14	辛酉 15	壬戌 16	癸亥 17	甲子 18	乙丑 19	丙寅 20	丁卯 21	戊辰 22	己巳 23	庚午 24	辛未 25	壬申 26	癸酉 27	甲戌 28	庚申立夏
六月小	甲午	干支曆 天地西	乙亥 29	丙子 30	丁丑 31	戊寅 (6)	己卯 2	庚辰 3	辛巳 4	壬午 5	癸未 6	甲申 7	乙酉 8	丙戌 9	丁亥 10	戊子 11	己丑 12	庚寅 13	辛卯 14	壬辰 15	癸巳 16	甲午 17	乙未 18	丙申 19	丁酉 20	戊戌 21	己亥 22	庚子 23	辛丑 24	壬寅 25	癸卯 26		
七月大	乙未	干支曆 天地西	甲辰 27	乙巳 28	丙午 29	丁未 30	戊申 (7)	己酉 2	庚戌 3	辛亥 4	壬子 5	癸丑 6	甲寅 7	乙卯 8	丙辰 9	丁巳 10	戊午 11	己未 12	庚申 13	辛酉 14	壬戌 15	癸亥 16	甲子 17	乙丑 18	丙寅 19	丁卯 20	戊辰 21	己巳 22	庚午 23	辛未 24	壬申 25	癸酉 26	丁未夏至
八月小	丙申	干支曆 天地西	甲戌 27	乙亥 28	丙子 29	丁丑 30	戊寅 31	己卯 (8)	庚辰 2	辛巳 3	壬午 4	癸未 5	甲申 6	乙酉 7	丙戌 8	丁亥 9	戊子 10	己丑 11	庚寅 12	辛卯 13	壬辰 14	癸巳 15	甲午 16	乙未 17	丙申 18	丁酉 19	戊戌 20	己亥 21	庚子 22	辛丑 23	壬寅 24		甲午立秋
九月大	丁酉	干支曆 天地西	癸卯 25	甲辰 26	乙巳 27	丙午 28	丁未 29	戊申 30	己酉 31	庚戌 (9)	辛亥 2	壬子 3	癸丑 4	甲寅 5	乙卯 6	丙辰 7	丁巳 8	戊午 9	己未 10	庚申 11	辛酉 12	壬戌 13	癸亥 14	甲子 15	乙丑 16	丙寅 17	丁卯 18	戊辰 19	己巳 20	庚午 21	辛未 22	壬申 23	
十月小	戊戌	干支曆 天地西	癸酉 24	甲戌 25	乙亥 26	丙子 27	丁丑 28	戊寅 29	己卯 30	庚辰 (10)	辛巳 2	壬午 3	癸未 4	甲申 5	乙酉 6	丙戌 7	丁亥 8	戊子 9	己丑 10	庚寅 11	辛卯 12	壬辰 13	癸巳 14	甲午 15	乙未 16	丙申 17	丁酉 18	戊戌 19	己亥 20	庚子 21	辛丑 22		己卯秋分
十一月大	己亥	干支曆 天地西	壬寅 23	癸卯 24	甲辰 25	乙巳 26	丙午 27	丁未 28	戊申 29	己酉 30	庚戌 31	辛亥 (11)	壬子 2	癸丑 3	甲寅 4	乙卯 5	丙辰 6	丁巳 7	戊午 8	己未 9	庚申 10	辛酉 11	壬戌 12	癸亥 13	甲子 14	乙丑 15	丙寅 16	丁卯 17	戊辰 18	己巳 19	庚午 20	辛未 21	癸亥立冬
十二月大	庚子	干支曆 天地西	壬申 22	癸酉 23	甲戌 24	乙亥 25	丙子 26	丁丑 27	戊寅 28	己卯 29	庚辰 30	辛巳 (12)	壬午 2	癸未 3	甲申 4	乙酉 5	丙戌 6	丁亥 7	戊子 8	己丑 9	庚寅 10	辛卯 11	壬辰 12	癸巳 13	甲午 14	乙未 15	丙申 16	丁酉 17	戊戌 18	己亥 19	庚子 20	辛丑 21	

朔閏異同	曆名	正月	二月	三月	四月	五月	六月	七月	八月	九月	十月	十一	十二	閏月	曆名	正月	二月	三月	四月	五月	六月	七月	八月	九月	十月	十一	十二	閏月
	周曆殷曆	丙子丙午	丙午丙子	乙亥丙午	乙巳乙亥	甲戌乙巳	甲辰甲戌	癸酉---甲辰	---癸卯癸酉	壬申癸卯	壬寅壬申	辛未壬寅	辛丑辛未	辛未辛丑	夏曆新曆	丙子---丁丑	丙午丙午	乙亥丙子	---乙巳丙午	甲戌乙亥	甲辰乙巳	癸酉甲戌	癸卯甲辰	壬申癸酉	壬寅壬寅	辛未壬申	辛丑辛丑	庚午辛未

*《長曆》：正月丙午，二月丙子，三月丙午，四月乙亥，五月乙巳，閏月甲戌，六月甲辰，七月癸酉，八月癸卯，九月壬申，十月壬寅，十一辛未，十二辛丑。

周僖王三年 魯莊公十五年（壬寅 虎年）
公元前 680 ~ 前 **679** ~ 前 678 年 歲在壽星

魯曆月序		中西曆日對照	初一	初二	初三	初四	初五	初六	初七	初八	初九	初十	十一	十二	十三	十四	十五	十六	十七	十八	十九	二十	二一	二二	二三	二四	二五	二六	二七	二八	二九	三十	節氣與天象
正月小	辛丑	天干地支西曆	壬寅22	癸卯23	甲辰24	乙巳25	丙午26	丁未27	戊申28	己酉29	庚戌30	辛亥31	壬子(1)	癸丑2	甲寅3	乙卯4	丙辰5	丁巳6	戊午7	己未8	庚申9	辛酉10	壬戌11	癸亥12	甲子13	乙丑14	丙寅15	丁卯16	戊辰17	己巳18	庚午19		戊申冬至
二月大	壬寅	天干地支西曆	辛未20	壬申21	癸酉22	甲戌23	乙亥24	丙子25	丁丑26	戊寅27	己卯28	庚辰29	辛巳30	壬午31	癸未(2)	甲申2	乙酉3	丙戌4	丁亥5	戊子6	己丑7	庚寅8	辛卯9	壬辰10	癸巳11	甲午12	乙未13	丙申14	丁酉15	戊戌16	己亥17	庚子18	壬辰立春
三月小	癸卯	天干地支西曆	辛丑19	壬寅20	癸卯21	甲辰22	乙巳23	丙午24	丁未25	戊申26	己酉27	庚戌28	辛亥(3)	壬子2	癸丑3	甲寅4	乙卯5	丙辰6	丁巳7	戊午8	己未9	庚申10	辛酉11	壬戌12	癸亥13	甲子14	乙丑15	丙寅16	丁卯17	戊辰18	己巳19		
四月大	甲辰	天干地支西曆	庚午20	辛未21	壬申22	癸酉23	甲戌24	乙亥25	丙子26	丁丑27	戊寅28	己卯29	庚辰30	辛巳31	壬午(4)	癸未2	甲申3	乙酉4	丙戌5	丁亥6	戊子7	己丑8	庚寅9	辛卯10	壬辰11	癸巳12	甲午13	乙未14	丙申15	丁酉16	戊戌17	己亥18	戊寅春分
五月小	乙巳	天干地支西曆	庚子19	辛丑20	壬寅21	癸卯22	甲辰23	乙巳24	丙午25	丁未26	戊申27	己酉28	庚戌29	辛亥30	壬子(5)	癸丑2	甲寅3	乙卯4	丙辰5	丁巳6	戊午7	己未8	庚申9	辛酉10	壬戌11	癸亥12	甲子13	乙丑14	丙寅15	丁卯16	戊辰17		乙丑立夏
六月大	丙午	天干地支西曆	己巳18	庚午19	辛未20	壬申21	癸酉22	甲戌23	乙亥24	丙子25	丁丑26	戊寅27	己卯28	庚辰29	辛巳30	壬午31	癸未(6)	甲申2	乙酉3	丙戌4	丁亥5	戊子6	己丑7	庚寅8	辛卯9	壬辰10	癸巳11	甲午12	乙未13	丙申14	丁酉15	戊戌16	
七月小	丁未	天干地支西曆	己亥17	庚子18	辛丑19	壬寅20	癸卯21	甲辰22	乙巳23	丙午24	丁未25	戊申26	己酉27	庚戌28	辛亥29	壬子30	癸丑(7)	甲寅2	乙卯3	丙辰4	丁巳5	戊午6	己未7	庚申8	辛酉9	壬戌10	癸亥11	甲子12	乙丑13	丙寅14	丁卯15		壬子夏至 己亥日食
八月大	戊申	天干地支西曆	戊辰16	己巳17	庚午18	辛未19	壬申20	癸酉21	甲戌22	乙亥23	丙子24	丁丑25	戊寅26	己卯27	庚辰28	辛巳29	壬午30	癸未31	甲申(8)	乙酉2	丙戌3	丁亥4	戊子5	己丑6	庚寅7	辛卯8	壬辰9	癸巳10	甲午11	乙未12	丙申13	丁酉14	
九月小	己酉	天干地支西曆	戊戌15	己亥16	庚子17	辛丑18	壬寅19	癸卯20	甲辰21	乙巳22	丙午23	丁未24	戊申25	己酉26	庚戌27	辛亥28	壬子29	癸丑30	甲寅31	乙卯(9)	丙辰2	丁巳3	戊午4	己未5	庚申6	辛酉7	壬戌8	癸亥9	甲子10	乙丑11	丙寅12		己亥立秋
十月大	庚戌	天干地支西曆	丁卯13	戊辰14	己巳15	庚午16	辛未17	壬申18	癸酉19	甲戌20	乙亥21	丙子22	丁丑23	戊寅24	己卯25	庚辰26	辛巳27	壬午28	癸未29	甲申30	乙酉(10)	丙戌2	丁亥3	戊子4	己丑5	庚寅6	辛卯7	壬辰8	癸巳9	甲午10	乙未11	丙申12	甲申秋分
十一月小	辛亥	天干地支西曆	丁酉13	戊戌14	己亥15	庚子16	辛丑17	壬寅18	癸卯19	甲辰20	乙巳21	丙午22	丁未23	戊申24	己酉25	庚戌26	辛亥27	壬子28	癸丑29	甲寅30	乙卯31	丙辰(11)	丁巳2	戊午3	己未4	庚申5	辛酉6	壬戌7	癸亥8	甲子9	乙丑10		
十二月大	壬子	天干地支西曆	丙寅11	丁卯12	戊辰13	己巳14	庚午15	辛未16	壬申17	癸酉18	甲戌19	乙亥20	丙子21	丁丑22	戊寅23	己卯24	庚辰25	辛巳26	壬午27	癸未28	甲申29	乙酉30	丙戌(12)	丁亥2	戊子3	己丑4	庚寅5	辛卯6	壬辰7	癸巳8	甲午9	乙未10	己巳立冬
閏月小	壬子	天干地支西曆	丙申11	丁酉12	戊戌13	己亥14	庚子15	辛丑16	壬寅17	癸卯18	甲辰19	乙巳20	丙午21	丁未22	戊申23	己酉24	庚戌25	辛亥26	壬子27	癸丑28	甲寅29	乙卯30	丙辰31	丁巳(1)	戊午2	己未3	庚申4	辛酉5	壬戌6	癸亥7	甲子8		癸丑冬至

朔閏異同	曆名	正月	二月	三月	四月	五月	六月	七月	八月	九月	十月	十一	十二	閏月	曆名	正月	二月	三月	四月	五月	六月	七月	八月	九月	十月	十一	十二	閏月
	周曆 殷曆	庚子 庚午	庚午 庚子	己亥 己巳	己巳 己亥	戊戌 戊辰	戊辰 戊戌	丁酉 戊辰	丁卯 丁酉	丙申 丁卯	丙寅 丙申	乙未 丙寅	乙丑 乙未		夏曆 新曆	庚子 辛丑	庚午 庚子	己亥 庚子	己巳 己巳	戊戌 己亥	戊辰 己巳	丁酉 戊戌	丁卯 戊辰	丙申 丁酉	丙寅 丙寅	乙未 丙申	乙丑 乙丑	

*《長曆》：正月庚午，二月庚子，三月己巳，四月己亥，五月戊辰，六月戊戌，七月戊辰，八月丁酉，九月丁卯，十月丙申，十一丙寅，十二乙未。

周僖王四年 魯莊公十六年（癸卯 兔年）公元前 678 ~ 前 677 年 歲在大火

魯曆月序		中西曆日對照	魯曆日序																														節氣與天象
			初一	初二	初三	初四	初五	初六	初七	初八	初九	初十	十一	十二	十三	十四	十五	十六	十七	十八	十九	二十	二一	二二	二三	二四	二五	二六	二七	二八	二九	三十	
正月大	癸丑	天干 地支 西曆	乙丑 9	丙寅 10	丁卯 11	戊辰 12	己巳 13	庚午 14	辛未 15	壬申 16	癸酉 17	甲戌 18	乙亥 19	丙子 20	丁丑 21	戊寅 22	己卯 23	庚辰 24	辛巳 25	壬午 26	癸未 27	甲申 28	乙酉 29	丙戌 30	丁亥 31	戊子 (2)	己丑 2	庚寅 3	辛卯 4	壬辰 5	癸巳 6	甲午 7	
二月大	甲寅	天干 地支 西曆	乙未 8	丙申 9	丁酉 10	戊戌 11	己亥 12	庚子 13	辛丑 14	壬寅 15	癸卯 16	甲辰 17	乙巳 18	丙午 19	丁未 20	戊申 21	己酉 22	庚戌 23	辛亥 24	壬子 25	癸丑 26	甲寅 27	乙卯 28	丙辰 (3)	丁巳 2	戊午 3	己未 4	庚申 5	辛酉 6	壬戌 7	癸亥 8	甲子 9	戊戌立春
三月小	乙卯	天干 地支 西曆	乙丑 10	丙寅 11	丁卯 12	戊辰 13	己巳 14	庚午 15	辛未 16	壬申 17	癸酉 18	甲戌 19	乙亥 20	丙子 21	丁丑 22	戊寅 23	己卯 24	庚辰 25	辛巳 26	壬午 27	癸未 28	甲申 29	乙酉 30	丙戌 31	丁亥 (4)	戊子 2	己丑 3	庚寅 4	辛卯 5	壬辰 6	癸巳 7		癸未春分
四月大	丙辰	天干 地支 西曆	甲午 8	乙未 9	丙申 10	丁酉 11	戊戌 12	己亥 13	庚子 14	辛丑 15	壬寅 16	癸卯 17	甲辰 18	乙巳 19	丙午 20	丁未 21	戊申 22	己酉 23	庚戌 24	辛亥 25	壬子 26	癸丑 27	甲寅 28	乙卯 29	丙辰 30	丁巳 (5)	戊午 2	己未 3	庚申 4	辛酉 5	壬戌 6	癸亥 7	
五月小	丁巳	天干 地支 西曆	甲子 8	乙丑 9	丙寅 10	丁卯 11	戊辰 12	己巳 13	庚午 14	辛未 15	壬申 16	癸酉 17	甲戌 18	乙亥 19	丙子 20	丁丑 21	戊寅 22	己卯 23	庚辰 24	辛巳 25	壬午 26	癸未 27	甲申 28	乙酉 29	丙戌 30	丁亥 31	戊子 (6)	己丑 2	庚寅 3	辛卯 4	壬辰 5		庚午立夏
六月大	戊午	天干 地支 西曆	癸巳 6	甲午 7	乙未 8	丙申 9	丁酉 10	戊戌 11	己亥 12	庚子 13	辛丑 14	壬寅 15	癸卯 16	甲辰 17	乙巳 18	丙午 19	丁未 20	戊申 21	己酉 22	庚戌 23	辛亥 24	壬子 25	癸丑 26	甲寅 27	乙卯 28	丙辰 29	丁巳 30	戊午 (7)	己未 2	庚申 3	辛酉 4	壬戌 5	戊午夏至
七月小	己未	天干 地支 西曆	癸亥 6	甲子 7	乙丑 8	丙寅 9	丁卯 10	戊辰 11	己巳 12	庚午 13	辛未 14	壬申 15	癸酉 16	甲戌 17	乙亥 18	丙子 19	丁丑 20	戊寅 21	己卯 22	庚辰 23	辛巳 24	壬午 25	癸未 26	甲申 27	乙酉 28	丙戌 29	丁亥 30	戊子 31	己丑 (8)	庚寅 2	辛卯 3		
八月大	庚申	天干 地支 西曆	壬辰 4	癸巳 5	甲午 6	乙未 7	丙申 8	丁酉 9	戊戌 10	己亥 11	庚子 12	辛丑 13	壬寅 14	癸卯 15	甲辰 16	乙巳 17	丙午 18	丁未 19	戊申 20	己酉 21	庚戌 22	辛亥 23	壬子 24	癸丑 25	甲寅 26	乙卯 27	丙辰 28	丁巳 29	戊午 30	己未 31	庚申 (9)	辛酉 2	甲辰立秋
九月小	辛酉	天干 地支 西曆	壬戌 3	癸亥 4	甲子 5	乙丑 6	丙寅 7	丁卯 8	戊辰 9	己巳 10	庚午 11	辛未 12	壬申 13	癸酉 14	甲戌 15	乙亥 16	丙子 17	丁丑 18	戊寅 19	己卯 20	庚辰 21	辛巳 22	壬午 23	癸未 24	甲申 25	乙酉 26	丙戌 27	丁亥 28	戊子 29	己丑 30	庚寅 (10)		庚寅秋分
十月大	壬戌	天干 地支 西曆	辛卯 2	壬辰 3	癸巳 4	甲午 5	乙未 6	丙申 7	丁酉 8	戊戌 9	己亥 10	庚子 11	辛丑 12	壬寅 13	癸卯 14	甲辰 15	乙巳 16	丙午 17	丁未 18	戊申 19	己酉 20	庚戌 21	辛亥 22	壬子 23	癸丑 24	甲寅 25	乙卯 26	丙辰 27	丁巳 28	戊午 29	己未 30	庚申 31	
十一月小	癸亥	天干 地支 西曆	辛酉 (11)	壬戌 2	癸亥 3	甲子 4	乙丑 5	丙寅 6	丁卯 7	戊辰 8	己巳 9	庚午 10	辛未 11	壬申 12	癸酉 13	甲戌 14	乙亥 15	丙子 16	丁丑 17	戊寅 18	己卯 19	庚辰 20	辛巳 21	壬午 22	癸未 23	甲申 24	乙酉 25	丙戌 26	丁亥 27	戊子 28	己丑 29		甲戌立冬 辛酉日食
十二月大	甲子	天干 地支 西曆	庚寅 30	辛卯 (12)	壬辰 2	癸巳 3	甲午 4	乙未 5	丙申 6	丁酉 7	戊戌 8	己亥 9	庚子 10	辛丑 11	壬寅 12	癸卯 13	甲辰 14	乙巳 15	丙午 16	丁未 17	戊申 18	己酉 19	庚戌 20	辛亥 21	壬子 22	癸丑 23	甲寅 24	乙卯 25	丙辰 26	丁巳 27	戊午 28	己未 29	戊午冬至
閏月小	甲子	天干 地支 西曆	庚申 30	辛酉 31	壬戌 (1)	癸亥 2	甲子 3	乙丑 4	丙寅 5	丁卯 6	戊辰 7	己巳 8	庚午 9	辛未 10	壬申 11	癸酉 12	甲戌 13	乙亥 14	丙子 15	丁丑 16	戊寅 17	己卯 18	庚辰 19	辛巳 20	壬午 21	癸未 22	甲申 23	乙酉 24	丙戌 25	丁亥 26	戊子 27		

朔閏異同	曆名	正月	二月	三月	四月	五月	六月	七月	八月	九月	十月	十一	十二	閏月		曆名	正月	二月	三月	四月	五月	六月	七月	八月	九月	十月	十一	十二	閏月
	周曆殷曆	甲午乙丑	甲子甲午	甲午甲子	癸亥癸巳	癸巳癸亥	壬戌壬辰	壬辰壬戌	辛酉辛卯	辛卯辛酉	庚申辛卯	庚寅庚申	己未庚寅			夏曆新曆	甲午乙未	甲子甲子	癸巳甲午	癸亥癸亥	壬辰癸巳	壬戌癸亥	壬辰壬辰	辛酉壬戌	辛卯壬辰	庚申辛酉	庚寅辛卯	己未---庚申	---己丑己丑

*《長曆》：正月乙丑，二月甲午，三月甲子，四月癸巳，五月癸亥，六月壬辰，七月壬戌，八月辛卯，九月辛酉，十月辛卯，十一庚申，十二庚寅。

周僖王五年 魯莊公十七年（甲辰 龍年）公元前 677 ~ 前 676 年 歲在析木

魯曆月序		中西曆日對照	初一	初二	初三	初四	初五	初六	初七	初八	初九	初十	十一	十二	十三	十四	十五	十六	十七	十八	十九	二十	二一	二二	二三	二四	二五	二六	二七	二八	二九	三十	節氣與天象
正月大	乙丑	天干地支西曆	己丑28	庚寅29	辛卯30	壬辰31	癸巳(2)	甲午2	乙未3	丙申4	丁酉5	戊戌6	己亥7	庚子8	辛丑9	壬寅10	癸卯11	甲辰12	乙巳13	丙午14	丁未15	戊申16	己酉17	庚戌18	辛亥19	壬子20	癸丑21	甲寅22	乙卯23	丙辰24	丁巳25	戊午26	癸卯立春
二月小	丙寅	天干地支西曆	己未27	庚申28	辛酉29	壬戌(3)	癸亥2	甲子3	乙丑4	丙寅5	丁卯6	戊辰7	己巳8	庚午9	辛未10	壬申11	癸酉12	甲戌13	乙亥14	丙子15	丁丑16	戊寅17	己卯18	庚辰19	辛巳20	壬午21	癸未22	甲申23	乙酉24	丙戌25	丁亥26		
三月大	丁卯	天干地支西曆	戊子27	己丑28	庚寅29	辛卯30	壬辰31	癸巳(4)	甲午2	乙未3	丙申4	丁酉5	戊戌6	己亥7	庚子8	辛丑9	壬寅10	癸卯11	甲辰12	乙巳13	丙午14	丁未15	戊申16	己酉17	庚戌18	辛亥19	壬子20	癸丑21	甲寅22	乙卯23	丙辰24	丁巳25	己丑春分
四月小	戊辰	天干地支西曆	戊午26	己未27	庚申28	辛酉29	壬戌30	癸亥(5)	甲子2	乙丑3	丙寅4	丁卯5	戊辰6	己巳7	庚午8	辛未9	壬申10	癸酉11	甲戌12	乙亥13	丙子14	丁丑15	戊寅16	己卯17	庚辰18	辛巳19	壬午20	癸未21	甲申22	乙酉23	丙戌24		丙子立夏
五月大	己巳	天干地支西曆	丁亥25	戊子26	己丑27	庚寅28	辛卯29	壬辰30	癸巳31	甲午(6)	乙未2	丙申3	丁酉4	戊戌5	己亥6	庚子7	辛丑8	壬寅9	癸卯10	甲辰11	乙巳12	丙午13	丁未14	戊申15	己酉16	庚戌17	辛亥18	壬子19	癸丑20	甲寅21	乙卯22	丙辰23	
六月大	庚午	天干地支西曆	丁巳24	戊午25	己未26	庚申27	辛酉28	壬戌29	癸亥30	甲子(7)	乙丑2	丙寅3	丁卯4	戊辰5	己巳6	庚午7	辛未8	壬申9	癸酉10	甲戌11	乙亥12	丙子13	丁丑14	戊寅15	己卯16	庚辰17	辛巳18	壬午19	癸未20	甲申21	乙酉22	丙戌23	癸亥夏至
七月小	辛未	天干地支西曆	丁亥24	戊子25	己丑26	庚寅27	辛卯28	壬辰29	癸巳30	甲午31	乙未(8)	丙申2	丁酉3	戊戌4	己亥5	庚子6	辛丑7	壬寅8	癸卯9	甲辰10	乙巳11	丙午12	丁未13	戊申14	己酉15	庚戌16	辛亥17	壬子18	癸丑19	甲寅20	乙卯21		己酉立秋
八月大	壬申	天干地支西曆	丙辰22	丁巳23	戊午24	己未25	庚申26	辛酉27	壬戌28	癸亥29	甲子30	乙丑31	丙寅(9)	丁卯2	戊辰3	己巳4	庚午5	辛未6	壬申7	癸酉8	甲戌9	乙亥10	丙子11	丁丑12	戊寅13	己卯14	庚辰15	辛巳16	壬午17	癸未18	甲申19	乙酉20	
九月小	癸酉	天干地支西曆	丙戌21	丁亥22	戊子23	己丑24	庚寅25	辛卯26	壬辰27	癸巳28	甲午29	乙未30	丙申(10)	丁酉2	戊戌3	己亥4	庚子5	辛丑6	壬寅7	癸卯8	甲辰9	乙巳10	丙午11	丁未12	戊申13	己酉14	庚戌15	辛亥16	壬子17	癸丑18	甲寅19		乙未秋分
十月大	甲戌	天干地支西曆	乙卯20	丙辰21	丁巳22	戊午23	己未24	庚申25	辛酉26	壬戌27	癸亥28	甲子29	乙丑30	丙寅31	丁卯(11)	戊辰2	己巳3	庚午4	辛未5	壬申6	癸酉7	甲戌8	乙亥9	丙子10	丁丑11	戊寅12	己卯13	庚辰14	辛巳15	壬午16	癸未17	甲申18	己卯立冬
十一月小	乙亥	天干地支西曆	乙酉19	丙戌20	丁亥21	戊子22	己丑23	庚寅24	辛卯25	壬辰26	癸巳27	甲午28	乙未29	丙申30	丁酉(12)	戊戌2	己亥3	庚子4	辛丑5	壬寅6	癸卯7	甲辰8	乙巳9	丙午10	丁未11	戊申12	己酉13	庚戌14	辛亥15	壬子16	癸丑17		
十二月大	丙子	天干地支西曆	甲寅18	乙卯19	丙辰20	丁巳21	戊午22	己未23	庚申24	辛酉25	壬戌26	癸亥27	甲子28	乙丑29	丙寅30	丁卯31	戊辰(1)	己巳2	庚午3	辛未4	壬申5	癸酉6	甲戌7	乙亥8	丙子9	丁丑10	戊寅11	己卯12	庚辰13	辛巳14	壬午15	癸未16	癸亥冬至

朔閏異同	曆名	正月	二月	三月	四月	五月	六月	七月	八月	九月	十月	十一	十二	閏月
	周曆殷曆	己丑己未	戊午己丑	戊子戊午	┅丁巳┅戊子	丁亥丁巳	丙辰丁亥	丙戌丙辰	丙辰丙戌	乙酉乙卯	乙卯乙酉	甲申甲寅	甲寅甲申	癸未癸丑
	夏曆新曆	戊午己未	戊子戊子	丁巳戊午	丁亥丁亥	丙辰丁巳	丙戌丙戌	乙卯丙辰	乙酉丙戌	甲寅乙卯	甲申乙酉	甲寅乙卯	癸未甲申	

*《長曆》：正月己未，二月己丑，三月戊午，四月戊子，五月丁巳，六月丁亥，閏月丙辰，七月丙戌，八月乙卯，九月乙酉，十月甲寅，十一甲申，十二癸丑。

周惠王元年 魯莊公十八年（乙巳 蛇年）公元前676 ~ 前675年 歲在星紀

魯曆月序		中西曆日對照	初一	初二	初三	初四	初五	初六	初七	初八	初九	初十	十一	十二	十三	十四	十五	十六	十七	十八	十九	二十	二一	二二	二三	二四	二五	二六	二七	二八	二九	三十	節氣與天象
正月小	丁丑	天干地支西曆	甲申17	乙酉18	丙戌19	丁亥20	戊子21	己丑22	庚寅23	辛卯24	壬辰25	癸巳26	甲午27	乙未28	丙申29	丁酉30	戊戌31	己亥(2)	庚子2	辛丑3	壬寅4	癸卯5	甲辰6	乙巳7	丙午8	丁未9	戊申10	己酉11	庚戌12	辛亥13	壬子14		戊申立春
二月大	戊寅	天干地支西曆	癸丑15	甲寅16	乙卯17	丙辰18	丁巳19	戊午20	己未21	庚申22	辛酉23	壬戌24	癸亥25	甲子26	乙丑27	丙寅28	丁卯(3)	戊辰2	己巳3	庚午4	辛未5	壬申6	癸酉7	甲戌8	乙亥9	丙子10	丁丑11	戊寅12	己卯13	庚辰14	辛巳15	壬午16	
三月小	己卯	天干地支西曆	癸未17	甲申18	乙酉19	丙戌20	丁亥21	戊子22	己丑23	庚寅24	辛卯25	壬辰26	癸巳27	甲午28	乙未29	丙申30	丁酉31	戊戌(4)	己亥2	庚子3	辛丑4	壬寅5	癸卯6	甲辰7	乙巳8	丙午9	丁未10	戊申11	己酉12	庚戌13	辛亥14		甲午春分
四月大	庚辰	天干地支西曆	壬子15	癸丑16	甲寅17	乙卯18	丙辰19	丁巳20	戊午21	己未22	庚申23	辛酉24	壬戌25	癸亥26	甲子27	乙丑28	丙寅29	丁卯30	戊辰(5)	己巳2	庚午3	辛未4	壬申5	癸酉6	甲戌7	乙亥8	丙子9	丁丑10	戊寅11	己卯12	庚辰13	辛巳14	辛巳立夏 壬子日食
五月小	辛巳	天干地支西曆	壬午15	癸未16	甲申17	乙酉18	丙戌19	丁亥20	戊子21	己丑22	庚寅23	辛卯24	壬辰25	癸巳26	甲午27	乙未28	丙申29	丁酉30	戊戌31	己亥(6)	庚子2	辛丑3	壬寅4	癸卯5	甲辰6	乙巳7	丙午8	丁未9	戊申10	己酉11	庚戌12		
六月大	壬午	天干地支西曆	辛亥13	壬子14	癸丑15	甲寅16	乙卯17	丙辰18	丁巳19	戊午20	己未21	庚申22	辛酉23	壬戌24	癸亥25	甲子26	乙丑27	丙寅28	丁卯29	戊辰30	己巳(7)	庚午2	辛未3	壬申4	癸酉5	甲戌6	乙亥7	丙子8	丁丑9	戊寅10	己卯11	庚辰12	戊辰夏至
七月小	癸未	天干地支西曆	辛巳13	壬午14	癸未15	甲申16	乙酉17	丙戌18	丁亥19	戊子20	己丑21	庚寅22	辛卯23	壬辰24	癸巳25	甲午26	乙未27	丙申28	丁酉29	戊戌30	己亥31	庚子(8)	辛丑2	壬寅3	癸卯4	甲辰5	乙巳6	丙午7	丁未8	戊申9	己酉10		
八月大	甲申	天干地支西曆	庚戌11	辛亥12	壬子13	癸丑14	甲寅15	乙卯16	丙辰17	丁巳18	戊午19	己未20	庚申21	辛酉22	壬戌23	癸亥24	甲子25	乙丑26	丙寅27	丁卯28	戊辰29	己巳30	庚午31	辛未(9)	壬申2	癸酉3	甲戌4	乙亥5	丙子6	丁丑7	戊寅8	己卯9	乙卯立秋
九月小	乙酉	天干地支西曆	庚辰10	辛巳11	壬午12	癸未13	甲申14	乙酉15	丙戌16	丁亥17	戊子18	己丑19	庚寅20	辛卯21	壬辰22	癸巳23	甲午24	乙未25	丙申26	丁酉27	戊戌28	己亥29	庚子30	辛丑(10)	壬寅2	癸卯3	甲辰4	乙巳5	丙午6	丁未7	戊申8		庚子秋分
十月大	丙戌	天干地支西曆	己酉9	庚戌10	辛亥11	壬子12	癸丑13	甲寅14	乙卯15	丙辰16	丁巳17	戊午18	己未19	庚申20	辛酉21	壬戌22	癸亥23	甲子24	乙丑25	丙寅26	丁卯27	戊辰28	己巳29	庚午30	辛未31	壬申(11)	癸酉2	甲戌3	乙亥4	丙子5	丁丑6	戊寅7	
十一月大	丁亥	天干地支西曆	己卯8	庚辰9	辛巳10	壬午11	癸未12	甲申13	乙酉14	丙戌15	丁亥16	戊子17	己丑18	庚寅19	辛卯20	壬辰21	癸巳22	甲午23	乙未24	丙申25	丁酉26	戊戌27	己亥28	庚子29	辛丑30	壬寅(12)	癸卯2	甲辰3	乙巳4	丙午5	丁未6	戊申7	甲申立冬
十二月小	戊子	天干地支西曆	己酉8	庚戌9	辛亥10	壬子11	癸丑12	甲寅13	乙卯14	丙辰15	丁巳16	戊午17	己未18	庚申19	辛酉20	壬戌21	癸亥22	甲子23	乙丑24	丙寅25	丁卯26	戊辰27	己巳28	庚午29	辛未30	壬申31	癸酉(1)	甲戌2	乙亥3	丙子4	丁丑5		己巳冬至

朔閏異同	曆名	正月	二月	三月	四月	五月	六月	七月	八月	九月	十月	十一	十二	閏月
	周曆	癸丑	壬午	壬子	辛巳	辛亥	庚辰	庚戌	己卯	己酉	己卯	戊申	戊寅	
	殷曆	癸未	癸丑	壬午	壬子	辛巳	辛亥	庚辰	庚戌	己卯	己酉	戊寅	戊申	
	夏曆	癸丑	壬午	壬子	辛巳	辛亥	庚辰	庚戌	己卯	己酉	戊寅	戊申	丁丑	
	新曆	癸未	癸未	壬子	壬午	辛亥	庚辰	庚戌	庚辰	庚戌	己卯	己酉	己卯	

*《長曆》：正月癸未，二月癸丑，三月壬午，四月壬子，五月辛巳，六月辛亥，八月庚戌，九月己卯，十月己酉，十一戊寅，十二戊申。

周惠王二年 魯莊公十九年（丙午 馬年） 公元前 675 ~ 前 674 年 歲在玄枵

魯曆月序		中西曆日對照	初一	初二	初三	初四	初五	初六	初七	初八	初九	初十	十一	十二	十三	十四	十五	十六	十七	十八	十九	二十	二一	二二	二三	二四	二五	二六	二七	二八	二九	三十	節氣與天象
正月大	己丑	天干 地支 西曆	戊寅 6	己卯 7	庚辰 8	辛巳 9	壬午 10	癸未 11	甲申 12	乙酉 13	丙戌 14	丁亥 15	戊子 16	己丑 17	庚寅 18	辛卯 19	壬辰 20	癸巳 21	甲午 22	乙未 23	丙申 24	丁酉 25	戊戌 26	己亥 27	庚子 28	辛丑 29	壬寅 30	癸卯 31	甲辰 (2)	乙巳 2	丙午 3	丁未 4	
二月小	庚寅	天干 地支 西曆	戊申 5	己酉 6	庚戌 7	辛亥 8	壬子 9	癸丑 10	甲寅 11	乙卯 12	丙辰 13	丁巳 14	戊午 15	己未 16	庚申 17	辛酉 18	壬戌 19	癸亥 20	甲子 21	乙丑 22	丙寅 23	丁卯 24	戊辰 25	己巳 26	庚午 27	辛未 28	壬申 (3)	癸酉 2	甲戌 3	乙亥 4	丙子 5		癸丑立春
三月大	辛卯	天干 地支 西曆	丁丑 6	戊寅 7	己卯 8	庚辰 9	辛巳 10	壬午 11	癸未 12	甲申 13	乙酉 14	丙戌 15	丁亥 16	戊子 17	己丑 18	庚寅 19	辛卯 20	壬辰 21	癸巳 22	甲午 23	乙未 24	丙申 25	丁酉 26	戊戌 27	己亥 28	庚子 29	辛丑 30	壬寅 31	癸卯 (4)	甲辰 2	乙巳 3	丙午 4	己亥春分
四月小	壬辰	天干 地支 西曆	丁未 5	戊申 6	己酉 7	庚戌 8	辛亥 9	壬子 10	癸丑 11	甲寅 12	乙卯 13	丙辰 14	丁巳 15	戊午 16	己未 17	庚申 18	辛酉 19	壬戌 20	癸亥 21	甲子 22	乙丑 23	丙寅 24	丁卯 25	戊辰 26	己巳 27	庚午 28	辛未 29	壬申 30	癸酉 (5)	甲戌 2	乙亥 3		丁未日食
五月大	癸巳	天干 地支 西曆	丙子 4	丁丑 5	戊寅 6	己卯 7	庚辰 8	辛巳 9	壬午 10	癸未 11	甲申 12	乙酉 13	丙戌 14	丁亥 15	戊子 16	己丑 17	庚寅 18	辛卯 19	壬辰 20	癸巳 21	甲午 22	乙未 23	丙申 24	丁酉 25	戊戌 26	己亥 27	庚子 28	辛丑 29	壬寅 30	癸卯 31	甲辰 (6)	乙巳 2	丙戌立夏
六月小	甲午	天干 地支 西曆	丙午 3	丁未 4	戊申 5	己酉 6	庚戌 7	辛亥 8	壬子 9	癸丑 10	甲寅 11	乙卯 12	丙辰 13	丁巳 14	戊午 15	己未 16	庚申 17	辛酉 18	壬戌 19	癸亥 20	甲子 21	乙丑 22	丙寅 23	丁卯 24	戊辰 25	己巳 26	庚午 27	辛未 28	壬申 29	癸酉 30	甲戌 (7)		癸酉夏至
七月大	乙未	天干 地支 西曆	乙亥 2	丙子 3	丁丑 4	戊寅 5	己卯 6	庚辰 7	辛巳 8	壬午 9	癸未 10	甲申 11	乙酉 12	丙戌 13	丁亥 14	戊子 15	己丑 16	庚寅 17	辛卯 18	壬辰 19	癸巳 20	甲午 21	乙未 22	丙申 23	丁酉 24	戊戌 25	己亥 26	庚子 27	辛丑 28	壬寅 29	癸卯 30	甲辰 31	
八月小	丙申	天干 地支 西曆	乙巳 (8)	丙午 2	丁未 3	戊申 4	己酉 5	庚戌 6	辛亥 7	壬子 8	癸丑 9	甲寅 10	乙卯 11	丙辰 12	丁巳 13	戊午 14	己未 15	庚申 16	辛酉 17	壬戌 18	癸亥 19	甲子 20	乙丑 21	丙寅 22	丁卯 23	戊辰 24	己巳 25	庚午 26	辛未 27	壬申 28	癸酉 29		庚申立秋
九月大	丁酉	天干 地支 西曆	甲戌 30	乙亥 31	丙子 (9)	丁丑 2	戊寅 3	己卯 4	庚辰 5	辛巳 6	壬午 7	癸未 8	甲申 9	乙酉 10	丙戌 11	丁亥 12	戊子 13	己丑 14	庚寅 15	辛卯 16	壬辰 17	癸巳 18	甲午 19	乙未 20	丙申 21	丁酉 22	戊戌 23	己亥 24	庚子 25	辛丑 26	壬寅 27	癸卯 28	
十月小	戊戌	天干 地支 西曆	甲辰 29	乙巳 30	丙午 (10)	丁未 2	戊申 3	己酉 4	庚戌 5	辛亥 6	壬子 7	癸丑 8	甲寅 9	乙卯 10	丙辰 11	丁巳 12	戊午 13	己未 14	庚申 15	辛酉 16	壬戌 17	癸亥 18	甲子 19	乙丑 20	丙寅 21	丁卯 22	戊辰 23	己巳 24	庚午 25	辛未 26	壬申 27		乙巳秋分
十一月大	己亥	天干 地支 西曆	癸酉 28	甲戌 29	乙亥 30	丙子 31	丁丑 (11)	戊寅 2	己卯 3	庚辰 4	辛巳 5	壬午 6	癸未 7	甲申 8	乙酉 9	丙戌 10	丁亥 11	戊子 12	己丑 13	庚寅 14	辛卯 15	壬辰 16	癸巳 17	甲午 18	乙未 19	丙申 20	丁酉 21	戊戌 22	己亥 23	庚子 24	辛丑 25	壬寅 26	庚寅立冬
十二月小	庚子	天干 地支 西曆	癸卯 27	甲辰 28	乙巳 29	丙午 30	丁未 (12)	戊申 2	己酉 3	庚戌 4	辛亥 5	壬子 6	癸丑 7	甲寅 8	乙卯 9	丙辰 10	丁巳 11	戊午 12	己未 13	庚申 14	辛酉 15	壬戌 16	癸亥 17	甲子 18	乙丑 19	丙寅 20	丁卯 21	戊辰 22	己巳 23	庚午 24	辛未 25		
閏月大	庚子	天干 地支 西曆	壬申 26	癸酉 27	甲戌 28	乙亥 29	丙子 30	丁丑 31	戊寅 (1)	己卯 2	庚辰 3	辛巳 4	壬午 5	癸未 6	甲申 7	乙酉 8	丙戌 9	丁亥 10	戊子 11	己丑 12	庚寅 13	辛卯 14	壬辰 15	癸巳 16	甲午 17	乙未 18	丙申 19	丁酉 20	戊戌 21	己亥 22	庚子 23	辛丑 24	甲戌冬至

朔閏異同	曆名	正月	二月	三月	四月	五月	六月	七月	八月	九月	十月	十一	十二	閏月
	周曆 殷曆	丁未 丁丑	丁丑 丁未	丙午 丙子	丙子 丙午	乙巳 丙子	乙亥 乙巳	甲辰 乙亥	甲戌 甲辰	癸卯 甲戌	癸酉 癸卯	壬寅 癸酉	--- 壬申 --- 壬寅	辛丑 壬申
	夏曆 新曆	丁未 戊申	丁丑 戊寅	丙午 丁未	丙子 丙子	乙巳 乙巳	乙亥 乙亥	甲辰 --- 甲辰	甲戌 甲戌	癸卯 甲辰	--- 癸酉 癸酉	壬寅 癸卯	壬申 癸酉	辛丑 癸卯

*《長曆》：正月丁丑，二月丁未，三月丙子，四月丙午，五月丙子，六月乙巳，七月乙亥，八月甲辰，九月甲戌，十月癸卯，十一癸酉，十二壬寅。

周惠王三年 魯莊公二十年（丁未 羊年） 公元前 **674** ~ 前 673 年 歲在娵訾

魯曆月序		中西曆日對照	魯曆日序																													節氣與天象
			初一	初二	初三	初四	初五	初六	初七	初八	初九	初十	十一	十二	十三	十四	十五	十六	十七	十八	十九	二十	二一	二二	二三	二四	二五	二六	二七	二八	二九	三十	
正月大	辛丑	天干地支西曆	壬寅25	癸卯26	甲辰27	乙巳28	丙午29	丁未30	戊申31	己酉(2)	庚戌2	辛亥3	壬子4	癸丑5	甲寅6	乙卯7	丙辰8	丁巳9	戊午10	己未11	庚申12	辛酉13	壬戌14	癸亥15	甲子16	乙丑17	丙寅18	丁卯19	戊辰20	己巳21	庚午22	辛未23	己未立春
二月小	壬寅	天干地支西曆	壬申24	癸酉25	甲戌26	乙亥27	丙子28	丁丑(3)	戊寅2	己卯3	庚辰4	辛巳5	壬午6	癸未7	甲申8	乙酉9	丙戌10	丁亥11	戊子12	己丑13	庚寅14	辛卯15	壬辰16	癸巳17	甲午18	乙未19	丙申20	丁酉21	戊戌22	己亥23	庚子24		
三月大	癸卯	天干地支西曆	辛丑25	壬寅26	癸卯27	甲辰28	乙巳29	丙午30	丁未31	戊申(4)	己酉2	庚戌3	辛亥4	壬子5	癸丑6	甲寅7	乙卯8	丙辰9	丁巳10	戊午11	己未12	庚申13	辛酉14	壬戌15	癸亥16	甲子17	乙丑18	丙寅19	丁卯20	戊辰21	己巳22	庚午23	甲辰春分
四月小	甲辰	天干地支西曆	辛未24	壬申25	癸酉26	甲戌27	乙亥28	丙子29	丁丑30	戊寅(5)	己卯2	庚辰3	辛巳4	壬午5	癸未6	甲申7	乙酉8	丙戌9	丁亥10	戊子11	己丑12	庚寅13	辛卯14	壬辰15	癸巳16	甲午17	乙未18	丙申19	丁酉20	戊戌21	己亥22		辛卯立夏
五月大	乙巳	天干地支西曆	庚子23	辛丑24	壬寅25	癸卯26	甲辰27	乙巳28	丙午29	丁未30	戊申31	己酉(6)	庚戌2	辛亥3	壬子4	癸丑5	甲寅6	乙卯7	丙辰8	丁巳9	戊午10	己未11	庚申12	辛酉13	壬戌14	癸亥15	甲子16	乙丑17	丙寅18	丁卯19	戊辰20	己巳21	
六月小	丙午	天干地支西曆	庚午22	辛未23	壬申24	癸酉25	甲戌26	乙亥27	丙子28	丁丑29	戊寅30	己卯(7)	庚辰2	辛巳3	壬午4	癸未5	甲申6	乙酉7	丙戌8	丁亥9	戊子10	己丑11	庚寅12	辛卯13	壬辰14	癸巳15	甲午16	乙未17	丙申18	丁酉19	戊戌20		己卯夏至
七月大	丁未	天干地支西曆	己亥21	庚子22	辛丑23	壬寅24	癸卯25	甲辰26	乙巳27	丙午28	丁未29	戊申30	己酉31	庚戌(8)	辛亥2	壬子3	癸丑4	甲寅5	乙卯6	丙辰7	丁巳8	戊午9	己未10	庚申11	辛酉12	壬戌13	癸亥14	甲子15	乙丑16	丙寅17	丁卯18	戊辰19	乙丑立秋
八月小	戊申	天干地支西曆	己巳20	庚午21	辛未22	壬申23	癸酉24	甲戌25	乙亥26	丙子27	丁丑28	戊寅29	己卯30	庚辰31	辛巳(9)	壬午2	癸未3	甲申4	乙酉5	丙戌6	丁亥7	戊子8	己丑9	庚寅10	辛卯11	壬辰12	癸巳13	甲午14	乙未15	丙申16	丁酉17		
九月大	己酉	天干地支西曆	戊戌18	己亥19	庚子20	辛丑21	壬寅22	癸卯23	甲辰24	乙巳25	丙午26	丁未27	戊申28	己酉29	庚戌30	辛亥(10)	壬子2	癸丑3	甲寅4	乙卯5	丙辰6	丁巳7	戊午8	己未9	庚申10	辛酉11	壬戌12	癸亥13	甲子14	乙丑15	丙寅16	丁卯17	辛亥秋分
十月小	庚戌	天干地支西曆	戊辰18	己巳19	庚午20	辛未21	壬申22	癸酉23	甲戌24	乙亥25	丙子26	丁丑27	戊寅28	己卯29	庚辰30	辛巳31	壬午(11)	癸未2	甲申3	乙酉4	丙戌5	丁亥6	戊子7	己丑8	庚寅9	辛卯10	壬辰11	癸巳12	甲午13	乙未14	丙申15		乙未立冬
十一月大	辛亥	天干地支西曆	丁酉16	戊戌17	己亥18	庚子19	辛丑20	壬寅21	癸卯22	甲辰23	乙巳24	丙午25	丁未26	戊申27	己酉28	庚戌29	辛亥30	壬子(12)	癸丑2	甲寅3	乙卯4	丙辰5	丁巳6	戊午7	己未8	庚申9	辛酉10	壬戌11	癸亥12	甲子13	乙丑14	丙寅15	
十二月小	壬子	天干地支西曆	丁卯16	戊辰17	己巳18	庚午19	辛未20	壬申21	癸酉22	甲戌23	乙亥24	丙子25	丁丑26	戊寅27	己卯28	庚辰29	辛巳30	壬午31	癸未(1)	甲申2	乙酉3	丙戌4	丁亥5	戊子6	己丑7	庚寅8	辛卯9	壬辰10	癸巳11	甲午12	乙未13		己卯冬至

朔閏異同	曆名	正月	二月	三月	四月	五月	六月	七月	八月	九月	十月	十一	十二	閏月		曆名	正月	二月	三月	四月	五月	六月	七月	八月	九月	十月	十一	十二	閏月
	周曆殷曆	辛未辛丑	辛丑辛未	庚午庚子	庚子庚午	己巳己亥	己亥己巳	戊辰戊戌	戊戌戊辰	丁卯戊戌	丁酉丁卯	丙寅丁酉	丙申丙寅			夏曆新曆	辛未壬申	庚子壬寅	庚午辛未	己亥庚子	己巳己巳	己亥己亥	戊辰戊辰	戊戌戊戌	丁卯丁卯	丁酉丁酉	丙寅丁卯	丙申丁酉	

*《長曆》：正月壬申，二月辛丑，三月辛未，四月庚子，五月庚午，六月己亥，七月己巳，八月戊戌，九月戊辰，十月戊戌，十一丁卯，十二丁酉，閏月丙寅。

周惠王四年 魯莊公二十一年（戊申 猴年） 公元前 673 ~ 前 672 年 歲在降婁

魯曆月序		中西曆日對照	初一	初二	初三	初四	初五	初六	初七	初八	初九	初十	十一	十二	十三	十四	十五	十六	十七	十八	十九	二十	二一	二二	二三	二四	二五	二六	二七	二八	二九	三十	節氣與天象
正月大	癸丑	天干地支西曆	丙申14	丁酉15	戊戌16	己亥17	庚子18	辛丑19	壬寅20	癸卯21	甲辰22	乙巳23	丙午24	丁未25	戊申26	己酉27	庚戌28	辛亥29	壬子30	癸丑31	甲寅(2)	乙卯2	丙辰3	丁巳4	戊午5	己未6	庚申7	辛酉8	壬戌9	癸亥10	甲子11	乙丑12	甲子立春
二月小	甲寅	天干地支西曆	丙寅13	丁卯14	戊辰15	己巳16	庚午17	辛未18	壬申19	癸酉20	甲戌21	乙亥22	丙子23	丁丑24	戊寅25	己卯26	庚辰27	辛巳28	壬午29	癸未(3)	甲申2	乙酉3	丙戌4	丁亥5	戊子6	己丑7	庚寅8	辛卯9	壬辰10	癸巳11	甲午12		
三月大	乙卯	天干地支西曆	乙未13	丙申14	丁酉15	戊戌16	己亥17	庚子18	辛丑19	壬寅20	癸卯21	甲辰22	乙巳23	丙午24	丁未25	戊申26	己酉27	庚戌28	辛亥29	壬子30	癸丑31	甲寅(4)	乙卯2	丙辰3	丁巳4	戊午5	己未6	庚申7	辛酉8	壬戌9	癸亥10	甲子11	庚戌春分
四月小	丙辰	天干地支西曆	乙丑12	丙寅13	丁卯14	戊辰15	己巳16	庚午17	辛未18	壬申19	癸酉20	甲戌21	乙亥22	丙子23	丁丑24	戊寅25	己卯26	庚辰27	辛巳28	壬午29	癸未30	甲申(5)	乙酉2	丙戌3	丁亥4	戊子5	己丑6	庚寅7	辛卯8	壬辰9	癸巳10		
五月大	丁巳	天干地支西曆	甲午11	乙未12	丙申13	丁酉14	戊戌15	己亥16	庚子17	辛丑18	壬寅19	癸卯20	甲辰21	乙巳22	丙午23	丁未24	戊申25	己酉26	庚戌27	辛亥28	壬子29	癸丑30	甲寅31	乙卯(6)	丙辰2	丁巳3	戊午4	己未5	庚申6	辛酉7	壬戌8	癸亥9	丁酉立夏
六月大	戊午	天干地支西曆	甲子10	乙丑11	丙寅12	丁卯13	戊辰14	己巳15	庚午16	辛未17	壬申18	癸酉19	甲戌20	乙亥21	丙子22	丁丑23	戊寅24	己卯25	庚辰26	辛巳27	壬午28	癸未29	甲申30	乙酉(7)	丙戌2	丁亥3	戊子4	己丑5	庚寅6	辛卯7	壬辰8	癸巳9	甲申夏至
七月小	己未	天干地支西曆	甲午10	乙未11	丙申12	丁酉13	戊戌14	己亥15	庚子16	辛丑17	壬寅18	癸卯19	甲辰20	乙巳21	丙午22	丁未23	戊申24	己酉25	庚戌26	辛亥27	壬子28	癸丑29	甲寅30	乙卯31	丙辰(8)	丁巳2	戊午3	己未4	庚申5	辛酉6	壬戌7		
八月大	庚申	天干地支西曆	癸亥8	甲子9	乙丑10	丙寅11	丁卯12	戊辰13	己巳14	庚午15	辛未16	壬申17	癸酉18	甲戌19	乙亥20	丙子21	丁丑22	戊寅23	己卯24	庚辰25	辛巳26	壬午27	癸未28	甲申29	乙酉30	丙戌31	丁亥(9)	戊子2	己丑3	庚寅4	辛卯5	壬辰6	庚午立秋 癸亥日食
九月小	辛酉	天干地支西曆	癸巳7	甲午8	乙未9	丙申10	丁酉11	戊戌12	己亥13	庚子14	辛丑15	壬寅16	癸卯17	甲辰18	乙巳19	丙午20	丁未21	戊申22	己酉23	庚戌24	辛亥25	壬子26	癸丑27	甲寅28	乙卯29	丙辰30	丁巳(10)	戊午2	己未3	庚申4	辛酉5		丙辰秋分
十月大	壬戌	天干地支西曆	壬戌6	癸亥7	甲子8	乙丑9	丙寅10	丁卯11	戊辰12	己巳13	庚午14	辛未15	壬申16	癸酉17	甲戌18	乙亥19	丙子20	丁丑21	戊寅22	己卯23	庚辰24	辛巳25	壬午26	癸未27	甲申28	乙酉29	丙戌30	丁亥31	戊子(11)	己丑2	庚寅3	辛卯4	
十一月小	癸亥	天干地支西曆	壬辰5	癸巳6	甲午7	乙未8	丙申9	丁酉10	戊戌11	己亥12	庚子13	辛丑14	壬寅15	癸卯16	甲辰17	乙巳18	丙午19	丁未20	戊申21	己酉22	庚戌23	辛亥24	壬子25	癸丑26	甲寅27	乙卯28	丙辰29	丁巳30	戊午(12)	己未2	庚申3		庚子立冬
十二月大	甲子	天干地支西曆	辛酉4	壬戌5	癸亥6	甲子7	乙丑8	丙寅9	丁卯10	戊辰11	己巳12	庚午13	辛未14	壬申15	癸酉16	甲戌17	乙亥18	丙子19	丁丑20	戊寅21	己卯22	庚辰23	辛巳24	壬午25	癸未26	甲申27	乙酉28	丙戌29	丁亥30	戊子31	己丑(1)	庚寅2	甲申冬至

朔閏異同	曆名	正月	二月	三月	四月	五月	六月	七月	八月	九月	十月	十一	十二	閏月	曆名	正月	二月	三月	四月	五月	六月	七月	八月	九月	十月	十一	十二	閏月
	周曆殷曆	乙丑丙申	乙未乙丑	甲子乙未	甲午甲子	癸亥甲午	癸巳癸亥	癸亥癸巳	壬辰壬戌	壬戌壬辰	辛卯辛酉	辛酉辛卯	庚寅庚申		夏曆新曆	乙丑丙寅	乙未丙申	甲子丙寅	甲午乙未	癸亥甲子	癸巳癸巳	壬戌癸亥	壬辰壬辰	壬戌壬戌	辛卯辛卯	辛酉辛酉	庚寅辛卯	

*《長曆》：正月丙申，二月乙丑，三月乙未，四月甲子，五月甲午，六月癸亥，七月癸巳，八月壬戌，九月壬辰，十月辛酉，十一辛卯，十二庚申。

周惠王五年 魯莊公二十二年（己酉 鷄年） 公元前 672 年 歲在大梁

魯曆月序		西日照中曆對	魯曆日序																													節氣與天象
			初一	初二	初三	初四	初五	初六	初七	初八	初九	初十	十一	十二	十三	十四	十五	十六	十七	十八	十九	二十	二一	二二	二三	二四	二五	二六	二七	二八	二九	三十	
正月小	乙丑	天干地支西曆	辛卯3	壬辰4	癸巳5	甲午6	乙未7	丙申8	丁酉9	戊戌10	己亥11	庚子12	辛丑13	壬寅14	癸卯15	甲辰16	乙巳17	丙午18	丁未19	戊申20	己酉21	庚戌22	辛亥23	壬子24	癸丑25	甲寅26	乙卯27	丙辰28	丁巳29	戊午30	己未31		
二月大	丙寅	天干地支西曆	庚申(2)	辛酉2	壬戌3	癸亥4	甲子5	乙丑6	丙寅7	丁卯8	戊辰9	己巳10	庚午11	辛未12	壬申13	癸酉14	甲戌15	乙亥16	丙子17	丁丑18	戊寅19	己卯20	庚辰21	辛巳22	壬午23	癸未24	甲申25	乙酉26	丙戌27	丁亥28	戊子(3)	己丑2	己巳立春
三月小	丁卯	天干地支西曆	庚寅3	辛卯4	壬辰5	癸巳6	甲午7	乙未8	丙申9	丁酉10	戊戌11	己亥12	庚子13	辛丑14	壬寅15	癸卯16	甲辰17	乙巳18	丙午19	丁未20	戊申21	己酉22	庚戌23	辛亥24	壬子25	癸丑26	甲寅27	乙卯28	丙辰29	丁巳30	戊午31		乙卯春分
四月大	戊辰	天干地支西曆	己未(4)	庚申2	辛酉3	壬戌4	癸亥5	甲子6	乙丑7	丙寅8	丁卯9	戊辰10	己巳11	庚午12	辛未13	壬申14	癸酉15	甲戌16	乙亥17	丙子18	丁丑19	戊寅20	己卯21	庚辰22	辛巳23	壬午24	癸未25	甲申26	乙酉27	丙戌28	丁亥29	戊子30	
五月小	己巳	天干地支西曆	己丑(5)	庚寅2	辛卯3	壬辰4	癸巳5	甲午6	乙未7	丙申8	丁酉9	戊戌10	己亥11	庚子12	辛丑13	壬寅14	癸卯15	甲辰16	乙巳17	丙午18	丁未19	戊申20	己酉21	庚戌22	辛亥23	壬子24	癸丑25	甲寅26	乙卯27	丙辰28	丁巳29		壬寅立夏
六月大	庚午	天干地支西曆	戊午30	己未31	庚申(6)	辛酉2	壬戌3	癸亥4	甲子5	乙丑6	丙寅7	丁卯8	戊辰9	己巳10	庚午11	辛未12	壬申13	癸酉14	甲戌15	乙亥16	丙子17	丁丑18	戊寅19	己卯20	庚辰21	辛巳22	壬午23	癸未24	甲申25	乙酉26	丙戌27	丁亥28	
七月小	辛未	天干地支西曆	戊子29	己丑30	庚寅(7)	辛卯2	壬辰3	癸巳4	甲午5	乙未6	丙申7	丁酉8	戊戌9	己亥10	庚子11	辛丑12	壬寅13	癸卯14	甲辰15	乙巳16	丙午17	丁未18	戊申19	己酉20	庚戌21	辛亥22	壬子23	癸丑24	甲寅25	乙卯26	丙辰27		己丑夏至
八月大	壬申	天干地支西曆	丁巳28	戊午29	己未30	庚申31	辛酉(8)	壬戌2	癸亥3	甲子4	乙丑5	丙寅6	丁卯7	戊辰8	己巳9	庚午10	辛未11	壬申12	癸酉13	甲戌14	乙亥15	丙子16	丁丑17	戊寅18	己卯19	庚辰20	辛巳21	壬午22	癸未23	甲申24	乙酉25	丙戌26	丙子立秋
九月小	癸酉	天干地支西曆	丁亥27	戊子28	己丑29	庚寅30	辛卯31	壬辰(9)	癸巳2	甲午3	乙未4	丙申5	丁酉6	戊戌7	己亥8	庚子9	辛丑10	壬寅11	癸卯12	甲辰13	乙巳14	丙午15	丁未16	戊申17	己酉18	庚戌19	辛亥20	壬子21	癸丑22	甲寅23	乙卯24		
十月大	甲戌	天干地支西曆	丙辰25	丁巳26	戊午27	己未28	庚申29	辛酉30	壬戌(10)	癸亥2	甲子3	乙丑4	丙寅5	丁卯6	戊辰7	己巳8	庚午9	辛未10	壬申11	癸酉12	甲戌13	乙亥14	丙子15	丁丑16	戊寅17	己卯18	庚辰19	辛巳20	壬午21	癸未22	甲申23	乙酉24	辛酉秋分
十一月大	乙亥	天干地支西曆	丙戌25	丁亥26	戊子27	己丑28	庚寅29	辛卯30	壬辰31	癸巳(11)	甲午2	乙未3	丙申4	丁酉5	戊戌6	己亥7	庚子8	辛丑9	壬寅10	癸卯11	甲辰12	乙巳13	丙午14	丁未15	戊申16	己酉17	庚戌18	辛亥19	壬子20	癸丑21	甲寅22	乙卯23	乙巳立冬
十二月小	丙子	天干地支西曆	丙辰24	丁巳25	戊午26	己未27	庚申28	辛酉29	壬戌30	癸亥(12)	甲子2	乙丑3	丙寅4	丁卯5	戊辰6	己巳7	庚午8	辛未9	壬申10	癸酉11	甲戌12	乙亥13	丙子14	丁丑15	戊寅16	己卯17	庚辰18	辛巳19	壬午20	癸未21	甲申22		

朔閏異同	曆名	正月	二月	三月	四月	五月	六月	七月	八月	九月	十月	十一	十二	閏月
	周曆殷曆	庚申庚寅	己丑庚申	己未己丑	戊子己未	戊午戊子	丁亥戊午	丁巳丁亥	丙戌---丁巳	丙辰丙戌	---丙戌丙辰	乙卯乙酉	乙酉乙卯	甲寅甲申
	夏曆新曆	庚申辛酉	己丑庚寅	己未庚申	戊子己丑	戊午---己未	---丁亥戊子	丁巳丁巳	丙戌丁亥	丙辰丙辰	乙酉丙戌	乙卯乙卯	甲申乙酉	甲寅乙卯

*《長曆》：正月庚寅，二月庚申，三月己丑，四月己未，五月戊子，六月戊午，七月丁亥，八月丁巳，九月丙戌，十月丙辰，十一乙酉，十二乙卯。

周惠王六年 魯莊公二十三年（庚戌 狗年）
公元前672 ~前**671** ~前670年 歲在鶉首

魯曆月序		中西曆日對照	初一	初二	初三	初四	初五	初六	初七	初八	初九	初十	十一	十二	十三	十四	十五	十六	十七	十八	十九	二十	二一	二二	二三	二四	二五	二六	二七	二八	二九	三十	節氣與天象
正月大	丁丑	天干地支西曆	乙酉 23	丙戌 24	丁亥 25	戊子 26	己丑 27	庚寅 28	辛卯 29	壬辰 30	癸巳 31	甲午 (1)	乙未 2	丙申 3	丁酉 4	戊戌 5	己亥 6	庚子 7	辛丑 8	壬寅 9	癸卯 10	甲辰 11	乙巳 12	丙午 13	丁未 14	戊申 15	己酉 16	庚戌 17	辛亥 18	壬子 19	癸丑 20	甲寅 21	庚寅冬至
二月小	戊寅	天干地支西曆	乙卯 22	丙辰 23	丁巳 24	戊午 25	己未 26	庚申 27	辛酉 28	壬戌 29	癸亥 30	甲子 31	乙丑 (2)	丙寅 2	丁卯 3	戊辰 4	己巳 5	庚午 6	辛未 7	壬申 8	癸酉 9	甲戌 10	乙亥 11	丙子 12	丁丑 13	戊寅 14	己卯 15	庚辰 16	辛巳 17	壬午 18	癸未 19		甲戌立春
三月大	己卯	天干地支西曆	甲申 20	乙酉 21	丙戌 22	丁亥 23	戊子 24	己丑 25	庚寅 26	辛卯 27	壬辰 28	癸巳 (3)	甲午 2	乙未 3	丙申 4	丁酉 5	戊戌 6	己亥 7	庚子 8	辛丑 9	壬寅 10	癸卯 11	甲辰 12	乙巳 13	丙午 14	丁未 15	戊申 16	己酉 17	庚戌 18	辛亥 19	壬子 20	癸丑 21	
四月小	庚辰	天干地支西曆	甲寅 22	乙卯 23	丙辰 24	丁巳 25	戊午 26	己未 27	庚申 28	辛酉 29	壬戌 30	癸亥 31	甲子 (4)	乙丑 2	丙寅 3	丁卯 4	戊辰 5	己巳 6	庚午 7	辛未 8	壬申 9	癸酉 10	甲戌 11	乙亥 12	丙子 13	丁丑 14	戊寅 15	己卯 16	庚辰 17	辛巳 18	壬午 19		庚申春分
五月大	辛巳	天干地支西曆	癸未 20	甲申 21	乙酉 22	丙戌 23	丁亥 24	戊子 25	己丑 26	庚寅 27	辛卯 28	壬辰 29	癸巳 30	甲午 (5)	乙未 2	丙申 3	丁酉 4	戊戌 5	己亥 6	庚子 7	辛丑 8	壬寅 9	癸卯 10	甲辰 11	乙巳 12	丙午 13	丁未 14	戊申 15	己酉 16	庚戌 17	辛亥 18	壬子 19	丁未立夏
六月小	壬午	天干地支西曆	癸丑 20	甲寅 21	乙卯 22	丙辰 23	丁巳 24	戊午 25	己未 26	庚申 27	辛酉 28	壬戌 29	癸亥 30	甲子 31	乙丑 (6)	丙寅 2	丁卯 3	戊辰 4	己巳 5	庚午 6	辛未 7	壬申 8	癸酉 9	甲戌 10	乙亥 11	丙子 12	丁丑 13	戊寅 14	己卯 15	庚辰 16	辛巳 17		
七月大	癸未	天干地支西曆	壬午 18	癸未 19	甲申 20	乙酉 21	丙戌 22	丁亥 23	戊子 24	己丑 25	庚寅 26	辛卯 27	壬辰 28	癸巳 29	甲午 30	乙未 (7)	丙申 2	丁酉 3	戊戌 4	己亥 5	庚子 6	辛丑 7	壬寅 8	癸卯 9	甲辰 10	乙巳 11	丙午 12	丁未 13	戊申 14	己酉 15	庚戌 16	辛亥 17	甲午夏至
八月小	甲申	天干地支西曆	壬子 18	癸丑 19	甲寅 20	乙卯 21	丙辰 22	丁巳 23	戊午 24	己未 25	庚申 26	辛酉 27	壬戌 28	癸亥 29	甲子 30	乙丑 31	丙寅 (8)	丁卯 2	戊辰 3	己巳 4	庚午 5	辛未 6	壬申 7	癸酉 8	甲戌 9	乙亥 10	丙子 11	丁丑 12	戊寅 13	己卯 14	庚辰 15		
九月大	乙酉	天干地支西曆	辛巳 16	壬午 17	癸未 18	甲申 19	乙酉 20	丙戌 21	丁亥 22	戊子 23	己丑 24	庚寅 25	辛卯 26	壬辰 27	癸巳 28	甲午 29	乙未 30	丙申 31	丁酉 (9)	戊戌 2	己亥 3	庚子 4	辛丑 5	壬寅 6	癸卯 7	甲辰 8	乙巳 9	丙午 10	丁未 11	戊申 12	己酉 13	庚戌 14	辛巳立秋
十月小	丙戌	天干地支西曆	辛亥 15	壬子 16	癸丑 17	甲寅 18	乙卯 19	丙辰 20	丁巳 21	戊午 22	己未 23	庚申 24	辛酉 25	壬戌 26	癸亥 27	甲子 28	乙丑 29	丙寅 30	丁卯 (10)	戊辰 2	己巳 3	庚午 4	辛未 5	壬申 6	癸酉 7	甲戌 8	乙亥 9	丙子 10	丁丑 11	戊寅 12	己卯 13		丙寅秋分
十一月大	丁亥	天干地支西曆	庚辰 14	辛巳 15	壬午 16	癸未 17	甲申 18	乙酉 19	丙戌 20	丁亥 21	戊子 22	己丑 23	庚寅 24	辛卯 25	壬辰 26	癸巳 27	甲午 28	乙未 29	丙申 30	丁酉 31	戊戌 (11)	己亥 2	庚子 3	辛丑 4	壬寅 5	癸卯 6	甲辰 7	乙巳 8	丙午 9	丁未 10	戊申 11	己酉 12	
十二月小	戊子	天干地支西曆	庚戌 13	辛亥 14	壬子 15	癸丑 16	甲寅 17	乙卯 18	丙辰 19	丁巳 20	戊午 21	己未 22	庚申 23	辛酉 24	壬戌 25	癸亥 26	甲子 27	乙丑 28	丙寅 29	丁卯 30	戊辰 (12)	己巳 2	庚午 3	辛未 4	壬申 5	癸酉 6	甲戌 7	乙亥 8	丙子 9	丁丑 10	戊寅 11		辛亥立冬
閏月大	戊子	天干地支西曆	己卯 12	庚辰 13	辛巳 14	壬午 15	癸未 16	甲申 17	乙酉 18	丙戌 19	丁亥 20	戊子 21	己丑 22	庚寅 23	辛卯 24	壬辰 25	癸巳 26	甲午 27	乙未 28	丙申 29	丁酉 30	戊戌 31	己亥 (1)	庚子 2	辛丑 3	壬寅 4	癸卯 5	甲辰 6	乙巳 7	丙午 8	丁未 9	戊申 10	乙未冬至

朔閏異同	曆名	正月	二月	三月	四月	五月	六月	七月	八月	九月	十月	十一	十二	閏月
	周曆殷曆	甲申甲寅	癸丑癸未	癸未癸丑	壬子癸未	壬午壬子	辛亥壬午	辛巳辛亥	庚戌辛巳	庚辰庚戌	己酉庚辰	己卯己酉	戊申己卯	
	夏曆新曆	甲申甲申	癸丑甲寅	癸未甲申	壬子癸丑	壬午癸未	辛亥壬子	辛巳辛巳	庚戌辛亥	庚辰庚辰	己酉庚戌	己卯己卯	戊申己酉	

＊此年歲星超辰。《長曆》：正月甲申，二月甲寅，三月癸未，四月癸丑，五月癸未，六月壬子，七月壬午，八月辛亥，九月辛巳，十月庚戌，十一庚辰，十二己酉，閏月己卯。

周惠王七年 魯莊公二十四年（辛亥 猪年） 公元前670年 歲在鶉火

魯曆月序		中西曆日對照	初一	初二	初三	初四	初五	初六	初七	初八	初九	初十	十一	十二	十三	十四	十五	十六	十七	十八	十九	二十	二一	二二	二三	二四	二五	二六	二七	二八	二九	三十	節氣與天象
正月大	己丑	干支 天地 西曆	己酉 11	庚戌 12	辛亥 13	壬子 14	癸丑 15	甲寅 16	乙卯 17	丙辰 18	丁巳 19	戊午 20	己未 21	庚申 22	辛酉 23	壬戌 24	癸亥 25	甲子 26	乙丑 27	丙寅 28	丁卯 29	戊辰 30	己巳 31	庚午 (2)	辛未 2	壬申 3	癸酉 4	甲戌 5	乙亥 6	丙子 7	丁丑 8	戊寅 9	
二月小	庚寅	干支 天地 西曆	己卯 10	庚辰 11	辛巳 12	壬午 13	癸未 14	甲申 15	乙酉 16	丙戌 17	丁亥 18	戊子 19	己丑 20	庚寅 21	辛卯 22	壬辰 23	癸巳 24	甲午 25	乙未 26	丙申 27	丁酉 28	戊戌 (3)	己亥 2	庚子 3	辛丑 4	壬寅 5	癸卯 6	甲辰 7	乙巳 8	丙午 9	丁未 10		庚辰立春
三月大	辛卯	干支 天地 西曆	戊申 11	己酉 12	庚戌 13	辛亥 14	壬子 15	癸丑 16	甲寅 17	乙卯 18	丙辰 19	丁巳 20	戊午 21	己未 22	庚申 23	辛酉 24	壬戌 25	癸亥 26	甲子 27	乙丑 28	丙寅 29	丁卯 30	戊辰 31	己巳 (4)	庚午 2	辛未 3	壬申 4	癸酉 5	甲戌 6	乙亥 7	丙子 8	丁丑 9	乙丑春分
四月小	壬辰	干支 天地 西曆	戊寅 10	己卯 11	庚辰 12	辛巳 13	壬午 14	癸未 15	甲申 16	乙酉 17	丙戌 18	丁亥 19	戊子 20	己丑 21	庚寅 22	辛卯 23	壬辰 24	癸巳 25	甲午 26	乙未 27	丙申 28	丁酉 29	戊戌 30	己亥 (5)	庚子 2	辛丑 3	壬寅 4	癸卯 5	甲辰 6	乙巳 7	丙午 8		
五月大	癸巳	干支 天地 西曆	丁未 9	戊申 10	己酉 11	庚戌 12	辛亥 13	壬子 14	癸丑 15	甲寅 16	乙卯 17	丙辰 18	丁巳 19	戊午 20	己未 21	庚申 22	辛酉 23	壬戌 24	癸亥 25	甲子 26	乙丑 27	丙寅 28	丁卯 29	戊辰 30	己巳 31	庚午 (6)	辛未 2	壬申 3	癸酉 4	甲戌 5	乙亥 6	丙子 7	壬子立夏
六月小	甲午	干支 天地 西曆	丁丑 8	戊寅 9	己卯 10	庚辰 11	辛巳 12	壬午 13	癸未 14	甲申 15	乙酉 16	丙戌 17	丁亥 18	戊子 19	己丑 20	庚寅 21	辛卯 22	壬辰 23	癸巳 24	甲午 25	乙未 26	丙申 27	丁酉 28	戊戌 29	己亥 30	庚子 (7)	辛丑 2	壬寅 3	癸卯 4	甲辰 5	乙巳 6		庚子夏至
七月大	乙未	干支 天地 西曆	丙午 7	丁未 8	戊申 9	己酉 10	庚戌 11	辛亥 12	壬子 13	癸丑 14	甲寅 15	乙卯 16	丙辰 17	丁巳 18	戊午 19	己未 20	庚申 21	辛酉 22	壬戌 23	癸亥 24	甲子 25	乙丑 26	丙寅 27	丁卯 28	戊辰 29	己巳 30	庚午 31	辛未 (8)	壬申 2	癸酉 3	甲戌 4	乙亥 5	
八月小	丙申	干支 天地 西曆	丙子 6	丁丑 7	戊寅 8	己卯 9	庚辰 10	辛巳 11	壬午 12	癸未 13	甲申 14	乙酉 15	丙戌 16	丁亥 17	戊子 18	己丑 19	庚寅 20	辛卯 21	壬辰 22	癸巳 23	甲午 24	乙未 25	丙申 26	丁酉 27	戊戌 28	己亥 29	庚子 30	辛丑 31	壬寅 (9)	癸卯 2	甲辰 3		丙戌立秋
九月大	丁酉	干支 天地 西曆	乙巳 4	丙午 5	丁未 6	戊申 7	己酉 8	庚戌 9	辛亥 10	壬子 11	癸丑 12	甲寅 13	乙卯 14	丙辰 15	丁巳 16	戊午 17	己未 18	庚申 19	辛酉 20	壬戌 21	癸亥 22	甲子 23	乙丑 24	丙寅 25	丁卯 26	戊辰 27	己巳 28	庚午 29	辛未 30	壬申 (10)	癸酉 2	甲戌 3	壬申秋分
十月小	戊戌	干支 天地 西曆	乙亥 4	丙子 5	丁丑 6	戊寅 7	己卯 8	庚辰 9	辛巳 10	壬午 11	癸未 12	甲申 13	乙酉 14	丙戌 15	丁亥 16	戊子 17	己丑 18	庚寅 19	辛卯 20	壬辰 21	癸巳 22	甲午 23	乙未 24	丙申 25	丁酉 26	戊戌 27	己亥 28	庚子 29	辛丑 30	壬寅 31	癸卯 (11)		
十一月大	己亥	干支 天地 西曆	甲辰 2	乙巳 3	丙午 4	丁未 5	戊申 6	己酉 7	庚戌 8	辛亥 9	壬子 10	癸丑 11	甲寅 12	乙卯 13	丙辰 14	丁巳 15	戊午 16	己未 17	庚申 18	辛酉 19	壬戌 20	癸亥 21	甲子 22	乙丑 23	丙寅 24	丁卯 25	戊辰 26	己巳 27	庚午 28	辛未 29	壬申 30	癸酉 (12)	丙辰立冬
十二月小	庚子	干支 天地 西曆	甲戌 2	乙亥 3	丙子 4	丁丑 5	戊寅 6	己卯 7	庚辰 8	辛巳 9	壬午 10	癸未 11	甲申 12	乙酉 13	丙戌 14	丁亥 15	戊子 16	己丑 17	庚寅 18	辛卯 19	壬辰 20	癸巳 21	甲午 22	乙未 23	丙申 24	丁酉 25	戊戌 26	己亥 27	庚子 28	辛丑 29	壬寅 30		庚子冬至

朔閏異同	曆名	正月	二月	三月	四月	五月	六月	七月	八月	九月	十月	十一	十二	閏月		曆名	正月	二月	三月	四月	五月	六月	七月	八月	九月	十月	十一	十二	閏月
	周曆殷曆	戊寅戊申	戊申戊寅	丁丑丁未	丁未丁丑	丙子丙午	丙午丙子	乙亥乙巳	乙巳乙亥	甲戌乙巳	甲辰甲戌	癸酉甲辰	癸卯癸酉			夏曆新曆	戊寅戊寅	丁未戊申	丁丑戊寅	丙午丁未	丙子丁丑	丙午丙午	乙亥丙子	乙巳乙巳	甲戌乙亥	甲辰甲辰	癸酉甲戌	癸卯--癸卯	癸酉

*《長曆》：正月戊申，二月戊寅，三月丁未，四月丁丑，五月丙午，六月丙子，七月乙巳，八月乙亥，九月乙巳，十月甲戌，十一甲辰，十二癸酉。

周惠王八年 魯莊公二十五年（壬子 鼠年） 公元前670 ~ 前669年 歲在鶉尾

魯曆月序		中西曆日對照	初一	初二	初三	初四	初五	初六	初七	初八	初九	初十	十一	十二	十三	十四	十五	十六	十七	十八	十九	二十	二一	二二	二三	二四	二五	二六	二七	二八	二九	三十	節氣與天象
正月大	辛丑	天干 地支 西曆	癸卯31	甲辰(1)	乙巳2	丙午3	丁未4	戊申5	己酉6	庚戌7	辛亥8	壬子9	癸丑10	甲寅11	乙卯12	丙辰13	丁巳14	戊午15	己未16	庚申17	辛酉18	壬戌19	癸亥20	甲子21	乙丑22	丙寅23	丁卯24	戊辰25	己巳26	庚午27	辛未28	壬申29	
二月小	壬寅	天干 地支 西曆	癸酉30	甲戌31	乙亥(2)	丙子2	丁丑3	戊寅4	己卯5	庚辰6	辛巳7	壬午8	癸未9	甲申10	乙酉11	丙戌12	丁亥13	戊子14	己丑15	庚寅16	辛卯17	壬辰18	癸巳19	甲午20	乙未21	丙申22	丁酉23	戊戌24	己亥25	庚子26	辛丑27		乙酉立春
三月大	癸卯	天干 地支 西曆	壬寅28	癸卯29	甲辰(3)	乙巳2	丙午3	丁未4	戊申5	己酉6	庚戌7	辛亥8	壬子9	癸丑10	甲寅11	乙卯12	丙辰13	丁巳14	戊午15	己未16	庚申17	辛酉18	壬戌19	癸亥20	甲子21	乙丑22	丙寅23	丁卯24	戊辰25	己巳26	庚午27	辛未28	辛未春分
四月小	甲辰	天干 地支 西曆	壬申29	癸酉30	甲戌31	乙亥(4)	丙子2	丁丑3	戊寅4	己卯5	庚辰6	辛巳7	壬午8	癸未9	甲申10	乙酉11	丙戌12	丁亥13	戊子14	己丑15	庚寅16	辛卯17	壬辰18	癸巳19	甲午20	乙未21	丙申22	丁酉23	戊戌24	己亥25	庚子26		
五月大	乙巳	天干 地支 西曆	辛丑27	壬寅28	癸卯29	甲辰30	乙巳(5)	丙午2	丁未3	戊申4	己酉5	庚戌6	辛亥7	壬子8	癸丑9	甲寅10	乙卯11	丙辰12	丁巳13	戊午14	己未15	庚申16	辛酉17	壬戌18	癸亥19	甲子20	乙丑21	丙寅22	丁卯23	戊辰24	己巳25	庚午26	戊午立夏
六月大	丙午	天干 地支 西曆	辛未27	壬申28	癸酉29	甲戌30	乙亥31	丙子(6)	丁丑2	戊寅3	己卯4	庚辰5	辛巳6	壬午7	癸未8	甲申9	乙酉10	丙戌11	丁亥12	戊子13	己丑14	庚寅15	辛卯16	壬辰17	癸巳18	甲午19	乙未20	丙申21	丁酉22	戊戌23	己亥24	庚子25	辛未日食
七月小	丁未	天干 地支 西曆	辛丑26	壬寅27	癸卯28	甲辰29	乙巳30	丙午(7)	丁未2	戊申3	己酉4	庚戌5	辛亥6	壬子7	癸丑8	甲寅9	乙卯10	丙辰11	丁巳12	戊午13	己未14	庚申15	辛酉16	壬戌17	癸亥18	甲子19	乙丑20	丙寅21	丁卯22	戊辰23	己巳24		乙巳夏至
八月大	戊申	天干 地支 西曆	庚午25	辛未26	壬申27	癸酉28	甲戌29	乙亥30	丙子31	丁丑(8)	戊寅2	己卯3	庚辰4	辛巳5	壬午6	癸未7	甲申8	乙酉9	丙戌10	丁亥11	戊子12	己丑13	庚寅14	辛卯15	壬辰16	癸巳17	甲午18	乙未19	丙申20	丁酉21	戊戌22	己亥23	辛卯立秋
九月小	己酉	天干 地支 西曆	庚子24	辛丑25	壬寅26	癸卯27	甲辰28	乙巳29	丙午30	丁未31	戊申(9)	己酉2	庚戌3	辛亥4	壬子5	癸丑6	甲寅7	乙卯8	丙辰9	丁巳10	戊午11	己未12	庚申13	辛酉14	壬戌15	癸亥16	甲子17	乙丑18	丙寅19	丁卯20	戊辰21		
十月大	庚戌	天干 地支 西曆	己巳22	庚午23	辛未24	壬申25	癸酉26	甲戌27	乙亥28	丙子29	丁丑30	戊寅(10)	己卯2	庚辰3	辛巳4	壬午5	癸未6	甲申7	乙酉8	丙戌9	丁亥10	戊子11	己丑12	庚寅13	辛卯14	壬辰15	癸巳16	甲午17	乙未18	丙申19	丁酉20	戊戌21	丁丑秋分
十一月小	辛亥	天干 地支 西曆	己亥22	庚子23	辛丑24	壬寅25	癸卯26	甲辰27	乙巳28	丙午29	丁未30	戊申31	己酉(11)	庚戌2	辛亥3	壬子4	癸丑5	甲寅6	乙卯7	丙辰8	丁巳9	戊午10	己未11	庚申12	辛酉13	壬戌14	癸亥15	甲子16	乙丑17	丙寅18	丁卯19		辛酉立冬
十二月大	壬子	天干 地支 西曆	戊辰20	己巳21	庚午22	辛未23	壬申24	癸酉25	甲戌26	乙亥27	丙子28	丁丑29	戊寅30	己卯(12)	庚辰2	辛巳3	壬午4	癸未5	甲申6	乙酉7	丙戌8	丁亥9	戊子10	己丑11	庚寅12	辛卯13	壬辰14	癸巳15	甲午16	乙未17	丙申18	丁酉19	

朔閏異同	曆名	正月	二月	三月	四月	五月	六月	七月	八月	九月	十月	十一	十二	閏月	曆名	正月	二月	三月	四月	五月	六月	七月	八月	九月	十月	十一	十二	閏月
	周曆殷曆	壬申癸卯	壬寅壬申	辛未壬寅	辛丑辛未	辛未---辛丑	庚子庚午	---庚午庚子	己亥己巳	己巳己亥	戊戌戊辰	戊辰戊戌	丁酉戊辰	丁卯丁酉	夏曆新曆	壬申壬寅	---壬寅壬申	辛未辛丑	辛丑辛未	庚午辛丑	庚子庚午	己巳庚子	己亥己巳	己巳己亥	戊戌戊辰	戊辰戊戌	丁酉丁卯	丁卯

*《長曆》：正月癸卯，二月壬申，三月壬寅，四月辛未，五月辛丑，六月庚午，七月庚子，八月己巳，九月己亥，十月戊辰，十一戊戌，十二戊辰。

周惠王九年 魯莊公二十六年（癸丑 牛年） 公元前669 ~ 前668 ~前667年 歲在壽星

魯曆月序		中西曆日對照	初一	初二	初三	初四	初五	初六	初七	初八	初九	初十	十一	十二	十三	十四	十五	十六	十七	十八	十九	二十	二一	二二	二三	二四	二五	二六	二七	二八	二九	三十	節氣與天象
正月小	癸丑	天干 地支 西曆	戊戌 20	己亥 21	庚子 22	辛丑 23	壬寅 24	癸卯 25	甲辰 26	乙巳 27	丙午 28	丁未 29	戊申 30	己酉 31	庚戌 (1)	辛亥 2	壬子 3	癸丑 4	甲寅 5	乙卯 6	丙辰 7	丁巳 8	戊午 9	己未 10	庚申 11	辛酉 12	壬戌 13	癸亥 14	甲子 15	乙丑 16	丙寅 17		乙巳冬至
二月大	甲寅	天干 地支 西曆	丁卯 18	戊辰 19	己巳 20	庚午 21	辛未 22	壬申 23	癸酉 24	甲戌 25	乙亥 26	丙子 27	丁丑 28	戊寅 29	己卯 30	庚辰 31	辛巳 (2)	壬午 2	癸未 3	甲申 4	乙酉 5	丙戌 6	丁亥 7	戊子 8	己丑 9	庚寅 10	辛卯 11	壬辰 12	癸巳 13	甲午 14	乙未 15	丙申 16	庚寅立春
三月小	乙卯	天干 地支 西曆	丁酉 17	戊戌 18	己亥 19	庚子 20	辛丑 21	壬寅 22	癸卯 23	甲辰 24	乙巳 25	丙午 26	丁未 27	戊申 28	己酉 (3)	庚戌 2	辛亥 3	壬子 4	癸丑 5	甲寅 6	乙卯 7	丙辰 8	丁巳 9	戊午 10	己未 11	庚申 12	辛酉 13	壬戌 14	癸亥 15	甲子 16	乙丑 17		
四月大	丙辰	天干 地支 西曆	丙寅 18	丁卯 19	戊辰 20	己巳 21	庚午 22	辛未 23	壬申 24	癸酉 25	甲戌 26	乙亥 27	丙子 28	丁丑 29	戊寅 30	己卯 31	庚辰 (4)	辛巳 2	壬午 3	癸未 4	甲申 5	乙酉 6	丙戌 7	丁亥 8	戊子 9	己丑 10	庚寅 11	辛卯 12	壬辰 13	癸巳 14	甲午 15	乙未 16	丙子春分
五月小	丁巳	天干 地支 西曆	丙申 17	丁酉 18	戊戌 19	己亥 20	庚子 21	辛丑 22	壬寅 23	癸卯 24	甲辰 25	乙巳 26	丙午 27	丁未 28	戊申 29	己酉 30	庚戌 (5)	辛亥 2	壬子 3	癸丑 4	甲寅 5	乙卯 6	丙辰 7	丁巳 8	戊午 9	己未 10	庚申 11	辛酉 12	壬戌 13	癸亥 14	甲子 15		癸亥立夏
六月大	戊午	天干 地支 西曆	乙丑 16	丙寅 17	丁卯 18	戊辰 19	己巳 20	庚午 21	辛未 22	壬申 23	癸酉 24	甲戌 25	乙亥 26	丙子 27	丁丑 28	戊寅 29	己卯 30	庚辰 31	辛巳 (6)	壬午 2	癸未 3	甲申 4	乙酉 5	丙戌 6	丁亥 7	戊子 8	己丑 9	庚寅 10	辛卯 11	壬辰 12	癸巳 13	甲午 14	
七月小	己未	天干 地支 西曆	乙未 15	丙申 16	丁酉 17	戊戌 18	己亥 19	庚子 20	辛丑 21	壬寅 22	癸卯 23	甲辰 24	乙巳 25	丙午 26	丁未 27	戊申 28	己酉 29	庚戌 30	辛亥 (7)	壬子 2	癸丑 3	甲寅 4	乙卯 5	丙辰 6	丁巳 7	戊午 8	己未 9	庚申 10	辛酉 11	壬戌 12	癸亥 13		庚戌夏至
八月大	庚申	天干 地支 西曆	甲子 14	乙丑 15	丙寅 16	丁卯 17	戊辰 18	己巳 19	庚午 20	辛未 21	壬申 22	癸酉 23	甲戌 24	乙亥 25	丙子 26	丁丑 27	戊寅 28	己卯 29	庚辰 30	辛巳 31	壬午 (8)	癸未 2	甲申 3	乙酉 4	丙戌 5	丁亥 6	戊子 7	己丑 8	庚寅 9	辛卯 10	壬辰 11	癸巳 12	
九月小	辛酉	天干 地支 西曆	甲午 13	乙未 14	丙申 15	丁酉 16	戊戌 17	己亥 18	庚子 19	辛丑 20	壬寅 21	癸卯 22	甲辰 23	乙巳 24	丙午 25	丁未 26	戊申 27	己酉 28	庚戌 29	辛亥 30	壬子 31	癸丑 (9)	甲寅 2	乙卯 3	丙辰 4	丁巳 5	戊午 6	己未 7	庚申 8	辛酉 9	壬戌 10		丁酉立秋
十月大	壬戌	天干 地支 西曆	癸亥 11	甲子 12	乙丑 13	丙寅 14	丁卯 15	戊辰 16	己巳 17	庚午 18	辛未 19	壬申 20	癸酉 21	甲戌 22	乙亥 23	丙子 24	丁丑 25	戊寅 26	己卯 27	庚辰 28	辛巳 29	壬午 30	癸未 (10)	甲申 2	乙酉 3	丙戌 4	丁亥 5	戊子 6	己丑 7	庚寅 8	辛卯 9	壬辰 10	壬午秋分
十一月大	癸亥	天干 地支 西曆	癸巳 11	甲午 12	乙未 13	丙申 14	丁酉 15	戊戌 16	己亥 17	庚子 18	辛丑 19	壬寅 20	癸卯 21	甲辰 22	乙巳 23	丙午 24	丁未 25	戊申 26	己酉 27	庚戌 28	辛亥 29	壬子 30	癸丑 31	甲寅 (11)	乙卯 2	丙辰 3	丁巳 4	戊午 5	己未 6	庚申 7	辛酉 8	壬戌 9	
十二月小	甲子	天干 地支 西曆	癸亥 10	甲子 11	乙丑 12	丙寅 13	丁卯 14	戊辰 15	己巳 16	庚午 17	辛未 18	壬申 19	癸酉 20	甲戌 21	乙亥 22	丙子 23	丁丑 24	戊寅 25	己卯 26	庚辰 27	辛巳 28	壬午 29	癸未 30	甲申 (12)	乙酉 2	丙戌 3	丁亥 4	戊子 5	己丑 6	庚寅 7	辛卯 8		丙寅立冬 癸亥日食
閏月大	甲子	天干 地支 西曆	壬辰 9	癸巳 10	甲午 11	乙未 12	丙申 13	丁酉 14	戊戌 15	己亥 16	庚子 17	辛丑 18	壬寅 19	癸卯 20	甲辰 21	乙巳 22	丙午 23	丁未 24	戊申 25	己酉 26	庚戌 27	辛亥 28	壬子 29	癸丑 30	甲寅 31	乙卯 (1)	丙辰 2	丁巳 3	戊午 4	己未 5	庚申 6	辛酉 7	庚戌冬至

朔閏異同	曆名	正月	二月	三月	四月	五月	六月	七月	八月	九月	十月	十一	十二	閏月		曆名	正月	二月	三月	四月	五月	六月	七月	八月	九月	十月	十一	十二	閏月
	周曆殷曆	丙申丁卯	丙寅丙申	乙未丙寅	乙丑乙未	甲午乙丑	甲子甲午	癸巳甲子	癸亥癸巳	癸巳癸亥	壬戌壬辰	壬辰壬戌	辛酉辛卯			夏曆新曆	丙申丁酉	丙寅丙寅	乙未丙申	乙丑乙丑	甲午乙未	甲子甲子	癸巳甲午	癸亥甲子	壬辰癸巳	壬戌癸亥	辛卯癸巳	辛酉壬戌	

*《長曆》：正月丁酉，二月丁卯，三月丙申，四月丙寅，五月乙未，六月乙丑，七月甲午，八月甲子，九月癸巳，十月癸亥，十一壬辰，十二壬戌。

周惠王十年 魯莊公二十七年（甲寅 虎年） 公元前 667 年 歲在大火

魯曆月序		中西曆日對照	初一	初二	初三	初四	初五	初六	初七	初八	初九	初十	十一	十二	十三	十四	十五	十六	十七	十八	十九	二十	二一	二二	二三	二四	二五	二六	二七	二八	二九	三十	節氣與天象
正月小	乙丑	天干地支 西曆	壬戌 8	癸亥 9	甲子 10	乙丑 11	丙寅 12	丁卯 13	戊辰 14	己巳 15	庚午 16	辛未 17	壬申 18	癸酉 19	甲戌 20	乙亥 21	丙子 22	丁丑 23	戊寅 24	己卯 25	庚辰 26	辛巳 27	壬午 28	癸未 29	甲申 30	乙酉 31	丙戌 (2)	丁亥 2	戊子 3	己丑 4	庚寅 5		
二月大	丙寅	天干地支 西曆	辛卯 6	壬辰 7	癸巳 8	甲午 9	乙未 10	丙申 11	丁酉 12	戊戌 13	己亥 14	庚子 15	辛丑 16	壬寅 17	癸卯 18	甲辰 19	乙巳 20	丙午 21	丁未 22	戊申 23	己酉 24	庚戌 25	辛亥 26	壬子 27	癸丑 28	甲寅 (3)	乙卯 2	丙辰 3	丁巳 4	戊午 5	己未 6	庚申 7	乙未立春
三月小	丁卯	天干地支 西曆	辛酉 8	壬戌 9	癸亥 10	甲子 11	乙丑 12	丙寅 13	丁卯 14	戊辰 15	己巳 16	庚午 17	辛未 18	壬申 19	癸酉 20	甲戌 21	乙亥 22	丙子 23	丁丑 24	戊寅 25	己卯 26	庚辰 27	辛巳 28	壬午 29	癸未 30	甲申 31	乙酉 (4)	丙戌 2	丁亥 3	戊子 4	己丑 5		辛巳春分
四月大	戊辰	天干地支 西曆	庚寅 6	辛卯 7	壬辰 8	癸巳 9	甲午 10	乙未 11	丙申 12	丁酉 13	戊戌 14	己亥 15	庚子 16	辛丑 17	壬寅 18	癸卯 19	甲辰 20	乙巳 21	丙午 22	丁未 23	戊申 24	己酉 25	庚戌 26	辛亥 27	壬子 28	癸丑 29	甲寅 30	乙卯 (5)	丙辰 2	丁巳 3	戊午 4	己未 5	
五月小	己巳	天干地支 西曆	庚申 6	辛酉 7	壬戌 8	癸亥 9	甲子 10	乙丑 11	丙寅 12	丁卯 13	戊辰 14	己巳 15	庚午 16	辛未 17	壬申 18	癸酉 19	甲戌 20	乙亥 21	丙子 22	丁丑 23	戊寅 24	己卯 25	庚辰 26	辛巳 27	壬午 28	癸未 29	甲申 30	乙酉 31	丙戌 (6)	丁亥 2	戊子 3		戊辰立夏
六月大	庚午	天干地支 西曆	己丑 4	庚寅 5	辛卯 6	壬辰 7	癸巳 8	甲午 9	乙未 10	丙申 11	丁酉 12	戊戌 13	己亥 14	庚子 15	辛丑 16	壬寅 17	癸卯 18	甲辰 19	乙巳 20	丙午 21	丁未 22	戊申 23	己酉 24	庚戌 25	辛亥 26	壬子 27	癸丑 28	甲寅 29	乙卯 30	丙辰 (7)	丁巳 2	戊午 3	乙卯夏至
七月小	辛未	天干地支 西曆	己未 4	庚申 5	辛酉 6	壬戌 7	癸亥 8	甲子 9	乙丑 10	丙寅 11	丁卯 12	戊辰 13	己巳 14	庚午 15	辛未 16	壬申 17	癸酉 18	甲戌 19	乙亥 20	丙子 21	丁丑 22	戊寅 23	己卯 24	庚辰 25	辛巳 26	壬午 27	癸未 28	甲申 29	乙酉 30	丙戌 31	丁亥 (8)		
八月大	壬申	天干地支 西曆	戊子 2	己丑 3	庚寅 4	辛卯 5	壬辰 6	癸巳 7	甲午 8	乙未 9	丙申 10	丁酉 11	戊戌 12	己亥 13	庚子 14	辛丑 15	壬寅 16	癸卯 17	甲辰 18	乙巳 19	丙午 20	丁未 21	戊申 22	己酉 23	庚戌 24	辛亥 25	壬子 26	癸丑 27	甲寅 28	乙卯 29	丙辰 30	丁巳 31	壬寅立秋
九月小	癸酉	天干地支 西曆	戊午 (9)	己未 2	庚申 3	辛酉 4	壬戌 5	癸亥 6	甲子 7	乙丑 8	丙寅 9	丁卯 10	戊辰 11	己巳 12	庚午 13	辛未 14	壬申 15	癸酉 16	甲戌 17	乙亥 18	丙子 19	丁丑 20	戊寅 21	己卯 22	庚辰 23	辛巳 24	壬午 25	癸未 26	甲申 27	乙酉 28	丙戌 29		
十月大	甲戌	天干地支 西曆	丁亥 30	戊子 (10)	己丑 2	庚寅 3	辛卯 4	壬辰 5	癸巳 6	甲午 7	乙未 8	丙申 9	丁酉 10	戊戌 11	己亥 12	庚子 13	辛丑 14	壬寅 15	癸卯 16	甲辰 17	乙巳 18	丙午 19	丁未 20	戊申 21	己酉 22	庚戌 23	辛亥 24	壬子 25	癸丑 26	甲寅 27	乙卯 28	丙辰 29	丁亥秋分
十一月小	乙亥	天干地支 西曆	丁巳 30	戊午 31	己未 (11)	庚申 2	辛酉 3	壬戌 4	癸亥 5	甲子 6	乙丑 7	丙寅 8	丁卯 9	戊辰 10	己巳 11	庚午 12	辛未 13	壬申 14	癸酉 15	甲戌 16	乙亥 17	丙子 18	丁丑 19	戊寅 20	己卯 21	庚辰 22	辛巳 23	壬午 24	癸未 25	甲申 26	乙酉 27		壬申立冬
十二月大	丙子	天干地支 西曆	丙戌 28	丁亥 29	戊子 30	己丑 (12)	庚寅 2	辛卯 3	壬辰 4	癸巳 5	甲午 6	乙未 7	丙申 8	丁酉 9	戊戌 10	己亥 11	庚子 12	辛丑 13	壬寅 14	癸卯 15	甲辰 16	乙巳 17	丙午 18	丁未 19	戊申 20	己酉 21	庚戌 22	辛亥 23	壬子 24	癸丑 25	甲寅 26	乙卯 27	

朔閏異同	曆名	正月	二月	三月	四月	五月	六月	七月	八月	九月	十月	十一	十二	閏月	曆名	正月	二月	三月	四月	五月	六月	七月	八月	九月	十月	十一	十二	閏月
	周曆殷曆	辛卯辛酉	庚申庚寅	庚寅庚申	己未庚寅	己丑己未	戊午己丑	戊子戊午	丁巳戊子	丁亥丁巳	丙辰丁亥	丙戌丙辰	乙卯丙戌		夏曆新曆	辛卯辛卯	庚申辛酉	庚寅庚寅	己未庚申	己丑己丑	戊午戊午	戊子戊子	丁巳戊午	丁亥---丁亥	丙辰丁巳	---丙戌丁亥	乙卯丁巳	乙酉丙戌

*《長曆》：正月辛卯，二月辛酉，三月庚寅，四月庚申，五月庚寅，六月己未，七月己丑，八月擬午，九月戊子，十月丁巳，十一月丁亥，十二月丙辰。

周惠王十一年 魯莊公二十八年（乙卯 兔年）
公元前667～前**666**～前665年 歲在析木

魯曆月序		中西曆日對照	初一	初二	初三	初四	初五	初六	初七	初八	初九	初十	十一	十二	十三	十四	十五	十六	十七	十八	十九	二十	二一	二二	二三	二四	二五	二六	二七	二八	二九	三十	節氣與天象
正月大	丁丑	天干 地支 西曆	丙辰28	丁巳29	戊午30	己未31	庚申(1)	辛酉2	壬戌3	癸亥4	甲子5	乙丑6	丙寅7	丁卯8	戊辰9	己巳10	庚午11	辛未12	壬申13	癸酉14	甲戌15	乙亥16	丙子17	丁丑18	戊寅19	己卯20	庚辰21	辛巳22	壬午23	癸未24	甲申25	乙酉26	丙辰冬至
二月小	戊寅	天干 地支 西曆	丙戌27	丁亥28	戊子29	己丑30	庚寅31	辛卯(2)	壬辰2	癸巳3	甲午4	乙未5	丙申6	丁酉7	戊戌8	己亥9	庚子10	辛丑11	壬寅12	癸卯13	甲辰14	乙巳15	丙午16	丁未17	戊申18	己酉19	庚戌20	辛亥21	壬子22	癸丑23	甲寅24		庚子立春
三月大	己卯	天干 地支 西曆	乙卯25	丙辰26	丁巳27	戊午28	己未(3)	庚申2	辛酉3	壬戌4	癸亥5	甲子6	乙丑7	丙寅8	丁卯9	戊辰10	己巳11	庚午12	辛未13	壬申14	癸酉15	甲戌16	乙亥17	丙子18	丁丑19	戊寅20	己卯21	庚辰22	辛巳23	壬午24	癸未25	甲申26	
四月小	庚辰	天干 地支 西曆	乙酉27	丙戌28	丁亥29	戊子30	己丑31	庚寅(4)	辛卯2	壬辰3	癸巳4	甲午5	乙未6	丙申7	丁酉8	戊戌9	己亥10	庚子11	辛丑12	壬寅13	癸卯14	甲辰15	乙巳16	丙午17	丁未18	戊申19	己酉20	庚戌21	辛亥22	壬子23	癸丑24		丙戌春分 乙酉日食
五月大	辛巳	天干 地支 西曆	甲寅25	乙卯26	丙辰27	丁巳28	戊午29	己未30	庚申(5)	辛酉2	壬戌3	癸亥4	甲子5	乙丑6	丙寅7	丁卯8	戊辰9	己巳10	庚午11	辛未12	壬申13	癸酉14	甲戌15	乙亥16	丙子17	丁丑18	戊寅19	己卯20	庚辰21	辛巳22	壬午23	癸未24	癸酉立夏
六月小	壬午	天干 地支 西曆	甲申25	乙酉26	丙戌27	丁亥28	戊子29	己丑30	庚寅31	辛卯(6)	壬辰2	癸巳3	甲午4	乙未5	丙申6	丁酉7	戊戌8	己亥9	庚子10	辛丑11	壬寅12	癸卯13	甲辰14	乙巳15	丙午16	丁未17	戊申18	己酉19	庚戌20	辛亥21	壬子22		
七月大	癸未	天干 地支 西曆	癸丑23	甲寅24	乙卯25	丙辰26	丁巳27	戊午28	己未29	庚申30	辛酉(7)	壬戌2	癸亥3	甲子4	乙丑5	丙寅6	丁卯7	戊辰8	己巳9	庚午10	辛未11	壬申12	癸酉13	甲戌14	乙亥15	丙子16	丁丑17	戊寅18	己卯19	庚辰20	辛巳21	壬午22	辛酉夏至
八月小	甲申	天干 地支 西曆	癸未23	甲申24	乙酉25	丙戌26	丁亥27	戊子28	己丑29	庚寅30	辛卯31	壬辰(8)	癸巳2	甲午3	乙未4	丙申5	丁酉6	戊戌7	己亥8	庚子9	辛丑10	壬寅11	癸卯12	甲辰13	乙巳14	丙午15	丁未16	戊申17	己酉18	庚戌19	辛亥20		丁未立秋
九月大	乙酉	天干 地支 西曆	壬子21	癸丑22	甲寅23	乙卯24	丙辰25	丁巳26	戊午27	己未28	庚申29	辛酉30	壬戌31	癸亥(9)	甲子2	乙丑3	丙寅4	丁卯5	戊辰6	己巳7	庚午8	辛未9	壬申10	癸酉11	甲戌12	乙亥13	丙子14	丁丑15	戊寅16	己卯17	庚辰18	辛巳19	
十月小	丙戌	天干 地支 西曆	壬午20	癸未21	甲申22	乙酉23	丙戌24	丁亥25	戊子26	己丑27	庚寅28	辛卯29	壬辰30	癸巳(10)	甲午2	乙未3	丙申4	丁酉5	戊戌6	己亥7	庚子8	辛丑9	壬寅10	癸卯11	甲辰12	乙巳13	丙午14	丁未15	戊申16	己酉17	庚戌18		癸巳秋分
十一月大	丁亥	天干 地支 西曆	辛亥19	壬子20	癸丑21	甲寅22	乙卯23	丙辰24	丁巳25	戊午26	己未27	庚申28	辛酉29	壬戌30	癸亥31	甲子(11)	乙丑2	丙寅3	丁卯4	戊辰5	己巳6	庚午7	辛未8	壬申9	癸酉10	甲戌11	乙亥12	丙子13	丁丑14	戊寅15	己卯16	庚辰17	丁丑立冬
十二月小	戊子	天干 地支 西曆	辛巳18	壬午19	癸未20	甲申21	乙酉22	丙戌23	丁亥24	戊子25	己丑26	庚寅27	辛卯28	壬辰29	癸巳30	甲午(12)	乙未2	丙申3	丁酉4	戊戌5	己亥6	庚子7	辛丑8	壬寅9	癸卯10	甲辰11	乙巳12	丙午13	丁未14	戊申15	己酉16		
閏月大	戊子	天干 地支 西曆	庚戌17	辛亥18	壬子19	癸丑20	甲寅21	乙卯22	丙辰23	丁巳24	戊午25	己未26	庚申27	辛酉28	壬戌29	癸亥30	甲子31	乙丑(1)	丙寅2	丁卯3	戊辰4	己巳5	庚午6	辛未7	壬申8	癸酉9	甲戌10	乙亥11	丙子12	丁丑13	戊寅14	己卯15	辛酉冬至

朔閏異同	曆名	正月	二月	三月	四月	五月	六月	七月	八月	九月	十月	十一	十二	閏月
	周曆殷曆	乙酉乙卯	乙卯---乙酉	---甲申甲寅	甲寅甲申	癸未癸丑	癸丑癸未	壬午壬子	壬子壬午	辛巳壬子	辛亥辛巳	庚辰辛亥	庚戌庚辰	己卯庚戌
	夏曆新曆	甲寅乙卯	甲申乙酉	甲寅甲寅	癸未癸未	癸丑癸丑	壬午壬午	壬子壬子	辛巳辛巳	辛亥辛亥	庚辰辛巳	庚戌辛亥	己卯庚辰	

*《長曆》：正月丙戌，二月乙卯，三月乙酉，閏月甲寅，四月甲申，五月癸丑，六月癸未，七月壬子，八月壬午，九月壬子，十月辛巳，十一辛亥，十二庚辰。

周惠王十二年 魯莊公二十九年（丙辰 龍年）公元前665 ~ 前664年 歲在星紀

魯曆月序		中西曆日對照	初一	初二	初三	初四	初五	初六	初七	初八	初九	初十	十一	十二	十三	十四	十五	十六	十七	十八	十九	二十	二一	二二	二三	二四	二五	二六	二七	二八	二九	三十	節氣與天象
正月小	己丑	天干地支西曆	庚辰16	辛巳17	壬午18	癸未19	甲申20	乙酉21	丙戌22	丁亥23	戊子24	己丑25	庚寅26	辛卯27	壬辰28	癸巳29	甲午30	乙未31	丙申(2)	丁酉2	戊戌3	己亥4	庚子5	辛丑6	壬寅7	癸卯8	甲辰9	乙巳10	丙午11	丁未12	戊申13		丙午立春
二月大	庚寅	天干地支西曆	己酉14	庚戌15	辛亥16	壬子17	癸丑18	甲寅19	乙卯20	丙辰21	丁巳22	戊午23	己未24	庚申25	辛酉26	壬戌27	癸亥28	甲子29	乙丑(3)	丙寅2	丁卯3	戊辰4	己巳5	庚午6	辛未7	壬申8	癸酉9	甲戌10	乙亥11	丙子12	丁丑13	戊寅14	
三月小	辛卯	天干地支西曆	己卯15	庚辰16	辛巳17	壬午18	癸未19	甲申20	乙酉21	丙戌22	丁亥23	戊子24	己丑25	庚寅26	辛卯27	壬辰28	癸巳29	甲午30	乙未31	丙申(4)	丁酉2	戊戌3	己亥4	庚子5	辛丑6	壬寅7	癸卯8	甲辰9	乙巳10	丙午11	丁未12		壬辰春分
四月大	壬辰	天干地支西曆	戊申13	己酉14	庚戌15	辛亥16	壬子17	癸丑18	甲寅19	乙卯20	丙辰21	丁巳22	戊午23	己未24	庚申25	辛酉26	壬戌27	癸亥28	甲子29	乙丑30	丙寅(5)	丁卯2	戊辰3	己巳4	庚午5	辛未6	壬申7	癸酉8	甲戌9	乙亥10	丙子11	丁丑12	
五月大	癸巳	天干地支西曆	戊寅13	己卯14	庚辰15	辛巳16	壬午17	癸未18	甲申19	乙酉20	丙戌21	丁亥22	戊子23	己丑24	庚寅25	辛卯26	壬辰27	癸巳28	甲午29	乙未30	丙申31	丁酉(6)	戊戌2	己亥3	庚子4	辛丑5	壬寅6	癸卯7	甲辰8	乙巳9	丙午10	丁未11	己卯立夏
六月小	甲午	天干地支西曆	戊申12	己酉13	庚戌14	辛亥15	壬子16	癸丑17	甲寅18	乙卯19	丙辰20	丁巳21	戊午22	己未23	庚申24	辛酉25	壬戌26	癸亥27	甲子28	乙丑29	丙寅30	丁卯(7)	戊辰2	己巳3	庚午4	辛未5	壬申6	癸酉7	甲戌8	乙亥9	丙子10		丙寅夏至
七月大	乙未	天干地支西曆	丁丑11	戊寅12	己卯13	庚辰14	辛巳15	壬午16	癸未17	甲申18	乙酉19	丙戌20	丁亥21	戊子22	己丑23	庚寅24	辛卯25	壬辰26	癸巳27	甲午28	乙未29	丙申30	丁酉31	戊戌(8)	己亥2	庚子3	辛丑4	壬寅5	癸卯6	甲辰7	乙巳8	丙午9	
八月小	丙申	天干地支西曆	丁未10	戊申11	己酉12	庚戌13	辛亥14	壬子15	癸丑16	甲寅17	乙卯18	丙辰19	丁巳20	戊午21	己未22	庚申23	辛酉24	壬戌25	癸亥26	甲子27	乙丑28	丙寅29	丁卯30	戊辰31	己巳(9)	庚午2	辛未3	壬申4	癸酉5	甲戌6	乙亥7		壬子立秋
九月大	丁酉	天干地支西曆	丙子8	丁丑9	戊寅10	己卯11	庚辰12	辛巳13	壬午14	癸未15	甲申16	乙酉17	丙戌18	丁亥19	戊子20	己丑21	庚寅22	辛卯23	壬辰24	癸巳25	甲午26	乙未27	丙申28	丁酉29	戊戌30	己亥(10)	庚子2	辛丑3	壬寅4	癸卯5	甲辰6	乙巳7	戊戌秋分
十月小	戊戌	天干地支西曆	丙午8	丁未9	戊申10	己酉11	庚戌12	辛亥13	壬子14	癸丑15	甲寅16	乙卯17	丙辰18	丁巳19	戊午20	己未21	庚申22	辛酉23	壬戌24	癸亥25	甲子26	乙丑27	丙寅28	丁卯29	戊辰30	己巳31	庚午(11)	辛未2	壬申3	癸酉4	甲戌5		
十一月大	己亥	天干地支西曆	乙亥6	丙子7	丁丑8	戊寅9	己卯10	庚辰11	辛巳12	壬午13	癸未14	甲申15	乙酉16	丙戌17	丁亥18	戊子19	己丑20	庚寅21	辛卯22	壬辰23	癸巳24	甲午25	乙未26	丙申27	丁酉28	戊戌29	己亥30	庚子(12)	辛丑2	壬寅3	癸卯4	甲辰5	壬午立冬
十二月小	庚子	天干地支西曆	乙巳6	丙午7	丁未8	戊申9	己酉10	庚戌11	辛亥12	壬子13	癸丑14	甲寅15	乙卯16	丙辰17	丁巳18	戊午19	己未20	庚申21	辛酉22	壬戌23	癸亥24	甲子25	乙丑26	丙寅27	丁卯28	戊辰29	己巳30	庚午31	辛未(1)	壬申2	癸酉3		丙寅冬至

朔閏異同	曆名	正月	二月	三月	四月	五月	六月	七月	八月	九月	十月	十一	十二	閏月		曆名	正月	二月	三月	四月	五月	六月	七月	八月	九月	十月	十一	十二	閏月
	周曆殷曆	己酉己卯	戊寅己酉	戊申戊寅	戊寅戊申	丁未丁丑	丁丑丁未	丙午丙子	丙子丙午	乙巳乙亥	乙亥乙巳	甲辰乙亥	甲戌甲辰			夏曆新曆	己酉庚戌	戊寅庚辰	戊申己酉	丁丑戊寅	丁未丁未	丙子丁丑	丙午丙午	丙子丙子	乙巳乙巳	乙亥乙亥	甲辰乙巳	甲戌乙亥	

*《長曆》：正月庚戌，二月己卯，三月己酉，四月戊寅，五月戊申，六月丁丑，七月丁未，八月丙子，九月丙午，十月乙亥，十一乙巳，十二乙亥。

周惠王十三年 魯莊公三十年（丁巳 蛇年）公元前 664 年 歲在玄枵

魯曆月序		中西曆對照	初一	初二	初三	初四	初五	初六	初七	初八	初九	初十	十一	十二	十三	十四	十五	十六	十七	十八	十九	二十	二一	二二	二三	二四	二五	二六	二七	二八	二九	三十	節氣與天象
正月大	辛丑	天干支 地西曆	甲戌4	乙亥5	丙子6	丁丑7	戊寅8	己卯9	庚辰10	辛巳11	壬午12	癸未13	甲申14	乙酉15	丙戌16	丁亥17	戊子18	己丑19	庚寅20	辛卯21	壬辰22	癸巳23	甲午24	乙未25	丙申26	丁酉27	戊戌28	己亥29	庚子30	辛丑31	壬寅(2)	癸卯2	
二月小	壬寅	天干支 地西曆	甲辰3	乙巳4	丙午5	丁未6	戊申7	己酉8	庚戌9	辛亥10	壬子11	癸丑12	甲寅13	乙卯14	丙辰15	丁巳16	戊午17	己未18	庚申19	辛酉20	壬戌21	癸亥22	甲子23	乙丑24	丙寅25	丁卯26	戊辰27	己巳28	庚午(3)	辛未2	壬申3		辛亥立春
三月大	癸卯	天干支 地西曆	癸酉4	甲戌5	乙亥6	丙子7	丁丑8	戊寅9	己卯10	庚辰11	辛巳12	壬午13	癸未14	甲申15	乙酉16	丙戌17	丁亥18	戊子19	己丑20	庚寅21	辛卯22	壬辰23	癸巳24	甲午25	乙未26	丙申27	丁酉28	戊戌29	己亥30	庚子31	辛丑(4)	壬寅2	丁酉春分
四月小	甲辰	天干支 地西曆	癸卯3	甲辰4	乙巳5	丙午6	丁未7	戊申8	己酉9	庚戌10	辛亥11	壬子12	癸丑13	甲寅14	乙卯15	丙辰16	丁巳17	戊午18	己未19	庚申20	辛酉21	壬戌22	癸亥23	甲子24	乙丑25	丙寅26	丁卯27	戊辰28	己巳29	庚午30	辛未(5)		
五月大	乙巳	天干支 地西曆	壬申2	癸酉3	甲戌4	乙亥5	丙子6	丁丑7	戊寅8	己卯9	庚辰10	辛巳11	壬午12	癸未13	甲申14	乙酉15	丙戌16	丁亥17	戊子18	己丑19	庚寅20	辛卯21	壬辰22	癸巳23	甲午24	乙未25	丙申26	丁酉27	戊戌28	己亥29	庚子30	辛丑31	甲申立夏
六月小	丙午	天干支 地西曆	壬寅(6)	癸卯2	甲辰3	乙巳4	丙午5	丁未6	戊申7	己酉8	庚戌9	辛亥10	壬子11	癸丑12	甲寅13	乙卯14	丙辰15	丁巳16	戊午17	己未18	庚申19	辛酉20	壬戌21	癸亥22	甲子23	乙丑24	丙寅25	丁卯26	戊辰27	己巳28	庚午29		
七月大	丁未	天干支 地西曆	辛未30	壬申(7)	癸酉2	甲戌3	乙亥4	丙子5	丁丑6	戊寅7	己卯8	庚辰9	辛巳10	壬午11	癸未12	甲申13	乙酉14	丙戌15	丁亥16	戊子17	己丑18	庚寅19	辛卯20	壬辰21	癸巳22	甲午23	乙未24	丙申25	丁酉26	戊戌27	己亥28	庚子29	辛未夏至
八月小	戊申	天干支 地西曆	辛丑30	壬寅31	癸卯(8)	甲辰2	乙巳3	丙午4	丁未5	戊申6	己酉7	庚戌8	辛亥9	壬子10	癸丑11	甲寅12	乙卯13	丙辰14	丁巳15	戊午16	己未17	庚申18	辛酉19	壬戌20	癸亥21	甲子22	乙丑23	丙寅24	丁卯25	戊辰26	己巳27		戊午立秋
九月大	己酉	天干支 地西曆	庚午28	辛未29	壬申30	癸酉31	甲戌(9)	乙亥2	丙子3	丁丑4	戊寅5	己卯6	庚辰7	辛巳8	壬午9	癸未10	甲申11	乙酉12	丙戌13	丁亥14	戊子15	己丑16	庚寅17	辛卯18	壬辰19	癸巳20	甲午21	乙未22	丙申23	丁酉24	戊戌25	己亥26	庚午日食
十月大	庚戌	天干支 地西曆	庚子27	辛丑28	壬寅29	癸卯30	甲辰(10)	乙巳2	丙午3	丁未4	戊申5	己酉6	庚戌7	辛亥8	壬子9	癸丑10	甲寅11	乙卯12	丙辰13	丁巳14	戊午15	己未16	庚申17	辛酉18	壬戌19	癸亥20	甲子21	乙丑22	丙寅23	丁卯24	戊辰25	己巳26	癸卯秋分
十一月小	辛亥	天干支 地西曆	庚午27	辛未28	壬申29	癸酉30	甲戌31	乙亥(11)	丙子2	丁丑3	戊寅4	己卯5	庚辰6	辛巳7	壬午8	癸未9	甲申10	乙酉11	丙戌12	丁亥13	戊子14	己丑15	庚寅16	辛卯17	壬辰18	癸巳19	甲午20	乙未21	丙申22	丁酉23	戊戌24		丁亥立冬
十二月大	壬子	天干支 地西曆	己亥25	庚子26	辛丑27	壬寅28	癸卯29	甲辰30	乙巳(12)	丙午2	丁未3	戊申4	己酉5	庚戌6	辛亥7	壬子8	癸丑9	甲寅10	乙卯11	丙辰12	丁巳13	戊午14	己未15	庚申16	辛酉17	壬戌18	癸亥19	甲子20	乙丑21	丙寅22	丁卯23	戊辰24	

朔閏異同	曆名	正月	二月	三月	四月	五月	六月	七月	八月	九月	十月	十一	十二	閏月
	周曆殷曆	癸卯甲戌	癸酉癸卯	壬寅癸酉	壬申壬寅	辛丑壬申	辛未辛丑	庚子辛未	庚午庚子	庚子庚午	己巳---己亥	己亥己巳	戊辰戊戌	---戊戌戊辰
	夏曆新曆	癸卯甲辰	癸酉甲戌	壬寅癸卯	壬申癸酉	辛丑壬寅	辛未---辛未	庚子辛丑	---庚午庚午	己亥庚子	己巳己巳	戊戌己亥	戊辰己巳	戊戌戊戌

*《長曆》：正月甲辰，二月甲戌，閏月癸卯，三月癸酉，四月壬寅，五月壬申，六月辛丑，七月辛未，八月庚子，九月庚午，十月己亥，十一己巳，十二戊戌。

周惠王十四年 魯莊公三十一年（戊午 馬年）
公元前 664 ~ 前 **663** ~ 前 662 年 歲在娵訾

魯曆月序		中西曆日對照	初一	初二	初三	初四	初五	初六	初七	初八	初九	初十	十一	十二	十三	十四	十五	十六	十七	十八	十九	二十	二一	二二	二三	二四	二五	二六	二七	二八	二九	三十	節氣與天象
正月小	癸丑	干支曆 天地西曆	己巳 25	庚午 26	辛未 27	壬申 28	癸酉 29	甲戌 30	乙亥 31	丙子 (1)	丁丑 2	戊寅 3	己卯 4	庚辰 5	辛巳 6	壬午 7	癸未 8	甲申 9	乙酉 10	丙戌 11	丁亥 12	戊子 13	己丑 14	庚寅 15	辛卯 16	壬辰 17	癸巳 18	甲午 19	乙未 20	丙申 21	丁酉 22		辛未冬至
二月大	甲寅	干支曆 天地西曆	戊戌 23	己亥 24	庚子 25	辛丑 26	壬寅 27	癸卯 28	甲辰 29	乙巳 30	丙午 31	丁未 (2)	戊申 2	己酉 3	庚戌 4	辛亥 5	壬子 6	癸丑 7	甲寅 8	乙卯 9	丙辰 10	丁巳 11	戊午 12	己未 13	庚申 14	辛酉 15	壬戌 16	癸亥 17	甲子 18	乙丑 19	丙寅 20	丁卯 21	丙辰立春
三月小	乙卯	干支曆 天地西曆	戊辰 22	己巳 23	庚午 24	辛未 25	壬申 26	癸酉 27	甲戌 28	乙亥 (3)	丙子 2	丁丑 3	戊寅 4	己卯 5	庚辰 6	辛巳 7	壬午 8	癸未 9	甲申 10	乙酉 11	丙戌 12	丁亥 13	戊子 14	己丑 15	庚寅 16	辛卯 17	壬辰 18	癸巳 19	甲午 20	乙未 21	丙申 22		
四月大	丙辰	干支曆 天地西曆	丁酉 23	戊戌 24	己亥 25	庚子 26	辛丑 27	壬寅 28	癸卯 29	甲辰 30	乙巳 31	丙午 (4)	丁未 2	戊申 3	己酉 4	庚戌 5	辛亥 6	壬子 7	癸丑 8	甲寅 9	乙卯 10	丙辰 11	丁巳 12	戊午 13	己未 14	庚申 15	辛酉 16	壬戌 17	癸亥 18	甲子 19	乙丑 20	丙寅 21	壬寅春分
五月小	丁巳	干支曆 天地西曆	丁卯 22	戊辰 23	己巳 24	庚午 25	辛未 26	壬申 27	癸酉 28	甲戌 29	乙亥 30	丙子 (5)	丁丑 2	戊寅 3	己卯 4	庚辰 5	辛巳 6	壬午 7	癸未 8	甲申 9	乙酉 10	丙戌 11	丁亥 12	戊子 13	己丑 14	庚寅 15	辛卯 16	壬辰 17	癸巳 18	甲午 19	乙未 20		己丑立夏
六月大	戊午	干支曆 天地西曆	丙申 21	丁酉 22	戊戌 23	己亥 24	庚子 25	辛丑 26	壬寅 27	癸卯 28	甲辰 29	乙巳 30	丙午 31	丁未 (6)	戊申 2	己酉 3	庚戌 4	辛亥 5	壬子 6	癸丑 7	甲寅 8	乙卯 9	丙辰 10	丁巳 11	戊午 12	己未 13	庚申 14	辛酉 15	壬戌 16	癸亥 17	甲子 18	乙丑 19	
七月小	己未	干支曆 天地西曆	丙寅 20	丁卯 21	戊辰 22	己巳 23	庚午 24	辛未 25	壬申 26	癸酉 27	甲戌 28	乙亥 29	丙子 30	丁丑 (7)	戊寅 2	己卯 3	庚辰 4	辛巳 5	壬午 6	癸未 7	甲申 8	乙酉 9	丙戌 10	丁亥 11	戊子 12	己丑 13	庚寅 14	辛卯 15	壬辰 16	癸巳 17	甲午 18		丙子夏至
八月大	庚申	干支曆 天地西曆	乙未 19	丙申 20	丁酉 21	戊戌 22	己亥 23	庚子 24	辛丑 25	壬寅 26	癸卯 27	甲辰 28	乙巳 29	丙午 30	丁未 31	戊申 (8)	己酉 2	庚戌 3	辛亥 4	壬子 5	癸丑 6	甲寅 7	乙卯 8	丙辰 9	丁巳 10	戊午 11	己未 12	庚申 13	辛酉 14	壬戌 15	癸亥 16	甲子 17	癸亥立秋
九月小	辛酉	干支曆 天地西曆	乙丑 18	丙寅 19	丁卯 20	戊辰 21	己巳 22	庚午 23	辛未 24	壬申 25	癸酉 26	甲戌 27	乙亥 28	丙子 29	丁丑 30	戊寅 31	己卯 (9)	庚辰 2	辛巳 3	壬午 4	癸未 5	甲申 6	乙酉 7	丙戌 8	丁亥 9	戊子 10	己丑 11	庚寅 12	辛卯 13	壬辰 14	癸巳 15		
十月大	壬戌	干支曆 天地西曆	甲午 16	乙未 17	丙申 18	丁酉 19	戊戌 20	己亥 21	庚子 22	辛丑 23	壬寅 24	癸卯 25	甲辰 26	乙巳 27	丙午 28	丁未 29	戊申 30	己酉 (10)	庚戌 2	辛亥 3	壬子 4	癸丑 5	甲寅 6	乙卯 7	丙辰 8	丁巳 9	戊午 10	己未 11	庚申 12	辛酉 13	壬戌 14	癸亥 15	戊申秋分
十一月小	癸亥	干支曆 天地西曆	甲子 16	乙丑 17	丙寅 18	丁卯 19	戊辰 20	己巳 21	庚午 22	辛未 23	壬申 24	癸酉 25	甲戌 26	乙亥 27	丙子 28	丁丑 29	戊寅 30	己卯 31	庚辰 (11)	辛巳 2	壬午 3	癸未 4	甲申 5	乙酉 6	丙戌 7	丁亥 8	戊子 9	己丑 10	庚寅 11	辛卯 12	壬辰 13		
十二月大	甲子	干支曆 天地西曆	癸巳 14	甲午 15	乙未 16	丙申 17	丁酉 18	戊戌 19	己亥 20	庚子 21	辛丑 22	壬寅 23	癸卯 24	甲辰 25	乙巳 26	丙午 27	丁未 28	戊申 29	己酉 30	庚戌 (12)	辛亥 2	壬子 3	癸丑 4	甲寅 5	乙卯 6	丙辰 7	丁巳 8	戊午 9	己未 10	庚申 11	辛酉 12	壬戌 13	癸巳立冬
閏月大	甲子	干支曆 天地西曆	癸亥 14	甲子 15	乙丑 16	丙寅 17	丁卯 18	戊辰 19	己巳 20	庚午 21	辛未 22	壬申 23	癸酉 24	甲戌 25	乙亥 26	丙子 27	丁丑 28	戊寅 29	己卯 30	庚辰 31	辛巳 (1)	壬午 2	癸未 3	甲申 4	乙酉 5	丙戌 6	丁亥 7	戊子 8	己丑 9	庚寅 10	辛卯 11	壬辰 12	丁丑冬至

朔閏異同	曆名	正月	二月	三月	四月	五月	六月	七月	八月	九月	十月	十一	十二	閏月	曆名	正月	二月	三月	四月	五月	六月	七月	八月	九月	十月	十一	十二	閏月
	周曆殷曆	丁卯丁酉	丁酉丁卯	丙寅丁酉	丙申丙寅	乙丑丙申	乙未乙丑	甲子乙未	甲午甲子	癸亥甲午	癸巳癸亥	癸亥癸巳	壬辰壬戌		夏曆新曆	丁卯戊辰	丁酉戊戌	丙寅丁卯	丙申丁酉	乙丑丙寅	乙未乙未	甲子乙丑	甲午甲午	癸亥甲子	癸巳癸巳	壬戌癸亥	壬辰壬辰	

*《長曆》：正月戊辰，二月丁酉，三月丁卯，四月丁酉，五月丙寅，六月丙申，七月乙丑，八月乙未，九月甲子，十月甲午，十一癸亥，十二癸巳。

周惠王十五年 魯莊公三十二年（己未 羊年）公元前 662 ~ 前 661 年 歲在降婁

魯曆月序		中西曆日對照	初一	初二	初三	初四	初五	初六	初七	初八	初九	初十	十一	十二	十三	十四	十五	十六	十七	十八	十九	二十	二一	二二	二三	二四	二五	二六	二七	二八	二九	三十	節氣與天象
正月小	乙丑	干支曆 天地西	癸巳 13	甲午 14	乙未 15	丙申 16	丁酉 17	戊戌 18	己亥 19	庚子 20	辛丑 21	壬寅 22	癸卯 23	甲辰 24	乙巳 25	丙午 26	丁未 27	戊申 28	己酉 29	庚戌 30	辛亥 31	壬子 (2)	癸丑 2	甲寅 3	乙卯 4	丙辰 5	丁巳 6	戊午 7	己未 8	庚申 9	辛酉 10		辛酉立春
二月大	丙寅	干支曆 天地西	壬戌 11	癸亥 12	甲子 13	乙丑 14	丙寅 15	丁卯 16	戊辰 17	己巳 18	庚午 19	辛未 20	壬申 21	癸酉 22	甲戌 23	乙亥 24	丙子 25	丁丑 26	戊寅 27	己卯 28	庚辰 (3)	辛巳 2	壬午 3	癸未 4	甲申 5	乙酉 6	丙戌 7	丁亥 8	戊子 9	己丑 10	庚寅 11	辛卯 12	
三月小	丁卯	干支曆 天地西	壬辰 13	癸巳 14	甲午 15	乙未 16	丙申 17	丁酉 18	戊戌 19	己亥 20	庚子 21	辛丑 22	壬寅 23	癸卯 24	甲辰 25	乙巳 26	丙午 27	丁未 28	戊申 29	己酉 30	庚戌 31	辛亥 (4)	壬子 2	癸丑 3	甲寅 4	乙卯 5	丙辰 6	丁巳 7	戊午 8	己未 9	庚申 10		丁未春分
四月大	戊辰	干支曆 天地西	辛酉 11	壬戌 12	癸亥 13	甲子 14	乙丑 15	丙寅 16	丁卯 17	戊辰 18	己巳 19	庚午 20	辛未 21	壬申 22	癸酉 23	甲戌 24	乙亥 25	丙子 26	丁丑 27	戊寅 28	己卯 29	庚辰 30	辛巳 (5)	壬午 2	癸未 3	甲申 4	乙酉 5	丙戌 6	丁亥 7	戊子 8	己丑 9	庚寅 10	
五月小	己巳	干支曆 天地西	辛卯 11	壬辰 12	癸巳 13	甲午 14	乙未 15	丙申 16	丁酉 17	戊戌 18	己亥 19	庚子 20	辛丑 21	壬寅 22	癸卯 23	甲辰 24	乙巳 25	丙午 26	丁未 27	戊申 28	己酉 29	庚戌 30	辛亥 31	壬子 (6)	癸丑 2	甲寅 3	乙卯 4	丙辰 5	丁巳 6	戊午 7	己未 8		甲午立夏
六月大	庚午	干支曆 天地西	庚申 9	辛酉 10	壬戌 11	癸亥 12	甲子 13	乙丑 14	丙寅 15	丁卯 16	戊辰 17	己巳 18	庚午 19	辛未 20	壬申 21	癸酉 22	甲戌 23	乙亥 24	丙子 25	丁丑 26	戊寅 27	己卯 28	庚辰 29	辛巳 30	壬午 (7)	癸未 2	甲申 3	乙酉 4	丙戌 5	丁亥 6	戊子 7	己丑 8	壬午夏至
七月小	辛未	干支曆 天地西	庚寅 9	辛卯 10	壬辰 11	癸巳 12	甲午 13	乙未 14	丙申 15	丁酉 16	戊戌 17	己亥 18	庚子 19	辛丑 20	壬寅 21	癸卯 22	甲辰 23	乙巳 24	丙午 25	丁未 26	戊申 27	己酉 28	庚戌 29	辛亥 30	壬子 31	癸丑 (8)	甲寅 2	乙卯 3	丙辰 4	丁巳 5	戊午 6		
八月大	壬申	干支曆 天地西	己未 7	庚申 8	辛酉 9	壬戌 10	癸亥 11	甲子 12	乙丑 13	丙寅 14	丁卯 15	戊辰 16	己巳 17	庚午 18	辛未 19	壬申 20	癸酉 21	甲戌 22	乙亥 23	丙子 24	丁丑 25	戊寅 26	己卯 27	庚辰 28	辛巳 29	壬午 30	癸未 31	甲申 (9)	乙酉 2	丙戌 3	丁亥 4	戊子 5	戊辰立秋
九月小	癸酉	干支曆 天地西	己丑 6	庚寅 7	辛卯 8	壬辰 9	癸巳 10	甲午 11	乙未 12	丙申 13	丁酉 14	戊戌 15	己亥 16	庚子 17	辛丑 18	壬寅 19	癸卯 20	甲辰 21	乙巳 22	丙午 23	丁未 24	戊申 25	己酉 26	庚戌 27	辛亥 28	壬子 29	癸丑 30	甲寅 (10)	乙卯 2	丙辰 3	丁巳 4		癸丑秋分
十月大	甲戌	干支曆 天地西	戊午 5	己未 6	庚申 7	辛酉 8	壬戌 9	癸亥 10	甲子 11	乙丑 12	丙寅 13	丁卯 14	戊辰 15	己巳 16	庚午 17	辛未 18	壬申 19	癸酉 20	甲戌 21	乙亥 22	丙子 23	丁丑 24	戊寅 25	己卯 26	庚辰 27	辛巳 28	壬午 29	癸未 30	甲申 31	乙酉 (11)	丙戌 2	丁亥 3	
十一月小	乙亥	干支曆 天地西	戊子 4	己丑 5	庚寅 6	辛卯 7	壬辰 8	癸巳 9	甲午 10	乙未 11	丙申 12	丁酉 13	戊戌 14	己亥 15	庚子 16	辛丑 17	壬寅 18	癸卯 19	甲辰 20	乙巳 21	丙午 22	丁未 23	戊申 24	己酉 25	庚戌 26	辛亥 27	壬子 28	癸丑 29	甲寅 30	乙卯 (12)	丙辰 2		戊戌立冬
十二月大	丙子	干支曆 天地西	丁巳 3	戊午 4	己未 5	庚申 6	辛酉 7	壬戌 8	癸亥 9	甲子 10	乙丑 11	丙寅 12	丁卯 13	戊辰 14	己巳 15	庚午 16	辛未 17	壬申 18	癸酉 19	甲戌 20	乙亥 21	丙子 22	丁丑 23	戊寅 24	己卯 25	庚辰 26	辛巳 27	壬午 28	癸未 29	甲申 30	乙酉 31	丙戌 (1)	壬午冬至

朔閏異同	曆名	正月	二月	三月	四月	五月	六月	七月	八月	九月	十月	十一	十二	閏月	曆名	正月	二月	三月	四月	五月	六月	七月	八月	九月	十月	十一	十二	閏月
	周曆殷曆	壬戌壬辰	辛卯辛酉	辛酉辛卯	庚寅庚申	庚申庚寅	己丑庚申	己未己丑	戊子己未	戊午戊子	丁亥戊午	丁巳丁亥	丙戌丁巳		夏曆新曆	辛酉壬戌	辛卯壬辰	辛酉辛酉	庚寅辛卯	庚申辛酉	己丑庚寅	己未己未	戊子己丑	戊午戊午	丁亥戊子	丁巳丁巳	丙戌丁亥	

*《長曆》：正月壬戌，二月壬辰，三月辛酉，閏月辛卯，四月庚申，五月庚寅，六月庚申，七月己丑，八月己未，九月戊子，十月戊午，十一丁亥，十二丁巳。

周惠王十六年 魯閔公元年（庚申 猴年） 公元前 661 年 歲在實沈

魯曆月序		中西曆日對照	魯曆日序																													節氣與天象
			初一	初二	初三	初四	初五	初六	初七	初八	初九	初十	十一	十二	十三	十四	十五	十六	十七	十八	十九	二十	二一	二二	二三	二四	二五	二六	二七	二八	二九	三十	
正月小	丁丑	干支曆 天地西	丁亥 2	戊子 3	己丑 4	庚寅 5	辛卯 6	壬辰 7	癸巳 8	甲午 9	乙未 10	丙申 11	丁酉 12	戊戌 13	己亥 14	庚子 15	辛丑 16	壬寅 17	癸卯 18	甲辰 19	乙巳 20	丙午 21	丁未 22	戊申 23	己酉 24	庚戌 25	辛亥 26	壬子 27	癸丑 28	甲寅 29	乙卯 30		
二月大	戊寅	干支曆 天地西	丙辰 31	丁巳 (2)	戊午 2	己未 3	庚申 4	辛酉 5	壬戌 6	癸亥 7	甲子 8	乙丑 9	丙寅 10	丁卯 11	戊辰 12	己巳 13	庚午 14	辛未 15	壬申 16	癸酉 17	甲戌 18	乙亥 19	丙子 20	丁丑 21	戊寅 22	己卯 23	庚辰 24	辛巳 25	壬午 26	癸未 27	甲申 28	乙酉 29	丁卯立春
三月小	己卯	干支曆 天地西	丙戌 (3)	丁亥 2	戊子 3	己丑 4	庚寅 5	辛卯 6	壬辰 7	癸巳 8	甲午 9	乙未 10	丙申 11	丁酉 12	戊戌 13	己亥 14	庚子 15	辛丑 16	壬寅 17	癸卯 18	甲辰 19	乙巳 20	丙午 21	丁未 22	戊申 23	己酉 24	庚戌 25	辛亥 26	壬子 27	癸丑 28	甲寅 29		癸丑春分
四月大	庚辰	干支曆 天地西	乙卯 30	丙辰 31	丁巳 (4)	戊午 2	己未 3	庚申 4	辛酉 5	壬戌 6	癸亥 7	甲子 8	乙丑 9	丙寅 10	丁卯 11	戊辰 12	己巳 13	庚午 14	辛未 15	壬申 16	癸酉 17	甲戌 18	乙亥 19	丙子 20	丁丑 21	戊寅 22	己卯 23	庚辰 24	辛巳 25	壬午 26	癸未 27	甲申 28	
五月大	辛巳	干支曆 天地西	乙酉 29	丙戌 30	丁亥 (5)	戊子 2	己丑 3	庚寅 4	辛卯 5	壬辰 6	癸巳 7	甲午 8	乙未 9	丙申 10	丁酉 11	戊戌 12	己亥 13	庚子 14	辛丑 15	壬寅 16	癸卯 17	甲辰 18	乙巳 19	丙午 20	丁未 21	戊申 22	己酉 23	庚戌 24	辛亥 25	壬子 26	癸丑 27	甲寅 28	庚子立夏
六月小	壬午	干支曆 天地西	乙卯 29	丙辰 30	丁巳 31	戊午 (6)	己未 2	庚申 3	辛酉 4	壬戌 5	癸亥 6	甲子 7	乙丑 8	丙寅 9	丁卯 10	戊辰 11	己巳 12	庚午 13	辛未 14	壬申 15	癸酉 16	甲戌 17	乙亥 18	丙子 19	丁丑 20	戊寅 21	己卯 22	庚辰 23	辛巳 24	壬午 25	癸未 26		
七月大	癸未	干支曆 天地西	甲申 27	乙酉 28	丙戌 29	丁亥 30	戊子 (7)	己丑 2	庚寅 3	辛卯 4	壬辰 5	癸巳 6	甲午 7	乙未 8	丙申 9	丁酉 10	戊戌 11	己亥 12	庚子 13	辛丑 14	壬寅 15	癸卯 16	甲辰 17	乙巳 18	丙午 19	丁未 20	戊申 21	己酉 22	庚戌 23	辛亥 24	壬子 25	癸丑 26	丁亥夏至
八月小	甲申	干支曆 天地西	甲寅 27	乙卯 28	丙辰 29	丁巳 30	戊午 31	己未 (8)	庚申 2	辛酉 3	壬戌 4	癸亥 5	甲子 6	乙丑 7	丙寅 8	丁卯 9	戊辰 10	己巳 11	庚午 12	辛未 13	壬申 14	癸酉 15	甲戌 16	乙亥 17	丙子 18	丁丑 19	戊寅 20	己卯 21	庚辰 22	辛巳 23	壬午 24		癸酉立秋
九月大	乙酉	干支曆 天地西	癸未 25	甲申 26	乙酉 27	丙戌 28	丁亥 29	戊子 30	己丑 31	庚寅 (9)	辛卯 2	壬辰 3	癸巳 4	甲午 5	乙未 6	丙申 7	丁酉 8	戊戌 9	己亥 10	庚子 11	辛丑 12	壬寅 13	癸卯 14	甲辰 15	乙巳 16	丙午 17	丁未 18	戊申 19	己酉 20	庚戌 21	辛亥 22	壬子 23	
十月小	丙戌	干支曆 天地西	癸丑 24	甲寅 25	乙卯 26	丙辰 27	丁巳 28	戊午 29	己未 30	庚申 (10)	辛酉 2	壬戌 3	癸亥 4	甲子 5	乙丑 6	丙寅 7	丁卯 8	戊辰 9	己巳 10	庚午 11	辛未 12	壬申 13	癸酉 14	甲戌 15	乙亥 16	丙子 17	丁丑 18	戊寅 19	己卯 20	庚辰 21	辛巳 22		己未秋分
十一月大	丁亥	干支曆 天地西	壬午 23	癸未 24	甲申 25	乙酉 26	丙戌 27	丁亥 28	戊子 29	己丑 30	庚寅 31	辛卯 (11)	壬辰 2	癸巳 3	甲午 4	乙未 5	丙申 6	丁酉 7	戊戌 8	己亥 9	庚子 10	辛丑 11	壬寅 12	癸卯 13	甲辰 14	乙巳 15	丙午 16	丁未 17	戊申 18	己酉 19	庚戌 20	辛亥 21	癸卯立冬
十二月小	戊子	干支曆 天地西	壬子 22	癸丑 23	甲寅 24	乙卯 25	丙辰 26	丁巳 27	戊午 28	己未 29	庚申 30	辛酉 (12)	壬戌 2	癸亥 3	甲子 4	乙丑 5	丙寅 6	丁卯 7	戊辰 8	己巳 9	庚午 10	辛未 11	壬申 12	癸酉 13	甲戌 14	乙亥 15	丙子 16	丁丑 17	戊寅 18	己卯 19	庚辰 20		

朔閏異同	曆名	正月	二月	三月	四月	五月	六月	七月	八月	九月	十月	十一	十二	閏月		曆名	正月	二月	三月	四月	五月	六月	七月	八月	九月	十月	十一	十二	閏月
	周曆殷曆	丙辰丙戌	乙酉丙辰	乙卯乙酉	乙酉乙卯	甲寅甲申	甲申---甲寅	癸丑癸未	---癸未癸丑	壬子壬午	壬午壬子	辛亥壬午	辛巳辛亥	庚戌辛巳		夏曆新曆	丙辰丙辰	乙酉丙戌	乙卯---乙卯	---甲申乙酉	甲寅乙卯	癸未甲申	癸丑甲寅	癸未癸未	壬子癸丑	壬午壬午	辛亥壬子	辛巳辛巳	庚戌辛亥

*《長曆》：正月丙戌，二月丙辰，三月乙酉，四月乙卯，五月甲申，六月甲寅，七月癸未，八月癸丑，九月壬午，十月壬子，十一壬午，十二辛亥。

周惠王十七年 魯閔公二年（辛酉 鷄年）
公元前 661 ~ 前 **660** ~ 前 659 年 歲在實沈

魯曆月序		中西曆日對照	初一	初二	初三	初四	初五	初六	初七	初八	初九	初十	十一	十二	十三	十四	十五	十六	十七	十八	十九	二十	二一	二二	二三	二四	二五	二六	二七	二八	二九	三十	節氣與天象
正月大	己丑	天干地支西曆	辛巳21	壬午22	癸未23	甲申24	乙酉25	丙戌26	丁亥27	戊子28	己丑29	庚寅30	辛卯31	壬辰(1)	癸巳2	甲午3	乙未4	丙申5	丁酉6	戊戌7	己亥8	庚子9	辛丑10	壬寅11	癸卯12	甲辰13	乙巳14	丙午15	丁未16	戊申17	己酉18	庚戌19	丁亥冬至
二月小	庚寅	天干地支西曆	辛亥20	壬子21	癸丑22	甲寅23	乙卯24	丙辰25	丁巳26	戊午27	己未28	庚申29	辛酉30	壬戌31	癸亥(2)	甲子2	乙丑3	丙寅4	丁卯5	戊辰6	己巳7	庚午8	辛未9	壬申10	癸酉11	甲戌12	乙亥13	丙子14	丁丑15	戊寅16	己卯17		壬申立春
三月大	辛卯	天干地支西曆	庚辰18	辛巳19	壬午20	癸未21	甲申22	乙酉23	丙戌24	丁亥25	戊子26	己丑27	庚寅28	辛卯(3)	壬辰2	癸巳3	甲午4	乙未5	丙申6	丁酉7	戊戌8	己亥9	庚子10	辛丑11	壬寅12	癸卯13	甲辰14	乙巳15	丙午16	丁未17	戊申18	己酉19	
四月小	壬辰	天干地支西曆	庚戌20	辛亥21	壬子22	癸丑23	甲寅24	乙卯25	丙辰26	丁巳27	戊午28	己未29	庚申30	辛酉31	壬戌(4)	癸亥2	甲子3	乙丑4	丙寅5	丁卯6	戊辰7	己巳8	庚午9	辛未10	壬申11	癸酉12	甲戌13	乙亥14	丙子15	丁丑16	戊寅17		戊午春分
五月大	癸巳	天干地支西曆	己卯18	庚辰19	辛巳20	壬午21	癸未22	甲申23	乙酉24	丙戌25	丁亥26	戊子27	己丑28	庚寅29	辛卯30	壬辰(5)	癸巳2	甲午3	乙未4	丙申5	丁酉6	戊戌7	己亥8	庚子9	辛丑10	壬寅11	癸卯12	甲辰13	乙巳14	丙午15	丁未16	戊申17	乙巳立夏
六月小	甲午	天干地支西曆	己酉18	庚戌19	辛亥20	壬子21	癸丑22	甲寅23	乙卯24	丙辰25	丁巳26	戊午27	己未28	庚申29	辛酉30	壬戌31	癸亥(6)	甲子2	乙丑3	丙寅4	丁卯5	戊辰6	己巳7	庚午8	辛未9	壬申10	癸酉11	甲戌12	乙亥13	丙子14	丁丑15		
七月大	乙未	天干地支西曆	戊寅16	己卯17	庚辰18	辛巳19	壬午20	癸未21	甲申22	乙酉23	丙戌24	丁亥25	戊子26	己丑27	庚寅28	辛卯29	壬辰30	癸巳(7)	甲午2	乙未3	丙申4	丁酉5	戊戌6	己亥7	庚子8	辛丑9	壬寅10	癸卯11	甲辰12	乙巳13	丙午14	丁未15	壬辰夏至
八月大	丙申	天干地支西曆	戊申16	己酉17	庚戌18	辛亥19	壬子20	癸丑21	甲寅22	乙卯23	丙辰24	丁巳25	戊午26	己未27	庚申28	辛酉29	壬戌30	癸亥31	甲子(8)	乙丑2	丙寅3	丁卯4	戊辰5	己巳6	庚午7	辛未8	壬申9	癸酉10	甲戌11	乙亥12	丙子13	丁丑14	
九月小	丁酉	天干地支西曆	戊寅15	己卯16	庚辰17	辛巳18	壬午19	癸未20	甲申21	乙酉22	丙戌23	丁亥24	戊子25	己丑26	庚寅27	辛卯28	壬辰29	癸巳30	甲午31	乙未(9)	丙申2	丁酉3	戊戌4	己亥5	庚子6	辛丑7	壬寅8	癸卯9	甲辰10	乙巳11	丙午12		己卯立秋
十月大	戊戌	天干地支西曆	丁未13	戊申14	己酉15	庚戌16	辛亥17	壬子18	癸丑19	甲寅20	乙卯21	丙辰22	丁巳23	戊午24	己未25	庚申26	辛酉27	壬戌28	癸亥29	甲子30	乙丑(10)	丙寅2	丁卯3	戊辰4	己巳5	庚午6	辛未7	壬申8	癸酉9	甲戌10	乙亥11	丙子12	甲子秋分
十一月小	己亥	天干地支西曆	丁丑13	戊寅14	己卯15	庚辰16	辛巳17	壬午18	癸未19	甲申20	乙酉21	丙戌22	丁亥23	戊子24	己丑25	庚寅26	辛卯27	壬辰28	癸巳29	甲午30	乙未31	丙申(11)	丁酉2	戊戌3	己亥4	庚子5	辛丑6	壬寅7	癸卯8	甲辰9	乙巳10		
十二月大	庚子	天干地支西曆	丙午11	丁未12	戊申13	己酉14	庚戌15	辛亥16	壬子17	癸丑18	甲寅19	乙卯20	丙辰21	丁巳22	戊午23	己未24	庚申25	辛酉26	壬戌27	癸亥28	甲子29	乙丑30	丙寅(12)	丁卯2	戊辰3	己巳4	庚午5	辛未6	壬申7	癸酉8	甲戌9	乙亥10	戊申立冬
閏月小	庚子	天干地支西曆	丙子11	丁丑12	戊寅13	己卯14	庚辰15	辛巳16	壬午17	癸未18	甲申19	乙酉20	丙戌21	丁亥22	戊子23	己丑24	庚寅25	辛卯26	壬辰27	癸巳28	甲午29	乙未30	丙申31	丁酉(1)	戊戌2	己亥3	庚子4	辛丑5	壬寅6	癸卯7	甲辰8		壬辰冬至

朔閏異同	曆名	正月	二月	三月	四月	五月	六月	七月	八月	九月	十月	十一	十二	閏月	曆名	正月	二月	三月	四月	五月	六月	七月	八月	九月	十月	十一	十二	閏月
	周曆殷曆	庚辰庚戌	己酉庚辰	己卯己酉	戊申己卯	戊寅戊申	丁未戊寅	丁丑丁未	丁未丁丑	丙子丙午	丙午丙子	乙亥乙巳	乙巳乙亥		夏曆新曆	庚辰庚辰	己酉庚戌	己卯己卯	戊申己酉	戊寅戊寅	丁未戊申	丁丑戊寅	丙午丁未	丙子丁丑	丙午丙午	乙亥丙子	乙巳乙巳	

*《長曆》：正月辛巳，二月庚戌，三月庚辰，四月己酉，五月己卯，閏月戊申，六月戊寅，七月丁未，八月丁丑，九月丙午，十月丙子，十一乙巳，十二乙亥。

周惠王十八年 魯僖公元年（壬戌 狗年）公元前659 ~ 前658年 歲在鶉首

魯曆月序		中西曆日對照	初一	初二	初三	初四	初五	初六	初七	初八	初九	初十	十一	十二	十三	十四	十五	十六	十七	十八	十九	二十	二一	二二	二三	二四	二五	二六	二七	二八	二九	三十	節氣與天象
正月大	辛丑	干支 天地 西曆	乙巳 9	丙午 10	丁未 11	戊申 12	己酉 13	庚戌 14	辛亥 15	壬子 16	癸丑 17	甲寅 18	乙卯 19	丙辰 20	丁巳 21	戊午 22	己未 23	庚申 24	辛酉 25	壬戌 26	癸亥 27	甲子 28	乙丑 29	丙寅 30	丁卯 31	戊辰 (2)	己巳 2	庚午 3	辛未 4	壬申 5	癸酉 6	甲戌 7	
二月小	壬寅	干支 天地 西曆	乙亥 8	丙子 9	丁丑 10	戊寅 11	己卯 12	庚辰 13	辛巳 14	壬午 15	癸未 16	甲申 17	乙酉 18	丙戌 19	丁亥 20	戊子 21	己丑 22	庚寅 23	辛卯 24	壬辰 25	癸巳 26	甲午 27	乙未 28	丙申 (3)	丁酉 2	戊戌 3	己亥 4	庚子 5	辛丑 6	壬寅 7	癸卯 8		丁丑立春
三月大	癸卯	干支 天地 西曆	甲辰 9	乙巳 10	丙午 11	丁未 12	戊申 13	己酉 14	庚戌 15	辛亥 16	壬子 17	癸丑 18	甲寅 19	乙卯 20	丙辰 21	丁巳 22	戊午 23	己未 24	庚申 25	辛酉 26	壬戌 27	癸亥 28	甲子 29	乙丑 30	丙寅 31	丁卯 (4)	戊辰 2	己巳 3	庚午 4	辛未 5	壬申 6	癸酉 7	癸亥春分
四月小	甲辰	干支 天地 西曆	甲戌 8	乙亥 9	丙子 10	丁丑 11	戊寅 12	己卯 13	庚辰 14	辛巳 15	壬午 16	癸未 17	甲申 18	乙酉 19	丙戌 20	丁亥 21	戊子 22	己丑 23	庚寅 24	辛卯 25	壬辰 26	癸巳 27	甲午 28	乙未 29	丙申 30	丁酉 (5)	戊戌 2	己亥 3	庚子 4	辛丑 5	壬寅 6		
五月大	乙巳	干支 天地 西曆	癸卯 7	甲辰 8	乙巳 9	丙午 10	丁未 11	戊申 12	己酉 13	庚戌 14	辛亥 15	壬子 16	癸丑 17	甲寅 18	乙卯 19	丙辰 20	丁巳 21	戊午 22	己未 23	庚申 24	辛酉 25	壬戌 26	癸亥 27	甲子 28	乙丑 29	丙寅 30	丁卯 31	戊辰 (6)	己巳 2	庚午 3	辛未 4	壬申 5	庚戌立夏
六月小	丙午	干支 天地 西曆	癸酉 6	甲戌 7	乙亥 8	丙子 9	丁丑 10	戊寅 11	己卯 12	庚辰 13	辛巳 14	壬午 15	癸未 16	甲申 17	乙酉 18	丙戌 19	丁亥 20	戊子 21	己丑 22	庚寅 23	辛卯 24	壬辰 25	癸巳 26	甲午 27	乙未 28	丙申 29	丁酉 30	戊戌 (7)	己亥 2	庚子 3	辛丑 4		丁酉夏至
七月大	丁未	干支 天地 西曆	壬寅 5	癸卯 6	甲辰 7	乙巳 8	丙午 9	丁未 10	戊申 11	己酉 12	庚戌 13	辛亥 14	壬子 15	癸丑 16	甲寅 17	乙卯 18	丙辰 19	丁巳 20	戊午 21	己未 22	庚申 23	辛酉 24	壬戌 25	癸亥 26	甲子 27	乙丑 28	丙寅 29	丁卯 30	戊辰 31	己巳 (8)	庚午 2	辛未 3	
八月小	戊申	干支 天地 西曆	壬申 4	癸酉 5	甲戌 6	乙亥 7	丙子 8	丁丑 9	戊寅 10	己卯 11	庚辰 12	辛巳 13	壬午 14	癸未 15	甲申 16	乙酉 17	丙戌 18	丁亥 19	戊子 20	己丑 21	庚寅 22	辛卯 23	壬辰 24	癸巳 25	甲午 26	乙未 27	丙申 28	丁酉 29	戊戌 30	己亥 31	庚子 (9)		甲申立秋
九月大	己酉	干支 天地 西曆	辛丑 2	壬寅 3	癸卯 4	甲辰 5	乙巳 6	丙午 7	丁未 8	戊申 9	己酉 10	庚戌 11	辛亥 12	壬子 13	癸丑 14	甲寅 15	乙卯 16	丙辰 17	丁巳 18	戊午 19	己未 20	庚申 21	辛酉 22	壬戌 23	癸亥 24	甲子 25	乙丑 26	丙寅 27	丁卯 28	戊辰 29	己巳 30	庚午 (10)	己巳秋分
十月小	庚戌	干支 天地 西曆	辛未 2	壬申 3	癸酉 4	甲戌 5	乙亥 6	丙子 7	丁丑 8	戊寅 9	己卯 10	庚辰 11	辛巳 12	壬午 13	癸未 14	甲申 15	乙酉 16	丙戌 17	丁亥 18	戊子 19	己丑 20	庚寅 21	辛卯 22	壬辰 23	癸巳 24	甲午 25	乙未 26	丙申 27	丁酉 28	戊戌 29	己亥 30		
十一月大	辛亥	干支 天地 西曆	庚子 31	辛丑 (11)	壬寅 2	癸卯 3	甲辰 4	乙巳 5	丙午 6	丁未 7	戊申 8	己酉 9	庚戌 10	辛亥 11	壬子 12	癸丑 13	甲寅 14	乙卯 15	丙辰 16	丁巳 17	戊午 18	己未 19	庚申 20	辛酉 21	壬戌 22	癸亥 23	甲子 24	乙丑 25	丙寅 26	丁卯 27	戊辰 28	己巳 29	甲寅立冬 辛丑日食
十二月大	壬子	干支 天地 西曆	庚午 30	辛未 (12)	壬申 2	癸酉 3	甲戌 4	乙亥 5	丙子 6	丁丑 7	戊寅 8	己卯 9	庚辰 10	辛巳 11	壬午 12	癸未 13	甲申 14	乙酉 15	丙戌 16	丁亥 17	戊子 18	己丑 19	庚寅 20	辛卯 21	壬辰 22	癸巳 23	甲午 24	乙未 25	丙申 26	丁酉 27	戊戌 28	己亥 29	戊戌冬至
閏月小	壬子	干支 天地 西曆	庚子 30	辛丑 31	壬寅 (1)	癸卯 2	甲辰 3	乙巳 4	丙午 5	丁未 6	戊申 7	己酉 8	庚戌 9	辛亥 10	壬子 11	癸丑 12	甲寅 13	乙卯 14	丙辰 15	丁巳 16	戊午 17	己未 18	庚申 19	辛酉 20	壬戌 21	癸亥 22	甲子 23	乙丑 24	丙寅 25	丁卯 26	戊辰 27		

朔閏異同	曆名	正月	二月	三月	四月	五月	六月	七月	八月	九月	十月	十一	十二	閏月		曆名	正月	二月	三月	四月	五月	六月	七月	八月	九月	十月	十一	十二	閏月
	周曆殷曆	甲戌甲辰	甲辰甲戌	癸酉甲辰	癸卯癸酉	壬申癸卯	壬寅壬申	辛未壬寅	辛丑辛未	庚午辛丑	庚子庚午	庚午庚子	己亥己巳			夏曆新曆	甲戌乙亥	甲辰甲辰	癸酉甲戌	癸卯癸卯	壬申壬申	壬寅壬寅	辛未壬申	辛丑辛丑	庚午辛未	庚子辛丑	己巳--庚午	己亥庚子	戊辰己巳

*《長曆》：正月甲辰，二月甲戌，三月甲辰，四月癸酉，五月癸卯，六月壬申，七月壬寅，八月辛未，九月辛丑，十月庚午，十一庚子，閏月己巳，十二己亥。

周惠王十九年 魯僖公二年（癸亥 猪年）公元前 658 ~ 前 657 年 歲在鶉火

魯曆月序		西中曆日照對	魯曆日序																														節氣與天象
			初一	初二	初三	初四	初五	初六	初七	初八	初九	初十	十一	十二	十三	十四	十五	十六	十七	十八	十九	二十	二一	二二	二三	二四	二五	二六	二七	二八	二九	三十	
正月大	癸丑	天干地支西曆	己巳28	庚午29	辛未30	壬申31	癸酉(2)	甲戌2	乙亥3	丙子4	丁丑5	戊寅6	己卯7	庚辰8	辛巳9	壬午10	癸未11	甲申12	乙酉13	丙戌14	丁亥15	戊子16	己丑17	庚寅18	辛卯19	壬辰20	癸巳21	甲午22	乙未23	丙申24	丁酉25	戊戌26	壬午立春
二月小	甲寅	天干地支西曆	己亥27	庚子28	辛丑(3)	壬寅2	癸卯3	甲辰4	乙巳5	丙午6	丁未7	戊申8	己酉9	庚戌10	辛亥11	壬子12	癸丑13	甲寅14	乙卯15	丙辰16	丁巳17	戊午18	己未19	庚申20	辛酉21	壬戌22	癸亥23	甲子24	乙丑25	丙寅26	丁卯27		
三月大	乙卯	天干地支西曆	戊辰28	己巳29	庚午30	辛未31	壬申(4)	癸酉2	甲戌3	乙亥4	丙子5	丁丑6	戊寅7	己卯8	庚辰9	辛巳10	壬午11	癸未12	甲申13	乙酉14	丙戌15	丁亥16	戊子17	己丑18	庚寅19	辛卯20	壬辰21	癸巳22	甲午23	乙未24	丙申25	丁酉26	戊辰春分
四月小	丙辰	天干地支西曆	戊戌27	己亥28	庚子29	辛丑30	壬寅(5)	癸卯2	甲辰3	乙巳4	丙午5	丁未6	戊申7	己酉8	庚戌9	辛亥10	壬子11	癸丑12	甲寅13	乙卯14	丙辰15	丁巳16	戊午17	己未18	庚申19	辛酉20	壬戌21	癸亥22	甲子23	乙丑24	丙寅25		乙卯立夏
五月大	丁巳	天干地支西曆	丁卯26	戊辰27	己巳28	庚午29	辛未30	壬申31	癸酉(6)	甲戌2	乙亥3	丙子4	丁丑5	戊寅6	己卯7	庚辰8	辛巳9	壬午10	癸未11	甲申12	乙酉13	丙戌14	丁亥15	戊子16	己丑17	庚寅18	辛卯19	壬辰20	癸巳21	甲午22	乙未23	丙申24	
六月小	戊午	天干地支西曆	丁酉25	戊戌26	己亥27	庚子28	辛丑29	壬寅30	癸卯(7)	甲辰2	乙巳3	丙午4	丁未5	戊申6	己酉7	庚戌8	辛亥9	壬子10	癸丑11	甲寅12	乙卯13	丙辰14	丁巳15	戊午16	己未17	庚申18	辛酉19	壬戌20	癸亥21	甲子22	乙丑23		癸卯夏至
七月大	己未	天干地支西曆	丙寅24	丁卯25	戊辰26	己巳27	庚午28	辛未29	壬申30	癸酉31	甲戌(8)	乙亥2	丙子3	丁丑4	戊寅5	己卯6	庚辰7	辛巳8	壬午9	癸未10	甲申11	乙酉12	丙戌13	丁亥14	戊子15	己丑16	庚寅17	辛卯18	壬辰19	癸巳20	甲午21	乙未22	己卯立秋
八月小	庚申	天干地支西曆	丙申23	丁酉24	戊戌25	己亥26	庚子27	辛丑28	壬寅29	癸卯30	甲辰31	乙巳(9)	丙午2	丁未3	戊申4	己酉5	庚戌6	辛亥7	壬子8	癸丑9	甲寅10	乙卯11	丙辰12	丁巳13	戊午14	己未15	庚申16	辛酉17	壬戌18	癸亥19	甲子20		
九月大	辛酉	天干地支西曆	乙丑21	丙寅22	丁卯23	戊辰24	己巳25	庚午26	辛未27	壬申28	癸酉29	甲戌30	乙亥(10)	丙子2	丁丑3	戊寅4	己卯5	庚辰6	辛巳7	壬午8	癸未9	甲申10	乙酉11	丙戌12	丁亥13	戊子14	己丑15	庚寅16	辛卯17	壬辰18	癸巳19	甲午20	甲戌秋分
十月小	壬戌	天干地支西曆	乙未21	丙申22	丁酉23	戊戌24	己亥25	庚子26	辛丑27	壬寅28	癸卯29	甲辰30	乙巳31	丙午(11)	丁未2	戊申3	己酉4	庚戌5	辛亥6	壬子7	癸丑8	甲寅9	乙卯10	丙辰11	丁巳12	戊午13	己未14	庚申15	辛酉16	壬戌17	癸亥18		己未立冬 乙未日食
十一月大	癸亥	天干地支西曆	甲子19	乙丑20	丙寅21	丁卯22	戊辰23	己巳24	庚午25	辛未26	壬申27	癸酉28	甲戌29	乙亥30	丙子(12)	丁丑2	戊寅3	己卯4	庚辰5	辛巳6	壬午7	癸未8	甲申9	乙酉10	丙戌11	丁亥12	戊子13	己丑14	庚寅15	辛卯16	壬辰17	癸巳18	
十二月小	甲子	天干地支西曆	甲午19	乙未20	丙申21	丁酉22	戊戌23	己亥24	庚子25	辛丑26	壬寅27	癸卯28	甲辰29	乙巳30	丙午31	丁未(1)	戊申2	己酉3	庚戌4	辛亥5	壬子6	癸丑7	甲寅8	乙卯9	丙辰10	丁巳11	戊午12	己未13	庚申14	辛酉15	壬戌16		癸卯冬至

朔閏異同	曆名	正月	二月	三月	四月	五月	六月	七月	八月	九月	十月	十一	十二	閏月	曆名	正月	二月	三月	四月	五月	六月	七月	八月	九月	十月	十一	十二	閏月
	周曆殷曆	己巳己亥	戊戌戊辰	戊辰---戊戌	丁酉丁卯	---丁卯丁酉	丙申丁卯	丙寅丙申	乙未丙寅	乙丑乙未	甲午乙丑	甲子甲午	癸巳甲子	癸亥癸巳	夏曆新曆	戊戌己亥	戊辰戊辰	丁酉丁酉	丁卯丁卯	丙申丙申	丙寅丙寅	乙未乙未	乙丑乙丑	甲午乙未	甲子乙丑	癸巳甲午	癸亥甲子	

*《長曆》：正月戊辰，二月戊戌，三月丁卯，四月丁酉，五月丁卯，六月丙申，七月丙寅，八月乙未，九月乙丑，十月甲午，十一甲子，十二癸巳。

周惠王二十年 魯僖公三年（甲子 鼠年）公元前**657**～前656年 歲在鶉尾

魯曆月序		中西曆日對照	初一	初二	初三	初四	初五	初六	初七	初八	初九	初十	十一	十二	十三	十四	十五	十六	十七	十八	十九	二十	二一	二二	二三	二四	二五	二六	二七	二八	二九	三十	節氣與天象
正月大	乙丑	天干地支	癸亥	甲子	乙丑	丙寅	丁卯	戊辰	己巳	庚午	辛未	壬申	癸酉	甲戌	乙亥	丙子	丁丑	戊寅	己卯	庚辰	辛巳	壬午	癸未	甲申	乙酉	丙戌	丁亥	戊子	己丑	庚寅	辛卯	壬辰	戊子立春
		西曆	17	18	19	20	21	22	23	24	25	26	27	28	29	30	31	(2)	2	3	4	5	6	7	8	9	10	11	12	13	14	15	
二月小	丙寅	天干地支	癸巳	甲午	乙未	丙申	丁酉	戊戌	己亥	庚子	辛丑	壬寅	癸卯	甲辰	乙巳	丙午	丁未	戊申	己酉	庚戌	辛亥	壬子	癸丑	甲寅	乙卯	丙辰	丁巳	戊午	己未	庚申	辛酉		
		西曆	16	17	18	19	20	21	22	23	24	25	26	27	28	29	(3)	2	3	4	5	6	7	8	9	10	11	12	13	14	15		
三月大	丁卯	天干地支	壬戌	癸亥	甲子	乙丑	丙寅	丁卯	戊辰	己巳	庚午	辛未	壬申	癸酉	甲戌	乙亥	丙子	丁丑	戊寅	己卯	庚辰	辛巳	壬午	癸未	甲申	乙酉	丙戌	丁亥	戊子	己丑	庚寅	辛卯	甲戌春分
		西曆	16	17	18	19	20	21	22	23	24	25	26	27	28	29	30	31	(4)	2	3	4	5	6	7	8	9	10	11	12	13	14	
四月大	戊辰	天干地支	壬辰	癸巳	甲午	乙未	丙申	丁酉	戊戌	己亥	庚子	辛丑	壬寅	癸卯	甲辰	乙巳	丙午	丁未	戊申	己酉	庚戌	辛亥	壬子	癸丑	甲寅	乙卯	丙辰	丁巳	戊午	己未	庚申	辛酉	辛酉立夏 壬辰日食
		西曆	15	16	17	18	19	20	21	22	23	24	25	26	27	28	29	30	(5)	2	3	4	5	6	7	8	9	10	11	12	13	14	
五月小	己巳	天干地支	壬戌	癸亥	甲子	乙丑	丙寅	丁卯	戊辰	己巳	庚午	辛未	壬申	癸酉	甲戌	乙亥	丙子	丁丑	戊寅	己卯	庚辰	辛巳	壬午	癸未	甲申	乙酉	丙戌	丁亥	戊子	己丑	庚寅		
		西曆	15	16	17	18	19	20	21	22	23	24	25	26	27	28	29	30	31	(6)	2	3	4	5	6	7	8	9	10	11	12		
六月大	庚午	天干地支	辛卯	壬辰	癸巳	甲午	乙未	丙申	丁酉	戊戌	己亥	庚子	辛丑	壬寅	癸卯	甲辰	乙巳	丙午	丁未	戊申	己酉	庚戌	辛亥	壬子	癸丑	甲寅	乙卯	丙辰	丁巳	戊午	己未	庚申	戊申夏至
		西曆	13	14	15	16	17	18	19	20	21	22	23	24	25	26	27	28	29	30	(7)	2	3	4	5	6	7	8	9	10	11	12	
七月小	辛未	天干地支	辛酉	壬戌	癸亥	甲子	乙丑	丙寅	丁卯	戊辰	己巳	庚午	辛未	壬申	癸酉	甲戌	乙亥	丙子	丁丑	戊寅	己卯	庚辰	辛巳	壬午	癸未	甲申	乙酉	丙戌	丁亥	戊子	己丑		
		西曆	13	14	15	16	17	18	19	20	21	22	23	24	25	26	27	28	29	30	31	(8)	2	3	4	5	6	7	8	9	10		
八月大	壬申	天干地支	庚寅	辛卯	壬辰	癸巳	甲午	乙未	丙申	丁酉	戊戌	己亥	庚子	辛丑	壬寅	癸卯	甲辰	乙巳	丙午	丁未	戊申	己酉	庚戌	辛亥	壬子	癸丑	甲寅	乙卯	丙辰	丁巳	戊午	己未	甲午立秋
		西曆	11	12	13	14	15	16	17	18	19	20	21	22	23	24	25	26	27	28	29	30	31	(9)	2	3	4	5	6	7	8	9	
九月小	癸酉	天干地支	庚申	辛酉	壬戌	癸亥	甲子	乙丑	丙寅	丁卯	戊辰	己巳	庚午	辛未	壬申	癸酉	甲戌	乙亥	丙子	丁丑	戊寅	己卯	庚辰	辛巳	壬午	癸未	甲申	乙酉	丙戌	丁亥	戊子		庚辰秋分
		西曆	10	11	12	13	14	15	16	17	18	19	20	21	22	23	24	25	26	27	28	29	30	(10)	2	3	4	5	6	7	8		
十月大	甲戌	天干地支	己丑	庚寅	辛卯	壬辰	癸巳	甲午	乙未	丙申	丁酉	戊戌	己亥	庚子	辛丑	壬寅	癸卯	甲辰	乙巳	丙午	丁未	戊申	己酉	庚戌	辛亥	壬子	癸丑	甲寅	乙卯	丙辰	丁巳	戊午	
		西曆	9	10	11	12	13	14	15	16	17	18	19	20	21	22	23	24	25	26	27	28	29	30	31	(11)	2	3	4	5	6	7	
十一月小	乙亥	天干地支	己未	庚申	辛酉	壬戌	癸亥	甲子	乙丑	丙寅	丁卯	戊辰	己巳	庚午	辛未	壬申	癸酉	甲戌	乙亥	丙子	丁丑	戊寅	己卯	庚辰	辛巳	壬午	癸未	甲申	乙酉	丙戌	丁亥		甲子立冬
		西曆	8	9	10	11	12	13	14	15	16	17	18	19	20	21	22	23	24	25	26	27	28	29	30	(12)	2	3	4	5	6		
十二月大	丙子	天干地支	戊子	己丑	庚寅	辛卯	壬辰	癸巳	甲午	乙未	丙申	丁酉	戊戌	己亥	庚子	辛丑	壬寅	癸卯	甲辰	乙巳	丙午	丁未	戊申	己酉	庚戌	辛亥	壬子	癸丑	甲寅	乙卯	丙辰	丁巳	戊申冬至
		西曆	7	8	9	10	11	12	13	14	15	16	17	18	19	20	21	22	23	24	25	26	27	28	29	30	31	(1)	2	3	4	5	

朔閏異同	曆名	正月	二月	三月	四月	五月	六月	七月	八月	九月	十月	十一	十二	閏月
	周曆殷曆	壬辰癸亥	壬戌壬辰	壬辰壬戌	辛酉辛卯	辛卯辛酉	庚申庚寅	庚寅庚申	己未己丑	己丑己未	戊午己丑	戊子戊午	丁巳戊子	
	夏曆新曆	壬辰癸巳	壬戌癸亥	辛卯壬辰	辛酉辛酉	庚寅辛卯	庚申庚申	庚寅庚寅	己未己未	己丑己丑	戊午己未	戊子己丑	丁巳戊午	

*《長曆》：正月癸亥，二月壬辰，三月壬戌，四月辛卯，五月辛酉，六月庚寅，七月庚申，八月己丑，九月己未，十月己丑，十一戊午，十二戊子。

周惠王二十一年 魯僖公四年（乙丑 牛年）公元前 656 年 歲在壽星

魯曆月序		中西曆日對照	魯曆日序																													節氣與天象
			初一	初二	初三	初四	初五	初六	初七	初八	初九	初十	十一	十二	十三	十四	十五	十六	十七	十八	十九	二十	二一	二二	二三	二四	二五	二六	二七	二八	二九	三十	
正月小	丁丑	天地干支 西曆	戊午 6	己未 7	庚申 8	辛酉 9	壬戌 10	癸亥 11	甲子 12	乙丑 13	丙寅 14	丁卯 15	戊辰 16	己巳 17	庚午 18	辛未 19	壬申 20	癸酉 21	甲戌 22	乙亥 23	丙子 24	丁丑 25	戊寅 26	己卯 27	庚辰 28	辛巳 29	壬午 30	癸未 31	甲申 (2)	乙酉 2	丙戌 3		
二月大	戊寅	天地干支 西曆	丁亥 4	戊子 5	己丑 6	庚寅 7	辛卯 8	壬辰 9	癸巳 10	甲午 11	乙未 12	丙申 13	丁酉 14	戊戌 15	己亥 16	庚子 17	辛丑 18	壬寅 19	癸卯 20	甲辰 21	乙巳 22	丙午 23	丁未 24	戊申 25	己酉 26	庚戌 27	辛亥 28	壬子 (3)	癸丑 2	甲寅 3	乙卯 4	丙辰 5	癸巳立春
三月小	己卯	天地干支 西曆	丁巳 6	戊午 7	己未 8	庚申 9	辛酉 10	壬戌 11	癸亥 12	甲子 13	乙丑 14	丙寅 15	丁卯 16	戊辰 17	己巳 18	庚午 19	辛未 20	壬申 21	癸酉 22	甲戌 23	乙亥 24	丙子 25	丁丑 26	戊寅 27	己卯 28	庚辰 29	辛巳 30	壬午 31	癸未 (4)	甲申 2	乙酉 3		己卯春分
四月大	庚辰	天地干支 西曆	丙戌 4	丁亥 5	戊子 6	己丑 7	庚寅 8	辛卯 9	壬辰 10	癸巳 11	甲午 12	乙未 13	丙申 14	丁酉 15	戊戌 16	己亥 17	庚子 18	辛丑 19	壬寅 20	癸卯 21	甲辰 22	乙巳 23	丙午 24	丁未 25	戊申 26	己酉 27	庚戌 28	辛亥 29	壬子 30	癸丑 (5)	甲寅 2	乙卯 3	丁亥日食
五月小	辛巳	天地干支 西曆	丙辰 4	丁巳 5	戊午 6	己未 7	庚申 8	辛酉 9	壬戌 10	癸亥 11	甲子 12	乙丑 13	丙寅 14	丁卯 15	戊辰 16	己巳 17	庚午 18	辛未 19	壬申 20	癸酉 21	甲戌 22	乙亥 23	丙子 24	丁丑 25	戊寅 26	己卯 27	庚辰 28	辛巳 29	壬午 30	癸未 31	甲申 (6)		丙寅立夏
六月大	壬午	天地干支 西曆	乙酉 2	丙戌 3	丁亥 4	戊子 5	己丑 6	庚寅 7	辛卯 8	壬辰 9	癸巳 10	甲午 11	乙未 12	丙申 13	丁酉 14	戊戌 15	己亥 16	庚子 17	辛丑 18	壬寅 19	癸卯 20	甲辰 21	乙巳 22	丙午 23	丁未 24	戊申 25	己酉 26	庚戌 27	辛亥 28	壬子 29	癸丑 30	甲寅 (7)	癸丑夏至
七月大	癸未	天地干支 西曆	乙卯 2	丙辰 3	丁巳 4	戊午 5	己未 6	庚申 7	辛酉 8	壬戌 9	癸亥 10	甲子 11	乙丑 12	丙寅 13	丁卯 14	戊辰 15	己巳 16	庚午 17	辛未 18	壬申 19	癸酉 20	甲戌 21	乙亥 22	丙子 23	丁丑 24	戊寅 25	己卯 26	庚辰 27	辛巳 28	壬午 29	癸未 30	甲申 31	
八月小	甲申	天地干支 西曆	乙酉 (8)	丙戌 2	丁亥 3	戊子 4	己丑 5	庚寅 6	辛卯 7	壬辰 8	癸巳 9	甲午 10	乙未 11	丙申 12	丁酉 13	戊戌 14	己亥 15	庚子 16	辛丑 17	壬寅 18	癸卯 19	甲辰 20	乙巳 21	丙午 22	丁未 23	戊申 24	己酉 25	庚戌 26	辛亥 27	壬子 28	癸丑 29		庚子立秋
九月大	乙酉	天地干支 西曆	甲寅 30	乙卯 31	丙辰 (9)	丁巳 2	戊午 3	己未 4	庚申 5	辛酉 6	壬戌 7	癸亥 8	甲子 9	乙丑 10	丙寅 11	丁卯 12	戊辰 13	己巳 14	庚午 15	辛未 16	壬申 17	癸酉 18	甲戌 19	乙亥 20	丙子 21	丁丑 22	戊寅 23	己卯 24	庚辰 25	辛巳 26	壬午 27	癸未 28	
十月小	丙戌	天地干支 西曆	甲申 29	乙酉 30	丙戌 (10)	丁亥 2	戊子 3	己丑 4	庚寅 5	辛卯 6	壬辰 7	癸巳 8	甲午 9	乙未 10	丙申 11	丁酉 12	戊戌 13	己亥 14	庚子 15	辛丑 16	壬寅 17	癸卯 18	甲辰 19	乙巳 20	丙午 21	丁未 22	戊申 23	己酉 24	庚戌 25	辛亥 26	壬子 27		乙酉秋分
十一月大	丁亥	天地干支 西曆	癸丑 28	甲寅 29	乙卯 30	丙辰 31	丁巳 (11)	戊午 2	己未 3	庚申 4	辛酉 5	壬戌 6	癸亥 7	甲子 8	乙丑 9	丙寅 10	丁卯 11	戊辰 12	己巳 13	庚午 14	辛未 15	壬申 16	癸酉 17	甲戌 18	乙亥 19	丙子 20	丁丑 21	戊寅 22	己卯 23	庚辰 24	辛巳 25	壬午 26	己巳立冬
十二月小	戊子	天地干支 西曆	癸未 27	甲申 28	乙酉 29	丙戌 30	丁亥 (12)	戊子 2	己丑 3	庚寅 4	辛卯 5	壬辰 6	癸巳 7	甲午 8	乙未 9	丙申 10	丁酉 11	戊戌 12	己亥 13	庚子 14	辛丑 15	壬寅 16	癸卯 17	甲辰 18	乙巳 19	丙午 20	丁未 21	戊申 22	己酉 23	庚戌 24	辛亥 25		

朔閏異同	曆名	正月	二月	三月	四月	五月	六月	七月	八月	九月	十月	十一	十二	閏月	曆名	正月	二月	三月	四月	五月	六月	七月	八月	九月	十月	十一	十二	閏月
	周曆殷曆	丁亥丁巳	丙辰丁亥	丙戌丙辰	乙卯丙戌	乙酉乙卯	乙卯乙酉	甲申甲寅	甲寅甲申	癸未癸丑	癸丑癸未	壬午壬子	壬子---壬午	---辛巳壬子	夏曆新曆	丁亥戊子	丙辰丁巳	丙戌丁亥	乙卯丙辰	乙酉乙酉	甲寅乙卯	甲申---甲申	---癸丑癸丑	癸未癸未	癸丑癸丑	壬午癸未	壬子壬子	辛巳壬午

*《長曆》：正月丁巳，二月丁亥，三月丙辰，四月丙戌，五月乙卯，六月乙酉，七月甲寅，八月甲申，九月癸丑，十月癸未，十一壬子，十二壬午。

周惠王二十二年 魯僖公五年（丙寅 虎年）公元前656 ~前 655 年 歲在大火

魯曆月序		中西曆日對照	初一	初二	初三	初四	初五	初六	初七	初八	初九	初十	十一	十二	十三	十四	十五	十六	十七	十八	十九	二十	二一	二二	二三	二四	二五	二六	二七	二八	二九	三十	節氣與天象
正月大	己丑	干支 天地 西曆	壬子26	癸丑27	甲寅28	乙卯29	丙辰30	丁巳31	戊午(1)	己未2	庚申3	辛酉4	壬戌5	癸亥6	甲子7	乙丑8	丙寅9	丁卯10	戊辰11	己巳12	庚午13	辛未14	壬申15	癸酉16	甲戌17	乙亥18	丙子19	丁丑20	戊寅21	己卯22	庚辰23	辛巳24	癸丑冬至
二月小	庚寅	干支 天地 西曆	壬午25	癸未26	甲申27	乙酉28	丙戌29	丁亥30	戊子31	己丑(2)	庚寅2	辛卯3	壬辰4	癸巳5	甲午6	乙未7	丙申8	丁酉9	戊戌10	己亥11	庚子12	辛丑13	壬寅14	癸卯15	甲辰16	乙巳17	丙午18	丁未19	戊申20	己酉21	庚戌22		戊戌立春
三月大	辛卯	干支 天地 西曆	辛亥23	壬子24	癸丑25	甲寅26	乙卯27	丙辰28	丁巳(3)	戊午2	己未3	庚申4	辛酉5	壬戌6	癸亥7	甲子8	乙丑9	丙寅10	丁卯11	戊辰12	己巳13	庚午14	辛未15	壬申16	癸酉17	甲戌18	乙亥19	丙子20	丁丑21	戊寅22	己卯23	庚辰24	
四月小	壬辰	干支 天地 西曆	辛巳25	壬午26	癸未27	甲申28	乙酉29	丙戌30	丁亥31	戊子(4)	己丑2	庚寅3	辛卯4	壬辰5	癸巳6	甲午7	乙未8	丙申9	丁酉10	戊戌11	己亥12	庚子13	辛丑14	壬寅15	癸卯16	甲辰17	乙巳18	丙午19	丁未20	戊申21	己酉22		甲申春分
五月大	癸巳	干支 天地 西曆	庚戌23	辛亥24	壬子25	癸丑26	甲寅27	乙卯28	丙辰29	丁巳30	戊午(5)	己未2	庚申3	辛酉4	壬戌5	癸亥6	甲子7	乙丑8	丙寅9	丁卯10	戊辰11	己巳12	庚午13	辛未14	壬申15	癸酉16	甲戌17	乙亥18	丙子19	丁丑20	戊寅21	己卯22	辛未立夏
六月小	甲午	干支 天地 西曆	庚辰23	辛巳24	壬午25	癸未26	甲申27	乙酉28	丙戌29	丁亥30	戊子31	己丑(6)	庚寅2	辛卯3	壬辰4	癸巳5	甲午6	乙未7	丙申8	丁酉9	戊戌10	己亥11	庚子12	辛丑13	壬寅14	癸卯15	甲辰16	乙巳17	丙午18	丁未19	戊申20		
七月大	乙未	干支 天地 西曆	己酉21	庚戌22	辛亥23	壬子24	癸丑25	甲寅26	乙卯27	丙辰28	丁巳29	戊午30	己未(7)	庚申2	辛酉3	壬戌4	癸亥5	甲子6	乙丑7	丙寅8	丁卯9	戊辰10	己巳11	庚午12	辛未13	壬申14	癸酉15	甲戌16	乙亥17	丙子18	丁丑19	戊寅20	戊午夏至
八月小	丙申	干支 天地 西曆	己卯21	庚辰22	辛巳23	壬午24	癸未25	甲申26	乙酉27	丙戌28	丁亥29	戊子30	己丑31	庚寅(8)	辛卯2	壬辰3	癸巳4	甲午5	乙未6	丙申7	丁酉8	戊戌9	己亥10	庚子11	辛丑12	壬寅13	癸卯14	甲辰15	乙巳16	丙午17	丁未18		乙巳立秋
九月大	丁酉	干支 天地 西曆	戊申19	己酉20	庚戌21	辛亥22	壬子23	癸丑24	甲寅25	乙卯26	丙辰27	丁巳28	戊午29	己未30	庚申31	辛酉(9)	壬戌2	癸亥3	甲子4	乙丑5	丙寅6	丁卯7	戊辰8	己巳9	庚午10	辛未11	壬申12	癸酉13	甲戌14	乙亥15	丙子16	丁丑17	戊申日食
十月小	戊戌	干支 天地 西曆	戊寅18	己卯19	庚辰20	辛巳21	壬午22	癸未23	甲申24	乙酉25	丙戌26	丁亥27	戊子28	己丑29	庚寅30	辛卯(10)	壬辰2	癸巳3	甲午4	乙未5	丙申6	丁酉7	戊戌8	己亥9	庚子10	辛丑11	壬寅12	癸卯13	甲辰14	乙巳15	丙午16		庚寅秋分
十一月大	己亥	干支 天地 西曆	丁未17	戊申18	己酉19	庚戌20	辛亥21	壬子22	癸丑23	甲寅24	乙卯25	丙辰26	丁巳27	戊午28	己未29	庚申30	辛酉31	壬戌(11)	癸亥2	甲子3	乙丑4	丙寅5	丁卯6	戊辰7	己巳8	庚午9	辛未10	壬申11	癸酉12	甲戌13	乙亥14	丙子15	乙亥立冬
十二月小	庚子	干支 天地 西曆	丁丑16	戊寅17	己卯18	庚辰19	辛巳20	壬午21	癸未22	甲申23	乙酉24	丙戌25	丁亥26	戊子27	己丑28	庚寅29	辛卯30	壬辰(12)	癸巳2	甲午3	乙未4	丙申5	丁酉6	戊戌7	己亥8	庚子9	辛丑10	壬寅11	癸卯12	甲辰13	乙巳14		

朔閏異同	曆名	正月	二月	三月	四月	五月	六月	七月	八月	九月	十月	十一	十二	閏月		曆名	正月	二月	三月	四月	五月	六月	七月	八月	九月	十月	十一	十二	閏月
	周曆殷曆	辛亥辛巳	庚辰辛亥	庚戌庚辰	己卯庚戌	己酉己卯	戊寅己酉	戊申戊寅	丁丑戊申	丁未丁丑	丁丑丁未	丙午丙子	丙子丙午			夏曆新曆	辛亥壬子	庚辰辛巳	庚戌辛亥	己卯庚辰	己酉己酉	戊寅己卯	戊申戊申	丁丑戊寅	丁未丁未	丙子丁丑	丙午丙午	乙亥丙子	

*《長曆》：正月辛亥，二月辛巳，三月辛亥，四月庚辰，五月庚戌，六月己卯，七月己酉，八月戊寅，九月戊申，十月丁丑，十一丁未，十二丙子。

周惠王二十三年 魯僖公六年（丁卯 兔年） 公元前655～前654年 歲在析木

魯曆月序		中西曆日對照	初一	初二	初三	初四	初五	初六	初七	初八	初九	初十	十一	十二	十三	十四	十五	十六	十七	十八	十九	二十	二一	二二	二三	二四	二五	二六	二七	二八	二九	三十	節氣與天象
正月大	辛丑	天干地支西曆	丙午15	丁未16	戊申17	己酉18	庚戌19	辛亥20	壬子21	癸丑22	甲寅23	乙卯24	丙辰25	丁巳26	戊午27	己未28	庚申29	辛酉30	壬戌31	癸亥(1)	甲子2	乙丑3	丙寅4	丁卯5	戊辰6	己巳7	庚午8	辛未9	壬申10	癸酉11	甲戌12	乙亥13	己未冬至
二月大	壬寅	天干地支西曆	丙子14	丁丑15	戊寅16	己卯17	庚辰18	辛巳19	壬午20	癸未21	甲申22	乙酉23	丙戌24	丁亥25	戊子26	己丑27	庚寅28	辛卯29	壬辰30	癸巳31	甲午(2)	乙未2	丙申3	丁酉4	戊戌5	己亥6	庚子7	辛丑8	壬寅9	癸卯10	甲辰11	乙巳12	癸卯立春
三月小	癸卯	天干地支西曆	丙午13	丁未14	戊申15	己酉16	庚戌17	辛亥18	壬子19	癸丑20	甲寅21	乙卯22	丙辰23	丁巳24	戊午25	己未26	庚申27	辛酉28	壬戌(3)	癸亥2	甲子3	乙丑4	丙寅5	丁卯6	戊辰7	己巳8	庚午9	辛未10	壬申11	癸酉12	甲戌13		
四月大	甲辰	天干地支西曆	乙亥14	丙子15	丁丑16	戊寅17	己卯18	庚辰19	辛巳20	壬午21	癸未22	甲申23	乙酉24	丙戌25	丁亥26	戊子27	己丑28	庚寅29	辛卯30	壬辰31	癸巳(4)	甲午2	乙未3	丙申4	丁酉5	戊戌6	己亥7	庚子8	辛丑9	壬寅10	癸卯11	甲辰12	己丑春分
五月小	乙巳	天干地支西曆	乙巳13	丙午14	丁未15	戊申16	己酉17	庚戌18	辛亥19	壬子20	癸丑21	甲寅22	乙卯23	丙辰24	丁巳25	戊午26	己未27	庚申28	辛酉29	壬戌30	癸亥(5)	甲子2	乙丑3	丙寅4	丁卯5	戊辰6	己巳7	庚午8	辛未9	壬申10	癸酉11		
六月大	丙午	天干地支西曆	甲戌12	乙亥13	丙子14	丁丑15	戊寅16	己卯17	庚辰18	辛巳19	壬午20	癸未21	甲申22	乙酉23	丙戌24	丁亥25	戊子26	己丑27	庚寅28	辛卯29	壬辰30	癸巳31	甲午(6)	乙未2	丙申3	丁酉4	戊戌5	己亥6	庚子7	辛丑8	壬寅9	癸卯10	丙子立夏
七月小	丁未	天干地支西曆	甲辰11	乙巳12	丙午13	丁未14	戊申15	己酉16	庚戌17	辛亥18	壬子19	癸丑20	甲寅21	乙卯22	丙辰23	丁巳24	戊午25	己未26	庚申27	辛酉28	壬戌29	癸亥30	甲子(7)	乙丑2	丙寅3	丁卯4	戊辰5	己巳6	庚午7	辛未8	壬申9		癸亥夏至
八月大	戊申	天干地支西曆	癸酉10	甲戌11	乙亥12	丙子13	丁丑14	戊寅15	己卯16	庚辰17	辛巳18	壬午19	癸未20	甲申21	乙酉22	丙戌23	丁亥24	戊子25	己丑26	庚寅27	辛卯28	壬辰29	癸巳30	甲午31	乙未(8)	丙申2	丁酉3	戊戌4	己亥5	庚子6	辛丑7	壬寅8	
九月小	己酉	天干地支西曆	癸卯9	甲辰10	乙巳11	丙午12	丁未13	戊申14	己酉15	庚戌16	辛亥17	壬子18	癸丑19	甲寅20	乙卯21	丙辰22	丁巳23	戊午24	己未25	庚申26	辛酉27	壬戌28	癸亥29	甲子30	乙丑31	丙寅(9)	丁卯2	戊辰3	己巳4	庚午5	辛未6		庚戌立秋 癸卯日食
十月大	庚戌	天干地支西曆	壬申7	癸酉8	甲戌9	乙亥10	丙子11	丁丑12	戊寅13	己卯14	庚辰15	辛巳16	壬午17	癸未18	甲申19	乙酉20	丙戌21	丁亥22	戊子23	己丑24	庚寅25	辛卯26	壬辰27	癸巳28	甲午29	乙未30	丙申(10)	丁酉2	戊戌3	己亥4	庚子5	辛丑6	乙未秋分
十一月小	辛亥	天干地支西曆	壬寅7	癸卯8	甲辰9	乙巳10	丙午11	丁未12	戊申13	己酉14	庚戌15	辛亥16	壬子17	癸丑18	甲寅19	乙卯20	丙辰21	丁巳22	戊午23	己未24	庚申25	辛酉26	壬戌27	癸亥28	甲子29	乙丑30	丙寅31	丁卯(11)	戊辰2	己巳3	庚午4		
十二月大	壬子	天干地支西曆	辛未5	壬申6	癸酉7	甲戌8	乙亥9	丙子10	丁丑11	戊寅12	己卯13	庚辰14	辛巳15	壬午16	癸未17	甲申18	乙酉19	丙戌20	丁亥21	戊子22	己丑23	庚寅24	辛卯25	壬辰26	癸巳27	甲午28	乙未29	丙申30	丁酉(12)	戊戌2	己亥3	庚子4	庚辰立冬

朔閏異同	曆名	正月	二月	三月	四月	五月	六月	七月	八月	九月	十月	十一	十二	閏月		曆名	正月	二月	三月	四月	五月	六月	七月	八月	九月	十月	十一	十二	閏月
	周曆殷曆	乙巳乙亥	乙亥乙巳	甲辰甲戌	甲戌甲辰	癸卯甲戌	癸酉癸卯	壬寅癸酉	壬申壬寅	辛丑壬申	辛未辛丑	庚子辛未	庚午庚子			夏曆新曆	乙巳丙午	乙亥丙子	甲辰乙巳	甲戌乙亥	癸卯甲辰	癸酉癸酉	壬寅癸卯	壬申壬申	辛丑壬寅	辛未辛未	庚子辛丑	庚午庚午	

*《長曆》：正月丙午，二月乙亥，三月乙巳，四月甲戌，五月甲辰，六月甲戌，七月癸卯，八月癸酉，九月壬寅，十月壬申，十一辛丑，十二辛未。

周惠王二十四年 魯僖公七年（戊辰 龍年）公元前654 ~ 前653年 歲在星紀

魯曆月序		中西曆日對照	初一	初二	初三	初四	初五	初六	初七	初八	初九	初十	十一	十二	十三	十四	十五	十六	十七	十八	十九	二十	二一	二二	二三	二四	二五	二六	二七	二八	二九	三十	節氣與天象
正月小	癸丑	天干地支 西曆	辛丑 5	壬寅 6	癸卯 7	甲辰 8	乙巳 9	丙午 10	丁未 11	戊申 12	己酉 13	庚戌 14	辛亥 15	壬子 16	癸丑 17	甲寅 18	乙卯 19	丙辰 20	丁巳 21	戊午 22	己未 23	庚申 24	辛酉 25	壬戌 26	癸亥 27	甲子 28	乙丑 29	丙寅 30	丁卯 31	戊辰 (1)	己巳 2		甲子冬至
二月大	甲寅	天干地支 西曆	庚午 3	辛未 4	壬申 5	癸酉 6	甲戌 7	乙亥 8	丙子 9	丁丑 10	戊寅 11	己卯 12	庚辰 13	辛巳 14	壬午 15	癸未 16	甲申 17	乙酉 18	丙戌 19	丁亥 20	戊子 21	己丑 22	庚寅 23	辛卯 24	壬辰 25	癸巳 26	甲午 27	乙未 28	丙申 29	丁酉 30	戊戌 31	己亥 (2)	
三月小	乙卯	天干地支 西曆	庚子 2	辛丑 3	壬寅 4	癸卯 5	甲辰 6	乙巳 7	丙午 8	丁未 9	戊申 10	己酉 11	庚戌 12	辛亥 13	壬子 14	癸丑 15	甲寅 16	乙卯 17	丙辰 18	丁巳 19	戊午 20	己未 21	庚申 22	辛酉 23	壬戌 24	癸亥 25	甲子 26	乙丑 27	丙寅 28	丁卯 29	戊辰 (3)		己酉立春 庚子日食
四月大	丙辰	天干地支 西曆	己巳 2	庚午 3	辛未 4	壬申 5	癸酉 6	甲戌 7	乙亥 8	丙子 9	丁丑 10	戊寅 11	己卯 12	庚辰 13	辛巳 14	壬午 15	癸未 16	甲申 17	乙酉 18	丙戌 19	丁亥 20	戊子 21	己丑 22	庚寅 23	辛卯 24	壬辰 25	癸巳 26	甲午 27	乙未 28	丙申 29	丁酉 30	戊戌 31	乙未春分
五月大	丁巳	天干地支 西曆	己亥 (4)	庚子 2	辛丑 3	壬寅 4	癸卯 5	甲辰 6	乙巳 7	丙午 8	丁未 9	戊申 10	己酉 11	庚戌 12	辛亥 13	壬子 14	癸丑 15	甲寅 16	乙卯 17	丙辰 18	丁巳 19	戊午 20	己未 21	庚申 22	辛酉 23	壬戌 24	癸亥 25	甲子 26	乙丑 27	丙寅 28	丁卯 29	戊辰 30	
六月小	戊午	天干地支 西曆	己巳 (5)	庚午 2	辛未 3	壬申 4	癸酉 5	甲戌 6	乙亥 7	丙子 8	丁丑 9	戊寅 10	己卯 11	庚辰 12	辛巳 13	壬午 14	癸未 15	甲申 16	乙酉 17	丙戌 18	丁亥 19	戊子 20	己丑 21	庚寅 22	辛卯 23	壬辰 24	癸巳 25	甲午 26	乙未 27	丙申 28	丁酉 29		壬午立夏
七月大	己未	天干地支 西曆	戊戌 30	己亥 31	庚子 (6)	辛丑 2	壬寅 3	癸卯 4	甲辰 5	乙巳 6	丙午 7	丁未 8	戊申 9	己酉 10	庚戌 11	辛亥 12	壬子 13	癸丑 14	甲寅 15	乙卯 16	丙辰 17	丁巳 18	戊午 19	己未 20	庚申 21	辛酉 22	壬戌 23	癸亥 24	甲子 25	乙丑 26	丙寅 27	丁卯 28	
八月小	庚申	天干地支 西曆	戊辰 29	己巳 30	庚午 (7)	辛未 2	壬申 3	癸酉 4	甲戌 5	乙亥 6	丙子 7	丁丑 8	戊寅 9	己卯 10	庚辰 11	辛巳 12	壬午 13	癸未 14	甲申 15	乙酉 16	丙戌 17	丁亥 18	戊子 19	己丑 20	庚寅 21	辛卯 22	壬辰 23	癸巳 24	甲午 25	乙未 26	丙申 27		己巳夏至
九月大	辛酉	天干地支 西曆	丁酉 28	戊戌 29	己亥 30	庚子 31	辛丑 (8)	壬寅 2	癸卯 3	甲辰 4	乙巳 5	丙午 6	丁未 7	戊申 8	己酉 9	庚戌 10	辛亥 11	壬子 12	癸丑 13	甲寅 14	乙卯 15	丙辰 16	丁巳 17	戊午 18	己未 19	庚申 20	辛酉 21	壬戌 22	癸亥 23	甲子 24	乙丑 25	丙寅 26	乙卯立秋
十月小	壬戌	天干地支 西曆	丁卯 27	戊辰 28	己巳 29	庚午 30	辛未 31	壬申 (9)	癸酉 2	甲戌 3	乙亥 4	丙子 5	丁丑 6	戊寅 7	己卯 8	庚辰 9	辛巳 10	壬午 11	癸未 12	甲申 13	乙酉 14	丙戌 15	丁亥 16	戊子 17	己丑 18	庚寅 19	辛卯 20	壬辰 21	癸巳 22	甲午 23	乙未 24		
十一月大	癸亥	天干地支 西曆	丙申 25	丁酉 26	戊戌 27	己亥 28	庚子 29	辛丑 30	壬寅 (10)	癸卯 2	甲辰 3	乙巳 4	丙午 5	丁未 6	戊申 7	己酉 8	庚戌 9	辛亥 10	壬子 11	癸丑 12	甲寅 13	乙卯 14	丙辰 15	丁巳 16	戊午 17	己未 18	庚申 19	辛酉 20	壬戌 21	癸亥 22	甲子 23	乙丑 24	辛丑秋分
十二月小	甲子	天干地支 西曆	丙寅 25	丁卯 26	戊辰 27	己巳 28	庚午 29	辛未 30	壬申 31	癸酉 (11)	甲戌 2	乙亥 3	丙子 4	丁丑 5	戊寅 6	己卯 7	庚辰 8	辛巳 9	壬午 10	癸未 11	甲申 12	乙酉 13	丙戌 14	丁亥 15	戊子 16	己丑 17	庚寅 18	辛卯 19	壬辰 20	癸巳 21	甲午 22		乙酉立冬
閏月大	甲子	天干地支 西曆	乙未 23	丙申 24	丁酉 25	戊戌 26	己亥 27	庚子 28	辛丑 29	壬寅 30	癸卯 (12)	甲辰 2	乙巳 3	丙午 4	丁未 5	戊申 6	己酉 7	庚戌 8	辛亥 9	壬子 10	癸丑 11	甲寅 12	乙卯 13	丙辰 14	丁巳 15	戊午 16	己未 17	庚申 18	辛酉 19	壬戌 20	癸亥 21	甲子 22	

朔閏異同	曆名	正月	二月	三月	四月	五月	六月	七月	八月	九月	十月	十一	十二	閏月
	周曆殷曆	己亥庚午	己巳己亥	己亥己巳	戊辰戊戌	戊戌戊辰	丁卯丁酉	丁酉丁卯	丙寅---丙申	---丙申丙寅	乙丑丙申	乙未乙丑	甲子乙未	甲午甲子
	夏曆新曆	己亥庚子	己巳庚午	戊戌己亥	戊辰己巳	戊戌---戊戌	丁卯戊辰	---丁酉丁酉	丙寅丁卯	丙申丙申	乙丑丙寅	乙未乙未	甲子乙丑	甲午甲午

*《長曆》：正月庚子，二月庚午，三月己亥，四月己巳，五月戊戌，六月戊辰，七月丁酉，八月丁卯，九月丙申，十月丙寅，十一丙申，十二乙丑，閏月乙未。

周惠王二十五年 魯僖公八年（己巳 蛇年） 公元前653 ~ 前652年 歲在亥

魯曆月序		中西曆日對照	初一	初二	初三	初四	初五	初六	初七	初八	初九	初十	十一	十二	十三	十四	十五	十六	十七	十八	十九	二十	二一	二二	二三	二四	二五	二六	二七	二八	二九	三十	節氣與天象
正月小	乙丑	天干地支西曆	乙丑23	丙寅24	丁卯25	戊辰26	己巳27	庚午28	辛未29	壬申30	癸酉31	甲戌(1)	乙亥2	丙子3	丁丑4	戊寅5	己卯6	庚辰7	辛巳8	壬午9	癸未10	甲申11	乙酉12	丙戌13	丁亥14	戊子15	己丑16	庚寅17	辛卯18	壬辰19	癸巳20		己巳冬至
二月大	丙寅	天干地支西曆	甲午21	乙未22	丙申23	丁酉24	戊戌25	己亥26	庚子27	辛丑28	壬寅29	癸卯30	甲辰31	乙巳(2)	丙午2	丁未3	戊申4	己酉5	庚戌6	辛亥7	壬子8	癸丑9	甲寅10	乙卯11	丙辰12	丁巳13	戊午14	己未15	庚申16	辛酉17	壬戌18	癸亥19	甲寅立春
三月小	丁卯	天干地支西曆	甲子20	乙丑21	丙寅22	丁卯23	戊辰24	己巳25	庚午26	辛未27	壬申28	癸酉(3)	甲戌2	乙亥3	丙子4	丁丑5	戊寅6	己卯7	庚辰8	辛巳9	壬午10	癸未11	甲申12	乙酉13	丙戌14	丁亥15	戊子16	己丑17	庚寅18	辛卯19	壬辰20		
四月大	戊辰	天干地支西曆	癸巳21	甲午22	乙未23	丙申24	丁酉25	戊戌26	己亥27	庚子28	辛丑29	壬寅30	癸卯31	甲辰(4)	乙巳2	丙午3	丁未4	戊申5	己酉6	庚戌7	辛亥8	壬子9	癸丑10	甲寅11	乙卯12	丙辰13	丁巳14	戊午15	己未16	庚申17	辛酉18	壬戌19	庚子春分
五月小	己巳	天干地支西曆	癸亥20	甲子21	乙丑22	丙寅23	丁卯24	戊辰25	己巳26	庚午27	辛未28	壬申29	癸酉30	甲戌(5)	乙亥2	丙子3	丁丑4	戊寅5	己卯6	庚辰7	辛巳8	壬午9	癸未10	甲申11	乙酉12	丙戌13	丁亥14	戊子15	己丑16	庚寅17	辛卯18		丁亥立夏
六月大	庚午	天干地支西曆	壬辰19	癸巳20	甲午21	乙未22	丙申23	丁酉24	戊戌25	己亥26	庚子27	辛丑28	壬寅29	癸卯30	甲辰31	乙巳(6)	丙午2	丁未3	戊申4	己酉5	庚戌6	辛亥7	壬子8	癸丑9	甲寅10	乙卯11	丙辰12	丁巳13	戊午14	己未15	庚申16	辛酉17	
七月大	辛未	天干地支西曆	壬戌18	癸亥19	甲子20	乙丑21	丙寅22	丁卯23	戊辰24	己巳25	庚午26	辛未27	壬申28	癸酉29	甲戌30	乙亥(7)	丙子2	丁丑3	戊寅4	己卯5	庚辰6	辛巳7	壬午8	癸未9	甲申10	乙酉11	丙戌12	丁亥13	戊子14	己丑15	庚寅16	辛卯17	甲戌夏至 壬戌日食
八月小	壬申	天干地支西曆	壬辰18	癸巳19	甲午20	乙未21	丙申22	丁酉23	戊戌24	己亥25	庚子26	辛丑27	壬寅28	癸卯29	甲辰30	乙巳31	丙午(8)	丁未2	戊申3	己酉4	庚戌5	辛亥6	壬子7	癸丑8	甲寅9	乙卯10	丙辰11	丁巳12	戊午13	己未14	庚申15		
九月大	癸酉	天干地支西曆	辛酉16	壬戌17	癸亥18	甲子19	乙丑20	丙寅21	丁卯22	戊辰23	己巳24	庚午25	辛未26	壬申27	癸酉28	甲戌29	乙亥30	丙子31	丁丑(9)	戊寅2	己卯3	庚辰4	辛巳5	壬午6	癸未7	甲申8	乙酉9	丙戌10	丁亥11	戊子12	己丑13	庚寅14	辛酉立秋
十月小	甲戌	天干地支西曆	辛卯15	壬辰16	癸巳17	甲午18	乙未19	丙申20	丁酉21	戊戌22	己亥23	庚子24	辛丑25	壬寅26	癸卯27	甲辰28	乙巳29	丙午30	丁未(10)	戊申2	己酉3	庚戌4	辛亥5	壬子6	癸丑7	甲寅8	乙卯9	丙辰10	丁巳11	戊午12	己未13		丙午秋分
十一月大	乙亥	天干地支西曆	庚申14	辛酉15	壬戌16	癸亥17	甲子18	乙丑19	丙寅20	丁卯21	戊辰22	己巳23	庚午24	辛未25	壬申26	癸酉27	甲戌28	乙亥29	丙子30	丁丑31	戊寅(11)	己卯2	庚辰3	辛巳4	壬午5	癸未6	甲申7	乙酉8	丙戌9	丁亥10	戊子11	己丑12	
十二月小	丙子	天干地支西曆	庚寅13	辛卯14	壬辰15	癸巳16	甲午17	乙未18	丙申19	丁酉20	戊戌21	己亥22	庚子23	辛丑24	壬寅25	癸卯26	甲辰27	乙巳28	丙午29	丁未30	戊申(12)	己酉2	庚戌3	辛亥4	壬子5	癸丑6	甲寅7	乙卯8	丙辰9	丁巳10	戊午11		庚寅立冬

朔閏異同	曆名	正月	二月	三月	四月	五月	六月	七月	八月	九月	十月	十一	十二	閏月	曆名	正月	二月	三月	四月	五月	六月	七月	八月	九月	十月	十一	十二	閏月
	周曆殷曆	癸亥甲午	癸巳癸亥	壬戌癸巳	壬辰壬戌	壬戌壬辰	辛卯辛酉	辛酉辛卯	庚寅庚申	庚申庚寅	己丑己未	己未己丑	戊子己未		夏曆新曆	癸亥甲子	癸巳癸巳	壬戌癸亥	壬辰癸巳	辛酉壬戌	辛卯壬辰	庚申辛酉	庚寅辛卯	庚申庚申	己丑庚寅	己未己未	戊子己丑	

*《長曆》：正月甲子，二月甲午，三月癸亥，四月癸巳，五月壬戌，六月壬辰，七月辛酉，八月辛卯，九月庚申，十月庚寅，十一己未，十二己丑。

周襄王元年 魯僖公九年（庚午 馬年）公元前652 ~ 前651年 歲在娵訾

魯曆月序		中西曆日對照	初一	初二	初三	初四	初五	初六	初七	初八	初九	初十	十一	十二	十三	十四	十五	十六	十七	十八	十九	二十	二十一	二十二	二十三	二十四	二十五	二十六	二十七	二十八	二十九	三十	節氣與天象
正月大	丁丑	干支曆 天地西	己未12	庚申13	辛酉14	壬戌15	癸亥16	甲子17	乙丑18	丙寅19	丁卯20	戊辰21	己巳22	庚午23	辛未24	壬申25	癸酉26	甲戌27	乙亥28	丙子29	丁丑30	戊寅31	己卯(1)	庚辰2	辛巳3	壬午4	癸未5	甲申6	乙酉7	丙戌8	丁亥9	戊子10	甲戌冬至
二月小	戊寅	干支曆 天地西	己丑11	庚寅12	辛卯13	壬辰14	癸巳15	甲午16	乙未17	丙申18	丁酉19	戊戌20	己亥21	庚子22	辛丑23	壬寅24	癸卯25	甲辰26	乙巳27	丙午28	丁未29	戊申30	己酉31	庚戌(2)	辛亥2	壬子3	癸丑4	甲寅5	乙卯6	丙辰7	丁巳8		
三月大	己卯	干支曆 天地西	戊午9	己未10	庚申11	辛酉12	壬戌13	癸亥14	甲子15	乙丑16	丙寅17	丁卯18	戊辰19	己巳20	庚午21	辛未22	壬申23	癸酉24	甲戌25	乙亥26	丙子27	丁丑28	戊寅(3)	己卯2	庚辰3	辛巳4	壬午5	癸未6	甲申7	乙酉8	丙戌9	丁亥10	己未立春
四月小	庚辰	干支曆 天地西	戊子11	己丑12	庚寅13	辛卯14	壬辰15	癸巳16	甲午17	乙未18	丙申19	丁酉20	戊戌21	己亥22	庚子23	辛丑24	壬寅25	癸卯26	甲辰27	乙巳28	丙午29	丁未30	戊申31	己酉(4)	庚戌2	辛亥3	壬子4	癸丑5	甲寅6	乙卯7	丙辰8		乙巳春分
五月大	辛巳	干支曆 天地西	丁巳9	戊午10	己未11	庚申12	辛酉13	壬戌14	癸亥15	甲子16	乙丑17	丙寅18	丁卯19	戊辰20	己巳21	庚午22	辛未23	壬申24	癸酉25	甲戌26	乙亥27	丙子28	丁丑29	戊寅30	己卯(5)	庚辰2	辛巳3	壬午4	癸未5	甲申6	乙酉7	丙戌8	
六月小	壬午	干支曆 天地西	丁亥9	戊子10	己丑11	庚寅12	辛卯13	壬辰14	癸巳15	甲午16	乙未17	丙申18	丁酉19	戊戌20	己亥21	庚子22	辛丑23	壬寅24	癸卯25	甲辰26	乙巳27	丙午28	丁未29	戊申30	己酉31	庚戌(6)	辛亥2	壬子3	癸丑4	甲寅5	乙卯6		壬辰立夏
七月大	癸未	干支曆 天地西	丙辰7	丁巳8	戊午9	己未10	庚申11	辛酉12	壬戌13	癸亥14	甲子15	乙丑16	丙寅17	丁卯18	戊辰19	己巳20	庚午21	辛未22	壬申23	癸酉24	甲戌25	乙亥26	丙子27	丁丑28	戊寅29	己卯30	庚辰(7)	辛巳2	壬午3	癸未4	甲申5	乙酉6	己卯夏至 丙辰日食
八月小	甲申	干支曆 天地西	丙戌7	丁亥8	戊子9	己丑10	庚寅11	辛卯12	壬辰13	癸巳14	甲午15	乙未16	丙申17	丁酉18	戊戌19	己亥20	庚子21	辛丑22	壬寅23	癸卯24	甲辰25	乙巳26	丙午27	丁未28	戊申29	己酉30	庚戌31	辛亥(8)	壬子2	癸丑3	甲寅4		
九月大	乙酉	干支曆 天地西	乙卯5	丙辰6	丁巳7	戊午8	己未9	庚申10	辛酉11	壬戌12	癸亥13	甲子14	乙丑15	丙寅16	丁卯17	戊辰18	己巳19	庚午20	辛未21	壬申22	癸酉23	甲戌24	乙亥25	丙子26	丁丑27	戊寅28	己卯29	庚辰30	辛巳31	壬午(9)	癸未2	甲申3	丙寅立秋
十月小	丙戌	干支曆 天地西	乙酉4	丙戌5	丁亥6	戊子7	己丑8	庚寅9	辛卯10	壬辰11	癸巳12	甲午13	乙未14	丙申15	丁酉16	戊戌17	己亥18	庚子19	辛丑20	壬寅21	癸卯22	甲辰23	乙巳24	丙午25	丁未26	戊申27	己酉28	庚戌29	辛亥30	壬子(10)	癸丑2		辛亥秋分
十一月大	丁亥	干支曆 天地西	甲寅3	乙卯4	丙辰5	丁巳6	戊午7	己未8	庚申9	辛酉10	壬戌11	癸亥12	甲子13	乙丑14	丙寅15	丁卯16	戊辰17	己巳18	庚午19	辛未20	壬申21	癸酉22	甲戌23	乙亥24	丙子25	丁丑26	戊寅27	己卯28	庚辰29	辛巳30	壬午31	癸未(11)	
十二月大	戊子	干支曆 天地西	甲申2	乙酉3	丙戌4	丁亥5	戊子6	己丑7	庚寅8	辛卯9	壬辰10	癸巳11	甲午12	乙未13	丙申14	丁酉15	戊戌16	己亥17	庚子18	辛丑19	壬寅20	癸卯21	甲辰22	乙巳23	丙午24	丁未25	戊申26	己酉27	庚戌28	辛亥29	壬子30	癸丑(12)	丙申立冬
閏月小	戊子	干支曆 天地西	甲寅2	乙卯3	丙辰4	丁巳5	戊午6	己未7	庚申8	辛酉9	壬戌10	癸亥11	甲子12	乙丑13	丙寅14	丁卯15	戊辰16	己巳17	庚午18	辛未19	壬申20	癸酉21	甲戌22	乙亥23	丙子24	丁丑25	戊寅26	己卯27	庚辰28	辛巳29	壬午30		庚辰冬至 甲寅日食

朔閏異同	曆名	正月	二月	三月	四月	五月	六月	七月	八月	九月	十月	十一	十二	閏月	曆名	正月	二月	三月	四月	五月	六月	七月	八月	九月	十月	十一	十二	閏月
	周曆殷曆	戊午戊子	丁亥戊午	丁巳丁亥	丙戌丁巳	丙辰丙戌	乙酉丙辰	乙卯乙酉	甲申乙卯	甲寅甲申	甲申甲寅	癸丑癸未	癸未癸丑		夏曆新曆	戊午戊午	丁亥戊子	丁巳丁巳	丙戌丁亥	丙辰丙辰	乙酉丙戌	乙卯丙辰	甲申乙酉	甲寅乙卯	癸未甲申	癸丑甲寅	壬午---癸未	癸丑

*《長曆》：正月己未，二月戊子，三月戊午，四月丁亥，五月丁巳，六月丁亥，七月丙辰，八月丙戌，九月乙卯，十月乙酉，十一甲寅，十二甲申。

周襄王二年 魯僖公十年（辛未 羊年） 公元前651 ~ 前650年 歲在降婁

魯曆月序		中曆西曆日對照	初一	初二	初三	初四	初五	初六	初七	初八	初九	初十	十一	十二	十三	十四	十五	十六	十七	十八	十九	二十	二一	二二	二三	二四	二五	二六	二七	二八	二九	三十	節氣與天象
正月大	己丑	天干地支西曆	癸未31	甲申(1)	乙酉2	丙戌3	丁亥4	戊子5	己丑6	庚寅7	辛卯8	壬辰9	癸巳10	甲午11	乙未12	丙申13	丁酉14	戊戌15	己亥16	庚子17	辛丑18	壬寅19	癸卯20	甲辰21	乙巳22	丙午23	丁未24	戊申25	己酉26	庚戌27	辛亥28	壬子29	
二月小	庚寅	天干地支西曆	癸丑30	甲寅31	乙卯(2)	丙辰2	丁巳3	戊午4	己未5	庚申6	辛酉7	壬戌8	癸亥9	甲子10	乙丑11	丙寅12	丁卯13	戊辰14	己巳15	庚午16	辛未17	壬申18	癸酉19	甲戌20	乙亥21	丙子22	丁丑23	戊寅24	己卯25	庚辰26	辛巳27		甲子立春
三月大	辛卯	天干地支西曆	壬午28	癸未(3)	甲申2	乙酉3	丙戌4	丁亥5	戊子6	己丑7	庚寅8	辛卯9	壬辰10	癸巳11	甲午12	乙未13	丙申14	丁酉15	戊戌16	己亥17	庚子18	辛丑19	壬寅20	癸卯21	甲辰22	乙巳23	丙午24	丁未25	戊申26	己酉27	庚戌28	辛亥29	庚戌春分
四月小	壬辰	天干地支西曆	壬子30	癸丑31	甲寅(4)	乙卯2	丙辰3	丁巳4	戊午5	己未6	庚申7	辛酉8	壬戌9	癸亥10	甲子11	乙丑12	丙寅13	丁卯14	戊辰15	己巳16	庚午17	辛未18	壬申19	癸酉20	甲戌21	乙亥22	丙子23	丁丑24	戊寅25	己卯26	庚辰27		
五月大	癸巳	天干地支西曆	辛巳28	壬午29	癸未30	甲申(5)	乙酉2	丙戌3	丁亥4	戊子5	己丑6	庚寅7	辛卯8	壬辰9	癸巳10	甲午11	乙未12	丙申13	丁酉14	戊戌15	己亥16	庚子17	辛丑18	壬寅19	癸卯20	甲辰21	乙巳22	丙午23	丁未24	戊申25	己酉26	庚戌27	丁酉立夏
六月小	甲午	天干地支西曆	辛亥28	壬子29	癸丑30	甲寅31	乙卯(6)	丙辰2	丁巳3	戊午4	己未5	庚申6	辛酉7	壬戌8	癸亥9	甲子10	乙丑11	丙寅12	丁卯13	戊辰14	己巳15	庚午16	辛未17	壬申18	癸酉19	甲戌20	乙亥21	丙子22	丁丑23	戊寅24	己卯25		
七月大	乙未	天干地支西曆	庚辰26	辛巳27	壬午28	癸未29	甲申30	乙酉(7)	丙戌2	丁亥3	戊子4	己丑5	庚寅6	辛卯7	壬辰8	癸巳9	甲午10	乙未11	丙申12	丁酉13	戊戌14	己亥15	庚子16	辛丑17	壬寅18	癸卯19	甲辰20	乙巳21	丙午22	丁未23	戊申24	己酉25	甲申夏至
八月小	丙申	天干地支西曆	庚戌26	辛亥27	壬子28	癸丑29	甲寅30	乙卯31	丙辰(8)	丁巳2	戊午3	己未4	庚申5	辛酉6	壬戌7	癸亥8	甲子9	乙丑10	丙寅11	丁卯12	戊辰13	己巳14	庚午15	辛未16	壬申17	癸酉18	甲戌19	乙亥20	丙子21	丁丑22	戊寅23		辛未立秋
九月大	丁酉	天干地支西曆	己卯24	庚辰25	辛巳26	壬午27	癸未28	甲申29	乙酉30	丙戌31	丁亥(9)	戊子2	己丑3	庚寅4	辛卯5	壬辰6	癸巳7	甲午8	乙未9	丙申10	丁酉11	戊戌12	己亥13	庚子14	辛丑15	壬寅16	癸卯17	甲辰18	乙巳19	丙午20	丁未21	戊申22	
十月小	戊戌	天干地支西曆	己酉23	庚戌24	辛亥25	壬子26	癸丑27	甲寅28	乙卯29	丙辰30	丁巳(10)	戊午2	己未3	庚申4	辛酉5	壬戌6	癸亥7	甲子8	乙丑9	丙寅10	丁卯11	戊辰12	己巳13	庚午14	辛未15	壬申16	癸酉17	甲戌18	乙亥19	丙子20	丁丑21		丙辰秋分
十一月大	己亥	天干地支西曆	戊寅22	己卯23	庚辰24	辛巳25	壬午26	癸未27	甲申28	乙酉29	丙戌30	丁亥31	戊子(11)	己丑2	庚寅3	辛卯4	壬辰5	癸巳6	甲午7	乙未8	丙申9	丁酉10	戊戌11	己亥12	庚子13	辛丑14	壬寅15	癸卯16	甲辰17	乙巳18	丙午19	丁未20	辛丑立冬
十二月小	庚子	天干地支西曆	戊申21	己酉22	庚戌23	辛亥24	壬子25	癸丑26	甲寅27	乙卯28	丙辰29	丁巳30	戊午(12)	己未2	庚申3	辛酉4	壬戌5	癸亥6	甲子7	乙丑8	丙寅9	丁卯10	戊辰11	己巳12	庚午13	辛未14	壬申15	癸酉16	甲戌17	乙亥18	丙子19		

朔閏異同	曆名	正月	二月	三月	四月	五月	六月	七月	八月	九月	十月	十一	十二	閏月	曆名	正月	二月	三月	四月	五月	六月	七月	八月	九月	十月	十一	十二	閏月
	周曆殷曆	壬子壬午	壬午壬子	辛亥辛巳	辛巳辛亥	庚戌---辛巳	---庚辰庚戌	己酉庚辰	己卯己酉	戊申己卯	戊寅戊申	丁未戊寅	丁丑丁未	丁未丁丑	夏曆新曆	壬子壬午	壬午辛亥	---辛亥辛巳	辛巳庚戌	庚戌庚辰	庚辰庚戌	己酉己卯	己卯己酉	戊申己卯	戊寅戊申	丁未戊寅	丁丑丁未	丙午

*《長曆》：正月癸丑，二月癸未，三月壬子，四月壬午，五月辛亥，六月辛巳，七月庚戌，八月庚辰，九月己酉，十月己卯，十一戊申，十二戊寅，閏月丁未。

周襄王三年 魯僖公十一年（壬申 猴年） 公元前650～前**649**～前648年 歲在大梁

魯曆月序		中西曆日對照	初一	初二	初三	初四	初五	初六	初七	初八	初九	初十	十一	十二	十三	十四	十五	十六	十七	十八	十九	二十	二一	二二	二三	二四	二五	二六	二七	二八	二九	三十	節氣與天象
正月大	辛丑	天干地支西曆	丁丑20	戊寅21	己卯22	庚辰23	辛巳24	壬午25	癸未26	甲申27	乙酉28	丙戌29	丁亥30	戊子31	己丑(1)	庚寅2	辛卯3	壬辰4	癸巳5	甲午6	乙未7	丙申8	丁酉9	戊戌10	己亥11	庚子12	辛丑13	壬寅14	癸卯15	甲辰16	乙巳17	丙午18	乙酉冬至
二月小	壬寅	天干地支西曆	丁未19	戊申20	己酉21	庚戌22	辛亥23	壬子24	癸丑25	甲寅26	乙卯27	丙辰28	丁巳29	戊午30	己未31	庚申(2)	辛酉2	壬戌3	癸亥4	甲子5	乙丑6	丙寅7	丁卯8	戊辰9	己巳10	庚午11	辛未12	壬申13	癸酉14	甲戌15	乙亥16		庚午立春
三月大	癸卯	天干地支西曆	丙子17	丁丑18	戊寅19	己卯20	庚辰21	辛巳22	壬午23	癸未24	甲申25	乙酉26	丙戌27	丁亥28	戊子29	己丑(3)	庚寅2	辛卯3	壬辰4	癸巳5	甲午6	乙未7	丙申8	丁酉9	戊戌10	己亥11	庚子12	辛丑13	壬寅14	癸卯15	甲辰16	乙巳17	
四月大	甲辰	天干地支西曆	丙午18	丁未19	戊申20	己酉21	庚戌22	辛亥23	壬子24	癸丑25	甲寅26	乙卯27	丙辰28	丁巳29	戊午30	己未31	庚申(4)	辛酉2	壬戌3	癸亥4	甲子5	乙丑6	丙寅7	丁卯8	戊辰9	己巳10	庚午11	辛未12	壬申13	癸酉14	甲戌15	乙亥16	丙辰春分
五月小	乙巳	天干地支西曆	丙子17	丁丑18	戊寅19	己卯20	庚辰21	辛巳22	壬午23	癸未24	甲申25	乙酉26	丙戌27	丁亥28	戊子29	己丑30	庚寅(5)	辛卯2	壬辰3	癸巳4	甲午5	乙未6	丙申7	丁酉8	戊戌9	己亥10	庚子11	辛丑12	壬寅13	癸卯14	甲辰15		壬寅立夏
六月大	丙午	天干地支西曆	乙巳16	丙午17	丁未18	戊申19	己酉20	庚戌21	辛亥22	壬子23	癸丑24	甲寅25	乙卯26	丙辰27	丁巳28	戊午29	己未30	庚申31	辛酉(6)	壬戌2	癸亥3	甲子4	乙丑5	丙寅6	丁卯7	戊辰8	己巳9	庚午10	辛未11	壬申12	癸酉13	甲戌14	
七月小	丁未	天干地支西曆	乙亥15	丙子16	丁丑17	戊寅18	己卯19	庚辰20	辛巳21	壬午22	癸未23	甲申24	乙酉25	丙戌26	丁亥27	戊子28	己丑29	庚寅30	辛卯(7)	壬辰2	癸巳3	甲午4	乙未5	丙申6	丁酉7	戊戌8	己亥9	庚子10	辛丑11	壬寅12	癸卯13		庚寅夏至
八月大	戊申	天干地支西曆	甲辰14	乙巳15	丙午16	丁未17	戊申18	己酉19	庚戌20	辛亥21	壬子22	癸丑23	甲寅24	乙卯25	丙辰26	丁巳27	戊午28	己未29	庚申30	辛酉31	壬戌(8)	癸亥2	甲子3	乙丑4	丙寅5	丁卯6	戊辰7	己巳8	庚午9	辛未10	壬申11	癸酉12	
九月小	己酉	天干地支西曆	甲戌13	乙亥14	丙子15	丁丑16	戊寅17	己卯18	庚辰19	辛巳20	壬午21	癸未22	甲申23	乙酉24	丙戌25	丁亥26	戊子27	己丑28	庚寅29	辛卯30	壬辰31	癸巳(9)	甲午2	乙未3	丙申4	丁酉5	戊戌6	己亥7	庚子8	辛丑9	壬寅10		丙子立秋
十月大	庚戌	天干地支西曆	癸卯11	甲辰12	乙巳13	丙午14	丁未15	戊申16	己酉17	庚戌18	辛亥19	壬子20	癸丑21	甲寅22	乙卯23	丙辰24	丁巳25	戊午26	己未27	庚申28	辛酉29	壬戌30	癸亥(10)	甲子2	乙丑3	丙寅4	丁卯5	戊辰6	己巳7	庚午8	辛未9	壬申10	壬戌秋分
十一月小	辛亥	天干地支西曆	癸酉11	甲戌12	乙亥13	丙子14	丁丑15	戊寅16	己卯17	庚辰18	辛巳19	壬午20	癸未21	甲申22	乙酉23	丙戌24	丁亥25	戊子26	己丑27	庚寅28	辛卯29	壬辰30	癸巳31	甲午(11)	乙未2	丙申3	丁酉4	戊戌5	己亥6	庚子7	辛丑8		
十二月大	壬子	天干地支西曆	壬寅9	癸卯10	甲辰11	乙巳12	丙午13	丁未14	戊申15	己酉16	庚戌17	辛亥18	壬子19	癸丑20	甲寅21	乙卯22	丙辰23	丁巳24	戊午25	己未26	庚申27	辛酉28	壬戌29	癸亥30	甲子(12)	乙丑2	丙寅3	丁卯4	戊辰5	己巳6	庚午7	辛未8	丙午立冬
閏月小	壬子	天干地支西曆	壬申9	癸酉10	甲戌11	乙亥12	丙子13	丁丑14	戊寅15	己卯16	庚辰17	辛巳18	壬午19	癸未20	甲申21	乙酉22	丙戌23	丁亥24	戊子25	己丑26	庚寅27	辛卯28	壬辰29	癸巳30	甲午31	乙未(1)	丙申2	丁酉3	戊戌4	己亥5	庚子6		庚寅冬至

朔閏異同	曆名	正月	二月	三月	四月	五月	六月	七月	八月	九月	十月	十一	十二	閏月	曆名	正月	二月	三月	四月	五月	六月	七月	八月	九月	十月	十一	十二	閏月
	周曆殷曆	丙子丙午	丙午丙子	乙亥乙巳	乙巳乙亥	甲戌甲辰	甲辰甲戌	癸酉癸卯	癸卯癸酉	壬申癸卯	壬寅壬申	辛未壬寅	辛丑辛未		夏曆新曆	丙子丁丑	乙巳丙午	乙亥乙亥	乙巳乙巳	甲戌甲戌	甲辰甲辰	癸酉癸酉	癸卯癸卯	壬申癸酉	壬寅癸卯	辛未壬申	辛丑壬寅	

*《長曆》：正月丁丑，二月丙午，三月丙子，四月乙巳，五月乙亥，六月甲辰，七月甲戌，八月癸卯，九月癸酉，十月癸卯，十一壬申，十二壬寅。

周襄王四年 魯僖公十二年（癸酉 鷄年） 公元前 648 年 歲在實沈

魯曆月序		中西曆日對照	魯曆日序 初一	初二	初三	初四	初五	初六	初七	初八	初九	初十	十一	十二	十三	十四	十五	十六	十七	十八	十九	二十	二一	二二	二三	二四	二五	二六	二七	二八	二九	三十	節氣與天象
正月大	癸丑	天干地支西曆	辛丑7	壬寅8	癸卯9	甲辰10	乙巳11	丙午12	丁未13	戊申14	己酉15	庚戌16	辛亥17	壬子18	癸丑19	甲寅20	乙卯21	丙辰22	丁巳23	戊午24	己未25	庚申26	辛酉27	壬戌28	癸亥29	甲子30	乙丑31	丙寅(2)	丁卯2	戊辰3	己巳4	庚午5	
二月小	甲寅	天干地支西曆	辛未6	壬申7	癸酉8	甲戌9	乙亥10	丙子11	丁丑12	戊寅13	己卯14	庚辰15	辛巳16	壬午17	癸未18	甲申19	乙酉20	丙戌21	丁亥22	戊子23	己丑24	庚寅25	辛卯26	壬辰27	癸巳28	甲午(3)	乙未2	丙申3	丁酉4	戊戌5	己亥6		乙亥立春
三月大	乙卯	天干地支西曆	庚子7	辛丑8	壬寅9	癸卯10	甲辰11	乙巳12	丙午13	丁未14	戊申15	己酉16	庚戌17	辛亥18	壬子19	癸丑20	甲寅21	乙卯22	丙辰23	丁巳24	戊午25	己未26	庚申27	辛酉28	壬戌29	癸亥30	甲子31	乙丑(4)	丙寅2	丁卯3	戊辰4	己巳5	辛酉春分
四月小	丙辰	天干地支西曆	庚午6	辛未7	壬申8	癸酉9	甲戌10	乙亥11	丙子12	丁丑13	戊寅14	己卯15	庚辰16	辛巳17	壬午18	癸未19	甲申20	乙酉21	丙戌22	丁亥23	戊子24	己丑25	庚寅26	辛卯27	壬辰28	癸巳29	甲午30	乙未(5)	丙申2	丁酉3	戊戌4		庚午日食
五月大	丁巳	天干地支西曆	己亥5	庚子6	辛丑7	壬寅8	癸卯9	甲辰10	乙巳11	丙午12	丁未13	戊申14	己酉15	庚戌16	辛亥17	壬子18	癸丑19	甲寅20	乙卯21	丙辰22	丁巳23	戊午24	己未25	庚申26	辛酉27	壬戌28	癸亥29	甲子30	乙丑31	丙寅(6)	丁卯2	戊辰3	戊申立夏
六月大	戊午	天干地支西曆	己巳4	庚午5	辛未6	壬申7	癸酉8	甲戌9	乙亥10	丙子11	丁丑12	戊寅13	己卯14	庚辰15	辛巳16	壬午17	癸未18	甲申19	乙酉20	丙戌21	丁亥22	戊子23	己丑24	庚寅25	辛卯26	壬辰27	癸巳28	甲午29	乙未30	丙申(7)	丁酉2	戊戌3	乙未夏至
七月小	己未	天干地支西曆	己亥4	庚子5	辛丑6	壬寅7	癸卯8	甲辰9	乙巳10	丙午11	丁未12	戊申13	己酉14	庚戌15	辛亥16	壬子17	癸丑18	甲寅19	乙卯20	丙辰21	丁巳22	戊午23	己未24	庚申25	辛酉26	壬戌27	癸亥28	甲子29	乙丑30	丙寅31	丁卯(8)		
八月大	庚申	天干地支西曆	戊辰2	己巳3	庚午4	辛未5	壬申6	癸酉7	甲戌8	乙亥9	丙子10	丁丑11	戊寅12	己卯13	庚辰14	辛巳15	壬午16	癸未17	甲申18	乙酉19	丙戌20	丁亥21	戊子22	己丑23	庚寅24	辛卯25	壬辰26	癸巳27	甲午28	乙未29	丙申30	丁酉31	壬午立秋
九月小	辛酉	天干地支西曆	戊戌(9)	己亥2	庚子3	辛丑4	壬寅5	癸卯6	甲辰7	乙巳8	丙午9	丁未10	戊申11	己酉12	庚戌13	辛亥14	壬子15	癸丑16	甲寅17	乙卯18	丙辰19	丁巳20	戊午21	己未22	庚申23	辛酉24	壬戌25	癸亥26	甲子27	乙丑28	丙寅29		
十月大	壬戌	天干地支西曆	丁卯30	戊辰(10)	己巳2	庚午3	辛未4	壬申5	癸酉6	甲戌7	乙亥8	丙子9	丁丑10	戊寅11	己卯12	庚辰13	辛巳14	壬午15	癸未16	甲申17	乙酉18	丙戌19	丁亥20	戊子21	己丑22	庚寅23	辛卯24	壬辰25	癸巳26	甲午27	乙未28	丙申29	丁卯秋分
十一月小	癸亥	天干地支西曆	丁酉30	戊戌31	己亥(11)	庚子2	辛丑3	壬寅4	癸卯5	甲辰6	乙巳7	丙午8	丁未9	戊申10	己酉11	庚戌12	辛亥13	壬子14	癸丑15	甲寅16	乙卯17	丙辰18	丁巳19	戊午20	己未21	庚申22	辛酉23	壬戌24	癸亥25	甲子26	乙丑27		辛亥立冬
十二月大	甲子	天干地支西曆	丙寅28	丁卯29	戊辰30	己巳(12)	庚午2	辛未3	壬申4	癸酉5	甲戌6	乙亥7	丙子8	丁丑9	戊寅10	己卯11	庚辰12	辛巳13	壬午14	癸未15	甲申16	乙酉17	丙戌18	丁亥19	戊子20	己丑21	庚寅22	辛卯23	壬辰24	癸巳25	甲午26	乙未27	乙未冬至

朔閏異同	曆名	正月	二月	三月	四月	五月	六月	七月	八月	九月	十月	十一	十二	閏月	曆名	正月	二月	三月	四月	五月	六月	七月	八月	九月	十月	十一	十二	閏月
	周曆殷曆	庚午辛丑	庚子庚午	己巳庚子	己亥己巳	己巳己亥	戊戌戊辰	戊辰戊戌	丁酉丁卯	丁卯丁酉	丙申丙寅	丙寅丙申	乙未丙寅		夏曆新曆	庚午辛未	庚子辛丑	己巳庚午	己亥己亥	戊辰己巳	戊戌戊戌	丁卯丁卯	丁酉---丁酉	丁卯丁卯	丙申丙申	---丙寅丙寅	乙未丙申	乙丑丙寅

*《長曆》：正月辛未，二月辛丑，三月庚午，四月庚子，五月己巳，六月己亥，七月戊辰，八月戊戌，九月丁卯，十月丁酉，十一丙寅，十二丙申，閏月丙寅

周襄王五年 魯僖公十三年（甲戌 狗年）
公元前 648 ～前 **647** ～ 前 646 年 歲在鶉首

魯曆月序	中曆	西日照中曆對	初一	初二	初三	初四	初五	初六	初七	初八	初九	初十	十一	十二	十三	十四	十五	十六	十七	十八	十九	二十	二一	二二	二三	二四	二五	二六	二七	二八	二九	三十	節氣與天象
正月小	乙丑	天干地支西曆	丙申28	丁酉29	戊戌30	己亥31	庚子(1)	辛丑2	壬寅3	癸卯4	甲辰5	乙巳6	丙午7	丁未8	戊申9	己酉10	庚戌11	辛亥12	壬子13	癸丑14	甲寅15	乙卯16	丙辰17	丁巳18	戊午19	己未20	庚申21	辛酉22	壬戌23	癸亥24	甲子25		
二月大	丙寅	天干地支西曆	乙丑26	丙寅27	丁卯28	戊辰29	己巳30	庚午31	辛未(2)	壬申2	癸酉3	甲戌4	乙亥5	丙子6	丁丑7	戊寅8	己卯9	庚辰10	辛巳11	壬午12	癸未13	甲申14	乙酉15	丙戌16	丁亥17	戊子18	己丑19	庚寅20	辛卯21	壬辰22	癸巳23	甲午24	庚辰立春
三月小	丁卯	天干地支西曆	乙未25	丙申26	丁酉27	戊戌28	己亥(3)	庚子2	辛丑3	壬寅4	癸卯5	甲辰6	乙巳7	丙午8	丁未9	戊申10	己酉11	庚戌12	辛亥13	壬子14	癸丑15	甲寅16	乙卯17	丙辰18	丁巳19	戊午20	己未21	庚申22	辛酉23	壬戌24	癸亥25		
四月大	戊辰	天干地支西曆	甲子26	乙丑27	丙寅28	丁卯29	戊辰30	己巳31	庚午(4)	辛未2	壬申3	癸酉4	甲戌5	乙亥6	丙子7	丁丑8	戊寅9	己卯10	庚辰11	辛巳12	壬午13	癸未14	甲申15	乙酉16	丙戌17	丁亥18	戊子19	己丑20	庚寅21	辛卯22	壬辰23	癸巳24	丙寅春分
五月小	己巳	天干地支西曆	甲午25	乙未26	丙申27	丁酉28	戊戌29	己亥30	庚子(5)	辛丑2	壬寅3	癸卯4	甲辰5	乙巳6	丙午7	丁未8	戊申9	己酉10	庚戌11	辛亥12	壬子13	癸丑14	甲寅15	乙卯16	丙辰17	丁巳18	戊午19	己未20	庚申21	辛酉22	壬戌23		癸丑立夏
六月大	庚午	天干地支西曆	癸亥24	甲子25	乙丑26	丙寅27	丁卯28	戊辰29	己巳30	庚午31	辛未(6)	壬申2	癸酉3	甲戌4	乙亥5	丙子6	丁丑7	戊寅8	己卯9	庚辰10	辛巳11	壬午12	癸未13	甲申14	乙酉15	丙戌16	丁亥17	戊子18	己丑19	庚寅20	辛卯21	壬辰22	
七月小	辛未	天干地支西曆	癸巳23	甲午24	乙未25	丙申26	丁酉27	戊戌28	己亥29	庚子30	辛丑(7)	壬寅2	癸卯3	甲辰4	乙巳5	丙午6	丁未7	戊申8	己酉9	庚戌10	辛亥11	壬子12	癸丑13	甲寅14	乙卯15	丙辰16	丁巳17	戊午18	己未19	庚申20	辛酉21		庚子夏至
八月大	壬申	天干地支西曆	壬戌22	癸亥23	甲子24	乙丑25	丙寅26	丁卯27	戊辰28	己巳29	庚午30	辛未31	壬申(8)	癸酉2	甲戌3	乙亥4	丙子5	丁丑6	戊寅7	己卯8	庚辰9	辛巳10	壬午11	癸未12	甲申13	乙酉14	丙戌15	丁亥16	戊子17	己丑18	庚寅19	辛卯20	丁亥立秋
九月小	癸酉	天干地支西曆	壬辰21	癸巳22	甲午23	乙未24	丙申25	丁酉26	戊戌27	己亥28	庚子29	辛丑30	壬寅31	癸卯(9)	甲辰2	乙巳3	丙午4	丁未5	戊申6	己酉7	庚戌8	辛亥9	壬子10	癸丑11	甲寅12	乙卯13	丙辰14	丁巳15	戊午16	己未17	庚申18		
十月大	甲戌	天干地支西曆	辛酉19	壬戌20	癸亥21	甲子22	乙丑23	丙寅24	丁卯25	戊辰26	己巳27	庚午28	辛未29	壬申30	癸酉(10)	甲戌2	乙亥3	丙子4	丁丑5	戊寅6	己卯7	庚辰8	辛巳9	壬午10	癸未11	甲申12	乙酉13	丙戌14	丁亥15	戊子16	己丑17	庚寅18	壬申秋分 辛酉日食
十一月大	乙亥	天干地支西曆	辛卯19	壬辰20	癸巳21	甲午22	乙未23	丙申24	丁酉25	戊戌26	己亥27	庚子28	辛丑29	壬寅30	癸卯31	甲辰(11)	乙巳2	丙午3	丁未4	戊申5	己酉6	庚戌7	辛亥8	壬子9	癸丑10	甲寅11	乙卯12	丙辰13	丁巳14	戊午15	己未16	庚申17	丙辰立冬
十二月小	丙子	天干地支西曆	辛酉18	壬戌19	癸亥20	甲子21	乙丑22	丙寅23	丁卯24	戊辰25	己巳26	庚午27	辛未28	壬申29	癸酉30	甲戌(12)	乙亥2	丙子3	丁丑4	戊寅5	己卯6	庚辰7	辛巳8	壬午9	癸未10	甲申11	乙酉12	丙戌13	丁亥14	戊子15	己丑16		
閏月大	丙子	天干地支西曆	庚寅17	辛卯18	壬辰19	癸巳20	甲午21	乙未22	丙申23	丁酉24	戊戌25	己亥26	庚子27	辛丑28	壬寅29	癸卯30	甲辰31	乙巳(1)	丙午2	丁未3	戊申4	己酉5	庚戌6	辛亥7	壬子8	癸丑9	甲寅10	乙卯11	丙辰12	丁巳13	戊午14	己未15	辛丑冬至

朔閏異同	曆名	正月	二月	三月	四月	五月	六月	七月	八月	九月	十月	十一	十二	閏月
	周曆殷曆	乙丑乙未	甲午---乙丑	---甲子甲午	癸巳甲子	癸亥癸巳	壬辰癸亥	壬戌壬辰	辛卯壬戌	辛酉辛卯	辛卯辛酉	庚申庚寅	庚寅庚申	己未己丑

曆名	正月	二月	三月	四月	五月	六月	七月	八月	九月	十月	十一	十二	閏月
夏曆新曆	甲午乙未	甲子乙丑	癸巳甲午	癸亥癸亥	壬辰癸巳	壬戌壬戌	辛卯辛卯	辛酉辛酉	庚寅辛卯	庚申庚申	庚寅庚寅	己未庚申	

*《長曆》：正月乙未，二月乙丑，三月甲午，四月甲子，五月癸巳，六月癸亥，七月壬辰，八月壬戌，九月辛卯，十月辛酉，十一庚寅，十二庚申。

周襄王六年 魯僖公十四年（乙亥 猪年） 公元前 646 ~ 前 645 年 歲在鶉火

魯曆月序		中西曆日對照	初一	初二	初三	初四	初五	初六	初七	初八	初九	初十	十一	十二	十三	十四	十五	十六	十七	十八	十九	二十	二一	二二	二三	二四	二五	二六	二七	二八	二九	三十	節氣與天象
正月小	丁丑	干支 天地 西曆	庚申16	辛酉17	壬戌18	癸亥19	甲子20	乙丑21	丙寅22	丁卯23	戊辰24	己巳25	庚午26	辛未27	壬申28	癸酉29	甲戌30	乙亥31	丙子(2)	丁丑2	戊寅3	己卯4	庚辰5	辛巳6	壬午7	癸未8	甲申9	乙酉10	丙戌11	丁亥12	戊子13		乙酉立春
二月大	戊寅	干支 天地 西曆	己丑14	庚寅15	辛卯16	壬辰17	癸巳18	甲午19	乙未20	丙申21	丁酉22	戊戌23	己亥24	庚子25	辛丑26	壬寅27	癸卯28	甲辰(3)	乙巳2	丙午3	丁未4	戊申5	己酉6	庚戌7	辛亥8	壬子9	癸丑10	甲寅11	乙卯12	丙辰13	丁巳14	戊午15	
三月小	己卯	干支 天地 西曆	己未16	庚申17	辛酉18	壬戌19	癸亥20	甲子21	乙丑22	丙寅23	丁卯24	戊辰25	己巳26	庚午27	辛未28	壬申29	癸酉30	甲戌31	乙亥(4)	丙子2	丁丑3	戊寅4	己卯5	庚辰6	辛巳7	壬午8	癸未9	甲申10	乙酉11	丙戌12	丁亥13		辛未春分
四月大	庚辰	干支 天地 西曆	戊子14	己丑15	庚寅16	辛卯17	壬辰18	癸巳19	甲午20	乙未21	丙申22	丁酉23	戊戌24	己亥25	庚子26	辛丑27	壬寅28	癸卯29	甲辰30	乙巳(5)	丙午2	丁未3	戊申4	己酉5	庚戌6	辛亥7	壬子8	癸丑9	甲寅10	乙卯11	丙辰12	丁巳13	
五月小	辛巳	干支 天地 西曆	戊午14	己未15	庚申16	辛酉17	壬戌18	癸亥19	甲子20	乙丑21	丙寅22	丁卯23	戊辰24	己巳25	庚午26	辛未27	壬申28	癸酉29	甲戌30	乙亥31	丙子(6)	丁丑2	戊寅3	己卯4	庚辰5	辛巳6	壬午7	癸未8	甲申9	乙酉10	丙戌11		戊午立夏
六月大	壬午	干支 天地 西曆	丁亥12	戊子13	己丑14	庚寅15	辛卯16	壬辰17	癸巳18	甲午19	乙未20	丙申21	丁酉22	戊戌23	己亥24	庚子25	辛丑26	壬寅27	癸卯28	甲辰29	乙巳30	丙午(7)	丁未2	戊申3	己酉4	庚戌5	辛亥6	壬子7	癸丑8	甲寅9	乙卯10	丙辰11	乙巳夏至
七月小	癸未	干支 天地 西曆	丁巳12	戊午13	己未14	庚申15	辛酉16	壬戌17	癸亥18	甲子19	乙丑20	丙寅21	丁卯22	戊辰23	己巳24	庚午25	辛未26	壬申27	癸酉28	甲戌29	乙亥30	丙子31	丁丑(8)	戊寅2	己卯3	庚辰4	辛巳5	壬午6	癸未7	甲申8	乙酉9		
八月大	甲申	干支 天地 西曆	丙戌10	丁亥11	戊子12	己丑13	庚寅14	辛卯15	壬辰16	癸巳17	甲午18	乙未19	丙申20	丁酉21	戊戌22	己亥23	庚子24	辛丑25	壬寅26	癸卯27	甲辰28	乙巳29	丙午30	丁未31	戊申(9)	己酉2	庚戌3	辛亥4	壬子5	癸丑6	甲寅7	乙卯8	壬辰立秋
九月小	乙酉	干支 天地 西曆	丙辰9	丁巳10	戊午11	己未12	庚申13	辛酉14	壬戌15	癸亥16	甲子17	乙丑18	丙寅19	丁卯20	戊辰21	己巳22	庚午23	辛未24	壬申25	癸酉26	甲戌27	乙亥28	丙子29	丁丑30	戊寅(10)	己卯2	庚辰3	辛巳4	壬午5	癸未6	甲申7		丁丑秋分
十月大	丙戌	干支 天地 西曆	乙酉8	丙戌9	丁亥10	戊子11	己丑12	庚寅13	辛卯14	壬辰15	癸巳16	甲午17	乙未18	丙申19	丁酉20	戊戌21	己亥22	庚子23	辛丑24	壬寅25	癸卯26	甲辰27	乙巳28	丙午29	丁未30	戊申31	己酉(11)	庚戌2	辛亥3	壬子4	癸丑5	甲寅6	
十一月小	丁亥	干支 天地 西曆	乙卯7	丙辰8	丁巳9	戊午10	己未11	庚申12	辛酉13	壬戌14	癸亥15	甲子16	乙丑17	丙寅18	丁卯19	戊辰20	己巳21	庚午22	辛未23	壬申24	癸酉25	甲戌26	乙亥27	丙子28	丁丑29	戊寅30	己卯(12)	庚辰2	辛巳3	壬午4	癸未5		壬戌立冬
十二月大	戊子	干支 天地 西曆	甲申6	乙酉7	丙戌8	丁亥9	戊子10	己丑11	庚寅12	辛卯13	壬辰14	癸巳15	甲午16	乙未17	丙申18	丁酉19	戊戌20	己亥21	庚子22	辛丑23	壬寅24	癸卯25	甲辰26	乙巳27	丙午28	丁未29	戊申30	己酉31	庚戌(1)	辛亥2	壬子3	癸丑4	丙午冬至

朔閏異同	曆名	正月	二月	三月	四月	五月	六月	七月	八月	九月	十月	十一	十二	閏月	曆名	正月	二月	三月	四月	五月	六月	七月	八月	九月	十月	十一	十二	閏月
	周曆殷曆	己丑己未	戊午戊子	戊子戊午	丁巳戊子	丁亥丁巳	丙辰丁亥	丙戌丙辰	乙卯丙戌	乙酉乙卯	甲寅乙酉	甲申甲寅	甲寅甲申		夏曆新曆	己丑庚寅	戊午己未	戊子己丑	丁巳戊午	丁亥丁亥	丙辰丁巳	丙戌丙戌	乙卯乙卯	乙酉乙酉	甲寅甲寅	甲申甲申	癸丑甲寅	

*《長曆》：正月己丑，二月己未，三月戊子，四月戊午，五月戊子，六月丁巳，七月丁亥，八月丙辰，九月丙戌，十月乙卯，十一乙酉，十二甲寅，閏月甲申。

周襄王七年 魯僖公十五年（丙子 鼠年） 公元前 645 年 歲在鶉尾

魯曆月序		中西曆日對照	魯曆日序																													節氣與天象
			初一	初二	初三	初四	初五	初六	初七	初八	初九	初十	十一	十二	十三	十四	十五	十六	十七	十八	十九	二十	二一	二二	二三	二四	二五	二六	二七	二八	二九	三十	
正月小	己丑	干支曆 天地西曆	甲寅5	乙卯6	丙辰7	丁巳8	戊午9	己未10	庚申11	辛酉12	壬戌13	癸亥14	甲子15	乙丑16	丙寅17	丁卯18	戊辰19	己巳20	庚午21	辛未22	壬申23	癸酉24	甲戌25	乙亥26	丙子27	丁丑28	戊寅29	己卯30	庚辰31	辛巳(2)	壬午2		
二月大	庚寅	干支曆 天地西曆	癸未3	甲申4	乙酉5	丙戌6	丁亥7	戊子8	己丑9	庚寅10	辛卯11	壬辰12	癸巳13	甲午14	乙未15	丙申16	丁酉17	戊戌18	己亥19	庚子20	辛丑21	壬寅22	癸卯23	甲辰24	乙巳25	丙午26	丁未27	戊申28	己酉29	庚戌(3)	辛亥2	壬子3	辛卯立春
三月大	辛卯	干支曆 天地西曆	癸丑4	甲寅5	乙卯6	丙辰7	丁巳8	戊午9	己未10	庚申11	辛酉12	壬戌13	癸亥14	甲子15	乙丑16	丙寅17	丁卯18	戊辰19	己巳20	庚午21	辛未22	壬申23	癸酉24	甲戌25	乙亥26	丙子27	丁丑28	戊寅29	己卯30	庚辰31	辛巳(4)	壬午2	丙子春分
四月小	壬辰	干支曆 天地西曆	癸未3	甲申4	乙酉5	丙戌6	丁亥7	戊子8	己丑9	庚寅10	辛卯11	壬辰12	癸巳13	甲午14	乙未15	丙申16	丁酉17	戊戌18	己亥19	庚子20	辛丑21	壬寅22	癸卯23	甲辰24	乙巳25	丙午26	丁未27	戊申28	己酉29	庚戌30	辛亥(5)		
五月大	癸巳	干支曆 天地西曆	壬子2	癸丑3	甲寅4	乙卯5	丙辰6	丁巳7	戊午8	己未9	庚申10	辛酉11	壬戌12	癸亥13	甲子14	乙丑15	丙寅16	丁卯17	戊辰18	己巳19	庚午20	辛未21	壬申22	癸酉23	甲戌24	乙亥25	丙子26	丁丑27	戊寅28	己卯29	庚辰30	辛巳31	癸亥立夏
六月小	甲午	干支曆 天地西曆	壬午(6)	癸未2	甲申3	乙酉4	丙戌5	丁亥6	戊子7	己丑8	庚寅9	辛卯10	壬辰11	癸巳12	甲午13	乙未14	丙申15	丁酉16	戊戌17	己亥18	庚子19	辛丑20	壬寅21	癸卯22	甲辰23	乙巳24	丙午25	丁未26	戊申27	己酉28	庚戌29		
七月大	乙未	干支曆 天地西曆	辛亥30	壬子(7)	癸丑2	甲寅3	乙卯4	丙辰5	丁巳6	戊午7	己未8	庚申9	辛酉10	壬戌11	癸亥12	甲子13	乙丑14	丙寅15	丁卯16	戊辰17	己巳18	庚午19	辛未20	壬申21	癸酉22	甲戌23	乙亥24	丙子25	丁丑26	戊寅27	己卯28	庚辰29	辛亥夏至
八月小	丙申	干支曆 天地西曆	辛巳30	壬午31	癸未(8)	甲申2	乙酉3	丙戌4	丁亥5	戊子6	己丑7	庚寅8	辛卯9	壬辰10	癸巳11	甲午12	乙未13	丙申14	丁酉15	戊戌16	己亥17	庚子18	辛丑19	壬寅20	癸卯21	甲辰22	乙巳23	丙午24	丁未25	戊申26	己酉27		丁酉立秋
九月大	丁酉	干支曆 天地西曆	庚戌28	辛亥29	壬子30	癸丑31	甲寅(9)	乙卯2	丙辰3	丁巳4	戊午5	己未6	庚申7	辛酉8	壬戌9	癸亥10	甲子11	乙丑12	丙寅13	丁卯14	戊辰15	己巳16	庚午17	辛未18	壬申19	癸酉20	甲戌21	乙亥22	丙子23	丁丑24	戊寅25	己卯26	
十月小	戊戌	干支曆 天地西曆	庚辰27	辛巳28	壬午29	癸未30	甲申(10)	乙酉2	丙戌3	丁亥4	戊子5	己丑6	庚寅7	辛卯8	壬辰9	癸巳10	甲午11	乙未12	丙申13	丁酉14	戊戌15	己亥16	庚子17	辛丑18	壬寅19	癸卯20	甲辰21	乙巳22	丙午23	丁未24	戊申25		癸未秋分
十一月大	己亥	干支曆 天地西曆	己酉26	庚戌27	辛亥28	壬子29	癸丑30	甲寅31	乙卯(11)	丙辰2	丁巳3	戊午4	己未5	庚申6	辛酉7	壬戌8	癸亥9	甲子10	乙丑11	丙寅12	丁卯13	戊辰14	己巳15	庚午16	辛未17	壬申18	癸酉19	甲戌20	乙亥21	丙子22	丁丑23	戊寅24	丁卯立冬
十二月小	庚子	干支曆 天地西曆	己卯25	庚辰26	辛巳27	壬午28	癸未29	甲申30	乙酉(12)	丙戌2	丁亥3	戊子4	己丑5	庚寅6	辛卯7	壬辰8	癸巳9	甲午10	乙未11	丙申12	丁酉13	戊戌14	己亥15	庚子16	辛丑17	壬寅18	癸卯19	甲辰20	乙巳21	丙午22	丁未23		

朔閏異同	曆名	正月	二月	三月	四月	五月	六月	七月	八月	九月	十月	十一	十二	閏月		曆名	正月	二月	三月	四月	五月	六月	七月	八月	九月	十月	十一	十二	閏月
	周曆殷曆	癸未癸丑	癸丑癸未	壬午壬子	壬子壬午	辛巳辛亥	辛亥辛巳	庚辰辛亥	庚戌庚辰	己卯庚戌	己酉己卯	---戊寅---己酉	戊申戊寅	丁丑戊申		夏曆新曆	癸未甲申	壬子癸丑	壬午癸未	壬子癸丑	辛巳壬午	辛亥---辛亥	庚辰辛巳	---庚戌庚戌	己卯庚辰	己酉己酉	戊寅戊寅	戊申戊申	丁丑戊寅

*《長曆》：正月甲寅，二月癸未，三月癸丑，四月壬午，五月壬子，六月壬午，七月辛亥，八月辛巳，九月庚戌，十月庚辰，十一己酉，十二己卯。

周襄王八年 魯僖公十六年（丁丑 牛年）公元前645 ~ 644 年 歲在壽星

魯曆月序		中西曆日對照	魯曆日序																														節氣與天象
			初一	初二	初三	初四	初五	初六	初七	初八	初九	初十	十一	十二	十三	十四	十五	十六	十七	十八	十九	二十	二一	二二	二三	二四	二五	二六	二七	二八	二九	三十	
正月大	辛丑	天干地支 西曆	戊申 24	己酉 25	庚戌 26	辛亥 27	壬子 28	癸丑 29	甲寅 30	乙卯 31	丙辰 (1)	丁巳 2	戊午 3	己未 4	庚申 5	辛酉 6	壬戌 7	癸亥 8	甲子 9	乙丑 10	丙寅 11	丁卯 12	戊辰 13	己巳 14	庚午 15	辛未 16	壬申 17	癸酉 18	甲戌 19	乙亥 20	丙子 21	丁丑 22	辛亥冬至
二月小	壬寅	天干地支 西曆	戊寅 23	己卯 24	庚辰 25	辛巳 26	壬午 27	癸未 28	甲申 29	乙酉 30	丙戌 31	丁亥 (2)	戊子 2	己丑 3	庚寅 4	辛卯 5	壬辰 6	癸巳 7	甲午 8	乙未 9	丙申 10	丁酉 11	戊戌 12	己亥 13	庚子 14	辛丑 15	壬寅 16	癸卯 17	甲辰 18	乙巳 19	丙午 20		丙申立春
三月大	癸卯	天干地支 西曆	丁未 21	戊申 22	己酉 23	庚戌 24	辛亥 25	壬子 26	癸丑 27	甲寅 28	乙卯 (3)	丙辰 2	丁巳 3	戊午 4	己未 5	庚申 6	辛酉 7	壬戌 8	癸亥 9	甲子 10	乙丑 11	丙寅 12	丁卯 13	戊辰 14	己巳 15	庚午 16	辛未 17	壬申 18	癸酉 19	甲戌 20	乙亥 21	丙子 22	
四月小	甲辰	天干地支 西曆	丁丑 23	戊寅 24	己卯 25	庚辰 26	辛巳 27	壬午 28	癸未 29	甲申 30	乙酉 31	丙戌 (4)	丁亥 2	戊子 3	己丑 4	庚寅 5	辛卯 6	壬辰 7	癸巳 8	甲午 9	乙未 10	丙申 11	丁酉 12	戊戌 13	己亥 14	庚子 15	辛丑 16	壬寅 17	癸卯 18	甲辰 19	乙巳 20		壬午春分
五月大	乙巳	天干地支 西曆	丙午 21	丁未 22	戊申 23	己酉 24	庚戌 25	辛亥 26	壬子 27	癸丑 28	甲寅 29	乙卯 30	丙辰 (5)	丁巳 2	戊午 3	己未 4	庚申 5	辛酉 6	壬戌 7	癸亥 8	甲子 9	乙丑 10	丙寅 11	丁卯 12	戊辰 13	己巳 14	庚午 15	辛未 16	壬申 17	癸酉 18	甲戌 19	乙亥 20	己巳立夏
六月大	丙午	天干地支 西曆	丙子 21	丁丑 22	戊寅 23	己卯 24	庚辰 25	辛巳 26	壬午 27	癸未 28	甲申 29	乙酉 30	丙戌 31	丁亥 (6)	戊子 2	己丑 3	庚寅 4	辛卯 5	壬辰 6	癸巳 7	甲午 8	乙未 9	丙申 10	丁酉 11	戊戌 12	己亥 13	庚子 14	辛丑 15	壬寅 16	癸卯 17	甲辰 18	乙巳 19	
七月小	丁未	天干地支 西曆	丙午 20	丁未 21	戊申 22	己酉 23	庚戌 24	辛亥 25	壬子 26	癸丑 27	甲寅 28	乙卯 29	丙辰 30	丁巳 (7)	戊午 2	己未 3	庚申 4	辛酉 5	壬戌 6	癸亥 7	甲子 8	乙丑 9	丙寅 10	丁卯 11	戊辰 12	己巳 13	庚午 14	辛未 15	壬申 16	癸酉 17	甲戌 18		丙辰夏至
八月大	戊申	天干地支 西曆	乙亥 19	丙子 20	丁丑 21	戊寅 22	己卯 23	庚辰 24	辛巳 25	壬午 26	癸未 27	甲申 28	乙酉 29	丙戌 30	丁亥 31	戊子 (8)	己丑 2	庚寅 3	辛卯 4	壬辰 5	癸巳 6	甲午 7	乙未 8	丙申 9	丁酉 10	戊戌 11	己亥 12	庚子 13	辛丑 14	壬寅 15	癸卯 16	甲辰 17	壬寅立秋
九月小	己酉	天干地支 西曆	乙巳 18	丙午 19	丁未 20	戊申 21	己酉 22	庚戌 23	辛亥 24	壬子 25	癸丑 26	甲寅 27	乙卯 28	丙辰 29	丁巳 30	戊午 31	己未 (9)	庚申 2	辛酉 3	壬戌 4	癸亥 5	甲子 6	乙丑 7	丙寅 8	丁卯 9	戊辰 10	己巳 11	庚午 12	辛未 13	壬申 14	癸酉 15		
十月大	庚戌	天干地支 西曆	甲戌 16	乙亥 17	丙子 18	丁丑 19	戊寅 20	己卯 21	庚辰 22	辛巳 23	壬午 24	癸未 25	甲申 26	乙酉 27	丙戌 28	丁亥 29	戊子 30	己丑 (10)	庚寅 2	辛卯 3	壬辰 4	癸巳 5	甲午 6	乙未 7	丙申 8	丁酉 9	戊戌 10	己亥 11	庚子 12	辛丑 13	壬寅 14	癸卯 15	戊子秋分
十一月小	辛亥	天干地支 西曆	甲辰 16	乙巳 17	丙午 18	丁未 19	戊申 20	己酉 21	庚戌 22	辛亥 23	壬子 24	癸丑 25	甲寅 26	乙卯 27	丙辰 28	丁巳 29	戊午 30	己未 31	庚申 (11)	辛酉 2	壬戌 3	癸亥 4	甲子 5	乙丑 6	丙寅 7	丁卯 8	戊辰 9	己巳 10	庚午 11	辛未 12	壬申 13		壬申立冬
十二月大	壬子	天干地支 西曆	癸酉 14	甲戌 15	乙亥 16	丙子 17	丁丑 18	戊寅 19	己卯 20	庚辰 21	辛巳 22	壬午 23	癸未 24	甲申 25	乙酉 26	丙戌 27	丁亥 28	戊子 29	己丑 30	庚寅 (12)	辛卯 2	壬辰 3	癸巳 4	甲午 5	乙未 6	丙申 7	丁酉 8	戊戌 9	己亥 10	庚子 11	辛丑 12	壬寅 13	

朔閏異同	曆名	正月	二月	三月	四月	五月	六月	七月	八月	九月	十月	十一	十二	閏月		曆名	正月	二月	三月	四月	五月	六月	七月	八月	九月	十月	十一	十二	閏月
	周曆 殷曆	丁未 丁丑	丙子 丁未	丙午 丙子	丙子 丙午	乙巳 乙亥	乙亥 乙巳	甲辰 甲戌	甲戌 甲辰	癸卯 癸酉	癸酉 癸卯	壬寅 癸酉	壬申 壬寅			夏曆 新曆	丁未 丁未	丙子 丁丑	丙午 丁未	乙亥 丙子	乙巳 丙午	甲戌 乙亥	甲辰 乙巳	甲戌 甲戌	癸卯 甲辰	癸酉 癸酉	壬寅 癸卯	壬申 壬申	

*《長曆》：正月戊申，二月丁丑，三月丁未，四月丙子，五月丙午，六月乙亥，七月乙巳，八月甲戌，九月甲辰，十月癸酉，十一癸卯，十二癸酉。

周襄王九年 魯僖公十七年（戊寅 虎年） 公元前644～前643～前642年 歲在大火

魯曆月序		中西曆日對照	魯曆日序																														節氣與天象
			初一	初二	初三	初四	初五	初六	初七	初八	初九	初十	十一	十二	十三	十四	十五	十六	十七	十八	十九	二十	二一	二二	二三	二四	二五	二六	二七	二八	二九	三十	
正月小	癸丑	干支曆 天地西曆	癸卯 14	甲辰 15	乙巳 16	丙午 17	丁未 18	戊申 19	己酉 20	庚戌 21	辛亥 22	壬子 23	癸丑 24	甲寅 25	乙卯 26	丙辰 27	丁巳 28	戊午 29	己未 30	庚申 31	辛酉 (1)	壬戌 2	癸亥 3	甲子 4	乙丑 5	丙寅 6	丁卯 7	戊辰 8	己巳 9	庚午 10	辛未 11		丙辰冬至
二月大	甲寅	干支曆 天地西曆	壬申 12	癸酉 13	甲戌 14	乙亥 15	丙子 16	丁丑 17	戊寅 18	己卯 19	庚辰 20	辛巳 21	壬午 22	癸未 23	甲申 24	乙酉 25	丙戌 26	丁亥 27	戊子 28	己丑 29	庚寅 30	辛卯 31	壬辰 (2)	癸巳 2	甲午 3	乙未 4	丙申 5	丁酉 6	戊戌 7	己亥 8	庚子 9	辛丑 10	辛丑立春
三月小	乙卯	干支曆 天地西曆	壬寅 11	癸卯 12	甲辰 13	乙巳 14	丙午 15	丁未 16	戊申 17	己酉 18	庚戌 19	辛亥 20	壬子 21	癸丑 22	甲寅 23	乙卯 24	丙辰 25	丁巳 26	戊午 27	己未 28	庚申 (3)	辛酉 2	壬戌 3	癸亥 4	甲子 5	乙丑 6	丙寅 7	丁卯 8	戊辰 9	己巳 10	庚午 11		
四月大	丙辰	干支曆 天地西曆	辛未 12	壬申 13	癸酉 14	甲戌 15	乙亥 16	丙子 17	丁丑 18	戊寅 19	己卯 20	庚辰 21	辛巳 22	壬午 23	癸未 24	甲申 25	乙酉 26	丙戌 27	丁亥 28	戊子 29	己丑 30	庚寅 31	辛卯 (4)	壬辰 2	癸巳 3	甲午 4	乙未 5	丙申 6	丁酉 7	戊戌 8	己亥 9	庚子 10	丁亥春分
五月小	丁巳	干支曆 天地西曆	辛丑 11	壬寅 12	癸卯 13	甲辰 14	乙巳 15	丙午 16	丁未 17	戊申 18	己酉 19	庚戌 20	辛亥 21	壬子 22	癸丑 23	甲寅 24	乙卯 25	丙辰 26	丁巳 27	戊午 28	己未 29	庚申 30	辛酉 (5)	壬戌 2	癸亥 3	甲子 4	乙丑 5	丙寅 6	丁卯 7	戊辰 8	己巳 9		
六月大	戊午	干支曆 天地西曆	庚午 10	辛未 11	壬申 12	癸酉 13	甲戌 14	乙亥 15	丙子 16	丁丑 17	戊寅 18	己卯 19	庚辰 20	辛巳 21	壬午 22	癸未 23	甲申 24	乙酉 25	丙戌 26	丁亥 27	戊子 28	己丑 29	庚寅 30	辛卯 31	壬辰 (6)	癸巳 2	甲午 3	乙未 4	丙申 5	丁酉 6	戊戌 7	己亥 8	甲戌立夏
七月小	己未	干支曆 天地西曆	庚子 9	辛丑 10	壬寅 11	癸卯 12	甲辰 13	乙巳 14	丙午 15	丁未 16	戊申 17	己酉 18	庚戌 19	辛亥 20	壬子 21	癸丑 22	甲寅 23	乙卯 24	丙辰 25	丁巳 26	戊午 27	己未 28	庚申 29	辛酉 30	壬戌 (7)	癸亥 2	甲子 3	乙丑 4	丙寅 5	丁卯 6	戊辰 7		辛酉夏至
八月大	庚申	干支曆 天地西曆	己巳 8	庚午 9	辛未 10	壬申 11	癸酉 12	甲戌 13	乙亥 14	丙子 15	丁丑 16	戊寅 17	己卯 18	庚辰 19	辛巳 20	壬午 21	癸未 22	甲申 23	乙酉 24	丙戌 25	丁亥 26	戊子 27	己丑 28	庚寅 29	辛卯 30	壬辰 31	癸巳 (8)	甲午 2	乙未 3	丙申 4	丁酉 5	戊戌 6	
九月小	辛酉	干支曆 天地西曆	己亥 7	庚子 8	辛丑 9	壬寅 10	癸卯 11	甲辰 12	乙巳 13	丙午 14	丁未 15	戊申 16	己酉 17	庚戌 18	辛亥 19	壬子 20	癸丑 21	甲寅 22	乙卯 23	丙辰 24	丁巳 25	戊午 26	己未 27	庚申 28	辛酉 29	壬戌 30	癸亥 31	甲子 (9)	乙丑 2	丙寅 3	丁卯 4		戊申立秋
十月大	壬戌	干支曆 天地西曆	戊辰 5	己巳 6	庚午 7	辛未 8	壬申 9	癸酉 10	甲戌 11	乙亥 12	丙子 13	丁丑 14	戊寅 15	己卯 16	庚辰 17	辛巳 18	壬午 19	癸未 20	甲申 21	乙酉 22	丙戌 23	丁亥 24	戊子 25	己丑 26	庚寅 27	辛卯 28	壬辰 29	癸巳 30	甲午 (10)	乙未 2	丙申 3	丁酉 4	癸巳秋分
十一月大	癸亥	干支曆 天地西曆	戊戌 5	己亥 6	庚子 7	辛丑 8	壬寅 9	癸卯 10	甲辰 11	乙巳 12	丙午 13	丁未 14	戊申 15	己酉 16	庚戌 17	辛亥 18	壬子 19	癸丑 20	甲寅 21	乙卯 22	丙辰 23	丁巳 24	戊午 25	己未 26	庚申 27	辛酉 28	壬戌 29	癸亥 30	甲子 31	乙丑 (11)	丙寅 2	丁卯 3	
十二月小	甲子	干支曆 天地西曆	戊辰 4	己巳 5	庚午 6	辛未 7	壬申 8	癸酉 9	甲戌 10	乙亥 11	丙子 12	丁丑 13	戊寅 14	己卯 15	庚辰 16	辛巳 17	壬午 18	癸未 19	甲申 20	乙酉 21	丙戌 22	丁亥 23	戊子 24	己丑 25	庚寅 26	辛卯 27	壬辰 28	癸巳 29	甲午 30	乙未 (12)	丙申 2		丁丑立冬
閏月大	甲子	干支曆 天地西曆	丁酉 3	戊戌 4	己亥 5	庚子 6	辛丑 7	壬寅 8	癸卯 9	甲辰 10	乙巳 11	丙午 12	丁未 13	戊申 14	己酉 15	庚戌 16	辛亥 17	壬子 18	癸丑 19	甲寅 20	乙卯 21	丙辰 22	丁巳 23	戊午 24	己未 25	庚申 26	辛酉 27	壬戌 28	癸亥 29	甲子 30	乙丑 31	丙寅 (1)	壬戌冬至

朔閏異同	曆名	正月	二月	三月	四月	五月	六月	七月	八月	九月	十月	十一	十二	閏月	曆名	正月	二月	三月	四月	五月	六月	七月	八月	九月	十月	十一	十二	閏月
	周曆殷曆	辛丑壬申	辛未辛丑	庚子辛未	庚午庚子	己亥庚午	己巳己亥	己亥己巳	戊辰戊戌	戊戌戊辰	丁卯丁酉	丁酉丁卯	丙寅丙申		夏曆新曆	辛丑壬寅	辛未辛未	庚子辛丑	庚午庚午	己亥庚子	己巳庚午	戊戌己亥	戊辰己巳	丁酉戊戌	丁卯戊辰	丁酉丁酉	丙寅丁卯	

*《長曆》：正月壬寅，二月壬申，三月辛丑，四月辛未，五月庚子，六月庚午，七月己亥，八月己巳，九月戊戌，十月戊辰，十一丁酉，十二丁卯，閏月丙申。

周襄王十年 魯僖公十八年（己卯 兔年） 公元前642年 歲在析木

魯曆月序		中西曆日對照	初一	初二	初三	初四	初五	初六	初七	初八	初九	初十	十一	十二	十三	十四	十五	十六	十七	十八	十九	二十	二一	二二	二三	二四	二五	二六	二七	二八	二九	三十	節氣與天象
正月小	乙丑	天干地支西曆	丁卯 2	戊辰 3	己巳 4	庚午 5	辛未 6	壬申 7	癸酉 8	甲戌 9	乙亥 10	丙子 11	丁丑 12	戊寅 13	己卯 14	庚辰 15	辛巳 16	壬午 17	癸未 18	甲申 19	乙酉 20	丙戌 21	丁亥 22	戊子 23	己丑 24	庚寅 25	辛卯 26	壬辰 27	癸巳 28	甲午 29	乙未 30		
二月大	丙寅	天干地支西曆	丙申 31	丁酉 (2)	戊戌 2	己亥 3	庚子 4	辛丑 5	壬寅 6	癸卯 7	甲辰 8	乙巳 9	丙午 10	丁未 11	戊申 12	己酉 13	庚戌 14	辛亥 15	壬子 16	癸丑 17	甲寅 18	乙卯 19	丙辰 20	丁巳 21	戊午 22	己未 23	庚申 24	辛酉 25	壬戌 26	癸亥 27	甲子 28	乙丑 (3)	丙午立春
三月小	丁卯	天干地支西曆	丙寅 2	丁卯 3	戊辰 4	己巳 5	庚午 6	辛未 7	壬申 8	癸酉 9	甲戌 10	乙亥 11	丙子 12	丁丑 13	戊寅 14	己卯 15	庚辰 16	辛巳 17	壬午 18	癸未 19	甲申 20	乙酉 21	丙戌 22	丁亥 23	戊子 24	己丑 25	庚寅 26	辛卯 27	壬辰 28	癸巳 29	甲午 30		壬辰春分
四月大	戊辰	天干地支西曆	乙未 31	丙申 (4)	丁酉 2	戊戌 3	己亥 4	庚子 5	辛丑 6	壬寅 7	癸卯 8	甲辰 9	乙巳 10	丙午 11	丁未 12	戊申 13	己酉 14	庚戌 15	辛亥 16	壬子 17	癸丑 18	甲寅 19	乙卯 20	丙辰 21	丁巳 22	戊午 23	己未 24	庚申 25	辛酉 26	壬戌 27	癸亥 28	甲子 29	
五月小	己巳	天干地支西曆	乙丑 30	丙寅 (5)	丁卯 2	戊辰 3	己巳 4	庚午 5	辛未 6	壬申 7	癸酉 8	甲戌 9	乙亥 10	丙子 11	丁丑 12	戊寅 13	己卯 14	庚辰 15	辛巳 16	壬午 17	癸未 18	甲申 19	乙酉 20	丙戌 21	丁亥 22	戊子 23	己丑 24	庚寅 25	辛卯 26	壬辰 27	癸巳 28		己卯立夏
六月大	庚午	天干地支西曆	甲午 29	乙未 30	丙申 31	丁酉 (6)	戊戌 2	己亥 3	庚子 4	辛丑 5	壬寅 6	癸卯 7	甲辰 8	乙巳 9	丙午 10	丁未 11	戊申 12	己酉 13	庚戌 14	辛亥 15	壬子 16	癸丑 17	甲寅 18	乙卯 19	丙辰 20	丁巳 21	戊午 22	己未 23	庚申 24	辛酉 25	壬戌 26	癸亥 27	
七月小	辛未	天干地支西曆	甲子 28	乙丑 29	丙寅 30	丁卯 (7)	戊辰 2	己巳 3	庚午 4	辛未 5	壬申 6	癸酉 7	甲戌 8	乙亥 9	丙子 10	丁丑 11	戊寅 12	己卯 13	庚辰 14	辛巳 15	壬午 16	癸未 17	甲申 18	乙酉 19	丙戌 20	丁亥 21	戊子 22	己丑 23	庚寅 24	辛卯 25	壬辰 26		丙寅夏至
八月大	壬申	天干地支西曆	癸巳 27	甲午 28	乙未 29	丙申 30	丁酉 31	戊戌 (8)	己亥 2	庚子 3	辛丑 4	壬寅 5	癸卯 6	甲辰 7	乙巳 8	丙午 9	丁未 10	戊申 11	己酉 12	庚戌 13	辛亥 14	壬子 15	癸丑 16	甲寅 17	乙卯 18	丙辰 19	丁巳 20	戊午 21	己未 22	庚申 23	辛酉 24	壬戌 25	癸丑立秋
九月小	癸酉	天干地支西曆	癸亥 26	甲子 27	乙丑 28	丙寅 29	丁卯 30	戊辰 31	己巳 (9)	庚午 2	辛未 3	壬申 4	癸酉 5	甲戌 6	乙亥 7	丙子 8	丁丑 9	戊寅 10	己卯 11	庚辰 12	辛巳 13	壬午 14	癸未 15	甲申 16	乙酉 17	丙戌 18	丁亥 19	戊子 20	己丑 21	庚寅 22	辛卯 23		
十月大	甲戌	天干地支西曆	壬辰 24	癸巳 25	甲午 26	乙未 27	丙申 28	丁酉 29	戊戌 30	己亥 (10)	庚子 2	辛丑 3	壬寅 4	癸卯 5	甲辰 6	乙巳 7	丙午 8	丁未 9	戊申 10	己酉 11	庚戌 12	辛亥 13	壬子 14	癸丑 15	甲寅 16	乙卯 17	丙辰 18	丁巳 19	戊午 20	己未 21	庚申 22	辛酉 23	戊戌秋分
十一月小	乙亥	天干地支西曆	壬戌 24	癸亥 25	甲子 26	乙丑 27	丙寅 28	丁卯 29	戊辰 30	己巳 31	庚午 (11)	辛未 2	壬申 3	癸酉 4	甲戌 5	乙亥 6	丙子 7	丁丑 8	戊寅 9	己卯 10	庚辰 11	辛巳 12	壬午 13	癸未 14	甲申 15	乙酉 16	丙戌 17	丁亥 18	戊子 19	己丑 20	庚寅 21		癸未立冬
十二月大	丙子	天干地支西曆	辛卯 22	壬辰 23	癸巳 24	甲午 25	乙未 26	丙申 27	丁酉 28	戊戌 29	己亥 30	庚子 (12)	辛丑 2	壬寅 3	癸卯 4	甲辰 5	乙巳 6	丙午 7	丁未 8	戊申 9	己酉 10	庚戌 11	辛亥 12	壬子 13	癸丑 14	甲寅 15	乙卯 16	丙辰 17	丁巳 18	戊午 19	己未 20	庚申 21	

朔閏異同	曆名	正月	二月	三月	四月	五月	六月	七月	八月	九月	十月	十一	十二	閏月		曆名	正月	二月	三月	四月	五月	六月	七月	八月	九月	十月	十一	十二	閏月
	周曆殷曆	丙申 丙寅	乙丑 乙未	乙未 乙丑	甲子 乙未	甲午 甲子	癸亥 甲午	--- 癸巳 --- 癸亥	壬戌 癸巳	壬辰 壬戌	辛酉 壬辰	辛卯 辛酉	辛酉 辛卯	庚寅 庚申		夏曆新曆	丙申 丙申	乙丑 丙寅	乙未 --- 乙未	甲子 甲子	--- 甲午 甲午	癸亥 甲子	癸巳 癸巳	壬戌 癸亥	壬辰 癸巳	辛酉 壬戌	辛卯 壬辰	庚申 辛酉	庚寅 辛卯

*《長曆》：正月丙寅，二月乙未，三月乙丑，四月乙未，五月甲子，六月甲午，七月癸亥，八月癸巳，九月壬戌，十月壬辰，十一辛酉，十二辛卯。

周襄王十一年 魯僖公十九年（庚辰 龍年） 公元前642 ~ 前**641** ~ 前640年 歲在星紀

魯曆月序		中西曆日對照	初一	初二	初三	初四	初五	初六	初七	初八	初九	初十	十一	十二	十三	十四	十五	十六	十七	十八	十九	二十	二一	二二	二三	二四	二五	二六	二七	二八	二九	三十	節氣與天象
正月小	丁丑	天干地支西曆	辛酉22	壬戌23	癸亥24	甲子25	乙丑26	丙寅27	丁卯28	戊辰29	己巳30	庚午31	辛未(1)	壬申2	癸酉3	甲戌4	乙亥5	丙子6	丁丑7	戊寅8	己卯9	庚辰10	辛巳11	壬午12	癸未13	甲申14	乙酉15	丙戌16	丁亥17	戊子18	己丑19		丁卯冬至
二月大	戊寅	天干地支西曆	庚寅20	辛卯21	壬辰22	癸巳23	甲午24	乙未25	丙申26	丁酉27	戊戌28	己亥29	庚子30	辛丑31	壬寅(2)	癸卯2	甲辰3	乙巳4	丙午5	丁未6	戊申7	己酉8	庚戌9	辛亥10	壬子11	癸丑12	甲寅13	乙卯14	丙辰15	丁巳16	戊午17	己未18	壬子立春
三月大	己卯	天干地支西曆	庚申19	辛酉20	壬戌21	癸亥22	甲子23	乙丑24	丙寅25	丁卯26	戊辰27	己巳28	庚午29	辛未(3)	壬申2	癸酉3	甲戌4	乙亥5	丙子6	丁丑7	戊寅8	己卯9	庚辰10	辛巳11	壬午12	癸未13	甲申14	乙酉15	丙戌16	丁亥17	戊子18	己丑19	
四月小	庚辰	天干地支西曆	庚寅20	辛卯21	壬辰22	癸巳23	甲午24	乙未25	丙申26	丁酉27	戊戌28	己亥29	庚子30	辛丑31	壬寅(4)	癸卯2	甲辰3	乙巳4	丙午5	丁未6	戊申7	己酉8	庚戌9	辛亥10	壬子11	癸丑12	甲寅13	乙卯14	丙辰15	丁巳16	戊午17		丁酉春分
五月大	辛巳	天干地支西曆	己未18	庚申19	辛酉20	壬戌21	癸亥22	甲子23	乙丑24	丙寅25	丁卯26	戊辰27	己巳28	庚午29	辛未30	壬申(5)	癸酉2	甲戌3	乙亥4	丙子5	丁丑6	戊寅7	己卯8	庚辰9	辛巳10	壬午11	癸未12	甲申13	乙酉14	丙戌15	丁亥16	戊子17	甲申立夏
六月小	壬午	天干地支西曆	己丑18	庚寅19	辛卯20	壬辰21	癸巳22	甲午23	乙未24	丙申25	丁酉26	戊戌27	己亥28	庚子29	辛丑30	壬寅31	癸卯(6)	甲辰2	乙巳3	丙午4	丁未5	戊申6	己酉7	庚戌8	辛亥9	壬子10	癸丑11	甲寅12	乙卯13	丙辰14	丁巳15		
七月大	癸未	天干地支西曆	戊午16	己未17	庚申18	辛酉19	壬戌20	癸亥21	甲子22	乙丑23	丙寅24	丁卯25	戊辰26	己巳27	庚午28	辛未29	壬申30	癸酉(7)	甲戌2	乙亥3	丙子4	丁丑5	戊寅6	己卯7	庚辰8	辛巳9	壬午10	癸未11	甲申12	乙酉13	丙戌14	丁亥15	壬申夏至
八月小	甲申	天干地支西曆	戊子16	己丑17	庚寅18	辛卯19	壬辰20	癸巳21	甲午22	乙未23	丙申24	丁酉25	戊戌26	己亥27	庚子28	辛丑29	壬寅30	癸卯31	甲辰(8)	乙巳2	丙午3	丁未4	戊申5	己酉6	庚戌7	辛亥8	壬子9	癸丑10	甲寅11	乙卯12	丙辰13		
九月大	乙酉	天干地支西曆	丁巳14	戊午15	己未16	庚申17	辛酉18	壬戌19	癸亥20	甲子21	乙丑22	丙寅23	丁卯24	戊辰25	己巳26	庚午27	辛未28	壬申29	癸酉30	甲戌31	乙亥(9)	丙子2	丁丑3	戊寅4	己卯5	庚辰6	辛巳7	壬午8	癸未9	甲申10	乙酉11	丙戌12	戊午立秋
十月小	丙戌	天干地支西曆	丁亥13	戊子14	己丑15	庚寅16	辛卯17	壬辰18	癸巳19	甲午20	乙未21	丙申22	丁酉23	戊戌24	己亥25	庚子26	辛丑27	壬寅28	癸卯29	甲辰30	乙巳(10)	丙午2	丁未3	戊申4	己酉5	庚戌6	辛亥7	壬子8	癸丑9	甲寅10	乙卯11		甲辰秋分
十一月大	丁亥	天干地支西曆	丙辰12	丁巳13	戊午14	己未15	庚申16	辛酉17	壬戌18	癸亥19	甲子20	乙丑21	丙寅22	丁卯23	戊辰24	己巳25	庚午26	辛未27	壬申28	癸酉29	甲戌30	乙亥31	丙子(11)	丁丑2	戊寅3	己卯4	庚辰5	辛巳6	壬午7	癸未8	甲申9	乙酉10	
十二月小	戊子	天干地支西曆	丙戌11	丁亥12	戊子13	己丑14	庚寅15	辛卯16	壬辰17	癸巳18	甲午19	乙未20	丙申21	丁酉22	戊戌23	己亥24	庚子25	辛丑26	壬寅27	癸卯28	甲辰29	乙巳30	丙午(12)	丁未2	戊申3	己酉4	庚戌5	辛亥6	壬子7	癸丑8	甲寅9		戊子立冬 丙戌日食
閏月大	戊子	天干地支西曆	乙卯10	丙辰11	丁巳12	戊午13	己未14	庚申15	辛酉16	壬戌17	癸亥18	甲子19	乙丑20	丙寅21	丁卯22	戊辰23	己巳24	庚午25	辛未26	壬申27	癸酉28	甲戌29	乙亥30	丙子31	丁丑(1)	戊寅2	己卯3	庚辰4	辛巳5	壬午6	癸未7	甲申8	壬申冬至

朔閏異同	曆名	正月	二月	三月	四月	五月	六月	七月	八月	九月	十月	十一	十二	閏月		曆名	正月	二月	三月	四月	五月	六月	七月	八月	九月	十月	十一	十二	閏月
	周曆 殷曆	庚申 庚寅	己丑 己未	己未 己丑	戊子 戊午	戊午 戊子	丁亥 戊午	丁巳 丁亥	丙戌 丁巳	丙辰 丙戌	乙酉 丙辰	乙卯 乙酉	甲申 乙卯			夏曆 新曆	己未 庚申	己丑 己丑	己未 己未	戊子 戊子	戊午 戊午	丁亥 丁亥	丁巳 丁巳	丙戌 丁亥	丙辰 丙辰	乙酉 丙戌	乙卯 丙辰	甲申 乙酉	

*《長曆》：正月庚申，二月庚寅，三月己未，四月己丑，五月戊午，六月戊子，七月戊午，八月丁亥，九月丁巳，十月丙戌，十一丙辰，十二乙酉。

周襄王十二年 魯僖公二十年（辛巳 蛇年）公元前 640 年 歲在玄枵

魯曆月序		中西曆日對照	初一	初二	初三	初四	初五	初六	初七	初八	初九	初十	十一	十二	十三	十四	十五	十六	十七	十八	十九	二十	二一	二二	二三	二四	二五	二六	二七	二八	二九	三十	節氣與天象
正月小	己丑	干支 天地 西曆	乙酉 9	丙戌 10	丁亥 11	戊子 12	己丑 13	庚寅 14	辛卯 15	壬辰 16	癸巳 17	甲午 18	乙未 19	丙申 20	丁酉 21	戊戌 22	己亥 23	庚子 24	辛丑 25	壬寅 26	癸卯 27	甲辰 28	乙巳 29	丙午 30	丁未 31	戊申 (2)	己酉 2	庚戌 3	辛亥 4	壬子 5	癸丑 6		
二月大	庚寅	干支 天地 西曆	甲寅 7	乙卯 8	丙辰 9	丁巳 10	戊午 11	己未 12	庚申 13	辛酉 14	壬戌 15	癸亥 16	甲子 17	乙丑 18	丙寅 19	丁卯 20	戊辰 21	己巳 22	庚午 23	辛未 24	壬申 25	癸酉 26	甲戌 27	乙亥 28	丙子 (3)	丁丑 2	戊寅 3	己卯 4	庚辰 5	辛巳 6	壬午 7	癸未 8	丁巳立春
三月小	辛卯	干支 天地 西曆	甲申 9	乙酉 10	丙戌 11	丁亥 12	戊子 13	己丑 14	庚寅 15	辛卯 16	壬辰 17	癸巳 18	甲午 19	乙未 20	丙申 21	丁酉 22	戊戌 23	己亥 24	庚子 25	辛丑 26	壬寅 27	癸卯 28	甲辰 29	乙巳 30	丙午 31	丁未 (4)	戊申 2	己酉 3	庚戌 4	辛亥 5	壬子 6		癸卯春分
四月大	壬辰	干支 天地 西曆	癸丑 7	甲寅 8	乙卯 9	丙辰 10	丁巳 11	戊午 12	己未 13	庚申 14	辛酉 15	壬戌 16	癸亥 17	甲子 18	乙丑 19	丙寅 20	丁卯 21	戊辰 22	己巳 23	庚午 24	辛未 25	壬申 26	癸酉 27	甲戌 28	乙亥 29	丙子 30	丁丑 (5)	戊寅 2	己卯 3	庚辰 4	辛巳 5	壬午 6	
五月大	癸巳	干支 天地 西曆	癸未 7	甲申 8	乙酉 9	丙戌 10	丁亥 11	戊子 12	己丑 13	庚寅 14	辛卯 15	壬辰 16	癸巳 17	甲午 18	乙未 19	丙申 20	丁酉 21	戊戌 22	己亥 23	庚子 24	辛丑 25	壬寅 26	癸卯 27	甲辰 28	乙巳 29	丙午 30	丁未 31	戊申 (6)	己酉 2	庚戌 3	辛亥 4	壬子 5	庚寅立夏
六月小	甲午	干支 天地 西曆	癸丑 6	甲寅 7	乙卯 8	丙辰 9	丁巳 10	戊午 11	己未 12	庚申 13	辛酉 14	壬戌 15	癸亥 16	甲子 17	乙丑 18	丙寅 19	丁卯 20	戊辰 21	己巳 22	庚午 23	辛未 24	壬申 25	癸酉 26	甲戌 27	乙亥 28	丙子 29	丁丑 30	戊寅 (7)	己卯 2	庚辰 3	辛巳 4		丁丑夏至
七月大	乙未	干支 天地 西曆	壬午 5	癸未 6	甲申 7	乙酉 8	丙戌 9	丁亥 10	戊子 11	己丑 12	庚寅 13	辛卯 14	壬辰 15	癸巳 16	甲午 17	乙未 18	丙申 19	丁酉 20	戊戌 21	己亥 22	庚子 23	辛丑 24	壬寅 25	癸卯 26	甲辰 27	乙巳 28	丙午 29	丁未 30	戊申 31	己酉 (8)	庚戌 2	辛亥 3	
八月小	丙申	干支 天地 西曆	壬子 4	癸丑 5	甲寅 6	乙卯 7	丙辰 8	丁巳 9	戊午 10	己未 11	庚申 12	辛酉 13	壬戌 14	癸亥 15	甲子 16	乙丑 17	丙寅 18	丁卯 19	戊辰 20	己巳 21	庚午 22	辛未 23	壬申 24	癸酉 25	甲戌 26	乙亥 27	丙子 28	丁丑 29	戊寅 30	己卯 31	庚辰 (9)		癸亥立秋
九月大	丁酉	干支 天地 西曆	辛巳 2	壬午 3	癸未 4	甲申 5	乙酉 6	丙戌 7	丁亥 8	戊子 9	己丑 10	庚寅 11	辛卯 12	壬辰 13	癸巳 14	甲午 15	乙未 16	丙申 17	丁酉 18	戊戌 19	己亥 20	庚子 21	辛丑 22	壬寅 23	癸卯 24	甲辰 25	乙巳 26	丙午 27	丁未 28	戊申 29	己酉 30	庚戌 (10)	己酉秋分
十月小	戊戌	干支 天地 西曆	辛亥 2	壬子 3	癸丑 4	甲寅 5	乙卯 6	丙辰 7	丁巳 8	戊午 9	己未 10	庚申 11	辛酉 12	壬戌 13	癸亥 14	甲子 15	乙丑 16	丙寅 17	丁卯 18	戊辰 19	己巳 20	庚午 21	辛未 22	壬申 23	癸酉 24	甲戌 25	乙亥 26	丙子 27	丁丑 28	戊寅 29	己卯 30		
十一月大	己亥	干支 天地 西曆	庚辰 31	辛巳 (11)	壬午 2	癸未 3	甲申 4	乙酉 5	丙戌 6	丁亥 7	戊子 8	己丑 9	庚寅 10	辛卯 11	壬辰 12	癸巳 13	甲午 14	乙未 15	丙申 16	丁酉 17	戊戌 18	己亥 19	庚子 20	辛丑 21	壬寅 22	癸卯 23	甲辰 24	乙巳 25	丙午 26	丁未 27	戊申 28	己酉 29	癸巳立冬
十二月小	庚子	干支 天地 西曆	庚戌 30	辛亥 (12)	壬子 2	癸丑 3	甲寅 4	乙卯 5	丙辰 6	丁巳 7	戊午 8	己未 9	庚申 10	辛酉 11	壬戌 12	癸亥 13	甲子 14	乙丑 15	丙寅 16	丁卯 17	戊辰 18	己巳 19	庚午 20	辛未 21	壬申 22	癸酉 23	甲戌 24	乙亥 25	丙子 26	丁丑 27	戊寅 28		丁丑冬至

朔閏異同	曆名	正月	二月	三月	四月	五月	六月	七月	八月	九月	十月	十一	十二	閏月	曆名	正月	二月	三月	四月	五月	六月	七月	八月	九月	十月	十一	十二	閏月
	周曆殷曆	甲寅甲申	癸未甲寅	癸丑癸未	癸未癸丑	壬子壬午	壬午壬子	辛亥辛巳	辛巳辛亥	庚戌庚辰	庚辰庚戌	己酉庚辰	己卯己酉		夏曆新曆	甲寅乙卯	癸未甲申	癸丑癸丑	壬午癸未	壬子壬子	壬午壬午	辛亥辛亥	辛巳辛巳	庚戌庚戌	庚辰庚辰	己酉庚戌	己卯庚辰	---戊申己酉

*《長曆》：正月乙卯，二月甲申，三月甲寅，四月癸未，五月癸丑，六月壬午，七月壬子，八月辛巳，九月辛亥，十月庚辰，十一庚戌，十二庚辰，閏月己酉。

周襄王十三年 魯僖公二十一年（壬午 馬年）公元前640 ~ 前639年 歲在娵訾

魯曆月序		中西曆日對照	魯曆日序																														節氣與天象
			初一	初二	初三	初四	初五	初六	初七	初八	初九	初十	十一	十二	十三	十四	十五	十六	十七	十八	十九	二十	二一	二二	二三	二四	二五	二六	二七	二八	二九	三十	
正月大	辛丑	天干地支西曆	己卯29	庚辰30	辛巳31	壬午(1)	癸未2	甲申3	乙酉4	丙戌5	丁亥6	戊子7	己丑8	庚寅9	辛卯10	壬辰11	癸巳12	甲午13	乙未14	丙申15	丁酉16	戊戌17	己亥18	庚子19	辛丑20	壬寅21	癸卯22	甲辰23	乙巳24	丙午25	丁未26	戊申27	
二月小	壬寅	天干地支西曆	己酉28	庚戌29	辛亥30	壬子31	癸丑(2)	甲寅2	乙卯3	丙辰4	丁巳5	戊午6	己未7	庚申8	辛酉9	壬戌10	癸亥11	甲子12	乙丑13	丙寅14	丁卯15	戊辰16	己巳17	庚午18	辛未19	壬申20	癸酉21	甲戌22	乙亥23	丙子24	丁丑25		壬戌立春
三月大	癸卯	天干地支西曆	戊寅26	己卯27	庚辰28	辛巳(3)	壬午2	癸未3	甲申4	乙酉5	丙戌6	丁亥7	戊子8	己丑9	庚寅10	辛卯11	壬辰12	癸巳13	甲午14	乙未15	丙申16	丁酉17	戊戌18	己亥19	庚子20	辛丑21	壬寅22	癸卯23	甲辰24	乙巳25	丙午26	丁未27	
四月小	甲辰	天干地支西曆	戊申28	己酉29	庚戌30	辛亥31	壬子(4)	癸丑2	甲寅3	乙卯4	丙辰5	丁巳6	戊午7	己未8	庚申9	辛酉10	壬戌11	癸亥12	甲子13	乙丑14	丙寅15	丁卯16	戊辰17	己巳18	庚午19	辛未20	壬申21	癸酉22	甲戌23	乙亥24	丙子25		戊申春分
五月大	乙巳	天干地支西曆	丁丑26	戊寅27	己卯28	庚辰29	辛巳30	壬午(5)	癸未2	甲申3	乙酉4	丙戌5	丁亥6	戊子7	己丑8	庚寅9	辛卯10	壬辰11	癸巳12	甲午13	乙未14	丙申15	丁酉16	戊戌17	己亥18	庚子19	辛丑20	壬寅21	癸卯22	甲辰23	乙巳24	丙午25	乙未立夏
六月小	丙午	天干地支西曆	丁未26	戊申27	己酉28	庚戌29	辛亥30	壬子31	癸丑(6)	甲寅2	乙卯3	丙辰4	丁巳5	戊午6	己未7	庚申8	辛酉9	壬戌10	癸亥11	甲子12	乙丑13	丙寅14	丁卯15	戊辰16	己巳17	庚午18	辛未19	壬申20	癸酉21	甲戌22	乙亥23		
七月大	丁未	天干地支西曆	丙子24	丁丑25	戊寅26	己卯27	庚辰28	辛巳29	壬午30	癸未(7)	甲申2	乙酉3	丙戌4	丁亥5	戊子6	己丑7	庚寅8	辛卯9	壬辰10	癸巳11	甲午12	乙未13	丙申14	丁酉15	戊戌16	己亥17	庚子18	辛丑19	壬寅20	癸卯21	甲辰22	乙巳23	壬午夏至
八月小	戊申	天干地支西曆	丙午24	丁未25	戊申26	己酉27	庚戌28	辛亥29	壬子30	癸丑31	甲寅(8)	乙卯2	丙辰3	丁巳4	戊午5	己未6	庚申7	辛酉8	壬戌9	癸亥10	甲子11	乙丑12	丙寅13	丁卯14	戊辰15	己巳16	庚午17	辛未18	壬申19	癸酉20	甲戌21		己巳立秋
九月大	己酉	天干地支西曆	乙亥22	丙子23	丁丑24	戊寅25	己卯26	庚辰27	辛巳28	壬午29	癸未30	甲申31	乙酉(9)	丙戌2	丁亥3	戊子4	己丑5	庚寅6	辛卯7	壬辰8	癸巳9	甲午10	乙未11	丙申12	丁酉13	戊戌14	己亥15	庚子16	辛丑17	壬寅18	癸卯19	甲辰20	
十月大	庚戌	天干地支西曆	乙巳21	丙午22	丁未23	戊申24	己酉25	庚戌26	辛亥27	壬子28	癸丑29	甲寅30	乙卯(10)	丙辰2	丁巳3	戊午4	己未5	庚申6	辛酉7	壬戌8	癸亥9	甲子10	乙丑11	丙寅12	丁卯13	戊辰14	己巳15	庚午16	辛未17	壬申18	癸酉19	甲戌20	甲寅秋分
十一月小	辛亥	天干地支西曆	乙亥21	丙子22	丁丑23	戊寅24	己卯25	庚辰26	辛巳27	壬午28	癸未29	甲申30	乙酉31	丙戌(11)	丁亥2	戊子3	己丑4	庚寅5	辛卯6	壬辰7	癸巳8	甲午9	乙未10	丙申11	丁酉12	戊戌13	己亥14	庚子15	辛丑16	壬寅17	癸卯18		戊戌立冬
十二月大	壬子	天干地支西曆	甲辰19	乙巳20	丙午21	丁未22	戊申23	己酉24	庚戌25	辛亥26	壬子27	癸丑28	甲寅29	乙卯30	丙辰(12)	丁巳2	戊午3	己未4	庚申5	辛酉6	壬戌7	癸亥8	甲子9	乙丑10	丙寅11	丁卯12	戊辰13	己巳14	庚午15	辛未16	壬申17	癸酉18	

朔閏異同	曆名	正月	二月	三月	四月	五月	六月	七月	八月	九月	十月	十一	十二	閏月	曆名	正月	二月	三月	四月	五月	六月	七月	八月	九月	十月	十一	十二	閏月
	周曆殷曆	戊申己卯	戊寅戊申	丁未---戊寅	---丁丑丁未	丙午丁丑	丙子丙午	丙午丙子	乙亥乙巳	乙巳乙亥	甲戌甲辰	甲辰甲戌	癸酉癸卯	癸卯癸酉	夏曆新曆	戊寅己卯	丁未戊申	丁丑丁丑	丙午丁未	丙子丙子	乙巳乙巳	乙亥乙亥	甲辰乙巳	甲戌甲戌	甲辰甲辰	癸酉甲戌	癸卯甲辰	

*《長曆》：正月己卯，二月戊申，三月戊寅，四月丁未，五月丁丑，六月丙午，七月丙子，八月乙巳，九月乙亥，十月甲辰，十一甲戌，十二癸卯。

周襄王十四年 魯僖公二十二年（癸未 羊年）公元前 639 ~ 前 **638** 年 歲在降婁

魯曆月序		中西曆對照	初一	初二	初三	初四	初五	初六	初七	初八	初九	初十	十一	十二	十三	十四	十五	十六	十七	十八	十九	二十	二一	二二	二三	二四	二五	二六	二七	二八	二九	三十	節氣與天象
正月小	癸丑	干支曆 天地西	甲戌 19	乙亥 20	丙子 21	丁丑 22	戊寅 23	己卯 24	庚辰 25	辛巳 26	壬午 27	癸未 28	甲申 29	乙酉 30	丙戌 31	丁亥 (1)	戊子 2	己丑 3	庚寅 4	辛卯 5	壬辰 6	癸巳 7	甲午 8	乙未 9	丙申 10	丁酉 11	戊戌 12	己亥 13	庚子 14	辛丑 15	壬寅 16		癸未冬至
二月大	甲寅	干支曆 天地西	癸卯 17	甲辰 18	乙巳 19	丙午 20	丁未 21	戊申 22	己酉 23	庚戌 24	辛亥 25	壬子 26	癸丑 27	甲寅 28	乙卯 29	丙辰 30	丁巳 31	戊午 (2)	己未 2	庚申 3	辛酉 4	壬戌 5	癸亥 6	甲子 7	乙丑 8	丙寅 9	丁卯 10	戊辰 11	己巳 12	庚午 13	辛未 14	壬申 15	丁卯立春
三月小	乙卯	干支曆 天地西	癸酉 16	甲戌 17	乙亥 18	丙子 19	丁丑 20	戊寅 21	己卯 22	庚辰 23	辛巳 24	壬午 25	癸未 26	甲申 27	乙酉 28	丙戌 (3)	丁亥 2	戊子 3	己丑 4	庚寅 5	辛卯 6	壬辰 7	癸巳 8	甲午 9	乙未 10	丙申 11	丁酉 12	戊戌 13	己亥 14	庚子 15	辛丑 16		
四月大	丙辰	干支曆 天地西	壬寅 17	癸卯 18	甲辰 19	乙巳 20	丙午 21	丁未 22	戊申 23	己酉 24	庚戌 25	辛亥 26	壬子 27	癸丑 28	甲寅 29	乙卯 30	丙辰 31	丁巳 (4)	戊午 2	己未 3	庚申 4	辛酉 5	壬戌 6	癸亥 7	甲子 8	乙丑 9	丙寅 10	丁卯 11	戊辰 12	己巳 13	庚午 14	辛未 15	癸丑春分
五月小	丁巳	干支曆 天地西	壬申 16	癸酉 17	甲戌 18	乙亥 19	丙子 20	丁丑 21	戊寅 22	己卯 23	庚辰 24	辛巳 25	壬午 26	癸未 27	甲申 28	乙酉 29	丙戌 30	丁亥 (5)	戊子 2	己丑 3	庚寅 4	辛卯 5	壬辰 6	癸巳 7	甲午 8	乙未 9	丙申 10	丁酉 11	戊戌 12	己亥 13	庚子 14		庚子立夏
六月大	戊午	干支曆 天地西	辛丑 15	壬寅 16	癸卯 17	甲辰 18	乙巳 19	丙午 20	丁未 21	戊申 22	己酉 23	庚戌 24	辛亥 25	壬子 26	癸丑 27	甲寅 28	乙卯 29	丙辰 30	丁巳 31	戊午 (6)	己未 2	庚申 3	辛酉 4	壬戌 5	癸亥 6	甲子 7	乙丑 8	丙寅 9	丁卯 10	戊辰 11	己巳 12	庚午 13	
七月小	己未	干支曆 天地西	辛未 14	壬申 15	癸酉 16	甲戌 17	乙亥 18	丙子 19	丁丑 20	戊寅 21	己卯 22	庚辰 23	辛巳 24	壬午 25	癸未 26	甲申 27	乙酉 28	丙戌 29	丁亥 30	戊子 (7)	己丑 2	庚寅 3	辛卯 4	壬辰 5	癸巳 6	甲午 7	乙未 8	丙申 9	丁酉 10	戊戌 11	己亥 12		丁亥夏至
八月大	庚申	干支曆 天地西	庚子 13	辛丑 14	壬寅 15	癸卯 16	甲辰 17	乙巳 18	丙午 19	丁未 20	戊申 21	己酉 22	庚戌 23	辛亥 24	壬子 25	癸丑 26	甲寅 27	乙卯 28	丙辰 29	丁巳 30	戊午 31	己未 (8)	庚申 2	辛酉 3	壬戌 4	癸亥 5	甲子 6	乙丑 7	丙寅 8	丁卯 9	戊辰 10	己巳 11	
九月小	辛酉	干支曆 天地西	庚午 12	辛未 13	壬申 14	癸酉 15	甲戌 16	乙亥 17	丙子 18	丁丑 19	戊寅 20	己卯 21	庚辰 22	辛巳 23	壬午 24	癸未 25	甲申 26	乙酉 27	丙戌 28	丁亥 29	戊子 30	己丑 31	庚寅 (9)	辛卯 2	壬辰 3	癸巳 4	甲午 5	乙未 6	丙申 7	丁酉 8	戊戌 9		甲戌立秋
十月大	壬戌	干支曆 天地西	己亥 10	庚子 11	辛丑 12	壬寅 13	癸卯 14	甲辰 15	乙巳 16	丙午 17	丁未 18	戊申 19	己酉 20	庚戌 21	辛亥 22	壬子 23	癸丑 24	甲寅 25	乙卯 26	丙辰 27	丁巳 28	戊午 29	己未 30	庚申 (10)	辛酉 2	壬戌 3	癸亥 4	甲子 5	乙丑 6	丙寅 7	丁卯 8	戊辰 9	己未秋分
十一月小	癸亥	干支曆 天地西	己巳 10	庚午 11	辛未 12	壬申 13	癸酉 14	甲戌 15	乙亥 16	丙子 17	丁丑 18	戊寅 19	己卯 20	庚辰 21	辛巳 22	壬午 23	癸未 24	甲申 25	乙酉 26	丙戌 27	丁亥 28	戊子 29	己丑 30	庚寅 31	辛卯 (11)	壬辰 2	癸巳 3	甲午 4	乙未 5	丙申 6	丁酉 7		
十二月大	甲子	干支曆 天地西	戊戌 8	己亥 9	庚子 10	辛丑 11	壬寅 12	癸卯 13	甲辰 14	乙巳 15	丙午 16	丁未 17	戊申 18	己酉 19	庚戌 20	辛亥 21	壬子 22	癸丑 23	甲寅 24	乙卯 25	丙辰 26	丁巳 27	戊午 28	己未 29	庚申 30	辛酉 (12)	壬戌 2	癸亥 3	甲子 4	乙丑 5	丙寅 6	丁卯 7	甲辰立冬

朔閏異同	曆名	正月	二月	三月	四月	五月	六月	七月	八月	九月	十月	十一	十二	閏月	曆名	正月	二月	三月	四月	五月	六月	七月	八月	九月	十月	十一	十二	閏月
	周曆殷曆	壬申癸卯	壬寅壬申	辛未壬寅	辛丑辛未	庚午辛丑	庚子庚午	己巳庚子	己亥己巳	戊辰己亥	戊戌戊辰	戊辰戊戌	丁酉丁卯		夏曆新曆	壬申癸酉	壬寅癸卯	辛未壬申	辛丑壬寅	庚午辛未	庚子庚子	己巳己巳	己亥己亥	戊辰戊辰	戊戌戊戌	丁卯戊辰	丁酉戊戌	

*《長曆》：正月癸酉，二月癸卯，三月壬申，四月壬寅，五月辛未，六月辛丑，七月庚午，八月庚子，九月己巳，十月己亥，十一己巳，十二戊戌。

周襄王十五年 魯僖公二十三年（甲申 猴年）公元前638 ~ 前637年 歲在大梁

魯曆月序		中西日照對	初一	初二	初三	初四	初五	初六	初七	初八	初九	初十	十一	十二	十三	十四	十五	十六	十七	十八	十九	二十	二一	二二	二三	二四	二五	二六	二七	二八	二九	三十	節氣與天象
正月小	乙丑	天干地支西曆	戊辰 8	己巳 9	庚午 10	辛未 11	壬申 12	癸酉 13	甲戌 14	乙亥 15	丙子 16	丁丑 17	戊寅 18	己卯 19	庚辰 20	辛巳 21	壬午 22	癸未 23	甲申 24	乙酉 25	丙戌 26	丁亥 27	戊子 28	己丑 29	庚寅 30	辛卯 31	壬辰 (1)	癸巳 2	甲午 3	乙未 4	丙申 5		戊子冬至
二月大	丙寅	天干地支西曆	丁酉 6	戊戌 7	己亥 8	庚子 9	辛丑 10	壬寅 11	癸卯 12	甲辰 13	乙巳 14	丙午 15	丁未 16	戊申 17	己酉 18	庚戌 19	辛亥 20	壬子 21	癸丑 22	甲寅 23	乙卯 24	丙辰 25	丁巳 26	戊午 27	己未 28	庚申 29	辛酉 30	壬戌 31	癸亥 (2)	甲子 2	乙丑 3	丙寅 4	
三月大	丁卯	天干地支西曆	丁卯 5	戊辰 6	己巳 7	庚午 8	辛未 9	壬申 10	癸酉 11	甲戌 12	乙亥 13	丙子 14	丁丑 15	戊寅 16	己卯 17	庚辰 18	辛巳 19	壬午 20	癸未 21	甲申 22	乙酉 23	丙戌 24	丁亥 25	戊子 26	己丑 27	庚寅 28	辛卯 29	壬辰 (3)	癸巳 2	甲午 3	乙未 4	丙申 5	癸酉立春
四月小	戊辰	天干地支西曆	丁酉 6	戊戌 7	己亥 8	庚子 9	辛丑 10	壬寅 11	癸卯 12	甲辰 13	乙巳 14	丙午 15	丁未 16	戊申 17	己酉 18	庚戌 19	辛亥 20	壬子 21	癸丑 22	甲寅 23	乙卯 24	丙辰 25	丁巳 26	戊午 27	己未 28	庚申 29	辛酉 30	壬戌 31	癸亥 (4)	甲子 2	乙丑 3		戊午春分
五月大	己巳	天干地支西曆	丙寅 4	丁卯 5	戊辰 6	己巳 7	庚午 8	辛未 9	壬申 10	癸酉 11	甲戌 12	乙亥 13	丙子 14	丁丑 15	戊寅 16	己卯 17	庚辰 18	辛巳 19	壬午 20	癸未 21	甲申 22	乙酉 23	丙戌 24	丁亥 25	戊子 26	己丑 27	庚寅 28	辛卯 29	壬辰 30	癸巳 (5)	甲午 2	乙未 3	
六月小	庚午	天干地支西曆	丙申 4	丁酉 5	戊戌 6	己亥 7	庚子 8	辛丑 9	壬寅 10	癸卯 11	甲辰 12	乙巳 13	丙午 14	丁未 15	戊申 16	己酉 17	庚戌 18	辛亥 19	壬子 20	癸丑 21	甲寅 22	乙卯 23	丙辰 24	丁巳 25	戊午 26	己未 27	庚申 28	辛酉 29	壬戌 30	癸亥 31	甲子 (6)		乙巳立夏
七月大	辛未	天干地支西曆	乙丑 2	丙寅 3	丁卯 4	戊辰 5	己巳 6	庚午 7	辛未 8	壬申 9	癸酉 10	甲戌 11	乙亥 12	丙子 13	丁丑 14	戊寅 15	己卯 16	庚辰 17	辛巳 18	壬午 19	癸未 20	甲申 21	乙酉 22	丙戌 23	丁亥 24	戊子 25	己丑 26	庚寅 27	辛卯 28	壬辰 29	癸巳 30	甲午 (7)	癸巳夏至
八月小	壬申	天干地支西曆	乙未 2	丙申 3	丁酉 4	戊戌 5	己亥 6	庚子 7	辛丑 8	壬寅 9	癸卯 10	甲辰 11	乙巳 12	丙午 13	丁未 14	戊申 15	己酉 16	庚戌 17	辛亥 18	壬子 19	癸丑 20	甲寅 21	乙卯 22	丙辰 23	丁巳 24	戊午 25	己未 26	庚申 27	辛酉 28	壬戌 29	癸亥 30		
九月大	癸酉	天干地支西曆	甲子 31	乙丑 (8)	丙寅 2	丁卯 3	戊辰 4	己巳 5	庚午 6	辛未 7	壬申 8	癸酉 9	甲戌 10	乙亥 11	丙子 12	丁丑 13	戊寅 14	己卯 15	庚辰 16	辛巳 17	壬午 18	癸未 19	甲申 20	乙酉 21	丙戌 22	丁亥 23	戊子 24	己丑 25	庚寅 26	辛卯 27	壬辰 28	癸巳 29	己卯立秋
十月小	甲戌	天干地支西曆	甲午 30	乙未 31	丙申 (9)	丁酉 2	戊戌 3	己亥 4	庚子 5	辛丑 6	壬寅 7	癸卯 8	甲辰 9	乙巳 10	丙午 11	丁未 12	戊申 13	己酉 14	庚戌 15	辛亥 16	壬子 17	癸丑 18	甲寅 19	乙卯 20	丙辰 21	丁巳 22	戊午 23	己未 24	庚申 25	辛酉 26	壬戌 27		
十一月大	乙亥	天干地支西曆	癸亥 28	甲子 29	乙丑 30	丙寅 (10)	丁卯 2	戊辰 3	己巳 4	庚午 5	辛未 6	壬申 7	癸酉 8	甲戌 9	乙亥 10	丙子 11	丁丑 12	戊寅 13	己卯 14	庚辰 15	辛巳 16	壬午 17	癸未 18	甲申 19	乙酉 20	丙戌 21	丁亥 22	戊子 23	己丑 24	庚寅 25	辛卯 26	壬辰 27	乙丑秋分
十二月小	丙子	天干地支西曆	癸巳 28	甲午 29	乙未 30	丙申 31	丁酉 (11)	戊戌 2	己亥 3	庚子 4	辛丑 5	壬寅 6	癸卯 7	甲辰 8	乙巳 9	丙午 10	丁未 11	戊申 12	己酉 13	庚戌 14	辛亥 15	壬子 16	癸丑 17	甲寅 18	乙卯 19	丙辰 20	丁巳 21	戊午 22	己未 23	庚申 24	辛酉 25		己酉立冬
閏月大	丙子	天干地支西曆	壬戌 26	癸亥 27	甲子 28	乙丑 29	丙寅 30	丁卯 (12)	戊辰 2	己巳 3	庚午 4	辛未 5	壬申 6	癸酉 7	甲戌 8	乙亥 9	丙子 10	丁丑 11	戊寅 12	己卯 13	庚辰 14	辛巳 15	壬午 16	癸未 17	甲申 18	乙酉 19	丙戌 20	丁亥 21	戊子 22	己丑 23	庚寅 24	辛卯 25	

朔閏異同	曆名	正月	二月	三月	四月	五月	六月	七月	八月	九月	十月	十一	十二	閏月
	周曆殷曆	丁卯丁酉	丙申丙寅	丙寅丙申	乙未乙丑	乙丑乙未	甲午乙丑	甲子甲午	癸巳甲子	癸亥癸巳	壬辰癸亥	壬戌壬辰	辛卯---壬戌	---辛酉辛卯
	夏曆新曆	丙寅丁卯	丙申丁酉	丙寅丁卯	乙未丙申	乙丑乙丑	甲午乙未	甲子---甲子	癸巳癸巳	---癸亥癸亥	壬辰壬辰	壬戌壬戌	辛卯壬辰	辛酉辛酉

*《長曆》：正月戊辰，二月丁酉，三月丁卯，四月丙申，五月丙寅，六月乙未，七月乙丑，八月甲午，九月甲子，十月癸巳，十一癸亥，十二壬辰。

周襄王十六年 魯僖公二十四年（乙酉 鷄年）公元前 637 ~ 前 636 年 歲在實沈

魯曆月序		中西曆日對照	魯曆日序																														節氣與天象
			初一	初二	初三	初四	初五	初六	初七	初八	初九	初十	十一	十二	十三	十四	十五	十六	十七	十八	十九	二十	二一	二二	二三	二四	二五	二六	二七	二八	二九	三十	
正月小	丁丑	天干地支西曆	壬辰 26	癸巳 27	甲午 28	乙未 29	丙申 30	丁酉 31	戊戌 (1)	己亥 2	庚子 3	辛丑 4	壬寅 5	癸卯 6	甲辰 7	乙巳 8	丙午 9	丁未 10	戊申 11	己酉 12	庚戌 13	辛亥 14	壬子 15	癸丑 16	甲寅 17	乙卯 18	丙辰 19	丁巳 20	戊午 21	己未 22	庚申 23		癸巳冬至
二月大	戊寅	天干地支西曆	辛酉 24	壬戌 25	癸亥 26	甲子 27	乙丑 28	丙寅 29	丁卯 30	戊辰 31	己巳 (2)	庚午 2	辛未 3	壬申 4	癸酉 5	甲戌 6	乙亥 7	丙子 8	丁丑 9	戊寅 10	己卯 11	庚辰 12	辛巳 13	壬午 14	癸未 15	甲申 16	乙酉 17	丙戌 18	丁亥 19	戊子 20	己丑 21	庚寅 22	戊寅立春
三月小	己卯	天干地支西曆	辛卯 23	壬辰 24	癸巳 25	甲午 26	乙未 27	丙申 28	丁酉 (3)	戊戌 2	己亥 3	庚子 4	辛丑 5	壬寅 6	癸卯 7	甲辰 8	乙巳 9	丙午 10	丁未 11	戊申 12	己酉 13	庚戌 14	辛亥 15	壬子 16	癸丑 17	甲寅 18	乙卯 19	丙辰 20	丁巳 21	戊午 22	己未 23		辛卯日食
四月大	庚辰	天干地支西曆	庚申 24	辛酉 25	壬戌 26	癸亥 27	甲子 28	乙丑 29	丙寅 30	丁卯 31	戊辰 (4)	己巳 2	庚午 3	辛未 4	壬申 5	癸酉 6	甲戌 7	乙亥 8	丙子 9	丁丑 10	戊寅 11	己卯 12	庚辰 13	辛巳 14	壬午 15	癸未 16	甲申 17	乙酉 18	丙戌 19	丁亥 20	戊子 21	己丑 22	甲子春分
五月大	辛巳	天干地支西曆	庚寅 23	辛卯 24	壬辰 25	癸巳 26	甲午 27	乙未 28	丙申 29	丁酉 30	戊戌 (5)	己亥 2	庚子 3	辛丑 4	壬寅 5	癸卯 6	甲辰 7	乙巳 8	丙午 9	丁未 10	戊申 11	己酉 12	庚戌 13	辛亥 14	壬子 15	癸丑 16	甲寅 17	乙卯 18	丙辰 19	丁巳 20	戊午 21	己未 22	辛亥立夏
六月小	壬午	天干地支西曆	庚申 23	辛酉 24	壬戌 25	癸亥 26	甲子 27	乙丑 28	丙寅 29	丁卯 30	戊辰 31	己巳 (6)	庚午 2	辛未 3	壬申 4	癸酉 5	甲戌 6	乙亥 7	丙子 8	丁丑 9	戊寅 10	己卯 11	庚辰 12	辛巳 13	壬午 14	癸未 15	甲申 16	乙酉 17	丙戌 18	丁亥 19	戊子 20		
七月大	癸未	天干地支西曆	己丑 21	庚寅 22	辛卯 23	壬辰 24	癸巳 25	甲午 26	乙未 27	丙申 28	丁酉 29	戊戌 30	己亥 (7)	庚子 2	辛丑 3	壬寅 4	癸卯 5	甲辰 6	乙巳 7	丙午 8	丁未 9	戊申 10	己酉 11	庚戌 12	辛亥 13	壬子 14	癸丑 15	甲寅 16	乙卯 17	丙辰 18	丁巳 19	戊午 20	戊戌夏至
八月小	甲申	天干地支西曆	己未 21	庚申 22	辛酉 23	壬戌 24	癸亥 25	甲子 26	乙丑 27	丙寅 28	丁卯 29	戊辰 30	己巳 31	庚午 (8)	辛未 2	壬申 3	癸酉 4	甲戌 5	乙亥 6	丙子 7	丁丑 8	戊寅 9	己卯 10	庚辰 11	辛巳 12	壬午 13	癸未 14	甲申 15	乙酉 16	丙戌 17	丁亥 18		甲申立秋
九月大	乙酉	天干地支西曆	戊子 19	己丑 20	庚寅 21	辛卯 22	壬辰 23	癸巳 24	甲午 25	乙未 26	丙申 27	丁酉 28	戊戌 29	己亥 30	庚子 31	辛丑 (9)	壬寅 2	癸卯 3	甲辰 4	乙巳 5	丙午 6	丁未 7	戊申 8	己酉 9	庚戌 10	辛亥 11	壬子 12	癸丑 13	甲寅 14	乙卯 15	丙辰 16	丁巳 17	
十月小	丙戌	天干地支西曆	戊午 18	己未 19	庚申 20	辛酉 21	壬戌 22	癸亥 23	甲子 24	乙丑 25	丙寅 26	丁卯 27	戊辰 28	己巳 29	庚午 30	辛未 (10)	壬申 2	癸酉 3	甲戌 4	乙亥 5	丙子 6	丁丑 7	戊寅 8	己卯 9	庚辰 10	辛巳 11	壬午 12	癸未 13	甲申 14	乙酉 15	丙戌 16		庚午秋分
十一月大	丁亥	天干地支西曆	丁亥 17	戊子 18	己丑 19	庚寅 20	辛卯 21	壬辰 22	癸巳 23	甲午 24	乙未 25	丙申 26	丁酉 27	戊戌 28	己亥 29	庚子 30	辛丑 31	壬寅 (11)	癸卯 2	甲辰 3	乙巳 4	丙午 5	丁未 6	戊申 7	己酉 8	庚戌 9	辛亥 10	壬子 11	癸丑 12	甲寅 13	乙卯 14	丙辰 15	甲寅立冬
十二月小	戊子	天干地支西曆	丁巳 16	戊午 17	己未 18	庚申 19	辛酉 20	壬戌 21	癸亥 22	甲子 23	乙丑 24	丙寅 25	丁卯 26	戊辰 27	己巳 28	庚午 29	辛未 30	壬申 (12)	癸酉 2	甲戌 3	乙亥 4	丙子 5	丁丑 6	戊寅 7	己卯 8	庚辰 9	辛巳 10	壬午 11	癸未 12	甲申 13	乙酉 14		

朔閏異同	曆名	正月	二月	三月	四月	五月	六月	七月	八月	九月	十月	十一	十二	閏月		曆名	正月	二月	三月	四月	五月	六月	七月	八月	九月	十月	十一	十二	閏月
	周曆殷曆	辛卯辛酉	庚申庚寅	庚寅庚申	己未己丑	己丑己未	戊午戊子	戊子戊午	丁巳丁亥	丁亥丁巳	丙辰丁亥	丙戌丙辰	乙卯丙戌			夏曆新曆	庚寅辛卯	庚申辛酉	己丑庚寅	己未庚申	己丑己丑	戊午己未	戊子戊子	丁巳戊午	丁亥丁亥	丙辰丙辰	丙戌丙戌	乙卯丙辰	

*《長曆》：正月壬戌，二月辛卯，三月辛酉，四月庚寅，閏月庚申，五月己丑，六月己未，七月戊子，八月戊午，九月丁亥，十月丁巳，十一丁亥，十二丙辰。

周襄王十七年 魯僖公二十五年（丙戌 狗年）
公元前 636 ~ 前 **635** ~ 前 634 年 歲在鶉首

魯曆月序		中西曆日對照	初一	初二	初三	初四	初五	初六	初七	初八	初九	初十	十一	十二	十三	十四	十五	十六	十七	十八	十九	二十	二一	二二	二三	二四	二五	二六	二七	二八	二九	三十	節氣與天象
正月大	己丑	天干地支西曆	丙戌15	丁亥16	戊子17	己丑18	庚寅19	辛卯20	壬辰21	癸巳22	甲午23	乙未24	丙申25	丁酉26	戊戌27	己亥28	庚子29	辛丑30	壬寅31	癸卯(1)	甲辰2	乙巳3	丙午4	丁未5	戊申6	己酉7	庚戌8	辛亥9	壬子10	癸丑11	甲寅12	乙卯13	戊戌冬至
二月小	庚寅	天干地支西曆	丙辰14	丁巳15	戊午16	己未17	庚申18	辛酉19	壬戌20	癸亥21	甲子22	乙丑23	丙寅24	丁卯25	戊辰26	己巳27	庚午28	辛未29	壬申30	癸酉31	甲戌(2)	乙亥2	丙子3	丁丑4	戊寅5	己卯6	庚辰7	辛巳8	壬午9	癸未10	甲申11		癸未立春
三月大	辛卯	天干地支西曆	乙酉12	丙戌13	丁亥14	戊子15	己丑16	庚寅17	辛卯18	壬辰19	癸巳20	甲午21	乙未22	丙申23	丁酉24	戊戌25	己亥26	庚子27	辛丑28	壬寅(3)	癸卯2	甲辰3	乙巳4	丙午5	丁未6	戊申7	己酉8	庚戌9	辛亥10	壬子11	癸丑12	甲寅13	乙酉日食
四月小	壬辰	天干地支西曆	乙卯14	丙辰15	丁巳16	戊午17	己未18	庚申19	辛酉20	壬戌21	癸亥22	甲子23	乙丑24	丙寅25	丁卯26	戊辰27	己巳28	庚午29	辛未30	壬申31	癸酉(4)	甲戌2	乙亥3	丙子4	丁丑5	戊寅6	己卯7	庚辰8	辛巳9	壬午10	癸未11		己巳春分
五月大	癸巳	天干地支西曆	甲申12	乙酉13	丙戌14	丁亥15	戊子16	己丑17	庚寅18	辛卯19	壬辰20	癸巳21	甲午22	乙未23	丙申24	丁酉25	戊戌26	己亥27	庚子28	辛丑29	壬寅30	癸卯(5)	甲辰2	乙巳3	丙午4	丁未5	戊申6	己酉7	庚戌8	辛亥9	壬子10	癸丑11	
六月小	甲午	天干地支西曆	甲寅12	乙卯13	丙辰14	丁巳15	戊午16	己未17	庚申18	辛酉19	壬戌20	癸亥21	甲子22	乙丑23	丙寅24	丁卯25	戊辰26	己巳27	庚午28	辛未29	壬申30	癸酉31	甲戌(6)	乙亥2	丙子3	丁丑4	戊寅5	己卯6	庚辰7	辛巳8	壬午9		丙辰立夏
七月大	乙未	天干地支西曆	癸未10	甲申11	乙酉12	丙戌13	丁亥14	戊子15	己丑16	庚寅17	辛卯18	壬辰19	癸巳20	甲午21	乙未22	丙申23	丁酉24	戊戌25	己亥26	庚子27	辛丑28	壬寅29	癸卯30	甲辰(7)	乙巳2	丙午3	丁未4	戊申5	己酉6	庚戌7	辛亥8	壬子9	癸卯夏至
八月小	丙申	天干地支西曆	癸丑10	甲寅11	乙卯12	丙辰13	丁巳14	戊午15	己未16	庚申17	辛酉18	壬戌19	癸亥20	甲子21	乙丑22	丙寅23	丁卯24	戊辰25	己巳26	庚午27	辛未28	壬申29	癸酉30	甲戌31	乙亥(8)	丙子2	丁丑3	戊寅4	己卯5	庚辰6	辛巳7		
九月大	丁酉	天干地支西曆	壬午8	癸未9	甲申10	乙酉11	丙戌12	丁亥13	戊子14	己丑15	庚寅16	辛卯17	壬辰18	癸巳19	甲午20	乙未21	丙申22	丁酉23	戊戌24	己亥25	庚子26	辛丑27	壬寅28	癸卯29	甲辰30	乙巳31	丙午(9)	丁未2	戊申3	己酉4	庚戌5	辛亥6	庚寅立秋
十月大	戊戌	天干地支西曆	壬子7	癸丑8	甲寅9	乙卯10	丙辰11	丁巳12	戊午13	己未14	庚申15	辛酉16	壬戌17	癸亥18	甲子19	乙丑20	丙寅21	丁卯22	戊辰23	己巳24	庚午25	辛未26	壬申27	癸酉28	甲戌29	乙亥30	丙子(10)	丁丑2	戊寅3	己卯4	庚辰5	辛巳6	乙亥秋分
十一月小	己亥	天干地支西曆	壬午7	癸未8	甲申9	乙酉10	丙戌11	丁亥12	戊子13	己丑14	庚寅15	辛卯16	壬辰17	癸巳18	甲午19	乙未20	丙申21	丁酉22	戊戌23	己亥24	庚子25	辛丑26	壬寅27	癸卯28	甲辰29	乙巳30	丙午31	丁未(11)	戊申2	己酉3	庚戌4		
十二月大	庚子	天干地支西曆	辛亥5	壬子6	癸丑7	甲寅8	乙卯9	丙辰10	丁巳11	戊午12	己未13	庚申14	辛酉15	壬戌16	癸亥17	甲子18	乙丑19	丙寅20	丁卯21	戊辰22	己巳23	庚午24	辛未25	壬申26	癸酉27	甲戌28	乙亥29	丙子30	丁丑(12)	戊寅2	己卯3	庚辰4	己未立冬
閏月小	庚子	天干地支西曆	辛巳5	壬午6	癸未7	甲申8	乙酉9	丙戌10	丁亥11	戊子12	己丑13	庚寅14	辛卯15	壬辰16	癸巳17	甲午18	乙未19	丙申20	丁酉21	戊戌22	己亥23	庚子24	辛丑25	壬寅26	癸卯27	甲辰28	乙巳29	丙午30	丁未31	戊申(1)	己酉2		甲辰冬至

朔閏異同	曆名	正月	二月	三月	四月	五月	六月	七月	八月	九月	十月	十一	十二	閏月		曆名	正月	二月	三月	四月	五月	六月	七月	八月	九月	十月	十一	十二	閏月
	周曆殷曆	乙酉乙卯	甲寅乙酉	甲申甲寅	癸丑甲申	癸未癸丑	癸丑癸未	壬午壬子	壬子壬午	辛巳辛亥	辛亥辛巳	庚辰庚戌	庚戌庚辰			夏曆新曆	乙酉乙酉	甲寅乙卯	甲申乙酉	癸丑甲寅	癸未甲申	壬子癸丑	壬午癸未	辛亥壬子	辛巳壬午	辛亥辛亥	庚辰庚辰	庚戌庚戌	

*《長曆》：正月丙戌，二月乙卯，三月乙酉，四月甲寅，五月甲申，六月癸丑，七月癸未，八月壬子，九月壬午，十月辛亥，十一辛巳，十二庚戌，閏月庚辰。

周襄王十八年 魯僖公二十六年（丁亥 猪年）公元前 634 年 歲在鶉火

魯曆月序		西中曆日對照	初一	初二	初三	初四	初五	初六	初七	初八	初九	初十	十一	十二	十三	十四	十五	十六	十七	十八	十九	二十	二一	二二	二三	二四	二五	二六	二七	二八	二九	三十	節氣與天象
正月大	辛丑	干支 天地 西曆	庚戌3	辛亥4	壬子5	癸丑6	甲寅7	乙卯8	丙辰9	丁巳10	戊午11	己未12	庚申13	辛酉14	壬戌15	癸亥16	甲子17	乙丑18	丙寅19	丁卯20	戊辰21	己巳22	庚午23	辛未24	壬申25	癸酉26	甲戌27	乙亥28	丙子29	丁丑30	戊寅31	己卯(2)	
二月小	壬寅	干支 天地 西曆	庚辰2	辛巳3	壬午4	癸未5	甲申6	乙酉7	丙戌8	丁亥9	戊子10	己丑11	庚寅12	辛卯13	壬辰14	癸巳15	甲午16	乙未17	丙申18	丁酉19	戊戌20	己亥21	庚子22	辛丑23	壬寅24	癸卯25	甲辰26	乙巳27	丙午28	丁未(3)	戊申2		戊子立春
三月大	癸卯	干支 天地 西曆	己酉3	庚戌4	辛亥5	壬子6	癸丑7	甲寅8	乙卯9	丙辰10	丁巳11	戊午12	己未13	庚申14	辛酉15	壬戌16	癸亥17	甲子18	乙丑19	丙寅20	丁卯21	戊辰22	己巳23	庚午24	辛未25	壬申26	癸酉27	甲戌28	乙亥29	丙子30	丁丑31	戊寅(4)	甲戌春分
四月小	甲辰	干支 天地 西曆	己卯2	庚辰3	辛巳4	壬午5	癸未6	甲申7	乙酉8	丙戌9	丁亥10	戊子11	己丑12	庚寅13	辛卯14	壬辰15	癸巳16	甲午17	乙未18	丙申19	丁酉20	戊戌21	己亥22	庚子23	辛丑24	壬寅25	癸卯26	甲辰27	乙巳28	丙午29	丁未30		
五月大	乙巳	干支 天地 西曆	戊申(5)	己酉2	庚戌3	辛亥4	壬子5	癸丑6	甲寅7	乙卯8	丙辰9	丁巳10	戊午11	己未12	庚申13	辛酉14	壬戌15	癸亥16	甲子17	乙丑18	丙寅19	丁卯20	戊辰21	己巳22	庚午23	辛未24	壬申25	癸酉26	甲戌27	乙亥28	丙子29	丁丑30	辛酉立夏
六月小	丙午	干支 天地 西曆	戊寅31	己卯(6)	庚辰2	辛巳3	壬午4	癸未5	甲申6	乙酉7	丙戌8	丁亥9	戊子10	己丑11	庚寅12	辛卯13	壬辰14	癸巳15	甲午16	乙未17	丙申18	丁酉19	戊戌20	己亥21	庚子22	辛丑23	壬寅24	癸卯25	甲辰26	乙巳27	丙午28		
七月大	丁未	干支 天地 西曆	丁未29	戊申30	己酉(7)	庚戌2	辛亥3	壬子4	癸丑5	甲寅6	乙卯7	丙辰8	丁巳9	戊午10	己未11	庚申12	辛酉13	壬戌14	癸亥15	甲子16	乙丑17	丙寅18	丁卯19	戊辰20	己巳21	庚午22	辛未23	壬申24	癸酉25	甲戌26	乙亥27	丙子28	戊申夏至
八月小	戊申	干支 天地 西曆	丁丑29	戊寅30	己卯31	庚辰(8)	辛巳2	壬午3	癸未4	甲申5	乙酉6	丙戌7	丁亥8	戊子9	己丑10	庚寅11	辛卯12	壬辰13	癸巳14	甲午15	乙未16	丙申17	丁酉18	戊戌19	己亥20	庚子21	辛丑22	壬寅23	癸卯24	甲辰25	乙巳26		乙未立秋
九月大	己酉	干支 天地 西曆	丙午27	丁未28	戊申29	己酉30	庚戌31	辛亥(9)	壬子2	癸丑3	甲寅4	乙卯5	丙辰6	丁巳7	戊午8	己未9	庚申10	辛酉11	壬戌12	癸亥13	甲子14	乙丑15	丙寅16	丁卯17	戊辰18	己巳19	庚午20	辛未21	壬申22	癸酉23	甲戌24	乙亥25	
十月小	庚戌	干支 天地 西曆	丙子26	丁丑27	戊寅28	己卯29	庚辰30	辛巳(10)	壬午2	癸未3	甲申4	乙酉5	丙戌6	丁亥7	戊子8	己丑9	庚寅10	辛卯11	壬辰12	癸巳13	甲午14	乙未15	丙申16	丁酉17	戊戌18	己亥19	庚子20	辛丑21	壬寅22	癸卯23	甲辰24		庚辰秋分
十一月大	辛亥	干支 天地 西曆	乙巳25	丙午26	丁未27	戊申28	己酉29	庚戌30	辛亥31	壬子(11)	癸丑2	甲寅3	乙卯4	丙辰5	丁巳6	戊午7	己未8	庚申9	辛酉10	壬戌11	癸亥12	甲子13	乙丑14	丙寅15	丁卯16	戊辰17	己巳18	庚午19	辛未20	壬申21	癸酉22	甲戌23	乙丑立冬
十二月大	壬子	干支 天地 西曆	乙亥24	丙子25	丁丑26	戊寅27	己卯28	庚辰29	辛巳30	壬午(12)	癸未2	甲申3	乙酉4	丙戌5	丁亥6	戊子7	己丑8	庚寅9	辛卯10	壬辰11	癸巳12	甲午13	乙未14	丙申15	丁酉16	戊戌17	己亥18	庚子19	辛丑20	壬寅21	癸卯22	甲辰23	

朔閏異同	曆名	正月	二月	三月	四月	五月	六月	七月	八月	九月	十月	十一	十二	閏月
	周曆殷曆	己卯庚戌	己酉己卯	戊寅己酉	戊申戊寅	丁丑戊申	丁未丁丑	丙子丁未	丙午丙子	---乙亥---丙午	乙巳乙亥	乙亥乙巳	甲辰甲戌	甲戌甲辰
	夏曆新曆	己卯己卯	己酉己酉	戊寅己卯	戊申戊申	丁丑---戊寅	---丁未丁未	丙子丁丑	丙午丁未	乙亥丙子	乙巳丙午	甲戌乙亥	甲辰乙巳	甲戌甲戌

*《長曆》：正月庚戌，二月己卯，三月己酉，四月戊寅，五月戊申，六月丁丑，七月丁未，八月丙子，九月丙午，十月乙亥，十一乙巳，十二甲戌。

周襄王十九年 魯僖公二十七年（戊子 鼠年）公元前634 ~ 前633年 歲在鶉尾

魯曆月序		中西日曆對照	初一	初二	初三	初四	初五	初六	初七	初八	初九	初十	十一	十二	十三	十四	十五	十六	十七	十八	十九	二十	二一	二二	二三	二四	二五	二六	二七	二八	二九	三十	節氣與天象
正月小	癸丑	干支 天地 曆 西曆	乙巳 24	丙午 25	丁未 26	戊申 27	己酉 28	庚戌 29	辛亥 30	壬子 31	癸丑 (1)	甲寅 2	乙卯 3	丙辰 4	丁巳 5	戊午 6	己未 7	庚申 8	辛酉 9	壬戌 10	癸亥 11	甲子 12	乙丑 13	丙寅 14	丁卯 15	戊辰 16	己巳 17	庚午 18	辛未 19	壬申 20	癸酉 21		己酉冬至
二月大	甲寅	干支 天地 曆 西曆	甲戌 22	乙亥 23	丙子 24	丁丑 25	戊寅 26	己卯 27	庚辰 28	辛巳 29	壬午 30	癸未 31	甲申 (2)	乙酉 2	丙戌 3	丁亥 4	戊子 5	己丑 6	庚寅 7	辛卯 8	壬辰 9	癸巳 10	甲午 11	乙未 12	丙申 13	丁酉 14	戊戌 15	己亥 16	庚子 17	辛丑 18	壬寅 19	癸卯 20	癸巳立春
三月小	乙卯	干支 天地 曆 西曆	甲辰 21	乙巳 22	丙午 23	丁未 24	戊申 25	己酉 26	庚戌 27	辛亥 28	壬子 29	癸丑 (3)	甲寅 2	乙卯 3	丙辰 4	丁巳 5	戊午 6	己未 7	庚申 8	辛酉 9	壬戌 10	癸亥 11	甲子 12	乙丑 13	丙寅 14	丁卯 15	戊辰 16	己巳 17	庚午 18	辛未 19	壬申 20		
四月大	丙辰	干支 天地 曆 西曆	癸酉 21	甲戌 22	乙亥 23	丙子 24	丁丑 25	戊寅 26	己卯 27	庚辰 28	辛巳 29	壬午 30	癸未 31	甲申 (4)	乙酉 2	丙戌 3	丁亥 4	戊子 5	己丑 6	庚寅 7	辛卯 8	壬辰 9	癸巳 10	甲午 11	乙未 12	丙申 13	丁酉 14	戊戌 15	己亥 16	庚子 17	辛丑 18	壬寅 19	己卯春分
五月小	丁巳	干支 天地 曆 西曆	癸卯 20	甲辰 21	乙巳 22	丙午 23	丁未 24	戊申 25	己酉 26	庚戌 27	辛亥 28	壬子 29	癸丑 30	甲寅 (5)	乙卯 2	丙辰 3	丁巳 4	戊午 5	己未 6	庚申 7	辛酉 8	壬戌 9	癸亥 10	甲子 11	乙丑 12	丙寅 13	丁卯 14	戊辰 15	己巳 16	庚午 17	辛未 18		丙寅立夏
六月大	戊午	干支 天地 曆 西曆	壬申 19	癸酉 20	甲戌 21	乙亥 22	丙子 23	丁丑 24	戊寅 25	己卯 26	庚辰 27	辛巳 28	壬午 29	癸未 30	甲申 31	乙酉 (6)	丙戌 2	丁亥 3	戊子 4	己丑 5	庚寅 6	辛卯 7	壬辰 8	癸巳 9	甲午 10	乙未 11	丙申 12	丁酉 13	戊戌 14	己亥 15	庚子 16	辛丑 17	
七月小	己未	干支 天地 曆 西曆	壬寅 18	癸卯 19	甲辰 20	乙巳 21	丙午 22	丁未 23	戊申 24	己酉 25	庚戌 26	辛亥 27	壬子 28	癸丑 29	甲寅 30	乙卯 (7)	丙辰 2	丁巳 3	戊午 4	己未 5	庚申 6	辛酉 7	壬戌 8	癸亥 9	甲子 10	乙丑 11	丙寅 12	丁卯 13	戊辰 14	己巳 15	庚午 16		甲寅夏至
八月大	庚申	干支 天地 曆 西曆	辛未 17	壬申 18	癸酉 19	甲戌 20	乙亥 21	丙子 22	丁丑 23	戊寅 24	己卯 25	庚辰 26	辛巳 27	壬午 28	癸未 29	甲申 30	乙酉 31	丙戌 (8)	丁亥 2	戊子 3	己丑 4	庚寅 5	辛卯 6	壬辰 7	癸巳 8	甲午 9	乙未 10	丙申 11	丁酉 12	戊戌 13	己亥 14	庚子 15	庚子立秋
九月小	辛酉	干支 天地 曆 西曆	辛丑 16	壬寅 17	癸卯 18	甲辰 19	乙巳 20	丙午 21	丁未 22	戊申 23	己酉 24	庚戌 25	辛亥 26	壬子 27	癸丑 28	甲寅 29	乙卯 30	丙辰 31	丁巳 (9)	戊午 2	己未 3	庚申 4	辛酉 5	壬戌 6	癸亥 7	甲子 8	乙丑 9	丙寅 10	丁卯 11	戊辰 12	己巳 13		
十月大	壬戌	干支 天地 曆 西曆	庚午 14	辛未 15	壬申 16	癸酉 17	甲戌 18	乙亥 19	丙子 20	丁丑 21	戊寅 22	己卯 23	庚辰 24	辛巳 25	壬午 26	癸未 27	甲申 28	乙酉 29	丙戌 30	丁亥 (10)	戊子 2	己丑 3	庚寅 4	辛卯 5	壬辰 6	癸巳 7	甲午 8	乙未 9	丙申 10	丁酉 11	戊戌 12	己亥 13	丙戌秋分
十一月小	癸亥	干支 天地 曆 西曆	庚子 14	辛丑 15	壬寅 16	癸卯 17	甲辰 18	乙巳 19	丙午 20	丁未 21	戊申 22	己酉 23	庚戌 24	辛亥 25	壬子 26	癸丑 27	甲寅 28	乙卯 29	丙辰 30	丁巳 31	戊午 (11)	己未 2	庚申 3	辛酉 4	壬戌 5	癸亥 6	甲子 7	乙丑 8	丙寅 9	丁卯 10	戊辰 11		
十二月大	甲子	干支 天地 曆 西曆	己巳 12	庚午 13	辛未 14	壬申 15	癸酉 16	甲戌 17	乙亥 18	丙子 19	丁丑 20	戊寅 21	己卯 22	庚辰 23	辛巳 24	壬午 25	癸未 26	甲申 27	乙酉 28	丙戌 29	丁亥 30	戊子 (12)	己丑 2	庚寅 3	辛卯 4	壬辰 5	癸巳 6	甲午 7	乙未 8	丙申 9	丁酉 10	戊戌 11	庚午立冬

朔閏異同	曆名	正月	二月	三月	四月	五月	六月	七月	八月	九月	十月	十一	十二	閏月
	周曆	癸卯	癸酉	壬寅	壬申	辛丑	辛未	庚子	庚午	己亥	己巳	戊戌	戊辰	
	殷曆	癸酉	癸卯	壬申	壬寅	壬申	辛丑	辛未	庚子	庚午	己亥	己巳	戊戌	
	夏曆	癸卯	癸酉	壬寅	壬申	辛丑	辛未	庚子	庚午	己亥	己巳	戊戌	戊辰	
	新曆	癸卯	癸酉	壬寅	壬申	辛丑	辛未	辛丑	庚午	庚子	庚午	己亥	己巳	

*《長曆》：正月甲辰，二月癸酉，三月癸卯，四月壬申，五月壬寅，六月壬申，七月辛丑，八月辛未，九月庚子，十月庚午，十一己亥，十二己巳。

周襄王二十年 魯僖公二十八年（己丑 牛年）公元前633 ~ 前632年 歲在壽星

魯曆月序		中西曆對照	初一	初二	初三	初四	初五	初六	初七	初八	初九	初十	十一	十二	十三	十四	十五	十六	十七	十八	十九	二十	二一	二二	二三	二四	二五	二六	二七	二八	二九	三十	節氣與天象
正月小	乙丑	干支天地西曆	己亥12	庚子13	辛丑14	壬寅15	癸卯16	甲辰17	乙巳18	丙午19	丁未20	戊申21	己酉22	庚戌23	辛亥24	壬子25	癸丑26	甲寅27	乙卯28	丙辰29	丁巳30	戊午31	己未(1)	庚申2	辛酉3	壬戌4	癸亥5	甲子6	乙丑7	丙寅8	丁卯9		甲寅冬至
二月大	丙寅	干支天地西曆	戊辰10	己巳11	庚午12	辛未13	壬申14	癸酉15	甲戌16	乙亥17	丙子18	丁丑19	戊寅20	己卯21	庚辰22	辛巳23	壬午24	癸未25	甲申26	乙酉27	丙戌28	丁亥29	戊子30	己丑31	庚寅(2)	辛卯2	壬辰3	癸巳4	甲午5	乙未6	丙申7	丁酉8	
三月小	丁卯	干支天地西曆	戊戌9	己亥10	庚子11	辛丑12	壬寅13	癸卯14	甲辰15	乙巳16	丙午17	丁未18	戊申19	己酉20	庚戌21	辛亥22	壬子23	癸丑24	甲寅25	乙卯26	丙辰27	丁巳28	戊午(3)	己未2	庚申3	辛酉4	壬戌5	癸亥6	甲子7	乙丑8	丙寅9		己亥立春
四月大	戊辰	干支天地西曆	丁卯10	戊辰11	己巳12	庚午13	辛未14	壬申15	癸酉16	甲戌17	乙亥18	丙子19	丁丑20	戊寅21	己卯22	庚辰23	辛巳24	壬午25	癸未26	甲申27	乙酉28	丙戌29	丁亥30	戊子31	己丑(4)	庚寅2	辛卯3	壬辰4	癸巳5	甲午6	乙未7	丙申8	乙酉春分
五月大	己巳	干支天地西曆	丁酉9	戊戌10	己亥11	庚子12	辛丑13	壬寅14	癸卯15	甲辰16	乙巳17	丙午18	丁未19	戊申20	己酉21	庚戌22	辛亥23	壬子24	癸丑25	甲寅26	乙卯27	丙辰28	丁巳29	戊午30	己未(5)	庚申2	辛酉3	壬戌4	癸亥5	甲子6	乙丑7	丙寅8	
六月小	庚午	干支天地西曆	丁卯9	戊辰10	己巳11	庚午12	辛未13	壬申14	癸酉15	甲戌16	乙亥17	丙子18	丁丑19	戊寅20	己卯21	庚辰22	辛巳23	壬午24	癸未25	甲申26	乙酉27	丙戌28	丁亥29	戊子30	己丑31	庚寅(6)	辛卯2	壬辰3	癸巳4	甲午5	乙未6		壬申立夏
七月大	辛未	干支天地西曆	丙申7	丁酉8	戊戌9	己亥10	庚子11	辛丑12	壬寅13	癸卯14	甲辰15	乙巳16	丙午17	丁未18	戊申19	己酉20	庚戌21	辛亥22	壬子23	癸丑24	甲寅25	乙卯26	丙辰27	丁巳28	戊午29	己未30	庚申(7)	辛酉2	壬戌3	癸亥4	甲子5	乙丑6	己未夏至
八月小	壬申	干支天地西曆	丙寅7	丁卯8	戊辰9	己巳10	庚午11	辛未12	壬申13	癸酉14	甲戌15	乙亥16	丙子17	丁丑18	戊寅19	己卯20	庚辰21	辛巳22	壬午23	癸未24	甲申25	乙酉26	丙戌27	丁亥28	戊子29	己丑30	庚寅31	辛卯(8)	壬辰2	癸巳3	甲午4		
九月大	癸酉	干支天地西曆	乙未5	丙申6	丁酉7	戊戌8	己亥9	庚子10	辛丑11	壬寅12	癸卯13	甲辰14	乙巳15	丙午16	丁未17	戊申18	己酉19	庚戌20	辛亥21	壬子22	癸丑23	甲寅24	乙卯25	丙辰26	丁巳27	戊午28	己未29	庚申30	辛酉31	壬戌(9)	癸亥2	甲子3	乙巳立秋
十月小	甲戌	干支天地西曆	乙丑4	丙寅5	丁卯6	戊辰7	己巳8	庚午9	辛未10	壬申11	癸酉12	甲戌13	乙亥14	丙子15	丁丑16	戊寅17	己卯18	庚辰19	辛巳20	壬午21	癸未22	甲申23	乙酉24	丙戌25	丁亥26	戊子27	己丑28	庚寅29	辛卯30	壬辰(10)	癸巳2		辛卯秋分
十一月大	乙亥	干支天地西曆	甲午3	乙未4	丙申5	丁酉6	戊戌7	己亥8	庚子9	辛丑10	壬寅11	癸卯12	甲辰13	乙巳14	丙午15	丁未16	戊申17	己酉18	庚戌19	辛亥20	壬子21	癸丑22	甲寅23	乙卯24	丙辰25	丁巳26	戊午27	己未28	庚申29	辛酉30	壬戌31	癸亥(11)	
十二月小	丙子	干支天地西曆	甲子2	乙丑3	丙寅4	丁卯5	戊辰6	己巳7	庚午8	辛未9	壬申10	癸酉11	甲戌12	乙亥13	丙子14	丁丑15	戊寅16	己卯17	庚辰18	辛巳19	壬午20	癸未21	甲申22	乙酉23	丙戌24	丁亥25	戊子26	己丑27	庚寅28	辛卯29	壬辰30		乙亥立冬

朔閏異同	曆名	正月	二月	三月	四月	五月	六月	七月	八月	九月	十月	十一	十二	閏月	曆名	正月	二月	三月	四月	五月	六月	七月	八月	九月	十月	十一	十二	閏月
	周曆殷曆	戊戌辰辰	丁卯丁酉	丁酉丁卯	丙寅丙申	丙申丙寅	乙丑乙未	乙未乙丑	甲子乙未	甲午甲子	癸亥甲午	癸巳癸亥	壬戌癸巳		夏曆新曆	丁酉戊戌	丁卯丁卯	丙申丁酉	丙寅丙寅	丙申丙申	乙丑乙丑	乙未乙未	甲子乙丑	甲午甲午	癸亥甲子	癸巳甲午	壬戌癸亥	癸巳

*《長曆》：正月戊戌，二月戊辰，三月丁酉，四月丁卯，五月丙申，六月丙寅，七月乙未，八月乙丑，九月乙未，十月甲子，十一甲午，十二癸亥。

周襄王二十一年 魯僖公二十九年（庚寅 虎年）公元前632 ~ 前 631 年 歲在大火

魯曆月序		中西曆日對照	初一	初二	初三	初四	初五	初六	初七	初八	初九	初十	十一	十二	十三	十四	十五	十六	十七	十八	十九	二十	二一	二二	二三	二四	二五	二六	二七	二八	二九	三十	節氣與天象
正月大	丁丑	天干地支 西曆	癸巳 (12)	甲午 2	乙未 3	丙申 4	丁酉 5	戊戌 6	己亥 7	庚子 8	辛丑 9	壬寅 10	癸卯 11	甲辰 12	乙巳 13	丙午 14	丁未 15	戊申 16	己酉 17	庚戌 18	辛亥 19	壬子 20	癸丑 21	甲寅 22	乙卯 23	丙辰 24	丁巳 25	戊午 26	己未 27	庚申 28	辛酉 29	壬戌 30	己未冬至
二月小	戊寅	天干地支 西曆	癸亥 31	甲子 (1)	乙丑 2	丙寅 3	丁卯 4	戊辰 5	己巳 6	庚午 7	辛未 8	壬申 9	癸酉 10	甲戌 11	乙亥 12	丙子 13	丁丑 14	戊寅 15	己卯 16	庚辰 17	辛巳 18	壬午 19	癸未 20	甲申 21	乙酉 22	丙戌 23	丁亥 24	戊子 25	己丑 26	庚寅 27	辛卯 28		
三月大	己卯	天干地支 西曆	壬辰 29	癸巳 30	甲午 31	乙未 (2)	丙申 2	丁酉 3	戊戌 4	己亥 5	庚子 6	辛丑 7	壬寅 8	癸卯 9	甲辰 10	乙巳 11	丙午 12	丁未 13	戊申 14	己酉 15	庚戌 16	辛亥 17	壬子 18	癸丑 19	甲寅 20	乙卯 21	丙辰 22	丁巳 23	戊午 24	己未 25	庚申 26	辛酉 27	甲辰立春
四月小	庚辰	天干地支 西曆	壬戌 28	癸亥 (3)	甲子 2	乙丑 3	丙寅 4	丁卯 5	戊辰 6	己巳 7	庚午 8	辛未 9	壬申 10	癸酉 11	甲戌 12	乙亥 13	丙子 14	丁丑 15	戊寅 16	己卯 17	庚辰 18	辛巳 19	壬午 20	癸未 21	甲申 22	乙酉 23	丙戌 24	丁亥 25	戊子 26	己丑 27	庚寅 28		庚寅春分
五月大	辛巳	天干地支 西曆	辛卯 29	壬辰 30	癸巳 31	甲午 (4)	乙未 2	丙申 3	丁酉 4	戊戌 5	己亥 6	庚子 7	辛丑 8	壬寅 9	癸卯 10	甲辰 11	乙巳 12	丙午 13	丁未 14	戊申 15	己酉 16	庚戌 17	辛亥 18	壬子 19	癸丑 20	甲寅 21	乙卯 22	丙辰 23	丁巳 24	戊午 25	己未 26	庚申 27	
六月小	壬午	天干地支 西曆	辛酉 28	壬戌 29	癸亥 30	甲子 (5)	乙丑 2	丙寅 3	丁卯 4	戊辰 5	己巳 6	庚午 7	辛未 8	壬申 9	癸酉 10	甲戌 11	乙亥 12	丙子 13	丁丑 14	戊寅 15	己卯 16	庚辰 17	辛巳 18	壬午 19	癸未 20	甲申 21	乙酉 22	丙戌 23	丁亥 24	戊子 25	己丑 26		丁丑立夏
七月大	癸未	天干地支 西曆	庚寅 27	辛卯 28	壬辰 29	癸巳 30	甲午 31	乙未 (6)	丙申 2	丁酉 3	戊戌 4	己亥 5	庚子 6	辛丑 7	壬寅 8	癸卯 9	甲辰 10	乙巳 11	丙午 12	丁未 13	戊申 14	己酉 15	庚戌 16	辛亥 17	壬子 18	癸丑 19	甲寅 20	乙卯 21	丙辰 22	丁巳 23	戊午 24	己未 25	
八月小	甲申	天干地支 西曆	庚申 26	辛酉 27	壬戌 28	癸亥 29	甲子 30	乙丑 (7)	丙寅 2	丁卯 3	戊辰 4	己巳 5	庚午 6	辛未 7	壬申 8	癸酉 9	甲戌 10	乙亥 11	丙子 12	丁丑 13	戊寅 14	己卯 15	庚辰 16	辛巳 17	壬午 18	癸未 19	甲申 20	乙酉 21	丙戌 22	丁亥 23	戊子 24		甲子夏至
九月大	乙酉	天干地支 西曆	己丑 25	庚寅 26	辛卯 27	壬辰 28	癸巳 29	甲午 30	乙未 31	丙申 (8)	丁酉 2	戊戌 3	己亥 4	庚子 5	辛丑 6	壬寅 7	癸卯 8	甲辰 9	乙巳 10	丙午 11	丁未 12	戊申 13	己酉 14	庚戌 15	辛亥 16	壬子 17	癸丑 18	甲寅 19	乙卯 20	丙辰 21	丁巳 22	戊午 23	辛亥立秋
十月大	丙戌	天干地支 西曆	己未 24	庚申 25	辛酉 26	壬戌 27	癸亥 28	甲子 29	乙丑 30	丙寅 31	丁卯 (9)	戊辰 2	己巳 3	庚午 4	辛未 5	壬申 6	癸酉 7	甲戌 8	乙亥 9	丙子 10	丁丑 11	戊寅 12	己卯 13	庚辰 14	辛巳 15	壬午 16	癸未 17	甲申 18	乙酉 19	丙戌 20	丁亥 21	戊子 22	
十一月小	丁亥	天干地支 西曆	己丑 23	庚寅 24	辛卯 25	壬辰 26	癸巳 27	甲午 28	乙未 29	丙申 30	丁酉 (10)	戊戌 2	己亥 3	庚子 4	辛丑 5	壬寅 6	癸卯 7	甲辰 8	乙巳 9	丙午 10	丁未 11	戊申 12	己酉 13	庚戌 14	辛亥 15	壬子 16	癸丑 17	甲寅 18	乙卯 19	丙辰 20	丁巳 21		丙申秋分
十二月大	戊子	天干地支 西曆	戊午 22	己未 23	庚申 24	辛酉 25	壬戌 26	癸亥 27	甲子 28	乙丑 29	丙寅 30	丁卯 31	戊辰 (11)	己巳 2	庚午 3	辛未 4	壬申 5	癸酉 6	甲戌 7	乙亥 8	丙子 9	丁丑 10	戊寅 11	己卯 12	庚辰 13	辛巳 14	壬午 15	癸未 16	甲申 17	乙酉 18	丙戌 19	丁亥 20	庚辰立冬

朔閏異同	曆名	正月	二月	三月	四月	五月	六月	七月	八月	九月	十月	十一	十二	閏月
	周曆殷曆	壬辰壬戌	辛酉壬辰	辛卯辛酉	庚申辛卯	庚寅---庚申	---庚申庚寅	己丑己未	己未己丑	戊子戊午	戊午戊子	丁亥丁巳	丁巳丁亥	丙戌丁巳
	夏曆新曆	壬辰壬戌	辛酉辛卯	---辛卯辛酉	庚申庚寅	庚寅己未	己未己丑	己丑己未	戊午戊子	戊子戊午	戊午戊子	丁亥戊午	丁巳丁亥	丙戌

*《長曆》：正月癸巳，二月壬戌，三月壬辰，四月辛酉，五月辛卯，六月庚申，七月庚寅，八月己未，九月己丑，十月戊午，十一戊子，十二丁巳。

周襄王二十二年 魯僖公三十年（辛卯 兔年） 公元前 631 ~ 前 **630** 年 歲在析木

魯曆月序		中西曆日對照	初一	初二	初三	初四	初五	初六	初七	初八	初九	初十	十一	十二	十三	十四	十五	十六	十七	十八	十九	二十	二一	二二	二三	二四	二五	二六	二七	二八	二九	三十	節氣與天象
正月小	己丑	天干地支西曆	戊子21	己丑22	庚寅23	辛卯24	壬辰25	癸巳26	甲午27	乙未28	丙申29	丁酉30	戊戌(12)	己亥2	庚子3	辛丑4	壬寅5	癸卯6	甲辰7	乙巳8	丙午9	丁未10	戊申11	己酉12	庚戌13	辛亥14	壬子15	癸丑16	甲寅17	乙卯18	丙辰19		
二月大	庚寅	天干地支西曆	丁巳20	戊午21	己未22	庚申23	辛酉24	壬戌25	癸亥26	甲子27	乙丑28	丙寅29	丁卯30	戊辰31	己巳(1)	庚午2	辛未3	壬申4	癸酉5	甲戌6	乙亥7	丙子8	丁丑9	戊寅10	己卯11	庚辰12	辛巳13	壬午14	癸未15	甲申16	乙酉17	丙戌18	甲子冬至
三月小	辛卯	天干地支西曆	丁亥19	戊子20	己丑21	庚寅22	辛卯23	壬辰24	癸巳25	甲午26	乙未27	丙申28	丁酉29	戊戌30	己亥31	庚子(2)	辛丑2	壬寅3	癸卯4	甲辰5	乙巳6	丙午7	丁未8	戊申9	己酉10	庚戌11	辛亥12	壬子13	癸丑14	甲寅15	乙卯16		己酉立春
四月大	壬辰	天干地支西曆	丙辰17	丁巳18	戊午19	己未20	庚申21	辛酉22	壬戌23	癸亥24	甲子25	乙丑26	丙寅27	丁卯28	戊辰(3)	己巳2	庚午3	辛未4	壬申5	癸酉6	甲戌7	乙亥8	丙子9	丁丑10	戊寅11	己卯12	庚辰13	辛巳14	壬午15	癸未16	甲申17	乙酉18	
五月小	癸巳	天干地支西曆	丙戌19	丁亥20	戊子21	己丑22	庚寅23	辛卯24	壬辰25	癸巳26	甲午27	乙未28	丙申29	丁酉30	戊戌31	己亥(4)	庚子2	辛丑3	壬寅4	癸卯5	甲辰6	乙巳7	丙午8	丁未9	戊申10	己酉11	庚戌12	辛亥13	壬子14	癸丑15	甲寅16		乙未春分
六月大	甲午	天干地支西曆	乙卯17	丙辰18	丁巳19	戊午20	己未21	庚申22	辛酉23	壬戌24	癸亥25	甲子26	乙丑27	丙寅28	丁卯29	戊辰30	己巳(5)	庚午2	辛未3	壬申4	癸酉5	甲戌6	乙亥7	丙子8	丁丑9	戊寅10	己卯11	庚辰12	辛巳13	壬午14	癸未15	甲申16	壬午立夏
七月小	乙未	天干地支西曆	乙酉17	丙戌18	丁亥19	戊子20	己丑21	庚寅22	辛卯23	壬辰24	癸巳25	甲午26	乙未27	丙申28	丁酉29	戊戌30	己亥31	庚子(6)	辛丑2	壬寅3	癸卯4	甲辰5	乙巳6	丙午7	丁未8	戊申9	己酉10	庚戌11	辛亥12	壬子13	癸丑14		
八月大	丙申	天干地支西曆	甲寅15	乙卯16	丙辰17	丁巳18	戊午19	己未20	庚申21	辛酉22	壬戌23	癸亥24	甲子25	乙丑26	丙寅27	丁卯28	戊辰29	己巳30	庚午(7)	辛未2	壬申3	癸酉4	甲戌5	乙亥6	丙子7	丁丑8	戊寅9	己卯10	庚辰11	辛巳12	壬午13	癸未14	己巳夏至
九月小	丁酉	天干地支西曆	甲申15	乙酉16	丙戌17	丁亥18	戊子19	己丑20	庚寅21	辛卯22	壬辰23	癸巳24	甲午25	乙未26	丙申27	丁酉28	戊戌29	己亥30	庚子31	辛丑(8)	壬寅2	癸卯3	甲辰4	乙巳5	丙午6	丁未7	戊申8	己酉9	庚戌10	辛亥11	壬子12		
十月大	戊戌	天干地支西曆	癸丑13	甲寅14	乙卯15	丙辰16	丁巳17	戊午18	己未19	庚申20	辛酉21	壬戌22	癸亥23	甲子24	乙丑25	丙寅26	丁卯27	戊辰28	己巳29	庚午30	辛未31	壬申(9)	癸酉2	甲戌3	乙亥4	丙子5	丁丑6	戊寅7	己卯8	庚辰9	辛巳10	壬午11	丙辰立秋
十一月小	己亥	天干地支西曆	癸未12	甲申13	乙酉14	丙戌15	丁亥16	戊子17	己丑18	庚寅19	辛卯20	壬辰21	癸巳22	甲午23	乙未24	丙申25	丁酉26	戊戌27	己亥28	庚子29	辛丑30	壬寅(10)	癸卯2	甲辰3	乙巳4	丙午5	丁未6	戊申7	己酉8	庚戌9	辛亥10		辛丑秋分
十二月大	庚子	天干地支西曆	壬子11	癸丑12	甲寅13	乙卯14	丙辰15	丁巳16	戊午17	己未18	庚申19	辛酉20	壬戌21	癸亥22	甲子23	乙丑24	丙寅25	丁卯26	戊辰27	己巳28	庚午29	辛未30	壬申31	癸酉(11)	甲戌2	乙亥3	丙子4	丁丑5	戊寅6	己卯7	庚辰8	辛巳9	
閏月大	庚子	天干地支西曆	壬午10	癸未11	甲申12	乙酉13	丙戌14	丁亥15	戊子16	己丑17	庚寅18	辛卯19	壬辰20	癸巳21	甲午22	乙未23	丙申24	丁酉25	戊戌26	己亥27	庚子28	辛丑29	壬寅30	癸卯(12)	甲辰2	乙巳3	丙午4	丁未5	戊申6	己酉7	庚戌8	辛亥9	丙戌立冬

朔閏異同	曆名	正月	二月	三月	四月	五月	六月	七月	八月	九月	十月	十一	十二	閏月		曆名	正月	二月	三月	四月	五月	六月	七月	八月	九月	十月	十一	十二	閏月
	周曆殷曆	丙辰丙戌	乙酉丙辰	乙卯乙酉	甲申乙卯	甲寅甲申	癸未甲寅	癸丑癸未	壬午癸丑	壬子壬午	壬午壬子	辛亥辛巳	辛巳辛亥			夏曆新曆	丙辰丁巳	乙酉丙戌	乙卯乙卯	甲申乙酉	甲寅甲寅	癸未癸未	癸丑癸丑	壬午壬午	壬子壬子	辛巳壬午	辛亥壬子	辛巳辛巳	

*《長曆》：正月丁亥，二月丁巳，三月丙戌，四月丙辰，五月乙酉，六月乙卯，七月甲申，八月甲寅，九月癸未，閏月癸丑，十月壬午，十一壬子，十二辛巳。

周襄王二十三年 魯僖公三十一年（壬辰 龍年） 公元前630 ~ 前629年 歲在星紀

魯曆月序		中西曆日對照	魯曆日序																													節氣與天象
			初一	初二	初三	初四	初五	初六	初七	初八	初九	初十	十一	十二	十三	十四	十五	十六	十七	十八	十九	二十	二一	二二	二三	二四	二五	二六	二七	二八	二九	三十	
正月小	辛丑	干支曆 天地西曆	壬子 10	癸丑 11	甲寅 12	乙卯 13	丙辰 14	丁巳 15	戊午 16	己未 17	庚申 18	辛酉 19	壬戌 20	癸亥 21	甲子 22	乙丑 23	丙寅 24	丁卯 25	戊辰 26	己巳 27	庚午 28	辛未 29	壬申 30	癸酉 31	甲戌 (1)	乙亥 2	丙子 3	丁丑 4	戊寅 5	己卯 6	庚辰 7		庚午冬至
二月大	壬寅	干支曆 天地西曆	辛巳 8	壬午 9	癸未 10	甲申 11	乙酉 12	丙戌 13	丁亥 14	戊子 15	己丑 16	庚寅 17	辛卯 18	壬辰 19	癸巳 20	甲午 21	乙未 22	丙申 23	丁酉 24	戊戌 25	己亥 26	庚子 27	辛丑 28	壬寅 29	癸卯 30	甲辰 31	乙巳 (2)	丙午 2	丁未 3	戊申 4	己酉 5	庚戌 6	
三月小	癸卯	干支曆 天地西曆	辛亥 7	壬子 8	癸丑 9	甲寅 10	乙卯 11	丙辰 12	丁巳 13	戊午 14	己未 15	庚申 16	辛酉 17	壬戌 18	癸亥 19	甲子 20	乙丑 21	丙寅 22	丁卯 23	戊辰 24	己巳 25	庚午 26	辛未 27	壬申 28	癸酉 29	甲戌 (3)	乙亥 2	丙子 3	丁丑 4	戊寅 5	己卯 6		甲寅立春
四月大	甲辰	干支曆 天地西曆	庚辰 7	辛巳 8	壬午 9	癸未 10	甲申 11	乙酉 12	丙戌 13	丁亥 14	戊子 15	己丑 16	庚寅 17	辛卯 18	壬辰 19	癸巳 20	甲午 21	乙未 22	丙申 23	丁酉 24	戊戌 25	己亥 26	庚子 27	辛丑 28	壬寅 29	癸卯 30	甲辰 31	乙巳 (4)	丙午 2	丁未 3	戊申 4	己酉 5	庚子春分
五月小	乙巳	干支曆 天地西曆	庚戌 6	辛亥 7	壬子 8	癸丑 9	甲寅 10	乙卯 11	丙辰 12	丁巳 13	戊午 14	己未 15	庚申 16	辛酉 17	壬戌 18	癸亥 19	甲子 20	乙丑 21	丙寅 22	丁卯 23	戊辰 24	己巳 25	庚午 26	辛未 27	壬申 28	癸酉 29	甲戌 30	乙亥 (5)	丙子 2	丁丑 3	戊寅 4		庚戌日食
六月大	丙午	干支曆 天地西曆	己卯 5	庚辰 6	辛巳 7	壬午 8	癸未 9	甲申 10	乙酉 11	丙戌 12	丁亥 13	戊子 14	己丑 15	庚寅 16	辛卯 17	壬辰 18	癸巳 19	甲午 20	乙未 21	丙申 22	丁酉 23	戊戌 24	己亥 25	庚子 26	辛丑 27	壬寅 28	癸卯 29	甲辰 30	乙巳 31	丙午 (6)	丁未 2	戊申 3	丁亥立夏
七月小	丁未	干支曆 天地西曆	己酉 4	庚戌 5	辛亥 6	壬子 7	癸丑 8	甲寅 9	乙卯 10	丙辰 11	丁巳 12	戊午 13	己未 14	庚申 15	辛酉 16	壬戌 17	癸亥 18	甲子 19	乙丑 20	丙寅 21	丁卯 22	戊辰 23	己巳 24	庚午 25	辛未 26	壬申 27	癸酉 28	甲戌 29	乙亥 30	丙子 (7)	丁丑 2		乙亥夏至
八月大	戊申	干支曆 天地西曆	戊寅 3	己卯 4	庚辰 5	辛巳 6	壬午 7	癸未 8	甲申 9	乙酉 10	丙戌 11	丁亥 12	戊子 13	己丑 14	庚寅 15	辛卯 16	壬辰 17	癸巳 18	甲午 19	乙未 20	丙申 21	丁酉 22	戊戌 23	己亥 24	庚子 25	辛丑 26	壬寅 27	癸卯 28	甲辰 29	乙巳 30	丙午 31	丁未 (8)	
九月小	己酉	干支曆 天地西曆	戊申 2	己酉 3	庚戌 4	辛亥 5	壬子 6	癸丑 7	甲寅 8	乙卯 9	丙辰 10	丁巳 11	戊午 12	己未 13	庚申 14	辛酉 15	壬戌 16	癸亥 17	甲子 18	乙丑 19	丙寅 20	丁卯 21	戊辰 22	己巳 23	庚午 24	辛未 25	壬申 26	癸酉 27	甲戌 28	乙亥 29	丙子 30		辛酉立秋
十月大	庚戌	干支曆 天地西曆	丁丑 31	戊寅 (9)	己卯 2	庚辰 3	辛巳 4	壬午 5	癸未 6	甲申 7	乙酉 8	丙戌 9	丁亥 10	戊子 11	己丑 12	庚寅 13	辛卯 14	壬辰 15	癸巳 16	甲午 17	乙未 18	丙申 19	丁酉 20	戊戌 21	己亥 22	庚子 23	辛丑 24	壬寅 25	癸卯 26	甲辰 27	乙巳 28	丙午 29	丙午秋分
十一月小	辛亥	干支曆 天地西曆	丁未 30	戊申 (10)	己酉 2	庚戌 3	辛亥 4	壬子 5	癸丑 6	甲寅 7	乙卯 8	丙辰 9	丁巳 10	戊午 11	己未 12	庚申 13	辛酉 14	壬戌 15	癸亥 16	甲子 17	乙丑 18	丙寅 19	丁卯 20	戊辰 21	己巳 22	庚午 23	辛未 24	壬申 25	癸酉 26	甲戌 27	乙亥 28		
十二月大	壬子	干支曆 天地西曆	丙子 29	丁丑 30	戊寅 31	己卯 (11)	庚辰 2	辛巳 3	壬午 4	癸未 5	甲申 6	乙酉 7	丙戌 8	丁亥 9	戊子 10	己丑 11	庚寅 12	辛卯 13	壬辰 14	癸巳 15	甲午 16	乙未 17	丙申 18	丁酉 19	戊戌 20	己亥 21	庚子 22	辛丑 23	壬寅 24	癸卯 25	甲辰 26	乙巳 27	辛卯立冬

朔閏異同	曆名	正月	二月	三月	四月	五月	六月	七月	八月	九月	十月	十一	十二	閏月	曆名	正月	二月	三月	四月	五月	六月	七月	八月	九月	十月	十一	十二	閏月
	周曆殷曆	庚戌庚辰	庚辰庚戌	己酉己卯	己卯己酉	戊申己卯	戊寅戊申	丁未戊寅	丁丑丁未	丙午丁丑	丙子丙午	乙巳丙子	乙亥乙巳	---乙亥	夏曆新曆	庚戌辛亥	庚辰辛巳	己酉庚戌	己卯庚辰	戊申己酉	戊寅戊寅	丁未丁未	丁丑---丁丑	丙午丙午	丙子丙子	---乙巳丙午	乙亥乙亥	甲辰乙巳

*《長曆》：正月辛亥，二月庚辰，三月庚戌，四月己卯，五月己酉，六月己卯，七月戊申，八月戊寅，九月丁未，十月丁丑，十一丙午，十二丙子。

周襄王二十四年 魯僖公三十二年（癸巳 蛇年）公元前629 ~ 前628年 歲在玄枵

魯曆月序		中西曆日對照	魯曆日序																														節氣與天象
			初一	初二	初三	初四	初五	初六	初七	初八	初九	初十	十一	十二	十三	十四	十五	十六	十七	十八	十九	二十	二一	二二	二三	二四	二五	二六	二七	二八	二九	三十	
正月小	癸丑	干支	丙午	丁未	戊申	己酉	庚戌	辛亥	壬子	癸丑	甲寅	乙卯	丙辰	丁巳	戊午	己未	庚申	辛酉	壬戌	癸亥	甲子	乙丑	丙寅	丁卯	戊辰	己巳	庚午	辛未	壬申	癸酉	甲戌		
		西曆	28	29	30	(12)	2	3	4	5	6	7	8	9	10	11	12	13	14	15	16	17	18	19	20	21	22	23	24	25	26		
二月大	甲寅	干支	乙亥	丙子	丁丑	戊寅	己卯	庚辰	辛巳	壬午	癸未	甲申	乙酉	丙戌	丁亥	戊子	己丑	庚寅	辛卯	壬辰	癸巳	甲午	乙未	丙申	丁酉	戊戌	己亥	庚子	辛丑	壬寅	癸卯	甲辰	乙亥冬至
		西曆	27	28	29	30	31	(1)	2	3	4	5	6	7	8	9	10	11	12	13	14	15	16	17	18	19	20	21	22	23	24	25	
三月小	乙卯	干支	乙巳	丙午	丁未	戊申	己酉	庚戌	辛亥	壬子	癸丑	甲寅	乙卯	丙辰	丁巳	戊午	己未	庚申	辛酉	壬戌	癸亥	甲子	乙丑	丙寅	丁卯	戊辰	己巳	庚午	辛未	壬申	癸酉		庚申立春
		西曆	26	27	28	29	30	31	(2)	2	3	4	5	6	7	8	9	10	11	12	13	14	15	16	17	18	19	20	21	22	23		
四月大	丙辰	干支	甲戌	乙亥	丙子	丁丑	戊寅	己卯	庚辰	辛巳	壬午	癸未	甲申	乙酉	丙戌	丁亥	戊子	己丑	庚寅	辛卯	壬辰	癸巳	甲午	乙未	丙申	丁酉	戊戌	己亥	庚子	辛丑	壬寅	癸卯	
		西曆	24	25	26	27	28	(3)	2	3	4	5	6	7	8	9	10	11	12	13	14	15	16	17	18	19	20	21	22	23	24	25	
五月大	丁巳	干支	甲辰	乙巳	丙午	丁未	戊申	己酉	庚戌	辛亥	壬子	癸丑	甲寅	乙卯	丙辰	丁巳	戊午	己未	庚申	辛酉	壬戌	癸亥	甲子	乙丑	丙寅	丁卯	戊辰	己巳	庚午	辛未	壬申	癸酉	丙午春分
		西曆	26	27	28	29	30	31	(4)	2	3	4	5	6	7	8	9	10	11	12	13	14	15	16	17	18	19	20	21	22	23	24	
六月小	戊午	干支	甲戌	乙亥	丙子	丁丑	戊寅	己卯	庚辰	辛巳	壬午	癸未	甲申	乙酉	丙戌	丁亥	戊子	己丑	庚寅	辛卯	壬辰	癸巳	甲午	乙未	丙申	丁酉	戊戌	己亥	庚子	辛丑	壬寅		癸巳立夏
		西曆	25	26	27	28	29	30	(5)	2	3	4	5	6	7	8	9	10	11	12	13	14	15	16	17	18	19	20	21	22	23		
七月大	己未	干支	癸卯	甲辰	乙巳	丙午	丁未	戊申	己酉	庚戌	辛亥	壬子	癸丑	甲寅	乙卯	丙辰	丁巳	戊午	己未	庚申	辛酉	壬戌	癸亥	甲子	乙丑	丙寅	丁卯	戊辰	己巳	庚午	辛未	壬申	
		西曆	24	25	26	27	28	29	30	31	(6)	2	3	4	5	6	7	8	9	10	11	12	13	14	15	16	17	18	19	20	21	22	
八月小	庚申	干支	癸酉	甲戌	乙亥	丙子	丁丑	戊寅	己卯	庚辰	辛巳	壬午	癸未	甲申	乙酉	丙戌	丁亥	戊子	己丑	庚寅	辛卯	壬辰	癸巳	甲午	乙未	丙申	丁酉	戊戌	己亥	庚子	辛丑		庚辰夏至
		西曆	23	24	25	26	27	28	29	30	(7)	2	3	4	5	6	7	8	9	10	11	12	13	14	15	16	17	18	19	20	21		
九月大	辛酉	干支	壬寅	癸卯	甲辰	乙巳	丙午	丁未	戊申	己酉	庚戌	辛亥	壬子	癸丑	甲寅	乙卯	丙辰	丁巳	戊午	己未	庚申	辛酉	壬戌	癸亥	甲子	乙丑	丙寅	丁卯	戊辰	己巳	庚午	辛未	丙寅立秋
		西曆	22	23	24	25	26	27	28	29	30	31	(8)	2	3	4	5	6	7	8	9	10	11	12	13	14	15	16	17	18	19	20	
十月小	壬戌	干支	壬申	癸酉	甲戌	乙亥	丙子	丁丑	戊寅	己卯	庚辰	辛巳	壬午	癸未	甲申	乙酉	丙戌	丁亥	戊子	己丑	庚寅	辛卯	壬辰	癸巳	甲午	乙未	丙申	丁酉	戊戌	己亥	庚子		
		西曆	21	22	23	24	25	26	27	28	29	30	31	(9)	2	3	4	5	6	7	8	9	10	11	12	13	14	15	16	17	18		
十一月大	癸亥	干支	辛丑	壬寅	癸卯	甲辰	乙巳	丙午	丁未	戊申	己酉	庚戌	辛亥	壬子	癸丑	甲寅	乙卯	丙辰	丁巳	戊午	己未	庚申	辛酉	壬戌	癸亥	甲子	乙丑	丙寅	丁卯	戊辰	己巳	庚午	壬子秋分 辛丑日食
		西曆	19	20	21	22	23	24	25	26	27	28	29	30	(10)	2	3	4	5	6	7	8	9	10	11	12	13	14	15	16	17	18	
十二月小	甲子	干支	辛未	壬申	癸酉	甲戌	乙亥	丙子	丁丑	戊寅	己卯	庚辰	辛巳	壬午	癸未	甲申	乙酉	丙戌	丁亥	戊子	己丑	庚寅	辛卯	壬辰	癸巳	甲午	乙未	丙申	丁酉	戊戌	己亥		丙申立冬
		西曆	19	20	21	22	23	24	25	26	27	28	29	30	31	(11)	2	3	4	5	6	7	8	9	10	11	12	13	14	15	16		

朔閏異同	曆名	正月	二月	三月	四月	五月	六月	七月	八月	九月	十月	十一	十二	閏月		曆名	正月	二月	三月	四月	五月	六月	七月	八月	九月	十月	十一	十二	閏月
	周曆殷曆	乙巳甲辰	甲戌甲戌	甲辰癸卯	癸酉癸酉	癸卯壬寅	壬申壬申	壬寅壬寅	辛未辛未	辛丑辛丑	庚午庚午	庚子庚子	己巳己巳	己亥庚子		夏曆新曆	甲戌乙亥	癸卯乙巳	癸酉甲戌	癸卯癸卯	壬申癸酉	壬寅壬寅	辛未辛未	辛丑辛丑	庚午庚午	庚子庚子	己巳己巳	己亥己亥	

*《長曆》：正月乙巳，二月乙亥，三月甲辰，四月甲戌，五月癸卯，六月癸酉，七月壬寅，八月壬申，九月壬寅，十月辛未，十一辛丑，十二庚午。

周襄王二十五年 魯僖公三十三年（甲午 馬年）公元前628 ~ 前627年 歲在娵訾

魯曆月序		中西曆日對照	魯曆日序																														節氣與天象
			初一	初二	初三	初四	初五	初六	初七	初八	初九	初十	十一	十二	十三	十四	十五	十六	十七	十八	十九	二十	二一	二二	二三	二四	二五	二六	二七	二八	二九	三十	
正月大	乙丑	干支 天地 西曆	庚子17	辛丑18	壬寅19	癸卯20	甲辰21	乙巳22	丙午23	丁未24	戊申25	己酉26	庚戌27	辛亥28	壬子29	癸丑30	甲寅(12)	乙卯2	丙辰3	丁巳4	戊午5	己未6	庚申7	辛酉8	壬戌9	癸亥10	甲子11	乙丑12	丙寅13	丁卯14	戊辰15	己巳16	
二月小	丙寅	干支 天地 西曆	庚午17	辛未18	壬申19	癸酉20	甲戌21	乙亥22	丙子23	丁丑24	戊寅25	己卯26	庚辰27	辛巳28	壬午29	癸未30	甲申31	乙酉(1)	丙戌2	丁亥3	戊子4	己丑5	庚寅6	辛卯7	壬辰8	癸巳9	甲午10	乙未11	丙申12	丁酉13	戊戌14		庚辰冬至
三月大	丁卯	干支 天地 西曆	己亥15	庚子16	辛丑17	壬寅18	癸卯19	甲辰20	乙巳21	丙午22	丁未23	戊申24	己酉25	庚戌26	辛亥27	壬子28	癸丑29	甲寅30	乙卯31	丙辰(2)	丁巳2	戊午3	己未4	庚申5	辛酉6	壬戌7	癸亥8	甲子9	乙丑10	丙寅11	丁卯12	戊辰13	乙丑立春
四月小	戊辰	干支 天地 西曆	己巳14	庚午15	辛未16	壬申17	癸酉18	甲戌19	乙亥20	丙子21	丁丑22	戊寅23	己卯24	庚辰25	辛巳26	壬午27	癸未28	甲申(3)	乙酉2	丙戌3	丁亥4	戊子5	己丑6	庚寅7	辛卯8	壬辰9	癸巳10	甲午11	乙未12	丙申13	丁酉14		己巳日食
五月大	己巳	干支 天地 西曆	戊戌15	己亥16	庚子17	辛丑18	壬寅19	癸卯20	甲辰21	乙巳22	丙午23	丁未24	戊申25	己酉26	庚戌27	辛亥28	壬子29	癸丑30	甲寅31	乙卯(4)	丙辰2	丁巳3	戊午4	己未5	庚申6	辛酉7	壬戌8	癸亥9	甲子10	乙丑11	丙寅12	丁卯13	辛亥春分
六月小	庚午	干支 天地 西曆	戊辰14	己巳15	庚午16	辛未17	壬申18	癸酉19	甲戌20	乙亥21	丙子22	丁丑23	戊寅24	己卯25	庚辰26	辛巳27	壬午28	癸未29	甲申30	乙酉(5)	丙戌2	丁亥3	戊子4	己丑5	庚寅6	辛卯7	壬辰8	癸巳9	甲午10	乙未11	丙申12		
七月大	辛未	干支 天地 西曆	丁酉13	戊戌14	己亥15	庚子16	辛丑17	壬寅18	癸卯19	甲辰20	乙巳21	丙午22	丁未23	戊申24	己酉25	庚戌26	辛亥27	壬子28	癸丑29	甲寅30	乙卯31	丙辰(6)	丁巳2	戊午3	己未4	庚申5	辛酉6	壬戌7	癸亥8	甲子9	乙丑10	丙寅11	戊戌立夏
八月小	壬申	干支 天地 西曆	丁卯12	戊辰13	己巳14	庚午15	辛未16	壬申17	癸酉18	甲戌19	乙亥20	丙子21	丁丑22	戊寅23	己卯24	庚辰25	辛巳26	壬午27	癸未28	甲申29	乙酉30	丙戌(7)	丁亥2	戊子3	己丑4	庚寅5	辛卯6	壬辰7	癸巳8	甲午9	乙未10		乙酉夏至
九月大	癸酉	干支 天地 西曆	丙申11	丁酉12	戊戌13	己亥14	庚子15	辛丑16	壬寅17	癸卯18	甲辰19	乙巳20	丙午21	丁未22	戊申23	己酉24	庚戌25	辛亥26	壬子27	癸丑28	甲寅29	乙卯30	丙辰31	丁巳(8)	戊午2	己未3	庚申4	辛酉5	壬戌6	癸亥7	甲子8	乙丑9	
十月大	甲戌	干支 天地 西曆	丙寅10	丁卯11	戊辰12	己巳13	庚午14	辛未15	壬申16	癸酉17	甲戌18	乙亥19	丙子20	丁丑21	戊寅22	己卯23	庚辰24	辛巳25	壬午26	癸未27	甲申28	乙酉29	丙戌30	丁亥31	戊子(9)	己丑2	庚寅3	辛卯4	壬辰5	癸巳6	甲午7	乙未8	壬申立秋
十一月小	乙亥	干支 天地 西曆	丙申9	丁酉10	戊戌11	己亥12	庚子13	辛丑14	壬寅15	癸卯16	甲辰17	乙巳18	丙午19	丁未20	戊申21	己酉22	庚戌23	辛亥24	壬子25	癸丑26	甲寅27	乙卯28	丙辰29	丁巳30	戊午(10)	己未2	庚申3	辛酉4	壬戌5	癸亥6	甲子7		丁巳秋分
十二月大	丙子	干支 天地 西曆	乙丑8	丙寅9	丁卯10	戊辰11	己巳12	庚午13	辛未14	壬申15	癸酉16	甲戌17	乙亥18	丙子19	丁丑20	戊寅21	己卯22	庚辰23	辛巳24	壬午25	癸未26	甲申27	乙酉28	丙戌29	丁亥30	戊子31	己丑(11)	庚寅2	辛卯3	壬辰4	癸巳5	甲午6	
閏月小	丙子	干支 天地 西曆	乙未7	丙申8	丁酉9	戊戌10	己亥11	庚子12	辛丑13	壬寅14	癸卯15	甲辰16	乙巳17	丙午18	丁未19	戊申20	己酉21	庚戌22	辛亥23	壬子24	癸丑25	甲寅26	乙卯27	丙辰28	丁巳29	戊午30	己未(12)	庚申2	辛酉3	壬戌4	癸亥5		辛丑立冬

朔閏異同	曆名	正月	二月	三月	四月	五月	六月	七月	八月	九月	十月	十一	十二	閏月		曆名	正月	二月	三月	四月	五月	六月	七月	八月	九月	十月	十一	十二	閏月
	周曆殷曆	戊辰己亥	戊戌戊辰	丁卯戊戌	丁酉丁卯	丁卯丁酉	丙申丙寅	丙寅丙申	乙未乙丑	乙丑乙未	甲午甲子	甲子甲午	癸巳甲子			夏曆新曆	戊辰己巳	戊戌己亥	丁卯戊辰	丁酉戊戌	丙寅丁卯	丙申丁酉	丙寅丙寅	乙未乙未	乙丑乙丑	甲午甲午	甲子甲子	癸巳癸巳	

*《長曆》：正月庚子，二月己巳，三月己亥，四月戊辰，五月戊戌，六月丁卯，七月丁酉，八月丙寅，九月丙申，十月乙丑，十一乙未，十二甲子。

周襄王二十六年 魯文公元年（乙未 羊年）公元前627 ~ 前626年 歲在降婁

魯曆月序		中西曆日對照	初一	初二	初三	初四	初五	初六	初七	初八	初九	初十	十一	十二	十三	十四	十五	十六	十七	十八	十九	二十	二一	二二	二三	二四	二五	二六	二七	二八	二九	三十	節氣與天象
正月大	丁丑	干支曆 天地西曆	甲子6	乙丑7	丙寅8	丁卯9	戊辰10	己巳11	庚午12	辛未13	壬申14	癸酉15	甲戌16	乙亥17	丙子18	丁丑19	戊寅20	己卯21	庚辰22	辛巳23	壬午24	癸未25	甲申26	乙酉27	丙戌28	丁亥29	戊子30	己丑31	庚寅(1)	辛卯2	壬辰3	癸巳4	乙酉冬至
二月小	戊寅	干支曆 天地西曆	甲午5	乙未6	丙申7	丁酉8	戊戌9	己亥10	庚子11	辛丑12	壬寅13	癸卯14	甲辰15	乙巳16	丙午17	丁未18	戊申19	己酉20	庚戌21	辛亥22	壬子23	癸丑24	甲寅25	乙卯26	丙辰27	丁巳28	戊午29	己未30	庚申31	辛酉(2)	壬戌2		
三月大	己卯	干支曆 天地西曆	癸亥3	甲子4	乙丑5	丙寅6	丁卯7	戊辰8	己巳9	庚午10	辛未11	壬申12	癸酉13	甲戌14	乙亥15	丙子16	丁丑17	戊寅18	己卯19	庚辰20	辛巳21	壬午22	癸未23	甲申24	乙酉25	丙戌26	丁亥27	戊子28	己丑(3)	庚寅2	辛卯3	壬辰4	庚午立春 癸亥日食
四月小	庚辰	干支曆 天地西曆	癸巳5	甲午6	乙未7	丙申8	丁酉9	戊戌10	己亥11	庚子12	辛丑13	壬寅14	癸卯15	甲辰16	乙巳17	丙午18	丁未19	戊申20	己酉21	庚戌22	辛亥23	壬子24	癸丑25	甲寅26	乙卯27	丙辰28	丁巳29	戊午30	己未31	庚申(4)	辛酉2		丙辰春分
五月大	辛巳	干支曆 天地西曆	壬戌3	癸亥4	甲子5	乙丑6	丙寅7	丁卯8	戊辰9	己巳10	庚午11	辛未12	壬申13	癸酉14	甲戌15	乙亥16	丙子17	丁丑18	戊寅19	己卯20	庚辰21	辛巳22	壬午23	癸未24	甲申25	乙酉26	丙戌27	丁亥28	戊子29	己丑30	庚寅(5)	辛卯2	
六月小	壬午	干支曆 天地西曆	壬辰3	癸巳4	甲午5	乙未6	丙申7	丁酉8	戊戌9	己亥10	庚子11	辛丑12	壬寅13	癸卯14	甲辰15	乙巳16	丙午17	丁未18	戊申19	己酉20	庚戌21	辛亥22	壬子23	癸丑24	甲寅25	乙卯26	丙辰27	丁巳28	戊午29	己未30	庚申31		癸卯立夏
七月大	癸未	干支曆 天地西曆	辛酉(6)	壬戌2	癸亥3	甲子4	乙丑5	丙寅6	丁卯7	戊辰8	己巳9	庚午10	辛未11	壬申12	癸酉13	甲戌14	乙亥15	丙子16	丁丑17	戊寅18	己卯19	庚辰20	辛巳21	壬午22	癸未23	甲申24	乙酉25	丙戌26	丁亥27	戊子28	己丑29	庚寅30	庚寅夏至
八月小	甲申	干支曆 天地西曆	辛卯(7)	壬辰2	癸巳3	甲午4	乙未5	丙申6	丁酉7	戊戌8	己亥9	庚子10	辛丑11	壬寅12	癸卯13	甲辰14	乙巳15	丙午16	丁未17	戊申18	己酉19	庚戌20	辛亥21	壬子22	癸丑23	甲寅24	乙卯25	丙辰26	丁巳27	戊午28	己未29		
九月大	乙酉	干支曆 天地西曆	庚申30	辛酉31	壬戌(8)	癸亥2	甲子3	乙丑4	丙寅5	丁卯6	戊辰7	己巳8	庚午9	辛未10	壬申11	癸酉12	甲戌13	乙亥14	丙子15	丁丑16	戊寅17	己卯18	庚辰19	辛巳20	壬午21	癸未22	甲申23	乙酉24	丙戌25	丁亥26	戊子27	己丑28	丁丑立秋
十月小	丙戌	干支曆 天地西曆	庚寅29	辛卯30	壬辰31	癸巳(9)	甲午2	乙未3	丙申4	丁酉5	戊戌6	己亥7	庚子8	辛丑9	壬寅10	癸卯11	甲辰12	乙巳13	丙午14	丁未15	戊申16	己酉17	庚戌18	辛亥19	壬子20	癸丑21	甲寅22	乙卯23	丙辰24	丁巳25	戊午26		
十一月大	丁亥	干支曆 天地西曆	己未27	庚申28	辛酉29	壬戌30	癸亥(10)	甲子2	乙丑3	丙寅4	丁卯5	戊辰6	己巳7	庚午8	辛未9	壬申10	癸酉11	甲戌12	乙亥13	丙子14	丁丑15	戊寅16	己卯17	庚辰18	辛巳19	壬午20	癸未21	甲申22	乙酉23	丙戌24	丁亥25	戊子26	壬戌秋分
十二月大	戊子	干支曆 天地西曆	己丑27	庚寅28	辛卯29	壬辰30	癸巳31	甲午(11)	乙未2	丙申3	丁酉4	戊戌5	己亥6	庚子7	辛丑8	壬寅9	癸卯10	甲辰11	乙巳12	丙午13	丁未14	戊申15	己酉16	庚戌17	辛亥18	壬子19	癸丑20	甲寅21	乙卯22	丙辰23	丁巳24	戊午25	丁未立冬
閏月小	戊子	干支曆 天地西曆	己未26	庚申27	辛酉28	壬戌29	癸亥30	甲子(12)	乙丑2	丙寅3	丁卯4	戊辰5	己巳6	庚午7	辛未8	壬申9	癸酉10	甲戌11	乙亥12	丙子13	丁丑14	戊寅15	己卯16	庚辰17	辛巳18	壬午19	癸未20	甲申21	乙酉22	丙戌23	丁亥24		

朔閏異同	曆名	正月	二月	三月	四月	五月	六月	七月	八月	九月	十月	十一	十二	閏月	曆名	正月	二月	三月	四月	五月	六月	七月	八月	九月	十月	十一	十二	閏月
	周曆殷曆	癸亥癸巳	壬辰癸亥	壬戌壬辰	辛卯壬戌	辛酉辛卯	庚寅辛酉	庚申庚寅	庚寅庚申	己未己丑	己丑---己未	戊午戊子	---戊子戊午	丁巳丁亥	夏曆新曆	癸亥癸亥	壬辰癸巳	壬戌壬戌	辛卯壬辰	辛酉壬戌	庚寅辛卯	---庚申---辛酉	己丑庚寅	己未庚申	戊子己丑	戊午戊午	戊子戊子	丁巳丁巳

*《長曆》：正月甲午，二月癸亥，三月癸巳，閏月壬戌，四月壬辰，五月辛酉，六月辛卯，七月辛酉，八月庚寅，九月庚申，十月己丑，十一己未，十二戊子。

周襄王二十七年 魯文公二年（丙申 猴年） 公元前626～前625年 歲在大梁

魯曆月序		中西曆日對照	魯曆日序																													節氣與天象
			初一	初二	初三	初四	初五	初六	初七	初八	初九	初十	十一	十二	十三	十四	十五	十六	十七	十八	十九	二十	二一	二二	二三	二四	二五	二六	二七	二八	二九	三十	
正月大	己丑	天干地支西曆	戊子25	己丑26	庚寅27	辛卯28	壬辰29	癸巳30	甲午31	乙未(1)	丙申2	丁酉3	戊戌4	己亥5	庚子6	辛丑7	壬寅8	癸卯9	甲辰10	乙巳11	丙午12	丁未13	戊申14	己酉15	庚戌16	辛亥17	壬子18	癸丑19	甲寅20	乙卯21	丙辰22	丁巳23	辛卯冬至
二月小	庚寅	天干地支西曆	戊午24	己未25	庚申26	辛酉27	壬戌28	癸亥29	甲子30	乙丑31	丙寅(2)	丁卯2	戊辰3	己巳4	庚午5	辛未6	壬申7	癸酉8	甲戌9	乙亥10	丙子11	丁丑12	戊寅13	己卯14	庚辰15	辛巳16	壬午17	癸未18	甲申19	乙酉20	丙戌21		乙亥立春
三月大	辛卯	天干地支西曆	丁亥22	戊子23	己丑24	庚寅25	辛卯26	壬辰27	癸巳28	甲午29	乙未(3)	丙申2	丁酉3	戊戌4	己亥5	庚子6	辛丑7	壬寅8	癸卯9	甲辰10	乙巳11	丙午12	丁未13	戊申14	己酉15	庚戌16	辛亥17	壬子18	癸丑19	甲寅20	乙卯21	丙辰22	
四月小	壬辰	天干地支西曆	丁巳23	戊午24	己未25	庚申26	辛酉27	壬戌28	癸亥29	甲子30	乙丑31	丙寅(4)	丁卯2	戊辰3	己巳4	庚午5	辛未6	壬申7	癸酉8	甲戌9	乙亥10	丙子11	丁丑12	戊寅13	己卯14	庚辰15	辛巳16	壬午17	癸未18	甲申19	乙酉20		辛酉春分
五月大	癸巳	天干地支西曆	丙戌21	丁亥22	戊子23	己丑24	庚寅25	辛卯26	壬辰27	癸巳28	甲午29	乙未30	丙申(5)	丁酉2	戊戌3	己亥4	庚子5	辛丑6	壬寅7	癸卯8	甲辰9	乙巳10	丙午11	丁未12	戊申13	己酉14	庚戌15	辛亥16	壬子17	癸丑18	甲寅19	乙卯20	戊申立夏
六月小	甲午	天干地支西曆	丙辰21	丁巳22	戊午23	己未24	庚申25	辛酉26	壬戌27	癸亥28	甲子29	乙丑30	丙寅31	丁卯(6)	戊辰2	己巳3	庚午4	辛未5	壬申6	癸酉7	甲戌8	乙亥9	丙子10	丁丑11	戊寅12	己卯13	庚辰14	辛巳15	壬午16	癸未17	甲申18		
七月大	乙未	天干地支西曆	乙酉19	丙戌20	丁亥21	戊子22	己丑23	庚寅24	辛卯25	壬辰26	癸巳27	甲午28	乙未29	丙申30	丁酉(7)	戊戌2	己亥3	庚子4	辛丑5	壬寅6	癸卯7	甲辰8	乙巳9	丙午10	丁未11	戊申12	己酉13	庚戌14	辛亥15	壬子16	癸丑17	甲寅18	丙申夏至
八月小	丙申	天干地支西曆	乙卯19	丙辰20	丁巳21	戊午22	己未23	庚申24	辛酉25	壬戌26	癸亥27	甲子28	乙丑29	丙寅30	丁卯31	戊辰(8)	己巳2	庚午3	辛未4	壬申5	癸酉6	甲戌7	乙亥8	丙子9	丁丑10	戊寅11	己卯12	庚辰13	辛巳14	壬午15	癸未16		壬午立秋 乙卯日食
九月大	丁酉	天干地支西曆	甲申17	乙酉18	丙戌19	丁亥20	戊子21	己丑22	庚寅23	辛卯24	壬辰25	癸巳26	甲午27	乙未28	丙申29	丁酉30	戊戌31	己亥(9)	庚子2	辛丑3	壬寅4	癸卯5	甲辰6	乙巳7	丙午8	丁未9	戊申10	己酉11	庚戌12	辛亥13	壬子14	癸丑15	
十月小	戊戌	天干地支西曆	甲寅16	乙卯17	丙辰18	丁巳19	戊午20	己未21	庚申22	辛酉23	壬戌24	癸亥25	甲子26	乙丑27	丙寅28	丁卯29	戊辰30	己巳(10)	庚午2	辛未3	壬申4	癸酉5	甲戌6	乙亥7	丙子8	丁丑9	戊寅10	己卯11	庚辰12	辛巳13	壬午14		丁卯秋分
十一月大	己亥	天干地支西曆	癸未15	甲申16	乙酉17	丙戌18	丁亥19	戊子20	己丑21	庚寅22	辛卯23	壬辰24	癸巳25	甲午26	乙未27	丙申28	丁酉29	戊戌30	己亥31	庚子(11)	辛丑2	壬寅3	癸卯4	甲辰5	乙巳6	丙午7	丁未8	戊申9	己酉10	庚戌11	辛亥12	壬子13	壬子立冬
十二月小	庚子	天干地支西曆	癸丑14	甲寅15	乙卯16	丙辰17	丁巳18	戊午19	己未20	庚申21	辛酉22	壬戌23	癸亥24	甲子25	乙丑26	丙寅27	丁卯28	戊辰29	己巳30	庚午(12)	辛未2	壬申3	癸酉4	甲戌5	乙亥6	丙子7	丁丑8	戊寅9	己卯10	庚辰11	辛巳12		

朔閏異同	曆名	正月	二月	三月	四月	五月	六月	七月	八月	九月	十月	十一	十二	閏月	曆名	正月	二月	三月	四月	五月	六月	七月	八月	九月	十月	十一	十二	閏月
	周曆殷曆	丁亥丁巳	丙辰丁亥	丙戌丙辰	乙卯丙戌	乙酉乙卯	甲寅乙酉	甲申甲寅	癸丑甲申	癸未癸丑	壬子癸未	壬午壬子	壬子壬午		夏曆新曆	丁亥丁亥	丙辰丙辰	丙戌丙戌	乙卯丙辰	乙酉乙酉	甲寅乙卯	甲申乙酉	癸丑甲寅	癸未甲申	壬子癸丑	壬午癸未	辛亥壬子	

*《長曆》：正月戊午，二月丁巳，三月丁亥，四月丙辰，五月丙戌，六月乙卯，七月乙酉，八月甲寅，九月甲申，十月癸丑，十一癸未，十二壬子。

周襄王二十八年 魯文公三年（丁酉 鷄年）公元前625 ~ 前624年 歲在實沈

魯曆月序		中西曆日對照	初一	初二	初三	初四	初五	初六	初七	初八	初九	初十	十一	十二	十三	十四	十五	十六	十七	十八	十九	二十	二一	二二	二三	二四	二五	二六	二七	二八	二九	三十	節氣與天象
正月大	辛丑	干支 天地 西曆	壬午 13	癸未 14	甲申 15	乙酉 16	丙戌 17	丁亥 18	戊子 19	己丑 20	庚寅 21	辛卯 22	壬辰 23	癸巳 24	甲午 25	乙未 26	丙申 27	丁酉 28	戊戌 29	己亥 30	庚子 31	辛丑 (1)	壬寅 2	癸卯 3	甲辰 4	乙巳 5	丙午 6	丁未 7	戊申 8	己酉 9	庚戌 10	辛亥 11	丙申冬至
二月小	壬寅	干支 天地 西曆	壬子 12	癸丑 13	甲寅 14	乙卯 15	丙辰 16	丁巳 17	戊午 18	己未 19	庚申 20	辛酉 21	壬戌 22	癸亥 23	甲子 24	乙丑 25	丙寅 26	丁卯 27	戊辰 28	己巳 29	庚午 30	辛未 31	壬申 (2)	癸酉 2	甲戌 3	乙亥 4	丙子 5	丁丑 6	戊寅 7	己卯 8	庚辰 9		
三月大	癸卯	干支 天地 西曆	辛巳 10	壬午 11	癸未 12	甲申 13	乙酉 14	丙戌 15	丁亥 16	戊子 17	己丑 18	庚寅 19	辛卯 20	壬辰 21	癸巳 22	甲午 23	乙未 24	丙申 25	丁酉 26	戊戌 27	己亥 28	庚子 (3)	辛丑 2	壬寅 3	癸卯 4	甲辰 5	乙巳 6	丙午 7	丁未 8	戊申 9	己酉 10	庚戌 11	辛巳立春
四月大	甲辰	干支 天地 西曆	辛亥 12	壬子 13	癸丑 14	甲寅 15	乙卯 16	丙辰 17	丁巳 18	戊午 19	己未 20	庚申 21	辛酉 22	壬戌 23	癸亥 24	甲子 25	乙丑 26	丙寅 27	丁卯 28	戊辰 29	己巳 30	庚午 31	辛未 (4)	壬申 2	癸酉 3	甲戌 4	乙亥 5	丙子 6	丁丑 7	戊寅 8	己卯 9	庚辰 10	丁卯春分
五月小	乙巳	干支 天地 西曆	辛巳 11	壬午 12	癸未 13	甲申 14	乙酉 15	丙戌 16	丁亥 17	戊子 18	己丑 19	庚寅 20	辛卯 21	壬辰 22	癸巳 23	甲午 24	乙未 25	丙申 26	丁酉 27	戊戌 28	己亥 29	庚子 30	辛丑 (5)	壬寅 2	癸卯 3	甲辰 4	乙巳 5	丙午 6	丁未 7	戊申 8	己酉 9		
六月大	丙午	干支 天地 西曆	庚戌 10	辛亥 11	壬子 12	癸丑 13	甲寅 14	乙卯 15	丙辰 16	丁巳 17	戊午 18	己未 19	庚申 20	辛酉 21	壬戌 22	癸亥 23	甲子 24	乙丑 25	丙寅 26	丁卯 27	戊辰 28	己巳 29	庚午 30	辛未 31	壬申 (6)	癸酉 2	甲戌 3	乙亥 4	丙子 5	丁丑 6	戊寅 7	己卯 8	甲寅立夏
七月小	丁未	干支 天地 西曆	庚辰 9	辛巳 10	壬午 11	癸未 12	甲申 13	乙酉 14	丙戌 15	丁亥 16	戊子 17	己丑 18	庚寅 19	辛卯 20	壬辰 21	癸巳 22	甲午 23	乙未 24	丙申 25	丁酉 26	戊戌 27	己亥 28	庚子 29	辛丑 30	壬寅 (7)	癸卯 2	甲辰 3	乙巳 4	丙午 5	丁未 6	戊申 7		辛丑夏至
八月大	戊申	干支 天地 西曆	己酉 8	庚戌 9	辛亥 10	壬子 11	癸丑 12	甲寅 13	乙卯 14	丙辰 15	丁巳 16	戊午 17	己未 18	庚申 19	辛酉 20	壬戌 21	癸亥 22	甲子 23	乙丑 24	丙寅 25	丁卯 26	戊辰 27	己巳 28	庚午 29	辛未 30	壬申 31	癸酉 (8)	甲戌 2	乙亥 3	丙子 4	丁丑 5	戊寅 6	己酉日食
九月小	己酉	干支 天地 西曆	己卯 7	庚辰 8	辛巳 9	壬午 10	癸未 11	甲申 12	乙酉 13	丙戌 14	丁亥 15	戊子 16	己丑 17	庚寅 18	辛卯 19	壬辰 20	癸巳 21	甲午 22	乙未 23	丙申 24	丁酉 25	戊戌 26	己亥 27	庚子 28	辛丑 29	壬寅 30	癸卯 31	甲辰 (9)	乙巳 2	丙午 3	丁未 4		丁亥立秋
十月大	庚戌	干支 天地 西曆	戊申 5	己酉 6	庚戌 7	辛亥 8	壬子 9	癸丑 10	甲寅 11	乙卯 12	丙辰 13	丁巳 14	戊午 15	己未 16	庚申 17	辛酉 18	壬戌 19	癸亥 20	甲子 21	乙丑 22	丙寅 23	丁卯 24	戊辰 25	己巳 26	庚午 27	辛未 28	壬申 29	癸酉 30	甲戌 (10)	乙亥 2	丙子 3	丁丑 4	癸酉秋分
十一月小	辛亥	干支 天地 西曆	戊寅 5	己卯 6	庚辰 7	辛巳 8	壬午 9	癸未 10	甲申 11	乙酉 12	丙戌 13	丁亥 14	戊子 15	己丑 16	庚寅 17	辛卯 18	壬辰 19	癸巳 20	甲午 21	乙未 22	丙申 23	丁酉 24	戊戌 25	己亥 26	庚子 27	辛丑 28	壬寅 29	癸卯 30	甲辰 31	乙巳 (11)	丙午 2		
十二月大	壬子	干支 天地 西曆	丁未 3	戊申 4	己酉 5	庚戌 6	辛亥 7	壬子 8	癸丑 9	甲寅 10	乙卯 11	丙辰 12	丁巳 13	戊午 14	己未 15	庚申 16	辛酉 17	壬戌 18	癸亥 19	甲子 20	乙丑 21	丙寅 22	丁卯 23	戊辰 24	己巳 25	庚午 26	辛未 27	壬申 28	癸酉 29	甲戌 30	乙亥 (12)	丙子 2	丁巳立冬
閏月小	壬子	干支 天地 西曆	丁丑 3	戊寅 4	己卯 5	庚辰 6	辛巳 7	壬午 8	癸未 9	甲申 10	乙酉 11	丙戌 12	丁亥 13	戊子 14	己丑 15	庚寅 16	辛卯 17	壬辰 18	癸巳 19	甲午 20	乙未 21	丙申 22	丁酉 23	戊戌 24	己亥 25	庚子 26	辛丑 27	壬寅 28	癸卯 29	甲辰 30	乙巳 31		辛丑冬至 丁丑日食

朔閏異同	曆名	正月	二月	三月	四月	五月	六月	七月	八月	九月	十月	十一	十二	閏月	曆名	正月	二月	三月	四月	五月	六月	七月	八月	九月	十月	十一	十二	閏月
	周曆殷曆	辛巳 辛亥	辛亥 辛巳	庚辰 庚戌	庚戌 庚辰	己卯 己酉	己酉 己卯	戊寅 己酉	戊申 戊寅	丁丑 戊申	丁未 丁丑	丙子 丁未	丙午 丙子		夏曆新曆	辛巳 辛巳	庚戌 辛亥	庚辰 庚辰	庚戌 庚戌	己卯 己卯	己酉 己酉	戊寅 己卯	戊申 戊申	丁丑 戊寅	丁未 戊申	丙子 丁丑	丙午 丁未	

*《長曆》：正月壬午，二月辛亥，三月辛巳，四月庚戌，五月庚辰，六月己酉，七月己卯，八月己酉，九月戊寅，十月戊申，十一丁丑，十二丁未。

周襄王二十九年 魯文公四年（戊戌 狗年） 公元前 623 年 歲在鶉首

魯曆月序		中西曆日對照	初一	初二	初三	初四	初五	初六	初七	初八	初九	初十	十一	十二	十三	十四	十五	十六	十七	十八	十九	二十	二一	二二	二三	二四	二五	二六	二七	二八	二九	三十	節氣與天象
正月大	癸丑	天地干支西曆	丙午(1)	丁未2	戊申3	己酉4	庚戌5	辛亥6	壬子7	癸丑8	甲寅9	乙卯10	丙辰11	丁巳12	戊午13	己未14	庚申15	辛酉16	壬戌17	癸亥18	甲子19	乙丑20	丙寅21	丁卯22	戊辰23	己巳24	庚午25	辛未26	壬申27	癸酉28	甲戌29	乙亥30	
二月小	甲寅	天地干支西曆	丙子31	丁丑(2)	戊寅2	己卯3	庚辰4	辛巳5	壬午6	癸未7	甲申8	乙酉9	丙戌10	丁亥11	戊子12	己丑13	庚寅14	辛卯15	壬辰16	癸巳17	甲午18	乙未19	丙申20	丁酉21	戊戌22	己亥23	庚子24	辛丑25	壬寅26	癸卯27	甲辰28		丙戌立春
三月大	乙卯	天地干支西曆	乙巳(3)	丙午2	丁未3	戊申4	己酉5	庚戌6	辛亥7	壬子8	癸丑9	甲寅10	乙卯11	丙辰12	丁巳13	戊午14	己未15	庚申16	辛酉17	壬戌18	癸亥19	甲子20	乙丑21	丙寅22	丁卯23	戊辰24	己巳25	庚午26	辛未27	壬申28	癸酉29	甲戌30	壬申春分
四月小	丙辰	天地干支西曆	乙亥31	丙子(4)	丁丑2	戊寅3	己卯4	庚辰5	辛巳6	壬午7	癸未8	甲申9	乙酉10	丙戌11	丁亥12	戊子13	己丑14	庚寅15	辛卯16	壬辰17	癸巳18	甲午19	乙未20	丙申21	丁酉22	戊戌23	己亥24	庚子25	辛丑26	壬寅27	癸卯28		
五月大	丁巳	天地干支西曆	甲辰29	乙巳30	丙午(5)	丁未2	戊申3	己酉4	庚戌5	辛亥6	壬子7	癸丑8	甲寅9	乙卯10	丙辰11	丁巳12	戊午13	己未14	庚申15	辛酉16	壬戌17	癸亥18	甲子19	乙丑20	丙寅21	丁卯22	戊辰23	己巳24	庚午25	辛未26	壬申27	癸酉28	己未立夏
六月小	戊午	天地干支西曆	甲戌29	乙亥30	丙子31	丁丑(6)	戊寅2	己卯3	庚辰4	辛巳5	壬午6	癸未7	甲申8	乙酉9	丙戌10	丁亥11	戊子12	己丑13	庚寅14	辛卯15	壬辰16	癸巳17	甲午18	乙未19	丙申20	丁酉21	戊戌22	己亥23	庚子24	辛丑25	壬寅26		
七月大	己未	天地干支西曆	癸卯27	甲辰28	乙巳29	丙午30	丁未(7)	戊申2	己酉3	庚戌4	辛亥5	壬子6	癸丑7	甲寅8	乙卯9	丙辰10	丁巳11	戊午12	己未13	庚申14	辛酉15	壬戌16	癸亥17	甲子18	乙丑19	丙寅20	丁卯21	戊辰22	己巳23	庚午24	辛未25	壬申26	丙午夏至
八月大	庚申	天地干支西曆	癸酉27	甲戌28	乙亥29	丙子30	丁丑31	戊寅(8)	己卯2	庚辰3	辛巳4	壬午5	癸未6	甲申7	乙酉8	丙戌9	丁亥10	戊子11	己丑12	庚寅13	辛卯14	壬辰15	癸巳16	甲午17	乙未18	丙申19	丁酉20	戊戌21	己亥22	庚子23	辛丑24	壬寅25	癸巳立秋
九月小	辛酉	天地干支西曆	癸卯26	甲辰27	乙巳28	丙午29	丁未30	戊申31	己酉(9)	庚戌2	辛亥3	壬子4	癸丑5	甲寅6	乙卯7	丙辰8	丁巳9	戊午10	己未11	庚申12	辛酉13	壬戌14	癸亥15	甲子16	乙丑17	丙寅18	丁卯19	戊辰20	己巳21	庚午22	辛未23		
十月大	壬戌	天地干支西曆	壬申24	癸酉25	甲戌26	乙亥27	丙子28	丁丑29	戊寅30	己卯(10)	庚辰2	辛巳3	壬午4	癸未5	甲申6	乙酉7	丙戌8	丁亥9	戊子10	己丑11	庚寅12	辛卯13	壬辰14	癸巳15	甲午16	乙未17	丙申18	丁酉19	戊戌20	己亥21	庚子22	辛丑23	戊寅秋分
十一月小	癸亥	天地干支西曆	壬寅24	癸卯25	甲辰26	乙巳27	丙午28	丁未29	戊申30	己酉31	庚戌(11)	辛亥2	壬子3	癸丑4	甲寅5	乙卯6	丙辰7	丁巳8	戊午9	己未10	庚申11	辛酉12	壬戌13	癸亥14	甲子15	乙丑16	丙寅17	丁卯18	戊辰19	己巳20	庚午21		壬戌立冬
十二月大	甲子	天地干支西曆	辛未22	壬申23	癸酉24	甲戌25	乙亥26	丙子27	丁丑28	戊寅29	己卯30	庚辰(12)	辛巳2	壬午3	癸未4	甲申5	乙酉6	丙戌7	丁亥8	戊子9	己丑10	庚寅11	辛卯12	壬辰13	癸巳14	甲午15	乙未16	丙申17	丁酉18	戊戌19	己亥20	庚子21	

朔閏異同	曆名	正月	二月	三月	四月	五月	六月	七月	八月	九月	十月	十一	十二	閏月		曆名	正月	二月	三月	四月	五月	六月	七月	八月	九月	十月	十一	十二	閏月
	周曆殷曆	乙亥丙午	乙巳乙亥	甲戌乙巳	甲辰甲戌	甲戌甲辰	癸卯癸酉	癸酉---癸卯	---壬寅壬申	壬申壬寅	辛丑辛未	辛未辛丑	庚子辛未	庚午庚子		夏曆新曆	乙亥---丙子	乙巳乙巳	甲戌乙亥	---甲辰甲辰	癸酉甲戌	癸卯癸卯	癸酉癸酉	壬寅壬寅	壬申壬申	辛丑壬寅	辛未壬申	庚子辛丑	庚午辛未

*《長曆》：正月丙子，二月丙午，三月乙亥，閏月乙巳，四月甲戌，五月甲辰，六月癸酉，七月癸卯，八月壬申，九月壬寅，十月辛未，十一辛丑，十二辛未。

周襄王三十年 魯文公五年（己亥 猪年） 公元前623 ~ 前622年 歲在鶉火

魯曆月序		中西曆日對照	初一	初二	初三	初四	初五	初六	初七	初八	初九	初十	十一	十二	十三	十四	十五	十六	十七	十八	十九	二十	二一	二二	二三	二四	二五	二六	二七	二八	二九	三十	節氣與天象
正月小	乙丑	干支曆 天地西	辛丑22	壬寅23	癸卯24	甲辰25	乙巳26	丙午27	丁未28	戊申29	己酉30	庚戌31	辛亥(1)	壬子2	癸丑3	甲寅4	乙卯5	丙辰6	丁巳7	戊午8	己未9	庚申10	辛酉11	壬戌12	癸亥13	甲子14	乙丑15	丙寅16	丁卯17	戊辰18	己巳19		丙午冬至
二月大	丙寅	干支曆 天地西	庚午20	辛未21	壬申22	癸酉23	甲戌24	乙亥25	丙子26	丁丑27	戊寅28	己卯29	庚辰30	辛巳31	壬午(2)	癸未2	甲申3	乙酉4	丙戌5	丁亥6	戊子7	己丑8	庚寅9	辛卯10	壬辰11	癸巳12	甲午13	乙未14	丙申15	丁酉16	戊戌17	己亥18	辛卯立春
三月小	丁卯	干支曆 天地西	庚子19	辛丑20	壬寅21	癸卯22	甲辰23	乙巳24	丙午25	丁未26	戊申27	己酉28	庚戌(3)	辛亥2	壬子3	癸丑4	甲寅5	乙卯6	丙辰7	丁巳8	戊午9	己未10	庚申11	辛酉12	壬戌13	癸亥14	甲子15	乙丑16	丙寅17	丁卯18	戊辰19		
四月大	戊辰	干支曆 天地西	己巳20	庚午21	辛未22	壬申23	癸酉24	甲戌25	乙亥26	丙子27	丁丑28	戊寅29	己卯30	庚辰31	辛巳(4)	壬午2	癸未3	甲申4	乙酉5	丙戌6	丁亥7	戊子8	己丑9	庚寅10	辛卯11	壬辰12	癸巳13	甲午14	乙未15	丙申16	丁酉17	戊戌18	丁丑春分
五月小	己巳	干支曆 天地西	己亥19	庚子20	辛丑21	壬寅22	癸卯23	甲辰24	乙巳25	丙午26	丁未27	戊申28	己酉29	庚戌30	辛亥(5)	壬子2	癸丑3	甲寅4	乙卯5	丙辰6	丁巳7	戊午8	己未9	庚申10	辛酉11	壬戌12	癸亥13	甲子14	乙丑15	丙寅16	丁卯17		甲子立夏
六月大	庚午	干支曆 天地西	戊辰18	己巳19	庚午20	辛未21	壬申22	癸酉23	甲戌24	乙亥25	丙子26	丁丑27	戊寅28	己卯29	庚辰30	辛巳31	壬午(6)	癸未2	甲申3	乙酉4	丙戌5	丁亥6	戊子7	己丑8	庚寅9	辛卯10	壬辰11	癸巳12	甲午13	乙未14	丙申15	丁酉16	戊辰日食
七月小	辛未	干支曆 天地西	戊戌17	己亥18	庚子19	辛丑20	壬寅21	癸卯22	甲辰23	乙巳24	丙午25	丁未26	戊申27	己酉28	庚戌29	辛亥30	壬子(7)	癸丑2	甲寅3	乙卯4	丙辰5	丁巳6	戊午7	己未8	庚申9	辛酉10	壬戌11	癸亥12	甲子13	乙丑14	丙寅15		辛亥夏至
八月大	壬申	干支曆 天地西	丁卯16	戊辰17	己巳18	庚午19	辛未20	壬申21	癸酉22	甲戌23	乙亥24	丙子25	丁丑26	戊寅27	己卯28	庚辰29	辛巳30	壬午31	癸未(8)	甲申2	乙酉3	丙戌4	丁亥5	戊子6	己丑7	庚寅8	辛卯9	壬辰10	癸巳11	甲午12	乙未13	丙申14	
九月小	癸酉	干支曆 天地西	丁酉15	戊戌16	己亥17	庚子18	辛丑19	壬寅20	癸卯21	甲辰22	乙巳23	丙午24	丁未25	戊申26	己酉27	庚戌28	辛亥29	壬子30	癸丑31	甲寅(9)	乙卯2	丙辰3	丁巳4	戊午5	己未6	庚申7	辛酉8	壬戌9	癸亥10	甲子11	乙丑12		戊戌立秋
十月大	甲戌	干支曆 天地西	丙寅13	丁卯14	戊辰15	己巳16	庚午17	辛未18	壬申19	癸酉20	甲戌21	乙亥22	丙子23	丁丑24	戊寅25	己卯26	庚辰27	辛巳28	壬午29	癸未30	甲申(10)	乙酉2	丙戌3	丁亥4	戊子5	己丑6	庚寅7	辛卯8	壬辰9	癸巳10	甲午11	乙未12	癸未秋分
十一月大	乙亥	干支曆 天地西	丙申13	丁酉14	戊戌15	己亥16	庚子17	辛丑18	壬寅19	癸卯20	甲辰21	乙巳22	丙午23	丁未24	戊申25	己酉26	庚戌27	辛亥28	壬子29	癸丑30	甲寅31	乙卯(11)	丙辰2	丁巳3	戊午4	己未5	庚申6	辛酉7	壬戌8	癸亥9	甲子10	乙丑11	
十二月小	丙子	干支曆 天地西	丙寅12	丁卯13	戊辰14	己巳15	庚午16	辛未17	壬申18	癸酉19	甲戌20	乙亥21	丙子22	丁丑23	戊寅24	己卯25	庚辰26	辛巳27	壬午28	癸未29	甲申30	乙酉(12)	丙戌2	丁亥3	戊子4	己丑5	庚寅6	辛卯7	壬辰8	癸巳9	甲午10		戊辰立冬

朔閏異同	曆名	正月	二月	三月	四月	五月	六月	七月	八月	九月	十月	十一	十二	閏月	曆名	正月	二月	三月	四月	五月	六月	七月	八月	九月	十月	十一	十二	閏月
	周曆殷曆	己亥庚午	己巳己亥	戊戌己巳	戊辰戊戌	丁酉戊辰	丁卯丁酉	丁酉丁卯	丙寅丙申	丙申丙寅	乙丑乙未	乙未乙丑	甲子甲午		夏曆新曆	己亥庚子	己巳己巳	戊戌己亥	戊辰戊辰	丁酉丁酉	丁卯丁卯	丙申丙申	丙寅丙寅	乙未丙申	乙丑丙寅	乙未乙未	甲子乙丑	

*《長曆》：正月庚子，二月庚午，三月己亥，四月己巳，五月戊戌，六月戊辰，七月丁酉，八月丁卯，九月丙申，十月丙寅，十一乙未，十二乙丑。

周襄王三十一年 魯文公六年（庚子 鼠年） 公元前622～前621年 歲在鶉尾

魯曆月序		中西曆日對照	初一	初二	初三	初四	初五	初六	初七	初八	初九	初十	十一	十二	十三	十四	十五	十六	十七	十八	十九	二十	二一	二二	二三	二四	二五	二六	二七	二八	二九	三十	節氣與天象
正月大	丁丑	天干地支	乙未	丙申	丁酉	戊戌	己亥	庚子	辛丑	壬寅	癸卯	甲辰	乙巳	丙午	丁未	戊申	己酉	庚戌	辛亥	壬子	癸丑	甲寅	乙卯	丙辰	丁巳	戊午	己未	庚申	辛酉	壬戌	癸亥	甲子	壬子冬至
		西曆	11	12	13	14	15	16	17	18	19	20	21	22	23	24	25	26	27	28	29	30	31	(1)	2	3	4	5	6	7	8	9	
二月小	戊寅	天干地支	乙丑	丙寅	丁卯	戊辰	己巳	庚午	辛未	壬申	癸酉	甲戌	乙亥	丙子	丁丑	戊寅	己卯	庚辰	辛巳	壬午	癸未	甲申	乙酉	丙戌	丁亥	戊子	己丑	庚寅	辛卯	壬辰	癸巳		
		西曆	10	11	12	13	14	15	16	17	18	19	20	21	22	23	24	25	26	27	28	29	30	31	(2)	2	3	4	5	6	7		
三月大	己卯	天干地支	甲午	乙未	丙申	丁酉	戊戌	己亥	庚子	辛丑	壬寅	癸卯	甲辰	乙巳	丙午	丁未	戊申	己酉	庚戌	辛亥	壬子	癸丑	甲寅	乙卯	丙辰	丁巳	戊午	己未	庚申	辛酉	壬戌	癸亥	丙申立春
		西曆	8	9	10	11	12	13	14	15	16	17	18	19	20	21	22	23	24	25	26	27	28	29	(3)	2	3	4	5	6	7	8	
四月小	庚辰	天干地支	甲子	乙丑	丙寅	丁卯	戊辰	己巳	庚午	辛未	壬申	癸酉	甲戌	乙亥	丙子	丁丑	戊寅	己卯	庚辰	辛巳	壬午	癸未	甲申	乙酉	丙戌	丁亥	戊子	己丑	庚寅	辛卯	壬辰		壬午春分
		西曆	9	10	11	12	13	14	15	16	17	18	19	20	21	22	23	24	25	26	27	28	29	30	31	(4)	2	3	4	5	6		
五月大	辛巳	天干地支	癸巳	甲午	乙未	丙申	丁酉	戊戌	己亥	庚子	辛丑	壬寅	癸卯	甲辰	乙巳	丙午	丁未	戊申	己酉	庚戌	辛亥	壬子	癸丑	甲寅	乙卯	丙辰	丁巳	戊午	己未	庚申	辛酉	壬戌	
		西曆	7	8	9	10	11	12	13	14	15	16	17	18	19	20	21	22	23	24	25	26	27	28	29	30	(5)	2	3	4	5	6	
六月小	壬午	天干地支	癸亥	甲子	乙丑	丙寅	丁卯	戊辰	己巳	庚午	辛未	壬申	癸酉	甲戌	乙亥	丙子	丁丑	戊寅	己卯	庚辰	辛巳	壬午	癸未	甲申	乙酉	丙戌	丁亥	戊子	己丑	庚寅	辛卯		己巳立夏 癸亥日食
		西曆	7	8	9	10	11	12	13	14	15	16	17	18	19	20	21	22	23	24	25	26	27	28	29	30	31	(6)	2	3	4		
七月大	癸未	天干地支	壬辰	癸巳	甲午	乙未	丙申	丁酉	戊戌	己亥	庚子	辛丑	壬寅	癸卯	甲辰	乙巳	丙午	丁未	戊申	己酉	庚戌	辛亥	壬子	癸丑	甲寅	乙卯	丙辰	丁巳	戊午	己未	庚申	辛酉	丙辰夏至
		西曆	5	6	7	8	9	10	11	12	13	14	15	16	17	18	19	20	21	22	23	24	25	26	27	28	29	30	(7)	2	3	4	
八月小	甲申	天干地支	壬戌	癸亥	甲子	乙丑	丙寅	丁卯	戊辰	己巳	庚午	辛未	壬申	癸酉	甲戌	乙亥	丙子	丁丑	戊寅	己卯	庚辰	辛巳	壬午	癸未	甲申	乙酉	丙戌	丁亥	戊子	己丑	庚寅		
		西曆	5	6	7	8	9	10	11	12	13	14	15	16	17	18	19	20	21	22	23	24	25	26	27	28	29	30	31	(8)	2		
九月大	乙酉	天干地支	辛卯	壬辰	癸巳	甲午	乙未	丙申	丁酉	戊戌	己亥	庚子	辛丑	壬寅	癸卯	甲辰	乙巳	丙午	丁未	戊申	己酉	庚戌	辛亥	壬子	癸丑	甲寅	乙卯	丙辰	丁巳	戊午	己未	庚申	癸卯立秋
		西曆	3	4	5	6	7	8	9	10	11	12	13	14	15	16	17	18	19	20	21	22	23	24	25	26	27	28	29	30	31	(9)	
十月小	丙戌	天干地支	辛酉	壬戌	癸亥	甲子	乙丑	丙寅	丁卯	戊辰	己巳	庚午	辛未	壬申	癸酉	甲戌	乙亥	丙子	丁丑	戊寅	己卯	庚辰	辛巳	壬午	癸未	甲申	乙酉	丙戌	丁亥	戊子	己丑		戊子秋分
		西曆	2	3	4	5	6	7	8	9	10	11	12	13	14	15	16	17	18	19	20	21	22	23	24	25	26	27	28	29	30		
十一月大	丁亥	天干地支	庚寅	辛卯	壬辰	癸巳	甲午	乙未	丙申	丁酉	戊戌	己亥	庚子	辛丑	壬寅	癸卯	甲辰	乙巳	丙午	丁未	戊申	己酉	庚戌	辛亥	壬子	癸丑	甲寅	乙卯	丙辰	丁巳	戊午	己未	
		西曆	(10)	2	3	4	5	6	7	8	9	10	11	12	13	14	15	16	17	18	19	20	21	22	23	24	25	26	27	28	29	30	
十二月小	戊子	天干地支	庚申	辛酉	壬戌	癸亥	甲子	乙丑	丙寅	丁卯	戊辰	己巳	庚午	辛未	壬申	癸酉	甲戌	乙亥	丙子	丁丑	戊寅	己卯	庚辰	辛巳	壬午	癸未	甲申	乙酉	丙戌	丁亥	戊子		癸酉立冬
		西曆	31	(11)	2	3	4	5	6	7	8	9	10	11	12	13	14	15	16	17	18	19	20	21	22	23	24	25	26	27	28		
閏月大	戊子	天干地支	己丑	庚寅	辛卯	壬辰	癸巳	甲午	乙未	丙申	丁酉	戊戌	己亥	庚子	辛丑	壬寅	癸卯	甲辰	乙巳	丙午	丁未	戊申	己酉	庚戌	辛亥	壬子	癸丑	甲寅	乙卯	丙辰	丁巳	戊午	丁巳冬至
		西曆	29	30	(12)	2	3	4	5	6	7	8	9	10	11	12	13	14	15	16	17	18	19	20	21	22	23	24	25	26	27	28	

朔閏異同	曆名	正月	二月	三月	四月	五月	六月	七月	八月	九月	十月	十一	十二	閏月	曆名	正月	二月	三月	四月	五月	六月	七月	八月	九月	十月	十一	十二	閏月
	周曆殷曆	甲子甲子	癸亥甲午	癸巳癸亥	壬戌癸巳	壬辰壬戌	辛酉壬辰	辛卯辛酉	庚申辛卯	庚寅庚申	己未庚寅	己丑己未	己未己丑		夏曆新曆	甲午乙未	癸亥甲子	癸巳癸巳	壬戌癸亥	壬辰壬辰	辛酉辛酉	辛卯辛卯	庚申庚申	庚寅庚寅	己未---庚申	己丑己丑	戊午己未	---戊子己丑

*《長曆》：正月甲午，二月甲子，三月甲午，四月癸亥，五月癸巳，六月壬戌，七月壬辰，八月辛酉，九月辛卯，十月庚申，十一庚寅，十二己未，閏月己丑。

周襄王三十二年 魯文公七年（辛丑 牛年）公元前 621 ~ 前 620 年 歲在壽星

魯曆月序		中西曆對照	初一	初二	初三	初四	初五	初六	初七	初八	初九	初十	十一	十二	十三	十四	十五	十六	十七	十八	十九	二十	二一	二二	二三	二四	二五	二六	二七	二八	二九	三十	節氣與天象
正月小	己丑	干支曆 天地西	己未29	庚申30	辛酉31	壬戌(1)	癸亥2	甲子3	乙丑4	丙寅5	丁卯6	戊辰7	己巳8	庚午9	辛未10	壬申11	癸酉12	甲戌13	乙亥14	丙子15	丁丑16	戊寅17	己卯18	庚辰19	辛巳20	壬午21	癸未22	甲申23	乙酉24	丙戌25	丁亥26		
二月大	庚寅	干支曆 天地西	戊子27	己丑28	庚寅29	辛卯30	壬辰31	癸巳(2)	甲午2	乙未3	丙申4	丁酉5	戊戌6	己亥7	庚子8	辛丑9	壬寅10	癸卯11	甲辰12	乙巳13	丙午14	丁未15	戊申16	己酉17	庚戌18	辛亥19	壬子20	癸丑21	甲寅22	乙卯23	丙辰24	丁巳25	壬寅立春
三月大	辛卯	干支曆 天地西	戊午26	己未27	庚申28	辛酉(3)	壬戌2	癸亥3	甲子4	乙丑5	丙寅6	丁卯7	戊辰8	己巳9	庚午10	辛未11	壬申12	癸酉13	甲戌14	乙亥15	丙子16	丁丑17	戊寅18	己卯19	庚辰20	辛巳21	壬午22	癸未23	甲申24	乙酉25	丙戌26	丁亥27	
四月小	壬辰	干支曆 天地西	戊子28	己丑29	庚寅30	辛卯31	壬辰(4)	癸巳2	甲午3	乙未4	丙申5	丁酉6	戊戌7	己亥8	庚子9	辛丑10	壬寅11	癸卯12	甲辰13	乙巳14	丙午15	丁未16	戊申17	己酉18	庚戌19	辛亥20	壬子21	癸丑22	甲寅23	乙卯24	丙辰25		戊子春分
五月大	癸巳	干支曆 天地西	丁巳26	戊午27	己未28	庚申29	辛酉30	壬戌(5)	癸亥2	甲子3	乙丑4	丙寅5	丁卯6	戊辰7	己巳8	庚午9	辛未10	壬申11	癸酉12	甲戌13	乙亥14	丙子15	丁丑16	戊寅17	己卯18	庚辰19	辛巳20	壬午21	癸未22	甲申23	乙酉24	丙戌25	甲戌立夏
六月小	甲午	干支曆 天地西	丁亥26	戊子27	己丑28	庚寅29	辛卯30	壬辰31	癸巳(6)	甲午2	乙未3	丙申4	丁酉5	戊戌6	己亥7	庚子8	辛丑9	壬寅10	癸卯11	甲辰12	乙巳13	丙午14	丁未15	戊申16	己酉17	庚戌18	辛亥19	壬子20	癸丑21	甲寅22	乙卯23		
七月大	乙未	干支曆 天地西	丙辰24	丁巳25	戊午26	己未27	庚申28	辛酉29	壬戌30	癸亥(7)	甲子2	乙丑3	丙寅4	丁卯5	戊辰6	己巳7	庚午8	辛未9	壬申10	癸酉11	甲戌12	乙亥13	丙子14	丁丑15	戊寅16	己卯17	庚辰18	辛巳19	壬午20	癸未21	甲申22	乙酉23	壬戌夏至
八月小	丙申	干支曆 天地西	丙戌24	丁亥25	戊子26	己丑27	庚寅28	辛卯29	壬辰30	癸巳31	甲午(8)	乙未2	丙申3	丁酉4	戊戌5	己亥6	庚子7	辛丑8	壬寅9	癸卯10	甲辰11	乙巳12	丙午13	丁未14	戊申15	己酉16	庚戌17	辛亥18	壬子19	癸丑20	甲寅21		戊申立秋
九月大	丁酉	干支曆 天地西	乙卯22	丙辰23	丁巳24	戊午25	己未26	庚申27	辛酉28	壬戌29	癸亥30	甲子31	乙丑(9)	丙寅2	丁卯3	戊辰4	己巳5	庚午6	辛未7	壬申8	癸酉9	甲戌10	乙亥11	丙子12	丁丑13	戊寅14	己卯15	庚辰16	辛巳17	壬午18	癸未19	甲申20	
十月小	戊戌	干支曆 天地西	乙酉21	丙戌22	丁亥23	戊子24	己丑25	庚寅26	辛卯27	壬辰28	癸巳29	甲午30	乙未(10)	丙申2	丁酉3	戊戌4	己亥5	庚子6	辛丑7	壬寅8	癸卯9	甲辰10	乙巳11	丙午12	丁未13	戊申14	己酉15	庚戌16	辛亥17	壬子18	癸丑19		甲午秋分
十一月大	己亥	干支曆 天地西	甲寅20	乙卯21	丙辰22	丁巳23	戊午24	己未25	庚申26	辛酉27	壬戌28	癸亥29	甲子30	乙丑31	丙寅(11)	丁卯2	戊辰3	己巳4	庚午5	辛未6	壬申7	癸酉8	甲戌9	乙亥10	丙子11	丁丑12	戊寅13	己卯14	庚辰15	辛巳16	壬午17	癸未18	戊寅立冬
十二月小	庚子	干支曆 天地西	甲申19	乙酉20	丙戌21	丁亥22	戊子23	己丑24	庚寅25	辛卯26	壬辰27	癸巳28	甲午29	乙未30	丙申(12)	丁酉2	戊戌3	己亥4	庚子5	辛丑6	壬寅7	癸卯8	甲辰9	乙巳10	丙午11	丁未12	戊申13	己酉14	庚戌15	辛亥16	壬子17		

朔閏異同	曆名	正月	二月	三月	四月	五月	六月	七月	八月	九月	十月	十一	十二	閏月		曆名	正月	二月	三月	四月	五月	六月	七月	八月	九月	十月	十一	十二	閏月
	周曆殷曆	戊子戊午	戊午戊了	丁亥---丁巳	---丁巳丁亥	丙戌丙辰	丙辰丙戌	乙酉丙辰	乙卯乙酉	甲申乙卯	甲寅甲申	癸未甲寅	癸丑癸未	壬午癸丑		夏曆新曆	戊午己未	丁亥戊子	丁巳丁巳	丙戌丁亥	丙辰丙辰	乙酉乙酉	乙卯乙卯	甲申甲申	甲寅甲寅	癸未癸未	癸丑癸丑	壬午癸未	

*《長曆》：正月戊午，二月戊子，三月丁巳，四月丁亥，五月丙辰，六月丙戌，七月丙辰，八月乙酉，九月乙卯，十月甲申，十一甲寅，十二癸未。

周襄王三十三年 魯文公八年（壬寅 虎年） 公元前620～前**619**年 歲在大火

魯曆月序		中西曆日對照	初一	初二	初三	初四	初五	初六	初七	初八	初九	初十	十一	十二	十三	十四	十五	十六	十七	十八	十九	二十	二一	二二	二三	二四	二五	二六	二七	二八	二九	三十	節氣與天象
正月大	辛丑	干支 天地 曆西	癸丑18	甲寅19	乙卯20	丙辰21	丁巳22	戊午23	己未24	庚申25	辛酉26	壬戌27	癸亥28	甲子29	乙丑30	丙寅31	丁卯(1)	戊辰2	己巳3	庚午4	辛未5	壬申6	癸酉7	甲戌8	乙亥9	丙子10	丁丑11	戊寅12	己卯13	庚辰14	辛巳15	壬午16	壬戌冬至
二月小	壬寅	干支 天地 曆西	癸未17	甲申18	乙酉19	丙戌20	丁亥21	戊子22	己丑23	庚寅24	辛卯25	壬辰26	癸巳27	甲午28	乙未29	丙申30	丁酉31	戊戌(2)	己亥2	庚子3	辛丑4	壬寅5	癸卯6	甲辰7	乙巳8	丙午9	丁未10	戊申11	己酉12	庚戌13	辛亥14		丁未立春
三月大	癸卯	干支 天地 曆西	壬子15	癸丑16	甲寅17	乙卯18	丙辰19	丁巳20	戊午21	己未22	庚申23	辛酉24	壬戌25	癸亥26	甲子27	乙丑28	丙寅(3)	丁卯2	戊辰3	己巳4	庚午5	辛未6	壬申7	癸酉8	甲戌9	乙亥10	丙子11	丁丑12	戊寅13	己卯14	庚辰15	辛巳16	
四月小	甲辰	干支 天地 曆西	壬午17	癸未18	甲申19	乙酉20	丙戌21	丁亥22	戊子23	己丑24	庚寅25	辛卯26	壬辰27	癸巳28	甲午29	乙未30	丙申31	丁酉(4)	戊戌2	己亥3	庚子4	辛丑5	壬寅6	癸卯7	甲辰8	乙巳9	丙午10	丁未11	戊申12	己酉13	庚戌14		癸巳春分
五月大	乙巳	干支 天地 曆西	辛亥15	壬子16	癸丑17	甲寅18	乙卯19	丙辰20	丁巳21	戊午22	己未23	庚申24	辛酉25	壬戌26	癸亥27	甲子28	乙丑29	丙寅30	丁卯(5)	戊辰2	己巳3	庚午4	辛未5	壬申6	癸酉7	甲戌8	乙亥9	丙子10	丁丑11	戊寅12	己卯13	庚辰14	庚辰立夏
六月大	丙午	干支 天地 曆西	辛巳15	壬午16	癸未17	甲申18	乙酉19	丙戌20	丁亥21	戊子22	己丑23	庚寅24	辛卯25	壬辰26	癸巳27	甲午28	乙未29	丙申30	丁酉31	戊戌(6)	己亥2	庚子3	辛丑4	壬寅5	癸卯6	甲辰7	乙巳8	丙午9	丁未10	戊申11	己酉12	庚戌13	
七月小	丁未	干支 天地 曆西	辛亥14	壬子15	癸丑16	甲寅17	乙卯18	丙辰19	丁巳20	戊午21	己未22	庚申23	辛酉24	壬戌25	癸亥26	甲子27	乙丑28	丙寅29	丁卯30	戊辰(7)	己巳2	庚午3	辛未4	壬申5	癸酉6	甲戌7	乙亥8	丙子9	丁丑10	戊寅11	己卯12		丁卯夏至
八月大	戊申	干支 天地 曆西	庚辰13	辛巳14	壬午15	癸未16	甲申17	乙酉18	丙戌19	丁亥20	戊子21	己丑22	庚寅23	辛卯24	壬辰25	癸巳26	甲午27	乙未28	丙申29	丁酉30	戊戌31	己亥(8)	庚子2	辛丑3	壬寅4	癸卯5	甲辰6	乙巳7	丙午8	丁未9	戊申10	己酉11	
九月小	己酉	干支 天地 曆西	庚戌12	辛亥13	壬子14	癸丑15	甲寅16	乙卯17	丙辰18	丁巳19	戊午20	己未21	庚申22	辛酉23	壬戌24	癸亥25	甲子26	乙丑27	丙寅28	丁卯29	戊辰30	己巳31	庚午(9)	辛未2	壬申3	癸酉4	甲戌5	乙亥6	丙子7	丁丑8	戊寅9		甲寅立秋
十月大	庚戌	干支 天地 曆西	己卯10	庚辰11	辛巳12	壬午13	癸未14	甲申15	乙酉16	丙戌17	丁亥18	戊子19	己丑20	庚寅21	辛卯22	壬辰23	癸巳24	甲午25	乙未26	丙申27	丁酉28	戊戌29	己亥30	庚子(10)	辛丑2	壬寅3	癸卯4	甲辰5	乙巳6	丙午7	丁未8	戊申9	己亥秋分
十一月小	辛亥	干支 天地 曆西	己酉10	庚戌11	辛亥12	壬子13	癸丑14	甲寅15	乙卯16	丙辰17	丁巳18	戊午19	己未20	庚申21	辛酉22	壬戌23	癸亥24	甲子25	乙丑26	丙寅27	丁卯28	戊辰29	己巳30	庚午31	辛未(11)	壬申2	癸酉3	甲戌4	乙亥5	丙子6	丁丑7		
十二月大	壬子	干支 天地 曆西	戊寅8	己卯9	庚辰10	辛巳11	壬午12	癸未13	甲申14	乙酉15	丙戌16	丁亥17	戊子18	己丑19	庚寅20	辛卯21	壬辰22	癸巳23	甲午24	乙未25	丙申26	丁酉27	戊戌28	己亥29	庚子30	辛丑(12)	壬寅2	癸卯3	甲辰4	乙巳5	丙午6	丁未7	癸未立冬

朔閏異同	曆名	正月	二月	三月	四月	五月	六月	七月	八月	九月	十月	十一	十二	閏月
	周曆殷曆	壬子壬午	壬午壬子	辛亥辛巳	辛巳辛亥	庚戌庚辰	庚辰庚戌	己酉己卯	己卯己酉	戊申己卯	戊寅戊申	丁未戊寅	丁丑丁未	
	夏曆新曆	壬子癸丑	辛巳壬午	辛亥壬子	庚辰辛巳	庚戌辛亥	庚辰庚辰	己酉己酉	己卯己卯	戊申戊申	戊寅戊寅	丁未丁未	丁丑丁丑	

*《長曆》：正月癸丑，二月壬午，三月壬子，四月辛巳，五月辛亥，六月庚辰，七月庚戌，八月己卯，九月己酉，十月己卯，十一戊申，十二戊寅。

周頃王元年 魯文公九年（癸卯 兔年） 公元前 619 ~ 前 **618** 年 歲在析木

魯曆月序		中西曆日對照	初一	初二	初三	初四	初五	初六	初七	初八	初九	初十	十一	十二	十三	十四	十五	十六	十七	十八	十九	二十	二一	二二	二三	二四	二五	二六	二七	二八	二九	三十	節氣與天象
正月小	癸丑	天干 地支 西曆	戊申 8	己酉 9	庚戌 10	辛亥 11	壬子 12	癸丑 13	甲寅 14	乙卯 15	丙辰 16	丁巳 17	戊午 18	己未 19	庚申 20	辛酉 21	壬戌 22	癸亥 23	甲子 24	乙丑 25	丙寅 26	丁卯 27	戊辰 28	己巳 29	庚午 30	辛未 31	壬申 (1)	癸酉 2	甲戌 3	乙亥 4	丙子 5		丁卯冬至
二月大	甲寅	天干 地支 西曆	丁丑 6	戊寅 7	己卯 8	庚辰 9	辛巳 10	壬午 11	癸未 12	甲申 13	乙酉 14	丙戌 15	丁亥 16	戊子 17	己丑 18	庚寅 19	辛卯 20	壬辰 21	癸巳 22	甲午 23	乙未 24	丙申 25	丁酉 26	戊戌 27	己亥 28	庚子 29	辛丑 30	壬寅 31	癸卯 (2)	甲辰 2	乙巳 3	丙午 4	
三月小	乙卯	天干 地支 西曆	丁未 5	戊申 6	己酉 7	庚戌 8	辛亥 9	壬子 10	癸丑 11	甲寅 12	乙卯 13	丙辰 14	丁巳 15	戊午 16	己未 17	庚申 18	辛酉 19	壬戌 20	癸亥 21	甲子 22	乙丑 23	丙寅 24	丁卯 25	戊辰 26	己巳 27	庚午 28	辛未 (3)	壬申 2	癸酉 3	甲戌 4	乙亥 5		壬子立春
四月大	丙辰	天干 地支 西曆	丙子 6	丁丑 7	戊寅 8	己卯 9	庚辰 10	辛巳 11	壬午 12	癸未 13	甲申 14	乙酉 15	丙戌 16	丁亥 17	戊子 18	己丑 19	庚寅 20	辛卯 21	壬辰 22	癸巳 23	甲午 24	乙未 25	丙申 26	丁酉 27	戊戌 28	己亥 29	庚子 30	辛丑 31	壬寅 (4)	癸卯 2	甲辰 3	乙巳 4	戊戌春分
五月小	丁巳	天干 地支 西曆	丙午 5	丁未 6	戊申 7	己酉 8	庚戌 9	辛亥 10	壬子 11	癸丑 12	甲寅 13	乙卯 14	丙辰 15	丁巳 16	戊午 17	己未 18	庚申 19	辛酉 20	壬戌 21	癸亥 22	甲子 23	乙丑 24	丙寅 25	丁卯 26	戊辰 27	己巳 28	庚午 29	辛未 30	壬申 (5)	癸酉 2	甲戌 3		
六月大	戊午	天干 地支 西曆	乙亥 4	丙子 5	丁丑 6	戊寅 7	己卯 8	庚辰 9	辛巳 10	壬午 11	癸未 12	甲申 13	乙酉 14	丙戌 15	丁亥 16	戊子 17	己丑 18	庚寅 19	辛卯 20	壬辰 21	癸巳 22	甲午 23	乙未 24	丙申 25	丁酉 26	戊戌 27	己亥 28	庚子 29	辛丑 30	壬寅 31	癸卯 (6)	甲辰 2	乙酉立夏
七月小	己未	天干 地支 西曆	乙巳 3	丙午 4	丁未 5	戊申 6	己酉 7	庚戌 8	辛亥 9	壬子 10	癸丑 11	甲寅 12	乙卯 13	丙辰 14	丁巳 15	戊午 16	己未 17	庚申 18	辛酉 19	壬戌 20	癸亥 21	甲子 22	乙丑 23	丙寅 24	丁卯 25	戊辰 26	己巳 27	庚午 28	辛未 29	壬申 30	癸酉 (7)		壬申夏至
八月大	庚申	天干 地支 西曆	甲戌 2	乙亥 3	丙子 4	丁丑 5	戊寅 6	己卯 7	庚辰 8	辛巳 9	壬午 10	癸未 11	甲申 12	乙酉 13	丙戌 14	丁亥 15	戊子 16	己丑 17	庚寅 18	辛卯 19	壬辰 20	癸巳 21	甲午 22	乙未 23	丙申 24	丁酉 25	戊戌 26	己亥 27	庚子 28	辛丑 29	壬寅 30	癸卯 31	
九月小	辛酉	天干 地支 西曆	甲辰 (8)	乙巳 2	丙午 3	丁未 4	戊申 5	己酉 6	庚戌 7	辛亥 8	壬子 9	癸丑 10	甲寅 11	乙卯 12	丙辰 13	丁巳 14	戊午 15	己未 16	庚申 17	辛酉 18	壬戌 19	癸亥 20	甲子 21	乙丑 22	丙寅 23	丁卯 24	戊辰 25	己巳 26	庚午 27	辛未 28	壬申 29		己未立秋
十月大	壬戌	天干 地支 西曆	癸酉 30	甲戌 31	乙亥 (9)	丙子 2	丁丑 3	戊寅 4	己卯 5	庚辰 6	辛巳 7	壬午 8	癸未 9	甲申 10	乙酉 11	丙戌 12	丁亥 13	戊子 14	己丑 15	庚寅 16	辛卯 17	壬辰 18	癸巳 19	甲午 20	乙未 21	丙申 22	丁酉 23	戊戌 24	己亥 25	庚子 26	辛丑 27	壬寅 28	
十一月大	癸亥	天干 地支 西曆	癸卯 29	甲辰 30	乙巳 (10)	丙午 2	丁未 3	戊申 4	己酉 5	庚戌 6	辛亥 7	壬子 8	癸丑 9	甲寅 10	乙卯 11	丙辰 12	丁巳 13	戊午 14	己未 15	庚申 16	辛酉 17	壬戌 18	癸亥 19	甲子 20	乙丑 21	丙寅 22	丁卯 23	戊辰 24	己巳 25	庚午 26	辛未 27	壬申 28	甲辰秋分
十二月小	甲子	天干 地支 西曆	癸酉 29	甲戌 30	乙亥 31	丙子 (11)	丁丑 2	戊寅 3	己卯 4	庚辰 5	辛巳 6	壬午 7	癸未 8	甲申 9	乙酉 10	丙戌 11	丁亥 12	戊子 13	己丑 14	庚寅 15	辛卯 16	壬辰 17	癸巳 18	甲午 19	乙未 20	丙申 21	丁酉 22	戊戌 23	己亥 24	庚子 25	辛丑 26		己丑立冬
閏月大	甲子	天干 地支 西曆	壬寅 27	癸卯 28	甲辰 29	乙巳 30	丙午 (12)	丁未 2	戊申 3	己酉 4	庚戌 5	辛亥 6	壬子 7	癸丑 8	甲寅 9	乙卯 10	丙辰 11	丁巳 12	戊午 13	己未 14	庚申 15	辛酉 16	壬戌 17	癸亥 18	甲子 19	乙丑 20	丙寅 21	丁卯 22	戊辰 23	己巳 24	庚午 25	辛未 26	

朔閏異同	曆名	正月	二月	三月	四月	五月	六月	七月	八月	九月	十月	十一	十二	閏月		曆名	正月	二月	三月	四月	五月	六月	七月	八月	九月	十月	十一	十二	閏月
	周曆 殷曆	丙午 丁丑	丙子 丙午	乙巳 丙子	乙亥 乙巳	甲辰 乙亥	甲戌 甲辰	甲辰 甲戌	癸酉 癸卯	癸卯 癸酉	壬申 壬寅	壬寅 --- 壬申	辛未 辛丑	--- 辛丑 辛未		夏曆 新曆	丙午 丁未	丙子 丙子	乙巳 丙午	乙亥 丙子	甲辰 乙巳	甲戌 乙亥	癸卯 甲辰	癸酉 --- 癸酉	--- 壬寅 癸卯	壬申 壬申	壬寅 壬寅	辛未 辛未	辛丑 辛丑

*《長曆》：正月丁未，二月丁丑，三月丙午，四月丙子，五月乙巳，六月乙亥，七月甲辰，閏月甲戌，八月癸卯，九月癸酉，十月壬寅，十一壬申，十二辛丑。

周頃王二年 魯文公十年（甲辰 龍年） 公元前618～前617年 歲在星紀

魯曆月序		中西曆日對照	初一	初二	初三	初四	初五	初六	初七	初八	初九	初十	十一	十二	十三	十四	十五	十六	十七	十八	十九	二十	二一	二二	二三	二四	二五	二六	二七	二八	二九	三十	節氣與天象
正月小	乙丑	天干地支西曆	壬申27	癸酉28	甲戌29	乙亥30	丙子31	丁丑(1)	戊寅2	己卯3	庚辰4	辛巳5	壬午6	癸未7	甲申8	乙酉9	丙戌10	丁亥11	戊子12	己丑13	庚寅14	辛卯15	壬辰16	癸巳17	甲午18	乙未19	丙申20	丁酉21	戊戌22	己亥23	庚子24		癸酉冬至
二月大	丙寅	天干地支西曆	辛丑25	壬寅26	癸卯27	甲辰28	乙巳29	丙午30	丁未31	戊申(2)	己酉2	庚戌3	辛亥4	壬子5	癸丑6	甲寅7	乙卯8	丙辰9	丁巳10	戊午11	己未12	庚申13	辛酉14	壬戌15	癸亥16	甲子17	乙丑18	丙寅19	丁卯20	戊辰21	己巳22	庚午23	丁巳立春
三月小	丁卯	天干地支西曆	辛未24	壬申25	癸酉26	甲戌27	乙亥28	丙子29	丁丑(3)	戊寅2	己卯3	庚辰4	辛巳5	壬午6	癸未7	甲申8	乙酉9	丙戌10	丁亥11	戊子12	己丑13	庚寅14	辛卯15	壬辰16	癸巳17	甲午18	乙未19	丙申20	丁酉21	戊戌22	己亥23		
四月大	戊辰	天干地支西曆	庚子24	辛丑25	壬寅26	癸卯27	甲辰28	乙巳29	丙午30	丁未31	戊申(4)	己酉2	庚戌3	辛亥4	壬子5	癸丑6	甲寅7	乙卯8	丙辰9	丁巳10	戊午11	己未12	庚申13	辛酉14	壬戌15	癸亥16	甲子17	乙丑18	丙寅19	丁卯20	戊辰21	己巳22	癸卯春分
五月小	己巳	天干地支西曆	庚午23	辛未24	壬申25	癸酉26	甲戌27	乙亥28	丙子29	丁丑30	戊寅(5)	己卯2	庚辰3	辛巳4	壬午5	癸未6	甲申7	乙酉8	丙戌9	丁亥10	戊子11	己丑12	庚寅13	辛卯14	壬辰15	癸巳16	甲午17	乙未18	丙申19	丁酉20	戊戌21		庚寅立夏
六月大	庚午	天干地支西曆	己亥22	庚子23	辛丑24	壬寅25	癸卯26	甲辰27	乙巳28	丙午29	丁未30	戊申31	己酉(6)	庚戌2	辛亥3	壬子4	癸丑5	甲寅6	乙卯7	丙辰8	丁巳9	戊午10	己未11	庚申12	辛酉13	壬戌14	癸亥15	甲子16	乙丑17	丙寅18	丁卯19	戊辰20	
七月小	辛未	天干地支西曆	己巳21	庚午22	辛未23	壬申24	癸酉25	甲戌26	乙亥27	丙子28	丁丑29	戊寅30	己卯(7)	庚辰2	辛巳3	壬午4	癸未5	甲申6	乙酉7	丙戌8	丁亥9	戊子10	己丑11	庚寅12	辛卯13	壬辰14	癸巳15	甲午16	乙未17	丙申18	丁酉19		丁丑夏至
八月大	壬申	天干地支西曆	戊戌20	己亥21	庚子22	辛丑23	壬寅24	癸卯25	甲辰26	乙巳27	丙午28	丁未29	戊申30	己酉31	庚戌(8)	辛亥2	壬子3	癸丑4	甲寅5	乙卯6	丙辰7	丁巳8	戊午9	己未10	庚申11	辛酉12	壬戌13	癸亥14	甲子15	乙丑16	丙寅17	丁卯18	甲子立秋
九月小	癸酉	天干地支西曆	戊辰19	己巳20	庚午21	辛未22	壬申23	癸酉24	甲戌25	乙亥26	丙子27	丁丑28	戊寅29	己卯30	庚辰31	辛巳(9)	壬午2	癸未3	甲申4	乙酉5	丙戌6	丁亥7	戊子8	己丑9	庚寅10	辛卯11	壬辰12	癸巳13	甲午14	乙未15	丙申16		
十月大	甲戌	天干地支西曆	丁酉17	戊戌18	己亥19	庚子20	辛丑21	壬寅22	癸卯23	甲辰24	乙巳25	丙午26	丁未27	戊申28	己酉29	庚戌30	辛亥(10)	壬子2	癸丑3	甲寅4	乙卯5	丙辰6	丁巳7	戊午8	己未9	庚申10	辛酉11	壬戌12	癸亥13	甲子14	乙丑15	丙寅16	己酉秋分
十一月小	乙亥	天干地支西曆	丁卯17	戊辰18	己巳19	庚午20	辛未21	壬申22	癸酉23	甲戌24	乙亥25	丙子26	丁丑27	戊寅28	己卯29	庚辰30	辛巳31	壬午(11)	癸未2	甲申3	乙酉4	丙戌5	丁亥6	戊子7	己丑8	庚寅9	辛卯10	壬辰11	癸巳12	甲午13	乙未14		甲午立冬
十二月大	丙子	天干地支西曆	丙申15	丁酉16	戊戌17	己亥18	庚子19	辛丑20	壬寅21	癸卯22	甲辰23	乙巳24	丙午25	丁未26	戊申27	己酉28	庚戌29	辛亥30	壬子(12)	癸丑2	甲寅3	乙卯4	丙辰5	丁巳6	戊午7	己未8	庚申9	辛酉10	壬戌11	癸亥12	甲子13	乙丑14	

朔閏異同	曆名	正月	二月	三月	四月	五月	六月	七月	八月	九月	十月	十一	十二	閏月
	周曆殷曆	庚午辛丑	庚子庚午	己巳庚子	己亥己巳	戊辰己亥	戊戌戊辰	丁卯戊戌	丁酉丁卯	丙寅丁酉	丙申丙寅	丙寅丙申	乙未乙丑	
	夏曆新曆	庚午庚午	庚子庚子	己巳庚午	己亥己亥	戊辰己巳	戊戌己亥	丁卯戊辰	丁酉戊戌	丙寅丁卯	丙申丙申	乙丑丙寅	乙未乙未	

*《長曆》：正月辛未，二月辛丑，三月庚午，四月庚子，五月己巳，六月己亥，七月戊辰，八月戊戌，九月丁卯，十月丁酉，十一丙寅，十二丙申。

周頃王三年 魯文公十一年（乙巳 蛇年）公元前617 ~ 前616年 歲在玄枵

魯曆月序		中西曆對照	初一	初二	初三	初四	初五	初六	初七	初八	初九	初十	十一	十二	十三	十四	十五	十六	十七	十八	十九	二十	二一	二二	二三	二四	二五	二六	二七	二八	二九	三十	節氣與天象
正月小	丁丑	天干地支西曆	丙寅15	丁卯16	戊辰17	己巳18	庚午19	辛未20	壬申21	癸酉22	甲戌23	乙亥24	丙子25	丁丑26	戊寅27	己卯28	庚辰29	辛巳30	壬午31	癸未(1)	甲申2	乙酉3	丙戌4	丁亥5	戊子6	己丑7	庚寅8	辛卯9	壬辰10	癸巳11	甲午12		戊寅冬至
二月大	戊寅	天干地支西曆	乙未13	丙申14	丁酉15	戊戌16	己亥17	庚子18	辛丑19	壬寅20	癸卯21	甲辰22	乙巳23	丙午24	丁未25	戊申26	己酉27	庚戌28	辛亥29	壬子30	癸丑31	甲寅(2)	乙卯2	丙辰3	丁巳4	戊午5	己未6	庚申7	辛酉8	壬戌9	癸亥10	甲子11	癸亥立春
三月大	己卯	天干地支西曆	乙丑12	丙寅13	丁卯14	戊辰15	己巳16	庚午17	辛未18	壬申19	癸酉20	甲戌21	乙亥22	丙子23	丁丑24	戊寅25	己卯26	庚辰27	辛巳28	壬午(3)	癸未2	甲申3	乙酉4	丙戌5	丁亥6	戊子7	己丑8	庚寅9	辛卯10	壬辰11	癸巳12	甲午13	
四月小	庚辰	天干地支西曆	乙未14	丙申15	丁酉16	戊戌17	己亥18	庚子19	辛丑20	壬寅21	癸卯22	甲辰23	乙巳24	丙午25	丁未26	戊申27	己酉28	庚戌29	辛亥30	壬子31	癸丑(4)	甲寅2	乙卯3	丙辰4	丁巳5	戊午6	己未7	庚申8	辛酉9	壬戌10	癸亥11		己酉春分
五月大	辛巳	天干地支西曆	甲子12	乙丑13	丙寅14	丁卯15	戊辰16	己巳17	庚午18	辛未19	壬申20	癸酉21	甲戌22	乙亥23	丙子24	丁丑25	戊寅26	己卯27	庚辰28	辛巳29	壬午30	癸未(5)	甲申2	乙酉3	丙戌4	丁亥5	戊子6	己丑7	庚寅8	辛卯9	壬辰10	癸巳11	
六月小	壬午	天干地支西曆	甲午12	乙未13	丙申14	丁酉15	戊戌16	己亥17	庚子18	辛丑19	壬寅20	癸卯21	甲辰22	乙巳23	丙午24	丁未25	戊申26	己酉27	庚戌28	辛亥29	壬子30	癸丑31	甲寅(6)	乙卯2	丙辰3	丁巳4	戊午5	己未6	庚申7	辛酉8	壬戌9		乙未立夏
七月大	癸未	天干地支西曆	癸亥10	甲子11	乙丑12	丙寅13	丁卯14	戊辰15	己巳16	庚午17	辛未18	壬申19	癸酉20	甲戌21	乙亥22	丙子23	丁丑24	戊寅25	己卯26	庚辰27	辛巳28	壬午29	癸未30	甲申(7)	乙酉2	丙戌3	丁亥4	戊子5	己丑6	庚寅7	辛卯8	壬辰9	癸未夏至
八月小	甲申	天干地支西曆	癸巳10	甲午11	乙未12	丙申13	丁酉14	戊戌15	己亥16	庚子17	辛丑18	壬寅19	癸卯20	甲辰21	乙巳22	丙午23	丁未24	戊申25	己酉26	庚戌27	辛亥28	壬子29	癸丑30	甲寅31	乙卯(8)	丙辰2	丁巳3	戊午4	己未5	庚申6	辛酉7		
九月大	乙酉	天干地支西曆	壬戌8	癸亥9	甲子10	乙丑11	丙寅12	丁卯13	戊辰14	己巳15	庚午16	辛未17	壬申18	癸酉19	甲戌20	乙亥21	丙子22	丁丑23	戊寅24	己卯25	庚辰26	辛巳27	壬午28	癸未29	甲申30	乙酉31	丙戌(9)	丁亥2	戊子3	己丑4	庚寅5	辛卯6	己巳立秋
十月小	丙戌	天干地支西曆	壬辰7	癸巳8	甲午9	乙未10	丙申11	丁酉12	戊戌13	己亥14	庚子15	辛丑16	壬寅17	癸卯18	甲辰19	乙巳20	丙午21	丁未22	戊申23	己酉24	庚戌25	辛亥26	壬子27	癸丑28	甲寅29	乙卯30	丙辰(10)	丁巳2	戊午3	己未4	庚申5		乙卯秋分
十一月大	丁亥	天干地支西曆	辛酉6	壬戌7	癸亥8	甲子9	乙丑10	丙寅11	丁卯12	戊辰13	己巳14	庚午15	辛未16	壬申17	癸酉18	甲戌19	乙亥20	丙子21	丁丑22	戊寅23	己卯24	庚辰25	辛巳26	壬午27	癸未28	甲申29	乙酉30	丙戌31	丁亥(11)	戊子2	己丑3	庚寅4	
十二月小	戊子	天干地支西曆	辛卯5	壬辰6	癸巳7	甲午8	乙未9	丙申10	丁酉11	戊戌12	己亥13	庚子14	辛丑15	壬寅16	癸卯17	甲辰18	乙巳19	丙午20	丁未21	戊申22	己酉23	庚戌24	辛亥25	壬子26	癸丑27	甲寅28	乙卯29	丙辰30	丁巳(12)	戊午2	己未3		己亥立冬

朔閏異同	曆名	正月	二月	三月	四月	五月	六月	七月	八月	九月	十月	十一	十二	閏月	曆名	正月	二月	三月	四月	五月	六月	七月	八月	九月	十月	十一	十二	閏月
	周曆殷曆	乙丑乙未	甲午甲子	甲子甲午	癸巳癸亥	癸亥癸巳	壬辰癸亥	壬戌壬辰	辛卯壬戌	辛酉辛卯	庚寅辛酉	庚申庚寅	己丑庚申		夏曆新曆	乙丑乙丑	甲午甲午	甲子甲子	癸巳癸巳	癸亥癸亥	壬辰癸巳	壬戌壬戌	辛卯壬辰	辛酉壬戌	庚寅辛卯	庚申庚申	己丑庚寅	

*《長曆》：正月乙丑，二月乙未，三月甲子，四月甲午，五月癸亥，六月癸巳，七月癸亥，八月壬辰，九月壬戌，十月辛卯，十一辛酉，十二庚寅。

周頃王四年 魯文公十二年（丙午 馬年）公元前616～前615年 歲在娵訾

魯曆月序		中西曆日對照	初一	初二	初三	初四	初五	初六	初七	初八	初九	初十	十一	十二	十三	十四	十五	十六	十七	十八	十九	二十	二一	二二	二三	二四	二五	二六	二七	二八	二九	三十	節氣與天象
正月大	己丑	天干地支西曆	庚申4	辛酉5	壬戌6	癸亥7	甲子8	乙丑9	丙寅10	丁卯11	戊辰12	己巳13	庚午14	辛未15	壬申16	癸酉17	甲戌18	乙亥19	丙子20	丁丑21	戊寅22	己卯23	庚辰24	辛巳25	壬午26	癸未27	甲申28	乙酉29	丙戌30	丁亥31	戊子(1)	己丑2	癸未冬至
二月小	庚寅	天干地支西曆	庚寅3	辛卯4	壬辰5	癸巳6	甲午7	乙未8	丙申9	丁酉10	戊戌11	己亥12	庚子13	辛丑14	壬寅15	癸卯16	甲辰17	乙巳18	丙午19	丁未20	戊申21	己酉22	庚戌23	辛亥24	壬子25	癸丑26	甲寅27	乙卯28	丙辰29	丁巳30	戊午31		
三月大	辛卯	天干地支西曆	己未(2)	庚申2	辛酉3	壬戌4	癸亥5	甲子6	乙丑7	丙寅8	丁卯9	戊辰10	己巳11	庚午12	辛未13	壬申14	癸酉15	甲戌16	乙亥17	丙子18	丁丑19	戊寅20	己卯21	庚辰22	辛巳23	壬午24	癸未25	甲申26	乙酉27	丙戌28	丁亥(3)	戊子2	戊辰立春
四月小	壬辰	天干地支西曆	己丑3	庚寅4	辛卯5	壬辰6	癸巳7	甲午8	乙未9	丙申10	丁酉11	戊戌12	己亥13	庚子14	辛丑15	壬寅16	癸卯17	甲辰18	乙巳19	丙午20	丁未21	戊申22	己酉23	庚戌24	辛亥25	壬子26	癸丑27	甲寅28	乙卯29	丙辰30	丁巳31		甲寅春分
五月大	癸巳	天干地支西曆	戊午(4)	己未2	庚申3	辛酉4	壬戌5	癸亥6	甲子7	乙丑8	丙寅9	丁卯10	戊辰11	己巳12	庚午13	辛未14	壬申15	癸酉16	甲戌17	乙亥18	丙子19	丁丑20	戊寅21	己卯22	庚辰23	辛巳24	壬午25	癸未26	甲申27	乙酉28	丙戌29	丁亥30	
六月小	甲午	天干地支西曆	戊子(5)	己丑2	庚寅3	辛卯4	壬辰5	癸巳6	甲午7	乙未8	丙申9	丁酉10	戊戌11	己亥12	庚子13	辛丑14	壬寅15	癸卯16	甲辰17	乙巳18	丙午19	丁未20	戊申21	己酉22	庚戌23	辛亥24	壬子25	癸丑26	甲寅27	乙卯28	丙辰29		辛丑立夏
七月大	乙未	天干地支西曆	丁巳30	戊午31	己未(6)	庚申2	辛酉3	壬戌4	癸亥5	甲子6	乙丑7	丙寅8	丁卯9	戊辰10	己巳11	庚午12	辛未13	壬申14	癸酉15	甲戌16	乙亥17	丙子18	丁丑19	戊寅20	己卯21	庚辰22	辛巳23	壬午24	癸未25	甲申26	乙酉27	丙戌28	
八月大	丙申	天干地支西曆	丁亥29	戊子30	己丑(7)	庚寅2	辛卯3	壬辰4	癸巳5	甲午6	乙未7	丙申8	丁酉9	戊戌10	己亥11	庚子12	辛丑13	壬寅14	癸卯15	甲辰16	乙巳17	丙午18	丁未19	戊申20	己酉21	庚戌22	辛亥23	壬子24	癸丑25	甲寅26	乙卯27	丙辰28	戊子夏至 丁亥日食
九月小	丁酉	天干地支西曆	丁巳29	戊午30	己未31	庚申(8)	辛酉2	壬戌3	癸亥4	甲子5	乙丑6	丙寅7	丁卯8	戊辰9	己巳10	庚午11	辛未12	壬申13	癸酉14	甲戌15	乙亥16	丙子17	丁丑18	戊寅19	己卯20	庚辰21	辛巳22	壬午23	癸未24	甲申25	乙酉26		乙亥立秋
十月大	戊戌	天干地支西曆	丙戌27	丁亥28	戊子29	己丑30	庚寅31	辛卯(9)	壬辰2	癸巳3	甲午4	乙未5	丙申6	丁酉7	戊戌8	己亥9	庚子10	辛丑11	壬寅12	癸卯13	甲辰14	乙巳15	丙午16	丁未17	戊申18	己酉19	庚戌20	辛亥21	壬子22	癸丑23	甲寅24	乙卯25	
十一月小	己亥	天干地支西曆	丙辰26	丁巳27	戊午28	己未29	庚申30	辛酉(10)	壬戌2	癸亥3	甲子4	乙丑5	丙寅6	丁卯7	戊辰8	己巳9	庚午10	辛未11	壬申12	癸酉13	甲戌14	乙亥15	丙子16	丁丑17	戊寅18	己卯19	庚辰20	辛巳21	壬午22	癸未23	甲申24		庚申秋分
十二月大	庚子	天干地支西曆	乙酉25	丙戌26	丁亥27	戊子28	己丑29	庚寅30	辛卯31	壬辰(11)	癸巳2	甲午3	乙未4	丙申5	丁酉6	戊戌7	己亥8	庚子9	辛丑10	壬寅11	癸卯12	甲辰13	乙巳14	丙午15	丁未16	戊申17	己酉18	庚戌19	辛亥20	壬子21	癸丑22	甲寅23	甲辰立冬
閏月小	庚子	天干地支西曆	乙卯24	丙辰25	丁巳26	戊午27	己未28	庚申29	辛酉30	壬戌(12)	癸亥2	甲子3	乙丑4	丙寅5	丁卯6	戊辰7	己巳8	庚午9	辛未10	壬申11	癸酉12	甲戌13	乙亥14	丙子15	丁丑16	戊寅17	己卯18	庚辰19	辛巳20	壬午21	癸未22		

朔閏異同	曆名	正月	二月	三月	四月	五月	六月	七月	八月	九月	十月	十一	十二	閏月
	周曆殷曆	己未己丑	己丑己未	戊午戊子	戊子戊午	丁巳丁亥	丁亥丁巳	丙辰丙戌	丙戌丙辰	乙卯---丙戌	---乙酉乙卯	甲寅乙酉	甲申甲寅	癸丑甲申
	夏曆新曆	己未己未	戊子己丑	戊午戊午	丁亥戊子	丁巳---丁巳	---丁亥丁亥	丙辰丙辰	丙戌丙戌	乙卯丙辰	乙酉乙酉	甲寅乙卯	甲申乙酉	癸丑甲寅

*《長曆》：正月庚申，二月己丑，三月己未，四月戊子，五月戊午，六月丁亥，七月丁巳，八月丙戌，九月丙辰，十月丙戌，十一乙卯，閏月乙酉，十二甲寅。

周頃王五年 魯文公十三年（丁未 羊年）公元前615 ~ 前614年 歲在降婁

魯曆月序		中西曆日對照	魯曆日序																														節氣與天象
			初一	初二	初三	初四	初五	初六	初七	初八	初九	初十	十一	十二	十三	十四	十五	十六	十七	十八	十九	二十	二一	二二	二三	二四	二五	二六	二七	二八	二九	三十	
正月大	辛丑	天干 地支 西曆	甲申23	乙酉24	丙戌25	丁亥26	戊子27	己丑28	庚寅29	辛卯30	壬辰31	癸巳(1)	甲午2	乙未3	丙申4	丁酉5	戊戌6	己亥7	庚子8	辛丑9	壬寅10	癸卯11	甲辰12	乙巳13	丙午14	丁未15	戊申16	己酉17	庚戌18	辛亥19	壬子20	癸丑21	戊子冬至
二月小	壬寅	天干 地支 西曆	甲寅22	乙卯23	丙辰24	丁巳25	戊午26	己未27	庚申28	辛酉29	壬戌30	癸亥31	甲子(2)	乙丑2	丙寅3	丁卯4	戊辰5	己巳6	庚午7	辛未8	壬申9	癸酉10	甲戌11	乙亥12	丙子13	丁丑14	戊寅15	己卯16	庚辰17	辛巳18	壬午19		癸酉立春
三月大	癸卯	天干 地支 西曆	癸未20	甲申21	乙酉22	丙戌23	丁亥24	戊子25	己丑26	庚寅27	辛卯28	壬辰(3)	癸巳2	甲午3	乙未4	丙申5	丁酉6	戊戌7	己亥8	庚子9	辛丑10	壬寅11	癸卯12	甲辰13	乙巳14	丙午15	丁未16	戊申17	己酉18	庚戌19	辛亥20	壬子21	
四月小	甲辰	天干 地支 西曆	癸丑22	甲寅23	乙卯24	丙辰25	丁巳26	戊午27	己未28	庚申29	辛酉30	壬戌31	癸亥(4)	甲子2	乙丑3	丙寅4	丁卯5	戊辰6	己巳7	庚午8	辛未9	壬申10	癸酉11	甲戌12	乙亥13	丙子14	丁丑15	戊寅16	己卯17	庚辰18	辛巳19		己未春分
五月大	乙巳	天干 地支 西曆	壬午20	癸未21	甲申22	乙酉23	丙戌24	丁亥25	戊子26	己丑27	庚寅28	辛卯29	壬辰30	癸巳(5)	甲午2	乙未3	丙申4	丁酉5	戊戌6	己亥7	庚子8	辛丑9	壬寅10	癸卯11	甲辰12	乙巳13	丙午14	丁未15	戊申16	己酉17	庚戌18	辛亥19	丙午立夏
六月小	丙午	天干 地支 西曆	壬子20	癸丑21	甲寅22	乙卯23	丙辰24	丁巳25	戊午26	己未27	庚申28	辛酉29	壬戌30	癸亥31	甲子(6)	乙丑2	丙寅3	丁卯4	戊辰5	己巳6	庚午7	辛未8	壬申9	癸酉10	甲戌11	乙亥12	丙子13	丁丑14	戊寅15	己卯16	庚辰17		
七月大	丁未	天干 地支 西曆	辛巳18	壬午19	癸未20	甲申21	乙酉22	丙戌23	丁亥24	戊子25	己丑26	庚寅27	辛卯28	壬辰29	癸巳30	甲午(7)	乙未2	丙申3	丁酉4	戊戌5	己亥6	庚子7	辛丑8	壬寅9	癸卯10	甲辰11	乙巳12	丙午13	丁未14	戊申15	己酉16	庚戌17	癸巳夏至 辛巳日食
八月小	戊申	天干 地支 西曆	辛亥18	壬子19	癸丑20	甲寅21	乙卯22	丙辰23	丁巳24	戊午25	己未26	庚申27	辛酉28	壬戌29	癸亥30	甲子31	乙丑(8)	丙寅2	丁卯3	戊辰4	己巳5	庚午6	辛未7	壬申8	癸酉9	甲戌10	乙亥11	丙子12	丁丑13	戊寅14	己卯15		
九月大	己酉	天干 地支 西曆	庚辰16	辛巳17	壬午18	癸未19	甲申20	乙酉21	丙戌22	丁亥23	戊子24	己丑25	庚寅26	辛卯27	壬辰28	癸巳29	甲午30	乙未31	丙申(9)	丁酉2	戊戌3	己亥4	庚子5	辛丑6	壬寅7	癸卯8	甲辰9	乙巳10	丙午11	丁未12	戊申13	己酉14	庚辰立秋
十月大	庚戌	天干 地支 西曆	庚戌15	辛亥16	壬子17	癸丑18	甲寅19	乙卯20	丙辰21	丁巳22	戊午23	己未24	庚申25	辛酉26	壬戌27	癸亥28	甲子29	乙丑30	丙寅(10)	丁卯2	戊辰3	己巳4	庚午5	辛未6	壬申7	癸酉8	甲戌9	乙亥10	丙子11	丁丑12	戊寅13	己卯14	乙丑秋分
十一月小	辛亥	天干 地支 西曆	庚辰15	辛巳16	壬午17	癸未18	甲申19	乙酉20	丙戌21	丁亥22	戊子23	己丑24	庚寅25	辛卯26	壬辰27	癸巳28	甲午29	乙未30	丙申31	丁酉(11)	戊戌2	己亥3	庚子4	辛丑5	壬寅6	癸卯7	甲辰8	乙巳9	丙午10	丁未11	戊申12		
十二月大	壬子	天干 地支 西曆	己酉13	庚戌14	辛亥15	壬子16	癸丑17	甲寅18	乙卯19	丙辰20	丁巳21	戊午22	己未23	庚申24	辛酉25	壬戌26	癸亥27	甲子28	乙丑29	丙寅30	丁卯(12)	戊辰2	己巳3	庚午4	辛未5	壬申6	癸酉7	甲戌8	乙亥9	丙子10	丁丑11	戊寅12	庚戌立冬

朔閏異同	曆名	正月	二月	三月	四月	五月	六月	七月	八月	九月	十月	十一	十二	閏月	曆名	正月	二月	三月	四月	五月	六月	七月	八月	九月	十月	十一	十二	閏月
	周曆殷曆	癸未癸丑	壬子癸未	壬午壬子	辛亥壬午	辛巳辛亥	辛亥辛巳	庚辰庚戌	庚戌庚辰	己卯己酉	己酉己卯	戊寅戊申	戊申戊寅		夏曆新曆	癸未癸未	壬子癸丑	壬午壬午	辛亥辛亥	辛巳辛巳	庚戌庚戌	庚辰庚辰	己酉庚戌	己卯庚辰	己酉己酉	戊寅己卯	戊申己酉	

*《長曆》：正月甲申，二月癸丑，三月癸未，四月壬子，五月壬午，六月辛亥，七月辛己，八月庚戌，九月庚辰，十月己酉，十一己卯，十二戊申。

周頃王六年 魯文公十四年（戊申 猴年） 公元前614 ~ 前613年 歲在大梁

魯曆月序		中西曆日對照	初一	初二	初三	初四	初五	初六	初七	初八	初九	初十	十一	十二	十三	十四	十五	十六	十七	十八	十九	二十	二一	二二	二三	二四	二五	二六	二七	二八	二九	三十	節氣與天象
正月小	癸丑	天干地支西曆	己卯13	庚辰14	辛巳15	壬午16	癸未17	甲申18	乙酉19	丙戌20	丁亥21	戊子22	己丑23	庚寅24	辛卯25	壬辰26	癸巳27	甲午28	乙未29	丙申30	丁酉31	戊戌(1)	己亥2	庚子3	辛丑4	壬寅5	癸卯6	甲辰7	乙巳8	丙午9	丁未10		甲午冬至 己卯日食
二月大	甲寅	天干地支西曆	戊申11	己酉12	庚戌13	辛亥14	壬子15	癸丑16	甲寅17	乙卯18	丙辰19	丁巳20	戊午21	己未22	庚申23	辛酉24	壬戌25	癸亥26	甲子27	乙丑28	丙寅29	丁卯30	戊辰31	己巳(2)	庚午2	辛未3	壬申4	癸酉5	甲戌6	乙亥7	丙子8	丁丑9	
三月小	乙卯	天干地支西曆	戊寅10	己卯11	庚辰12	辛巳13	壬午14	癸未15	甲申16	乙酉17	丙戌18	丁亥19	戊子20	己丑21	庚寅22	辛卯23	壬辰24	癸巳25	甲午26	乙未27	丙申28	丁酉29	戊戌(3)	己亥2	庚子3	辛丑4	壬寅5	癸卯6	甲辰7	乙巳8	丙午9		戊寅立春
四月大	丙辰	天干地支西曆	丁未10	戊申11	己酉12	庚戌13	辛亥14	壬子15	癸丑16	甲寅17	乙卯18	丙辰19	丁巳20	戊午21	己未22	庚申23	辛酉24	壬戌25	癸亥26	甲子27	乙丑28	丙寅29	丁卯30	戊辰31	己巳(4)	庚午2	辛未3	壬申4	癸酉5	甲戌6	乙亥7	丙子8	甲子春分
五月小	丁巳	天干地支西曆	丁丑9	戊寅10	己卯11	庚辰12	辛巳13	壬午14	癸未15	甲申16	乙酉17	丙戌18	丁亥19	戊子20	己丑21	庚寅22	辛卯23	壬辰24	癸巳25	甲午26	乙未27	丙申28	丁酉29	戊戌30	己亥(5)	庚子2	辛丑3	壬寅4	癸卯5	甲辰6	乙巳7		
六月大	戊午	天干地支西曆	丙午8	丁未9	戊申10	己酉11	庚戌12	辛亥13	壬子14	癸丑15	甲寅16	乙卯17	丙辰18	丁巳19	戊午20	己未21	庚申22	辛酉23	壬戌24	癸亥25	甲子26	乙丑27	丙寅28	丁卯29	戊辰30	己巳31	庚午(6)	辛未2	壬申3	癸酉4	甲戌5	乙亥6	辛亥立夏
七月小	己未	天干地支西曆	丙子7	丁丑8	戊寅9	己卯10	庚辰11	辛巳12	壬午13	癸未14	甲申15	乙酉16	丙戌17	丁亥18	戊子19	己丑20	庚寅21	辛卯22	壬辰23	癸巳24	甲午25	乙未26	丙申27	丁酉28	戊戌29	己亥30	庚子(7)	辛丑2	壬寅3	癸卯4	甲辰5		戊戌夏至
八月大	庚申	天干地支西曆	乙巳6	丙午7	丁未8	戊申9	己酉10	庚戌11	辛亥12	壬子13	癸丑14	甲寅15	乙卯16	丙辰17	丁巳18	戊午19	己未20	庚申21	辛酉22	壬戌23	癸亥24	甲子25	乙丑26	丙寅27	丁卯28	戊辰29	己巳30	庚午31	辛未(8)	壬申2	癸酉3	甲戌4	
九月小	辛酉	天干地支西曆	乙亥5	丙子6	丁丑7	戊寅8	己卯9	庚辰10	辛巳11	壬午12	癸未13	甲申14	乙酉15	丙戌16	丁亥17	戊子18	己丑19	庚寅20	辛卯21	壬辰22	癸巳23	甲午24	乙未25	丙申26	丁酉27	戊戌28	己亥29	庚子30	辛丑31	壬寅(9)	癸卯2		乙酉立秋
十月大	壬戌	天干地支西曆	甲辰3	乙巳4	丙午5	丁未6	戊申7	己酉8	庚戌9	辛亥10	壬子11	癸丑12	甲寅13	乙卯14	丙辰15	丁巳16	戊午17	己未18	庚申19	辛酉20	壬戌21	癸亥22	甲子23	乙丑24	丙寅25	丁卯26	戊辰27	己巳28	庚午29	辛未30	壬申(10)	癸酉2	庚午秋分
十一月小	癸亥	天干地支西曆	甲戌3	乙亥4	丙子5	丁丑6	戊寅7	己卯8	庚辰9	辛巳10	壬午11	癸未12	甲申13	乙酉14	丙戌15	丁亥16	戊子17	己丑18	庚寅19	辛卯20	壬辰21	癸巳22	甲午23	乙未24	丙申25	丁酉26	戊戌27	己亥28	庚子29	辛丑30	壬寅31		
十二月大	甲子	天干地支西曆	癸卯(11)	甲辰2	乙巳3	丙午4	丁未5	戊申6	己酉7	庚戌8	辛亥9	壬子10	癸丑11	甲寅12	乙卯13	丙辰14	丁巳15	戊午16	己未17	庚申18	辛酉19	壬戌20	癸亥21	甲子22	乙丑23	丙寅24	丁卯25	戊辰26	己巳27	庚午28	辛未29	壬申30	乙卯立冬

朔閏異同	曆名	正月	二月	三月	四月	五月	六月	七月	八月	九月	十月	十一	十二	閏月
	周曆殷曆	丁丑戊申	丁未丁丑	丙子丁未	丙午丙子	乙亥丙午	乙巳乙亥	甲戌乙巳	甲辰甲戌	甲戌甲辰	癸卯癸酉	癸酉癸卯	壬寅壬申	
	夏曆新曆	丁丑戊寅	丁未丁未	丙子丁丑	丙午丙午	乙亥乙亥	乙巳乙巳	甲戌甲戌	甲辰甲辰	癸酉甲戌	癸卯癸卯	壬申癸酉	壬寅---癸卯	癸酉

*《長曆》：正月戊寅，二月戊申，三月丁丑，四月丁未，五月丙子，六月丙午，七月乙亥，八月乙巳，九月甲戌，十月甲辰，十一癸酉，十二癸卯。

周匡王元年 魯文公十五年（己酉 鷄年） 公元前 613 ~ 前 **612** 年 歲在實沈

魯曆月序		中西曆日對照	魯曆日序																														節氣與天象
			初一	初二	初三	初四	初五	初六	初七	初八	初九	初十	十一	十二	十三	十四	十五	十六	十七	十八	十九	二十	二一	二二	二三	二四	二五	二六	二七	二八	二九	三十	
正月小	乙丑	干支曆 天地西曆	癸酉(12)	甲戌 2	乙亥 3	丙子 4	丁丑 5	戊寅 6	己卯 7	庚辰 8	辛巳 9	壬午 10	癸未 11	甲申 12	乙酉 13	丙戌 14	丁亥 15	戊子 16	己丑 17	庚寅 18	辛卯 19	壬辰 20	癸巳 21	甲午 22	乙未 23	丙申 24	丁酉 25	戊戌 26	己亥 27	庚子 28	辛丑 29		己亥冬至
二月大	丙寅	干支曆 天地西曆	壬寅 30	癸卯 31	甲辰(1)	乙巳 2	丙午 3	丁未 4	戊申 5	己酉 6	庚戌 7	辛亥 8	壬子 9	癸丑 10	甲寅 11	乙卯 12	丙辰 13	丁巳 14	戊午 15	己未 16	庚申 17	辛酉 18	壬戌 19	癸亥 20	甲子 21	乙丑 22	丙寅 23	丁卯 24	戊辰 25	己巳 26	庚午 27	辛未 28	
三月大	丁卯	干支曆 天地西曆	壬申 29	癸酉 30	甲戌 31	乙亥(2)	丙子 2	丁丑 3	戊寅 4	己卯 5	庚辰 6	辛巳 7	壬午 8	癸未 9	甲申 10	乙酉 11	丙戌 12	丁亥 13	戊子 14	己丑 15	庚寅 16	辛卯 17	壬辰 18	癸巳 19	甲午 20	乙未 21	丙申 22	丁酉 23	戊戌 24	己亥 25	庚子 26	辛丑 27	甲申立春
四月小	戊辰	干支曆 天地西曆	壬寅 28	癸卯(3)	甲辰 2	乙巳 3	丙午 4	丁未 5	戊申 6	己酉 7	庚戌 8	辛亥 9	壬子 10	癸丑 11	甲寅 12	乙卯 13	丙辰 14	丁巳 15	戊午 16	己未 17	庚申 18	辛酉 19	壬戌 20	癸亥 21	甲子 22	乙丑 23	丙寅 24	丁卯 25	戊辰 26	己巳 27	庚午 28		己巳春分
五月大	己巳	干支曆 天地西曆	辛未 29	壬申 30	癸酉 31	甲戌(4)	乙亥 2	丙子 3	丁丑 4	戊寅 5	己卯 6	庚辰 7	辛巳 8	壬午 9	癸未 10	甲申 11	乙酉 12	丙戌 13	丁亥 14	戊子 15	己丑 16	庚寅 17	辛卯 18	壬辰 19	癸巳 20	甲午 21	乙未 22	丙申 23	丁酉 24	戊戌 25	己亥 26	庚子 27	
六月小	庚午	干支曆 天地西曆	辛丑 28	壬寅 29	癸卯 30	甲辰(5)	乙巳 2	丙午 3	丁未 4	戊申 5	己酉 6	庚戌 7	辛亥 8	壬子 9	癸丑 10	甲寅 11	乙卯 12	丙辰 13	丁巳 14	戊午 15	己未 16	庚申 17	辛酉 18	壬戌 19	癸亥 20	甲子 21	乙丑 22	丙寅 23	丁卯 24	戊辰 25	己巳 26		丙辰立夏 辛丑日食
七月大	辛未	干支曆 天地西曆	庚午 27	辛未 28	壬申 29	癸酉 30	甲戌 31	乙亥(6)	丙子 2	丁丑 3	戊寅 4	己卯 5	庚辰 6	辛巳 7	壬午 8	癸未 9	甲申 10	乙酉 11	丙戌 12	丁亥 13	戊子 14	己丑 15	庚寅 16	辛卯 17	壬辰 18	癸巳 19	甲午 20	乙未 21	丙申 22	丁酉 23	戊戌 24	己亥 25	
八月小	壬申	干支曆 天地西曆	庚子 26	辛丑 27	壬寅 28	癸卯 29	甲辰 30	乙巳(7)	丙午 2	丁未 3	戊申 4	己酉 5	庚戌 6	辛亥 7	壬子 8	癸丑 9	甲寅 10	乙卯 11	丙辰 12	丁巳 13	戊午 14	己未 15	庚申 16	辛酉 17	壬戌 18	癸亥 19	甲子 20	乙丑 21	丙寅 22	丁卯 23	戊辰 24		甲辰夏至
九月大	癸酉	干支曆 天地西曆	己巳 25	庚午 26	辛未 27	壬申 28	癸酉 29	甲戌 30	乙亥 31	丙子(8)	丁丑 2	戊寅 3	己卯 4	庚辰 5	辛巳 6	壬午 7	癸未 8	甲申 9	乙酉 10	丙戌 11	丁亥 12	戊子 13	己丑 14	庚寅 15	辛卯 16	壬辰 17	癸巳 18	甲午 19	乙未 20	丙申 21	丁酉 22	戊戌 23	庚寅立秋
十月小	甲戌	干支曆 天地西曆	己亥 24	庚子 25	辛丑 26	壬寅 27	癸卯 28	甲辰 29	乙巳 30	丙午 31	丁未(9)	戊申 2	己酉 3	庚戌 4	辛亥 5	壬子 6	癸丑 7	甲寅 8	乙卯 9	丙辰 10	丁巳 11	戊午 12	己未 13	庚申 14	辛酉 15	壬戌 16	癸亥 17	甲子 18	乙丑 19	丙寅 20	丁卯 21		
十一月大	乙亥	干支曆 天地西曆	戊辰 22	己巳 23	庚午 24	辛未 25	壬申 26	癸酉 27	甲戌 28	乙亥 29	丙子 30	丁丑(10)	戊寅 2	己卯 3	庚辰 4	辛巳 5	壬午 6	癸未 7	甲申 8	乙酉 9	丙戌 10	丁亥 11	戊子 12	己丑 13	庚寅 14	辛卯 15	壬辰 16	癸巳 17	甲午 18	乙未 19	丙申 20	丁酉 21	丙子秋分
十二月小	丙子	干支曆 天地西曆	戊戌 22	己亥 23	庚子 24	辛丑 25	壬寅 26	癸卯 27	甲辰 28	乙巳 29	丙午 30	丁未 31	戊申(11)	己酉 2	庚戌 3	辛亥 4	壬子 5	癸丑 6	甲寅 7	乙卯 8	丙辰 9	丁巳 10	戊午 11	己未 12	庚申 13	辛酉 14	壬戌 15	癸亥 16	甲子 17	乙丑 18	丙寅 19		庚申立冬
閏月大	丙子	干支曆 天地西曆	丁卯 20	戊辰 21	己巳 22	庚午 23	辛未 24	壬申 25	癸酉 26	甲戌 27	乙亥 28	丙子 29	丁丑 30	戊寅(12)	己卯 2	庚辰 3	辛巳 4	壬午 5	癸未 6	甲申 7	乙酉 8	丙戌 9	丁亥 10	戊子 11	己丑 12	庚寅 13	辛卯 14	壬辰 15	癸巳 16	甲午 17	乙未 18	丙申 19	

朔閏異同	曆名	正月	二月	三月	四月	五月	六月	七月	八月	九月	十月	十一	十二	閏月		曆名	正月	二月	三月	四月	五月	六月	七月	八月	九月	十月	十一	十二	閏月
	周曆殷曆	壬申壬寅	辛丑辛未	辛未辛丑	庚子辛未	庚午庚子	---己亥---庚午	己巳己亥	戊戌己巳	戊辰戊戌	丁酉戊辰	丁卯丁酉	丙申丁卯	丙寅丙申		夏曆新曆	壬申壬寅	辛丑辛未	---辛未辛丑	庚子庚午	庚午己亥	己亥己巳	己巳戊戌	戊戌戊辰	戊辰丁酉	丁酉丁卯	丁卯丁酉	丙申丁卯	丙寅

*《長曆》：正月壬申，二月壬寅，三月辛未，四月辛丑，五月庚午，六月庚子，七月庚午，八月己亥，九月己巳，十月戊戌，十一戊辰，十二丁酉。

周匡王二年 魯文公十六年（庚戌 狗年） 公元前612 ~ 前611年 歲在鶉首

魯曆月序		中西曆對照	初一	初二	初三	初四	初五	初六	初七	初八	初九	初十	十一	十二	十三	十四	十五	十六	十七	十八	十九	二十	二一	二二	二三	二四	二五	二六	二七	二八	二九	三十	節氣與天象
正月小	丁丑	干支	丁酉	戊戌	己亥	庚子	辛丑	壬寅	癸卯	甲辰	乙巳	丙午	丁未	戊申	己酉	庚戌	辛亥	壬子	癸丑	甲寅	乙卯	丙辰	丁巳	戊午	己未	庚申	辛酉	壬戌	癸亥	甲子	乙丑		甲辰冬至
		天地西曆	20	21	22	23	24	25	26	27	28	29	30	31	(1)	2	3	4	5	6	7	8	9	10	11	12	13	14	15	16	17		
二月大	戊寅	干支	丙寅	丁卯	戊辰	己巳	庚午	辛未	壬申	癸酉	甲戌	乙亥	丙子	丁丑	戊寅	己卯	庚辰	辛巳	壬午	癸未	甲申	乙酉	丙戌	丁亥	戊子	己丑	庚寅	辛卯	壬辰	癸巳	甲午	乙未	己丑立春
		天地西曆	18	19	20	21	22	23	24	25	26	27	28	29	30	31	(2)	2	3	4	5	6	7	8	9	10	11	12	13	14	15	16	
三月小	己卯	干支	丙申	丁酉	戊戌	己亥	庚子	辛丑	壬寅	癸卯	甲辰	乙巳	丙午	丁未	戊申	己酉	庚戌	辛亥	壬子	癸丑	甲寅	乙卯	丙辰	丁巳	戊午	己未	庚申	辛酉	壬戌	癸亥	甲子		
		天地西曆	17	18	19	20	21	22	23	24	25	26	27	28	(3)	2	3	4	5	6	7	8	9	10	11	12	13	14	15	16	17		
四月大	庚辰	干支	乙丑	丙寅	丁卯	戊辰	己巳	庚午	辛未	壬申	癸酉	甲戌	乙亥	丙子	丁丑	戊寅	己卯	庚辰	辛巳	壬午	癸未	甲申	乙酉	丙戌	丁亥	戊子	己丑	庚寅	辛卯	壬辰	癸巳	甲午	乙亥春分
		天地西曆	18	19	20	21	22	23	24	25	26	27	28	29	30	31	(4)	2	3	4	5	6	7	8	9	10	11	12	13	14	15	16	
五月小	辛巳	干支	乙未	丙申	丁酉	戊戌	己亥	庚子	辛丑	壬寅	癸卯	甲辰	乙巳	丙午	丁未	戊申	己酉	庚戌	辛亥	壬子	癸丑	甲寅	乙卯	丙辰	丁巳	戊午	己未	庚申	辛酉	壬戌	癸亥		壬戌立夏
		天地西曆	17	18	19	20	21	22	23	24	25	26	27	28	29	30	(5)	2	3	4	5	6	7	8	9	10	11	12	13	14	15		
六月大	壬午	干支	甲子	乙丑	丙寅	丁卯	戊辰	己巳	庚午	辛未	壬申	癸酉	甲戌	乙亥	丙子	丁丑	戊寅	己卯	庚辰	辛巳	壬午	癸未	甲申	乙酉	丙戌	丁亥	戊子	己丑	庚寅	辛卯	壬辰	癸巳	
		天地西曆	16	17	18	19	20	21	22	23	24	25	26	27	28	29	30	31	(6)	2	3	4	5	6	7	8	9	10	11	12	13	14	
七月大	癸未	干支	甲午	乙未	丙申	丁酉	戊戌	己亥	庚子	辛丑	壬寅	癸卯	甲辰	乙巳	丙午	丁未	戊申	己酉	庚戌	辛亥	壬子	癸丑	甲寅	乙卯	丙辰	丁巳	戊午	己未	庚申	辛酉	壬戌	癸亥	己酉夏至
		天地西曆	15	16	17	18	19	20	21	22	23	24	25	26	27	28	29	30	(7)	2	3	4	5	6	7	8	9	10	11	12	13	14	
八月小	甲申	干支	甲子	乙丑	丙寅	丁卯	戊辰	己巳	庚午	辛未	壬申	癸酉	甲戌	乙亥	丙子	丁丑	戊寅	己卯	庚辰	辛巳	壬午	癸未	甲申	乙酉	丙戌	丁亥	戊子	己丑	庚寅	辛卯	壬辰		
		天地西曆	15	16	17	18	19	20	21	22	23	24	25	26	27	28	29	30	31	(8)	2	3	4	5	6	7	8	9	10	11	12		
九月大	乙酉	干支	癸巳	甲午	乙未	丙申	丁酉	戊戌	己亥	庚子	辛丑	壬寅	癸卯	甲辰	乙巳	丙午	丁未	戊申	己酉	庚戌	辛亥	壬子	癸丑	甲寅	乙卯	丙辰	丁巳	戊午	己未	庚申	辛酉	壬戌	乙未立秋
		天地西曆	13	14	15	16	17	18	19	20	21	22	23	24	25	26	27	28	29	30	31	(9)	2	3	4	5	6	7	8	9	10	11	
十月小	丙戌	干支	癸亥	甲子	乙丑	丙寅	丁卯	戊辰	己巳	庚午	辛未	壬申	癸酉	甲戌	乙亥	丙子	丁丑	戊寅	己卯	庚辰	辛巳	壬午	癸未	甲申	乙酉	丙戌	丁亥	戊子	己丑	庚寅	辛卯		辛巳秋分
		天地西曆	12	13	14	15	16	17	18	19	20	21	22	23	24	25	26	27	28	29	30	(10)	2	3	4	5	6	7	8	9	10		
十一月大	丁亥	干支	壬辰	癸巳	甲午	乙未	丙申	丁酉	戊戌	己亥	庚子	辛丑	壬寅	癸卯	甲辰	乙巳	丙午	丁未	戊申	己酉	庚戌	辛亥	壬子	癸丑	甲寅	乙卯	丙辰	丁巳	戊午	己未	庚申	辛酉	
		天地西曆	11	12	13	14	15	16	17	18	19	20	21	22	23	24	25	26	27	28	29	30	31	(11)	2	3	4	5	6	7	8	9	
十二月小	戊子	干支	壬戌	癸亥	甲子	乙丑	丙寅	丁卯	戊辰	己巳	庚午	辛未	壬申	癸酉	甲戌	乙亥	丙子	丁丑	戊寅	己卯	庚辰	辛巳	壬午	癸未	甲申	乙酉	丙戌	丁亥	戊子	己丑	庚寅		乙丑立冬
		天地西曆	10	11	12	13	14	15	16	17	18	19	20	21	22	23	24	25	26	27	28	29	30	(12)	2	3	4	5	6	7	8		

朔閏異同	曆名	正月	二月	三月	四月	五月	六月	七月	八月	九月	十月	十一	十二	閏月	曆名	正月	二月	三月	四月	五月	六月	七月	八月	九月	十月	十一	十二	閏月
	周曆殷曆	丙申丙寅	乙丑乙未	乙未乙丑	甲子甲午	甲午甲子	癸亥癸巳	癸巳癸亥	壬戌癸巳	壬辰壬戌	辛酉壬辰	辛卯辛酉	庚申辛卯		夏曆新曆	乙未丙申	乙丑丙寅	甲午乙未	甲子乙丑	甲午甲午	癸亥癸亥	癸巳癸巳	壬戌壬戌	壬辰壬辰	辛酉辛酉	辛卯辛卯	庚申辛酉	

*《長曆》：正月丁卯，二月丙申，三月丙寅，四月乙未，五月乙丑，閏月甲午，六月甲子，七月癸巳，八月癸亥，九月壬辰，十月壬戌，十一壬辰，十二辛酉。

周匡王三年 魯文公十七年（辛亥 猪年） 公元前611 ~ 前610年 歲在鶉火

魯曆月序		中西曆日對照	初一	初二	初三	初四	初五	初六	初七	初八	初九	初十	十一	十二	十三	十四	十五	十六	十七	十八	十九	二十	二一	二二	二三	二四	二五	二六	二七	二八	二九	三十	節氣與天象
正月大	己丑	干支曆 天地西曆	辛卯 9	壬辰 10	癸巳 11	甲午 12	乙未 13	丙申 14	丁酉 15	戊戌 16	己亥 17	庚子 18	辛丑 19	壬寅 20	癸卯 21	甲辰 22	乙巳 23	丙午 24	丁未 25	戊申 26	己酉 27	庚戌 28	辛亥 29	壬子 30	癸丑 31	甲寅 (1)	乙卯 2	丙辰 3	丁巳 4	戊午 5	己未 6	庚申 7	己酉冬至
二月小	庚寅	干支曆 天地西曆	辛酉 8	壬戌 9	癸亥 10	甲子 11	乙丑 12	丙寅 13	丁卯 14	戊辰 15	己巳 16	庚午 17	辛未 18	壬申 19	癸酉 20	甲戌 21	乙亥 22	丙子 23	丁丑 24	戊寅 25	己卯 26	庚辰 27	辛巳 28	壬午 29	癸未 30	甲申 31	乙酉 (2)	丙戌 2	丁亥 3	戊子 4	己丑 5		
三月大	辛卯	干支曆 天地西曆	庚寅 6	辛卯 7	壬辰 8	癸巳 9	甲午 10	乙未 11	丙申 12	丁酉 13	戊戌 14	己亥 15	庚子 16	辛丑 17	壬寅 18	癸卯 19	甲辰 20	乙巳 21	丙午 22	丁未 23	戊申 24	己酉 25	庚戌 26	辛亥 27	壬子 28	癸丑 (3)	甲寅 2	乙卯 3	丙辰 4	丁巳 5	戊午 6	己未 7	甲午立春
四月小	壬辰	干支曆 天地西曆	庚申 8	辛酉 9	壬戌 10	癸亥 11	甲子 12	乙丑 13	丙寅 14	丁卯 15	戊辰 16	己巳 17	庚午 18	辛未 19	壬申 20	癸酉 21	甲戌 22	乙亥 23	丙子 24	丁丑 25	戊寅 26	己卯 27	庚辰 28	辛巳 29	壬午 30	癸未 31	甲申 (4)	乙酉 2	丙戌 3	丁亥 4	戊子 5		庚辰春分
五月大	癸巳	干支曆 天地西曆	己丑 6	庚寅 7	辛卯 8	壬辰 9	癸巳 10	甲午 11	乙未 12	丙申 13	丁酉 14	戊戌 15	己亥 16	庚子 17	辛丑 18	壬寅 19	癸卯 20	甲辰 21	乙巳 22	丙午 23	丁未 24	戊申 25	己酉 26	庚戌 27	辛亥 28	壬子 29	癸丑 30	甲寅 (5)	乙卯 2	丙辰 3	丁巳 4	戊午 5	
六月小	甲午	干支曆 天地西曆	己未 6	庚申 7	辛酉 8	壬戌 9	癸亥 10	甲子 11	乙丑 12	丙寅 13	丁卯 14	戊辰 15	己巳 16	庚午 17	辛未 18	壬申 19	癸酉 20	甲戌 21	乙亥 22	丙子 23	丁丑 24	戊寅 25	己卯 26	庚辰 27	辛巳 28	壬午 29	癸未 30	甲申 31	乙酉 (6)	丙戌 2	丁亥 3		丁卯立夏
七月大	乙未	干支曆 天地西曆	戊子 4	己丑 5	庚寅 6	辛卯 7	壬辰 8	癸巳 9	甲午 10	乙未 11	丙申 12	丁酉 13	戊戌 14	己亥 15	庚子 16	辛丑 17	壬寅 18	癸卯 19	甲辰 20	乙巳 21	丙午 22	丁未 23	戊申 24	己酉 25	庚戌 26	辛亥 27	壬子 28	癸丑 29	甲寅 30	乙卯 (7)	丙辰 2	丁巳 3	甲寅夏至
八月小	丙申	干支曆 天地西曆	戊午 4	己未 5	庚申 6	辛酉 7	壬戌 8	癸亥 9	甲子 10	乙丑 11	丙寅 12	丁卯 13	戊辰 14	己巳 15	庚午 16	辛未 17	壬申 18	癸酉 19	甲戌 20	乙亥 21	丙子 22	丁丑 23	戊寅 24	己卯 25	庚辰 26	辛巳 27	壬午 28	癸未 29	甲申 30	乙酉 31	丙戌 (8)		
九月大	丁酉	干支曆 天地西曆	丁亥 2	戊子 3	己丑 4	庚寅 5	辛卯 6	壬辰 7	癸巳 8	甲午 9	乙未 10	丙申 11	丁酉 12	戊戌 13	己亥 14	庚子 15	辛丑 16	壬寅 17	癸卯 18	甲辰 19	乙巳 20	丙午 21	丁未 22	戊申 23	己酉 24	庚戌 25	辛亥 26	壬子 27	癸丑 28	甲寅 29	乙卯 30	丙辰 31	辛丑立秋
十月大	戊戌	干支曆 天地西曆	丁巳 (9)	戊午 2	己未 3	庚申 4	辛酉 5	壬戌 6	癸亥 7	甲子 8	乙丑 9	丙寅 10	丁卯 11	戊辰 12	己巳 13	庚午 14	辛未 15	壬申 16	癸酉 17	甲戌 18	乙亥 19	丙子 20	丁丑 21	戊寅 22	己卯 23	庚辰 24	辛巳 25	壬午 26	癸未 27	甲申 28	乙酉 29	丙戌 30	丙戌秋分 丙戌日食
十一月小	己亥	干支曆 天地西曆	丁亥 (10)	戊子 2	己丑 3	庚寅 4	辛卯 5	壬辰 6	癸巳 7	甲午 8	乙未 9	丙申 10	丁酉 11	戊戌 12	己亥 13	庚子 14	辛丑 15	壬寅 16	癸卯 17	甲辰 18	乙巳 19	丙午 20	丁未 21	戊申 22	己酉 23	庚戌 24	辛亥 25	壬子 26	癸丑 27	甲寅 28	乙卯 29		
十二月大	庚子	干支曆 天地西曆	丙辰 30	丁巳 31	戊午 (11)	己未 2	庚申 3	辛酉 4	壬戌 5	癸亥 6	甲子 7	乙丑 8	丙寅 9	丁卯 10	戊辰 11	己巳 12	庚午 13	辛未 14	壬申 15	癸酉 16	甲戌 17	乙亥 18	丙子 19	丁丑 20	戊寅 21	己卯 22	庚辰 23	辛巳 24	壬午 25	癸未 26	甲申 27	乙酉 28	庚午立冬

朔閏異同	曆名	正月	二月	三月	四月	五月	六月	七月	八月	九月	十月	十一	十二	閏月		曆名	正月	二月	三月	四月	五月	六月	七月	八月	九月	十月	十一	十二	閏月
	周曆殷曆	庚寅庚申	己未庚寅	己丑己未	戊午己丑	戊子戊午	戊午戊子	丁亥丁巳	丁巳丁亥	丙戌丙辰	丙辰丙戌	乙酉乙卯	乙卯乙酉			夏曆新曆	庚寅辛卯	己未庚申	己丑庚寅	戊午己未	戊子己丑	丁巳戊午	丁亥丁亥	丁巳丁巳	丙戌---丙戌	丙辰丙辰	乙酉乙酉	乙卯乙卯	甲申乙酉

*《長曆》：正月辛卯，二月庚申，三月庚寅，四月己未，五月己丑，六月戊午，七月戊子，八月丁巳，九月丁亥，十月丙辰，十一丙戌，十二乙卯。

周匡王四年 魯文公十八年（壬子 鼠年） 公元前610～前609年 歲在鶉尾

魯曆月序		中西曆日對照	初一	初二	初三	初四	初五	初六	初七	初八	初九	初十	十一	十二	十三	十四	十五	十六	十七	十八	十九	二十	二一	二二	二三	二四	二五	二六	二七	二八	二九	三十	節氣與天象
正月小	辛丑	天干地支西曆	丙戌 29	丁亥 30	戊子 (12)	己丑 2	庚寅 3	辛卯 4	壬辰 5	癸巳 6	甲午 7	乙未 8	丙申 9	丁酉 10	戊戌 11	己亥 12	庚子 13	辛丑 14	壬寅 15	癸卯 16	甲辰 17	乙巳 18	丙午 19	丁未 20	戊申 21	己酉 22	庚戌 23	辛亥 24	壬子 25	癸丑 26	甲寅 27		
二月大	壬寅	天干地支西曆	乙卯 28	丙辰 29	丁巳 30	戊午 31	己未 (1)	庚申 2	辛酉 3	壬戌 4	癸亥 5	甲子 6	乙丑 7	丙寅 8	丁卯 9	戊辰 10	己巳 11	庚午 12	辛未 13	壬申 14	癸酉 15	甲戌 16	乙亥 17	丙子 18	丁丑 19	戊寅 20	己卯 21	庚辰 22	辛巳 23	壬午 24	癸未 25	甲申 26	乙卯冬至
三月小	癸卯	天干地支西曆	乙酉 27	丙戌 28	丁亥 29	戊子 30	己丑 31	庚寅 (2)	辛卯 2	壬辰 3	癸巳 4	甲午 5	乙未 6	丙申 7	丁酉 8	戊戌 9	己亥 10	庚子 11	辛丑 12	壬寅 13	癸卯 14	甲辰 15	乙巳 16	丙午 17	丁未 18	戊申 19	己酉 20	庚戌 21	辛亥 22	壬子 23	癸丑 24		己亥立春
四月大	甲辰	天干地支西曆	甲寅 25	乙卯 26	丙辰 27	丁巳 28	戊午 29	己未 (3)	庚申 2	辛酉 3	壬戌 4	癸亥 5	甲子 6	乙丑 7	丙寅 8	丁卯 9	戊辰 10	己巳 11	庚午 12	辛未 13	壬申 14	癸酉 15	甲戌 16	乙亥 17	丙子 18	丁丑 19	戊寅 20	己卯 21	庚辰 22	辛巳 23	壬午 24	癸未 25	
五月小	乙巳	天干地支西曆	甲申 26	乙酉 27	丙戌 28	丁亥 29	戊子 30	己丑 31	庚寅 (4)	辛卯 2	壬辰 3	癸巳 4	甲午 5	乙未 6	丙申 7	丁酉 8	戊戌 9	己亥 10	庚子 11	辛丑 12	壬寅 13	癸卯 14	甲辰 15	乙巳 16	丙午 17	丁未 18	戊申 19	己酉 20	庚戌 21	辛亥 22	壬子 23		乙酉春分
六月大	丙午	天干地支西曆	癸丑 24	甲寅 25	乙卯 26	丙辰 27	丁巳 28	戊午 29	己未 30	庚申 (5)	辛酉 2	壬戌 3	癸亥 4	甲子 5	乙丑 6	丙寅 7	丁卯 8	戊辰 9	己巳 10	庚午 11	辛未 12	壬申 13	癸酉 14	甲戌 15	乙亥 16	丙子 17	丁丑 18	戊寅 19	己卯 20	庚辰 21	辛巳 22	壬午 23	壬申立夏
七月小	丁未	天干地支西曆	癸未 24	甲申 25	乙酉 26	丙戌 27	丁亥 28	戊子 29	己丑 30	庚寅 31	辛卯 (6)	壬辰 2	癸巳 3	甲午 4	乙未 5	丙申 6	丁酉 7	戊戌 8	己亥 9	庚子 10	辛丑 11	壬寅 12	癸卯 13	甲辰 14	乙巳 15	丙午 16	丁未 17	戊申 18	己酉 19	庚戌 20	辛亥 21		
八月大	戊申	天干地支西曆	壬子 22	癸丑 23	甲寅 24	乙卯 25	丙辰 26	丁巳 27	戊午 28	己未 29	庚申 30	辛酉 (7)	壬戌 2	癸亥 3	甲子 4	乙丑 5	丙寅 6	丁卯 7	戊辰 8	己巳 9	庚午 10	辛未 11	壬申 12	癸酉 13	甲戌 14	乙亥 15	丙子 16	丁丑 17	戊寅 18	己卯 19	庚辰 20	辛巳 21	己未夏至
九月小	己酉	天干地支西曆	壬午 22	癸未 23	甲申 24	乙酉 25	丙戌 26	丁亥 27	戊子 28	己丑 29	庚寅 30	辛卯 31	壬辰 (8)	癸巳 2	甲午 3	乙未 4	丙申 5	丁酉 6	戊戌 7	己亥 8	庚子 9	辛丑 10	壬寅 11	癸卯 12	甲辰 13	乙巳 14	丙午 15	丁未 16	戊申 17	己酉 18	庚戌 19		丙午立秋
十月大	庚戌	天干地支西曆	辛亥 20	壬子 21	癸丑 22	甲寅 23	乙卯 24	丙辰 25	丁巳 26	戊午 27	己未 28	庚申 29	辛酉 30	壬戌 31	癸亥 (9)	甲子 2	乙丑 3	丙寅 4	丁卯 5	戊辰 6	己巳 7	庚午 8	辛未 9	壬申 10	癸酉 11	甲戌 12	乙亥 13	丙子 14	丁丑 15	戊寅 16	己卯 17	庚辰 18	
十一月小	辛亥	天干地支西曆	辛巳 19	壬午 20	癸未 21	甲申 22	乙酉 23	丙戌 24	丁亥 25	戊子 26	己丑 27	庚寅 28	辛卯 29	壬辰 30	癸巳 (10)	甲午 2	乙未 3	丙申 4	丁酉 5	戊戌 6	己亥 7	庚子 8	辛丑 9	壬寅 10	癸卯 11	甲辰 12	乙巳 13	丙午 14	丁未 15	戊申 16	己酉 17		辛卯秋分
十二月大	壬子	天干地支西曆	庚戌 18	辛亥 19	壬子 20	癸丑 21	甲寅 22	乙卯 23	丙辰 24	丁巳 25	戊午 26	己未 27	庚申 28	辛酉 29	壬戌 30	癸亥 31	甲子 (11)	乙丑 2	丙寅 3	丁卯 4	戊辰 5	己巳 6	庚午 7	辛未 8	壬申 9	癸酉 10	甲戌 11	乙亥 12	丙子 13	丁丑 14	戊寅 15	己卯 16	丙子立冬
閏月小	壬子	天干地支西曆	庚辰 17	辛巳 18	壬午 19	癸未 20	甲申 21	乙酉 22	丙戌 23	丁亥 24	戊子 25	己丑 26	庚寅 27	辛卯 28	壬辰 29	癸巳 30	甲午 (12)	乙未 2	丙申 3	丁酉 4	戊戌 5	己亥 6	庚子 7	辛丑 8	壬寅 9	癸卯 10	甲辰 11	乙巳 12	丙午 13	丁未 14	戊申 15		

朔閏異同	曆名	正月	二月	三月	四月	五月	六月	七月	八月	九月	十月	十一	十二	閏月
	周曆殷曆	甲申乙卯	---甲寅---甲申	癸未甲寅	癸丑癸未	壬午癸丑	壬子壬午	辛巳壬子	辛亥辛巳	辛巳辛亥	庚戌庚辰	庚辰庚戌	己酉己卯	己卯己酉
	夏曆新曆	甲寅甲寅	癸未甲申	癸丑甲寅	壬午癸未	壬子癸丑	辛巳壬午	辛亥辛亥	庚辰辛巳	庚戌庚戌	己卯庚辰	己酉己酉	己卯己卯	

*《長曆》：正月乙酉，二月甲寅，三月甲申，四月甲寅，五月癸未，六月癸丑，七月壬午，八月壬子，九月辛巳，十月辛亥，十一庚辰，十二庚戌。

周匡王五年 魯宣公元年（癸丑 牛年） 公元前609～前608年 歲在壽星

魯曆月序		中西曆日對照	初一	初二	初三	初四	初五	初六	初七	初八	初九	初十	十一	十二	十三	十四	十五	十六	十七	十八	十九	二十	二一	二二	二三	二四	二五	二六	二七	二八	二九	三十	節氣與天象
正月大	癸丑	干支 天地 西曆	己酉 16	庚戌 17	辛亥 18	壬子 19	癸丑 20	甲寅 21	乙卯 22	丙辰 23	丁巳 24	戊午 25	己未 26	庚申 27	辛酉 28	壬戌 29	癸亥 30	甲子 31	乙丑 (1)	丙寅 2	丁卯 3	戊辰 4	己巳 5	庚午 6	辛未 7	壬申 8	癸酉 9	甲戌 10	乙亥 11	丙子 12	丁丑 13	戊寅 14	庚申冬至
二月大	甲寅	干支 天地 西曆	己卯 15	庚辰 16	辛巳 17	壬午 18	癸未 19	甲申 20	乙酉 21	丙戌 22	丁亥 23	戊子 24	己丑 25	庚寅 26	辛卯 27	壬辰 28	癸巳 29	甲午 30	乙未 31	丙申 (2)	丁酉 2	戊戌 3	己亥 4	庚子 5	辛丑 6	壬寅 7	癸卯 8	甲辰 9	乙巳 10	丙午 11	丁未 12	戊申 13	乙巳立春
三月小	乙卯	干支 天地 西曆	己酉 14	庚戌 15	辛亥 16	壬子 17	癸丑 18	甲寅 19	乙卯 20	丙辰 21	丁巳 22	戊午 23	己未 24	庚申 25	辛酉 26	壬戌 27	癸亥 28	甲子 (3)	乙丑 2	丙寅 3	丁卯 4	戊辰 5	己巳 6	庚午 7	辛未 8	壬申 9	癸酉 10	甲戌 11	乙亥 12	丙子 13	丁丑 14		
四月大	丙辰	干支 天地 西曆	戊寅 15	己卯 16	庚辰 17	辛巳 18	壬午 19	癸未 20	甲申 21	乙酉 22	丙戌 23	丁亥 24	戊子 25	己丑 26	庚寅 27	辛卯 28	壬辰 29	癸巳 30	甲午 31	乙未 (4)	丙申 2	丁酉 3	戊戌 4	己亥 5	庚子 6	辛丑 7	壬寅 8	癸卯 9	甲辰 10	乙巳 11	丙午 12	丁未 13	庚寅春分
五月小	丁巳	干支 天地 西曆	戊申 14	己酉 15	庚戌 16	辛亥 17	壬子 18	癸丑 19	甲寅 20	乙卯 21	丙辰 22	丁巳 23	戊午 24	己未 25	庚申 26	辛酉 27	壬戌 28	癸亥 29	甲子 30	乙丑 (5)	丙寅 2	丁卯 3	戊辰 4	己巳 5	庚午 6	辛未 7	壬申 8	癸酉 9	甲戌 10	乙亥 11	丙子 12		
六月大	戊午	干支 天地 西曆	丁丑 13	戊寅 14	己卯 15	庚辰 16	辛巳 17	壬午 18	癸未 19	甲申 20	乙酉 21	丙戌 22	丁亥 23	戊子 24	己丑 25	庚寅 26	辛卯 27	壬辰 28	癸巳 29	甲午 30	乙未 31	丙申 (6)	丁酉 2	戊戌 3	己亥 4	庚子 5	辛丑 6	壬寅 7	癸卯 8	甲辰 9	乙巳 10	丙午 11	丁丑立夏
七月小	己未	干支 天地 西曆	丁未 12	戊申 13	己酉 14	庚戌 15	辛亥 16	壬子 17	癸丑 18	甲寅 19	乙卯 20	丙辰 21	丁巳 22	戊午 23	己未 24	庚申 25	辛酉 26	壬戌 27	癸亥 28	甲子 29	乙丑 30	丙寅 (7)	丁卯 2	戊辰 3	己巳 4	庚午 5	辛未 6	壬申 7	癸酉 8	甲戌 9	乙亥 10		乙丑夏至
八月大	庚申	干支 天地 西曆	丙子 11	丁丑 12	戊寅 13	己卯 14	庚辰 15	辛巳 16	壬午 17	癸未 18	甲申 19	乙酉 20	丙戌 21	丁亥 22	戊子 23	己丑 24	庚寅 25	辛卯 26	壬辰 27	癸巳 28	甲午 29	乙未 30	丙申 31	丁酉 (8)	戊戌 2	己亥 3	庚子 4	辛丑 5	壬寅 6	癸卯 7	甲辰 8	乙巳 9	
九月小	辛酉	干支 天地 西曆	丙午 10	丁未 11	戊申 12	己酉 13	庚戌 14	辛亥 15	壬子 16	癸丑 17	甲寅 18	乙卯 19	丙辰 20	丁巳 21	戊午 22	己未 23	庚申 24	辛酉 25	壬戌 26	癸亥 27	甲子 28	乙丑 29	丙寅 30	丁卯 31	戊辰 (9)	己巳 2	庚午 3	辛未 4	壬申 5	癸酉 6	甲戌 7		辛亥立秋
十月大	壬戌	干支 天地 西曆	乙亥 8	丙子 9	丁丑 10	戊寅 11	己卯 12	庚辰 13	辛巳 14	壬午 15	癸未 16	甲申 17	乙酉 18	丙戌 19	丁亥 20	戊子 21	己丑 22	庚寅 23	辛卯 24	壬辰 25	癸巳 26	甲午 27	乙未 28	丙申 29	丁酉 30	戊戌 (10)	己亥 2	庚子 3	辛丑 4	壬寅 5	癸卯 6	甲辰 7	丁酉秋分
十一月小	癸亥	干支 天地 西曆	乙巳 8	丙午 9	丁未 10	戊申 11	己酉 12	庚戌 13	辛亥 14	壬子 15	癸丑 16	甲寅 17	乙卯 18	丙辰 19	丁巳 20	戊午 21	己未 22	庚申 23	辛酉 24	壬戌 25	癸亥 26	甲子 27	乙丑 28	丙寅 29	丁卯 30	戊辰 31	己巳 (11)	庚午 2	辛未 3	壬申 4	癸酉 5		
十二月大	甲子	干支 天地 西曆	甲戌 6	乙亥 7	丙子 8	丁丑 9	戊寅 10	己卯 11	庚辰 12	辛巳 13	壬午 14	癸未 15	甲申 16	乙酉 17	丙戌 18	丁亥 19	戊子 20	己丑 21	庚寅 22	辛卯 23	壬辰 24	癸巳 25	甲午 26	乙未 27	丙申 28	丁酉 29	戊戌 30	己亥 (12)	庚子 2	辛丑 3	壬寅 4	癸卯 5	辛巳立冬

朔閏異同	曆名	正月	二月	三月	四月	五月	六月	七月	八月	九月	十月	十一	十二	閏月	曆名	正月	二月	三月	四月	五月	六月	七月	八月	九月	十月	十一	十二	閏月
	周曆殷曆	戊申戊寅	戊寅戊申	丁未戊寅	丁丑丁未	丙午丁丑	丙子丙午	乙巳丙子	乙亥乙巳	甲辰乙亥	甲戌甲辰	癸卯甲戌	癸酉癸卯		夏曆新曆	戊申戊申	戊寅戊寅	丁未戊申	丁丑丁丑	丙午丁未	丙子丙子	乙巳丙午	乙亥乙亥	甲辰乙巳	甲戌甲戌	癸卯甲辰	癸酉癸酉	

*《長曆》：正月己卯，二月己酉，三月戊寅，四月戊申，五月戊寅，六月丁未，七月丁丑，八月丙午，九月丙子，十月乙巳，十一乙亥，十二甲辰。

周匡王六年 魯宣公二年（甲寅 虎年） 公元前608～前607年 歲在大火

魯曆月序		中西曆日對照	魯曆日序																														節氣與天象
			初一	初二	初三	初四	初五	初六	初七	初八	初九	初十	十一	十二	十三	十四	十五	十六	十七	十八	十九	二十	二一	二二	二三	二四	二五	二六	二七	二八	二九	三十	
正月小	乙丑	天干地支 西曆	甲辰 6	乙巳 7	丙午 8	丁未 9	戊申 10	己酉 11	庚戌 12	辛亥 13	壬子 14	癸丑 15	甲寅 16	乙卯 17	丙辰 18	丁巳 19	戊午 20	己未 21	庚申 22	辛酉 23	壬戌 24	癸亥 25	甲子 26	乙丑 27	丙寅 28	丁卯 29	戊辰 30	己巳 31	庚午 (1)	辛未 2	壬申 3		乙丑冬至
二月大	丙寅	天干地支 西曆	癸酉 4	甲戌 5	乙亥 6	丙子 7	丁丑 8	戊寅 9	己卯 10	庚辰 11	辛巳 12	壬午 13	癸未 14	甲申 15	乙酉 16	丙戌 17	丁亥 18	戊子 19	己丑 20	庚寅 21	辛卯 22	壬辰 23	癸巳 24	甲午 25	乙未 26	丙申 27	丁酉 28	戊戌 29	己亥 30	庚子 31	辛丑 (2)	壬寅 2	
三月小	丁卯	天干地支 西曆	癸卯 3	甲辰 4	乙巳 5	丙午 6	丁未 7	戊申 8	己酉 9	庚戌 10	辛亥 11	壬子 12	癸丑 13	甲寅 14	乙卯 15	丙辰 16	丁巳 17	戊午 18	己未 19	庚申 20	辛酉 21	壬戌 22	癸亥 23	甲子 24	乙丑 25	丙寅 26	丁卯 27	戊辰 28	己巳 (3)	庚午 2	辛未 3		庚戌立春
四月大	戊辰	天干地支 西曆	壬申 4	癸酉 5	甲戌 6	乙亥 7	丙子 8	丁丑 9	戊寅 10	己卯 11	庚辰 12	辛巳 13	壬午 14	癸未 15	甲申 16	乙酉 17	丙戌 18	丁亥 19	戊子 20	己丑 21	庚寅 22	辛卯 23	壬辰 24	癸巳 25	甲午 26	乙未 27	丙申 28	丁酉 29	戊戌 30	己亥 31	庚子 (4)	辛丑 2	丙申春分
五月小	己巳	天干地支 西曆	壬寅 3	癸卯 4	甲辰 5	乙巳 6	丙午 7	丁未 8	戊申 9	己酉 10	庚戌 11	辛亥 12	壬子 13	癸丑 14	甲寅 15	乙卯 16	丙辰 17	丁巳 18	戊午 19	己未 20	庚申 21	辛酉 22	壬戌 23	癸亥 24	甲子 25	乙丑 26	丙寅 27	丁卯 28	戊辰 29	己巳 30	庚午 (5)		
六月大	庚午	天干地支 西曆	辛未 2	壬申 3	癸酉 4	甲戌 5	乙亥 6	丙子 7	丁丑 8	戊寅 9	己卯 10	庚辰 11	辛巳 12	壬午 13	癸未 14	甲申 15	乙酉 16	丙戌 17	丁亥 18	戊子 19	己丑 20	庚寅 21	辛卯 22	壬辰 23	癸巳 24	甲午 25	乙未 26	丙申 27	丁酉 28	戊戌 29	己亥 30	庚子 31	癸未立夏
七月大	辛未	天干地支 西曆	辛丑 (6)	壬寅 2	癸卯 3	甲辰 4	乙巳 5	丙午 6	丁未 7	戊申 8	己酉 9	庚戌 10	辛亥 11	壬子 12	癸丑 13	甲寅 14	乙卯 15	丙辰 16	丁巳 17	戊午 18	己未 19	庚申 20	辛酉 21	壬戌 22	癸亥 23	甲子 24	乙丑 25	丙寅 26	丁卯 27	戊辰 28	己巳 29	庚午 30	庚午夏至
八月小	壬申	天干地支 西曆	辛未 (7)	壬申 2	癸酉 3	甲戌 4	乙亥 5	丙子 6	丁丑 7	戊寅 8	己卯 9	庚辰 10	辛巳 11	壬午 12	癸未 13	甲申 14	乙酉 15	丙戌 16	丁亥 17	戊子 18	己丑 19	庚寅 20	辛卯 21	壬辰 22	癸巳 23	甲午 24	乙未 25	丙申 26	丁酉 27	戊戌 28	己亥 29		
九月大	癸酉	天干地支 西曆	庚子 30	辛丑 31	壬寅 (8)	癸卯 2	甲辰 3	乙巳 4	丙午 5	丁未 6	戊申 7	己酉 8	庚戌 9	辛亥 10	壬子 11	癸丑 12	甲寅 13	乙卯 14	丙辰 15	丁巳 16	戊午 17	己未 18	庚申 19	辛酉 20	壬戌 21	癸亥 22	甲子 23	乙丑 24	丙寅 25	丁卯 26	戊辰 27	己巳 28	丙辰立秋 庚子日食
十月小	甲戌	天干地支 西曆	庚午 29	辛未 30	壬申 31	癸酉 (9)	甲戌 2	乙亥 3	丙子 4	丁丑 5	戊寅 6	己卯 7	庚辰 8	辛巳 9	壬午 10	癸未 11	甲申 12	乙酉 13	丙戌 14	丁亥 15	戊子 16	己丑 17	庚寅 18	辛卯 19	壬辰 20	癸巳 21	甲午 22	乙未 23	丙申 24	丁酉 25	戊戌 26		
十一月大	乙亥	天干地支 西曆	己亥 27	庚子 28	辛丑 29	壬寅 30	癸卯 (10)	甲辰 2	乙巳 3	丙午 4	丁未 5	戊申 6	己酉 7	庚戌 8	辛亥 9	壬子 10	癸丑 11	甲寅 12	乙卯 13	丙辰 14	丁巳 15	戊午 16	己未 17	庚申 18	辛酉 19	壬戌 20	癸亥 21	甲子 22	乙丑 23	丙寅 24	丁卯 25	戊辰 26	壬寅秋分
十二月小	丙子	天干地支 西曆	己巳 27	庚午 28	辛未 29	壬申 30	癸酉 31	甲戌 (11)	乙亥 2	丙子 3	丁丑 4	戊寅 5	己卯 6	庚辰 7	辛巳 8	壬午 9	癸未 10	甲申 11	乙酉 12	丙戌 13	丁亥 14	戊子 15	己丑 16	庚寅 17	辛卯 18	壬辰 19	癸巳 20	甲午 21	乙未 22	丙申 23	丁酉 24		丙戌立冬

朔閏異同	曆名	正月	二月	三月	四月	五月	六月	七月	八月	九月	十月	十一	十二	閏月	曆名	正月	二月	三月	四月	五月	六月	七月	八月	九月	十月	十一	十二	閏月
	周曆殷曆	癸卯癸酉	壬申壬寅	壬寅壬申	辛未辛丑	辛丑辛未	庚午庚子	庚子庚午	己巳庚子	己亥己巳	戊辰---己亥	---戊戌戊辰	丁卯戊戌	丁酉丁卯	夏曆新曆	壬寅癸卯	壬申壬申	辛丑壬寅	辛未辛未	辛丑辛丑	庚午辛未	庚子---庚子	---己巳庚午	己亥己亥	戊辰己巳	戊戌戊戌	丁卯戊辰	丁酉丁酉

*《長曆》：正月甲戌，二月癸卯，三月癸酉，四月壬寅，五月壬申，閏月辛丑，六月辛未，七月庚子，八月庚午，九月庚子，十月己巳，十一己亥，十二戊辰。

周定王元年 魯宣公三年（乙卯 兔年） 公元前 607 ~ 前 606 年 歲在析木

魯曆月序		中西曆日對照	魯曆日序																														節氣與天象
			初一	初二	初三	初四	初五	初六	初七	初八	初九	初十	十一	十二	十三	十四	十五	十六	十七	十八	十九	二十	二一	二二	二三	二四	二五	二六	二七	二八	二九	三十	
正月大	丁丑	天干地支西曆	戊戌25	己亥26	庚子27	辛丑28	壬寅29	癸卯30	甲辰(12)	乙巳2	丙午3	丁未4	戊申5	己酉6	庚戌7	辛亥8	壬子9	癸丑10	甲寅11	乙卯12	丙辰13	丁巳14	戊午15	己未16	庚申17	辛酉18	壬戌19	癸亥20	甲子21	乙丑22	丙寅23	丁卯24	
二月小	戊寅	天干地支西曆	戊辰25	己巳26	庚午27	辛未28	壬申29	癸酉30	甲戌31	乙亥(1)	丙子2	丁丑3	戊寅4	己卯5	庚辰6	辛巳7	壬午8	癸未9	甲申10	乙酉11	丙戌12	丁亥13	戊子14	己丑15	庚寅16	辛卯17	壬辰18	癸巳19	甲午20	乙未21	丙申22		庚午冬至
三月大	己卯	天干地支西曆	丁酉23	戊戌24	己亥25	庚子26	辛丑27	壬寅28	癸卯29	甲辰30	乙巳31	丙午(2)	丁未2	戊申3	己酉4	庚戌5	辛亥6	壬子7	癸丑8	甲寅9	乙卯10	丙辰11	丁巳12	戊午13	己未14	庚申15	辛酉16	壬戌17	癸亥18	甲子19	乙丑20	丙寅21	乙卯立春
四月小	庚辰	天干地支西曆	丁卯22	戊辰23	己巳24	庚午25	辛未26	壬申27	癸酉28	甲戌(3)	乙亥2	丙子3	丁丑4	戊寅5	己卯6	庚辰7	辛巳8	壬午9	癸未10	甲申11	乙酉12	丙戌13	丁亥14	戊子15	己丑16	庚寅17	辛卯18	壬辰19	癸巳20	甲午21	乙未22		
五月大	辛巳	天干地支西曆	丙申23	丁酉24	戊戌25	己亥26	庚子27	辛丑28	壬寅29	癸卯30	甲辰31	乙巳(4)	丙午2	丁未3	戊申4	己酉5	庚戌6	辛亥7	壬子8	癸丑9	甲寅10	乙卯11	丙辰12	丁巳13	戊午14	己未15	庚申16	辛酉17	壬戌18	癸亥19	甲子20	乙丑21	辛丑春分
六月小	壬午	天干地支西曆	丙寅22	丁卯23	戊辰24	己巳25	庚午26	辛未27	壬申28	癸酉29	甲戌30	乙亥(5)	丙子2	丁丑3	戊寅4	己卯5	庚辰6	辛巳7	壬午8	癸未9	甲申10	乙酉11	丙戌12	丁亥13	戊子14	己丑15	庚寅16	辛卯17	壬辰18	癸巳19	甲午20		戊子立夏
七月大	癸未	天干地支西曆	乙未21	丙申22	丁酉23	戊戌24	己亥25	庚子26	辛丑27	壬寅28	癸卯29	甲辰30	乙巳31	丙午(6)	丁未2	戊申3	己酉4	庚戌5	辛亥6	壬子7	癸丑8	甲寅9	乙卯10	丙辰11	丁巳12	戊午13	己未14	庚申15	辛酉16	壬戌17	癸亥18	甲子19	
八月小	甲申	天干地支西曆	乙丑20	丙寅21	丁卯22	戊辰23	己巳24	庚午25	辛未26	壬申27	癸酉28	甲戌29	乙亥30	丙子(7)	丁丑2	戊寅3	己卯4	庚辰5	辛巳6	壬午7	癸未8	甲申9	乙酉10	丙戌11	丁亥12	戊子13	己丑14	庚寅15	辛卯16	壬辰17	癸巳18		乙亥夏至
九月大	乙酉	天干地支西曆	甲午19	乙未20	丙申21	丁酉22	戊戌23	己亥24	庚子25	辛丑26	壬寅27	癸卯28	甲辰29	乙巳30	丙午31	丁未(8)	戊申2	己酉3	庚戌4	辛亥5	壬子6	癸丑7	甲寅8	乙卯9	丙辰10	丁巳11	戊午12	己未13	庚申14	辛酉15	壬戌16	癸亥17	壬戌立秋 甲午日食
十月大	丙戌	天干地支西曆	甲子18	乙丑19	丙寅20	丁卯21	戊辰22	己巳23	庚午24	辛未25	壬申26	癸酉27	甲戌28	乙亥29	丙子30	丁丑31	戊寅(9)	己卯2	庚辰3	辛巳4	壬午5	癸未6	甲申7	乙酉8	丙戌9	丁亥10	戊子11	己丑12	庚寅13	辛卯14	壬辰15	癸巳16	
十一月小	丁亥	天干地支西曆	甲午17	乙未18	丙申19	丁酉20	戊戌21	己亥22	庚子23	辛丑24	壬寅25	癸卯26	甲辰27	乙巳28	丙午29	丁未30	戊申(10)	己酉2	庚戌3	辛亥4	壬子5	癸丑6	甲寅7	乙卯8	丙辰9	丁巳10	戊午11	己未12	庚申13	辛酉14	壬戌15		丁未秋分
十二月大	戊子	天干地支西曆	癸亥16	甲子17	乙丑18	丙寅19	丁卯20	戊辰21	己巳22	庚午23	辛未24	壬申25	癸酉26	甲戌27	乙亥28	丙子29	丁丑30	戊寅31	己卯(11)	庚辰2	辛巳3	壬午4	癸未5	甲申6	乙酉7	丙戌8	丁亥9	戊子10	己丑11	庚寅12	辛卯13	壬辰14	辛卯立冬

朔閏異同	曆名	正月	二月	三月	四月	五月	六月	七月	八月	九月	十月	十一	十二	閏月		曆名	正月	二月	三月	四月	五月	六月	七月	八月	九月	十月	十一	十二	閏月
	周曆殷曆	丙寅丁酉	丙申丙寅	丙寅丙申	乙未乙丑	乙丑乙未	甲午甲子	甲子甲午	癸巳癸亥	癸亥癸巳	壬辰癸亥	壬戌壬辰	辛卯壬戌			夏曆新曆	丙寅丁卯	丙申丙申	乙丑丙寅	乙未乙未	甲子乙丑	甲午甲午	甲子甲子	癸巳甲午	癸亥癸亥	壬辰癸巳	壬戌癸亥	辛卯壬辰	

*《長曆》：正月戊戌，二月丁卯，三月丁酉，四月丙寅，五月丙申，六月乙丑，七月乙未，八月甲子，九月甲午，十月癸亥，十一癸巳，十二癸亥。

周定王二年 魯宣公四年（丙辰 龍年） 公元前606～前605年 歲在星紀

魯曆月序		中西曆日對照	初一	初二	初三	初四	初五	初六	初七	初八	初九	初十	十一	十二	十三	十四	十五	十六	十七	十八	十九	二十	二一	二二	二三	二四	二五	二六	二七	二八	二九	三十	節氣與天象
正月小	己丑	干支曆	癸巳	甲午	乙未	丙申	丁酉	戊戌	己亥	庚子	辛丑	壬寅	癸卯	甲辰	乙巳	丙午	丁未	戊申	己酉	庚戌	辛亥	壬子	癸丑	甲寅	乙卯	丙辰	丁巳	戊午	己未	庚申	辛酉		
		天地西曆	15	16	17	18	19	20	21	22	23	24	25	26	27	28	29	30	(12)	2	3	4	5	6	7	8	9	10	11	12	13		
二月大	庚寅	干支曆	壬戌	癸亥	甲子	乙丑	丙寅	丁卯	戊辰	己巳	庚午	辛未	壬申	癸酉	甲戌	乙亥	丙子	丁丑	戊寅	己卯	庚辰	辛巳	壬午	癸未	甲申	乙酉	丙戌	丁亥	戊子	己丑	庚寅	辛卯	丙子冬至
		天地西曆	14	15	16	17	18	19	20	21	22	23	24	25	26	27	28	29	30	31	(1)	2	3	4	5	6	7	8	9	10	11	12	
三月小	辛卯	干支曆	壬辰	癸巳	甲午	乙未	丙申	丁酉	戊戌	己亥	庚子	辛丑	壬寅	癸卯	甲辰	乙巳	丙午	丁未	戊申	己酉	庚戌	辛亥	壬子	癸丑	甲寅	乙卯	丙辰	丁巳	戊午	己未	庚申		庚申立春
		天地西曆	13	14	15	16	17	18	19	20	21	22	23	24	25	26	27	28	29	30	31	(2)	2	3	4	5	6	7	8	9	10		
四月大	壬辰	干支曆	辛酉	壬戌	癸亥	甲子	乙丑	丙寅	丁卯	戊辰	己巳	庚午	辛未	壬申	癸酉	甲戌	乙亥	丙子	丁丑	戊寅	己卯	庚辰	辛巳	壬午	癸未	甲申	乙酉	丙戌	丁亥	戊子	己丑	庚寅	
		天地西曆	11	12	13	14	15	16	17	18	19	20	21	22	23	24	25	26	27	28	29	(3)	2	3	4	5	6	7	8	9	10	11	
五月小	癸巳	干支曆	辛卯	壬辰	癸巳	甲午	乙未	丙申	丁酉	戊戌	己亥	庚子	辛丑	壬寅	癸卯	甲辰	乙巳	丙午	丁未	戊申	己酉	庚戌	辛亥	壬子	癸丑	甲寅	乙卯	丙辰	丁巳	戊午	己未		丙午春分
		天地西曆	12	13	14	15	16	17	18	19	20	21	22	23	24	25	26	27	28	29	30	31	(4)	2	3	4	5	6	7	8	9		
六月大	甲午	干支曆	庚申	辛酉	壬戌	癸亥	甲子	乙丑	丙寅	丁卯	戊辰	己巳	庚午	辛未	壬申	癸酉	甲戌	乙亥	丙子	丁丑	戊寅	己卯	庚辰	辛巳	壬午	癸未	甲申	乙酉	丙戌	丁亥	戊子	己丑	
		天地西曆	10	11	12	13	14	15	16	17	18	19	20	21	22	23	24	25	26	27	28	29	30	(5)	2	3	4	5	6	7	8	9	
七月小	乙未	干支曆	庚寅	辛卯	壬辰	癸巳	甲午	乙未	丙申	丁酉	戊戌	己亥	庚子	辛丑	壬寅	癸卯	甲辰	乙巳	丙午	丁未	戊申	己酉	庚戌	辛亥	壬子	癸丑	甲寅	乙卯	丙辰	丁巳	戊午		癸巳立夏
		天地西曆	10	11	12	13	14	15	16	17	18	19	20	21	22	23	24	25	26	27	28	29	30	31	(6)	2	3	4	5	6	7		
八月大	丙申	干支曆	己未	庚申	辛酉	壬戌	癸亥	甲子	乙丑	丙寅	丁卯	戊辰	己巳	庚午	辛未	壬申	癸酉	甲戌	乙亥	丙子	丁丑	戊寅	己卯	庚辰	辛巳	壬午	癸未	甲申	乙酉	丙戌	丁亥	戊子	庚辰夏至
		天地西曆	8	9	10	11	12	13	14	15	16	17	18	19	20	21	22	23	24	25	26	27	28	29	30	(7)	2	3	4	5	6	7	
九月小	丁酉	干支曆	己丑	庚寅	辛卯	壬辰	癸巳	甲午	乙未	丙申	丁酉	戊戌	己亥	庚子	辛丑	壬寅	癸卯	甲辰	乙巳	丙午	丁未	戊申	己酉	庚戌	辛亥	壬子	癸丑	甲寅	乙卯	丙辰	丁巳		
		天地西曆	8	9	10	11	12	13	14	15	16	17	18	19	20	21	22	23	24	25	26	27	28	29	30	31	(8)	2	3	4	5		
十月大	戊戌	干支曆	戊午	己未	庚申	辛酉	壬戌	癸亥	甲子	乙丑	丙寅	丁卯	戊辰	己巳	庚午	辛未	壬申	癸酉	甲戌	乙亥	丙子	丁丑	戊寅	己卯	庚辰	辛巳	壬午	癸未	甲申	乙酉	丙戌	丁亥	丁卯立秋
		天地西曆	6	7	8	9	10	11	12	13	14	15	16	17	18	19	20	21	22	23	24	25	26	27	28	29	30	31	(9)	2	3	4	
十一月小	己亥	干支曆	戊子	己丑	庚寅	辛卯	壬辰	癸巳	甲午	乙未	丙申	丁酉	戊戌	己亥	庚子	辛丑	壬寅	癸卯	甲辰	乙巳	丙午	丁未	戊申	己酉	庚戌	辛亥	壬子	癸丑	甲寅	乙卯	丙辰		壬子秋分
		天地西曆	5	6	7	8	9	10	11	12	13	14	15	16	17	18	19	20	21	22	23	24	25	26	27	28	29	30	(10)	2	3		
十二月大	庚子	干支曆	丁巳	戊午	己未	庚申	辛酉	壬戌	癸亥	甲子	乙丑	丙寅	丁卯	戊辰	己巳	庚午	辛未	壬申	癸酉	甲戌	乙亥	丙子	丁丑	戊寅	己卯	庚辰	辛巳	壬午	癸未	甲申	乙酉	丙戌	
		天地西曆	4	5	6	7	8	9	10	11	12	13	14	15	16	17	18	19	20	21	22	23	24	25	26	27	28	29	30	31	(11)	2	
閏月小	庚子	干支曆	丁亥	戊子	己丑	庚寅	辛卯	壬辰	癸巳	甲午	乙未	丙申	丁酉	戊戌	己亥	庚子	辛丑	壬寅	癸卯	甲辰	乙巳	丙午	丁未	戊申	己酉	庚戌	辛亥	壬子	癸丑	甲寅	乙卯		丁酉立冬
		天地西曆	3	4	5	6	7	8	9	10	11	12	13	14	15	16	17	18	19	20	21	22	23	24	25	26	27	28	29	30	(12)		

朔閏異同	曆名	正月	二月	三月	四月	五月	六月	七月	八月	九月	十月	十一	十二	閏月
	周曆殷曆	辛酉辛卯	庚寅辛酉	庚申庚寅	己丑庚申	己未己丑	戊子己未	戊午戊子	戊子戊午	丁巳丁亥	丁亥丁巳	丙辰丙戌	丙戌丙辰	
	夏曆新曆	辛酉辛酉	庚寅辛卯	庚申庚申	己丑己丑	己未己未	戊子戊子	戊午戊午	丁亥戊子	丁巳丁巳	丙戌丁亥	丙辰丁巳	丙戌丁亥	

*《長曆》：正月壬辰，二月壬戌，三月辛卯，四月辛酉，五月庚寅，六月庚申，七月己丑，八月己未，九月戊子，十月戊申，十一丁亥，十二丁巳。

周定王三年 魯宣公五年（丁巳 蛇年） 公元前605～前604年 歲在玄枵

魯曆月序		中西曆日對照	初一	初二	初三	初四	初五	初六	初七	初八	初九	初十	十一	十二	十三	十四	十五	十六	十七	十八	十九	二十	二一	二二	二三	二四	二五	二六	二七	二八	二九	三十	節氣與天象
正月大	辛丑	天干地支	丙辰	丁巳	戊午	己未	庚申	辛酉	壬戌	癸亥	甲子	乙丑	丙寅	丁卯	戊辰	己巳	庚午	辛未	壬申	癸酉	甲戌	乙亥	丙子	丁丑	戊寅	己卯	庚辰	辛巳	壬午	癸未	甲申	乙酉	辛巳冬至 丁巳日食
		西曆	2	3	4	5	6	7	8	9	10	11	12	13	14	15	16	17	18	19	20	21	22	23	24	25	26	27	28	29	30	31	
二月大	壬寅	天干地支	丙戌	丁亥	戊子	己丑	庚寅	辛卯	壬辰	癸巳	甲午	乙未	丙申	丁酉	戊戌	己亥	庚子	辛丑	壬寅	癸卯	甲辰	乙巳	丙午	丁未	戊申	己酉	庚戌	辛亥	壬子	癸丑	甲寅	乙卯	
		西曆	(1)	2	3	4	5	6	7	8	9	10	11	12	13	14	15	16	17	18	19	20	21	22	23	24	25	26	27	28	29	30	
三月小	癸卯	天干地支	丙辰	丁巳	戊午	己未	庚申	辛酉	壬戌	癸亥	甲子	乙丑	丙寅	丁卯	戊辰	己巳	庚午	辛未	壬申	癸酉	甲戌	乙亥	丙子	丁丑	戊寅	己卯	庚辰	辛巳	壬午	癸未	甲申		丙寅立春
		西曆	31	(2)	2	3	4	5	6	7	8	9	10	11	12	13	14	15	16	17	18	19	20	21	22	23	24	25	26	27	28		
四月大	甲辰	天干地支	乙酉	丙戌	丁亥	戊子	己丑	庚寅	辛卯	壬辰	癸巳	甲午	乙未	丙申	丁酉	戊戌	己亥	庚子	辛丑	壬寅	癸卯	甲辰	乙巳	丙午	丁未	戊申	己酉	庚戌	辛亥	壬子	癸丑	甲寅	辛亥春分
		西曆	(3)	2	3	4	5	6	7	8	9	10	11	12	13	14	15	16	17	18	19	20	21	22	23	24	25	26	27	28	29	30	
五月小	乙巳	天干地支	乙卯	丙辰	丁巳	戊午	己未	庚申	辛酉	壬戌	癸亥	甲子	乙丑	丙寅	丁卯	戊辰	己巳	庚午	辛未	壬申	癸酉	甲戌	乙亥	丙子	丁丑	戊寅	己卯	庚辰	辛巳	壬午	癸未		
		西曆	31	(4)	2	3	4	5	6	7	8	9	10	11	12	13	14	15	16	17	18	19	20	21	22	23	24	25	26	27	28		
六月大	丙午	天干地支	甲申	乙酉	丙戌	丁亥	戊子	己丑	庚寅	辛卯	壬辰	癸巳	甲午	乙未	丙申	丁酉	戊戌	己亥	庚子	辛丑	壬寅	癸卯	甲辰	乙巳	丙午	丁未	戊申	己酉	庚戌	辛亥	壬子	癸丑	戊戌立夏
		西曆	29	30	(5)	2	3	4	5	6	7	8	9	10	11	12	13	14	15	16	17	18	19	20	21	22	23	24	25	26	27	28	
七月小	丁未	天干地支	甲寅	乙卯	丙辰	丁巳	戊午	己未	庚申	辛酉	壬戌	癸亥	甲子	乙丑	丙寅	丁卯	戊辰	己巳	庚午	辛未	壬申	癸酉	甲戌	乙亥	丙子	丁丑	戊寅	己卯	庚辰	辛巳	壬午		
		西曆	29	30	31	(6)	2	3	4	5	6	7	8	9	10	11	12	13	14	15	16	17	18	19	20	21	22	23	24	25	26		
八月大	戊申	天干地支	癸未	甲申	乙酉	丙戌	丁亥	戊子	己丑	庚寅	辛卯	壬辰	癸巳	甲午	乙未	丙申	丁酉	戊戌	己亥	庚子	辛丑	壬寅	癸卯	甲辰	乙巳	丙午	丁未	戊申	己酉	庚戌	辛亥	壬子	丙戌夏至
		西曆	27	28	29	30	(7)	2	3	4	5	6	7	8	9	10	11	12	13	14	15	16	17	18	19	20	21	22	23	24	25	26	
九月小	己酉	天干地支	癸丑	甲寅	乙卯	丙辰	丁巳	戊午	己未	庚申	辛酉	壬戌	癸亥	甲子	乙丑	丙寅	丁卯	戊辰	己巳	庚午	辛未	壬申	癸酉	甲戌	乙亥	丙子	丁丑	戊寅	己卯	庚辰	辛巳		壬申立秋
		西曆	27	28	29	30	31	(8)	2	3	4	5	6	7	8	9	10	11	12	13	14	15	16	17	18	19	20	21	22	23	24		
十月大	庚戌	天干地支	壬午	癸未	甲申	乙酉	丙戌	丁亥	戊子	己丑	庚寅	辛卯	壬辰	癸巳	甲午	乙未	丙申	丁酉	戊戌	己亥	庚子	辛丑	壬寅	癸卯	甲辰	乙巳	丙午	丁未	戊申	己酉	庚戌	辛亥	
		西曆	25	26	27	28	29	30	31	(9)	2	3	4	5	6	7	8	9	10	11	12	13	14	15	16	17	18	19	20	21	22	23	
十一月小	辛亥	天干地支	壬子	癸丑	甲寅	乙卯	丙辰	丁巳	戊午	己未	庚申	辛酉	壬戌	癸亥	甲子	乙丑	丙寅	丁卯	戊辰	己巳	庚午	辛未	壬申	癸酉	甲戌	乙亥	丙子	丁丑	戊寅	己卯	庚辰		戊午秋分
		西曆	24	25	26	27	28	29	30	(10)	2	3	4	5	6	7	8	9	10	11	12	13	14	15	16	17	18	19	20	21	22		
十二月大	壬子	天干地支	辛巳	壬午	癸未	甲申	乙酉	丙戌	丁亥	戊子	己丑	庚寅	辛卯	壬辰	癸巳	甲午	乙未	丙申	丁酉	戊戌	己亥	庚子	辛丑	壬寅	癸卯	甲辰	乙巳	丙午	丁未	戊申	己酉	庚戌	壬寅立冬
		西曆	23	24	25	26	27	28	29	30	31	(11)	2	3	4	5	6	7	8	9	10	11	12	13	14	15	16	17	18	19	20	21	

朔閏異同	曆名	正月	二月	三月	四月	五月	六月	七月	八月	九月	十月	十一	十二	閏月	曆名	正月	二月	三月	四月	五月	六月	七月	八月	九月	十月	十一	十二	閏月
	周曆殷曆	乙卯乙酉	乙酉乙卯	甲寅乙酉	甲申甲寅	癸丑甲申	癸未癸丑	壬子--癸未	--壬午壬子	辛亥壬午	辛巳辛亥	庚戌辛巳	庚辰庚戌	庚戌庚辰	夏曆新曆	乙卯丙辰	乙酉乙酉	甲寅--乙卯	--甲申甲申	癸丑癸丑	癸未癸未	壬子壬子	壬午壬午	辛亥辛亥	辛巳辛巳	庚戌辛亥	庚辰辛巳	己酉庚戌

*《長曆》：正月丙戌，二月丙辰，三月乙酉，四月乙卯，五月乙酉，六月甲寅，七月甲申，八月癸丑，九月癸未，十月壬子，十一壬午，十二辛亥，閏月辛巳。

周定王四年 魯宣公六年（戊午 馬年） 公元前604 ~ 前603年 歲在娵訾

魯曆月序		中西曆日對照	初一	初二	初三	初四	初五	初六	初七	初八	初九	初十	十一	十二	十三	十四	十五	十六	十七	十八	十九	二十	二一	二二	二三	二四	二五	二六	二七	二八	二九	三十	節氣與天象
正月小	癸丑	天干地支西曆	辛亥22	壬子23	癸丑24	甲寅25	乙卯26	丙辰27	丁巳28	戊午29	己未30	庚申(12)	辛酉2	壬戌3	癸亥4	甲子5	乙丑6	丙寅7	丁卯8	戊辰9	己巳10	庚午11	辛未12	壬申13	癸酉14	甲戌15	乙亥16	丙子17	丁丑18	戊寅19	己卯20		辛亥日食
二月大	甲寅	天干地支西曆	庚辰21	辛巳22	壬午23	癸未24	甲申25	乙酉26	丙戌27	丁亥28	戊子29	己丑30	庚寅31	辛卯(1)	壬辰2	癸巳3	甲午4	乙未5	丙申6	丁酉7	戊戌8	己亥9	庚子10	辛丑11	壬寅12	癸卯13	甲辰14	乙巳15	丙午16	丁未17	戊申18	己酉19	丙戌冬至
三月小	乙卯	天干地支西曆	庚戌20	辛亥21	壬子22	癸丑23	甲寅24	乙卯25	丙辰26	丁巳27	戊午28	己未29	庚申30	辛酉31	壬戌(2)	癸亥2	甲子3	乙丑4	丙寅5	丁卯6	戊辰7	己巳8	庚午9	辛未10	壬申11	癸酉12	甲戌13	乙亥14	丙子15	丁丑16	戊寅17		辛未立春
四月大	丙辰	天干地支西曆	己卯18	庚辰19	辛巳20	壬午21	癸未22	甲申23	乙酉24	丙戌25	丁亥26	戊子27	己丑28	庚寅(3)	辛卯2	壬辰3	癸巳4	甲午5	乙未6	丙申7	丁酉8	戊戌9	己亥10	庚子11	辛丑12	壬寅13	癸卯14	甲辰15	乙巳16	丙午17	丁未18	戊申19	
五月大	丁巳	天干地支西曆	己酉20	庚戌21	辛亥22	壬子23	癸丑24	甲寅25	乙卯26	丙辰27	丁巳28	戊午29	己未30	庚申31	辛酉(4)	壬戌2	癸亥3	甲子4	乙丑5	丙寅6	丁卯7	戊辰8	己巳9	庚午10	辛未11	壬申12	癸酉13	甲戌14	乙亥15	丙子16	丁丑17	戊寅18	丁巳春分
六月小	戊午	天干地支西曆	己卯19	庚辰20	辛巳21	壬午22	癸未23	甲申24	乙酉25	丙戌26	丁亥27	戊子28	己丑29	庚寅30	辛卯(5)	壬辰2	癸巳3	甲午4	乙未5	丙申6	丁酉7	戊戌8	己亥9	庚子10	辛丑11	壬寅12	癸卯13	甲辰14	乙巳15	丙午16	丁未17		甲辰立夏
七月大	己未	天干地支西曆	戊申18	己酉19	庚戌20	辛亥21	壬子22	癸丑23	甲寅24	乙卯25	丙辰26	丁巳27	戊午28	己未29	庚申30	辛酉31	壬戌(6)	癸亥2	甲子3	乙丑4	丙寅5	丁卯6	戊辰7	己巳8	庚午9	辛未10	壬申11	癸酉12	甲戌13	乙亥14	丙子15	丁丑16	戊申日食
八月小	庚申	天干地支西曆	戊寅17	己卯18	庚辰19	辛巳20	壬午21	癸未22	甲申23	乙酉24	丙戌25	丁亥26	戊子27	己丑28	庚寅29	辛卯30	壬辰(7)	癸巳2	甲午3	乙未4	丙申5	丁酉6	戊戌7	己亥8	庚子9	辛丑10	壬寅11	癸卯12	甲辰13	乙巳14	丙午15		辛卯夏至
九月大	辛酉	天干地支西曆	丁未16	戊申17	己酉18	庚戌19	辛亥20	壬子21	癸丑22	甲寅23	乙卯24	丙辰25	丁巳26	戊午27	己未28	庚申29	辛酉30	壬戌31	癸亥(8)	甲子2	乙丑3	丙寅4	丁卯5	戊辰6	己巳7	庚午8	辛未9	壬申10	癸酉11	甲戌12	乙亥13	丙子14	
十月小	壬戌	天干地支西曆	丁丑15	戊寅16	己卯17	庚辰18	辛巳19	壬午20	癸未21	甲申22	乙酉23	丙戌24	丁亥25	戊子26	己丑27	庚寅28	辛卯29	壬辰30	癸巳31	甲午(9)	乙未2	丙申3	丁酉4	戊戌5	己亥6	庚子7	辛丑8	壬寅9	癸卯10	甲辰11	乙巳12		丁丑立秋
十一月大	癸亥	天干地支西曆	丙午13	丁未14	戊申15	己酉16	庚戌17	辛亥18	壬子19	癸丑20	甲寅21	乙卯22	丙辰23	丁巳24	戊午25	己未26	庚申27	辛酉28	壬戌29	癸亥30	甲子(10)	乙丑2	丙寅3	丁卯4	戊辰5	己巳6	庚午7	辛未8	壬申9	癸酉10	甲戌11	乙亥12	癸亥秋分
十二月小	甲子	天干地支西曆	丙子13	丁丑14	戊寅15	己卯16	庚辰17	辛巳18	壬午19	癸未20	甲申21	乙酉22	丙戌23	丁亥24	戊子25	己丑26	庚寅27	辛卯28	壬辰29	癸巳30	甲午31	乙未(11)	丙申2	丁酉3	戊戌4	己亥5	庚子6	辛丑7	壬寅8	癸卯9	甲辰10		
閏月大	甲子	天干地支西曆	乙巳11	丙午12	丁未13	戊申14	己酉15	庚戌16	辛亥17	壬子18	癸丑19	甲寅20	乙卯21	丙辰22	丁巳23	戊午24	己未25	庚申26	辛酉27	壬戌28	癸亥29	甲子30	乙丑(12)	丙寅2	丁卯3	戊辰4	己巳5	庚午6	辛未7	壬申8	癸酉9	甲戌10	丁未立冬

朔閏異同	曆名	正月	二月	三月	四月	五月	六月	七月	八月	九月	十月	十一	十二	閏月	曆名	正月	二月	三月	四月	五月	六月	七月	八月	九月	十月	十一	十二	閏月
	周曆殷曆	己卯己酉	己酉己卯	戊寅戊申	戊申戊寅	丁丑丁未	丁未丁丑	丙子丁未	丙午丙子	乙亥丙午	乙巳乙亥	甲戌乙巳	甲辰甲戌		夏曆新曆	己卯庚辰	己酉己酉	戊寅己卯	戊申戊申	丁丑丁丑	丁未丁未	丙子丙子	丙午丙午	乙亥乙亥	乙巳乙巳	甲戌乙亥	甲辰乙巳	

*《長曆》：正月庚戌，二月庚辰，三月己酉，四月己卯，五月戊申，六月戊寅，七月丁未，八月丁丑，九月丁未，十月丙子，十一丙午，十二乙亥。

周定王五年 魯宣公七年（己未 羊年） 公元前603～前602年 歲在降婁

魯曆月序		西曆中日照對	初一	初二	初三	初四	初五	初六	初七	初八	初九	初十	十一	十二	十三	十四	十五	十六	十七	十八	十九	二十	二一	二二	二三	二四	二五	二六	二七	二八	二九	三十	節氣與天象
正月小	乙丑	干支 天地 西曆	乙亥 11	丙子 12	丁丑 13	戊寅 14	己卯 15	庚辰 16	辛巳 17	壬午 18	癸未 19	甲申 20	乙酉 21	丙戌 22	丁亥 23	戊子 24	己丑 25	庚寅 26	辛卯 27	壬辰 28	癸巳 29	甲午 30	乙未 31	丙申 (1)	丁酉 2	戊戌 3	己亥 4	庚子 5	辛丑 6	壬寅 7	癸卯 8		辛卯冬至
二月大	丙寅	干支 天地 西曆	甲辰 9	乙巳 10	丙午 11	丁未 12	戊申 13	己酉 14	庚戌 15	辛亥 16	壬子 17	癸丑 18	甲寅 19	乙卯 20	丙辰 21	丁巳 22	戊午 23	己未 24	庚申 25	辛酉 26	壬戌 27	癸亥 28	甲子 29	乙丑 30	丙寅 31	丁卯 (2)	戊辰 2	己巳 3	庚午 4	辛未 5	壬申 6	癸酉 7	
三月小	丁卯	干支 天地 西曆	甲戌 8	乙亥 9	丙子 10	丁丑 11	戊寅 12	己卯 13	庚辰 14	辛巳 15	壬午 16	癸未 17	甲申 18	乙酉 19	丙戌 20	丁亥 21	戊子 22	己丑 23	庚寅 24	辛卯 25	壬辰 26	癸巳 27	甲午 28	乙未 (3)	丙申 2	丁酉 3	戊戌 4	己亥 5	庚子 6	辛丑 7	壬寅 8		丙子立春
四月大	戊辰	干支 天地 西曆	癸卯 9	甲辰 10	乙巳 11	丙午 12	丁未 13	戊申 14	己酉 15	庚戌 16	辛亥 17	壬子 18	癸丑 19	甲寅 20	乙卯 21	丙辰 22	丁巳 23	戊午 24	己未 25	庚申 26	辛酉 27	壬戌 28	癸亥 29	甲子 30	乙丑 31	丙寅 (4)	丁卯 2	戊辰 3	己巳 4	庚午 5	辛未 6	壬申 7	壬戌春分
五月小	己巳	干支 天地 西曆	癸酉 8	甲戌 9	乙亥 10	丙子 11	丁丑 12	戊寅 13	己卯 14	庚辰 15	辛巳 16	壬午 17	癸未 18	甲申 19	乙酉 20	丙戌 21	丁亥 22	戊子 23	己丑 24	庚寅 25	辛卯 26	壬辰 27	癸巳 28	甲午 29	乙未 30	丙申 (5)	丁酉 2	戊戌 3	己亥 4	庚子 5	辛丑 6		
六月大	庚午	干支 天地 西曆	壬寅 7	癸卯 8	甲辰 9	乙巳 10	丙午 11	丁未 12	戊申 13	己酉 14	庚戌 15	辛亥 16	壬子 17	癸丑 18	甲寅 19	乙卯 20	丙辰 21	丁巳 22	戊午 23	己未 24	庚申 25	辛酉 26	壬戌 27	癸亥 28	甲子 29	乙丑 30	丙寅 31	丁卯 (6)	戊辰 2	己巳 3	庚午 4	辛未 5	己酉立夏 癸卯日食
七月小	辛未	干支 天地 西曆	壬申 6	癸酉 7	甲戌 8	乙亥 9	丙子 10	丁丑 11	戊寅 12	己卯 13	庚辰 14	辛巳 15	壬午 16	癸未 17	甲申 18	乙酉 19	丙戌 20	丁亥 21	戊子 22	己丑 23	庚寅 24	辛卯 25	壬辰 26	癸巳 27	甲午 28	乙未 29	丙申 30	丁酉 (7)	戊戌 2	己亥 3	庚子 4		丙申夏至
八月大	壬申	干支 天地 西曆	辛丑 5	壬寅 6	癸卯 7	甲辰 8	乙巳 9	丙午 10	丁未 11	戊申 12	己酉 13	庚戌 14	辛亥 15	壬子 16	癸丑 17	甲寅 18	乙卯 19	丙辰 20	丁巳 21	戊午 22	己未 23	庚申 24	辛酉 25	壬戌 26	癸亥 27	甲子 28	乙丑 29	丙寅 30	丁卯 31	戊辰 (8)	己巳 2	庚午 3	
九月大	癸酉	干支 天地 西曆	辛未 4	壬申 5	癸酉 6	甲戌 7	乙亥 8	丙子 9	丁丑 10	戊寅 11	己卯 12	庚辰 13	辛巳 14	壬午 15	癸未 16	甲申 17	乙酉 18	丙戌 19	丁亥 20	戊子 21	己丑 22	庚寅 23	辛卯 24	壬辰 25	癸巳 26	甲午 27	乙未 28	丙申 29	丁酉 30	戊戌 31	己亥 (9)	庚子 2	癸未立秋
十月小	甲戌	干支 天地 西曆	辛丑 3	壬寅 4	癸卯 5	甲辰 6	乙巳 7	丙午 8	丁未 9	戊申 10	己酉 11	庚戌 12	辛亥 13	壬子 14	癸丑 15	甲寅 16	乙卯 17	丙辰 18	丁巳 19	戊午 20	己未 21	庚申 22	辛酉 23	壬戌 24	癸亥 25	甲子 26	乙丑 27	丙寅 28	丁卯 29	戊辰 30	己巳 (10)		戊辰秋分
十一月大	乙亥	干支 天地 西曆	庚午 2	辛未 3	壬申 4	癸酉 5	甲戌 6	乙亥 7	丙子 8	丁丑 9	戊寅 10	己卯 11	庚辰 12	辛巳 13	壬午 14	癸未 15	甲申 16	乙酉 17	丙戌 18	丁亥 19	戊子 20	己丑 21	庚寅 22	辛卯 23	壬辰 24	癸巳 25	甲午 26	乙未 27	丙申 28	丁酉 29	戊戌 30	己亥 31	
十二月小	丙子	干支 天地 西曆	庚子 (11)	辛丑 2	壬寅 3	癸卯 4	甲辰 5	乙巳 6	丙午 7	丁未 8	戊申 9	己酉 10	庚戌 11	辛亥 12	壬子 13	癸丑 14	甲寅 15	乙卯 16	丙辰 17	丁巳 18	戊午 19	己未 20	庚申 21	辛酉 22	壬戌 23	癸亥 24	甲子 25	乙丑 26	丙寅 27	丁卯 28	戊辰 29		壬子立冬

朔閏異同	曆名	正月	二月	三月	四月	五月	六月	七月	八月	九月	十月	十一	十二	閏月	曆名	正月	二月	三月	四月	五月	六月	七月	八月	九月	十月	十一	十二	閏月
	周曆殷曆	癸酉甲辰	癸卯癸酉	癸酉癸卯	壬寅壬申	壬申壬寅	辛丑辛未	辛未辛丑	庚子庚午	庚午庚子	己亥庚午	己巳己亥	戊戌己巳		夏曆新曆	癸酉甲戌	癸卯甲辰	壬申癸酉	壬寅癸卯	辛未壬申	辛丑辛丑	辛未辛未	庚子庚子	庚午庚午	己亥--己亥	己巳己巳	戊戌己亥	--戊辰戊辰

*《長曆》：正月乙巳，二月甲戌，三月甲辰，四月癸酉，五月癸卯，六月壬申，七月壬寅，八月辛未，九月辛丑，十月庚午，十一庚子，十二庚午。

周定王六年 魯宣公八年（庚申 猴年） 公元前 602 ~ 前 601 年 歲在大梁

魯曆月序		中西曆日對照	初一	初二	初三	初四	初五	初六	初七	初八	初九	初十	十一	十二	十三	十四	十五	十六	十七	十八	十九	二十	二一	二二	二三	二四	二五	二六	二七	二八	二九	三十	節氣與天象
正月大	丁丑	干支	己巳	庚午	辛未	壬申	癸酉	甲戌	乙亥	丙子	丁丑	戊寅	己卯	庚辰	辛巳	壬午	癸未	甲申	乙酉	丙戌	丁亥	戊子	己丑	庚寅	辛卯	壬辰	癸巳	甲午	乙未	丙申	丁酉	戊戌	丁酉冬至
		天地西曆	30	(12)	2	3	4	5	6	7	8	9	10	11	12	13	14	15	16	17	18	19	20	21	22	23	24	25	26	27	28	29	
二月小	戊寅	干支	己亥	庚子	辛丑	壬寅	癸卯	甲辰	乙巳	丙午	丁未	戊申	己酉	庚戌	辛亥	壬子	癸丑	甲寅	乙卯	丙辰	丁巳	戊午	己未	庚申	辛酉	壬戌	癸亥	甲子	乙丑	丙寅	丁卯		
		天地西曆	30	31	(1)	2	3	4	5	6	7	8	9	10	11	12	13	14	15	16	17	18	19	20	21	22	23	24	25	26	27		
三月大	己卯	干支	戊辰	己巳	庚午	辛未	壬申	癸酉	甲戌	乙亥	丙子	丁丑	戊寅	己卯	庚辰	辛巳	壬午	癸未	甲申	乙酉	丙戌	丁亥	戊子	己丑	庚寅	辛卯	壬辰	癸巳	甲午	乙未	丙申	丁酉	辛巳立春
		天地西曆	28	29	30	31	(2)	2	3	4	5	6	7	8	9	10	11	12	13	14	15	16	17	18	19	20	21	22	23	24	25	26	
四月小	庚辰	干支	戊戌	己亥	庚子	辛丑	壬寅	癸卯	甲辰	乙巳	丙午	丁未	戊申	己酉	庚戌	辛亥	壬子	癸丑	甲寅	乙卯	丙辰	丁巳	戊午	己未	庚申	辛酉	壬戌	癸亥	甲子	乙丑	丙寅		
		天地西曆	27	28	29	(3)	2	3	4	5	6	7	8	9	10	11	12	13	14	15	16	17	18	19	20	21	22	23	24	25	26		
五月大	辛巳	干支	丁卯	戊辰	己巳	庚午	辛未	壬申	癸酉	甲戌	乙亥	丙子	丁丑	戊寅	己卯	庚辰	辛巳	壬午	癸未	甲申	乙酉	丙戌	丁亥	戊子	己丑	庚寅	辛卯	壬辰	癸巳	甲午	乙未	丙申	丁卯春分
		天地西曆	27	28	29	30	31	(4)	2	3	4	5	6	7	8	9	10	11	12	13	14	15	16	17	18	19	20	21	22	23	24	25	
六月小	壬午	干支	丁酉	戊戌	己亥	庚子	辛丑	壬寅	癸卯	甲辰	乙巳	丙午	丁未	戊申	己酉	庚戌	辛亥	壬子	癸丑	甲寅	乙卯	丙辰	丁巳	戊午	己未	庚申	辛酉	壬戌	癸亥	甲子	乙丑		甲寅立夏
		天地西曆	26	27	28	29	30	(5)	2	3	4	5	6	7	8	9	10	11	12	13	14	15	16	17	18	19	20	21	22	23	24		
七月小	癸未	干支	丙寅	丁卯	戊辰	己巳	庚午	辛未	壬申	癸酉	甲戌	乙亥	丙子	丁丑	戊寅	己卯	庚辰	辛巳	壬午	癸未	甲申	乙酉	丙戌	丁亥	戊子	己丑	庚寅	辛卯	壬辰	癸巳	甲午	乙未	
		天地西曆	25	26	27	28	29	30	31	(6)	2	3	4	5	6	7	8	9	10	11	12	13	14	15	16	17	18	19	20	21	22	23	
八月小	甲申	干支	丙申	丁酉	戊戌	己亥	庚子	辛丑	壬寅	癸卯	甲辰	乙巳	丙午	丁未	戊申	己酉	庚戌	辛亥	壬子	癸丑	甲寅	乙卯	丙辰	丁巳	戊午	己未	庚申	辛酉	壬戌	癸亥	甲子		辛丑夏至
		天地西曆	24	25	26	27	28	29	30	(7)	2	3	4	5	6	7	8	9	10	11	12	13	14	15	16	17	18	19	20	21	22		
九月大	乙酉	干支	乙丑	丙寅	丁卯	戊辰	己巳	庚午	辛未	壬申	癸酉	甲戌	乙亥	丙子	丁丑	戊寅	己卯	庚辰	辛巳	壬午	癸未	甲申	乙酉	丙戌	丁亥	戊子	己丑	庚寅	辛卯	壬辰	癸巳	甲午	戊子立秋
		天地西曆	23	24	25	26	27	28	29	30	31	(8)	2	3	4	5	6	7	8	9	10	11	12	13	14	15	16	17	18	19	20	21	
十月小	丙戌	干支	乙未	丙申	丁酉	戊戌	己亥	庚子	辛丑	壬寅	癸卯	甲辰	乙巳	丙午	丁未	戊申	己酉	庚戌	辛亥	壬子	癸丑	甲寅	乙卯	丙辰	丁巳	戊午	己未	庚申	辛酉	壬戌	癸亥		
		天地西曆	22	23	24	25	26	27	28	29	30	31	(9)	2	3	4	5	6	7	8	9	10	11	12	13	14	15	16	17	18	19		
十一月大	丁亥	干支	甲子	乙丑	丙寅	丁卯	戊辰	己巳	庚午	辛未	壬申	癸酉	甲戌	乙亥	丙子	丁丑	戊寅	己卯	庚辰	辛巳	壬午	癸未	甲申	乙酉	丙戌	丁亥	戊子	己丑	庚寅	辛卯	壬辰	癸巳	癸酉秋分 甲子日食
		天地西曆	20	21	22	23	24	25	26	27	28	29	30	(10)	2	3	4	5	6	7	8	9	10	11	12	13	14	15	16	17	18	19	
十二月小	戊子	干支	甲午	乙未	丙申	丁酉	戊戌	己亥	庚子	辛丑	壬寅	癸卯	甲辰	乙巳	丙午	丁未	戊申	己酉	庚戌	辛亥	壬子	癸丑	甲寅	乙卯	丙辰	丁巳	戊午	己未	庚申	辛酉	壬戌		戊午立冬
		天地西曆	20	21	22	23	24	25	26	27	28	29	30	31	(11)	2	3	4	5	6	7	8	9	10	11	12	13	14	15	16	17		
閏月大	戊子	干支	癸亥	甲子	乙丑	丙寅	丁卯	戊辰	己巳	庚午	辛未	壬申	癸酉	甲戌	乙亥	丙子	丁丑	戊寅	己卯	庚辰	辛巳	壬午	癸未	甲申	乙酉	丙戌	丁亥	戊子	己丑	庚寅	辛卯	壬辰	
		天地西曆	18	19	20	21	22	23	24	25	26	27	28	29	30	(12)	2	3	4	5	6	7	8	9	10	11	12	13	14	15	16	17	

朔閏異同	曆名	正月	二月	三月	四月	五月	六月	七月	八月	九月	十月	十一	十二	閏月
	周曆殷曆	戊辰戊戌	丁酉戊辰	丁卯丁酉	---丙申---丁卯	丙寅丙申	乙未丙寅	乙丑乙未	乙未乙丑	甲子甲午	甲午甲子	癸亥癸巳	癸巳癸亥	壬戌壬辰
	曆名	正月	二月	三月	四月	五月	六月	七月	八月	九月	十月	十一	十二	閏月
	夏曆新曆	丁酉戊戌	丁卯戊辰	丙申丁酉	丙寅丁卯	乙未丙申	乙丑乙丑	甲午乙未	甲子甲子	癸巳甲午	癸亥癸亥	癸巳癸巳	壬戌壬戌	

*《長曆》：正月己亥，二月己巳，三月戊戌，四月戊辰，五月丁酉，六月丁卯，七月丙申，八月丙寅，九月乙未，十月乙丑，十一甲午，十二甲子。

周定王七年 魯宣公九年（辛酉 鷄年） 公元前601 ~ 前600年 歲在實沈

魯曆月序		中西曆日對照	初一	初二	初三	初四	初五	初六	初七	初八	初九	初十	十一	十二	十三	十四	十五	十六	十七	十八	十九	二十	二一	二二	二三	二四	二五	二六	二七	二八	二九	三十	節氣與天象
正月大	己丑	干支曆 天地西	癸巳 18	甲午 19	乙未 20	丙申 21	丁酉 22	戊戌 23	己亥 24	庚子 25	辛丑 26	壬寅 27	癸卯 28	甲辰 29	乙巳 30	丙午 31	丁未 (1)	戊申 2	己酉 3	庚戌 4	辛亥 5	壬子 6	癸丑 7	甲寅 8	乙卯 9	丙辰 10	丁巳 11	戊午 12	己未 13	庚申 14	辛酉 15	壬戌 16	壬寅冬至
二月小	庚寅	干支曆 天地西	癸亥 17	甲子 18	乙丑 19	丙寅 20	丁卯 21	戊辰 22	己巳 23	庚午 24	辛未 25	壬申 26	癸酉 27	甲戌 28	乙亥 29	丙子 30	丁丑 31	戊寅 (2)	己卯 2	庚辰 3	辛巳 4	壬午 5	癸未 6	甲申 7	乙酉 8	丙戌 9	丁亥 10	戊子 11	己丑 12	庚寅 13	辛卯 14		丁亥立春
三月大	辛卯	干支曆 天地西	壬辰 15	癸巳 16	甲午 17	乙未 18	丙申 19	丁酉 20	戊戌 21	己亥 22	庚子 23	辛丑 24	壬寅 25	癸卯 26	甲辰 27	乙巳 28	丙午 (3)	丁未 2	戊申 3	己酉 4	庚戌 5	辛亥 6	壬子 7	癸丑 8	甲寅 9	乙卯 10	丙辰 11	丁巳 12	戊午 13	己未 14	庚申 15	辛酉 16	
四月小	壬辰	干支曆 天地西	壬戌 17	癸亥 18	甲子 19	乙丑 20	丙寅 21	丁卯 22	戊辰 23	己巳 24	庚午 25	辛未 26	壬申 27	癸酉 28	甲戌 29	乙亥 30	丙子 31	丁丑 (4)	戊寅 2	己卯 3	庚辰 4	辛巳 5	壬午 6	癸未 7	甲申 8	乙酉 9	丙戌 10	丁亥 11	戊子 12	己丑 13	庚寅 14		壬申春分
五月大	癸巳	干支曆 天地西	辛卯 15	壬辰 16	癸巳 17	甲午 18	乙未 19	丙申 20	丁酉 21	戊戌 22	己亥 23	庚子 24	辛丑 25	壬寅 26	癸卯 27	甲辰 28	乙巳 29	丙午 30	丁未 (5)	戊申 2	己酉 3	庚戌 4	辛亥 5	壬子 6	癸丑 7	甲寅 8	乙卯 9	丙辰 10	丁巳 11	戊午 12	己未 13	庚申 14	己未立夏
六月小	甲午	干支曆 天地西	辛酉 15	壬戌 16	癸亥 17	甲子 18	乙丑 19	丙寅 20	丁卯 21	戊辰 22	己巳 23	庚午 24	辛未 25	壬申 26	癸酉 27	甲戌 28	乙亥 29	丙子 30	丁丑 31	戊寅 (6)	己卯 2	庚辰 3	辛巳 4	壬午 5	癸未 6	甲申 7	乙酉 8	丙戌 9	丁亥 10	戊子 11	己丑 12		
七月大	乙未	干支曆 天地西	庚寅 13	辛卯 14	壬辰 15	癸巳 16	甲午 17	乙未 18	丙申 19	丁酉 20	戊戌 21	己亥 22	庚子 23	辛丑 24	壬寅 25	癸卯 26	甲辰 27	乙巳 28	丙午 29	丁未 30	戊申 (7)	己酉 2	庚戌 3	辛亥 4	壬子 5	癸丑 6	甲寅 7	乙卯 8	丙辰 9	丁巳 10	戊午 11	己未 12	丁未夏至
八月小	丙申	干支曆 天地西	庚申 13	辛酉 14	壬戌 15	癸亥 16	甲子 17	乙丑 18	丙寅 19	丁卯 20	戊辰 21	己巳 22	庚午 23	辛未 24	壬申 25	癸酉 26	甲戌 27	乙亥 28	丙子 29	丁丑 30	戊寅 31	己卯 (8)	庚辰 2	辛巳 3	壬午 4	癸未 5	甲申 6	乙酉 7	丙戌 8	丁亥 9	戊子 10		
九月大	丁酉	干支曆 天地西	己丑 11	庚寅 12	辛卯 13	壬辰 14	癸巳 15	甲午 16	乙未 17	丙申 18	丁酉 19	戊戌 20	己亥 21	庚子 22	辛丑 23	壬寅 24	癸卯 25	甲辰 26	乙巳 27	丙午 28	丁未 29	戊申 30	己酉 31	庚戌 (9)	辛亥 2	壬子 3	癸丑 4	甲寅 5	乙卯 6	丙辰 7	丁巳 8	戊午 9	癸巳立秋
十月小	戊戌	干支曆 天地西	己未 10	庚申 11	辛酉 12	壬戌 13	癸亥 14	甲子 15	乙丑 16	丙寅 17	丁卯 18	戊辰 19	己巳 20	庚午 21	辛未 22	壬申 23	癸酉 24	甲戌 25	乙亥 26	丙子 27	丁丑 28	戊寅 29	己卯 30	庚辰 (10)	辛巳 2	壬午 3	癸未 4	甲申 5	乙酉 6	丙戌 7	丁亥 8		己卯秋分 己未日食
十一月大	己亥	干支曆 天地西	戊子 9	己丑 10	庚寅 11	辛卯 12	壬辰 13	癸巳 14	甲午 15	乙未 16	丙申 17	丁酉 18	戊戌 19	己亥 20	庚子 21	辛丑 22	壬寅 23	癸卯 24	甲辰 25	乙巳 26	丙午 27	丁未 28	戊申 29	己酉 30	庚戌 31	辛亥 (11)	壬子 2	癸丑 3	甲寅 4	乙卯 5	丙辰 6	丁巳 7	
十二月小	庚子	干支曆 天地西	戊午 8	己未 9	庚申 10	辛酉 11	壬戌 12	癸亥 13	甲子 14	乙丑 15	丙寅 16	丁卯 17	戊辰 18	己巳 19	庚午 20	辛未 21	壬申 22	癸酉 23	甲戌 24	乙亥 25	丙子 26	丁丑 27	戊寅 28	己卯 29	庚辰 30	辛巳 (12)	壬午 2	癸未 3	甲申 4	乙酉 5	丙戌 6		癸亥立冬

朔閏異同	曆名	正月	二月	三月	四月	五月	六月	七月	八月	九月	十月	十一	十二	閏月	曆名	正月	二月	三月	四月	五月	六月	七月	八月	九月	十月	十一	十二	閏月
	周曆殷曆	壬辰壬戌	辛酉壬辰	辛卯辛酉	庚申辛卯	庚寅庚申	己未庚寅	己丑己未	戊午己丑	戊子戊午	戊午戊子	丁亥丁巳	丁巳丁亥		夏曆新曆	壬辰壬辰	辛酉壬戌	辛卯辛卯	庚申辛酉	庚寅辛卯	己未庚申	己丑己丑	戊午己未	戊子戊子	丁巳戊午	丁亥丁亥	丙辰丁巳	

*《長曆》：正月癸巳，二月癸亥，三月壬辰，四月壬戌，五月壬辰，六月辛酉，七月辛卯，八月庚申，九月庚寅，十月己未，十一己丑，十二戊午。

周定王八年 魯宣公十年（壬戌 狗年） 公元前600～前599年 歲在鶉首

魯曆月序		中西曆日對照	初一	初二	初三	初四	初五	初六	初七	初八	初九	初十	十一	十二	十三	十四	十五	十六	十七	十八	十九	二十	二一	二二	二三	二四	二五	二六	二七	二八	二九	三十	節氣與天象
正月大	辛丑	天干地支西曆	丁亥7	戊子8	己丑9	庚寅10	辛卯11	壬辰12	癸巳13	甲午14	乙未15	丙申16	丁酉17	戊戌18	己亥19	庚子20	辛丑21	壬寅22	癸卯23	甲辰24	乙巳25	丙午26	丁未27	戊申28	己酉29	庚戌30	辛亥31	壬子(1)	癸丑2	甲寅3	乙卯4	丙辰5	丁未冬至
二月小	壬寅	天干地支西曆	丁巳6	戊午7	己未8	庚申9	辛酉10	壬戌11	癸亥12	甲子13	乙丑14	丙寅15	丁卯16	戊辰17	己巳18	庚午19	辛未20	壬申21	癸酉22	甲戌23	乙亥24	丙子25	丁丑26	戊寅27	己卯28	庚辰29	辛巳30	壬午31	癸未(2)	甲申2	乙酉3		
三月大	癸卯	天干地支西曆	丙戌4	丁亥5	戊子6	己丑7	庚寅8	辛卯9	壬辰10	癸巳11	甲午12	乙未13	丙申14	丁酉15	戊戌16	己亥17	庚子18	辛丑19	壬寅20	癸卯21	甲辰22	乙巳23	丙午24	丁未25	戊申26	己酉27	庚戌28	辛亥(3)	壬子2	癸丑3	甲寅4	乙卯5	壬辰立春
四月大	甲辰	天干地支西曆	丙辰6	丁巳7	戊午8	己未9	庚申10	辛酉11	壬戌12	癸亥13	甲子14	乙丑15	丙寅16	丁卯17	戊辰18	己巳19	庚午20	辛未21	壬申22	癸酉23	甲戌24	乙亥25	丙子26	丁丑27	戊寅28	己卯29	庚辰30	辛巳31	壬午(4)	癸未2	甲申3	乙酉4	戊寅春分 丙辰日食
五月小	乙巳	天干地支西曆	丙戌5	丁亥6	戊子7	己丑8	庚寅9	辛卯10	壬辰11	癸巳12	甲午13	乙未14	丙申15	丁酉16	戊戌17	己亥18	庚子19	辛丑20	壬寅21	癸卯22	甲辰23	乙巳24	丙午25	丁未26	戊申27	己酉28	庚戌29	辛亥30	壬子(5)	癸丑2	甲寅3		
六月大	丙午	天干地支西曆	乙卯4	丙辰5	丁巳6	戊午7	己未8	庚申9	辛酉10	壬戌11	癸亥12	甲子13	乙丑14	丙寅15	丁卯16	戊辰17	己巳18	庚午19	辛未20	壬申21	癸酉22	甲戌23	乙亥24	丙子25	丁丑26	戊寅27	己卯28	庚辰29	辛巳30	壬午31	癸未(6)	甲申2	乙丑立夏
七月小	丁未	天干地支西曆	乙酉3	丙戌4	丁亥5	戊子6	己丑7	庚寅8	辛卯9	壬辰10	癸巳11	甲午12	乙未13	丙申14	丁酉15	戊戌16	己亥17	庚子18	辛丑19	壬寅20	癸卯21	甲辰22	乙巳23	丙午24	丁未25	戊申26	己酉27	庚戌28	辛亥29	壬子30	癸丑(7)		壬子夏至
八月大	戊申	天干地支西曆	甲寅2	乙卯3	丙辰4	丁巳5	戊午6	己未7	庚申8	辛酉9	壬戌10	癸亥11	甲子12	乙丑13	丙寅14	丁卯15	戊辰16	己巳17	庚午18	辛未19	壬申20	癸酉21	甲戌22	乙亥23	丙子24	丁丑25	戊寅26	己卯27	庚辰28	辛巳29	壬午30	癸未31	
九月小	己酉	天干地支西曆	甲申(8)	乙酉2	丙戌3	丁亥4	戊子5	己丑6	庚寅7	辛卯8	壬辰9	癸巳10	甲午11	乙未12	丙申13	丁酉14	戊戌15	己亥16	庚子17	辛丑18	壬寅19	癸卯20	甲辰21	乙巳22	丙午23	丁未24	戊申25	己酉26	庚戌27	辛亥28	壬子29		戊戌立秋
十月大	庚戌	天干地支西曆	癸丑30	甲寅31	乙卯(9)	丙辰2	丁巳3	戊午4	己未5	庚申6	辛酉7	壬戌8	癸亥9	甲子10	乙丑11	丙寅12	丁卯13	戊辰14	己巳15	庚午16	辛未17	壬申18	癸酉19	甲戌20	乙亥21	丙子22	丁丑23	戊寅24	己卯25	庚辰26	辛巳27	壬午28	
十一月小	辛亥	天干地支西曆	癸未29	甲申30	乙酉(10)	丙戌2	丁亥3	戊子4	己丑5	庚寅6	辛卯7	壬辰8	癸巳9	甲午10	乙未11	丙申12	丁酉13	戊戌14	己亥15	庚子16	辛丑17	壬寅18	癸卯19	甲辰20	乙巳21	丙午22	丁未23	戊申24	己酉25	庚戌26	辛亥27		甲申秋分
十二月大	壬子	天干地支西曆	壬子28	癸丑29	甲寅30	乙卯31	丙辰(11)	丁巳2	戊午3	己未4	庚申5	辛酉6	壬戌7	癸亥8	甲子9	乙丑10	丙寅11	丁卯12	戊辰13	己巳14	庚午15	辛未16	壬申17	癸酉18	甲戌19	乙亥20	丙子21	丁丑22	戊寅23	己卯24	庚辰25	辛巳26	戊辰立冬
閏月小	壬子	天干地支西曆	壬午27	癸未28	甲申29	乙酉30	丙戌(12)	丁亥2	戊子3	己丑4	庚寅5	辛卯6	壬辰7	癸巳8	甲午9	乙未10	丙申11	丁酉12	戊戌13	己亥14	庚子15	辛丑16	壬寅17	癸卯18	甲辰19	乙巳20	丙午21	丁未22	戊申23	己酉24	庚戌25		

朔閏異同	曆名	正月	二月	三月	四月	五月	六月	七月	八月	九月	十月	十一	十二	閏月
	周曆殷曆	丙戌丙辰	丙辰丙戌	乙酉乙卯	乙卯乙酉	甲申乙卯	甲寅甲申	癸未甲寅	癸丑癸未	壬午癸丑	壬子壬午	辛巳壬子	---辛亥---辛巳	庚辰辛亥
	夏曆新曆	丙戌丙戌	丙辰丙辰	乙酉乙酉	乙卯乙卯	甲申乙酉	甲寅甲寅	癸未甲申	癸丑---癸丑	壬午癸未	---壬子壬子	辛巳壬午	辛亥辛亥	庚辰辛巳

*《長曆》：正月戊子，二月丁巳，三月丁亥，四月丙辰，五月丙戌，閏月乙卯，六月乙酉，七月乙卯，八月甲申，九月甲寅，十月癸未，十一癸丑，十二壬午。

周定王九年 魯宣公十一年（癸亥 猪年） 公元前599 ~ 前598年 歲在鶉火

魯曆月序		中西曆日對照	初一	初二	初三	初四	初五	初六	初七	初八	初九	初十	十一	十二	十三	十四	十五	十六	十七	十八	十九	二十	二一	二二	二三	二四	二五	二六	二七	二八	二九	三十	節氣與天象
正月大	癸丑	干支 天地西曆	辛亥26	壬子27	癸丑28	甲寅29	乙卯30	丙辰31	丁巳(1)	戊午2	己未3	庚申4	辛酉5	壬戌6	癸亥7	甲子8	乙丑9	丙寅10	丁卯11	戊辰12	己巳13	庚午14	辛未15	壬申16	癸酉17	甲戌18	乙亥19	丙子20	丁丑21	戊寅22	己卯23	庚辰24	壬子冬至
二月小	甲寅	干支 天地西曆	辛巳25	壬午26	癸未27	甲申28	乙酉29	丙戌30	丁亥31	戊子(2)	己丑2	庚寅3	辛卯4	壬辰5	癸巳6	甲午7	乙未8	丙申9	丁酉10	戊戌11	己亥12	庚子13	辛丑14	壬寅15	癸卯16	甲辰17	乙巳18	丙午19	丁未20	戊申21	己酉22		丁酉立春
三月大	乙卯	干支 天地西曆	庚戌23	辛亥24	壬子25	癸丑26	甲寅27	乙卯28	丙辰(3)	丁巳2	戊午3	己未4	庚申5	辛酉6	壬戌7	癸亥8	甲子9	乙丑10	丙寅11	丁卯12	戊辰13	己巳14	庚午15	辛未16	壬申17	癸酉18	甲戌19	乙亥20	丙子21	丁丑22	戊寅23	己卯24	
四月小	丙辰	干支 天地西曆	庚辰25	辛巳26	壬午27	癸未28	甲申29	乙酉30	丙戌31	丁亥(4)	戊子2	己丑3	庚寅4	辛卯5	壬辰6	癸巳7	甲午8	乙未9	丙申10	丁酉11	戊戌12	己亥13	庚子14	辛丑15	壬寅16	癸卯17	甲辰18	乙巳19	丙午20	丁未21	戊申22		癸未春分
五月大	丁巳	干支 天地西曆	己酉23	庚戌24	辛亥25	壬子26	癸丑27	甲寅28	乙卯29	丙辰30	丁巳(5)	戊午2	己未3	庚申4	辛酉5	壬戌6	癸亥7	甲子8	乙丑9	丙寅10	丁卯11	戊辰12	己巳13	庚午14	辛未15	壬申16	癸酉17	甲戌18	乙亥19	丙子20	丁丑21	戊寅22	庚午立夏
六月小	戊午	干支 天地西曆	己卯23	庚辰24	辛巳25	壬午26	癸未27	甲申28	乙酉29	丙戌30	丁亥31	戊子(6)	己丑2	庚寅3	辛卯4	壬辰5	癸巳6	甲午7	乙未8	丙申9	丁酉10	戊戌11	己亥12	庚子13	辛丑14	壬寅15	癸卯16	甲辰17	乙巳18	丙午19	丁未20		
七月大	己未	干支 天地西曆	戊申21	己酉22	庚戌23	辛亥24	壬子25	癸丑26	甲寅27	乙卯28	丙辰29	丁巳30	戊午(7)	己未2	庚申3	辛酉4	壬戌5	癸亥6	甲子7	乙丑8	丙寅9	丁卯10	戊辰11	己巳12	庚午13	辛未14	壬申15	癸酉16	甲戌17	乙亥18	丙子19	丁丑20	丁巳夏至
八月大	庚申	干支 天地西曆	戊寅21	己卯22	庚辰23	辛巳24	壬午25	癸未26	甲申27	乙酉28	丙戌29	丁亥30	戊子31	己丑(8)	庚寅2	辛卯3	壬辰4	癸巳5	甲午6	乙未7	丙申8	丁酉9	戊戌10	己亥11	庚子12	辛丑13	壬寅14	癸卯15	甲辰16	乙巳17	丙午18	丁未19	甲辰立秋
九月小	辛酉	干支 天地西曆	戊申20	己酉21	庚戌22	辛亥23	壬子24	癸丑25	甲寅26	乙卯27	丙辰28	丁巳29	戊午30	己未31	庚申(9)	辛酉2	壬戌3	癸亥4	甲子5	乙丑6	丙寅7	丁卯8	戊辰9	己巳10	庚午11	辛未12	壬申13	癸酉14	甲戌15	乙亥16	丙子17		
十月大	壬戌	干支 天地西曆	丁丑18	戊寅19	己卯20	庚辰21	辛巳22	壬午23	癸未24	甲申25	乙酉26	丙戌27	丁亥28	戊子29	己丑30	庚寅(10)	辛卯2	壬辰3	癸巳4	甲午5	乙未6	丙申7	丁酉8	戊戌9	己亥10	庚子11	辛丑12	壬寅13	癸卯14	甲辰15	乙巳16	丙午17	己丑秋分
十一月小	癸亥	干支 天地西曆	丁未18	戊申19	己酉20	庚戌21	辛亥22	壬子23	癸丑24	甲寅25	乙卯26	丙辰27	丁巳28	戊午29	己未30	庚申31	辛酉(11)	壬戌2	癸亥3	甲子4	乙丑5	丙寅6	丁卯7	戊辰8	己巳9	庚午10	辛未11	壬申12	癸酉13	甲戌14	乙亥15		癸酉立冬
十二月大	甲子	干支 天地西曆	丙子16	丁丑17	戊寅18	己卯19	庚辰20	辛巳21	壬午22	癸未23	甲申24	乙酉25	丙戌26	丁亥27	戊子28	己丑29	庚寅30	辛卯(12)	壬辰2	癸巳3	甲午4	乙未5	丙申6	丁酉7	戊戌8	己亥9	庚子10	辛丑11	壬寅12	癸卯13	甲辰14	乙巳15	

朔閏異同	曆名	正月	二月	三月	四月	五月	六月	七月	八月	九月	十月	十一	十二	閏月		曆名	正月	二月	三月	四月	五月	六月	七月	八月	九月	十月	十一	十二	閏月
	周曆殷曆	庚戌庚辰	庚辰庚戌	己酉己卯	己卯己酉	戊申戊寅	戊寅戊申	丁未丁丑	丁丑丁未	丙午丁丑	丙子丙午	乙巳丙子	乙亥乙巳			夏曆新曆	庚戌庚戌	己卯庚辰	己酉己酉	戊寅己卯	戊申戊申	戊寅戊寅	丁未戊申	丁丑丁丑	丙午丁未	丙子丙子	乙巳丙午	乙亥乙亥	

*《長曆》：正月壬子，二月辛巳，三月辛亥，四月庚辰，五月庚戌，六月己卯，七月己酉，八月戊寅，九月戊申，十月丁丑，十一丁未，十二丁丑。

周定王十年 魯宣公十二年（甲子 鼠年） 公元前598 ~ 前597年 歲在鶉尾

魯曆月序		中西曆日對照	初一	初二	初三	初四	初五	初六	初七	初八	初九	初十	十一	十二	十三	十四	十五	十六	十七	十八	十九	二十	二一	二二	二三	二四	二五	二六	二七	二八	二九	三十	節氣與天象
正月小	乙丑	干支 天地西曆	丙午16	丁未17	戊申18	己酉19	庚戌20	辛亥21	壬子22	癸丑23	甲寅24	乙卯25	丙辰26	丁巳27	戊午28	己未29	庚申30	辛酉31	壬戌(1)	癸亥2	甲子3	乙丑4	丙寅5	丁卯6	戊辰7	己巳8	庚午9	辛未10	壬申11	癸酉12	甲戌13		戊午冬至
二月大	丙寅	干支 天地西曆	乙亥14	丙子15	丁丑16	戊寅17	己卯18	庚辰19	辛巳20	壬午21	癸未22	甲申23	乙酉24	丙戌25	丁亥26	戊子27	己丑28	庚寅29	辛卯30	壬辰31	癸巳(2)	甲午2	乙未3	丙申4	丁酉5	戊戌6	己亥7	庚子8	辛丑9	壬寅10	癸卯11	甲辰12	壬寅立春
三月小	丁卯	干支 天地西曆	乙巳13	丙午14	丁未15	戊申16	己酉17	庚戌18	辛亥19	壬子20	癸丑21	甲寅22	乙卯23	丙辰24	丁巳25	戊午26	己未27	庚申28	辛酉29	壬戌(3)	癸亥2	甲子3	乙丑4	丙寅5	丁卯6	戊辰7	己巳8	庚午9	辛未10	壬申11	癸酉12		
四月大	戊辰	干支 天地西曆	甲戌13	乙亥14	丙子15	丁丑16	戊寅17	己卯18	庚辰19	辛巳20	壬午21	癸未22	甲申23	乙酉24	丙戌25	丁亥26	戊子27	己丑28	庚寅29	辛卯30	壬辰31	癸巳(4)	甲午2	乙未3	丙申4	丁酉5	戊戌6	己亥7	庚子8	辛丑9	壬寅10	癸卯11	戊子春分
五月小	己巳	干支 天地西曆	甲辰12	乙巳13	丙午14	丁未15	戊申16	己酉17	庚戌18	辛亥19	壬子20	癸丑21	甲寅22	乙卯23	丙辰24	丁巳25	戊午26	己未27	庚申28	辛酉29	壬戌30	癸亥(5)	甲子2	乙丑3	丙寅4	丁卯5	戊辰6	己巳7	庚午8	辛未9	壬申10		
六月大	庚午	干支 天地西曆	癸酉11	甲戌12	乙亥13	丙子14	丁丑15	戊寅16	己卯17	庚辰18	辛巳19	壬午20	癸未21	甲申22	乙酉23	丙戌24	丁亥25	戊子26	己丑27	庚寅28	辛卯29	壬辰30	癸巳31	甲午(6)	乙未2	丙申3	丁酉4	戊戌5	己亥6	庚子7	辛丑8	壬寅9	乙亥立夏
七月小	辛未	干支 天地西曆	癸卯10	甲辰11	乙巳12	丙午13	丁未14	戊申15	己酉16	庚戌17	辛亥18	壬子19	癸丑20	甲寅21	乙卯22	丙辰23	丁巳24	戊午25	己未26	庚申27	辛酉28	壬戌29	癸亥30	甲子(7)	乙丑2	丙寅3	丁卯4	戊辰5	己巳6	庚午7	辛未8		壬戌夏至
八月大	壬申	干支 天地西曆	壬申9	癸酉10	甲戌11	乙亥12	丙子13	丁丑14	戊寅15	己卯16	庚辰17	辛巳18	壬午19	癸未20	甲申21	乙酉22	丙戌23	丁亥24	戊子25	己丑26	庚寅27	辛卯28	壬辰29	癸巳30	甲午31	乙未(8)	丙申2	丁酉3	戊戌4	己亥5	庚子6	辛丑7	壬申日食
九月小	癸酉	干支 天地西曆	壬寅8	癸卯9	甲辰10	乙巳11	丙午12	丁未13	戊申14	己酉15	庚戌16	辛亥17	壬子18	癸丑19	甲寅20	乙卯21	丙辰22	丁巳23	戊午24	己未25	庚申26	辛酉27	壬戌28	癸亥29	甲子30	乙丑31	丙寅(9)	丁卯2	戊辰3	己巳4	庚午5		己酉立秋
十月大	甲戌	干支 天地西曆	辛未6	壬申7	癸酉8	甲戌9	乙亥10	丙子11	丁丑12	戊寅13	己卯14	庚辰15	辛巳16	壬午17	癸未18	甲申19	乙酉20	丙戌21	丁亥22	戊子23	己丑24	庚寅25	辛卯26	壬辰27	癸巳28	甲午29	乙未30	丙申(10)	丁酉2	戊戌3	己亥4	庚子5	甲午秋分
十一月小	乙亥	干支 天地西曆	辛丑6	壬寅7	癸卯8	甲辰9	乙巳10	丙午11	丁未12	戊申13	己酉14	庚戌15	辛亥16	壬子17	癸丑18	甲寅19	乙卯20	丙辰21	丁巳22	戊午23	己未24	庚申25	辛酉26	壬戌27	癸亥28	甲子29	乙丑30	丙寅31	丁卯(11)	戊辰2	己巳3		
十二月大	丙子	干支 天地西曆	庚午4	辛未5	壬申6	癸酉7	甲戌8	乙亥9	丙子10	丁丑11	戊寅12	己卯13	庚辰14	辛巳15	壬午16	癸未17	甲申18	乙酉19	丙戌20	丁亥21	戊子22	己丑23	庚寅24	辛卯25	壬辰26	癸巳27	甲午28	乙未29	丙申30	丁酉(12)	戊戌2	己亥3	己卯立冬

朔閏異同	曆名	正月	二月	三月	四月	五月	六月	七月	八月	九月	十月	十一	十二	閏月	曆名	正月	二月	三月	四月	五月	六月	七月	八月	九月	十月	十一	十二	閏月
	周曆殷曆	甲辰乙亥	甲戌甲辰	癸卯甲戌	癸酉癸卯	壬寅癸酉	壬申壬寅	壬寅壬申	辛未辛丑	辛丑辛未	庚午庚子	庚子庚午	己巳己亥		夏曆新曆	甲辰乙巳	甲戌甲戌	癸卯甲辰	癸酉癸酉	壬寅壬寅	壬申壬申	辛丑壬寅	辛未辛未	辛丑辛丑	庚午辛未	庚子庚子	己巳庚午	

*《長曆》：正月丙午，二月丙子，三月乙巳，四月乙亥，五月甲辰，閏月甲戌，六月癸卯，七月癸酉，八月壬寅，九月壬申，十月辛丑，十一辛未，十二庚子

周定王十一年 魯宣公十三年（乙丑 牛年） 公元前 597 ~ 前 **596** 年 歲在壽星

魯曆月序		中西曆日對照	初一	初二	初三	初四	初五	初六	初七	初八	初九	初十	十一	十二	十三	十四	十五	十六	十七	十八	十九	二十	二一	二二	二三	二四	二五	二六	二七	二八	二九	三十	節氣與天象
正月大	丁丑	干支 天地西曆	庚子 4	辛丑 5	壬寅 6	癸卯 7	甲辰 8	乙巳 9	丙午 10	丁未 11	戊申 12	己酉 13	庚戌 14	辛亥 15	壬子 16	癸丑 17	甲寅 18	乙卯 19	丙辰 20	丁巳 21	戊午 22	己未 23	庚申 24	辛酉 25	壬戌 26	癸亥 27	甲子 28	乙丑 29	丙寅 30	丁卯 31	戊辰 (1)	己巳 2	癸亥冬至
二月小	戊寅	干支 天地西曆	庚午 3	辛未 4	壬申 5	癸酉 6	甲戌 7	乙亥 8	丙子 9	丁丑 10	戊寅 11	己卯 12	庚辰 13	辛巳 14	壬午 15	癸未 16	甲申 17	乙酉 18	丙戌 19	丁亥 20	戊子 21	己丑 22	庚寅 23	辛卯 24	壬辰 25	癸巳 26	甲午 27	乙未 28	丙申 29	丁酉 30	戊戌 31		
三月大	己卯	干支 天地西曆	己亥 (2)	庚子 2	辛丑 3	壬寅 4	癸卯 5	甲辰 6	乙巳 7	丙午 8	丁未 9	戊申 10	己酉 11	庚戌 12	辛亥 13	壬子 14	癸丑 15	甲寅 16	乙卯 17	丙辰 18	丁巳 19	戊午 20	己未 21	庚申 22	辛酉 23	壬戌 24	癸亥 25	甲子 26	乙丑 27	丙寅 28	丁卯 (3)	戊辰 2	丁未立春
四月小	庚辰	干支 天地西曆	己巳 3	庚午 4	辛未 5	壬申 6	癸酉 7	甲戌 8	乙亥 9	丙子 10	丁丑 11	戊寅 12	己卯 13	庚辰 14	辛巳 15	壬午 16	癸未 17	甲申 18	乙酉 19	丙戌 20	丁亥 21	戊子 22	己丑 23	庚寅 24	辛卯 25	壬辰 26	癸巳 27	甲午 28	乙未 29	丙申 30	丁酉 31		癸巳春分
五月大	辛巳	干支 天地西曆	戊戌 (4)	己亥 2	庚子 3	辛丑 4	壬寅 5	癸卯 6	甲辰 7	乙巳 8	丙午 9	丁未 10	戊申 11	己酉 12	庚戌 13	辛亥 14	壬子 15	癸丑 16	甲寅 17	乙卯 18	丙辰 19	丁巳 20	戊午 21	己未 22	庚申 23	辛酉 24	壬戌 25	癸亥 26	甲子 27	乙丑 28	丙寅 29	丁卯 30	
六月小	壬午	干支 天地西曆	戊辰 (5)	己巳 2	庚午 3	辛未 4	壬申 5	癸酉 6	甲戌 7	乙亥 8	丙子 9	丁丑 10	戊寅 11	己卯 12	庚辰 13	辛巳 14	壬午 15	癸未 16	甲申 17	乙酉 18	丙戌 19	丁亥 20	戊子 21	己丑 22	庚寅 23	辛卯 24	壬辰 25	癸巳 26	甲午 27	乙未 28	丙申 29		庚辰立夏
七月大	癸未	干支 天地西曆	丁酉 30	戊戌 31	己亥 (6)	庚子 2	辛丑 3	壬寅 4	癸卯 5	甲辰 6	乙巳 7	丙午 8	丁未 9	戊申 10	己酉 11	庚戌 12	辛亥 13	壬子 14	癸丑 15	甲寅 16	乙卯 17	丙辰 18	丁巳 19	戊午 20	己未 21	庚申 22	辛酉 23	壬戌 24	癸亥 25	甲子 26	乙丑 27	丙寅 28	
八月小	甲申	干支 天地西曆	丁卯 29	戊辰 30	己巳 (7)	庚午 2	辛未 3	壬申 4	癸酉 5	甲戌 6	乙亥 7	丙子 8	丁丑 9	戊寅 10	己卯 11	庚辰 12	辛巳 13	壬午 14	癸未 15	甲申 16	乙酉 17	丙戌 18	丁亥 19	戊子 20	己丑 21	庚寅 22	辛卯 23	壬辰 24	癸巳 25	甲午 26	乙未 27		戊辰夏至
九月大	乙酉	干支 天地西曆	丙申 28	丁酉 29	戊戌 30	己亥 31	庚子 (8)	辛丑 2	壬寅 3	癸卯 4	甲辰 5	乙巳 6	丙午 7	丁未 8	戊申 9	己酉 10	庚戌 11	辛亥 12	壬子 13	癸丑 14	甲寅 15	乙卯 16	丙辰 17	丁巳 18	戊午 19	己未 20	庚申 21	辛酉 22	壬戌 23	癸亥 24	甲子 25	乙丑 26	甲寅立秋
十月小	丙戌	干支 天地西曆	丙寅 27	丁卯 28	戊辰 29	己巳 30	庚午 31	辛未 (9)	壬申 2	癸酉 3	甲戌 4	乙亥 5	丙子 6	丁丑 7	戊寅 8	己卯 9	庚辰 10	辛巳 11	壬午 12	癸未 13	甲申 14	乙酉 15	丙戌 16	丁亥 17	戊子 18	己丑 19	庚寅 20	辛卯 21	壬辰 22	癸巳 23	甲午 24		
十一月大	丁亥	干支 天地西曆	乙未 25	丙申 26	丁酉 27	戊戌 28	己亥 29	庚子 30	辛丑 (10)	壬寅 2	癸卯 3	甲辰 4	乙巳 5	丙午 6	丁未 7	戊申 8	己酉 9	庚戌 10	辛亥 11	壬子 12	癸丑 13	甲寅 14	乙卯 15	丙辰 16	丁巳 17	戊午 18	己未 19	庚申 20	辛酉 21	壬戌 22	癸亥 23	甲子 24	己亥秋分
十二月小	戊子	干支 天地西曆	乙丑 25	丙寅 26	丁卯 27	戊辰 28	己巳 29	庚午 30	辛未 31	壬申 (11)	癸酉 2	甲戌 3	乙亥 4	丙子 5	丁丑 6	戊寅 7	己卯 8	庚辰 9	辛巳 10	壬午 11	癸未 12	甲申 13	乙酉 14	丙戌 15	丁亥 16	戊子 17	己丑 18	庚寅 19	辛卯 20	壬辰 21	癸巳 22		甲申立冬
閏月大	戊子	干支 天地西曆	甲午 23	乙未 24	丙申 25	丁酉 26	戊戌 27	己亥 28	庚子 29	辛丑 30	壬寅 (12)	癸卯 2	甲辰 3	乙巳 4	丙午 5	丁未 6	戊申 7	己酉 8	庚戌 9	辛亥 10	壬子 11	癸丑 12	甲寅 13	乙卯 14	丙辰 15	丁巳 16	戊午 17	己未 18	庚申 19	辛酉 20	壬戌 21	癸亥 22	

朔閏異同	曆名	正月	二月	三月	四月	五月	六月	七月	八月	九月	十月	十一	十二	閏月	曆名	正月	二月	三月	四月	五月	六月	七月	八月	九月	十月	十一	十二	閏月
	周曆殷曆	己亥己巳	戊辰己亥	戊戌戊辰	丁卯戊戌	丁酉丁卯	丙寅丁酉	丙申丙寅	乙丑---丙申	乙未乙丑	---乙丑乙未	甲午甲子	甲子甲午	癸巳癸亥	夏曆新曆	己亥己亥	戊辰己巳	戊戌戊戌	丁卯---丁卯	丁酉丁酉	---丙寅丙寅	丙申丙申	乙丑乙丑	乙未乙未	甲子乙丑	甲午乙未	癸亥甲子	癸巳甲午

*《長曆》：正月庚午，二月己亥，三月己巳，四月己亥，五月戊辰，六月戊戌，七月丁卯，八月丁酉，九月丙寅，十月丙申，十一乙丑，十二乙未。

周定王十二年 魯宣公十四年（丙寅 虎年） 公元前596～前595年 歲在大火

魯曆月序		中西曆日對照	初一	初二	初三	初四	初五	初六	初七	初八	初九	初十	十一	十二	十三	十四	十五	十六	十七	十八	十九	二十	二十一	二十二	二十三	二十四	二十五	二十六	二十七	二十八	二十九	三十	節氣與天象
正月小	己丑	干支 天地西曆	甲子 23	乙丑 24	丙寅 25	丁卯 26	戊辰 27	己巳 28	庚午 29	辛未 30	壬申 31	癸酉 (1)	甲戌 2	乙亥 3	丙子 4	丁丑 5	戊寅 6	己卯 7	庚辰 8	辛巳 9	壬午 10	癸未 11	甲申 12	乙酉 13	丙戌 14	丁亥 15	戊子 16	己丑 17	庚寅 18	辛卯 19	壬辰 20		戊辰冬至
二月大	庚寅	干支 天地西曆	癸巳 21	甲午 22	乙未 23	丙申 24	丁酉 25	戊戌 26	己亥 27	庚子 28	辛丑 29	壬寅 30	癸卯 31	甲辰 (2)	乙巳 2	丙午 3	丁未 4	戊申 5	己酉 6	庚戌 7	辛亥 8	壬子 9	癸丑 10	甲寅 11	乙卯 12	丙辰 13	丁巳 14	戊午 15	己未 16	庚申 17	辛酉 18	壬戌 19	癸丑立春
三月大	辛卯	干支 天地西曆	癸亥 20	甲子 21	乙丑 22	丙寅 23	丁卯 24	戊辰 25	己巳 26	庚午 27	辛未 28	壬申 (3)	癸酉 2	甲戌 3	乙亥 4	丙子 5	丁丑 6	戊寅 7	己卯 8	庚辰 9	辛巳 10	壬午 11	癸未 12	甲申 13	乙酉 14	丙戌 15	丁亥 16	戊子 17	己丑 18	庚寅 19	辛卯 20	壬辰 21	
四月小	壬辰	干支 天地西曆	癸巳 22	甲午 23	乙未 24	丙申 25	丁酉 26	戊戌 27	己亥 28	庚子 29	辛丑 30	壬寅 31	癸卯 (4)	甲辰 2	乙巳 3	丙午 4	丁未 5	戊申 6	己酉 7	庚戌 8	辛亥 9	壬子 10	癸丑 11	甲寅 12	乙卯 13	丙辰 14	丁巳 15	戊午 16	己未 17	庚申 18	辛酉 19		己亥春分
五月大	癸巳	干支 天地西曆	壬戌 20	癸亥 21	甲子 22	乙丑 23	丙寅 24	丁卯 25	戊辰 26	己巳 27	庚午 28	辛未 29	壬申 30	癸酉 (5)	甲戌 2	乙亥 3	丙子 4	丁丑 5	戊寅 6	己卯 7	庚辰 8	辛巳 9	壬午 10	癸未 11	甲申 12	乙酉 13	丙戌 14	丁亥 15	戊子 16	己丑 17	庚寅 18	辛卯 19	丙戌立夏
六月小	甲午	干支 天地西曆	壬辰 20	癸巳 21	甲午 22	乙未 23	丙申 24	丁酉 25	戊戌 26	己亥 27	庚子 28	辛丑 29	壬寅 30	癸卯 31	甲辰 (6)	乙巳 2	丙午 3	丁未 4	戊申 5	己酉 6	庚戌 7	辛亥 8	壬子 9	癸丑 10	甲寅 11	乙卯 12	丙辰 13	丁巳 14	戊午 15	己未 16	庚申 17		
七月大	乙未	干支 天地西曆	辛酉 18	壬戌 19	癸亥 20	甲子 21	乙丑 22	丙寅 23	丁卯 24	戊辰 25	己巳 26	庚午 27	辛未 28	壬申 29	癸酉 30	甲戌 (7)	乙亥 2	丙子 3	丁丑 4	戊寅 5	己卯 6	庚辰 7	辛巳 8	壬午 9	癸未 10	甲申 11	乙酉 12	丙戌 13	丁亥 14	戊子 15	己丑 16	庚寅 17	癸酉夏至
八月小	丙申	干支 天地西曆	辛卯 18	壬辰 19	癸巳 20	甲午 21	乙未 22	丙申 23	丁酉 24	戊戌 25	己亥 26	庚子 27	辛丑 28	壬寅 29	癸卯 30	甲辰 31	乙巳 (8)	丙午 2	丁未 3	戊申 4	己酉 5	庚戌 6	辛亥 7	壬子 8	癸丑 9	甲寅 10	乙卯 11	丙辰 12	丁巳 13	戊午 14	己未 15		己未立秋
九月大	丁酉	干支 天地西曆	庚申 16	辛酉 17	壬戌 18	癸亥 19	甲子 20	乙丑 21	丙寅 22	丁卯 23	戊辰 24	己巳 25	庚午 26	辛未 27	壬申 28	癸酉 29	甲戌 30	乙亥 31	丙子 (9)	丁丑 2	戊寅 3	己卯 4	庚辰 5	辛巳 6	壬午 7	癸未 8	甲申 9	乙酉 10	丙戌 11	丁亥 12	戊子 13	己丑 14	
十月小	戊戌	干支 天地西曆	庚寅 15	辛卯 16	壬辰 17	癸巳 18	甲午 19	乙未 20	丙申 21	丁酉 22	戊戌 23	己亥 24	庚子 25	辛丑 26	壬寅 27	癸卯 28	甲辰 29	乙巳 30	丙午 (10)	丁未 2	戊申 3	己酉 4	庚戌 5	辛亥 6	壬子 7	癸丑 8	甲寅 9	乙卯 10	丙辰 11	丁巳 12	戊午 13		乙巳秋分
十一月大	己亥	干支 天地西曆	己未 14	庚申 15	辛酉 16	壬戌 17	癸亥 18	甲子 19	乙丑 20	丙寅 21	丁卯 22	戊辰 23	己巳 24	庚午 25	辛未 26	壬申 27	癸酉 28	甲戌 29	乙亥 30	丙子 31	丁丑 (11)	戊寅 2	己卯 3	庚辰 4	辛巳 5	壬午 6	癸未 7	甲申 8	乙酉 9	丙戌 10	丁亥 11	戊子 12	
十二月小	庚子	干支 天地西曆	己丑 13	庚寅 14	辛卯 15	壬辰 16	癸巳 17	甲午 18	乙未 19	丙申 20	丁酉 21	戊戌 22	己亥 23	庚子 24	辛丑 25	壬寅 26	癸卯 27	甲辰 28	乙巳 29	丙午 30	丁未 (12)	戊申 2	己酉 3	庚戌 4	辛亥 5	壬子 6	癸丑 7	甲寅 8	乙卯 9	丙辰 10	丁巳 11		己丑立冬

朔閏異同	曆名	正月	二月	三月	四月	五月	六月	七月	八月	九月	十月	十一	十二	閏月
	周曆殷曆	癸亥癸巳	壬辰壬戌	壬戌壬辰	辛卯壬戌	辛酉辛卯	庚寅辛酉	庚申庚寅	己丑庚申	己未己丑	戊子己未	戊午戊子	丁亥戊午	
	夏曆新曆	癸亥癸亥	壬辰癸巳	壬戌壬戌	辛卯辛卯	辛酉辛酉	庚寅庚寅	庚申庚申	己丑己丑	己未己未	戊子己丑	戊午己未	丁亥戊子	

*《長曆》：正月甲子，二月甲午，三月癸亥，四月癸巳，五月壬戌，六月壬辰，七月壬戌，八月辛卯，九月辛酉，十月庚寅，十一庚申，十二己丑。

周定王十三年 魯宣公十五年（丁卯 兔年） 公元前595～前594年 歲在析木

魯曆月序		中西曆日對照	魯曆日序																														節氣與天象
			初一	初二	初三	初四	初五	初六	初七	初八	初九	初十	十一	十二	十三	十四	十五	十六	十七	十八	十九	二十	二一	二二	二三	二四	二五	二六	二七	二八	二九	三十	
正月大	辛丑	天干地支 西曆	戊午 12	己未 13	庚申 14	辛酉 15	壬戌 16	癸亥 17	甲子 18	乙丑 19	丙寅 20	丁卯 21	戊辰 22	己巳 23	庚午 24	辛未 25	壬申 26	癸酉 27	甲戌 28	乙亥 29	丙子 30	丁丑 31	戊寅 (1)	己卯 2	庚辰 3	辛巳 4	壬午 5	癸未 6	甲申 7	乙酉 8	丙戌 9	丁亥 10	癸酉冬至
二月小	壬寅	天干地支 西曆	戊子 11	己丑 12	庚寅 13	辛卯 14	壬辰 15	癸巳 16	甲午 17	乙未 18	丙申 19	丁酉 20	戊戌 21	己亥 22	庚子 23	辛丑 24	壬寅 25	癸卯 26	甲辰 27	乙巳 28	丙午 29	丁未 30	戊申 31	己酉 (2)	庚戌 2	辛亥 3	壬子 4	癸丑 5	甲寅 6	乙卯 7	丙辰 8		
三月大	癸卯	天干地支 西曆	丁巳 9	戊午 10	己未 11	庚申 12	辛酉 13	壬戌 14	癸亥 15	甲子 16	乙丑 17	丙寅 18	丁卯 19	戊辰 20	己巳 21	庚午 22	辛未 23	壬申 24	癸酉 25	甲戌 26	乙亥 27	丙子 28	丁丑 (3)	戊寅 2	己卯 3	庚辰 4	辛巳 5	壬午 6	癸未 7	甲申 8	乙酉 9	丙戌 10	戊午立春
四月小	甲辰	天干地支 西曆	丁亥 11	戊子 12	己丑 13	庚寅 14	辛卯 15	壬辰 16	癸巳 17	甲午 18	乙未 19	丙申 20	丁酉 21	戊戌 22	己亥 23	庚子 24	辛丑 25	壬寅 26	癸卯 27	甲辰 28	乙巳 29	丙午 30	丁未 31	戊申 (4)	己酉 2	庚戌 3	辛亥 4	壬子 5	癸丑 6	甲寅 7	乙卯 8		甲辰春分
五月大	乙巳	天干地支 西曆	丙辰 9	丁巳 10	戊午 11	己未 12	庚申 13	辛酉 14	壬戌 15	癸亥 16	甲子 17	乙丑 18	丙寅 19	丁卯 20	戊辰 21	己巳 22	庚午 23	辛未 24	壬申 25	癸酉 26	甲戌 27	乙亥 28	丙子 29	丁丑 30	戊寅 (5)	己卯 2	庚辰 3	辛巳 4	壬午 5	癸未 6	甲申 7	乙酉 8	
六月小	丙午	天干地支 西曆	丙戌 9	丁亥 10	戊子 11	己丑 12	庚寅 13	辛卯 14	壬辰 15	癸巳 16	甲午 17	乙未 18	丙申 19	丁酉 20	戊戌 21	己亥 22	庚子 23	辛丑 24	壬寅 25	癸卯 26	甲辰 27	乙巳 28	丙午 29	丁未 30	戊申 31	己酉 (6)	庚戌 2	辛亥 3	壬子 4	癸丑 5	甲寅 6		辛卯立夏
七月大	丁未	天干地支 西曆	乙卯 7	丙辰 8	丁巳 9	戊午 10	己未 11	庚申 12	辛酉 13	壬戌 14	癸亥 15	甲子 16	乙丑 17	丙寅 18	丁卯 19	戊辰 20	己巳 21	庚午 22	辛未 23	壬申 24	癸酉 25	甲戌 26	乙亥 27	丙子 28	丁丑 29	戊寅 30	己卯 (7)	庚辰 2	辛巳 3	壬午 4	癸未 5	甲申 6	戊寅夏至
八月大	戊申	天干地支 西曆	乙酉 7	丙戌 8	丁亥 9	戊子 10	己丑 11	庚寅 12	辛卯 13	壬辰 14	癸巳 15	甲午 16	乙未 17	丙申 18	丁酉 19	戊戌 20	己亥 21	庚子 22	辛丑 23	壬寅 24	癸卯 25	甲辰 26	乙巳 27	丙午 28	丁未 29	戊申 30	己酉 31	庚戌 (8)	辛亥 2	壬子 3	癸丑 4	甲寅 5	
九月小	己酉	天干地支 西曆	乙卯 6	丙辰 7	丁巳 8	戊午 9	己未 10	庚申 11	辛酉 12	壬戌 13	癸亥 14	甲子 15	乙丑 16	丙寅 17	丁卯 18	戊辰 19	己巳 20	庚午 21	辛未 22	壬申 23	癸酉 24	甲戌 25	乙亥 26	丙子 27	丁丑 28	戊寅 29	己卯 30	庚辰 31	辛巳 (9)	壬午 2	癸未 3		乙丑立秋
十月大	庚戌	天干地支 西曆	甲申 4	乙酉 5	丙戌 6	丁亥 7	戊子 8	己丑 9	庚寅 10	辛卯 11	壬辰 12	癸巳 13	甲午 14	乙未 15	丙申 16	丁酉 17	戊戌 18	己亥 19	庚子 20	辛丑 21	壬寅 22	癸卯 23	甲辰 24	乙巳 25	丙午 26	丁未 27	戊申 28	己酉 29	庚戌 30	辛亥 (10)	壬子 2	癸丑 3	庚戌秋分
十一月小	辛亥	天干地支 西曆	甲寅 4	乙卯 5	丙辰 6	丁巳 7	戊午 8	己未 9	庚申 10	辛酉 11	壬戌 12	癸亥 13	甲子 14	乙丑 15	丙寅 16	丁卯 17	戊辰 18	己巳 19	庚午 20	辛未 21	壬申 22	癸酉 23	甲戌 24	乙亥 25	丙子 26	丁丑 27	戊寅 28	己卯 29	庚辰 30	辛巳 31	壬午 (11)		
十二月大	壬子	天干地支 西曆	癸未 2	甲申 3	乙酉 4	丙戌 5	丁亥 6	戊子 7	己丑 8	庚寅 9	辛卯 10	壬辰 11	癸巳 12	甲午 13	乙未 14	丙申 15	丁酉 16	戊戌 17	己亥 18	庚子 19	辛丑 20	壬寅 21	癸卯 22	甲辰 23	乙巳 24	丙午 25	丁未 26	戊申 27	己酉 28	庚戌 29	辛亥 30	壬子 (12)	甲午立冬
閏月小	壬子	天干地支 西曆	癸丑 2	甲寅 3	乙卯 4	丙辰 5	丁巳 6	戊午 7	己未 8	庚申 9	辛酉 10	壬戌 11	癸亥 12	甲子 13	乙丑 14	丙寅 15	丁卯 16	戊辰 17	己巳 18	庚午 19	辛未 20	壬申 21	癸酉 22	甲戌 23	乙亥 24	丙子 25	丁丑 26	戊寅 27	己卯 28	庚辰 29	辛巳 30		戊寅冬至

朔閏異同	曆名	正月	二月	三月	四月	五月	六月	七月	八月	九月	十月	十一	十二	閏月		曆名	正月	二月	三月	四月	五月	六月	七月	八月	九月	十月	十一	十二	閏月
	周曆殷曆	丁巳丁亥	丁亥丁巳	丙辰丙戌	丙戌丙辰	乙卯乙酉	乙酉乙卯	甲寅甲申	甲申甲寅	癸丑甲申	癸未癸丑	壬子癸未	壬午壬子			夏曆新曆	丁巳戊午	丙戌丁亥	丙辰丁巳	乙酉丙戌	乙卯乙卯	乙酉乙酉	甲寅甲寅	甲申癸未	癸丑癸丑	癸未癸未	壬子壬子	壬午---壬午	壬子

*《長曆》：正月己未，二月戊子，三月戊午，四月丁亥，五月丁巳，六月丙戌，七月丙辰，八月乙酉，九月乙卯，十月甲申，十一甲寅，閏月甲申，十二癸丑。

周定王十四年 魯宣公十六年（戊辰 龍年） 公元前 594 ~ 前 593 年 歲在星紀

魯曆月序		中西曆日對照	初一	初二	初三	初四	初五	初六	初七	初八	初九	初十	十一	十二	十三	十四	十五	十六	十七	十八	十九	二十	二一	二二	二三	二四	二五	二六	二七	二八	二九	三十	節氣與天象
正月大	癸丑	天干地支 西曆	壬午 31	癸未 (1)	甲申 2	乙酉 3	丙戌 4	丁亥 5	戊子 6	己丑 7	庚寅 8	辛卯 9	壬辰 10	癸巳 11	甲午 12	乙未 13	丙申 14	丁酉 15	戊戌 16	己亥 17	庚子 18	辛丑 19	壬寅 20	癸卯 21	甲辰 22	乙巳 23	丙午 24	丁未 25	戊申 26	己酉 27	庚戌 28	辛亥 29	
二月小	甲寅	天干地支 西曆	壬子 30	癸丑 31	甲寅 (2)	乙卯 2	丙辰 3	丁巳 4	戊午 5	己未 6	庚申 7	辛酉 8	壬戌 9	癸亥 10	甲子 11	乙丑 12	丙寅 13	丁卯 14	戊辰 15	己巳 16	庚午 17	辛未 18	壬申 19	癸酉 20	甲戌 21	乙亥 22	丙子 23	丁丑 24	戊寅 25	己卯 26	庚辰 27		癸亥立春
三月大	乙卯	天干地支 西曆	辛巳 28	壬午 29	癸未 (3)	甲申 2	乙酉 3	丙戌 4	丁亥 5	戊子 6	己丑 7	庚寅 8	辛卯 9	壬辰 10	癸巳 11	甲午 12	乙未 13	丙申 14	丁酉 15	戊戌 16	己亥 17	庚子 18	辛丑 19	壬寅 20	癸卯 21	甲辰 22	乙巳 23	丙午 24	丁未 25	戊申 26	己酉 27	庚戌 28	己酉春分
四月小	丙辰	天干地支 西曆	辛亥 29	壬子 30	癸丑 31	甲寅 (4)	乙卯 2	丙辰 3	丁巳 4	戊午 5	己未 6	庚申 7	辛酉 8	壬戌 9	癸亥 10	甲子 11	乙丑 12	丙寅 13	丁卯 14	戊辰 15	己巳 16	庚午 17	辛未 18	壬申 19	癸酉 20	甲戌 21	乙亥 22	丙子 23	丁丑 24	戊寅 25	己卯 26		
五月大	丁巳	天干地支 西曆	庚辰 27	辛巳 28	壬午 29	癸未 30	甲申 (5)	乙酉 2	丙戌 3	丁亥 4	戊子 5	己丑 6	庚寅 7	辛卯 8	壬辰 9	癸巳 10	甲午 11	乙未 12	丙申 13	丁酉 14	戊戌 15	己亥 16	庚子 17	辛丑 18	壬寅 19	癸卯 20	甲辰 21	乙巳 22	丙午 23	丁未 24	戊申 25	己酉 26	丙申立夏
六月小	戊午	天干地支 西曆	庚戌 27	辛亥 28	壬子 29	癸丑 30	甲寅 31	乙卯 (6)	丙辰 2	丁巳 3	戊午 4	己未 5	庚申 6	辛酉 7	壬戌 8	癸亥 9	甲子 10	乙丑 11	丙寅 12	丁卯 13	戊辰 14	己巳 15	庚午 16	辛未 17	壬申 18	癸酉 19	甲戌 20	乙亥 21	丙子 22	丁丑 23	戊寅 24		
七月大	己未	天干地支 西曆	己卯 25	庚辰 26	辛巳 27	壬午 28	癸未 29	甲申 30	乙酉 (7)	丙戌 2	丁亥 3	戊子 4	己丑 5	庚寅 6	辛卯 7	壬辰 8	癸巳 9	甲午 10	乙未 11	丙申 12	丁酉 13	戊戌 14	己亥 15	庚子 16	辛丑 17	壬寅 18	癸卯 19	甲辰 20	乙巳 21	丙午 22	丁未 23	戊申 24	癸未夏至
八月小	庚申	天干地支 西曆	己酉 25	庚戌 26	辛亥 27	壬子 28	癸丑 29	甲寅 30	乙卯 31	丙辰 (8)	丁巳 2	戊午 3	己未 4	庚申 5	辛酉 6	壬戌 7	癸亥 8	甲子 9	乙丑 10	丙寅 11	丁卯 12	戊辰 13	己巳 14	庚午 15	辛未 16	壬申 17	癸酉 18	甲戌 19	乙亥 20	丙子 21	丁丑 22		庚午立秋
九月大	辛酉	天干地支 西曆	戊寅 23	己卯 24	庚辰 25	辛巳 26	壬午 27	癸未 28	甲申 29	乙酉 30	丙戌 31	丁亥 (9)	戊子 2	己丑 3	庚寅 4	辛卯 5	壬辰 6	癸巳 7	甲午 8	乙未 9	丙申 10	丁酉 11	戊戌 12	己亥 13	庚子 14	辛丑 15	壬寅 16	癸卯 17	甲辰 18	乙巳 19	丙午 20	丁未 21	
十月小	壬戌	天干地支 西曆	戊申 22	己酉 23	庚戌 24	辛亥 25	壬子 26	癸丑 27	甲寅 28	乙卯 29	丙辰 30	丁巳 (10)	戊午 2	己未 3	庚申 4	辛酉 5	壬戌 6	癸亥 7	甲子 8	乙丑 9	丙寅 10	丁卯 11	戊辰 12	己巳 13	庚午 14	辛未 15	壬申 16	癸酉 17	甲戌 18	乙亥 19	丙子 20		乙卯秋分
十一月大	癸亥	天干地支 西曆	丁丑 21	戊寅 22	己卯 23	庚辰 24	辛巳 25	壬午 26	癸未 27	甲申 28	乙酉 29	丙戌 30	丁亥 31	戊子 (11)	己丑 2	庚寅 3	辛卯 4	壬辰 5	癸巳 6	甲午 7	乙未 8	丙申 9	丁酉 10	戊戌 11	己亥 12	庚子 13	辛丑 14	壬寅 15	癸卯 16	甲辰 17	乙巳 18	丙午 19	庚子立冬 丁丑日食
十二月大	甲子	天干地支 西曆	丁未 20	戊申 21	己酉 22	庚戌 23	辛亥 24	壬子 25	癸丑 26	甲寅 27	乙卯 28	丙辰 29	丁巳 30	戊午 (12)	己未 2	庚申 3	辛酉 4	壬戌 5	癸亥 6	甲子 7	乙丑 8	丙寅 9	丁卯 10	戊辰 11	己巳 12	庚午 13	辛未 14	壬申 15	癸酉 16	甲戌 17	乙亥 18	丙子 19	

朔閏異同	曆名	正月	二月	三月	四月	五月	六月	七月	八月	九月	十月	十一	十二	閏月		曆名	正月	二月	三月	四月	五月	六月	七月	八月	九月	十月	十一	十二	閏月
	周曆殷曆	辛亥壬午	辛巳辛亥	庚戌辛巳	庚辰庚戌	庚戌---庚辰	己卯己酉	---己酉己卯	戊寅戊申	戊申戊寅	丁丑丁未	丁未丁丑	丙子丁未	丙午丙子		夏曆新曆	辛亥壬午	---辛巳辛亥	庚戌辛巳	庚辰庚戌	己酉己卯	己卯己酉	戊申戊寅	戊寅丁未	戊申丁丑	丁丑丁未	丁未丙子	丙子丙午	丙午

*《長曆》：正月癸未，二月壬子，三月壬午，四月辛亥，五月辛巳，六月庚戌，七月庚辰，八月己酉，九月己卯，十月戊申，十一戊寅，十二丁未。

周定王十五年 魯宣公十七年（己巳 蛇年） 公元前593 ~ 前592年 歲在玄枵

魯曆月序		中西曆日對照	魯曆日序																														節氣與天象
			初一	初二	初三	初四	初五	初六	初七	初八	初九	初十	十一	十二	十三	十四	十五	十六	十七	十八	十九	二十	二一	二二	二三	二四	二五	二六	二七	二八	二九	三十	
正月小	乙丑	干支 天地 西曆	丁丑 20	戊寅 21	己卯 22	庚辰 23	辛巳 24	壬午 25	癸未 26	甲申 27	乙酉 28	丙戌 29	丁亥 30	戊子 31	己丑 (1)	庚寅 2	辛卯 3	壬辰 4	癸巳 5	甲午 6	乙未 7	丙申 8	丁酉 9	戊戌 10	己亥 11	庚子 12	辛丑 13	壬寅 14	癸卯 15	甲辰 16	乙巳 17		甲申冬至
二月大	丙寅	干支 天地 西曆	丙午 18	丁未 19	戊申 20	己酉 21	庚戌 22	辛亥 23	壬子 24	癸丑 25	甲寅 26	乙卯 27	丙辰 28	丁巳 29	戊午 30	己未 31	庚申 (2)	辛酉 2	壬戌 3	癸亥 4	甲子 5	乙丑 6	丙寅 7	丁卯 8	戊辰 9	己巳 10	庚午 11	辛未 12	壬申 13	癸酉 14	甲戌 15	乙亥 16	戊辰立春
三月小	丁卯	干支 天地 西曆	丙子 17	丁丑 18	戊寅 19	己卯 20	庚辰 21	辛巳 22	壬午 23	癸未 24	甲申 25	乙酉 26	丙戌 27	丁亥 28	戊子 (3)	己丑 2	庚寅 3	辛卯 4	壬辰 5	癸巳 6	甲午 7	乙未 8	丙申 9	丁酉 10	戊戌 11	己亥 12	庚子 13	辛丑 14	壬寅 15	癸卯 16	甲辰 17		
四月大	戊辰	干支 天地 西曆	乙巳 18	丙午 19	丁未 20	戊申 21	己酉 22	庚戌 23	辛亥 24	壬子 25	癸丑 26	甲寅 27	乙卯 28	丙辰 29	丁巳 30	戊午 31	己未 (4)	庚申 2	辛酉 3	壬戌 4	癸亥 5	甲子 6	乙丑 7	丙寅 8	丁卯 9	戊辰 10	己巳 11	庚午 12	辛未 13	壬申 14	癸酉 15	甲戌 16	甲寅春分
五月小	己巳	干支 天地 西曆	乙亥 17	丙子 18	丁丑 19	戊寅 20	己卯 21	庚辰 22	辛巳 23	壬午 24	癸未 25	甲申 26	乙酉 27	丙戌 28	丁亥 29	戊子 30	己丑 (5)	庚寅 2	辛卯 3	壬辰 4	癸巳 5	甲午 6	乙未 7	丙申 8	丁酉 9	戊戌 10	己亥 11	庚子 12	辛丑 13	壬寅 14	癸卯 15		辛丑立夏
六月大	庚午	干支 天地 西曆	甲辰 16	乙巳 17	丙午 18	丁未 19	戊申 20	己酉 21	庚戌 22	辛亥 23	壬子 24	癸丑 25	甲寅 26	乙卯 27	丙辰 28	丁巳 29	戊午 30	己未 31	庚申 (6)	辛酉 2	壬戌 3	癸亥 4	甲子 5	乙丑 6	丙寅 7	丁卯 8	戊辰 9	己巳 10	庚午 11	辛未 12	壬申 13	癸酉 14	
七月小	辛未	干支 天地 西曆	甲戌 15	乙亥 16	丙子 17	丁丑 18	戊寅 19	己卯 20	庚辰 21	辛巳 22	壬午 23	癸未 24	甲申 25	乙酉 26	丙戌 27	丁亥 28	戊子 29	己丑 30	庚寅 (7)	辛卯 2	壬辰 3	癸巳 4	甲午 5	乙未 6	丙申 7	丁酉 8	戊戌 9	己亥 10	庚子 11	辛丑 12	壬寅 13		戊子夏至
八月大	壬申	干支 天地 西曆	癸卯 14	甲辰 15	乙巳 16	丙午 17	丁未 18	戊申 19	己酉 20	庚戌 21	辛亥 22	壬子 23	癸丑 24	甲寅 25	乙卯 26	丙辰 27	丁巳 28	戊午 29	己未 30	庚申 31	辛酉 (8)	壬戌 2	癸亥 3	甲子 4	乙丑 5	丙寅 6	丁卯 7	戊辰 8	己巳 9	庚午 10	辛未 11	壬申 12	
九月小	癸酉	干支 天地 西曆	癸酉 13	甲戌 14	乙亥 15	丙子 16	丁丑 17	戊寅 18	己卯 19	庚辰 20	辛巳 21	壬午 22	癸未 23	甲申 24	乙酉 25	丙戌 26	丁亥 27	戊子 28	己丑 29	庚寅 30	辛卯 31	壬辰 (9)	癸巳 2	甲午 3	乙未 4	丙申 5	丁酉 6	戊戌 7	己亥 8	庚子 9	辛丑 10		乙亥立秋
十月大	甲戌	干支 天地 西曆	壬寅 11	癸卯 12	甲辰 13	乙巳 14	丙午 15	丁未 16	戊申 17	己酉 18	庚戌 19	辛亥 20	壬子 21	癸丑 22	甲寅 23	乙卯 24	丙辰 25	丁巳 26	戊午 27	己未 28	庚申 29	辛酉 30	壬戌 (10)	癸亥 2	甲子 3	乙丑 4	丙寅 5	丁卯 6	戊辰 7	己巳 8	庚午 9	辛未 10	庚申秋分
十一月小	乙亥	干支 天地 西曆	壬申 11	癸酉 12	甲戌 13	乙亥 14	丙子 15	丁丑 16	戊寅 17	己卯 18	庚辰 19	辛巳 20	壬午 21	癸未 22	甲申 23	乙酉 24	丙戌 25	丁亥 26	戊子 27	己丑 28	庚寅 29	辛卯 30	壬辰 31	癸巳 (11)	甲午 2	乙未 3	丙申 4	丁酉 5	戊戌 6	己亥 7	庚子 8		
十二月大	丙子	干支 天地 西曆	辛丑 9	壬寅 10	癸卯 11	甲辰 12	乙巳 13	丙午 14	丁未 15	戊申 16	己酉 17	庚戌 18	辛亥 19	壬子 20	癸丑 21	甲寅 22	乙卯 23	丙辰 24	丁巳 25	戊午 26	己未 27	庚申 28	辛酉 29	壬戌 30	癸亥 (12)	甲子 2	乙丑 3	丙寅 4	丁卯 5	戊辰 6	己巳 7	庚午 8	乙巳立冬

朔閏異同	曆名	正月	二月	三月	四月	五月	六月	七月	八月	九月	十月	十一	十二	閏月		曆名	正月	二月	三月	四月	五月	六月	七月	八月	九月	十月	十一	十二	閏月
	周曆殷曆	乙亥丙午	乙巳乙亥	甲戌乙巳	甲辰甲戌	癸酉甲辰	癸卯癸酉	壬申癸卯	壬寅壬申	壬申壬寅	辛丑辛未	辛未辛丑	庚子庚午			夏曆新曆	乙亥丙子	乙巳丙午	甲戌乙亥	甲辰乙巳	癸酉甲戌	癸卯癸卯	壬申癸酉	壬寅壬寅	辛未壬申	辛丑辛丑	庚午辛未	庚子庚子	

*《長曆》：正月丁丑，二月丁未，三月丙子，四月丙午，五月乙亥，六月乙巳，七月甲戌，八月甲辰，九月癸酉，十月癸卯，十一壬申，十二壬寅。

周定王十六年 魯宣公十八年（庚午 馬年） 公元前592 ~ 前591年 歲在娵訾

魯曆月序		中西曆日對照	初一	初二	初三	初四	初五	初六	初七	初八	初九	初十	十一	十二	十三	十四	十五	十六	十七	十八	十九	二十	二一	二二	二三	二四	二五	二六	二七	二八	二九	三十	節氣與天象
正月小	丁丑	天干地支西曆	辛未9	壬申10	癸酉11	甲戌12	乙亥13	丙子14	丁丑15	戊寅16	己卯17	庚辰18	辛巳19	壬午20	癸未21	甲申22	乙酉23	丙戌24	丁亥25	戊子26	己丑27	庚寅28	辛卯29	壬辰30	癸巳31	甲午(1)	乙未2	丙申3	丁酉4	戊戌5	己亥6		己丑冬至
二月大	戊寅	天干地支西曆	庚子7	辛丑8	壬寅9	癸卯10	甲辰11	乙巳12	丙午13	丁未14	戊申15	己酉16	庚戌17	辛亥18	壬子19	癸丑20	甲寅21	乙卯22	丙辰23	丁巳24	戊午25	己未26	庚申27	辛酉28	壬戌29	癸亥30	甲子31	乙丑(2)	丙寅2	丁卯3	戊辰4	己巳5	
三月大	己卯	天干地支西曆	庚午6	辛未7	壬申8	癸酉9	甲戌10	乙亥11	丙子12	丁丑13	戊寅14	己卯15	庚辰16	辛巳17	壬午18	癸未19	甲申20	乙酉21	丙戌22	丁亥23	戊子24	己丑25	庚寅26	辛卯27	壬辰28	癸巳(3)	甲午2	乙未3	丙申4	丁酉5	戊戌6	己亥7	甲戌立春
四月小	庚辰	天干地支西曆	庚子8	辛丑9	壬寅10	癸卯11	甲辰12	乙巳13	丙午14	丁未15	戊申16	己酉17	庚戌18	辛亥19	壬子20	癸丑21	甲寅22	乙卯23	丙辰24	丁巳25	戊午26	己未27	庚申28	辛酉29	壬戌30	癸亥31	甲子(4)	乙丑2	丙寅3	丁卯4	戊辰5		庚申春分
五月大	辛巳	天干地支西曆	己巳6	庚午7	辛未8	壬申9	癸酉10	甲戌11	乙亥12	丙子13	丁丑14	戊寅15	己卯16	庚辰17	辛巳18	壬午19	癸未20	甲申21	乙酉22	丙戌23	丁亥24	戊子25	己丑26	庚寅27	辛卯28	壬辰29	癸巳30	甲午(5)	乙未2	丙申3	丁酉4	戊戌5	
六月小	壬午	天干地支西曆	己亥6	庚子7	辛丑8	壬寅9	癸卯10	甲辰11	乙巳12	丙午13	丁未14	戊申15	己酉16	庚戌17	辛亥18	壬子19	癸丑20	甲寅21	乙卯22	丙辰23	丁巳24	戊午25	己未26	庚申27	辛酉28	壬戌29	癸亥30	甲子31	乙丑(6)	丙寅2	丁卯3		丁未立夏
七月大	癸未	天干地支西曆	戊辰4	己巳5	庚午6	辛未7	壬申8	癸酉9	甲戌10	乙亥11	丙子12	丁丑13	戊寅14	己卯15	庚辰16	辛巳17	壬午18	癸未19	甲申20	乙酉21	丙戌22	丁亥23	戊子24	己丑25	庚寅26	辛卯27	壬辰28	癸巳29	甲午30	乙未(7)	丙申2	丁酉3	甲午夏至
八月小	甲申	天干地支西曆	戊戌4	己亥5	庚子6	辛丑7	壬寅8	癸卯9	甲辰10	乙巳11	丙午12	丁未13	戊申14	己酉15	庚戌16	辛亥17	壬子18	癸丑19	甲寅20	乙卯21	丙辰22	丁巳23	戊午24	己未25	庚申26	辛酉27	壬戌28	癸亥29	甲子30	乙丑31	丙寅(8)		
九月大	乙酉	天干地支西曆	丁卯2	戊辰3	己巳4	庚午5	辛未6	壬申7	癸酉8	甲戌9	乙亥10	丙子11	丁丑12	戊寅13	己卯14	庚辰15	辛巳16	壬午17	癸未18	甲申19	乙酉20	丙戌21	丁亥22	戊子23	己丑24	庚寅25	辛卯26	壬辰27	癸巳28	甲午29	乙未30	丙申31	庚辰立秋
十月小	丙戌	天干地支西曆	丁酉(9)	戊戌2	己亥3	庚子4	辛丑5	壬寅6	癸卯7	甲辰8	乙巳9	丙午10	丁未11	戊申12	己酉13	庚戌14	辛亥15	壬子16	癸丑17	甲寅18	乙卯19	丙辰20	丁巳21	戊午22	己未23	庚申24	辛酉25	壬戌26	癸亥27	甲子28	乙丑29		
十一月大	丁亥	天干地支西曆	丙寅30	丁卯(10)	戊辰2	己巳3	庚午4	辛未5	壬申6	癸酉7	甲戌8	乙亥9	丙子10	丁丑11	戊寅12	己卯13	庚辰14	辛巳15	壬午16	癸未17	甲申18	乙酉19	丙戌20	丁亥21	戊子22	己丑23	庚寅24	辛卯25	壬辰26	癸巳27	甲午28	乙未29	丙寅秋分 丙寅日食
十二月小	戊子	天干地支西曆	丙申30	丁酉31	戊戌(11)	己亥2	庚子3	辛丑4	壬寅5	癸卯6	甲辰7	乙巳8	丙午9	丁未10	戊申11	己酉12	庚戌13	辛亥14	壬子15	癸丑16	甲寅17	乙卯18	丙辰19	丁巳20	戊午21	己未22	庚申23	辛酉24	壬戌25	癸亥26	甲子27		庚戌立冬

朔閏異同	曆名	正月	二月	三月	四月	五月	六月	七月	八月	九月	十月	十一	十二	閏月	曆名	正月	二月	三月	四月	五月	六月	七月	八月	九月	十月	十一	十二	閏月
	周曆殷曆	庚午庚子	己亥己巳	己巳己亥	戊戌己巳	戊辰戊戌	丁酉戊辰	丁卯丁酉	丙申丁卯	丙寅丙申	乙未丙寅	乙丑乙未	甲午乙丑		夏曆新曆	庚午庚午	己亥庚子	己巳己巳	戊戌己亥	戊辰戊辰	丁酉戊戌	丁卯丁卯	丙申丁酉	丙寅---丙寅	乙未丙申	---乙丑乙丑	甲午乙未	甲子甲子

*《長曆》：正月辛未，二月辛丑，三月庚午，四月庚子，五月己巳，六月己亥，七月己巳，八月戊戌，九月戊辰，十月丁酉，十一丁卯，十二丙申。

周定王十七年 魯成公元年（辛未 羊年） 公元前 591 ~ 前 **590** 年 歲在降婁

魯曆月序		中西曆日對照	魯曆日序																														節氣與天象
			初一	初二	初三	初四	初五	初六	初七	初八	初九	初十	十一	十二	十三	十四	十五	十六	十七	十八	十九	二十	二一	二二	二三	二四	二五	二六	二七	二八	二九	三十	
正月大	己丑	天干 地支 西曆	乙丑 28	丙寅 29	丁卯 30	戊辰 (12)	己巳 2	庚午 3	辛未 4	壬申 5	癸酉 6	甲戌 7	乙亥 8	丙子 9	丁丑 10	戊寅 11	己卯 12	庚辰 13	辛巳 14	壬午 15	癸未 16	甲申 17	乙酉 18	丙戌 19	丁亥 20	戊子 21	己丑 22	庚寅 23	辛卯 24	壬辰 25	癸巳 26	甲午 27	甲午冬至
二月小	庚寅	天干 地支 西曆	乙未 28	丙申 29	丁酉 30	戊戌 31	己亥 (1)	庚子 2	辛丑 3	壬寅 4	癸卯 5	甲辰 6	乙巳 7	丙午 8	丁未 9	戊申 10	己酉 11	庚戌 12	辛亥 13	壬子 14	癸丑 15	甲寅 16	乙卯 17	丙辰 18	丁巳 19	戊午 20	己未 21	庚申 22	辛酉 23	壬戌 24	癸亥 25		
三月大	辛卯	天干 地支 西曆	甲子 26	乙丑 27	丙寅 28	丁卯 29	戊辰 30	己巳 31	庚午 (2)	辛未 2	壬申 3	癸酉 4	甲戌 5	乙亥 6	丙子 7	丁丑 8	戊寅 9	己卯 10	庚辰 11	辛巳 12	壬午 13	癸未 14	甲申 15	乙酉 16	丙戌 17	丁亥 18	戊子 19	己丑 20	庚寅 21	辛卯 22	壬辰 23	癸巳 24	己卯立春
四月小	壬辰	天干 地支 西曆	甲午 25	乙未 26	丙申 27	丁酉 28	戊戌 (3)	己亥 2	庚子 3	辛丑 4	壬寅 5	癸卯 6	甲辰 7	乙巳 8	丙午 9	丁未 10	戊申 11	己酉 12	庚戌 13	辛亥 14	壬子 15	癸丑 16	甲寅 17	乙卯 18	丙辰 19	丁巳 20	戊午 21	己未 22	庚申 23	辛酉 24	壬戌 25		
五月大	癸巳	天干 地支 西曆	癸亥 26	甲子 27	乙丑 28	丙寅 29	丁卯 30	戊辰 31	己巳 (4)	庚午 2	辛未 3	壬申 4	癸酉 5	甲戌 6	乙亥 7	丙子 8	丁丑 9	戊寅 10	己卯 11	庚辰 12	辛巳 13	壬午 14	癸未 15	甲申 16	乙酉 17	丙戌 18	丁亥 19	戊子 20	己丑 21	庚寅 22	辛卯 23	壬辰 24	乙丑春分
六月小	甲午	天干 地支 西曆	癸巳 25	甲午 26	乙未 27	丙申 28	丁酉 29	戊戌 30	己亥 (5)	庚子 2	辛丑 3	壬寅 4	癸卯 5	甲辰 6	乙巳 7	丙午 8	丁未 9	戊申 10	己酉 11	庚戌 12	辛亥 13	壬子 14	癸丑 15	甲寅 16	乙卯 17	丙辰 18	丁巳 19	戊午 20	己未 21	庚申 22	辛酉 23		壬子立夏
七月大	乙未	天干 地支 西曆	壬戌 24	癸亥 25	甲子 26	乙丑 27	丙寅 28	丁卯 29	戊辰 30	己巳 31	庚午 (6)	辛未 2	壬申 3	癸酉 4	甲戌 5	乙亥 6	丙子 7	丁丑 8	戊寅 9	己卯 10	庚辰 11	辛巳 12	壬午 13	癸未 14	甲申 15	乙酉 16	丙戌 17	丁亥 18	戊子 19	己丑 20	庚寅 21	辛卯 22	
八月大	丙申	天干 地支 西曆	壬辰 23	癸巳 24	甲午 25	乙未 26	丙申 27	丁酉 28	戊戌 29	己亥 30	庚子 (7)	辛丑 2	壬寅 3	癸卯 4	甲辰 5	乙巳 6	丙午 7	丁未 8	戊申 9	己酉 10	庚戌 11	辛亥 12	壬子 13	癸丑 14	甲寅 15	乙卯 16	丙辰 17	丁巳 18	戊午 19	己未 20	庚申 21	辛酉 22	己亥夏至
九月小	丁酉	天干 地支 西曆	壬戌 23	癸亥 24	甲子 25	乙丑 26	丙寅 27	丁卯 28	戊辰 29	己巳 30	庚午 31	辛未 (8)	壬申 2	癸酉 3	甲戌 4	乙亥 5	丙子 6	丁丑 7	戊寅 8	己卯 9	庚辰 10	辛巳 11	壬午 12	癸未 13	甲申 14	乙酉 15	丙戌 16	丁亥 17	戊子 18	己丑 19	庚寅 20		丙戌立秋
十月大	戊戌	天干 地支 西曆	辛卯 21	壬辰 22	癸巳 23	甲午 24	乙未 25	丙申 26	丁酉 27	戊戌 28	己亥 29	庚子 30	辛丑 31	壬寅 (9)	癸卯 2	甲辰 3	乙巳 4	丙午 5	丁未 6	戊申 7	己酉 8	庚戌 9	辛亥 10	壬子 11	癸丑 12	甲寅 13	乙卯 14	丙辰 15	丁巳 16	戊午 17	己未 18	庚申 19	
十一月小	己亥	天干 地支 西曆	辛酉 20	壬戌 21	癸亥 22	甲子 23	乙丑 24	丙寅 25	丁卯 26	戊辰 27	己巳 28	庚午 29	辛未 30	壬申 (10)	癸酉 2	甲戌 3	乙亥 4	丙子 5	丁丑 6	戊寅 7	己卯 8	庚辰 9	辛巳 10	壬午 11	癸未 12	甲申 13	乙酉 14	丙戌 15	丁亥 16	戊子 17	己丑 18		辛未秋分
十二月大	庚子	天干 地支 西曆	庚寅 19	辛卯 20	壬辰 21	癸巳 22	甲午 23	乙未 24	丙申 25	丁酉 26	戊戌 27	己亥 28	庚子 29	辛丑 30	壬寅 31	癸卯 (11)	甲辰 2	乙巳 3	丙午 4	丁未 5	戊申 6	己酉 7	庚戌 8	辛亥 9	壬子 10	癸丑 11	甲寅 12	乙卯 13	丙辰 14	丁巳 15	戊午 16	己未 17	乙卯立冬
閏月小	庚子	天干 地支 西曆	庚申 18	辛酉 19	壬戌 20	癸亥 21	甲子 22	乙丑 23	丙寅 24	丁卯 25	戊辰 26	己巳 27	庚午 28	辛未 29	壬申 30	癸酉 (12)	甲戌 2	乙亥 3	丙子 4	丁丑 5	戊寅 6	己卯 7	庚辰 8	辛巳 9	壬午 10	癸未 11	甲申 12	乙酉 13	丙戌 14	丁亥 15	戊子 16		

朔閏異同	曆名	正月	二月	三月	四月	五月	六月	七月	八月	九月	十月	十一	十二	閏月		曆名	正月	二月	三月	四月	五月	六月	七月	八月	九月	十月	十一	十二	閏月
	周曆殷曆	甲子甲午	甲午---甲子	---癸亥癸巳	癸巳癸亥	壬戌壬辰	壬辰壬戌	辛酉辛卯	辛卯辛酉	庚申辛卯	庚寅庚申	己未庚寅	己丑己未	戊午己丑		夏曆新曆	癸巳甲午	癸亥癸亥	癸巳癸巳	壬戌癸亥	壬辰壬辰	辛酉壬戌	辛卯辛卯	庚申辛酉	庚寅庚寅	己未庚申	己丑己丑	戊午己未	

*《長曆》：正月丙寅，二月乙未，三月乙丑，閏月甲午，四月甲子，五月癸巳，六月癸亥，七月壬辰，八月壬戌，九月辛卯，十月辛酉，十一辛卯，十二庚申。

周定王十八年 魯成公二年（壬申 猴年） 公元前590～前589年 歲在大梁

魯曆月序		中西曆日對照	初一	初二	初三	初四	初五	初六	初七	初八	初九	初十	十一	十二	十三	十四	十五	十六	十七	十八	十九	二十	二一	二二	二三	二四	二五	二六	二七	二八	二九	三十	節氣與天象
正月大	辛丑	天干地支西曆	己丑17	庚寅18	辛卯19	壬辰20	癸巳21	甲午22	乙未23	丙申24	丁酉25	戊戌26	己亥27	庚子28	辛丑29	壬寅30	癸卯31	甲辰(1)	乙巳2	丙午3	丁未4	戊申5	己酉6	庚戌7	辛亥8	壬子9	癸丑10	甲寅11	乙卯12	丙辰13	丁巳14	戊午15	己亥冬至
二月小	壬寅	天干地支西曆	己未16	庚申17	辛酉18	壬戌19	癸亥20	甲子21	乙丑22	丙寅23	丁卯24	戊辰25	己巳26	庚午27	辛未28	壬申29	癸酉30	甲戌31	乙亥(2)	丙子2	丁丑3	戊寅4	己卯5	庚辰6	辛巳7	壬午8	癸未9	甲申10	乙酉11	丙戌12	丁亥13		甲申立春
三月大	癸卯	天干地支西曆	戊子14	己丑15	庚寅16	辛卯17	壬辰18	癸巳19	甲午20	乙未21	丙申22	丁酉23	戊戌24	己亥25	庚子26	辛丑27	壬寅28	癸卯29	甲辰(3)	乙巳2	丙午3	丁未4	戊申5	己酉6	庚戌7	辛亥8	壬子9	癸丑10	甲寅11	乙卯12	丙辰13	丁巳14	
四月小	甲辰	天干地支西曆	戊午15	己未16	庚申17	辛酉18	壬戌19	癸亥20	甲子21	乙丑22	丙寅23	丁卯24	戊辰25	己巳26	庚午27	辛未28	壬申29	癸酉30	甲戌31	乙亥(4)	丙子2	丁丑3	戊寅4	己卯5	庚辰6	辛巳7	壬午8	癸未9	甲申10	乙酉11	丙戌12		庚午春分
五月大	乙巳	天干地支西曆	丁亥13	戊子14	己丑15	庚寅16	辛卯17	壬辰18	癸巳19	甲午20	乙未21	丙申22	丁酉23	戊戌24	己亥25	庚子26	辛丑27	壬寅28	癸卯29	甲辰30	乙巳(5)	丙午2	丁未3	戊申4	己酉5	庚戌6	辛亥7	壬子8	癸丑9	甲寅10	乙卯11	丙辰12	
六月小	丙午	天干地支西曆	丁巳13	戊午14	己未15	庚申16	辛酉17	壬戌18	癸亥19	甲子20	乙丑21	丙寅22	丁卯23	戊辰24	己巳25	庚午26	辛未27	壬申28	癸酉29	甲戌30	乙亥31	丙子(6)	丁丑2	戊寅3	己卯4	庚辰5	辛巳6	壬午7	癸未8	甲申9	乙酉10		丁巳立夏
七月大	丁未	天干地支西曆	丙戌11	丁亥12	戊子13	己丑14	庚寅15	辛卯16	壬辰17	癸巳18	甲午19	乙未20	丙申21	丁酉22	戊戌23	己亥24	庚子25	辛丑26	壬寅27	癸卯28	甲辰29	乙巳30	丙午(7)	丁未2	戊申3	己酉4	庚戌5	辛亥6	壬子7	癸丑8	甲寅9	乙卯10	甲辰夏至
八月小	戊申	天干地支西曆	丙辰11	丁巳12	戊午13	己未14	庚申15	辛酉16	壬戌17	癸亥18	甲子19	乙丑20	丙寅21	丁卯22	戊辰23	己巳24	庚午25	辛未26	壬申27	癸酉28	甲戌29	乙亥30	丙子31	丁丑(8)	戊寅2	己卯3	庚辰4	辛巳5	壬午6	癸未7	甲申8		
九月大	己酉	天干地支西曆	乙酉9	丙戌10	丁亥11	戊子12	己丑13	庚寅14	辛卯15	壬辰16	癸巳17	甲午18	乙未19	丙申20	丁酉21	戊戌22	己亥23	庚子24	辛丑25	壬寅26	癸卯27	甲辰28	乙巳29	丙午30	丁未31	戊申(9)	己酉2	庚戌3	辛亥4	壬子5	癸丑6	甲寅7	辛卯立秋
十月小	庚戌	天干地支西曆	乙卯8	丙辰9	丁巳10	戊午11	己未12	庚申13	辛酉14	壬戌15	癸亥16	甲子17	乙丑18	丙寅19	丁卯20	戊辰21	己巳22	庚午23	辛未24	壬申25	癸酉26	甲戌27	乙亥28	丙子29	丁丑30	戊寅(10)	己卯2	庚辰3	辛巳4	壬午5	癸未6		丙子秋分
十一月大	辛亥	天干地支西曆	甲申7	乙酉8	丙戌9	丁亥10	戊子11	己丑12	庚寅13	辛卯14	壬辰15	癸巳16	甲午17	乙未18	丙申19	丁酉20	戊戌21	己亥22	庚子23	辛丑24	壬寅25	癸卯26	甲辰27	乙巳28	丙午29	丁未30	戊申31	己酉(11)	庚戌2	辛亥3	壬子4	癸丑5	
十二月大	壬子	天干地支西曆	甲寅6	乙卯7	丙辰8	丁巳9	戊午10	己未11	庚申12	辛酉13	壬戌14	癸亥15	甲子16	乙丑17	丙寅18	丁卯19	戊辰20	己巳21	庚午22	辛未23	壬申24	癸酉25	甲戌26	乙亥27	丙子28	丁丑29	戊寅30	己卯(12)	庚辰2	辛巳3	壬午4	癸未5	辛酉立冬

朔閏異同	曆名	正月	二月	三月	四月	五月	六月	七月	八月	九月	十月	十一	十二	閏月	曆名	正月	二月	三月	四月	五月	六月	七月	八月	九月	十月	十一	十二	閏月
	周曆殷曆	戊子戊午	丁巳戊子	丁亥丁巳	丁巳丁亥	丙戌丙辰	丙辰丙戌	乙酉乙卯	乙卯乙酉	甲申甲寅	甲寅甲申	癸未甲寅	癸丑癸丑		夏曆新曆	戊子戊子	丁巳戊午	丁亥丁亥	丙辰丁巳	丙戌丙戌	乙卯丙辰	乙酉乙酉	乙卯乙卯	甲申乙酉	甲寅甲寅	癸未甲申	癸丑癸丑	

*《長曆》：正月庚寅，二月己未，三月己丑，四月戊午，五月午子，六月丁巳，七月丁亥，八月丙辰，九月丙戌，十月乙卯，十一乙酉，十二甲寅。

周定王十九年 魯成公三年（癸酉 鷄年） 公元前 589 ~ 前 588 年 歲在實沈

魯曆月序		中西曆日對照	初一	初二	初三	初四	初五	初六	初七	初八	初九	初十	十一	十二	十三	十四	十五	十六	十七	十八	十九	二十	二一	二二	二三	二四	二五	二六	二七	二八	二九	三十	節氣與天象
正月小	癸丑	干支 天地西曆	甲申6	乙酉7	丙戌8	丁亥9	戊子10	己丑11	庚寅12	辛卯13	壬辰14	癸巳15	甲午16	乙未17	丙申18	丁酉19	戊戌20	己亥21	庚子22	辛丑23	壬寅24	癸卯25	甲辰26	乙巳27	丙午28	丁未29	戊申30	己酉31	庚戌(1)	辛亥2	壬子3		乙巳冬至
二月大	甲寅	干支 天地西曆	癸丑4	甲寅5	乙卯6	丙辰7	丁巳8	戊午9	己未10	庚申11	辛酉12	壬戌13	癸亥14	甲子15	乙丑16	丙寅17	丁卯18	戊辰19	己巳20	庚午21	辛未22	壬申23	癸酉24	甲戌25	乙亥26	丙子27	丁丑28	戊寅29	己卯30	庚辰31	辛巳(2)	壬午2	
三月小	乙卯	干支 天地西曆	癸未3	甲申4	乙酉5	丙戌6	丁亥7	戊子8	己丑9	庚寅10	辛卯11	壬辰12	癸巳13	甲午14	乙未15	丙申16	丁酉17	戊戌18	己亥19	庚子20	辛丑21	壬寅22	癸卯23	甲辰24	乙巳25	丙午26	丁未27	戊申28	己酉(3)	庚戌2	辛亥3		己丑立春
四月大	丙辰	干支 天地西曆	壬子4	癸丑5	甲寅6	乙卯7	丙辰8	丁巳9	戊午10	己未11	庚申12	辛酉13	壬戌14	癸亥15	甲子16	乙丑17	丙寅18	丁卯19	戊辰20	己巳21	庚午22	辛未23	壬申24	癸酉25	甲戌26	乙亥27	丙子28	丁丑29	戊寅30	己卯31	庚辰(4)	辛巳2	乙亥春分
五月小	丁巳	干支 天地西曆	壬午3	癸未4	甲申5	乙酉6	丙戌7	丁亥8	戊子9	己丑10	庚寅11	辛卯12	壬辰13	癸巳14	甲午15	乙未16	丙申17	丁酉18	戊戌19	己亥20	庚子21	辛丑22	壬寅23	癸卯24	甲辰25	乙巳26	丙午27	丁未28	戊申29	己酉30	庚戌(5)		
六月大	戊午	干支 天地西曆	辛亥2	壬子3	癸丑4	甲寅5	乙卯6	丙辰7	丁巳8	戊午9	己未10	庚申11	辛酉12	壬戌13	癸亥14	甲子15	乙丑16	丙寅17	丁卯18	戊辰19	己巳20	庚午21	辛未22	壬申23	癸酉24	甲戌25	乙亥26	丙子27	丁丑28	戊寅29	己卯30	庚辰31	壬戌立夏
七月小	己未	干支 天地西曆	辛巳(6)	壬午2	癸未3	甲申4	乙酉5	丙戌6	丁亥7	戊子8	己丑9	庚寅10	辛卯11	壬辰12	癸巳13	甲午14	乙未15	丙申16	丁酉17	戊戌18	己亥19	庚子20	辛丑21	壬寅22	癸卯23	甲辰24	乙巳25	丙午26	丁未27	戊申28	己酉29		己酉夏至
八月大	庚申	干支 天地西曆	庚戌30	辛亥(7)	壬子2	癸丑3	甲寅4	乙卯5	丙辰6	丁巳7	戊午8	己未9	庚申10	辛酉11	壬戌12	癸亥13	甲子14	乙丑15	丙寅16	丁卯17	戊辰18	己巳19	庚午20	辛未21	壬申22	癸酉23	甲戌24	乙亥25	丙子26	丁丑27	戊寅28	己卯29	
九月小	辛酉	干支 天地西曆	庚辰30	辛巳31	壬午(8)	癸未2	甲申3	乙酉4	丙戌5	丁亥6	戊子7	己丑8	庚寅9	辛卯10	壬辰11	癸巳12	甲午13	乙未14	丙申15	丁酉16	戊戌17	己亥18	庚子19	辛丑20	壬寅21	癸卯22	甲辰23	乙巳24	丙午25	丁未26	戊申27		丙申立秋
十月大	壬戌	干支 天地西曆	己酉28	庚戌29	辛亥30	壬子31	癸丑(9)	甲寅2	乙卯3	丙辰4	丁巳5	戊午6	己未7	庚申8	辛酉9	壬戌10	癸亥11	甲子12	乙丑13	丙寅14	丁卯15	戊辰16	己巳17	庚午18	辛未19	壬申20	癸酉21	甲戌22	乙亥23	丙子24	丁丑25	戊寅26	
十一月小	癸亥	干支 天地西曆	己卯27	庚辰28	辛巳29	壬午30	癸未(10)	甲申2	乙酉3	丙戌4	丁亥5	戊子6	己丑7	庚寅8	辛卯9	壬辰10	癸巳11	甲午12	乙未13	丙申14	丁酉15	戊戌16	己亥17	庚子18	辛丑19	壬寅20	癸卯21	甲辰22	乙巳23	丙午24	丁未25		辛巳秋分
十二月大	甲子	干支 天地西曆	戊申26	己酉27	庚戌28	辛亥29	壬子30	癸丑31	甲寅(11)	乙卯2	丙辰3	丁巳4	戊午5	己未6	庚申7	辛酉8	壬戌9	癸亥10	甲子11	乙丑12	丙寅13	丁卯14	戊辰15	己巳16	庚午17	辛未18	壬申19	癸酉20	甲戌21	乙亥22	丙子23	丁丑24	丙寅立冬

朔閏異同	曆名	正月	二月	三月	四月	五月	六月	七月	八月	九月	十月	十一	十二	閏月	曆名	正月	二月	三月	四月	五月	六月	七月	八月	九月	十月	十一	十二	閏月
	周曆殷曆	壬午癸未	壬子壬午	辛巳壬子	辛亥辛巳	庚辰辛亥	庚戌庚辰	己卯庚戌	己酉己卯	己卯己酉	戊申---戊寅	---戊寅戊申	丁未丁丑	丁丑丁未	夏曆新曆	壬午癸未	壬子壬子	辛巳辛巳	辛亥辛亥	庚辰---庚辰	庚戌庚戌	己卯己卯	---己酉己酉	戊寅己卯	戊申己酉	丁丑戊寅	丁未戊申	丁丑丁丑

*《長曆》：正月甲申，二月甲寅，三月癸未，四月癸丑，五月壬午，六月壬子，七月辛巳，八月辛亥，九月庚辰，十月庚戌，十一己卯，十二己酉。

周定王二十年 魯成公四年（甲戌 狗年） 公元前588 ~ 前587年 歲在鶉首

魯曆月序		中西曆對照	初一	初二	初三	初四	初五	初六	初七	初八	初九	初十	十一	十二	十三	十四	十五	十六	十七	十八	十九	二十	二一	二二	二三	二四	二五	二六	二七	二八	二九	三十	節氣與天象
正月小	乙丑	干支天地西曆	戊寅25	己卯26	庚辰27	辛巳28	壬午29	癸未30	甲申(12)	乙酉2	丙戌3	丁亥4	戊子5	己丑6	庚寅7	辛卯8	壬辰9	癸巳10	甲午11	乙未12	丙申13	丁酉14	戊戌15	己亥16	庚子17	辛丑18	壬寅19	癸卯20	甲辰21	乙巳22	丙午23		
二月大	丙寅	干支天地西曆	丁未24	戊申25	己酉26	庚戌27	辛亥28	壬子29	癸丑30	甲寅31	乙卯(1)	丙辰2	丁巳3	戊午4	己未5	庚申6	辛酉7	壬戌8	癸亥9	甲子10	乙丑11	丙寅12	丁卯13	戊辰14	己巳15	庚午16	辛未17	壬申18	癸酉19	甲戌20	乙亥21	丙子22	庚戌冬至
三月大	丁卯	干支天地西曆	丁丑23	戊寅24	己卯25	庚辰26	辛巳27	壬午28	癸未29	甲申30	乙酉31	丙戌(2)	丁亥2	戊子3	己丑4	庚寅5	辛卯6	壬辰7	癸巳8	甲午9	乙未10	丙申11	丁酉12	戊戌13	己亥14	庚子15	辛丑16	壬寅17	癸卯18	甲辰19	乙巳20	丙午21	乙未立春
四月小	戊辰	干支天地西曆	丁未22	戊申23	己酉24	庚戌25	辛亥26	壬子27	癸丑28	甲寅(3)	乙卯2	丙辰3	丁巳4	戊午5	己未6	庚申7	辛酉8	壬戌9	癸亥10	甲子11	乙丑12	丙寅13	丁卯14	戊辰15	己巳16	庚午17	辛未18	壬申19	癸酉20	甲戌21	乙亥22		
五月大	己巳	干支天地西曆	丙子23	丁丑24	戊寅25	己卯26	庚辰27	辛巳28	壬午29	癸未30	甲申31	乙酉(4)	丙戌2	丁亥3	戊子4	己丑5	庚寅6	辛卯7	壬辰8	癸巳9	甲午10	乙未11	丙申12	丁酉13	戊戌14	己亥15	庚子16	辛丑17	壬寅18	癸卯19	甲辰20	乙巳21	辛巳春分
六月小	庚午	干支天地西曆	丙午22	丁未23	戊申24	己酉25	庚戌26	辛亥27	壬子28	癸丑29	甲寅30	乙卯(5)	丙辰2	丁巳3	戊午4	己未5	庚申6	辛酉7	壬戌8	癸亥9	甲子10	乙丑11	丙寅12	丁卯13	戊辰14	己巳15	庚午16	辛未17	壬申18	癸酉19	甲戌20		丁卯立夏
七月大	辛未	干支天地西曆	乙亥21	丙子22	丁丑23	戊寅24	己卯25	庚辰26	辛巳27	壬午28	癸未29	甲申30	乙酉31	丙戌(6)	丁亥2	戊子3	己丑4	庚寅5	辛卯6	壬辰7	癸巳8	甲午9	乙未10	丙申11	丁酉12	戊戌13	己亥14	庚子15	辛丑16	壬寅17	癸卯18	甲辰19	
八月小	壬申	干支天地西曆	乙巳20	丙午21	丁未22	戊申23	己酉24	庚戌25	辛亥26	壬子27	癸丑28	甲寅29	乙卯30	丙辰(7)	丁巳2	戊午3	己未4	庚申5	辛酉6	壬戌7	癸亥8	甲子9	乙丑10	丙寅11	丁卯12	戊辰13	己巳14	庚午15	辛未16	壬申17	癸酉18		乙卯夏至
九月大	癸酉	干支天地西曆	甲戌19	乙亥20	丙子21	丁丑22	戊寅23	己卯24	庚辰25	辛巳26	壬午27	癸未28	甲申29	乙酉30	丙戌31	丁亥(8)	戊子2	己丑3	庚寅4	辛卯5	壬辰6	癸巳7	甲午8	乙未9	丙申10	丁酉11	戊戌12	己亥13	庚子14	辛丑15	壬寅16	癸卯17	辛丑立秋
十月小	甲戌	干支天地西曆	甲辰18	乙巳19	丙午20	丁未21	戊申22	己酉23	庚戌24	辛亥25	壬子26	癸丑27	甲寅28	乙卯29	丙辰30	丁巳31	戊午(9)	己未2	庚申3	辛酉4	壬戌5	癸亥6	甲子7	乙丑8	丙寅9	丁卯10	戊辰11	己巳12	庚午13	辛未14	壬申15		
十一月大	乙亥	干支天地西曆	癸酉16	甲戌17	乙亥18	丙子19	丁丑20	戊寅21	己卯22	庚辰23	辛巳24	壬午25	癸未26	甲申27	乙酉28	丙戌29	丁亥30	戊子(10)	己丑2	庚寅3	辛卯4	壬辰5	癸巳6	甲午7	乙未8	丙申9	丁酉10	戊戌11	己亥12	庚子13	辛丑14	壬寅15	丁亥秋分
十二月小	丙子	干支天地西曆	癸卯16	甲辰17	乙巳18	丙午19	丁未20	戊申21	己酉22	庚戌23	辛亥24	壬子25	癸丑26	甲寅27	乙卯28	丙辰29	丁巳30	戊午31	己未(11)	庚申2	辛酉3	壬戌4	癸亥5	甲子6	乙丑7	丙寅8	丁卯9	戊辰10	己巳11	庚午12	辛未13		辛未立冬
閏月大	丙子	干支天地西曆	壬申14	癸酉15	甲戌16	乙亥17	丙子18	丁丑19	戊寅20	己卯21	庚辰22	辛巳23	壬午24	癸未25	甲申26	乙酉27	丙戌28	丁亥29	戊子30	己丑(12)	庚寅2	辛卯3	壬辰4	癸巳5	甲午6	乙未7	丙申8	丁酉9	戊戌10	己亥11	庚子12	辛丑13	

朔閏異同	曆名	正月	二月	三月	四月	五月	六月	七月	八月	九月	十月	十一	十二	閏月	曆名	正月	二月	三月	四月	五月	六月	七月	八月	九月	十月	十一	十二	閏月
	周曆殷曆	丙午丙子	丙子丙午	乙巳丙子	乙亥乙巳	甲辰乙亥	甲戌甲辰	癸卯甲戌	癸酉癸卯	壬寅癸酉	壬申壬寅	壬寅壬申	辛未辛丑		夏曆新曆	丙午丁未	丙子丙子	乙巳乙巳	乙亥乙亥	甲辰甲辰	甲戌甲戌	癸卯癸卯	癸酉癸酉	壬寅癸卯	壬申壬申	辛丑壬寅	辛未壬申	

*《長曆》：正月戊寅，二月戊申，三月丁丑，四月丁未，五月丙子，六月丙午，七月丙子，閏月乙巳，八月乙亥，九月甲辰，十月甲戌，十一癸卯，十二癸酉。

周定王二十一年 魯成公五年（乙亥 猪年） 公元前587～前586年 歲在鶉火

魯曆月序		西曆中曆對照	魯曆日序																														節氣與天象
			初一	初二	初三	初四	初五	初六	初七	初八	初九	初十	十一	十二	十三	十四	十五	十六	十七	十八	十九	二十	二一	二二	二三	二四	二五	二六	二七	二八	二九	三十	
正月小	丁丑	干支 天地 曆西	壬寅14	癸卯15	甲辰16	乙巳17	丙午18	丁未19	戊申20	己酉21	庚戌22	辛亥23	壬子24	癸丑25	甲寅26	乙卯27	丙辰28	丁巳29	戊午30	己未31	庚申(1)	辛酉2	壬戌3	癸亥4	甲子5	乙丑6	丙寅7	丁卯8	戊辰9	己巳10	庚午11		乙卯冬至
二月大	戊寅	干支 天地 曆西	辛未12	壬申13	癸酉14	甲戌15	乙亥16	丙子17	丁丑18	戊寅19	己卯20	庚辰21	辛巳22	壬午23	癸未24	甲申25	乙酉26	丙戌27	丁亥28	戊子29	己丑30	庚寅31	辛卯(2)	壬辰2	癸巳3	甲午4	乙未5	丙申6	丁酉7	戊戌8	己亥9	庚子10	庚子立春
三月小	己卯	干支 天地 曆西	辛丑11	壬寅12	癸卯13	甲辰14	乙巳15	丙午16	丁未17	戊申18	己酉19	庚戌20	辛亥21	壬子22	癸丑23	甲寅24	乙卯25	丙辰26	丁巳27	戊午28	己未(3)	庚申2	辛酉3	壬戌4	癸亥5	甲子6	乙丑7	丙寅8	丁卯9	戊辰10	己巳11		
四月大	庚辰	干支 天地 曆西	庚午12	辛未13	壬申14	癸酉15	甲戌16	乙亥17	丙子18	丁丑19	戊寅20	己卯21	庚辰22	辛巳23	壬午24	癸未25	甲申26	乙酉27	丙戌28	丁亥29	戊子30	己丑31	庚寅(4)	辛卯2	壬辰3	癸巳4	甲午5	乙未6	丙申7	丁酉8	戊戌9	己亥10	丙戌春分
五月小	辛巳	干支 天地 曆西	庚子11	辛丑12	壬寅13	癸卯14	甲辰15	乙巳16	丙午17	丁未18	戊申19	己酉20	庚戌21	辛亥22	壬子23	癸丑24	甲寅25	乙卯26	丙辰27	丁巳28	戊午29	己未30	庚申(5)	辛酉2	壬戌3	癸亥4	甲子5	乙丑6	丙寅7	丁卯8	戊辰9		
六月大	壬午	干支 天地 曆西	己巳10	庚午11	辛未12	壬申13	癸酉14	甲戌15	乙亥16	丙子17	丁丑18	戊寅19	己卯20	庚辰21	辛巳22	壬午23	癸未24	甲申25	乙酉26	丙戌27	丁亥28	戊子29	己丑30	庚寅31	辛卯(6)	壬辰2	癸巳3	甲午4	乙未5	丙申6	丁酉7	戊戌8	癸酉立夏
七月大	癸未	干支 天地 曆西	己亥9	庚子10	辛丑11	壬寅12	癸卯13	甲辰14	乙巳15	丙午16	丁未17	戊申18	己酉19	庚戌20	辛亥21	壬子22	癸丑23	甲寅24	乙卯25	丙辰26	丁巳27	戊午28	己未29	庚申30	辛酉(7)	壬戌2	癸亥3	甲子4	乙丑5	丙寅6	丁卯7	戊辰8	庚申夏至
八月小	甲申	干支 天地 曆西	己巳9	庚午10	辛未11	壬申12	癸酉13	甲戌14	乙亥15	丙子16	丁丑17	戊寅18	己卯19	庚辰20	辛巳21	壬午22	癸未23	甲申24	乙酉25	丙戌26	丁亥27	戊子28	己丑29	庚寅30	辛卯31	壬辰(8)	癸巳2	甲午3	乙未4	丙申5	丁酉6		
九月大	乙酉	干支 天地 曆西	戊戌7	己亥8	庚子9	辛丑10	壬寅11	癸卯12	甲辰13	乙巳14	丙午15	丁未16	戊申17	己酉18	庚戌19	辛亥20	壬子21	癸丑22	甲寅23	乙卯24	丙辰25	丁巳26	戊午27	己未28	庚申29	辛酉30	壬戌31	癸亥(9)	甲子2	乙丑3	丙寅4	丁卯5	丁未立秋
十月小	丙戌	干支 天地 曆西	戊辰6	己巳7	庚午8	辛未9	壬申10	癸酉11	甲戌12	乙亥13	丙子14	丁丑15	戊寅16	己卯17	庚辰18	辛巳19	壬午20	癸未21	甲申22	乙酉23	丙戌24	丁亥25	戊子26	己丑27	庚寅28	辛卯29	壬辰30	癸巳(10)	甲午2	乙未3	丙申4		壬辰秋分
十一月大	丁亥	干支 天地 曆西	丁酉5	戊戌6	己亥7	庚子8	辛丑9	壬寅10	癸卯11	甲辰12	乙巳13	丙午14	丁未15	戊申16	己酉17	庚戌18	辛亥19	壬子20	癸丑21	甲寅22	乙卯23	丙辰24	丁巳25	戊午26	己未27	庚申28	辛酉29	壬戌30	癸亥31	甲子(11)	乙丑2	丙寅3	
十二月小	戊子	干支 天地 曆西	丁卯4	戊辰5	己巳6	庚午7	辛未8	壬申9	癸酉10	甲戌11	乙亥12	丙子13	丁丑14	戊寅15	己卯16	庚辰17	辛巳18	壬午19	癸未20	甲申21	乙酉22	丙戌23	丁亥24	戊子25	己丑26	庚寅27	辛卯28	壬辰29	癸巳30	甲午(12)	乙未2		丙子立冬

朔閏異同	曆名	正月	二月	三月	四月	五月	六月	七月	八月	九月	十月	十一	十二	閏月
	周曆殷曆	辛丑辛未	庚午庚子	庚子庚午	己巳己亥	己亥己巳	戊辰己亥	戊戌戊辰	丁卯戊戌	丁酉丁卯	丙寅丁酉	丙申丙寅	乙丑丙申	
	夏曆新曆	庚子辛丑	庚午辛未	庚子庚子	己巳己巳	己亥己亥	戊辰戊辰	戊戌丁酉	丁卯丁卯	丁酉丁酉	丙寅丙寅	丙申丙申	乙丑丙寅	

*《長曆》：正月壬寅，二月壬申，三月辛丑，四月辛未，五月庚子，六月庚午，七月己亥，八月己巳，九月己亥，十月戊辰，十一戊戌，十二丁卯。

周簡王元年 魯成公六年（丙子 鼠年） 公元前586 ~ 前585年 歲在鶉尾

魯曆月序		中西曆日對照	初一	初二	初三	初四	初五	初六	初七	初八	初九	初十	十一	十二	十三	十四	十五	十六	十七	十八	十九	二十	二一	二二	二三	二四	二五	二六	二七	二八	二九	三十	節氣與天象
正月大	己丑	天干地支西曆	丙申3	丁酉4	戊戌5	己亥6	庚子7	辛丑8	壬寅9	癸卯10	甲辰11	乙巳12	丙午13	丁未14	戊申15	己酉16	庚戌17	辛亥18	壬子19	癸丑20	甲寅21	乙卯22	丙辰23	丁巳24	戊午25	己未26	庚申27	辛酉28	壬戌29	癸亥30	甲子31	乙丑(1)	庚申冬至
二月小	庚寅	天干地支西曆	丙寅2	丁卯3	戊辰4	己巳5	庚午6	辛未7	壬申8	癸酉9	甲戌10	乙亥11	丙子12	丁丑13	戊寅14	己卯15	庚辰16	辛巳17	壬午18	癸未19	甲申20	乙酉21	丙戌22	丁亥23	戊子24	己丑25	庚寅26	辛卯27	壬辰28	癸巳29	甲午30		
三月大	辛卯	天干地支西曆	乙未31	丙申(2)	丁酉2	戊戌3	己亥4	庚子5	辛丑6	壬寅7	癸卯8	甲辰9	乙巳10	丙午11	丁未12	戊申13	己酉14	庚戌15	辛亥16	壬子17	癸丑18	甲寅19	乙卯20	丙辰21	丁巳22	戊午23	己未24	庚申25	辛酉26	壬戌27	癸亥28	甲子29	乙巳立春
四月小	壬辰	天干地支西曆	乙丑(3)	丙寅2	丁卯3	戊辰4	己巳5	庚午6	辛未7	壬申8	癸酉9	甲戌10	乙亥11	丙子12	丁丑13	戊寅14	己卯15	庚辰16	辛巳17	壬午18	癸未19	甲申20	乙酉21	丙戌22	丁亥23	戊子24	己丑25	庚寅26	辛卯27	壬辰28	癸巳29		辛卯春分
五月大	癸巳	天干地支西曆	甲午30	乙未31	丙申(4)	丁酉2	戊戌3	己亥4	庚子5	辛丑6	壬寅7	癸卯8	甲辰9	乙巳10	丙午11	丁未12	戊申13	己酉14	庚戌15	辛亥16	壬子17	癸丑18	甲寅19	乙卯20	丙辰21	丁巳22	戊午23	己未24	庚申25	辛酉26	壬戌27	癸亥28	
六月小	甲午	天干地支西曆	甲子29	乙丑30	丙寅(5)	丁卯2	戊辰3	己巳4	庚午5	辛未6	壬申7	癸酉8	甲戌9	乙亥10	丙子11	丁丑12	戊寅13	己卯14	庚辰15	辛巳16	壬午17	癸未18	甲申19	乙酉20	丙戌21	丁亥22	戊子23	己丑24	庚寅25	辛卯26	壬辰27		戊寅立夏
七月大	乙未	天干地支西曆	癸巳28	甲午29	乙未30	丙申31	丁酉(6)	戊戌2	己亥3	庚子4	辛丑5	壬寅6	癸卯7	甲辰8	乙巳9	丙午10	丁未11	戊申12	己酉13	庚戌14	辛亥15	壬子16	癸丑17	甲寅18	乙卯19	丙辰20	丁巳21	戊午22	己未23	庚申24	辛酉25	壬戌26	
八月小	丙申	天干地支西曆	癸亥27	甲子28	乙丑29	丙寅30	丁卯(7)	戊辰2	己巳3	庚午4	辛未5	壬申6	癸酉7	甲戌8	乙亥9	丙子10	丁丑11	戊寅12	己卯13	庚辰14	辛巳15	壬午16	癸未17	甲申18	乙酉19	丙戌20	丁亥21	戊子22	己丑23	庚寅24	辛卯25		乙丑夏至
九月大	丁酉	天干地支西曆	壬辰26	癸巳27	甲午28	乙未29	丙申30	丁酉31	戊戌(8)	己亥2	庚子3	辛丑4	壬寅5	癸卯6	甲辰7	乙巳8	丙午9	丁未10	戊申11	己酉12	庚戌13	辛亥14	壬子15	癸丑16	甲寅17	乙卯18	丙辰19	丁巳20	戊午21	己未22	庚申23	辛酉24	壬子立秋
十月小	戊戌	天干地支西曆	壬戌25	癸亥26	甲子27	乙丑28	丙寅29	丁卯30	戊辰31	己巳(9)	庚午2	辛未3	壬申4	癸酉5	甲戌6	乙亥7	丙子8	丁丑9	戊寅10	己卯11	庚辰12	辛巳13	壬午14	癸未15	甲申16	乙酉17	丙戌18	丁亥19	戊子20	己丑21	庚寅22		
十一月大	己亥	天干地支西曆	辛卯23	壬辰24	癸巳25	甲午26	乙未27	丙申28	丁酉29	戊戌30	己亥(10)	庚子2	辛丑3	壬寅4	癸卯5	甲辰6	乙巳7	丙午8	丁未9	戊申10	己酉11	庚戌12	辛亥13	壬子14	癸丑15	甲寅16	乙卯17	丙辰18	丁巳19	戊午20	己未21	庚申22	丁酉秋分
十二月大	庚子	天干地支西曆	辛酉23	壬戌24	癸亥25	甲子26	乙丑27	丙寅28	丁卯29	戊辰30	己巳31	庚午(11)	辛未2	壬申3	癸酉4	甲戌5	乙亥6	丙子7	丁丑8	戊寅9	己卯10	庚辰11	辛巳12	壬午13	癸未14	甲申15	乙酉16	丙戌17	丁亥18	戊子19	己丑20	庚寅21	壬午立冬

朔閏異同	曆名	正月	二月	三月	四月	五月	六月	七月	八月	九月	十月	十一	十二	閏月
	周曆殷曆	乙未乙丑	甲子乙未	甲午甲子	甲子甲午	癸巳癸亥	癸亥---癸巳	壬辰壬戌	---壬戌壬辰	辛卯辛酉	辛酉辛卯	庚寅辛酉	庚申庚寅	己丑庚申
	夏曆新曆	乙未丙申	甲子乙丑	甲午---乙未	---癸亥甲子	癸巳癸巳	壬戌癸亥	壬辰壬辰	壬戌辛酉	辛卯辛卯	辛酉辛酉	庚寅庚寅	庚申庚申	己丑庚寅

*《長曆》：正月丁酉，二月丙寅，三月丙申，四月乙丑，五月乙未，六月甲子，七月甲午，八月癸亥，九月癸巳，十月壬戌，十一壬辰，十二辛酉。

周簡王二年 魯成公七年（丁丑 牛年） 公元前 585 ~ 前 **584** 年 歲在壽星

魯曆		中西曆日對照	初一	初二	初三	初四	初五	初六	初七	初八	初九	初十	十一	十二	十三	十四	十五	十六	十七	十八	十九	二十	二一	二二	二三	二四	二五	二六	二七	二八	二九	三十	節氣與天象
月序																																	
正月小	辛丑	干支曆 天地西	辛卯 22	壬辰 23	癸巳 24	甲午 25	乙未 26	丙申 27	丁酉 28	戊戌 29	己亥 30	庚子 (12)	辛丑 2	壬寅 3	癸卯 4	甲辰 5	乙巳 6	丙午 7	丁未 8	戊申 9	己酉 10	庚戌 11	辛亥 12	壬子 13	癸丑 14	甲寅 15	乙卯 16	丙辰 17	丁巳 18	戊午 19	己未 20		
二月大	壬寅	干支曆 天地西	庚申 21	辛酉 22	壬戌 23	癸亥 24	甲子 25	乙丑 26	丙寅 27	丁卯 28	戊辰 29	己巳 30	庚午 31	辛未 (1)	壬申 2	癸酉 3	甲戌 4	乙亥 5	丙子 6	丁丑 7	戊寅 8	己卯 9	庚辰 10	辛巳 11	壬午 12	癸未 13	甲申 14	乙酉 15	丙戌 16	丁亥 17	戊子 18	己丑 19	丙寅冬至
三月小	癸卯	干支曆 天地西	庚寅 20	辛卯 21	壬辰 22	癸巳 23	甲午 24	乙未 25	丙申 26	丁酉 27	戊戌 28	己亥 29	庚子 30	辛丑 31	壬寅 (2)	癸卯 2	甲辰 3	乙巳 4	丙午 5	丁未 6	戊申 7	己酉 8	庚戌 9	辛亥 10	壬子 11	癸丑 12	甲寅 13	乙卯 14	丙辰 15	丁巳 16	戊午 17		庚戌立春
四月大	甲辰	干支曆 天地西	己未 18	庚申 19	辛酉 20	壬戌 21	癸亥 22	甲子 23	乙丑 24	丙寅 25	丁卯 26	戊辰 27	己巳 28	庚午 (3)	辛未 2	壬申 3	癸酉 4	甲戌 5	乙亥 6	丙子 7	丁丑 8	戊寅 9	己卯 10	庚辰 11	辛巳 12	壬午 13	癸未 14	甲申 15	乙酉 16	丙戌 17	丁亥 18	戊子 19	
五月小	乙巳	干支曆 天地西	己丑 20	庚寅 21	辛卯 22	壬辰 23	癸巳 24	甲午 25	乙未 26	丙申 27	丁酉 28	戊戌 29	己亥 30	庚子 31	辛丑 (4)	壬寅 2	癸卯 3	甲辰 4	乙巳 5	丙午 6	丁未 7	戊申 8	己酉 9	庚戌 10	辛亥 11	壬子 12	癸丑 13	甲寅 14	乙卯 15	丙辰 16	丁巳 17		丙申春分
六月大	丙午	干支曆 天地西	戊午 18	己未 19	庚申 20	辛酉 21	壬戌 22	癸亥 23	甲子 24	乙丑 25	丙寅 26	丁卯 27	戊辰 28	己巳 29	庚午 30	辛未 (5)	壬申 2	癸酉 3	甲戌 4	乙亥 5	丙子 6	丁丑 7	戊寅 8	己卯 9	庚辰 10	辛巳 11	壬午 12	癸未 13	甲申 14	乙酉 15	丙戌 16	丁亥 17	癸未立夏
七月小	丁未	干支曆 天地西	戊子 18	己丑 19	庚寅 20	辛卯 21	壬辰 22	癸巳 23	甲午 24	乙未 25	丙申 26	丁酉 27	戊戌 28	己亥 29	庚子 30	辛丑 31	壬寅 (6)	癸卯 2	甲辰 3	乙巳 4	丙午 5	丁未 6	戊申 7	己酉 8	庚戌 9	辛亥 10	壬子 11	癸丑 12	甲寅 13	乙卯 14	丙辰 15		
八月大	戊申	干支曆 天地西	丁巳 16	戊午 17	己未 18	庚申 19	辛酉 20	壬戌 21	癸亥 22	甲子 23	乙丑 24	丙寅 25	丁卯 26	戊辰 27	己巳 28	庚午 29	辛未 30	壬申 (7)	癸酉 2	甲戌 3	乙亥 4	丙子 5	丁丑 6	戊寅 7	己卯 8	庚辰 9	辛巳 10	壬午 11	癸未 12	甲申 13	乙酉 14	丙戌 15	庚午夏至
九月小	己酉	干支曆 天地西	丁亥 16	戊子 17	己丑 18	庚寅 19	辛卯 20	壬辰 21	癸巳 22	甲午 23	乙未 24	丙申 25	丁酉 26	戊戌 27	己亥 28	庚子 29	辛丑 30	壬寅 31	癸卯 (8)	甲辰 2	乙巳 3	丙午 4	丁未 5	戊申 6	己酉 7	庚戌 8	辛亥 9	壬子 10	癸丑 11	甲寅 12	乙卯 13		
十月大	庚戌	干支曆 天地西	丙辰 14	丁巳 15	戊午 16	己未 17	庚申 18	辛酉 19	壬戌 20	癸亥 21	甲子 22	乙丑 23	丙寅 24	丁卯 25	戊辰 26	己巳 27	庚午 28	辛未 29	壬申 30	癸酉 31	甲戌 (9)	乙亥 2	丙子 3	丁丑 4	戊寅 5	己卯 6	庚辰 7	辛巳 8	壬午 9	癸未 10	甲申 11	乙酉 12	丁巳立秋
十一月小	辛亥	干支曆 天地西	丙戌 13	丁亥 14	戊子 15	己丑 16	庚寅 17	辛卯 18	壬辰 19	癸巳 20	甲午 21	乙未 22	丙申 23	丁酉 24	戊戌 25	己亥 26	庚子 27	辛丑 28	壬寅 29	癸卯 30	甲辰 (10)	乙巳 2	丙午 3	丁未 4	戊申 5	己酉 6	庚戌 7	辛亥 8	壬子 9	癸丑 10	甲寅 11		壬寅秋分
十二月大	壬子	干支曆 天地西	乙卯 12	丙辰 13	丁巳 14	戊午 15	己未 16	庚申 17	辛酉 18	壬戌 19	癸亥 20	甲子 21	乙丑 22	丙寅 23	丁卯 24	戊辰 25	己巳 26	庚午 27	辛未 28	壬申 29	癸酉 30	甲戌 31	乙亥 (11)	丙子 2	丁丑 3	戊寅 4	己卯 5	庚辰 6	辛巳 7	壬午 8	癸未 9	甲申 10	
閏月小	壬子	干支曆 天地西	乙酉 11	丙戌 12	丁亥 13	戊子 14	己丑 15	庚寅 16	辛卯 17	壬辰 18	癸巳 19	甲午 20	乙未 21	丙申 22	丁酉 23	戊戌 24	己亥 25	庚子 26	辛丑 27	壬寅 28	癸卯 29	甲辰 30	乙巳 (12)	丙午 2	丁未 3	戊申 4	己酉 5	庚戌 6	辛亥 7	壬子 8	癸丑 9		丁亥立冬

朔閏異同	曆名	正月	二月	三月	四月	五月	六月	七月	八月	九月	十月	十一	十二	閏月		曆名	正月	二月	三月	四月	五月	六月	七月	八月	九月	十月	十一	十二	閏月
	周曆殷曆	己未己丑	戊子己未	戊午戊子	丁亥戊午	丁巳丁亥	丙戌丁巳	丙辰丙戌	丙戌丙辰	乙卯乙酉	乙酉乙卯	甲寅甲申	甲申甲寅			夏曆新曆	己未庚申	戊子己丑	戊午己未	丁亥戊子	丁巳丁巳	丙戌丁亥	丙辰丙辰	乙酉乙酉	乙卯乙卯	乙酉甲申	甲寅甲寅	甲申甲申	

*《長曆》：正月辛卯，二月辛酉，三月庚寅，四月庚申，五月己丑，六月己未，七月戊子，八月戊午，閏月丁亥，九月丁巳，十月丙戌，十一丙辰，十二乙酉。

周簡王三年 魯成公八年（戊寅 虎年） 公元前584 ~ 前583年 歲在大火

魯曆月序		中西曆日對照	初一	初二	初三	初四	初五	初六	初七	初八	初九	初十	十一	十二	十三	十四	十五	十六	十七	十八	十九	二十	二一	二二	二三	二四	二五	二六	二七	二八	二九	三十	節氣與天象
正月大	癸丑	天干地支	甲寅	乙卯	丙辰	丁巳	戊午	己未	庚申	辛酉	壬戌	癸亥	甲子	乙丑	丙寅	丁卯	戊辰	己巳	庚午	辛未	壬申	癸酉	甲戌	乙亥	丙子	丁丑	戊寅	己卯	庚辰	辛巳	壬午	癸未	辛未冬至
		西曆	10	11	12	13	14	15	16	17	18	19	20	21	22	23	24	25	26	27	28	29	30	31	(1)	2	3	4	5	6	7	8	
二月大	甲寅	天干地支	甲申	乙酉	丙戌	丁亥	戊子	己丑	庚寅	辛卯	壬辰	癸巳	甲午	乙未	丙申	丁酉	戊戌	己亥	庚子	辛丑	壬寅	癸卯	甲辰	乙巳	丙午	丁未	戊申	己酉	庚戌	辛亥	壬子	癸丑	
		西曆	9	10	11	12	13	14	15	16	17	18	19	20	21	22	23	24	25	26	27	28	29	30	31	(2)	2	3	4	5	6	7	
三月小	乙卯	天干地支	甲寅	乙卯	丙辰	丁巳	戊午	己未	庚申	辛酉	壬戌	癸亥	甲子	乙丑	丙寅	丁卯	戊辰	己巳	庚午	辛未	壬申	癸酉	甲戌	乙亥	丙子	丁丑	戊寅	己卯	庚辰	辛巳	壬午		丙辰立春
		西曆	8	9	10	11	12	13	14	15	16	17	18	19	20	21	22	23	24	25	26	27	28	(3)	2	3	4	5	6	7	8		
四月大	丙辰	天干地支	癸未	甲申	乙酉	丙戌	丁亥	戊子	己丑	庚寅	辛卯	壬辰	癸巳	甲午	乙未	丙申	丁酉	戊戌	己亥	庚子	辛丑	壬寅	癸卯	甲辰	乙巳	丙午	丁未	戊申	己酉	庚戌	辛亥	壬子	壬寅春分
		西曆	9	10	11	12	13	14	15	16	17	18	19	20	21	22	23	24	25	26	27	28	29	30	31	(4)	2	3	4	5	6	7	
五月小	丁巳	天干地支	癸丑	甲寅	乙卯	丙辰	丁巳	戊午	己未	庚申	辛酉	壬戌	癸亥	甲子	乙丑	丙寅	丁卯	戊辰	己巳	庚午	辛未	壬申	癸酉	甲戌	乙亥	丙子	丁丑	戊寅	己卯	庚辰	辛巳		
		西曆	8	9	10	11	12	13	14	15	16	17	18	19	20	21	22	23	24	25	26	27	28	29	30	(5)	2	3	4	5	6		
六月大	戊午	天干地支	壬午	癸未	甲申	乙酉	丙戌	丁亥	戊子	己丑	庚寅	辛卯	壬辰	癸巳	甲午	乙未	丙申	丁酉	戊戌	己亥	庚子	辛丑	壬寅	癸卯	甲辰	乙巳	丙午	丁未	戊申	己酉	庚戌	辛亥	戊子立夏
		西曆	7	8	9	10	11	12	13	14	15	16	17	18	19	20	21	22	23	24	25	26	27	28	29	30	31	(6)	2	3	4	5	
七月小	己未	天干地支	壬子	癸丑	甲寅	乙卯	丙辰	丁巳	戊午	己未	庚申	辛酉	壬戌	癸亥	甲子	乙丑	丙寅	丁卯	戊辰	己巳	庚午	辛未	壬申	癸酉	甲戌	乙亥	丙子	丁丑	戊寅	己卯	庚辰		丙子夏至
		西曆	6	7	8	9	10	11	12	13	14	15	16	17	18	19	20	21	22	23	24	25	26	27	28	29	30	(7)	2	3	4		
八月大	庚申	天干地支	辛巳	壬午	癸未	甲申	乙酉	丙戌	丁亥	戊子	己丑	庚寅	辛卯	壬辰	癸巳	甲午	乙未	丙申	丁酉	戊戌	己亥	庚子	辛丑	壬寅	癸卯	甲辰	乙巳	丙午	丁未	戊申	己酉	庚戌	
		西曆	5	6	7	8	9	10	11	12	13	14	15	16	17	18	19	20	21	22	23	24	25	26	27	28	29	30	31	(8)	2	3	
九月小	辛酉	天干地支	辛亥	壬子	癸丑	甲寅	乙卯	丙辰	丁巳	戊午	己未	庚申	辛酉	壬戌	癸亥	甲子	乙丑	丙寅	丁卯	戊辰	己巳	庚午	辛未	壬申	癸酉	甲戌	乙亥	丙子	丁丑	戊寅	己卯		壬戌立秋
		西曆	4	5	6	7	8	9	10	11	12	13	14	15	16	17	18	19	20	21	22	23	24	25	26	27	28	29	30	31	(9)		
十月大	壬戌	天干地支	庚辰	辛巳	壬午	癸未	甲申	乙酉	丙戌	丁亥	戊子	己丑	庚寅	辛卯	壬辰	癸巳	甲午	乙未	丙申	丁酉	戊戌	己亥	庚子	辛丑	壬寅	癸卯	甲辰	乙巳	丙午	丁未	戊申	己酉	戊申秋分
		西曆	2	3	4	5	6	7	8	9	10	11	12	13	14	15	16	17	18	19	20	21	22	23	24	25	26	27	28	29	30	(10)	
十一月小	癸亥	天干地支	庚戌	辛亥	壬子	癸丑	甲寅	乙卯	丙辰	丁巳	戊午	己未	庚申	辛酉	壬戌	癸亥	甲子	乙丑	丙寅	丁卯	戊辰	己巳	庚午	辛未	壬申	癸酉	甲戌	乙亥	丙子	丁丑	戊寅		
		西曆	2	3	4	5	6	7	8	9	10	11	12	13	14	15	16	17	18	19	20	21	22	23	24	25	26	27	28	29	30		
十二月大	甲子	天干地支	己卯	庚辰	辛巳	壬午	癸未	甲申	乙酉	丙戌	丁亥	戊子	己丑	庚寅	辛卯	壬辰	癸巳	甲午	乙未	丙申	丁酉	戊戌	己亥	庚子	辛丑	壬寅	癸卯	甲辰	乙巳	丙午	丁未	戊申	壬辰立冬
		西曆	31	(11)	2	3	4	5	6	7	8	9	10	11	12	13	14	15	16	17	18	19	20	21	22	23	24	25	26	27	28	29	

朔閏異同	曆名	正月	二月	三月	四月	五月	六月	七月	八月	九月	十月	十一	十二	閏月
	周曆殷曆	癸丑癸未	癸未癸丑	壬子癸未	壬午壬子	辛亥壬午	辛巳辛亥	庚戌辛巳	庚辰庚戌	己酉庚辰	己卯己酉	己酉己卯	戊寅戊申	
	夏曆新曆	癸丑甲寅	癸未癸未	壬子癸丑	壬午癸未	辛亥壬子	辛巳辛巳	庚戌辛亥	庚辰庚辰	己酉己酉	己卯---己卯	戊申戊申	---戊寅戊寅	丁未戊申

*《長曆》：正月乙卯，二月甲申，三月甲寅，四月癸未，五月癸丑，六月癸未，七月壬子，八月壬午，九月辛亥，十月辛巳，十一庚戌，十二庚辰。

周簡王四年 魯成公九年（己卯 兔年） 公元前583 ~ 前582年 歲在析木

魯曆月序		中西曆日對照	初一	初二	初三	初四	初五	初六	初七	初八	初九	初十	十一	十二	十三	十四	十五	十六	十七	十八	十九	二十	二一	二二	二三	二四	二五	二六	二七	二八	二九	三十	節氣與天象
正月小	乙丑	天干地支西曆	己酉30	庚戌(12)	辛亥2	壬子3	癸丑4	甲寅5	乙卯6	丙辰7	丁巳8	戊午9	己未10	庚申11	辛酉12	壬戌13	癸亥14	甲子15	乙丑16	丙寅17	丁卯18	戊辰19	己巳20	庚午21	辛未22	壬申23	癸酉24	甲戌25	乙亥26	丙子27	丁丑28		丙子冬至
二月大	丙寅	天干地支西曆	戊寅29	己卯30	庚辰31	辛巳(1)	壬午2	癸未3	甲申4	乙酉5	丙戌6	丁亥7	戊子8	己丑9	庚寅10	辛卯11	壬辰12	癸巳13	甲午14	乙未15	丙申16	丁酉17	戊戌18	己亥19	庚子20	辛丑21	壬寅22	癸卯23	甲辰24	乙巳25	丙午26	丁未27	
三月小	丁卯	天干地支西曆	戊申28	己酉29	庚戌30	辛亥31	壬子(2)	癸丑2	甲寅3	乙卯4	丙辰5	丁巳6	戊午7	己未8	庚申9	辛酉10	壬戌11	癸亥12	甲子13	乙丑14	丙寅15	丁卯16	戊辰17	己巳18	庚午19	辛未20	壬申21	癸酉22	甲戌23	乙亥24	丙子25		辛酉立春
四月大	戊辰	天干地支西曆	丁丑26	戊寅27	己卯28	庚辰(3)	辛巳2	壬午3	癸未4	甲申5	乙酉6	丙戌7	丁亥8	戊子9	己丑10	庚寅11	辛卯12	壬辰13	癸巳14	甲午15	乙未16	丙申17	丁酉18	戊戌19	己亥20	庚子21	辛丑22	壬寅23	癸卯24	甲辰25	乙巳26	丙午27	
五月小	己巳	天干地支西曆	丁未28	戊申29	己酉30	庚戌31	辛亥(4)	壬子2	癸丑3	甲寅4	乙卯5	丙辰6	丁巳7	戊午8	己未9	庚申10	辛酉11	壬戌12	癸亥13	甲子14	乙丑15	丙寅16	丁卯17	戊辰18	己巳19	庚午20	辛未21	壬申22	癸酉23	甲戌24	乙亥25		丁未春分 丁未日食
六月大	庚午	天干地支西曆	丙子26	丁丑27	戊寅28	己卯29	庚辰30	辛巳(5)	壬午2	癸未3	甲申4	乙酉5	丙戌6	丁亥7	戊子8	己丑9	庚寅10	辛卯11	壬辰12	癸巳13	甲午14	乙未15	丙申16	丁酉17	戊戌18	己亥19	庚子20	辛丑21	壬寅22	癸卯23	甲辰24	乙巳25	甲午立夏
七月大	辛未	天干地支西曆	丙午26	丁未27	戊申28	己酉29	庚戌30	辛亥31	壬子(6)	癸丑2	甲寅3	乙卯4	丙辰5	丁巳6	戊午7	己未8	庚申9	辛酉10	壬戌11	癸亥12	甲子13	乙丑14	丙寅15	丁卯16	戊辰17	己巳18	庚午19	辛未20	壬申21	癸酉22	甲戌23	乙亥24	
八月小	壬申	天干地支西曆	丙子25	丁丑26	戊寅27	己卯28	庚辰29	辛巳30	壬午(7)	癸未2	甲申3	乙酉4	丙戌5	丁亥6	戊子7	己丑8	庚寅9	辛卯10	壬辰11	癸巳12	甲午13	乙未14	丙申15	丁酉16	戊戌17	己亥18	庚子19	辛丑20	壬寅21	癸卯22	甲辰23		辛巳夏至
九月大	癸酉	天干地支西曆	乙巳24	丙午25	丁未26	戊申27	己酉28	庚戌29	辛亥30	壬子31	癸丑(8)	甲寅2	乙卯3	丙辰4	丁巳5	戊午6	己未7	庚申8	辛酉9	壬戌10	癸亥11	甲子12	乙丑13	丙寅14	丁卯15	戊辰16	己巳17	庚午18	辛未19	壬申20	癸酉21	甲戌22	戊辰立秋
十月小	甲戌	天干地支西曆	乙亥23	丙子24	丁丑25	戊寅26	己卯27	庚辰28	辛巳29	壬午30	癸未31	甲申(9)	乙酉2	丙戌3	丁亥4	戊子5	己丑6	庚寅7	辛卯8	壬辰9	癸巳10	甲午11	乙未12	丙申13	丁酉14	戊戌15	己亥16	庚子17	辛丑18	壬寅19	癸卯20		
十一月大	乙亥	天干地支西曆	甲辰21	乙巳22	丙午23	丁未24	戊申25	己酉26	庚戌27	辛亥28	壬子29	癸丑30	甲寅(10)	乙卯2	丙辰3	丁巳4	戊午5	己未6	庚申7	辛酉8	壬戌9	癸亥10	甲子11	乙丑12	丙寅13	丁卯14	戊辰15	己巳16	庚午17	辛未18	壬申19	癸酉20	癸丑秋分
十二月小	丙子	天干地支西曆	甲戌21	乙亥22	丙子23	丁丑24	戊寅25	己卯26	庚辰27	辛巳28	壬午29	癸未30	甲申31	乙酉(11)	丙戌2	丁亥3	戊子4	己丑5	庚寅6	辛卯7	壬辰8	癸巳9	甲午10	乙未11	丙申12	丁酉13	戊戌14	己亥15	庚子16	辛丑17	壬寅18		丁酉立冬

朔閏異同	曆名	正月	二月	三月	四月	五月	六月	七月	八月	九月	十月	十一	十二	閏月		曆名	正月	二月	三月	四月	五月	六月	七月	八月	九月	十月	十一	十二	閏月
	周曆殷曆	戊申戊寅	丁丑丁未	丁未---丁丑	丙子丙午	---丙午丙子	乙亥丙午	乙巳乙亥	甲戌乙巳	甲辰甲戌	癸酉甲辰	癸卯癸酉	壬申癸卯	壬寅壬申		夏曆新曆	丁丑丁丑	丁未丁未	丙子丁丑	丙午丙午	乙亥丙子	乙巳乙巳	甲戌乙亥	甲辰甲辰	癸酉甲戌	癸卯癸卯	壬申壬申	壬寅壬寅	

*《長曆》：正月己酉，二月己卯，三月戊申，四月戊寅，五月丁未，六月丁丑，七月丙午，八月丙子，九月丙午，十月乙亥，十一乙巳，閏月甲戌，十二甲辰。

周簡王五年 魯成公十年（庚辰 龍年） 公元前 582 ~ 前 **581** 年 歲在星紀

魯曆月序		中西曆日對照	魯曆日序																														節氣與天象
			初一	初二	初三	初四	初五	初六	初七	初八	初九	初十	十一	十二	十三	十四	十五	十六	十七	十八	十九	二十	二一	二二	二三	二四	二五	二六	二七	二八	二九	三十	
正月大	丁丑	天干地支	癸卯	甲辰	乙巳	丙午	丁未	戊申	己酉	庚戌	辛亥	壬子	癸丑	甲寅	乙卯	丙辰	丁巳	戊午	己未	庚申	辛酉	壬戌	癸亥	甲子	乙丑	丙寅	丁卯	戊辰	己巳	庚午	辛未	壬申	
		西曆	19	20	21	22	23	24	25	26	27	28	29	30	(12)	2	3	4	5	6	7	8	9	10	11	12	13	14	15	16	17	18	
二月小	戊寅	天干地支	癸酉	甲戌	乙亥	丙子	丁丑	戊寅	己卯	庚辰	辛巳	壬午	癸未	甲申	乙酉	丙戌	丁亥	戊子	己丑	庚寅	辛卯	壬辰	癸巳	甲午	乙未	丙申	丁酉	戊戌	己亥	庚子	辛丑		辛巳冬至
		西曆	19	20	21	22	23	24	25	26	27	28	29	30	31	(1)	2	3	4	5	6	7	8	9	10	11	12	13	14	15	16		
三月大	己卯	天干地支	壬寅	癸卯	甲辰	乙巳	丙午	丁未	戊申	己酉	庚戌	辛亥	壬子	癸丑	甲寅	乙卯	丙辰	丁巳	戊午	己未	庚申	辛酉	壬戌	癸亥	甲子	乙丑	丙寅	丁卯	戊辰	己巳	庚午	辛未	丙寅立春
		西曆	17	18	19	20	21	22	23	24	25	26	27	28	29	30	31	(2)	2	3	4	5	6	7	8	9	10	11	12	13	14	15	
四月小	庚辰	天干地支	壬申	癸酉	甲戌	乙亥	丙子	丁丑	戊寅	己卯	庚辰	辛巳	壬午	癸未	甲申	乙酉	丙戌	丁亥	戊子	己丑	庚寅	辛卯	壬辰	癸巳	甲午	乙未	丙申	丁酉	戊戌	己亥	庚子		
		西曆	16	17	18	19	20	21	22	23	24	25	26	27	28	29	(3)	2	3	4	5	6	7	8	9	10	11	12	13	14	15		
五月大	辛巳	天干地支	辛丑	壬寅	癸卯	甲辰	乙巳	丙午	丁未	戊申	己酉	庚戌	辛亥	壬子	癸丑	甲寅	乙卯	丙辰	丁巳	戊午	己未	庚申	辛酉	壬戌	癸亥	甲子	乙丑	丙寅	丁卯	戊辰	己巳	庚午	壬子春分 辛丑日食
		西曆	16	17	18	19	20	21	22	23	24	25	26	27	28	29	30	31	(4)	2	3	4	5	6	7	8	9	10	11	12	13	14	
六月小	壬午	天干地支	辛未	壬申	癸酉	甲戌	乙亥	丙子	丁丑	戊寅	己卯	庚辰	辛巳	壬午	癸未	甲申	乙酉	丙戌	丁亥	戊子	己丑	庚寅	辛卯	壬辰	癸巳	甲午	乙未	丙申	丁酉	戊戌	己亥		己亥立夏
		西曆	15	16	17	18	19	20	21	22	23	24	25	26	27	28	29	30	(5)	2	3	4	5	6	7	8	9	10	11	12	13		
七月大	癸未	天干地支	庚子	辛丑	壬寅	癸卯	甲辰	乙巳	丙午	丁未	戊申	己酉	庚戌	辛亥	壬子	癸丑	甲寅	乙卯	丙辰	丁巳	戊午	己未	庚申	辛酉	壬戌	癸亥	甲子	乙丑	丙寅	丁卯	戊辰	己巳	
		西曆	14	15	16	17	18	19	20	21	22	23	24	25	26	27	28	29	30	31	(6)	2	3	4	5	6	7	8	9	10	11	12	
八月小	甲申	天干地支	庚午	辛未	壬申	癸酉	甲戌	乙亥	丙子	丁丑	戊寅	己卯	庚辰	辛巳	壬午	癸未	甲申	乙酉	丙戌	丁亥	戊子	己丑	庚寅	辛卯	壬辰	癸巳	甲午	乙未	丙申	丁酉	戊戌		丙戌夏至
		西曆	13	14	15	16	17	18	19	20	21	22	23	24	25	26	27	28	29	30	(7)	2	3	4	5	6	7	8	9	10	11		
九月大	乙酉	天干地支	己亥	庚子	辛丑	壬寅	癸卯	甲辰	乙巳	丙午	丁未	戊申	己酉	庚戌	辛亥	壬子	癸丑	甲寅	乙卯	丙辰	丁巳	戊午	己未	庚申	辛酉	壬戌	癸亥	甲子	乙丑	丙寅	丁卯	戊辰	
		西曆	12	13	14	15	16	17	18	19	20	21	22	23	24	25	26	27	28	29	30	31	(8)	2	3	4	5	6	7	8	9	10	
十月小	丙戌	天干地支	己巳	庚午	辛未	壬申	癸酉	甲戌	乙亥	丙子	丁丑	戊寅	己卯	庚辰	辛巳	壬午	癸未	甲申	乙酉	丙戌	丁亥	戊子	己丑	庚寅	辛卯	壬辰	癸巳	甲午	乙未	丙申	丁酉		癸酉立秋
		西曆	11	12	13	14	15	16	17	18	19	20	21	22	23	24	25	26	27	28	29	30	31	(9)	2	3	4	5	6	7	8		
十一月大	丁亥	天干地支	戊戌	己亥	庚子	辛丑	壬寅	癸卯	甲辰	乙巳	丙午	丁未	戊申	己酉	庚戌	辛亥	壬子	癸丑	甲寅	乙卯	丙辰	丁巳	戊午	己未	庚申	辛酉	壬戌	癸亥	甲子	乙丑	丙寅	丁卯	戊午秋分
		西曆	9	10	11	12	13	14	15	16	17	18	19	20	21	22	23	24	25	26	27	28	29	30	(10)	2	3	4	5	6	7	8	
十二月大	戊子	天干地支	戊辰	己巳	庚午	辛未	壬申	癸酉	甲戌	乙亥	丙子	丁丑	戊寅	己卯	庚辰	辛巳	壬午	癸未	甲申	乙酉	丙戌	丁亥	戊子	己丑	庚寅	辛卯	壬辰	癸巳	甲午	乙未	丙申	丁酉	
		西曆	9	10	11	12	13	14	15	16	17	18	19	20	21	22	23	24	25	26	27	28	29	30	31	(11)	2	3	4	5	6	7	
閏月小	戊子	天干地支	戊戌	己亥	庚子	辛丑	壬寅	癸卯	甲辰	乙巳	丙午	丁未	戊申	己酉	庚戌	辛亥	壬子	癸丑	甲寅	乙卯	丙辰	丁巳	戊午	己未	庚申	辛酉	壬戌	癸亥	甲子	乙丑	丙寅		癸卯立冬
		西曆	8	9	10	11	12	13	14	15	16	17	18	19	20	21	22	23	24	25	26	27	28	29	30	(12)	2	3	4	5	6		

朔閏異同	曆名	正月	二月	三月	四月	五月	六月	七月	八月	九月	十月	十一	十二	閏月		曆名	正月	二月	三月	四月	五月	六月	七月	八月	九月	十月	十一	十二	閏月
	周曆殷曆	辛未壬寅	辛丑辛未	辛未辛丑	庚子庚午	庚午庚子	己亥己巳	己巳己亥	戊戌戊辰	戊辰戊戌	丁酉戊辰	丁卯丁酉	丙申丁卯			夏曆新曆	辛未壬申	辛丑辛丑	庚午辛未	庚子庚子	己巳庚午	己亥庚子	己巳己巳	戊戌己亥	戊辰戊辰	丁酉戊戌	丁卯丁卯	丙申丁酉	

*《長曆》：正月癸酉，二月癸卯，三月壬申，四月壬寅，五月辛未，六月辛丑，七月庚午，八月庚子，九月己巳，十月己亥，十一戊辰，十二戊戌。

周簡王六年 魯成公十一年（辛巳 蛇年） 公元前 581 ~ 前 580 年 歲在玄枵

魯曆月序		中西曆日對照	初一	初二	初三	初四	初五	初六	初七	初八	初九	初十	十一	十二	十三	十四	十五	十六	十七	十八	十九	二十	二一	二二	二三	二四	二五	二六	二七	二八	二九	三十	節氣與天象
正月大	己丑	天干地支西曆	丁卯 7	戊辰 8	己巳 9	庚午 10	辛未 11	壬申 12	癸酉 13	甲戌 14	乙亥 15	丙子 16	丁丑 17	戊寅 18	己卯 19	庚辰 20	辛巳 21	壬午 22	癸未 23	甲申 24	乙酉 25	丙戌 26	丁亥 27	戊子 28	己丑 29	庚寅 30	辛卯 31	壬辰 (1)	癸巳 2	甲午 3	乙未 4	丙申 5	丁亥冬至
二月小	庚寅	天干地支西曆	丁酉 6	戊戌 7	己亥 8	庚子 9	辛丑 10	壬寅 11	癸卯 12	甲辰 13	乙巳 14	丙午 15	丁未 16	戊申 17	己酉 18	庚戌 19	辛亥 20	壬子 21	癸丑 22	甲寅 23	乙卯 24	丙辰 25	丁巳 26	戊午 27	己未 28	庚申 29	辛酉 30	壬戌 31	癸亥 (2)	甲子 2	乙丑 3		
三月大	辛卯	天干地支西曆	丙寅 4	丁卯 5	戊辰 6	己巳 7	庚午 8	辛未 9	壬申 10	癸酉 11	甲戌 12	乙亥 13	丙子 14	丁丑 15	戊寅 16	己卯 17	庚辰 18	辛巳 19	壬午 20	癸未 21	甲申 22	乙酉 23	丙戌 24	丁亥 25	戊子 26	己丑 27	庚寅 28	辛卯 (3)	壬辰 2	癸巳 3	甲午 4	乙未 5	辛未立春
四月小	壬辰	天干地支西曆	丙申 6	丁酉 7	戊戌 8	己亥 9	庚子 10	辛丑 11	壬寅 12	癸卯 13	甲辰 14	乙巳 15	丙午 16	丁未 17	戊申 18	己酉 19	庚戌 20	辛亥 21	壬子 22	癸丑 23	甲寅 24	乙卯 25	丙辰 26	丁巳 27	戊午 28	己未 29	庚申 30	辛酉 31	壬戌 (4)	癸亥 2	甲子 3		丁巳春分
五月大	癸巳	天干地支西曆	乙丑 4	丙寅 5	丁卯 6	戊辰 7	己巳 8	庚午 9	辛未 10	壬申 11	癸酉 12	甲戌 13	乙亥 14	丙子 15	丁丑 16	戊寅 17	己卯 18	庚辰 19	辛巳 20	壬午 21	癸未 22	甲申 23	乙酉 24	丙戌 25	丁亥 26	戊子 27	己丑 28	庚寅 29	辛卯 30	壬辰 (5)	癸巳 2	甲午 3	
六月小	甲午	天干地支西曆	乙未 4	丙申 5	丁酉 6	戊戌 7	己亥 8	庚子 9	辛丑 10	壬寅 11	癸卯 12	甲辰 13	乙巳 14	丙午 15	丁未 16	戊申 17	己酉 18	庚戌 19	辛亥 20	壬子 21	癸丑 22	甲寅 23	乙卯 24	丙辰 25	丁巳 26	戊午 27	己未 28	庚申 29	辛酉 30	壬戌 31	癸亥 (6)		甲辰立夏
七月大	乙未	天干地支西曆	甲子 2	乙丑 3	丙寅 4	丁卯 5	戊辰 6	己巳 7	庚午 8	辛未 9	壬申 10	癸酉 11	甲戌 12	乙亥 13	丙子 14	丁丑 15	戊寅 16	己卯 17	庚辰 18	辛巳 19	壬午 20	癸未 21	甲申 22	乙酉 23	丙戌 24	丁亥 25	戊子 26	己丑 27	庚寅 28	辛卯 29	壬辰 30	癸巳 (7)	辛卯夏至
八月小	丙申	天干地支西曆	甲午 2	乙未 3	丙申 4	丁酉 5	戊戌 6	己亥 7	庚子 8	辛丑 9	壬寅 10	癸卯 11	甲辰 12	乙巳 13	丙午 14	丁未 15	戊申 16	己酉 17	庚戌 18	辛亥 19	壬子 20	癸丑 21	甲寅 22	乙卯 23	丙辰 24	丁巳 25	戊午 26	己未 27	庚申 28	辛酉 29	壬戌 30		
九月大	丁酉	天干地支西曆	癸亥 31	甲子 (8)	乙丑 2	丙寅 3	丁卯 4	戊辰 5	己巳 6	庚午 7	辛未 8	壬申 9	癸酉 10	甲戌 11	乙亥 12	丙子 13	丁丑 14	戊寅 15	己卯 16	庚辰 17	辛巳 18	壬午 19	癸未 20	甲申 21	乙酉 22	丙戌 23	丁亥 24	戊子 25	己丑 26	庚寅 27	辛卯 28	壬辰 29	戊寅立秋
十月小	戊戌	天干地支西曆	癸巳 30	甲午 31	乙未 (9)	丙申 2	丁酉 3	戊戌 4	己亥 5	庚子 6	辛丑 7	壬寅 8	癸卯 9	甲辰 10	乙巳 11	丙午 12	丁未 13	戊申 14	己酉 15	庚戌 16	辛亥 17	壬子 18	癸丑 19	甲寅 20	乙卯 21	丙辰 22	丁巳 23	戊午 24	己未 25	庚申 26	辛酉 27		
十一月大	己亥	天干地支西曆	壬戌 28	癸亥 29	甲子 30	乙丑 (10)	丙寅 2	丁卯 3	戊辰 4	己巳 5	庚午 6	辛未 7	壬申 8	癸酉 9	甲戌 10	乙亥 11	丙子 12	丁丑 13	戊寅 14	己卯 15	庚辰 16	辛巳 17	壬午 18	癸未 19	甲申 20	乙酉 21	丙戌 22	丁亥 23	戊子 24	己丑 25	庚寅 26	辛卯 27	癸亥秋分
十二月小	庚子	天干地支西曆	壬辰 28	癸巳 29	甲午 30	乙未 31	丙申 (11)	丁酉 2	戊戌 3	己亥 4	庚子 5	辛丑 6	壬寅 7	癸卯 8	甲辰 9	乙巳 10	丙午 11	丁未 12	戊申 13	己酉 14	庚戌 15	辛亥 16	壬子 17	癸丑 18	甲寅 19	乙卯 20	丙辰 21	丁巳 22	戊午 23	己未 24	庚申 25		戊申立冬

朔閏異同	曆名	正月	二月	三月	四月	五月	六月	七月	八月	九月	十月	十一	十二	閏月	曆名	正月	二月	三月	四月	五月	六月	七月	八月	九月	十月	十一	十二	閏月
	周曆殷曆	丙寅丙申	乙未丙寅	乙丑乙未	甲午乙丑	甲子甲午	甲午甲子	癸亥癸巳	癸巳癸亥	壬戌壬辰	壬辰壬戌	辛酉辛卯	辛卯---辛酉	---庚申辛卯	夏曆新曆	丙寅丙寅	乙未乙未	乙丑乙丑	甲午甲午	甲子甲子	癸巳甲午	癸亥---癸亥	壬辰癸巳	壬戌癸亥	---壬辰壬辰	辛酉壬戌	辛卯辛卯	庚申辛酉

*《長曆》：正月戊辰，二月丁酉，三月丁卯，四月丙申，五月丙寅，六月乙未，七月乙丑，八月甲午，九月甲子，十月癸巳，十一癸亥，十二壬辰。

周簡王七年 魯成公十二年（壬午 馬年） 公元前 580 ~ 前 **579** 年 歲在娵訾

魯曆月序		中西日曆對照	魯曆日序																														節氣與天象
			初一	初二	初三	初四	初五	初六	初七	初八	初九	初十	十一	十二	十三	十四	十五	十六	十七	十八	十九	二十	二一	二二	二三	二四	二五	二六	二七	二八	二九	三十	
正月大	辛丑	干支 天地 西曆	辛酉26	壬戌27	癸亥28	甲子29	乙丑30	丙寅(12)	丁卯2	戊辰3	己巳4	庚午5	辛未6	壬申7	癸酉8	甲戌9	乙亥10	丙子11	丁丑12	戊寅13	己卯14	庚辰15	辛巳16	壬午17	癸未18	甲申19	乙酉20	丙戌21	丁亥22	戊子23	己丑24	庚寅25	
二月大	壬寅	干支 天地 西曆	辛卯26	壬辰27	癸巳28	甲午29	乙未30	丙申31	丁酉(1)	戊戌2	己亥3	庚子4	辛丑5	壬寅6	癸卯7	甲辰8	乙巳9	丙午10	丁未11	戊申12	己酉13	庚戌14	辛亥15	壬子16	癸丑17	甲寅18	乙卯19	丙辰20	丁巳21	戊午22	己未23	庚申24	壬辰冬至
三月小	癸卯	干支 天地 西曆	辛酉25	壬戌26	癸亥27	甲子28	乙丑29	丙寅30	丁卯31	戊辰(2)	己巳2	庚午3	辛未4	壬申5	癸酉6	甲戌7	乙亥8	丙子9	丁丑10	戊寅11	己卯12	庚辰13	辛巳14	壬午15	癸未16	甲申17	乙酉18	丙戌19	丁亥20	戊子21	己丑22		丁丑立春
四月大	甲辰	干支 天地 西曆	庚寅23	辛卯24	壬辰25	癸巳26	甲午27	乙未28	丙申(3)	丁酉2	戊戌3	己亥4	庚子5	辛丑6	壬寅7	癸卯8	甲辰9	乙巳10	丙午11	丁未12	戊申13	己酉14	庚戌15	辛亥16	壬子17	癸丑18	甲寅19	乙卯20	丙辰21	丁巳22	戊午23	己未24	
五月小	乙巳	干支 天地 西曆	庚申25	辛酉26	壬戌27	癸亥28	甲子29	乙丑30	丙寅31	丁卯(4)	戊辰2	己巳3	庚午4	辛未5	壬申6	癸酉7	甲戌8	乙亥9	丙子10	丁丑11	戊寅12	己卯13	庚辰14	辛巳15	壬午16	癸未17	甲申18	乙酉19	丙戌20	丁亥21	戊子22		壬戌春分
六月大	丙午	干支 天地 西曆	己丑23	庚寅24	辛卯25	壬辰26	癸巳27	甲午28	乙未29	丙申30	丁酉(5)	戊戌2	己亥3	庚子4	辛丑5	壬寅6	癸卯7	甲辰8	乙巳9	丙午10	丁未11	戊申12	己酉13	庚戌14	辛亥15	壬子16	癸丑17	甲寅18	乙卯19	丙辰20	丁巳21	戊午22	己酉立夏
七月小	丁未	干支 天地 西曆	己未23	庚申24	辛酉25	壬戌26	癸亥27	甲子28	乙丑29	丙寅30	丁卯31	戊辰(6)	己巳2	庚午3	辛未4	壬申5	癸酉6	甲戌7	乙亥8	丙子9	丁丑10	戊寅11	己卯12	庚辰13	辛巳14	壬午15	癸未16	甲申17	乙酉18	丙戌19	丁亥20		
八月大	戊申	干支 天地 西曆	戊子21	己丑22	庚寅23	辛卯24	壬辰25	癸巳26	甲午27	乙未28	丙申29	丁酉30	戊戌(7)	己亥2	庚子3	辛丑4	壬寅5	癸卯6	甲辰7	乙巳8	丙午9	丁未10	戊申11	己酉12	庚戌13	辛亥14	壬子15	癸丑16	甲寅17	乙卯18	丙辰19	丁巳20	丁酉夏至 丁巳日食
九月小	己酉	干支 天地 西曆	戊午21	己未22	庚申23	辛酉24	壬戌25	癸亥26	甲子27	乙丑28	丙寅29	丁卯30	戊辰31	己巳(8)	庚午2	辛未3	壬申4	癸酉5	甲戌6	乙亥7	丙子8	丁丑9	戊寅10	己卯11	庚辰12	辛巳13	壬午14	癸未15	甲申16	乙酉17	丙戌18		癸未立秋
十月大	庚戌	干支 天地 西曆	丁亥19	戊子20	己丑21	庚寅22	辛卯23	壬辰24	癸巳25	甲午26	乙未27	丙申28	丁酉29	戊戌30	己亥31	庚子(9)	辛丑2	壬寅3	癸卯4	甲辰5	乙巳6	丙午7	丁未8	戊申9	己酉10	庚戌11	辛亥12	壬子13	癸丑14	甲寅15	乙卯16	丙辰17	
十一月小	辛亥	干支 天地 西曆	丁巳18	戊午19	己未20	庚申21	辛酉22	壬戌23	癸亥24	甲子25	乙丑26	丙寅27	丁卯28	戊辰29	己巳30	庚午(10)	辛未2	壬申3	癸酉4	甲戌5	乙亥6	丙子7	丁丑8	戊寅9	己卯10	庚辰11	辛巳12	壬午13	癸未14	甲申15	乙酉16		己巳秋分
十二月大	壬子	干支 天地 西曆	丙戌17	丁亥18	戊子19	己丑20	庚寅21	辛卯22	壬辰23	癸巳24	甲午25	乙未26	丙申27	丁酉28	戊戌29	己亥30	庚子31	辛丑(11)	壬寅2	癸卯3	甲辰4	乙巳5	丙午6	丁未7	戊申8	己酉9	庚戌10	辛亥11	壬子12	癸丑13	甲寅14	乙卯15	癸丑立冬
閏月小	壬子	干支 天地 西曆	丙辰16	丁巳17	戊午18	己未19	庚申20	辛酉21	壬戌22	癸亥23	甲子24	乙丑25	丙寅26	丁卯27	戊辰28	己巳29	庚午30	辛未(12)	壬申2	癸酉3	甲戌4	乙亥5	丙子6	丁丑7	戊寅8	己卯9	庚辰10	辛巳11	壬午12	癸未13	甲申14		

朔閏異同	曆名	正月	二月	三月	四月	五月	六月	七月	八月	九月	十月	十一	十二	閏月	曆名	正月	二月	三月	四月	五月	六月	七月	八月	九月	十月	十一	十二	閏月
	周曆殷曆	庚寅庚申	己未庚寅	己丑己未	戊午己丑	戊子戊午	丁巳戊子	丁亥丁巳	丙辰丁亥	丙戌丙辰	丙辰丙戌	乙酉乙卯	乙卯乙酉		夏曆新曆	庚寅庚寅	己未己未	己丑己丑	戊午戊午	戊子戊子	丁巳丁巳	丁亥丁亥	丙辰丁巳	丙戌丙戌	乙卯丙辰	乙酉丙戌	甲寅乙卯	

*《長曆》：正月壬戌，二月辛卯，三月辛酉，四月庚寅，五月庚申，六月庚寅，閏月己未，七月己丑，八月戊午，九月戊子，十月丁巳，十一丁亥，十二丙辰。

周簡王八年 魯成公十三年（癸未 羊年）
公元前 579 ~ 前 **578** ~ 前 577 年 歲在降婁

魯曆月序		中西曆日對照	初一	初二	初三	初四	初五	初六	初七	初八	初九	初十	十一	十二	十三	十四	十五	十六	十七	十八	十九	二十	二一	二二	二三	二四	二五	二六	二七	二八	二九	三十	節氣與天象
正月大	癸丑	天干地支西曆	乙酉15	丙戌16	丁亥17	戊子18	己丑19	庚寅20	辛卯21	壬辰22	癸巳23	甲午24	乙未25	丙申26	丁酉27	戊戌28	己亥29	庚子30	辛丑31	壬寅(1)	癸卯2	甲辰3	乙巳4	丙午5	丁未6	戊申7	己酉8	庚戌9	辛亥10	壬子11	癸丑12	甲寅13	丁酉冬至
二月小	甲寅	天干地支西曆	乙卯14	丙辰15	丁巳16	戊午17	己未18	庚申19	辛酉20	壬戌21	癸亥22	甲子23	乙丑24	丙寅25	丁卯26	戊辰27	己巳28	庚午29	辛未30	壬申31	癸酉(2)	甲戌2	乙亥3	丙子4	丁丑5	戊寅6	己卯7	庚辰8	辛巳9	壬午10	癸未11		壬午立春
三月大	乙卯	天干地支西曆	甲申12	乙酉13	丙戌14	丁亥15	戊子16	己丑17	庚寅18	辛卯19	壬辰20	癸巳21	甲午22	乙未23	丙申24	丁酉25	戊戌26	己亥27	庚子28	辛丑(3)	壬寅2	癸卯3	甲辰4	乙巳5	丙午6	丁未7	戊申8	己酉9	庚戌10	辛亥11	壬子12	癸丑13	
四月小	丙辰	天干地支西曆	甲寅14	乙卯15	丙辰16	丁巳17	戊午18	己未19	庚申20	辛酉21	壬戌22	癸亥23	甲子24	乙丑25	丙寅26	丁卯27	戊辰28	己巳29	庚午30	辛未31	壬申(4)	癸酉2	甲戌3	乙亥4	丙子5	丁丑6	戊寅7	己卯8	庚辰9	辛巳10	壬午11		戊辰春分
五月大	丁巳	天干地支西曆	癸未12	甲申13	乙酉14	丙戌15	丁亥16	戊子17	己丑18	庚寅19	辛卯20	壬辰21	癸巳22	甲午23	乙未24	丙申25	丁酉26	戊戌27	己亥28	庚子29	辛丑30	壬寅(5)	癸卯2	甲辰3	乙巳4	丙午5	丁未6	戊申7	己酉8	庚戌9	辛亥10	壬子11	
六月大	戊午	天干地支西曆	癸丑12	甲寅13	乙卯14	丙辰15	丁巳16	戊午17	己未18	庚申19	辛酉20	壬戌21	癸亥22	甲子23	乙丑24	丙寅25	丁卯26	戊辰27	己巳28	庚午29	辛未30	壬申31	癸酉(6)	甲戌2	乙亥3	丙子4	丁丑5	戊寅6	己卯7	庚辰8	辛巳9	壬午10	乙卯立夏
七月小	己未	天干地支西曆	癸未11	甲申12	乙酉13	丙戌14	丁亥15	戊子16	己丑17	庚寅18	辛卯19	壬辰20	癸巳21	甲午22	乙未23	丙申24	丁酉25	戊戌26	己亥27	庚子28	辛丑29	壬寅30	癸卯(7)	甲辰2	乙巳3	丙午4	丁未5	戊申6	己酉7	庚戌8	辛亥9		壬寅夏至
八月大	庚申	天干地支西曆	壬子10	癸丑11	甲寅12	乙卯13	丙辰14	丁巳15	戊午16	己未17	庚申18	辛酉19	壬戌20	癸亥21	甲子22	乙丑23	丙寅24	丁卯25	戊辰26	己巳27	庚午28	辛未29	壬申30	癸酉31	甲戌(8)	乙亥2	丙子3	丁丑4	戊寅5	己卯6	庚辰7	辛巳8	
九月小	辛酉	天干地支西曆	壬午9	癸未10	甲申11	乙酉12	丙戌13	丁亥14	戊子15	己丑16	庚寅17	辛卯18	壬辰19	癸巳20	甲午21	乙未22	丙申23	丁酉24	戊戌25	己亥26	庚子27	辛丑28	壬寅29	癸卯30	甲辰31	乙巳(9)	丙午2	丁未3	戊申4	己酉5	庚戌6		戊子立秋
十月大	壬戌	天干地支西曆	辛亥7	壬子8	癸丑9	甲寅10	乙卯11	丙辰12	丁巳13	戊午14	己未15	庚申16	辛酉17	壬戌18	癸亥19	甲子20	乙丑21	丙寅22	丁卯23	戊辰24	己巳25	庚午26	辛未27	壬申28	癸酉29	甲戌30	乙亥(10)	丙子2	丁丑3	戊寅4	己卯5	庚辰6	甲戌秋分
十一月小	癸亥	天干地支西曆	辛巳7	壬午8	癸未9	甲申10	乙酉11	丙戌12	丁亥13	戊子14	己丑15	庚寅16	辛卯17	壬辰18	癸巳19	甲午20	乙未21	丙申22	丁酉23	戊戌24	己亥25	庚子26	辛丑27	壬寅28	癸卯29	甲辰30	乙巳31	丙午(11)	丁未2	戊申3	己酉4		
十二月大	甲子	天干地支西曆	庚戌5	辛亥6	壬子7	癸丑8	甲寅9	乙卯10	丙辰11	丁巳12	戊午13	己未14	庚申15	辛酉16	壬戌17	癸亥18	甲子19	乙丑20	丙寅21	丁卯22	戊辰23	己巳24	庚午25	辛未26	壬申27	癸酉28	甲戌29	乙亥30	丙子(12)	丁丑2	戊寅3	己卯4	戊午立冬
閏月小	甲子	天干地支西曆	庚辰5	辛巳6	壬午7	癸未8	甲申9	乙酉10	丙戌11	丁亥12	戊子13	己丑14	庚寅15	辛卯16	壬辰17	癸巳18	甲午19	乙未20	丙申21	丁酉22	戊戌23	己亥24	庚子25	辛丑26	壬寅27	癸卯28	甲辰29	乙巳30	丙午31	丁未(1)	戊申2		壬寅冬至

朔閏異同	曆名	正月	二月	三月	四月	五月	六月	七月	八月	九月	十月	十一	十二	閏月
	周曆殷曆	甲申甲寅	甲寅甲申	癸未癸丑	癸丑癸未	壬午癸丑	壬子壬午	辛巳壬子	辛亥辛巳	庚辰辛亥	庚戌庚辰	己卯庚戌	己酉己卯	
	夏曆新曆	甲申乙酉	甲寅甲寅	癸未癸未	癸丑癸丑	壬午壬午	壬子壬子	辛巳辛巳	辛亥辛亥	庚辰庚辰	庚戌庚戌	己卯庚辰	己酉庚戌	

*《長曆》：正月丙戌，二月乙卯，三月乙酉，四月甲寅，五月甲申，六月癸丑，七月癸未，八月癸丑，九月壬午，十月壬子，十一辛巳，十二辛亥。

周簡王九年 魯成公十四年（甲申 猴年） 公元前 577 年 歲在大梁

魯曆月序		西日照中曆對	初一	初二	初三	初四	初五	初六	初七	初八	初九	初十	十一	十二	十三	十四	十五	十六	十七	十八	十九	二十	二一	二二	二三	二四	二五	二六	二七	二八	二九	三十	節氣與天象
正月大	乙丑	干支 天地西曆	己酉 3	庚戌 4	辛亥 5	壬子 6	癸丑 7	甲寅 8	乙卯 9	丙辰 10	丁巳 11	戊午 12	己未 13	庚申 14	辛酉 15	壬戌 16	癸亥 17	甲子 18	乙丑 19	丙寅 20	丁卯 21	戊辰 22	己巳 23	庚午 24	辛未 25	壬申 26	癸酉 27	甲戌 28	乙亥 29	丙子 30	丁丑 31	戊寅 (2)	
二月小	丙寅	干支 天地西曆	己卯 2	庚辰 3	辛巳 4	壬午 5	癸未 6	甲申 7	乙酉 8	丙戌 9	丁亥 10	戊子 11	己丑 12	庚寅 13	辛卯 14	壬辰 15	癸巳 16	甲午 17	乙未 18	丙申 19	丁酉 20	戊戌 21	己亥 22	庚子 23	辛丑 24	壬寅 25	癸卯 26	甲辰 27	乙巳 28	丙午 29	丁未 (3)		丁亥立春
三月大	丁卯	干支 天地西曆	戊申 2	己酉 3	庚戌 4	辛亥 5	壬子 6	癸丑 7	甲寅 8	乙卯 9	丙辰 10	丁巳 11	戊午 12	己未 13	庚申 14	辛酉 15	壬戌 16	癸亥 17	甲子 18	乙丑 19	丙寅 20	丁卯 21	戊辰 22	己巳 23	庚午 24	辛未 25	壬申 26	癸酉 27	甲戌 28	乙亥 29	丙子 30	丁丑 31	癸酉春分
四月小	戊辰	干支 天地西曆	戊寅 (4)	己卯 2	庚辰 3	辛巳 4	壬午 5	癸未 6	甲申 7	乙酉 8	丙戌 9	丁亥 10	戊子 11	己丑 12	庚寅 13	辛卯 14	壬辰 15	癸巳 16	甲午 17	乙未 18	丙申 19	丁酉 20	戊戌 21	己亥 22	庚子 23	辛丑 24	壬寅 25	癸卯 26	甲辰 27	乙巳 28	丙午 29		
五月大	己巳	干支 天地西曆	丁未 30	戊申 (5)	己酉 2	庚戌 3	辛亥 4	壬子 5	癸丑 6	甲寅 7	乙卯 8	丙辰 9	丁巳 10	戊午 11	己未 12	庚申 13	辛酉 14	壬戌 15	癸亥 16	甲子 17	乙丑 18	丙寅 19	丁卯 20	戊辰 21	己巳 22	庚午 23	辛未 24	壬申 25	癸酉 26	甲戌 27	乙亥 28	丙子 29	庚申立夏
六月小	庚午	干支 天地西曆	丁丑 30	戊寅 31	己卯 (6)	庚辰 2	辛巳 3	壬午 4	癸未 5	甲申 6	乙酉 7	丙戌 8	丁亥 9	戊子 10	己丑 11	庚寅 12	辛卯 13	壬辰 14	癸巳 15	甲午 16	乙未 17	丙申 18	丁酉 19	戊戌 20	己亥 21	庚子 22	辛丑 23	壬寅 24	癸卯 25	甲辰 26	乙巳 27		
七月大	辛未	干支 天地西曆	丙午 28	丁未 29	戊申 30	己酉 (7)	庚戌 2	辛亥 3	壬子 4	癸丑 5	甲寅 6	乙卯 7	丙辰 8	丁巳 9	戊午 10	己未 11	庚申 12	辛酉 13	壬戌 14	癸亥 15	甲子 16	乙丑 17	丙寅 18	丁卯 19	戊辰 20	己巳 21	庚午 22	辛未 23	壬申 24	癸酉 25	甲戌 26	乙亥 27	丁未夏至
八月大	壬申	干支 天地西曆	丙子 28	丁丑 29	戊寅 30	己卯 31	庚辰 (8)	辛巳 2	壬午 3	癸未 4	甲申 5	乙酉 6	丙戌 7	丁亥 8	戊子 9	己丑 10	庚寅 11	辛卯 12	壬辰 13	癸巳 14	甲午 15	乙未 16	丙申 17	丁酉 18	戊戌 19	己亥 20	庚子 21	辛丑 22	壬寅 23	癸卯 24	甲辰 25	乙巳 26	甲午立秋
九月小	癸酉	干支 天地西曆	丙午 27	丁未 28	戊申 29	己酉 30	庚戌 31	辛亥 (9)	壬子 2	癸丑 3	甲寅 4	乙卯 5	丙辰 6	丁巳 7	戊午 8	己未 9	庚申 10	辛酉 11	壬戌 12	癸亥 13	甲子 14	乙丑 15	丙寅 16	丁卯 17	戊辰 18	己巳 19	庚午 20	辛未 21	壬申 22	癸酉 23	甲戌 24		
十月大	甲戌	干支 天地西曆	乙亥 25	丙子 26	丁丑 27	戊寅 28	己卯 29	庚辰 30	辛巳 (10)	壬午 2	癸未 3	甲申 4	乙酉 5	丙戌 6	丁亥 7	戊子 8	己丑 9	庚寅 10	辛卯 11	壬辰 12	癸巳 13	甲午 14	乙未 15	丙申 16	丁酉 17	戊戌 18	己亥 19	庚子 20	辛丑 21	壬寅 22	癸卯 23	甲辰 24	己卯秋分
十一月小	乙亥	干支 天地西曆	乙巳 25	丙午 26	丁未 27	戊申 28	己酉 29	庚戌 30	辛亥 31	壬子 (11)	癸丑 2	甲寅 3	乙卯 4	丙辰 5	丁巳 6	戊午 7	己未 8	庚申 9	辛酉 10	壬戌 11	癸亥 12	甲子 13	乙丑 14	丙寅 15	丁卯 16	戊辰 17	己巳 18	庚午 19	辛未 20	壬申 21	癸酉 22		甲子立冬
十二月大	丙子	干支 天地西曆	甲戌 23	乙亥 24	丙子 25	丁丑 26	戊寅 27	己卯 28	庚辰 29	辛巳 30	壬午 (12)	癸未 2	甲申 3	乙酉 4	丙戌 5	丁亥 6	戊子 7	己丑 8	庚寅 9	辛卯 10	壬辰 11	癸巳 12	甲午 13	乙未 14	丙申 15	丁酉 16	戊戌 17	己亥 18	庚子 19	辛丑 20	壬寅 21	癸卯 22	

朔閏異同	曆名	正月	二月	三月	四月	五月	六月	七月	八月	九月	十月	十一	十二	閏月
	周曆殷曆	戊寅己酉	戊申戊寅	戊寅戊申	丁未丁丑	丁丑丁未	丙午丙子	丙子丙午	乙巳---乙亥	---乙亥乙巳	甲辰乙亥	甲戌甲辰	癸卯甲戌	癸酉癸卯
	夏曆新曆	戊寅己卯	戊申己酉	丁丑戊寅	丁未---丁未	丁丑丁丑	丙午丙午	---丙子乙亥	乙巳乙巳	乙亥甲戌	甲辰甲辰	甲戌甲戌	癸卯甲辰	癸酉甲戌

*《長曆》：正月庚辰，二月庚戌，三月己卯，四月己酉，五月戊寅，六月戊申，七月丁丑，閏月丁未，八月丙子，九月丙午，十月乙亥，十一乙巳，十二乙亥。

周簡王十年 魯成公十五年（乙酉 鷄年） 公元前577 ~ 前576年 歲在實沈

魯曆月序		中西曆日對照	初一	初二	初三	初四	初五	初六	初七	初八	初九	初十	十一	十二	十三	十四	十五	十六	十七	十八	十九	二十	二一	二二	二三	二四	二五	二六	二七	二八	二九	三十	節氣與天象
正月小	丁丑	天干地支西曆	甲辰23	乙巳24	丙午25	丁未26	戊申27	己酉28	庚戌29	辛亥30	壬子31	癸丑(1)	甲寅2	乙卯3	丙辰4	丁巳5	戊午6	己未7	庚申8	辛酉9	壬戌10	癸亥11	甲子12	乙丑13	丙寅14	丁卯15	戊辰16	己巳17	庚午18	辛未19	壬申20		戊申冬至
二月大	戊寅	天干地支西曆	癸酉21	甲戌22	乙亥23	丙子24	丁丑25	戊寅26	己卯27	庚辰28	辛巳29	壬午30	癸未31	甲申(2)	乙酉2	丙戌3	丁亥4	戊子5	己丑6	庚寅7	辛卯8	壬辰9	癸巳10	甲午11	乙未12	丙申13	丁酉14	戊戌15	己亥16	庚子17	辛丑18	壬寅19	壬辰立春
三月小	己卯	天干地支西曆	癸卯20	甲辰21	乙巳22	丙午23	丁未24	戊申25	己酉26	庚戌27	辛亥28	壬子(3)	癸丑2	甲寅3	乙卯4	丙辰5	丁巳6	戊午7	己未8	庚申9	辛酉10	壬戌11	癸亥12	甲子13	乙丑14	丙寅15	丁卯16	戊辰17	己巳18	庚午19	辛未20		
四月大	庚辰	天干地支西曆	壬申21	癸酉22	甲戌23	乙亥24	丙子25	丁丑26	戊寅27	己卯28	庚辰29	辛巳30	壬午31	癸未(4)	甲申2	乙酉3	丙戌4	丁亥5	戊子6	己丑7	庚寅8	辛卯9	壬辰10	癸巳11	甲午12	乙未13	丙申14	丁酉15	戊戌16	己亥17	庚子18	辛丑19	戊寅春分
五月小	辛巳	天干地支西曆	壬寅20	癸卯21	甲辰22	乙巳23	丙午24	丁未25	戊申26	己酉27	庚戌28	辛亥29	壬子30	癸丑(5)	甲寅2	乙卯3	丙辰4	丁巳5	戊午6	己未7	庚申8	辛酉9	壬戌10	癸亥11	甲子12	乙丑13	丙寅14	丁卯15	戊辰16	己巳17	庚午18		乙丑立夏
六月大	壬午	天干地支西曆	辛未19	壬申20	癸酉21	甲戌22	乙亥23	丙子24	丁丑25	戊寅26	己卯27	庚辰28	辛巳29	壬午30	癸未31	甲申(6)	乙酉2	丙戌3	丁亥4	戊子5	己丑6	庚寅7	辛卯8	壬辰9	癸巳10	甲午11	乙未12	丙申13	丁酉14	戊戌15	己亥16	庚子17	
七月小	癸未	天干地支西曆	辛丑18	壬寅19	癸卯20	甲辰21	乙巳22	丙午23	丁未24	戊申25	己酉26	庚戌27	辛亥28	壬子29	癸丑30	甲寅(7)	乙卯2	丙辰3	丁巳4	戊午5	己未6	庚申7	辛酉8	壬戌9	癸亥10	甲子11	乙丑12	丙寅13	丁卯14	戊辰15	己巳16		壬子夏至
八月大	甲申	天干地支西曆	庚午17	辛未18	壬申19	癸酉20	甲戌21	乙亥22	丙子23	丁丑24	戊寅25	己卯26	庚辰27	辛巳28	壬午29	癸未30	甲申31	乙酉(8)	丙戌2	丁亥3	戊子4	己丑5	庚寅6	辛卯7	壬辰8	癸巳9	甲午10	乙未11	丙申12	丁酉13	戊戌14	己亥15	己亥立秋
九月小	乙酉	天干地支西曆	庚子16	辛丑17	壬寅18	癸卯19	甲辰20	乙巳21	丙午22	丁未23	戊申24	己酉25	庚戌26	辛亥27	壬子28	癸丑29	甲寅30	乙卯31	丙辰(9)	丁巳2	戊午3	己未4	庚申5	辛酉6	壬戌7	癸亥8	甲子9	乙丑10	丙寅11	丁卯12	戊辰13		
十月大	丙戌	天干地支西曆	己巳14	庚午15	辛未16	壬申17	癸酉18	甲戌19	乙亥20	丙子21	丁丑22	戊寅23	己卯24	庚辰25	辛巳26	壬午27	癸未28	甲申29	乙酉30	丙戌(10)	丁亥2	戊子3	己丑4	庚寅5	辛卯6	壬辰7	癸巳8	甲午9	乙未10	丙申11	丁酉12	戊戌13	甲申秋分
十一月小	丁亥	天干地支西曆	己亥14	庚子15	辛丑16	壬寅17	癸卯18	甲辰19	乙巳20	丙午21	丁未22	戊申23	己酉24	庚戌25	辛亥26	壬子27	癸丑28	甲寅29	乙卯30	丙辰31	丁巳(11)	戊午2	己未3	庚申4	辛酉5	壬戌6	癸亥7	甲子8	乙丑9	丙寅10	丁卯11		
十二月大	戊子	天干地支西曆	戊辰12	己巳13	庚午14	辛未15	壬申16	癸酉17	甲戌18	乙亥19	丙子20	丁丑21	戊寅22	己卯23	庚辰24	辛巳25	壬午26	癸未27	甲申28	乙酉29	丙戌30	丁亥(12)	戊子2	己丑3	庚寅4	辛卯5	壬辰6	癸巳7	甲午8	乙未9	丙申10	丁酉11	己巳立冬

朔閏異同	曆名	正月	二月	三月	四月	五月	六月	七月	八月	九月	十月	十一	十二	閏月	曆名	正月	二月	三月	四月	五月	六月	七月	八月	九月	十月	十一	十二	閏月
	周曆殷曆	壬寅癸酉	壬申壬寅	辛丑壬申	辛未辛丑	辛丑辛未	庚午庚子	庚子庚午	己巳己亥	己亥己巳	戊辰戊戌	戊戌戊辰	丁卯戊戌		夏曆新曆	壬寅癸卯	壬申癸酉	辛丑壬寅	辛未辛未	庚子辛丑	庚午庚午	己亥己亥	己巳己巳	己亥戊戌	戊辰戊辰	戊戌戊戌	丁卯戊辰	

*《長曆》：正月甲辰，二月甲戌，三月癸卯，四月癸酉，五月壬寅，六月壬申，七月辛丑，八月辛未，九月庚子，十月庚午，十一己亥，十二己巳。

周簡王十一年 魯成公十六年（丙戌 狗年）公元前576 ~ 前575年 歲在鶉首

魯曆月序		中西曆日對照	初一	初二	初三	初四	初五	初六	初七	初八	初九	初十	十一	十二	十三	十四	十五	十六	十七	十八	十九	二十	二一	二二	二三	二四	二五	二六	二七	二八	二九	三十	節氣與天象
正月大	己丑	干支	戊戌	己亥	庚子	辛丑	壬寅	癸卯	甲辰	乙巳	丙午	丁未	戊申	己酉	庚戌	辛亥	壬子	癸丑	甲寅	乙卯	丙辰	丁巳	戊午	己未	庚申	辛酉	壬戌	癸亥	甲子	乙丑	丙寅	丁卯	癸丑冬至
		天地西曆	12	13	14	15	16	17	18	19	20	21	22	23	24	25	26	27	28	29	30	31	(1)	2	3	4	5	6	7	8	9	10	
二月小	庚寅	干支	戊辰	己巳	庚午	辛未	壬申	癸酉	甲戌	乙亥	丙子	丁丑	戊寅	己卯	庚辰	辛巳	壬午	癸未	甲申	乙酉	丙戌	丁亥	戊子	己丑	庚寅	辛卯	壬辰	癸巳	甲午	乙未	丙申		
		天地西曆	11	12	13	14	15	16	17	18	19	20	21	22	23	24	25	26	27	28	29	30	31	(2)	2	3	4	5	6	7	8		
三月大	辛卯	干支	丁酉	戊戌	己亥	庚子	辛丑	壬寅	癸卯	甲辰	乙巳	丙午	丁未	戊申	己酉	庚戌	辛亥	壬子	癸丑	甲寅	乙卯	丙辰	丁巳	戊午	己未	庚申	辛酉	壬戌	癸亥	甲子	乙丑	丙寅	戊戌立春
		天地西曆	9	10	11	12	13	14	15	16	17	18	19	20	21	22	23	24	25	26	27	28	(3)	2	3	4	5	6	7	8	9	10	
四月小	壬辰	干支	丁卯	戊辰	己巳	庚午	辛未	壬申	癸酉	甲戌	乙亥	丙子	丁丑	戊寅	己卯	庚辰	辛巳	壬午	癸未	甲申	乙酉	丙戌	丁亥	戊子	己丑	庚寅	辛卯	壬辰	癸巳	甲午	乙未		癸未春分
		天地西曆	11	12	13	14	15	16	17	18	19	20	21	22	23	24	25	26	27	28	29	30	31	(4)	2	3	4	5	6	7	8		
五月大	癸巳	干支	丙申	丁酉	戊戌	己亥	庚子	辛丑	壬寅	癸卯	甲辰	乙巳	丙午	丁未	戊申	己酉	庚戌	辛亥	壬子	癸丑	甲寅	乙卯	丙辰	丁巳	戊午	己未	庚申	辛酉	壬戌	癸亥	甲子	乙丑	
		天地西曆	9	10	11	12	13	14	15	16	17	18	19	20	21	22	23	24	25	26	27	28	29	30	(5)	2	3	4	5	6	7	8	
六月小	甲午	干支	丙寅	丁卯	戊辰	己巳	庚午	辛未	壬申	癸酉	甲戌	乙亥	丙子	丁丑	戊寅	己卯	庚辰	辛巳	壬午	癸未	甲申	乙酉	丙戌	丁亥	戊子	己丑	庚寅	辛卯	壬辰	癸巳	甲午		庚午立夏 丙寅日食
		天地西曆	9	10	11	12	13	14	15	16	17	18	19	20	21	22	23	24	25	26	27	28	29	30	31	(6)	2	3	4	5	6		
七月大	乙未	干支	乙未	丙申	丁酉	戊戌	己亥	庚子	辛丑	壬寅	癸卯	甲辰	乙巳	丙午	丁未	戊申	己酉	庚戌	辛亥	壬子	癸丑	甲寅	乙卯	丙辰	丁巳	戊午	己未	庚申	辛酉	壬戌	癸亥	甲子	戊午夏至
		天地西曆	7	8	9	10	11	12	13	14	15	16	17	18	19	20	21	22	23	24	25	26	27	28	29	30	(7)	2	3	4	5	6	
八月小	丙申	干支	乙丑	丙寅	丁卯	戊辰	己巳	庚午	辛未	壬申	癸酉	甲戌	乙亥	丙子	丁丑	戊寅	己卯	庚辰	辛巳	壬午	癸未	甲申	乙酉	丙戌	丁亥	戊子	己丑	庚寅	辛卯	壬辰	癸巳		
		天地西曆	7	8	9	10	11	12	13	14	15	16	17	18	19	20	21	22	23	24	25	26	27	28	29	30	31	(8)	2	3	4		
九月大	丁酉	干支	甲午	乙未	丙申	丁酉	戊戌	己亥	庚子	辛丑	壬寅	癸卯	甲辰	乙巳	丙午	丁未	戊申	己酉	庚戌	辛亥	壬子	癸丑	甲寅	乙卯	丙辰	丁巳	戊午	己未	庚申	辛酉	壬戌	癸亥	甲辰立秋
		天地西曆	5	6	7	8	9	10	11	12	13	14	15	16	17	18	19	20	21	22	23	24	25	26	27	28	29	30	31	(9)	2	3	
十月小	戊戌	干支	甲子	乙丑	丙寅	丁卯	戊辰	己巳	庚午	辛未	壬申	癸酉	甲戌	乙亥	丙子	丁丑	戊寅	己卯	庚辰	辛巳	壬午	癸未	甲申	乙酉	丙戌	丁亥	戊子	己丑	庚寅	辛卯	壬辰		庚寅秋分
		天地西曆	4	5	6	7	8	9	10	11	12	13	14	15	16	17	18	19	20	21	22	23	24	25	26	27	28	29	30	(10)	2		
十一月大	己亥	干支	癸巳	甲午	乙未	丙申	丁酉	戊戌	己亥	庚子	辛丑	壬寅	癸卯	甲辰	乙巳	丙午	丁未	戊申	己酉	庚戌	辛亥	壬子	癸丑	甲寅	乙卯	丙辰	丁巳	戊午	己未	庚申	辛酉	壬戌	
		天地西曆	3	4	5	6	7	8	9	10	11	12	13	14	15	16	17	18	19	20	21	22	23	24	25	26	27	28	29	30	31	(11)	
十二月小	庚子	干支	癸亥	甲子	乙丑	丙寅	丁卯	戊辰	己巳	庚午	辛未	壬申	癸酉	甲戌	乙亥	丙子	丁丑	戊寅	己卯	庚辰	辛巳	壬午	癸未	甲申	乙酉	丙戌	丁亥	戊子	己丑	庚寅	辛卯		甲戌立冬
		天地西曆	2	3	4	5	6	7	8	9	10	11	12	13	14	15	16	17	18	19	20	21	22	23	24	25	26	27	28	29	30		

朔閏異同	曆名	正月	二月	三月	四月	五月	六月	七月	八月	九月	十月	十一	十二	閏月
	周曆殷曆	丁酉丁卯	丙寅丁酉	丙申丙寅	乙丑丙申	乙未乙丑	甲子乙未	甲午甲子	癸亥甲午	癸巳癸亥	癸亥癸巳	壬辰壬戌	壬戌壬辰	
	曆名	正月	二月	三月	四月	五月	六月	七月	八月	九月	十月	十一	十二	閏月
	夏曆新曆	丁酉丁酉	丙寅丁卯	丙申丁酉	乙丑丙寅	乙未乙未	甲子乙丑	甲午甲午	癸亥癸亥	癸巳癸巳	壬戌壬戌	壬辰壬辰	辛酉---壬戌	辛卯

*《長曆》：正月戊戌，二月戊辰，三月丁酉，四月丁卯，五月丙申，六月丙寅，七月乙未，八月乙丑，九月甲午，十月甲子，十一癸巳，十二癸亥。

周簡王十二年 魯成公十七年（丁亥 猪年）公元前575 ~ 前574年 歲在鶉火

魯曆月序		西日中曆對照	初一	初二	初三	初四	初五	初六	初七	初八	初九	初十	十一	十二	十三	十四	十五	十六	十七	十八	十九	二十	二一	二二	二三	二四	二五	二六	二七	二八	二九	三十	節氣與天象
正月大	辛丑	干支 天地 西曆	壬辰 (12)	癸巳 2	甲午 3	乙未 4	丙申 5	丁酉 6	戊戌 7	己亥 8	庚子 9	辛丑 10	壬寅 11	癸卯 12	甲辰 13	乙巳 14	丙午 15	丁未 16	戊申 17	己酉 18	庚戌 19	辛亥 20	壬子 21	癸丑 22	甲寅 23	乙卯 24	丙辰 25	丁巳 26	戊午 27	己未 28	庚申 29	辛酉 30	戊午冬至
二月小	壬寅	干支 天地 西曆	壬戌 31	癸亥 (1)	甲子 2	乙丑 3	丙寅 4	丁卯 5	戊辰 6	己巳 7	庚午 8	辛未 9	壬申 10	癸酉 11	甲戌 12	乙亥 13	丙子 14	丁丑 15	戊寅 16	己卯 17	庚辰 18	辛巳 19	壬午 20	癸未 21	甲申 22	乙酉 23	丙戌 24	丁亥 25	戊子 26	己丑 27	庚寅 28		
三月大	癸卯	干支 天地 西曆	辛卯 29	壬辰 30	癸巳 31	甲午 (2)	乙未 2	丙申 3	丁酉 4	戊戌 5	己亥 6	庚子 7	辛丑 8	壬寅 9	癸卯 10	甲辰 11	乙巳 12	丙午 13	丁未 14	戊申 15	己酉 16	庚戌 17	辛亥 18	壬子 19	癸丑 20	甲寅 21	乙卯 22	丙辰 23	丁巳 24	戊午 25	己未 26	庚申 27	癸卯立春
四月小	甲辰	干支 天地 西曆	辛酉 28	壬戌 (3)	癸亥 2	甲子 3	乙丑 4	丙寅 5	丁卯 6	戊辰 7	己巳 8	庚午 9	辛未 10	壬申 11	癸酉 12	甲戌 13	乙亥 14	丙子 15	丁丑 16	戊寅 17	己卯 18	庚辰 19	辛巳 20	壬午 21	癸未 22	甲申 23	乙酉 24	丙戌 25	丁亥 26	戊子 27	己丑 28		己丑春分
五月大	乙巳	干支 天地 西曆	庚寅 29	辛卯 30	壬辰 31	癸巳 (4)	甲午 2	乙未 3	丙申 4	丁酉 5	戊戌 6	己亥 7	庚子 8	辛丑 9	壬寅 10	癸卯 11	甲辰 12	乙巳 13	丙午 14	丁未 15	戊申 16	己酉 17	庚戌 18	辛亥 19	壬子 20	癸丑 21	甲寅 22	乙卯 23	丙辰 24	丁巳 25	戊午 26	己未 27	
六月大	丙午	干支 天地 西曆	庚申 28	辛酉 29	壬戌 30	癸亥 (5)	甲子 2	乙丑 3	丙寅 4	丁卯 5	戊辰 6	己巳 7	庚午 8	辛未 9	壬申 10	癸酉 11	甲戌 12	乙亥 13	丙子 14	丁丑 15	戊寅 16	己卯 17	庚辰 18	辛巳 19	壬午 20	癸未 21	甲申 22	乙酉 23	丙戌 24	丁亥 25	戊子 26	己丑 27	丙子立夏
七月小	丁未	干支 天地 西曆	庚寅 28	辛卯 29	壬辰 30	癸巳 31	甲午 (6)	乙未 2	丙申 3	丁酉 4	戊戌 5	己亥 6	庚子 7	辛丑 8	壬寅 9	癸卯 10	甲辰 11	乙巳 12	丙午 13	丁未 14	戊申 15	己酉 16	庚戌 17	辛亥 18	壬子 19	癸丑 20	甲寅 21	乙卯 22	丙辰 23	丁巳 24	戊午 25		
八月大	戊申	干支 天地 西曆	己未 26	庚申 27	辛酉 28	壬戌 29	癸亥 30	甲子 (7)	乙丑 2	丙寅 3	丁卯 4	戊辰 5	己巳 6	庚午 7	辛未 8	壬申 9	癸酉 10	甲戌 11	乙亥 12	丙子 13	丁丑 14	戊寅 15	己卯 16	庚辰 17	辛巳 18	壬午 19	癸未 20	甲申 21	乙酉 22	丙戌 23	丁亥 24	戊子 25	癸亥夏至
九月小	己酉	干支 天地 西曆	己丑 26	庚寅 27	辛卯 28	壬辰 29	癸巳 30	甲午 31	乙未 (8)	丙申 2	丁酉 3	戊戌 4	己亥 5	庚子 6	辛丑 7	壬寅 8	癸卯 9	甲辰 10	乙巳 11	丙午 12	丁未 13	戊申 14	己酉 15	庚戌 16	辛亥 17	壬子 18	癸丑 19	甲寅 20	乙卯 21	丙辰 22	丁巳 23		己酉立秋
十月大	庚戌	干支 天地 西曆	戊午 24	己未 25	庚申 26	辛酉 27	壬戌 28	癸亥 29	甲子 30	乙丑 31	丙寅 (9)	丁卯 2	戊辰 3	己巳 4	庚午 5	辛未 6	壬申 7	癸酉 8	甲戌 9	乙亥 10	丙子 11	丁丑 12	戊寅 13	己卯 14	庚辰 15	辛巳 16	壬午 17	癸未 18	甲申 19	乙酉 20	丙戌 21	丁亥 22	
十一月小	辛亥	干支 天地 西曆	戊子 23	己丑 24	庚寅 25	辛卯 26	壬辰 27	癸巳 28	甲午 29	乙未 30	丙申 (10)	丁酉 2	戊戌 3	己亥 4	庚子 5	辛丑 6	壬寅 7	癸卯 8	甲辰 9	乙巳 10	丙午 11	丁未 12	戊申 13	己酉 14	庚戌 15	辛亥 16	壬子 17	癸丑 18	甲寅 19	乙卯 20	丙辰 21		乙未秋分
十二月大	壬子	干支 天地 西曆	丁巳 22	戊午 23	己未 24	庚申 25	辛酉 26	壬戌 27	癸亥 28	甲子 29	乙丑 30	丙寅 31	丁卯 (11)	戊辰 2	己巳 3	庚午 4	辛未 5	壬申 6	癸酉 7	甲戌 8	乙亥 9	丙子 10	丁丑 11	戊寅 12	己卯 13	庚辰 14	辛巳 15	壬午 16	癸未 17	甲申 18	乙酉 19	丙戌 20	己卯立冬 丁巳日食
閏月小	壬子	干支 天地 西曆	丁亥 21	戊子 22	己丑 23	庚寅 24	辛卯 25	壬辰 26	癸巳 27	甲午 28	乙未 29	丙申 30	丁酉 (12)	戊戌 2	己亥 3	庚子 4	辛丑 5	壬寅 6	癸卯 7	甲辰 8	乙巳 9	丙午 10	丁未 11	戊申 12	己酉 13	庚戌 14	辛亥 15	壬子 16	癸丑 17	甲寅 18	乙卯 19		

朔閏異同	曆名	正月	二月	三月	四月	五月	六月	七月	八月	九月	十月	十一	十二	閏月	曆名	正月	二月	三月	四月	五月	六月	七月	八月	九月	十月	十一	十二	閏月
	周曆 殷曆	辛卯 辛酉	辛酉 辛卯	庚寅 庚申	庚申 庚寅	己丑 --- 庚申	--- 己未 己丑	戊子 己未	戊午 戊子	丁亥 戊午	丁巳 丁亥	丙戌 丁巳	丙辰 丙戌	丙戌 丙辰	夏曆 新曆	辛卯 辛酉	辛酉 辛卯	--- 庚寅 庚申	庚申 庚寅	己丑 己未	己未 己丑	戊子 戊午	戊午 丁亥	丁亥 丁巳	丁巳 丙戌	丙戌 丙辰	丙辰 丙戌	乙酉

*《長曆》：正月壬辰，二月壬戌，三月辛卯，四月辛酉，五月庚寅，六月庚申，七月己丑，八月己未，九月戊子，十月戊午，十一丁亥，十二丁巳，閏月丙戌。

周簡王十三年 魯成公十八年（戊子 鼠年）公元前574～前573年 歲在鶉尾

魯曆月序		中西曆日對照	魯曆日序																													節氣與天象
			初一	初二	初三	初四	初五	初六	初七	初八	初九	初十	十一	十二	十三	十四	十五	十六	十七	十八	十九	二十	二一	二二	二三	二四	二五	二六	二七	二八	二九	三十	
正月大	癸丑	干支 天地 西曆	丙辰 20	丁巳 21	戊午 22	己未 23	庚申 24	辛酉 25	壬戌 26	癸亥 27	甲子 28	乙丑 29	丙寅 30	丁卯 31	戊辰 (1)	己巳 2	庚午 3	辛未 4	壬申 5	癸酉 6	甲戌 7	乙亥 8	丙子 9	丁丑 10	戊寅 11	己卯 12	庚辰 13	辛巳 14	壬午 15	癸未 16	甲申 17	乙酉 18	癸亥冬至
二月小	甲寅	干支 天地 西曆	丙戌 19	丁亥 20	戊子 21	己丑 22	庚寅 23	辛卯 24	壬辰 25	癸巳 26	甲午 27	乙未 28	丙申 29	丁酉 30	戊戌 31	己亥 (2)	庚子 2	辛丑 3	壬寅 4	癸卯 5	甲辰 6	乙巳 7	丙午 8	丁未 9	戊申 10	己酉 11	庚戌 12	辛亥 13	壬子 14	癸丑 15	甲寅 16		戊申立春
三月大	乙卯	干支 天地 西曆	乙卯 17	丙辰 18	丁巳 19	戊午 20	己未 21	庚申 22	辛酉 23	壬戌 24	癸亥 25	甲子 26	乙丑 27	丙寅 28	丁卯 29	戊辰 (3)	己巳 2	庚午 3	辛未 4	壬申 5	癸酉 6	甲戌 7	乙亥 8	丙子 9	丁丑 10	戊寅 11	己卯 12	庚辰 13	辛巳 14	壬午 15	癸未 16	甲申 17	
四月小	丙辰	干支 天地 西曆	乙酉 18	丙戌 19	丁亥 20	戊子 21	己丑 22	庚寅 23	辛卯 24	壬辰 25	癸巳 26	甲午 27	乙未 28	丙申 29	丁酉 30	戊戌 31	己亥 (4)	庚子 2	辛丑 3	壬寅 4	癸卯 5	甲辰 6	乙巳 7	丙午 8	丁未 9	戊申 10	己酉 11	庚戌 12	辛亥 13	壬子 14	癸丑 15		甲午春分
五月大	丁巳	干支 天地 西曆	甲寅 16	乙卯 17	丙辰 18	丁巳 19	戊午 20	己未 21	庚申 22	辛酉 23	壬戌 24	癸亥 25	甲子 26	乙丑 27	丙寅 28	丁卯 29	戊辰 30	己巳 (5)	庚午 2	辛未 3	壬申 4	癸酉 5	甲戌 6	乙亥 7	丙子 8	丁丑 9	戊寅 10	己卯 11	庚辰 12	辛巳 13	壬午 14	癸未 15	辛巳立夏
六月小	戊午	干支 天地 西曆	甲申 16	乙酉 17	丙戌 18	丁亥 19	戊子 20	己丑 21	庚寅 22	辛卯 23	壬辰 24	癸巳 25	甲午 26	乙未 27	丙申 28	丁酉 29	戊戌 30	己亥 31	庚子 (6)	辛丑 2	壬寅 3	癸卯 4	甲辰 5	乙巳 6	丙午 7	丁未 8	戊申 9	己酉 10	庚戌 11	辛亥 12	壬子 13		
七月大	己未	干支 天地 西曆	癸丑 14	甲寅 15	乙卯 16	丙辰 17	丁巳 18	戊午 19	己未 20	庚申 21	辛酉 22	壬戌 23	癸亥 24	甲子 25	乙丑 26	丙寅 27	丁卯 28	戊辰 29	己巳 30	庚午 (7)	辛未 2	壬申 3	癸酉 4	甲戌 5	乙亥 6	丙子 7	丁丑 8	戊寅 9	己卯 10	庚辰 11	辛巳 12	壬午 13	戊辰夏至
八月大	庚申	干支 天地 西曆	癸未 14	甲申 15	乙酉 16	丙戌 17	丁亥 18	戊子 19	己丑 20	庚寅 21	辛卯 22	壬辰 23	癸巳 24	甲午 25	乙未 26	丙申 27	丁酉 28	戊戌 29	己亥 30	庚子 31	辛丑 (8)	壬寅 2	癸卯 3	甲辰 4	乙巳 5	丙午 6	丁未 7	戊申 8	己酉 9	庚戌 10	辛亥 11	壬子 12	
九月小	辛酉	干支 天地 西曆	癸丑 13	甲寅 14	乙卯 15	丙辰 16	丁巳 17	戊午 18	己未 19	庚申 20	辛酉 21	壬戌 22	癸亥 23	甲子 24	乙丑 25	丙寅 26	丁卯 27	戊辰 28	己巳 29	庚午 30	辛未 31	壬申 (9)	癸酉 2	甲戌 3	乙亥 4	丙子 5	丁丑 6	戊寅 7	己卯 8	庚辰 9	辛巳 10		乙卯立秋
十月大	壬戌	干支 天地 西曆	壬午 11	癸未 12	甲申 13	乙酉 14	丙戌 15	丁亥 16	戊子 17	己丑 18	庚寅 19	辛卯 20	壬辰 21	癸巳 22	甲午 23	乙未 24	丙申 25	丁酉 26	戊戌 27	己亥 28	庚子 29	辛丑 30	壬寅 (10)	癸卯 2	甲辰 3	乙巳 4	丙午 5	丁未 6	戊申 7	己酉 8	庚戌 9	辛亥 10	庚子秋分
十一月小	癸亥	干支 天地 西曆	壬子 11	癸丑 12	甲寅 13	乙卯 14	丙辰 15	丁巳 16	戊午 17	己未 18	庚申 19	辛酉 20	壬戌 21	癸亥 22	甲子 23	乙丑 24	丙寅 25	丁卯 26	戊辰 27	己巳 28	庚午 29	辛未 30	壬申 31	癸酉 (11)	甲戌 2	乙亥 3	丙子 4	丁丑 5	戊寅 6	己卯 7	庚辰 8		
十二月大	甲子	干支 天地 西曆	辛巳 9	壬午 10	癸未 11	甲申 12	乙酉 13	丙戌 14	丁亥 15	戊子 16	己丑 17	庚寅 18	辛卯 19	壬辰 20	癸巳 21	甲午 22	乙未 23	丙申 24	丁酉 25	戊戌 26	己亥 27	庚子 28	辛丑 29	壬寅 30	癸卯 (12)	甲辰 2	乙巳 3	丙午 4	丁未 5	戊申 6	己酉 7	庚戌 8	甲申立冬

朔閏異同	曆名	正月	二月	三月	四月	五月	六月	七月	八月	九月	十月	十一	十二	閏月	曆名	正月	二月	三月	四月	五月	六月	七月	八月	九月	十月	十一	十二	閏月
	周曆 殷曆	乙卯 乙酉	乙酉 乙卯	甲寅 甲申	甲申 甲寅	癸丑 癸未	癸未 癸丑	壬子 壬午	壬午 壬子	辛亥 壬午	辛巳 辛亥	庚戌 辛巳	庚辰 庚戌		夏曆 新曆	乙卯 乙卯	甲申 乙酉	甲寅 乙卯	甲申 甲申	癸丑 甲寅	癸未 癸未	壬子 癸丑	壬午 壬午	辛亥 壬子	辛巳 辛巳	庚戌 庚戌	庚辰 庚辰	

*《長曆》：正月丙辰，二月乙酉，三月乙卯，四月甲申，五月甲寅，六月癸未，七月癸丑，八月壬午，九月壬子，十月壬午，十一辛亥，十二辛巳。

周簡王十四年 魯襄公元年（己丑 牛年）公元前 573 ～ 前 572 年 歲在壽星

魯曆月序		中西日曆對照	初一	初二	初三	初四	初五	初六	初七	初八	初九	初十	十一	十二	十三	十四	十五	十六	十七	十八	十九	二十	二一	二二	二三	二四	二五	二六	二七	二八	二九	三十	節氣與天象
正月小	乙丑	天干地支西曆	辛亥9	壬子10	癸丑11	甲寅12	乙卯13	丙辰14	丁巳15	戊午16	己未17	庚申18	辛酉19	壬戌20	癸亥21	甲子22	乙丑23	丙寅24	丁卯25	戊辰26	己巳27	庚午28	辛未29	壬申30	癸酉31	甲戌(1)	乙亥2	丙子3	丁丑4	戊寅5	己卯6		己巳冬至
二月大	丙寅	天干地支西曆	庚辰7	辛巳8	壬午9	癸未10	甲申11	乙酉12	丙戌13	丁亥14	戊子15	己丑16	庚寅17	辛卯18	壬辰19	癸巳20	甲午21	乙未22	丙申23	丁酉24	戊戌25	己亥26	庚子27	辛丑28	壬寅29	癸卯30	甲辰31	乙巳(2)	丙午2	丁未3	戊申4	己酉5	
三月小	丁卯	天干地支西曆	庚戌6	辛亥7	壬子8	癸丑9	甲寅10	乙卯11	丙辰12	丁巳13	戊午14	己未15	庚申16	辛酉17	壬戌18	癸亥19	甲子20	乙丑21	丙寅22	丁卯23	戊辰24	己巳25	庚午26	辛未27	壬申28	癸酉(3)	甲戌2	乙亥3	丙子4	丁丑5	戊寅6		癸丑立春
四月大	戊辰	天干地支西曆	己卯7	庚辰8	辛巳9	壬午10	癸未11	甲申12	乙酉13	丙戌14	丁亥15	戊子16	己丑17	庚寅18	辛卯19	壬辰20	癸巳21	甲午22	乙未23	丙申24	丁酉25	戊戌26	己亥27	庚子28	辛丑29	壬寅30	癸卯31	甲辰(4)	乙巳2	丙午3	丁未4	戊申5	己亥春分 己卯日食
五月小	己巳	天干地支西曆	己酉6	庚戌7	辛亥8	壬子9	癸丑10	甲寅11	乙卯12	丙辰13	丁巳14	戊午15	己未16	庚申17	辛酉18	壬戌19	癸亥20	甲子21	乙丑22	丙寅23	丁卯24	戊辰25	己巳26	庚午27	辛未28	壬申29	癸酉30	甲戌(5)	乙亥2	丙子3	丁丑4		
六月大	庚午	天干地支西曆	戊寅5	己卯6	庚辰7	辛巳8	壬午9	癸未10	甲申11	乙酉12	丙戌13	丁亥14	戊子15	己丑16	庚寅17	辛卯18	壬辰19	癸巳20	甲午21	乙未22	丙申23	丁酉24	戊戌25	己亥26	庚子27	辛丑28	壬寅29	癸卯30	甲辰31	乙巳(6)	丙午2	丁未3	丙戌立夏
七月小	辛未	天干地支西曆	戊申4	己酉5	庚戌6	辛亥7	壬子8	癸丑9	甲寅10	乙卯11	丙辰12	丁巳13	戊午14	己未15	庚申16	辛酉17	壬戌18	癸亥19	甲子20	乙丑21	丙寅22	丁卯23	戊辰24	己巳25	庚午26	辛未27	壬申28	癸酉29	甲戌30	乙亥(7)	丙子2		癸酉夏至
八月大	壬申	天干地支西曆	丁丑3	戊寅4	己卯5	庚辰6	辛巳7	壬午8	癸未9	甲申10	乙酉11	丙戌12	丁亥13	戊子14	己丑15	庚寅16	辛卯17	壬辰18	癸巳19	甲午20	乙未21	丙申22	丁酉23	戊戌24	己亥25	庚子26	辛丑27	壬寅28	癸卯29	甲辰30	乙巳31	丙午(8)	
九月小	癸酉	天干地支西曆	丁未2	戊申3	己酉4	庚戌5	辛亥6	壬子7	癸丑8	甲寅9	乙卯10	丙辰11	丁巳12	戊午13	己未14	庚申15	辛酉16	壬戌17	癸亥18	甲子19	乙丑20	丙寅21	丁卯22	戊辰23	己巳24	庚午25	辛未26	壬申27	癸酉28	甲戌29	乙亥30		庚申立秋
十月大	甲戌	天干地支西曆	丙子31	丁丑(9)	戊寅2	己卯3	庚辰4	辛巳5	壬午6	癸未7	甲申8	乙酉9	丙戌10	丁亥11	戊子12	己丑13	庚寅14	辛卯15	壬辰16	癸巳17	甲午18	乙未19	丙申20	丁酉21	戊戌22	己亥23	庚子24	辛丑25	壬寅26	癸卯27	甲辰28	乙巳29	乙巳秋分
十一月小	乙亥	天干地支西曆	丙午30	丁未(10)	戊申2	己酉3	庚戌4	辛亥5	壬子6	癸丑7	甲寅8	乙卯9	丙辰10	丁巳11	戊午12	己未13	庚申14	辛酉15	壬戌16	癸亥17	甲子18	乙丑19	丙寅20	丁卯21	戊辰22	己巳23	庚午24	辛未25	壬申26	癸酉27	甲戌28		
十二月大	丙子	天干地支西曆	乙亥29	丙子30	丁丑31	戊寅(11)	己卯2	庚辰3	辛巳4	壬午5	癸未6	甲申7	乙酉8	丙戌9	丁亥10	戊子11	己丑12	庚寅13	辛卯14	壬辰15	癸巳16	甲午17	乙未18	丙申19	丁酉20	戊戌21	己亥22	庚子23	辛丑24	壬寅25	癸卯26	甲辰27	庚寅立冬
閏月小	丙子	天干地支西曆	乙巳28	丙午29	丁未30	戊申(12)	己酉2	庚戌3	辛亥4	壬子5	癸丑6	甲寅7	乙卯8	丙辰9	丁巳10	戊午11	己未12	庚申13	辛酉14	壬戌15	癸亥16	甲子17	乙丑18	丙寅19	丁卯20	戊辰21	己巳22	庚午23	辛未24	壬申25	癸酉26		

朔閏異同	曆名	正月	二月	三月	四月	五月	六月	七月	八月	九月	十月	十一	十二	閏月		曆名	正月	二月	三月	四月	五月	六月	七月	八月	九月	十月	十一	十二	閏月
	周曆殷曆	己酉庚辰	己卯己酉	戊申己卯	戊寅戊申	戊申戊寅	丁丑丁未	丁未丁丑	丙子丙午	丙午丙子	乙亥乙巳	乙巳乙亥	甲戌乙巳			夏曆新曆	己酉己酉	己卯己卯	戊申己酉	戊寅戊寅	丁未戊申	丁丑丁丑	丙午丁未	丙子丁丑	丙午---丙午	乙亥丙子	---乙巳乙巳	甲戌乙亥	甲辰甲辰

*《長曆》：正月庚戌，二月庚辰，三月庚戌，四月己卯，五月己酉，六月戊寅，七月戊申，八月丁丑，九月丁未，十月丙子，十一丙午，十二乙亥。

周靈王元年 魯襄公二年（庚寅 虎年）公元前 572 ~ 前 571 年 歲在大火

魯曆月序	中西曆日對照		初一	初二	初三	初四	初五	初六	初七	初八	初九	初十	十一	十二	十三	十四	十五	十六	十七	十八	十九	二十	二一	二二	二三	二四	二五	二六	二七	二八	二九	三十	節氣與天象
正月大	丁丑	天干地支西曆	甲戌27	乙亥28	丙子29	丁丑30	戊寅31	己卯(1)	庚辰2	辛巳3	壬午4	癸未5	甲申6	乙酉7	丙戌8	丁亥9	戊子10	己丑11	庚寅12	辛卯13	壬辰14	癸巳15	甲午16	乙未17	丙申18	丁酉19	戊戌20	己亥21	庚子22	辛丑23	壬寅24	癸卯25	甲戌冬至
二月大	戊寅	天干地支西曆	甲辰26	乙巳27	丙午28	丁未29	戊申30	己酉31	庚戌(2)	辛亥2	壬子3	癸丑4	甲寅5	乙卯6	丙辰7	丁巳8	戊午9	己未10	庚申11	辛酉12	壬戌13	癸亥14	甲子15	乙丑16	丙寅17	丁卯18	戊辰19	己巳20	庚午21	辛未22	壬申23	癸酉24	己未立春
三月小	己卯	天干地支西曆	甲戌25	乙亥26	丙子27	丁丑28	戊寅(3)	己卯2	庚辰3	辛巳4	壬午5	癸未6	甲申7	乙酉8	丙戌9	丁亥10	戊子11	己丑12	庚寅13	辛卯14	壬辰15	癸巳16	甲午17	乙未18	丙申19	丁酉20	戊戌21	己亥22	庚子23	辛丑24	壬寅25		
四月大	庚辰	天干地支西曆	癸卯26	甲辰27	乙巳28	丙午29	丁未30	戊申31	己酉(4)	庚戌2	辛亥3	壬子4	癸丑5	甲寅6	乙卯7	丙辰8	丁巳9	戊午10	己未11	庚申12	辛酉13	壬戌14	癸亥15	甲子16	乙丑17	丙寅18	丁卯19	戊辰20	己巳21	庚午22	辛未23	壬申24	甲辰春分
五月小	辛巳	天干地支西曆	癸酉25	甲戌26	乙亥27	丙子28	丁丑29	戊寅30	己卯(5)	庚辰2	辛巳3	壬午4	癸未5	甲申6	乙酉7	丙戌8	丁亥9	戊子10	己丑11	庚寅12	辛卯13	壬辰14	癸巳15	甲午16	乙未17	丙申18	丁酉19	戊戌20	己亥21	庚子22	辛丑23		辛卯立夏
六月大	壬午	天干地支西曆	壬寅24	癸卯25	甲辰26	乙巳27	丙午28	丁未29	戊申30	己酉31	庚戌(6)	辛亥2	壬子3	癸丑4	甲寅5	乙卯6	丙辰7	丁巳8	戊午9	己未10	庚申11	辛酉12	壬戌13	癸亥14	甲子15	乙丑16	丙寅17	丁卯18	戊辰19	己巳20	庚午21	辛未22	
七月小	癸未	天干地支西曆	壬申23	癸酉24	甲戌25	乙亥26	丙子27	丁丑28	戊寅29	己卯30	庚辰(7)	辛巳2	壬午3	癸未4	甲申5	乙酉6	丙戌7	丁亥8	戊子9	己丑10	庚寅11	辛卯12	壬辰13	癸巳14	甲午15	乙未16	丙申17	丁酉18	戊戌19	己亥20	庚子21		己卯夏至
八月大	甲申	天干地支西曆	辛丑22	壬寅23	癸卯24	甲辰25	乙巳26	丙午27	丁未28	戊申29	己酉30	庚戌31	辛亥(8)	壬子2	癸丑3	甲寅4	乙卯5	丙辰6	丁巳7	戊午8	己未9	庚申10	辛酉11	壬戌12	癸亥13	甲子14	乙丑15	丙寅16	丁卯17	戊辰18	己巳19	庚午20	乙丑立秋
九月小	乙酉	天干地支西曆	辛未21	壬申22	癸酉23	甲戌24	乙亥25	丙子26	丁丑27	戊寅28	己卯29	庚辰30	辛巳31	壬午(9)	癸未2	甲申3	乙酉4	丙戌5	丁亥6	戊子7	己丑8	庚寅9	辛卯10	壬辰11	癸巳12	甲午13	乙未14	丙申15	丁酉16	戊戌17	己亥18		辛未日食
十月大	丙戌	天干地支西曆	庚子19	辛丑20	壬寅21	癸卯22	甲辰23	乙巳24	丙午25	丁未26	戊申27	己酉28	庚戌29	辛亥30	壬子(10)	癸丑2	甲寅3	乙卯4	丙辰5	丁巳6	戊午7	己未8	庚申9	辛酉10	壬戌11	癸亥12	甲子13	乙丑14	丙寅15	丁卯16	戊辰17	己巳18	辛亥秋分
十一月小	丁亥	天干地支西曆	庚午19	辛未20	壬申21	癸酉22	甲戌23	乙亥24	丙子25	丁丑26	戊寅27	己卯28	庚辰29	辛巳30	壬午31	癸未(11)	甲申2	乙酉3	丙戌4	丁亥5	戊子6	己丑7	庚寅8	辛卯9	壬辰10	癸巳11	甲午12	乙未13	丙申14	丁酉15	戊戌16		乙未立冬
十二月大	戊子	天干地支西曆	己亥17	庚子18	辛丑19	壬寅20	癸卯21	甲辰22	乙巳23	丙午24	丁未25	戊申26	己酉27	庚戌28	辛亥29	壬子30	癸丑(12)	甲寅2	乙卯3	丙辰4	丁巳5	戊午6	己未7	庚申8	辛酉9	壬戌10	癸亥11	甲子12	乙丑13	丙寅14	丁卯15	戊辰16	

朔閏異同	曆名	正月	二月	三月	四月	五月	六月	七月	八月	九月	十月	十一	十二	閏月
	周曆殷曆	甲辰甲戌	癸酉---甲辰	---癸卯癸酉	壬申癸卯	壬寅壬申	辛未壬寅	辛丑辛未	庚午辛丑	庚子庚午	庚午庚子	己亥己巳	己巳己亥	戊戌戊辰
	夏曆新曆	癸酉癸酉	癸卯癸卯	壬申壬申	壬寅壬寅	辛未辛未	辛丑辛丑	庚午辛未	庚子庚子	己巳庚午	己亥庚子	己巳己巳	戊戌己亥	

*《長曆》：正月乙巳，二月乙亥，三月甲辰，四月甲戌，閏月癸卯，五月壬寅，六月壬寅，七月壬申，八月辛丑，九月辛未，十月庚子，十一庚午，十二庚子。

周靈王二年 魯襄公三年（辛卯 兔年） 公元前 571 ~ 前 **570** 年 歲在析木

魯曆月序		中西曆日對照	魯曆日序																													節氣與天象
			初一	初二	初三	初四	初五	初六	初七	初八	初九	初十	十一	十二	十三	十四	十五	十六	十七	十八	十九	二十	二一	二二	二三	二四	二五	二六	二七	二八	二九	三十	
正月小	己丑	天干地支西曆	己巳17	庚午18	辛未19	壬申20	癸酉21	甲戌22	乙亥23	丙子24	丁丑25	戊寅26	己卯27	庚辰28	辛巳29	壬午30	癸未31	甲申(1)	乙酉2	丙戌3	丁亥4	戊子5	己丑6	庚寅7	辛卯8	壬辰9	癸巳10	甲午11	乙未12	丙申13	丁酉14		己卯冬至
二月大	庚寅	天干地支西曆	戊戌15	己亥16	庚子17	辛丑18	壬寅19	癸卯20	甲辰21	乙巳22	丙午23	丁未24	戊申25	己酉26	庚戌27	辛亥28	壬子29	癸丑30	甲寅31	乙卯(2)	丙辰2	丁巳3	戊午4	己未5	庚申6	辛酉7	壬戌8	癸亥9	甲子10	乙丑11	丙寅12	丁卯13	甲子立春
三月小	辛卯	天干地支西曆	戊辰14	己巳15	庚午16	辛未17	壬申18	癸酉19	甲戌20	乙亥21	丙子22	丁丑23	戊寅24	己卯25	庚辰26	辛巳27	壬午28	癸未(3)	甲申2	乙酉3	丙戌4	丁亥5	戊子6	己丑7	庚寅8	辛卯9	壬辰10	癸巳11	甲午12	乙未13	丙申14		
四月大	壬辰	天干地支西曆	丁酉15	戊戌16	己亥17	庚子18	辛丑19	壬寅20	癸卯21	甲辰22	乙巳23	丙午24	丁未25	戊申26	己酉27	庚戌28	辛亥29	壬子30	癸丑31	甲寅(4)	乙卯2	丙辰3	丁巳4	戊午5	己未6	庚申7	辛酉8	壬戌9	癸亥10	甲子11	乙丑12	丙寅13	庚戌春分
五月大	癸巳	天干地支西曆	丁卯14	戊辰15	己巳16	庚午17	辛未18	壬申19	癸酉20	甲戌21	乙亥22	丙子23	丁丑24	戊寅25	己卯26	庚辰27	辛巳28	壬午29	癸未30	甲申(5)	乙酉2	丙戌3	丁亥4	戊子5	己丑6	庚寅7	辛卯8	壬辰9	癸巳10	甲午11	乙未12	丙申13	
六月小	甲午	天干地支西曆	丁酉14	戊戌15	己亥16	庚子17	辛丑18	壬寅19	癸卯20	甲辰21	乙巳22	丙午23	丁未24	戊申25	己酉26	庚戌27	辛亥28	壬子29	癸丑30	甲寅31	乙卯(6)	丙辰2	丁巳3	戊午4	己未5	庚申6	辛酉7	壬戌8	癸亥9	甲子10	乙丑11		丁酉立夏
七月大	乙未	天干地支西曆	丙寅12	丁卯13	戊辰14	己巳15	庚午16	辛未17	壬申18	癸酉19	甲戌20	乙亥21	丙子22	丁丑23	戊寅24	己卯25	庚辰26	辛巳27	壬午28	癸未29	甲申30	乙酉(7)	丙戌2	丁亥3	戊子4	己丑5	庚寅6	辛卯7	壬辰8	癸巳9	甲午10	乙未11	甲申夏至
八月小	丙申	天干地支西曆	丙申12	丁酉13	戊戌14	己亥15	庚子16	辛丑17	壬寅18	癸卯19	甲辰20	乙巳21	丙午22	丁未23	戊申24	己酉25	庚戌26	辛亥27	壬子28	癸丑29	甲寅30	乙卯31	丙辰(8)	丁巳2	戊午3	己未4	庚申5	辛酉6	壬戌7	癸亥8	甲子9		
九月大	丁酉	天干地支西曆	乙丑10	丙寅11	丁卯12	戊辰13	己巳14	庚午15	辛未16	壬申17	癸酉18	甲戌19	乙亥20	丙子21	丁丑22	戊寅23	己卯24	庚辰25	辛巳26	壬午27	癸未28	甲申29	乙酉30	丙戌31	丁亥(9)	戊子2	己丑3	庚寅4	辛卯5	壬辰6	癸巳7	甲午8	庚午立秋 乙丑日食
十月小	戊戌	天干地支西曆	乙未9	丙申10	丁酉11	戊戌12	己亥13	庚子14	辛丑15	壬寅16	癸卯17	甲辰18	乙巳19	丙午20	丁未21	戊申22	己酉23	庚戌24	辛亥25	壬子26	癸丑27	甲寅28	乙卯29	丙辰30	丁巳(10)	戊午2	己未3	庚申4	辛酉5	壬戌6	癸亥7		丙辰秋分
十一月大	己亥	天干地支西曆	甲子8	乙丑9	丙寅10	丁卯11	戊辰12	己巳13	庚午14	辛未15	壬申16	癸酉17	甲戌18	乙亥19	丙子20	丁丑21	戊寅22	己卯23	庚辰24	辛巳25	壬午26	癸未27	甲申28	乙酉29	丙戌30	丁亥31	戊子(11)	己丑2	庚寅3	辛卯4	壬辰5	癸巳6	
十二月小	庚子	天干地支西曆	甲午7	乙未8	丙申9	丁酉10	戊戌11	己亥12	庚子13	辛丑14	壬寅15	癸卯16	甲辰17	乙巳18	丙午19	丁未20	戊申21	己酉22	庚戌23	辛亥24	壬子25	癸丑26	甲寅27	乙卯28	丙辰29	丁巳30	戊午(12)	己未2	庚申3	辛酉4	壬戌5		庚子立冬

朔閏異同	曆名	正月	二月	三月	四月	五月	六月	七月	八月	九月	十月	十一	十二	閏月		曆名	正月	二月	三月	四月	五月	六月	七月	八月	九月	十月	十一	十二	閏月
	周曆殷曆	戊辰戊戌	丁酉丁卯	丁卯丁酉	丙申丁卯	丙寅丙申	乙未丙寅	乙丑乙未	甲午乙丑	甲子甲午	癸巳甲子	癸亥癸巳	癸巳癸亥			夏曆新曆	戊辰戊辰	丁酉丁酉	丁卯丁卯	丙申丙申	丙寅丙寅	乙未乙未	乙丑乙丑	甲午乙未	甲子甲子	癸巳甲午	癸亥甲子	壬辰癸巳	

*《長曆》：正月己巳，二月己亥，三月戊辰，四月戊戌，五月丁卯，六月丁酉，七月丙寅，八月丙申，九月乙丑，十月乙未，十一甲子，十二甲午。

周靈王三年 魯襄公四年（壬辰 龍年）公元前570 ~ 前569年 歲在星紀

魯曆月序		中西曆日對照	初一	初二	初三	初四	初五	初六	初七	初八	初九	初十	十一	十二	十三	十四	十五	十六	十七	十八	十九	二十	二一	二二	二三	二四	二五	二六	二七	二八	二九	三十	節氣與天象
正月大	辛丑	天干地支西曆	癸亥6	甲子7	乙丑8	丙寅9	丁卯10	戊辰11	己巳12	庚午13	辛未14	壬申15	癸酉16	甲戌17	乙亥18	丙子19	丁丑20	戊寅21	己卯22	庚辰23	辛巳24	壬午25	癸未26	甲申27	乙酉28	丙戌29	丁亥30	戊子31	己丑(1)	庚寅2	辛卯3	壬辰4	甲申冬至
二月小	壬寅	天干地支西曆	癸巳5	甲午6	乙未7	丙申8	丁酉9	戊戌10	己亥11	庚子12	辛丑13	壬寅14	癸卯15	甲辰16	乙巳17	丙午18	丁未19	戊申20	己酉21	庚戌22	辛亥23	壬子24	癸丑25	甲寅26	乙卯27	丙辰28	丁巳29	戊午30	己未31	庚申(2)	辛酉2		
三月大	癸卯	天干地支西曆	壬戌3	癸亥4	甲子5	乙丑6	丙寅7	丁卯8	戊辰9	己巳10	庚午11	辛未12	壬申13	癸酉14	甲戌15	乙亥16	丙子17	丁丑18	戊寅19	己卯20	庚辰21	辛巳22	壬午23	癸未24	甲申25	乙酉26	丙戌27	丁亥28	戊子29	己丑(3)	庚寅2	辛卯3	己巳立春
四月小	甲辰	天干地支西曆	壬辰4	癸巳5	甲午6	乙未7	丙申8	丁酉9	戊戌10	己亥11	庚子12	辛丑13	壬寅14	癸卯15	甲辰16	乙巳17	丙午18	丁未19	戊申20	己酉21	庚戌22	辛亥23	壬子24	癸丑25	甲寅26	乙卯27	丙辰28	丁巳29	戊午30	己未31	庚申(4)		乙卯春分
五月大	乙巳	天干地支西曆	辛酉2	壬戌3	癸亥4	甲子5	乙丑6	丙寅7	丁卯8	戊辰9	己巳10	庚午11	辛未12	壬申13	癸酉14	甲戌15	乙亥16	丙子17	丁丑18	戊寅19	己卯20	庚辰21	辛巳22	壬午23	癸未24	甲申25	乙酉26	丙戌27	丁亥28	戊子29	己丑30	庚寅(5)	
六月小	丙午	天干地支西曆	辛卯2	壬辰3	癸巳4	甲午5	乙未6	丙申7	丁酉8	戊戌9	己亥10	庚子11	辛丑12	壬寅13	癸卯14	甲辰15	乙巳16	丙午17	丁未18	戊申19	己酉20	庚戌21	辛亥22	壬子23	癸丑24	甲寅25	乙卯26	丙辰27	丁巳28	戊午29	己未30		壬寅立夏
七月大	丁未	天干地支西曆	庚申31	辛酉(6)	壬戌2	癸亥3	甲子4	乙丑5	丙寅6	丁卯7	戊辰8	己巳9	庚午10	辛未11	壬申12	癸酉13	甲戌14	乙亥15	丙子16	丁丑17	戊寅18	己卯19	庚辰20	辛巳21	壬午22	癸未23	甲申24	乙酉25	丙戌26	丁亥27	戊子28	己丑29	己丑夏至
八月大	戊申	天干地支西曆	庚寅30	辛卯(7)	壬辰2	癸巳3	甲午4	乙未5	丙申6	丁酉7	戊戌8	己亥9	庚子10	辛丑11	壬寅12	癸卯13	甲辰14	乙巳15	丙午16	丁未17	戊申18	己酉19	庚戌20	辛亥21	壬子22	癸丑23	甲寅24	乙卯25	丙辰26	丁巳27	戊午28	己未29	
九月小	己酉	天干地支西曆	庚申30	辛酉31	壬戌(8)	癸亥2	甲子3	乙丑4	丙寅5	丁卯6	戊辰7	己巳8	庚午9	辛未10	壬申11	癸酉12	甲戌13	乙亥14	丙子15	丁丑16	戊寅17	己卯18	庚辰19	辛巳20	壬午21	癸未22	甲申23	乙酉24	丙戌25	丁亥26	戊子27		丙子立秋
十月大	庚戌	天干地支西曆	己丑28	庚寅29	辛卯30	壬辰31	癸巳(9)	甲午2	乙未3	丙申4	丁酉5	戊戌6	己亥7	庚子8	辛丑9	壬寅10	癸卯11	甲辰12	乙巳13	丙午14	丁未15	戊申16	己酉17	庚戌18	辛亥19	壬子20	癸丑21	甲寅22	乙卯23	丙辰24	丁巳25	戊午26	
十一月小	辛亥	天干地支西曆	己未27	庚申28	辛酉29	壬戌30	癸亥(10)	甲子2	乙丑3	丙寅4	丁卯5	戊辰6	己巳7	庚午8	辛未9	壬申10	癸酉11	甲戌12	乙亥13	丙子14	丁丑15	戊寅16	己卯17	庚辰18	辛巳19	壬午20	癸未21	甲申22	乙酉23	丙戌24	丁亥25		辛酉秋分
十二月大	壬子	天干地支西曆	戊子26	己丑27	庚寅28	辛卯29	壬辰30	癸巳31	甲午(11)	乙未2	丙申3	丁酉4	戊戌5	己亥6	庚子7	辛丑8	壬寅9	癸卯10	甲辰11	乙巳12	丙午13	丁未14	戊申15	己酉16	庚戌17	辛亥18	壬子19	癸丑20	甲寅21	乙卯22	丙辰23	丁巳24	乙巳立冬
閏月小	壬子	天干地支西曆	戊午25	己未26	庚申27	辛酉28	壬戌29	癸亥30	甲子(12)	乙丑2	丙寅3	丁卯4	戊辰5	己巳6	庚午7	辛未8	壬申9	癸酉10	甲戌11	乙亥12	丙子13	丁丑14	戊寅15	己卯16	庚辰17	辛巳18	壬午19	癸未20	甲申21	乙酉22	丙戌23		

朔閏異同	曆名	正月	二月	三月	四月	五月	六月	七月	八月	九月	十月	十一	十二	閏月
	周曆殷曆	壬戌壬辰	壬辰壬戌	辛酉辛卯	辛卯辛酉	庚申庚寅	庚寅庚申	己未庚寅	己丑己未	戊午己丑	戊子戊午	---丁巳---戊子	丁亥丁巳	丙辰丁亥
	夏曆新曆	壬戌癸亥	辛卯壬辰	辛酉辛酉	辛卯辛卯	庚申---庚申	庚寅己丑	己未己未	---己丑己丑	戊午戊午	戊子戊子	丁巳戊午	丁亥戊子	丙辰丁巳

*《長曆》：正月癸亥，二月癸巳，三月壬戌，四月壬辰，五月辛酉，六月辛卯，七月庚申，八月庚寅，九月庚申，十月己丑，十一己未，十二戊子。

周靈王四年 魯襄公五年（癸巳 蛇年）公元前569 ～ 前568年 歲在玄枵

魯曆月序		中西曆對照	初一	初二	初三	初四	初五	初六	初七	初八	初九	初十	十一	十二	十三	十四	十五	十六	十七	十八	十九	二十	二一	二二	二三	二四	二五	二六	二七	二八	二九	三十	節氣與天象
正月大	癸丑	干支 天地西曆	丁亥 24	戊子 25	己丑 26	庚寅 27	辛卯 28	壬辰 29	癸巳 30	甲午 31	乙未 (1)	丙申 2	丁酉 3	戊戌 4	己亥 5	庚子 6	辛丑 7	壬寅 8	癸卯 9	甲辰 10	乙巳 11	丙午 12	丁未 13	戊申 14	己酉 15	庚戌 16	辛亥 17	壬子 18	癸丑 19	甲寅 20	乙卯 21	丙辰 22	庚寅冬至
二月小	甲寅	干支 天地西曆	丁巳 23	戊午 24	己未 25	庚申 26	辛酉 27	壬戌 28	癸亥 29	甲子 30	乙丑 31	丙寅 (2)	丁卯 2	戊辰 3	己巳 4	庚午 5	辛未 6	壬申 7	癸酉 8	甲戌 9	乙亥 10	丙子 11	丁丑 12	戊寅 13	己卯 14	庚辰 15	辛巳 16	壬午 17	癸未 18	甲申 19	乙酉 20		甲戌立春
三月大	乙卯	干支 天地西曆	丙戌 21	丁亥 22	戊子 23	己丑 24	庚寅 25	辛卯 26	壬辰 27	癸巳 28	甲午 (3)	乙未 2	丙申 3	丁酉 4	戊戌 5	己亥 6	庚子 7	辛丑 8	壬寅 9	癸卯 10	甲辰 11	乙巳 12	丙午 13	丁未 14	戊申 15	己酉 16	庚戌 17	辛亥 18	壬子 19	癸丑 20	甲寅 21	乙卯 22	
四月小	丙辰	干支 天地西曆	丙辰 23	丁巳 24	戊午 25	己未 26	庚申 27	辛酉 28	壬戌 29	癸亥 30	甲子 31	乙丑 (4)	丙寅 2	丁卯 3	戊辰 4	己巳 5	庚午 6	辛未 7	壬申 8	癸酉 9	甲戌 10	乙亥 11	丙子 12	丁丑 13	戊寅 14	己卯 15	庚辰 16	辛巳 17	壬午 18	癸未 19	甲申 20		庚申春分
五月大	丁巳	干支 天地西曆	乙酉 21	丙戌 22	丁亥 23	戊子 24	己丑 25	庚寅 26	辛卯 27	壬辰 28	癸巳 29	甲午 30	乙未 (5)	丙申 2	丁酉 3	戊戌 4	己亥 5	庚子 6	辛丑 7	壬寅 8	癸卯 9	甲辰 10	乙巳 11	丙午 12	丁未 13	戊申 14	己酉 15	庚戌 16	辛亥 17	壬子 18	癸丑 19	甲寅 20	丁未立夏
六月小	戊午	干支 天地西曆	乙卯 21	丙辰 22	丁巳 23	戊午 24	己未 25	庚申 26	辛酉 27	壬戌 28	癸亥 29	甲子 30	乙丑 31	丙寅 (6)	丁卯 2	戊辰 3	己巳 4	庚午 5	辛未 6	壬申 7	癸酉 8	甲戌 9	乙亥 10	丙子 11	丁丑 12	戊寅 13	己卯 14	庚辰 15	辛巳 16	壬午 17	癸未 18		
七月大	己未	干支 天地西曆	甲申 19	乙酉 20	丙戌 21	丁亥 22	戊子 23	己丑 24	庚寅 25	辛卯 26	壬辰 27	癸巳 28	甲午 29	乙未 30	丙申 (7)	丁酉 2	戊戌 3	己亥 4	庚子 5	辛丑 6	壬寅 7	癸卯 8	甲辰 9	乙巳 10	丙午 11	丁未 12	戊申 13	己酉 14	庚戌 15	辛亥 16	壬子 17	癸丑 18	甲午夏至
八月小	庚申	干支 天地西曆	甲寅 19	乙卯 20	丙辰 21	丁巳 22	戊午 23	己未 24	庚申 25	辛酉 26	壬戌 27	癸亥 28	甲子 29	乙丑 30	丙寅 31	丁卯 (8)	戊辰 2	己巳 3	庚午 4	辛未 5	壬申 6	癸酉 7	甲戌 8	乙亥 9	丙子 10	丁丑 11	戊寅 12	己卯 13	庚辰 14	辛巳 15	壬午 16		辛巳立秋
九月大	辛酉	干支 天地西曆	癸未 17	甲申 18	乙酉 19	丙戌 20	丁亥 21	戊子 22	己丑 23	庚寅 24	辛卯 25	壬辰 26	癸巳 27	甲午 28	乙未 29	丙申 30	丁酉 31	戊戌 (9)	己亥 2	庚子 3	辛丑 4	壬寅 5	癸卯 6	甲辰 7	乙巳 8	丙午 9	丁未 10	戊申 11	己酉 12	庚戌 13	辛亥 14	壬子 15	
十月小	壬戌	干支 天地西曆	癸丑 16	甲寅 17	乙卯 18	丙辰 19	丁巳 20	戊午 21	己未 22	庚申 23	辛酉 24	壬戌 25	癸亥 26	甲子 27	乙丑 28	丙寅 29	丁卯 30	戊辰 (10)	己巳 2	庚午 3	辛未 4	壬申 5	癸酉 6	甲戌 7	乙亥 8	丙子 9	丁丑 10	戊寅 11	己卯 12	庚辰 13	辛巳 14		丙寅秋分
十一月大	癸亥	干支 天地西曆	壬午 15	癸未 16	甲申 17	乙酉 18	丙戌 19	丁亥 20	戊子 21	己丑 22	庚寅 23	辛卯 24	壬辰 25	癸巳 26	甲午 27	乙未 28	丙申 29	丁酉 30	戊戌 31	己亥 (11)	庚子 2	辛丑 3	壬寅 4	癸卯 5	甲辰 6	乙巳 7	丙午 8	丁未 9	戊申 10	己酉 11	庚戌 12	辛亥 13	辛亥立冬
十二月大	甲子	干支 天地西曆	壬子 14	癸丑 15	甲寅 16	乙卯 17	丙辰 18	丁巳 19	戊午 20	己未 21	庚申 22	辛酉 23	壬戌 24	癸亥 25	甲子 26	乙丑 27	丙寅 28	丁卯 29	戊辰 30	己巳 (12)	庚午 2	辛未 3	壬申 4	癸酉 5	甲戌 6	乙亥 7	丙子 8	丁丑 9	戊寅 10	己卯 11	庚辰 12	辛巳 13	

朔閏異同	曆名	正月	二月	三月	四月	五月	六月	七月	八月	九月	十月	十一	十二	閏月	曆名	正月	二月	三月	四月	五月	六月	七月	八月	九月	十月	十一	十二	閏月
	周曆殷曆	丙戌丙辰	乙卯丙戌	乙酉乙卯	乙卯乙酉	甲申甲寅	甲寅甲申	癸未癸丑	癸丑癸未	壬午壬子	壬子壬午	辛巳壬子	辛亥辛巳		夏曆新曆	丙戌丁亥	乙卯丙辰	乙酉乙酉	甲寅乙卯	甲申甲申	癸丑癸丑	癸未癸未	癸丑壬子	壬午壬午	壬子壬子	辛巳壬午	辛亥辛亥	

*《長曆》：正月戊午，二月丁亥，三月丁巳，四月丙戌，閏月丙辰，五月乙酉，六月乙卯，七月甲申，八月甲寅，九月癸未，十月癸丑，十一壬午，十二壬子。

周靈王五年 魯襄公六年（甲午 馬年）公元前568～前567年 歲在娵訾

魯曆月序		中西曆日對照	初一	初二	初三	初四	初五	初六	初七	初八	初九	初十	十一	十二	十三	十四	十五	十六	十七	十八	十九	二十	二一	二二	二三	二四	二五	二六	二七	二八	二九	三十	節氣與天象
正月小	乙丑	干支 天地西曆	壬午14	癸未15	甲申16	乙酉17	丙戌18	丁亥19	戊子20	己丑21	庚寅22	辛卯23	壬辰24	癸巳25	甲午26	乙未27	丙申28	丁酉29	戊戌30	己亥31	庚子(1)	辛丑2	壬寅3	癸卯4	甲辰5	乙巳6	丙午7	丁未8	戊申9	己酉10	庚戌11		乙未冬至
二月大	丙寅	干支 天地西曆	辛亥12	壬子13	癸丑14	甲寅15	乙卯16	丙辰17	丁巳18	戊午19	己未20	庚申21	辛酉22	壬戌23	癸亥24	甲子25	乙丑26	丙寅27	丁卯28	戊辰29	己巳30	庚午31	辛未(2)	壬申2	癸酉3	甲戌4	乙亥5	丙子6	丁丑7	戊寅8	己卯9	庚辰10	庚辰立春
三月小	丁卯	干支 天地西曆	辛巳11	壬午12	癸未13	甲申14	乙酉15	丙戌16	丁亥17	戊子18	己丑19	庚寅20	辛卯21	壬辰22	癸巳23	甲午24	乙未25	丙申26	丁酉27	戊戌28	己亥(3)	庚子2	辛丑3	壬寅4	癸卯5	甲辰6	乙巳7	丙午8	丁未9	戊申10	己酉11		
四月大	戊辰	干支 天地西曆	庚戌12	辛亥13	壬子14	癸丑15	甲寅16	乙卯17	丙辰18	丁巳19	戊午20	己未21	庚申22	辛酉23	壬戌24	癸亥25	甲子26	乙丑27	丙寅28	丁卯29	戊辰30	己巳31	庚午(4)	辛未2	壬申3	癸酉4	甲戌5	乙亥6	丙子7	丁丑8	戊寅9	己卯10	乙丑春分
五月小	己巳	干支 天地西曆	庚辰11	辛巳12	壬午13	癸未14	甲申15	乙酉16	丙戌17	丁亥18	戊子19	己丑20	庚寅21	辛卯22	壬辰23	癸巳24	甲午25	乙未26	丙申27	丁酉28	戊戌29	己亥30	庚子(5)	辛丑2	壬寅3	癸卯4	甲辰5	乙巳6	丙午7	丁未8	戊申9		
六月大	庚午	干支 天地西曆	己酉10	庚戌11	辛亥12	壬子13	癸丑14	甲寅15	乙卯16	丙辰17	丁巳18	戊午19	己未20	庚申21	辛酉22	壬戌23	癸亥24	甲子25	乙丑26	丙寅27	丁卯28	戊辰29	己巳30	庚午31	辛未(6)	壬申2	癸酉3	甲戌4	乙亥5	丙子6	丁丑7	戊寅8	壬子立夏
七月小	辛未	干支 天地西曆	己卯9	庚辰10	辛巳11	壬午12	癸未13	甲申14	乙酉15	丙戌16	丁亥17	戊子18	己丑19	庚寅20	辛卯21	壬辰22	癸巳23	甲午24	乙未25	丙申26	丁酉27	戊戌28	己亥29	庚子30	辛丑(7)	壬寅2	癸卯3	甲辰4	乙巳5	丙午6	丁未7		庚子夏至
八月大	壬申	干支 天地西曆	戊申8	己酉9	庚戌10	辛亥11	壬子12	癸丑13	甲寅14	乙卯15	丙辰16	丁巳17	戊午18	己未19	庚申20	辛酉21	壬戌22	癸亥23	甲子24	乙丑25	丙寅26	丁卯27	戊辰28	己巳29	庚午30	辛未31	壬申(8)	癸酉2	甲戌3	乙亥4	丙子5	丁丑6	
九月小	癸酉	干支 天地西曆	戊寅7	己卯8	庚辰9	辛巳10	壬午11	癸未12	甲申13	乙酉14	丙戌15	丁亥16	戊子17	己丑18	庚寅19	辛卯20	壬辰21	癸巳22	甲午23	乙未24	丙申25	丁酉26	戊戌27	己亥28	庚子29	辛丑30	壬寅31	癸卯(9)	甲辰2	乙巳3	丙午4		丙戌立秋
十月大	甲戌	干支 天地西曆	丁未5	戊申6	己酉7	庚戌8	辛亥9	壬子10	癸丑11	甲寅12	乙卯13	丙辰14	丁巳15	戊午16	己未17	庚申18	辛酉19	壬戌20	癸亥21	甲子22	乙丑23	丙寅24	丁卯25	戊辰26	己巳27	庚午28	辛未29	壬申30	癸酉(10)	甲戌2	乙亥3	丙子4	壬申秋分
十一月小	乙亥	干支 天地西曆	丁丑5	戊寅6	己卯7	庚辰8	辛巳9	壬午10	癸未11	甲申12	乙酉13	丙戌14	丁亥15	戊子16	己丑17	庚寅18	辛卯19	壬辰20	癸巳21	甲午22	乙未23	丙申24	丁酉25	戊戌26	己亥27	庚子28	辛丑29	壬寅30	癸卯31	甲辰(11)	乙巳2		
十二月大	丙子	干支 天地西曆	丙午3	丁未4	戊申5	己酉6	庚戌7	辛亥8	壬子9	癸丑10	甲寅11	乙卯12	丙辰13	丁巳14	戊午15	己未16	庚申17	辛酉18	壬戌19	癸亥20	甲子21	乙丑22	丙寅23	丁卯24	戊辰25	己巳26	庚午27	辛未28	壬申29	癸酉30	甲戌(12)	乙亥2	丙辰立冬

朔閏異同	曆名	正月	二月	三月	四月	五月	六月	七月	八月	九月	十月	十一	十二	閏月
	周曆殷曆	庚辰辛亥	庚戌庚辰	己卯庚戌	己酉己卯	戊寅己酉	戊申戊寅	戊寅戊申	丁未丁丑	丁丑丁未	丙午丙子	丙子丙午	乙巳乙亥	
	夏曆新曆	庚辰辛巳	庚戌辛亥	己卯庚辰	己酉己酉	戊寅己卯	戊申戊申	丁丑丁丑	丁未丁未	丙子丙子	丙午丙午	丙子丙子	乙巳乙巳	

*《長曆》：正月壬午，二月辛亥，三月辛巳，四月庚戌，五月庚辰，六月己酉，七月己卯，八月戊申，九月戊寅，十月丁未，十一丁丑，十二丙午。

周靈王六年 魯襄公七年（乙未 羊年）公元前 567 ~ 前 566 年 歲在降婁

魯曆月序		中西曆日對照	初一	初二	初三	初四	初五	初六	初七	初八	初九	初十	十一	十二	十三	十四	十五	十六	十七	十八	十九	二十	二一	二二	二三	二四	二五	二六	二七	二八	二九	三十	節氣與天象
正月小	丁丑	干支 天地 西曆	丙子3	丁丑4	戊寅5	己卯6	庚辰7	辛巳8	壬午9	癸未10	甲申11	乙酉12	丙戌13	丁亥14	戊子15	己丑16	庚寅17	辛卯18	壬辰19	癸巳20	甲午21	乙未22	丙申23	丁酉24	戊戌25	己亥26	庚子27	辛丑28	壬寅29	癸卯30	甲辰31		庚子冬至
二月大	戊寅	干支 天地 西曆	乙巳(1)	丙午2	丁未3	戊申4	己酉5	庚戌6	辛亥7	壬子8	癸丑9	甲寅10	乙卯11	丙辰12	丁巳13	戊午14	己未15	庚申16	辛酉17	壬戌18	癸亥19	甲子20	乙丑21	丙寅22	丁卯23	戊辰24	己巳25	庚午26	辛未27	壬申28	癸酉29	甲戌30	
三月小	己卯	干支 天地 西曆	乙亥31	丙子(2)	丁丑2	戊寅3	己卯4	庚辰5	辛巳6	壬午7	癸未8	甲申9	乙酉10	丙戌11	丁亥12	戊子13	己丑14	庚寅15	辛卯16	壬辰17	癸巳18	甲午19	乙未20	丙申21	丁酉22	戊戌23	己亥24	庚子25	辛丑26	壬寅27	癸卯28		乙酉立春
四月大	庚辰	干支 天地 西曆	甲辰(3)	乙巳2	丙午3	丁未4	戊申5	己酉6	庚戌7	辛亥8	壬子9	癸丑10	甲寅11	乙卯12	丙辰13	丁巳14	戊午15	己未16	庚申17	辛酉18	壬戌19	癸亥20	甲子21	乙丑22	丙寅23	丁卯24	戊辰25	己巳26	庚午27	辛未28	壬申29	癸酉30	辛未春分
五月大	辛巳	干支 天地 西曆	甲戌31	乙亥(4)	丙子2	丁丑3	戊寅4	己卯5	庚辰6	辛巳7	壬午8	癸未9	甲申10	乙酉11	丙戌12	丁亥13	戊子14	己丑15	庚寅16	辛卯17	壬辰18	癸巳19	甲午20	乙未21	丙申22	丁酉23	戊戌24	己亥25	庚子26	辛丑27	壬寅28	癸卯29	
六月小	壬午	干支 天地 西曆	甲辰30	乙巳(5)	丙午2	丁未3	戊申4	己酉5	庚戌6	辛亥7	壬子8	癸丑9	甲寅10	乙卯11	丙辰12	丁巳13	戊午14	己未15	庚申16	辛酉17	壬戌18	癸亥19	甲子20	乙丑21	丙寅22	丁卯23	戊辰24	己巳25	庚午26	辛未27	壬申28		戊午立夏
七月大	癸未	干支 天地 西曆	癸酉29	甲戌30	乙亥31	丙子(6)	丁丑2	戊寅3	己卯4	庚辰5	辛巳6	壬午7	癸未8	甲申9	乙酉10	丙戌11	丁亥12	戊子13	己丑14	庚寅15	辛卯16	壬辰17	癸巳18	甲午19	乙未20	丙申21	丁酉22	戊戌23	己亥24	庚子25	辛丑26	壬寅27	
八月小	甲申	干支 天地 西曆	癸卯28	甲辰29	乙巳30	丙午(7)	丁未2	戊申3	己酉4	庚戌5	辛亥6	壬子7	癸丑8	甲寅9	乙卯10	丙辰11	丁巳12	戊午13	己未14	庚申15	辛酉16	壬戌17	癸亥18	甲子19	乙丑20	丙寅21	丁卯22	戊辰23	己巳24	庚午25	辛未26		乙巳夏至
九月大	乙酉	干支 天地 西曆	壬申27	癸酉28	甲戌29	乙亥30	丙子31	丁丑(8)	戊寅2	己卯3	庚辰4	辛巳5	壬午6	癸未7	甲申8	乙酉9	丙戌10	丁亥11	戊子12	己丑13	庚寅14	辛卯15	壬辰16	癸巳17	甲午18	乙未19	丙申20	丁酉21	戊戌22	己亥23	庚子24	辛丑25	辛卯立秋
十月小	丙戌	干支 天地 西曆	壬寅26	癸卯27	甲辰28	乙巳29	丙午30	丁未31	戊申(9)	己酉2	庚戌3	辛亥4	壬子5	癸丑6	甲寅7	乙卯8	丙辰9	丁巳10	戊午11	己未12	庚申13	辛酉14	壬戌15	癸亥16	甲子17	乙丑18	丙寅19	丁卯20	戊辰21	己巳22	庚午23		
十一月大	丁亥	干支 天地 西曆	辛未24	壬申25	癸酉26	甲戌27	乙亥28	丙子29	丁丑30	戊寅(10)	己卯2	庚辰3	辛巳4	壬午5	癸未6	甲申7	乙酉8	丙戌9	丁亥10	戊子11	己丑12	庚寅13	辛卯14	壬辰15	癸巳16	甲午17	乙未18	丙申19	丁酉20	戊戌21	己亥22	庚子23	丁丑秋分
十二月小	戊子	干支 天地 西曆	辛丑24	壬寅25	癸卯26	甲辰27	乙巳28	丙午29	丁未30	戊申31	己酉(11)	庚戌2	辛亥3	壬子4	癸丑5	甲寅6	乙卯7	丙辰8	丁巳9	戊午10	己未11	庚申12	辛酉13	壬戌14	癸亥15	甲子16	乙丑17	丙寅18	丁卯19	戊辰20	己巳21		辛酉立冬
閏月大	戊子	干支 天地 西曆	庚午22	辛未23	壬申24	癸酉25	甲戌26	乙亥27	丙子28	丁丑29	戊寅30	己卯(12)	庚辰2	辛巳3	壬午4	癸未5	甲申6	乙酉7	丙戌8	丁亥9	戊子10	己丑11	庚寅12	辛卯13	壬辰14	癸巳15	甲午16	乙未17	丙申18	丁酉19	戊戌20	己亥21	

朔閏異同	曆名	正月	二月	三月	四月	五月	六月	七月	八月	九月	十月	十一	十二	閏月
	周曆殷曆	乙亥乙巳	甲辰甲戌	甲戌甲辰	癸卯甲戌	癸酉癸卯	壬寅癸酉	---壬申---壬寅	辛丑壬申	辛未辛丑	庚子辛未	庚午庚子	庚子庚午	己巳己亥
	夏曆新曆	乙亥乙亥	甲辰乙巳	甲戌---乙亥	癸卯甲辰	---癸酉癸酉	壬寅癸卯	壬申壬申	辛丑辛丑	辛未辛未	庚子庚子	庚午庚午	己亥己亥	己巳己巳

*《長曆》：正月丙子，二月乙巳，三月乙亥，四月甲辰，五月甲戌，六月甲辰，七月癸酉，八月癸卯，九月壬申，十月壬寅，閏月辛未，十一辛丑，十二庚午。

周靈王七年 魯襄公八年（丙申 猴年）公元前566 ~ 前565年 歲在大梁

魯曆月序		中西曆日對照	魯曆日序																														節氣與天象
			初一	初二	初三	初四	初五	初六	初七	初八	初九	初十	十一	十二	十三	十四	十五	十六	十七	十八	十九	二十	二一	二二	二三	二四	二五	二六	二七	二八	二九	三十	
正月小	己丑	天干地支 西曆	庚子22	辛丑23	壬寅24	癸卯25	甲辰26	乙巳27	丙午28	丁未29	戊申30	己酉31	庚戌(1)	辛亥2	壬子3	癸丑4	甲寅5	乙卯6	丙辰7	丁巳8	戊午9	己未10	庚申11	辛酉12	壬戌13	癸亥14	甲子15	乙丑16	丙寅17	丁卯18	戊辰19		乙巳冬至
二月大	庚寅	天干地支 西曆	己巳20	庚午21	辛未22	壬申23	癸酉24	甲戌25	乙亥26	丙子27	丁丑28	戊寅29	己卯30	庚辰31	辛巳(2)	壬午2	癸未3	甲申4	乙酉5	丙戌6	丁亥7	戊子8	己丑9	庚寅10	辛卯11	壬辰12	癸巳13	甲午14	乙未15	丙申16	丁酉17	戊戌18	庚寅立春
三月小	辛卯	天干地支 西曆	己亥19	庚子20	辛丑21	壬寅22	癸卯23	甲辰24	乙巳25	丙午26	丁未27	戊申28	己酉29	庚戌(3)	辛亥2	壬子3	癸丑4	甲寅5	乙卯6	丙辰7	丁巳8	戊午9	己未10	庚申11	辛酉12	壬戌13	癸亥14	甲子15	乙丑16	丙寅17	丁卯18		
四月大	壬辰	天干地支 西曆	戊辰19	己巳20	庚午21	辛未22	壬申23	癸酉24	甲戌25	乙亥26	丙子27	丁丑28	戊寅29	己卯30	庚辰31	辛巳(4)	壬午2	癸未3	甲申4	乙酉5	丙戌6	丁亥7	戊子8	己丑9	庚寅10	辛卯11	壬辰12	癸巳13	甲午14	乙未15	丙申16	丁酉17	丙子春分
五月小	癸巳	天干地支 西曆	戊戌18	己亥19	庚子20	辛丑21	壬寅22	癸卯23	甲辰24	乙巳25	丙午26	丁未27	戊申28	己酉29	庚戌30	辛亥(5)	壬子2	癸丑3	甲寅4	乙卯5	丙辰6	丁巳7	戊午8	己未9	庚申10	辛酉11	壬戌12	癸亥13	甲子14	乙丑15	丙寅16		癸亥立夏
六月大	甲午	天干地支 西曆	丁卯17	戊辰18	己巳19	庚午20	辛未21	壬申22	癸酉23	甲戌24	乙亥25	丙子26	丁丑27	戊寅28	己卯29	庚辰30	辛巳31	壬午(6)	癸未2	甲申3	乙酉4	丙戌5	丁亥6	戊子7	己丑8	庚寅9	辛卯10	壬辰11	癸巳12	甲午13	乙未14	丙申15	
七月大	乙未	天干地支 西曆	丁酉16	戊戌17	己亥18	庚子19	辛丑20	壬寅21	癸卯22	甲辰23	乙巳24	丙午25	丁未26	戊申27	己酉28	庚戌29	辛亥30	壬子(7)	癸丑2	甲寅3	乙卯4	丙辰5	丁巳6	戊午7	己未8	庚申9	辛酉10	壬戌11	癸亥12	甲子13	乙丑14	丙寅15	庚戌夏至
八月小	丙申	天干地支 西曆	丁卯16	戊辰17	己巳18	庚午19	辛未20	壬申21	癸酉22	甲戌23	乙亥24	丙子25	丁丑26	戊寅27	己卯28	庚辰29	辛巳30	壬午31	癸未(8)	甲申2	乙酉3	丙戌4	丁亥5	戊子6	己丑7	庚寅8	辛卯9	壬辰10	癸巳11	甲午12	乙未13		
九月大	丁酉	天干地支 西曆	丙申14	丁酉15	戊戌16	己亥17	庚子18	辛丑19	壬寅20	癸卯21	甲辰22	乙巳23	丙午24	丁未25	戊申26	己酉27	庚戌28	辛亥29	壬子30	癸丑31	甲寅(9)	乙卯2	丙辰3	丁巳4	戊午5	己未6	庚申7	辛酉8	壬戌9	癸亥10	甲子11	乙丑12	丁酉立秋
十月小	戊戌	天干地支 西曆	丙寅13	丁卯14	戊辰15	己巳16	庚午17	辛未18	壬申19	癸酉20	甲戌21	乙亥22	丙子23	丁丑24	戊寅25	己卯26	庚辰27	辛巳28	壬午29	癸未30	甲申(10)	乙酉2	丙戌3	丁亥4	戊子5	己丑6	庚寅7	辛卯8	壬辰9	癸巳10	甲午11		壬午秋分
十一月大	己亥	天干地支 西曆	乙未12	丙申13	丁酉14	戊戌15	己亥16	庚子17	辛丑18	壬寅19	癸卯20	甲辰21	乙巳22	丙午23	丁未24	戊申25	己酉26	庚戌27	辛亥28	壬子29	癸丑30	甲寅31	乙卯(11)	丙辰2	丁巳3	戊午4	己未5	庚申6	辛酉7	壬戌8	癸亥9	甲子10	
十二月小	庚子	天干地支 西曆	乙丑11	丙寅12	丁卯13	戊辰14	己巳15	庚午16	辛未17	壬申18	癸酉19	甲戌20	乙亥21	丙子22	丁丑23	戊寅24	己卯25	庚辰26	辛巳27	壬午28	癸未29	甲申30	乙酉(12)	丙戌2	丁亥3	戊子4	己丑5	庚寅6	辛卯7	壬辰8	癸巳9		丙寅立冬

朔閏異同	曆名	正月	二月	三月	四月	五月	六月	七月	八月	九月	十月	十一	十二	閏月		曆名	正月	二月	三月	四月	五月	六月	七月	八月	九月	十月	十一	十二	閏月
	周曆 殷曆	己亥 己巳	戊辰 戊戌	戊戌 戊辰	丁卯 丁酉	丁酉 丁卯	丙寅 丁酉	丙申 丙寅	乙丑 丙申	乙未 乙丑	甲子 乙未	甲午 甲子	癸亥 甲午			夏曆 新曆	戊戌 己亥	戊辰 己巳	戊戌 戊戌	丁卯 戊辰	丁酉 丁酉	丙寅 丁卯	丙申 丙申	乙丑 乙丑	乙未 乙未	甲子 甲子	甲午 甲午	癸亥 癸亥	

*《長曆》：正月庚子，二月己巳，三月己亥，四月戊辰，五月戊戌，六月丁卯，七月丁酉，八月丁卯，九月丙申，十月丙寅，十一乙未，十二乙丑。

周靈王八年 魯襄公九年（丁酉 鷄年）公元前 565 ~ 前 **564** 年 歲在實沈

魯曆月序		中西曆日對照	魯曆日序																													節氣與天象
			初一	初二	初三	初四	初五	初六	初七	初八	初九	初十	十一	十二	十三	十四	十五	十六	十七	十八	十九	二十	二一	二二	二三	二四	二五	二六	二七	二八	二九	三十	
正月大	辛丑	干支 天地 西曆	甲午10	乙未11	丙申12	丁酉13	戊戌14	己亥15	庚子16	辛丑17	壬寅18	癸卯19	甲辰20	乙巳21	丙午22	丁未23	戊申24	己酉25	庚戌26	辛亥27	壬子28	癸丑29	甲寅30	乙卯31	丙辰(1)	丁巳2	戊午3	己未4	庚申5	辛酉6	壬戌7	癸亥8	辛亥冬至
二月小	壬寅	干支 天地 西曆	甲子9	乙丑10	丙寅11	丁卯12	戊辰13	己巳14	庚午15	辛未16	壬申17	癸酉18	甲戌19	乙亥20	丙子21	丁丑22	戊寅23	己卯24	庚辰25	辛巳26	壬午27	癸未28	甲申29	乙酉30	丙戌31	丁亥(2)	戊子2	己丑3	庚寅4	辛卯5	壬辰6		
三月大	癸卯	干支 天地 西曆	癸巳7	甲午8	乙未9	丙申10	丁酉11	戊戌12	己亥13	庚子14	辛丑15	壬寅16	癸卯17	甲辰18	乙巳19	丙午20	丁未21	戊申22	己酉23	庚戌24	辛亥25	壬子26	癸丑27	甲寅28	乙卯(3)	丙辰2	丁巳3	戊午4	己未5	庚申6	辛酉7	壬戌8	乙未立春
四月小	甲辰	干支 天地 西曆	癸亥9	甲子10	乙丑11	丙寅12	丁卯13	戊辰14	己巳15	庚午16	辛未17	壬申18	癸酉19	甲戌20	乙亥21	丙子22	丁丑23	戊寅24	己卯25	庚辰26	辛巳27	壬午28	癸未29	甲申30	乙酉31	丙戌(4)	丁亥2	戊子3	己丑4	庚寅5	辛卯6		辛巳春分
五月大	乙巳	干支 天地 西曆	壬辰7	癸巳8	甲午9	乙未10	丙申11	丁酉12	戊戌13	己亥14	庚子15	辛丑16	壬寅17	癸卯18	甲辰19	乙巳20	丙午21	丁未22	戊申23	己酉24	庚戌25	辛亥26	壬子27	癸丑28	甲寅29	乙卯30	丙辰(5)	丁巳2	戊午3	己未4	庚申5	辛酉6	
六月小	丙午	干支 天地 西曆	壬戌7	癸亥8	甲子9	乙丑10	丙寅11	丁卯12	戊辰13	己巳14	庚午15	辛未16	壬申17	癸酉18	甲戌19	乙亥20	丙子21	丁丑22	戊寅23	己卯24	庚辰25	辛巳26	壬午27	癸未28	甲申29	乙酉30	丙戌31	丁亥(6)	戊子2	己丑3	庚寅4		戊辰立夏
七月大	丁未	干支 天地 西曆	辛卯5	壬辰6	癸巳7	甲午8	乙未9	丙申10	丁酉11	戊戌12	己亥13	庚子14	辛丑15	壬寅16	癸卯17	甲辰18	乙巳19	丙午20	丁未21	戊申22	己酉23	庚戌24	辛亥25	壬子26	癸丑27	甲寅28	乙卯29	丙辰30	丁巳(7)	戊午2	己未3	庚申4	乙卯夏至
八月小	戊申	干支 天地 西曆	辛酉5	壬戌6	癸亥7	甲子8	乙丑9	丙寅10	丁卯11	戊辰12	己巳13	庚午14	辛未15	壬申16	癸酉17	甲戌18	乙亥19	丙子20	丁丑21	戊寅22	己卯23	庚辰24	辛巳25	壬午26	癸未27	甲申28	乙酉29	丙戌30	丁亥31	戊子(8)	己丑2		
九月大	己酉	干支 天地 西曆	庚寅3	辛卯4	壬辰5	癸巳6	甲午7	乙未8	丙申9	丁酉10	戊戌11	己亥12	庚子13	辛丑14	壬寅15	癸卯16	甲辰17	乙巳18	丙午19	丁未20	戊申21	己酉22	庚戌23	辛亥24	壬子25	癸丑26	甲寅27	乙卯28	丙辰29	丁巳30	戊午31	己未(9)	壬寅立秋
十月小	庚戌	干支 天地 西曆	庚申2	辛酉3	壬戌4	癸亥5	甲子6	乙丑7	丙寅8	丁卯9	戊辰10	己巳11	庚午12	辛未13	壬申14	癸酉15	甲戌16	乙亥17	丙子18	丁丑19	戊寅20	己卯21	庚辰22	辛巳23	壬午24	癸未25	甲申26	乙酉27	丙戌28	丁亥29	戊子30		丁亥秋分
十一月大	辛亥	干支 天地 西曆	己丑(10)	庚寅2	辛卯3	壬辰4	癸巳5	甲午6	乙未7	丙申8	丁酉9	戊戌10	己亥11	庚子12	辛丑13	壬寅14	癸卯15	甲辰16	乙巳17	丙午18	丁未19	戊申20	己酉21	庚戌22	辛亥23	壬子24	癸丑25	甲寅26	乙卯27	丙辰28	丁巳29	戊午30	
十二月大	壬子	干支 天地 西曆	己未31	庚申(11)	辛酉2	壬戌3	癸亥4	甲子5	乙丑6	丙寅7	丁卯8	戊辰9	己巳10	庚午11	辛未12	壬申13	癸酉14	甲戌15	乙亥16	丙子17	丁丑18	戊寅19	己卯20	庚辰21	辛巳22	壬午23	癸未24	甲申25	乙酉26	丙戌27	丁亥28	戊子29	壬申立冬
閏月小	壬子	干支 天地 西曆	己丑30	庚寅(12)	辛卯2	壬辰3	癸巳4	甲午5	乙未6	丙申7	丁酉8	戊戌9	己亥10	庚子11	辛丑12	壬寅13	癸卯14	甲辰15	乙巳16	丙午17	丁未18	戊申19	己酉20	庚戌21	辛亥22	壬子23	癸丑24	甲寅25	乙卯26	丙辰27	丁巳28		丙辰冬至

朔閏異同	曆名	正月	二月	三月	四月	五月	六月	七月	八月	九月	十月	十一	十二	閏月		曆名	正月	二月	三月	四月	五月	六月	七月	八月	九月	十月	十一	十二	閏月
	周曆殷曆	癸巳癸亥	壬戌癸巳	壬辰壬戌	壬戌壬辰	辛卯辛酉	辛酉辛卯	庚寅庚申	庚申庚寅	己丑己未	己未己丑	戊子己未	戊午戊子			夏曆新曆	癸巳癸巳	壬戌癸亥	壬辰壬辰	辛酉壬戌	辛卯壬辰	辛酉辛酉	庚寅辛卯	庚申庚申	己丑庚寅	己未---己未	戊子戊子	戊午戊午	---丁亥丁亥

*《長曆》：正月甲午，十月甲子，三月癸巳，四月癸亥，五月壬辰，六月壬戌，七月辛卯，八月辛酉，九月庚寅，十月庚申，十一己丑，十二己未。

周靈王九年 魯襄公十年（戊戌 狗年）公元前564～前563年 歲在鶉首

魯曆月序		中西曆日對照	初一	初二	初三	初四	初五	初六	初七	初八	初九	初十	十一	十二	十三	十四	十五	十六	十七	十八	十九	二十	二一	二二	二三	二四	二五	二六	二七	二八	二九	三十	節氣與天象
正月大	癸丑	天干地支 西曆	戊午 29	己未 30	庚申 31	辛酉 (1)	壬戌 2	癸亥 3	甲子 4	乙丑 5	丙寅 6	丁卯 7	戊辰 8	己巳 9	庚午 10	辛未 11	壬申 12	癸酉 13	甲戌 14	乙亥 15	丙子 16	丁丑 17	戊寅 18	己卯 19	庚辰 20	辛巳 21	壬午 22	癸未 23	甲申 24	乙酉 25	丙戌 26	丁亥 27	
二月小	甲寅	天干地支 西曆	戊子 28	己丑 29	庚寅 30	辛卯 31	壬辰 (2)	癸巳 2	甲午 3	乙未 4	丙申 5	丁酉 6	戊戌 7	己亥 8	庚子 9	辛丑 10	壬寅 11	癸卯 12	甲辰 13	乙巳 14	丙午 15	丁未 16	戊申 17	己酉 18	庚戌 19	辛亥 20	壬子 21	癸丑 22	甲寅 23	乙卯 24	丙辰 25		庚子立春
三月大	乙卯	天干地支 西曆	丁巳 26	戊午 27	己未 28	庚申 (3)	辛酉 2	壬戌 3	癸亥 4	甲子 5	乙丑 6	丙寅 7	丁卯 8	戊辰 9	己巳 10	庚午 11	辛未 12	壬申 13	癸酉 14	甲戌 15	乙亥 16	丙子 17	丁丑 18	戊寅 19	己卯 20	庚辰 21	辛巳 22	壬午 23	癸未 24	甲申 25	乙酉 26	丙戌 27	丙戌春分
四月小	丙辰	天干地支 西曆	丁亥 28	戊子 29	己丑 30	庚寅 31	辛卯 (4)	壬辰 2	癸巳 3	甲午 4	乙未 5	丙申 6	丁酉 7	戊戌 8	己亥 9	庚子 10	辛丑 11	壬寅 12	癸卯 13	甲辰 14	乙巳 15	丙午 16	丁未 17	戊申 18	己酉 19	庚戌 20	辛亥 21	壬子 22	癸丑 23	甲寅 24	乙卯 25		
五月大	丁巳	天干地支 西曆	丙辰 26	丁巳 27	戊午 28	己未 29	庚申 30	辛酉 (5)	壬戌 2	癸亥 3	甲子 4	乙丑 5	丙寅 6	丁卯 7	戊辰 8	己巳 9	庚午 10	辛未 11	壬申 12	癸酉 13	甲戌 14	乙亥 15	丙子 16	丁丑 17	戊寅 18	己卯 19	庚辰 20	辛巳 21	壬午 22	癸未 23	甲申 24	乙酉 25	癸酉立夏
六月小	戊午	天干地支 西曆	丙戌 26	丁亥 27	戊子 28	己丑 29	庚寅 30	辛卯 31	壬辰 (6)	癸巳 2	甲午 3	乙未 4	丙申 5	丁酉 6	戊戌 7	己亥 8	庚子 9	辛丑 10	壬寅 11	癸卯 12	甲辰 13	乙巳 14	丙午 15	丁未 16	戊申 17	己酉 18	庚戌 19	辛亥 20	壬子 21	癸丑 22	甲寅 23		
七月大	己未	天干地支 西曆	乙卯 24	丙辰 25	丁巳 26	戊午 27	己未 28	庚申 29	辛酉 30	壬戌 (7)	癸亥 2	甲子 3	乙丑 4	丙寅 5	丁卯 6	戊辰 7	己巳 8	庚午 9	辛未 10	壬申 11	癸酉 12	甲戌 13	乙亥 14	丙子 15	丁丑 16	戊寅 17	己卯 18	庚辰 19	辛巳 20	壬午 21	癸未 22	甲申 23	辛酉夏至
八月小	庚申	天干地支 西曆	乙酉 24	丙戌 25	丁亥 26	戊子 27	己丑 28	庚寅 29	辛卯 30	壬辰 31	癸巳 (8)	甲午 2	乙未 3	丙申 4	丁酉 5	戊戌 6	己亥 7	庚子 8	辛丑 9	壬寅 10	癸卯 11	甲辰 12	乙巳 13	丙午 14	丁未 15	戊申 16	己酉 17	庚戌 18	辛亥 19	壬子 20	癸丑 21		丁未立秋
九月大	辛酉	天干地支 西曆	甲寅 22	乙卯 23	丙辰 24	丁巳 25	戊午 26	己未 27	庚申 28	辛酉 29	壬戌 30	癸亥 31	甲子 (9)	乙丑 2	丙寅 3	丁卯 4	戊辰 5	己巳 6	庚午 7	辛未 8	壬申 9	癸酉 10	甲戌 11	乙亥 12	丙子 13	丁丑 14	戊寅 15	己卯 16	庚辰 17	辛巳 18	壬午 19	癸未 20	
十月小	壬戌	天干地支 西曆	甲申 21	乙酉 22	丙戌 23	丁亥 24	戊子 25	己丑 26	庚寅 27	辛卯 28	壬辰 29	癸巳 30	甲午 (10)	乙未 2	丙申 3	丁酉 4	戊戌 5	己亥 6	庚子 7	辛丑 8	壬寅 9	癸卯 10	甲辰 11	乙巳 12	丙午 13	丁未 14	戊申 15	己酉 16	庚戌 17	辛亥 18	壬子 19		癸巳秋分
十一月大	癸亥	天干地支 西曆	癸丑 20	甲寅 21	乙卯 22	丙辰 23	丁巳 24	戊午 25	己未 26	庚申 27	辛酉 28	壬戌 29	癸亥 30	甲子 31	乙丑 (11)	丙寅 2	丁卯 3	戊辰 4	己巳 5	庚午 6	辛未 7	壬申 8	癸酉 9	甲戌 10	乙亥 11	丙子 12	丁丑 13	戊寅 14	己卯 15	庚辰 16	辛巳 17	壬午 18	丁丑立冬
十二月小	甲子	天干地支 西曆	癸未 19	甲申 20	乙酉 21	丙戌 22	丁亥 23	戊子 24	己丑 25	庚寅 26	辛卯 27	壬辰 28	癸巳 29	甲午 30	乙未 (12)	丙申 2	丁酉 3	戊戌 4	己亥 5	庚子 6	辛丑 7	壬寅 8	癸卯 9	甲辰 10	乙巳 11	丙午 12	丁未 13	戊申 14	己酉 15	庚戌 16	辛亥 17		

朔閏異同	曆名	正月	二月	三月	四月	五月	六月	七月	八月	九月	十月	十一	十二	閏月		曆名	正月	二月	三月	四月	五月	六月	七月	八月	九月	十月	十一	十二	閏月
	周曆殷曆	丁亥戊午	丁巳丁亥	丙戌---丁巳	---丙辰丙戌	乙酉丙辰	乙卯乙酉	乙酉乙卯	甲寅甲申	甲申甲寅	癸丑癸未	癸未癸丑	壬子壬午	壬午壬子		夏曆新曆	丁巳丁巳	丙戌丙戌	丙辰丙辰	乙酉丙戌	乙卯乙卯	甲申乙酉	甲寅甲寅	癸未甲申	癸丑甲寅	癸未癸未	壬子癸丑	壬午壬午	

*《長曆》：正月己丑，二月戊午，三月戊子，四月丁巳，五月丁亥，六月丙辰，七月丙戌，八月乙卯，九月乙酉，十月甲寅，十一甲申，閏月癸丑，十二癸未。

周靈王十年 魯襄公十一年（己亥 猪年）公元前563 ~ 前562年 歲在鶉火

魯曆月序		中西曆日對照	初一	初二	初三	初四	初五	初六	初七	初八	初九	初十	十一	十二	十三	十四	十五	十六	十七	十八	十九	二十	二一	二二	二三	二四	二五	二六	二七	二八	二九	三十	節氣與天象
正月大	乙丑	干支曆 天地西曆	壬子18	癸丑19	甲寅20	乙卯21	丙辰22	丁巳23	戊午24	己未25	庚申26	辛酉27	壬戌28	癸亥29	甲子30	乙丑31	丙寅(1)	丁卯2	戊辰3	己巳4	庚午5	辛未6	壬申7	癸酉8	甲戌9	乙亥10	丙子11	丁丑12	戊寅13	己卯14	庚辰15	辛巳16	辛酉冬至
二月小	丙寅	干支曆 天地西曆	壬午17	癸未18	甲申19	乙酉20	丙戌21	丁亥22	戊子23	己丑24	庚寅25	辛卯26	壬辰27	癸巳28	甲午29	乙未30	丙申31	丁酉(2)	戊戌2	己亥3	庚子4	辛丑5	壬寅6	癸卯7	甲辰8	乙巳9	丙午10	丁未11	戊申12	己酉13	庚戌14		丙午立春
三月大	丁卯	干支曆 天地西曆	辛亥15	壬子16	癸丑17	甲寅18	乙卯19	丙辰20	丁巳21	戊午22	己未23	庚申24	辛酉25	壬戌26	癸亥27	甲子28	乙丑(3)	丙寅2	丁卯3	戊辰4	己巳5	庚午6	辛未7	壬申8	癸酉9	甲戌10	乙亥11	丙子12	丁丑13	戊寅14	己卯15	庚辰16	
四月大	戊辰	干支曆 天地西曆	辛巳17	壬午18	癸未19	甲申20	乙酉21	丙戌22	丁亥23	戊子24	己丑25	庚寅26	辛卯27	壬辰28	癸巳29	甲午30	乙未31	丙申(4)	丁酉2	戊戌3	己亥4	庚子5	辛丑6	壬寅7	癸卯8	甲辰9	乙巳10	丙午11	丁未12	戊申13	己酉14	庚戌15	壬辰春分
五月小	己巳	干支曆 天地西曆	辛亥16	壬子17	癸丑18	甲寅19	乙卯20	丙辰21	丁巳22	戊午23	己未24	庚申25	辛酉26	壬戌27	癸亥28	甲子29	乙丑30	丙寅(5)	丁卯2	戊辰3	己巳4	庚午5	辛未6	壬申7	癸酉8	甲戌9	乙亥10	丙子11	丁丑12	戊寅13	己卯14		己卯立夏
六月大	庚午	干支曆 天地西曆	庚辰15	辛巳16	壬午17	癸未18	甲申19	乙酉20	丙戌21	丁亥22	戊子23	己丑24	庚寅25	辛卯26	壬辰27	癸巳28	甲午29	乙未30	丙申31	丁酉(6)	戊戌2	己亥3	庚子4	辛丑5	壬寅6	癸卯7	甲辰8	乙巳9	丙午10	丁未11	戊申12	己酉13	
七月小	辛未	干支曆 天地西曆	庚戌14	辛亥15	壬子16	癸丑17	甲寅18	乙卯19	丙辰20	丁巳21	戊午22	己未23	庚申24	辛酉25	壬戌26	癸亥27	甲子28	乙丑29	丙寅30	丁卯(7)	戊辰2	己巳3	庚午4	辛未5	壬申6	癸酉7	甲戌8	乙亥9	丙子10	丁丑11	戊寅12		丙寅夏至
八月大	壬申	干支曆 天地西曆	己卯13	庚辰14	辛巳15	壬午16	癸未17	甲申18	乙酉19	丙戌20	丁亥21	戊子22	己丑23	庚寅24	辛卯25	壬辰26	癸巳27	甲午28	乙未29	丙申30	丁酉31	戊戌(8)	己亥2	庚子3	辛丑4	壬寅5	癸卯6	甲辰7	乙巳8	丙午9	丁未10	戊申11	
九月小	癸酉	干支曆 天地西曆	己酉12	庚戌13	辛亥14	壬子15	癸丑16	甲寅17	乙卯18	丙辰19	丁巳20	戊午21	己未22	庚申23	辛酉24	壬戌25	癸亥26	甲子27	乙丑28	丙寅29	丁卯30	戊辰31	己巳(9)	庚午2	辛未3	壬申4	癸酉5	甲戌6	乙亥7	丙子8	丁丑9		壬子立秋
十月大	甲戌	干支曆 天地西曆	戊寅10	己卯11	庚辰12	辛巳13	壬午14	癸未15	甲申16	乙酉17	丙戌18	丁亥19	戊子20	己丑21	庚寅22	辛卯23	壬辰24	癸巳25	甲午26	乙未27	丙申28	丁酉29	戊戌30	己亥(10)	庚子2	辛丑3	壬寅4	癸卯5	甲辰6	乙巳7	丙午8	丁未9	戊戌秋分
十一月小	乙亥	干支曆 天地西曆	戊申10	己酉11	庚戌12	辛亥13	壬子14	癸丑15	甲寅16	乙卯17	丙辰18	丁巳19	戊午20	己未21	庚申22	辛酉23	壬戌24	癸亥25	甲子26	乙丑27	丙寅28	丁卯29	戊辰30	己巳31	庚午(11)	辛未2	壬申3	癸酉4	甲戌5	乙亥6	丙子7		
十二月大	丙子	干支曆 天地西曆	丁丑8	戊寅9	己卯10	庚辰11	辛巳12	壬午13	癸未14	甲申15	乙酉16	丙戌17	丁亥18	戊子19	己丑20	庚寅21	辛卯22	壬辰23	癸巳24	甲午25	乙未26	丙申27	丁酉28	戊戌29	己亥30	庚子(12)	辛丑2	壬寅3	癸卯4	甲辰5	乙巳6	丙午7	壬午立冬

朔閏異同	曆名	正月	二月	三月	四月	五月	六月	七月	八月	九月	十月	十一	十二	閏月		曆名	正月	二月	三月	四月	五月	六月	七月	八月	九月	十月	十一	十二	閏月
	周曆殷曆	辛亥壬午	辛巳辛亥	庚戌辛巳	庚辰庚戌	己酉庚辰	己卯己酉	戊申己卯	戊寅戊申	丁未戊寅	丁丑丁未	丁未丁丑	丙子丙午			夏曆新曆	辛亥辛亥	辛巳辛巳	庚戌庚戌	庚辰庚辰	己酉己酉	己卯己卯	戊申己酉	戊寅戊寅	丁未戊申	丁丑戊寅	丙午丁未	丙子丁丑	

*《長曆》：正月壬子，二月壬午，三月壬子，四月辛巳，五月辛亥，六月庚辰，七月庚戌，八月己卯，九月己酉，十月戊寅，十一戊申，十二丁丑。

周靈王十一年 魯襄公十二年（庚子 鼠年）公元前 562 ~ 前 561 年 歲在鶉尾

魯曆月序	中西曆日對照	初一	初二	初三	初四	初五	初六	初七	初八	初九	初十	十一	十二	十三	十四	十五	十六	十七	十八	十九	二十	二一	二二	二三	二四	二五	二六	二七	二八	二九	三十	節氣與天象
正月小 丁丑	干支 天地 西曆	丁未 8	戊申 9	己酉 10	庚戌 11	辛亥 12	壬子 13	癸丑 14	甲寅 15	乙卯 16	丙辰 17	丁巳 18	戊午 19	己未 20	庚申 21	辛酉 22	壬戌 23	癸亥 24	甲子 25	乙丑 26	丙寅 27	丁卯 28	戊辰 29	己巳 30	庚午 31	辛未 (1)	壬申 2	癸酉 3	甲戌 4	乙亥 5		丙寅冬至
二月大 戊寅	干支 天地 西曆	丙子 6	丁丑 7	戊寅 8	己卯 9	庚辰 10	辛巳 11	壬午 12	癸未 13	甲申 14	乙酉 15	丙戌 16	丁亥 17	戊子 18	己丑 19	庚寅 20	辛卯 21	壬辰 22	癸巳 23	甲午 24	乙未 25	丙申 26	丁酉 27	戊戌 28	己亥 29	庚子 30	辛丑 31	壬寅 (2)	癸卯 2	甲辰 3	乙巳 4	
三月小 己卯	干支 天地 西曆	丙午 5	丁未 6	戊申 7	己酉 8	庚戌 9	辛亥 10	壬子 11	癸丑 12	甲寅 13	乙卯 14	丙辰 15	丁巳 16	戊午 17	己未 18	庚申 19	辛酉 20	壬戌 21	癸亥 22	甲子 23	乙丑 24	丙寅 25	丁卯 26	戊辰 27	己巳 28	庚午 29	辛未 (3)	壬申 2	癸酉 3	甲戌 4		辛亥立春
四月大 庚辰	干支 天地 西曆	乙亥 5	丙子 6	丁丑 7	戊寅 8	己卯 9	庚辰 10	辛巳 11	壬午 12	癸未 13	甲申 14	乙酉 15	丙戌 16	丁亥 17	戊子 18	己丑 19	庚寅 20	辛卯 21	壬辰 22	癸巳 23	甲午 24	乙未 25	丙申 26	丁酉 27	戊戌 28	己亥 29	庚子 30	辛丑 31	壬寅 (4)	癸卯 2	甲辰 3	丁酉春分
五月小 辛巳	干支 天地 西曆	乙巳 4	丙午 5	丁未 6	戊申 7	己酉 8	庚戌 9	辛亥 10	壬子 11	癸丑 12	甲寅 13	乙卯 14	丙辰 15	丁巳 16	戊午 17	己未 18	庚申 19	辛酉 20	壬戌 21	癸亥 22	甲子 23	乙丑 24	丙寅 25	丁卯 26	戊辰 27	己巳 28	庚午 29	辛未 30	壬申 (5)	癸酉 2		
六月大 壬午	干支 天地 西曆	甲戌 3	乙亥 4	丙子 5	丁丑 6	戊寅 7	己卯 8	庚辰 9	辛巳 10	壬午 11	癸未 12	甲申 13	乙酉 14	丙戌 15	丁亥 16	戊子 17	己丑 18	庚寅 19	辛卯 20	壬辰 21	癸巳 22	甲午 23	乙未 24	丙申 25	丁酉 26	戊戌 27	己亥 28	庚子 29	辛丑 30	壬寅 31	癸卯 (6)	甲申立夏
七月大 癸未	干支 天地 西曆	甲辰 2	乙巳 3	丙午 4	丁未 5	戊申 6	己酉 7	庚戌 8	辛亥 9	壬子 10	癸丑 11	甲寅 12	乙卯 13	丙辰 14	丁巳 15	戊午 16	己未 17	庚申 18	辛酉 19	壬戌 20	癸亥 21	甲子 22	乙丑 23	丙寅 24	丁卯 25	戊辰 26	己巳 27	庚午 28	辛未 29	壬申 30	癸酉 (7)	辛未夏至
八月小 甲申	干支 天地 西曆	甲戌 2	乙亥 3	丙子 4	丁丑 5	戊寅 6	己卯 7	庚辰 8	辛巳 9	壬午 10	癸未 11	甲申 12	乙酉 13	丙戌 14	丁亥 15	戊子 16	己丑 17	庚寅 18	辛卯 19	壬辰 20	癸巳 21	甲午 22	乙未 23	丙申 24	丁酉 25	戊戌 26	己亥 27	庚子 28	辛丑 29	壬寅 30		
九月大 乙酉	干支 天地 西曆	癸卯 31	甲辰 (8)	乙巳 2	丙午 3	丁未 4	戊申 5	己酉 6	庚戌 7	辛亥 8	壬子 9	癸丑 10	甲寅 11	乙卯 12	丙辰 13	丁巳 14	戊午 15	己未 16	庚申 17	辛酉 18	壬戌 19	癸亥 20	甲子 21	乙丑 22	丙寅 23	丁卯 24	戊辰 25	己巳 26	庚午 27	辛未 28	壬申 29	戊午立秋
十月小 丙戌	干支 天地 西曆	癸酉 30	甲戌 31	乙亥 (9)	丙子 2	丁丑 3	戊寅 4	己卯 5	庚辰 6	辛巳 7	壬午 8	癸未 9	甲申 10	乙酉 11	丙戌 12	丁亥 13	戊子 14	己丑 15	庚寅 16	辛卯 17	壬辰 18	癸巳 19	甲午 20	乙未 21	丙申 22	丁酉 23	戊戌 24	己亥 25	庚子 26	辛丑 27		
十一月大 丁亥	干支 天地 西曆	壬寅 28	癸卯 29	甲辰 30	乙巳 (10)	丙午 2	丁未 3	戊申 4	己酉 5	庚戌 6	辛亥 7	壬子 8	癸丑 9	甲寅 10	乙卯 11	丙辰 12	丁巳 13	戊午 14	己未 15	庚申 16	辛酉 17	壬戌 18	癸亥 19	甲子 20	乙丑 21	丙寅 22	丁卯 23	戊辰 24	己巳 25	庚午 26	辛未 27	癸卯秋分
十二月小 戊子	干支 天地 西曆	壬申 28	癸酉 29	甲戌 30	乙亥 31	丙子 (11)	丁丑 2	戊寅 3	己卯 4	庚辰 5	辛巳 6	壬午 7	癸未 8	甲申 9	乙酉 10	丙戌 11	丁亥 12	戊子 13	己丑 14	庚寅 15	辛卯 16	壬辰 17	癸巳 18	甲午 19	乙未 20	丙申 21	丁酉 22	戊戌 23	己亥 24	庚子 25		丁亥立冬
閏月大 戊子	干支 天地 西曆	辛丑 26	壬寅 27	癸卯 28	甲辰 29	乙巳 30	丙午 (12)	丁未 2	戊申 3	己酉 4	庚戌 5	辛亥 6	壬子 7	癸丑 8	甲寅 9	乙卯 10	丙辰 11	丁巳 12	戊午 13	己未 14	庚申 15	辛酉 16	壬戌 17	癸亥 18	甲子 19	乙丑 20	丙寅 21	丁卯 22	戊辰 23	己巳 24	庚午 25	

朔閏異同	曆名	正月	二月	三月	四月	五月	六月	七月	八月	九月	十月	十一	十二	閏月
	周曆 殷曆	丙午 丙子	乙亥 乙巳	乙巳 乙亥	甲戌 甲辰	甲辰 甲戌	癸酉 甲辰	癸卯 癸酉	壬申 癸卯	壬寅 壬申	辛未 壬寅	辛丑 辛未	庚午 --- 辛丑	--- 庚子 庚午
	夏曆 新曆	乙巳 丙午	乙亥 乙亥	乙巳 乙巳	甲戌 甲戌	甲辰 甲辰	癸酉 癸酉	癸卯 --- 癸卯	壬申 壬申	--- 壬寅 壬寅	辛未 壬申	辛丑 壬寅	庚午 辛未	庚子 辛丑

*《長曆》：正月丁未，二月丙子，三月丙午，四月乙亥，五月乙巳，六月甲戌，七月甲辰，八月甲戌，九月癸卯，十月癸酉，十一壬寅，十二壬申

周靈王十二年 魯襄公十三年（辛丑 牛年）公元前561 ~ 前560年 歲在壽星

魯曆月序		中西曆日對照	初一	初二	初三	初四	初五	初六	初七	初八	初九	初十	十一	十二	十三	十四	十五	十六	十七	十八	十九	二十	二一	二二	二三	二四	二五	二六	二七	二八	二九	三十	節氣與天象
正月小	己丑	天干 地支 西曆	辛未 26	壬申 27	癸酉 28	甲戌 29	乙亥 30	丙子 31	丁丑 (1)	戊寅 2	己卯 3	庚辰 4	辛巳 5	壬午 6	癸未 7	甲申 8	乙酉 9	丙戌 10	丁亥 11	戊子 12	己丑 13	庚寅 14	辛卯 15	壬辰 16	癸巳 17	甲午 18	乙未 19	丙申 20	丁酉 21	戊戌 22	己亥 23		辛未冬至
二月大	庚寅	天干 地支 西曆	庚子 24	辛丑 25	壬寅 26	癸卯 27	甲辰 28	乙巳 29	丙午 30	丁未 31	戊申 (2)	己酉 2	庚戌 3	辛亥 4	壬子 5	癸丑 6	甲寅 7	乙卯 8	丙辰 9	丁巳 10	戊午 11	己未 12	庚申 13	辛酉 14	壬戌 15	癸亥 16	甲子 17	乙丑 18	丙寅 19	丁卯 20	戊辰 21	己巳 22	丙辰立春
三月小	辛卯	天干 地支 西曆	庚午 23	辛未 24	壬申 25	癸酉 26	甲戌 27	乙亥 28	丙子 (3)	丁丑 2	戊寅 3	己卯 4	庚辰 5	辛巳 6	壬午 7	癸未 8	甲申 9	乙酉 10	丙戌 11	丁亥 12	戊子 13	己丑 14	庚寅 15	辛卯 16	壬辰 17	癸巳 18	甲午 19	乙未 20	丙申 21	丁酉 22	戊戌 23		
四月大	壬辰	天干 地支 西曆	己亥 24	庚子 25	辛丑 26	壬寅 27	癸卯 28	甲辰 29	乙巳 30	丙午 31	丁未 (4)	戊申 2	己酉 3	庚戌 4	辛亥 5	壬子 6	癸丑 7	甲寅 8	乙卯 9	丙辰 10	丁巳 11	戊午 12	己未 13	庚申 14	辛酉 15	壬戌 16	癸亥 17	甲子 18	乙丑 19	丙寅 20	丁卯 21	戊辰 22	壬寅春分
五月小	癸巳	天干 地支 西曆	己巳 23	庚午 24	辛未 25	壬申 26	癸酉 27	甲戌 28	乙亥 29	丙子 30	丁丑 (5)	戊寅 2	己卯 3	庚辰 4	辛巳 5	壬午 6	癸未 7	甲申 8	乙酉 9	丙戌 10	丁亥 11	戊子 12	己丑 13	庚寅 14	辛卯 15	壬辰 16	癸巳 17	甲午 18	乙未 19	丙申 20	丁酉 21		己丑立夏
六月大	甲午	天干 地支 西曆	戊戌 22	己亥 23	庚子 24	辛丑 25	壬寅 26	癸卯 27	甲辰 28	乙巳 29	丙午 30	丁未 31	戊申 (6)	己酉 2	庚戌 3	辛亥 4	壬子 5	癸丑 6	甲寅 7	乙卯 8	丙辰 9	丁巳 10	戊午 11	己未 12	庚申 13	辛酉 14	壬戌 15	癸亥 16	甲子 17	乙丑 18	丙寅 19	丁卯 20	
七月小	乙未	天干 地支 西曆	戊辰 21	己巳 22	庚午 23	辛未 24	壬申 25	癸酉 26	甲戌 27	乙亥 28	丙子 29	丁丑 30	戊寅 (7)	己卯 2	庚辰 3	辛巳 4	壬午 5	癸未 6	甲申 7	乙酉 8	丙戌 9	丁亥 10	戊子 11	己丑 12	庚寅 13	辛卯 14	壬辰 15	癸巳 16	甲午 17	乙未 18	丙申 19		丙子夏至
八月大	丙申	天干 地支 西曆	丁酉 20	戊戌 21	己亥 22	庚子 23	辛丑 24	壬寅 25	癸卯 26	甲辰 27	乙巳 28	丙午 29	丁未 30	戊申 31	己酉 (8)	庚戌 2	辛亥 3	壬子 4	癸丑 5	甲寅 6	乙卯 7	丙辰 8	丁巳 9	戊午 10	己未 11	庚申 12	辛酉 13	壬戌 14	癸亥 15	甲子 16	乙丑 17	丙寅 18	癸亥立秋 丁酉日食
九月小	丁酉	天干 地支 西曆	丁卯 19	戊辰 20	己巳 21	庚午 22	辛未 23	壬申 24	癸酉 25	甲戌 26	乙亥 27	丙子 28	丁丑 29	戊寅 30	己卯 31	庚辰 (9)	辛巳 2	壬午 3	癸未 4	甲申 5	乙酉 6	丙戌 7	丁亥 8	戊子 9	己丑 10	庚寅 11	辛卯 12	壬辰 13	癸巳 14	甲午 15	乙未 16		
十月大	戊戌	天干 地支 西曆	丙申 17	丁酉 18	戊戌 19	己亥 20	庚子 21	辛丑 22	壬寅 23	癸卯 24	甲辰 25	乙巳 26	丙午 27	丁未 28	戊申 29	己酉 30	庚戌 (10)	辛亥 2	壬子 3	癸丑 4	甲寅 5	乙卯 6	丙辰 7	丁巳 8	戊午 9	己未 10	庚申 11	辛酉 12	壬戌 13	癸亥 14	甲子 15	乙丑 16	戊申秋分
十一月大	己亥	天干 地支 西曆	丙寅 17	丁卯 18	戊辰 19	己巳 20	庚午 21	辛未 22	壬申 23	癸酉 24	甲戌 25	乙亥 26	丙子 27	丁丑 28	戊寅 29	己卯 30	庚辰 31	辛巳 (11)	壬午 2	癸未 3	甲申 4	乙酉 5	丙戌 6	丁亥 7	戊子 8	己丑 9	庚寅 10	辛卯 11	壬辰 12	癸巳 13	甲午 14	乙未 15	癸巳立冬
十二月小	庚子	天干 地支 西曆	丙申 16	丁酉 17	戊戌 18	己亥 19	庚子 20	辛丑 21	壬寅 22	癸卯 23	甲辰 24	乙巳 25	丙午 26	丁未 27	戊申 28	己酉 29	庚戌 30	辛亥 (12)	壬子 2	癸丑 3	甲寅 4	乙卯 5	丙辰 6	丁巳 7	戊午 8	己未 9	庚申 10	辛酉 11	壬戌 12	癸亥 13	甲子 14		

朔閏異同	曆名	正月	二月	三月	四月	五月	六月	七月	八月	九月	十月	十一	十二	閏月	曆名	正月	二月	三月	四月	五月	六月	七月	八月	九月	十月	十一	十二	閏月
	周曆殷曆	庚午庚子	己亥己巳	己巳己亥	戊戌戊辰	戊辰戊戌	丁酉丁卯	丁卯丁酉	丙申丙寅	丙寅丙申	乙未丙寅	乙丑乙未	甲午乙丑		夏曆新曆	己巳庚午	己亥己亥	戊辰己巳	戊戌戊戌	戊辰丁卯	丁酉丁酉	丁卯丙寅	丙申丙申	丙寅丙寅	乙未丙申	乙丑乙丑	甲午乙未	

*《長曆》：正月辛丑，二月辛未，三月庚子，四月庚午，五月己亥，六月己巳，七月戊戌，八月戊辰，閏月丁酉，九月丁卯，十月丙申，十一丙寅，十二丙申。

周靈王十三年 魯襄公十四年（壬寅 虎年）公元前560～前559年 歲在大火

魯曆月序		中西曆日對照	初一	初二	初三	初四	初五	初六	初七	初八	初九	初十	十一	十二	十三	十四	十五	十六	十七	十八	十九	二十	二一	二二	二三	二四	二五	二六	二七	二八	二九	三十	節氣與天象
正月大	辛丑	干支 天地西曆	乙丑 15	丙寅 16	丁卯 17	戊辰 18	己巳 19	庚午 20	辛未 21	壬申 22	癸酉 23	甲戌 24	乙亥 25	丙子 26	丁丑 27	戊寅 28	己卯 29	庚辰 30	辛巳 31	壬午 (1)	癸未 2	甲申 3	乙酉 4	丙戌 5	丁亥 6	戊子 7	己丑 8	庚寅 9	辛卯 10	壬辰 11	癸巳 12	甲午 13	丁丑冬至
二月小	壬寅	干支 天地西曆	乙未 14	丙申 15	丁酉 16	戊戌 17	己亥 18	庚子 19	辛丑 20	壬寅 21	癸卯 22	甲辰 23	乙巳 24	丙午 25	丁未 26	戊申 27	己酉 28	庚戌 29	辛亥 30	壬子 31	癸丑 (2)	甲寅 2	乙卯 3	丙辰 4	丁巳 5	戊午 6	己未 7	庚申 8	辛酉 9	壬戌 10	癸亥 11		辛酉立春 乙未日食
三月大	癸卯	干支 天地西曆	甲子 12	乙丑 13	丙寅 14	丁卯 15	戊辰 16	己巳 17	庚午 18	辛未 19	壬申 20	癸酉 21	甲戌 22	乙亥 23	丙子 24	丁丑 25	戊寅 26	己卯 27	庚辰 28	辛巳 (3)	壬午 2	癸未 3	甲申 4	乙酉 5	丙戌 6	丁亥 7	戊子 8	己丑 9	庚寅 10	辛卯 11	壬辰 12	癸巳 13	
四月小	甲辰	干支 天地西曆	甲午 14	乙未 15	丙申 16	丁酉 17	戊戌 18	己亥 19	庚子 20	辛丑 21	壬寅 22	癸卯 23	甲辰 24	乙巳 25	丙午 26	丁未 27	戊申 28	己酉 29	庚戌 30	辛亥 31	壬子 (4)	癸丑 2	甲寅 3	乙卯 4	丙辰 5	丁巳 6	戊午 7	己未 8	庚申 9	辛酉 10	壬戌 11		丁未春分
五月大	乙巳	干支 天地西曆	癸亥 12	甲子 13	乙丑 14	丙寅 15	丁卯 16	戊辰 17	己巳 18	庚午 19	辛未 20	壬申 21	癸酉 22	甲戌 23	乙亥 24	丙子 25	丁丑 26	戊寅 27	己卯 28	庚辰 29	辛巳 30	壬午 (5)	癸未 2	甲申 3	乙酉 4	丙戌 5	丁亥 6	戊子 7	己丑 8	庚寅 9	辛卯 10	壬辰 11	
六月小	丙午	干支 天地西曆	癸巳 12	甲午 13	乙未 14	丙申 15	丁酉 16	戊戌 17	己亥 18	庚子 19	辛丑 20	壬寅 21	癸卯 22	甲辰 23	乙巳 24	丙午 25	丁未 26	戊申 27	己酉 28	庚戌 29	辛亥 30	壬子 31	癸丑 (6)	甲寅 2	乙卯 3	丙辰 4	丁巳 5	戊午 6	己未 7	庚申 8	辛酉 9		甲午立夏
七月大	丁未	干支 天地西曆	壬戌 10	癸亥 11	甲子 12	乙丑 13	丙寅 14	丁卯 15	戊辰 16	己巳 17	庚午 18	辛未 19	壬申 20	癸酉 21	甲戌 22	乙亥 23	丙子 24	丁丑 25	戊寅 26	己卯 27	庚辰 28	辛巳 29	壬午 30	癸未 (7)	甲申 2	乙酉 3	丙戌 4	丁亥 5	戊子 6	己丑 7	庚寅 8	辛卯 9	辛巳夏至
八月小	戊申	干支 天地西曆	壬辰 10	癸巳 11	甲午 12	乙未 13	丙申 14	丁酉 15	戊戌 16	己亥 17	庚子 18	辛丑 19	壬寅 20	癸卯 21	甲辰 22	乙巳 23	丙午 24	丁未 25	戊申 26	己酉 27	庚戌 28	辛亥 29	壬子 30	癸丑 31	甲寅 (8)	乙卯 2	丙辰 3	丁巳 4	戊午 5	己未 6	庚申 7		
九月大	己酉	干支 天地西曆	辛酉 8	壬戌 9	癸亥 10	甲子 11	乙丑 12	丙寅 13	丁卯 14	戊辰 15	己巳 16	庚午 17	辛未 18	壬申 19	癸酉 20	甲戌 21	乙亥 22	丙子 23	丁丑 24	戊寅 25	己卯 26	庚辰 27	辛巳 28	壬午 29	癸未 30	甲申 31	乙酉 (9)	丙戌 2	丁亥 3	戊子 4	己丑 5	庚寅 6	戊辰立秋
十月小	庚戌	干支 天地西曆	辛卯 7	壬辰 8	癸巳 9	甲午 10	乙未 11	丙申 12	丁酉 13	戊戌 14	己亥 15	庚子 16	辛丑 17	壬寅 18	癸卯 19	甲辰 20	乙巳 21	丙午 22	丁未 23	戊申 24	己酉 25	庚戌 26	辛亥 27	壬子 28	癸丑 29	甲寅 30	乙卯 (10)	丙辰 2	丁巳 3	戊午 4	己未 5		癸丑秋分
十一月大	辛亥	干支 天地西曆	庚申 6	辛酉 7	壬戌 8	癸亥 9	甲子 10	乙丑 11	丙寅 12	丁卯 13	戊辰 14	己巳 15	庚午 16	辛未 17	壬申 18	癸酉 19	甲戌 20	乙亥 21	丙子 22	丁丑 23	戊寅 24	己卯 25	庚辰 26	辛巳 27	壬午 28	癸未 29	甲申 30	乙酉 31	丙戌 (11)	丁亥 2	戊子 3	己丑 4	
十二月小	壬子	干支 天地西曆	庚寅 5	辛卯 6	壬辰 7	癸巳 8	甲午 9	乙未 10	丙申 11	丁酉 12	戊戌 13	己亥 14	庚子 15	辛丑 16	壬寅 17	癸卯 18	甲辰 19	乙巳 20	丙午 21	丁未 22	戊申 23	己酉 24	庚戌 25	辛亥 26	壬子 27	癸丑 28	甲寅 29	乙卯 30	丙辰 (12)	丁巳 2	戊午 3		戊戌立冬

朔閏異同	曆名	正月	二月	三月	四月	五月	六月	七月	八月	九月	十月	十一	十二	閏月		曆名	正月	二月	三月	四月	五月	六月	七月	八月	九月	十月	十一	十二	閏月
	周曆 殷曆	甲子 甲午	癸巳 甲子	癸亥 癸巳	壬辰 癸亥	壬戌 壬辰	壬辰 壬戌	辛酉 辛卯	辛卯 辛酉	庚申 庚寅	庚寅 庚申	己未 己丑	己丑 己未			夏曆 新曆	甲子 乙丑	癸巳 甲午	癸亥 癸亥	壬辰 癸巳	壬戌 壬戌	辛卯 辛卯	辛酉 辛酉	庚寅 庚寅	庚申 庚申	庚寅 庚寅	己未 己未	己丑 己丑	

*《長曆》：正月乙丑，二月乙未，三月甲子，四月甲午，五月癸亥，六月癸巳，七月壬戌，八月壬辰，九月辛酉，十月辛卯，十一庚申，十二庚寅。

周靈王十四年 魯襄公十五年（癸卯 兔年）公元前559～前558年 歲在析木

魯曆月序		中西曆日對照	初一	初二	初三	初四	初五	初六	初七	初八	初九	初十	十一	十二	十三	十四	十五	十六	十七	十八	十九	二十	二一	二二	二三	二四	二五	二六	二七	二八	二九	三十	節氣與天象
正月大	癸丑	干支 天地 西曆	己未4	庚申5	辛酉6	壬戌7	癸亥8	甲子9	乙丑10	丙寅11	丁卯12	戊辰13	己巳14	庚午15	辛未16	壬申17	癸酉18	甲戌19	乙亥20	丙子21	丁丑22	戊寅23	己卯24	庚辰25	辛巳26	壬午27	癸未28	甲申29	乙酉30	丙戌31	丁亥(1)	戊子2	壬午冬至
二月小	甲寅	干支 天地 西曆	己丑3	庚寅4	辛卯5	壬辰6	癸巳7	甲午8	乙未9	丙申10	丁酉11	戊戌12	己亥13	庚子14	辛丑15	壬寅16	癸卯17	甲辰18	乙巳19	丙午20	丁未21	戊申22	己酉23	庚戌24	辛亥25	壬子26	癸丑27	甲寅28	乙卯29	丙辰30	丁巳31		
三月大	乙卯	干支 天地 西曆	戊午(2)	己未2	庚申3	辛酉4	壬戌5	癸亥6	甲子7	乙丑8	丙寅9	丁卯10	戊辰11	己巳12	庚午13	辛未14	壬申15	癸酉16	甲戌17	乙亥18	丙子19	丁丑20	戊寅21	己卯22	庚辰23	辛巳24	壬午25	癸未26	甲申27	乙酉28	丙戌(3)	丁亥2	丁卯立春
四月大	丙辰	干支 天地 西曆	戊子3	己丑4	庚寅5	辛卯6	壬辰7	癸巳8	甲午9	乙未10	丙申11	丁酉12	戊戌13	己亥14	庚子15	辛丑16	壬寅17	癸卯18	甲辰19	乙巳20	丙午21	丁未22	戊申23	己酉24	庚戌25	辛亥26	壬子27	癸丑28	甲寅29	乙卯30	丙辰31	丁巳(4)	癸丑春分
五月小	丁巳	干支 天地 西曆	戊午2	己未3	庚申4	辛酉5	壬戌6	癸亥7	甲子8	乙丑9	丙寅10	丁卯11	戊辰12	己巳13	庚午14	辛未15	壬申16	癸酉17	甲戌18	乙亥19	丙子20	丁丑21	戊寅22	己卯23	庚辰24	辛巳25	壬午26	癸未27	甲申28	乙酉29	丙戌30		
六月大	戊午	干支 天地 西曆	丁亥(5)	戊子2	己丑3	庚寅4	辛卯5	壬辰6	癸巳7	甲午8	乙未9	丙申10	丁酉11	戊戌12	己亥13	庚子14	辛丑15	壬寅16	癸卯17	甲辰18	乙巳19	丙午20	丁未21	戊申22	己酉23	庚戌24	辛亥25	壬子26	癸丑27	甲寅28	乙卯29	丙辰30	己亥立夏
七月小	己未	干支 天地 西曆	丁巳31	戊午(6)	己未2	庚申3	辛酉4	壬戌5	癸亥6	甲子7	乙丑8	丙寅9	丁卯10	戊辰11	己巳12	庚午13	辛未14	壬申15	癸酉16	甲戌17	乙亥18	丙子19	丁丑20	戊寅21	己卯22	庚辰23	辛巳24	壬午25	癸未26	甲申27	乙酉28		丁巳日食
八月大	庚申	干支 天地 西曆	丙戌29	丁亥30	戊子(7)	己丑2	庚寅3	辛卯4	壬辰5	癸巳6	甲午7	乙未8	丙申9	丁酉10	戊戌11	己亥12	庚子13	辛丑14	壬寅15	癸卯16	甲辰17	乙巳18	丙午19	丁未20	戊申21	己酉22	庚戌23	辛亥24	壬子25	癸丑26	甲寅27	乙卯28	丁亥夏至
九月小	辛酉	干支 天地 西曆	丙辰29	丁巳30	戊午31	己未(8)	庚申2	辛酉3	壬戌4	癸亥5	甲子6	乙丑7	丙寅8	丁卯9	戊辰10	己巳11	庚午12	辛未13	壬申14	癸酉15	甲戌16	乙亥17	丙子18	丁丑19	戊寅20	己卯21	庚辰22	辛巳23	壬午24	癸未25	甲申26		癸酉立秋
十月大	壬戌	干支 天地 西曆	乙酉27	丙戌28	丁亥29	戊子30	己丑31	庚寅(9)	辛卯2	壬辰3	癸巳4	甲午5	乙未6	丙申7	丁酉8	戊戌9	己亥10	庚子11	辛丑12	壬寅13	癸卯14	甲辰15	乙巳16	丙午17	丁未18	戊申19	己酉20	庚戌21	辛亥22	壬子23	癸丑24	甲寅25	
十一月小	癸亥	干支 天地 西曆	乙卯26	丙辰27	丁巳28	戊午29	己未30	庚申(10)	辛酉2	壬戌3	癸亥4	甲子5	乙丑6	丙寅7	丁卯8	戊辰9	己巳10	庚午11	辛未12	壬申13	癸酉14	甲戌15	乙亥16	丙子17	丁丑18	戊寅19	己卯20	庚辰21	辛巳22	壬午23	癸未24		己未秋分
十二月大	甲子	干支 天地 西曆	甲申25	乙酉26	丙戌27	丁亥28	戊子29	己丑30	庚寅31	辛卯(11)	壬辰2	癸巳3	甲午4	乙未5	丙申6	丁酉7	戊戌8	己亥9	庚子10	辛丑11	壬寅12	癸卯13	甲辰14	乙巳15	丙午16	丁未17	戊申18	己酉19	庚戌20	辛亥21	壬子22	癸丑23	癸卯立冬

朔閏異同	曆名	正月	二月	三月	四月	五月	六月	七月	八月	九月	十月	十一	十二	閏月
	周曆殷曆	戊午己丑	戊子戊午	丁巳戊子	丁亥丁巳	丙辰丁亥	丙戌丙辰	乙卯丙戌	乙酉乙卯	---甲寅---乙酉	甲申甲寅	甲寅甲申	癸未癸丑	癸丑癸未
	夏曆新曆	戊午己未	戊子己丑	丁巳戊午	丁亥丁亥	丙辰---丁巳	---丙戌丙戌	乙卯乙卯	乙酉乙酉	甲寅甲寅	甲申甲申	癸丑癸丑	癸未癸未	癸丑癸丑

*《長曆》：正月己未，二月己丑，三月己未，四月戊子，五月戊午，六月丁亥，七月丁巳，八月丙戌，九月丙辰，十月乙酉，十一乙卯，十二甲申。

周靈王十五年 魯襄公十六年（甲辰 龍年）公元前558～前557年 歲在星紀

魯曆月序		中西曆日對照	初一	初二	初三	初四	初五	初六	初七	初八	初九	初十	十一	十二	十三	十四	十五	十六	十七	十八	十九	二十	二一	二二	二三	二四	二五	二六	二七	二八	二九	三十	節氣與天象
正月小	乙丑	天干地支西曆	甲寅24	乙卯25	丙辰26	丁巳27	戊午28	己未29	庚申30	辛酉(12)	壬戌2	癸亥3	甲子4	乙丑5	丙寅6	丁卯7	戊辰8	己巳9	庚午10	辛未11	壬申12	癸酉13	甲戌14	乙亥15	丙子16	丁丑17	戊寅18	己卯19	庚辰20	辛巳21	壬午22		
二月大	丙寅	天干地支西曆	癸未23	甲申24	乙酉25	丙戌26	丁亥27	戊子28	己丑29	庚寅30	辛卯31	壬辰(1)	癸巳2	甲午3	乙未4	丙申5	丁酉6	戊戌7	己亥8	庚子9	辛丑10	壬寅11	癸卯12	甲辰13	乙巳14	丙午15	丁未16	戊申17	己酉18	庚戌19	辛亥20	壬子21	丁亥冬至
三月小	丁卯	天干地支西曆	癸丑22	甲寅23	乙卯24	丙辰25	丁巳26	戊午27	己未28	庚申29	辛酉30	壬戌31	癸亥(2)	甲子2	乙丑3	丙寅4	丁卯5	戊辰6	己巳7	庚午8	辛未9	壬申10	癸酉11	甲戌12	乙亥13	丙子14	丁丑15	戊寅16	己卯17	庚辰18	辛巳19		壬申立春
四月大	戊辰	天干地支西曆	壬午20	癸未21	甲申22	乙酉23	丙戌24	丁亥25	戊子26	己丑27	庚寅28	辛卯29	壬辰(3)	癸巳2	甲午3	乙未4	丙申5	丁酉6	戊戌7	己亥8	庚子9	辛丑10	壬寅11	癸卯12	甲辰13	乙巳14	丙午15	丁未16	戊申17	己酉18	庚戌19	辛亥20	
五月小	己巳	天干地支西曆	壬子21	癸丑22	甲寅23	乙卯24	丙辰25	丁巳26	戊午27	己未28	庚申29	辛酉30	壬戌31	癸亥(4)	甲子2	乙丑3	丙寅4	丁卯5	戊辰6	己巳7	庚午8	辛未9	壬申10	癸酉11	甲戌12	乙亥13	丙子14	丁丑15	戊寅16	己卯17	庚辰18		戊午春分
六月大	庚午	天干地支西曆	辛巳19	壬午20	癸未21	甲申22	乙酉23	丙戌24	丁亥25	戊子26	己丑27	庚寅28	辛卯29	壬辰30	癸巳(5)	甲午2	乙未3	丙申4	丁酉5	戊戌6	己亥7	庚子8	辛丑9	壬寅10	癸卯11	甲辰12	乙巳13	丙午14	丁未15	戊申16	己酉17	庚戌18	乙巳立夏
七月大	辛未	天干地支西曆	辛亥19	壬子20	癸丑21	甲寅22	乙卯23	丙辰24	丁巳25	戊午26	己未27	庚申28	辛酉29	壬戌30	癸亥31	甲子(6)	乙丑2	丙寅3	丁卯4	戊辰5	己巳6	庚午7	辛未8	壬申9	癸酉10	甲戌11	乙亥12	丙子13	丁丑14	戊寅15	己卯16	庚辰17	
八月小	壬申	天干地支西曆	辛巳18	壬午19	癸未20	甲申21	乙酉22	丙戌23	丁亥24	戊子25	己丑26	庚寅27	辛卯28	壬辰29	癸巳30	甲午(7)	乙未2	丙申3	丁酉4	戊戌5	己亥6	庚子7	辛丑8	壬寅9	癸卯10	甲辰11	乙巳12	丙午13	丁未14	戊申15	己酉16		壬辰夏至
九月大	癸酉	天干地支西曆	庚戌17	辛亥18	壬子19	癸丑20	甲寅21	乙卯22	丙辰23	丁巳24	戊午25	己未26	庚申27	辛酉28	壬戌29	癸亥30	甲子31	乙丑(8)	丙寅2	丁卯3	戊辰4	己巳5	庚午6	辛未7	壬申8	癸酉9	甲戌10	乙亥11	丙子12	丁丑13	戊寅14	己卯15	己卯立秋
十月小	甲戌	天干地支西曆	庚辰16	辛巳17	壬午18	癸未19	甲申20	乙酉21	丙戌22	丁亥23	戊子24	己丑25	庚寅26	辛卯27	壬辰28	癸巳29	甲午30	乙未31	丙申(9)	丁酉2	戊戌3	己亥4	庚子5	辛丑6	壬寅7	癸卯8	甲辰9	乙巳10	丙午11	丁未12	戊申13		
十一月大	乙亥	天干地支西曆	己酉14	庚戌15	辛亥16	壬子17	癸丑18	甲寅19	乙卯20	丙辰21	丁巳22	戊午23	己未24	庚申25	辛酉26	壬戌27	癸亥28	甲子29	乙丑30	丙寅(10)	丁卯2	戊辰3	己巳4	庚午5	辛未6	壬申7	癸酉8	甲戌9	乙亥10	丙子11	丁丑12	戊寅13	甲子秋分
十二月小	丙子	天干地支西曆	己卯14	庚辰15	辛巳16	壬午17	癸未18	甲申19	乙酉20	丙戌21	丁亥22	戊子23	己丑24	庚寅25	辛卯26	壬辰27	癸巳28	甲午29	乙未30	丙申31	丁酉(11)	戊戌2	己亥3	庚子4	辛丑5	壬寅6	癸卯7	甲辰8	乙巳9	丙午10	丁未11		
閏月大	丙子	天干地支西曆	戊申12	己酉13	庚戌14	辛亥15	壬子16	癸丑17	甲寅18	乙卯19	丙辰20	丁巳21	戊午22	己未23	庚申24	辛酉25	壬戌26	癸亥27	甲子28	乙丑29	丙寅30	丁卯(12)	戊辰2	己巳3	庚午4	辛未5	壬申6	癸酉7	甲戌8	乙亥9	丙子10	丁丑11	戊申立冬

朔閏異同	曆名	正月	二月	三月	四月	五月	六月	七月	八月	九月	十月	十一	十二	閏月		曆名	正月	二月	三月	四月	五月	六月	七月	八月	九月	十月	十一	十二	閏月
	周曆殷曆	壬午壬子	壬子壬午	辛巳辛亥	辛亥辛巳	庚辰辛亥	庚戌庚辰	己卯庚戌	己酉己卯	戊寅己酉	戊申戊寅	丁丑戊申	丁未丁丑			夏曆新曆	壬午癸未	壬子壬子	辛巳壬午	辛亥辛亥	庚辰辛巳	庚戌庚戌	己卯己卯	己酉己酉	戊寅戊寅	戊申戊申	丁丑丁丑	丁未丁未	

*《長曆》：正月甲寅，二月癸未，三月癸丑，四月壬午，五月壬子，六月壬午，七月辛亥，八月辛巳，九月庚戌，十月庚辰，閏月己酉，十一己卯，十二戊申。

周靈王十六年 魯襄公十七年（乙巳 蛇年）公元前 557 ~ 前 556 年 歲在玄枵

魯曆月序		中西曆日對照	魯曆日序																														節氣與天象
			初一	初二	初三	初四	初五	初六	初七	初八	初九	初十	十一	十二	十三	十四	十五	十六	十七	十八	十九	二十	二一	二二	二三	二四	二五	二六	二七	二八	二九	三十	
正月小	丁丑	干支 天地 西曆	戊寅12	己卯13	庚辰14	辛巳15	壬午16	癸未17	甲申18	乙酉19	丙戌20	丁亥21	戊子22	己丑23	庚寅24	辛卯25	壬辰26	癸巳27	甲午28	乙未29	丙申30	丁酉31	戊戌(1)	己亥2	庚子3	辛丑4	壬寅5	癸卯6	甲辰7	乙巳8	丙午9		壬辰冬至
二月大	戊寅	干支 天地 西曆	丁未10	戊申11	己酉12	庚戌13	辛亥14	壬子15	癸丑16	甲寅17	乙卯18	丙辰19	丁巳20	戊午21	己未22	庚申23	辛酉24	壬戌25	癸亥26	甲子27	乙丑28	丙寅29	丁卯30	戊辰31	己巳(2)	庚午2	辛未3	壬申4	癸酉5	甲戌6	乙亥7	丙子8	
三月小	己卯	干支 天地 西曆	丁丑9	戊寅10	己卯11	庚辰12	辛巳13	壬午14	癸未15	甲申16	乙酉17	丙戌18	丁亥19	戊子20	己丑21	庚寅22	辛卯23	壬辰24	癸巳25	甲午26	乙未27	丙申28	丁酉(3)	戊戌2	己亥3	庚子4	辛丑5	壬寅6	癸卯7	甲辰8	乙巳9		丁丑立春
四月大	庚辰	干支 天地 西曆	丙午10	丁未11	戊申12	己酉13	庚戌14	辛亥15	壬子16	癸丑17	甲寅18	乙卯19	丙辰20	丁巳21	戊午22	己未23	庚申24	辛酉25	壬戌26	癸亥27	甲子28	乙丑29	丙寅30	丁卯31	戊辰(4)	己巳2	庚午3	辛未4	壬申5	癸酉6	甲戌7	乙亥8	癸亥春分
五月小	辛巳	干支 天地 西曆	丙子9	丁丑10	戊寅11	己卯12	庚辰13	辛巳14	壬午15	癸未16	甲申17	乙酉18	丙戌19	丁亥20	戊子21	己丑22	庚寅23	辛卯24	壬辰25	癸巳26	甲午27	乙未28	丙申29	丁酉30	戊戌(5)	己亥2	庚子3	辛丑4	壬寅5	癸卯6	甲辰7		
六月大	壬午	干支 天地 西曆	乙巳8	丙午9	丁未10	戊申11	己酉12	庚戌13	辛亥14	壬子15	癸丑16	甲寅17	乙卯18	丙辰19	丁巳20	戊午21	己未22	庚申23	辛酉24	壬戌25	癸亥26	甲子27	乙丑28	丙寅29	丁卯30	戊辰31	己巳(6)	庚午2	辛未3	壬申4	癸酉5	甲戌6	庚戌立夏
七月小	癸未	干支 天地 西曆	乙亥7	丙子8	丁丑9	戊寅10	己卯11	庚辰12	辛巳13	壬午14	癸未15	甲申16	乙酉17	丙戌18	丁亥19	戊子20	己丑21	庚寅22	辛卯23	壬辰24	癸巳25	甲午26	乙未27	丙申28	丁酉29	戊戌30	己亥(7)	庚子2	辛丑3	壬寅4	癸卯5		丁酉夏至
八月大	甲申	干支 天地 西曆	甲辰6	乙巳7	丙午8	丁未9	戊申10	己酉11	庚戌12	辛亥13	壬子14	癸丑15	甲寅16	乙卯17	丙辰18	丁巳19	戊午20	己未21	庚申22	辛酉23	壬戌24	癸亥25	甲子26	乙丑27	丙寅28	丁卯29	戊辰30	己巳31	庚午(8)	辛未2	壬申3	癸酉4	
九月小	乙酉	干支 天地 西曆	甲戌5	乙亥6	丙子7	丁丑8	戊寅9	己卯10	庚辰11	辛巳12	壬午13	癸未14	甲申15	乙酉16	丙戌17	丁亥18	戊子19	己丑20	庚寅21	辛卯22	壬辰23	癸巳24	甲午25	乙未26	丙申27	丁酉28	戊戌29	己亥30	庚子31	辛丑(9)	壬寅2		甲申立秋
十月大	丙戌	干支 天地 西曆	癸卯3	甲辰4	乙巳5	丙午6	丁未7	戊申8	己酉9	庚戌10	辛亥11	壬子12	癸丑13	甲寅14	乙卯15	丙辰16	丁巳17	戊午18	己未19	庚申20	辛酉21	壬戌22	癸亥23	甲子24	乙丑25	丙寅26	丁卯27	戊辰28	己巳29	庚午30	辛未(10)	壬申2	己巳秋分
十一月大	丁亥	干支 天地 西曆	癸酉3	甲戌4	乙亥5	丙子6	丁丑7	戊寅8	己卯9	庚辰10	辛巳11	壬午12	癸未13	甲申14	乙酉15	丙戌16	丁亥17	戊子18	己丑19	庚寅20	辛卯21	壬辰22	癸巳23	甲午24	乙未25	丙申26	丁酉27	戊戌28	己亥29	庚子30	辛丑31	壬寅(11)	
十二月小	戊子	干支 天地 西曆	癸卯2	甲辰3	乙巳4	丙午5	丁未6	戊申7	己酉8	庚戌9	辛亥10	壬子11	癸丑12	甲寅13	乙卯14	丙辰15	丁巳16	戊午17	己未18	庚申19	辛酉20	壬戌21	癸亥22	甲子23	乙丑24	丙寅25	丁卯26	戊辰27	己巳28	庚午29	辛未30		甲寅立冬

朔閏異同	曆名	正月	二月	三月	四月	五月	六月	七月	八月	九月	十月	十一	十二	閏月		曆名	正月	二月	三月	四月	五月	六月	七月	八月	九月	十月	十一	十二	閏月
	周曆殷曆	丁丑丁未	丙午丙子	丙子丙午	乙巳乙亥	乙亥乙巳	甲辰甲戌	甲戌甲辰	癸卯甲戌	癸酉癸卯	壬寅癸酉	壬申壬寅	辛丑壬申			夏曆新曆	丙子丁丑	丙午丙午	乙亥丙子	乙巳丙午	乙亥乙亥	甲辰乙巳	甲戌甲戌	癸卯癸卯	癸酉癸酉	壬寅壬寅	壬申壬申	辛丑┅辛丑	辛未

*《長曆》：正月戊寅，二月丁未，三月丁丑，四月丙午，五月丙子，六月乙巳，七月乙亥，八月甲辰，九月甲戌，十月甲辰，十一癸酉，十二癸卯。

周靈王十七年 魯襄公十八年（丙午 馬年）公元前556～前555年 歲在娵訾

魯曆月序		中西曆日對照	魯曆日序																													節氣與天象
			初一	初二	初三	初四	初五	初六	初七	初八	初九	初十	十一	十二	十三	十四	十五	十六	十七	十八	十九	二十	二一	二二	二三	二四	二五	二六	二七	二八	二九	三十	
正月大	己丑	天干地支	壬申	癸酉	甲戌	乙亥	丙子	丁丑	戊寅	己卯	庚辰	辛巳	壬午	癸未	甲申	乙酉	丙戌	丁亥	戊子	己丑	庚寅	辛卯	壬辰	癸巳	甲午	乙未	丙申	丁酉	戊戌	己亥	庚子	辛丑	戊戌冬至
		西曆	(12)	2	3	4	5	6	7	8	9	10	11	12	13	14	15	16	17	18	19	20	21	22	23	24	25	26	27	28	29	30	
二月小	庚寅	天干地支	壬寅	癸卯	甲辰	乙巳	丙午	丁未	戊申	己酉	庚戌	辛亥	壬子	癸丑	甲寅	乙卯	丙辰	丁巳	戊午	己未	庚申	辛酉	壬戌	癸亥	甲子	乙丑	丙寅	丁卯	戊辰	己巳	庚午		
		西曆	31	(1)	2	3	4	5	6	7	8	9	10	11	12	13	14	15	16	17	18	19	20	21	22	23	24	25	26	27	28		
三月大	辛卯	天干地支	辛未	壬申	癸酉	甲戌	乙亥	丙子	丁丑	戊寅	己卯	庚辰	辛巳	壬午	癸未	甲申	乙酉	丙戌	丁亥	戊子	己丑	庚寅	辛卯	壬辰	癸巳	甲午	乙未	丙申	丁酉	戊戌	己亥	庚子	壬午立春
		西曆	29	30	31	(2)	2	3	4	5	6	7	8	9	10	11	12	13	14	15	16	17	18	19	20	21	22	23	24	25	26	27	
四月小	壬辰	天干地支	辛丑	壬寅	癸卯	甲辰	乙巳	丙午	丁未	戊申	己酉	庚戌	辛亥	壬子	癸丑	甲寅	乙卯	丙辰	丁巳	戊午	己未	庚申	辛酉	壬戌	癸亥	甲子	乙丑	丙寅	丁卯	戊辰	己巳		戊辰春分
		西曆	28	(3)	2	3	4	5	6	7	8	9	10	11	12	13	14	15	16	17	18	19	20	21	22	23	24	25	26	27	28		
五月大	癸巳	天干地支	庚午	辛未	壬申	癸酉	甲戌	乙亥	丙子	丁丑	戊寅	己卯	庚辰	辛巳	壬午	癸未	甲申	乙酉	丙戌	丁亥	戊子	己丑	庚寅	辛卯	壬辰	癸巳	甲午	乙未	丙申	丁酉	戊戌	己亥	
		西曆	29	30	31	(4)	2	3	4	5	6	7	8	9	10	11	12	13	14	15	16	17	18	19	20	21	22	23	24	25	26	27	
六月小	甲午	天干地支	庚子	辛丑	壬寅	癸卯	甲辰	乙巳	丙午	丁未	戊申	己酉	庚戌	辛亥	壬子	癸丑	甲寅	乙卯	丙辰	丁巳	戊午	己未	庚申	辛酉	壬戌	癸亥	甲子	乙丑	丙寅	丁卯	戊辰		乙卯立夏
		西曆	28	29	30	(5)	2	3	4	5	6	7	8	9	10	11	12	13	14	15	16	17	18	19	20	21	22	23	24	25	26		
七月大	乙未	天干地支	己巳	庚午	辛未	壬申	癸酉	甲戌	乙亥	丙子	丁丑	戊寅	己卯	庚辰	辛巳	壬午	癸未	甲申	乙酉	丙戌	丁亥	戊子	己丑	庚寅	辛卯	壬辰	癸巳	甲午	乙未	丙申	丁酉	戊戌	
		西曆	27	28	29	30	31	(6)	2	3	4	5	6	7	8	9	10	11	12	13	14	15	16	17	18	19	20	21	22	23	24	25	
八月小	丙申	天干地支	己亥	庚子	辛丑	壬寅	癸卯	甲辰	乙巳	丙午	丁未	戊申	己酉	庚戌	辛亥	壬子	癸丑	甲寅	乙卯	丙辰	丁巳	戊午	己未	庚申	辛酉	壬戌	癸亥	甲子	乙丑	丙寅	丁卯		壬寅夏至
		西曆	26	27	28	29	30	(7)	2	3	4	5	6	7	8	9	10	11	12	13	14	15	16	17	18	19	20	21	22	23	24		
九月大	丁酉	天干地支	戊辰	己巳	庚午	辛未	壬申	癸酉	甲戌	乙亥	丙子	丁丑	戊寅	己卯	庚辰	辛巳	壬午	癸未	甲申	乙酉	丙戌	丁亥	戊子	己丑	庚寅	辛卯	壬辰	癸巳	甲午	乙未	丙申	丁酉	己丑立秋
		西曆	25	26	27	28	29	30	31	(8)	2	3	4	5	6	7	8	9	10	11	12	13	14	15	16	17	18	19	20	21	22	23	
十月小	戊戌	天干地支	戊戌	己亥	庚子	辛丑	壬寅	癸卯	甲辰	乙巳	丙午	丁未	戊申	己酉	庚戌	辛亥	壬子	癸丑	甲寅	乙卯	丙辰	丁巳	戊午	己未	庚申	辛酉	壬戌	癸亥	甲子	乙丑	丙寅		
		西曆	24	25	26	27	28	29	30	31	(9)	2	3	4	5	6	7	8	9	10	11	12	13	14	15	16	17	18	19	20	21		
十一月大	己亥	天干地支	丁卯	戊辰	己巳	庚午	辛未	壬申	癸酉	甲戌	乙亥	丙子	丁丑	戊寅	己卯	庚辰	辛巳	壬午	癸未	甲申	乙酉	丙戌	丁亥	戊子	己丑	庚寅	辛卯	壬辰	癸巳	甲午	乙未	丙申	甲戌秋分
		西曆	22	23	24	25	26	27	28	29	30	(10)	2	3	4	5	6	7	8	9	10	11	12	13	14	15	16	17	18	19	20	21	
十二月小	庚子	天干地支	丁酉	戊戌	己亥	庚子	辛丑	壬寅	癸卯	甲辰	乙巳	丙午	丁未	戊申	己酉	庚戌	辛亥	壬子	癸丑	甲寅	乙卯	丙辰	丁巳	戊午	己未	庚申	辛酉	壬戌	癸亥	甲子	乙丑		己未立冬
		西曆	22	23	24	25	26	27	28	29	30	31	(11)	2	3	4	5	6	7	8	9	10	11	12	13	14	15	16	17	18	19		

朔閏異同	曆名	正月	二月	三月	四月	五月	六月	七月	八月	九月	十月	十一	十二	閏月		曆名	正月	二月	三月	四月	五月	六月	七月	八月	九月	十月	十一	十二	閏月
	周曆殷曆	辛未辛丑	庚子辛未	庚午庚子	己亥庚午	己巳---己亥	---己亥己巳	戊辰戊戌	戊戌戊辰	丁卯丁酉	丁酉丁卯	丙寅丙申	丙申丙寅	乙丑丙申		夏曆新曆	辛未庚子	庚子庚午	---庚午庚子	己亥己巳	己巳己亥	戊戌己巳	戊辰戊戌	丁酉丁卯	丁卯丁酉	丁酉丙寅	丙寅丙申	丙申乙丑	乙丑

*《長曆》：正月壬申，二月壬寅，三月辛未，四月辛丑，五月庚午，六月庚子，七月己巳，八月己亥，九月戊辰，十月戊戌，十一丁卯，十二丁酉。

周靈王十八年 魯襄公十九年（丁未 羊年）公元前555 ~ 前554年 歲在降婁

魯曆月序		中西曆日照對	初一	初二	初三	初四	初五	初六	初七	初八	初九	初十	十一	十二	十三	十四	十五	十六	十七	十八	十九	二十	二一	二二	二三	二四	二五	二六	二七	二八	二九	三十	節氣與天象
正月大	辛丑	天干支 地西曆	丙寅 20	丁卯 21	戊辰 22	己巳 23	庚午 24	辛未 25	壬申 26	癸酉 27	甲戌 28	乙亥 29	丙子 30	丁丑 (12)	戊寅 2	己卯 3	庚辰 4	辛巳 5	壬午 6	癸未 7	甲申 8	乙酉 9	丙戌 10	丁亥 11	戊子 12	己丑 13	庚寅 14	辛卯 15	壬辰 16	癸巳 17	甲午 18	乙未 19	
二月小	壬寅	天干支 地西曆	丙申 20	丁酉 21	戊戌 22	己亥 23	庚子 24	辛丑 25	壬寅 26	癸卯 27	甲辰 28	乙巳 29	丙午 30	丁未 31	戊申 (1)	己酉 2	庚戌 3	辛亥 4	壬子 5	癸丑 6	甲寅 7	乙卯 8	丙辰 9	丁巳 10	戊午 11	己未 12	庚申 13	辛酉 14	壬戌 15	癸亥 16	甲子 17		癸卯冬至
三月大	癸卯	天干支 地西曆	乙丑 18	丙寅 19	丁卯 20	戊辰 21	己巳 22	庚午 23	辛未 24	壬申 25	癸酉 26	甲戌 27	乙亥 28	丙子 29	丁丑 30	戊寅 31	己卯 (2)	庚辰 2	辛巳 3	壬午 4	癸未 5	甲申 6	乙酉 7	丙戌 8	丁亥 9	戊子 10	己丑 11	庚寅 12	辛卯 13	壬辰 14	癸巳 15	甲午 16	戊子立春
四月大	甲辰	天干支 地西曆	乙未 17	丙申 18	丁酉 19	戊戌 20	己亥 21	庚子 22	辛丑 23	壬寅 24	癸卯 25	甲辰 26	乙巳 27	丙午 28	丁未 (3)	戊申 2	己酉 3	庚戌 4	辛亥 5	壬子 6	癸丑 7	甲寅 8	乙卯 9	丙辰 10	丁巳 11	戊午 12	己未 13	庚申 14	辛酉 15	壬戌 16	癸亥 17	甲子 18	
五月小	乙巳	天干支 地西曆	乙丑 19	丙寅 20	丁卯 21	戊辰 22	己巳 23	庚午 24	辛未 25	壬申 26	癸酉 27	甲戌 28	乙亥 29	丙子 30	丁丑 31	戊寅 (4)	己卯 2	庚辰 3	辛巳 4	壬午 5	癸未 6	甲申 7	乙酉 8	丙戌 9	丁亥 10	戊子 11	己丑 12	庚寅 13	辛卯 14	壬辰 15	癸巳 16		甲戌春分
六月大	丙午	天干支 地西曆	甲午 17	乙未 18	丙申 19	丁酉 20	戊戌 21	己亥 22	庚子 23	辛丑 24	壬寅 25	癸卯 26	甲辰 27	乙巳 28	丙午 29	丁未 30	戊申 (5)	己酉 2	庚戌 3	辛亥 4	壬子 5	癸丑 6	甲寅 7	乙卯 8	丙辰 9	丁巳 10	戊午 11	己未 12	庚申 13	辛酉 14	壬戌 15	癸亥 16	庚申立夏
七月小	丁未	天干支 地西曆	甲子 17	乙丑 18	丙寅 19	丁卯 20	戊辰 21	己巳 22	庚午 23	辛未 24	壬申 25	癸酉 26	甲戌 27	乙亥 28	丙子 29	丁丑 30	戊寅 31	己卯 (6)	庚辰 2	辛巳 3	壬午 4	癸未 5	甲申 6	乙酉 7	丙戌 8	丁亥 9	戊子 10	己丑 11	庚寅 12	辛卯 13	壬辰 14		
八月大	戊申	天干支 地西曆	癸巳 15	甲午 16	乙未 17	丙申 18	丁酉 19	戊戌 20	己亥 21	庚子 22	辛丑 23	壬寅 24	癸卯 25	甲辰 26	乙巳 27	丙午 28	丁未 29	戊申 30	己酉 (7)	庚戌 2	辛亥 3	壬子 4	癸丑 5	甲寅 6	乙卯 7	丙辰 8	丁巳 9	戊午 10	己未 11	庚申 12	辛酉 13	壬戌 14	戊申夏至
九月小	己酉	天干支 地西曆	癸亥 15	甲子 16	乙丑 17	丙寅 18	丁卯 19	戊辰 20	己巳 21	庚午 22	辛未 23	壬申 24	癸酉 25	甲戌 26	乙亥 27	丙子 28	丁丑 29	戊寅 30	己卯 31	庚辰 (8)	辛巳 2	壬午 3	癸未 4	甲申 5	乙酉 6	丙戌 7	丁亥 8	戊子 9	己丑 10	庚寅 11	辛卯 12		
十月大	庚戌	天干支 地西曆	壬辰 13	癸巳 14	甲午 15	乙未 16	丙申 17	丁酉 18	戊戌 19	己亥 20	庚子 21	辛丑 22	壬寅 23	癸卯 24	甲辰 25	乙巳 26	丙午 27	丁未 28	戊申 29	己酉 30	庚戌 31	辛亥 (9)	壬子 2	癸丑 3	甲寅 4	乙卯 5	丙辰 6	丁巳 7	戊午 8	己未 9	庚申 10	辛酉 11	甲午立秋
十一月小	辛亥	天干支 地西曆	壬戌 12	癸亥 13	甲子 14	乙丑 15	丙寅 16	丁卯 17	戊辰 18	己巳 19	庚午 20	辛未 21	壬申 22	癸酉 23	甲戌 24	乙亥 25	丙子 26	丁丑 27	戊寅 28	己卯 29	庚辰 30	辛巳 (10)	壬午 2	癸未 3	甲申 4	乙酉 5	丙戌 6	丁亥 7	戊子 8	己丑 9	庚寅 10		庚辰秋分
十二月大	壬子	天干支 地西曆	辛卯 11	壬辰 12	癸巳 13	甲午 14	乙未 15	丙申 16	丁酉 17	戊戌 18	己亥 19	庚子 20	辛丑 21	壬寅 22	癸卯 23	甲辰 24	乙巳 25	丙午 26	丁未 27	戊申 28	己酉 29	庚戌 30	辛亥 31	壬子 (11)	癸丑 2	甲寅 3	乙卯 4	丙辰 5	丁巳 6	戊午 7	己未 8	庚申 9	
閏月小	壬子	天干支 地西曆	辛酉 10	壬戌 11	癸亥 12	甲子 13	乙丑 14	丙寅 15	丁卯 16	戊辰 17	己巳 18	庚午 19	辛未 20	壬申 21	癸酉 22	甲戌 23	乙亥 24	丙子 25	丁丑 26	戊寅 27	己卯 28	庚辰 29	辛巳 30	壬午 (12)	癸未 2	甲申 3	乙酉 4	丙戌 5	丁亥 6	戊子 7	己丑 8		甲子立冬

朔閏異同	曆名	正月	二月	三月	四月	五月	六月	七月	八月	九月	十月	十一	十二	閏月	曆名	正月	二月	三月	四月	五月	六月	七月	八月	九月	十月	十一	十二	閏月
	周曆殷曆	乙未乙丑	甲子乙未	甲午甲子	癸亥甲午	癸巳癸亥	壬戌癸巳	壬辰壬戌	辛酉壬辰	辛卯辛酉	辛酉辛卯	庚寅庚申	庚申庚寅		夏曆新曆	乙未乙未	甲子甲子	甲午甲午	癸亥癸亥	癸巳癸巳	壬戌癸亥	壬辰壬辰	辛酉壬戌	辛卯辛卯	庚申辛酉	庚寅庚寅	庚申庚申	

*《長曆》：正月丙寅，二月丙申，三月丙寅，四月乙未，五月乙丑，六月甲午，七月甲子，八月癸巳，九月癸亥，閏月壬辰，十月壬戌，十一辛卯，十二辛酉。

周靈王十九年 魯襄公二十年（戊申 猴年）公元前554 ~ 前553年 歲在大梁

魯曆月序		中西曆日對照	初一	初二	初三	初四	初五	初六	初七	初八	初九	初十	十一	十二	十三	十四	十五	十六	十七	十八	十九	二十	二一	二二	二三	二四	二五	二六	二七	二八	二九	三十	節氣與天象
正月大	癸丑	天干地支西曆	庚寅 9	辛卯 10	壬辰 11	癸巳 12	甲午 13	乙未 14	丙申 15	丁酉 16	戊戌 17	己亥 18	庚子 19	辛丑 20	壬寅 21	癸卯 22	甲辰 23	乙巳 24	丙午 25	丁未 26	戊申 27	己酉 28	庚戌 29	辛亥 30	壬子 31	癸丑 (1)	甲寅 2	乙卯 3	丙辰 4	丁巳 5	戊午 6	己未 7	戊申冬至
二月小	甲寅	天干地支西曆	庚申 8	辛酉 9	壬戌 10	癸亥 11	甲子 12	乙丑 13	丙寅 14	丁卯 15	戊辰 16	己巳 17	庚午 18	辛未 19	壬申 20	癸酉 21	甲戌 22	乙亥 23	丙子 24	丁丑 25	戊寅 26	己卯 27	庚辰 28	辛巳 29	壬午 30	癸未 31	甲申 (2)	乙酉 2	丙戌 3	丁亥 4	戊子 5		
三月大	乙卯	天干地支西曆	己丑 6	庚寅 7	辛卯 8	壬辰 9	癸巳 10	甲午 11	乙未 12	丙申 13	丁酉 14	戊戌 15	己亥 16	庚子 17	辛丑 18	壬寅 19	癸卯 20	甲辰 21	乙巳 22	丙午 23	丁未 24	戊申 25	己酉 26	庚戌 27	辛亥 28	壬子 29	癸丑 (3)	甲寅 2	乙卯 3	丙辰 4	丁巳 5	戊午 6	癸巳立春
四月小	丙辰	天干地支西曆	己未 7	庚申 8	辛酉 9	壬戌 10	癸亥 11	甲子 12	乙丑 13	丙寅 14	丁卯 15	戊辰 16	己巳 17	庚午 18	辛未 19	壬申 20	癸酉 21	甲戌 22	乙亥 23	丙子 24	丁丑 25	戊寅 26	己卯 27	庚辰 28	辛巳 29	壬午 30	癸未 31	甲申 (4)	乙酉 2	丙戌 3	丁亥 4		己卯春分
五月大	丁巳	天干地支西曆	戊子 5	己丑 6	庚寅 7	辛卯 8	壬辰 9	癸巳 10	甲午 11	乙未 12	丙申 13	丁酉 14	戊戌 15	己亥 16	庚子 17	辛丑 18	壬寅 19	癸卯 20	甲辰 21	乙巳 22	丙午 23	丁未 24	戊申 25	己酉 26	庚戌 27	辛亥 28	壬子 29	癸丑 30	甲寅 (5)	乙卯 2	丙辰 3	丁巳 4	
六月大	戊午	天干地支西曆	戊午 5	己未 6	庚申 7	辛酉 8	壬戌 9	癸亥 10	甲子 11	乙丑 12	丙寅 13	丁卯 14	戊辰 15	己巳 16	庚午 17	辛未 18	壬申 19	癸酉 20	甲戌 21	乙亥 22	丙子 23	丁丑 24	戊寅 25	己卯 26	庚辰 27	辛巳 28	壬午 29	癸未 30	甲申 31	乙酉 (6)	丙戌 2	丁亥 3	丙寅立夏
七月小	己未	天干地支西曆	戊子 4	己丑 5	庚寅 6	辛卯 7	壬辰 8	癸巳 9	甲午 10	乙未 11	丙申 12	丁酉 13	戊戌 14	己亥 15	庚子 16	辛丑 17	壬寅 18	癸卯 19	甲辰 20	乙巳 21	丙午 22	丁未 23	戊申 24	己酉 25	庚戌 26	辛亥 27	壬子 28	癸丑 29	甲寅 30	乙卯 (7)	丙辰 2		癸丑夏至
八月大	庚申	天干地支西曆	丁巳 3	戊午 4	己未 5	庚申 6	辛酉 7	壬戌 8	癸亥 9	甲子 10	乙丑 11	丙寅 12	丁卯 13	戊辰 14	己巳 15	庚午 16	辛未 17	壬申 18	癸酉 19	甲戌 20	乙亥 21	丙子 22	丁丑 23	戊寅 24	己卯 25	庚辰 26	辛巳 27	壬午 28	癸未 29	甲申 30	乙酉 31	丙戌 (8)	
九月小	辛酉	天干地支西曆	丁亥 2	戊子 3	己丑 4	庚寅 5	辛卯 6	壬辰 7	癸巳 8	甲午 9	乙未 10	丙申 11	丁酉 12	戊戌 13	己亥 14	庚子 15	辛丑 16	壬寅 17	癸卯 18	甲辰 19	乙巳 20	丙午 21	丁未 22	戊申 23	己酉 24	庚戌 25	辛亥 26	壬子 27	癸丑 28	甲寅 29	乙卯 30		庚子立秋
十月大	壬戌	天干地支西曆	丙辰 31	丁巳 (9)	戊午 2	己未 3	庚申 4	辛酉 5	壬戌 6	癸亥 7	甲子 8	乙丑 9	丙寅 10	丁卯 11	戊辰 12	己巳 13	庚午 14	辛未 15	壬申 16	癸酉 17	甲戌 18	乙亥 19	丙子 20	丁丑 21	戊寅 22	己卯 23	庚辰 24	辛巳 25	壬午 26	癸未 27	甲申 28	乙酉 29	乙酉秋分 丙辰日食
十一月小	癸亥	天干地支西曆	丙戌 30	丁亥 (10)	戊子 2	己丑 3	庚寅 4	辛卯 5	壬辰 6	癸巳 7	甲午 8	乙未 9	丙申 10	丁酉 11	戊戌 12	己亥 13	庚子 14	辛丑 15	壬寅 16	癸卯 17	甲辰 18	乙巳 19	丙午 20	丁未 21	戊申 22	己酉 23	庚戌 24	辛亥 25	壬子 26	癸丑 27	甲寅 28		
十二月大	甲子	天干地支西曆	乙卯 29	丙辰 30	丁巳 31	戊午 (11)	己未 2	庚申 3	辛酉 4	壬戌 5	癸亥 6	甲子 7	乙丑 8	丙寅 9	丁卯 10	戊辰 11	己巳 12	庚午 13	辛未 14	壬申 15	癸酉 16	甲戌 17	乙亥 18	丙子 19	丁丑 20	戊寅 21	己卯 22	庚辰 23	辛巳 24	壬午 25	癸未 26	甲申 27	己巳立冬
閏月小	甲子	天干地支西曆	乙酉 28	丙戌 29	丁亥 30	戊子 (12)	己丑 2	庚寅 3	辛卯 4	壬辰 5	癸巳 6	甲午 7	乙未 8	丙申 9	丁酉 10	戊戌 11	己亥 12	庚子 13	辛丑 14	壬寅 15	癸卯 16	甲辰 17	乙巳 18	丙午 19	丁未 20	戊申 21	己酉 22	庚戌 23	辛亥 24	壬子 25	癸丑 26		癸丑冬至

朔閏異同	曆名	正月	二月	三月	四月	五月	六月	七月	八月	九月	十月	十一	十二	閏月		曆名	正月	二月	三月	四月	五月	六月	七月	八月	九月	十月	十一	十二	閏月
	周曆殷曆	己丑己未	己未己丑	戊子戊午	戊午戊子	丁亥戊午	丁巳丁亥	丙戌丁巳	丙辰丙戌	乙酉丙辰	乙卯乙酉	甲申乙卯	甲寅甲申	--- 甲寅		夏曆新曆	己丑己丑	己未己未	戊子戊子	戊午戊午	丁亥丁亥	丁巳丁巳	丙戌丙戌	丙辰 --- 丙辰	乙酉丙戌	乙卯乙卯	--- 甲申乙酉	甲寅乙卯	癸未甲申

*《長曆》：正月庚寅，二月庚申，三月己丑，四月己未，五月戊子，六月戊午，七月戊子，八月丁巳，九月丁亥，十月丙辰，十一丙戌，十二乙卯。

周靈王二十年 魯襄公二十一年（己酉 鷄年）公元前553 ~ 前552年 歲在實沈

魯曆月序		中西曆日對照	初一	初二	初三	初四	初五	初六	初七	初八	初九	初十	十一	十二	十三	十四	十五	十六	十七	十八	十九	二十	二一	二二	二三	二四	二五	二六	二七	二八	二九	三十	節氣與天象
正月大	乙丑	干支曆 天地西曆	甲寅 27	乙卯 28	丙辰 29	丁巳 30	戊午 31	己未 (1)	庚申 2	辛酉 3	壬戌 4	癸亥 5	甲子 6	乙丑 7	丙寅 8	丁卯 9	戊辰 10	己巳 11	庚午 12	辛未 13	壬申 14	癸酉 15	甲戌 16	乙亥 17	丙子 18	丁丑 19	戊寅 20	己卯 21	庚辰 22	辛巳 23	壬午 24	癸未 25	
二月小	丙寅	干支曆 天地西曆	甲申 26	乙酉 27	丙戌 28	丁亥 29	戊子 30	己丑 31	庚寅 (2)	辛卯 2	壬辰 3	癸巳 4	甲午 5	乙未 6	丙申 7	丁酉 8	戊戌 9	己亥 10	庚子 11	辛丑 12	壬寅 13	癸卯 14	甲辰 15	乙巳 16	丙午 17	丁未 18	戊申 19	己酉 20	庚戌 21	辛亥 22	壬子 23		戊戌立春
三月大	丁卯	干支曆 天地西曆	癸丑 24	甲寅 25	乙卯 26	丙辰 27	丁巳 28	戊午 (3)	己未 2	庚申 3	辛酉 4	壬戌 5	癸亥 6	甲子 7	乙丑 8	丙寅 9	丁卯 10	戊辰 11	己巳 12	庚午 13	辛未 14	壬申 15	癸酉 16	甲戌 17	乙亥 18	丙子 19	丁丑 20	戊寅 21	己卯 22	庚辰 23	辛巳 24	壬午 25	
四月小	戊辰	干支曆 天地西曆	癸未 26	甲申 27	乙酉 28	丙戌 29	丁亥 30	戊子 31	己丑 (4)	庚寅 2	辛卯 3	壬辰 4	癸巳 5	甲午 6	乙未 7	丙申 8	丁酉 9	戊戌 10	己亥 11	庚子 12	辛丑 13	壬寅 14	癸卯 15	甲辰 16	乙巳 17	丙午 18	丁未 19	戊申 20	己酉 21	庚戌 22	辛亥 23		甲申春分
五月大	己巳	干支曆 天地西曆	壬子 24	癸丑 25	甲寅 26	乙卯 27	丙辰 28	丁巳 29	戊午 30	己未 (5)	庚申 2	辛酉 3	壬戌 4	癸亥 5	甲子 6	乙丑 7	丙寅 8	丁卯 9	戊辰 10	己巳 11	庚午 12	辛未 13	壬申 14	癸酉 15	甲戌 16	乙亥 17	丙子 18	丁丑 19	戊寅 20	己卯 21	庚辰 22	辛巳 23	辛未立夏
六月小	庚午	干支曆 天地西曆	壬午 24	癸未 25	甲申 26	乙酉 27	丙戌 28	丁亥 29	戊子 30	己丑 31	庚寅 (6)	辛卯 2	壬辰 3	癸巳 4	甲午 5	乙未 6	丙申 7	丁酉 8	戊戌 9	己亥 10	庚子 11	辛丑 12	壬寅 13	癸卯 14	甲辰 15	乙巳 16	丙午 17	丁未 18	戊申 19	己酉 20	庚戌 21		
七月大	辛未	干支曆 天地西曆	辛亥 22	壬子 23	癸丑 24	甲寅 25	乙卯 26	丙辰 27	丁巳 28	戊午 29	己未 30	庚申 (7)	辛酉 2	壬戌 3	癸亥 4	甲子 5	乙丑 6	丙寅 7	丁卯 8	戊辰 9	己巳 10	庚午 11	辛未 12	壬申 13	癸酉 14	甲戌 15	乙亥 16	丙子 17	丁丑 18	戊寅 19	己卯 20	庚辰 21	戊午夏至
八月小	壬申	干支曆 天地西曆	辛巳 22	壬午 23	癸未 24	甲申 25	乙酉 26	丙戌 27	丁亥 28	戊子 29	己丑 30	庚寅 31	辛卯 (8)	壬辰 2	癸巳 3	甲午 4	乙未 5	丙申 6	丁酉 7	戊戌 8	己亥 9	庚子 10	辛丑 11	壬寅 12	癸卯 13	甲辰 14	乙巳 15	丙午 16	丁未 17	戊申 18	己酉 19		乙巳立秋
九月大	癸酉	干支曆 天地西曆	庚戌 20	辛亥 21	壬子 22	癸丑 23	甲寅 24	乙卯 25	丙辰 26	丁巳 27	戊午 28	己未 29	庚申 30	辛酉 31	壬戌 (9)	癸亥 2	甲子 3	乙丑 4	丙寅 5	丁卯 6	戊辰 7	己巳 8	庚午 9	辛未 10	壬申 11	癸酉 12	甲戌 13	乙亥 14	丙子 15	丁丑 16	戊寅 17	己卯 18	庚戌日食
十月大	甲戌	干支曆 天地西曆	庚辰 19	辛巳 20	壬午 21	癸未 22	甲申 23	乙酉 24	丙戌 25	丁亥 26	戊子 27	己丑 28	庚寅 29	辛卯 30	壬辰 (10)	癸巳 2	甲午 3	乙未 4	丙申 5	丁酉 6	戊戌 7	己亥 8	庚子 9	辛丑 10	壬寅 11	癸卯 12	甲辰 13	乙巳 14	丙午 15	丁未 16	戊申 17	己酉 18	庚寅秋分
十一月小	乙亥	干支曆 天地西曆	庚戌 19	辛亥 20	壬子 21	癸丑 22	甲寅 23	乙卯 24	丙辰 25	丁巳 26	戊午 27	己未 28	庚申 29	辛酉 30	壬戌 31	癸亥 (11)	甲子 2	乙丑 3	丙寅 4	丁卯 5	戊辰 6	己巳 7	庚午 8	辛未 9	壬申 10	癸酉 11	甲戌 12	乙亥 13	丙子 14	丁丑 15	戊寅 16		乙亥立冬
十二月大	丙子	干支曆 天地西曆	己卯 17	庚辰 18	辛巳 19	壬午 20	癸未 21	甲申 22	乙酉 23	丙戌 24	丁亥 25	戊子 26	己丑 27	庚寅 28	辛卯 29	壬辰 30	癸巳 (12)	甲午 2	乙未 3	丙申 4	丁酉 5	戊戌 6	己亥 7	庚子 8	辛丑 9	壬寅 10	癸卯 11	甲辰 12	乙巳 13	丙午 14	丁未 15	戊申 16	

朔閏異同	曆名	正月	二月	三月	四月	五月	六月	七月	八月	九月	十月	十一	十二	閏月	曆名	正月	二月	三月	四月	五月	六月	七月	八月	九月	十月	十一	十二	閏月
	周曆殷曆	甲申癸未	癸丑癸丑	---癸未壬午	壬子壬子	壬午辛巳	辛亥辛亥	辛巳辛巳	庚戌庚戌	庚辰庚辰	己酉己酉	己卯己卯	戊申戊申	戊寅	夏曆新曆	癸丑癸丑	壬午癸未	壬子壬子	壬午辛巳	辛亥辛亥	辛巳庚辰	庚戌庚戌	庚辰庚辰	己酉庚戌	己卯己卯	戊申己酉	戊寅己卯	

*《長曆》：正月乙酉，二月甲寅，三月甲申，四月癸丑，五月癸未，六月壬子，七月壬午，八月辛亥，閏月辛巳，九月庚戌，十月庚辰，十一己酉，十二己卯。

周靈王二十一年 魯襄公二十二年（庚戌 狗年）公元前552 ~ 前551年 歲在鶉首

魯曆月序		中西曆對照	初一	初二	初三	初四	初五	初六	初七	初八	初九	初十	十一	十二	十三	十四	十五	十六	十七	十八	十九	二十	二一	二二	二三	二四	二五	二六	二七	二八	二九	三十	節氣與天象
正月小	丁丑	天干地支西曆	己酉17	庚戌18	辛亥19	壬子20	癸丑21	甲寅22	乙卯23	丙辰24	丁巳25	戊午26	己未27	庚申28	辛酉29	壬戌30	癸亥31	甲子(1)	乙丑2	丙寅3	丁卯4	戊辰5	己巳6	庚午7	辛未8	壬申9	癸酉10	甲戌11	乙亥12	丙子13	丁丑14		己未冬至
二月大	戊寅	天干地支西曆	戊寅15	己卯16	庚辰17	辛巳18	壬午19	癸未20	甲申21	乙酉22	丙戌23	丁亥24	戊子25	己丑26	庚寅27	辛卯28	壬辰29	癸巳30	甲午31	乙未(2)	丙申2	丁酉3	戊戌4	己亥5	庚子6	辛丑7	壬寅8	癸卯9	甲辰10	乙巳11	丙午12	丁未13	癸卯立春
三月小	己卯	天干地支西曆	戊申14	己酉15	庚戌16	辛亥17	壬子18	癸丑19	甲寅20	乙卯21	丙辰22	丁巳23	戊午24	己未25	庚申26	辛酉27	壬戌28	癸亥(3)	甲子2	乙丑3	丙寅4	丁卯5	戊辰6	己巳7	庚午8	辛未9	壬申10	癸酉11	甲戌12	乙亥13	丙子14		
四月大	庚辰	天干地支西曆	丁丑15	戊寅16	己卯17	庚辰18	辛巳19	壬午20	癸未21	甲申22	乙酉23	丙戌24	丁亥25	戊子26	己丑27	庚寅28	辛卯29	壬辰30	癸巳31	甲午(4)	乙未2	丙申3	丁酉4	戊戌5	己亥6	庚子7	辛丑8	壬寅9	癸卯10	甲辰11	乙巳12	丙午13	己丑春分
五月小	辛巳	天干地支西曆	丁未14	戊申15	己酉16	庚戌17	辛亥18	壬子19	癸丑20	甲寅21	乙卯22	丙辰23	丁巳24	戊午25	己未26	庚申27	辛酉28	壬戌29	癸亥30	甲子(5)	乙丑2	丙寅3	丁卯4	戊辰5	己巳6	庚午7	辛未8	壬申9	癸酉10	甲戌11	乙亥12		
六月大	壬午	天干地支西曆	丙子13	丁丑14	戊寅15	己卯16	庚辰17	辛巳18	壬午19	癸未20	甲申21	乙酉22	丙戌23	丁亥24	戊子25	己丑26	庚寅27	辛卯28	壬辰29	癸巳30	甲午31	乙未(6)	丙申2	丁酉3	戊戌4	己亥5	庚子6	辛丑7	壬寅8	癸卯9	甲辰10	乙巳11	丙子立夏
七月小	癸未	天干地支西曆	丙午12	丁未13	戊申14	己酉15	庚戌16	辛亥17	壬子18	癸丑19	甲寅20	乙卯21	丙辰22	丁巳23	戊午24	己未25	庚申26	辛酉27	壬戌28	癸亥29	甲子30	乙丑(7)	丙寅2	丁卯3	戊辰4	己巳5	庚午6	辛未7	壬申8	癸酉9	甲戌10		癸亥夏至
八月大	甲申	天干地支西曆	乙亥11	丙子12	丁丑13	戊寅14	己卯15	庚辰16	辛巳17	壬午18	癸未19	甲申20	乙酉21	丙戌22	丁亥23	戊子24	己丑25	庚寅26	辛卯27	壬辰28	癸巳29	甲午30	乙未31	丙申(8)	丁酉2	戊戌3	己亥4	庚子5	辛丑6	壬寅7	癸卯8	甲辰9	
九月小	乙酉	天干地支西曆	乙巳10	丙午11	丁未12	戊申13	己酉14	庚戌15	辛亥16	壬子17	癸丑18	甲寅19	乙卯20	丙辰21	丁巳22	戊午23	己未24	庚申25	辛酉26	壬戌27	癸亥28	甲子29	乙丑30	丙寅31	丁卯(9)	戊辰2	己巳3	庚午4	辛未5	壬申6	癸酉7		庚戌立秋
十月大	丙戌	天干地支西曆	甲戌8	乙亥9	丙子10	丁丑11	戊寅12	己卯13	庚辰14	辛巳15	壬午16	癸未17	甲申18	乙酉19	丙戌20	丁亥21	戊子22	己丑23	庚寅24	辛卯25	壬辰26	癸巳27	甲午28	乙未29	丙申30	丁酉(10)	戊戌2	己亥3	庚子4	辛丑5	壬寅6	癸卯7	乙未秋分
十一月小	丁亥	天干地支西曆	甲辰8	乙巳9	丙午10	丁未11	戊申12	己酉13	庚戌14	辛亥15	壬子16	癸丑17	甲寅18	乙卯19	丙辰20	丁巳21	戊午22	己未23	庚申24	辛酉25	壬戌26	癸亥27	甲子28	乙丑29	丙寅30	丁卯31	戊辰(11)	己巳2	庚午3	辛未4	壬申5		
十二月大	戊子	天干地支西曆	癸酉6	甲戌7	乙亥8	丙子9	丁丑10	戊寅11	己卯12	庚辰13	辛巳14	壬午15	癸未16	甲申17	乙酉18	丙戌19	丁亥20	戊子21	己丑22	庚寅23	辛卯24	壬辰25	癸巳26	甲午27	乙未28	丙申29	丁酉30	戊戌(12)	己亥2	庚子3	辛丑4	壬寅5	庚辰立冬

朔閏異同	曆名	正月	二月	三月	四月	五月	六月	七月	八月	九月	十月	十一	十二	閏月
	周曆殷曆	丁未戊寅	丁丑丁未	丙午丁丑	丙子丙午	丙午丙子	乙亥乙巳	乙巳乙亥	甲戌甲辰	甲辰甲戌	癸酉癸卯	癸卯癸酉	壬申癸卯	
	夏曆新曆	丁未戊申	丁丑丁丑	丙午丁未	丙子丙子	乙巳乙巳	乙亥乙亥	乙巳甲辰	甲戌甲戌	甲辰甲辰	癸酉癸酉	癸卯癸卯	壬申癸酉	

*《長曆》：正月己酉，二月戊寅，三月戊申，四月丁丑，五月丁未，六月丙子，七月丙午，八月乙亥，九月乙巳，十月甲戌，十一甲辰，十二癸酉。

周靈王二十二年 魯襄公二十三年（辛亥 猪年）公元前551 ~ 前550年 歲在鶉火

魯曆月序		中西曆日對照	初一	初二	初三	初四	初五	初六	初七	初八	初九	初十	十一	十二	十三	十四	十五	十六	十七	十八	十九	二十	二一	二二	二三	二四	二五	二六	二七	二八	二九	三十	節氣與天象
正月大	己丑	干支 天地 西曆	癸卯 6	甲辰 7	乙巳 8	丙午 9	丁未 10	戊申 11	己酉 12	庚戌 13	辛亥 14	壬子 15	癸丑 16	甲寅 17	乙卯 18	丙辰 19	丁巳 20	戊午 21	己未 22	庚申 23	辛酉 24	壬戌 25	癸亥 26	甲子 27	乙丑 28	丙寅 29	丁卯 30	戊辰 31	己巳 (1)	庚午 2	辛未 3	壬申 4	甲子冬至
二月小	庚寅	干支 天地 西曆	癸酉 5	甲戌 6	乙亥 7	丙子 8	丁丑 9	戊寅 10	己卯 11	庚辰 12	辛巳 13	壬午 14	癸未 15	甲申 16	乙酉 17	丙戌 18	丁亥 19	戊子 20	己丑 21	庚寅 22	辛卯 23	壬辰 24	癸巳 25	甲午 26	乙未 27	丙申 28	丁酉 29	戊戌 30	己亥 31	庚子 (2)	辛丑 2		癸酉日食
三月大	辛卯	干支 天地 西曆	壬寅 3	癸卯 4	甲辰 5	乙巳 6	丙午 7	丁未 8	戊申 9	己酉 10	庚戌 11	辛亥 12	壬子 13	癸丑 14	甲寅 15	乙卯 16	丙辰 17	丁巳 18	戊午 19	己未 20	庚申 21	辛酉 22	壬戌 23	癸亥 24	甲子 25	乙丑 26	丙寅 27	丁卯 28	戊辰 (3)	己巳 2	庚午 3	辛未 4	己酉立春
四月小	壬辰	干支 天地 西曆	壬申 5	癸酉 6	甲戌 7	乙亥 8	丙子 9	丁丑 10	戊寅 11	己卯 12	庚辰 13	辛巳 14	壬午 15	癸未 16	甲申 17	乙酉 18	丙戌 19	丁亥 20	戊子 21	己丑 22	庚寅 23	辛卯 24	壬辰 25	癸巳 26	甲午 27	乙未 28	丙申 29	丁酉 30	戊戌 31	己亥 (4)	庚子 2		乙未春分
五月大	癸巳	干支 天地 西曆	辛丑 3	壬寅 4	癸卯 5	甲辰 6	乙巳 7	丙午 8	丁未 9	戊申 10	己酉 11	庚戌 12	辛亥 13	壬子 14	癸丑 15	甲寅 16	乙卯 17	丙辰 18	丁巳 19	戊午 20	己未 21	庚申 22	辛酉 23	壬戌 24	癸亥 25	甲子 26	乙丑 27	丙寅 28	丁卯 29	戊辰 30	己巳 (5)	庚午 2	
六月小	甲午	干支 天地 西曆	辛未 3	壬申 4	癸酉 5	甲戌 6	乙亥 7	丙子 8	丁丑 9	戊寅 10	己卯 11	庚辰 12	辛巳 13	壬午 14	癸未 15	甲申 16	乙酉 17	丙戌 18	丁亥 19	戊子 20	己丑 21	庚寅 22	辛卯 23	壬辰 24	癸巳 25	甲午 26	乙未 27	丙申 28	丁酉 29	戊戌 30	己亥 31		辛巳立夏
七月大	乙未	干支 天地 西曆	庚子 (6)	辛丑 2	壬寅 3	癸卯 4	甲辰 5	乙巳 6	丙午 7	丁未 8	戊申 9	己酉 10	庚戌 11	辛亥 12	壬子 13	癸丑 14	甲寅 15	乙卯 16	丙辰 17	丁巳 18	戊午 19	己未 20	庚申 21	辛酉 22	壬戌 23	癸亥 24	甲子 25	乙丑 26	丙寅 27	丁卯 28	戊辰 29	己巳 30	己巳夏至
八月小	丙申	干支 天地 西曆	庚午 (7)	辛未 2	壬申 3	癸酉 4	甲戌 5	乙亥 6	丙子 7	丁丑 8	戊寅 9	己卯 10	庚辰 11	辛巳 12	壬午 13	癸未 14	甲申 15	乙酉 16	丙戌 17	丁亥 18	戊子 19	己丑 20	庚寅 21	辛卯 22	壬辰 23	癸巳 24	甲午 25	乙未 26	丙申 27	丁酉 28	戊戌 29		
九月大	丁酉	干支 天地 西曆	己亥 30	庚子 31	辛丑 (8)	壬寅 2	癸卯 3	甲辰 4	乙巳 5	丙午 6	丁未 7	戊申 8	己酉 9	庚戌 10	辛亥 11	壬子 12	癸丑 13	甲寅 14	乙卯 15	丙辰 16	丁巳 17	戊午 18	己未 19	庚申 20	辛酉 21	壬戌 22	癸亥 23	甲子 24	乙丑 25	丙寅 26	丁卯 27	戊辰 28	乙卯立秋
十月小	戊戌	干支 天地 西曆	己巳 29	庚午 30	辛未 31	壬申 (9)	癸酉 2	甲戌 3	乙亥 4	丙子 5	丁丑 6	戊寅 7	己卯 8	庚辰 9	辛巳 10	壬午 11	癸未 12	甲申 13	乙酉 14	丙戌 15	丁亥 16	戊子 17	己丑 18	庚寅 19	辛卯 20	壬辰 21	癸巳 22	甲午 23	乙未 24	丙申 25	丁酉 26		
十一月大	己亥	干支 天地 西曆	戊戌 27	己亥 28	庚子 29	辛丑 30	壬寅 (10)	癸卯 2	甲辰 3	乙巳 4	丙午 5	丁未 6	戊申 7	己酉 8	庚戌 9	辛亥 10	壬子 11	癸丑 12	甲寅 13	乙卯 14	丙辰 15	丁巳 16	戊午 17	己未 18	庚申 19	辛酉 20	壬戌 21	癸亥 22	甲子 23	乙丑 24	丙寅 25	丁卯 26	辛丑秋分
十二月小	庚子	干支 天地 西曆	戊辰 27	己巳 28	庚午 29	辛未 30	壬申 31	癸酉 (11)	甲戌 2	乙亥 3	丙子 4	丁丑 5	戊寅 6	己卯 7	庚辰 8	辛巳 9	壬午 10	癸未 11	甲申 12	乙酉 13	丙戌 14	丁亥 15	戊子 16	己丑 17	庚寅 18	辛卯 19	壬辰 20	癸巳 21	甲午 22	乙未 23	丙申 24		乙酉立冬
閏月大	庚子	干支 天地 西曆	丁酉 25	戊戌 26	己亥 27	庚子 28	辛丑 29	壬寅 30	癸卯 (12)	甲辰 2	乙巳 3	丙午 4	丁未 5	戊申 6	己酉 7	庚戌 8	辛亥 9	壬子 10	癸丑 11	甲寅 12	乙卯 13	丙辰 14	丁巳 15	戊午 16	己未 17	庚申 18	辛酉 19	壬戌 20	癸亥 21	甲子 22	乙丑 23	丙寅 24	

朔閏異同	曆名	正月	二月	三月	四月	五月	六月	七月	八月	九月	十月	十一	十二	閏月
	周曆殷曆	壬寅壬申	辛未壬寅	辛丑辛未	庚午辛丑	庚子庚午	己巳庚子	己亥己巳	己巳己亥	戊戌戊辰	戊辰戊戌	丁酉---丁卯	---丁卯丁酉	丙申丙寅
	夏曆新曆	壬寅癸卯	辛未壬申	辛丑辛丑	庚午辛未	庚子庚子	己巳---己巳	---己亥己亥	戊辰戊辰	戊戌戊戌	丁卯丁卯	丁酉丁酉	丁卯丁卯	丙申丁酉

*《長曆》：正月癸卯，二月癸酉，三月壬寅，四月壬申，五月辛丑，六月辛未，七月庚子，八月庚午，九月己亥，十月己巳，十一戊戌，十二戊辰。

周靈王二十三年 魯襄公二十四年（壬子 鼠年）公元前550 ~ 前549年 歲在鶉尾

魯曆月序		西中日曆對照	初一	初二	初三	初四	初五	初六	初七	初八	初九	初十	十一	十二	十三	十四	十五	十六	十七	十八	十九	二十	二一	二二	二三	二四	二五	二六	二七	二八	二九	三十	節氣與天象
正月小	辛丑	天干地支西曆	丁卯25	戊辰26	己巳27	庚午28	辛未29	壬申30	癸酉31	甲戌(1)	乙亥2	丙子3	丁丑4	戊寅5	己卯6	庚辰7	辛巳8	壬午9	癸未10	甲申11	乙酉12	丙戌13	丁亥14	戊子15	己丑16	庚寅17	辛卯18	壬辰19	癸巳20	甲午21	乙未22		己巳冬至
二月大	壬寅	天干地支西曆	丙申23	丁酉24	戊戌25	己亥26	庚子27	辛丑28	壬寅29	癸卯30	甲辰31	乙巳(2)	丙午2	丁未3	戊申4	己酉5	庚戌6	辛亥7	壬子8	癸丑9	甲寅10	乙卯11	丙辰12	丁巳13	戊午14	己未15	庚申16	辛酉17	壬戌18	癸亥19	甲子20	乙丑21	甲寅立春
三月小	癸卯	天干地支西曆	丙寅22	丁卯23	戊辰24	己巳25	庚午26	辛未27	壬申28	癸酉29	甲戌(3)	乙亥2	丙子3	丁丑4	戊寅5	己卯6	庚辰7	辛巳8	壬午9	癸未10	甲申11	乙酉12	丙戌13	丁亥14	戊子15	己丑16	庚寅17	辛卯18	壬辰19	癸巳20	甲午21		
四月大	甲辰	天干地支西曆	乙未22	丙申23	丁酉24	戊戌25	己亥26	庚子27	辛丑28	壬寅29	癸卯30	甲辰31	乙巳(4)	丙午2	丁未3	戊申4	己酉5	庚戌6	辛亥7	壬子8	癸丑9	甲寅10	乙卯11	丙辰12	丁巳13	戊午14	己未15	庚申16	辛酉17	壬戌18	癸亥19	甲子20	庚子春分
五月大	乙巳	天干地支西曆	乙丑21	丙寅22	丁卯23	戊辰24	己巳25	庚午26	辛未27	壬申28	癸酉29	甲戌30	乙亥(5)	丙子2	丁丑3	戊寅4	己卯5	庚辰6	辛巳7	壬午8	癸未9	甲申10	乙酉11	丙戌12	丁亥13	戊子14	己丑15	庚寅16	辛卯17	壬辰18	癸巳19	甲午20	丁亥立夏
六月小	丙午	天干地支西曆	乙未21	丙申22	丁酉23	戊戌24	己亥25	庚子26	辛丑27	壬寅28	癸卯29	甲辰30	乙巳31	丙午(6)	丁未2	戊申3	己酉4	庚戌5	辛亥6	壬子7	癸丑8	甲寅9	乙卯10	丙辰11	丁巳12	戊午13	己未14	庚申15	辛酉16	壬戌17	癸亥18		
七月大	丁未	天干地支西曆	甲子19	乙丑20	丙寅21	丁卯22	戊辰23	己巳24	庚午25	辛未26	壬申27	癸酉28	甲戌29	乙亥30	丙子(7)	丁丑2	戊寅3	己卯4	庚辰5	辛巳6	壬午7	癸未8	甲申9	乙酉10	丙戌11	丁亥12	戊子13	己丑14	庚寅15	辛卯16	壬辰17	癸巳18	甲戌夏至 甲子日食
八月小	戊申	天干地支西曆	甲午19	乙未20	丙申21	丁酉22	戊戌23	己亥24	庚子25	辛丑26	壬寅27	癸卯28	甲辰29	乙巳30	丙午31	丁未(8)	戊申2	己酉3	庚戌4	辛亥5	壬子6	癸丑7	甲寅8	乙卯9	丙辰10	丁巳11	戊午12	己未13	庚申14	辛酉15	壬戌16		辛酉立秋
九月大	己酉	天干地支西曆	癸亥17	甲子18	乙丑19	丙寅20	丁卯21	戊辰22	己巳23	庚午24	辛未25	壬申26	癸酉27	甲戌28	乙亥29	丙子30	丁丑31	戊寅(9)	己卯2	庚辰3	辛巳4	壬午5	癸未6	甲申7	乙酉8	丙戌9	丁亥10	戊子11	己丑12	庚寅13	辛卯14	壬辰15	
十月小	庚戌	天干地支西曆	癸巳16	甲午17	乙未18	丙申19	丁酉20	戊戌21	己亥22	庚子23	辛丑24	壬寅25	癸卯26	甲辰27	乙巳28	丙午29	丁未30	戊申(10)	己酉2	庚戌3	辛亥4	壬子5	癸丑6	甲寅7	乙卯8	丙辰9	丁巳10	戊午11	己未12	庚申13	辛酉14		丙午秋分
十一月大	辛亥	天干地支西曆	壬戌15	癸亥16	甲子17	乙丑18	丙寅19	丁卯20	戊辰21	己巳22	庚午23	辛未24	壬申25	癸酉26	甲戌27	乙亥28	丙子29	丁丑30	戊寅31	己卯(11)	庚辰2	辛巳3	壬午4	癸未5	甲申6	乙酉7	丙戌8	丁亥9	戊子10	己丑11	庚寅12	辛卯13	庚寅立冬
十二月小	壬子	天干地支西曆	壬辰14	癸巳15	甲午16	乙未17	丙申18	丁酉19	戊戌20	己亥21	庚子22	辛丑23	壬寅24	癸卯25	甲辰26	乙巳27	丙午28	丁未29	戊申30	己酉(12)	庚戌2	辛亥3	壬子4	癸丑5	甲寅6	乙卯7	丙辰8	丁巳9	戊午10	己未11	庚申12		

朔閏異同	曆名	正月	二月	三月	四月	五月	六月	七月	八月	九月	十月	十一	十二	閏月	曆名	正月	二月	三月	四月	五月	六月	七月	八月	九月	十月	十一	十二	閏月
	周曆殷曆	丙寅丙申	乙未丙寅	乙丑乙未	甲午乙丑	甲子甲午	癸巳甲子	癸亥癸巳	壬辰癸亥	壬戌壬辰	辛卯壬戌	辛酉辛卯	辛卯辛酉		夏曆新曆	丙寅丙寅	乙未丙申	乙丑乙丑	甲午乙未	甲子甲子	癸巳癸巳	癸亥癸亥	壬辰壬辰	壬戌壬戌	辛卯辛卯	辛酉辛酉	庚寅辛卯	

*《長曆》：正月丁酉，二月丁卯，三月丙申，閏月丙寅，四月乙未，五月乙丑，六月甲午，七月甲子，八月癸巳，九月癸亥，十月癸巳，十一壬戌，十二壬辰。

周靈王二十四年 魯襄公二十五年（癸丑 牛年）公元前549～前548年 歲在壽星

魯曆月序		中西曆日對照	初一	初二	初三	初四	初五	初六	初七	初八	初九	初十	十一	十二	十三	十四	十五	十六	十七	十八	十九	二十	二一	二二	二三	二四	二五	二六	二七	二八	二九	三十	節氣與天象
正月大	癸丑	天干 地支 西曆	辛酉 13	壬戌 14	癸亥 15	甲子 16	乙丑 17	丙寅 18	丁卯 19	戊辰 20	己巳 21	庚午 22	辛未 23	壬申 24	癸酉 25	甲戌 26	乙亥 27	丙子 28	丁丑 29	戊寅 30	己卯 31	庚辰 (1)	辛巳 2	壬午 3	癸未 4	甲申 5	乙酉 6	丙戌 7	丁亥 8	戊子 9	己丑 10	庚寅 11	甲戌冬至
二月小	甲寅	天干 地支 西曆	辛卯 12	壬辰 13	癸巳 14	甲午 15	乙未 16	丙申 17	丁酉 18	戊戌 19	己亥 20	庚子 21	辛丑 22	壬寅 23	癸卯 24	甲辰 25	乙巳 26	丙午 27	丁未 28	戊申 29	己酉 30	庚戌 31	辛亥 (2)	壬子 2	癸丑 3	甲寅 4	乙卯 5	丙辰 6	丁巳 7	戊午 8	己未 9		己未立春
三月大	乙卯	天干 地支 西曆	庚申 10	辛酉 11	壬戌 12	癸亥 13	甲子 14	乙丑 15	丙寅 16	丁卯 17	戊辰 18	己巳 19	庚午 20	辛未 21	壬申 22	癸酉 23	甲戌 24	乙亥 25	丙子 26	丁丑 27	戊寅 28	己卯 (3)	庚辰 2	辛巳 3	壬午 4	癸未 5	甲申 6	乙酉 7	丙戌 8	丁亥 9	戊子 10	己丑 11	
四月小	丙辰	天干 地支 西曆	庚寅 12	辛卯 13	壬辰 14	癸巳 15	甲午 16	乙未 17	丙申 18	丁酉 19	戊戌 20	己亥 21	庚子 22	辛丑 23	壬寅 24	癸卯 25	甲辰 26	乙巳 27	丙午 28	丁未 29	戊申 30	己酉 31	庚戌 (4)	辛亥 2	壬子 3	癸丑 4	甲寅 5	乙卯 6	丙辰 7	丁巳 8	戊午 9		乙巳春分
五月大	丁巳	天干 地支 西曆	己未 10	庚申 11	辛酉 12	壬戌 13	癸亥 14	甲子 15	乙丑 16	丙寅 17	丁卯 18	戊辰 19	己巳 20	庚午 21	辛未 22	壬申 23	癸酉 24	甲戌 25	乙亥 26	丙子 27	丁丑 28	戊寅 29	己卯 30	庚辰 (5)	辛巳 2	壬午 3	癸未 4	甲申 5	乙酉 6	丙戌 7	丁亥 8	戊子 9	
六月小	戊午	天干 地支 西曆	己丑 10	庚寅 11	辛卯 12	壬辰 13	癸巳 14	甲午 15	乙未 16	丙申 17	丁酉 18	戊戌 19	己亥 20	庚子 21	辛丑 22	壬寅 23	癸卯 24	甲辰 25	乙巳 26	丙午 27	丁未 28	戊申 29	己酉 30	庚戌 31	辛亥 (6)	壬子 2	癸丑 3	甲寅 4	乙卯 5	丙辰 6	丁巳 7		壬辰立夏
七月大	己未	天干 地支 西曆	戊午 8	己未 9	庚申 10	辛酉 11	壬戌 12	癸亥 13	甲子 14	乙丑 15	丙寅 16	丁卯 17	戊辰 18	己巳 19	庚午 20	辛未 21	壬申 22	癸酉 23	甲戌 24	乙亥 25	丙子 26	丁丑 27	戊寅 28	己卯 29	庚辰 30	辛巳 (7)	壬午 2	癸未 3	甲申 4	乙酉 5	丙戌 6	丁亥 7	己卯夏至 己未日食
八月小	庚申	天干 地支 西曆	戊子 8	己丑 9	庚寅 10	辛卯 11	壬辰 12	癸巳 13	甲午 14	乙未 15	丙申 16	丁酉 17	戊戌 18	己亥 19	庚子 20	辛丑 21	壬寅 22	癸卯 23	甲辰 24	乙巳 25	丙午 26	丁未 27	戊申 28	己酉 29	庚戌 30	辛亥 31	壬子 (8)	癸丑 2	甲寅 3	乙卯 4	丙辰 5		
九月大	辛酉	天干 地支 西曆	丁巳 6	戊午 7	己未 8	庚申 9	辛酉 10	壬戌 11	癸亥 12	甲子 13	乙丑 14	丙寅 15	丁卯 16	戊辰 17	己巳 18	庚午 19	辛未 20	壬申 21	癸酉 22	甲戌 23	乙亥 24	丙子 25	丁丑 26	戊寅 27	己卯 28	庚辰 29	辛巳 30	壬午 31	癸未 (9)	甲申 2	乙酉 3	丙戌 4	丙寅立秋
十月大	壬戌	天干 地支 西曆	丁亥 5	戊子 6	己丑 7	庚寅 8	辛卯 9	壬辰 10	癸巳 11	甲午 12	乙未 13	丙申 14	丁酉 15	戊戌 16	己亥 17	庚子 18	辛丑 19	壬寅 20	癸卯 21	甲辰 22	乙巳 23	丙午 24	丁未 25	戊申 26	己酉 27	庚戌 28	辛亥 29	壬子 30	癸丑 (10)	甲寅 2	乙卯 3	丙辰 4	辛亥秋分
十一月小	癸亥	天干 地支 西曆	丁巳 5	戊午 6	己未 7	庚申 8	辛酉 9	壬戌 10	癸亥 11	甲子 12	乙丑 13	丙寅 14	丁卯 15	戊辰 16	己巳 17	庚午 18	辛未 19	壬申 20	癸酉 21	甲戌 22	乙亥 23	丙子 24	丁丑 25	戊寅 26	己卯 27	庚辰 28	辛巳 29	壬午 30	癸未 31	甲申 (11)	乙酉 2		
十二月大	甲子	天干 地支 西曆	丙戌 3	丁亥 4	戊子 5	己丑 6	庚寅 7	辛卯 8	壬辰 9	癸巳 10	甲午 11	乙未 12	丙申 13	丁酉 14	戊戌 15	己亥 16	庚子 17	辛丑 18	壬寅 19	癸卯 20	甲辰 21	乙巳 22	丙午 23	丁未 24	戊申 25	己酉 26	庚戌 27	辛亥 28	壬子 29	癸丑 30	甲寅 (12)	乙卯 2	丙申立冬

朔閏異同	曆名	正月	二月	三月	四月	五月	六月	七月	八月	九月	十月	十一	十二	閏月
	周曆殷曆	庚申庚寅	庚寅庚申	己未己丑	己丑己未	戊午戊子	戊子戊午	丁巳戊子	丁亥丁巳	丙辰丁亥	丙戌丙辰	乙卯丙戌	乙酉乙卯	
	夏曆新曆	庚申辛酉	己丑庚寅	己未庚申	己丑己丑	戊午己未	戊子戊子	丁巳丁巳	丁亥丁亥	丙辰丙辰	丙戌丙戌	乙卯乙卯	乙酉乙酉	

*《長曆》：正月辛酉，二月辛卯，三月庚申，四月庚寅，五月己未，六月己丑，七月戊午，八月戊子，九月丁巳，十月丁亥，十一丙辰，十二丙戌。

周靈王二十五年 魯襄公二十六年（甲寅 虎年）公元前548 ~ 前547年 歲在大火

魯曆月序		中西曆日對照	初一	初二	初三	初四	初五	初六	初七	初八	初九	初十	十一	十二	十三	十四	十五	十六	十七	十八	十九	二十	二一	二二	二三	二四	二五	二六	二七	二八	二九	三十	節氣與天象
正月小	乙丑	天干地支西曆	丙辰3	丁巳4	戊午5	己未6	庚申7	辛酉8	壬戌9	癸亥10	甲子11	乙丑12	丙寅13	丁卯14	戊辰15	己巳16	庚午17	辛未18	壬申19	癸酉20	甲戌21	乙亥22	丙子23	丁丑24	戊寅25	己卯26	庚辰27	辛巳28	壬午29	癸未30	甲申31		庚辰冬至
二月大	丙寅	天干地支西曆	乙酉(1)	丙戌2	丁亥3	戊子4	己丑5	庚寅6	辛卯7	壬辰8	癸巳9	甲午10	乙未11	丙申12	丁酉13	戊戌14	己亥15	庚子16	辛丑17	壬寅18	癸卯19	甲辰20	乙巳21	丙午22	丁未23	戊申24	己酉25	庚戌26	辛亥27	壬子28	癸丑29	甲寅30	
三月小	丁卯	天干地支西曆	乙卯31	丙辰(2)	丁巳2	戊午3	己未4	庚申5	辛酉6	壬戌7	癸亥8	甲子9	乙丑10	丙寅11	丁卯12	戊辰13	己巳14	庚午15	辛未16	壬申17	癸酉18	甲戌19	乙亥20	丙子21	丁丑22	戊寅23	己卯24	庚辰25	辛巳26	壬午27	癸未28		甲子立春
四月大	戊辰	天干地支西曆	甲申(3)	乙酉2	丙戌3	丁亥4	戊子5	己丑6	庚寅7	辛卯8	壬辰9	癸巳10	甲午11	乙未12	丙申13	丁酉14	戊戌15	己亥16	庚子17	辛丑18	壬寅19	癸卯20	甲辰21	乙巳22	丙午23	丁未24	戊申25	己酉26	庚戌27	辛亥28	壬子29	癸丑30	庚戌春分
五月小	己巳	天干地支西曆	甲寅31	乙卯(4)	丙辰2	丁巳3	戊午4	己未5	庚申6	辛酉7	壬戌8	癸亥9	甲子10	乙丑11	丙寅12	丁卯13	戊辰14	己巳15	庚午16	辛未17	壬申18	癸酉19	甲戌20	乙亥21	丙子22	丁丑23	戊寅24	己卯25	庚辰26	辛巳27	壬午28		
六月大	庚午	天干地支西曆	癸未29	甲申30	乙酉(5)	丙戌2	丁亥3	戊子4	己丑5	庚寅6	辛卯7	壬辰8	癸巳9	甲午10	乙未11	丙申12	丁酉13	戊戌14	己亥15	庚子16	辛丑17	壬寅18	癸卯19	甲辰20	乙巳21	丙午22	丁未23	戊申24	己酉25	庚戌26	辛亥27	壬子28	丁酉立夏
七月小	辛未	天干地支西曆	癸丑29	甲寅30	乙卯31	丙辰(6)	丁巳2	戊午3	己未4	庚申5	辛酉6	壬戌7	癸亥8	甲子9	乙丑10	丙寅11	丁卯12	戊辰13	己巳14	庚午15	辛未16	壬申17	癸酉18	甲戌19	乙亥20	丙子21	丁丑22	戊寅23	己卯24	庚辰25	辛巳26		
八月大	壬申	天干地支西曆	壬午27	癸未28	甲申29	乙酉30	丙戌(7)	丁亥2	戊子3	己丑4	庚寅5	辛卯6	壬辰7	癸巳8	甲午9	乙未10	丙申11	丁酉12	戊戌13	己亥14	庚子15	辛丑16	壬寅17	癸卯18	甲辰19	乙巳20	丙午21	丁未22	戊申23	己酉24	庚戌25	辛亥26	甲申夏至
九月小	癸酉	天干地支西曆	壬子27	癸丑28	甲寅29	乙卯30	丙辰31	丁巳(8)	戊午2	己未3	庚申4	辛酉5	壬戌6	癸亥7	甲子8	乙丑9	丙寅10	丁卯11	戊辰12	己巳13	庚午14	辛未15	壬申16	癸酉17	甲戌18	乙亥19	丙子20	丁丑21	戊寅22	己卯23	庚辰24		辛未立秋
十月大	甲戌	天干地支西曆	辛巳25	壬午26	癸未27	甲申28	乙酉29	丙戌30	丁亥31	戊子(9)	己丑2	庚寅3	辛卯4	壬辰5	癸巳6	甲午7	乙未8	丙申9	丁酉10	戊戌11	己亥12	庚子13	辛丑14	壬寅15	癸卯16	甲辰17	乙巳18	丙午19	丁未20	戊申21	己酉22	庚戌23	
十一月小	乙亥	天干地支西曆	辛亥24	壬子25	癸丑26	甲寅27	乙卯28	丙辰29	丁巳30	戊午(10)	己未2	庚申3	辛酉4	壬戌5	癸亥6	甲子7	乙丑8	丙寅9	丁卯10	戊辰11	己巳12	庚午13	辛未14	壬申15	癸酉16	甲戌17	乙亥18	丙子19	丁丑20	戊寅21	己卯22		丙辰秋分
十二月大	丙子	天干地支西曆	庚辰23	辛巳24	壬午25	癸未26	甲申27	乙酉28	丙戌29	丁亥30	戊子31	己丑(11)	庚寅2	辛卯3	壬辰4	癸巳5	甲午6	乙未7	丙申8	丁酉9	戊戌10	己亥11	庚子12	辛丑13	壬寅14	癸卯15	甲辰16	乙巳17	丙午18	丁未19	戊申20	己酉21	辛丑立冬 庚辰日食

朔閏異同	曆名	正月	二月	三月	四月	五月	六月	七月	八月	九月	十月	十一	十二	閏月		曆名	正月	二月	三月	四月	五月	六月	七月	八月	九月	十月	十一	十二	閏月
	周曆殷曆	甲寅乙酉	甲申甲寅	癸丑甲申	癸未癸丑	癸丑癸未	壬午壬子	壬子---壬午	---辛巳辛亥	辛亥辛巳	庚辰庚戌	庚戌庚辰	己卯庚戌	己酉己卯		夏曆新曆	甲寅乙卯	甲申甲申	癸丑---甲寅	癸未甲申	壬子癸丑	壬午癸未	壬子壬子	辛巳辛巳	辛亥辛亥	庚辰庚辰	庚戌庚戌	己卯己卯	己酉己酉

*《長曆》：正月乙卯，二月乙酉，三月甲寅，四月甲申，五月甲寅，六月癸未，七月癸丑，八月壬午，九月壬子，十月辛巳，十一辛亥，十二庚辰，閏月庚戌。

周靈王二十六年 魯襄公二十七年（乙卯 兔年）公元前547～前546年 歲在析木

魯曆月序		中西曆日對照	初一	初二	初三	初四	初五	初六	初七	初八	初九	初十	十一	十二	十三	十四	十五	十六	十七	十八	十九	二十	二一	二二	二三	二四	二五	二六	二七	二八	二九	三十	節氣與天象
正月大	丁丑	天干地支西曆	庚戌22	辛亥23	壬子24	癸丑25	甲寅26	乙卯27	丙辰28	丁巳29	戊午30	己未(12)	庚申2	辛酉3	壬戌4	癸亥5	甲子6	乙丑7	丙寅8	丁卯9	戊辰10	己巳11	庚午12	辛未13	壬申14	癸酉15	甲戌16	乙亥17	丙子18	丁丑19	戊寅20	己卯21	
二月小	戊寅	天干地支西曆	庚辰22	辛巳23	壬午24	癸未25	甲申26	乙酉27	丙戌28	丁亥29	戊子30	己丑31	庚寅(1)	辛卯2	壬辰3	癸巳4	甲午5	乙未6	丙申7	丁酉8	戊戌9	己亥10	庚子11	辛丑12	壬寅13	癸卯14	甲辰15	乙巳16	丙午17	丁未18	戊申19		乙酉冬至
三月大	己卯	天干地支西曆	己酉20	庚戌21	辛亥22	壬子23	癸丑24	甲寅25	乙卯26	丙辰27	丁巳28	戊午29	己未30	庚申31	辛酉(2)	壬戌2	癸亥3	甲子4	乙丑5	丙寅6	丁卯7	戊辰8	己巳9	庚午10	辛未11	壬申12	癸酉13	甲戌14	乙亥15	丙子16	丁丑17	戊寅18	庚午立春
四月小	庚辰	天干地支西曆	己卯19	庚辰20	辛巳21	壬午22	癸未23	甲申24	乙酉25	丙戌26	丁亥27	戊子28	己丑(3)	庚寅2	辛卯3	壬辰4	癸巳5	甲午6	乙未7	丙申8	丁酉9	戊戌10	己亥11	庚子12	辛丑13	壬寅14	癸卯15	甲辰16	乙巳17	丙午18	丁未19		
五月大	辛巳	天干地支西曆	戊申20	己酉21	庚戌22	辛亥23	壬子24	癸丑25	甲寅26	乙卯27	丙辰28	丁巳29	戊午30	己未31	庚申(4)	辛酉2	壬戌3	癸亥4	甲子5	乙丑6	丙寅7	丁卯8	戊辰9	己巳10	庚午11	辛未12	壬申13	癸酉14	甲戌15	乙亥16	丙子17	丁丑18	乙卯春分
六月小	壬午	天干地支西曆	戊寅19	己卯20	庚辰21	辛巳22	壬午23	癸未24	甲申25	乙酉26	丙戌27	丁亥28	戊子29	己丑30	庚寅(5)	辛卯2	壬辰3	癸巳4	甲午5	乙未6	丙申7	丁酉8	戊戌9	己亥10	庚子11	辛丑12	壬寅13	癸卯14	甲辰15	乙巳16	丙午17		壬寅立夏
七月大	癸未	天干地支西曆	丁未18	戊申19	己酉20	庚戌21	辛亥22	壬子23	癸丑24	甲寅25	乙卯26	丙辰27	丁巳28	戊午29	己未30	庚申31	辛酉(6)	壬戌2	癸亥3	甲子4	乙丑5	丙寅6	丁卯7	戊辰8	己巳9	庚午10	辛未11	壬申12	癸酉13	甲戌14	乙亥15	丙子16	
八月小	甲申	天干地支西曆	丁丑17	戊寅18	己卯19	庚辰20	辛巳21	壬午22	癸未23	甲申24	乙酉25	丙戌26	丁亥27	戊子28	己丑29	庚寅30	辛卯(7)	壬辰2	癸巳3	甲午4	乙未5	丙申6	丁酉7	戊戌8	己亥9	庚子10	辛丑11	壬寅12	癸卯13	甲辰14	乙巳15		庚寅夏至
九月大	乙酉	天干地支西曆	丙午16	丁未17	戊申18	己酉19	庚戌20	辛亥21	壬子22	癸丑23	甲寅24	乙卯25	丙辰26	丁巳27	戊午28	己未29	庚申30	辛酉31	壬戌(8)	癸亥2	甲子3	乙丑4	丙寅5	丁卯6	戊辰7	己巳8	庚午9	辛未10	壬申11	癸酉12	甲戌13	乙亥14	
十月小	丙戌	天干地支西曆	丙子15	丁丑16	戊寅17	己卯18	庚辰19	辛巳20	壬午21	癸未22	甲申23	乙酉24	丙戌25	丁亥26	戊子27	己丑28	庚寅29	辛卯30	壬辰31	癸巳(9)	甲午2	乙未3	丙申4	丁酉5	戊戌6	己亥7	庚子8	辛丑9	壬寅10	癸卯11	甲辰12		丙子立秋
十一月大	丁亥	天干地支西曆	乙巳13	丙午14	丁未15	戊申16	己酉17	庚戌18	辛亥19	壬子20	癸丑21	甲寅22	乙卯23	丙辰24	丁巳25	戊午26	己未27	庚申28	辛酉29	壬戌30	癸亥(10)	甲子2	乙丑3	丙寅4	丁卯5	戊辰6	己巳7	庚午8	辛未9	壬申10	癸酉11	甲戌12	壬戌秋分
十二月小	戊子	天干地支西曆	乙亥13	丙子14	丁丑15	戊寅16	己卯17	庚辰18	辛巳19	壬午20	癸未21	甲申22	乙酉23	丙戌24	丁亥25	戊子26	己丑27	庚寅28	辛卯29	壬辰30	癸巳31	甲午(11)	乙未2	丙申3	丁酉4	戊戌5	己亥6	庚子7	辛丑8	壬寅9	癸卯10		乙亥日食
閏月大	戊子	天干地支西曆	甲辰11	乙巳12	丙午13	丁未14	戊申15	己酉16	庚戌17	辛亥18	壬子19	癸丑20	甲寅21	乙卯22	丙辰23	丁巳24	戊午25	己未26	庚申27	辛酉28	壬戌29	癸亥30	甲子(12)	乙丑2	丙寅3	丁卯4	戊辰5	己巳6	庚午7	辛未8	壬申9	癸酉10	丙午立冬

朔閏異同	曆名	正月	二月	三月	四月	五月	六月	七月	八月	九月	十月	十一	十二	閏月		曆名	正月	二月	三月	四月	五月	六月	七月	八月	九月	十月	十一	十二	閏月
	周曆殷曆	戊寅己酉	戊申戊寅	丁丑戊申	丁未丁丑	丙子丁未	丙午丙子	丙子丙午	乙巳乙亥	乙亥乙巳	甲辰甲戌	甲戌甲辰	癸卯癸酉			夏曆新曆	戊寅戊寅	戊申戊申	丁丑戊寅	丁未丁未	丙子丁丑	丙午丙午	乙亥丙子	乙巳乙巳	甲戌乙亥	甲辰甲辰	甲戌甲戌	癸卯癸卯	

*《長曆》：正月己卯，二月己酉，三月己卯，四月戊申，五月戊寅，六月丁未，七月丁丑，八月丙午，九月丙子，十月乙巳，十一乙亥，十二甲辰。

周靈王二十七年 魯襄公二十八年（丙辰 龍年）公元前546～前545年 歲在星紀

魯曆月序		中西曆日對照	初一	初二	初三	初四	初五	初六	初七	初八	初九	初十	十一	十二	十三	十四	十五	十六	十七	十八	十九	二十	二一	二二	二三	二四	二五	二六	二七	二八	二九	三十	節氣與天象
正月小	己丑	干支 西曆	甲戌 11	乙亥 12	丙子 13	丁丑 14	戊寅 15	己卯 16	庚辰 17	辛巳 18	壬午 19	癸未 20	甲申 21	乙酉 22	丙戌 23	丁亥 24	戊子 25	己丑 26	庚寅 27	辛卯 28	壬辰 29	癸巳 30	甲午 31	乙未 (1)	丙申 2	丁酉 3	戊戌 4	己亥 5	庚子 6	辛丑 7	壬寅 8		庚寅冬至
二月大	庚寅	干支 西曆	癸卯 9	甲辰 10	乙巳 11	丙午 12	丁未 13	戊申 14	己酉 15	庚戌 16	辛亥 17	壬子 18	癸丑 19	甲寅 20	乙卯 21	丙辰 22	丁巳 23	戊午 24	己未 25	庚申 26	辛酉 27	壬戌 28	癸亥 29	甲子 30	乙丑 31	丙寅 (2)	丁卯 2	戊辰 3	己巳 4	庚午 5	辛未 6	壬申 7	
三月小	辛卯	干支 西曆	癸酉 8	甲戌 9	乙亥 10	丙子 11	丁丑 12	戊寅 13	己卯 14	庚辰 15	辛巳 16	壬午 17	癸未 18	甲申 19	乙酉 20	丙戌 21	丁亥 22	戊子 23	己丑 24	庚寅 25	辛卯 26	壬辰 27	癸巳 28	甲午 29	乙未 (3)	丙申 2	丁酉 3	戊戌 4	己亥 5	庚子 6	辛丑 7		乙亥立春
四月大	壬辰	干支 西曆	壬寅 8	癸卯 9	甲辰 10	乙巳 11	丙午 12	丁未 13	戊申 14	己酉 15	庚戌 16	辛亥 17	壬子 18	癸丑 19	甲寅 20	乙卯 21	丙辰 22	丁巳 23	戊午 24	己未 25	庚申 26	辛酉 27	壬戌 28	癸亥 29	甲子 30	乙丑 31	丙寅 (4)	丁卯 2	戊辰 3	己巳 4	庚午 5	辛未 6	辛酉春分
五月大	癸巳	干支 西曆	壬申 7	癸酉 8	甲戌 9	乙亥 10	丙子 11	丁丑 12	戊寅 13	己卯 14	庚辰 15	辛巳 16	壬午 17	癸未 18	甲申 19	乙酉 20	丙戌 21	丁亥 22	戊子 23	己丑 24	庚寅 25	辛卯 26	壬辰 27	癸巳 28	甲午 29	乙未 30	丙申 (5)	丁酉 2	戊戌 3	己亥 4	庚子 5	辛丑 6	
六月小	甲午	干支 西曆	壬寅 7	癸卯 8	甲辰 9	乙巳 10	丙午 11	丁未 12	戊申 13	己酉 14	庚戌 15	辛亥 16	壬子 17	癸丑 18	甲寅 19	乙卯 20	丙辰 21	丁巳 22	戊午 23	己未 24	庚申 25	辛酉 26	壬戌 27	癸亥 28	甲子 29	乙丑 30	丙寅 31	丁卯 (6)	戊辰 2	己巳 3	庚午 4		戊申立夏
七月大	乙未	干支 西曆	辛未 5	壬申 6	癸酉 7	甲戌 8	乙亥 9	丙子 10	丁丑 11	戊寅 12	己卯 13	庚辰 14	辛巳 15	壬午 16	癸未 17	甲申 18	乙酉 19	丙戌 20	丁亥 21	戊子 22	己丑 23	庚寅 24	辛卯 25	壬辰 26	癸巳 27	甲午 28	乙未 29	丙申 30	丁酉 (7)	戊戌 2	己亥 3	庚子 4	乙未夏至
八月小	丙申	干支 西曆	辛丑 5	壬寅 6	癸卯 7	甲辰 8	乙巳 9	丙午 10	丁未 11	戊申 12	己酉 13	庚戌 14	辛亥 15	壬子 16	癸丑 17	甲寅 18	乙卯 19	丙辰 20	丁巳 21	戊午 22	己未 23	庚申 24	辛酉 25	壬戌 26	癸亥 27	甲子 28	乙丑 29	丙寅 30	丁卯 31	戊辰 (8)	己巳 2		
九月大	丁酉	干支 西曆	庚午 3	辛未 4	壬申 5	癸酉 6	甲戌 7	乙亥 8	丙子 9	丁丑 10	戊寅 11	己卯 12	庚辰 13	辛巳 14	壬午 15	癸未 16	甲申 17	乙酉 18	丙戌 19	丁亥 20	戊子 21	己丑 22	庚寅 23	辛卯 24	壬辰 25	癸巳 26	甲午 27	乙未 28	丙申 29	丁酉 30	戊戌 31	己亥 (9)	辛巳立秋
十月小	戊戌	干支 西曆	庚子 2	辛丑 3	壬寅 4	癸卯 5	甲辰 6	乙巳 7	丙午 8	丁未 9	戊申 10	己酉 11	庚戌 12	辛亥 13	壬子 14	癸丑 15	甲寅 16	乙卯 17	丙辰 18	丁巳 19	戊午 20	己未 21	庚申 22	辛酉 23	壬戌 24	癸亥 25	甲子 26	乙丑 27	丙寅 28	丁卯 29	戊辰 30		丁卯秋分
十一月大	己亥	干支 西曆	己巳 (10)	庚午 2	辛未 3	壬申 4	癸酉 5	甲戌 6	乙亥 7	丙子 8	丁丑 9	戊寅 10	己卯 11	庚辰 12	辛巳 13	壬午 14	癸未 15	甲申 16	乙酉 17	丙戌 18	丁亥 19	戊子 20	己丑 21	庚寅 22	辛卯 23	壬辰 24	癸巳 25	甲午 26	乙未 27	丙申 28	丁酉 29	戊戌 30	
十二月小	庚子	干支 西曆	己亥 31	庚子 (11)	辛丑 2	壬寅 3	癸卯 4	甲辰 5	乙巳 6	丙午 7	丁未 8	戊申 9	己酉 10	庚戌 11	辛亥 12	壬子 13	癸丑 14	甲寅 15	乙卯 16	丙辰 17	丁巳 18	戊午 19	己未 20	庚申 21	辛酉 22	壬戌 23	癸亥 24	甲子 25	乙丑 26	丙寅 27	丁卯 28		辛亥立冬
閏月大	庚子	干支 西曆	戊辰 29	己巳 30	庚午 (12)	辛未 2	壬申 3	癸酉 4	甲戌 5	乙亥 6	丙子 7	丁丑 8	戊寅 9	己卯 10	庚辰 11	辛巳 12	壬午 13	癸未 14	甲申 15	乙酉 16	丙戌 17	丁亥 18	戊子 19	己丑 20	庚寅 21	辛卯 22	壬辰 23	癸巳 24	甲午 25	乙未 26	丙申 27	丁酉 28	乙未冬至

朔閏異同	曆名	正月	二月	三月	四月	五月	六月	七月	八月	九月	十月	十一	十二	閏月	曆名	正月	二月	三月	四月	五月	六月	七月	八月	九月	十月	十一	十二	閏月
	周曆 殷曆	癸酉 癸卯	壬寅 癸酉	壬申 壬寅	辛丑 壬申	辛未 辛丑	庚子 辛未	庚午 庚子	己亥 庚午	己巳 己亥	戊戌 己巳	戊辰 戊戌	戊戌 戊辰		夏曆 新曆	癸酉 癸酉	壬寅 壬寅	壬申 壬申	辛丑 辛丑	辛未 辛未	庚子 辛丑	庚午 庚午	己亥 庚子	己巳 己巳	戊戌 --- 己亥	戊辰 戊辰	丁酉 戊戌	--- 丁卯 丁卯

*《長曆》：正月甲戌，二月癸卯，三月癸酉，四月癸卯，五月壬申，六月壬寅，七月辛未，八月辛丑，九月庚午，十月庚子，十一己巳，十二己亥。

周景王元年 魯襄公二十九年（丁巳 蛇年）公元前545 ~ 前544年 歲在玄枵

魯曆月序	中西曆日對照	初一	初二	初三	初四	初五	初六	初七	初八	初九	初十	十一	十二	十三	十四	十五	十六	十七	十八	十九	二十	二一	二二	二三	二四	二五	二六	二七	二八	二九	三十	節氣與天象
正月小 辛丑	天干地支 西曆	戊戌 29	己亥 30	庚子 31	辛丑 (1)	壬寅 2	癸卯 3	甲辰 4	乙巳 5	丙午 6	丁未 7	戊申 8	己酉 9	庚戌 10	辛亥 11	壬子 12	癸丑 13	甲寅 14	乙卯 15	丙辰 16	丁巳 17	戊午 18	己未 19	庚申 20	辛酉 21	壬戌 22	癸亥 23	甲子 24	乙丑 25	丙寅 26		
二月大 壬寅	天干地支 西曆	丁卯 27	戊辰 28	己巳 29	庚午 30	辛未 31	壬申 (2)	癸酉 2	甲戌 3	乙亥 4	丙子 5	丁丑 6	戊寅 7	己卯 8	庚辰 9	辛巳 10	壬午 11	癸未 12	甲申 13	乙酉 14	丙戌 15	丁亥 16	戊子 17	己丑 18	庚寅 19	辛卯 20	壬辰 21	癸巳 22	甲午 23	乙未 24	丙申 25	庚辰立春
三月小 癸卯	天干地支 西曆	丁酉 26	戊戌 27	己亥 28	庚子 (3)	辛丑 2	壬寅 3	癸卯 4	甲辰 5	乙巳 6	丙午 7	丁未 8	戊申 9	己酉 10	庚戌 11	辛亥 12	壬子 13	癸丑 14	甲寅 15	乙卯 16	丙辰 17	丁巳 18	戊午 19	己未 20	庚申 21	辛酉 22	壬戌 23	癸亥 24	甲子 25	乙丑 26		
四月大 甲辰	天干地支 西曆	丙寅 27	丁卯 28	戊辰 29	己巳 30	庚午 31	辛未 (4)	壬申 2	癸酉 3	甲戌 4	乙亥 5	丙子 6	丁丑 7	戊寅 8	己卯 9	庚辰 10	辛巳 11	壬午 12	癸未 13	甲申 14	乙酉 15	丙戌 16	丁亥 17	戊子 18	己丑 19	庚寅 20	辛卯 21	壬辰 22	癸巳 23	甲午 24	乙未 25	丙寅春分
五月小 乙巳	天干地支 西曆	丙申 26	丁酉 27	戊戌 28	己亥 29	庚子 30	辛丑 (5)	壬寅 2	癸卯 3	甲辰 4	乙巳 5	丙午 6	丁未 7	戊申 8	己酉 9	庚戌 10	辛亥 11	壬子 12	癸丑 13	甲寅 14	乙卯 15	丙辰 16	丁巳 17	戊午 18	己未 19	庚申 20	辛酉 21	壬戌 22	癸亥 23	甲子 24		癸丑立夏
六月大 丙午	天干地支 西曆	乙丑 25	丙寅 26	丁卯 27	戊辰 28	己巳 29	庚午 30	辛未 31	壬申 (6)	癸酉 2	甲戌 3	乙亥 4	丙子 5	丁丑 6	戊寅 7	己卯 8	庚辰 9	辛巳 10	壬午 11	癸未 12	甲申 13	乙酉 14	丙戌 15	丁亥 16	戊子 17	己丑 18	庚寅 19	辛卯 20	壬辰 21	癸巳 22	甲午 23	
七月小 丁未	天干地支 西曆	乙未 24	丙申 25	丁酉 26	戊戌 27	己亥 28	庚子 29	辛丑 30	壬寅 (7)	癸卯 2	甲辰 3	乙巳 4	丙午 5	丁未 6	戊申 7	己酉 8	庚戌 9	辛亥 10	壬子 11	癸丑 12	甲寅 13	乙卯 14	丙辰 15	丁巳 16	戊午 17	己未 18	庚申 19	辛酉 20	壬戌 21	癸亥 22		庚子夏至
八月大 戊申	天干地支 西曆	甲子 23	乙丑 24	丙寅 25	丁卯 26	戊辰 27	己巳 28	庚午 29	辛未 30	壬申 31	癸酉 (8)	甲戌 2	乙亥 3	丙子 4	丁丑 5	戊寅 6	己卯 7	庚辰 8	辛巳 9	壬午 10	癸未 11	甲申 12	乙酉 13	丙戌 14	丁亥 15	戊子 16	己丑 17	庚寅 18	辛卯 19	壬辰 20	癸巳 21	丁亥立秋
九月大 己酉	天干地支 西曆	甲午 22	乙未 23	丙申 24	丁酉 25	戊戌 26	己亥 27	庚子 28	辛丑 29	壬寅 30	癸卯 31	甲辰 (9)	乙巳 2	丙午 3	丁未 4	戊申 5	己酉 6	庚戌 7	辛亥 8	壬子 9	癸丑 10	甲寅 11	乙卯 12	丙辰 13	丁巳 14	戊午 15	己未 16	庚申 17	辛酉 18	壬戌 19	癸亥 20	
十月小 庚戌	天干地支 西曆	甲子 21	乙丑 22	丙寅 23	丁卯 24	戊辰 25	己巳 26	庚午 27	辛未 28	壬申 29	癸酉 30	甲戌 (10)	乙亥 2	丙子 3	丁丑 4	戊寅 5	己卯 6	庚辰 7	辛巳 8	壬午 9	癸未 10	甲申 11	乙酉 12	丙戌 13	丁亥 14	戊子 15	己丑 16	庚寅 17	辛卯 18	壬辰 19		壬申秋分
十一月大 辛亥	天干地支 西曆	癸巳 20	甲午 21	乙未 22	丙申 23	丁酉 24	戊戌 25	己亥 26	庚子 27	辛丑 28	壬寅 29	癸卯 30	甲辰 31	乙巳 (11)	丙午 2	丁未 3	戊申 4	己酉 5	庚戌 6	辛亥 7	壬子 8	癸丑 9	甲寅 10	乙卯 11	丙辰 12	丁巳 13	戊午 14	己未 15	庚申 16	辛酉 17	壬戌 18	丁巳立冬
十二月小 壬子	天干地支 西曆	癸亥 19	甲子 20	乙丑 21	丙寅 22	丁卯 23	戊辰 24	己巳 25	庚午 26	辛未 27	壬申 28	癸酉 29	甲戌 30	乙亥 (12)	丙子 2	丁丑 3	戊寅 4	己卯 5	庚辰 6	辛巳 7	壬午 8	癸未 9	甲申 10	乙酉 11	丙戌 12	丁亥 13	戊子 14	己丑 15	庚寅 16	辛卯 17		

朔閏異同	曆名	正月	二月	三月	四月	五月	六月	七月	八月	九月	十月	十一	十二	閏月
	周曆殷曆	丁卯丁酉	丁酉丁卯	丙寅---丙申	---丙申丙寅	乙丑乙未	乙未乙丑	甲子乙未	甲午甲子	癸亥甲午	癸巳癸亥	壬戌癸巳	壬辰壬戌	辛酉壬辰
	夏曆新曆	丁酉丁酉	丙寅丙寅	丙申丙申	乙丑乙丑	乙未乙未	甲子甲子	甲午甲午	癸亥甲子	癸巳癸巳	壬戌癸亥	壬辰壬辰	辛酉壬戌	

*《長曆》：正月戊辰，二月戊戌，三月丁卯，四月丁酉，五月丙寅，六月丙申，七月乙丑，八月乙未，閏月乙丑，九月甲午，十月甲子，十一癸巳，十二癸亥。

周景王二年 魯襄公三十年（戊午 馬年）公元前544 ~ 前543年 歲在娵訾

魯曆月序		中西曆日對照	初一	初二	初三	初四	初五	初六	初七	初八	初九	初十	十一	十二	十三	十四	十五	十六	十七	十八	十九	二十	二一	二二	二三	二四	二五	二六	二七	二八	二九	三十	節氣與天象
正月大	癸丑	干支 天地 西曆	壬辰 18	癸巳 19	甲午 20	乙未 21	丙申 22	丁酉 23	戊戌 24	己亥 25	庚子 26	辛丑 27	壬寅 28	癸卯 29	甲辰 30	乙巳 31	丙午 (1)	丁未 2	戊申 3	己酉 4	庚戌 5	辛亥 6	壬子 7	癸丑 8	甲寅 9	乙卯 10	丙辰 11	丁巳 12	戊午 13	己未 14	庚申 15	辛酉 16	辛丑冬至
二月小	甲寅	干支 天地 西曆	壬戌 17	癸亥 18	甲子 19	乙丑 20	丙寅 21	丁卯 22	戊辰 23	己巳 24	庚午 25	辛未 26	壬申 27	癸酉 28	甲戌 29	乙亥 30	丙子 31	丁丑 (2)	戊寅 2	己卯 3	庚辰 4	辛巳 5	壬午 6	癸未 7	甲申 8	乙酉 9	丙戌 10	丁亥 11	戊子 12	己丑 13	庚寅 14		乙酉立春
三月大	乙卯	干支 天地 西曆	辛卯 15	壬辰 16	癸巳 17	甲午 18	乙未 19	丙申 20	丁酉 21	戊戌 22	己亥 23	庚子 24	辛丑 25	壬寅 26	癸卯 27	甲辰 28	乙巳 (3)	丙午 2	丁未 3	戊申 4	己酉 5	庚戌 6	辛亥 7	壬子 8	癸丑 9	甲寅 10	乙卯 11	丙辰 12	丁巳 13	戊午 14	己未 15	庚申 16	
四月小	丙辰	干支 天地 西曆	辛酉 17	壬戌 18	癸亥 19	甲子 20	乙丑 21	丙寅 22	丁卯 23	戊辰 24	己巳 25	庚午 26	辛未 27	壬申 28	癸酉 29	甲戌 30	乙亥 31	丙子 (4)	丁丑 2	戊寅 3	己卯 4	庚辰 5	辛巳 6	壬午 7	癸未 8	甲申 9	乙酉 10	丙戌 11	丁亥 12	戊子 13	己丑 14		辛未春分
五月大	丁巳	干支 天地 西曆	庚寅 15	辛卯 16	壬辰 17	癸巳 18	甲午 19	乙未 20	丙申 21	丁酉 22	戊戌 23	己亥 24	庚子 25	辛丑 26	壬寅 27	癸卯 28	甲辰 29	乙巳 30	丙午 (5)	丁未 2	戊申 3	己酉 4	庚戌 5	辛亥 6	壬子 7	癸丑 8	甲寅 9	乙卯 10	丙辰 11	丁巳 12	戊午 13	己未 14	戊午立夏
六月小	戊午	干支 天地 西曆	庚申 15	辛酉 16	壬戌 17	癸亥 18	甲子 19	乙丑 20	丙寅 21	丁卯 22	戊辰 23	己巳 24	庚午 25	辛未 26	壬申 27	癸酉 28	甲戌 29	乙亥 30	丙子 31	丁丑 (6)	戊寅 2	己卯 3	庚辰 4	辛巳 5	壬午 6	癸未 7	甲申 8	乙酉 9	丙戌 10	丁亥 11	戊子 12		
七月大	己未	干支 天地 西曆	己丑 13	庚寅 14	辛卯 15	壬辰 16	癸巳 17	甲午 18	乙未 19	丙申 20	丁酉 21	戊戌 22	己亥 23	庚子 24	辛丑 25	壬寅 26	癸卯 27	甲辰 28	乙巳 29	丙午 30	丁未 (7)	戊申 2	己酉 3	庚戌 4	辛亥 5	壬子 6	癸丑 7	甲寅 8	乙卯 9	丙辰 10	丁巳 11	戊午 12	乙巳夏至
八月小	庚申	干支 天地 西曆	己未 13	庚申 14	辛酉 15	壬戌 16	癸亥 17	甲子 18	乙丑 19	丙寅 20	丁卯 21	戊辰 22	己巳 23	庚午 24	辛未 25	壬申 26	癸酉 27	甲戌 28	乙亥 29	丙子 30	丁丑 31	戊寅 (8)	己卯 2	庚辰 3	辛巳 4	壬午 5	癸未 6	甲申 7	乙酉 8	丙戌 9	丁亥 10		
九月大	辛酉	干支 天地 西曆	戊子 11	己丑 12	庚寅 13	辛卯 14	壬辰 15	癸巳 16	甲午 17	乙未 18	丙申 19	丁酉 20	戊戌 21	己亥 22	庚子 23	辛丑 24	壬寅 25	癸卯 26	甲辰 27	乙巳 28	丙午 29	丁未 30	戊申 31	己酉 (9)	庚戌 2	辛亥 3	壬子 4	癸丑 5	甲寅 6	乙卯 7	丙辰 8	丁巳 9	壬辰立秋
十月小	壬戌	干支 天地 西曆	戊午 10	己未 11	庚申 12	辛酉 13	壬戌 14	癸亥 15	甲子 16	乙丑 17	丙寅 18	丁卯 19	戊辰 20	己巳 21	庚午 22	辛未 23	壬申 24	癸酉 25	甲戌 26	乙亥 27	丙子 28	丁丑 29	戊寅 30	己卯 (10)	庚辰 2	辛巳 3	壬午 4	癸未 5	甲申 6	乙酉 7	丙戌 8		丁丑秋分
十一月大	癸亥	干支 天地 西曆	丁亥 9	戊子 10	己丑 11	庚寅 12	辛卯 13	壬辰 14	癸巳 15	甲午 16	乙未 17	丙申 18	丁酉 19	戊戌 20	己亥 21	庚子 22	辛丑 23	壬寅 24	癸卯 25	甲辰 26	乙巳 27	丙午 28	丁未 29	戊申 30	己酉 31	庚戌 (11)	辛亥 2	壬子 3	癸丑 4	甲寅 5	乙卯 6	丙辰 7	
十二月大	甲子	干支 天地 西曆	丁巳 8	戊午 9	己未 10	庚申 11	辛酉 12	壬戌 13	癸亥 14	甲子 15	乙丑 16	丙寅 17	丁卯 18	戊辰 19	己巳 20	庚午 21	辛未 22	壬申 23	癸酉 24	甲戌 25	乙亥 26	丙子 27	丁丑 28	戊寅 29	己卯 30	庚辰 (12)	辛巳 2	壬午 3	癸未 4	甲申 5	乙酉 6	丙戌 7	壬戌立冬

朔閏異同	曆名	正月	二月	三月	四月	五月	六月	七月	八月	九月	十月	十一	十二	閏月
	周曆 殷曆	辛卯 辛酉	辛酉 辛卯	庚寅 庚申	庚申 庚寅	己丑 己未	己未 己丑	戊子 戊午	戊午 戊子	丁亥 戊午	丁巳 丁亥	丙戌 丁巳	丙辰 丙戌	

曆名	正月	二月	三月	四月	五月	六月	七月	八月	九月	十月	十一	十二	閏月
夏曆 新曆	辛卯 辛卯	庚申 辛酉	庚寅 庚寅	己未 己未	己丑 己丑	己未 戊午	戊子 戊子	戊午 戊午	丁亥 丁亥	丁巳 丁巳	丙戌 丁亥	丙辰 丙辰	

*《長曆》：正月壬辰，二月壬戌，三月辛卯，四月辛酉，五月庚寅，六月庚申，七月己丑，八月己未，九月戊子，十月戊戌，十一戊子，十二丁巳。

周景王三年 魯襄公三十一年（己未 羊年）公元前543～前542年 歲在降婁

魯曆月序		中西曆日對照	初一	初二	初三	初四	初五	初六	初七	初八	初九	初十	十一	十二	十三	十四	十五	十六	十七	十八	十九	二十	二一	二二	二三	二四	二五	二六	二七	二八	二九	三十	節氣與天象
正月小	乙丑	天干地支西曆	丁亥8	戊子9	己丑10	庚寅11	辛卯12	壬辰13	癸巳14	甲午15	乙未16	丙申17	丁酉18	戊戌19	己亥20	庚子21	辛丑22	壬寅23	癸卯24	甲辰25	乙巳26	丙午27	丁未28	戊申29	己酉30	庚戌31	辛亥(1)	壬子2	癸丑3	甲寅4	乙卯5		丙午冬至
二月大	丙寅	天干地支西曆	丙辰6	丁巳7	戊午8	己未9	庚申10	辛酉11	壬戌12	癸亥13	甲子14	乙丑15	丙寅16	丁卯17	戊辰18	己巳19	庚午20	辛未21	壬申22	癸酉23	甲戌24	乙亥25	丙子26	丁丑27	戊寅28	己卯29	庚辰30	辛巳31	壬午(2)	癸未2	甲申3	乙酉4	
三月小	丁卯	天干地支西曆	丙戌5	丁亥6	戊子7	己丑8	庚寅9	辛卯10	壬辰11	癸巳12	甲午13	乙未14	丙申15	丁酉16	戊戌17	己亥18	庚子19	辛丑20	壬寅21	癸卯22	甲辰23	乙巳24	丙午25	丁未26	戊申27	己酉28	庚戌(3)	辛亥2	壬子3	癸丑4	甲寅5		辛卯立春
四月大	戊辰	天干地支西曆	乙卯6	丙辰7	丁巳8	戊午9	己未10	庚申11	辛酉12	壬戌13	癸亥14	甲子15	乙丑16	丙寅17	丁卯18	戊辰19	己巳20	庚午21	辛未22	壬申23	癸酉24	甲戌25	乙亥26	丙子27	丁丑28	戊寅29	己卯30	庚辰31	辛巳(4)	壬午2	癸未3	甲申4	丙子春分
五月小	己巳	天干地支西曆	乙酉5	丙戌6	丁亥7	戊子8	己丑9	庚寅10	辛卯11	壬辰12	癸巳13	甲午14	乙未15	丙申16	丁酉17	戊戌18	己亥19	庚子20	辛丑21	壬寅22	癸卯23	甲辰24	乙巳25	丙午26	丁未27	戊申28	己酉29	庚戌30	辛亥(5)	壬子2	癸丑3		
六月大	庚午	天干地支西曆	甲寅4	乙卯5	丙辰6	丁巳7	戊午8	己未9	庚申10	辛酉11	壬戌12	癸亥13	甲子14	乙丑15	丙寅16	丁卯17	戊辰18	己巳19	庚午20	辛未21	壬申22	癸酉23	甲戌24	乙亥25	丙子26	丁丑27	戊寅28	己卯29	庚辰30	辛巳31	壬午(6)	癸未2	癸亥立夏
七月小	辛未	天干地支西曆	甲申3	乙酉4	丙戌5	丁亥6	戊子7	己丑8	庚寅9	辛卯10	壬辰11	癸巳12	甲午13	乙未14	丙申15	丁酉16	戊戌17	己亥18	庚子19	辛丑20	壬寅21	癸卯22	甲辰23	乙巳24	丙午25	丁未26	戊申27	己酉28	庚戌29	辛亥30	壬子(7)		辛亥夏至
八月大	壬申	天干地支西曆	癸丑2	甲寅3	乙卯4	丙辰5	丁巳6	戊午7	己未8	庚申9	辛酉10	壬戌11	癸亥12	甲子13	乙丑14	丙寅15	丁卯16	戊辰17	己巳18	庚午19	辛未20	壬申21	癸酉22	甲戌23	乙亥24	丙子25	丁丑26	戊寅27	己卯28	庚辰29	辛巳30	壬午31	壬午日食
九月小	癸酉	天干地支西曆	癸未(8)	甲申2	乙酉3	丙戌4	丁亥5	戊子6	己丑7	庚寅8	辛卯9	壬辰10	癸巳11	甲午12	乙未13	丙申14	丁酉15	戊戌16	己亥17	庚子18	辛丑19	壬寅20	癸卯21	甲辰22	乙巳23	丙午24	丁未25	戊申26	己酉27	庚戌28	辛亥29		丁酉立秋
十月大	甲戌	天干地支西曆	壬子30	癸丑31	甲寅(9)	乙卯2	丙辰3	丁巳4	戊午5	己未6	庚申7	辛酉8	壬戌9	癸亥10	甲子11	乙丑12	丙寅13	丁卯14	戊辰15	己巳16	庚午17	辛未18	壬申19	癸酉20	甲戌21	乙亥22	丙子23	丁丑24	戊寅25	己卯26	庚辰27	辛巳28	
十一月小	乙亥	天干地支西曆	壬午29	癸未30	甲申(10)	乙酉2	丙戌3	丁亥4	戊子5	己丑6	庚寅7	辛卯8	壬辰9	癸巳10	甲午11	乙未12	丙申13	丁酉14	戊戌15	己亥16	庚子17	辛丑18	壬寅19	癸卯20	甲辰21	乙巳22	丙午23	丁未24	戊申25	己酉26	庚戌27		癸未秋分
十二月大	丙子	天干地支西曆	辛亥28	壬子29	癸丑30	甲寅31	乙卯(11)	丙辰2	丁巳3	戊午4	己未5	庚申6	辛酉7	壬戌8	癸亥9	甲子10	乙丑11	丙寅12	丁卯13	戊辰14	己巳15	庚午16	辛未17	壬申18	癸酉19	甲戌20	乙亥21	丙子22	丁丑23	戊寅24	己卯25	庚辰26	丁卯立冬

朔閏異同	曆名	正月	二月	三月	四月	五月	六月	七月	八月	九月	十月	十一	十二	閏月	曆名	正月	二月	三月	四月	五月	六月	七月	八月	九月	十月	十一	十二	閏月
	周曆殷曆	乙酉丙辰	乙卯乙酉	甲申乙卯	甲寅甲申	癸未甲寅	癸丑癸未	癸未癸丑	壬子壬午	壬午壬子	辛亥辛巳	辛巳---辛亥	庚戌庚辰	---庚辰庚戌	夏曆新曆	乙酉丙戌	乙卯乙卯	甲申乙酉	甲寅甲寅	癸未癸未	癸丑癸丑	壬午---壬午	壬子壬子	---辛巳辛巳	辛亥辛亥	辛巳辛巳	庚戌辛亥	庚辰庚辰

*《長曆》：正月丁亥，二月丙辰，三月丙戌，四月乙卯，五月乙酉，六月甲寅，七月甲申，八月癸丑，九月癸未，十月壬子，十一壬午，十二辛亥。

周景王四年 魯昭公元年（庚申 猴年） 公元前 542 ~ 前 **541** 年 歲在大梁

魯曆月序	中西曆對照	初一	初二	初三	初四	初五	初六	初七	初八	初九	初十	十一	十二	十三	十四	十五	十六	十七	十八	十九	二十	二一	二二	二三	二四	二五	二六	二七	二八	二九	三十	節氣與天象
正月小 丁丑	干支 天地 / 曆 西曆	辛巳 27	壬午 28	癸未 29	甲申 30	乙酉 (12)	丙戌 2	丁亥 3	戊子 4	己丑 5	庚寅 6	辛卯 7	壬辰 8	癸巳 9	甲午 10	乙未 11	丙申 12	丁酉 13	戊戌 14	己亥 15	庚子 16	辛丑 17	壬寅 18	癸卯 19	甲辰 20	乙巳 21	丙午 22	丁未 23	戊申 24	己酉 25		
二月大 戊寅	干支 天地 / 曆 西曆	庚戌 26	辛亥 27	壬子 28	癸丑 29	甲寅 30	乙卯 31	丙辰 (1)	丁巳 2	戊午 3	己未 4	庚申 5	辛酉 6	壬戌 7	癸亥 8	甲子 9	乙丑 10	丙寅 11	丁卯 12	戊辰 13	己巳 14	庚午 15	辛未 16	壬申 17	癸酉 18	甲戌 19	乙亥 20	丙子 21	丁丑 22	戊寅 23	己卯 24	辛亥冬至
三月小 己卯	干支 天地 / 曆 西曆	庚辰 25	辛巳 26	壬午 27	癸未 28	甲申 29	乙酉 30	丙戌 31	丁亥 (2)	戊子 2	己丑 3	庚寅 4	辛卯 5	壬辰 6	癸巳 7	甲午 8	乙未 9	丙申 10	丁酉 11	戊戌 12	己亥 13	庚子 14	辛丑 15	壬寅 16	癸卯 17	甲辰 18	乙巳 19	丙午 20	丁未 21	戊申 22		丙申立春
四月大 庚辰	干支 天地 / 曆 西曆	己酉 23	庚戌 24	辛亥 25	壬子 26	癸丑 27	甲寅 28	乙卯 29	丙辰 (3)	丁巳 2	戊午 3	己未 4	庚申 5	辛酉 6	壬戌 7	癸亥 8	甲子 9	乙丑 10	丙寅 11	丁卯 12	戊辰 13	己巳 14	庚午 15	辛未 16	壬申 17	癸酉 18	甲戌 19	乙亥 20	丙子 21	丁丑 22	戊寅 23	
五月大 辛巳	干支 天地 / 曆 西曆	己卯 24	庚辰 25	辛巳 26	壬午 27	癸未 28	甲申 29	乙酉 30	丙戌 31	丁亥 (4)	戊子 2	己丑 3	庚寅 4	辛卯 5	壬辰 6	癸巳 7	甲午 8	乙未 9	丙申 10	丁酉 11	戊戌 12	己亥 13	庚子 14	辛丑 15	壬寅 16	癸卯 17	甲辰 18	乙巳 19	丙午 20	丁未 21	戊申 22	壬午春分
六月小 壬午	干支 天地 / 曆 西曆	己酉 23	庚戌 24	辛亥 25	壬子 26	癸丑 27	甲寅 28	乙卯 29	丙辰 30	丁巳 (5)	戊午 2	己未 3	庚申 4	辛酉 5	壬戌 6	癸亥 7	甲子 8	乙丑 9	丙寅 10	丁卯 11	戊辰 12	己巳 13	庚午 14	辛未 15	壬申 16	癸酉 17	甲戌 18	乙亥 19	丙子 20	丁丑 21		己巳立夏
七月大 癸未	干支 天地 / 曆 西曆	戊寅 22	己卯 23	庚辰 24	辛巳 25	壬午 26	癸未 27	甲申 28	乙酉 29	丙戌 30	丁亥 31	戊子 (6)	己丑 2	庚寅 3	辛卯 4	壬辰 5	癸巳 6	甲午 7	乙未 8	丙申 9	丁酉 10	戊戌 11	己亥 12	庚子 13	辛丑 14	壬寅 15	癸卯 16	甲辰 17	乙巳 18	丙午 19	丁未 20	
八月小 甲申	干支 天地 / 曆 西曆	戊申 21	己酉 22	庚戌 23	辛亥 24	壬子 25	癸丑 26	甲寅 27	乙卯 28	丙辰 29	丁巳 30	戊午 (7)	己未 2	庚申 3	辛酉 4	壬戌 5	癸亥 6	甲子 7	乙丑 8	丙寅 9	丁卯 10	戊辰 11	己巳 12	庚午 13	辛未 14	壬申 15	癸酉 16	甲戌 17	乙亥 18	丙子 19		丙辰夏至
九月大 乙酉	干支 天地 / 曆 西曆	丁丑 20	戊寅 21	己卯 22	庚辰 23	辛巳 24	壬午 25	癸未 26	甲申 27	乙酉 28	丙戌 29	丁亥 30	戊子 31	己丑 (8)	庚寅 2	辛卯 3	壬辰 4	癸巳 5	甲午 6	乙未 7	丙申 8	丁酉 9	戊戌 10	己亥 11	庚子 12	辛丑 13	壬寅 14	癸卯 15	甲辰 16	乙巳 17	丙午 18	壬寅立秋
十月小 丙戌	干支 天地 / 曆 西曆	丁未 19	戊申 20	己酉 21	庚戌 22	辛亥 23	壬子 24	癸丑 25	甲寅 26	乙卯 27	丙辰 28	丁巳 29	戊午 30	己未 31	庚申 (9)	辛酉 2	壬戌 3	癸亥 4	甲子 5	乙丑 6	丙寅 7	丁卯 8	戊辰 9	己巳 10	庚午 11	辛未 12	壬申 13	癸酉 14	甲戌 15	乙亥 16		
十一月大 丁亥	干支 天地 / 曆 西曆	丙子 17	丁丑 18	戊寅 19	己卯 20	庚辰 21	辛巳 22	壬午 23	癸未 24	甲申 25	乙酉 26	丙戌 27	丁亥 28	戊子 29	己丑 30	庚寅 (10)	辛卯 2	壬辰 3	癸巳 4	甲午 5	乙未 6	丙申 7	丁酉 8	戊戌 9	己亥 10	庚子 11	辛丑 12	壬寅 13	癸卯 14	甲辰 15	乙巳 16	戊子秋分
十二月小 戊子	干支 天地 / 曆 西曆	丙午 17	丁未 18	戊申 19	己酉 20	庚戌 21	辛亥 22	壬子 23	癸丑 24	甲寅 25	乙卯 26	丙辰 27	丁巳 28	戊午 29	己未 30	庚申 31	辛酉 (11)	壬戌 2	癸亥 3	甲子 4	乙丑 5	丙寅 6	丁卯 7	戊辰 8	己巳 9	庚午 10	辛未 11	壬申 12	癸酉 13	甲戌 14		壬申立冬
閏月大 戊子	干支 天地 / 曆 西曆	乙亥 15	丙子 16	丁丑 17	戊寅 18	己卯 19	庚辰 20	辛巳 21	壬午 22	癸未 23	甲申 24	乙酉 25	丙戌 26	丁亥 27	戊子 28	己丑 29	庚寅 30	辛卯 (12)	壬辰 2	癸巳 3	甲午 4	乙未 5	丙申 6	丁酉 7	戊戌 8	己亥 9	庚子 10	辛丑 11	壬寅 12	癸卯 13	甲辰 14	

朔閏異同	曆名	正月	二月	三月	四月	五月	六月	七月	八月	九月	十月	十一	十二	閏月
	周曆殷曆	己酉庚辰	己卯己酉	戊申己卯	戊寅戊申	丁未戊寅	丁丑丁未	丙午丁丑	丙子丙午	乙巳丙子	乙亥乙巳	乙巳乙亥	甲戌甲辰	
	夏曆新曆	己酉庚戌	己卯己卯	戊申己酉	戊寅戊寅	丁未丁未	丁丑丁丑	丙午丙午	丙子丙子	乙巳乙巳	乙亥乙亥	甲辰乙巳	甲戌乙亥	

*《長曆》：正月辛巳，二月庚戌，三月庚辰，四月庚戌，五月己卯，六月己酉，七月戊寅，八月戊申，九月丁丑，十月丁未，十一丙子，十二丙午，閏月乙亥

周景王五年 魯昭公二年（辛酉 鷄年） 公元前541 ~ 前540年 歲在實沈

魯曆月序		中西曆日對照	初一	初二	初三	初四	初五	初六	初七	初八	初九	初十	十一	十二	十三	十四	十五	十六	十七	十八	十九	二十	二一	二二	二三	二四	二五	二六	二七	二八	二九	三十	節氣與天象
正月小	己丑	干支曆 天地西曆	乙巳 15	丙午 16	丁未 17	戊申 18	己酉 19	庚戌 20	辛亥 21	壬子 22	癸丑 23	甲寅 24	乙卯 25	丙辰 26	丁巳 27	戊午 28	己未 29	庚申 30	辛酉 31	壬戌 (1)	癸亥 2	甲子 3	乙丑 4	丙寅 5	丁卯 6	戊辰 7	己巳 8	庚午 9	辛未 10	壬申 11	癸酉 12		丙辰冬至
二月大	庚寅	干支曆 天地西曆	甲戌 13	乙亥 14	丙子 15	丁丑 16	戊寅 17	己卯 18	庚辰 19	辛巳 20	壬午 21	癸未 22	甲申 23	乙酉 24	丙戌 25	丁亥 26	戊子 27	己丑 28	庚寅 29	辛卯 30	壬辰 31	癸巳 (2)	甲午 2	乙未 3	丙申 4	丁酉 5	戊戌 6	己亥 7	庚子 8	辛丑 9	壬寅 10	癸卯 11	辛丑立春
三月小	辛卯	干支曆 天地西曆	甲辰 12	乙巳 13	丙午 14	丁未 15	戊申 16	己酉 17	庚戌 18	辛亥 19	壬子 20	癸丑 21	甲寅 22	乙卯 23	丙辰 24	丁巳 25	戊午 26	己未 27	庚申 28	辛酉 (3)	壬戌 2	癸亥 3	甲子 4	乙丑 5	丙寅 6	丁卯 7	戊辰 8	己巳 9	庚午 10	辛未 11	壬申 12		
四月大	壬辰	干支曆 天地西曆	癸酉 13	甲戌 14	乙亥 15	丙子 16	丁丑 17	戊寅 18	己卯 19	庚辰 20	辛巳 21	壬午 22	癸未 23	甲申 24	乙酉 25	丙戌 26	丁亥 27	戊子 28	己丑 29	庚寅 30	辛卯 31	壬辰 (4)	癸巳 2	甲午 3	乙未 4	丙申 5	丁酉 6	戊戌 7	己亥 8	庚子 9	辛丑 10	壬寅 11	丁亥春分
五月小	癸巳	干支曆 天地西曆	癸卯 12	甲辰 13	乙巳 14	丙午 15	丁未 16	戊申 17	己酉 18	庚戌 19	辛亥 20	壬子 21	癸丑 22	甲寅 23	乙卯 24	丙辰 25	丁巳 26	戊午 27	己未 28	庚申 29	辛酉 30	壬戌 (5)	癸亥 2	甲子 3	乙丑 4	丙寅 5	丁卯 6	戊辰 7	己巳 8	庚午 9	辛未 10		
六月大	甲午	干支曆 天地西曆	壬申 11	癸酉 12	甲戌 13	乙亥 14	丙子 15	丁丑 16	戊寅 17	己卯 18	庚辰 19	辛巳 20	壬午 21	癸未 22	甲申 23	乙酉 24	丙戌 25	丁亥 26	戊子 27	己丑 28	庚寅 29	辛卯 30	壬辰 31	癸巳 (6)	甲午 2	乙未 3	丙申 4	丁酉 5	戊戌 6	己亥 7	庚子 8	辛丑 9	甲戌立夏
七月小	乙未	干支曆 天地西曆	壬寅 10	癸卯 11	甲辰 12	乙巳 13	丙午 14	丁未 15	戊申 16	己酉 17	庚戌 18	辛亥 19	壬子 20	癸丑 21	甲寅 22	乙卯 23	丙辰 24	丁巳 25	戊午 26	己未 27	庚申 28	辛酉 29	壬戌 30	癸亥 (7)	甲子 2	乙丑 3	丙寅 4	丁卯 5	戊辰 6	己巳 7	庚午 8		辛酉夏至
八月大	丙申	干支曆 天地西曆	辛未 9	壬申 10	癸酉 11	甲戌 12	乙亥 13	丙子 14	丁丑 15	戊寅 16	己卯 17	庚辰 18	辛巳 19	壬午 20	癸未 21	甲申 22	乙酉 23	丙戌 24	丁亥 25	戊子 26	己丑 27	庚寅 28	辛卯 29	壬辰 30	癸巳 31	甲午 (8)	乙未 2	丙申 3	丁酉 4	戊戌 5	己亥 6	庚子 7	
九月大	丁酉	干支曆 天地西曆	辛丑 8	壬寅 9	癸卯 10	甲辰 11	乙巳 12	丙午 13	丁未 14	戊申 15	己酉 16	庚戌 17	辛亥 18	壬子 19	癸丑 20	甲寅 21	乙卯 22	丙辰 23	丁巳 24	戊午 25	己未 26	庚申 27	辛酉 28	壬戌 29	癸亥 30	甲子 31	乙丑 (9)	丙寅 2	丁卯 3	戊辰 4	己巳 5	庚午 6	戊申立秋
十月小	戊戌	干支曆 天地西曆	辛未 7	壬申 8	癸酉 9	甲戌 10	乙亥 11	丙子 12	丁丑 13	戊寅 14	己卯 15	庚辰 16	辛巳 17	壬午 18	癸未 19	甲申 20	乙酉 21	丙戌 22	丁亥 23	戊子 24	己丑 25	庚寅 26	辛卯 27	壬辰 28	癸巳 29	甲午 30	乙未 (10)	丙申 2	丁酉 3	戊戌 4	己亥 5		癸巳秋分
十一月大	己亥	干支曆 天地西曆	庚子 6	辛丑 7	壬寅 8	癸卯 9	甲辰 10	乙巳 11	丙午 12	丁未 13	戊申 14	己酉 15	庚戌 16	辛亥 17	壬子 18	癸丑 19	甲寅 20	乙卯 21	丙辰 22	丁巳 23	戊午 24	己未 25	庚申 26	辛酉 27	壬戌 28	癸亥 29	甲子 30	乙丑 31	丙寅 (11)	丁卯 2	戊辰 3	己巳 4	
十二月小	庚子	干支曆 天地西曆	庚午 5	辛未 6	壬申 7	癸酉 8	甲戌 9	乙亥 10	丙子 11	丁丑 12	戊寅 13	己卯 14	庚辰 15	辛巳 16	壬午 17	癸未 18	甲申 19	乙酉 20	丙戌 21	丁亥 22	戊子 23	己丑 24	庚寅 25	辛卯 26	壬辰 27	癸巳 28	甲午 29	乙未 30	丙申 (12)	丁酉 2	戊戌 3		丁丑立冬

朔閏異同	曆名	正月	二月	三月	四月	五月	六月	七月	八月	九月	十月	十一	十二	閏月	曆名	正月	二月	三月	四月	五月	六月	七月	八月	九月	十月	十一	十二	閏月
	周曆殷曆	甲辰甲戌	癸酉癸卯	癸卯癸酉	壬申壬寅	壬寅壬申	辛未壬寅	辛丑辛未	庚午辛丑	庚子庚午	己巳庚子	己亥己巳	戊辰己亥		夏曆新曆	甲辰甲辰	癸酉甲戌	癸卯癸卯	壬申癸酉	壬寅壬寅	辛未辛未	辛丑辛丑	庚午庚午	庚子己亥	己巳己巳	己亥己亥	戊辰己巳	

*《長曆》：正月乙巳，二月甲戌，三月甲辰，四月癸酉，五月癸卯，六月壬申，七月壬寅，八月壬申，九月辛丑，十月辛未，十一庚子，十二庚午。

周景王六年 魯昭公三年（壬戌 狗年）公元前540 ~ 前539年 歲在鶉首

魯曆月序		中西曆日對照	初一	初二	初三	初四	初五	初六	初七	初八	初九	初十	十一	十二	十三	十四	十五	十六	十七	十八	十九	二十	二一	二二	二三	二四	二五	二六	二七	二八	二九	三十	節氣與天象
正月大	辛丑	干支 天地 西曆	己亥 4	庚子 5	辛丑 6	壬寅 7	癸卯 8	甲辰 9	乙巳 10	丙午 11	丁未 12	戊申 13	己酉 14	庚戌 15	辛亥 16	壬子 17	癸丑 18	甲寅 19	乙卯 20	丙辰 21	丁巳 22	戊午 23	己未 24	庚申 25	辛酉 26	壬戌 27	癸亥 28	甲子 29	乙丑 30	丙寅 31	丁卯 (1)	戊辰 2	壬戌冬至
二月小	壬寅	干支 天地 西曆	己巳 3	庚午 4	辛未 5	壬申 6	癸酉 7	甲戌 8	乙亥 9	丙子 10	丁丑 11	戊寅 12	己卯 13	庚辰 14	辛巳 15	壬午 16	癸未 17	甲申 18	乙酉 19	丙戌 20	丁亥 21	戊子 22	己丑 23	庚寅 24	辛卯 25	壬辰 26	癸巳 27	甲午 28	乙未 29	丙申 30	丁酉 31		
三月大	癸卯	干支 天地 西曆	戊戌 (2)	己亥 2	庚子 3	辛丑 4	壬寅 5	癸卯 6	甲辰 7	乙巳 8	丙午 9	丁未 10	戊申 11	己酉 12	庚戌 13	辛亥 14	壬子 15	癸丑 16	甲寅 17	乙卯 18	丙辰 19	丁巳 20	戊午 21	己未 22	庚申 23	辛酉 24	壬戌 25	癸亥 26	甲子 27	乙丑 28	丙寅 (3)	丁卯 2	丙午立春
四月小	甲辰	干支 天地 西曆	戊辰 3	己巳 4	庚午 5	辛未 6	壬申 7	癸酉 8	甲戌 9	乙亥 10	丙子 11	丁丑 12	戊寅 13	己卯 14	庚辰 15	辛巳 16	壬午 17	癸未 18	甲申 19	乙酉 20	丙戌 21	丁亥 22	戊子 23	己丑 24	庚寅 25	辛卯 26	壬辰 27	癸巳 28	甲午 29	乙未 30	丙申 31		壬辰春分
五月大	乙巳	干支 天地 西曆	丁酉 (4)	戊戌 2	己亥 3	庚子 4	辛丑 5	壬寅 6	癸卯 7	甲辰 8	乙巳 9	丙午 10	丁未 11	戊申 12	己酉 13	庚戌 14	辛亥 15	壬子 16	癸丑 17	甲寅 18	乙卯 19	丙辰 20	丁巳 21	戊午 22	己未 23	庚申 24	辛酉 25	壬戌 26	癸亥 27	甲子 28	乙丑 29	丙寅 30	
六月小	丙午	干支 天地 西曆	丁卯 (5)	戊辰 2	己巳 3	庚午 4	辛未 5	壬申 6	癸酉 7	甲戌 8	乙亥 9	丙子 10	丁丑 11	戊寅 12	己卯 13	庚辰 14	辛巳 15	壬午 16	癸未 17	甲申 18	乙酉 19	丙戌 20	丁亥 21	戊子 22	己丑 23	庚寅 24	辛卯 25	壬辰 26	癸巳 27	甲午 28	乙未 29		己卯立夏
七月大	丁未	干支 天地 西曆	丙申 30	丁酉 31	戊戌 (6)	己亥 2	庚子 3	辛丑 4	壬寅 5	癸卯 6	甲辰 7	乙巳 8	丙午 9	丁未 10	戊申 11	己酉 12	庚戌 13	辛亥 14	壬子 15	癸丑 16	甲寅 17	乙卯 18	丙辰 19	丁巳 20	戊午 21	己未 22	庚申 23	辛酉 24	壬戌 25	癸亥 26	甲子 27	乙丑 28	
八月小	戊申	干支 天地 西曆	丙寅 29	丁卯 30	戊辰 (7)	己巳 2	庚午 3	辛未 4	壬申 5	癸酉 6	甲戌 7	乙亥 8	丙子 9	丁丑 10	戊寅 11	己卯 12	庚辰 13	辛巳 14	壬午 15	癸未 16	甲申 17	乙酉 18	丙戌 19	丁亥 20	戊子 21	己丑 22	庚寅 23	辛卯 24	壬辰 25	癸巳 26	甲午 27		丙寅夏至
九月大	己酉	干支 天地 西曆	乙未 28	丙申 29	丁酉 30	戊戌 31	己亥 (8)	庚子 2	辛丑 3	壬寅 4	癸卯 5	甲辰 6	乙巳 7	丙午 8	丁未 9	戊申 10	己酉 11	庚戌 12	辛亥 13	壬子 14	癸丑 15	甲寅 16	乙卯 17	丙辰 18	丁巳 19	戊午 20	己未 21	庚申 22	辛酉 23	壬戌 24	癸亥 25	甲子 26	癸丑立秋
十月小	庚戌	干支 天地 西曆	乙丑 27	丙寅 28	丁卯 29	戊辰 30	己巳 31	庚午 (9)	辛未 2	壬申 3	癸酉 4	甲戌 5	乙亥 6	丙子 7	丁丑 8	戊寅 9	己卯 10	庚辰 11	辛巳 12	壬午 13	癸未 14	甲申 15	乙酉 16	丙戌 17	丁亥 18	戊子 19	己丑 20	庚寅 21	辛卯 22	壬辰 23	癸巳 24		
十一月大	辛亥	干支 天地 西曆	甲午 25	乙未 26	丙申 27	丁酉 28	戊戌 29	己亥 30	庚子 (10)	辛丑 2	壬寅 3	癸卯 4	甲辰 5	乙巳 6	丙午 7	丁未 8	戊申 9	己酉 10	庚戌 11	辛亥 12	壬子 13	癸丑 14	甲寅 15	乙卯 16	丙辰 17	丁巳 18	戊午 19	己未 20	庚申 21	辛酉 22	壬戌 23	癸亥 24	戊戌秋分
十二月大	壬子	干支 天地 西曆	甲子 25	乙丑 26	丙寅 27	丁卯 28	戊辰 29	己巳 30	庚午 31	辛未 (11)	壬申 2	癸酉 3	甲戌 4	乙亥 5	丙子 6	丁丑 7	戊寅 8	己卯 9	庚辰 10	辛巳 11	壬午 12	癸未 13	甲申 14	乙酉 15	丙戌 16	丁亥 17	戊子 18	己丑 19	庚寅 20	辛卯 21	壬辰 22	癸巳 23	癸未立冬
閏月小	壬子	干支 天地 西曆	甲午 24	乙未 25	丙申 26	丁酉 27	戊戌 28	己亥 29	庚子 30	辛丑 (12)	壬寅 2	癸卯 3	甲辰 4	乙巳 5	丙午 6	丁未 7	戊申 8	己酉 9	庚戌 10	辛亥 11	壬子 12	癸丑 13	甲寅 14	乙卯 15	丙辰 16	丁巳 17	戊午 18	己未 19	庚申 20	辛酉 21	壬戌 22		

朔閏異同	曆名	正月	二月	三月	四月	五月	六月	七月	八月	九月	十月	十一	十二	閏月	曆名	正月	二月	三月	四月	五月	六月	七月	八月	九月	十月	十一	十二	閏月
	周曆 殷曆	戊戌 戊辰	戊辰 戊戌	丁酉 丁卯	丁卯 丁酉	丙申 丙寅	丙寅 丙申	乙未 乙丑	乙丑 乙未	甲午 --- 乙丑	--- 甲子 甲午	癸巳 甲子	癸亥 癸巳	壬辰 癸亥	夏曆 新曆	戊戌 戊戌	丁卯 戊辰	丁酉 戊戌	丙寅 丁卯	丙申 --- 丁酉	--- 丙寅 丙寅	乙未 乙未	乙丑 乙丑	甲午 甲午	甲子 甲子	癸巳 癸巳	癸亥 癸亥	壬辰 壬辰

*《長曆》：正月己亥，二月己巳，三月戊戌，四月戊辰，五月丁酉，六月丁卯，七月丙申，八月丙寅，九月乙未，十月乙丑，十一乙未，十二甲子。

周景王七年 魯昭公四年（癸亥 猪年）公元前539～前538年 歲在鶉火

魯曆月序		中西曆日對照	初一	初二	初三	初四	初五	初六	初七	初八	初九	初十	十一	十二	十三	十四	十五	十六	十七	十八	十九	二十	二一	二二	二三	二四	二五	二六	二七	二八	二九	三十	節氣與天象
正月大	癸丑	干支	癸亥	甲子	乙丑	丙寅	丁卯	戊辰	己巳	庚午	辛未	壬申	癸酉	甲戌	乙亥	丙子	丁丑	戊寅	己卯	庚辰	辛巳	壬午	癸未	甲申	乙酉	丙戌	丁亥	戊子	己丑	庚寅	辛卯	壬辰	丁卯冬至
		天地西曆	23	24	25	26	27	28	29	30	31	(1)	2	3	4	5	6	7	8	9	10	11	12	13	14	15	16	17	18	19	20	21	
二月小	甲寅	干支	癸巳	甲午	乙未	丙申	丁酉	戊戌	己亥	庚子	辛丑	壬寅	癸卯	甲辰	乙巳	丙午	丁未	戊申	己酉	庚戌	辛亥	壬子	癸丑	甲寅	乙卯	丙辰	丁巳	戊午	己未	庚申	辛酉		壬子立春
		天地西曆	22	23	24	25	26	27	28	29	30	31	(2)	2	3	4	5	6	7	8	9	10	11	12	13	14	15	16	17	18	19		
三月大	乙卯	干支	壬戌	癸亥	甲子	乙丑	丙寅	丁卯	戊辰	己巳	庚午	辛未	壬申	癸酉	甲戌	乙亥	丙子	丁丑	戊寅	己卯	庚辰	辛巳	壬午	癸未	甲申	乙酉	丙戌	丁亥	戊子	己丑	庚寅	辛卯	
		天地西曆	20	21	22	23	24	25	26	27	28	(3)	2	3	4	5	6	7	8	9	10	11	12	13	14	15	16	17	18	19	20	21	
四月小	丙辰	干支	壬辰	癸巳	甲午	乙未	丙申	丁酉	戊戌	己亥	庚子	辛丑	壬寅	癸卯	甲辰	乙巳	丙午	丁未	戊申	己酉	庚戌	辛亥	壬子	癸丑	甲寅	乙卯	丙辰	丁巳	戊午	己未	庚申		丁酉春分
		天地西曆	22	23	24	25	26	27	28	29	30	31	(4)	2	3	4	5	6	7	8	9	10	11	12	13	14	15	16	17	18	19		
五月大	丁巳	干支	辛酉	壬戌	癸亥	甲子	乙丑	丙寅	丁卯	戊辰	己巳	庚午	辛未	壬申	癸酉	甲戌	乙亥	丙子	丁丑	戊寅	己卯	庚辰	辛巳	壬午	癸未	甲申	乙酉	丙戌	丁亥	戊子	己丑	庚寅	甲申立夏
		天地西曆	20	21	22	23	24	25	26	27	28	29	30	(5)	2	3	4	5	6	7	8	9	10	11	12	13	14	15	16	17	18	19	
六月小	戊午	干支	辛卯	壬辰	癸巳	甲午	乙未	丙申	丁酉	戊戌	己亥	庚子	辛丑	壬寅	癸卯	甲辰	乙巳	丙午	丁未	戊申	己酉	庚戌	辛亥	壬子	癸丑	甲寅	乙卯	丙辰	丁巳	戊午	己未		
		天地西曆	20	21	22	23	24	25	26	27	28	29	30	31	(6)	2	3	4	5	6	7	8	9	10	11	12	13	14	15	16	17		
七月大	己未	干支	庚申	辛酉	壬戌	癸亥	甲子	乙丑	丙寅	丁卯	戊辰	己巳	庚午	辛未	壬申	癸酉	甲戌	乙亥	丙子	丁丑	戊寅	己卯	庚辰	辛巳	壬午	癸未	甲申	乙酉	丙戌	丁亥	戊子	己丑	壬申夏至
		天地西曆	18	19	20	21	22	23	24	25	26	27	28	29	30	(7)	2	3	4	5	6	7	8	9	10	11	12	13	14	15	16	17	
八月小	庚申	干支	庚寅	辛卯	壬辰	癸巳	甲午	乙未	丙申	丁酉	戊戌	己亥	庚子	辛丑	壬寅	癸卯	甲辰	乙巳	丙午	丁未	戊申	己酉	庚戌	辛亥	壬子	癸丑	甲寅	乙卯	丙辰	丁巳	戊午		戊午立秋
		天地西曆	18	19	20	21	22	23	24	25	26	27	28	29	30	31	(8)	2	3	4	5	6	7	8	9	10	11	12	13	14	15		
九月大	辛酉	干支	己未	庚申	辛酉	壬戌	癸亥	甲子	乙丑	丙寅	丁卯	戊辰	己巳	庚午	辛未	壬申	癸酉	甲戌	乙亥	丙子	丁丑	戊寅	己卯	庚辰	辛巳	壬午	癸未	甲申	乙酉	丙戌	丁亥	戊子	
		天地西曆	16	17	18	19	20	21	22	23	24	25	26	27	28	29	30	31	(9)	2	3	4	5	6	7	8	9	10	11	12	13	14	
十月小	壬戌	干支	己丑	庚寅	辛卯	壬辰	癸巳	甲午	乙未	丙申	丁酉	戊戌	己亥	庚子	辛丑	壬寅	癸卯	甲辰	乙巳	丙午	丁未	戊申	己酉	庚戌	辛亥	壬子	癸丑	甲寅	乙卯	丙辰	丁巳		甲辰秋分
		天地西曆	15	16	17	18	19	20	21	22	23	24	25	26	27	28	29	30	(10)	2	3	4	5	6	7	8	9	10	11	12	13		
十一月大	癸亥	干支	戊午	己未	庚申	辛酉	壬戌	癸亥	甲子	乙丑	丙寅	丁卯	戊辰	己巳	庚午	辛未	壬申	癸酉	甲戌	乙亥	丙子	丁丑	戊寅	己卯	庚辰	辛巳	壬午	癸未	甲申	乙酉	丙戌	丁亥	
		天地西曆	14	15	16	17	18	19	20	21	22	23	24	25	26	27	28	29	30	31	(11)	2	3	4	5	6	7	8	9	10	11	12	
十二月小	甲子	干支	戊子	己丑	庚寅	辛卯	壬辰	癸巳	甲午	乙未	丙申	丁酉	戊戌	己亥	庚子	辛丑	壬寅	癸卯	甲辰	乙巳	丙午	丁未	戊申	己酉	庚戌	辛亥	壬子	癸丑	甲寅	乙卯	丙辰		戊子立冬
		天地西曆	13	14	15	16	17	18	19	20	21	22	23	24	25	26	27	28	29	30	(12)	2	3	4	5	6	7	8	9	10	11		

朔閏異同	曆名	正月	二月	三月	四月	五月	六月	七月	八月	九月	十月	十一	十二	閏月
	周曆殷曆	壬戌壬辰	辛卯壬戌	辛酉辛卯	庚寅辛酉	庚申庚寅	庚寅庚申	己未己丑	己丑己未	戊午戊子	戊子戊午	丁巳丁亥	丁亥丁巳	
	夏曆新曆	壬戌壬戌	辛卯壬辰	辛酉辛酉	庚寅辛卯	庚申辛酉	己丑庚寅	己未己未	戊子己丑	戊午戊午	戊子戊子	丁巳丁巳	丁亥丁亥	

*《長曆》：正月甲午，二月癸亥，三月癸巳，四月壬戌，閏月壬辰，五月辛酉，六月辛卯，七月庚申，八月庚寅，九月己未，十月己丑，十一戊午，十二戊子。

周景王八年 魯昭公五年（甲子 鼠年）公元前538 ~ 前537年 歲在鶉尾

魯曆月序	中西曆日對照	初一	初二	初三	初四	初五	初六	初七	初八	初九	初十	十一	十二	十三	十四	十五	十六	十七	十八	十九	二十	二一	二二	二三	二四	二五	二六	二七	二八	二九	三十	節氣與天象
正月大 乙丑	干支曆 天地西曆	丁巳 12	戊午 13	己未 14	庚申 15	辛酉 16	壬戌 17	癸亥 18	甲子 19	乙丑 20	丙寅 21	丁卯 22	戊辰 23	己巳 24	庚午 25	辛未 26	壬申 27	癸酉 28	甲戌 29	乙亥 30	丙子 31	丁丑 (1)	戊寅 2	己卯 3	庚辰 4	辛巳 5	壬午 6	癸未 7	甲申 8	乙酉 9	丙戌 10	壬申冬至
二月小 丙寅	干支曆 天地西曆	丁亥 11	戊子 12	己丑 13	庚寅 14	辛卯 15	壬辰 16	癸巳 17	甲午 18	乙未 19	丙申 20	丁酉 21	戊戌 22	己亥 23	庚子 24	辛丑 25	壬寅 26	癸卯 27	甲辰 28	乙巳 29	丙午 30	丁未 31	戊申 (2)	己酉 2	庚戌 3	辛亥 4	壬子 5	癸丑 6	甲寅 7	乙卯 8		
三月大 丁卯	干支曆 天地西曆	丙辰 9	丁巳 10	戊午 11	己未 12	庚申 13	辛酉 14	壬戌 15	癸亥 16	甲子 17	乙丑 18	丙寅 19	丁卯 20	戊辰 21	己巳 22	庚午 23	辛未 24	壬申 25	癸酉 26	甲戌 27	乙亥 28	丙子 29	丁丑 (3)	戊寅 2	己卯 3	庚辰 4	辛巳 5	壬午 6	癸未 7	甲申 8	乙酉 9	丁巳立春
四月大 戊辰	干支曆 天地西曆	丙戌 10	丁亥 11	戊子 12	己丑 13	庚寅 14	辛卯 15	壬辰 16	癸巳 17	甲午 18	乙未 19	丙申 20	丁酉 21	戊戌 22	己亥 23	庚子 24	辛丑 25	壬寅 26	癸卯 27	甲辰 28	乙巳 29	丙午 30	丁未 31	戊申 (4)	己酉 2	庚戌 3	辛亥 4	壬子 5	癸丑 6	甲寅 7	乙卯 8	癸卯春分
五月小 己巳	干支曆 天地西曆	丙辰 9	丁巳 10	戊午 11	己未 12	庚申 13	辛酉 14	壬戌 15	癸亥 16	甲子 17	乙丑 18	丙寅 19	丁卯 20	戊辰 21	己巳 22	庚午 23	辛未 24	壬申 25	癸酉 26	甲戌 27	乙亥 28	丙子 29	丁丑 30	戊寅 (5)	己卯 2	庚辰 3	辛巳 4	壬午 5	癸未 6	甲申 7		
六月大 庚午	干支曆 天地西曆	乙酉 8	丙戌 9	丁亥 10	戊子 11	己丑 12	庚寅 13	辛卯 14	壬辰 15	癸巳 16	甲午 17	乙未 18	丙申 19	丁酉 20	戊戌 21	己亥 22	庚子 23	辛丑 24	壬寅 25	癸卯 26	甲辰 27	乙巳 28	丙午 29	丁未 30	戊申 31	己酉 (6)	庚戌 2	辛亥 3	壬子 4	癸丑 5	甲寅 6	庚寅立夏
七月小 辛未	干支曆 天地西曆	乙卯 7	丙辰 8	丁巳 9	戊午 10	己未 11	庚申 12	辛酉 13	壬戌 14	癸亥 15	甲子 16	乙丑 17	丙寅 18	丁卯 19	戊辰 20	己巳 21	庚午 22	辛未 23	壬申 24	癸酉 25	甲戌 26	乙亥 27	丙子 28	丁丑 29	戊寅 30	己卯 (7)	庚辰 2	辛巳 3	壬午 4	癸未 5		丁丑夏至
八月大 壬申	干支曆 天地西曆	甲申 6	乙酉 7	丙戌 8	丁亥 9	戊子 10	己丑 11	庚寅 12	辛卯 13	壬辰 14	癸巳 15	甲午 16	乙未 17	丙申 18	丁酉 19	戊戌 20	己亥 21	庚子 22	辛丑 23	壬寅 24	癸卯 25	甲辰 26	乙巳 27	丙午 28	丁未 29	戊申 30	己酉 31	庚戌 (8)	辛亥 2	壬子 3	癸丑 4	
九月小 癸酉	干支曆 天地西曆	甲寅 5	乙卯 6	丙辰 7	丁巳 8	戊午 9	己未 10	庚申 11	辛酉 12	壬戌 13	癸亥 14	甲子 15	乙丑 16	丙寅 17	丁卯 18	戊辰 19	己巳 20	庚午 21	辛未 22	壬申 23	癸酉 24	甲戌 25	乙亥 26	丙子 27	丁丑 28	戊寅 29	己卯 30	庚辰 31	辛巳 (9)	壬午 2		癸亥立秋
十月大 甲戌	干支曆 天地西曆	癸未 3	甲申 4	乙酉 5	丙戌 6	丁亥 7	戊子 8	己丑 9	庚寅 10	辛卯 11	壬辰 12	癸巳 13	甲午 14	乙未 15	丙申 16	丁酉 17	戊戌 18	己亥 19	庚子 20	辛丑 21	壬寅 22	癸卯 23	甲辰 24	乙巳 25	丙午 26	丁未 27	戊申 28	己酉 29	庚戌 30	辛亥 (10)	壬子 2	己酉秋分
十一月小 乙亥	干支曆 天地西曆	癸丑 3	甲寅 4	乙卯 5	丙辰 6	丁巳 7	戊午 8	己未 9	庚申 10	辛酉 11	壬戌 12	癸亥 13	甲子 14	乙丑 15	丙寅 16	丁卯 17	戊辰 18	己巳 19	庚午 20	辛未 21	壬申 22	癸酉 23	甲戌 24	乙亥 25	丙子 26	丁丑 27	戊寅 28	己卯 29	庚辰 30	辛巳 31		
十二月大 丙子	干支曆 天地西曆	壬午 (11)	癸未 2	甲申 3	乙酉 4	丙戌 5	丁亥 6	戊子 7	己丑 8	庚寅 9	辛卯 10	壬辰 11	癸巳 12	甲午 13	乙未 14	丙申 15	丁酉 16	戊戌 17	己亥 18	庚子 19	辛丑 20	壬寅 21	癸卯 22	甲辰 23	乙巳 24	丙午 25	丁未 26	戊申 27	己酉 28	庚戌 29	辛亥 30	癸巳立冬

朔閏異同	曆名	正月	二月	三月	四月	五月	六月	七月	八月	九月	十月	十一	十二	閏月	曆名	正月	二月	三月	四月	五月	六月	七月	八月	九月	十月	十一	十二	閏月
	周曆殷曆	丙辰丁亥	丙戌丙辰	乙卯丙戌	乙酉乙卯	甲寅乙酉	甲申甲寅	癸丑甲申	癸未癸丑	癸丑癸未	壬午壬子	壬子壬午	辛巳辛亥		夏曆新曆	丙辰丙辰	丙戌丙戌	乙卯乙卯	乙酉乙酉	甲寅乙卯	甲申甲申	癸丑甲寅	癸未癸未	壬子癸丑	壬午壬午	辛亥壬子	辛巳---辛巳	辛亥

*《長曆》：正月丁巳，二月丁亥，三月丁巳，四月丙戌，五月丙辰，六月乙酉，七月乙卯，八月甲申，九月甲寅，十月癸未，十一癸丑，十二壬午。

周景王九年 魯昭公六年（乙丑 牛年）公元前 537 ~ 前 536 年 歲在壽星

魯曆月序		中西曆日對照	初一	初二	初三	初四	初五	初六	初七	初八	初九	初十	十一	十二	十三	十四	十五	十六	十七	十八	十九	二十	二一	二二	二三	二四	二五	二六	二七	二八	二九	三十	節氣與天象
正月小	丁丑	天干地支 西曆	壬子(12)	癸丑2	甲寅3	乙卯4	丙辰5	丁巳6	戊午7	己未8	庚申9	辛酉10	壬戌11	癸亥12	甲子13	乙丑14	丙寅15	丁卯16	戊辰17	己巳18	庚午19	辛未20	壬申21	癸酉22	甲戌23	乙亥24	丙子25	丁丑26	戊寅27	己卯28	庚辰29		丁丑冬至
二月大	戊寅	天干地支 西曆	辛巳30	壬午31	癸未(1)	甲申2	乙酉3	丙戌4	丁亥5	戊子6	己丑7	庚寅8	辛卯9	壬辰10	癸巳11	甲午12	乙未13	丙申14	丁酉15	戊戌16	己亥17	庚子18	辛丑19	壬寅20	癸卯21	甲辰22	乙巳23	丙午24	丁未25	戊申26	己酉27	庚戌28	
三月小	己卯	天干地支 西曆	辛亥29	壬子30	癸丑31	甲寅(2)	乙卯2	丙辰3	丁巳4	戊午5	己未6	庚申7	辛酉8	壬戌9	癸亥10	甲子11	乙丑12	丙寅13	丁卯14	戊辰15	己巳16	庚午17	辛未18	壬申19	癸酉20	甲戌21	乙亥22	丙子23	丁丑24	戊寅25	己卯26		壬戌立春
四月大	庚辰	天干地支 西曆	庚辰27	辛巳28	壬午(3)	癸未2	甲申3	乙酉4	丙戌5	丁亥6	戊子7	己丑8	庚寅9	辛卯10	壬辰11	癸巳12	甲午13	乙未14	丙申15	丁酉16	戊戌17	己亥18	庚子19	辛丑20	壬寅21	癸卯22	甲辰23	乙巳24	丙午25	丁未26	戊申27	己酉28	戊申春分
五月小	辛巳	天干地支 西曆	庚戌29	辛亥30	壬子31	癸丑(4)	甲寅2	乙卯3	丙辰4	丁巳5	戊午6	己未7	庚申8	辛酉9	壬戌10	癸亥11	甲子12	乙丑13	丙寅14	丁卯15	戊辰16	己巳17	庚午18	辛未19	壬申20	癸酉21	甲戌22	乙亥23	丙子24	丁丑25	戊寅26		
六月大	壬午	天干地支 西曆	己卯27	庚辰28	辛巳29	壬午30	癸未(5)	甲申2	乙酉3	丙戌4	丁亥5	戊子6	己丑7	庚寅8	辛卯9	壬辰10	癸巳11	甲午12	乙未13	丙申14	丁酉15	戊戌16	己亥17	庚子18	辛丑19	壬寅20	癸卯21	甲辰22	乙巳23	丙午24	丁未25	戊申26	乙未立夏
七月大	癸未	天干地支 西曆	己酉27	庚戌28	辛亥29	壬子30	癸丑31	甲寅(6)	乙卯2	丙辰3	丁巳4	戊午5	己未6	庚申7	辛酉8	壬戌9	癸亥10	甲子11	乙丑12	丙寅13	丁卯14	戊辰15	己巳16	庚午17	辛未18	壬申19	癸酉20	甲戌21	乙亥22	丙子23	丁丑24	戊寅25	
八月小	甲申	天干地支 西曆	己卯26	庚辰27	辛巳28	壬午29	癸未30	甲申(7)	乙酉2	丙戌3	丁亥4	戊子5	己丑6	庚寅7	辛卯8	壬辰9	癸巳10	甲午11	乙未12	丙申13	丁酉14	戊戌15	己亥16	庚子17	辛丑18	壬寅19	癸卯20	甲辰21	乙巳22	丙午23	丁未24		壬午夏至
九月大	乙酉	天干地支 西曆	戊申25	己酉26	庚戌27	辛亥28	壬子29	癸丑30	甲寅31	乙卯(8)	丙辰2	丁巳3	戊午4	己未5	庚申6	辛酉7	壬戌8	癸亥9	甲子10	乙丑11	丙寅12	丁卯13	戊辰14	己巳15	庚午16	辛未17	壬申18	癸酉19	甲戌20	乙亥21	丙子22	丁丑23	己巳立秋
十月小	丙戌	天干地支 西曆	戊寅24	己卯25	庚辰26	辛巳27	壬午28	癸未29	甲申30	乙酉31	丙戌(9)	丁亥2	戊子3	己丑4	庚寅5	辛卯6	壬辰7	癸巳8	甲午9	乙未10	丙申11	丁酉12	戊戌13	己亥14	庚子15	辛丑16	壬寅17	癸卯18	甲辰19	乙巳20	丙午21		
十一月大	丁亥	天干地支 西曆	丁未22	戊申23	己酉24	庚戌25	辛亥26	壬子27	癸丑28	甲寅29	乙卯30	丙辰(10)	丁巳2	戊午3	己未4	庚申5	辛酉6	壬戌7	癸亥8	甲子9	乙丑10	丙寅11	丁卯12	戊辰13	己巳14	庚午15	辛未16	壬申17	癸酉18	甲戌19	乙亥20	丙子21	甲寅秋分
十二月小	戊子	天干地支 西曆	丁丑22	戊寅23	己卯24	庚辰25	辛巳26	壬午27	癸未28	甲申29	乙酉30	丙戌31	丁亥(11)	戊子2	己丑3	庚寅4	辛卯5	壬辰6	癸巳7	甲午8	乙未9	丙申10	丁酉11	戊戌12	己亥13	庚子14	辛丑15	壬寅16	癸卯17	甲辰18	乙巳19		戊戌立冬
閏月大	戊子	天干地支 西曆	丙午20	丁未21	戊申22	己酉23	庚戌24	辛亥25	壬子26	癸丑27	甲寅28	乙卯29	丙辰30	丁巳(12)	戊午2	己未3	庚申4	辛酉5	壬戌6	癸亥7	甲子8	乙丑9	丙寅10	丁卯11	戊辰12	己巳13	庚午14	辛未15	壬申16	癸酉17	甲戌18	乙亥19	

朔閏異同	曆名	正月	二月	三月	四月	五月	六月	七月	八月	九月	十月	十一	十二	閏月	曆名	正月	二月	三月	四月	五月	六月	七月	八月	九月	十月	十一	十二	閏月
	周曆殷曆	辛亥辛巳	庚辰庚戌	庚戌庚辰	己卯庚戌	己酉己卯	---戊寅---己酉	戊申戊寅	丁丑戊申	丁未丁丑	丙子丁未	丙午丙子	乙亥丙午	乙巳乙亥	夏曆新曆	辛亥庚辰	庚辰庚戌	---庚戌己卯	己卯己酉	己酉戊寅	戊寅戊申	戊申戊寅	丁丑丁未	丁未丁丑	丙子丙午	丙午丙子	乙亥乙巳	乙巳

*《長曆》：正月壬子，二月辛巳，三月辛亥，四月庚辰，五月庚戌，六月庚辰，七月己酉，閏月己卯，八月戊申，九月戊寅，十月丁未，十一丁丑。十二丙午。

周景王十年 魯昭公七年（丙寅 虎年） 公元前 536 ~ 前 535 年 歲在大火

魯曆月序		中西曆日對照	初一	初二	初三	初四	初五	初六	初七	初八	初九	初十	十一	十二	十三	十四	十五	十六	十七	十八	十九	二十	二一	二二	二三	二四	二五	二六	二七	二八	二九	三十	節氣與天象
正月小	己丑	天干地支	丙子	丁丑	戊寅	己卯	庚辰	辛巳	壬午	癸未	甲申	乙酉	丙戌	丁亥	戊子	己丑	庚寅	辛卯	壬辰	癸巳	甲午	乙未	丙申	丁酉	戊戌	己亥	庚子	辛丑	壬寅	癸卯	甲辰		癸未冬至
		西曆	20	21	22	23	24	25	26	27	28	29	30	31	(1)	2	3	4	5	6	7	8	9	10	11	12	13	14	15	16	17		
二月大	庚寅	天干地支	乙巳	丙午	丁未	戊申	己酉	庚戌	辛亥	壬子	癸丑	甲寅	乙卯	丙辰	丁巳	戊午	己未	庚申	辛酉	壬戌	癸亥	甲子	乙丑	丙寅	丁卯	戊辰	己巳	庚午	辛未	壬申	癸酉	甲戌	丁卯立春
		西曆	18	19	20	21	22	23	24	25	26	27	28	29	30	31	(2)	2	3	4	5	6	7	8	9	10	11	12	13	14	15	16	
三月小	辛卯	天干地支	乙亥	丙子	丁丑	戊寅	己卯	庚辰	辛巳	壬午	癸未	甲申	乙酉	丙戌	丁亥	戊子	己丑	庚寅	辛卯	壬辰	癸巳	甲午	乙未	丙申	丁酉	戊戌	己亥	庚子	辛丑	壬寅	癸卯		
		西曆	17	18	19	20	21	22	23	24	25	26	27	28	(3)	2	3	4	5	6	7	8	9	10	11	12	13	14	15	16	17		
四月大	壬辰	天干地支	甲辰	乙巳	丙午	丁未	戊申	己酉	庚戌	辛亥	壬子	癸丑	甲寅	乙卯	丙辰	丁巳	戊午	己未	庚申	辛酉	壬戌	癸亥	甲子	乙丑	丙寅	丁卯	戊辰	己巳	庚午	辛未	壬申	癸酉	癸丑春分 甲辰日食
		西曆	18	19	20	21	22	23	24	25	26	27	28	29	30	31	(4)	2	3	4	5	6	7	8	9	10	11	12	13	14	15	16	
五月小	癸巳	天干地支	甲戌	乙亥	丙子	丁丑	戊寅	己卯	庚辰	辛巳	壬午	癸未	甲申	乙酉	丙戌	丁亥	戊子	己丑	庚寅	辛卯	壬辰	癸巳	甲午	乙未	丙申	丁酉	戊戌	己亥	庚子	辛丑	壬寅		庚子立夏
		西曆	17	18	19	20	21	22	23	24	25	26	27	28	29	30	(5)	2	3	4	5	6	7	8	9	10	11	12	13	14	15		
六月大	甲午	天干地支	癸卯	甲辰	乙巳	丙午	丁未	戊申	己酉	庚戌	辛亥	壬子	癸丑	甲寅	乙卯	丙辰	丁巳	戊午	己未	庚申	辛酉	壬戌	癸亥	甲子	乙丑	丙寅	丁卯	戊辰	己巳	庚午	辛未	壬申	
		西曆	16	17	18	19	20	21	22	23	24	25	26	27	28	29	30	31	(6)	2	3	4	5	6	7	8	9	10	11	12	13	14	
七月小	乙未	天干地支	癸酉	甲戌	乙亥	丙子	丁丑	戊寅	己卯	庚辰	辛巳	壬午	癸未	甲申	乙酉	丙戌	丁亥	戊子	己丑	庚寅	辛卯	壬辰	癸巳	甲午	乙未	丙申	丁酉	戊戌	己亥	庚子	辛丑		丁亥夏至
		西曆	15	16	17	18	19	20	21	22	23	24	25	26	27	28	29	30	(7)	2	3	4	5	6	7	8	9	10	11	12	13		
八月大	丙申	天干地支	壬寅	癸卯	甲辰	乙巳	丙午	丁未	戊申	己酉	庚戌	辛亥	壬子	癸丑	甲寅	乙卯	丙辰	丁巳	戊午	己未	庚申	辛酉	壬戌	癸亥	甲子	乙丑	丙寅	丁卯	戊辰	己巳	庚午	辛未	
		西曆	14	15	16	17	18	19	20	21	22	23	24	25	26	27	28	29	30	31	(8)	2	3	4	5	6	7	8	9	10	11	12	
九月小	丁酉	天干地支	壬申	癸酉	甲戌	乙亥	丙子	丁丑	戊寅	己卯	庚辰	辛巳	壬午	癸未	甲申	乙酉	丙戌	丁亥	戊子	己丑	庚寅	辛卯	壬辰	癸巳	甲午	乙未	丙申	丁酉	戊戌	己亥	庚子		甲戌立秋
		西曆	13	14	15	16	17	18	19	20	21	22	23	24	25	26	27	28	29	30	31	(9)	2	3	4	5	6	7	8	9	10		
十月大	戊戌	天干地支	辛丑	壬寅	癸卯	甲辰	乙巳	丙午	丁未	戊申	己酉	庚戌	辛亥	壬子	癸丑	甲寅	乙卯	丙辰	丁巳	戊午	己未	庚申	辛酉	壬戌	癸亥	甲子	乙丑	丙寅	丁卯	戊辰	己巳	庚午	己未秋分
		西曆	11	12	13	14	15	16	17	18	19	20	21	22	23	24	25	26	27	28	29	30	(10)	2	3	4	5	6	7	8	9	10	
十一月大	己亥	天干地支	辛未	壬申	癸酉	甲戌	乙亥	丙子	丁丑	戊寅	己卯	庚辰	辛巳	壬午	癸未	甲申	乙酉	丙戌	丁亥	戊子	己丑	庚寅	辛卯	壬辰	癸巳	甲午	乙未	丙申	丁酉	戊戌	己亥	庚子	
		西曆	11	12	13	14	15	16	17	18	19	20	21	22	23	24	25	26	27	28	29	30	31	(11)	2	3	4	5	6	7	8	9	
十二月小	庚子	天干地支	辛丑	壬寅	癸卯	甲辰	乙巳	丙午	丁未	戊申	己酉	庚戌	辛亥	壬子	癸丑	甲寅	乙卯	丙辰	丁巳	戊午	己未	庚申	辛酉	壬戌	癸亥	甲子	乙丑	丙寅	丁卯	戊辰	己巳		甲辰立冬
		西曆	10	11	12	13	14	15	16	17	18	19	20	21	22	23	24	25	26	27	28	29	30	(12)	2	3	4	5	6	7	8		

朔閏異同	曆名	正月	二月	三月	四月	五月	六月	七月	八月	九月	十月	十一	十二	閏月
	周曆殷曆	乙亥乙巳	甲辰甲戌	甲戌甲辰	癸卯癸酉	癸酉癸卯	壬寅壬申	壬申壬寅	辛丑壬申	辛未辛丑	庚子辛未	庚午庚子	己亥戊午	
	夏曆新曆	甲戌乙亥	甲辰甲辰	癸酉癸酉	癸卯癸卯	癸酉壬申	壬寅壬寅	壬申壬申	辛丑辛丑	辛未辛未	庚子辛丑	庚午庚午	己亥庚子	

*《長曆》：正月丙子，二月乙巳，三月乙亥，四月甲辰，五月甲戌，六月癸卯，七月癸酉，八月壬寅，九月壬申，十月壬寅，十一辛未，十二辛丑。

周景王十一年 魯昭公八年（丁卯 兔年） 公元前535 ~ 前**534**年 歲在析木

魯曆月序	中西曆日對照		初一	初二	初三	初四	初五	初六	初七	初八	初九	初十	十一	十二	十三	十四	十五	十六	十七	十八	十九	二十	二一	二二	二三	二四	二五	二六	二七	二八	二九	三十	節氣與天象
正月大	辛丑	天干地支西曆	庚午 9	辛未 10	壬申 11	癸酉 12	甲戌 13	乙亥 14	丙子 15	丁丑 16	戊寅 17	己卯 18	庚辰 19	辛巳 20	壬午 21	癸未 22	甲申 23	乙酉 24	丙戌 25	丁亥 26	戊子 27	己丑 28	庚寅 29	辛卯 30	壬辰 31	癸巳 (1)	甲午 2	乙未 3	丙申 4	丁酉 5	戊戌 6	己亥 7	戊子冬至
二月小	壬寅	天干地支西曆	庚子 8	辛丑 9	壬寅 10	癸卯 11	甲辰 12	乙巳 13	丙午 14	丁未 15	戊申 16	己酉 17	庚戌 18	辛亥 19	壬子 20	癸丑 21	甲寅 22	乙卯 23	丙辰 24	丁巳 25	戊午 26	己未 27	庚申 28	辛酉 29	壬戌 30	癸亥 31	甲子 (2)	乙丑 2	丙寅 3	丁卯 4	戊辰 5		
三月大	癸卯	天干地支西曆	己巳 6	庚午 7	辛未 8	壬申 9	癸酉 10	甲戌 11	乙亥 12	丙子 13	丁丑 14	戊寅 15	己卯 16	庚辰 17	辛巳 18	壬午 19	癸未 20	甲申 21	乙酉 22	丙戌 23	丁亥 24	戊子 25	己丑 26	庚寅 27	辛卯 28	壬辰 (3)	癸巳 2	甲午 3	乙未 4	丙申 5	丁酉 6	戊戌 7	癸酉立春
四月小	甲辰	天干地支西曆	己亥 8	庚子 9	辛丑 10	壬寅 11	癸卯 12	甲辰 13	乙巳 14	丙午 15	丁未 16	戊申 17	己酉 18	庚戌 19	辛亥 20	壬子 21	癸丑 22	甲寅 23	乙卯 24	丙辰 25	丁巳 26	戊午 27	己未 28	庚申 29	辛酉 30	壬戌 31	癸亥 (4)	甲子 2	乙丑 3	丙寅 4	丁卯 5		戊午春分
五月大	乙巳	天干地支西曆	戊辰 6	己巳 7	庚午 8	辛未 9	壬申 10	癸酉 11	甲戌 12	乙亥 13	丙子 14	丁丑 15	戊寅 16	己卯 17	庚辰 18	辛巳 19	壬午 20	癸未 21	甲申 22	乙酉 23	丙戌 24	丁亥 25	戊子 26	己丑 27	庚寅 28	辛卯 29	壬辰 30	癸巳 (5)	甲午 2	乙未 3	丙申 4	丁酉 5	
六月小	丙午	天干地支西曆	戊戌 6	己亥 7	庚子 8	辛丑 9	壬寅 10	癸卯 11	甲辰 12	乙巳 13	丙午 14	丁未 15	戊申 16	己酉 17	庚戌 18	辛亥 19	壬子 20	癸丑 21	甲寅 22	乙卯 23	丙辰 24	丁巳 25	戊午 26	己未 27	庚申 28	辛酉 29	壬戌 30	癸亥 31	甲子 (6)	乙丑 2	丙寅 3		乙巳立夏
七月大	丁未	天干地支西曆	丁卯 4	戊辰 5	己巳 6	庚午 7	辛未 8	壬申 9	癸酉 10	甲戌 11	乙亥 12	丙子 13	丁丑 14	戊寅 15	己卯 16	庚辰 17	辛巳 18	壬午 19	癸未 20	甲申 21	乙酉 22	丙戌 23	丁亥 24	戊子 25	己丑 26	庚寅 27	辛卯 28	壬辰 29	癸巳 30	甲午 (7)	乙未 2	丙申 3	癸巳夏至
八月小	戊申	天干地支西曆	丁酉 4	戊戌 5	己亥 6	庚子 7	辛丑 8	壬寅 9	癸卯 10	甲辰 11	乙巳 12	丙午 13	丁未 14	戊申 15	己酉 16	庚戌 17	辛亥 18	壬子 19	癸丑 20	甲寅 21	乙卯 22	丙辰 23	丁巳 24	戊午 25	己未 26	庚申 27	辛酉 28	壬戌 29	癸亥 30	甲子 31	乙丑 (8)		
九月大	己酉	天干地支西曆	丙寅 2	丁卯 3	戊辰 4	己巳 5	庚午 6	辛未 7	壬申 8	癸酉 9	甲戌 10	乙亥 11	丙子 12	丁丑 13	戊寅 14	己卯 15	庚辰 16	辛巳 17	壬午 18	癸未 19	甲申 20	乙酉 21	丙戌 22	丁亥 23	戊子 24	己丑 25	庚寅 26	辛卯 27	壬辰 28	癸巳 29	甲午 30	乙未 31	己卯立秋
十月小	庚戌	天干地支西曆	丙申 (9)	丁酉 2	戊戌 3	己亥 4	庚子 5	辛丑 6	壬寅 7	癸卯 8	甲辰 9	乙巳 10	丙午 11	丁未 12	戊申 13	己酉 14	庚戌 15	辛亥 16	壬子 17	癸丑 18	甲寅 19	乙卯 20	丙辰 21	丁巳 22	戊午 23	己未 24	庚申 25	辛酉 26	壬戌 27	癸亥 28	甲子 29		
十一月大	辛亥	天干地支西曆	乙丑 30	丙寅 (10)	丁卯 2	戊辰 3	己巳 4	庚午 5	辛未 6	壬申 7	癸酉 8	甲戌 9	乙亥 10	丙子 11	丁丑 12	戊寅 13	己卯 14	庚辰 15	辛巳 16	壬午 17	癸未 18	甲申 19	乙酉 20	丙戌 21	丁亥 22	戊子 23	己丑 24	庚寅 25	辛卯 26	壬辰 27	癸巳 28	甲午 29	乙丑秋分
十二月小	壬子	天干地支西曆	乙未 30	丙申 31	丁酉 (11)	戊戌 2	己亥 3	庚子 4	辛丑 5	壬寅 6	癸卯 7	甲辰 8	乙巳 9	丙午 10	丁未 11	戊申 12	己酉 13	庚戌 14	辛亥 15	壬子 16	癸丑 17	甲寅 18	乙卯 19	丙辰 20	丁巳 21	戊午 22	己未 23	庚申 24	辛酉 25	壬戌 26	癸亥 27		己酉立冬
閏月大	壬子	天干地支西曆	甲子 28	乙丑 29	丙寅 30	丁卯 (12)	戊辰 2	己巳 3	庚午 4	辛未 5	壬申 6	癸酉 7	甲戌 8	乙亥 9	丙子 10	丁丑 11	戊寅 12	己卯 13	庚辰 14	辛巳 15	壬午 16	癸未 17	甲申 18	乙酉 19	丙戌 20	丁亥 21	戊子 22	己丑 23	庚寅 24	辛卯 25	壬辰 26	癸巳 27	癸巳冬至

朔閏異同	曆名	正月	二月	三月	四月	五月	六月	七月	八月	九月	十月	十一	十二	閏月	曆名	正月	二月	三月	四月	五月	六月	七月	八月	九月	十月	十一	十二	閏月
	周曆殷曆	己巳己亥	戊戌己巳	戊辰戊戌	丁酉戊辰	丁卯丁酉	丁酉丁卯	丙寅丙申	丙申丙寅	乙丑乙未	乙未乙丑	甲子甲午	甲午甲子		夏曆新曆	己巳己巳	戊戌己亥	戊辰戊辰	丁酉丁酉	丁卯丁卯	丙申丙申	丙寅丙寅	丙申---乙未	乙丑乙丑	乙未乙未	甲子乙丑	---甲午甲午	癸亥甲子

*《長曆》：正月庚午，二月庚子，三月己巳，四月己亥，五月戊辰，六月戊戌，七月丁卯，八月丁酉，九月丙寅，十月丙申，十一乙丑，十二乙未。

周景王十二年 魯昭公九年（戊辰 龍年）公元前534～前533年 歲在星紀

魯曆月序		中西曆日對照	初一	初二	初三	初四	初五	初六	初七	初八	初九	初十	十一	十二	十三	十四	十五	十六	十七	十八	十九	二十	二一	二二	二三	二四	二五	二六	二七	二八	二九	三十	節氣與天象
正月小	癸丑	天干地支西曆	甲午28	乙未29	丙申30	丁酉31	戊戌(1)	己亥2	庚子3	辛丑4	壬寅5	癸卯6	甲辰7	乙巳8	丙午9	丁未10	戊申11	己酉12	庚戌13	辛亥14	壬子15	癸丑16	甲寅17	乙卯18	丙辰19	丁巳20	戊午21	己未22	庚申23	辛酉24	壬戌25		
二月大	甲寅	天干地支西曆	癸亥26	甲子27	乙丑28	丙寅29	丁卯30	戊辰31	己巳(2)	庚午2	辛未3	壬申4	癸酉5	甲戌6	乙亥7	丙子8	丁丑9	戊寅10	己卯11	庚辰12	辛巳13	壬午14	癸未15	甲申16	乙酉17	丙戌18	丁亥19	戊子20	己丑21	庚寅22	辛卯23	壬辰24	戊寅立春 甲子日食
三月大	乙卯	天干地支西曆	癸巳25	甲午26	乙未27	丙申28	丁酉29	戊戌(3)	己亥2	庚子3	辛丑4	壬寅5	癸卯6	甲辰7	乙巳8	丙午9	丁未10	戊申11	己酉12	庚戌13	辛亥14	壬子15	癸丑16	甲寅17	乙卯18	丙辰19	丁巳20	戊午21	己未22	庚申23	辛酉24	壬戌25	
四月小	丙辰	天干地支西曆	癸亥26	甲子27	乙丑28	丙寅29	丁卯30	戊辰31	己巳(4)	庚午2	辛未3	壬申4	癸酉5	甲戌6	乙亥7	丙子8	丁丑9	戊寅10	己卯11	庚辰12	辛巳13	壬午14	癸未15	甲申16	乙酉17	丙戌18	丁亥19	戊子20	己丑21	庚寅22	辛卯23		甲子春分
五月大	丁巳	天干地支西曆	壬辰24	癸巳25	甲午26	乙未27	丙申28	丁酉29	戊戌30	己亥(5)	庚子2	辛丑3	壬寅4	癸卯5	甲辰6	乙巳7	丙午8	丁未9	戊申10	己酉11	庚戌12	辛亥13	壬子14	癸丑15	甲寅16	乙卯17	丙辰18	丁巳19	戊午20	己未21	庚申22	辛酉23	辛亥立夏
六月小	戊午	天干地支西曆	壬戌24	癸亥25	甲子26	乙丑27	丙寅28	丁卯29	戊辰30	己巳31	庚午(6)	辛未2	壬申3	癸酉4	甲戌5	乙亥6	丙子7	丁丑8	戊寅9	己卯10	庚辰11	辛巳12	壬午13	癸未14	甲申15	乙酉16	丙戌17	丁亥18	戊子19	己丑20	庚寅21		
七月大	己未	天干地支西曆	辛卯22	壬辰23	癸巳24	甲午25	乙未26	丙申27	丁酉28	戊戌29	己亥30	庚子(7)	辛丑2	壬寅3	癸卯4	甲辰5	乙巳6	丙午7	丁未8	戊申9	己酉10	庚戌11	辛亥12	壬子13	癸丑14	甲寅15	乙卯16	丙辰17	丁巳18	戊午19	己未20	庚申21	戊戌夏至
八月小	庚申	天干地支西曆	辛酉22	壬戌23	癸亥24	甲子25	乙丑26	丙寅27	丁卯28	戊辰29	己巳30	庚午31	辛未(8)	壬申2	癸酉3	甲戌4	乙亥5	丙子6	丁丑7	戊寅8	己卯9	庚辰10	辛巳11	壬午12	癸未13	甲申14	乙酉15	丙戌16	丁亥17	戊子18	己丑19		甲申立秋
九月大	辛酉	天干地支西曆	庚寅20	辛卯21	壬辰22	癸巳23	甲午24	乙未25	丙申26	丁酉27	戊戌28	己亥29	庚子30	辛丑31	壬寅(9)	癸卯2	甲辰3	乙巳4	丙午5	丁未6	戊申7	己酉8	庚戌9	辛亥10	壬子11	癸丑12	甲寅13	乙卯14	丙辰15	丁巳16	戊午17	己未18	
十月小	壬戌	天干地支西曆	庚申19	辛酉20	壬戌21	癸亥22	甲子23	乙丑24	丙寅25	丁卯26	戊辰27	己巳28	庚午29	辛未30	壬申(10)	癸酉2	甲戌3	乙亥4	丙子5	丁丑6	戊寅7	己卯8	庚辰9	辛巳10	壬午11	癸未12	甲申13	乙酉14	丙戌15	丁亥16	戊子17		庚午秋分
十一月大	癸亥	天干地支西曆	己丑18	庚寅19	辛卯20	壬辰21	癸巳22	甲午23	乙未24	丙申25	丁酉26	戊戌27	己亥28	庚子29	辛丑30	壬寅31	癸卯(11)	甲辰2	乙巳3	丙午4	丁未5	戊申6	己酉7	庚戌8	辛亥9	壬子10	癸丑11	甲寅12	乙卯13	丙辰14	丁巳15	戊午16	甲寅立冬
十二月小	甲子	天干地支西曆	己未17	庚申18	辛酉19	壬戌20	癸亥21	甲子22	乙丑23	丙寅24	丁卯25	戊辰26	己巳27	庚午28	辛未29	壬申30	癸酉(12)	甲戌2	乙亥3	丙子4	丁丑5	戊寅6	己卯7	庚辰8	辛巳9	壬午10	癸未11	甲申12	乙酉13	丙戌14	丁亥15		

朔閏異同	曆名	正月	二月	三月	四月	五月	六月	七月	八月	九月	十月	十一	十二	閏月
	周曆殷曆	癸亥甲午	---癸巳---癸亥	壬戌癸巳	壬辰壬戌	辛酉壬辰	辛卯辛酉	庚申辛卯	庚寅庚申	庚申庚寅	己丑己未	己未己丑	戊子戊午	戊午戊子
	夏曆新曆	癸巳癸巳	壬戌癸亥	壬辰壬辰	辛酉辛酉	辛卯辛卯	庚申庚申	庚寅庚寅	己未己未	己丑己丑	戊午己未	戊子己丑	戊午戊午	

*《長曆》：正月甲子，二月甲午，三月甲子，四月癸巳，五月癸亥，六月壬辰，七月壬戌，八月辛卯，九月辛酉，十月庚寅，十一庚申，十二己丑，閏月己未。

周景王十三年 魯昭公十年（己巳 蛇年）公元前 533 ~ 前 **532** 年 歲在玄枵

魯曆月序		中西曆日對照	初一	初二	初三	初四	初五	初六	初七	初八	初九	初十	十一	十二	十三	十四	十五	十六	十七	十八	十九	二十	二一	二二	二三	二四	二五	二六	二七	二八	二九	三十	節氣與天象
正月大	乙丑	干支曆	戊子	己丑	庚寅	辛卯	壬辰	癸巳	甲午	乙未	丙申	丁酉	戊戌	己亥	庚子	辛丑	壬寅	癸卯	甲辰	乙巳	丙午	丁未	戊申	己酉	庚戌	辛亥	壬子	癸丑	甲寅	乙卯	丙辰	丁巳	戊戌冬至
		天地西曆	16	17	18	19	20	21	22	23	24	25	26	27	28	29	30	31	(1)	2	3	4	5	6	7	8	9	10	11	12	13	14	
二月小	丙寅	干支曆	戊午	己未	庚申	辛酉	壬戌	癸亥	甲子	乙丑	丙寅	丁卯	戊辰	己巳	庚午	辛未	壬申	癸酉	甲戌	乙亥	丙子	丁丑	戊寅	己卯	庚辰	辛巳	壬午	癸未	甲申	乙酉	丙戌		癸未立春
		天地西曆	15	16	17	18	19	20	21	22	23	24	25	26	27	28	29	30	31	(2)	2	3	4	5	6	7	8	9	10	11	12		
三月大	丁卯	干支曆	丁亥	戊子	己丑	庚寅	辛卯	壬辰	癸巳	甲午	乙未	丙申	丁酉	戊戌	己亥	庚子	辛丑	壬寅	癸卯	甲辰	乙巳	丙午	丁未	戊申	己酉	庚戌	辛亥	壬子	癸丑	甲寅	乙卯	丙辰	
		天地西曆	13	14	15	16	17	18	19	20	21	22	23	24	25	26	27	28	(3)	2	3	4	5	6	7	8	9	10	11	12	13	14	
四月小	戊辰	干支曆	丁巳	戊午	己未	庚申	辛酉	壬戌	癸亥	甲子	乙丑	丙寅	丁卯	戊辰	己巳	庚午	辛未	壬申	癸酉	甲戌	乙亥	丙子	丁丑	戊寅	己卯	庚辰	辛巳	壬午	癸未	甲申	乙酉		己巳春分
		天地西曆	15	16	17	18	19	20	21	22	23	24	25	26	27	28	29	30	31	(4)	2	3	4	5	6	7	8	9	10	11	12		
五月大	己巳	干支曆	丙戌	丁亥	戊子	己丑	庚寅	辛卯	壬辰	癸巳	甲午	乙未	丙申	丁酉	戊戌	己亥	庚子	辛丑	壬寅	癸卯	甲辰	乙巳	丙午	丁未	戊申	己酉	庚戌	辛亥	壬子	癸丑	甲寅	乙卯	
		天地西曆	13	14	15	16	17	18	19	20	21	22	23	24	25	26	27	28	29	30	(5)	2	3	4	5	6	7	8	9	10	11	12	
六月小	庚午	干支曆	丙辰	丁巳	戊午	己未	庚申	辛酉	壬戌	癸亥	甲子	乙丑	丙寅	丁卯	戊辰	己巳	庚午	辛未	壬申	癸酉	甲戌	乙亥	丙子	丁丑	戊寅	己卯	庚辰	辛巳	壬午	癸未	甲申		丙辰立夏
		天地西曆	13	14	15	16	17	18	19	20	21	22	23	24	25	26	27	28	29	30	31	(6)	2	3	4	5	6	7	8	9	10		
七月大	辛未	干支曆	乙酉	丙戌	丁亥	戊子	己丑	庚寅	辛卯	壬辰	癸巳	甲午	乙未	丙申	丁酉	戊戌	己亥	庚子	辛丑	壬寅	癸卯	甲辰	乙巳	丙午	丁未	戊申	己酉	庚戌	辛亥	壬子	癸丑	甲寅	癸卯夏至
		天地西曆	11	12	13	14	15	16	17	18	19	20	21	22	23	24	25	26	27	28	29	30	(7)	2	3	4	5	6	7	8	9	10	
八月大	壬申	干支曆	乙卯	丙辰	丁巳	戊午	己未	庚申	辛酉	壬戌	癸亥	甲子	乙丑	丙寅	丁卯	戊辰	己巳	庚午	辛未	壬申	癸酉	甲戌	乙亥	丙子	丁丑	戊寅	己卯	庚辰	辛巳	壬午	癸未	甲申	
		天地西曆	11	12	13	14	15	16	17	18	19	20	21	22	23	24	25	26	27	28	29	30	31	(8)	2	3	4	5	6	7	8	9	
九月小	癸酉	干支曆	乙酉	丙戌	丁亥	戊子	己丑	庚寅	辛卯	壬辰	癸巳	甲午	乙未	丙申	丁酉	戊戌	己亥	庚子	辛丑	壬寅	癸卯	甲辰	乙巳	丙午	丁未	戊申	己酉	庚戌	辛亥	壬子	癸丑		庚寅立秋
		天地西曆	10	11	12	13	14	15	16	17	18	19	20	21	22	23	24	25	26	27	28	29	30	31	(9)	2	3	4	5	6	7		
十月大	甲戌	干支曆	甲寅	乙卯	丙辰	丁巳	戊午	己未	庚申	辛酉	壬戌	癸亥	甲子	乙丑	丙寅	丁卯	戊辰	己巳	庚午	辛未	壬申	癸酉	甲戌	乙亥	丙子	丁丑	戊寅	己卯	庚辰	辛巳	壬午	癸未	乙亥秋分
		天地西曆	8	9	10	11	12	13	14	15	16	17	18	19	20	21	22	23	24	25	26	27	28	29	30	(10)	2	3	4	5	6	7	
十一月小	乙亥	干支曆	甲申	乙酉	丙戌	丁亥	戊子	己丑	庚寅	辛卯	壬辰	癸巳	甲午	乙未	丙申	丁酉	戊戌	己亥	庚子	辛丑	壬寅	癸卯	甲辰	乙巳	丙午	丁未	戊申	己酉	庚戌	辛亥	壬子		
		天地西曆	8	9	10	11	12	13	14	15	16	17	18	19	20	21	22	23	24	25	26	27	28	29	30	31	(11)	2	3	4	5		
十二月大	丙子	干支曆	癸丑	甲寅	乙卯	丙辰	丁巳	戊午	己未	庚申	辛酉	壬戌	癸亥	甲子	乙丑	丙寅	丁卯	戊辰	己巳	庚午	辛未	壬申	癸酉	甲戌	乙亥	丙子	丁丑	戊寅	己卯	庚辰	辛巳	壬午	己未立冬
		天地西曆	6	7	8	9	10	11	12	13	14	15	16	17	18	19	20	21	22	23	24	25	26	27	28	29	30	(12)	2	3	4	5	

朔閏異同	曆名	正月	二月	三月	四月	五月	六月	七月	八月	九月	十月	十一	十二	閏月
	周曆殷曆	丁亥丁巳	丁巳丁亥	丙戌丁巳	丙辰丙戌	乙酉丙辰	乙卯乙酉	甲申乙卯	甲寅甲申	癸未甲寅	癸丑癸未	壬午癸丑	壬子壬午	
	夏曆新曆	丁亥戊子	丁巳丁巳	丙戌丁亥	丙辰丙辰	乙酉乙酉	乙卯乙卯	甲申甲申	甲寅癸丑	癸未癸未	癸丑癸丑	壬午壬午	壬子壬子	

*《長曆》：正月戊子，二月戊午，三月丁亥，四月丁巳，五月丁亥，六月丙辰，七月丙戌，八月乙卯，九月乙酉，十月甲寅，十一甲申，十二癸丑。

周景王十四年 魯昭公十一年（庚午 馬年）公元前 532 ~ 前 **531** 年 歲在娵訾

魯曆月序		中西曆日對照	初一	初二	初三	初四	初五	初六	初七	初八	初九	初十	十一	十二	十三	十四	十五	十六	十七	十八	十九	二十	二一	二二	二三	二四	二五	二六	二七	二八	二九	三十	節氣與天象
正月小	丁丑	天干地支西曆	癸未6	甲申7	乙酉8	丙戌9	丁亥10	戊子11	己丑12	庚寅13	辛卯14	壬辰15	癸巳16	甲午17	乙未18	丙申19	丁酉20	戊戌21	己亥22	庚子23	辛丑24	壬寅25	癸卯26	甲辰27	乙巳28	丙午29	丁未30	戊申31	己酉(1)	庚戌2	辛亥3		甲辰冬至
二月大	戊寅	天干地支西曆	壬子4	癸丑5	甲寅6	乙卯7	丙辰8	丁巳9	戊午10	己未11	庚申12	辛酉13	壬戌14	癸亥15	甲子16	乙丑17	丙寅18	丁卯19	戊辰20	己巳21	庚午22	辛未23	壬申24	癸酉25	甲戌26	乙亥27	丙子28	丁丑29	戊寅30	己卯31	庚辰(2)	辛巳2	
三月小	己卯	天干地支西曆	壬午3	癸未4	甲申5	乙酉6	丙戌7	丁亥8	戊子9	己丑10	庚寅11	辛卯12	壬辰13	癸巳14	甲午15	乙未16	丙申17	丁酉18	戊戌19	己亥20	庚子21	辛丑22	壬寅23	癸卯24	甲辰25	乙巳26	丙午27	丁未28	戊申(3)	己酉2	庚戌3		戊子立春
四月大	庚辰	天干地支西曆	辛亥4	壬子5	癸丑6	甲寅7	乙卯8	丙辰9	丁巳10	戊午11	己未12	庚申13	辛酉14	壬戌15	癸亥16	甲子17	乙丑18	丙寅19	丁卯20	戊辰21	己巳22	庚午23	辛未24	壬申25	癸酉26	甲戌27	乙亥28	丙子29	丁丑30	戊寅31	己卯(4)	庚辰2	甲戌春分
五月小	辛巳	天干地支西曆	辛巳3	壬午4	癸未5	甲申6	乙酉7	丙戌8	丁亥9	戊子10	己丑11	庚寅12	辛卯13	壬辰14	癸巳15	甲午16	乙未17	丙申18	丁酉19	戊戌20	己亥21	庚子22	辛丑23	壬寅24	癸卯25	甲辰26	乙巳27	丙午28	丁未29	戊申30	己酉(5)		
六月大	壬午	天干地支西曆	庚戌2	辛亥3	壬子4	癸丑5	甲寅6	乙卯7	丙辰8	丁巳9	戊午10	己未11	庚申12	辛酉13	壬戌14	癸亥15	甲子16	乙丑17	丙寅18	丁卯19	戊辰20	己巳21	庚午22	辛未23	壬申24	癸酉25	甲戌26	乙亥27	丙子28	丁丑29	戊寅30	己卯31	辛酉立夏
七月小	癸未	天干地支西曆	庚辰(6)	辛巳2	壬午3	癸未4	甲申5	乙酉6	丙戌7	丁亥8	戊子9	己丑10	庚寅11	辛卯12	壬辰13	癸巳14	甲午15	乙未16	丙申17	丁酉18	戊戌19	己亥20	庚子21	辛丑22	壬寅23	癸卯24	甲辰25	乙巳26	丙午27	丁未28	戊申29		戊申夏至
八月大	甲申	天干地支西曆	己酉30	庚戌(7)	辛亥2	壬子3	癸丑4	甲寅5	乙卯6	丙辰7	丁巳8	戊午9	己未10	庚申11	辛酉12	壬戌13	癸亥14	甲子15	乙丑16	丙寅17	丁卯18	戊辰19	己巳20	庚午21	辛未22	壬申23	癸酉24	甲戌25	乙亥26	丙子27	丁丑28	戊寅29	
九月小	乙酉	天干地支西曆	己卯30	庚辰31	辛巳(8)	壬午2	癸未3	甲申4	乙酉5	丙戌6	丁亥7	戊子8	己丑9	庚寅10	辛卯11	壬辰12	癸巳13	甲午14	乙未15	丙申16	丁酉17	戊戌18	己亥19	庚子20	辛丑21	壬寅22	癸卯23	甲辰24	乙巳25	丙午26	丁未27		乙未立秋
十月大	丙戌	天干地支西曆	戊申28	己酉29	庚戌30	辛亥31	壬子(9)	癸丑2	甲寅3	乙卯4	丙辰5	丁巳6	戊午7	己未8	庚申9	辛酉10	壬戌11	癸亥12	甲子13	乙丑14	丙寅15	丁卯16	戊辰17	己巳18	庚午19	辛未20	壬申21	癸酉22	甲戌23	乙亥24	丙子25	丁丑26	
十一月大	丁亥	天干地支西曆	戊寅27	己卯28	庚辰29	辛巳30	壬午(10)	癸未2	甲申3	乙酉4	丙戌5	丁亥6	戊子7	己丑8	庚寅9	辛卯10	壬辰11	癸巳12	甲午13	乙未14	丙申15	丁酉16	戊戌17	己亥18	庚子19	辛丑20	壬寅21	癸卯22	甲辰23	乙巳24	丙午25	丁未26	庚辰秋分
十二月小	戊子	天干地支西曆	戊申27	己酉28	庚戌29	辛亥30	壬子31	癸丑(11)	甲寅2	乙卯3	丙辰4	丁巳5	戊午6	己未7	庚申8	辛酉9	壬戌10	癸亥11	甲子12	乙丑13	丙寅14	丁卯15	戊辰16	己巳17	庚午18	辛未19	壬申20	癸酉21	甲戌22	乙亥23	丙子24		乙丑立冬
閏月大	戊子	天干地支西曆	丁丑25	戊寅26	己卯27	庚辰28	辛巳29	壬午30	癸未(12)	甲申2	乙酉3	丙戌4	丁亥5	戊子6	己丑7	庚寅8	辛卯9	壬辰10	癸巳11	甲午12	乙未13	丙申14	丁酉15	戊戌16	己亥17	庚子18	辛丑19	壬寅20	癸卯21	甲辰22	乙巳23	丙午24	

朔閏異同	曆名	正月	二月	三月	四月	五月	六月	七月	八月	九月	十月	十一	十二	閏月		曆名	正月	二月	三月	四月	五月	六月	七月	八月	九月	十月	十一	十二	閏月
	周曆殷曆	壬午壬子	辛亥辛巳	辛巳辛亥	庚戌庚辰	庚辰庚戌	己酉庚辰	己卯己酉	戊申己卯	戊寅戊申	丁未---戊寅	---丁丑丁未	丙午丁丑	丙子丙午		夏曆新曆	辛巳壬午	辛亥壬子	庚辰辛巳	庚戌辛亥	庚辰庚辰	己酉---己酉	己卯己卯	---戊申戊申	戊寅丁丑	丁未丁未	丁丑丁丑	丙午丙午	丙子丙子

*《長曆》：正月癸未，二月壬子，三月壬午，四月辛亥，五月辛巳，六月庚戌，七月庚辰，八月己酉，九月己卯，十月己酉，十一戊寅，十二戊申。

周景王十五年 魯昭公十二年（辛未 羊年）公元前531～前530年 歲在降婁

魯曆月序		中西曆對照	初一	初二	初三	初四	初五	初六	初七	初八	初九	初十	十一	十二	十三	十四	十五	十六	十七	十八	十九	二十	二一	二二	二三	二四	二五	二六	二七	二八	二九	三十	節氣與天象
正月小	己丑	天干地支西曆	丁未 25	戊申 26	己酉 27	庚戌 28	辛亥 29	壬子 30	癸丑 31	甲寅 (1)	乙卯 2	丙辰 3	丁巳 4	戊午 5	己未 6	庚申 7	辛酉 8	壬戌 9	癸亥 10	甲子 11	乙丑 12	丙寅 13	丁卯 14	戊辰 15	己巳 16	庚午 17	辛未 18	壬申 19	癸酉 20	甲戌 21	乙亥 22		己酉冬至
二月大	庚寅	天干地支西曆	丙子 23	丁丑 24	戊寅 25	己卯 26	庚辰 27	辛巳 28	壬午 29	癸未 30	甲申 31	乙酉 (2)	丙戌 2	丁亥 3	戊子 4	己丑 5	庚寅 6	辛卯 7	壬辰 8	癸巳 9	甲午 10	乙未 11	丙申 12	丁酉 13	戊戌 14	己亥 15	庚子 16	辛丑 17	壬寅 18	癸卯 19	甲辰 20	乙巳 21	癸巳立春
三月小	辛卯	天干地支西曆	丙午 22	丁未 23	戊申 24	己酉 25	庚戌 26	辛亥 27	壬子 28	癸丑 (3)	甲寅 2	乙卯 3	丙辰 4	丁巳 5	戊午 6	己未 7	庚申 8	辛酉 9	壬戌 10	癸亥 11	甲子 12	乙丑 13	丙寅 14	丁卯 15	戊辰 16	己巳 17	庚午 18	辛未 19	壬申 20	癸酉 21	甲戌 22		
四月大	壬辰	天干地支西曆	乙亥 23	丙子 24	丁丑 25	戊寅 26	己卯 27	庚辰 28	辛巳 29	壬午 30	癸未 31	甲申 (4)	乙酉 2	丙戌 3	丁亥 4	戊子 5	己丑 6	庚寅 7	辛卯 8	壬辰 9	癸巳 10	甲午 11	乙未 12	丙申 13	丁酉 14	戊戌 15	己亥 16	庚子 17	辛丑 18	壬寅 19	癸卯 20	甲辰 21	己卯春分
五月小	癸巳	天干地支西曆	乙巳 22	丙午 23	丁未 24	戊申 25	己酉 26	庚戌 27	辛亥 28	壬子 29	癸丑 30	甲寅 (5)	乙卯 2	丙辰 3	丁巳 4	戊午 5	己未 6	庚申 7	辛酉 8	壬戌 9	癸亥 10	甲子 11	乙丑 12	丙寅 13	丁卯 14	戊辰 15	己巳 16	庚午 17	辛未 18	壬申 19	癸酉 20		丙寅立夏
六月大	甲午	天干地支西曆	甲戌 21	乙亥 22	丙子 23	丁丑 24	戊寅 25	己卯 26	庚辰 27	辛巳 28	壬午 29	癸未 30	甲申 31	乙酉 (6)	丙戌 2	丁亥 3	戊子 4	己丑 5	庚寅 6	辛卯 7	壬辰 8	癸巳 9	甲午 10	乙未 11	丙申 12	丁酉 13	戊戌 14	己亥 15	庚子 16	辛丑 17	壬寅 18	癸卯 19	
七月小	乙未	天干地支西曆	甲辰 20	乙巳 21	丙午 22	丁未 23	戊申 24	己酉 25	庚戌 26	辛亥 27	壬子 28	癸丑 29	甲寅 30	乙卯 (7)	丙辰 2	丁巳 3	戊午 4	己未 5	庚申 6	辛酉 7	壬戌 8	癸亥 9	甲子 10	乙丑 11	丙寅 12	丁卯 13	戊辰 14	己巳 15	庚午 16	辛未 17	壬申 18		甲寅夏至
八月大	丙申	天干地支西曆	癸酉 19	甲戌 20	乙亥 21	丙子 22	丁丑 23	戊寅 24	己卯 25	庚辰 26	辛巳 27	壬午 28	癸未 29	甲申 30	乙酉 31	丙戌 (8)	丁亥 2	戊子 3	己丑 4	庚寅 5	辛卯 6	壬辰 7	癸巳 8	甲午 9	乙未 10	丙申 11	丁酉 12	戊戌 13	己亥 14	庚子 15	辛丑 16	壬寅 17	庚子立秋
九月小	丁酉	天干地支西曆	癸卯 18	甲辰 19	乙巳 20	丙午 21	丁未 22	戊申 23	己酉 24	庚戌 25	辛亥 26	壬子 27	癸丑 28	甲寅 29	乙卯 30	丙辰 31	丁巳 (9)	戊午 2	己未 3	庚申 4	辛酉 5	壬戌 6	癸亥 7	甲子 8	乙丑 9	丙寅 10	丁卯 11	戊辰 12	己巳 13	庚午 14	辛未 15		
十月大	戊戌	天干地支西曆	壬申 16	癸酉 17	甲戌 18	乙亥 19	丙子 20	丁丑 21	戊寅 22	己卯 23	庚辰 24	辛巳 25	壬午 26	癸未 27	甲申 28	乙酉 29	丙戌 30	丁亥 (10)	戊子 2	己丑 3	庚寅 4	辛卯 5	壬辰 6	癸巳 7	甲午 8	乙未 9	丙申 10	丁酉 11	戊戌 12	己亥 13	庚子 14	辛丑 15	乙酉秋分
十一月小	己亥	天干地支西曆	壬寅 16	癸卯 17	甲辰 18	乙巳 19	丙午 20	丁未 21	戊申 22	己酉 23	庚戌 24	辛亥 25	壬子 26	癸丑 27	甲寅 28	乙卯 29	丙辰 30	丁巳 31	戊午 (11)	己未 2	庚申 3	辛酉 4	壬戌 5	癸亥 6	甲子 7	乙丑 8	丙寅 9	丁卯 10	戊辰 11	己巳 12	庚午 13		庚午立冬
十二月大	庚子	天干地支西曆	辛未 14	壬申 15	癸酉 16	甲戌 17	乙亥 18	丙子 19	丁丑 20	戊寅 21	己卯 22	庚辰 23	辛巳 24	壬午 25	癸未 26	甲申 27	乙酉 28	丙戌 29	丁亥 30	戊子 (12)	己丑 2	庚寅 3	辛卯 4	壬辰 5	癸巳 6	甲午 7	乙未 8	丙申 9	丁酉 10	戊戌 11	己亥 12	庚子 13	

朔閏異同	曆名	正月	二月	三月	四月	五月	六月	七月	八月	九月	十月	十一	十二	閏月	曆名	正月	二月	三月	四月	五月	六月	七月	八月	九月	十月	十一	十二	閏月
	周曆殷曆	乙巳丙子	乙亥乙巳	乙巳乙亥	甲戌甲辰	甲辰甲戌	癸酉癸卯	癸卯癸酉	壬申壬寅	壬寅壬申	辛未壬寅	辛丑辛未	庚午辛丑		夏曆新曆	乙巳丙午	乙亥乙亥	甲辰乙巳	甲戌乙亥	癸卯甲辰	癸酉癸酉	癸卯癸卯	壬申壬申	壬寅辛丑	辛未辛未	辛丑辛丑	庚午庚午	

*《長曆》：正月丁丑，閏月丁未，二月丙子，三月丙午，四月乙亥，五月乙巳，六月甲戌，七月甲辰，八月癸酉，九月癸卯，十月壬申，十一壬寅，十二壬申。

周景王十六年 魯昭公十三年（壬申 猴年）公元前530～前529年 歲在實沈

魯曆月序		中西曆日對照	初一	初二	初三	初四	初五	初六	初七	初八	初九	初十	十一	十二	十三	十四	十五	十六	十七	十八	十九	二十	二一	二二	二三	二四	二五	二六	二七	二八	二九	三十	節氣與天象
正月小	辛丑	天干地支西曆	辛丑14	壬寅15	癸卯16	甲辰17	乙巳18	丙午19	丁未20	戊申21	己酉22	庚戌23	辛亥24	壬子25	癸丑26	甲寅27	乙卯28	丙辰29	丁巳30	戊午31	己未(1)	庚申2	辛酉3	壬戌4	癸亥5	甲子6	乙丑7	丙寅8	丁卯9	戊辰10	己巳11		甲寅冬至
二月大	壬寅	天干地支西曆	庚午12	辛未13	壬申14	癸酉15	甲戌16	乙亥17	丙子18	丁丑19	戊寅20	己卯21	庚辰22	辛巳23	壬午24	癸未25	甲申26	乙酉27	丙戌28	丁亥29	戊子30	己丑31	庚寅(2)	辛卯2	壬辰3	癸巳4	甲午5	乙未6	丙申7	丁酉8	戊戌9	己亥10	己亥立春
三月大	癸卯	天干地支西曆	庚子11	辛丑12	壬寅13	癸卯14	甲辰15	乙巳16	丙午17	丁未18	戊申19	己酉20	庚戌21	辛亥22	壬子23	癸丑24	甲寅25	乙卯26	丙辰27	丁巳28	戊午29	己未(3)	庚申2	辛酉3	壬戌4	癸亥5	甲子6	乙丑7	丙寅8	丁卯9	戊辰10	己巳11	
四月小	甲辰	天干地支西曆	庚午12	辛未13	壬申14	癸酉15	甲戌16	乙亥17	丙子18	丁丑19	戊寅20	己卯21	庚辰22	辛巳23	壬午24	癸未25	甲申26	乙酉27	丙戌28	丁亥29	戊子30	己丑31	庚寅(4)	辛卯2	壬辰3	癸巳4	甲午5	乙未6	丙申7	丁酉8	戊戌9		乙酉春分
五月大	乙巳	天干地支西曆	己亥10	庚子11	辛丑12	壬寅13	癸卯14	甲辰15	乙巳16	丙午17	丁未18	戊申19	己酉20	庚戌21	辛亥22	壬子23	癸丑24	甲寅25	乙卯26	丙辰27	丁巳28	戊午29	己未30	庚申(5)	辛酉2	壬戌3	癸亥4	甲子5	乙丑6	丙寅7	丁卯8	戊辰9	
六月小	丙午	天干地支西曆	己巳10	庚午11	辛未12	壬申13	癸酉14	甲戌15	乙亥16	丙子17	丁丑18	戊寅19	己卯20	庚辰21	辛巳22	壬午23	癸未24	甲申25	乙酉26	丙戌27	丁亥28	戊子29	己丑30	庚寅31	辛卯(6)	壬辰2	癸巳3	甲午4	乙未5	丙申6	丁酉7		壬申立夏
七月大	丁未	天干地支西曆	戊戌8	己亥9	庚子10	辛丑11	壬寅12	癸卯13	甲辰14	乙巳15	丙午16	丁未17	戊申18	己酉19	庚戌20	辛亥21	壬子22	癸丑23	甲寅24	乙卯25	丙辰26	丁巳27	戊午28	己未29	庚申30	辛酉(7)	壬戌2	癸亥3	甲子4	乙丑5	丙寅6	丁卯7	己未夏至
八月小	戊申	天干地支西曆	戊辰8	己巳9	庚午10	辛未11	壬申12	癸酉13	甲戌14	乙亥15	丙子16	丁丑17	戊寅18	己卯19	庚辰20	辛巳21	壬午22	癸未23	甲申24	乙酉25	丙戌26	丁亥27	戊子28	己丑29	庚寅30	辛卯31	壬辰(8)	癸巳2	甲午3	乙未4	丙申5		
九月大	己酉	天干地支西曆	丁酉6	戊戌7	己亥8	庚子9	辛丑10	壬寅11	癸卯12	甲辰13	乙巳14	丙午15	丁未16	戊申17	己酉18	庚戌19	辛亥20	壬子21	癸丑22	甲寅23	乙卯24	丙辰25	丁巳26	戊午27	己未28	庚申29	辛酉30	壬戌31	癸亥(9)	甲子2	乙丑3	丙寅4	乙巳立秋
十月小	庚戌	天干地支西曆	丁卯5	戊辰6	己巳7	庚午8	辛未9	壬申10	癸酉11	甲戌12	乙亥13	丙子14	丁丑15	戊寅16	己卯17	庚辰18	辛巳19	壬午20	癸未21	甲申22	乙酉23	丙戌24	丁亥25	戊子26	己丑27	庚寅28	辛卯29	壬辰30	癸巳(10)	甲午2	乙未3		辛卯秋分
十一月大	辛亥	天干地支西曆	丙申4	丁酉5	戊戌6	己亥7	庚子8	辛丑9	壬寅10	癸卯11	甲辰12	乙巳13	丙午14	丁未15	戊申16	己酉17	庚戌18	辛亥19	壬子20	癸丑21	甲寅22	乙卯23	丙辰24	丁巳25	戊午26	己未27	庚申28	辛酉29	壬戌30	癸亥31	甲子(11)	乙丑2	
十二月小	壬子	天干地支西曆	丙寅3	丁卯4	戊辰5	己巳6	庚午7	辛未8	壬申9	癸酉10	甲戌11	乙亥12	丙子13	丁丑14	戊寅15	己卯16	庚辰17	辛巳18	壬午19	癸未20	甲申21	乙酉22	丙戌23	丁亥24	戊子25	己丑26	庚寅27	辛卯28	壬辰29	癸巳30	甲午(12)		乙亥立冬

朔閏異同	曆名	正月	二月	三月	四月	五月	六月	七月	八月	九月	十月	十一	十二	閏月		曆名	正月	二月	三月	四月	五月	六月	七月	八月	九月	十月	十一	十二	閏月
	周曆殷曆	庚子庚午	己巳庚子	己亥己巳	戊辰己亥	戊戌戊辰	丁卯戊戌	丁酉丁卯	丁卯丁酉	丙申丙寅	丙寅丙申	乙未乙丑	乙丑乙未			夏曆新曆	庚子庚子	己巳庚午	己亥己亥	戊辰己巳	戊戌戊戌	丁卯戊辰	丁酉丁酉	丙寅丁卯	丙申丙申	乙丑丙寅	乙未乙未	乙丑乙丑	

* 本年歲星超辰。《長曆》：正月辛丑，二月辛未，三月庚子，四月庚午，五月己亥，六月己巳，七月戊戌，八月戊辰，九月丁酉，十月丁卯，十一丙申，十二丙寅。

周景王十七年 魯昭公十四年（癸酉 鷄年） 公元前529 ~ 前528年 歲在鶉首

魯曆月序		中西曆日對照	初一	初二	初三	初四	初五	初六	初七	初八	初九	初十	十一	十二	十三	十四	十五	十六	十七	十八	十九	二十	二一	二二	二三	二四	二五	二六	二七	二八	二九	三十	節氣與天象
正月大	癸丑	干支曆 天地西曆	乙未 2	丙申 3	丁酉 4	戊戌 5	己亥 6	庚子 7	辛丑 8	壬寅 9	癸卯 10	甲辰 11	乙巳 12	丙午 13	丁未 14	戊申 15	己酉 16	庚戌 17	辛亥 18	壬子 19	癸丑 20	甲寅 21	乙卯 22	丙辰 23	丁巳 24	戊午 25	己未 26	庚申 27	辛酉 28	壬戌 29	癸亥 30	甲子 31	己未冬至
二月小	甲寅	干支曆 天地西曆	乙丑 (1)	丙寅 2	丁卯 3	戊辰 4	己巳 5	庚午 6	辛未 7	壬申 8	癸酉 9	甲戌 10	乙亥 11	丙子 12	丁丑 13	戊寅 14	己卯 15	庚辰 16	辛巳 17	壬午 18	癸未 19	甲申 20	乙酉 21	丙戌 22	丁亥 23	戊子 24	己丑 25	庚寅 26	辛卯 27	壬辰 28	癸巳 29		
三月大	乙卯	干支曆 天地西曆	甲午 30	乙未 31	丙申 (2)	丁酉 2	戊戌 3	己亥 4	庚子 5	辛丑 6	壬寅 7	癸卯 8	甲辰 9	乙巳 10	丙午 11	丁未 12	戊申 13	己酉 14	庚戌 15	辛亥 16	壬子 17	癸丑 18	甲寅 19	乙卯 20	丙辰 21	丁巳 22	戊午 23	己未 24	庚申 25	辛酉 26	壬戌 27	癸亥 28	甲辰立春
四月小	丙辰	干支曆 天地西曆	甲子 (3)	乙丑 2	丙寅 3	丁卯 4	戊辰 5	己巳 6	庚午 7	辛未 8	壬申 9	癸酉 10	甲戌 11	乙亥 12	丙子 13	丁丑 14	戊寅 15	己卯 16	庚辰 17	辛巳 18	壬午 19	癸未 20	甲申 21	乙酉 22	丙戌 23	丁亥 24	戊子 25	己丑 26	庚寅 27	辛卯 28	壬辰 29		庚寅春分
五月大	丁巳	干支曆 天地西曆	癸巳 30	甲午 31	乙未 (4)	丙申 2	丁酉 3	戊戌 4	己亥 5	庚子 6	辛丑 7	壬寅 8	癸卯 9	甲辰 10	乙巳 11	丙午 12	丁未 13	戊申 14	己酉 15	庚戌 16	辛亥 17	壬子 18	癸丑 19	甲寅 20	乙卯 21	丙辰 22	丁巳 23	戊午 24	己未 25	庚申 26	辛酉 27	壬戌 28	
六月小	戊午	干支曆 天地西曆	癸亥 29	甲子 30	乙丑 (5)	丙寅 2	丁卯 3	戊辰 4	己巳 5	庚午 6	辛未 7	壬申 8	癸酉 9	甲戌 10	乙亥 11	丙子 12	丁丑 13	戊寅 14	己卯 15	庚辰 16	辛巳 17	壬午 18	癸未 19	甲申 20	乙酉 21	丙戌 22	丁亥 23	戊子 24	己丑 25	庚寅 26	辛卯 27		丁丑立夏
七月大	己未	干支曆 天地西曆	壬辰 28	癸巳 29	甲午 30	乙未 31	丙申 (6)	丁酉 2	戊戌 3	己亥 4	庚子 5	辛丑 6	壬寅 7	癸卯 8	甲辰 9	乙巳 10	丙午 11	丁未 12	戊申 13	己酉 14	庚戌 15	辛亥 16	壬子 17	癸丑 18	甲寅 19	乙卯 20	丙辰 21	丁巳 22	戊午 23	己未 24	庚申 25	辛酉 26	
八月大	庚申	干支曆 天地西曆	壬戌 27	癸亥 28	甲子 29	乙丑 30	丙寅 (7)	丁卯 2	戊辰 3	己巳 4	庚午 5	辛未 6	壬申 7	癸酉 8	甲戌 9	乙亥 10	丙子 11	丁丑 12	戊寅 13	己卯 14	庚辰 15	辛巳 16	壬午 17	癸未 18	甲申 19	乙酉 20	丙戌 21	丁亥 22	戊子 23	己丑 24	庚寅 25	辛卯 26	甲子夏至
九月小	辛酉	干支曆 天地西曆	壬辰 27	癸巳 28	甲午 29	乙未 30	丙申 31	丁酉 (8)	戊戌 2	己亥 3	庚子 4	辛丑 5	壬寅 6	癸卯 7	甲辰 8	乙巳 9	丙午 10	丁未 11	戊申 12	己酉 13	庚戌 14	辛亥 15	壬子 16	癸丑 17	甲寅 18	乙卯 19	丙辰 20	丁巳 21	戊午 22	己未 23	庚申 24		辛亥立秋
十月大	壬戌	干支曆 天地西曆	辛酉 25	壬戌 26	癸亥 27	甲子 28	乙丑 29	丙寅 30	丁卯 31	戊辰 (9)	己巳 2	庚午 3	辛未 4	壬申 5	癸酉 6	甲戌 7	乙亥 8	丙子 9	丁丑 10	戊寅 11	己卯 12	庚辰 13	辛巳 14	壬午 15	癸未 16	甲申 17	乙酉 18	丙戌 19	丁亥 20	戊子 21	己丑 22	庚寅 23	
十一月小	癸亥	干支曆 天地西曆	辛卯 24	壬辰 25	癸巳 26	甲午 27	乙未 28	丙申 29	丁酉 30	戊戌 (10)	己亥 2	庚子 3	辛丑 4	壬寅 5	癸卯 6	甲辰 7	乙巳 8	丙午 9	丁未 10	戊申 11	己酉 12	庚戌 13	辛亥 14	壬子 15	癸丑 16	甲寅 17	乙卯 18	丙辰 19	丁巳 20	戊午 21	己未 22		丙申秋分
十二月大	甲子	干支曆 天地西曆	庚申 23	辛酉 24	壬戌 25	癸亥 26	甲子 27	乙丑 28	丙寅 29	丁卯 30	戊辰 31	己巳 (11)	庚午 2	辛未 3	壬申 4	癸酉 5	甲戌 6	乙亥 7	丙子 8	丁丑 9	戊寅 10	己卯 11	庚辰 12	辛巳 13	壬午 14	癸未 15	甲申 16	乙酉 17	丙戌 18	丁亥 19	戊子 20	己丑 21	庚辰立冬

朔閏異同	曆名	正月	二月	三月	四月	五月	六月	七月	八月	九月	十月	十一	十二	閏月		曆名	正月	二月	三月	四月	五月	六月	七月	八月	九月	十月	十一	十二	閏月
	周曆殷曆	甲午甲子	甲子甲午	癸巳甲子	癸亥癸巳	壬辰癸亥	壬戌---壬辰	辛卯壬戌	---辛酉辛卯	庚寅辛酉	庚申庚寅	己丑庚申	己未己丑	己丑己未		夏曆新曆	甲午甲午	甲子甲子	癸巳---癸巳	---癸亥癸亥	壬辰壬辰	壬戌壬戌	辛卯壬辰	辛酉辛酉	庚寅辛卯	庚申庚申	己丑庚寅	己未己未	戊子己丑

*《長曆》：正月乙未，二月乙丑，三月甲午，四月甲子，五月甲午，六月癸亥，七月癸巳，八月壬戌，九月壬辰，十月辛酉，十一辛卯，十二庚申。

周景王十八年 魯昭公十五年（甲戌 狗年）公元前 528 ~ 前 527 年 歲在鶉火

魯曆月序		中西曆日對照	初一	初二	初三	初四	初五	初六	初七	初八	初九	初十	十一	十二	十三	十四	十五	十六	十七	十八	十九	二十	二一	二二	二三	二四	二五	二六	二七	二八	二九	三十	節氣與天象
正月小	乙丑	天干地支西曆	庚寅22	辛卯23	壬辰24	癸巳25	甲午26	乙未27	丙申28	丁酉29	戊戌30	己亥(12)	庚子2	辛丑3	壬寅4	癸卯5	甲辰6	乙巳7	丙午8	丁未9	戊申10	己酉11	庚戌12	辛亥13	壬子14	癸丑15	甲寅16	乙卯17	丙辰18	丁巳19	戊午20		
二月大	丙寅	天干地支西曆	己未21	庚申22	辛酉23	壬戌24	癸亥25	甲子26	乙丑27	丙寅28	丁卯29	戊辰30	己巳31	庚午(1)	辛未2	壬申3	癸酉4	甲戌5	乙亥6	丙子7	丁丑8	戊寅9	己卯10	庚辰11	辛巳12	壬午13	癸未14	甲申15	乙酉16	丙戌17	丁亥18	戊子19	乙丑冬至
三月小	丁卯	天干地支西曆	己丑20	庚寅21	辛卯22	壬辰23	癸巳24	甲午25	乙未26	丙申27	丁酉28	戊戌29	己亥30	庚子31	辛丑(2)	壬寅2	癸卯3	甲辰4	乙巳5	丙午6	丁未7	戊申8	己酉9	庚戌10	辛亥11	壬子12	癸丑13	甲寅14	乙卯15	丙辰16	丁巳17		己酉立春
四月大	戊辰	天干地支西曆	戊午18	己未19	庚申20	辛酉21	壬戌22	癸亥23	甲子24	乙丑25	丙寅26	丁卯27	戊辰28	己巳(3)	庚午2	辛未3	壬申4	癸酉5	甲戌6	乙亥7	丙子8	丁丑9	戊寅10	己卯11	庚辰12	辛巳13	壬午14	癸未15	甲申16	乙酉17	丙戌18	丁亥19	
五月小	己巳	天干地支西曆	戊子20	己丑21	庚寅22	辛卯23	壬辰24	癸巳25	甲午26	乙未27	丙申28	丁酉29	戊戌30	己亥31	庚子(4)	辛丑2	壬寅3	癸卯4	甲辰5	乙巳6	丙午7	丁未8	戊申9	己酉10	庚戌11	辛亥12	壬子13	癸丑14	甲寅15	乙卯16	丙辰17		乙未春分
六月大	庚午	天干地支西曆	丁巳18	戊午19	己未20	庚申21	辛酉22	壬戌23	癸亥24	甲子25	乙丑26	丙寅27	丁卯28	戊辰29	己巳30	庚午(5)	辛未2	壬申3	癸酉4	甲戌5	乙亥6	丙子7	丁丑8	戊寅9	己卯10	庚辰11	辛巳12	壬午13	癸未14	甲申15	乙酉16	丙戌17	壬午立夏 丁巳日食
七月小	辛未	天干地支西曆	丁亥18	戊子19	己丑20	庚寅21	辛卯22	壬辰23	癸巳24	甲午25	乙未26	丙申27	丁酉28	戊戌29	己亥30	庚子31	辛丑(6)	壬寅2	癸卯3	甲辰4	乙巳5	丙午6	丁未7	戊申8	己酉9	庚戌10	辛亥11	壬子12	癸丑13	甲寅14	乙卯15		
八月大	壬申	天干地支西曆	丙辰16	丁巳17	戊午18	己未19	庚申20	辛酉21	壬戌22	癸亥23	甲子24	乙丑25	丙寅26	丁卯27	戊辰28	己巳29	庚午30	辛未(7)	壬申2	癸酉3	甲戌4	乙亥5	丙子6	丁丑7	戊寅8	己卯9	庚辰10	辛巳11	壬午12	癸未13	甲申14	乙酉15	己巳夏至
九月小	癸酉	天干地支西曆	丙戌16	丁亥17	戊子18	己丑19	庚寅20	辛卯21	壬辰22	癸巳23	甲午24	乙未25	丙申26	丁酉27	戊戌28	己亥29	庚子30	辛丑31	壬寅(8)	癸卯2	甲辰3	乙巳4	丙午5	丁未6	戊申7	己酉8	庚戌9	辛亥10	壬子11	癸丑12	甲寅13		
十月大	甲戌	天干地支西曆	乙卯14	丙辰15	丁巳16	戊午17	己未18	庚申19	辛酉20	壬戌21	癸亥22	甲子23	乙丑24	丙寅25	丁卯26	戊辰27	己巳28	庚午29	辛未30	壬申31	癸酉(9)	甲戌2	乙亥3	丙子4	丁丑5	戊寅6	己卯7	庚辰8	辛巳9	壬午10	癸未11	甲申12	丙辰立秋
十一月大	乙亥	天干地支西曆	乙酉13	丙戌14	丁亥15	戊子16	己丑17	庚寅18	辛卯19	壬辰20	癸巳21	甲午22	乙未23	丙申24	丁酉25	戊戌26	己亥27	庚子28	辛丑29	壬寅30	癸卯(10)	甲辰2	乙巳3	丙午4	丁未5	戊申6	己酉7	庚戌8	辛亥9	壬子10	癸丑11	甲寅12	辛丑秋分
十二月小	丙子	天干地支西曆	乙卯13	丙辰14	丁巳15	戊午16	己未17	庚申18	辛酉19	壬戌20	癸亥21	甲子22	乙丑23	丙寅24	丁卯25	戊辰26	己巳27	庚午28	辛未29	壬申30	癸酉31	甲戌(11)	乙亥2	丙子3	丁丑4	戊寅5	己卯6	庚辰7	辛巳8	壬午9	癸未10		
閏月大	丙子	天干地支西曆	甲申11	乙酉12	丙戌13	丁亥14	戊子15	己丑16	庚寅17	辛卯18	壬辰19	癸巳20	甲午21	乙未22	丙申23	丁酉24	戊戌25	己亥26	庚子27	辛丑28	壬寅29	癸卯30	甲辰(12)	乙巳2	丙午3	丁未4	戊申5	己酉6	庚戌7	辛亥8	壬子9	癸丑10	丙戌立冬

朔閏異同	曆名	正月	二月	三月	四月	五月	六月	七月	八月	九月	十月	十一	十二	閏月	曆名	正月	二月	三月	四月	五月	六月	七月	八月	九月	十月	十一	十二	閏月
	周曆殷曆	戊午戊子	戊子戊午	丁巳丁亥	丁亥丁巳	丙辰丙戌	丙戌丙辰	乙卯丙戌	乙酉乙卯	甲寅乙酉	甲申甲寅	癸丑甲申	癸未癸丑		夏曆新曆	戊午戊午	戊子丁亥	丁巳丁巳	丁亥丁亥	丙辰丙辰	丙戌丙戌	乙卯乙卯	乙酉乙酉	甲寅乙卯	甲申甲申	癸丑甲寅	癸未癸未	

*《長曆》：正月庚寅，二月己未，三月己丑，四月戊午，五月戊子，六月丁巳，七月丁亥，八月丙辰，九月丙戌，閏月丙辰，十月乙酉，十一乙卯，十二甲申。

周景王十九年 魯昭公十六年（乙亥 猪年）公元前 527 ~ 前 526 年 歲在鶉尾

魯曆月序		中西曆日對照	初一	初二	初三	初四	初五	初六	初七	初八	初九	初十	十一	十二	十三	十四	十五	十六	十七	十八	十九	二十	二一	二二	二三	二四	二五	二六	二七	二八	二九	三十	節氣與天象
正月小	丁丑	干支 天地 西曆	甲寅 11	乙卯 12	丙辰 13	丁巳 14	戊午 15	己未 16	庚申 17	辛酉 18	壬戌 19	癸亥 20	甲子 21	乙丑 22	丙寅 23	丁卯 24	戊辰 25	己巳 26	庚午 27	辛未 28	壬申 29	癸酉 30	甲戌 31	乙亥 (1)	丙子 2	丁丑 3	戊寅 4	己卯 5	庚辰 6	辛巳 7	壬午 8		庚午冬至
二月大	戊寅	干支 天地 西曆	癸未 9	甲申 10	乙酉 11	丙戌 12	丁亥 13	戊子 14	己丑 15	庚寅 16	辛卯 17	壬辰 18	癸巳 19	甲午 20	乙未 21	丙申 22	丁酉 23	戊戌 24	己亥 25	庚子 26	辛丑 27	壬寅 28	癸卯 29	甲辰 30	乙巳 31	丙午 (2)	丁未 2	戊申 3	己酉 4	庚戌 5	辛亥 6	壬子 7	
三月小	己卯	干支 天地 西曆	癸丑 8	甲寅 9	乙卯 10	丙辰 11	丁巳 12	戊午 13	己未 14	庚申 15	辛酉 16	壬戌 17	癸亥 18	甲子 19	乙丑 20	丙寅 21	丁卯 22	戊辰 23	己巳 24	庚午 25	辛未 26	壬申 27	癸酉 28	甲戌 (3)	乙亥 2	丙子 3	丁丑 4	戊寅 5	己卯 6	庚辰 7	辛巳 8		甲寅立春
四月大	庚辰	干支 天地 西曆	壬午 9	癸未 10	甲申 11	乙酉 12	丙戌 13	丁亥 14	戊子 15	己丑 16	庚寅 17	辛卯 18	壬辰 19	癸巳 20	甲午 21	乙未 22	丙申 23	丁酉 24	戊戌 25	己亥 26	庚子 27	辛丑 28	壬寅 29	癸卯 30	甲辰 31	乙巳 (4)	丙午 2	丁未 3	戊申 4	己酉 5	庚戌 6	辛亥 7	庚子春分
五月小	辛巳	干支 天地 西曆	壬子 8	癸丑 9	甲寅 10	乙卯 11	丙辰 12	丁巳 13	戊午 14	己未 15	庚申 16	辛酉 17	壬戌 18	癸亥 19	甲子 20	乙丑 21	丙寅 22	丁卯 23	戊辰 24	己巳 25	庚午 26	辛未 27	壬申 28	癸酉 29	甲戌 30	乙亥 (5)	丙子 2	丁丑 3	戊寅 4	己卯 5	庚辰 6		
六月大	壬午	干支 天地 西曆	辛巳 7	壬午 8	癸未 9	甲申 10	乙酉 11	丙戌 12	丁亥 13	戊子 14	己丑 15	庚寅 16	辛卯 17	壬辰 18	癸巳 19	甲午 20	乙未 21	丙申 22	丁酉 23	戊戌 24	己亥 25	庚子 26	辛丑 27	壬寅 28	癸卯 29	甲辰 30	乙巳 31	丙午 (6)	丁未 2	戊申 3	己酉 4	庚戌 5	丁亥立夏
七月小	癸未	干支 天地 西曆	辛亥 6	壬子 7	癸丑 8	甲寅 9	乙卯 10	丙辰 11	丁巳 12	戊午 13	己未 14	庚申 15	辛酉 16	壬戌 17	癸亥 18	甲子 19	乙丑 20	丙寅 21	丁卯 22	戊辰 23	己巳 24	庚午 25	辛未 26	壬申 27	癸酉 28	甲戌 29	乙亥 30	丙子 (7)	丁丑 2	戊寅 3	己卯 4		甲戌夏至
八月大	甲申	干支 天地 西曆	庚辰 5	辛巳 6	壬午 7	癸未 8	甲申 9	乙酉 10	丙戌 11	丁亥 12	戊子 13	己丑 14	庚寅 15	辛卯 16	壬辰 17	癸巳 18	甲午 19	乙未 20	丙申 21	丁酉 22	戊戌 23	己亥 24	庚子 25	辛丑 26	壬寅 27	癸卯 28	甲辰 29	乙巳 30	丙午 31	丁未 (8)	戊申 2	己酉 3	
九月小	乙酉	干支 天地 西曆	庚戌 4	辛亥 5	壬子 6	癸丑 7	甲寅 8	乙卯 9	丙辰 10	丁巳 11	戊午 12	己未 13	庚申 14	辛酉 15	壬戌 16	癸亥 17	甲子 18	乙丑 19	丙寅 20	丁卯 21	戊辰 22	己巳 23	庚午 24	辛未 25	壬申 26	癸酉 27	甲戌 28	乙亥 29	丙子 30	丁丑 31	戊寅 (9)		辛酉立秋
十月大	丙戌	干支 天地 西曆	己卯 2	庚辰 3	辛巳 4	壬午 5	癸未 6	甲申 7	乙酉 8	丙戌 9	丁亥 10	戊子 11	己丑 12	庚寅 13	辛卯 14	壬辰 15	癸巳 16	甲午 17	乙未 18	丙申 19	丁酉 20	戊戌 21	己亥 22	庚子 23	辛丑 24	壬寅 25	癸卯 26	甲辰 27	乙巳 28	丙午 29	丁未 30	戊申 (10)	丙午秋分
十一月小	丁亥	干支 天地 西曆	己酉 2	庚戌 3	辛亥 4	壬子 5	癸丑 6	甲寅 7	乙卯 8	丙辰 9	丁巳 10	戊午 11	己未 12	庚申 13	辛酉 14	壬戌 15	癸亥 16	甲子 17	乙丑 18	丙寅 19	丁卯 20	戊辰 21	己巳 22	庚午 23	辛未 24	壬申 25	癸酉 26	甲戌 27	乙亥 28	丙子 29	丁丑 30		
十二月大	戊子	干支 天地 西曆	戊寅 31	己卯 (11)	庚辰 2	辛巳 3	壬午 4	癸未 5	甲申 6	乙酉 7	丙戌 8	丁亥 9	戊子 10	己丑 11	庚寅 12	辛卯 13	壬辰 14	癸巳 15	甲午 16	乙未 17	丙申 18	丁酉 19	戊戌 20	己亥 21	庚子 22	辛丑 23	壬寅 24	癸卯 25	甲辰 26	乙巳 27	丙午 28	丁未 29	辛卯立冬

朔閏異同	曆名	正月	二月	三月	四月	五月	六月	七月	八月	九月	十月	十一	十二	閏月	曆名	正月	二月	三月	四月	五月	六月	七月	八月	九月	十月	十一	十二	閏月
	周曆殷曆	壬子癸未	壬午壬子	壬子壬午	辛巳辛亥	辛亥辛巳	庚辰庚戌	庚戌庚辰	己卯庚戌	己酉己卯	戊寅己酉	戊申戊寅	丁丑戊申		夏曆新曆	壬子癸丑	壬午壬午	辛亥辛亥	辛巳辛巳	庚戌庚戌	庚辰庚辰	庚戌己酉	己卯己卯	己酉己酉	戊寅己卯	戊申 --- 戊申	丁丑戊寅	--- 丁未丁未

*《長曆》：正月甲寅，二月癸未，三月癸丑，四月壬午，五月壬子，六月辛巳，七月辛亥，八月庚辰，九月庚戌，十月己卯，十一己酉，十二己卯。

周景王二十年 魯昭公十七年（丙子 鼠年）公元前526 ~ 前525年 歲在壽星

魯曆月序		中西曆日對照	初一	初二	初三	初四	初五	初六	初七	初八	初九	初十	十一	十二	十三	十四	十五	十六	十七	十八	十九	二十	二一	二二	二三	二四	二五	二六	二七	二八	二九	三十	節氣與天象
正月小	己丑	天干地支西曆	戊申30	己酉(12)	庚戌2	辛亥3	壬子4	癸丑5	甲寅6	乙卯7	丙辰8	丁巳9	戊午10	己未11	庚申12	辛酉13	壬戌14	癸亥15	甲子16	乙丑17	丙寅18	丁卯19	戊辰20	己巳21	庚午22	辛未23	壬申24	癸酉25	甲戌26	乙亥27	丙子28		乙亥冬至
二月大	庚寅	天干地支西曆	丁丑29	戊寅30	己卯31	庚辰(1)	辛巳2	壬午3	癸未4	甲申5	乙酉6	丙戌7	丁亥8	戊子9	己丑10	庚寅11	辛卯12	壬辰13	癸巳14	甲午15	乙未16	丙申17	丁酉18	戊戌19	己亥20	庚子21	辛丑22	壬寅23	癸卯24	甲辰25	乙巳26	丙午27	
三月大	辛卯	天干地支西曆	丁未28	戊申29	己酉30	庚戌31	辛亥(2)	壬子2	癸丑3	甲寅4	乙卯5	丙辰6	丁巳7	戊午8	己未9	庚申10	辛酉11	壬戌12	癸亥13	甲子14	乙丑15	丙寅16	丁卯17	戊辰18	己巳19	庚午20	辛未21	壬申22	癸酉23	甲戌24	乙亥25	丙子26	庚申立春
四月小	壬辰	天干地支西曆	丁丑27	戊寅28	己卯29	庚辰(3)	辛巳2	壬午3	癸未4	甲申5	乙酉6	丙戌7	丁亥8	戊子9	己丑10	庚寅11	辛卯12	壬辰13	癸巳14	甲午15	乙未16	丙申17	丁酉18	戊戌19	己亥20	庚子21	辛丑22	壬寅23	癸卯24	甲辰25	乙巳26		
五月大	癸巳	天干地支西曆	丙午27	丁未28	戊申29	己酉30	庚戌31	辛亥(4)	壬子2	癸丑3	甲寅4	乙卯5	丙辰6	丁巳7	戊午8	己未9	庚申10	辛酉11	壬戌12	癸亥13	甲子14	乙丑15	丙寅16	丁卯17	戊辰18	己巳19	庚午20	辛未21	壬申22	癸酉23	甲戌24	乙亥25	丙午春分
六月小	甲午	天干地支西曆	丙子26	丁丑27	戊寅28	己卯29	庚辰30	辛巳(5)	壬午2	癸未3	甲申4	乙酉5	丙戌6	丁亥7	戊子8	己丑9	庚寅10	辛卯11	壬辰12	癸巳13	甲午14	乙未15	丙申16	丁酉17	戊戌18	己亥19	庚子20	辛丑21	壬寅22	癸卯23	甲辰24		壬辰立夏
七月大	乙未	天干地支西曆	乙巳25	丙午26	丁未27	戊申28	己酉29	庚戌30	辛亥31	壬子(6)	癸丑2	甲寅3	乙卯4	丙辰5	丁巳6	戊午7	己未8	庚申9	辛酉10	壬戌11	癸亥12	甲子13	乙丑14	丙寅15	丁卯16	戊辰17	己巳18	庚午19	辛未20	壬申21	癸酉22	甲戌23	
八月小	丙申	天干地支西曆	乙亥24	丙子25	丁丑26	戊寅27	己卯28	庚辰29	辛巳30	壬午(7)	癸未2	甲申3	乙酉4	丙戌5	丁亥6	戊子7	己丑8	庚寅9	辛卯10	壬辰11	癸巳12	甲午13	乙未14	丙申15	丁酉16	戊戌17	己亥18	庚子19	辛丑20	壬寅21	癸卯22		庚辰夏至
九月大	丁酉	天干地支西曆	甲辰23	乙巳24	丙午25	丁未26	戊申27	己酉28	庚戌29	辛亥30	壬子31	癸丑(8)	甲寅2	乙卯3	丙辰4	丁巳5	戊午6	己未7	庚申8	辛酉9	壬戌10	癸亥11	甲子12	乙丑13	丙寅14	丁卯15	戊辰16	己巳17	庚午18	辛未19	壬申20	癸酉21	丙寅立秋 癸酉日食
十月小	戊戌	天干地支西曆	甲戌22	乙亥23	丙子24	丁丑25	戊寅26	己卯27	庚辰28	辛巳29	壬午30	癸未31	甲申(9)	乙酉2	丙戌3	丁亥4	戊子5	己丑6	庚寅7	辛卯8	壬辰9	癸巳10	甲午11	乙未12	丙申13	丁酉14	戊戌15	己亥16	庚子17	辛丑18	壬寅19		
十一月大	己亥	天干地支西曆	癸卯20	甲辰21	乙巳22	丙午23	丁未24	戊申25	己酉26	庚戌27	辛亥28	壬子29	癸丑30	甲寅(10)	乙卯2	丙辰3	丁巳4	戊午5	己未6	庚申7	辛酉8	壬戌9	癸亥10	甲子11	乙丑12	丙寅13	丁卯14	戊辰15	己巳16	庚午17	辛未18	壬申19	壬子秋分
十二月小	庚子	天干地支西曆	癸酉20	甲戌21	乙亥22	丙子23	丁丑24	戊寅25	己卯26	庚辰27	辛巳28	壬午29	癸未30	甲申31	乙酉(11)	丙戌2	丁亥3	戊子4	己丑5	庚寅6	辛卯7	壬辰8	癸巳9	甲午10	乙未11	丙申12	丁酉13	戊戌14	己亥15	庚子16	辛丑17		丙申立冬

朔閏異同	曆名	正月	二月	三月	四月	五月	六月	七月	八月	九月	十月	十一	十二	閏月
	周曆殷曆	丁未丁丑	丙子丁未	丙午丙子	---乙亥---丙午	乙巳乙亥	甲戌乙巳	甲辰甲戌	甲戌甲辰	癸卯癸酉	癸酉癸卯	壬寅壬申	壬申壬寅	辛丑辛未

曆名	正月	二月	三月	四月	五月	六月	七月	八月	九月	十月	十一	十二	閏月
夏曆新曆	丙子丁丑	丙午丙午	乙亥乙亥	乙巳乙巳	甲戌甲戌	甲辰甲辰	癸酉癸酉	癸卯癸卯	壬申癸酉	壬寅壬寅	壬申壬申	辛丑壬寅	

*《長曆》：正月戊申，二月戊寅，三月丁未，四月丁丑，五月丙午，六月丙子，七月乙巳，八月乙亥，九月甲辰，十月甲戌，十一癸卯，十二癸酉。

周景王二十一年 魯昭公十八年（丁丑 牛年）公元前 525 ~ 前 **524** 年 歲在大火

魯曆月序		中西日曆對照	初一	初二	初三	初四	初五	初六	初七	初八	初九	初十	十一	十二	十三	十四	十五	十六	十七	十八	十九	二十	二一	二二	二三	二四	二五	二六	二七	二八	二九	三十	節氣與天象
正月大	辛丑	干支曆 天地西	壬寅18	癸卯19	甲辰20	乙巳21	丙午22	丁未23	戊申24	己酉25	庚戌26	辛亥27	壬子28	癸丑29	甲寅30	乙卯(12)	丙辰2	丁巳3	戊午4	己未5	庚申6	辛酉7	壬戌8	癸亥9	甲子10	乙丑11	丙寅12	丁卯13	戊辰14	己巳15	庚午16	辛未17	
二月小	壬寅	干支曆 天地西	壬申18	癸酉19	甲戌20	乙亥21	丙子22	丁丑23	戊寅24	己卯25	庚辰26	辛巳27	壬午28	癸未29	甲申30	乙酉31	丙戌(1)	丁亥2	戊子3	己丑4	庚寅5	辛卯6	壬辰7	癸巳8	甲午9	乙未10	丙申11	丁酉12	戊戌13	己亥14	庚子15		庚辰冬至
三月大	癸卯	干支曆 天地西	辛丑16	壬寅17	癸卯18	甲辰19	乙巳20	丙午21	丁未22	戊申23	己酉24	庚戌25	辛亥26	壬子27	癸丑28	甲寅29	乙卯30	丙辰31	丁巳(2)	戊午2	己未3	庚申4	辛酉5	壬戌6	癸亥7	甲子8	乙丑9	丙寅10	丁卯11	戊辰12	己巳13	庚午14	乙丑立春
四月小	甲辰	干支曆 天地西	辛未15	壬申16	癸酉17	甲戌18	乙亥19	丙子20	丁丑21	戊寅22	己卯23	庚辰24	辛巳25	壬午26	癸未27	甲申28	乙酉(3)	丙戌2	丁亥3	戊子4	己丑5	庚寅6	辛卯7	壬辰8	癸巳9	甲午10	乙未11	丙申12	丁酉13	戊戌14	己亥15		
五月大	乙巳	干支曆 天地西	庚子16	辛丑17	壬寅18	癸卯19	甲辰20	乙巳21	丙午22	丁未23	戊申24	己酉25	庚戌26	辛亥27	壬子28	癸丑29	甲寅30	乙卯31	丙辰(4)	丁巳2	戊午3	己未4	庚申5	辛酉6	壬戌7	癸亥8	甲子9	乙丑10	丙寅11	丁卯12	戊辰13	己巳14	辛亥春分
六月小	丙午	干支曆 天地西	庚午15	辛未16	壬申17	癸酉18	甲戌19	乙亥20	丙子21	丁丑22	戊寅23	己卯24	庚辰25	辛巳26	壬午27	癸未28	甲申29	乙酉30	丙戌(5)	丁亥2	戊子3	己丑4	庚寅5	辛卯6	壬辰7	癸巳8	甲午9	乙未10	丙申11	丁酉12	戊戌13		戊戌立夏
七月大	丁未	干支曆 天地西	己亥14	庚子15	辛丑16	壬寅17	癸卯18	甲辰19	乙巳20	丙午21	丁未22	戊申23	己酉24	庚戌25	辛亥26	壬子27	癸丑28	甲寅29	乙卯30	丙辰31	丁巳(6)	戊午2	己未3	庚申4	辛酉5	壬戌6	癸亥7	甲子8	乙丑9	丙寅10	丁卯11	戊辰12	
八月大	戊申	干支曆 天地西	己巳13	庚午14	辛未15	壬申16	癸酉17	甲戌18	乙亥19	丙子20	丁丑21	戊寅22	己卯23	庚辰24	辛巳25	壬午26	癸未27	甲申28	乙酉29	丙戌30	丁亥(7)	戊子2	己丑3	庚寅4	辛卯5	壬辰6	癸巳7	甲午8	乙未9	丙申10	丁酉11	戊戌12	乙酉夏至
九月小	己酉	干支曆 天地西	己亥13	庚子14	辛丑15	壬寅16	癸卯17	甲辰18	乙巳19	丙午20	丁未21	戊申22	己酉23	庚戌24	辛亥25	壬子26	癸丑27	甲寅28	乙卯29	丙辰30	丁巳31	戊午(8)	己未2	庚申3	辛酉4	壬戌5	癸亥6	甲子7	乙丑8	丙寅9	丁卯10		
十月大	庚戌	干支曆 天地西	戊辰11	己巳12	庚午13	辛未14	壬申15	癸酉16	甲戌17	乙亥18	丙子19	丁丑20	戊寅21	己卯22	庚辰23	辛巳24	壬午25	癸未26	甲申27	乙酉28	丙戌29	丁亥30	戊子31	己丑(9)	庚寅2	辛卯3	壬辰4	癸巳5	甲午6	乙未7	丙申8	丁酉9	壬申立秋
十一月小	辛亥	干支曆 天地西	戊戌10	己亥11	庚子12	辛丑13	壬寅14	癸卯15	甲辰16	乙巳17	丙午18	丁未19	戊申20	己酉21	庚戌22	辛亥23	壬子24	癸丑25	甲寅26	乙卯27	丙辰28	丁巳29	戊午30	己未(10)	庚申2	辛酉3	壬戌4	癸亥5	甲子6	乙丑7	丙寅8		丁巳秋分
十二月大	壬子	干支曆 天地西	丁卯9	戊辰10	己巳11	庚午12	辛未13	壬申14	癸酉15	甲戌16	乙亥17	丙子18	丁丑19	戊寅20	己卯21	庚辰22	辛巳23	壬午24	癸未25	甲申26	乙酉27	丙戌28	丁亥29	戊子30	己丑31	庚寅(11)	辛卯2	壬辰3	癸巳4	甲午5	乙未6	丙申7	
閏月小	壬子	干支曆 天地西	丁酉8	戊戌9	己亥10	庚子11	辛丑12	壬寅13	癸卯14	甲辰15	乙巳16	丙午17	丁未18	戊申19	己酉20	庚戌21	辛亥22	壬子23	癸丑24	甲寅25	乙卯26	丙辰27	丁巳28	戊午29	己未30	庚申(12)	辛酉2	壬戌3	癸亥4	甲子5	乙丑6		辛丑立冬

朔閏異同	曆名	正月	二月	三月	四月	五月	六月	七月	八月	九月	十月	十一	十二	閏月
	周曆殷曆	辛未辛丑	庚子辛未	庚午庚子	己亥庚午	己巳己亥	戊戌己巳	戊辰戊戌	丁酉戊辰	丁卯丁酉	丁酉丁卯	丙寅丙申	丙申丙寅	
	夏曆新曆	辛未辛未	庚子辛丑	庚午庚午	己亥己亥	己巳己巳	戊戌戊戌	戊辰丁卯	丁酉丁酉	丁卯丁卯	丙申丙申	丙寅丙寅	乙未丙申	

*《長曆》：正月壬寅，閏月壬申，二月辛丑，三月辛未，四月辛丑，五月庚午，六月庚子，七月己巳，八月己亥，九月戊辰，十月戊戌，十一丁卯，十二丁酉。

周景王二十二年 魯昭公十九年（戊寅 虎年）公元前524 ~ 前523年 歲在析木

魯曆月序		中西曆日對照	初一	初二	初三	初四	初五	初六	初七	初八	初九	初十	十一	十二	十三	十四	十五	十六	十七	十八	十九	二十	二一	二二	二三	二四	二五	二六	二七	二八	二九	三十	節氣與天象
正月大	癸丑	天干地支西曆	丙寅 7	丁卯 8	戊辰 9	己巳 10	庚午 11	辛未 12	壬申 13	癸酉 14	甲戌 15	乙亥 16	丙子 17	丁丑 18	戊寅 19	己卯 20	庚辰 21	辛巳 22	壬午 23	癸未 24	甲申 25	乙酉 26	丙戌 27	丁亥 28	戊子 29	己丑 30	庚寅 31	辛卯 (1)	壬辰 2	癸巳 3	甲午 4	乙未 5	乙酉冬至
二月小	甲寅	天干地支西曆	丙申 6	丁酉 7	戊戌 8	己亥 9	庚子 10	辛丑 11	壬寅 12	癸卯 13	甲辰 14	乙巳 15	丙午 16	丁未 17	戊申 18	己酉 19	庚戌 20	辛亥 21	壬子 22	癸丑 23	甲寅 24	乙卯 25	丙辰 26	丁巳 27	戊午 28	己未 29	庚申 30	辛酉 31	壬戌 (2)	癸亥 2	甲子 3		
三月大	乙卯	天干地支西曆	乙丑 4	丙寅 5	丁卯 6	戊辰 7	己巳 8	庚午 9	辛未 10	壬申 11	癸酉 12	甲戌 13	乙亥 14	丙子 15	丁丑 16	戊寅 17	己卯 18	庚辰 19	辛巳 20	壬午 21	癸未 22	甲申 23	乙酉 24	丙戌 25	丁亥 26	戊子 27	己丑 28	庚寅 (3)	辛卯 2	壬辰 3	癸巳 4	甲午 5	庚午立春
四月小	丙辰	天干地支西曆	乙未 6	丙申 7	丁酉 8	戊戌 9	己亥 10	庚子 11	辛丑 12	壬寅 13	癸卯 14	甲辰 15	乙巳 16	丙午 17	丁未 18	戊申 19	己酉 20	庚戌 21	辛亥 22	壬子 23	癸丑 24	甲寅 25	乙卯 26	丙辰 27	丁巳 28	戊午 29	己未 30	庚申 31	辛酉 (4)	壬戌 2	癸亥 3		丙辰春分
五月大	丁巳	天干地支西曆	甲子 4	乙丑 5	丙寅 6	丁卯 7	戊辰 8	己巳 9	庚午 10	辛未 11	壬申 12	癸酉 13	甲戌 14	乙亥 15	丙子 16	丁丑 17	戊寅 18	己卯 19	庚辰 20	辛巳 21	壬午 22	癸未 23	甲申 24	乙酉 25	丙戌 26	丁亥 27	戊子 28	己丑 29	庚寅 30	辛卯 (5)	壬辰 2	癸巳 3	
六月小	戊午	天干地支西曆	甲午 4	乙未 5	丙申 6	丁酉 7	戊戌 8	己亥 9	庚子 10	辛丑 11	壬寅 12	癸卯 13	甲辰 14	乙巳 15	丙午 16	丁未 17	戊申 18	己酉 19	庚戌 20	辛亥 21	壬子 22	癸丑 23	甲寅 24	乙卯 25	丙辰 26	丁巳 27	戊午 28	己未 29	庚申 30	辛酉 31	壬戌 (6)		癸卯立夏
七月大	己未	天干地支西曆	癸亥 2	甲子 3	乙丑 4	丙寅 5	丁卯 6	戊辰 7	己巳 8	庚午 9	辛未 10	壬申 11	癸酉 12	甲戌 13	乙亥 14	丙子 15	丁丑 16	戊寅 17	己卯 18	庚辰 19	辛巳 20	壬午 21	癸未 22	甲申 23	乙酉 24	丙戌 25	丁亥 26	戊子 27	己丑 28	庚寅 29	辛卯 30	壬辰 (7)	庚寅夏至
八月小	庚申	天干地支西曆	癸巳 2	甲午 3	乙未 4	丙申 5	丁酉 6	戊戌 7	己亥 8	庚子 9	辛丑 10	壬寅 11	癸卯 12	甲辰 13	乙巳 14	丙午 15	丁未 16	戊申 17	己酉 18	庚戌 19	辛亥 20	壬子 21	癸丑 22	甲寅 23	乙卯 24	丙辰 25	丁巳 26	戊午 27	己未 28	庚申 29	辛酉 30		
九月大	辛酉	天干地支西曆	壬戌 31	癸亥 (8)	甲子 2	乙丑 3	丙寅 4	丁卯 5	戊辰 6	己巳 7	庚午 8	辛未 9	壬申 10	癸酉 11	甲戌 12	乙亥 13	丙子 14	丁丑 15	戊寅 16	己卯 17	庚辰 18	辛巳 19	壬午 20	癸未 21	甲申 22	乙酉 23	丙戌 24	丁亥 25	戊子 26	己丑 27	庚寅 28	辛卯 29	丁丑立秋
十月大	壬戌	天干地支西曆	壬辰 30	癸巳 31	甲午 (9)	乙未 2	丙申 3	丁酉 4	戊戌 5	己亥 6	庚子 7	辛丑 8	壬寅 9	癸卯 10	甲辰 11	乙巳 12	丙午 13	丁未 14	戊申 15	己酉 16	庚戌 17	辛亥 18	壬子 19	癸丑 20	甲寅 21	乙卯 22	丙辰 23	丁巳 24	戊午 25	己未 26	庚申 27	辛酉 28	
十一月小	癸亥	天干地支西曆	壬戌 29	癸亥 30	甲子 (10)	乙丑 2	丙寅 3	丁卯 4	戊辰 5	己巳 6	庚午 7	辛未 8	壬申 9	癸酉 10	甲戌 11	乙亥 12	丙子 13	丁丑 14	戊寅 15	己卯 16	庚辰 17	辛巳 18	壬午 19	癸未 20	甲申 21	乙酉 22	丙戌 23	丁亥 24	戊子 25	己丑 26	庚寅 27		壬戌秋分
十二月大	甲子	天干地支西曆	辛卯 28	壬辰 29	癸巳 30	甲午 31	乙未 (11)	丙申 2	丁酉 3	戊戌 4	己亥 5	庚子 6	辛丑 7	壬寅 8	癸卯 9	甲辰 10	乙巳 11	丙午 12	丁未 13	戊申 14	己酉 15	庚戌 16	辛亥 17	壬子 18	癸丑 19	甲寅 20	乙卯 21	丙辰 22	丁巳 23	戊午 24	己未 25	庚申 26	丁未立冬

朔閏異同	曆名	正月	二月	三月	四月	五月	六月	七月	八月	九月	十月	十一	十二	閏月
	周曆殷曆	乙丑乙未	乙未乙丑	甲子甲午	甲午甲子	癸亥甲午	癸巳癸亥	壬戌癸巳	壬辰壬戌	辛酉壬辰	辛卯辛酉	庚申辛卯	---庚寅---庚申	己未庚寅
	夏曆新曆	乙丑丙寅	乙未乙未	甲子乙丑	乙甲午甲午	癸亥癸亥	癸巳癸巳	壬戌---壬戌	壬辰辛卯	辛酉辛酉	---辛卯辛卯	庚申庚申	庚寅庚寅	己未庚申

*《長曆》：正月丙寅，二月丙申，三月乙丑，四月乙未，五月甲子，六月甲午，七月甲子，八月癸巳，九月癸亥，十月壬辰，十一壬戌，十二辛卯。

周景王二十三年 魯昭公二十年（己卯 兔年）公元前523 ~ 前522年 歲在星紀

魯曆月序		中西曆日對照	初一	初二	初三	初四	初五	初六	初七	初八	初九	初十	十一	十二	十三	十四	十五	十六	十七	十八	十九	二十	二一	二二	二三	二四	二五	二六	二七	二八	二九	三十	節氣與天象
正月小	乙丑	天干地支西曆	辛酉27	壬戌28	癸亥29	甲子30	乙丑(12)	丙寅2	丁卯3	戊辰4	己巳5	庚午6	辛未7	壬申8	癸酉9	甲戌10	乙亥11	丙子12	丁丑13	戊寅14	己卯15	庚辰16	辛巳17	壬午18	癸未19	甲申20	乙酉21	丙戌22	丁亥23	戊子24	己丑25		
二月大	丙寅	天干地支西曆	庚寅26	辛卯27	壬辰28	癸巳29	甲午30	乙未31	丙申(1)	丁酉2	戊戌3	己亥4	庚子5	辛丑6	壬寅7	癸卯8	甲辰9	乙巳10	丙午11	丁未12	戊申13	己酉14	庚戌15	辛亥16	壬子17	癸丑18	甲寅19	乙卯20	丙辰21	丁巳22	戊午23	己未24	辛卯冬至
三月小	丁卯	天干地支西曆	庚申25	辛酉26	壬戌27	癸亥28	甲子29	乙丑30	丙寅31	丁卯(2)	戊辰2	己巳3	庚午4	辛未5	壬申6	癸酉7	甲戌8	乙亥9	丙子10	丁丑11	戊寅12	己卯13	庚辰14	辛巳15	壬午16	癸未17	甲申18	乙酉19	丙戌20	丁亥21	戊子22		乙亥立春
四月大	戊辰	天干地支西曆	己丑23	庚寅24	辛卯25	壬辰26	癸巳27	甲午28	乙未(3)	丙申2	丁酉3	戊戌4	己亥5	庚子6	辛丑7	壬寅8	癸卯9	甲辰10	乙巳11	丙午12	丁未13	戊申14	己酉15	庚戌16	辛亥17	壬子18	癸丑19	甲寅20	乙卯21	丙辰22	丁巳23	戊午24	
五月小	己巳	天干地支西曆	己未25	庚申26	辛酉27	壬戌28	癸亥29	甲子30	乙丑31	丙寅(4)	丁卯2	戊辰3	己巳4	庚午5	辛未6	壬申7	癸酉8	甲戌9	乙亥10	丙子11	丁丑12	戊寅13	己卯14	庚辰15	辛巳16	壬午17	癸未18	甲申19	乙酉20	丙戌21	丁亥22		辛酉春分
六月大	庚午	天干地支西曆	戊子23	己丑24	庚寅25	辛卯26	壬辰27	癸巳28	甲午29	乙未30	丙申(5)	丁酉2	戊戌3	己亥4	庚子5	辛丑6	壬寅7	癸卯8	甲辰9	乙巳10	丙午11	丁未12	戊申13	己酉14	庚戌15	辛亥16	壬子17	癸丑18	甲寅19	乙卯20	丙辰21	丁巳22	戊申立夏
七月小	辛未	天干地支西曆	戊午23	己未24	庚申25	辛酉26	壬戌27	癸亥28	甲子29	乙丑30	丙寅31	丁卯(6)	戊辰2	己巳3	庚午4	辛未5	壬申6	癸酉7	甲戌8	乙亥9	丙子10	丁丑11	戊寅12	己卯13	庚辰14	辛巳15	壬午16	癸未17	甲申18	乙酉19	丙戌20		
八月大	壬申	天干地支西曆	丁亥21	戊子22	己丑23	庚寅24	辛卯25	壬辰26	癸巳27	甲午28	乙未29	丙申30	丁酉(7)	戊戌2	己亥3	庚子4	辛丑5	壬寅6	癸卯7	甲辰8	乙巳9	丙午10	丁未11	戊申12	己酉13	庚戌14	辛亥15	壬子16	癸丑17	甲寅18	乙卯19	丙辰20	乙未夏至
九月小	癸酉	天干地支西曆	丁巳21	戊午22	己未23	庚申24	辛酉25	壬戌26	癸亥27	甲子28	乙丑29	丙寅30	丁卯31	戊辰(8)	己巳2	庚午3	辛未4	壬申5	癸酉6	甲戌7	乙亥8	丙子9	丁丑10	戊寅11	己卯12	庚辰13	辛巳14	壬午15	癸未16	甲申17	乙酉18		壬午立秋
十月大	甲戌	天干地支西曆	丙戌19	丁亥20	戊子21	己丑22	庚寅23	辛卯24	壬辰25	癸巳26	甲午27	乙未28	丙申29	丁酉30	戊戌31	己亥(9)	庚子2	辛丑3	壬寅4	癸卯5	甲辰6	乙巳7	丙午8	丁未9	戊申10	己酉11	庚戌12	辛亥13	壬子14	癸丑15	甲寅16	乙卯17	
十一月大	乙亥	天干地支西曆	丙辰18	丁巳19	戊午20	己未21	庚申22	辛酉23	壬戌24	癸亥25	甲子26	乙丑27	丙寅28	丁卯29	戊辰30	己巳(10)	庚午2	辛未3	壬申4	癸酉5	甲戌6	乙亥7	丙子8	丁丑9	戊寅10	己卯11	庚辰12	辛巳13	壬午14	癸未15	甲申16	乙酉17	丁卯秋分
十二月小	丙子	天干地支西曆	丙戌18	丁亥19	戊子20	己丑21	庚寅22	辛卯23	壬辰24	癸巳25	甲午26	乙未27	丙申28	丁酉29	戊戌30	己亥31	庚子(11)	辛丑2	壬寅3	癸卯4	甲辰5	乙巳6	丙午7	丁未8	戊申9	己酉10	庚戌11	辛亥12	壬子13	癸丑14	甲寅15		壬子立冬
閏月小	丙子	天干地支西曆	乙卯16	丙辰17	丁巳18	戊午19	己未20	庚申21	辛酉22	壬戌23	癸亥24	甲子25	乙丑26	丙寅27	丁卯28	戊辰29	己巳30	庚午(12)	辛未2	壬申3	癸酉4	甲戌5	乙亥6	丙子7	丁丑8	戊寅9	己卯10	庚辰11	辛巳12	壬午13	癸未14		

朔閏異同	曆名	正月	二月	三月	四月	五月	六月	七月	八月	九月	十月	十一	十二	閏月		曆名	正月	二月	三月	四月	五月	六月	七月	八月	九月	十月	十一	十二	閏月
	周曆殷曆	己丑己未	己未己丑	戊子戊午	戊午戊子	丁亥丁巳	丁巳丁亥	丙戌丙辰	丙辰丙戌	乙酉丙辰	乙卯乙酉	甲申乙卯	甲寅甲申			夏曆新曆	己丑庚寅	戊午己未	戊子己丑	丁巳戊午	丁亥丁亥	丁巳丁巳	丙戌丙戌	丙辰乙卯	乙酉乙酉	乙卯甲寅	甲申甲申	甲寅甲寅	

*《長曆》：正月辛酉，二月庚寅，三月庚申，四月己丑，五月己未，六月戊子，七月戊午，八月丁亥，閏月丁巳，九月丙戌，十月丙辰，十一丙戌，十二乙卯。

周景王二十四年 魯昭公二十一年（庚辰 龍年）公元前522 ~ 前521年 歲在玄枵

魯曆月序		西日中曆對照	初一	初二	初三	初四	初五	初六	初七	初八	初九	初十	十一	十二	十三	十四	十五	十六	十七	十八	十九	二十	二一	二二	二三	二四	二五	二六	二七	二八	二九	三十	節氣與天象
正月大	丁丑	天干地支西曆	甲申15	乙酉16	丙戌17	丁亥18	戊子19	己丑20	庚寅21	辛卯22	壬辰23	癸巳24	甲午25	乙未26	丙申27	丁酉28	戊戌29	己亥30	庚子31	辛丑(1)	壬寅2	癸卯3	甲辰4	乙巳5	丙午6	丁未7	戊申8	己酉9	庚戌10	辛亥11	壬子12	癸丑13	丙申冬至
二月大	戊寅	天干地支西曆	甲寅14	乙卯15	丙辰16	丁巳17	戊午18	己未19	庚申20	辛酉21	壬戌22	癸亥23	甲子24	乙丑25	丙寅26	丁卯27	戊辰28	己巳29	庚午30	辛未31	壬申(2)	癸酉2	甲戌3	乙亥4	丙子5	丁丑6	戊寅7	己卯8	庚辰9	辛巳10	壬午11	癸未12	辛巳立春
三月小	己卯	天干地支西曆	甲申13	乙酉14	丙戌15	丁亥16	戊子17	己丑18	庚寅19	辛卯20	壬辰21	癸巳22	甲午23	乙未24	丙申25	丁酉26	戊戌27	己亥28	庚子29	辛丑(3)	壬寅2	癸卯3	甲辰4	乙巳5	丙午6	丁未7	戊申8	己酉9	庚戌10	辛亥11	壬子12		
四月大	庚辰	天干地支西曆	癸丑13	甲寅14	乙卯15	丙辰16	丁巳17	戊午18	己未19	庚申20	辛酉21	壬戌22	癸亥23	甲子24	乙丑25	丙寅26	丁卯27	戊辰28	己巳29	庚午30	辛未31	壬申(4)	癸酉2	甲戌3	乙亥4	丙子5	丁丑6	戊寅7	己卯8	庚辰9	辛巳10	壬午11	丁卯春分
五月小	辛巳	天干地支西曆	癸未12	甲申13	乙酉14	丙戌15	丁亥16	戊子17	己丑18	庚寅19	辛卯20	壬辰21	癸巳22	甲午23	乙未24	丙申25	丁酉26	戊戌27	己亥28	庚子29	辛丑30	壬寅(5)	癸卯2	甲辰3	乙巳4	丙午5	丁未6	戊申7	己酉8	庚戌9	辛亥10		
六月大	壬午	天干地支西曆	壬子11	癸丑12	甲寅13	乙卯14	丙辰15	丁巳16	戊午17	己未18	庚申19	辛酉20	壬戌21	癸亥22	甲子23	乙丑24	丙寅25	丁卯26	戊辰27	己巳28	庚午29	辛未30	壬申31	癸酉(6)	甲戌2	乙亥3	丙子4	丁丑5	戊寅6	己卯7	庚辰8	辛巳9	癸丑立夏
七月小	癸未	天干地支西曆	壬午10	癸未11	甲申12	乙酉13	丙戌14	丁亥15	戊子16	己丑17	庚寅18	辛卯19	壬辰20	癸巳21	甲午22	乙未23	丙申24	丁酉25	戊戌26	己亥27	庚子28	辛丑29	壬寅30	癸卯(7)	甲辰2	乙巳3	丙午4	丁未5	戊申6	己酉7	庚戌8		辛丑夏至 壬午日食
八月大	甲申	天干地支西曆	辛亥9	壬子10	癸丑11	甲寅12	乙卯13	丙辰14	丁巳15	戊午16	己未17	庚申18	辛酉19	壬戌20	癸亥21	甲子22	乙丑23	丙寅24	丁卯25	戊辰26	己巳27	庚午28	辛未29	壬申30	癸酉31	甲戌(8)	乙亥2	丙子3	丁丑4	戊寅5	己卯6	庚辰7	
九月小	乙酉	天干地支西曆	辛巳8	壬午9	癸未10	甲申11	乙酉12	丙戌13	丁亥14	戊子15	己丑16	庚寅17	辛卯18	壬辰19	癸巳20	甲午21	乙未22	丙申23	丁酉24	戊戌25	己亥26	庚子27	辛丑28	壬寅29	癸卯30	甲辰31	乙巳(9)	丙午2	丁未3	戊申4	己酉5		丁亥立秋
十月大	丙戌	天干地支西曆	庚戌6	辛亥7	壬子8	癸丑9	甲寅10	乙卯11	丙辰12	丁巳13	戊午14	己未15	庚申16	辛酉17	壬戌18	癸亥19	甲子20	乙丑21	丙寅22	丁卯23	戊辰24	己巳25	庚午26	辛未27	壬申28	癸酉29	甲戌30	乙亥(10)	丙子2	丁丑3	戊寅4	己卯5	癸酉秋分
十一月小	丁亥	天干地支西曆	庚辰6	辛巳7	壬午8	癸未9	甲申10	乙酉11	丙戌12	丁亥13	戊子14	己丑15	庚寅16	辛卯17	壬辰18	癸巳19	甲午20	乙未21	丙申22	丁酉23	戊戌24	己亥25	庚子26	辛丑27	壬寅28	癸卯29	甲辰30	乙巳31	丙午(11)	丁未2	戊申3		
十二月大	戊子	天干地支西曆	己酉4	庚戌5	辛亥6	壬子7	癸丑8	甲寅9	乙卯10	丙辰11	丁巳12	戊午13	己未14	庚申15	辛酉16	壬戌17	癸亥18	甲子19	乙丑20	丙寅21	丁卯22	戊辰23	己巳24	庚午25	辛未26	壬申27	癸酉28	甲戌29	乙亥30	丙子(12)	丁丑2	戊寅3	丁巳立冬

朔閏異同	曆名	正月	二月	三月	四月	五月	六月	七月	八月	九月	十月	十一	十二	閏月
	周曆殷曆	癸未甲寅	癸丑癸未	壬午癸丑	壬子壬午	辛巳壬子	辛亥辛巳	辛巳辛亥	庚戌庚辰	庚辰庚戌	己酉己卯	己卯己酉	戊申戊寅	

曆名	正月	二月	三月	四月	五月	六月	七月	八月	九月	十月	十一	十二	閏月
夏曆新曆	癸未甲申	癸丑癸丑	壬午癸未	壬子壬子	辛巳壬午	辛亥辛亥	庚辰辛巳	庚戌庚戌	庚辰己卯	己酉己酉	己卯戊寅	戊申戊申	

*《長曆》：正月乙酉，二月甲寅，三月甲申，四月癸丑，五月癸未，六月壬子，七月壬午，八月辛亥，九月辛巳，十月庚戌，十一庚辰，十二己酉。

周景王二十五年 周悼王元年 魯昭公二十二年（辛巳 蛇年）
公元前521～前520年 歲在娵訾

魯曆月序		中西曆日對照	魯曆日序																														節氣與天象
			初一	初二	初三	初四	初五	初六	初七	初八	初九	初十	十一	十二	十三	十四	十五	十六	十七	十八	十九	二十	二一	二二	二三	二四	二五	二六	二七	二八	二九	三十	
正月小	己丑	干支天地西曆	己卯4	庚辰5	辛巳6	壬午7	癸未8	甲申9	乙酉10	丙戌11	丁亥12	戊子13	己丑14	庚寅15	辛卯16	壬辰17	癸巳18	甲午19	乙未20	丙申21	丁酉22	戊戌23	己亥24	庚子25	辛丑26	壬寅27	癸卯28	甲辰29	乙巳30	丙午31	丁未(1)		辛丑冬至
二月大	庚寅	干支天地西曆	戊申2	己酉3	庚戌4	辛亥5	壬子6	癸丑7	甲寅8	乙卯9	丙辰10	丁巳11	戊午12	己未13	庚申14	辛酉15	壬戌16	癸亥17	甲子18	乙丑19	丙寅20	丁卯21	戊辰22	己巳23	庚午24	辛未25	壬申26	癸酉27	甲戌28	乙亥29	丙子30	丁丑31	
三月小	辛卯	干支天地西曆	戊寅(2)	己卯2	庚辰3	辛巳4	壬午5	癸未6	甲申7	乙酉8	丙戌9	丁亥10	戊子11	己丑12	庚寅13	辛卯14	壬辰15	癸巳16	甲午17	乙未18	丙申19	丁酉20	戊戌21	己亥22	庚子23	辛丑24	壬寅25	癸卯26	甲辰27	乙巳28	丙午(3)		丙戌立春
四月大	壬辰	干支天地西曆	丁未2	戊申3	己酉4	庚戌5	辛亥6	壬子7	癸丑8	甲寅9	乙卯10	丙辰11	丁巳12	戊午13	己未14	庚申15	辛酉16	壬戌17	癸亥18	甲子19	乙丑20	丙寅21	丁卯22	戊辰23	己巳24	庚午25	辛未26	壬申27	癸酉28	甲戌29	乙亥30	丙子31	壬申春分
五月大	癸巳	干支天地西曆	丁丑(4)	戊寅2	己卯3	庚辰4	辛巳5	壬午6	癸未7	甲申8	乙酉9	丙戌10	丁亥11	戊子12	己丑13	庚寅14	辛卯15	壬辰16	癸巳17	甲午18	乙未19	丙申20	丁酉21	戊戌22	己亥23	庚子24	辛丑25	壬寅26	癸卯27	甲辰28	乙巳29	丙午30	
六月小	甲午	干支天地西曆	丁未(5)	戊申2	己酉3	庚戌4	辛亥5	壬子6	癸丑7	甲寅8	乙卯9	丙辰10	丁巳11	戊午12	己未13	庚申14	辛酉15	壬戌16	癸亥17	甲子18	乙丑19	丙寅20	丁卯21	戊辰22	己巳23	庚午24	辛未25	壬申26	癸酉27	甲戌28	乙亥29		己未立夏
七月大	乙未	干支天地西曆	丙子30	丁丑31	戊寅(6)	己卯2	庚辰3	辛巳4	壬午5	癸未6	甲申7	乙酉8	丙戌9	丁亥10	戊子11	己丑12	庚寅13	辛卯14	壬辰15	癸巳16	甲午17	乙未18	丙申19	丁酉20	戊戌21	己亥22	庚子23	辛丑24	壬寅25	癸卯26	甲辰27	乙巳28	
八月小	丙申	干支天地西曆	丙午29	丁未30	戊申(7)	己酉2	庚戌3	辛亥4	壬子5	癸丑6	甲寅7	乙卯8	丙辰9	丁巳10	戊午11	己未12	庚申13	辛酉14	壬戌15	癸亥16	甲子17	乙丑18	丙寅19	丁卯20	戊辰21	己巳22	庚午23	辛未24	壬申25	癸酉26	甲戌27		丙午夏至
九月大	丁酉	干支天地西曆	乙亥28	丙子29	丁丑30	戊寅31	己卯(8)	庚辰2	辛巳3	壬午4	癸未5	甲申6	乙酉7	丙戌8	丁亥9	戊子10	己丑11	庚寅12	辛卯13	壬辰14	癸巳15	甲午16	乙未17	丙申18	丁酉19	戊戌20	己亥21	庚子22	辛丑23	壬寅24	癸卯25	甲辰26	癸巳立秋
十月小	戊戌	干支天地西曆	乙巳27	丙午28	丁未29	戊申30	己酉31	庚戌(9)	辛亥2	壬子3	癸丑4	甲寅5	乙卯6	丙辰7	丁巳8	戊午9	己未10	庚申11	辛酉12	壬戌13	癸亥14	甲子15	乙丑16	丙寅17	丁卯18	戊辰19	己巳20	庚午21	辛未22	壬申23	癸酉24		
十一月大	己亥	干支天地西曆	甲戌25	乙亥26	丙子27	丁丑28	戊寅29	己卯30	庚辰(10)	辛巳2	壬午3	癸未4	甲申5	乙酉6	丙戌7	丁亥8	戊子9	己丑10	庚寅11	辛卯12	壬辰13	癸巳14	甲午15	乙未16	丙申17	丁酉18	戊戌19	己亥20	庚子21	辛丑22	壬寅23	癸卯24	戊寅秋分
十二月小	庚子	干支天地西曆	甲辰25	乙巳26	丙午27	丁未28	戊申29	己酉30	庚戌31	辛亥(11)	壬子2	癸丑3	甲寅4	乙卯5	丙辰6	丁巳7	戊午8	己未9	庚申10	辛酉11	壬戌12	癸亥13	甲子14	乙丑15	丙寅16	丁卯17	戊辰18	己巳19	庚午20	辛未21	壬申22		壬戌立冬
閏月大	庚子	干支天地西曆	癸酉23	甲戌24	乙亥25	丙子26	丁丑27	戊寅28	己卯29	庚辰30	辛巳(12)	壬午2	癸未3	甲申4	乙酉5	丙戌6	丁亥7	戊子8	己丑9	庚寅10	辛卯11	壬辰12	癸巳13	甲午14	乙未15	丙申16	丁酉17	戊戌18	己亥19	庚子20	辛丑21	壬寅22	癸酉日食

朔閏異同	曆名	正月	二月	三月	四月	五月	六月	七月	八月	九月	十月	十一	十二	閏月		曆名	正月	二月	三月	四月	五月	六月	七月	八月	九月	十月	十一	十二	閏月
	周曆殷曆	戊寅戊申	丁未戊寅	丁丑丁未	丙午丁丑	丙子丙午	乙巳丙子	乙亥乙巳	甲辰---乙亥	甲戌甲辰	---甲辰甲戌	癸酉癸卯	癸卯癸酉	壬申壬寅		夏曆新曆	戊寅戊寅	丁未丁未	丁丑丁丑	丙午丁未	丙子---丙子	---乙巳丙午	乙亥乙亥	甲辰乙巳	甲戌甲辰	癸卯癸酉	癸酉壬寅	壬寅壬申	壬申癸酉

*《長曆》：正月己卯，二月戊申，三月戊寅，四月丁未，五月丁丑，六月丙午，七月丙子，八月乙巳，九月乙亥，十月甲辰，十一甲戌，十二癸卯，閏月癸酉。景王死後，悼王即位。悼王在位不到一年。

周敬王元年 魯昭公二十三年（壬午 馬年）公元前520～前519年 歲在降婁

魯曆月序	中西曆日對照		初一	初二	初三	初四	初五	初六	初七	初八	初九	初十	十一	十二	十三	十四	十五	十六	十七	十八	十九	二十	二一	二二	二三	二四	二五	二六	二七	二八	二九	三十	節氣與天象
正月小	辛丑	天干地支西曆	癸卯23	甲辰24	乙巳25	丙午26	丁未27	戊申28	己酉29	庚戌30	辛亥31	壬子(1)	癸丑2	甲寅3	乙卯4	丙辰5	丁巳6	戊午7	己未8	庚申9	辛酉10	壬戌11	癸亥12	甲子13	乙丑14	丙寅15	丁卯16	戊辰17	己巳18	庚午19	辛未20		丙午冬至
二月大	壬寅	天干地支西曆	壬申21	癸酉22	甲戌23	乙亥24	丙子25	丁丑26	戊寅27	己卯28	庚辰29	辛巳30	壬午31	癸未(2)	甲申2	乙酉3	丙戌4	丁亥5	戊子6	己丑7	庚寅8	辛卯9	壬辰10	癸巳11	甲午12	乙未13	丙申14	丁酉15	戊戌16	己亥17	庚子18	辛丑19	辛卯立春
三月小	癸卯	天干地支西曆	壬寅20	癸卯21	甲辰22	乙巳23	丙午24	丁未25	戊申26	己酉27	庚戌28	辛亥(3)	壬子2	癸丑3	甲寅4	乙卯5	丙辰6	丁巳7	戊午8	己未9	庚申10	辛酉11	壬戌12	癸亥13	甲子14	乙丑15	丙寅16	丁卯17	戊辰18	己巳19	庚午20		
四月大	甲辰	天干地支西曆	辛未21	壬申22	癸酉23	甲戌24	乙亥25	丙子26	丁丑27	戊寅28	己卯29	庚辰30	辛巳31	壬午(4)	癸未2	甲申3	乙酉4	丙戌5	丁亥6	戊子7	己丑8	庚寅9	辛卯10	壬辰11	癸巳12	甲午13	乙未14	丙申15	丁酉16	戊戌17	己亥18	庚子19	丁丑春分
五月小	乙巳	天干地支西曆	辛丑20	壬寅21	癸卯22	甲辰23	乙巳24	丙午25	丁未26	戊申27	己酉28	庚戌29	辛亥30	壬子(5)	癸丑2	甲寅3	乙卯4	丙辰5	丁巳6	戊午7	己未8	庚申9	辛酉10	壬戌11	癸亥12	甲子13	乙丑14	丙寅15	丁卯16	戊辰17	己巳18		甲子立夏
六月大	丙午	天干地支西曆	庚午19	辛未20	壬申21	癸酉22	甲戌23	乙亥24	丙子25	丁丑26	戊寅27	己卯28	庚辰29	辛巳30	壬午31	癸未(6)	甲申2	乙酉3	丙戌4	丁亥5	戊子6	己丑7	庚寅8	辛卯9	壬辰10	癸巳11	甲午12	乙未13	丙申14	丁酉15	戊戌16	己亥17	
七月小	丁未	天干地支西曆	庚子18	辛丑19	壬寅20	癸卯21	甲辰22	乙巳23	丙午24	丁未25	戊申26	己酉27	庚戌28	辛亥29	壬子30	癸丑(7)	甲寅2	乙卯3	丙辰4	丁巳5	戊午6	己未7	庚申8	辛酉9	壬戌10	癸亥11	甲子12	乙丑13	丙寅14	丁卯15	戊辰16		辛亥夏至
八月大	戊申	天干地支西曆	己巳17	庚午18	辛未19	壬申20	癸酉21	甲戌22	乙亥23	丙子24	丁丑25	戊寅26	己卯27	庚辰28	辛巳29	壬午30	癸未31	甲申(8)	乙酉2	丙戌3	丁亥4	戊子5	己丑6	庚寅7	辛卯8	壬辰9	癸巳10	甲午11	乙未12	丙申13	丁酉14	戊戌15	戊戌立秋
九月大	己酉	天干地支西曆	己亥16	庚子17	辛丑18	壬寅19	癸卯20	甲辰21	乙巳22	丙午23	丁未24	戊申25	己酉26	庚戌27	辛亥28	壬子29	癸丑30	甲寅31	乙卯(9)	丙辰2	丁巳3	戊午4	己未5	庚申6	辛酉7	壬戌8	癸亥9	甲子10	乙丑11	丙寅12	丁卯13	戊辰14	
十月小	庚戌	天干地支西曆	己巳15	庚午16	辛未17	壬申18	癸酉19	甲戌20	乙亥21	丙子22	丁丑23	戊寅24	己卯25	庚辰26	辛巳27	壬午28	癸未29	甲申30	乙酉(10)	丙戌2	丁亥3	戊子4	己丑5	庚寅6	辛卯7	壬辰8	癸巳9	甲午10	乙未11	丙申12	丁酉13		癸未秋分
十一月大	辛亥	天干地支西曆	戊戌14	己亥15	庚子16	辛丑17	壬寅18	癸卯19	甲辰20	乙巳21	丙午22	丁未23	戊申24	己酉25	庚戌26	辛亥27	壬子28	癸丑29	甲寅30	乙卯31	丙辰(11)	丁巳2	戊午3	己未4	庚申5	辛酉6	壬戌7	癸亥8	甲子9	乙丑10	丙寅11	丁卯12	
十二月小	壬子	天干地支西曆	戊辰13	己巳14	庚午15	辛未16	壬申17	癸酉18	甲戌19	乙亥20	丙子21	丁丑22	戊寅23	己卯24	庚辰25	辛巳26	壬午27	癸未28	甲申29	乙酉30	丙戌(12)	丁亥2	戊子3	己丑4	庚寅5	辛卯6	壬辰7	癸巳8	甲午9	乙未10	丙申11		戊辰立冬

朔閏異同	曆名	正月	二月	三月	四月	五月	六月	七月	八月	九月	十月	十一	十二	閏月	曆名	正月	二月	三月	四月	五月	六月	七月	八月	九月	十月	十一	十二	閏月
	周曆殷曆	壬寅壬申	辛未辛丑	辛丑辛未	庚午辛丑	庚子庚午	己巳庚子	己亥己巳	戊辰己亥	戊戌戊辰	丁卯戊戌	丁酉丁卯	丙寅丁酉		夏曆新曆	壬寅壬寅	辛未辛未	辛丑辛丑	庚午庚午	庚子庚子	己巳庚午	己亥己亥	戊辰己巳	戊戌戊戌	丁卯戊辰	丁酉丁酉	丙寅丁卯	

*《長曆》：正月壬寅，二月壬申，三月壬寅，四月辛未，五月辛丑，六月庚午，七月庚子，八月己巳，九月己亥，十月戊辰，十一戊戌，十二丁卯。

周敬王二年 魯昭公二十四年（癸未 羊年） 公元前519 ~ 前518年 歲在大梁

魯曆月序		中西曆日對照	初一	初二	初三	初四	初五	初六	初七	初八	初九	初十	十一	十二	十三	十四	十五	十六	十七	十八	十九	二十	二一	二二	二三	二四	二五	二六	二七	二八	二九	三十	節氣與天象
正月大	癸丑	天干地支西曆	丁酉12	戊戌13	己亥14	庚子15	辛丑16	壬寅17	癸卯18	甲辰19	乙巳20	丙午21	丁未22	戊申23	己酉24	庚戌25	辛亥26	壬子27	癸丑28	甲寅29	乙卯30	丙辰31	丁巳(1)	戊午2	己未3	庚申4	辛酉5	壬戌6	癸亥7	甲子8	乙丑9	丙寅10	壬子冬至
二月小	甲寅	天干地支西曆	丁卯11	戊辰12	己巳13	庚午14	辛未15	壬申16	癸酉17	甲戌18	乙亥19	丙子20	丁丑21	戊寅22	己卯23	庚辰24	辛巳25	壬午26	癸未27	甲申28	乙酉29	丙戌30	丁亥31	戊子(2)	己丑2	庚寅3	辛卯4	壬辰5	癸巳6	甲午7	乙未8		
三月大	乙卯	天干地支西曆	丙申9	丁酉10	戊戌11	己亥12	庚子13	辛丑14	壬寅15	癸卯16	甲辰17	乙巳18	丙午19	丁未20	戊申21	己酉22	庚戌23	辛亥24	壬子25	癸丑26	甲寅27	乙卯28	丙辰(3)	丁巳2	戊午3	己未4	庚申5	辛酉6	壬戌7	癸亥8	甲子9	乙丑10	丙申立春
四月小	丙辰	天干地支西曆	丙寅11	丁卯12	戊辰13	己巳14	庚午15	辛未16	壬申17	癸酉18	甲戌19	乙亥20	丙子21	丁丑22	戊寅23	己卯24	庚辰25	辛巳26	壬午27	癸未28	甲申29	乙酉30	丙戌31	丁亥(4)	戊子2	己丑3	庚寅4	辛卯5	壬辰6	癸巳7	甲午8		壬午春分
五月大	丁巳	天干地支西曆	乙未9	丙申10	丁酉11	戊戌12	己亥13	庚子14	辛丑15	壬寅16	癸卯17	甲辰18	乙巳19	丙午20	丁未21	戊申22	己酉23	庚戌24	辛亥25	壬子26	癸丑27	甲寅28	乙卯29	丙辰30	丁巳(5)	戊午2	己未3	庚申4	辛酉5	壬戌6	癸亥7	甲子8	乙未日食
六月小	戊午	天干地支西曆	乙丑9	丙寅10	丁卯11	戊辰12	己巳13	庚午14	辛未15	壬申16	癸酉17	甲戌18	乙亥19	丙子20	丁丑21	戊寅22	己卯23	庚辰24	辛巳25	壬午26	癸未27	甲申28	乙酉29	丙戌30	丁亥31	戊子(6)	己丑2	庚寅3	辛卯4	壬辰5	癸巳6		己巳立夏
七月大	己未	天干地支西曆	甲午7	乙未8	丙申9	丁酉10	戊戌11	己亥12	庚子13	辛丑14	壬寅15	癸卯16	甲辰17	乙巳18	丙午19	丁未20	戊申21	己酉22	庚戌23	辛亥24	壬子25	癸丑26	甲寅27	乙卯28	丙辰29	丁巳30	戊午(7)	己未2	庚申3	辛酉4	壬戌5	癸亥6	丙辰夏至
八月小	庚申	天干地支西曆	甲子7	乙丑8	丙寅9	丁卯10	戊辰11	己巳12	庚午13	辛未14	壬申15	癸酉16	甲戌17	乙亥18	丙子19	丁丑20	戊寅21	己卯22	庚辰23	辛巳24	壬午25	癸未26	甲申27	乙酉28	丙戌29	丁亥30	戊子31	己丑(8)	庚寅2	辛卯3	壬辰4		
九月大	辛酉	天干地支西曆	癸巳5	甲午6	乙未7	丙申8	丁酉9	戊戌10	己亥11	庚子12	辛丑13	壬寅14	癸卯15	甲辰16	乙巳17	丙午18	丁未19	戊申20	己酉21	庚戌22	辛亥23	壬子24	癸丑25	甲寅26	乙卯27	丙辰28	丁巳29	戊午30	己未31	庚申(9)	辛酉2	壬戌3	癸卯立秋
十月小	壬戌	天干地支西曆	癸亥4	甲子5	乙丑6	丙寅7	丁卯8	戊辰9	己巳10	庚午11	辛未12	壬申13	癸酉14	甲戌15	乙亥16	丙子17	丁丑18	戊寅19	己卯20	庚辰21	辛巳22	壬午23	癸未24	甲申25	乙酉26	丙戌27	丁亥28	戊子29	己丑30	庚寅(10)	辛卯2		戊子秋分
十一月大	癸亥	天干地支西曆	壬辰3	癸巳4	甲午5	乙未6	丙申7	丁酉8	戊戌9	己亥10	庚子11	辛丑12	壬寅13	癸卯14	甲辰15	乙巳16	丙午17	丁未18	戊申19	己酉20	庚戌21	辛亥22	壬子23	癸丑24	甲寅25	乙卯26	丙辰27	丁巳28	戊午29	己未30	庚申31	辛酉(11)	
十二月小	甲子	天干地支西曆	壬戌2	癸亥3	甲子4	乙丑5	丙寅6	丁卯7	戊辰8	己巳9	庚午10	辛未11	壬申12	癸酉13	甲戌14	乙亥15	丙子16	丁丑17	戊寅18	己卯19	庚辰20	辛巳21	壬午22	癸未23	甲申24	乙酉25	丙戌26	丁亥27	戊子28	己丑29	庚寅30		癸酉立冬

朔閏異同	曆名	正月	二月	三月	四月	五月	六月	七月	八月	九月	十月	十一	十二	閏月	曆名	正月	二月	三月	四月	五月	六月	七月	八月	九月	十月	十一	十二	閏月
	周曆殷曆	丙申丙寅	丙寅丙申	乙未乙丑	乙丑乙未	甲午甲子	甲子甲午	癸巳癸亥	癸亥癸巳	壬辰癸亥	壬戌壬辰	辛卯壬戌	辛酉辛卯		夏曆新曆	丙申丙申	乙丑乙丑	乙未乙未	甲子甲子	甲午甲午	甲子甲子	癸巳癸巳	癸亥癸亥	壬辰癸巳	壬戌壬戌	辛卯壬辰	辛酉---辛酉	辛卯

*《長曆》：正月丁酉，二月丙寅，三月丙申，四月乙丑，五月乙未，六月甲子，七月甲午，八月癸亥，九月癸巳，十月癸亥，十一壬辰，十二壬戌。

周敬王三年 魯昭公二十五年（甲申 猴年）公元前518 ~ 前**517**年 歲在實沈

魯曆月序		中西曆日對照	初一	初二	初三	初四	初五	初六	初七	初八	初九	初十	十一	十二	十三	十四	十五	十六	十七	十八	十九	二十	二一	二二	二三	二四	二五	二六	二七	二八	二九	三十	節氣與天象
正月大	乙丑	天干地支 西曆	辛卯(12)	壬辰2	癸巳3	甲午4	乙未5	丙申6	丁酉7	戊戌8	己亥9	庚子10	辛丑11	壬寅12	癸卯13	甲辰14	乙巳15	丙午16	丁未17	戊申18	己酉19	庚戌20	辛亥21	壬子22	癸丑23	甲寅24	乙卯25	丙辰26	丁巳27	戊午28	己未29	庚申30	丁巳冬至
二月大	丙寅	天干地支 西曆	辛酉31	壬戌(1)	癸亥2	甲子3	乙丑4	丙寅5	丁卯6	戊辰7	己巳8	庚午9	辛未10	壬申11	癸酉12	甲戌13	乙亥14	丙子15	丁丑16	戊寅17	己卯18	庚辰19	辛巳20	壬午21	癸未22	甲申23	乙酉24	丙戌25	丁亥26	戊子27	己丑28	庚寅29	
三月小	丁卯	天干地支 西曆	辛卯30	壬辰31	癸巳(2)	甲午2	乙未3	丙申4	丁酉5	戊戌6	己亥7	庚子8	辛丑9	壬寅10	癸卯11	甲辰12	乙巳13	丙午14	丁未15	戊申16	己酉17	庚戌18	辛亥19	壬子20	癸丑21	甲寅22	乙卯23	丙辰24	丁巳25	戊午26	己未27		壬寅立春
四月大	戊辰	天干地支 西曆	庚申28	辛酉29	壬戌(3)	癸亥2	甲子3	乙丑4	丙寅5	丁卯6	戊辰7	己巳8	庚午9	辛未10	壬申11	癸酉12	甲戌13	乙亥14	丙子15	丁丑16	戊寅17	己卯18	庚辰19	辛巳20	壬午21	癸未22	甲申23	乙酉24	丙戌25	丁亥26	戊子27	己丑28	丁亥春分
五月小	己巳	天干地支 西曆	庚寅29	辛卯30	壬辰31	癸巳(4)	甲午2	乙未3	丙申4	丁酉5	戊戌6	己亥7	庚子8	辛丑9	壬寅10	癸卯11	甲辰12	乙巳13	丙午14	丁未15	戊申16	己酉17	庚戌18	辛亥19	壬子20	癸丑21	甲寅22	乙卯23	丙辰24	丁巳25	戊午26		
六月大	庚午	天干地支 西曆	己未27	庚申28	辛酉29	壬戌30	癸亥(5)	甲子2	乙丑3	丙寅4	丁卯5	戊辰6	己巳7	庚午8	辛未9	壬申10	癸酉11	甲戌12	乙亥13	丙子14	丁丑15	戊寅16	己卯17	庚辰18	辛巳19	壬午20	癸未21	甲申22	乙酉23	丙戌24	丁亥25	戊子26	甲戌立夏
七月小	辛未	天干地支 西曆	己丑27	庚寅28	辛卯29	壬辰30	癸巳31	甲午(6)	乙未2	丙申3	丁酉4	戊戌5	己亥6	庚子7	辛丑8	壬寅9	癸卯10	甲辰11	乙巳12	丙午13	丁未14	戊申15	己酉16	庚戌17	辛亥18	壬子19	癸丑20	甲寅21	乙卯22	丙辰23	丁巳24		
八月大	壬申	天干地支 西曆	戊午25	己未26	庚申27	辛酉28	壬戌29	癸亥30	甲子(7)	乙丑2	丙寅3	丁卯4	戊辰5	己巳6	庚午7	辛未8	壬申9	癸酉10	甲戌11	乙亥12	丙子13	丁丑14	戊寅15	己卯16	庚辰17	辛巳18	壬午19	癸未20	甲申21	乙酉22	丙戌23	丁亥24	壬戌夏至
九月小	癸酉	天干地支 西曆	戊子25	己丑26	庚寅27	辛卯28	壬辰29	癸巳30	甲午31	乙未(8)	丙申2	丁酉3	戊戌4	己亥5	庚子6	辛丑7	壬寅8	癸卯9	甲辰10	乙巳11	丙午12	丁未13	戊申14	己酉15	庚戌16	辛亥17	壬子18	癸丑19	甲寅20	乙卯21	丙辰22		戊申立秋
十月大	甲戌	天干地支 西曆	丁巳23	戊午24	己未25	庚申26	辛酉27	壬戌28	癸亥29	甲子30	乙丑31	丙寅(9)	丁卯2	戊辰3	己巳4	庚午5	辛未6	壬申7	癸酉8	甲戌9	乙亥10	丙子11	丁丑12	戊寅13	己卯14	庚辰15	辛巳16	壬午17	癸未18	甲申19	乙酉20	丙戌21	
十一月小	乙亥	天干地支 西曆	丁亥22	戊子23	己丑24	庚寅25	辛卯26	壬辰27	癸巳28	甲午29	乙未30	丙申(10)	丁酉2	戊戌3	己亥4	庚子5	辛丑6	壬寅7	癸卯8	甲辰9	乙巳10	丙午11	丁未12	戊申13	己酉14	庚戌15	辛亥16	壬子17	癸丑18	甲寅19	乙卯20		甲午秋分
十二月大	丙子	天干地支 西曆	丙辰21	丁巳22	戊午23	己未24	庚申25	辛酉26	壬戌27	癸亥28	甲子29	乙丑30	丙寅31	丁卯(11)	戊辰2	己巳3	庚午4	辛未5	壬申6	癸酉7	甲戌8	乙亥9	丙子10	丁丑11	戊寅12	己卯13	庚辰14	辛巳15	壬午16	癸未17	甲申18	乙酉19	戊寅立冬
閏月小	丙子	天干地支 西曆	丙戌20	丁亥21	戊子22	己丑23	庚寅24	辛卯25	壬辰26	癸巳27	甲午28	乙未29	丙申30	丁酉(12)	戊戌2	己亥3	庚子4	辛丑5	壬寅6	癸卯7	甲辰8	乙巳9	丙午10	丁未11	戊申12	己酉13	庚戌14	辛亥15	壬子16	癸丑17	甲寅18		

朔閏異同	曆名	正月	二月	三月	四月	五月	六月	七月	八月	九月	十月	十一	十二	閏月		曆名	正月	二月	三月	四月	五月	六月	七月	八月	九月	十月	十一	十二	閏月
	周曆殷曆	庚寅辛酉	庚申庚寅	己丑庚申	己未己丑	己丑---己未	戊午戊子	---戊子戊午	丁巳丁亥	丁亥丁巳	丙辰丙戌	丙戌丙辰	乙卯丙戌	乙酉乙卯		夏曆新曆	庚寅庚申	---庚申己丑	己丑己未	己未戊子	戊子戊午	戊午丁亥	丁亥丁巳	丁巳丁亥	丁亥丙辰	丙辰丙戌	丙戌丙辰	乙卯乙酉	乙酉

*《長曆》：正月辛卯，二月辛酉，三月庚寅，四月庚申，五月己丑，六月己未，七月戊子，八月戊午，九月丁亥，十月丁巳，十一丙戌，十二丙辰，閏月丙戌。

周敬王四年 魯昭公二十六年（乙酉 鷄年）公元前517 ~ 前516年 歲在鶉首

魯曆月序		中西曆日對照	魯曆日序																														節氣與天象
			初一	初二	初三	初四	初五	初六	初七	初八	初九	初十	十一	十二	十三	十四	十五	十六	十七	十八	十九	二十	二一	二二	二三	二四	二五	二六	二七	二八	二九	三十	
正月大	丁丑	干支曆 天地西	乙卯19	丙辰20	丁巳21	戊午22	己未23	庚申24	辛酉25	壬戌26	癸亥27	甲子28	乙丑29	丙寅30	丁卯31	戊辰(1)	己巳2	庚午3	辛未4	壬申5	癸酉6	甲戌7	乙亥8	丙子9	丁丑10	戊寅11	己卯12	庚辰13	辛巳14	壬午15	癸未16	甲申17	壬戌冬至
二月小	戊寅	干支曆 天地西	乙酉18	丙戌19	丁亥20	戊子21	己丑22	庚寅23	辛卯24	壬辰25	癸巳26	甲午27	乙未28	丙申29	丁酉30	戊戌31	己亥(2)	庚子2	辛丑3	壬寅4	癸卯5	甲辰6	乙巳7	丙午8	丁未9	戊申10	己酉11	庚戌12	辛亥13	壬子14	癸丑15		丁未立春
三月大	己卯	干支曆 天地西	甲寅16	乙卯17	丙辰18	丁巳19	戊午20	己未21	庚申22	辛酉23	壬戌24	癸亥25	甲子26	乙丑27	丙寅28	丁卯(3)	戊辰2	己巳3	庚午4	辛未5	壬申6	癸酉7	甲戌8	乙亥9	丙子10	丁丑11	戊寅12	己卯13	庚辰14	辛巳15	壬午16	癸未17	
四月大	庚辰	干支曆 天地西	甲申18	乙酉19	丙戌20	丁亥21	戊子22	己丑23	庚寅24	辛卯25	壬辰26	癸巳27	甲午28	乙未29	丙申30	丁酉31	戊戌(4)	己亥2	庚子3	辛丑4	壬寅5	癸卯6	甲辰7	乙巳8	丙午9	丁未10	戊申11	己酉12	庚戌13	辛亥14	壬子15	癸丑16	癸巳春分
五月小	辛巳	干支曆 天地西	甲寅17	乙卯18	丙辰19	丁巳20	戊午21	己未22	庚申23	辛酉24	壬戌25	癸亥26	甲子27	乙丑28	丙寅29	丁卯30	戊辰(5)	己巳2	庚午3	辛未4	壬申5	癸酉6	甲戌7	乙亥8	丙子9	丁丑10	戊寅11	己卯12	庚辰13	辛巳14	壬午15		庚辰立夏
六月大	壬午	干支曆 天地西	癸未16	甲申17	乙酉18	丙戌19	丁亥20	戊子21	己丑22	庚寅23	辛卯24	壬辰25	癸巳26	甲午27	乙未28	丙申29	丁酉30	戊戌31	己亥(6)	庚子2	辛丑3	壬寅4	癸卯5	甲辰6	乙巳7	丙午8	丁未9	戊申10	己酉11	庚戌12	辛亥13	壬子14	
七月小	癸未	干支曆 天地西	癸丑15	甲寅16	乙卯17	丙辰18	丁巳19	戊午20	己未21	庚申22	辛酉23	壬戌24	癸亥25	甲子26	乙丑27	丙寅28	丁卯29	戊辰30	己巳(7)	庚午2	辛未3	壬申4	癸酉5	甲戌6	乙亥7	丙子8	丁丑9	戊寅10	己卯11	庚辰12	辛巳13		丁卯夏至
八月大	甲申	干支曆 天地西	壬午14	癸未15	甲申16	乙酉17	丙戌18	丁亥19	戊子20	己丑21	庚寅22	辛卯23	壬辰24	癸巳25	甲午26	乙未27	丙申28	丁酉29	戊戌30	己亥31	庚子(8)	辛丑2	壬寅3	癸卯4	甲辰5	乙巳6	丙午7	丁未8	戊申9	己酉10	庚戌11	辛亥12	
九月小	乙酉	干支曆 天地西	壬子13	癸丑14	甲寅15	乙卯16	丙辰17	丁巳18	戊午19	己未20	庚申21	辛酉22	壬戌23	癸亥24	甲子25	乙丑26	丙寅27	丁卯28	戊辰29	己巳30	庚午31	辛未(9)	壬申2	癸酉3	甲戌4	乙亥5	丙子6	丁丑7	戊寅8	己卯9	庚辰10		癸丑立秋
十月大	丙戌	干支曆 天地西	辛巳11	壬午12	癸未13	甲申14	乙酉15	丙戌16	丁亥17	戊子18	己丑19	庚寅20	辛卯21	壬辰22	癸巳23	甲午24	乙未25	丙申26	丁酉27	戊戌28	己亥29	庚子30	辛丑(10)	壬寅2	癸卯3	甲辰4	乙巳5	丙午6	丁未7	戊申8	己酉9	庚戌10	己亥秋分
十一月小	丁亥	干支曆 天地西	辛亥11	壬子12	癸丑13	甲寅14	乙卯15	丙辰16	丁巳17	戊午18	己未19	庚申20	辛酉21	壬戌22	癸亥23	甲子24	乙丑25	丙寅26	丁卯27	戊辰28	己巳29	庚午30	辛未31	壬申(11)	癸酉2	甲戌3	乙亥4	丙子5	丁丑6	戊寅7	己卯8		
十二月大	戊子	干支曆 天地西	庚辰9	辛巳10	壬午11	癸未12	甲申13	乙酉14	丙戌15	丁亥16	戊子17	己丑18	庚寅19	辛卯20	壬辰21	癸巳22	甲午23	乙未24	丙申25	丁酉26	戊戌27	己亥28	庚子29	辛丑30	壬寅(12)	癸卯2	甲辰3	乙巳4	丙午5	丁未6	戊申7	己酉8	癸未立冬

朔閏異同	曆名	正月	二月	三月	四月	五月	六月	七月	八月	九月	十月	十一	十二	閏月
	周曆殷曆	甲寅乙酉	甲申甲寅	癸丑甲申	癸未癸丑	壬子癸未	壬午壬子	辛亥壬午	辛巳辛亥	辛亥辛巳	庚辰庚戌	庚戌庚辰	己卯己酉	
	曆名	正月	二月	三月	四月	五月	六月	七月	八月	九月	十月	十一	十二	閏月
	夏曆新曆	甲寅乙卯	甲申甲申	癸丑癸丑	癸未癸未	壬子壬子	壬午辛巳	辛亥辛亥	辛巳辛巳	庚戌庚戌	庚辰庚辰	己酉庚戌	己卯庚辰	

*《長曆》：正月乙卯，二月乙酉，三月甲寅，四月甲申，五月癸丑，六月癸未，七月壬子，八月壬午，九月辛亥，十月辛巳，十一庚戌，十二庚辰。

周敬王五年 魯昭公二十七年（丙戌 狗年）公元前516～前515年 歲在鶉火

魯曆月序		中西曆日對照	初一	初二	初三	初四	初五	初六	初七	初八	初九	初十	十一	十二	十三	十四	十五	十六	十七	十八	十九	二十	二一	二二	二三	二四	二五	二六	二七	二八	二九	三十	節氣與天象
正月小	己丑	天干地支西曆	庚戌9	辛亥10	壬子11	癸丑12	甲寅13	乙卯14	丙辰15	丁巳16	戊午17	己未18	庚申19	辛酉20	壬戌21	癸亥22	甲子23	乙丑24	丙寅25	丁卯26	戊辰27	己巳28	庚午29	辛未30	壬申31	癸酉(1)	甲戌2	乙亥3	丙子4	丁丑5	戊寅6		丁卯冬至
二月大	庚寅	天干地支西曆	己卯7	庚辰8	辛巳9	壬午10	癸未11	甲申12	乙酉13	丙戌14	丁亥15	戊子16	己丑17	庚寅18	辛卯19	壬辰20	癸巳21	甲午22	乙未23	丙申24	丁酉25	戊戌26	己亥27	庚子28	辛丑29	壬寅30	癸卯31	甲辰(2)	乙巳2	丙午3	丁未4	戊申5	
三月小	辛卯	天干地支西曆	己酉6	庚戌7	辛亥8	壬子9	癸丑10	甲寅11	乙卯12	丙辰13	丁巳14	戊午15	己未16	庚申17	辛酉18	壬戌19	癸亥20	甲子21	乙丑22	丙寅23	丁卯24	戊辰25	己巳26	庚午27	辛未28	壬申(3)	癸酉2	甲戌3	乙亥4	丙子5	丁丑6		壬子立春
四月大	壬辰	天干地支西曆	戊寅7	己卯8	庚辰9	辛巳10	壬午11	癸未12	甲申13	乙酉14	丙戌15	丁亥16	戊子17	己丑18	庚寅19	辛卯20	壬辰21	癸巳22	甲午23	乙未24	丙申25	丁酉26	戊戌27	己亥28	庚子29	辛丑30	壬寅31	癸卯(4)	甲辰2	乙巳3	丙午4	丁未5	戊戌春分
五月小	癸巳	天干地支西曆	戊申6	己酉7	庚戌8	辛亥9	壬子10	癸丑11	甲寅12	乙卯13	丙辰14	丁巳15	戊午16	己未17	庚申18	辛酉19	壬戌20	癸亥21	甲子22	乙丑23	丙寅24	丁卯25	戊辰26	己巳27	庚午28	辛未29	壬申30	癸酉(5)	甲戌2	乙亥3	丙子4		
六月大	甲午	天干地支西曆	丁丑5	戊寅6	己卯7	庚辰8	辛巳9	壬午10	癸未11	甲申12	乙酉13	丙戌14	丁亥15	戊子16	己丑17	庚寅18	辛卯19	壬辰20	癸巳21	甲午22	乙未23	丙申24	丁酉25	戊戌26	己亥27	庚子28	辛丑29	壬寅30	癸卯31	甲辰(6)	乙巳2	丙午3	乙酉立夏
七月小	乙未	天干地支西曆	丁未4	戊申5	己酉6	庚戌7	辛亥8	壬子9	癸丑10	甲寅11	乙卯12	丙辰13	丁巳14	戊午15	己未16	庚申17	辛酉18	壬戌19	癸亥20	甲子21	乙丑22	丙寅23	丁卯24	戊辰25	己巳26	庚午27	辛未28	壬申29	癸酉30	甲戌(7)	乙亥2		壬申夏至
八月大	丙申	天干地支西曆	丙子3	丁丑4	戊寅5	己卯6	庚辰7	辛巳8	壬午9	癸未10	甲申11	乙酉12	丙戌13	丁亥14	戊子15	己丑16	庚寅17	辛卯18	壬辰19	癸巳20	甲午21	乙未22	丙申23	丁酉24	戊戌25	己亥26	庚子27	辛丑28	壬寅29	癸卯30	甲辰31	乙巳(8)	
九月大	丁酉	天干地支西曆	丙午2	丁未3	戊申4	己酉5	庚戌6	辛亥7	壬子8	癸丑9	甲寅10	乙卯11	丙辰12	丁巳13	戊午14	己未15	庚申16	辛酉17	壬戌18	癸亥19	甲子20	乙丑21	丙寅22	丁卯23	戊辰24	己巳25	庚午26	辛未27	壬申28	癸酉29	甲戌30	乙亥31	己未立秋
十月小	戊戌	天干地支西曆	丙子(9)	丁丑2	戊寅3	己卯4	庚辰5	辛巳6	壬午7	癸未8	甲申9	乙酉10	丙戌11	丁亥12	戊子13	己丑14	庚寅15	辛卯16	壬辰17	癸巳18	甲午19	乙未20	丙申21	丁酉22	戊戌23	己亥24	庚子25	辛丑26	壬寅27	癸卯28	甲辰29		甲辰秋分
十一月大	己亥	天干地支西曆	乙巳30	丙午(10)	丁未2	戊申3	己酉4	庚戌5	辛亥6	壬子7	癸丑8	甲寅9	乙卯10	丙辰11	丁巳12	戊午13	己未14	庚申15	辛酉16	壬戌17	癸亥18	甲子19	乙丑20	丙寅21	丁卯22	戊辰23	己巳24	庚午25	辛未26	壬申27	癸酉28	甲戌29	
十二月大	庚子	天干地支西曆	乙亥30	丙子31	丁丑(11)	戊寅2	己卯3	庚辰4	辛巳5	壬午6	癸未7	甲申8	乙酉9	丙戌10	丁亥11	戊子12	己丑13	庚寅14	辛卯15	壬辰16	癸巳17	甲午18	乙未19	丙申20	丁酉21	戊戌22	己亥23	庚子24	辛丑25	壬寅26	癸卯27		己丑立冬

朔閏異同	曆名	正月	二月	三月	四月	五月	六月	七月	八月	九月	十月	十一	十二	閏月	曆名	正月	二月	三月	四月	五月	六月	七月	八月	九月	十月	十一	十二	閏月
	周曆殷曆	己酉己卯	戊寅戊申	戊申戊寅	丁丑戊申	丁未丁丑	丙子丁未	丙午丙子	乙亥丙午	乙巳乙亥	甲戌乙巳	甲辰甲戌	癸酉甲辰		夏曆新曆	己酉己酉	戊寅己卯	戊申戊申	丁丑丁丑	丁未丁未	丙子丙子	丙午乙巳	乙亥---乙亥	乙巳甲辰	甲戌甲戌	---甲辰甲辰	癸酉甲戌	癸卯甲辰

*《長曆》：正月己酉，二月己卯，三月戊申，四月戊寅，五月戊申，六月丁丑，七月丁未，八月丙子，九月丙午，十月乙亥，十一乙巳，十二甲戌。

周敬王六年 魯昭公二十八年（丁亥 猪年）公元前515 ~ 前514年 歲在鶉尾

魯曆月序		中西曆日對照	魯曆日序																														節氣與天象
			初一	初二	初三	初四	初五	初六	初七	初八	初九	初十	十一	十二	十三	十四	十五	十六	十七	十八	十九	二十	二一	二二	二三	二四	二五	二六	二七	二八	二九	三十	
正月大	辛丑	天干地支 西曆	甲辰 28	乙巳 29	丙午 30	丁未 (12)	戊申 2	己酉 3	庚戌 4	辛亥 5	壬子 6	癸丑 7	甲寅 8	乙卯 9	丙辰 10	丁巳 11	戊午 12	己未 13	庚申 14	辛酉 15	壬戌 16	癸亥 17	甲子 18	乙丑 19	丙寅 20	丁卯 21	戊辰 22	己巳 23	庚午 24	辛未 25	壬申 26	癸酉 27	癸酉冬至
二月小	壬寅	天干地支 西曆	甲戌 28	乙亥 29	丙子 30	丁丑 31	戊寅 (1)	己卯 2	庚辰 3	辛巳 4	壬午 5	癸未 6	甲申 7	乙酉 8	丙戌 9	丁亥 10	戊子 11	己丑 12	庚寅 13	辛卯 14	壬辰 15	癸巳 16	甲午 17	乙未 18	丙申 19	丁酉 20	戊戌 21	己亥 22	庚子 23	辛丑 24	壬寅 25		
三月大	癸卯	天干地支 西曆	癸卯 26	甲辰 27	乙巳 28	丙午 29	丁未 30	戊申 31	己酉 (2)	庚戌 2	辛亥 3	壬子 4	癸丑 5	甲寅 6	乙卯 7	丙辰 8	丁巳 9	戊午 10	己未 11	庚申 12	辛酉 13	壬戌 14	癸亥 15	甲子 16	乙丑 17	丙寅 18	丁卯 19	戊辰 20	己巳 21	庚午 22	辛未 23	壬申 24	丁巳立春
四月小	甲辰	天干地支 西曆	癸酉 25	甲戌 26	乙亥 27	丙子 28	丁丑 (3)	戊寅 2	己卯 3	庚辰 4	辛巳 5	壬午 6	癸未 7	甲申 8	乙酉 9	丙戌 10	丁亥 11	戊子 12	己丑 13	庚寅 14	辛卯 15	壬辰 16	癸巳 17	甲午 18	乙未 19	丙申 20	丁酉 21	戊戌 22	己亥 23	庚子 24	辛丑 25		
五月大	乙巳	天干地支 西曆	壬寅 26	癸卯 27	甲辰 28	乙巳 29	丙午 30	丁未 31	戊申 (4)	己酉 2	庚戌 3	辛亥 4	壬子 5	癸丑 6	甲寅 7	乙卯 8	丙辰 9	丁巳 10	戊午 11	己未 12	庚申 13	辛酉 14	壬戌 15	癸亥 16	甲子 17	乙丑 18	丙寅 19	丁卯 20	戊辰 21	己巳 22	庚午 23	辛未 24	癸卯春分
六月小	丙午	天干地支 西曆	壬申 25	癸酉 26	甲戌 27	乙亥 28	丙子 29	丁丑 30	戊寅 (5)	己卯 2	庚辰 3	辛巳 4	壬午 5	癸未 6	甲申 7	乙酉 8	丙戌 9	丁亥 10	戊子 11	己丑 12	庚寅 13	辛卯 14	壬辰 15	癸巳 16	甲午 17	乙未 18	丙申 19	丁酉 20	戊戌 21	己亥 22	庚子 23		庚寅立夏
七月大	丁未	天干地支 西曆	辛丑 24	壬寅 25	癸卯 26	甲辰 27	乙巳 28	丙午 29	丁未 30	戊申 31	己酉 (6)	庚戌 2	辛亥 3	壬子 4	癸丑 5	甲寅 6	乙卯 7	丙辰 8	丁巳 9	戊午 10	己未 11	庚申 12	辛酉 13	壬戌 14	癸亥 15	甲子 16	乙丑 17	丙寅 18	丁卯 19	戊辰 20	己巳 21	庚午 22	
八月小	戊申	天干地支 西曆	辛未 23	壬申 24	癸酉 25	甲戌 26	乙亥 27	丙子 28	丁丑 29	戊寅 30	己卯 (7)	庚辰 2	辛巳 3	壬午 4	癸未 5	甲申 6	乙酉 7	丙戌 8	丁亥 9	戊子 10	己丑 11	庚寅 12	辛卯 13	壬辰 14	癸巳 15	甲午 16	乙未 17	丙申 18	丁酉 19	戊戌 20	己亥 21		丁丑夏至
九月大	己酉	天干地支 西曆	庚子 22	辛丑 23	壬寅 24	癸卯 25	甲辰 26	乙巳 27	丙午 28	丁未 29	戊申 30	己酉 31	庚戌 (8)	辛亥 2	壬子 3	癸丑 4	甲寅 5	乙卯 6	丙辰 7	丁巳 8	戊午 9	己未 10	庚申 11	辛酉 12	壬戌 13	癸亥 14	甲子 15	乙丑 16	丙寅 17	丁卯 18	戊辰 19	己巳 20	甲子立秋
十月小	庚戌	天干地支 西曆	庚午 21	辛未 22	壬申 23	癸酉 24	甲戌 25	乙亥 26	丙子 27	丁丑 28	戊寅 29	己卯 30	庚辰 31	辛巳 (9)	壬午 2	癸未 3	甲申 4	乙酉 5	丙戌 6	丁亥 7	戊子 8	己丑 9	庚寅 10	辛卯 11	壬辰 12	癸巳 13	甲午 14	乙未 15	丙申 16	丁酉 17	戊戌 18		
十一月大	辛亥	天干地支 西曆	己亥 19	庚子 20	辛丑 21	壬寅 22	癸卯 23	甲辰 24	乙巳 25	丙午 26	丁未 27	戊申 28	己酉 29	庚戌 30	辛亥 (10)	壬子 2	癸丑 3	甲寅 4	乙卯 5	丙辰 6	丁巳 7	戊午 8	己未 9	庚申 10	辛酉 11	壬戌 12	癸亥 13	甲子 14	乙丑 15	丙寅 16	丁卯 17	戊辰 18	己酉秋分
十二月小	壬子	天干地支 西曆	己巳 19	庚午 20	辛未 21	壬申 22	癸酉 23	甲戌 24	乙亥 25	丙子 26	丁丑 27	戊寅 28	己卯 29	庚辰 30	辛巳 31	壬午 (11)	癸未 2	甲申 3	乙酉 4	丙戌 5	丁亥 6	戊子 7	己丑 8	庚寅 9	辛卯 10	壬辰 11	癸巳 12	甲午 13	乙未 14	丙申 15	丁酉 16		甲午立冬
閏月大	壬子	天干地支 西曆	戊戌 17	己亥 18	庚子 19	辛丑 20	壬寅 21	癸卯 22	甲辰 23	乙巳 24	丙午 25	丁未 26	戊申 27	己酉 28	庚戌 29	辛亥 30	壬子 (12)	癸丑 2	甲寅 3	乙卯 4	丙辰 5	丁巳 6	戊午 7	己未 8	庚申 9	辛酉 10	壬戌 11	癸亥 12	甲子 13	乙丑 14	丙寅 15	丁卯 16	

朔閏異同	曆名	正月	二月	三月	四月	五月	六月	七月	八月	九月	十月	十一	十二	閏月		曆名	正月	二月	三月	四月	五月	六月	七月	八月	九月	十月	十一	十二	閏月
	周曆 殷曆	癸卯 癸酉	癸酉 --- 癸卯	--- 壬寅 壬申	壬申 壬寅	辛丑 辛未	辛未 辛丑	庚子 庚午	庚午 庚子	己亥 庚午	己巳 己亥	戊戌 己巳	戊辰 戊戌	丁酉 戊辰		夏曆 新曆	壬申 癸酉	壬寅 癸卯	壬申 壬申	辛丑 辛丑	辛未 辛未	庚子 庚子	庚午 己巳	己亥 己亥	己巳 戊辰	戊戌 戊戌	戊辰 戊辰	丁酉 戊戌	

*《長曆》：正月甲辰，二月癸酉，三月癸卯，四月壬申，五月壬寅，閏月辛未，六月辛丑，七月庚午，八月庚子，九月庚午，十月己亥，十一己巳，十二戊戌。

周敬王七年 魯昭公二十九年（戊子 鼠年）
公元前 514 ~ 前 **513** ~ 前 512 年 歲在壽星

魯曆月序		中西曆日對照	初一	初二	初三	初四	初五	初六	初七	初八	初九	初十	十一	十二	十三	十四	十五	十六	十七	十八	十九	二十	二一	二二	二三	二四	二五	二六	二七	二八	二九	三十	節氣與天象
正月大	癸丑	干支 天地西曆	戊辰 17	己巳 18	庚午 19	辛未 20	壬申 21	癸酉 22	甲戌 23	乙亥 24	丙子 25	丁丑 26	戊寅 27	己卯 28	庚辰 29	辛巳 30	壬午 31	癸未 (1)	甲申 2	乙酉 3	丙戌 4	丁亥 5	戊子 6	己丑 7	庚寅 8	辛卯 9	壬辰 10	癸巳 11	甲午 12	乙未 13	丙申 14	丁酉 15	戊寅冬至
二月小	甲寅	干支 天地西曆	戊戌 16	己亥 17	庚子 18	辛丑 19	壬寅 20	癸卯 21	甲辰 22	乙巳 23	丙午 24	丁未 25	戊申 26	己酉 27	庚戌 28	辛亥 29	壬子 30	癸丑 31	甲寅 (2)	乙卯 2	丙辰 3	丁巳 4	戊午 5	己未 6	庚申 7	辛酉 8	壬戌 9	癸亥 10	甲子 11	乙丑 12	丙寅 13		癸亥立春
三月大	乙卯	干支 天地西曆	丁卯 14	戊辰 15	己巳 16	庚午 17	辛未 18	壬申 19	癸酉 20	甲戌 21	乙亥 22	丙子 23	丁丑 24	戊寅 25	己卯 26	庚辰 27	辛巳 28	壬午 29	癸未 (3)	甲申 2	乙酉 3	丙戌 4	丁亥 5	戊子 6	己丑 7	庚寅 8	辛卯 9	壬辰 10	癸巳 11	甲午 12	乙未 13	丙申 14	
四月小	丙辰	干支 天地西曆	丁酉 15	戊戌 16	己亥 17	庚子 18	辛丑 19	壬寅 20	癸卯 21	甲辰 22	乙巳 23	丙午 24	丁未 25	戊申 26	己酉 27	庚戌 28	辛亥 29	壬子 30	癸丑 31	甲寅 (4)	乙卯 2	丙辰 3	丁巳 4	戊午 5	己未 6	庚申 7	辛酉 8	壬戌 9	癸亥 10	甲子 11	乙丑 12		戊申春分
五月大	丁巳	干支 天地西曆	丙寅 13	丁卯 14	戊辰 15	己巳 16	庚午 17	辛未 18	壬申 19	癸酉 20	甲戌 21	乙亥 22	丙子 23	丁丑 24	戊寅 25	己卯 26	庚辰 27	辛巳 28	壬午 29	癸未 30	甲申 (5)	乙酉 2	丙戌 3	丁亥 4	戊子 5	己丑 6	庚寅 7	辛卯 8	壬辰 9	癸巳 10	甲午 11	乙未 12	乙未立夏
六月小	戊午	干支 天地西曆	丙申 13	丁酉 14	戊戌 15	己亥 16	庚子 17	辛丑 18	壬寅 19	癸卯 20	甲辰 21	乙巳 22	丙午 23	丁未 24	戊申 25	己酉 26	庚戌 27	辛亥 28	壬子 29	癸丑 30	甲寅 31	乙卯 (6)	丙辰 2	丁巳 3	戊午 4	己未 5	庚申 6	辛酉 7	壬戌 8	癸亥 9	甲子 10		
七月大	己未	干支 天地西曆	乙丑 11	丙寅 12	丁卯 13	戊辰 14	己巳 15	庚午 16	辛未 17	壬申 18	癸酉 19	甲戌 20	乙亥 21	丙子 22	丁丑 23	戊寅 24	己卯 25	庚辰 26	辛巳 27	壬午 28	癸未 29	甲申 30	乙酉 (7)	丙戌 2	丁亥 3	戊子 4	己丑 5	庚寅 6	辛卯 7	壬辰 8	癸巳 9	甲午 10	癸未夏至
八月小	庚申	干支 天地西曆	乙未 11	丙申 12	丁酉 13	戊戌 14	己亥 15	庚子 16	辛丑 17	壬寅 18	癸卯 19	甲辰 20	乙巳 21	丙午 22	丁未 23	戊申 24	己酉 25	庚戌 26	辛亥 27	壬子 28	癸丑 29	甲寅 30	乙卯 31	丙辰 (8)	丁巳 2	戊午 3	己未 4	庚申 5	辛酉 6	壬戌 7	癸亥 8		
九月大	辛酉	干支 天地西曆	甲子 9	乙丑 10	丙寅 11	丁卯 12	戊辰 13	己巳 14	庚午 15	辛未 16	壬申 17	癸酉 18	甲戌 19	乙亥 20	丙子 21	丁丑 22	戊寅 23	己卯 24	庚辰 25	辛巳 26	壬午 27	癸未 28	甲申 29	乙酉 30	丙戌 31	丁亥 (9)	戊子 2	己丑 3	庚寅 4	辛卯 5	壬辰 6	癸巳 7	己巳立秋
十月小	壬戌	干支 天地西曆	甲午 8	乙未 9	丙申 10	丁酉 11	戊戌 12	己亥 13	庚子 14	辛丑 15	壬寅 16	癸卯 17	甲辰 18	乙巳 19	丙午 20	丁未 21	戊申 22	己酉 23	庚戌 24	辛亥 25	壬子 26	癸丑 27	甲寅 28	乙卯 29	丙辰 30	丁巳 (10)	戊午 2	己未 3	庚申 4	辛酉 5	壬戌 6		乙卯秋分
十一月大	癸亥	干支 天地西曆	癸亥 7	甲子 8	乙丑 9	丙寅 10	丁卯 11	戊辰 12	己巳 13	庚午 14	辛未 15	壬申 16	癸酉 17	甲戌 18	乙亥 19	丙子 20	丁丑 21	戊寅 22	己卯 23	庚辰 24	辛巳 25	壬午 26	癸未 27	甲申 28	乙酉 29	丙戌 30	丁亥 31	戊子 (11)	己丑 2	庚寅 3	辛卯 4	壬辰 5	
十二月小	甲子	干支 天地西曆	癸巳 6	甲午 7	乙未 8	丙申 9	丁酉 10	戊戌 11	己亥 12	庚子 13	辛丑 14	壬寅 15	癸卯 16	甲辰 17	乙巳 18	丙午 19	丁未 20	戊申 21	己酉 22	庚戌 23	辛亥 24	壬子 25	癸丑 26	甲寅 27	乙卯 28	丙辰 29	丁巳 30	戊午 (12)	己未 2	庚申 3	辛酉 4		己亥立冬
閏月大	甲子	干支 天地西曆	壬戌 5	癸亥 6	甲子 7	乙丑 8	丙寅 9	丁卯 10	戊辰 11	己巳 12	庚午 13	辛未 14	壬申 15	癸酉 16	甲戌 17	乙亥 18	丙子 19	丁丑 20	戊寅 21	己卯 22	庚辰 23	辛巳 24	壬午 25	癸未 26	甲申 27	乙酉 28	丙戌 29	丁亥 30	戊子 31	己丑 (1)	庚寅 2	辛卯 3	癸未冬至

朔閏異同	曆名	正月	二月	三月	四月	五月	六月	七月	八月	九月	十月	十一	十二	閏月
	周曆殷曆	丁卯丁酉	丙申丁卯	丙寅丙申	丙申丙寅	乙丑乙未	乙未乙丑	甲子甲午	甲午甲子	癸亥癸巳	癸巳癸亥	壬戌癸巳	壬辰壬戌	
	夏曆新曆	丁卯丁卯	丙申丁酉	丙寅丁卯	乙未丙申	乙丑乙丑	甲午乙未	甲子甲子	甲午癸巳	癸亥癸亥	癸巳壬辰	壬戌壬戌	壬辰壬辰	

*《長曆》：正月戊辰，二月丁酉，三月丁卯，四月丙申，五月丙寅，六月乙未，七月乙丑，八月甲午，九月甲子，十月癸巳，十一癸亥，十二癸巳。

周敬王八年 魯昭公三十年（己丑 牛年）公元前 512 年 歲在大火

魯曆月序		中西曆對照	初一	初二	初三	初四	初五	初六	初七	初八	初九	初十	十一	十二	十三	十四	十五	十六	十七	十八	十九	二十	二一	二二	二三	二四	二五	二六	二七	二八	二九	三十	節氣與天象
正月小	乙丑	天干地支西曆	壬辰4	癸巳5	甲午6	乙未7	丙申8	丁酉9	戊戌10	己亥11	庚子12	辛丑13	壬寅14	癸卯15	甲辰16	乙巳17	丙午18	丁未19	戊申20	己酉21	庚戌22	辛亥23	壬子24	癸丑25	甲寅26	乙卯27	丙辰28	丁巳29	戊午30	己未31	庚申(2)		
二月大	丙寅	天干地支西曆	辛酉2	壬戌3	癸亥4	甲子5	乙丑6	丙寅7	丁卯8	戊辰9	己巳10	庚午11	辛未12	壬申13	癸酉14	甲戌15	乙亥16	丙子17	丁丑18	戊寅19	己卯20	庚辰21	辛巳22	壬午23	癸未24	甲申25	乙酉26	丙戌27	丁亥28	戊子(3)	己丑2	庚寅3	戊辰立春
三月大	丁卯	天干地支西曆	辛卯4	壬辰5	癸巳6	甲午7	乙未8	丙申9	丁酉10	戊戌11	己亥12	庚子13	辛丑14	壬寅15	癸卯16	甲辰17	乙巳18	丙午19	丁未20	戊申21	己酉22	庚戌23	辛亥24	壬子25	癸丑26	甲寅27	乙卯28	丙辰29	丁巳30	戊午31	己未(4)	庚申2	甲寅春分
四月小	戊辰	天干地支西曆	辛酉3	壬戌4	癸亥5	甲子6	乙丑7	丙寅8	丁卯9	戊辰10	己巳11	庚午12	辛未13	壬申14	癸酉15	甲戌16	乙亥17	丙子18	丁丑19	戊寅20	己卯21	庚辰22	辛巳23	壬午24	癸未25	甲申26	乙酉27	丙戌28	丁亥29	戊子30	己丑(5)		
五月大	己巳	天干地支西曆	庚寅2	辛卯3	壬辰4	癸巳5	甲午6	乙未7	丙申8	丁酉9	戊戌10	己亥11	庚子12	辛丑13	壬寅14	癸卯15	甲辰16	乙巳17	丙午18	丁未19	戊申20	己酉21	庚戌22	辛亥23	壬子24	癸丑25	甲寅26	乙卯27	丙辰28	丁巳29	戊午30	己未31	辛丑立夏
六月小	庚午	天干地支西曆	庚申(6)	辛酉2	壬戌3	癸亥4	甲子5	乙丑6	丙寅7	丁卯8	戊辰9	己巳10	庚午11	辛未12	壬申13	癸酉14	甲戌15	乙亥16	丙子17	丁丑18	戊寅19	己卯20	庚辰21	辛巳22	壬午23	癸未24	甲申25	乙酉26	丙戌27	丁亥28	戊子29		戊子夏至
七月大	辛未	天干地支西曆	己丑30	庚寅(7)	辛卯2	壬辰3	癸巳4	甲午5	乙未6	丙申7	丁酉8	戊戌9	己亥10	庚子11	辛丑12	壬寅13	癸卯14	甲辰15	乙巳16	丙午17	丁未18	戊申19	己酉20	庚戌21	辛亥22	壬子23	癸丑24	甲寅25	乙卯26	丙辰27	丁巳28	戊午29	己丑日食
八月小	壬申	天干地支西曆	己未30	庚申31	辛酉(8)	壬戌2	癸亥3	甲子4	乙丑5	丙寅6	丁卯7	戊辰8	己巳9	庚午10	辛未11	壬申12	癸酉13	甲戌14	乙亥15	丙子16	丁丑17	戊寅18	己卯19	庚辰20	辛巳21	壬午22	癸未23	甲申24	乙酉25	丙戌26	丁亥27		甲戌立秋
九月大	癸酉	天干地支西曆	戊子28	己丑29	庚寅30	辛卯31	壬辰(9)	癸巳2	甲午3	乙未4	丙申5	丁酉6	戊戌7	己亥8	庚子9	辛丑10	壬寅11	癸卯12	甲辰13	乙巳14	丙午15	丁未16	戊申17	己酉18	庚戌19	辛亥20	壬子21	癸丑22	甲寅23	乙卯24	丙辰25	丁巳26	
十月小	甲戌	天干地支西曆	戊午27	己未28	庚申29	辛酉30	壬戌(10)	癸亥2	甲子3	乙丑4	丙寅5	丁卯6	戊辰7	己巳8	庚午9	辛未10	壬申11	癸酉12	甲戌13	乙亥14	丙子15	丁丑16	戊寅17	己卯18	庚辰19	辛巳20	壬午21	癸未22	甲申23	乙酉24	丙戌25		庚申秋分
十一月大	乙亥	天干地支西曆	丁亥26	戊子27	己丑28	庚寅29	辛卯30	壬辰31	癸巳(11)	甲午2	乙未3	丙申4	丁酉5	戊戌6	己亥7	庚子8	辛丑9	壬寅10	癸卯11	甲辰12	乙巳13	丙午14	丁未15	戊申16	己酉17	庚戌18	辛亥19	壬子20	癸丑21	甲寅22	乙卯23	丙辰24	甲辰立冬
十二月小	丙子	天干地支西曆	丁巳25	戊午26	己未27	庚申28	辛酉29	壬戌30	癸亥(12)	甲子2	乙丑3	丙寅4	丁卯5	戊辰6	己巳7	庚午8	辛未9	壬申10	癸酉11	甲戌12	乙亥13	丙子14	丁丑15	戊寅16	己卯17	庚辰18	辛巳19	壬午20	癸未21	甲申22	乙酉23		

朔閏異同	曆名	正月	二月	三月	四月	五月	六月	七月	八月	九月	十月	十一	十二	閏月		曆名	正月	二月	三月	四月	五月	六月	七月	八月	九月	十月	十一	十二	閏月
	周曆殷曆	辛酉壬辰	辛卯辛酉	庚申辛卯	庚寅庚申	己未庚寅	己丑己未	戊午己丑	戊子戊午	戊午戊子	丁亥---丁巳	---丁巳丁亥	丙戌丙辰	丙辰丙戌		夏曆新曆	辛酉辛酉	辛卯辛卯	庚申辛酉	庚寅庚寅	己未庚申	己丑---己丑	戊午己未	---戊子戊子	丁巳丁巳	丁亥丁亥	丙辰丙辰	丙戌丙戌	丙辰乙卯

*《長曆》：正月壬戌，二月壬辰，三月辛酉，四月辛卯，五月庚申，閏月庚寅，六月己未，七月己丑，八月戊午，九月戊子，十月丁巳，十丁亥，十二丙辰。

周敬王九年 魯昭公三十一年（庚寅 虎年）公元前512 ~ 前511年 歲在析木

魯曆月序		中西曆日對照	初一	初二	初三	初四	初五	初六	初七	初八	初九	初十	十一	十二	十三	十四	十五	十六	十七	十八	十九	二十	二一	二二	二三	二四	二五	二六	二七	二八	二九	三十	節氣與天象
正月大	丁丑	干支天地西曆	丙戌24	丁亥25	戊子26	己丑27	庚寅28	辛卯29	壬辰30	癸巳31	甲午(1)	乙未2	丙申3	丁酉4	戊戌5	己亥6	庚子7	辛丑8	壬寅9	癸卯10	甲辰11	乙巳12	丙午13	丁未14	戊申15	己酉16	庚戌17	辛亥18	壬子19	癸丑20	甲寅21	乙卯22	戊子冬至
二月小	戊寅	干支天地西曆	丙辰23	丁巳24	戊午25	己未26	庚申27	辛酉28	壬戌29	癸亥30	甲子31	乙丑(2)	丙寅2	丁卯3	戊辰4	己巳5	庚午6	辛未7	壬申8	癸酉9	甲戌10	乙亥11	丙子12	丁丑13	戊寅14	己卯15	庚辰16	辛巳17	壬午18	癸未19	甲申20		癸酉立春
三月大	己卯	干支天地西曆	乙酉21	丙戌22	丁亥23	戊子24	己丑25	庚寅26	辛卯27	壬辰28	癸巳(3)	甲午2	乙未3	丙申4	丁酉5	戊戌6	己亥7	庚子8	辛丑9	壬寅10	癸卯11	甲辰12	乙巳13	丙午14	丁未15	戊申16	己酉17	庚戌18	辛亥19	壬子20	癸丑21	甲寅22	
四月小	庚辰	干支天地西曆	乙卯23	丙辰24	丁巳25	戊午26	己未27	庚申28	辛酉29	壬戌30	癸亥31	甲子(4)	乙丑2	丙寅3	丁卯4	戊辰5	己巳6	庚午7	辛未8	壬申9	癸酉10	甲戌11	乙亥12	丙子13	丁丑14	戊寅15	己卯16	庚辰17	辛巳18	壬午19	癸未20		己未春分
五月大	辛巳	干支天地西曆	甲申21	乙酉22	丙戌23	丁亥24	戊子25	己丑26	庚寅27	辛卯28	壬辰29	癸巳30	甲午(5)	乙未2	丙申3	丁酉4	戊戌5	己亥6	庚子7	辛丑8	壬寅9	癸卯10	甲辰11	乙巳12	丙午13	丁未14	戊申15	己酉16	庚戌17	辛亥18	壬子19	癸丑20	丙午立夏
六月小	壬午	干支天地西曆	甲寅21	乙卯22	丙辰23	丁巳24	戊午25	己未26	庚申27	辛酉28	壬戌29	癸亥30	甲子31	乙丑(6)	丙寅2	丁卯3	戊辰4	己巳5	庚午6	辛未7	壬申8	癸酉9	甲戌10	乙亥11	丙子12	丁丑13	戊寅14	己卯15	庚辰16	辛巳17	壬午18		
七月大	癸未	干支天地西曆	癸未19	甲申20	乙酉21	丙戌22	丁亥23	戊子24	己丑25	庚寅26	辛卯27	壬辰28	癸巳29	甲午30	乙未(7)	丙申2	丁酉3	戊戌4	己亥5	庚子6	辛丑7	壬寅8	癸卯9	甲辰10	乙巳11	丙午12	丁未13	戊申14	己酉15	庚戌16	辛亥17	壬子18	癸巳夏至
八月大	甲申	干支天地西曆	癸丑19	甲寅20	乙卯21	丙辰22	丁巳23	戊午24	己未25	庚申26	辛酉27	壬戌28	癸亥29	甲子30	乙丑31	丙寅(8)	丁卯2	戊辰3	己巳4	庚午5	辛未6	壬申7	癸酉8	甲戌9	乙亥10	丙子11	丁丑12	戊寅13	己卯14	庚辰15	辛巳16	壬午17	庚辰立秋
九月小	乙酉	干支天地西曆	癸未18	甲申19	乙酉20	丙戌21	丁亥22	戊子23	己丑24	庚寅25	辛卯26	壬辰27	癸巳28	甲午29	乙未30	丙申31	丁酉(9)	戊戌2	己亥3	庚子4	辛丑5	壬寅6	癸卯7	甲辰8	乙巳9	丙午10	丁未11	戊申12	己酉13	庚戌14	辛亥15		
十月大	丙戌	干支天地西曆	壬子16	癸丑17	甲寅18	乙卯19	丙辰20	丁巳21	戊午22	己未23	庚申24	辛酉25	壬戌26	癸亥27	甲子28	乙丑29	丙寅30	丁卯(10)	戊辰2	己巳3	庚午4	辛未5	壬申6	癸酉7	甲戌8	乙亥9	丙子10	丁丑11	戊寅12	己卯13	庚辰14	辛巳15	乙丑秋分
十一月小	丁亥	干支天地西曆	壬午16	癸未17	甲申18	乙酉19	丙戌20	丁亥21	戊子22	己丑23	庚寅24	辛卯25	壬辰26	癸巳27	甲午28	乙未29	丙申30	丁酉31	戊戌(11)	己亥2	庚子3	辛丑4	壬寅5	癸卯6	甲辰7	乙巳8	丙午9	丁未10	戊申11	己酉12	庚戌13		庚戌立冬
十二月大	戊子	干支天地西曆	辛亥14	壬子15	癸丑16	甲寅17	乙卯18	丙辰19	丁巳20	戊午21	己未22	庚申23	辛酉24	壬戌25	癸亥26	甲子27	乙丑28	丙寅29	丁卯30	戊辰(12)	己巳2	庚午3	辛未4	壬申5	癸酉6	甲戌7	乙亥8	丙子9	丁丑10	戊寅11	己卯12	庚辰13	辛亥日食

朔閏異同	曆名	正月	二月	三月	四月	五月	六月	七月	八月	九月	十月	十一	十二	閏月	曆名	正月	二月	三月	四月	五月	六月	七月	八月	九月	十月	十一	十二	閏月
	周曆殷曆	乙酉乙卯	乙卯乙酉	甲申乙卯	甲寅甲申	癸未甲寅	癸丑癸未	壬午癸丑	壬子壬午	辛巳壬子	辛亥辛巳	辛巳辛亥	庚戌庚辰		夏曆新曆	乙酉乙酉	乙卯乙卯	甲申甲申	甲寅甲寅	癸未甲申	癸丑癸丑	壬午癸未	壬子壬子	辛巳壬午	辛亥辛亥	庚辰庚辰	庚戌庚戌	

*《長曆》：正月丙戌，二月乙卯，三月乙酉，四月乙卯，五月甲申，六月甲寅，七月癸未，八月癸丑，九月壬午，十月壬子，十一辛巳，十二辛亥。

周敬王十年 魯昭公三十二年（辛卯 兔年）公元前511 ~ 前510年 歲在星紀

魯曆月序		中西曆日對照	初一	初二	初三	初四	初五	初六	初七	初八	初九	初十	十一	十二	十三	十四	十五	十六	十七	十八	十九	二十	二一	二二	二三	二四	二五	二六	二七	二八	二九	三十	節氣與天象
正月小	己丑	干支曆 天地西	辛巳 14	壬午 15	癸未 16	甲申 17	乙酉 18	丙戌 19	丁亥 20	戊子 21	己丑 22	庚寅 23	辛卯 24	壬辰 25	癸巳 26	甲午 27	乙未 28	丙申 29	丁酉 30	戊戌 31	己亥 (1)	庚子 2	辛丑 3	壬寅 4	癸卯 5	甲辰 6	乙巳 7	丙午 8	丁未 9	戊申 10	己酉 11		甲午冬至
二月大	庚寅	干支曆 天地西	庚戌 12	辛亥 13	壬子 14	癸丑 15	甲寅 16	乙卯 17	丙辰 18	丁巳 19	戊午 20	己未 21	庚申 22	辛酉 23	壬戌 24	癸亥 25	甲子 26	乙丑 27	丙寅 28	丁卯 29	戊辰 30	己巳 31	庚午 (2)	辛未 2	壬申 3	癸酉 4	甲戌 5	乙亥 6	丙子 7	丁丑 8	戊寅 9	己卯 10	戊寅立春
三月小	辛卯	干支曆 天地西	庚辰 11	辛巳 12	壬午 13	癸未 14	甲申 15	乙酉 16	丙戌 17	丁亥 18	戊子 19	己丑 20	庚寅 21	辛卯 22	壬辰 23	癸巳 24	甲午 25	乙未 26	丙申 27	丁酉 28	戊戌 (3)	己亥 2	庚子 3	辛丑 4	壬寅 5	癸卯 6	甲辰 7	乙巳 8	丙午 9	丁未 10	戊申 11		
四月大	壬辰	干支曆 天地西	己酉 12	庚戌 13	辛亥 14	壬子 15	癸丑 16	甲寅 17	乙卯 18	丙辰 19	丁巳 20	戊午 21	己未 22	庚申 23	辛酉 24	壬戌 25	癸亥 26	甲子 27	乙丑 28	丙寅 29	丁卯 30	戊辰 31	己巳 (4)	庚午 2	辛未 3	壬申 4	癸酉 5	甲戌 6	乙亥 7	丙子 8	丁丑 9	戊寅 10	甲子春分
五月小	癸巳	干支曆 天地西	己卯 11	庚辰 12	辛巳 13	壬午 14	癸未 15	甲申 16	乙酉 17	丙戌 18	丁亥 19	戊子 20	己丑 21	庚寅 22	辛卯 23	壬辰 24	癸巳 25	甲午 26	乙未 27	丙申 28	丁酉 29	戊戌 30	己亥 (5)	庚子 2	辛丑 3	壬寅 4	癸卯 5	甲辰 6	乙巳 7	丙午 8	丁未 9		
六月大	甲午	干支曆 天地西	戊申 10	己酉 11	庚戌 12	辛亥 13	壬子 14	癸丑 15	甲寅 16	乙卯 17	丙辰 18	丁巳 19	戊午 20	己未 21	庚申 22	辛酉 23	壬戌 24	癸亥 25	甲子 26	乙丑 27	丙寅 28	丁卯 29	戊辰 30	己巳 31	庚午 (6)	辛未 2	壬申 3	癸酉 4	甲戌 5	乙亥 6	丙子 7	丁丑 8	辛亥立夏 戊申日食
七月小	乙未	干支曆 天地西	戊寅 9	己卯 10	庚辰 11	辛巳 12	壬午 13	癸未 14	甲申 15	乙酉 16	丙戌 17	丁亥 18	戊子 19	己丑 20	庚寅 21	辛卯 22	壬辰 23	癸巳 24	甲午 25	乙未 26	丙申 27	丁酉 28	戊戌 29	己亥 30	庚子 (7)	辛丑 2	壬寅 3	癸卯 4	甲辰 5	乙巳 6	丙午 7		戊戌夏至
八月大	丙申	干支曆 天地西	丁未 8	戊申 9	己酉 10	庚戌 11	辛亥 12	壬子 13	癸丑 14	甲寅 15	乙卯 16	丙辰 17	丁巳 18	戊午 19	己未 20	庚申 21	辛酉 22	壬戌 23	癸亥 24	甲子 25	乙丑 26	丙寅 27	丁卯 28	戊辰 29	己巳 30	庚午 31	辛未 (8)	壬申 2	癸酉 3	甲戌 4	乙亥 5	丙子 6	
九月小	丁酉	干支曆 天地西	丁丑 7	戊寅 8	己卯 9	庚辰 10	辛巳 11	壬午 12	癸未 13	甲申 14	乙酉 15	丙戌 16	丁亥 17	戊子 18	己丑 19	庚寅 20	辛卯 21	壬辰 22	癸巳 23	甲午 24	乙未 25	丙申 26	丁酉 27	戊戌 28	己亥 29	庚子 30	辛丑 31	壬寅 (9)	癸卯 2	甲辰 3	乙巳 4		乙酉立秋
十月大	戊戌	干支曆 天地西	丙午 5	丁未 6	戊申 7	己酉 8	庚戌 9	辛亥 10	壬子 11	癸丑 12	甲寅 13	乙卯 14	丙辰 15	丁巳 16	戊午 17	己未 18	庚申 19	辛酉 20	壬戌 21	癸亥 22	甲子 23	乙丑 24	丙寅 25	丁卯 26	戊辰 27	己巳 28	庚午 29	辛未 30	壬申 (10)	癸酉 2	甲戌 3	乙亥 4	庚午秋分
十一月小	己亥	干支曆 天地西	丙子 5	丁丑 6	戊寅 7	己卯 8	庚辰 9	辛巳 10	壬午 11	癸未 12	甲申 13	乙酉 14	丙戌 15	丁亥 16	戊子 17	己丑 18	庚寅 19	辛卯 20	壬辰 21	癸巳 22	甲午 23	乙未 24	丙申 25	丁酉 26	戊戌 27	己亥 28	庚子 29	辛丑 30	壬寅 31	癸卯 (11)	甲辰 2		
十二月大	庚子	干支曆 天地西	乙巳 3	丙午 4	丁未 5	戊申 6	己酉 7	庚戌 8	辛亥 9	壬子 10	癸丑 11	甲寅 12	乙卯 13	丙辰 14	丁巳 15	戊午 16	己未 17	庚申 18	辛酉 19	壬戌 20	癸亥 21	甲子 22	乙丑 23	丙寅 24	丁卯 25	戊辰 26	己巳 27	庚午 28	辛未 29	壬申 30	癸酉 (12)	甲戌 2	乙卯立冬

朔閏異同	曆名	正月	二月	三月	四月	五月	六月	七月	八月	九月	十月	十一	十二	閏月	曆名	正月	二月	三月	四月	五月	六月	七月	八月	九月	十月	十一	十二	閏月
	周曆殷曆	庚辰庚戌	己酉己卯	己卯己酉	戊申戊寅	庚寅戊申	丁未戊寅	丁丑丁未	丙午丁丑	丙子丙午	乙巳丙子	乙亥乙巳	甲辰乙亥		夏曆新曆	己卯己卯	己酉己酉	己卯己卯	戊申戊申	戊寅戊寅	丁未丁未	丁丑丁丑	丙午丁未	丙子丙子	乙巳丙午	乙亥乙亥	甲辰乙卯	

*《長曆》：正月庚辰，二月庚戌，三月己卯，四月己酉，五月戊寅，六月戊申，七月戊寅，八月丁未，九月丁丑，十月丙午，十一丙子，十二乙巳。

周敬王十一年 魯定公元年（壬辰 龍年）公元前510～前509年 歲在玄枵

魯曆月序		中西曆日對照	初一	初二	初三	初四	初五	初六	初七	初八	初九	初十	十一	十二	十三	十四	十五	十六	十七	十八	十九	二十	二一	二二	二三	二四	二五	二六	二七	二八	二九	三十	節氣與天象
正月大	辛丑	天干地支西曆	乙亥3	丙子4	丁丑5	戊寅6	己卯7	庚辰8	辛巳9	壬午10	癸未11	甲申12	乙酉13	丙戌14	丁亥15	戊子16	己丑17	庚寅18	辛卯19	壬辰20	癸巳21	甲午22	乙未23	丙申24	丁酉25	戊戌26	己亥27	庚子28	辛丑29	壬寅30	癸卯31	甲辰(1)	己亥冬至
二月小	壬寅	天干地支西曆	乙巳2	丙午3	丁未4	戊申5	己酉6	庚戌7	辛亥8	壬子9	癸丑10	甲寅11	乙卯12	丙辰13	丁巳14	戊午15	己未16	庚申17	辛酉18	壬戌19	癸亥20	甲子21	乙丑22	丙寅23	丁卯24	戊辰25	己巳26	庚午27	辛未28	壬申29	癸酉30		
三月大	癸卯	天干地支西曆	甲戌31	乙亥(2)	丙子2	丁丑3	戊寅4	己卯5	庚辰6	辛巳7	壬午8	癸未9	甲申10	乙酉11	丙戌12	丁亥13	戊子14	己丑15	庚寅16	辛卯17	壬辰18	癸巳19	甲午20	乙未21	丙申22	丁酉23	戊戌24	己亥25	庚子26	辛丑27	壬寅28	癸卯29	甲申立春
四月小	甲辰	天干地支西曆	甲辰(3)	乙巳2	丙午3	丁未4	戊申5	己酉6	庚戌7	辛亥8	壬子9	癸丑10	甲寅11	乙卯12	丙辰13	丁巳14	戊午15	己未16	庚申17	辛酉18	壬戌19	癸亥20	甲子21	乙丑22	丙寅23	丁卯24	戊辰25	己巳26	庚午27	辛未28	壬申29		己巳春分
五月大	乙巳	天干地支西曆	癸酉30	甲戌31	乙亥(4)	丙子2	丁丑3	戊寅4	己卯5	庚辰6	辛巳7	壬午8	癸未9	甲申10	乙酉11	丙戌12	丁亥13	戊子14	己丑15	庚寅16	辛卯17	壬辰18	癸巳19	甲午20	乙未21	丙申22	丁酉23	戊戌24	己亥25	庚子26	辛丑27	壬寅28	
六月小	丙午	天干地支西曆	癸卯29	甲辰30	乙巳(5)	丙午2	丁未3	戊申4	己酉5	庚戌6	辛亥7	壬子8	癸丑9	甲寅10	乙卯11	丙辰12	丁巳13	戊午14	己未15	庚申16	辛酉17	壬戌18	癸亥19	甲子20	乙丑21	丙寅22	丁卯23	戊辰24	己巳25	庚午26	辛未27		丙辰立夏
七月大	丁未	天干地支西曆	壬申28	癸酉29	甲戌30	乙亥31	丙子(6)	丁丑2	戊寅3	己卯4	庚辰5	辛巳6	壬午7	癸未8	甲申9	乙酉10	丙戌11	丁亥12	戊子13	己丑14	庚寅15	辛卯16	壬辰17	癸巳18	甲午19	乙未20	丙申21	丁酉22	戊戌23	己亥24	庚子25	辛丑26	
八月小	戊申	天干地支西曆	壬寅27	癸卯28	甲辰29	乙巳30	丙午(7)	丁未2	戊申3	己酉4	庚戌5	辛亥6	壬子7	癸丑8	甲寅9	乙卯10	丙辰11	丁巳12	戊午13	己未14	庚申15	辛酉16	壬戌17	癸亥18	甲子19	乙丑20	丙寅21	丁卯22	戊辰23	己巳24	庚午25		甲辰夏至
九月大	己酉	天干地支西曆	辛未26	壬申27	癸酉28	甲戌29	乙亥30	丙子31	丁丑(8)	戊寅2	己卯3	庚辰4	辛巳5	壬午6	癸未7	甲申8	乙酉9	丙戌10	丁亥11	戊子12	己丑13	庚寅14	辛卯15	壬辰16	癸巳17	甲午18	乙未19	丙申20	丁酉21	戊戌22	己亥23	庚子24	庚寅立秋
十月小	庚戌	天干地支西曆	辛丑25	壬寅26	癸卯27	甲辰28	乙巳29	丙午30	丁未31	戊申(9)	己酉2	庚戌3	辛亥4	壬子5	癸丑6	甲寅7	乙卯8	丙辰9	丁巳10	戊午11	己未12	庚申13	辛酉14	壬戌15	癸亥16	甲子17	乙丑18	丙寅19	丁卯20	戊辰21	己巳22		
十一月大	辛亥	天干地支西曆	庚午23	辛未24	壬申25	癸酉26	甲戌27	乙亥28	丙子29	丁丑30	戊寅(10)	己卯2	庚辰3	辛巳4	壬午5	癸未6	甲申7	乙酉8	丙戌9	丁亥10	戊子11	己丑12	庚寅13	辛卯14	壬辰15	癸巳16	甲午17	乙未18	丙申19	丁酉20	戊戌21	己亥22	丙子秋分
十二月小	壬子	天干地支西曆	庚子23	辛丑24	壬寅25	癸卯26	甲辰27	乙巳28	丙午29	丁未30	戊申31	己酉(11)	庚戌2	辛亥3	壬子4	癸丑5	甲寅6	乙卯7	丙辰8	丁巳9	戊午10	己未11	庚申12	辛酉13	壬戌14	癸亥15	甲子16	乙丑17	丙寅18	丁卯19	戊辰20		庚申立冬

朔閏異同	曆名	正月	二月	三月	四月	五月	六月	七月	八月	九月	十月	十一	十二	閏月
	周曆殷曆	甲戌甲辰	癸卯甲戌	癸酉癸卯	癸卯癸酉	壬申壬寅	壬寅---壬申	辛未辛丑	---辛丑辛未	庚午庚子	庚子庚午	己巳庚子	己亥己巳	戊辰己亥
	夏曆新曆	甲戌甲戌	癸卯癸卯	癸酉---癸酉	---壬寅壬寅	壬申壬申	辛丑辛丑	辛未辛未	辛丑辛丑	庚午庚午	庚子庚子	己巳庚午	己亥己亥	戊辰己巳

*《長曆》：正月乙亥，二月甲辰，三月甲戌，四月癸卯，五月癸酉，六月壬寅，七月壬申，八月辛丑，九月辛未，十月庚子，十一庚午，十二庚子。

周敬王十二年 魯定公二年（癸巳 蛇年）公元前509 ~ 前508年 歲在娵訾

魯曆月序		中西曆日對照	魯曆日序																														節氣與天象
			初一	初二	初三	初四	初五	初六	初七	初八	初九	初十	十一	十二	十三	十四	十五	十六	十七	十八	十九	二十	二一	二二	二三	二四	二五	二六	二七	二八	二九	三十	
正月大	癸丑	天干地支西曆	己巳21	庚午22	辛未23	壬申24	癸酉25	甲戌26	乙亥27	丙子28	丁丑29	戊寅30	己卯(12)	庚辰2	辛巳3	壬午4	癸未5	甲申6	乙酉7	丙戌8	丁亥9	戊子10	己丑11	庚寅12	辛卯13	壬辰14	癸巳15	甲午16	乙未17	丙申18	丁酉19	戊戌20	
二月小	甲寅	天干地支西曆	己亥21	庚子22	辛丑23	壬寅24	癸卯25	甲辰26	乙巳27	丙午28	丁未29	戊申30	己酉31	庚戌(1)	辛亥2	壬子3	癸丑4	甲寅5	乙卯6	丙辰7	丁巳8	戊午9	己未10	庚申11	辛酉12	壬戌13	癸亥14	甲子15	乙丑16	丙寅17	丁卯18		甲辰冬至
三月大	乙卯	天干地支西曆	戊辰19	己巳20	庚午21	辛未22	壬申23	癸酉24	甲戌25	乙亥26	丙子27	丁丑28	戊寅29	己卯30	庚辰31	辛巳(2)	壬午2	癸未3	甲申4	乙酉5	丙戌6	丁亥7	戊子8	己丑9	庚寅10	辛卯11	壬辰12	癸巳13	甲午14	乙未15	丙申16	丁酉17	己丑立春
四月大	丙辰	天干地支西曆	戊戌18	己亥19	庚子20	辛丑21	壬寅22	癸卯23	甲辰24	乙巳25	丙午26	丁未27	戊申28	己酉(3)	庚戌2	辛亥3	壬子4	癸丑5	甲寅6	乙卯7	丙辰8	丁巳9	戊午10	己未11	庚申12	辛酉13	壬戌14	癸亥15	甲子16	乙丑17	丙寅18	丁卯19	
五月小	丁巳	天干地支西曆	戊辰20	己巳21	庚午22	辛未23	壬申24	癸酉25	甲戌26	乙亥27	丙子28	丁丑29	戊寅30	己卯31	庚辰(4)	辛巳2	壬午3	癸未4	甲申5	乙酉6	丙戌7	丁亥8	戊子9	己丑10	庚寅11	辛卯12	壬辰13	癸巳14	甲午15	乙未16	丙申17		乙亥春分
六月大	戊午	天干地支西曆	丁酉18	戊戌19	己亥20	庚子21	辛丑22	壬寅23	癸卯24	甲辰25	乙巳26	丙午27	丁未28	戊申29	己酉30	庚戌(5)	辛亥2	壬子3	癸丑4	甲寅5	乙卯6	丙辰7	丁巳8	戊午9	己未10	庚申11	辛酉12	壬戌13	癸亥14	甲子15	乙丑16	丙寅17	壬戌立夏
七月小	己未	天干地支西曆	丁卯18	戊辰19	己巳20	庚午21	辛未22	壬申23	癸酉24	甲戌25	乙亥26	丙子27	丁丑28	戊寅29	己卯30	庚辰31	辛巳(6)	壬午2	癸未3	甲申4	乙酉5	丙戌6	丁亥7	戊子8	己丑9	庚寅10	辛卯11	壬辰12	癸巳13	甲午14	乙未15		
八月大	庚申	天干地支西曆	丙申16	丁酉17	戊戌18	己亥19	庚子20	辛丑21	壬寅22	癸卯23	甲辰24	乙巳25	丙午26	丁未27	戊申28	己酉29	庚戌30	辛亥(7)	壬子2	癸丑3	甲寅4	乙卯5	丙辰6	丁巳7	戊午8	己未9	庚申10	辛酉11	壬戌12	癸亥13	甲子14	乙丑15	己酉夏至
九月小	辛酉	天干地支西曆	丙寅16	丁卯17	戊辰18	己巳19	庚午20	辛未21	壬申22	癸酉23	甲戌24	乙亥25	丙子26	丁丑27	戊寅28	己卯29	庚辰30	辛巳31	壬午(8)	癸未2	甲申3	乙酉4	丙戌5	丁亥6	戊子7	己丑8	庚寅9	辛卯10	壬辰11	癸巳12	甲午13		
十月大	壬戌	天干地支西曆	乙未14	丙申15	丁酉16	戊戌17	己亥18	庚子19	辛丑20	壬寅21	癸卯22	甲辰23	乙巳24	丙午25	丁未26	戊申27	己酉28	庚戌29	辛亥30	壬子31	癸丑(9)	甲寅2	乙卯3	丙辰4	丁巳5	戊午6	己未7	庚申8	辛酉9	壬戌10	癸亥11	甲子12	乙未立秋
十一月小	癸亥	天干地支西曆	乙丑13	丙寅14	丁卯15	戊辰16	己巳17	庚午18	辛未19	壬申20	癸酉21	甲戌22	乙亥23	丙子24	丁丑25	戊寅26	己卯27	庚辰28	辛巳29	壬午30	癸未(10)	甲申2	乙酉3	丙戌4	丁亥5	戊子6	己丑7	庚寅8	辛卯9	壬辰10	癸巳11		辛巳秋分
十二月大	甲子	天干地支西曆	甲午12	乙未13	丙申14	丁酉15	戊戌16	己亥17	庚子18	辛丑19	壬寅20	癸卯21	甲辰22	乙巳23	丙午24	丁未25	戊申26	己酉27	庚戌28	辛亥29	壬子30	癸丑31	甲寅(11)	乙卯2	丙辰3	丁巳4	戊午5	己未6	庚申7	辛酉8	壬戌9	癸亥10	
閏月小	甲子	天干地支西曆	甲子11	乙丑12	丙寅13	丁卯14	戊辰15	己巳16	庚午17	辛未18	壬申19	癸酉20	甲戌21	乙亥22	丙子23	丁丑24	戊寅25	己卯26	庚辰27	辛巳28	壬午29	癸未30	甲申(12)	乙酉2	丙戌3	丁亥4	戊子5	己丑6	庚寅7	辛卯8	壬辰9		乙丑立冬

朔閏異同	曆名	正月	二月	三月	四月	五月	六月	七月	八月	九月	十月	十一	十二	閏月		曆名	正月	二月	三月	四月	五月	六月	七月	八月	九月	十月	十一	十二	閏月
	周曆殷曆	戊戌戊辰	丁卯戊戌	丁酉丁卯	丙寅丁酉	丙申丙寅	乙丑丙申	乙未乙丑	乙丑乙未	甲午甲子	甲子甲午	癸巳癸亥	癸亥癸巳			夏曆新曆	戊戌戊戌	丁卯丁卯	丁酉丁酉	丙寅丙寅	丙申丙申	乙丑乙丑	乙未乙未	甲子甲子	甲午甲午	甲子甲子	癸巳甲午	癸亥癸亥	

*《長曆》：正月己巳，二月己亥，三月戊辰，四月戊戌，五月丁卯，閏月丁酉，六月丙寅，七月丙申，八月乙丑，九月乙未，十月甲子，十一甲午，十二癸亥

周敬王十三年 魯定公三年（甲午 馬年）公元前 508 ~ 前 **507** 年 歲在降婁

魯曆月序		中西曆日對照	魯曆日序																														節氣與天象
			初一	初二	初三	初四	初五	初六	初七	初八	初九	初十	十一	十二	十三	十四	十五	十六	十七	十八	十九	二十	二一	二二	二三	二四	二五	二六	二七	二八	二九	三十	
正月大	乙丑	天干地支 西曆	癸巳 10	甲午 11	乙未 12	丙申 13	丁酉 14	戊戌 15	己亥 16	庚子 17	辛丑 18	壬寅 19	癸卯 20	甲辰 21	乙巳 22	丙午 23	丁未 24	戊申 25	己酉 26	庚戌 27	辛亥 28	壬子 29	癸丑 30	甲寅 31	乙卯 (1)	丙辰 2	丁巳 3	戊午 4	己未 5	庚申 6	辛酉 7	壬戌 8	己酉冬至
二月小	丙寅	天干地支 西曆	癸亥 9	甲子 10	乙丑 11	丙寅 12	丁卯 13	戊辰 14	己巳 15	庚午 16	辛未 17	壬申 18	癸酉 19	甲戌 20	乙亥 21	丙子 22	丁丑 23	戊寅 24	己卯 25	庚辰 26	辛巳 27	壬午 28	癸未 29	甲申 30	乙酉 31	丙戌 (2)	丁亥 2	戊子 3	己丑 4	庚寅 5	辛卯 6		
三月大	丁卯	天干地支 西曆	壬辰 7	癸巳 8	甲午 9	乙未 10	丙申 11	丁酉 12	戊戌 13	己亥 14	庚子 15	辛丑 16	壬寅 17	癸卯 18	甲辰 19	乙巳 20	丙午 21	丁未 22	戊申 23	己酉 24	庚戌 25	辛亥 26	壬子 27	癸丑 28	甲寅 (3)	乙卯 2	丙辰 3	丁巳 4	戊午 5	己未 6	庚申 7	辛酉 8	甲午立春
四月小	戊辰	天干地支 西曆	壬戌 9	癸亥 10	甲子 11	乙丑 12	丙寅 13	丁卯 14	戊辰 15	己巳 16	庚午 17	辛未 18	壬申 19	癸酉 20	甲戌 21	乙亥 22	丙子 23	丁丑 24	戊寅 25	己卯 26	庚辰 27	辛巳 28	壬午 29	癸未 30	甲申 31	乙酉 (4)	丙戌 2	丁亥 3	戊子 4	己丑 5	庚寅 6		庚辰春分
五月大	己巳	天干地支 西曆	辛卯 7	壬辰 8	癸巳 9	甲午 10	乙未 11	丙申 12	丁酉 13	戊戌 14	己亥 15	庚子 16	辛丑 17	壬寅 18	癸卯 19	甲辰 20	乙巳 21	丙午 22	丁未 23	戊申 24	己酉 25	庚戌 26	辛亥 27	壬子 28	癸丑 29	甲寅 30	乙卯 (5)	丙辰 2	丁巳 3	戊午 4	己未 5	庚申 6	
六月小	庚午	天干地支 西曆	辛酉 7	壬戌 8	癸亥 9	甲子 10	乙丑 11	丙寅 12	丁卯 13	戊辰 14	己巳 15	庚午 16	辛未 17	壬申 18	癸酉 19	甲戌 20	乙亥 21	丙子 22	丁丑 23	戊寅 24	己卯 25	庚辰 26	辛巳 27	壬午 28	癸未 29	甲申 30	乙酉 31	丙戌 (6)	丁亥 2	戊子 3	己丑 4		丁卯立夏
七月大	辛未	天干地支 西曆	庚寅 5	辛卯 6	壬辰 7	癸巳 8	甲午 9	乙未 10	丙申 11	丁酉 12	戊戌 13	己亥 14	庚子 15	辛丑 16	壬寅 17	癸卯 18	甲辰 19	乙巳 20	丙午 21	丁未 22	戊申 23	己酉 24	庚戌 25	辛亥 26	壬子 27	癸丑 28	甲寅 29	乙卯 30	丙辰 (7)	丁巳 2	戊午 3	己未 4	甲寅夏至
八月大	壬申	天干地支 西曆	庚申 5	辛酉 6	壬戌 7	癸亥 8	甲子 9	乙丑 10	丙寅 11	丁卯 12	戊辰 13	己巳 14	庚午 15	辛未 16	壬申 17	癸酉 18	甲戌 19	乙亥 20	丙子 21	丁丑 22	戊寅 23	己卯 24	庚辰 25	辛巳 26	壬午 27	癸未 28	甲申 29	乙酉 30	丙戌 31	丁亥 (8)	戊子 2	己丑 3	
九月小	癸酉	天干地支 西曆	庚寅 4	辛卯 5	壬辰 6	癸巳 7	甲午 8	乙未 9	丙申 10	丁酉 11	戊戌 12	己亥 13	庚子 14	辛丑 15	壬寅 16	癸卯 17	甲辰 18	乙巳 19	丙午 20	丁未 21	戊申 22	己酉 23	庚戌 24	辛亥 25	壬子 26	癸丑 27	甲寅 28	乙卯 29	丙辰 30	丁巳 31	戊午 (9)		辛丑立秋
十月大	甲戌	天干地支 西曆	己未 2	庚申 3	辛酉 4	壬戌 5	癸亥 6	甲子 7	乙丑 8	丙寅 9	丁卯 10	戊辰 11	己巳 12	庚午 13	辛未 14	壬申 15	癸酉 16	甲戌 17	乙亥 18	丙子 19	丁丑 20	戊寅 21	己卯 22	庚辰 23	辛巳 24	壬午 25	癸未 26	甲申 27	乙酉 28	丙戌 29	丁亥 30	戊子 (10)	丙戌秋分
十一月小	乙亥	天干地支 西曆	己丑 2	庚寅 3	辛卯 4	壬辰 5	癸巳 6	甲午 7	乙未 8	丙申 9	丁酉 10	戊戌 11	己亥 12	庚子 13	辛丑 14	壬寅 15	癸卯 16	甲辰 17	乙巳 18	丙午 19	丁未 20	戊申 21	己酉 22	庚戌 23	辛亥 24	壬子 25	癸丑 26	甲寅 27	乙卯 28	丙辰 29	丁巳 30		
十二月大	丙子	天干地支 西曆	戊午 31	己未 (11)	庚申 2	辛酉 3	壬戌 4	癸亥 5	甲子 6	乙丑 7	丙寅 8	丁卯 9	戊辰 10	己巳 11	庚午 12	辛未 13	壬申 14	癸酉 15	甲戌 16	乙亥 17	丙子 18	丁丑 19	戊寅 20	己卯 21	庚辰 22	辛巳 23	壬午 24	癸未 25	甲申 26	乙酉 27	丙戌 28	丁亥 29	辛未立冬

朔閏異同	曆名	正月	二月	三月	四月	五月	六月	七月	八月	九月	十月	十一	十二	閏月
	周曆殷曆	壬辰壬戌	壬戌壬辰	辛卯壬戌	辛酉辛卯	庚寅辛酉	庚申庚寅	己丑庚申	己未己丑	戊子己未	戊午戊子	戊子戊午	丁巳丁亥	
	夏曆新曆	壬辰癸巳	壬戌壬戌	辛卯辛卯	辛酉辛酉	庚寅庚寅	庚申己未	己丑己丑	己未戊午	戊子戊子	戊午---戊午	丁亥戊子	---丁巳戊午	丙戌丁亥

*《長曆》：正月癸巳，二月壬戌，三月壬辰，四月壬戌，五月辛卯，六月辛酉，七月庚寅，八月庚申，九月己丑，十月己未，十一戊子，十二戊午。

周敬王十四年 魯定公四年（乙未 羊年）公元前507 ~ 前506年 歲在大梁

魯曆月序		中西曆日對照	初一	初二	初三	初四	初五	初六	初七	初八	初九	初十	十一	十二	十三	十四	十五	十六	十七	十八	十九	二十	二一	二二	二三	二四	二五	二六	二七	二八	二九	三十	節氣與天象
正月小	丁丑	干支 天地 西曆	戊子30	己丑(12)	庚寅2	辛卯3	壬辰4	癸巳5	甲午6	乙未7	丙申8	丁酉9	戊戌10	己亥11	庚子12	辛丑13	壬寅14	癸卯15	甲辰16	乙巳17	丙午18	丁未19	戊申20	己酉21	庚戌22	辛亥23	壬子24	癸丑25	甲寅26	乙卯27	丙辰28		乙卯冬至
二月大	戊寅	干支 天地 西曆	丁巳29	戊午30	己未31	庚申(1)	辛酉2	壬戌3	癸亥4	甲子5	乙丑6	丙寅7	丁卯8	戊辰9	己巳10	庚午11	辛未12	壬申13	癸酉14	甲戌15	乙亥16	丙子17	丁丑18	戊寅19	己卯20	庚辰21	辛巳22	壬午23	癸未24	甲申25	乙酉26	丙戌27	
三月小	己卯	干支 天地 西曆	丁亥28	戊子29	己丑30	庚寅31	辛卯(2)	壬辰2	癸巳3	甲午4	乙未5	丙申6	丁酉7	戊戌8	己亥9	庚子10	辛丑11	壬寅12	癸卯13	甲辰14	乙巳15	丙午16	丁未17	戊申18	己酉19	庚戌20	辛亥21	壬子22	癸丑23	甲寅24	乙卯25		己亥立春
四月大	庚辰	干支 天地 西曆	丙辰26	丁巳27	戊午28	己未(3)	庚申2	辛酉3	壬戌4	癸亥5	甲子6	乙丑7	丙寅8	丁卯9	戊辰10	己巳11	庚午12	辛未13	壬申14	癸酉15	甲戌16	乙亥17	丙子18	丁丑19	戊寅20	己卯21	庚辰22	辛巳23	壬午24	癸未25	甲申26	乙酉27	乙酉春分
五月小	辛巳	干支 天地 西曆	丙戌28	丁亥29	戊子30	己丑31	庚寅(4)	辛卯2	壬辰3	癸巳4	甲午5	乙未6	丙申7	丁酉8	戊戌9	己亥10	庚子11	辛丑12	壬寅13	癸卯14	甲辰15	乙巳16	丙午17	丁未18	戊申19	己酉20	庚戌21	辛亥22	壬子23	癸丑24	甲寅25		
六月大	壬午	干支 天地 西曆	乙卯26	丙辰27	丁巳28	戊午29	己未30	庚申(5)	辛酉2	壬戌3	癸亥4	甲子5	乙丑6	丙寅7	丁卯8	戊辰9	己巳10	庚午11	辛未12	壬申13	癸酉14	甲戌15	乙亥16	丙子17	丁丑18	戊寅19	己卯20	庚辰21	辛巳22	壬午23	癸未24	甲申25	壬申立夏
七月小	癸未	干支 天地 西曆	乙酉26	丙戌27	丁亥28	戊子29	己丑30	庚寅31	辛卯(6)	壬辰2	癸巳3	甲午4	乙未5	丙申6	丁酉7	戊戌8	己亥9	庚子10	辛丑11	壬寅12	癸卯13	甲辰14	乙巳15	丙午16	丁未17	戊申18	己酉19	庚戌20	辛亥21	壬子22	癸丑23		
八月大	甲申	干支 天地 西曆	甲寅24	乙卯25	丙辰26	丁巳27	戊午28	己未29	庚申30	辛酉(7)	壬戌2	癸亥3	甲子4	乙丑5	丙寅6	丁卯7	戊辰8	己巳9	庚午10	辛未11	壬申12	癸酉13	甲戌14	乙亥15	丙子16	丁丑17	戊寅18	己卯19	庚辰20	辛巳21	壬午22	癸未23	己未夏至
九月小	乙酉	干支 天地 西曆	甲申24	乙酉25	丙戌26	丁亥27	戊子28	己丑29	庚寅30	辛卯31	壬辰(8)	癸巳2	甲午3	乙未4	丙申5	丁酉6	戊戌7	己亥8	庚子9	辛丑10	壬寅11	癸卯12	甲辰13	乙巳14	丙午15	丁未16	戊申17	己酉18	庚戌19	辛亥20	壬子21		丙午立秋
十月大	丙戌	干支 天地 西曆	癸丑22	甲寅23	乙卯24	丙辰25	丁巳26	戊午27	己未28	庚申29	辛酉30	壬戌31	癸亥(9)	甲子2	乙丑3	丙寅4	丁卯5	戊辰6	己巳7	庚午8	辛未9	壬申10	癸酉11	甲戌12	乙亥13	丙子14	丁丑15	戊寅16	己卯17	庚辰18	辛巳19	壬午20	
十一月小	丁亥	干支 天地 西曆	癸未21	甲申22	乙酉23	丙戌24	丁亥25	戊子26	己丑27	庚寅28	辛卯29	壬辰30	癸巳(10)	甲午2	乙未3	丙申4	丁酉5	戊戌6	己亥7	庚子8	辛丑9	壬寅10	癸卯11	甲辰12	乙巳13	丙午14	丁未15	戊申16	己酉17	庚戌18	辛亥19		辛卯秋分
十二月大	戊子	干支 天地 西曆	壬子20	癸丑21	甲寅22	乙卯23	丙辰24	丁巳25	戊午26	己未27	庚申28	辛酉29	壬戌30	癸亥31	甲子(11)	乙丑2	丙寅3	丁卯4	戊辰5	己巳6	庚午7	辛未8	壬申9	癸酉10	甲戌11	乙亥12	丙子13	丁丑14	戊寅15	己卯16	庚辰17	辛巳18	丙子立冬
閏月大	戊子	干支 天地 西曆	壬午19	癸未20	甲申21	乙酉22	丙戌23	丁亥24	戊子25	己丑26	庚寅27	辛卯28	壬辰29	癸巳30	甲午(12)	乙未2	丙申3	丁酉4	戊戌5	己亥6	庚子7	辛丑8	壬寅9	癸卯10	甲辰11	乙巳12	丙午13	丁未14	戊申15	己酉16	庚戌17	辛亥18	

朔閏異同	曆名	正月	二月	三月	四月	五月	六月	七月	八月	九月	十月	十一	十二	閏月	曆名	正月	二月	三月	四月	五月	六月	七月	八月	九月	十月	十一	十二	閏月
	周曆殷曆	丁亥丁巳	丙辰丙戌	丙戌---丙辰	乙卯乙酉	---乙酉乙卯	甲寅乙酉	甲申甲寅	癸丑甲申	癸未癸丑	壬子癸未	壬午壬子	辛亥壬午	辛巳辛亥	夏曆新曆	丙辰丁巳	丙戌丙戌	乙卯乙卯	乙酉乙酉	甲寅甲寅	甲申癸未	癸丑癸丑	癸未壬午	壬子壬子	壬午壬午	辛亥壬子	辛巳辛巳	

*《長曆》：正月丁亥，二月丁巳，三月丙戌，四月丙辰，五月乙酉，六月乙卯，七月乙酉，閏月甲寅，八月甲申，九月癸丑，十月癸未，十一壬子，十二壬午。

周敬王十五年 魯定公五年（丙申 猴年）公元前506～前505年 歲在實沈

魯曆月序	中西曆日對照	初一	初二	初三	初四	初五	初六	初七	初八	初九	初十	十一	十二	十三	十四	十五	十六	十七	十八	十九	二十	二一	二二	二三	二四	二五	二六	二七	二八	二九	三十	節氣與天象
正月小己丑	干支天地西曆	壬子19	癸丑20	甲寅21	乙卯22	丙辰23	丁巳24	戊午25	己未26	庚申27	辛酉28	壬戌29	癸亥30	甲子31	乙丑(1)	丙寅2	丁卯3	戊辰4	己巳5	庚午6	辛未7	壬申8	癸酉9	甲戌10	乙亥11	丙子12	丁丑13	戊寅14	己卯15	庚辰16		庚申冬至
二月大庚寅	干支天地西曆	辛巳17	壬午18	癸未19	甲申20	乙酉21	丙戌22	丁亥23	戊子24	己丑25	庚寅26	辛卯27	壬辰28	癸巳29	甲午30	乙未31	丙申(2)	丁酉2	戊戌3	己亥4	庚子5	辛丑6	壬寅7	癸卯8	甲辰9	乙巳10	丙午11	丁未12	戊申13	己酉14	庚戌15	乙巳立春
三月小辛卯	干支天地西曆	辛亥16	壬子17	癸丑18	甲寅19	乙卯20	丙辰21	丁巳22	戊午23	己未24	庚申25	辛酉26	壬戌27	癸亥28	甲子29	乙丑(3)	丙寅2	丁卯3	戊辰4	己巳5	庚午6	辛未7	壬申8	癸酉9	甲戌10	乙亥11	丙子12	丁丑13	戊寅14	己卯15		辛亥日食
四月大壬辰	干支天地西曆	庚辰16	辛巳17	壬午18	癸未19	甲申20	乙酉21	丙戌22	丁亥23	戊子24	己丑25	庚寅26	辛卯27	壬辰28	癸巳29	甲午30	乙未31	丙申(4)	丁酉2	戊戌3	己亥4	庚子5	辛丑6	壬寅7	癸卯8	甲辰9	乙巳10	丙午11	丁未12	戊申13	己酉14	庚寅春分
五月小癸巳	干支天地西曆	庚戌15	辛亥16	壬子17	癸丑18	甲寅19	乙卯20	丙辰21	丁巳22	戊午23	己未24	庚申25	辛酉26	壬戌27	癸亥28	甲子29	乙丑30	丙寅(5)	丁卯2	戊辰3	己巳4	庚午5	辛未6	壬申7	癸酉8	甲戌9	乙亥10	丙子11	丁丑12	戊寅13		丁丑立夏
六月大甲午	干支天地西曆	己卯14	庚辰15	辛巳16	壬午17	癸未18	甲申19	乙酉20	丙戌21	丁亥22	戊子23	己丑24	庚寅25	辛卯26	壬辰27	癸巳28	甲午29	乙未30	丙申31	丁酉(6)	戊戌2	己亥3	庚子4	辛丑5	壬寅6	癸卯7	甲辰8	乙巳9	丙午10	丁未11	戊申12	
七月小乙未	干支天地西曆	己酉13	庚戌14	辛亥15	壬子16	癸丑17	甲寅18	乙卯19	丙辰20	丁巳21	戊午22	己未23	庚申24	辛酉25	壬戌26	癸亥27	甲子28	乙丑29	丙寅30	丁卯(7)	戊辰2	己巳3	庚午4	辛未5	壬申6	癸酉7	甲戌8	乙亥9	丙子10	丁丑11		乙丑夏至
八月大丙申	干支天地西曆	戊寅12	己卯13	庚辰14	辛巳15	壬午16	癸未17	甲申18	乙酉19	丙戌20	丁亥21	戊子22	己丑23	庚寅24	辛卯25	壬辰26	癸巳27	甲午28	乙未29	丙申30	丁酉31	戊戌(8)	己亥2	庚子3	辛丑4	壬寅5	癸卯6	甲辰7	乙巳8	丙午9	丁未10	
九月小丁酉	干支天地西曆	戊申11	己酉12	庚戌13	辛亥14	壬子15	癸丑16	甲寅17	乙卯18	丙辰19	丁巳20	戊午21	己未22	庚申23	辛酉24	壬戌25	癸亥26	甲子27	乙丑28	丙寅29	丁卯30	戊辰31	己巳(9)	庚午2	辛未3	壬申4	癸酉5	甲戌6	乙亥7	丙子8		辛亥立秋
十月大戊戌	干支天地西曆	丁丑9	戊寅10	己卯11	庚辰12	辛巳13	壬午14	癸未15	甲申16	乙酉17	丙戌18	丁亥19	戊子20	己丑21	庚寅22	辛卯23	壬辰24	癸巳25	甲午26	乙未27	丙申28	丁酉29	戊戌30	己亥(10)	庚子2	辛丑3	壬寅4	癸卯5	甲辰6	乙巳7	丙午8	丁酉秋分
十一月小己亥	干支天地西曆	丁未9	戊申10	己酉11	庚戌12	辛亥13	壬子14	癸丑15	甲寅16	乙卯17	丙辰18	丁巳19	戊午20	己未21	庚申22	辛酉23	壬戌24	癸亥25	甲子26	乙丑27	丙寅28	丁卯29	戊辰30	己巳31	庚午(11)	辛未2	壬申3	癸酉4	甲戌5	乙亥6		
十二月大庚子	干支天地西曆	丙子7	丁丑8	戊寅9	己卯10	庚辰11	辛巳12	壬午13	癸未14	甲申15	乙酉16	丙戌17	丁亥18	戊子19	己丑20	庚寅21	辛卯22	壬辰23	癸巳24	甲午25	乙未26	丙申27	丁酉28	戊戌29	己亥30	庚子(12)	辛丑2	壬寅3	癸卯4	甲辰5	乙巳6	辛巳立冬

朔閏異同	曆名	正月	二月	三月	四月	五月	六月	七月	八月	九月	十月	十一	十二	閏月
	周曆殷曆	庚戌辛巳	庚辰庚辰	庚戌庚辰	己卯己酉	己酉己卯	戊寅戊申	戊申戊寅	丁丑丁未	丁未丁丑	丙子丁未	丙午丙子	乙亥丙午	
	夏曆新曆	庚戌辛亥	庚辰辛巳	己酉庚戌	己卯己卯	戊申己酉	戊寅戊寅	戊申丁未	丁丑丁丑	丁未丙午	丙子丙子	丙午丙午	乙亥乙亥	

*《長曆》：正月辛亥，二月辛巳，三月辛亥，四月庚辰，五月庚戌，六月己卯，七月己酉，八月戊寅，九月戊申，十月丁丑，十一丁未，十二丙子。

周敬王十六年 魯定公六年（丁酉 鷄年）公元前505～前504年 歲在鶉首

魯曆月序		中西曆日對照	魯曆日序																													節氣與天象
			初一	初二	初三	初四	初五	初六	初七	初八	初九	初十	十一	十二	十三	十四	十五	十六	十七	十八	十九	二十	二一	二二	二三	二四	二五	二六	二七	二八	二九	三十	
正月小	辛丑	天干地支/西曆	丙午7	丁未8	戊申9	己酉10	庚戌11	辛亥12	壬子13	癸丑14	甲寅15	乙卯16	丙辰17	丁巳18	戊午19	己未20	庚申21	辛酉22	壬戌23	癸亥24	甲子25	乙丑26	丙寅27	丁卯28	戊辰29	己巳30	庚午31	辛未(1)	壬申2	癸酉3	甲戌4		乙丑冬至
二月大	壬寅	天干地支/西曆	乙亥5	丙子6	丁丑7	戊寅8	己卯9	庚辰10	辛巳11	壬午12	癸未13	甲申14	乙酉15	丙戌16	丁亥17	戊子18	己丑19	庚寅20	辛卯21	壬辰22	癸巳23	甲午24	乙未25	丙申26	丁酉27	戊戌28	己亥29	庚子30	辛丑31	壬寅(2)	癸卯2	甲辰3	
三月大	癸卯	天干地支/西曆	乙巳4	丙午5	丁未6	戊申7	己酉8	庚戌9	辛亥10	壬子11	癸丑12	甲寅13	乙卯14	丙辰15	丁巳16	戊午17	己未18	庚申19	辛酉20	壬戌21	癸亥22	甲子23	乙丑24	丙寅25	丁卯26	戊辰27	己巳28	庚午(3)	辛未2	壬申3	癸酉4	甲戌5	庚戌立春
四月小	甲辰	天干地支/西曆	乙亥6	丙子7	丁丑8	戊寅9	己卯10	庚辰11	辛巳12	壬午13	癸未14	甲申15	乙酉16	丙戌17	丁亥18	戊子19	己丑20	庚寅21	辛卯22	壬辰23	癸巳24	甲午25	乙未26	丙申27	丁酉28	戊戌29	己亥30	庚子31	辛丑(4)	壬寅2	癸卯3		丙申春分
五月大	乙巳	天干地支/西曆	甲辰4	乙巳5	丙午6	丁未7	戊申8	己酉9	庚戌10	辛亥11	壬子12	癸丑13	甲寅14	乙卯15	丙辰16	丁巳17	戊午18	己未19	庚申20	辛酉21	壬戌22	癸亥23	甲子24	乙丑25	丙寅26	丁卯27	戊辰28	己巳29	庚午30	辛未(5)	壬申2	癸酉3	
六月小	丙午	天干地支/西曆	甲戌4	乙亥5	丙子6	丁丑7	戊寅8	己卯9	庚辰10	辛巳11	壬午12	癸未13	甲申14	乙酉15	丙戌16	丁亥17	戊子18	己丑19	庚寅20	辛卯21	壬辰22	癸巳23	甲午24	乙未25	丙申26	丁酉27	戊戌28	己亥29	庚子30	辛丑31	壬寅(6)		癸未立夏
七月大	丁未	天干地支/西曆	癸卯2	甲辰3	乙巳4	丙午5	丁未6	戊申7	己酉8	庚戌9	辛亥10	壬子11	癸丑12	甲寅13	乙卯14	丙辰15	丁巳16	戊午17	己未18	庚申19	辛酉20	壬戌21	癸亥22	甲子23	乙丑24	丙寅25	丁卯26	戊辰27	己巳28	庚午29	辛未30	壬申(7)	庚午夏至
八月小	戊申	天干地支/西曆	癸酉2	甲戌3	乙亥4	丙子5	丁丑6	戊寅7	己卯8	庚辰9	辛巳10	壬午11	癸未12	甲申13	乙酉14	丙戌15	丁亥16	戊子17	己丑18	庚寅19	辛卯20	壬辰21	癸巳22	甲午23	乙未24	丙申25	丁酉26	戊戌27	己亥28	庚子29	辛丑30		
九月大	己酉	天干地支/西曆	壬寅31	癸卯(8)	甲辰2	乙巳3	丙午4	丁未5	戊申6	己酉7	庚戌8	辛亥9	壬子10	癸丑11	甲寅12	乙卯13	丙辰14	丁巳15	戊午16	己未17	庚申18	辛酉19	壬戌20	癸亥21	甲子22	乙丑23	丙寅24	丁卯25	戊辰26	己巳27	庚午28	辛未29	丙辰立秋
十月小	庚戌	天干地支/西曆	壬申30	癸酉31	甲戌(9)	乙亥2	丙子3	丁丑4	戊寅5	己卯6	庚辰7	辛巳8	壬午9	癸未10	甲申11	乙酉12	丙戌13	丁亥14	戊子15	己丑16	庚寅17	辛卯18	壬辰19	癸巳20	甲午21	乙未22	丙申23	丁酉24	戊戌25	己亥26	庚子27		
十一月大	辛亥	天干地支/西曆	辛丑28	壬寅29	癸卯30	甲辰(10)	乙巳2	丙午3	丁未4	戊申5	己酉6	庚戌7	辛亥8	壬子9	癸丑10	甲寅11	乙卯12	丙辰13	丁巳14	戊午15	己未16	庚申17	辛酉18	壬戌19	癸亥20	甲子21	乙丑22	丙寅23	丁卯24	戊辰25	己巳26	庚午27	壬寅秋分
十二月小	壬子	天干地支/西曆	辛未28	壬申29	癸酉30	甲戌31	乙亥(11)	丙子2	丁丑3	戊寅4	己卯5	庚辰6	辛巳7	壬午8	癸未9	甲申10	乙酉11	丙戌12	丁亥13	戊子14	己丑15	庚寅16	辛卯17	壬辰18	癸巳19	甲午20	乙未21	丙申22	丁酉23	戊戌24	己亥25		丙戌立冬
閏月大	壬子	天干地支/西曆	庚子26	辛丑27	壬寅28	癸卯29	甲辰30	乙巳(12)	丙午2	丁未3	戊申4	己酉5	庚戌6	辛亥7	壬子8	癸丑9	甲寅10	乙卯11	丙辰12	丁巳13	戊午14	己未15	庚申16	辛酉17	壬戌18	癸亥19	甲子20	乙丑21	丙寅22	丁卯23	戊辰24	己巳25	

朔閏異同	曆名	正月	二月	三月	四月	五月	六月	七月	八月	九月	十月	十一	十二	閏月	曆名	正月	二月	三月	四月	五月	六月	七月	八月	九月	十月	十一	十二	閏月
	周曆殷曆	乙巳乙亥	甲戌乙巳	甲辰甲戌	癸酉甲辰	癸卯癸酉	癸酉癸卯	壬寅壬申	壬申壬寅	辛丑辛未	辛未辛丑	庚子---庚午	庚午庚子	---己亥庚午	夏曆新曆	乙巳乙巳	甲戌乙亥	甲辰甲辰	癸酉甲戌	癸卯癸卯	壬申癸酉	壬寅---壬寅	辛未辛未	辛丑辛丑	---辛未庚午	庚子庚子	庚午己巳	己亥己亥

*《長曆》：正月丙午，二月乙亥，三月乙巳，四月甲戌，五月甲辰，六月癸酉，七月癸卯，八月壬申，九月壬寅，十月辛未，十一辛丑，十二庚午。

周敬王十七年 魯定公七年（戊戌 狗年）公元前504 ~ 前503年 歲在鶉火

魯曆月序		西曆中曆對照	初一	初二	初三	初四	初五	初六	初七	初八	初九	初十	十一	十二	十三	十四	十五	十六	十七	十八	十九	二十	二一	二二	二三	二四	二五	二六	二七	二八	二九	三十	節氣與天象
正月小	癸丑	天干地支西曆	庚午26	辛未27	壬申28	癸酉29	甲戌30	乙亥31	丙子(1)	丁丑2	戊寅3	己卯4	庚辰5	辛巳6	壬午7	癸未8	甲申9	乙酉10	丙戌11	丁亥12	戊子13	己丑14	庚寅15	辛卯16	壬辰17	癸巳18	甲午19	乙未20	丙申21	丁酉22	戊戌23		庚午冬至
二月大	甲寅	天干地支西曆	己亥24	庚子25	辛丑26	壬寅27	癸卯28	甲辰29	乙巳30	丙午31	丁未(2)	戊申2	己酉3	庚戌4	辛亥5	壬子6	癸丑7	甲寅8	乙卯9	丙辰10	丁巳11	戊午12	己未13	庚申14	辛酉15	壬戌16	癸亥17	甲子18	乙丑19	丙寅20	丁卯21	戊辰22	乙卯立春
三月小	乙卯	天干地支西曆	己巳23	庚午24	辛未25	壬申26	癸酉27	甲戌28	乙亥(3)	丙子2	丁丑3	戊寅4	己卯5	庚辰6	辛巳7	壬午8	癸未9	甲申10	乙酉11	丙戌12	丁亥13	戊子14	己丑15	庚寅16	辛卯17	壬辰18	癸巳19	甲午20	乙未21	丙申22	丁酉23		
四月大	丙辰	天干地支西曆	戊戌24	己亥25	庚子26	辛丑27	壬寅28	癸卯29	甲辰30	乙巳31	丙午(4)	丁未2	戊申3	己酉4	庚戌5	辛亥6	壬子7	癸丑8	甲寅9	乙卯10	丙辰11	丁巳12	戊午13	己未14	庚申15	辛酉16	壬戌17	癸亥18	甲子19	乙丑20	丙寅21	丁卯22	辛丑春分
五月小	丁巳	天干地支西曆	戊辰23	己巳24	庚午25	辛未26	壬申27	癸酉28	甲戌29	乙亥30	丙子(5)	丁丑2	戊寅3	己卯4	庚辰5	辛巳6	壬午7	癸未8	甲申9	乙酉10	丙戌11	丁亥12	戊子13	己丑14	庚寅15	辛卯16	壬辰17	癸巳18	甲午19	乙未20	丙申21		戊子立夏
六月大	戊午	天干地支西曆	丁酉22	戊戌23	己亥24	庚子25	辛丑26	壬寅27	癸卯28	甲辰29	乙巳30	丙午31	丁未(6)	戊申2	己酉3	庚戌4	辛亥5	壬子6	癸丑7	甲寅8	乙卯9	丙辰10	丁巳11	戊午12	己未13	庚申14	辛酉15	壬戌16	癸亥17	甲子18	乙丑19	丙寅20	
七月大	己未	天干地支西曆	丁卯21	戊辰22	己巳23	庚午24	辛未25	壬申26	癸酉27	甲戌28	乙亥29	丙子30	丁丑(7)	戊寅2	己卯3	庚辰4	辛巳5	壬午6	癸未7	甲申8	乙酉9	丙戌10	丁亥11	戊子12	己丑13	庚寅14	辛卯15	壬辰16	癸巳17	甲午18	乙未19	丙申20	乙亥夏至 丁卯日食
八月小	庚申	天干地支西曆	丁酉21	戊戌22	己亥23	庚子24	辛丑25	壬寅26	癸卯27	甲辰28	乙巳29	丙午30	丁未31	戊申(8)	己酉2	庚戌3	辛亥4	壬子5	癸丑6	甲寅7	乙卯8	丙辰9	丁巳10	戊午11	己未12	庚申13	辛酉14	壬戌15	癸亥16	甲子17	乙丑18		壬戌立秋
九月大	辛酉	天干地支西曆	丙寅19	丁卯20	戊辰21	己巳22	庚午23	辛未24	壬申25	癸酉26	甲戌27	乙亥28	丙子29	丁丑30	戊寅31	己卯(9)	庚辰2	辛巳3	壬午4	癸未5	甲申6	乙酉7	丙戌8	丁亥9	戊子10	己丑11	庚寅12	辛卯13	壬辰14	癸巳15	甲午16	乙未17	
十月小	壬戌	天干地支西曆	丙申18	丁酉19	戊戌20	己亥21	庚子22	辛丑23	壬寅24	癸卯25	甲辰26	乙巳27	丙午28	丁未29	戊申30	己酉(10)	庚戌2	辛亥3	壬子4	癸丑5	甲寅6	乙卯7	丙辰8	丁巳9	戊午10	己未11	庚申12	辛酉13	壬戌14	癸亥15	甲子16		丁未秋分
十一月大	癸亥	天干地支西曆	乙丑17	丙寅18	丁卯19	戊辰20	己巳21	庚午22	辛未23	壬申24	癸酉25	甲戌26	乙亥27	丙子28	丁丑29	戊寅30	己卯31	庚辰(11)	辛巳2	壬午3	癸未4	甲申5	乙酉6	丙戌7	丁亥8	戊子9	己丑10	庚寅11	辛卯12	壬辰13	癸巳14	甲午15	辛卯立冬
十二月小	甲子	天干地支西曆	乙未16	丙申17	丁酉18	戊戌19	己亥20	庚子21	辛丑22	壬寅23	癸卯24	甲辰25	乙巳26	丙午27	丁未28	戊申29	己酉30	庚戌(12)	辛亥2	壬子3	癸丑4	甲寅5	乙卯6	丙辰7	丁巳8	戊午9	己未10	庚申11	辛酉12	壬戌13	癸亥14		

朔閏異同	曆名	正月	二月	三月	四月	五月	六月	七月	八月	九月	十月	十一	十二	閏月
	周曆殷曆	己巳己亥	戊戌己巳	戊辰戊戌	丁酉戊辰	丁卯丁酉	丙申丁卯	丙寅丙申	乙未丙寅	乙丑乙未	乙未乙丑	甲子甲午	甲午甲子	
	夏曆新曆	己巳己巳	戊戌己亥	戊辰戊辰	丁酉戊戌	丁卯丁卯	丙申丁酉	丙寅丙寅	乙未乙未	乙丑乙丑	甲午甲午	甲子甲子	癸巳癸巳	

*《長曆》：正月庚子，二月己巳，三月己亥，四月己巳，五月戊戌，六月戊辰，七月丁酉，八月丁卯，九月丙申，十月丙寅，十一乙未，十二乙丑。

周敬王十八年 魯定公八年（己亥 猪年）公元前503～前502年 歲在鶉尾

魯曆月序		中西曆日對照	初一	初二	初三	初四	初五	初六	初七	初八	初九	初十	十一	十二	十三	十四	十五	十六	十七	十八	十九	二十	二一	二二	二三	二四	二五	二六	二七	二八	二九	三十	節氣與天象
正月大	乙丑	干支曆 天地西曆	甲子15	乙丑16	丙寅17	丁卯18	戊辰19	己巳20	庚午21	辛未22	壬申23	癸酉24	甲戌25	乙亥26	丙子27	丁丑28	戊寅29	己卯30	庚辰31	辛巳(1)	壬午2	癸未3	甲申4	乙酉5	丙戌6	丁亥7	戊子8	己丑9	庚寅10	辛卯11	壬辰12	癸巳13	丙子冬至
二月小	丙寅	干支曆 天地西曆	甲午14	乙未15	丙申16	丁酉17	戊戌18	己亥19	庚子20	辛丑21	壬寅22	癸卯23	甲辰24	乙巳25	丙午26	丁未27	戊申28	己酉29	庚戌30	辛亥31	壬子(2)	癸丑2	甲寅3	乙卯4	丙辰5	丁巳6	戊午7	己未8	庚申9	辛酉10	壬戌11		庚申立春
三月大	丁卯	干支曆 天地西曆	癸亥12	甲子13	乙丑14	丙寅15	丁卯16	戊辰17	己巳18	庚午19	辛未20	壬申21	癸酉22	甲戌23	乙亥24	丙子25	丁丑26	戊寅27	己卯28	庚辰(3)	辛巳2	壬午3	癸未4	甲申5	乙酉6	丙戌7	丁亥8	戊子9	己丑10	庚寅11	辛卯12	壬辰13	
四月小	戊辰	干支曆 天地西曆	癸巳14	甲午15	乙未16	丙申17	丁酉18	戊戌19	己亥20	庚子21	辛丑22	壬寅23	癸卯24	甲辰25	乙巳26	丙午27	丁未28	戊申29	己酉30	庚戌31	辛亥(4)	壬子2	癸丑3	甲寅4	乙卯5	丙辰6	丁巳7	戊午8	己未9	庚申10	辛酉11		丙午春分
五月大	己巳	干支曆 天地西曆	壬戌12	癸亥13	甲子14	乙丑15	丙寅16	丁卯17	戊辰18	己巳19	庚午20	辛未21	壬申22	癸酉23	甲戌24	乙亥25	丙子26	丁丑27	戊寅28	己卯29	庚辰30	辛巳(5)	壬午2	癸未3	甲申4	乙酉5	丙戌6	丁亥7	戊子8	己丑9	庚寅10	辛卯11	
六月小	庚午	干支曆 天地西曆	壬辰12	癸巳13	甲午14	乙未15	丙申16	丁酉17	戊戌18	己亥19	庚子20	辛丑21	壬寅22	癸卯23	甲辰24	乙巳25	丙午26	丁未27	戊申28	己酉29	庚戌30	辛亥31	壬子(6)	癸丑2	甲寅3	乙卯4	丙辰5	丁巳6	戊午7	己未8	庚申9		癸巳立夏
七月大	辛未	干支曆 天地西曆	辛酉10	壬戌11	癸亥12	甲子13	乙丑14	丙寅15	丁卯16	戊辰17	己巳18	庚午19	辛未20	壬申21	癸酉22	甲戌23	乙亥24	丙子25	丁丑26	戊寅27	己卯28	庚辰29	辛巳30	壬午(7)	癸未2	甲申3	乙酉4	丙戌5	丁亥6	戊子7	己丑8	庚寅9	庚辰夏至
八月小	壬申	干支曆 天地西曆	辛卯10	壬辰11	癸巳12	甲午13	乙未14	丙申15	丁酉16	戊戌17	己亥18	庚子19	辛丑20	壬寅21	癸卯22	甲辰23	乙巳24	丙午25	丁未26	戊申27	己酉28	庚戌29	辛亥30	壬子31	癸丑(8)	甲寅2	乙卯3	丙辰4	丁巳5	戊午6	己未7		
九月大	癸酉	干支曆 天地西曆	庚申8	辛酉9	壬戌10	癸亥11	甲子12	乙丑13	丙寅14	丁卯15	戊辰16	己巳17	庚午18	辛未19	壬申20	癸酉21	甲戌22	乙亥23	丙子24	丁丑25	戊寅26	己卯27	庚辰28	辛巳29	壬午30	癸未31	甲申(9)	乙酉2	丙戌3	丁亥4	戊子5	己丑6	丁卯立秋
十月小	甲戌	干支曆 天地西曆	庚寅7	辛卯8	壬辰9	癸巳10	甲午11	乙未12	丙申13	丁酉14	戊戌15	己亥16	庚子17	辛丑18	壬寅19	癸卯20	甲辰21	乙巳22	丙午23	丁未24	戊申25	己酉26	庚戌27	辛亥28	壬子29	癸丑30	甲寅(10)	乙卯2	丙辰3	丁巳4	戊午5		壬子秋分
十一月大	乙亥	干支曆 天地西曆	己未6	庚申7	辛酉8	壬戌9	癸亥10	甲子11	乙丑12	丙寅13	丁卯14	戊辰15	己巳16	庚午17	辛未18	壬申19	癸酉20	甲戌21	乙亥22	丙子23	丁丑24	戊寅25	己卯26	庚辰27	辛巳28	壬午29	癸未30	甲申31	乙酉(11)	丙戌2	丁亥3	戊子4	
十二月大	丙子	干支曆 天地西曆	己丑5	庚寅6	辛卯7	壬辰8	癸巳9	甲午10	乙未11	丙申12	丁酉13	戊戌14	己亥15	庚子16	辛丑17	壬寅18	癸卯19	甲辰20	乙巳21	丙午22	丁未23	戊申24	己酉25	庚戌26	辛亥27	壬子28	癸丑29	甲寅30	乙卯(12)	丙辰2	丁巳3	戊午4	丁酉立冬

朔閏異同	曆名	正月	二月	三月	四月	五月	六月	七月	八月	九月	十月	十一	十二	閏月	曆名	正月	二月	三月	四月	五月	六月	七月	八月	九月	十月	十一	十二	閏月
	周曆殷曆	癸亥癸巳	癸巳癸亥	壬戌壬辰	壬辰壬戌	辛酉壬辰	辛卯辛酉	庚申辛卯	庚寅庚申	己未庚寅	己丑己未	戊午己丑	戊子戊午		夏曆新曆	癸亥癸亥	癸巳癸巳	壬戌壬戌	壬辰壬辰	辛卯壬戌	辛卯辛卯	庚申辛酉	庚寅庚寅	己未己未	己丑己丑	戊午戊午	戊子戊子	

*《長曆》：正月甲午，二月甲子，閏月癸巳，三月癸亥，四月壬辰，五月壬戌，六月壬辰，七月辛酉，八月辛卯，九月庚申，十月庚寅，十一己未，十二己丑。

周敬王十九年 魯定公九年（庚子 鼠年）公元前 502 ~ 前 501 年 歲在壽星

魯曆月序		中西曆日對照	初一	初二	初三	初四	初五	初六	初七	初八	初九	初十	十一	十二	十三	十四	十五	十六	十七	十八	十九	二十	二一	二二	二三	二四	二五	二六	二七	二八	二九	三十	節氣與天象
正月小	丁丑	天干地支西曆	己未 5	庚申 6	辛酉 7	壬戌 8	癸亥 9	甲子 10	乙丑 11	丙寅 12	丁卯 13	戊辰 14	己巳 15	庚午 16	辛未 17	壬申 18	癸酉 19	甲戌 20	乙亥 21	丙子 22	丁丑 23	戊寅 24	己卯 25	庚辰 26	辛巳 27	壬午 28	癸未 29	甲申 30	乙酉 31	丙戌 (1)	丁亥 2		辛巳冬至
二月大	戊寅	天干地支西曆	戊子 3	己丑 4	庚寅 5	辛卯 6	壬辰 7	癸巳 8	甲午 9	乙未 10	丙申 11	丁酉 12	戊戌 13	己亥 14	庚子 15	辛丑 16	壬寅 17	癸卯 18	甲辰 19	乙巳 20	丙午 21	丁未 22	戊申 23	己酉 24	庚戌 25	辛亥 26	壬子 27	癸丑 28	甲寅 29	乙卯 30	丙辰 31	丁巳 (2)	
三月小	己卯	天干地支西曆	戊午 2	己未 3	庚申 4	辛酉 5	壬戌 6	癸亥 7	甲子 8	乙丑 9	丙寅 10	丁卯 11	戊辰 12	己巳 13	庚午 14	辛未 15	壬申 16	癸酉 17	甲戌 18	乙亥 19	丙子 20	丁丑 21	戊寅 22	己卯 23	庚辰 24	辛巳 25	壬午 26	癸未 27	甲申 28	乙酉 29	丙戌 (3)		丙寅立春
四月大	庚辰	天干地支西曆	丁亥 2	戊子 3	己丑 4	庚寅 5	辛卯 6	壬辰 7	癸巳 8	甲午 9	乙未 10	丙申 11	丁酉 12	戊戌 13	己亥 14	庚子 15	辛丑 16	壬寅 17	癸卯 18	甲辰 19	乙巳 20	丙午 21	丁未 22	戊申 23	己酉 24	庚戌 25	辛亥 26	壬子 27	癸丑 28	甲寅 29	乙卯 30	丙辰 31	辛亥春分
五月小	辛巳	天干地支西曆	丁巳 (4)	戊午 2	己未 3	庚申 4	辛酉 5	壬戌 6	癸亥 7	甲子 8	乙丑 9	丙寅 10	丁卯 11	戊辰 12	己巳 13	庚午 14	辛未 15	壬申 16	癸酉 17	甲戌 18	乙亥 19	丙子 20	丁丑 21	戊寅 22	己卯 23	庚辰 24	辛巳 25	壬午 26	癸未 27	甲申 28	乙酉 29		
六月大	壬午	天干地支西曆	丙戌 30	丁亥 (5)	戊子 2	己丑 3	庚寅 4	辛卯 5	壬辰 6	癸巳 7	甲午 8	乙未 9	丙申 10	丁酉 11	戊戌 12	己亥 13	庚子 14	辛丑 15	壬寅 16	癸卯 17	甲辰 18	乙巳 19	丙午 20	丁未 21	戊申 22	己酉 23	庚戌 24	辛亥 25	壬子 26	癸丑 27	甲寅 28	乙卯 29	戊戌立夏
七月小	癸未	天干地支西曆	丙辰 30	丁巳 31	戊午 (6)	己未 2	庚申 3	辛酉 4	壬戌 5	癸亥 6	甲子 7	乙丑 8	丙寅 9	丁卯 10	戊辰 11	己巳 12	庚午 13	辛未 14	壬申 15	癸酉 16	甲戌 17	乙亥 18	丙子 19	丁丑 20	戊寅 21	己卯 22	庚辰 23	辛巳 24	壬午 25	癸未 26	甲申 27		
八月大	甲申	天干地支西曆	乙酉 28	丙戌 29	丁亥 30	戊子 (7)	己丑 2	庚寅 3	辛卯 4	壬辰 5	癸巳 6	甲午 7	乙未 8	丙申 9	丁酉 10	戊戌 11	己亥 12	庚子 13	辛丑 14	壬寅 15	癸卯 16	甲辰 17	乙巳 18	丙午 19	丁未 20	戊申 21	己酉 22	庚戌 23	辛亥 24	壬子 25	癸丑 26	甲寅 27	丙戌夏至
九月小	乙酉	天干地支西曆	乙卯 28	丙辰 29	丁巳 30	戊午 31	己未 (8)	庚申 2	辛酉 3	壬戌 4	癸亥 5	甲子 6	乙丑 7	丙寅 8	丁卯 9	戊辰 10	己巳 11	庚午 12	辛未 13	壬申 14	癸酉 15	甲戌 16	乙亥 17	丙子 18	丁丑 19	戊寅 20	己卯 21	庚辰 22	辛巳 23	壬午 24	癸未 25		壬申立秋
十月大	丙戌	天干地支西曆	甲申 26	乙酉 27	丙戌 28	丁亥 29	戊子 30	己丑 31	庚寅 (9)	辛卯 2	壬辰 3	癸巳 4	甲午 5	乙未 6	丙申 7	丁酉 8	戊戌 9	己亥 10	庚子 11	辛丑 12	壬寅 13	癸卯 14	甲辰 15	乙巳 16	丙午 17	丁未 18	戊申 19	己酉 20	庚戌 21	辛亥 22	壬子 23	癸丑 24	
十一月小	丁亥	天干地支西曆	甲寅 25	乙卯 26	丙辰 27	丁巳 28	戊午 29	己未 30	庚申 (10)	辛酉 2	壬戌 3	癸亥 4	甲子 5	乙丑 6	丙寅 7	丁卯 8	戊辰 9	己巳 10	庚午 11	辛未 12	壬申 13	癸酉 14	甲戌 15	乙亥 16	丙子 17	丁丑 18	戊寅 19	己卯 20	庚辰 21	辛巳 22	壬午 23		戊午秋分
十二月大	戊子	天干地支西曆	癸未 24	甲申 25	乙酉 26	丙戌 27	丁亥 28	戊子 29	己丑 30	庚寅 31	辛卯 (11)	壬辰 2	癸巳 3	甲午 4	乙未 5	丙申 6	丁酉 7	戊戌 8	己亥 9	庚子 10	辛丑 11	壬寅 12	癸卯 13	甲辰 14	乙巳 15	丙午 16	丁未 17	戊申 18	己酉 19	庚戌 20	辛亥 21	壬子 22	壬寅立冬

朔閏異同	曆名	正月	二月	三月	四月	五月	六月	七月	八月	九月	十月	十一	十二	閏月
	周曆殷曆	丁巳 戊子	丁亥 丁巳	丁巳 丁亥	丙戌 丙辰	丙辰 丙戌	乙酉 乙卯	乙卯 乙酉	甲申 --- 甲寅	--- 甲寅 甲申	癸未 甲寅	癸丑 癸未	壬午 癸丑	壬子 壬午
	夏曆新曆	丁巳 丁巳	丁亥 丁亥	丙辰 --- 丙辰	丙戌 丙戌	丙辰 丙辰	乙酉 乙酉	--- 乙卯 乙卯	甲申 甲申	甲寅 甲寅	癸未 甲申	癸丑 癸丑	壬午 壬午	壬子 壬子

*《長曆》：正月戊午，二月戊子，三月丁巳，四月丁亥，五月丙辰，六月丙戌，七月乙卯，八月乙酉，九月甲寅，十月甲申，十一甲寅，十二癸未。

周敬王二十年 魯定公十年（辛丑 牛年）公元前 501 ~ 前 **500** 年 歲在大火

魯曆月序		中西曆日對照	魯曆日序																														節氣與天象
			初一	初二	初三	初四	初五	初六	初七	初八	初九	初十	十一	十二	十三	十四	十五	十六	十七	十八	十九	二十	二一	二二	二三	二四	二五	二六	二七	二八	二九	三十	
正月小	己丑	天干支 地西曆	癸丑23	甲寅24	乙卯25	丙辰26	丁巳27	戊午28	己未29	庚申30	辛酉(12)	壬戌2	癸亥3	甲子4	乙丑5	丙寅6	丁卯7	戊辰8	己巳9	庚午10	辛未11	壬申12	癸酉13	甲戌14	乙亥15	丙子16	丁丑17	戊寅18	己卯19	庚辰20	辛巳21		癸丑日食
二月大	庚寅	天干支 地西曆	壬午22	癸未23	甲申24	乙酉25	丙戌26	丁亥27	戊子28	己丑29	庚寅30	辛卯31	壬辰(1)	癸巳2	甲午3	乙未4	丙申5	丁酉6	戊戌7	己亥8	庚子9	辛丑10	壬寅11	癸卯12	甲辰13	乙巳14	丙午15	丁未16	戊申17	己酉18	庚戌19	辛亥20	丙戌冬至
三月大	辛卯	天干支 地西曆	壬子21	癸丑22	甲寅23	乙卯24	丙辰25	丁巳26	戊午27	己未28	庚申29	辛酉30	壬戌31	癸亥(2)	甲子2	乙丑3	丙寅4	丁卯5	戊辰6	己巳7	庚午8	辛未9	壬申10	癸酉11	甲戌12	乙亥13	丙子14	丁丑15	戊寅16	己卯17	庚辰18	辛巳19	辛未立春
四月小	壬辰	天干支 地西曆	壬午20	癸未21	甲申22	乙酉23	丙戌24	丁亥25	戊子26	己丑27	庚寅28	辛卯(3)	壬辰2	癸巳3	甲午4	乙未5	丙申6	丁酉7	戊戌8	己亥9	庚子10	辛丑11	壬寅12	癸卯13	甲辰14	乙巳15	丙午16	丁未17	戊申18	己酉19	庚戌20		
五月大	癸巳	天干支 地西曆	辛亥21	壬子22	癸丑23	甲寅24	乙卯25	丙辰26	丁巳27	戊午28	己未29	庚申30	辛酉31	壬戌(4)	癸亥2	甲子3	乙丑4	丙寅5	丁卯6	戊辰7	己巳8	庚午9	辛未10	壬申11	癸酉12	甲戌13	乙亥14	丙子15	丁丑16	戊寅17	己卯18	庚辰19	丁巳春分
六月小	甲午	天干支 地西曆	辛巳20	壬午21	癸未22	甲申23	乙酉24	丙戌25	丁亥26	戊子27	己丑28	庚寅29	辛卯30	壬辰(5)	癸巳2	甲午3	乙未4	丙申5	丁酉6	戊戌7	己亥8	庚子9	辛丑10	壬寅11	癸卯12	甲辰13	乙巳14	丙午15	丁未16	戊申17	己酉18		甲辰立夏
七月大	乙未	天干支 地西曆	庚戌19	辛亥20	壬子21	癸丑22	甲寅23	乙卯24	丙辰25	丁巳26	戊午27	己未28	庚申29	辛酉30	壬戌31	癸亥(6)	甲子2	乙丑3	丙寅4	丁卯5	戊辰6	己巳7	庚午8	辛未9	壬申10	癸酉11	甲戌12	乙亥13	丙子14	丁丑15	戊寅16	己卯17	
八月小	丙申	天干支 地西曆	庚辰18	辛巳19	壬午20	癸未21	甲申22	乙酉23	丙戌24	丁亥25	戊子26	己丑27	庚寅28	辛卯29	壬辰30	癸巳(7)	甲午2	乙未3	丙申4	丁酉5	戊戌6	己亥7	庚子8	辛丑9	壬寅10	癸卯11	甲辰12	乙巳13	丙午14	丁未15	戊申16		辛卯夏至
九月大	丁酉	天干支 地西曆	己酉17	庚戌18	辛亥19	壬子20	癸丑21	甲寅22	乙卯23	丙辰24	丁巳25	戊午26	己未27	庚申28	辛酉29	壬戌30	癸亥31	甲子(8)	乙丑2	丙寅3	丁卯4	戊辰5	己巳6	庚午7	辛未8	壬申9	癸酉10	甲戌11	乙亥12	丙子13	丁丑14	戊寅15	丁丑立秋
十月小	戊戌	天干支 地西曆	己卯16	庚辰17	辛巳18	壬午19	癸未20	甲申21	乙酉22	丙戌23	丁亥24	戊子25	己丑26	庚寅27	辛卯28	壬辰29	癸巳30	甲午31	乙未(9)	丙申2	丁酉3	戊戌4	己亥5	庚子6	辛丑7	壬寅8	癸卯9	甲辰10	乙巳11	丙午12	丁未13		
十一月大	己亥	天干支 地西曆	戊申14	己酉15	庚戌16	辛亥17	壬子18	癸丑19	甲寅20	乙卯21	丙辰22	丁巳23	戊午24	己未25	庚申26	辛酉27	壬戌28	癸亥29	甲子30	乙丑(10)	丙寅2	丁卯3	戊辰4	己巳5	庚午6	辛未7	壬申8	癸酉9	甲戌10	乙亥11	丙子12	丁丑13	癸亥秋分
十二月小	庚子	天干支 地西曆	戊寅14	己卯15	庚辰16	辛巳17	壬午18	癸未19	甲申20	乙酉21	丙戌22	丁亥23	戊子24	己丑25	庚寅26	辛卯27	壬辰28	癸巳29	甲午30	乙未31	丙申(11)	丁酉2	戊戌3	己亥4	庚子5	辛丑6	壬寅7	癸卯8	甲辰9	乙巳10	丙午11		
閏月大	庚子	天干支 地西曆	丁未12	戊申13	己酉14	庚戌15	辛亥16	壬子17	癸丑18	甲寅19	乙卯20	丙辰21	丁巳22	戊午23	己未24	庚申25	辛酉26	壬戌27	癸亥28	甲子29	乙丑30	丙寅(12)	丁卯2	戊辰3	己巳4	庚午5	辛未6	壬申7	癸酉8	甲戌9	乙亥10	丙子11	丁未立冬

朔閏異同	曆名	正月	二月	三月	四月	五月	六月	七月	八月	九月	十月	十一	十二	閏月	曆名	正月	二月	三月	四月	五月	六月	七月	八月	九月	十月	十一	十二	閏月
	周曆殷曆	辛巳壬子	辛亥辛巳	庚辰辛亥	庚戌庚辰	庚辰庚戌	己酉己卯	己卯己酉	戊申戊寅	戊寅戊申	丁未丁丑	丁丑丁未	丙午丁丑		夏曆新曆	辛巳辛巳	辛亥辛亥	庚辰庚辰	庚戌庚戌	己卯己卯	己酉己酉	戊寅己卯	戊申戊申	戊寅戊寅	丁未戊申	丁丑丁丑	丙午丁未	

*《長曆》：正月癸丑，二月壬午，三月壬子，四月辛巳，五月辛亥，六月庚辰，閏月庚戌，七月己卯，八月己酉，九月戊寅，十月戊申，十一丁丑，十二丁未。

周敬王二十一年 魯定公十一年（壬寅 虎年）公元前500～前499年 歲在析木

魯曆月序		西曆日照中曆對	初一	初二	初三	初四	初五	初六	初七	初八	初九	初十	十一	十二	十三	十四	十五	十六	十七	十八	十九	二十	二一	二二	二三	二四	二五	二六	二七	二八	二九	三十	節氣與天象
正月小	辛丑	天干地支西曆	丁丑12	戊寅13	己卯14	庚辰15	辛巳16	壬午17	癸未18	甲申19	乙酉20	丙戌21	丁亥22	戊子23	己丑24	庚寅25	辛卯26	壬辰27	癸巳28	甲午29	乙未30	丙申31	丁酉(1)	戊戌2	己亥3	庚子4	辛丑5	壬寅6	癸卯7	甲辰8	乙巳9		辛卯冬至
二月大	壬寅	天干地支西曆	丙午10	丁未11	戊申12	己酉13	庚戌14	辛亥15	壬子16	癸丑17	甲寅18	乙卯19	丙辰20	丁巳21	戊午22	己未23	庚申24	辛酉25	壬戌26	癸亥27	甲子28	乙丑29	丙寅30	丁卯31	戊辰(2)	己巳2	庚午3	辛未4	壬申5	癸酉6	甲戌7	乙亥8	
三月小	癸卯	天干地支西曆	丙子9	丁丑10	戊寅11	己卯12	庚辰13	辛巳14	壬午15	癸未16	甲申17	乙酉18	丙戌19	丁亥20	戊子21	己丑22	庚寅23	辛卯24	壬辰25	癸巳26	甲午27	乙未28	丙申(3)	丁酉2	戊戌3	己亥4	庚子5	辛丑6	壬寅7	癸卯8	甲辰9		丙子立春
四月大	甲辰	天干地支西曆	乙巳10	丙午11	丁未12	戊申13	己酉14	庚戌15	辛亥16	壬子17	癸丑18	甲寅19	乙卯20	丙辰21	丁巳22	戊午23	己未24	庚申25	辛酉26	壬戌27	癸亥28	甲子29	乙丑30	丙寅31	丁卯(4)	戊辰2	己巳3	庚午4	辛未5	壬申6	癸酉7	甲戌8	壬戌春分
五月小	乙巳	天干地支西曆	乙亥9	丙子10	丁丑11	戊寅12	己卯13	庚辰14	辛巳15	壬午16	癸未17	甲申18	乙酉19	丙戌20	丁亥21	戊子22	己丑23	庚寅24	辛卯25	壬辰26	癸巳27	甲午28	乙未29	丙申30	丁酉(5)	戊戌2	己亥3	庚子4	辛丑5	壬寅6	癸卯7		
六月大	丙午	天干地支西曆	甲辰8	乙巳9	丙午10	丁未11	戊申12	己酉13	庚戌14	辛亥15	壬子16	癸丑17	甲寅18	乙卯19	丙辰20	丁巳21	戊午22	己未23	庚申24	辛酉25	壬戌26	癸亥27	甲子28	乙丑29	丙寅30	丁卯31	戊辰(6)	己巳2	庚午3	辛未4	壬申5	癸酉6	己酉立夏
七月大	丁未	天干地支西曆	甲戌7	乙亥8	丙子9	丁丑10	戊寅11	己卯12	庚辰13	辛巳14	壬午15	癸未16	甲申17	乙酉18	丙戌19	丁亥20	戊子21	己丑22	庚寅23	辛卯24	壬辰25	癸巳26	甲午27	乙未28	丙申29	丁酉30	戊戌(7)	己亥2	庚子3	辛丑4	壬寅5	癸卯6	丙申夏至
八月小	戊申	天干地支西曆	甲辰7	乙巳8	丙午9	丁未10	戊申11	己酉12	庚戌13	辛亥14	壬子15	癸丑16	甲寅17	乙卯18	丙辰19	丁巳20	戊午21	己未22	庚申23	辛酉24	壬戌25	癸亥26	甲子27	乙丑28	丙寅29	丁卯30	戊辰31	己巳(8)	庚午2	辛未3	壬申4		
九月大	己酉	天干地支西曆	癸酉5	甲戌6	乙亥7	丙子8	丁丑9	戊寅10	己卯11	庚辰12	辛巳13	壬午14	癸未15	甲申16	乙酉17	丙戌18	丁亥19	戊子20	己丑21	庚寅22	辛卯23	壬辰24	癸巳25	甲午26	乙未27	丙申28	丁酉29	戊戌30	己亥31	庚子(9)	辛丑2	壬寅3	癸未立秋
十月小	庚戌	天干地支西曆	癸卯4	甲辰5	乙巳6	丙午7	丁未8	戊申9	己酉10	庚戌11	辛亥12	壬子13	癸丑14	甲寅15	乙卯16	丙辰17	丁巳18	戊午19	己未20	庚申21	辛酉22	壬戌23	癸亥24	甲子25	乙丑26	丙寅27	丁卯28	戊辰29	己巳30	庚午(10)	辛未2		戊辰秋分
十一月大	辛亥	天干地支西曆	壬申3	癸酉4	甲戌5	乙亥6	丙子7	丁丑8	戊寅9	己卯10	庚辰11	辛巳12	壬午13	癸未14	甲申15	乙酉16	丙戌17	丁亥18	戊子19	己丑20	庚寅21	辛卯22	壬辰23	癸巳24	甲午25	乙未26	丙申27	丁酉28	戊戌29	己亥30	庚子31	辛丑(11)	
十二月小	壬子	天干地支西曆	壬寅2	癸卯3	甲辰4	乙巳5	丙午6	丁未7	戊申8	己酉9	庚戌10	辛亥11	壬子12	癸丑13	甲寅14	乙卯15	丙辰16	丁巳17	戊午18	己未19	庚申20	辛酉21	壬戌22	癸亥23	甲子24	乙丑25	丙寅26	丁卯27	戊辰28	己巳29	庚午30		壬子立冬

朔閏異同	曆名	正月	二月	三月	四月	五月	六月	七月	八月	九月	十月	十一	十二	閏月	曆名	正月	二月	三月	四月	五月	六月	七月	八月	九月	十月	十一	十二	閏月
	周曆殷曆	丙子丙午	乙巳丙子	乙亥乙巳	甲辰乙亥	甲戌甲辰	癸卯甲戌	癸酉癸卯	壬寅癸酉	壬申壬寅	壬寅壬申	辛未辛丑	辛丑辛未		夏曆新曆	丙子丙子	乙巳乙巳	乙亥乙亥	甲辰甲辰	甲戌癸酉	癸卯癸卯	癸酉癸酉	壬寅壬寅	壬申壬申	辛丑壬寅	辛未壬申	庚子---辛丑	辛未

*《長曆》：正月丁丑，二月丙午，三月丙子，四月乙巳，五月乙亥，六月甲辰，七月甲戌，八月癸卯，九月癸酉，十月壬寅，十一壬申，十二辛丑。

周敬王二十二年 魯定公十二年（癸卯 兔年）公元前499 ~ 前498年 歲在星紀

魯曆月序		中西曆日對照	初一	初二	初三	初四	初五	初六	初七	初八	初九	初十	十一	十二	十三	十四	十五	十六	十七	十八	十九	二十	二一	二二	二三	二四	二五	二六	二七	二八	二九	三十	節氣與天象
正月大	癸丑	天干地支西曆	辛未(12)	壬申2	癸酉3	甲戌4	乙亥5	丙子6	丁丑7	戊寅8	己卯9	庚辰10	辛巳11	壬午12	癸未13	甲申14	乙酉15	丙戌16	丁亥17	戊子18	己丑19	庚寅20	辛卯21	壬辰22	癸巳23	甲午24	乙未25	丙申26	丁酉27	戊戌28	己亥29	庚子30	丁酉冬至
二月小	甲寅	天干地支西曆	辛丑31	壬寅(1)	癸卯2	甲辰3	乙巳4	丙午5	丁未6	戊申7	己酉8	庚戌9	辛亥10	壬子11	癸丑12	甲寅13	乙卯14	丙辰15	丁巳16	戊午17	己未18	庚申19	辛酉20	壬戌21	癸亥22	甲子23	乙丑24	丙寅25	丁卯26	戊辰27	己巳28		
三月大	乙卯	天干地支西曆	庚午29	辛未30	壬申31	癸酉(2)	甲戌2	乙亥3	丙子4	丁丑5	戊寅6	己卯7	庚辰8	辛巳9	壬午10	癸未11	甲申12	乙酉13	丙戌14	丁亥15	戊子16	己丑17	庚寅18	辛卯19	壬辰20	癸巳21	甲午22	乙未23	丙申24	丁酉25	戊戌26	己亥27	辛巳立春
四月小	丙辰	天干地支西曆	庚子28	辛丑(3)	壬寅2	癸卯3	甲辰4	乙巳5	丙午6	丁未7	戊申8	己酉9	庚戌10	辛亥11	壬子12	癸丑13	甲寅14	乙卯15	丙辰16	丁巳17	戊午18	己未19	庚申20	辛酉21	壬戌22	癸亥23	甲子24	乙丑25	丙寅26	丁卯27	戊辰28		丁卯春分
五月大	丁巳	天干地支西曆	己巳29	庚午30	辛未31	壬申(4)	癸酉2	甲戌3	乙亥4	丙子5	丁丑6	戊寅7	己卯8	庚辰9	辛巳10	壬午11	癸未12	甲申13	乙酉14	丙戌15	丁亥16	戊子17	己丑18	庚寅19	辛卯20	壬辰21	癸巳22	甲午23	乙未24	丙申25	丁酉26	戊戌27	
六月小	戊午	天干地支西曆	己亥28	庚子29	辛丑30	壬寅(5)	癸卯2	甲辰3	乙巳4	丙午5	丁未6	戊申7	己酉8	庚戌9	辛亥10	壬子11	癸丑12	甲寅13	乙卯14	丙辰15	丁巳16	戊午17	己未18	庚申19	辛酉20	壬戌21	癸亥22	甲子23	乙丑24	丙寅25	丁卯26		甲寅立夏
七月大	己未	天干地支西曆	戊辰27	己巳28	庚午29	辛未30	壬申31	癸酉(6)	甲戌2	乙亥3	丙子4	丁丑5	戊寅6	己卯7	庚辰8	辛巳9	壬午10	癸未11	甲申12	乙酉13	丙戌14	丁亥15	戊子16	己丑17	庚寅18	辛卯19	壬辰20	癸巳21	甲午22	乙未23	丙申24	丁酉25	
八月小	庚申	天干地支西曆	戊戌26	己亥27	庚子28	辛丑29	壬寅30	癸卯(7)	甲辰2	乙巳3	丙午4	丁未5	戊申6	己酉7	庚戌8	辛亥9	壬子10	癸丑11	甲寅12	乙卯13	丙辰14	丁巳15	戊午16	己未17	庚申18	辛酉19	壬戌20	癸亥21	甲子22	乙丑23	丙寅24		辛丑夏至
九月大	辛酉	天干地支西曆	丁卯25	戊辰26	己巳27	庚午28	辛未29	壬申30	癸酉31	甲戌(8)	乙亥2	丙子3	丁丑4	戊寅5	己卯6	庚辰7	辛巳8	壬午9	癸未10	甲申11	乙酉12	丙戌13	丁亥14	戊子15	己丑16	庚寅17	辛卯18	壬辰19	癸巳20	甲午21	乙未22	丙申23	戊子立秋
十月小	壬戌	天干地支西曆	丁酉24	戊戌25	己亥26	庚子27	辛丑28	壬寅29	癸卯30	甲辰31	乙巳(9)	丙午2	丁未3	戊申4	己酉5	庚戌6	辛亥7	壬子8	癸丑9	甲寅10	乙卯11	丙辰12	丁巳13	戊午14	己未15	庚申16	辛酉17	壬戌18	癸亥19	甲子20	乙丑21		
十一月大	癸亥	天干地支西曆	丙寅22	丁卯23	戊辰24	己巳25	庚午26	辛未27	壬申28	癸酉29	甲戌30	乙亥(10)	丙子2	丁丑3	戊寅4	己卯5	庚辰6	辛巳7	壬午8	癸未9	甲申10	乙酉11	丙戌12	丁亥13	戊子14	己丑15	庚寅16	辛卯17	壬辰18	癸巳19	甲午20	乙未21	癸酉秋分 丙寅日食
十二月大	甲子	天干地支西曆	丙申22	丁酉23	戊戌24	己亥25	庚子26	辛丑27	壬寅28	癸卯29	甲辰30	乙巳31	丙午(11)	丁未2	戊申3	己酉4	庚戌5	辛亥6	壬子7	癸丑8	甲寅9	乙卯10	丙辰11	丁巳12	戊午13	己未14	庚申15	辛酉16	壬戌17	癸亥18	甲子19	乙丑20	戊午立冬
閏月小	甲子	天干地支西曆	丙寅21	丁卯22	戊辰23	己巳24	庚午25	辛未26	壬申27	癸酉28	甲戌29	乙亥30	丙子(12)	丁丑2	戊寅3	己卯4	庚辰5	辛巳6	壬午7	癸未8	甲申9	乙酉10	丙戌11	丁亥12	戊子13	己丑14	庚寅15	辛卯16	壬辰17	癸巳18	甲午19		

朔閏異同	曆名	正月	二月	三月	四月	五月	六月	七月	八月	九月	十月	十一	十二	閏月	曆名	正月	二月	三月	四月	五月	六月	七月	八月	九月	十月	十一	十二	閏月
	周曆殷曆	庚午庚子	庚子庚午	己巳己亥	己亥己巳	戊辰---己亥	---戊戌戊辰	丁卯戊戌	丁酉丁卯	丙寅丁酉	丙申丙寅	乙丑丙申	乙未乙丑	乙丑乙未	夏曆新曆	庚午庚子	庚子己巳	---己巳己亥	己亥戊辰	戊辰丁酉	戊戌丁卯	丁卯丙申	丁酉丙寅	丙寅丙申	丙申丙寅	乙丑乙未	乙未乙丑	甲子

*《長曆》：正月辛未，二月庚子，三月庚午，四月己亥，五月己巳，六月己亥，七月戊辰，八月戊戌，九月丁卯，十月丁酉，十一丙寅，閏月丙申，十二乙丑。

周敬王二十三年 魯定公十三年（甲辰 龍年）公元前498 ~ 前497年 歲在玄枵

魯曆月序		中西曆日對照	初一	初二	初三	初四	初五	初六	初七	初八	初九	初十	十一	十二	十三	十四	十五	十六	十七	十八	十九	二十	二一	二二	二三	二四	二五	二六	二七	二八	二九	三十	節氣與天象
正月大	乙丑	干支 天地 西曆	乙未20	丙申21	丁酉22	戊戌23	己亥24	庚子25	辛丑26	壬寅27	癸卯28	甲辰29	乙巳30	丙午31	丁未(1)	戊申2	己酉3	庚戌4	辛亥5	壬子6	癸丑7	甲寅8	乙卯9	丙辰10	丁巳11	戊午12	己未13	庚申14	辛酉15	壬戌16	癸亥17	甲子18	壬寅冬至
二月小	丙寅	干支 天地 西曆	乙丑19	丙寅20	丁卯21	戊辰22	己巳23	庚午24	辛未25	壬申26	癸酉27	甲戌28	乙亥29	丙子30	丁丑31	戊寅(2)	己卯2	庚辰3	辛巳4	壬午5	癸未6	甲申7	乙酉8	丙戌9	丁亥10	戊子11	己丑12	庚寅13	辛卯14	壬辰15	癸巳16		丙戌立春
三月大	丁卯	干支 天地 西曆	甲午17	乙未18	丙申19	丁酉20	戊戌21	己亥22	庚子23	辛丑24	壬寅25	癸卯26	甲辰27	乙巳28	丙午29	丁未(3)	戊申2	己酉3	庚戌4	辛亥5	壬子6	癸丑7	甲寅8	乙卯9	丙辰10	丁巳11	戊午12	己未13	庚申14	辛酉15	壬戌16	癸亥17	
四月小	戊辰	干支 天地 西曆	甲子18	乙丑19	丙寅20	丁卯21	戊辰22	己巳23	庚午24	辛未25	壬申26	癸酉27	甲戌28	乙亥29	丙子30	丁丑31	戊寅(4)	己卯2	庚辰3	辛巳4	壬午5	癸未6	甲申7	乙酉8	丙戌9	丁亥10	戊子11	己丑12	庚寅13	辛卯14	壬辰15		壬申春分
五月大	己巳	干支 天地 西曆	癸巳16	甲午17	乙未18	丙申19	丁酉20	戊戌21	己亥22	庚子23	辛丑24	壬寅25	癸卯26	甲辰27	乙巳28	丙午29	丁未30	戊申(5)	己酉2	庚戌3	辛亥4	壬子5	癸丑6	甲寅7	乙卯8	丙辰9	丁巳10	戊午11	己未12	庚申13	辛酉14	壬戌15	己未立夏
六月小	庚午	干支 天地 西曆	癸亥16	甲子17	乙丑18	丙寅19	丁卯20	戊辰21	己巳22	庚午23	辛未24	壬申25	癸酉26	甲戌27	乙亥28	丙子29	丁丑30	戊寅31	己卯(6)	庚辰2	辛巳3	壬午4	癸未5	甲申6	乙酉7	丙戌8	丁亥9	戊子10	己丑11	庚寅12	辛卯13		
七月大	辛未	干支 天地 西曆	壬辰14	癸巳15	甲午16	乙未17	丙申18	丁酉19	戊戌20	己亥21	庚子22	辛丑23	壬寅24	癸卯25	甲辰26	乙巳27	丙午28	丁未29	戊申30	己酉(7)	庚戌2	辛亥3	壬子4	癸丑5	甲寅6	乙卯7	丙辰8	丁巳9	戊午10	己未11	庚申12	辛酉13	丙午夏至
八月小	壬申	干支 天地 西曆	壬戌14	癸亥15	甲子16	乙丑17	丙寅18	丁卯19	戊辰20	己巳21	庚午22	辛未23	壬申24	癸酉25	甲戌26	乙亥27	丙子28	丁丑29	戊寅30	己卯31	庚辰(8)	辛巳2	壬午3	癸未4	甲申5	乙酉6	丙戌7	丁亥8	戊子9	己丑10	庚寅11		
九月大	癸酉	干支 天地 西曆	辛卯12	壬辰13	癸巳14	甲午15	乙未16	丙申17	丁酉18	戊戌19	己亥20	庚子21	辛丑22	壬寅23	癸卯24	甲辰25	乙巳26	丙午27	丁未28	戊申29	己酉30	庚戌31	辛亥(9)	壬子2	癸丑3	甲寅4	乙卯5	丙辰6	丁巳7	戊午8	己未9	庚申10	癸巳立秋 庚申日食
十月小	甲戌	干支 天地 西曆	辛酉11	壬戌12	癸亥13	甲子14	乙丑15	丙寅16	丁卯17	戊辰18	己巳19	庚午20	辛未21	壬申22	癸酉23	甲戌24	乙亥25	丙子26	丁丑27	戊寅28	己卯29	庚辰30	辛巳(10)	壬午2	癸未3	甲申4	乙酉5	丙戌6	丁亥7	戊子8	己丑9		己卯秋分
十一月大	乙亥	干支 天地 西曆	庚寅10	辛卯11	壬辰12	癸巳13	甲午14	乙未15	丙申16	丁酉17	戊戌18	己亥19	庚子20	辛丑21	壬寅22	癸卯23	甲辰24	乙巳25	丙午26	丁未27	戊申28	己酉29	庚戌30	辛亥31	壬子(11)	癸丑2	甲寅3	乙卯4	丙辰5	丁巳6	戊午7	己未8	
十二月小	丙子	干支 天地 西曆	庚申9	辛酉10	壬戌11	癸亥12	甲子13	乙丑14	丙寅15	丁卯16	戊辰17	己巳18	庚午19	辛未20	壬申21	癸酉22	甲戌23	乙亥24	丙子25	丁丑26	戊寅27	己卯28	庚辰29	辛巳30	壬午(12)	癸未2	甲申3	乙酉4	丙戌5	丁亥6	戊子7		癸亥立冬

朔閏異同	曆名	正月	二月	三月	四月	五月	六月	七月	八月	九月	十月	十一	十二	閏月	曆名	正月	二月	三月	四月	五月	六月	七月	八月	九月	十月	十一	十二	閏月
	周曆殷曆	甲午甲子	甲子甲午	癸巳癸亥	癸亥癸巳	壬辰壬戌	壬戌壬辰	辛卯辛酉	辛酉辛卯	庚寅辛酉	庚申庚寅	己丑庚申	己未己丑		夏曆新曆	甲午乙未	癸亥甲子	癸巳癸巳	癸亥癸亥	壬辰壬辰	壬戌辛酉	辛卯辛卯	辛酉庚申	庚寅庚寅	庚申庚申	己丑己丑	己未己未	

*《長曆》：正月乙未，二月甲子，三月甲午，四月癸亥，五月癸巳，六月壬戌，七月壬辰，八月辛酉，九月辛卯，十月辛酉，十一庚寅，十二庚申。

周敬王二十四年 魯定公十四年（乙巳 蛇年）公元前 497 ~ 前 496 年 歲在娵訾

魯曆月序		中西曆日對照	魯曆日序																														節氣與天象
			初一	初二	初三	初四	初五	初六	初七	初八	初九	初十	十一	十二	十三	十四	十五	十六	十七	十八	十九	二十	二一	二二	二三	二四	二五	二六	二七	二八	二九	三十	
正月大	丁丑	干支 天地 西曆	己丑 8	庚寅 9	辛卯 10	壬辰 11	癸巳 12	甲午 13	乙未 14	丙申 15	丁酉 16	戊戌 17	己亥 18	庚子 19	辛丑 20	壬寅 21	癸卯 22	甲辰 23	乙巳 24	丙午 25	丁未 26	戊申 27	己酉 28	庚戌 29	辛亥 30	壬子 31	癸丑 (1)	甲寅 2	乙卯 3	丙辰 4	丁巳 5	戊午 6	丁未冬至
二月大	戊寅	干支 天地 西曆	己未 7	庚申 8	辛酉 9	壬戌 10	癸亥 11	甲子 12	乙丑 13	丙寅 14	丁卯 15	戊辰 16	己巳 17	庚午 18	辛未 19	壬申 20	癸酉 21	甲戌 22	乙亥 23	丙子 24	丁丑 25	戊寅 26	己卯 27	庚辰 28	辛巳 29	壬午 30	癸未 31	甲申 (2)	乙酉 2	丙戌 3	丁亥 4	戊子 5	
三月小	己卯	干支 天地 西曆	己丑 6	庚寅 7	辛卯 8	壬辰 9	癸巳 10	甲午 11	乙未 12	丙申 13	丁酉 14	戊戌 15	己亥 16	庚子 17	辛丑 18	壬寅 19	癸卯 20	甲辰 21	乙巳 22	丙午 23	丁未 24	戊申 25	己酉 26	庚戌 27	辛亥 28	壬子 (3)	癸丑 2	甲寅 3	乙卯 4	丙辰 5	丁巳 6		壬辰立春 己丑日食
四月大	庚辰	干支 天地 西曆	戊午 7	己未 8	庚申 9	辛酉 10	壬戌 11	癸亥 12	甲子 13	乙丑 14	丙寅 15	丁卯 16	戊辰 17	己巳 18	庚午 19	辛未 20	壬申 21	癸酉 22	甲戌 23	乙亥 24	丙子 25	丁丑 26	戊寅 27	己卯 28	庚辰 29	辛巳 30	壬午 31	癸未 (4)	甲申 2	乙酉 3	丙戌 4	丁亥 5	戊寅春分
五月小	辛巳	干支 天地 西曆	戊子 6	己丑 7	庚寅 8	辛卯 9	壬辰 10	癸巳 11	甲午 12	乙未 13	丙申 14	丁酉 15	戊戌 16	己亥 17	庚子 18	辛丑 19	壬寅 20	癸卯 21	甲辰 22	乙巳 23	丙午 24	丁未 25	戊申 26	己酉 27	庚戌 28	辛亥 29	壬子 30	癸丑 (5)	甲寅 2	乙卯 3	丙辰 4		
六月大	壬午	干支 天地 西曆	丁巳 5	戊午 6	己未 7	庚申 8	辛酉 9	壬戌 10	癸亥 11	甲子 12	乙丑 13	丙寅 14	丁卯 15	戊辰 16	己巳 17	庚午 18	辛未 19	壬申 20	癸酉 21	甲戌 22	乙亥 23	丙子 24	丁丑 25	戊寅 26	己卯 27	庚辰 28	辛巳 29	壬午 30	癸未 31	甲申 (6)	乙酉 2	丙戌 3	甲子立夏
七月小	癸未	干支 天地 西曆	丁亥 4	戊子 5	己丑 6	庚寅 7	辛卯 8	壬辰 9	癸巳 10	甲午 11	乙未 12	丙申 13	丁酉 14	戊戌 15	己亥 16	庚子 17	辛丑 18	壬寅 19	癸卯 20	甲辰 21	乙巳 22	丙午 23	丁未 24	戊申 25	己酉 26	庚戌 27	辛亥 28	壬子 29	癸丑 30	甲寅 (7)	乙卯 2		壬子夏至
八月大	甲申	干支 天地 西曆	丙辰 3	丁巳 4	戊午 5	己未 6	庚申 7	辛酉 8	壬戌 9	癸亥 10	甲子 11	乙丑 12	丙寅 13	丁卯 14	戊辰 15	己巳 16	庚午 17	辛未 18	壬申 19	癸酉 20	甲戌 21	乙亥 22	丙子 23	丁丑 24	戊寅 25	己卯 26	庚辰 27	辛巳 28	壬午 29	癸未 30	甲申 31	乙酉 (8)	
九月小	乙酉	干支 天地 西曆	丙戌 2	丁亥 3	戊子 4	己丑 5	庚寅 6	辛卯 7	壬辰 8	癸巳 9	甲午 10	乙未 11	丙申 12	丁酉 13	戊戌 14	己亥 15	庚子 16	辛丑 17	壬寅 18	癸卯 19	甲辰 20	乙巳 21	丙午 22	丁未 23	戊申 24	己酉 25	庚戌 26	辛亥 27	壬子 28	癸丑 29	甲寅 30		戊戌立秋
十月大	丙戌	干支 天地 西曆	乙卯 31	丙辰 (9)	丁巳 2	戊午 3	己未 4	庚申 5	辛酉 6	壬戌 7	癸亥 8	甲子 9	乙丑 10	丙寅 11	丁卯 12	戊辰 13	己巳 14	庚午 15	辛未 16	壬申 17	癸酉 18	甲戌 19	乙亥 20	丙子 21	丁丑 22	戊寅 23	己卯 24	庚辰 25	辛巳 26	壬午 27	癸未 28	甲申 29	甲申秋分
十一月小	丁亥	干支 天地 西曆	乙酉 30	丙戌 (10)	丁亥 2	戊子 3	己丑 4	庚寅 5	辛卯 6	壬辰 7	癸巳 8	甲午 9	乙未 10	丙申 11	丁酉 12	戊戌 13	己亥 14	庚子 15	辛丑 16	壬寅 17	癸卯 18	甲辰 19	乙巳 20	丙午 21	丁未 22	戊申 23	己酉 24	庚戌 25	辛亥 26	壬子 27	癸丑 28		
十二月大	戊子	干支 天地 西曆	甲寅 29	乙卯 30	丙辰 31	丁巳 (11)	戊午 2	己未 3	庚申 4	辛酉 5	壬戌 6	癸亥 7	甲子 8	乙丑 9	丙寅 10	丁卯 11	戊辰 12	己巳 13	庚午 14	辛未 15	壬申 16	癸酉 17	甲戌 18	乙亥 19	丙子 20	丁丑 21	戊寅 22	己卯 23	庚辰 24	辛巳 25	壬午 26	癸未 27	戊辰立冬
閏月小	戊子	干支 天地 西曆	甲申 28	乙酉 29	丙戌 30	丁亥 (12)	戊子 2	己丑 3	庚寅 4	辛卯 5	壬辰 6	癸巳 7	甲午 8	乙未 9	丙申 10	丁酉 11	戊戌 12	己亥 13	庚子 14	辛丑 15	壬寅 16	癸卯 17	甲辰 18	乙巳 19	丙午 20	丁未 21	戊申 22	己酉 23	庚戌 24	辛亥 25	壬子 26		壬子冬至

朔閏異同	曆名	正月	二月	三月	四月	五月	六月	七月	八月	九月	十月	十一	十二	閏月		曆名	正月	二月	三月	四月	五月	六月	七月	八月	九月	十月	十一	十二	閏月
	周曆殷曆	戊子己未	戊午戊子	丁亥戊午	丁巳丁亥	丁亥丁巳	丙辰丙戌	丙戌丙辰	乙卯乙酉	乙酉乙卯	甲寅甲申	甲申甲寅	癸丑甲申			夏曆新曆	戊子己丑	戊午己未	丁亥戊子	丁巳丁巳	丙戌丁亥	丙辰丙辰	乙酉乙酉	乙卯---乙卯	乙酉甲申	甲寅甲寅	---甲申癸未	癸丑癸丑	癸未癸未

*《長曆》：正月己丑，二月己未，三月戊子，四月戊午，五月丁亥，六月丁巳，七月丙戌，八月丙辰，九月乙酉，十月乙卯，十一甲申，十二甲寅。

周敬王二十五年 魯定公十五年（丙午 馬年）公元前 496 ~ 前 **495** 年 歲在降婁

魯曆月序		中西曆日對照	初一	初二	初三	初四	初五	初六	初七	初八	初九	初十	十一	十二	十三	十四	十五	十六	十七	十八	十九	二十	二一	二二	二三	二四	二五	二六	二七	二八	二九	三十	節氣與天象
正月大	己丑	天干地支	癸丑	甲寅	乙卯	丙辰	丁巳	戊午	己未	庚申	辛酉	壬戌	癸亥	甲子	乙丑	丙寅	丁卯	戊辰	己巳	庚午	辛未	壬申	癸酉	甲戌	乙亥	丙子	丁丑	戊寅	己卯	庚辰	辛巳	壬午	
		西曆	27	28	29	30	31	(1)	2	3	4	5	6	7	8	9	10	11	12	13	14	15	16	17	18	19	20	21	22	23	24	25	
二月小	庚寅	天干地支	癸未	甲申	乙酉	丙戌	丁亥	戊子	己丑	庚寅	辛卯	壬辰	癸巳	甲午	乙未	丙申	丁酉	戊戌	己亥	庚子	辛丑	壬寅	癸卯	甲辰	乙巳	丙午	丁未	戊申	己酉	庚戌	辛亥		丁酉立春
		西曆	26	27	28	29	30	31	(2)	2	3	4	5	6	7	8	9	10	11	12	13	14	15	16	17	18	19	20	21	22	23		
三月大	辛卯	天干地支	壬子	癸丑	甲寅	乙卯	丙辰	丁巳	戊午	己未	庚申	辛酉	壬戌	癸亥	甲子	乙丑	丙寅	丁卯	戊辰	己巳	庚午	辛未	壬申	癸酉	甲戌	乙亥	丙子	丁丑	戊寅	己卯	庚辰	辛巳	
		西曆	24	25	26	27	28	(3)	2	3	4	5	6	7	8	9	10	11	12	13	14	15	16	17	18	19	20	21	22	23	24	25	
四月小	壬辰	天干地支	壬午	癸未	甲申	乙酉	丙戌	丁亥	戊子	己丑	庚寅	辛卯	壬辰	癸巳	甲午	乙未	丙申	丁酉	戊戌	己亥	庚子	辛丑	壬寅	癸卯	甲辰	乙巳	丙午	丁未	戊申	己酉	庚戌		癸未春分
		西曆	26	27	28	29	30	31	(4)	2	3	4	5	6	7	8	9	10	11	12	13	14	15	16	17	18	19	20	21	22	23		
五月大	癸巳	天干地支	辛亥	壬子	癸丑	甲寅	乙卯	丙辰	丁巳	戊午	己未	庚申	辛酉	壬戌	癸亥	甲子	乙丑	丙寅	丁卯	戊辰	己巳	庚午	辛未	壬申	癸酉	甲戌	乙亥	丙子	丁丑	戊寅	己卯	庚辰	庚午立夏
		西曆	24	25	26	27	28	29	30	(5)	2	3	4	5	6	7	8	9	10	11	12	13	14	15	16	17	18	19	20	21	22	23	
六月大	甲午	天干地支	辛巳	壬午	癸未	甲申	乙酉	丙戌	丁亥	戊子	己丑	庚寅	辛卯	壬辰	癸巳	甲午	乙未	丙申	丁酉	戊戌	己亥	庚子	辛丑	壬寅	癸卯	甲辰	乙巳	丙午	丁未	戊申	己酉	庚戌	
		西曆	24	25	26	27	28	29	30	31	(6)	2	3	4	5	6	7	8	9	10	11	12	13	14	15	16	17	18	19	20	21	22	
七月小	乙未	天干地支	辛亥	壬子	癸丑	甲寅	乙卯	丙辰	丁巳	戊午	己未	庚申	辛酉	壬戌	癸亥	甲子	乙丑	丙寅	丁卯	戊辰	己巳	庚午	辛未	壬申	癸酉	甲戌	乙亥	丙子	丁丑	戊寅	己卯		丁巳夏至
		西曆	23	24	25	26	27	28	29	30	(7)	2	3	4	5	6	7	8	9	10	11	12	13	14	15	16	17	18	19	20	21		
八月大	丙申	天干地支	庚辰	辛巳	壬午	癸未	甲申	乙酉	丙戌	丁亥	戊子	己丑	庚寅	辛卯	壬辰	癸巳	甲午	乙未	丙申	丁酉	戊戌	己亥	庚子	辛丑	壬寅	癸卯	甲辰	乙巳	丙午	丁未	戊申	己酉	甲辰立秋 庚辰日食
		西曆	22	23	24	25	26	27	28	29	30	31	(8)	2	3	4	5	6	7	8	9	10	11	12	13	14	15	16	17	18	19	20	
九月小	丁酉	天干地支	庚戌	辛亥	壬子	癸丑	甲寅	乙卯	丙辰	丁巳	戊午	己未	庚申	辛酉	壬戌	癸亥	甲子	乙丑	丙寅	丁卯	戊辰	己巳	庚午	辛未	壬申	癸酉	甲戌	乙亥	丙子	丁丑	戊寅		
		西曆	21	22	23	24	25	26	27	28	29	30	31	(9)	2	3	4	5	6	7	8	9	10	11	12	13	14	15	16	17	18		
十月大	戊戌	天干地支	己卯	庚辰	辛巳	壬午	癸未	甲申	乙酉	丙戌	丁亥	戊子	己丑	庚寅	辛卯	壬辰	癸巳	甲午	乙未	丙申	丁酉	戊戌	己亥	庚子	辛丑	壬寅	癸卯	甲辰	乙巳	丙午	丁未	戊申	己丑秋分
		西曆	19	20	21	22	23	24	25	26	27	28	29	30	(10)	2	3	4	5	6	7	8	9	10	11	12	13	14	15	16	17	18	
十一月小	己亥	天干地支	己酉	庚戌	辛亥	壬子	癸丑	甲寅	乙卯	丙辰	丁巳	戊午	己未	庚申	辛酉	壬戌	癸亥	甲子	乙丑	丙寅	丁卯	戊辰	己巳	庚午	辛未	壬申	癸酉	甲戌	乙亥	丙子	丁丑		癸酉立冬
		西曆	19	20	21	22	23	24	25	26	27	28	29	30	31	(11)	2	3	4	5	6	7	8	9	10	11	12	13	14	15	16		
十二月大	庚子	天干地支	戊寅	己卯	庚辰	辛巳	壬午	癸未	甲申	乙酉	丙戌	丁亥	戊子	己丑	庚寅	辛卯	壬辰	癸巳	甲午	乙未	丙申	丁酉	戊戌	己亥	庚子	辛丑	壬寅	癸卯	甲辰	乙巳	丙午	丁未	
		西曆	17	18	19	20	21	22	23	24	25	26	27	28	29	30	(12)	2	3	4	5	6	7	8	9	10	11	12	13	14	15	16	

朔閏異同	曆名	正月	二月	三月	四月	五月	六月	七月	八月	九月	十月	十一	十二	閏月		曆名	正月	二月	三月	四月	五月	六月	七月	八月	九月	十月	十一	十二	閏月
	周曆殷曆	癸未癸丑	壬子---癸未	---壬午壬子	辛亥壬午	辛巳辛亥	庚戌辛巳	庚辰庚戌	己酉庚辰	己卯己酉	己酉己卯	戊寅戊申	戊申戊寅	丁丑丁未		夏曆新曆	壬子癸丑	壬午壬午	辛亥壬子	辛巳辛巳	庚戌辛亥	庚辰庚辰	己酉己酉	己卯己卯	戊申戊申	戊寅戊寅	戊申丁未	丁丑丁丑	

*《長曆》：正月甲申，閏月癸丑，二月癸未，三月壬子，四月壬午，五月辛亥，六月辛巳，七月庚戌，八月庚辰，九月己酉，十月己卯，十一戊申，十二戊寅。

周敬王二十六年 魯哀公元年（丁未 羊年）公元前 495 ~ 前 **494** 年 歲在大梁

魯曆月序		中西曆日對照	初一	初二	初三	初四	初五	初六	初七	初八	初九	初十	十一	十二	十三	十四	十五	十六	十七	十八	十九	二十	二一	二二	二三	二四	二五	二六	二七	二八	二九	三十	節氣與天象
正月小	辛丑	天干地支西曆	戊申17	己酉18	庚戌19	辛亥20	壬子21	癸丑22	甲寅23	乙卯24	丙辰25	丁巳26	戊午27	己未28	庚申29	辛酉30	壬戌31	癸亥(1)	甲子2	乙丑3	丙寅4	丁卯5	戊辰6	己巳7	庚午8	辛未9	壬申10	癸酉11	甲戌12	乙亥13	丙子14		戊午冬至
二月大	壬寅	天干地支西曆	丁丑15	戊寅16	己卯17	庚辰18	辛巳19	壬午20	癸未21	甲申22	乙酉23	丙戌24	丁亥25	戊子26	己丑27	庚寅28	辛卯29	壬辰30	癸巳31	甲午(2)	乙未2	丙申3	丁酉4	戊戌5	己亥6	庚子7	辛丑8	壬寅9	癸卯10	甲辰11	乙巳12	丙午13	壬寅立春
三月小	癸卯	天干地支西曆	丁未14	戊申15	己酉16	庚戌17	辛亥18	壬子19	癸丑20	甲寅21	乙卯22	丙辰23	丁巳24	戊午25	己未26	庚申27	辛酉28	壬戌(3)	癸亥2	甲子3	乙丑4	丙寅5	丁卯6	戊辰7	己巳8	庚午9	辛未10	壬申11	癸酉12	甲戌13	乙亥14		
四月大	甲辰	天干地支西曆	丙子15	丁丑16	戊寅17	己卯18	庚辰19	辛巳20	壬午21	癸未22	甲申23	乙酉24	丙戌25	丁亥26	戊子27	己丑28	庚寅29	辛卯30	壬辰31	癸巳(4)	甲午2	乙未3	丙申4	丁酉5	戊戌6	己亥7	庚子8	辛丑9	壬寅10	癸卯11	甲辰12	乙巳13	戊子春分
五月小	乙巳	天干地支西曆	丙午14	丁未15	戊申16	己酉17	庚戌18	辛亥19	壬子20	癸丑21	甲寅22	乙卯23	丙辰24	丁巳25	戊午26	己未27	庚申28	辛酉29	壬戌30	癸亥(5)	甲子2	乙丑3	丙寅4	丁卯5	戊辰6	己巳7	庚午8	辛未9	壬申10	癸酉11	甲戌12		
六月大	丙午	天干地支西曆	乙亥13	丙子14	丁丑15	戊寅16	己卯17	庚辰18	辛巳19	壬午20	癸未21	甲申22	乙酉23	丙戌24	丁亥25	戊子26	己丑27	庚寅28	辛卯29	壬辰30	癸巳31	甲午(6)	乙未2	丙申3	丁酉4	戊戌5	己亥6	庚子7	辛丑8	壬寅9	癸卯10	甲辰11	乙亥立夏
七月小	丁未	天干地支西曆	乙巳12	丙午13	丁未14	戊申15	己酉16	庚戌17	辛亥18	壬子19	癸丑20	甲寅21	乙卯22	丙辰23	丁巳24	戊午25	己未26	庚申27	辛酉28	壬戌29	癸亥30	甲子(7)	乙丑2	丙寅3	丁卯4	戊辰5	己巳6	庚午7	辛未8	壬申9	癸酉10		壬戌夏至
八月大	戊申	天干地支西曆	甲戌11	乙亥12	丙子13	丁丑14	戊寅15	己卯16	庚辰17	辛巳18	壬午19	癸未20	甲申21	乙酉22	丙戌23	丁亥24	戊子25	己丑26	庚寅27	辛卯28	壬辰29	癸巳30	甲午31	乙未(8)	丙申2	丁酉3	戊戌4	己亥5	庚子6	辛丑7	壬寅8	癸卯9	
九月大	己酉	天干地支西曆	甲辰10	乙巳11	丙午12	丁未13	戊申14	己酉15	庚戌16	辛亥17	壬子18	癸丑19	甲寅20	乙卯21	丙辰22	丁巳23	戊午24	己未25	庚申26	辛酉27	壬戌28	癸亥29	甲子30	乙丑31	丙寅(9)	丁卯2	戊辰3	己巳4	庚午5	辛未6	壬申7	癸酉8	己酉立秋
十月小	庚戌	天干地支西曆	甲戌9	乙亥10	丙子11	丁丑12	戊寅13	己卯14	庚辰15	辛巳16	壬午17	癸未18	甲申19	乙酉20	丙戌21	丁亥22	戊子23	己丑24	庚寅25	辛卯26	壬辰27	癸巳28	甲午29	乙未30	丙申(10)	丁酉2	戊戌3	己亥4	庚子5	辛丑6	壬寅7		甲午秋分
十一月大	辛亥	天干地支西曆	癸卯8	甲辰9	乙巳10	丙午11	丁未12	戊申13	己酉14	庚戌15	辛亥16	壬子17	癸丑18	甲寅19	乙卯20	丙辰21	丁巳22	戊午23	己未24	庚申25	辛酉26	壬戌27	癸亥28	甲子29	乙丑30	丙寅31	丁卯(11)	戊辰2	己巳3	庚午4	辛未5	壬申6	
十二月小	壬子	天干地支西曆	癸酉7	甲戌8	乙亥9	丙子10	丁丑11	戊寅12	己卯13	庚辰14	辛巳15	壬午16	癸未17	甲申18	乙酉19	丙戌20	丁亥21	戊子22	己丑23	庚寅24	辛卯25	壬辰26	癸巳27	甲午28	乙未29	丙申30	丁酉(12)	戊戌2	己亥3	庚子4	辛丑5		己卯立冬

朔閏異同	曆名	正月	二月	三月	四月	五月	六月	七月	八月	九月	十月	十一	十二	閏月	曆名	正月	二月	三月	四月	五月	六月	七月	八月	九月	十月	十一	十二	閏月
	周曆殷曆	丁未丁丑	丙子丁未	丙午丙子	乙亥丙午	乙巳乙亥	甲戌乙巳	甲辰甲戌	癸酉甲辰	癸卯癸酉	壬申癸卯	壬寅壬申	壬申壬寅		夏曆新曆	丁未丁未	丙子丙子	丙午丙午	乙亥丙子	乙巳乙巳	甲戌乙亥	甲辰甲辰	癸酉癸酉	癸卯癸卯	壬申壬申	壬寅壬寅	辛未辛未	

*《長曆》：正月丁未，二月丁丑，三月丙午，四月丙子，五月丙午，六月乙亥，七月乙巳，八月甲戌，九月甲辰，十月癸酉，十一癸卯，十二壬申。

周敬王二十七年 魯哀公二年（戊申 猴年）公元前494～前493年 歲在實沈

魯曆月序		中西曆日對照	初一	初二	初三	初四	初五	初六	初七	初八	初九	初十	十一	十二	十三	十四	十五	十六	十七	十八	十九	二十	二一	二二	二三	二四	二五	二六	二七	二八	二九	三十	節氣與天象
正月大	癸丑	干支 天地 西曆	壬寅 6	癸卯 7	甲辰 8	乙巳 9	丙午 10	丁未 11	戊申 12	己酉 13	庚戌 14	辛亥 15	壬子 16	癸丑 17	甲寅 18	乙卯 19	丙辰 20	丁巳 21	戊午 22	己未 23	庚申 24	辛酉 25	壬戌 26	癸亥 27	甲子 28	乙丑 29	丙寅 30	丁卯 31	戊辰 (1)	己巳 2	庚午 3	辛未 4	癸亥冬至
二月小	甲寅	干支 天地 西曆	壬申 5	癸酉 6	甲戌 7	乙亥 8	丙子 9	丁丑 10	戊寅 11	己卯 12	庚辰 13	辛巳 14	壬午 15	癸未 16	甲申 17	乙酉 18	丙戌 19	丁亥 20	戊子 21	己丑 22	庚寅 23	辛卯 24	壬辰 25	癸巳 26	甲午 27	乙未 28	丙申 29	丁酉 30	戊戌 31	己亥 (2)	庚子 2		
三月大	乙卯	干支 天地 西曆	辛丑 3	壬寅 4	癸卯 5	甲辰 6	乙巳 7	丙午 8	丁未 9	戊申 10	己酉 11	庚戌 12	辛亥 13	壬子 14	癸丑 15	甲寅 16	乙卯 17	丙辰 18	丁巳 19	戊午 20	己未 21	庚申 22	辛酉 23	壬戌 24	癸亥 25	甲子 26	乙丑 27	丙寅 28	丁卯 29	戊辰 (3)	己巳 2	庚午 3	丁未立春
四月小	丙辰	干支 天地 西曆	辛未 4	壬申 5	癸酉 6	甲戌 7	乙亥 8	丙子 9	丁丑 10	戊寅 11	己卯 12	庚辰 13	辛巳 14	壬午 15	癸未 16	甲申 17	乙酉 18	丙戌 19	丁亥 20	戊子 21	己丑 22	庚寅 23	辛卯 24	壬辰 25	癸巳 26	甲午 27	乙未 28	丙申 29	丁酉 30	戊戌 31	己亥 (4)		癸巳春分
五月大	丁巳	干支 天地 西曆	庚子 2	辛丑 3	壬寅 4	癸卯 5	甲辰 6	乙巳 7	丙午 8	丁未 9	戊申 10	己酉 11	庚戌 12	辛亥 13	壬子 14	癸丑 15	甲寅 16	乙卯 17	丙辰 18	丁巳 19	戊午 20	己未 21	庚申 22	辛酉 23	壬戌 24	癸亥 25	甲子 26	乙丑 27	丙寅 28	丁卯 29	戊辰 30	己巳 (5)	
六月小	戊午	干支 天地 西曆	庚午 2	辛未 3	壬申 4	癸酉 5	甲戌 6	乙亥 7	丙子 8	丁丑 9	戊寅 10	己卯 11	庚辰 12	辛巳 13	壬午 14	癸未 15	甲申 16	乙酉 17	丙戌 18	丁亥 19	戊子 20	己丑 21	庚寅 22	辛卯 23	壬辰 24	癸巳 25	甲午 26	乙未 27	丙申 28	丁酉 29	戊戌 30		庚辰立夏
七月大	己未	干支 天地 西曆	己亥 31	庚子 (6)	辛丑 2	壬寅 3	癸卯 4	甲辰 5	乙巳 6	丙午 7	丁未 8	戊申 9	己酉 10	庚戌 11	辛亥 12	壬子 13	癸丑 14	甲寅 15	乙卯 16	丙辰 17	丁巳 18	戊午 19	己未 20	庚申 21	辛酉 22	壬戌 23	癸亥 24	甲子 25	乙丑 26	丙寅 27	丁卯 28	戊辰 29	丁卯夏至
八月小	庚申	干支 天地 西曆	己巳 30	庚午 (7)	辛未 2	壬申 3	癸酉 4	甲戌 5	乙亥 6	丙子 7	丁丑 8	戊寅 9	己卯 10	庚辰 11	辛巳 12	壬午 13	癸未 14	甲申 15	乙酉 16	丙戌 17	丁亥 18	戊子 19	己丑 20	庚寅 21	辛卯 22	壬辰 23	癸巳 24	甲午 25	乙未 26	丙申 27	丁酉 28		
九月大	辛酉	干支 天地 西曆	戊戌 29	己亥 30	庚子 31	辛丑 (8)	壬寅 2	癸卯 3	甲辰 4	乙巳 5	丙午 6	丁未 7	戊申 8	己酉 9	庚戌 10	辛亥 11	壬子 12	癸丑 13	甲寅 14	乙卯 15	丙辰 16	丁巳 17	戊午 18	己未 19	庚申 20	辛酉 21	壬戌 22	癸亥 23	甲子 24	乙丑 25	丙寅 26	丁卯 27	甲寅立秋
十月小	壬戌	干支 天地 西曆	戊辰 28	己巳 29	庚午 30	辛未 31	壬申 (9)	癸酉 2	甲戌 3	乙亥 4	丙子 5	丁丑 6	戊寅 7	己卯 8	庚辰 9	辛巳 10	壬午 11	癸未 12	甲申 13	乙酉 14	丙戌 15	丁亥 16	戊子 17	己丑 18	庚寅 19	辛卯 20	壬辰 21	癸巳 22	甲午 23	乙未 24	丙申 25		
十一月大	癸亥	干支 天地 西曆	丁酉 26	戊戌 27	己亥 28	庚子 29	辛丑 30	壬寅 (10)	癸卯 2	甲辰 3	乙巳 4	丙午 5	丁未 6	戊申 7	己酉 8	庚戌 9	辛亥 10	壬子 11	癸丑 12	甲寅 13	乙卯 14	丙辰 15	丁巳 16	戊午 17	己未 18	庚申 19	辛酉 20	壬戌 21	癸亥 22	甲子 23	乙丑 24	丙寅 25	庚子秋分
十二月小	甲子	干支 天地 西曆	丁卯 26	戊辰 27	己巳 28	庚午 29	辛未 30	壬申 31	癸酉 (11)	甲戌 2	乙亥 3	丙子 4	丁丑 5	戊寅 6	己卯 7	庚辰 8	辛巳 9	壬午 10	癸未 11	甲申 12	乙酉 13	丙戌 14	丁亥 15	戊子 16	己丑 17	庚寅 18	辛卯 19	壬辰 20	癸巳 21	甲午 22	乙未 23		甲申立冬
閏月大	甲子	干支 天地 西曆	丙申 24	丁酉 25	戊戌 26	己亥 27	庚子 28	辛丑 29	壬寅 30	癸卯 (12)	甲辰 2	乙巳 3	丙午 4	丁未 5	戊申 6	己酉 7	庚戌 8	辛亥 9	壬子 10	癸丑 11	甲寅 12	乙卯 13	丙辰 14	丁巳 15	戊午 16	己未 17	庚申 18	辛酉 19	壬戌 20	癸亥 21	甲子 22	乙丑 23	

朔閏異同	曆名	正月	二月	三月	四月	五月	六月	七月	八月	九月	十月	十一	十二	閏月
	周曆殷曆	辛丑辛未	辛未辛丑	庚子庚午	庚午庚子	己亥己巳	己巳己亥	戊戌己巳	戊辰戊戌	丁酉戊辰	丁卯丁酉	---丙申---丁卯	丙寅丙申	乙未丙寅
	夏曆新曆	辛丑辛丑	庚午庚午	庚子庚子	庚午庚午	己亥---己亥	己巳己巳	戊戌戊戌	---戊辰戊辰	丁酉丁酉	丁卯丁卯	丙申丙申	丙寅丙寅	乙未乙未

*《長曆》：正月壬寅，二月辛未，三月辛丑，四月庚午，五月庚子，六月己巳，七月己亥，八月己巳，九月戊戌，十月戊辰，十一丁酉，閏月丁卯，十二丙申。

周敬王二十八年 魯哀公三年（己酉 鷄年）公元前 493 ~ 前 **492** 年 歲在鶉首

魯曆月序		中西曆日對照	魯曆日序																													節氣與天象
			初一	初二	初三	初四	初五	初六	初七	初八	初九	初十	十一	十二	十三	十四	十五	十六	十七	十八	十九	二十	二一	二二	二三	二四	二五	二六	二七	二八	二九	三十	
正月大	乙丑	干支 天地 西曆	丙寅24	丁卯25	戊辰26	己巳27	庚午28	辛未29	壬申30	癸酉31	甲戌(1)	乙亥2	丙子3	丁丑4	戊寅5	己卯6	庚辰7	辛巳8	壬午9	癸未10	甲申11	乙酉12	丙戌13	丁亥14	戊子15	己丑16	庚寅17	辛卯18	壬辰19	癸巳20	甲午21	乙未22	戊辰冬至
二月小	丙寅	干支 天地 西曆	丙申23	丁酉24	戊戌25	己亥26	庚子27	辛丑28	壬寅29	癸卯30	甲辰31	乙巳(2)	丙午2	丁未3	戊申4	己酉5	庚戌6	辛亥7	壬子8	癸丑9	甲寅10	乙卯11	丙辰12	丁巳13	戊午14	己未15	庚申16	辛酉17	壬戌18	癸亥19	甲子20		癸丑立春
三月大	丁卯	干支 天地 西曆	乙丑21	丙寅22	丁卯23	戊辰24	己巳25	庚午26	辛未27	壬申28	癸酉(3)	甲戌2	乙亥3	丙子4	丁丑5	戊寅6	己卯7	庚辰8	辛巳9	壬午10	癸未11	甲申12	乙酉13	丙戌14	丁亥15	戊子16	己丑17	庚寅18	辛卯19	壬辰20	癸巳21	甲午22	
四月小	戊辰	干支 天地 西曆	乙未23	丙申24	丁酉25	戊戌26	己亥27	庚子28	辛丑29	壬寅30	癸卯31	甲辰(4)	乙巳2	丙午3	丁未4	戊申5	己酉6	庚戌7	辛亥8	壬子9	癸丑10	甲寅11	乙卯12	丙辰13	丁巳14	戊午15	己未16	庚申17	辛酉18	壬戌19	癸亥20		己亥春分
五月大	己巳	干支 天地 西曆	甲子21	乙丑22	丙寅23	丁卯24	戊辰25	己巳26	庚午27	辛未28	壬申29	癸酉30	甲戌(5)	乙亥2	丙子3	丁丑4	戊寅5	己卯6	庚辰7	辛巳8	壬午9	癸未10	甲申11	乙酉12	丙戌13	丁亥14	戊子15	己丑16	庚寅17	辛卯18	壬辰19	癸巳20	乙酉立夏
六月小	庚午	干支 天地 西曆	甲午21	乙未22	丙申23	丁酉24	戊戌25	己亥26	庚子27	辛丑28	壬寅29	癸卯30	甲辰31	乙巳(6)	丙午2	丁未3	戊申4	己酉5	庚戌6	辛亥7	壬子8	癸丑9	甲寅10	乙卯11	丙辰12	丁巳13	戊午14	己未15	庚申16	辛酉17	壬戌18		
七月大	辛未	干支 天地 西曆	癸亥19	甲子20	乙丑21	丙寅22	丁卯23	戊辰24	己巳25	庚午26	辛未27	壬申28	癸酉29	甲戌30	乙亥(7)	丙子2	丁丑3	戊寅4	己卯5	庚辰6	辛巳7	壬午8	癸未9	甲申10	乙酉11	丙戌12	丁亥13	戊子14	己丑15	庚寅16	辛卯17	壬辰18	癸酉夏至
八月小	壬申	干支 天地 西曆	癸巳19	甲午20	乙未21	丙申22	丁酉23	戊戌24	己亥25	庚子26	辛丑27	壬寅28	癸卯29	甲辰30	乙巳31	丙午(8)	丁未2	戊申3	己酉4	庚戌5	辛亥6	壬子7	癸丑8	甲寅9	乙卯10	丙辰11	丁巳12	戊午13	己未14	庚申15	辛酉16		己未立秋
九月大	癸酉	干支 天地 西曆	壬戌17	癸亥18	甲子19	乙丑20	丙寅21	丁卯22	戊辰23	己巳24	庚午25	辛未26	壬申27	癸酉28	甲戌29	乙亥30	丙子31	丁丑(9)	戊寅2	己卯3	庚辰4	辛巳5	壬午6	癸未7	甲申8	乙酉9	丙戌10	丁亥11	戊子12	己丑13	庚寅14	辛卯15	
十月小	甲戌	干支 天地 西曆	壬辰16	癸巳17	甲午18	乙未19	丙申20	丁酉21	戊戌22	己亥23	庚子24	辛丑25	壬寅26	癸卯27	甲辰28	乙巳29	丙午30	丁未(10)	戊申2	己酉3	庚戌4	辛亥5	壬子6	癸丑7	甲寅8	乙卯9	丙辰10	丁巳11	戊午12	己未13	庚申14		乙巳秋分
十一月大	乙亥	干支 天地 西曆	辛酉15	壬戌16	癸亥17	甲子18	乙丑19	丙寅20	丁卯21	戊辰22	己巳23	庚午24	辛未25	壬申26	癸酉27	甲戌28	乙亥29	丙子30	丁丑31	戊寅(11)	己卯2	庚辰3	辛巳4	壬午5	癸未6	甲申7	乙酉8	丙戌9	丁亥10	戊子11	己丑12	庚寅13	己丑立冬
十二月小	丙子	干支 天地 西曆	辛卯14	壬辰15	癸巳16	甲午17	乙未18	丙申19	丁酉20	戊戌21	己亥22	庚子23	辛丑24	壬寅25	癸卯26	甲辰27	乙巳28	丙午29	丁未30	戊申(12)	己酉2	庚戌3	辛亥4	壬子5	癸丑6	甲寅7	乙卯8	丙辰9	丁巳10	戊午11	己未12		辛卯日食

朔閏異同	曆名	正月	二月	三月	四月	五月	六月	七月	八月	九月	十月	十一	十二	閏月		曆名	正月	二月	三月	四月	五月	六月	七月	八月	九月	十月	十一	十二	閏月
	周曆殷曆	乙丑乙未	甲午乙丑	甲子甲午	甲午甲子	癸亥癸巳	癸巳癸亥	壬戌壬辰	壬辰壬戌	辛酉辛卯	辛卯辛酉	庚申辛卯	庚寅庚申			夏曆新曆	乙丑乙丑	甲午甲午	甲子甲子	癸巳癸巳	癸亥癸亥	壬辰癸巳	壬戌壬戌	壬辰壬辰	辛酉辛酉	辛卯辛卯	庚申庚申	庚寅庚寅	

*《長曆》：正月丙寅，二月乙未，三月乙丑，四月甲午，五月甲子，六月癸巳，七月癸亥，八月壬辰，九月壬戌，十月辛卯，十一辛酉，十二辛卯。

周敬王二十九年 魯哀公四年（庚戌 狗年）公元前 492 ~ 前 491 年 歲在鶉火

魯曆月序	中西曆日對照	魯曆日序																														節氣與天象
		初一	初二	初三	初四	初五	初六	初七	初八	初九	初十	十一	十二	十三	十四	十五	十六	十七	十八	十九	二十	二一	二二	二三	二四	二五	二六	二七	二八	二九	三十	
正月大 丁丑	天干地支	庚申	辛酉	壬戌	癸亥	甲子	乙丑	丙寅	丁卯	戊辰	己巳	庚午	辛未	壬申	癸酉	甲戌	乙亥	丙子	丁丑	戊寅	己卯	庚辰	辛巳	壬午	癸未	甲申	乙酉	丙戌	丁亥	戊子	己丑	癸酉冬至
	西曆	13	14	15	16	17	18	19	20	21	22	23	24	25	26	27	28	29	30	31	(1)	2	3	4	5	6	7	8	9	10	11	
二月小 戊寅	天干地支	庚寅	辛卯	壬辰	癸巳	甲午	乙未	丙申	丁酉	戊戌	己亥	庚子	辛丑	壬寅	癸卯	甲辰	乙巳	丙午	丁未	戊申	己酉	庚戌	辛亥	壬子	癸丑	甲寅	乙卯	丙辰	丁巳	戊午		戊午立春
	西曆	12	13	14	15	16	17	18	19	20	21	22	23	24	25	26	27	28	29	30	31	(2)	2	3	4	5	6	7	8	9		
三月大 己卯	天干地支	己未	庚申	辛酉	壬戌	癸亥	甲子	乙丑	丙寅	丁卯	戊辰	己巳	庚午	辛未	壬申	癸酉	甲戌	乙亥	丙子	丁丑	戊寅	己卯	庚辰	辛巳	壬午	癸未	甲申	乙酉	丙戌	丁亥	戊子	
	西曆	10	11	12	13	14	15	16	17	18	19	20	21	22	23	24	25	26	27	28	(3)	2	3	4	5	6	7	8	9	10	11	
四月小 庚辰	天干地支	己丑	庚寅	辛卯	壬辰	癸巳	甲午	乙未	丙申	丁酉	戊戌	己亥	庚子	辛丑	壬寅	癸卯	甲辰	乙巳	丙午	丁未	戊申	己酉	庚戌	辛亥	壬子	癸丑	甲寅	乙卯	丙辰	丁巳		甲辰春分
	西曆	12	13	14	15	16	17	18	19	20	21	22	23	24	25	26	27	28	29	30	31	(4)	2	3	4	5	6	7	8	9		
五月大 辛巳	天干地支	戊午	己未	庚申	辛酉	壬戌	癸亥	甲子	乙丑	丙寅	丁卯	戊辰	己巳	庚午	辛未	壬申	癸酉	甲戌	乙亥	丙子	丁丑	戊寅	己卯	庚辰	辛巳	壬午	癸未	甲申	乙酉	丙戌	丁亥	
	西曆	10	11	12	13	14	15	16	17	18	19	20	21	22	23	24	25	26	27	28	29	30	(5)	2	3	4	5	6	7	8	9	
六月大 壬午	天干地支	戊子	己丑	庚寅	辛卯	壬辰	癸巳	甲午	乙未	丙申	丁酉	戊戌	己亥	庚子	辛丑	壬寅	癸卯	甲辰	乙巳	丙午	丁未	戊申	己酉	庚戌	辛亥	壬子	癸丑	甲寅	乙卯	丙辰	丁巳	辛卯立夏
	西曆	10	11	12	13	14	15	16	17	18	19	20	21	22	23	24	25	26	27	28	29	30	31	(6)	2	3	4	5	6	7	8	
七月小 癸未	天干地支	戊午	己未	庚申	辛酉	壬戌	癸亥	甲子	乙丑	丙寅	丁卯	戊辰	己巳	庚午	辛未	壬申	癸酉	甲戌	乙亥	丙子	丁丑	戊寅	己卯	庚辰	辛巳	壬午	癸未	甲申	乙酉	丙戌		戊寅夏至
	西曆	9	10	11	12	13	14	15	16	17	18	19	20	21	22	23	24	25	26	27	28	29	30	(7)	2	3	4	5	6	7		
八月大 甲申	天干地支	丁亥	戊子	己丑	庚寅	辛卯	壬辰	癸巳	甲午	乙未	丙申	丁酉	戊戌	己亥	庚子	辛丑	壬寅	癸卯	甲辰	乙巳	丙午	丁未	戊申	己酉	庚戌	辛亥	壬子	癸丑	甲寅	乙卯	丙辰	
	西曆	8	9	10	11	12	13	14	15	16	17	18	19	20	21	22	23	24	25	26	27	28	29	30	31	(8)	2	3	4	5	6	
九月小 乙酉	天干地支	丁巳	戊午	己未	庚申	辛酉	壬戌	癸亥	甲子	乙丑	丙寅	丁卯	戊辰	己巳	庚午	辛未	壬申	癸酉	甲戌	乙亥	丙子	丁丑	戊寅	己卯	庚辰	辛巳	壬午	癸未	甲申	乙酉		乙丑立秋
	西曆	7	8	9	10	11	12	13	14	15	16	17	18	19	20	21	22	23	24	25	26	27	28	29	30	31	(9)	2	3	4		
十月大 丙戌	天干地支	丙戌	丁亥	戊子	己丑	庚寅	辛卯	壬辰	癸巳	甲午	乙未	丙申	丁酉	戊戌	己亥	庚子	辛丑	壬寅	癸卯	甲辰	乙巳	丙午	丁未	戊申	己酉	庚戌	辛亥	壬子	癸丑	甲寅	乙卯	庚戌秋分
	西曆	5	6	7	8	9	10	11	12	13	14	15	16	17	18	19	20	21	22	23	24	25	26	27	28	29	30	(10)	2	3	4	
十一月小 丁亥	天干地支	丙辰	丁巳	戊午	己未	庚申	辛酉	壬戌	癸亥	甲子	乙丑	丙寅	丁卯	戊辰	己巳	庚午	辛未	壬申	癸酉	甲戌	乙亥	丙子	丁丑	戊寅	己卯	庚辰	辛巳	壬午	癸未	甲申		
	西曆	5	6	7	8	9	10	11	12	13	14	15	16	17	18	19	20	21	22	23	24	25	26	27	28	29	30	31	(11)	2		
十二月大 戊子	天干地支	乙酉	丙戌	丁亥	戊子	己丑	庚寅	辛卯	壬辰	癸巳	甲午	乙未	丙申	丁酉	戊戌	己亥	庚子	辛丑	壬寅	癸卯	甲辰	乙巳	丙午	丁未	戊申	己酉	庚戌	辛亥	壬子	癸丑	甲寅	甲午立冬
	西曆	3	4	5	6	7	8	9	10	11	12	13	14	15	16	17	18	19	20	21	22	23	24	25	26	27	28	29	30	(12)	2	

朔閏異同	曆名	正月	二月	三月	四月	五月	六月	七月	八月	九月	十月	十一	十二	閏月		曆名	正月	二月	三月	四月	五月	六月	七月	八月	九月	十月	十一	十二	閏月
	周曆殷曆	己未庚寅	己丑己未	戊午己丑	戊子戊午	丁巳戊子	丁亥丁巳	丁巳丁亥	丙戌丙辰	丙辰丙戌	乙酉乙卯	乙卯乙酉	甲申甲寅			夏曆新曆	己未己未	己丑己丑	戊午戊午	戊子戊子	丁巳丁巳	丁亥丁亥	丙辰丙辰	丙戌丙戌	乙卯丙辰	乙酉乙酉	乙卯乙卯	甲申乙酉	

*《長曆》：正月庚申，二月庚寅，三月己未，四月己丑，五月戊午，六月戊子，七月丁巳，八月丁亥，九月丙辰，十月丙戌，十一乙卯，十二乙酉。

周敬王三十年 魯哀公五年（辛亥 猪年）公元前491～前490年 歲在鶉尾

魯曆月序		中曆西曆對照	魯曆日序																														節氣與天象
			初一	初二	初三	初四	初五	初六	初七	初八	初九	初十	十一	十二	十三	十四	十五	十六	十七	十八	十九	二十	二一	二二	二三	二四	二五	二六	二七	二八	二九	三十	
正月小	己丑	天干地支西曆	乙卯3	丙辰4	丁巳5	戊午6	己未7	庚申8	辛酉9	壬戌10	癸亥11	甲子12	乙丑13	丙寅14	丁卯15	戊辰16	己巳17	庚午18	辛未19	壬申20	癸酉21	甲戌22	乙亥23	丙子24	丁丑25	戊寅26	己卯27	庚辰28	辛巳29	壬午30	癸未31		己卯冬至
二月大	庚寅	天干地支西曆	甲申(1)	乙酉2	丙戌3	丁亥4	戊子5	己丑6	庚寅7	辛卯8	壬辰9	癸巳10	甲午11	乙未12	丙申13	丁酉14	戊戌15	己亥16	庚子17	辛丑18	壬寅19	癸卯20	甲辰21	乙巳22	丙午23	丁未24	戊申25	己酉26	庚戌27	辛亥28	壬子29	癸丑30	
三月小	辛卯	天干地支西曆	甲寅31	乙卯(2)	丙辰2	丁巳3	戊午4	己未5	庚申6	辛酉7	壬戌8	癸亥9	甲子10	乙丑11	丙寅12	丁卯13	戊辰14	己巳15	庚午16	辛未17	壬申18	癸酉19	甲戌20	乙亥21	丙子22	丁丑23	戊寅24	己卯25	庚辰26	辛巳27	壬午28		癸亥立春
四月大	壬辰	天干地支西曆	癸未(3)	甲申2	乙酉3	丙戌4	丁亥5	戊子6	己丑7	庚寅8	辛卯9	壬辰10	癸巳11	甲午12	乙未13	丙申14	丁酉15	戊戌16	己亥17	庚子18	辛丑19	壬寅20	癸卯21	甲辰22	乙巳23	丙午24	丁未25	戊申26	己酉27	庚戌28	辛亥29	壬子30	己酉春分
五月小	癸巳	天干地支西曆	癸丑31	甲寅(4)	乙卯2	丙辰3	丁巳4	戊午5	己未6	庚申7	辛酉8	壬戌9	癸亥10	甲子11	乙丑12	丙寅13	丁卯14	戊辰15	己巳16	庚午17	辛未18	壬申19	癸酉20	甲戌21	乙亥22	丙子23	丁丑24	戊寅25	己卯26	庚辰27	辛巳28		
六月大	甲午	天干地支西曆	壬午29	癸未30	甲申(5)	乙酉2	丙戌3	丁亥4	戊子5	己丑6	庚寅7	辛卯8	壬辰9	癸巳10	甲午11	乙未12	丙申13	丁酉14	戊戌15	己亥16	庚子17	辛丑18	壬寅19	癸卯20	甲辰21	乙巳22	丙午23	丁未24	戊申25	己酉26	庚戌27	辛亥28	丙申立夏
七月小	乙未	天干地支西曆	壬子29	癸丑30	甲寅31	乙卯(6)	丙辰2	丁巳3	戊午4	己未5	庚申6	辛酉7	壬戌8	癸亥9	甲子10	乙丑11	丙寅12	丁卯13	戊辰14	己巳15	庚午16	辛未17	壬申18	癸酉19	甲戌20	乙亥21	丙子22	丁丑23	戊寅24	己卯25	庚辰26		
八月大	丙申	天干地支西曆	辛巳27	壬午28	癸未29	甲申30	乙酉(7)	丙戌2	丁亥3	戊子4	己丑5	庚寅6	辛卯7	壬辰8	癸巳9	甲午10	乙未11	丙申12	丁酉13	戊戌14	己亥15	庚子16	辛丑17	壬寅18	癸卯19	甲辰20	乙巳21	丙午22	丁未23	戊申24	己酉25	庚戌26	癸未夏至
九月大	丁酉	天干地支西曆	辛亥27	壬子28	癸丑29	甲寅30	乙卯31	丙辰(8)	丁巳2	戊午3	己未4	庚申5	辛酉6	壬戌7	癸亥8	甲子9	乙丑10	丙寅11	丁卯12	戊辰13	己巳14	庚午15	辛未16	壬申17	癸酉18	甲戌19	乙亥20	丙子21	丁丑22	戊寅23	己卯24	庚辰25	庚午立秋
十月小	戊戌	天干地支西曆	辛巳26	壬午27	癸未28	甲申29	乙酉30	丙戌31	丁亥(9)	戊子2	己丑3	庚寅4	辛卯5	壬辰6	癸巳7	甲午8	乙未9	丙申10	丁酉11	戊戌12	己亥13	庚子14	辛丑15	壬寅16	癸卯17	甲辰18	乙巳19	丙午20	丁未21	戊申22	己酉23		
十一月大	己亥	天干地支西曆	庚戌24	辛亥25	壬子26	癸丑27	甲寅28	乙卯29	丙辰30	丁巳(10)	戊午2	己未3	庚申4	辛酉5	壬戌6	癸亥7	甲子8	乙丑9	丙寅10	丁卯11	戊辰12	己巳13	庚午14	辛未15	壬申16	癸酉17	甲戌18	乙亥19	丙子20	丁丑21	戊寅22	己卯23	乙卯秋分
十二月小	庚子	天干地支西曆	庚辰24	辛巳25	壬午26	癸未27	甲申28	乙酉29	丙戌30	丁亥31	戊子(11)	己丑2	庚寅3	辛卯4	壬辰5	癸巳6	甲午7	乙未8	丙申9	丁酉10	戊戌11	己亥12	庚子13	辛丑14	壬寅15	癸卯16	甲辰17	乙巳18	丙午19	丁未20	戊申21		庚子立冬
閏月大	庚子	天干地支西曆	己酉22	庚戌23	辛亥24	壬子25	癸丑26	甲寅27	乙卯28	丙辰29	丁巳30	戊午(12)	己未2	庚申3	辛酉4	壬戌5	癸亥6	甲子7	乙丑8	丙寅9	丁卯10	戊辰11	己巳12	庚午13	辛未14	壬申15	癸酉16	甲戌17	乙亥18	丙子19	丁丑20	戊寅21	

朔閏異同	曆名	正月	二月	三月	四月	五月	六月	七月	八月	九月	十月	十一	十二	閏月		曆名	正月	二月	三月	四月	五月	六月	七月	八月	九月	十月	十一	十二	閏月
	周曆殷曆	甲寅甲申	癸未癸丑	癸丑癸未	壬午癸丑	壬子壬午	辛巳壬子	---辛亥---辛巳	庚辰辛亥	庚戌庚辰	己卯庚戌	己酉己卯	己卯己酉	戊申戊寅		夏曆新曆	甲寅甲寅	癸未癸未	癸丑---癸丑	壬午壬午	---壬子辛亥	辛巳辛巳	辛亥庚戌	庚辰庚圾	庚戌庚戌	己卯庚辰	己酉己酉	戊寅己卯	戊申己酉

*《長曆》：正月甲寅，二月甲申，三月癸丑，四月癸未，五月癸丑，六月壬午，七月壬子，八月辛巳，九月辛亥，十月庚辰，閏月庚戌，十一己卯，十二己酉。

周敬王三十一年 魯哀公六年（壬子 鼠年）公元前490～前489年 歲在壽星

魯曆月序		中西曆對照	初一	初二	初三	初四	初五	初六	初七	初八	初九	初十	十一	十二	十三	十四	十五	十六	十七	十八	十九	二十	二一	二二	二三	二四	二五	二六	二七	二八	二九	三十	節氣與天象
正月小	辛丑	天干地支 西曆	己卯 22	庚辰 23	辛巳 24	壬午 25	癸未 26	甲申 27	乙酉 28	丙戌 29	丁亥 30	戊子 31	己丑 (1)	庚寅 2	辛卯 3	壬辰 4	癸巳 5	甲午 6	乙未 7	丙申 8	丁酉 9	戊戌 10	己亥 11	庚子 12	辛丑 13	壬寅 14	癸卯 15	甲辰 16	乙巳 17	丙午 18	丁未 19		甲申冬至
二月大	壬寅	天干地支 西曆	戊申 20	己酉 21	庚戌 22	辛亥 23	壬子 24	癸丑 25	甲寅 26	乙卯 27	丙辰 28	丁巳 29	戊午 30	己未 31	庚申 (2)	辛酉 2	壬戌 3	癸亥 4	甲子 5	乙丑 6	丙寅 7	丁卯 8	戊辰 9	己巳 10	庚午 11	辛未 12	壬申 13	癸酉 14	甲戌 15	乙亥 16	丙子 17	丁丑 18	戊辰立春
三月小	癸卯	天干地支 西曆	戊寅 19	己卯 20	庚辰 21	辛巳 22	壬午 23	癸未 24	甲申 25	乙酉 26	丙戌 27	丁亥 28	戊子 29	己丑 (3)	庚寅 2	辛卯 3	壬辰 4	癸巳 5	甲午 6	乙未 7	丙申 8	丁酉 9	戊戌 10	己亥 11	庚子 12	辛丑 13	壬寅 14	癸卯 15	甲辰 16	乙巳 17	丙午 18		
四月大	甲辰	天干地支 西曆	丁未 19	戊申 20	己酉 21	庚戌 22	辛亥 23	壬子 24	癸丑 25	甲寅 26	乙卯 27	丙辰 28	丁巳 29	戊午 30	己未 31	庚申 (4)	辛酉 2	壬戌 3	癸亥 4	甲子 5	乙丑 6	丙寅 7	丁卯 8	戊辰 9	己巳 10	庚午 11	辛未 12	壬申 13	癸酉 14	甲戌 15	乙亥 16	丙子 17	甲寅春分
五月小	乙巳	天干地支 西曆	丁丑 18	戊寅 19	己卯 20	庚辰 21	辛巳 22	壬午 23	癸未 24	甲申 25	乙酉 26	丙戌 27	丁亥 28	戊子 29	己丑 30	庚寅 (5)	辛卯 2	壬辰 3	癸巳 4	甲午 5	乙未 6	丙申 7	丁酉 8	戊戌 9	己亥 10	庚子 11	辛丑 12	壬寅 13	癸卯 14	甲辰 15	乙巳 16		辛丑立夏
六月大	丙午	天干地支 西曆	丙午 17	丁未 18	戊申 19	己酉 20	庚戌 21	辛亥 22	壬子 23	癸丑 24	甲寅 25	乙卯 26	丙辰 27	丁巳 28	戊午 29	己未 30	庚申 31	辛酉 (6)	壬戌 2	癸亥 3	甲子 4	乙丑 5	丙寅 6	丁卯 7	戊辰 8	己巳 9	庚午 10	辛未 11	壬申 12	癸酉 13	甲戌 14	乙亥 15	
七月小	丁未	天干地支 西曆	丙子 16	丁丑 17	戊寅 18	己卯 19	庚辰 20	辛巳 21	壬午 22	癸未 23	甲申 24	乙酉 25	丙戌 26	丁亥 27	戊子 28	己丑 29	庚寅 30	辛卯 (7)	壬辰 2	癸巳 3	甲午 4	乙未 5	丙申 6	丁酉 7	戊戌 8	己亥 9	庚子 10	辛丑 11	壬寅 12	癸卯 13	甲辰 14		戊子夏至
八月大	戊申	天干地支 西曆	乙巳 15	丙午 16	丁未 17	戊申 18	己酉 19	庚戌 20	辛亥 21	壬子 22	癸丑 23	甲寅 24	乙卯 25	丙辰 26	丁巳 27	戊午 28	己未 29	庚申 30	辛酉 31	壬戌 (8)	癸亥 2	甲子 3	乙丑 4	丙寅 5	丁卯 6	戊辰 7	己巳 8	庚午 9	辛未 10	壬申 11	癸酉 12	甲戌 13	
九月小	己酉	天干地支 西曆	乙亥 14	丙子 15	丁丑 16	戊寅 17	己卯 18	庚辰 19	辛巳 20	壬午 21	癸未 22	甲申 23	乙酉 24	丙戌 25	丁亥 26	戊子 27	己丑 28	庚寅 29	辛卯 30	壬辰 31	癸巳 (9)	甲午 2	乙未 3	丙申 4	丁酉 5	戊戌 6	己亥 7	庚子 8	辛丑 9	壬寅 10	癸卯 11		乙亥立秋
十月大	庚戌	天干地支 西曆	甲辰 12	乙巳 13	丙午 14	丁未 15	戊申 16	己酉 17	庚戌 18	辛亥 19	壬子 20	癸丑 21	甲寅 22	乙卯 23	丙辰 24	丁巳 25	戊午 26	己未 27	庚申 28	辛酉 29	壬戌 30	癸亥 (10)	甲子 2	乙丑 3	丙寅 4	丁卯 5	戊辰 6	己巳 7	庚午 8	辛未 9	壬申 10	癸酉 11	庚申秋分
十一月小	辛亥	天干地支 西曆	甲戌 12	乙亥 13	丙子 14	丁丑 15	戊寅 16	己卯 17	庚辰 18	辛巳 19	壬午 20	癸未 21	甲申 22	乙酉 23	丙戌 24	丁亥 25	戊子 26	己丑 27	庚寅 28	辛卯 29	壬辰 30	癸巳 31	甲午 (11)	乙未 2	丙申 3	丁酉 4	戊戌 5	己亥 6	庚子 7	辛丑 8	壬寅 9		
十二月大	壬子	天干地支 西曆	癸卯 10	甲辰 11	乙巳 12	丙午 13	丁未 14	戊申 15	己酉 16	庚戌 17	辛亥 18	壬子 19	癸丑 20	甲寅 21	乙卯 22	丙辰 23	丁巳 24	戊午 25	己未 26	庚申 27	辛酉 28	壬戌 29	癸亥 30	甲子 (12)	乙丑 2	丙寅 3	丁卯 4	戊辰 5	己巳 6	庚午 7	辛未 8	壬申 9	乙巳立冬

朔閏異同	曆名	正月	二月	三月	四月	五月	六月	七月	八月	九月	十月	十一	十二	閏月	曆名	正月	二月	三月	四月	五月	六月	七月	八月	九月	十月	十一	十二	閏月
	周曆殷曆	戊寅戊申	丁未丁丑	丁丑丁未	丙午丙子	丙子丙午	乙巳丙子	乙亥乙巳	甲辰乙亥	甲戌甲辰	癸卯甲戌	癸酉癸卯	壬寅癸酉		夏曆新曆	丁丑戊寅	丁未丁未	丁丑丁丑	丙午丙午	丙子乙亥	乙巳乙巳	乙亥甲戌	甲辰甲辰	甲戌甲戌	癸卯癸卯	癸酉癸酉	壬寅癸卯	

*《長曆》：正月戊寅，二月戊申，三月丁丑，四月丁未，五月丙子，六月丙午，七月丙子，八月乙巳，九月乙亥，十月甲辰，十一甲戌，十二癸卯。

周敬王三十二年 魯哀公七年（癸丑 牛年）公元前489 ~ 前488年 歲在大火

魯曆月序		中西曆日對照	初一	初二	初三	初四	初五	初六	初七	初八	初九	初十	十一	十二	十三	十四	十五	十六	十七	十八	十九	二十	二一	二二	二三	二四	二五	二六	二七	二八	二九	三十	節氣與天象
正月小	癸丑	干支曆	癸酉	甲戌	乙亥	丙子	丁丑	戊寅	己卯	庚辰	辛巳	壬午	癸未	甲申	乙酉	丙戌	丁亥	戊子	己丑	庚寅	辛卯	壬辰	癸巳	甲午	乙未	丙申	丁酉	戊戌	己亥	庚子	辛丑		己丑冬至
		天地西	10	11	12	13	14	15	16	17	18	19	20	21	22	23	24	25	26	27	28	29	30	31	(1)	2	3	4	5	6	7		
二月大	甲寅	干支曆	壬寅	癸卯	甲辰	乙巳	丙午	丁未	戊申	己酉	庚戌	辛亥	壬子	癸丑	甲寅	乙卯	丙辰	丁巳	戊午	己未	庚申	辛酉	壬戌	癸亥	甲子	乙丑	丙寅	丁卯	戊辰	己巳	庚午	辛未	
		天地西	8	9	10	11	12	13	14	15	16	17	18	19	20	21	22	23	24	25	26	27	28	29	30	31	(2)	2	3	4	5	6	
三月大	乙卯	干支曆	壬申	癸酉	甲戌	乙亥	丙子	丁丑	戊寅	己卯	庚辰	辛巳	壬午	癸未	甲申	乙酉	丙戌	丁亥	戊子	己丑	庚寅	辛卯	壬辰	癸巳	甲午	乙未	丙申	丁酉	戊戌	己亥	庚子	辛丑	甲戌立春
		天地西	7	8	9	10	11	12	13	14	15	16	17	18	19	20	21	22	23	24	25	26	27	28	(3)	2	3	4	5	6	7	8	
四月小	丙辰	干支曆	壬寅	癸卯	甲辰	乙巳	丙午	丁未	戊申	己酉	庚戌	辛亥	壬子	癸丑	甲寅	乙卯	丙辰	丁巳	戊午	己未	庚申	辛酉	壬戌	癸亥	甲子	乙丑	丙寅	丁卯	戊辰	己巳	庚午		庚申春分 壬寅日食
		天地西	9	10	11	12	13	14	15	16	17	18	19	20	21	22	23	24	25	26	27	28	29	30	31	(4)	2	3	4	5	6		
五月大	丁巳	干支曆	辛未	壬申	癸酉	甲戌	乙亥	丙子	丁丑	戊寅	己卯	庚辰	辛巳	壬午	癸未	甲申	乙酉	丙戌	丁亥	戊子	己丑	庚寅	辛卯	壬辰	癸巳	甲午	乙未	丙申	丁酉	戊戌	己亥	庚子	
		天地西	7	8	9	10	11	12	13	14	15	16	17	18	19	20	21	22	23	24	25	26	27	28	29	30	(5)	2	3	4	5	6	
六月小	戊午	干支曆	辛丑	壬寅	癸卯	甲辰	乙巳	丙午	丁未	戊申	己酉	庚戌	辛亥	壬子	癸丑	甲寅	乙卯	丙辰	丁巳	戊午	己未	庚申	辛酉	壬戌	癸亥	甲子	乙丑	丙寅	丁卯	戊辰	己巳		丙午立夏
		天地西	7	8	9	10	11	12	13	14	15	16	17	18	19	20	21	22	23	24	25	26	27	28	29	30	31	(6)	2	3	4		
七月大	己未	干支曆	庚午	辛未	壬申	癸酉	甲戌	乙亥	丙子	丁丑	戊寅	己卯	庚辰	辛巳	壬午	癸未	甲申	乙酉	丙戌	丁亥	戊子	己丑	庚寅	辛卯	壬辰	癸巳	甲午	乙未	丙申	丁酉	戊戌	己亥	甲午夏至
		天地西	5	6	7	8	9	10	11	12	13	14	15	16	17	18	19	20	21	22	23	24	25	26	27	28	29	30	(7)	2	3	4	
八月小	庚申	干支曆	庚子	辛丑	壬寅	癸卯	甲辰	乙巳	丙午	丁未	戊申	己酉	庚戌	辛亥	壬子	癸丑	甲寅	乙卯	丙辰	丁巳	戊午	己未	庚申	辛酉	壬戌	癸亥	甲子	乙丑	丙寅	丁卯	戊辰		
		天地西	5	6	7	8	9	10	11	12	13	14	15	16	17	18	19	20	21	22	23	24	25	26	27	28	29	30	31	(8)	2		
九月大	辛酉	干支曆	己巳	庚午	辛未	壬申	癸酉	甲戌	乙亥	丙子	丁丑	戊寅	己卯	庚辰	辛巳	壬午	癸未	甲申	乙酉	丙戌	丁亥	戊子	己丑	庚寅	辛卯	壬辰	癸巳	甲午	乙未	丙申	丁酉	戊戌	庚辰立秋 戊戌日食
		天地西	3	4	5	6	7	8	9	10	11	12	13	14	15	16	17	18	19	20	21	22	23	24	25	26	27	28	29	30	31	(9)	
十月小	壬戌	干支曆	己亥	庚子	辛丑	壬寅	癸卯	甲辰	乙巳	丙午	丁未	戊申	己酉	庚戌	辛亥	壬子	癸丑	甲寅	乙卯	丙辰	丁巳	戊午	己未	庚申	辛酉	壬戌	癸亥	甲子	乙丑	丙寅	丁卯		丙寅秋分
		天地西	2	3	4	5	6	7	8	9	10	11	12	13	14	15	16	17	18	19	20	21	22	23	24	25	26	27	28	29	30		
十一月大	癸亥	干支曆	戊辰	己巳	庚午	辛未	壬申	癸酉	甲戌	乙亥	丙子	丁丑	戊寅	己卯	庚辰	辛巳	壬午	癸未	甲申	乙酉	丙戌	丁亥	戊子	己丑	庚寅	辛卯	壬辰	癸巳	甲午	乙未	丙申	丁酉	
		天地西	(10)	2	3	4	5	6	7	8	9	10	11	12	13	14	15	16	17	18	19	20	21	22	23	24	25	26	27	28	29	30	
十二月小	甲子	干支曆	戊戌	己亥	庚子	辛丑	壬寅	癸卯	甲辰	乙巳	丙午	丁未	戊申	己酉	庚戌	辛亥	壬子	癸丑	甲寅	乙卯	丙辰	丁巳	戊午	己未	庚申	辛酉	壬戌	癸亥	甲子	乙丑	丙寅		庚戌立冬
		天地西	31	(11)	2	3	4	5	6	7	8	9	10	11	12	13	14	15	16	17	18	19	20	21	22	23	24	25	26	27	28		
閏月大	甲子	干支曆	丁卯	戊辰	己巳	庚午	辛未	壬申	癸酉	甲戌	乙亥	丙子	丁丑	戊寅	己卯	庚辰	辛巳	壬午	癸未	甲申	乙酉	丙戌	丁亥	戊子	己丑	庚寅	辛卯	壬辰	癸巳	甲午	乙未	丙申	甲午冬至
		天地西	29	30	(12)	2	3	4	5	6	7	8	9	10	11	12	13	14	15	16	17	18	19	20	21	22	23	24	25	26	27	28	

朔閏異同	曆名	正月	二月	三月	四月	五月	六月	七月	八月	九月	十月	十一	十二	閏月
	周曆殷曆	壬申壬寅	辛丑壬申	辛未辛丑	辛丑辛未	庚午庚子	庚子庚午	己巳己亥	己亥己巳	戊辰戊戌	戊戌戊辰	丁卯戊戌	丁酉丁卯	
	夏曆新曆	壬申癸酉	辛丑壬寅	辛未辛未	庚子辛丑	庚午庚午	庚子己亥	己巳己巳	己亥戊戌	戊辰戊辰	戊戌---丁酉	丁卯丁卯	丁酉丁酉	---丙寅丁卯

*《長曆》：正月癸酉，二月壬寅，三月壬申，四月辛丑，五月辛未，六月庚子，七月庚午，八月己亥，九月己巳，十月戊戌，十一戊辰，十二戊戌，閏月丁卯。

周敬王三十三年 魯哀公八年（甲寅 虎年）公元前488 ~ 前487年 歲在析木

魯曆月序		中西曆日對照	初一	初二	初三	初四	初五	初六	初七	初八	初九	初十	十一	十二	十三	十四	十五	十六	十七	十八	十九	二十	二一	二二	二三	二四	二五	二六	二七	二八	二九	三十	節氣與天象
正月小	乙丑	天干地支	丁酉	戊戌	己亥	庚子	辛丑	壬寅	癸卯	甲辰	乙巳	丙午	丁未	戊申	己酉	庚戌	辛亥	壬子	癸丑	甲寅	乙卯	丙辰	丁巳	戊午	己未	庚申	辛酉	壬戌	癸亥	甲子	乙丑		
		西曆	29	30	31	(1)	2	3	4	5	6	7	8	9	10	11	12	13	14	15	16	17	18	19	20	21	22	23	24	25	26		
二月大	丙寅	天干地支	丙寅	丁卯	戊辰	己巳	庚午	辛未	壬申	癸酉	甲戌	乙亥	丙子	丁丑	戊寅	己卯	庚辰	辛巳	壬午	癸未	甲申	乙酉	丙戌	丁亥	戊子	己丑	庚寅	辛卯	壬辰	癸巳	甲午	乙未	己卯立春
		西曆	27	28	29	30	31	(2)	2	3	4	5	6	7	8	9	10	11	12	13	14	15	16	17	18	19	20	21	22	23	24	25	
三月小	丁卯	天干地支	丙申	丁酉	戊戌	己亥	庚子	辛丑	壬寅	癸卯	甲辰	乙巳	丙午	丁未	戊申	己酉	庚戌	辛亥	壬子	癸丑	甲寅	乙卯	丙辰	丁巳	戊午	己未	庚申	辛酉	壬戌	癸亥	甲子		
		西曆	26	27	28	(3)	2	3	4	5	6	7	8	9	10	11	12	13	14	15	16	17	18	19	20	21	22	23	24	25	26		
四月大	戊辰	天干地支	乙丑	丙寅	丁卯	戊辰	己巳	庚午	辛未	壬申	癸酉	甲戌	乙亥	丙子	丁丑	戊寅	己卯	庚辰	辛巳	壬午	癸未	甲申	乙酉	丙戌	丁亥	戊子	己丑	庚寅	辛卯	壬辰	癸巳	甲午	乙丑春分
		西曆	27	28	29	30	31	(4)	2	3	4	5	6	7	8	9	10	11	12	13	14	15	16	17	18	19	20	21	22	23	24	25	
五月大	己巳	天干地支	乙未	丙申	丁酉	戊戌	己亥	庚子	辛丑	壬寅	癸卯	甲辰	乙巳	丙午	丁未	戊申	己酉	庚戌	辛亥	壬子	癸丑	甲寅	乙卯	丙辰	丁巳	戊午	己未	庚申	辛酉	壬戌	癸亥	甲子	壬子立夏
		西曆	26	27	28	29	30	(5)	2	3	4	5	6	7	8	9	10	11	12	13	14	15	16	17	18	19	20	21	22	23	24	25	
六月小	庚午	天干地支	乙丑	丙寅	丁卯	戊辰	己巳	庚午	辛未	壬申	癸酉	甲戌	乙亥	丙子	丁丑	戊寅	己卯	庚辰	辛巳	壬午	癸未	甲申	乙酉	丙戌	丁亥	戊子	己丑	庚寅	辛卯	壬辰	癸巳		
		西曆	26	27	28	29	30	31	(6)	2	3	4	5	6	7	8	9	10	11	12	13	14	15	16	17	18	19	20	21	22	23		
七月大	辛未	天干地支	甲午	乙未	丙申	丁酉	戊戌	己亥	庚子	辛丑	壬寅	癸卯	甲辰	乙巳	丙午	丁未	戊申	己酉	庚戌	辛亥	壬子	癸丑	甲寅	乙卯	丙辰	丁巳	戊午	己未	庚申	辛酉	壬戌	癸亥	己亥夏至
		西曆	24	25	26	27	28	29	30	(7)	2	3	4	5	6	7	8	9	10	11	12	13	14	15	16	17	18	19	20	21	22	23	
八月小	壬申	天干地支	甲子	乙丑	丙寅	丁卯	戊辰	己巳	庚午	辛未	壬申	癸酉	甲戌	乙亥	丙子	丁丑	戊寅	己卯	庚辰	辛巳	壬午	癸未	甲申	乙酉	丙戌	丁亥	戊子	己丑	庚寅	辛卯	壬辰		丙戌立秋
		西曆	24	25	26	27	28	29	30	31	(8)	2	3	4	5	6	7	8	9	10	11	12	13	14	15	16	17	18	19	20	21		
九月大	癸酉	天干地支	癸巳	甲午	乙未	丙申	丁酉	戊戌	己亥	庚子	辛丑	壬寅	癸卯	甲辰	乙巳	丙午	丁未	戊申	己酉	庚戌	辛亥	壬子	癸丑	甲寅	乙卯	丙辰	丁巳	戊午	己未	庚申	辛酉	壬戌	
		西曆	22	23	24	25	26	27	28	29	30	31	(9)	2	3	4	5	6	7	8	9	10	11	12	13	14	15	16	17	18	19	20	
十月小	甲戌	天干地支	癸亥	甲子	乙丑	丙寅	丁卯	戊辰	己巳	庚午	辛未	壬申	癸酉	甲戌	乙亥	丙子	丁丑	戊寅	己卯	庚辰	辛巳	壬午	癸未	甲申	乙酉	丙戌	丁亥	戊子	己丑	庚寅	辛卯		辛未秋分
		西曆	21	22	23	24	25	26	27	28	29	30	(10)	2	3	4	5	6	7	8	9	10	11	12	13	14	15	16	17	18	19		
十一月大	乙亥	天干地支	壬辰	癸巳	甲午	乙未	丙申	丁酉	戊戌	己亥	庚子	辛丑	壬寅	癸卯	甲辰	乙巳	丙午	丁未	戊申	己酉	庚戌	辛亥	壬子	癸丑	甲寅	乙卯	丙辰	丁巳	戊午	己未	庚申	辛酉	乙卯立冬
		西曆	20	21	22	23	24	25	26	27	28	29	30	31	(11)	2	3	4	5	6	7	8	9	10	11	12	13	14	15	16	17	18	
十二月小	丙子	天干地支	壬戌	癸亥	甲子	乙丑	丙寅	丁卯	戊辰	己巳	庚午	辛未	壬申	癸酉	甲戌	乙亥	丙子	丁丑	戊寅	己卯	庚辰	辛巳	壬午	癸未	甲申	乙酉	丙戌	丁亥	戊子	己丑	庚寅		
		西曆	19	20	21	22	23	24	25	26	27	28	29	30	(12)	2	3	4	5	6	7	8	9	10	11	12	13	14	15	16	17		

朔閏異同	曆名	正月	二月	三月	四月	五月	六月	七月	八月	九月	十月	十一	十二	閏月
	周曆殷曆	丙寅丁酉	丙申丙寅	乙丑┅丙申	┅乙未乙丑	甲子乙未	甲午甲子	甲子甲午	癸巳癸亥	癸亥癸巳	壬辰壬戌	壬戌壬辰	辛卯辛酉	辛酉辛卯
	夏曆新曆	丙申丙申	乙丑丙寅	乙未乙未	甲子乙丑	甲午甲午	癸亥癸亥	癸巳癸巳	壬戌壬戌	壬辰壬辰	壬戌辛酉	辛卯辛卯	辛酉辛酉	

*《長曆》：正月丁酉，二月丙寅，三月丙申，四月乙丑，五月乙未，六月甲子，七月甲午，八月癸亥，九月癸巳，十月壬戌，十一壬辰，十二辛酉。

周敬王三十四年 魯哀公九年（乙卯 兔年）公元前 487 ~ 前 486 年 歲在星紀

魯曆月序		中曆西日對照	初一	初二	初三	初四	初五	初六	初七	初八	初九	初十	十一	十二	十三	十四	十五	十六	十七	十八	十九	二十	二一	二二	二三	二四	二五	二六	二七	二八	二九	三十	節氣與天象
正月大	丁丑	干支 天地西曆	辛卯 18	壬辰 19	癸巳 20	甲午 21	乙未 22	丙申 23	丁酉 24	戊戌 25	己亥 26	庚子 27	辛丑 28	壬寅 29	癸卯 30	甲辰 31	乙巳 (1)	丙午 2	丁未 3	戊申 4	己酉 5	庚戌 6	辛亥 7	壬子 8	癸丑 9	甲寅 10	乙卯 11	丙辰 12	丁巳 13	戊午 14	己未 15	庚申 16	己亥冬至
二月小	戊寅	干支 天地西曆	辛酉 17	壬戌 18	癸亥 19	甲子 20	乙丑 21	丙寅 22	丁卯 23	戊辰 24	己巳 25	庚午 26	辛未 27	壬申 28	癸酉 29	甲戌 30	乙亥 31	丙子 (2)	丁丑 2	戊寅 3	己卯 4	庚辰 5	辛巳 6	壬午 7	癸未 8	甲申 9	乙酉 10	丙戌 11	丁亥 12	戊子 13	己丑 14		甲申立春
三月大	己卯	干支 天地西曆	庚寅 15	辛卯 16	壬辰 17	癸巳 18	甲午 19	乙未 20	丙申 21	丁酉 22	戊戌 23	己亥 24	庚子 25	辛丑 26	壬寅 27	癸卯 28	甲辰 (3)	乙巳 2	丙午 3	丁未 4	戊申 5	己酉 6	庚戌 7	辛亥 8	壬子 9	癸丑 10	甲寅 11	乙卯 12	丙辰 13	丁巳 14	戊午 15	己未 16	
四月小	庚辰	干支 天地西曆	庚申 17	辛酉 18	壬戌 19	癸亥 20	甲子 21	乙丑 22	丙寅 23	丁卯 24	戊辰 25	己巳 26	庚午 27	辛未 28	壬申 29	癸酉 30	甲戌 31	乙亥 (4)	丙子 2	丁丑 3	戊寅 4	己卯 5	庚辰 6	辛巳 7	壬午 8	癸未 9	甲申 10	乙酉 11	丙戌 12	丁亥 13	戊子 14		庚午春分
五月大	辛巳	干支 天地西曆	己丑 15	庚寅 16	辛卯 17	壬辰 18	癸巳 19	甲午 20	乙未 21	丙申 22	丁酉 23	戊戌 24	己亥 25	庚子 26	辛丑 27	壬寅 28	癸卯 29	甲辰 30	乙巳 (5)	丙午 2	丁未 3	戊申 4	己酉 5	庚戌 6	辛亥 7	壬子 8	癸丑 9	甲寅 10	乙卯 11	丙辰 12	丁巳 13	戊午 14	丁巳立夏
六月小	壬午	干支 天地西曆	己未 15	庚申 16	辛酉 17	壬戌 18	癸亥 19	甲子 20	乙丑 21	丙寅 22	丁卯 23	戊辰 24	己巳 25	庚午 26	辛未 27	壬申 28	癸酉 29	甲戌 30	乙亥 31	丙子 (6)	丁丑 2	戊寅 3	己卯 4	庚辰 5	辛巳 6	壬午 7	癸未 8	甲申 9	乙酉 10	丙戌 11	丁亥 12		
七月大	癸未	干支 天地西曆	戊子 13	己丑 14	庚寅 15	辛卯 16	壬辰 17	癸巳 18	甲午 19	乙未 20	丙申 21	丁酉 22	戊戌 23	己亥 24	庚子 25	辛丑 26	壬寅 27	癸卯 28	甲辰 29	乙巳 30	丙午 (7)	丁未 2	戊申 3	己酉 4	庚戌 5	辛亥 6	壬子 7	癸丑 8	甲寅 9	乙卯 10	丙辰 11	丁巳 12	甲辰夏至
八月大	甲申	干支 天地西曆	戊午 13	己未 14	庚申 15	辛酉 16	壬戌 17	癸亥 18	甲子 19	乙丑 20	丙寅 21	丁卯 22	戊辰 23	己巳 24	庚午 25	辛未 26	壬申 27	癸酉 28	甲戌 29	乙亥 30	丙子 31	丁丑 (8)	戊寅 2	己卯 3	庚辰 4	辛巳 5	壬午 6	癸未 7	甲申 8	乙酉 9	丙戌 10	丁亥 11	
九月小	乙酉	干支 天地西曆	戊子 12	己丑 13	庚寅 14	辛卯 15	壬辰 16	癸巳 17	甲午 18	乙未 19	丙申 20	丁酉 21	戊戌 22	己亥 23	庚子 24	辛丑 25	壬寅 26	癸卯 27	甲辰 28	乙巳 29	丙午 30	丁未 31	戊申 (9)	己酉 2	庚戌 3	辛亥 4	壬子 5	癸丑 6	甲寅 7	乙卯 8	丙辰 9		辛卯立秋
十月大	丙戌	干支 天地西曆	丁巳 10	戊午 11	己未 12	庚申 13	辛酉 14	壬戌 15	癸亥 16	甲子 17	乙丑 18	丙寅 19	丁卯 20	戊辰 21	己巳 22	庚午 23	辛未 24	壬申 25	癸酉 26	甲戌 27	乙亥 28	丙子 29	丁丑 30	戊寅 (10)	己卯 2	庚辰 3	辛巳 4	壬午 5	癸未 6	甲申 7	乙酉 8	丙戌 9	丙子秋分
十一月小	丁亥	干支 天地西曆	丁亥 10	戊子 11	己丑 12	庚寅 13	辛卯 14	壬辰 15	癸巳 16	甲午 17	乙未 18	丙申 19	丁酉 20	戊戌 21	己亥 22	庚子 23	辛丑 24	壬寅 25	癸卯 26	甲辰 27	乙巳 28	丙午 29	丁未 30	戊申 31	己酉 (11)	庚戌 2	辛亥 3	壬子 4	癸丑 5	甲寅 6	乙卯 7		
十二月大	戊子	干支 天地西曆	丙辰 8	丁巳 9	戊午 10	己未 11	庚申 12	辛酉 13	壬戌 14	癸亥 15	甲子 16	乙丑 17	丙寅 18	丁卯 19	戊辰 20	己巳 21	庚午 22	辛未 23	壬申 24	癸酉 25	甲戌 26	乙亥 27	丙子 28	丁丑 29	戊寅 30	己卯 (12)	庚辰 2	辛巳 3	壬午 4	癸未 5	甲申 6	乙酉 7	辛酉立冬

朔閏異同	曆名	正月	二月	三月	四月	五月	六月	七月	八月	九月	十月	十一	十二	閏月
	周曆殷曆	庚寅辛酉	庚申庚寅	己丑庚申	己未己丑	戊子己未	戊午戊子	丁亥戊午	丁巳丁亥	丙戌丁巳	丙辰丙戌	丙戌丙辰	乙卯乙酉	
	夏曆新曆	庚寅庚寅	庚申庚申	己丑庚寅	己未己未	戊子己丑	戊午戊午	丁亥丁亥	丁巳丁巳	丙戌丙戌	丙辰丙辰	乙酉乙酉	乙卯乙卯	

*《長曆》：正月辛卯，二月辛酉，三月庚寅，四月庚申，五月己丑，六月己未，七月戊子，八月戊午，九月丁亥，十月丁巳，十一丙戌，十二丙辰。

周敬王三十五年 魯哀公十年（丙辰 龍年）公元前486～前485年 歲在玄枵

魯曆月序		中西曆日對照	初一	初二	初三	初四	初五	初六	初七	初八	初九	初十	十一	十二	十三	十四	十五	十六	十七	十八	十九	二十	二一	二二	二三	二四	二五	二六	二七	二八	二九	三十	節氣與天象
正月小	己丑	天干 地支 西曆	丙戌 8	丁亥 9	戊子 10	己丑 11	庚寅 12	辛卯 13	壬辰 14	癸巳 15	甲午 16	乙未 17	丙申 18	丁酉 19	戊戌 20	己亥 21	庚子 22	辛丑 23	壬寅 24	癸卯 25	甲辰 26	乙巳 27	丙午 28	丁未 29	戊申 30	己酉 31	庚戌 (1)	辛亥 2	壬子 3	癸丑 4	甲寅 5		乙巳冬至
二月大	庚寅	天干 地支 西曆	乙卯 6	丙辰 7	丁巳 8	戊午 9	己未 10	庚申 11	辛酉 12	壬戌 13	癸亥 14	甲子 15	乙丑 16	丙寅 17	丁卯 18	戊辰 19	己巳 20	庚午 21	辛未 22	壬申 23	癸酉 24	甲戌 25	乙亥 26	丙子 27	丁丑 28	戊寅 29	己卯 30	庚辰 31	辛巳 (2)	壬午 2	癸未 3	甲申 4	
三月小	辛卯	天干 地支 西曆	乙酉 5	丙戌 6	丁亥 7	戊子 8	己丑 9	庚寅 10	辛卯 11	壬辰 12	癸巳 13	甲午 14	乙未 15	丙申 16	丁酉 17	戊戌 18	己亥 19	庚子 20	辛丑 21	壬寅 22	癸卯 23	甲辰 24	乙巳 25	丙午 26	丁未 27	戊申 28	己酉 29	庚戌 (3)	辛亥 2	壬子 3	癸丑 4		己丑立春
四月大	壬辰	天干 地支 西曆	甲寅 5	乙卯 6	丙辰 7	丁巳 8	戊午 9	己未 10	庚申 11	辛酉 12	壬戌 13	癸亥 14	甲子 15	乙丑 16	丙寅 17	丁卯 18	戊辰 19	己巳 20	庚午 21	辛未 22	壬申 23	癸酉 24	甲戌 25	乙亥 26	丙子 27	丁丑 28	戊寅 29	己卯 30	庚辰 31	辛巳 (4)	壬午 2	癸未 3	乙亥春分
五月小	癸巳	天干 地支 西曆	甲申 4	乙酉 5	丙戌 6	丁亥 7	戊子 8	己丑 9	庚寅 10	辛卯 11	壬辰 12	癸巳 13	甲午 14	乙未 15	丙申 16	丁酉 17	戊戌 18	己亥 19	庚子 20	辛丑 21	壬寅 22	癸卯 23	甲辰 24	乙巳 25	丙午 26	丁未 27	戊申 28	己酉 29	庚戌 30	辛亥 (5)	壬子 2		
六月大	甲午	天干 地支 西曆	癸丑 3	甲寅 4	乙卯 5	丙辰 6	丁巳 7	戊午 8	己未 9	庚申 10	辛酉 11	壬戌 12	癸亥 13	甲子 14	乙丑 15	丙寅 16	丁卯 17	戊辰 18	己巳 19	庚午 20	辛未 21	壬申 22	癸酉 23	甲戌 24	乙亥 25	丙子 26	丁丑 27	戊寅 28	己卯 29	庚辰 30	辛巳 31	壬午 (6)	壬戌立夏
七月小	乙未	天干 地支 西曆	癸未 2	甲申 3	乙酉 4	丙戌 5	丁亥 6	戊子 7	己丑 8	庚寅 9	辛卯 10	壬辰 11	癸巳 12	甲午 13	乙未 14	丙申 15	丁酉 16	戊戌 17	己亥 18	庚子 19	辛丑 20	壬寅 21	癸卯 22	甲辰 23	乙巳 24	丙午 25	丁未 26	戊申 27	己酉 28	庚戌 29	辛亥 30		己酉夏至
八月大	丙申	天干 地支 西曆	壬子 (7)	癸丑 2	甲寅 3	乙卯 4	丙辰 5	丁巳 6	戊午 7	己未 8	庚申 9	辛酉 10	壬戌 11	癸亥 12	甲子 13	乙丑 14	丙寅 15	丁卯 16	戊辰 17	己巳 18	庚午 19	辛未 20	壬申 21	癸酉 22	甲戌 23	乙亥 24	丙子 25	丁丑 26	戊寅 27	己卯 28	庚辰 29	辛巳 30	
九月小	丁酉	天干 地支 西曆	壬午 31	癸未 (8)	甲申 2	乙酉 3	丙戌 4	丁亥 5	戊子 6	己丑 7	庚寅 8	辛卯 9	壬辰 10	癸巳 11	甲午 12	乙未 13	丙申 14	丁酉 15	戊戌 16	己亥 17	庚子 18	辛丑 19	壬寅 20	癸卯 21	甲辰 22	乙巳 23	丙午 24	丁未 25	戊申 26	己酉 27	庚戌 28		丙申立秋
十月大	戊戌	天干 地支 西曆	辛亥 29	壬子 30	癸丑 31	甲寅 (9)	乙卯 2	丙辰 3	丁巳 4	戊午 5	己未 6	庚申 7	辛酉 8	壬戌 9	癸亥 10	甲子 11	乙丑 12	丙寅 13	丁卯 14	戊辰 15	己巳 16	庚午 17	辛未 18	壬申 19	癸酉 20	甲戌 21	乙亥 22	丙子 23	丁丑 24	戊寅 25	己卯 26	庚辰 27	
十一月小	己亥	天干 地支 西曆	辛巳 28	壬午 29	癸未 30	甲申 (10)	乙酉 2	丙戌 3	丁亥 4	戊子 5	己丑 6	庚寅 7	辛卯 8	壬辰 9	癸巳 10	甲午 11	乙未 12	丙申 13	丁酉 14	戊戌 15	己亥 16	庚子 17	辛丑 18	壬寅 19	癸卯 20	甲辰 21	乙巳 22	丙午 23	丁未 24	戊申 25	己酉 26		辛巳秋分
十二月大	庚子	天干 地支 西曆	庚戌 27	辛亥 28	壬子 29	癸丑 30	甲寅 31	乙卯 (11)	丙辰 2	丁巳 3	戊午 4	己未 5	庚申 6	辛酉 7	壬戌 8	癸亥 9	甲子 10	乙丑 11	丙寅 12	丁卯 13	戊辰 14	己巳 15	庚午 16	辛未 17	壬申 18	癸酉 19	甲戌 20	乙亥 21	丙子 22	丁丑 23	戊寅 24	己卯 25	丙寅立冬
閏月大	庚子	天干 地支 西曆	庚辰 26	辛巳 27	壬午 28	癸未 29	甲申 30	乙酉 (12)	丙戌 2	丁亥 3	戊子 4	己丑 5	庚寅 6	辛卯 7	壬辰 8	癸巳 9	甲午 10	乙未 11	丙申 12	丁酉 13	戊戌 14	己亥 15	庚子 16	辛丑 17	壬寅 18	癸卯 19	甲辰 20	乙巳 21	丙午 22	丁未 23	戊申 24	己酉 25	

朔閏異同	曆名	正月	二月	三月	四月	五月	六月	七月	八月	九月	十月	十一	十二	閏月
	周曆殷曆	乙酉乙卯	甲寅甲申	甲申甲寅	癸丑癸未	癸未癸丑	壬子癸未	壬午壬子	辛亥壬午	辛巳辛亥	庚戌辛巳	庚辰庚戌	己酉---庚辰	---己卯己酉
	夏曆新曆	甲申甲申	甲寅甲寅	甲申甲申	癸丑甲寅	癸未癸未	壬子癸丑	壬午---壬午	辛亥辛亥	---辛巳辛巳	庚戌庚戌	庚辰庚辰	己酉己酉	己卯己卯

*《長曆》：正月乙酉，二月乙卯，三月甲申，四月甲寅，五月癸未，閏月癸丑，六月癸未，七月壬子，八月壬午，九月辛亥，十月辛巳，十一庚戌，十二庚辰。

周敬王三十六年 魯哀公十一年（丁巳 蛇年）公元前485 ~ 前484年 歲在娵訾

魯曆月序		中曆西曆日對照	初一	初二	初三	初四	初五	初六	初七	初八	初九	初十	十一	十二	十三	十四	十五	十六	十七	十八	十九	二十	二一	二二	二三	二四	二五	二六	二七	二八	二九	三十	節氣與天象
正月小	辛丑	干支天地西曆	庚戌26	辛亥27	壬子28	癸丑29	甲寅30	乙卯31	丙辰(1)	丁巳2	戊午3	己未4	庚申5	辛酉6	壬戌7	癸亥8	甲子9	乙丑10	丙寅11	丁卯12	戊辰13	己巳14	庚午15	辛未16	壬申17	癸酉18	甲戌19	乙亥20	丙子21	丁丑22	戊寅23		庚戌冬至
二月大	壬寅	干支天地西曆	己卯24	庚辰25	辛巳26	壬午27	癸未28	甲申29	乙酉30	丙戌31	丁亥(2)	戊子2	己丑3	庚寅4	辛卯5	壬辰6	癸巳7	甲午8	乙未9	丙申10	丁酉11	戊戌12	己亥13	庚子14	辛丑15	壬寅16	癸卯17	甲辰18	乙巳19	丙午20	丁未21	戊申22	乙未立春
三月小	癸卯	干支天地西曆	己酉23	庚戌24	辛亥25	壬子26	癸丑27	甲寅28	乙卯(3)	丙辰2	丁巳3	戊午4	己未5	庚申6	辛酉7	壬戌8	癸亥9	甲子10	乙丑11	丙寅12	丁卯13	戊辰14	己巳15	庚午16	辛未17	壬申18	癸酉19	甲戌20	乙亥21	丙子22	丁丑23		
四月大	甲辰	干支天地西曆	戊寅24	己卯25	庚辰26	辛巳27	壬午28	癸未29	甲申30	乙酉31	丙戌(4)	丁亥2	戊子3	己丑4	庚寅5	辛卯6	壬辰7	癸巳8	甲午9	乙未10	丙申11	丁酉12	戊戌13	己亥14	庚子15	辛丑16	壬寅17	癸卯18	甲辰19	乙巳20	丙午21	丁未22	庚辰春分
五月小	乙巳	干支天地西曆	戊申23	己酉24	庚戌25	辛亥26	壬子27	癸丑28	甲寅29	乙卯30	丙辰(5)	丁巳2	戊午3	己未4	庚申5	辛酉6	壬戌7	癸亥8	甲子9	乙丑10	丙寅11	丁卯12	戊辰13	己巳14	庚午15	辛未16	壬申17	癸酉18	甲戌19	乙亥20	丙子21		丁卯立夏
六月大	丙午	干支天地西曆	丁丑22	戊寅23	己卯24	庚辰25	辛巳26	壬午27	癸未28	甲申29	乙酉30	丙戌31	丁亥(6)	戊子2	己丑3	庚寅4	辛卯5	壬辰6	癸巳7	甲午8	乙未9	丙申10	丁酉11	戊戌12	己亥13	庚子14	辛丑15	壬寅16	癸卯17	甲辰18	乙巳19	丙午20	
七月小	丁未	干支天地西曆	丁未21	戊申22	己酉23	庚戌24	辛亥25	壬子26	癸丑27	甲寅28	乙卯29	丙辰30	丁巳(7)	戊午2	己未3	庚申4	辛酉5	壬戌6	癸亥7	甲子8	乙丑9	丙寅10	丁卯11	戊辰12	己巳13	庚午14	辛未15	壬申16	癸酉17	甲戌18	乙亥19		乙卯夏至
八月大	戊申	干支天地西曆	丙子20	丁丑21	戊寅22	己卯23	庚辰24	辛巳25	壬午26	癸未27	甲申28	乙酉29	丙戌30	丁亥31	戊子(8)	己丑2	庚寅3	辛卯4	壬辰5	癸巳6	甲午7	乙未8	丙申9	丁酉10	戊戌11	己亥12	庚子13	辛丑14	壬寅15	癸卯16	甲辰17	乙巳18	辛丑立秋
九月小	己酉	干支天地西曆	丙午19	丁未20	戊申21	己酉22	庚戌23	辛亥24	壬子25	癸丑26	甲寅27	乙卯28	丙辰29	丁巳30	戊午31	己未(9)	庚申2	辛酉3	壬戌4	癸亥5	甲子6	乙丑7	丙寅8	丁卯9	戊辰10	己巳11	庚午12	辛未13	壬申14	癸酉15	甲戌16		
十月大	庚戌	干支天地西曆	乙亥17	丙子18	丁丑19	戊寅20	己卯21	庚辰22	辛巳23	壬午24	癸未25	甲申26	乙酉27	丙戌28	丁亥29	戊子30	己丑(10)	庚寅2	辛卯3	壬辰4	癸巳5	甲午6	乙未7	丙申8	丁酉9	戊戌10	己亥11	庚子12	辛丑13	壬寅14	癸卯15	甲辰16	丁亥秋分
十一月小	辛亥	干支天地西曆	乙巳17	丙午18	丁未19	戊申20	己酉21	庚戌22	辛亥23	壬子24	癸丑25	甲寅26	乙卯27	丙辰28	丁巳29	戊午30	己未31	庚申(11)	辛酉2	壬戌3	癸亥4	甲子5	乙丑6	丙寅7	丁卯8	戊辰9	己巳10	庚午11	辛未12	壬申13	癸酉14		辛未立冬
十二月大	壬子	干支天地西曆	甲戌15	乙亥16	丙子17	丁丑18	戊寅19	己卯20	庚辰21	辛巳22	壬午23	癸未24	甲申25	乙酉26	丙戌27	丁亥28	戊子29	己丑30	庚寅(12)	辛卯2	壬辰3	癸巳4	甲午5	乙未6	丙申7	丁酉8	戊戌9	己亥10	庚子11	辛丑12	壬寅13	癸卯14	

朔閏異同	曆名	正月	二月	三月	四月	五月	六月	七月	八月	九月	十月	十一	十二	閏月	曆名	正月	二月	三月	四月	五月	六月	七月	八月	九月	十月	十一	十二	閏月
	周曆殷曆	己酉己卯	戊寅戊申	戊申戊寅	丁丑丁未	丁未丁丑	丙子丙午	丙午丙子	乙亥乙巳	乙巳乙亥	甲戌乙巳	甲辰甲戌	癸酉甲辰		夏曆新曆	戊申戊申	戊寅戊寅	丁未戊申	丁丑丁丑	丁未丁未	丙子丙子	丙午丙午	乙亥乙亥	乙巳乙巳	甲戌甲戌	甲辰甲辰	癸酉癸酉	

*《長曆》：正月己酉，二月己卯，三月戊申，四月戊寅，五月丁未，六月丁丑，七月丙午，八月丙子，九月乙巳，十月乙亥，十一乙巳，十二甲戌。

周敬王三十七年 魯哀公十二年（戊午 馬年）公元前484 ~ 前483年 歲在降婁

魯曆月序		中西曆日對照	初一	初二	初三	初四	初五	初六	初七	初八	初九	初十	十一	十二	十三	十四	十五	十六	十七	十八	十九	二十	二一	二二	二三	二四	二五	二六	二七	二八	二九	三十	節氣與天象
正月小	癸丑	天干地支西曆	甲辰15	乙巳16	丙午17	丁未18	戊申19	己酉20	庚戌21	辛亥22	壬子23	癸丑24	甲寅25	乙卯26	丙辰27	丁巳28	戊午29	己未30	庚申31	辛酉(1)	壬戌2	癸亥3	甲子4	乙丑5	丙寅6	丁卯7	戊辰8	己巳9	庚午10	辛未11	壬申12		乙卯冬至
二月大	甲寅	天干地支西曆	癸酉13	甲戌14	乙亥15	丙子16	丁丑17	戊寅18	己卯19	庚辰20	辛巳21	壬午22	癸未23	甲申24	乙酉25	丙戌26	丁亥27	戊子28	己丑29	庚寅30	辛卯31	壬辰(2)	癸巳2	甲午3	乙未4	丙申5	丁酉6	戊戌7	己亥8	庚子9	辛丑10	壬寅11	庚子立春
三月小	乙卯	天干地支西曆	癸卯12	甲辰13	乙巳14	丙午15	丁未16	戊申17	己酉18	庚戌19	辛亥20	壬子21	癸丑22	甲寅23	乙卯24	丙辰25	丁巳26	戊午27	己未28	庚申(3)	辛酉2	壬戌3	癸亥4	甲子5	乙丑6	丙寅7	丁卯8	戊辰9	己巳10	庚午11	辛未12		
四月大	丙辰	天干地支西曆	壬申13	癸酉14	甲戌15	乙亥16	丙子17	丁丑18	戊寅19	己卯20	庚辰21	辛巳22	壬午23	癸未24	甲申25	乙酉26	丙戌27	丁亥28	戊子29	己丑30	庚寅31	辛卯(4)	壬辰2	癸巳3	甲午4	乙未5	丙申6	丁酉7	戊戌8	己亥9	庚子10	辛丑11	丙戌春分
五月大	丁巳	天干地支西曆	壬寅12	癸卯13	甲辰14	乙巳15	丙午16	丁未17	戊申18	己酉19	庚戌20	辛亥21	壬子22	癸丑23	甲寅24	乙卯25	丙辰26	丁巳27	戊午28	己未29	庚申30	辛酉(5)	壬戌2	癸亥3	甲子4	乙丑5	丙寅6	丁卯7	戊辰8	己巳9	庚午10	辛未11	
六月小	戊午	天干地支西曆	壬申12	癸酉13	甲戌14	乙亥15	丙子16	丁丑17	戊寅18	己卯19	庚辰20	辛巳21	壬午22	癸未23	甲申24	乙酉25	丙戌26	丁亥27	戊子28	己丑29	庚寅30	辛卯31	壬辰(6)	癸巳2	甲午3	乙未4	丙申5	丁酉6	戊戌7	己亥8	庚子9		癸酉立夏
七月大	己未	天干地支西曆	辛丑10	壬寅11	癸卯12	甲辰13	乙巳14	丙午15	丁未16	戊申17	己酉18	庚戌19	辛亥20	壬子21	癸丑22	甲寅23	乙卯24	丙辰25	丁巳26	戊午27	己未28	庚申29	辛酉30	壬戌(7)	癸亥2	甲子3	乙丑4	丙寅5	丁卯6	戊辰7	己巳8	庚午9	庚申夏至
八月小	庚申	天干地支西曆	辛未10	壬申11	癸酉12	甲戌13	乙亥14	丙子15	丁丑16	戊寅17	己卯18	庚辰19	辛巳20	壬午21	癸未22	甲申23	乙酉24	丙戌25	丁亥26	戊子27	己丑28	庚寅29	辛卯30	壬辰31	癸巳(8)	甲午2	乙未3	丙申4	丁酉5	戊戌6	己亥7		
九月大	辛酉	天干地支西曆	庚子8	辛丑9	壬寅10	癸卯11	甲辰12	乙巳13	丙午14	丁未15	戊申16	己酉17	庚戌18	辛亥19	壬子20	癸丑21	甲寅22	乙卯23	丙辰24	丁巳25	戊午26	己未27	庚申28	辛酉29	壬戌30	癸亥31	甲子(9)	乙丑2	丙寅3	丁卯4	戊辰5	己巳6	丙午立秋
十月小	壬戌	天干地支西曆	庚午7	辛未8	壬申9	癸酉10	甲戌11	乙亥12	丙子13	丁丑14	戊寅15	己卯16	庚辰17	辛巳18	壬午19	癸未20	甲申21	乙酉22	丙戌23	丁亥24	戊子25	己丑26	庚寅27	辛卯28	壬辰29	癸巳30	甲午(10)	乙未2	丙申3	丁酉4	戊戌5		壬辰秋分
十一月大	癸亥	天干地支西曆	己亥6	庚子7	辛丑8	壬寅9	癸卯10	甲辰11	乙巳12	丙午13	丁未14	戊申15	己酉16	庚戌17	辛亥18	壬子19	癸丑20	甲寅21	乙卯22	丙辰23	丁巳24	戊午25	己未26	庚申27	辛酉28	壬戌29	癸亥30	甲子31	乙丑(11)	丙寅2	丁卯3	戊辰4	
十二月小	甲子	天干地支西曆	己巳5	庚午6	辛未7	壬申8	癸酉9	甲戌10	乙亥11	丙子12	丁丑13	戊寅14	己卯15	庚辰16	辛巳17	壬午18	癸未19	甲申20	乙酉21	丙戌22	丁亥23	戊子24	己丑25	庚寅26	辛卯27	壬辰28	癸巳29	甲午30	乙未(12)	丙申2	丁酉3		丙子立冬

朔閏異同	曆名	正月	二月	三月	四月	五月	六月	七月	八月	九月	十月	十一	十二	閏月	曆名	正月	二月	三月	四月	五月	六月	七月	八月	九月	十月	十一	十二	閏月
	周曆殷曆	癸卯癸酉	壬申癸卯	壬寅壬申	辛未壬寅	辛丑辛未	辛未辛丑	庚子庚午	庚午庚子	己亥己巳	己巳己亥	戊戌戊辰	戊辰戊戌		夏曆新曆	癸卯癸卯	壬申壬申	壬寅壬寅	辛未辛未	辛丑辛丑	庚午庚午	庚子庚子	己巳庚午	己亥己亥	己巳己巳	戊戌戊戌	戊辰戊辰	

*《長曆》：正月甲辰，二月癸酉，三月癸卯，四月壬申，五月壬寅，六月辛未，七月辛丑，八月庚午，九月庚子，十月己巳，十一己亥，十二戊辰。

周敬王三十八年 魯哀公十三年（己未 羊年）公元前483 ~ 前482年 歲在大梁

魯曆月序		中西曆日對照	魯曆日序																														節氣與天象
			初一	初二	初三	初四	初五	初六	初七	初八	初九	初十	十一	十二	十三	十四	十五	十六	十七	十八	十九	二十	二一	二二	二三	二四	二五	二六	二七	二八	二九	三十	
正月大	乙丑	天干 地支 西曆	戊戌 4	己亥 5	庚子 6	辛丑 7	壬寅 8	癸卯 9	甲辰 10	乙巳 11	丙午 12	丁未 13	戊申 14	己酉 15	庚戌 16	辛亥 17	壬子 18	癸丑 19	甲寅 20	乙卯 21	丙辰 22	丁巳 23	戊午 24	己未 25	庚申 26	辛酉 27	壬戌 28	癸亥 29	甲子 30	乙丑 31	丙寅 (1)	丁卯 2	庚申冬至
二月小	丙寅	天干 地支 西曆	戊辰 3	己巳 4	庚午 5	辛未 6	壬申 7	癸酉 8	甲戌 9	乙亥 10	丙子 11	丁丑 12	戊寅 13	己卯 14	庚辰 15	辛巳 16	壬午 17	癸未 18	甲申 19	乙酉 20	丙戌 21	丁亥 22	戊子 23	己丑 24	庚寅 25	辛卯 26	壬辰 27	癸巳 28	甲午 29	乙未 30	丙申 31		
三月大	丁卯	天干 地支 西曆	丁酉 (2)	戊戌 2	己亥 3	庚子 4	辛丑 5	壬寅 6	癸卯 7	甲辰 8	乙巳 9	丙午 10	丁未 11	戊申 12	己酉 13	庚戌 14	辛亥 15	壬子 16	癸丑 17	甲寅 18	乙卯 19	丙辰 20	丁巳 21	戊午 22	己未 23	庚申 24	辛酉 25	壬戌 26	癸亥 27	甲子 28	乙丑 (3)	丙寅 2	乙巳立春
四月小	戊辰	天干 地支 西曆	丁卯 3	戊辰 4	己巳 5	庚午 6	辛未 7	壬申 8	癸酉 9	甲戌 10	乙亥 11	丙子 12	丁丑 13	戊寅 14	己卯 15	庚辰 16	辛巳 17	壬午 18	癸未 19	甲申 20	乙酉 21	丙戌 22	丁亥 23	戊子 24	己丑 25	庚寅 26	辛卯 27	壬辰 28	癸巳 29	甲午 30	乙未 31		辛卯春分
五月大	己巳	天干 地支 西曆	丙申 (4)	丁酉 2	戊戌 3	己亥 4	庚子 5	辛丑 6	壬寅 7	癸卯 8	甲辰 9	乙巳 10	丙午 11	丁未 12	戊申 13	己酉 14	庚戌 15	辛亥 16	壬子 17	癸丑 18	甲寅 19	乙卯 20	丙辰 21	丁巳 22	戊午 23	己未 24	庚申 25	辛酉 26	壬戌 27	癸亥 28	甲子 29	乙丑 30	
六月小	庚午	天干 地支 西曆	丙寅 (5)	丁卯 2	戊辰 3	己巳 4	庚午 5	辛未 6	壬申 7	癸酉 8	甲戌 9	乙亥 10	丙子 11	丁丑 12	戊寅 13	己卯 14	庚辰 15	辛巳 16	壬午 17	癸未 18	甲申 19	乙酉 20	丙戌 21	丁亥 22	戊子 23	己丑 24	庚寅 25	辛卯 26	壬辰 27	癸巳 28	甲午 29		戊寅立夏
七月大	辛未	天干 地支 西曆	乙未 30	丙申 31	丁酉 (6)	戊戌 2	己亥 3	庚子 4	辛丑 5	壬寅 6	癸卯 7	甲辰 8	乙巳 9	丙午 10	丁未 11	戊申 12	己酉 13	庚戌 14	辛亥 15	壬子 16	癸丑 17	甲寅 18	乙卯 19	丙辰 20	丁巳 21	戊午 22	己未 23	庚申 24	辛酉 25	壬戌 26	癸亥 27	甲子 28	
八月大	壬申	天干 地支 西曆	乙丑 29	丙寅 30	丁卯 (7)	戊辰 2	己巳 3	庚午 4	辛未 5	壬申 6	癸酉 7	甲戌 8	乙亥 9	丙子 10	丁丑 11	戊寅 12	己卯 13	庚辰 14	辛巳 15	壬午 16	癸未 17	甲申 18	乙酉 19	丙戌 20	丁亥 21	戊子 22	己丑 23	庚寅 24	辛卯 25	壬辰 26	癸巳 27	甲午 28	乙丑夏至
九月小	癸酉	天干 地支 西曆	乙未 29	丙申 30	丁酉 31	戊戌 (8)	己亥 2	庚子 3	辛丑 4	壬寅 5	癸卯 6	甲辰 7	乙巳 8	丙午 9	丁未 10	戊申 11	己酉 12	庚戌 13	辛亥 14	壬子 15	癸丑 16	甲寅 17	乙卯 18	丙辰 19	丁巳 20	戊午 21	己未 22	庚申 23	辛酉 24	壬戌 25	癸亥 26		壬子立秋
十月大	甲戌	天干 地支 西曆	甲子 27	乙丑 28	丙寅 29	丁卯 30	戊辰 31	己巳 (9)	庚午 2	辛未 3	壬申 4	癸酉 5	甲戌 6	乙亥 7	丙子 8	丁丑 9	戊寅 10	己卯 11	庚辰 12	辛巳 13	壬午 14	癸未 15	甲申 16	乙酉 17	丙戌 18	丁亥 19	戊子 20	己丑 21	庚寅 22	辛卯 23	壬辰 24	癸巳 25	
十一月小	乙亥	天干 地支 西曆	甲午 26	乙未 27	丙申 28	丁酉 29	戊戌 30	己亥 (10)	庚子 2	辛丑 3	壬寅 4	癸卯 5	甲辰 6	乙巳 7	丙午 8	丁未 9	戊申 10	己酉 11	庚戌 12	辛亥 13	壬子 14	癸丑 15	甲寅 16	乙卯 17	丙辰 18	丁巳 19	戊午 20	己未 21	庚申 22	辛酉 23	壬戌 24		丁酉秋分
十二月大	丙子	天干 地支 西曆	癸亥 25	甲子 26	乙丑 27	丙寅 28	丁卯 29	戊辰 30	己巳 31	庚午 (11)	辛未 2	壬申 3	癸酉 4	甲戌 5	乙亥 6	丙子 7	丁丑 8	戊寅 9	己卯 10	庚辰 11	辛巳 12	壬午 13	癸未 14	甲申 15	乙酉 16	丙戌 17	丁亥 18	戊子 19	己丑 20	庚寅 21	辛卯 22	壬辰 23	壬午立冬
閏月小	丙子	天干 地支 西曆	癸巳 24	甲午 25	乙未 26	丙申 27	丁酉 28	戊戌 29	己亥 30	庚子 (12)	辛丑 2	壬寅 3	癸卯 4	甲辰 5	乙巳 6	丙午 7	丁未 8	戊申 9	己酉 10	庚戌 11	辛亥 12	壬子 13	癸丑 14	甲寅 15	乙卯 16	丙辰 17	丁巳 18	戊午 19	己未 20	庚申 21	辛酉 22		

朔閏異同	曆名	正月	二月	三月	四月	五月	六月	七月	八月	九月	十月	十一	十二	閏月		曆名	正月	二月	三月	四月	五月	六月	七月	八月	九月	十月	十一	十二	閏月
	周曆殷曆	丁酉戊辰	丁卯丁酉	丙申丁卯	丙寅丙申	乙未丙寅	乙丑乙未	甲午乙丑	甲子甲午	癸巳---甲子	癸亥癸巳	---癸巳癸亥	壬戌壬辰	壬辰壬戌		夏曆新曆	丁酉丁酉	丁卯丁卯	丙申丙申	丙寅---乙丑	乙未乙未	---乙丑乙丑	甲午甲午	甲子甲子	癸巳甲午	癸亥癸亥	壬辰癸巳	壬戌壬戌	壬辰壬辰

*《長曆》：正月戊戌，二月戊辰，三月丁酉，四月丁卯，五月丙申，六月丙寅，七月乙未，八月乙丑，九月甲午，十月甲子，十一癸巳，十二癸亥。

周敬王三十九年 魯哀公十四年（庚申 猴年）公元前482 ~ 前481年 歲在實沈

魯曆月序		中西曆日對照	初一	初二	初三	初四	初五	初六	初七	初八	初九	初十	十一	十二	十三	十四	十五	十六	十七	十八	十九	二十	二一	二二	二三	二四	二五	二六	二七	二八	二九	三十	節氣與天象
正月大	丁丑	干支 天地 西曆	壬戌23	癸亥24	甲子25	乙丑26	丙寅27	丁卯28	戊辰29	己巳30	庚午31	辛未(1)	壬申2	癸酉3	甲戌4	乙亥5	丙子6	丁丑7	戊寅8	己卯9	庚辰10	辛巳11	壬午12	癸未13	甲申14	乙酉15	丙戌16	丁亥17	戊子18	己丑19	庚寅20	辛卯21	丙寅冬至
二月小	戊寅	干支 天地 西曆	壬辰22	癸巳23	甲午24	乙未25	丙申26	丁酉27	戊戌28	己亥29	庚子30	辛丑31	壬寅(2)	癸卯2	甲辰3	乙巳4	丙午5	丁未6	戊申7	己酉8	庚戌9	辛亥10	壬子11	癸丑12	甲寅13	乙卯14	丙辰15	丁巳16	戊午17	己未18	庚申19		庚戌立春
三月大	己卯	干支 天地 西曆	辛酉20	壬戌21	癸亥22	甲子23	乙丑24	丙寅25	丁卯26	戊辰27	己巳28	庚午29	辛未(3)	壬申2	癸酉3	甲戌4	乙亥5	丙子6	丁丑7	戊寅8	己卯9	庚辰10	辛巳11	壬午12	癸未13	甲申14	乙酉15	丙戌16	丁亥17	戊子18	己丑19	庚寅20	
四月小	庚辰	干支 天地 西曆	辛卯21	壬辰22	癸巳23	甲午24	乙未25	丙申26	丁酉27	戊戌28	己亥29	庚子30	辛丑31	壬寅(4)	癸卯2	甲辰3	乙巳4	丙午5	丁未6	戊申7	己酉8	庚戌9	辛亥10	壬子11	癸丑12	甲寅13	乙卯14	丙辰15	丁巳16	戊午17	己未18		丙申春分
五月大	辛巳	干支 天地 西曆	庚申19	辛酉20	壬戌21	癸亥22	甲子23	乙丑24	丙寅25	丁卯26	戊辰27	己巳28	庚午29	辛未30	壬申(5)	癸酉2	甲戌3	乙亥4	丙子5	丁丑6	戊寅7	己卯8	庚辰9	辛巳10	壬午11	癸未12	甲申13	乙酉14	丙戌15	丁亥16	戊子17	己丑18	癸未立夏 庚申日食
六月小	壬午	干支 天地 西曆	庚寅19	辛卯20	壬辰21	癸巳22	甲午23	乙未24	丙申25	丁酉26	戊戌27	己亥28	庚子29	辛丑30	壬寅31	癸卯(6)	甲辰2	乙巳3	丙午4	丁未5	戊申6	己酉7	庚戌8	辛亥9	壬子10	癸丑11	甲寅12	乙卯13	丙辰14	丁巳15	戊午16		
七月大	癸未	干支 天地 西曆	己未17	庚申18	辛酉19	壬戌20	癸亥21	甲子22	乙丑23	丙寅24	丁卯25	戊辰26	己巳27	庚午28	辛未29	壬申30	癸酉(7)	甲戌2	乙亥3	丙子4	丁丑5	戊寅6	己卯7	庚辰8	辛巳9	壬午10	癸未11	甲申12	乙酉13	丙戌14	丁亥15	戊子16	庚午夏至
八月小	甲申	干支 天地 西曆	己丑17	庚寅18	辛卯19	壬辰20	癸巳21	甲午22	乙未23	丙申24	丁酉25	戊戌26	己亥27	庚子28	辛丑29	壬寅30	癸卯31	甲辰(8)	乙巳2	丙午3	丁未4	戊申5	己酉6	庚戌7	辛亥8	壬子9	癸丑10	甲寅11	乙卯12	丙辰13	丁巳14		丁巳立秋
九月大	乙酉	干支 天地 西曆	戊午15	己未16	庚申17	辛酉18	壬戌19	癸亥20	甲子21	乙丑22	丙寅23	丁卯24	戊辰25	己巳26	庚午27	辛未28	壬申29	癸酉30	甲戌31	乙亥(9)	丙子2	丁丑3	戊寅4	己卯5	庚辰6	辛巳7	壬午8	癸未9	甲申10	乙酉11	丙戌12	丁亥13	
十月小	丙戌	干支 天地 西曆	戊子14	己丑15	庚寅16	辛卯17	壬辰18	癸巳19	甲午20	乙未21	丙申22	丁酉23	戊戌24	己亥25	庚子26	辛丑27	壬寅28	癸卯29	甲辰30	乙巳(10)	丙午2	丁未3	戊申4	己酉5	庚戌6	辛亥7	壬子8	癸丑9	甲寅10	乙卯11	丙辰12		壬寅秋分
十一月大	丁亥	干支 天地 西曆	丁巳13	戊午14	己未15	庚申16	辛酉17	壬戌18	癸亥19	甲子20	乙丑21	丙寅22	丁卯23	戊辰24	己巳25	庚午26	辛未27	壬申28	癸酉29	甲戌30	乙亥31	丙子(11)	丁丑2	戊寅3	己卯4	庚辰5	辛巳6	壬午7	癸未8	甲申9	乙酉10	丙戌11	
十二月大	戊子	干支 天地 西曆	丁亥12	戊子13	己丑14	庚寅15	辛卯16	壬辰17	癸巳18	甲午19	乙未20	丙申21	丁酉22	戊戌23	己亥24	庚子25	辛丑26	壬寅27	癸卯28	甲辰29	乙巳30	丙午(12)	丁未2	戊申3	己酉4	庚戌5	辛亥6	壬子7	癸丑8	甲寅9	乙卯10	丙辰11	丁亥立冬

朔閏異同	曆名	正月	二月	三月	四月	五月	六月	七月	八月	九月	十月	十一	十二	閏月	曆名	正月	二月	三月	四月	五月	六月	七月	八月	九月	十月	十一	十二	閏月
	周曆 殷曆	辛酉 辛卯	辛卯 辛酉	庚申 庚寅	庚寅 庚申	己未 庚寅	己丑 己未	戊午 己丑	戊子 戊午	丁巳 戊子	丁亥 丁巳	丙辰 丁亥	丙戌 丙辰		夏曆 新曆	辛酉 辛酉	辛卯 辛卯	庚申 庚申	庚寅 己丑	己未 己未	己丑 戊子	戊午 戊午	戊子 戊子	丁巳 丁巳	丁亥 丁亥	丙辰 丁巳	丙戌 丙戌	

*《長曆》：正月壬辰，二月壬戌，閏月辛卯，三月辛酉，四月庚寅，五月庚申，六月庚寅，七月己未，八月己丑，九月戊午，十月戊子，十一丁巳，十二丁亥。

周敬王四十年 魯哀公十五年（辛酉 鷄年）公元前481 ~ 前480年 歲在鶉首

魯曆月序		中西曆日對照	初一	初二	初三	初四	初五	初六	初七	初八	初九	初十	十一	十二	十三	十四	十五	十六	十七	十八	十九	二十	二一	二二	二三	二四	二五	二六	二七	二八	二九	三十	節氣與天象
正月小	己丑	天干地支西曆	丁巳12	戊午13	己未14	庚申15	辛酉16	壬戌17	癸亥18	甲子19	乙丑20	丙寅21	丁卯22	戊辰23	己巳24	庚午25	辛未26	壬申27	癸酉28	甲戌29	乙亥30	丙子31	丁丑(1)	戊寅2	己卯3	庚辰4	辛巳5	壬午6	癸未7	甲申8	乙酉9		辛未冬至
二月大	庚寅	天干地支西曆	丙戌10	丁亥11	戊子12	己丑13	庚寅14	辛卯15	壬辰16	癸巳17	甲午18	乙未19	丙申20	丁酉21	戊戌22	己亥23	庚子24	辛丑25	壬寅26	癸卯27	甲辰28	乙巳29	丙午30	丁未31	戊申(2)	己酉2	庚戌3	辛亥4	壬子5	癸丑6	甲寅7	乙卯8	
三月小	辛卯	天干地支西曆	丙辰9	丁巳10	戊午11	己未12	庚申13	辛酉14	壬戌15	癸亥16	甲子17	乙丑18	丙寅19	丁卯20	戊辰21	己巳22	庚午23	辛未24	壬申25	癸酉26	甲戌27	乙亥28	丙子(3)	丁丑2	戊寅3	己卯4	庚辰5	辛巳6	壬午7	癸未8	甲申9		丙辰立春
四月大	壬辰	天干地支西曆	乙酉10	丙戌11	丁亥12	戊子13	己丑14	庚寅15	辛卯16	壬辰17	癸巳18	甲午19	乙未20	丙申21	丁酉22	戊戌23	己亥24	庚子25	辛丑26	壬寅27	癸卯28	甲辰29	乙巳30	丙午31	丁未(4)	戊申2	己酉3	庚戌4	辛亥5	壬子6	癸丑7	甲寅8	辛丑春分
五月小	癸巳	天干地支西曆	乙卯9	丙辰10	丁巳11	戊午12	己未13	庚申14	辛酉15	壬戌16	癸亥17	甲子18	乙丑19	丙寅20	丁卯21	戊辰22	己巳23	庚午24	辛未25	壬申26	癸酉27	甲戌28	乙亥29	丙子30	丁丑(5)	戊寅2	己卯3	庚辰4	辛巳5	壬午6	癸未7		
六月大	甲午	天干地支西曆	甲申8	乙酉9	丙戌10	丁亥11	戊子12	己丑13	庚寅14	辛卯15	壬辰16	癸巳17	甲午18	乙未19	丙申20	丁酉21	戊戌22	己亥23	庚子24	辛丑25	壬寅26	癸卯27	甲辰28	乙巳29	丙午30	丁未31	戊申(6)	己酉2	庚戌3	辛亥4	壬子5	癸丑6	戊子立夏
七月小	乙未	天干地支西曆	甲寅7	乙卯8	丙辰9	丁巳10	戊午11	己未12	庚申13	辛酉14	壬戌15	癸亥16	甲子17	乙丑18	丙寅19	丁卯20	戊辰21	己巳22	庚午23	辛未24	壬申25	癸酉26	甲戌27	乙亥28	丙子29	丁丑30	戊寅(7)	己卯2	庚辰3	辛巳4	壬午5		丙子夏至
八月大	丙申	天干地支西曆	癸未6	甲申7	乙酉8	丙戌9	丁亥10	戊子11	己丑12	庚寅13	辛卯14	壬辰15	癸巳16	甲午17	乙未18	丙申19	丁酉20	戊戌21	己亥22	庚子23	辛丑24	壬寅25	癸卯26	甲辰27	乙巳28	丙午29	丁未30	戊申31	己酉(8)	庚戌2	辛亥3	壬子4	
九月小	丁酉	天干地支西曆	癸丑5	甲寅6	乙卯7	丙辰8	丁巳9	戊午10	己未11	庚申12	辛酉13	壬戌14	癸亥15	甲子16	乙丑17	丙寅18	丁卯19	戊辰20	己巳21	庚午22	辛未23	壬申24	癸酉25	甲戌26	乙亥27	丙子28	丁丑29	戊寅30	己卯31	庚辰(9)	辛巳2		壬戌立秋
十月大	戊戌	天干地支西曆	壬午3	癸未4	甲申5	乙酉6	丙戌7	丁亥8	戊子9	己丑10	庚寅11	辛卯12	壬辰13	癸巳14	甲午15	乙未16	丙申17	丁酉18	戊戌19	己亥20	庚子21	辛丑22	壬寅23	癸卯24	甲辰25	乙巳26	丙午27	丁未28	戊申29	己酉30	庚戌(10)	辛亥2	戊申秋分
十一月小	己亥	天干地支西曆	壬子3	癸丑4	甲寅5	乙卯6	丙辰7	丁巳8	戊午9	己未10	庚申11	辛酉12	壬戌13	癸亥14	甲子15	乙丑16	丙寅17	丁卯18	戊辰19	己巳20	庚午21	辛未22	壬申23	癸酉24	甲戌25	乙亥26	丙子27	丁丑28	戊寅29	己卯30	庚辰31		
十二月大	庚子	天干地支西曆	辛巳(11)	壬午2	癸未3	甲申4	乙酉5	丙戌6	丁亥7	戊子8	己丑9	庚寅10	辛卯11	壬辰12	癸巳13	甲午14	乙未15	丙申16	丁酉17	戊戌18	己亥19	庚子20	辛丑21	壬寅22	癸卯23	甲辰24	乙巳25	丙午26	丁未27	戊申28	己酉29	庚戌30	壬辰立冬

朔閏異同	曆名	正月	二月	三月	四月	五月	六月	七月	八月	九月	十月	十一	十二	閏月
	周曆殷曆	丙辰丙戌	乙酉乙卯	乙卯乙酉	甲申甲寅	甲寅甲申	癸未癸丑	癸丑癸未	壬午癸丑	壬子壬午	辛巳壬子	辛亥辛巳	庚辰辛亥	
	夏曆新曆	乙卯丙辰	乙酉乙酉	甲寅乙卯	甲申甲申	甲寅癸丑	癸未癸未	癸丑壬子	壬午壬午	壬子辛亥	辛巳辛巳	辛亥辛亥	庚辰---辛巳	庚戌

*《長曆》：正月丙辰，二月丙戌，三月乙卯，四月乙酉，五月甲寅，六月甲申，七月癸丑，八月癸未，九月癸丑，十月壬午，十一壬子，十二辛巳，閏月辛亥。

周敬王四十一年 魯哀公十六年（壬戌 狗年）公元前 480 ~ 前 479 年 歲在鶉火

魯曆月序		中西曆日對照	初一	初二	初三	初四	初五	初六	初七	初八	初九	初十	十一	十二	十三	十四	十五	十六	十七	十八	十九	二十	二一	二二	二三	二四	二五	二六	二七	二八	二九	三十	節氣與天象
正月小	辛丑	天干地支西曆	辛亥(12)	壬子2	癸丑3	甲寅4	乙卯5	丙辰6	丁巳7	戊午8	己未9	庚申10	辛酉11	壬戌12	癸亥13	甲子14	乙丑15	丙寅16	丁卯17	戊辰18	己巳19	庚午20	辛未21	壬申22	癸酉23	甲戌24	乙亥25	丙子26	丁丑27	戊寅28	己卯29		丙子冬至
二月大	壬寅	天干地支西曆	庚辰30	辛巳31	壬午(1)	癸未2	甲申3	乙酉4	丙戌5	丁亥6	戊子7	己丑8	庚寅9	辛卯10	壬辰11	癸巳12	甲午13	乙未14	丙申15	丁酉16	戊戌17	己亥18	庚子19	辛丑20	壬寅21	癸卯22	甲辰23	乙巳24	丙午25	丁未26	戊申27	己酉28	
三月小	癸卯	天干地支西曆	庚戌29	辛亥30	壬子31	癸丑(2)	甲寅2	乙卯3	丙辰4	丁巳5	戊午6	己未7	庚申8	辛酉9	壬戌10	癸亥11	甲子12	乙丑13	丙寅14	丁卯15	戊辰16	己巳17	庚午18	辛未19	壬申20	癸酉21	甲戌22	乙亥23	丙子24	丁丑25	戊寅26		辛酉立春
四月大	甲辰	天干地支西曆	己卯27	庚辰28	辛巳(3)	壬午2	癸未3	甲申4	乙酉5	丙戌6	丁亥7	戊子8	己丑9	庚寅10	辛卯11	壬辰12	癸巳13	甲午14	乙未15	丙申16	丁酉17	戊戌18	己亥19	庚子20	辛丑21	壬寅22	癸卯23	甲辰24	乙巳25	丙午26	丁未27	戊申28	丁未春分
五月大	乙巳	天干地支西曆	己酉29	庚戌30	辛亥31	壬子(4)	癸丑2	甲寅3	乙卯4	丙辰5	丁巳6	戊午7	己未8	庚申9	辛酉10	壬戌11	癸亥12	甲子13	乙丑14	丙寅15	丁卯16	戊辰17	己巳18	庚午19	辛未20	壬申21	癸酉22	甲戌23	乙亥24	丙子25	丁丑26	戊寅27	
六月小	丙午	天干地支西曆	己卯28	庚辰29	辛巳30	壬午(5)	癸未2	甲申3	乙酉4	丙戌5	丁亥6	戊子7	己丑8	庚寅9	辛卯10	壬辰11	癸巳12	甲午13	乙未14	丙申15	丁酉16	戊戌17	己亥18	庚子19	辛丑20	壬寅21	癸卯22	甲辰23	乙巳24	丙午25	丁未26		甲午立夏
七月大	丁未	天干地支西曆	戊申27	己酉28	庚戌29	辛亥30	壬子31	癸丑(6)	甲寅2	乙卯3	丙辰4	丁巳5	戊午6	己未7	庚申8	辛酉9	壬戌10	癸亥11	甲子12	乙丑13	丙寅14	丁卯15	戊辰16	己巳17	庚午18	辛未19	壬申20	癸酉21	甲戌22	乙亥23	丙子24	丁丑25	
八月小	戊申	天干地支西曆	戊寅26	己卯27	庚辰28	辛巳29	壬午30	癸未(7)	甲申2	乙酉3	丙戌4	丁亥5	戊子6	己丑7	庚寅8	辛卯9	壬辰10	癸巳11	甲午12	乙未13	丙申14	丁酉15	戊戌16	己亥17	庚子18	辛丑19	壬寅20	癸卯21	甲辰22	乙巳23	丙午24		辛巳夏至
九月大	己酉	天干地支西曆	丁未25	戊申26	己酉27	庚戌28	辛亥29	壬子30	癸丑31	甲寅(8)	乙卯2	丙辰3	丁巳4	戊午5	己未6	庚申7	辛酉8	壬戌9	癸亥10	甲子11	乙丑12	丙寅13	丁卯14	戊辰15	己巳16	庚午17	辛未18	壬申19	癸酉20	甲戌21	乙亥22	丙子23	丁卯立秋
十月小	庚戌	天干地支西曆	丁丑24	戊寅25	己卯26	庚辰27	辛巳28	壬午29	癸未30	甲申31	乙酉(9)	丙戌2	丁亥3	戊子4	己丑5	庚寅6	辛卯7	壬辰8	癸巳9	甲午10	乙未11	丙申12	丁酉13	戊戌14	己亥15	庚子16	辛丑17	壬寅18	癸卯19	甲辰20	乙巳21		
十一月大	辛亥	天干地支西曆	丙午22	丁未23	戊申24	己酉25	庚戌26	辛亥27	壬子28	癸丑29	甲寅30	乙卯(10)	丙辰2	丁巳3	戊午4	己未5	庚申6	辛酉7	壬戌8	癸亥9	甲子10	乙丑11	丙寅12	丁卯13	戊辰14	己巳15	庚午16	辛未17	壬申18	癸酉19	甲戌20	乙亥21	癸丑秋分
十二月小	壬子	天干地支西曆	丙子22	丁丑23	戊寅24	己卯25	庚辰26	辛巳27	壬午28	癸未29	甲申30	乙酉31	丙戌(11)	丁亥2	戊子3	己丑4	庚寅5	辛卯6	壬辰7	癸巳8	甲午9	乙未10	丙申11	丁酉12	戊戌13	己亥14	庚子15	辛丑16	壬寅17	癸卯18	甲辰19		丁酉立冬
閏月大	壬子	天干地支西曆	乙巳20	丙午21	丁未22	戊申23	己酉24	庚戌25	辛亥26	壬子27	癸丑28	甲寅29	乙卯30	丙辰(12)	丁巳2	戊午3	己未4	庚申5	辛酉6	壬戌7	癸亥8	甲子9	乙丑10	丙寅11	丁卯12	戊辰13	己巳14	庚午15	辛未16	壬申17	癸酉18	甲戌19	

朔閏異同	曆名	正月	二月	三月	四月	五月	六月	七月	八月	九月	十月	十一	十二	閏月		曆名	正月	二月	三月	四月	五月	六月	七月	八月	九月	十月	十一	十二	閏月
	周曆殷曆	庚戌庚辰	己卯庚戌	己酉己卯	戊寅己酉	戊申---戊寅	---戊寅戊申	丁未丁丑	丁丑丁未	丙午丙子	丙子丙午	乙巳乙亥	乙亥乙巳	甲辰乙亥		夏曆新曆	庚戌庚辰	己卯己酉	---己酉己卯	戊寅戊申	戊申丁丑	丁丑丁未	丁未丙子	丙子丙午	丙午乙亥	丙子乙巳	乙巳乙亥	乙亥乙巳	甲辰

*《長曆》：正月庚辰，二月庚戌，三月己卯，四月己酉，五月戊寅，六月戊申，七月丁丑，八月丁未，九月丙子，十月丙午，十一乙亥，十二乙巳。

周敬王四十二年 魯哀公十七年（癸亥 猪年）公元前479～前478年 歲在鶉尾

魯曆月序		中西曆日對照	初一	初二	初三	初四	初五	初六	初七	初八	初九	初十	十一	十二	十三	十四	十五	十六	十七	十八	十九	二十	二一	二二	二三	二四	二五	二六	二七	二八	二九	三十	節氣與天象
正月小	癸丑	干支天地西曆	乙亥20	丙子21	丁丑22	戊寅23	己卯24	庚辰25	辛巳26	壬午27	癸未28	甲申29	乙酉30	丙戌31	丁亥(1)	戊子2	己丑3	庚寅4	辛卯5	壬辰6	癸巳7	甲午8	乙未9	丙申10	丁酉11	戊戌12	己亥13	庚子14	辛丑15	壬寅16	癸卯17		辛巳冬至
二月大	甲寅	干支天地西曆	甲辰18	乙巳19	丙午20	丁未21	戊申22	己酉23	庚戌24	辛亥25	壬子26	癸丑27	甲寅28	乙卯29	丙辰30	丁巳31	戊午(2)	己未2	庚申3	辛酉4	壬戌5	癸亥6	甲子7	乙丑8	丙寅9	丁卯10	戊辰11	己巳12	庚午13	辛未14	壬申15	癸酉16	丙寅立春
三月小	乙卯	干支天地西曆	甲戌17	乙亥18	丙子19	丁丑20	戊寅21	己卯22	庚辰23	辛巳24	壬午25	癸未26	甲申27	乙酉28	丙戌(3)	丁亥2	戊子3	己丑4	庚寅5	辛卯6	壬辰7	癸巳8	甲午9	乙未10	丙申11	丁酉12	戊戌13	己亥14	庚子15	辛丑16	壬寅17		
四月大	丙辰	干支天地西曆	癸卯18	甲辰19	乙巳20	丙午21	丁未22	戊申23	己酉24	庚戌25	辛亥26	壬子27	癸丑28	甲寅29	乙卯30	丙辰31	丁巳(4)	戊午2	己未3	庚申4	辛酉5	壬戌6	癸亥7	甲子8	乙丑9	丙寅10	丁卯11	戊辰12	己巳13	庚午14	辛未15	壬申16	壬子春分
五月小	丁巳	干支天地西曆	癸酉17	甲戌18	乙亥19	丙子20	丁丑21	戊寅22	己卯23	庚辰24	辛巳25	壬午26	癸未27	甲申28	乙酉29	丙戌30	丁亥(5)	戊子2	己丑3	庚寅4	辛卯5	壬辰6	癸巳7	甲午8	乙未9	丙申10	丁酉11	戊戌12	己亥13	庚子14	辛丑15		己亥立夏
六月大	戊午	干支天地西曆	壬寅16	癸卯17	甲辰18	乙巳19	丙午20	丁未21	戊申22	己酉23	庚戌24	辛亥25	壬子26	癸丑27	甲寅28	乙卯29	丙辰30	丁巳31	戊午(6)	己未2	庚申3	辛酉4	壬戌5	癸亥6	甲子7	乙丑8	丙寅9	丁卯10	戊辰11	己巳12	庚午13	辛未14	
七月大	己未	干支天地西曆	壬申15	癸酉16	甲戌17	乙亥18	丙子19	丁丑20	戊寅21	己卯22	庚辰23	辛巳24	壬午25	癸未26	甲申27	乙酉28	丙戌29	丁亥30	戊子(7)	己丑2	庚寅3	辛卯4	壬辰5	癸巳6	甲午7	乙未8	丙申9	丁酉10	戊戌11	己亥12	庚子13	辛丑14	丙戌夏至
八月小	庚申	干支天地西曆	壬寅15	癸卯16	甲辰17	乙巳18	丙午19	丁未20	戊申21	己酉22	庚戌23	辛亥24	壬子25	癸丑26	甲寅27	乙卯28	丙辰29	丁巳30	戊午31	己未(8)	庚申2	辛酉3	壬戌4	癸亥5	甲子6	乙丑7	丙寅8	丁卯9	戊辰10	己巳11	庚午12		
九月大	辛酉	干支天地西曆	辛未13	壬申14	癸酉15	甲戌16	乙亥17	丙子18	丁丑19	戊寅20	己卯21	庚辰22	辛巳23	壬午24	癸未25	甲申26	乙酉27	丙戌28	丁亥29	戊子30	己丑31	庚寅(9)	辛卯2	壬辰3	癸巳4	甲午5	乙未6	丙申7	丁酉8	戊戌9	己亥10	庚子11	癸酉立秋
十月小	壬戌	干支天地西曆	辛丑12	壬寅13	癸卯14	甲辰15	乙巳16	丙午17	丁未18	戊申19	己酉20	庚戌21	辛亥22	壬子23	癸丑24	甲寅25	乙卯26	丙辰27	丁巳28	戊午29	己未30	庚申(10)	辛酉2	壬戌3	癸亥4	甲子5	乙丑6	丙寅7	丁卯8	戊辰9	己巳10		戊午秋分
十一月大	癸亥	干支天地西曆	庚午11	辛未12	壬申13	癸酉14	甲戌15	乙亥16	丙子17	丁丑18	戊寅19	己卯20	庚辰21	辛巳22	壬午23	癸未24	甲申25	乙酉26	丙戌27	丁亥28	戊子29	己丑30	庚寅31	辛卯(11)	壬辰2	癸巳3	甲午4	乙未5	丙申6	丁酉7	戊戌8	己亥9	
十二月小	甲子	干支天地西曆	庚子10	辛丑11	壬寅12	癸卯13	甲辰14	乙巳15	丙午16	丁未17	戊申18	己酉19	庚戌20	辛亥21	壬子22	癸丑23	甲寅24	乙卯25	丙辰26	丁巳27	戊午28	己未29	庚申30	辛酉(12)	壬戌2	癸亥3	甲子4	乙丑5	丙寅6	丁卯7	戊辰8		癸卯立冬

朔閏異同	曆名	正月	二月	三月	四月	五月	六月	七月	八月	九月	十月	十一	十二	閏月	曆名	正月	二月	三月	四月	五月	六月	七月	八月	九月	十月	十一	十二	閏月
	周曆殷曆	甲戌甲辰	癸卯甲戌	癸酉癸卯	壬寅癸酉	壬申壬寅	辛丑壬申	辛未辛丑	庚子辛未	庚午庚子	庚子庚午	己巳己亥	己亥己巳		夏曆新曆	甲戌甲戌	癸卯甲辰	癸酉癸酉	壬寅癸卯	壬申壬申	辛丑辛丑	辛未辛未	庚子庚子	庚午己巳	己亥己亥	己巳己巳	己亥戊戌	

*《長曆》：正月乙亥，二月甲辰，三月甲戌，四月癸卯，五月癸酉，六月壬寅，七月壬申，八月辛丑，九月辛未，十月庚子，十一庚午，十二己亥。

周敬王四十三年 魯哀公十八年（甲子 鼠年）公元前478～前477年 歲在壽星

魯曆月序	中西曆日對照	初一	初二	初三	初四	初五	初六	初七	初八	初九	初十
正月小 乙丑	干支 天地 西曆	己巳 9	庚午 10	辛未 11	壬申 12	癸酉 13	甲戌 14	乙亥 15	丙子 16	丁丑 17	戊寅 18
二月大 丙寅	干支 天地 西曆	戊戌 7	己亥 8	庚子 9	辛丑 10	壬寅 11	癸卯 12	甲辰 13	乙巳 14	丙午 15	丁未 16
三月大 丁卯	干支 天地 西曆	戊辰 6	己巳 7	庚午 8	辛未 9	壬申 10	癸酉 11	甲戌 12	乙亥 13	丙子 14	丁丑 15
四月小 戊辰	干支 天地 西曆	戊戌 7	己亥 8	庚子 9	辛丑 10	壬寅 11	癸卯 12	甲辰 13	乙巳 14	丙午 15	丁未 16
五月大 己巳	干支 天地 西曆	丁卯 5	戊辰 6	己巳 7	庚午 8	辛未 9	壬申 10	癸酉 11	甲戌 12	乙亥 13	丙子 14
六月小 庚午	干支 天地 西曆	丁酉 5	戊戌 6	己亥 7	庚子 8	辛丑 9	壬寅 10	癸卯 11	甲辰 12	乙巳 13	丙午 14
七月大 辛未	干支 天地 西曆	丙寅 3	丁卯 4	戊辰 5	己巳 6	庚午 7	辛未 8	壬申 9	癸酉 10	甲戌 11	乙亥 12
八月小 壬申	干支 天地 西曆	丙申 3	丁酉 4	戊戌 5	己亥 6	庚子 7	辛丑 8	壬寅 9	癸卯 10	甲辰 11	乙巳 12
九月大 癸酉	干支 天地 西曆	乙丑 (8)	丙寅 2	丁卯 3	戊辰 4	己巳 5	庚午 6	辛未 7	壬申 8	癸酉 9	甲戌 10
十月小 甲戌	干支 天地 西曆	乙未 31	丙申 (9)	丁酉 2	戊戌 3	己亥 4	庚子 5	辛丑 6	壬寅 7	癸卯 8	甲辰 9
十一月大 乙亥	干支 天地 西曆	甲子 29	乙丑 30	丙寅 (10)	丁卯 2	戊辰 3	己巳 4	庚午 5	辛未 6	壬申 7	癸酉 8
十二月小 丙子	干支 天地 西曆	甲午 29	乙未 30	丙申 31	丁酉 (11)	戊戌 2	己亥 3	庚子 4	辛丑 5	壬寅 6	癸卯 7

魯曆月序	十一	十二	十三	十四	十五	十六	十七	十八	十九	二十
正月小 乙丑	己卯 19	庚辰 20	辛巳 21	壬午 22	癸未 23	甲申 24	乙酉 25	丙戌 26	丁亥 27	戊子 28
二月大 丙寅	戊申 17	己酉 18	庚戌 19	辛亥 20	壬子 21	癸丑 22	甲寅 23	乙卯 24	丙辰 25	丁巳 26
三月大 丁卯	戊寅 16	己卯 17	庚辰 18	辛巳 19	壬午 20	癸未 21	甲申 22	乙酉 23	丙戌 24	丁亥 25
四月小 戊辰	戊申 17	己酉 18	庚戌 19	辛亥 20	壬子 21	癸丑 22	甲寅 23	乙卯 24	丙辰 25	丁巳 26
五月大 己巳	丁丑 15	戊寅 16	己卯 17	庚辰 18	辛巳 19	壬午 20	癸未 21	甲申 22	乙酉 23	丙戌 24
六月小 庚午	丁未 15	戊申 16	己酉 17	庚戌 18	辛亥 19	壬子 20	癸丑 21	甲寅 22	乙卯 23	丙辰 24
七月大 辛未	丙子 13	丁丑 14	戊寅 15	己卯 16	庚辰 17	辛巳 18	壬午 19	癸未 20	甲申 21	乙酉 22
八月小 壬申	丙午 13	丁未 14	戊申 15	己酉 16	庚戌 17	辛亥 18	壬子 19	癸丑 20	甲寅 21	乙卯 22
九月大 癸酉	乙亥 11	丙子 12	丁丑 13	戊寅 14	己卯 15	庚辰 16	辛巳 17	壬午 18	癸未 19	甲申 20
十月小 甲戌	乙巳 10	丙午 11	丁未 12	戊申 13	己酉 14	庚戌 15	辛亥 16	壬子 17	癸丑 18	甲寅 19
十一月大 乙亥	甲戌 9	乙亥 10	丙子 11	丁丑 12	戊寅 13	己卯 14	庚辰 15	辛巳 16	壬午 17	癸未 18
十二月小 丙子	甲辰 8	乙巳 9	丙午 10	丁未 11	戊申 12	己酉 13	庚戌 14	辛亥 15	壬子 16	癸丑 17

魯曆月序	二十一	二十二	二十三	二十四	二十五	二十六	二十七	二十八	二十九	三十	節氣與天象
正月小 乙丑	己丑 29	庚寅 30	辛卯 31	壬辰 (1)	癸巳 2	甲午 3	乙未 4	丙申 5	丁酉 6		丁亥冬至
二月大 丙寅	戊午 27	己未 28	庚申 29	辛酉 30	壬戌 31	癸亥 (2)	甲子 2	乙丑 3	丙寅 4	丁卯 5	
三月大 丁卯	戊子 26	己丑 27	庚寅 28	辛卯 29	壬辰 (3)	癸巳 2	甲午 3	乙未 4	丙申 5	丁酉 6	辛未立春
四月小 戊辰	戊午 27	己未 28	庚申 29	辛酉 30	壬戌 31	癸亥 (4)	甲子 2	乙丑 3	丙寅 4		丁巳春分
五月大 己巳	丁亥 25	戊子 26	己丑 27	庚寅 28	辛卯 29	壬辰 30	癸巳 (5)	甲午 2	乙未 3	丙申 4	
六月小 庚午	丁巳 25	戊午 26	己未 27	庚申 28	辛酉 29	壬戌 30	癸亥 31	甲子 (6)	乙丑 2		甲辰立夏
七月大 辛未	丙戌 23	丁亥 24	戊子 25	己丑 26	庚寅 27	辛卯 28	壬辰 29	癸巳 30	甲午 (7)	乙未 2	辛卯夏至
八月小 壬申	丙辰 23	丁巳 24	戊午 25	己未 26	庚申 27	辛酉 28	壬戌 29	癸亥 30	甲子 31		
九月大 癸酉	乙酉 21	丙戌 22	丁亥 23	戊子 24	己丑 25	庚寅 26	辛卯 27	壬辰 28	癸巳 29	甲午 30	戊寅立秋
十月小 甲戌	乙卯 20	丙辰 21	丁巳 22	戊午 23	己未 24	庚申 25	辛酉 26	壬戌 27	癸亥 28		癸亥秋分
十一月大 乙亥	甲申 19	乙酉 20	丙戌 21	丁亥 22	戊子 23	己丑 24	庚寅 25	辛卯 26	壬辰 27	癸巳 28	
十二月小 丙子	甲寅 18	乙卯 19	丙辰 20	丁巳 21	戊午 22	己未 23	庚申 24	辛酉 25	壬戌 26		戊申立冬

朔閏異同	曆名	正月	二月	三月	四月	五月	六月	七月	八月	九月	十月	十一	十二	閏月
	周曆殷曆	戊辰戊戌	戊戌戊辰	丁卯丁酉	丁酉丁卯	丙寅丁酉	丙申丙寅	乙丑丙申	乙未乙丑	甲子乙未	甲午甲子	癸亥甲午	癸巳癸亥	---癸巳
	夏曆新曆	戊辰戊辰	戊戌戊戌	丁卯戊辰	丁酉丁酉	丙寅丁卯	丙申丙申	乙丑乙丑	乙未---乙未	甲子甲子	甲午甲午	---癸亥癸亥	癸巳癸巳	壬戌

*《長曆》：正月己巳，二月戊戌，三月戊辰，四月丁酉，五月丁卯，六月丁酉，七月丙寅，八月丙申，九月乙丑，十月乙未，十一甲子，十二甲午。

周敬王四十四年 魯哀公十九年（乙丑 牛年）公元前 477 ~ 前 **476** 年 歲在大火

魯曆月序		中西曆日對照	初一	初二	初三	初四	初五	初六	初七	初八	初九	初十	十一	十二	十三	十四	十五	十六	十七	十八	十九	二十	二一	二二	二三	二四	二五	二六	二七	二八	二九	三十	節氣與天象
正月小	丁丑	干支 天地西曆	癸亥27	甲子28	乙丑29	丙寅30	丁卯(12)	戊辰2	己巳3	庚午4	辛未5	壬申6	癸酉7	甲戌8	乙亥9	丙子10	丁丑11	戊寅12	己卯13	庚辰14	辛巳15	壬午16	癸未17	甲申18	乙酉19	丙戌20	丁亥21	戊子22	己丑23	庚寅24	辛卯25		
二月大	戊寅	干支 天地西曆	壬辰26	癸巳27	甲午28	乙未29	丙申30	丁酉31	戊戌(1)	己亥2	庚子3	辛丑4	壬寅5	癸卯6	甲辰7	乙巳8	丙午9	丁未10	戊申11	己酉12	庚戌13	辛亥14	壬子15	癸丑16	甲寅17	乙卯18	丙辰19	丁巳20	戊午21	己未22	庚申23	辛酉24	壬辰冬至
三月小	己卯	干支 天地西曆	壬戌25	癸亥26	甲子27	乙丑28	丙寅29	丁卯30	戊辰31	己巳(2)	庚午2	辛未3	壬申4	癸酉5	甲戌6	乙亥7	丙子8	丁丑9	戊寅10	己卯11	庚辰12	辛巳13	壬午14	癸未15	甲申16	乙酉17	丙戌18	丁亥19	戊子20	己丑21	庚寅22		丁丑立春
四月大	庚辰	干支 天地西曆	辛卯23	壬辰24	癸巳25	甲午26	乙未27	丙申28	丁酉(3)	戊戌2	己亥3	庚子4	辛丑5	壬寅6	癸卯7	甲辰8	乙巳9	丙午10	丁未11	戊申12	己酉13	庚戌14	辛亥15	壬子16	癸丑17	甲寅18	乙卯19	丙辰20	丁巳21	戊午22	己未23	庚申24	
五月小	辛巳	干支 天地西曆	辛酉25	壬戌26	癸亥27	甲子28	乙丑29	丙寅30	丁卯31	戊辰(4)	己巳2	庚午3	辛未4	壬申5	癸酉6	甲戌7	乙亥8	丙子9	丁丑10	戊寅11	己卯12	庚辰13	辛巳14	壬午15	癸未16	甲申17	乙酉18	丙戌19	丁亥20	戊子21	己丑22		壬戌春分
六月大	壬午	干支 天地西曆	庚寅23	辛卯24	壬辰25	癸巳26	甲午27	乙未28	丙申29	丁酉30	戊戌(5)	己亥2	庚子3	辛丑4	壬寅5	癸卯6	甲辰7	乙巳8	丙午9	丁未10	戊申11	己酉12	庚戌13	辛亥14	壬子15	癸丑16	甲寅17	乙卯18	丙辰19	丁巳20	戊午21	己未22	己酉立夏
七月小	癸未	干支 天地西曆	庚申23	辛酉24	壬戌25	癸亥26	甲子27	乙丑28	丙寅29	丁卯30	戊辰31	己巳(6)	庚午2	辛未3	壬申4	癸酉5	甲戌6	乙亥7	丙子8	丁丑9	戊寅10	己卯11	庚辰12	辛巳13	壬午14	癸未15	甲申16	乙酉17	丙戌18	丁亥19	戊子20		
八月大	甲申	干支 天地西曆	己丑21	庚寅22	辛卯23	壬辰24	癸巳25	甲午26	乙未27	丙申28	丁酉29	戊戌30	己亥(7)	庚子2	辛丑3	壬寅4	癸卯5	甲辰6	乙巳7	丙午8	丁未9	戊申10	己酉11	庚戌12	辛亥13	壬子14	癸丑15	甲寅16	乙卯17	丙辰18	丁巳19	戊午20	丁酉夏至
九月小	乙酉	干支 天地西曆	己未21	庚申22	辛酉23	壬戌24	癸亥25	甲子26	乙丑27	丙寅28	丁卯29	戊辰30	己巳31	庚午(8)	辛未2	壬申3	癸酉4	甲戌5	乙亥6	丙子7	丁丑8	戊寅9	己卯10	庚辰11	辛巳12	壬午13	癸未14	甲申15	乙酉16	丙戌17	丁亥18		癸未立秋 庚申日食
十月大	丙戌	干支 天地西曆	戊子19	己丑20	庚寅21	辛卯22	壬辰23	癸巳24	甲午25	乙未26	丙申27	丁酉28	戊戌29	己亥30	庚子31	辛丑(9)	壬寅2	癸卯3	甲辰4	乙巳5	丙午6	丁未7	戊申8	己酉9	庚戌10	辛亥11	壬子12	癸丑13	甲寅14	乙卯15	丙辰16	丁巳17	
十一月小	丁亥	干支 天地西曆	戊午18	己未19	庚申20	辛酉21	壬戌22	癸亥23	甲子24	乙丑25	丙寅26	丁卯27	戊辰28	己巳29	庚午30	辛未(10)	壬申2	癸酉3	甲戌4	乙亥5	丙子6	丁丑7	戊寅8	己卯9	庚辰10	辛巳11	壬午12	癸未13	甲申14	乙酉15	丙戌16		己巳秋分
十二月大	戊子	干支 天地西曆	丁亥17	戊子18	己丑19	庚寅20	辛卯21	壬辰22	癸巳23	甲午24	乙未25	丙申26	丁酉27	戊戌28	己亥29	庚子30	辛丑31	壬寅(11)	癸卯2	甲辰3	乙巳4	丙午5	丁未6	戊申7	己酉8	庚戌9	辛亥10	壬子11	癸丑12	甲寅13	乙卯14	丙辰15	癸丑立冬
閏月小	戊子	干支 天地西曆	丁巳16	戊午17	己未18	庚申19	辛酉20	壬戌21	癸亥22	甲子23	乙丑24	丙寅25	丁卯26	戊辰27	己巳28	庚午29	辛未30	壬申(12)	癸酉2	甲戌3	乙亥4	丙子5	丁丑6	戊寅7	己卯8	庚辰9	辛巳10	壬午11	癸未12	甲申13	乙酉14		

朔閏異同	曆名	正月	二月	三月	四月	五月	六月	七月	八月	九月	十月	十一	十二	閏月
	周曆殷曆	癸亥壬戌	壬辰壬辰	---壬戌辛酉	辛卯辛卯	辛酉庚申	庚寅庚寅	庚申庚申	己丑己丑	己未己未	戊子戊子	戊午戊午	丁亥丁亥	丁巳
	夏曆新曆	壬戌癸亥	壬辰癸巳	辛酉壬戌	辛卯壬辰	辛酉壬戌	庚寅辛卯	庚申辛酉	己丑庚寅	己未庚申	戊子己丑	戊午己未	丁亥戊子	丁巳戊午

*《長曆》：正月癸亥，二月癸巳，閏月壬戌，三月壬辰，四月辛酉，五月辛卯，六月庚申，七月庚寅，八月庚申，九月己丑，十月己未，十一戊子，十二戊午。

戰國日曆

戰國日曆

周元王元年（丙寅 虎年） 公元前 475 ～ 前 474 年 歲在析木

殷曆月序		中西曆日對照	初一	初二	初三	初四	初五	初六	初七	初八	初九	初十	十一	十二	十三	十四	十五	十六	十七	十八	十九	二十	二一	二二	二三	二四	二五	二六	二七	二八	二九	三十	節氣與天象
正月小	己丑	天干 地支 西曆	丁巳15	戊午16	己未17	庚申18	辛酉19	壬戌20	癸亥21	甲子22	乙丑23	丙寅24	丁卯25	戊辰26	己巳27	庚午28	辛未29	壬申30	癸酉31	甲戌(2)	乙亥2	丙子3	丁丑4	戊寅5	己卯6	庚辰7	辛巳8	壬午9	癸未10	甲申11	乙酉12		壬午立春
二月大	庚寅	天干 地支 西曆	丙戌13	丁亥14	戊子15	己丑16	庚寅17	辛卯18	壬辰19	癸巳20	甲午21	乙未22	丙申23	丁酉24	戊戌25	己亥26	庚子27	辛丑28	壬寅(3)	癸卯2	甲辰3	乙巳4	丙午5	丁未6	戊申7	己酉8	庚戌9	辛亥10	壬子11	癸丑12	甲寅13	乙卯14	
三月小	辛卯	天干 地支 西曆	丙辰15	丁巳16	戊午17	己未18	庚申19	辛酉20	壬戌21	癸亥22	甲子23	乙丑24	丙寅25	丁卯26	戊辰27	己巳28	庚午29	辛未30	壬申31	癸酉(4)	甲戌2	乙亥3	丙子4	丁丑5	戊寅6	己卯7	庚辰8	辛巳9	壬午10	癸未11	甲申12		戊辰春分
四月大	壬辰	天干 地支 西曆	乙酉13	丙戌14	丁亥15	戊子16	己丑17	庚寅18	辛卯19	壬辰20	癸巳21	甲午22	乙未23	丙申24	丁酉25	戊戌26	己亥27	庚子28	辛丑29	壬寅30	癸卯(5)	甲辰2	乙巳3	丙午4	丁未5	戊申6	己酉7	庚戌8	辛亥9	壬子10	癸丑11	甲寅12	
五月小	癸巳	天干 地支 西曆	乙卯13	丙辰14	丁巳15	戊午16	己未17	庚申18	辛酉19	壬戌20	癸亥21	甲子22	乙丑23	丙寅24	丁卯25	戊辰26	己巳27	庚午28	辛未29	壬申30	癸酉31	甲戌(6)	乙亥2	丙子3	丁丑4	戊寅5	己卯6	庚辰7	辛巳8	壬午9	癸未10		乙卯立夏
六月大	甲午	天干 地支 西曆	甲申11	乙酉12	丙戌13	丁亥14	戊子15	己丑16	庚寅17	辛卯18	壬辰19	癸巳20	甲午21	乙未22	丙申23	丁酉24	戊戌25	己亥26	庚子27	辛丑28	壬寅29	癸卯30	甲辰(7)	乙巳2	丙午3	丁未4	戊申5	己酉6	庚戌7	辛亥8	壬子9	癸丑10	壬寅夏至
七月小	乙未	天干 地支 西曆	甲寅11	乙卯12	丙辰13	丁巳14	戊午15	己未16	庚申17	辛酉18	壬戌19	癸亥20	甲子21	乙丑22	丙寅23	丁卯24	戊辰25	己巳26	庚午27	辛未28	壬申29	癸酉30	甲戌31	乙亥(8)	丙子2	丁丑3	戊寅4	己卯5	庚辰6	辛巳7	壬午8		
八月大	丙申	天干 地支 西曆	癸未9	甲申10	乙酉11	丙戌12	丁亥13	戊子14	己丑15	庚寅16	辛卯17	壬辰18	癸巳19	甲午20	乙未21	丙申22	丁酉23	戊戌24	己亥25	庚子26	辛丑27	壬寅28	癸卯29	甲辰30	乙巳31	丙午(9)	丁未2	戊申3	己酉4	庚戌5	辛亥6	壬子7	戊子立秋
九月小	丁酉	天干 地支 西曆	癸丑8	甲寅9	乙卯10	丙辰11	丁巳12	戊午13	己未14	庚申15	辛酉16	壬戌17	癸亥18	甲子19	乙丑20	丙寅21	丁卯22	戊辰23	己巳24	庚午25	辛未26	壬申27	癸酉28	甲戌29	乙亥30	丙子(10)	丁丑2	戊寅3	己卯4	庚辰5	辛巳6		甲戌秋分
十月大	戊戌	天干 地支 西曆	壬午7	癸未8	甲申9	乙酉10	丙戌11	丁亥12	戊子13	己丑14	庚寅15	辛卯16	壬辰17	癸巳18	甲午19	乙未20	丙申21	丁酉22	戊戌23	己亥24	庚子25	辛丑26	壬寅27	癸卯28	甲辰29	乙巳30	丙午31	丁未(11)	戊申2	己酉3	庚戌4	辛亥5	
十一月大	己亥	天干 地支 西曆	壬子6	癸丑7	甲寅8	乙卯9	丙辰10	丁巳11	戊午12	己未13	庚申14	辛酉15	壬戌16	癸亥17	甲子18	乙丑19	丙寅20	丁卯21	戊辰22	己巳23	庚午24	辛未25	壬申26	癸酉27	甲戌28	乙亥29	丙子30	丁丑(12)	戊寅2	己卯3	庚辰4	辛巳5	戊午立冬
十二月小	庚子	天干 地支 西曆	壬午6	癸未7	甲申8	乙酉9	丙戌10	丁亥11	戊子12	己丑13	庚寅14	辛卯15	壬辰16	癸巳17	甲午18	乙未19	丙申20	丁酉21	戊戌22	己亥23	庚子24	辛丑25	壬寅26	癸卯27	甲辰28	乙巳29	丙午30	丁未31	戊申(1)	己酉2	庚戌3		壬寅冬至

朔閏異同	曆名	正月	二月	三月	四月	五月	六月	七月	八月	九月	十月	十一	十二	閏月	曆名	正月	二月	三月	四月	五月	六月	七月	八月	九月	十月	十一	十二	閏月
	周曆夏曆	丙戌乙酉	丙辰乙卯	乙酉甲申	乙卯甲寅	乙酉甲申	甲寅癸丑	甲申癸未	癸丑壬子	癸未壬午	壬子辛亥	壬午辛巳	辛亥庚戌		顓頊新曆	丁巳丙戌	丁亥丙辰	丙辰乙酉	丙戌乙卯	乙卯乙酉	乙酉甲寅	乙卯甲申	甲申癸丑	甲寅癸未	癸未壬子	癸丑壬午	壬午辛亥	

* 戰國時期正表用殷曆。

周元王二年（丁卯 兔年） 公元前474 ~ 前473年 歲在星紀

殷曆月序		中西曆日對照	殷曆日序																														節氣與天象
			初一	初二	初三	初四	初五	初六	初七	初八	初九	初十	十一	十二	十三	十四	十五	十六	十七	十八	十九	二十	二一	二二	二三	二四	二五	二六	二七	二八	二九	三十	
正月大	辛丑	干支 天地 西曆	辛亥 4	壬子 5	癸丑 6	甲寅 7	乙卯 8	丙辰 9	丁巳 10	戊午 11	己未 12	庚申 13	辛酉 14	壬戌 15	癸亥 16	甲子 17	乙丑 18	丙寅 19	丁卯 20	戊辰 21	己巳 22	庚午 23	辛未 24	壬申 25	癸酉 26	甲戌 27	乙亥 28	丙子 29	丁丑 30	戊寅 31	己卯 (2)	庚辰 2	
二月小	壬寅	干支 天地 西曆	辛巳 3	壬午 4	癸未 5	甲申 6	乙酉 7	丙戌 8	丁亥 9	戊子 10	己丑 11	庚寅 12	辛卯 13	壬辰 14	癸巳 15	甲午 16	乙未 17	丙申 18	丁酉 19	戊戌 20	己亥 21	庚子 22	辛丑 23	壬寅 24	癸卯 25	甲辰 26	乙巳 27	丙午 28	丁未 (3)	戊申 2	己酉 3		丁亥立春
三月大	癸卯	干支 天地 西曆	庚戌 4	辛亥 5	壬子 6	癸丑 7	甲寅 8	乙卯 9	丙辰 10	丁巳 11	戊午 12	己未 13	庚申 14	辛酉 15	壬戌 16	癸亥 17	甲子 18	乙丑 19	丙寅 20	丁卯 21	戊辰 22	己巳 23	庚午 24	辛未 25	壬申 26	癸酉 27	甲戌 28	乙亥 29	丙子 30	丁丑 31	戊寅 (4)	己卯 2	癸酉春分
四月小	甲辰	干支 天地 西曆	庚辰 3	辛巳 4	壬午 5	癸未 6	甲申 7	乙酉 8	丙戌 9	丁亥 10	戊子 11	己丑 12	庚寅 13	辛卯 14	壬辰 15	癸巳 16	甲午 17	乙未 18	丙申 19	丁酉 20	戊戌 21	己亥 22	庚子 23	辛丑 24	壬寅 25	癸卯 26	甲辰 27	乙巳 28	丙午 29	丁未 30	戊申 (5)		
五月大	乙巳	干支 天地 西曆	己酉 2	庚戌 3	辛亥 4	壬子 5	癸丑 6	甲寅 7	乙卯 8	丙辰 9	丁巳 10	戊午 11	己未 12	庚申 13	辛酉 14	壬戌 15	癸亥 16	甲子 17	乙丑 18	丙寅 19	丁卯 20	戊辰 21	己巳 22	庚午 23	辛未 24	壬申 25	癸酉 26	甲戌 27	乙亥 28	丙子 29	丁丑 30	戊寅 31	庚申立夏
六月小	丙午	干支 天地 西曆	己卯 (6)	庚辰 2	辛巳 3	壬午 4	癸未 5	甲申 6	乙酉 7	丙戌 8	丁亥 9	戊子 10	己丑 11	庚寅 12	辛卯 13	壬辰 14	癸巳 15	甲午 16	乙未 17	丙申 18	丁酉 19	戊戌 20	己亥 21	庚子 22	辛丑 23	壬寅 24	癸卯 25	甲辰 26	乙巳 27	丙午 28	丁未 29		丁未夏至
七月大	丁未	干支 天地 西曆	戊申 30	己酉 (7)	庚戌 2	辛亥 3	壬子 4	癸丑 5	甲寅 6	乙卯 7	丙辰 8	丁巳 9	戊午 10	己未 11	庚申 12	辛酉 13	壬戌 14	癸亥 15	甲子 16	乙丑 17	丙寅 18	丁卯 19	戊辰 20	己巳 21	庚午 22	辛未 23	壬申 24	癸酉 25	甲戌 26	乙亥 27	丙子 28	丁丑 29	
八月小	戊申	干支 天地 西曆	戊寅 30	己卯 31	庚辰 (8)	辛巳 2	壬午 3	癸未 4	甲申 5	乙酉 6	丙戌 7	丁亥 8	戊子 9	己丑 10	庚寅 11	辛卯 12	壬辰 13	癸巳 14	甲午 15	乙未 16	丙申 17	丁酉 18	戊戌 19	己亥 20	庚子 21	辛丑 22	壬寅 23	癸卯 24	甲辰 25	乙巳 26	丙午 27		甲午立秋
九月大	己酉	干支 天地 西曆	丁未 28	戊申 29	己酉 30	庚戌 31	辛亥 (9)	壬子 2	癸丑 3	甲寅 4	乙卯 5	丙辰 6	丁巳 7	戊午 8	己未 9	庚申 10	辛酉 11	壬戌 12	癸亥 13	甲子 14	乙丑 15	丙寅 16	丁卯 17	戊辰 18	己巳 19	庚午 20	辛未 21	壬申 22	癸酉 23	甲戌 24	乙亥 25	丙子 26	
閏九月小	己酉	干支 天地 西曆	丁丑 27	戊寅 28	己卯 29	庚辰 30	辛巳 (10)	壬午 2	癸未 3	甲申 4	乙酉 5	丙戌 6	丁亥 7	戊子 8	己丑 9	庚寅 10	辛卯 11	壬辰 12	癸巳 13	甲午 14	乙未 15	丙申 16	丁酉 17	戊戌 18	己亥 19	庚子 20	辛丑 21	壬寅 22	癸卯 23	甲辰 24	乙巳 25		己卯秋分
十月大	庚戌	干支 天地 西曆	丙午 26	丁未 27	戊申 28	己酉 29	庚戌 30	辛亥 31	壬子 (11)	癸丑 2	甲寅 3	乙卯 4	丙辰 5	丁巳 6	戊午 7	己未 8	庚申 9	辛酉 10	壬戌 11	癸亥 12	甲子 13	乙丑 14	丙寅 15	丁卯 16	戊辰 17	己巳 18	庚午 19	辛未 20	壬申 21	癸酉 22	甲戌 23	乙亥 24	甲子立冬
十一月小	辛亥	干支 天地 西曆	丙子 25	丁丑 26	戊寅 27	己卯 28	庚辰 29	辛巳 30	壬午 (12)	癸未 2	甲申 3	乙酉 4	丙戌 5	丁亥 6	戊子 7	己丑 8	庚寅 9	辛卯 10	壬辰 11	癸巳 12	甲午 13	乙未 14	丙申 15	丁酉 16	戊戌 17	己亥 18	庚子 19	辛丑 20	壬寅 21	癸卯 22	甲辰 23		
十二月大	壬子	干支 天地 西曆	乙巳 24	丙午 25	丁未 26	戊申 27	己酉 28	庚戌 29	辛亥 30	壬子 31	癸丑 (1)	甲寅 2	乙卯 3	丙辰 4	丁巳 5	戊午 6	己未 7	庚申 8	辛酉 9	壬戌 10	癸亥 11	甲子 12	乙丑 13	丙寅 14	丁卯 15	戊辰 16	己巳 17	庚午 18	辛未 19	壬申 20	癸酉 21	甲戌 22	戊申冬至

朔閏異同	曆名	正月	二月	三月	四月	五月	六月	七月	八月	九月	十月	十一	十二	閏月		曆名	正月	二月	三月	四月	五月	六月	七月	八月	九月	十月	十一	十二	閏月
	周曆夏曆	辛巳庚辰	庚戌己酉	庚辰己卯	己酉戊申	己卯---戊寅	戊申本未	戊寅丁丑	戊申丙午	丁丑丙子	丁未丙午	丙子乙亥	---丙午乙巳	乙亥甲戌		顓頊新曆	壬子辛巳	辛巳庚戌	辛亥庚辰	庚辰己酉	庚戌己卯	己卯---戊申	己酉戊寅	戊寅戊申	戊申丁丑	丁丑丁未	丁未丙子	丁丑丙午	---丙午乙亥

周元王三年（戊辰 龍年） 公元前 **473** ~ 前 472 年 歲在玄枵

殷曆月序		中西曆日對照	殷曆日序																														節氣與天象
			初一	初二	初三	初四	初五	初六	初七	初八	初九	初十	十一	十二	十三	十四	十五	十六	十七	十八	十九	二十	二一	二二	二三	二四	二五	二六	二七	二八	二九	三十	
正月大	癸丑	天干地支西曆	乙亥23	丙子24	丁丑25	戊寅26	己卯27	庚辰28	辛巳29	壬午30	癸未31	甲申(2)	乙酉2	丙戌3	丁亥4	戊子5	己丑6	庚寅7	辛卯8	壬辰9	癸巳10	甲午11	乙未12	丙申13	丁酉14	戊戌15	己亥16	庚子17	辛丑18	壬寅19	癸卯20	甲辰21	壬辰立春
二月小	甲寅	天干地支西曆	乙巳22	丙午23	丁未24	戊申25	己酉26	庚戌27	辛亥28	壬子29	癸丑(3)	甲寅2	乙卯3	丙辰4	丁巳5	戊午6	己未7	庚申8	辛酉9	壬戌10	癸亥11	甲子12	乙丑13	丙寅14	丁卯15	戊辰16	己巳17	庚午18	辛未19	壬申20	癸酉21		
三月大	乙卯	天干地支西曆	甲戌22	乙亥23	丙子24	丁丑25	戊寅26	己卯27	庚辰28	辛巳29	壬午30	癸未31	甲申(4)	乙酉2	丙戌3	丁亥4	戊子5	己丑6	庚寅7	辛卯8	壬辰9	癸巳10	甲午11	乙未12	丙申13	丁酉14	戊戌15	己亥16	庚子17	辛丑18	壬寅19	癸卯20	戊寅春分
四月小	丙辰	天干地支西曆	甲辰21	乙巳22	丙午23	丁未24	戊申25	己酉26	庚戌27	辛亥28	壬子29	癸丑30	甲寅(5)	乙卯2	丙辰3	丁巳4	戊午5	己未6	庚申7	辛酉8	壬戌9	癸亥10	甲子11	乙丑12	丙寅13	丁卯14	戊辰15	己巳16	庚午17	辛未18	壬申19		乙丑立夏
五月大	丁巳	天干地支西曆	癸酉20	甲戌21	乙亥22	丙子23	丁丑24	戊寅25	己卯26	庚辰27	辛巳28	壬午29	癸未30	甲申31	乙酉(6)	丙戌2	丁亥3	戊子4	己丑5	庚寅6	辛卯7	壬辰8	癸巳9	甲午10	乙未11	丙申12	丁酉13	戊戌14	己亥15	庚子16	辛丑17	壬寅18	癸酉日食
六月小	戊午	天干地支西曆	癸卯19	甲辰20	乙巳21	丙午22	丁未23	戊申24	己酉25	庚戌26	辛亥27	壬子28	癸丑29	甲寅30	乙卯(7)	丙辰2	丁巳3	戊午4	己未5	庚申6	辛酉7	壬戌8	癸亥9	甲子10	乙丑11	丙寅12	丁卯13	戊辰14	己巳15	庚午16	辛未17		壬子夏至
七月大	己未	天干地支西曆	壬申18	癸酉19	甲戌20	乙亥21	丙子22	丁丑23	戊寅24	己卯25	庚辰26	辛巳27	壬午28	癸未29	甲申30	乙酉31	丙戌(8)	丁亥2	戊子3	己丑4	庚寅5	辛卯6	壬辰7	癸巳8	甲午9	乙未10	丙申11	丁酉12	戊戌13	己亥14	庚子15	辛丑16	己亥立秋
八月小	庚申	天干地支西曆	壬寅17	癸卯18	甲辰19	乙巳20	丙午21	丁未22	戊申23	己酉24	庚戌25	辛亥26	壬子27	癸丑28	甲寅29	乙卯30	丙辰31	丁巳(9)	戊午2	己未3	庚申4	辛酉5	壬戌6	癸亥7	甲子8	乙丑9	丙寅10	丁卯11	戊辰12	己巳13	庚午14		
九月大	辛酉	天干地支西曆	辛未15	壬申16	癸酉17	甲戌18	乙亥19	丙子20	丁丑21	戊寅22	己卯23	庚辰24	辛巳25	壬午26	癸未27	甲申28	乙酉29	丙戌30	丁亥(10)	戊子2	己丑3	庚寅4	辛卯5	壬辰6	癸巳7	甲午8	乙未9	丙申10	丁酉11	戊戌12	己亥13	庚子14	甲申秋分
十月小	壬戌	天干地支西曆	辛丑15	壬寅16	癸卯17	甲辰18	乙巳19	丙午20	丁未21	戊申22	己酉23	庚戌24	辛亥25	壬子26	癸丑27	甲寅28	乙卯29	丙辰30	丁巳31	戊午(11)	己未2	庚申3	辛酉4	壬戌5	癸亥6	甲子7	乙丑8	丙寅9	丁卯10	戊辰11	己巳12		己巳立冬
十一月大	癸亥	天干地支西曆	庚午13	辛未14	壬申15	癸酉16	甲戌17	乙亥18	丙子19	丁丑20	戊寅21	己卯22	庚辰23	辛巳24	壬午25	癸未26	甲申27	乙酉28	丙戌29	丁亥30	戊子(12)	己丑2	庚寅3	辛卯4	壬辰5	癸巳6	甲午7	乙未8	丙申9	丁酉10	戊戌11	己亥12	
十二月小	甲子	天干地支西曆	庚子13	辛丑14	壬寅15	癸卯16	甲辰17	乙巳18	丙午19	丁未20	戊申21	己酉22	庚戌23	辛亥24	壬子25	癸丑26	甲寅27	乙卯28	丙辰29	丁巳30	戊午31	己未(1)	庚申2	辛酉3	壬戌4	癸亥5	甲子6	乙丑7	丙寅8	丁卯9	戊辰10		癸丑冬至

朔閏異同	曆名	正月	二月	三月	四月	五月	六月	七月	八月	九月	十月	十一	十二	閏月	曆名	正月	二月	三月	四月	五月	六月	七月	八月	九月	十月	十一	十二	閏月
	周曆夏曆	乙巳甲辰	甲戌癸酉	甲辰癸卯	癸酉壬申	癸卯壬寅	壬申辛未	壬寅辛丑	辛未庚午	辛丑庚子	庚午己巳	庚子己亥	庚午戊辰		顓頊新曆	丙子乙巳	乙巳甲戌	乙亥癸卯	甲辰癸酉	甲戌壬寅	癸卯壬申	癸酉壬寅	壬寅辛未	壬申辛丑	辛丑辛未	辛未庚子	庚子庚午	

周元王四年（己巳 蛇年） 公元前472年 歲在娵訾

殷曆月序		中西曆日對照	初一	初二	初三	初四	初五	初六	初七	初八	初九	初十	十一	十二	十三	十四	十五	十六	十七	十八	十九	二十	二一	二二	二三	二四	二五	二六	二七	二八	二九	三十	節氣與天象
正月大	乙丑	天干地支西曆	己巳11	庚午12	辛未13	壬申14	癸酉15	甲戌16	乙亥17	丙子18	丁丑19	戊寅20	己卯21	庚辰22	辛巳23	壬午24	癸未25	甲申26	乙酉27	丙戌28	丁亥29	戊子30	己丑31	庚寅(2)	辛卯2	壬辰3	癸巳4	甲午5	乙未6	丙申7	丁酉8	戊戌9	戊戌立春
二月小	丙寅	天干地支西曆	己亥10	庚子11	辛丑12	壬寅13	癸卯14	甲辰15	乙巳16	丙午17	丁未18	戊申19	己酉20	庚戌21	辛亥22	壬子23	癸丑24	甲寅25	乙卯26	丙辰27	丁巳28	戊午(3)	己未2	庚申3	辛酉4	壬戌5	癸亥6	甲子7	乙丑8	丙寅9	丁卯10		
三月大	丁卯	天干地支西曆	戊辰11	己巳12	庚午13	辛未14	壬申15	癸酉16	甲戌17	乙亥18	丙子19	丁丑20	戊寅21	己卯22	庚辰23	辛巳24	壬午25	癸未26	甲申27	乙酉28	丙戌29	丁亥30	戊子31	己丑(4)	庚寅2	辛卯3	壬辰4	癸巳5	甲午6	乙未7	丙申8	丁酉9	癸未春分
四月小	戊辰	天干地支西曆	戊戌10	己亥11	庚子12	辛丑13	壬寅14	癸卯15	甲辰16	乙巳17	丙午18	丁未19	戊申20	己酉21	庚戌22	辛亥23	壬子24	癸丑25	甲寅26	乙卯27	丙辰28	丁巳29	戊午30	己未(5)	庚申2	辛酉3	壬戌4	癸亥5	甲子6	乙丑7	丙寅8		
五月大	己巳	天干地支西曆	丁卯9	戊辰10	己巳11	庚午12	辛未13	壬申14	癸酉15	甲戌16	乙亥17	丙子18	丁丑19	戊寅20	己卯21	庚辰22	辛巳23	壬午24	癸未25	甲申26	乙酉27	丙戌28	丁亥29	戊子30	己丑31	庚寅(6)	辛卯2	壬辰3	癸巳4	甲午5	乙未6	丙申7	庚午立夏
六月大	庚午	天干地支西曆	丁酉8	戊戌9	己亥10	庚子11	辛丑12	壬寅13	癸卯14	甲辰15	乙巳16	丙午17	丁未18	戊申19	己酉20	庚戌21	辛亥22	壬子23	癸丑24	甲寅25	乙卯26	丙辰27	丁巳28	戊午29	己未30	庚申(7)	辛酉2	壬戌3	癸亥4	甲子5	乙丑6	丙寅7	戊午夏至
七月小	辛未	天干地支西曆	丁卯8	戊辰9	己巳10	庚午11	辛未12	壬申13	癸酉14	甲戌15	乙亥16	丙子17	丁丑18	戊寅19	己卯20	庚辰21	辛巳22	壬午23	癸未24	甲申25	乙酉26	丙戌27	丁亥28	戊子29	己丑30	庚寅31	辛卯(8)	壬辰2	癸巳3	甲午4	乙未5		
八月大	壬申	天干地支西曆	丙申6	丁酉7	戊戌8	己亥9	庚子10	辛丑11	壬寅12	癸卯13	甲辰14	乙巳15	丙午16	丁未17	戊申18	己酉19	庚戌20	辛亥21	壬子22	癸丑23	甲寅24	乙卯25	丙辰26	丁巳27	戊午28	己未29	庚申30	辛酉31	壬戌(9)	癸亥2	甲子3	乙丑4	甲辰立秋
九月大	癸酉	天干地支西曆	丙寅5	丁卯6	戊辰7	己巳8	庚午9	辛未10	壬申11	癸酉12	甲戌13	乙亥14	丙子15	丁丑16	戊寅17	己卯18	庚辰19	辛巳20	壬午21	癸未22	甲申23	乙酉24	丙戌25	丁亥26	戊子27	己丑28	庚寅29	辛卯30	壬辰(10)	癸巳2	甲午3	乙未4	庚寅秋分
十月小	甲戌	天干地支西曆	丙申5	丁酉6	戊戌7	己亥8	庚子9	辛丑10	壬寅11	癸卯12	甲辰13	乙巳14	丙午15	丁未16	戊申17	己酉18	庚戌19	辛亥20	壬子21	癸丑22	甲寅23	乙卯24	丙辰25	丁巳26	戊午27	己未28	庚申29	辛酉30	壬戌31	癸亥(11)	甲子2		
十一月小	乙亥	天干地支西曆	乙丑3	丙寅4	丁卯5	戊辰6	己巳7	庚午8	辛未9	壬申10	癸酉11	甲戌12	乙亥13	丙子14	丁丑15	戊寅16	己卯17	庚辰18	辛巳19	壬午20	癸未21	甲申22	乙酉23	丙戌24	丁亥25	戊子26	己丑27	庚寅28	辛卯29	壬辰30	癸巳(12)		甲戌立冬
十二月大	丙子	天干地支西曆	甲午2	乙未3	丙申4	丁酉5	戊戌6	己亥7	庚子8	辛丑9	壬寅10	癸卯11	甲辰12	乙巳13	丙午14	丁未15	戊申16	己酉17	庚戌18	辛亥19	壬子20	癸丑21	甲寅22	乙卯23	丙辰24	丁巳25	戊午26	己未27	庚申28	辛酉29	壬戌30	癸亥31	戊午冬至

朔閏異同	曆名	正月	二月	三月	四月	五月	六月	七月	八月	九月	十月	十一	十二	閏月
	周曆夏曆	己亥戊戌	己巳戊辰	戊戌丁酉	戊辰丁卯	丁酉丙申	丁卯丙寅	丙申乙未	丙寅乙丑	乙未甲午	乙丑甲子	甲午癸巳	甲子癸亥	
	顓頊新曆	庚午己亥	己亥己巳	己巳戊戌	己亥丁卯	戊辰丁酉	戊戌丙寅	丁卯丙申	丁酉乙丑	丙寅乙未	丙申乙丑	乙丑乙未	乙未甲子	

周元王五年（庚午 馬年） 公元前 471 ~ 前 470 年 歲在降婁

殷曆月序		中西曆日對照	殷曆日序																													節氣與天象
			初一	初二	初三	初四	初五	初六	初七	初八	初九	初十	十一	十二	十三	十四	十五	十六	十七	十八	十九	二十	二一	二二	二三	二四	二五	二六	二七	二八	二九	三十	
正月小	丁丑	干支 天地西曆	甲子 (1)	乙丑 2	丙寅 3	丁卯 4	戊辰 5	己巳 6	庚午 7	辛未 8	壬申 9	癸酉 10	甲戌 11	乙亥 12	丙子 13	丁丑 14	戊寅 15	己卯 16	庚辰 17	辛巳 18	壬午 19	癸未 20	甲申 21	乙酉 22	丙戌 23	丁亥 24	戊子 25	己丑 26	庚寅 27	辛卯 28	壬辰 29		
二月大	戊寅	干支 天地西曆	癸巳 30	甲午 31	乙未 (2)	丙申 2	丁酉 3	戊戌 4	己亥 5	庚子 6	辛丑 7	壬寅 8	癸卯 9	甲辰 10	乙巳 11	丙午 12	丁未 13	戊申 14	己酉 15	庚戌 16	辛亥 17	壬子 18	癸丑 19	甲寅 20	乙卯 21	丙辰 22	丁巳 23	戊午 24	己未 25	庚申 26	辛酉 27	壬戌 28	癸卯立春
三月小	己卯	干支 天地西曆	癸亥 (3)	甲子 2	乙丑 3	丙寅 4	丁卯 5	戊辰 6	己巳 7	庚午 8	辛未 9	壬申 10	癸酉 11	甲戌 12	乙亥 13	丙子 14	丁丑 15	戊寅 16	己卯 17	庚辰 18	辛巳 19	壬午 20	癸未 21	甲申 22	乙酉 23	丙戌 24	丁亥 25	戊子 26	己丑 27	庚寅 28	辛卯 29		己丑春分
四月大	庚辰	干支 天地西曆	壬辰 30	癸巳 31	甲午 (4)	乙未 2	丙申 3	丁酉 4	戊戌 5	己亥 6	庚子 7	辛丑 8	壬寅 9	癸卯 10	甲辰 11	乙巳 12	丙午 13	丁未 14	戊申 15	己酉 16	庚戌 17	辛亥 18	壬子 19	癸丑 20	甲寅 21	乙卯 22	丙辰 23	丁巳 24	戊午 25	己未 26	庚申 27	辛酉 28	
五月小	辛巳	干支 天地西曆	壬戌 29	癸亥 30	甲子 (5)	乙丑 2	丙寅 3	丁卯 4	戊辰 5	己巳 6	庚午 7	辛未 8	壬申 9	癸酉 10	甲戌 11	乙亥 12	丙子 13	丁丑 14	戊寅 15	己卯 16	庚辰 17	辛巳 18	壬午 19	癸未 20	甲申 21	乙酉 22	丙戌 23	丁亥 24	戊子 25	己丑 26	庚寅 27		丙子立夏
六月大	壬午	干支 天地西曆	辛卯 28	壬辰 29	癸巳 30	甲午 31	乙未 (6)	丙申 2	丁酉 3	戊戌 4	己亥 5	庚子 6	辛丑 7	壬寅 8	癸卯 9	甲辰 10	乙巳 11	丙午 12	丁未 13	戊申 14	己酉 15	庚戌 16	辛亥 17	壬子 18	癸丑 19	甲寅 20	乙卯 21	丙辰 22	丁巳 23	戊午 24	己未 25	庚申 26	
閏六月小	壬午	干支 天地西曆	辛酉 27	壬戌 28	癸亥 29	甲子 30	乙丑 (7)	丙寅 2	丁卯 3	戊辰 4	己巳 5	庚午 6	辛未 7	壬申 8	癸酉 9	甲戌 10	乙亥 11	丙子 12	丁丑 13	戊寅 14	己卯 15	庚辰 16	辛巳 17	壬午 18	癸未 19	甲申 20	乙酉 21	丙戌 22	丁亥 23	戊子 24	己丑 25		癸亥夏至
七月大	癸未	干支 天地西曆	庚寅 26	辛卯 27	壬辰 28	癸巳 29	甲午 30	乙未 31	丙申 (8)	丁酉 2	戊戌 3	己亥 4	庚子 5	辛丑 6	壬寅 7	癸卯 8	甲辰 9	乙巳 10	丙午 11	丁未 12	戊申 13	己酉 14	庚戌 15	辛亥 16	壬子 17	癸丑 18	甲寅 19	乙卯 20	丙辰 21	丁巳 22	戊午 23	己未 24	己酉立秋
八月小	甲申	干支 天地西曆	庚申 25	辛酉 26	壬戌 27	癸亥 28	甲子 29	乙丑 30	丙寅 31	丁卯 (9)	戊辰 2	己巳 3	庚午 4	辛未 5	壬申 6	癸酉 7	甲戌 8	乙亥 9	丙子 10	丁丑 11	戊寅 12	己卯 13	庚辰 14	辛巳 15	壬午 16	癸未 17	甲申 18	乙酉 19	丙戌 20	丁亥 21	戊子 22		
九月大	乙酉	干支 天地西曆	己丑 23	庚寅 24	辛卯 25	壬辰 26	癸巳 27	甲午 28	乙未 29	丙申 30	丁酉 (10)	戊戌 2	己亥 3	庚子 4	辛丑 5	壬寅 6	癸卯 7	甲辰 8	乙巳 9	丙午 10	丁未 11	戊申 12	己酉 13	庚戌 14	辛亥 15	壬子 16	癸丑 17	甲寅 18	乙卯 19	丙辰 20	丁巳 21	戊午 22	乙未秋分 己丑日食
十月大	丙戌	干支 天地西曆	己未 23	庚申 24	辛酉 25	壬戌 26	癸亥 27	甲子 28	乙丑 29	丙寅 30	丁卯 31	戊辰 (11)	己巳 2	庚午 3	辛未 4	壬申 5	癸酉 6	甲戌 7	乙亥 8	丙子 9	丁丑 10	戊寅 11	己卯 12	庚辰 13	辛巳 14	壬午 15	癸未 16	甲申 17	乙酉 18	丙戌 19	丁亥 20	戊子 21	己卯立冬
十一月小	丁亥	干支 天地西曆	己丑 22	庚寅 23	辛卯 24	壬辰 25	癸巳 26	甲午 27	乙未 28	丙申 29	丁酉 30	戊戌 (12)	己亥 2	庚子 3	辛丑 4	壬寅 5	癸卯 6	甲辰 7	乙巳 8	丙午 9	丁未 10	戊申 11	己酉 12	庚戌 13	辛亥 14	壬子 15	癸丑 16	甲寅 17	乙卯 18	丙辰 19	丁巳 20		
十二月大	戊子	干支 天地西曆	戊午 21	己未 22	庚申 23	辛酉 24	壬戌 25	癸亥 26	甲子 27	乙丑 28	丙寅 29	丁卯 30	戊辰 31	己巳 (1)	庚午 2	辛未 3	壬申 4	癸酉 5	甲戌 6	乙亥 7	丙子 8	丁丑 9	戊寅 10	己卯 11	庚辰 12	辛巳 13	壬午 14	癸未 15	甲申 16	乙酉 17	丙戌 18	丁亥 19	癸亥冬至

朔閏異同	曆名	正月	二月	三月	四月	五月	六月	七月	八月	九月	十月	十一	十二	閏月		曆名	正月	二月	三月	四月	五月	六月	七月	八月	九月	十月	十一	十二	閏月
	周曆夏曆	癸巳壬辰	癸亥---壬戌	壬辰辛卯	壬戌辛酉	壬辰辛卯	辛酉庚申	辛卯庚寅	---庚申己未	庚寅己丑	己未戊午	己丑戊子	戊午丁巳	戊子丁亥		顓頊新曆	甲子---甲午	甲午癸亥	癸亥癸巳	癸巳壬戌	壬戌辛卯	壬辰辛酉	壬戌庚寅	辛卯己未	辛酉己丑	庚寅己未	庚申己丑	己丑己未	---己未戊子

周元王六年（辛未 羊年） 公元前470～前469年 歲在大梁

殷曆月序		中西曆日對照	初一	初二	初三	初四	初五	初六	初七	初八	初九	初十	十一	十二	十三	十四	十五	十六	十七	十八	十九	二十	二一	二二	二三	二四	二五	二六	二七	二八	二九	三十	節氣與天象
正月小	己丑	天干地支	戊子	己丑	庚寅	辛卯	壬辰	癸巳	甲午	乙未	丙申	丁酉	戊戌	己亥	庚子	辛丑	壬寅	癸卯	甲辰	乙巳	丙午	丁未	戊申	己酉	庚戌	辛亥	壬子	癸丑	甲寅	乙卯	丙辰		戊申立春
		西曆	20	21	22	23	24	25	26	27	28	29	30	31	(2)	2	3	4	5	6	7	8	9	10	11	12	13	14	15	16	17		
二月大	庚寅	天干地支	丁巳	戊午	己未	庚申	辛酉	壬戌	癸亥	甲子	乙丑	丙寅	丁卯	戊辰	己巳	庚午	辛未	壬申	癸酉	甲戌	乙亥	丙子	丁丑	戊寅	己卯	庚辰	辛巳	壬午	癸未	甲申	乙酉	丙戌	
		西曆	18	19	20	21	22	23	24	25	26	27	28	(3)	2	3	4	5	6	7	8	9	10	11	12	13	14	15	16	17	18	19	
三月小	辛卯	天干地支	丁亥	戊子	己丑	庚寅	辛卯	壬辰	癸巳	甲午	乙未	丙申	丁酉	戊戌	己亥	庚子	辛丑	壬寅	癸卯	甲辰	乙巳	丙午	丁未	戊申	己酉	庚戌	辛亥	壬子	癸丑	甲寅	乙卯		甲午春分
		西曆	20	21	22	23	24	25	26	27	28	29	30	31	(4)	2	3	4	5	6	7	8	9	10	11	12	13	14	15	16	17		
四月大	壬辰	天干地支	丙辰	丁巳	戊午	己未	庚申	辛酉	壬戌	癸亥	甲子	乙丑	丙寅	丁卯	戊辰	己巳	庚午	辛未	壬申	癸酉	甲戌	乙亥	丙子	丁丑	戊寅	己卯	庚辰	辛巳	壬午	癸未	甲申	乙酉	辛巳立夏
		西曆	18	19	20	21	22	23	24	25	26	27	28	29	30	(5)	2	3	4	5	6	7	8	9	10	11	12	13	14	15	16	17	
五月小	癸巳	天干地支	丙戌	丁亥	戊子	己丑	庚寅	辛卯	壬辰	癸巳	甲午	乙未	丙申	丁酉	戊戌	己亥	庚子	辛丑	壬寅	癸卯	甲辰	乙巳	丙午	丁未	戊申	己酉	庚戌	辛亥	壬子	癸丑	甲寅		
		西曆	18	19	20	21	22	23	24	25	26	27	28	29	30	31	(6)	2	3	4	5	6	7	8	9	10	11	12	13	14	15		
六月大	甲午	天干地支	乙卯	丙辰	丁巳	戊午	己未	庚申	辛酉	壬戌	癸亥	甲子	乙丑	丙寅	丁卯	戊辰	己巳	庚午	辛未	壬申	癸酉	甲戌	乙亥	丙子	丁丑	戊寅	己卯	庚辰	辛巳	壬午	癸未	甲申	戊辰夏至
		西曆	16	17	18	19	20	21	22	23	24	25	26	27	28	29	30	(7)	2	3	4	5	6	7	8	9	10	11	12	13	14	15	
七月小	乙未	天干地支	乙酉	丙戌	丁亥	戊子	己丑	庚寅	辛卯	壬辰	癸巳	甲午	乙未	丙申	丁酉	戊戌	己亥	庚子	辛丑	壬寅	癸卯	甲辰	乙巳	丙午	丁未	戊申	己酉	庚戌	辛亥	壬子	癸丑		
		西曆	16	17	18	19	20	21	22	23	24	25	26	27	28	29	30	31	(8)	2	3	4	5	6	7	8	9	10	11	12	13		
八月大	丙申	天干地支	甲寅	乙卯	丙辰	丁巳	戊午	己未	庚申	辛酉	壬戌	癸亥	甲子	乙丑	丙寅	丁卯	戊辰	己巳	庚午	辛未	壬申	癸酉	甲戌	乙亥	丙子	丁丑	戊寅	己卯	庚辰	辛巳	壬午	癸未	乙卯立秋
		西曆	14	15	16	17	18	19	20	21	22	23	24	25	26	27	28	29	30	31	(9)	2	3	4	5	6	7	8	9	10	11	12	
九月小	丁酉	天干地支	甲申	乙酉	丙戌	丁亥	戊子	己丑	庚寅	辛卯	壬辰	癸巳	甲午	乙未	丙申	丁酉	戊戌	己亥	庚子	辛丑	壬寅	癸卯	甲辰	乙巳	丙午	丁未	戊申	己酉	庚戌	辛亥	壬子		庚子秋分
		西曆	13	14	15	16	17	18	19	20	21	22	23	24	25	26	27	28	29	30	(10)	2	3	4	5	6	7	8	9	10	11		
十月大	戊戌	天干地支	癸丑	甲寅	乙卯	丙辰	丁巳	戊午	己未	庚申	辛酉	壬戌	癸亥	甲子	乙丑	丙寅	丁卯	戊辰	己巳	庚午	辛未	壬申	癸酉	甲戌	乙亥	丙子	丁丑	戊寅	己卯	庚辰	辛巳	壬午	
		西曆	12	13	14	15	16	17	18	19	20	21	22	23	24	25	26	27	28	29	30	31	(11)	2	3	4	5	6	7	8	9	10	
十一月小	己亥	天干地支	癸未	甲申	乙酉	丙戌	丁亥	戊子	己丑	庚寅	辛卯	壬辰	癸巳	甲午	乙未	丙申	丁酉	戊戌	己亥	庚子	辛丑	壬寅	癸卯	甲辰	乙巳	丙午	丁未	戊申	己酉	庚戌	辛亥		乙酉立冬
		西曆	11	12	13	14	15	16	17	18	19	20	21	22	23	24	25	26	27	28	29	30	(12)	2	3	4	5	6	7	8	9		
十二月大	庚子	天干地支	壬子	癸丑	甲寅	乙卯	丙辰	丁巳	戊午	己未	庚申	辛酉	壬戌	癸亥	甲子	乙丑	丙寅	丁卯	戊辰	己巳	庚午	辛未	壬申	癸酉	甲戌	乙亥	丙子	丁丑	戊寅	己卯	庚辰	辛巳	己巳冬至
		西曆	10	11	12	13	14	15	16	17	18	19	20	21	22	23	24	25	26	27	28	29	30	31	(1)	2	3	4	5	6	7	8	

朔閏異同	曆名	正月	二月	三月	四月	五月	六月	七月	八月	九月	十月	十一	十二	閏月	曆名	正月	二月	三月	四月	五月	六月	七月	八月	九月	十月	十一	十二	閏月
	周曆夏曆	丁巳丙辰	丁亥丙戌	丙辰乙卯	丙戌乙酉	乙卯甲寅	乙酉甲申	乙卯癸丑	甲申癸未	甲寅癸丑	癸未壬午	癸丑壬子	壬午辛巳		顓頊新曆	戊子戊午	戊午丁亥	丁亥丁巳	丁巳丙戌	丙戌乙卯	丙辰乙酉	乙酉甲寅	乙卯癸未	甲申癸丑	甲寅癸未	甲申壬子	癸丑壬午	

周元王七年（壬申 猴年） 公元前469年 歲在實沈

殷曆月序		中西曆日對照	初一	初二	初三	初四	初五	初六	初七	初八	初九	初十	十一	十二	十三	十四	十五	十六	十七	十八	十九	二十	二一	二二	二三	二四	二五	二六	二七	二八	二九	三十	節氣與天象
正月大	辛丑	干支曆 天地西	壬午9	癸未10	甲申11	乙酉12	丙戌13	丁亥14	戊子15	己丑16	庚寅17	辛卯18	壬辰19	癸巳20	甲午21	乙未22	丙申23	丁酉24	戊戌25	己亥26	庚子27	辛丑28	壬寅29	癸卯30	甲辰31	乙巳(2)	丙午2	丁未3	戊申4	己酉5	庚戌6	辛亥7	
二月小	壬寅	干支曆 天地西	壬子8	癸丑9	甲寅10	乙卯11	丙辰12	丁巳13	戊午14	己未15	庚申16	辛酉17	壬戌18	癸亥19	甲子20	乙丑21	丙寅22	丁卯23	戊辰24	己巳25	庚午26	辛未27	壬申28	癸酉29	甲戌(3)	乙亥2	丙子3	丁丑4	戊寅5	己卯6	庚辰7		癸丑立春
三月大	癸卯	干支曆 天地西	辛巳8	壬午9	癸未10	甲申11	乙酉12	丙戌13	丁亥14	戊子15	己丑16	庚寅17	辛卯18	壬辰19	癸巳20	甲午21	乙未22	丙申23	丁酉24	戊戌25	己亥26	庚子27	辛丑28	壬寅29	癸卯30	甲辰31	乙巳(4)	丙午2	丁未3	戊申4	己酉5	庚戌6	己亥春分
四月小	甲辰	干支曆 天地西	辛亥7	壬子8	癸丑9	甲寅10	乙卯11	丙辰12	丁巳13	戊午14	己未15	庚申16	辛酉17	壬戌18	癸亥19	甲子20	乙丑21	丙寅22	丁卯23	戊辰24	己巳25	庚午26	辛未27	壬申28	癸酉29	甲戌30	乙亥(5)	丙子2	丁丑3	戊寅4	己卯5		
五月大	乙巳	干支曆 天地西	庚辰6	辛巳7	壬午8	癸未9	甲申10	乙酉11	丙戌12	丁亥13	戊子14	己丑15	庚寅16	辛卯17	壬辰18	癸巳19	甲午20	乙未21	丙申22	丁酉23	戊戌24	己亥25	庚子26	辛丑27	壬寅28	癸卯29	甲辰30	乙巳31	丙午(6)	丁未2	戊申3	己酉4	丙戌立夏
六月小	丙午	干支曆 天地西	庚戌5	辛亥6	壬子7	癸丑8	甲寅9	乙卯10	丙辰11	丁巳12	戊午13	己未14	庚申15	辛酉16	壬戌17	癸亥18	甲子19	乙丑20	丙寅21	丁卯22	戊辰23	己巳24	庚午25	辛未26	壬申27	癸酉28	甲戌29	乙亥30	丙子(7)	丁丑2	戊寅3		癸酉夏至
七月大	丁未	干支曆 天地西	己卯4	庚辰5	辛巳6	壬午7	癸未8	甲申9	乙酉10	丙戌11	丁亥12	戊子13	己丑14	庚寅15	辛卯16	壬辰17	癸巳18	甲午19	乙未20	丙申21	丁酉22	戊戌23	己亥24	庚子25	辛丑26	壬寅27	癸卯28	甲辰29	乙巳30	丙午31	丁未(8)	戊申2	
八月小	戊申	干支曆 天地西	己酉3	庚戌4	辛亥5	壬子6	癸丑7	甲寅8	乙卯9	丙辰10	丁巳11	戊午12	己未13	庚申14	辛酉15	壬戌16	癸亥17	甲子18	乙丑19	丙寅20	丁卯21	戊辰22	己巳23	庚午24	辛未25	壬申26	癸酉27	甲戌28	乙亥29	丙子30	丁丑31		庚申立秋
九月大	己酉	干支曆 天地西	戊寅(9)	己卯2	庚辰3	辛巳4	壬午5	癸未6	甲申7	乙酉8	丙戌9	丁亥10	戊子11	己丑12	庚寅13	辛卯14	壬辰15	癸巳16	甲午17	乙未18	丙申19	丁酉20	戊戌21	己亥22	庚子23	辛丑24	壬寅25	癸卯26	甲辰27	乙巳28	丙午29	丁未30	乙巳秋分
十月小	庚戌	干支曆 天地西	戊申(10)	己酉2	庚戌3	辛亥4	壬子5	癸丑6	甲寅7	乙卯8	丙辰9	丁巳10	戊午11	己未12	庚申13	辛酉14	壬戌15	癸亥16	甲子17	乙丑18	丙寅19	丁卯20	戊辰21	己巳22	庚午23	辛未24	壬申25	癸酉26	甲戌27	乙亥28	丙子29		
十一月大	辛亥	干支曆 天地西	丁丑30	戊寅31	己卯(11)	庚辰2	辛巳3	壬午4	癸未5	甲申6	乙酉7	丙戌8	丁亥9	戊子10	己丑11	庚寅12	辛卯13	壬辰14	癸巳15	甲午16	乙未17	丙申18	丁酉19	戊戌20	己亥21	庚子22	辛丑23	壬寅24	癸卯25	甲辰26	乙巳27	丙午28	庚寅立冬
十二月小	壬子	干支曆 天地西	丁未29	戊申30	己酉(12)	庚戌2	辛亥3	壬子4	癸丑5	甲寅6	乙卯7	丙辰8	丁巳9	戊午10	己未11	庚申12	辛酉13	壬戌14	癸亥15	甲子16	乙丑17	丙寅18	丁卯19	戊辰20	己巳21	庚午22	辛未23	壬申24	癸酉25	甲戌26	乙亥27		甲戌冬至

朔閏異同	曆名	正月	二月	三月	四月	五月	六月	七月	八月	九月	十月	十一	十二	閏月
	周曆夏曆	壬子辛亥	辛巳庚辰	辛亥庚戌	庚辰己卯	庚戌己酉	己卯戊寅	己酉戊申	戊寅丁丑	戊申丁未	丁丑丙子	丁未---丙午	丁丑丙子	乙巳

曆名	正月	二月	三月	四月	五月	六月	七月	八月	九月	十月	十一	十二	閏月
顓頊新曆	癸未壬子	壬子壬午	壬午辛亥	辛亥辛巳	辛巳庚戌	庚戌己卯	庚辰己酉	己酉戊寅	己卯---丁未	戊申丁丑	戊寅丁未	丁未丙子	丙午

周貞定王元年（癸酉 鷄年） 公元前469 ~ 前468 ~前467年 歲在鶉首

殷曆月序		中西曆日對照	殷曆日序																														節氣與天象
			初一	初二	初三	初四	初五	初六	初七	初八	初九	初十	十一	十二	十三	十四	十五	十六	十七	十八	十九	二十	二一	二二	二三	二四	二五	二六	二七	二八	二九	三十	
正月大	癸丑	天干地支西曆	丙子28	丁丑29	戊寅30	己卯31	庚辰(1)	辛巳2	壬午3	癸未4	甲申5	乙酉6	丙戌7	丁亥8	戊子9	己丑10	庚寅11	辛卯12	壬辰13	癸巳14	甲午15	乙未16	丙申17	丁酉18	戊戌19	己亥20	庚子21	辛丑22	壬寅23	癸卯24	甲辰25	乙巳26	
二月小	甲寅	天干地支西曆	丙午27	丁未28	戊申29	己酉30	庚戌31	辛亥(2)	壬子2	癸丑3	甲寅4	乙卯5	丙辰6	丁巳7	戊午8	己未9	庚申10	辛酉11	壬戌12	癸亥13	甲子14	乙丑15	丙寅16	丁卯17	戊辰18	己巳19	庚午20	辛未21	壬申22	癸酉23	甲戌24		己未立春
閏二月大	甲寅	天干地支西曆	乙亥25	丙子26	丁丑27	戊寅28	己卯(3)	庚辰2	辛巳3	壬午4	癸未5	甲申6	乙酉7	丙戌8	丁亥9	戊子10	己丑11	庚寅12	辛卯13	壬辰14	癸巳15	甲午16	乙未17	丙申18	丁酉19	戊戌20	己亥21	庚子22	辛丑23	壬寅24	癸卯25	甲辰26	甲辰春分
三月小	乙卯	天干地支西曆	乙巳27	丙午28	丁未29	戊申30	己酉31	庚戌(4)	辛亥2	壬子3	癸丑4	甲寅5	乙卯6	丙辰7	丁巳8	戊午9	己未10	庚申11	辛酉12	壬戌13	癸亥14	甲子15	乙丑16	丙寅17	丁卯18	戊辰19	己巳20	庚午21	辛未22	壬申23	癸酉24		
四月大	丙辰	天干地支西曆	甲戌25	乙亥26	丙子27	丁丑28	戊寅29	己卯30	庚辰(5)	辛巳2	壬午3	癸未4	甲申5	乙酉6	丙戌7	丁亥8	戊子9	己丑10	庚寅11	辛卯12	壬辰13	癸巳14	甲午15	乙未16	丙申17	丁酉18	戊戌19	己亥20	庚子21	辛丑22	壬寅23	癸卯24	辛卯立夏
五月大	丁巳	天干地支西曆	甲辰25	乙巳26	丙午27	丁未28	戊申29	己酉30	庚戌31	辛亥(6)	壬子2	癸丑3	甲寅4	乙卯5	丙辰6	丁巳7	戊午8	己未9	庚申10	辛酉11	壬戌12	癸亥13	甲子14	乙丑15	丙寅16	丁卯17	戊辰18	己巳19	庚午20	辛未21	壬申22	癸酉23	
六月小	戊午	天干地支西曆	甲戌24	乙亥25	丙子26	丁丑27	戊寅28	己卯29	庚辰30	辛巳(7)	壬午2	癸未3	甲申4	乙酉5	丙戌6	丁亥7	戊子8	己丑9	庚寅10	辛卯11	壬辰12	癸巳13	甲午14	乙未15	丙申16	丁酉17	戊戌18	己亥19	庚子20	辛丑21	壬寅22		戊寅夏至
七月大	己未	天干地支西曆	癸卯23	甲辰24	乙巳25	丙午26	丁未27	戊申28	己酉29	庚戌30	辛亥31	壬子(8)	癸丑2	甲寅3	乙卯4	丙辰5	丁巳6	戊午7	己未8	庚申9	辛酉10	壬戌11	癸亥12	甲子13	乙丑14	丙寅15	丁卯16	戊辰17	己巳18	庚午19	辛未20	壬申21	乙丑立秋
八月小	庚申	天干地支西曆	癸酉22	甲戌23	乙亥24	丙子25	丁丑26	戊寅27	己卯28	庚辰29	辛巳30	壬午31	癸未(9)	甲申2	乙酉3	丙戌4	丁亥5	戊子6	己丑7	庚寅8	辛卯9	壬辰10	癸巳11	甲午12	乙未13	丙申14	丁酉15	戊戌16	己亥17	庚子18	辛丑19		
九月大	辛酉	天干地支西曆	壬寅20	癸卯21	甲辰22	乙巳23	丙午24	丁未25	戊申26	己酉27	庚戌28	辛亥29	壬子30	癸丑(10)	甲寅2	乙卯3	丙辰4	丁巳5	戊午6	己未7	庚申8	辛酉9	壬戌10	癸亥11	甲子12	乙丑13	丙寅14	丁卯15	戊辰16	己巳17	庚午18	辛未19	辛亥秋分
十月小	壬戌	天干地支西曆	壬申20	癸酉21	甲戌22	乙亥23	丙子24	丁丑25	戊寅26	己卯27	庚辰28	辛巳29	壬午30	癸未31	甲申(11)	乙酉2	丙戌3	丁亥4	戊子5	己丑6	庚寅7	辛卯8	壬辰9	癸巳10	甲午11	乙未12	丙申13	丁酉14	戊戌15	己亥16	庚子17		乙未立冬
十一月大	癸亥	天干地支西曆	辛丑18	壬寅19	癸卯20	甲辰21	乙巳22	丙午23	丁未24	戊申25	己酉26	庚戌27	辛亥28	壬子29	癸丑30	甲寅(12)	乙卯2	丙辰3	丁巳4	戊午5	己未6	庚申7	辛酉8	壬戌9	癸亥10	甲子11	乙丑12	丙寅13	丁卯14	戊辰15	己巳16	庚午17	
十二月小	甲子	天干地支西曆	辛未18	壬申19	癸酉20	甲戌21	乙亥22	丙子23	丁丑24	戊寅25	己卯26	庚辰27	辛巳28	壬午29	癸未30	甲申31	乙酉(1)	丙戌2	丁亥3	戊子4	己丑5	庚寅6	辛卯7	壬辰8	癸巳9	甲午10	乙未11	丙申12	丁酉13	戊戌14	己亥15		己卯冬至

朔閏異同	曆名	正月	二月	三月	四月	五月	六月	七月	八月	九月	十月	十一	十二	閏月
	周曆夏曆	丙午乙亥	丙子甲辰	乙巳甲戌	---乙亥癸卯	甲辰癸酉	甲戌壬寅	癸卯壬申	癸酉辛丑	壬寅辛未	壬申庚子	辛丑庚午	辛未己亥	庚子
	曆名	正月	二月	三月	四月	五月	六月	七月	八月	九月	十月	十一	十二	閏月
	顓頊新曆	丁丑丙子	丁未乙巳	丙子乙亥	丙午乙巳	乙亥甲戌	乙巳癸卯	甲戌癸酉	甲辰壬寅	癸酉辛未	癸卯辛丑	壬申庚午	壬寅庚子	---辛未

周貞定王二年（甲戌 狗年） 公元前 467 ~ 前 466 年 歲在鶉火

殷曆月序		中西曆日對照	初一	初二	初三	初四	初五	初六	初七	初八	初九	初十	十一	十二	十三	十四	十五	十六	十七	十八	十九	二十	二一	二二	二三	二四	二五	二六	二七	二八	二九	三十	節氣與天象
正月大	乙丑	干支曆 天地西	庚子16	辛丑17	壬寅18	癸卯19	甲辰20	乙巳21	丙午22	丁未23	戊申24	己酉25	庚戌26	辛亥27	壬子28	癸丑29	甲寅30	乙卯31	丙辰(2)	丁巳2	戊午3	己未4	庚申5	辛酉6	壬戌7	癸亥8	甲子9	乙丑10	丙寅11	丁卯12	戊辰13	己巳14	甲子立春
二月小	丙寅	干支曆 天地西	庚午15	辛未16	壬申17	癸酉18	甲戌19	乙亥20	丙子21	丁丑22	戊寅23	己卯24	庚辰25	辛巳26	壬午27	癸未28	甲申(3)	乙酉2	丙戌3	丁亥4	戊子5	己丑6	庚寅7	辛卯8	壬辰9	癸巳10	甲午11	乙未12	丙申13	丁酉14	戊戌15		
三月大	丁卯	干支曆 天地西	己亥16	庚子17	辛丑18	壬寅19	癸卯20	甲辰21	乙巳22	丙午23	丁未24	戊申25	己酉26	庚戌27	辛亥28	壬子29	癸丑30	甲寅31	乙卯(4)	丙辰2	丁巳3	戊午4	己未5	庚申6	辛酉7	壬戌8	癸亥9	甲子10	乙丑11	丙寅12	丁卯13	戊辰14	庚戌春分
四月小	戊辰	干支曆 天地西	己巳15	庚午16	辛未17	壬申18	癸酉19	甲戌20	乙亥21	丙子22	丁丑23	戊寅24	己卯25	庚辰26	辛巳27	壬午28	癸未29	甲申30	乙酉(5)	丙戌2	丁亥3	戊子4	己丑5	庚寅6	辛卯7	壬辰8	癸巳9	甲午10	乙未11	丙申12	丁酉13		丁酉立夏
五月大	己巳	干支曆 天地西	戊戌14	己亥15	庚子16	辛丑17	壬寅18	癸卯19	甲辰20	乙巳21	丙午22	丁未23	戊申24	己酉25	庚戌26	辛亥27	壬子28	癸丑29	甲寅30	乙卯31	丙辰(6)	丁巳2	戊午3	己未4	庚申5	辛酉6	壬戌7	癸亥8	甲子9	乙丑10	丙寅11	丁卯12	
六月小	庚午	干支曆 天地西	戊辰13	己巳14	庚午15	辛未16	壬申17	癸酉18	甲戌19	乙亥20	丙子21	丁丑22	戊寅23	己卯24	庚辰25	辛巳26	壬午27	癸未28	甲申29	乙酉30	丙戌(7)	丁亥2	戊子3	己丑4	庚寅5	辛卯6	壬辰7	癸巳8	甲午9	乙未10	丙申11		甲申夏至
七月大	辛未	干支曆 天地西	丁酉12	戊戌13	己亥14	庚子15	辛丑16	壬寅17	癸卯18	甲辰19	乙巳20	丙午21	丁未22	戊申23	己酉24	庚戌25	辛亥26	壬子27	癸丑28	甲寅29	乙卯30	丙辰31	丁巳(8)	戊午2	己未3	庚申4	辛酉5	壬戌6	癸亥7	甲子8	乙丑9	丙寅10	戊戌日食
八月大	壬申	干支曆 天地西	丁卯11	戊辰12	己巳13	庚午14	辛未15	壬申16	癸酉17	甲戌18	乙亥19	丙子20	丁丑21	戊寅22	己卯23	庚辰24	辛巳25	壬午26	癸未27	甲申28	乙酉29	丙戌30	丁亥31	戊子(9)	己丑2	庚寅3	辛卯4	壬辰5	癸巳6	甲午7	乙未8	丙申9	庚午立秋
九月小	癸酉	干支曆 天地西	丁酉10	戊戌11	己亥12	庚子13	辛丑14	壬寅15	癸卯16	甲辰17	乙巳18	丙午19	丁未20	戊申21	己酉22	庚戌23	辛亥24	壬子25	癸丑26	甲寅27	乙卯28	丙辰29	丁巳30	戊午(10)	己未2	庚申3	辛酉4	壬戌5	癸亥6	甲子7	乙丑8		丙辰秋分
十月大	甲戌	干支曆 天地西	丙寅9	丁卯10	戊辰11	己巳12	庚午13	辛未14	壬申15	癸酉16	甲戌17	乙亥18	丙子19	丁丑20	戊寅21	己卯22	庚辰23	辛巳24	壬午25	癸未26	甲申27	乙酉28	丙戌29	丁亥30	戊子31	己丑(11)	庚寅2	辛卯3	壬辰4	癸巳5	甲午6	乙未7	
十一月小	乙亥	干支曆 天地西	丙申8	丁酉9	戊戌10	己亥11	庚子12	辛丑13	壬寅14	癸卯15	甲辰16	乙巳17	丙午18	丁未19	戊申20	己酉21	庚戌22	辛亥23	壬子24	癸丑25	甲寅26	乙卯27	丙辰28	丁巳29	戊午30	己未(12)	庚申2	辛酉3	壬戌4	癸亥5	甲子6		庚子立冬
十二月大	丙子	干支曆 天地西	乙丑7	丙寅8	丁卯9	戊辰10	己巳11	庚午12	辛未13	壬申14	癸酉15	甲戌16	乙亥17	丙子18	丁丑19	戊寅20	己卯21	庚辰22	辛巳23	壬午24	癸未25	甲申26	乙酉27	丙戌28	丁亥29	戊子30	己丑31	庚寅(1)	辛卯2	壬辰3	癸巳4	甲午5	甲申冬至

朔閏異同	曆名	正月	二月	三月	四月	五月	六月	七月	八月	九月	十月	十一	十二	閏月	曆名	正月	二月	三月	四月	五月	六月	七月	八月	九月	十月	十一	十二	閏月
	周曆夏曆	庚午己巳	庚子戊戌	己巳戊辰	己亥戊戌	戊辰丁卯	戊戌丁酉	丁卯丙寅	丁酉丙申	丙寅乙丑	丙申乙未	乙丑甲子	乙未甲午		顓頊新曆	辛丑庚午	庚午己亥	庚子己巳	己巳己亥	己亥戊辰	己巳戊戌	戊戌丁卯	戊辰丁酉	丁酉丙寅	丁卯丙申	丙申乙丑	丙寅乙未	

周貞定王三年（乙亥 猪年） 公元前466 ~ 前465年 歲在鶉尾

殷曆月序		中西曆日對照	初一	初二	初三	初四	初五	初六	初七	初八	初九	初十	十一	十二	十三	十四	十五	十六	十七	十八	十九	二十	二一	二二	二三	二四	二五	二六	二七	二八	二九	三十	節氣與天象
正月小	丁丑	天干地支 西曆	乙未 6	丙申 7	丁酉 8	戊戌 9	己亥 10	庚子 11	辛丑 12	壬寅 13	癸卯 14	甲辰 15	乙巳 16	丙午 17	丁未 18	戊申 19	己酉 20	庚戌 21	辛亥 22	壬子 23	癸丑 24	甲寅 25	乙卯 26	丙辰 27	丁巳 28	戊午 29	己未 30	庚申 31	辛酉 (2)	壬戌 2	癸亥 3		
二月大	戊寅	天干地支 西曆	甲子 4	乙丑 5	丙寅 6	丁卯 7	戊辰 8	己巳 9	庚午 10	辛未 11	壬申 12	癸酉 13	甲戌 14	乙亥 15	丙子 16	丁丑 17	戊寅 18	己卯 19	庚辰 20	辛巳 21	壬午 22	癸未 23	甲申 24	乙酉 25	丙戌 26	丁亥 27	戊子 28	己丑 (3)	庚寅 2	辛卯 3	壬辰 4	癸巳 5	己巳立春
三月小	己卯	天干地支 西曆	甲午 6	乙未 7	丙申 8	丁酉 9	戊戌 10	己亥 11	庚子 12	辛丑 13	壬寅 14	癸卯 15	甲辰 16	乙巳 17	丙午 18	丁未 19	戊申 20	己酉 21	庚戌 22	辛亥 23	壬子 24	癸丑 25	甲寅 26	乙卯 27	丙辰 28	丁巳 29	戊午 30	己未 31	庚申 (4)	辛酉 2	壬戌 3		乙卯春分
四月大	庚辰	天干地支 西曆	癸亥 4	甲子 5	乙丑 6	丙寅 7	丁卯 8	戊辰 9	己巳 10	庚午 11	辛未 12	壬申 13	癸酉 14	甲戌 15	乙亥 16	丙子 17	丁丑 18	戊寅 19	己卯 20	庚辰 21	辛巳 22	壬午 23	癸未 24	甲申 25	乙酉 26	丙戌 27	丁亥 28	戊子 29	己丑 30	庚寅 (5)	辛卯 2	壬辰 3	
五月小	辛巳	天干地支 西曆	癸巳 4	甲午 5	乙未 6	丙申 7	丁酉 8	戊戌 9	己亥 10	庚子 11	辛丑 12	壬寅 13	癸卯 14	甲辰 15	乙巳 16	丙午 17	丁未 18	戊申 19	己酉 20	庚戌 21	辛亥 22	壬子 23	癸丑 24	甲寅 25	乙卯 26	丙辰 27	丁巳 28	戊午 29	己未 30	庚申 31	辛酉 (6)		壬寅立夏
六月大	壬午	天干地支 西曆	壬戌 2	癸亥 3	甲子 4	乙丑 5	丙寅 6	丁卯 7	戊辰 8	己巳 9	庚午 10	辛未 11	壬申 12	癸酉 13	甲戌 14	乙亥 15	丙子 16	丁丑 17	戊寅 18	己卯 19	庚辰 20	辛巳 21	壬午 22	癸未 23	甲申 24	乙酉 25	丙戌 26	丁亥 27	戊子 28	己丑 29	庚寅 30	辛卯 (7)	己丑夏至
七月小	癸未	天干地支 西曆	壬辰 2	癸巳 3	甲午 4	乙未 5	丙申 6	丁酉 7	戊戌 8	己亥 9	庚子 10	辛丑 11	壬寅 12	癸卯 13	甲辰 14	乙巳 15	丙午 16	丁未 17	戊申 18	己酉 19	庚戌 20	辛亥 21	壬子 22	癸丑 23	甲寅 24	乙卯 25	丙辰 26	丁巳 27	戊午 28	己未 29	庚申 30		壬辰日食
八月大	甲申	天干地支 西曆	辛酉 31	壬戌 (8)	癸亥 2	甲子 3	乙丑 4	丙寅 5	丁卯 6	戊辰 7	己巳 8	庚午 9	辛未 10	壬申 11	癸酉 12	甲戌 13	乙亥 14	丙子 15	丁丑 16	戊寅 17	己卯 18	庚辰 19	辛巳 20	壬午 21	癸未 22	甲申 23	乙酉 24	丙戌 25	丁亥 26	戊子 27	己丑 28	庚寅 29	丙子立秋
九月小	乙酉	天干地支 西曆	辛卯 30	壬辰 31	癸巳 (9)	甲午 2	乙未 3	丙申 4	丁酉 5	戊戌 6	己亥 7	庚子 8	辛丑 9	壬寅 10	癸卯 11	甲辰 12	乙巳 13	丙午 14	丁未 15	戊申 16	己酉 17	庚戌 18	辛亥 19	壬子 20	癸丑 21	甲寅 22	乙卯 23	丙辰 24	丁巳 25	戊午 26	己未 27		
十月大	丙戌	天干地支 西曆	庚申 28	辛酉 29	壬戌 30	癸亥 (10)	甲子 2	乙丑 3	丙寅 4	丁卯 5	戊辰 6	己巳 7	庚午 8	辛未 9	壬申 10	癸酉 11	甲戌 12	乙亥 13	丙子 14	丁丑 15	戊寅 16	己卯 17	庚辰 18	辛巳 19	壬午 20	癸未 21	甲申 22	乙酉 23	丙戌 24	丁亥 25	戊子 26	己丑 27	辛酉秋分
十一月小	丁亥	天干地支 西曆	庚寅 28	辛卯 29	壬辰 30	癸巳 31	甲午 (11)	乙未 2	丙申 3	丁酉 4	戊戌 5	己亥 6	庚子 7	辛丑 8	壬寅 9	癸卯 10	甲辰 11	乙巳 12	丙午 13	丁未 14	戊申 15	己酉 16	庚戌 17	辛亥 18	壬子 19	癸丑 20	甲寅 21	乙卯 22	丙辰 23	丁巳 24	戊午 25		乙巳立冬
閏十一大	丁亥	天干地支 西曆	己未 26	庚申 27	辛酉 28	壬戌 29	癸亥 30	甲子 (12)	乙丑 2	丙寅 3	丁卯 4	戊辰 5	己巳 6	庚午 7	辛未 8	壬申 9	癸酉 10	甲戌 11	乙亥 12	丙子 13	丁丑 14	戊寅 15	己卯 16	庚辰 17	辛巳 18	壬午 19	癸未 20	甲申 21	乙酉 22	丙戌 23	丁亥 24	戊子 25	
十二月大	戊子	天干地支 西曆	己丑 26	庚寅 27	辛卯 28	壬辰 29	癸巳 30	甲午 31	乙未 (1)	丙申 2	丁酉 3	戊戌 4	己亥 5	庚子 6	辛丑 7	壬寅 8	癸卯 9	甲辰 10	乙巳 11	丙午 12	丁未 13	戊申 14	己酉 15	庚戌 16	辛亥 17	壬子 18	癸丑 19	甲寅 20	乙卯 21	丙辰 22	丁巳 23	戊午 24	庚寅冬至 己丑日食

朔閏異同	曆名	正月	二月	三月	四月	五月	六月	七月	八月	九月	十月	十一	十二	閏月
	周曆夏曆	甲子癸亥	甲午癸巳	癸亥壬戌	癸巳壬辰	壬戌辛酉	壬辰辛卯	壬戌---庚申	辛卯庚寅	辛酉庚申	庚寅己丑	庚申己未	己丑戊子	---己未戊午
	曆名	正月	二月	三月	四月	五月	六月	七月	八月	九月	十月	十一	十二	閏月
	顓頊新曆	乙未甲子	乙丑甲午	甲午癸亥	甲子癸巳	癸巳壬戌	癸亥壬辰	壬辰壬戌	壬戌---辛卯	辛卯辛酉	辛酉庚寅	辛卯庚申	庚申己丑	己未

周貞定王四年（丙子 鼠年） 公元前465～前464年 歲在壽星

殷曆月序		西日照中曆對	初一	初二	初三	初四	初五	初六	初七	初八	初九	初十	十一	十二	十三	十四	十五	十六	十七	十八	十九	二十	二一	二二	二三	二四	二五	二六	二七	二八	二九	三十	節氣與天象
正月小	己丑	干支曆 天地西	己未25	庚申26	辛酉27	壬戌28	癸亥29	甲子30	乙丑31	丙寅(2)	丁卯2	戊辰3	己巳4	庚午5	辛未6	壬申7	癸酉8	甲戌9	乙亥10	丙子11	丁丑12	戊寅13	己卯14	庚辰15	辛巳16	壬午17	癸未18	甲申19	乙酉20	丙戌21	丁亥22		甲戌立春
二月大	庚寅	干支曆 天地西	戊子23	己丑24	庚寅25	辛卯26	壬辰27	癸巳28	甲午29	乙未(3)	丙申2	丁酉3	戊戌4	己亥5	庚子6	辛丑7	壬寅8	癸卯9	甲辰10	乙巳11	丙午12	丁未13	戊申14	己酉15	庚戌16	辛亥17	壬子18	癸丑19	甲寅20	乙卯21	丙辰22	丁巳23	
三月小	辛卯	干支曆 天地西	戊午24	己未25	庚申26	辛酉27	壬戌28	癸亥29	甲子30	乙丑31	丙寅(4)	丁卯2	戊辰3	己巳4	庚午5	辛未6	壬申7	癸酉8	甲戌9	乙亥10	丙子11	丁丑12	戊寅13	己卯14	庚辰15	辛巳16	壬午17	癸未18	甲申19	乙酉20	丙戌21		庚申春分
四月大	壬辰	干支曆 天地西	丁亥22	戊子23	己丑24	庚寅25	辛卯26	壬辰27	癸巳28	甲午29	乙未30	丙申(5)	丁酉2	戊戌3	己亥4	庚子5	辛丑6	壬寅7	癸卯8	甲辰9	乙巳10	丙午11	丁未12	戊申13	己酉14	庚戌15	辛亥16	壬子17	癸丑18	甲寅19	乙卯20	丙辰21	丁未立夏
五月小	癸巳	干支曆 天地西	丁巳22	戊午23	己未24	庚申25	辛酉26	壬戌27	癸亥28	甲子29	乙丑30	丙寅31	丁卯(6)	戊辰2	己巳3	庚午4	辛未5	壬申6	癸酉7	甲戌8	乙亥9	丙子10	丁丑11	戊寅12	己卯13	庚辰14	辛巳15	壬午16	癸未17	甲申18	乙酉19		
六月大	甲午	干支曆 天地西	丙戌20	丁亥21	戊子22	己丑23	庚寅24	辛卯25	壬辰26	癸巳27	甲午28	乙未29	丙申30	丁酉(7)	戊戌2	己亥3	庚子4	辛丑5	壬寅6	癸卯7	甲辰8	乙巳9	丙午10	丁未11	戊申12	己酉13	庚戌14	辛亥15	壬子16	癸丑17	甲寅18	乙卯19	甲午夏至
七月小	乙未	干支曆 天地西	丙辰20	丁巳21	戊午22	己未23	庚申24	辛酉25	壬戌26	癸亥27	甲子28	乙丑29	丙寅30	丁卯31	戊辰(8)	己巳2	庚午3	辛未4	壬申5	癸酉6	甲戌7	乙亥8	丙子9	丁丑10	戊寅11	己卯12	庚辰13	辛巳14	壬午15	癸未16	甲申17		辛巳立秋
八月大	丙申	干支曆 天地西	乙酉18	丙戌19	丁亥20	戊子21	己丑22	庚寅23	辛卯24	壬辰25	癸巳26	甲午27	乙未28	丙申29	丁酉30	戊戌31	己亥(9)	庚子2	辛丑3	壬寅4	癸卯5	甲辰6	乙巳7	丙午8	丁未9	戊申10	己酉11	庚戌12	辛亥13	壬子14	癸丑15	甲寅16	
九月小	丁酉	干支曆 天地西	乙卯17	丙辰18	丁巳19	戊午20	己未21	庚申22	辛酉23	壬戌24	癸亥25	甲子26	乙丑27	丙寅28	丁卯29	戊辰30	己巳(10)	庚午2	辛未3	壬申4	癸酉5	甲戌6	乙亥7	丙子8	丁丑9	戊寅10	己卯11	庚辰12	辛巳13	壬午14	癸未15		丙寅秋分
十月大	戊戌	干支曆 天地西	甲申16	乙酉17	丙戌18	丁亥19	戊子20	己丑21	庚寅22	辛卯23	壬辰24	癸巳25	甲午26	乙未27	丙申28	丁酉29	戊戌30	己亥31	庚子(11)	辛丑2	壬寅3	癸卯4	甲辰5	乙巳6	丙午7	丁未8	戊申9	己酉10	庚戌11	辛亥12	壬子13	癸丑14	辛亥立冬
十一月小	己亥	干支曆 天地西	甲寅15	乙卯16	丙辰17	丁巳18	戊午19	己未20	庚申21	辛酉22	壬戌23	癸亥24	甲子25	乙丑26	丙寅27	丁卯28	戊辰29	己巳30	庚午(12)	辛未2	壬申3	癸酉4	甲戌5	乙亥6	丙子7	丁丑8	戊寅9	己卯10	庚辰11	辛巳12	壬午13		
十二月大	庚子	干支曆 天地西	癸未14	甲申15	乙酉16	丙戌17	丁亥18	戊子19	己丑20	庚寅21	辛卯22	壬辰23	癸巳24	甲午25	乙未26	丙申27	丁酉28	戊戌29	己亥30	庚子31	辛丑(1)	壬寅2	癸卯3	甲辰4	乙巳5	丙午6	丁未7	戊申8	己酉9	庚戌10	辛亥11	壬子12	乙未冬至

朔閏異同	曆名	正月	二月	三月	四月	五月	六月	七月	八月	九月	十月	十一	十二	閏月	曆名	正月	二月	三月	四月	五月	六月	七月	八月	九月	十月	十一	十二	閏月
	周曆夏曆	戊子丁亥	戊午丁巳	丁亥丙戌	丁巳丙辰	丙戌乙酉	丙辰乙卯	乙酉甲申	乙卯甲寅	甲申癸未	甲寅癸丑	甲申癸未	癸丑壬子		顓頊新曆	庚寅戊子	己未丁巳	己丑丁亥	戊午丙辰	戊子丙戌	丁巳丙辰	丁亥乙酉	丙辰乙卯	丙戌乙酉	乙卯甲寅	乙酉甲申	甲寅癸丑	甲申

周貞定王五年（丁丑 牛年） 公元前**464**～前463年 歲在大火

殷曆月序		中西曆日對照	初一	初二	初三	初四	初五	初六	初七	初八	初九	初十	十一	十二	十三	十四	十五	十六	十七	十八	十九	二十	二一	二二	二三	二四	二五	二六	二七	二八	二九	三十	節氣與天象
正月小	辛丑	干支天地西曆	癸丑13	甲寅14	乙卯15	丙辰16	丁巳17	戊午18	己未19	庚申20	辛酉21	壬戌22	癸亥23	甲子24	乙丑25	丙寅26	丁卯27	戊辰28	己巳29	庚午30	辛未31	壬申(2)	癸酉2	甲戌3	乙亥4	丙子5	丁丑6	戊寅7	己卯8	庚辰9	辛巳10		庚辰立春
二月大	壬寅	干支天地西曆	壬午11	癸未12	甲申13	乙酉14	丙戌15	丁亥16	戊子17	己丑18	庚寅19	辛卯20	壬辰21	癸巳22	甲午23	乙未24	丙申25	丁酉26	戊戌27	己亥28	庚子(3)	辛丑2	壬寅3	癸卯4	甲辰5	乙巳6	丙午7	丁未8	戊申9	己酉10	庚戌11	辛亥12	
三月小	癸卯	干支天地西曆	壬子13	癸丑14	甲寅15	乙卯16	丙辰17	丁巳18	戊午19	己未20	庚申21	辛酉22	壬戌23	癸亥24	甲子25	乙丑26	丙寅27	丁卯28	戊辰29	己巳30	庚午31	辛未(4)	壬申2	癸酉3	甲戌4	乙亥5	丙子6	丁丑7	戊寅8	己卯9	庚辰10		乙丑春分
四月大	甲辰	干支天地西曆	辛巳11	壬午12	癸未13	甲申14	乙酉15	丙戌16	丁亥17	戊子18	己丑19	庚寅20	辛卯21	壬辰22	癸巳23	甲午24	乙未25	丙申26	丁酉27	戊戌28	己亥29	庚子30	辛丑(5)	壬寅2	癸卯3	甲辰4	乙巳5	丙午6	丁未7	戊申8	己酉9	庚戌10	
五月大	乙巳	干支天地西曆	辛亥11	壬子12	癸丑13	甲寅14	乙卯15	丙辰16	丁巳17	戊午18	己未19	庚申20	辛酉21	壬戌22	癸亥23	甲子24	乙丑25	丙寅26	丁卯27	戊辰28	己巳29	庚午30	辛未31	壬申(6)	癸酉2	甲戌3	乙亥4	丙子5	丁丑6	戊寅7	己卯8	庚辰9	壬子立夏 辛亥日食
六月小	丙午	干支天地西曆	辛巳10	壬午11	癸未12	甲申13	乙酉14	丙戌15	丁亥16	戊子17	己丑18	庚寅19	辛卯20	壬辰21	癸巳22	甲午23	乙未24	丙申25	丁酉26	戊戌27	己亥28	庚子29	辛丑30	壬寅(7)	癸卯2	甲辰3	乙巳4	丙午5	丁未6	戊申7	己酉8		己亥夏至
七月大	丁未	干支天地西曆	庚戌9	辛亥10	壬子11	癸丑12	甲寅13	乙卯14	丙辰15	丁巳16	戊午17	己未18	庚申19	辛酉20	壬戌21	癸亥22	甲子23	乙丑24	丙寅25	丁卯26	戊辰27	己巳28	庚午29	辛未30	壬申31	癸酉(8)	甲戌2	乙亥3	丙子4	丁丑5	戊寅6	己卯7	
八月小	戊申	干支天地西曆	庚辰8	辛巳9	壬午10	癸未11	甲申12	乙酉13	丙戌14	丁亥15	戊子16	己丑17	庚寅18	辛卯19	壬辰20	癸巳21	甲午22	乙未23	丙申24	丁酉25	戊戌26	己亥27	庚子28	辛丑29	壬寅30	癸卯31	甲辰(9)	乙巳2	丙午3	丁未4	戊申5		丙戌立秋
九月大	己酉	干支天地西曆	己酉6	庚戌7	辛亥8	壬子9	癸丑10	甲寅11	乙卯12	丙辰13	丁巳14	戊午15	己未16	庚申17	辛酉18	壬戌19	癸亥20	甲子21	乙丑22	丙寅23	丁卯24	戊辰25	己巳26	庚午27	辛未28	壬申29	癸酉30	甲戌(10)	乙亥2	丙子3	丁丑4	戊寅5	壬申秋分
十月小	庚戌	干支天地西曆	己卯6	庚辰7	辛巳8	壬午9	癸未10	甲申11	乙酉12	丙戌13	丁亥14	戊子15	己丑16	庚寅17	辛卯18	壬辰19	癸巳20	甲午21	乙未22	丙申23	丁酉24	戊戌25	己亥26	庚子27	辛丑28	壬寅29	癸卯30	甲辰31	乙巳(11)	丙午2	丁未3		
十一月大	辛亥	干支天地西曆	戊申4	己酉5	庚戌6	辛亥7	壬子8	癸丑9	甲寅10	乙卯11	丙辰12	丁巳13	戊午14	己未15	庚申16	辛酉17	壬戌18	癸亥19	甲子20	乙丑21	丙寅22	丁卯23	戊辰24	己巳25	庚午26	辛未27	壬申28	癸酉29	甲戌30	乙亥(12)	丙子2	丁丑3	丙辰立冬
十二月小	壬子	干支天地西曆	戊寅4	己卯5	庚辰6	辛巳7	壬午8	癸未9	甲申10	乙酉11	丙戌12	丁亥13	戊子14	己丑15	庚寅16	辛卯17	壬辰18	癸巳19	甲午20	乙未21	丙申22	丁酉23	戊戌24	己亥25	庚子26	辛丑27	壬寅28	癸卯29	甲辰30	乙巳31	丙午(1)		庚子冬至

朔閏異同	曆名	正月	二月	三月	四月	五月	六月	七月	八月	九月	十月	十一	十二	閏月	曆名	正月	二月	三月	四月	五月	六月	七月	八月	九月	十月	十一	十二	閏月
	周曆夏曆	癸未壬午	壬子辛亥	壬午辛巳	辛亥庚戌	辛巳庚辰	庚戌己酉	庚辰己卯	己酉戊申	己卯戊寅	戊申丁未	戊寅丁丑	丁未丙午		顓頊新曆	甲寅癸未	癸未壬子	癸丑辛巳	壬午辛亥	壬子庚辰	辛巳庚戌	辛亥己卯	庚辰己酉	庚戌己卯	己卯己酉	己酉戊寅	戊寅戊申	

周貞定王六年（戊寅 虎年） 公元前 463 ~ 前 462 年 歲在析木

殷曆月序		中西曆日對照	初一	初二	初三	初四	初五	初六	初七	初八	初九	初十	十一	十二	十三	十四	十五	十六	十七	十八	十九	二十	二一	二二	二三	二四	二五	二六	二七	二八	二九	三十	節氣與天象
正月大	癸丑	天干地支西曆	丁未2	戊申3	己酉4	庚戌5	辛亥6	壬子7	癸丑8	甲寅9	乙卯10	丙辰11	丁巳12	戊午13	己未14	庚申15	辛酉16	壬戌17	癸亥18	甲子19	乙丑20	丙寅21	丁卯22	戊辰23	己巳24	庚午25	辛未26	壬申27	癸酉28	甲戌29	乙亥30	丙子31	
二月小	甲寅	天干地支西曆	丁丑(2)	戊寅2	己卯3	庚辰4	辛巳5	壬午6	癸未7	甲申8	乙酉9	丙戌10	丁亥11	戊子12	己丑13	庚寅14	辛卯15	壬辰16	癸巳17	甲午18	乙未19	丙申20	丁酉21	戊戌22	己亥23	庚子24	辛丑25	壬寅26	癸卯27	甲辰28	乙巳(3)		乙酉立春
三月大	乙卯	天干地支西曆	丙午2	丁未3	戊申4	己酉5	庚戌6	辛亥7	壬子8	癸丑9	甲寅10	乙卯11	丙辰12	丁巳13	戊午14	己未15	庚申16	辛酉17	壬戌18	癸亥19	甲子20	乙丑21	丙寅22	丁卯23	戊辰24	己巳25	庚午26	辛未27	壬申28	癸酉29	甲戌30	乙亥31	辛未春分
四月小	丙辰	天干地支西曆	丙子(4)	丁丑2	戊寅3	己卯4	庚辰5	辛巳6	壬午7	癸未8	甲申9	乙酉10	丙戌11	丁亥12	戊子13	己丑14	庚寅15	辛卯16	壬辰17	癸巳18	甲午19	乙未20	丙申21	丁酉22	戊戌23	己亥24	庚子25	辛丑26	壬寅27	癸卯28	甲辰29		
五月大	丁巳	天干地支西曆	乙巳30	丙午(5)	丁未2	戊申3	己酉4	庚戌5	辛亥6	壬子7	癸丑8	甲寅9	乙卯10	丙辰11	丁巳12	戊午13	己未14	庚申15	辛酉16	壬戌17	癸亥18	甲子19	乙丑20	丙寅21	丁卯22	戊辰23	己巳24	庚午25	辛未26	壬申27	癸酉28	甲戌29	丁巳立夏
六月小	戊午	天干地支西曆	乙亥30	丙子31	丁丑(6)	戊寅2	己卯3	庚辰4	辛巳5	壬午6	癸未7	甲申8	乙酉9	丙戌10	丁亥11	戊子12	己丑13	庚寅14	辛卯15	壬辰16	癸巳17	甲午18	乙未19	丙申20	丁酉21	戊戌22	己亥23	庚子24	辛丑25	壬寅26	癸卯27		
七月大	己未	天干地支西曆	甲辰28	乙巳29	丙午30	丁未(7)	戊申2	己酉3	庚戌4	辛亥5	壬子6	癸丑7	甲寅8	乙卯9	丙辰10	丁巳11	戊午12	己未13	庚申14	辛酉15	壬戌16	癸亥17	甲子18	乙丑19	丙寅20	丁卯21	戊辰22	己巳23	庚午24	辛未25	壬申26	癸酉27	乙巳夏至
八月大	庚申	天干地支西曆	甲戌28	乙亥29	丙子30	丁丑31	戊寅(8)	己卯2	庚辰3	辛巳4	壬午5	癸未6	甲申7	乙酉8	丙戌9	丁亥10	戊子11	己丑12	庚寅13	辛卯14	壬辰15	癸巳16	甲午17	乙未18	丙申19	丁酉20	戊戌21	己亥22	庚子23	辛丑24	壬寅25	癸卯26	辛卯立秋
閏八月小	庚申	天干地支西曆	甲辰27	乙巳28	丙午29	丁未30	戊申31	己酉(9)	庚戌2	辛亥3	壬子4	癸丑5	甲寅6	乙卯7	丙辰8	丁巳9	戊午10	己未11	庚申12	辛酉13	壬戌14	癸亥15	甲子16	乙丑17	丙寅18	丁卯19	戊辰20	己巳21	庚午22	辛未23	壬申24		
九月大	辛酉	天干地支西曆	癸酉25	甲戌26	乙亥27	丙子28	丁丑29	戊寅30	己卯(10)	庚辰2	辛巳3	壬午4	癸未5	甲申6	乙酉7	丙戌8	丁亥9	戊子10	己丑11	庚寅12	辛卯13	壬辰14	癸巳15	甲午16	乙未17	丙申18	丁酉19	戊戌20	己亥21	庚子22	辛丑23	壬寅24	丁丑秋分
十月小	壬戌	天干地支西曆	癸卯25	甲辰26	乙巳27	丙午28	丁未29	戊申30	己酉31	庚戌(11)	辛亥2	壬子3	癸丑4	甲寅5	乙卯6	丙辰7	丁巳8	戊午9	己未10	庚申11	辛酉12	壬戌13	癸亥14	甲子15	乙丑16	丙寅17	丁卯18	戊辰19	己巳20	庚午21	辛未22		辛酉立冬
十一月大	癸亥	天干地支西曆	壬申23	癸酉24	甲戌25	乙亥26	丙子27	丁丑28	戊寅29	己卯30	庚辰(12)	辛巳2	壬午3	癸未4	甲申5	乙酉6	丙戌7	丁亥8	戊子9	己丑10	庚寅11	辛卯12	壬辰13	癸巳14	甲午15	乙未16	丙申17	丁酉18	戊戌19	己亥20	庚子21	辛丑22	
十二月小	甲子	天干地支西曆	壬寅23	癸卯24	甲辰25	乙巳26	丙午27	丁未28	戊申29	己酉30	庚戌31	辛亥(1)	壬子2	癸丑3	甲寅4	乙卯5	丙辰6	丁巳7	戊午8	己未9	庚申10	辛酉11	壬戌12	癸亥13	甲子14	乙丑15	丙寅16	丁卯17	戊辰18	己巳19	庚午20		乙巳冬至

朔閏異同	曆名	正月	二月	三月	四月	五月	六月	七月	八月	九月	十月	十一	十二	閏月
	周曆夏曆	丁丑丙子	丁未乙巳	丙子乙亥	丙午---乙巳	乙亥甲戌	乙巳甲辰	甲戌癸酉	甲辰癸卯	癸酉壬申	癸卯壬寅	壬申辛未	壬寅辛丑	辛未庚午
	顓頊新曆	戊申丁丑	丁丑丁未	丁未丙子	丙子---乙巳	丙午乙亥	丙子甲辰	乙巳甲戌	乙亥癸卯	甲辰癸酉	甲戌癸卯	---癸卯壬申	癸酉壬寅	壬寅壬申

周貞定王七年（己卯 兔年） 公元前462～前461年 歲在星紀

殷曆月序		中西曆日對照	初一	初二	初三	初四	初五	初六	初七	初八	初九	初十	十一	十二	十三	十四	十五	十六	十七	十八	十九	二十	二一	二二	二三	二四	二五	二六	二七	二八	二九	三十	節氣與天象
正月大	乙丑	天干地支西曆	辛未21	壬申22	癸酉23	甲戌24	乙亥25	丙子26	丁丑27	戊寅28	己卯29	庚辰30	辛巳31	壬午(2)	癸未2	甲申3	乙酉4	丙戌5	丁亥6	戊子7	己丑8	庚寅9	辛卯10	壬辰11	癸巳12	甲午13	乙未14	丙申15	丁酉16	戊戌17	己亥18	庚子19	庚寅立春
二月小	丙寅	天干地支西曆	辛丑20	壬寅21	癸卯22	甲辰23	乙巳24	丙午25	丁未26	戊申27	己酉28	庚戌(3)	辛亥2	壬子3	癸丑4	甲寅5	乙卯6	丙辰7	丁巳8	戊午9	己未10	庚申11	辛酉12	壬戌13	癸亥14	甲子15	乙丑16	丙寅17	丁卯18	戊辰19	己巳20		
三月大	丁卯	天干地支西曆	庚午21	辛未22	壬申23	癸酉24	甲戌25	乙亥26	丙子27	丁丑28	戊寅29	己卯30	庚辰31	辛巳(4)	壬午2	癸未3	甲申4	乙酉5	丙戌6	丁亥7	戊子8	己丑9	庚寅10	辛卯11	壬辰12	癸巳13	甲午14	乙未15	丙申16	丁酉17	戊戌18	己亥19	丙子春分
四月小	戊辰	天干地支西曆	庚子20	辛丑21	壬寅22	癸卯23	甲辰24	乙巳25	丙午26	丁未27	戊申28	己酉29	庚戌30	辛亥(5)	壬子2	癸丑3	甲寅4	乙卯5	丙辰6	丁巳7	戊午8	己未9	庚申10	辛酉11	壬戌12	癸亥13	甲子14	乙丑15	丙寅16	丁卯17	戊辰18		癸亥立夏
五月大	己巳	天干地支西曆	己巳19	庚午20	辛未21	壬申22	癸酉23	甲戌24	乙亥25	丙子26	丁丑27	戊寅28	己卯29	庚辰30	辛巳31	壬午(6)	癸未2	甲申3	乙酉4	丙戌5	丁亥6	戊子7	己丑8	庚寅9	辛卯10	壬辰11	癸巳12	甲午13	乙未14	丙申15	丁酉16	戊戌17	
六月小	庚午	天干地支西曆	己亥18	庚子19	辛丑20	壬寅21	癸卯22	甲辰23	乙巳24	丙午25	丁未26	戊申27	己酉28	庚戌29	辛亥30	壬子(7)	癸丑2	甲寅3	乙卯4	丙辰5	丁巳6	戊午7	己未8	庚申9	辛酉10	壬戌11	癸亥12	甲子13	乙丑14	丙寅15	丁卯16		庚戌夏至
七月大	辛未	天干地支西曆	戊辰17	己巳18	庚午19	辛未20	壬申21	癸酉22	甲戌23	乙亥24	丙子25	丁丑26	戊寅27	己卯28	庚辰29	辛巳30	壬午31	癸未(8)	甲申2	乙酉3	丙戌4	丁亥5	戊子6	己丑7	庚寅8	辛卯9	壬辰10	癸巳11	甲午12	乙未13	丙申14	丁酉15	丁酉立秋
八月小	壬申	天干地支西曆	戊戌16	己亥17	庚子18	辛丑19	壬寅20	癸卯21	甲辰22	乙巳23	丙午24	丁未25	戊申26	己酉27	庚戌28	辛亥29	壬子30	癸丑31	甲寅(9)	乙卯2	丙辰3	丁巳4	戊午5	己未6	庚申7	辛酉8	壬戌9	癸亥10	甲子11	乙丑12	丙寅13		
九月大	癸酉	天干地支西曆	丁卯14	戊辰15	己巳16	庚午17	辛未18	壬申19	癸酉20	甲戌21	乙亥22	丙子23	丁丑24	戊寅25	己卯26	庚辰27	辛巳28	壬午29	癸未30	甲申(10)	乙酉2	丙戌3	丁亥4	戊子5	己丑6	庚寅7	辛卯8	壬辰9	癸巳10	甲午11	乙未12	丙申13	壬午秋分
十月小	甲戌	天干地支西曆	丁酉14	戊戌15	己亥16	庚子17	辛丑18	壬寅19	癸卯20	甲辰21	乙巳22	丙午23	丁未24	戊申25	己酉26	庚戌27	辛亥28	壬子29	癸丑30	甲寅31	乙卯(11)	丙辰2	丁巳3	戊午4	己未5	庚申6	辛酉7	壬戌8	癸亥9	甲子10	乙丑11		
十一月大	乙亥	天干地支西曆	丙寅12	丁卯13	戊辰14	己巳15	庚午16	辛未17	壬申18	癸酉19	甲戌20	乙亥21	丙子22	丁丑23	戊寅24	己卯25	庚辰26	辛巳27	壬午28	癸未29	甲申30	乙酉(12)	丙戌2	丁亥3	戊子4	己丑5	庚寅6	辛卯7	壬辰8	癸巳9	甲午10	乙未11	丙寅立冬
十二月大	丙子	天干地支西曆	丙申12	丁酉13	戊戌14	己亥15	庚子16	辛丑17	壬寅18	癸卯19	甲辰20	乙巳21	丙午22	丁未23	戊申24	己酉25	庚戌26	辛亥27	壬子28	癸丑29	甲寅30	乙卯31	丙辰(1)	丁巳2	戊午3	己未4	庚申5	辛酉6	壬戌7	癸亥8	甲子9	乙丑10	辛亥冬至

朔閏異同	曆名	正月	二月	三月	四月	五月	六月	七月	八月	九月	十月	十一	十二	閏月
	周曆夏曆	辛丑庚子	庚午己巳	庚子己亥	己巳戊辰	己亥戊戌	己巳丁卯	戊戌丁酉	戊辰丁卯	丁酉丙申	丁卯丙寅	丙申乙未	丙寅乙丑	
	顓頊新曆	壬申辛丑	辛丑辛未	辛未庚子	庚子己巳	庚午己亥	己亥戊辰	己巳丁酉	己亥丁卯	戊辰丁酉	戊戌丙寅	丁卯丙申	丁酉丙寅	

周貞定王八年（庚辰 龍年） 公元前 461 年 歲在玄枵

殷曆月序		中西曆日對照	殷曆日序																													節氣與天象
			初一	初二	初三	初四	初五	初六	初七	初八	初九	初十	十一	十二	十三	十四	十五	十六	十七	十八	十九	二十	二一	二二	二三	二四	二五	二六	二七	二八	二九	三十	
正月小	丁丑	天干地支西曆	丙寅11	丁卯12	戊辰13	己巳14	庚午15	辛未16	壬申17	癸酉18	甲戌19	乙亥20	丙子21	丁丑22	戊寅23	己卯24	庚辰25	辛巳26	壬午27	癸未28	甲申29	乙酉30	丙戌31	丁亥(2)	戊子2	己丑3	庚寅4	辛卯5	壬辰6	癸巳7	甲午8		
二月大	戊寅	天干地支西曆	乙未9	丙申10	丁酉11	戊戌12	己亥13	庚子14	辛丑15	壬寅16	癸卯17	甲辰18	乙巳19	丙午20	丁未21	戊申22	己酉23	庚戌24	辛亥25	壬子26	癸丑27	甲寅28	乙卯29	丙辰(3)	丁巳2	戊午3	己未4	庚申5	辛酉6	壬戌7	癸亥8	甲子9	乙未立春
三月小	己卯	天干地支西曆	乙丑10	丙寅11	丁卯12	戊辰13	己巳14	庚午15	辛未16	壬申17	癸酉18	甲戌19	乙亥20	丙子21	丁丑22	戊寅23	己卯24	庚辰25	辛巳26	壬午27	癸未28	甲申29	乙酉30	丙戌31	丁亥(4)	戊子2	己丑3	庚寅4	辛卯5	壬辰6	癸巳7		辛巳春分
四月大	庚辰	天干地支西曆	甲午8	乙未9	丙申10	丁酉11	戊戌12	己亥13	庚子14	辛丑15	壬寅16	癸卯17	甲辰18	乙巳19	丙午20	丁未21	戊申22	己酉23	庚戌24	辛亥25	壬子26	癸丑27	甲寅28	乙卯29	丙辰30	丁巳(5)	戊午2	己未3	庚申4	辛酉5	壬戌6	癸亥7	
五月小	辛巳	天干地支西曆	甲子8	乙丑9	丙寅10	丁卯11	戊辰12	己巳13	庚午14	辛未15	壬申16	癸酉17	甲戌18	乙亥19	丙子20	丁丑21	戊寅22	己卯23	庚辰24	辛巳25	壬午26	癸未27	甲申28	乙酉29	丙戌30	丁亥31	戊子(6)	己丑2	庚寅3	辛卯4	壬辰5		戊辰立夏
六月大	壬午	天干地支西曆	癸巳6	甲午7	乙未8	丙申9	丁酉10	戊戌11	己亥12	庚子13	辛丑14	壬寅15	癸卯16	甲辰17	乙巳18	丙午19	丁未20	戊申21	己酉22	庚戌23	辛亥24	壬子25	癸丑26	甲寅27	乙卯28	丙辰29	丁巳30	戊午(7)	己未2	庚申3	辛酉4	壬戌5	乙卯夏至
七月小	癸未	天干地支西曆	癸亥6	甲子7	乙丑8	丙寅9	丁卯10	戊辰11	己巳12	庚午13	辛未14	壬申15	癸酉16	甲戌17	乙亥18	丙子19	丁丑20	戊寅21	己卯22	庚辰23	辛巳24	壬午25	癸未26	甲申27	乙酉28	丙戌29	丁亥30	戊子31	己丑(8)	庚寅2	辛卯3		
八月大	甲申	天干地支西曆	壬辰4	癸巳5	甲午6	乙未7	丙申8	丁酉9	戊戌10	己亥11	庚子12	辛丑13	壬寅14	癸卯15	甲辰16	乙巳17	丙午18	丁未19	戊申20	己酉21	庚戌22	辛亥23	壬子24	癸丑25	甲寅26	乙卯27	丙辰28	丁巳29	戊午30	己未31	庚申(9)	辛酉2	壬寅立秋
九月小	乙酉	天干地支西曆	壬戌3	癸亥4	甲子5	乙丑6	丙寅7	丁卯8	戊辰9	己巳10	庚午11	辛未12	壬申13	癸酉14	甲戌15	乙亥16	丙子17	丁丑18	戊寅19	己卯20	庚辰21	辛巳22	壬午23	癸未24	甲申25	乙酉26	丙戌27	丁亥28	戊子29	己丑30	庚寅(10)		丁亥秋分
十月大	丙戌	天干地支西曆	辛卯2	壬辰3	癸巳4	甲午5	乙未6	丙申7	丁酉8	戊戌9	己亥10	庚子11	辛丑12	壬寅13	癸卯14	甲辰15	乙巳16	丙午17	丁未18	戊申19	己酉20	庚戌21	辛亥22	壬子23	癸丑24	甲寅25	乙卯26	丙辰27	丁巳28	戊午29	己未30	庚申31	
十一月小	丁亥	天干地支西曆	辛酉(11)	壬戌2	癸亥3	甲子4	乙丑5	丙寅6	丁卯7	戊辰8	己巳9	庚午10	辛未11	壬申12	癸酉13	甲戌14	乙亥15	丙子16	丁丑17	戊寅18	己卯19	庚辰20	辛巳21	壬午22	癸未23	甲申24	乙酉25	丙戌26	丁亥27	戊子28	己丑29		壬申立冬
十二月大	戊子	天干地支西曆	庚寅30	辛卯(12)	壬辰2	癸巳3	甲午4	乙未5	丙申6	丁酉7	戊戌8	己亥9	庚子10	辛丑11	壬寅12	癸卯13	甲辰14	乙巳15	丙午16	丁未17	戊申18	己酉19	庚戌20	辛亥21	壬子22	癸丑23	甲寅24	乙卯25	丙辰26	丁巳27	戊午28	己未29	丙辰冬至

朔閏異同	曆名	正月	二月	三月	四月	五月	六月	七月	八月	九月	十月	十一	十二	閏月		曆名	正月	二月	三月	四月	五月	六月	七月	八月	九月	十月	十一	十二	閏月
	周曆夏曆	乙未甲午	乙丑甲子	甲午癸巳	甲子癸亥	癸巳壬辰	癸亥壬戌	壬辰辛卯	壬戌辛酉	壬辰庚寅	辛酉庚申	辛卯庚寅	庚申己未	---己丑		顓頊新曆	丙寅丙申	丙申乙丑	乙丑乙未	乙未甲子	甲子癸巳	甲午癸亥	癸亥壬辰	癸巳辛酉	壬戌辛卯	壬辰辛酉	辛酉---庚寅	辛卯庚申	庚寅

周貞定王九年（辛巳 蛇年） 公元前 461 ~ 前 **460** ~ 前 459 年 歲在娵訾

殷曆月序		中西曆日對照	初一	初二	初三	初四	初五	初六	初七	初八	初九	初十	十一	十二	十三	十四	十五	十六	十七	十八	十九	二十	二一	二二	二三	二四	二五	二六	二七	二八	二九	三十	節氣與天象
正月小	己丑	天干 地支 西曆	庚申30	辛酉31	壬戌(1)	癸亥2	甲子3	乙丑4	丙寅5	丁卯6	戊辰7	己巳8	庚午9	辛未10	壬申11	癸酉12	甲戌13	乙亥14	丙子15	丁丑16	戊寅17	己卯18	庚辰19	辛巳20	壬午21	癸未22	甲申23	乙酉24	丙戌25	丁亥26	戊子27		
二月大	庚寅	天干 地支 西曆	己丑28	庚寅29	辛卯30	壬辰31	癸巳(2)	甲午2	乙未3	丙申4	丁酉5	戊戌6	己亥7	庚子8	辛丑9	壬寅10	癸卯11	甲辰12	乙巳13	丙午14	丁未15	戊申16	己酉17	庚戌18	辛亥19	壬子20	癸丑21	甲寅22	乙卯23	丙辰24	丁巳25	戊午26	庚子立春
三月大	辛卯	天干 地支 西曆	己未27	庚申28	辛酉(3)	壬戌2	癸亥3	甲子4	乙丑5	丙寅6	丁卯7	戊辰8	己巳9	庚午10	辛未11	壬申12	癸酉13	甲戌14	乙亥15	丙子16	丁丑17	戊寅18	己卯19	庚辰20	辛巳21	壬午22	癸未23	甲申24	乙酉25	丙戌26	丁亥27	戊子28	丙戌春分
四月小	壬辰	天干 地支 西曆	己丑29	庚寅30	辛卯31	壬辰(4)	癸巳2	甲午3	乙未4	丙申5	丁酉6	戊戌7	己亥8	庚子9	辛丑10	壬寅11	癸卯12	甲辰13	乙巳14	丙午15	丁未16	戊申17	己酉18	庚戌19	辛亥20	壬子21	癸丑22	甲寅23	乙卯24	丙辰25	丁巳26		
五月大	癸巳	天干 地支 西曆	戊午27	己未28	庚申29	辛酉30	壬戌(5)	癸亥2	甲子3	乙丑4	丙寅5	丁卯6	戊辰7	己巳8	庚午9	辛未10	壬申11	癸酉12	甲戌13	乙亥14	丙子15	丁丑16	戊寅17	己卯18	庚辰19	辛巳20	壬午21	癸未22	甲申23	乙酉24	丙戌25	丁亥26	癸酉立夏
閏五月小	癸巳	天干 地支 西曆	戊子27	己丑28	庚寅29	辛卯30	壬辰31	癸巳(6)	甲午2	乙未3	丙申4	丁酉5	戊戌6	己亥7	庚子8	辛丑9	壬寅10	癸卯11	甲辰12	乙巳13	丙午14	丁未15	戊申16	己酉17	庚戌18	辛亥19	壬子20	癸丑21	甲寅22	乙卯23	丙辰24		
六月大	甲午	天干 地支 西曆	丁巳25	戊午26	己未27	庚申28	辛酉29	壬戌30	癸亥(7)	甲子2	乙丑3	丙寅4	丁卯5	戊辰6	己巳7	庚午8	辛未9	壬申10	癸酉11	甲戌12	乙亥13	丙子14	丁丑15	戊寅16	己卯17	庚辰18	辛巳19	壬午20	癸未21	甲申22	乙酉23	丙戌24	庚申夏至
七月小	乙未	天干 地支 西曆	丁亥25	戊子26	己丑27	庚寅28	辛卯29	壬辰30	癸巳31	甲午(8)	乙未2	丙申3	丁酉4	戊戌5	己亥6	庚子7	辛丑8	壬寅9	癸卯10	甲辰11	乙巳12	丙午13	丁未14	戊申15	己酉16	庚戌17	辛亥18	壬子19	癸丑20	甲寅21	乙卯22		丁未立秋
八月大	丙申	天干 地支 西曆	丙辰23	丁巳24	戊午25	己未26	庚申27	辛酉28	壬戌29	癸亥30	甲子31	乙丑(9)	丙寅2	丁卯3	戊辰4	己巳5	庚午6	辛未7	壬申8	癸酉9	甲戌10	乙亥11	丙子12	丁丑13	戊寅14	己卯15	庚辰16	辛巳17	壬午18	癸未19	甲申20	乙酉21	
九月小	丁酉	天干 地支 西曆	丙戌22	丁亥23	戊子24	己丑25	庚寅26	辛卯27	壬辰28	癸巳29	甲午30	乙未(10)	丙申2	丁酉3	戊戌4	己亥5	庚子6	辛丑7	壬寅8	癸卯9	甲辰10	乙巳11	丙午12	丁未13	戊申14	己酉15	庚戌16	辛亥17	壬子18	癸丑19	甲寅20		癸巳秋分
十月大	戊戌	天干 地支 西曆	乙卯21	丙辰22	丁巳23	戊午24	己未25	庚申26	辛酉27	壬戌28	癸亥29	甲子30	乙丑31	丙寅(11)	丁卯2	戊辰3	己巳4	庚午5	辛未6	壬申7	癸酉8	甲戌9	乙亥10	丙子11	丁丑12	戊寅13	己卯14	庚辰15	辛巳16	壬午17	癸未18	甲申19	丁丑立冬
十一月小	己亥	天干 地支 西曆	乙酉20	丙戌21	丁亥22	戊子23	己丑24	庚寅25	辛卯26	壬辰27	癸巳28	甲午29	乙未30	丙申(12)	丁酉2	戊戌3	己亥4	庚子5	辛丑6	壬寅7	癸卯8	甲辰9	乙巳10	丙午11	丁未12	戊申13	己酉14	庚戌15	辛亥16	壬子17	癸丑18		
十二月大	庚子	天干 地支 西曆	甲寅19	乙卯20	丙辰21	丁巳22	戊午23	己未24	庚申25	辛酉26	壬戌27	癸亥28	甲子29	乙丑30	丙寅31	丁卯(1)	戊辰2	己巳3	庚午4	辛未5	壬申6	癸酉7	甲戌8	乙亥9	丙子10	丁丑11	戊寅12	己卯13	庚辰14	辛巳15	壬午16	癸未17	辛酉冬至

朔閏異同	曆名	正月	二月	三月	四月	五月	六月	七月	八月	九月	十月	十一	十二	閏月
	周曆 夏曆	庚寅 戊午	己未 戊子	己丑 丁巳	戊午 丁亥	戊子 丙辰	---丁巳 丙戌	丁亥 乙卯	丙辰 乙酉	丙戌 甲寅	乙卯 甲申	乙酉 癸丑	甲寅 癸未	甲申
	顓頊 新曆	辛酉 庚申	庚寅 己丑	庚申 己未	己丑 戊子	己未 丁巳	戊子 丁亥	---戊午 丙辰	丁亥 乙酉	丁巳 乙卯	丙戌 甲申	丙辰 甲寅	乙酉 甲申	乙卯

周貞定王十年（壬午 馬年） 公元前**459** ~ 前458年 歲在降婁

殷曆月序	月建	中西曆日對照	初一	初二	初三	初四	初五	初六	初七	初八	初九	初十	十一	十二	十三	十四	十五	十六	十七	十八	十九	二十	二一	二二	二三	二四	二五	二六	二七	二八	二九	三十	節氣與天象
正月小	辛丑	天干地支西曆	甲申18	乙酉19	丙戌20	丁亥21	戊子22	己丑23	庚寅24	辛卯25	壬辰26	癸巳27	甲午28	乙未29	丙申30	丁酉31	戊戌(2)	己亥2	庚子3	辛丑4	壬寅5	癸卯6	甲辰7	乙巳8	丙午9	丁未10	戊申11	己酉12	庚戌13	辛亥14	壬子15		丙午立春
二月大	壬寅	天干地支西曆	癸丑16	甲寅17	乙卯18	丙辰19	丁巳20	戊午21	己未22	庚申23	辛酉24	壬戌25	癸亥26	甲子27	乙丑28	丙寅(3)	丁卯2	戊辰3	己巳4	庚午5	辛未6	壬申7	癸酉8	甲戌9	乙亥10	丙子11	丁丑12	戊寅13	己卯14	庚辰15	辛巳16	壬午17	
三月小	癸卯	天干地支西曆	癸未18	甲申19	乙酉20	丙戌21	丁亥22	戊子23	己丑24	庚寅25	辛卯26	壬辰27	癸巳28	甲午29	乙未30	丙申31	丁酉(4)	戊戌2	己亥3	庚子4	辛丑5	壬寅6	癸卯7	甲辰8	乙巳9	丙午10	丁未11	戊申12	己酉13	庚戌14	辛亥15		壬辰春分
四月大	甲辰	天干地支西曆	壬子16	癸丑17	甲寅18	乙卯19	丙辰20	丁巳21	戊午22	己未23	庚申24	辛酉25	壬戌26	癸亥27	甲子28	乙丑29	丙寅30	丁卯(5)	戊辰2	己巳3	庚午4	辛未5	壬申6	癸酉7	甲戌8	乙亥9	丙子10	丁丑11	戊寅12	己卯13	庚辰14	辛巳15	戊寅立夏
五月小	乙巳	天干地支西曆	壬午16	癸未17	甲申18	乙酉19	丙戌20	丁亥21	戊子22	己丑23	庚寅24	辛卯25	壬辰26	癸巳27	甲午28	乙未29	丙申30	丁酉31	戊戌(6)	己亥2	庚子3	辛丑4	壬寅5	癸卯6	甲辰7	乙巳8	丙午9	丁未10	戊申11	己酉12	庚戌13		
六月大	丙午	天干地支西曆	辛亥14	壬子15	癸丑16	甲寅17	乙卯18	丙辰19	丁巳20	戊午21	己未22	庚申23	辛酉24	壬戌25	癸亥26	甲子27	乙丑28	丙寅29	丁卯30	戊辰(7)	己巳2	庚午3	辛未4	壬申5	癸酉6	甲戌7	乙亥8	丙子9	丁丑10	戊寅11	己卯12	庚辰13	丙寅夏至
七月大	丁未	天干地支西曆	辛巳14	壬午15	癸未16	甲申17	乙酉18	丙戌19	丁亥20	戊子21	己丑22	庚寅23	辛卯24	壬辰25	癸巳26	甲午27	乙未28	丙申29	丁酉30	戊戌31	己亥(8)	庚子2	辛丑3	壬寅4	癸卯5	甲辰6	乙巳7	丙午8	丁未9	戊申10	己酉11	庚戌12	
八月小	戊申	天干地支西曆	辛亥13	壬子14	癸丑15	甲寅16	乙卯17	丙辰18	丁巳19	戊午20	己未21	庚申22	辛酉23	壬戌24	癸亥25	甲子26	乙丑27	丙寅28	丁卯29	戊辰30	己巳31	庚午(9)	辛未2	壬申3	癸酉4	甲戌5	乙亥6	丙子7	丁丑8	戊寅9	己卯10		壬子立秋
九月大	己酉	天干地支西曆	庚辰11	辛巳12	壬午13	癸未14	甲申15	乙酉16	丙戌17	丁亥18	戊子19	己丑20	庚寅21	辛卯22	壬辰23	癸巳24	甲午25	乙未26	丙申27	丁酉28	戊戌29	己亥30	庚子(10)	辛丑2	壬寅3	癸卯4	甲辰5	乙巳6	丙午7	丁未8	戊申9	己酉10	戊戌秋分
十月小	庚戌	天干地支西曆	庚戌11	辛亥12	壬子13	癸丑14	甲寅15	乙卯16	丙辰17	丁巳18	戊午19	己未20	庚申21	辛酉22	壬戌23	癸亥24	甲子25	乙丑26	丙寅27	丁卯28	戊辰29	己巳30	庚午31	辛未(11)	壬申2	癸酉3	甲戌4	乙亥5	丙子6	丁丑7	戊寅8		
十一月大	辛亥	天干地支西曆	己卯9	庚辰10	辛巳11	壬午12	癸未13	甲申14	乙酉15	丙戌16	丁亥17	戊子18	己丑19	庚寅20	辛卯21	壬辰22	癸巳23	甲午24	乙未25	丙申26	丁酉27	戊戌28	己亥29	庚子30	辛丑(12)	壬寅2	癸卯3	甲辰4	乙巳5	丙午6	丁未7	戊申8	壬午立冬
十二月小	壬子	天干地支西曆	己酉9	庚戌10	辛亥11	壬子12	癸丑13	甲寅14	乙卯15	丙辰16	丁巳17	戊午18	己未19	庚申20	辛酉21	壬戌22	癸亥23	甲子24	乙丑25	丙寅26	丁卯27	戊辰28	己巳29	庚午30	辛未31	壬申(1)	癸酉2	甲戌3	乙亥4	丙子5	丁丑6		丙寅冬至

朔閏異同	曆名	正月	二月	三月	四月	五月	六月	七月	八月	九月	十月	十一	十二	閏月	曆名	正月	二月	三月	四月	五月	六月	七月	八月	九月	十月	十一	十二	閏月
	周曆夏曆	甲寅壬子	癸未壬午	癸丑壬子	壬午辛巳	壬子辛亥	辛巳庚辰	辛亥庚戌	庚辰己卯	庚戌己酉	己卯戊寅	己酉戊申	戊寅丁丑		顓頊新曆	甲申甲寅	甲寅癸未	癸未癸丑	癸丑壬午	癸未壬子	壬子辛巳	壬午辛亥	辛亥庚辰	辛巳己酉	庚戌己卯	庚辰戊申	己酉戊寅	

周貞定王十一年（癸未 羊年） 公元前458年 歲在大梁

殷曆月序		中西曆日對照	殷曆日序																													節氣與天象
			初一	初二	初三	初四	初五	初六	初七	初八	初九	初十	十一	十二	十三	十四	十五	十六	十七	十八	十九	二十	二一	二二	二三	二四	二五	二六	二七	二八	二九	三十	
正月大	癸丑	天干地支西曆	戊寅7	己卯8	庚辰9	辛巳10	壬午11	癸未12	甲申13	乙酉14	丙戌15	丁亥16	戊子17	己丑18	庚寅19	辛卯20	壬辰21	癸巳22	甲午23	乙未24	丙申25	丁酉26	戊戌27	己亥28	庚子29	辛丑30	壬寅31	癸卯(2)	甲辰2	乙巳3	丙午4	丁未5	
二月小	甲寅	天干地支西曆	戊申6	己酉7	庚戌8	辛亥9	壬子10	癸丑11	甲寅12	乙卯13	丙辰14	丁巳15	戊午16	己未17	庚申18	辛酉19	壬戌20	癸亥21	甲子22	乙丑23	丙寅24	丁卯25	戊辰26	己巳27	庚午28	辛未(3)	壬申2	癸酉3	甲戌4	乙亥5	丙子6		辛亥立春
三月大	乙卯	天干地支西曆	丁丑7	戊寅8	己卯9	庚辰10	辛巳11	壬午12	癸未13	甲申14	乙酉15	丙戌16	丁亥17	戊子18	己丑19	庚寅20	辛卯21	壬辰22	癸巳23	甲午24	乙未25	丙申26	丁酉27	戊戌28	己亥29	庚子30	辛丑31	壬寅(4)	癸卯2	甲辰3	乙巳4	丙午5	丁酉春分
四月小	丙辰	天干地支西曆	丁未6	戊申7	己酉8	庚戌9	辛亥10	壬子11	癸丑12	甲寅13	乙卯14	丙辰15	丁巳16	戊午17	己未18	庚申19	辛酉20	壬戌21	癸亥22	甲子23	乙丑24	丙寅25	丁卯26	戊辰27	己巳28	庚午29	辛未30	壬申(5)	癸酉2	甲戌3	乙亥4		
五月大	丁巳	天干地支西曆	丙子5	丁丑6	戊寅7	己卯8	庚辰9	辛巳10	壬午11	癸未12	甲申13	乙酉14	丙戌15	丁亥16	戊子17	己丑18	庚寅19	辛卯20	壬辰21	癸巳22	甲午23	乙未24	丙申25	丁酉26	戊戌27	己亥28	庚子29	辛丑30	壬寅31	癸卯(6)	甲辰2	乙巳3	甲申立夏
六月小	戊午	天干地支西曆	丙午4	丁未5	戊申6	己酉7	庚戌8	辛亥9	壬子10	癸丑11	甲寅12	乙卯13	丙辰14	丁巳15	戊午16	己未17	庚申18	辛酉19	壬戌20	癸亥21	甲子22	乙丑23	丙寅24	丁卯25	戊辰26	己巳27	庚午28	辛未29	壬申30	癸酉(7)	甲戌2		辛未夏至
七月大	己未	天干地支西曆	乙亥3	丙子4	丁丑5	戊寅6	己卯7	庚辰8	辛巳9	壬午10	癸未11	甲申12	乙酉13	丙戌14	丁亥15	戊子16	己丑17	庚寅18	辛卯19	壬辰20	癸巳21	甲午22	乙未23	丙申24	丁酉25	戊戌26	己亥27	庚子28	辛丑29	壬寅30	癸卯31	甲辰(8)	
八月小	庚申	天干地支西曆	乙巳2	丙午3	丁未4	戊申5	己酉6	庚戌7	辛亥8	壬子9	癸丑10	甲寅11	乙卯12	丙辰13	丁巳14	戊午15	己未16	庚申17	辛酉18	壬戌19	癸亥20	甲子21	乙丑22	丙寅23	丁卯24	戊辰25	己巳26	庚午27	辛未28	壬申29	癸酉30		戊午立秋 乙巳日食
九月大	辛酉	天干地支西曆	甲戌31	乙亥(9)	丙子2	丁丑3	戊寅4	己卯5	庚辰6	辛巳7	壬午8	癸未9	甲申10	乙酉11	丙戌12	丁亥13	戊子14	己丑15	庚寅16	辛卯17	壬辰18	癸巳19	甲午20	乙未21	丙申22	丁酉23	戊戌24	己亥25	庚子26	辛丑27	壬寅28	癸卯29	癸卯秋分
十月小	壬戌	天干地支西曆	甲辰30	乙巳(10)	丙午2	丁未3	戊申4	己酉5	庚戌6	辛亥7	壬子8	癸丑9	甲寅10	乙卯11	丙辰12	丁巳13	戊午14	己未15	庚申16	辛酉17	壬戌18	癸亥19	甲子20	乙丑21	丙寅22	丁卯23	戊辰24	己巳25	庚午26	辛未27	壬申28		
十一月大	癸亥	天干地支西曆	癸酉29	甲戌30	乙亥31	丙子(11)	丁丑2	戊寅3	己卯4	庚辰5	辛巳6	壬午7	癸未8	甲申9	乙酉10	丙戌11	丁亥12	戊子13	己丑14	庚寅15	辛卯16	壬辰17	癸巳18	甲午19	乙未20	丙申21	丁酉22	戊戌23	己亥24	庚子25	辛丑26	壬寅27	丁亥立冬
十二月大	甲子	天干地支西曆	癸卯28	甲辰29	乙巳30	丙午(12)	丁未2	戊申3	己酉4	庚戌5	辛亥6	壬子7	癸丑8	甲寅9	乙卯10	丙辰11	丁巳12	戊午13	己未14	庚申15	辛酉16	壬戌17	癸亥18	甲子19	乙丑20	丙寅21	丁卯22	戊辰23	己巳24	庚午25	辛未26	壬申27	壬申冬至

朔閏異同	曆名	正月	二月	三月	四月	五月	六月	七月	八月	九月	十月	十一	十二	閏月	曆名	正月	二月	三月	四月	五月	六月	七月	八月	九月	十月	十一	十二	閏月
	周曆夏曆	戊申丁未	丁丑丙子	丁未丙午	丙子乙亥	丙午乙巳	丙子乙亥	乙巳甲辰	乙亥甲戌	甲辰癸卯	甲戌--癸酉	癸卯壬寅	癸酉壬申	辛丑	顓頊新曆	己卯戊申	戊申丁丑	戊寅丁未	丁未丁丑	丁丑丙午	丙午丙子	丙子乙巳	丙午乙亥	乙亥--甲辰	乙巳甲戌	甲戌癸卯	甲辰壬申	壬寅

周貞定王十二年（甲申 猴年） 公元前458～前**457**～前456年 歲在實沈

殷曆月序		西日照中曆對	初一	初二	初三	初四	初五	初六	初七	初八	初九	初十	十一	十二	十三	十四	十五	十六	十七	十八	十九	二十	二一	二二	二三	二四	二五	二六	二七	二八	二九	三十	節氣與天象
正月小	乙丑	天干地支西曆	癸酉28	甲戌29	乙亥30	丙子31	丁丑(1)	戊寅2	己卯3	庚辰4	辛巳5	壬午6	癸未7	甲申8	乙酉9	丙戌10	丁亥11	戊子12	己丑13	庚寅14	辛卯15	壬辰16	癸巳17	甲午18	乙未19	丙申20	丁酉21	戊戌22	己亥23	庚子24	辛丑25		
閏正月大	乙丑	天干地支西曆	壬寅26	癸卯27	甲辰28	乙巳29	丙午30	丁未31	戊申(2)	己酉2	庚戌3	辛亥4	壬子5	癸丑6	甲寅7	乙卯8	丙辰9	丁巳10	戊午11	己未12	庚申13	辛酉14	壬戌15	癸亥16	甲子17	乙丑18	丙寅19	丁卯20	戊辰21	己巳22	庚午23	辛未24	丙辰立春
二月小	丙寅	天干地支西曆	壬申25	癸酉26	甲戌27	乙亥28	丙子29	丁丑(3)	戊寅2	己卯3	庚辰4	辛巳5	壬午6	癸未7	甲申8	乙酉9	丙戌10	丁亥11	戊子12	己丑13	庚寅14	辛卯15	壬辰16	癸巳17	甲午18	乙未19	丙申20	丁酉21	戊戌22	己亥23	庚子24		
三月大	丁卯	天干地支西曆	辛丑25	壬寅26	癸卯27	甲辰28	乙巳29	丙午30	丁未31	戊申(4)	己酉2	庚戌3	辛亥4	壬子5	癸丑6	甲寅7	乙卯8	丙辰9	丁巳10	戊午11	己未12	庚申13	辛酉14	壬戌15	癸亥16	甲子17	乙丑18	丙寅19	丁卯20	戊辰21	己巳22	庚午23	壬寅春分
四月小	戊辰	天干地支西曆	辛未24	壬申25	癸酉26	甲戌27	乙亥28	丙子29	丁丑30	戊寅(5)	己卯2	庚辰3	辛巳4	壬午5	癸未6	甲申7	乙酉8	丙戌9	丁亥10	戊子11	己丑12	庚寅13	辛卯14	壬辰15	癸巳16	甲午17	乙未18	丙申19	丁酉20	戊戌21	己亥22		己丑立夏
五月大	己巳	天干地支西曆	庚子23	辛丑24	壬寅25	癸卯26	甲辰27	乙巳28	丙午29	丁未30	戊申31	己酉(6)	庚戌2	辛亥3	壬子4	癸丑5	甲寅6	乙卯7	丙辰8	丁巳9	戊午10	己未11	庚申12	辛酉13	壬戌14	癸亥15	甲子16	乙丑17	丙寅18	丁卯19	戊辰20	己巳21	
六月小	庚午	天干地支西曆	庚午22	辛未23	壬申24	癸酉25	甲戌26	乙亥27	丙子28	丁丑29	戊寅30	己卯(7)	庚辰2	辛巳3	壬午4	癸未5	甲申6	乙酉7	丙戌8	丁亥9	戊子10	己丑11	庚寅12	辛卯13	壬辰14	癸巳15	甲午16	乙未17	丙申18	丁酉19	戊戌20		丙子夏至
七月大	辛未	天干地支西曆	己亥21	庚子22	辛丑23	壬寅24	癸卯25	甲辰26	乙巳27	丙午28	丁未29	戊申30	己酉31	庚戌(8)	辛亥2	壬子3	癸丑4	甲寅5	乙卯6	丙辰7	丁巳8	戊午9	己未10	庚申11	辛酉12	壬戌13	癸亥14	甲子15	乙丑16	丙寅17	丁卯18	戊辰19	癸亥立秋
八月小	壬申	天干地支西曆	己巳20	庚午21	辛未22	壬申23	癸酉24	甲戌25	乙亥26	丙子27	丁丑28	戊寅29	己卯30	庚辰31	辛巳(9)	壬午2	癸未3	甲申4	乙酉5	丙戌6	丁亥7	戊子8	己丑9	庚寅10	辛卯11	壬辰12	癸巳13	甲午14	乙未15	丙申16	丁酉17		
九月大	癸酉	天干地支西曆	戊戌18	己亥19	庚子20	辛丑21	壬寅22	癸卯23	甲辰24	乙巳25	丙午26	丁未27	戊申28	己酉29	庚戌30	辛亥(10)	壬子2	癸丑3	甲寅4	乙卯5	丙辰6	丁巳7	戊午8	己未9	庚申10	辛酉11	壬戌12	癸亥13	甲子14	乙丑15	丙寅16	丁卯17	戊申秋分
十月小	甲戌	天干地支西曆	戊辰18	己巳19	庚午20	辛未21	壬申22	癸酉23	甲戌24	乙亥25	丙子26	丁丑27	戊寅28	己卯29	庚辰30	辛巳31	壬午(11)	癸未2	甲申3	乙酉4	丙戌5	丁亥6	戊子7	己丑8	庚寅9	辛卯10	壬辰11	癸巳12	甲午13	乙未14	丙申15		癸巳立冬
十一月大	乙亥	天干地支西曆	丁酉16	戊戌17	己亥18	庚子19	辛丑20	壬寅21	癸卯22	甲辰23	乙巳24	丙午25	丁未26	戊申27	己酉28	庚戌29	辛亥30	壬子(12)	癸丑2	甲寅3	乙卯4	丙辰5	丁巳6	戊午7	己未8	庚申9	辛酉10	壬戌11	癸亥12	甲子13	乙丑14	丙寅15	
十二月小	丙子	天干地支西曆	丁卯16	戊辰17	己巳18	庚午19	辛未20	壬申21	癸酉22	甲戌23	乙亥24	丙子25	丁丑26	戊寅27	己卯28	庚辰29	辛巳30	壬午31	癸未(1)	甲申2	乙酉3	丙戌4	丁亥5	戊子6	己丑7	庚寅8	辛卯9	壬辰10	癸巳11	甲午12	乙未13		丁丑冬至 丁卯日食

朔閏異同	曆名	正月	二月	三月	四月	五月	六月	七月	八月	九月	十月	十一	十二	閏月	曆名	正月	二月	三月	四月	五月	六月	七月	八月	九月	十月	十一	十二	閏月
	周曆夏曆	壬寅辛未	---壬申庚子	辛丑庚午	辛未己亥	庚子己巳	庚午戊戌	己亥戊辰	己巳丁酉	己亥丁卯	戊辰丁酉	戊戌丙寅	丁卯丙申	丁酉	顓頊新曆	癸酉辛未	癸卯辛丑	壬申辛未	壬寅庚子	辛未庚午	辛丑庚子	庚午己巳	庚子己亥	己巳戊辰	己亥戊戌	戊辰丁卯	戊戌丁酉	---戊辰

周貞定王十三年（乙酉 鷄年） 公元前456～前455年 歲在鶉首

殷曆月序		中西曆日對照	殷曆日序																													節氣與天象
			初一	初二	初三	初四	初五	初六	初七	初八	初九	初十	十一	十二	十三	十四	十五	十六	十七	十八	十九	二十	二一	二二	二三	二四	二五	二六	二七	二八	二九	三十	
正月大	丁丑	天干 地支 西曆	丙申14	丁酉15	戊戌16	己亥17	庚子18	辛丑19	壬寅20	癸卯21	甲辰22	乙巳23	丙午24	丁未25	戊申26	己酉27	庚戌28	辛亥29	壬子30	癸丑31	甲寅(2)	乙卯2	丙辰3	丁巳4	戊午5	己未6	庚申7	辛酉8	壬戌9	癸亥10	甲子11	乙丑12	辛酉立春
二月大	戊寅	天干 地支 西曆	丙寅13	丁卯14	戊辰15	己巳16	庚午17	辛未18	壬申19	癸酉20	甲戌21	乙亥22	丙子23	丁丑24	戊寅25	己卯26	庚辰27	辛巳28	壬午(3)	癸未2	甲申3	乙酉4	丙戌5	丁亥6	戊子7	己丑8	庚寅9	辛卯10	壬辰11	癸巳12	甲午13	乙未14	
三月小	己卯	天干 地支 西曆	丙申15	丁酉16	戊戌17	己亥18	庚子19	辛丑20	壬寅21	癸卯22	甲辰23	乙巳24	丙午25	丁未26	戊申27	己酉28	庚戌29	辛亥30	壬子31	癸丑(4)	甲寅2	乙卯3	丙辰4	丁巳5	戊午6	己未7	庚申8	辛酉9	壬戌10	癸亥11	甲子12		丁未春分
四月大	庚辰	天干 地支 西曆	乙丑13	丙寅14	丁卯15	戊辰16	己巳17	庚午18	辛未19	壬申20	癸酉21	甲戌22	乙亥23	丙子24	丁丑25	戊寅26	己卯27	庚辰28	辛巳29	壬午30	癸未(5)	甲申2	乙酉3	丙戌4	丁亥5	戊子6	己丑7	庚寅8	辛卯9	壬辰10	癸巳11	甲午12	甲午立夏
五月小	辛巳	天干 地支 西曆	乙未13	丙申14	丁酉15	戊戌16	己亥17	庚子18	辛丑19	壬寅20	癸卯21	甲辰22	乙巳23	丙午24	丁未25	戊申26	己酉27	庚戌28	辛亥29	壬子30	癸丑31	甲寅(6)	乙卯2	丙辰3	丁巳4	戊午5	己未6	庚申7	辛酉8	壬戌9	癸亥10		
六月大	壬午	天干 地支 西曆	甲子11	乙丑12	丙寅13	丁卯14	戊辰15	己巳16	庚午17	辛未18	壬申19	癸酉20	甲戌21	乙亥22	丙子23	丁丑24	戊寅25	己卯26	庚辰27	辛巳28	壬午29	癸未30	甲申(7)	乙酉2	丙戌3	丁亥4	戊子5	己丑6	庚寅7	辛卯8	壬辰9	癸巳10	辛巳夏至
七月小	癸未	天干 地支 西曆	甲午11	乙未12	丙申13	丁酉14	戊戌15	己亥16	庚子17	辛丑18	壬寅19	癸卯20	甲辰21	乙巳22	丙午23	丁未24	戊申25	己酉26	庚戌27	辛亥28	壬子29	癸丑30	甲寅31	乙卯(8)	丙辰2	丁巳3	戊午4	己未5	庚申6	辛酉7	壬戌8		
八月大	甲申	天干 地支 西曆	癸亥9	甲子10	乙丑11	丙寅12	丁卯13	戊辰14	己巳15	庚午16	辛未17	壬申18	癸酉19	甲戌20	乙亥21	丙子22	丁丑23	戊寅24	己卯25	庚辰26	辛巳27	壬午28	癸未29	甲申30	乙酉31	丙戌(9)	丁亥2	戊子3	己丑4	庚寅5	辛卯6	壬辰7	戊辰立秋
九月小	乙酉	天干 地支 西曆	癸巳8	甲午9	乙未10	丙申11	丁酉12	戊戌13	己亥14	庚子15	辛丑16	壬寅17	癸卯18	甲辰19	乙巳20	丙午21	丁未22	戊申23	己酉24	庚戌25	辛亥26	壬子27	癸丑28	甲寅29	乙卯30	丙辰(10)	丁巳2	戊午3	己未4	庚申5	辛酉6		癸丑秋分
十月大	丙戌	天干 地支 西曆	壬戌7	癸亥8	甲子9	乙丑10	丙寅11	丁卯12	戊辰13	己巳14	庚午15	辛未16	壬申17	癸酉18	甲戌19	乙亥20	丙子21	丁丑22	戊寅23	己卯24	庚辰25	辛巳26	壬午27	癸未28	甲申29	乙酉30	丙戌31	丁亥(11)	戊子2	己丑3	庚寅4	辛卯5	
十一月小	丁亥	天干 地支 西曆	壬辰6	癸巳7	甲午8	乙未9	丙申10	丁酉11	戊戌12	己亥13	庚子14	辛丑15	壬寅16	癸卯17	甲辰18	乙巳19	丙午20	丁未21	戊申22	己酉23	庚戌24	辛亥25	壬子26	癸丑27	甲寅28	乙卯29	丙辰30	丁巳(12)	戊午2	己未3	庚申4		戊戌立冬
十二月大	戊子	天干 地支 西曆	辛酉5	壬戌6	癸亥7	甲子8	乙丑9	丙寅10	丁卯11	戊辰12	己巳13	庚午14	辛未15	壬申16	癸酉17	甲戌18	乙亥19	丙子20	丁丑21	戊寅22	己卯23	庚辰24	辛巳25	壬午26	癸未27	甲申28	乙酉29	丙戌30	丁亥31	戊子(1)	己丑2	庚寅3	壬午冬至

朔閏異同	曆名	正月	二月	三月	四月	五月	六月	七月	八月	九月	十月	十一	十二	閏月
	周曆夏曆	丙寅乙丑	丙申乙未	乙丑甲子	乙未甲午	甲子癸亥	甲午癸巳	癸亥壬戌	癸巳壬辰	壬戌辛酉	壬辰辛卯	辛酉庚申	辛卯庚寅	
	顓頊新曆	丁酉丙寅	丁卯乙未	丙申乙丑	丙寅甲午	乙未甲子	乙丑甲午	甲午癸亥	甲子癸巳	癸巳癸亥	癸亥壬辰	壬辰壬戌	壬戌辛卯	

周貞定王十四年（丙戌 狗年） 公元前 455 ~ 前 454 年 歲在鶉火

殷曆月序		中西曆日對照	初一	初二	初三	初四	初五	初六	初七	初八	初九	初十	十一	十二	十三	十四	十五	十六	十七	十八	十九	二十	二一	二二	二三	二四	二五	二六	二七	二八	二九	三十	節氣與天象
正月小	己丑	天干地支 西曆	辛卯4	壬辰5	癸巳6	甲午7	乙未8	丙申9	丁酉10	戊戌11	己亥12	庚子13	辛丑14	壬寅15	癸卯16	甲辰17	乙巳18	丙午19	丁未20	戊申21	己酉22	庚戌23	辛亥24	壬子25	癸丑26	甲寅27	乙卯28	丙辰29	丁巳30	戊午31	己未(2)		
二月大	庚寅	天干地支 西曆	庚申2	辛酉3	壬戌4	癸亥5	甲子6	乙丑7	丙寅8	丁卯9	戊辰10	己巳11	庚午12	辛未13	壬申14	癸酉15	甲戌16	乙亥17	丙子18	丁丑19	戊寅20	己卯21	庚辰22	辛巳23	壬午24	癸未25	甲申26	乙酉27	丙戌28	丁亥(3)	戊子2	己丑3	丁卯立春
三月小	辛卯	天干地支 西曆	庚寅4	辛卯5	壬辰6	癸巳7	甲午8	乙未9	丙申10	丁酉11	戊戌12	己亥13	庚子14	辛丑15	壬寅16	癸卯17	甲辰18	乙巳19	丙午20	丁未21	戊申22	己酉23	庚戌24	辛亥25	壬子26	癸丑27	甲寅28	乙卯29	丙辰30	丁巳31	戊午(4)		癸丑春分
四月大	壬辰	天干地支 西曆	己未2	庚申3	辛酉4	壬戌5	癸亥6	甲子7	乙丑8	丙寅9	丁卯10	戊辰11	己巳12	庚午13	辛未14	壬申15	癸酉16	甲戌17	乙亥18	丙子19	丁丑20	戊寅21	己卯22	庚辰23	辛巳24	壬午25	癸未26	甲申27	乙酉28	丙戌29	丁亥30	戊子(5)	
五月小	癸巳	天干地支 西曆	己丑2	庚寅3	辛卯4	壬辰5	癸巳6	甲午7	乙未8	丙申9	丁酉10	戊戌11	己亥12	庚子13	辛丑14	壬寅15	癸卯16	甲辰17	乙巳18	丙午19	丁未20	戊申21	己酉22	庚戌23	辛亥24	壬子25	癸丑26	甲寅27	乙卯28	丙辰29	丁巳30		己亥立夏
六月大	甲午	天干地支 西曆	戊午31	己未(6)	庚申2	辛酉3	壬戌4	癸亥5	甲子6	乙丑7	丙寅8	丁卯9	戊辰10	己巳11	庚午12	辛未13	壬申14	癸酉15	甲戌16	乙亥17	丙子18	丁丑19	戊寅20	己卯21	庚辰22	辛巳23	壬午24	癸未25	甲申26	乙酉27	丙戌28	丁亥29	丁亥夏至 戊午日食
七月大	乙未	天干地支 西曆	戊子30	己丑(7)	庚寅2	辛卯3	壬辰4	癸巳5	甲午6	乙未7	丙申8	丁酉9	戊戌10	己亥11	庚子12	辛丑13	壬寅14	癸卯15	甲辰16	乙巳17	丙午18	丁未19	戊申20	己酉21	庚戌22	辛亥23	壬子24	癸丑25	甲寅26	乙卯27	丙辰28	丁巳29	
八月小	丙申	天干地支 西曆	戊午30	己未31	庚申(8)	辛酉2	壬戌3	癸亥4	甲子5	乙丑6	丙寅7	丁卯8	戊辰9	己巳10	庚午11	辛未12	壬申13	癸酉14	甲戌15	乙亥16	丙子17	丁丑18	戊寅19	己卯20	庚辰21	辛巳22	壬午23	癸未24	甲申25	乙酉26	丙戌27		癸酉立秋
九月大	丁酉	天干地支 西曆	丁亥28	戊子29	己丑30	庚寅31	辛卯(9)	壬辰2	癸巳3	甲午4	乙未5	丙申6	丁酉7	戊戌8	己亥9	庚子10	辛丑11	壬寅12	癸卯13	甲辰14	乙巳15	丙午16	丁未17	戊申18	己酉19	庚戌20	辛亥21	壬子22	癸丑23	甲寅24	乙卯25	丙辰26	
閏九月小	丁酉	天干地支 西曆	丁巳27	戊午28	己未29	庚申30	辛酉(10)	壬戌2	癸亥3	甲子4	乙丑5	丙寅6	丁卯7	戊辰8	己巳9	庚午10	辛未11	壬申12	癸酉13	甲戌14	乙亥15	丙子16	丁丑17	戊寅18	己卯19	庚辰20	辛巳21	壬午22	癸未23	甲申24	乙酉25		己未秋分
十月大	戊戌	天干地支 西曆	丙戌26	丁亥27	戊子28	己丑29	庚寅30	辛卯31	壬辰(11)	癸巳2	甲午3	乙未4	丙申5	丁酉6	戊戌7	己亥8	庚子9	辛丑10	壬寅11	癸卯12	甲辰13	乙巳14	丙午15	丁未16	戊申17	己酉18	庚戌19	辛亥20	壬子21	癸丑22	甲寅23	乙卯24	癸卯立冬
十一月小	己亥	天干地支 西曆	丙辰25	丁巳26	戊午27	己未28	庚申29	辛酉30	壬戌(12)	癸亥2	甲子3	乙丑4	丙寅5	丁卯6	戊辰7	己巳8	庚午9	辛未10	壬申11	癸酉12	甲戌13	乙亥14	丙子15	丁丑16	戊寅17	己卯18	庚辰19	辛巳20	壬午21	癸未22	甲申23		
十二月大	庚子	天干地支 西曆	乙酉24	丙戌25	丁亥26	戊子27	己丑28	庚寅29	辛卯30	壬辰31	癸巳(1)	甲午2	乙未3	丙申4	丁酉5	戊戌6	己亥7	庚子8	辛丑9	壬寅10	癸卯11	甲辰12	乙巳13	丙午14	丁未15	戊申16	己酉17	庚戌18	辛亥19	壬子20	癸丑21	甲寅22	丁亥冬至

朔閏異同	曆名	正月	二月	三月	四月	五月	六月	七月	八月	九月	十月	十一	十二	閏月	曆名	正月	二月	三月	四月	五月	六月	七月	八月	九月	十月	十一	十二	閏月
	周曆夏曆	辛酉己未	庚寅己丑	庚申己未	己丑戊子	己未戊午	戊子---丁亥	戊午丁巳	丁亥丙戌	丁巳丙辰	丙戌乙酉	---丙辰乙卯	乙酉甲申	乙卯甲寅	顓頊新曆	辛卯辛酉	辛酉庚寅	辛卯己未	庚申己丑	庚寅---戊午	己未戊子	己丑丁巳	戊午丁亥	戊子丁巳	丁巳丙戌	丁亥丙辰	丙辰丙戌	---丙戌乙卯

周貞定王十五年（丁亥 猪年） 公元前454～前453年 歲在鶉尾

殷曆月序		中西曆日對照	初一	初二	初三	初四	初五	初六	初七	初八	初九	初十	十一	十二	十三	十四	十五	十六	十七	十八	十九	二十	二一	二二	二三	二四	二五	二六	二七	二八	二九	三十	節氣與天象
正月小	辛丑	天干地支西曆	乙卯23	丙辰24	丁巳25	戊午26	己未27	庚申28	辛酉29	壬戌30	癸亥31	甲子(2)	乙丑2	丙寅3	丁卯4	戊辰5	己巳6	庚午7	辛未8	壬申9	癸酉10	甲戌11	乙亥12	丙子13	丁丑14	戊寅15	己卯16	庚辰17	辛巳18	壬午19	癸未20		壬申立春
二月大	壬寅	天干地支西曆	甲申21	乙酉22	丙戌23	丁亥24	戊子25	己丑26	庚寅27	辛卯28	壬辰(3)	癸巳2	甲午3	乙未4	丙申5	丁酉6	戊戌7	己亥8	庚子9	辛丑10	壬寅11	癸卯12	甲辰13	乙巳14	丙午15	丁未16	戊申17	己酉18	庚戌19	辛亥20	壬子21	癸丑22	
三月小	癸卯	天干地支西曆	甲寅23	乙卯24	丙辰25	丁巳26	戊午27	己未28	庚申29	辛酉30	壬戌31	癸亥(4)	甲子2	乙丑3	丙寅4	丁卯5	戊辰6	己巳7	庚午8	辛未9	壬申10	癸酉11	甲戌12	乙亥13	丙子14	丁丑15	戊寅16	己卯17	庚辰18	辛巳19	壬午20		戊午春分
四月大	甲辰	天干地支西曆	癸未21	甲申22	乙酉23	丙戌24	丁亥25	戊子26	己丑27	庚寅28	辛卯29	壬辰30	癸巳(5)	甲午2	乙未3	丙申4	丁酉5	戊戌6	己亥7	庚子8	辛丑9	壬寅10	癸卯11	甲辰12	乙巳13	丙午14	丁未15	戊申16	己酉17	庚戌18	辛亥19	壬子20	乙巳立夏
五月小	乙巳	天干地支西曆	癸丑21	甲寅22	乙卯23	丙辰24	丁巳25	戊午26	己未27	庚申28	辛酉29	壬戌30	癸亥31	甲子(6)	乙丑2	丙寅3	丁卯4	戊辰5	己巳6	庚午7	辛未8	壬申9	癸酉10	甲戌11	乙亥12	丙子13	丁丑14	戊寅15	己卯16	庚辰17	辛巳18		
六月大	丙午	天干地支西曆	壬午19	癸未20	甲申21	乙酉22	丙戌23	丁亥24	戊子25	己丑26	庚寅27	辛卯28	壬辰29	癸巳30	甲午(7)	乙未2	丙申3	丁酉4	戊戌5	己亥6	庚子7	辛丑8	壬寅9	癸卯10	甲辰11	乙巳12	丙午13	丁未14	戊申15	己酉16	庚戌17	辛亥18	壬辰夏至
七月小	丁未	天干地支西曆	壬子19	癸丑20	甲寅21	乙卯22	丙辰23	丁巳24	戊午25	己未26	庚申27	辛酉28	壬戌29	癸亥30	甲子31	乙丑(8)	丙寅2	丁卯3	戊辰4	己巳5	庚午6	辛未7	壬申8	癸酉9	甲戌10	乙亥11	丙子12	丁丑13	戊寅14	己卯15	庚辰16		己卯立秋
八月大	戊申	天干地支西曆	辛巳17	壬午18	癸未19	甲申20	乙酉21	丙戌22	丁亥23	戊子24	己丑25	庚寅26	辛卯27	壬辰28	癸巳29	甲午30	乙未31	丙申(9)	丁酉2	戊戌3	己亥4	庚子5	辛丑6	壬寅7	癸卯8	甲辰9	乙巳10	丙午11	丁未12	戊申13	己酉14	庚戌15	
九月大	己酉	天干地支西曆	辛亥16	壬子17	癸丑18	甲寅19	乙卯20	丙辰21	丁巳22	戊午23	己未24	庚申25	辛酉26	壬戌27	癸亥28	甲子29	乙丑30	丙寅(10)	丁卯2	戊辰3	己巳4	庚午5	辛未6	壬申7	癸酉8	甲戌9	乙亥10	丙子11	丁丑12	戊寅13	己卯14	庚辰15	甲子秋分
十月小	庚戌	天干地支西曆	辛巳16	壬午17	癸未18	甲申19	乙酉20	丙戌21	丁亥22	戊子23	己丑24	庚寅25	辛卯26	壬辰27	癸巳28	甲午29	乙未30	丙申31	丁酉(11)	戊戌2	己亥3	庚子4	辛丑5	壬寅6	癸卯7	甲辰8	乙巳9	丙午10	丁未11	戊申12	己酉13		戊申立冬
十一月大	辛亥	天干地支西曆	庚戌14	辛亥15	壬子16	癸丑17	甲寅18	乙卯19	丙辰20	丁巳21	戊午22	己未23	庚申24	辛酉25	壬戌26	癸亥27	甲子28	乙丑29	丙寅30	丁卯(12)	戊辰2	己巳3	庚午4	辛未5	壬申6	癸酉7	甲戌8	乙亥9	丙子10	丁丑11	戊寅12	己卯13	
十二月小	壬子	天干地支西曆	庚辰14	辛巳15	壬午16	癸未17	甲申18	乙酉19	丙戌20	丁亥21	戊子22	己丑23	庚寅24	辛卯25	壬辰26	癸巳27	甲午28	乙未29	丙申30	丁酉31	戊戌(1)	己亥2	庚子3	辛丑4	壬寅5	癸卯6	甲辰7	乙巳8	丙午9	丁未10	戊申11		癸巳冬至

朔閏異同	曆名	正月	二月	三月	四月	五月	六月	七月	八月	九月	十月	十一	十二	閏月	曆名	正月	二月	三月	四月	五月	六月	七月	八月	九月	十月	十一	十二	閏月
	周曆 夏曆	甲申 癸未	甲寅 癸丑	甲申 壬午	癸丑 壬子	癸未 壬午	壬子 辛亥	壬午 辛巳	辛亥 庚戌	辛巳 庚辰	庚戌 己酉	庚辰 己卯	己酉 戊申		顓頊 新曆	乙卯 乙酉	乙酉 甲寅	甲寅 癸未	甲申 癸丑	癸丑 壬午	癸未 辛亥	癸丑 辛巳	壬午 辛亥	壬子 庚辰	辛巳 庚戌	辛亥 庚辰	庚辰 庚戌	

周貞定王十六年（戊子 鼠年） 公元前 453 年 歲在壽星

殷曆月序		西日中曆照對	初一	初二	初三	初四	初五	初六	初七	初八	初九	初十	十一	十二	十三	十四	十五	十六	十七	十八	十九	二十	二一	二二	二三	二四	二五	二六	二七	二八	二九	三十	節氣與天象
正月大	癸丑	干支曆 天地西	己酉12	庚戌13	辛亥14	壬子15	癸丑16	甲寅17	乙卯18	丙辰19	丁巳20	戊午21	己未22	庚申23	辛酉24	壬戌25	癸亥26	甲子27	乙丑28	丙寅29	丁卯30	戊辰31	己巳(2)	庚午2	辛未3	壬申4	癸酉5	甲戌6	乙亥7	丙子8	丁丑9	戊寅10	丁丑立春
二月小	甲寅	干支曆 天地西	己卯11	庚辰12	辛巳13	壬午14	癸未15	甲申16	乙酉17	丙戌18	丁亥19	戊子20	己丑21	庚寅22	辛卯23	壬辰24	癸巳25	甲午26	乙未27	丙申28	丁酉29	戊戌(3)	己亥2	庚子3	辛丑4	壬寅5	癸卯6	甲辰7	乙巳8	丙午9	丁未10		
三月大	乙卯	干支曆 天地西	戊申11	己酉12	庚戌13	辛亥14	壬子15	癸丑16	甲寅17	乙卯18	丙辰19	丁巳20	戊午21	己未22	庚申23	辛酉24	壬戌25	癸亥26	甲子27	乙丑28	丙寅29	丁卯30	戊辰31	己巳(4)	庚午2	辛未3	壬申4	癸酉5	甲戌6	乙亥7	丙子8	丁丑9	癸亥春分
四月小	丙辰	干支曆 天地西	戊寅10	己卯11	庚辰12	辛巳13	壬午14	癸未15	甲申16	乙酉17	丙戌18	丁亥19	戊子20	己丑21	庚寅22	辛卯23	壬辰24	癸巳25	甲午26	乙未27	丙申28	丁酉29	戊戌30	己亥(5)	庚子2	辛丑3	壬寅4	癸卯5	甲辰6	乙巳7	丙午8		
五月大	丁巳	干支曆 天地西	丁未9	戊申10	己酉11	庚戌12	辛亥13	壬子14	癸丑15	甲寅16	乙卯17	丙辰18	丁巳19	戊午20	己未21	庚申22	辛酉23	壬戌24	癸亥25	甲子26	乙丑27	丙寅28	丁卯29	戊辰30	己巳31	庚午(6)	辛未2	壬申3	癸酉4	甲戌5	乙亥6	丙子7	庚戌立夏
六月小	戊午	干支曆 天地西	丁丑8	戊寅9	己卯10	庚辰11	辛巳12	壬午13	癸未14	甲申15	乙酉16	丙戌17	丁亥18	戊子19	己丑20	庚寅21	辛卯22	壬辰23	癸巳24	甲午25	乙未26	丙申27	丁酉28	戊戌29	己亥30	庚子(7)	辛丑2	壬寅3	癸卯4	甲辰5	乙巳6		丁酉夏至
七月大	己未	干支曆 天地西	丙午7	丁未8	戊申9	己酉10	庚戌11	辛亥12	壬子13	癸丑14	甲寅15	乙卯16	丙辰17	丁巳18	戊午19	己未20	庚申21	辛酉22	壬戌23	癸亥24	甲子25	乙丑26	丙寅27	丁卯28	戊辰29	己巳30	庚午31	辛未(8)	壬申2	癸酉3	甲戌4	乙亥5	
八月小	庚申	干支曆 天地西	丙子6	丁丑7	戊寅8	己卯9	庚辰10	辛巳11	壬午12	癸未13	甲申14	乙酉15	丙戌16	丁亥17	戊子18	己丑19	庚寅20	辛卯21	壬辰22	癸巳23	甲午24	乙未25	丙申26	丁酉27	戊戌28	己亥29	庚子30	辛丑31	壬寅(9)	癸卯2	甲辰3		甲申立秋
九月大	辛酉	干支曆 天地西	乙巳4	丙午5	丁未6	戊申7	己酉8	庚戌9	辛亥10	壬子11	癸丑12	甲寅13	乙卯14	丙辰15	丁巳16	戊午17	己未18	庚申19	辛酉20	壬戌21	癸亥22	甲子23	乙丑24	丙寅25	丁卯26	戊辰27	己巳28	庚午29	辛未30	壬申(10)	癸酉2	甲戌3	己巳秋分
十月小	壬戌	干支曆 天地西	乙亥4	丙子5	丁丑6	戊寅7	己卯8	庚辰9	辛巳10	壬午11	癸未12	甲申13	乙酉14	丙戌15	丁亥16	戊子17	己丑18	庚寅19	辛卯20	壬辰21	癸巳22	甲午23	乙未24	丙申25	丁酉26	戊戌27	己亥28	庚子29	辛丑30	壬寅31	癸卯(11)		
十一月大	癸亥	干支曆 天地西	甲辰2	乙巳3	丙午4	丁未5	戊申6	己酉7	庚戌8	辛亥9	壬子10	癸丑11	甲寅12	乙卯13	丙辰14	丁巳15	戊午16	己未17	庚申18	辛酉19	壬戌20	癸亥21	甲子22	乙丑23	丙寅24	丁卯25	戊辰26	己巳27	庚午28	辛未29	壬申30	癸酉(12)	甲寅立冬
十二月小	甲子	干支曆 天地西	甲戌2	乙亥3	丙子4	丁丑5	戊寅6	己卯7	庚辰8	辛巳9	壬午10	癸未11	甲申12	乙酉13	丙戌14	丁亥15	戊子16	己丑17	庚寅18	辛卯19	壬辰20	癸巳21	甲午22	乙未23	丙申24	丁酉25	戊戌26	己亥27	庚子28	辛丑29	壬寅30		戊戌冬至

朔閏異同	曆名	正月	二月	三月	四月	五月	六月	七月	八月	九月	十月	十一	十二	閏月	曆名	正月	二月	三月	四月	五月	六月	七月	八月	九月	十月	十一	十二	閏月
	周曆夏曆	己卯戊寅	戊申丁未	戊寅丁丑	丁未丙午	丁丑丙子	丙午乙巳	丙子乙亥	丙午甲辰	乙亥甲戌	乙巳甲辰	甲戌癸酉	甲辰癸卯		顓頊新曆	庚戌己卯	己卯己酉	己酉戊寅	戊寅丁未	戊申丁丑	丁丑丙午	丁未乙亥	丙子乙巳	丙午甲戌	乙亥甲辰	乙巳甲戌	乙亥甲辰	

周貞定王十七年（己丑 牛年） 公元前453～前**452**～前451年 歲在大火

殷曆月序		中西曆日對照	初一	初二	初三	初四	初五	初六	初七	初八	初九	初十	十一	十二	十三	十四	十五	十六	十七	十八	十九	二十	二一	二二	二三	二四	二五	二六	二七	二八	二九	三十	節氣與天象
正月大	乙丑	天干地支 西曆	癸卯31	甲辰(1)	乙巳2	丙午3	丁未4	戊申5	己酉6	庚戌7	辛亥8	壬子9	癸丑10	甲寅11	乙卯12	丙辰13	丁巳14	戊午15	己未16	庚申17	辛酉18	壬戌19	癸亥20	甲子21	乙丑22	丙寅23	丁卯24	戊辰25	己巳26	庚午27	辛未28	壬申29	
二月大	丙寅	天干地支 西曆	癸酉30	甲戌31	乙亥(2)	丙子2	丁丑3	戊寅4	己卯5	庚辰6	辛巳7	壬午8	癸未9	甲申10	乙酉11	丙戌12	丁亥13	戊子14	己丑15	庚寅16	辛卯17	壬辰18	癸巳19	甲午20	乙未21	丙申22	丁酉23	戊戌24	己亥25	庚子26	辛丑27	壬寅28	壬午立春
三月小	丁卯	天干地支 西曆	癸卯(3)	甲辰2	乙巳3	丙午4	丁未5	戊申6	己酉7	庚戌8	辛亥9	壬子10	癸丑11	甲寅12	乙卯13	丙辰14	丁巳15	戊午16	己未17	庚申18	辛酉19	壬戌20	癸亥21	甲子22	乙丑23	丙寅24	丁卯25	戊辰26	己巳27	庚午28	辛未29		戊辰春分
四月大	戊辰	天干地支 西曆	壬申30	癸酉31	甲戌(4)	乙亥2	丙子3	丁丑4	戊寅5	己卯6	庚辰7	辛巳8	壬午9	癸未10	甲申11	乙酉12	丙戌13	丁亥14	戊子15	己丑16	庚寅17	辛卯18	壬辰19	癸巳20	甲午21	乙未22	丙申23	丁酉24	戊戌25	己亥26	庚子27	辛丑28	
五月小	己巳	天干地支 西曆	壬寅29	癸卯30	甲辰(5)	乙巳2	丙午3	丁未4	戊申5	己酉6	庚戌7	辛亥8	壬子9	癸丑10	甲寅11	乙卯12	丙辰13	丁巳14	戊午15	己未16	庚申17	辛酉18	壬戌19	癸亥20	甲子21	乙丑22	丙寅23	丁卯24	戊辰25	己巳26	庚午27		乙卯立夏
六月大	庚午	天干地支 西曆	辛未28	壬申29	癸酉30	甲戌31	乙亥(6)	丙子2	丁丑3	戊寅4	己卯5	庚辰6	辛巳7	壬午8	癸未9	甲申10	乙酉11	丙戌12	丁亥13	戊子14	己丑15	庚寅16	辛卯17	壬辰18	癸巳19	甲午20	乙未21	丙申22	丁酉23	戊戌24	己亥25	庚子26	
閏六月小	庚午	天干地支 西曆	辛丑27	壬寅28	癸卯29	甲辰30	乙巳(7)	丙午2	丁未3	戊申4	己酉5	庚戌6	辛亥7	壬子8	癸丑9	甲寅10	乙卯11	丙辰12	丁巳13	戊午14	己未15	庚申16	辛酉17	壬戌18	癸亥19	甲子20	乙丑21	丙寅22	丁卯23	戊辰24	己巳25		壬寅夏至
七月大	辛未	天干地支 西曆	庚午26	辛未27	壬申28	癸酉29	甲戌30	乙亥31	丙子(8)	丁丑2	戊寅3	己卯4	庚辰5	辛巳6	壬午7	癸未8	甲申9	乙酉10	丙戌11	丁亥12	戊子13	己丑14	庚寅15	辛卯16	壬辰17	癸巳18	甲午19	乙未20	丙申21	丁酉22	戊戌23	己亥24	己丑立秋
八月小	壬申	天干地支 西曆	庚子25	辛丑26	壬寅27	癸卯28	甲辰29	乙巳30	丙午31	丁未(9)	戊申2	己酉3	庚戌4	辛亥5	壬子6	癸丑7	甲寅8	乙卯9	丙辰10	丁巳11	戊午12	己未13	庚申14	辛酉15	壬戌16	癸亥17	甲子18	乙丑19	丙寅20	丁卯21	戊辰22		
九月大	癸酉	天干地支 西曆	己巳23	庚午24	辛未25	壬申26	癸酉27	甲戌28	乙亥29	丙子30	丁丑(10)	戊寅2	己卯3	庚辰4	辛巳5	壬午6	癸未7	甲申8	乙酉9	丙戌10	丁亥11	戊子12	己丑13	庚寅14	辛卯15	壬辰16	癸巳17	甲午18	乙未19	丙申20	丁酉21	戊戌22	甲戌秋分
十月小	甲戌	天干地支 西曆	己亥23	庚子24	辛丑25	壬寅26	癸卯27	甲辰28	乙巳29	丙午30	丁未31	戊申(11)	己酉2	庚戌3	辛亥4	壬子5	癸丑6	甲寅7	乙卯8	丙辰9	丁巳10	戊午11	己未12	庚申13	辛酉14	壬戌15	癸亥16	甲子17	乙丑18	丙寅19	丁卯20		己未立冬
十一月大	乙亥	天干地支 西曆	戊辰21	己巳22	庚午23	辛未24	壬申25	癸酉26	甲戌27	乙亥28	丙子29	丁丑30	戊寅(12)	己卯2	庚辰3	辛巳4	壬午5	癸未6	甲申7	乙酉8	丙戌9	丁亥10	戊子11	己丑12	庚寅13	辛卯14	壬辰15	癸巳16	甲午17	乙未18	丙申19	丁酉20	
十二月小	丙子	天干地支 西曆	戊戌21	己亥22	庚子23	辛丑24	壬寅25	癸卯26	甲辰27	乙巳28	丙午29	丁未30	戊申31	己酉(1)	庚戌2	辛亥3	壬子4	癸丑5	甲寅6	乙卯7	丙辰8	丁巳9	戊午10	己未11	庚申12	辛酉13	壬戌14	癸亥15	甲子16	乙丑17	丙寅18		癸卯冬至

朔閏異同	曆名	正月	二月	三月	四月	五月	六月	七月	八月	九月	十月	十一	十二	閏月
	周曆夏曆	癸酉壬申	癸卯---壬寅	壬申辛未	壬寅辛丑	辛未庚午	辛丑庚子	庚午己巳	---庚子己亥	己巳戊辰	己亥戊戌	戊辰丁卯	戊戌丁酉	戊辰丁卯
	顓頊新曆	甲辰甲戌	甲戌癸卯	癸卯---癸酉	癸酉壬寅	壬寅辛未	壬申辛丑	辛丑庚午	辛未己亥	庚子己巳	---庚午戊戌	己亥戊辰	己巳戊戌	戊戌戊辰

周貞定王十八年（庚寅 虎年） 公元前 451 ~ 前 450 年 歲在析木

殷曆月序		中西曆日對照	殷曆日序																														節氣與天象
			初一	初二	初三	初四	初五	初六	初七	初八	初九	初十	十一	十二	十三	十四	十五	十六	十七	十八	十九	二十	二一	二二	二三	二四	二五	二六	二七	二八	二九	三十	
正月大	丁丑	天干地支西曆	丁卯19	戊辰20	己巳21	庚午22	辛未23	壬申24	癸酉25	甲戌26	乙亥27	丙子28	丁丑29	戊寅30	己卯31	庚辰(2)	辛巳2	壬午3	癸未4	甲申5	乙酉6	丙戌7	丁亥8	戊子9	己丑10	庚寅11	辛卯12	壬辰13	癸巳14	甲午15	乙未16	丙申17	戊子立春
二月小	戊寅	天干地支西曆	丁酉18	戊戌19	己亥20	庚子21	辛丑22	壬寅23	癸卯24	甲辰25	乙巳26	丙午27	丁未28	戊申(3)	己酉2	庚戌3	辛亥4	壬子5	癸丑6	甲寅7	乙卯8	丙辰9	丁巳10	戊午11	己未12	庚申13	辛酉14	壬戌15	癸亥16	甲子17	乙丑18		
三月大	己卯	天干地支西曆	丙寅19	丁卯20	戊辰21	己巳22	庚午23	辛未24	壬申25	癸酉26	甲戌27	乙亥28	丙子29	丁丑30	戊寅31	己卯(4)	庚辰2	辛巳3	壬午4	癸未5	甲申6	乙酉7	丙戌8	丁亥9	戊子10	己丑11	庚寅12	辛卯13	壬辰14	癸巳15	甲午16	乙未17	癸酉春分 丁卯日食
四月小	庚辰	天干地支西曆	丙申18	丁酉19	戊戌20	己亥21	庚子22	辛丑23	壬寅24	癸卯25	甲辰26	乙巳27	丙午28	丁未29	戊申30	己酉(5)	庚戌2	辛亥3	壬子4	癸丑5	甲寅6	乙卯7	丙辰8	丁巳9	戊午10	己未11	庚申12	辛酉13	壬戌14	癸亥15	甲子16		庚申立夏
五月大	辛巳	天干地支西曆	乙丑17	丙寅18	丁卯19	戊辰20	己巳21	庚午22	辛未23	壬申24	癸酉25	甲戌26	乙亥27	丙子28	丁丑29	戊寅30	己卯31	庚辰(6)	辛巳2	壬午3	癸未4	甲申5	乙酉6	丙戌7	丁亥8	戊子9	己丑10	庚寅11	辛卯12	壬辰13	癸巳14	甲午15	
六月大	壬午	天干地支西曆	乙未16	丙申17	丁酉18	戊戌19	己亥20	庚子21	辛丑22	壬寅23	癸卯24	甲辰25	乙巳26	丙午27	丁未28	戊申29	己酉30	庚戌(7)	辛亥2	壬子3	癸丑4	甲寅5	乙卯6	丙辰7	丁巳8	戊午9	己未10	庚申11	辛酉12	壬戌13	癸亥14	甲子15	戊申夏至
七月小	癸未	天干地支西曆	乙丑16	丙寅17	丁卯18	戊辰19	己巳20	庚午21	辛未22	壬申23	癸酉24	甲戌25	乙亥26	丙子27	丁丑28	戊寅29	己卯30	庚辰31	辛巳(8)	壬午2	癸未3	甲申4	乙酉5	丙戌6	丁亥7	戊子8	己丑9	庚寅10	辛卯11	壬辰12	癸巳13		
八月大	甲申	天干地支西曆	甲午14	乙未15	丙申16	丁酉17	戊戌18	己亥19	庚子20	辛丑21	壬寅22	癸卯23	甲辰24	乙巳25	丙午26	丁未27	戊申28	己酉29	庚戌30	辛亥31	壬子(9)	癸丑2	甲寅3	乙卯4	丙辰5	丁巳6	戊午7	己未8	庚申9	辛酉10	壬戌11	癸亥12	甲午立秋
九月小	乙酉	天干地支西曆	甲子13	乙丑14	丙寅15	丁卯16	戊辰17	己巳18	庚午19	辛未20	壬申21	癸酉22	甲戌23	乙亥24	丙子25	丁丑26	戊寅27	己卯28	庚辰29	辛巳30	壬午(10)	癸未2	甲申3	乙酉4	丙戌5	丁亥6	戊子7	己丑8	庚寅9	辛卯10	壬辰11		庚辰秋分
十月大	丙戌	天干地支西曆	癸巳12	甲午13	乙未14	丙申15	丁酉16	戊戌17	己亥18	庚子19	辛丑20	壬寅21	癸卯22	甲辰23	乙巳24	丙午25	丁未26	戊申27	己酉28	庚戌29	辛亥30	壬子31	癸丑(11)	甲寅2	乙卯3	丙辰4	丁巳5	戊午6	己未7	庚申8	辛酉9	壬戌10	
十一月小	丁亥	天干地支西曆	癸亥11	甲子12	乙丑13	丙寅14	丁卯15	戊辰16	己巳17	庚午18	辛未19	壬申20	癸酉21	甲戌22	乙亥23	丙子24	丁丑25	戊寅26	己卯27	庚辰28	辛巳29	壬午30	癸未(12)	甲申2	乙酉3	丙戌4	丁亥5	戊子6	己丑7	庚寅8	辛卯9		甲子立冬
十二月大	戊子	天干地支西曆	壬辰10	癸巳11	甲午12	乙未13	丙申14	丁酉15	戊戌16	己亥17	庚子18	辛丑19	壬寅20	癸卯21	甲辰22	乙巳23	丙午24	丁未25	戊申26	己酉27	庚戌28	辛亥29	壬子30	癸丑31	甲寅(1)	乙卯2	丙辰3	丁巳4	戊午5	己未6	庚申7	辛酉8	戊申冬至

朔閏異同	曆名	正月	二月	三月	四月	五月	六月	七月	八月	九月	十月	十一	十二	閏月	曆名	正月	二月	三月	四月	五月	六月	七月	八月	九月	十月	十一	十二	閏月
	周曆夏曆	丁酉丙申	丁卯丙寅	丙申乙未	丙寅乙丑	乙未甲午	乙丑甲子	甲午癸巳	甲子癸亥	癸巳壬辰	癸亥壬戌	壬辰辛卯	壬戌辛酉		顓頊新曆	戊辰丁酉	戊戌丁卯	丁卯丁酉	丁酉丙寅	丙寅乙未	丙申乙丑	乙丑甲午	乙未癸亥	甲子癸巳	甲午壬戌	癸亥壬辰	癸巳壬戌	

周貞定王十九年（辛卯 兔年） 公元前 450 年 歲在星紀

殷曆月序		中西曆日對照	殷曆日序																													節氣與天象
			初一	初二	初三	初四	初五	初六	初七	初八	初九	初十	十一	十二	十三	十四	十五	十六	十七	十八	十九	二十	二一	二二	二三	二四	二五	二六	二七	二八	二九	三十	
正月小	己丑	天干地支 西曆	壬戌 9	癸亥 10	甲子 11	乙丑 12	丙寅 13	丁卯 14	戊辰 15	己巳 16	庚午 17	辛未 18	壬申 19	癸酉 20	甲戌 21	乙亥 22	丙子 23	丁丑 24	戊寅 25	己卯 26	庚辰 27	辛巳 28	壬午 29	癸未 30	甲申 31	乙酉 (2)	丙戌 2	丁亥 3	戊子 4	己丑 5	庚寅 6		
二月大	庚寅	天干地支 西曆	辛卯 7	壬辰 8	癸巳 9	甲午 10	乙未 11	丙申 12	丁酉 13	戊戌 14	己亥 15	庚子 16	辛丑 17	壬寅 18	癸卯 19	甲辰 20	乙巳 21	丙午 22	丁未 23	戊申 24	己酉 25	庚戌 26	辛亥 27	壬子 28	癸丑 (3)	甲寅 2	乙卯 3	丙辰 4	丁巳 5	戊午 6	己未 7	庚申 8	癸巳立春
三月小	辛卯	天干地支 西曆	辛酉 9	壬戌 10	癸亥 11	甲子 12	乙丑 13	丙寅 14	丁卯 15	戊辰 16	己巳 17	庚午 18	辛未 19	壬申 20	癸酉 21	甲戌 22	乙亥 23	丙子 24	丁丑 25	戊寅 26	己卯 27	庚辰 28	辛巳 29	壬午 30	癸未 31	甲申 (4)	乙酉 2	丙戌 3	丁亥 4	戊子 5	己丑 6		己卯春分
四月大	壬辰	天干地支 西曆	庚寅 7	辛卯 8	壬辰 9	癸巳 10	甲午 11	乙未 12	丙申 13	丁酉 14	戊戌 15	己亥 16	庚子 17	辛丑 18	壬寅 19	癸卯 20	甲辰 21	乙巳 22	丙午 23	丁未 24	戊申 25	己酉 26	庚戌 27	辛亥 28	壬子 29	癸丑 30	甲寅 (5)	乙卯 2	丙辰 3	丁巳 4	戊午 5	己未 6	
五月小	癸巳	天干地支 西曆	庚申 7	辛酉 8	壬戌 9	癸亥 10	甲子 11	乙丑 12	丙寅 13	丁卯 14	戊辰 15	己巳 16	庚午 17	辛未 18	壬申 19	癸酉 20	甲戌 21	乙亥 22	丙子 23	丁丑 24	戊寅 25	己卯 26	庚辰 27	辛巳 28	壬午 29	癸未 30	甲申 31	乙酉 (6)	丙戌 2	丁亥 3	戊子 4		丙寅立夏
六月大	甲午	天干地支 西曆	己丑 5	庚寅 6	辛卯 7	壬辰 8	癸巳 9	甲午 10	乙未 11	丙申 12	丁酉 13	戊戌 14	己亥 15	庚子 16	辛丑 17	壬寅 18	癸卯 19	甲辰 20	乙巳 21	丙午 22	丁未 23	戊申 24	己酉 25	庚戌 26	辛亥 27	壬子 28	癸丑 29	甲寅 30	乙卯 (7)	丙辰 2	丁巳 3	戊午 4	癸丑夏至
七月小	乙未	天干地支 西曆	己未 5	庚申 6	辛酉 7	壬戌 8	癸亥 9	甲子 10	乙丑 11	丙寅 12	丁卯 13	戊辰 14	己巳 15	庚午 16	辛未 17	壬申 18	癸酉 19	甲戌 20	乙亥 21	丙子 22	丁丑 23	戊寅 24	己卯 25	庚辰 26	辛巳 27	壬午 28	癸未 29	甲申 30	乙酉 31	丙戌 (8)	丁亥 2		
八月大	丙申	天干地支 西曆	戊子 3	己丑 4	庚寅 5	辛卯 6	壬辰 7	癸巳 8	甲午 9	乙未 10	丙申 11	丁酉 12	戊戌 13	己亥 14	庚子 15	辛丑 16	壬寅 17	癸卯 18	甲辰 19	乙巳 20	丙午 21	丁未 22	戊申 23	己酉 24	庚戌 25	辛亥 26	壬子 27	癸丑 28	甲寅 29	乙卯 30	丙辰 31	丁巳 (9)	己亥立秋
九月小	丁酉	天干地支 西曆	戊午 2	己未 3	庚申 4	辛酉 5	壬戌 6	癸亥 7	甲子 8	乙丑 9	丙寅 10	丁卯 11	戊辰 12	己巳 13	庚午 14	辛未 15	壬申 16	癸酉 17	甲戌 18	乙亥 19	丙子 20	丁丑 21	戊寅 22	己卯 23	庚辰 24	辛巳 25	壬午 26	癸未 27	甲申 28	乙酉 29	丙戌 30		乙酉秋分
十月大	戊戌	天干地支 西曆	丁亥 (10)	戊子 2	己丑 3	庚寅 4	辛卯 5	壬辰 6	癸巳 7	甲午 8	乙未 9	丙申 10	丁酉 11	戊戌 12	己亥 13	庚子 14	辛丑 15	壬寅 16	癸卯 17	甲辰 18	乙巳 19	丙午 20	丁未 21	戊申 22	己酉 23	庚戌 24	辛亥 25	壬子 26	癸丑 27	甲寅 28	乙卯 29	丙辰 30	
十一月大	己亥	天干地支 西曆	丁巳 31	戊午 (11)	己未 2	庚申 3	辛酉 4	壬戌 5	癸亥 6	甲子 7	乙丑 8	丙寅 9	丁卯 10	戊辰 11	己巳 12	庚午 13	辛未 14	壬申 15	癸酉 16	甲戌 17	乙亥 18	丙子 19	丁丑 20	戊寅 21	己卯 22	庚辰 23	辛巳 24	壬午 25	癸未 26	甲申 27	乙酉 28	丙戌 29	己巳立冬
十二月小	庚子	天干地支 西曆	丁亥 30	戊子 (12)	己丑 2	庚寅 3	辛卯 4	壬辰 5	癸巳 6	甲午 7	乙未 8	丙申 9	丁酉 10	戊戌 11	己亥 12	庚子 13	辛丑 14	壬寅 15	癸卯 16	甲辰 17	乙巳 18	丙午 19	丁未 20	戊申 21	己酉 22	庚戌 23	辛亥 24	壬子 25	癸丑 26	甲寅 27	乙卯 28		癸丑冬至

朔閏異同	曆名	正月	二月	三月	四月	五月	六月	七月	八月	九月	十月	十一	十二	閏月
	周曆 夏曆	辛卯 庚寅	辛酉 庚申	辛卯 己丑	庚申 己未	庚寅 己丑	己未 戊午	己丑 戊子	戊午 丁巳	戊子 丁亥	丁巳 丙辰	丁亥 -- 丙戌	丙辰 乙卯	乙酉
	曆名	正月	二月	三月	四月	五月	六月	七月	八月	九月	十月	十一	十二	閏月
	顓頊 新曆	壬戌 辛卯	壬辰 辛酉	辛酉 辛卯	辛卯 庚申	庚申 庚寅	庚寅 己未	庚申 己丑	己丑 戊午	己未 丁亥	戊子 -- 丁巳	戊午 丙戌	丁亥 丙辰	乙酉

周貞定王二十年（壬辰 龍年） 公元前450～前**449**～前448年 歲在玄枵

殷曆月序		中西曆日對照	初一	初二	初三	初四	初五	初六	初七	初八	初九	初十	十一	十二	十三	十四	十五	十六	十七	十八	十九	二十	二一	二二	二三	二四	二五	二六	二七	二八	二九	三十	節氣與天象
正月大	辛丑	干支曆 天地西曆	丙辰29	丁巳30	戊午31	己未(1)	庚申2	辛酉3	壬戌4	癸亥5	甲子6	乙丑7	丙寅8	丁卯9	戊辰10	己巳11	庚午12	辛未13	壬申14	癸酉15	甲戌16	乙亥17	丙子18	丁丑19	戊寅20	己卯21	庚辰22	辛巳23	壬午24	癸未25	甲申26	乙酉27	
二月小	壬寅	干支曆 天地西曆	丙戌28	丁亥29	戊子30	己丑31	庚寅(2)	辛卯2	壬辰3	癸巳4	甲午5	乙未6	丙申7	丁酉8	戊戌9	己亥10	庚子11	辛丑12	壬寅13	癸卯14	甲辰15	乙巳16	丙午17	丁未18	戊申19	己酉20	庚戌21	辛亥22	壬子23	癸丑24	甲寅25		戊戌立春
三月大	癸卯	干支曆 天地西曆	乙卯26	丙辰27	丁巳28	戊午29	己未(3)	庚申2	辛酉3	壬戌4	癸亥5	甲子6	乙丑7	丙寅8	丁卯9	戊辰10	己巳11	庚午12	辛未13	壬申14	癸酉15	甲戌16	乙亥17	丙子18	丁丑19	戊寅20	己卯21	庚辰22	辛巳23	壬午24	癸未25	甲申26	甲申春分
閏三月小	癸卯	干支曆 天地西曆	乙酉27	丙戌28	丁亥29	戊子30	己丑31	庚寅(4)	辛卯2	壬辰3	癸巳4	甲午5	乙未6	丙申7	丁酉8	戊戌9	己亥10	庚子11	辛丑12	壬寅13	癸卯14	甲辰15	乙巳16	丙午17	丁未18	戊申19	己酉20	庚戌21	辛亥22	壬子23	癸丑24		
四月大	甲辰	干支曆 天地西曆	甲寅25	乙卯26	丙辰27	丁巳28	戊午29	己未30	庚申(5)	辛酉2	壬戌3	癸亥4	甲子5	乙丑6	丙寅7	丁卯8	戊辰9	己巳10	庚午11	辛未12	壬申13	癸酉14	甲戌15	乙亥16	丙子17	丁丑18	戊寅19	己卯20	庚辰21	辛巳22	壬午23	癸未24	辛未立夏
五月小	乙巳	干支曆 天地西曆	甲申25	乙酉26	丙戌27	丁亥28	戊子29	己丑30	庚寅31	辛卯(6)	壬辰2	癸巳3	甲午4	乙未5	丙申6	丁酉7	戊戌8	己亥9	庚子10	辛丑11	壬寅12	癸卯13	甲辰14	乙巳15	丙午16	丁未17	戊申18	己酉19	庚戌20	辛亥21	壬子22		
六月大	丙午	干支曆 天地西曆	癸丑23	甲寅24	乙卯25	丙辰26	丁巳27	戊午28	己未29	庚申30	辛酉(7)	壬戌2	癸亥3	甲子4	乙丑5	丙寅6	丁卯7	戊辰8	己巳9	庚午10	辛未11	壬申12	癸酉13	甲戌14	乙亥15	丙子16	丁丑17	戊寅18	己卯19	庚辰20	辛巳21	壬午22	戊午夏至
七月小	丁未	干支曆 天地西曆	癸未23	甲申24	乙酉25	丙戌26	丁亥27	戊子28	己丑29	庚寅30	辛卯31	壬辰(8)	癸巳2	甲午3	乙未4	丙申5	丁酉6	戊戌7	己亥8	庚子9	辛丑10	壬寅11	癸卯12	甲辰13	乙巳14	丙午15	丁未16	戊申17	己酉18	庚戌19	辛亥20		乙巳立秋 癸未日食
八月大	戊申	干支曆 天地西曆	壬子21	癸丑22	甲寅23	乙卯24	丙辰25	丁巳26	戊午27	己未28	庚申29	辛酉30	壬戌31	癸亥(9)	甲子2	乙丑3	丙寅4	丁卯5	戊辰6	己巳7	庚午8	辛未9	壬申10	癸酉11	甲戌12	乙亥13	丙子14	丁丑15	戊寅16	己卯17	庚辰18	辛巳19	
九月小	己酉	干支曆 天地西曆	壬午20	癸未21	甲申22	乙酉23	丙戌24	丁亥25	戊子26	己丑27	庚寅28	辛卯29	壬辰30	癸巳(10)	甲午2	乙未3	丙申4	丁酉5	戊戌6	己亥7	庚子8	辛丑9	壬寅10	癸卯11	甲辰12	乙巳13	丙午14	丁未15	戊申16	己酉17	庚戌18		庚寅秋分
十月大	庚戌	干支曆 天地西曆	辛亥19	壬子20	癸丑21	甲寅22	乙卯23	丙辰24	丁巳25	戊午26	己未27	庚申28	辛酉29	壬戌30	癸亥31	甲子(11)	乙丑2	丙寅3	丁卯4	戊辰5	己巳6	庚午7	辛未8	壬申9	癸酉10	甲戌11	乙亥12	丙子13	丁丑14	戊寅15	己卯16	庚辰17	乙亥立冬
十一月小	辛亥	干支曆 天地西曆	辛巳18	壬午19	癸未20	甲申21	乙酉22	丙戌23	丁亥24	戊子25	己丑26	庚寅27	辛卯28	壬辰29	癸巳30	甲午(12)	乙未2	丙申3	丁酉4	戊戌5	己亥6	庚子7	辛丑8	壬寅9	癸卯10	甲辰11	乙巳12	丙午13	丁未14	戊申15	己酉16		
十二月大	壬子	干支曆 天地西曆	庚戌17	辛亥18	壬子19	癸丑20	甲寅21	乙卯22	丙辰23	丁巳24	戊午25	己未26	庚申27	辛酉28	壬戌29	癸亥30	甲子31	乙丑(1)	丙寅2	丁卯3	戊辰4	己巳5	庚午6	辛未7	壬申8	癸酉9	甲戌10	乙亥11	丙子12	丁丑13	戊寅14	己卯15	己未冬至

朔閏異同	曆名	正月	二月	三月	四月	五月	六月	七月	八月	九月	十月	十一	十二	閏月	曆名	正月	二月	三月	四月	五月	六月	七月	八月	九月	十月	十一	十二	閏月
	周曆夏曆	丙戌甲寅	乙卯甲申	乙酉癸丑	---甲寅癸未	甲申壬子	癸丑壬午	癸未辛亥	癸丑辛巳	壬午辛亥	壬子庚辰	辛巳庚戌	辛亥己卯	庚辰	顓頊新曆	丁巳乙卯	丙戌乙酉	丙辰甲寅	乙酉甲申	乙卯甲寅	---甲申癸未	甲寅癸丑	癸未壬午	癸丑辛亥	癸未辛巳	壬子庚戌	壬午庚辰	辛亥

周貞定王二十一年（癸巳 蛇年） 公元前 448 ~ 前 447 年 歲在娵訾

殷曆月序		中西曆日對照	殷曆日序																														節氣與天象
			初一	初二	初三	初四	初五	初六	初七	初八	初九	初十	十一	十二	十三	十四	十五	十六	十七	十八	十九	二十	二一	二二	二三	二四	二五	二六	二七	二八	二九	三十	
正月大	癸丑	天干地支	庚辰	辛巳	壬午	癸未	甲申	乙酉	丙戌	丁亥	戊子	己丑	庚寅	辛卯	壬辰	癸巳	甲午	乙未	丙申	丁酉	戊戌	己亥	庚子	辛丑	壬寅	癸卯	甲辰	乙巳	丙午	丁未	戊申	己酉	癸卯立春
		西曆	16	17	18	19	20	21	22	23	24	25	26	27	28	29	30	31	(2)	2	3	4	5	6	7	8	9	10	11	12	13	14	
二月小	甲寅	天干地支	庚戌	辛亥	壬子	癸丑	甲寅	乙卯	丙辰	丁巳	戊午	己未	庚申	辛酉	壬戌	癸亥	甲子	乙丑	丙寅	丁卯	戊辰	己巳	庚午	辛未	壬申	癸酉	甲戌	乙亥	丙子	丁丑	戊寅		
		西曆	15	16	17	18	19	20	21	22	23	24	25	26	27	28	(3)	2	3	4	5	6	7	8	9	10	11	12	13	14	15		
三月大	乙卯	天干地支	己卯	庚辰	辛巳	壬午	癸未	甲申	乙酉	丙戌	丁亥	戊子	己丑	庚寅	辛卯	壬辰	癸巳	甲午	乙未	丙申	丁酉	戊戌	己亥	庚子	辛丑	壬寅	癸卯	甲辰	乙巳	丙午	丁未	戊申	己丑春分
		西曆	16	17	18	19	20	21	22	23	24	25	26	27	28	29	30	31	(4)	2	3	4	5	6	7	8	9	10	11	12	13	14	
四月小	丙辰	天干地支	己酉	庚戌	辛亥	壬子	癸丑	甲寅	乙卯	丙辰	丁巳	戊午	己未	庚申	辛酉	壬戌	癸亥	甲子	乙丑	丙寅	丁卯	戊辰	己巳	庚午	辛未	壬申	癸酉	甲戌	乙亥	丙子	丁丑		丙子立夏
		西曆	15	16	17	18	19	20	21	22	23	24	25	26	27	28	29	30	(5)	2	3	4	5	6	7	8	9	10	11	12	13		
五月大	丁巳	天干地支	戊寅	己卯	庚辰	辛巳	壬午	癸未	甲申	乙酉	丙戌	丁亥	戊子	己丑	庚寅	辛卯	壬辰	癸巳	甲午	乙未	丙申	丁酉	戊戌	己亥	庚子	辛丑	壬寅	癸卯	甲辰	乙巳	丙午	丁未	
		西曆	14	15	16	17	18	19	20	21	22	23	24	25	26	27	28	29	30	31	(6)	2	3	4	5	6	7	8	9	10	11	12	
六月小	戊午	天干地支	戊申	己酉	庚戌	辛亥	壬子	癸丑	甲寅	乙卯	丙辰	丁巳	戊午	己未	庚申	辛酉	壬戌	癸亥	甲子	乙丑	丙寅	丁卯	戊辰	己巳	庚午	辛未	壬申	癸酉	甲戌	乙亥	丙子		癸亥夏至
		西曆	13	14	15	16	17	18	19	20	21	22	23	24	25	26	27	28	29	30	(7)	2	3	4	5	6	7	8	9	10	11		
七月大	己未	天干地支	丁丑	戊寅	己卯	庚辰	辛巳	壬午	癸未	甲申	乙酉	丙戌	丁亥	戊子	己丑	庚寅	辛卯	壬辰	癸巳	甲午	乙未	丙申	丁酉	戊戌	己亥	庚子	辛丑	壬寅	癸卯	甲辰	乙巳	丙午	
		西曆	12	13	14	15	16	17	18	19	20	21	22	23	24	25	26	27	28	29	30	31	(8)	2	3	4	5	6	7	8	9	10	
八月小	庚申	天干地支	丁未	戊申	己酉	庚戌	辛亥	壬子	癸丑	甲寅	乙卯	丙辰	丁巳	戊午	己未	庚申	辛酉	壬戌	癸亥	甲子	乙丑	丙寅	丁卯	戊辰	己巳	庚午	辛未	壬申	癸酉	甲戌	乙亥		庚戌立秋
		西曆	11	12	13	14	15	16	17	18	19	20	21	22	23	24	25	26	27	28	29	30	31	(9)	2	3	4	5	6	7	8		
九月大	辛酉	天干地支	丙子	丁丑	戊寅	己卯	庚辰	辛巳	壬午	癸未	甲申	乙酉	丙戌	丁亥	戊子	己丑	庚寅	辛卯	壬辰	癸巳	甲午	乙未	丙申	丁酉	戊戌	己亥	庚子	辛丑	壬寅	癸卯	甲辰	乙巳	乙未秋分
		西曆	9	10	11	12	13	14	15	16	17	18	19	20	21	22	23	24	25	26	27	28	29	30	(10)	2	3	4	5	6	7	8	
十月小	壬戌	天干地支	丙午	丁未	戊申	己酉	庚戌	辛亥	壬子	癸丑	甲寅	乙卯	丙辰	丁巳	戊午	己未	庚申	辛酉	壬戌	癸亥	甲子	乙丑	丙寅	丁卯	戊辰	己巳	庚午	辛未	壬申	癸酉	甲戌		
		西曆	9	10	11	12	13	14	15	16	17	18	19	20	21	22	23	24	25	26	27	28	29	30	31	(11)	2	3	4	5	6		
十一月大	癸亥	天干地支	乙亥	丙子	丁丑	戊寅	己卯	庚辰	辛巳	壬午	癸未	甲申	乙酉	丙戌	丁亥	戊子	己丑	庚寅	辛卯	壬辰	癸巳	甲午	乙未	丙申	丁酉	戊戌	己亥	庚子	辛丑	壬寅	癸卯	甲辰	庚辰立冬
		西曆	7	8	9	10	11	12	13	14	15	16	17	18	19	20	21	22	23	24	25	26	27	28	29	30	(12)	2	3	4	5	6	
十二月小	甲子	天干地支	乙巳	丙午	丁未	戊申	己酉	庚戌	辛亥	壬子	癸丑	甲寅	乙卯	丙辰	丁巳	戊午	己未	庚申	辛酉	壬戌	癸亥	甲子	乙丑	丙寅	丁卯	戊辰	己巳	庚午	辛未	壬申	癸酉		甲子冬至
		西曆	7	8	9	10	11	12	13	14	15	16	17	18	19	20	21	22	23	24	25	26	27	28	29	30	31	(1)	2	3	4		

朔閏異同	曆名	正月	二月	三月	四月	五月	六月	七月	八月	九月	十月	十一	十二	閏月	曆名	正月	二月	三月	四月	五月	六月	七月	八月	九月	十月	十一	十二	閏月
	周曆夏曆	庚戌己酉	己卯戊寅	己酉戊申	戊寅丁丑	戊申丁未	丁丑丙子	丁未丙午	丙子乙亥	丙午乙巳	丙子甲戌	乙巳甲辰	乙亥甲戌		顓頊新曆	辛巳己酉	庚戌己卯	庚辰戊申	己酉戊寅	己卯戊申	戊申丁丑	戊寅丁未	丁未丁丑	丁丑丙午	丙午丙子	丙子乙巳	乙巳甲戌	

周貞定王二十二年（甲午 馬年） 公元前 447 ~ 前 446 年 歲在降婁

殷曆月序		中西曆日對照	殷曆日序																													節氣與天象
			初一	初二	初三	初四	初五	初六	初七	初八	初九	初十	十一	十二	十三	十四	十五	十六	十七	十八	十九	二十	二一	二二	二三	二四	二五	二六	二七	二八	二九	三十	
正月大	乙丑	干支天地 曆西	甲戌5	乙亥6	丙子7	丁丑8	戊寅9	己卯10	庚辰11	辛巳12	壬午13	癸未14	甲申15	乙酉16	丙戌17	丁亥18	戊子19	己丑20	庚寅21	辛卯22	壬辰23	癸巳24	甲午25	乙未26	丙申27	丁酉28	戊戌29	己亥30	庚子31	辛丑(2)	壬寅2	癸卯3	
二月小	丙寅	干支天地 曆西	甲辰4	乙巳5	丙午6	丁未7	戊申8	己酉9	庚戌10	辛亥11	壬子12	癸丑13	甲寅14	乙卯15	丙辰16	丁巳17	戊午18	己未19	庚申20	辛酉21	壬戌22	癸亥23	甲子24	乙丑25	丙寅26	丁卯27	戊辰28	己巳(3)	庚午2	辛未3	壬申4		己酉立春
三月大	丁卯	干支天地 曆西	癸酉5	甲戌6	乙亥7	丙子8	丁丑9	戊寅10	己卯11	庚辰12	辛巳13	壬午14	癸未15	甲申16	乙酉17	丙戌18	丁亥19	戊子20	己丑21	庚寅22	辛卯23	壬辰24	癸巳25	甲午26	乙未27	丙申28	丁酉29	戊戌30	己亥31	庚子(4)	辛丑2	壬寅3	甲午春分
四月大	戊辰	干支天地 曆西	癸卯4	甲辰5	乙巳6	丙午7	丁未8	戊申9	己酉10	庚戌11	辛亥12	壬子13	癸丑14	甲寅15	乙卯16	丙辰17	丁巳18	戊午19	己未20	庚申21	辛酉22	壬戌23	癸亥24	甲子25	乙丑26	丙寅27	丁卯28	戊辰29	己巳30	庚午(5)	辛未2	壬申3	
五月小	己巳	干支天地 曆西	癸酉4	甲戌5	乙亥6	丙子7	丁丑8	戊寅9	己卯10	庚辰11	辛巳12	壬午13	癸未14	甲申15	乙酉16	丙戌17	丁亥18	戊子19	己丑20	庚寅21	辛卯22	壬辰23	癸巳24	甲午25	乙未26	丙申27	丁酉28	戊戌29	己亥30	庚子31	辛丑(6)		辛巳立夏
六月大	庚午	干支天地 曆西	壬寅2	癸卯3	甲辰4	乙巳5	丙午6	丁未7	戊申8	己酉9	庚戌10	辛亥11	壬子12	癸丑13	甲寅14	乙卯15	丙辰16	丁巳17	戊午18	己未19	庚申20	辛酉21	壬戌22	癸亥23	甲子24	乙丑25	丙寅26	丁卯27	戊辰28	己巳29	庚午30	辛未(7)	己巳夏至
七月小	辛未	干支天地 曆西	壬申2	癸酉3	甲戌4	乙亥5	丙子6	丁丑7	戊寅8	己卯9	庚辰10	辛巳11	壬午12	癸未13	甲申14	乙酉15	丙戌16	丁亥17	戊子18	己丑19	庚寅20	辛卯21	壬辰22	癸巳23	甲午24	乙未25	丙申26	丁酉27	戊戌28	己亥29	庚子30		
八月大	壬申	干支天地 曆西	辛丑31	壬寅(8)	癸卯2	甲辰3	乙巳4	丙午5	丁未6	戊申7	己酉8	庚戌9	辛亥10	壬子11	癸丑12	甲寅13	乙卯14	丙辰15	丁巳16	戊午17	己未18	庚申19	辛酉20	壬戌21	癸亥22	甲子23	乙丑24	丙寅25	丁卯26	戊辰27	己巳28	庚午29	乙卯立秋
九月小	癸酉	干支天地 曆西	辛未30	壬申31	癸酉(9)	甲戌2	乙亥3	丙子4	丁丑5	戊寅6	己卯7	庚辰8	辛巳9	壬午10	癸未11	甲申12	乙酉13	丙戌14	丁亥15	戊子16	己丑17	庚寅18	辛卯19	壬辰20	癸巳21	甲午22	乙未23	丙申24	丁酉25	戊戌26	己亥27		
十月大	甲戌	干支天地 曆西	庚子28	辛丑29	壬寅30	癸卯(10)	甲辰2	乙巳3	丙午4	丁未5	戊申6	己酉7	庚戌8	辛亥9	壬子10	癸丑11	甲寅12	乙卯13	丙辰14	丁巳15	戊午16	己未17	庚申18	辛酉19	壬戌20	癸亥21	甲子22	乙丑23	丙寅24	丁卯25	戊辰26	己巳27	辛丑秋分
十一月小	乙亥	干支天地 曆西	庚午28	辛未29	壬申30	癸酉31	甲戌(11)	乙亥2	丙子3	丁丑4	戊寅5	己卯6	庚辰7	辛巳8	壬午9	癸未10	甲申11	乙酉12	丙戌13	丁亥14	戊子15	己丑16	庚寅17	辛卯18	壬辰19	癸巳20	甲午21	乙未22	丙申23	丁酉24	戊戌25		乙酉立冬
閏十一大	乙亥	干支天地 曆西	己亥26	庚子27	辛丑28	壬寅29	癸卯30	甲辰(12)	乙巳2	丙午3	丁未4	戊申5	己酉6	庚戌7	辛亥8	壬子9	癸丑10	甲寅11	乙卯12	丙辰13	丁巳14	戊午15	己未16	庚申17	辛酉18	壬戌19	癸亥20	甲子21	乙丑22	丙寅23	丁卯24	戊辰25	
十二月小	丙子	干支天地 曆西	己巳26	庚午27	辛未28	壬申29	癸酉30	甲戌31	乙亥(1)	丙子2	丁丑3	戊寅4	己卯5	庚辰6	辛巳7	壬午8	癸未9	甲申10	乙酉11	丙戌12	丁亥13	戊子14	己丑15	庚寅16	辛卯17	壬辰18	癸巳19	甲午20	乙未21	丙申22	丁酉23		己巳冬至 己巳日食

朔閏異同	曆名	正月	二月	三月	四月	五月	六月	七月	八月	九月	十月	十一	十二	閏月		曆名	正月	二月	三月	四月	五月	六月	七月	八月	九月	十月	十一	十二	閏月
	周曆夏曆	甲辰癸卯	甲戌癸酉	癸卯壬寅	癸酉壬申	壬寅辛丑	壬申辛未	辛丑庚子	辛未庚午	庚子己亥	庚午---己巳	己亥戊戌	---己巳戊辰	戊戌丁酉		顓頊新曆	乙亥甲辰	乙巳癸酉	甲戌癸卯	甲辰壬申	癸酉壬寅	癸卯辛未	壬申---辛丑	壬寅辛未	辛未庚子	辛丑庚午	庚午庚子	庚子己巳	---己巳己亥

周貞定王二十三年（乙未 羊年） 公元前 446 ~ 前 445 年 歲在大梁

殷曆月序		中西曆日對照	初一	初二	初三	初四	初五	初六	初七	初八	初九	初十	十一	十二	十三	十四	十五	十六	十七	十八	十九	二十	二一	二二	二三	二四	二五	二六	二七	二八	二九	三十	節氣與天象
正月大	丁丑	天干地支西曆	戊戌24	己亥25	庚子26	辛丑27	壬寅28	癸卯29	甲辰30	乙巳31	丙午(2)	丁未2	戊申3	己酉4	庚戌5	辛亥6	壬子7	癸丑8	甲寅9	乙卯10	丙辰11	丁巳12	戊午13	己未14	庚申15	辛酉16	壬戌17	癸亥18	甲子19	乙丑20	丙寅21	丁卯22	甲寅立春
二月小	戊寅	天干地支西曆	戊辰23	己巳24	庚午25	辛未26	壬申27	癸酉28	甲戌(3)	乙亥2	丙子3	丁丑4	戊寅5	己卯6	庚辰7	辛巳8	壬午9	癸未10	甲申11	乙酉12	丙戌13	丁亥14	戊子15	己丑16	庚寅17	辛卯18	壬辰19	癸巳20	甲午21	乙未22	丙申23		
三月大	己卯	天干地支西曆	丁酉24	戊戌25	己亥26	庚子27	辛丑28	壬寅29	癸卯30	甲辰31	乙巳(4)	丙午2	丁未3	戊申4	己酉5	庚戌6	辛亥7	壬子8	癸丑9	甲寅10	乙卯11	丙辰12	丁巳13	戊午14	己未15	庚申16	辛酉17	壬戌18	癸亥19	甲子20	乙丑21	丙寅22	庚子春分
四月小	庚辰	天干地支西曆	丁卯23	戊辰24	己巳25	庚午26	辛未27	壬申28	癸酉29	甲戌30	乙亥(5)	丙子2	丁丑3	戊寅4	己卯5	庚辰6	辛巳7	壬午8	癸未9	甲申10	乙酉11	丙戌12	丁亥13	戊子14	己丑15	庚寅16	辛卯17	壬辰18	癸巳19	甲午20	乙未21		丁亥立夏
五月大	辛巳	天干地支西曆	丙申22	丁酉23	戊戌24	己亥25	庚子26	辛丑27	壬寅28	癸卯29	甲辰30	乙巳31	丙午(6)	丁未2	戊申3	己酉4	庚戌5	辛亥6	壬子7	癸丑8	甲寅9	乙卯10	丙辰11	丁巳12	戊午13	己未14	庚申15	辛酉16	壬戌17	癸亥18	甲子19	乙丑20	
六月小	壬午	天干地支西曆	丙寅21	丁卯22	戊辰23	己巳24	庚午25	辛未26	壬申27	癸酉28	甲戌29	乙亥30	丙子(7)	丁丑2	戊寅3	己卯4	庚辰5	辛巳6	壬午7	癸未8	甲申9	乙酉10	丙戌11	丁亥12	戊子13	己丑14	庚寅15	辛卯16	壬辰17	癸巳18	甲午19		甲戌夏至
七月大	癸未	天干地支西曆	乙未20	丙申21	丁酉22	戊戌23	己亥24	庚子25	辛丑26	壬寅27	癸卯28	甲辰29	乙巳30	丙午31	丁未(8)	戊申2	己酉3	庚戌4	辛亥5	壬子6	癸丑7	甲寅8	乙卯9	丙辰10	丁巳11	戊午12	己未13	庚申14	辛酉15	壬戌16	癸亥17	甲子18	庚申立秋
八月大	甲申	天干地支西曆	乙丑19	丙寅20	丁卯21	戊辰22	己巳23	庚午24	辛未25	壬申26	癸酉27	甲戌28	乙亥29	丙子30	丁丑31	戊寅(9)	己卯2	庚辰3	辛巳4	壬午5	癸未6	甲申7	乙酉8	丙戌9	丁亥10	戊子11	己丑12	庚寅13	辛卯14	壬辰15	癸巳16	甲午17	
九月小	乙酉	天干地支西曆	乙未18	丙申19	丁酉20	戊戌21	己亥22	庚子23	辛丑24	壬寅25	癸卯26	甲辰27	乙巳28	丙午29	丁未30	戊申(10)	己酉2	庚戌3	辛亥4	壬子5	癸丑6	甲寅7	乙卯8	丙辰9	丁巳10	戊午11	己未12	庚申13	辛酉14	壬戌15	癸亥16		丙午秋分
十月大	丙戌	天干地支西曆	甲子17	乙丑18	丙寅19	丁卯20	戊辰21	己巳22	庚午23	辛未24	壬申25	癸酉26	甲戌27	乙亥28	丙子29	丁丑30	戊寅31	己卯(11)	庚辰2	辛巳3	壬午4	癸未5	甲申6	乙酉7	丙戌8	丁亥9	戊子10	己丑11	庚寅12	辛卯13	壬辰14	癸巳15	庚寅立冬
十一月小	丁亥	天干地支西曆	甲午16	乙未17	丙申18	丁酉19	戊戌20	己亥21	庚子22	辛丑23	壬寅24	癸卯25	甲辰26	乙巳27	丙午28	丁未29	戊申30	己酉(12)	庚戌2	辛亥3	壬子4	癸丑5	甲寅6	乙卯7	丙辰8	丁巳9	戊午10	己未11	庚申12	辛酉13	壬戌14		
十二月大	戊子	天干地支西曆	癸亥15	甲子16	乙丑17	丙寅18	丁卯19	戊辰20	己巳21	庚午22	辛未23	壬申24	癸酉25	甲戌26	乙亥27	丙子28	丁丑29	戊寅30	己卯31	庚辰(1)	辛巳2	壬午3	癸未4	甲申5	乙酉6	丙戌7	丁亥8	戊子9	己丑10	庚寅11	辛卯12	壬辰13	甲戌冬至

朔閏異同	曆名	正月	二月	三月	四月	五月	六月	七月	八月	九月	十月	十一	十二	閏月	曆名	正月	二月	三月	四月	五月	六月	七月	八月	九月	十月	十一	十二	閏月
	周曆夏曆	戊辰丁卯	戊戌丙申	丁卯丙寅	丁酉丙申	丙寅乙丑	丙申乙未	乙丑甲子	乙未甲午	甲子癸亥	甲午癸巳	癸亥壬戌	癸巳壬辰		顓頊新曆	己亥戊辰	戊辰丁酉	戊戌丁卯	丁卯丙申	丁酉丙寅	丁卯乙未	丙申乙丑	丙寅甲午	乙未甲子	乙丑甲午	甲午甲子	甲子癸巳	

周貞定王二十四年（丙申 猴年） 公元前 445 ~ 前 444 年 歲在實沈

殷曆月序	中西曆日對照	殷曆日序																														節氣與天象
		初一	初二	初三	初四	初五	初六	初七	初八	初九	初十	十一	十二	十三	十四	十五	十六	十七	十八	十九	二十	二一	二二	二三	二四	二五	二六	二七	二八	二九	三十	
正月小 己丑	干支 天地 西曆	癸巳 14	甲午 15	乙未 16	丙申 17	丁酉 18	戊戌 19	己亥 20	庚子 21	辛丑 22	壬寅 23	癸卯 24	甲辰 25	乙巳 26	丙午 27	丁未 28	戊申 29	己酉 30	庚戌 31	辛亥 (2)	壬子 2	癸丑 3	甲寅 4	乙卯 5	丙辰 6	丁巳 7	戊午 8	己未 9	庚申 10	辛酉 11		己未立春
二月大 庚寅	干支 天地 西曆	壬戌 12	癸亥 13	甲子 14	乙丑 15	丙寅 16	丁卯 17	戊辰 18	己巳 19	庚午 20	辛未 21	壬申 22	癸酉 23	甲戌 24	乙亥 25	丙子 26	丁丑 27	戊寅 28	己卯 29	庚辰 (3)	辛巳 2	壬午 3	癸未 4	甲申 5	乙酉 6	丙戌 7	丁亥 8	戊子 9	己丑 10	庚寅 11	辛卯 12	
三月小 辛卯	干支 天地 西曆	壬辰 13	癸巳 14	甲午 15	乙未 16	丙申 17	丁酉 18	戊戌 19	己亥 20	庚子 21	辛丑 22	壬寅 23	癸卯 24	甲辰 25	乙巳 26	丙午 27	丁未 28	戊申 29	己酉 30	庚戌 31	辛亥 (4)	壬子 2	癸丑 3	甲寅 4	乙卯 5	丙辰 6	丁巳 7	戊午 8	己未 9	庚申 10		乙巳春分
四月大 壬辰	干支 天地 西曆	辛酉 11	壬戌 12	癸亥 13	甲子 14	乙丑 15	丙寅 16	丁卯 17	戊辰 18	己巳 19	庚午 20	辛未 21	壬申 22	癸酉 23	甲戌 24	乙亥 25	丙子 26	丁丑 27	戊寅 28	己卯 29	庚辰 30	辛巳 (5)	壬午 2	癸未 3	甲申 4	乙酉 5	丙戌 6	丁亥 7	戊子 8	己丑 9	庚寅 10	
五月小 癸巳	干支 天地 西曆	辛卯 11	壬辰 12	癸巳 13	甲午 14	乙未 15	丙申 16	丁酉 17	戊戌 18	己亥 19	庚子 20	辛丑 21	壬寅 22	癸卯 23	甲辰 24	乙巳 25	丙午 26	丁未 27	戊申 28	己酉 29	庚戌 30	辛亥 31	壬子 (6)	癸丑 2	甲寅 3	乙卯 4	丙辰 5	丁巳 6	戊午 7	己未 8		壬辰立夏
六月大 甲午	干支 天地 西曆	庚申 9	辛酉 10	壬戌 11	癸亥 12	甲子 13	乙丑 14	丙寅 15	丁卯 16	戊辰 17	己巳 18	庚午 19	辛未 20	壬申 21	癸酉 22	甲戌 23	乙亥 24	丙子 25	丁丑 26	戊寅 27	己卯 28	庚辰 29	辛巳 30	壬午 (7)	癸未 2	甲申 3	乙酉 4	丙戌 5	丁亥 6	戊子 7	己丑 8	己卯夏至
七月小 乙未	干支 天地 西曆	庚寅 9	辛卯 10	壬辰 11	癸巳 12	甲午 13	乙未 14	丙申 15	丁酉 16	戊戌 17	己亥 18	庚子 19	辛丑 20	壬寅 21	癸卯 22	甲辰 23	乙巳 24	丙午 25	丁未 26	戊申 27	己酉 28	庚戌 29	辛亥 30	壬子 31	癸丑 (8)	甲寅 2	乙卯 3	丙辰 4	丁巳 5	戊午 6		
八月大 丙申	干支 天地 西曆	己未 7	庚申 8	辛酉 9	壬戌 10	癸亥 11	甲子 12	乙丑 13	丙寅 14	丁卯 15	戊辰 16	己巳 17	庚午 18	辛未 19	壬申 20	癸酉 21	甲戌 22	乙亥 23	丙子 24	丁丑 25	戊寅 26	己卯 27	庚辰 28	辛巳 29	壬午 30	癸未 31	甲申 (9)	乙酉 2	丙戌 3	丁亥 4	戊子 5	丙寅立秋
九月小 丁酉	干支 天地 西曆	己丑 6	庚寅 7	辛卯 8	壬辰 9	癸巳 10	甲午 11	乙未 12	丙申 13	丁酉 14	戊戌 15	己亥 16	庚子 17	辛丑 18	壬寅 19	癸卯 20	甲辰 21	乙巳 22	丙午 23	丁未 24	戊申 25	己酉 26	庚戌 27	辛亥 28	壬子 29	癸丑 30	甲寅 (10)	乙卯 2	丙辰 3	丁巳 4		辛亥秋分
十月大 戊戌	干支 天地 西曆	戊午 5	己未 6	庚申 7	辛酉 8	壬戌 9	癸亥 10	甲子 11	乙丑 12	丙寅 13	丁卯 14	戊辰 15	己巳 16	庚午 17	辛未 18	壬申 19	癸酉 20	甲戌 21	乙亥 22	丙子 23	丁丑 24	戊寅 25	己卯 26	庚辰 27	辛巳 28	壬午 29	癸未 30	甲申 31	乙酉 (11)	丙戌 2	丁亥 3	
十一月小 己亥	干支 天地 西曆	戊子 4	己丑 5	庚寅 6	辛卯 7	壬辰 8	癸巳 9	甲午 10	乙未 11	丙申 12	丁酉 13	戊戌 14	己亥 15	庚子 16	辛丑 17	壬寅 18	癸卯 19	甲辰 20	乙巳 21	丙午 22	丁未 23	戊申 24	己酉 25	庚戌 26	辛亥 27	壬子 28	癸丑 29	甲寅 30	乙卯 (12)	丙辰 2		丙申立冬
十二月大 庚子	干支 天地 西曆	丁巳 3	戊午 4	己未 5	庚申 6	辛酉 7	壬戌 8	癸亥 9	甲子 10	乙丑 11	丙寅 12	丁卯 13	戊辰 14	己巳 15	庚午 16	辛未 17	壬申 18	癸酉 19	甲戌 20	乙亥 21	丙子 22	丁丑 23	戊寅 24	己卯 25	庚辰 26	辛巳 27	壬午 28	癸未 29	甲申 30	乙酉 31	丙戌 (1)	庚辰冬至

朔閏異同	曆名	正月	二月	三月	四月	五月	六月	七月	八月	九月	十月	十一	十二	閏月	曆名	正月	二月	三月	四月	五月	六月	七月	八月	九月	十月	十一	十二	閏月
	周曆夏曆	壬戌辛酉	壬辰辛卯	辛酉庚申	辛卯庚寅	庚申己未	庚寅己丑	庚申己未	己丑戊子	己未戊午	戊子丁亥	戊午丁巳	丁亥丙戌		顓頊新曆	癸巳癸亥	癸亥壬辰	壬辰辛酉	壬戌辛卯	辛卯庚申	辛酉己丑	庚寅己未	庚申戊子	庚寅戊午	己未戊子	己丑戊午	戊午戊子	

周貞定王二十五年（丁酉 鷄年） 公元前 444 ~ 前 443 年 歲在鶉首

殷曆月序		中西曆日對照	初一	初二	初三	初四	初五	初六	初七	初八	初九	初十	十一	十二	十三	十四	十五	十六	十七	十八	十九	二十	二一	二二	二三	二四	二五	二六	二七	二八	二九	三十	節氣與天象
正月大	辛丑	干支	丁亥	戊子	己丑	庚寅	辛卯	壬辰	癸巳	甲午	乙未	丙申	丁酉	戊戌	己亥	庚子	辛丑	壬寅	癸卯	甲辰	乙巳	丙午	丁未	戊申	己酉	庚戌	辛亥	壬子	癸丑	甲寅	乙卯	丙辰	
		天地西曆	2	3	4	5	6	7	8	9	10	11	12	13	14	15	16	17	18	19	20	21	22	23	24	25	26	27	28	29	30	31	
二月小	壬寅	干支	丁巳	戊午	己未	庚申	辛酉	壬戌	癸亥	甲子	乙丑	丙寅	丁卯	戊辰	己巳	庚午	辛未	壬申	癸酉	甲戌	乙亥	丙子	丁丑	戊寅	己卯	庚辰	辛巳	壬午	癸未	甲申	乙酉		甲子立春
		天地西曆	(2)	2	3	4	5	6	7	8	9	10	11	12	13	14	15	16	17	18	19	20	21	22	23	24	25	26	27	28	(3)		
三月大	癸卯	干支	丙戌	丁亥	戊子	己丑	庚寅	辛卯	壬辰	癸巳	甲午	乙未	丙申	丁酉	戊戌	己亥	庚子	辛丑	壬寅	癸卯	甲辰	乙巳	丙午	丁未	戊申	己酉	庚戌	辛亥	壬子	癸丑	甲寅	乙卯	庚戌春分
		天地西曆	2	3	4	5	6	7	8	9	10	11	12	13	14	15	16	17	18	19	20	21	22	23	24	25	26	27	28	29	30	31	
四月小	甲辰	干支	丙辰	丁巳	戊午	己未	庚申	辛酉	壬戌	癸亥	甲子	乙丑	丙寅	丁卯	戊辰	己巳	庚午	辛未	壬申	癸酉	甲戌	乙亥	丙子	丁丑	戊寅	己卯	庚辰	辛巳	壬午	癸未	甲申		
		天地西曆	(4)	2	3	4	5	6	7	8	9	10	11	12	13	14	15	16	17	18	19	20	21	22	23	24	25	26	27	28	29		
五月大	乙巳	干支	乙酉	丙戌	丁亥	戊子	己丑	庚寅	辛卯	壬辰	癸巳	甲午	乙未	丙申	丁酉	戊戌	己亥	庚子	辛丑	壬寅	癸卯	甲辰	乙巳	丙午	丁未	戊申	己酉	庚戌	辛亥	壬子	癸丑	甲寅	丁酉立夏
		天地西曆	30	(5)	2	3	4	5	6	7	8	9	10	11	12	13	14	15	16	17	18	19	20	21	22	23	24	25	26	27	28	29	
六月小	丙午	干支	乙卯	丙辰	丁巳	戊午	己未	庚申	辛酉	壬戌	癸亥	甲子	乙丑	丙寅	丁卯	戊辰	己巳	庚午	辛未	壬申	癸酉	甲戌	乙亥	丙子	丁丑	戊寅	己卯	庚辰	辛巳	壬午	癸未		
		天地西曆	30	31	(6)	2	3	4	5	6	7	8	9	10	11	12	13	14	15	16	17	18	19	20	21	22	23	24	25	26	27		
七月大	丁未	干支	甲申	乙酉	丙戌	丁亥	戊子	己丑	庚寅	辛卯	壬辰	癸巳	甲午	乙未	丙申	丁酉	戊戌	己亥	庚子	辛丑	壬寅	癸卯	甲辰	乙巳	丙午	丁未	戊申	己酉	庚戌	辛亥	壬子	癸丑	甲申夏至
		天地西曆	28	29	30	(7)	2	3	4	5	6	7	8	9	10	11	12	13	14	15	16	17	18	19	20	21	22	23	24	25	26	27	
閏七月小	丁未	干支	甲寅	乙卯	丙辰	丁巳	戊午	己未	庚申	辛酉	壬戌	癸亥	甲子	乙丑	丙寅	丁卯	戊辰	己巳	庚午	辛未	壬申	癸酉	甲戌	乙亥	丙子	丁丑	戊寅	己卯	庚辰	辛巳	壬午		辛未立秋
		天地西曆	28	29	30	31	(8)	2	3	4	5	6	7	8	9	10	11	12	13	14	15	16	17	18	19	20	21	22	23	24	25		
八月大	戊申	干支	癸未	甲申	乙酉	丙戌	丁亥	戊子	己丑	庚寅	辛卯	壬辰	癸巳	甲午	乙未	丙申	丁酉	戊戌	己亥	庚子	辛丑	壬寅	癸卯	甲辰	乙巳	丙午	丁未	戊申	己酉	庚戌	辛亥	壬子	
		天地西曆	26	27	28	29	30	31	(9)	2	3	4	5	6	7	8	9	10	11	12	13	14	15	16	17	18	19	20	21	22	23	24	
九月小	己酉	干支	癸丑	甲寅	乙卯	丙辰	丁巳	戊午	己未	庚申	辛酉	壬戌	癸亥	甲子	乙丑	丙寅	丁卯	戊辰	己巳	庚午	辛未	壬申	癸酉	甲戌	乙亥	丙子	丁丑	戊寅	己卯	庚辰	辛巳		丙辰秋分
		天地西曆	25	26	27	28	29	30	(10)	2	3	4	5	6	7	8	9	10	11	12	13	14	15	16	17	18	19	20	21	22	23		
十月大	庚戌	干支	壬午	癸未	甲申	乙酉	丙戌	丁亥	戊子	己丑	庚寅	辛卯	壬辰	癸巳	甲午	乙未	丙申	丁酉	戊戌	己亥	庚子	辛丑	壬寅	癸卯	甲辰	乙巳	丙午	丁未	戊申	己酉	庚戌	辛亥	辛丑立冬 壬午日食
		天地西曆	24	25	26	27	28	29	30	31	(11)	2	3	4	5	6	7	8	9	10	11	12	13	14	15	16	17	18	19	20	21	22	
十一月小	辛亥	干支	壬子	癸丑	甲寅	乙卯	丙辰	丁巳	戊午	己未	庚申	辛酉	壬戌	癸亥	甲子	乙丑	丙寅	丁卯	戊辰	己巳	庚午	辛未	壬申	癸酉	甲戌	乙亥	丙子	丁丑	戊寅	己卯	庚辰		
		天地西曆	23	24	25	26	27	28	29	30	(12)	2	3	4	5	6	7	8	9	10	11	12	13	14	15	16	17	18	19	20	21		
十二月大	壬子	干支	辛巳	壬午	癸未	甲申	乙酉	丙戌	丁亥	戊子	己丑	庚寅	辛卯	壬辰	癸巳	甲午	乙未	丙申	丁酉	戊戌	己亥	庚子	辛丑	壬寅	癸卯	甲辰	乙巳	丙午	丁未	戊申	己酉	庚戌	乙酉冬至
		天地西曆	22	23	24	25	26	27	28	29	30	31	(1)	2	3	4	5	6	7	8	9	10	11	12	13	14	15	16	17	18	19	20	

朔閏異同	曆名	正月	二月	三月	四月	五月	六月	七月	八月	九月	十月	十一	十二	閏月
	周曆夏曆	丁巳丙辰	丙戌乙酉	丙辰乙卯	乙酉---甲申	乙卯甲寅	甲申癸未	甲寅癸丑	癸未壬午	癸丑壬子	---癸未辛巳	壬子辛亥	壬午辛巳	辛亥庚戌
	顓頊新曆	戊子丁巳	丁巳丁亥	丁亥丙辰	丙辰---乙酉	丙戌乙卯	乙卯甲申	乙酉癸丑	甲寅癸未	甲申壬子	癸丑壬午	---癸未壬子	壬子壬午	壬午辛亥

周貞定王二十六年（戊戌 狗年） 公元前443 ~ 前442年 歲在鶉火

殷曆月序		西日中曆對照	初一	初二	初三	初四	初五	初六	初七	初八	初九	初十	十一	十二	十三	十四	十五	十六	十七	十八	十九	二十	二一	二二	二三	二四	二五	二六	二七	二八	二九	三十	節氣與天象
正月小	癸丑	天干地支西曆	辛亥21	壬子22	癸丑23	甲寅24	乙卯25	丙辰26	丁巳27	戊午28	己未29	庚申30	辛酉31	壬戌(2)	癸亥2	甲子3	乙丑4	丙寅5	丁卯6	戊辰7	己巳8	庚午9	辛未10	壬申11	癸酉12	甲戌13	乙亥14	丙子15	丁丑16	戊寅17	己卯18		庚午立春
二月大	甲寅	天干地支西曆	庚辰19	辛巳20	壬午21	癸未22	甲申23	乙酉24	丙戌25	丁亥26	戊子27	己丑28	庚寅(3)	辛卯2	壬辰3	癸巳4	甲午5	乙未6	丙申7	丁酉8	戊戌9	己亥10	庚子11	辛丑12	壬寅13	癸卯14	甲辰15	乙巳16	丙午17	丁未18	戊申19	己酉20	
三月大	乙卯	天干地支西曆	庚戌21	辛亥22	壬子23	癸丑24	甲寅25	乙卯26	丙辰27	丁巳28	戊午29	己未30	庚申31	辛酉(4)	壬戌2	癸亥3	甲子4	乙丑5	丙寅6	丁卯7	戊辰8	己巳9	庚午10	辛未11	壬申12	癸酉13	甲戌14	乙亥15	丙子16	丁丑17	戊寅18	己卯19	乙卯春分
四月小	丙辰	天干地支西曆	庚辰20	辛巳21	壬午22	癸未23	甲申24	乙酉25	丙戌26	丁亥27	戊子28	己丑29	庚寅30	辛卯(5)	壬辰2	癸巳3	甲午4	乙未5	丙申6	丁酉7	戊戌8	己亥9	庚子10	辛丑11	壬寅12	癸卯13	甲辰14	乙巳15	丙午16	丁未17	戊申18		壬寅立夏
五月大	丁巳	天干地支西曆	己酉19	庚戌20	辛亥21	壬子22	癸丑23	甲寅24	乙卯25	丙辰26	丁巳27	戊午28	己未29	庚申30	辛酉31	壬戌(6)	癸亥2	甲子3	乙丑4	丙寅5	丁卯6	戊辰7	己巳8	庚午9	辛未10	壬申11	癸酉12	甲戌13	乙亥14	丙子15	丁丑16	戊寅17	
六月小	戊午	天干地支西曆	己卯18	庚辰19	辛巳20	壬午21	癸未22	甲申23	乙酉24	丙戌25	丁亥26	戊子27	己丑28	庚寅29	辛卯30	壬辰(7)	癸巳2	甲午3	乙未4	丙申5	丁酉6	戊戌7	己亥8	庚子9	辛丑10	壬寅11	癸卯12	甲辰13	乙巳14	丙午15	丁未16		庚寅夏至
七月大	己未	天干地支西曆	戊申17	己酉18	庚戌19	辛亥20	壬子21	癸丑22	甲寅23	乙卯24	丙辰25	丁巳26	戊午27	己未28	庚申29	辛酉30	壬戌31	癸亥(8)	甲子2	乙丑3	丙寅4	丁卯5	戊辰6	己巳7	庚午8	辛未9	壬申10	癸酉11	甲戌12	乙亥13	丙子14	丁丑15	丙子立秋
八月小	庚申	天干地支西曆	戊寅16	己卯17	庚辰18	辛巳19	壬午20	癸未21	甲申22	乙酉23	丙戌24	丁亥25	戊子26	己丑27	庚寅28	辛卯29	壬辰30	癸巳31	甲午(9)	乙未2	丙申3	丁酉4	戊戌5	己亥6	庚子7	辛丑8	壬寅9	癸卯10	甲辰11	乙巳12	丙午13		
九月大	辛酉	天干地支西曆	丁未14	戊申15	己酉16	庚戌17	辛亥18	壬子19	癸丑20	甲寅21	乙卯22	丙辰23	丁巳24	戊午25	己未26	庚申27	辛酉28	壬戌29	癸亥30	甲子(10)	乙丑2	丙寅3	丁卯4	戊辰5	己巳6	庚午7	辛未8	壬申9	癸酉10	甲戌11	乙亥12	丙子13	壬戌秋分 丙子日食
十月小	壬戌	天干地支西曆	丁丑14	戊寅15	己卯16	庚辰17	辛巳18	壬午19	癸未20	甲申21	乙酉22	丙戌23	丁亥24	戊子25	己丑26	庚寅27	辛卯28	壬辰29	癸巳30	甲午31	乙未(11)	丙申2	丁酉3	戊戌4	己亥5	庚子6	辛丑7	壬寅8	癸卯9	甲辰10	乙巳11		
十一月大	癸亥	天干地支西曆	丙午12	丁未13	戊申14	己酉15	庚戌16	辛亥17	壬子18	癸丑19	甲寅20	乙卯21	丙辰22	丁巳23	戊午24	己未25	庚申26	辛酉27	壬戌28	癸亥29	甲子30	乙丑(12)	丙寅2	丁卯3	戊辰4	己巳5	庚午6	辛未7	壬申8	癸酉9	甲戌10	乙亥11	丙午立冬
十二月小	甲子	天干地支西曆	丙子12	丁丑13	戊寅14	己卯15	庚辰16	辛巳17	壬午18	癸未19	甲申20	乙酉21	丙戌22	丁亥23	戊子24	己丑25	庚寅26	辛卯27	壬辰28	癸巳29	甲午30	乙未31	丙申(1)	丁酉2	戊戌3	己亥4	庚子5	辛丑6	壬寅7	癸卯8	甲辰9		庚寅冬至

朔閏異同	曆名	正月	二月	三月	四月	五月	六月	七月	八月	九月	十月	十一	十二	閏月
	周曆夏曆	辛巳庚辰	庚戌己酉	庚辰己卯	己酉戊申	己卯戊寅	戊申丁未	戊寅丁丑	丁未丙午	丁丑丙子	丙午乙巳	丙子乙亥	乙巳甲辰	
	顓頊新曆	壬子辛巳	辛巳辛亥	辛亥庚辰	庚辰己酉	庚戌己卯	己卯戊申	己酉丁丑	戊寅丁未	戊申丙子	丁丑丙午	丁未丙子	丙子乙巳	

周貞定王二十七年（己亥 猪年） 公元前442年 歲在鶉尾

殷曆月序		中西曆日對照	初一	初二	初三	初四	初五	初六	初七	初八	初九	初十	十一	十二	十三	十四	十五	十六	十七	十八	十九	二十	二一	二二	二三	二四	二五	二六	二七	二八	二九	三十	節氣與天象
正月大	乙丑	干支 天地 曆 西	乙巳 10	丙午 11	丁未 12	戊申 13	己酉 14	庚戌 15	辛亥 16	壬子 17	癸丑 18	甲寅 19	乙卯 20	丙辰 21	丁巳 22	戊午 23	己未 24	庚申 25	辛酉 26	壬戌 27	癸亥 28	甲子 29	乙丑 30	丙寅 31	丁卯 (2)	戊辰 2	己巳 3	庚午 4	辛未 5	壬申 6	癸酉 7	甲戌 8	
二月小	丙寅	干支 天地 曆 西	乙亥 9	丙子 10	丁丑 11	戊寅 12	己卯 13	庚辰 14	辛巳 15	壬午 16	癸未 17	甲申 18	乙酉 19	丙戌 20	丁亥 21	戊子 22	己丑 23	庚寅 24	辛卯 25	壬辰 26	癸巳 27	甲午 28	乙未 (3)	丙申 2	丁酉 3	戊戌 4	己亥 5	庚子 6	辛丑 7	壬寅 8	癸卯 9		乙亥立春
三月大	丁卯	干支 天地 曆 西	甲辰 10	乙巳 11	丙午 12	丁未 13	戊申 14	己酉 15	庚戌 16	辛亥 17	壬子 18	癸丑 19	甲寅 20	乙卯 21	丙辰 22	丁巳 23	戊午 24	己未 25	庚申 26	辛酉 27	壬戌 28	癸亥 29	甲子 30	乙丑 31	丙寅 (4)	丁卯 2	戊辰 3	己巳 4	庚午 5	辛未 6	壬申 7	癸酉 8	辛酉春分 乙巳日食
四月小	戊辰	干支 天地 曆 西	甲戌 9	乙亥 10	丙子 11	丁丑 12	戊寅 13	己卯 14	庚辰 15	辛巳 16	壬午 17	癸未 18	甲申 19	乙酉 20	丙戌 21	丁亥 22	戊子 23	己丑 24	庚寅 25	辛卯 26	壬辰 27	癸巳 28	甲午 29	乙未 30	丙申 (5)	丁酉 2	戊戌 3	己亥 4	庚子 5	辛丑 6	壬寅 7		
五月大	己巳	干支 天地 曆 西	癸卯 8	甲辰 9	乙巳 10	丙午 11	丁未 12	戊申 13	己酉 14	庚戌 15	辛亥 16	壬子 17	癸丑 18	甲寅 19	乙卯 20	丙辰 21	丁巳 22	戊午 23	己未 24	庚申 25	辛酉 26	壬戌 27	癸亥 28	甲子 29	乙丑 30	丙寅 31	丁卯 (6)	戊辰 2	己巳 3	庚午 4	辛未 5	壬申 6	戊申立夏
六月小	庚午	干支 天地 曆 西	癸酉 7	甲戌 8	乙亥 9	丙子 10	丁丑 11	戊寅 12	己卯 13	庚辰 14	辛巳 15	壬午 16	癸未 17	甲申 18	乙酉 19	丙戌 20	丁亥 21	戊子 22	己丑 23	庚寅 24	辛卯 25	壬辰 26	癸巳 27	甲午 28	乙未 29	丙申 30	丁酉 (7)	戊戌 2	己亥 3	庚子 4	辛丑 5		乙未夏至
七月大	辛未	干支 天地 曆 西	壬寅 6	癸卯 7	甲辰 8	乙巳 9	丙午 10	丁未 11	戊申 12	己酉 13	庚戌 14	辛亥 15	壬子 16	癸丑 17	甲寅 18	乙卯 19	丙辰 20	丁巳 21	戊午 22	己未 23	庚申 24	辛酉 25	壬戌 26	癸亥 27	甲子 28	乙丑 29	丙寅 30	丁卯 31	戊辰 (8)	己巳 2	庚午 3	辛未 4	
八月大	壬申	干支 天地 曆 西	壬申 5	癸酉 6	甲戌 7	乙亥 8	丙子 9	丁丑 10	戊寅 11	己卯 12	庚辰 13	辛巳 14	壬午 15	癸未 16	甲申 17	乙酉 18	丙戌 19	丁亥 20	戊子 21	己丑 22	庚寅 23	辛卯 24	壬辰 25	癸巳 26	甲午 27	乙未 28	丙申 29	丁酉 30	戊戌 31	己亥 (9)	庚子 2	辛丑 3	辛巳立秋
九月小	癸酉	干支 天地 曆 西	壬寅 4	癸卯 5	甲辰 6	乙巳 7	丙午 8	丁未 9	戊申 10	己酉 11	庚戌 12	辛亥 13	壬子 14	癸丑 15	甲寅 16	乙卯 17	丙辰 18	丁巳 19	戊午 20	己未 21	庚申 22	辛酉 23	壬戌 24	癸亥 25	甲子 26	乙丑 27	丙寅 28	丁卯 29	戊辰 30	己巳 (10)	庚午 2		丁卯秋分
十月大	甲戌	干支 天地 曆 西	辛未 3	壬申 4	癸酉 5	甲戌 6	乙亥 7	丙子 8	丁丑 9	戊寅 10	己卯 11	庚辰 12	辛巳 13	壬午 14	癸未 15	甲申 16	乙酉 17	丙戌 18	丁亥 19	戊子 20	己丑 21	庚寅 22	辛卯 23	壬辰 24	癸巳 25	甲午 26	乙未 27	丙申 28	丁酉 29	戊戌 30	己亥 31	庚子 (11)	
十一月小	乙亥	干支 天地 曆 西	辛丑 2	壬寅 3	癸卯 4	甲辰 5	乙巳 6	丙午 7	丁未 8	戊申 9	己酉 10	庚戌 11	辛亥 12	壬子 13	癸丑 14	甲寅 15	乙卯 16	丙辰 17	丁巳 18	戊午 19	己未 20	庚申 21	辛酉 22	壬戌 23	癸亥 24	甲子 25	乙丑 26	丙寅 27	丁卯 28	戊辰 29	己巳 30		辛亥立冬
十二月大	丙子	干支 天地 曆 西	庚午 (12)	辛未 2	壬申 3	癸酉 4	甲戌 5	乙亥 6	丙子 7	丁丑 8	戊寅 9	己卯 10	庚辰 11	辛巳 12	壬午 13	癸未 14	甲申 15	乙酉 16	丙戌 17	丁亥 18	戊子 19	己丑 20	庚寅 21	辛卯 22	壬辰 23	癸巳 24	甲午 25	乙未 26	丙申 27	丁酉 28	戊戌 29	己亥 30	乙未冬至

朔閏異同	曆名	正月	二月	三月	四月	五月	六月	七月	八月	九月	十月	十一	十二	閏月
	周曆夏曆	乙亥甲戌	乙巳癸卯	甲戌癸酉	甲辰癸卯	癸酉壬申	癸卯壬寅	壬申辛未	壬寅辛丑	辛未庚午	辛丑庚子	庚午己巳	庚子---己亥	戊辰
	顓頊新曆	丙午乙亥	乙亥乙巳	乙巳甲戌	乙亥甲辰	甲辰癸酉	甲戌癸卯	癸卯壬申	癸酉辛丑	壬寅辛未	壬申庚子	辛丑庚午	辛未---己亥	己巳

周貞定王二十八年 哀王元年 思王元年（庚子 鼠年）

公元前 442 ~前 **441** ~ 前 440 年 歲在壽星

殷曆月序		中西曆日對照	初一	初二	初三	初四	初五	初六	初七	初八	初九	初十	十一	十二	十三	十四	十五	十六	十七	十八	十九	二十	二一	二二	二三	二四	二五	二六	二七	二八	二九	三十	節氣與天象
正月小	丁丑	干支曆 天地西	庚子 31	辛丑 (1)	壬寅 2	癸卯 3	甲辰 4	乙巳 5	丙午 6	丁未 7	戊申 8	己酉 9	庚戌 10	辛亥 11	壬子 12	癸丑 13	甲寅 14	乙卯 15	丙辰 16	丁巳 17	戊午 18	己未 19	庚申 20	辛酉 21	壬戌 22	癸亥 23	甲子 24	乙丑 25	丙寅 26	丁卯 27	戊辰 28		
二月大	戊寅	干支曆 天地西	己巳 29	庚午 30	辛未 31	壬申 (2)	癸酉 2	甲戌 3	乙亥 4	丙子 5	丁丑 6	戊寅 7	己卯 8	庚辰 9	辛巳 10	壬午 11	癸未 12	甲申 13	乙酉 14	丙戌 15	丁亥 16	戊子 17	己丑 18	庚寅 19	辛卯 20	壬辰 21	癸巳 22	甲午 23	乙未 24	丙申 25	丁酉 26	戊戌 27	庚辰立春
三月小	己卯	干支曆 天地西	己亥 28	庚子 29	辛丑 (3)	壬寅 2	癸卯 3	甲辰 4	乙巳 5	丙午 6	丁未 7	戊申 8	己酉 9	庚戌 10	辛亥 11	壬子 12	癸丑 13	甲寅 14	乙卯 15	丙辰 16	丁巳 17	戊午 18	己未 19	庚申 20	辛酉 21	壬戌 22	癸亥 23	甲子 24	乙丑 25	丙寅 26	丁卯 27		丙寅春分 己亥日食
四月大	庚辰	干支曆 天地西	戊辰 28	己巳 29	庚午 30	辛未 31	壬申 (4)	癸酉 2	甲戌 3	乙亥 4	丙子 5	丁丑 6	戊寅 7	己卯 8	庚辰 9	辛巳 10	壬午 11	癸未 12	甲申 13	乙酉 14	丙戌 15	丁亥 16	戊子 17	己丑 18	庚寅 19	辛卯 20	壬辰 21	癸巳 22	甲午 23	乙未 24	丙申 25	丁酉 26	
閏四月小	庚辰	干支曆 天地西	戊戌 27	己亥 28	庚子 29	辛丑 30	壬寅 (5)	癸卯 2	甲辰 3	乙巳 4	丙午 5	丁未 6	戊申 7	己酉 8	庚戌 9	辛亥 10	壬子 11	癸丑 12	甲寅 13	乙卯 14	丙辰 15	丁巳 16	戊午 17	己未 18	庚申 19	辛酉 20	壬戌 21	癸亥 22	甲子 23	乙丑 24	丙寅 25		癸丑立夏
五月大	辛巳	干支曆 天地西	丁卯 26	戊辰 27	己巳 28	庚午 29	辛未 30	壬申 31	癸酉 (6)	甲戌 2	乙亥 3	丙子 4	丁丑 5	戊寅 6	己卯 7	庚辰 8	辛巳 9	壬午 10	癸未 11	甲申 12	乙酉 13	丙戌 14	丁亥 15	戊子 16	己丑 17	庚寅 18	辛卯 19	壬辰 20	癸巳 21	甲午 22	乙未 23	丙申 24	
六月小	壬午	干支曆 天地西	丁酉 25	戊戌 26	己亥 27	庚子 28	辛丑 29	壬寅 30	癸卯 (7)	甲辰 2	乙巳 3	丙午 4	丁未 5	戊申 6	己酉 7	庚戌 8	辛亥 9	壬子 10	癸丑 11	甲寅 12	乙卯 13	丙辰 14	丁巳 15	戊午 16	己未 17	庚申 18	辛酉 19	壬戌 20	癸亥 21	甲子 22	乙丑 23		庚子夏至
七月大	癸未	干支曆 天地西	丙寅 24	丁卯 25	戊辰 26	己巳 27	庚午 28	辛未 29	壬申 30	癸酉 31	甲戌 (8)	乙亥 2	丙子 3	丁丑 4	戊寅 5	己卯 6	庚辰 7	辛巳 8	壬午 9	癸未 10	甲申 11	乙酉 12	丙戌 13	丁亥 14	戊子 15	己丑 16	庚寅 17	辛卯 18	壬辰 19	癸巳 20	甲午 21	乙未 22	丁亥立秋
八月小	甲申	干支曆 天地西	丙申 23	丁酉 24	戊戌 25	己亥 26	庚子 27	辛丑 28	壬寅 29	癸卯 30	甲辰 31	乙巳 (9)	丙午 2	丁未 3	戊申 4	己酉 5	庚戌 6	辛亥 7	壬子 8	癸丑 9	甲寅 10	乙卯 11	丙辰 12	丁巳 13	戊午 14	己未 15	庚申 16	辛酉 17	壬戌 18	癸亥 19	甲子 20		丙申日食
九月大	乙酉	干支曆 天地西	乙丑 21	丙寅 22	丁卯 23	戊辰 24	己巳 25	庚午 26	辛未 27	壬申 28	癸酉 29	甲戌 30	乙亥 (10)	丙子 2	丁丑 3	戊寅 4	己卯 5	庚辰 6	辛巳 7	壬午 8	癸未 9	甲申 10	乙酉 11	丙戌 12	丁亥 13	戊子 14	己丑 15	庚寅 16	辛卯 17	壬辰 18	癸巳 19	甲午 20	壬申秋分
十月小	丙戌	干支曆 天地西	乙未 21	丙申 22	丁酉 23	戊戌 24	己亥 25	庚子 26	辛丑 27	壬寅 28	癸卯 29	甲辰 30	乙巳 31	丙午 (11)	丁未 2	戊申 3	己酉 4	庚戌 5	辛亥 6	壬子 7	癸丑 8	甲寅 9	乙卯 10	丙辰 11	丁巳 12	戊午 13	己未 14	庚申 15	辛酉 16	壬戌 17	癸亥 18		丁巳立冬
十一月大	丁亥	干支曆 天地西	甲子 19	乙丑 20	丙寅 21	丁卯 22	戊辰 23	己巳 24	庚午 25	辛未 26	壬申 27	癸酉 28	甲戌 29	乙亥 30	丙子 (12)	丁丑 2	戊寅 3	己卯 4	庚辰 5	辛巳 6	壬午 7	癸未 8	甲申 9	乙酉 10	丙戌 11	丁亥 12	戊子 13	己丑 14	庚寅 15	辛卯 16	壬辰 17	癸巳 18	
十二月大	戊子	干支曆 天地西	甲午 19	乙未 20	丙申 21	丁酉 22	戊戌 23	己亥 24	庚子 25	辛丑 26	壬寅 27	癸卯 28	甲辰 29	乙巳 30	丙午 31	丁未 (1)	戊申 2	己酉 3	庚戌 4	辛亥 5	壬子 6	癸丑 7	甲寅 8	乙卯 9	丙辰 10	丁巳 11	戊午 12	己未 13	庚申 14	辛酉 15	壬戌 16	癸亥 17	辛丑冬至

朔閏異同	曆名	正月	二月	三月	四月	五月	六月	七月	八月	九月	十月	十一	十二	閏月
	周曆夏曆	己巳戊戌	己亥丁卯	戊辰丁酉	戊戌丙寅	戊辰丙申	丁酉丙寅	---丁卯乙未	丙申乙丑	丙寅甲午	乙未甲子	乙丑癸巳	甲午癸亥	甲子
	顓頊新曆	庚子己亥	庚午己巳	己亥戊戌	己巳戊辰	戊戌丁酉	戊辰丁卯	丁酉丙申	---丁卯乙丑	丁酉乙未	丙寅甲子	丙申甲午	乙丑癸亥	乙未

周考王元年（辛丑 牛年） 公元前440～前439年 歲在大火

殷曆月序		中西曆日對照	初一	初二	初三	初四	初五	初六	初七	初八	初九	初十	十一	十二	十三	十四	十五	十六	十七	十八	十九	二十	二十一	二十二	二十三	二十四	二十五	二十六	二十七	二十八	二十九	三十	節氣與天象
正月小	己丑	天干地支西曆	甲子18	乙丑19	丙寅20	丁卯21	戊辰22	己巳23	庚午24	辛未25	壬申26	癸酉27	甲戌28	乙亥29	丙子30	丁丑31	戊寅(2)	己卯2	庚辰3	辛巳4	壬午5	癸未6	甲申7	乙酉8	丙戌9	丁亥10	戊子11	己丑12	庚寅13	辛卯14	壬辰15		乙酉立春
二月大	庚寅	天干地支西曆	癸巳16	甲午17	乙未18	丙申19	丁酉20	戊戌21	己亥22	庚子23	辛丑24	壬寅25	癸卯26	甲辰27	乙巳28	丙午(3)	丁未2	戊申3	己酉4	庚戌5	辛亥6	壬子7	癸丑8	甲寅9	乙卯10	丙辰11	丁巳12	戊午13	己未14	庚申15	辛酉16	壬戌17	
三月小	辛卯	天干地支西曆	癸亥18	甲子19	乙丑20	丙寅21	丁卯22	戊辰23	己巳24	庚午25	辛未26	壬申27	癸酉28	甲戌29	乙亥30	丙子31	丁丑(4)	戊寅2	己卯3	庚辰4	辛巳5	壬午6	癸未7	甲申8	乙酉9	丙戌10	丁亥11	戊子12	己丑13	庚寅14	辛卯15		辛未春分
四月大	壬辰	天干地支西曆	壬辰16	癸巳17	甲午18	乙未19	丙申20	丁酉21	戊戌22	己亥23	庚子24	辛丑25	壬寅26	癸卯27	甲辰28	乙巳29	丙午30	丁未(5)	戊申2	己酉3	庚戌4	辛亥5	壬子6	癸丑7	甲寅8	乙卯9	丙辰10	丁巳11	戊午12	己未13	庚申14	辛酉15	戊午立夏
五月小	癸巳	天干地支西曆	壬戌16	癸亥17	甲子18	乙丑19	丙寅20	丁卯21	戊辰22	己巳23	庚午24	辛未25	壬申26	癸酉27	甲戌28	乙亥29	丙子30	丁丑31	戊寅(6)	己卯2	庚辰3	辛巳4	壬午5	癸未6	甲申7	乙酉8	丙戌9	丁亥10	戊子11	己丑12	庚寅13		
六月大	甲午	天干地支西曆	辛卯14	壬辰15	癸巳16	甲午17	乙未18	丙申19	丁酉20	戊戌21	己亥22	庚子23	辛丑24	壬寅25	癸卯26	甲辰27	乙巳28	丙午29	丁未30	戊申(7)	己酉2	庚戌3	辛亥4	壬子5	癸丑6	甲寅7	乙卯8	丙辰9	丁巳10	戊午11	己未12	庚申13	乙巳夏至
七月小	乙未	天干地支西曆	辛酉14	壬戌15	癸亥16	甲子17	乙丑18	丙寅19	丁卯20	戊辰21	己巳22	庚午23	辛未24	壬申25	癸酉26	甲戌27	乙亥28	丙子29	丁丑30	戊寅31	己卯(8)	庚辰2	辛巳3	壬午4	癸未5	甲申6	乙酉7	丙戌8	丁亥9	戊子10	己丑11		
八月大	丙申	天干地支西曆	庚寅12	辛卯13	壬辰14	癸巳15	甲午16	乙未17	丙申18	丁酉19	戊戌20	己亥21	庚子22	辛丑23	壬寅24	癸卯25	甲辰26	乙巳27	丙午28	丁未29	戊申30	己酉31	庚戌(9)	辛亥2	壬子3	癸丑4	甲寅5	乙卯6	丙辰7	丁巳8	戊午9	己未10	壬辰立秋
九月小	丁酉	天干地支西曆	庚申11	辛酉12	壬戌13	癸亥14	甲子15	乙丑16	丙寅17	丁卯18	戊辰19	己巳20	庚午21	辛未22	壬申23	癸酉24	甲戌25	乙亥26	丙子27	丁丑28	戊寅29	己卯30	庚辰(10)	辛巳2	壬午3	癸未4	甲申5	乙酉6	丙戌7	丁亥8	戊子9		丁丑秋分
十月大	戊戌	天干地支西曆	己丑10	庚寅11	辛卯12	壬辰13	癸巳14	甲午15	乙未16	丙申17	丁酉18	戊戌19	己亥20	庚子21	辛丑22	壬寅23	癸卯24	甲辰25	乙巳26	丙午27	丁未28	戊申29	己酉30	庚戌31	辛亥(11)	壬子2	癸丑3	甲寅4	乙卯5	丙辰6	丁巳7	戊午8	
十一月小	己亥	天干地支西曆	己未9	庚申10	辛酉11	壬戌12	癸亥13	甲子14	乙丑15	丙寅16	丁卯17	戊辰18	己巳19	庚午20	辛未21	壬申22	癸酉23	甲戌24	乙亥25	丙子26	丁丑27	戊寅28	己卯29	庚辰30	辛巳(12)	壬午2	癸未3	甲申4	乙酉5	丙戌6	丁亥7		壬戌立冬
十二月大	庚子	天干地支西曆	戊子8	己丑9	庚寅10	辛卯11	壬辰12	癸巳13	甲午14	乙未15	丙申16	丁酉17	戊戌18	己亥19	庚子20	辛丑21	壬寅22	癸卯23	甲辰24	乙巳25	丙午26	丁未27	戊申28	己酉29	庚戌30	辛亥31	壬子(1)	癸丑2	甲寅3	乙卯4	丙辰5	丁巳6	丙午冬至

朔閏異同	曆名	正月	二月	三月	四月	五月	六月	七月	八月	九月	十月	十一	十二	閏月		曆名	正月	二月	三月	四月	五月	六月	七月	八月	九月	十月	十一	十二	閏月
	周曆夏曆	癸巳壬辰	癸亥壬戌	壬辰辛卯	壬戌辛酉	辛卯庚寅	辛酉庚申	庚寅己丑	庚申己未	庚寅戊子	己未戊午	己丑戊子	戊午丁巳			顓頊新曆	甲子癸巳	甲午癸亥	癸亥壬辰	癸巳壬戌	壬戌辛卯	壬辰辛酉	辛酉辛卯	辛卯庚申	庚申己丑	庚寅己未	己未戊子	己丑戊午	

周考王二年（壬寅 虎年） 公元前439年 歲在析木

殷曆月序		中西曆日對照	初一	初二	初三	初四	初五	初六	初七	初八	初九	初十	十一	十二	十三	十四	十五	十六	十七	十八	十九	二十	二一	二二	二三	二四	二五	二六	二七	二八	二九	三十	節氣與天象
正月小	辛丑	干支曆 天地西	戊午 7	己未 8	庚申 9	辛酉 10	壬戌 11	癸亥 12	甲子 13	乙丑 14	丙寅 15	丁卯 16	戊辰 17	己巳 18	庚午 19	辛未 20	壬申 21	癸酉 22	甲戌 23	乙亥 24	丙子 25	丁丑 26	戊寅 27	己卯 28	庚辰 29	辛巳 30	壬午 31	癸未 (2)	甲申 2	乙酉 3	丙戌 4		
二月大	壬寅	干支曆 天地西	丁亥 5	戊子 6	己丑 7	庚寅 8	辛卯 9	壬辰 10	癸巳 11	甲午 12	乙未 13	丙申 14	丁酉 15	戊戌 16	己亥 17	庚子 18	辛丑 19	壬寅 20	癸卯 21	甲辰 22	乙巳 23	丙午 24	丁未 25	戊申 26	己酉 27	庚戌 28	辛亥 (3)	壬子 2	癸丑 3	甲寅 4	乙卯 5	丙辰 6	辛卯立春
三月大	癸卯	干支曆 天地西	丁巳 7	戊午 8	己未 9	庚申 10	辛酉 11	壬戌 12	癸亥 13	甲子 14	乙丑 15	丙寅 16	丁卯 17	戊辰 18	己巳 19	庚午 20	辛未 21	壬申 22	癸酉 23	甲戌 24	乙亥 25	丙子 26	丁丑 27	戊寅 28	己卯 29	庚辰 30	辛巳 31	壬午 (4)	癸未 2	甲申 3	乙酉 4	丙戌 5	丙子春分
四月小	甲辰	干支曆 天地西	丁亥 6	戊子 7	己丑 8	庚寅 9	辛卯 10	壬辰 11	癸巳 12	甲午 13	乙未 14	丙申 15	丁酉 16	戊戌 17	己亥 18	庚子 19	辛丑 20	壬寅 21	癸卯 22	甲辰 23	乙巳 24	丙午 25	丁未 26	戊申 27	己酉 28	庚戌 29	辛亥 30	壬子 (5)	癸丑 2	甲寅 3	乙卯 4		
五月大	乙巳	干支曆 天地西	丙辰 5	丁巳 6	戊午 7	己未 8	庚申 9	辛酉 10	壬戌 11	癸亥 12	甲子 13	乙丑 14	丙寅 15	丁卯 16	戊辰 17	己巳 18	庚午 19	辛未 20	壬申 21	癸酉 22	甲戌 23	乙亥 24	丙子 25	丁丑 26	戊寅 27	己卯 28	庚辰 29	辛巳 30	壬午 31	癸未 (6)	甲申 2	乙酉 3	癸亥立夏
六月小	丙午	干支曆 天地西	丙戌 4	丁亥 5	戊子 6	己丑 7	庚寅 8	辛卯 9	壬辰 10	癸巳 11	甲午 12	乙未 13	丙申 14	丁酉 15	戊戌 16	己亥 17	庚子 18	辛丑 19	壬寅 20	癸卯 21	甲辰 22	乙巳 23	丙午 24	丁未 25	戊申 26	己酉 27	庚戌 28	辛亥 29	壬子 30	癸丑 (7)	甲寅 2		辛亥夏至
七月大	丁未	干支曆 天地西	乙卯 3	丙辰 4	丁巳 5	戊午 6	己未 7	庚申 8	辛酉 9	壬戌 10	癸亥 11	甲子 12	乙丑 13	丙寅 14	丁卯 15	戊辰 16	己巳 17	庚午 18	辛未 19	壬申 20	癸酉 21	甲戌 22	乙亥 23	丙子 24	丁丑 25	戊寅 26	己卯 27	庚辰 28	辛巳 29	壬午 30	癸未 31	甲申 (8)	
八月小	戊申	干支曆 天地西	乙酉 2	丙戌 3	丁亥 4	戊子 5	己丑 6	庚寅 7	辛卯 8	壬辰 9	癸巳 10	甲午 11	乙未 12	丙申 13	丁酉 14	戊戌 15	己亥 16	庚子 17	辛丑 18	壬寅 19	癸卯 20	甲辰 21	乙巳 22	丙午 23	丁未 24	戊申 25	己酉 26	庚戌 27	辛亥 28	壬子 29	癸丑 30		丁酉立秋
九月大	己酉	干支曆 天地西	甲寅 31	乙卯 (9)	丙辰 2	丁巳 3	戊午 4	己未 5	庚申 6	辛酉 7	壬戌 8	癸亥 9	甲子 10	乙丑 11	丙寅 12	丁卯 13	戊辰 14	己巳 15	庚午 16	辛未 17	壬申 18	癸酉 19	甲戌 20	乙亥 21	丙子 22	丁丑 23	戊寅 24	己卯 25	庚辰 26	辛巳 27	壬午 28	癸未 29	癸未秋分
十月小	庚戌	干支曆 天地西	甲申 30	乙酉 (10)	丙戌 2	丁亥 3	戊子 4	己丑 5	庚寅 6	辛卯 7	壬辰 8	癸巳 9	甲午 10	乙未 11	丙申 12	丁酉 13	戊戌 14	己亥 15	庚子 16	辛丑 17	壬寅 18	癸卯 19	甲辰 20	乙巳 21	丙午 22	丁未 23	戊申 24	己酉 25	庚戌 26	辛亥 27	壬子 28		
十一月大	辛亥	干支曆 天地西	癸丑 29	甲寅 30	乙卯 31	丙辰 (11)	丁巳 2	戊午 3	己未 4	庚申 5	辛酉 6	壬戌 7	癸亥 8	甲子 9	乙丑 10	丙寅 11	丁卯 12	戊辰 13	己巳 14	庚午 15	辛未 16	壬申 17	癸酉 18	甲戌 19	乙亥 20	丙子 21	丁丑 22	戊寅 23	己卯 24	庚辰 25	辛巳 26	壬午 27	丁卯立冬
十二月小	壬子	干支曆 天地西	癸未 28	甲申 29	乙酉 30	丙戌 (12)	丁亥 2	戊子 3	己丑 4	庚寅 5	辛卯 6	壬辰 7	癸巳 8	甲午 9	乙未 10	丙申 11	丁酉 12	戊戌 13	己亥 14	庚子 15	辛丑 16	壬寅 17	癸卯 18	甲辰 19	乙巳 20	丙午 21	丁未 22	戊申 23	己酉 24	庚戌 25	辛亥 26		辛亥冬至

朔閏異同	曆名	正月	二月	三月	四月	五月	六月	七月	八月	九月	十月	十一	十二	閏月	曆名	正月	二月	三月	四月	五月	六月	七月	八月	九月	十月	十一	十二	閏月
	周曆夏曆	戊子丁亥	丁巳丙辰	丁亥丙戌	丙辰乙卯	丙戌乙酉	乙卯甲寅	乙酉甲申	甲寅癸丑	甲申---癸未	癸丑壬子	癸未壬午	壬子辛亥	辛巳	顓頊新曆	己未丁亥	戊子丁巳	戊午丙戌	丁亥丙辰	丁巳丙戌	丙戌乙卯	丙辰乙酉	乙酉---甲寅	乙卯甲申	甲申癸丑	甲寅癸未	癸未壬子	壬午

周考王三年（癸卯 兔年） 公元前 439 ~ 前 **438** ~ 前 437 年 歲在星紀

殷曆月序		中西曆日對照	初一	初二	初三	初四	初五	初六	初七	初八	初九	初十	十一	十二	十三	十四	十五	十六	十七	十八	十九	二十	二一	二二	二三	二四	二五	二六	二七	二八	二九	三十	節氣與天象
正月大	癸丑	干支	壬子	癸丑	甲寅	乙卯	丙辰	丁巳	戊午	己未	庚申	辛酉	壬戌	癸亥	甲子	乙丑	丙寅	丁卯	戊辰	己巳	庚午	辛未	壬申	癸酉	甲戌	乙亥	丙子	丁丑	戊寅	己卯	庚辰	辛巳	
		天地西曆	27	28	29	30	31	(1)	2	3	4	5	6	7	8	9	10	11	12	13	14	15	16	17	18	19	20	21	22	23	24	25	
閏正月小	癸丑	干支	壬午	癸未	甲申	乙酉	丙戌	丁亥	戊子	己丑	庚寅	辛卯	壬辰	癸巳	甲午	乙未	丙申	丁酉	戊戌	己亥	庚子	辛丑	壬寅	癸卯	甲辰	乙巳	丙午	丁未	戊申	己酉	庚戌		丙申立春
		天地西曆	26	27	28	29	30	31	(2)	2	3	4	5	6	7	8	9	10	11	12	13	14	15	16	17	18	19	20	21	22	23		
二月大	甲寅	干支	辛亥	壬子	癸丑	甲寅	乙卯	丙辰	丁巳	戊午	己未	庚申	辛酉	壬戌	癸亥	甲子	乙丑	丙寅	丁卯	戊辰	己巳	庚午	辛未	壬申	癸酉	甲戌	乙亥	丙子	丁丑	戊寅	己卯	庚辰	
		天地西曆	24	25	26	27	28	(3)	2	3	4	5	6	7	8	9	10	11	12	13	14	15	16	17	18	19	20	21	22	23	24	25	
三月小	乙卯	干支	辛巳	壬午	癸未	甲申	乙酉	丙戌	丁亥	戊子	己丑	庚寅	辛卯	壬辰	癸巳	甲午	乙未	丙申	丁酉	戊戌	己亥	庚子	辛丑	壬寅	癸卯	甲辰	乙巳	丙午	丁未	戊申	己酉		壬午春分
		天地西曆	26	27	28	29	30	31	(4)	2	3	4	5	6	7	8	9	10	11	12	13	14	15	16	17	18	19	20	21	22	23		
四月大	丙辰	干支	庚戌	辛亥	壬子	癸丑	甲寅	乙卯	丙辰	丁巳	戊午	己未	庚申	辛酉	壬戌	癸亥	甲子	乙丑	丙寅	丁卯	戊辰	己巳	庚午	辛未	壬申	癸酉	甲戌	乙亥	丙子	丁丑	戊寅	己卯	己巳立夏
		天地西曆	24	25	26	27	28	29	30	(5)	2	3	4	5	6	7	8	9	10	11	12	13	14	15	16	17	18	19	20	21	22	23	
五月小	丁巳	干支	庚辰	辛巳	壬午	癸未	甲申	乙酉	丙戌	丁亥	戊子	己丑	庚寅	辛卯	壬辰	癸巳	甲午	乙未	丙申	丁酉	戊戌	己亥	庚子	辛丑	壬寅	癸卯	甲辰	乙巳	丙午	丁未	戊申		
		天地西曆	24	25	26	27	28	29	30	31	(6)	2	3	4	5	6	7	8	9	10	11	12	13	14	15	16	17	18	19	20	21		
六月大	戊午	干支	己酉	庚戌	辛亥	壬子	癸丑	甲寅	乙卯	丙辰	丁巳	戊午	己未	庚申	辛酉	壬戌	癸亥	甲子	乙丑	丙寅	丁卯	戊辰	己巳	庚午	辛未	壬申	癸酉	甲戌	乙亥	丙子	丁丑	戊寅	丙辰夏至
		天地西曆	22	23	24	25	26	27	28	29	30	(7)	2	3	4	5	6	7	8	9	10	11	12	13	14	15	16	17	18	19	20	21	
七月大	己未	干支	己卯	庚辰	辛巳	壬午	癸未	甲申	乙酉	丙戌	丁亥	戊子	己丑	庚寅	辛卯	壬辰	癸巳	甲午	乙未	丙申	丁酉	戊戌	己亥	庚子	辛丑	壬寅	癸卯	甲辰	乙巳	丙午	丁未	戊申	壬寅立秋
		天地西曆	22	23	24	25	26	27	28	29	30	31	(8)	2	3	4	5	6	7	8	9	10	11	12	13	14	15	16	17	18	19	20	
八月小	庚申	干支	己酉	庚戌	辛亥	壬子	癸丑	甲寅	乙卯	丙辰	丁巳	戊午	己未	庚申	辛酉	壬戌	癸亥	甲子	乙丑	丙寅	丁卯	戊辰	己巳	庚午	辛未	壬申	癸酉	甲戌	乙亥	丙子	丁丑		
		天地西曆	21	22	23	24	25	26	27	28	29	30	31	(9)	2	3	4	5	6	7	8	9	10	11	12	13	14	15	16	17	18		
九月大	辛酉	干支	戊寅	己卯	庚辰	辛巳	壬午	癸未	甲申	乙酉	丙戌	丁亥	戊子	己丑	庚寅	辛卯	壬辰	癸巳	甲午	乙未	丙申	丁酉	戊戌	己亥	庚子	辛丑	壬寅	癸卯	甲辰	乙巳	丙午	丁未	戊子秋分
		天地西曆	19	20	21	22	23	24	25	26	27	28	29	30	(10)	2	3	4	5	6	7	8	9	10	11	12	13	14	15	16	17	18	
十月小	壬戌	干支	戊申	己酉	庚戌	辛亥	壬子	癸丑	甲寅	乙卯	丙辰	丁巳	戊午	己未	庚申	辛酉	壬戌	癸亥	甲子	乙丑	丙寅	丁卯	戊辰	己巳	庚午	辛未	壬申	癸酉	甲戌	乙亥	丙子		壬申立冬
		天地西曆	19	20	21	22	23	24	25	26	27	28	29	30	31	(11)	2	3	4	5	6	7	8	9	10	11	12	13	14	15	16		
十一月大	癸亥	干支	丁丑	戊寅	己卯	庚辰	辛巳	壬午	癸未	甲申	乙酉	丙戌	丁亥	戊子	己丑	庚寅	辛卯	壬辰	癸巳	甲午	乙未	丙申	丁酉	戊戌	己亥	庚子	辛丑	壬寅	癸卯	甲辰	乙巳	丙午	
		天地西曆	17	18	19	20	21	22	23	24	25	26	27	28	29	30	(12)	2	3	4	5	6	7	8	9	10	11	12	13	14	15	16	
十二月小	甲子	干支	丁未	戊申	己酉	庚戌	辛亥	壬子	癸丑	甲寅	乙卯	丙辰	丁巳	戊午	己未	庚申	辛酉	壬戌	癸亥	甲子	乙丑	丙寅	丁卯	戊辰	己巳	庚午	辛未	壬申	癸酉	甲戌	乙亥		丙辰冬至
		天地西曆	17	18	19	20	21	22	23	24	25	26	27	28	29	30	31	(1)	2	3	4	5	6	7	8	9	10	11	12	13	14		

朔閏異同	曆名	正月	二月	三月	四月	五月	六月	七月	八月	九月	十月	十一	十二	閏月
	周曆夏曆	壬午辛亥	壬子庚辰	---辛巳庚戌	辛亥己卯	庚辰己酉	庚戌戊寅	己卯戊申	己酉丁丑	戊寅丁未	戊申丙子	丁丑丙午	丁未乙亥	丙子
	顓頊新曆	癸丑辛亥	壬午辛巳	壬子庚戌	壬午庚辰	辛亥己酉	辛巳己卯	庚戌己酉	庚辰戊寅	己酉戊申	己卯戊寅	戊申丁未	戊寅丁丑	---丁未

周考王四年（甲辰 龍年） 公元前437 ~ 前436年 歲在玄枵

殷曆月序		中西曆日對照	初一	初二	初三	初四	初五	初六	初七	初八	初九	初十	十一	十二	十三	十四	十五	十六	十七	十八	十九	二十	二一	二二	二三	二四	二五	二六	二七	二八	二九	三十	節氣與天象
正月大	乙丑	干支天地西曆	丙子15	丁丑16	戊寅17	己卯18	庚辰19	辛巳20	壬午21	癸未22	甲申23	乙酉24	丙戌25	丁亥26	戊子27	己丑28	庚寅29	辛卯30	壬辰31	癸巳(2)	甲午2	乙未3	丙申4	丁酉5	戊戌6	己亥7	庚子8	辛丑9	壬寅10	癸卯11	甲辰12	乙巳13	辛丑立春
二月小	丙寅	干支天地西曆	丙午14	丁未15	戊申16	己酉17	庚戌18	辛亥19	壬子20	癸丑21	甲寅22	乙卯23	丙辰24	丁巳25	戊午26	己未27	庚申28	辛酉29	壬戌(3)	癸亥2	甲子3	乙丑4	丙寅5	丁卯6	戊辰7	己巳8	庚午9	辛未10	壬申11	癸酉12	甲戌13		
三月大	丁卯	干支天地西曆	乙亥14	丙子15	丁丑16	戊寅17	己卯18	庚辰19	辛巳20	壬午21	癸未22	甲申23	乙酉24	丙戌25	丁亥26	戊子27	己丑28	庚寅29	辛卯30	壬辰31	癸巳(4)	甲午2	乙未3	丙申4	丁酉5	戊戌6	己亥7	庚子8	辛丑9	壬寅10	癸卯11	甲辰12	丁亥春分
四月小	戊辰	干支天地西曆	乙巳13	丙午14	丁未15	戊申16	己酉17	庚戌18	辛亥19	壬子20	癸丑21	甲寅22	乙卯23	丙辰24	丁巳25	戊午26	己未27	庚申28	辛酉29	壬戌30	癸亥(5)	甲子2	乙丑3	丙寅4	丁卯5	戊辰6	己巳7	庚午8	辛未9	壬申10	癸酉11		
五月大	己巳	干支天地西曆	甲戌12	乙亥13	丙子14	丁丑15	戊寅16	己卯17	庚辰18	辛巳19	壬午20	癸未21	甲申22	乙酉23	丙戌24	丁亥25	戊子26	己丑27	庚寅28	辛卯29	壬辰30	癸巳31	甲午(6)	乙未2	丙申3	丁酉4	戊戌5	己亥6	庚子7	辛丑8	壬寅9	癸卯10	甲戌立夏
六月小	庚午	干支天地西曆	甲辰11	乙巳12	丙午13	丁未14	戊申15	己酉16	庚戌17	辛亥18	壬子19	癸丑20	甲寅21	乙卯22	丙辰23	丁巳24	戊午25	己未26	庚申27	辛酉28	壬戌29	癸亥30	甲子(7)	乙丑2	丙寅3	丁卯4	戊辰5	己巳6	庚午7	辛未8	壬申9		辛酉夏至
七月大	辛未	干支天地西曆	癸酉10	甲戌11	乙亥12	丙子13	丁丑14	戊寅15	己卯16	庚辰17	辛巳18	壬午19	癸未20	甲申21	乙酉22	丙戌23	丁亥24	戊子25	己丑26	庚寅27	辛卯28	壬辰29	癸巳30	甲午31	乙未(8)	丙申2	丁酉3	戊戌4	己亥5	庚子6	辛丑7	壬寅8	
八月小	壬申	干支天地西曆	癸卯9	甲辰10	乙巳11	丙午12	丁未13	戊申14	己酉15	庚戌16	辛亥17	壬子18	癸丑19	甲寅20	乙卯21	丙辰22	丁巳23	戊午24	己未25	庚申26	辛酉27	壬戌28	癸亥29	甲子30	乙丑31	丙寅(9)	丁卯2	戊辰3	己巳4	庚午5	辛未6		戊申立秋
九月大	癸酉	干支天地西曆	壬申7	癸酉8	甲戌9	乙亥10	丙子11	丁丑12	戊寅13	己卯14	庚辰15	辛巳16	壬午17	癸未18	甲申19	乙酉20	丙戌21	丁亥22	戊子23	己丑24	庚寅25	辛卯26	壬辰27	癸巳28	甲午29	乙未30	丙申(10)	丁酉2	戊戌3	己亥4	庚子5	辛丑6	癸巳秋分
十月大	甲戌	干支天地西曆	壬寅7	癸卯8	甲辰9	乙巳10	丙午11	丁未12	戊申13	己酉14	庚戌15	辛亥16	壬子17	癸丑18	甲寅19	乙卯20	丙辰21	丁巳22	戊午23	己未24	庚申25	辛酉26	壬戌27	癸亥28	甲子29	乙丑30	丙寅31	丁卯(11)	戊辰2	己巳3	庚午4	辛未5	
十一月小	乙亥	干支天地西曆	壬申6	癸酉7	甲戌8	乙亥9	丙子10	丁丑11	戊寅12	己卯13	庚辰14	辛巳15	壬午16	癸未17	甲申18	乙酉19	丙戌20	丁亥21	戊子22	己丑23	庚寅24	辛卯25	壬辰26	癸巳27	甲午28	乙未29	丙申30	丁酉(12)	戊戌2	己亥3	庚子4		戊寅立冬
十二月大	丙子	干支天地西曆	辛丑5	壬寅6	癸卯7	甲辰8	乙巳9	丙午10	丁未11	戊申12	己酉13	庚戌14	辛亥15	壬子16	癸丑17	甲寅18	乙卯19	丙辰20	丁巳21	戊午22	己未23	庚申24	辛酉25	壬戌26	癸亥27	甲子28	乙丑29	丙寅30	丁卯31	戊辰(1)	己巳2	庚午3	壬戌冬至

朔閏異同	曆名	正月	二月	三月	四月	五月	六月	七月	八月	九月	十月	十一	十二	閏月	曆名	正月	二月	三月	四月	五月	六月	七月	八月	九月	十月	十一	十二	閏月
	周曆夏曆	丙午乙巳	乙亥甲戌	乙巳甲辰	乙亥癸酉	甲辰癸卯	甲戌癸酉	癸卯壬寅	癸酉壬申	壬寅辛丑	壬申辛未	辛丑庚子	辛未庚午		顓頊新曆	丁丑丙午	丙午乙亥	丙子乙巳	乙巳甲戌	乙亥癸卯	甲辰癸酉	甲戌癸卯	甲辰壬申	癸酉壬寅	癸卯壬申	壬申辛丑	壬寅辛未	

周考王五年（乙巳 蛇年） 公元前436～前435年 歲在娵訾

殷曆月序		中西曆日對照	初一	初二	初三	初四	初五	初六	初七	初八	初九	初十	十一	十二	十三	十四	十五	十六	十七	十八	十九	二十	二一	二二	二三	二四	二五	二六	二七	二八	二九	三十	節氣與天象
正月小	丁丑	天干地支 西曆	辛未 4	壬申 5	癸酉 6	甲戌 7	乙亥 8	丙子 9	丁丑 10	戊寅 11	己卯 12	庚辰 13	辛巳 14	壬午 15	癸未 16	甲申 17	乙酉 18	丙戌 19	丁亥 20	戊子 21	己丑 22	庚寅 23	辛卯 24	壬辰 25	癸巳 26	甲午 27	乙未 28	丙申 29	丁酉 30	戊戌 31	己亥 (2)		
二月大	戊寅	天干地支 西曆	庚子 2	辛丑 3	壬寅 4	癸卯 5	甲辰 6	乙巳 7	丙午 8	丁未 9	戊申 10	己酉 11	庚戌 12	辛亥 13	壬子 14	癸丑 15	甲寅 16	乙卯 17	丙辰 18	丁巳 19	戊午 20	己未 21	庚申 22	辛酉 23	壬戌 24	癸亥 25	甲子 26	乙丑 27	丙寅 28	丁卯 (3)	戊辰 2	己巳 3	丙午立春
三月小	己卯	天干地支 西曆	庚午 4	辛未 5	壬申 6	癸酉 7	甲戌 8	乙亥 9	丙子 10	丁丑 11	戊寅 12	己卯 13	庚辰 14	辛巳 15	壬午 16	癸未 17	甲申 18	乙酉 19	丙戌 20	丁亥 21	戊子 22	己丑 23	庚寅 24	辛卯 25	壬辰 26	癸巳 27	甲午 28	乙未 29	丙申 30	丁酉 31	戊戌 (4)		壬辰春分
四月大	庚辰	天干地支 西曆	己亥 2	庚子 3	辛丑 4	壬寅 5	癸卯 6	甲辰 7	乙巳 8	丙午 9	丁未 10	戊申 11	己酉 12	庚戌 13	辛亥 14	壬子 15	癸丑 16	甲寅 17	乙卯 18	丙辰 19	丁巳 20	戊午 21	己未 22	庚申 23	辛酉 24	壬戌 25	癸亥 26	甲子 27	乙丑 28	丙寅 29	丁卯 30	戊辰 (5)	
五月小	辛巳	天干地支 西曆	己巳 2	庚午 3	辛未 4	壬申 5	癸酉 6	甲戌 7	乙亥 8	丙子 9	丁丑 10	戊寅 11	己卯 12	庚辰 13	辛巳 14	壬午 15	癸未 16	甲申 17	乙酉 18	丙戌 19	丁亥 20	戊子 21	己丑 22	庚寅 23	辛卯 24	壬辰 25	癸巳 26	甲午 27	乙未 28	丙申 29	丁酉 30		己卯立夏
六月大	壬午	天干地支 西曆	戊戌 31	己亥 (6)	庚子 2	辛丑 3	壬寅 4	癸卯 5	甲辰 6	乙巳 7	丙午 8	丁未 9	戊申 10	己酉 11	庚戌 12	辛亥 13	壬子 14	癸丑 15	甲寅 16	乙卯 17	丙辰 18	丁巳 19	戊午 20	己未 21	庚申 22	辛酉 23	壬戌 24	癸亥 25	甲子 26	乙丑 27	丙寅 28	丁卯 29	丙寅夏至 戊戌日食
七月小	癸未	天干地支 西曆	戊辰 30	己巳 (7)	庚午 2	辛未 3	壬申 4	癸酉 5	甲戌 6	乙亥 7	丙子 8	丁丑 9	戊寅 10	己卯 11	庚辰 12	辛巳 13	壬午 14	癸未 15	甲申 16	乙酉 17	丙戌 18	丁亥 19	戊子 20	己丑 21	庚寅 22	辛卯 23	壬辰 24	癸巳 25	甲午 26	乙未 27	丙申 28		
八月大	甲申	天干地支 西曆	丁酉 29	戊戌 30	己亥 31	庚子 (8)	辛丑 2	壬寅 3	癸卯 4	甲辰 5	乙巳 6	丙午 7	丁未 8	戊申 9	己酉 10	庚戌 11	辛亥 12	壬子 13	癸丑 14	甲寅 15	乙卯 16	丙辰 17	丁巳 18	戊午 19	己未 20	庚申 21	辛酉 22	壬戌 23	癸亥 24	甲子 25	乙丑 26	丙寅 27	癸丑立秋
九月小	乙酉	天干地支 西曆	丁卯 28	戊辰 29	己巳 30	庚午 31	辛未 (9)	壬申 2	癸酉 3	甲戌 4	乙亥 5	丙子 6	丁丑 7	戊寅 8	己卯 9	庚辰 10	辛巳 11	壬午 12	癸未 13	甲申 14	乙酉 15	丙戌 16	丁亥 17	戊子 18	己丑 19	庚寅 20	辛卯 21	壬辰 22	癸巳 23	甲午 24	乙未 25		
閏九月大	乙酉	天干地支 西曆	丙申 26	丁酉 27	戊戌 28	己亥 29	庚子 30	辛丑 (10)	壬寅 2	癸卯 3	甲辰 4	乙巳 5	丙午 6	丁未 7	戊申 8	己酉 9	庚戌 10	辛亥 11	壬子 12	癸丑 13	甲寅 14	乙卯 15	丙辰 16	丁巳 17	戊午 18	己未 19	庚申 20	辛酉 21	壬戌 22	癸亥 23	甲子 24	乙丑 25	戊戌秋分
十月小	丙戌	天干地支 西曆	丙寅 26	丁卯 27	戊辰 28	己巳 29	庚午 30	辛未 31	壬申 (11)	癸酉 2	甲戌 3	乙亥 4	丙子 5	丁丑 6	戊寅 7	己卯 8	庚辰 9	辛巳 10	壬午 11	癸未 12	甲申 13	乙酉 14	丙戌 15	丁亥 16	戊子 17	己丑 18	庚寅 19	辛卯 20	壬辰 21	癸巳 22	甲午 23		癸未立冬
十一月大	丁亥	天干地支 西曆	乙未 24	丙申 25	丁酉 26	戊戌 27	己亥 28	庚子 29	辛丑 30	壬寅 (12)	癸卯 2	甲辰 3	乙巳 4	丙午 5	丁未 6	戊申 7	己酉 8	庚戌 9	辛亥 10	壬子 11	癸丑 12	甲寅 13	乙卯 14	丙辰 15	丁巳 16	戊午 17	己未 18	庚申 19	辛酉 20	壬戌 21	癸亥 22	甲子 23	
十二月小	戊子	天干地支 西曆	乙丑 24	丙寅 25	丁卯 26	戊辰 27	己巳 28	庚午 29	辛未 30	壬申 31	癸酉 (1)	甲戌 2	乙亥 3	丙子 4	丁丑 5	戊寅 6	己卯 7	庚辰 8	辛巳 9	壬午 10	癸未 11	甲申 12	乙酉 13	丙戌 14	丁亥 15	戊子 16	己丑 17	庚寅 18	辛卯 19	壬辰 20	癸巳 21		丁卯冬至

朔閏異同	曆名	正月	二月	三月	四月	五月	六月	七月	八月	九月	十月	十一	十二	閏月
	周曆夏曆	庚子己亥	庚午己巳	己亥戊戌	己巳戊辰	戊戌丁酉	戊辰---丁卯	丁酉丙申	丁卯丙寅	丁酉乙未	丙寅乙丑	---丙申乙未	乙丑甲子	乙未甲午
	顓頊新曆	辛未辛丑	辛丑庚午	庚午己亥	庚子己巳	己巳---戊戌	己亥丁卯	戊辰丁酉	戊戌丙寅	丁卯丙申	丁酉丙寅	丙寅丙申	丙申乙丑	---丙寅乙未

周考王六年（丙午 馬年） 公元前435～前434年 歲在降婁

殷曆月序		中西曆日對照	初一	初二	初三	初四	初五	初六	初七	初八	初九	初十	十一	十二	十三	十四	十五	十六	十七	十八	十九	二十	二一	二二	二三	二四	二五	二六	二七	二八	二九	三十	節氣與天象
正月大	己丑	天干地支西曆	甲午22	乙未23	丙申24	丁酉25	戊戌26	己亥27	庚子28	辛丑29	壬寅30	癸卯31	甲辰(2)	乙巳2	丙午3	丁未4	戊申5	己酉6	庚戌7	辛亥8	壬子9	癸丑10	甲寅11	乙卯12	丙辰13	丁巳14	戊午15	己未16	庚申17	辛酉18	壬戌19	癸亥20	壬子立春
二月大	庚寅	天干地支西曆	甲子21	乙丑22	丙寅23	丁卯24	戊辰25	己巳26	庚午27	辛未28	壬申(3)	癸酉2	甲戌3	乙亥4	丙子5	丁丑6	戊寅7	己卯8	庚辰9	辛巳10	壬午11	癸未12	甲申13	乙酉14	丙戌15	丁亥16	戊子17	己丑18	庚寅19	辛卯20	壬辰21	癸巳22	
三月小	辛卯	天干地支西曆	甲午23	乙未24	丙申25	丁酉26	戊戌27	己亥28	庚子29	辛丑30	壬寅31	癸卯(4)	甲辰2	乙巳3	丙午4	丁未5	戊申6	己酉7	庚戌8	辛亥9	壬子10	癸丑11	甲寅12	乙卯13	丙辰14	丁巳15	戊午16	己未17	庚申18	辛酉19	壬戌20		丁酉春分
四月大	壬辰	天干地支西曆	癸亥21	甲子22	乙丑23	丙寅24	丁卯25	戊辰26	己巳27	庚午28	辛未29	壬申30	癸酉(5)	甲戌2	乙亥3	丙子4	丁丑5	戊寅6	己卯7	庚辰8	辛巳9	壬午10	癸未11	甲申12	乙酉13	丙戌14	丁亥15	戊子16	己丑17	庚寅18	辛卯19	壬辰20	甲申立夏
五月小	癸巳	天干地支西曆	癸巳21	甲午22	乙未23	丙申24	丁酉25	戊戌26	己亥27	庚子28	辛丑29	壬寅30	癸卯31	甲辰(6)	乙巳2	丙午3	丁未4	戊申5	己酉6	庚戌7	辛亥8	壬子9	癸丑10	甲寅11	乙卯12	丙辰13	丁巳14	戊午15	己未16	庚申17	辛酉18		
六月大	甲午	天干地支西曆	壬戌19	癸亥20	甲子21	乙丑22	丙寅23	丁卯24	戊辰25	己巳26	庚午27	辛未28	壬申29	癸酉30	甲戌(7)	乙亥2	丙子3	丁丑4	戊寅5	己卯6	庚辰7	辛巳8	壬午9	癸未10	甲申11	乙酉12	丙戌13	丁亥14	戊子15	己丑16	庚寅17	辛卯18	辛未夏至
七月小	乙未	天干地支西曆	壬辰19	癸巳20	甲午21	乙未22	丙申23	丁酉24	戊戌25	己亥26	庚子27	辛丑28	壬寅29	癸卯30	甲辰31	乙巳(8)	丙午2	丁未3	戊申4	己酉5	庚戌6	辛亥7	壬子8	癸丑9	甲寅10	乙卯11	丙辰12	丁巳13	戊午14	己未15	庚申16		戊午立秋
八月大	丙申	天干地支西曆	辛酉17	壬戌18	癸亥19	甲子20	乙丑21	丙寅22	丁卯23	戊辰24	己巳25	庚午26	辛未27	壬申28	癸酉29	甲戌30	乙亥31	丙子(9)	丁丑2	戊寅3	己卯4	庚辰5	辛巳6	壬午7	癸未8	甲申9	乙酉10	丙戌11	丁亥12	戊子13	己丑14	庚寅15	
九月小	丁酉	天干地支西曆	辛卯16	壬辰17	癸巳18	甲午19	乙未20	丙申21	丁酉22	戊戌23	己亥24	庚子25	辛丑26	壬寅27	癸卯28	甲辰29	乙巳30	丙午(10)	丁未2	戊申3	己酉4	庚戌5	辛亥6	壬子7	癸丑8	甲寅9	乙卯10	丙辰11	丁巳12	戊午13	己未14		甲辰秋分
十月大	戊戌	天干地支西曆	庚申15	辛酉16	壬戌17	癸亥18	甲子19	乙丑20	丙寅21	丁卯22	戊辰23	己巳24	庚午25	辛未26	壬申27	癸酉28	甲戌29	乙亥30	丙子31	丁丑(11)	戊寅2	己卯3	庚辰4	辛巳5	壬午6	癸未7	甲申8	乙酉9	丙戌10	丁亥11	戊子12	己丑13	戊子立冬
十一月小	己亥	天干地支西曆	庚寅14	辛卯15	壬辰16	癸巳17	甲午18	乙未19	丙申20	丁酉21	戊戌22	己亥23	庚子24	辛丑25	壬寅26	癸卯27	甲辰28	乙巳29	丙午30	丁未(12)	戊申2	己酉3	庚戌4	辛亥5	壬子6	癸丑7	甲寅8	乙卯9	丙辰10	丁巳11	戊午12		
十二月大	庚子	天干地支西曆	己未13	庚申14	辛酉15	壬戌16	癸亥17	甲子18	乙丑19	丙寅20	丁卯21	戊辰22	己巳23	庚午24	辛未25	壬申26	癸酉27	甲戌28	乙亥29	丙子30	丁丑31	戊寅(1)	己卯2	庚辰3	辛巳4	壬午5	癸未6	甲申7	乙酉8	丙戌9	丁亥10	戊子11	壬申冬至

朔閏異同	曆名	正月	二月	三月	四月	五月	六月	七月	八月	九月	十月	十一	十二	閏月
	周曆夏曆	甲子癸亥	甲午癸巳	癸亥壬戌	癸巳壬辰	壬戌辛酉	壬辰辛卯	辛酉庚申	辛卯庚寅	庚申己未	庚寅己丑	庚申戊午	己丑戊子	
	顓頊新曆	乙未乙丑	乙丑甲午	甲午癸亥	甲子癸巳	癸巳壬戌	癸亥辛卯	壬辰辛酉	壬戌庚寅	辛卯庚申	辛酉庚寅	庚寅己未	庚申己丑	

周考王七年（丁未 羊年） 公元前434年 歲在大梁

殷曆月序		中西曆日對照	初一	初二	初三	初四	初五	初六	初七	初八	初九	初十	十一	十二	十三	十四	十五	十六	十七	十八	十九	二十	二一	二二	二三	二四	二五	二六	二七	二八	二九	三十	節氣與天象
正月小	辛丑	干支曆 天地西	己丑12	庚寅13	辛卯14	壬辰15	癸巳16	甲午17	乙未18	丙申19	丁酉20	戊戌21	己亥22	庚子23	辛丑24	壬寅25	癸卯26	甲辰27	乙巳28	丙午29	丁未30	戊申31	己酉(2)	庚戌2	辛亥3	壬子4	癸丑5	甲寅6	乙卯7	丙辰8	丁巳9		丁巳立春
二月大	壬寅	干支曆 天地西	戊午10	己未11	庚申12	辛酉13	壬戌14	癸亥15	甲子16	乙丑17	丙寅18	丁卯19	戊辰20	己巳21	庚午22	辛未23	壬申24	癸酉25	甲戌26	乙亥27	丙子28	丁丑(3)	戊寅2	己卯3	庚辰4	辛巳5	壬午6	癸未7	甲申8	乙酉9	丙戌10	丁亥11	
三月小	癸卯	干支曆 天地西	戊子12	己丑13	庚寅14	辛卯15	壬辰16	癸巳17	甲午18	乙未19	丙申20	丁酉21	戊戌22	己亥23	庚子24	辛丑25	壬寅26	癸卯27	甲辰28	乙巳29	丙午30	丁未31	戊申(4)	己酉2	庚戌3	辛亥4	壬子5	癸丑6	甲寅7	乙卯8	丙辰9		癸卯春分
四月大	甲辰	干支曆 天地西	丁巳10	戊午11	己未12	庚申13	辛酉14	壬戌15	癸亥16	甲子17	乙丑18	丙寅19	丁卯20	戊辰21	己巳22	庚午23	辛未24	壬申25	癸酉26	甲戌27	乙亥28	丙子29	丁丑30	戊寅(5)	己卯2	庚辰3	辛巳4	壬午5	癸未6	甲申7	乙酉8	丙戌9	
五月大	乙巳	干支曆 天地西	丁亥10	戊子11	己丑12	庚寅13	辛卯14	壬辰15	癸巳16	甲午17	乙未18	丙申19	丁酉20	戊戌21	己亥22	庚子23	辛丑24	壬寅25	癸卯26	甲辰27	乙巳28	丙午29	丁未30	戊申31	己酉(6)	庚戌2	辛亥3	壬子4	癸丑5	甲寅6	乙卯7	丙辰8	己丑立夏
六月小	丙午	干支曆 天地西	丁巳9	戊午10	己未11	庚申12	辛酉13	壬戌14	癸亥15	甲子16	乙丑17	丙寅18	丁卯19	戊辰20	己巳21	庚午22	辛未23	壬申24	癸酉25	甲戌26	乙亥27	丙子28	丁丑29	戊寅30	己卯(7)	庚辰2	辛巳3	壬午4	癸未5	甲申6	乙酉7		丁丑夏至
七月大	丁未	干支曆 天地西	丙戌8	丁亥9	戊子10	己丑11	庚寅12	辛卯13	壬辰14	癸巳15	甲午16	乙未17	丙申18	丁酉19	戊戌20	己亥21	庚子22	辛丑23	壬寅24	癸卯25	甲辰26	乙巳27	丙午28	丁未29	戊申30	己酉31	庚戌(8)	辛亥2	壬子3	癸丑4	甲寅5	乙卯6	
八月小	戊申	干支曆 天地西	丙辰7	丁巳8	戊午9	己未10	庚申11	辛酉12	壬戌13	癸亥14	甲子15	乙丑16	丙寅17	丁卯18	戊辰19	己巳20	庚午21	辛未22	壬申23	癸酉24	甲戌25	乙亥26	丙子27	丁丑28	戊寅29	己卯30	庚辰31	辛巳(9)	壬午2	癸未3	甲申4		癸亥立秋
九月大	己酉	干支曆 天地西	乙酉5	丙戌6	丁亥7	戊子8	己丑9	庚寅10	辛卯11	壬辰12	癸巳13	甲午14	乙未15	丙申16	丁酉17	戊戌18	己亥19	庚子20	辛丑21	壬寅22	癸卯23	甲辰24	乙巳25	丙午26	丁未27	戊申28	己酉29	庚戌30	辛亥(10)	壬子2	癸丑3	甲寅4	己酉秋分 甲寅日食
十月小	庚戌	干支曆 天地西	乙卯5	丙辰6	丁巳7	戊午8	己未9	庚申10	辛酉11	壬戌12	癸亥13	甲子14	乙丑15	丙寅16	丁卯17	戊辰18	己巳19	庚午20	辛未21	壬申22	癸酉23	甲戌24	乙亥25	丙子26	丁丑27	戊寅28	己卯29	庚辰30	辛巳31	壬午(11)	癸未2		
十一月大	辛亥	干支曆 天地西	甲申3	乙酉4	丙戌5	丁亥6	戊子7	己丑8	庚寅9	辛卯10	壬辰11	癸巳12	甲午13	乙未14	丙申15	丁酉16	戊戌17	己亥18	庚子19	辛丑20	壬寅21	癸卯22	甲辰23	乙巳24	丙午25	丁未26	戊申27	己酉28	庚戌29	辛亥30	壬子(12)	癸丑2	癸巳立冬
十二月小	壬子	干支曆 天地西	甲寅3	乙卯4	丙辰5	丁巳6	戊午7	己未8	庚申9	辛酉10	壬戌11	癸亥12	甲子13	乙丑14	丙寅15	丁卯16	戊辰17	己巳18	庚午19	辛未20	壬申21	癸酉22	甲戌23	乙亥24	丙子25	丁丑26	戊寅27	己卯28	庚辰29	辛巳30	壬午31		丁丑冬至

朔閏異同	曆名	正月	二月	三月	四月	五月	六月	七月	八月	九月	十月	十一	十二	閏月	曆名	正月	二月	三月	四月	五月	六月	七月	八月	九月	十月	十一	十二	閏月
	周曆夏曆	己未戊午	戊子丁亥	戊午丁巳	丁亥丙戌	丁巳丙辰	丙戌乙酉	丙辰乙卯	乙酉甲申	乙卯甲寅	甲申癸未	甲寅癸丑	癸未壬午		顓頊新曆	己丑己未	己未戊子	己丑戊午	戊午丁亥	戊子丁巳	丁巳丙戌	丁亥乙卯	丙辰乙酉	丙戌甲寅	乙卯甲申	乙酉癸丑	甲寅癸未	

周考王八年（戊申 猴年） 公元前 433 ~ 前 432 年 歲在實沈

殷曆月序		中西曆日對照	殷曆日序																														節氣與天象
			初一	初二	初三	初四	初五	初六	初七	初八	初九	初十	十一	十二	十三	十四	十五	十六	十七	十八	十九	二十	二一	二二	二三	二四	二五	二六	二七	二八	二九	三十	
正月大	癸丑	干支曆	癸未	甲申	乙酉	丙戌	丁亥	戊子	己丑	庚寅	辛卯	壬辰	癸巳	甲午	乙未	丙申	丁酉	戊戌	己亥	庚子	辛丑	壬寅	癸卯	甲辰	乙巳	丙午	丁未	戊申	己酉	庚戌	辛亥	壬子	
		天地西曆	(1)	2	3	4	5	6	7	8	9	10	11	12	13	14	15	16	17	18	19	20	21	22	23	24	25	26	27	28	29	30	
二月小	甲寅	干支曆	癸丑	甲寅	乙卯	丙辰	丁巳	戊午	己未	庚申	辛酉	壬戌	癸亥	甲子	乙丑	丙寅	丁卯	戊辰	己巳	庚午	辛未	壬申	癸酉	甲戌	乙亥	丙子	丁丑	戊寅	己卯	庚辰	辛巳		壬戌立春
		天地西曆	31	(2)	2	3	4	5	6	7	8	9	10	11	12	13	14	15	16	17	18	19	20	21	22	23	24	25	26	27	28		
三月大	乙卯	干支曆	壬午	癸未	甲申	乙酉	丙戌	丁亥	戊子	己丑	庚寅	辛卯	壬辰	癸巳	甲午	乙未	丙申	丁酉	戊戌	己亥	庚子	辛丑	壬寅	癸卯	甲辰	乙巳	丙午	丁未	戊申	己酉	庚戌	辛亥	戊申春分
		天地西曆	29	(3)	2	3	4	5	6	7	8	9	10	11	12	13	14	15	16	17	18	19	20	21	22	23	24	25	26	27	28	29	
四月小	丙辰	干支曆	壬子	癸丑	甲寅	乙卯	丙辰	丁巳	戊午	己未	庚申	辛酉	壬戌	癸亥	甲子	乙丑	丙寅	丁卯	戊辰	己巳	庚午	辛未	壬申	癸酉	甲戌	乙亥	丙子	丁丑	戊寅	己卯	庚辰		
		天地西曆	30	31	(4)	2	3	4	5	6	7	8	9	10	11	12	13	14	15	16	17	18	19	20	21	22	23	24	25	26	27		
五月大	丁巳	干支曆	辛巳	壬午	癸未	甲申	乙酉	丙戌	丁亥	戊子	己丑	庚寅	辛卯	壬辰	癸巳	甲午	乙未	丙申	丁酉	戊戌	己亥	庚子	辛丑	壬寅	癸卯	甲辰	乙巳	丙午	丁未	戊申	己酉	庚戌	乙未立夏
		天地西曆	28	29	30	(5)	2	3	4	5	6	7	8	9	10	11	12	13	14	15	16	17	18	19	20	21	22	23	24	25	26	27	
閏五月小	丁巳	干支曆	辛亥	壬子	癸丑	甲寅	乙卯	丙辰	丁巳	戊午	己未	庚申	辛酉	壬戌	癸亥	甲子	乙丑	丙寅	丁卯	戊辰	己巳	庚午	辛未	壬申	癸酉	甲戌	乙亥	丙子	丁丑	戊寅	己卯		
		天地西曆	28	29	30	31	(6)	2	3	4	5	6	7	8	9	10	11	12	13	14	15	16	17	18	19	20	21	22	23	24	25		
六月大	戊午	干支曆	庚辰	辛巳	壬午	癸未	甲申	乙酉	丙戌	丁亥	戊子	己丑	庚寅	辛卯	壬辰	癸巳	甲午	乙未	丙申	丁酉	戊戌	己亥	庚子	辛丑	壬寅	癸卯	甲辰	乙巳	丙午	丁未	戊申	己酉	壬午夏至
		天地西曆	26	27	28	29	30	(7)	2	3	4	5	6	7	8	9	10	11	12	13	14	15	16	17	18	19	20	21	22	23	24	25	
七月小	己未	干支曆	庚戌	辛亥	壬子	癸丑	甲寅	乙卯	丙辰	丁巳	戊午	己未	庚申	辛酉	壬戌	癸亥	甲子	乙丑	丙寅	丁卯	戊辰	己巳	庚午	辛未	壬申	癸酉	甲戌	乙亥	丙子	丁丑	戊寅		己巳立秋
		天地西曆	26	27	28	29	30	31	(8)	2	3	4	5	6	7	8	9	10	11	12	13	14	15	16	17	18	19	20	21	22	23		
八月大	庚申	干支曆	己卯	庚辰	辛巳	壬午	癸未	甲申	乙酉	丙戌	丁亥	戊子	己丑	庚寅	辛卯	壬辰	癸巳	甲午	乙未	丙申	丁酉	戊戌	己亥	庚子	辛丑	壬寅	癸卯	甲辰	乙巳	丙午	丁未	戊申	
		天地西曆	24	25	26	27	28	29	30	31	(9)	2	3	4	5	6	7	8	9	10	11	12	13	14	15	16	17	18	19	20	21	22	
九月大	辛酉	干支曆	己酉	庚戌	辛亥	壬子	癸丑	甲寅	乙卯	丙辰	丁巳	戊午	己未	庚申	辛酉	壬戌	癸亥	甲子	乙丑	丙寅	丁卯	戊辰	己巳	庚午	辛未	壬申	癸酉	甲戌	乙亥	丙子	丁丑	戊寅	甲寅秋分
		天地西曆	23	24	25	26	27	28	29	30	(10)	2	3	4	5	6	7	8	9	10	11	12	13	14	15	16	17	18	19	20	21	22	
十月小	壬戌	干支曆	己卯	庚辰	辛巳	壬午	癸未	甲申	乙酉	丙戌	丁亥	戊子	己丑	庚寅	辛卯	壬辰	癸巳	甲午	乙未	丙申	丁酉	戊戌	己亥	庚子	辛丑	壬寅	癸卯	甲辰	乙巳	丙午	丁未		己亥立冬
		天地西曆	23	24	25	26	27	28	29	30	31	(11)	2	3	4	5	6	7	8	9	10	11	12	13	14	15	16	17	18	19	20		
十一月大	癸亥	干支曆	戊申	己酉	庚戌	辛亥	壬子	癸丑	甲寅	乙卯	丙辰	丁巳	戊午	己未	庚申	辛酉	壬戌	癸亥	甲子	乙丑	丙寅	丁卯	戊辰	己巳	庚午	辛未	壬申	癸酉	甲戌	乙亥	丙子	丁丑	
		天地西曆	21	22	23	24	25	26	27	28	29	30	(12)	2	3	4	5	6	7	8	9	10	11	12	13	14	15	16	17	18	19	20	
十二月小	甲子	干支曆	戊寅	己卯	庚辰	辛巳	壬午	癸未	甲申	乙酉	丙戌	丁亥	戊子	己丑	庚寅	辛卯	壬辰	癸巳	甲午	乙未	丙申	丁酉	戊戌	己亥	庚子	辛丑	壬寅	癸卯	甲辰	乙巳	丙午		癸未冬至
		天地西曆	21	22	23	24	25	26	27	28	29	30	31	(1)	2	3	4	5	6	7	8	9	10	11	12	13	14	15	16	17	18		

朔閏異同	曆名	正月	二月	三月	四月	五月	六月	七月	八月	九月	十月	十一	十二	閏月
	周曆夏曆	癸丑壬子	壬午---辛巳	壬子辛亥	壬午庚辰	辛亥庚戌	辛巳庚辰	庚戌己酉	---庚辰己卯	己酉戊申	己卯戊寅	戊申丁未	戊寅丁丑	丁未丙午
	顓頊新曆	甲申---癸丑	癸丑癸未	癸未壬子	壬子壬午	壬午辛亥	辛亥辛巳	辛巳庚戌	辛亥己卯	庚辰己酉	---庚戌戊寅	己卯戊申	己酉丁丑	戊寅丁未

周考王九年（己酉 鷄年） 公元前 432 ~ 前 431 年 歲在鶉首

殷曆月序		中西曆日對照	初一	初二	初三	初四	初五	初六	初七	初八	初九	初十	十一	十二	十三	十四	十五	十六	十七	十八	十九	二十	二一	二二	二三	二四	二五	二六	二七	二八	二九	三十	節氣與天象
正月大	乙丑	天干地支	丁未	戊申	己酉	庚戌	辛亥	壬子	癸丑	甲寅	乙卯	丙辰	丁巳	戊午	己未	庚申	辛酉	壬戌	癸亥	甲子	乙丑	丙寅	丁卯	戊辰	己巳	庚午	辛未	壬申	癸酉	甲戌	乙亥	丙子	丁卯立春
		西曆	19	20	21	22	23	24	25	26	27	28	29	30	31	(2)	2	3	4	5	6	7	8	9	10	11	12	13	14	15	16	17	
二月小	丙寅	天干地支	丁丑	戊寅	己卯	庚辰	辛巳	壬午	癸未	甲申	乙酉	丙戌	丁亥	戊子	己丑	庚寅	辛卯	壬辰	癸巳	甲午	乙未	丙申	丁酉	戊戌	己亥	庚子	辛丑	壬寅	癸卯	甲辰	乙巳		
		西曆	18	19	20	21	22	23	24	25	26	27	28	(3)	2	3	4	5	6	7	8	9	10	11	12	13	14	15	16	17	18		
三月大	丁卯	天干地支	丙午	丁未	戊申	己酉	庚戌	辛亥	壬子	癸丑	甲寅	乙卯	丙辰	丁巳	戊午	己未	庚申	辛酉	壬戌	癸亥	甲子	乙丑	丙寅	丁卯	戊辰	己巳	庚午	辛未	壬申	癸酉	甲戌	乙亥	癸丑春分
		西曆	19	20	21	22	23	24	25	26	27	28	29	30	31	(4)	2	3	4	5	6	7	8	9	10	11	12	13	14	15	16	17	
四月小	戊辰	天干地支	丙子	丁丑	戊寅	己卯	庚辰	辛巳	壬午	癸未	甲申	乙酉	丙戌	丁亥	戊子	己丑	庚寅	辛卯	壬辰	癸巳	甲午	乙未	丙申	丁酉	戊戌	己亥	庚子	辛丑	壬寅	癸卯	甲辰		庚子立夏
		西曆	18	19	20	21	22	23	24	25	26	27	28	29	30	(5)	2	3	4	5	6	7	8	9	10	11	12	13	14	15	16		
五月大	己巳	天干地支	乙巳	丙午	丁未	戊申	己酉	庚戌	辛亥	壬子	癸丑	甲寅	乙卯	丙辰	丁巳	戊午	己未	庚申	辛酉	壬戌	癸亥	甲子	乙丑	丙寅	丁卯	戊辰	己巳	庚午	辛未	壬申	癸酉	甲戌	
		西曆	17	18	19	20	21	22	23	24	25	26	27	28	29	30	31	(6)	2	3	4	5	6	7	8	9	10	11	12	13	14	15	
六月小	庚午	天干地支	乙亥	丙子	丁丑	戊寅	己卯	庚辰	辛巳	壬午	癸未	甲申	乙酉	丙戌	丁亥	戊子	己丑	庚寅	辛卯	壬辰	癸巳	甲午	乙未	丙申	丁酉	戊戌	己亥	庚子	辛丑	壬寅	癸卯		丁亥夏至
		西曆	16	17	18	19	20	21	22	23	24	25	26	27	28	29	30	(7)	2	3	4	5	6	7	8	9	10	11	12	13	14		
七月大	辛未	天干地支	甲辰	乙巳	丙午	丁未	戊申	己酉	庚戌	辛亥	壬子	癸丑	甲寅	乙卯	丙辰	丁巳	戊午	己未	庚申	辛酉	壬戌	癸亥	甲子	乙丑	丙寅	丁卯	戊辰	己巳	庚午	辛未	壬申	癸酉	
		西曆	15	16	17	18	19	20	21	22	23	24	25	26	27	28	29	30	31	(8)	2	3	4	5	6	7	8	9	10	11	12	13	
八月小	壬申	天干地支	甲戌	乙亥	丙子	丁丑	戊寅	己卯	庚辰	辛巳	壬午	癸未	甲申	乙酉	丙戌	丁亥	戊子	己丑	庚寅	辛卯	壬辰	癸巳	甲午	乙未	丙申	丁酉	戊戌	己亥	庚子	辛丑	壬寅		甲戌立秋
		西曆	14	15	16	17	18	19	20	21	22	23	24	25	26	27	28	29	30	31	(9)	2	3	4	5	6	7	8	9	10	11		
九月大	癸酉	天干地支	癸卯	甲辰	乙巳	丙午	丁未	戊申	己酉	庚戌	辛亥	壬子	癸丑	甲寅	乙卯	丙辰	丁巳	戊午	己未	庚申	辛酉	壬戌	癸亥	甲子	乙丑	丙寅	丁卯	戊辰	己巳	庚午	辛未	壬申	己未秋分
		西曆	12	13	14	15	16	17	18	19	20	21	22	23	24	25	26	27	28	29	30	(10)	2	3	4	5	6	7	8	9	10	11	
十月小	甲戌	天干地支	癸酉	甲戌	乙亥	丙子	丁丑	戊寅	己卯	庚辰	辛巳	壬午	癸未	甲申	乙酉	丙戌	丁亥	戊子	己丑	庚寅	辛卯	壬辰	癸巳	甲午	乙未	丙申	丁酉	戊戌	己亥	庚子	辛丑		
		西曆	12	13	14	15	16	17	18	19	20	21	22	23	24	25	26	27	28	29	30	31	(11)	2	3	4	5	6	7	8	9		
十一月大	乙亥	天干地支	壬寅	癸卯	甲辰	乙巳	丙午	丁未	戊申	己酉	庚戌	辛亥	壬子	癸丑	甲寅	乙卯	丙辰	丁巳	戊午	己未	庚申	辛酉	壬戌	癸亥	甲子	乙丑	丙寅	丁卯	戊辰	己巳	庚午	辛未	甲辰立冬
		西曆	10	11	12	13	14	15	16	17	18	19	20	21	22	23	24	25	26	27	28	29	30	(12)	2	3	4	5	6	7	8	9	
十二月小	丙子	天干地支	壬申	癸酉	甲戌	乙亥	丙子	丁丑	戊寅	己卯	庚辰	辛巳	壬午	癸未	甲申	乙酉	丙戌	丁亥	戊子	己丑	庚寅	辛卯	壬辰	癸巳	甲午	乙未	丙申	丁酉	戊戌	己亥	庚子		戊子冬至
		西曆	10	11	12	13	14	15	16	17	18	19	20	21	22	23	24	25	26	27	28	29	30	31	(1)	2	3	4	5	6	7		

朔閏異同	曆名	正月	二月	三月	四月	五月	六月	七月	八月	九月	十月	十一	十二	閏月
	周曆夏曆	丁丑丙子	丙午乙巳	丙子乙亥	乙巳甲辰	乙亥甲戌	甲辰癸卯	甲戌癸酉	甲辰癸卯	癸酉壬申	癸卯壬寅	壬申辛未	壬寅辛丑	
	顓頊新曆	戊申丁丑	丁丑丙午	丁未丙子	丙子丙午	丙午乙亥	乙亥乙巳	乙巳甲戌	甲戌癸卯	甲辰癸酉	甲戌壬寅	癸卯壬申	癸酉辛丑	

周考王十年（庚戌 狗年） 公元前431年 歲在鶉火

殷曆月序		西曆日照中曆對	初一	初二	初三	初四	初五	初六	初七	初八	初九	初十	十一	十二	十三	十四	十五	十六	十七	十八	十九	二十	二一	二二	二三	二四	二五	二六	二七	二八	二九	三十	節氣與天象
正月大	丁丑	天干地支西曆	辛丑8	壬寅9	癸卯10	甲辰11	乙巳12	丙午13	丁未14	戊申15	己酉16	庚戌17	辛亥18	壬子19	癸丑20	甲寅21	乙卯22	丙辰23	丁巳24	戊午25	己未26	庚申27	辛酉28	壬戌29	癸亥30	甲子31	乙丑(2)	丙寅2	丁卯3	戊辰4	己巳5	庚午6	
二月大	戊寅	天干地支西曆	辛未7	壬申8	癸酉9	甲戌10	乙亥11	丙子12	丁丑13	戊寅14	己卯15	庚辰16	辛巳17	壬午18	癸未19	甲申20	乙酉21	丙戌22	丁亥23	戊子24	己丑25	庚寅26	辛卯27	壬辰28	癸巳(3)	甲午2	乙未3	丙申4	丁酉5	戊戌6	己亥7	庚子8	癸酉立春
三月小	己卯	天干地支西曆	辛丑9	壬寅10	癸卯11	甲辰12	乙巳13	丙午14	丁未15	戊申16	己酉17	庚戌18	辛亥19	壬子20	癸丑21	甲寅22	乙卯23	丙辰24	丁巳25	戊午26	己未27	庚申28	辛酉29	壬戌30	癸亥31	甲子(4)	乙丑2	丙寅3	丁卯4	戊辰5	己巳6		戊午春分
四月大	庚辰	天干地支西曆	庚午7	辛未8	壬申9	癸酉10	甲戌11	乙亥12	丙子13	丁丑14	戊寅15	己卯16	庚辰17	辛巳18	壬午19	癸未20	甲申21	乙酉22	丙戌23	丁亥24	戊子25	己丑26	庚寅27	辛卯28	壬辰29	癸巳30	甲午(5)	乙未2	丙申3	丁酉4	戊戌5	己亥6	
五月小	辛巳	天干地支西曆	庚子7	辛丑8	壬寅9	癸卯10	甲辰11	乙巳12	丙午13	丁未14	戊申15	己酉16	庚戌17	辛亥18	壬子19	癸丑20	甲寅21	乙卯22	丙辰23	丁巳24	戊午25	己未26	庚申27	辛酉28	壬戌29	癸亥30	甲子31	乙丑(6)	丙寅2	丁卯3	戊辰4		乙巳立夏
六月大	壬午	天干地支西曆	己巳5	庚午6	辛未7	壬申8	癸酉9	甲戌10	乙亥11	丙子12	丁丑13	戊寅14	己卯15	庚辰16	辛巳17	壬午18	癸未19	甲申20	乙酉21	丙戌22	丁亥23	戊子24	己丑25	庚寅26	辛卯27	壬辰28	癸巳29	甲午30	乙未(7)	丙申2	丁酉3	戊戌4	壬辰夏至
七月小	癸未	天干地支西曆	己亥5	庚子6	辛丑7	壬寅8	癸卯9	甲辰10	乙巳11	丙午12	丁未13	戊申14	己酉15	庚戌16	辛亥17	壬子18	癸丑19	甲寅20	乙卯21	丙辰22	丁巳23	戊午24	己未25	庚申26	辛酉27	壬戌28	癸亥29	甲子30	乙丑31	丙寅(8)	丁卯2		
八月大	甲申	天干地支西曆	戊辰3	己巳4	庚午5	辛未6	壬申7	癸酉8	甲戌9	乙亥10	丙子11	丁丑12	戊寅13	己卯14	庚辰15	辛巳16	壬午17	癸未18	甲申19	乙酉20	丙戌21	丁亥22	戊子23	己丑24	庚寅25	辛卯26	壬辰27	癸巳28	甲午29	乙未30	丙申31	丁酉(9)	己卯立秋
九月小	乙酉	天干地支西曆	戊戌2	己亥3	庚子4	辛丑5	壬寅6	癸卯7	甲辰8	乙巳9	丙午10	丁未11	戊申12	己酉13	庚戌14	辛亥15	壬子16	癸丑17	甲寅18	乙卯19	丙辰20	丁巳21	戊午22	己未23	庚申24	辛酉25	壬戌26	癸亥27	甲子28	乙丑29	丙寅30		乙丑秋分
十月大	丙戌	天干地支西曆	丁卯(10)	戊辰2	己巳3	庚午4	辛未5	壬申6	癸酉7	甲戌8	乙亥9	丙子10	丁丑11	戊寅12	己卯13	庚辰14	辛巳15	壬午16	癸未17	甲申18	乙酉19	丙戌20	丁亥21	戊子22	己丑23	庚寅24	辛卯25	壬辰26	癸巳27	甲午28	乙未29	丙申30	
十一月小	丁亥	天干地支西曆	丁酉31	戊戌(11)	己亥2	庚子3	辛丑4	壬寅5	癸卯6	甲辰7	乙巳8	丙午9	丁未10	戊申11	己酉12	庚戌13	辛亥14	壬子15	癸丑16	甲寅17	乙卯18	丙辰19	丁巳20	戊午21	己未22	庚申23	辛酉24	壬戌25	癸亥26	甲子27	乙丑28		己酉立冬
十二月大	戊子	天干地支西曆	丙寅29	丁卯30	戊辰(12)	己巳2	庚午3	辛未4	壬申5	癸酉6	甲戌7	乙亥8	丙子9	丁丑10	戊寅11	己卯12	庚辰13	辛巳14	壬午15	癸未16	甲申17	乙酉18	丙戌19	丁亥20	戊子21	己丑22	庚寅23	辛卯24	壬辰25	癸巳26	甲午27	乙未28	癸巳冬至

朔閏異同	曆名	正月	二月	三月	四月	五月	六月	七月	八月	九月	十月	十一	十二	閏月
	周曆夏曆	辛未庚午	辛丑庚子	庚午己巳	庚子己亥	己巳戊辰	己亥戊戌	戊辰丁卯	戊戌丁酉	丁卯丙寅	丁酉---丙申	丁卯乙丑	丙申乙未	乙丑
	顓頊新曆	壬寅辛未	壬申庚子	辛丑庚午	辛未庚子	庚子己巳	庚午己亥	己亥戊辰	己巳戊戌	戊戌丁卯	戊辰---丁酉	丁酉丙寅	丁卯丙申	乙丑

周考王十一年（辛亥 猪年） 公元前431 ~前**430** ~ 前429年 歲在鶉尾

殷曆月序		中西曆日對照	初一	初二	初三	初四	初五	初六	初七	初八	初九	初十	十一	十二	十三	十四	十五	十六	十七	十八	十九	二十	二一	二二	二三	二四	二五	二六	二七	二八	二九	三十	節氣與天象
正月小	己丑	天干地支西曆	丙申29	丁酉30	戊戌31	己亥(1)	庚子2	辛丑3	壬寅4	癸卯5	甲辰6	乙巳7	丙午8	丁未9	戊申10	己酉11	庚戌12	辛亥13	壬子14	癸丑15	甲寅16	乙卯17	丙辰18	丁巳19	戊午20	己未21	庚申22	辛酉23	壬戌24	癸亥25	甲子26		
二月大	庚寅	天干地支西曆	乙丑27	丙寅28	丁卯29	戊辰30	己巳31	庚午(2)	辛未2	壬申3	癸酉4	甲戌5	乙亥6	丙子7	丁丑8	戊寅9	己卯10	庚辰11	辛巳12	壬午13	癸未14	甲申15	乙酉16	丙戌17	丁亥18	戊子19	己丑20	庚寅21	辛卯22	壬辰23	癸巳24	甲午25	戊寅立春
閏二月小	庚寅	天干地支西曆	乙未26	丙申27	丁酉28	戊戌(3)	己亥2	庚子3	辛丑4	壬寅5	癸卯6	甲辰7	乙巳8	丙午9	丁未10	戊申11	己酉12	庚戌13	辛亥14	壬子15	癸丑16	甲寅17	乙卯18	丙辰19	丁巳20	戊午21	己未22	庚申23	辛酉24	壬戌25	癸亥26		
三月大	辛卯	天干地支西曆	甲子27	乙丑28	丙寅29	丁卯30	戊辰31	己巳(4)	庚午2	辛未3	壬申4	癸酉5	甲戌6	乙亥7	丙子8	丁丑9	戊寅10	己卯11	庚辰12	辛巳13	壬午14	癸未15	甲申16	乙酉17	丙戌18	丁亥19	戊子20	己丑21	庚寅22	辛卯23	壬辰24	癸巳25	甲子春分
四月大	壬辰	天干地支西曆	甲午26	乙未27	丙申28	丁酉29	戊戌30	己亥(5)	庚子2	辛丑3	壬寅4	癸卯5	甲辰6	乙巳7	丙午8	丁未9	戊申10	己酉11	庚戌12	辛亥13	壬子14	癸丑15	甲寅16	乙卯17	丙辰18	丁巳19	戊午20	己未21	庚申22	辛酉23	壬戌24	癸亥25	庚戌立夏
五月小	癸巳	天干地支西曆	甲子26	乙丑27	丙寅28	丁卯29	戊辰30	己巳31	庚午(6)	辛未2	壬申3	癸酉4	甲戌5	乙亥6	丙子7	丁丑8	戊寅9	己卯10	庚辰11	辛巳12	壬午13	癸未14	甲申15	乙酉16	丙戌17	丁亥18	戊子19	己丑20	庚寅21	辛卯22	壬辰23		
六月大	甲午	天干地支西曆	癸巳24	甲午25	乙未26	丙申27	丁酉28	戊戌29	己亥30	庚子(7)	辛丑2	壬寅3	癸卯4	甲辰5	乙巳6	丙午7	丁未8	戊申9	己酉10	庚戌11	辛亥12	壬子13	癸丑14	甲寅15	乙卯16	丙辰17	丁巳18	戊午19	己未20	庚申21	辛酉22	壬戌23	戊戌夏至
七月小	乙未	天干地支西曆	癸亥24	甲子25	乙丑26	丙寅27	丁卯28	戊辰29	己巳30	庚午31	辛未(8)	壬申2	癸酉3	甲戌4	乙亥5	丙子6	丁丑7	戊寅8	己卯9	庚辰10	辛巳11	壬午12	癸未13	甲申14	乙酉15	丙戌16	丁亥17	戊子18	己丑19	庚寅20	辛卯21		甲申立秋
八月大	丙申	天干地支西曆	壬辰22	癸巳23	甲午24	乙未25	丙申26	丁酉27	戊戌28	己亥29	庚子30	辛丑31	壬寅(9)	癸卯2	甲辰3	乙巳4	丙午5	丁未6	戊申7	己酉8	庚戌9	辛亥10	壬子11	癸丑12	甲寅13	乙卯14	丙辰15	丁巳16	戊午17	己未18	庚申19	辛酉20	
九月小	丁酉	天干地支西曆	壬戌21	癸亥22	甲子23	乙丑24	丙寅25	丁卯26	戊辰27	己巳28	庚午29	辛未30	壬申(10)	癸酉2	甲戌3	乙亥4	丙子5	丁丑6	戊寅7	己卯8	庚辰9	辛巳10	壬午11	癸未12	甲申13	乙酉14	丙戌15	丁亥16	戊子17	己丑18	庚寅19		庚午秋分
十月大	戊戌	天干地支西曆	辛卯20	壬辰21	癸巳22	甲午23	乙未24	丙申25	丁酉26	戊戌27	己亥28	庚子29	辛丑30	壬寅31	癸卯(11)	甲辰2	乙巳3	丙午4	丁未5	戊申6	己酉7	庚戌8	辛亥9	壬子10	癸丑11	甲寅12	乙卯13	丙辰14	丁巳15	戊午16	己未17	庚申18	甲寅立冬
十一月小	己亥	天干地支西曆	辛酉19	壬戌20	癸亥21	甲子22	乙丑23	丙寅24	丁卯25	戊辰26	己巳27	庚午28	辛未29	壬申30	癸酉(12)	甲戌2	乙亥3	丙子4	丁丑5	戊寅6	己卯7	庚辰8	辛巳9	壬午10	癸未11	甲申12	乙酉13	丙戌14	丁亥15	戊子16	己丑17		
十二月大	庚子	天干地支西曆	庚寅18	辛卯19	壬辰20	癸巳21	甲午22	乙未23	丙申24	丁酉25	戊戌26	己亥27	庚子28	辛丑29	壬寅30	癸卯31	甲辰(1)	乙巳2	丙午3	丁未4	戊申5	己酉6	庚戌7	辛亥8	壬子9	癸丑10	甲寅11	乙卯12	丙辰13	丁巳14	戊午15	己未16	戊戌冬至

朔閏異同	曆名	正月	二月	三月	四月	五月	六月	七月	八月	九月	十月	十一	十二	閏月	曆名	正月	二月	三月	四月	五月	六月	七月	八月	九月	十月	十一	十二	閏月
	周曆夏曆	丙寅甲午	乙未甲子	乙丑癸巳	甲午癸亥	┅甲子壬辰	癸巳壬戌	癸亥辛卯	壬辰辛酉	壬戌庚寅	辛卯庚申	辛酉己丑	庚寅己未	庚申	顓頊新曆	丙申乙未	丙寅甲子	丙申甲午	乙丑癸亥	乙未癸巳	┅甲子癸亥	甲午壬辰	癸亥壬戌	癸巳辛卯	壬戌辛酉	壬辰庚寅	辛酉庚申	辛卯

周考王十二年（壬子 鼠年） 公元前429～前428年 歲在壽星

殷曆月序		中西曆對照	初一	初二	初三	初四	初五	初六	初七	初八	初九	初十	十一	十二	十三	十四	十五	十六	十七	十八	十九	二十	二一	二二	二三	二四	二五	二六	二七	二八	二九	三十	節氣與天象
正月小	辛丑	干支 天地 西曆	庚申 17	辛酉 18	壬戌 19	癸亥 20	甲子 21	乙丑 22	丙寅 23	丁卯 24	戊辰 25	己巳 26	庚午 27	辛未 28	壬申 29	癸酉 30	甲戌 31	乙亥 (2)	丙子 2	丁丑 3	戊寅 4	己卯 5	庚辰 6	辛巳 7	壬午 8	癸未 9	甲申 10	乙酉 11	丙戌 12	丁亥 13	戊子 14		癸未立春 庚申日食
二月大	壬寅	干支 天地 西曆	己丑 15	庚寅 16	辛卯 17	壬辰 18	癸巳 19	甲午 20	乙未 21	丙申 22	丁酉 23	戊戌 24	己亥 25	庚子 26	辛丑 27	壬寅 28	癸卯 29	甲辰 (3)	乙巳 2	丙午 3	丁未 4	戊申 5	己酉 6	庚戌 7	辛亥 8	壬子 9	癸丑 10	甲寅 11	乙卯 12	丙辰 13	丁巳 14	戊午 15	
三月小	癸卯	干支 天地 西曆	己未 16	庚申 17	辛酉 18	壬戌 19	癸亥 20	甲子 21	乙丑 22	丙寅 23	丁卯 24	戊辰 25	己巳 26	庚午 27	辛未 28	壬申 29	癸酉 30	甲戌 31	乙亥 (4)	丙子 2	丁丑 3	戊寅 4	己卯 5	庚辰 6	辛巳 7	壬午 8	癸未 9	甲申 10	乙酉 11	丙戌 12	丁亥 13		己巳春分
四月大	甲辰	干支 天地 西曆	戊子 14	己丑 15	庚寅 16	辛卯 17	壬辰 18	癸巳 19	甲午 20	乙未 21	丙申 22	丁酉 23	戊戌 24	己亥 25	庚子 26	辛丑 27	壬寅 28	癸卯 29	甲辰 30	乙巳 (5)	丙午 2	丁未 3	戊申 4	己酉 5	庚戌 6	辛亥 7	壬子 8	癸丑 9	甲寅 10	乙卯 11	丙辰 12	丁巳 13	丙辰立夏
五月小	乙巳	干支 天地 西曆	戊午 14	己未 15	庚申 16	辛酉 17	壬戌 18	癸亥 19	甲子 20	乙丑 21	丙寅 22	丁卯 23	戊辰 24	己巳 25	庚午 26	辛未 27	壬申 28	癸酉 29	甲戌 30	乙亥 31	丙子 (6)	丁丑 2	戊寅 3	己卯 4	庚辰 5	辛巳 6	壬午 7	癸未 8	甲申 9	乙酉 10	丙戌 11		
六月大	丙午	干支 天地 西曆	丁亥 12	戊子 13	己丑 14	庚寅 15	辛卯 16	壬辰 17	癸巳 18	甲午 19	乙未 20	丙申 21	丁酉 22	戊戌 23	己亥 24	庚子 25	辛丑 26	壬寅 27	癸卯 28	甲辰 29	乙巳 30	丙午 (7)	丁未 2	戊申 3	己酉 4	庚戌 5	辛亥 6	壬子 7	癸丑 8	甲寅 9	乙卯 10	丙辰 11	癸卯夏至
七月小	丁未	干支 天地 西曆	丁巳 12	戊午 13	己未 14	庚申 15	辛酉 16	壬戌 17	癸亥 18	甲子 19	乙丑 20	丙寅 21	丁卯 22	戊辰 23	己巳 24	庚午 25	辛未 26	壬申 27	癸酉 28	甲戌 29	乙亥 30	丙子 31	丁丑 (8)	戊寅 2	己卯 3	庚辰 4	辛巳 5	壬午 6	癸未 7	甲申 8	乙酉 9		
八月大	戊申	干支 天地 西曆	丙戌 10	丁亥 11	戊子 12	己丑 13	庚寅 14	辛卯 15	壬辰 16	癸巳 17	甲午 18	乙未 19	丙申 20	丁酉 21	戊戌 22	己亥 23	庚子 24	辛丑 25	壬寅 26	癸卯 27	甲辰 28	乙巳 29	丙午 30	丁未 31	戊申 (9)	己酉 2	庚戌 3	辛亥 4	壬子 5	癸丑 6	甲寅 7	乙卯 8	庚寅立秋
九月大	己酉	干支 天地 西曆	丙辰 9	丁巳 10	戊午 11	己未 12	庚申 13	辛酉 14	壬戌 15	癸亥 16	甲子 17	乙丑 18	丙寅 19	丁卯 20	戊辰 21	己巳 22	庚午 23	辛未 24	壬申 25	癸酉 26	甲戌 27	乙亥 28	丙子 29	丁丑 30	戊寅 (10)	己卯 2	庚辰 3	辛巳 4	壬午 5	癸未 6	甲申 7	乙酉 8	乙亥秋分
十月小	庚戌	干支 天地 西曆	丙戌 9	丁亥 10	戊子 11	己丑 12	庚寅 13	辛卯 14	壬辰 15	癸巳 16	甲午 17	乙未 18	丙申 19	丁酉 20	戊戌 21	己亥 22	庚子 23	辛丑 24	壬寅 25	癸卯 26	甲辰 27	乙巳 28	丙午 29	丁未 30	戊申 31	己酉 (11)	庚戌 2	辛亥 3	壬子 4	癸丑 5	甲寅 6		
十一月大	辛亥	干支 天地 西曆	乙卯 7	丙辰 8	丁巳 9	戊午 10	己未 11	庚申 12	辛酉 13	壬戌 14	癸亥 15	甲子 16	乙丑 17	丙寅 18	丁卯 19	戊辰 20	己巳 21	庚午 22	辛未 23	壬申 24	癸酉 25	甲戌 26	乙亥 27	丙子 28	丁丑 29	戊寅 30	己卯 (12)	庚辰 2	辛巳 3	壬午 4	癸未 5	甲申 6	己未立冬
十二月小	壬子	干支 天地 西曆	乙酉 7	丙戌 8	丁亥 9	戊子 10	己丑 11	庚寅 12	辛卯 13	壬辰 14	癸巳 15	甲午 16	乙未 17	丙申 18	丁酉 19	戊戌 20	己亥 21	庚子 22	辛丑 23	壬寅 24	癸卯 25	甲辰 26	乙巳 27	丙午 28	丁未 29	戊申 30	己酉 31	庚戌 (1)	辛亥 2	壬子 3	癸丑 4		甲辰冬至

朔閏異同	曆名	正月	二月	三月	四月	五月	六月	七月	八月	九月	十月	十一	十二	閏月
	周曆夏曆	己丑戊子	己未戊午	己丑丁亥	戊午丁巳	戊子丁亥	丁巳丙辰	丁亥丙戌	丙辰乙卯	丙戌乙酉	乙卯甲寅	乙酉甲申	甲寅癸丑	
	顓頊新曆	庚申己丑	庚寅己未	己未戊子	己丑戊午	戊午丁亥	戊子丁巳	戊午丙戌	丁亥丙辰	丁巳丙戌	丙戌乙卯	丙辰乙酉	乙酉乙卯	

周考王十三年（癸丑 牛年） 公元前 428 ~ 前 427 年 歲在大火

殷曆月序		中西曆日對照	初一	初二	初三	初四	初五	初六	初七	初八	初九	初十	十一	十二	十三	十四	十五	十六	十七	十八	十九	二十	二一	二二	二三	二四	二五	二六	二七	二八	二九	三十	節氣與天象
正月大	癸丑	天干地支西曆	甲寅 5	乙卯 6	丙辰 7	丁巳 8	戊午 9	己未 10	庚申 11	辛酉 12	壬戌 13	癸亥 14	甲子 15	乙丑 16	丙寅 17	丁卯 18	戊辰 19	己巳 20	庚午 21	辛未 22	壬申 23	癸酉 24	甲戌 25	乙亥 26	丙子 27	丁丑 28	戊寅 29	己卯 30	庚辰 31	辛巳 (2)	壬午 2	癸未 3	
二月小	甲寅	天干地支西曆	甲申 4	乙酉 5	丙戌 6	丁亥 7	戊子 8	己丑 9	庚寅 10	辛卯 11	壬辰 12	癸巳 13	甲午 14	乙未 15	丙申 16	丁酉 17	戊戌 18	己亥 19	庚子 20	辛丑 21	壬寅 22	癸卯 23	甲辰 24	乙巳 25	丙午 26	丁未 27	戊申 28	己酉 (3)	庚戌 2	辛亥 3	壬子 4		戊子立春
三月大	乙卯	天干地支西曆	癸丑 5	甲寅 6	乙卯 7	丙辰 8	丁巳 9	戊午 10	己未 11	庚申 12	辛酉 13	壬戌 14	癸亥 15	甲子 16	乙丑 17	丙寅 18	丁卯 19	戊辰 20	己巳 21	庚午 22	辛未 23	壬申 24	癸酉 25	甲戌 26	乙亥 27	丙子 28	丁丑 29	戊寅 30	己卯 31	庚辰 (4)	辛巳 2	壬午 3	甲戌春分
四月小	丙辰	天干地支西曆	癸未 4	甲申 5	乙酉 6	丙戌 7	丁亥 8	戊子 9	己丑 10	庚寅 11	辛卯 12	壬辰 13	癸巳 14	甲午 15	乙未 16	丙申 17	丁酉 18	戊戌 19	己亥 20	庚子 21	辛丑 22	壬寅 23	癸卯 24	甲辰 25	乙巳 26	丙午 27	丁未 28	戊申 29	己酉 30	庚戌 (5)	辛亥 2		
五月大	丁巳	天干地支西曆	壬子 3	癸丑 4	甲寅 5	乙卯 6	丙辰 7	丁巳 8	戊午 9	己未 10	庚申 11	辛酉 12	壬戌 13	癸亥 14	甲子 15	乙丑 16	丙寅 17	丁卯 18	戊辰 19	己巳 20	庚午 21	辛未 22	壬申 23	癸酉 24	甲戌 25	乙亥 26	丙子 27	丁丑 28	戊寅 29	己卯 30	庚辰 31	辛巳 (6)	辛酉立夏
六月小	戊午	天干地支西曆	壬午 2	癸未 3	甲申 4	乙酉 5	丙戌 6	丁亥 7	戊子 8	己丑 9	庚寅 10	辛卯 11	壬辰 12	癸巳 13	甲午 14	乙未 15	丙申 16	丁酉 17	戊戌 18	己亥 19	庚子 20	辛丑 21	壬寅 22	癸卯 23	甲辰 24	乙巳 25	丙午 26	丁未 27	戊申 28	己酉 29	庚戌 30		戊申夏至
七月大	己未	天干地支西曆	辛亥 (7)	壬子 2	癸丑 3	甲寅 4	乙卯 5	丙辰 6	丁巳 7	戊午 8	己未 9	庚申 10	辛酉 11	壬戌 12	癸亥 13	甲子 14	乙丑 15	丙寅 16	丁卯 17	戊辰 18	己巳 19	庚午 20	辛未 21	壬申 22	癸酉 23	甲戌 24	乙亥 25	丙子 26	丁丑 27	戊寅 28	己卯 29	庚辰 30	
八月小	庚申	天干地支西曆	辛巳 31	壬午 (8)	癸未 2	甲申 3	乙酉 4	丙戌 5	丁亥 6	戊子 7	己丑 8	庚寅 9	辛卯 10	壬辰 11	癸巳 12	甲午 13	乙未 14	丙申 15	丁酉 16	戊戌 17	己亥 18	庚子 19	辛丑 20	壬寅 21	癸卯 22	甲辰 23	乙巳 24	丙午 25	丁未 26	戊申 27	己酉 28		乙未立秋
九月大	辛酉	天干地支西曆	庚戌 29	辛亥 30	壬子 31	癸丑 (9)	甲寅 2	乙卯 3	丙辰 4	丁巳 5	戊午 6	己未 7	庚申 8	辛酉 9	壬戌 10	癸亥 11	甲子 12	乙丑 13	丙寅 14	丁卯 15	戊辰 16	己巳 17	庚午 18	辛未 19	壬申 20	癸酉 21	甲戌 22	乙亥 23	丙子 24	丁丑 25	戊寅 26	己卯 27	
十月小	壬戌	天干地支西曆	庚辰 28	辛巳 29	壬午 30	癸未 (10)	甲申 2	乙酉 3	丙戌 4	丁亥 5	戊子 6	己丑 7	庚寅 8	辛卯 9	壬辰 10	癸巳 11	甲午 12	乙未 13	丙申 14	丁酉 15	戊戌 16	己亥 17	庚子 18	辛丑 19	壬寅 20	癸卯 21	甲辰 22	乙巳 23	丙午 24	丁未 25	戊申 26		庚辰秋分
十一月大	癸亥	天干地支西曆	己酉 27	庚戌 28	辛亥 29	壬子 30	癸丑 31	甲寅 (11)	乙卯 2	丙辰 3	丁巳 4	戊午 5	己未 6	庚申 7	辛酉 8	壬戌 9	癸亥 10	甲子 11	乙丑 12	丙寅 13	丁卯 14	戊辰 15	己巳 16	庚午 17	辛未 18	壬申 19	癸酉 20	甲戌 21	乙亥 22	丙子 23	丁丑 24	戊寅 25	乙丑立冬
閏十一大	癸亥	天干地支西曆	己卯 26	庚辰 27	辛巳 28	壬午 29	癸未 30	甲申 (12)	乙酉 2	丙戌 3	丁亥 4	戊子 5	己丑 6	庚寅 7	辛卯 8	壬辰 9	癸巳 10	甲午 11	乙未 12	丙申 13	丁酉 14	戊戌 15	己亥 16	庚子 17	辛丑 18	壬寅 19	癸卯 20	甲辰 21	乙巳 22	丙午 23	丁未 24	戊申 25	
十二月小	甲子	天干地支西曆	己酉 26	庚戌 27	辛亥 28	壬子 29	癸丑 30	甲寅 31	乙卯 (1)	丙辰 2	丁巳 3	戊午 4	己未 5	庚申 6	辛酉 7	壬戌 8	癸亥 9	甲子 10	乙丑 11	丙寅 12	丁卯 13	戊辰 14	己巳 15	庚午 16	辛未 17	壬申 18	癸酉 19	甲戌 20	乙亥 21	丙子 22	丁丑 23		己酉冬至

朔閏異同	曆名	正月	二月	三月	四月	五月	六月	七月	八月	九月	十月	十一	十二	閏月
	周曆夏曆	甲申癸未	癸丑壬子	癸未壬午	壬子辛亥	壬午辛巳	壬子庚戌	辛巳庚辰	辛亥---庚戌	庚辰己卯	庚戌己酉	己卯戊寅	己酉戊申	---戊寅丁丑
	顓頊新曆	乙卯甲申	甲申癸丑	甲寅癸未	癸未壬子	癸丑辛巳	壬午辛亥	壬子---庚辰	辛巳庚戌	辛亥庚辰	辛巳庚戌	庚戌己卯	庚辰己酉	---己酉己卯

周考王十四年（甲寅 虎年） 公元前 427 ~ 前 426 年 歲在析木

殷曆月序		中西曆日對照	殷曆日序																														節氣與天象
			初一	初二	初三	初四	初五	初六	初七	初八	初九	初十	十一	十二	十三	十四	十五	十六	十七	十八	十九	二十	二一	二二	二三	二四	二五	二六	二七	二八	二九	三十	
正月大	乙丑	天干 地支 西曆	戊寅 24	己卯 25	庚辰 26	辛巳 27	壬午 28	癸未 29	甲申 30	乙酉 31	丙戌 (2)	丁亥 2	戊子 3	己丑 4	庚寅 5	辛卯 6	壬辰 7	癸巳 8	甲午 9	乙未 10	丙申 11	丁酉 12	戊戌 13	己亥 14	庚子 15	辛丑 16	壬寅 17	癸卯 18	甲辰 19	乙巳 20	丙午 21	丁未 22	癸巳立春
二月小	丙寅	天干 地支 西曆	戊申 23	己酉 24	庚戌 25	辛亥 26	壬子 27	癸丑 28	甲寅 (3)	乙卯 2	丙辰 3	丁巳 4	戊午 5	己未 6	庚申 7	辛酉 8	壬戌 9	癸亥 10	甲子 11	乙丑 12	丙寅 13	丁卯 14	戊辰 15	己巳 16	庚午 17	辛未 18	壬申 19	癸酉 20	甲戌 21	乙亥 22	丙子 23		
三月大	丁卯	天干 地支 西曆	丁丑 24	戊寅 25	己卯 26	庚辰 27	辛巳 28	壬午 29	癸未 30	甲申 31	乙酉 (4)	丙戌 2	丁亥 3	戊子 4	己丑 5	庚寅 6	辛卯 7	壬辰 8	癸巳 9	甲午 10	乙未 11	丙申 12	丁酉 13	戊戌 14	己亥 15	庚子 16	辛丑 17	壬寅 18	癸卯 19	甲辰 20	乙巳 21	丙午 22	己卯春分
四月小	戊辰	天干 地支 西曆	丁未 23	戊申 24	己酉 25	庚戌 26	辛亥 27	壬子 28	癸丑 29	甲寅 30	乙卯 (5)	丙辰 2	丁巳 3	戊午 4	己未 5	庚申 6	辛酉 7	壬戌 8	癸亥 9	甲子 10	乙丑 11	丙寅 12	丁卯 13	戊辰 14	己巳 15	庚午 16	辛未 17	壬申 18	癸酉 19	甲戌 20	乙亥 21		丙寅立夏
五月大	己巳	天干 地支 西曆	丙子 22	丁丑 23	戊寅 24	己卯 25	庚辰 26	辛巳 27	壬午 28	癸未 29	甲申 30	乙酉 31	丙戌 (6)	丁亥 2	戊子 3	己丑 4	庚寅 5	辛卯 6	壬辰 7	癸巳 8	甲午 9	乙未 10	丙申 11	丁酉 12	戊戌 13	己亥 14	庚子 15	辛丑 16	壬寅 17	癸卯 18	甲辰 19	乙巳 20	丙子日食
六月小	庚午	天干 地支 西曆	丙午 21	丁未 22	戊申 23	己酉 24	庚戌 25	辛亥 26	壬子 27	癸丑 28	甲寅 29	乙卯 30	丙辰 (7)	丁巳 2	戊午 3	己未 4	庚申 5	辛酉 6	壬戌 7	癸亥 8	甲子 9	乙丑 10	丙寅 11	丁卯 12	戊辰 13	己巳 14	庚午 15	辛未 16	壬申 17	癸酉 18	甲戌 19		癸丑夏至
七月大	辛未	天干 地支 西曆	乙亥 20	丙子 21	丁丑 22	戊寅 23	己卯 24	庚辰 25	辛巳 26	壬午 27	癸未 28	甲申 29	乙酉 30	丙戌 31	丁亥 (8)	戊子 2	己丑 3	庚寅 4	辛卯 5	壬辰 6	癸巳 7	甲午 8	乙未 9	丙申 10	丁酉 11	戊戌 12	己亥 13	庚子 14	辛丑 15	壬寅 16	癸卯 17	甲辰 18	庚子立秋
八月小	壬申	天干 地支 西曆	乙巳 19	丙午 20	丁未 21	戊申 22	己酉 23	庚戌 24	辛亥 25	壬子 26	癸丑 27	甲寅 28	乙卯 29	丙辰 30	丁巳 31	戊午 (9)	己未 2	庚申 3	辛酉 4	壬戌 5	癸亥 6	甲子 7	乙丑 8	丙寅 9	丁卯 10	戊辰 11	己巳 12	庚午 13	辛未 14	壬申 15	癸酉 16		
九月大	癸酉	天干 地支 西曆	甲戌 17	乙亥 18	丙子 19	丁丑 20	戊寅 21	己卯 22	庚辰 23	辛巳 24	壬午 25	癸未 26	甲申 27	乙酉 28	丙戌 29	丁亥 30	戊子 (10)	己丑 2	庚寅 3	辛卯 4	壬辰 5	癸巳 6	甲午 7	乙未 8	丙申 9	丁酉 10	戊戌 11	己亥 12	庚子 13	辛丑 14	壬寅 15	癸卯 16	丙戌秋分
十月小	甲戌	天干 地支 西曆	甲辰 17	乙巳 18	丙午 19	丁未 20	戊申 21	己酉 22	庚戌 23	辛亥 24	壬子 25	癸丑 26	甲寅 27	乙卯 28	丙辰 29	丁巳 30	戊午 31	己未 (11)	庚申 2	辛酉 3	壬戌 4	癸亥 5	甲子 6	乙丑 7	丙寅 8	丁卯 9	戊辰 10	己巳 11	庚午 12	辛未 13	壬申 14		庚午立冬
十一月大	乙亥	天干 地支 西曆	癸酉 15	甲戌 16	乙亥 17	丙子 18	丁丑 19	戊寅 20	己卯 21	庚辰 22	辛巳 23	壬午 24	癸未 25	甲申 26	乙酉 27	丙戌 28	丁亥 29	戊子 30	己丑 (12)	庚寅 2	辛卯 3	壬辰 4	癸巳 5	甲午 6	乙未 7	丙申 8	丁酉 9	戊戌 10	己亥 11	庚子 12	辛丑 13	壬寅 14	
十二月小	丙子	天干 地支 西曆	癸卯 15	甲辰 16	乙巳 17	丙午 18	丁未 19	戊申 20	己酉 21	庚戌 22	辛亥 23	壬子 24	癸丑 25	甲寅 26	乙卯 27	丙辰 28	丁巳 29	戊午 30	己未 31	庚申 (1)	辛酉 2	壬戌 3	癸亥 4	甲子 5	乙丑 6	丙寅 7	丁卯 8	戊辰 9	己巳 10	庚午 11	辛未 12		甲寅冬至

朔閏異同	曆名	正月	二月	三月	四月	五月	六月	七月	八月	九月	十月	十一	十二	閏月	曆名	正月	二月	三月	四月	五月	六月	七月	八月	九月	十月	十一	十二	閏月
	周曆夏曆	戊申丁未	丁丑丙子	丁未丙午	丙子乙亥	丙午乙巳	乙亥甲戌	乙巳甲辰	甲戌癸酉	甲辰癸卯	甲戌壬申	癸卯壬寅	癸酉壬申		顓頊新曆	己卯戊申	戊申丁丑	戊寅丁未	丁未丙子	丁丑乙巳	丙午乙亥	丙子甲辰	乙巳甲戌	乙亥甲辰	甲辰癸酉	甲戌癸卯	癸卯癸酉	

周考王十五年（乙卯 兔年） 公元前 426 ~ 前 425 年 歲在星紀

殷曆月序		中西曆日對照	初一	初二	初三	初四	初五	初六	初七	初八	初九	初十	十一	十二	十三	十四	十五	十六	十七	十八	十九	二十	二一	二二	二三	二四	二五	二六	二七	二八	二九	三十	節氣與天象
正月大	丁丑	天干地支西曆	壬申13	癸酉14	甲戌15	乙亥16	丙子17	丁丑18	戊寅19	己卯20	庚辰21	辛巳22	壬午23	癸未24	甲申25	乙酉26	丙戌27	丁亥28	戊子29	己丑30	庚寅31	辛卯(2)	壬辰2	癸巳3	甲午4	乙未5	丙申6	丁酉7	戊戌8	己亥9	庚子10	辛丑11	己亥立春
二月小	戊寅	天干地支西曆	壬寅12	癸卯13	甲辰14	乙巳15	丙午16	丁未17	戊申18	己酉19	庚戌20	辛亥21	壬子22	癸丑23	甲寅24	乙卯25	丙辰26	丁巳27	戊午28	己未(3)	庚申2	辛酉3	壬戌4	癸亥5	甲子6	乙丑7	丙寅8	丁卯9	戊辰10	己巳11	庚午12		
三月大	己卯	天干地支西曆	辛未13	壬申14	癸酉15	甲戌16	乙亥17	丙子18	丁丑19	戊寅20	己卯21	庚辰22	辛巳23	壬午24	癸未25	甲申26	乙酉27	丙戌28	丁亥29	戊子30	己丑31	庚寅(4)	辛卯2	壬辰3	癸巳4	甲午5	乙未6	丙申7	丁酉8	戊戌9	己亥10	庚子11	乙酉春分
四月大	庚辰	天干地支西曆	辛丑12	壬寅13	癸卯14	甲辰15	乙巳16	丙午17	丁未18	戊申19	己酉20	庚戌21	辛亥22	壬子23	癸丑24	甲寅25	乙卯26	丙辰27	丁巳28	戊午29	己未30	庚申(5)	辛酉2	壬戌3	癸亥4	甲子5	乙丑6	丙寅7	丁卯8	戊辰9	己巳10	庚午11	
五月小	辛巳	天干地支西曆	辛未12	壬申13	癸酉14	甲戌15	乙亥16	丙子17	丁丑18	戊寅19	己卯20	庚辰21	辛巳22	壬午23	癸未24	甲申25	乙酉26	丙戌27	丁亥28	戊子29	己丑30	庚寅31	辛卯(6)	壬辰2	癸巳3	甲午4	乙未5	丙申6	丁酉7	戊戌8	己亥9		辛未立夏
六月大	壬午	天干地支西曆	庚子10	辛丑11	壬寅12	癸卯13	甲辰14	乙巳15	丙午16	丁未17	戊申18	己酉19	庚戌20	辛亥21	壬子22	癸丑23	甲寅24	乙卯25	丙辰26	丁巳27	戊午28	己未29	庚申30	辛酉(7)	壬戌2	癸亥3	甲子4	乙丑5	丙寅6	丁卯7	戊辰8	己巳9	己未夏至
七月小	癸未	天干地支西曆	庚午10	辛未11	壬申12	癸酉13	甲戌14	乙亥15	丙子16	丁丑17	戊寅18	己卯19	庚辰20	辛巳21	壬午22	癸未23	甲申24	乙酉25	丙戌26	丁亥27	戊子28	己丑29	庚寅30	辛卯31	壬辰(8)	癸巳2	甲午3	乙未4	丙申5	丁酉6	戊戌7		
八月大	甲申	天干地支西曆	己亥8	庚子9	辛丑10	壬寅11	癸卯12	甲辰13	乙巳14	丙午15	丁未16	戊申17	己酉18	庚戌19	辛亥20	壬子21	癸丑22	甲寅23	乙卯24	丙辰25	丁巳26	戊午27	己未28	庚申29	辛酉30	壬戌31	癸亥(9)	甲子2	乙丑3	丙寅4	丁卯5	戊辰6	乙巳立秋
九月小	乙酉	天干地支西曆	己巳7	庚午8	辛未9	壬申10	癸酉11	甲戌12	乙亥13	丙子14	丁丑15	戊寅16	己卯17	庚辰18	辛巳19	壬午20	癸未21	甲申22	乙酉23	丙戌24	丁亥25	戊子26	己丑27	庚寅28	辛卯29	壬辰30	癸巳(10)	甲午2	乙未3	丙申4	丁酉5		辛卯秋分
十月大	丙戌	天干地支西曆	戊戌6	己亥7	庚子8	辛丑9	壬寅10	癸卯11	甲辰12	乙巳13	丙午14	丁未15	戊申16	己酉17	庚戌18	辛亥19	壬子20	癸丑21	甲寅22	乙卯23	丙辰24	丁巳25	戊午26	己未27	庚申28	辛酉29	壬戌30	癸亥31	甲子(11)	乙丑2	丙寅3	丁卯4	
十一月小	丁亥	天干地支西曆	戊辰5	己巳6	庚午7	辛未8	壬申9	癸酉10	甲戌11	乙亥12	丙子13	丁丑14	戊寅15	己卯16	庚辰17	辛巳18	壬午19	癸未20	甲申21	乙酉22	丙戌23	丁亥24	戊子25	己丑26	庚寅27	辛卯28	壬辰29	癸巳30	甲午(12)	乙未2	丙申3		乙亥立冬
十二月大	戊子	天干地支西曆	丁酉4	戊戌5	己亥6	庚子7	辛丑8	壬寅9	癸卯10	甲辰11	乙巳12	丙午13	丁未14	戊申15	己酉16	庚戌17	辛亥18	壬子19	癸丑20	甲寅21	乙卯22	丙辰23	丁巳24	戊午25	己未26	庚申27	辛酉28	壬戌29	癸亥30	甲子31	乙丑(1)	丙寅2	己未冬至

朔閏異同	曆名	正月	二月	三月	四月	五月	六月	七月	八月	九月	十月	十一	十二	閏月	曆名	正月	二月	三月	四月	五月	六月	七月	八月	九月	十月	十一	十二	閏月
	周曆夏曆	壬寅辛丑	壬申辛未	辛丑庚子	辛未庚午	庚子己亥	庚午己巳	己亥戊戌	己巳戊辰	戊戌丁酉	戊辰丁卯	丁酉丙申	丁卯丙寅		顓頊新曆	癸酉壬寅	癸卯壬申	壬申辛丑	壬寅辛未	辛未庚子	辛丑己巳	庚午己亥	庚子戊辰	己巳戊戌	己亥丁卯	戊辰丁酉	戊戌丁卯	

周威烈王元年（丙辰 龍年） 公元前425～前424年 歲在玄枵

殷曆月序		西曆日中對照	初一	初二	初三	初四	初五	初六	初七	初八	初九	初十	十一	十二	十三	十四	十五	十六	十七	十八	十九	二十	二一	二二	二三	二四	二五	二六	二七	二八	二九	三十	節氣與天象
正月小	己丑	天干地支西曆	丁卯3	戊辰4	己巳5	庚午6	辛未7	壬申8	癸酉9	甲戌10	乙亥11	丙子12	丁丑13	戊寅14	己卯15	庚辰16	辛巳17	壬午18	癸未19	甲申20	乙酉21	丙戌22	丁亥23	戊子24	己丑25	庚寅26	辛卯27	壬辰28	癸巳29	甲午30	乙未31		
二月大	庚寅	天干地支西曆	丙申(2)	丁酉2	戊戌3	己亥4	庚子5	辛丑6	壬寅7	癸卯8	甲辰9	乙巳10	丙午11	丁未12	戊申13	己酉14	庚戌15	辛亥16	壬子17	癸丑18	甲寅19	乙卯20	丙辰21	丁巳22	戊午23	己未24	庚申25	辛酉26	壬戌27	癸亥28	甲子29	乙丑(3)	甲辰立春
三月小	辛卯	天干地支西曆	丙寅2	丁卯3	戊辰4	己巳5	庚午6	辛未7	壬申8	癸酉9	甲戌10	乙亥11	丙子12	丁丑13	戊寅14	己卯15	庚辰16	辛巳17	壬午18	癸未19	甲申20	乙酉21	丙戌22	丁亥23	戊子24	己丑25	庚寅26	辛卯27	壬辰28	癸巳29	甲午30		庚寅春分
四月大	壬辰	天干地支西曆	乙未31	丙申(4)	丁酉2	戊戌3	己亥4	庚子5	辛丑6	壬寅7	癸卯8	甲辰9	乙巳10	丙午11	丁未12	戊申13	己酉14	庚戌15	辛亥16	壬子17	癸丑18	甲寅19	乙卯20	丙辰21	丁巳22	戊午23	己未24	庚申25	辛酉26	壬戌27	癸亥28	甲子29	
五月小	癸巳	天干地支西曆	乙丑30	丙寅(5)	丁卯2	戊辰3	己巳4	庚午5	辛未6	壬申7	癸酉8	甲戌9	乙亥10	丙子11	丁丑12	戊寅13	己卯14	庚辰15	辛巳16	壬午17	癸未18	甲申19	乙酉20	丙戌21	丁亥22	戊子23	己丑24	庚寅25	辛卯26	壬辰27	癸巳28		丁丑立夏
六月大	甲午	天干地支西曆	甲午29	乙未30	丙申31	丁酉(6)	戊戌2	己亥3	庚子4	辛丑5	壬寅6	癸卯7	甲辰8	乙巳9	丙午10	丁未11	戊申12	己酉13	庚戌14	辛亥15	壬子16	癸丑17	甲寅18	乙卯19	丙辰20	丁巳21	戊午22	己未23	庚申24	辛酉25	壬戌26	癸亥27	
七月小	乙未	天干地支西曆	甲子28	乙丑29	丙寅30	丁卯(7)	戊辰2	己巳3	庚午4	辛未5	壬申6	癸酉7	甲戌8	乙亥9	丙子10	丁丑11	戊寅12	己卯13	庚辰14	辛巳15	壬午16	癸未17	甲申18	乙酉19	丙戌20	丁亥21	戊子22	己丑23	庚寅24	辛卯25	壬辰26		甲子夏至
閏七月大	乙未	天干地支西曆	癸巳27	甲午28	乙未29	丙申30	丁酉31	戊戌(8)	己亥2	庚子3	辛丑4	壬寅5	癸卯6	甲辰7	乙巳8	丙午9	丁未10	戊申11	己酉12	庚戌13	辛亥14	壬子15	癸丑16	甲寅17	乙卯18	丙辰19	丁巳20	戊午21	己未22	庚申23	辛酉24	壬戌25	辛亥立秋
八月小	丙申	天干地支西曆	癸亥26	甲子27	乙丑28	丙寅29	丁卯30	戊辰31	己巳(9)	庚午2	辛未3	壬申4	癸酉5	甲戌6	乙亥7	丙子8	丁丑9	戊寅10	己卯11	庚辰12	辛巳13	壬午14	癸未15	甲申16	乙酉17	丙戌18	丁亥19	戊子20	己丑21	庚寅22	辛卯23	壬辰24	
九月小	丁酉	天干地支西曆	癸巳25	甲午26	乙未27	丙申28	丁酉29	戊戌30	己亥(10)	庚子2	辛丑3	壬寅4	癸卯5	甲辰6	乙巳7	丙午8	丁未9	戊申10	己酉11	庚戌12	辛亥13	壬子14	癸丑15	甲寅16	乙卯17	丙辰18	丁巳19	戊午20	己未21	庚申22	辛酉23		丙申秋分
十月大	戊戌	天干地支西曆	壬戌24	癸亥25	甲子26	乙丑27	丙寅28	丁卯29	戊辰30	己巳31	庚午(11)	辛未2	壬申3	癸酉4	甲戌5	乙亥6	丙子7	丁丑8	戊寅9	己卯10	庚辰11	辛巳12	壬午13	癸未14	甲申15	乙酉16	丙戌17	丁亥18	戊子19	己丑20	庚寅21	辛卯22	庚辰立冬
十一月小	己亥	天干地支西曆	壬辰23	癸巳24	甲午25	乙未26	丙申27	丁酉28	戊戌29	己亥30	庚子(12)	辛丑2	壬寅3	癸卯4	甲辰5	乙巳6	丙午7	丁未8	戊申9	己酉10	庚戌11	辛亥12	壬子13	癸丑14	甲寅15	乙卯16	丙辰17	丁巳18	戊午19	己未20	庚申21		
十二月大	庚子	天干地支西曆	辛酉22	壬戌23	癸亥24	甲子25	乙丑26	丙寅27	丁卯28	戊辰29	己巳30	庚午31	辛未(1)	壬申2	癸酉3	甲戌4	乙亥5	丙子6	丁丑7	戊寅8	己卯9	庚辰10	辛巳11	壬午12	癸未13	甲申14	乙酉15	丙戌16	丁亥17	戊子18	己丑19	庚寅20	乙丑冬至

朔閏異同	曆名	正月	二月	三月	四月	五月	六月	七月	八月	九月	十月	十一	十二	閏月
	周曆夏曆	丙申乙未	丙寅乙丑	丙申乙未	乙丑甲子	乙未---甲午	甲子癸亥	甲午癸巳	癸亥壬戌	---癸巳壬辰	壬戌辛酉	壬辰辛卯	辛酉庚申	辛卯庚寅
	曆名	正月	二月	三月	四月	五月	六月	七月	八月	九月	十月	十一	十二	閏月
	顓頊新曆	丁卯丁酉	丁酉丙寅	丙寅丙申	丙申---乙丑	丙寅乙未	乙未甲子	乙丑癸巳	甲午癸亥	甲子壬辰	癸巳壬戌	---癸亥辛卯	壬辰辛酉	壬戌辛卯

周威烈王二年（丁巳 蛇年） 公元前 **424** ~ 前 423 年 歲在娵訾

殷曆月序		中西曆對照	殷曆日序																														節氣與天象
			初一	初二	初三	初四	初五	初六	初七	初八	初九	初十	十一	十二	十三	十四	十五	十六	十七	十八	十九	二十	二一	二二	二三	二四	二五	二六	二七	二八	二九	三十	
正月小	辛丑	天干 地支 西曆	辛卯 21	壬辰 22	癸巳 23	甲午 24	乙未 25	丙申 26	丁酉 27	戊戌 28	己亥 29	庚子 30	辛丑 31	壬寅 (2)	癸卯 2	甲辰 3	乙巳 4	丙午 5	丁未 6	戊申 7	己酉 8	庚戌 9	辛亥 10	壬子 11	癸丑 12	甲寅 13	乙卯 14	丙辰 15	丁巳 16	戊午 17	己未 18		己酉立春
二月大	壬寅	天干 地支 西曆	庚申 19	辛酉 20	壬戌 21	癸亥 22	甲子 23	乙丑 24	丙寅 25	丁卯 26	戊辰 27	己巳 28	庚午 (3)	辛未 2	壬申 3	癸酉 4	甲戌 5	乙亥 6	丙子 7	丁丑 8	戊寅 9	己卯 10	庚辰 11	辛巳 12	壬午 13	癸未 14	甲申 15	乙酉 16	丙戌 17	丁亥 18	戊子 19	己丑 20	
三月小	癸卯	天干 地支 西曆	庚寅 21	辛卯 22	壬辰 23	癸巳 24	甲午 25	乙未 26	丙申 27	丁酉 28	戊戌 29	己亥 30	庚子 31	辛丑 (4)	壬寅 2	癸卯 3	甲辰 4	乙巳 5	丙午 6	丁未 7	戊申 8	己酉 9	庚戌 10	辛亥 11	壬子 12	癸丑 13	甲寅 14	乙卯 15	丙辰 16	丁巳 17	戊午 18		乙未春分 庚寅日食
四月大	甲辰	天干 地支 西曆	己未 19	庚申 20	辛酉 21	壬戌 22	癸亥 23	甲子 24	乙丑 25	丙寅 26	丁卯 27	戊辰 28	己巳 29	庚午 30	辛未 (5)	壬申 2	癸酉 3	甲戌 4	乙亥 5	丙子 6	丁丑 7	戊寅 8	己卯 9	庚辰 10	辛巳 11	壬午 12	癸未 13	甲申 14	乙酉 15	丙戌 16	丁亥 17	戊子 18	壬午立夏
五月小	乙巳	天干 地支 西曆	己丑 19	庚寅 20	辛卯 21	壬辰 22	癸巳 23	甲午 24	乙未 25	丙申 26	丁酉 27	戊戌 28	己亥 29	庚子 30	辛丑 31	壬寅 (6)	癸卯 2	甲辰 3	乙巳 4	丙午 5	丁未 6	戊申 7	己酉 8	庚戌 9	辛亥 10	壬子 11	癸丑 12	甲寅 13	乙卯 14	丙辰 15	丁巳 16		
六月大	丙午	天干 地支 西曆	戊午 17	己未 18	庚申 19	辛酉 20	壬戌 21	癸亥 22	甲子 23	乙丑 24	丙寅 25	丁卯 26	戊辰 27	己巳 28	庚午 29	辛未 30	壬申 (7)	癸酉 2	甲戌 3	乙亥 4	丙子 5	丁丑 6	戊寅 7	己卯 8	庚辰 9	辛巳 10	壬午 11	癸未 12	甲申 13	乙酉 14	丙戌 15	丁亥 16	己巳夏至
七月小	丁未	天干 地支 西曆	戊子 17	己丑 18	庚寅 19	辛卯 20	壬辰 21	癸巳 22	甲午 23	乙未 24	丙申 25	丁酉 26	戊戌 27	己亥 28	庚子 29	辛丑 30	壬寅 31	癸卯 (8)	甲辰 2	乙巳 3	丙午 4	丁未 5	戊申 6	己酉 7	庚戌 8	辛亥 9	壬子 10	癸丑 11	甲寅 12	乙卯 13	丙辰 14		丙辰立秋
八月大	戊申	天干 地支 西曆	丁巳 15	戊午 16	己未 17	庚申 18	辛酉 19	壬戌 20	癸亥 21	甲子 22	乙丑 23	丙寅 24	丁卯 25	戊辰 26	己巳 27	庚午 28	辛未 29	壬申 30	癸酉 31	甲戌 (9)	乙亥 2	丙子 3	丁丑 4	戊寅 5	己卯 6	庚辰 7	辛巳 8	壬午 9	癸未 10	甲申 11	乙酉 12	丙戌 13	
九月小	己酉	天干 地支 西曆	丁亥 14	戊子 15	己丑 16	庚寅 17	辛卯 18	壬辰 19	癸巳 20	甲午 21	乙未 22	丙申 23	丁酉 24	戊戌 25	己亥 26	庚子 27	辛丑 28	壬寅 29	癸卯 30	甲辰 (10)	乙巳 2	丙午 3	丁未 4	戊申 5	己酉 6	庚戌 7	辛亥 8	壬子 9	癸丑 10	甲寅 11	乙卯 12		辛丑秋分
十月大	庚戌	天干 地支 西曆	丙辰 13	丁巳 14	戊午 15	己未 16	庚申 17	辛酉 18	壬戌 19	癸亥 20	甲子 21	乙丑 22	丙寅 23	丁卯 24	戊辰 25	己巳 26	庚午 27	辛未 28	壬申 29	癸酉 30	甲戌 31	乙亥 (11)	丙子 2	丁丑 3	戊寅 4	己卯 5	庚辰 6	辛巳 7	壬午 8	癸未 9	甲申 10	乙酉 11	
十一月大	辛亥	天干 地支 西曆	丙戌 12	丁亥 13	戊子 14	己丑 15	庚寅 16	辛卯 17	壬辰 18	癸巳 19	甲午 20	乙未 21	丙申 22	丁酉 23	戊戌 24	己亥 25	庚子 26	辛丑 27	壬寅 28	癸卯 29	甲辰 30	乙巳 (12)	丙午 2	丁未 3	戊申 4	己酉 5	庚戌 6	辛亥 7	壬子 8	癸丑 9	甲寅 10	乙卯 11	丙戌立冬
十二月小	壬子	天干 地支 西曆	丙辰 12	丁巳 13	戊午 14	己未 15	庚申 16	辛酉 17	壬戌 18	癸亥 19	甲子 20	乙丑 21	丙寅 22	丁卯 23	戊辰 24	己巳 25	庚午 26	辛未 27	壬申 28	癸酉 29	甲戌 30	乙亥 31	丙子 (1)	丁丑 2	戊寅 3	己卯 4	庚辰 5	辛巳 6	壬午 7	癸未 8	甲申 9		庚午冬至

朔閏異同	曆名	正月	二月	三月	四月	五月	六月	七月	八月	九月	十月	十一	十二	閏月	曆名	正月	二月	三月	四月	五月	六月	七月	八月	九月	十月	十一	十二	閏月
	周曆 夏曆	庚申 己未	庚寅 己丑	己未 戊午	己丑 戊子	己未 丁巳	戊子 丁亥	戊午 丁巳	丁亥 丙戌	丁巳 丙辰	丙戌 乙酉	丙辰 乙卯	乙酉 甲申		顓頊 新曆	辛卯 庚申	辛酉 庚寅	庚寅 庚申	庚申 己丑	己丑 己未	己未 戊子	戊子 丁巳	戊午 丁亥	戊子 丙辰	丁巳 丙戌	丁亥 乙卯	丙辰 乙酉	

周威烈王三年（戊午 馬年） 公元前 423 年 歲在降婁

殷曆月序		中西曆日對照	殷曆日序 初一	初二	初三	初四	初五	初六	初七	初八	初九	初十	十一	十二	十三	十四	十五	十六	十七	十八	十九	二十	二一	二二	二三	二四	二五	二六	二七	二八	二九	三十	節氣與天象
正月大	癸丑	天干地支西曆	乙酉10	丙戌11	丁亥12	戊子13	己丑14	庚寅15	辛卯16	壬辰17	癸巳18	甲午19	乙未20	丙申21	丁酉22	戊戌23	己亥24	庚子25	辛丑26	壬寅27	癸卯28	甲辰29	乙巳30	丙午31	丁未(2)	戊申2	己酉3	庚戌4	辛亥5	壬子6	癸丑7	甲寅8	甲寅立春
二月小	甲寅	天干地支西曆	乙卯9	丙辰10	丁巳11	戊午12	己未13	庚申14	辛酉15	壬戌16	癸亥17	甲子18	乙丑19	丙寅20	丁卯21	戊辰22	己巳23	庚午24	辛未25	壬申26	癸酉27	甲戌28	乙亥(3)	丙子2	丁丑3	戊寅4	己卯5	庚辰6	辛巳7	壬午8	癸未9		
三月大	乙卯	天干地支西曆	甲申10	乙酉11	丙戌12	丁亥13	戊子14	己丑15	庚寅16	辛卯17	壬辰18	癸巳19	甲午20	乙未21	丙申22	丁酉23	戊戌24	己亥25	庚子26	辛丑27	壬寅28	癸卯29	甲辰30	乙巳31	丙午(4)	丁未2	戊申3	己酉4	庚戌5	辛亥6	壬子7	癸丑8	庚子春分 甲申日食
四月小	丙辰	天干地支西曆	甲寅9	乙卯10	丙辰11	丁巳12	戊午13	己未14	庚申15	辛酉16	壬戌17	癸亥18	甲子19	乙丑20	丙寅21	丁卯22	戊辰23	己巳24	庚午25	辛未26	壬申27	癸酉28	甲戌29	乙亥30	丙子(5)	丁丑2	戊寅3	己卯4	庚辰5	辛巳6	壬午7		
五月大	丁巳	天干地支西曆	癸未8	甲申9	乙酉10	丙戌11	丁亥12	戊子13	己丑14	庚寅15	辛卯16	壬辰17	癸巳18	甲午19	乙未20	丙申21	丁酉22	戊戌23	己亥24	庚子25	辛丑26	壬寅27	癸卯28	甲辰29	乙巳30	丙午31	丁未(6)	戊申2	己酉3	庚戌4	辛亥5	壬子6	丁亥立夏
六月小	戊午	天干地支西曆	癸丑7	甲寅8	乙卯9	丙辰10	丁巳11	戊午12	己未13	庚申14	辛酉15	壬戌16	癸亥17	甲子18	乙丑19	丙寅20	丁卯21	戊辰22	己巳23	庚午24	辛未25	壬申26	癸酉27	甲戌28	乙亥29	丙子30	丁丑(7)	戊寅2	己卯3	庚辰4	辛巳5		甲戌夏至
七月大	己未	天干地支西曆	壬午6	癸未7	甲申8	乙酉9	丙戌10	丁亥11	戊子12	己丑13	庚寅14	辛卯15	壬辰16	癸巳17	甲午18	乙未19	丙申20	丁酉21	戊戌22	己亥23	庚子24	辛丑25	壬寅26	癸卯27	甲辰28	乙巳29	丙午30	丁未31	戊申(8)	己酉2	庚戌3	辛亥4	
八月小	庚申	天干地支西曆	壬子5	癸丑6	甲寅7	乙卯8	丙辰9	丁巳10	戊午11	己未12	庚申13	辛酉14	壬戌15	癸亥16	甲子17	乙丑18	丙寅19	丁卯20	戊辰21	己巳22	庚午23	辛未24	壬申25	癸酉26	甲戌27	乙亥28	丙子29	丁丑30	戊寅31	己卯(9)	庚辰2		辛酉立秋
九月大	辛酉	天干地支西曆	辛巳3	壬午4	癸未5	甲申6	乙酉7	丙戌8	丁亥9	戊子10	己丑11	庚寅12	辛卯13	壬辰14	癸巳15	甲午16	乙未17	丙申18	丁酉19	戊戌20	己亥21	庚子22	辛丑23	壬寅24	癸卯25	甲辰26	乙巳27	丙午28	丁未29	戊申30	己酉(10)	庚戌2	丁未秋分
十月小	壬戌	天干地支西曆	辛亥3	壬子4	癸丑5	甲寅6	乙卯7	丙辰8	丁巳9	戊午10	己未11	庚申12	辛酉13	壬戌14	癸亥15	甲子16	乙丑17	丙寅18	丁卯19	戊辰20	己巳21	庚午22	辛未23	壬申24	癸酉25	甲戌26	乙亥27	丙子28	丁丑29	戊寅30	己卯31		
十一月大	癸亥	天干地支西曆	庚辰(11)	辛巳2	壬午3	癸未4	甲申5	乙酉6	丙戌7	丁亥8	戊子9	己丑10	庚寅11	辛卯12	壬辰13	癸巳14	甲午15	乙未16	丙申17	丁酉18	戊戌19	己亥20	庚子21	辛丑22	壬寅23	癸卯24	甲辰25	乙巳26	丙午27	丁未28	戊申29	己酉30	辛卯立冬
十二月小	甲子	天干地支西曆	庚戌(12)	辛亥2	壬子3	癸丑4	甲寅5	乙卯6	丙辰7	丁巳8	戊午9	己未10	庚申11	辛酉12	壬戌13	癸亥14	甲子15	乙丑16	丙寅17	丁卯18	戊辰19	己巳20	庚午21	辛未22	壬申23	癸酉24	甲戌25	乙亥26	丙子27	丁丑28	戊寅29		乙亥冬至

朔閏異同	曆名	正月	二月	三月	四月	五月	六月	七月	八月	九月	十月	十一	十二	閏月	曆名	正月	二月	三月	四月	五月	六月	七月	八月	九月	十月	十一	十二	閏月
	周曆夏曆	乙卯甲寅	甲申癸未	甲寅癸丑	癸未壬午	癸丑壬子	壬午辛巳	壬子辛亥	辛巳庚辰	辛亥庚戌	辛巳己卯	庚戌己酉	庚辰己卯	---戊申	顓頊新曆	丙戌甲寅	乙卯甲申	乙酉甲寅	甲寅癸未	甲申癸丑	癸丑壬午	癸未壬子	壬子辛巳	壬午辛亥	辛亥庚辰	辛巳庚戌	庚戌---己卯	己酉

周威烈王四年（己未 羊年） 公元前423 ~前**422** ~ 前421年 歲在大梁

殷曆月序		中西曆日對照	殷曆日序																														節氣與天象
			初一	初二	初三	初四	初五	初六	初七	初八	初九	初十	十一	十二	十三	十四	十五	十六	十七	十八	十九	二十	二一	二二	二三	二四	二五	二六	二七	二八	二九	三十	
正月大	乙丑	天干地支西曆	己卯30	庚辰31	辛巳(1)	壬午2	癸未3	甲申4	乙酉5	丙戌6	丁亥7	戊子8	己丑9	庚寅10	辛卯11	壬辰12	癸巳13	甲午14	乙未15	丙申16	丁酉17	戊戌18	己亥19	庚子20	辛丑21	壬寅22	癸卯23	甲辰24	乙巳25	丙午26	丁未27	戊申28	
二月小	丙寅	天干地支西曆	己酉29	庚戌30	辛亥31	壬子(2)	癸丑2	甲寅3	乙卯4	丙辰5	丁巳6	戊午7	己未8	庚申9	辛酉10	壬戌11	癸亥12	甲子13	乙丑14	丙寅15	丁卯16	戊辰17	己巳18	庚午19	辛未20	壬申21	癸酉22	甲戌23	乙亥24	丙子25	丁丑26		庚申立春
三月大	丁卯	天干地支西曆	戊寅27	己卯28	庚辰(3)	辛巳2	壬午3	癸未4	甲申5	乙酉6	丙戌7	丁亥8	戊子9	己丑10	庚寅11	辛卯12	壬辰13	癸巳14	甲午15	乙未16	丙申17	丁酉18	戊戌19	己亥20	庚子21	辛丑22	壬寅23	癸卯24	甲辰25	乙巳26	丙午27	丁未28	丙午春分
四月大	戊辰	天干地支西曆	戊申29	己酉30	庚戌31	辛亥(4)	壬子2	癸丑3	甲寅4	乙卯5	丙辰6	丁巳7	戊午8	己未9	庚申10	辛酉11	壬戌12	癸亥13	甲子14	乙丑15	丙寅16	丁卯17	戊辰18	己巳19	庚午20	辛未21	壬申22	癸酉23	甲戌24	乙亥25	丙子26	丁丑27	
閏四月小	戊辰	天干地支西曆	戊寅28	己卯29	庚辰30	辛巳(5)	壬午2	癸未3	甲申4	乙酉5	丙戌6	丁亥7	戊子8	己丑9	庚寅10	辛卯11	壬辰12	癸巳13	甲午14	乙未15	丙申16	丁酉17	戊戌18	己亥19	庚子20	辛丑21	壬寅22	癸卯23	甲辰24	乙巳25	丙午26		壬辰立夏
五月大	己巳	天干地支西曆	丁未27	戊申28	己酉29	庚戌30	辛亥31	壬子(6)	癸丑2	甲寅3	乙卯4	丙辰5	丁巳6	戊午7	己未8	庚申9	辛酉10	壬戌11	癸亥12	甲子13	乙丑14	丙寅15	丁卯16	戊辰17	己巳18	庚午19	辛未20	壬申21	癸酉22	甲戌23	乙亥24	丙子25	
六月小	庚午	天干地支西曆	丁丑26	戊寅27	己卯28	庚辰29	辛巳30	壬午(7)	癸未2	甲申3	乙酉4	丙戌5	丁亥6	戊子7	己丑8	庚寅9	辛卯10	壬辰11	癸巳12	甲午13	乙未14	丙申15	丁酉16	戊戌17	己亥18	庚子19	辛丑20	壬寅21	癸卯22	甲辰23	乙巳24		庚辰夏至
七月大	辛未	天干地支西曆	丙午25	丁未26	戊申27	己酉28	庚戌29	辛亥30	壬子31	癸丑(8)	甲寅2	乙卯3	丙辰4	丁巳5	戊午6	己未7	庚申8	辛酉9	壬戌10	癸亥11	甲子12	乙丑13	丙寅14	丁卯15	戊辰16	己巳17	庚午18	辛未19	壬申20	癸酉21	甲戌22	乙亥23	丙寅立秋
八月小	壬申	天干地支西曆	丙子24	丁丑25	戊寅26	己卯27	庚辰28	辛巳29	壬午30	癸未31	甲申(9)	乙酉2	丙戌3	丁亥4	戊子5	己丑6	庚寅7	辛卯8	壬辰9	癸巳10	甲午11	乙未12	丙申13	丁酉14	戊戌15	己亥16	庚子17	辛丑18	壬寅19	癸卯20	甲辰21		丙子日食
九月大	癸酉	天干地支西曆	乙巳22	丙午23	丁未24	戊申25	己酉26	庚戌27	辛亥28	壬子29	癸丑30	甲寅(10)	乙卯2	丙辰3	丁巳4	戊午5	己未6	庚申7	辛酉8	壬戌9	癸亥10	甲子11	乙丑12	丙寅13	丁卯14	戊辰15	己巳16	庚午17	辛未18	壬申19	癸酉20	甲戌21	壬子秋分
十月小	甲戌	天干地支西曆	乙亥22	丙子23	丁丑24	戊寅25	己卯26	庚辰27	辛巳28	壬午29	癸未30	甲申31	乙酉(11)	丙戌2	丁亥3	戊子4	己丑5	庚寅6	辛卯7	壬辰8	癸巳9	甲午10	乙未11	丙申12	丁酉13	戊戌14	己亥15	庚子16	辛丑17	壬寅18	癸卯19		丙申立冬
十一月大	乙亥	天干地支西曆	甲辰20	乙巳21	丙午22	丁未23	戊申24	己酉25	庚戌26	辛亥27	壬子28	癸丑29	甲寅30	乙卯(12)	丙辰2	丁巳3	戊午4	己未5	庚申6	辛酉7	壬戌8	癸亥9	甲子10	乙丑11	丙寅12	丁卯13	戊辰14	己巳15	庚午16	辛未17	壬申18	癸酉19	
十二月小	丙子	天干地支西曆	甲戌20	乙亥21	丙子22	丁丑23	戊寅24	己卯25	庚辰26	辛巳27	壬午28	癸未29	甲申30	乙酉31	丙戌(1)	丁亥2	戊子3	己丑4	庚寅5	辛卯6	壬辰7	癸巳8	甲午9	乙未10	丙申11	丁酉12	戊戌13	己亥14	庚子15	辛丑16	壬寅17		庚辰冬至

朔閏異同	曆名	正月	二月	三月	四月	五月	六月	七月	八月	九月	十月	十一	十二	閏月
	周曆夏曆	己酉戊寅	己卯丁未	戊申丁丑	戊寅丙午	丁未丙子	---丁丑乙巳	丙午乙亥	丙子甲辰	乙巳甲戌	乙亥癸卯	甲辰癸酉	甲戌壬寅	甲辰
	曆名	正月	二月	三月	四月	五月	六月	七月	八月	九月	十月	十一	十二	閏月
	顓頊新曆	庚辰戊寅	庚戌戊申	己卯戊寅	己酉丁未	戊寅丁丑	戊申丙午	丁丑丙子	---丁未乙巳	丙子乙亥	丙午甲辰	乙亥甲戌	乙巳癸卯	甲戌

周威烈王五年（庚申 猴年） 公元前 **421** ~ 前 420 年 歲在實沈

殷曆月序		中西日曆對照	殷曆日序 初一	初二	初三	初四	初五	初六	初七	初八	初九	初十	十一	十二	十三	十四	十五	十六	十七	十八	十九	二十	二一	二二	二三	二四	二五	二六	二七	二八	二九	三十	節氣與天象
正月大	丁丑	干支曆 天地西	癸卯 18	甲辰 19	乙巳 20	丙午 21	丁未 22	戊申 23	己酉 24	庚戌 25	辛亥 26	壬子 27	癸丑 28	甲寅 29	乙卯 30	丙辰 31	丁巳 (2)	戊午 2	己未 3	庚申 4	辛酉 5	壬戌 6	癸亥 7	甲子 8	乙丑 9	丙寅 10	丁卯 11	戊辰 12	己巳 13	庚午 14	辛未 15	壬申 16	乙丑立春
二月小	戊寅	干支曆 天地西	癸酉 17	甲戌 18	乙亥 19	丙子 20	丁丑 21	戊寅 22	己卯 23	庚辰 24	辛巳 25	壬午 26	癸未 27	甲申 28	乙酉 29	丙戌 (3)	丁亥 2	戊子 3	己丑 4	庚寅 5	辛卯 6	壬辰 7	癸巳 8	甲午 9	乙未 10	丙申 11	丁酉 12	戊戌 13	己亥 14	庚子 15	辛丑 16		
三月大	己卯	干支曆 天地西	壬寅 17	癸卯 18	甲辰 19	乙巳 20	丙午 21	丁未 22	戊申 23	己酉 24	庚戌 25	辛亥 26	壬子 27	癸丑 28	甲寅 29	乙卯 30	丙辰 31	丁巳 (4)	戊午 2	己未 3	庚申 4	辛酉 5	壬戌 6	癸亥 7	甲子 8	乙丑 9	丙寅 10	丁卯 11	戊辰 12	己巳 13	庚午 14	辛未 15	辛亥春分
四月小	庚辰	干支曆 天地西	壬申 16	癸酉 17	甲戌 18	乙亥 19	丙子 20	丁丑 21	戊寅 22	己卯 23	庚辰 24	辛巳 25	壬午 26	癸未 27	甲申 28	乙酉 29	丙戌 30	丁亥 (5)	戊子 2	己丑 3	庚寅 4	辛卯 5	壬辰 6	癸巳 7	甲午 8	乙未 9	丙申 10	丁酉 11	戊戌 12	己亥 13	庚子 14		戊戌立夏
五月大	辛巳	干支曆 天地西	辛丑 15	壬寅 16	癸卯 17	甲辰 18	乙巳 19	丙午 20	丁未 21	戊申 22	己酉 23	庚戌 24	辛亥 25	壬子 26	癸丑 27	甲寅 28	乙卯 29	丙辰 30	丁巳 31	戊午 (6)	己未 2	庚申 3	辛酉 4	壬戌 5	癸亥 6	甲子 7	乙丑 8	丙寅 9	丁卯 10	戊辰 11	己巳 12	庚午 13	
六月小	壬午	干支曆 天地西	辛未 14	壬申 15	癸酉 16	甲戌 17	乙亥 18	丙子 19	丁丑 20	戊寅 21	己卯 22	庚辰 23	辛巳 24	壬午 25	癸未 26	甲申 27	乙酉 28	丙戌 29	丁亥 30	戊子 (7)	己丑 2	庚寅 3	辛卯 4	壬辰 5	癸巳 6	甲午 7	乙未 8	丙申 9	丁酉 10	戊戌 11	己亥 12		乙酉夏至
七月大	癸未	干支曆 天地西	庚子 13	辛丑 14	壬寅 15	癸卯 16	甲辰 17	乙巳 18	丙午 19	丁未 20	戊申 21	己酉 22	庚戌 23	辛亥 24	壬子 25	癸丑 26	甲寅 27	乙卯 28	丙辰 29	丁巳 30	戊午 31	己未 (8)	庚申 2	辛酉 3	壬戌 4	癸亥 5	甲子 6	乙丑 7	丙寅 8	丁卯 9	戊辰 10	己巳 11	
八月大	甲申	干支曆 天地西	庚午 12	辛未 13	壬申 14	癸酉 15	甲戌 16	乙亥 17	丙子 18	丁丑 19	戊寅 20	己卯 21	庚辰 22	辛巳 23	壬午 24	癸未 25	甲申 26	乙酉 27	丙戌 28	丁亥 29	戊子 30	己丑 31	庚寅 (9)	辛卯 2	壬辰 3	癸巳 4	甲午 5	乙未 6	丙申 7	丁酉 8	戊戌 9	己亥 10	壬申立秋
九月小	乙酉	干支曆 天地西	庚子 11	辛丑 12	壬寅 13	癸卯 14	甲辰 15	乙巳 16	丙午 17	丁未 18	戊申 19	己酉 20	庚戌 21	辛亥 22	壬子 23	癸丑 24	甲寅 25	乙卯 26	丙辰 27	丁巳 28	戊午 29	己未 30	庚申 (10)	辛酉 2	壬戌 3	癸亥 4	甲子 5	乙丑 6	丙寅 7	丁卯 8	戊辰 9		丁巳秋分
十月大	丙戌	干支曆 天地西	己巳 10	庚午 11	辛未 12	壬申 13	癸酉 14	甲戌 15	乙亥 16	丙子 17	丁丑 18	戊寅 19	己卯 20	庚辰 21	辛巳 22	壬午 23	癸未 24	甲申 25	乙酉 26	丙戌 27	丁亥 28	戊子 29	己丑 30	庚寅 31	辛卯 (11)	壬辰 2	癸巳 3	甲午 4	乙未 5	丙申 6	丁酉 7	戊戌 8	
十一月小	丁亥	干支曆 天地西	己亥 9	庚子 10	辛丑 11	壬寅 12	癸卯 13	甲辰 14	乙巳 15	丙午 16	丁未 17	戊申 18	己酉 19	庚戌 20	辛亥 21	壬子 22	癸丑 23	甲寅 24	乙卯 25	丙辰 26	丁巳 27	戊午 28	己未 29	庚申 30	辛酉 (12)	壬戌 2	癸亥 3	甲子 4	乙丑 5	丙寅 6	丁卯 7		辛丑立冬
十二月大	戊子	干支曆 天地西	戊辰 8	己巳 9	庚午 10	辛未 11	壬申 12	癸酉 13	甲戌 14	乙亥 15	丙子 16	丁丑 17	戊寅 18	己卯 19	庚辰 20	辛巳 21	壬午 22	癸未 23	甲申 24	乙酉 25	丙戌 26	丁亥 27	戊子 28	己丑 29	庚寅 30	辛卯 31	壬辰 (1)	癸巳 2	甲午 3	乙未 4	丙申 5	丁酉 6	丙戌冬至

朔閏異同	曆名	正月	二月	三月	四月	五月	六月	七月	八月	九月	十月	十一	十二	閏月	曆名	正月	二月	三月	四月	五月	六月	七月	八月	九月	十月	十一	十二	閏月
	周曆夏曆	癸酉壬申	癸卯壬寅	壬申辛未	壬寅辛丑	辛未庚午	辛丑庚子	庚午己巳	庚子己亥	己巳戊辰	己亥戊戌	戊辰丁卯	戊戌丁酉		顓頊新曆	甲辰癸酉	癸酉壬寅	癸卯壬申	癸酉辛丑	壬寅辛未	壬申庚子	辛丑庚午	辛未庚子	庚子己巳	庚午己亥	己亥戊辰	己巳戊戌	

周威烈王六年（辛酉 鷄年） 公元前420年 歲在鶉首

殷曆月序		中西曆日對照	初一	初二	初三	初四	初五	初六	初七	初八	初九	初十	十一	十二	十三	十四	十五	十六	十七	十八	十九	二十	二一	二二	二三	二四	二五	二六	二七	二八	二九	三十	節氣與天象
正月小	己丑	天干地支 西曆	戊戌 7	己亥 8	庚子 9	辛丑 10	壬寅 11	癸卯 12	甲辰 13	乙巳 14	丙午 15	丁未 16	戊申 17	己酉 18	庚戌 19	辛亥 20	壬子 21	癸丑 22	甲寅 23	乙卯 24	丙辰 25	丁巳 26	戊午 27	己未 28	庚申 29	辛酉 30	壬戌 31	癸亥 (2)	甲子 2	乙丑 3	丙寅 4		
二月大	庚寅	天干地支 西曆	丁卯 5	戊辰 6	己巳 7	庚午 8	辛未 9	壬申 10	癸酉 11	甲戌 12	乙亥 13	丙子 14	丁丑 15	戊寅 16	己卯 17	庚辰 18	辛巳 19	壬午 20	癸未 21	甲申 22	乙酉 23	丙戌 24	丁亥 25	戊子 26	己丑 27	庚寅 28	辛卯 (3)	壬辰 2	癸巳 3	甲午 4	乙未 5	丙申 6	庚午立春
三月小	辛卯	天干地支 西曆	丁酉 7	戊戌 8	己亥 9	庚子 10	辛丑 11	壬寅 12	癸卯 13	甲辰 14	乙巳 15	丙午 16	丁未 17	戊申 18	己酉 19	庚戌 20	辛亥 21	壬子 22	癸丑 23	甲寅 24	乙卯 25	丙辰 26	丁巳 27	戊午 28	己未 29	庚申 30	辛酉 31	壬戌 (4)	癸亥 2	甲子 3	乙丑 4		丙辰春分
四月大	壬辰	天干地支 西曆	丙寅 5	丁卯 6	戊辰 7	己巳 8	庚午 9	辛未 10	壬申 11	癸酉 12	甲戌 13	乙亥 14	丙子 15	丁丑 16	戊寅 17	己卯 18	庚辰 19	辛巳 20	壬午 21	癸未 22	甲申 23	乙酉 24	丙戌 25	丁亥 26	戊子 27	己丑 28	庚寅 29	辛卯 30	壬辰 (5)	癸巳 2	甲午 3	乙未 4	
五月小	癸巳	天干地支 西曆	丙申 5	丁酉 6	戊戌 7	己亥 8	庚子 9	辛丑 10	壬寅 11	癸卯 12	甲辰 13	乙巳 14	丙午 15	丁未 16	戊申 17	己酉 18	庚戌 19	辛亥 20	壬子 21	癸丑 22	甲寅 23	乙卯 24	丙辰 25	丁巳 26	戊午 27	己未 28	庚申 29	辛酉 30	壬戌 31	癸亥 (6)	甲子 2		癸卯立夏
六月大	甲午	天干地支 西曆	乙丑 3	丙寅 4	丁卯 5	戊辰 6	己巳 7	庚午 8	辛未 9	壬申 10	癸酉 11	甲戌 12	乙亥 13	丙子 14	丁丑 15	戊寅 16	己卯 17	庚辰 18	辛巳 19	壬午 20	癸未 21	甲申 22	乙酉 23	丙戌 24	丁亥 25	戊子 26	己丑 27	庚寅 28	辛卯 29	壬辰 30	癸巳 (7)	甲午 2	庚寅夏至
七月小	乙未	天干地支 西曆	乙未 3	丙申 4	丁酉 5	戊戌 6	己亥 7	庚子 8	辛丑 9	壬寅 10	癸卯 11	甲辰 12	乙巳 13	丙午 14	丁未 15	戊申 16	己酉 17	庚戌 18	辛亥 19	壬子 20	癸丑 21	甲寅 22	乙卯 23	丙辰 24	丁巳 25	戊午 26	己未 27	庚申 28	辛酉 29	壬戌 30	癸亥 31		
八月大	丙申	天干地支 西曆	甲子 (8)	乙丑 2	丙寅 3	丁卯 4	戊辰 5	己巳 6	庚午 7	辛未 8	壬申 9	癸酉 10	甲戌 11	乙亥 12	丙子 13	丁丑 14	戊寅 15	己卯 16	庚辰 17	辛巳 18	壬午 19	癸未 20	甲申 21	乙酉 22	丙戌 23	丁亥 24	戊子 25	己丑 26	庚寅 27	辛卯 28	壬辰 29	癸巳 30	丁丑立秋
九月小	丁酉	天干地支 西曆	甲午 31	乙未 (9)	丙申 2	丁酉 3	戊戌 4	己亥 5	庚子 6	辛丑 7	壬寅 8	癸卯 9	甲辰 10	乙巳 11	丙午 12	丁未 13	戊申 14	己酉 15	庚戌 16	辛亥 17	壬子 18	癸丑 19	甲寅 20	乙卯 21	丙辰 22	丁巳 23	戊午 24	己未 25	庚申 26	辛酉 27	壬戌 28		壬戌秋分
十月大	戊戌	天干地支 西曆	癸亥 29	甲子 30	乙丑 (10)	丙寅 2	丁卯 3	戊辰 4	己巳 5	庚午 6	辛未 7	壬申 8	癸酉 9	甲戌 10	乙亥 11	丙子 12	丁丑 13	戊寅 14	己卯 15	庚辰 16	辛巳 17	壬午 18	癸未 19	甲申 20	乙酉 21	丙戌 22	丁亥 23	戊子 24	己丑 25	庚寅 26	辛卯 27	壬辰 28	
十一月大	己亥	天干地支 西曆	癸巳 29	甲午 30	乙未 31	丙申 (11)	丁酉 2	戊戌 3	己亥 4	庚子 5	辛丑 6	壬寅 7	癸卯 8	甲辰 9	乙巳 10	丙午 11	丁未 12	戊申 13	己酉 14	庚戌 15	辛亥 16	壬子 17	癸丑 18	甲寅 19	乙卯 20	丙辰 21	丁巳 22	戊午 23	己未 24	庚申 25	辛酉 26	壬戌 27	丁未立冬
十二月小	庚子	天干地支 西曆	癸亥 28	甲子 29	乙丑 30	丙寅 (12)	丁卯 2	戊辰 3	己巳 4	庚午 5	辛未 6	壬申 7	癸酉 8	甲戌 9	乙亥 10	丙子 11	丁丑 12	戊寅 13	己卯 14	庚辰 15	辛巳 16	壬午 17	癸未 18	甲申 19	乙酉 20	丙戌 21	丁亥 22	戊子 23	己丑 24	庚寅 25	辛卯 26		辛卯冬至

朔閏異同	曆名	正月	二月	三月	四月	五月	六月	七月	八月	九月	十月	十一	十二	閏月
	周曆夏曆	丁卯丙寅	丁酉丙申	丙寅乙丑	丙申乙未	丙寅甲子	乙未甲午	乙丑甲子	甲午癸巳	甲子--癸亥	癸巳壬辰	癸亥壬戌	壬辰辛卯	辛酉
	顓頊新曆	戊戌丁卯	戊辰丁酉	丁酉丙寅	丁卯乙未	丙申乙丑	丙寅甲午	乙未甲子	乙丑--甲午	乙未甲子	甲子癸巳	甲午癸亥	癸亥壬辰	壬戌

周威烈王七年（壬戌 狗年） 公元前 420 ~ 前 **419** ~ 前 418 年 歲在鶉火

殷曆月序		中西曆日對照	初一	初二	初三	初四	初五	初六	初七	初八	初九	初十	十一	十二	十三	十四	十五	十六	十七	十八	十九	二十	二一	二二	二三	二四	二五	二六	二七	二八	二九	三十	節氣與天象
正月大	辛丑	天干地支西曆	壬辰 27	癸巳 28	甲午 29	乙未 30	丙申 31	丁酉 (1)	戊戌 2	己亥 3	庚子 4	辛丑 5	壬寅 6	癸卯 7	甲辰 8	乙巳 9	丙午 10	丁未 11	戊申 12	己酉 13	庚戌 14	辛亥 15	壬子 16	癸丑 17	甲寅 18	乙卯 19	丙辰 20	丁巳 21	戊午 22	己未 23	庚申 24	辛酉 25	
閏正月小	辛丑	天干地支西曆	壬戌 26	癸亥 27	甲子 28	乙丑 29	丙寅 30	丁卯 31	戊辰 (2)	己巳 2	庚午 3	辛未 4	壬申 5	癸酉 6	甲戌 7	乙亥 8	丙子 9	丁丑 10	戊寅 11	己卯 12	庚辰 13	辛巳 14	壬午 15	癸未 16	甲申 17	乙酉 18	丙戌 19	丁亥 20	戊子 21	己丑 22	庚寅 23		乙亥立春
二月大	壬寅	天干地支西曆	辛卯 24	壬辰 25	癸巳 26	甲午 27	乙未 28	丙申 (3)	丁酉 2	戊戌 3	己亥 4	庚子 5	辛丑 6	壬寅 7	癸卯 8	甲辰 9	乙巳 10	丙午 11	丁未 12	戊申 13	己酉 14	庚戌 15	辛亥 16	壬子 17	癸丑 18	甲寅 19	乙卯 20	丙辰 21	丁巳 22	戊午 23	己未 24	庚申 25	
三月小	癸卯	天干地支西曆	辛酉 26	壬戌 27	癸亥 28	甲子 29	乙丑 30	丙寅 31	丁卯 (4)	戊辰 2	己巳 3	庚午 4	辛未 5	壬申 6	癸酉 7	甲戌 8	乙亥 9	丙子 10	丁丑 11	戊寅 12	己卯 13	庚辰 14	辛巳 15	壬午 16	癸未 17	甲申 18	乙酉 19	丙戌 20	丁亥 21	戊子 22	己丑 23		辛酉春分
四月大	甲辰	天干地支西曆	庚寅 24	辛卯 25	壬辰 26	癸巳 27	甲午 28	乙未 29	丙申 30	丁酉 (5)	戊戌 2	己亥 3	庚子 4	辛丑 5	壬寅 6	癸卯 7	甲辰 8	乙巳 9	丙午 10	丁未 11	戊申 12	己酉 13	庚戌 14	辛亥 15	壬子 16	癸丑 17	甲寅 18	乙卯 19	丙辰 20	丁巳 21	戊午 22	己未 23	戊申立夏
五月小	乙巳	天干地支西曆	庚申 24	辛酉 25	壬戌 26	癸亥 27	甲子 28	乙丑 29	丙寅 30	丁卯 31	戊辰 (6)	己巳 2	庚午 3	辛未 4	壬申 5	癸酉 6	甲戌 7	乙亥 8	丙子 9	丁丑 10	戊寅 11	己卯 12	庚辰 13	辛巳 14	壬午 15	癸未 16	甲申 17	乙酉 18	丙戌 19	丁亥 20	戊子 21		
六月大	丙午	天干地支西曆	己丑 22	庚寅 23	辛卯 24	壬辰 25	癸巳 26	甲午 27	乙未 28	丙申 29	丁酉 30	戊戌 (7)	己亥 2	庚子 3	辛丑 4	壬寅 5	癸卯 6	甲辰 7	乙巳 8	丙午 9	丁未 10	戊申 11	己酉 12	庚戌 13	辛亥 14	壬子 15	癸丑 16	甲寅 17	乙卯 18	丙辰 19	丁巳 20	戊午 21	乙未夏至
七月小	丁未	天干地支西曆	己未 22	庚申 23	辛酉 24	壬戌 25	癸亥 26	甲子 27	乙丑 28	丙寅 29	丁卯 30	戊辰 31	己巳 (8)	庚午 2	辛未 3	壬申 4	癸酉 5	甲戌 6	乙亥 7	丙子 8	丁丑 9	戊寅 10	己卯 11	庚辰 12	辛巳 13	壬午 14	癸未 15	甲申 16	乙酉 17	丙戌 18	丁亥 19		壬午立秋
八月大	戊申	天干地支西曆	戊子 20	己丑 21	庚寅 22	辛卯 23	壬辰 24	癸巳 25	甲午 26	乙未 27	丙申 28	丁酉 29	戊戌 30	己亥 31	庚子 (9)	辛丑 2	壬寅 3	癸卯 4	甲辰 5	乙巳 6	丙午 7	丁未 8	戊申 9	己酉 10	庚戌 11	辛亥 12	壬子 13	癸丑 14	甲寅 15	乙卯 16	丙辰 17	丁巳 18	
九月小	己酉	天干地支西曆	戊午 19	己未 20	庚申 21	辛酉 22	壬戌 23	癸亥 24	甲子 25	乙丑 26	丙寅 27	丁卯 28	戊辰 29	己巳 30	庚午 (10)	辛未 2	壬申 3	癸酉 4	甲戌 5	乙亥 6	丙子 7	丁丑 8	戊寅 9	己卯 10	庚辰 11	辛巳 12	壬午 13	癸未 14	甲申 15	乙酉 16	丙戌 17		丁卯秋分
十月大	庚戌	天干地支西曆	丁亥 18	戊子 19	己丑 20	庚寅 21	辛卯 22	壬辰 23	癸巳 24	甲午 25	乙未 26	丙申 27	丁酉 28	戊戌 29	己亥 30	庚子 31	辛丑 (11)	壬寅 2	癸卯 3	甲辰 4	乙巳 5	丙午 6	丁未 7	戊申 8	己酉 9	庚戌 10	辛亥 11	壬子 12	癸丑 13	甲寅 14	乙卯 15	丙辰 16	壬子立冬
十一月小	辛亥	天干地支西曆	丁巳 17	戊午 18	己未 19	庚申 20	辛酉 21	壬戌 22	癸亥 23	甲子 24	乙丑 25	丙寅 26	丁卯 27	戊辰 28	己巳 29	庚午 30	辛未 (12)	壬申 2	癸酉 3	甲戌 4	乙亥 5	丙子 6	丁丑 7	戊寅 8	己卯 9	庚辰 10	辛巳 11	壬午 12	癸未 13	甲申 14	乙酉 15		
十二月大	壬子	天干地支西曆	丙戌 16	丁亥 17	戊子 18	己丑 19	庚寅 20	辛卯 21	壬辰 22	癸巳 23	甲午 24	乙未 25	丙申 26	丁酉 27	戊戌 28	己亥 29	庚子 30	辛丑 31	壬寅 (1)	癸卯 2	甲辰 3	乙巳 4	丙午 5	丁未 6	戊申 7	己酉 8	庚戌 9	辛亥 10	壬子 11	癸丑 12	甲寅 13	乙卯 14	丙申冬至

朔閏異同	曆名	正月	二月	三月	四月	五月	六月	七月	八月	九月	十月	十一	十二	閏月
	周曆夏曆	壬戌庚寅	辛卯庚申	---辛酉己丑	庚寅己未	庚申戊子	己丑戊午	己未丁亥	戊子丁巳	戊午丁亥	戊子丙辰	丁巳丙戌	丁亥乙卯	丙辰
	顓頊新曆	癸巳辛卯	壬戌辛酉	壬辰庚寅	辛酉己未	辛卯己丑	庚申戊午	庚寅戊子	己未戊午	己丑丁亥	戊午丁巳	戊子丁亥	戊午丙辰	---丁亥

周威烈王八年（癸亥 猪年） 公元前 **418** ~ 前 417 年 歲在鶉尾

殷曆月序		中西曆日對照	初一	初二	初三	初四	初五	初六	初七	初八	初九	初十	十一	十二	十三	十四	十五	十六	十七	十八	十九	二十	二一	二二	二三	二四	二五	二六	二七	二八	二九	三十	節氣與天象
正月小	癸丑	天干地支西曆	丙辰15	丁巳16	戊午17	己未18	庚申19	辛酉20	壬戌21	癸亥22	甲子23	乙丑24	丙寅25	丁卯26	戊辰27	己巳28	庚午29	辛未30	壬申31	癸酉(2)	甲戌2	乙亥3	丙子4	丁丑5	戊寅6	己卯7	庚辰8	辛巳9	壬午10	癸未11	甲申12		辛巳立春
二月大	甲寅	天干地支西曆	乙酉13	丙戌14	丁亥15	戊子16	己丑17	庚寅18	辛卯19	壬辰20	癸巳21	甲午22	乙未23	丙申24	丁酉25	戊戌26	己亥27	庚子28	辛丑(3)	壬寅2	癸卯3	甲辰4	乙巳5	丙午6	丁未7	戊申8	己酉9	庚戌10	辛亥11	壬子12	癸丑13	甲寅14	
三月大	乙卯	天干地支西曆	乙卯15	丙辰16	丁巳17	戊午18	己未19	庚申20	辛酉21	壬戌22	癸亥23	甲子24	乙丑25	丙寅26	丁卯27	戊辰28	己巳29	庚午30	辛未31	壬申(4)	癸酉2	甲戌3	乙亥4	丙子5	丁丑6	戊寅7	己卯8	庚辰9	辛巳10	壬午11	癸未12	甲申13	丙寅春分
四月小	丙辰	天干地支西曆	乙酉14	丙戌15	丁亥16	戊子17	己丑18	庚寅19	辛卯20	壬辰21	癸巳22	甲午23	乙未24	丙申25	丁酉26	戊戌27	己亥28	庚子29	辛丑30	壬寅(5)	癸卯2	甲辰3	乙巳4	丙午5	丁未6	戊申7	己酉8	庚戌9	辛亥10	壬子11	癸丑12		癸丑立夏
五月大	丁巳	天干地支西曆	甲寅13	乙卯14	丙辰15	丁巳16	戊午17	己未18	庚申19	辛酉20	壬戌21	癸亥22	甲子23	乙丑24	丙寅25	丁卯26	戊辰27	己巳28	庚午29	辛未30	壬申31	癸酉(6)	甲戌2	乙亥3	丙子4	丁丑5	戊寅6	己卯7	庚辰8	辛巳9	壬午10	癸未11	癸未日食
六月小	戊午	天干地支西曆	甲申12	乙酉13	丙戌14	丁亥15	戊子16	己丑17	庚寅18	辛卯19	壬辰20	癸巳21	甲午22	乙未23	丙申24	丁酉25	戊戌26	己亥27	庚子28	辛丑29	壬寅30	癸卯(7)	甲辰2	乙巳3	丙午4	丁未5	戊申6	己酉7	庚戌8	辛亥9	壬子10		辛丑夏至
七月大	己未	天干地支西曆	癸丑11	甲寅12	乙卯13	丙辰14	丁巳15	戊午16	己未17	庚申18	辛酉19	壬戌20	癸亥21	甲子22	乙丑23	丙寅24	丁卯25	戊辰26	己巳27	庚午28	辛未29	壬申30	癸酉31	甲戌(8)	乙亥2	丙子3	丁丑4	戊寅5	己卯6	庚辰7	辛巳8	壬午9	
八月小	庚申	天干地支西曆	癸未10	甲申11	乙酉12	丙戌13	丁亥14	戊子15	己丑16	庚寅17	辛卯18	壬辰19	癸巳20	甲午21	乙未22	丙申23	丁酉24	戊戌25	己亥26	庚子27	辛丑28	壬寅29	癸卯30	甲辰31	乙巳(9)	丙午2	丁未3	戊申4	己酉5	庚戌6	辛亥7		丁亥立秋
九月大	辛酉	天干地支西曆	壬子8	癸丑9	甲寅10	乙卯11	丙辰12	丁巳13	戊午14	己未15	庚申16	辛酉17	壬戌18	癸亥19	甲子20	乙丑21	丙寅22	丁卯23	戊辰24	己巳25	庚午26	辛未27	壬申28	癸酉29	甲戌30	乙亥(10)	丙子2	丁丑3	戊寅4	己卯5	庚辰6	辛巳7	癸酉秋分
十月小	壬戌	天干地支西曆	壬午8	癸未9	甲申10	乙酉11	丙戌12	丁亥13	戊子14	己丑15	庚寅16	辛卯17	壬辰18	癸巳19	甲午20	乙未21	丙申22	丁酉23	戊戌24	己亥25	庚子26	辛丑27	壬寅28	癸卯29	甲辰30	乙巳31	丙午(11)	丁未2	戊申3	己酉4	庚戌5		
十一月大	癸亥	天干地支西曆	辛亥6	壬子7	癸丑8	甲寅9	乙卯10	丙辰11	丁巳12	戊午13	己未14	庚申15	辛酉16	壬戌17	癸亥18	甲子19	乙丑20	丙寅21	丁卯22	戊辰23	己巳24	庚午25	辛未26	壬申27	癸酉28	甲戌29	乙亥30	丙子(12)	丁丑2	戊寅3	己卯4	庚辰5	丁巳立冬
十二月小	甲子	天干地支西曆	辛巳6	壬午7	癸未8	甲申9	乙酉10	丙戌11	丁亥12	戊子13	己丑14	庚寅15	辛卯16	壬辰17	癸巳18	甲午19	乙未20	丙申21	丁酉22	戊戌23	己亥24	庚子25	辛丑26	壬寅27	癸卯28	甲辰29	乙巳30	丙午31	丁未(1)	戊申2	己酉3		辛丑冬至

朔閏異同	曆名	正月	二月	三月	四月	五月	六月	七月	八月	九月	十月	十一	十二	閏月
	周曆夏曆	丙戌乙酉	乙卯甲寅	乙酉甲申	甲寅癸丑	甲申癸未	癸丑壬子	癸未壬午	壬子辛亥	壬午辛巳	辛亥庚戌	辛巳庚辰	辛亥己酉	
	顓頊新曆	丁巳丙戌	丙戌乙卯	丙辰乙酉	乙酉甲寅	乙卯癸未	甲申癸丑	甲寅壬午	癸未壬子	癸丑辛巳	壬午辛亥	壬子辛巳	辛巳辛亥	

周威烈王九年（甲子 鼠年） 公元前 **417** ~ 前 416 年 歲在壽星

殷曆月序		中西日曆對照	初一	初二	初三	初四	初五	初六	初七	初八	初九	初十	十一	十二	十三	十四	十五	十六	十七	十八	十九	二十	二一	二二	二三	二四	二五	二六	二七	二八	二九	三十	節氣與天象
正月大	乙丑	干支 天地 西曆	庚戌4	辛亥5	壬子6	癸丑7	甲寅8	乙卯9	丙辰10	丁巳11	戊午12	己未13	庚申14	辛酉15	壬戌16	癸亥17	甲子18	乙丑19	丙寅20	丁卯21	戊辰22	己巳23	庚午24	辛未25	壬申26	癸酉27	甲戌28	乙亥29	丙子30	丁丑31	戊寅(2)	己卯2	
二月小	丙寅	干支 天地 西曆	庚辰3	辛巳4	壬午5	癸未6	甲申7	乙酉8	丙戌9	丁亥10	戊子11	己丑12	庚寅13	辛卯14	壬辰15	癸巳16	甲午17	乙未18	丙申19	丁酉20	戊戌21	己亥22	庚子23	辛丑24	壬寅25	癸卯26	甲辰27	乙巳28	丙午29	丁未(3)	戊申2		丙戌立春
三月大	丁卯	干支 天地 西曆	己酉3	庚戌4	辛亥5	壬子6	癸丑7	甲寅8	乙卯9	丙辰10	丁巳11	戊午12	己未13	庚申14	辛酉15	壬戌16	癸亥17	甲子18	乙丑19	丙寅20	丁卯21	戊辰22	己巳23	庚午24	辛未25	壬申26	癸酉27	甲戌28	乙亥29	丙子30	丁丑31	戊寅(4)	壬申春分
四月小	戊辰	干支 天地 西曆	己卯2	庚辰3	辛巳4	壬午5	癸未6	甲申7	乙酉8	丙戌9	丁亥10	戊子11	己丑12	庚寅13	辛卯14	壬辰15	癸巳16	甲午17	乙未18	丙申19	丁酉20	戊戌21	己亥22	庚子23	辛丑24	壬寅25	癸卯26	甲辰27	乙巳28	丙午29	丁未30		
五月大	己巳	干支 天地 西曆	戊申(5)	己酉2	庚戌3	辛亥4	壬子5	癸丑6	甲寅7	乙卯8	丙辰9	丁巳10	戊午11	己未12	庚申13	辛酉14	壬戌15	癸亥16	甲子17	乙丑18	丙寅19	丁卯20	戊辰21	己巳22	庚午23	辛未24	壬申25	癸酉26	甲戌27	乙亥28	丙子29	丁丑30	己未立夏
六月大	庚午	干支 天地 西曆	戊寅31	己卯(6)	庚辰2	辛巳3	壬午4	癸未5	甲申6	乙酉7	丙戌8	丁亥9	戊子10	己丑11	庚寅12	辛卯13	壬辰14	癸巳15	甲午16	乙未17	丙申18	丁酉19	戊戌20	己亥21	庚子22	辛丑23	壬寅24	癸卯25	甲辰26	乙巳27	丙午28	丁未29	丙午夏至
七月小	辛未	干支 天地 西曆	戊申30	己酉(7)	庚戌2	辛亥3	壬子4	癸丑5	甲寅6	乙卯7	丙辰8	丁巳9	戊午10	己未11	庚申12	辛酉13	壬戌14	癸亥15	甲子16	乙丑17	丙寅18	丁卯19	戊辰20	己巳21	庚午22	辛未23	壬申24	癸酉25	甲戌26	乙亥27	丙子28		
八月大	壬申	干支 天地 西曆	丁丑29	戊寅30	己卯31	庚辰(8)	辛巳2	壬午3	癸未4	甲申5	乙酉6	丙戌7	丁亥8	戊子9	己丑10	庚寅11	辛卯12	壬辰13	癸巳14	甲午15	乙未16	丙申17	丁酉18	戊戌19	己亥20	庚子21	辛丑22	壬寅23	癸卯24	甲辰25	乙巳26	丙午27	壬辰立秋
九月小	癸酉	干支 天地 西曆	丁未28	戊申29	己酉30	庚戌31	辛亥(9)	壬子2	癸丑3	甲寅4	乙卯5	丙辰6	丁巳7	戊午8	己未9	庚申10	辛酉11	壬戌12	癸亥13	甲子14	乙丑15	丙寅16	丁卯17	戊辰18	己巳19	庚午20	辛未21	壬申22	癸酉23	甲戌24	乙亥25		
十月大	甲戌	干支 天地 西曆	丙子26	丁丑27	戊寅28	己卯29	庚辰30	辛巳(10)	壬午2	癸未3	甲申4	乙酉5	丙戌6	丁亥7	戊子8	己丑9	庚寅10	辛卯11	壬辰12	癸巳13	甲午14	乙未15	丙申16	丁酉17	戊戌18	己亥19	庚子20	辛丑21	壬寅22	癸卯23	甲辰24	乙巳25	戊寅秋分 乙巳日食
十一月小	乙亥	干支 天地 西曆	丙午26	丁未27	戊申28	己酉29	庚戌30	辛亥31	壬子(11)	癸丑2	甲寅3	乙卯4	丙辰5	丁巳6	戊午7	己未8	庚申9	辛酉10	壬戌11	癸亥12	甲子13	乙丑14	丙寅15	丁卯16	戊辰17	己巳18	庚午19	辛未20	壬申21	癸酉22	甲戌23		壬戌立冬
閏十一大	乙亥	干支 天地 西曆	乙亥24	丙子25	丁丑26	戊寅27	己卯28	庚辰29	辛巳30	壬午(12)	癸未2	甲申3	乙酉4	丙戌5	丁亥6	戊子7	己丑8	庚寅9	辛卯10	壬辰11	癸巳12	甲午13	乙未14	丙申15	丁酉16	戊戌17	己亥18	庚子19	辛丑20	壬寅21	癸卯22	甲辰23	
十二月小	丙子	干支 天地 西曆	乙巳24	丙午25	丁未26	戊申27	己酉28	庚戌29	辛亥30	壬子31	癸丑(1)	甲寅2	乙卯3	丙辰4	丁巳5	戊午6	己未7	庚申8	辛酉9	壬戌10	癸亥11	甲子12	乙丑13	丙寅14	丁卯15	戊辰16	己巳17	庚午18	辛未19	壬申20	癸酉21		丁未冬至

朔閏異同	曆名	正月	二月	三月	四月	五月	六月	七月	八月	九月	十月	十一	十二	閏月
	周曆夏曆	庚辰己卯	庚戌己酉	己卯戊寅	己酉戊申	戊寅丁丑	戊申---丁未	丁丑丙子	丁未丙午	丙子乙亥	丙午乙巳	---乙亥甲戌	乙巳甲辰	甲戌癸酉
	顓頊新曆	辛亥庚辰	庚辰庚戌	庚戌己卯	庚辰己酉	己酉---戊寅	己卯丁未	戊申丁丑	戊寅丙午	丁未乙亥	丁丑乙巳	丙午乙亥	丙子乙巳	乙巳乙亥

周威烈王十年（乙丑 牛年） 公元前 **416** ~ 前 415 年 歲在大火

殷曆月序		中西曆日對照	初一	初二	初三	初四	初五	初六	初七	初八	初九	初十	十一	十二	十三	十四	十五	十六	十七	十八	十九	二十	二一	二二	二三	二四	二五	二六	二七	二八	二九	三十	節氣與天象
正月大	丁丑	天干地支西曆	甲戌 22	乙亥 23	丙子 24	丁丑 25	戊寅 26	己卯 27	庚辰 28	辛巳 29	壬午 30	癸未 31	甲申 (2)	乙酉 2	丙戌 3	丁亥 4	戊子 5	己丑 6	庚寅 7	辛卯 8	壬辰 9	癸巳 10	甲午 11	乙未 12	丙申 13	丁酉 14	戊戌 15	己亥 16	庚子 17	辛丑 18	壬寅 19	癸卯 20	辛卯立春
二月小	戊寅	天干地支西曆	甲辰 21	乙巳 22	丙午 23	丁未 24	戊申 25	己酉 26	庚戌 27	辛亥 28	壬子 (3)	癸丑 2	甲寅 3	乙卯 4	丙辰 5	丁巳 6	戊午 7	己未 8	庚申 9	辛酉 10	壬戌 11	癸亥 12	甲子 13	乙丑 14	丙寅 15	丁卯 16	戊辰 17	己巳 18	庚午 19	辛未 20	壬申 21		
三月大	己卯	天干地支西曆	癸酉 22	甲戌 23	乙亥 24	丙子 25	丁丑 26	戊寅 27	己卯 28	庚辰 29	辛巳 30	壬午 31	癸未 (4)	甲申 2	乙酉 3	丙戌 4	丁亥 5	戊子 6	己丑 7	庚寅 8	辛卯 9	壬辰 10	癸巳 11	甲午 12	乙未 13	丙申 14	丁酉 15	戊戌 16	己亥 17	庚子 18	辛丑 19	壬寅 20	丁丑春分
四月小	庚辰	天干地支西曆	癸卯 21	甲辰 22	乙巳 23	丙午 24	丁未 25	戊申 26	己酉 27	庚戌 28	辛亥 29	壬子 30	癸丑 (5)	甲寅 2	乙卯 3	丙辰 4	丁巳 5	戊午 6	己未 7	庚申 8	辛酉 9	壬戌 10	癸亥 11	甲子 12	乙丑 13	丙寅 14	丁卯 15	戊辰 16	己巳 17	庚午 18	辛未 19		甲子立夏
五月大	辛巳	天干地支西曆	壬申 20	癸酉 21	甲戌 22	乙亥 23	丙子 24	丁丑 25	戊寅 26	己卯 27	庚辰 28	辛巳 29	壬午 30	癸未 31	甲申 (6)	乙酉 2	丙戌 3	丁亥 4	戊子 5	己丑 6	庚寅 7	辛卯 8	壬辰 9	癸巳 10	甲午 11	乙未 12	丙申 13	丁酉 14	戊戌 15	己亥 16	庚子 17	辛丑 18	
六月小	壬午	天干地支西曆	壬寅 19	癸卯 20	甲辰 21	乙巳 22	丙午 23	丁未 24	戊申 25	己酉 26	庚戌 27	辛亥 28	壬子 29	癸丑 30	甲寅 (7)	乙卯 2	丙辰 3	丁巳 4	戊午 5	己未 6	庚申 7	辛酉 8	壬戌 9	癸亥 10	甲子 11	乙丑 12	丙寅 13	丁卯 14	戊辰 15	己巳 16	庚午 17		辛亥夏至
七月大	癸未	天干地支西曆	辛未 18	壬申 19	癸酉 20	甲戌 21	乙亥 22	丙子 23	丁丑 24	戊寅 25	己卯 26	庚辰 27	辛巳 28	壬午 29	癸未 30	甲申 31	乙酉 (8)	丙戌 2	丁亥 3	戊子 4	己丑 5	庚寅 6	辛卯 7	壬辰 8	癸巳 9	甲午 10	乙未 11	丙申 12	丁酉 13	戊戌 14	己亥 15	庚子 16	戊戌立秋
八月小	甲申	天干地支西曆	辛丑 17	壬寅 18	癸卯 19	甲辰 20	乙巳 21	丙午 22	丁未 23	戊申 24	己酉 25	庚戌 26	辛亥 27	壬子 28	癸丑 29	甲寅 30	乙卯 31	丙辰 (9)	丁巳 2	戊午 3	己未 4	庚申 5	辛酉 6	壬戌 7	癸亥 8	甲子 9	乙丑 10	丙寅 11	丁卯 12	戊辰 13	己巳 14		
九月大	乙酉	天干地支西曆	庚午 15	辛未 16	壬申 17	癸酉 18	甲戌 19	乙亥 20	丙子 21	丁丑 22	戊寅 23	己卯 24	庚辰 25	辛巳 26	壬午 27	癸未 28	甲申 29	乙酉 30	丙戌 (10)	丁亥 2	戊子 3	己丑 4	庚寅 5	辛卯 6	壬辰 7	癸巳 8	甲午 9	乙未 10	丙申 11	丁酉 12	戊戌 13	己亥 14	癸未秋分
十月大	丙戌	天干地支西曆	庚子 15	辛丑 16	壬寅 17	癸卯 18	甲辰 19	乙巳 20	丙午 21	丁未 22	戊申 23	己酉 24	庚戌 25	辛亥 26	壬子 27	癸丑 28	甲寅 29	乙卯 30	丙辰 31	丁巳 (11)	戊午 2	己未 3	庚申 4	辛酉 5	壬戌 6	癸亥 7	甲子 8	乙丑 9	丙寅 10	丁卯 11	戊辰 12	己巳 13	戊辰立冬
十一月小	丁亥	天干地支西曆	庚午 14	辛未 15	壬申 16	癸酉 17	甲戌 18	乙亥 19	丙子 20	丁丑 21	戊寅 22	己卯 23	庚辰 24	辛巳 25	壬午 26	癸未 27	甲申 28	乙酉 29	丙戌 30	丁亥 (12)	戊子 2	己丑 3	庚寅 4	辛卯 5	壬辰 6	癸巳 7	甲午 8	乙未 9	丙申 10	丁酉 11	戊戌 12		
十二月大	戊子	天干地支西曆	己亥 13	庚子 14	辛丑 15	壬寅 16	癸卯 17	甲辰 18	乙巳 19	丙午 20	丁未 21	戊申 22	己酉 23	庚戌 24	辛亥 25	壬子 26	癸丑 27	甲寅 28	乙卯 29	丙辰 30	丁巳 31	戊午 (1)	己未 2	庚申 3	辛酉 4	壬戌 5	癸亥 6	甲子 7	乙丑 8	丙寅 9	丁卯 10	戊辰 11	壬子冬至

朔閏異同	曆名	正月	二月	三月	四月	五月	六月	七月	八月	九月	十月	十一	十二	閏月
	周曆夏曆	甲辰癸卯	癸酉壬申	癸卯壬寅	癸酉辛未	壬寅辛丑	壬申辛未	辛丑庚子	辛未庚午	庚子己亥	庚午己巳	己亥戊戌	己巳戊辰	
	顓頊新曆	乙亥甲辰	甲辰甲戌	甲戌癸卯	癸卯癸酉	癸酉壬寅	壬寅辛未	壬申辛丑	壬寅庚午	辛未己亥	辛丑己巳	庚午己亥	庚子戊辰	

周威烈王十一年（丙寅 虎年） 公元前415年 歲在析木

殷曆月序		中西曆日對照	初一	初二	初三	初四	初五	初六	初七	初八	初九	初十	十一	十二	十三	十四	十五	十六	十七	十八	十九	二十	二一	二二	二三	二四	二五	二六	二七	二八	二九	三十	節氣與天象
正月小	己丑	干支曆 天地西	己巳 12	庚午 13	辛未 14	壬申 15	癸酉 16	甲戌 17	乙亥 18	丙子 19	丁丑 20	戊寅 21	己卯 22	庚辰 23	辛巳 24	壬午 25	癸未 26	甲申 27	乙酉 28	丙戌 29	丁亥 30	戊子 31	己丑 (2)	庚寅 2	辛卯 3	壬辰 4	癸巳 5	甲午 6	乙未 7	丙申 8	丁酉 9		丙申立春
二月大	庚寅	干支曆 天地西	戊戌 10	己亥 11	庚子 12	辛丑 13	壬寅 14	癸卯 15	甲辰 16	乙巳 17	丙午 18	丁未 19	戊申 20	己酉 21	庚戌 22	辛亥 23	壬子 24	癸丑 25	甲寅 26	乙卯 27	丙辰 28	丁巳 (3)	戊午 2	己未 3	庚申 4	辛酉 5	壬戌 6	癸亥 7	甲子 8	乙丑 9	丙寅 10	丁卯 11	
三月小	辛卯	干支曆 天地西	戊辰 12	己巳 13	庚午 14	辛未 15	壬申 16	癸酉 17	甲戌 18	乙亥 19	丙子 20	丁丑 21	戊寅 22	己卯 23	庚辰 24	辛巳 25	壬午 26	癸未 27	甲申 28	乙酉 29	丙戌 30	丁亥 31	戊子 (4)	己丑 2	庚寅 3	辛卯 4	壬辰 5	癸巳 6	甲午 7	乙未 8	丙申 9		壬午春分
四月大	壬辰	干支曆 天地西	丁酉 10	戊戌 11	己亥 12	庚子 13	辛丑 14	壬寅 15	癸卯 16	甲辰 17	乙巳 18	丙午 19	丁未 20	戊申 21	己酉 22	庚戌 23	辛亥 24	壬子 25	癸丑 26	甲寅 27	乙卯 28	丙辰 29	丁巳 30	戊午 (5)	己未 2	庚申 3	辛酉 4	壬戌 5	癸亥 6	甲子 7	乙丑 8	丙寅 9	
五月小	癸巳	干支曆 天地西	丁卯 10	戊辰 11	己巳 12	庚午 13	辛未 14	壬申 15	癸酉 16	甲戌 17	乙亥 18	丙子 19	丁丑 20	戊寅 21	己卯 22	庚辰 23	辛巳 24	壬午 25	癸未 26	甲申 27	乙酉 28	丙戌 29	丁亥 30	戊子 31	己丑 (6)	庚寅 2	辛卯 3	壬辰 4	癸巳 5	甲午 6	乙未 7		己巳立夏
六月大	甲午	干支曆 天地西	丙申 8	丁酉 9	戊戌 10	己亥 11	庚子 12	辛丑 13	壬寅 14	癸卯 15	甲辰 16	乙巳 17	丙午 18	丁未 19	戊申 20	己酉 21	庚戌 22	辛亥 23	壬子 24	癸丑 25	甲寅 26	乙卯 27	丙辰 28	丁巳 29	戊午 30	己未 (7)	庚申 2	辛酉 3	壬戌 4	癸亥 5	甲子 6	乙丑 7	丙辰夏至
七月小	乙未	干支曆 天地西	丙寅 8	丁卯 9	戊辰 10	己巳 11	庚午 12	辛未 13	壬申 14	癸酉 15	甲戌 16	乙亥 17	丙子 18	丁丑 19	戊寅 20	己卯 21	庚辰 22	辛巳 23	壬午 24	癸未 25	甲申 26	乙酉 27	丙戌 28	丁亥 29	戊子 30	己丑 31	庚寅 (8)	辛卯 2	壬辰 3	癸巳 4	甲午 5		
八月大	丙申	干支曆 天地西	乙未 6	丙申 7	丁酉 8	戊戌 9	己亥 10	庚子 11	辛丑 12	壬寅 13	癸卯 14	甲辰 15	乙巳 16	丙午 17	丁未 18	戊申 19	己酉 20	庚戌 21	辛亥 22	壬子 23	癸丑 24	甲寅 25	乙卯 26	丙辰 27	丁巳 28	戊午 29	己未 30	庚申 31	辛酉 (9)	壬戌 2	癸亥 3	甲子 4	癸卯立秋
九月小	丁酉	干支曆 天地西	乙丑 5	丙寅 6	丁卯 7	戊辰 8	己巳 9	庚午 10	辛未 11	壬申 12	癸酉 13	甲戌 14	乙亥 15	丙子 16	丁丑 17	戊寅 18	己卯 19	庚辰 20	辛巳 21	壬午 22	癸未 23	甲申 24	乙酉 25	丙戌 26	丁亥 27	戊子 28	己丑 29	庚寅 30	辛卯 (10)	壬辰 2	癸巳 3		戊子秋分
十月大	戊戌	干支曆 天地西	甲午 4	乙未 5	丙申 6	丁酉 7	戊戌 8	己亥 9	庚子 10	辛丑 11	壬寅 12	癸卯 13	甲辰 14	乙巳 15	丙午 16	丁未 17	戊申 18	己酉 19	庚戌 20	辛亥 21	壬子 22	癸丑 23	甲寅 24	乙卯 25	丙辰 26	丁巳 27	戊午 28	己未 29	庚申 30	辛酉 31	壬戌 (11)	癸亥 2	
十一月小	己亥	干支曆 天地西	甲子 3	乙丑 4	丙寅 5	丁卯 6	戊辰 7	己巳 8	庚午 9	辛未 10	壬申 11	癸酉 12	甲戌 13	乙亥 14	丙子 15	丁丑 16	戊寅 17	己卯 18	庚辰 19	辛巳 20	壬午 21	癸未 22	甲申 23	乙酉 24	丙戌 25	丁亥 26	戊子 27	己丑 28	庚寅 29	辛卯 30	壬辰 (12)		癸酉立冬
十二月大	庚子	干支曆 天地西	癸巳 2	甲午 3	乙未 4	丙申 5	丁酉 6	戊戌 7	己亥 8	庚子 9	辛丑 10	壬寅 11	癸卯 12	甲辰 13	乙巳 14	丙午 15	丁未 16	戊申 17	己酉 18	庚戌 19	辛亥 20	壬子 21	癸丑 22	甲寅 23	乙卯 24	丙辰 25	丁巳 26	戊午 27	己未 28	庚申 29	辛酉 30	壬戌 31	丁巳冬至

朔閏異同	曆名	正月	二月	三月	四月	五月	六月	七月	八月	九月	十月	十一	十二	閏月
	周曆夏曆	戊戌丁酉	戊辰丁卯	丁酉丙申	丁卯丙寅	丙申乙未	丙寅乙丑	丙申甲午	乙丑甲子	乙未甲午	甲子癸亥	甲午癸巳	癸亥壬戌	
	顓頊新曆	己巳戊戌	己亥戊辰	戊辰戊戌	戊戌丁卯	丁卯丁酉	丁酉丙寅	丙寅乙未	丙申乙丑	乙丑甲午	乙未癸亥	乙丑癸巳	甲午癸亥	

周威烈王十二年（丁卯 兔年） 公元前**414** ～ 前413年 歲在星紀

殷曆月序		中西曆日對照	初一	初二	初三	初四	初五	初六	初七	初八	初九	初十	十一	十二	十三	十四	十五	十六	十七	十八	十九	二十	二一	二二	二三	二四	二五	二六	二七	二八	二九	三十	節氣與天象
正月小	辛丑	干支曆 天地西曆	癸亥(1)	甲子2	乙丑3	丙寅4	丁卯5	戊辰6	己巳7	庚午8	辛未9	壬申10	癸酉11	甲戌12	乙亥13	丙子14	丁丑15	戊寅16	己卯17	庚辰18	辛巳19	壬午20	癸未21	甲申22	乙酉23	丙戌24	丁亥25	戊子26	己丑27	庚寅28	辛卯29		
二月大	壬寅	干支曆 天地西曆	壬辰30	癸巳31	甲午(2)	乙未2	丙申3	丁酉4	戊戌5	己亥6	庚子7	辛丑8	壬寅9	癸卯10	甲辰11	乙巳12	丙午13	丁未14	戊申15	己酉16	庚戌17	辛亥18	壬子19	癸丑20	甲寅21	乙卯22	丙辰23	丁巳24	戊午25	己未26	庚申27	辛酉28	壬寅立春
三月大	癸卯	干支曆 天地西曆	壬戌(3)	癸亥2	甲子3	乙丑4	丙寅5	丁卯6	戊辰7	己巳8	庚午9	辛未10	壬申11	癸酉12	甲戌13	乙亥14	丙子15	丁丑16	戊寅17	己卯18	庚辰19	辛巳20	壬午21	癸未22	甲申23	乙酉24	丙戌25	丁亥26	戊子27	己丑28	庚寅29	辛卯30	丁亥春分
四月小	甲辰	干支曆 天地西曆	壬辰31	癸巳(4)	甲午2	乙未3	丙申4	丁酉5	戊戌6	己亥7	庚子8	辛丑9	壬寅10	癸卯11	甲辰12	乙巳13	丙午14	丁未15	戊申16	己酉17	庚戌18	辛亥19	壬子20	癸丑21	甲寅22	乙卯23	丙辰24	丁巳25	戊午26	己未27	庚申28		
五月大	乙巳	干支曆 天地西曆	辛酉29	壬戌30	癸亥(5)	甲子2	乙丑3	丙寅4	丁卯5	戊辰6	己巳7	庚午8	辛未9	壬申10	癸酉11	甲戌12	乙亥13	丙子14	丁丑15	戊寅16	己卯17	庚辰18	辛巳19	壬午20	癸未21	甲申22	乙酉23	丙戌24	丁亥25	戊子26	己丑27	庚寅28	甲戌立夏
六月小	丙午	干支曆 天地西曆	辛卯29	壬辰30	癸巳31	甲午(6)	乙未2	丙申3	丁酉4	戊戌5	己亥6	庚子7	辛丑8	壬寅9	癸卯10	甲辰11	乙巳12	丙午13	丁未14	戊申15	己酉16	庚戌17	辛亥18	壬子19	癸丑20	甲寅21	乙卯22	丙辰23	丁巳24	戊午25	己未26		
閏六月大	丙午	干支曆 天地西曆	庚申27	辛酉28	壬戌29	癸亥30	甲子(7)	乙丑2	丙寅3	丁卯4	戊辰5	己巳6	庚午7	辛未8	壬申9	癸酉10	甲戌11	乙亥12	丙子13	丁丑14	戊寅15	己卯16	庚辰17	辛巳18	壬午19	癸未20	甲申21	乙酉22	丙戌23	丁亥24	戊子25	己丑26	壬戌夏至
七月小	丁未	干支曆 天地西曆	庚寅27	辛卯28	壬辰29	癸巳30	甲午31	乙未(8)	丙申2	丁酉3	戊戌4	己亥5	庚子6	辛丑7	壬寅8	癸卯9	甲辰10	乙巳11	丙午12	丁未13	戊申14	己酉15	庚戌16	辛亥17	壬子18	癸丑19	甲寅20	乙卯21	丙辰22	丁巳23	戊午24		戊申立秋
八月大	戊申	干支曆 天地西曆	己未25	庚申26	辛酉27	壬戌28	癸亥29	甲子30	乙丑31	丙寅(9)	丁卯2	戊辰3	己巳4	庚午5	辛未6	壬申7	癸酉8	甲戌9	乙亥10	丙子11	丁丑12	戊寅13	己卯14	庚辰15	辛巳16	壬午17	癸未18	甲申19	乙酉20	丙戌21	丁亥22	戊子23	
九月小	己酉	干支曆 天地西曆	己丑24	庚寅25	辛卯26	壬辰27	癸巳28	甲午29	乙未30	丙申(10)	丁酉2	戊戌3	己亥4	庚子5	辛丑6	壬寅7	癸卯8	甲辰9	乙巳10	丙午11	丁未12	戊申13	己酉14	庚戌15	辛亥16	壬子17	癸丑18	甲寅19	乙卯20	丙辰21	丁巳22		甲午秋分
十月大	庚戌	干支曆 天地西曆	戊午23	己未24	庚申25	辛酉26	壬戌27	癸亥28	甲子29	乙丑30	丙寅31	丁卯(11)	戊辰2	己巳3	庚午4	辛未5	壬申6	癸酉7	甲戌8	乙亥9	丙子10	丁丑11	戊寅12	己卯13	庚辰14	辛巳15	壬午16	癸未17	甲申18	乙酉19	丙戌20	丁亥21	戊寅立冬
十一月小	辛亥	干支曆 天地西曆	戊子22	己丑23	庚寅24	辛卯25	壬辰26	癸巳27	甲午28	乙未29	丙申30	丁酉(12)	戊戌2	己亥3	庚子4	辛丑5	壬寅6	癸卯7	甲辰8	乙巳9	丙午10	丁未11	戊申12	己酉13	庚戌14	辛亥15	壬子16	癸丑17	甲寅18	乙卯19	丙辰20		
十二月大	壬子	干支曆 天地西曆	丁巳21	戊午22	己未23	庚申24	辛酉25	壬戌26	癸亥27	甲子28	乙丑29	丙寅30	丁卯31	戊辰(1)	己巳2	庚午3	辛未4	壬申5	癸酉6	甲戌7	乙亥8	丙子9	丁丑10	戊寅11	己卯12	庚辰13	辛巳14	壬午15	癸未16	甲申17	乙酉18	丙戌19	壬戌冬至

朔閏異同	曆名	正月	二月	三月	四月	五月	六月	七月	八月	九月	十月	十一	十二	閏月
	周曆夏曆	癸巳壬辰	壬戌辛酉	壬辰---辛卯	辛酉庚申	辛卯庚寅	庚申己未	---庚寅己丑	己未戊午	己丑戊子	戊午丁巳	戊子丁亥	戊午丙辰	丁亥丙戌
	顓頊新曆	甲子壬辰	癸巳壬戌	癸亥---壬辰	壬辰辛酉	壬戌辛卯	辛卯庚申	辛酉庚寅	---庚寅己未	庚申己丑	己丑戊午	己未戊子	戊子丁巳	戊午丁亥

周威烈王十三年（戊辰 龍年） 公元前413 ~ 前412年 歲在玄枵

殷曆月序		中西曆日對照	殷曆日序																														節氣與天象
			初一	初二	初三	初四	初五	初六	初七	初八	初九	初十	十一	十二	十三	十四	十五	十六	十七	十八	十九	二十	二一	二二	二三	二四	二五	二六	二七	二八	二九	三十	
正月小	癸丑	天干地支西曆	丁亥20	戊子21	己丑22	庚寅23	辛卯24	壬辰25	癸巳26	甲午27	乙未28	丙申29	丁酉30	戊戌31	己亥(2)	庚子2	辛丑3	壬寅4	癸卯5	甲辰6	乙巳7	丙午8	丁未9	戊申10	己酉11	庚戌12	辛亥13	壬子14	癸丑15	甲寅16	乙卯17		丁未立春
二月大	甲寅	天干地支西曆	丙辰18	丁巳19	戊午20	己未21	庚申22	辛酉23	壬戌24	癸亥25	甲子26	乙丑27	丙寅28	丁卯29	戊辰(3)	己巳2	庚午3	辛未4	壬申5	癸酉6	甲戌7	乙亥8	丙子9	丁丑10	戊寅11	己卯12	庚辰13	辛巳14	壬午15	癸未16	甲申17	乙酉18	
三月小	乙卯	天干地支西曆	丙戌19	丁亥20	戊子21	己丑22	庚寅23	辛卯24	壬辰25	癸巳26	甲午27	乙未28	丙申29	丁酉30	戊戌31	己亥(4)	庚子2	辛丑3	壬寅4	癸卯5	甲辰6	乙巳7	丙午8	丁未9	戊申10	己酉11	庚戌12	辛亥13	壬子14	癸丑15	甲寅16		癸巳春分
四月大	丙辰	天干地支西曆	乙卯17	丙辰18	丁巳19	戊午20	己未21	庚申22	辛酉23	壬戌24	癸亥25	甲子26	乙丑27	丙寅28	丁卯29	戊辰30	己巳(5)	庚午2	辛未3	壬申4	癸酉5	甲戌6	乙亥7	丙子8	丁丑9	戊寅10	己卯11	庚辰12	辛巳13	壬午14	癸未15	甲申16	庚辰立夏
五月大	丁巳	天干地支西曆	乙酉17	丙戌18	丁亥19	戊子20	己丑21	庚寅22	辛卯23	壬辰24	癸巳25	甲午26	乙未27	丙申28	丁酉29	戊戌30	己亥31	庚子(6)	辛丑2	壬寅3	癸卯4	甲辰5	乙巳6	丙午7	丁未8	戊申9	己酉10	庚戌11	辛亥12	壬子13	癸丑14	甲寅15	
六月小	戊午	天干地支西曆	乙卯16	丙辰17	丁巳18	戊午19	己未20	庚申21	辛酉22	壬戌23	癸亥24	甲子25	乙丑26	丙寅27	丁卯28	戊辰29	己巳30	庚午(7)	辛未2	壬申3	癸酉4	甲戌5	乙亥6	丙子7	丁丑8	戊寅9	己卯10	庚辰11	辛巳12	壬午13	癸未14		丁卯夏至
七月大	己未	天干地支西曆	甲申15	乙酉16	丙戌17	丁亥18	戊子19	己丑20	庚寅21	辛卯22	壬辰23	癸巳24	甲午25	乙未26	丙申27	丁酉28	戊戌29	己亥30	庚子31	辛丑(8)	壬寅2	癸卯3	甲辰4	乙巳5	丙午6	丁未7	戊申8	己酉9	庚戌10	辛亥11	壬子12	癸丑13	癸丑立秋
八月小	庚申	天干地支西曆	甲寅14	乙卯15	丙辰16	丁巳17	戊午18	己未19	庚申20	辛酉21	壬戌22	癸亥23	甲子24	乙丑25	丙寅26	丁卯27	戊辰28	己巳29	庚午30	辛未31	壬申(9)	癸酉2	甲戌3	乙亥4	丙子5	丁丑6	戊寅7	己卯8	庚辰9	辛巳10	壬午11		
九月大	辛酉	天干地支西曆	癸未12	甲申13	乙酉14	丙戌15	丁亥16	戊子17	己丑18	庚寅19	辛卯20	壬辰21	癸巳22	甲午23	乙未24	丙申25	丁酉26	戊戌27	己亥28	庚子29	辛丑30	壬寅(10)	癸卯2	甲辰3	乙巳4	丙午5	丁未6	戊申7	己酉8	庚戌9	辛亥10	壬子11	己亥秋分
十月小	壬戌	天干地支西曆	癸丑12	甲寅13	乙卯14	丙辰15	丁巳16	戊午17	己未18	庚申19	辛酉20	壬戌21	癸亥22	甲子23	乙丑24	丙寅25	丁卯26	戊辰27	己巳28	庚午29	辛未30	壬申31	癸酉(11)	甲戌2	乙亥3	丙子4	丁丑5	戊寅6	己卯7	庚辰8	辛巳9		
十一月大	癸亥	天干地支西曆	壬午10	癸未11	甲申12	乙酉13	丙戌14	丁亥15	戊子16	己丑17	庚寅18	辛卯19	壬辰20	癸巳21	甲午22	乙未23	丙申24	丁酉25	戊戌26	己亥27	庚子28	辛丑29	壬寅30	癸卯(12)	甲辰2	乙巳3	丙午4	丁未5	戊申6	己酉7	庚戌8	辛亥9	癸未立冬
十二月小	甲子	天干地支西曆	壬子10	癸丑11	甲寅12	乙卯13	丙辰14	丁巳15	戊午16	己未17	庚申18	辛酉19	壬戌20	癸亥21	甲子22	乙丑23	丙寅24	丁卯25	戊辰26	己巳27	庚午28	辛未29	壬申30	癸酉31	甲戌(1)	乙亥2	丙子3	丁丑4	戊寅5	己卯6	庚辰7		丁卯冬至

朔閏異同	曆名	正月	二月	三月	四月	五月	六月	七月	八月	九月	十月	十一	十二	閏月	曆名	正月	二月	三月	四月	五月	六月	七月	八月	九月	十月	十一	十二	閏月
	周曆夏曆	丁巳丙辰	丙戌乙酉	丙辰乙卯	乙酉甲申	乙卯甲寅	甲申癸未	甲寅癸丑	癸未壬午	癸丑壬子	壬午辛巳	壬子辛亥	辛巳庚辰		顓頊新曆	丁亥丙辰	丁巳丙戌	丁亥乙卯	丙辰乙酉	丙戌乙卯	乙卯甲申	乙酉甲寅	甲寅癸未	甲申癸丑	癸丑壬午	癸未壬子	壬子辛巳	

周威烈王十四年（己巳 蛇年） 公元前 412 年 歲在娵訾

殷曆月序		中西曆日對照	初一	初二	初三	初四	初五	初六	初七	初八	初九	初十	十一	十二	十三	十四	十五	十六	十七	十八	十九	二十	二一	二二	二三	二四	二五	二六	二七	二八	二九	三十	節氣與天象
正月大	乙丑	天干地支 西曆	辛巳 8	壬午 9	癸未 10	甲申 11	乙酉 12	丙戌 13	丁亥 14	戊子 15	己丑 16	庚寅 17	辛卯 18	壬辰 19	癸巳 20	甲午 21	乙未 22	丙申 23	丁酉 24	戊戌 25	己亥 26	庚子 27	辛丑 28	壬寅 29	癸卯 30	甲辰 31	乙巳 (2)	丙午 2	丁未 3	戊申 4	己酉 5	庚戌 6	
二月小	丙寅	天干地支 西曆	辛亥 7	壬子 8	癸丑 9	甲寅 10	乙卯 11	丙辰 12	丁巳 13	戊午 14	己未 15	庚申 16	辛酉 17	壬戌 18	癸亥 19	甲子 20	乙丑 21	丙寅 22	丁卯 23	戊辰 24	己巳 25	庚午 26	辛未 27	壬申 28	癸酉 (3)	甲戌 2	乙亥 3	丙子 4	丁丑 5	戊寅 6	己卯 7		壬子立春
三月大	丁卯	天干地支 西曆	庚辰 8	辛巳 9	壬午 10	癸未 11	甲申 12	乙酉 13	丙戌 14	丁亥 15	戊子 16	己丑 17	庚寅 18	辛卯 19	壬辰 20	癸巳 21	甲午 22	乙未 23	丙申 24	丁酉 25	戊戌 26	己亥 27	庚子 28	辛丑 29	壬寅 30	癸卯 31	甲辰 (4)	乙巳 2	丙午 3	丁未 4	戊申 5	己酉 6	戊戌春分
四月小	戊辰	天干地支 西曆	庚戌 7	辛亥 8	壬子 9	癸丑 10	甲寅 11	乙卯 12	丙辰 13	丁巳 14	戊午 15	己未 16	庚申 17	辛酉 18	壬戌 19	癸亥 20	甲子 21	乙丑 22	丙寅 23	丁卯 24	戊辰 25	己巳 26	庚午 27	辛未 28	壬申 29	癸酉 30	甲戌 (5)	乙亥 2	丙子 3	丁丑 4	戊寅 5		
五月大	己巳	天干地支 西曆	己卯 6	庚辰 7	辛巳 8	壬午 9	癸未 10	甲申 11	乙酉 12	丙戌 13	丁亥 14	戊子 15	己丑 16	庚寅 17	辛卯 18	壬辰 19	癸巳 20	甲午 21	乙未 22	丙申 23	丁酉 24	戊戌 25	己亥 26	庚子 27	辛丑 28	壬寅 29	癸卯 30	甲辰 31	乙巳 (6)	丙午 2	丁未 3	戊申 4	乙酉立夏
六月小	庚午	天干地支 西曆	己酉 5	庚戌 6	辛亥 7	壬子 8	癸丑 9	甲寅 10	乙卯 11	丙辰 12	丁巳 13	戊午 14	己未 15	庚申 16	辛酉 17	壬戌 18	癸亥 19	甲子 20	乙丑 21	丙寅 22	丁卯 23	戊辰 24	己巳 25	庚午 26	辛未 27	壬申 28	癸酉 29	甲戌 30	乙亥 (7)	丙子 2	丁丑 3		壬申夏至
七月大	辛未	天干地支 西曆	戊寅 4	己卯 5	庚辰 6	辛巳 7	壬午 8	癸未 9	甲申 10	乙酉 11	丙戌 12	丁亥 13	戊子 14	己丑 15	庚寅 16	辛卯 17	壬辰 18	癸巳 19	甲午 20	乙未 21	丙申 22	丁酉 23	戊戌 24	己亥 25	庚子 26	辛丑 27	壬寅 28	癸卯 29	甲辰 30	乙巳 31	丙午 (8)	丁未 2	
八月小	壬申	天干地支 西曆	戊申 3	己酉 4	庚戌 5	辛亥 6	壬子 7	癸丑 8	甲寅 9	乙卯 10	丙辰 11	丁巳 12	戊午 13	己未 14	庚申 15	辛酉 16	壬戌 17	癸亥 18	甲子 19	乙丑 20	丙寅 21	丁卯 22	戊辰 23	己巳 24	庚午 25	辛未 26	壬申 27	癸酉 28	甲戌 29	乙亥 30	丙子 31		己未立秋 戊申日食
九月大	癸酉	天干地支 西曆	丁丑 (9)	戊寅 2	己卯 3	庚辰 4	辛巳 5	壬午 6	癸未 7	甲申 8	乙酉 9	丙戌 10	丁亥 11	戊子 12	己丑 13	庚寅 14	辛卯 15	壬辰 16	癸巳 17	甲午 18	乙未 19	丙申 20	丁酉 21	戊戌 22	己亥 23	庚子 24	辛丑 25	壬寅 26	癸卯 27	甲辰 28	乙巳 29	丙午 30	甲辰秋分
十月大	甲戌	天干地支 西曆	丁未 (10)	戊申 2	己酉 3	庚戌 4	辛亥 5	壬子 6	癸丑 7	甲寅 8	乙卯 9	丙辰 10	丁巳 11	戊午 12	己未 13	庚申 14	辛酉 15	壬戌 16	癸亥 17	甲子 18	乙丑 19	丙寅 20	丁卯 21	戊辰 22	己巳 23	庚午 24	辛未 25	壬申 26	癸酉 27	甲戌 28	乙亥 29	丙子 30	
十一月小	乙亥	天干地支 西曆	丁丑 31	戊寅 (11)	己卯 2	庚辰 3	辛巳 4	壬午 5	癸未 6	甲申 7	乙酉 8	丙戌 9	丁亥 10	戊子 11	己丑 12	庚寅 13	辛卯 14	壬辰 15	癸巳 16	甲午 17	乙未 18	丙申 19	丁酉 20	戊戌 21	己亥 22	庚子 23	辛丑 24	壬寅 25	癸卯 26	甲辰 27	乙巳 28		己丑立冬
十二月大	丙子	天干地支 西曆	丙午 29	丁未 30	戊申 (12)	己酉 2	庚戌 3	辛亥 4	壬子 5	癸丑 6	甲寅 7	乙卯 8	丙辰 9	丁巳 10	戊午 11	己未 12	庚申 13	辛酉 14	壬戌 15	癸亥 16	甲子 17	乙丑 18	丙寅 19	丁卯 20	戊辰 21	己巳 22	庚午 23	辛未 24	壬申 25	癸酉 26	甲戌 27	乙亥 28	癸酉冬至

朔閏異同	曆名	正月	二月	三月	四月	五月	六月	七月	八月	九月	十月	十一	十二	閏月
	周曆夏曆	辛亥庚戌	庚辰己卯	庚戌己酉	庚辰己卯	己酉戊申	己卯戊寅	戊申丁未	戊寅丁丑	丁未丙午	丁丑丙子	丙午---乙巳	丙子乙亥	甲辰
	顓頊新曆	壬午辛亥	辛亥庚辰	辛巳庚戌	庚戌己卯	庚辰己酉	庚戌戊寅	己卯戊申	己酉戊寅	戊寅丁未	戊申---丁丑	丁丑丙午	丁未丙子	乙巳

周威烈王十五年（庚午 馬年） 公元前412 ~前 **411** ~ 前410年 歲在降婁

殷曆月序		西日照中曆對	殷曆日序																													節氣與天象
			初一	初二	初三	初四	初五	初六	初七	初八	初九	初十	十一	十二	十三	十四	十五	十六	十七	十八	十九	二十	二一	二二	二三	二四	二五	二六	二七	二八	二九	三十	
正月小	丁丑	天干地支西曆	丙子29	丁丑30	戊寅31	己卯(1)	庚辰2	辛巳3	壬午4	癸未5	甲申6	乙酉7	丙戌8	丁亥9	戊子10	己丑11	庚寅12	辛卯13	壬辰14	癸巳15	甲午16	乙未17	丙申18	丁酉19	戊戌20	己亥21	庚子22	辛丑23	壬寅24	癸卯25	甲辰26		
二月大	戊寅	天干地支西曆	乙巳27	丙午28	丁未29	戊申30	己酉31	庚戌(2)	辛亥2	壬子3	癸丑4	甲寅5	乙卯6	丙辰7	丁巳8	戊午9	己未10	庚申11	辛酉12	壬戌13	癸亥14	甲子15	乙丑16	丙寅17	丁卯18	戊辰19	己巳20	庚午21	辛未22	壬申23	癸酉24	甲戌25	丁巳立春 乙巳日食
閏二月小	戊寅	天干地支西曆	乙亥26	丙子27	丁丑28	戊寅(3)	己卯2	庚辰3	辛巳4	壬午5	癸未6	甲申7	乙酉8	丙戌9	丁亥10	戊子11	己丑12	庚寅13	辛卯14	壬辰15	癸巳16	甲午17	乙未18	丙申19	丁酉20	戊戌21	己亥22	庚子23	辛丑24	壬寅25	癸卯26		癸卯春分
三月大	己卯	天干地支西曆	甲辰27	乙巳28	丙午29	丁未30	戊申31	己酉(4)	庚戌2	辛亥3	壬子4	癸丑5	甲寅6	乙卯7	丙辰8	丁巳9	戊午10	己未11	庚申12	辛酉13	壬戌14	癸亥15	甲子16	乙丑17	丙寅18	丁卯19	戊辰20	己巳21	庚午22	辛未23	壬申24	癸酉25	
四月小	庚辰	天干地支西曆	甲戌26	乙亥27	丙子28	丁丑29	戊寅30	己卯(5)	庚辰2	辛巳3	壬午4	癸未5	甲申6	乙酉7	丙戌8	丁亥9	戊子10	己丑11	庚寅12	辛卯13	壬辰14	癸巳15	甲午16	乙未17	丙申18	丁酉19	戊戌20	己亥21	庚子22	辛丑23	壬寅24		庚寅立夏
五月大	辛巳	天干地支西曆	癸卯25	甲辰26	乙巳27	丙午28	丁未29	戊申30	己酉31	庚戌(6)	辛亥2	壬子3	癸丑4	甲寅5	乙卯6	丙辰7	丁巳8	戊午9	己未10	庚申11	辛酉12	壬戌13	癸亥14	甲子15	乙丑16	丙寅17	丁卯18	戊辰19	己巳20	庚午21	辛未22	壬申23	
六月小	壬午	天干地支西曆	癸酉24	甲戌25	乙亥26	丙子27	丁丑28	戊寅29	己卯30	庚辰(7)	辛巳2	壬午3	癸未4	甲申5	乙酉6	丙戌7	丁亥8	戊子9	己丑10	庚寅11	辛卯12	壬辰13	癸巳14	甲午15	乙未16	丙申17	丁酉18	戊戌19	己亥20	庚子21	辛丑22		丁丑夏至
七月大	癸未	天干地支西曆	壬寅23	癸卯24	甲辰25	乙巳26	丙午27	丁未28	戊申29	己酉30	庚戌31	辛亥(8)	壬子2	癸丑3	甲寅4	乙卯5	丙辰6	丁巳7	戊午8	己未9	庚申10	辛酉11	壬戌12	癸亥13	甲子14	乙丑15	丙寅16	丁卯17	戊辰18	己巳19	庚午20	辛未21	甲子立秋
八月小	甲申	天干地支西曆	壬申22	癸酉23	甲戌24	乙亥25	丙子26	丁丑27	戊寅28	己卯29	庚辰30	辛巳31	壬午(9)	癸未2	甲申3	乙酉4	丙戌5	丁亥6	戊子7	己丑8	庚寅9	辛卯10	壬辰11	癸巳12	甲午13	乙未14	丙申15	丁酉16	戊戌17	己亥18	庚子19		
九月大	乙酉	天干地支西曆	辛丑20	壬寅21	癸卯22	甲辰23	乙巳24	丙午25	丁未26	戊申27	己酉28	庚戌29	辛亥30	壬子(10)	癸丑2	甲寅3	乙卯4	丙辰5	丁巳6	戊午7	己未8	庚申9	辛酉10	壬戌11	癸亥12	甲子13	乙丑14	丙寅15	丁卯16	戊辰17	己巳18	庚午19	己酉秋分
十月小	丙戌	天干地支西曆	辛未20	壬申21	癸酉22	甲戌23	乙亥24	丙子25	丁丑26	戊寅27	己卯28	庚辰29	辛巳30	壬午31	癸未(11)	甲申2	乙酉3	丙戌4	丁亥5	戊子6	己丑7	庚寅8	辛卯9	壬辰10	癸巳11	甲午12	乙未13	丙申14	丁酉15	戊戌16	己亥17		甲午立冬
十一月大	丁亥	天干地支西曆	庚子18	辛丑19	壬寅20	癸卯21	甲辰22	乙巳23	丙午24	丁未25	戊申26	己酉27	庚戌28	辛亥29	壬子30	癸丑(12)	甲寅2	乙卯3	丙辰4	丁巳5	戊午6	己未7	庚申8	辛酉9	壬戌10	癸亥11	甲子12	乙丑13	丙寅14	丁卯15	戊辰16	己巳17	
十二月大	戊子	天干地支西曆	庚午18	辛未19	壬申20	癸酉21	甲戌22	乙亥23	丙子24	丁丑25	戊寅26	己卯27	庚辰28	辛巳29	壬午30	癸未31	甲申(1)	乙酉2	丙戌3	丁亥4	戊子5	己丑6	庚寅7	辛卯8	壬辰9	癸巳10	甲午11	乙未12	丙申13	丁酉14	戊戌15	己亥16	戊寅冬至

朔閏異同	曆名	正月	二月	三月	四月	五月	六月	七月	八月	九月	十月	十一	十二	閏月	曆名	正月	二月	三月	四月	五月	六月	七月	八月	九月	十月	十一	十二	閏月
	周曆夏曆	乙巳甲戌	乙亥癸卯	甲辰癸酉	---甲戌壬寅	癸卯壬申	癸酉辛丑	癸卯辛未	壬申辛丑	壬寅庚午	辛未庚子	辛丑己巳	庚午己亥	庚子	顓頊新曆	丙子乙亥	丙午甲辰	乙亥癸酉	乙巳癸卯	甲戌壬申	---甲辰壬寅	癸酉壬申	癸卯辛丑	壬申辛未	壬寅辛丑	壬申庚午	辛丑庚子	辛未

周威烈王十六年（辛未 羊年） 公元前 410 ~ 前 409 年 歲在大梁

殷曆月序		中西曆日對照	初一	初二	初三	初四	初五	初六	初七	初八	初九	初十	十一	十二	十三	十四	十五	十六	十七	十八	十九	二十	二一	二二	二三	二四	二五	二六	二七	二八	二九	三十	節氣與天象
正月小	己丑	干支 天地 曆西	庚子17	辛丑18	壬寅19	癸卯20	甲辰21	乙巳22	丙午23	丁未24	戊申25	己酉26	庚戌27	辛亥28	壬子29	癸丑30	甲寅31	乙卯(2)	丙辰2	丁巳3	戊午4	己未5	庚申6	辛酉7	壬戌8	癸亥9	甲子10	乙丑11	丙寅12	丁卯13	戊辰14		癸亥立春 庚子日食
二月大	庚寅	干支 天地 曆西	己巳15	庚午16	辛未17	壬申18	癸酉19	甲戌20	乙亥21	丙子22	丁丑23	戊寅24	己卯25	庚辰26	辛巳27	壬午28	癸未(3)	甲申2	乙酉3	丙戌4	丁亥5	戊子6	己丑7	庚寅8	辛卯9	壬辰10	癸巳11	甲午12	乙未13	丙申14	丁酉15	戊戌16	
三月小	辛卯	干支 天地 曆西	己亥17	庚子18	辛丑19	壬寅20	癸卯21	甲辰22	乙巳23	丙午24	丁未25	戊申26	己酉27	庚戌28	辛亥29	壬子30	癸丑31	甲寅(4)	乙卯2	丙辰3	丁巳4	戊午5	己未6	庚申7	辛酉8	壬戌9	癸亥10	甲子11	乙丑12	丙寅13	丁卯14		戊申春分
四月大	壬辰	干支 天地 曆西	戊辰15	己巳16	庚午17	辛未18	壬申19	癸酉20	甲戌21	乙亥22	丙子23	丁丑24	戊寅25	己卯26	庚辰27	辛巳28	壬午29	癸未30	甲申(5)	乙酉2	丙戌3	丁亥4	戊子5	己丑6	庚寅7	辛卯8	壬辰9	癸巳10	甲午11	乙未12	丙申13	丁酉14	乙未立夏
五月小	癸巳	干支 天地 曆西	戊戌15	己亥16	庚子17	辛丑18	壬寅19	癸卯20	甲辰21	乙巳22	丙午23	丁未24	戊申25	己酉26	庚戌27	辛亥28	壬子29	癸丑30	甲寅31	乙卯(6)	丙辰2	丁巳3	戊午4	己未5	庚申6	辛酉7	壬戌8	癸亥9	甲子10	乙丑11	丙寅12		
六月大	甲午	干支 天地 曆西	丁卯13	戊辰14	己巳15	庚午16	辛未17	壬申18	癸酉19	甲戌20	乙亥21	丙子22	丁丑23	戊寅24	己卯25	庚辰26	辛巳27	壬午28	癸未29	甲申30	乙酉(7)	丙戌2	丁亥3	戊子4	己丑5	庚寅6	辛卯7	壬辰8	癸巳9	甲午10	乙未11	丙申12	癸未夏至
七月小	乙未	干支 天地 曆西	丁酉13	戊戌14	己亥15	庚子16	辛丑17	壬寅18	癸卯19	甲辰20	乙巳21	丙午22	丁未23	戊申24	己酉25	庚戌26	辛亥27	壬子28	癸丑29	甲寅30	乙卯31	丙辰(8)	丁巳2	戊午3	己未4	庚申5	辛酉6	壬戌7	癸亥8	甲子9	乙丑10		
八月大	丙申	干支 天地 曆西	丙寅11	丁卯12	戊辰13	己巳14	庚午15	辛未16	壬申17	癸酉18	甲戌19	乙亥20	丙子21	丁丑22	戊寅23	己卯24	庚辰25	辛巳26	壬午27	癸未28	甲申29	乙酉30	丙戌31	丁亥(9)	戊子2	己丑3	庚寅4	辛卯5	壬辰6	癸巳7	甲午8	乙未9	己巳立秋
九月小	丁酉	干支 天地 曆西	丙申10	丁酉11	戊戌12	己亥13	庚子14	辛丑15	壬寅16	癸卯17	甲辰18	乙巳19	丙午20	丁未21	戊申22	己酉23	庚戌24	辛亥25	壬子26	癸丑27	甲寅28	乙卯29	丙辰30	丁巳(10)	戊午2	己未3	庚申4	辛酉5	壬戌6	癸亥7	甲子8		乙卯秋分
十月大	戊戌	干支 天地 曆西	乙丑9	丙寅10	丁卯11	戊辰12	己巳13	庚午14	辛未15	壬申16	癸酉17	甲戌18	乙亥19	丙子20	丁丑21	戊寅22	己卯23	庚辰24	辛巳25	壬午26	癸未27	甲申28	乙酉29	丙戌30	丁亥31	戊子(11)	己丑2	庚寅3	辛卯4	壬辰5	癸巳6	甲午7	
十一月小	己亥	干支 天地 曆西	乙未8	丙申9	丁酉10	戊戌11	己亥12	庚子13	辛丑14	壬寅15	癸卯16	甲辰17	乙巳18	丙午19	丁未20	戊申21	己酉22	庚戌23	辛亥24	壬子25	癸丑26	甲寅27	乙卯28	丙辰29	丁巳30	戊午(12)	己未2	庚申3	辛酉4	壬戌5	癸亥6		己亥立冬
十二月大	庚子	干支 天地 曆西	甲子7	乙丑8	丙寅9	丁卯10	戊辰11	己巳12	庚午13	辛未14	壬申15	癸酉16	甲戌17	乙亥18	丙子19	丁丑20	戊寅21	己卯22	庚辰23	辛巳24	壬午25	癸未26	甲申27	乙酉28	丙戌29	丁亥30	戊子31	己丑(1)	庚寅2	辛卯3	壬辰4	癸巳5	癸未冬至

朔閏異同

曆名	正月	二月	三月	四月	五月	六月	七月	八月	九月	十月	十一	十二	閏月
周曆夏曆	己巳戊辰	己亥戊戌	戊辰丁卯	戊戌丁酉	丁卯丙寅	丁酉丙申	丙寅乙丑	丙申乙未	乙丑甲子	乙未甲午	乙丑癸亥	甲午癸巳	

曆名	正月	二月	三月	四月	五月	六月	七月	八月	九月	十月	十一	十二	閏月
顓頊新曆	庚子己巳	庚午己亥	己亥戊辰	己巳丁酉	戊戌丁卯	戊辰丙申	丁酉丙寅	丁卯乙未	丙申乙丑	丙寅乙未	乙未乙丑	乙丑甲午	

周威烈王十七年（壬申 猴年） 公元前409～前408年 歲在實沈

殷曆月序		中西曆日對照	初一	初二	初三	初四	初五	初六	初七	初八	初九	初十	十一	十二	十三	十四	十五	十六	十七	十八	十九	二十	二一	二二	二三	二四	二五	二六	二七	二八	二九	三十	節氣與天象
正月小	辛丑	天干地支 西曆	甲午 6	乙未 7	丙申 8	丁酉 9	戊戌 10	己亥 11	庚子 12	辛丑 13	壬寅 14	癸卯 15	甲辰 16	乙巳 17	丙午 18	丁未 19	戊申 20	己酉 21	庚戌 22	辛亥 23	壬子 24	癸丑 25	甲寅 26	乙卯 27	丙辰 28	丁巳 29	戊午 30	己未 31	庚申 (2)	辛酉 2	壬戌 3		
二月大	壬寅	天干地支 西曆	癸亥 4	甲子 5	乙丑 6	丙寅 7	丁卯 8	戊辰 9	己巳 10	庚午 11	辛未 12	壬申 13	癸酉 14	甲戌 15	乙亥 16	丙子 17	丁丑 18	戊寅 19	己卯 20	庚辰 21	辛巳 22	壬午 23	癸未 24	甲申 25	乙酉 26	丙戌 27	丁亥 28	戊子 29	己丑 (3)	庚寅 2	辛卯 3	壬辰 4	戊辰立春
三月小	癸卯	天干地支 西曆	癸巳 5	甲午 6	乙未 7	丙申 8	丁酉 9	戊戌 10	己亥 11	庚子 12	辛丑 13	壬寅 14	癸卯 15	甲辰 16	乙巳 17	丙午 18	丁未 19	戊申 20	己酉 21	庚戌 22	辛亥 23	壬子 24	癸丑 25	甲寅 26	乙卯 27	丙辰 28	丁巳 29	戊午 30	己未 31	庚申 (4)	辛酉 2		甲寅春分
四月大	甲辰	天干地支 西曆	壬戌 3	癸亥 4	甲子 5	乙丑 6	丙寅 7	丁卯 8	戊辰 9	己巳 10	庚午 11	辛未 12	壬申 13	癸酉 14	甲戌 15	乙亥 16	丙子 17	丁丑 18	戊寅 19	己卯 20	庚辰 21	辛巳 22	壬午 23	癸未 24	甲申 25	乙酉 26	丙戌 27	丁亥 28	戊子 29	己丑 30	庚寅 (5)	辛卯 2	
五月大	乙巳	天干地支 西曆	壬辰 3	癸巳 4	甲午 5	乙未 6	丙申 7	丁酉 8	戊戌 9	己亥 10	庚子 11	辛丑 12	壬寅 13	癸卯 14	甲辰 15	乙巳 16	丙午 17	丁未 18	戊申 19	己酉 20	庚戌 21	辛亥 22	壬子 23	癸丑 24	甲寅 25	乙卯 26	丙辰 27	丁巳 28	戊午 29	己未 30	庚申 31	辛酉 (6)	辛丑立夏 辛酉日食
六月小	丙午	天干地支 西曆	壬戌 2	癸亥 3	甲子 4	乙丑 5	丙寅 6	丁卯 7	戊辰 8	己巳 9	庚午 10	辛未 11	壬申 12	癸酉 13	甲戌 14	乙亥 15	丙子 16	丁丑 17	戊寅 18	己卯 19	庚辰 20	辛巳 21	壬午 22	癸未 23	甲申 24	乙酉 25	丙戌 26	丁亥 27	戊子 28	己丑 29	庚寅 30		戊子夏至
七月大	丁未	天干地支 西曆	辛卯 (7)	壬辰 2	癸巳 3	甲午 4	乙未 5	丙申 6	丁酉 7	戊戌 8	己亥 9	庚子 10	辛丑 11	壬寅 12	癸卯 13	甲辰 14	乙巳 15	丙午 16	丁未 17	戊申 18	己酉 19	庚戌 20	辛亥 21	壬子 22	癸丑 23	甲寅 24	乙卯 25	丙辰 26	丁巳 27	戊午 28	己未 29	庚申 30	
八月小	戊申	天干地支 西曆	辛酉 31	壬戌 (8)	癸亥 2	甲子 3	乙丑 4	丙寅 5	丁卯 6	戊辰 7	己巳 8	庚午 9	辛未 10	壬申 11	癸酉 12	甲戌 13	乙亥 14	丙子 15	丁丑 16	戊寅 17	己卯 18	庚辰 19	辛巳 20	壬午 21	癸未 22	甲申 23	乙酉 24	丙戌 25	丁亥 26	戊子 27	己丑 28		甲戌立秋
九月大	己酉	天干地支 西曆	庚寅 29	辛卯 30	壬辰 31	癸巳 (9)	甲午 2	乙未 3	丙申 4	丁酉 5	戊戌 6	己亥 7	庚子 8	辛丑 9	壬寅 10	癸卯 11	甲辰 12	乙巳 13	丙午 14	丁未 15	戊申 16	己酉 17	庚戌 18	辛亥 19	壬子 20	癸丑 21	甲寅 22	乙卯 23	丙辰 24	丁巳 25	戊午 26	己未 27	
十月小	庚戌	天干地支 西曆	庚申 28	辛酉 29	壬戌 30	癸亥 (10)	甲子 2	乙丑 3	丙寅 4	丁卯 5	戊辰 6	己巳 7	庚午 8	辛未 9	壬申 10	癸酉 11	甲戌 12	乙亥 13	丙子 14	丁丑 15	戊寅 16	己卯 17	庚辰 18	辛巳 19	壬午 20	癸未 21	甲申 22	乙酉 23	丙戌 24	丁亥 25	戊子 26		庚申秋分
十一月大	辛亥	天干地支 西曆	己丑 27	庚寅 28	辛卯 29	壬辰 30	癸巳 31	甲午 (11)	乙未 2	丙申 3	丁酉 4	戊戌 5	己亥 6	庚子 7	辛丑 8	壬寅 9	癸卯 10	甲辰 11	乙巳 12	丙午 13	丁未 14	戊申 15	己酉 16	庚戌 17	辛亥 18	壬子 19	癸丑 20	甲寅 21	乙卯 22	丙辰 23	丁巳 24	戊午 25	甲辰立冬
閏十一小	辛亥	天干地支 西曆	己未 26	庚申 27	辛酉 28	壬戌 29	癸亥 30	甲子 (12)	乙丑 2	丙寅 3	丁卯 4	戊辰 5	己巳 6	庚午 7	辛未 8	壬申 9	癸酉 10	甲戌 11	乙亥 12	丙子 13	丁丑 14	戊寅 15	己卯 16	庚辰 17	辛巳 18	壬午 19	癸未 20	甲申 21	乙酉 22	丙戌 23	丁亥 24		
十二月大	壬子	天干地支 西曆	戊子 25	己丑 26	庚寅 27	辛卯 28	壬辰 29	癸巳 30	甲午 31	乙未 (1)	丙申 2	丁酉 3	戊戌 4	己亥 5	庚子 6	辛丑 7	壬寅 8	癸卯 9	甲辰 10	乙巳 11	丙午 12	丁未 13	戊申 14	己酉 15	庚戌 16	辛亥 17	壬子 18	癸丑 19	甲寅 20	乙卯 21	丙辰 22	丁巳 23	戊子冬至

朔閏異同	曆名	正月	二月	三月	四月	五月	六月	七月	八月	九月	十月	十一	十二	閏月
	周曆夏曆	甲子癸亥	癸巳壬辰	癸亥壬戌	壬辰辛卯	壬戌辛酉	辛卯庚寅	辛酉---庚申	庚寅己丑	庚申己未	己丑戊子	己未戊午	戊子丁亥	---戊午丁巳
	顓頊新曆	甲午甲子	甲子癸巳	甲午癸亥	癸亥壬辰	癸巳辛酉	壬戌辛卯	壬辰---庚申	辛酉己丑	辛卯己未	庚申己丑	庚寅己未	己未己丑	戊午

周威烈王十八年（癸酉 鷄年） 公元前 408 ~ 前 407 年 歲在鶉首

殷曆月序		中西曆日對照	殷曆日序																														節氣與天象
			初一	初二	初三	初四	初五	初六	初七	初八	初九	初十	十一	十二	十三	十四	十五	十六	十七	十八	十九	二十	二一	二二	二三	二四	二五	二六	二七	二八	二九	三十	
正月小	癸丑	天干地支西曆	戊午24	己未25	庚申26	辛酉27	壬戌28	癸亥29	甲子30	乙丑31	丙寅(2)	丁卯2	戊辰3	己巳4	庚午5	辛未6	壬申7	癸酉8	甲戌9	乙亥10	丙子11	丁丑12	戊寅13	己卯14	庚辰15	辛巳16	壬午17	癸未18	甲申19	乙酉20	丙戌21		癸酉立春
二月大	甲寅	天干地支西曆	丁亥22	戊子23	己丑24	庚寅25	辛卯26	壬辰27	癸巳28	甲午(3)	乙未2	丙申3	丁酉4	戊戌5	己亥6	庚子7	辛丑8	壬寅9	癸卯10	甲辰11	乙巳12	丙午13	丁未14	戊申15	己酉16	庚戌17	辛亥18	壬子19	癸丑20	甲寅21	乙卯22	丙辰23	
三月小	乙卯	天干地支西曆	丁巳24	戊午25	己未26	庚申27	辛酉28	壬戌29	癸亥30	甲子31	乙丑(4)	丙寅2	丁卯3	戊辰4	己巳5	庚午6	辛未7	壬申8	癸酉9	甲戌10	乙亥11	丙子12	丁丑13	戊寅14	己卯15	庚辰16	辛巳17	壬午18	癸未19	甲申20	乙酉21		己未春分
四月大	丙辰	天干地支西曆	丙戌22	丁亥23	戊子24	己丑25	庚寅26	辛卯27	壬辰28	癸巳29	甲午30	乙未(5)	丙申2	丁酉3	戊戌4	己亥5	庚子6	辛丑7	壬寅8	癸卯9	甲辰10	乙巳11	丙午12	丁未13	戊申14	己酉15	庚戌16	辛亥17	壬子18	癸丑19	甲寅20	乙卯21	丙午立夏
五月小	丁巳	天干地支西曆	丙辰22	丁巳23	戊午24	己未25	庚申26	辛酉27	壬戌28	癸亥29	甲子30	乙丑31	丙寅(6)	丁卯2	戊辰3	己巳4	庚午5	辛未6	壬申7	癸酉8	甲戌9	乙亥10	丙子11	丁丑12	戊寅13	己卯14	庚辰15	辛巳16	壬午17	癸未18	甲申19		丙辰日食
六月大	戊午	天干地支西曆	乙酉20	丙戌21	丁亥22	戊子23	己丑24	庚寅25	辛卯26	壬辰27	癸巳28	甲午29	乙未30	丙申(7)	丁酉2	戊戌3	己亥4	庚子5	辛丑6	壬寅7	癸卯8	甲辰9	乙巳10	丙午11	丁未12	戊申13	己酉14	庚戌15	辛亥16	壬子17	癸丑18	甲寅19	癸巳夏至
七月小	己未	天干地支西曆	乙卯20	丙辰21	丁巳22	戊午23	己未24	庚申25	辛酉26	壬戌27	癸亥28	甲子29	乙丑30	丙寅31	丁卯(8)	戊辰2	己巳3	庚午4	辛未5	壬申6	癸酉7	甲戌8	乙亥9	丙子10	丁丑11	戊寅12	己卯13	庚辰14	辛巳15	壬午16	癸未17		庚辰立秋
八月大	庚申	天干地支西曆	甲申18	乙酉19	丙戌20	丁亥21	戊子22	己丑23	庚寅24	辛卯25	壬辰26	癸巳27	甲午28	乙未29	丙申30	丁酉31	戊戌(9)	己亥2	庚子3	辛丑4	壬寅5	癸卯6	甲辰7	乙巳8	丙午9	丁未10	戊申11	己酉12	庚戌13	辛亥14	壬子15	癸丑16	
九月大	辛酉	天干地支西曆	甲寅17	乙卯18	丙辰19	丁巳20	戊午21	己未22	庚申23	辛酉24	壬戌25	癸亥26	甲子27	乙丑28	丙寅29	丁卯30	戊辰(10)	己巳2	庚午3	辛未4	壬申5	癸酉6	甲戌7	乙亥8	丙子9	丁丑10	戊寅11	己卯12	庚辰13	辛巳14	壬午15	癸未16	乙丑秋分
十月小	壬戌	天干地支西曆	甲申17	乙酉18	丙戌19	丁亥20	戊子21	己丑22	庚寅23	辛卯24	壬辰25	癸巳26	甲午27	乙未28	丙申29	丁酉30	戊戌31	己亥(11)	庚子2	辛丑3	壬寅4	癸卯5	甲辰6	乙巳7	丙午8	丁未9	戊申10	己酉11	庚戌12	辛亥13	壬子14		庚戌立冬
十一月大	癸亥	天干地支西曆	癸丑15	甲寅16	乙卯17	丙辰18	丁巳19	戊午20	己未21	庚申22	辛酉23	壬戌24	癸亥25	甲子26	乙丑27	丙寅28	丁卯29	戊辰30	己巳(12)	庚午2	辛未3	壬申4	癸酉5	甲戌6	乙亥7	丙子8	丁丑9	戊寅10	己卯11	庚辰12	辛巳13	壬午14	
十二月小	甲子	天干地支西曆	癸未15	甲申16	乙酉17	丙戌18	丁亥19	戊子20	己丑21	庚寅22	辛卯23	壬辰24	癸巳25	甲午26	乙未27	丙申28	丁酉29	戊戌30	己亥31	庚子(1)	辛丑2	壬寅3	癸卯4	甲辰5	乙巳6	丙午7	丁未8	戊申9	己酉10	庚戌11	辛亥12		甲午冬至

朔閏異同	曆名	正月	二月	三月	四月	五月	六月	七月	八月	九月	十月	十一	十二	閏月		曆名	正月	二月	三月	四月	五月	六月	七月	八月	九月	十月	十一	十二	閏月
	周曆夏曆	戊子丙戌	丁巳丙辰	丁亥丙戌	丙辰乙卯	丙戌乙酉	乙卯甲寅	乙酉甲申	甲寅癸丑	甲申癸未	癸丑壬子	癸未壬午	壬子辛亥			顓頊新曆	己丑戊子	戊午丁巳	戊子丁亥	丁巳丙辰	丁亥乙酉	丁巳乙卯	丙戌甲申	丙辰癸丑	乙酉癸未	乙卯癸丑	甲申壬午	甲寅壬子	---癸未

周威烈王十九年（甲戌 狗年） 公元前 **407** ~ 前 406 年 歲在鶉火

殷曆月序		中西曆日對照	初一	初二	初三	初四	初五	初六	初七	初八	初九	初十	十一	十二	十三	十四	十五	十六	十七	十八	十九	二十	二一	二二	二三	二四	二五	二六	二七	二八	二九	三十	節氣與天象
正月大	乙丑	天干地支西曆	壬子13	癸丑14	甲寅15	乙卯16	丙辰17	丁巳18	戊午19	己未20	庚申21	辛酉22	壬戌23	癸亥24	甲子25	乙丑26	丙寅27	丁卯28	戊辰29	己巳30	庚午31	辛未(2)	壬申2	癸酉3	甲戌4	乙亥5	丙子6	丁丑7	戊寅8	己卯9	庚辰10	辛巳11	戊寅立春
二月小	丙寅	天干地支西曆	壬午12	癸未13	甲申14	乙酉15	丙戌16	丁亥17	戊子18	己丑19	庚寅20	辛卯21	壬辰22	癸巳23	甲午24	乙未25	丙申26	丁酉27	戊戌28	己亥(3)	庚子2	辛丑3	壬寅4	癸卯5	甲辰6	乙巳7	丙午8	丁未9	戊申10	己酉11	庚戌12		
三月大	丁卯	天干地支西曆	辛亥13	壬子14	癸丑15	甲寅16	乙卯17	丙辰18	丁巳19	戊午20	己未21	庚申22	辛酉23	壬戌24	癸亥25	甲子26	乙丑27	丙寅28	丁卯29	戊辰30	己巳31	庚午(4)	辛未2	壬申3	癸酉4	甲戌5	乙亥6	丙子7	丁丑8	戊寅9	己卯10	庚辰11	甲子春分
四月小	戊辰	天干地支西曆	辛巳12	壬午13	癸未14	甲申15	乙酉16	丙戌17	丁亥18	戊子19	己丑20	庚寅21	辛卯22	壬辰23	癸巳24	甲午25	乙未26	丙申27	丁酉28	戊戌29	己亥30	庚子(5)	辛丑2	壬寅3	癸卯4	甲辰5	乙巳6	丙午7	丁未8	戊申9	己酉10		
五月大	己巳	天干地支西曆	庚戌11	辛亥12	壬子13	癸丑14	甲寅15	乙卯16	丙辰17	丁巳18	戊午19	己未20	庚申21	辛酉22	壬戌23	癸亥24	甲子25	乙丑26	丙寅27	丁卯28	戊辰29	己巳30	庚午31	辛未(6)	壬申2	癸酉3	甲戌4	乙亥5	丙子6	丁丑7	戊寅8	己卯9	辛亥立夏
六月小	庚午	天干地支西曆	庚辰10	辛巳11	壬午12	癸未13	甲申14	乙酉15	丙戌16	丁亥17	戊子18	己丑19	庚寅20	辛卯21	壬辰22	癸巳23	甲午24	乙未25	丙申26	丁酉27	戊戌28	己亥29	庚子30	辛丑(7)	壬寅2	癸卯3	甲辰4	乙巳5	丙午6	丁未7	戊申8		戊戌夏至
七月大	辛未	天干地支西曆	己酉9	庚戌10	辛亥11	壬子12	癸丑13	甲寅14	乙卯15	丙辰16	丁巳17	戊午18	己未19	庚申20	辛酉21	壬戌22	癸亥23	甲子24	乙丑25	丙寅26	丁卯27	戊辰28	己巳29	庚午30	辛未31	壬申(8)	癸酉2	甲戌3	乙亥4	丙子5	丁丑6	戊寅7	
八月小	壬申	天干地支西曆	己卯8	庚辰9	辛巳10	壬午11	癸未12	甲申13	乙酉14	丙戌15	丁亥16	戊子17	己丑18	庚寅19	辛卯20	壬辰21	癸巳22	甲午23	乙未24	丙申25	丁酉26	戊戌27	己亥28	庚子29	辛丑30	壬寅31	癸卯(9)	甲辰2	乙巳3	丙午4	丁未5		乙酉立秋
九月大	癸酉	天干地支西曆	戊申6	己酉7	庚戌8	辛亥9	壬子10	癸丑11	甲寅12	乙卯13	丙辰14	丁巳15	戊午16	己未17	庚申18	辛酉19	壬戌20	癸亥21	甲子22	乙丑23	丙寅24	丁卯25	戊辰26	己巳27	庚午28	辛未29	壬申30	癸酉(10)	甲戌2	乙亥3	丙子4	丁丑5	庚午秋分
十月小	甲戌	天干地支西曆	戊寅6	己卯7	庚辰8	辛巳9	壬午10	癸未11	甲申12	乙酉13	丙戌14	丁亥15	戊子16	己丑17	庚寅18	辛卯19	壬辰20	癸巳21	甲午22	乙未23	丙申24	丁酉25	戊戌26	己亥27	庚子28	辛丑29	壬寅30	癸卯31	甲辰(11)	乙巳2	丙午3		
十一月大	乙亥	天干地支西曆	丁未4	戊申5	己酉6	庚戌7	辛亥8	壬子9	癸丑10	甲寅11	乙卯12	丙辰13	丁巳14	戊午15	己未16	庚申17	辛酉18	壬戌19	癸亥20	甲子21	乙丑22	丙寅23	丁卯24	戊辰25	己巳26	庚午27	辛未28	壬申29	癸酉30	甲戌(12)	乙亥2	丙子3	乙卯立冬
十二月大	丙子	天干地支西曆	丁丑4	戊寅5	己卯6	庚辰7	辛巳8	壬午9	癸未10	甲申11	乙酉12	丙戌13	丁亥14	戊子15	己丑16	庚寅17	辛卯18	壬辰19	癸巳20	甲午21	乙未22	丙申23	丁酉24	戊戌25	己亥26	庚子27	辛丑28	壬寅29	癸卯30	甲辰31	乙巳(1)	丙午2	己亥冬至

朔閏異同	曆名	正月	二月	三月	四月	五月	六月	七月	八月	九月	十月	十一	十二	閏月
	周曆夏曆	壬午辛巳	辛亥庚戌	辛巳庚辰	庚戌己酉	庚辰己卯	庚戌戊申	己卯戊寅	己酉戊申	戊寅丁丑	戊申丁未	丁丑丙子	丁未丙午	
	顓頊新曆	癸丑壬午	壬午壬子	壬子辛巳	辛巳辛亥	辛亥庚辰	庚辰己酉	庚戌己卯	己卯戊申	己酉丁丑	己卯丁未	戊申丁丑	戊寅丙午	

周威烈王二十年（乙亥 猪年） 公元前406～前405年 歲在鶉尾

殷曆月序		中西曆日對照	初一	初二	初三	初四	初五	初六	初七	初八	初九	初十	十一	十二	十三	十四	十五	十六	十七	十八	十九	二十	二一	二二	二三	二四	二五	二六	二七	二八	二九	三十	節氣與天象
正月小	丁丑	干支 西曆	丁未 3	戊申 4	己酉 5	庚戌 6	辛亥 7	壬子 8	癸丑 9	甲寅 10	乙卯 11	丙辰 12	丁巳 13	戊午 14	己未 15	庚申 16	辛酉 17	壬戌 18	癸亥 19	甲子 20	乙丑 21	丙寅 22	丁卯 23	戊辰 24	己巳 25	庚午 26	辛未 27	壬申 28	癸酉 29	甲戌 30	乙亥 31		
二月大	戊寅	干支 西曆	丙子 (2)	丁丑 2	戊寅 3	己卯 4	庚辰 5	辛巳 6	壬午 7	癸未 8	甲申 9	乙酉 10	丙戌 11	丁亥 12	戊子 13	己丑 14	庚寅 15	辛卯 16	壬辰 17	癸巳 18	甲午 19	乙未 20	丙申 21	丁酉 22	戊戌 23	己亥 24	庚子 25	辛丑 26	壬寅 27	癸卯 28	甲辰 (3)	乙巳 2	甲申立春
三月小	己卯	干支 西曆	丙午 3	丁未 4	戊申 5	己酉 6	庚戌 7	辛亥 8	壬子 9	癸丑 10	甲寅 11	乙卯 12	丙辰 13	丁巳 14	戊午 15	己未 16	庚申 17	辛酉 18	壬戌 19	癸亥 20	甲子 21	乙丑 22	丙寅 23	丁卯 24	戊辰 25	己巳 26	庚午 27	辛未 28	壬申 29	癸酉 30	甲戌 31		己巳春分
四月大	庚辰	干支 西曆	乙亥 (4)	丙子 2	丁丑 3	戊寅 4	己卯 5	庚辰 6	辛巳 7	壬午 8	癸未 9	甲申 10	乙酉 11	丙戌 12	丁亥 13	戊子 14	己丑 15	庚寅 16	辛卯 17	壬辰 18	癸巳 19	甲午 20	乙未 21	丙申 22	丁酉 23	戊戌 24	己亥 25	庚子 26	辛丑 27	壬寅 28	癸卯 29	甲辰 30	
五月小	辛巳	干支 西曆	乙巳 (5)	丙午 2	丁未 3	戊申 4	己酉 5	庚戌 6	辛亥 7	壬子 8	癸丑 9	甲寅 10	乙卯 11	丙辰 12	丁巳 13	戊午 14	己未 15	庚申 16	辛酉 17	壬戌 18	癸亥 19	甲子 20	乙丑 21	丙寅 22	丁卯 23	戊辰 24	己巳 25	庚午 26	辛未 27	壬申 28	癸酉 29		丙辰立夏
六月大	壬午	干支 西曆	甲戌 30	乙亥 31	丙子 (6)	丁丑 2	戊寅 3	己卯 4	庚辰 5	辛巳 6	壬午 7	癸未 8	甲申 9	乙酉 10	丙戌 11	丁亥 12	戊子 13	己丑 14	庚寅 15	辛卯 16	壬辰 17	癸巳 18	甲午 19	乙未 20	丙申 21	丁酉 22	戊戌 23	己亥 24	庚子 25	辛丑 26	壬寅 27	癸卯 28	
七月小	癸未	干支 西曆	甲辰 29	乙巳 30	丙午 (7)	丁未 2	戊申 3	己酉 4	庚戌 5	辛亥 6	壬子 7	癸丑 8	甲寅 9	乙卯 10	丙辰 11	丁巳 12	戊午 13	己未 14	庚申 15	辛酉 16	壬戌 17	癸亥 18	甲子 19	乙丑 20	丙寅 21	丁卯 22	戊辰 23	己巳 24	庚午 25	辛未 26	壬申 27		甲辰夏至
八月大	甲申	干支 西曆	癸酉 28	甲戌 29	乙亥 30	丙子 31	丁丑 (8)	戊寅 2	己卯 3	庚辰 4	辛巳 5	壬午 6	癸未 7	甲申 8	乙酉 9	丙戌 10	丁亥 11	戊子 12	己丑 13	庚寅 14	辛卯 15	壬辰 16	癸巳 17	甲午 18	乙未 19	丙申 20	丁酉 21	戊戌 22	己亥 23	庚子 24	辛丑 25	壬寅 26	庚寅立秋
閏八月小	甲申	干支 西曆	癸卯 27	甲辰 28	乙巳 29	丙午 30	丁未 31	戊申 (9)	己酉 2	庚戌 3	辛亥 4	壬子 5	癸丑 6	甲寅 7	乙卯 8	丙辰 9	丁巳 10	戊午 11	己未 12	庚申 13	辛酉 14	壬戌 15	癸亥 16	甲子 17	乙丑 18	丙寅 19	丁卯 20	戊辰 21	己巳 22	庚午 23	辛未 24		
九月大	乙酉	干支 西曆	壬申 25	癸酉 26	甲戌 27	乙亥 28	丙子 29	丁丑 30	戊寅 (10)	己卯 2	庚辰 3	辛巳 4	壬午 5	癸未 6	甲申 7	乙酉 8	丙戌 9	丁亥 10	戊子 11	己丑 12	庚寅 13	辛卯 14	壬辰 15	癸巳 16	甲午 17	乙未 18	丙申 19	丁酉 20	戊戌 21	己亥 22	庚子 23	辛丑 24	丙子秋分
十月小	丙戌	干支 西曆	壬寅 25	癸卯 26	甲辰 27	乙巳 28	丙午 29	丁未 30	戊申 31	己酉 (11)	庚戌 2	辛亥 3	壬子 4	癸丑 5	甲寅 6	乙卯 7	丙辰 8	丁巳 9	戊午 10	己未 11	庚申 12	辛酉 13	壬戌 14	癸亥 15	甲子 16	乙丑 17	丙寅 18	丁卯 19	戊辰 20	己巳 21	庚午 22		庚申立冬
十一月大	丁亥	干支 西曆	辛未 23	壬申 24	癸酉 25	甲戌 26	乙亥 27	丙子 28	丁丑 29	戊寅 30	己卯 (12)	庚辰 2	辛巳 3	壬午 4	癸未 5	甲申 6	乙酉 7	丙戌 8	丁亥 9	戊子 10	己丑 11	庚寅 12	辛卯 13	壬辰 14	癸巳 15	甲午 16	乙未 17	丙申 18	丁酉 19	戊戌 20	己亥 21	庚子 22	
十二月小	戊子	干支 西曆	辛丑 23	壬寅 24	癸卯 25	甲辰 26	乙巳 27	丙午 28	丁未 29	戊申 30	己酉 31	庚戌 (1)	辛亥 2	壬子 3	癸丑 4	甲寅 5	乙卯 6	丙辰 7	丁巳 8	戊午 9	己未 10	庚申 11	辛酉 12	壬戌 13	癸亥 14	甲子 15	乙丑 16	丙寅 17	丁卯 18	戊辰 19	己巳 20		甲辰冬至

朔閏異同	曆名	正月	二月	三月	四月	五月	六月	七月	八月	九月	十月	十一	十二	閏月		曆名	正月	二月	三月	四月	五月	六月	七月	八月	九月	十月	十一	十二	閏月
	周曆夏曆	丙子乙亥	丙午乙巳	乙亥甲戌	乙巳---甲辰	甲戌癸酉	甲辰癸卯	癸酉壬申	癸卯壬寅	---壬申辛未	壬寅辛丑	壬申辛未	辛丑庚子	辛未庚午		顓頊新曆	丁未丙子	丁丑丙午	丙午乙亥	丙子乙巳	乙巳---乙亥	乙亥甲辰	甲辰癸酉	甲戌癸卯	癸卯壬申	癸酉辛丑	---壬寅辛未	壬申庚子	壬寅庚午

周威烈王二十一年（丙子 鼠年） 公元前**405**～前404年 歲在壽星

殷曆月序		中西曆日對照	初一	初二	初三	初四	初五	初六	初七	初八	初九	初十	十一	十二	十三	十四	十五
正月大	己丑	天干地支西曆	庚午21	辛未22	壬申23	癸酉24	甲戌25	乙亥26	丙子27	丁丑28	戊寅29	己卯30	庚辰31	辛巳(2)	壬午2	癸未3	甲申4
二月小	庚寅	天干地支西曆	庚子20	辛丑21	壬寅22	癸卯23	甲辰24	乙巳25	丙午26	丁未27	戊申28	己酉29	庚戌(3)	辛亥2	壬子3	癸丑4	甲寅5
三月大	辛卯	天干地支西曆	己巳20	庚午21	辛未22	壬申23	癸酉24	甲戌25	乙亥26	丙子27	丁丑28	戊寅29	己卯30	庚辰31	辛巳(4)	壬午2	癸未3
四月大	壬辰	天干地支西曆	己亥19	庚子20	辛丑21	壬寅22	癸卯23	甲辰24	乙巳25	丙午26	丁未27	戊申28	己酉29	庚戌30	辛亥(5)	壬子2	癸丑3
五月小	癸巳	天干地支西曆	己巳19	庚午20	辛未21	壬申22	癸酉23	甲戌24	乙亥25	丙子26	丁丑27	戊寅28	己卯29	庚辰30	辛巳31	壬午(6)	癸未2
六月大	甲午	天干地支西曆	戊戌17	己亥18	庚子19	辛丑20	壬寅21	癸卯22	甲辰23	乙巳24	丙午25	丁未26	戊申27	己酉28	庚戌29	辛亥30	壬子(7)
七月小	乙未	天干地支西曆	戊辰17	己巳18	庚午19	辛未20	壬申21	癸酉22	甲戌23	乙亥24	丙子25	丁丑26	戊寅27	己卯28	庚辰29	辛巳30	壬午31
八月大	丙申	天干地支西曆	丁酉15	戊戌16	己亥17	庚子18	辛丑19	壬寅20	癸卯21	甲辰22	乙巳23	丙午24	丁未25	戊申26	己酉27	庚戌28	辛亥29
九月小	丁酉	天干地支西曆	丁卯14	戊辰15	己巳16	庚午17	辛未18	壬申19	癸酉20	甲戌21	乙亥22	丙子23	丁丑24	戊寅25	己卯26	庚辰27	辛巳28
十月大	戊戌	天干地支西曆	丙申13	丁酉14	戊戌15	己亥16	庚子17	辛丑18	壬寅19	癸卯20	甲辰21	乙巳22	丙午23	丁未24	戊申25	己酉26	庚戌27
十一月小	己亥	天干地支西曆	丙寅12	丁卯13	戊辰14	己巳15	庚午16	辛未17	壬申18	癸酉19	甲戌20	乙亥21	丙子22	丁丑23	戊寅24	己卯25	庚辰26
十二月大	庚子	天干地支西曆	乙未11	丙申12	丁酉13	戊戌14	己亥15	庚子16	辛丑17	壬寅18	癸卯19	甲辰20	乙巳21	丙午22	丁未23	戊申24	己酉25

殷曆月序		中西曆日對照	十六	十七	十八	十九	二十	二一	二二	二三	二四	二五	二六	二七	二八	二九	三十	節氣與天象
正月大	己丑	天干地支西曆	乙酉5	丙戌6	丁亥7	戊子8	己丑9	庚寅10	辛卯11	壬辰12	癸巳13	甲午14	乙未15	丙申16	丁酉17	戊戌18	己亥19	己丑立春
二月小	庚寅	天干地支西曆	乙卯6	丙辰7	丁巳8	戊午9	己未10	庚申11	辛酉12	壬戌13	癸亥14	甲子15	乙丑16	丙寅17	丁卯18	戊辰19		
三月大	辛卯	天干地支西曆	甲申4	乙酉5	丙戌6	丁亥7	戊子8	己丑9	庚寅10	辛卯11	壬辰12	癸巳13	甲午14	乙未15	丙申16	丁酉17	戊戌18	乙亥春分
四月大	壬辰	天干地支西曆	甲寅4	乙卯5	丙辰6	丁巳7	戊午8	己未9	庚申10	辛酉11	壬戌12	癸亥13	甲子14	乙丑15	丙寅16	丁卯17	戊辰18	壬戌立夏
五月小	癸巳	天干地支西曆	甲申3	乙酉4	丙戌5	丁亥6	戊子7	己丑8	庚寅9	辛卯10	壬辰11	癸巳12	甲午13	乙未14	丙申15	丁酉16		
六月大	甲午	天干地支西曆	癸丑2	甲寅3	乙卯4	丙辰5	丁巳6	戊午7	己未8	庚申9	辛酉10	壬戌11	癸亥12	甲子13	乙丑14	丙寅15	丁卯16	己酉夏至
七月小	乙未	天干地支西曆	癸未(8)	甲申2	乙酉3	丙戌4	丁亥5	戊子6	己丑7	庚寅8	辛卯9	壬辰10	癸巳11	甲午12	乙未13	丙申14		乙未立秋
八月大	丙申	天干地支西曆	壬子30	癸丑31	甲寅(9)	乙卯2	丙辰3	丁巳4	戊午5	己未6	庚申7	辛酉8	壬戌9	癸亥10	甲子11	乙丑12	丙寅13	
九月小	丁酉	天干地支西曆	壬午29	癸未30	甲申(10)	乙酉2	丙戌3	丁亥4	戊子5	己丑6	庚寅7	辛卯8	壬辰9	癸巳10	甲午11	乙未12		辛巳秋分
十月大	戊戌	天干地支西曆	辛亥28	壬子29	癸丑30	甲寅31	乙卯(11)	丙辰2	丁巳3	戊午4	己未5	庚申6	辛酉7	壬戌8	癸亥9	甲子10	乙丑11	乙丑立冬
十一月小	己亥	天干地支西曆	辛巳27	壬午28	癸未29	甲申30	乙酉(12)	丙戌2	丁亥3	戊子4	己丑5	庚寅6	辛卯7	壬辰8	癸巳9	甲午10		
十二月大	庚子	天干地支西曆	庚戌26	辛亥27	壬子28	癸丑29	甲寅30	乙卯31	丙辰(1)	丁巳2	戊午3	己未4	庚申5	辛酉6	壬戌7	癸亥8	甲子9	己酉冬至

朔閏異同	曆名	正月	二月	三月	四月	五月	六月	七月	八月	九月	十月	十一	十二	閏月
	周曆夏曆	庚子己亥	庚午己巳	己亥戊戌	己巳戊辰	戊戌丁酉	戊辰丁卯	丁酉丙申	丁卯丙寅	丙申乙未	丙寅乙丑	乙未甲午	乙丑甲子	
	顓頊新曆	辛未庚子	辛丑己巳	庚午己亥	庚子己巳	己巳戊戌	己亥戊辰	戊辰丁酉	戊戌丁卯	丁卯丙申	丁酉丙寅	丙寅乙未	丙申甲子	

周威烈王二十二年（丁丑 牛年） 公元前404年 歲在大火

殷曆月序		中西曆日對照	初一	初二	初三	初四	初五	初六	初七	初八	初九	初十	十一	十二	十三	十四	十五	十六	十七	十八	十九	二十	二一	二二	二三	二四	二五	二六	二七	二八	二九	三十	節氣與天象
正月小	辛丑	天干地支西曆	乙丑 10	丙寅 11	丁卯 12	戊辰 13	己巳 14	庚午 15	辛未 16	壬申 17	癸酉 18	甲戌 19	乙亥 20	丙子 21	丁丑 22	戊寅 23	己卯 24	庚辰 25	辛巳 26	壬午 27	癸未 28	甲申 29	乙酉 30	丙戌 31	丁亥 (2)	戊子 2	己丑 3	庚寅 4	辛卯 5	壬辰 6	癸巳 7		
二月大	壬寅	天干地支西曆	甲午 8	乙未 9	丙申 10	丁酉 11	戊戌 12	己亥 13	庚子 14	辛丑 15	壬寅 16	癸卯 17	甲辰 18	乙巳 19	丙午 20	丁未 21	戊申 22	己酉 23	庚戌 24	辛亥 25	壬子 26	癸丑 27	甲寅 28	乙卯 (3)	丙辰 2	丁巳 3	戊午 4	己未 5	庚申 6	辛酉 7	壬戌 8	癸亥 9	甲午立春
三月小	癸卯	天干地支西曆	甲子 10	乙丑 11	丙寅 12	丁卯 13	戊辰 14	己巳 15	庚午 16	辛未 17	壬申 18	癸酉 19	甲戌 20	乙亥 21	丙子 22	丁丑 23	戊寅 24	己卯 25	庚辰 26	辛巳 27	壬午 28	癸未 29	甲申 30	乙酉 31	丙戌 (4)	丁亥 2	戊子 3	己丑 4	庚寅 5	辛卯 6	壬辰 7		庚辰春分
四月大	甲辰	天干地支西曆	癸巳 8	甲午 9	乙未 10	丙申 11	丁酉 12	戊戌 13	己亥 14	庚子 15	辛丑 16	壬寅 17	癸卯 18	甲辰 19	乙巳 20	丙午 21	丁未 22	戊申 23	己酉 24	庚戌 25	辛亥 26	壬子 27	癸丑 28	甲寅 29	乙卯 30	丙辰 (5)	丁巳 2	戊午 3	己未 4	庚申 5	辛酉 6	壬戌 7	
五月小	乙巳	天干地支西曆	癸亥 8	甲子 9	乙丑 10	丙寅 11	丁卯 12	戊辰 13	己巳 14	庚午 15	辛未 16	壬申 17	癸酉 18	甲戌 19	乙亥 20	丙子 21	丁丑 22	戊寅 23	己卯 24	庚辰 25	辛巳 26	壬午 27	癸未 28	甲申 29	乙酉 30	丙戌 31	丁亥 (6)	戊子 2	己丑 3	庚寅 4	辛卯 5		丁卯立夏
六月大	丙午	天干地支西曆	壬辰 6	癸巳 7	甲午 8	乙未 9	丙申 10	丁酉 11	戊戌 12	己亥 13	庚子 14	辛丑 15	壬寅 16	癸卯 17	甲辰 18	乙巳 19	丙午 20	丁未 21	戊申 22	己酉 23	庚戌 24	辛亥 25	壬子 26	癸丑 27	甲寅 28	乙卯 29	丙辰 30	丁巳 (7)	戊午 2	己未 3	庚申 4	辛酉 5	甲寅夏至
七月大	丁未	天干地支西曆	壬戌 6	癸亥 7	甲子 8	乙丑 9	丙寅 10	丁卯 11	戊辰 12	己巳 13	庚午 14	辛未 15	壬申 16	癸酉 17	甲戌 18	乙亥 19	丙子 20	丁丑 21	戊寅 22	己卯 23	庚辰 24	辛巳 25	壬午 26	癸未 27	甲申 28	乙酉 29	丙戌 30	丁亥 31	戊子 (8)	己丑 2	庚寅 3	辛卯 4	
八月小	戊申	天干地支西曆	壬辰 5	癸巳 6	甲午 7	乙未 8	丙申 9	丁酉 10	戊戌 11	己亥 12	庚子 13	辛丑 14	壬寅 15	癸卯 16	甲辰 17	乙巳 18	丙午 19	丁未 20	戊申 21	己酉 22	庚戌 23	辛亥 24	壬子 25	癸丑 26	甲寅 27	乙卯 28	丙辰 29	丁巳 30	戊午 31	己未 (9)	庚申 2		辛丑立秋
九月大	己酉	天干地支西曆	辛酉 3	壬戌 4	癸亥 5	甲子 6	乙丑 7	丙寅 8	丁卯 9	戊辰 10	己巳 11	庚午 12	辛未 13	壬申 14	癸酉 15	甲戌 16	乙亥 17	丙子 18	丁丑 19	戊寅 20	己卯 21	庚辰 22	辛巳 23	壬午 24	癸未 25	甲申 26	乙酉 27	丙戌 28	丁亥 29	戊子 30	己丑 (10)	庚寅 2	丙戌秋分 辛酉日食
十月小	庚戌	天干地支西曆	辛卯 3	壬辰 4	癸巳 5	甲午 6	乙未 7	丙申 8	丁酉 9	戊戌 10	己亥 11	庚子 12	辛丑 13	壬寅 14	癸卯 15	甲辰 16	乙巳 17	丙午 18	丁未 19	戊申 20	己酉 21	庚戌 22	辛亥 23	壬子 24	癸丑 25	甲寅 26	乙卯 27	丙辰 28	丁巳 29	戊午 30	己未 31		
十一月大	辛亥	天干地支西曆	庚申 (11)	辛酉 2	壬戌 3	癸亥 4	甲子 5	乙丑 6	丙寅 7	丁卯 8	戊辰 9	己巳 10	庚午 11	辛未 12	壬申 13	癸酉 14	甲戌 15	乙亥 16	丙子 17	丁丑 18	戊寅 19	己卯 20	庚辰 21	辛巳 22	壬午 23	癸未 24	甲申 25	乙酉 26	丙戌 27	丁亥 28	戊子 29	己丑 30	辛未立冬
十二月小	壬子	天干地支西曆	庚寅 (12)	辛卯 2	壬辰 3	癸巳 4	甲午 5	乙未 6	丙申 7	丁酉 8	戊戌 9	己亥 10	庚子 11	辛丑 12	壬寅 13	癸卯 14	甲辰 15	乙巳 16	丙午 17	丁未 18	戊申 19	己酉 20	庚戌 21	辛亥 22	壬子 23	癸丑 24	甲寅 25	乙卯 26	丙辰 27	丁巳 28	戊午 29		乙卯冬至

朔閏異同	曆名	正月	二月	三月	四月	五月	六月	七月	八月	九月	十月	十一	十二	閏月
	周曆夏曆	乙未癸巳	甲子癸亥	甲午癸巳	癸亥壬戌	癸巳壬辰	壬戌辛酉	壬辰辛卯	辛酉庚申	辛卯庚寅	庚申己未	庚寅己丑	己未戊午	---戊子
	顓頊新曆	乙丑甲午	乙未甲子	甲子癸巳	甲午癸亥	甲子壬辰	癸巳壬戌	癸亥壬辰	壬辰辛酉	壬戌辛卯	辛卯庚申	辛酉庚寅	庚寅---己未	己丑

周威烈王二十三年（戊寅 虎年） 公元前404～前403 ～前402年 歲在析木

殷曆月序		西日中曆對照	初一	初二	初三	初四	初五	初六	初七	初八	初九	初十	十一	十二	十三	十四	十五	十六	十七	十八	十九	二十	二一	二二	二三	二四	二五	二六	二七	二八	二九	三十	節氣與天象
正月大	癸丑	干支曆 天地西	己未30	庚申31	辛酉(1)	壬戌2	癸亥3	甲子4	乙丑5	丙寅6	丁卯7	戊辰8	己巳9	庚午10	辛未11	壬申12	癸酉13	甲戌14	乙亥15	丙子16	丁丑17	戊寅18	己卯19	庚辰20	辛巳21	壬午22	癸未23	甲申24	乙酉25	丙戌26	丁亥27	戊子28	
二月小	甲寅	干支曆 天地西	己丑29	庚寅30	辛卯31	壬辰(2)	癸巳2	甲午3	乙未4	丙申5	丁酉6	戊戌7	己亥8	庚子9	辛丑10	壬寅11	癸卯12	甲辰13	乙巳14	丙午15	丁未16	戊申17	己酉18	庚戌19	辛亥20	壬子21	癸丑22	甲寅23	乙卯24	丙辰25	丁巳26		己亥立春
三月大	乙卯	干支曆 天地西	戊午27	己未28	庚申(3)	辛酉2	壬戌3	癸亥4	甲子5	乙丑6	丙寅7	丁卯8	戊辰9	己巳10	庚午11	辛未12	壬申13	癸酉14	甲戌15	乙亥16	丙子17	丁丑18	戊寅19	己卯20	庚辰21	辛巳22	壬午23	癸未24	甲申25	乙酉26	丙戌27	丁亥28	乙酉春分
四月小	丙辰	干支曆 天地西	戊子29	己丑30	庚寅31	辛卯(4)	壬辰2	癸巳3	甲午4	乙未5	丙申6	丁酉7	戊戌8	己亥9	庚子10	辛丑11	壬寅12	癸卯13	甲辰14	乙巳15	丙午16	丁未17	戊申18	己酉19	庚戌20	辛亥21	壬子22	癸丑23	甲寅24	乙卯25	丙辰26		
閏四月大	丙辰	干支曆 天地西	丁巳27	戊午28	己未29	庚申30	辛酉(5)	壬戌2	癸亥3	甲子4	乙丑5	丙寅6	丁卯7	戊辰8	己巳9	庚午10	辛未11	壬申12	癸酉13	甲戌14	乙亥15	丙子16	丁丑17	戊寅18	己卯19	庚辰20	辛巳21	壬午22	癸未23	甲申24	乙酉25	丙戌26	壬申立夏
五月小	丁巳	干支曆 天地西	丁亥27	戊子28	己丑29	庚寅30	辛卯31	壬辰(6)	癸巳2	甲午3	乙未4	丙申5	丁酉6	戊戌7	己亥8	庚子9	辛丑10	壬寅11	癸卯12	甲辰13	乙巳14	丙午15	丁未16	戊申17	己酉18	庚戌19	辛亥20	壬子21	癸丑22	甲寅23	乙卯24		
六月大	戊午	干支曆 天地西	丙辰25	丁巳26	戊午27	己未28	庚申29	辛酉30	壬戌(7)	癸亥2	甲子3	乙丑4	丙寅5	丁卯6	戊辰7	己巳8	庚午9	辛未10	壬申11	癸酉12	甲戌13	乙亥14	丙子15	丁丑16	戊寅17	己卯18	庚辰19	辛巳20	壬午21	癸未22	甲申23	乙酉24	己未夏至
七月小	己未	干支曆 天地西	丙戌25	丁亥26	戊子27	己丑28	庚寅29	辛卯30	壬辰31	癸巳(8)	甲午2	乙未3	丙申4	丁酉5	戊戌6	己亥7	庚子8	辛丑9	壬寅10	癸卯11	甲辰12	乙巳13	丙午14	丁未15	戊申16	己酉17	庚戌18	辛亥19	壬子20	癸丑21	甲寅22		丙午立秋
八月大	庚申	干支曆 天地西	乙卯23	丙辰24	丁巳25	戊午26	己未27	庚申28	辛酉29	壬戌30	癸亥31	甲子(9)	乙丑2	丙寅3	丁卯4	戊辰5	己巳6	庚午7	辛未8	壬申9	癸酉10	甲戌11	乙亥12	丙子13	丁丑14	戊寅15	己卯16	庚辰17	辛巳18	壬午19	癸未20	甲申21	
九月小	辛酉	干支曆 天地西	乙酉22	丙戌23	丁亥24	戊子25	己丑26	庚寅27	辛卯28	壬辰29	癸巳30	甲午(10)	乙未2	丙申3	丁酉4	戊戌5	己亥6	庚子7	辛丑8	壬寅9	癸卯10	甲辰11	乙巳12	丙午13	丁未14	戊申15	己酉16	庚戌17	辛亥18	壬子19	癸丑20		辛卯秋分
十月大	壬戌	干支曆 天地西	甲寅21	乙卯22	丙辰23	丁巳24	戊午25	己未26	庚申27	辛酉28	壬戌29	癸亥30	甲子31	乙丑(11)	丙寅2	丁卯3	戊辰4	己巳5	庚午6	辛未7	壬申8	癸酉9	甲戌10	乙亥11	丙子12	丁丑13	戊寅14	己卯15	庚辰16	辛巳17	壬午18	癸未19	丙子立冬
十一月大	癸亥	干支曆 天地西	甲申20	乙酉21	丙戌22	丁亥23	戊子24	己丑25	庚寅26	辛卯27	壬辰28	癸巳29	甲午30	乙未(12)	丙申2	丁酉3	戊戌4	己亥5	庚子6	辛丑7	壬寅8	癸卯9	甲辰10	乙巳11	丙午12	丁未13	戊申14	己酉15	庚戌16	辛亥17	壬子18	癸丑19	
十二月小	甲子	干支曆 天地西	甲寅20	乙卯21	丙辰22	丁巳23	戊午24	己未25	庚申26	辛酉27	壬戌28	癸亥29	甲子30	乙丑31	丙寅(1)	丁卯2	戊辰3	己巳4	庚午5	辛未6	壬申7	癸酉8	甲戌9	乙亥10	丙子11	丁丑12	戊寅13	己卯14	庚辰15	辛巳16	壬午17		庚申冬至

朔閏異同	曆名	正月	二月	三月	四月	五月	六月	七月	八月	九月	十月	十一	十二	閏月		曆名	正月	二月	三月	四月	五月	六月	七月	八月	九月	十月	十一	十二	閏月
	周曆夏曆	己丑丁巳	戊午丁亥	戊子丙辰	丁巳丙戌	丁亥乙卯	---丁巳乙酉	丙戌乙卯	丙辰甲申	乙酉甲寅	乙卯癸未	甲申癸丑	甲寅壬午	癸未		顓頊新曆	庚申戊午	己丑丁亥	己未丁巳	戊子丙戌	戊午丙辰	丁亥丙戌	---丁巳乙卯	丙戌乙酉	丙辰乙卯	丙戌甲申	乙卯甲寅	乙酉癸未	甲寅

周威烈王二十四年（己卯 兔年） 公元前 402 ~ 前 401 年 歲在星紀

殷曆月序		中西曆日對照	初一	初二	初三	初四	初五	初六	初七	初八	初九	初十	十一	十二	十三	十四	十五	十六	十七	十八	十九	二十	二一	二二	二三	二四	二五	二六	二七	二八	二九	三十	節氣與天象
正月大	乙丑	天干地支西曆	癸未18	甲申19	乙酉20	丙戌21	丁亥22	戊子23	己丑24	庚寅25	辛卯26	壬辰27	癸巳28	甲午29	乙未30	丙申31	丁酉(2)	戊戌2	己亥3	庚子4	辛丑5	壬寅6	癸卯7	甲辰8	乙巳9	丙午10	丁未11	戊申12	己酉13	庚戌14	辛亥15	壬子16	乙巳立春 癸未日食
二月小	丙寅	天干地支西曆	癸丑17	甲寅18	乙卯19	丙辰20	丁巳21	戊午22	己未23	庚申24	辛酉25	壬戌26	癸亥27	甲子28	乙丑(3)	丙寅2	丁卯3	戊辰4	己巳5	庚午6	辛未7	壬申8	癸酉9	甲戌10	乙亥11	丙子12	丁丑13	戊寅14	己卯15	庚辰16	辛巳17		
三月大	丁卯	天干地支西曆	壬午18	癸未19	甲申20	乙酉21	丙戌22	丁亥23	戊子24	己丑25	庚寅26	辛卯27	壬辰28	癸巳29	甲午30	乙未31	丙申(4)	丁酉2	戊戌3	己亥4	庚子5	辛丑6	壬寅7	癸卯8	甲辰9	乙巳10	丙午11	丁未12	戊申13	己酉14	庚戌15	辛亥16	庚寅春分
四月小	戊辰	天干地支西曆	壬子17	癸丑18	甲寅19	乙卯20	丙辰21	丁巳22	戊午23	己未24	庚申25	辛酉26	壬戌27	癸亥28	甲子29	乙丑30	丙寅(5)	丁卯2	戊辰3	己巳4	庚午5	辛未6	壬申7	癸酉8	甲戌9	乙亥10	丙子11	丁丑12	戊寅13	己卯14	庚辰15		丁丑立夏
五月大	己巳	天干地支西曆	辛巳16	壬午17	癸未18	甲申19	乙酉20	丙戌21	丁亥22	戊子23	己丑24	庚寅25	辛卯26	壬辰27	癸巳28	甲午29	乙未30	丙申31	丁酉(6)	戊戌2	己亥3	庚子4	辛丑5	壬寅6	癸卯7	甲辰8	乙巳9	丙午10	丁未11	戊申12	己酉13	庚戌14	
六月小	庚午	天干地支西曆	辛亥15	壬子16	癸丑17	甲寅18	乙卯19	丙辰20	丁巳21	戊午22	己未23	庚申24	辛酉25	壬戌26	癸亥27	甲子28	乙丑29	丙寅30	丁卯(7)	戊辰2	己巳3	庚午4	辛未5	壬申6	癸酉7	甲戌8	乙亥9	丙子10	丁丑11	戊寅12	己卯13		甲子夏至
七月大	辛未	天干地支西曆	庚辰14	辛巳15	壬午16	癸未17	甲申18	乙酉19	丙戌20	丁亥21	戊子22	己丑23	庚寅24	辛卯25	壬辰26	癸巳27	甲午28	乙未29	丙申30	丁酉31	戊戌(8)	己亥2	庚子3	辛丑4	壬寅5	癸卯6	甲辰7	乙巳8	丙午9	丁未10	戊申11	己酉12	
八月小	壬申	天干地支西曆	庚戌13	辛亥14	壬子15	癸丑16	甲寅17	乙卯18	丙辰19	丁巳20	戊午21	己未22	庚申23	辛酉24	壬戌25	癸亥26	甲子27	乙丑28	丙寅29	丁卯30	戊辰31	己巳(9)	庚午2	辛未3	壬申4	癸酉5	甲戌6	乙亥7	丙子8	丁丑9	戊寅10		辛亥立秋
九月大	癸酉	天干地支西曆	己卯11	庚辰12	辛巳13	壬午14	癸未15	甲申16	乙酉17	丙戌18	丁亥19	戊子20	己丑21	庚寅22	辛卯23	壬辰24	癸巳25	甲午26	乙未27	丙申28	丁酉29	戊戌30	己亥(10)	庚子2	辛丑3	壬寅4	癸卯5	甲辰6	乙巳7	丙午8	丁未9	戊申10	丁酉秋分
十月大	甲戌	天干地支西曆	己酉11	庚戌12	辛亥13	壬子14	癸丑15	甲寅16	乙卯17	丙辰18	丁巳19	戊午20	己未21	庚申22	辛酉23	壬戌24	癸亥25	甲子26	乙丑27	丙寅28	丁卯29	戊辰30	己巳31	庚午(11)	辛未2	壬申3	癸酉4	甲戌5	乙亥6	丙子7	丁丑8	戊寅9	
十一月小	乙亥	天干地支西曆	己卯10	庚辰11	辛巳12	壬午13	癸未14	甲申15	乙酉16	丙戌17	丁亥18	戊子19	己丑20	庚寅21	辛卯22	壬辰23	癸巳24	甲午25	乙未26	丙申27	丁酉28	戊戌29	己亥30	庚子(12)	辛丑2	壬寅3	癸卯4	甲辰5	乙巳6	丙午7	丁未8		辛巳立冬
十二月小	丙子	天干地支西曆	戊申9	己酉10	庚戌11	辛亥12	壬子13	癸丑14	甲寅15	乙卯16	丙辰17	丁巳18	戊午19	己未20	庚申21	辛酉22	壬戌23	癸亥24	甲子25	乙丑26	丙寅27	丁卯28	戊辰29	己巳30	庚午31	辛未(1)	壬申2	癸酉3	甲戌4	乙亥5	丙子6		乙丑冬至

朔閏異同	曆名	正月	二月	三月	四月	五月	六月	七月	八月	九月	十月	十一	十二	閏月
	周曆夏曆	癸丑壬子	壬午辛巳	壬子辛亥	辛巳庚辰	辛亥庚戌	庚辰己卯	庚戌己酉	己卯戊寅	己酉戊申	己卯戊寅	戊申丁未	戊寅丁丑	
	顓頊新曆	甲申癸丑	癸丑壬午	癸未辛亥	壬子辛巳	壬午庚戌	辛亥庚辰	辛巳己酉	庚戌己卯	庚辰己酉	己酉己卯	己卯戊申	己酉戊寅	

周安王元年（庚辰 龍年） 公元前 **401** ~ 前 400 年 歲在玄枵

殷曆月序		中西曆日對照	初一	初二	初三	初四	初五	初六	初七	初八	初九	初十	十一	十二	十三	十四	十五	十六	十七	十八	十九	二十	二一	二二	二三	二四	二五	二六	二七	二八	二九	三十	節氣與天象
正月大	丁丑	天干地支西曆	丁丑7	戊寅8	己卯9	庚辰10	辛巳11	壬午12	癸未13	甲申14	乙酉15	丙戌16	丁亥17	戊子18	己丑19	庚寅20	辛卯21	壬辰22	癸巳23	甲午24	乙未25	丙申26	丁酉27	戊戌28	己亥29	庚子30	辛丑31	壬寅(2)	癸卯2	甲辰3	乙巳4	丙午5	
二月小	戊寅	天干地支西曆	丁未6	戊申7	己酉8	庚戌9	辛亥10	壬子11	癸丑12	甲寅13	乙卯14	丙辰15	丁巳16	戊午17	己未18	庚申19	辛酉20	壬戌21	癸亥22	甲子23	乙丑24	丙寅25	丁卯26	戊辰27	己巳28	庚午29	辛未(3)	壬申2	癸酉3	甲戌4	乙亥5		庚戌立春
三月大	己卯	天干地支西曆	丙子6	丁丑7	戊寅8	己卯9	庚辰10	辛巳11	壬午12	癸未13	甲申14	乙酉15	丙戌16	丁亥17	戊子18	己丑19	庚寅20	辛卯21	壬辰22	癸巳23	甲午24	乙未25	丙申26	丁酉27	戊戌28	己亥29	庚子30	辛丑31	壬寅(4)	癸卯2	甲辰3	乙巳4	丙申春分
四月大	庚辰	天干地支西曆	丙午5	丁未6	戊申7	己酉8	庚戌9	辛亥10	壬子11	癸丑12	甲寅13	乙卯14	丙辰15	丁巳16	戊午17	己未18	庚申19	辛酉20	壬戌21	癸亥22	甲子23	乙丑24	丙寅25	丁卯26	戊辰27	己巳28	庚午29	辛未30	壬申(5)	癸酉2	甲戌3	乙亥4	
五月小	辛巳	天干地支西曆	丙子5	丁丑6	戊寅7	己卯8	庚辰9	辛巳10	壬午11	癸未12	甲申13	乙酉14	丙戌15	丁亥16	戊子17	己丑18	庚寅19	辛卯20	壬辰21	癸巳22	甲午23	乙未24	丙申25	丁酉26	戊戌27	己亥28	庚子29	辛丑30	壬寅31	癸卯(6)	甲辰2		壬午立夏
六月大	壬午	天干地支西曆	乙巳3	丙午4	丁未5	戊申6	己酉7	庚戌8	辛亥9	壬子10	癸丑11	甲寅12	乙卯13	丙辰14	丁巳15	戊午16	己未17	庚申18	辛酉19	壬戌20	癸亥21	甲子22	乙丑23	丙寅24	丁卯25	戊辰26	己巳27	庚午28	辛未29	壬申30	癸酉(7)	甲戌2	庚午夏至 甲戌日食
七月小	癸未	天干地支西曆	乙亥3	丙子4	丁丑5	戊寅6	己卯7	庚辰8	辛巳9	壬午10	癸未11	甲申12	乙酉13	丙戌14	丁亥15	戊子16	己丑17	庚寅18	辛卯19	壬辰20	癸巳21	甲午22	乙未23	丙申24	丁酉25	戊戌26	己亥27	庚子28	辛丑29	壬寅30	癸卯31		
八月大	甲申	天干地支西曆	甲辰(8)	乙巳2	丙午3	丁未4	戊申5	己酉6	庚戌7	辛亥8	壬子9	癸丑10	甲寅11	乙卯12	丙辰13	丁巳14	戊午15	己未16	庚申17	辛酉18	壬戌19	癸亥20	甲子21	乙丑22	丙寅23	丁卯24	戊辰25	己巳26	庚午27	辛未28	壬申29	癸酉30	丙辰立秋
九月小	乙酉	天干地支西曆	甲戌31	乙亥(9)	丙子2	丁丑3	戊寅4	己卯5	庚辰6	辛巳7	壬午8	癸未9	甲申10	乙酉11	丙戌12	丁亥13	戊子14	己丑15	庚寅16	辛卯17	壬辰18	癸巳19	甲午20	乙未21	丙申22	丁酉23	戊戌24	己亥25	庚子26	辛丑27	壬寅28		壬寅秋分
十月大	丙戌	天干地支西曆	癸卯29	甲辰30	乙巳(10)	丙午2	丁未3	戊申4	己酉5	庚戌6	辛亥7	壬子8	癸丑9	甲寅10	乙卯11	丙辰12	丁巳13	戊午14	己未15	庚申16	辛酉17	壬戌18	癸亥19	甲子20	乙丑21	丙寅22	丁卯23	戊辰24	己巳25	庚午26	辛未27	壬申28	
十一月小	丁亥	天干地支西曆	癸酉29	甲戌30	乙亥31	丙子(11)	丁丑2	戊寅3	己卯4	庚辰5	辛巳6	壬午7	癸未8	甲申9	乙酉10	丙戌11	丁亥12	戊子13	己丑14	庚寅15	辛卯16	壬辰17	癸巳18	甲午19	乙未20	丙申21	丁酉22	戊戌23	己亥24	庚子25	辛丑26		丙戌立冬
十二月大	戊子	天干地支西曆	壬寅27	癸卯28	甲辰29	乙巳30	丙午(12)	丁未2	戊申3	己酉4	庚戌5	辛亥6	壬子7	癸丑8	甲寅9	乙卯10	丙辰11	丁巳12	戊午13	己未14	庚申15	辛酉16	壬戌17	癸亥18	甲子19	乙丑20	丙寅21	丁卯22	戊辰23	己巳24	庚午25	辛未26	庚午冬至
閏十二小	戊子	天干地支西曆	壬申27	癸酉28	甲戌29	乙亥30	丙子31	丁丑(1)	戊寅2	己卯3	庚辰4	辛巳5	壬午6	癸未7	甲申8	乙酉9	丙戌10	丁亥11	戊子12	己丑13	庚寅14	辛卯15	壬辰16	癸巳17	甲午18	乙未19	丙申20	丁酉21	戊戌22	己亥23	庚子24		

朔閏異同	曆名	正月	二月	三月	四月	五月	六月	七月	八月	九月	十月	十一	十二	閏月
	周曆夏曆	丁未丙午	丁丑丙子	丙午乙巳	丙子乙亥	乙巳甲辰	乙亥甲戌	甲辰癸卯	甲戌癸酉	癸卯---壬寅	癸酉壬申	壬寅辛丑	壬申辛未	庚子
	顓頊新曆	戊寅丁未	戊申丁丑	丁丑丙午	丁未乙亥	丙子乙巳	丙午甲戌	乙亥甲辰	乙巳---癸酉	甲戌癸卯	甲辰癸酉	癸酉壬寅	癸卯壬申	壬寅

周安王二年（辛巳 蛇年） 公元前 400 ~ 前 399 年 歲在娵訾

殷曆月序		中西曆日對照	初一	初二	初三	初四	初五	初六	初七	初八	初九	初十	十一	十二	十三	十四	十五	十六	十七	十八	十九	二十	二一	二二	二三	二四	二五	二六	二七	二八	二九	三十	節氣與天象
正月大	己丑	天干地支西曆	辛丑25	壬寅26	癸卯27	甲辰28	乙巳29	丙午30	丁未31	戊申(2)	己酉2	庚戌3	辛亥4	壬子5	癸丑6	甲寅7	乙卯8	丙辰9	丁巳10	戊午11	己未12	庚申13	辛酉14	壬戌15	癸亥16	甲子17	乙丑18	丙寅19	丁卯20	戊辰21	己巳22	庚午23	乙卯立春
二月小	庚寅	天干地支西曆	辛未24	壬申25	癸酉26	甲戌27	乙亥28	丙子(3)	丁丑2	戊寅3	己卯4	庚辰5	辛巳6	壬午7	癸未8	甲申9	乙酉10	丙戌11	丁亥12	戊子13	己丑14	庚寅15	辛卯16	壬辰17	癸巳18	甲午19	乙未20	丙申21	丁酉22	戊戌23	己亥24		
三月大	辛卯	天干地支西曆	庚子25	辛丑26	壬寅27	癸卯28	甲辰29	乙巳30	丙午31	丁未(4)	戊申2	己酉3	庚戌4	辛亥5	壬子6	癸丑7	甲寅8	乙卯9	丙辰10	丁巳11	戊午12	己未13	庚申14	辛酉15	壬戌16	癸亥17	甲子18	乙丑19	丙寅20	丁卯21	戊辰22	己巳23	辛丑春分
四月小	壬辰	天干地支西曆	庚午24	辛未25	壬申26	癸酉27	甲戌28	乙亥29	丙子30	丁丑(5)	戊寅2	己卯3	庚辰4	辛巳5	壬午6	癸未7	甲申8	乙酉9	丙戌10	丁亥11	戊子12	己丑13	庚寅14	辛卯15	壬辰16	癸巳17	甲午18	乙未19	丙申20	丁酉21	戊戌22		戊子立夏
五月大	癸巳	天干地支西曆	己亥23	庚子24	辛丑25	壬寅26	癸卯27	甲辰28	乙巳29	丙午30	丁未31	戊申(6)	己酉2	庚戌3	辛亥4	壬子5	癸丑6	甲寅7	乙卯8	丙辰9	丁巳10	戊午11	己未12	庚申13	辛酉14	壬戌15	癸亥16	甲子17	乙丑18	丙寅19	丁卯20	戊辰21	
六月大	甲午	天干地支西曆	己巳22	庚午23	辛未24	壬申25	癸酉26	甲戌27	乙亥28	丙子29	丁丑30	戊寅(7)	己卯2	庚辰3	辛巳4	壬午5	癸未6	甲申7	乙酉8	丙戌9	丁亥10	戊子11	己丑12	庚寅13	辛卯14	壬辰15	癸巳16	甲午17	乙未18	丙申19	丁酉20	戊戌21	乙亥夏至
七月小	乙未	天干地支西曆	己亥22	庚子23	辛丑24	壬寅25	癸卯26	甲辰27	乙巳28	丙午29	丁未30	戊申31	己酉(8)	庚戌2	辛亥3	壬子4	癸丑5	甲寅6	乙卯7	丙辰8	丁巳9	戊午10	己未11	庚申12	辛酉13	壬戌14	癸亥15	甲子16	乙丑17	丙寅18	丁卯19		壬戌立秋
八月大	丙申	天干地支西曆	戊辰20	己巳21	庚午22	辛未23	壬申24	癸酉25	甲戌26	乙亥27	丙子28	丁丑29	戊寅30	己卯31	庚辰(9)	辛巳2	壬午3	癸未4	甲申5	乙酉6	丙戌7	丁亥8	戊子9	己丑10	庚寅11	辛卯12	壬辰13	癸巳14	甲午15	乙未16	丙申17	丁酉18	
九月小	丁酉	天干地支西曆	戊戌19	己亥20	庚子21	辛丑22	壬寅23	癸卯24	甲辰25	乙巳26	丙午27	丁未28	戊申29	己酉30	庚戌(10)	辛亥2	壬子3	癸丑4	甲寅5	乙卯6	丙辰7	丁巳8	戊午9	己未10	庚申11	辛酉12	壬戌13	癸亥14	甲子15	乙丑16	丙寅17		丁未秋分
十月大	戊戌	天干地支西曆	丁卯18	戊辰19	己巳20	庚午21	辛未22	壬申23	癸酉24	甲戌25	乙亥26	丙子27	丁丑28	戊寅29	己卯30	庚辰31	辛巳(11)	壬午2	癸未3	甲申4	乙酉5	丙戌6	丁亥7	戊子8	己丑9	庚寅10	辛卯11	壬辰12	癸巳13	甲午14	乙未15	丙申16	壬辰立冬
十一月小	己亥	天干地支西曆	丁酉17	戊戌18	己亥19	庚子20	辛丑21	壬寅22	癸卯23	甲辰24	乙巳25	丙午26	丁未27	戊申28	己酉29	庚戌30	辛亥(12)	壬子2	癸丑3	甲寅4	乙卯5	丙辰6	丁巳7	戊午8	己未9	庚申10	辛酉11	壬戌12	癸亥13	甲子14	乙丑15		
十二月大	庚子	天干地支西曆	丙寅16	丁卯17	戊辰18	己巳19	庚午20	辛未21	壬申22	癸酉23	甲戌24	乙亥25	丙子26	丁丑27	戊寅28	己卯29	庚辰30	辛巳31	壬午(1)	癸未2	甲申3	乙酉4	丙戌5	丁亥6	戊子7	己丑8	庚寅9	辛卯10	壬辰11	癸巳12	甲午13	乙未14	丙子冬至

朔閏異同	曆名	正月	二月	三月	四月	五月	六月	七月	八月	九月	十月	十一	十二	閏月
	周曆夏曆	壬寅庚午	辛未庚子	┅辛丑己巳	庚午己亥	庚子戊辰	己巳戊戌	己亥丁卯	戊辰丁酉	戊戌丙寅	丁卯丙申	丁酉乙丑	丙寅乙未	丙申
	顓頊新曆	壬申辛未	壬寅辛丑	辛未庚午	辛丑己亥	┅辛未己巳	庚子戊戌	庚午丁卯	己亥丁酉	己巳丁卯	戊戌丙申	戊辰丙寅	丁酉丙申	丁卯

周安王三年（壬午 馬年） 公元前399 ~ 前398年 歲在降婁

殷曆月序		中西曆日對照	初一	初二	初三	初四	初五	初六	初七	初八	初九	初十	十一	十二	十三	十四	十五	十六	十七	十八	十九	二十	二一	二二	二三	二四	二五	二六	二七	二八	二九	三十	節氣與天象
正月小	辛丑	干支曆 天地西曆	丙申 15	丁酉 16	戊戌 17	己亥 18	庚子 19	辛丑 20	壬寅 21	癸卯 22	甲辰 23	乙巳 24	丙午 25	丁未 26	戊申 27	己酉 28	庚戌 29	辛亥 30	壬子 31	癸丑 (2)	甲寅 2	乙卯 3	丙辰 4	丁巳 5	戊午 6	己未 7	庚申 8	辛酉 9	壬戌 10	癸亥 11	甲子 12		庚申立春
二月大	壬寅	干支曆 天地西曆	乙丑 13	丙寅 14	丁卯 15	戊辰 16	己巳 17	庚午 18	辛未 19	壬申 20	癸酉 21	甲戌 22	乙亥 23	丙子 24	丁丑 25	戊寅 26	己卯 27	庚辰 28	辛巳 (3)	壬午 2	癸未 3	甲申 4	乙酉 5	丙戌 6	丁亥 7	戊子 8	己丑 9	庚寅 10	辛卯 11	壬辰 12	癸巳 13	甲午 14	
三月小	癸卯	干支曆 天地西曆	乙未 15	丙申 16	丁酉 17	戊戌 18	己亥 19	庚子 20	辛丑 21	壬寅 22	癸卯 23	甲辰 24	乙巳 25	丙午 26	丁未 27	戊申 28	己酉 29	庚戌 30	辛亥 31	壬子 (4)	癸丑 2	甲寅 3	乙卯 4	丙辰 5	丁巳 6	戊午 7	己未 8	庚申 9	辛酉 10	壬戌 11	癸亥 12		丙午春分
四月大	甲辰	干支曆 天地西曆	甲子 13	乙丑 14	丙寅 15	丁卯 16	戊辰 17	己巳 18	庚午 19	辛未 20	壬申 21	癸酉 22	甲戌 23	乙亥 24	丙子 25	丁丑 26	戊寅 27	己卯 28	庚辰 29	辛巳 30	壬午 (5)	癸未 2	甲申 3	乙酉 4	丙戌 5	丁亥 6	戊子 7	己丑 8	庚寅 9	辛卯 10	壬辰 11	癸巳 12	癸巳立夏
五月小	乙巳	干支曆 天地西曆	甲午 13	乙未 14	丙申 15	丁酉 16	戊戌 17	己亥 18	庚子 19	辛丑 20	壬寅 21	癸卯 22	甲辰 23	乙巳 24	丙午 25	丁未 26	戊申 27	己酉 28	庚戌 29	辛亥 30	壬子 31	癸丑 (6)	甲寅 2	乙卯 3	丙辰 4	丁巳 5	戊午 6	己未 7	庚申 8	辛酉 9	壬戌 10		
六月大	丙午	干支曆 天地西曆	癸亥 11	甲子 12	乙丑 13	丙寅 14	丁卯 15	戊辰 16	己巳 17	庚午 18	辛未 19	壬申 20	癸酉 21	甲戌 22	乙亥 23	丙子 24	丁丑 25	戊寅 26	己卯 27	庚辰 28	辛巳 29	壬午 30	癸未 (7)	甲申 2	乙酉 3	丙戌 4	丁亥 5	戊子 6	己丑 7	庚寅 8	辛卯 9	壬辰 10	庚辰夏至
七月小	丁未	干支曆 天地西曆	癸巳 11	甲午 12	乙未 13	丙申 14	丁酉 15	戊戌 16	己亥 17	庚子 18	辛丑 19	壬寅 20	癸卯 21	甲辰 22	乙巳 23	丙午 24	丁未 25	戊申 26	己酉 27	庚戌 28	辛亥 29	壬子 30	癸丑 31	甲寅 (8)	乙卯 2	丙辰 3	丁巳 4	戊午 5	己未 6	庚申 7	辛酉 8		
八月大	戊申	干支曆 天地西曆	壬戌 9	癸亥 10	甲子 11	乙丑 12	丙寅 13	丁卯 14	戊辰 15	己巳 16	庚午 17	辛未 18	壬申 19	癸酉 20	甲戌 21	乙亥 22	丙子 23	丁丑 24	戊寅 25	己卯 26	庚辰 27	辛巳 28	壬午 29	癸未 30	甲申 31	乙酉 (9)	丙戌 2	丁亥 3	戊子 4	己丑 5	庚寅 6	辛卯 7	丁卯立秋
九月小	己酉	干支曆 天地西曆	壬辰 8	癸巳 9	甲午 10	乙未 11	丙申 12	丁酉 13	戊戌 14	己亥 15	庚子 16	辛丑 17	壬寅 18	癸卯 19	甲辰 20	乙巳 21	丙午 22	丁未 23	戊申 24	己酉 25	庚戌 26	辛亥 27	壬子 28	癸丑 29	甲寅 30	乙卯 (10)	丙辰 2	丁巳 3	戊午 4	己未 5	庚申 6		壬子秋分
十月大	庚戌	干支曆 天地西曆	辛酉 7	壬戌 8	癸亥 9	甲子 10	乙丑 11	丙寅 12	丁卯 13	戊辰 14	己巳 15	庚午 16	辛未 17	壬申 18	癸酉 19	甲戌 20	乙亥 21	丙子 22	丁丑 23	戊寅 24	己卯 25	庚辰 26	辛巳 27	壬午 28	癸未 29	甲申 30	乙酉 31	丙戌 (11)	丁亥 2	戊子 3	己丑 4	庚寅 5	
十一月大	辛亥	干支曆 天地西曆	辛卯 6	壬辰 7	癸巳 8	甲午 9	乙未 10	丙申 11	丁酉 12	戊戌 13	己亥 14	庚子 15	辛丑 16	壬寅 17	癸卯 18	甲辰 19	乙巳 20	丙午 21	丁未 22	戊申 23	己酉 24	庚戌 25	辛亥 26	壬子 27	癸丑 28	甲寅 29	乙卯 30	丙辰 (12)	丁巳 2	戊午 3	己未 4	庚申 5	丁酉立冬
十二月小	壬子	干支曆 天地西曆	辛酉 6	壬戌 7	癸亥 8	甲子 9	乙丑 10	丙寅 11	丁卯 12	戊辰 13	己巳 14	庚午 15	辛未 16	壬申 17	癸酉 18	甲戌 19	乙亥 20	丙子 21	丁丑 22	戊寅 23	己卯 24	庚辰 25	辛巳 26	壬午 27	癸未 28	甲申 29	乙酉 30	丙戌 31	丁亥 (1)	戊子 2	己丑 3		辛巳冬至

朔閏異同	曆名	正月	二月	三月	四月	五月	六月	七月	八月	九月	十月	十一	十二	閏月
	周曆夏曆	乙丑甲子	乙未甲午	甲子癸亥	甲午癸巳	甲子癸亥	癸巳壬辰	癸亥壬戌	壬辰辛卯	壬戌辛酉	辛卯庚寅	辛酉庚申	庚寅己丑	
	顓頊新曆	丙申丙寅	丙寅乙未	乙未乙丑	乙丑甲午	甲午癸亥	甲子癸巳	甲午壬戌	癸亥辛卯	癸巳辛酉	壬戌庚寅	壬辰庚申	辛酉庚寅	

周安王四年（癸未 羊年） 公元前398～前397年 歲在大梁

殷曆月序		中西曆日對照	初一	初二	初三	初四	初五	初六	初七	初八	初九	初十	十一	十二	十三	十四	十五	十六	十七	十八	十九	二十	二一	二二	二三	二四	二五	二六	二七	二八	二九	三十	節氣與天象
正月大	癸丑	天干地支西曆	庚寅4	辛卯5	壬辰6	癸巳7	甲午8	乙未9	丙申10	丁酉11	戊戌12	己亥13	庚子14	辛丑15	壬寅16	癸卯17	甲辰18	乙巳19	丙午20	丁未21	戊申22	己酉23	庚戌24	辛亥25	壬子26	癸丑27	甲寅28	乙卯29	丙辰30	丁巳31	戊午(2)	己未2	
二月小	甲寅	天干地支西曆	庚申3	辛酉4	壬戌5	癸亥6	甲子7	乙丑8	丙寅9	丁卯10	戊辰11	己巳12	庚午13	辛未14	壬申15	癸酉16	甲戌17	乙亥18	丙子19	丁丑20	戊寅21	己卯22	庚辰23	辛巳24	壬午25	癸未26	甲申27	乙酉28	丙戌(3)	丁亥2	戊子3		丙寅立春
三月大	乙卯	天干地支西曆	己丑4	庚寅5	辛卯6	壬辰7	癸巳8	甲午9	乙未10	丙申11	丁酉12	戊戌13	己亥14	庚子15	辛丑16	壬寅17	癸卯18	甲辰19	乙巳20	丙午21	丁未22	戊申23	己酉24	庚戌25	辛亥26	壬子27	癸丑28	甲寅29	乙卯30	丙辰31	丁巳(4)	戊午2	辛亥春分
四月小	丙辰	天干地支西曆	己未3	庚申4	辛酉5	壬戌6	癸亥7	甲子8	乙丑9	丙寅10	丁卯11	戊辰12	己巳13	庚午14	辛未15	壬申16	癸酉17	甲戌18	乙亥19	丙子20	丁丑21	戊寅22	己卯23	庚辰24	辛巳25	壬午26	癸未27	甲申28	乙酉29	丙戌30	丁亥(5)		
五月大	丁巳	天干地支西曆	戊子2	己丑3	庚寅4	辛卯5	壬辰6	癸巳7	甲午8	乙未9	丙申10	丁酉11	戊戌12	己亥13	庚子14	辛丑15	壬寅16	癸卯17	甲辰18	乙巳19	丙午20	丁未21	戊申22	己酉23	庚戌24	辛亥25	壬子26	癸丑27	甲寅28	乙卯29	丙辰30	丁巳31	戊戌立夏
六月小	戊午	天干地支西曆	戊午(6)	己未2	庚申3	辛酉4	壬戌5	癸亥6	甲子7	乙丑8	丙寅9	丁卯10	戊辰11	己巳12	庚午13	辛未14	壬申15	癸酉16	甲戌17	乙亥18	丙子19	丁丑20	戊寅21	己卯22	庚辰23	辛巳24	壬午25	癸未26	甲申27	乙酉28	丙戌29		乙酉夏至
七月大	己未	天干地支西曆	丁亥30	戊子(7)	己丑2	庚寅3	辛卯4	壬辰5	癸巳6	甲午7	乙未8	丙申9	丁酉10	戊戌11	己亥12	庚子13	辛丑14	壬寅15	癸卯16	甲辰17	乙巳18	丙午19	丁未20	戊申21	己酉22	庚戌23	辛亥24	壬子25	癸丑26	甲寅27	乙卯28	丙辰29	
八月小	庚申	天干地支西曆	丁巳30	戊午31	己未(8)	庚申2	辛酉3	壬戌4	癸亥5	甲子6	乙丑7	丙寅8	丁卯9	戊辰10	己巳11	庚午12	辛未13	壬申14	癸酉15	甲戌16	乙亥17	丙子18	丁丑19	戊寅20	己卯21	庚辰22	辛巳23	壬午24	癸未25	甲申26	乙酉27		壬申立秋
九月大	辛酉	天干地支西曆	丙戌28	丁亥29	戊子30	己丑31	庚寅(9)	辛卯2	壬辰3	癸巳4	甲午5	乙未6	丙申7	丁酉8	戊戌9	己亥10	庚子11	辛丑12	壬寅13	癸卯14	甲辰15	乙巳16	丙午17	丁未18	戊申19	己酉20	庚戌21	辛亥22	壬子23	癸丑24	甲寅25	乙卯26	
閏九月小	辛酉	天干地支西曆	丙辰27	丁巳28	戊午29	己未30	庚申(10)	辛酉2	壬戌3	癸亥4	甲子5	乙丑6	丙寅7	丁卯8	戊辰9	己巳10	庚午11	辛未12	壬申13	癸酉14	甲戌15	乙亥16	丙子17	丁丑18	戊寅19	己卯20	庚辰21	辛巳22	壬午23	癸未24	甲申25		戊午秋分
十月大	壬戌	天干地支西曆	乙酉26	丙戌27	丁亥28	戊子29	己丑30	庚寅31	辛卯(11)	壬辰2	癸巳3	甲午4	乙未5	丙申6	丁酉7	戊戌8	己亥9	庚子10	辛丑11	壬寅12	癸卯13	甲辰14	乙巳15	丙午16	丁未17	戊申18	己酉19	庚戌20	辛亥21	壬子22	癸丑23	甲寅24	壬寅立冬 乙酉日食
十一月小	癸亥	天干地支西曆	乙卯25	丙辰26	丁巳27	戊午28	己未29	庚申30	辛酉(12)	壬戌2	癸亥3	甲子4	乙丑5	丙寅6	丁卯7	戊辰8	己巳9	庚午10	辛未11	壬申12	癸酉13	甲戌14	乙亥15	丙子16	丁丑17	戊寅18	己卯19	庚辰20	辛巳21	壬午22	癸未23		
十二月大	甲子	天干地支西曆	甲申24	乙酉25	丙戌26	丁亥27	戊子28	己丑29	庚寅30	辛卯31	壬辰(1)	癸巳2	甲午3	乙未4	丙申5	丁酉6	戊戌7	己亥8	庚子9	辛丑10	壬寅11	癸卯12	甲辰13	乙巳14	丙午15	丁未16	戊申17	己酉18	庚戌19	辛亥20	壬子21	癸丑22	丙戌冬至

朔閏異同	曆名	正月	二月	三月	四月	五月	六月	七月	八月	九月	十月	十一	十二	閏月
	周曆夏曆	庚申己未	己丑戊子	己未戊午	戊子丁亥	戊午---丁巳	丁亥丙戌	丁巳丙辰	丁亥乙酉	丙辰乙卯	丙戌乙酉	乙卯甲寅	---乙酉甲申	甲寅癸丑
	顓頊新曆	辛卯庚申	庚申庚寅	庚寅己未	己未己丑	己丑戊午	戊午---丁亥	戊子丁巳	丁巳丙戌	丁亥乙卯	丙辰乙酉	丙戌甲寅	丙辰甲申	---乙酉甲寅

周安王五年（甲申 猴年） 公元前397 ~ 前396年 歲在實沈

殷曆月序		中西曆對照	初一	初二	初三	初四	初五	初六	初七	初八	初九	初十	十一	十二	十三	十四	十五	十六	十七	十八	十九	二十	二一	二二	二三	二四	二五	二六	二七	二八	二九	三十	節氣與天象
正月大	乙丑	干支 天地 曆西	甲寅23	乙卯24	丙辰25	丁巳26	戊午27	己未28	庚申29	辛酉30	壬戌31	癸亥(2)	甲子2	乙丑3	丙寅4	丁卯5	戊辰6	己巳7	庚午8	辛未9	壬申10	癸酉11	甲戌12	乙亥13	丙子14	丁丑15	戊寅16	己卯17	庚辰18	辛巳19	壬午20	癸未21	辛未立春
二月小	丙寅	干支 天地 曆西	甲申22	乙酉23	丙戌24	丁亥25	戊子26	己丑27	庚寅28	辛卯29	壬辰(3)	癸巳2	甲午3	乙未4	丙申5	丁酉6	戊戌7	己亥8	庚子9	辛丑10	壬寅11	癸卯12	甲辰13	乙巳14	丙午15	丁未16	戊申17	己酉18	庚戌19	辛亥20	壬子21		
三月大	丁卯	干支 天地 曆西	癸丑22	甲寅23	乙卯24	丙辰25	丁巳26	戊午27	己未28	庚申29	辛酉30	壬戌31	癸亥(4)	甲子2	乙丑3	丙寅4	丁卯5	戊辰6	己巳7	庚午8	辛未9	壬申10	癸酉11	甲戌12	乙亥13	丙子14	丁丑15	戊寅16	己卯17	庚辰18	辛巳19	壬午20	丁巳春分
四月小	戊辰	干支 天地 曆西	癸未21	甲申22	乙酉23	丙戌24	丁亥25	戊子26	己丑27	庚寅28	辛卯29	壬辰30	癸巳(5)	甲午2	乙未3	丙申4	丁酉5	戊戌6	己亥7	庚子8	辛丑9	壬寅10	癸卯11	甲辰12	乙巳13	丙午14	丁未15	戊申16	己酉17	庚戌18	辛亥19		癸卯立夏 癸未日食
五月大	己巳	干支 天地 曆西	壬子20	癸丑21	甲寅22	乙卯23	丙辰24	丁巳25	戊午26	己未27	庚申28	辛酉29	壬戌30	癸亥31	甲子(6)	乙丑2	丙寅3	丁卯4	戊辰5	己巳6	庚午7	辛未8	壬申9	癸酉10	甲戌11	乙亥12	丙子13	丁丑14	戊寅15	己卯16	庚辰17	辛巳18	
六月小	庚午	干支 天地 曆西	壬午19	癸未20	甲申21	乙酉22	丙戌23	丁亥24	戊子25	己丑26	庚寅27	辛卯28	壬辰29	癸巳30	甲午(7)	乙未2	丙申3	丁酉4	戊戌5	己亥6	庚子7	辛丑8	壬寅9	癸卯10	甲辰11	乙巳12	丙午13	丁未14	戊申15	己酉16	庚戌17		辛卯夏至
七月大	辛未	干支 天地 曆西	辛亥18	壬子19	癸丑20	甲寅21	乙卯22	丙辰23	丁巳24	戊午25	己未26	庚申27	辛酉28	壬戌29	癸亥30	甲子31	乙丑(8)	丙寅2	丁卯3	戊辰4	己巳5	庚午6	辛未7	壬申8	癸酉9	甲戌10	乙亥11	丙子12	丁丑13	戊寅14	己卯15	庚辰16	丁丑立秋
八月小	壬申	干支 天地 曆西	辛巳17	壬午18	癸未19	甲申20	乙酉21	丙戌22	丁亥23	戊子24	己丑25	庚寅26	辛卯27	壬辰28	癸巳29	甲午30	乙未31	丙申(9)	丁酉2	戊戌3	己亥4	庚子5	辛丑6	壬寅7	癸卯8	甲辰9	乙巳10	丙午11	丁未12	戊申13	己酉14		
九月大	癸酉	干支 天地 曆西	庚戌15	辛亥16	壬子17	癸丑18	甲寅19	乙卯20	丙辰21	丁巳22	戊午23	己未24	庚申25	辛酉26	壬戌27	癸亥28	甲子29	乙丑30	丙寅(10)	丁卯2	戊辰3	己巳4	庚午5	辛未6	壬申7	癸酉8	甲戌9	乙亥10	丙子11	丁丑12	戊寅13	己卯14	癸亥秋分
十月小	甲戌	干支 天地 曆西	庚辰15	辛巳16	壬午17	癸未18	甲申19	乙酉20	丙戌21	丁亥22	戊子23	己丑24	庚寅25	辛卯26	壬辰27	癸巳28	甲午29	乙未30	丙申31	丁酉(11)	戊戌2	己亥3	庚子4	辛丑5	壬寅6	癸卯7	甲辰8	乙巳9	丙午10	丁未11	戊申12		丁未立冬
十一月大	乙亥	干支 天地 曆西	己酉13	庚戌14	辛亥15	壬子16	癸丑17	甲寅18	乙卯19	丙辰20	丁巳21	戊午22	己未23	庚申24	辛酉25	壬戌26	癸亥27	甲子28	乙丑29	丙寅30	丁卯(12)	戊辰2	己巳3	庚午4	辛未5	壬申6	癸酉7	甲戌8	乙亥9	丙子10	丁丑11	戊寅12	
十二月小	丙子	干支 天地 曆西	己卯13	庚辰14	辛巳15	壬午16	癸未17	甲申18	乙酉19	丙戌20	丁亥21	戊子22	己丑23	庚寅24	辛卯25	壬辰26	癸巳27	甲午28	乙未29	丙申30	丁酉31	戊戌(1)	己亥2	庚子3	辛丑4	壬寅5	癸卯6	甲辰7	乙巳8	丙午9	丁未10		辛卯冬至

朔閏異同	曆名	正月	二月	三月	四月	五月	六月	七月	八月	九月	十月	十一	十二	閏月
	周曆夏曆	甲申癸未	癸丑壬子	癸未壬午	壬子辛亥	壬午辛巳	辛亥庚戌	辛巳庚辰	庚戌己酉	庚辰己卯	己酉戊申	己卯戊寅	己酉丁未	
	顓頊新曆	乙卯甲申	甲申癸丑	甲寅癸未	癸未壬子	癸丑壬午	壬午辛亥	壬子辛巳	辛巳庚戌	辛亥己卯	庚辰己酉	庚戌戊寅	己卯戊申	

周安王六年（乙酉 鷄年） 公元前396年 歲在鶉首

殷曆月序		中西曆日對照	初一	初二	初三	初四	初五	初六	初七	初八	初九	初十	十一	十二	十三	十四	十五	十六	十七	十八	十九	二十	二一	二二	二三	二四	二五	二六	二七	二八	二九	三十	節氣與天象
正月大	丁丑	干支 天地 西曆	戊申11	己酉12	庚戌13	辛亥14	壬子15	癸丑16	甲寅17	乙卯18	丙辰19	丁巳20	戊午21	己未22	庚申23	辛酉24	壬戌25	癸亥26	甲子27	乙丑28	丙寅29	丁卯30	戊辰31	己巳(2)	庚午2	辛未3	壬申4	癸酉5	甲戌6	乙亥7	丙子8	丁丑9	丙子立春
二月小	戊寅	干支 天地 西曆	戊寅10	己卯11	庚辰12	辛巳13	壬午14	癸未15	甲申16	乙酉17	丙戌18	丁亥19	戊子20	己丑21	庚寅22	辛卯23	壬辰24	癸巳25	甲午26	乙未27	丙申28	丁酉(3)	戊戌2	己亥3	庚子4	辛丑5	壬寅6	癸卯7	甲辰8	乙巳9	丙午10		
三月大	己卯	干支 天地 西曆	丁未11	戊申12	己酉13	庚戌14	辛亥15	壬子16	癸丑17	甲寅18	乙卯19	丙辰20	丁巳21	戊午22	己未23	庚申24	辛酉25	壬戌26	癸亥27	甲子28	乙丑29	丙寅30	丁卯31	戊辰(4)	己巳2	庚午3	辛未4	壬申5	癸酉6	甲戌7	乙亥8	丙子9	壬戌春分
四月小	庚辰	干支 天地 西曆	丁丑10	戊寅11	己卯12	庚辰13	辛巳14	壬午15	癸未16	甲申17	乙酉18	丙戌19	丁亥20	戊子21	己丑22	庚寅23	辛卯24	壬辰25	癸巳26	甲午27	乙未28	丙申29	丁酉30	戊戌(5)	己亥2	庚子3	辛丑4	壬寅5	癸卯6	甲辰7	乙巳8		丁丑日食
五月大	辛巳	干支 天地 西曆	丙午9	丁未10	戊申11	己酉12	庚戌13	辛亥14	壬子15	癸丑16	甲寅17	乙卯18	丙辰19	丁巳20	戊午21	己未22	庚申23	辛酉24	壬戌25	癸亥26	甲子27	乙丑28	丙寅29	丁卯30	戊辰31	己巳(6)	庚午2	辛未3	壬申4	癸酉5	甲戌6	乙亥7	己酉立夏
六月大	壬午	干支 天地 西曆	丙子8	丁丑9	戊寅10	己卯11	庚辰12	辛巳13	壬午14	癸未15	甲申16	乙酉17	丙戌18	丁亥19	戊子20	己丑21	庚寅22	辛卯23	壬辰24	癸巳25	甲午26	乙未27	丙申28	丁酉29	戊戌30	己亥(7)	庚子2	辛丑3	壬寅4	癸卯5	甲辰6	乙巳7	丙申夏至
七月小	癸未	干支 天地 西曆	丙午8	丁未9	戊申10	己酉11	庚戌12	辛亥13	壬子14	癸丑15	甲寅16	乙卯17	丙辰18	丁巳19	戊午20	己未21	庚申22	辛酉23	壬戌24	癸亥25	甲子26	乙丑27	丙寅28	丁卯29	戊辰30	己巳31	庚午(8)	辛未2	壬申3	癸酉4	甲戌5		
八月大	甲申	干支 天地 西曆	乙亥6	丙子7	丁丑8	戊寅9	己卯10	庚辰11	辛巳12	壬午13	癸未14	甲申15	乙酉16	丙戌17	丁亥18	戊子19	己丑20	庚寅21	辛卯22	壬辰23	癸巳24	甲午25	乙未26	丙申27	丁酉28	戊戌29	己亥30	庚子31	辛丑(9)	壬寅2	癸卯3	甲辰4	癸未立秋
九月小	乙酉	干支 天地 西曆	乙巳5	丙午6	丁未7	戊申8	己酉9	庚戌10	辛亥11	壬子12	癸丑13	甲寅14	乙卯15	丙辰16	丁巳17	戊午18	己未19	庚申20	辛酉21	壬戌22	癸亥23	甲子24	乙丑25	丙寅26	丁卯27	戊辰28	己巳29	庚午30	辛未(10)	壬申2	癸酉3		戊辰秋分
十月大	丙戌	干支 天地 西曆	甲戌4	乙亥5	丙子6	丁丑7	戊寅8	己卯9	庚辰10	辛巳11	壬午12	癸未13	甲申14	乙酉15	丙戌16	丁亥17	戊子18	己丑19	庚寅20	辛卯21	壬辰22	癸巳23	甲午24	乙未25	丙申26	丁酉27	戊戌28	己亥29	庚子30	辛丑31	壬寅(11)	癸卯2	
十一月小	丁亥	干支 天地 西曆	甲辰3	乙巳4	丙午5	丁未6	戊申7	己酉8	庚戌9	辛亥10	壬子11	癸丑12	甲寅13	乙卯14	丙辰15	丁巳16	戊午17	己未18	庚申19	辛酉20	壬戌21	癸亥22	甲子23	乙丑24	丙寅25	丁卯26	戊辰27	己巳28	庚午29	辛未30	壬申(12)		癸丑立冬
十二月大	戊子	干支 天地 西曆	癸酉2	甲戌3	乙亥4	丙子5	丁丑6	戊寅7	己卯8	庚辰9	辛巳10	壬午11	癸未12	甲申13	乙酉14	丙戌15	丁亥16	戊子17	己丑18	庚寅19	辛卯20	壬辰21	癸巳22	甲午23	乙未24	丙申25	丁酉26	戊戌27	己亥28	庚子29	辛丑30	壬寅31	丁酉冬至

朔閏異同	曆名	正月	二月	三月	四月	五月	六月	七月	八月	九月	十月	十一	十二	閏月
	周曆夏曆	戊寅丁丑	戊申丁未	丁丑丙子	丁未丙午	丙子乙亥	丙午乙巳	乙亥甲戌	乙巳甲辰	甲戌癸酉	甲辰癸卯	癸酉壬申	癸卯壬寅	
	顓頊新曆	己酉戊寅	戊寅丁未	戊申丁丑	戊寅丁未	丁未丙子	丁丑丙午	丙午乙亥	丙子乙巳	乙巳甲戌	乙亥癸卯	甲辰癸酉	甲戌---壬寅	壬申

周安王七年（丙戌 狗年） 公元前 395 ~ 前 394 年 歲在鶉火

殷曆月序		中西日曆對照	初一	初二	初三	初四	初五	初六	初七	初八	初九	初十	十一	十二	十三	十四	十五	十六	十七	十八	十九	二十	二一	二二	二三	二四	二五	二六	二七	二八	二九	三十	節氣與天象
正月小	己丑	干支曆	癸卯	甲辰	乙巳	丙午	丁未	戊申	己酉	庚戌	辛亥	壬子	癸丑	甲寅	乙卯	丙辰	丁巳	戊午	己未	庚申	辛酉	壬戌	癸亥	甲子	乙丑	丙寅	丁卯	戊辰	己巳	庚午	辛未		
		天地西曆	(1)	2	3	4	5	6	7	8	9	10	11	12	13	14	15	16	17	18	19	20	21	22	23	24	25	26	27	28	29		
二月大	庚寅	干支曆	壬申	癸酉	甲戌	乙亥	丙子	丁丑	戊寅	己卯	庚辰	辛巳	壬午	癸未	甲申	乙酉	丙戌	丁亥	戊子	己丑	庚寅	辛卯	壬辰	癸巳	甲午	乙未	丙申	丁酉	戊戌	己亥	庚子	辛丑	辛巳立春
		天地西曆	30	31	(2)	2	3	4	5	6	7	8	9	10	11	12	13	14	15	16	17	18	19	20	21	22	23	24	25	26	27	28	
三月小	辛卯	干支曆	壬寅	癸卯	甲辰	乙巳	丙午	丁未	戊申	己酉	庚戌	辛亥	壬子	癸丑	甲寅	乙卯	丙辰	丁巳	戊午	己未	庚申	辛酉	壬戌	癸亥	甲子	乙丑	丙寅	丁卯	戊辰	己巳	庚午		丁卯春分
		天地西曆	(3)	2	3	4	5	6	7	8	9	10	11	12	13	14	15	16	17	18	19	20	21	22	23	24	25	26	27	28	29		
四月大	壬辰	干支曆	辛未	壬申	癸酉	甲戌	乙亥	丙子	丁丑	戊寅	己卯	庚辰	辛巳	壬午	癸未	甲申	乙酉	丙戌	丁亥	戊子	己丑	庚寅	辛卯	壬辰	癸巳	甲午	乙未	丙申	丁酉	戊戌	己亥	庚子	
		天地西曆	30	31	(4)	2	3	4	5	6	7	8	9	10	11	12	13	14	15	16	17	18	19	20	21	22	23	24	25	26	27	28	
五月小	癸巳	干支曆	辛丑	壬寅	癸卯	甲辰	乙巳	丙午	丁未	戊申	己酉	庚戌	辛亥	壬子	癸丑	甲寅	乙卯	丙辰	丁巳	戊午	己未	庚申	辛酉	壬戌	癸亥	甲子	乙丑	丙寅	丁卯	戊辰	己巳		甲寅立夏
		天地西曆	29	30	(5)	2	3	4	5	6	7	8	9	10	11	12	13	14	15	16	17	18	19	20	21	22	23	24	25	26	27		
六月大	甲午	干支曆	庚午	辛未	壬申	癸酉	甲戌	乙亥	丙子	丁丑	戊寅	己卯	庚辰	辛巳	壬午	癸未	甲申	乙酉	丙戌	丁亥	戊子	己丑	庚寅	辛卯	壬辰	癸巳	甲午	乙未	丙申	丁酉	戊戌	己亥	
		天地西曆	28	29	30	31	(6)	2	3	4	5	6	7	8	9	10	11	12	13	14	15	16	17	18	19	20	21	22	23	24	25	26	
閏六月小	甲午	干支曆	庚子	辛丑	壬寅	癸卯	甲辰	乙巳	丙午	丁未	戊申	己酉	庚戌	辛亥	壬子	癸丑	甲寅	乙卯	丙辰	丁巳	戊午	己未	庚申	辛酉	壬戌	癸亥	甲子	乙丑	丙寅	丁卯	戊辰		辛丑夏至
		天地西曆	27	28	29	30	(7)	2	3	4	5	6	7	8	9	10	11	12	13	14	15	16	17	18	19	20	21	22	23	24	25		
七月大	乙未	干支曆	己巳	庚午	辛未	壬申	癸酉	甲戌	乙亥	丙子	丁丑	戊寅	己卯	庚辰	辛巳	壬午	癸未	甲申	乙酉	丙戌	丁亥	戊子	己丑	庚寅	辛卯	壬辰	癸巳	甲午	乙未	丙申	丁酉	戊戌	戊子立秋
		天地西曆	26	27	28	29	30	31	(8)	2	3	4	5	6	7	8	9	10	11	12	13	14	15	16	17	18	19	20	21	22	23	24	
八月小	丙申	干支曆	己亥	庚子	辛丑	壬寅	癸卯	甲辰	乙巳	丙午	丁未	戊申	己酉	庚戌	辛亥	壬子	癸丑	甲寅	乙卯	丙辰	丁巳	戊午	己未	庚申	辛酉	壬戌	癸亥	甲子	乙丑	丙寅	丁卯		己亥日食
		天地西曆	25	26	27	28	29	30	31	(9)	2	3	4	5	6	7	8	9	10	11	12	13	14	15	16	17	18	19	20	21	22		
九月大	丁酉	干支曆	戊辰	己巳	庚午	辛未	壬申	癸酉	甲戌	乙亥	丙子	丁丑	戊寅	己卯	庚辰	辛巳	壬午	癸未	甲申	乙酉	丙戌	丁亥	戊子	己丑	庚寅	辛卯	壬辰	癸巳	甲午	乙未	丙申	丁酉	癸酉秋分
		天地西曆	23	24	25	26	27	28	29	30	(10)	2	3	4	5	6	7	8	9	10	11	12	13	14	15	16	17	18	19	20	21	22	
十月大	戊戌	干支曆	戊戌	己亥	庚子	辛丑	壬寅	癸卯	甲辰	乙巳	丙午	丁未	戊申	己酉	庚戌	辛亥	壬子	癸丑	甲寅	乙卯	丙辰	丁巳	戊午	己未	庚申	辛酉	壬戌	癸亥	甲子	乙丑	丙寅	丁卯	戊午立冬
		天地西曆	23	24	25	26	27	28	29	30	31	(11)	2	3	4	5	6	7	8	9	10	11	12	13	14	15	16	17	18	19	20	21	
十一月小	己亥	干支曆	戊辰	己巳	庚午	辛未	壬申	癸酉	甲戌	乙亥	丙子	丁丑	戊寅	己卯	庚辰	辛巳	壬午	癸未	甲申	乙酉	丙戌	丁亥	戊子	己丑	庚寅	辛卯	壬辰	癸巳	甲午	乙未	丙申		
		天地西曆	22	23	24	25	26	27	28	29	30	(12)	2	3	4	5	6	7	8	9	10	11	12	13	14	15	16	17	18	19	20		
十二月大	庚子	干支曆	丁酉	戊戌	己亥	庚子	辛丑	壬寅	癸卯	甲辰	乙巳	丙午	丁未	戊申	己酉	庚戌	辛亥	壬子	癸丑	甲寅	乙卯	丙辰	丁巳	戊午	己未	庚申	辛酉	壬戌	癸亥	甲子	乙丑	丙寅	壬寅冬至
		天地西曆	21	22	23	24	25	26	27	28	29	30	31	(1)	2	3	4	5	6	7	8	9	10	11	12	13	14	15	16	17	18	19	

朔閏異同	曆名	正月	二月	三月	四月	五月	六月	七月	八月	九月	十月	十一	十二	閏月
	周曆夏曆	壬申辛未	壬寅---辛丑	辛未庚午	辛丑庚子	辛未庚午	庚子己亥	庚午己巳	---己亥戊戌	己巳戊辰	戊戌丁酉	戊辰丁卯	丁酉丙申	丁卯丙寅
	顓頊新曆	癸卯辛丑	癸酉辛未	壬寅辛丑	壬申庚午	辛丑庚子	辛未己巳	辛丑己亥	庚午己巳	---庚子戊戌	己巳戊辰	己亥丁酉	戊辰丙寅	戊戌

周安王八年（丁亥 猪年） 公元前394～前393年 歲在鶉尾

殷曆月序		中西曆日對照	初一	初二	初三	初四	初五	初六	初七	初八	初九	初十	十一	十二	十三	十四	十五	十六	十七	十八	十九	二十	二一	二二	二三	二四	二五	二六	二七	二八	二九	三十	節氣與天象
正月小	辛丑	天干地支西曆	丁卯20	戊辰21	己巳22	庚午23	辛未24	壬申25	癸酉26	甲戌27	乙亥28	丙子29	丁丑30	戊寅31	己卯(2)	庚辰2	辛巳3	壬午4	癸未5	甲申6	乙酉7	丙戌8	丁亥9	戊子10	己丑11	庚寅12	辛卯13	壬辰14	癸巳15	甲午16	乙未17		丙戌立春
二月大	壬寅	天干地支西曆	丙申18	丁酉19	戊戌20	己亥21	庚子22	辛丑23	壬寅24	癸卯25	甲辰26	乙巳27	丙午28	丁未(3)	戊申2	己酉3	庚戌4	辛亥5	壬子6	癸丑7	甲寅8	乙卯9	丙辰10	丁巳11	戊午12	己未13	庚申14	辛酉15	壬戌16	癸亥17	甲子18	乙丑19	
三月小	癸卯	天干地支西曆	丙寅20	丁卯21	戊辰22	己巳23	庚午24	辛未25	壬申26	癸酉27	甲戌28	乙亥29	丙子30	丁丑31	戊寅(4)	己卯2	庚辰3	辛巳4	壬午5	癸未6	甲申7	乙酉8	丙戌9	丁亥10	戊子11	己丑12	庚寅13	辛卯14	壬辰15	癸巳16	甲午17		壬申春分
四月大	甲辰	天干地支西曆	乙未18	丙申19	丁酉20	戊戌21	己亥22	庚子23	辛丑24	壬寅25	癸卯26	甲辰27	乙巳28	丙午29	丁未30	戊申(5)	己酉2	庚戌3	辛亥4	壬子5	癸丑6	甲寅7	乙卯8	丙辰9	丁巳10	戊午11	己未12	庚申13	辛酉14	壬戌15	癸亥16	甲子17	己未立夏
五月小	乙巳	天干地支西曆	乙丑18	丙寅19	丁卯20	戊辰21	己巳22	庚午23	辛未24	壬申25	癸酉26	甲戌27	乙亥28	丙子29	丁丑30	戊寅31	己卯(6)	庚辰2	辛巳3	壬午4	癸未5	甲申6	乙酉7	丙戌8	丁亥9	戊子10	己丑11	庚寅12	辛卯13	壬辰14	癸巳15		
六月大	丙午	天干地支西曆	甲午16	乙未17	丙申18	丁酉19	戊戌20	己亥21	庚子22	辛丑23	壬寅24	癸卯25	甲辰26	乙巳27	丙午28	丁未29	戊申30	己酉(7)	庚戌2	辛亥3	壬子4	癸丑5	甲寅6	乙卯7	丙辰8	丁巳9	戊午10	己未11	庚申12	辛酉13	壬戌14	癸亥15	丙午夏至
七月小	丁未	天干地支西曆	甲子16	乙丑17	丙寅18	丁卯19	戊辰20	己巳21	庚午22	辛未23	壬申24	癸酉25	甲戌26	乙亥27	丙子28	丁丑29	戊寅30	己卯31	庚辰(8)	辛巳2	壬午3	癸未4	甲申5	乙酉6	丙戌7	丁亥8	戊子9	己丑10	庚寅11	辛卯12	壬辰13		
八月大	戊申	天干地支西曆	癸巳14	甲午15	乙未16	丙申17	丁酉18	戊戌19	己亥20	庚子21	辛丑22	壬寅23	癸卯24	甲辰25	乙巳26	丙午27	丁未28	戊申29	己酉30	庚戌31	辛亥(9)	壬子2	癸丑3	甲寅4	乙卯5	丙辰6	丁巳7	戊午8	己未9	庚申10	辛酉11	壬戌12	癸巳立秋 癸巳日食
九月小	己酉	天干地支西曆	癸亥13	甲子14	乙丑15	丙寅16	丁卯17	戊辰18	己巳19	庚午20	辛未21	壬申22	癸酉23	甲戌24	乙亥25	丙子26	丁丑27	戊寅28	己卯29	庚辰30	辛巳(10)	壬午2	癸未3	甲申4	乙酉5	丙戌6	丁亥7	戊子8	己丑9	庚寅10	辛卯11		己卯秋分
十月大	庚戌	天干地支西曆	壬辰12	癸巳13	甲午14	乙未15	丙申16	丁酉17	戊戌18	己亥19	庚子20	辛丑21	壬寅22	癸卯23	甲辰24	乙巳25	丙午26	丁未27	戊申28	己酉29	庚戌30	辛亥31	壬子(11)	癸丑2	甲寅3	乙卯4	丙辰5	丁巳6	戊午7	己未8	庚申9	辛酉10	
十一月小	辛亥	天干地支西曆	壬戌11	癸亥12	甲子13	乙丑14	丙寅15	丁卯16	戊辰17	己巳18	庚午19	辛未20	壬申21	癸酉22	甲戌23	乙亥24	丙子25	丁丑26	戊寅27	己卯28	庚辰29	辛巳30	壬午(12)	癸未2	甲申3	乙酉4	丙戌5	丁亥6	戊子7	己丑8	庚寅9		癸亥立冬
十二月大	壬子	天干地支西曆	辛卯10	壬辰11	癸巳12	甲午13	乙未14	丙申15	丁酉16	戊戌17	己亥18	庚子19	辛丑20	壬寅21	癸卯22	甲辰23	乙巳24	丙午25	丁未26	戊申27	己酉28	庚戌29	辛亥30	壬子31	癸丑(1)	甲寅2	乙卯3	丙辰4	丁巳5	戊午6	己未7	庚申8	丁未冬至

朔閏異同	曆名	正月	二月	三月	四月	五月	六月	七月	八月	九月	十月	十一	十二	閏月
	周曆夏曆	丙申乙未	丙寅乙丑	乙未甲午	乙丑甲子	甲午癸巳	甲子癸亥	甲午壬辰	癸亥壬戌	癸巳壬辰	壬戌辛酉	壬辰辛卯	辛酉庚申	
	顓頊新曆	丁卯丙申	丁酉乙丑	丙寅乙未	丙申甲子	乙丑甲午	乙未甲子	甲子癸巳	甲午癸亥	癸亥癸巳	癸巳壬戌	癸亥壬辰	壬辰辛酉	

周安王九年（戊子 鼠年） 公元前393年 歲在壽星

殷曆月序		中西曆日對照	初一	初二	初三	初四	初五	初六	初七	初八	初九	初十	十一	十二	十三	十四	十五	十六	十七	十八	十九	二十	二一	二二	二三	二四	二五	二六	二七	二八	二九	三十	節氣與天象
正月大	癸丑	天干地支 西曆	辛酉 9	壬戌 10	癸亥 11	甲子 12	乙丑 13	丙寅 14	丁卯 15	戊辰 16	己巳 17	庚午 18	辛未 19	壬申 20	癸酉 21	甲戌 22	乙亥 23	丙子 24	丁丑 25	戊寅 26	己卯 27	庚辰 28	辛巳 29	壬午 30	癸未 31	甲申 (2)	乙酉 2	丙戌 3	丁亥 4	戊子 5	己丑 6	庚寅 7	
二月小	甲寅	天干地支 西曆	辛卯 8	壬辰 9	癸巳 10	甲午 11	乙未 12	丙申 13	丁酉 14	戊戌 15	己亥 16	庚子 17	辛丑 18	壬寅 19	癸卯 20	甲辰 21	乙巳 22	丙午 23	丁未 24	戊申 25	己酉 26	庚戌 27	辛亥 28	壬子 29	癸丑 (3)	甲寅 2	乙卯 3	丙辰 4	丁巳 5	戊午 6	己未 7		壬辰立春
三月大	乙卯	天干地支 西曆	庚申 8	辛酉 9	壬戌 10	癸亥 11	甲子 12	乙丑 13	丙寅 14	丁卯 15	戊辰 16	己巳 17	庚午 18	辛未 19	壬申 20	癸酉 21	甲戌 22	乙亥 23	丙子 24	丁丑 25	戊寅 26	己卯 27	庚辰 28	辛巳 29	壬午 30	癸未 31	甲申 (4)	乙酉 2	丙戌 3	丁亥 4	戊子 5	己丑 6	戊寅春分
四月小	丙辰	天干地支 西曆	庚寅 7	辛卯 8	壬辰 9	癸巳 10	甲午 11	乙未 12	丙申 13	丁酉 14	戊戌 15	己亥 16	庚子 17	辛丑 18	壬寅 19	癸卯 20	甲辰 21	乙巳 22	丙午 23	丁未 24	戊申 25	己酉 26	庚戌 27	辛亥 28	壬子 29	癸丑 30	甲寅 (5)	乙卯 2	丙辰 3	丁巳 4	戊午 5		
五月大	丁巳	天干地支 西曆	己未 6	庚申 7	辛酉 8	壬戌 9	癸亥 10	甲子 11	乙丑 12	丙寅 13	丁卯 14	戊辰 15	己巳 16	庚午 17	辛未 18	壬申 19	癸酉 20	甲戌 21	乙亥 22	丙子 23	丁丑 24	戊寅 25	己卯 26	庚辰 27	辛巳 28	壬午 29	癸未 30	甲申 31	乙酉 (6)	丙戌 2	丁亥 3	戊子 4	甲子立夏
六月小	戊午	天干地支 西曆	己丑 5	庚寅 6	辛卯 7	壬辰 8	癸巳 9	甲午 10	乙未 11	丙申 12	丁酉 13	戊戌 14	己亥 15	庚子 16	辛丑 17	壬寅 18	癸卯 19	甲辰 20	乙巳 21	丙午 22	丁未 23	戊申 24	己酉 25	庚戌 26	辛亥 27	壬子 28	癸丑 29	甲寅 30	乙卯 (7)	丙辰 2	丁巳 3		壬子夏至
七月大	己未	天干地支 西曆	戊午 4	己未 5	庚申 6	辛酉 7	壬戌 8	癸亥 9	甲子 10	乙丑 11	丙寅 12	丁卯 13	戊辰 14	己巳 15	庚午 16	辛未 17	壬申 18	癸酉 19	甲戌 20	乙亥 21	丙子 22	丁丑 23	戊寅 24	己卯 25	庚辰 26	辛巳 27	壬午 28	癸未 29	甲申 30	乙酉 31	丙戌 (8)	丁亥 2	
八月小	庚申	天干地支 西曆	戊子 3	己丑 4	庚寅 5	辛卯 6	壬辰 7	癸巳 8	甲午 9	乙未 10	丙申 11	丁酉 12	戊戌 13	己亥 14	庚子 15	辛丑 16	壬寅 17	癸卯 18	甲辰 19	乙巳 20	丙午 21	丁未 22	戊申 23	己酉 24	庚戌 25	辛亥 26	壬子 27	癸丑 28	甲寅 29	乙卯 30	丙辰 31		戊戌立秋
九月大	辛酉	天干地支 西曆	丁巳 (9)	戊午 2	己未 3	庚申 4	辛酉 5	壬戌 6	癸亥 7	甲子 8	乙丑 9	丙寅 10	丁卯 11	戊辰 12	己巳 13	庚午 14	辛未 15	壬申 16	癸酉 17	甲戌 18	乙亥 19	丙子 20	丁丑 21	戊寅 22	己卯 23	庚辰 24	辛巳 25	壬午 26	癸未 27	甲申 28	乙酉 29	丙戌 30	甲申秋分
十月小	壬戌	天干地支 西曆	丁亥 (10)	戊子 2	己丑 3	庚寅 4	辛卯 5	壬辰 6	癸巳 7	甲午 8	乙未 9	丙申 10	丁酉 11	戊戌 12	己亥 13	庚子 14	辛丑 15	壬寅 16	癸卯 17	甲辰 18	乙巳 19	丙午 20	丁未 21	戊申 22	己酉 23	庚戌 24	辛亥 25	壬子 26	癸丑 27	甲寅 28	乙卯 29		
十一月大	癸亥	天干地支 西曆	丙辰 30	丁巳 31	戊午 (11)	己未 2	庚申 3	辛酉 4	壬戌 5	癸亥 6	甲子 7	乙丑 8	丙寅 9	丁卯 10	戊辰 11	己巳 12	庚午 13	辛未 14	壬申 15	癸酉 16	甲戌 17	乙亥 18	丙子 19	丁丑 20	戊寅 21	己卯 22	庚辰 23	辛巳 24	壬午 25	癸未 26	甲申 27	乙酉 28	戊辰立冬
十二月小	甲子	天干地支 西曆	丙戌 29	丁亥 30	戊子 (12)	己丑 2	庚寅 3	辛卯 4	壬辰 5	癸巳 6	甲午 7	乙未 8	丙申 9	丁酉 10	戊戌 11	己亥 12	庚子 13	辛丑 14	壬寅 15	癸卯 16	甲辰 17	乙巳 18	丙午 19	丁未 20	戊申 21	己酉 22	庚戌 23	辛亥 24	壬子 25	癸丑 26	甲寅 27		壬子冬至

朔閏異同	曆名	正月	二月	三月	四月	五月	六月	七月	八月	九月	十月	十一	十二	閏月
	周曆夏曆	辛卯庚寅	庚申己未	庚寅己丑	己未戊午	己丑戊子	戊午丁巳	戊子丁亥	丁巳丙辰	丁亥丙戌	丙辰乙卯	丙戌---乙酉	丙辰乙卯	甲申
	顓頊新曆	壬戌辛卯	辛卯庚申	辛酉己丑	庚寅己未	庚申戊子	己丑戊午	己未丁亥	戊子丁巳	戊午丁亥	丁亥---丙辰	丁巳丙戌	丙戌丙辰	乙酉

周安王十年（己丑 牛年） 公元前393～前**392**～前391年 歲在大火

殷曆月序		中西曆日對照	初一	初二	初三	初四	初五	初六	初七	初八	初九	初十	十一	十二	十三	十四	十五	十六	十七	十八	十九	二十	二一	二二	二三	二四	二五	二六	二七	二八	二九	三十	節氣與天象
正月大	乙丑	天干地支西曆	乙卯28	丙辰29	丁巳30	戊午31	己未(1)	庚申2	辛酉3	壬戌4	癸亥5	甲子6	乙丑7	丙寅8	丁卯9	戊辰10	己巳11	庚午12	辛未13	壬申14	癸酉15	甲戌16	乙亥17	丙子18	丁丑19	戊寅20	己卯21	庚辰22	辛巳23	壬午24	癸未25	甲申26	
二月小	丙寅	天干地支西曆	乙酉27	丙戌28	丁亥29	戊子30	己丑31	庚寅(2)	辛卯2	壬辰3	癸巳4	甲午5	乙未6	丙申7	丁酉8	戊戌9	己亥10	庚子11	辛丑12	壬寅13	癸卯14	甲辰15	乙巳16	丙午17	丁未18	戊申19	己酉20	庚戌21	辛亥22	壬子23	癸丑24		丁酉立春
閏二月大	丙寅	天干地支西曆	甲寅25	乙卯26	丙辰27	丁巳28	戊午(3)	己未2	庚申3	辛酉4	壬戌5	癸亥6	甲子7	乙丑8	丙寅9	丁卯10	戊辰11	己巳12	庚午13	辛未14	壬申15	癸酉16	甲戌17	乙亥18	丙子19	丁丑20	戊寅21	己卯22	庚辰23	辛巳24	壬午25	癸未26	癸未春分
三月小	丁卯	天干地支西曆	甲申27	乙酉28	丙戌29	丁亥30	戊子31	己丑(4)	庚寅2	辛卯3	壬辰4	癸巳5	甲午6	乙未7	丙申8	丁酉9	戊戌10	己亥11	庚子12	辛丑13	壬寅14	癸卯15	甲辰16	乙巳17	丙午18	丁未19	戊申20	己酉21	庚戌22	辛亥23	壬子24		
四月大	戊辰	天干地支西曆	癸丑25	甲寅26	乙卯27	丙辰28	丁巳29	戊午30	己未(5)	庚申2	辛酉3	壬戌4	癸亥5	甲子6	乙丑7	丙寅8	丁卯9	戊辰10	己巳11	庚午12	辛未13	壬申14	癸酉15	甲戌16	乙亥17	丙子18	丁丑19	戊寅20	己卯21	庚辰22	辛巳23	壬午24	庚午立夏
五月大	己巳	天干地支西曆	癸未25	甲申26	乙酉27	丙戌28	丁亥29	戊子30	己丑31	庚寅(6)	辛卯2	壬辰3	癸巳4	甲午5	乙未6	丙申7	丁酉8	戊戌9	己亥10	庚子11	辛丑12	壬寅13	癸卯14	甲辰15	乙巳16	丙午17	丁未18	戊申19	己酉20	庚戌21	辛亥22	壬子23	
六月小	庚午	天干地支西曆	癸丑24	甲寅25	乙卯26	丙辰27	丁巳28	戊午29	己未30	庚申(7)	辛酉2	壬戌3	癸亥4	甲子5	乙丑6	丙寅7	丁卯8	戊辰9	己巳10	庚午11	辛未12	壬申13	癸酉14	甲戌15	乙亥16	丙子17	丁丑18	戊寅19	己卯20	庚辰21	辛巳22		丁巳夏至
七月大	辛未	天干地支西曆	壬午23	癸未24	甲申25	乙酉26	丙戌27	丁亥28	戊子29	己丑30	庚寅31	辛卯(8)	壬辰2	癸巳3	甲午4	乙未5	丙申6	丁酉7	戊戌8	己亥9	庚子10	辛丑11	壬寅12	癸卯13	甲辰14	乙巳15	丙午16	丁未17	戊申18	己酉19	庚戌20	辛亥21	甲辰立秋
八月小	壬申	天干地支西曆	壬子22	癸丑23	甲寅24	乙卯25	丙辰26	丁巳27	戊午28	己未29	庚申30	辛酉31	壬戌(9)	癸亥2	甲子3	乙丑4	丙寅5	丁卯6	戊辰7	己巳8	庚午9	辛未10	壬申11	癸酉12	甲戌13	乙亥14	丙子15	丁丑16	戊寅17	己卯18	庚辰19		
九月大	癸酉	天干地支西曆	辛巳20	壬午21	癸未22	甲申23	乙酉24	丙戌25	丁亥26	戊子27	己丑28	庚寅29	辛卯30	壬辰(10)	癸巳2	甲午3	乙未4	丙申5	丁酉6	戊戌7	己亥8	庚子9	辛丑10	壬寅11	癸卯12	甲辰13	乙巳14	丙午15	丁未16	戊申17	己酉18	庚戌19	己丑秋分
十月小	甲戌	天干地支西曆	辛亥20	壬子21	癸丑22	甲寅23	乙卯24	丙辰25	丁巳26	戊午27	己未28	庚申29	辛酉30	壬戌31	癸亥(11)	甲子2	乙丑3	丙寅4	丁卯5	戊辰6	己巳7	庚午8	辛未9	壬申10	癸酉11	甲戌12	乙亥13	丙子14	丁丑15	戊寅16	己卯17		癸酉立冬
十一月大	乙亥	天干地支西曆	庚辰18	辛巳19	壬午20	癸未21	甲申22	乙酉23	丙戌24	丁亥25	戊子26	己丑27	庚寅28	辛卯29	壬辰30	癸巳(12)	甲午2	乙未3	丙申4	丁酉5	戊戌6	己亥7	庚子8	辛丑9	壬寅10	癸卯11	甲辰12	乙巳13	丙午14	丁未15	戊申16	己酉17	
十二月小	丙子	天干地支西曆	庚戌18	辛亥19	壬子20	癸丑21	甲寅22	乙卯23	丙辰24	丁巳25	戊午26	己未27	庚申28	辛酉29	壬戌30	癸亥31	甲子(1)	乙丑2	丙寅3	丁卯4	戊辰5	己巳6	庚午7	辛未8	壬申9	癸酉10	甲戌11	乙亥12	丙子13	丁丑14	戊寅15		戊午冬至

朔閏異同	曆名	正月	二月	三月	四月	五月	六月	七月	八月	九月	十月	十一	十二	閏月
	周曆夏曆	乙酉甲寅	乙卯癸未	甲申癸丑	---甲寅壬午	癸未壬子	癸丑辛巳	壬午辛亥	壬子庚辰	辛巳庚戌	辛亥己卯	庚辰己酉	庚戌戊寅	己卯
	顓頊新曆	丙辰乙卯	丙戌甲申	乙卯癸丑	乙酉癸未	甲寅壬子	---甲申辛巳	癸丑辛亥	癸未辛巳	壬子庚戌	壬午庚辰	辛亥庚戌	辛巳庚辰	庚戌

周安王十一年（庚寅 虎年） 公元前391～前390年 歲在析木

殷曆月序		中西曆日對照	初一	初二	初三	初四	初五	初六	初七	初八	初九	初十	十一	十二	十三	十四	十五	十六	十七	十八	十九	二十	二一	二二	二三	二四	二五	二六	二七	二八	二九	三十	節氣與天象
正月大	丁丑	干支曆 天地西	己卯16	庚辰17	辛巳18	壬午19	癸未20	甲申21	乙酉22	丙戌23	丁亥24	戊子25	己丑26	庚寅27	辛卯28	壬辰29	癸巳30	甲午31	乙未(2)	丙申2	丁酉3	戊戌4	己亥5	庚子6	辛丑7	壬寅8	癸卯9	甲辰10	乙巳11	丙午12	丁未13	戊申14	壬寅立春
二月小	戊寅	干支曆 天地西	己酉15	庚戌16	辛亥17	壬子18	癸丑19	甲寅20	乙卯21	丙辰22	丁巳23	戊午24	己未25	庚申26	辛酉27	壬戌28	癸亥(3)	甲子2	乙丑3	丙寅4	丁卯5	戊辰6	己巳7	庚午8	辛未9	壬申10	癸酉11	甲戌12	乙亥13	丙子14	丁丑15		
三月大	己卯	干支曆 天地西	戊寅16	己卯17	庚辰18	辛巳19	壬午20	癸未21	甲申22	乙酉23	丙戌24	丁亥25	戊子26	己丑27	庚寅28	辛卯29	壬辰30	癸巳31	甲午(4)	乙未2	丙申3	丁酉4	戊戌5	己亥6	庚子7	辛丑8	壬寅9	癸卯10	甲辰11	乙巳12	丙午13	丁未14	戊子春分
四月小	庚辰	干支曆 天地西	戊申15	己酉16	庚戌17	辛亥18	壬子19	癸丑20	甲寅21	乙卯22	丙辰23	丁巳24	戊午25	己未26	庚申27	辛酉28	壬戌29	癸亥30	甲子(5)	乙丑2	丙寅3	丁卯4	戊辰5	己巳6	庚午7	辛未8	壬申9	癸酉10	甲戌11	乙亥12	丙子13		乙亥立夏
五月大	辛巳	干支曆 天地西	丁丑14	戊寅15	己卯16	庚辰17	辛巳18	壬午19	癸未20	甲申21	乙酉22	丙戌23	丁亥24	戊子25	己丑26	庚寅27	辛卯28	壬辰29	癸巳30	甲午31	乙未(6)	丙申2	丁酉3	戊戌4	己亥5	庚子6	辛丑7	壬寅8	癸卯9	甲辰10	乙巳11	丙午12	
六月小	壬午	干支曆 天地西	丁未13	戊申14	己酉15	庚戌16	辛亥17	壬子18	癸丑19	甲寅20	乙卯21	丙辰22	丁巳23	戊午24	己未25	庚申26	辛酉27	壬戌28	癸亥29	甲子30	乙丑(7)	丙寅2	丁卯3	戊辰4	己巳5	庚午6	辛未7	壬申8	癸酉9	甲戌10	乙亥11		壬戌夏至
七月大	癸未	干支曆 天地西	丙子12	丁丑13	戊寅14	己卯15	庚辰16	辛巳17	壬午18	癸未19	甲申20	乙酉21	丙戌22	丁亥23	戊子24	己丑25	庚寅26	辛卯27	壬辰28	癸巳29	甲午30	乙未31	丙申(8)	丁酉2	戊戌3	己亥4	庚子5	辛丑6	壬寅7	癸卯8	甲辰9	乙巳10	
八月大	甲申	干支曆 天地西	丙午11	丁未12	戊申13	己酉14	庚戌15	辛亥16	壬子17	癸丑18	甲寅19	乙卯20	丙辰21	丁巳22	戊午23	己未24	庚申25	辛酉26	壬戌27	癸亥28	甲子29	乙丑30	丙寅31	丁卯(9)	戊辰2	己巳3	庚午4	辛未5	壬申6	癸酉7	甲戌8	乙亥9	己酉立秋
九月小	乙酉	干支曆 天地西	丙子10	丁丑11	戊寅12	己卯13	庚辰14	辛巳15	壬午16	癸未17	甲申18	乙酉19	丙戌20	丁亥21	戊子22	己丑23	庚寅24	辛卯25	壬辰26	癸巳27	甲午28	乙未29	丙申30	丁酉(10)	戊戌2	己亥3	庚子4	辛丑5	壬寅6	癸卯7	甲辰8		甲午秋分
十月大	丙戌	干支曆 天地西	乙巳9	丙午10	丁未11	戊申12	己酉13	庚戌14	辛亥15	壬子16	癸丑17	甲寅18	乙卯19	丙辰20	丁巳21	戊午22	己未23	庚申24	辛酉25	壬戌26	癸亥27	甲子28	乙丑29	丙寅30	丁卯31	戊辰(11)	己巳2	庚午3	辛未4	壬申5	癸酉6	甲戌7	
十一月小	丁亥	干支曆 天地西	乙亥8	丙子9	丁丑10	戊寅11	己卯12	庚辰13	辛巳14	壬午15	癸未16	甲申17	乙酉18	丙戌19	丁亥20	戊子21	己丑22	庚寅23	辛卯24	壬辰25	癸巳26	甲午27	乙未28	丙申29	丁酉30	戊戌(12)	己亥2	庚子3	辛丑4	壬寅5	癸卯6		己卯立冬
十二月大	戊子	干支曆 天地西	甲辰7	乙巳8	丙午9	丁未10	戊申11	己酉12	庚戌13	辛亥14	壬子15	癸丑16	甲寅17	乙卯18	丙辰19	丁巳20	戊午21	己未22	庚申23	辛酉24	壬戌25	癸亥26	甲子27	乙丑28	丙寅29	丁卯30	戊辰31	己巳(1)	庚午2	辛未3	壬申4	癸酉5	癸亥冬至

朔閏異同	曆名	正月	二月	三月	四月	五月	六月	七月	八月	九月	十月	十一	十二	閏月
	周曆夏曆	己酉戊申	己卯丁丑	戊申丁未	戊寅丁丑	丁未丙午	丁丑丙子	丙午乙巳	丙子乙亥	乙巳甲戌	乙亥甲辰	甲辰癸卯	甲戌癸酉	
	顓頊新曆	庚辰己酉	己酉己卯	己卯戊申	戊申丁丑	戊寅丁未	戊申丙子	丁丑乙巳	丁未乙亥	丙子甲辰	丙午甲戌	乙亥甲辰	乙巳甲戌	

周安王十二年（辛卯 兔年） 公元前 390 ~ 前 389 年 歲在星紀

殷曆月序		中西曆日對照	初一	初二	初三	初四	初五	初六	初七	初八	初九	初十	十一	十二	十三	十四	十五	十六	十七	十八	十九	二十	二一	二二	二三	二四	二五	二六	二七	二八	二九	三十	節氣與天象
正月小	己丑	天干地支 西曆	甲戌 6	乙亥 7	丙子 8	丁丑 9	戊寅 10	己卯 11	庚辰 12	辛巳 13	壬午 14	癸未 15	甲申 16	乙酉 17	丙戌 18	丁亥 19	戊子 20	己丑 21	庚寅 22	辛卯 23	壬辰 24	癸巳 25	甲午 26	乙未 27	丙申 28	丁酉 29	戊戌 30	己亥 31	庚子 (2)	辛丑 2	壬寅 3		
二月大	庚寅	天干地支 西曆	癸卯 4	甲辰 5	乙巳 6	丙午 7	丁未 8	戊申 9	己酉 10	庚戌 11	辛亥 12	壬子 13	癸丑 14	甲寅 15	乙卯 16	丙辰 17	丁巳 18	戊午 19	己未 20	庚申 21	辛酉 22	壬戌 23	癸亥 24	甲子 25	乙丑 26	丙寅 27	丁卯 28	戊辰 (3)	己巳 2	庚午 3	辛未 4	壬申 5	丁未立春
三月小	辛卯	天干地支 西曆	癸酉 6	甲戌 7	乙亥 8	丙子 9	丁丑 10	戊寅 11	己卯 12	庚辰 13	辛巳 14	壬午 15	癸未 16	甲申 17	乙酉 18	丙戌 19	丁亥 20	戊子 21	己丑 22	庚寅 23	辛卯 24	壬辰 25	癸巳 26	甲午 27	乙未 28	丙申 29	丁酉 30	戊戌 31	己亥 (4)	庚子 2	辛丑 3		癸巳春分
四月大	壬辰	天干地支 西曆	壬寅 4	癸卯 5	甲辰 6	乙巳 7	丙午 8	丁未 9	戊申 10	己酉 11	庚戌 12	辛亥 13	壬子 14	癸丑 15	甲寅 16	乙卯 17	丙辰 18	丁巳 19	戊午 20	己未 21	庚申 22	辛酉 23	壬戌 24	癸亥 25	甲子 26	乙丑 27	丙寅 28	丁卯 29	戊辰 30	己巳 (5)	庚午 2	辛未 3	
五月小	癸巳	天干地支 西曆	壬申 4	癸酉 5	甲戌 6	乙亥 7	丙子 8	丁丑 9	戊寅 10	己卯 11	庚辰 12	辛巳 13	壬午 14	癸未 15	甲申 16	乙酉 17	丙戌 18	丁亥 19	戊子 20	己丑 21	庚寅 22	辛卯 23	壬辰 24	癸巳 25	甲午 26	乙未 27	丙申 28	丁酉 29	戊戌 30	己亥 31	庚子 (6)		庚辰立夏
六月大	甲午	天干地支 西曆	辛丑 2	壬寅 3	癸卯 4	甲辰 5	乙巳 6	丙午 7	丁未 8	戊申 9	己酉 10	庚戌 11	辛亥 12	壬子 13	癸丑 14	甲寅 15	乙卯 16	丙辰 17	丁巳 18	戊午 19	己未 20	庚申 21	辛酉 22	壬戌 23	癸亥 24	甲子 25	乙丑 26	丙寅 27	丁卯 28	戊辰 29	己巳 30	庚午 (7)	丁卯夏至
七月小	乙未	天干地支 西曆	辛未 2	壬申 3	癸酉 4	甲戌 5	乙亥 6	丙子 7	丁丑 8	戊寅 9	己卯 10	庚辰 11	辛巳 12	壬午 13	癸未 14	甲申 15	乙酉 16	丙戌 17	丁亥 18	戊子 19	己丑 20	庚寅 21	辛卯 22	壬辰 23	癸巳 24	甲午 25	乙未 26	丙申 27	丁酉 28	戊戌 29	己亥 30		
八月大	丙申	天干地支 西曆	庚子 31	辛丑 (8)	壬寅 2	癸卯 3	甲辰 4	乙巳 5	丙午 6	丁未 7	戊申 8	己酉 9	庚戌 10	辛亥 11	壬子 12	癸丑 13	甲寅 14	乙卯 15	丙辰 16	丁巳 17	戊午 18	己未 19	庚申 20	辛酉 21	壬戌 22	癸亥 23	甲子 24	乙丑 25	丙寅 26	丁卯 27	戊辰 28	己巳 29	甲寅立秋
九月小	丁酉	天干地支 西曆	庚午 30	辛未 31	壬申 (9)	癸酉 2	甲戌 3	乙亥 4	丙子 5	丁丑 6	戊寅 7	己卯 8	庚辰 9	辛巳 10	壬午 11	癸未 12	甲申 13	乙酉 14	丙戌 15	丁亥 16	戊子 17	己丑 18	庚寅 19	辛卯 20	壬辰 21	癸巳 22	甲午 23	乙未 24	丙申 25	丁酉 26	戊戌 27		
十月大	戊戌	天干地支 西曆	己亥 28	庚子 29	辛丑 30	壬寅 (10)	癸卯 2	甲辰 3	乙巳 4	丙午 5	丁未 6	戊申 7	己酉 8	庚戌 9	辛亥 10	壬子 11	癸丑 12	甲寅 13	乙卯 14	丙辰 15	丁巳 16	戊午 17	己未 18	庚申 19	辛酉 20	壬戌 21	癸亥 22	甲子 23	乙丑 24	丙寅 25	丁卯 26	戊辰 27	庚子秋分
閏十月小	戊戌	天干地支 西曆	己巳 28	庚午 29	辛未 30	壬申 31	癸酉 (11)	甲戌 2	乙亥 3	丙子 4	丁丑 5	戊寅 6	己卯 7	庚辰 8	辛巳 9	壬午 10	癸未 11	甲申 12	乙酉 13	丙戌 14	丁亥 15	戊子 16	己丑 17	庚寅 18	辛卯 19	壬辰 20	癸巳 21	甲午 22	乙未 23	丙申 24	丁酉 25		甲申立冬
十一月大	己亥	天干地支 西曆	戊戌 26	己亥 27	庚子 28	辛丑 29	壬寅 30	癸卯 (12)	甲辰 2	乙巳 3	丙午 4	丁未 5	戊申 6	己酉 7	庚戌 8	辛亥 9	壬子 10	癸丑 11	甲寅 12	乙卯 13	丙辰 14	丁巳 15	戊午 16	己未 17	庚申 18	辛酉 19	壬戌 20	癸亥 21	甲子 22	乙丑 23	丙寅 24	丁卯 25	戊戌日食
十二月大	庚子	天干地支 西曆	戊辰 26	己巳 27	庚午 28	辛未 29	壬申 30	癸酉 31	甲戌 (1)	乙亥 2	丙子 3	丁丑 4	戊寅 5	己卯 6	庚辰 7	辛巳 8	壬午 9	癸未 10	甲申 11	乙酉 12	丙戌 13	丁亥 14	戊子 15	己丑 16	庚寅 17	辛卯 18	壬辰 19	癸巳 20	甲午 21	乙未 22	丙申 23	丁酉 24	戊辰冬至

朔閏異同	曆名	正月	二月	三月	四月	五月	六月	七月	八月	九月	十月	十一	十二	閏月
	周曆夏曆	癸卯壬寅	癸酉壬申	壬寅辛丑	壬申辛未	辛丑庚子	辛未庚午	辛丑---己亥	庚午己巳	庚子---己亥	己巳戊辰	己亥戊戌	戊辰丁卯	---戊戌丁酉
	顓頊新曆	甲戌甲辰	甲辰癸酉	癸酉癸卯	癸卯壬申	壬申辛丑	壬寅辛未	辛未---庚子	辛丑己巳	庚午己亥	庚子戊辰	庚午戊戌	己亥戊辰	戊戌

周安王十三年（壬辰 龍年） 公元前**389** ~ 前388年 歲在玄枵

殷曆月序		中西曆日對照	殷曆日序																														節氣與天象
			初一	初二	初三	初四	初五	初六	初七	初八	初九	初十	十一	十二	十三	十四	十五	十六	十七	十八	十九	二十	二一	二二	二三	二四	二五	二六	二七	二八	二九	三十	
正月小	辛丑	天干地支西曆	戊戌25	己亥26	庚子27	辛丑28	壬寅29	癸卯30	甲辰31	乙巳(2)	丙午2	丁未3	戊申4	己酉5	庚戌6	辛亥7	壬子8	癸丑9	甲寅10	乙卯11	丙辰12	丁巳13	戊午14	己未15	庚申16	辛酉17	壬戌18	癸亥19	甲子20	乙丑21	丙寅22		癸丑立春
二月大	壬寅	天干地支西曆	丁卯23	戊辰24	己巳25	庚午26	辛未27	壬申28	癸酉29	甲戌(3)	乙亥2	丙子3	丁丑4	戊寅5	己卯6	庚辰7	辛巳8	壬午9	癸未10	甲申11	乙酉12	丙戌13	丁亥14	戊子15	己丑16	庚寅17	辛卯18	壬辰19	癸巳20	甲午21	乙未22	丙申23	
三月小	癸卯	天干地支西曆	丁酉24	戊戌25	己亥26	庚子27	辛丑28	壬寅29	癸卯30	甲辰31	乙巳(4)	丙午2	丁未3	戊申4	己酉5	庚戌6	辛亥7	壬子8	癸丑9	甲寅10	乙卯11	丙辰12	丁巳13	戊午14	己未15	庚申16	辛酉17	壬戌18	癸亥19	甲子20	乙丑21		戊戌春分
四月大	甲辰	天干地支西曆	丙寅22	丁卯23	戊辰24	己巳25	庚午26	辛未27	壬申28	癸酉29	甲戌30	乙亥(5)	丙子2	丁丑3	戊寅4	己卯5	庚辰6	辛巳7	壬午8	癸未9	甲申10	乙酉11	丙戌12	丁亥13	戊子14	己丑15	庚寅16	辛卯17	壬辰18	癸巳19	甲午20	乙未21	乙酉立夏
五月小	乙巳	天干地支西曆	丙申22	丁酉23	戊戌24	己亥25	庚子26	辛丑27	壬寅28	癸卯29	甲辰30	乙巳31	丙午(6)	丁未2	戊申3	己酉4	庚戌5	辛亥6	壬子7	癸丑8	甲寅9	乙卯10	丙辰11	丁巳12	戊午13	己未14	庚申15	辛酉16	壬戌17	癸亥18	甲子19		
六月大	丙午	天干地支西曆	乙丑20	丙寅21	丁卯22	戊辰23	己巳24	庚午25	辛未26	壬申27	癸酉28	甲戌29	乙亥30	丙子(7)	丁丑2	戊寅3	己卯4	庚辰5	辛巳6	壬午7	癸未8	甲申9	乙酉10	丙戌11	丁亥12	戊子13	己丑14	庚寅15	辛卯16	壬辰17	癸巳18	甲午19	癸酉夏至
七月小	丁未	天干地支西曆	乙未20	丙申21	丁酉22	戊戌23	己亥24	庚子25	辛丑26	壬寅27	癸卯28	甲辰29	乙巳30	丙午31	丁未(8)	戊申2	己酉3	庚戌4	辛亥5	壬子6	癸丑7	甲寅8	乙卯9	丙辰10	丁巳11	戊午12	己未13	庚申14	辛酉15	壬戌16	癸亥17		己未立秋
八月大	戊申	天干地支西曆	甲子18	乙丑19	丙寅20	丁卯21	戊辰22	己巳23	庚午24	辛未25	壬申26	癸酉27	甲戌28	乙亥29	丙子30	丁丑31	戊寅(9)	己卯2	庚辰3	辛巳4	壬午5	癸未6	甲申7	乙酉8	丙戌9	丁亥10	戊子11	己丑12	庚寅13	辛卯14	壬辰15	癸巳16	
九月小	己酉	天干地支西曆	甲午17	乙未18	丙申19	丁酉20	戊戌21	己亥22	庚子23	辛丑24	壬寅25	癸卯26	甲辰27	乙巳28	丙午29	丁未30	戊申(10)	己酉2	庚戌3	辛亥4	壬子5	癸丑6	甲寅7	乙卯8	丙辰9	丁巳10	戊午11	己未12	庚申13	辛酉14	壬戌15		乙巳秋分
十月大	庚戌	天干地支西曆	癸亥16	甲子17	乙丑18	丙寅19	丁卯20	戊辰21	己巳22	庚午23	辛未24	壬申25	癸酉26	甲戌27	乙亥28	丙子29	丁丑30	戊寅31	己卯(11)	庚辰2	辛巳3	壬午4	癸未5	甲申6	乙酉7	丙戌8	丁亥9	戊子10	己丑11	庚寅12	辛卯13	壬辰14	己丑立冬
十一月小	辛亥	天干地支西曆	癸巳15	甲午16	乙未17	丙申18	丁酉19	戊戌20	己亥21	庚子22	辛丑23	壬寅24	癸卯25	甲辰26	乙巳27	丙午28	丁未29	戊申30	己酉(12)	庚戌2	辛亥3	壬子4	癸丑5	甲寅6	乙卯7	丙辰8	丁巳9	戊午10	己未11	庚申12	辛酉13		
十二月大	壬子	天干地支西曆	壬戌14	癸亥15	甲子16	乙丑17	丙寅18	丁卯19	戊辰20	己巳21	庚午22	辛未23	壬申24	癸酉25	甲戌26	乙亥27	丙子28	丁丑29	戊寅30	己卯31	庚辰(1)	辛巳2	壬午3	癸未4	甲申5	乙酉6	丙戌7	丁亥8	戊子9	己丑10	庚寅11	辛卯12	癸酉冬至

朔閏異同	曆名	正月	二月	三月	四月	五月	六月	七月	八月	九月	十月	十一	十二	閏月	曆名	正月	二月	三月	四月	五月	六月	七月	八月	九月	十月	十一	十二	閏月
	周曆夏曆	丁卯丙寅	丁酉丙申	丙寅乙丑	丙申乙未	乙丑甲子	乙未甲午	甲子癸亥	甲午癸巳	癸亥壬戌	癸巳壬辰	癸亥壬戌	壬辰辛卯		顓頊新曆	己巳丁卯	戊戌丁酉	戊辰丙寅	丁酉丙申	丁卯乙丑	丙申乙未	丙寅甲子	乙未癸巳	乙丑癸亥	甲午壬辰	甲子壬戌	癸巳壬辰	---癸亥

周安王十四年（癸巳 蛇年） 公元前**388** ~ 前387年 歲在娵訾

殷曆月序	中西曆日對照		初一	初二	初三	初四	初五	初六	初七	初八	初九	初十	十一	十二	十三	十四	十五	十六	十七	十八	十九	二十	二一	二二	二三	二四	二五	二六	二七	二八	二九	三十	節氣與天象
正月小	癸丑	干支天地西曆	壬辰13	癸巳14	甲午15	乙未16	丙申17	丁酉18	戊戌19	己亥20	庚子21	辛丑22	壬寅23	癸卯24	甲辰25	乙巳26	丙午27	丁未28	戊申29	己酉30	庚戌31	辛亥(2)	壬子2	癸丑3	甲寅4	乙卯5	丙辰6	丁巳7	戊午8	己未9	庚申10		戊午立春
二月大	甲寅	干支天地西曆	辛酉11	壬戌12	癸亥13	甲子14	乙丑15	丙寅16	丁卯17	戊辰18	己巳19	庚午20	辛未21	壬申22	癸酉23	甲戌24	乙亥25	丙子26	丁丑27	戊寅28	己卯(3)	庚辰2	辛巳3	壬午4	癸未5	甲申6	乙酉7	丙戌8	丁亥9	戊子10	己丑11	庚寅12	
三月小	乙卯	干支天地西曆	辛卯13	壬辰14	癸巳15	甲午16	乙未17	丙申18	丁酉19	戊戌20	己亥21	庚子22	辛丑23	壬寅24	癸卯25	甲辰26	乙巳27	丙午28	丁未29	戊申30	己酉31	庚戌(4)	辛亥2	壬子3	癸丑4	甲寅5	乙卯6	丙辰7	丁巳8	戊午9	己未10		甲辰春分
四月大	丙辰	干支天地西曆	庚申11	辛酉12	壬戌13	癸亥14	甲子15	乙丑16	丙寅17	丁卯18	戊辰19	己巳20	庚午21	辛未22	壬申23	癸酉24	甲戌25	乙亥26	丙子27	丁丑28	戊寅29	己卯30	庚辰(5)	辛巳2	壬午3	癸未4	甲申5	乙酉6	丙戌7	丁亥8	戊子9	己丑10	
五月大	丁巳	干支天地西曆	庚寅11	辛卯12	壬辰13	癸巳14	甲午15	乙未16	丙申17	丁酉18	戊戌19	己亥20	庚子21	辛丑22	壬寅23	癸卯24	甲辰25	乙巳26	丙午27	丁未28	戊申29	己酉30	庚戌31	辛亥(6)	壬子2	癸丑3	甲寅4	乙卯5	丙辰6	丁巳7	戊午8	己未9	辛卯立夏
六月小	戊午	干支天地西曆	庚申10	辛酉11	壬戌12	癸亥13	甲子14	乙丑15	丙寅16	丁卯17	戊辰18	己巳19	庚午20	辛未21	壬申22	癸酉23	甲戌24	乙亥25	丙子26	丁丑27	戊寅28	己卯29	庚辰30	辛巳(7)	壬午2	癸未3	甲申4	乙酉5	丙戌6	丁亥7	戊子8		戊寅夏至
七月大	己未	干支天地西曆	己丑9	庚寅10	辛卯11	壬辰12	癸巳13	甲午14	乙未15	丙申16	丁酉17	戊戌18	己亥19	庚子20	辛丑21	壬寅22	癸卯23	甲辰24	乙巳25	丙午26	丁未27	戊申28	己酉29	庚戌30	辛亥31	壬子(8)	癸丑2	甲寅3	乙卯4	丙辰5	丁巳6	戊午7	
八月小	庚申	干支天地西曆	己未8	庚申9	辛酉10	壬戌11	癸亥12	甲子13	乙丑14	丙寅15	丁卯16	戊辰17	己巳18	庚午19	辛未20	壬申21	癸酉22	甲戌23	乙亥24	丙子25	丁丑26	戊寅27	己卯28	庚辰29	辛巳30	壬午31	癸未(9)	甲申2	乙酉3	丙戌4	丁亥5		乙丑立秋
九月大	辛酉	干支天地西曆	戊子6	己丑7	庚寅8	辛卯9	壬辰10	癸巳11	甲午12	乙未13	丙申14	丁酉15	戊戌16	己亥17	庚子18	辛丑19	壬寅20	癸卯21	甲辰22	乙巳23	丙午24	丁未25	戊申26	己酉27	庚戌28	辛亥29	壬子30	癸丑(10)	甲寅2	乙卯3	丙辰4	丁巳5	庚戌秋分
十月小	壬戌	干支天地西曆	戊午6	己未7	庚申8	辛酉9	壬戌10	癸亥11	甲子12	乙丑13	丙寅14	丁卯15	戊辰16	己巳17	庚午18	辛未19	壬申20	癸酉21	甲戌22	乙亥23	丙子24	丁丑25	戊寅26	己卯27	庚辰28	辛巳29	壬午30	癸未31	甲申(11)	乙酉2	丙戌3		
十一月大	癸亥	干支天地西曆	丁亥4	戊子5	己丑6	庚寅7	辛卯8	壬辰9	癸巳10	甲午11	乙未12	丙申13	丁酉14	戊戌15	己亥16	庚子17	辛丑18	壬寅19	癸卯20	甲辰21	乙巳22	丙午23	丁未24	戊申25	己酉26	庚戌27	辛亥28	壬子29	癸丑30	甲寅(12)	乙卯2	丙辰3	甲午立冬
十二月小	甲子	干支天地西曆	丁巳4	戊午5	己未6	庚申7	辛酉8	壬戌9	癸亥10	甲子11	乙丑12	丙寅13	丁卯14	戊辰15	己巳16	庚午17	辛未18	壬申19	癸酉20	甲戌21	乙亥22	丙子23	丁丑24	戊寅25	己卯26	庚辰27	辛巳28	壬午29	癸未30	甲申31	乙酉(1)		己卯冬至

朔閏異同	曆名	正月	二月	三月	四月	五月	六月	七月	八月	九月	十月	十一	十二	閏月		曆名	正月	二月	三月	四月	五月	六月	七月	八月	九月	十月	十一	十二	閏月
	周曆夏曆	壬戌辛酉	辛卯庚寅	辛酉庚申	庚寅己丑	庚申己未	己丑戊子	己未戊午	戊子丁亥	戊午丁巳	丁亥丙戌	丁巳丙辰	丙戌乙酉			顓頊新曆	癸巳辛酉	壬戌辛卯	壬辰辛酉	辛酉庚寅	辛卯庚申	庚申己丑	庚寅己未	己未戊子	己丑丁巳	戊午丁亥	戊子丙辰	丁巳丙戌	

周安王十五年（甲午 馬年） 公元前 387 ~ 前 386 年 歲在降婁

殷曆月序		中西曆日對照	初一	初二	初三	初四	初五	初六	初七	初八	初九	初十	十一	十二	十三	十四	十五	十六	十七	十八	十九	二十	二一	二二	二三	二四	二五	二六	二七	二八	二九	三十	節氣與天象
正月大	乙丑	天干地支西曆	丙戌 2	丁亥 3	戊子 4	己丑 5	庚寅 6	辛卯 7	壬辰 8	癸巳 9	甲午 10	乙未 11	丙申 12	丁酉 13	戊戌 14	己亥 15	庚子 16	辛丑 17	壬寅 18	癸卯 19	甲辰 20	乙巳 21	丙午 22	丁未 23	戊申 24	己酉 25	庚戌 26	辛亥 27	壬子 28	癸丑 29	甲寅 30	乙卯 31	
二月小	丙寅	天干地支西曆	丙辰 (2)	丁巳 2	戊午 3	己未 4	庚申 5	辛酉 6	壬戌 7	癸亥 8	甲子 9	乙丑 10	丙寅 11	丁卯 12	戊辰 13	己巳 14	庚午 15	辛未 16	壬申 17	癸酉 18	甲戌 19	乙亥 20	丙子 21	丁丑 22	戊寅 23	己卯 24	庚辰 25	辛巳 26	壬午 27	癸未 28	甲申 (3)		癸亥立春
三月大	丁卯	天干地支西曆	乙酉 2	丙戌 3	丁亥 4	戊子 5	己丑 6	庚寅 7	辛卯 8	壬辰 9	癸巳 10	甲午 11	乙未 12	丙申 13	丁酉 14	戊戌 15	己亥 16	庚子 17	辛丑 18	壬寅 19	癸卯 20	甲辰 21	乙巳 22	丙午 23	丁未 24	戊申 25	己酉 26	庚戌 27	辛亥 28	壬子 29	癸丑 30	甲寅 31	己酉春分
四月小	戊辰	天干地支西曆	乙卯 (4)	丙辰 2	丁巳 3	戊午 4	己未 5	庚申 6	辛酉 7	壬戌 8	癸亥 9	甲子 10	乙丑 11	丙寅 12	丁卯 13	戊辰 14	己巳 15	庚午 16	辛未 17	壬申 18	癸酉 19	甲戌 20	乙亥 21	丙子 22	丁丑 23	戊寅 24	己卯 25	庚辰 26	辛巳 27	壬午 28	癸未 29		
五月大	己巳	天干地支西曆	甲申 30	乙酉 (5)	丙戌 2	丁亥 3	戊子 4	己丑 5	庚寅 6	辛卯 7	壬辰 8	癸巳 9	甲午 10	乙未 11	丙申 12	丁酉 13	戊戌 14	己亥 15	庚子 16	辛丑 17	壬寅 18	癸卯 19	甲辰 20	乙巳 21	丙午 22	丁未 23	戊申 24	己酉 25	庚戌 26	辛亥 27	壬子 28	癸丑 29	丙申立夏
六月小	庚午	天干地支西曆	甲寅 30	乙卯 31	丙辰 (6)	丁巳 2	戊午 3	己未 4	庚申 5	辛酉 6	壬戌 7	癸亥 8	甲子 9	乙丑 10	丙寅 11	丁卯 12	戊辰 13	己巳 14	庚午 15	辛未 16	壬申 17	癸酉 18	甲戌 19	乙亥 20	丙子 21	丁丑 22	戊寅 23	己卯 24	庚辰 25	辛巳 26	壬午 27		
七月大	辛未	天干地支西曆	癸未 28	甲申 29	乙酉 30	丙戌 (7)	丁亥 2	戊子 3	己丑 4	庚寅 5	辛卯 6	壬辰 7	癸巳 8	甲午 9	乙未 10	丙申 11	丁酉 12	戊戌 13	己亥 14	庚子 15	辛丑 16	壬寅 17	癸卯 18	甲辰 19	乙巳 20	丙午 21	丁未 22	戊申 23	己酉 24	庚戌 25	辛亥 26	壬子 27	癸未夏至
八月大	壬申	天干地支西曆	癸丑 28	甲寅 29	乙卯 30	丙辰 31	丁巳 (8)	戊午 2	己未 3	庚申 4	辛酉 5	壬戌 6	癸亥 7	甲子 8	乙丑 9	丙寅 10	丁卯 11	戊辰 12	己巳 13	庚午 14	辛未 15	壬申 16	癸酉 17	甲戌 18	乙亥 19	丙子 20	丁丑 21	戊寅 22	己卯 23	庚辰 24	辛巳 25	壬午 26	庚午立秋
閏八月小	壬申	天干地支西曆	癸未 27	甲申 28	乙酉 29	丙戌 30	丁亥 31	戊子 (9)	己丑 2	庚寅 3	辛卯 4	壬辰 5	癸巳 6	甲午 7	乙未 8	丙申 9	丁酉 10	戊戌 11	己亥 12	庚子 13	辛丑 14	壬寅 15	癸卯 16	甲辰 17	乙巳 18	丙午 19	丁未 20	戊申 21	己酉 22	庚戌 23	辛亥 24		
九月大	癸酉	天干地支西曆	壬子 25	癸丑 26	甲寅 27	乙卯 28	丙辰 29	丁巳 30	戊午 (10)	己未 2	庚申 3	辛酉 4	壬戌 5	癸亥 6	甲子 7	乙丑 8	丙寅 9	丁卯 10	戊辰 11	己巳 12	庚午 13	辛未 14	壬申 15	癸酉 16	甲戌 17	乙亥 18	丙子 19	丁丑 20	戊寅 21	己卯 22	庚辰 23	辛巳 24	乙卯秋分
十月小	甲戌	天干地支西曆	壬午 25	癸未 26	甲申 27	乙酉 28	丙戌 29	丁亥 30	戊子 31	己丑 (11)	庚寅 2	辛卯 3	壬辰 4	癸巳 5	甲午 6	乙未 7	丙申 8	丁酉 9	戊戌 10	己亥 11	庚子 12	辛丑 13	壬寅 14	癸卯 15	甲辰 16	乙巳 17	丙午 18	丁未 19	戊申 20	己酉 21	庚戌 22		庚子立冬
十一月大	乙亥	天干地支西曆	辛亥 23	壬子 24	癸丑 25	甲寅 26	乙卯 27	丙辰 28	丁巳 29	戊午 30	己未 (12)	庚申 2	辛酉 3	壬戌 4	癸亥 5	甲子 6	乙丑 7	丙寅 8	丁卯 9	戊辰 10	己巳 11	庚午 12	辛未 13	壬申 14	癸酉 15	甲戌 16	乙亥 17	丙子 18	丁丑 19	戊寅 20	己卯 21	庚辰 22	
十二月小	丙子	天干地支西曆	辛巳 23	壬午 24	癸未 25	甲申 26	乙酉 27	丙戌 28	丁亥 29	戊子 30	己丑 31	庚寅 (1)	辛卯 2	壬辰 3	癸巳 4	甲午 5	乙未 6	丙申 7	丁酉 8	戊戌 9	己亥 10	庚子 11	辛丑 12	壬寅 13	癸卯 14	甲辰 15	乙巳 16	丙午 17	丁未 18	戊申 19	己酉 20		甲申冬至

朔閏異同	曆名	正月	二月	三月	四月	五月	六月	七月	八月	九月	十月	十一	十二	閏月
	周曆夏曆	丙辰乙卯	丙戌甲申	乙卯甲寅	乙酉---甲申	甲寅癸丑	甲申癸未	癸丑壬子	癸未壬午	壬子辛亥	---壬午辛巳	辛亥庚戌	辛巳庚辰	庚戌己酉
	顓頊新曆	丁亥---乙卯	丙辰乙酉	丙戌乙卯	乙卯甲申	乙酉甲寅	乙卯甲申	甲申癸丑	甲寅癸未	癸未壬子	癸丑辛巳	---壬午辛亥	壬子庚辰	辛巳庚戌

周安王十六年（乙未 羊年） 公元前386 ~ 前385年 歲在大梁

殷曆月序		中西曆日對照	初一	初二	初三	初四	初五	初六	初七	初八	初九	初十	十一	十二	十三	十四	十五	十六	十七	十八	十九	二十	二一	二二	二三	二四	二五	二六	二七	二八	二九	三十	節氣與天象
正月大	丁丑	干支天地	庚戌	辛亥	壬子	癸丑	甲寅	乙卯	丙辰	丁巳	戊午	己未	庚申	辛酉	壬戌	癸亥	甲子	乙丑	丙寅	丁卯	戊辰	己巳	庚午	辛未	壬申	癸酉	甲戌	乙亥	丙子	丁丑	戊寅	己卯	戊辰立春
		西曆	21	22	23	24	25	26	27	28	29	30	31	(2)	2	3	4	5	6	7	8	9	10	11	12	13	14	15	16	17	18	19	
二月小	戊寅	干支天地	庚辰	辛巳	壬午	癸未	甲申	乙酉	丙戌	丁亥	戊子	己丑	庚寅	辛卯	壬辰	癸巳	甲午	乙未	丙申	丁酉	戊戌	己亥	庚子	辛丑	壬寅	癸卯	甲辰	乙巳	丙午	丁未	戊申		
		西曆	20	21	22	23	24	25	26	27	28	(3)	2	3	4	5	6	7	8	9	10	11	12	13	14	15	16	17	18	19	20		
三月大	己卯	干支天地	己酉	庚戌	辛亥	壬子	癸丑	甲寅	乙卯	丙辰	丁巳	戊午	己未	庚申	辛酉	壬戌	癸亥	甲子	乙丑	丙寅	丁卯	戊辰	己巳	庚午	辛未	壬申	癸酉	甲戌	乙亥	丙子	丁丑	戊寅	甲寅春分
		西曆	21	22	23	24	25	26	27	28	29	30	31	(4)	2	3	4	5	6	7	8	9	10	11	12	13	14	15	16	17	18	19	
四月小	庚辰	干支天地	己卯	庚辰	辛巳	壬午	癸未	甲申	乙酉	丙戌	丁亥	戊子	己丑	庚寅	辛卯	壬辰	癸巳	甲午	乙未	丙申	丁酉	戊戌	己亥	庚子	辛丑	壬寅	癸卯	甲辰	乙巳	丙午	丁未		辛丑立夏
		西曆	20	21	22	23	24	25	26	27	28	29	30	(5)	2	3	4	5	6	7	8	9	10	11	12	13	14	15	16	17	18		
五月大	辛巳	干支天地	戊申	己酉	庚戌	辛亥	壬子	癸丑	甲寅	乙卯	丙辰	丁巳	戊午	己未	庚申	辛酉	壬戌	癸亥	甲子	乙丑	丙寅	丁卯	戊辰	己巳	庚午	辛未	壬申	癸酉	甲戌	乙亥	丙子	丁丑	
		西曆	19	20	21	22	23	24	25	26	27	28	29	30	31	(6)	2	3	4	5	6	7	8	9	10	11	12	13	14	15	16	17	
六月小	壬午	干支天地	戊寅	己卯	庚辰	辛巳	壬午	癸未	甲申	乙酉	丙戌	丁亥	戊子	己丑	庚寅	辛卯	壬辰	癸巳	甲午	乙未	丙申	丁酉	戊戌	己亥	庚子	辛丑	壬寅	癸卯	甲辰	乙巳	丙午		戊子夏至
		西曆	18	19	20	21	22	23	24	25	26	27	28	29	30	(7)	2	3	4	5	6	7	8	9	10	11	12	13	14	15	16		
七月大	癸未	干支天地	丁未	戊申	己酉	庚戌	辛亥	壬子	癸丑	甲寅	乙卯	丙辰	丁巳	戊午	己未	庚申	辛酉	壬戌	癸亥	甲子	乙丑	丙寅	丁卯	戊辰	己巳	庚午	辛未	壬申	癸酉	甲戌	乙亥	丙子	乙亥立秋
		西曆	17	18	19	20	21	22	23	24	25	26	27	28	29	30	31	(8)	2	3	4	5	6	7	8	9	10	11	12	13	14	15	
八月小	甲申	干支天地	丁丑	戊寅	己卯	庚辰	辛巳	壬午	癸未	甲申	乙酉	丙戌	丁亥	戊子	己丑	庚寅	辛卯	壬辰	癸巳	甲午	乙未	丙申	丁酉	戊戌	己亥	庚子	辛丑	壬寅	癸卯	甲辰	乙巳		
		西曆	16	17	18	19	20	21	22	23	24	25	26	27	28	29	30	31	(9)	2	3	4	5	6	7	8	9	10	11	12	13		
九月大	乙酉	干支天地	丙午	丁未	戊申	己酉	庚戌	辛亥	壬子	癸丑	甲寅	乙卯	丙辰	丁巳	戊午	己未	庚申	辛酉	壬戌	癸亥	甲子	乙丑	丙寅	丁卯	戊辰	己巳	庚午	辛未	壬申	癸酉	甲戌	乙亥	庚申秋分
		西曆	14	15	16	17	18	19	20	21	22	23	24	25	26	27	28	29	30	(10)	2	3	4	5	6	7	8	9	10	11	12	13	
十月小	丙戌	干支天地	丙子	丁丑	戊寅	己卯	庚辰	辛巳	壬午	癸未	甲申	乙酉	丙戌	丁亥	戊子	己丑	庚寅	辛卯	壬辰	癸巳	甲午	乙未	丙申	丁酉	戊戌	己亥	庚子	辛丑	壬寅	癸卯	甲辰		
		西曆	14	15	16	17	18	19	20	21	22	23	24	25	26	27	28	29	30	31	(11)	2	3	4	5	6	7	8	9	10	11		
十一月大	丁亥	干支天地	乙巳	丙午	丁未	戊申	己酉	庚戌	辛亥	壬子	癸丑	甲寅	乙卯	丙辰	丁巳	戊午	己未	庚申	辛酉	壬戌	癸亥	甲子	乙丑	丙寅	丁卯	戊辰	己巳	庚午	辛未	壬申	癸酉	甲戌	乙巳立冬
		西曆	12	13	14	15	16	17	18	19	20	21	22	23	24	25	26	27	28	29	30	(12)	2	3	4	5	6	7	8	9	10	11	
十二月大	戊子	干支天地	乙亥	丙子	丁丑	戊寅	己卯	庚辰	辛巳	壬午	癸未	甲申	乙酉	丙戌	丁亥	戊子	己丑	庚寅	辛卯	壬辰	癸巳	甲午	乙未	丙申	丁酉	戊戌	己亥	庚子	辛丑	壬寅	癸卯	甲辰	己丑冬至
		西曆	12	13	14	15	16	17	18	19	20	21	22	23	24	25	26	27	28	29	30	31	(1)	2	3	4	5	6	7	8	9	10	

朔閏異同	曆名	正月	二月	三月	四月	五月	六月	七月	八月	九月	十月	十一	十二	閏月
	周曆夏曆	庚辰己卯	己酉戊申	己卯戊寅	戊申丁未	戊寅丁丑	戊申丙午	丁丑丙子	丁未丙午	丙子乙亥	丙午乙巳	乙亥甲戌	乙巳甲辰	
	顓頊新曆	辛亥己卯	庚辰己酉	庚戌戊寅	己卯戊申	己酉戊寅	戊寅丁未	戊申丁丑	戊寅丁未	丁未丙子	丁丑丙午	丙午乙亥	丙子甲辰	

周安王十七年（丙申 猴年） 公元前385年 歲在實沈

殷曆月序		中西曆日對照	初一	初二	初三	初四	初五	初六	初七	初八	初九	初十	十一	十二	十三	十四	十五	十六	十七	十八	十九	二十	二一	二二	二三	二四	二五	二六	二七	二八	二九	三十	節氣與天象
正月小	己丑	天干地支西曆	乙巳 11	丙午 12	丁未 13	戊申 14	己酉 15	庚戌 16	辛亥 17	壬子 18	癸丑 19	甲寅 20	乙卯 21	丙辰 22	丁巳 23	戊午 24	己未 25	庚申 26	辛酉 27	壬戌 28	癸亥 29	甲子 30	乙丑 31	丙寅 (2)	丁卯 2	戊辰 3	己巳 4	庚午 5	辛未 6	壬申 7	癸酉 8		
二月大	庚寅	天干地支西曆	甲戌 9	乙亥 10	丙子 11	丁丑 12	戊寅 13	己卯 14	庚辰 15	辛巳 16	壬午 17	癸未 18	甲申 19	乙酉 20	丙戌 21	丁亥 22	戊子 23	己丑 24	庚寅 25	辛卯 26	壬辰 27	癸巳 28	甲午 29	乙未 (3)	丙申 2	丁酉 3	戊戌 4	己亥 5	庚子 6	辛丑 7	壬寅 8	癸卯 9	甲戌立春
三月小	辛卯	天干地支西曆	甲辰 10	乙巳 11	丙午 12	丁未 13	戊申 14	己酉 15	庚戌 16	辛亥 17	壬子 18	癸丑 19	甲寅 20	乙卯 21	丙辰 22	丁巳 23	戊午 24	己未 25	庚申 26	辛酉 27	壬戌 28	癸亥 29	甲子 30	乙丑 31	丙寅 (4)	丁卯 2	戊辰 3	己巳 4	庚午 5	辛未 6	壬申 7		己未春分
四月大	壬辰	天干地支西曆	癸酉 8	甲戌 9	乙亥 10	丙子 11	丁丑 12	戊寅 13	己卯 14	庚辰 15	辛巳 16	壬午 17	癸未 18	甲申 19	乙酉 20	丙戌 21	丁亥 22	戊子 23	己丑 24	庚寅 25	辛卯 26	壬辰 27	癸巳 28	甲午 29	乙未 30	丙申 (5)	丁酉 2	戊戌 3	己亥 4	庚子 5	辛丑 6	壬寅 7	
五月小	癸巳	天干地支西曆	癸卯 8	甲辰 9	乙巳 10	丙午 11	丁未 12	戊申 13	己酉 14	庚戌 15	辛亥 16	壬子 17	癸丑 18	甲寅 19	乙卯 20	丙辰 21	丁巳 22	戊午 23	己未 24	庚申 25	辛酉 26	壬戌 27	癸亥 28	甲子 29	乙丑 30	丙寅 31	丁卯 (6)	戊辰 2	己巳 3	庚午 4	辛未 5		丙午立夏
六月大	甲午	天干地支西曆	壬申 6	癸酉 7	甲戌 8	乙亥 9	丙子 10	丁丑 11	戊寅 12	己卯 13	庚辰 14	辛巳 15	壬午 16	癸未 17	甲申 18	乙酉 19	丙戌 20	丁亥 21	戊子 22	己丑 23	庚寅 24	辛卯 25	壬辰 26	癸巳 27	甲午 28	乙未 29	丙申 30	丁酉 (7)	戊戌 2	己亥 3	庚子 4	辛丑 5	甲午夏至
七月小	乙未	天干地支西曆	壬寅 6	癸卯 7	甲辰 8	乙巳 9	丙午 10	丁未 11	戊申 12	己酉 13	庚戌 14	辛亥 15	壬子 16	癸丑 17	甲寅 18	乙卯 19	丙辰 20	丁巳 21	戊午 22	己未 23	庚申 24	辛酉 25	壬戌 26	癸亥 27	甲子 28	乙丑 29	丙寅 30	丁卯 31	戊辰 (8)	己巳 2	庚午 3		
八月大	丙申	天干地支西曆	辛未 4	壬申 5	癸酉 6	甲戌 7	乙亥 8	丙子 9	丁丑 10	戊寅 11	己卯 12	庚辰 13	辛巳 14	壬午 15	癸未 16	甲申 17	乙酉 18	丙戌 19	丁亥 20	戊子 21	己丑 22	庚寅 23	辛卯 24	壬辰 25	癸巳 26	甲午 27	乙未 28	丙申 29	丁酉 30	戊戌 31	己亥 (9)	庚子 2	庚辰立秋
九月小	丁酉	天干地支西曆	辛丑 3	壬寅 4	癸卯 5	甲辰 6	乙巳 7	丙午 8	丁未 9	戊申 10	己酉 11	庚戌 12	辛亥 13	壬子 14	癸丑 15	甲寅 16	乙卯 17	丙辰 18	丁巳 19	戊午 20	己未 21	庚申 22	辛酉 23	壬戌 24	癸亥 25	甲子 26	乙丑 27	丙寅 28	丁卯 29	戊辰 30	己巳 (10)		丙寅秋分
十月大	戊戌	天干地支西曆	庚午 2	辛未 3	壬申 4	癸酉 5	甲戌 6	乙亥 7	丙子 8	丁丑 9	戊寅 10	己卯 11	庚辰 12	辛巳 13	壬午 14	癸未 15	甲申 16	乙酉 17	丙戌 18	丁亥 19	戊子 20	己丑 21	庚寅 22	辛卯 23	壬辰 24	癸巳 25	甲午 26	乙未 27	丙申 28	丁酉 29	戊戌 30	己亥 31	
十一月小	己亥	天干地支西曆	庚子 (11)	辛丑 2	壬寅 3	癸卯 4	甲辰 5	乙巳 6	丙午 7	丁未 8	戊申 9	己酉 10	庚戌 11	辛亥 12	壬子 13	癸丑 14	甲寅 15	乙卯 16	丙辰 17	丁巳 18	戊午 19	己未 20	庚申 21	辛酉 22	壬戌 23	癸亥 24	甲子 25	乙丑 26	丙寅 27	丁卯 28	戊辰 29		庚戌立冬
十二月大	庚子	天干地支西曆	己巳 30	庚午 (12)	辛未 2	壬申 3	癸酉 4	甲戌 5	乙亥 6	丙子 7	丁丑 8	戊寅 9	己卯 10	庚辰 11	辛巳 12	壬午 13	癸未 14	甲申 15	乙酉 16	丙戌 17	丁亥 18	戊子 19	己丑 20	庚寅 21	辛卯 22	壬辰 23	癸巳 24	甲午 25	乙未 26	丙申 27	丁酉 28	戊戌 29	甲午冬至

朔閏異同	曆名	正月	二月	三月	四月	五月	六月	七月	八月	九月	十月	十一	十二	閏月
	周曆夏曆	甲戌癸酉	甲辰癸卯	癸酉壬申	癸卯壬寅	壬申辛未	壬寅辛丑	辛未庚午	辛丑庚子	辛未己巳	庚子己亥	庚午己巳	己亥戊戌	---戊辰
	顓頊新曆	乙巳甲戌	乙亥癸卯	甲辰癸酉	甲戌壬寅	癸卯壬申	癸酉辛丑	壬寅辛未	壬申辛丑	辛丑庚午	辛未庚子	庚子庚午	庚午---己亥	己巳

周安王十八年（丁酉 鷄年） 公元前385 ~前**384** ~ 前383年 歲在鶉首

殷曆月序		中西曆日對照	殷曆日序 初一	初二	初三	初四	初五	初六	初七	初八	初九	初十	十一	十二	十三	十四	十五	十六	十七	十八	十九	二十	二一	二二	二三	二四	二五	二六	二七	二八	二九	三十	節氣與天象
正月小	辛丑	干支曆 天地西曆	己亥30	庚子31	辛丑(1)	壬寅2	癸卯3	甲辰4	乙巳5	丙午6	丁未7	戊申8	己酉9	庚戌10	辛亥11	壬子12	癸丑13	甲寅14	乙卯15	丙辰16	丁巳17	戊午18	己未19	庚申20	辛酉21	壬戌22	癸亥23	甲子24	乙丑25	丙寅26	丁卯27		
二月大	壬寅	干支曆 天地西曆	戊辰28	己巳29	庚午30	辛未31	壬申(2)	癸酉2	甲戌3	乙亥4	丙子5	丁丑6	戊寅7	己卯8	庚辰9	辛巳10	壬午11	癸未12	甲申13	乙酉14	丙戌15	丁亥16	戊子17	己丑18	庚寅19	辛卯20	壬辰21	癸巳22	甲午23	乙未24	丙申25	丁酉26	己卯立春
三月大	癸卯	干支曆 天地西曆	戊戌27	己亥28	庚子(3)	辛丑2	壬寅3	癸卯4	甲辰5	乙巳6	丙午7	丁未8	戊申9	己酉10	庚戌11	辛亥12	壬子13	癸丑14	甲寅15	乙卯16	丙辰17	丁巳18	戊午19	己未20	庚申21	辛酉22	壬戌23	癸亥24	甲子25	乙丑26	丙寅27	丁卯28	乙丑春分
四月小	甲辰	干支曆 天地西曆	戊辰29	己巳30	庚午31	辛未(4)	壬申2	癸酉3	甲戌4	乙亥5	丙子6	丁丑7	戊寅8	己卯9	庚辰10	辛巳11	壬午12	癸未13	甲申14	乙酉15	丙戌16	丁亥17	戊子18	己丑19	庚寅20	辛卯21	壬辰22	癸巳23	甲午24	乙未25	丙申26		
五月大	乙巳	干支曆 天地西曆	丁酉27	戊戌28	己亥29	庚子30	辛丑(5)	壬寅2	癸卯3	甲辰4	乙巳5	丙午6	丁未7	戊申8	己酉9	庚戌10	辛亥11	壬子12	癸丑13	甲寅14	乙卯15	丙辰16	丁巳17	戊午18	己未19	庚申20	辛酉21	壬戌22	癸亥23	甲子24	乙丑25	丙寅26	壬子立夏
閏五月小	乙巳	干支曆 天地西曆	丁卯27	戊辰28	己巳29	庚午30	辛未31	壬申(6)	癸酉2	甲戌3	乙亥4	丙子5	丁丑6	戊寅7	己卯8	庚辰9	辛巳10	壬午11	癸未12	甲申13	乙酉14	丙戌15	丁亥16	戊子17	己丑18	庚寅19	辛卯20	壬辰21	癸巳22	甲午23	乙未24		
六月大	丙午	干支曆 天地西曆	丙申25	丁酉26	戊戌27	己亥28	庚子29	辛丑30	壬寅(7)	癸卯2	甲辰3	乙巳4	丙午5	丁未6	戊申7	己酉8	庚戌9	辛亥10	壬子11	癸丑12	甲寅13	乙卯14	丙辰15	丁巳16	戊午17	己未18	庚申19	辛酉20	壬戌21	癸亥22	甲子23	乙丑24	己亥夏至
七月小	丁未	干支曆 天地西曆	丙寅25	丁卯26	戊辰27	己巳28	庚午29	辛未30	壬申31	癸酉(8)	甲戌2	乙亥3	丙子4	丁丑5	戊寅6	己卯7	庚辰8	辛巳9	壬午10	癸未11	甲申12	乙酉13	丙戌14	丁亥15	戊子16	己丑17	庚寅18	辛卯19	壬辰20	癸巳21	甲午22		乙酉立秋
八月大	戊申	干支曆 天地西曆	乙未23	丙申24	丁酉25	戊戌26	己亥27	庚子28	辛丑29	壬寅30	癸卯31	甲辰(9)	乙巳2	丙午3	丁未4	戊申5	己酉6	庚戌7	辛亥8	壬子9	癸丑10	甲寅11	乙卯12	丙辰13	丁巳14	戊午15	己未16	庚申17	辛酉18	壬戌19	癸亥20	甲子21	
九月小	己酉	干支曆 天地西曆	乙丑22	丙寅23	丁卯24	戊辰25	己巳26	庚午27	辛未28	壬申29	癸酉30	甲戌(10)	乙亥2	丙子3	丁丑4	戊寅5	己卯6	庚辰7	辛巳8	壬午9	癸未10	甲申11	乙酉12	丙戌13	丁亥14	戊子15	己丑16	庚寅17	辛卯18	壬辰19	癸巳20		辛未秋分
十月大	庚戌	干支曆 天地西曆	甲午21	乙未22	丙申23	丁酉24	戊戌25	己亥26	庚子27	辛丑28	壬寅29	癸卯30	甲辰31	乙巳(11)	丙午2	丁未3	戊申4	己酉5	庚戌6	辛亥7	壬子8	癸丑9	甲寅10	乙卯11	丙辰12	丁巳13	戊午14	己未15	庚申16	辛酉17	壬戌18	癸亥19	乙卯立冬
十一月小	辛亥	干支曆 天地西曆	甲子20	乙丑21	丙寅22	丁卯23	戊辰24	己巳25	庚午26	辛未27	壬申28	癸酉29	甲戌30	乙亥(12)	丙子2	丁丑3	戊寅4	己卯5	庚辰6	辛巳7	壬午8	癸未9	甲申10	乙酉11	丙戌12	丁亥13	戊子14	己丑15	庚寅16	辛卯17	壬辰18		
十二月大	壬子	干支曆 天地西曆	癸巳19	甲午20	乙未21	丙申22	丁酉23	戊戌24	己亥25	庚子26	辛丑27	壬寅28	癸卯29	甲辰30	乙巳31	丙午(1)	丁未2	戊申3	己酉4	庚戌5	辛亥6	壬子7	癸丑8	甲寅9	乙卯10	丙辰11	丁巳12	戊午13	己未14	庚申15	辛酉16	壬戌17	庚子冬至

朔閏異同	曆名	正月	二月	三月	四月	五月	六月	七月	八月	九月	十月	十一	十二	閏月
	周曆夏曆	己巳丁酉	戊戌丁卯	戊辰丙申	丁酉丙寅	丁卯乙未	---丙申乙丑	丙寅甲午	乙未甲子	乙丑癸巳	甲午癸亥	甲子壬辰	癸巳壬戌	癸亥
	顓頊新曆	庚子戊戌	己巳丁卯	己亥丁酉	戊辰丙寅	戊戌乙未	丁卯乙丑	---丁酉乙未	丙寅甲子	丙申甲午	乙丑甲子	乙未甲午	甲子癸亥	甲午

周安王十九年（戊戌 狗年） 公元前 383 ~ 前 382 年 歲在鶉火

殷曆月序		中西曆日對照	殷曆日序 初一	初二	初三	初四	初五	初六	初七	初八	初九	初十	十一	十二	十三	十四	十五	十六	十七	十八	十九	二十	二一	二二	二三	二四	二五	二六	二七	二八	二九	三十	節氣與天象
正月小	癸丑	天干地支/西曆	癸亥 18	甲子 19	乙丑 20	丙寅 21	丁卯 22	戊辰 23	己巳 24	庚午 25	辛未 26	壬申 27	癸酉 28	甲戌 29	乙亥 30	丙子 31	丁丑 (2)	戊寅 2	己卯 3	庚辰 4	辛巳 5	壬午 6	癸未 7	甲申 8	乙酉 9	丙戌 10	丁亥 11	戊子 12	己丑 13	庚寅 14	辛卯 15		甲申立春 癸亥日食
二月大	甲寅	天干地支/西曆	壬辰 16	癸巳 17	甲午 18	乙未 19	丙申 20	丁酉 21	戊戌 22	己亥 23	庚子 24	辛丑 25	壬寅 26	癸卯 27	甲辰 28	乙巳 (3)	丙午 2	丁未 3	戊申 4	己酉 5	庚戌 6	辛亥 7	壬子 8	癸丑 9	甲寅 10	乙卯 11	丙辰 12	丁巳 13	戊午 14	己未 15	庚申 16	辛酉 17	
三月小	乙卯	天干地支/西曆	壬戌 18	癸亥 19	甲子 20	乙丑 21	丙寅 22	丁卯 23	戊辰 24	己巳 25	庚午 26	辛未 27	壬申 28	癸酉 29	甲戌 30	乙亥 31	丙子 (4)	丁丑 2	戊寅 3	己卯 4	庚辰 5	辛巳 6	壬午 7	癸未 8	甲申 9	乙酉 10	丙戌 11	丁亥 12	戊子 13	己丑 14	庚寅 15		庚午春分
四月大	丙辰	天干地支/西曆	辛卯 16	壬辰 17	癸巳 18	甲午 19	乙未 20	丙申 21	丁酉 22	戊戌 23	己亥 24	庚子 25	辛丑 26	壬寅 27	癸卯 28	甲辰 29	乙巳 30	丙午 (5)	丁未 2	戊申 3	己酉 4	庚戌 5	辛亥 6	壬子 7	癸丑 8	甲寅 9	乙卯 10	丙辰 11	丁巳 12	戊午 13	己未 14	庚申 15	丁巳立夏
五月小	丁巳	天干地支/西曆	辛酉 16	壬戌 17	癸亥 18	甲子 19	乙丑 20	丙寅 21	丁卯 22	戊辰 23	己巳 24	庚午 25	辛未 26	壬申 27	癸酉 28	甲戌 29	乙亥 30	丙子 31	丁丑 (6)	戊寅 2	己卯 3	庚辰 4	辛巳 5	壬午 6	癸未 7	甲申 8	乙酉 9	丙戌 10	丁亥 11	戊子 12	己丑 13		
六月大	戊午	天干地支/西曆	庚寅 14	辛卯 15	壬辰 16	癸巳 17	甲午 18	乙未 19	丙申 20	丁酉 21	戊戌 22	己亥 23	庚子 24	辛丑 25	壬寅 26	癸卯 27	甲辰 28	乙巳 29	丙午 30	丁未 (7)	戊申 2	己酉 3	庚戌 4	辛亥 5	壬子 6	癸丑 7	甲寅 8	乙卯 9	丙辰 10	丁巳 11	戊午 12	己未 13	甲辰夏至
七月大	己未	天干地支/西曆	庚申 14	辛酉 15	壬戌 16	癸亥 17	甲子 18	乙丑 19	丙寅 20	丁卯 21	戊辰 22	己巳 23	庚午 24	辛未 25	壬申 26	癸酉 27	甲戌 28	乙亥 29	丙子 30	丁丑 31	戊寅 (8)	己卯 2	庚辰 3	辛巳 4	壬午 5	癸未 6	甲申 7	乙酉 8	丙戌 9	丁亥 10	戊子 11	己丑 12	
八月小	庚申	天干地支/西曆	庚寅 13	辛卯 14	壬辰 15	癸巳 16	甲午 17	乙未 18	丙申 19	丁酉 20	戊戌 21	己亥 22	庚子 23	辛丑 24	壬寅 25	癸卯 26	甲辰 27	乙巳 28	丙午 29	丁未 30	戊申 31	己酉 (9)	庚戌 2	辛亥 3	壬子 4	癸丑 5	甲寅 6	乙卯 7	丙辰 8	丁巳 9	戊午 10		辛卯立秋
九月大	辛酉	天干地支/西曆	己未 11	庚申 12	辛酉 13	壬戌 14	癸亥 15	甲子 16	乙丑 17	丙寅 18	丁卯 19	戊辰 20	己巳 21	庚午 22	辛未 23	壬申 24	癸酉 25	甲戌 26	乙亥 27	丙子 28	丁丑 29	戊寅 30	己卯 (10)	庚辰 2	辛巳 3	壬午 4	癸未 5	甲申 6	乙酉 7	丙戌 8	丁亥 9	戊子 10	丙子秋分
十月小	壬戌	天干地支/西曆	己丑 11	庚寅 12	辛卯 13	壬辰 14	癸巳 15	甲午 16	乙未 17	丙申 18	丁酉 19	戊戌 20	己亥 21	庚子 22	辛丑 23	壬寅 24	癸卯 25	甲辰 26	乙巳 27	丙午 28	丁未 29	戊申 30	己酉 31	庚戌 (11)	辛亥 2	壬子 3	癸丑 4	甲寅 5	乙卯 6	丙辰 7	丁巳 8		
十一月大	癸亥	天干地支/西曆	戊午 9	己未 10	庚申 11	辛酉 12	壬戌 13	癸亥 14	甲子 15	乙丑 16	丙寅 17	丁卯 18	戊辰 19	己巳 20	庚午 21	辛未 22	壬申 23	癸酉 24	甲戌 25	乙亥 26	丙子 27	丁丑 28	戊寅 29	己卯 30	庚辰 (12)	辛巳 2	壬午 3	癸未 4	甲申 5	乙酉 6	丙戌 7	丁亥 8	辛酉立冬
十二月小	甲子	天干地支/西曆	戊子 9	己丑 10	庚寅 11	辛卯 12	壬辰 13	癸巳 14	甲午 15	乙未 16	丙申 17	丁酉 18	戊戌 19	己亥 20	庚子 21	辛丑 22	壬寅 23	癸卯 24	甲辰 25	乙巳 26	丙午 27	丁未 28	戊申 29	己酉 30	庚戌 31	辛亥 (1)	壬子 2	癸丑 3	甲寅 4	乙卯 5	丙辰 6		乙巳冬至

朔閏異同	曆名	正月	二月	三月	四月	五月	六月	七月	八月	九月	十月	十一	十二	閏月		曆名	正月	二月	三月	四月	五月	六月	七月	八月	九月	十月	十一	十二	閏月
	周曆夏曆	癸巳辛卯	壬戌辛酉	壬辰辛卯	辛酉庚申	辛卯庚寅	庚申己未	庚寅己丑	己未戊午	己丑戊子	戊午丁巳	戊子丁亥	丁巳丙辰			顓頊新曆	癸亥癸巳	癸巳壬戌	壬戌辛卯	壬辰辛酉	壬戌庚寅	辛卯己未	辛酉己丑	庚寅戊午	庚申戊子	己丑戊午	己未戊子	戊子戊午	

周安王二十年（己亥 猪年） 公元前382年 歲在鶉尾

殷曆月序		中西曆日對照	初一	初二	初三	初四	初五	初六	初七	初八	初九	初十	十一	十二	十三	十四	十五
正月大	乙丑	干支曆 天地西曆	丁巳 7	戊午 8	己未 9	庚申 10	辛酉 11	壬戌 12	癸亥 13	甲子 14	乙丑 15	丙寅 16	丁卯 17	戊辰 18	己巳 19	庚午 20	辛未 21
二月小	丙寅	干支曆 天地西曆	丁亥 6	戊子 7	己丑 8	庚寅 9	辛卯 10	壬辰 11	癸巳 12	甲午 13	乙未 14	丙申 15	丁酉 16	戊戌 17	己亥 18	庚子 19	辛丑 20
三月大	丁卯	干支曆 天地西曆	丙辰 7	丁巳 8	戊午 9	己未 10	庚申 11	辛酉 12	壬戌 13	癸亥 14	甲子 15	乙丑 16	丙寅 17	丁卯 18	戊辰 19	己巳 20	庚午 21
四月小	戊辰	干支曆 天地西曆	丙戌 6	丁亥 7	戊子 8	己丑 9	庚寅 10	辛卯 11	壬辰 12	癸巳 13	甲午 14	乙未 15	丙申 16	丁酉 17	戊戌 18	己亥 19	庚子 20
五月大	己巳	干支曆 天地西曆	乙卯 5	丙辰 6	丁巳 7	戊午 8	己未 9	庚申 10	辛酉 11	壬戌 12	癸亥 13	甲子 14	乙丑 15	丙寅 16	丁卯 17	戊辰 18	己巳 19
六月小	庚午	干支曆 天地西曆	乙酉 4	丙戌 5	丁亥 6	戊子 7	己丑 8	庚寅 9	辛卯 10	壬辰 11	癸巳 12	甲午 13	乙未 14	丙申 15	丁酉 16	戊戌 17	己亥 18
七月大	辛未	干支曆 天地西曆	甲寅 3	乙卯 4	丙辰 5	丁巳 6	戊午 7	己未 8	庚申 9	辛酉 10	壬戌 11	癸亥 12	甲子 13	乙丑 14	丙寅 15	丁卯 16	戊辰 17
八月小	壬申	干支曆 天地西曆	甲申 2	乙酉 3	丙戌 4	丁亥 5	戊子 6	己丑 7	庚寅 8	辛卯 9	壬辰 10	癸巳 11	甲午 12	乙未 13	丙申 14	丁酉 15	戊戌 16
九月大	癸酉	干支曆 天地西曆	癸丑 31	甲寅 (9)	乙卯 2	丙辰 3	丁巳 4	戊午 5	己未 6	庚申 7	辛酉 8	壬戌 9	癸亥 10	甲子 11	乙丑 12	丙寅 13	丁卯 14
十月小	甲戌	干支曆 天地西曆	癸未 30	甲申 (10)	乙酉 2	丙戌 3	丁亥 4	戊子 5	己丑 6	庚寅 7	辛卯 8	壬辰 9	癸巳 10	甲午 11	乙未 12	丙申 13	丁酉 14
十一月大	乙亥	干支曆 天地西曆	壬子 29	癸丑 30	甲寅 31	乙卯 (11)	丙辰 2	丁巳 3	戊午 4	己未 5	庚申 6	辛酉 7	壬戌 8	癸亥 9	甲子 10	乙丑 11	丙寅 12
十二月小	丙子	干支曆 天地西曆	壬午 28	癸未 29	甲申 30	乙酉 (12)	丙戌 2	丁亥 3	戊子 4	己丑 5	庚寅 6	辛卯 7	壬辰 8	癸巳 9	甲午 10	乙未 11	丙申 12

殷曆月序		十六	十七	十八	十九	二十	二一	二二	二三	二四	二五	二六	二七	二八	二九	三十	節氣與天象
正月大	乙丑	壬申 22	癸酉 23	甲戌 24	乙亥 25	丙子 26	丁丑 27	戊寅 28	己卯 29	庚辰 30	辛巳 31	壬午 (2)	癸未 2	甲申 3	乙酉 4	丙戌 5	
二月小	丙寅	壬寅 21	癸卯 22	甲辰 23	乙巳 24	丙午 25	丁未 26	戊申 27	己酉 28	庚戌 (3)	辛亥 2	壬子 3	癸丑 4	甲寅 5	乙卯 6		己丑立春
三月大	丁卯	辛未 22	壬申 23	癸酉 24	甲戌 25	乙亥 26	丙子 27	丁丑 28	戊寅 29	己卯 30	庚辰 31	辛巳 (4)	壬午 2	癸未 3	甲申 4	乙酉 5	乙亥春分
四月小	戊辰	辛丑 21	壬寅 22	癸卯 23	甲辰 24	乙巳 25	丙午 26	丁未 27	戊申 28	己酉 29	庚戌 30	辛亥 (5)	壬子 2	癸丑 3	甲寅 4		
五月大	己巳	庚午 20	辛未 21	壬申 22	癸酉 23	甲戌 24	乙亥 25	丙子 26	丁丑 27	戊寅 28	己卯 29	庚辰 30	辛巳 31	壬午 (6)	癸未 2	甲申 3	壬戌立夏
六月小	庚午	庚子 19	辛丑 20	壬寅 21	癸卯 22	甲辰 23	乙巳 24	丙午 25	丁未 26	戊申 27	己酉 28	庚戌 29	辛亥 30	壬子 (7)	癸丑 2		己酉夏至
七月大	辛未	己巳 18	庚午 19	辛未 20	壬申 21	癸酉 22	甲戌 23	乙亥 24	丙子 25	丁丑 26	戊寅 27	己卯 28	庚辰 29	辛巳 30	壬午 31	癸未 (8)	甲寅日食
八月小	壬申	己亥 17	庚子 18	辛丑 19	壬寅 20	癸卯 21	甲辰 22	乙巳 23	丙午 24	丁未 25	戊申 26	己酉 27	庚戌 28	辛亥 29	壬子 30		丙申立秋
九月大	癸酉	戊辰 15	己巳 16	庚午 17	辛未 18	壬申 19	癸酉 20	甲戌 21	乙亥 22	丙子 23	丁丑 24	戊寅 25	己卯 26	庚辰 27	辛巳 28	壬午 29	辛巳秋分
十月小	甲戌	戊戌 15	己亥 16	庚子 17	辛丑 18	壬寅 19	癸卯 20	甲辰 21	乙巳 22	丙午 23	丁未 24	戊申 25	己酉 26	庚戌 27	辛亥 28		
十一月大	乙亥	丁卯 13	戊辰 14	己巳 15	庚午 16	辛未 17	壬申 18	癸酉 19	甲戌 20	乙亥 21	丙子 22	丁丑 23	戊寅 24	己卯 25	庚辰 26	辛巳 27	丙寅立冬
十二月小	丙子	丁酉 13	戊戌 14	己亥 15	庚子 16	辛丑 17	壬寅 18	癸卯 19	甲辰 20	乙巳 21	丙午 22	丁未 23	戊申 24	己酉 25	庚戌 26		庚戌冬至

朔閏異同	曆名	正月	二月	三月	四月	五月	六月	七月	八月	九月	十月	十一	十二	閏月
	周曆 夏曆	丁亥 丙戌	丙辰 乙卯	丙戌 乙酉	乙卯 甲寅	乙酉 甲申	乙卯 甲寅	甲申 癸未	甲寅 癸丑	癸未 壬午	癸丑 --- 壬子	壬午 辛巳	壬子 辛亥	庚辰
	顓頊 新曆	戊午 丁亥	丁亥 丁巳	丁巳 丙戌	丙戌 乙卯	丙辰 乙酉	乙酉 甲寅	乙卯 癸未	乙酉 --- 癸丑	甲寅 壬午	甲申 壬子	癸丑 壬午	癸未 壬子	辛巳

周安王二十一年（庚子 鼠年） 公元前382～前**381**～前380年 歲在壽星

殷曆月序		中西曆日對照	初一	初二	初三	初四	初五	初六	初七	初八	初九	初十	十一	十二	十三	十四	十五	十六	十七	十八	十九	二十	二一	二二	二三	二四	二五	二六	二七	二八	二九	三十	節氣與天象
正月大	丁丑	干支 天地 西曆	辛亥27	壬子28	癸丑29	甲寅30	乙卯31	丙辰(1)	丁巳2	戊午3	己未4	庚申5	辛酉6	壬戌7	癸亥8	甲子9	乙丑10	丙寅11	丁卯12	戊辰13	己巳14	庚午15	辛未16	壬申17	癸酉18	甲戌19	乙亥20	丙子21	丁丑22	戊寅23	己卯24	庚辰25	
閏正月大	丁丑	干支 天地 西曆	辛巳26	壬午27	癸未28	甲申29	乙酉30	丙戌31	丁亥(2)	戊子2	己丑3	庚寅4	辛卯5	壬辰6	癸巳7	甲午8	乙未9	丙申10	丁酉11	戊戌12	己亥13	庚子14	辛丑15	壬寅16	癸卯17	甲辰18	乙巳19	丙午20	丁未21	戊申22	己酉23	庚戌24	乙未立春
二月小	戊寅	干支 天地 西曆	辛亥25	壬子26	癸丑27	甲寅28	乙卯29	丙辰(3)	丁巳2	戊午3	己未4	庚申5	辛酉6	壬戌7	癸亥8	甲子9	乙丑10	丙寅11	丁卯12	戊辰13	己巳14	庚午15	辛未16	壬申17	癸酉18	甲戌19	乙亥20	丙子21	丁丑22	戊寅23	己卯24		
三月大	己卯	干支 天地 西曆	庚辰25	辛巳26	壬午27	癸未28	甲申29	乙酉30	丙戌31	丁亥(4)	戊子2	己丑3	庚寅4	辛卯5	壬辰6	癸巳7	甲午8	乙未9	丙申10	丁酉11	戊戌12	己亥13	庚子14	辛丑15	壬寅16	癸卯17	甲辰18	乙巳19	丙午20	丁未21	戊申22	己酉23	庚辰春分
四月小	庚辰	干支 天地 西曆	庚戌24	辛亥25	壬子26	癸丑27	甲寅28	乙卯29	丙辰30	丁巳(5)	戊午2	己未3	庚申4	辛酉5	壬戌6	癸亥7	甲子8	乙丑9	丙寅10	丁卯11	戊辰12	己巳13	庚午14	辛未15	壬申16	癸酉17	甲戌18	乙亥19	丙子20	丁丑21	戊寅22		丁卯立夏
五月大	辛巳	干支 天地 西曆	己卯23	庚辰24	辛巳25	壬午26	癸未27	甲申28	乙酉29	丙戌30	丁亥31	戊子(6)	己丑2	庚寅3	辛卯4	壬辰5	癸巳6	甲午7	乙未8	丙申9	丁酉10	戊戌11	己亥12	庚子13	辛丑14	壬寅15	癸卯16	甲辰17	乙巳18	丙午19	丁未20	戊申21	
六月小	壬午	干支 天地 西曆	己酉22	庚戌23	辛亥24	壬子25	癸丑26	甲寅27	乙卯28	丙辰29	丁巳30	戊午(7)	己未2	庚申3	辛酉4	壬戌5	癸亥6	甲子7	乙丑8	丙寅9	丁卯10	戊辰11	己巳12	庚午13	辛未14	壬申15	癸酉16	甲戌17	乙亥18	丙子19	丁丑20		乙卯夏至
七月大	癸未	干支 天地 西曆	戊寅21	己卯22	庚辰23	辛巳24	壬午25	癸未26	甲申27	乙酉28	丙戌29	丁亥30	戊子31	己丑(8)	庚寅2	辛卯3	壬辰4	癸巳5	甲午6	乙未7	丙申8	丁酉9	戊戌10	己亥11	庚子12	辛丑13	壬寅14	癸卯15	甲辰16	乙巳17	丙午18	丁未19	辛丑立秋
八月小	甲申	干支 天地 西曆	戊申20	己酉21	庚戌22	辛亥23	壬子24	癸丑25	甲寅26	乙卯27	丙辰28	丁巳29	戊午30	己未31	庚申(9)	辛酉2	壬戌3	癸亥4	甲子5	乙丑6	丙寅7	丁卯8	戊辰9	己巳10	庚午11	辛未12	壬申13	癸酉14	甲戌15	乙亥16	丙子17		
九月大	乙酉	干支 天地 西曆	丁丑18	戊寅19	己卯20	庚辰21	辛巳22	壬午23	癸未24	甲申25	乙酉26	丙戌27	丁亥28	戊子29	己丑30	庚寅(10)	辛卯2	壬辰3	癸巳4	甲午5	乙未6	丙申7	丁酉8	戊戌9	己亥10	庚子11	辛丑12	壬寅13	癸卯14	甲辰15	乙巳16	丙午17	丁亥秋分
十月小	丙戌	干支 天地 西曆	丁未18	戊申19	己酉20	庚戌21	辛亥22	壬子23	癸丑24	甲寅25	乙卯26	丙辰27	丁巳28	戊午29	己未30	庚申31	辛酉(11)	壬戌2	癸亥3	甲子4	乙丑5	丙寅6	丁卯7	戊辰8	己巳9	庚午10	辛未11	壬申12	癸酉13	甲戌14	乙亥15		辛未立冬
十一月大	丁亥	干支 天地 西曆	丙子16	丁丑17	戊寅18	己卯19	庚辰20	辛巳21	壬午22	癸未23	甲申24	乙酉25	丙戌26	丁亥27	戊子28	己丑29	庚寅30	辛卯(12)	壬辰2	癸巳3	甲午4	乙未5	丙申6	丁酉7	戊戌8	己亥9	庚子10	辛丑11	壬寅12	癸卯13	甲辰14	乙巳15	
十二月小	戊子	干支 天地 西曆	丙午16	丁未17	戊申18	己酉19	庚戌20	辛亥21	壬子22	癸丑23	甲寅24	乙卯25	丙辰26	丁巳27	戊午28	己未29	庚申30	辛酉31	壬戌(1)	癸亥2	甲子3	乙丑4	丙寅5	丁卯6	戊辰7	己巳8	庚午9	辛未10	壬申11	癸酉12	甲戌13		乙卯冬至

朔閏異同	曆名	正月	二月	三月	四月	五月	六月	七月	八月	九月	十月	十一	十二	閏月	曆名	正月	二月	三月	四月	五月	六月	七月	八月	九月	十月	十一	十二	閏月
	周曆夏曆	辛巳庚戌	---辛亥己卯	庚辰己酉	庚戌戊寅	己卯戊申	己酉丁丑	戊寅丁未	戊申丙子	戊寅丙午	丁未丙子	丁丑乙巳	丙午乙亥	丙子	顓頊新曆	壬子辛亥	壬午辛巳	辛亥庚戌	辛巳己卯	庚戌己酉	庚辰戊寅	己酉丁未	己卯丁丑	戊申丙午	戊寅丙子	丁未丙午	丁丑乙亥	---丁未

周安王二十二年（辛丑 牛年） 公元前380 ~ 前379年 歲在大火

殷曆月序		中西曆日對照	初一	初二	初三	初四	初五	初六	初七	初八	初九	初十	十一	十二	十三	十四	十五	十六	十七	十八	十九	二十	二一	二二	二三	二四	二五	二六	二七	二八	二九	三十	節氣與天象
正月大	己丑	干支 天地西曆	乙亥14	丙子15	丁丑16	戊寅17	己卯18	庚辰19	辛巳20	壬午21	癸未22	甲申23	乙酉24	丙戌25	丁亥26	戊子27	己丑28	庚寅29	辛卯30	壬辰31	癸巳(2)	甲午2	乙未3	丙申4	丁酉5	戊戌6	己亥7	庚子8	辛丑9	壬寅10	癸卯11	甲辰12	庚子立春
二月大	庚寅	干支 天地西曆	乙巳13	丙午14	丁未15	戊申16	己酉17	庚戌18	辛亥19	壬子20	癸丑21	甲寅22	乙卯23	丙辰24	丁巳25	戊午26	己未27	庚申28	辛酉(3)	壬戌2	癸亥3	甲子4	乙丑5	丙寅6	丁卯7	戊辰8	己巳9	庚午10	辛未11	壬申12	癸酉13	甲戌14	
三月小	辛卯	干支 天地西曆	乙亥15	丙子16	丁丑17	戊寅18	己卯19	庚辰20	辛巳21	壬午22	癸未23	甲申24	乙酉25	丙戌26	丁亥27	戊子28	己丑29	庚寅30	辛卯31	壬辰(4)	癸巳2	甲午3	乙未4	丙申5	丁酉6	戊戌7	己亥8	庚子9	辛丑10	壬寅11	癸卯12		丙戌春分
四月大	壬辰	干支 天地西曆	甲辰13	乙巳14	丙午15	丁未16	戊申17	己酉18	庚戌19	辛亥20	壬子21	癸丑22	甲寅23	乙卯24	丙辰25	丁巳26	戊午27	己未28	庚申29	辛酉30	壬戌(5)	癸亥2	甲子3	乙丑4	丙寅5	丁卯6	戊辰7	己巳8	庚午9	辛未10	壬申11	癸酉12	癸酉立夏
五月小	癸巳	干支 天地西曆	甲戌13	乙亥14	丙子15	丁丑16	戊寅17	己卯18	庚辰19	辛巳20	壬午21	癸未22	甲申23	乙酉24	丙戌25	丁亥26	戊子27	己丑28	庚寅29	辛卯30	壬辰31	癸巳(6)	甲午2	乙未3	丙申4	丁酉5	戊戌6	己亥7	庚子8	辛丑9	壬寅10		
六月大	甲午	干支 天地西曆	癸卯11	甲辰12	乙巳13	丙午14	丁未15	戊申16	己酉17	庚戌18	辛亥19	壬子20	癸丑21	甲寅22	乙卯23	丙辰24	丁巳25	戊午26	己未27	庚申28	辛酉29	壬戌30	癸亥(7)	甲子2	乙丑3	丙寅4	丁卯5	戊辰6	己巳7	庚午8	辛未9	壬申10	庚申夏至
七月小	乙未	干支 天地西曆	癸酉11	甲戌12	乙亥13	丙子14	丁丑15	戊寅16	己卯17	庚辰18	辛巳19	壬午20	癸未21	甲申22	乙酉23	丙戌24	丁亥25	戊子26	己丑27	庚寅28	辛卯29	壬辰30	癸巳31	甲午(8)	乙未2	丙申3	丁酉4	戊戌5	己亥6	庚子7	辛丑8		
八月大	丙申	干支 天地西曆	壬寅9	癸卯10	甲辰11	乙巳12	丙午13	丁未14	戊申15	己酉16	庚戌17	辛亥18	壬子19	癸丑20	甲寅21	乙卯22	丙辰23	丁巳24	戊午25	己未26	庚申27	辛酉28	壬戌29	癸亥30	甲子31	乙丑(9)	丙寅2	丁卯3	戊辰4	己巳5	庚午6	辛未7	丙午立秋
九月小	丁酉	干支 天地西曆	壬申8	癸酉9	甲戌10	乙亥11	丙子12	丁丑13	戊寅14	己卯15	庚辰16	辛巳17	壬午18	癸未19	甲申20	乙酉21	丙戌22	丁亥23	戊子24	己丑25	庚寅26	辛卯27	壬辰28	癸巳29	甲午30	乙未(10)	丙申2	丁酉3	戊戌4	己亥5	庚子6		壬辰秋分
十月大	戊戌	干支 天地西曆	辛丑7	壬寅8	癸卯9	甲辰10	乙巳11	丙午12	丁未13	戊申14	己酉15	庚戌16	辛亥17	壬子18	癸丑19	甲寅20	乙卯21	丙辰22	丁巳23	戊午24	己未25	庚申26	辛酉27	壬戌28	癸亥29	甲子30	乙丑31	丙寅(11)	丁卯2	戊辰3	己巳4	庚午5	庚午日食
十一月小	己亥	干支 天地西曆	辛未6	壬申7	癸酉8	甲戌9	乙亥10	丙子11	丁丑12	戊寅13	己卯14	庚辰15	辛巳16	壬午17	癸未18	甲申19	乙酉20	丙戌21	丁亥22	戊子23	己丑24	庚寅25	辛卯26	壬辰27	癸巳28	甲午29	乙未30	丙申(12)	丁酉2	戊戌3	己亥4		丙子立冬
十二月大	庚子	干支 天地西曆	庚子5	辛丑6	壬寅7	癸卯8	甲辰9	乙巳10	丙午11	丁未12	戊申13	己酉14	庚戌15	辛亥16	壬子17	癸丑18	甲寅19	乙卯20	丙辰21	丁巳22	戊午23	己未24	庚申25	辛酉26	壬戌27	癸亥28	甲子29	乙丑30	丙寅31	丁卯(1)	戊辰2	己巳3	庚申冬至

朔閏異同	曆名	正月	二月	三月	四月	五月	六月	七月	八月	九月	十月	十一	十二	閏月
	周曆夏曆	乙巳甲辰	乙亥甲戌	甲辰癸卯	甲戌癸酉	癸卯壬寅	癸酉壬申	壬寅辛丑	壬申辛未	辛丑庚子	辛未庚午	庚子己亥	庚午己巳	
	顓頊新曆	丙子乙亥	丙午乙亥	乙亥甲辰	乙巳甲戌	甲戌癸卯	甲辰癸酉	癸酉壬寅	癸卯辛未	壬申辛丑	壬寅庚午	辛未庚子	辛丑己巳	

周安王二十三年（壬寅 虎年） 公元前 379 ~ 前 378 年 歲在析木

殷曆月序		中西曆日對照	初一	初二	初三	初四	初五	初六	初七	初八	初九	初十	十一	十二	十三	十四	十五	十六	十七	十八	十九	二十	二一	二二	二三	二四	二五	二六	二七	二八	二九	三十	節氣與天象
正月小	辛丑	干支西曆	庚午 4	辛未 5	壬申 6	癸酉 7	甲戌 8	乙亥 9	丙子 10	丁丑 11	戊寅 12	己卯 13	庚辰 14	辛巳 15	壬午 16	癸未 17	甲申 18	乙酉 19	丙戌 20	丁亥 21	戊子 22	己丑 23	庚寅 24	辛卯 25	壬辰 26	癸巳 27	甲午 28	乙未 29	丙申 30	丁酉 31	戊戌 (2)		
二月大	壬寅	干支西曆	己亥 2	庚子 3	辛丑 4	壬寅 5	癸卯 6	甲辰 7	乙巳 8	丙午 9	丁未 10	戊申 11	己酉 12	庚戌 13	辛亥 14	壬子 15	癸丑 16	甲寅 17	乙卯 18	丙辰 19	丁巳 20	戊午 21	己未 22	庚申 23	辛酉 24	壬戌 25	癸亥 26	甲子 27	乙丑 28	丙寅 (3)	丁卯 2	戊辰 3	乙巳立春
三月小	癸卯	干支西曆	己巳 4	庚午 5	辛未 6	壬申 7	癸酉 8	甲戌 9	乙亥 10	丙子 11	丁丑 12	戊寅 13	己卯 14	庚辰 15	辛巳 16	壬午 17	癸未 18	甲申 19	乙酉 20	丙戌 21	丁亥 22	戊子 23	己丑 24	庚寅 25	辛卯 26	壬辰 27	癸巳 28	甲午 29	乙未 30	丙申 31	丁酉 (4)		辛卯春分
四月大	甲辰	干支西曆	戊戌 2	己亥 3	庚子 4	辛丑 5	壬寅 6	癸卯 7	甲辰 8	乙巳 9	丙午 10	丁未 11	戊申 12	己酉 13	庚戌 14	辛亥 15	壬子 16	癸丑 17	甲寅 18	乙卯 19	丙辰 20	丁巳 21	戊午 22	己未 23	庚申 24	辛酉 25	壬戌 26	癸亥 27	甲子 28	乙丑 29	丙寅 30	丁卯 (5)	
五月小	乙巳	干支西曆	戊辰 2	己巳 3	庚午 4	辛未 5	壬申 6	癸酉 7	甲戌 8	乙亥 9	丙子 10	丁丑 11	戊寅 12	己卯 13	庚辰 14	辛巳 15	壬午 16	癸未 17	甲申 18	乙酉 19	丙戌 20	丁亥 21	戊子 22	己丑 23	庚寅 24	辛卯 25	壬辰 26	癸巳 27	甲午 28	乙未 29	丙申 30		戊寅立夏 戊辰日食
六月大	丙午	干支西曆	丁酉 31	戊戌 (6)	己亥 2	庚子 3	辛丑 4	壬寅 5	癸卯 6	甲辰 7	乙巳 8	丙午 9	丁未 10	戊申 11	己酉 12	庚戌 13	辛亥 14	壬子 15	癸丑 16	甲寅 17	乙卯 18	丙辰 19	丁巳 20	戊午 21	己未 22	庚申 23	辛酉 24	壬戌 25	癸亥 26	甲子 27	乙丑 28	丙寅 29	乙丑夏至
七月小	丁未	干支西曆	丁卯 30	戊辰 (7)	己巳 2	庚午 3	辛未 4	壬申 5	癸酉 6	甲戌 7	乙亥 8	丙子 9	丁丑 10	戊寅 11	己卯 12	庚辰 13	辛巳 14	壬午 15	癸未 16	甲申 17	乙酉 18	丙戌 19	丁亥 20	戊子 21	己丑 22	庚寅 23	辛卯 24	壬辰 25	癸巳 26	甲午 27	乙未 28		
八月大	戊申	干支西曆	丙申 29	丁酉 30	戊戌 31	己亥 (8)	庚子 2	辛丑 3	壬寅 4	癸卯 5	甲辰 6	乙巳 7	丙午 8	丁未 9	戊申 10	己酉 11	庚戌 12	辛亥 13	壬子 14	癸丑 15	甲寅 16	乙卯 17	丙辰 18	丁巳 19	戊午 20	己未 21	庚申 22	辛酉 23	壬戌 24	癸亥 25	甲子 26	乙丑 27	壬子立秋
閏八月大	戊申	干支西曆	丙寅 28	丁卯 29	戊辰 30	己巳 31	庚午 (9)	辛未 2	壬申 3	癸酉 4	甲戌 5	乙亥 6	丙子 7	丁丑 8	戊寅 9	己卯 10	庚辰 11	辛巳 12	壬午 13	癸未 14	甲申 15	乙酉 16	丙戌 17	丁亥 18	戊子 19	己丑 20	庚寅 21	辛卯 22	壬辰 23	癸巳 24	甲午 25	乙未 26	
九月大	己酉	干支西曆	丙申 27	丁酉 28	戊戌 29	己亥 30	庚子 (10)	辛丑 2	壬寅 3	癸卯 4	甲辰 5	乙巳 6	丙午 7	丁未 8	戊申 9	己酉 10	庚戌 11	辛亥 12	壬子 13	癸丑 14	甲寅 15	乙卯 16	丙辰 17	丁巳 18	戊午 19	己未 20	庚申 21	辛酉 22	壬戌 23	癸亥 24	甲子 25	乙丑 26	丁酉秋分
十月小	庚戌	干支西曆	丙寅 27	丁卯 28	戊辰 29	己巳 30	庚午 31	辛未 (11)	壬申 2	癸酉 3	甲戌 4	乙亥 5	丙子 6	丁丑 7	戊寅 8	己卯 9	庚辰 10	辛巳 11	壬午 12	癸未 13	甲申 14	乙酉 15	丙戌 16	丁亥 17	戊子 18	己丑 19	庚寅 20	辛卯 21	壬辰 22	癸巳 23	甲午 24		壬午立冬
十一月小	辛亥	干支西曆	乙未 25	丙申 26	丁酉 27	戊戌 28	己亥 29	庚子 30	辛丑 (12)	壬寅 2	癸卯 3	甲辰 4	乙巳 5	丙午 6	丁未 7	戊申 8	己酉 9	庚戌 10	辛亥 11	壬子 12	癸丑 13	甲寅 14	乙卯 15	丙辰 16	丁巳 17	戊午 18	己未 19	庚申 20	辛酉 21	壬戌 22	癸亥 23		
十二月大	壬子	干支西曆	甲子 24	乙丑 25	丙寅 26	丁卯 27	戊辰 28	己巳 29	庚午 30	辛未 31	壬申 (1)	癸酉 2	甲戌 3	乙亥 4	丙子 5	丁丑 6	戊寅 7	己卯 8	庚辰 9	辛巳 10	壬午 11	癸未 12	甲申 13	乙酉 14	丙戌 15	丁亥 16	戊子 17	己丑 18	庚寅 19	辛卯 20	壬辰 21	癸巳 22	丙寅冬至

朔閏異同	曆名	正月	二月	三月	四月	五月	六月	七月	八月	九月	十月	十一	十二	閏月
	周曆夏曆	庚子戊戌	己巳戊辰	己亥戊戌	戊辰丁卯	戊戌丁酉	丁卯---丙寅	丁酉丙申	丙寅乙丑	丙申乙未	乙丑甲子	---乙未甲午	甲子癸亥	甲午癸巳
	顓頊新曆	庚午己亥	庚子己巳	庚午己亥	己亥戊辰	己巳戊戌	戊戌---丁卯	戊辰丁酉	丁酉丙寅	丁卯乙未	丙申乙丑	丙寅甲午	乙未甲子	乙丑癸巳

周安王二十四年（癸卯 兔年） 公元前 378 ~ 前 377 年 歲在星紀

殷曆月序		中西曆日對照	初一	初二	初三	初四	初五	初六	初七	初八	初九	初十	十一	十二	十三	十四	十五	十六	十七	十八	十九	二十	二一	二二	二三	二四	二五	二六	二七	二八	二九	三十	節氣與天象
正月小	癸丑	干支天地西曆	甲午23	乙未24	丙申25	丁酉26	戊戌27	己亥28	庚子29	辛丑30	壬寅31	癸卯(2)	甲辰2	乙巳3	丙午4	丁未5	戊申6	己酉7	庚戌8	辛亥9	壬子10	癸丑11	甲寅12	乙卯13	丙辰14	丁巳15	戊午16	己未17	庚申18	辛酉19	壬戌20		庚戌立春
二月大	甲寅	干支天地西曆	癸亥21	甲子22	乙丑23	丙寅24	丁卯25	戊辰26	己巳27	庚午28	辛未(3)	壬申2	癸酉3	甲戌4	乙亥5	丙子6	丁丑7	戊寅8	己卯9	庚辰10	辛巳11	壬午12	癸未13	甲申14	乙酉15	丙戌16	丁亥17	戊子18	己丑19	庚寅20	辛卯21	壬辰22	
三月小	乙卯	干支天地西曆	癸巳23	甲午24	乙未25	丙申26	丁酉27	戊戌28	己亥29	庚子30	辛丑31	壬寅(4)	癸卯2	甲辰3	乙巳4	丙午5	丁未6	戊申7	己酉8	庚戌9	辛亥10	壬子11	癸丑12	甲寅13	乙卯14	丙辰15	丁巳16	戊午17	己未18	庚申19	辛酉20		丙申春分
四月大	丙辰	干支天地西曆	壬戌21	癸亥22	甲子23	乙丑24	丙寅25	丁卯26	戊辰27	己巳28	庚午29	辛未30	壬申(5)	癸酉2	甲戌3	乙亥4	丙子5	丁丑6	戊寅7	己卯8	庚辰9	辛巳10	壬午11	癸未12	甲申13	乙酉14	丙戌15	丁亥16	戊子17	己丑18	庚寅19	辛卯20	癸未立夏
五月小	丁巳	干支天地西曆	壬辰21	癸巳22	甲午23	乙未24	丙申25	丁酉26	戊戌27	己亥28	庚子29	辛丑30	壬寅31	癸卯(6)	甲辰2	乙巳3	丙午4	丁未5	戊申6	己酉7	庚戌8	辛亥9	壬子10	癸丑11	甲寅12	乙卯13	丙辰14	丁巳15	戊午16	己未17	庚申18		
六月大	戊午	干支天地西曆	辛酉19	壬戌20	癸亥21	甲子22	乙丑23	丙寅24	丁卯25	戊辰26	己巳27	庚午28	辛未29	壬申30	癸酉(7)	甲戌2	乙亥3	丙子4	丁丑5	戊寅6	己卯7	庚辰8	辛巳9	壬午10	癸未11	甲申12	乙酉13	丙戌14	丁亥15	戊子16	己丑17	庚寅18	庚午夏至
七月小	己未	干支天地西曆	辛卯19	壬辰20	癸巳21	甲午22	乙未23	丙申24	丁酉25	戊戌26	己亥27	庚子28	辛丑29	壬寅30	癸卯31	甲辰(8)	乙巳2	丙午3	丁未4	戊申5	己酉6	庚戌7	辛亥8	壬子9	癸丑10	甲寅11	乙卯12	丙辰13	丁巳14	戊午15	己未16		丁巳立秋
八月大	庚申	干支天地西曆	庚申17	辛酉18	壬戌19	癸亥20	甲子21	乙丑22	丙寅23	丁卯24	戊辰25	己巳26	庚午27	辛未28	壬申29	癸酉30	甲戌31	乙亥(9)	丙子2	丁丑3	戊寅4	己卯5	庚辰6	辛巳7	壬午8	癸未9	甲申10	乙酉11	丙戌12	丁亥13	戊子14	己丑15	
九月大	辛酉	干支天地西曆	庚寅16	辛卯17	壬辰18	癸巳19	甲午20	乙未21	丙申22	丁酉23	戊戌24	己亥25	庚子26	辛丑27	壬寅28	癸卯29	甲辰30	乙巳(10)	丙午2	丁未3	戊申4	己酉5	庚戌6	辛亥7	壬子8	癸丑9	甲寅10	乙卯11	丙辰12	丁巳13	戊午14	己未15	壬寅秋分
十月小	壬戌	干支天地西曆	庚申16	辛酉17	壬戌18	癸亥19	甲子20	乙丑21	丙寅22	丁卯23	戊辰24	己巳25	庚午26	辛未27	壬申28	癸酉29	甲戌30	乙亥31	丙子(11)	丁丑2	戊寅3	己卯4	庚辰5	辛巳6	壬午7	癸未8	甲申9	乙酉10	丙戌11	丁亥12	戊子13		丁亥立冬
十一月大	癸亥	干支天地西曆	己丑14	庚寅15	辛卯16	壬辰17	癸巳18	甲午19	乙未20	丙申21	丁酉22	戊戌23	己亥24	庚子25	辛丑26	壬寅27	癸卯28	甲辰29	乙巳30	丙午(12)	丁未2	戊申3	己酉4	庚戌5	辛亥6	壬子7	癸丑8	甲寅9	乙卯10	丙辰11	丁巳12	戊午13	
十二月小	甲子	干支天地西曆	己未14	庚申15	辛酉16	壬戌17	癸亥18	甲子19	乙丑20	丙寅21	丁卯22	戊辰23	己巳24	庚午25	辛未26	壬申27	癸酉28	甲戌29	乙亥30	丙子31	丁丑(1)	戊寅2	己卯3	庚辰4	辛巳5	壬午6	癸未7	甲申8	乙酉9	丙戌10	丁亥11		辛未冬至

朔閏異同	曆名	正月	二月	三月	四月	五月	六月	七月	八月	九月	十月	十一	十二	閏月
	周曆夏曆	癸亥壬戌	癸巳壬辰	癸亥辛酉	壬辰辛卯	壬戌辛酉	辛卯庚寅	辛酉庚申	庚寅己丑	庚申己未	己丑戊子	己未戊午	戊子丁亥	
	顓頊新曆	甲午癸亥	甲子癸巳	癸巳壬戌	癸亥壬辰	壬辰辛酉	壬戌辛卯	壬辰庚申	辛酉庚寅	辛卯己未	庚申己丑	庚寅戊午	己未戊子	

周安王二十五年（甲辰 龍年） 公元前377年 歲在玄枵

殷曆月序		中西曆日對照	初一	初二	初三	初四	初五	初六	初七	初八	初九	初十	十一	十二	十三	十四	十五	十六	十七	十八	十九	二十	二一	二二	二三	二四	二五	二六	二七	二八	二九	三十	節氣與天象
正月大	乙丑	干支 天地 西曆	戊子 12	己丑 13	庚寅 14	辛卯 15	壬辰 16	癸巳 17	甲午 18	乙未 19	丙申 20	丁酉 21	戊戌 22	己亥 23	庚子 24	辛丑 25	壬寅 26	癸卯 27	甲辰 28	乙巳 29	丙午 30	丁未 31	戊申 (2)	己酉 2	庚戌 3	辛亥 4	壬子 5	癸丑 6	甲寅 7	乙卯 8	丙辰 9	丁巳 10	丙辰立春
二月小	丙寅	干支 天地 西曆	戊午 11	己未 12	庚申 13	辛酉 14	壬戌 15	癸亥 16	甲子 17	乙丑 18	丙寅 19	丁卯 20	戊辰 21	己巳 22	庚午 23	辛未 24	壬申 25	癸酉 26	甲戌 27	乙亥 28	丙子 29	丁丑 (3)	戊寅 2	己卯 3	庚辰 4	辛巳 5	壬午 6	癸未 7	甲申 8	乙酉 9	丙戌 10		
三月大	丁卯	干支 天地 西曆	丁亥 11	戊子 12	己丑 13	庚寅 14	辛卯 15	壬辰 16	癸巳 17	甲午 18	乙未 19	丙申 20	丁酉 21	戊戌 22	己亥 23	庚子 24	辛丑 25	壬寅 26	癸卯 27	甲辰 28	乙巳 29	丙午 30	丁未 31	戊申 (4)	己酉 2	庚戌 3	辛亥 4	壬子 5	癸丑 6	甲寅 7	乙卯 8	丙辰 9	辛丑春分
四月小	戊辰	干支 天地 西曆	丁巳 10	戊午 11	己未 12	庚申 13	辛酉 14	壬戌 15	癸亥 16	甲子 17	乙丑 18	丙寅 19	丁卯 20	戊辰 21	己巳 22	庚午 23	辛未 24	壬申 25	癸酉 26	甲戌 27	乙亥 28	丙子 29	丁丑 30	戊寅 (5)	己卯 2	庚辰 3	辛巳 4	壬午 5	癸未 6	甲申 7	乙酉 8		
五月大	己巳	干支 天地 西曆	丙戌 9	丁亥 10	戊子 11	己丑 12	庚寅 13	辛卯 14	壬辰 15	癸巳 16	甲午 17	乙未 18	丙申 19	丁酉 20	戊戌 21	己亥 22	庚子 23	辛丑 24	壬寅 25	癸卯 26	甲辰 27	乙巳 28	丙午 29	丁未 30	戊申 31	己酉 (6)	庚戌 2	辛亥 3	壬子 4	癸丑 5	甲寅 6	乙卯 7	戊子立夏
六月小	庚午	干支 天地 西曆	丙辰 8	丁巳 9	戊午 10	己未 11	庚申 12	辛酉 13	壬戌 14	癸亥 15	甲子 16	乙丑 17	丙寅 18	丁卯 19	戊辰 20	己巳 21	庚午 22	辛未 23	壬申 24	癸酉 25	甲戌 26	乙亥 27	丙子 28	丁丑 29	戊寅 30	己卯 (7)	庚辰 2	辛巳 3	壬午 4	癸未 5	甲申 6		丙子夏至
七月大	辛未	干支 天地 西曆	乙酉 7	丙戌 8	丁亥 9	戊子 10	己丑 11	庚寅 12	辛卯 13	壬辰 14	癸巳 15	甲午 16	乙未 17	丙申 18	丁酉 19	戊戌 20	己亥 21	庚子 22	辛丑 23	壬寅 24	癸卯 25	甲辰 26	乙巳 27	丙午 28	丁未 29	戊申 30	己酉 31	庚戌 (8)	辛亥 2	壬子 3	癸丑 4	甲寅 5	
八月小	壬申	干支 天地 西曆	乙卯 6	丙辰 7	丁巳 8	戊午 9	己未 10	庚申 11	辛酉 12	壬戌 13	癸亥 14	甲子 15	乙丑 16	丙寅 17	丁卯 18	戊辰 19	己巳 20	庚午 21	辛未 22	壬申 23	癸酉 24	甲戌 25	乙亥 26	丙子 27	丁丑 28	戊寅 29	己卯 30	庚辰 31	辛巳 (9)	壬午 2	癸未 3		壬戌立秋
九月大	癸酉	干支 天地 西曆	甲申 4	乙酉 5	丙戌 6	丁亥 7	戊子 8	己丑 9	庚寅 10	辛卯 11	壬辰 12	癸巳 13	甲午 14	乙未 15	丙申 16	丁酉 17	戊戌 18	己亥 19	庚子 20	辛丑 21	壬寅 22	癸卯 23	甲辰 24	乙巳 25	丙午 26	丁未 27	戊申 28	己酉 29	庚戌 30	辛亥 (10)	壬子 2	癸丑 3	戊申秋分
十月小	甲戌	干支 天地 西曆	甲寅 4	乙卯 5	丙辰 6	丁巳 7	戊午 8	己未 9	庚申 10	辛酉 11	壬戌 12	癸亥 13	甲子 14	乙丑 15	丙寅 16	丁卯 17	戊辰 18	己巳 19	庚午 20	辛未 21	壬申 22	癸酉 23	甲戌 24	乙亥 25	丙子 26	丁丑 27	戊寅 28	己卯 29	庚辰 30	辛巳 31	壬午 (11)		
十一月大	乙亥	干支 天地 西曆	癸未 2	甲申 3	乙酉 4	丙戌 5	丁亥 6	戊子 7	己丑 8	庚寅 9	辛卯 10	壬辰 11	癸巳 12	甲午 13	乙未 14	丙申 15	丁酉 16	戊戌 17	己亥 18	庚子 19	辛丑 20	壬寅 21	癸卯 22	甲辰 23	乙巳 24	丙午 25	丁未 26	戊申 27	己酉 28	庚戌 29	辛亥 30	壬子 (12)	壬辰立冬
十二月小	丙子	干支 天地 西曆	癸丑 2	甲寅 3	乙卯 4	丙辰 5	丁巳 6	戊午 7	己未 8	庚申 9	辛酉 10	壬戌 11	癸亥 12	甲子 13	乙丑 14	丙寅 15	丁卯 16	戊辰 17	己巳 18	庚午 19	辛未 20	壬申 21	癸酉 22	甲戌 23	乙亥 24	丙子 25	丁丑 26	戊寅 27	己卯 28	庚辰 29	辛巳 30		丙子冬至

朔閏異同	曆名	正月	二月	三月	四月	五月	六月	七月	八月	九月	十月	十一	十二	閏月
	周曆夏曆	戊午丁巳	丁亥丙戌	丁巳丙辰	丙戌乙酉	丙辰乙卯	乙酉甲申	乙卯甲寅	乙酉癸未	甲寅癸丑	甲申癸未	癸丑壬子	癸未壬午	
	顓頊新曆	己丑丁巳	戊午丁亥	戊子丙辰	丁巳丙戌	丁亥丙辰	丙辰乙酉	丙戌乙卯	乙卯甲申	乙酉甲寅	甲寅癸未	甲申癸丑	甲寅---壬午	壬子

周安王二十六年（乙巳 蛇年） 公元前 377 ~前 **376** ~ 前 375 年 歲在娵訾

殷曆月序		中西曆日對照	初一	初二	初三	初四	初五	初六	初七	初八	初九	初十	十一	十二	十三	十四	十五	十六	十七	十八	十九	二十	二一	二二	二三	二四	二五	二六	二七	二八	二九	三十	節氣與天象
正月大	丁丑	天干地支 西曆	壬午 31	癸未 (1)	甲申 2	乙酉 3	丙戌 4	丁亥 5	戊子 6	己丑 7	庚寅 8	辛卯 9	壬辰 10	癸巳 11	甲午 12	乙未 13	丙申 14	丁酉 15	戊戌 16	己亥 17	庚子 18	辛丑 19	壬寅 20	癸卯 21	甲辰 22	乙巳 23	丙午 24	丁未 25	戊申 26	己酉 27	庚戌 28	辛亥 29	
二月大	戊寅	天干地支 西曆	壬子 30	癸丑 31	甲寅 (2)	乙卯 2	丙辰 3	丁巳 4	戊午 5	己未 6	庚申 7	辛酉 8	壬戌 9	癸亥 10	甲子 11	乙丑 12	丙寅 13	丁卯 14	戊辰 15	己巳 16	庚午 17	辛未 18	壬申 19	癸酉 20	甲戌 21	乙亥 22	丙子 23	丁丑 24	戊寅 25	己卯 26	庚辰 27	辛巳 28	辛酉立春
三月小	己卯	天干地支 西曆	壬午 (3)	癸未 2	甲申 3	乙酉 4	丙戌 5	丁亥 6	戊子 7	己丑 8	庚寅 9	辛卯 10	壬辰 11	癸巳 12	甲午 13	乙未 14	丙申 15	丁酉 16	戊戌 17	己亥 18	庚子 19	辛丑 20	壬寅 21	癸卯 22	甲辰 23	乙巳 24	丙午 25	丁未 26	戊申 27	己酉 28	庚戌 29		丁未春分
四月大	庚辰	天干地支 西曆	辛亥 30	壬子 31	癸丑 (4)	甲寅 2	乙卯 3	丙辰 4	丁巳 5	戊午 6	己未 7	庚申 8	辛酉 9	壬戌 10	癸亥 11	甲子 12	乙丑 13	丙寅 14	丁卯 15	戊辰 16	己巳 17	庚午 18	辛未 19	壬申 20	癸酉 21	甲戌 22	乙亥 23	丙子 24	丁丑 25	戊寅 26	己卯 27	庚辰 28	
五月小	辛巳	天干地支 西曆	辛巳 29	壬午 30	癸未 (5)	甲申 2	乙酉 3	丙戌 4	丁亥 5	戊子 6	己丑 7	庚寅 8	辛卯 9	壬辰 10	癸巳 11	甲午 12	乙未 13	丙申 14	丁酉 15	戊戌 16	己亥 17	庚子 18	辛丑 19	壬寅 20	癸卯 21	甲辰 22	乙巳 23	丙午 24	丁未 25	戊申 26	己酉 27		甲午立夏
六月大	壬午	天干地支 西曆	庚戌 28	辛亥 29	壬子 30	癸丑 31	甲寅 (6)	乙卯 2	丙辰 3	丁巳 4	戊午 5	己未 6	庚申 7	辛酉 8	壬戌 9	癸亥 10	甲子 11	乙丑 12	丙寅 13	丁卯 14	戊辰 15	己巳 16	庚午 17	辛未 18	壬申 19	癸酉 20	甲戌 21	乙亥 22	丙子 23	丁丑 24	戊寅 25	己卯 26	
閏六月小	壬午	天干地支 西曆	庚辰 27	辛巳 28	壬午 29	癸未 30	甲申 (7)	乙酉 2	丙戌 3	丁亥 4	戊子 5	己丑 6	庚寅 7	辛卯 8	壬辰 9	癸巳 10	甲午 11	乙未 12	丙申 13	丁酉 14	戊戌 15	己亥 16	庚子 17	辛丑 18	壬寅 19	癸卯 20	甲辰 21	乙巳 22	丙午 23	丁未 24	戊申 25		辛巳夏至
七月大	癸未	天干地支 西曆	己酉 26	庚戌 27	辛亥 28	壬子 29	癸丑 30	甲寅 31	乙卯 (8)	丙辰 2	丁巳 3	戊午 4	己未 5	庚申 6	辛酉 7	壬戌 8	癸亥 9	甲子 10	乙丑 11	丙寅 12	丁卯 13	戊辰 14	己巳 15	庚午 16	辛未 17	壬申 18	癸酉 19	甲戌 20	乙亥 21	丙子 22	丁丑 23	戊寅 24	丁卯立秋
八月小	甲申	天干地支 西曆	己卯 25	庚辰 26	辛巳 27	壬午 28	癸未 29	甲申 30	乙酉 31	丙戌 (9)	丁亥 2	戊子 3	己丑 4	庚寅 5	辛卯 6	壬辰 7	癸巳 8	甲午 9	乙未 10	丙申 11	丁酉 12	戊戌 13	己亥 14	庚子 15	辛丑 16	壬寅 17	癸卯 18	甲辰 19	乙巳 20	丙午 21	丁未 22		
九月大	乙酉	天干地支 西曆	戊申 23	己酉 24	庚戌 25	辛亥 26	壬子 27	癸丑 28	甲寅 29	乙卯 30	丙辰 (10)	丁巳 2	戊午 3	己未 4	庚申 5	辛酉 6	壬戌 7	癸亥 8	甲子 9	乙丑 10	丙寅 11	丁卯 12	戊辰 13	己巳 14	庚午 15	辛未 16	壬申 17	癸酉 18	甲戌 19	乙亥 20	丙子 21	丁丑 22	癸丑秋分
十月小	丙戌	天干地支 西曆	戊寅 23	己卯 24	庚辰 25	辛巳 26	壬午 27	癸未 28	甲申 29	乙酉 30	丙戌 31	丁亥 (11)	戊子 2	己丑 3	庚寅 4	辛卯 5	壬辰 6	癸巳 7	甲午 8	乙未 9	丙申 10	丁酉 11	戊戌 12	己亥 13	庚子 14	辛丑 15	壬寅 16	癸卯 17	甲辰 18	乙巳 19	丙午 20		丁酉立冬
十一月大	丁亥	天干地支 西曆	丁未 21	戊申 22	己酉 23	庚戌 24	辛亥 25	壬子 26	癸丑 27	甲寅 28	乙卯 29	丙辰 30	丁巳 (12)	戊午 2	己未 3	庚申 4	辛酉 5	壬戌 6	癸亥 7	甲子 8	乙丑 9	丙寅 10	丁卯 11	戊辰 12	己巳 13	庚午 14	辛未 15	壬申 16	癸酉 17	甲戌 18	乙亥 19	丙子 20	
十二月小	戊子	天干地支 西曆	丁丑 21	戊寅 22	己卯 23	庚辰 24	辛巳 25	壬午 26	癸未 27	甲申 28	乙酉 29	丙戌 30	丁亥 31	戊子 (1)	己丑 2	庚寅 3	辛卯 4	壬辰 5	癸巳 6	甲午 7	乙未 8	丙申 9	丁酉 10	戊戌 11	己亥 12	庚子 13	辛丑 14	壬寅 15	癸卯 16	甲辰 17	乙巳 18		辛巳冬至

朔閏異同	曆名	正月	二月	三月	四月	五月	六月	七月	八月	九月	十月	十一	十二	閏月		曆名	正月	二月	三月	四月	五月	六月	七月	八月	九月	十月	十一	十二	閏月
	周曆夏曆	壬子辛亥	壬午 --- 辛巳	辛亥庚戌	辛巳庚辰	庚戌己酉	庚辰己卯	己酉戊申	--- 己卯戊寅	戊申丁未	戊寅丁丑	丁未丙午	丁丑丙子	丁未丙午		顓頊新曆	癸未辛巳	癸丑辛亥	壬午庚辰	壬子庚戌	辛巳己卯	辛亥己酉	庚辰戊寅	庚戌戊申	己卯戊寅	己酉丁未	戊寅丁丑	戊申丁未	--- 丁丑

周烈王元年（丙午 馬年） 公元前375 ~ 前374年 歲在降婁

殷曆月序		中西曆日對照	初一	初二	初三	初四	初五	初六	初七	初八	初九	初十	十一	十二	十三	十四	十五	十六	十七	十八	十九	二十	二一	二二	二三	二四	二五	二六	二七	二八	二九	三十	節氣與天象
正月大	己丑	天干支曆 地西曆	丙午19	丁未20	戊申21	己酉22	庚戌23	辛亥24	壬子25	癸丑26	甲寅27	乙卯28	丙辰29	丁巳30	戊午31	己未(2)	庚申2	辛酉3	壬戌4	癸亥5	甲子6	乙丑7	丙寅8	丁卯9	戊辰10	己巳11	庚午12	辛未13	壬申14	癸酉15	甲戌16	乙亥17	丙寅立春
二月小	庚寅	天干支曆 地西曆	丙子18	丁丑19	戊寅20	己卯21	庚辰22	辛巳23	壬午24	癸未25	甲申26	乙酉27	丙戌28	丁亥(3)	戊子2	己丑3	庚寅4	辛卯5	壬辰6	癸巳7	甲午8	乙未9	丙申10	丁酉11	戊戌12	己亥13	庚子14	辛丑15	壬寅16	癸卯17	甲辰18		丙子日食
三月大	辛卯	天干支曆 地西曆	乙巳19	丙午20	丁未21	戊申22	己酉23	庚戌24	辛亥25	壬子26	癸丑27	甲寅28	乙卯29	丙辰30	丁巳31	戊午(4)	己未2	庚申3	辛酉4	壬戌5	癸亥6	甲子7	乙丑8	丙寅9	丁卯10	戊辰11	己巳12	庚午13	辛未14	壬申15	癸酉16	甲戌17	壬子春分
四月小	壬辰	天干支曆 地西曆	乙亥18	丙子19	丁丑20	戊寅21	己卯22	庚辰23	辛巳24	壬午25	癸未26	甲申27	乙酉28	丙戌29	丁亥30	戊子(5)	己丑2	庚寅3	辛卯4	壬辰5	癸巳6	甲午7	乙未8	丙申9	丁酉10	戊戌11	己亥12	庚子13	辛丑14	壬寅15	癸卯16		己亥立夏
五月大	癸巳	天干支曆 地西曆	甲辰17	乙巳18	丙午19	丁未20	戊申21	己酉22	庚戌23	辛亥24	壬子25	癸丑26	甲寅27	乙卯28	丙辰29	丁巳30	戊午31	己未(6)	庚申2	辛酉3	壬戌4	癸亥5	甲子6	乙丑7	丙寅8	丁卯9	戊辰10	己巳11	庚午12	辛未13	壬申14	癸酉15	
六月大	甲午	天干支曆 地西曆	甲戌16	乙亥17	丙子18	丁丑19	戊寅20	己卯21	庚辰22	辛巳23	壬午24	癸未25	甲申26	乙酉27	丙戌28	丁亥29	戊子30	己丑(7)	庚寅2	辛卯3	壬辰4	癸巳5	甲午6	乙未7	丙申8	丁酉9	戊戌10	己亥11	庚子12	辛丑13	壬寅14	癸卯15	丙戌夏至
七月小	乙未	天干支曆 地西曆	甲辰16	乙巳17	丙午18	丁未19	戊申20	己酉21	庚戌22	辛亥23	壬子24	癸丑25	甲寅26	乙卯27	丙辰28	丁巳29	戊午30	己未31	庚申(8)	辛酉2	壬戌3	癸亥4	甲子5	乙丑6	丙寅7	丁卯8	戊辰9	己巳10	庚午11	辛未12	壬申13		
八月大	丙申	天干支曆 地西曆	癸酉14	甲戌15	乙亥16	丙子17	丁丑18	戊寅19	己卯20	庚辰21	辛巳22	壬午23	癸未24	甲申25	乙酉26	丙戌27	丁亥28	戊子29	己丑30	庚寅31	辛卯(9)	壬辰2	癸巳3	甲午4	乙未5	丙申6	丁酉7	戊戌8	己亥9	庚子10	辛丑11	壬寅12	癸酉立秋
九月小	丁酉	天干支曆 地西曆	癸卯13	甲辰14	乙巳15	丙午16	丁未17	戊申18	己酉19	庚戌20	辛亥21	壬子22	癸丑23	甲寅24	乙卯25	丙辰26	丁巳27	戊午28	己未29	庚申30	辛酉(10)	壬戌2	癸亥3	甲子4	乙丑5	丙寅6	丁卯7	戊辰8	己巳9	庚午10	辛未11		戊午秋分
十月大	戊戌	天干支曆 地西曆	壬申12	癸酉13	甲戌14	乙亥15	丙子16	丁丑17	戊寅18	己卯19	庚辰20	辛巳21	壬午22	癸未23	甲申24	乙酉25	丙戌26	丁亥27	戊子28	己丑29	庚寅30	辛卯31	壬辰(11)	癸巳2	甲午3	乙未4	丙申5	丁酉6	戊戌7	己亥8	庚子9	辛丑10	
十一月小	己亥	天干支曆 地西曆	壬寅11	癸卯12	甲辰13	乙巳14	丙午15	丁未16	戊申17	己酉18	庚戌19	辛亥20	壬子21	癸丑22	甲寅23	乙卯24	丙辰25	丁巳26	戊午27	己未28	庚申29	辛酉30	壬戌(12)	癸亥2	甲子3	乙丑4	丙寅5	丁卯6	戊辰7	己巳8	庚午9		癸卯立冬
十二月大	庚子	天干支曆 地西曆	辛未10	壬申11	癸酉12	甲戌13	乙亥14	丙子15	丁丑16	戊寅17	己卯18	庚辰19	辛巳20	壬午21	癸未22	甲申23	乙酉24	丙戌25	丁亥26	戊子27	己丑28	庚寅29	辛卯30	壬辰31	癸巳(1)	甲午2	乙未3	丙申4	丁酉5	戊戌6	己亥7	庚子8	丁亥冬至

朔閏異同	曆名	正月	二月	三月	四月	五月	六月	七月	八月	九月	十月	十一	十二	閏月	曆名	正月	二月	三月	四月	五月	六月	七月	八月	九月	十月	十一	十二	閏月
	周曆夏曆	丙子乙亥	丙午乙巳	乙亥甲戌	乙巳甲辰	甲戌癸酉	甲辰癸卯	癸酉壬申	癸卯壬寅	壬申辛未	壬寅辛丑	辛未庚午	辛丑庚子		顓頊新曆	丁未丙子	丁丑乙巳	丙午乙亥	丙子甲辰	乙巳癸酉	乙亥癸卯	甲辰癸酉	甲戌壬寅	癸卯壬申	癸酉壬寅	壬寅辛未	壬申辛丑	

周烈王二年（丁未 羊年） 公元前374年 歲在大梁

殷曆月序		中西曆日對照	初一	初二	初三	初四	初五	初六	初七	初八	初九	初十	十一	十二	十三	十四	十五	十六	十七	十八	十九	二十	二一	二二	二三	二四	二五	二六	二七	二八	二九	三十	節氣與天象
正月小	辛丑	天地干支西曆	辛丑9	壬寅10	癸卯11	甲辰12	乙巳13	丙午14	丁未15	戊申16	己酉17	庚戌18	辛亥19	壬子20	癸丑21	甲寅22	乙卯23	丙辰24	丁巳25	戊午26	己未27	庚申28	辛酉29	壬戌30	癸亥31	甲子(2)	乙丑2	丙寅3	丁卯4	戊辰5	己巳6		
二月大	壬寅	天地干支西曆	庚午7	辛未8	壬申9	癸酉10	甲戌11	乙亥12	丙子13	丁丑14	戊寅15	己卯16	庚辰17	辛巳18	壬午19	癸未20	甲申21	乙酉22	丙戌23	丁亥24	戊子25	己丑26	庚寅27	辛卯28	壬辰(3)	癸巳2	甲午3	乙未4	丙申5	丁酉6	戊戌7	己亥8	辛未立春
三月小	癸卯	天地干支西曆	庚子9	辛丑10	壬寅11	癸卯12	甲辰13	乙巳14	丙午15	丁未16	戊申17	己酉18	庚戌19	辛亥20	壬子21	癸丑22	甲寅23	乙卯24	丙辰25	丁巳26	戊午27	己未28	庚申29	辛酉30	壬戌31	癸亥(4)	甲子2	乙丑3	丙寅4	丁卯5	戊辰6		丁巳春分
四月大	甲辰	天地干支西曆	己巳7	庚午8	辛未9	壬申10	癸酉11	甲戌12	乙亥13	丙子14	丁丑15	戊寅16	己卯17	庚辰18	辛巳19	壬午20	癸未21	甲申22	乙酉23	丙戌24	丁亥25	戊子26	己丑27	庚寅28	辛卯29	壬辰30	癸巳(5)	甲午2	乙未3	丙申4	丁酉5	戊戌6	
五月小	乙巳	天地干支西曆	己亥7	庚子8	辛丑9	壬寅10	癸卯11	甲辰12	乙巳13	丙午14	丁未15	戊申16	己酉17	庚戌18	辛亥19	壬子20	癸丑21	甲寅22	乙卯23	丙辰24	丁巳25	戊午26	己未27	庚申28	辛酉29	壬戌30	癸亥31	甲子(6)	乙丑2	丙寅3	丁卯4		甲辰立夏
六月大	丙午	天地干支西曆	戊辰5	己巳6	庚午7	辛未8	壬申9	癸酉10	甲戌11	乙亥12	丙子13	丁丑14	戊寅15	己卯16	庚辰17	辛巳18	壬午19	癸未20	甲申21	乙酉22	丙戌23	丁亥24	戊子25	己丑26	庚寅27	辛卯28	壬辰29	癸巳30	甲午(7)	乙未2	丙申3	丁酉4	辛卯夏至
七月小	丁未	天地干支西曆	戊戌5	己亥6	庚子7	辛丑8	壬寅9	癸卯10	甲辰11	乙巳12	丙午13	丁未14	戊申15	己酉16	庚戌17	辛亥18	壬子19	癸丑20	甲寅21	乙卯22	丙辰23	丁巳24	戊午25	己未26	庚申27	辛酉28	壬戌29	癸亥30	甲子31	乙丑(8)	丙寅2		
八月大	戊申	天地干支西曆	丁卯3	戊辰4	己巳5	庚午6	辛未7	壬申8	癸酉9	甲戌10	乙亥11	丙子12	丁丑13	戊寅14	己卯15	庚辰16	辛巳17	壬午18	癸未19	甲申20	乙酉21	丙戌22	丁亥23	戊子24	己丑25	庚寅26	辛卯27	壬辰28	癸巳29	甲午30	乙未31	丙申(9)	戊寅立秋
九月大	己酉	天地干支西曆	丁酉2	戊戌3	己亥4	庚子5	辛丑6	壬寅7	癸卯8	甲辰9	乙巳10	丙午11	丁未12	戊申13	己酉14	庚戌15	辛亥16	壬子17	癸丑18	甲寅19	乙卯20	丙辰21	丁巳22	戊午23	己未24	庚申25	辛酉26	壬戌27	癸亥28	甲子29	乙丑30	丙寅(10)	癸亥秋分
十月小	庚戌	天地干支西曆	丁卯2	戊辰3	己巳4	庚午5	辛未6	壬申7	癸酉8	甲戌9	乙亥10	丙子11	丁丑12	戊寅13	己卯14	庚辰15	辛巳16	壬午17	癸未18	甲申19	乙酉20	丙戌21	丁亥22	戊子23	己丑24	庚寅25	辛卯26	壬辰27	癸巳28	甲午29	乙未30		
十一月大	辛亥	天地干支西曆	丙申31	丁酉(11)	戊戌2	己亥3	庚子4	辛丑5	壬寅6	癸卯7	甲辰8	乙巳9	丙午10	丁未11	戊申12	己酉13	庚戌14	辛亥15	壬子16	癸丑17	甲寅18	乙卯19	丙辰20	丁巳21	戊午22	己未23	庚申24	辛酉25	壬戌26	癸亥27	甲子28	乙丑29	戊申立冬
十二月小	壬子	天地干支西曆	丙寅30	丁卯(12)	戊辰2	己巳3	庚午4	辛未5	壬申6	癸酉7	甲戌8	乙亥9	丙子10	丁丑11	戊寅12	己卯13	庚辰14	辛巳15	壬午16	癸未17	甲申18	乙酉19	丙戌20	丁亥21	戊子22	己丑23	庚寅24	辛卯25	壬辰26	癸巳27	甲午28		壬辰冬至

朔閏異同	曆名	正月	二月	三月	四月	五月	六月	七月	八月	九月	十月	十一	十二	閏月	曆名	正月	二月	三月	四月	五月	六月	七月	八月	九月	十月	十一	十二	閏月
	周曆夏曆	庚午 己巳	庚子 己亥	庚午 戊辰	己亥 戊戌	己巳 戊辰	戊戌 丁酉	戊辰 丁卯	丁酉 丙申	丁卯 丙寅	丙申 乙未	丙寅---乙丑	乙未 甲午	甲子	顓頊新曆	辛丑 辛未	辛未 庚子	庚子 己巳	庚午 己亥	己亥 戊辰	己巳 丁酉	己亥 丁卯	戊辰 丙申	戊戌 丙寅	丁卯---丙申	丁酉 丙寅	丙寅 乙未	乙丑

周烈王三年（戊申 猴年） 公元前374～前**373**～前372年 歲在實沈

殷曆月序		中西曆日對照	初一	初二	初三	初四	初五	初六	初七	初八	初九	初十	十一	十二	十三	十四	十五	十六	十七	十八	十九	二十	二一	二二	二三	二四	二五	二六	二七	二八	二九	三十	節氣與天象
正月大	癸丑	天干地支	乙未	丙申	丁酉	戊戌	己亥	庚子	辛丑	壬寅	癸卯	甲辰	乙巳	丙午	丁未	戊申	己酉	庚戌	辛亥	壬子	癸丑	甲寅	乙卯	丙辰	丁巳	戊午	己未	庚申	辛酉	壬戌	癸亥	甲子	
		西曆	29	30	31	(1)	2	3	4	5	6	7	8	9	10	11	12	13	14	15	16	17	18	19	20	21	22	23	24	25	26	27	
二月小	甲寅	天干地支	乙丑	丙寅	丁卯	戊辰	己巳	庚午	辛未	壬申	癸酉	甲戌	乙亥	丙子	丁丑	戊寅	己卯	庚辰	辛巳	壬午	癸未	甲申	乙酉	丙戌	丁亥	戊子	己丑	庚寅	辛卯	壬辰	癸巳		丁丑立春
		西曆	28	29	30	31	(2)	2	3	4	5	6	7	8	9	10	11	12	13	14	15	16	17	18	19	20	21	22	23	24	25		
三月大	乙卯	天干地支	甲午	乙未	丙申	丁酉	戊戌	己亥	庚子	辛丑	壬寅	癸卯	甲辰	乙巳	丙午	丁未	戊申	己酉	庚戌	辛亥	壬子	癸丑	甲寅	乙卯	丙辰	丁巳	戊午	己未	庚申	辛酉	壬戌	癸亥	壬戌春分
		西曆	26	27	28	29	(3)	2	3	4	5	6	7	8	9	10	11	12	13	14	15	16	17	18	19	20	21	22	23	24	25	26	
閏三月小	乙卯	天干地支	甲子	乙丑	丙寅	丁卯	戊辰	己巳	庚午	辛未	壬申	癸酉	甲戌	乙亥	丙子	丁丑	戊寅	己卯	庚辰	辛巳	壬午	癸未	甲申	乙酉	丙戌	丁亥	戊子	己丑	庚寅	辛卯	壬辰		
		西曆	27	28	29	30	31	(4)	2	3	4	5	6	7	8	9	10	11	12	13	14	15	16	17	18	19	20	21	22	23	24		
四月大	丙辰	天干地支	癸巳	甲午	乙未	丙申	丁酉	戊戌	己亥	庚子	辛丑	壬寅	癸卯	甲辰	乙巳	丙午	丁未	戊申	己酉	庚戌	辛亥	壬子	癸丑	甲寅	乙卯	丙辰	丁巳	戊午	己未	庚申	辛酉	壬戌	己酉立夏
		西曆	25	26	27	28	29	30	(5)	2	3	4	5	6	7	8	9	10	11	12	13	14	15	16	17	18	19	20	21	22	23	24	
五月小	丁巳	天干地支	癸亥	甲子	乙丑	丙寅	丁卯	戊辰	己巳	庚午	辛未	壬申	癸酉	甲戌	乙亥	丙子	丁丑	戊寅	己卯	庚辰	辛巳	壬午	癸未	甲申	乙酉	丙戌	丁亥	戊子	己丑	庚寅	辛卯		
		西曆	25	26	27	28	29	30	31	(6)	2	3	4	5	6	7	8	9	10	11	12	13	14	15	16	17	18	19	20	21	22		
六月大	戊午	天干地支	壬辰	癸巳	甲午	乙未	丙申	丁酉	戊戌	己亥	庚子	辛丑	壬寅	癸卯	甲辰	乙巳	丙午	丁未	戊申	己酉	庚戌	辛亥	壬子	癸丑	甲寅	乙卯	丙辰	丁巳	戊午	己未	庚申	辛酉	丙申夏至 壬辰日食
		西曆	23	24	25	26	27	28	29	30	(7)	2	3	4	5	6	7	8	9	10	11	12	13	14	15	16	17	18	19	20	21	22	
七月小	己未	天干地支	壬戌	癸亥	甲子	乙丑	丙寅	丁卯	戊辰	己巳	庚午	辛未	壬申	癸酉	甲戌	乙亥	丙子	丁丑	戊寅	己卯	庚辰	辛巳	壬午	癸未	甲申	乙酉	丙戌	丁亥	戊子	己丑	庚寅		癸未立秋
		西曆	23	24	25	26	27	28	29	30	31	(8)	2	3	4	5	6	7	8	9	10	11	12	13	14	15	16	17	18	19	20		
八月大	庚申	天干地支	辛卯	壬辰	癸巳	甲午	乙未	丙申	丁酉	戊戌	己亥	庚子	辛丑	壬寅	癸卯	甲辰	乙巳	丙午	丁未	戊申	己酉	庚戌	辛亥	壬子	癸丑	甲寅	乙卯	丙辰	丁巳	戊午	己未	庚申	
		西曆	21	22	23	24	25	26	27	28	29	30	31	(9)	2	3	4	5	6	7	8	9	10	11	12	13	14	15	16	17	18	19	
九月小	辛酉	天干地支	辛酉	壬戌	癸亥	甲子	乙丑	丙寅	丁卯	戊辰	己巳	庚午	辛未	壬申	癸酉	甲戌	乙亥	丙子	丁丑	戊寅	己卯	庚辰	辛巳	壬午	癸未	甲申	乙酉	丙戌	丁亥	戊子	己丑		己巳秋分
		西曆	20	21	22	23	24	25	26	27	28	29	30	(10)	2	3	4	5	6	7	8	9	10	11	12	13	14	15	16	17	18		
十月大	壬戌	天干地支	庚寅	辛卯	壬辰	癸巳	甲午	乙未	丙申	丁酉	戊戌	己亥	庚子	辛丑	壬寅	癸卯	甲辰	乙巳	丙午	丁未	戊申	己酉	庚戌	辛亥	壬子	癸丑	甲寅	乙卯	丙辰	丁巳	戊午	己未	癸丑立冬
		西曆	19	20	21	22	23	24	25	26	27	28	29	30	31	(11)	2	3	4	5	6	7	8	9	10	11	12	13	14	15	16	17	
十一月小	癸亥	天干地支	庚申	辛酉	壬戌	癸亥	甲子	乙丑	丙寅	丁卯	戊辰	己巳	庚午	辛未	壬申	癸酉	甲戌	乙亥	丙子	丁丑	戊寅	己卯	庚辰	辛巳	壬午	癸未	甲申	乙酉	丙戌	丁亥	戊子		
		西曆	18	19	20	21	22	23	24	25	26	27	28	29	30	(12)	2	3	4	5	6	7	8	9	10	11	12	13	14	15	16		
十二月大	甲子	天干地支	己丑	庚寅	辛卯	壬辰	癸巳	甲午	乙未	丙申	丁酉	戊戌	己亥	庚子	辛丑	壬寅	癸卯	甲辰	乙巳	丙午	丁未	戊申	己酉	庚戌	辛亥	壬子	癸丑	甲寅	乙卯	丙辰	丁巳	戊午	丁酉冬至
		西曆	17	18	19	20	21	22	23	24	25	26	27	28	29	30	31	(1)	2	3	4	5	6	7	8	9	10	11	12	13	14	15	

朔閏異同	曆名	正月	二月	三月	四月	五月	六月	七月	八月	九月	十月	十一	十二	閏月
	周曆夏曆	乙丑癸巳	甲午癸亥	甲子壬辰	---癸巳壬戌	癸亥辛卯	壬辰辛酉	壬戌庚寅	壬辰庚申	辛酉庚寅	辛卯己未	庚申己丑	庚寅戊午	己未
	顓頊新曆	丙申乙未	乙丑甲子	乙未癸巳	甲子癸亥	甲午壬辰	---癸亥辛酉	癸巳辛卯	壬戌庚申	壬辰庚寅	壬戌庚申	辛卯己丑	辛酉己未	庚寅

周烈王四年（己酉 鷄年） 公元前372 ~ 前371年 歲在鶉首

殷曆月序		中西曆日對照	初一	初二	初三	初四	初五	初六	初七	初八	初九	初十	十一	十二	十三	十四	十五	十六	十七	十八	十九	二十	二一	二二	二三	二四	二五	二六	二七	二八	二九	三十	節氣與天象
正月大	乙丑	天干地支西曆	己未16	庚申17	辛酉18	壬戌19	癸亥20	甲子21	乙丑22	丙寅23	丁卯24	戊辰25	己巳26	庚午27	辛未28	壬申29	癸酉30	甲戌31	乙亥(2)	丙子2	丁丑3	戊寅4	己卯5	庚辰6	辛巳7	壬午8	癸未9	甲申10	乙酉11	丙戌12	丁亥13	戊子14	壬午立春
二月小	丙寅	天干地支西曆	己丑15	庚寅16	辛卯17	壬辰18	癸巳19	甲午20	乙未21	丙申22	丁酉23	戊戌24	己亥25	庚子26	辛丑27	壬寅28	癸卯(3)	甲辰2	乙巳3	丙午4	丁未5	戊申6	己酉7	庚戌8	辛亥9	壬子10	癸丑11	甲寅12	乙卯13	丙辰14	丁巳15		
三月大	丁卯	天干地支西曆	戊午16	己未17	庚申18	辛酉19	壬戌20	癸亥21	甲子22	乙丑23	丙寅24	丁卯25	戊辰26	己巳27	庚午28	辛未29	壬申30	癸酉31	甲戌(4)	乙亥2	丙子3	丁丑4	戊寅5	己卯6	庚辰7	辛巳8	壬午9	癸未10	甲申11	乙酉12	丙戌13	丁亥14	戊辰春分
四月小	戊辰	天干地支西曆	戊子15	己丑16	庚寅17	辛卯18	壬辰19	癸巳20	甲午21	乙未22	丙申23	丁酉24	戊戌25	己亥26	庚子27	辛丑28	壬寅29	癸卯30	甲辰(5)	乙巳2	丙午3	丁未4	戊申5	己酉6	庚戌7	辛亥8	壬子9	癸丑10	甲寅11	乙卯12	丙辰13		甲寅立夏
五月大	己巳	天干地支西曆	丁巳14	戊午15	己未16	庚申17	辛酉18	壬戌19	癸亥20	甲子21	乙丑22	丙寅23	丁卯24	戊辰25	己巳26	庚午27	辛未28	壬申29	癸酉30	甲戌31	乙亥(6)	丙子2	丁丑3	戊寅4	己卯5	庚辰6	辛巳7	壬午8	癸未9	甲申10	乙酉11	丙戌12	
六月小	庚午	天干地支西曆	丁亥13	戊子14	己丑15	庚寅16	辛卯17	壬辰18	癸巳19	甲午20	乙未21	丙申22	丁酉23	戊戌24	己亥25	庚子26	辛丑27	壬寅28	癸卯29	甲辰30	乙巳(7)	丙午2	丁未3	戊申4	己酉5	庚戌6	辛亥7	壬子8	癸丑9	甲寅10	乙卯11		壬寅夏至
七月大	辛未	天干地支西曆	丙辰12	丁巳13	戊午14	己未15	庚申16	辛酉17	壬戌18	癸亥19	甲子20	乙丑21	丙寅22	丁卯23	戊辰24	己巳25	庚午26	辛未27	壬申28	癸酉29	甲戌30	乙亥31	丙子(8)	丁丑2	戊寅3	己卯4	庚辰5	辛巳6	壬午7	癸未8	甲申9	乙酉10	
八月小	壬申	天干地支西曆	丙戌11	丁亥12	戊子13	己丑14	庚寅15	辛卯16	壬辰17	癸巳18	甲午19	乙未20	丙申21	丁酉22	戊戌23	己亥24	庚子25	辛丑26	壬寅27	癸卯28	甲辰29	乙巳30	丙午31	丁未(9)	戊申2	己酉3	庚戌4	辛亥5	壬子6	癸丑7	甲寅8		戊子立秋
九月大	癸酉	天干地支西曆	乙卯9	丙辰10	丁巳11	戊午12	己未13	庚申14	辛酉15	壬戌16	癸亥17	甲子18	乙丑19	丙寅20	丁卯21	戊辰22	己巳23	庚午24	辛未25	壬申26	癸酉27	甲戌28	乙亥29	丙子30	丁丑(10)	戊寅2	己卯3	庚辰4	辛巳5	壬午6	癸未7	甲申8	甲戌秋分
十月小	甲戌	天干地支西曆	乙酉9	丙戌10	丁亥11	戊子12	己丑13	庚寅14	辛卯15	壬辰16	癸巳17	甲午18	乙未19	丙申20	丁酉21	戊戌22	己亥23	庚子24	辛丑25	壬寅26	癸卯27	甲辰28	乙巳29	丙午30	丁未31	戊申(11)	己酉2	庚戌3	辛亥4	壬子5	癸丑6		
十一月大	乙亥	天干地支西曆	甲寅7	乙卯8	丙辰9	丁巳10	戊午11	己未12	庚申13	辛酉14	壬戌15	癸亥16	甲子17	乙丑18	丙寅19	丁卯20	戊辰21	己巳22	庚午23	辛未24	壬申25	癸酉26	甲戌27	乙亥28	丙子29	丁丑30	戊寅(12)	己卯2	庚辰3	辛巳4	壬午5	癸未6	戊午立冬
十二月小	丙子	天干地支西曆	甲申7	乙酉8	丙戌9	丁亥10	戊子11	己丑12	庚寅13	辛卯14	壬辰15	癸巳16	甲午17	乙未18	丙申19	丁酉20	戊戌21	己亥22	庚子23	辛丑24	壬寅25	癸卯26	甲辰27	乙巳28	丙午29	丁未30	戊申31	己酉(1)	庚戌2	辛亥3	壬子4		壬寅冬至

朔閏異同	曆名	正月	二月	三月	四月	五月	六月	七月	八月	九月	十月	十一	十二	閏月
	周曆夏曆	己丑戊子	戊午丁巳	戊子丁亥	丁巳丙辰	丁亥丙戌	丙辰乙卯	丙戌乙酉	乙卯甲寅	乙酉甲申	乙卯癸丑	甲申癸未	甲寅癸丑	
	顓頊新曆	庚申己丑	己丑戊午	己未戊子	戊子丁巳	戊午丁亥	丁亥丙辰	丁巳乙酉	丙戌乙卯	丙辰甲申	乙酉甲寅	乙卯癸未	甲申癸丑	

周烈王五年（庚戌 狗年） 公元前 **371** ~ 前 370 年 歲在鶉火

殷曆月序		中西曆日對照	初一	初二	初三	初四	初五	初六	初七	初八	初九	初十	十一	十二	十三	十四	十五	十六	十七	十八	十九	二十	二一	二二	二三	二四	二五	二六	二七	二八	二九	三十	節氣與天象
正月大	丁丑	干支 天地西曆	癸丑 5	甲寅 6	乙卯 7	丙辰 8	丁巳 9	戊午 10	己未 11	庚申 12	辛酉 13	壬戌 14	癸亥 15	甲子 16	乙丑 17	丙寅 18	丁卯 19	戊辰 20	己巳 21	庚午 22	辛未 23	壬申 24	癸酉 25	甲戌 26	乙亥 27	丙子 28	丁丑 29	戊寅 30	己卯 31	庚辰 (2)	辛巳 2	壬午 3	
二月小	戊寅	干支 天地西曆	癸未 4	甲申 5	乙酉 6	丙戌 7	丁亥 8	戊子 9	己丑 10	庚寅 11	辛卯 12	壬辰 13	癸巳 14	甲午 15	乙未 16	丙申 17	丁酉 18	戊戌 19	己亥 20	庚子 21	辛丑 22	壬寅 23	癸卯 24	甲辰 25	乙巳 26	丙午 27	丁未 28	戊申 (3)	己酉 2	庚戌 3	辛亥 4		丁亥立春
三月大	己卯	干支 天地西曆	壬子 5	癸丑 6	甲寅 7	乙卯 8	丙辰 9	丁巳 10	戊午 11	己未 12	庚申 13	辛酉 14	壬戌 15	癸亥 16	甲子 17	乙丑 18	丙寅 19	丁卯 20	戊辰 21	己巳 22	庚午 23	辛未 24	壬申 25	癸酉 26	甲戌 27	乙亥 28	丙子 29	丁丑 30	戊寅 31	己卯 (4)	庚辰 2	辛巳 3	癸酉春分
四月大	庚辰	干支 天地西曆	壬午 4	癸未 5	甲申 6	乙酉 7	丙戌 8	丁亥 9	戊子 10	己丑 11	庚寅 12	辛卯 13	壬辰 14	癸巳 15	甲午 16	乙未 17	丙申 18	丁酉 19	戊戌 20	己亥 21	庚子 22	辛丑 23	壬寅 24	癸卯 25	甲辰 26	乙巳 27	丙午 28	丁未 29	戊申 30	己酉 (5)	庚戌 2	辛亥 3	
五月小	辛巳	干支 天地西曆	壬子 4	癸丑 5	甲寅 6	乙卯 7	丙辰 8	丁巳 9	戊午 10	己未 11	庚申 12	辛酉 13	壬戌 14	癸亥 15	甲子 16	乙丑 17	丙寅 18	丁卯 19	戊辰 20	己巳 21	庚午 22	辛未 23	壬申 24	癸酉 25	甲戌 26	乙亥 27	丙子 28	丁丑 29	戊寅 30	己卯 31	庚辰 (6)		庚申立夏
六月大	壬午	干支 天地西曆	辛巳 2	壬午 3	癸未 4	甲申 5	乙酉 6	丙戌 7	丁亥 8	戊子 9	己丑 10	庚寅 11	辛卯 12	壬辰 13	癸巳 14	甲午 15	乙未 16	丙申 17	丁酉 18	戊戌 19	己亥 20	庚子 21	辛丑 22	壬寅 23	癸卯 24	甲辰 25	乙巳 26	丙午 27	丁未 28	戊申 29	己酉 30	庚戌 (7)	丁未夏至
七月小	癸未	干支 天地西曆	辛亥 2	壬子 3	癸丑 4	甲寅 5	乙卯 6	丙辰 7	丁巳 8	戊午 9	己未 10	庚申 11	辛酉 12	壬戌 13	癸亥 14	甲子 15	乙丑 16	丙寅 17	丁卯 18	戊辰 19	己巳 20	庚午 21	辛未 22	壬申 23	癸酉 24	甲戌 25	乙亥 26	丙子 27	丁丑 28	戊寅 29	己卯 30		
八月大	甲申	干支 天地西曆	庚辰 31	辛巳 (8)	壬午 2	癸未 3	甲申 4	乙酉 5	丙戌 6	丁亥 7	戊子 8	己丑 9	庚寅 10	辛卯 11	壬辰 12	癸巳 13	甲午 14	乙未 15	丙申 16	丁酉 17	戊戌 18	己亥 19	庚子 20	辛丑 21	壬寅 22	癸卯 23	甲辰 24	乙巳 25	丙午 26	丁未 27	戊申 28	己酉 29	甲午立秋
九月小	乙酉	干支 天地西曆	庚戌 30	辛亥 31	壬子 (9)	癸丑 2	甲寅 3	乙卯 4	丙辰 5	丁巳 6	戊午 7	己未 8	庚申 9	辛酉 10	壬戌 11	癸亥 12	甲子 13	乙丑 14	丙寅 15	丁卯 16	戊辰 17	己巳 18	庚午 19	辛未 20	壬申 21	癸酉 22	甲戌 23	乙亥 24	丙子 25	丁丑 26	戊寅 27		
十月大	丙戌	干支 天地西曆	己卯 28	庚辰 29	辛巳 30	壬午 (10)	癸未 2	甲申 3	乙酉 4	丙戌 5	丁亥 6	戊子 7	己丑 8	庚寅 9	辛卯 10	壬辰 11	癸巳 12	甲午 13	乙未 14	丙申 15	丁酉 16	戊戌 17	己亥 18	庚子 19	辛丑 20	壬寅 21	癸卯 22	甲辰 23	乙巳 24	丙午 25	丁未 26	戊申 27	己卯秋分
十一月小	丁亥	干支 天地西曆	己酉 28	庚戌 29	辛亥 30	壬子 31	癸丑 (11)	甲寅 2	乙卯 3	丙辰 4	丁巳 5	戊午 6	己未 7	庚申 8	辛酉 9	壬戌 10	癸亥 11	甲子 12	乙丑 13	丙寅 14	丁卯 15	戊辰 16	己巳 17	庚午 18	辛未 19	壬申 20	癸酉 21	甲戌 22	乙亥 23	丙子 24	丁丑 25		甲子立冬
閏十一大	丁亥	干支 天地西曆	戊寅 26	己卯 27	庚辰 28	辛巳 29	壬午 30	癸未 (12)	甲申 2	乙酉 3	丙戌 4	丁亥 5	戊子 6	己丑 7	庚寅 8	辛卯 9	壬辰 10	癸巳 11	甲午 12	乙未 13	丙申 14	丁酉 15	戊戌 16	己亥 17	庚子 18	辛丑 19	壬寅 20	癸卯 21	甲辰 22	乙巳 23	丙午 24	丁未 25	
十二月小	戊子	干支 天地西曆	戊申 26	己酉 27	庚戌 28	辛亥 29	壬子 30	癸丑 31	甲寅 (1)	乙卯 2	丙辰 3	丁巳 4	戊午 5	己未 6	庚申 7	辛酉 8	壬戌 9	癸亥 10	甲子 11	乙丑 12	丙寅 13	丁卯 14	戊辰 15	己巳 16	庚午 17	辛未 18	壬申 19	癸酉 20	甲戌 21	乙亥 22	丙子 23		戊申冬至

朔閏異同	曆名	正月	二月	三月	四月	五月	六月	七月	八月	九月	十月	十一	十二	閏月
	周曆夏曆	癸未壬午	癸丑壬子	壬午辛巳	壬子辛亥	辛巳庚辰	辛亥庚戌	庚辰己卯	庚戌---己酉	己卯戊寅	己酉戊申	戊寅丁丑	---戊申丁未	丁丑丙子
	顓頊新曆	甲寅癸未	甲申癸丑	癸丑壬午	癸未壬子	壬子辛巳	壬午辛亥	辛亥---庚辰	辛巳己酉	庚戌己卯	庚辰戊申	己酉戊寅	己卯丁未	---戊申丁丑

周烈王六年（辛亥 猪年） 公元前370～前369年 歲在鶉尾

殷曆月序	中西曆日對照	初一	初二	初三	初四	初五	初六	初七	初八	初九	初十	十一	十二	十三	十四	十五	十六	十七	十八	十九	二十	二一	二二	二三	二四	二五	二六	二七	二八	二九	三十	節氣與天象
正月大 己丑	干支 天地 西曆	丁丑24	戊寅25	己卯26	庚辰27	辛巳28	壬午29	癸未30	甲申31	乙酉(2)	丙戌2	丁亥3	戊子4	己丑5	庚寅6	辛卯7	壬辰8	癸巳9	甲午10	乙未11	丙申12	丁酉13	戊戌14	己亥15	庚子16	辛丑17	壬寅18	癸卯19	甲辰20	乙巳21	丙午22	壬辰立春
二月小 庚寅	干支 天地 西曆	丁未23	戊申24	己酉25	庚戌26	辛亥27	壬子28	癸丑(3)	甲寅2	乙卯3	丙辰4	丁巳5	戊午6	己未7	庚申8	辛酉9	壬戌10	癸亥11	甲子12	乙丑13	丙寅14	丁卯15	戊辰16	己巳17	庚午18	辛未19	壬申20	癸酉21	甲戌22	乙亥23		
三月大 辛卯	干支 天地 西曆	丙子24	丁丑25	戊寅26	己卯27	庚辰28	辛巳29	壬午30	癸未31	甲申(4)	乙酉2	丙戌3	丁亥4	戊子5	己丑6	庚寅7	辛卯8	壬辰9	癸巳10	甲午11	乙未12	丙申13	丁酉14	戊戌15	己亥16	庚子17	辛丑18	壬寅19	癸卯20	甲辰21	乙巳22	戊寅春分
四月小 壬辰	干支 天地 西曆	丙午23	丁未24	戊申25	己酉26	庚戌27	辛亥28	壬子29	癸丑30	甲寅(5)	乙卯2	丙辰3	丁巳4	戊午5	己未6	庚申7	辛酉8	壬戌9	癸亥10	甲子11	乙丑12	丙寅13	丁卯14	戊辰15	己巳16	庚午17	辛未18	壬申19	癸酉20	甲戌21		乙丑立夏
五月大 癸巳	干支 天地 西曆	乙亥22	丙子23	丁丑24	戊寅25	己卯26	庚辰27	辛巳28	壬午29	癸未30	甲申31	乙酉(6)	丙戌2	丁亥3	戊子4	己丑5	庚寅6	辛卯7	壬辰8	癸巳9	甲午10	乙未11	丙申12	丁酉13	戊戌14	己亥15	庚子16	辛丑17	壬寅18	癸卯19	甲辰20	
六月小 甲午	干支 天地 西曆	乙巳21	丙午22	丁未23	戊申24	己酉25	庚戌26	辛亥27	壬子28	癸丑29	甲寅30	乙卯(7)	丙辰2	丁巳3	戊午4	己未5	庚申6	辛酉7	壬戌8	癸亥9	甲子10	乙丑11	丙寅12	丁卯13	戊辰14	己巳15	庚午16	辛未17	壬申18	癸酉19		壬子夏至
七月大 乙未	干支 天地 西曆	甲戌20	乙亥21	丙子22	丁丑23	戊寅24	己卯25	庚辰26	辛巳27	壬午28	癸未29	甲申30	乙酉31	丙戌(8)	丁亥2	戊子3	己丑4	庚寅5	辛卯6	壬辰7	癸巳8	甲午9	乙未10	丙申11	丁酉12	戊戌13	己亥14	庚子15	辛丑16	壬寅17	癸卯18	己亥立秋
八月小 丙申	干支 天地 西曆	甲辰19	乙巳20	丙午21	丁未22	戊申23	己酉24	庚戌25	辛亥26	壬子27	癸丑28	甲寅29	乙卯30	丙辰31	丁巳(9)	戊午2	己未3	庚申4	辛酉5	壬戌6	癸亥7	甲子8	乙丑9	丙寅10	丁卯11	戊辰12	己巳13	庚午14	辛未15	壬申16	癸酉17	
九月大 丁酉	干支 天地 西曆	甲戌18	乙亥19	丙子20	丁丑21	戊寅22	己卯23	庚辰24	辛巳25	壬午26	癸未27	甲申28	乙酉29	丙戌30	丁亥(10)	戊子2	己丑3	庚寅4	辛卯5	壬辰6	癸巳7	甲午8	乙未9	丙申10	丁酉11	戊戌12	己亥13	庚子14	辛丑15	壬寅16	癸卯17	甲申秋分
十月小 戊戌	干支 天地 西曆	甲辰18	乙巳19	丙午20	丁未21	戊申22	己酉23	庚戌24	辛亥25	壬子26	癸丑27	甲寅28	乙卯29	丙辰30	丁巳31	戊午(11)	己未2	庚申3	辛酉4	壬戌5	癸亥6	甲子7	乙丑8	丙寅9	丁卯10	戊辰11	己巳12	庚午13	辛未14	壬申15		己巳立冬
十一月小 己亥	干支 天地 西曆	癸酉16	甲戌17	乙亥18	丙子19	丁丑20	戊寅21	己卯22	庚辰23	辛巳24	壬午25	癸未26	甲申27	乙酉28	丙戌29	丁亥30	戊子(12)	己丑2	庚寅3	辛卯4	壬辰5	癸巳6	甲午7	乙未8	丙申9	丁酉10	戊戌11	己亥12	庚子13	辛丑14		
十二月大 庚子	干支 天地 西曆	壬寅15	癸卯16	甲辰17	乙巳18	丙午19	丁未20	戊申21	己酉22	庚戌23	辛亥24	壬子25	癸丑26	甲寅27	乙卯28	丙辰29	丁巳30	戊午31	己未(1)	庚申2	辛酉3	壬戌4	癸亥5	甲子6	乙丑7	丙寅8	丁卯9	戊辰10	己巳11	庚午12	辛未13	癸丑冬至

朔閏異同	曆名	正月	二月	三月	四月	五月	六月	七月	八月	九月	十月	十一	十二	閏月
	周曆夏曆	丁未丙午	丁丑乙亥	丙午乙巳	丙子乙亥	乙巳甲辰	乙亥甲戌	甲辰癸卯	甲戌癸酉	癸卯壬寅	癸酉壬申	壬寅辛丑	壬申辛未	
	顓頊新曆	戊寅丁未	丁未丙子	丁丑丙午	丙午丙子	丙子乙巳	丙午乙亥	乙亥甲辰	乙巳癸酉	甲戌癸卯	甲辰壬申	癸酉壬寅	癸卯辛未	

周烈王七年（壬子 鼠年） 公元前**369** ~ 前368年 歲在壽星

殷曆月序		中西曆日對照	初一	初二	初三	初四	初五	初六	初七	初八	初九	初十	十一	十二	十三	十四	十五	十六	十七	十八	十九	二十	二一	二二	二三	二四	二五	二六	二七	二八	二九	三十	節氣與天象
正月小	辛丑	天干地支	壬申	癸酉	甲戌	乙亥	丙子	丁丑	戊寅	己卯	庚辰	辛巳	壬午	癸未	甲申	乙酉	丙戌	丁亥	戊子	己丑	庚寅	辛卯	壬辰	癸巳	甲午	乙未	丙申	丁酉	戊戌	己亥	庚子		戊戌立春
		西曆	14	15	16	17	18	19	20	21	22	23	24	25	26	27	28	29	30	31	(2)	2	3	4	5	6	7	8	9	10	11		
二月大	壬寅	天干地支	辛丑	壬寅	癸卯	甲辰	乙巳	丙午	丁未	戊申	己酉	庚戌	辛亥	壬子	癸丑	甲寅	乙卯	丙辰	丁巳	戊午	己未	庚申	辛酉	壬戌	癸亥	甲子	乙丑	丙寅	丁卯	戊辰	己巳	庚午	
		西曆	12	13	14	15	16	17	18	19	20	21	22	23	24	25	26	27	28	29	(3)	2	3	4	5	6	7	8	9	10	11	12	
三月小	癸卯	天干地支	辛未	壬申	癸酉	甲戌	乙亥	丙子	丁丑	戊寅	己卯	庚辰	辛巳	壬午	癸未	甲申	乙酉	丙戌	丁亥	戊子	己丑	庚寅	辛卯	壬辰	癸巳	甲午	乙未	丙申	丁酉	戊戌	己亥		癸未春分
		西曆	13	14	15	16	17	18	19	20	21	22	23	24	25	26	27	28	29	30	31	(4)	2	3	4	5	6	7	8	9	10		
四月大	甲辰	天干地支	庚子	辛丑	壬寅	癸卯	甲辰	乙巳	丙午	丁未	戊申	己酉	庚戌	辛亥	壬子	癸丑	甲寅	乙卯	丙辰	丁巳	戊午	己未	庚申	辛酉	壬戌	癸亥	甲子	乙丑	丙寅	丁卯	戊辰	己巳	庚子日食
		西曆	11	12	13	14	15	16	17	18	19	20	21	22	23	24	25	26	27	28	29	30	(5)	2	3	4	5	6	7	8	9	10	
五月小	乙巳	天干地支	庚午	辛未	壬申	癸酉	甲戌	乙亥	丙子	丁丑	戊寅	己卯	庚辰	辛巳	壬午	癸未	甲申	乙酉	丙戌	丁亥	戊子	己丑	庚寅	辛卯	壬辰	癸巳	甲午	乙未	丙申	丁酉	戊戌		庚午立夏
		西曆	11	12	13	14	15	16	17	18	19	20	21	22	23	24	25	26	27	28	29	30	31	(6)	2	3	4	5	6	7	8		
六月大	丙午	天干地支	己亥	庚子	辛丑	壬寅	癸卯	甲辰	乙巳	丙午	丁未	戊申	己酉	庚戌	辛亥	壬子	癸丑	甲寅	乙卯	丙辰	丁巳	戊午	己未	庚申	辛酉	壬戌	癸亥	甲子	乙丑	丙寅	丁卯	戊辰	丁巳夏至
		西曆	9	10	11	12	13	14	15	16	17	18	19	20	21	22	23	24	25	26	27	28	29	30	(7)	2	3	4	5	6	7	8	
七月小	丁未	天干地支	己巳	庚午	辛未	壬申	癸酉	甲戌	乙亥	丙子	丁丑	戊寅	己卯	庚辰	辛巳	壬午	癸未	甲申	乙酉	丙戌	丁亥	戊子	己丑	庚寅	辛卯	壬辰	癸巳	甲午	乙未	丙申	丁酉		
		西曆	9	10	11	12	13	14	15	16	17	18	19	20	21	22	23	24	25	26	27	28	29	30	31	(8)	2	3	4	5	6		
八月大	戊申	天干地支	戊戌	己亥	庚子	辛丑	壬寅	癸卯	甲辰	乙巳	丙午	丁未	戊申	己酉	庚戌	辛亥	壬子	癸丑	甲寅	乙卯	丙辰	丁巳	戊午	己未	庚申	辛酉	壬戌	癸亥	甲子	乙丑	丙寅	丁卯	甲辰立秋
		西曆	7	8	9	10	11	12	13	14	15	16	17	18	19	20	21	22	23	24	25	26	27	28	29	30	31	(9)	2	3	4	5	
九月小	己酉	天干地支	戊辰	己巳	庚午	辛未	壬申	癸酉	甲戌	乙亥	丙子	丁丑	戊寅	己卯	庚辰	辛巳	壬午	癸未	甲申	乙酉	丙戌	丁亥	戊子	己丑	庚寅	辛卯	壬辰	癸巳	甲午	乙未	丙申		庚寅秋分
		西曆	6	7	8	9	10	11	12	13	14	15	16	17	18	19	20	21	22	23	24	25	26	27	28	29	30	(10)	2	3	4		
十月大	庚戌	天干地支	丁酉	戊戌	己亥	庚子	辛丑	壬寅	癸卯	甲辰	乙巳	丙午	丁未	戊申	己酉	庚戌	辛亥	壬子	癸丑	甲寅	乙卯	丙辰	丁巳	戊午	己未	庚申	辛酉	壬戌	癸亥	甲子	乙丑	丙寅	
		西曆	5	6	7	8	9	10	11	12	13	14	15	16	17	18	19	20	21	22	23	24	25	26	27	28	29	30	31	(11)	2	3	
十一月小	辛亥	天干地支	丁卯	戊辰	己巳	庚午	辛未	壬申	癸酉	甲戌	乙亥	丙子	丁丑	戊寅	己卯	庚辰	辛巳	壬午	癸未	甲申	乙酉	丙戌	丁亥	戊子	己丑	庚寅	辛卯	壬辰	癸巳	甲午	乙未		甲戌立冬
		西曆	4	5	6	7	8	9	10	11	12	13	14	15	16	17	18	19	20	21	22	23	24	25	26	27	28	29	30	(12)	2		
十二月大	壬子	天干地支	丙申	丁酉	戊戌	己亥	庚子	辛丑	壬寅	癸卯	甲辰	乙巳	丙午	丁未	戊申	己酉	庚戌	辛亥	壬子	癸丑	甲寅	乙卯	丙辰	丁巳	戊午	己未	庚申	辛酉	壬戌	癸亥	甲子	乙丑	戊午冬至
		西曆	3	4	5	6	7	8	9	10	11	12	13	14	15	16	17	18	19	20	21	22	23	24	25	26	27	28	29	30	31	(1)	

朔閏異同	曆名	正月	二月	三月	四月	五月	六月	七月	八月	九月	十月	十一	十二	閏月
	周曆夏曆	辛丑庚子	辛未庚午	庚子己亥	庚午己巳	己亥戊戌	己巳戊辰	己亥戊戌	戊辰丁卯	戊戌丁酉	丁卯丙寅	丁酉丙申	丙寅乙丑	
	顓頊新曆	壬申辛丑	壬寅庚午	辛未庚子	辛丑庚午	庚午己亥	庚子己巳	己巳戊戌	己亥戊辰	己巳丁酉	戊戌丁卯	戊辰丙申	丁酉丙寅	

周顯王元年（癸丑 牛年） 公元前368～前367年 歲在大火

殷曆月序		中西曆日對照	初一	初二	初三	初四	初五	初六	初七	初八	初九	初十	十一	十二	十三	十四	十五	十六	十七	十八	十九	二十	二一	二二	二三	二四	二五	二六	二七	二八	二九	三十	節氣與天象
正月大	癸丑	天干地支西曆	丙寅2	丁卯3	戊辰4	己巳5	庚午6	辛未7	壬申8	癸酉9	甲戌10	乙亥11	丙子12	丁丑13	戊寅14	己卯15	庚辰16	辛巳17	壬午18	癸未19	甲申20	乙酉21	丙戌22	丁亥23	戊子24	己丑25	庚寅26	辛卯27	壬辰28	癸巳29	甲午30	乙未31	
二月小	甲寅	天干地支西曆	丙申(2)	丁酉2	戊戌3	己亥4	庚子5	辛丑6	壬寅7	癸卯8	甲辰9	乙巳10	丙午11	丁未12	戊申13	己酉14	庚戌15	辛亥16	壬子17	癸丑18	甲寅19	乙卯20	丙辰21	丁巳22	戊午23	己未24	庚申25	辛酉26	壬戌27	癸亥28	甲子(3)		癸卯立春
三月大	乙卯	天干地支西曆	乙丑2	丙寅3	丁卯4	戊辰5	己巳6	庚午7	辛未8	壬申9	癸酉10	甲戌11	乙亥12	丙子13	丁丑14	戊寅15	己卯16	庚辰17	辛巳18	壬午19	癸未20	甲申21	乙酉22	丙戌23	丁亥24	戊子25	己丑26	庚寅27	辛卯28	壬辰29	癸巳30	甲午31	己丑春分 甲午日食
四月小	丙辰	天干地支西曆	乙未(4)	丙申2	丁酉3	戊戌4	己亥5	庚子6	辛丑7	壬寅8	癸卯9	甲辰10	乙巳11	丙午12	丁未13	戊申14	己酉15	庚戌16	辛亥17	壬子18	癸丑19	甲寅20	乙卯21	丙辰22	丁巳23	戊午24	己未25	庚申26	辛酉27	壬戌28	癸亥29		
五月大	丁巳	天干地支西曆	甲子30	乙丑(5)	丙寅2	丁卯3	戊辰4	己巳5	庚午6	辛未7	壬申8	癸酉9	甲戌10	乙亥11	丙子12	丁丑13	戊寅14	己卯15	庚辰16	辛巳17	壬午18	癸未19	甲申20	乙酉21	丙戌22	丁亥23	戊子24	己丑25	庚寅26	辛卯27	壬辰28	癸巳29	乙亥立夏
六月小	戊午	天干地支西曆	甲午30	乙未31	丙申(6)	丁酉2	戊戌3	己亥4	庚子5	辛丑6	壬寅7	癸卯8	甲辰9	乙巳10	丙午11	丁未12	戊申13	己酉14	庚戌15	辛亥16	壬子17	癸丑18	甲寅19	乙卯20	丙辰21	丁巳22	戊午23	己未24	庚申25	辛酉26	壬戌27		
七月大	己未	天干地支西曆	癸亥28	甲子29	乙丑30	丙寅(7)	丁卯2	戊辰3	己巳4	庚午5	辛未6	壬申7	癸酉8	甲戌9	乙亥10	丙子11	丁丑12	戊寅13	己卯14	庚辰15	辛巳16	壬午17	癸未18	甲申19	乙酉20	丙戌21	丁亥22	戊子23	己丑24	庚寅25	辛卯26	壬辰27	癸亥夏至
閏七月小	己未	天干地支西曆	癸巳28	甲午29	乙未30	丙申31	丁酉(8)	戊戌2	己亥3	庚子4	辛丑5	壬寅6	癸卯7	甲辰8	乙巳9	丙午10	丁未11	戊申12	己酉13	庚戌14	辛亥15	壬子16	癸丑17	甲寅18	乙卯19	丙辰20	丁巳21	戊午22	己未23	庚申24	辛酉25		己酉立秋
八月大	庚申	天干地支西曆	壬戌26	癸亥27	甲子28	乙丑29	丙寅30	丁卯31	戊辰(9)	己巳2	庚午3	辛未4	壬申5	癸酉6	甲戌7	乙亥8	丙子9	丁丑10	戊寅11	己卯12	庚辰13	辛巳14	壬午15	癸未16	甲申17	乙酉18	丙戌19	丁亥20	戊子21	己丑22	庚寅23	辛卯24	
九月小	辛酉	天干地支西曆	壬辰25	癸巳26	甲午27	乙未28	丙申29	丁酉30	戊戌(10)	己亥2	庚子3	辛丑4	壬寅5	癸卯6	甲辰7	乙巳8	丙午9	丁未10	戊申11	己酉12	庚戌13	辛亥14	壬子15	癸丑16	甲寅17	乙卯18	丙辰19	丁巳20	戊午21	己未22	庚申23		乙未秋分 壬辰日食
十月大	壬戌	天干地支西曆	辛酉24	壬戌25	癸亥26	甲子27	乙丑28	丙寅29	丁卯30	戊辰31	己巳(11)	庚午2	辛未3	壬申4	癸酉5	甲戌6	乙亥7	丙子8	丁丑9	戊寅10	己卯11	庚辰12	辛巳13	壬午14	癸未15	甲申16	乙酉17	丙戌18	丁亥19	戊子20	己丑21	庚寅22	己卯立冬
十一月小	癸亥	天干地支西曆	辛卯23	壬辰24	癸巳25	甲午26	乙未27	丙申28	丁酉29	戊戌30	己亥(12)	庚子2	辛丑3	壬寅4	癸卯5	甲辰6	乙巳7	丙午8	丁未9	戊申10	己酉11	庚戌12	辛亥13	壬子14	癸丑15	甲寅16	乙卯17	丙辰18	丁巳19	戊午20	己未21		
十二月大	甲子	天干地支西曆	庚申22	辛酉23	壬戌24	癸亥25	甲子26	乙丑27	丙寅28	丁卯29	戊辰30	己巳31	庚午(1)	辛未2	壬申3	癸酉4	甲戌5	乙亥6	丙子7	丁丑8	戊寅9	己卯10	庚辰11	辛巳12	壬午13	癸未14	甲申15	乙酉16	丙戌17	丁亥18	戊子19	己丑20	癸亥冬至

朔閏異同	曆名	正月	二月	三月	四月	五月	六月	七月	八月	九月	十月	十一	十二	閏月
	周曆夏曆	丙申乙未	乙丑甲子	乙未甲午	甲子---癸亥	甲午癸巳	癸亥壬戌	癸巳壬辰	壬戌辛酉	壬辰辛卯	---壬戌庚申	辛卯庚寅	辛酉庚申	庚寅己丑
	顓頊新曆	丁卯乙未	丙申乙丑	丙寅---甲午	乙未甲子	乙丑癸巳	甲午癸亥	甲子癸巳	癸巳壬戌	癸亥壬辰	壬辰辛酉	壬戌辛卯	辛卯庚申	---辛酉庚寅

周顯王二年（甲寅 虎年） 公元前367 ~ 前366年 歲在析木

殷曆月序		中西曆日對照	初一	初二	初三	初四	初五	初六	初七	初八	初九	初十	十一	十二	十三	十四	十五	十六	十七	十八	十九	二十	二一	二二	二三	二四	二五	二六	二七	二八	二九	三十	節氣與天象
正月小	乙丑	天干地支西曆	庚寅 21	辛卯 22	壬辰 23	癸巳 24	甲午 25	乙未 26	丙申 27	丁酉 28	戊戌 29	己亥 30	庚子 31	辛丑 (2)	壬寅 2	癸卯 3	甲辰 4	乙巳 5	丙午 6	丁未 7	戊申 8	己酉 9	庚戌 10	辛亥 11	壬子 12	癸丑 13	甲寅 14	乙卯 15	丙辰 16	丁巳 17	戊午 18		戊申立春
二月大	丙寅	天干地支西曆	己未 19	庚申 20	辛酉 21	壬戌 22	癸亥 23	甲子 24	乙丑 25	丙寅 26	丁卯 27	戊辰 28	己巳 (3)	庚午 2	辛未 3	壬申 4	癸酉 5	甲戌 6	乙亥 7	丙子 8	丁丑 9	戊寅 10	己卯 11	庚辰 12	辛巳 13	壬午 14	癸未 15	甲申 16	乙酉 17	丙戌 18	丁亥 19	戊子 20	
三月大	丁卯	天干地支西曆	己丑 21	庚寅 22	辛卯 23	壬辰 24	癸巳 25	甲午 26	乙未 27	丙申 28	丁酉 29	戊戌 30	己亥 31	庚子 (4)	辛丑 2	壬寅 3	癸卯 4	甲辰 5	乙巳 6	丙午 7	丁未 8	戊申 9	己酉 10	庚戌 11	辛亥 12	壬子 13	癸丑 14	甲寅 15	乙卯 16	丙辰 17	丁巳 18	戊午 19	甲午春分
四月小	戊辰	天干地支西曆	己未 20	庚申 21	辛酉 22	壬戌 23	癸亥 24	甲子 25	乙丑 26	丙寅 27	丁卯 28	戊辰 29	己巳 30	庚午 (5)	辛未 2	壬申 3	癸酉 4	甲戌 5	乙亥 6	丙子 7	丁丑 8	戊寅 9	己卯 10	庚辰 11	辛巳 12	壬午 13	癸未 14	甲申 15	乙酉 16	丙戌 17	丁亥 18		辛巳立夏
五月大	己巳	天干地支西曆	戊子 19	己丑 20	庚寅 21	辛卯 22	壬辰 23	癸巳 24	甲午 25	乙未 26	丙申 27	丁酉 28	戊戌 29	己亥 30	庚子 31	辛丑 (6)	壬寅 2	癸卯 3	甲辰 4	乙巳 5	丙午 6	丁未 7	戊申 8	己酉 9	庚戌 10	辛亥 11	壬子 12	癸丑 13	甲寅 14	乙卯 15	丙辰 16	丁巳 17	
六月小	庚午	天干地支西曆	戊午 18	己未 19	庚申 20	辛酉 21	壬戌 22	癸亥 23	甲子 24	乙丑 25	丙寅 26	丁卯 27	戊辰 28	己巳 29	庚午 30	辛未 (7)	壬申 2	癸酉 3	甲戌 4	乙亥 5	丙子 6	丁丑 7	戊寅 8	己卯 9	庚辰 10	辛巳 11	壬午 12	癸未 13	甲申 14	乙酉 15	丙戌 16		戊辰夏至
七月大	辛未	天干地支西曆	丁亥 17	戊子 18	己丑 19	庚寅 20	辛卯 21	壬辰 22	癸巳 23	甲午 24	乙未 25	丙申 26	丁酉 27	戊戌 28	己亥 29	庚子 30	辛丑 31	壬寅 (8)	癸卯 2	甲辰 3	乙巳 4	丙午 5	丁未 6	戊申 7	己酉 8	庚戌 9	辛亥 10	壬子 11	癸丑 12	甲寅 13	乙卯 14	丙辰 15	乙卯立秋
八月小	壬申	天干地支西曆	丁巳 16	戊午 17	己未 18	庚申 19	辛酉 20	壬戌 21	癸亥 22	甲子 23	乙丑 24	丙寅 25	丁卯 26	戊辰 27	己巳 28	庚午 29	辛未 30	壬申 31	癸酉 (9)	甲戌 2	乙亥 3	丙子 4	丁丑 5	戊寅 6	己卯 7	庚辰 8	辛巳 9	壬午 10	癸未 11	甲申 12	乙酉 13		
九月大	癸酉	天干地支西曆	丙戌 14	丁亥 15	戊子 16	己丑 17	庚寅 18	辛卯 19	壬辰 20	癸巳 21	甲午 22	乙未 23	丙申 24	丁酉 25	戊戌 26	己亥 27	庚子 28	辛丑 29	壬寅 30	癸卯 (10)	甲辰 2	乙巳 3	丙午 4	丁未 5	戊申 6	己酉 7	庚戌 8	辛亥 9	壬子 10	癸丑 11	甲寅 12	乙卯 13	庚子秋分
十月小	甲戌	天干地支西曆	丙辰 14	丁巳 15	戊午 16	己未 17	庚申 18	辛酉 19	壬戌 20	癸亥 21	甲子 22	乙丑 23	丙寅 24	丁卯 25	戊辰 26	己巳 27	庚午 28	辛未 29	壬申 30	癸酉 31	甲戌 (11)	乙亥 2	丙子 3	丁丑 4	戊寅 5	己卯 6	庚辰 7	辛巳 8	壬午 9	癸未 10	甲申 11		
十一月大	乙亥	天干地支西曆	乙酉 12	丙戌 13	丁亥 14	戊子 15	己丑 16	庚寅 17	辛卯 18	壬辰 19	癸巳 20	甲午 21	乙未 22	丙申 23	丁酉 24	戊戌 25	己亥 26	庚子 27	辛丑 28	壬寅 29	癸卯 30	甲辰 (12)	乙巳 2	丙午 3	丁未 4	戊申 5	己酉 6	庚戌 7	辛亥 8	壬子 9	癸丑 10	甲寅 11	乙酉立冬
十二月小	丙子	天干地支西曆	乙卯 12	丙辰 13	丁巳 14	戊午 15	己未 16	庚申 17	辛酉 18	壬戌 19	癸亥 20	甲子 21	乙丑 22	丙寅 23	丁卯 24	戊辰 25	己巳 26	庚午 27	辛未 28	壬申 29	癸酉 30	甲戌 31	乙亥 (1)	丙子 2	丁丑 3	戊寅 4	己卯 5	庚辰 6	辛巳 7	壬午 8	癸未 9		己巳冬至

朔閏異同	曆名	正月	二月	三月	四月	五月	六月	七月	八月	九月	十月	十一	十二	閏月	曆名	正月	二月	三月	四月	五月	六月	七月	八月	九月	十月	十一	十二	閏月
	周曆夏曆	庚申己未	己丑戊子	己未戊午	戊子丁亥	戊午丁巳	丁亥丙戌	丁巳丙辰	丙戌乙酉	丙辰乙卯	乙酉甲申	乙卯甲寅	甲申癸未		顓頊新曆	辛卯己未	庚申己丑	庚寅戊午	己未丁亥	己丑丁巳	戊午丁亥	戊子丙辰	丁巳丙戌	丁亥丙辰	丙辰乙酉	丙戌乙卯	乙卯甲申	

* 本年趙、韓分周爲二，稱西周、東周。

周顯王三年（乙卯 兔年） 公元前366年 歲在星紀

殷曆月序		中西曆日對照	初一	初二	初三	初四	初五	初六	初七	初八	初九	初十	十一	十二	十三	十四	十五	十六	十七	十八	十九	二十	二一	二二	二三	二四	二五	二六	二七	二八	二九	三十	節氣與天象
正月大	丁丑	天干地支西曆	甲申 10	乙酉 11	丙戌 12	丁亥 13	戊子 14	己丑 15	庚寅 16	辛卯 17	壬辰 18	癸巳 19	甲午 20	乙未 21	丙申 22	丁酉 23	戊戌 24	己亥 25	庚子 26	辛丑 27	壬寅 28	癸卯 29	甲辰 30	乙巳 31	丙午 (2)	丁未 2	戊申 3	己酉 4	庚戌 5	辛亥 6	壬子 7	癸丑 8	癸丑立春
二月小	戊寅	天干地支西曆	甲寅 9	乙卯 10	丙辰 11	丁巳 12	戊午 13	己未 14	庚申 15	辛酉 16	壬戌 17	癸亥 18	甲子 19	乙丑 20	丙寅 21	丁卯 22	戊辰 23	己巳 24	庚午 25	辛未 26	壬申 27	癸酉 28	甲戌 (3)	乙亥 2	丙子 3	丁丑 4	戊寅 5	己卯 6	庚辰 7	辛巳 8	壬午 9		甲寅日食
三月大	己卯	天干地支西曆	癸未 10	甲申 11	乙酉 12	丙戌 13	丁亥 14	戊子 15	己丑 16	庚寅 17	辛卯 18	壬辰 19	癸巳 20	甲午 21	乙未 22	丙申 23	丁酉 24	戊戌 25	己亥 26	庚子 27	辛丑 28	壬寅 29	癸卯 30	甲辰 31	乙巳 (4)	丙午 2	丁未 3	戊申 4	己酉 5	庚戌 6	辛亥 7	壬子 8	己亥春分
四月小	庚辰	天干地支西曆	癸丑 9	甲寅 10	乙卯 11	丙辰 12	丁巳 13	戊午 14	己未 15	庚申 16	辛酉 17	壬戌 18	癸亥 19	甲子 20	乙丑 21	丙寅 22	丁卯 23	戊辰 24	己巳 25	庚午 26	辛未 27	壬申 28	癸酉 29	甲戌 30	乙亥 (5)	丙子 2	丁丑 3	戊寅 4	己卯 5	庚辰 6	辛巳 7		
五月大	辛巳	天干地支西曆	壬午 8	癸未 9	甲申 10	乙酉 11	丙戌 12	丁亥 13	戊子 14	己丑 15	庚寅 16	辛卯 17	壬辰 18	癸巳 19	甲午 20	乙未 21	丙申 22	丁酉 23	戊戌 24	己亥 25	庚子 26	辛丑 27	壬寅 28	癸卯 29	甲辰 30	乙巳 31	丙午 (6)	丁未 2	戊申 3	己酉 4	庚戌 5	辛亥 6	丙戌立夏
六月小	壬午	天干地支西曆	壬子 7	癸丑 8	甲寅 9	乙卯 10	丙辰 11	丁巳 12	戊午 13	己未 14	庚申 15	辛酉 16	壬戌 17	癸亥 18	甲子 19	乙丑 20	丙寅 21	丁卯 22	戊辰 23	己巳 24	庚午 25	辛未 26	壬申 27	癸酉 28	甲戌 29	乙亥 30	丙子 (7)	丁丑 2	戊寅 3	己卯 4	庚辰 5		癸酉夏至
七月大	癸未	天干地支西曆	辛巳 6	壬午 7	癸未 8	甲申 9	乙酉 10	丙戌 11	丁亥 12	戊子 13	己丑 14	庚寅 15	辛卯 16	壬辰 17	癸巳 18	甲午 19	乙未 20	丙申 21	丁酉 22	戊戌 23	己亥 24	庚子 25	辛丑 26	壬寅 27	癸卯 28	甲辰 29	乙巳 30	丙午 31	丁未 (8)	戊申 2	己酉 3	庚戌 4	
八月大	甲申	天干地支西曆	辛亥 5	壬子 6	癸丑 7	甲寅 8	乙卯 9	丙辰 10	丁巳 11	戊午 12	己未 13	庚申 14	辛酉 15	壬戌 16	癸亥 17	甲子 18	乙丑 19	丙寅 20	丁卯 21	戊辰 22	己巳 23	庚午 24	辛未 25	壬申 26	癸酉 27	甲戌 28	乙亥 29	丙子 30	丁丑 31	戊寅 (9)	己卯 2	庚辰 3	庚申立秋
九月小	乙酉	天干地支西曆	辛巳 4	壬午 5	癸未 6	甲申 7	乙酉 8	丙戌 9	丁亥 10	戊子 11	己丑 12	庚寅 13	辛卯 14	壬辰 15	癸巳 16	甲午 17	乙未 18	丙申 19	丁酉 20	戊戌 21	己亥 22	庚子 23	辛丑 24	壬寅 25	癸卯 26	甲辰 27	乙巳 28	丙午 29	丁未 30	戊申 (10)	己酉 2		乙巳秋分
十月大	丙戌	天干地支西曆	庚戌 3	辛亥 4	壬子 5	癸丑 6	甲寅 7	乙卯 8	丙辰 9	丁巳 10	戊午 11	己未 12	庚申 13	辛酉 14	壬戌 15	癸亥 16	甲子 17	乙丑 18	丙寅 19	丁卯 20	戊辰 21	己巳 22	庚午 23	辛未 24	壬申 25	癸酉 26	甲戌 27	乙亥 28	丙子 29	丁丑 30	戊寅 31	己卯 (11)	
十一月小	丁亥	天干地支西曆	庚辰 2	辛巳 3	壬午 4	癸未 5	甲申 6	乙酉 7	丙戌 8	丁亥 9	戊子 10	己丑 11	庚寅 12	辛卯 13	壬辰 14	癸巳 15	甲午 16	乙未 17	丙申 18	丁酉 19	戊戌 20	己亥 21	庚子 22	辛丑 23	壬寅 24	癸卯 25	甲辰 26	乙巳 27	丙午 28	丁未 29	戊申 30		庚寅立冬
十二月大	戊子	天干地支西曆	己酉 (12)	庚戌 2	辛亥 3	壬子 4	癸丑 5	甲寅 6	乙卯 7	丙辰 8	丁巳 9	戊午 10	己未 11	庚申 12	辛酉 13	壬戌 14	癸亥 15	甲子 16	乙丑 17	丙寅 18	丁卯 19	戊辰 20	己巳 21	庚午 22	辛未 23	壬申 24	癸酉 25	甲戌 26	乙亥 27	丙子 28	丁丑 29	戊寅 30	甲戌冬至

朔閏異同	曆名	正月	二月	三月	四月	五月	六月	七月	八月	九月	十月	十一	十二	閏月
	周曆夏曆	甲寅癸丑	甲申壬午	癸丑壬子	癸未壬午	壬子辛亥	壬午辛巳	辛亥庚戌	辛巳庚辰	庚戌己酉	庚辰己卯	己酉戊申	己卯---戊寅	丁未
	顓頊新曆	乙酉甲寅	甲寅癸未	甲申癸丑	甲寅壬午	癸未辛亥	癸丑辛巳	壬午庚戌	壬子庚辰	辛巳庚戌	辛亥庚辰	庚辰己酉	庚戌---己卯	己酉

周顯王四年（丙辰 龍年） 公元前366 ~ 前**365** ~ 前364年 歲在娵訾

殷曆月序		中西曆日對照	初一	初二	初三	初四	初五	初六	初七	初八	初九	初十	十一	十二	十三	十四	十五	十六	十七	十八	十九	二十	二一	二二	二三	二四	二五	二六	二七	二八	二九	三十	節氣與天象
正月小	己丑	干支 天地 西曆	己卯31	庚辰(1)	辛巳2	壬午3	癸未4	甲申5	乙酉6	丙戌7	丁亥8	戊子9	己丑10	庚寅11	辛卯12	壬辰13	癸巳14	甲午15	乙未16	丙申17	丁酉18	戊戌19	己亥20	庚子21	辛丑22	壬寅23	癸卯24	甲辰25	乙巳26	丙午27	丁未28		
二月大	庚寅	干支 天地 西曆	戊申29	己酉30	庚戌31	辛亥(2)	壬子2	癸丑3	甲寅4	乙卯5	丙辰6	丁巳7	戊午8	己未9	庚申10	辛酉11	壬戌12	癸亥13	甲子14	乙丑15	丙寅16	丁卯17	戊辰18	己巳19	庚午20	辛未21	壬申22	癸酉23	甲戌24	乙亥25	丙子26	丁丑27	己未立春
三月小	辛卯	干支 天地 西曆	戊寅28	己卯29	庚辰(3)	辛巳2	壬午3	癸未4	甲申5	乙酉6	丙戌7	丁亥8	戊子9	己丑10	庚寅11	辛卯12	壬辰13	癸巳14	甲午15	乙未16	丙申17	丁酉18	戊戌19	己亥20	庚子21	辛丑22	壬寅23	癸卯24	甲辰25	乙巳26	丙午27		甲辰春分
四月大	壬辰	干支 天地 西曆	丁未28	戊申29	己酉30	庚戌31	辛亥(4)	壬子2	癸丑3	甲寅4	乙卯5	丙辰6	丁巳7	戊午8	己未9	庚申10	辛酉11	壬戌12	癸亥13	甲子14	乙丑15	丙寅16	丁卯17	戊辰18	己巳19	庚午20	辛未21	壬申22	癸酉23	甲戌24	乙亥25	丙子26	
閏四月小	壬辰	干支 天地 西曆	丁丑27	戊寅28	己卯29	庚辰30	辛巳(5)	壬午2	癸未3	甲申4	乙酉5	丙戌6	丁亥7	戊子8	己丑9	庚寅10	辛卯11	壬辰12	癸巳13	甲午14	乙未15	丙申16	丁酉17	戊戌18	己亥19	庚子20	辛丑21	壬寅22	癸卯23	甲辰24	乙巳25		辛卯立夏
五月大	癸巳	干支 天地 西曆	丙午26	丁未27	戊申28	己酉29	庚戌30	辛亥31	壬子(6)	癸丑2	甲寅3	乙卯4	丙辰5	丁巳6	戊午7	己未8	庚申9	辛酉10	壬戌11	癸亥12	甲子13	乙丑14	丙寅15	丁卯16	戊辰17	己巳18	庚午19	辛未20	壬申21	癸酉22	甲戌23	乙亥24	
六月小	甲午	干支 天地 西曆	丙子25	丁丑26	戊寅27	己卯28	庚辰29	辛巳30	壬午(7)	癸未2	甲申3	乙酉4	丙戌5	丁亥6	戊子7	己丑8	庚寅9	辛卯10	壬辰11	癸巳12	甲午13	乙未14	丙申15	丁酉16	戊戌17	己亥18	庚子19	辛丑20	壬寅21	癸卯22	甲辰23		戊寅夏至
七月大	乙未	干支 天地 西曆	乙巳24	丙午25	丁未26	戊申27	己酉28	庚戌29	辛亥30	壬子31	癸丑(8)	甲寅2	乙卯3	丙辰4	丁巳5	戊午6	己未7	庚申8	辛酉9	壬戌10	癸亥11	甲子12	乙丑13	丙寅14	丁卯15	戊辰16	己巳17	庚午18	辛未19	壬申20	癸酉21	甲戌22	乙丑立秋
八月小	丙申	干支 天地 西曆	乙亥23	丙子24	丁丑25	戊寅26	己卯27	庚辰28	辛巳29	壬午30	癸未31	甲申(9)	乙酉2	丙戌3	丁亥4	戊子5	己丑6	庚寅7	辛卯8	壬辰9	癸巳10	甲午11	乙未12	丙申13	丁酉14	戊戌15	己亥16	庚子17	辛丑18	壬寅19	癸卯20		
九月大	丁酉	干支 天地 西曆	甲辰21	乙巳22	丙午23	丁未24	戊申25	己酉26	庚戌27	辛亥28	壬子29	癸丑30	甲寅(10)	乙卯2	丙辰3	丁巳4	戊午5	己未6	庚申7	辛酉8	壬戌9	癸亥10	甲子11	乙丑12	丙寅13	丁卯14	戊辰15	己巳16	庚午17	辛未18	壬申19	癸酉20	辛亥秋分
十月大	戊戌	干支 天地 西曆	甲戌21	乙亥22	丙子23	丁丑24	戊寅25	己卯26	庚辰27	辛巳28	壬午29	癸未30	甲申31	乙酉(11)	丙戌2	丁亥3	戊子4	己丑5	庚寅6	辛卯7	壬辰8	癸巳9	甲午10	乙未11	丙申12	丁酉13	戊戌14	己亥15	庚子16	辛丑17	壬寅18	癸卯19	乙未立冬
十一月小	己亥	干支 天地 西曆	甲辰20	乙巳21	丙午22	丁未23	戊申24	己酉25	庚戌26	辛亥27	壬子28	癸丑29	甲寅30	乙卯(12)	丙辰2	丁巳3	戊午4	己未5	庚申6	辛酉7	壬戌8	癸亥9	甲子10	乙丑11	丙寅12	丁卯13	戊辰14	己巳15	庚午16	辛未17	壬申18		
十二月大	庚子	干支 天地 西曆	癸酉19	甲戌20	乙亥21	丙子22	丁丑23	戊寅24	己卯25	庚辰26	辛巳27	壬午28	癸未29	甲申30	乙酉31	丙戌(1)	丁亥2	戊子3	己丑4	庚寅5	辛卯6	壬辰7	癸巳8	甲午9	乙未10	丙申11	丁酉12	戊戌13	己亥14	庚子15	辛丑16	壬寅17	己卯冬至

朔閏異同	曆名	正月	二月	三月	四月	五月	六月	七月	八月	九月	十月	十一	十二	閏月	曆名	正月	二月	三月	四月	五月	六月	七月	八月	九月	十月	十一	十二	閏月
	周曆夏曆	戊申丁丑	戊寅丙午	丁未丙子	丁丑乙巳	丁未乙亥	丙子乙巳	---丙午甲戌	乙亥甲辰	乙巳癸酉	甲戌癸卯	甲辰壬申	癸酉壬寅	癸卯	顓頊新曆	己卯戊寅	己酉丁未	戊寅丁丑	戊申丙午	丁丑乙亥	丁未乙巳	丙子甲戌	丙午甲辰	丙子甲戌	乙巳癸卯	乙亥癸酉	甲辰癸卯	---甲戌

* 本年歲星超辰。

周顯王五年（丁巳 蛇年） 公元前**364** ~ 前363年 歲在降婁

殷曆月序		中西曆日對照	殷曆日序																														節氣與天象
			初一	初二	初三	初四	初五	初六	初七	初八	初九	初十	十一	十二	十三	十四	十五	十六	十七	十八	十九	二十	二一	二二	二三	二四	二五	二六	二七	二八	二九	三十	
正月小	辛丑	干支天地西曆	癸卯18	甲辰19	乙巳20	丙午21	丁未22	戊申23	己酉24	庚戌25	辛亥26	壬子27	癸丑28	甲寅29	乙卯30	丙辰31	丁巳(2)	戊午2	己未3	庚申4	辛酉5	壬戌6	癸亥7	甲子8	乙丑9	丙寅10	丁卯11	戊辰12	己巳13	庚午14	辛未15		甲子立春
二月大	壬寅	干支天地西曆	壬申16	癸酉17	甲戌18	乙亥19	丙子20	丁丑21	戊寅22	己卯23	庚辰24	辛巳25	壬午26	癸未27	甲申28	乙酉(3)	丙戌2	丁亥3	戊子4	己丑5	庚寅6	辛卯7	壬辰8	癸巳9	甲午10	乙未11	丙申12	丁酉13	戊戌14	己亥15	庚子16	辛丑17	
三月小	癸卯	干支天地西曆	壬寅18	癸卯19	甲辰20	乙巳21	丙午22	丁未23	戊申24	己酉25	庚戌26	辛亥27	壬子28	癸丑29	甲寅30	乙卯31	丙辰(4)	丁巳2	戊午3	己未4	庚申5	辛酉6	壬戌7	癸亥8	甲子9	乙丑10	丙寅11	丁卯12	戊辰13	己巳14	庚午15		庚戌春分
四月大	甲辰	干支天地西曆	辛未16	壬申17	癸酉18	甲戌19	乙亥20	丙子21	丁丑22	戊寅23	己卯24	庚辰25	辛巳26	壬午27	癸未28	甲申29	乙酉30	丙戌(5)	丁亥2	戊子3	己丑4	庚寅5	辛卯6	壬辰7	癸巳8	甲午9	乙未10	丙申11	丁酉12	戊戌13	己亥14	庚子15	丙申立夏
五月小	乙巳	干支天地西曆	辛丑16	壬寅17	癸卯18	甲辰19	乙巳20	丙午21	丁未22	戊申23	己酉24	庚戌25	辛亥26	壬子27	癸丑28	甲寅29	乙卯30	丙辰31	丁巳(6)	戊午2	己未3	庚申4	辛酉5	壬戌6	癸亥7	甲子8	乙丑9	丙寅10	丁卯11	戊辰12	己巳13		
六月大	丙午	干支天地西曆	庚午14	辛未15	壬申16	癸酉17	甲戌18	乙亥19	丙子20	丁丑21	戊寅22	己卯23	庚辰24	辛巳25	壬午26	癸未27	甲申28	乙酉29	丙戌30	丁亥(7)	戊子2	己丑3	庚寅4	辛卯5	壬辰6	癸巳7	甲午8	乙未9	丙申10	丁酉11	戊戌12	己亥13	甲申夏至 己亥日食
七月小	丁未	干支天地西曆	庚子14	辛丑15	壬寅16	癸卯17	甲辰18	乙巳19	丙午20	丁未21	戊申22	己酉23	庚戌24	辛亥25	壬子26	癸丑27	甲寅28	乙卯29	丙辰30	丁巳31	戊午(8)	己未2	庚申3	辛酉4	壬戌5	癸亥6	甲子7	乙丑8	丙寅9	丁卯10	戊辰11		
八月大	戊申	干支天地西曆	己巳12	庚午13	辛未14	壬申15	癸酉16	甲戌17	乙亥18	丙子19	丁丑20	戊寅21	己卯22	庚辰23	辛巳24	壬午25	癸未26	甲申27	乙酉28	丙戌29	丁亥30	戊子31	己丑(9)	庚寅2	辛卯3	壬辰4	癸巳5	甲午6	乙未7	丙申8	丁酉9	戊戌10	庚午立秋
九月小	己酉	干支天地西曆	己亥11	庚子12	辛丑13	壬寅14	癸卯15	甲辰16	乙巳17	丙午18	丁未19	戊申20	己酉21	庚戌22	辛亥23	壬子24	癸丑25	甲寅26	乙卯27	丙辰28	丁巳29	戊午30	己未(10)	庚申2	辛酉3	壬戌4	癸亥5	甲子6	乙丑7	丙寅8	丁卯9		丙辰秋分
十月大	庚戌	干支天地西曆	戊辰10	己巳11	庚午12	辛未13	壬申14	癸酉15	甲戌16	乙亥17	丙子18	丁丑19	戊寅20	己卯21	庚辰22	辛巳23	壬午24	癸未25	甲申26	乙酉27	丙戌28	丁亥29	戊子30	己丑31	庚寅(11)	辛卯2	壬辰3	癸巳4	甲午5	乙未6	丙申7	丁酉8	
十一月小	辛亥	干支天地西曆	戊戌9	己亥10	庚子11	辛丑12	壬寅13	癸卯14	甲辰15	乙巳16	丙午17	丁未18	戊申19	己酉20	庚戌21	辛亥22	壬子23	癸丑24	甲寅25	乙卯26	丙辰27	丁巳28	戊午29	己未30	庚申(12)	辛酉2	壬戌3	癸亥4	甲子5	乙丑6	丙寅7		庚子立冬
十二月大	壬子	干支天地西曆	丁卯8	戊辰9	己巳10	庚午11	辛未12	壬申13	癸酉14	甲戌15	乙亥16	丙子17	丁丑18	戊寅19	己卯20	庚辰21	辛巳22	壬午23	癸未24	甲申25	乙酉26	丙戌27	丁亥28	戊子29	己丑30	庚寅31	辛卯(1)	壬辰2	癸巳3	甲午4	乙未5	丙申6	甲申冬至

朔閏異同	曆名	正月	二月	三月	四月	五月	六月	七月	八月	九月	十月	十一	十二	閏月		曆名	正月	二月	三月	四月	五月	六月	七月	八月	九月	十月	十一	十二	閏月
	周曆夏曆	壬申辛未	壬寅辛丑	辛未庚午	辛丑庚子	庚午己巳	庚子己亥	己巳戊辰	己亥戊戌	己巳丁卯	戊戌丁酉	戊辰丁卯	丁酉丙申			顓頊新曆	癸卯壬申	癸酉壬寅	壬寅辛未	壬申辛丑	辛丑庚午	辛未己亥	庚子己巳	庚午戊戌	己亥戊辰	己巳丁酉	戊戌丁卯	戊辰丁酉	

周顯王六年（戊午 馬年） 公元前363年 歲在大梁

殷曆月序		中西曆日對照	初一	初二	初三	初四	初五	初六	初七	初八	初九	初十	十一	十二	十三	十四	十五	十六	十七	十八	十九	二十	二一	二二	二三	二四	二五	二六	二七	二八	二九	三十	節氣與天象
正月小	癸丑	天干地支西曆	丁酉 7	戊戌 8	己亥 9	庚子 10	辛丑 11	壬寅 12	癸卯 13	甲辰 14	乙巳 15	丙午 16	丁未 17	戊申 18	己酉 19	庚戌 20	辛亥 21	壬子 22	癸丑 23	甲寅 24	乙卯 25	丙辰 26	丁巳 27	戊午 28	己未 29	庚申 30	辛酉 31	壬戌 (2)	癸亥 2	甲子 3	乙丑 4		
二月大	甲寅	天干地支西曆	丙寅 5	丁卯 6	戊辰 7	己巳 8	庚午 9	辛未 10	壬申 11	癸酉 12	甲戌 13	乙亥 14	丙子 15	丁丑 16	戊寅 17	己卯 18	庚辰 19	辛巳 20	壬午 21	癸未 22	甲申 23	乙酉 24	丙戌 25	丁亥 26	戊子 27	己丑 28	庚寅 (3)	辛卯 2	壬辰 3	癸巳 4	甲午 5	乙未 6	己巳立春
三月大	乙卯	天干地支西曆	丙申 7	丁酉 8	戊戌 9	己亥 10	庚子 11	辛丑 12	壬寅 13	癸卯 14	甲辰 15	乙巳 16	丙午 17	丁未 18	戊申 19	己酉 20	庚戌 21	辛亥 22	壬子 23	癸丑 24	甲寅 25	乙卯 26	丙辰 27	丁巳 28	戊午 29	己未 30	庚申 31	辛酉 (4)	壬戌 2	癸亥 3	甲子 4	乙丑 5	乙卯春分
四月小	丙辰	天干地支西曆	丙寅 6	丁卯 7	戊辰 8	己巳 9	庚午 10	辛未 11	壬申 12	癸酉 13	甲戌 14	乙亥 15	丙子 16	丁丑 17	戊寅 18	己卯 19	庚辰 20	辛巳 21	壬午 22	癸未 23	甲申 24	乙酉 25	丙戌 26	丁亥 27	戊子 28	己丑 29	庚寅 30	辛卯 (5)	壬辰 2	癸巳 3	甲午 4		
五月大	丁巳	天干地支西曆	乙未 5	丙申 6	丁酉 7	戊戌 8	己亥 9	庚子 10	辛丑 11	壬寅 12	癸卯 13	甲辰 14	乙巳 15	丙午 16	丁未 17	戊申 18	己酉 19	庚戌 20	辛亥 21	壬子 22	癸丑 23	甲寅 24	乙卯 25	丙辰 26	丁巳 27	戊午 28	己未 29	庚申 30	辛酉 31	壬戌 (6)	癸亥 2	甲子 3	壬寅立夏
六月小	戊午	天干地支西曆	乙丑 4	丙寅 5	丁卯 6	戊辰 7	己巳 8	庚午 9	辛未 10	壬申 11	癸酉 12	甲戌 13	乙亥 14	丙子 15	丁丑 16	戊寅 17	己卯 18	庚辰 19	辛巳 20	壬午 21	癸未 22	甲申 23	乙酉 24	丙戌 25	丁亥 26	戊子 27	己丑 28	庚寅 29	辛卯 30	壬辰 (7)	癸巳 2		己丑夏至
七月大	己未	天干地支西曆	甲午 3	乙未 4	丙申 5	丁酉 6	戊戌 7	己亥 8	庚子 9	辛丑 10	壬寅 11	癸卯 12	甲辰 13	乙巳 14	丙午 15	丁未 16	戊申 17	己酉 18	庚戌 19	辛亥 20	壬子 21	癸丑 22	甲寅 23	乙卯 24	丙辰 25	丁巳 26	戊午 27	己未 28	庚申 29	辛酉 30	壬戌 31	癸亥 (8)	
八月小	庚申	天干地支西曆	甲子 2	乙丑 3	丙寅 4	丁卯 5	戊辰 6	己巳 7	庚午 8	辛未 9	壬申 10	癸酉 11	甲戌 12	乙亥 13	丙子 14	丁丑 15	戊寅 16	己卯 17	庚辰 18	辛巳 19	壬午 20	癸未 21	甲申 22	乙酉 23	丙戌 24	丁亥 25	戊子 26	己丑 27	庚寅 28	辛卯 29	壬辰 30		丙子立秋
九月大	辛酉	天干地支西曆	癸巳 31	甲午 (9)	乙未 2	丙申 3	丁酉 4	戊戌 5	己亥 6	庚子 7	辛丑 8	壬寅 9	癸卯 10	甲辰 11	乙巳 12	丙午 13	丁未 14	戊申 15	己酉 16	庚戌 17	辛亥 18	壬子 19	癸丑 20	甲寅 21	乙卯 22	丙辰 23	丁巳 24	戊午 25	己未 26	庚申 27	辛酉 28	壬戌 29	辛酉秋分
十月小	壬戌	天干地支西曆	癸亥 30	甲子 (10)	乙丑 2	丙寅 3	丁卯 4	戊辰 5	己巳 6	庚午 7	辛未 8	壬申 9	癸酉 10	甲戌 11	乙亥 12	丙子 13	丁丑 14	戊寅 15	己卯 16	庚辰 17	辛巳 18	壬午 19	癸未 20	甲申 21	乙酉 22	丙戌 23	丁亥 24	戊子 25	己丑 26	庚寅 27	辛卯 28		
十一月大	癸亥	天干地支西曆	壬辰 29	癸巳 30	甲午 31	乙未 (11)	丙申 2	丁酉 3	戊戌 4	己亥 5	庚子 6	辛丑 7	壬寅 8	癸卯 9	甲辰 10	乙巳 11	丙午 12	丁未 13	戊申 14	己酉 15	庚戌 16	辛亥 17	壬子 18	癸丑 19	甲寅 20	乙卯 21	丙辰 22	丁巳 23	戊午 24	己未 25	庚申 26	辛酉 27	丙午立冬 辛酉日食
十二月小	甲子	天干地支西曆	壬戌 28	癸亥 29	甲子 30	乙丑 (12)	丙寅 2	丁卯 3	戊辰 4	己巳 5	庚午 6	辛未 7	壬申 8	癸酉 9	甲戌 10	乙亥 11	丙子 12	丁丑 13	戊寅 14	己卯 15	庚辰 16	辛巳 17	壬午 18	癸未 19	甲申 20	乙酉 21	丙戌 22	丁亥 23	戊子 24	己丑 25	庚寅 26		庚寅冬至

朔閏異同	曆名	正月	二月	三月	四月	五月	六月	七月	八月	九月	十月	十一	十二	閏月	曆名	正月	二月	三月	四月	五月	六月	七月	八月	九月	十月	十一	十二	閏月
	周曆夏曆	丁卯丙寅	丙申乙未	丙寅乙丑	乙未甲午	乙丑甲子	甲午癸巳	甲子癸亥	癸巳壬辰	癸亥---壬戌	壬辰辛卯	壬戌辛酉	辛卯庚寅	庚申	顓頊新曆	戊戌丁卯	丁卯丙申	丁酉丙寅	丙寅乙未	丙申乙丑	乙丑甲午	乙未癸亥	甲子癸巳	甲午壬戌	癸亥壬辰	癸巳辛酉	壬戌辛卯	辛酉

周顯王七年（己未 羊年） 公元前363～前**362**～前361年 歲在實沈

殷曆月序		中西曆日對照	初一	初二	初三	初四	初五	初六	初七	初八	初九	初十	十一	十二	十三	十四	十五	十六	十七	十八	十九	二十	二一	二二	二三	二四	二五	二六	二七	二八	二九	三十	節氣與天象
正月大	乙丑	天干地支西曆	辛卯 27	壬辰 28	癸巳 29	甲午 30	乙未 31	丙申 (1)	丁酉 2	戊戌 3	己亥 4	庚子 5	辛丑 6	壬寅 7	癸卯 8	甲辰 9	乙巳 10	丙午 11	丁未 12	戊申 13	己酉 14	庚戌 15	辛亥 16	壬子 17	癸丑 18	甲寅 19	乙卯 20	丙辰 21	丁巳 22	戊午 23	己未 24	庚申 25	
閏正月小	乙丑	天干地支西曆	辛酉 26	壬戌 27	癸亥 28	甲子 29	乙丑 30	丙寅 31	丁卯 (2)	戊辰 2	己巳 3	庚午 4	辛未 5	壬申 6	癸酉 7	甲戌 8	乙亥 9	丙子 10	丁丑 11	戊寅 12	己卯 13	庚辰 14	辛巳 15	壬午 16	癸未 17	甲申 18	乙酉 19	丙戌 20	丁亥 21	戊子 22	己丑 23		甲戌立春
二月大	丙寅	天干地支西曆	庚寅 24	辛卯 25	壬辰 26	癸巳 27	甲午 28	乙未 (3)	丙申 2	丁酉 3	戊戌 4	己亥 5	庚子 6	辛丑 7	壬寅 8	癸卯 9	甲辰 10	乙巳 11	丙午 12	丁未 13	戊申 14	己酉 15	庚戌 16	辛亥 17	壬子 18	癸丑 19	甲寅 20	乙卯 21	丙辰 22	丁巳 23	戊午 24	己未 25	
三月小	丁卯	天干地支西曆	庚申 26	辛酉 27	壬戌 28	癸亥 29	甲子 30	乙丑 31	丙寅 (4)	丁卯 2	戊辰 3	己巳 4	庚午 5	辛未 6	壬申 7	癸酉 8	甲戌 9	乙亥 10	丙子 11	丁丑 12	戊寅 13	己卯 14	庚辰 15	辛巳 16	壬午 17	癸未 18	甲申 19	乙酉 20	丙戌 21	丁亥 22	戊子 23		庚申春分
四月大	戊辰	天干地支西曆	己丑 24	庚寅 25	辛卯 26	壬辰 27	癸巳 28	甲午 29	乙未 30	丙申 (5)	丁酉 2	戊戌 3	己亥 4	庚子 5	辛丑 6	壬寅 7	癸卯 8	甲辰 9	乙巳 10	丙午 11	丁未 12	戊申 13	己酉 14	庚戌 15	辛亥 16	壬子 17	癸丑 18	甲寅 19	乙卯 20	丙辰 21	丁巳 22	戊午 23	丁未立夏
五月小	己巳	天干地支西曆	己未 24	庚申 25	辛酉 26	壬戌 27	癸亥 28	甲子 29	乙丑 30	丙寅 31	丁卯 (6)	戊辰 2	己巳 3	庚午 4	辛未 5	壬申 6	癸酉 7	甲戌 8	乙亥 9	丙子 10	丁丑 11	戊寅 12	己卯 13	庚辰 14	辛巳 15	壬午 16	癸未 17	甲申 18	乙酉 19	丙戌 20	丁亥 21		
六月大	庚午	天干地支西曆	戊子 22	己丑 23	庚寅 24	辛卯 25	壬辰 26	癸巳 27	甲午 28	乙未 29	丙申 30	丁酉 (7)	戊戌 2	己亥 3	庚子 4	辛丑 5	壬寅 6	癸卯 7	甲辰 8	乙巳 9	丙午 10	丁未 11	戊申 12	己酉 13	庚戌 14	辛亥 15	壬子 16	癸丑 17	甲寅 18	乙卯 19	丙辰 20	丁巳 21	甲午夏至
七月大	辛未	天干地支西曆	戊午 22	己未 23	庚申 24	辛酉 25	壬戌 26	癸亥 27	甲子 28	乙丑 29	丙寅 30	丁卯 31	戊辰 (8)	己巳 2	庚午 3	辛未 4	壬申 5	癸酉 6	甲戌 7	乙亥 8	丙子 9	丁丑 10	戊寅 11	己卯 12	庚辰 13	辛巳 14	壬午 15	癸未 16	甲申 17	乙酉 18	丙戌 19	丁亥 20	辛巳立秋
八月小	壬申	天干地支西曆	戊子 21	己丑 22	庚寅 23	辛卯 24	壬辰 25	癸巳 26	甲午 27	乙未 28	丙申 29	丁酉 30	戊戌 31	己亥 (9)	庚子 2	辛丑 3	壬寅 4	癸卯 5	甲辰 6	乙巳 7	丙午 8	丁未 9	戊申 10	己酉 11	庚戌 12	辛亥 13	壬子 14	癸丑 15	甲寅 16	乙卯 17	丙辰 18		
九月大	癸酉	天干地支西曆	丁巳 19	戊午 20	己未 21	庚申 22	辛酉 23	壬戌 24	癸亥 25	甲子 26	乙丑 27	丙寅 28	丁卯 29	戊辰 30	己巳 (10)	庚午 2	辛未 3	壬申 4	癸酉 5	甲戌 6	乙亥 7	丙子 8	丁丑 9	戊寅 10	己卯 11	庚辰 12	辛巳 13	壬午 14	癸未 15	甲申 16	乙酉 17	丙戌 18	丙寅秋分
十月小	甲戌	天干地支西曆	丁亥 19	戊子 20	己丑 21	庚寅 22	辛卯 23	壬辰 24	癸巳 25	甲午 26	乙未 27	丙申 28	丁酉 29	戊戌 30	己亥 31	庚子 (11)	辛丑 2	壬寅 3	癸卯 4	甲辰 5	乙巳 6	丙午 7	丁未 8	戊申 9	己酉 10	庚戌 11	辛亥 12	壬子 13	癸丑 14	甲寅 15	乙卯 16		辛亥立冬
十一月大	乙亥	天干地支西曆	丙辰 17	丁巳 18	戊午 19	己未 20	庚申 21	辛酉 22	壬戌 23	癸亥 24	甲子 25	乙丑 26	丙寅 27	丁卯 28	戊辰 29	己巳 30	庚午 (12)	辛未 2	壬申 3	癸酉 4	甲戌 5	乙亥 6	丙子 7	丁丑 8	戊寅 9	己卯 10	庚辰 11	辛巳 12	壬午 13	癸未 14	甲申 15	乙酉 16	
十二月小	丙子	天干地支西曆	丙戌 17	丁亥 18	戊子 19	己丑 20	庚寅 21	辛卯 22	壬辰 23	癸巳 24	甲午 25	乙未 26	丙申 27	丁酉 28	戊戌 29	己亥 30	庚子 31	辛丑 (1)	壬寅 2	癸卯 3	甲辰 4	乙巳 5	丙午 6	丁未 7	戊申 8	己酉 9	庚戌 10	辛亥 11	壬子 12	癸丑 13	甲寅 14		乙未冬至

朔閏異同	曆名	正月	二月	三月	四月	五月	六月	七月	八月	九月	十月	十一	十二	閏月		曆名	正月	二月	三月	四月	五月	六月	七月	八月	九月	十月	十一	十二	閏月
	周曆夏曆	辛酉庚寅	辛卯己未	---庚申己丑	庚寅戊午	己未戊子	己丑丁巳	戊午丁亥	戊子丙辰	丁巳丙戌	丁亥乙卯	丙辰乙酉	丙戌甲寅	乙卯		顓頊新曆	壬辰庚寅	辛酉庚申	辛卯庚寅	辛酉己未	庚寅己丑	庚申戊午	己丑丁亥	己未丁巳	戊子丙戌	戊午丙辰	丁亥乙酉	丁巳乙卯	---丙戌

周顯王八年（庚申 猴年） 公元前**361** ~ 前360年 歲在鶉首

殷曆月序		中西曆日對照	初一	初二	初三	初四	初五	初六	初七	初八	初九	初十	十一	十二	十三	十四	十五	十六	十七	十八	十九	二十	二十一	二十二	二十三	二十四	二十五	二十六	二十七	二十八	二十九	三十	節氣與天象
正月大	丁丑	天干地支西曆	乙卯15	丙辰16	丁巳17	戊午18	己未19	庚申20	辛酉21	壬戌22	癸亥23	甲子24	乙丑25	丙寅26	丁卯27	戊辰28	己巳29	庚午30	辛未31	壬申(2)	癸酉2	甲戌3	乙亥4	丙子5	丁丑6	戊寅7	己卯8	庚辰9	辛巳10	壬午11	癸未12	甲申13	庚辰立春
二月小	戊寅	天干地支西曆	乙酉14	丙戌15	丁亥16	戊子17	己丑18	庚寅19	辛卯20	壬辰21	癸巳22	甲午23	乙未24	丙申25	丁酉26	戊戌27	己亥28	庚子29	辛丑(3)	壬寅2	癸卯3	甲辰4	乙巳5	丙午6	丁未7	戊申8	己酉9	庚戌10	辛亥11	壬子12	癸丑13		
三月大	己卯	天干地支西曆	甲寅14	乙卯15	丙辰16	丁巳17	戊午18	己未19	庚申20	辛酉21	壬戌22	癸亥23	甲子24	乙丑25	丙寅26	丁卯27	戊辰28	己巳29	庚午30	辛未31	壬申(4)	癸酉2	甲戌3	乙亥4	丙子5	丁丑6	戊寅7	己卯8	庚辰9	辛巳10	壬午11	癸未12	乙丑春分
四月小	庚辰	天干地支西曆	甲申13	乙酉14	丙戌15	丁亥16	戊子17	己丑18	庚寅19	辛卯20	壬辰21	癸巳22	甲午23	乙未24	丙申25	丁酉26	戊戌27	己亥28	庚子29	辛丑30	壬寅(5)	癸卯2	甲辰3	乙巳4	丙午5	丁未6	戊申7	己酉8	庚戌9	辛亥10	壬子11		壬子立夏
五月大	辛巳	天干地支西曆	癸丑12	甲寅13	乙卯14	丙辰15	丁巳16	戊午17	己未18	庚申19	辛酉20	壬戌21	癸亥22	甲子23	乙丑24	丙寅25	丁卯26	戊辰27	己巳28	庚午29	辛未30	壬申31	癸酉(6)	甲戌2	乙亥3	丙子4	丁丑5	戊寅6	己卯7	庚辰8	辛巳9	壬午10	
六月小	壬午	天干地支西曆	癸未11	甲申12	乙酉13	丙戌14	丁亥15	戊子16	己丑17	庚寅18	辛卯19	壬辰20	癸巳21	甲午22	乙未23	丙申24	丁酉25	戊戌26	己亥27	庚子28	辛丑29	壬寅30	癸卯(7)	甲辰2	乙巳3	丙午4	丁未5	戊申6	己酉7	庚戌8	辛亥9		己亥夏至
七月大	癸未	天干地支西曆	壬子10	癸丑11	甲寅12	乙卯13	丙辰14	丁巳15	戊午16	己未17	庚申18	辛酉19	壬戌20	癸亥21	甲子22	乙丑23	丙寅24	丁卯25	戊辰26	己巳27	庚午28	辛未29	壬申30	癸酉31	甲戌(8)	乙亥2	丙子3	丁丑4	戊寅5	己卯6	庚辰7	辛巳8	
八月小	甲申	天干地支西曆	壬午9	癸未10	甲申11	乙酉12	丙戌13	丁亥14	戊子15	己丑16	庚寅17	辛卯18	壬辰19	癸巳20	甲午21	乙未22	丙申23	丁酉24	戊戌25	己亥26	庚子27	辛丑28	壬寅29	癸卯30	甲辰31	乙巳(9)	丙午2	丁未3	戊申4	己酉5	庚戌6		丙戌立秋
九月大	乙酉	天干地支西曆	辛亥7	壬子8	癸丑9	甲寅10	乙卯11	丙辰12	丁巳13	戊午14	己未15	庚申16	辛酉17	壬戌18	癸亥19	甲子20	乙丑21	丙寅22	丁卯23	戊辰24	己巳25	庚午26	辛未27	壬申28	癸酉29	甲戌30	乙亥(10)	丙子2	丁丑3	戊寅4	己卯5	庚辰6	壬申秋分
十月大	丙戌	天干地支西曆	辛巳7	壬午8	癸未9	甲申10	乙酉11	丙戌12	丁亥13	戊子14	己丑15	庚寅16	辛卯17	壬辰18	癸巳19	甲午20	乙未21	丙申22	丁酉23	戊戌24	己亥25	庚子26	辛丑27	壬寅28	癸卯29	甲辰30	乙巳31	丙午(11)	丁未2	戊申3	己酉4	庚戌5	
十一月小	丁亥	天干地支西曆	辛亥6	壬子7	癸丑8	甲寅9	乙卯10	丙辰11	丁巳12	戊午13	己未14	庚申15	辛酉16	壬戌17	癸亥18	甲子19	乙丑20	丙寅21	丁卯22	戊辰23	己巳24	庚午25	辛未26	壬申27	癸酉28	甲戌29	乙亥30	丙子(12)	丁丑2	戊寅3	己卯4		丙辰立冬
十二月大	戊子	天干地支西曆	庚辰5	辛巳6	壬午7	癸未8	甲申9	乙酉10	丙戌11	丁亥12	戊子13	己丑14	庚寅15	辛卯16	壬辰17	癸巳18	甲午19	乙未20	丙申21	丁酉22	戊戌23	己亥24	庚子25	辛丑26	壬寅27	癸卯28	甲辰29	乙巳30	丙午31	丁未(1)	戊申2	己酉3	庚子冬至

朔閏異同	曆名	正月	二月	三月	四月	五月	六月	七月	八月	九月	十月	十一	十二	閏月	曆名	正月	二月	三月	四月	五月	六月	七月	八月	九月	十月	十一	十二	閏月
	周曆夏曆	乙酉甲申	甲寅癸丑	甲申癸未	甲寅壬子	癸未壬午	癸丑壬子	壬午辛巳	壬子辛亥	辛巳庚辰	辛亥庚戌	庚辰己卯	庚戌己酉		顓頊新曆	丙辰甲申	乙酉甲寅	乙卯甲申	甲申癸丑	甲寅癸未	癸未壬子	癸丑壬午	癸未辛亥	壬子辛巳	壬午庚戌	辛亥庚辰	辛巳己酉	

周顯王九年（辛酉 鷄年） 公元前**360** ~ 前359年 歲在鶉火

殷曆月序		中西曆日對照	初一	初二	初三	初四	初五	初六	初七	初八	初九	初十	十一	十二	十三	十四	十五	十六	十七	十八	十九	二十	二一	二二	二三	二四	二五	二六	二七	二八	二九	三十	節氣與天象
正月小	己丑	天干地支西曆	庚戌4	辛亥5	壬子6	癸丑7	甲寅8	乙卯9	丙辰10	丁巳11	戊午12	己未13	庚申14	辛酉15	壬戌16	癸亥17	甲子18	乙丑19	丙寅20	丁卯21	戊辰22	己巳23	庚午24	辛未25	壬申26	癸酉27	甲戌28	乙亥29	丙子30	丁丑31	戊寅(2)		
二月大	庚寅	天干地支西曆	己卯2	庚辰3	辛巳4	壬午5	癸未6	甲申7	乙酉8	丙戌9	丁亥10	戊子11	己丑12	庚寅13	辛卯14	壬辰15	癸巳16	甲午17	乙未18	丙申19	丁酉20	戊戌21	己亥22	庚子23	辛丑24	壬寅25	癸卯26	甲辰27	乙巳28	丙午(3)	丁未2	戊申3	乙酉立春
三月小	辛卯	天干地支西曆	己酉4	庚戌5	辛亥6	壬子7	癸丑8	甲寅9	乙卯10	丙辰11	丁巳12	戊午13	己未14	庚申15	辛酉16	壬戌17	癸亥18	甲子19	乙丑20	丙寅21	丁卯22	戊辰23	己巳24	庚午25	辛未26	壬申27	癸酉28	甲戌29	乙亥30	丙子31	丁丑(4)		辛未春分
四月大	壬辰	天干地支西曆	戊寅2	己卯3	庚辰4	辛巳5	壬午6	癸未7	甲申8	乙酉9	丙戌10	丁亥11	戊子12	己丑13	庚寅14	辛卯15	壬辰16	癸巳17	甲午18	乙未19	丙申20	丁酉21	戊戌22	己亥23	庚子24	辛丑25	壬寅26	癸卯27	甲辰28	乙巳29	丙午30	丁未(5)	
五月小	癸巳	天干地支西曆	戊申2	己酉3	庚戌4	辛亥5	壬子6	癸丑7	甲寅8	乙卯9	丙辰10	丁巳11	戊午12	己未13	庚申14	辛酉15	壬戌16	癸亥17	甲子18	乙丑19	丙寅20	丁卯21	戊辰22	己巳23	庚午24	辛未25	壬申26	癸酉27	甲戌28	乙亥29	丙子30		丁巳立夏
六月大	甲午	天干地支西曆	丁丑31	戊寅(6)	己卯2	庚辰3	辛巳4	壬午5	癸未6	甲申7	乙酉8	丙戌9	丁亥10	戊子11	己丑12	庚寅13	辛卯14	壬辰15	癸巳16	甲午17	乙未18	丙申19	丁酉20	戊戌21	己亥22	庚子23	辛丑24	壬寅25	癸卯26	甲辰27	乙巳28	丙午29	乙巳夏至
七月小	乙未	天干地支西曆	丁未30	戊申(7)	己酉2	庚戌3	辛亥4	壬子5	癸丑6	甲寅7	乙卯8	丙辰9	丁巳10	戊午11	己未12	庚申13	辛酉14	壬戌15	癸亥16	甲子17	乙丑18	丙寅19	丁卯20	戊辰21	己巳22	庚午23	辛未24	壬申25	癸酉26	甲戌27	乙亥28		
八月大	丙申	天干地支西曆	丙子29	丁丑30	戊寅31	己卯(8)	庚辰2	辛巳3	壬午4	癸未5	甲申6	乙酉7	丙戌8	丁亥9	戊子10	己丑11	庚寅12	辛卯13	壬辰14	癸巳15	甲午16	乙未17	丙申18	丁酉19	戊戌20	己亥21	庚子22	辛丑23	壬寅24	癸卯25	甲辰26	乙巳27	辛卯立秋
九月小	丁酉	天干地支西曆	丙午28	丁未29	戊申30	己酉31	庚戌(9)	辛亥2	壬子3	癸丑4	甲寅5	乙卯6	丙辰7	丁巳8	戊午9	己未10	庚申11	辛酉12	壬戌13	癸亥14	甲子15	乙丑16	丙寅17	丁卯18	戊辰19	己巳20	庚午21	辛未22	壬申23	癸酉24	甲戌25		
閏九月大	丁酉	天干地支西曆	乙亥26	丙子27	丁丑28	戊寅29	己卯30	庚辰(10)	辛巳2	壬午3	癸未4	甲申5	乙酉6	丙戌7	丁亥8	戊子9	己丑10	庚寅11	辛卯12	壬辰13	癸巳14	甲午15	乙未16	丙申17	丁酉18	戊戌19	己亥20	庚子21	辛丑22	壬寅23	癸卯24	甲辰25	丁丑秋分
十月小	戊戌	天干地支西曆	乙巳26	丙午27	丁未28	戊申29	己酉30	庚戌31	辛亥(11)	壬子2	癸丑3	甲寅4	乙卯5	丙辰6	丁巳7	戊午8	己未9	庚申10	辛酉11	壬戌12	癸亥13	甲子14	乙丑15	丙寅16	丁卯17	戊辰18	己巳19	庚午20	辛未21	壬申22	癸酉23		辛酉立冬
十一月大	己亥	天干地支西曆	甲戌24	乙亥25	丙子26	丁丑27	戊寅28	己卯29	庚辰30	辛巳(12)	壬午2	癸未3	甲申4	乙酉5	丙戌6	丁亥7	戊子8	己丑9	庚寅10	辛卯11	壬辰12	癸巳13	甲午14	乙未15	丙申16	丁酉17	戊戌18	己亥19	庚子20	辛丑21	壬寅22	癸卯23	
十二月小	庚子	天干地支西曆	甲辰24	乙巳25	丙午26	丁未27	戊申28	己酉29	庚戌30	辛亥31	壬子(1)	癸丑2	甲寅3	乙卯4	丙辰5	丁巳6	戊午7	己未8	庚申9	辛酉10	壬戌11	癸亥12	甲子13	乙丑14	丙寅15	丁卯16	戊辰17	己巳18	庚午19	辛未20	壬申21		乙巳冬至

朔閏異同	曆名	正月	二月	三月	四月	五月	六月	七月	八月	九月	十月	十一	十二	閏月
	周曆夏曆	己卯戊寅	己酉戊申	戊寅丁丑	戊申丁未	丁丑丙子	丁未---丙午	丙子乙亥	丙午乙巳	丙子甲戌	乙巳甲辰	---乙亥甲戌	甲辰癸卯	甲戌癸酉
	顓頊新曆	庚戌己卯	庚辰戊申	己酉戊寅	己卯丁未	戊申---丁丑	戊寅丁未	丁未丙子	丁丑丙午	丙午乙亥	丙子乙巳	乙巳甲戌	乙亥甲辰	---乙巳癸酉

周顯王十年（壬戌 狗年） 公元前359～前358年 歲在鶉尾

殷曆月序		中西曆日對照	初一	初二	初三	初四	初五	初六	初七	初八	初九	初十	十一	十二	十三	十四	十五	十六	十七	十八	十九	二十	二一	二二	二三	二四	二五	二六	二七	二八	二九	三十	節氣與天象
正月大	辛丑	天干地支西曆	癸酉22	甲戌23	乙亥24	丙子25	丁丑26	戊寅27	己卯28	庚辰29	辛巳30	壬午31	癸未(2)	甲申2	乙酉3	丙戌4	丁亥5	戊子6	己丑7	庚寅8	辛卯9	壬辰10	癸巳11	甲午12	乙未13	丙申14	丁酉15	戊戌16	己亥17	庚子18	辛丑19	壬寅20	庚寅立春
二月大	壬寅	天干地支西曆	癸卯21	甲辰22	乙巳23	丙午24	丁未25	戊申26	己酉27	庚戌28	辛亥(3)	壬子2	癸丑3	甲寅4	乙卯5	丙辰6	丁巳7	戊午8	己未9	庚申10	辛酉11	壬戌12	癸亥13	甲子14	乙丑15	丙寅16	丁卯17	戊辰18	己巳19	庚午20	辛未21	壬申22	
三月小	癸卯	天干地支西曆	癸酉23	甲戌24	乙亥25	丙子26	丁丑27	戊寅28	己卯29	庚辰30	辛巳31	壬午(4)	癸未2	甲申3	乙酉4	丙戌5	丁亥6	戊子7	己丑8	庚寅9	辛卯10	壬辰11	癸巳12	甲午13	乙未14	丙申15	丁酉16	戊戌17	己亥18	庚子19	辛丑20		丙子春分
四月大	甲辰	天干地支西曆	壬寅21	癸卯22	甲辰23	乙巳24	丙午25	丁未26	戊申27	己酉28	庚戌29	辛亥30	壬子(5)	癸丑2	甲寅3	乙卯4	丙辰5	丁巳6	戊午7	己未8	庚申9	辛酉10	壬戌11	癸亥12	甲子13	乙丑14	丙寅15	丁卯16	戊辰17	己巳18	庚午19	辛未20	癸亥立夏
五月小	乙巳	天干地支西曆	壬申21	癸酉22	甲戌23	乙亥24	丙子25	丁丑26	戊寅27	己卯28	庚辰29	辛巳30	壬午31	癸未(6)	甲申2	乙酉3	丙戌4	丁亥5	戊子6	己丑7	庚寅8	辛卯9	壬辰10	癸巳11	甲午12	乙未13	丙申14	丁酉15	戊戌16	己亥17	庚子18		
六月大	丙午	天干地支西曆	辛丑19	壬寅20	癸卯21	甲辰22	乙巳23	丙午24	丁未25	戊申26	己酉27	庚戌28	辛亥29	壬子30	癸丑(7)	甲寅2	乙卯3	丙辰4	丁巳5	戊午6	己未7	庚申8	辛酉9	壬戌10	癸亥11	甲子12	乙丑13	丙寅14	丁卯15	戊辰16	己巳17	庚午18	庚戌夏至
七月小	丁未	天干地支西曆	辛未19	壬申20	癸酉21	甲戌22	乙亥23	丙子24	丁丑25	戊寅26	己卯27	庚辰28	辛巳29	壬午30	癸未31	甲申(8)	乙酉2	丙戌3	丁亥4	戊子5	己丑6	庚寅7	辛卯8	壬辰9	癸巳10	甲午11	乙未12	丙申13	丁酉14	戊戌15	己亥16		丁酉立秋
八月大	戊申	天干地支西曆	庚子17	辛丑18	壬寅19	癸卯20	甲辰21	乙巳22	丙午23	丁未24	戊申25	己酉26	庚戌27	辛亥28	壬子29	癸丑30	甲寅31	乙卯(9)	丙辰2	丁巳3	戊午4	己未5	庚申6	辛酉7	壬戌8	癸亥9	甲子10	乙丑11	丙寅12	丁卯13	戊辰14	己巳15	
九月小	己酉	天干地支西曆	庚午16	辛未17	壬申18	癸酉19	甲戌20	乙亥21	丙子22	丁丑23	戊寅24	己卯25	庚辰26	辛巳27	壬午28	癸未29	甲申30	乙酉(10)	丙戌2	丁亥3	戊子4	己丑5	庚寅6	辛卯7	壬辰8	癸巳9	甲午10	乙未11	丙申12	丁酉13	戊戌14		壬午秋分
十月大	庚戌	天干地支西曆	己亥15	庚子16	辛丑17	壬寅18	癸卯19	甲辰20	乙巳21	丙午22	丁未23	戊申24	己酉25	庚戌26	辛亥27	壬子28	癸丑29	甲寅30	乙卯31	丙辰(11)	丁巳2	戊午3	己未4	庚申5	辛酉6	壬戌7	癸亥8	甲子9	乙丑10	丙寅11	丁卯12	戊辰13	丙寅立冬
十一月小	辛亥	天干地支西曆	己巳14	庚午15	辛未16	壬申17	癸酉18	甲戌19	乙亥20	丙子21	丁丑22	戊寅23	己卯24	庚辰25	辛巳26	壬午27	癸未28	甲申29	乙酉30	丙戌(12)	丁亥2	戊子3	己丑4	庚寅5	辛卯6	壬辰7	癸巳8	甲午9	乙未10	丙申11	丁酉12		
十二月大	壬子	天干地支西曆	戊戌13	己亥14	庚子15	辛丑16	壬寅17	癸卯18	甲辰19	乙巳20	丙午21	丁未22	戊申23	己酉24	庚戌25	辛亥26	壬子27	癸丑28	甲寅29	乙卯30	丙辰31	丁巳(1)	戊午2	己未3	庚申4	辛酉5	壬戌6	癸亥7	甲子8	乙丑9	丙寅10	丁卯11	辛亥冬至

朔閏異同	曆名	正月	二月	三月	四月	五月	六月	七月	八月	九月	十月	十一	十二	閏月
	周曆夏曆	癸卯壬寅	癸酉壬申	壬寅辛丑	壬申辛未	辛丑庚子	辛未庚午	庚子己亥	庚午己巳	己亥戊戌	己巳戊辰	己亥丁酉	戊辰丁卯	
	顓頊新曆	甲戌癸卯	甲辰壬申	癸酉壬寅	癸卯辛未	壬申辛丑	壬寅庚午	辛未庚子	辛丑庚午	庚午己亥	庚子己巳	己巳戊戌	己亥戊辰	

周顯王十一年（癸亥 猪年） 公元前358年 歲在壽星

殷曆月序		中西曆日對照	初一	初二	初三	初四	初五	初六	初七	初八	初九	初十	十一	十二	十三	十四	十五	十六	十七	十八	十九	二十	二一	二二	二三	二四	二五	二六	二七	二八	二九	三十	節氣與天象
正月小	癸丑	天干地支西曆	戊辰12	己巳13	庚午14	辛未15	壬申16	癸酉17	甲戌18	乙亥19	丙子20	丁丑21	戊寅22	己卯23	庚辰24	辛巳25	壬午26	癸未27	甲申28	乙酉29	丙戌30	丁亥31	戊子(2)	己丑2	庚寅3	辛卯4	壬辰5	癸巳6	甲午7	乙未8	丙申9		乙未立春
二月大	甲寅	天干地支西曆	丁酉10	戊戌11	己亥12	庚子13	辛丑14	壬寅15	癸卯16	甲辰17	乙巳18	丙午19	丁未20	戊申21	己酉22	庚戌23	辛亥24	壬子25	癸丑26	甲寅27	乙卯28	丙辰(3)	丁巳2	戊午3	己未4	庚申5	辛酉6	壬戌7	癸亥8	甲子9	乙丑10	丙寅11	
三月小	乙卯	天干地支西曆	丁卯12	戊辰13	己巳14	庚午15	辛未16	壬申17	癸酉18	甲戌19	乙亥20	丙子21	丁丑22	戊寅23	己卯24	庚辰25	辛巳26	壬午27	癸未28	甲申29	乙酉30	丙戌31	丁亥(4)	戊子2	己丑3	庚寅4	辛卯5	壬辰6	癸巳7	甲午8	乙未9		辛巳春分
四月大	丙辰	天干地支西曆	丙申10	丁酉11	戊戌12	己亥13	庚子14	辛丑15	壬寅16	癸卯17	甲辰18	乙巳19	丙午20	丁未21	戊申22	己酉23	庚戌24	辛亥25	壬子26	癸丑27	甲寅28	乙卯29	丙辰30	丁巳(5)	戊午2	己未3	庚申4	辛酉5	壬戌6	癸亥7	甲子8	乙丑9	
五月大	丁巳	天干地支西曆	丙寅10	丁卯11	戊辰12	己巳13	庚午14	辛未15	壬申16	癸酉17	甲戌18	乙亥19	丙子20	丁丑21	戊寅22	己卯23	庚辰24	辛巳25	壬午26	癸未27	甲申28	乙酉29	丙戌30	丁亥31	戊子(6)	己丑2	庚寅3	辛卯4	壬辰5	癸巳6	甲午7	乙未8	戊辰立夏
六月小	戊午	天干地支西曆	丙申9	丁酉10	戊戌11	己亥12	庚子13	辛丑14	壬寅15	癸卯16	甲辰17	乙巳18	丙午19	丁未20	戊申21	己酉22	庚戌23	辛亥24	壬子25	癸丑26	甲寅27	乙卯28	丙辰29	丁巳30	戊午(7)	己未2	庚申3	辛酉4	壬戌5	癸亥6	甲子7		乙卯夏至
七月大	己未	天干地支西曆	乙丑8	丙寅9	丁卯10	戊辰11	己巳12	庚午13	辛未14	壬申15	癸酉16	甲戌17	乙亥18	丙子19	丁丑20	戊寅21	己卯22	庚辰23	辛巳24	壬午25	癸未26	甲申27	乙酉28	丙戌29	丁亥30	戊子31	己丑(8)	庚寅2	辛卯3	壬辰4	癸巳5	甲午6	
八月小	庚申	天干地支西曆	乙未7	丙申8	丁酉9	戊戌10	己亥11	庚子12	辛丑13	壬寅14	癸卯15	甲辰16	乙巳17	丙午18	丁未19	戊申20	己酉21	庚戌22	辛亥23	壬子24	癸丑25	甲寅26	乙卯27	丙辰28	丁巳29	戊午30	己未31	庚申(9)	辛酉2	壬戌3	癸亥4		壬寅立秋
九月大	辛酉	天干地支西曆	甲子5	乙丑6	丙寅7	丁卯8	戊辰9	己巳10	庚午11	辛未12	壬申13	癸酉14	甲戌15	乙亥16	丙子17	丁丑18	戊寅19	己卯20	庚辰21	辛巳22	壬午23	癸未24	甲申25	乙酉26	丙戌27	丁亥28	戊子29	己丑30	庚寅(10)	辛卯2	壬辰3	癸巳4	丁亥秋分 甲子日食
十月小	壬戌	天干地支西曆	甲午5	乙未6	丙申7	丁酉8	戊戌9	己亥10	庚子11	辛丑12	壬寅13	癸卯14	甲辰15	乙巳16	丙午17	丁未18	戊申19	己酉20	庚戌21	辛亥22	壬子23	癸丑24	甲寅25	乙卯26	丙辰27	丁巳28	戊午29	己未30	庚申31	辛酉(11)	壬戌2		
十一月大	癸亥	天干地支西曆	癸亥3	甲子4	乙丑5	丙寅6	丁卯7	戊辰8	己巳9	庚午10	辛未11	壬申12	癸酉13	甲戌14	乙亥15	丙子16	丁丑17	戊寅18	己卯19	庚辰20	辛巳21	壬午22	癸未23	甲申24	乙酉25	丙戌26	丁亥27	戊子28	己丑29	庚寅30	辛卯(12)	壬辰2	壬申立冬
十二月小	甲子	天干地支西曆	癸巳3	甲午4	乙未5	丙申6	丁酉7	戊戌8	己亥9	庚子10	辛丑11	壬寅12	癸卯13	甲辰14	乙巳15	丙午16	丁未17	戊申18	己酉19	庚戌20	辛亥21	壬子22	癸丑23	甲寅24	乙卯25	丙辰26	丁巳27	戊午28	己未29	庚申30	辛酉31		丙辰冬至

朔閏異同	曆名	正月	二月	三月	四月	五月	六月	七月	八月	九月	十月	十一	十二	閏月
	周曆夏曆	戊戌丁酉	丁卯丙寅	丁酉丙申	丙寅乙丑	丙申乙未	乙丑甲子	乙未甲午	甲子癸亥	甲午癸巳	癸亥壬戌	癸巳壬辰	壬戌辛酉	
	顓頊新曆	戊辰丁酉	戊戌丁卯	戊辰丙申	丁酉乙丑	丁卯乙未	丙申甲子	丙寅甲午	乙未甲子	乙丑甲午	甲午癸亥	甲子癸巳	癸巳壬戌	

周顯王十二年（甲子 鼠年） 公元前 **357** ~ 前 356 年 歲在大火

殷曆月序		中西曆日對照	初一	初二	初三	初四	初五	初六	初七	初八	初九	初十	十一	十二	十三	十四	十五	十六	十七	十八	十九	二十	二一	二二	二三	二四	二五	二六	二七	二八	二九	三十	節氣與天象
正月大	乙丑	干支曆 天地西	壬戌(1)	癸亥2	甲子3	乙丑4	丙寅5	丁卯6	戊辰7	己巳8	庚午9	辛未10	壬申11	癸酉12	甲戌13	乙亥14	丙子15	丁丑16	戊寅17	己卯18	庚辰19	辛巳20	壬午21	癸未22	甲申23	乙酉24	丙戌25	丁亥26	戊子27	己丑28	庚寅29	辛卯30	
二月小	丙寅	干支曆 天地西	壬辰31	癸巳(2)	甲午2	乙未3	丙申4	丁酉5	戊戌6	己亥7	庚子8	辛丑9	壬寅10	癸卯11	甲辰12	乙巳13	丙午14	丁未15	戊申16	己酉17	庚戌18	辛亥19	壬子20	癸丑21	甲寅22	乙卯23	丙辰24	丁巳25	戊午26	己未27	庚申28		庚子立春
三月大	丁卯	干支曆 天地西	辛酉29	壬戌(3)	癸亥2	甲子3	乙丑4	丙寅5	丁卯6	戊辰7	己巳8	庚午9	辛未10	壬申11	癸酉12	甲戌13	乙亥14	丙子15	丁丑16	戊寅17	己卯18	庚辰19	辛巳20	壬午21	癸未22	甲申23	乙酉24	丙戌25	丁亥26	戊子27	己丑28	庚寅29	丙戌春分
四月小	戊辰	干支曆 天地西	辛卯30	壬辰31	癸巳(4)	甲午2	乙未3	丙申4	丁酉5	戊戌6	己亥7	庚子8	辛丑9	壬寅10	癸卯11	甲辰12	乙巳13	丙午14	丁未15	戊申16	己酉17	庚戌18	辛亥19	壬子20	癸丑21	甲寅22	乙卯23	丙辰24	丁巳25	戊午26	己未27		
五月大	己巳	干支曆 天地西	庚申28	辛酉29	壬戌30	癸亥(5)	甲子2	乙丑3	丙寅4	丁卯5	戊辰6	己巳7	庚午8	辛未9	壬申10	癸酉11	甲戌12	乙亥13	丙子14	丁丑15	戊寅16	己卯17	庚辰18	辛巳19	壬午20	癸未21	甲申22	乙酉23	丙戌24	丁亥25	戊子26	己丑27	癸酉立夏
閏五月小	己巳	干支曆 天地西	庚寅28	辛卯29	壬辰30	癸巳31	甲午(6)	乙未2	丙申3	丁酉4	戊戌5	己亥6	庚子7	辛丑8	壬寅9	癸卯10	甲辰11	乙巳12	丙午13	丁未14	戊申15	己酉16	庚戌17	辛亥18	壬子19	癸丑20	甲寅21	乙卯22	丙辰23	丁巳24	戊午25		
六月大	庚午	干支曆 天地西	己未26	庚申27	辛酉28	壬戌29	癸亥30	甲子(7)	乙丑2	丙寅3	丁卯4	戊辰5	己巳6	庚午7	辛未8	壬申9	癸酉10	甲戌11	乙亥12	丙子13	丁丑14	戊寅15	己卯16	庚辰17	辛巳18	壬午19	癸未20	甲申21	乙酉22	丙戌23	丁亥24	戊子25	庚申夏至
七月小	辛未	干支曆 天地西	己丑26	庚寅27	辛卯28	壬辰29	癸巳30	甲午31	乙未(8)	丙申2	丁酉3	戊戌4	己亥5	庚子6	辛丑7	壬寅8	癸卯9	甲辰10	乙巳11	丙午12	丁未13	戊申14	己酉15	庚戌16	辛亥17	壬子18	癸丑19	甲寅20	乙卯21	丙辰22	丁巳23		丁未立秋
八月大	壬申	干支曆 天地西	戊午24	己未25	庚申26	辛酉27	壬戌28	癸亥29	甲子30	乙丑31	丙寅(9)	丁卯2	戊辰3	己巳4	庚午5	辛未6	壬申7	癸酉8	甲戌9	乙亥10	丙子11	丁丑12	戊寅13	己卯14	庚辰15	辛巳16	壬午17	癸未18	甲申19	乙酉20	丙戌21	丁亥22	戊午日食
九月大	癸酉	干支曆 天地西	戊子23	己丑24	庚寅25	辛卯26	壬辰27	癸巳28	甲午29	乙未30	丙申(10)	丁酉2	戊戌3	己亥4	庚子5	辛丑6	壬寅7	癸卯8	甲辰9	乙巳10	丙午11	丁未12	戊申13	己酉14	庚戌15	辛亥16	壬子17	癸丑18	甲寅19	乙卯20	丙辰21	丁巳22	癸巳秋分
十月小	甲戌	干支曆 天地西	戊午23	己未24	庚申25	辛酉26	壬戌27	癸亥28	甲子29	乙丑30	丙寅31	丁卯(11)	戊辰2	己巳3	庚午4	辛未5	壬申6	癸酉7	甲戌8	乙亥9	丙子10	丁丑11	戊寅12	己卯13	庚辰14	辛巳15	壬午16	癸未17	甲申18	乙酉19	丙戌20		丁丑立冬
十一月大	乙亥	干支曆 天地西	丁亥21	戊子22	己丑23	庚寅24	辛卯25	壬辰26	癸巳27	甲午28	乙未29	丙申30	丁酉(12)	戊戌2	己亥3	庚子4	辛丑5	壬寅6	癸卯7	甲辰8	乙巳9	丙午10	丁未11	戊申12	己酉13	庚戌14	辛亥15	壬子16	癸丑17	甲寅18	乙卯19	丙辰20	
十二月小	丙子	干支曆 天地西	丁巳21	戊午22	己未23	庚申24	辛酉25	壬戌26	癸亥27	甲子28	乙丑29	丙寅30	丁卯31	戊辰(1)	己巳2	庚午3	辛未4	壬申5	癸酉6	甲戌7	乙亥8	丙子9	丁丑10	戊寅11	己卯12	庚辰13	辛巳14	壬午15	癸未16	甲申17	乙酉18		辛酉冬至

朔閏異同	曆名	正月	二月	三月	四月	五月	六月	七月	八月	九月	十月	十一	十二	閏月
	周曆夏曆	壬辰辛卯	辛酉---庚申	辛卯庚寅	辛酉己未	庚寅己丑	庚申己未	己丑戊子	---己未戊午	戊子丁亥	戊午丁巳	丁亥丙戌	丁巳丙辰	丙戌乙酉
	顓頊新曆	癸亥壬辰	壬辰辛酉	壬戌---辛卯	辛卯庚申	辛酉己丑	庚寅己未	庚申戊子	庚寅戊午	己未戊子	己丑丁巳	戊午丁亥	戊子丁巳	---丁巳丙戌

周顯王十三年（乙丑 牛年） 公元前356～前355年 歲在析木

殷曆月序		中西曆日對照	初一	初二	初三	初四	初五	初六	初七	初八	初九	初十	十一	十二	十三	十四	十五	十六	十七	十八	十九	二十	二一	二二	二三	二四	二五	二六	二七	二八	二九	三十	節氣與天象
正月大	丁丑	天干地支	丙戌	丁亥	戊子	己丑	庚寅	辛卯	壬辰	癸巳	甲午	乙未	丙申	丁酉	戊戌	己亥	庚子	辛丑	壬寅	癸卯	甲辰	乙巳	丙午	丁未	戊申	己酉	庚戌	辛亥	壬子	癸丑	甲寅	乙卯	丙午立春
		西曆	19	20	21	22	23	24	25	26	27	28	29	30	31	(2)	2	3	4	5	6	7	8	9	10	11	12	13	14	15	16	17	
二月小	戊寅	天干地支	丙辰	丁巳	戊午	己未	庚申	辛酉	壬戌	癸亥	甲子	乙丑	丙寅	丁卯	戊辰	己巳	庚午	辛未	壬申	癸酉	甲戌	乙亥	丙子	丁丑	戊寅	己卯	庚辰	辛巳	壬午	癸未	甲申		丙辰日食
		西曆	18	19	20	21	22	23	24	25	26	27	28	(3)	2	3	4	5	6	7	8	9	10	11	12	13	14	15	16	17	18		
三月大	己卯	天干地支	乙酉	丙戌	丁亥	戊子	己丑	庚寅	辛卯	壬辰	癸巳	甲午	乙未	丙申	丁酉	戊戌	己亥	庚子	辛丑	壬寅	癸卯	甲辰	乙巳	丙午	丁未	戊申	己酉	庚戌	辛亥	壬子	癸丑	甲寅	辛卯春分
		西曆	19	20	21	22	23	24	25	26	27	28	29	30	31	(4)	2	3	4	5	6	7	8	9	10	11	12	13	14	15	16	17	
四月小	庚辰	天干地支	乙卯	丙辰	丁巳	戊午	己未	庚申	辛酉	壬戌	癸亥	甲子	乙丑	丙寅	丁卯	戊辰	己巳	庚午	辛未	壬申	癸酉	甲戌	乙亥	丙子	丁丑	戊寅	己卯	庚辰	辛巳	壬午	癸未		戊寅立夏
		西曆	18	19	20	21	22	23	24	25	26	27	28	29	30	(5)	2	3	4	5	6	7	8	9	10	11	12	13	14	15	16		
五月大	辛巳	天干地支	甲申	乙酉	丙戌	丁亥	戊子	己丑	庚寅	辛卯	壬辰	癸巳	甲午	乙未	丙申	丁酉	戊戌	己亥	庚子	辛丑	壬寅	癸卯	甲辰	乙巳	丙午	丁未	戊申	己酉	庚戌	辛亥	壬子	癸丑	
		西曆	17	18	19	20	21	22	23	24	25	26	27	28	29	30	31	(6)	2	3	4	5	6	7	8	9	10	11	12	13	14	15	
六月小	壬午	天干地支	甲寅	乙卯	丙辰	丁巳	戊午	己未	庚申	辛酉	壬戌	癸亥	甲子	乙丑	丙寅	丁卯	戊辰	己巳	庚午	辛未	壬申	癸酉	甲戌	乙亥	丙子	丁丑	戊寅	己卯	庚辰	辛巳	壬午		丙寅夏至
		西曆	16	17	18	19	20	21	22	23	24	25	26	27	28	29	30	(7)	2	3	4	5	6	7	8	9	10	11	12	13	14		
七月大	癸未	天干地支	癸未	甲申	乙酉	丙戌	丁亥	戊子	己丑	庚寅	辛卯	壬辰	癸巳	甲午	乙未	丙申	丁酉	戊戌	己亥	庚子	辛丑	壬寅	癸卯	甲辰	乙巳	丙午	丁未	戊申	己酉	庚戌	辛亥	壬子	壬子立秋
		西曆	15	16	17	18	19	20	21	22	23	24	25	26	27	28	29	30	31	(8)	2	3	4	5	6	7	8	9	10	11	12	13	
八月小	甲申	天干地支	癸丑	甲寅	乙卯	丙辰	丁巳	戊午	己未	庚申	辛酉	壬戌	癸亥	甲子	乙丑	丙寅	丁卯	戊辰	己巳	庚午	辛未	壬申	癸酉	甲戌	乙亥	丙子	丁丑	戊寅	己卯	庚辰	辛巳		
		西曆	14	15	16	17	18	19	20	21	22	23	24	25	26	27	28	29	30	31	(9)	2	3	4	5	6	7	8	9	10	11		
九月大	乙酉	天干地支	壬午	癸未	甲申	乙酉	丙戌	丁亥	戊子	己丑	庚寅	辛卯	壬辰	癸巳	甲午	乙未	丙申	丁酉	戊戌	己亥	庚子	辛丑	壬寅	癸卯	甲辰	乙巳	丙午	丁未	戊申	己酉	庚戌	辛亥	戊戌秋分
		西曆	12	13	14	15	16	17	18	19	20	21	22	23	24	25	26	27	28	29	30	(10)	2	3	4	5	6	7	8	9	10	11	
十月小	丙戌	天干地支	壬子	癸丑	甲寅	乙卯	丙辰	丁巳	戊午	己未	庚申	辛酉	壬戌	癸亥	甲子	乙丑	丙寅	丁卯	戊辰	己巳	庚午	辛未	壬申	癸酉	甲戌	乙亥	丙子	丁丑	戊寅	己卯	庚辰		
		西曆	12	13	14	15	16	17	18	19	20	21	22	23	24	25	26	27	28	29	30	31	(11)	2	3	4	5	6	7	8	9		
十一月大	丁亥	天干地支	辛巳	壬午	癸未	甲申	乙酉	丙戌	丁亥	戊子	己丑	庚寅	辛卯	壬辰	癸巳	甲午	乙未	丙申	丁酉	戊戌	己亥	庚子	辛丑	壬寅	癸卯	甲辰	乙巳	丙午	丁未	戊申	己酉	庚戌	壬午立冬
		西曆	10	11	12	13	14	15	16	17	18	19	20	21	22	23	24	25	26	27	28	29	30	(12)	2	3	4	5	6	7	8	9	
十二月小	戊子	天干地支	辛亥	壬子	癸丑	甲寅	乙卯	丙辰	丁巳	戊午	己未	庚申	辛酉	壬戌	癸亥	甲子	乙丑	丙寅	丁卯	戊辰	己巳	庚午	辛未	壬申	癸酉	甲戌	乙亥	丙子	丁丑	戊寅	己卯		丙寅冬至
		西曆	10	11	12	13	14	15	16	17	18	19	20	21	22	23	24	25	26	27	28	29	30	31	(1)	2	3	4	5	6	7		

朔閏異同	曆名	正月	二月	三月	四月	五月	六月	七月	八月	九月	十月	十一	十二	閏月
	周曆夏曆	丙辰乙卯	乙酉甲申	乙卯甲寅	甲申癸未	甲寅癸丑	癸未壬午	癸丑壬子	癸未壬午	壬子辛亥	壬午辛巳	辛亥庚戌	辛巳庚辰	
	曆名	正月	二月	三月	四月	五月	六月	七月	八月	九月	十月	十一	十二	閏月
	顓頊新曆	丁亥丙辰	丙辰乙酉	丙戌乙卯	乙卯甲申	乙酉癸丑	甲寅癸未	甲申壬子	癸丑壬午	癸未辛亥	癸丑辛巳	壬午辛亥	壬子辛巳	

周顯王十四年（丙寅 虎年） 公元前355年 歲在星紀

殷曆月序		中西曆日對照	初一	初二	初三	初四	初五	初六	初七	初八	初九	初十	十一	十二	十三	十四	十五	十六	十七	十八	十九	二十	二一	二二	二三	二四	二五	二六	二七	二八	二九	三十	節氣與天象
正月大	己丑	干支 天地 西曆	庚辰 8	辛巳 9	壬午 10	癸未 11	甲申 12	乙酉 13	丙戌 14	丁亥 15	戊子 16	己丑 17	庚寅 18	辛卯 19	壬辰 20	癸巳 21	甲午 22	乙未 23	丙申 24	丁酉 25	戊戌 26	己亥 27	庚子 28	辛丑 29	壬寅 30	癸卯 31	甲辰 (2)	乙巳 2	丙午 3	丁未 4	戊申 5	己酉 6	
二月大	庚寅	干支 天地 西曆	庚戌 7	辛亥 8	壬子 9	癸丑 10	甲寅 11	乙卯 12	丙辰 13	丁巳 14	戊午 15	己未 16	庚申 17	辛酉 18	壬戌 19	癸亥 20	甲子 21	乙丑 22	丙寅 23	丁卯 24	戊辰 25	己巳 26	庚午 27	辛未 28	壬申 (3)	癸酉 2	甲戌 3	乙亥 4	丙子 5	丁丑 6	戊寅 7	己卯 8	辛亥立春
三月小	辛卯	干支 天地 西曆	庚辰 9	辛巳 10	壬午 11	癸未 12	甲申 13	乙酉 14	丙戌 15	丁亥 16	戊子 17	己丑 18	庚寅 19	辛卯 20	壬辰 21	癸巳 22	甲午 23	乙未 24	丙申 25	丁酉 26	戊戌 27	己亥 28	庚子 29	辛丑 30	壬寅 31	癸卯 (4)	甲辰 2	乙巳 3	丙午 4	丁未 5	戊申 6		丁酉春分
四月大	壬辰	干支 天地 西曆	己酉 7	庚戌 8	辛亥 9	壬子 10	癸丑 11	甲寅 12	乙卯 13	丙辰 14	丁巳 15	戊午 16	己未 17	庚申 18	辛酉 19	壬戌 20	癸亥 21	甲子 22	乙丑 23	丙寅 24	丁卯 25	戊辰 26	己巳 27	庚午 28	辛未 29	壬申 30	癸酉 (5)	甲戌 2	乙亥 3	丙子 4	丁丑 5	戊寅 6	
五月小	癸巳	干支 天地 西曆	己卯 7	庚辰 8	辛巳 9	壬午 10	癸未 11	甲申 12	乙酉 13	丙戌 14	丁亥 15	戊子 16	己丑 17	庚寅 18	辛卯 19	壬辰 20	癸巳 21	甲午 22	乙未 23	丙申 24	丁酉 25	戊戌 26	己亥 27	庚子 28	辛丑 29	壬寅 30	癸卯 31	甲辰 (6)	乙巳 2	丙午 3	丁未 4		甲申立夏
六月大	甲午	干支 天地 西曆	戊申 5	己酉 6	庚戌 7	辛亥 8	壬子 9	癸丑 10	甲寅 11	乙卯 12	丙辰 13	丁巳 14	戊午 15	己未 16	庚申 17	辛酉 18	壬戌 19	癸亥 20	甲子 21	乙丑 22	丙寅 23	丁卯 24	戊辰 25	己巳 26	庚午 27	辛未 28	壬申 29	癸酉 30	甲戌 (7)	乙亥 2	丙子 3	丁丑 4	辛未夏至 丁丑日食
七月小	乙未	干支 天地 西曆	戊寅 5	己卯 6	庚辰 7	辛巳 8	壬午 9	癸未 10	甲申 11	乙酉 12	丙戌 13	丁亥 14	戊子 15	己丑 16	庚寅 17	辛卯 18	壬辰 19	癸巳 20	甲午 21	乙未 22	丙申 23	丁酉 24	戊戌 25	己亥 26	庚子 27	辛丑 28	壬寅 29	癸卯 30	甲辰 31	乙巳 (8)	丙午 2		
八月大	丙申	干支 天地 西曆	丁未 3	戊申 4	己酉 5	庚戌 6	辛亥 7	壬子 8	癸丑 9	甲寅 10	乙卯 11	丙辰 12	丁巳 13	戊午 14	己未 15	庚申 16	辛酉 17	壬戌 18	癸亥 19	甲子 20	乙丑 21	丙寅 22	丁卯 23	戊辰 24	己巳 25	庚午 26	辛未 27	壬申 28	癸酉 29	甲戌 30	乙亥 31	丙子 (9)	戊午立秋
九月小	丁酉	干支 天地 西曆	丁丑 2	戊寅 3	己卯 4	庚辰 5	辛巳 6	壬午 7	癸未 8	甲申 9	乙酉 10	丙戌 11	丁亥 12	戊子 13	己丑 14	庚寅 15	辛卯 16	壬辰 17	癸巳 18	甲午 19	乙未 20	丙申 21	丁酉 22	戊戌 23	己亥 24	庚子 25	辛丑 26	壬寅 27	癸卯 28	甲辰 29	乙巳 30		癸卯秋分
十月大	戊戌	干支 天地 西曆	丙午 (10)	丁未 2	戊申 3	己酉 4	庚戌 5	辛亥 6	壬子 7	癸丑 8	甲寅 9	乙卯 10	丙辰 11	丁巳 12	戊午 13	己未 14	庚申 15	辛酉 16	壬戌 17	癸亥 18	甲子 19	乙丑 20	丙寅 21	丁卯 22	戊辰 23	己巳 24	庚午 25	辛未 26	壬申 27	癸酉 28	甲戌 29	乙亥 30	
十一月小	己亥	干支 天地 西曆	丙子 31	丁丑 (11)	戊寅 2	己卯 3	庚辰 4	辛巳 5	壬午 6	癸未 7	甲申 8	乙酉 9	丙戌 10	丁亥 11	戊子 12	己丑 13	庚寅 14	辛卯 15	壬辰 16	癸巳 17	甲午 18	乙未 19	丙申 20	丁酉 21	戊戌 22	己亥 23	庚子 24	辛丑 25	壬寅 26	癸卯 27	甲辰 28		丁亥立冬
十二月大	庚子	干支 天地 西曆	乙巳 29	丙午 30	丁未 (12)	戊申 2	己酉 3	庚戌 4	辛亥 5	壬子 6	癸丑 7	甲寅 8	乙卯 9	丙辰 10	丁巳 11	戊午 12	己未 13	庚申 14	辛酉 15	壬戌 16	癸亥 17	甲子 18	乙丑 19	丙寅 20	丁卯 21	戊辰 22	己巳 23	庚午 24	辛未 25	壬申 26	癸酉 27	甲戌 28	壬申冬至

朔閏異同	曆名	正月	二月	三月	四月	五月	六月	七月	八月	九月	十月	十一	十二	閏月
	周曆夏曆	庚戌己酉	庚辰己卯	己酉戊申	己卯戊寅	戊申丁未	戊寅丁丑	丁未丙午	丁丑丙子	丙午乙巳	丙子---乙亥	丙午甲辰	乙亥甲戌	甲辰
	顓頊新曆	辛巳庚戌	辛亥庚辰	庚辰己酉	庚戌己卯	己卯戊申	己酉丁丑	戊寅丁未	戊申丙子	丁丑---乙巳	丁未乙亥	丙子乙巳	丙午乙亥	甲辰

周顯王十五年（丁卯 兔年） 公元前355～前**354**～前353年 歲在玄枵

殷曆月序		中西曆日對照	初一	初二	初三	初四	初五	初六	初七	初八	初九	初十	十一	十二	十三	十四	十五	十六	十七	十八	十九	二十	二一	二二	二三	二四	二五	二六	二七	二八	二九	三十	節氣與天象
正月小	辛丑	天干地支西曆	乙亥29	丙子30	丁丑31	戊寅(1)	己卯2	庚辰3	辛巳4	壬午5	癸未6	甲申7	乙酉8	丙戌9	丁亥10	戊子11	己丑12	庚寅13	辛卯14	壬辰15	癸巳16	甲午17	乙未18	丙申19	丁酉20	戊戌21	己亥22	庚子23	辛丑24	壬寅25	癸卯26		
二月大	壬寅	天干地支西曆	甲辰27	乙巳28	丙午29	丁未30	戊申31	己酉(2)	庚戌2	辛亥3	壬子4	癸丑5	甲寅6	乙卯7	丙辰8	丁巳9	戊午10	己未11	庚申12	辛酉13	壬戌14	癸亥15	甲子16	乙丑17	丙寅18	丁卯19	戊辰20	己巳21	庚午22	辛未23	壬申24	癸酉25	丙辰立春
閏二月小	壬寅	天干地支西曆	甲戌26	乙亥27	丙子28	丁丑(3)	戊寅2	己卯3	庚辰4	辛巳5	壬午6	癸未7	甲申8	乙酉9	丙戌10	丁亥11	戊子12	己丑13	庚寅14	辛卯15	壬辰16	癸巳17	甲午18	乙未19	丙申20	丁酉21	戊戌22	己亥23	庚子24	辛丑25	壬寅26		壬寅春分
三月大	癸卯	天干地支西曆	癸卯27	甲辰28	乙巳29	丙午30	丁未31	戊申(4)	己酉2	庚戌3	辛亥4	壬子5	癸丑6	甲寅7	乙卯8	丙辰9	丁巳10	戊午11	己未12	庚申13	辛酉14	壬戌15	癸亥16	甲子17	乙丑18	丙寅19	丁卯20	戊辰21	己巳22	庚午23	辛未24	壬申25	
四月大	甲辰	天干地支西曆	癸酉26	甲戌27	乙亥28	丙子29	丁丑30	戊寅(5)	己卯2	庚辰3	辛巳4	壬午5	癸未6	甲申7	乙酉8	丙戌9	丁亥10	戊子11	己丑12	庚寅13	辛卯14	壬辰15	癸巳16	甲午17	乙未18	丙申19	丁酉20	戊戌21	己亥22	庚子23	辛丑24	壬寅25	己丑立夏
五月小	乙巳	天干地支西曆	癸卯26	甲辰27	乙巳28	丙午29	丁未30	戊申31	己酉(6)	庚戌2	辛亥3	壬子4	癸丑5	甲寅6	乙卯7	丙辰8	丁巳9	戊午10	己未11	庚申12	辛酉13	壬戌14	癸亥15	甲子16	乙丑17	丙寅18	丁卯19	戊辰20	己巳21	庚午22	辛未23		
六月大	丙午	天干地支西曆	壬申24	癸酉25	甲戌26	乙亥27	丙子28	丁丑29	戊寅30	己卯(7)	庚辰2	辛巳3	壬午4	癸未5	甲申6	乙酉7	丙戌8	丁亥9	戊子10	己丑11	庚寅12	辛卯13	壬辰14	癸巳15	甲午16	乙未17	丙申18	丁酉19	戊戌20	己亥21	庚子22	辛丑23	丙子夏至 壬申日食
七月小	丁未	天干地支西曆	壬寅24	癸卯25	甲辰26	乙巳27	丙午28	丁未29	戊申30	己酉31	庚戌(8)	辛亥2	壬子3	癸丑4	甲寅5	乙卯6	丙辰7	丁巳8	戊午9	己未10	庚申11	辛酉12	壬戌13	癸亥14	甲子15	乙丑16	丙寅17	丁卯18	戊辰19	己巳20	庚午21		癸亥立秋
八月大	戊申	天干地支西曆	辛未22	壬申23	癸酉24	甲戌25	乙亥26	丙子27	丁丑28	戊寅29	己卯30	庚辰31	辛巳(9)	壬午2	癸未3	甲申4	乙酉5	丙戌6	丁亥7	戊子8	己丑9	庚寅10	辛卯11	壬辰12	癸巳13	甲午14	乙未15	丙申16	丁酉17	戊戌18	己亥19	庚子20	
九月小	己酉	天干地支西曆	辛丑21	壬寅22	癸卯23	甲辰24	乙巳25	丙午26	丁未27	戊申28	己酉29	庚戌30	辛亥(10)	壬子2	癸丑3	甲寅4	乙卯5	丙辰6	丁巳7	戊午8	己未9	庚申10	辛酉11	壬戌12	癸亥13	甲子14	乙丑15	丙寅16	丁卯17	戊辰18	己巳19		戊申秋分
十月大	庚戌	天干地支西曆	庚午20	辛未21	壬申22	癸酉23	甲戌24	乙亥25	丙子26	丁丑27	戊寅28	己卯29	庚辰30	辛巳31	壬午(11)	癸未2	甲申3	乙酉4	丙戌5	丁亥6	戊子7	己丑8	庚寅9	辛卯10	壬辰11	癸巳12	甲午13	乙未14	丙申15	丁酉16	戊戌17	己亥18	癸巳立冬
十一月小	辛亥	天干地支西曆	庚子19	辛丑20	壬寅21	癸卯22	甲辰23	乙巳24	丙午25	丁未26	戊申27	己酉28	庚戌29	辛亥30	壬子(12)	癸丑2	甲寅3	乙卯4	丙辰5	丁巳6	戊午7	己未8	庚申9	辛酉10	壬戌11	癸亥12	甲子13	乙丑14	丙寅15	丁卯16	戊辰17		
十二月大	壬子	天干地支西曆	己巳18	庚午19	辛未20	壬申21	癸酉22	甲戌23	乙亥24	丙子25	丁丑26	戊寅27	己卯28	庚辰29	辛巳30	壬午31	癸未(1)	甲申2	乙酉3	丙戌4	丁亥5	戊子6	己丑7	庚寅8	辛卯9	壬辰10	癸巳11	甲午12	乙未13	丙申14	丁酉15	戊戌16	丁丑冬至

朔閏異同	曆名	正月	二月	三月	四月	五月	六月	七月	八月	九月	十月	十一	十二	閏月
	周曆夏曆	乙巳癸酉	甲戌癸卯	甲辰壬申	癸酉壬寅	---癸卯辛未	壬申辛丑	壬寅庚午	辛未庚子	辛丑己巳	庚午己亥	庚子戊辰	己巳戊戌	己亥
	顓頊新曆	乙亥甲戌	乙巳甲辰	乙亥癸酉	甲辰癸卯	甲戌壬申	癸卯辛丑	癸酉辛未	壬寅庚子	壬申己巳	辛丑己亥	辛未己巳	庚子戊戌	---庚午

周顯王十六年（戊辰 龍年） 公元前353 ~ 前352年 歲在娵訾

殷曆月序		中西曆日對照	初一	初二	初三	初四	初五	初六	初七	初八	初九	初十	十一	十二	十三	十四	十五	十六	十七	十八	十九	二十	二一	二二	二三	二四	二五	二六	二七	二八	二九	三十	節氣與天象
正月小	癸丑	干支 天地 西曆	己亥17	庚子18	辛丑19	壬寅20	癸卯21	甲辰22	乙巳23	丙午24	丁未25	戊申26	己酉27	庚戌28	辛亥29	壬子30	癸丑31	甲寅(2)	乙卯2	丙辰3	丁巳4	戊午5	己未6	庚申7	辛酉8	壬戌9	癸亥10	甲子11	乙丑12	丙寅13	丁卯14		辛酉立春
二月大	甲寅	干支 天地 西曆	戊辰15	己巳16	庚午17	辛未18	壬申19	癸酉20	甲戌21	乙亥22	丙子23	丁丑24	戊寅25	己卯26	庚辰27	辛巳28	壬午29	癸未(3)	甲申2	乙酉3	丙戌4	丁亥5	戊子6	己丑7	庚寅8	辛卯9	壬辰10	癸巳11	甲午12	乙未13	丙申14	丁酉15	
三月小	乙卯	干支 天地 西曆	戊戌16	己亥17	庚子18	辛丑19	壬寅20	癸卯21	甲辰22	乙巳23	丙午24	丁未25	戊申26	己酉27	庚戌28	辛亥29	壬子30	癸丑31	甲寅(4)	乙卯2	丙辰3	丁巳4	戊午5	己未6	庚申7	辛酉8	壬戌9	癸亥10	甲子11	乙丑12	丙寅13		丁未春分
四月大	丙辰	干支 天地 西曆	丁卯14	戊辰15	己巳16	庚午17	辛未18	壬申19	癸酉20	甲戌21	乙亥22	丙子23	丁丑24	戊寅25	己卯26	庚辰27	辛巳28	壬午29	癸未30	甲申(5)	乙酉2	丙戌3	丁亥4	戊子5	己丑6	庚寅7	辛卯8	壬辰9	癸巳10	甲午11	乙未12	丙申13	甲午立夏
五月小	丁巳	干支 天地 西曆	丁酉14	戊戌15	己亥16	庚子17	辛丑18	壬寅19	癸卯20	甲辰21	乙巳22	丙午23	丁未24	戊申25	己酉26	庚戌27	辛亥28	壬子29	癸丑30	甲寅31	乙卯(6)	丙辰2	丁巳3	戊午4	己未5	庚申6	辛酉7	壬戌8	癸亥9	甲子10	乙丑11		
六月大	戊午	干支 天地 西曆	丙寅12	丁卯13	戊辰14	己巳15	庚午16	辛未17	壬申18	癸酉19	甲戌20	乙亥21	丙子22	丁丑23	戊寅24	己卯25	庚辰26	辛巳27	壬午28	癸未29	甲申30	乙酉(7)	丙戌2	丁亥3	戊子4	己丑5	庚寅6	辛卯7	壬辰8	癸巳9	甲午10	乙未11	辛巳夏至
七月小	己未	干支 天地 西曆	丙申12	丁酉13	戊戌14	己亥15	庚子16	辛丑17	壬寅18	癸卯19	甲辰20	乙巳21	丙午22	丁未23	戊申24	己酉25	庚戌26	辛亥27	壬子28	癸丑29	甲寅30	乙卯31	丙辰(8)	丁巳2	戊午3	己未4	庚申5	辛酉6	壬戌7	癸亥8	甲子9		
八月大	庚申	干支 天地 西曆	乙丑10	丙寅11	丁卯12	戊辰13	己巳14	庚午15	辛未16	壬申17	癸酉18	甲戌19	乙亥20	丙子21	丁丑22	戊寅23	己卯24	庚辰25	辛巳26	壬午27	癸未28	甲申29	乙酉30	丙戌31	丁亥(9)	戊子2	己丑3	庚寅4	辛卯5	壬辰6	癸巳7	甲午8	戊辰立秋
九月大	辛酉	干支 天地 西曆	乙未9	丙申10	丁酉11	戊戌12	己亥13	庚子14	辛丑15	壬寅16	癸卯17	甲辰18	乙巳19	丙午20	丁未21	戊申22	己酉23	庚戌24	辛亥25	壬子26	癸丑27	甲寅28	乙卯29	丙辰30	丁巳(10)	戊午2	己未3	庚申4	辛酉5	壬戌6	癸亥7	甲子8	癸丑秋分
十月小	壬戌	干支 天地 西曆	乙丑9	丙寅10	丁卯11	戊辰12	己巳13	庚午14	辛未15	壬申16	癸酉17	甲戌18	乙亥19	丙子20	丁丑21	戊寅22	己卯23	庚辰24	辛巳25	壬午26	癸未27	甲申28	乙酉29	丙戌30	丁亥31	戊子(11)	己丑2	庚寅3	辛卯4	壬辰5	癸巳6		
十一月大	癸亥	干支 天地 西曆	甲午7	乙未8	丙申9	丁酉10	戊戌11	己亥12	庚子13	辛丑14	壬寅15	癸卯16	甲辰17	乙巳18	丙午19	丁未20	戊申21	己酉22	庚戌23	辛亥24	壬子25	癸丑26	甲寅27	乙卯28	丙辰29	丁巳30	戊午(12)	己未2	庚申3	辛酉4	壬戌5	癸亥6	戊戌立冬 癸亥日食
十二月小	甲子	干支 天地 西曆	甲子7	乙丑8	丙寅9	丁卯10	戊辰11	己巳12	庚午13	辛未14	壬申15	癸酉16	甲戌17	乙亥18	丙子19	丁丑20	戊寅21	己卯22	庚辰23	辛巳24	壬午25	癸未26	甲申27	乙酉28	丙戌29	丁亥30	戊子31	己丑(1)	庚寅2	辛卯3	壬辰4		壬午冬至

朔閏異同	曆名	正月	二月	三月	四月	五月	六月	七月	八月	九月	十月	十一	十二	閏月
	周曆夏曆	戊辰丁卯	戊戌丁酉	戊辰丙寅	丁酉丙申	丁卯丙寅	丙申乙未	丙寅乙丑	乙未甲午	乙丑甲子	甲午癸巳	甲子癸亥	癸巳壬辰	
	顓頊新曆	己亥戊辰	己巳戊戌	戊戌戊辰	戊辰丁酉	丁酉丁卯	丁卯丙申	丁酉乙丑	丙寅乙未	丙申甲子	乙丑癸巳	乙未癸亥	甲子癸巳	

周顯王十七年（己巳 蛇年） 公元前 352 ~ 前 351 年 歲在降婁

殷曆月序		西中曆日對照	初一	初二	初三	初四	初五	初六	初七	初八	初九	初十	十一	十二	十三	十四	十五	十六	十七	十八	十九	二十	二一	二二	二三	二四	二五	二六	二七	二八	二九	三十	節氣與天象
正月大	乙丑	天干地支西曆	癸巳5	甲午6	乙未7	丙申8	丁酉9	戊戌10	己亥11	庚子12	辛丑13	壬寅14	癸卯15	甲辰16	乙巳17	丙午18	丁未19	戊申20	己酉21	庚戌22	辛亥23	壬子24	癸丑25	甲寅26	乙卯27	丙辰28	丁巳29	戊午30	己未31	庚申(2)	辛酉2	壬戌3	
二月小	丙寅	天干地支西曆	癸亥4	甲子5	乙丑6	丙寅7	丁卯8	戊辰9	己巳10	庚午11	辛未12	壬申13	癸酉14	甲戌15	乙亥16	丙子17	丁丑18	戊寅19	己卯20	庚辰21	辛巳22	壬午23	癸未24	甲申25	乙酉26	丙戌27	丁亥28	戊子(3)	己丑2	庚寅3	辛卯4		丁卯立春
三月大	丁卯	天干地支西曆	壬辰5	癸巳6	甲午7	乙未8	丙申9	丁酉10	戊戌11	己亥12	庚子13	辛丑14	壬寅15	癸卯16	甲辰17	乙巳18	丙午19	丁未20	戊申21	己酉22	庚戌23	辛亥24	壬子25	癸丑26	甲寅27	乙卯28	丙辰29	丁巳30	戊午31	己未(4)	庚申2	辛酉3	壬子春分
四月小	戊辰	天干地支西曆	壬戌4	癸亥5	甲子6	乙丑7	丙寅8	丁卯9	戊辰10	己巳11	庚午12	辛未13	壬申14	癸酉15	甲戌16	乙亥17	丙子18	丁丑19	戊寅20	己卯21	庚辰22	辛巳23	壬午24	癸未25	甲申26	乙酉27	丙戌28	丁亥29	戊子30	己丑(5)	庚寅2		
五月大	己巳	天干地支西曆	辛卯3	壬辰4	癸巳5	甲午6	乙未7	丙申8	丁酉9	戊戌10	己亥11	庚子12	辛丑13	壬寅14	癸卯15	甲辰16	乙巳17	丙午18	丁未19	戊申20	己酉21	庚戌22	辛亥23	壬子24	癸丑25	甲寅26	乙卯27	丙辰28	丁巳29	戊午30	己未31	庚申(6)	己亥立夏
六月小	庚午	天干地支西曆	辛酉2	壬戌3	癸亥4	甲子5	乙丑6	丙寅7	丁卯8	戊辰9	己巳10	庚午11	辛未12	壬申13	癸酉14	甲戌15	乙亥16	丙子17	丁丑18	戊寅19	己卯20	庚辰21	辛巳22	壬午23	癸未24	甲申25	乙酉26	丙戌27	丁亥28	戊子29	己丑30		丁亥夏至
七月大	辛未	天干地支西曆	庚寅(7)	辛卯2	壬辰3	癸巳4	甲午5	乙未6	丙申7	丁酉8	戊戌9	己亥10	庚子11	辛丑12	壬寅13	癸卯14	甲辰15	乙巳16	丙午17	丁未18	戊申19	己酉20	庚戌21	辛亥22	壬子23	癸丑24	甲寅25	乙卯26	丙辰27	丁巳28	戊午29	己未30	
八月小	壬申	天干地支西曆	庚申31	辛酉(8)	壬戌2	癸亥3	甲子4	乙丑5	丙寅6	丁卯7	戊辰8	己巳9	庚午10	辛未11	壬申12	癸酉13	甲戌14	乙亥15	丙子16	丁丑17	戊寅18	己卯19	庚辰20	辛巳21	壬午22	癸未23	甲申24	乙酉25	丙戌26	丁亥27	戊子28		癸酉立秋
九月大	癸酉	天干地支西曆	己丑29	庚寅30	辛卯31	壬辰(9)	癸巳2	甲午3	乙未4	丙申5	丁酉6	戊戌7	己亥8	庚子9	辛丑10	壬寅11	癸卯12	甲辰13	乙巳14	丙午15	丁未16	戊申17	己酉18	庚戌19	辛亥20	壬子21	癸丑22	甲寅23	乙卯24	丙辰25	丁巳26	戊午27	
十月小	甲戌	天干地支西曆	己未28	庚申29	辛酉30	壬戌(10)	癸亥2	甲子3	乙丑4	丙寅5	丁卯6	戊辰7	己巳8	庚午9	辛未10	壬申11	癸酉12	甲戌13	乙亥14	丙子15	丁丑16	戊寅17	己卯18	庚辰19	辛巳20	壬午21	癸未22	甲申23	乙酉24	丙戌25	丁亥26		己未秋分
十一月大	乙亥	天干地支西曆	戊子27	己丑28	庚寅29	辛卯30	壬辰31	癸巳(11)	甲午2	乙未3	丙申4	丁酉5	戊戌6	己亥7	庚子8	辛丑9	壬寅10	癸卯11	甲辰12	乙巳13	丙午14	丁未15	戊申16	己酉17	庚戌18	辛亥19	壬子20	癸丑21	甲寅22	乙卯23	丙辰24	丁巳25	癸卯立冬
閏十一大	乙亥	天干地支西曆	戊午26	己未27	庚申28	辛酉29	壬戌30	癸亥(12)	甲子2	乙丑3	丙寅4	丁卯5	戊辰6	己巳7	庚午8	辛未9	壬申10	癸酉11	甲戌12	乙亥13	丙子14	丁丑15	戊寅16	己卯17	庚辰18	辛巳19	壬午20	癸未21	甲申22	乙酉23	丙戌24	丁亥25	丁亥冬至
十二月小	丙子	天干地支西曆	戊子26	己丑27	庚寅28	辛卯29	壬辰30	癸巳31	甲午(1)	乙未2	丙申3	丁酉4	戊戌5	己亥6	庚子7	辛丑8	壬寅9	癸卯10	甲辰11	乙巳12	丙午13	丁未14	戊申15	己酉16	庚戌17	辛亥18	壬子19	癸丑20	甲寅21	乙卯22	丙辰23		

朔閏異同	曆名	正月	二月	三月	四月	五月	六月	七月	八月	九月	十月	十一	十二	閏月
	周曆夏曆	癸亥壬戌	壬辰辛卯	壬戌辛酉	辛卯庚寅	辛酉庚申	辛卯己丑	庚申己未	庚寅---己丑	己未戊午	己丑戊子	戊午丁巳	戊子丁亥	---丁巳丙辰
	顓頊新曆	甲午壬戌	癸亥壬辰	癸巳壬戌	壬戌辛卯	壬辰辛酉	辛酉庚寅	辛卯---庚申	庚申己丑	庚寅己未	庚申戊子	己丑戊午	己未丁亥	戊子丁巳

周顯王十八年（庚午 馬年） 公元前351～前350年 歲在大梁

殷曆月序		中西曆日對照	初一	初二	初三	初四	初五	初六	初七	初八	初九	初十	十一	十二	十三	十四	十五	十六	十七	十八	十九	二十	二一	二二	二三	二四	二五	二六	二七	二八	二九	三十	節氣與天象
正月大	丁丑	干支曆 天地西	丁巳24	戊午25	己未26	庚申27	辛酉28	壬戌29	癸亥30	甲子31	乙丑(2)	丙寅2	丁卯3	戊辰4	己巳5	庚午6	辛未7	壬申8	癸酉9	甲戌10	乙亥11	丙子12	丁丑13	戊寅14	己卯15	庚辰16	辛巳17	壬午18	癸未19	甲申20	乙酉21	丙戌22	壬申立春
二月小	戊寅	干支曆 天地西	丁亥23	戊子24	己丑25	庚寅26	辛卯27	壬辰28	癸巳(3)	甲午2	乙未3	丙申4	丁酉5	戊戌6	己亥7	庚子8	辛丑9	壬寅10	癸卯11	甲辰12	乙巳13	丙午14	丁未15	戊申16	己酉17	庚戌18	辛亥19	壬子20	癸丑21	甲寅22	乙卯23		
三月大	己卯	干支曆 天地西	丙辰24	丁巳25	戊午26	己未27	庚申28	辛酉29	壬戌30	癸亥31	甲子(4)	乙丑2	丙寅3	丁卯4	戊辰5	己巳6	庚午7	辛未8	壬申9	癸酉10	甲戌11	乙亥12	丙子13	丁丑14	戊寅15	己卯16	庚辰17	辛巳18	壬午19	癸未20	甲申21	乙酉22	戊午春分
四月小	庚辰	干支曆 天地西	丙戌23	丁亥24	戊子25	己丑26	庚寅27	辛卯28	壬辰29	癸巳30	甲午(5)	乙未2	丙申3	丁酉4	戊戌5	己亥6	庚子7	辛丑8	壬寅9	癸卯10	甲辰11	乙巳12	丙午13	丁未14	戊申15	己酉16	庚戌17	辛亥18	壬子19	癸丑20	甲寅21		乙巳立夏
五月大	辛巳	干支曆 天地西	乙卯22	丙辰23	丁巳24	戊午25	己未26	庚申27	辛酉28	壬戌29	癸亥30	甲子31	乙丑(6)	丙寅2	丁卯3	戊辰4	己巳5	庚午6	辛未7	壬申8	癸酉9	甲戌10	乙亥11	丙子12	丁丑13	戊寅14	己卯15	庚辰16	辛巳17	壬午18	癸未19	甲申20	
六月小	壬午	干支曆 天地西	乙酉21	丙戌22	丁亥23	戊子24	己丑25	庚寅26	辛卯27	壬辰28	癸巳29	甲午30	乙未(7)	丙申2	丁酉3	戊戌4	己亥5	庚子6	辛丑7	壬寅8	癸卯9	甲辰10	乙巳11	丙午12	丁未13	戊申14	己酉15	庚戌16	辛亥17	壬子18	癸丑19		壬辰夏至
七月大	癸未	干支曆 天地西	甲寅20	乙卯21	丙辰22	丁巳23	戊午24	己未25	庚申26	辛酉27	壬戌28	癸亥29	甲子30	乙丑31	丙寅(8)	丁卯2	戊辰3	己巳4	庚午5	辛未6	壬申7	癸酉8	甲戌9	乙亥10	丙子11	丁丑12	戊寅13	己卯14	庚辰15	辛巳16	壬午17	癸未18	戊寅立秋
八月小	甲申	干支曆 天地西	甲申19	乙酉20	丙戌21	丁亥22	戊子23	己丑24	庚寅25	辛卯26	壬辰27	癸巳28	甲午29	乙未30	丙申31	丁酉(9)	戊戌2	己亥3	庚子4	辛丑5	壬寅6	癸卯7	甲辰8	乙巳9	丙午10	丁未11	戊申12	己酉13	庚戌14	辛亥15	壬子16		
九月大	乙酉	干支曆 天地西	癸丑17	甲寅18	乙卯19	丙辰20	丁巳21	戊午22	己未23	庚申24	辛酉25	壬戌26	癸亥27	甲子28	乙丑29	丙寅30	丁卯(10)	戊辰2	己巳3	庚午4	辛未5	壬申6	癸酉7	甲戌8	乙亥9	丙子10	丁丑11	戊寅12	己卯13	庚辰14	辛巳15	壬午16	甲子秋分
十月小	丙戌	干支曆 天地西	癸未17	甲申18	乙酉19	丙戌20	丁亥21	戊子22	己丑23	庚寅24	辛卯25	壬辰26	癸巳27	甲午28	乙未29	丙申30	丁酉31	戊戌(11)	己亥2	庚子3	辛丑4	壬寅5	癸卯6	甲辰7	乙巳8	丙午9	丁未10	戊申11	己酉12	庚戌13	辛亥14		戊申立冬
十一月大	丁亥	干支曆 天地西	壬子15	癸丑16	甲寅17	乙卯18	丙辰19	丁巳20	戊午21	己未22	庚申23	辛酉24	壬戌25	癸亥26	甲子27	乙丑28	丙寅29	丁卯30	戊辰(12)	己巳2	庚午3	辛未4	壬申5	癸酉6	甲戌7	乙亥8	丙子9	丁丑10	戊寅11	己卯12	庚辰13	辛巳14	
十二月小	戊子	干支曆 天地西	壬午15	癸未16	甲申17	乙酉18	丙戌19	丁亥20	戊子21	己丑22	庚寅23	辛卯24	壬辰25	癸巳26	甲午27	乙未28	丙申29	丁酉30	戊戌31	己亥(1)	庚子2	辛丑3	壬寅4	癸卯5	甲辰6	乙巳7	丙午8	丁未9	戊申10	己酉11	庚戌12		癸巳冬至

朔閏異同	曆名	正月	二月	三月	四月	五月	六月	七月	八月	九月	十月	十一	十二	閏月
	周曆夏曆	丁亥丙戌	丙辰乙卯	丙戌乙酉	乙卯甲寅	乙酉甲申	甲寅癸丑	甲申癸未	癸丑壬子	癸未壬午	癸丑辛亥	壬午辛巳	壬子辛亥	
	顓頊新曆	戊午丙戌	丁亥丙辰	丁巳乙酉	丙戌乙卯	丙辰乙酉	乙酉甲寅	乙卯甲申	甲申癸丑	甲寅癸未	癸未壬子	癸丑壬午	壬午辛亥	

周顯王十九年（辛未 羊年） 公元前350 ~ 前349年 歲在實沈

殷曆月序		中西曆日對照	初一	初二	初三	初四	初五	初六	初七	初八	初九	初十	十一	十二	十三	十四	十五
正月大	己丑	天干地支 西曆	辛亥13	壬子14	癸丑15	甲寅16	乙卯17	丙辰18	丁巳19	戊午20	己未21	庚申22	辛酉23	壬戌24	癸亥25	甲子26	乙丑27
二月小	庚寅	天干地支 西曆	辛巳12	壬午13	癸未14	甲申15	乙酉16	丙戌17	丁亥18	戊子19	己丑20	庚寅21	辛卯22	壬辰23	癸巳24	甲午25	乙未26
三月大	辛卯	天干地支 西曆	庚戌13	辛亥14	壬子15	癸丑16	甲寅17	乙卯18	丙辰19	丁巳20	戊午21	己未22	庚申23	辛酉24	壬戌25	癸亥26	甲子27
四月大	壬辰	天干地支 西曆	庚辰12	辛巳13	壬午14	癸未15	甲申16	乙酉17	丙戌18	丁亥19	戊子20	己丑21	庚寅22	辛卯23	壬辰24	癸巳25	甲午26
五月小	癸巳	天干地支 西曆	庚戌12	辛亥13	壬子14	癸丑15	甲寅16	乙卯17	丙辰18	丁巳19	戊午20	己未21	庚申22	辛酉23	壬戌24	癸亥25	甲子26
六月大	甲午	天干地支 西曆	己卯10	庚辰11	辛巳12	壬午13	癸未14	甲申15	乙酉16	丙戌17	丁亥18	戊子19	己丑20	庚寅21	辛卯22	壬辰23	癸巳24
七月小	乙未	天干地支 西曆	己酉10	庚戌11	辛亥12	壬子13	癸丑14	甲寅15	乙卯16	丙辰17	丁巳18	戊午19	己未20	庚申21	辛酉22	壬戌23	癸亥24
八月大	丙申	天干地支 西曆	戊寅8	己卯9	庚辰10	辛巳11	壬午12	癸未13	甲申14	乙酉15	丙戌16	丁亥17	戊子18	己丑19	庚寅20	辛卯21	壬辰22
九月小	丁酉	天干地支 西曆	戊申7	己酉8	庚戌9	辛亥10	壬子11	癸丑12	甲寅13	乙卯14	丙辰15	丁巳16	戊午17	己未18	庚申19	辛酉20	壬戌21
十月大	戊戌	天干地支 西曆	丁丑6	戊寅7	己卯8	庚辰9	辛巳10	壬午11	癸未12	甲申13	乙酉14	丙戌15	丁亥16	戊子17	己丑18	庚寅19	辛卯20
十一月小	己亥	天干地支 西曆	丁未5	戊申6	己酉7	庚戌8	辛亥9	壬子10	癸丑11	甲寅12	乙卯13	丙辰14	丁巳15	戊午16	己未17	庚申18	辛酉19
十二月大	庚子	天干地支 西曆	丙子4	丁丑5	戊寅6	己卯7	庚辰8	辛巳9	壬午10	癸未11	甲申12	乙酉13	丙戌14	丁亥15	戊子16	己丑17	庚寅18

殷曆月序		中西曆日對照	十六	十七	十八	十九	二十	二一	二二	二三	二四	二五	二六	二七	二八	二九	三十	節氣與天象
正月大	己丑	天干地支 西曆	丙寅28	丁卯29	戊辰30	己巳31	庚午(2)	辛未2	壬申3	癸酉4	甲戌5	乙亥6	丙子7	丁丑8	戊寅9	己卯10	庚辰11	丁丑立春
二月小	庚寅	天干地支 西曆	丙申27	丁酉28	戊戌(3)	己亥2	庚子3	辛丑4	壬寅5	癸卯6	甲辰7	乙巳8	丙午9	丁未10	戊申11	己酉12		
三月大	辛卯	天干地支 西曆	乙丑28	丙寅29	丁卯30	戊辰31	己巳(4)	庚午2	辛未3	壬申4	癸酉5	甲戌6	乙亥7	丙子8	丁丑9	戊寅10	己卯11	癸亥春分
四月大	壬辰	天干地支 西曆	乙未27	丙申28	丁酉29	戊戌30	己亥(5)	庚子2	辛丑3	壬寅4	癸卯5	甲辰6	乙巳7	丙午8	丁未9	戊申10	己酉11	
五月小	癸巳	天干地支 西曆	乙丑27	丙寅28	丁卯29	戊辰30	己巳31	庚午(6)	辛未2	壬申3	癸酉4	甲戌5	乙亥6	丙子7	丁丑8	戊寅9		庚戌立夏
六月大	甲午	天干地支 西曆	甲午25	乙未26	丙申27	丁酉28	戊戌29	己亥30	庚子(7)	辛丑2	壬寅3	癸卯4	甲辰5	乙巳6	丙午7	丁未8	戊申9	丁酉夏至
七月小	乙未	天干地支 西曆	甲子25	乙丑26	丙寅27	丁卯28	戊辰29	己巳30	庚午31	辛未(8)	壬申2	癸酉3	甲戌4	乙亥5	丙子6	丁丑7		
八月大	丙申	天干地支 西曆	癸巳23	甲午24	乙未25	丙申26	丁酉27	戊戌28	己亥29	庚子30	辛丑31	壬寅(9)	癸卯2	甲辰3	乙巳4	丙午5	丁未6	甲申立秋
九月小	丁酉	天干地支 西曆	癸亥22	甲子23	乙丑24	丙寅25	丁卯26	戊辰27	己巳28	庚午29	辛未30	壬申(10)	癸酉2	甲戌3	乙亥4	丙子5		己巳秋分
十月大	戊戌	天干地支 西曆	壬辰21	癸巳22	甲午23	乙未24	丙申25	丁酉26	戊戌27	己亥28	庚子29	辛丑30	壬寅31	癸卯(11)	甲辰2	乙巳3	丙午4	丁丑日食
十一月小	己亥	天干地支 西曆	壬戌20	癸亥21	甲子22	乙丑23	丙寅24	丁卯25	戊辰26	己巳27	庚午28	辛未29	壬申30	癸酉(12)	甲戌2	乙亥3		甲寅立冬
十二月大	庚子	天干地支 西曆	辛卯19	壬辰20	癸巳21	甲午22	乙未23	丙申24	丁酉25	戊戌26	己亥27	庚子28	辛丑29	壬寅30	癸卯31	甲辰(1)	乙巳2	戊戌冬至

朔閏異同	曆名	正月	二月	三月	四月	五月	六月	七月	八月	九月	十月	十一	十二	閏月
	周曆夏曆	辛巳庚辰	辛亥庚戌	庚辰己卯	庚戌己酉	己卯戊寅	己酉戊申	戊寅丁丑	戊申丁未	丁丑丙子	丁未丙午	丙子乙亥	丙午乙巳	
	顓頊新曆	壬子辛巳	壬午庚戌	辛亥己卯	辛巳己酉	庚戌己卯	庚辰戊申	己酉戊寅	己卯戊申	戊申丁丑	戊寅丁未	丁未丙子	丁丑丙午	

周顯王二十年（壬申 猴年） 公元前349 ~ 前348年 歲在鶉首

殷曆月序		中西曆日對照	初一	初二	初三	初四	初五	初六	初七	初八	初九	初十	十一	十二	十三	十四	十五	十六	十七	十八	十九	二十	二一	二二	二三	二四	二五	二六	二七	二八	二九	三十	節氣與天象
正月小	辛丑	天干 地支 西曆	丙午 3	丁未 4	戊申 5	己酉 6	庚戌 7	辛亥 8	壬子 9	癸丑 10	甲寅 11	乙卯 12	丙辰 13	丁巳 14	戊午 15	己未 16	庚申 17	辛酉 18	壬戌 19	癸亥 20	甲子 21	乙丑 22	丙寅 23	丁卯 24	戊辰 25	己巳 26	庚午 27	辛未 28	壬申 29	癸酉 30	甲戌 31		
二月大	壬寅	天干 地支 西曆	乙亥 (2)	丙子 2	丁丑 3	戊寅 4	己卯 5	庚辰 6	辛巳 7	壬午 8	癸未 9	甲申 10	乙酉 11	丙戌 12	丁亥 13	戊子 14	己丑 15	庚寅 16	辛卯 17	壬辰 18	癸巳 19	甲午 20	乙未 21	丙申 22	丁酉 23	戊戌 24	己亥 25	庚子 26	辛丑 27	壬寅 28	癸卯 29	甲辰 (3)	壬午立春
三月小	癸卯	天干 地支 西曆	乙巳 2	丙午 3	丁未 4	戊申 5	己酉 6	庚戌 7	辛亥 8	壬子 9	癸丑 10	甲寅 11	乙卯 12	丙辰 13	丁巳 14	戊午 15	己未 16	庚申 17	辛酉 18	壬戌 19	癸亥 20	甲子 21	乙丑 22	丙寅 23	丁卯 24	戊辰 25	己巳 26	庚午 27	辛未 28	壬申 29	癸酉 30		戊辰春分
四月大	甲辰	天干 地支 西曆	甲戌 31	乙亥 (4)	丙子 2	丁丑 3	戊寅 4	己卯 5	庚辰 6	辛巳 7	壬午 8	癸未 9	甲申 10	乙酉 11	丙戌 12	丁亥 13	戊子 14	己丑 15	庚寅 16	辛卯 17	壬辰 18	癸巳 19	甲午 20	乙未 21	丙申 22	丁酉 23	戊戌 24	己亥 25	庚子 26	辛丑 27	壬寅 28	癸卯 29	
五月小	乙巳	天干 地支 西曆	甲辰 30	乙巳 (5)	丙午 2	丁未 3	戊申 4	己酉 5	庚戌 6	辛亥 7	壬子 8	癸丑 9	甲寅 10	乙卯 11	丙辰 12	丁巳 13	戊午 14	己未 15	庚申 16	辛酉 17	壬戌 18	癸亥 19	甲子 20	乙丑 21	丙寅 22	丁卯 23	戊辰 24	己巳 25	庚午 26	辛未 27	壬申 28		乙卯立夏
六月大	丙午	天干 地支 西曆	癸酉 29	甲戌 30	乙亥 31	丙子 (6)	丁丑 2	戊寅 3	己卯 4	庚辰 5	辛巳 6	壬午 7	癸未 8	甲申 9	乙酉 10	丙戌 11	丁亥 12	戊子 13	己丑 14	庚寅 15	辛卯 16	壬辰 17	癸巳 18	甲午 19	乙未 20	丙申 21	丁酉 22	戊戌 23	己亥 24	庚子 25	辛丑 26	壬寅 27	壬寅夏至
七月小	丁未	天干 地支 西曆	癸卯 28	甲辰 29	乙巳 30	丙午 (7)	丁未 2	戊申 3	己酉 4	庚戌 5	辛亥 6	壬子 7	癸丑 8	甲寅 9	乙卯 10	丙辰 11	丁巳 12	戊午 13	己未 14	庚申 15	辛酉 16	壬戌 17	癸亥 18	甲子 19	乙丑 20	丙寅 21	丁卯 22	戊辰 23	己巳 24	庚午 25	辛未 26		
閏七月大	丁未	天干 地支 西曆	壬申 27	癸酉 28	甲戌 29	乙亥 30	丙子 31	丁丑 (8)	戊寅 2	己卯 3	庚辰 4	辛巳 5	壬午 6	癸未 7	甲申 8	乙酉 9	丙戌 10	丁亥 11	戊子 12	己丑 13	庚寅 14	辛卯 15	壬辰 16	癸巳 17	甲午 18	乙未 19	丙申 20	丁酉 21	戊戌 22	己亥 23	庚子 24	辛丑 25	己丑立秋
八月大	戊申	天干 地支 西曆	壬寅 26	癸卯 27	甲辰 28	乙巳 29	丙午 30	丁未 31	戊申 (9)	己酉 2	庚戌 3	辛亥 4	壬子 5	癸丑 6	甲寅 7	乙卯 8	丙辰 9	丁巳 10	戊午 11	己未 12	庚申 13	辛酉 14	壬戌 15	癸亥 16	甲子 17	乙丑 18	丙寅 19	丁卯 20	戊辰 21	己巳 22	庚午 23	辛未 24	
九月小	己酉	天干 地支 西曆	壬申 25	癸酉 26	甲戌 27	乙亥 28	丙子 29	丁丑 30	戊寅 (10)	己卯 2	庚辰 3	辛巳 4	壬午 5	癸未 6	甲申 7	乙酉 8	丙戌 9	丁亥 10	戊子 11	己丑 12	庚寅 13	辛卯 14	壬辰 15	癸巳 16	甲午 17	乙未 18	丙申 19	丁酉 20	戊戌 21	己亥 22	庚子 23		甲戌秋分
十月大	庚戌	天干 地支 西曆	辛丑 24	壬寅 25	癸卯 26	甲辰 27	乙巳 28	丙午 29	丁未 30	戊申 31	己酉 (11)	庚戌 2	辛亥 3	壬子 4	癸丑 5	甲寅 6	乙卯 7	丙辰 8	丁巳 9	戊午 10	己未 11	庚申 12	辛酉 13	壬戌 14	癸亥 15	甲子 16	乙丑 17	丙寅 18	丁卯 19	戊辰 20	己巳 21	庚午 22	己未立冬
十一月小	辛亥	天干 地支 西曆	辛未 23	壬申 24	癸酉 25	甲戌 26	乙亥 27	丙子 28	丁丑 29	戊寅 30	己卯 (12)	庚辰 2	辛巳 3	壬午 4	癸未 5	甲申 6	乙酉 7	丙戌 8	丁亥 9	戊子 10	己丑 11	庚寅 12	辛卯 13	壬辰 14	癸巳 15	甲午 16	乙未 17	丙申 18	丁酉 19	戊戌 20	己亥 21		
十二月大	壬子	天干 地支 西曆	庚子 22	辛丑 23	壬寅 24	癸卯 25	甲辰 26	乙巳 27	丙午 28	丁未 29	戊申 30	己酉 31	庚戌 (1)	辛亥 2	壬子 3	癸丑 4	甲寅 5	乙卯 6	丙辰 7	丁巳 8	戊午 9	己未 10	庚申 11	辛酉 12	壬戌 13	癸亥 14	甲子 15	乙丑 16	丙寅 17	丁卯 18	戊辰 19	己巳 20	癸卯冬至

朔閏異同	曆名	正月	二月	三月	四月	五月	六月	七月	八月	九月	十月	十一	十二	閏月		曆名	正月	二月	三月	四月	五月	六月	七月	八月	九月	十月	十一	十二	閏月
	周曆夏曆	乙亥甲戌	乙巳甲辰	乙亥甲戌	甲辰癸卯	甲戌---癸酉	癸卯壬寅	癸酉壬申	壬寅辛丑	---壬申辛未	辛丑庚子	辛未庚午	庚子己亥	庚午己巳		顓頊新曆	丙午乙亥	丙子乙巳	乙巳---甲戌	乙亥癸卯	乙巳癸酉	甲戌壬寅	甲辰壬申	癸酉壬寅	癸卯辛未	壬申辛丑	壬寅辛未	---辛未庚子	辛丑庚午

周顯王二十一年（癸酉 鷄年） 公元前 **348** ~ 前 347 年 歲在鶉火

殷曆月序		中西曆日對照	初一	初二	初三	初四	初五	初六	初七	初八	初九	初十	十一	十二	十三	十四	十五	十六	十七	十八	十九	二十	二一	二二	二三	二四	二五	二六	二七	二八	二九	三十	節氣與天象
正月小	癸丑	天干地支 西曆	庚午 21	辛未 22	壬申 23	癸酉 24	甲戌 25	乙亥 26	丙子 27	丁丑 28	戊寅 29	己卯 30	庚辰 31	辛巳 (2)	壬午 2	癸未 3	甲申 4	乙酉 5	丙戌 6	丁亥 7	戊子 8	己丑 9	庚寅 10	辛卯 11	壬辰 12	癸巳 13	甲午 14	乙未 15	丙申 16	丁酉 17	戊戌 18		戊子立春
二月大	甲寅	天干地支 西曆	己亥 19	庚子 20	辛丑 21	壬寅 22	癸卯 23	甲辰 24	乙巳 25	丙午 26	丁未 27	戊申 28	己酉 (3)	庚戌 2	辛亥 3	壬子 4	癸丑 5	甲寅 6	乙卯 7	丙辰 8	丁巳 9	戊午 10	己未 11	庚申 12	辛酉 13	壬戌 14	癸亥 15	甲子 16	乙丑 17	丙寅 18	丁卯 19	戊辰 20	
三月小	乙卯	天干地支 西曆	己巳 21	庚午 22	辛未 23	壬申 24	癸酉 25	甲戌 26	乙亥 27	丙子 28	丁丑 29	戊寅 30	己卯 31	庚辰 (4)	辛巳 2	壬午 3	癸未 4	甲申 5	乙酉 6	丙戌 7	丁亥 8	戊子 9	己丑 10	庚寅 11	辛卯 12	壬辰 13	癸巳 14	甲午 15	乙未 16	丙申 17	丁酉 18		癸酉春分
四月大	丙辰	天干地支 西曆	戊戌 19	己亥 20	庚子 21	辛丑 22	壬寅 23	癸卯 24	甲辰 25	乙巳 26	丙午 27	丁未 28	戊申 29	己酉 30	庚戌 (5)	辛亥 2	壬子 3	癸丑 4	甲寅 5	乙卯 6	丙辰 7	丁巳 8	戊午 9	己未 10	庚申 11	辛酉 12	壬戌 13	癸亥 14	甲子 15	乙丑 16	丙寅 17	丁卯 18	庚申立夏
五月小	丁巳	天干地支 西曆	戊辰 19	己巳 20	庚午 21	辛未 22	壬申 23	癸酉 24	甲戌 25	乙亥 26	丙子 27	丁丑 28	戊寅 29	己卯 30	庚辰 31	辛巳 (6)	壬午 2	癸未 3	甲申 4	乙酉 5	丙戌 6	丁亥 7	戊子 8	己丑 9	庚寅 10	辛卯 11	壬辰 12	癸巳 13	甲午 14	乙未 15	丙申 16		
六月大	戊午	天干地支 西曆	丁酉 17	戊戌 18	己亥 19	庚子 20	辛丑 21	壬寅 22	癸卯 23	甲辰 24	乙巳 25	丙午 26	丁未 27	戊申 28	己酉 29	庚戌 30	辛亥 (7)	壬子 2	癸丑 3	甲寅 4	乙卯 5	丙辰 6	丁巳 7	戊午 8	己未 9	庚申 10	辛酉 11	壬戌 12	癸亥 13	甲子 14	乙丑 15	丙寅 16	戊申夏至
七月小	己未	天干地支 西曆	丁卯 17	戊辰 18	己巳 19	庚午 20	辛未 21	壬申 22	癸酉 23	甲戌 24	乙亥 25	丙子 26	丁丑 27	戊寅 28	己卯 29	庚辰 30	辛巳 31	壬午 (8)	癸未 2	甲申 3	乙酉 4	丙戌 5	丁亥 6	戊子 7	己丑 8	庚寅 9	辛卯 10	壬辰 11	癸巳 12	甲午 13	乙未 14		甲午立秋
八月大	庚申	天干地支 西曆	丙申 15	丁酉 16	戊戌 17	己亥 18	庚子 19	辛丑 20	壬寅 21	癸卯 22	甲辰 23	乙巳 24	丙午 25	丁未 26	戊申 27	己酉 28	庚戌 29	辛亥 30	壬子 31	癸丑 (9)	甲寅 2	乙卯 3	丙辰 4	丁巳 5	戊午 6	己未 7	庚申 8	辛酉 9	壬戌 10	癸亥 11	甲子 12	乙丑 13	
九月小	辛酉	天干地支 西曆	丙寅 14	丁卯 15	戊辰 16	己巳 17	庚午 18	辛未 19	壬申 20	癸酉 21	甲戌 22	乙亥 23	丙子 24	丁丑 25	戊寅 26	己卯 27	庚辰 28	辛巳 29	壬午 30	癸未 (10)	甲申 2	乙酉 3	丙戌 4	丁亥 5	戊子 6	己丑 7	庚寅 8	辛卯 9	壬辰 10	癸巳 11	甲午 12		庚辰秋分
十月大	壬戌	天干地支 西曆	乙未 13	丙申 14	丁酉 15	戊戌 16	己亥 17	庚子 18	辛丑 19	壬寅 20	癸卯 21	甲辰 22	乙巳 23	丙午 24	丁未 25	戊申 26	己酉 27	庚戌 28	辛亥 29	壬子 30	癸丑 31	甲寅 (11)	乙卯 2	丙辰 3	丁巳 4	戊午 5	己未 6	庚申 7	辛酉 8	壬戌 9	癸亥 10	甲子 11	甲子立冬
十一月大	癸亥	天干地支 西曆	乙丑 12	丙寅 13	丁卯 14	戊辰 15	己巳 16	庚午 17	辛未 18	壬申 19	癸酉 20	甲戌 21	乙亥 22	丙子 23	丁丑 24	戊寅 25	己卯 26	庚辰 27	辛巳 28	壬午 29	癸未 30	甲申 (12)	乙酉 2	丙戌 3	丁亥 4	戊子 5	己丑 6	庚寅 7	辛卯 8	壬辰 9	癸巳 10	甲午 11	
十二月小	甲子	天干地支 西曆	乙未 12	丙申 13	丁酉 14	戊戌 15	己亥 16	庚子 17	辛丑 18	壬寅 19	癸卯 20	甲辰 21	乙巳 22	丙午 23	丁未 24	戊申 25	己酉 26	庚戌 27	辛亥 28	壬子 29	癸丑 30	甲寅 31	乙卯 (1)	丙辰 2	丁巳 3	戊午 4	己未 5	庚申 6	辛酉 7	壬戌 8	癸亥 9		戊申冬至

朔閏異同	曆名	正月	二月	三月	四月	五月	六月	七月	八月	九月	十月	十一	十二	閏月	曆名	正月	二月	三月	四月	五月	六月	七月	八月	九月	十月	十一	十二	閏月
	周曆夏曆	己亥戊戌	己巳戊辰	戊戌丁酉	戊辰丁卯	戊戌丙申	丁卯丙寅	丁酉丙申	丙寅乙丑	丙申乙未	乙丑甲子	乙未甲午	甲子癸亥		顓頊新曆	庚午己亥	庚子己巳	己巳戊戌	己亥丁卯	戊辰丁酉	戊戌丙寅	丁卯丙申	丁酉乙丑	丁卯乙未	丙申乙丑	丙寅乙未	乙未甲子	

周顯王二十二年（甲戌 狗年） 公元前 347 年 歲在鶉尾

殷曆月序	中西曆日對照	殷曆日序																													節氣與天象
		初一	初二	初三	初四	初五	初六	初七	初八	初九	初十	十一	十二	十三	十四	十五	十六	十七	十八	十九	二十	二一	二二	二三	二四	二五	二六	二七	二八	二九	三十	
正月大 乙丑	天干 地支 西曆	甲子 10	乙丑 11	丙寅 12	丁卯 13	戊辰 14	己巳 15	庚午 16	辛未 17	壬申 18	癸酉 19	甲戌 20	乙亥 21	丙子 22	丁丑 23	戊寅 24	己卯 25	庚辰 26	辛巳 27	壬午 28	癸未 29	甲申 30	乙酉 31	丙戌 (2)	丁亥 2	戊子 3	己丑 4	庚寅 5	辛卯 6	壬辰 7	癸巳 8	癸巳立春
二月小 丙寅	天干 地支 西曆	甲午 9	乙未 10	丙申 11	丁酉 12	戊戌 13	己亥 14	庚子 15	辛丑 16	壬寅 17	癸卯 18	甲辰 19	乙巳 20	丙午 21	丁未 22	戊申 23	己酉 24	庚戌 25	辛亥 26	壬子 27	癸丑 28	甲寅 (3)	乙卯 2	丙辰 3	丁巳 4	戊午 5	己未 6	庚申 7	辛酉 8	壬戌 9		甲午日食
三月大 丁卯	天干 地支 西曆	癸亥 10	甲子 11	乙丑 12	丙寅 13	丁卯 14	戊辰 15	己巳 16	庚午 17	辛未 18	壬申 19	癸酉 20	甲戌 21	乙亥 22	丙子 23	丁丑 24	戊寅 25	己卯 26	庚辰 27	辛巳 28	壬午 29	癸未 30	甲申 31	乙酉 (4)	丙戌 2	丁亥 3	戊子 4	己丑 5	庚寅 6	辛卯 7	壬辰 8	己卯春分
四月小 戊辰	天干 地支 西曆	癸巳 9	甲午 10	乙未 11	丙申 12	丁酉 13	戊戌 14	己亥 15	庚子 16	辛丑 17	壬寅 18	癸卯 19	甲辰 20	乙巳 21	丙午 22	丁未 23	戊申 24	己酉 25	庚戌 26	辛亥 27	壬子 28	癸丑 29	甲寅 30	乙卯 (5)	丙辰 2	丁巳 3	戊午 4	己未 5	庚申 6	辛酉 7		
五月大 己巳	天干 地支 西曆	壬戌 8	癸亥 9	甲子 10	乙丑 11	丙寅 12	丁卯 13	戊辰 14	己巳 15	庚午 16	辛未 17	壬申 18	癸酉 19	甲戌 20	乙亥 21	丙子 22	丁丑 23	戊寅 24	己卯 25	庚辰 26	辛巳 27	壬午 28	癸未 29	甲申 30	乙酉 31	丙戌 (6)	丁亥 2	戊子 3	己丑 4	庚寅 5	辛卯 6	丙寅立夏
六月小 庚午	天干 地支 西曆	壬辰 7	癸巳 8	甲午 9	乙未 10	丙申 11	丁酉 12	戊戌 13	己亥 14	庚子 15	辛丑 16	壬寅 17	癸卯 18	甲辰 19	乙巳 20	丙午 21	丁未 22	戊申 23	己酉 24	庚戌 25	辛亥 26	壬子 27	癸丑 28	甲寅 29	乙卯 30	丙辰 (7)	丁巳 2	戊午 3	己未 4	庚申 5		癸丑夏至
七月大 辛未	天干 地支 西曆	辛酉 6	壬戌 7	癸亥 8	甲子 9	乙丑 10	丙寅 11	丁卯 12	戊辰 13	己巳 14	庚午 15	辛未 16	壬申 17	癸酉 18	甲戌 19	乙亥 20	丙子 21	丁丑 22	戊寅 23	己卯 24	庚辰 25	辛巳 26	壬午 27	癸未 28	甲申 29	乙酉 30	丙戌 31	丁亥 (8)	戊子 2	己丑 3	庚寅 4	庚寅日食
八月小 壬申	天干 地支 西曆	辛卯 5	壬辰 6	癸巳 7	甲午 8	乙未 9	丙申 10	丁酉 11	戊戌 12	己亥 13	庚子 14	辛丑 15	壬寅 16	癸卯 17	甲辰 18	乙巳 19	丙午 20	丁未 21	戊申 22	己酉 23	庚戌 24	辛亥 25	壬子 26	癸丑 27	甲寅 28	乙卯 29	丙辰 30	丁巳 31	戊午 (9)	己未 2		己亥立秋
九月大 癸酉	天干 地支 西曆	庚申 3	辛酉 4	壬戌 5	癸亥 6	甲子 7	乙丑 8	丙寅 9	丁卯 10	戊辰 11	己巳 12	庚午 13	辛未 14	壬申 15	癸酉 16	甲戌 17	乙亥 18	丙子 19	丁丑 20	戊寅 21	己卯 22	庚辰 23	辛巳 24	壬午 25	癸未 26	甲申 27	乙酉 28	丙戌 29	丁亥 30	戊子 (10)	己丑 2	乙酉秋分
十月小 甲戌	天干 地支 西曆	庚寅 3	辛卯 4	壬辰 5	癸巳 6	甲午 7	乙未 8	丙申 9	丁酉 10	戊戌 11	己亥 12	庚子 13	辛丑 14	壬寅 15	癸卯 16	甲辰 17	乙巳 18	丙午 19	丁未 20	戊申 21	己酉 22	庚戌 23	辛亥 24	壬子 25	癸丑 26	甲寅 27	乙卯 28	丙辰 29	丁巳 30	戊午 31		
十一月大 乙亥	天干 地支 西曆	己未 (11)	庚申 2	辛酉 3	壬戌 4	癸亥 5	甲子 6	乙丑 7	丙寅 8	丁卯 9	戊辰 10	己巳 11	庚午 12	辛未 13	壬申 14	癸酉 15	甲戌 16	乙亥 17	丙子 18	丁丑 19	戊寅 20	己卯 21	庚辰 22	辛巳 23	壬午 24	癸未 25	甲申 26	乙酉 27	丙戌 28	丁亥 29	戊子 30	己巳立冬
十二月小 丙子	天干 地支 西曆	己丑 (12)	庚寅 2	辛卯 3	壬辰 4	癸巳 5	甲午 6	乙未 7	丙申 8	丁酉 9	戊戌 10	己亥 11	庚子 12	辛丑 13	壬寅 14	癸卯 15	甲辰 16	乙巳 17	丙午 18	丁未 19	戊申 20	己酉 21	庚戌 22	辛亥 23	壬子 24	癸丑 25	甲寅 26	乙卯 27	丙辰 28	丁巳 29		甲寅冬至

朔閏異同	曆名	正月	二月	三月	四月	五月	六月	七月	八月	九月	十月	十一	十二	閏月		曆名	正月	二月	三月	四月	五月	六月	七月	八月	九月	十月	十一	十二	閏月
	周曆夏曆	甲午壬巳	癸亥壬戌	癸巳壬辰	壬戌辛酉	壬辰辛卯	辛酉庚申	辛卯庚寅	庚申己未	庚寅己丑	庚申戊午	己丑戊子	己未戊午	--- 丁亥		顓頊新曆	乙丑甲午	甲午癸亥	甲子癸巳	癸巳壬戌	癸亥辛卯	壬辰辛酉	壬戌庚寅	辛卯己未	辛酉己丑	庚寅己未	庚申己丑	己丑 --- 戊午	戊子

周顯王二十三年（乙亥 猪年） 公元前347～前**346**～前345年 歲在壽星

殷曆月序	月建	中西曆日對照	初一	初二	初三	初四	初五	初六	初七	初八	初九	初十	十一	十二	十三	十四	十五	十六	十七	十八	十九	二十	二一	二二	二三	二四	二五	二六	二七	二八	二九	三十	節氣與天象
正月大	丁丑	干支曆 天地西曆	戊午30	己未31	庚申(1)	辛酉2	壬戌3	癸亥4	甲子5	乙丑6	丙寅7	丁卯8	戊辰9	己巳10	庚午11	辛未12	壬申13	癸酉14	甲戌15	乙亥16	丙子17	丁丑18	戊寅19	己卯20	庚辰21	辛巳22	壬午23	癸未24	甲申25	乙酉26	丙戌27	丁亥28	
二月小	戊寅	干支曆 天地西曆	戊子29	己丑30	庚寅31	辛卯(2)	壬辰2	癸巳3	甲午4	乙未5	丙申6	丁酉7	戊戌8	己亥9	庚子10	辛丑11	壬寅12	癸卯13	甲辰14	乙巳15	丙午16	丁未17	戊申18	己酉19	庚戌20	辛亥21	壬子22	癸丑23	甲寅24	乙卯25	丙辰26		戊戌立春
三月大	己卯	干支曆 天地西曆	丁巳27	戊午28	己未(3)	庚申2	辛酉3	壬戌4	癸亥5	甲子6	乙丑7	丙寅8	丁卯9	戊辰10	己巳11	庚午12	辛未13	壬申14	癸酉15	甲戌16	乙亥17	丙子18	丁丑19	戊寅20	己卯21	庚辰22	辛巳23	壬午24	癸未25	甲申26	乙酉27	丙戌28	甲申春分
四月大	庚辰	干支曆 天地西曆	丁亥29	戊子30	己丑31	庚寅(4)	辛卯2	壬辰3	癸巳4	甲午5	乙未6	丙申7	丁酉8	戊戌9	己亥10	庚子11	辛丑12	壬寅13	癸卯14	甲辰15	乙巳16	丙午17	丁未18	戊申19	己酉20	庚戌21	辛亥22	壬子23	癸丑24	甲寅25	乙卯26	丙辰27	
閏四月小	庚辰	干支曆 天地西曆	丁巳28	戊午29	己未30	庚申(5)	辛酉2	壬戌3	癸亥4	甲子5	乙丑6	丙寅7	丁卯8	戊辰9	己巳10	庚午11	辛未12	壬申13	癸酉14	甲戌15	乙亥16	丙子17	丁丑18	戊寅19	己卯20	庚辰21	辛巳22	壬午23	癸未24	甲申25	乙酉26		辛未立夏
五月大	辛巳	干支曆 天地西曆	丙戌27	丁亥28	戊子29	己丑30	庚寅31	辛卯(6)	壬辰2	癸巳3	甲午4	乙未5	丙申6	丁酉7	戊戌8	己亥9	庚子10	辛丑11	壬寅12	癸卯13	甲辰14	乙巳15	丙午16	丁未17	戊申18	己酉19	庚戌20	辛亥21	壬子22	癸丑23	甲寅24	乙卯25	
六月小	壬午	干支曆 天地西曆	丙辰26	丁巳27	戊午28	己未29	庚申30	辛酉(7)	壬戌2	癸亥3	甲子4	乙丑5	丙寅6	丁卯7	戊辰8	己巳9	庚午10	辛未11	壬申12	癸酉13	甲戌14	乙亥15	丙子16	丁丑17	戊寅18	己卯19	庚辰20	辛巳21	壬午22	癸未23	甲申24		戊午夏至
七月大	癸未	干支曆 天地西曆	乙酉25	丙戌26	丁亥27	戊子28	己丑29	庚寅30	辛卯31	壬辰(8)	癸巳2	甲午3	乙未4	丙申5	丁酉6	戊戌7	己亥8	庚子9	辛丑10	壬寅11	癸卯12	甲辰13	乙巳14	丙午15	丁未16	戊申17	己酉18	庚戌19	辛亥20	壬子21	癸丑22	甲寅23	乙巳立秋
八月小	甲申	干支曆 天地西曆	乙卯24	丙辰25	丁巳26	戊午27	己未28	庚申29	辛酉30	壬戌31	癸亥(9)	甲子2	乙丑3	丙寅4	丁卯5	戊辰6	己巳7	庚午8	辛未9	壬申10	癸酉11	甲戌12	乙亥13	丙子14	丁丑15	戊寅16	己卯17	庚辰18	辛巳19	壬午20	癸未21		
九月大	乙酉	干支曆 天地西曆	甲申22	乙酉23	丙戌24	丁亥25	戊子26	己丑27	庚寅28	辛卯29	壬辰30	癸巳(10)	甲午2	乙未3	丙申4	丁酉5	戊戌6	己亥7	庚子8	辛丑9	壬寅10	癸卯11	甲辰12	乙巳13	丙午14	丁未15	戊申16	己酉17	庚戌18	辛亥19	壬子20	癸丑21	庚寅秋分
十月小	丙戌	干支曆 天地西曆	甲寅22	乙卯23	丙辰24	丁巳25	戊午26	己未27	庚申28	辛酉29	壬戌30	癸亥31	甲子(11)	乙丑2	丙寅3	丁卯4	戊辰5	己巳6	庚午7	辛未8	壬申9	癸酉10	甲戌11	乙亥12	丙子13	丁丑14	戊寅15	己卯16	庚辰17	辛巳18	壬午19		乙亥立冬
十一月大	丁亥	干支曆 天地西曆	癸未20	甲申21	乙酉22	丙戌23	丁亥24	戊子25	己丑26	庚寅27	辛卯28	壬辰29	癸巳30	甲午(12)	乙未2	丙申3	丁酉4	戊戌5	己亥6	庚子7	辛丑8	壬寅9	癸卯10	甲辰11	乙巳12	丙午13	丁未14	戊申15	己酉16	庚戌17	辛亥18	壬子19	
十二月小	戊子	干支曆 天地西曆	癸丑20	甲寅21	乙卯22	丙辰23	丁巳24	戊午25	己未26	庚申27	辛酉28	壬戌29	癸亥30	甲子31	乙丑(1)	丙寅2	丁卯3	戊辰4	己巳5	庚午6	辛未7	壬申8	癸酉9	甲戌10	乙亥11	丙子12	丁丑13	戊寅14	己卯15	庚辰16	辛巳17		己未冬至

朔閏異同	曆名	正月	二月	三月	四月	五月	六月	七月	八月	九月	十月	十一	十二	閏月		曆名	正月	二月	三月	四月	五月	六月	七月	八月	九月	十月	十一	十二	閏月
	周曆夏曆	戊子丁巳	戊午丙戌	丁亥丙辰	丁巳乙酉	丙戌乙卯	┅丙辰甲申	乙酉甲寅	乙卯癸未	甲申癸丑	甲寅壬午	癸未壬子	癸丑辛巳	癸未		顓頊新曆	己未戊午	己丑丁亥	戊午丁巳	戊子丙戌	丁巳乙卯	丁亥乙酉	丙辰甲寅	┅丙戌癸未	乙卯癸丑	乙酉癸未	甲寅壬子	甲申壬午	癸丑

周顯王二十四年（丙子 鼠年） 公元前 345 ~ 前 344 年 歲在大火

殷曆月序		中西曆日對照	初一	初二	初三	初四	初五	初六	初七	初八	初九	初十	十一	十二	十三	十四	十五	十六	十七	十八	十九	二十	二一	二二	二三	二四	二五	二六	二七	二八	二九	三十	節氣與天象
正月大	己丑	干支 天地 西曆	壬午 18	癸未 19	甲申 20	乙酉 21	丙戌 22	丁亥 23	戊子 24	己丑 25	庚寅 26	辛卯 27	壬辰 28	癸巳 29	甲午 30	乙未 31	丙申 (2)	丁酉 2	戊戌 3	己亥 4	庚子 5	辛丑 6	壬寅 7	癸卯 8	甲辰 9	乙巳 10	丙午 11	丁未 12	戊申 13	己酉 14	庚戌 15	辛亥 16	癸卯立春
二月小	庚寅	干支 天地 西曆	壬子 17	癸丑 18	甲寅 19	乙卯 20	丙辰 21	丁巳 22	戊午 23	己未 24	庚申 25	辛酉 26	壬戌 27	癸亥 28	甲子 29	乙丑 (3)	丙寅 2	丁卯 3	戊辰 4	己巳 5	庚午 6	辛未 7	壬申 8	癸酉 9	甲戌 10	乙亥 11	丙子 12	丁丑 13	戊寅 14	己卯 15	庚辰 16		
三月大	辛卯	干支 天地 西曆	辛巳 17	壬午 18	癸未 19	甲申 20	乙酉 21	丙戌 22	丁亥 23	戊子 24	己丑 25	庚寅 26	辛卯 27	壬辰 28	癸巳 29	甲午 30	乙未 31	丙申 (4)	丁酉 2	戊戌 3	己亥 4	庚子 5	辛丑 6	壬寅 7	癸卯 8	甲辰 9	乙巳 10	丙午 11	丁未 12	戊申 13	己酉 14	庚戌 15	己丑春分
四月小	壬辰	干支 天地 西曆	辛亥 16	壬子 17	癸丑 18	甲寅 19	乙卯 20	丙辰 21	丁巳 22	戊午 23	己未 24	庚申 25	辛酉 26	壬戌 27	癸亥 28	甲子 29	乙丑 30	丙寅 (5)	丁卯 2	戊辰 3	己巳 4	庚午 5	辛未 6	壬申 7	癸酉 8	甲戌 9	乙亥 10	丙子 11	丁丑 12	戊寅 13	己卯 14		丙子立夏
五月大	癸巳	干支 天地 西曆	庚辰 15	辛巳 16	壬午 17	癸未 18	甲申 19	乙酉 20	丙戌 21	丁亥 22	戊子 23	己丑 24	庚寅 25	辛卯 26	壬辰 27	癸巳 28	甲午 29	乙未 30	丙申 31	丁酉 (6)	戊戌 2	己亥 3	庚子 4	辛丑 5	壬寅 6	癸卯 7	甲辰 8	乙巳 9	丙午 10	丁未 11	戊申 12	己酉 13	
六月小	甲午	干支 天地 西曆	庚戌 14	辛亥 15	壬子 16	癸丑 17	甲寅 18	乙卯 19	丙辰 20	丁巳 21	戊午 22	己未 23	庚申 24	辛酉 25	壬戌 26	癸亥 27	甲子 28	乙丑 29	丙寅 30	丁卯 (7)	戊辰 2	己巳 3	庚午 4	辛未 5	壬申 6	癸酉 7	甲戌 8	乙亥 9	丙子 10	丁丑 11	戊寅 12		癸亥夏至
七月大	乙未	干支 天地 西曆	己卯 13	庚辰 14	辛巳 15	壬午 16	癸未 17	甲申 18	乙酉 19	丙戌 20	丁亥 21	戊子 22	己丑 23	庚寅 24	辛卯 25	壬辰 26	癸巳 27	甲午 28	乙未 29	丙申 30	丁酉 31	戊戌 (8)	己亥 2	庚子 3	辛丑 4	壬寅 5	癸卯 6	甲辰 7	乙巳 8	丙午 9	丁未 10	戊申 11	
八月大	丙申	干支 天地 西曆	己酉 12	庚戌 13	辛亥 14	壬子 15	癸丑 16	甲寅 17	乙卯 18	丙辰 19	丁巳 20	戊午 21	己未 22	庚申 23	辛酉 24	壬戌 25	癸亥 26	甲子 27	乙丑 28	丙寅 29	丁卯 30	戊辰 31	己巳 (9)	庚午 2	辛未 3	壬申 4	癸酉 5	甲戌 6	乙亥 7	丙子 8	丁丑 9	戊寅 10	庚戌立秋
九月小	丁酉	干支 天地 西曆	己卯 11	庚辰 12	辛巳 13	壬午 14	癸未 15	甲申 16	乙酉 17	丙戌 18	丁亥 19	戊子 20	己丑 21	庚寅 22	辛卯 23	壬辰 24	癸巳 25	甲午 26	乙未 27	丙申 28	丁酉 29	戊戌 30	己亥 (10)	庚子 2	辛丑 3	壬寅 4	癸卯 5	甲辰 6	乙巳 7	丙午 8	丁未 9		乙未秋分
十月大	戊戌	干支 天地 西曆	戊申 10	己酉 11	庚戌 12	辛亥 13	壬子 14	癸丑 15	甲寅 16	乙卯 17	丙辰 18	丁巳 19	戊午 20	己未 21	庚申 22	辛酉 23	壬戌 24	癸亥 25	甲子 26	乙丑 27	丙寅 28	丁卯 29	戊辰 30	己巳 31	庚午 (11)	辛未 2	壬申 3	癸酉 4	甲戌 5	乙亥 6	丙子 7	丁丑 8	
十一月小	己亥	干支 天地 西曆	戊寅 9	己卯 10	庚辰 11	辛巳 12	壬午 13	癸未 14	甲申 15	乙酉 16	丙戌 17	丁亥 18	戊子 19	己丑 20	庚寅 21	辛卯 22	壬辰 23	癸巳 24	甲午 25	乙未 26	丙申 27	丁酉 28	戊戌 29	己亥 30	庚子 (12)	辛丑 2	壬寅 3	癸卯 4	甲辰 5	乙巳 6	丙午 7		庚辰立冬
十二月大	庚子	干支 天地 西曆	丁未 8	戊申 9	己酉 10	庚戌 11	辛亥 12	壬子 13	癸丑 14	甲寅 15	乙卯 16	丙辰 17	丁巳 18	戊午 19	己未 20	庚申 21	辛酉 22	壬戌 23	癸亥 24	甲子 25	乙丑 26	丙寅 27	丁卯 28	戊辰 29	己巳 30	庚午 31	辛未 (1)	壬申 2	癸酉 3	甲戌 4	乙亥 5	丙子 6	甲子冬至

朔閏異同	曆名	正月	二月	三月	四月	五月	六月	七月	八月	九月	十月	十一	十二	閏月
	周曆夏曆	壬子辛亥	壬午辛巳	辛亥庚戌	辛巳庚辰	庚戌己酉	庚辰己卯	己酉戊申	己卯戊寅	戊申丁未	戊寅丁丑	丁未丙午	丁丑丙子	
	顓頊新曆	癸未壬子	壬子壬午	壬午辛亥	壬子辛巳	辛巳庚戌	辛亥己卯	庚辰己酉	庚戌戊寅	己卯丁未	己酉丁丑	戊寅丁未	戊申丙子	

周顯王二十五年（丁丑 牛年） 公元前344年 歲在析木

殷曆月序		西日中曆對照	初一	初二	初三	初四	初五	初六	初七	初八	初九	初十	十一	十二	十三	十四	十五	十六	十七	十八	十九	二十	二一	二二	二三	二四	二五	二六	二七	二八	二九	三十	節氣與天象
正月小	辛丑	天干地支/西曆	丁丑 7	戊寅 8	己卯 9	庚辰 10	辛巳 11	壬午 12	癸未 13	甲申 14	乙酉 15	丙戌 16	丁亥 17	戊子 18	己丑 19	庚寅 20	辛卯 21	壬辰 22	癸巳 23	甲午 24	乙未 25	丙申 26	丁酉 27	戊戌 28	己亥 29	庚子 30	辛丑 31	壬寅 (2)	癸卯 2	甲辰 3	乙巳 4		
二月大	壬寅	天干地支/西曆	丙午 5	丁未 6	戊申 7	己酉 8	庚戌 9	辛亥 10	壬子 11	癸丑 12	甲寅 13	乙卯 14	丙辰 15	丁巳 16	戊午 17	己未 18	庚申 19	辛酉 20	壬戌 21	癸亥 22	甲子 23	乙丑 24	丙寅 25	丁卯 26	戊辰 27	己巳 28	庚午 (3)	辛未 2	壬申 3	癸酉 4	甲戌 5	乙亥 6	己酉立春
三月小	癸卯	天干地支/西曆	丙子 7	丁丑 8	戊寅 9	己卯 10	庚辰 11	辛巳 12	壬午 13	癸未 14	甲申 15	乙酉 16	丙戌 17	丁亥 18	戊子 19	己丑 20	庚寅 21	辛卯 22	壬辰 23	癸巳 24	甲午 25	乙未 26	丙申 27	丁酉 28	戊戌 29	己亥 30	庚子 31	辛丑 (4)	壬寅 2	癸卯 3	甲辰 4		甲午春分
四月大	甲辰	天干地支/西曆	乙巳 5	丙午 6	丁未 7	戊申 8	己酉 9	庚戌 10	辛亥 11	壬子 12	癸丑 13	甲寅 14	乙卯 15	丙辰 16	丁巳 17	戊午 18	己未 19	庚申 20	辛酉 21	壬戌 22	癸亥 23	甲子 24	乙丑 25	丙寅 26	丁卯 27	戊辰 28	己巳 29	庚午 30	辛未 (5)	壬申 2	癸酉 3	甲戌 4	
五月小	乙巳	天干地支/西曆	乙亥 5	丙子 6	丁丑 7	戊寅 8	己卯 9	庚辰 10	辛巳 11	壬午 12	癸未 13	甲申 14	乙酉 15	丙戌 16	丁亥 17	戊子 18	己丑 19	庚寅 20	辛卯 21	壬辰 22	癸巳 23	甲午 24	乙未 25	丙申 26	丁酉 27	戊戌 28	己亥 29	庚子 30	辛丑 31	壬寅 (6)	癸卯 2		辛巳立夏
六月大	丙午	天干地支/西曆	甲辰 3	乙巳 4	丙午 5	丁未 6	戊申 7	己酉 8	庚戌 9	辛亥 10	壬子 11	癸丑 12	甲寅 13	乙卯 14	丙辰 15	丁巳 16	戊午 17	己未 18	庚申 19	辛酉 20	壬戌 21	癸亥 22	甲子 23	乙丑 24	丙寅 25	丁卯 26	戊辰 27	己巳 28	庚午 29	辛未 30	壬申 (7)	癸酉 2	己巳夏至
七月小	丁未	天干地支/西曆	甲戌 3	乙亥 4	丙子 5	丁丑 6	戊寅 7	己卯 8	庚辰 9	辛巳 10	壬午 11	癸未 12	甲申 13	乙酉 14	丙戌 15	丁亥 16	戊子 17	己丑 18	庚寅 19	辛卯 20	壬辰 21	癸巳 22	甲午 23	乙未 24	丙申 25	丁酉 26	戊戌 27	己亥 28	庚子 29	辛丑 30	壬寅 31		
八月大	戊申	天干地支/西曆	癸卯 (8)	甲辰 2	乙巳 3	丙午 4	丁未 5	戊申 6	己酉 7	庚戌 8	辛亥 9	壬子 10	癸丑 11	甲寅 12	乙卯 13	丙辰 14	丁巳 15	戊午 16	己未 17	庚申 18	辛酉 19	壬戌 20	癸亥 21	甲子 22	乙丑 23	丙寅 24	丁卯 25	戊辰 26	己巳 27	庚午 28	辛未 29	壬申 30	乙卯立秋
九月小	己酉	天干地支/西曆	癸酉 31	甲戌 (9)	乙亥 2	丙子 3	丁丑 4	戊寅 5	己卯 6	庚辰 7	辛巳 8	壬午 9	癸未 10	甲申 11	乙酉 12	丙戌 13	丁亥 14	戊子 15	己丑 16	庚寅 17	辛卯 18	壬辰 19	癸巳 20	甲午 21	乙未 22	丙申 23	丁酉 24	戊戌 25	己亥 26	庚子 27	辛丑 28		辛丑秋分
十月大	庚戌	天干地支/西曆	壬寅 29	癸卯 30	甲辰 (10)	乙巳 2	丙午 3	丁未 4	戊申 5	己酉 6	庚戌 7	辛亥 8	壬子 9	癸丑 10	甲寅 11	乙卯 12	丙辰 13	丁巳 14	戊午 15	己未 16	庚申 17	辛酉 18	壬戌 19	癸亥 20	甲子 21	乙丑 22	丙寅 23	丁卯 24	戊辰 25	己巳 26	庚午 27	辛未 28	
十一月大	辛亥	天干地支/西曆	壬申 29	癸酉 30	甲戌 31	乙亥 (11)	丙子 2	丁丑 3	戊寅 4	己卯 5	庚辰 6	辛巳 7	壬午 8	癸未 9	甲申 10	乙酉 11	丙戌 12	丁亥 13	戊子 14	己丑 15	庚寅 16	辛卯 17	壬辰 18	癸巳 19	甲午 20	乙未 21	丙申 22	丁酉 23	戊戌 24	己亥 25	庚子 26	辛丑 27	乙酉立冬 辛丑日食
十二月小	壬子	天干地支/西曆	壬寅 28	癸卯 29	甲辰 30	乙巳 (12)	丙午 2	丁未 3	戊申 4	己酉 5	庚戌 6	辛亥 7	壬子 8	癸丑 9	甲寅 10	乙卯 11	丙辰 12	丁巳 13	戊午 14	己未 15	庚申 16	辛酉 17	壬戌 18	癸亥 19	甲子 20	乙丑 21	丙寅 22	丁卯 23	戊辰 24	己巳 25	庚午 26		己巳冬至

朔閏異同	曆名	正月	二月	三月	四月	五月	六月	七月	八月	九月	十月	十一	十二	閏月
	周曆夏曆	丙午乙巳	丙子乙亥	乙巳甲辰	乙亥甲戌	乙巳癸卯	甲戌癸酉	甲辰癸卯	癸酉壬申	癸卯---壬寅	壬申辛未	壬寅辛丑	辛未庚午	庚子
	顓頊新曆	丁丑丙午	丁未丙子	丙子乙巳	丙午乙亥	乙亥甲辰	乙巳甲戌	甲戌癸卯	甲辰---癸酉	甲戌壬寅	癸卯辛未	癸酉辛丑	壬寅庚午	庚子

周顯王二十六年（戊寅 虎年） 公元前 344 ~ 前 **343** ~ 前 342 年 歲在星紀

殷曆月序		中西曆日對照	初一	初二	初三	初四	初五	初六	初七	初八	初九	初十	十一	十二	十三	十四	十五	十六	十七	十八	十九	二十	二一	二二	二三	二四	二五	二六	二七	二八	二九	三十	節氣與天象
正月大	癸丑	干支 天地 西曆	辛未 27	壬申 28	癸酉 29	甲戌 30	乙亥 31	丙子 (1)	丁丑 2	戊寅 3	己卯 4	庚辰 5	辛巳 6	壬午 7	癸未 8	甲申 9	乙酉 10	丙戌 11	丁亥 12	戊子 13	己丑 14	庚寅 15	辛卯 16	壬辰 17	癸巳 18	甲午 19	乙未 20	丙申 21	丁酉 22	戊戌 23	己亥 24	庚子 25	
閏正月小	癸丑	干支 天地 西曆	辛丑 26	壬寅 27	癸卯 28	甲辰 29	乙巳 30	丙午 31	丁未 (2)	戊申 2	己酉 3	庚戌 4	辛亥 5	壬子 6	癸丑 7	甲寅 8	乙卯 9	丙辰 10	丁巳 11	戊午 12	己未 13	庚申 14	辛酉 15	壬戌 16	癸亥 17	甲子 18	乙丑 19	丙寅 20	丁卯 21	戊辰 22	己巳 23		甲寅立春
二月大	甲寅	干支 天地 西曆	庚午 24	辛未 25	壬申 26	癸酉 27	甲戌 28	乙亥 (3)	丙子 2	丁丑 3	戊寅 4	己卯 5	庚辰 6	辛巳 7	壬午 8	癸未 9	甲申 10	乙酉 11	丙戌 12	丁亥 13	戊子 14	己丑 15	庚寅 16	辛卯 17	壬辰 18	癸巳 19	甲午 20	乙未 21	丙申 22	丁酉 23	戊戌 24	己亥 25	
三月小	乙卯	干支 天地 西曆	庚子 26	辛丑 27	壬寅 28	癸卯 29	甲辰 30	乙巳 31	丙午 (4)	丁未 2	戊申 3	己酉 4	庚戌 5	辛亥 6	壬子 7	癸丑 8	甲寅 9	乙卯 10	丙辰 11	丁巳 12	戊午 13	己未 14	庚申 15	辛酉 16	壬戌 17	癸亥 18	甲子 19	乙丑 20	丙寅 21	丁卯 22	戊辰 23		庚子春分
四月大	丙辰	干支 天地 西曆	己巳 24	庚午 25	辛未 26	壬申 27	癸酉 28	甲戌 29	乙亥 30	丙子 (5)	丁丑 2	戊寅 3	己卯 4	庚辰 5	辛巳 6	壬午 7	癸未 8	甲申 9	乙酉 10	丙戌 11	丁亥 12	戊子 13	己丑 14	庚寅 15	辛卯 16	壬辰 17	癸巳 18	甲午 19	乙未 20	丙申 21	丁酉 22	戊戌 23	丁亥立夏
五月小	丁巳	干支 天地 西曆	己亥 24	庚子 25	辛丑 26	壬寅 27	癸卯 28	甲辰 29	乙巳 30	丙午 31	丁未 (6)	戊申 2	己酉 3	庚戌 4	辛亥 5	壬子 6	癸丑 7	甲寅 8	乙卯 9	丙辰 10	丁巳 11	戊午 12	己未 13	庚申 14	辛酉 15	壬戌 16	癸亥 17	甲子 18	乙丑 19	丙寅 20	丁卯 21		
六月大	戊午	干支 天地 西曆	戊辰 22	己巳 23	庚午 24	辛未 25	壬申 26	癸酉 27	甲戌 28	乙亥 29	丙子 30	丁丑 (7)	戊寅 2	己卯 3	庚辰 4	辛巳 5	壬午 6	癸未 7	甲申 8	乙酉 9	丙戌 10	丁亥 11	戊子 12	己丑 13	庚寅 14	辛卯 15	壬辰 16	癸巳 17	甲午 18	乙未 19	丙申 20	丁酉 21	甲戌夏至
七月小	己未	干支 天地 西曆	戊戌 22	己亥 23	庚子 24	辛丑 25	壬寅 26	癸卯 27	甲辰 28	乙巳 29	丙午 30	丁未 31	戊申 (8)	己酉 2	庚戌 3	辛亥 4	壬子 5	癸丑 6	甲寅 7	乙卯 8	丙辰 9	丁巳 10	戊午 11	己未 12	庚申 13	辛酉 14	壬戌 15	癸亥 16	甲子 17	乙丑 18	丙寅 19		庚申立秋
八月大	庚申	干支 天地 西曆	丁卯 20	戊辰 21	己巳 22	庚午 23	辛未 24	壬申 25	癸酉 26	甲戌 27	乙亥 28	丙子 29	丁丑 30	戊寅 31	己卯 (9)	庚辰 2	辛巳 3	壬午 4	癸未 5	甲申 6	乙酉 7	丙戌 8	丁亥 9	戊子 10	己丑 11	庚寅 12	辛卯 13	壬辰 14	癸巳 15	甲午 16	乙未 17	丙申 18	
九月小	辛酉	干支 天地 西曆	丁酉 19	戊戌 20	己亥 21	庚子 22	辛丑 23	壬寅 24	癸卯 25	甲辰 26	乙巳 27	丙午 28	丁未 29	戊申 30	己酉 (10)	庚戌 2	辛亥 3	壬子 4	癸丑 5	甲寅 6	乙卯 7	丙辰 8	丁巳 9	戊午 10	己未 11	庚申 12	辛酉 13	壬戌 14	癸亥 15	甲子 16	乙丑 17		丙午秋分
十月大	壬戌	干支 天地 西曆	丙寅 18	丁卯 19	戊辰 20	己巳 21	庚午 22	辛未 23	壬申 24	癸酉 25	甲戌 26	乙亥 27	丙子 28	丁丑 29	戊寅 30	己卯 31	庚辰 (11)	辛巳 2	壬午 3	癸未 4	甲申 5	乙酉 6	丙戌 7	丁亥 8	戊子 9	己丑 10	庚寅 11	辛卯 12	壬辰 13	癸巳 14	甲午 15	乙未 16	庚寅立冬
十一月小	癸亥	干支 天地 西曆	丙申 17	丁酉 18	戊戌 19	己亥 20	庚子 21	辛丑 22	壬寅 23	癸卯 24	甲辰 25	乙巳 26	丙午 27	丁未 28	戊申 29	己酉 30	庚戌 (12)	辛亥 2	壬子 3	癸丑 4	甲寅 5	乙卯 6	丙辰 7	丁巳 8	戊午 9	己未 10	庚申 11	辛酉 12	壬戌 13	癸亥 14	甲子 15		
十二月大	甲子	干支 天地 西曆	乙丑 16	丙寅 17	丁卯 18	戊辰 19	己巳 20	庚午 21	辛未 22	壬申 23	癸酉 24	甲戌 25	乙亥 26	丙子 27	丁丑 28	戊寅 29	己卯 30	庚辰 31	辛巳 (1)	壬午 2	癸未 3	甲申 4	乙酉 5	丙戌 6	丁亥 7	戊子 8	己丑 9	庚寅 10	辛卯 11	壬辰 12	癸巳 13	甲午 14	甲戌冬至

朔閏異同	曆名	正月	二月	三月	四月	五月	六月	七月	八月	九月	十月	十一	十二	閏月		曆名	正月	二月	三月	四月	五月	六月	七月	八月	九月	十月	十一	十二	閏月
	周曆夏曆	辛丑己巳	庚午己亥	---庚子戊辰	己巳戊戌	己亥丁卯	戊辰丁酉	戊戌丙寅	丁卯丙申	丁酉丙寅	丁卯乙未	丙申乙丑	丙寅甲午	乙未		顓頊新曆	壬申庚午	辛丑己亥	辛未己巳	庚子己亥	庚午戊辰	己亥戊戌	己巳丁卯	戊戌丁酉	戊辰丙寅	丁酉乙未	丁卯乙丑	丁酉甲午	---丙寅

周顯王二十七年（己卯 兔年） 公元前342～前341年 歲在玄枵

殷曆月序	中西曆日對照		初一	初二	初三	初四	初五	初六	初七	初八	初九	初十	十一	十二	十三	十四	十五	十六	十七	十八	十九	二十	二一	二二	二三	二四	二五	二六	二七	二八	二九	三十	節氣與天象
正月小	乙丑	干支曆 天地西曆	乙未15	丙申16	丁酉17	戊戌18	己亥19	庚子20	辛丑21	壬寅22	癸卯23	甲辰24	乙巳25	丙午26	丁未27	戊申28	己酉29	庚戌30	辛亥31	壬子(2)	癸丑2	甲寅3	乙卯4	丙辰5	丁巳6	戊午7	己未8	庚申9	辛酉10	壬戌11	癸亥12		己未立春
二月大	丙寅	干支曆 天地西曆	甲子13	乙丑14	丙寅15	丁卯16	戊辰17	己巳18	庚午19	辛未20	壬申21	癸酉22	甲戌23	乙亥24	丙子25	丁丑26	戊寅27	己卯28	庚辰(3)	辛巳2	壬午3	癸未4	甲申5	乙酉6	丙戌7	丁亥8	戊子9	己丑10	庚寅11	辛卯12	壬辰13	癸巳14	
三月大	丁卯	干支曆 天地西曆	甲午15	乙未16	丙申17	丁酉18	戊戌19	己亥20	庚子21	辛丑22	壬寅23	癸卯24	甲辰25	乙巳26	丙午27	丁未28	戊申29	己酉30	庚戌31	辛亥(4)	壬子2	癸丑3	甲寅4	乙卯5	丙辰6	丁巳7	戊午8	己未9	庚申10	辛酉11	壬戌12	癸亥13	乙巳春分
四月小	戊辰	干支曆 天地西曆	甲子14	乙丑15	丙寅16	丁卯17	戊辰18	己巳19	庚午20	辛未21	壬申22	癸酉23	甲戌24	乙亥25	丙子26	丁丑27	戊寅28	己卯29	庚辰30	辛巳(5)	壬午2	癸未3	甲申4	乙酉5	丙戌6	丁亥7	戊子8	己丑9	庚寅10	辛卯11	壬辰12		壬辰立夏
五月大	己巳	干支曆 天地西曆	癸巳13	甲午14	乙未15	丙申16	丁酉17	戊戌18	己亥19	庚子20	辛丑21	壬寅22	癸卯23	甲辰24	乙巳25	丙午26	丁未27	戊申28	己酉29	庚戌30	辛亥31	壬子(6)	癸丑2	甲寅3	乙卯4	丙辰5	丁巳6	戊午7	己未8	庚申9	辛酉10	壬戌11	癸巳日食
六月小	庚午	干支曆 天地西曆	癸亥12	甲子13	乙丑14	丙寅15	丁卯16	戊辰17	己巳18	庚午19	辛未20	壬申21	癸酉22	甲戌23	乙亥24	丙子25	丁丑26	戊寅27	己卯28	庚辰29	辛巳30	壬午(7)	癸未2	甲申3	乙酉4	丙戌5	丁亥6	戊子7	己丑8	庚寅9	辛卯10		己卯夏至
七月大	辛未	干支曆 天地西曆	壬辰11	癸巳12	甲午13	乙未14	丙申15	丁酉16	戊戌17	己亥18	庚子19	辛丑20	壬寅21	癸卯22	甲辰23	乙巳24	丙午25	丁未26	戊申27	己酉28	庚戌29	辛亥30	壬子31	癸丑(8)	甲寅2	乙卯3	丙辰4	丁巳5	戊午6	己未7	庚申8	辛酉9	
八月小	壬申	干支曆 天地西曆	壬戌10	癸亥11	甲子12	乙丑13	丙寅14	丁卯15	戊辰16	己巳17	庚午18	辛未19	壬申20	癸酉21	甲戌22	乙亥23	丙子24	丁丑25	戊寅26	己卯27	庚辰28	辛巳29	壬午30	癸未31	甲申(9)	乙酉2	丙戌3	丁亥4	戊子5	己丑6	庚寅7		丙寅立秋
九月大	癸酉	干支曆 天地西曆	辛卯8	壬辰9	癸巳10	甲午11	乙未12	丙申13	丁酉14	戊戌15	己亥16	庚子17	辛丑18	壬寅19	癸卯20	甲辰21	乙巳22	丙午23	丁未24	戊申25	己酉26	庚戌27	辛亥28	壬子29	癸丑30	甲寅(10)	乙卯2	丙辰3	丁巳4	戊午5	己未6	庚申7	辛亥秋分
十月小	甲戌	干支曆 天地西曆	辛酉8	壬戌9	癸亥10	甲子11	乙丑12	丙寅13	丁卯14	戊辰15	己巳16	庚午17	辛未18	壬申19	癸酉20	甲戌21	乙亥22	丙子23	丁丑24	戊寅25	己卯26	庚辰27	辛巳28	壬午29	癸未30	甲申31	乙酉(11)	丙戌2	丁亥3	戊子4	己丑5		
十一月大	乙亥	干支曆 天地西曆	庚寅6	辛卯7	壬辰8	癸巳9	甲午10	乙未11	丙申12	丁酉13	戊戌14	己亥15	庚子16	辛丑17	壬寅18	癸卯19	甲辰20	乙巳21	丙午22	丁未23	戊申24	己酉25	庚戌26	辛亥27	壬子28	癸丑29	甲寅30	乙卯(12)	丙辰2	丁巳3	戊午4	己未5	丙申立冬
十二月小	丙子	干支曆 天地西曆	庚申6	辛酉7	壬戌8	癸亥9	甲子10	乙丑11	丙寅12	丁卯13	戊辰14	己巳15	庚午16	辛未17	壬申18	癸酉19	甲戌20	乙亥21	丙子22	丁丑23	戊寅24	己卯25	庚辰26	辛巳27	壬午28	癸未29	甲申30	乙酉31	丙戌(1)	丁亥2	戊子3		庚辰冬至

朔閏異同	曆名	正月	二月	三月	四月	五月	六月	七月	八月	九月	十月	十一	十二	閏月
	周曆夏曆	乙丑甲子	甲午癸巳	甲子癸亥	癸巳壬辰	癸亥壬戌	壬辰辛卯	壬戌辛酉	辛卯庚寅	辛酉庚申	庚寅己丑	庚申己未	庚寅戊子	
	顓頊新曆	丙申甲子	乙丑甲午	乙未癸亥	甲子癸巳	甲午壬戌	癸亥壬辰	癸巳壬戌	壬戌辛卯	壬辰辛酉	辛酉庚寅	辛卯庚申	庚申己丑	

周顯王二十八年（庚辰 龍年） 公元前 **341** ~ 前 340 年 歲在娵訾

殷曆月序		中西日曆對照	初一	初二	初三	初四	初五	初六	初七	初八	初九	初十	十一	十二	十三	十四	十五	十六	十七	十八	十九	二十	二一	二二	二三	二四	二五	二六	二七	二八	二九	三十	節氣與天象
正月大	丁丑	干支 天地 西曆	己丑 4	庚寅 5	辛卯 6	壬辰 7	癸巳 8	甲午 9	乙未 10	丙申 11	丁酉 12	戊戌 13	己亥 14	庚子 15	辛丑 16	壬寅 17	癸卯 18	甲辰 19	乙巳 20	丙午 21	丁未 22	戊申 23	己酉 24	庚戌 25	辛亥 26	壬子 27	癸丑 28	甲寅 29	乙卯 30	丙辰 31	丁巳 (2)	戊午 2	
二月小	戊寅	干支 天地 西曆	己未 3	庚申 4	辛酉 5	壬戌 6	癸亥 7	甲子 8	乙丑 9	丙寅 10	丁卯 11	戊辰 12	己巳 13	庚午 14	辛未 15	壬申 16	癸酉 17	甲戌 18	乙亥 19	丙子 20	丁丑 21	戊寅 22	己卯 23	庚辰 24	辛巳 25	壬午 26	癸未 27	甲申 28	乙酉 29	丙戌 (3)	丁亥 2		甲子立春
三月大	己卯	干支 天地 西曆	戊子 3	己丑 4	庚寅 5	辛卯 6	壬辰 7	癸巳 8	甲午 9	乙未 10	丙申 11	丁酉 12	戊戌 13	己亥 14	庚子 15	辛丑 16	壬寅 17	癸卯 18	甲辰 19	乙巳 20	丙午 21	丁未 22	戊申 23	己酉 24	庚戌 25	辛亥 26	壬子 27	癸丑 28	甲寅 29	乙卯 30	丙辰 31	丁巳 (4)	庚戌春分
四月小	庚辰	干支 天地 西曆	戊午 2	己未 3	庚申 4	辛酉 5	壬戌 6	癸亥 7	甲子 8	乙丑 9	丙寅 10	丁卯 11	戊辰 12	己巳 13	庚午 14	辛未 15	壬申 16	癸酉 17	甲戌 18	乙亥 19	丙子 20	丁丑 21	戊寅 22	己卯 23	庚辰 24	辛巳 25	壬午 26	癸未 27	甲申 28	乙酉 29	丙戌 30		
五月大	辛巳	干支 天地 西曆	丁亥 (5)	戊子 2	己丑 3	庚寅 4	辛卯 5	壬辰 6	癸巳 7	甲午 8	乙未 9	丙申 10	丁酉 11	戊戌 12	己亥 13	庚子 14	辛丑 15	壬寅 16	癸卯 17	甲辰 18	乙巳 19	丙午 20	丁未 21	戊申 22	己酉 23	庚戌 24	辛亥 25	壬子 26	癸丑 27	甲寅 28	乙卯 29	丙辰 30	丁酉立夏
六月大	壬午	干支 天地 西曆	丁巳 31	戊午 (6)	己未 2	庚申 3	辛酉 4	壬戌 5	癸亥 6	甲子 7	乙丑 8	丙寅 9	丁卯 10	戊辰 11	己巳 12	庚午 13	辛未 14	壬申 15	癸酉 16	甲戌 17	乙亥 18	丙子 19	丁丑 20	戊寅 21	己卯 22	庚辰 23	辛巳 24	壬午 25	癸未 26	甲申 27	乙酉 28	丙戌 29	甲申夏至
七月小	癸未	干支 天地 西曆	丁亥 30	戊子 (7)	己丑 2	庚寅 3	辛卯 4	壬辰 5	癸巳 6	甲午 7	乙未 8	丙申 9	丁酉 10	戊戌 11	己亥 12	庚子 13	辛丑 14	壬寅 15	癸卯 16	甲辰 17	乙巳 18	丙午 19	丁未 20	戊申 21	己酉 22	庚戌 23	辛亥 24	壬子 25	癸丑 26	甲寅 27	乙卯 28		
八月大	甲申	干支 天地 西曆	丙辰 29	丁巳 30	戊午 31	己未 (8)	庚申 2	辛酉 3	壬戌 4	癸亥 5	甲子 6	乙丑 7	丙寅 8	丁卯 9	戊辰 10	己巳 11	庚午 12	辛未 13	壬申 14	癸酉 15	甲戌 16	乙亥 17	丙子 18	丁丑 19	戊寅 20	己卯 21	庚辰 22	辛巳 23	壬午 24	癸未 25	甲申 26	乙酉 27	辛未立秋
九月小	乙酉	干支 天地 西曆	丙戌 28	丁亥 29	戊子 30	己丑 31	庚寅 (9)	辛卯 2	壬辰 3	癸巳 4	甲午 5	乙未 6	丙申 7	丁酉 8	戊戌 9	己亥 10	庚子 11	辛丑 12	壬寅 13	癸卯 14	甲辰 15	乙巳 16	丙午 17	丁未 18	戊申 19	己酉 20	庚戌 21	辛亥 22	壬子 23	癸丑 24	甲寅 25		
十月大	丙戌	干支 天地 西曆	乙卯 26	丙辰 27	丁巳 28	戊午 29	己未 30	庚申 (10)	辛酉 2	壬戌 3	癸亥 4	甲子 5	乙丑 6	丙寅 7	丁卯 8	戊辰 9	己巳 10	庚午 11	辛未 12	壬申 13	癸酉 14	甲戌 15	乙亥 16	丙子 17	丁丑 18	戊寅 19	己卯 20	庚辰 21	辛巳 22	壬午 23	癸未 24	甲申 25	丙辰秋分 乙卯日食
閏十月小	丙戌	干支 天地 西曆	乙酉 26	丙戌 27	丁亥 28	戊子 29	己丑 30	庚寅 31	辛卯 (11)	壬辰 2	癸巳 3	甲午 4	乙未 5	丙申 6	丁酉 7	戊戌 8	己亥 9	庚子 10	辛丑 11	壬寅 12	癸卯 13	甲辰 14	乙巳 15	丙午 16	丁未 17	戊申 18	己酉 19	庚戌 20	辛亥 21	壬子 22	癸丑 23		辛丑立冬
十一月大	丁亥	干支 天地 西曆	甲寅 24	乙卯 25	丙辰 26	丁巳 27	戊午 28	己未 29	庚申 30	辛酉 (12)	壬戌 2	癸亥 3	甲子 4	乙丑 5	丙寅 6	丁卯 7	戊辰 8	己巳 9	庚午 10	辛未 11	壬申 12	癸酉 13	甲戌 14	乙亥 15	丙子 16	丁丑 17	戊寅 18	己卯 19	庚辰 20	辛巳 21	壬午 22	癸未 23	
十二月小	戊子	干支 天地 西曆	甲申 24	乙酉 25	丙戌 26	丁亥 27	戊子 28	己丑 29	庚寅 30	辛卯 31	壬辰 (1)	癸巳 2	甲午 3	乙未 4	丙申 5	丁酉 6	戊戌 7	己亥 8	庚子 9	辛丑 10	壬寅 11	癸卯 12	甲辰 13	乙巳 14	丙午 15	丁未 16	戊申 17	己酉 18	庚戌 19	辛亥 20	壬子 21		乙酉冬至

朔閏異同	曆名	正月	二月	三月	四月	五月	六月	七月	八月	九月	十月	十一	十二	閏月
	周曆夏曆	己未戊午	己丑戊子	戊午丁巳	戊子丁亥	丁巳丙辰	丁亥---丙戌	丙辰乙卯	丙戌乙酉	乙卯甲寅	乙酉甲申	---甲寅癸丑	甲申癸未	癸丑壬子
	顓頊新曆	庚寅戊午	己未戊子	己丑丁巳	己未丁亥	戊子---丙辰	戊午丙戌	丁亥丙辰	丁巳乙酉	丙戌乙卯	丙辰乙酉	乙酉甲寅	乙卯甲申	---甲申癸丑

周顯王二十九年（辛巳 蛇年） 公元前 **340** ~ 前 339 年 歲在降婁

殷曆月序	月建	中西曆日對照	初一	初二	初三	初四	初五	初六	初七	初八	初九	初十	十一	十二	十三	十四	十五	十六	十七	十八	十九	二十	二一	二二	二三	二四	二五	二六	二七	二八	二九	三十	節氣與天象
正月大	己丑	干支	癸丑	甲寅	乙卯	丙辰	丁巳	戊午	己未	庚申	辛酉	壬戌	癸亥	甲子	乙丑	丙寅	丁卯	戊辰	己巳	庚午	辛未	壬申	癸酉	甲戌	乙亥	丙子	丁丑	戊寅	己卯	庚辰	辛巳	壬午	庚午立春
		天地西曆	22	23	24	25	26	27	28	29	30	31	(2)	2	3	4	5	6	7	8	9	10	11	12	13	14	15	16	17	18	19	20	
二月小	庚寅	干支	癸未	甲申	乙酉	丙戌	丁亥	戊子	己丑	庚寅	辛卯	壬辰	癸巳	甲午	乙未	丙申	丁酉	戊戌	己亥	庚子	辛丑	壬寅	癸卯	甲辰	乙巳	丙午	丁未	戊申	己酉	庚戌	辛亥		
		天地西曆	21	22	23	24	25	26	27	28	(3)	2	3	4	5	6	7	8	9	10	11	12	13	14	15	16	17	18	19	20	21		
三月大	辛卯	干支	壬子	癸丑	甲寅	乙卯	丙辰	丁巳	戊午	己未	庚申	辛酉	壬戌	癸亥	甲子	乙丑	丙寅	丁卯	戊辰	己巳	庚午	辛未	壬申	癸酉	甲戌	乙亥	丙子	丁丑	戊寅	己卯	庚辰	辛巳	乙卯春分
		天地西曆	22	23	24	25	26	27	28	29	30	31	(4)	2	3	4	5	6	7	8	9	10	11	12	13	14	15	16	17	18	19	20	
四月小	壬辰	干支	壬午	癸未	甲申	乙酉	丙戌	丁亥	戊子	己丑	庚寅	辛卯	壬辰	癸巳	甲午	乙未	丙申	丁酉	戊戌	己亥	庚子	辛丑	壬寅	癸卯	甲辰	乙巳	丙午	丁未	戊申	己酉	庚戌		壬寅立夏
		天地西曆	21	22	23	24	25	26	27	28	29	30	(5)	2	3	4	5	6	7	8	9	10	11	12	13	14	15	16	17	18	19		
五月大	癸巳	干支	辛亥	壬子	癸丑	甲寅	乙卯	丙辰	丁巳	戊午	己未	庚申	辛酉	壬戌	癸亥	甲子	乙丑	丙寅	丁卯	戊辰	己巳	庚午	辛未	壬申	癸酉	甲戌	乙亥	丙子	丁丑	戊寅	己卯	庚辰	
		天地西曆	20	21	22	23	24	25	26	27	28	29	30	31	(6)	2	3	4	5	6	7	8	9	10	11	12	13	14	15	16	17	18	
六月小	甲午	干支	辛巳	壬午	癸未	甲申	乙酉	丙戌	丁亥	戊子	己丑	庚寅	辛卯	壬辰	癸巳	甲午	乙未	丙申	丁酉	戊戌	己亥	庚子	辛丑	壬寅	癸卯	甲辰	乙巳	丙午	丁未	戊申	己酉		己丑夏至
		天地西曆	19	20	21	22	23	24	25	26	27	28	29	30	(7)	2	3	4	5	6	7	8	9	10	11	12	13	14	15	16	17		
七月大	乙未	干支	庚戌	辛亥	壬子	癸丑	甲寅	乙卯	丙辰	丁巳	戊午	己未	庚申	辛酉	壬戌	癸亥	甲子	乙丑	丙寅	丁卯	戊辰	己巳	庚午	辛未	壬申	癸酉	甲戌	乙亥	丙子	丁丑	戊寅	己卯	丙子立秋
		天地西曆	18	19	20	21	22	23	24	25	26	27	28	29	30	31	(8)	2	3	4	5	6	7	8	9	10	11	12	13	14	15	16	
八月小	丙申	干支	庚辰	辛巳	壬午	癸未	甲申	乙酉	丙戌	丁亥	戊子	己丑	庚寅	辛卯	壬辰	癸巳	甲午	乙未	丙申	丁酉	戊戌	己亥	庚子	辛丑	壬寅	癸卯	甲辰	乙巳	丙午	丁未	戊申		
		天地西曆	17	18	19	20	21	22	23	24	25	26	27	28	29	30	31	(9)	2	3	4	5	6	7	8	9	10	11	12	13	14		
九月大	丁酉	干支	己酉	庚戌	辛亥	壬子	癸丑	甲寅	乙卯	丙辰	丁巳	戊午	己未	庚申	辛酉	壬戌	癸亥	甲子	乙丑	丙寅	丁卯	戊辰	己巳	庚午	辛未	壬申	癸酉	甲戌	乙亥	丙子	丁丑	戊寅	壬戌秋分 己酉日食
		天地西曆	15	16	17	18	19	20	21	22	23	24	25	26	27	28	29	30	(10)	2	3	4	5	6	7	8	9	10	11	12	13	14	
十月大	戊戌	干支	己卯	庚辰	辛巳	壬午	癸未	甲申	乙酉	丙戌	丁亥	戊子	己丑	庚寅	辛卯	壬辰	癸巳	甲午	乙未	丙申	丁酉	戊戌	己亥	庚子	辛丑	壬寅	癸卯	甲辰	乙巳	丙午	丁未	戊申	丙午立冬
		天地西曆	15	16	17	18	19	20	21	22	23	24	25	26	27	28	29	30	31	(11)	2	3	4	5	6	7	8	9	10	11	12	13	
十一月小	己亥	干支	己酉	庚戌	辛亥	壬子	癸丑	甲寅	乙卯	丙辰	丁巳	戊午	己未	庚申	辛酉	壬戌	癸亥	甲子	乙丑	丙寅	丁卯	戊辰	己巳	庚午	辛未	壬申	癸酉	甲戌	乙亥	丙子	丁丑		
		天地西曆	14	15	16	17	18	19	20	21	22	23	24	25	26	27	28	29	30	(12)	2	3	4	5	6	7	8	9	10	11	12		
十二月大	庚子	干支	戊寅	己卯	庚辰	辛巳	壬午	癸未	甲申	乙酉	丙戌	丁亥	戊子	己丑	庚寅	辛卯	壬辰	癸巳	甲午	乙未	丙申	丁酉	戊戌	己亥	庚子	辛丑	壬寅	癸卯	甲辰	乙巳	丙午	丁未	庚寅冬至
		天地西曆	13	14	15	16	17	18	19	20	21	22	23	24	25	26	27	28	29	30	31	(1)	2	3	4	5	6	7	8	9	10	11	

朔閏異同	曆名	正月	二月	三月	四月	五月	六月	七月	八月	九月	十月	十一	十二	閏月
	周曆夏曆	癸未壬午	壬子辛亥	壬午辛巳	壬子庚戌	辛巳庚辰	辛亥庚戌	庚辰己卯	庚戌己酉	己卯戊寅	己酉戊申	戊寅丁丑	戊申丁未	
	顓頊新曆	甲寅癸未	癸未壬子	癸丑辛巳	壬午辛亥	壬子庚辰	辛巳庚戌	辛亥己卯	辛巳己酉	庚戌己卯	庚辰己酉	己酉戊寅	己卯戊申	

周顯王三十年（壬午 馬年） 公元前339年 歲在大梁

殷曆月序		中西曆日對照	初一	初二	初三	初四	初五	初六	初七	初八	初九	初十	十一	十二	十三	十四	十五	十六	十七	十八	十九	二十	二一	二二	二三	二四	二五	二六	二七	二八	二九	三十	節氣與天象
正月小	辛丑	天干 地支 西曆	戊申 12	己酉 13	庚戌 14	辛亥 15	壬子 16	癸丑 17	甲寅 18	乙卯 19	丙辰 20	丁巳 21	戊午 22	己未 23	庚申 24	辛酉 25	壬戌 26	癸亥 27	甲子 28	乙丑 29	丙寅 30	丁卯 31	戊辰 (2)	己巳 2	庚午 3	辛未 4	壬申 5	癸酉 6	甲戌 7	乙亥 8	丙子 9		乙亥立春
二月大	壬寅	天干 地支 西曆	丁丑 10	戊寅 11	己卯 12	庚辰 13	辛巳 14	壬午 15	癸未 16	甲申 17	乙酉 18	丙戌 19	丁亥 20	戊子 21	己丑 22	庚寅 23	辛卯 24	壬辰 25	癸巳 26	甲午 27	乙未 28	丙申 (3)	丁酉 2	戊戌 3	己亥 4	庚子 5	辛丑 6	壬寅 7	癸卯 8	甲辰 9	乙巳 10	丙午 11	
三月小	癸卯	天干 地支 西曆	丁未 12	戊申 13	己酉 14	庚戌 15	辛亥 16	壬子 17	癸丑 18	甲寅 19	乙卯 20	丙辰 21	丁巳 22	戊午 23	己未 24	庚申 25	辛酉 26	壬戌 27	癸亥 28	甲子 29	乙丑 30	丙寅 31	丁卯 (4)	戊辰 2	己巳 3	庚午 4	辛未 5	壬申 6	癸酉 7	甲戌 8	乙亥 9		辛酉春分
四月大	甲辰	天干 地支 西曆	丙子 10	丁丑 11	戊寅 12	己卯 13	庚辰 14	辛巳 15	壬午 16	癸未 17	甲申 18	乙酉 19	丙戌 20	丁亥 21	戊子 22	己丑 23	庚寅 24	辛卯 25	壬辰 26	癸巳 27	甲午 28	乙未 29	丙申 30	丁酉 (5)	戊戌 2	己亥 3	庚子 4	辛丑 5	壬寅 6	癸卯 7	甲辰 8	乙巳 9	
五月小	乙巳	天干 地支 西曆	丙午 10	丁未 11	戊申 12	己酉 13	庚戌 14	辛亥 15	壬子 16	癸丑 17	甲寅 18	乙卯 19	丙辰 20	丁巳 21	戊午 22	己未 23	庚申 24	辛酉 25	壬戌 26	癸亥 27	甲子 28	乙丑 29	丙寅 30	丁卯 31	戊辰 (6)	己巳 2	庚午 3	辛未 4	壬申 5	癸酉 6	甲戌 7		丁未立夏
六月大	丙午	天干 地支 西曆	乙亥 8	丙子 9	丁丑 10	戊寅 11	己卯 12	庚辰 13	辛巳 14	壬午 15	癸未 16	甲申 17	乙酉 18	丙戌 19	丁亥 20	戊子 21	己丑 22	庚寅 23	辛卯 24	壬辰 25	癸巳 26	甲午 27	乙未 28	丙申 29	丁酉 30	戊戌 (7)	己亥 2	庚子 3	辛丑 4	壬寅 5	癸卯 6	甲辰 7	乙未夏至
七月小	丁未	天干 地支 西曆	乙巳 8	丙午 9	丁未 10	戊申 11	己酉 12	庚戌 13	辛亥 14	壬子 15	癸丑 16	甲寅 17	乙卯 18	丙辰 19	丁巳 20	戊午 21	己未 22	庚申 23	辛酉 24	壬戌 25	癸亥 26	甲子 27	乙丑 28	丙寅 29	丁卯 30	戊辰 31	己巳 (8)	庚午 2	辛未 3	壬申 4	癸酉 5		
八月大	戊申	天干 地支 西曆	甲戌 6	乙亥 7	丙子 8	丁丑 9	戊寅 10	己卯 11	庚辰 12	辛巳 13	壬午 14	癸未 15	甲申 16	乙酉 17	丙戌 18	丁亥 19	戊子 20	己丑 21	庚寅 22	辛卯 23	壬辰 24	癸巳 25	甲午 26	乙未 27	丙申 28	丁酉 29	戊戌 30	己亥 31	庚子 (9)	辛丑 2	壬寅 3	癸卯 4	辛巳立秋
九月小	己酉	天干 地支 西曆	甲辰 5	乙巳 6	丙午 7	丁未 8	戊申 9	己酉 10	庚戌 11	辛亥 12	壬子 13	癸丑 14	甲寅 15	乙卯 16	丙辰 17	丁巳 18	戊午 19	己未 20	庚申 21	辛酉 22	壬戌 23	癸亥 24	甲子 25	乙丑 26	丙寅 27	丁卯 28	戊辰 29	己巳 30	庚午 (10)	辛未 2	壬申 3		丁卯秋分
十月大	庚戌	天干 地支 西曆	癸酉 4	甲戌 5	乙亥 6	丙子 7	丁丑 8	戊寅 9	己卯 10	庚辰 11	辛巳 12	壬午 13	癸未 14	甲申 15	乙酉 16	丙戌 17	丁亥 18	戊子 19	己丑 20	庚寅 21	辛卯 22	壬辰 23	癸巳 24	甲午 25	乙未 26	丙申 27	丁酉 28	戊戌 29	己亥 30	庚子 31	辛丑 (11)	壬寅 2	
十一月小	辛亥	天干 地支 西曆	癸卯 3	甲辰 4	乙巳 5	丙午 6	丁未 7	戊申 8	己酉 9	庚戌 10	辛亥 11	壬子 12	癸丑 13	甲寅 14	乙卯 15	丙辰 16	丁巳 17	戊午 18	己未 19	庚申 20	辛酉 21	壬戌 22	癸亥 23	甲子 24	乙丑 25	丙寅 26	丁卯 27	戊辰 28	己巳 29	庚午 30	辛未 (12)		辛亥立冬
十二月大	壬子	天干 地支 西曆	壬申 2	癸酉 3	甲戌 4	乙亥 5	丙子 6	丁丑 7	戊寅 8	己卯 9	庚辰 10	辛巳 11	壬午 12	癸未 13	甲申 14	乙酉 15	丙戌 16	丁亥 17	戊子 18	己丑 19	庚寅 20	辛卯 21	壬辰 22	癸巳 23	甲午 24	乙未 25	丙申 26	丁酉 27	戊戌 28	己亥 29	庚子 30	辛丑 31	乙未冬至

朔閏異同	曆名	正月	二月	三月	四月	五月	六月	七月	八月	九月	十月	十一	十二	閏月
	周曆夏曆	丁丑丙子	丁未丙午	丙子乙亥	丙午乙巳	乙亥甲戌	乙巳甲辰	乙亥癸酉	甲辰癸卯	甲戌癸酉	癸卯壬寅	癸酉壬申	壬寅辛丑	
	顓頊新曆	戊申丁丑	戊寅丁未	丁未丙子	丁丑乙巳	丙午乙亥	丙子甲辰	乙巳癸酉	乙亥癸卯	甲辰癸酉	甲戌癸卯	甲辰壬申	癸酉壬寅	

周顯王三十一年（癸未 羊年） 公元前338～前337年 歲在實沈

殷曆月序		中西曆日對照	初一	初二	初三	初四	初五	初六	初七	初八	初九	初十	十一	十二	十三	十四	十五	十六	十七	十八	十九	二十	二一	二二	二三	二四	二五	二六	二七	二八	二九	三十	節氣與天象
正月小	癸丑	天干地支西曆	壬寅(1)	癸卯2	甲辰3	乙巳4	丙午5	丁未6	戊申7	己酉8	庚戌9	辛亥10	壬子11	癸丑12	甲寅13	乙卯14	丙辰15	丁巳16	戊午17	己未18	庚申19	辛酉20	壬戌21	癸亥22	甲子23	乙丑24	丙寅25	丁卯26	戊辰27	己巳28	庚午29		
二月大	甲寅	天干地支西曆	辛未30	壬申31	癸酉(2)	甲戌2	乙亥3	丙子4	丁丑5	戊寅6	己卯7	庚辰8	辛巳9	壬午10	癸未11	甲申12	乙酉13	丙戌14	丁亥15	戊子16	己丑17	庚寅18	辛卯19	壬辰20	癸巳21	甲午22	乙未23	丙申24	丁酉25	戊戌26	己亥27	庚子28	庚辰立春
三月大	乙卯	天干地支西曆	辛丑(3)	壬寅2	癸卯3	甲辰4	乙巳5	丙午6	丁未7	戊申8	己酉9	庚戌10	辛亥11	壬子12	癸丑13	甲寅14	乙卯15	丙辰16	丁巳17	戊午18	己未19	庚申20	辛酉21	壬戌22	癸亥23	甲子24	乙丑25	丙寅26	丁卯27	戊辰28	己巳29	庚午30	丙寅春分
四月小	丙辰	天干地支西曆	辛未31	壬申(4)	癸酉2	甲戌3	乙亥4	丙子5	丁丑6	戊寅7	己卯8	庚辰9	辛巳10	壬午11	癸未12	甲申13	乙酉14	丙戌15	丁亥16	戊子17	己丑18	庚寅19	辛卯20	壬辰21	癸巳22	甲午23	乙未24	丙申25	丁酉26	戊戌27	己亥28		
五月大	丁巳	天干地支西曆	庚子29	辛丑30	壬寅(5)	癸卯2	甲辰3	乙巳4	丙午5	丁未6	戊申7	己酉8	庚戌9	辛亥10	壬子11	癸丑12	甲寅13	乙卯14	丙辰15	丁巳16	戊午17	己未18	庚申19	辛酉20	壬戌21	癸亥22	甲子23	乙丑24	丙寅25	丁卯26	戊辰27	己巳28	癸丑立夏
六月小	戊午	天干地支西曆	庚午29	辛未30	壬申31	癸酉(6)	甲戌2	乙亥3	丙子4	丁丑5	戊寅6	己卯7	庚辰8	辛巳9	壬午10	癸未11	甲申12	乙酉13	丙戌14	丁亥15	戊子16	己丑17	庚寅18	辛卯19	壬辰20	癸巳21	甲午22	乙未23	丙申24	丁酉25	戊戌26		
閏六月大	戊午	天干地支西曆	己亥27	庚子28	辛丑29	壬寅30	癸卯(7)	甲辰2	乙巳3	丙午4	丁未5	戊申6	己酉7	庚戌8	辛亥9	壬子10	癸丑11	甲寅12	乙卯13	丙辰14	丁巳15	戊午16	己未17	庚申18	辛酉19	壬戌20	癸亥21	甲子22	乙丑23	丙寅24	丁卯25	戊辰26	庚子夏至
七月小	己未	天干地支西曆	己巳27	庚午28	辛未29	壬申30	癸酉31	甲戌(8)	乙亥2	丙子3	丁丑4	戊寅5	己卯6	庚辰7	辛巳8	壬午9	癸未10	甲申11	乙酉12	丙戌13	丁亥14	戊子15	己丑16	庚寅17	辛卯18	壬辰19	癸巳20	甲午21	乙未22	丙申23	丁酉24		丁亥立秋
八月大	庚申	天干地支西曆	戊戌25	己亥26	庚子27	辛丑28	壬寅29	癸卯30	甲辰31	乙巳(9)	丙午2	丁未3	戊申4	己酉5	庚戌6	辛亥7	壬子8	癸丑9	甲寅10	乙卯11	丙辰12	丁巳13	戊午14	己未15	庚申16	辛酉17	壬戌18	癸亥19	甲子20	乙丑21	丙寅22	丁卯23	
九月小	辛酉	天干地支西曆	戊辰24	己巳25	庚午26	辛未27	壬申28	癸酉29	甲戌30	乙亥(10)	丙子2	丁丑3	戊寅4	己卯5	庚辰6	辛巳7	壬午8	癸未9	甲申10	乙酉11	丙戌12	丁亥13	戊子14	己丑15	庚寅16	辛卯17	壬辰18	癸巳19	甲午20	乙未21	丙申22		壬申秋分
十月大	壬戌	天干地支西曆	丁酉23	戊戌24	己亥25	庚子26	辛丑27	壬寅28	癸卯29	甲辰30	乙巳31	丙午(11)	丁未2	戊申3	己酉4	庚戌5	辛亥6	壬子7	癸丑8	甲寅9	乙卯10	丙辰11	丁巳12	戊午13	己未14	庚申15	辛酉16	壬戌17	癸亥18	甲子19	乙丑20	丙寅21	丁巳立冬
十一月小	癸亥	天干地支西曆	丁卯22	戊辰23	己巳24	庚午25	辛未26	壬申27	癸酉28	甲戌29	乙亥30	丙子(12)	丁丑2	戊寅3	己卯4	庚辰5	辛巳6	壬午7	癸未8	甲申9	乙酉10	丙戌11	丁亥12	戊子13	己丑14	庚寅15	辛卯16	壬辰17	癸巳18	甲午19	乙未20		
十二月大	甲子	天干地支西曆	丙申21	丁酉22	戊戌23	己亥24	庚子25	辛丑26	壬寅27	癸卯28	甲辰29	乙巳30	丙午31	丁未(1)	戊申2	己酉3	庚戌4	辛亥5	壬子6	癸丑7	甲寅8	乙卯9	丙辰10	丁巳11	戊午12	己未13	庚申14	辛酉15	壬戌16	癸亥17	甲子18	乙丑19	辛丑冬至

朔閏異同	曆名	正月	二月	三月	四月	五月	六月	七月	八月	九月	十月	十一	十二	閏月
	周曆夏曆	壬申辛未	辛丑庚子	辛未---庚午	庚子己亥	庚午己巳	己亥戊戌	---己巳戊辰	戊戌丁酉	戊辰丁卯	丁酉丙申	丁卯丙寅	丁酉乙未	丙寅乙丑
	顓頊新曆	癸卯---壬申	壬申辛丑	壬寅辛未	辛未庚子	辛丑己巳	庚午己亥	庚子戊辰	己巳丁酉	己亥丁卯	戊辰丁酉	戊戌丙寅	丁卯丙申	---丁酉丙寅

周顯王三十二年（甲申 猴年） 公元前 337 ~ 前 336 年 歲在鶉首

殷曆月序		中西曆日對照	初一	初二	初三	初四	初五	初六	初七	初八	初九	初十	十一	十二	十三	十四	十五
正月小	乙丑	天干地支西曆	丙寅 20	丁卯 21	戊辰 22	己巳 23	庚午 24	辛未 25	壬申 26	癸酉 27	甲戌 28	乙亥 29	丙子 30	丁丑 31	戊寅 (2)	己卯 2	庚辰 3
二月大	丙寅	天干地支西曆	乙未 18	丙申 19	丁酉 20	戊戌 21	己亥 22	庚子 23	辛丑 24	壬寅 25	癸卯 26	甲辰 27	乙巳 28	丙午 29	丁未 (3)	戊申 2	己酉 3
三月小	丁卯	天干地支西曆	乙丑 19	丙寅 20	丁卯 21	戊辰 22	己巳 23	庚午 24	辛未 25	壬申 26	癸酉 27	甲戌 28	乙亥 29	丙子 30	丁丑 31	戊寅 (4)	己卯 2
四月大	戊辰	天干地支西曆	甲午 17	乙未 18	丙申 19	丁酉 20	戊戌 21	己亥 22	庚子 23	辛丑 24	壬寅 25	癸卯 26	甲辰 27	乙巳 28	丙午 29	丁未 30	戊申 (5)
五月大	己巳	天干地支西曆	甲子 17	乙丑 18	丙寅 19	丁卯 20	戊辰 21	己巳 22	庚午 23	辛未 24	壬申 25	癸酉 26	甲戌 27	乙亥 28	丙子 29	丁丑 30	戊寅 31
六月小	庚午	天干地支西曆	甲午 16	乙未 17	丙申 18	丁酉 19	戊戌 20	己亥 21	庚子 22	辛丑 23	壬寅 24	癸卯 25	甲辰 26	乙巳 27	丙午 28	丁未 29	戊申 30
七月大	辛未	天干地支西曆	癸亥 15	甲子 16	乙丑 17	丙寅 18	丁卯 19	戊辰 20	己巳 21	庚午 22	辛未 23	壬申 24	癸酉 25	甲戌 26	乙亥 27	丙子 28	丁丑 29
八月小	壬申	天干地支西曆	癸巳 14	甲午 15	乙未 16	丙申 17	丁酉 18	戊戌 19	己亥 20	庚子 21	辛丑 22	壬寅 23	癸卯 24	甲辰 25	乙巳 26	丙午 27	丁未 28
九月大	癸酉	天干地支西曆	壬戌 12	癸亥 13	甲子 14	乙丑 15	丙寅 16	丁卯 17	戊辰 18	己巳 19	庚午 20	辛未 21	壬申 22	癸酉 23	甲戌 24	乙亥 25	丙子 26
十月小	甲戌	天干地支西曆	壬辰 12	癸巳 13	甲午 14	乙未 15	丙申 16	丁酉 17	戊戌 18	己亥 19	庚子 20	辛丑 21	壬寅 22	癸卯 23	甲辰 24	乙巳 25	丙午 26
十一月大	乙亥	天干地支西曆	辛酉 10	壬戌 11	癸亥 12	甲子 13	乙丑 14	丙寅 15	丁卯 16	戊辰 17	己巳 18	庚午 19	辛未 20	壬申 21	癸酉 22	甲戌 23	乙亥 24
十二月小	丙子	天干地支西曆	辛卯 10	壬辰 11	癸巳 12	甲午 13	乙未 14	丙申 15	丁酉 16	戊戌 17	己亥 18	庚子 19	辛丑 20	壬寅 21	癸卯 22	甲辰 23	乙巳 24

殷曆月序		十六	十七	十八	十九	二十	二一	二二	二三	二四	二五	二六	二七	二八	二九	三十	節氣與天象
正月小	乙丑	辛巳 4	壬午 5	癸未 6	甲申 7	乙酉 8	丙戌 9	丁亥 10	戊子 11	己丑 12	庚寅 13	辛卯 14	壬辰 15	癸巳 16	甲午 17		乙酉立春
二月大	丙寅	庚戌 4	辛亥 5	壬子 6	癸丑 7	甲寅 8	乙卯 9	丙辰 10	丁巳 11	戊午 12	己未 13	庚申 14	辛酉 15	壬戌 16	癸亥 17	甲子 18	
三月小	丁卯	庚辰 3	辛巳 4	壬午 5	癸未 6	甲申 7	乙酉 8	丙戌 9	丁亥 10	戊子 11	己丑 12	庚寅 13	辛卯 14	壬辰 15	癸巳 16		辛未春分
四月大	戊辰	己酉 2	庚戌 3	辛亥 4	壬子 5	癸丑 6	甲寅 7	乙卯 8	丙辰 9	丁巳 10	戊午 11	己未 12	庚申 13	辛酉 14	壬戌 15	癸亥 16	戊午立夏
五月大	己巳	己卯 (6)	庚辰 2	辛巳 3	壬午 4	癸未 5	甲申 6	乙酉 7	丙戌 8	丁亥 9	戊子 10	己丑 11	庚寅 12	辛卯 13	壬辰 14	癸巳 15	
六月小	庚午	己酉 (7)	庚戌 2	辛亥 3	壬子 4	癸丑 5	甲寅 6	乙卯 7	丙辰 8	丁巳 9	戊午 10	己未 11	庚申 12	辛酉 13	壬戌 14		乙巳夏至
七月大	辛未	戊寅 30	己卯 31	庚辰 (8)	辛巳 2	壬午 3	癸未 4	甲申 5	乙酉 6	丙戌 7	丁亥 8	戊子 9	己丑 10	庚寅 11	辛卯 12	壬辰 13	壬辰立秋
八月小	壬申	戊申 29	己酉 30	庚戌 31	辛亥 (9)	壬子 2	癸丑 3	甲寅 4	乙卯 5	丙辰 6	丁巳 7	戊午 8	己未 9	庚申 10	辛酉 11		
九月大	癸酉	丁丑 27	戊寅 28	己卯 29	庚辰 30	辛巳 (10)	壬午 2	癸未 3	甲申 4	乙酉 5	丙戌 6	丁亥 7	戊子 8	己丑 9	庚寅 10	辛卯 11	丁丑秋分
十月小	甲戌	丁未 27	戊申 28	己酉 29	庚戌 30	辛亥 31	壬子 (11)	癸丑 2	甲寅 3	乙卯 4	丙辰 5	丁巳 6	戊午 7	己未 8	庚申 9		
十一月大	乙亥	丙子 25	丁丑 26	戊寅 27	己卯 28	庚辰 29	辛巳 30	壬午 (12)	癸未 2	甲申 3	乙酉 4	丙戌 5	丁亥 6	戊子 7	己丑 8	庚寅 9	壬戌立冬
十二月小	丙子	丙午 25	丁未 26	戊申 27	己酉 28	庚戌 29	辛亥 30	壬子 31	癸丑 (1)	甲寅 2	乙卯 3	丙辰 4	丁巳 5	戊午 6	己未 7		丙午冬至

朔閏異同	曆名	正月	二月	三月	四月	五月	六月	七月	八月	九月	十月	十一	十二	閏月
	周曆夏曆	丙申乙未	乙丑甲子	乙未甲午	甲子癸亥	甲午癸巳	癸亥壬戌	癸巳壬辰	壬戌辛酉	壬辰辛卯	辛酉庚申	辛卯庚寅	庚申己未	
	顓頊新曆	丙寅丙申	丙申乙丑	丙寅乙未	乙未甲子	乙丑癸巳	甲午癸亥	甲子壬辰	癸巳辛酉	癸亥辛卯	壬辰庚申	壬戌庚寅	辛卯庚申	

周顯王三十三年（乙酉 鷄年） 公元前336年 歲在鶉火

殷曆月序		中西曆日對照	初一	初二	初三	初四	初五	初六	初七	初八	初九	初十	十一	十二	十三	十四	十五	十六	十七	十八	十九	二十	二一	二二	二三	二四	二五	二六	二七	二八	二九	三十	節氣與天象
正月大	丁丑	干支曆 天地西曆	庚申 8	辛酉 9	壬戌 10	癸亥 11	甲子 12	乙丑 13	丙寅 14	丁卯 15	戊辰 16	己巳 17	庚午 18	辛未 19	壬申 20	癸酉 21	甲戌 22	乙亥 23	丙子 24	丁丑 25	戊寅 26	己卯 27	庚辰 28	辛巳 29	壬午 30	癸未 31	甲申 (2)	乙酉 2	丙戌 3	丁亥 4	戊子 5	己丑 6	
二月小	戊寅	干支曆 天地西曆	庚寅 7	辛卯 8	壬辰 9	癸巳 10	甲午 11	乙未 12	丙申 13	丁酉 14	戊戌 15	己亥 16	庚子 17	辛丑 18	壬寅 19	癸卯 20	甲辰 21	乙巳 22	丙午 23	丁未 24	戊申 25	己酉 26	庚戌 27	辛亥 28	壬子 (3)	癸丑 2	甲寅 3	乙卯 4	丙辰 5	丁巳 6	戊午 7		辛卯立春
三月大	己卯	干支曆 天地西曆	己未 8	庚申 9	辛酉 10	壬戌 11	癸亥 12	甲子 13	乙丑 14	丙寅 15	丁卯 16	戊辰 17	己巳 18	庚午 19	辛未 20	壬申 21	癸酉 22	甲戌 23	乙亥 24	丙子 25	丁丑 26	戊寅 27	己卯 28	庚辰 29	辛巳 30	壬午 31	癸未 (4)	甲申 2	乙酉 3	丙戌 4	丁亥 5	戊子 6	丙子春分
四月小	庚辰	干支曆 天地西曆	己丑 7	庚寅 8	辛卯 9	壬辰 10	癸巳 11	甲午 12	乙未 13	丙申 14	丁酉 15	戊戌 16	己亥 17	庚子 18	辛丑 19	壬寅 20	癸卯 21	甲辰 22	乙巳 23	丙午 24	丁未 25	戊申 26	己酉 27	庚戌 28	辛亥 29	壬子 30	癸丑 (5)	甲寅 2	乙卯 3	丙辰 4	丁巳 5		
五月大	辛巳	干支曆 天地西曆	戊午 6	己未 7	庚申 8	辛酉 9	壬戌 10	癸亥 11	甲子 12	乙丑 13	丙寅 14	丁卯 15	戊辰 16	己巳 17	庚午 18	辛未 19	壬申 20	癸酉 21	甲戌 22	乙亥 23	丙子 24	丁丑 25	戊寅 26	己卯 27	庚辰 28	辛巳 29	壬午 30	癸未 31	甲申 (6)	乙酉 2	丙戌 3	丁亥 4	癸亥立夏
六月小	壬午	干支曆 天地西曆	戊子 5	己丑 6	庚寅 7	辛卯 8	壬辰 9	癸巳 10	甲午 11	乙未 12	丙申 13	丁酉 14	戊戌 15	己亥 16	庚子 17	辛丑 18	壬寅 19	癸卯 20	甲辰 21	乙巳 22	丙午 23	丁未 24	戊申 25	己酉 26	庚戌 27	辛亥 28	壬子 29	癸丑 30	甲寅 (7)	乙卯 2	丙辰 3		庚戌夏至
七月大	癸未	干支曆 天地西曆	丁巳 4	戊午 5	己未 6	庚申 7	辛酉 8	壬戌 9	癸亥 10	甲子 11	乙丑 12	丙寅 13	丁卯 14	戊辰 15	己巳 16	庚午 17	辛未 18	壬申 19	癸酉 20	甲戌 21	乙亥 22	丙子 23	丁丑 24	戊寅 25	己卯 26	庚辰 27	辛巳 28	壬午 29	癸未 30	甲申 31	乙酉 (8)	丙戌 2	丁巳日食
八月小	甲申	干支曆 天地西曆	丁亥 3	戊子 4	己丑 5	庚寅 6	辛卯 7	壬辰 8	癸巳 9	甲午 10	乙未 11	丙申 12	丁酉 13	戊戌 14	己亥 15	庚子 16	辛丑 17	壬寅 18	癸卯 19	甲辰 20	乙巳 21	丙午 22	丁未 23	戊申 24	己酉 25	庚戌 26	辛亥 27	壬子 28	癸丑 29	甲寅 30	乙卯 31		丁酉立秋
九月大	乙酉	干支曆 天地西曆	丙辰 (9)	丁巳 2	戊午 3	己未 4	庚申 5	辛酉 6	壬戌 7	癸亥 8	甲子 9	乙丑 10	丙寅 11	丁卯 12	戊辰 13	己巳 14	庚午 15	辛未 16	壬申 17	癸酉 18	甲戌 19	乙亥 20	丙子 21	丁丑 22	戊寅 23	己卯 24	庚辰 25	辛巳 26	壬午 27	癸未 28	甲申 29	乙酉 30	癸未秋分
十月大	丙戌	干支曆 天地西曆	丙戌 (10)	丁亥 2	戊子 3	己丑 4	庚寅 5	辛卯 6	壬辰 7	癸巳 8	甲午 9	乙未 10	丙申 11	丁酉 12	戊戌 13	己亥 14	庚子 15	辛丑 16	壬寅 17	癸卯 18	甲辰 19	乙巳 20	丙午 21	丁未 22	戊申 23	己酉 24	庚戌 25	辛亥 26	壬子 27	癸丑 28	甲寅 29	乙卯 30	
十一月小	丁亥	干支曆 天地西曆	丙辰 31	丁巳 (11)	戊午 2	己未 3	庚申 4	辛酉 5	壬戌 6	癸亥 7	甲子 8	乙丑 9	丙寅 10	丁卯 11	戊辰 12	己巳 13	庚午 14	辛未 15	壬申 16	癸酉 17	甲戌 18	乙亥 19	丙子 20	丁丑 21	戊寅 22	己卯 23	庚辰 24	辛巳 25	壬午 26	癸未 27	甲申 28		丁卯立冬
十二月大	戊子	干支曆 天地西曆	乙酉 29	丙戌 30	丁亥 (12)	戊子 2	己丑 3	庚寅 4	辛卯 5	壬辰 6	癸巳 7	甲午 8	乙未 9	丙申 10	丁酉 11	戊戌 12	己亥 13	庚子 14	辛丑 15	壬寅 16	癸卯 17	甲辰 18	乙巳 19	丙午 20	丁未 21	戊申 22	己酉 23	庚戌 24	辛亥 25	壬子 26	癸丑 27	甲寅 28	辛亥冬至 甲寅日食

朔閏異同	曆名	正月	二月	三月	四月	五月	六月	七月	八月	九月	十月	十一	十二	閏月
	周曆夏曆	庚寅己丑	己未戊午	己丑戊子	己未戊午	戊子丁亥	戊午丁巳	丁亥丙戌	丁巳丙辰	丙戌乙酉	丙辰乙卯	乙酉--甲申	乙卯甲寅	癸未
	顓頊新曆	辛酉庚寅	庚寅庚申	庚申己丑	己丑己未	己未戊子	己丑丁巳	戊午丁亥	戊子丙辰	丁巳--乙酉	丁亥乙卯	丙辰甲申	丙戌甲寅	甲申

周顯王三十四年（丙戌 狗年） 公元前 336 ~ 前 **335** ~ 前 334 年 歲在鶉尾

殷曆月序		西中曆日對照	初一	初二	初三	初四	初五	初六	初七	初八	初九	初十	十一	十二	十三	十四	十五	十六	十七	十八	十九	二十	二一	二二	二三	二四	二五	二六	二七	二八	二九	三十	節氣與天象
正月小	己丑	天地干支西曆	乙卯 29	丙辰 30	丁巳 31	戊午 (1)	己未 2	庚申 3	辛酉 4	壬戌 5	癸亥 6	甲子 7	乙丑 8	丙寅 9	丁卯 10	戊辰 11	己巳 12	庚午 13	辛未 14	壬申 15	癸酉 16	甲戌 17	乙亥 18	丙子 19	丁丑 20	戊寅 21	己卯 22	庚辰 23	辛巳 24	壬午 25	癸未 26		
二月大	庚寅	天地干支西曆	甲申 27	乙酉 28	丙戌 29	丁亥 30	戊子 31	己丑 (2)	庚寅 2	辛卯 3	壬辰 4	癸巳 5	甲午 6	乙未 7	丙申 8	丁酉 9	戊戌 10	己亥 11	庚子 12	辛丑 13	壬寅 14	癸卯 15	甲辰 16	乙巳 17	丙午 18	丁未 19	戊申 20	己酉 21	庚戌 22	辛亥 23	壬子 24	癸丑 25	丙申立春
閏二月小	庚寅	天地干支西曆	甲寅 26	乙卯 27	丙辰 28	丁巳 (3)	戊午 2	己未 3	庚申 4	辛酉 5	壬戌 6	癸亥 7	甲子 8	乙丑 9	丙寅 10	丁卯 11	戊辰 12	己巳 13	庚午 14	辛未 15	壬申 16	癸酉 17	甲戌 18	乙亥 19	丙子 20	丁丑 21	戊寅 22	己卯 23	庚辰 24	辛巳 25	壬午 26		壬午春分
三月大	辛卯	天地干支西曆	癸未 27	甲申 28	乙酉 29	丙戌 30	丁亥 31	戊子 (4)	己丑 2	庚寅 3	辛卯 4	壬辰 5	癸巳 6	甲午 7	乙未 8	丙申 9	丁酉 10	戊戌 11	己亥 12	庚子 13	辛丑 14	壬寅 15	癸卯 16	甲辰 17	乙巳 18	丙午 19	丁未 20	戊申 21	己酉 22	庚戌 23	辛亥 24	壬子 25	
四月小	壬辰	天地干支西曆	癸丑 26	甲寅 27	乙卯 28	丙辰 29	丁巳 30	戊午 (5)	己未 2	庚申 3	辛酉 4	壬戌 5	癸亥 6	甲子 7	乙丑 8	丙寅 9	丁卯 10	戊辰 11	己巳 12	庚午 13	辛未 14	壬申 15	癸酉 16	甲戌 17	乙亥 18	丙子 19	丁丑 20	戊寅 21	己卯 22	庚辰 23	辛巳 24		戊辰立夏
五月大	癸巳	天地干支西曆	壬午 25	癸未 26	甲申 27	乙酉 28	丙戌 29	丁亥 30	戊子 31	己丑 (6)	庚寅 2	辛卯 3	壬辰 4	癸巳 5	甲午 6	乙未 7	丙申 8	丁酉 9	戊戌 10	己亥 11	庚子 12	辛丑 13	壬寅 14	癸卯 15	甲辰 16	乙巳 17	丙午 18	丁未 19	戊申 20	己酉 21	庚戌 22	辛亥 23	
六月小	甲午	天地干支西曆	壬子 24	癸丑 25	甲寅 26	乙卯 27	丙辰 28	丁巳 29	戊午 30	己未 (7)	庚申 2	辛酉 3	壬戌 4	癸亥 5	甲子 6	乙丑 7	丙寅 8	丁卯 9	戊辰 10	己巳 11	庚午 12	辛未 13	壬申 14	癸酉 15	甲戌 16	乙亥 17	丙子 18	丁丑 19	戊寅 20	己卯 21	庚辰 22		丙辰夏至
七月大	乙未	天地干支西曆	辛巳 23	壬午 24	癸未 25	甲申 26	乙酉 27	丙戌 28	丁亥 29	戊子 30	己丑 31	庚寅 (8)	辛卯 2	壬辰 3	癸巳 4	甲午 5	乙未 6	丙申 7	丁酉 8	戊戌 9	己亥 10	庚子 11	辛丑 12	壬寅 13	癸卯 14	甲辰 15	乙巳 16	丙午 17	丁未 18	戊申 19	己酉 20	庚戌 21	壬寅立秋
八月小	丙申	天地干支西曆	辛亥 22	壬子 23	癸丑 24	甲寅 25	乙卯 26	丙辰 27	丁巳 28	戊午 29	己未 30	庚申 31	辛酉 (9)	壬戌 2	癸亥 3	甲子 4	乙丑 5	丙寅 6	丁卯 7	戊辰 8	己巳 9	庚午 10	辛未 11	壬申 12	癸酉 13	甲戌 14	乙亥 15	丙子 16	丁丑 17	戊寅 18	己卯 19		
九月大	丁酉	天地干支西曆	庚辰 20	辛巳 21	壬午 22	癸未 23	甲申 24	乙酉 25	丙戌 26	丁亥 27	戊子 28	己丑 29	庚寅 30	辛卯 (10)	壬辰 2	癸巳 3	甲午 4	乙未 5	丙申 6	丁酉 7	戊戌 8	己亥 9	庚子 10	辛丑 11	壬寅 12	癸卯 13	甲辰 14	乙巳 15	丙午 16	丁未 17	戊申 18	己酉 19	戊子秋分
十月小	戊戌	天地干支西曆	庚戌 20	辛亥 21	壬子 22	癸丑 23	甲寅 24	乙卯 25	丙辰 26	丁巳 27	戊午 28	己未 29	庚申 30	辛酉 31	壬戌 (11)	癸亥 2	甲子 3	乙丑 4	丙寅 5	丁卯 6	戊辰 7	己巳 8	庚午 9	辛未 10	壬申 11	癸酉 12	甲戌 13	乙亥 14	丙子 15	丁丑 16	戊寅 17		壬申立冬
十一月大	己亥	天地干支西曆	己卯 18	庚辰 19	辛巳 20	壬午 21	癸未 22	甲申 23	乙酉 24	丙戌 25	丁亥 26	戊子 27	己丑 28	庚寅 29	辛卯 30	壬辰 (12)	癸巳 2	甲午 3	乙未 4	丙申 5	丁酉 6	戊戌 7	己亥 8	庚子 9	辛丑 10	壬寅 11	癸卯 12	甲辰 13	乙巳 14	丙午 15	丁未 16	戊申 17	
十二月大	庚子	天地干支西曆	己酉 18	庚戌 19	辛亥 20	壬子 21	癸丑 22	甲寅 23	乙卯 24	丙辰 25	丁巳 26	戊午 27	己未 28	庚申 29	辛酉 30	壬戌 31	癸亥 (1)	甲子 2	乙丑 3	丙寅 4	丁卯 5	戊辰 6	己巳 7	庚午 8	辛未 9	壬申 10	癸酉 11	甲戌 12	乙亥 13	丙子 14	丁丑 15	戊寅 16	丙辰冬至

朔閏異同	曆名	正月	二月	三月	四月	五月	六月	七月	八月	九月	十月	十一	十二	閏月
	周曆夏曆	甲申癸丑	甲寅壬午	癸未壬子	---癸丑辛巳	壬午辛亥	壬子庚辰	壬午庚戌	辛亥庚辰	辛巳己酉	庚戌己卯	庚辰戊申	己酉戊寅	己卯
	顓頊新曆	乙卯甲寅	乙酉癸未	甲寅癸丑	甲申壬午	癸丑壬子	---癸未辛巳	壬子辛亥	壬午庚辰	辛亥己酉	辛巳己卯	辛亥戊申	庚辰戊寅	庚戌

周顯王三十五年（丁亥 猪年） 公元前334 ~ 前333年 歲在壽星

殷曆月序		中西曆日對照	初一	初二	初三	初四	初五	初六	初七	初八	初九	初十	十一	十二	十三	十四	十五	十六	十七	十八	十九	二十	二一	二二	二三	二四	二五	二六	二七	二八	二九	三十	節氣與天象
正月小	辛丑	天干地支西曆	己卯17	庚辰18	辛巳19	壬午20	癸未21	甲申22	乙酉23	丙戌24	丁亥25	戊子26	己丑27	庚寅28	辛卯29	壬辰30	癸巳31	甲午(2)	乙未2	丙申3	丁酉4	戊戌5	己亥6	庚子7	辛丑8	壬寅9	癸卯10	甲辰11	乙巳12	丙午13	丁未14		辛丑立春
二月大	壬寅	天干地支西曆	戊申15	己酉16	庚戌17	辛亥18	壬子19	癸丑20	甲寅21	乙卯22	丙辰23	丁巳24	戊午25	己未26	庚申27	辛酉28	壬戌(3)	癸亥2	甲子3	乙丑4	丙寅5	丁卯6	戊辰7	己巳8	庚午9	辛未10	壬申11	癸酉12	甲戌13	乙亥14	丙子15	丁丑16	
三月小	癸卯	天干地支西曆	戊寅17	己卯18	庚辰19	辛巳20	壬午21	癸未22	甲申23	乙酉24	丙戌25	丁亥26	戊子27	己丑28	庚寅29	辛卯30	壬辰31	癸巳(4)	甲午2	乙未3	丙申4	丁酉5	戊戌6	己亥7	庚子8	辛丑9	壬寅10	癸卯11	甲辰12	乙巳13	丙午14		丁亥春分
四月大	甲辰	天干地支西曆	丁未15	戊申16	己酉17	庚戌18	辛亥19	壬子20	癸丑21	甲寅22	乙卯23	丙辰24	丁巳25	戊午26	己未27	庚申28	辛酉29	壬戌30	癸亥(5)	甲子2	乙丑3	丙寅4	丁卯5	戊辰6	己巳7	庚午8	辛未9	壬申10	癸酉11	甲戌12	乙亥13	丙子14	甲戌立夏
五月小	乙巳	天干地支西曆	丁丑15	戊寅16	己卯17	庚辰18	辛巳19	壬午20	癸未21	甲申22	乙酉23	丙戌24	丁亥25	戊子26	己丑27	庚寅28	辛卯29	壬辰30	癸巳31	甲午(6)	乙未2	丙申3	丁酉4	戊戌5	己亥6	庚子7	辛丑8	壬寅9	癸卯10	甲辰11	乙巳12		
六月大	丙午	天干地支西曆	丙午13	丁未14	戊申15	己酉16	庚戌17	辛亥18	壬子19	癸丑20	甲寅21	乙卯22	丙辰23	丁巳24	戊午25	己未26	庚申27	辛酉28	壬戌29	癸亥30	甲子(7)	乙丑2	丙寅3	丁卯4	戊辰5	己巳6	庚午7	辛未8	壬申9	癸酉10	甲戌11	乙亥12	辛酉夏至
七月小	丁未	天干地支西曆	丙子13	丁丑14	戊寅15	己卯16	庚辰17	辛巳18	壬午19	癸未20	甲申21	乙酉22	丙戌23	丁亥24	戊子25	己丑26	庚寅27	辛卯28	壬辰29	癸巳30	甲午31	乙未(8)	丙申2	丁酉3	戊戌4	己亥5	庚子6	辛丑7	壬寅8	癸卯9	甲辰10		
八月大	戊申	天干地支西曆	乙巳11	丙午12	丁未13	戊申14	己酉15	庚戌16	辛亥17	壬子18	癸丑19	甲寅20	乙卯21	丙辰22	丁巳23	戊午24	己未25	庚申26	辛酉27	壬戌28	癸亥29	甲子30	乙丑31	丙寅(9)	丁卯2	戊辰3	己巳4	庚午5	辛未6	壬申7	癸酉8	甲戌9	戊申立秋
九月小	己酉	天干地支西曆	乙亥10	丙子11	丁丑12	戊寅13	己卯14	庚辰15	辛巳16	壬午17	癸未18	甲申19	乙酉20	丙戌21	丁亥22	戊子23	己丑24	庚寅25	辛卯26	壬辰27	癸巳28	甲午29	乙未30	丙申(10)	丁酉2	戊戌3	己亥4	庚子5	辛丑6	壬寅7	癸卯8		癸巳秋分
十月大	庚戌	天干地支西曆	甲辰9	乙巳10	丙午11	丁未12	戊申13	己酉14	庚戌15	辛亥16	壬子17	癸丑18	甲寅19	乙卯20	丙辰21	丁巳22	戊午23	己未24	庚申25	辛酉26	壬戌27	癸亥28	甲子29	乙丑30	丙寅31	丁卯(11)	戊辰2	己巳3	庚午4	辛未5	壬申6	癸酉7	
十一月小	辛亥	天干地支西曆	甲戌8	乙亥9	丙子10	丁丑11	戊寅12	己卯13	庚辰14	辛巳15	壬午16	癸未17	甲申18	乙酉19	丙戌20	丁亥21	戊子22	己丑23	庚寅24	辛卯25	壬辰26	癸巳27	甲午28	乙未29	丙申30	丁酉(12)	戊戌2	己亥3	庚子4	辛丑5	壬寅6		戊寅立冬
十二月大	壬子	天干地支西曆	癸卯7	甲辰8	乙巳9	丙午10	丁未11	戊申12	己酉13	庚戌14	辛亥15	壬子16	癸丑17	甲寅18	乙卯19	丙辰20	丁巳21	戊午22	己未23	庚申24	辛酉25	壬戌26	癸亥27	甲子28	乙丑29	丙寅30	丁卯31	戊辰(1)	己巳2	庚午3	辛未4	壬申5	壬戌冬至

朔閏異同	曆名	正月	二月	三月	四月	五月	六月	七月	八月	九月	十月	十一	十二	閏月	曆名	正月	二月	三月	四月	五月	六月	七月	八月	九月	十月	十一	十二	閏月
	周曆夏曆	戊申丁未	戊寅丁丑	丁未丙午	丁丑丙子	丙午乙巳	丙子乙亥	乙巳甲辰	乙亥甲戌	甲辰癸卯	甲戌癸酉	甲辰壬寅	癸酉壬申		顓頊新曆	己卯戊申	己酉丁丑	戊寅丁未	戊申丁丑	丁丑丙午	丁未丙子	丙子乙巳	丙午乙亥	乙亥甲辰	乙巳癸酉	甲戌癸卯	甲辰壬申	

周顯王三十六年（戊子 鼠年） 公元前333～前332年 歲在大火

殷曆月序		中西曆日對照	初一	初二	初三	初四	初五	初六	初七	初八	初九	初十	十一	十二	十三	十四	十五	十六	十七	十八	十九	二十	二一	二二	二三	二四	二五	二六	二七	二八	二九	三十	節氣與天象
正月小	癸丑	干支 天地 西曆	癸酉 6	甲戌 7	乙亥 8	丙子 9	丁丑 10	戊寅 11	己卯 12	庚辰 13	辛巳 14	壬午 15	癸未 16	甲申 17	乙酉 18	丙戌 19	丁亥 20	戊子 21	己丑 22	庚寅 23	辛卯 24	壬辰 25	癸巳 26	甲午 27	乙未 28	丙申 29	丁酉 30	戊戌 31	己亥 (2)	庚子 2	辛丑 3		
二月大	甲寅	干支 天地 西曆	壬寅 4	癸卯 5	甲辰 6	乙巳 7	丙午 8	丁未 9	戊申 10	己酉 11	庚戌 12	辛亥 13	壬子 14	癸丑 15	甲寅 16	乙卯 17	丙辰 18	丁巳 19	戊午 20	己未 21	庚申 22	辛酉 23	壬戌 24	癸亥 25	甲子 26	乙丑 27	丙寅 28	丁卯 29	戊辰 (3)	己巳 2	庚午 3	辛未 4	丙午立春
三月小	乙卯	干支 天地 西曆	壬申 5	癸酉 6	甲戌 7	乙亥 8	丙子 9	丁丑 10	戊寅 11	己卯 12	庚辰 13	辛巳 14	壬午 15	癸未 16	甲申 17	乙酉 18	丙戌 19	丁亥 20	戊子 21	己丑 22	庚寅 23	辛卯 24	壬辰 25	癸巳 26	甲午 27	乙未 28	丙申 29	丁酉 30	戊戌 31	己亥 (4)	庚子 2		壬辰春分
四月大	丙辰	干支 天地 西曆	辛丑 3	壬寅 4	癸卯 5	甲辰 6	乙巳 7	丙午 8	丁未 9	戊申 10	己酉 11	庚戌 12	辛亥 13	壬子 14	癸丑 15	甲寅 16	乙卯 17	丙辰 18	丁巳 19	戊午 20	己未 21	庚申 22	辛酉 23	壬戌 24	癸亥 25	甲子 26	乙丑 27	丙寅 28	丁卯 29	戊辰 30	己巳 (5)	庚午 2	
五月大	丁巳	干支 天地 西曆	辛未 3	壬申 4	癸酉 5	甲戌 6	乙亥 7	丙子 8	丁丑 9	戊寅 10	己卯 11	庚辰 12	辛巳 13	壬午 14	癸未 15	甲申 16	乙酉 17	丙戌 18	丁亥 19	戊子 20	己丑 21	庚寅 22	辛卯 23	壬辰 24	癸巳 25	甲午 26	乙未 27	丙申 28	丁酉 29	戊戌 30	己亥 31	庚子 (6)	己卯立夏
六月小	戊午	干支 天地 西曆	辛丑 2	壬寅 3	癸卯 4	甲辰 5	乙巳 6	丙午 7	丁未 8	戊申 9	己酉 10	庚戌 11	辛亥 12	壬子 13	癸丑 14	甲寅 15	乙卯 16	丙辰 17	丁巳 18	戊午 19	己未 20	庚申 21	辛酉 22	壬戌 23	癸亥 24	甲子 25	乙丑 26	丙寅 27	丁卯 28	戊辰 29	己巳 30		丙寅夏至
七月大	己未	干支 天地 西曆	庚午 (7)	辛未 2	壬申 3	癸酉 4	甲戌 5	乙亥 6	丙子 7	丁丑 8	戊寅 9	己卯 10	庚辰 11	辛巳 12	壬午 13	癸未 14	甲申 15	乙酉 16	丙戌 17	丁亥 18	戊子 19	己丑 20	庚寅 21	辛卯 22	壬辰 23	癸巳 24	甲午 25	乙未 26	丙申 27	丁酉 28	戊戌 29	己亥 30	
八月小	庚申	干支 天地 西曆	庚子 31	辛丑 (8)	壬寅 2	癸卯 3	甲辰 4	乙巳 5	丙午 6	丁未 7	戊申 8	己酉 9	庚戌 10	辛亥 11	壬子 12	癸丑 13	甲寅 14	乙卯 15	丙辰 16	丁巳 17	戊午 18	己未 19	庚申 20	辛酉 21	壬戌 22	癸亥 23	甲子 24	乙丑 25	丙寅 26	丁卯 27	戊辰 28		癸丑立秋
九月大	辛酉	干支 天地 西曆	己巳 29	庚午 30	辛未 31	壬申 (9)	癸酉 2	甲戌 3	乙亥 4	丙子 5	丁丑 6	戊寅 7	己卯 8	庚辰 9	辛巳 10	壬午 11	癸未 12	甲申 13	乙酉 14	丙戌 15	丁亥 16	戊子 17	己丑 18	庚寅 19	辛卯 20	壬辰 21	癸巳 22	甲午 23	乙未 24	丙申 25	丁酉 26	戊戌 27	戊戌秋分
十月小	壬戌	干支 天地 西曆	己亥 28	庚子 29	辛丑 30	壬寅 (10)	癸卯 2	甲辰 3	乙巳 4	丙午 5	丁未 6	戊申 7	己酉 8	庚戌 9	辛亥 10	壬子 11	癸丑 12	甲寅 13	乙卯 14	丙辰 15	丁巳 16	戊午 17	己未 18	庚申 19	辛酉 20	壬戌 21	癸亥 22	甲子 23	乙丑 24	丙寅 25	丁卯 26		
十一月大	癸亥	干支 天地 西曆	戊辰 27	己巳 28	庚午 29	辛未 30	壬申 31	癸酉 (11)	甲戌 2	乙亥 3	丙子 4	丁丑 5	戊寅 6	己卯 7	庚辰 8	辛巳 9	壬午 10	癸未 11	甲申 12	乙酉 13	丙戌 14	丁亥 15	戊子 16	己丑 17	庚寅 18	辛卯 19	壬辰 20	癸巳 21	甲午 22	乙未 23	丙申 24	丁酉 25	癸未立冬
閏十一小	癸亥	干支 天地 西曆	戊戌 26	己亥 27	庚子 28	辛丑 29	壬寅 30	癸卯 (12)	甲辰 2	乙巳 3	丙午 4	丁未 5	戊申 6	己酉 7	庚戌 8	辛亥 9	壬子 10	癸丑 11	甲寅 12	乙卯 13	丙辰 14	丁巳 15	戊午 16	己未 17	庚申 18	辛酉 19	壬戌 20	癸亥 21	甲子 22	乙丑 23	丙寅 24		
十二月大	甲子	干支 天地 西曆	丁卯 25	戊辰 26	己巳 27	庚午 28	辛未 29	壬申 30	癸酉 31	甲戌 (1)	乙亥 2	丙子 3	丁丑 4	戊寅 5	己卯 6	庚辰 7	辛巳 8	壬午 9	癸未 10	甲申 11	乙酉 12	丙戌 13	丁亥 14	戊子 15	己丑 16	庚寅 17	辛卯 18	壬辰 19	癸巳 20	甲午 21	乙未 22	丙申 23	丁卯冬至

朔閏異同	曆名	正月	二月	三月	四月	五月	六月	七月	八月	九月	十月	十一	十二	閏月
	周曆夏曆	癸卯壬寅	壬申辛未	壬寅辛丑	辛未庚午	辛丑庚子	庚午己巳	庚子---己亥	己巳戊辰	己亥戊戌	戊辰丁卯	戊戌丁酉	丁卯丙寅	---丁酉丙申
	顓頊新曆	癸酉壬寅	癸卯辛未	癸酉辛丑	壬寅辛未	壬申庚子	辛丑庚午	辛未---己亥	庚子己巳	庚午己亥	己亥戊辰	己巳戊戌	戊戌丁卯	丙申

周顯王三十七年（己丑 牛年） 公元前 332 ~ 前 331 年 歲在析木

殷曆月序		中西曆日對照	初一	初二	初三	初四	初五	初六	初七	初八	初九	初十	十一	十二	十三	十四	十五	十六	十七	十八	十九	二十	二一	二二	二三	二四	二五	二六	二七	二八	二九	三十	節氣與天象
正月小	乙丑	干支 天地 曆西	丁酉 24	戊戌 25	己亥 26	庚子 27	辛丑 28	壬寅 29	癸卯 30	甲辰 31	乙巳 (2)	丙午 2	丁未 3	戊申 4	己酉 5	庚戌 6	辛亥 7	壬子 8	癸丑 9	甲寅 10	乙卯 11	丙辰 12	丁巳 13	戊午 14	己未 15	庚申 16	辛酉 17	壬戌 18	癸亥 19	甲子 20	乙丑 21		壬子立春
二月大	丙寅	干支 天地 曆西	丙寅 22	丁卯 23	戊辰 24	己巳 25	庚午 26	辛未 27	壬申 28	癸酉 (3)	甲戌 2	乙亥 3	丙子 4	丁丑 5	戊寅 6	己卯 7	庚辰 8	辛巳 9	壬午 10	癸未 11	甲申 12	乙酉 13	丙戌 14	丁亥 15	戊子 16	己丑 17	庚寅 18	辛卯 19	壬辰 20	癸巳 21	甲午 22	乙未 23	
三月小	丁卯	干支 天地 曆西	丙申 24	丁酉 25	戊戌 26	己亥 27	庚子 28	辛丑 29	壬寅 30	癸卯 31	甲辰 (4)	乙巳 2	丙午 3	丁未 4	戊申 5	己酉 6	庚戌 7	辛亥 8	壬子 9	癸丑 10	甲寅 11	乙卯 12	丙辰 13	丁巳 14	戊午 15	己未 16	庚申 17	辛酉 18	壬戌 19	癸亥 20	甲子 21		丁酉春分
四月大	戊辰	干支 天地 曆西	乙丑 22	丙寅 23	丁卯 24	戊辰 25	己巳 26	庚午 27	辛未 28	壬申 29	癸酉 30	甲戌 (5)	乙亥 2	丙子 3	丁丑 4	戊寅 5	己卯 6	庚辰 7	辛巳 8	壬午 9	癸未 10	甲申 11	乙酉 12	丙戌 13	丁亥 14	戊子 15	己丑 16	庚寅 17	辛卯 18	壬辰 19	癸巳 20	甲午 21	甲申立夏
五月小	己巳	干支 天地 曆西	乙未 22	丙申 23	丁酉 24	戊戌 25	己亥 26	庚子 27	辛丑 28	壬寅 29	癸卯 30	甲辰 31	乙巳 (6)	丙午 2	丁未 3	戊申 4	己酉 5	庚戌 6	辛亥 7	壬子 8	癸丑 9	甲寅 10	乙卯 11	丙辰 12	丁巳 13	戊午 14	己未 15	庚申 16	辛酉 17	壬戌 18	癸亥 19		
六月大	庚午	干支 天地 曆西	甲子 20	乙丑 21	丙寅 22	丁卯 23	戊辰 24	己巳 25	庚午 26	辛未 27	壬申 28	癸酉 29	甲戌 30	乙亥 (7)	丙子 2	丁丑 3	戊寅 4	己卯 5	庚辰 6	辛巳 7	壬午 8	癸未 9	甲申 10	乙酉 11	丙戌 12	丁亥 13	戊子 14	己丑 15	庚寅 16	辛卯 17	壬辰 18	癸巳 19	辛未夏至
七月小	辛未	干支 天地 曆西	甲午 20	乙未 21	丙申 22	丁酉 23	戊戌 24	己亥 25	庚子 26	辛丑 27	壬寅 28	癸卯 29	甲辰 30	乙巳 31	丙午 (8)	丁未 2	戊申 3	己酉 4	庚戌 5	辛亥 6	壬子 7	癸丑 8	甲寅 9	乙卯 10	丙辰 11	丁巳 12	戊午 13	己未 14	庚申 15	辛酉 16	壬戌 17		戊午立秋
八月大	壬申	干支 天地 曆西	癸亥 18	甲子 19	乙丑 20	丙寅 21	丁卯 22	戊辰 23	己巳 24	庚午 25	辛未 26	壬申 27	癸酉 28	甲戌 29	乙亥 30	丙子 31	丁丑 (9)	戊寅 2	己卯 3	庚辰 4	辛巳 5	壬午 6	癸未 7	甲申 8	乙酉 9	丙戌 10	丁亥 11	戊子 12	己丑 13	庚寅 14	辛卯 15	壬辰 16	
九月大	癸酉	干支 天地 曆西	癸巳 17	甲午 18	乙未 19	丙申 20	丁酉 21	戊戌 22	己亥 23	庚子 24	辛丑 25	壬寅 26	癸卯 27	甲辰 28	乙巳 29	丙午 30	丁未 (10)	戊申 2	己酉 3	庚戌 4	辛亥 5	壬子 6	癸丑 7	甲寅 8	乙卯 9	丙辰 10	丁巳 11	戊午 12	己未 13	庚申 14	辛酉 15	壬戌 16	甲辰秋分
十月小	甲戌	干支 天地 曆西	癸亥 17	甲子 18	乙丑 19	丙寅 20	丁卯 21	戊辰 22	己巳 23	庚午 24	辛未 25	壬申 26	癸酉 27	甲戌 28	乙亥 29	丙子 30	丁丑 31	戊寅 (11)	己卯 2	庚辰 3	辛巳 4	壬午 5	癸未 6	甲申 7	乙酉 8	丙戌 9	丁亥 10	戊子 11	己丑 12	庚寅 13	辛卯 14		戊子立冬
十一月大	乙亥	干支 天地 曆西	壬辰 15	癸巳 16	甲午 17	乙未 18	丙申 19	丁酉 20	戊戌 21	己亥 22	庚子 23	辛丑 24	壬寅 25	癸卯 26	甲辰 27	乙巳 28	丙午 29	丁未 30	戊申 (12)	己酉 2	庚戌 3	辛亥 4	壬子 5	癸丑 6	甲寅 7	乙卯 8	丙辰 9	丁巳 10	戊午 11	己未 12	庚申 13	辛酉 14	
十二月小	丙子	干支 天地 曆西	壬戌 15	癸亥 16	甲子 17	乙丑 18	丙寅 19	丁卯 20	戊辰 21	己巳 22	庚午 23	辛未 24	壬申 25	癸酉 26	甲戌 27	乙亥 28	丙子 29	丁丑 30	戊寅 31	己卯 (1)	庚辰 2	辛巳 3	壬午 4	癸未 5	甲申 6	乙酉 7	丙戌 8	丁亥 9	戊子 10	己丑 11	庚寅 12		壬申冬至

朔閏異同	曆名	正月	二月	三月	四月	五月	六月	七月	八月	九月	十月	十一	十二	閏月
	周曆夏曆	丁卯乙丑	丙申乙未	丙寅乙丑	乙未甲午	乙丑甲子	甲午癸巳	甲子癸亥	癸巳壬辰	癸亥壬戌	壬辰辛卯	壬戌辛酉	辛卯庚寅	
	顓頊新曆	戊辰丙寅	丁酉乙未	丁卯乙丑	丙申甲午	丙寅甲子	丙申癸巳	乙丑癸亥	乙未癸巳	甲子癸亥	甲午壬辰	癸亥壬戌	癸巳辛卯	--- 壬戌

周顯王三十八年（庚寅 虎年） 公元前 331 ~ 前 330 年 歲在星紀

殷曆月序		中西曆日對照	初一	初二	初三	初四	初五	初六	初七	初八	初九	初十	十一	十二	十三	十四	十五	十六	十七	十八	十九	二十	二一	二二	二三	二四	二五	二六	二七	二八	二九	三十	節氣與天象
正月大	丁丑	天干地支西曆	辛卯13	壬辰14	癸巳15	甲午16	乙未17	丙申18	丁酉19	戊戌20	己亥21	庚子22	辛丑23	壬寅24	癸卯25	甲辰26	乙巳27	丙午28	丁未29	戊申30	己酉31	庚戌(2)	辛亥2	壬子3	癸丑4	甲寅5	乙卯6	丙辰7	丁巳8	戊午9	己未10	庚申11	丁巳立春
二月小	戊寅	天干地支西曆	辛酉12	壬戌13	癸亥14	甲子15	乙丑16	丙寅17	丁卯18	戊辰19	己巳20	庚午21	辛未22	壬申23	癸酉24	甲戌25	乙亥26	丙子27	丁丑28	戊寅(3)	己卯2	庚辰3	辛巳4	壬午5	癸未6	甲申7	乙酉8	丙戌9	丁亥10	戊子11	己丑12		
三月大	己卯	天干地支西曆	庚寅13	辛卯14	壬辰15	癸巳16	甲午17	乙未18	丙申19	丁酉20	戊戌21	己亥22	庚子23	辛丑24	壬寅25	癸卯26	甲辰27	乙巳28	丙午29	丁未30	戊申31	己酉(4)	庚戌2	辛亥3	壬子4	癸丑5	甲寅6	乙卯7	丙辰8	丁巳9	戊午10	己未11	癸卯春分
四月小	庚辰	天干地支西曆	庚申12	辛酉13	壬戌14	癸亥15	甲子16	乙丑17	丙寅18	丁卯19	戊辰20	己巳21	庚午22	辛未23	壬申24	癸酉25	甲戌26	乙亥27	丙子28	丁丑29	戊寅30	己卯(5)	庚辰2	辛巳3	壬午4	癸未5	甲申6	乙酉7	丙戌8	丁亥9	戊子10		
五月大	辛巳	天干地支西曆	己丑11	庚寅12	辛卯13	壬辰14	癸巳15	甲午16	乙未17	丙申18	丁酉19	戊戌20	己亥21	庚子22	辛丑23	壬寅24	癸卯25	甲辰26	乙巳27	丙午28	丁未29	戊申30	己酉31	庚戌(6)	辛亥2	壬子3	癸丑4	甲寅5	乙卯6	丙辰7	丁巳8	戊午9	己丑立夏
六月小	壬午	天干地支西曆	己未10	庚申11	辛酉12	壬戌13	癸亥14	甲子15	乙丑16	丙寅17	丁卯18	戊辰19	己巳20	庚午21	辛未22	壬申23	癸酉24	甲戌25	乙亥26	丙子27	丁丑28	戊寅29	己卯30	庚辰(7)	辛巳2	壬午3	癸未4	甲申5	乙酉6	丙戌7	丁亥8		丁丑夏至
七月大	癸未	天干地支西曆	戊子9	己丑10	庚寅11	辛卯12	壬辰13	癸巳14	甲午15	乙未16	丙申17	丁酉18	戊戌19	己亥20	庚子21	辛丑22	壬寅23	癸卯24	甲辰25	乙巳26	丙午27	丁未28	戊申29	己酉30	庚戌31	辛亥(8)	壬子2	癸丑3	甲寅4	乙卯5	丙辰6	丁巳7	
八月小	甲申	天干地支西曆	戊午8	己未9	庚申10	辛酉11	壬戌12	癸亥13	甲子14	乙丑15	丙寅16	丁卯17	戊辰18	己巳19	庚午20	辛未21	壬申22	癸酉23	甲戌24	乙亥25	丙子26	丁丑27	戊寅28	己卯29	庚辰30	辛巳31	壬午(9)	癸未2	甲申3	乙酉4	丙戌5		癸亥立秋
九月大	乙酉	天干地支西曆	丁亥6	戊子7	己丑8	庚寅9	辛卯10	壬辰11	癸巳12	甲午13	乙未14	丙申15	丁酉16	戊戌17	己亥18	庚子19	辛丑20	壬寅21	癸卯22	甲辰23	乙巳24	丙午25	丁未26	戊申27	己酉28	庚戌29	辛亥30	壬子(10)	癸丑2	甲寅3	乙卯4	丙辰5	己酉秋分
十月小	丙戌	天干地支西曆	丁巳6	戊午7	己未8	庚申9	辛酉10	壬戌11	癸亥12	甲子13	乙丑14	丙寅15	丁卯16	戊辰17	己巳18	庚午19	辛未20	壬申21	癸酉22	甲戌23	乙亥24	丙子25	丁丑26	戊寅27	己卯28	庚辰29	辛巳30	壬午31	癸未(11)	甲申2	乙酉3		
十一月大	丁亥	天干地支西曆	丙戌4	丁亥5	戊子6	己丑7	庚寅8	辛卯9	壬辰10	癸巳11	甲午12	乙未13	丙申14	丁酉15	戊戌16	己亥17	庚子18	辛丑19	壬寅20	癸卯21	甲辰22	乙巳23	丙午24	丁未25	戊申26	己酉27	庚戌28	辛亥29	壬子30	癸丑(12)	甲寅2	乙卯3	癸巳立冬
十二月大	戊子	天干地支西曆	丙辰4	丁巳5	戊午6	己未7	庚申8	辛酉9	壬戌10	癸亥11	甲子12	乙丑13	丙寅14	丁卯15	戊辰16	己巳17	庚午18	辛未19	壬申20	癸酉21	甲戌22	乙亥23	丙子24	丁丑25	戊寅26	己卯27	庚辰28	辛巳29	壬午30	癸未31	甲申(1)	乙酉2	丁丑冬至

朔閏異同	曆名	正月	二月	三月	四月	五月	六月	七月	八月	九月	十月	十一	十二	閏月
	周曆夏曆	辛酉庚申	庚寅己丑	庚申己未	己丑戊子	己未戊午	己丑丁亥	戊午丁巳	戊子丁亥	丁巳丙辰	丁亥丙戌	丙辰乙卯	丙戌乙酉	
	顓頊新曆	壬辰辛酉	辛酉庚寅	辛卯己未	庚申己丑	庚寅戊午	己未戊子	己丑丁巳	戊午丁亥	戊子丁巳	戊午丙戌	丁亥丙辰	丁巳丙戌	

周顯王三十九年（辛卯 兔年） 公元前330～前329年 歲在玄枵

殷曆月序		中西曆日對照	初一	初二	初三	初四	初五	初六	初七	初八	初九	初十	十一	十二	十三	十四	十五	十六	十七	十八	十九	二十	二一	二二	二三	二四	二五	二六	二七	二八	二九	三十	節氣與天象
正月小	己丑	天干地支西曆	丙戌3	丁亥4	戊子5	己丑6	庚寅7	辛卯8	壬辰9	癸巳10	甲午11	乙未12	丙申13	丁酉14	戊戌15	己亥16	庚子17	辛丑18	壬寅19	癸卯20	甲辰21	乙巳22	丙午23	丁未24	戊申25	己酉26	庚戌27	辛亥28	壬子29	癸丑30	甲寅31		
二月大	庚寅	天干地支西曆	乙卯(2)	丙辰2	丁巳3	戊午4	己未5	庚申6	辛酉7	壬戌8	癸亥9	甲子10	乙丑11	丙寅12	丁卯13	戊辰14	己巳15	庚午16	辛未17	壬申18	癸酉19	甲戌20	乙亥21	丙子22	丁丑23	戊寅24	己卯25	庚辰26	辛巳27	壬午28	癸未(3)	甲申2	壬戌立春
三月小	辛卯	天干地支西曆	乙酉3	丙戌4	丁亥5	戊子6	己丑7	庚寅8	辛卯9	壬辰10	癸巳11	甲午12	乙未13	丙申14	丁酉15	戊戌16	己亥17	庚子18	辛丑19	壬寅20	癸卯21	甲辰22	乙巳23	丙午24	丁未25	戊申26	己酉27	庚戌28	辛亥29	壬子30	癸丑31		戊申春分
四月大	壬辰	天干地支西曆	甲寅(4)	乙卯2	丙辰3	丁巳4	戊午5	己未6	庚申7	辛酉8	壬戌9	癸亥10	甲子11	乙丑12	丙寅13	丁卯14	戊辰15	己巳16	庚午17	辛未18	壬申19	癸酉20	甲戌21	乙亥22	丙子23	丁丑24	戊寅25	己卯26	庚辰27	辛巳28	壬午29	癸未30	
五月小	癸巳	天干地支西曆	甲申(5)	乙酉2	丙戌3	丁亥4	戊子5	己丑6	庚寅7	辛卯8	壬辰9	癸巳10	甲午11	乙未12	丙申13	丁酉14	戊戌15	己亥16	庚子17	辛丑18	壬寅19	癸卯20	甲辰21	乙巳22	丙午23	丁未24	戊申25	己酉26	庚戌27	辛亥28	壬子29		乙未立夏
六月大	甲午	天干地支西曆	癸丑30	甲寅31	乙卯(6)	丙辰2	丁巳3	戊午4	己未5	庚申6	辛酉7	壬戌8	癸亥9	甲子10	乙丑11	丙寅12	丁卯13	戊辰14	己巳15	庚午16	辛未17	壬申18	癸酉19	甲戌20	乙亥21	丙子22	丁丑23	戊寅24	己卯25	庚辰26	辛巳27	壬午28	壬午夏至
七月小	乙未	天干地支西曆	癸未29	甲申30	乙酉(7)	丙戌2	丁亥3	戊子4	己丑5	庚寅6	辛卯7	壬辰8	癸巳9	甲午10	乙未11	丙申12	丁酉13	戊戌14	己亥15	庚子16	辛丑17	壬寅18	癸卯19	甲辰20	乙巳21	丙午22	丁未23	戊申24	己酉25	庚戌26	辛亥27		
八月大	丙申	天干地支西曆	壬子28	癸丑29	甲寅30	乙卯31	丙辰(8)	丁巳2	戊午3	己未4	庚申5	辛酉6	壬戌7	癸亥8	甲子9	乙丑10	丙寅11	丁卯12	戊辰13	己巳14	庚午15	辛未16	壬申17	癸酉18	甲戌19	乙亥20	丙子21	丁丑22	戊寅23	己卯24	庚辰25	辛巳26	己巳立秋
閏八月小	丙申	天干地支西曆	壬午27	癸未28	甲申29	乙酉30	丙戌31	丁亥(9)	戊子2	己丑3	庚寅4	辛卯5	壬辰6	癸巳7	甲午8	乙未9	丙申10	丁酉11	戊戌12	己亥13	庚子14	辛丑15	壬寅16	癸卯17	甲辰18	乙巳19	丙午20	丁未21	戊申22	己酉23	庚戌24		
九月大	丁酉	天干地支西曆	辛亥25	壬子26	癸丑27	甲寅28	乙卯29	丙辰30	丁巳(10)	戊午2	己未3	庚申4	辛酉5	壬戌6	癸亥7	甲子8	乙丑9	丙寅10	丁卯11	戊辰12	己巳13	庚午14	辛未15	壬申16	癸酉17	甲戌18	乙亥19	丙子20	丁丑21	戊寅22	己卯23	庚辰24	甲寅秋分
十月小	戊戌	天干地支西曆	辛巳25	壬午26	癸未27	甲申28	乙酉29	丙戌30	丁亥31	戊子(11)	己丑2	庚寅3	辛卯4	壬辰5	癸巳6	甲午7	乙未8	丙申9	丁酉10	戊戌11	己亥12	庚子13	辛丑14	壬寅15	癸卯16	甲辰17	乙巳18	丙午19	丁未20	戊申21	己酉22		己亥立冬
十一月大	己亥	天干地支西曆	庚戌23	辛亥24	壬子25	癸丑26	甲寅27	乙卯28	丙辰29	丁巳30	戊午(12)	己未2	庚申3	辛酉4	壬戌5	癸亥6	甲子7	乙丑8	丙寅9	丁卯10	戊辰11	己巳12	庚午13	辛未14	壬申15	癸酉16	甲戌17	乙亥18	丙子19	丁丑20	戊寅21	己卯22	
十二月小	庚子	天干地支西曆	庚辰23	辛巳24	壬午25	癸未26	甲申27	乙酉28	丙戌29	丁亥30	戊子31	己丑(1)	庚寅2	辛卯3	壬辰4	癸巳5	甲午6	乙未7	丙申8	丁酉9	戊戌10	己亥11	庚子12	辛丑13	壬寅14	癸卯15	甲辰16	乙巳17	丙午18	丁未19	戊申20		癸未冬至

朔閏異同	曆名	正月	二月	三月	四月	五月	六月	七月	八月	九月	十月	十一	十二	閏月
	周曆夏曆	乙卯甲寅	乙酉甲申	甲寅癸丑	甲申---癸未	癸丑壬子	癸未壬午	壬子辛亥	壬午辛巳	---辛亥庚戌	辛巳庚辰	辛亥庚戌	庚辰己卯	庚戌己酉
	顓頊新曆	丙戌乙卯	丙辰乙酉	乙酉甲寅	乙卯---癸未	甲申癸丑	甲寅壬午	癸未辛亥	癸丑辛巳	壬午辛亥	壬子庚辰	辛巳庚戌	辛亥庚辰	---辛巳庚戌

周顯王四十年（壬辰 龍年） 公元前**329** ~ 前328年 歲在娵訾

殷曆月序		中西曆日對照	初一	初二	初三	初四	初五	初六	初七	初八	初九	初十	十一	十二	十三	十四	十五	十六	十七	十八	十九	二十	二一	二二	二三	二四	二五	二六	二七	二八	二九	三十	節氣與天象
正月大	辛丑	干支曆 天地西曆	己酉 21	庚戌 22	辛亥 23	壬子 24	癸丑 25	甲寅 26	乙卯 27	丙辰 28	丁巳 29	戊午 30	己未 31	庚申 (2)	辛酉 2	壬戌 3	癸亥 4	甲子 5	乙丑 6	丙寅 7	丁卯 8	戊辰 9	己巳 10	庚午 11	辛未 12	壬申 13	癸酉 14	甲戌 15	乙亥 16	丙子 17	丁丑 18	戊寅 19	丁卯立春
二月小	壬寅	干支曆 天地西曆	己卯 20	庚辰 21	辛巳 22	壬午 23	癸未 24	甲申 25	乙酉 26	丙戌 27	丁亥 28	戊子 29	己丑 (3)	庚寅 2	辛卯 3	壬辰 4	癸巳 5	甲午 6	乙未 7	丙申 8	丁酉 9	戊戌 10	己亥 11	庚子 12	辛丑 13	壬寅 14	癸卯 15	甲辰 16	乙巳 17	丙午 18	丁未 19		己卯日食
三月大	癸卯	干支曆 天地西曆	戊申 20	己酉 21	庚戌 22	辛亥 23	壬子 24	癸丑 25	甲寅 26	乙卯 27	丙辰 28	丁巳 29	戊午 30	己未 31	庚申 (4)	辛酉 2	壬戌 3	癸亥 4	甲子 5	乙丑 6	丙寅 7	丁卯 8	戊辰 9	己巳 10	庚午 11	辛未 12	壬申 13	癸酉 14	甲戌 15	乙亥 16	丙子 17	丁丑 18	癸丑春分
四月大	甲辰	干支曆 天地西曆	戊寅 19	己卯 20	庚辰 21	辛巳 22	壬午 23	癸未 24	甲申 25	乙酉 26	丙戌 27	丁亥 28	戊子 29	己丑 30	庚寅 (5)	辛卯 2	壬辰 3	癸巳 4	甲午 5	乙未 6	丙申 7	丁酉 8	戊戌 9	己亥 10	庚子 11	辛丑 12	壬寅 13	癸卯 14	甲辰 15	乙巳 16	丙午 17	丁未 18	庚子立夏
五月小	乙巳	干支曆 天地西曆	戊申 19	己酉 20	庚戌 21	辛亥 22	壬子 23	癸丑 24	甲寅 25	乙卯 26	丙辰 27	丁巳 28	戊午 29	己未 30	庚申 31	辛酉 (6)	壬戌 2	癸亥 3	甲子 4	乙丑 5	丙寅 6	丁卯 7	戊辰 8	己巳 9	庚午 10	辛未 11	壬申 12	癸酉 13	甲戌 14	乙亥 15	丙子 16		
六月大	丙午	干支曆 天地西曆	丁丑 17	戊寅 18	己卯 19	庚辰 20	辛巳 21	壬午 22	癸未 23	甲申 24	乙酉 25	丙戌 26	丁亥 27	戊子 28	己丑 29	庚寅 30	辛卯 (7)	壬辰 2	癸巳 3	甲午 4	乙未 5	丙申 6	丁酉 7	戊戌 8	己亥 9	庚子 10	辛丑 11	壬寅 12	癸卯 13	甲辰 14	乙巳 15	丙午 16	丁亥夏至
七月小	丁未	干支曆 天地西曆	丁未 17	戊申 18	己酉 19	庚戌 20	辛亥 21	壬子 22	癸丑 23	甲寅 24	乙卯 25	丙辰 26	丁巳 27	戊午 28	己未 29	庚申 30	辛酉 31	壬戌 (8)	癸亥 2	甲子 3	乙丑 4	丙寅 5	丁卯 6	戊辰 7	己巳 8	庚午 9	辛未 10	壬申 11	癸酉 12	甲戌 13	乙亥 14		甲戌立秋
八月大	戊申	干支曆 天地西曆	丙子 15	丁丑 16	戊寅 17	己卯 18	庚辰 19	辛巳 20	壬午 21	癸未 22	甲申 23	乙酉 24	丙戌 25	丁亥 26	戊子 27	己丑 28	庚寅 29	辛卯 30	壬辰 31	癸巳 (9)	甲午 2	乙未 3	丙申 4	丁酉 5	戊戌 6	己亥 7	庚子 8	辛丑 9	壬寅 10	癸卯 11	甲辰 12	乙巳 13	
九月小	己酉	干支曆 天地西曆	丙午 14	丁未 15	戊申 16	己酉 17	庚戌 18	辛亥 19	壬子 20	癸丑 21	甲寅 22	乙卯 23	丙辰 24	丁巳 25	戊午 26	己未 27	庚申 28	辛酉 29	壬戌 30	癸亥 (10)	甲子 2	乙丑 3	丙寅 4	丁卯 5	戊辰 6	己巳 7	庚午 8	辛未 9	壬申 10	癸酉 11	甲戌 12		己未秋分
十月大	庚戌	干支曆 天地西曆	乙亥 13	丙子 14	丁丑 15	戊寅 16	己卯 17	庚辰 18	辛巳 19	壬午 20	癸未 21	甲申 22	乙酉 23	丙戌 24	丁亥 25	戊子 26	己丑 27	庚寅 28	辛卯 29	壬辰 30	癸巳 31	甲午 (11)	乙未 2	丙申 3	丁酉 4	戊戌 5	己亥 6	庚子 7	辛丑 8	壬寅 9	癸卯 10	甲辰 11	甲辰立冬
十一月小	辛亥	干支曆 天地西曆	乙巳 12	丙午 13	丁未 14	戊申 15	己酉 16	庚戌 17	辛亥 18	壬子 19	癸丑 20	甲寅 21	乙卯 22	丙辰 23	丁巳 24	戊午 25	己未 26	庚申 27	辛酉 28	壬戌 29	癸亥 30	甲子 (12)	乙丑 2	丙寅 3	丁卯 4	戊辰 5	己巳 6	庚午 7	辛未 8	壬申 9	癸酉 10		
十二月大	壬子	干支曆 天地西曆	甲戌 11	乙亥 12	丙子 13	丁丑 14	戊寅 15	己卯 16	庚辰 17	辛巳 18	壬午 19	癸未 20	甲申 21	乙酉 22	丙戌 23	丁亥 24	戊子 25	己丑 26	庚寅 27	辛卯 28	壬辰 29	癸巳 30	甲午 31	乙未 (1)	丙申 2	丁酉 3	戊戌 4	己亥 5	庚子 6	辛丑 7	壬寅 8	癸卯 9	戊子冬至

朔閏異同	曆名	正月	二月	三月	四月	五月	六月	七月	八月	九月	十月	十一	十二	閏月	曆名	正月	二月	三月	四月	五月	六月	七月	八月	九月	十月	十一	十二	閏月
	周曆夏曆	己卯戊寅	己酉戊申	戊寅丁丑	戊申丁未	丁丑丙子	丁未丙午	丙子乙亥	丙午乙巳	乙亥甲戌	乙巳甲辰	甲戌癸酉	甲辰癸卯		顓頊新曆	庚戌己卯	庚辰己酉	己酉戊寅	己卯丁未	戊申丁丑	戊寅丙午	丁未乙亥	丁丑乙巳	丙午甲戌	丙子甲辰	乙巳甲戌	乙亥甲辰	

周顯王四十一年（癸巳 蛇年） 公元前328年 歲在降婁

殷曆月序		中西曆日對照	初一	初二	初三	初四	初五	初六	初七	初八	初九	初十	十一	十二	十三	十四	十五	十六	十七	十八	十九	二十	二一	二二	二三	二四	二五	二六	二七	二八	二九	三十	節氣與天象
正月小	癸丑	干支曆 天地西曆	甲辰 10	乙巳 11	丙午 12	丁未 13	戊申 14	己酉 15	庚戌 16	辛亥 17	壬子 18	癸丑 19	甲寅 20	乙卯 21	丙辰 22	丁巳 23	戊午 24	己未 25	庚申 26	辛酉 27	壬戌 28	癸亥 29	甲子 30	乙丑 31	丙寅 (2)	丁卯 2	戊辰 3	己巳 4	庚午 5	辛未 6	壬申 7		
二月大	甲寅	干支曆 天地西曆	癸酉 8	甲戌 9	乙亥 10	丙子 11	丁丑 12	戊寅 13	己卯 14	庚辰 15	辛巳 16	壬午 17	癸未 18	甲申 19	乙酉 20	丙戌 21	丁亥 22	戊子 23	己丑 24	庚寅 25	辛卯 26	壬辰 27	癸巳 28	甲午 (3)	乙未 2	丙申 3	丁酉 4	戊戌 5	己亥 6	庚子 7	辛丑 8	壬寅 9	癸酉立春
三月小	乙卯	干支曆 天地西曆	癸卯 10	甲辰 11	乙巳 12	丙午 13	丁未 14	戊申 15	己酉 16	庚戌 17	辛亥 18	壬子 19	癸丑 20	甲寅 21	乙卯 22	丙辰 23	丁巳 24	戊午 25	己未 26	庚申 27	辛酉 28	壬戌 29	癸亥 30	甲子 31	乙丑 (4)	丙寅 2	丁卯 3	戊辰 4	己巳 5	庚午 6	辛未 7		戊午春分
四月大	丙辰	干支曆 天地西曆	壬申 8	癸酉 9	甲戌 10	乙亥 11	丙子 12	丁丑 13	戊寅 14	己卯 15	庚辰 16	辛巳 17	壬午 18	癸未 19	甲申 20	乙酉 21	丙戌 22	丁亥 23	戊子 24	己丑 25	庚寅 26	辛卯 27	壬辰 28	癸巳 29	甲午 30	乙未 (5)	丙申 2	丁酉 3	戊戌 4	己亥 5	庚子 6	辛丑 7	
五月小	丁巳	干支曆 天地西曆	壬寅 8	癸卯 9	甲辰 10	乙巳 11	丙午 12	丁未 13	戊申 14	己酉 15	庚戌 16	辛亥 17	壬子 18	癸丑 19	甲寅 20	乙卯 21	丙辰 22	丁巳 23	戊午 24	己未 25	庚申 26	辛酉 27	壬戌 28	癸亥 29	甲子 30	乙丑 31	丙寅 (6)	丁卯 2	戊辰 3	己巳 4	庚午 5		乙巳立夏
六月大	戊午	干支曆 天地西曆	辛未 6	壬申 7	癸酉 8	甲戌 9	乙亥 10	丙子 11	丁丑 12	戊寅 13	己卯 14	庚辰 15	辛巳 16	壬午 17	癸未 18	甲申 19	乙酉 20	丙戌 21	丁亥 22	戊子 23	己丑 24	庚寅 25	辛卯 26	壬辰 27	癸巳 28	甲午 29	乙未 30	丙申 (7)	丁酉 2	戊戌 3	己亥 4	庚子 5	壬辰夏至
七月大	己未	干支曆 天地西曆	辛丑 6	壬寅 7	癸卯 8	甲辰 9	乙巳 10	丙午 11	丁未 12	戊申 13	己酉 14	庚戌 15	辛亥 16	壬子 17	癸丑 18	甲寅 19	乙卯 20	丙辰 21	丁巳 22	戊午 23	己未 24	庚申 25	辛酉 26	壬戌 27	癸亥 28	甲子 29	乙丑 30	丙寅 31	丁卯 (8)	戊辰 2	己巳 3	庚午 4	庚午日食
八月小	庚申	干支曆 天地西曆	辛未 5	壬申 6	癸酉 7	甲戌 8	乙亥 9	丙子 10	丁丑 11	戊寅 12	己卯 13	庚辰 14	辛巳 15	壬午 16	癸未 17	甲申 18	乙酉 19	丙戌 20	丁亥 21	戊子 22	己丑 23	庚寅 24	辛卯 25	壬辰 26	癸巳 27	甲午 28	乙未 29	丙申 30	丁酉 31	戊戌 (9)	己亥 2		己卯立秋
九月大	辛酉	干支曆 天地西曆	庚子 3	辛丑 4	壬寅 5	癸卯 6	甲辰 7	乙巳 8	丙午 9	丁未 10	戊申 11	己酉 12	庚戌 13	辛亥 14	壬子 15	癸丑 16	甲寅 17	乙卯 18	丙辰 19	丁巳 20	戊午 21	己未 22	庚申 23	辛酉 24	壬戌 25	癸亥 26	甲子 27	乙丑 28	丙寅 29	丁卯 30	戊辰 (10)	己巳 2	乙丑秋分
十月小	壬戌	干支曆 天地西曆	庚午 3	辛未 4	壬申 5	癸酉 6	甲戌 7	乙亥 8	丙子 9	丁丑 10	戊寅 11	己卯 12	庚辰 13	辛巳 14	壬午 15	癸未 16	甲申 17	乙酉 18	丙戌 19	丁亥 20	戊子 21	己丑 22	庚寅 23	辛卯 24	壬辰 25	癸巳 26	甲午 27	乙未 28	丙申 29	丁酉 30	戊戌 31		
十一月大	癸亥	干支曆 天地西曆	己亥 (11)	庚子 2	辛丑 3	壬寅 4	癸卯 5	甲辰 6	乙巳 7	丙午 8	丁未 9	戊申 10	己酉 11	庚戌 12	辛亥 13	壬子 14	癸丑 15	甲寅 16	乙卯 17	丙辰 18	丁巳 19	戊午 20	己未 21	庚申 22	辛酉 23	壬戌 24	癸亥 25	甲子 26	乙丑 27	丙寅 28	丁卯 29	戊辰 30	己酉立冬
十二月小	甲子	干支曆 天地西曆	己巳 (12)	庚午 2	辛未 3	壬申 4	癸酉 5	甲戌 6	乙亥 7	丙子 8	丁丑 9	戊寅 10	己卯 11	庚辰 12	辛巳 13	壬午 14	癸未 15	甲申 16	乙酉 17	丙戌 18	丁亥 19	戊子 20	己丑 21	庚寅 22	辛卯 23	壬辰 24	癸巳 25	甲午 26	乙未 27	丙申 28	丁酉 29		癸巳冬至

朔閏異同	曆名	正月	二月	三月	四月	五月	六月	七月	八月	九月	十月	十一	十二	閏月	曆名	正月	二月	三月	四月	五月	六月	七月	八月	九月	十月	十一	十二	閏月
	周曆 夏曆	甲戌 壬申	癸卯 壬寅	癸酉 壬申	壬寅 辛丑	壬申 辛未	辛丑 庚子	辛未 庚午	庚子 己亥	庚午 己巳	己亥 戊戌	己巳 戊辰	戊戌 丁酉	--- 丁卯	顓頊 新曆	甲辰 甲戌	甲戌 癸卯	癸卯 癸酉	癸酉 壬寅	癸卯 辛未	壬申 辛丑	壬寅 庚午	辛未 己亥	辛丑 己巳	庚午 --- 戊戌	庚子 戊辰	己巳 戊戌	戊辰

周顯王四十二年（甲午 馬年） 公元前328～前**327**～前326年 歲在大梁

殷曆月序		中西曆日對照	初一	初二	初三	初四	初五	初六	初七	初八	初九	初十	十一	十二	十三	十四	十五	十六	十七	十八	十九	二十	二一	二二	二三	二四	二五	二六	二七	二八	二九	三十	節氣與天象
正月大	乙丑	天干 地支 西曆	戊戌30	己亥31	庚子(1)	辛丑2	壬寅3	癸卯4	甲辰5	乙巳6	丙午7	丁未8	戊申9	己酉10	庚戌11	辛亥12	壬子13	癸丑14	甲寅15	乙卯16	丙辰17	丁巳18	戊午19	己未20	庚申21	辛酉22	壬戌23	癸亥24	甲子25	乙丑26	丙寅27	丁卯28	
二月小	丙寅	天干 地支 西曆	戊辰29	己巳30	庚午31	辛未(2)	壬申2	癸酉3	甲戌4	乙亥5	丙子6	丁丑7	戊寅8	己卯9	庚辰10	辛巳11	壬午12	癸未13	甲申14	乙酉15	丙戌16	丁亥17	戊子18	己丑19	庚寅20	辛卯21	壬辰22	癸巳23	甲午24	乙未25	丙申26		戊寅立春
三月大	丁卯	天干 地支 西曆	丁酉27	戊戌28	己亥(3)	庚子2	辛丑3	壬寅4	癸卯5	甲辰6	乙巳7	丙午8	丁未9	戊申10	己酉11	庚戌12	辛亥13	壬子14	癸丑15	甲寅16	乙卯17	丙辰18	丁巳19	戊午20	己未21	庚申22	辛酉23	壬戌24	癸亥25	甲子26	乙丑27	丙寅28	甲子春分
四月小	戊辰	天干 地支 西曆	丁卯29	戊辰30	己巳31	庚午(4)	辛未2	壬申3	癸酉4	甲戌5	乙亥6	丙子7	丁丑8	戊寅9	己卯10	庚辰11	辛巳12	壬午13	癸未14	甲申15	乙酉16	丙戌17	丁亥18	戊子19	己丑20	庚寅21	辛卯22	壬辰23	癸巳24	甲午25	乙未26		
閏四月大	戊辰	天干 地支 西曆	丙申27	丁酉28	戊戌29	己亥30	庚子(5)	辛丑2	壬寅3	癸卯4	甲辰5	乙巳6	丙午7	丁未8	戊申9	己酉10	庚戌11	辛亥12	壬子13	癸丑14	甲寅15	乙卯16	丙辰17	丁巳18	戊午19	己未20	庚申21	辛酉22	壬戌23	癸亥24	甲子25	乙丑26	庚戌立夏
五月小	己巳	天干 地支 西曆	丙寅27	丁卯28	戊辰29	己巳30	庚午31	辛未(6)	壬申2	癸酉3	甲戌4	乙亥5	丙子6	丁丑7	戊寅8	己卯9	庚辰10	辛巳11	壬午12	癸未13	甲申14	乙酉15	丙戌16	丁亥17	戊子18	己丑19	庚寅20	辛卯21	壬辰22	癸巳23	甲午24		
六月大	庚午	天干 地支 西曆	乙未25	丙申26	丁酉27	戊戌28	己亥29	庚子30	辛丑(7)	壬寅2	癸卯3	甲辰4	乙巳5	丙午6	丁未7	戊申8	己酉9	庚戌10	辛亥11	壬子12	癸丑13	甲寅14	乙卯15	丙辰16	丁巳17	戊午18	己未19	庚申20	辛酉21	壬戌22	癸亥23	甲子24	戊戌夏至
七月小	辛未	天干 地支 西曆	乙丑25	丙寅26	丁卯27	戊辰28	己巳29	庚午30	辛未31	壬申(8)	癸酉2	甲戌3	乙亥4	丙子5	丁丑6	戊寅7	己卯8	庚辰9	辛巳10	壬午11	癸未12	甲申13	乙酉14	丙戌15	丁亥16	戊子17	己丑18	庚寅19	辛卯20	壬辰21	癸巳22		甲申立秋
八月大	壬申	天干 地支 西曆	甲午23	乙未24	丙申25	丁酉26	戊戌27	己亥28	庚子29	辛丑30	壬寅31	癸卯(9)	甲辰2	乙巳3	丙午4	丁未5	戊申6	己酉7	庚戌8	辛亥9	壬子10	癸丑11	甲寅12	乙卯13	丙辰14	丁巳15	戊午16	己未17	庚申18	辛酉19	壬戌20	癸亥21	
九月小	癸酉	天干 地支 西曆	甲子22	乙丑23	丙寅24	丁卯25	戊辰26	己巳27	庚午28	辛未29	壬申30	癸酉(10)	甲戌2	乙亥3	丙子4	丁丑5	戊寅6	己卯7	庚辰8	辛巳9	壬午10	癸未11	甲申12	乙酉13	丙戌14	丁亥15	戊子16	己丑17	庚寅18	辛卯19	壬辰20		庚午秋分
十月大	甲戌	天干 地支 西曆	癸巳21	甲午22	乙未23	丙申24	丁酉25	戊戌26	己亥27	庚子28	辛丑29	壬寅30	癸卯31	甲辰(11)	乙巳2	丙午3	丁未4	戊申5	己酉6	庚戌7	辛亥8	壬子9	癸丑10	甲寅11	乙卯12	丙辰13	丁巳14	戊午15	己未16	庚申17	辛酉18	壬戌19	甲寅立冬
十一月大	乙亥	天干 地支 西曆	癸亥20	甲子21	乙丑22	丙寅23	丁卯24	戊辰25	己巳26	庚午27	辛未28	壬申29	癸酉30	甲戌(12)	乙亥2	丙子3	丁丑4	戊寅5	己卯6	庚辰7	辛巳8	壬午9	癸未10	甲申11	乙酉12	丙戌13	丁亥14	戊子15	己丑16	庚寅17	辛卯18	壬辰19	壬辰日食
十二月小	丙子	天干 地支 西曆	癸巳20	甲午21	乙未22	丙申23	丁酉24	戊戌25	己亥26	庚子27	辛丑28	壬寅29	癸卯30	甲辰31	乙巳(1)	丙午2	丁未3	戊申4	己酉5	庚戌6	辛亥7	壬子8	癸丑9	甲寅10	乙卯11	丙辰12	丁巳13	戊午14	己未15	庚申16	辛酉17		戊戌冬至

朔閏異同	曆名	正月	二月	三月	四月	五月	六月	七月	八月	九月	十月	十一	十二	閏月
	周曆夏曆	戊辰丙申	丁酉丙寅	丁卯乙未	丙申乙丑	丙寅甲午	---丙申甲子	乙丑甲午	乙未癸亥	甲子癸巳	甲午壬戌	癸亥壬辰	癸巳辛酉	壬戌
	顓頊新曆	己亥丁酉	戊辰丁卯	戊戌丙申	丁卯丙寅	丁酉乙未	丙寅乙丑	丙申甲午	乙丑癸亥	乙未癸巳	乙丑壬戌	甲午壬辰	甲子壬戌	---癸巳

周顯王四十三年（乙未 羊年） 公元前326～前325年 歲在實沈

殷曆月序		中西曆日對照	初一	初二	初三	初四	初五	初六	初七	初八	初九	初十	十一	十二	十三	十四	十五	十六	十七	十八	十九	二十	二一	二二	二三	二四	二五	二六	二七	二八	二九	三十	節氣與天象
正月大	丁丑	干支曆 天地西曆	壬戌18	癸亥19	甲子20	乙丑21	丙寅22	丁卯23	戊辰24	己巳25	庚午26	辛未27	壬申28	癸酉29	甲戌30	乙亥31	丙子(2)	丁丑2	戊寅3	己卯4	庚辰5	辛巳6	壬午7	癸未8	甲申9	乙酉10	丙戌11	丁亥12	戊子13	己丑14	庚寅15	辛卯16	癸未立春
二月小	戊寅	干支曆 天地西曆	壬辰17	癸巳18	甲午19	乙未20	丙申21	丁酉22	戊戌23	己亥24	庚子25	辛丑26	壬寅27	癸卯28	甲辰(3)	乙巳2	丙午3	丁未4	戊申5	己酉6	庚戌7	辛亥8	壬子9	癸丑10	甲寅11	乙卯12	丙辰13	丁巳14	戊午15	己未16	庚申17		
三月大	己卯	干支曆 天地西曆	辛酉18	壬戌19	癸亥20	甲子21	乙丑22	丙寅23	丁卯24	戊辰25	己巳26	庚午27	辛未28	壬申29	癸酉30	甲戌31	乙亥(4)	丙子2	丁丑3	戊寅4	己卯5	庚辰6	辛巳7	壬午8	癸未9	甲申10	乙酉11	丙戌12	丁亥13	戊子14	己丑15	庚寅16	己巳春分
四月小	庚辰	干支曆 天地西曆	辛卯17	壬辰18	癸巳19	甲午20	乙未21	丙申22	丁酉23	戊戌24	己亥25	庚子26	辛丑27	壬寅28	癸卯29	甲辰30	乙巳(5)	丙午2	丁未3	戊申4	己酉5	庚戌6	辛亥7	壬子8	癸丑9	甲寅10	乙卯11	丙辰12	丁巳13	戊午14	己未15		丙辰立夏
五月大	辛巳	干支曆 天地西曆	庚申16	辛酉17	壬戌18	癸亥19	甲子20	乙丑21	丙寅22	丁卯23	戊辰24	己巳25	庚午26	辛未27	壬申28	癸酉29	甲戌30	乙亥31	丙子(6)	丁丑2	戊寅3	己卯4	庚辰5	辛巳6	壬午7	癸未8	甲申9	乙酉10	丙戌11	丁亥12	戊子13	己丑14	
六月小	壬午	干支曆 天地西曆	庚寅15	辛卯16	壬辰17	癸巳18	甲午19	乙未20	丙申21	丁酉22	戊戌23	己亥24	庚子25	辛丑26	壬寅27	癸卯28	甲辰29	乙巳30	丙午(7)	丁未2	戊申3	己酉4	庚戌5	辛亥6	壬子7	癸丑8	甲寅9	乙卯10	丙辰11	丁巳12	戊午13		癸卯夏至
七月大	癸未	干支曆 天地西曆	己未14	庚申15	辛酉16	壬戌17	癸亥18	甲子19	乙丑20	丙寅21	丁卯22	戊辰23	己巳24	庚午25	辛未26	壬申27	癸酉28	甲戌29	乙亥30	丙子31	丁丑(8)	戊寅2	己卯3	庚辰4	辛巳5	壬午6	癸未7	甲申8	乙酉9	丙戌10	丁亥11	戊子12	
八月小	甲申	干支曆 天地西曆	己丑13	庚寅14	辛卯15	壬辰16	癸巳17	甲午18	乙未19	丙申20	丁酉21	戊戌22	己亥23	庚子24	辛丑25	壬寅26	癸卯27	甲辰28	乙巳29	丙午30	丁未31	戊申(9)	己酉2	庚戌3	辛亥4	壬子5	癸丑6	甲寅7	乙卯8	丙辰9	丁巳10		庚寅立秋
九月大	乙酉	干支曆 天地西曆	戊午11	己未12	庚申13	辛酉14	壬戌15	癸亥16	甲子17	乙丑18	丙寅19	丁卯20	戊辰21	己巳22	庚午23	辛未24	壬申25	癸酉26	甲戌27	乙亥28	丙子29	丁丑30	戊寅(10)	己卯2	庚辰3	辛巳4	壬午5	癸未6	甲申7	乙酉8	丙戌9	丁亥10	乙亥秋分
十月小	丙戌	干支曆 天地西曆	戊子11	己丑12	庚寅13	辛卯14	壬辰15	癸巳16	甲午17	乙未18	丙申19	丁酉20	戊戌21	己亥22	庚子23	辛丑24	壬寅25	癸卯26	甲辰27	乙巳28	丙午29	丁未30	戊申31	己酉(11)	庚戌2	辛亥3	壬子4	癸丑5	甲寅6	乙卯7	丙辰8		
十一月大	丁亥	干支曆 天地西曆	丁巳9	戊午10	己未11	庚申12	辛酉13	壬戌14	癸亥15	甲子16	乙丑17	丙寅18	丁卯19	戊辰20	己巳21	庚午22	辛未23	壬申24	癸酉25	甲戌26	乙亥27	丙子28	丁丑29	戊寅30	己卯(12)	庚辰2	辛巳3	壬午4	癸未5	甲申6	乙酉7	丙戌8	庚申立冬
十二月小	戊子	干支曆 天地西曆	丁亥9	戊子10	己丑11	庚寅12	辛卯13	壬辰14	癸巳15	甲午16	乙未17	丙申18	丁酉19	戊戌20	己亥21	庚子22	辛丑23	壬寅24	癸卯25	甲辰26	乙巳27	丙午28	丁未29	戊申30	己酉31	庚戌(1)	辛亥2	壬子3	癸丑4	甲寅5	乙卯6		甲辰冬至

朔閏異同	曆名	正月	二月	三月	四月	五月	六月	七月	八月	九月	十月	十一	十二	閏月	曆名	正月	二月	三月	四月	五月	六月	七月	八月	九月	十月	十一	十二	閏月
	周曆夏曆	壬辰辛卯	辛酉庚申	辛卯庚寅	庚申己未	庚寅己丑	己未戊午	己丑戊子	戊午丁巳	戊子丁亥	戊午丁巳	丁亥丙戌	丁巳丙辰		顓頊新曆	癸亥辛卯	壬辰辛酉	壬戌辛卯	辛卯庚申	辛酉庚寅	庚寅己未	庚申己丑	己丑戊午	己未丁亥	戊子丁巳	戊午丙戌	戊子丙辰	

周顯王四十四年（丙申 猴年） 公元前**325** ~前324年 歲在鶉首

殷曆月序		中西曆日對照	初一	初二	初三	初四	初五	初六	初七	初八	初九	初十	十一	十二	十三	十四	十五	十六	十七	十八	十九	二十	二一	二二	二三	二四	二五	二六	二七	二八	二九	三十	節氣與天象
正月大	己丑	天干 地支 西曆	丙辰7	丁巳8	戊午9	己未10	庚申11	辛酉12	壬戌13	癸亥14	甲子15	乙丑16	丙寅17	丁卯18	戊辰19	己巳20	庚午21	辛未22	壬申23	癸酉24	甲戌25	乙亥26	丙子27	丁丑28	戊寅29	己卯30	庚辰31	辛巳(2)	壬午2	癸未3	甲申4	乙酉5	
二月小	庚寅	天干 地支 西曆	丙戌6	丁亥7	戊子8	己丑9	庚寅10	辛卯11	壬辰12	癸巳13	甲午14	乙未15	丙申16	丁酉17	戊戌18	己亥19	庚子20	辛丑21	壬寅22	癸卯23	甲辰24	乙巳25	丙午26	丁未27	戊申28	己酉29	庚戌(3)	辛亥2	壬子3	癸丑4	甲寅5		戊子立春
三月大	辛卯	天干 地支 西曆	乙卯6	丙辰7	丁巳8	戊午9	己未10	庚申11	辛酉12	壬戌13	癸亥14	甲子15	乙丑16	丙寅17	丁卯18	戊辰19	己巳20	庚午21	辛未22	壬申23	癸酉24	甲戌25	乙亥26	丙子27	丁丑28	戊寅29	己卯30	庚辰31	辛巳(4)	壬午2	癸未3	甲申4	甲戌春分
四月大	壬辰	天干 地支 西曆	乙酉5	丙戌6	丁亥7	戊子8	己丑9	庚寅10	辛卯11	壬辰12	癸巳13	甲午14	乙未15	丙申16	丁酉17	戊戌18	己亥19	庚子20	辛丑21	壬寅22	癸卯23	甲辰24	乙巳25	丙午26	丁未27	戊申28	己酉29	庚戌30	辛亥(5)	壬子2	癸丑3	甲寅4	
五月小	癸巳	天干 地支 西曆	乙卯5	丙辰6	丁巳7	戊午8	己未9	庚申10	辛酉11	壬戌12	癸亥13	甲子14	乙丑15	丙寅16	丁卯17	戊辰18	己巳19	庚午20	辛未21	壬申22	癸酉23	甲戌24	乙亥25	丙子26	丁丑27	戊寅28	己卯29	庚辰30	辛巳31	壬午(6)	癸未2		辛酉立夏
六月大	甲午	天干 地支 西曆	甲申3	乙酉4	丙戌5	丁亥6	戊子7	己丑8	庚寅9	辛卯10	壬辰11	癸巳12	甲午13	乙未14	丙申15	丁酉16	戊戌17	己亥18	庚子19	辛丑20	壬寅21	癸卯22	甲辰23	乙巳24	丙午25	丁未26	戊申27	己酉28	庚戌29	辛亥30	壬子(7)	癸丑2	戊申夏至 甲申日食
七月小	乙未	天干 地支 西曆	甲寅3	乙卯4	丙辰5	丁巳6	戊午7	己未8	庚申9	辛酉10	壬戌11	癸亥12	甲子13	乙丑14	丙寅15	丁卯16	戊辰17	己巳18	庚午19	辛未20	壬申21	癸酉22	甲戌23	乙亥24	丙子25	丁丑26	戊寅27	己卯28	庚辰29	辛巳30	壬午31		
八月大	丙申	天干 地支 西曆	癸未(8)	甲申2	乙酉3	丙戌4	丁亥5	戊子6	己丑7	庚寅8	辛卯9	壬辰10	癸巳11	甲午12	乙未13	丙申14	丁酉15	戊戌16	己亥17	庚子18	辛丑19	壬寅20	癸卯21	甲辰22	乙巳23	丙午24	丁未25	戊申26	己酉27	庚戌28	辛亥29	壬子30	乙未立秋
九月小	丁酉	天干 地支 西曆	癸丑31	甲寅(9)	乙卯2	丙辰3	丁巳4	戊午5	己未6	庚申7	辛酉8	壬戌9	癸亥10	甲子11	乙丑12	丙寅13	丁卯14	戊辰15	己巳16	庚午17	辛未18	壬申19	癸酉20	甲戌21	乙亥22	丙子23	丁丑24	戊寅25	己卯26	庚辰27	辛巳28		庚辰秋分
十月大	戊戌	天干 地支 西曆	壬午29	癸未30	甲申(10)	乙酉2	丙戌3	丁亥4	戊子5	己丑6	庚寅7	辛卯8	壬辰9	癸巳10	甲午11	乙未12	丙申13	丁酉14	戊戌15	己亥16	庚子17	辛丑18	壬寅19	癸卯20	甲辰21	乙巳22	丙午23	丁未24	戊申25	己酉26	庚戌27	辛亥28	
十一月小	己亥	天干 地支 西曆	壬子29	癸丑30	甲寅31	乙卯(11)	丙辰2	丁巳3	戊午4	己未5	庚申6	辛酉7	壬戌8	癸亥9	甲子10	乙丑11	丙寅12	丁卯13	戊辰14	己巳15	庚午16	辛未17	壬申18	癸酉19	甲戌20	乙亥21	丙子22	丁丑23	戊寅24	己卯25	庚辰26		乙丑立冬
十二月大	庚子	天干 地支 西曆	辛巳27	壬午28	癸未29	甲申30	乙酉(12)	丙戌2	丁亥3	戊子4	己丑5	庚寅6	辛卯7	壬辰8	癸巳9	甲午10	乙未11	丙申12	丁酉13	戊戌14	己亥15	庚子16	辛丑17	壬寅18	癸卯19	甲辰20	乙巳21	丙午22	丁未23	戊申24	己酉25	庚戌26	己酉冬至
閏十二小	庚子	天干 地支 西曆	辛亥27	壬子28	癸丑29	甲寅30	乙卯31	丙辰(1)	丁巳2	戊午3	己未4	庚申5	辛酉6	壬戌7	癸亥8	甲子9	乙丑10	丙寅11	丁卯12	戊辰13	己巳14	庚午15	辛未16	壬申17	癸酉18	甲戌19	乙亥20	丙子21	丁丑22	戊寅23	己卯24		

朔閏異同	曆名	正月	二月	三月	四月	五月	六月	七月	八月	九月	十月	十一	十二	閏月		曆名	正月	二月	三月	四月	五月	六月	七月	八月	九月	十月	十一	十二	閏月
	周曆 夏曆	丙戌 乙酉	丙辰 乙卯	乙酉 甲申	乙卯 甲寅	甲申 癸未	甲寅 癸丑	癸未 壬午	癸丑 壬子	壬午 --- 辛巳	壬子 辛亥	辛巳 庚辰	辛亥 庚戌	己卯		顓頊 新曆	丁巳 乙酉	丁亥 乙卯	丙辰 乙酉	丙戌 甲寅	乙卯 甲申	乙酉 甲寅	甲寅 癸未	甲申 --- 癸丑	癸丑 壬午	癸未 辛亥	壬子 辛巳	壬午 庚戌	庚辰

周顯王四十五年（丁酉 鷄年） 公元前324 ~ 前323年 歲在鶉火

殷曆月序		西中日曆對照	初一	初二	初三	初四	初五	初六	初七	初八	初九	初十	十一	十二	十三	十四	十五	十六	十七	十八	十九	二十	二一	二二	二三	二四	二五	二六	二七	二八	二九	三十	節氣與天象
正月大	辛丑	天干地支西曆	庚辰25	辛巳26	壬午27	癸未28	甲申29	乙酉30	丙戌31	丁亥(2)	戊子2	己丑3	庚寅4	辛卯5	壬辰6	癸巳7	甲午8	乙未9	丙申10	丁酉11	戊戌12	己亥13	庚子14	辛丑15	壬寅16	癸卯17	甲辰18	乙巳19	丙午20	丁未21	戊申22	己酉23	癸巳立春
二月小	壬寅	天干地支西曆	庚戌24	辛亥25	壬子26	癸丑27	甲寅28	乙卯(3)	丙辰2	丁巳3	戊午4	己未5	庚申6	辛酉7	壬戌8	癸亥9	甲子10	乙丑11	丙寅12	丁卯13	戊辰14	己巳15	庚午16	辛未17	壬申18	癸酉19	甲戌20	乙亥21	丙子22	丁丑23	戊寅24		
三月大	癸卯	天干地支西曆	己卯25	庚辰26	辛巳27	壬午28	癸未29	甲申30	乙酉31	丙戌(4)	丁亥2	戊子3	己丑4	庚寅5	辛卯6	壬辰7	癸巳8	甲午9	乙未10	丙申11	丁酉12	戊戌13	己亥14	庚子15	辛丑16	壬寅17	癸卯18	甲辰19	乙巳20	丙午21	丁未22	戊申23	己卯春分
四月小	甲辰	天干地支西曆	己酉24	庚戌25	辛亥26	壬子27	癸丑28	甲寅29	乙卯30	丙辰(5)	丁巳2	戊午3	己未4	庚申5	辛酉6	壬戌7	癸亥8	甲子9	乙丑10	丙寅11	丁卯12	戊辰13	己巳14	庚午15	辛未16	壬申17	癸酉18	甲戌19	乙亥20	丙子21	丁丑22		丙寅立夏
五月大	乙巳	天干地支西曆	戊寅23	己卯24	庚辰25	辛巳26	壬午27	癸未28	甲申29	乙酉30	丙戌31	丁亥(6)	戊子2	己丑3	庚寅4	辛卯5	壬辰6	癸巳7	甲午8	乙未9	丙申10	丁酉11	戊戌12	己亥13	庚子14	辛丑15	壬寅16	癸卯17	甲辰18	乙巳19	丙午20	丁未21	戊寅日食
六月大	丙午	天干地支西曆	戊申22	己酉23	庚戌24	辛亥25	壬子26	癸丑27	甲寅28	乙卯29	丙辰30	丁巳(7)	戊午2	己未3	庚申4	辛酉5	壬戌6	癸亥7	甲子8	乙丑9	丙寅10	丁卯11	戊辰12	己巳13	庚午14	辛未15	壬申16	癸酉17	甲戌18	乙亥19	丙子20	丁丑21	癸丑夏至
七月小	丁未	天干地支西曆	戊寅22	己卯23	庚辰24	辛巳25	壬午26	癸未27	甲申28	乙酉29	丙戌30	丁亥31	戊子(8)	己丑2	庚寅3	辛卯4	壬辰5	癸巳6	甲午7	乙未8	丙申9	丁酉10	戊戌11	己亥12	庚子13	辛丑14	壬寅15	癸卯16	甲辰17	乙巳18	丙午19		庚子立秋
八月大	戊申	天干地支西曆	丁未20	戊申21	己酉22	庚戌23	辛亥24	壬子25	癸丑26	甲寅27	乙卯28	丙辰29	丁巳30	戊午31	己未(9)	庚申2	辛酉3	壬戌4	癸亥5	甲子6	乙丑7	丙寅8	丁卯9	戊辰10	己巳11	庚午12	辛未13	壬申14	癸酉15	甲戌16	乙亥17	丙子18	
九月小	己酉	天干地支西曆	丁丑19	戊寅20	己卯21	庚辰22	辛巳23	壬午24	癸未25	甲申26	乙酉27	丙戌28	丁亥29	戊子30	己丑(10)	庚寅2	辛卯3	壬辰4	癸巳5	甲午6	乙未7	丙申8	丁酉9	戊戌10	己亥11	庚子12	辛丑13	壬寅14	癸卯15	甲辰16	乙巳17		丙戌秋分
十月大	庚戌	天干地支西曆	丙午18	丁未19	戊申20	己酉21	庚戌22	辛亥23	壬子24	癸丑25	甲寅26	乙卯27	丙辰28	丁巳29	戊午30	己未31	庚申(11)	辛酉2	壬戌3	癸亥4	甲子5	乙丑6	丙寅7	丁卯8	戊辰9	己巳10	庚午11	辛未12	壬申13	癸酉14	甲戌15	乙亥16	庚午立冬
十一月小	辛亥	天干地支西曆	丙子17	丁丑18	戊寅19	己卯20	庚辰21	辛巳22	壬午23	癸未24	甲申25	乙酉26	丙戌27	丁亥28	戊子29	己丑30	庚寅(12)	辛卯2	壬辰3	癸巳4	甲午5	乙未6	丙申7	丁酉8	戊戌9	己亥10	庚子11	辛丑12	壬寅13	癸卯14	甲辰15		
十二月大	壬子	天干地支西曆	乙巳16	丙午17	丁未18	戊申19	己酉20	庚戌21	辛亥22	壬子23	癸丑24	甲寅25	乙卯26	丙辰27	丁巳28	戊午29	己未30	庚申31	辛酉(1)	壬戌2	癸亥3	甲子4	乙丑5	丙寅6	丁卯7	戊辰8	己巳9	庚午10	辛未11	壬申12	癸酉13	甲戌14	甲寅冬至

朔閏異同	曆名	正月	二月	三月	四月	五月	六月	七月	八月	九月	十月	十一	十二	閏月
	周曆夏曆	辛巳己酉	庚戌己卯	---庚辰戊申	己酉戊寅	己卯丁未	戊申丁丑	戊寅丙午	丁未丙子	丁丑乙巳	丙午乙亥	丙子甲辰	乙巳甲戌	乙亥
	顓頊新曆	辛亥己酉	辛巳己卯	庚戌戊申	庚辰戊寅	庚戌戊申	己卯丁丑	己酉丁未	戊寅丙子	戊申丙午	丁丑丙子	丁未乙巳	丙子甲戌	---丙午

周顯王四十六年（戊戌 狗年） 公元前323～前322年 歲在鶉尾

殷曆月序		中西曆日對照	殷曆日序																													節氣與天象
			初一	初二	初三	初四	初五	初六	初七	初八	初九	初十	十一	十二	十三	十四	十五	十六	十七	十八	十九	二十	二一	二二	二三	二四	二五	二六	二七	二八	二九	三十	
正月小	癸丑	天干 地支 西曆	乙亥15	丙子16	丁丑17	戊寅18	己卯19	庚辰20	辛巳21	壬午22	癸未23	甲申24	乙酉25	丙戌26	丁亥27	戊子28	己丑29	庚寅30	辛卯31	壬辰(2)	癸巳2	甲午3	乙未4	丙申5	丁酉6	戊戌7	己亥8	庚子9	辛丑10	壬寅11	癸卯12		己亥立春
二月大	甲寅	天干 地支 西曆	甲辰13	乙巳14	丙午15	丁未16	戊申17	己酉18	庚戌19	辛亥20	壬子21	癸丑22	甲寅23	乙卯24	丙辰25	丁巳26	戊午27	己未28	庚申(3)	辛酉2	壬戌3	癸亥4	甲子5	乙丑6	丙寅7	丁卯8	戊辰9	己巳10	庚午11	辛未12	壬申13	癸酉14	
三月小	乙卯	天干 地支 西曆	甲戌15	乙亥16	丙子17	丁丑18	戊寅19	己卯20	庚辰21	辛巳22	壬午23	癸未24	甲申25	乙酉26	丙戌27	丁亥28	戊子29	己丑30	庚寅31	辛卯(4)	壬辰2	癸巳3	甲午4	乙未5	丙申6	丁酉7	戊戌8	己亥9	庚子10	辛丑11	壬寅12		甲申春分
四月大	丙辰	天干 地支 西曆	癸卯13	甲辰14	乙巳15	丙午16	丁未17	戊申18	己酉19	庚戌20	辛亥21	壬子22	癸丑23	甲寅24	乙卯25	丙辰26	丁巳27	戊午28	己未29	庚申30	辛酉(5)	壬戌2	癸亥3	甲子4	乙丑5	丙寅6	丁卯7	戊辰8	己巳9	庚午10	辛未11	壬申12	辛未立夏
五月小	丁巳	天干 地支 西曆	癸酉13	甲戌14	乙亥15	丙子16	丁丑17	戊寅18	己卯19	庚辰20	辛巳21	壬午22	癸未23	甲申24	乙酉25	丙戌26	丁亥27	戊子28	己丑29	庚寅30	辛卯31	壬辰(6)	癸巳2	甲午3	乙未4	丙申5	丁酉6	戊戌7	己亥8	庚子9	辛丑10		
六月大	戊午	天干 地支 西曆	壬寅11	癸卯12	甲辰13	乙巳14	丙午15	丁未16	戊申17	己酉18	庚戌19	辛亥20	壬子21	癸丑22	甲寅23	乙卯24	丙辰25	丁巳26	戊午27	己未28	庚申29	辛酉30	壬戌(7)	癸亥2	甲子3	乙丑4	丙寅5	丁卯6	戊辰7	己巳8	庚午9	辛未10	己未夏至
七月小	己未	天干 地支 西曆	壬申11	癸酉12	甲戌13	乙亥14	丙子15	丁丑16	戊寅17	己卯18	庚辰19	辛巳20	壬午21	癸未22	甲申23	乙酉24	丙戌25	丁亥26	戊子27	己丑28	庚寅29	辛卯30	壬辰31	癸巳(8)	甲午2	乙未3	丙申4	丁酉5	戊戌6	己亥7	庚子8		
八月大	庚申	天干 地支 西曆	辛丑9	壬寅10	癸卯11	甲辰12	乙巳13	丙午14	丁未15	戊申16	己酉17	庚戌18	辛亥19	壬子20	癸丑21	甲寅22	乙卯23	丙辰24	丁巳25	戊午26	己未27	庚申28	辛酉29	壬戌30	癸亥31	甲子(9)	乙丑2	丙寅3	丁卯4	戊辰5	己巳6	庚午7	乙巳立秋
九月小	辛酉	天干 地支 西曆	辛未8	壬申9	癸酉10	甲戌11	乙亥12	丙子13	丁丑14	戊寅15	己卯16	庚辰17	辛巳18	壬午19	癸未20	甲申21	乙酉22	丙戌23	丁亥24	戊子25	己丑26	庚寅27	辛卯28	壬辰29	癸巳30	甲午(10)	乙未2	丙申3	丁酉4	戊戌5	己亥6		辛卯秋分
十月大	壬戌	天干 地支 西曆	庚子7	辛丑8	壬寅9	癸卯10	甲辰11	乙巳12	丙午13	丁未14	戊申15	己酉16	庚戌17	辛亥18	壬子19	癸丑20	甲寅21	乙卯22	丙辰23	丁巳24	戊午25	己未26	庚申27	辛酉28	壬戌29	癸亥30	甲子31	乙丑(11)	丙寅2	丁卯3	戊辰4	己巳5	
十一月大	癸亥	天干 地支 西曆	庚午6	辛未7	壬申8	癸酉9	甲戌10	乙亥11	丙子12	丁丑13	戊寅14	己卯15	庚辰16	辛巳17	壬午18	癸未19	甲申20	乙酉21	丙戌22	丁亥23	戊子24	己丑25	庚寅26	辛卯27	壬辰28	癸巳29	甲午30	乙未(12)	丙申2	丁酉3	戊戌4	己亥5	乙亥立冬
十二月小	甲子	天干 地支 西曆	庚子6	辛丑7	壬寅8	癸卯9	甲辰10	乙巳11	丙午12	丁未13	戊申14	己酉15	庚戌16	辛亥17	壬子18	癸丑19	甲寅20	乙卯21	丙辰22	丁巳23	戊午24	己未25	庚申26	辛酉27	壬戌28	癸亥29	甲子30	乙丑31	丙寅(1)	丁卯2	戊辰3		己未冬至

朔閏異同	曆名	正月	二月	三月	四月	五月	六月	七月	八月	九月	十月	十一	十二	閏月	曆名	正月	二月	三月	四月	五月	六月	七月	八月	九月	十月	十一	十二	閏月
	周曆夏曆	甲辰癸卯	甲戌癸酉	癸卯壬寅	癸酉壬申	癸卯壬寅	壬申辛未	壬寅辛丑	辛未庚午	辛丑庚子	庚午己巳	庚子己亥	己巳戊辰		顓頊新曆	乙亥甲辰	乙巳癸酉	甲戌癸卯	甲辰壬申	癸酉壬寅	癸卯辛未	癸酉辛丑	壬寅辛未	壬申庚子	辛丑庚午	辛未庚子	庚子己巳	

周顯王四十七年（己亥 猪年） 公元前322～前321年 歲在壽星

殷曆月序		中西曆日對照	初一	初二	初三	初四	初五	初六	初七	初八	初九	初十	十一	十二	十三	十四	十五	十六	十七	十八	十九	二十	二一	二二	二三	二四	二五	二六	二七	二八	二九	三十	節氣與天象
正月大	乙丑	干支天地西曆	己巳4	庚午5	辛未6	壬申7	癸酉8	甲戌9	乙亥10	丙子11	丁丑12	戊寅13	己卯14	庚辰15	辛巳16	壬午17	癸未18	甲申19	乙酉20	丙戌21	丁亥22	戊子23	己丑24	庚寅25	辛卯26	壬辰27	癸巳28	甲午29	乙未30	丙申31	丁酉(2)	戊戌2	
二月小	丙寅	干支天地西曆	己亥3	庚子4	辛丑5	壬寅6	癸卯7	甲辰8	乙巳9	丙午10	丁未11	戊申12	己酉13	庚戌14	辛亥15	壬子16	癸丑17	甲寅18	乙卯19	丙辰20	丁巳21	戊午22	己未23	庚申24	辛酉25	壬戌26	癸亥27	甲子28	乙丑(3)	丙寅2	丁卯3		甲辰立春
三月大	丁卯	干支天地西曆	戊辰4	己巳5	庚午6	辛未7	壬申8	癸酉9	甲戌10	乙亥11	丙子12	丁丑13	戊寅14	己卯15	庚辰16	辛巳17	壬午18	癸未19	甲申20	乙酉21	丙戌22	丁亥23	戊子24	己丑25	庚寅26	辛卯27	壬辰28	癸巳29	甲午30	乙未31	丙申(4)	丁酉2	庚寅春分 丁酉日食
四月小	戊辰	干支天地西曆	戊戌3	己亥4	庚子5	辛丑6	壬寅7	癸卯8	甲辰9	乙巳10	丙午11	丁未12	戊申13	己酉14	庚戌15	辛亥16	壬子17	癸丑18	甲寅19	乙卯20	丙辰21	丁巳22	戊午23	己未24	庚申25	辛酉26	壬戌27	癸亥28	甲子29	乙丑30	丙寅(5)		
五月大	己巳	干支天地西曆	丁卯2	戊辰3	己巳4	庚午5	辛未6	壬申7	癸酉8	甲戌9	乙亥10	丙子11	丁丑12	戊寅13	己卯14	庚辰15	辛巳16	壬午17	癸未18	甲申19	乙酉20	丙戌21	丁亥22	戊子23	己丑24	庚寅25	辛卯26	壬辰27	癸巳28	甲午29	乙未30	丙申31	丁丑立夏
六月小	庚午	干支天地西曆	丁酉(6)	戊戌2	己亥3	庚子4	辛丑5	壬寅6	癸卯7	甲辰8	乙巳9	丙午10	丁未11	戊申12	己酉13	庚戌14	辛亥15	壬子16	癸丑17	甲寅18	乙卯19	丙辰20	丁巳21	戊午22	己未23	庚申24	辛酉25	壬戌26	癸亥27	甲子28	乙丑29		甲子夏至
七月大	辛未	干支天地西曆	丙寅30	丁卯(7)	戊辰2	己巳3	庚午4	辛未5	壬申6	癸酉7	甲戌8	乙亥9	丙子10	丁丑11	戊寅12	己卯13	庚辰14	辛巳15	壬午16	癸未17	甲申18	乙酉19	丙戌20	丁亥21	戊子22	己丑23	庚寅24	辛卯25	壬辰26	癸巳27	甲午28	乙未29	
八月小	壬申	干支天地西曆	丙申30	丁酉31	戊戌(8)	己亥2	庚子3	辛丑4	壬寅5	癸卯6	甲辰7	乙巳8	丙午9	丁未10	戊申11	己酉12	庚戌13	辛亥14	壬子15	癸丑16	甲寅17	乙卯18	丙辰19	丁巳20	戊午21	己未22	庚申23	辛酉24	壬戌25	癸亥26	甲子27		辛亥立秋
九月大	癸酉	干支天地西曆	乙丑28	丙寅29	丁卯30	戊辰31	己巳(9)	庚午2	辛未3	壬申4	癸酉5	甲戌6	乙亥7	丙子8	丁丑9	戊寅10	己卯11	庚辰12	辛巳13	壬午14	癸未15	甲申16	乙酉17	丙戌18	丁亥19	戊子20	己丑21	庚寅22	辛卯23	壬辰24	癸巳25	甲午26	
閏九月小	癸酉	干支天地西曆	乙未27	丙申28	丁酉29	戊戌30	己亥(10)	庚子2	辛丑3	壬寅4	癸卯5	甲辰6	乙巳7	丙午8	丁未9	戊申10	己酉11	庚戌12	辛亥13	壬子14	癸丑15	甲寅16	乙卯17	丙辰18	丁巳19	戊午20	己未21	庚申22	辛酉23	壬戌24	癸亥25		丙申秋分
十月大	甲戌	干支天地西曆	甲子26	乙丑27	丙寅28	丁卯29	戊辰30	己巳31	庚午(11)	辛未2	壬申3	癸酉4	甲戌5	乙亥6	丙子7	丁丑8	戊寅9	己卯10	庚辰11	辛巳12	壬午13	癸未14	甲申15	乙酉16	丙戌17	丁亥18	戊子19	己丑20	庚寅21	辛卯22	壬辰23	癸巳24	庚辰立冬
十一月小	乙亥	干支天地西曆	甲午25	乙未26	丙申27	丁酉28	戊戌29	己亥30	庚子(12)	辛丑2	壬寅3	癸卯4	甲辰5	乙巳6	丙午7	丁未8	戊申9	己酉10	庚戌11	辛亥12	壬子13	癸丑14	甲寅15	乙卯16	丙辰17	丁巳18	戊午19	己未20	庚申21	辛酉22	壬戌23		
十二月大	丙子	干支天地西曆	癸亥24	甲子25	乙丑26	丙寅27	丁卯28	戊辰29	己巳30	庚午31	辛未(1)	壬申2	癸酉3	甲戌4	乙亥5	丙子6	丁丑7	戊寅8	己卯9	庚辰10	辛巳11	壬午12	癸未13	甲申14	乙酉15	丙戌16	丁亥17	戊子18	己丑19	庚寅20	辛卯21	壬辰22	乙丑冬至

朔閏異同	曆名	正月	二月	三月	四月	五月	六月	七月	八月	九月	十月	十一	十二	閏月
	周曆 夏曆	己亥 戊戌	戊辰 丁卯	戊戌 丁酉	丁卯 丙寅	丁酉 --- 丙申	丙寅 乙丑	丙申 乙未	丙寅 甲子	乙未 甲午	乙丑 甲子	甲午 癸巳	--- 甲子 癸亥	癸巳 壬辰
	顓頊新曆	庚午 戊戌	己亥 戊辰	己巳 丁酉	戊戌 丁卯	戊辰 --- 丙申	丁酉 乙丑	丁卯 乙未	丙申 乙丑	丙寅 甲午	乙未 甲子	乙丑 甲午	乙未 甲子	--- 甲子 癸巳

周顯王四十八年（庚子 鼠年） 公元前321 ~ 前320年 歲在大火

殷曆月序	中西曆日對照	殷曆日序																														節氣與天象
		初一	初二	初三	初四	初五	初六	初七	初八	初九	初十	十一	十二	十三	十四	十五	十六	十七	十八	十九	二十	二一	二二	二三	二四	二五	二六	二七	二八	二九	三十	
正月大 丁丑	天干地支 西曆	癸巳 23	甲午 24	乙未 25	丙申 26	丁酉 27	戊戌 28	己亥 29	庚子 30	辛丑 31	壬寅 (2)	癸卯 2	甲辰 3	乙巳 4	丙午 5	丁未 6	戊申 7	己酉 8	庚戌 9	辛亥 10	壬子 11	癸丑 12	甲寅 13	乙卯 14	丙辰 15	丁巳 16	戊午 17	己未 18	庚申 19	辛酉 20	壬戌 21	己酉立春
二月小 戊寅	天干地支 西曆	癸亥 22	甲子 23	乙丑 24	丙寅 25	丁卯 26	戊辰 27	己巳 28	庚午 29	辛未 (3)	壬申 2	癸酉 3	甲戌 4	乙亥 5	丙子 6	丁丑 7	戊寅 8	己卯 9	庚辰 10	辛巳 11	壬午 12	癸未 13	甲申 14	乙酉 15	丙戌 16	丁亥 17	戊子 18	己丑 19	庚寅 20	辛卯 21		
三月大 己卯	天干地支 西曆	壬辰 22	癸巳 23	甲午 24	乙未 25	丙申 26	丁酉 27	戊戌 28	己亥 29	庚子 30	辛丑 31	壬寅 (4)	癸卯 2	甲辰 3	乙巳 4	丙午 5	丁未 6	戊申 7	己酉 8	庚戌 9	辛亥 10	壬子 11	癸丑 12	甲寅 13	乙卯 14	丙辰 15	丁巳 16	戊午 17	己未 18	庚申 19	辛酉 20	乙未春分 壬辰日食
四月小 庚辰	天干地支 西曆	壬戌 21	癸亥 22	甲子 23	乙丑 24	丙寅 25	丁卯 26	戊辰 27	己巳 28	庚午 29	辛未 30	壬申 (5)	癸酉 2	甲戌 3	乙亥 4	丙子 5	丁丑 6	戊寅 7	己卯 8	庚辰 9	辛巳 10	壬午 11	癸未 12	甲申 13	乙酉 14	丙戌 15	丁亥 16	戊子 17	己丑 18	庚寅 19		壬午立夏
五月大 辛巳	天干地支 西曆	辛卯 20	壬辰 21	癸巳 22	甲午 23	乙未 24	丙申 25	丁酉 26	戊戌 27	己亥 28	庚子 29	辛丑 30	壬寅 31	癸卯 (6)	甲辰 2	乙巳 3	丙午 4	丁未 5	戊申 6	己酉 7	庚戌 8	辛亥 9	壬子 10	癸丑 11	甲寅 12	乙卯 13	丙辰 14	丁巳 15	戊午 16	己未 17	庚申 18	
六月小 壬午	天干地支 西曆	辛酉 19	壬戌 20	癸亥 21	甲子 22	乙丑 23	丙寅 24	丁卯 25	戊辰 26	己巳 27	庚午 28	辛未 29	壬申 30	癸酉 (7)	甲戌 2	乙亥 3	丙子 4	丁丑 5	戊寅 6	己卯 7	庚辰 8	辛巳 9	壬午 10	癸未 11	甲申 12	乙酉 13	丙戌 14	丁亥 15	戊子 16	己丑 17		己巳夏至
七月大 癸未	天干地支 西曆	庚寅 18	辛卯 19	壬辰 20	癸巳 21	甲午 22	乙未 23	丙申 24	丁酉 25	戊戌 26	己亥 27	庚子 28	辛丑 29	壬寅 30	癸卯 31	甲辰 (8)	乙巳 2	丙午 3	丁未 4	戊申 5	己酉 6	庚戌 7	辛亥 8	壬子 9	癸丑 10	甲寅 11	乙卯 12	丙辰 13	丁巳 14	戊午 15	己未 16	丙辰立秋
八月小 甲申	天干地支 西曆	庚申 17	辛酉 18	壬戌 19	癸亥 20	甲子 21	乙丑 22	丙寅 23	丁卯 24	戊辰 25	己巳 26	庚午 27	辛未 28	壬申 29	癸酉 30	甲戌 31	乙亥 (9)	丙子 2	丁丑 3	戊寅 4	己卯 5	庚辰 6	辛巳 7	壬午 8	癸未 9	甲申 10	乙酉 11	丙戌 12	丁亥 13	戊子 14		
九月大 乙酉	天干地支 西曆	己丑 15	庚寅 16	辛卯 17	壬辰 18	癸巳 19	甲午 20	乙未 21	丙申 22	丁酉 23	戊戌 24	己亥 25	庚子 26	辛丑 27	壬寅 28	癸卯 29	甲辰 30	乙巳 (10)	丙午 2	丁未 3	戊申 4	己酉 5	庚戌 6	辛亥 7	壬子 8	癸丑 9	甲寅 10	乙卯 11	丙辰 12	丁巳 13	戊午 14	辛丑秋分
十月小 丙戌	天干地支 西曆	己未 15	庚申 16	辛酉 17	壬戌 18	癸亥 19	甲子 20	乙丑 21	丙寅 22	丁卯 23	戊辰 24	己巳 25	庚午 26	辛未 27	壬申 28	癸酉 29	甲戌 30	乙亥 31	丙子 (11)	丁丑 2	戊寅 3	己卯 4	庚辰 5	辛巳 6	壬午 7	癸未 8	甲申 9	乙酉 10	丙戌 11	丁亥 12		丙戌立冬
十一月大 丁亥	天干地支 西曆	戊子 13	己丑 14	庚寅 15	辛卯 16	壬辰 17	癸巳 18	甲午 19	乙未 20	丙申 21	丁酉 22	戊戌 23	己亥 24	庚子 25	辛丑 26	壬寅 27	癸卯 28	甲辰 29	乙巳 30	丙午 (12)	丁未 2	戊申 3	己酉 4	庚戌 5	辛亥 6	壬子 7	癸丑 8	甲寅 9	乙卯 10	丙辰 11	丁巳 12	
十二月小 戊子	天干地支 西曆	戊午 13	己未 14	庚申 15	辛酉 16	壬戌 17	癸亥 18	甲子 19	乙丑 20	丙寅 21	丁卯 22	戊辰 23	己巳 24	庚午 25	辛未 26	壬申 27	癸酉 28	甲戌 29	乙亥 30	丙子 31	丁丑 (1)	戊寅 2	己卯 3	庚辰 4	辛巳 5	壬午 6	癸未 7	甲申 8	乙酉 9	丙戌 10		庚午冬至

朔閏異同	曆名	正月	二月	三月	四月	五月	六月	七月	八月	九月	十月	十一	十二	閏月		曆名	正月	二月	三月	四月	五月	六月	七月	八月	九月	十月	十一	十二	閏月
	周曆夏曆	癸亥壬戌	壬辰辛卯	壬戌辛酉	辛卯庚寅	辛酉庚申	庚寅己丑	庚申己未	己丑戊子	己未戊午	戊子丁亥	戊午丁巳	戊子丙戌			顓頊新曆	甲午癸亥	癸亥壬辰	癸巳辛酉	壬戌辛卯	壬辰庚申	辛酉己丑	辛卯己未	庚申戊子	庚寅戊午	己未戊子	己丑戊午	戊午癸亥	

周慎靚王元年（辛丑 牛年） 公元前320年 歲在析木

殷曆月序		中西曆日對照	初一	初二	初三	初四	初五	初六	初七	初八	初九	初十	十一	十二	十三	十四	十五	十六	十七	十八	十九	二十	二一	二二	二三	二四	二五	二六	二七	二八	二九	三十	節氣與天象
正月大	己丑	天干 地支 西曆	丁亥 11	戊子 12	己丑 13	庚寅 14	辛卯 15	壬辰 16	癸巳 17	甲午 18	乙未 19	丙申 20	丁酉 21	戊戌 22	己亥 23	庚子 24	辛丑 25	壬寅 26	癸卯 27	甲辰 28	乙巳 29	丙午 30	丁未 31	戊申 (2)	己酉 2	庚戌 3	辛亥 4	壬子 5	癸丑 6	甲寅 7	乙卯 8	丙辰 9	甲寅立春
二月小	庚寅	天干 地支 西曆	丁巳 10	戊午 11	己未 12	庚申 13	辛酉 14	壬戌 15	癸亥 16	甲子 17	乙丑 18	丙寅 19	丁卯 20	戊辰 21	己巳 22	庚午 23	辛未 24	壬申 25	癸酉 26	甲戌 27	乙亥 28	丙子 (3)	丁丑 2	戊寅 3	己卯 4	庚辰 5	辛巳 6	壬午 7	癸未 8	甲申 9	乙酉 10		
三月大	辛卯	天干 地支 西曆	丙戌 11	丁亥 12	戊子 13	己丑 14	庚寅 15	辛卯 16	壬辰 17	癸巳 18	甲午 19	乙未 20	丙申 21	丁酉 22	戊戌 23	己亥 24	庚子 25	辛丑 26	壬寅 27	癸卯 28	甲辰 29	乙巳 30	丙午 31	丁未 (4)	戊申 2	己酉 3	庚戌 4	辛亥 5	壬子 6	癸丑 7	甲寅 8	乙卯 9	庚子春分
四月小	壬辰	天干 地支 西曆	丙辰 10	丁巳 11	戊午 12	己未 13	庚申 14	辛酉 15	壬戌 16	癸亥 17	甲子 18	乙丑 19	丙寅 20	丁卯 21	戊辰 22	己巳 23	庚午 24	辛未 25	壬申 26	癸酉 27	甲戌 28	乙亥 29	丙子 30	丁丑 (5)	戊寅 2	己卯 3	庚辰 4	辛巳 5	壬午 6	癸未 7	甲申 8		
五月大	癸巳	天干 地支 西曆	乙酉 9	丙戌 10	丁亥 11	戊子 12	己丑 13	庚寅 14	辛卯 15	壬辰 16	癸巳 17	甲午 18	乙未 19	丙申 20	丁酉 21	戊戌 22	己亥 23	庚子 24	辛丑 25	壬寅 26	癸卯 27	甲辰 28	乙巳 29	丙午 30	丁未 31	戊申 (6)	己酉 2	庚戌 3	辛亥 4	壬子 5	癸丑 6	甲寅 7	丁亥立夏
六月大	甲午	天干 地支 西曆	乙卯 8	丙辰 9	丁巳 10	戊午 11	己未 12	庚申 13	辛酉 14	壬戌 15	癸亥 16	甲子 17	乙丑 18	丙寅 19	丁卯 20	戊辰 21	己巳 22	庚午 23	辛未 24	壬申 25	癸酉 26	甲戌 27	乙亥 28	丙子 29	丁丑 30	戊寅 (7)	己卯 2	庚辰 3	辛巳 4	壬午 5	癸未 6	甲申 7	甲戌夏至
七月小	乙未	天干 地支 西曆	乙酉 8	丙戌 9	丁亥 10	戊子 11	己丑 12	庚寅 13	辛卯 14	壬辰 15	癸巳 16	甲午 17	乙未 18	丙申 19	丁酉 20	戊戌 21	己亥 22	庚子 23	辛丑 24	壬寅 25	癸卯 26	甲辰 27	乙巳 28	丙午 29	丁未 30	戊申 31	己酉 (8)	庚戌 2	辛亥 3	壬子 4	癸丑 5		
八月大	丙申	天干 地支 西曆	甲寅 6	乙卯 7	丙辰 8	丁巳 9	戊午 10	己未 11	庚申 12	辛酉 13	壬戌 14	癸亥 15	甲子 16	乙丑 17	丙寅 18	丁卯 19	戊辰 20	己巳 21	庚午 22	辛未 23	壬申 24	癸酉 25	甲戌 26	乙亥 27	丙子 28	丁丑 29	戊寅 30	己卯 31	庚辰 (9)	辛巳 2	壬午 3	癸未 4	辛酉立秋
九月小	丁酉	天干 地支 西曆	甲申 5	乙酉 6	丙戌 7	丁亥 8	戊子 9	己丑 10	庚寅 11	辛卯 12	壬辰 13	癸巳 14	甲午 15	乙未 16	丙申 17	丁酉 18	戊戌 19	己亥 20	庚子 21	辛丑 22	壬寅 23	癸卯 24	甲辰 25	乙巳 26	丙午 27	丁未 28	戊申 29	己酉 30	庚戌 (10)	辛亥 2	壬子 3		丁未秋分
十月大	戊戌	天干 地支 西曆	癸丑 4	甲寅 5	乙卯 6	丙辰 7	丁巳 8	戊午 9	己未 10	庚申 11	辛酉 12	壬戌 13	癸亥 14	甲子 15	乙丑 16	丙寅 17	丁卯 18	戊辰 19	己巳 20	庚午 21	辛未 22	壬申 23	癸酉 24	甲戌 25	乙亥 26	丙子 27	丁丑 28	戊寅 29	己卯 30	庚辰 31	辛巳 (11)	壬午 2	
十一月小	己亥	天干 地支 西曆	癸未 3	甲申 4	乙酉 5	丙戌 6	丁亥 7	戊子 8	己丑 9	庚寅 10	辛卯 11	壬辰 12	癸巳 13	甲午 14	乙未 15	丙申 16	丁酉 17	戊戌 18	己亥 19	庚子 20	辛丑 21	壬寅 22	癸卯 23	甲辰 24	乙巳 25	丙午 26	丁未 27	戊申 28	己酉 29	庚戌 30	辛亥 (12)		辛卯立冬
十二月大	庚子	天干 地支 西曆	壬子 2	癸丑 3	甲寅 4	乙卯 5	丙辰 6	丁巳 7	戊午 8	己未 9	庚申 10	辛酉 11	壬戌 12	癸亥 13	甲子 14	乙丑 15	丙寅 16	丁卯 17	戊辰 18	己巳 19	庚午 20	辛未 21	壬申 22	癸酉 23	甲戌 24	乙亥 25	丙子 26	丁丑 27	戊寅 28	己卯 29	庚辰 30	辛巳 31	乙亥冬至

朔閏異同	曆名	正月	二月	三月	四月	五月	六月	七月	八月	九月	十月	十一	十二	閏月
	周曆夏曆	丁巳丙辰	丁亥丙戌	丙辰乙卯	丙戌乙酉	乙卯甲寅	乙酉甲申	甲寅癸丑	甲申癸未	癸丑壬子	癸未壬未	壬子辛亥	壬午辛巳	
	顓頊新曆	戊子丁巳	丁巳丁亥	丁亥丙辰	丁巳乙酉	丙戌乙卯	丙辰甲申	乙酉癸丑	乙卯癸未	甲申壬子	甲寅壬午	癸未壬子	癸丑壬午	

周慎靚王二年（壬寅 虎年） 公元前319～前318年 歲在星紀

殷曆月序		中西曆日對照	初一	初二	初三	初四	初五	初六	初七	初八	初九	初十	十一	十二	十三	十四	十五	十六	十七	十八	十九	二十	二一	二二	二三	二四	二五	二六	二七	二八	二九	三十	節氣與天象
正月小	辛丑	天干地支 西曆	壬午(1)	癸未2	甲申3	乙酉4	丙戌5	丁亥6	戊子7	己丑8	庚寅9	辛卯10	壬辰11	癸巳12	甲午13	乙未14	丙申15	丁酉16	戊戌17	己亥18	庚子19	辛丑20	壬寅21	癸卯22	甲辰23	乙巳24	丙午25	丁未26	戊申27	己酉28	庚戌29		
二月大	壬寅	天干地支 西曆	辛亥30	壬子31	癸丑(2)	甲寅2	乙卯3	丙辰4	丁巳5	戊午6	己未7	庚申8	辛酉9	壬戌10	癸亥11	甲子12	乙丑13	丙寅14	丁卯15	戊辰16	己巳17	庚午18	辛未19	壬申20	癸酉21	甲戌22	乙亥23	丙子24	丁丑25	戊寅26	己卯27	庚辰28	庚申立春
三月小	癸卯	天干地支 西曆	辛巳(3)	壬午2	癸未3	甲申4	乙酉5	丙戌6	丁亥7	戊子8	己丑9	庚寅10	辛卯11	壬辰12	癸巳13	甲午14	乙未15	丙申16	丁酉17	戊戌18	己亥19	庚子20	辛丑21	壬寅22	癸卯23	甲辰24	乙巳25	丙午26	丁未27	戊申28	己酉29		乙巳春分
四月大	甲辰	天干地支 西曆	庚戌30	辛亥31	壬子(4)	癸丑2	甲寅3	乙卯4	丙辰5	丁巳6	戊午7	己未8	庚申9	辛酉10	壬戌11	癸亥12	甲子13	乙丑14	丙寅15	丁卯16	戊辰17	己巳18	庚午19	辛未20	壬申21	癸酉22	甲戌23	乙亥24	丙子25	丁丑26	戊寅27	己卯28	
五月小	乙巳	天干地支 西曆	庚辰29	辛巳30	壬午(5)	癸未2	甲申3	乙酉4	丙戌5	丁亥6	戊子7	己丑8	庚寅9	辛卯10	壬辰11	癸巳12	甲午13	乙未14	丙申15	丁酉16	戊戌17	己亥18	庚子19	辛丑20	壬寅21	癸卯22	甲辰23	乙巳24	丙午25	丁未26	戊申27		壬辰立夏
六月大	丙午	天干地支 西曆	己酉28	庚戌29	辛亥30	壬子31	癸丑(6)	甲寅2	乙卯3	丙辰4	丁巳5	戊午6	己未7	庚申8	辛酉9	壬戌10	癸亥11	甲子12	乙丑13	丙寅14	丁卯15	戊辰16	己巳17	庚午18	辛未19	壬申20	癸酉21	甲戌22	乙亥23	丙子24	丁丑25	戊寅26	
閏六月小	丙午	天干地支 西曆	己卯27	庚辰28	辛巳29	壬午30	癸未(7)	甲申2	乙酉3	丙戌4	丁亥5	戊子6	己丑7	庚寅8	辛卯9	壬辰10	癸巳11	甲午12	乙未13	丙申14	丁酉15	戊戌16	己亥17	庚子18	辛丑19	壬寅20	癸卯21	甲辰22	乙巳23	丙午24	丁未25		庚辰夏至
七月大	丁未	天干地支 西曆	戊申26	己酉27	庚戌28	辛亥29	壬子30	癸丑31	甲寅(8)	乙卯2	丙辰3	丁巳4	戊午5	己未6	庚申7	辛酉8	壬戌9	癸亥10	甲子11	乙丑12	丙寅13	丁卯14	戊辰15	己巳16	庚午17	辛未18	壬申19	癸酉20	甲戌21	乙亥22	丙子23	丁丑24	丙寅立秋
八月小	戊申	天干地支 西曆	戊寅25	己卯26	庚辰27	辛巳28	壬午29	癸未30	甲申31	乙酉(9)	丙戌2	丁亥3	戊子4	己丑5	庚寅6	辛卯7	壬辰8	癸巳9	甲午10	乙未11	丙申12	丁酉13	戊戌14	己亥15	庚子16	辛丑17	壬寅18	癸卯19	甲辰20	乙巳21	丙午22		
九月大	己酉	天干地支 西曆	丁未23	戊申24	己酉25	庚戌26	辛亥27	壬子28	癸丑29	甲寅30	乙卯(10)	丙辰2	丁巳3	戊午4	己未5	庚申6	辛酉7	壬戌8	癸亥9	甲子10	乙丑11	丙寅12	丁卯13	戊辰14	己巳15	庚午16	辛未17	壬申18	癸酉19	甲戌20	乙亥21	丙子22	壬子秋分
十月大	庚戌	天干地支 西曆	丁丑23	戊寅24	己卯25	庚辰26	辛巳27	壬午28	癸未29	甲申30	乙酉31	丙戌(11)	丁亥2	戊子3	己丑4	庚寅5	辛卯6	壬辰7	癸巳8	甲午9	乙未10	丙申11	丁酉12	戊戌13	己亥14	庚子15	辛丑16	壬寅17	癸卯18	甲辰19	乙巳20	丙午21	丙申立冬
十一月小	辛亥	天干地支 西曆	丁未22	戊申23	己酉24	庚戌25	辛亥26	壬子27	癸丑28	甲寅29	乙卯30	丙辰(12)	丁巳2	戊午3	己未4	庚申5	辛酉6	壬戌7	癸亥8	甲子9	乙丑10	丙寅11	丁卯12	戊辰13	己巳14	庚午15	辛未16	壬申17	癸酉18	甲戌19	乙亥20		
十二月大	壬子	天干地支 西曆	丙子21	丁丑22	戊寅23	己卯24	庚辰25	辛巳26	壬午27	癸未28	甲申29	乙酉30	丙戌31	丁亥(1)	戊子2	己丑3	庚寅4	辛卯5	壬辰6	癸巳7	甲午8	乙未9	丙申10	丁酉11	戊戌12	己亥13	庚子14	辛丑15	壬寅16	癸卯17	甲辰18	乙巳19	庚辰冬至

朔閏異同	曆名	正月	二月	三月	四月	五月	六月	七月	八月	九月	十月	十一	十二	閏月		曆名	正月	二月	三月	四月	五月	六月	七月	八月	九月	十月	十一	十二	閏月
	周曆夏曆	辛亥庚戌	辛巳---庚辰	庚戌己酉	庚辰己卯	庚戌己酉	己卯戊寅	己酉戊申	---戊寅丁丑	戊申丁未	丁丑丙子	丁未丙午	丙子乙亥	丙午乙巳		顓頊新曆	壬午---辛亥	壬子辛巳	辛巳辛亥	辛亥庚辰	庚辰己酉	庚戌己卯	庚辰戊申	己酉丁丑	己卯丁未	戊申丙子	戊寅丙午	丁未丙子	---丁丑乙巳

周慎靚王三年（癸卯 兔年） 公元前318～前317年 歲在玄枵

殷曆月序		中西曆日對照	初一	初二	初三	初四	初五	初六	初七	初八	初九	初十	十一	十二	十三	十四	十五	十六	十七	十八	十九	二十	二一	二二	二三	二四	二五	二六	二七	二八	二九	三十	節氣與天象
正月小	癸丑	天干地支西曆	丙午20	丁未21	戊申22	己酉23	庚戌24	辛亥25	壬子26	癸丑27	甲寅28	乙卯29	丙辰30	丁巳31	戊午(2)	己未2	庚申3	辛酉4	壬戌5	癸亥6	甲子7	乙丑8	丙寅9	丁卯10	戊辰11	己巳12	庚午13	辛未14	壬申15	癸酉16	甲戌17		乙丑立春
二月大	甲寅	天干地支西曆	乙亥18	丙子19	丁丑20	戊寅21	己卯22	庚辰23	辛巳24	壬午25	癸未26	甲申27	乙酉28	丙戌(3)	丁亥2	戊子3	己丑4	庚寅5	辛卯6	壬辰7	癸巳8	甲午9	乙未10	丙申11	丁酉12	戊戌13	己亥14	庚子15	辛丑16	壬寅17	癸卯18	甲辰19	
三月小	乙卯	天干地支西曆	乙巳20	丙午21	丁未22	戊申23	己酉24	庚戌25	辛亥26	壬子27	癸丑28	甲寅29	乙卯30	丙辰31	丁巳(4)	戊午2	己未3	庚申4	辛酉5	壬戌6	癸亥7	甲子8	乙丑9	丙寅10	丁卯11	戊辰12	己巳13	庚午14	辛未15	壬申16	癸酉17		辛亥春分
四月大	丙辰	天干地支西曆	甲戌18	乙亥19	丙子20	丁丑21	戊寅22	己卯23	庚辰24	辛巳25	壬午26	癸未27	甲申28	乙酉29	丙戌30	丁亥(5)	戊子2	己丑3	庚寅4	辛卯5	壬辰6	癸巳7	甲午8	乙未9	丙申10	丁酉11	戊戌12	己亥13	庚子14	辛丑15	壬寅16	癸卯17	戊戌立夏
五月小	丁巳	天干地支西曆	甲辰18	乙巳19	丙午20	丁未21	戊申22	己酉23	庚戌24	辛亥25	壬子26	癸丑27	甲寅28	乙卯29	丙辰30	丁巳31	戊午(6)	己未2	庚申3	辛酉4	壬戌5	癸亥6	甲子7	乙丑8	丙寅9	丁卯10	戊辰11	己巳12	庚午13	辛未14	壬申15		
六月大	戊午	天干地支西曆	癸酉16	甲戌17	乙亥18	丙子19	丁丑20	戊寅21	己卯22	庚辰23	辛巳24	壬午25	癸未26	甲申27	乙酉28	丙戌29	丁亥30	戊子(7)	己丑2	庚寅3	辛卯4	壬辰5	癸巳6	甲午7	乙未8	丙申9	丁酉10	戊戌11	己亥12	庚子13	辛丑14	壬寅15	乙酉夏至
七月小	己未	天干地支西曆	癸卯16	甲辰17	乙巳18	丙午19	丁未20	戊申21	己酉22	庚戌23	辛亥24	壬子25	癸丑26	甲寅27	乙卯28	丙辰29	丁巳30	戊午31	己未(8)	庚申2	辛酉3	壬戌4	癸亥5	甲子6	乙丑7	丙寅8	丁卯9	戊辰10	己巳11	庚午12	辛未13		辛未立秋
八月大	庚申	天干地支西曆	壬申14	癸酉15	甲戌16	乙亥17	丙子18	丁丑19	戊寅20	己卯21	庚辰22	辛巳23	壬午24	癸未25	甲申26	乙酉27	丙戌28	丁亥29	戊子30	己丑31	庚寅(9)	辛卯2	壬辰3	癸巳4	甲午5	乙未6	丙申7	丁酉8	戊戌9	己亥10	庚子11	辛丑12	
九月小	辛酉	天干地支西曆	壬寅13	癸卯14	甲辰15	乙巳16	丙午17	丁未18	戊申19	己酉20	庚戌21	辛亥22	壬子23	癸丑24	甲寅25	乙卯26	丙辰27	丁巳28	戊午29	己未30	庚申(10)	辛酉2	壬戌3	癸亥4	甲子5	乙丑6	丙寅7	丁卯8	戊辰9	己巳10	庚午11		丁巳秋分
十月大	壬戌	天干地支西曆	辛未12	壬申13	癸酉14	甲戌15	乙亥16	丙子17	丁丑18	戊寅19	己卯20	庚辰21	辛巳22	壬午23	癸未24	甲申25	乙酉26	丙戌27	丁亥28	戊子29	己丑30	庚寅31	辛卯(11)	壬辰2	癸巳3	甲午4	乙未5	丙申6	丁酉7	戊戌8	己亥9	庚子10	
十一月小	癸亥	天干地支西曆	辛丑11	壬寅12	癸卯13	甲辰14	乙巳15	丙午16	丁未17	戊申18	己酉19	庚戌20	辛亥21	壬子22	癸丑23	甲寅24	乙卯25	丙辰26	丁巳27	戊午28	己未29	庚申30	辛酉(12)	壬戌2	癸亥3	甲子4	乙丑5	丙寅6	丁卯7	戊辰8	己巳9		辛丑立冬
十二月大	甲子	天干地支西曆	庚午10	辛未11	壬申12	癸酉13	甲戌14	乙亥15	丙子16	丁丑17	戊寅18	己卯19	庚辰20	辛巳21	壬午22	癸未23	甲申24	乙酉25	丙戌26	丁亥27	戊子28	己丑29	庚寅30	辛卯31	壬辰(1)	癸巳2	甲午3	乙未4	丙申5	丁酉6	戊戌7	己亥8	丙戌冬至

朔閏異同	曆名	正月	二月	三月	四月	五月	六月	七月	八月	九月	十月	十一	十二	閏月
	周曆夏曆	乙亥甲戌	乙巳甲辰	甲戌癸酉	甲辰癸卯	癸酉壬申	癸卯壬寅	癸酉辛未	壬寅辛丑	壬申辛未	辛丑庚子	辛未庚午	庚子己亥	
	顓頊新曆	丙午乙亥	丙子乙巳	乙巳甲戌	乙亥甲辰	甲辰癸酉	甲戌癸卯	癸卯壬申	癸酉辛丑	壬寅辛未	壬申庚子	壬寅庚午	辛未己亥	

周慎靚王四年（甲辰 龍年） 公元前 317 年 歲在娵訾

殷曆月序		中西曆對照	初一	初二	初三	初四	初五	初六	初七	初八	初九	初十	十一	十二	十三	十四	十五	十六	十七	十八	十九	二十	二一	二二	二三	二四	二五	二六	二七	二八	二九	三十	節氣與天象
正月大	乙丑	干支 天地 西曆	庚子 9	辛丑 10	壬寅 11	癸卯 12	甲辰 13	乙巳 14	丙午 15	丁未 16	戊申 17	己酉 18	庚戌 19	辛亥 20	壬子 21	癸丑 22	甲寅 23	乙卯 24	丙辰 25	丁巳 26	戊午 27	己未 28	庚申 29	辛酉 30	壬戌 31	癸亥 (2)	甲子 2	乙丑 3	丙寅 4	丁卯 5	戊辰 6	己巳 7	
二月小	丙寅	干支 天地 西曆	庚午 8	辛未 9	壬申 10	癸酉 11	甲戌 12	乙亥 13	丙子 14	丁丑 15	戊寅 16	己卯 17	庚辰 18	辛巳 19	壬午 20	癸未 21	甲申 22	乙酉 23	丙戌 24	丁亥 25	戊子 26	己丑 27	庚寅 28	辛卯 29	壬辰 (3)	癸巳 2	甲午 3	乙未 4	丙申 5	丁酉 6	戊戌 7		庚午立春
三月大	丁卯	干支 天地 西曆	己亥 8	庚子 9	辛丑 10	壬寅 11	癸卯 12	甲辰 13	乙巳 14	丙午 15	丁未 16	戊申 17	己酉 18	庚戌 19	辛亥 20	壬子 21	癸丑 22	甲寅 23	乙卯 24	丙辰 25	丁巳 26	戊午 27	己未 28	庚申 29	辛酉 30	壬戌 31	癸亥 (4)	甲子 2	乙丑 3	丙寅 4	丁卯 5	戊辰 6	丙辰春分
四月小	戊辰	干支 天地 西曆	己巳 7	庚午 8	辛未 9	壬申 10	癸酉 11	甲戌 12	乙亥 13	丙子 14	丁丑 15	戊寅 16	己卯 17	庚辰 18	辛巳 19	壬午 20	癸未 21	甲申 22	乙酉 23	丙戌 24	丁亥 25	戊子 26	己丑 27	庚寅 28	辛卯 29	壬辰 30	癸巳 (5)	甲午 2	乙未 3	丙申 4	丁酉 5		
五月大	己巳	干支 天地 西曆	戊戌 6	己亥 7	庚子 8	辛丑 9	壬寅 10	癸卯 11	甲辰 12	乙巳 13	丙午 14	丁未 15	戊申 16	己酉 17	庚戌 18	辛亥 19	壬子 20	癸丑 21	甲寅 22	乙卯 23	丙辰 24	丁巳 25	戊午 26	己未 27	庚申 28	辛酉 29	壬戌 30	癸亥 31	甲子 (6)	乙丑 2	丙寅 3	丁卯 4	癸卯立夏
六月小	庚午	干支 天地 西曆	戊辰 5	己巳 6	庚午 7	辛未 8	壬申 9	癸酉 10	甲戌 11	乙亥 12	丙子 13	丁丑 14	戊寅 15	己卯 16	庚辰 17	辛巳 18	壬午 19	癸未 20	甲申 21	乙酉 22	丙戌 23	丁亥 24	戊子 25	己丑 26	庚寅 27	辛卯 28	壬辰 29	癸巳 30	甲午 (7)	乙未 2	丙申 3		庚寅夏至
七月大	辛未	干支 天地 西曆	丁酉 4	戊戌 5	己亥 6	庚子 7	辛丑 8	壬寅 9	癸卯 10	甲辰 11	乙巳 12	丙午 13	丁未 14	戊申 15	己酉 16	庚戌 17	辛亥 18	壬子 19	癸丑 20	甲寅 21	乙卯 22	丙辰 23	丁巳 24	戊午 25	己未 26	庚申 27	辛酉 28	壬戌 29	癸亥 30	甲子 31	乙丑 (8)	丙寅 2	
八月小	壬申	干支 天地 西曆	丁卯 3	戊辰 4	己巳 5	庚午 6	辛未 7	壬申 8	癸酉 9	甲戌 10	乙亥 11	丙子 12	丁丑 13	戊寅 14	己卯 15	庚辰 16	辛巳 17	壬午 18	癸未 19	甲申 20	乙酉 21	丙戌 22	丁亥 23	戊子 24	己丑 25	庚寅 26	辛卯 27	壬辰 28	癸巳 29	甲午 30	乙未 31		丁丑立秋
九月大	癸酉	干支 天地 西曆	丙申 (9)	丁酉 2	戊戌 3	己亥 4	庚子 5	辛丑 6	壬寅 7	癸卯 8	甲辰 9	乙巳 10	丙午 11	丁未 12	戊申 13	己酉 14	庚戌 15	辛亥 16	壬子 17	癸丑 18	甲寅 19	乙卯 20	丙辰 21	丁巳 22	戊午 23	己未 24	庚申 25	辛酉 26	壬戌 27	癸亥 28	甲子 29	乙丑 30	壬戌秋分
十月小	甲戌	干支 天地 西曆	丙寅 (10)	丁卯 2	戊辰 3	己巳 4	庚午 5	辛未 6	壬申 7	癸酉 8	甲戌 9	乙亥 10	丙子 11	丁丑 12	戊寅 13	己卯 14	庚辰 15	辛巳 16	壬午 17	癸未 18	甲申 19	乙酉 20	丙戌 21	丁亥 22	戊子 23	己丑 24	庚寅 25	辛卯 26	壬辰 27	癸巳 28	甲午 29		
十一月大	乙亥	干支 天地 西曆	乙未 30	丙申 31	丁酉 (11)	戊戌 2	己亥 3	庚子 4	辛丑 5	壬寅 6	癸卯 7	甲辰 8	乙巳 9	丙午 10	丁未 11	戊申 12	己酉 13	庚戌 14	辛亥 15	壬子 16	癸丑 17	甲寅 18	乙卯 19	丙辰 20	丁巳 21	戊午 22	己未 23	庚申 24	辛酉 25	壬戌 26	癸亥 27	甲子 28	丁未立冬
十二月小	丙子	干支 天地 西曆	乙丑 29	丙寅 30	丁卯 (12)	戊辰 2	己巳 3	庚午 4	辛未 5	壬申 6	癸酉 7	甲戌 8	乙亥 9	丙子 10	丁丑 11	戊寅 12	己卯 13	庚辰 14	辛巳 15	壬午 16	癸未 17	甲申 18	乙酉 19	丙戌 20	丁亥 21	戊子 22	己丑 23	庚寅 24	辛卯 25	壬辰 26	癸巳 27		辛卯冬至

朔閏異同	曆名	正月	二月	三月	四月	五月	六月	七月	八月	九月	十月	十一	十二	閏月	曆名	正月	二月	三月	四月	五月	六月	七月	八月	九月	十月	十一	十二	閏月
	周曆夏曆	庚午己巳	己亥戊戌	己巳戊辰	戊戌丁酉	戊辰丁卯	丁酉丙申	丁卯丙寅	丙申乙未	丙寅乙丑	乙未甲午	乙丑┅甲子	乙未甲午	癸亥	顓頊新曆	辛丑己巳	庚午己亥	庚子己巳	己巳戊戌	己亥戊辰	戊辰丁酉	戊戌丁卯	丁卯丙申	丁酉┅乙丑	丙寅乙未	丙申甲子	乙丑甲午	癸亥

周慎靚王五年（乙巳 蛇年） 公元前 317 ~前 **316** ~ 前 315 年 歲在降婁

殷曆月序		中西曆日對照	初一	初二	初三	初四	初五	初六	初七	初八	初九	初十	十一	十二	十三	十四	十五	十六	十七	十八	十九	二十	二一	二二	二三	二四	二五	二六	二七	二八	二九	三十	節氣與天象
正月大	丁丑	天干地支西曆	甲午28	乙未29	丙申30	丁酉31	戊戌(1)	己亥2	庚子3	辛丑4	壬寅5	癸卯6	甲辰7	乙巳8	丙午9	丁未10	戊申11	己酉12	庚戌13	辛亥14	壬子15	癸丑16	甲寅17	乙卯18	丙辰19	丁巳20	戊午21	己未22	庚申23	辛酉24	壬戌25	癸亥26	
二月小	戊寅	天干地支西曆	甲子27	乙丑28	丙寅29	丁卯30	戊辰31	己巳(2)	庚午2	辛未3	壬申4	癸酉5	甲戌6	乙亥7	丙子8	丁丑9	戊寅10	己卯11	庚辰12	辛巳13	壬午14	癸未15	甲申16	乙酉17	丙戌18	丁亥19	戊子20	己丑21	庚寅22	辛卯23	壬辰24		乙亥立春
閏二月大	戊寅	天干地支西曆	癸巳25	甲午26	乙未27	丙申28	丁酉(3)	戊戌2	己亥3	庚子4	辛丑5	壬寅6	癸卯7	甲辰8	乙巳9	丙午10	丁未11	戊申12	己酉13	庚戌14	辛亥15	壬子16	癸丑17	甲寅18	乙卯19	丙辰20	丁巳21	戊午22	己未23	庚申24	辛酉25	壬戌26	辛酉春分
三月小	己卯	天干地支西曆	癸亥27	甲子28	乙丑29	丙寅30	丁卯31	戊辰(4)	己巳2	庚午3	辛未4	壬申5	癸酉6	甲戌7	乙亥8	丙子9	丁丑10	戊寅11	己卯12	庚辰13	辛巳14	壬午15	癸未16	甲申17	乙酉18	丙戌19	丁亥20	戊子21	己丑22	庚寅23	辛卯24		
四月大	庚辰	天干地支西曆	壬辰25	癸巳26	甲午27	乙未28	丙申29	丁酉30	戊戌(5)	己亥2	庚子3	辛丑4	壬寅5	癸卯6	甲辰7	乙巳8	丙午9	丁未10	戊申11	己酉12	庚戌13	辛亥14	壬子15	癸丑16	甲寅17	乙卯18	丙辰19	丁巳20	戊午21	己未22	庚申23	辛酉24	戊申立夏
五月大	辛巳	天干地支西曆	壬戌25	癸亥26	甲子27	乙丑28	丙寅29	丁卯30	戊辰31	己巳(6)	庚午2	辛未3	壬申4	癸酉5	甲戌6	乙亥7	丙子8	丁丑9	戊寅10	己卯11	庚辰12	辛巳13	壬午14	癸未15	甲申16	乙酉17	丙戌18	丁亥19	戊子20	己丑21	庚寅22	辛卯23	
六月小	壬午	天干地支西曆	壬辰24	癸巳25	甲午26	乙未27	丙申28	丁酉29	戊戌30	己亥(7)	庚子2	辛丑3	壬寅4	癸卯5	甲辰6	乙巳7	丙午8	丁未9	戊申10	己酉11	庚戌12	辛亥13	壬子14	癸丑15	甲寅16	乙卯17	丙辰18	丁巳19	戊午20	己未21	庚申22		乙未夏至
七月大	癸未	天干地支西曆	辛酉23	壬戌24	癸亥25	甲子26	乙丑27	丙寅28	丁卯29	戊辰30	己巳31	庚午(8)	辛未2	壬申3	癸酉4	甲戌5	乙亥6	丙子7	丁丑8	戊寅9	己卯10	庚辰11	辛巳12	壬午13	癸未14	甲申15	乙酉16	丙戌17	丁亥18	戊子19	己丑20	庚寅21	壬午立秋
八月小	甲申	天干地支西曆	辛卯22	壬辰23	癸巳24	甲午25	乙未26	丙申27	丁酉28	戊戌29	己亥30	庚子31	辛丑(9)	壬寅2	癸卯3	甲辰4	乙巳5	丙午6	丁未7	戊申8	己酉9	庚戌10	辛亥11	壬子12	癸丑13	甲寅14	乙卯15	丙辰16	丁巳17	戊午18	己未19		
九月大	乙酉	天干地支西曆	庚申20	辛酉21	壬戌22	癸亥23	甲子24	乙丑25	丙寅26	丁卯27	戊辰28	己巳29	庚午30	辛未(10)	壬申2	癸酉3	甲戌4	乙亥5	丙子6	丁丑7	戊寅8	己卯9	庚辰10	辛巳11	壬午12	癸未13	甲申14	乙酉15	丙戌16	丁亥17	戊子18	己丑19	丁卯秋分
十月小	丙戌	天干地支西曆	庚寅20	辛卯21	壬辰22	癸巳23	甲午24	乙未25	丙申26	丁酉27	戊戌28	己亥29	庚子30	辛丑31	壬寅(11)	癸卯2	甲辰3	乙巳4	丙午5	丁未6	戊申7	己酉8	庚戌9	辛亥10	壬子11	癸丑12	甲寅13	乙卯14	丙辰15	丁巳16	戊午17		壬子立冬
十一月大	丁亥	天干地支西曆	己未18	庚申19	辛酉20	壬戌21	癸亥22	甲子23	乙丑24	丙寅25	丁卯26	戊辰27	己巳28	庚午29	辛未30	壬申(12)	癸酉2	甲戌3	乙亥4	丙子5	丁丑6	戊寅7	己卯8	庚辰9	辛巳10	壬午11	癸未12	甲申13	乙酉14	丙戌15	丁亥16	戊子17	
十二月小	戊子	天干地支西曆	己丑18	庚寅19	辛卯20	壬辰21	癸巳22	甲午23	乙未24	丙申25	丁酉26	戊戌27	己亥28	庚子29	辛丑30	壬寅31	癸卯(1)	甲辰2	乙巳3	丙午4	丁未5	戊申6	己酉7	庚戌8	辛亥9	壬子10	癸丑11	甲寅12	乙卯13	丙辰14	丁巳15		丙申冬至

朔閏異同	曆名	正月	二月	三月	四月	五月	六月	七月	八月	九月	十月	十一	十二	閏月		曆名	正月	二月	三月	四月	五月	六月	七月	八月	九月	十月	十一	十二	閏月
	周曆夏曆	甲子癸巳	甲午壬戌	癸亥壬辰	---癸巳辛酉	壬戌辛卯	壬辰庚申	辛酉庚寅	辛卯己未	庚申己丑	庚寅戊午	己未戊子	己丑丁巳	戊午		顓頊新曆	乙未癸巳	乙丑癸亥	甲午壬辰	甲子壬戌	癸巳辛卯	癸亥辛酉	壬辰庚寅	壬戌庚申	辛卯己丑	辛酉己未	庚寅戊子	庚申戊午	---己丑

周慎靚王六年（丙午 馬年） 公元前 315 ~ 前 314 年 歲在大梁

殷曆月序		西日照 中曆對	初一	初二	初三	初四	初五	初六	初七	初八	初九	初十	十一	十二	十三	十四	十五	十六	十七	十八	十九	二十	二一	二二	二三	二四	二五	二六	二七	二八	二九	三十	節氣與天象
正月大	己丑	干支曆 天地西	戊午 16	己未 17	庚申 18	辛酉 19	壬戌 20	癸亥 21	甲子 22	乙丑 23	丙寅 24	丁卯 25	戊辰 26	己巳 27	庚午 28	辛未 29	壬申 30	癸酉 31	甲戌 (2)	乙亥 2	丙子 3	丁丑 4	戊寅 5	己卯 6	庚辰 7	辛巳 8	壬午 9	癸未 10	甲申 11	乙酉 12	丙戌 13	丁亥 14	辛巳立春
二月小	庚寅	干支曆 天地西	戊子 15	己丑 16	庚寅 17	辛卯 18	壬辰 19	癸巳 20	甲午 21	乙未 22	丙申 23	丁酉 24	戊戌 25	己亥 26	庚子 27	辛丑 28	壬寅 (3)	癸卯 2	甲辰 3	乙巳 4	丙午 5	丁未 6	戊申 7	己酉 8	庚戌 9	辛亥 10	壬子 11	癸丑 12	甲寅 13	乙卯 14	丙辰 15		
三月大	辛卯	干支曆 天地西	丁巳 16	戊午 17	己未 18	庚申 19	辛酉 20	壬戌 21	癸亥 22	甲子 23	乙丑 24	丙寅 25	丁卯 26	戊辰 27	己巳 28	庚午 29	辛未 30	壬申 31	癸酉 (4)	甲戌 2	乙亥 3	丙子 4	丁丑 5	戊寅 6	己卯 7	庚辰 8	辛巳 9	壬午 10	癸未 11	甲申 12	乙酉 13	丙戌 14	丙寅春分
四月小	壬辰	干支曆 天地西	丁亥 15	戊子 16	己丑 17	庚寅 18	辛卯 19	壬辰 20	癸巳 21	甲午 22	乙未 23	丙申 24	丁酉 25	戊戌 26	己亥 27	庚子 28	辛丑 29	壬寅 30	癸卯 (5)	甲辰 2	乙巳 3	丙午 4	丁未 5	戊申 6	己酉 7	庚戌 8	辛亥 9	壬子 10	癸丑 11	甲寅 12	乙卯 13		癸丑立夏
五月大	癸巳	干支曆 天地西	丙辰 14	丁巳 15	戊午 16	己未 17	庚申 18	辛酉 19	壬戌 20	癸亥 21	甲子 22	乙丑 23	丙寅 24	丁卯 25	戊辰 26	己巳 27	庚午 28	辛未 29	壬申 30	癸酉 31	甲戌 (6)	乙亥 2	丙子 3	丁丑 4	戊寅 5	己卯 6	庚辰 7	辛巳 8	壬午 9	癸未 10	甲申 11	乙酉 12	丙辰日食
六月小	甲午	干支曆 天地西	丙戌 13	丁亥 14	戊子 15	己丑 16	庚寅 17	辛卯 18	壬辰 19	癸巳 20	甲午 21	乙未 22	丙申 23	丁酉 24	戊戌 25	己亥 26	庚子 27	辛丑 28	壬寅 29	癸卯 30	甲辰 (7)	乙巳 2	丙午 3	丁未 4	戊申 5	己酉 6	庚戌 7	辛亥 8	壬子 9	癸丑 10	甲寅 11		辛丑夏至
七月大	乙未	干支曆 天地西	乙卯 12	丙辰 13	丁巳 14	戊午 15	己未 16	庚申 17	辛酉 18	壬戌 19	癸亥 20	甲子 21	乙丑 22	丙寅 23	丁卯 24	戊辰 25	己巳 26	庚午 27	辛未 28	壬申 29	癸酉 30	甲戌 31	乙亥 (8)	丙子 2	丁丑 3	戊寅 4	己卯 5	庚辰 6	辛巳 7	壬午 8	癸未 9	甲申 10	
八月大	丙申	干支曆 天地西	乙酉 11	丙戌 12	丁亥 13	戊子 14	己丑 15	庚寅 16	辛卯 17	壬辰 18	癸巳 19	甲午 20	乙未 21	丙申 22	丁酉 23	戊戌 24	己亥 25	庚子 26	辛丑 27	壬寅 28	癸卯 29	甲辰 30	乙巳 31	丙午 (9)	丁未 2	戊申 3	己酉 4	庚戌 5	辛亥 6	壬子 7	癸丑 8	甲寅 9	丁亥立秋
九月小	丁酉	干支曆 天地西	乙卯 10	丙辰 11	丁巳 12	戊午 13	己未 14	庚申 15	辛酉 16	壬戌 17	癸亥 18	甲子 19	乙丑 20	丙寅 21	丁卯 22	戊辰 23	己巳 24	庚午 25	辛未 26	壬申 27	癸酉 28	甲戌 29	乙亥 30	丙子 (10)	丁丑 2	戊寅 3	己卯 4	庚辰 5	辛巳 6	壬午 7	癸未 8		癸酉秋分
十月大	戊戌	干支曆 天地西	甲申 9	乙酉 10	丙戌 11	丁亥 12	戊子 13	己丑 14	庚寅 15	辛卯 16	壬辰 17	癸巳 18	甲午 19	乙未 20	丙申 21	丁酉 22	戊戌 23	己亥 24	庚子 25	辛丑 26	壬寅 27	癸卯 28	甲辰 29	乙巳 30	丙午 31	丁未 (11)	戊申 2	己酉 3	庚戌 4	辛亥 5	壬子 6	癸丑 7	
十一月小	己亥	干支曆 天地西	甲寅 8	乙卯 9	丙辰 10	丁巳 11	戊午 12	己未 13	庚申 14	辛酉 15	壬戌 16	癸亥 17	甲子 18	乙丑 19	丙寅 20	丁卯 21	戊辰 22	己巳 23	庚午 24	辛未 25	壬申 26	癸酉 27	甲戌 28	乙亥 29	丙子 30	丁丑 (12)	戊寅 2	己卯 3	庚辰 4	辛巳 5	壬午 6		丁巳立冬
十二月大	庚子	干支曆 天地西	癸未 7	甲申 8	乙酉 9	丙戌 10	丁亥 11	戊子 12	己丑 13	庚寅 14	辛卯 15	壬辰 16	癸巳 17	甲午 18	乙未 19	丙申 20	丁酉 21	戊戌 22	己亥 23	庚子 24	辛丑 25	壬寅 26	癸卯 27	甲辰 28	乙巳 29	丙午 30	丁未 31	戊申 (1)	己酉 2	庚戌 3	辛亥 4	壬子 5	辛丑冬至

朔閏異同	曆名	正月	二月	三月	四月	五月	六月	七月	八月	九月	十月	十一	十二	閏月
	周曆夏曆	戊子丁亥	戊午丙辰	丁亥丙戌	丁巳丙辰	丙戌乙酉	丙辰乙卯	乙酉甲申	乙卯甲寅	甲申癸未	甲寅癸丑	癸未壬午	癸丑壬子	
	顓頊新曆	己未丁亥	戊子丁巳	戊午丙戌	丁亥丙辰	丁巳乙酉	丁亥乙卯	丙辰乙酉	丙戌甲寅	乙卯甲申	乙酉癸丑	甲寅癸未	甲申壬子	

周赧王元年（丁未 羊年） 公元前**314** ~ 前313年 歲在實沈

殷曆月序		中西曆日對照	初一	初二	初三	初四	初五	初六	初七	初八	初九	初十	十一	十二	十三	十四	十五	十六	十七	十八	十九	二十	二一	二二	二三	二四	二五	二六	二七	二八	二九	三十	節氣與天象
正月小	辛丑	天干地支	癸丑	甲寅	乙卯	丙辰	丁巳	戊午	己未	庚申	辛酉	壬戌	癸亥	甲子	乙丑	丙寅	丁卯	戊辰	己巳	庚午	辛未	壬申	癸酉	甲戌	乙亥	丙子	丁丑	戊寅	己卯	庚辰	辛巳		
		西曆	6	7	8	9	10	11	12	13	14	15	16	17	18	19	20	21	22	23	24	25	26	27	28	29	30	31	(2)	2	3		
二月大	壬寅	天干地支	壬午	癸未	甲申	乙酉	丙戌	丁亥	戊子	己丑	庚寅	辛卯	壬辰	癸巳	甲午	乙未	丙申	丁酉	戊戌	己亥	庚子	辛丑	壬寅	癸卯	甲辰	乙巳	丙午	丁未	戊申	己酉	庚戌	辛亥	丙戌立春
		西曆	4	5	6	7	8	9	10	11	12	13	14	15	16	17	18	19	20	21	22	23	24	25	26	27	28	(3)	2	3	4	5	
三月小	癸卯	天干地支	壬子	癸丑	甲寅	乙卯	丙辰	丁巳	戊午	己未	庚申	辛酉	壬戌	癸亥	甲子	乙丑	丙寅	丁卯	戊辰	己巳	庚午	辛未	壬申	癸酉	甲戌	乙亥	丙子	丁丑	戊寅	己卯	庚辰		壬申春分
		西曆	6	7	8	9	10	11	12	13	14	15	16	17	18	19	20	21	22	23	24	25	26	27	28	29	30	31	(4)	2	3		
四月大	甲辰	天干地支	辛巳	壬午	癸未	甲申	乙酉	丙戌	丁亥	戊子	己丑	庚寅	辛卯	壬辰	癸巳	甲午	乙未	丙申	丁酉	戊戌	己亥	庚子	辛丑	壬寅	癸卯	甲辰	乙巳	丙午	丁未	戊申	己酉	庚戌	庚戌日食
		西曆	4	5	6	7	8	9	10	11	12	13	14	15	16	17	18	19	20	21	22	23	24	25	26	27	28	29	30	(5)	2	3	
五月小	乙巳	天干地支	辛亥	壬子	癸丑	甲寅	乙卯	丙辰	丁巳	戊午	己未	庚申	辛酉	壬戌	癸亥	甲子	乙丑	丙寅	丁卯	戊辰	己巳	庚午	辛未	壬申	癸酉	甲戌	乙亥	丙子	丁丑	戊寅	己卯		己未立夏
		西曆	4	5	6	7	8	9	10	11	12	13	14	15	16	17	18	19	20	21	22	23	24	25	26	27	28	29	30	31	(6)		
六月大	丙午	天干地支	庚辰	辛巳	壬午	癸未	甲申	乙酉	丙戌	丁亥	戊子	己丑	庚寅	辛卯	壬辰	癸巳	甲午	乙未	丙申	丁酉	戊戌	己亥	庚子	辛丑	壬寅	癸卯	甲辰	乙巳	丙午	丁未	戊申	己酉	丙午夏至
		西曆	2	3	4	5	6	7	8	9	10	11	12	13	14	15	16	17	18	19	20	21	22	23	24	25	26	27	28	29	30	(7)	
七月小	丁未	天干地支	庚戌	辛亥	壬子	癸丑	甲寅	乙卯	丙辰	丁巳	戊午	己未	庚申	辛酉	壬戌	癸亥	甲子	乙丑	丙寅	丁卯	戊辰	己巳	庚午	辛未	壬申	癸酉	甲戌	乙亥	丙子	丁丑	戊寅		
		西曆	2	3	4	5	6	7	8	9	10	11	12	13	14	15	16	17	18	19	20	21	22	23	24	25	26	27	28	29	30		
八月大	戊申	天干地支	己卯	庚辰	辛巳	壬午	癸未	甲申	乙酉	丙戌	丁亥	戊子	己丑	庚寅	辛卯	壬辰	癸巳	甲午	乙未	丙申	丁酉	戊戌	己亥	庚子	辛丑	壬寅	癸卯	甲辰	乙巳	丙午	丁未	戊申	壬辰立秋
		西曆	31	(8)	2	3	4	5	6	7	8	9	10	11	12	13	14	15	16	17	18	19	20	21	22	23	24	25	26	27	28	29	
九月小	己酉	天干地支	己酉	庚戌	辛亥	壬子	癸丑	甲寅	乙卯	丙辰	丁巳	戊午	己未	庚申	辛酉	壬戌	癸亥	甲子	乙丑	丙寅	丁卯	戊辰	己巳	庚午	辛未	壬申	癸酉	甲戌	乙亥	丙子	丁丑		
		西曆	30	31	(9)	2	3	4	5	6	7	8	9	10	11	12	13	14	15	16	17	18	19	20	21	22	23	24	25	26	27		
十月大	庚戌	天干地支	戊寅	己卯	庚辰	辛巳	壬午	癸未	甲申	乙酉	丙戌	丁亥	戊子	己丑	庚寅	辛卯	壬辰	癸巳	甲午	乙未	丙申	丁酉	戊戌	己亥	庚子	辛丑	壬寅	癸卯	甲辰	乙巳	丙午	丁未	戊寅秋分
		西曆	28	29	30	(10)	2	3	4	5	6	7	8	9	10	11	12	13	14	15	16	17	18	19	20	21	22	23	24	25	26	27	
閏十月小	庚戌	天干地支	戊申	己酉	庚戌	辛亥	壬子	癸丑	甲寅	乙卯	丙辰	丁巳	戊午	己未	庚申	辛酉	壬戌	癸亥	甲子	乙丑	丙寅	丁卯	戊辰	己巳	庚午	辛未	壬申	癸酉	甲戌	乙亥	丙子		壬戌立冬 戊申日食
		西曆	28	29	30	31	(11)	2	3	4	5	6	7	8	9	10	11	12	13	14	15	16	17	18	19	20	21	22	23	24	25		
十一月大	辛亥	天干地支	丁丑	戊寅	己卯	庚辰	辛巳	壬午	癸未	甲申	乙酉	丙戌	丁亥	戊子	己丑	庚寅	辛卯	壬辰	癸巳	甲午	乙未	丙申	丁酉	戊戌	己亥	庚子	辛丑	壬寅	癸卯	甲辰	乙巳	丙午	
		西曆	26	27	28	29	30	(12)	2	3	4	5	6	7	8	9	10	11	12	13	14	15	16	17	18	19	20	21	22	23	24	25	
十二月大	壬子	天干地支	丁未	戊申	己酉	庚戌	辛亥	壬子	癸丑	甲寅	乙卯	丙辰	丁巳	戊午	己未	庚申	辛酉	壬戌	癸亥	甲子	乙丑	丙寅	丁卯	戊辰	己巳	庚午	辛未	壬申	癸酉	甲戌	乙亥	丙子	丁未冬至
		西曆	26	27	28	29	30	31	(1)	2	3	4	5	6	7	8	9	10	11	12	13	14	15	16	17	18	19	20	21	22	23	24	

朔閏異同	曆名	正月	二月	三月	四月	五月	六月	七月	八月	九月	十月	十一	十二	閏月
	周曆夏曆	壬午辛巳	壬子辛亥	辛巳庚辰	辛亥庚戌	庚辰己卯	庚戌己酉	庚辰---戊寅	己酉戊申	己卯戊寅	戊申丁未	戊寅丁丑	丁未丙午	---丁丑丙子
	顓頊新曆	癸丑壬午	癸未辛亥	壬子辛巳	壬午庚戌	辛亥庚辰	辛巳己酉	庚戌---己卯	庚辰戊申	己酉戊寅	己卯戊申	己酉丁丑	戊寅丁未	丙子

周赧王二年（戊申 猴年） 公元前**313**～前312年 歲在鶉首

殷曆月序		中西曆日對照	初一	初二	初三	初四	初五	初六	初七	初八	初九	初十	十一	十二	十三	十四	十五	十六	十七	十八	十九	二十	二一	二二	二三	二四	二五	二六	二七	二八	二九	三十	節氣與天象
正月小	癸丑	天干地支 西曆	丁丑 25	戊寅 26	己卯 27	庚辰 28	辛巳 29	壬午 30	癸未 31	甲申 (2)	乙酉 2	丙戌 3	丁亥 4	戊子 5	己丑 6	庚寅 7	辛卯 8	壬辰 9	癸巳 10	甲午 11	乙未 12	丙申 13	丁酉 14	戊戌 15	己亥 16	庚子 17	辛丑 18	壬寅 19	癸卯 20	甲辰 21	乙巳 22		辛卯立春
二月大	甲寅	天干地支 西曆	丙午 23	丁未 24	戊申 25	己酉 26	庚戌 27	辛亥 28	壬子 29	癸丑 (3)	甲寅 2	乙卯 3	丙辰 4	丁巳 5	戊午 6	己未 7	庚申 8	辛酉 9	壬戌 10	癸亥 11	甲子 12	乙丑 13	丙寅 14	丁卯 15	戊辰 16	己巳 17	庚午 18	辛未 19	壬申 20	癸酉 21	甲戌 22	乙亥 23	
三月小	乙卯	天干地支 西曆	丙子 24	丁丑 25	戊寅 26	己卯 27	庚辰 28	辛巳 29	壬午 30	癸未 31	甲申 (4)	乙酉 2	丙戌 3	丁亥 4	戊子 5	己丑 6	庚寅 7	辛卯 8	壬辰 9	癸巳 10	甲午 11	乙未 12	丙申 13	丁酉 14	戊戌 15	己亥 16	庚子 17	辛丑 18	壬寅 19	癸卯 20	甲辰 21		丁丑春分
四月大	丙辰	天干地支 西曆	乙巳 22	丙午 23	丁未 24	戊申 25	己酉 26	庚戌 27	辛亥 28	壬子 29	癸丑 30	甲寅 (5)	乙卯 2	丙辰 3	丁巳 4	戊午 5	己未 6	庚申 7	辛酉 8	壬戌 9	癸亥 10	甲子 11	乙丑 12	丙寅 13	丁卯 14	戊辰 15	己巳 16	庚午 17	辛未 18	壬申 19	癸酉 20	甲戌 21	甲子立夏
五月小	丁巳	天干地支 西曆	乙亥 22	丙子 23	丁丑 24	戊寅 25	己卯 26	庚辰 27	辛巳 28	壬午 29	癸未 30	甲申 31	乙酉 (6)	丙戌 2	丁亥 3	戊子 4	己丑 5	庚寅 6	辛卯 7	壬辰 8	癸巳 9	甲午 10	乙未 11	丙申 12	丁酉 13	戊戌 14	己亥 15	庚子 16	辛丑 17	壬寅 18	癸卯 19		
六月大	戊午	天干地支 西曆	甲辰 20	乙巳 21	丙午 22	丁未 23	戊申 24	己酉 25	庚戌 26	辛亥 27	壬子 28	癸丑 29	甲寅 30	乙卯 (7)	丙辰 2	丁巳 3	戊午 4	己未 5	庚申 6	辛酉 7	壬戌 8	癸亥 9	甲子 10	乙丑 11	丙寅 12	丁卯 13	戊辰 14	己巳 15	庚午 16	辛未 17	壬申 18	癸酉 19	辛亥夏至
七月小	己未	天干地支 西曆	甲戌 20	乙亥 21	丙子 22	丁丑 23	戊寅 24	己卯 25	庚辰 26	辛巳 27	壬午 28	癸未 29	甲申 30	乙酉 31	丙戌 (8)	丁亥 2	戊子 3	己丑 4	庚寅 5	辛卯 6	壬辰 7	癸巳 8	甲午 9	乙未 10	丙申 11	丁酉 12	戊戌 13	己亥 14	庚子 15	辛丑 16	壬寅 17		戊戌立秋
八月大	庚申	天干地支 西曆	癸卯 18	甲辰 19	乙巳 20	丙午 21	丁未 22	戊申 23	己酉 24	庚戌 25	辛亥 26	壬子 27	癸丑 28	甲寅 29	乙卯 30	丙辰 31	丁巳 (9)	戊午 2	己未 3	庚申 4	辛酉 5	壬戌 6	癸亥 7	甲子 8	乙丑 9	丙寅 10	丁卯 11	戊辰 12	己巳 13	庚午 14	辛未 15	壬申 16	
九月小	辛酉	天干地支 西曆	癸酉 17	甲戌 18	乙亥 19	丙子 20	丁丑 21	戊寅 22	己卯 23	庚辰 24	辛巳 25	壬午 26	癸未 27	甲申 28	乙酉 29	丙戌 30	丁亥 (10)	戊子 2	己丑 3	庚寅 4	辛卯 5	壬辰 6	癸巳 7	甲午 8	乙未 9	丙申 10	丁酉 11	戊戌 12	己亥 13	庚子 14	辛丑 15		癸未秋分
十月大	壬戌	天干地支 西曆	壬寅 16	癸卯 17	甲辰 18	乙巳 19	丙午 20	丁未 21	戊申 22	己酉 23	庚戌 24	辛亥 25	壬子 26	癸丑 27	甲寅 28	乙卯 29	丙辰 30	丁巳 31	戊午 (11)	己未 2	庚申 3	辛酉 4	壬戌 5	癸亥 6	甲子 7	乙丑 8	丙寅 9	丁卯 10	戊辰 11	己巳 12	庚午 13	辛未 14	戊辰立冬 壬寅日食
十一月小	癸亥	天干地支 西曆	壬申 15	癸酉 16	甲戌 17	乙亥 18	丙子 19	丁丑 20	戊寅 21	己卯 22	庚辰 23	辛巳 24	壬午 25	癸未 26	甲申 27	乙酉 28	丙戌 29	丁亥 30	戊子 (12)	己丑 2	庚寅 3	辛卯 4	壬辰 5	癸巳 6	甲午 7	乙未 8	丙申 9	丁酉 10	戊戌 11	己亥 12	庚子 13		
十二月大	甲子	天干地支 西曆	辛丑 14	壬寅 15	癸卯 16	甲辰 17	乙巳 18	丙午 19	丁未 20	戊申 21	己酉 22	庚戌 23	辛亥 24	壬子 25	癸丑 26	甲寅 27	乙卯 28	丙辰 29	丁巳 30	戊午 31	己未 (1)	庚申 2	辛酉 3	壬戌 4	癸亥 5	甲子 6	乙丑 7	丙寅 8	丁卯 9	戊辰 10	己巳 11	庚午 12	壬子冬至

朔閏異同	曆名	正月	二月	三月	四月	五月	六月	七月	八月	九月	十月	十一	十二	閏月
	周曆夏曆	丙午乙巳	丙子乙亥	乙巳甲辰	乙亥甲戌	甲辰癸卯	甲戌癸酉	癸卯壬寅	癸酉壬申	壬寅辛丑	壬申辛未	壬寅辛丑	辛未庚午	
	顓頊新曆	戊申丙午	丁丑乙亥	丁未乙巳	丙子甲戌	丙午癸卯	乙亥癸酉	乙巳壬寅	甲戌壬申	甲辰壬寅	癸酉壬申	癸卯辛丑	壬申辛未	---壬寅

周赧王三年（己酉 鷄年） 公元前312～前311年 歲在鶉火

殷曆月序		中西曆日對照	殷曆日序																														節氣與天象
			初一	初二	初三	初四	初五	初六	初七	初八	初九	初十	十一	十二	十三	十四	十五	十六	十七	十八	十九	二十	二一	二二	二三	二四	二五	二六	二七	二八	二九	三十	
正月小	乙丑	天干地支 西曆	辛未 13	壬申 14	癸酉 15	甲戌 16	乙亥 17	丙子 18	丁丑 19	戊寅 20	己卯 21	庚辰 22	辛巳 23	壬午 24	癸未 25	甲申 26	乙酉 27	丙戌 28	丁亥 29	戊子 30	己丑 31	庚寅 (2)	辛卯 2	壬辰 3	癸巳 4	甲午 5	乙未 6	丙申 7	丁酉 8	戊戌 9	己亥 10		丙申立春
二月大	丙寅	天干地支 西曆	庚子 11	辛丑 12	壬寅 13	癸卯 14	甲辰 15	乙巳 16	丙午 17	丁未 18	戊申 19	己酉 20	庚戌 21	辛亥 22	壬子 23	癸丑 24	甲寅 25	乙卯 26	丙辰 27	丁巳 28	戊午 (3)	己未 2	庚申 3	辛酉 4	壬戌 5	癸亥 6	甲子 7	乙丑 8	丙寅 9	丁卯 10	戊辰 11	己巳 12	
三月小	丁卯	天干地支 西曆	庚午 13	辛未 14	壬申 15	癸酉 16	甲戌 17	乙亥 18	丙子 19	丁丑 20	戊寅 21	己卯 22	庚辰 23	辛巳 24	壬午 25	癸未 26	甲申 27	乙酉 28	丙戌 29	丁亥 30	戊子 31	己丑 (4)	庚寅 2	辛卯 3	壬辰 4	癸巳 5	甲午 6	乙未 7	丙申 8	丁酉 9	戊戌 10		壬午春分 庚午日食
四月大	戊辰	天干地支 西曆	己亥 11	庚子 12	辛丑 13	壬寅 14	癸卯 15	甲辰 16	乙巳 17	丙午 18	丁未 19	戊申 20	己酉 21	庚戌 22	辛亥 23	壬子 24	癸丑 25	甲寅 26	乙卯 27	丙辰 28	丁巳 29	戊午 30	己未 (5)	庚申 2	辛酉 3	壬戌 4	癸亥 5	甲子 6	乙丑 7	丙寅 8	丁卯 9	戊辰 10	
五月大	己巳	天干地支 西曆	己巳 11	庚午 12	辛未 13	壬申 14	癸酉 15	甲戌 16	乙亥 17	丙子 18	丁丑 19	戊寅 20	己卯 21	庚辰 22	辛巳 23	壬午 24	癸未 25	甲申 26	乙酉 27	丙戌 28	丁亥 29	戊子 30	己丑 31	庚寅 (6)	辛卯 2	壬辰 3	癸巳 4	甲午 5	乙未 6	丙申 7	丁酉 8	戊戌 9	己巳立夏
六月小	庚午	天干地支 西曆	己亥 10	庚子 11	辛丑 12	壬寅 13	癸卯 14	甲辰 15	乙巳 16	丙午 17	丁未 18	戊申 19	己酉 20	庚戌 21	辛亥 22	壬子 23	癸丑 24	甲寅 25	乙卯 26	丙辰 27	丁巳 28	戊午 29	己未 30	庚申 (7)	辛酉 2	壬戌 3	癸亥 4	甲子 5	乙丑 6	丙寅 7	丁卯 8		丙辰夏至
七月大	辛未	天干地支 西曆	戊辰 9	己巳 10	庚午 11	辛未 12	壬申 13	癸酉 14	甲戌 15	乙亥 16	丙子 17	丁丑 18	戊寅 19	己卯 20	庚辰 21	辛巳 22	壬午 23	癸未 24	甲申 25	乙酉 26	丙戌 27	丁亥 28	戊子 29	己丑 30	庚寅 31	辛卯 (8)	壬辰 2	癸巳 3	甲午 4	乙未 5	丙申 6	丁酉 7	
八月小	壬申	天干地支 西曆	戊戌 8	己亥 9	庚子 10	辛丑 11	壬寅 12	癸卯 13	甲辰 14	乙巳 15	丙午 16	丁未 17	戊申 18	己酉 19	庚戌 20	辛亥 21	壬子 22	癸丑 23	甲寅 24	乙卯 25	丙辰 26	丁巳 27	戊午 28	己未 29	庚申 30	辛酉 31	壬戌 (9)	癸亥 2	甲子 3	乙丑 4	丙寅 5		癸卯立秋
九月大	癸酉	天干地支 西曆	丁卯 6	戊辰 7	己巳 8	庚午 9	辛未 10	壬申 11	癸酉 12	甲戌 13	乙亥 14	丙子 15	丁丑 16	戊寅 17	己卯 18	庚辰 19	辛巳 20	壬午 21	癸未 22	甲申 23	乙酉 24	丙戌 25	丁亥 26	戊子 27	己丑 28	庚寅 29	辛卯 30	壬辰 (10)	癸巳 2	甲午 3	乙未 4	丙申 5	戊子秋分
十月小	甲戌	天干地支 西曆	丁酉 6	戊戌 7	己亥 8	庚子 9	辛丑 10	壬寅 11	癸卯 12	甲辰 13	乙巳 14	丙午 15	丁未 16	戊申 17	己酉 18	庚戌 19	辛亥 20	壬子 21	癸丑 22	甲寅 23	乙卯 24	丙辰 25	丁巳 26	戊午 27	己未 28	庚申 29	辛酉 30	壬戌 31	癸亥 (11)	甲子 2	乙丑 3		
十一月大	乙亥	天干地支 西曆	丙寅 4	丁卯 5	戊辰 6	己巳 7	庚午 8	辛未 9	壬申 10	癸酉 11	甲戌 12	乙亥 13	丙子 14	丁丑 15	戊寅 16	己卯 17	庚辰 18	辛巳 19	壬午 20	癸未 21	甲申 22	乙酉 23	丙戌 24	丁亥 25	戊子 26	己丑 27	庚寅 28	辛卯 29	壬辰 30	癸巳 (12)	甲午 2	乙未 3	癸酉立冬
十二月小	丙子	天干地支 西曆	丙申 4	丁酉 5	戊戌 6	己亥 7	庚子 8	辛丑 9	壬寅 10	癸卯 11	甲辰 12	乙巳 13	丙午 14	丁未 15	戊申 16	己酉 17	庚戌 18	辛亥 19	壬子 20	癸丑 21	甲寅 22	乙卯 23	丙辰 24	丁巳 25	戊午 26	己未 27	庚申 28	辛酉 29	壬戌 30	癸亥 31	甲子 (1)		丁巳冬至

朔閏異同	曆名	正月	二月	三月	四月	五月	六月	七月	八月	九月	十月	十一	十二	閏月	曆名	正月	二月	三月	四月	五月	六月	七月	八月	九月	十月	十一	十二	閏月
	周曆夏曆	辛丑庚子	庚午己巳	庚子己亥	己巳戊辰	己亥戊戌	戊辰丁卯	戊戌丁酉	丁卯丙寅	丁酉丙申	丙寅乙丑	丙申乙未	乙丑甲子		顓頊新曆	壬申辛丑	辛丑庚午	辛未己亥	庚子己巳	庚午戊戌	己亥丁卯	己巳丁酉	戊戌丙寅	戊辰丙申	丁酉丙寅	丁卯丙申	丙申乙丑	

周赧王四年（庚戌 狗年） 公元前311 ~ 前310年 歲在鶉尾

殷曆月序		中西曆日對照	初一	初二	初三	初四	初五	初六	初七	初八	初九	初十	十一	十二	十三	十四	十五	十六	十七	十八	十九	二十	二一	二二	二三	二四	二五	二六	二七	二八	二九	三十	節氣與天象
正月大	丁丑	天干地支西曆	乙丑2	丙寅3	丁卯4	戊辰5	己巳6	庚午7	辛未8	壬申9	癸酉10	甲戌11	乙亥12	丙子13	丁丑14	戊寅15	己卯16	庚辰17	辛巳18	壬午19	癸未20	甲申21	乙酉22	丙戌23	丁亥24	戊子25	己丑26	庚寅27	辛卯28	壬辰29	癸巳30	甲午31	
二月小	戊寅	天干地支西曆	乙未(2)	丙申2	丁酉3	戊戌4	己亥5	庚子6	辛丑7	壬寅8	癸卯9	甲辰10	乙巳11	丙午12	丁未13	戊申14	己酉15	庚戌16	辛亥17	壬子18	癸丑19	甲寅20	乙卯21	丙辰22	丁巳23	戊午24	己未25	庚申26	辛酉27	壬戌28	癸亥(3)		壬寅立春
三月大	己卯	天干地支西曆	甲子2	乙丑3	丙寅4	丁卯5	戊辰6	己巳7	庚午8	辛未9	壬申10	癸酉11	甲戌12	乙亥13	丙子14	丁丑15	戊寅16	己卯17	庚辰18	辛巳19	壬午20	癸未21	甲申22	乙酉23	丙戌24	丁亥25	戊子26	己丑27	庚寅28	辛卯29	壬辰30	癸巳31	丁亥春分
四月小	庚辰	天干地支西曆	甲午(4)	乙未2	丙申3	丁酉4	戊戌5	己亥6	庚子7	辛丑8	壬寅9	癸卯10	甲辰11	乙巳12	丙午13	丁未14	戊申15	己酉16	庚戌17	辛亥18	壬子19	癸丑20	甲寅21	乙卯22	丙辰23	丁巳24	戊午25	己未26	庚申27	辛酉28	壬戌29		
五月大	辛巳	天干地支西曆	癸亥30	甲子(5)	乙丑2	丙寅3	丁卯4	戊辰5	己巳6	庚午7	辛未8	壬申9	癸酉10	甲戌11	乙亥12	丙子13	丁丑14	戊寅15	己卯16	庚辰17	辛巳18	壬午19	癸未20	甲申21	乙酉22	丙戌23	丁亥24	戊子25	己丑26	庚寅27	辛卯28	壬辰29	甲戌立夏
六月小	壬午	天干地支西曆	癸巳30	甲午31	乙未(6)	丙申2	丁酉3	戊戌4	己亥5	庚子6	辛丑7	壬寅8	癸卯9	甲辰10	乙巳11	丙午12	丁未13	戊申14	己酉15	庚戌16	辛亥17	壬子18	癸丑19	甲寅20	乙卯21	丙辰22	丁巳23	戊午24	己未25	庚申26	辛酉27		辛酉夏至
七月大	癸未	天干地支西曆	壬戌28	癸亥29	甲子30	乙丑(7)	丙寅2	丁卯3	戊辰4	己巳5	庚午6	辛未7	壬申8	癸酉9	甲戌10	乙亥11	丙子12	丁丑13	戊寅14	己卯15	庚辰16	辛巳17	壬午18	癸未19	甲申20	乙酉21	丙戌22	丁亥23	戊子24	己丑25	庚寅26	辛卯27	
八月大	甲申	天干地支西曆	壬辰28	癸巳29	甲午30	乙未31	丙申(8)	丁酉2	戊戌3	己亥4	庚子5	辛丑6	壬寅7	癸卯8	甲辰9	乙巳10	丙午11	丁未12	戊申13	己酉14	庚戌15	辛亥16	壬子17	癸丑18	甲寅19	乙卯20	丙辰21	丁巳22	戊午23	己未24	庚申25	辛酉26	戊申立秋
閏八月小	甲申	天干地支西曆	壬戌27	癸亥28	甲子29	乙丑30	丙寅31	丁卯(9)	戊辰2	己巳3	庚午4	辛未5	壬申6	癸酉7	甲戌8	乙亥9	丙子10	丁丑11	戊寅12	己卯13	庚辰14	辛巳15	壬午16	癸未17	甲申18	乙酉19	丙戌20	丁亥21	戊子22	己丑23	庚寅24		
九月大	乙酉	天干地支西曆	辛卯25	壬辰26	癸巳27	甲午28	乙未29	丙申30	丁酉(10)	戊戌2	己亥3	庚子4	辛丑5	壬寅6	癸卯7	甲辰8	乙巳9	丙午10	丁未11	戊申12	己酉13	庚戌14	辛亥15	壬子16	癸丑17	甲寅18	乙卯19	丙辰20	丁巳21	戊午22	己未23	庚申24	甲午秋分
十月小	丙戌	天干地支西曆	辛酉25	壬戌26	癸亥27	甲子28	乙丑29	丙寅30	丁卯31	戊辰(11)	己巳2	庚午3	辛未4	壬申5	癸酉6	甲戌7	乙亥8	丙子9	丁丑10	戊寅11	己卯12	庚辰13	辛巳14	壬午15	癸未16	甲申17	乙酉18	丙戌19	丁亥20	戊子21	己丑22		戊寅立冬
十一月大	丁亥	天干地支西曆	庚寅23	辛卯24	壬辰25	癸巳26	甲午27	乙未28	丙申29	丁酉30	戊戌(12)	己亥2	庚子3	辛丑4	壬寅5	癸卯6	甲辰7	乙巳8	丙午9	丁未10	戊申11	己酉12	庚戌13	辛亥14	壬子15	癸丑16	甲寅17	乙卯18	丙辰19	丁巳20	戊午21	己未22	
十二月小	戊子	天干地支西曆	庚申23	辛酉24	壬戌25	癸亥26	甲子27	乙丑28	丙寅29	丁卯30	戊辰31	己巳(1)	庚午2	辛未3	壬申4	癸酉5	甲戌6	乙亥7	丙子8	丁丑9	戊寅10	己卯11	庚辰12	辛巳13	壬午14	癸未15	甲申16	乙酉17	丙戌18	丁亥19	戊子20		壬戌冬至

朔閏異同	曆名	正月	二月	三月	四月	五月	六月	七月	八月	九月	十月	十一	十二	閏月	曆名	正月	二月	三月	四月	五月	六月	七月	八月	九月	十月	十一	十二	閏月
	周曆夏曆	乙未甲午	乙丑癸亥	甲午癸巳	甲子---癸亥	癸巳壬辰	癸亥壬戌	壬辰辛卯	壬戌辛酉	辛卯庚寅	---辛酉庚申	庚寅己丑	庚申己未	己丑戊子	顓頊新曆	丙寅乙未	乙未乙丑	乙丑甲午	甲午---癸亥	甲子癸巳	甲午壬戌	癸亥辛卯	癸巳辛酉	壬戌庚寅	壬辰庚申	辛酉庚寅	辛卯己未	---庚申己丑

周赧王五年（辛亥 猪年） 公元前310～前309年 歲在壽星

殷曆月序		中西曆日對照	初一	初二	初三	初四	初五	初六	初七	初八	初九	初十	十一	十二	十三	十四	十五	十六	十七	十八	十九	二十	二一	二二	二三	二四	二五	二六	二七	二八	二九	三十	節氣與天象
正月大	己丑	天干地支 西曆	己丑 21	庚寅 22	辛卯 23	壬辰 24	癸巳 25	甲午 26	乙未 27	丙申 28	丁酉 29	戊戌 30	己亥 31	庚子 (2)	辛丑 2	壬寅 3	癸卯 4	甲辰 5	乙巳 6	丙午 7	丁未 8	戊申 9	己酉 10	庚戌 11	辛亥 12	壬子 13	癸丑 14	甲寅 15	乙卯 16	丙辰 17	丁巳 18	戊午 19	丁未立春
二月小	庚寅	天干地支 西曆	己未 20	庚申 21	辛酉 22	壬戌 23	癸亥 24	甲子 25	乙丑 26	丙寅 27	丁卯 28	戊辰 (3)	己巳 2	庚午 3	辛未 4	壬申 5	癸酉 6	甲戌 7	乙亥 8	丙子 9	丁丑 10	戊寅 11	己卯 12	庚辰 13	辛巳 14	壬午 15	癸未 16	甲申 17	乙酉 18	丙戌 19	丁亥 20		
三月大	辛卯	天干地支 西曆	戊子 21	己丑 22	庚寅 23	辛卯 24	壬辰 25	癸巳 26	甲午 27	乙未 28	丙申 29	丁酉 30	戊戌 31	己亥 (4)	庚子 2	辛丑 3	壬寅 4	癸卯 5	甲辰 6	乙巳 7	丙午 8	丁未 9	戊申 10	己酉 11	庚戌 12	辛亥 13	壬子 14	癸丑 15	甲寅 16	乙卯 17	丙辰 18	丁巳 19	癸巳春分
四月小	壬辰	天干地支 西曆	戊午 20	己未 21	庚申 22	辛酉 23	壬戌 24	癸亥 25	甲子 26	乙丑 27	丙寅 28	丁卯 29	戊辰 30	己巳 (5)	庚午 2	辛未 3	壬申 4	癸酉 5	甲戌 6	乙亥 7	丙子 8	丁丑 9	戊寅 10	己卯 11	庚辰 12	辛巳 13	壬午 14	癸未 15	甲申 16	乙酉 17	丙戌 18		己卯立夏
五月大	癸巳	天干地支 西曆	丁亥 19	戊子 20	己丑 21	庚寅 22	辛卯 23	壬辰 24	癸巳 25	甲午 26	乙未 27	丙申 28	丁酉 29	戊戌 30	己亥 31	庚子 (6)	辛丑 2	壬寅 3	癸卯 4	甲辰 5	乙巳 6	丙午 7	丁未 8	戊申 9	己酉 10	庚戌 11	辛亥 12	壬子 13	癸丑 14	甲寅 15	乙卯 16	丙辰 17	
六月小	甲午	天干地支 西曆	丁巳 18	戊午 19	己未 20	庚申 21	辛酉 22	壬戌 23	癸亥 24	甲子 25	乙丑 26	丙寅 27	丁卯 28	戊辰 29	己巳 30	庚午 (7)	辛未 2	壬申 3	癸酉 4	甲戌 5	乙亥 6	丙子 7	丁丑 8	戊寅 9	己卯 10	庚辰 11	辛巳 12	壬午 13	癸未 14	甲申 15	乙酉 16		丁卯夏至
七月大	乙未	天干地支 西曆	丙戌 17	丁亥 18	戊子 19	己丑 20	庚寅 21	辛卯 22	壬辰 23	癸巳 24	甲午 25	乙未 26	丙申 27	丁酉 28	戊戌 29	己亥 30	庚子 31	辛丑 (8)	壬寅 2	癸卯 3	甲辰 4	乙巳 5	丙午 6	丁未 7	戊申 8	己酉 9	庚戌 10	辛亥 11	壬子 12	癸丑 13	甲寅 14	乙卯 15	癸丑立秋 乙卯日食
八月小	丙申	天干地支 西曆	丙辰 16	丁巳 17	戊午 18	己未 19	庚申 20	辛酉 21	壬戌 22	癸亥 23	甲子 24	乙丑 25	丙寅 26	丁卯 27	戊辰 28	己巳 29	庚午 30	辛未 31	壬申 (9)	癸酉 2	甲戌 3	乙亥 4	丙子 5	丁丑 6	戊寅 7	己卯 8	庚辰 9	辛巳 10	壬午 11	癸未 12	甲申 13		
九月大	丁酉	天干地支 西曆	乙酉 14	丙戌 15	丁亥 16	戊子 17	己丑 18	庚寅 19	辛卯 20	壬辰 21	癸巳 22	甲午 23	乙未 24	丙申 25	丁酉 26	戊戌 27	己亥 28	庚子 29	辛丑 30	壬寅 (10)	癸卯 2	甲辰 3	乙巳 4	丙午 5	丁未 6	戊申 7	己酉 8	庚戌 9	辛亥 10	壬子 11	癸丑 12	甲寅 13	己亥秋分
十月小	戊戌	天干地支 西曆	乙卯 14	丙辰 15	丁巳 16	戊午 17	己未 18	庚申 19	辛酉 20	壬戌 21	癸亥 22	甲子 23	乙丑 24	丙寅 25	丁卯 26	戊辰 27	己巳 28	庚午 29	辛未 30	壬申 31	癸酉 (11)	甲戌 2	乙亥 3	丙子 4	丁丑 5	戊寅 6	己卯 7	庚辰 8	辛巳 9	壬午 10	癸未 11		癸未立冬
十一月大	己亥	天干地支 西曆	甲申 12	乙酉 13	丙戌 14	丁亥 15	戊子 16	己丑 17	庚寅 18	辛卯 19	壬辰 20	癸巳 21	甲午 22	乙未 23	丙申 24	丁酉 25	戊戌 26	己亥 27	庚子 28	辛丑 29	壬寅 30	癸卯 (12)	甲辰 2	乙巳 3	丙午 4	丁未 5	戊申 6	己酉 7	庚戌 8	辛亥 9	壬子 10	癸丑 11	
十二月大	庚子	天干地支 西曆	甲寅 12	乙卯 13	丙辰 14	丁巳 15	戊午 16	己未 17	庚申 18	辛酉 19	壬戌 20	癸亥 21	甲子 22	乙丑 23	丙寅 24	丁卯 25	戊辰 26	己巳 27	庚午 28	辛未 29	壬申 30	癸酉 31	甲戌 (1)	乙亥 2	丙子 3	丁丑 4	戊寅 5	己卯 6	庚辰 7	辛巳 8	壬午 9	癸未 10	戊辰冬至

朔閏異同	曆名	正月	二月	三月	四月	五月	六月	七月	八月	九月	十月	十一	十二	閏月	曆名	正月	二月	三月	四月	五月	六月	七月	八月	九月	十月	十一	十二	閏月
	周曆夏曆	己未戊午	戊子丁亥	戊午丁巳	丁亥丙戌	丁巳丙辰	丁亥乙酉	丙辰乙卯	丙戌乙酉	乙卯甲寅	乙酉甲申	甲寅癸丑	甲申癸未		顓頊新曆	庚寅己未	己未戊子	己丑戊午	戊午丁亥	戊子丁巳	丁巳丙戌	丁亥乙卯	丁巳乙酉	丙戌甲寅	丙辰甲申	乙酉癸丑	乙卯癸未	

周赧王六年（壬子 鼠年） 公元前309年 歲在大火

殷曆月序		中西曆對照	初一	初二	初三	初四	初五	初六	初七	初八	初九	初十	十一	十二	十三	十四	十五	十六	十七	十八	十九	二十	二一	二二	二三	二四	二五	二六	二七	二八	二九	三十	節氣與天象
正月小	辛丑	干支天地 西曆	甲申11	乙酉12	丙戌13	丁亥14	戊子15	己丑16	庚寅17	辛卯18	壬辰19	癸巳20	甲午21	乙未22	丙申23	丁酉24	戊戌25	己亥26	庚子27	辛丑28	壬寅29	癸卯30	甲辰31	乙巳(2)	丙午2	丁未3	戊申4	己酉5	庚戌6	辛亥7	壬子8		壬子立春
二月大	壬寅	干支天地 西曆	癸丑9	甲寅10	乙卯11	丙辰12	丁巳13	戊午14	己未15	庚申16	辛酉17	壬戌18	癸亥19	甲子20	乙丑21	丙寅22	丁卯23	戊辰24	己巳25	庚午26	辛未27	壬申28	癸酉29	甲戌(3)	乙亥2	丙子3	丁丑4	戊寅5	己卯6	庚辰7	辛巳8	壬午9	
三月小	癸卯	干支天地 西曆	癸未10	甲申11	乙酉12	丙戌13	丁亥14	戊子15	己丑16	庚寅17	辛卯18	壬辰19	癸巳20	甲午21	乙未22	丙申23	丁酉24	戊戌25	己亥26	庚子27	辛丑28	壬寅29	癸卯30	甲辰31	乙巳(4)	丙午2	丁未3	戊申4	己酉5	庚戌6	辛亥7		戊戌春分
四月大	甲辰	干支天地 西曆	壬子8	癸丑9	甲寅10	乙卯11	丙辰12	丁巳13	戊午14	己未15	庚申16	辛酉17	壬戌18	癸亥19	甲子20	乙丑21	丙寅22	丁卯23	戊辰24	己巳25	庚午26	辛未27	壬申28	癸酉29	甲戌30	乙亥(5)	丙子2	丁丑3	戊寅4	己卯5	庚辰6	辛巳7	
五月小	乙巳	干支天地 西曆	壬午8	癸未9	甲申10	乙酉11	丙戌12	丁亥13	戊子14	己丑15	庚寅16	辛卯17	壬辰18	癸巳19	甲午20	乙未21	丙申22	丁酉23	戊戌24	己亥25	庚子26	辛丑27	壬寅28	癸卯29	甲辰30	乙巳31	丙午(6)	丁未2	戊申3	己酉4	庚戌5		乙酉立夏
六月大	丙午	干支天地 西曆	辛亥6	壬子7	癸丑8	甲寅9	乙卯10	丙辰11	丁巳12	戊午13	己未14	庚申15	辛酉16	壬戌17	癸亥18	甲子19	乙丑20	丙寅21	丁卯22	戊辰23	己巳24	庚午25	辛未26	壬申27	癸酉28	甲戌29	乙亥30	丙子(7)	丁丑2	戊寅3	己卯4	庚辰5	壬申夏至
七月小	丁未	干支天地 西曆	辛巳6	壬午7	癸未8	甲申9	乙酉10	丙戌11	丁亥12	戊子13	己丑14	庚寅15	辛卯16	壬辰17	癸巳18	甲午19	乙未20	丙申21	丁酉22	戊戌23	己亥24	庚子25	辛丑26	壬寅27	癸卯28	甲辰29	乙巳30	丙午31	丁未(8)	戊申2	己酉3		
八月大	戊申	干支天地 西曆	庚戌4	辛亥5	壬子6	癸丑7	甲寅8	乙卯9	丙辰10	丁巳11	戊午12	己未13	庚申14	辛酉15	壬戌16	癸亥17	甲子18	乙丑19	丙寅20	丁卯21	戊辰22	己巳23	庚午24	辛未25	壬申26	癸酉27	甲戌28	乙亥29	丙子30	丁丑31	戊寅(9)	己卯2	己未立秋
九月小	己酉	干支天地 西曆	庚辰3	辛巳4	壬午5	癸未6	甲申7	乙酉8	丙戌9	丁亥10	戊子11	己丑12	庚寅13	辛卯14	壬辰15	癸巳16	甲午17	乙未18	丙申19	丁酉20	戊戌21	己亥22	庚子23	辛丑24	壬寅25	癸卯26	甲辰27	乙巳28	丙午29	丁未30	戊申(10)		甲辰秋分
十月大	庚戌	干支天地 西曆	己酉2	庚戌3	辛亥4	壬子5	癸丑6	甲寅7	乙卯8	丙辰9	丁巳10	戊午11	己未12	庚申13	辛酉14	壬戌15	癸亥16	甲子17	乙丑18	丙寅19	丁卯20	戊辰21	己巳22	庚午23	辛未24	壬申25	癸酉26	甲戌27	乙亥28	丙子29	丁丑30	戊寅31	
十一月小	辛亥	干支天地 西曆	己卯(11)	庚辰2	辛巳3	壬午4	癸未5	甲申6	乙酉7	丙戌8	丁亥9	戊子10	己丑11	庚寅12	辛卯13	壬辰14	癸巳15	甲午16	乙未17	丙申18	丁酉19	戊戌20	己亥21	庚子22	辛丑23	壬寅24	癸卯25	甲辰26	乙巳27	丙午28	丁未29		己丑立冬
十二月大	壬子	干支天地 西曆	戊申30	己酉(12)	庚戌2	辛亥3	壬子4	癸丑5	甲寅6	乙卯7	丙辰8	丁巳9	戊午10	己未11	庚申12	辛酉13	壬戌14	癸亥15	甲子16	乙丑17	丙寅18	丁卯19	戊辰20	己巳21	庚午22	辛未23	壬申24	癸酉25	甲戌26	乙亥27	丙子28	丁丑29	癸酉冬至

朔閏異同	曆名	正月	二月	三月	四月	五月	六月	七月	八月	九月	十月	十一	十二	閏月	曆名	正月	二月	三月	四月	五月	六月	七月	八月	九月	十月	十一	十二	閏月
	周曆 夏曆	癸丑 壬子	癸未 壬午	壬子 辛亥	壬午 辛巳	辛亥 庚戌	辛巳 庚辰	庚戌 己酉	庚辰 己卯	庚戌 戊申	己卯 戊寅	己酉 戊申	戊寅 丁丑	--- 丁未	顓頊 新曆	甲申 癸丑	甲寅 癸未	癸未 壬子	癸丑 壬午	壬午 辛亥	壬子 辛巳	辛巳 庚戌	辛亥 己卯	庚辰 己酉	庚戌 --- 戊寅	己卯 戊申	己酉 丁丑	--- 己卯 丁未

周赧王七年（癸丑 牛年） 公元前309～前**308**～前307年 歲在析木

殷曆月序	月建	中西曆對照	初一	初二	初三	初四	初五	初六	初七	初八	初九	初十	十一	十二	十三	十四	十五	十六	十七	十八	十九	二十	二一	二二	二三	二四	二五	二六	二七	二八	二九	三十	節氣與天象
正月小	癸丑	天干地支西曆	戊寅30	己卯31	庚辰(1)	辛巳2	壬午3	癸未4	甲申5	乙酉6	丙戌7	丁亥8	戊子9	己丑10	庚寅11	辛卯12	壬辰13	癸巳14	甲午15	乙未16	丙申17	丁酉18	戊戌19	己亥20	庚子21	辛丑22	壬寅23	癸卯24	甲辰25	乙巳26	丙午27		
二月大	甲寅	天干地支西曆	丁未28	戊申29	己酉30	庚戌31	辛亥(2)	壬子2	癸丑3	甲寅4	乙卯5	丙辰6	丁巳7	戊午8	己未9	庚申10	辛酉11	壬戌12	癸亥13	甲子14	乙丑15	丙寅16	丁卯17	戊辰18	己巳19	庚午20	辛未21	壬申22	癸酉23	甲戌24	乙亥25	丙子26	丁巳立春
三月大	乙卯	天干地支西曆	丁丑27	戊寅28	己卯(3)	庚辰2	辛巳3	壬午4	癸未5	甲申6	乙酉7	丙戌8	丁亥9	戊子10	己丑11	庚寅12	辛卯13	壬辰14	癸巳15	甲午16	乙未17	丙申18	丁酉19	戊戌20	己亥21	庚子22	辛丑23	壬寅24	癸卯25	甲辰26	乙巳27	丙午28	癸卯春分
四月小	丙辰	天干地支西曆	丁未29	戊申30	己酉31	庚戌(4)	辛亥2	壬子3	癸丑4	甲寅5	乙卯6	丙辰7	丁巳8	戊午9	己未10	庚申11	辛酉12	壬戌13	癸亥14	甲子15	乙丑16	丙寅17	丁卯18	戊辰19	己巳20	庚午21	辛未22	壬申23	癸酉24	甲戌25	乙亥26		
五月大	丁巳	天干地支西曆	丙子27	丁丑28	戊寅29	己卯30	庚辰(5)	辛巳2	壬午3	癸未4	甲申5	乙酉6	丙戌7	丁亥8	戊子9	己丑10	庚寅11	辛卯12	壬辰13	癸巳14	甲午15	乙未16	丙申17	丁酉18	戊戌19	己亥20	庚子21	辛丑22	壬寅23	癸卯24	甲辰25	乙巳26	庚寅立夏
閏五月小	丁巳	天干地支西曆	丙午27	丁未28	戊申29	己酉30	庚戌31	辛亥(6)	壬子2	癸丑3	甲寅4	乙卯5	丙辰6	丁巳7	戊午8	己未9	庚申10	辛酉11	壬戌12	癸亥13	甲子14	乙丑15	丙寅16	丁卯17	戊辰18	己巳19	庚午20	辛未21	壬申22	癸酉23	甲戌24		
六月大	戊午	天干地支西曆	乙亥25	丙子26	丁丑27	戊寅28	己卯29	庚辰30	辛巳(7)	壬午2	癸未3	甲申4	乙酉5	丙戌6	丁亥7	戊子8	己丑9	庚寅10	辛卯11	壬辰12	癸巳13	甲午14	乙未15	丙申16	丁酉17	戊戌18	己亥19	庚子20	辛丑21	壬寅22	癸卯23	甲辰24	丁丑夏至
七月小	己未	天干地支西曆	乙巳25	丙午26	丁未27	戊申28	己酉29	庚戌30	辛亥31	壬子(8)	癸丑2	甲寅3	乙卯4	丙辰5	丁巳6	戊午7	己未8	庚申9	辛酉10	壬戌11	癸亥12	甲子13	乙丑14	丙寅15	丁卯16	戊辰17	己巳18	庚午19	辛未20	壬申21	癸酉22		甲子立秋
八月大	庚申	天干地支西曆	甲戌23	乙亥24	丙子25	丁丑26	戊寅27	己卯28	庚辰29	辛巳30	壬午31	癸未(9)	甲申2	乙酉3	丙戌4	丁亥5	戊子6	己丑7	庚寅8	辛卯9	壬辰10	癸巳11	甲午12	乙未13	丙申14	丁酉15	戊戌16	己亥17	庚子18	辛丑19	壬寅20	癸卯21	
九月小	辛酉	天干地支西曆	甲辰22	乙巳23	丙午24	丁未25	戊申26	己酉27	庚戌28	辛亥29	壬子30	癸丑(10)	甲寅2	乙卯3	丙辰4	丁巳5	戊午6	己未7	庚申8	辛酉9	壬戌10	癸亥11	甲子12	乙丑13	丙寅14	丁卯15	戊辰16	己巳17	庚午18	辛未19	壬申20		己酉秋分
十月大	壬戌	天干地支西曆	癸酉21	甲戌22	乙亥23	丙子24	丁丑25	戊寅26	己卯27	庚辰28	辛巳29	壬午30	癸未31	甲申(11)	乙酉2	丙戌3	丁亥4	戊子5	己丑6	庚寅7	辛卯8	壬辰9	癸巳10	甲午11	乙未12	丙申13	丁酉14	戊戌15	己亥16	庚子17	辛丑18	壬寅19	甲午立冬
十一月小	癸亥	天干地支西曆	癸卯20	甲辰21	乙巳22	丙午23	丁未24	戊申25	己酉26	庚戌27	辛亥28	壬子29	癸丑30	甲寅(12)	乙卯2	丙辰3	丁巳4	戊午5	己未6	庚申7	辛酉8	壬戌9	癸亥10	甲子11	乙丑12	丙寅13	丁卯14	戊辰15	己巳16	庚午17	辛未18		
十二月大	甲子	天干地支西曆	壬申19	癸酉20	甲戌21	乙亥22	丙子23	丁丑24	戊寅25	己卯26	庚辰27	辛巳28	壬午29	癸未30	甲申31	乙酉(1)	丙戌2	丁亥3	戊子4	己丑5	庚寅6	辛卯7	壬辰8	癸巳9	甲午10	乙未11	丙申12	丁酉13	戊戌14	己亥15	庚子16	辛丑17	戊寅冬至

朔閏異同	曆名	正月	二月	三月	四月	五月	六月	七月	八月	九月	十月	十一	十二	閏月
	周曆夏曆	戊申丙子	丁丑丙午	丁未乙亥	丙子乙巳	丙午甲戌	---乙亥甲辰	乙巳癸酉	甲戌癸卯	甲辰壬申	癸酉壬寅	癸卯辛未	壬申辛丑	壬寅
	顓頊新曆	己卯丁丑	戊申丙午	戊寅丙子	丁未丙午	丁丑乙亥	丙午甲辰	---丙子甲戌	乙巳癸卯	乙亥癸酉	甲辰壬寅	甲戌壬申	癸卯辛丑	癸酉

周赧王八年（甲寅 虎年） 公元前307～前306年 歲在星紀

殷曆月序		中西曆日對照	初一	初二	初三	初四	初五	初六	初七	初八	初九	初十	十一	十二	十三	十四	十五	十六	十七	十八	十九	二十	二一	二二	二三	二四	二五	二六	二七	二八	二九	三十	節氣與天象
正月小	乙丑	干支 天地西曆	壬寅18	癸卯19	甲辰20	乙巳21	丙午22	丁未23	戊申24	己酉25	庚戌26	辛亥27	壬子28	癸丑29	甲寅30	乙卯31	丙辰(2)	丁巳2	戊午3	己未4	庚申5	辛酉6	壬戌7	癸亥8	甲子9	乙丑10	丙寅11	丁卯12	戊辰13	己巳14	庚午15		癸亥立春
二月大	丙寅	干支 天地西曆	辛未16	壬申17	癸酉18	甲戌19	乙亥20	丙子21	丁丑22	戊寅23	己卯24	庚辰25	辛巳26	壬午27	癸未28	甲申(3)	乙酉2	丙戌3	丁亥4	戊子5	己丑6	庚寅7	辛卯8	壬辰9	癸巳10	甲午11	乙未12	丙申13	丁酉14	戊戌15	己亥16	庚子17	
三月小	丁卯	干支 天地西曆	辛丑18	壬寅19	癸卯20	甲辰21	乙巳22	丙午23	丁未24	戊申25	己酉26	庚戌27	辛亥28	壬子29	癸丑30	甲寅31	乙卯(4)	丙辰2	丁巳3	戊午4	己未5	庚申6	辛酉7	壬戌8	癸亥9	甲子10	乙丑11	丙寅12	丁卯13	戊辰14	己巳15		戊申春分
四月大	戊辰	干支 天地西曆	庚午16	辛未17	壬申18	癸酉19	甲戌20	乙亥21	丙子22	丁丑23	戊寅24	己卯25	庚辰26	辛巳27	壬午28	癸未29	甲申30	乙酉(5)	丙戌2	丁亥3	戊子4	己丑5	庚寅6	辛卯7	壬辰8	癸巳9	甲午10	乙未11	丙申12	丁酉13	戊戌14	己亥15	乙未立夏
五月小	己巳	干支 天地西曆	庚子16	辛丑17	壬寅18	癸卯19	甲辰20	乙巳21	丙午22	丁未23	戊申24	己酉25	庚戌26	辛亥27	壬子28	癸丑29	甲寅30	乙卯31	丙辰(6)	丁巳2	戊午3	己未4	庚申5	辛酉6	壬戌7	癸亥8	甲子9	乙丑10	丙寅11	丁卯12	戊辰13		
六月大	庚午	干支 天地西曆	己巳14	庚午15	辛未16	壬申17	癸酉18	甲戌19	乙亥20	丙子21	丁丑22	戊寅23	己卯24	庚辰25	辛巳26	壬午27	癸未28	甲申29	乙酉30	丙戌(7)	丁亥2	戊子3	己丑4	庚寅5	辛卯6	壬辰7	癸巳8	甲午9	乙未10	丙申11	丁酉12	戊戌13	壬午夏至 己巳日食
七月大	辛未	干支 天地西曆	己亥14	庚子15	辛丑16	壬寅17	癸卯18	甲辰19	乙巳20	丙午21	丁未22	戊申23	己酉24	庚戌25	辛亥26	壬子27	癸丑28	甲寅29	乙卯30	丙辰31	丁巳(8)	戊午2	己未3	庚申4	辛酉5	壬戌6	癸亥7	甲子8	乙丑9	丙寅10	丁卯11	戊辰12	
八月小	壬申	干支 天地西曆	己巳13	庚午14	辛未15	壬申16	癸酉17	甲戌18	乙亥19	丙子20	丁丑21	戊寅22	己卯23	庚辰24	辛巳25	壬午26	癸未27	甲申28	乙酉29	丙戌30	丁亥31	戊子(9)	己丑2	庚寅3	辛卯4	壬辰5	癸巳6	甲午7	乙未8	丙申9	丁酉10		己巳立秋
九月大	癸酉	干支 天地西曆	戊戌11	己亥12	庚子13	辛丑14	壬寅15	癸卯16	甲辰17	乙巳18	丙午19	丁未20	戊申21	己酉22	庚戌23	辛亥24	壬子25	癸丑26	甲寅27	乙卯28	丙辰29	丁巳30	戊午(10)	己未2	庚申3	辛酉4	壬戌5	癸亥6	甲子7	乙丑8	丙寅9	丁卯10	乙卯秋分
十月小	甲戌	干支 天地西曆	戊辰11	己巳12	庚午13	辛未14	壬申15	癸酉16	甲戌17	乙亥18	丙子19	丁丑20	戊寅21	己卯22	庚辰23	辛巳24	壬午25	癸未26	甲申27	乙酉28	丙戌29	丁亥30	戊子31	己丑(11)	庚寅2	辛卯3	壬辰4	癸巳5	甲午6	乙未7	丙申8		
十一月大	乙亥	干支 天地西曆	丁酉9	戊戌10	己亥11	庚子12	辛丑13	壬寅14	癸卯15	甲辰16	乙巳17	丙午18	丁未19	戊申20	己酉21	庚戌22	辛亥23	壬子24	癸丑25	甲寅26	乙卯27	丙辰28	丁巳29	戊午30	己未(12)	庚申2	辛酉3	壬戌4	癸亥5	甲子6	乙丑7	丙寅8	己亥立冬
十二月小	丙子	干支 天地西曆	丁卯9	戊辰10	己巳11	庚午12	辛未13	壬申14	癸酉15	甲戌16	乙亥17	丙子18	丁丑19	戊寅20	己卯21	庚辰22	辛巳23	壬午24	癸未25	甲申26	乙酉27	丙戌28	丁亥29	戊子30	己丑31	庚寅(1)	辛卯2	壬辰3	癸巳4	甲午5	乙未6		癸未冬至

朔閏異同	曆名	正月	二月	三月	四月	五月	六月	七月	八月	九月	十月	十一	十二	閏月
	周曆夏曆	壬申庚午	辛丑庚子	辛未庚午	庚子己亥	庚午己巳	己亥戊戌	己巳戊辰	戊戌丁酉	戊辰丁卯	丁酉丙申	丁卯丙寅	丙申乙未	
	顓頊新曆	壬寅辛未	壬申庚子	辛丑庚午	辛未庚子	辛丑己巳	庚午己亥	庚子戊辰	己巳戊戌	己亥丁卯	戊辰丁酉	戊戌丙寅	丁卯丙申	

周赧王九年（乙卯 兔年） 公元前306年 歲在玄枵

殷曆月序		中西曆日對照	初一	初二	初三	初四	初五	初六	初七	初八	初九	初十	十一	十二	十三	十四	十五	十六	十七	十八	十九	二十	二一	二二	二三	二四	二五	二六	二七	二八	二九	三十	節氣與天象
正月大	丁丑	天干地支 西曆	丙申 7	丁酉 8	戊戌 9	己亥 10	庚子 11	辛丑 12	壬寅 13	癸卯 14	甲辰 15	乙巳 16	丙午 17	丁未 18	戊申 19	己酉 20	庚戌 21	辛亥 22	壬子 23	癸丑 24	甲寅 25	乙卯 26	丙辰 27	丁巳 28	戊午 29	己未 30	庚申 31	辛酉 (2)	壬戌 2	癸亥 3	甲子 4	乙丑 5	
二月小	戊寅	天干地支 西曆	丙寅 6	丁卯 7	戊辰 8	己巳 9	庚午 10	辛未 11	壬申 12	癸酉 13	甲戌 14	乙亥 15	丙子 16	丁丑 17	戊寅 18	己卯 19	庚辰 20	辛巳 21	壬午 22	癸未 23	甲申 24	乙酉 25	丙戌 26	丁亥 27	戊子 28	己丑 (3)	庚寅 2	辛卯 3	壬辰 4	癸巳 5	甲午 6		戊辰立春
三月大	己卯	天干地支 西曆	乙未 7	丙申 8	丁酉 9	戊戌 10	己亥 11	庚子 12	辛丑 13	壬寅 14	癸卯 15	甲辰 16	乙巳 17	丙午 18	丁未 19	戊申 20	己酉 21	庚戌 22	辛亥 23	壬子 24	癸丑 25	甲寅 26	乙卯 27	丙辰 28	丁巳 29	戊午 30	己未 31	庚申 (4)	辛酉 2	壬戌 3	癸亥 4	甲子 5	甲寅春分
四月小	庚辰	天干地支 西曆	乙丑 6	丙寅 7	丁卯 8	戊辰 9	己巳 10	庚午 11	辛未 12	壬申 13	癸酉 14	甲戌 15	乙亥 16	丙子 17	丁丑 18	戊寅 19	己卯 20	庚辰 21	辛巳 22	壬午 23	癸未 24	甲申 25	乙酉 26	丙戌 27	丁亥 28	戊子 29	己丑 30	庚寅 (5)	辛卯 2	壬辰 3	癸巳 4		
五月大	辛巳	天干地支 西曆	甲午 5	乙未 6	丙申 7	丁酉 8	戊戌 9	己亥 10	庚子 11	辛丑 12	壬寅 13	癸卯 14	甲辰 15	乙巳 16	丙午 17	丁未 18	戊申 19	己酉 20	庚戌 21	辛亥 22	壬子 23	癸丑 24	甲寅 25	乙卯 26	丙辰 27	丁巳 28	戊午 29	己未 30	庚申 31	辛酉 (6)	壬戌 2	癸亥 3	庚子立夏 癸亥日食
六月小	壬午	天干地支 西曆	甲子 4	乙丑 5	丙寅 6	丁卯 7	戊辰 8	己巳 9	庚午 10	辛未 11	壬申 12	癸酉 13	甲戌 14	乙亥 15	丙子 16	丁丑 17	戊寅 18	己卯 19	庚辰 20	辛巳 21	壬午 22	癸未 23	甲申 24	乙酉 25	丙戌 26	丁亥 27	戊子 28	己丑 29	庚寅 30	辛卯 (7)	壬辰 2		戊子夏至
七月大	癸未	天干地支 西曆	癸巳 3	甲午 4	乙未 5	丙申 6	丁酉 7	戊戌 8	己亥 9	庚子 10	辛丑 11	壬寅 12	癸卯 13	甲辰 14	乙巳 15	丙午 16	丁未 17	戊申 18	己酉 19	庚戌 20	辛亥 21	壬子 22	癸丑 23	甲寅 24	乙卯 25	丙辰 26	丁巳 27	戊午 28	己未 29	庚申 30	辛酉 31	壬戌 (8)	
八月小	甲申	天干地支 西曆	癸亥 2	甲子 3	乙丑 4	丙寅 5	丁卯 6	戊辰 7	己巳 8	庚午 9	辛未 10	壬申 11	癸酉 12	甲戌 13	乙亥 14	丙子 15	丁丑 16	戊寅 17	己卯 18	庚辰 19	辛巳 20	壬午 21	癸未 22	甲申 23	乙酉 24	丙戌 25	丁亥 26	戊子 27	己丑 28	庚寅 29	辛卯 30		甲戌立秋
九月大	乙酉	天干地支 西曆	壬辰 31	癸巳 (9)	甲午 2	乙未 3	丙申 4	丁酉 5	戊戌 6	己亥 7	庚子 8	辛丑 9	壬寅 10	癸卯 11	甲辰 12	乙巳 13	丙午 14	丁未 15	戊申 16	己酉 17	庚戌 18	辛亥 19	壬子 20	癸丑 21	甲寅 22	乙卯 23	丙辰 24	丁巳 25	戊午 26	己未 27	庚申 28	辛酉 29	庚申秋分
十月小	丙戌	天干地支 西曆	壬戌 30	癸亥 (10)	甲子 2	乙丑 3	丙寅 4	丁卯 5	戊辰 6	己巳 7	庚午 8	辛未 9	壬申 10	癸酉 11	甲戌 12	乙亥 13	丙子 14	丁丑 15	戊寅 16	己卯 17	庚辰 18	辛巳 19	壬午 20	癸未 21	甲申 22	乙酉 23	丙戌 24	丁亥 25	戊子 26	己丑 27	庚寅 28		
十一月大	丁亥	天干地支 西曆	辛卯 29	壬辰 30	癸巳 31	甲午 (11)	乙未 2	丙申 3	丁酉 4	戊戌 5	己亥 6	庚子 7	辛丑 8	壬寅 9	癸卯 10	甲辰 11	乙巳 12	丙午 13	丁未 14	戊申 15	己酉 16	庚戌 17	辛亥 18	壬子 19	癸丑 20	甲寅 21	乙卯 22	丙辰 23	丁巳 24	戊午 25	己未 26	庚申 27	甲辰立冬
十二月大	戊子	天干地支 西曆	辛酉 28	壬戌 29	癸亥 30	甲子 (12)	乙丑 2	丙寅 3	丁卯 4	戊辰 5	己巳 6	庚午 7	辛未 8	壬申 9	癸酉 10	甲戌 11	乙亥 12	丙子 13	丁丑 14	戊寅 15	己卯 16	庚辰 17	辛巳 18	壬午 19	癸未 20	甲申 21	乙酉 22	丙戌 23	丁亥 24	戊子 25	己丑 26	庚寅 27	戊子冬至

朔閏異同	曆名	正月	二月	三月	四月	五月	六月	七月	八月	九月	十月	十一	十二	閏月
	周曆夏曆	丙寅乙丑	乙未甲午	乙丑甲子	甲午癸巳	甲子癸亥	甲午癸巳	癸亥壬戌	癸巳壬辰	壬戌辛酉	壬辰---辛卯	辛酉庚申	辛卯庚寅	己未
	顓頊新曆	丁酉乙丑	丙寅乙未	丙申甲子	乙丑甲午	乙未癸亥	甲子癸巳	甲午癸亥	甲子---壬辰	癸巳壬戌	癸亥辛卯	壬辰辛酉	壬戌庚寅	庚申

周赧王十年（丙辰 龍年） 公元前306～前**305**～前304年 歲在娵訾

殷曆月序		中西曆日對照	殷曆日序																													節氣與天象
			初一	初二	初三	初四	初五	初六	初七	初八	初九	初十	十一	十二	十三	十四	十五	十六	十七	十八	十九	二十	二一	二二	二三	二四	二五	二六	二七	二八	二九	三十	
正月小	己丑	天干地支西曆	辛卯28	壬辰29	癸巳30	甲午31	乙未(1)	丙申2	丁酉3	戊戌4	己亥5	庚子6	辛丑7	壬寅8	癸卯9	甲辰10	乙巳11	丙午12	丁未13	戊申14	己酉15	庚戌16	辛亥17	壬子18	癸丑19	甲寅20	乙卯21	丙辰22	丁巳23	戊午24	己未25		
閏正月大	己丑	天干地支西曆	庚申26	辛酉27	壬戌28	癸亥29	甲子30	乙丑31	丙寅(2)	丁卯2	戊辰3	己巳4	庚午5	辛未6	壬申7	癸酉8	甲戌9	乙亥10	丙子11	丁丑12	戊寅13	己卯14	庚辰15	辛巳16	壬午17	癸未18	甲申19	乙酉20	丙戌21	丁亥22	戊子23	己丑24	癸酉立春
二月小	庚寅	天干地支西曆	庚寅25	辛卯26	壬辰27	癸巳28	甲午29	乙未(3)	丙申2	丁酉3	戊戌4	己亥5	庚子6	辛丑7	壬寅8	癸卯9	甲辰10	乙巳11	丙午12	丁未13	戊申14	己酉15	庚戌16	辛亥17	壬子18	癸丑19	甲寅20	乙卯21	丙辰22	丁巳23	戊午24		
三月大	辛卯	天干地支西曆	己未25	庚申26	辛酉27	壬戌28	癸亥29	甲子30	乙丑31	丙寅(4)	丁卯2	戊辰3	己巳4	庚午5	辛未6	壬申7	癸酉8	甲戌9	乙亥10	丙子11	丁丑12	戊寅13	己卯14	庚辰15	辛巳16	壬午17	癸未18	甲申19	乙酉20	丙戌21	丁亥22	戊子23	己未春分
四月小	壬辰	天干地支西曆	己丑24	庚寅25	辛卯26	壬辰27	癸巳28	甲午29	乙未30	丙申(5)	丁酉2	戊戌3	己亥4	庚子5	辛丑6	壬寅7	癸卯8	甲辰9	乙巳10	丙午11	丁未12	戊申13	己酉14	庚戌15	辛亥16	壬子17	癸丑18	甲寅19	乙卯20	丙辰21	丁巳22		丙午立夏
五月大	癸巳	天干地支西曆	戊午23	己未24	庚申25	辛酉26	壬戌27	癸亥28	甲子29	乙丑30	丙寅31	丁卯(6)	戊辰2	己巳3	庚午4	辛未5	壬申6	癸酉7	甲戌8	乙亥9	丙子10	丁丑11	戊寅12	己卯13	庚辰14	辛巳15	壬午16	癸未17	甲申18	乙酉19	丙戌20	丁亥21	
六月小	甲午	天干地支西曆	戊子22	己丑23	庚寅24	辛卯25	壬辰26	癸巳27	甲午28	乙未29	丙申30	丁酉(7)	戊戌2	己亥3	庚子4	辛丑5	壬寅6	癸卯7	甲辰8	乙巳9	丙午10	丁未11	戊申12	己酉13	庚戌14	辛亥15	壬子16	癸丑17	甲寅18	乙卯19	丙辰20		癸巳夏至
七月大	乙未	天干地支西曆	丁巳21	戊午22	己未23	庚申24	辛酉25	壬戌26	癸亥27	甲子28	乙丑29	丙寅30	丁卯31	戊辰(8)	己巳2	庚午3	辛未4	壬申5	癸酉6	甲戌7	乙亥8	丙子9	丁丑10	戊寅11	己卯12	庚辰13	辛巳14	壬午15	癸未16	甲申17	乙酉18	丙戌19	庚辰立秋
八月小	丙申	天干地支西曆	丁亥20	戊子21	己丑22	庚寅23	辛卯24	壬辰25	癸巳26	甲午27	乙未28	丙申29	丁酉30	戊戌31	己亥(9)	庚子2	辛丑3	壬寅4	癸卯5	甲辰6	乙巳7	丙午8	丁未9	戊申10	己酉11	庚戌12	辛亥13	壬子14	癸丑15	甲寅16	乙卯17		
九月大	丁酉	天干地支西曆	丙辰18	丁巳19	戊午20	己未21	庚申22	辛酉23	壬戌24	癸亥25	甲子26	乙丑27	丙寅28	丁卯29	戊辰30	己巳(10)	庚午2	辛未3	壬申4	癸酉5	甲戌6	乙亥7	丙子8	丁丑9	戊寅10	己卯11	庚辰12	辛巳13	壬午14	癸未15	甲申16	乙酉17	乙丑秋分
十月小	戊戌	天干地支西曆	丙戌18	丁亥19	戊子20	己丑21	庚寅22	辛卯23	壬辰24	癸巳25	甲午26	乙未27	丙申28	丁酉29	戊戌30	己亥31	庚子(11)	辛丑2	壬寅3	癸卯4	甲辰5	乙巳6	丙午7	丁未8	戊申9	己酉10	庚戌11	辛亥12	壬子13	癸丑14	甲寅15		庚戌立冬
十一月大	己亥	天干地支西曆	乙卯16	丙辰17	丁巳18	戊午19	己未20	庚申21	辛酉22	壬戌23	癸亥24	甲子25	乙丑26	丙寅27	丁卯28	戊辰29	己巳30	庚午(12)	辛未2	壬申3	癸酉4	甲戌5	乙亥6	丙子7	丁丑8	戊寅9	己卯10	庚辰11	辛巳12	壬午13	癸未14	甲申15	
十二月小	庚子	天干地支西曆	乙酉16	丙戌17	丁亥18	戊子19	己丑20	庚寅21	辛卯22	壬辰23	癸巳24	甲午25	乙未26	丙申27	丁酉28	戊戌29	己亥30	庚子31	辛丑(1)	壬寅2	癸卯3	甲辰4	乙巳5	丙午6	丁未7	戊申8	己酉9	庚戌10	辛亥11	壬子12	癸丑13		甲午冬至

朔閏異同	曆名	正月	二月	三月	四月	五月	六月	七月	八月	九月	十月	十一	十二	閏月		曆名	正月	二月	三月	四月	五月	六月	七月	八月	九月	十月	十一	十二	閏月
	周曆夏曆	庚申己丑	---庚寅戊午	己未戊子	己丑丁巳	戊午丁亥	戊子丙辰	丁巳丙戌	丁亥乙卯	丁巳乙酉	丙戌乙卯	丙辰甲申	乙酉甲寅	乙卯		顓頊新曆	辛卯己丑	辛酉己未	庚寅戊子	庚申丁巳	己丑丁亥	己未丁巳	戊子丙戌	戊午丙辰	丁亥丙戌	丁巳乙卯	丙戌乙酉	丙辰甲寅	---丙戌

周赧王十一年（丁巳 蛇年） 公元前304～前303年 歲在降婁

殷曆月序		中西曆日對照	初一	初二	初三	初四	初五	初六	初七	初八	初九	初十	十一	十二	十三	十四	十五	十六	十七	十八	十九	二十	二一	二二	二三	二四	二五	二六	二七	二八	二九	三十	節氣與天象
正月大	辛丑	天干支 地西曆	甲寅 14	乙卯 15	丙辰 16	丁巳 17	戊午 18	己未 19	庚申 20	辛酉 21	壬戌 22	癸亥 23	甲子 24	乙丑 25	丙寅 26	丁卯 27	戊辰 28	己巳 29	庚午 30	辛未 31	壬申 (2)	癸酉 2	甲戌 3	乙亥 4	丙子 5	丁丑 6	戊寅 7	己卯 8	庚辰 9	辛巳 10	壬午 11	癸未 12	戊寅立春
二月大	壬寅	天干支 地西曆	甲申 13	乙酉 14	丙戌 15	丁亥 16	戊子 17	己丑 18	庚寅 19	辛卯 20	壬辰 21	癸巳 22	甲午 23	乙未 24	丙申 25	丁酉 26	戊戌 27	己亥 28	庚子 (3)	辛丑 2	壬寅 3	癸卯 4	甲辰 5	乙巳 6	丙午 7	丁未 8	戊申 9	己酉 10	庚戌 11	辛亥 12	壬子 13	癸丑 14	
三月小	癸卯	天干支 地西曆	甲寅 15	乙卯 16	丙辰 17	丁巳 18	戊午 19	己未 20	庚申 21	辛酉 22	壬戌 23	癸亥 24	甲子 25	乙丑 26	丙寅 27	丁卯 28	戊辰 29	己巳 30	庚午 31	辛未 (4)	壬申 2	癸酉 3	甲戌 4	乙亥 5	丙子 6	丁丑 7	戊寅 8	己卯 9	庚辰 10	辛巳 11	壬午 12		甲子春分
四月大	甲辰	天干支 地西曆	癸未 13	甲申 14	乙酉 15	丙戌 16	丁亥 17	戊子 18	己丑 19	庚寅 20	辛卯 21	壬辰 22	癸巳 23	甲午 24	乙未 25	丙申 26	丁酉 27	戊戌 28	己亥 29	庚子 30	辛丑 (5)	壬寅 2	癸卯 3	甲辰 4	乙巳 5	丙午 6	丁未 7	戊申 8	己酉 9	庚戌 10	辛亥 11	壬子 12	辛亥立夏
五月小	乙巳	天干支 地西曆	癸丑 13	甲寅 14	乙卯 15	丙辰 16	丁巳 17	戊午 18	己未 19	庚申 20	辛酉 21	壬戌 22	癸亥 23	甲子 24	乙丑 25	丙寅 26	丁卯 27	戊辰 28	己巳 29	庚午 30	辛未 31	壬申 (6)	癸酉 2	甲戌 3	乙亥 4	丙子 5	丁丑 6	戊寅 7	己卯 8	庚辰 9	辛巳 10		
六月大	丙午	天干支 地西曆	壬午 11	癸未 12	甲申 13	乙酉 14	丙戌 15	丁亥 16	戊子 17	己丑 18	庚寅 19	辛卯 20	壬辰 21	癸巳 22	甲午 23	乙未 24	丙申 25	丁酉 26	戊戌 27	己亥 28	庚子 29	辛丑 30	壬寅 (7)	癸卯 2	甲辰 3	乙巳 4	丙午 5	丁未 6	戊申 7	己酉 8	庚戌 9	辛亥 10	戊戌夏至
七月小	丁未	天干支 地西曆	壬子 11	癸丑 12	甲寅 13	乙卯 14	丙辰 15	丁巳 16	戊午 17	己未 18	庚申 19	辛酉 20	壬戌 21	癸亥 22	甲子 23	乙丑 24	丙寅 25	丁卯 26	戊辰 27	己巳 28	庚午 29	辛未 30	壬申 31	癸酉 (8)	甲戌 2	乙亥 3	丙子 4	丁丑 5	戊寅 6	己卯 7	庚辰 8		
八月大	戊申	天干支 地西曆	辛巳 9	壬午 10	癸未 11	甲申 12	乙酉 13	丙戌 14	丁亥 15	戊子 16	己丑 17	庚寅 18	辛卯 19	壬辰 20	癸巳 21	甲午 22	乙未 23	丙申 24	丁酉 25	戊戌 26	己亥 27	庚子 28	辛丑 29	壬寅 30	癸卯 31	甲辰 (9)	乙巳 2	丙午 3	丁未 4	戊申 5	己酉 6	庚戌 7	乙酉立秋
九月小	己酉	天干支 地西曆	辛亥 8	壬子 9	癸丑 10	甲寅 11	乙卯 12	丙辰 13	丁巳 14	戊午 15	己未 16	庚申 17	辛酉 18	壬戌 19	癸亥 20	甲子 21	乙丑 22	丙寅 23	丁卯 24	戊辰 25	己巳 26	庚午 27	辛未 28	壬申 29	癸酉 30	甲戌 (10)	乙亥 2	丙子 3	丁丑 4	戊寅 5	己卯 6		庚午秋分
十月大	庚戌	天干支 地西曆	庚辰 7	辛巳 8	壬午 9	癸未 10	甲申 11	乙酉 12	丙戌 13	丁亥 14	戊子 15	己丑 16	庚寅 17	辛卯 18	壬辰 19	癸巳 20	甲午 21	乙未 22	丙申 23	丁酉 24	戊戌 25	己亥 26	庚子 27	辛丑 28	壬寅 29	癸卯 30	甲辰 31	乙巳 (11)	丙午 2	丁未 3	戊申 4	己酉 5	
十一月小	辛亥	天干支 地西曆	庚戌 6	辛亥 7	壬子 8	癸丑 9	甲寅 10	乙卯 11	丙辰 12	丁巳 13	戊午 14	己未 15	庚申 16	辛酉 17	壬戌 18	癸亥 19	甲子 20	乙丑 21	丙寅 22	丁卯 23	戊辰 24	己巳 25	庚午 26	辛未 27	壬申 28	癸酉 29	甲戌 30	乙亥 (12)	丙子 2	丁丑 3	戊寅 4		乙卯立冬
十二月大	壬子	天干支 地西曆	己卯 5	庚辰 6	辛巳 7	壬午 8	癸未 9	甲申 10	乙酉 11	丙戌 12	丁亥 13	戊子 14	己丑 15	庚寅 16	辛卯 17	壬辰 18	癸巳 19	甲午 20	乙未 21	丙申 22	丁酉 23	戊戌 24	己亥 25	庚子 26	辛丑 27	壬寅 28	癸卯 29	甲辰 30	乙巳 31	丙午 (1)	丁未 2	戊申 3	己亥冬至

朔閏異同	曆名	正月	二月	三月	四月	五月	六月	七月	八月	九月	十月	十一	十二	閏月	曆名	正月	二月	三月	四月	五月	六月	七月	八月	九月	十月	十一	十二	閏月
	周曆夏曆	甲申癸未	甲寅癸丑	癸未壬午	癸丑壬子	壬午辛巳	壬子辛亥	辛巳庚辰	辛亥庚戌	庚辰己卯	庚戌己酉	己卯戊寅	己酉戊申		顓頊新曆	乙卯甲申	乙酉癸丑	甲寅癸未	甲申壬子	癸丑辛巳	癸未辛亥	壬子庚辰	壬午庚戌	辛亥庚辰	辛巳庚戌	庚戌己卯	庚辰己酉	

周赧王十二年（戊午 馬年） 公元前 303 ~ 前 302 年 歲在大梁

殷曆月序		中西曆日對照	初一	初二	初三	初四	初五	初六	初七	初八	初九	初十	十一	十二	十三	十四	十五	十六	十七	十八	十九	二十	二一	二二	二三	二四	二五	二六	二七	二八	二九	三十	節氣與天象
正月小	癸丑	干支 天地西曆	己酉 4	庚戌 5	辛亥 6	壬子 7	癸丑 8	甲寅 9	乙卯 10	丙辰 11	丁巳 12	戊午 13	己未 14	庚申 15	辛酉 16	壬戌 17	癸亥 18	甲子 19	乙丑 20	丙寅 21	丁卯 22	戊辰 23	己巳 24	庚午 25	辛未 26	壬申 27	癸酉 28	甲戌 29	乙亥 30	丙子 31	丁丑 (2)		
二月大	甲寅	干支 天地西曆	戊寅 2	己卯 3	庚辰 4	辛巳 5	壬午 6	癸未 7	甲申 8	乙酉 9	丙戌 10	丁亥 11	戊子 12	己丑 13	庚寅 14	辛卯 15	壬辰 16	癸巳 17	甲午 18	乙未 19	丙申 20	丁酉 21	戊戌 22	己亥 23	庚子 24	辛丑 25	壬寅 26	癸卯 27	甲辰 28	乙巳 (3)	丙午 2	丁未 3	甲申立春
三月小	乙卯	干支 天地西曆	戊申 4	己酉 5	庚戌 6	辛亥 7	壬子 8	癸丑 9	甲寅 10	乙卯 11	丙辰 12	丁巳 13	戊午 14	己未 15	庚申 16	辛酉 17	壬戌 18	癸亥 19	甲子 20	乙丑 21	丙寅 22	丁卯 23	戊辰 24	己巳 25	庚午 26	辛未 27	壬申 28	癸酉 29	甲戌 30	乙亥 31	丙子 (4)		己巳春分
四月大	丙辰	干支 天地西曆	丁丑 2	戊寅 3	己卯 4	庚辰 5	辛巳 6	壬午 7	癸未 8	甲申 9	乙酉 10	丙戌 11	丁亥 12	戊子 13	己丑 14	庚寅 15	辛卯 16	壬辰 17	癸巳 18	甲午 19	乙未 20	丙申 21	丁酉 22	戊戌 23	己亥 24	庚子 25	辛丑 26	壬寅 27	癸卯 28	甲辰 29	乙巳 30	丙午 (5)	丁丑日食
五月小	丁巳	干支 天地西曆	丁未 2	戊申 3	己酉 4	庚戌 5	辛亥 6	壬子 7	癸丑 8	甲寅 9	乙卯 10	丙辰 11	丁巳 12	戊午 13	己未 14	庚申 15	辛酉 16	壬戌 17	癸亥 18	甲子 19	乙丑 20	丙寅 21	丁卯 22	戊辰 23	己巳 24	庚午 25	辛未 26	壬申 27	癸酉 28	甲戌 29	乙亥 30		丙辰立夏
六月大	戊午	干支 天地西曆	丙子 31	丁丑 (6)	戊寅 2	己卯 3	庚辰 4	辛巳 5	壬午 6	癸未 7	甲申 8	乙酉 9	丙戌 10	丁亥 11	戊子 12	己丑 13	庚寅 14	辛卯 15	壬辰 16	癸巳 17	甲午 18	乙未 19	丙申 20	丁酉 21	戊戌 22	己亥 23	庚子 24	辛丑 25	壬寅 26	癸卯 27	甲辰 28	乙巳 29	癸卯夏至
七月大	己未	干支 天地西曆	丙午 30	丁未 (7)	戊申 2	己酉 3	庚戌 4	辛亥 5	壬子 6	癸丑 7	甲寅 8	乙卯 9	丙辰 10	丁巳 11	戊午 12	己未 13	庚申 14	辛酉 15	壬戌 16	癸亥 17	甲子 18	乙丑 19	丙寅 20	丁卯 21	戊辰 22	己巳 23	庚午 24	辛未 25	壬申 26	癸酉 27	甲戌 28	乙亥 29	
八月小	庚申	干支 天地西曆	丙子 30	丁丑 31	戊寅 (8)	己卯 2	庚辰 3	辛巳 4	壬午 5	癸未 6	甲申 7	乙酉 8	丙戌 9	丁亥 10	戊子 11	己丑 12	庚寅 13	辛卯 14	壬辰 15	癸巳 16	甲午 17	乙未 18	丙申 19	丁酉 20	戊戌 21	己亥 22	庚子 23	辛丑 24	壬寅 25	癸卯 26	甲辰 27		庚寅立秋
九月大	辛酉	干支 天地西曆	乙巳 28	丙午 29	丁未 30	戊申 31	己酉 (9)	庚戌 2	辛亥 3	壬子 4	癸丑 5	甲寅 6	乙卯 7	丙辰 8	丁巳 9	戊午 10	己未 11	庚申 12	辛酉 13	壬戌 14	癸亥 15	甲子 16	乙丑 17	丙寅 18	丁卯 19	戊辰 20	己巳 21	庚午 22	辛未 23	壬申 24	癸酉 25	甲戌 26	
閏九月小	辛酉	干支 天地西曆	乙亥 27	丙子 28	丁丑 29	戊寅 30	己卯 (10)	庚辰 2	辛巳 3	壬午 4	癸未 5	甲申 6	乙酉 7	丙戌 8	丁亥 9	戊子 10	己丑 11	庚寅 12	辛卯 13	壬辰 14	癸巳 15	甲午 16	乙未 17	丙申 18	丁酉 19	戊戌 20	己亥 21	庚子 22	辛丑 23	壬寅 24	癸卯 25		丙子秋分
十月大	壬戌	干支 天地西曆	甲辰 26	乙巳 27	丙午 28	丁未 29	戊申 30	己酉 31	庚戌 (11)	辛亥 2	壬子 3	癸丑 4	甲寅 5	乙卯 6	丙辰 7	丁巳 8	戊午 9	己未 10	庚申 11	辛酉 12	壬戌 13	癸亥 14	甲子 15	乙丑 16	丙寅 17	丁卯 18	戊辰 19	己巳 20	庚午 21	辛未 22	壬申 23	癸酉 24	庚申立冬
十一月小	癸亥	干支 天地西曆	甲戌 25	乙亥 26	丙子 27	丁丑 28	戊寅 29	己卯 30	庚辰 (12)	辛巳 2	壬午 3	癸未 4	甲申 5	乙酉 6	丙戌 7	丁亥 8	戊子 9	己丑 10	庚寅 11	辛卯 12	壬辰 13	癸巳 14	甲午 15	乙未 16	丙申 17	丁酉 18	戊戌 19	己亥 20	庚子 21	辛丑 22	壬寅 23		
十二月大	甲子	干支 天地西曆	癸卯 24	甲辰 25	乙巳 26	丙午 27	丁未 28	戊申 29	己酉 30	庚戌 31	辛亥 (1)	壬子 2	癸丑 3	甲寅 4	乙卯 5	丙辰 6	丁巳 7	戊午 8	己未 9	庚申 10	辛酉 11	壬戌 12	癸亥 13	甲子 14	乙丑 15	丙寅 16	丁卯 17	戊辰 18	己巳 19	庚午 20	辛未 21	壬申 22	甲辰冬至

朔閏異同	曆名	正月	二月	三月	四月	五月	六月	七月	八月	九月	十月	十一	十二	閏月
	周曆夏曆	己卯丁丑	戊申丁未	戊寅丁丑	丁未丙午	丁丑丙子	丙午---乙巳	丙子乙亥	乙巳甲辰	乙亥甲戌	甲辰癸卯	---甲戌癸酉	癸卯壬寅	癸酉壬申
	曆名	正月	二月	三月	四月	五月	六月	七月	八月	九月	十月	十一	十二	閏月
	顓頊新曆	己酉戊寅	己卯戊申	己酉丁丑	戊寅丁未	戊申---丙子	丁丑乙巳	丁未乙亥	丙子甲辰	丙午甲戌	乙亥甲辰	乙巳癸酉	甲戌癸卯	---甲辰癸酉

周赧王十三年（己未 羊年） 公元前302～前301年 歲在賨沈

殷曆月序		中西曆日對照	初一	初二	初三	初四	初五	初六	初七	初八	初九	初十	十一	十二	十三	十四	十五
正月小	乙丑	天干地支西曆	癸酉 23	甲戌 24	乙亥 25	丙子 26	丁丑 27	戊寅 28	己卯 29	庚辰 30	辛巳 31	壬午 (2)	癸未 2	甲申 3	乙酉 4	丙戌 5	丁亥 6
二月大	丙寅	天干地支西曆	壬寅 21	癸卯 22	甲辰 23	乙巳 24	丙午 25	丁未 26	戊申 27	己酉 28	庚戌 (3)	辛亥 2	壬子 3	癸丑 4	甲寅 5	乙卯 6	丙辰 7
三月小	丁卯	天干地支西曆	壬申 23	癸酉 24	甲戌 25	乙亥 26	丙子 27	丁丑 28	戊寅 29	己卯 30	庚辰 31	辛巳 (4)	壬午 2	癸未 3	甲申 4	乙酉 5	丙戌 6
四月大	戊辰	天干地支西曆	辛丑 21	壬寅 22	癸卯 23	甲辰 24	乙巳 25	丙午 26	丁未 27	戊申 28	己酉 29	庚戌 30	辛亥 (5)	壬子 2	癸丑 3	甲寅 4	乙卯 5
五月小	己巳	天干地支西曆	辛未 21	壬申 22	癸酉 23	甲戌 24	乙亥 25	丙子 26	丁丑 27	戊寅 28	己卯 29	庚辰 30	辛巳 31	壬午 (6)	癸未 2	甲申 3	乙酉 4
六月大	庚午	天干地支西曆	庚子 19	辛丑 20	壬寅 21	癸卯 22	甲辰 23	乙巳 24	丙午 25	丁未 26	戊申 27	己酉 28	庚戌 29	辛亥 30	壬子 (7)	癸丑 2	甲寅 3
七月小	辛未	天干地支西曆	庚午 19	辛未 20	壬申 21	癸酉 22	甲戌 23	乙亥 24	丙子 25	丁丑 26	戊寅 27	己卯 28	庚辰 29	辛巳 30	壬午 31	癸未 (8)	甲申 2
八月大	壬申	天干地支西曆	己亥 17	庚子 18	辛丑 19	壬寅 20	癸卯 21	甲辰 22	乙巳 23	丙午 24	丁未 25	戊申 26	己酉 27	庚戌 28	辛亥 29	壬子 30	癸丑 31
九月大	癸酉	天干地支西曆	己巳 16	庚午 17	辛未 18	壬申 19	癸酉 20	甲戌 21	乙亥 22	丙子 23	丁丑 24	戊寅 25	己卯 26	庚辰 27	辛巳 28	壬午 29	癸未 30
十月小	甲戌	天干地支西曆	己亥 16	庚子 17	辛丑 18	壬寅 19	癸卯 20	甲辰 21	乙巳 22	丙午 23	丁未 24	戊申 25	己酉 26	庚戌 27	辛亥 28	壬子 29	癸丑 30
十一月大	乙亥	天干地支西曆	戊辰 14	己巳 15	庚午 16	辛未 17	壬申 18	癸酉 19	甲戌 20	乙亥 21	丙子 22	丁丑 23	戊寅 24	己卯 25	庚辰 26	辛巳 27	壬午 28
十二月小	丙子	天干地支西曆	戊戌 14	己亥 15	庚子 16	辛丑 17	壬寅 18	癸卯 19	甲辰 20	乙巳 21	丙午 22	丁未 23	戊申 24	己酉 25	庚戌 26	辛亥 27	壬子 28

殷曆月序		十六	十七	十八	十九	二十	二一	二二	二三	二四	二五	二六	二七	二八	二九	三十	節氣與天象
正月小	乙丑	戊子 7	己丑 8	庚寅 9	辛卯 10	壬辰 11	癸巳 12	甲午 13	乙未 14	丙申 15	丁酉 16	戊戌 17	己亥 18	庚子 19	辛丑 20		己丑立春
二月大	丙寅	丁巳 8	戊午 9	己未 10	庚申 11	辛酉 12	壬戌 13	癸亥 14	甲子 15	乙丑 16	丙寅 17	丁卯 18	戊辰 19	己巳 20	庚午 21	辛未 22	
三月小	丁卯	丁亥 7	戊子 8	己丑 9	庚寅 10	辛卯 11	壬辰 12	癸巳 13	甲午 14	乙未 15	丙申 16	丁酉 17	戊戌 18	己亥 19	庚子 20		乙亥春分 壬申日食
四月大	戊辰	丙辰 6	丁巳 7	戊午 8	己未 9	庚申 10	辛酉 11	壬戌 12	癸亥 13	甲子 14	乙丑 15	丙寅 16	丁卯 17	戊辰 18	己巳 19	庚午 20	辛酉立夏
五月小	己巳	丙戌 5	丁亥 6	戊子 7	己丑 8	庚寅 9	辛卯 10	壬辰 11	癸巳 12	甲午 13	乙未 14	丙申 15	丁酉 16	戊戌 17	己亥 18		
六月大	庚午	乙卯 4	丙辰 5	丁巳 6	戊午 7	己未 8	庚申 9	辛酉 10	壬戌 11	癸亥 12	甲子 13	乙丑 14	丙寅 15	丁卯 16	戊辰 17	己巳 18	己酉夏至
七月小	辛未	乙酉 3	丙戌 4	丁亥 5	戊子 6	己丑 7	庚寅 8	辛卯 9	壬辰 10	癸巳 11	甲午 12	乙未 13	丙申 14	丁酉 15	戊戌 16		乙未立秋
八月大	壬申	甲寅 (9)	乙卯 2	丙辰 3	丁巳 4	戊午 5	己未 6	庚申 7	辛酉 8	壬戌 9	癸亥 10	甲子 11	乙丑 12	丙寅 13	丁卯 14	戊辰 15	
九月大	癸酉	甲申 (10)	乙酉 2	丙戌 3	丁亥 4	戊子 5	己丑 6	庚寅 7	辛卯 8	壬辰 9	癸巳 10	甲午 11	乙未 12	丙申 13	丁酉 14	戊戌 15	辛巳秋分
十月小	甲戌	甲寅 31	乙卯 (11)	丙辰 2	丁巳 3	戊午 4	己未 5	庚申 6	辛酉 7	壬戌 8	癸亥 9	甲子 10	乙丑 11	丙寅 12	丁卯 13		乙丑立冬
十一月大	乙亥	癸未 29	甲申 30	乙酉 (12)	丙戌 2	丁亥 3	戊子 4	己丑 5	庚寅 6	辛卯 7	壬辰 8	癸巳 9	甲午 10	乙未 11	丙申 12	丁酉 13	
十二月小	丙子	癸丑 29	甲寅 30	乙卯 31	丙辰 (1)	丁巳 2	戊午 3	己未 4	庚申 5	辛酉 6	壬戌 7	癸亥 8	甲子 9	乙丑 10	丙寅 11		己酉冬至

朔閏異同	曆名	正月	二月	三月	四月	五月	六月	七月	八月	九月	十月	十一	十二	閏月
	周曆夏曆	壬寅辛丑	壬申辛未	壬寅庚子	辛未庚午	辛丑庚子	庚午己巳	庚子己亥	己巳戊辰	己亥戊戌	戊辰丁卯	戊戌丁酉	丁卯丙寅	
	顓頊新曆	癸酉壬寅	癸卯壬申	壬申辛丑	壬寅辛未	辛未庚子	辛丑己巳	辛未戊戌	庚子戊辰	庚午戊戌	己亥丁卯	己巳丁酉	戊戌丁卯	

周赧王十四年（庚申 猴年） 公元前301年 歲在鶉首

殷曆月序		中西曆日對照	殷曆日序																														節氣與天象
			初一	初二	初三	初四	初五	初六	初七	初八	初九	初十	十一	十二	十三	十四	十五	十六	十七	十八	十九	二十	二一	二二	二三	二四	二五	二六	二七	二八	二九	三十	
正月大	丁丑	干支	丁卯	戊辰	己巳	庚午	辛未	壬申	癸酉	甲戌	乙亥	丙子	丁丑	戊寅	己卯	庚辰	辛巳	壬午	癸未	甲申	乙酉	丙戌	丁亥	戊子	己丑	庚寅	辛卯	壬辰	癸巳	甲午	乙未	丙申	甲午立春
		天地西曆	12	13	14	15	16	17	18	19	20	21	22	23	24	25	26	27	28	29	30	31	(2)	2	3	4	5	6	7	8	9	10	
二月小	戊寅	干支	丁酉	戊戌	己亥	庚子	辛丑	壬寅	癸卯	甲辰	乙巳	丙午	丁未	戊申	己酉	庚戌	辛亥	壬子	癸丑	甲寅	乙卯	丙辰	丁巳	戊午	己未	庚申	辛酉	壬戌	癸亥	甲子	乙丑		
		天地西曆	11	12	13	14	15	16	17	18	19	20	21	22	23	24	25	26	27	28	29	(3)	2	3	4	5	6	7	8	9	10		
三月大	己卯	干支	丙寅	丁卯	戊辰	己巳	庚午	辛未	壬申	癸酉	甲戌	乙亥	丙子	丁丑	戊寅	己卯	庚辰	辛巳	壬午	癸未	甲申	乙酉	丙戌	丁亥	戊子	己丑	庚寅	辛卯	壬辰	癸巳	甲午	乙未	庚辰春分
		天地西曆	11	12	13	14	15	16	17	18	19	20	21	22	23	24	25	26	27	28	29	30	31	(4)	2	3	4	5	6	7	8	9	
四月小	庚辰	干支	丙申	丁酉	戊戌	己亥	庚子	辛丑	壬寅	癸卯	甲辰	乙巳	丙午	丁未	戊申	己酉	庚戌	辛亥	壬子	癸丑	甲寅	乙卯	丙辰	丁巳	戊午	己未	庚申	辛酉	壬戌	癸亥	甲子		
		天地西曆	10	11	12	13	14	15	16	17	18	19	20	21	22	23	24	25	26	27	28	29	30	(5)	2	3	4	5	6	7	8		
五月大	辛巳	干支	乙丑	丙寅	丁卯	戊辰	己巳	庚午	辛未	壬申	癸酉	甲戌	乙亥	丙子	丁丑	戊寅	己卯	庚辰	辛巳	壬午	癸未	甲申	乙酉	丙戌	丁亥	戊子	己丑	庚寅	辛卯	壬辰	癸巳	甲午	丁卯立夏
		天地西曆	9	10	11	12	13	14	15	16	17	18	19	20	21	22	23	24	25	26	27	28	29	30	31	(6)	2	3	4	5	6	7	
六月小	壬午	干支	乙未	丙申	丁酉	戊戌	己亥	庚子	辛丑	壬寅	癸卯	甲辰	乙巳	丙午	丁未	戊申	己酉	庚戌	辛亥	壬子	癸丑	甲寅	乙卯	丙辰	丁巳	戊午	己未	庚申	辛酉	壬戌	癸亥		甲寅夏至
		天地西曆	8	9	10	11	12	13	14	15	16	17	18	19	20	21	22	23	24	25	26	27	28	29	30	(7)	2	3	4	5	6		
七月大	癸未	干支	甲子	乙丑	丙寅	丁卯	戊辰	己巳	庚午	辛未	壬申	癸酉	甲戌	乙亥	丙子	丁丑	戊寅	己卯	庚辰	辛巳	壬午	癸未	甲申	乙酉	丙戌	丁亥	戊子	己丑	庚寅	辛卯	壬辰	癸巳	癸巳日食
		天地西曆	7	8	9	10	11	12	13	14	15	16	17	18	19	20	21	22	23	24	25	26	27	28	29	30	31	(8)	2	3	4	5	
八月小	甲申	干支	甲午	乙未	丙申	丁酉	戊戌	己亥	庚子	辛丑	壬寅	癸卯	甲辰	乙巳	丙午	丁未	戊申	己酉	庚戌	辛亥	壬子	癸丑	甲寅	乙卯	丙辰	丁巳	戊午	己未	庚申	辛酉	壬戌		辛丑立秋
		天地西曆	6	7	8	9	10	11	12	13	14	15	16	17	18	19	20	21	22	23	24	25	26	27	28	29	30	31	(9)	2	3		
九月大	乙酉	干支	癸亥	甲子	乙丑	丙寅	丁卯	戊辰	己巳	庚午	辛未	壬申	癸酉	甲戌	乙亥	丙子	丁丑	戊寅	己卯	庚辰	辛巳	壬午	癸未	甲申	乙酉	丙戌	丁亥	戊子	己丑	庚寅	辛卯	壬辰	丙戌秋分
		天地西曆	4	5	6	7	8	9	10	11	12	13	14	15	16	17	18	19	20	21	22	23	24	25	26	27	28	29	30	(10)	2	3	
十月小	丙戌	干支	癸巳	甲午	乙未	丙申	丁酉	戊戌	己亥	庚子	辛丑	壬寅	癸卯	甲辰	乙巳	丙午	丁未	戊申	己酉	庚戌	辛亥	壬子	癸丑	甲寅	乙卯	丙辰	丁巳	戊午	己未	庚申	辛酉		
		天地西曆	4	5	6	7	8	9	10	11	12	13	14	15	16	17	18	19	20	21	22	23	24	25	26	27	28	29	30	31	(11)		
十一月大	丁亥	干支	壬戌	癸亥	甲子	乙丑	丙寅	丁卯	戊辰	己巳	庚午	辛未	壬申	癸酉	甲戌	乙亥	丙子	丁丑	戊寅	己卯	庚辰	辛巳	壬午	癸未	甲申	乙酉	丙戌	丁亥	戊子	己丑	庚寅	辛卯	辛未立冬
		天地西曆	2	3	4	5	6	7	8	9	10	11	12	13	14	15	16	17	18	19	20	21	22	23	24	25	26	27	28	29	30	(12)	
十二月小	戊子	干支	壬辰	癸巳	甲午	乙未	丙申	丁酉	戊戌	己亥	庚子	辛丑	壬寅	癸卯	甲辰	乙巳	丙午	丁未	戊申	己酉	庚戌	辛亥	壬子	癸丑	甲寅	乙卯	丙辰	丁巳	戊午	己未	庚申		乙卯冬至
		天地西曆	2	3	4	5	6	7	8	9	10	11	12	13	14	15	16	17	18	19	20	21	22	23	24	25	26	27	28	29	30		

朔閏異同	曆名	正月	二月	三月	四月	五月	六月	七月	八月	九月	十月	十一	十二	閏月	曆名	正月	二月	三月	四月	五月	六月	七月	八月	九月	十月	十一	十二	閏月
	周曆夏曆	丁酉丙申	丙寅乙丑	丙申乙未	乙丑甲子	乙未甲午	甲子癸亥	甲午癸巳	甲子壬戌	癸巳壬辰	癸亥壬戌	壬辰辛卯	壬戌辛酉		顓頊新曆	戊辰丁酉	丁酉丙寅	丁卯丙申	丙申乙丑	丙寅乙未	乙未甲子	乙丑癸巳	甲午癸亥	甲子壬辰	癸巳壬戌	癸亥辛卯	癸巳--辛酉	辛卯

周赧王十五年（辛酉 鷄年） 公元前301～前**300**～前299年 歲在鶉火

殷曆月序		中西曆日對照	初一	初二	初三	初四	初五	初六	初七	初八	初九	初十	十一	十二	十三	十四	十五	十六	十七	十八	十九	二十	二一	二二	二三	二四	二五	二六	二七	二八	二九	三十	節氣與天象
正月大	己丑	天干地支 西曆	辛酉 31	壬戌 (1)	癸亥 2	甲子 3	乙丑 4	丙寅 5	丁卯 6	戊辰 7	己巳 8	庚午 9	辛未 10	壬申 11	癸酉 12	甲戌 13	乙亥 14	丙子 15	丁丑 16	戊寅 17	己卯 18	庚辰 19	辛巳 20	壬午 21	癸未 22	甲申 23	乙酉 24	丙戌 25	丁亥 26	戊子 27	己丑 28	庚寅 29	
二月大	庚寅	天干地支 西曆	辛卯 30	壬辰 31	癸巳 (2)	甲午 2	乙未 3	丙申 4	丁酉 5	戊戌 6	己亥 7	庚子 8	辛丑 9	壬寅 10	癸卯 11	甲辰 12	乙巳 13	丙午 14	丁未 15	戊申 16	己酉 17	庚戌 18	辛亥 19	壬子 20	癸丑 21	甲寅 22	乙卯 23	丙辰 24	丁巳 25	戊午 26	己未 27	庚申 28	己亥立春
三月小	辛卯	天干地支 西曆	辛酉 (3)	壬戌 2	癸亥 3	甲子 4	乙丑 5	丙寅 6	丁卯 7	戊辰 8	己巳 9	庚午 10	辛未 11	壬申 12	癸酉 13	甲戌 14	乙亥 15	丙子 16	丁丑 17	戊寅 18	己卯 19	庚辰 20	辛巳 21	壬午 22	癸未 23	甲申 24	乙酉 25	丙戌 26	丁亥 27	戊子 28	己丑 29		乙酉春分
四月大	壬辰	天干地支 西曆	庚寅 30	辛卯 31	壬辰 (4)	癸巳 2	甲午 3	乙未 4	丙申 5	丁酉 6	戊戌 7	己亥 8	庚子 9	辛丑 10	壬寅 11	癸卯 12	甲辰 13	乙巳 14	丙午 15	丁未 16	戊申 17	己酉 18	庚戌 19	辛亥 20	壬子 21	癸丑 22	甲寅 23	乙卯 24	丙辰 25	丁巳 26	戊午 27	己未 28	
五月小	癸巳	天干地支 西曆	庚申 29	辛酉 30	壬戌 (5)	癸亥 2	甲子 3	乙丑 4	丙寅 5	丁卯 6	戊辰 7	己巳 8	庚午 9	辛未 10	壬申 11	癸酉 12	甲戌 13	乙亥 14	丙子 15	丁丑 16	戊寅 17	己卯 18	庚辰 19	辛巳 20	壬午 21	癸未 22	甲申 23	乙酉 24	丙戌 25	丁亥 26	戊子 27		壬申立夏
六月大	甲午	天干地支 西曆	己丑 28	庚寅 29	辛卯 30	壬辰 31	癸巳 (6)	甲午 2	乙未 3	丙申 4	丁酉 5	戊戌 6	己亥 7	庚子 8	辛丑 9	壬寅 10	癸卯 11	甲辰 12	乙巳 13	丙午 14	丁未 15	戊申 16	己酉 17	庚戌 18	辛亥 19	壬子 20	癸丑 21	甲寅 22	乙卯 23	丙辰 24	丁巳 25	戊午 26	
閏六月小	甲午	天干地支 西曆	己未 27	庚申 28	辛酉 29	壬戌 30	癸亥 (7)	甲子 2	乙丑 3	丙寅 4	丁卯 5	戊辰 6	己巳 7	庚午 8	辛未 9	壬申 10	癸酉 11	甲戌 12	乙亥 13	丙子 14	丁丑 15	戊寅 16	己卯 17	庚辰 18	辛巳 19	壬午 20	癸未 21	甲申 22	乙酉 23	丙戌 24	丁亥 25		己未夏至
七月大	乙未	天干地支 西曆	戊子 26	己丑 27	庚寅 28	辛卯 29	壬辰 30	癸巳 31	甲午 (8)	乙未 2	丙申 3	丁酉 4	戊戌 5	己亥 6	庚子 7	辛丑 8	壬寅 9	癸卯 10	甲辰 11	乙巳 12	丙午 13	丁未 14	戊申 15	己酉 16	庚戌 17	辛亥 18	壬子 19	癸丑 20	甲寅 21	乙卯 22	丙辰 23	丁巳 24	丙午立秋 戊子日食
八月小	丙申	天干地支 西曆	戊午 25	己未 26	庚申 27	辛酉 28	壬戌 29	癸亥 30	甲子 31	乙丑 (9)	丙寅 2	丁卯 3	戊辰 4	己巳 5	庚午 6	辛未 7	壬申 8	癸酉 9	甲戌 10	乙亥 11	丙子 12	丁丑 13	戊寅 14	己卯 15	庚辰 16	辛巳 17	壬午 18	癸未 19	甲申 20	乙酉 21	丙戌 22		
九月大	丁酉	天干地支 西曆	丁亥 23	戊子 24	己丑 25	庚寅 26	辛卯 27	壬辰 28	癸巳 29	甲午 30	乙未 (10)	丙申 2	丁酉 3	戊戌 4	己亥 5	庚子 6	辛丑 7	壬寅 8	癸卯 9	甲辰 10	乙巳 11	丙午 12	丁未 13	戊申 14	己酉 15	庚戌 16	辛亥 17	壬子 18	癸丑 19	甲寅 20	乙卯 21	丙辰 22	辛卯秋分
十月小	戊戌	天干地支 西曆	丁巳 23	戊午 24	己未 25	庚申 26	辛酉 27	壬戌 28	癸亥 29	甲子 30	乙丑 31	丙寅 (11)	丁卯 2	戊辰 3	己巳 4	庚午 5	辛未 6	壬申 7	癸酉 8	甲戌 9	乙亥 10	丙子 11	丁丑 12	戊寅 13	己卯 14	庚辰 15	辛巳 16	壬午 17	癸未 18	甲申 19	乙酉 20		丙子立冬
十一月大	己亥	天干地支 西曆	丙戌 21	丁亥 22	戊子 23	己丑 24	庚寅 25	辛卯 26	壬辰 27	癸巳 28	甲午 29	乙未 30	丙申 (12)	丁酉 2	戊戌 3	己亥 4	庚子 5	辛丑 6	壬寅 7	癸卯 8	甲辰 9	乙巳 10	丙午 11	丁未 12	戊申 13	己酉 14	庚戌 15	辛亥 16	壬子 17	癸丑 18	甲寅 19	乙卯 20	
十二月小	庚子	天干地支 西曆	丙辰 21	丁巳 22	戊午 23	己未 24	庚申 25	辛酉 26	壬戌 27	癸亥 28	甲子 29	乙丑 30	丙寅 31	丁卯 (1)	戊辰 2	己巳 3	庚午 4	辛未 5	壬申 6	癸酉 7	甲戌 8	乙亥 9	丙子 10	丁丑 11	戊寅 12	己卯 13	庚辰 14	辛巳 15	壬午 16	癸未 17	甲申 18		庚申冬至

朔閏異同	曆名	正月	二月	三月	四月	五月	六月	七月	八月	九月	十月	十一	十二	閏月	曆名	正月	二月	三月	四月	五月	六月	七月	八月	九月	十月	十一	十二	閏月
	周曆 夏曆	辛卯 庚寅	辛酉 --- 庚申	庚寅 己丑	庚申 己未	己丑 戊子	己未 戊午	戊子 丁亥	--- 戊午 丁巳	丁亥 丙戌	丁巳 丙辰	丙戌 乙酉	丙辰 乙卯	丙戌 乙酉	顓頊 新曆	壬戌 庚申	壬辰 庚寅	辛酉 庚申	辛卯 己丑	庚申 戊午	庚寅 戊子	己未 丁巳	己丑 丁亥	戊午 丙辰	戊子 乙酉	丁巳 乙卯	丁亥 乙酉	--- 丙辰

周赧王十六年（壬戌 狗年） 公元前 299 ~ 前 298 年 歲在鶉尾

殷曆月序		中西曆對照	初一	初二	初三	初四	初五	初六	初七	初八	初九	初十	十一	十二	十三	十四	十五	十六	十七	十八	十九	二十	二一	二二	二三	二四	二五	二六	二七	二八	二九	三十	節氣與天象
正月大	辛丑	干支曆 天地西	乙酉19	丙戌20	丁亥21	戊子22	己丑23	庚寅24	辛卯25	壬辰26	癸巳27	甲午28	乙未29	丙申30	丁酉31	戊戌(2)	己亥2	庚子3	辛丑4	壬寅5	癸卯6	甲辰7	乙巳8	丙午9	丁未10	戊申11	己酉12	庚戌13	辛亥14	壬子15	癸丑16	甲寅17	乙巳立春
二月小	壬寅	干支曆 天地西	乙卯18	丙辰19	丁巳20	戊午21	己未22	庚申23	辛酉24	壬戌25	癸亥26	甲子27	乙丑28	丙寅(3)	丁卯2	戊辰3	己巳4	庚午5	辛未6	壬申7	癸酉8	甲戌9	乙亥10	丙子11	丁丑12	戊寅13	己卯14	庚辰15	辛巳16	壬午17	癸未18		
三月大	癸卯	干支曆 天地西	甲申19	乙酉20	丙戌21	丁亥22	戊子23	己丑24	庚寅25	辛卯26	壬辰27	癸巳28	甲午29	乙未30	丙申31	丁酉(4)	戊戌2	己亥3	庚子4	辛丑5	壬寅6	癸卯7	甲辰8	乙巳9	丙午10	丁未11	戊申12	己酉13	庚戌14	辛亥15	壬子16	癸丑17	庚寅春分
四月小	甲辰	干支曆 天地西	甲寅18	乙卯19	丙辰20	丁巳21	戊午22	己未23	庚申24	辛酉25	壬戌26	癸亥27	甲子28	乙丑29	丙寅30	丁卯(5)	戊辰2	己巳3	庚午4	辛未5	壬申6	癸酉7	甲戌8	乙亥9	丙子10	丁丑11	戊寅12	己卯13	庚辰14	辛巳15	壬午16		丁丑立夏
五月大	乙巳	干支曆 天地西	癸未17	甲申18	乙酉19	丙戌20	丁亥21	戊子22	己丑23	庚寅24	辛卯25	壬辰26	癸巳27	甲午28	乙未29	丙申30	丁酉31	戊戌(6)	己亥2	庚子3	辛丑4	壬寅5	癸卯6	甲辰7	乙巳8	丙午9	丁未10	戊申11	己酉12	庚戌13	辛亥14	壬子15	
六月大	丙午	干支曆 天地西	癸丑16	甲寅17	乙卯18	丙辰19	丁巳20	戊午21	己未22	庚申23	辛酉24	壬戌25	癸亥26	甲子27	乙丑28	丙寅29	丁卯30	戊辰(7)	己巳2	庚午3	辛未4	壬申5	癸酉6	甲戌7	乙亥8	丙子9	丁丑10	戊寅11	己卯12	庚辰13	辛巳14	壬午15	甲子夏至
七月小	丁未	干支曆 天地西	癸未16	甲申17	乙酉18	丙戌19	丁亥20	戊子21	己丑22	庚寅23	辛卯24	壬辰25	癸巳26	甲午27	乙未28	丙申29	丁酉30	戊戌31	己亥(8)	庚子2	辛丑3	壬寅4	癸卯5	甲辰6	乙巳7	丙午8	丁未9	戊申10	己酉11	庚戌12	辛亥13		辛亥立秋
八月大	戊申	干支曆 天地西	壬子14	癸丑15	甲寅16	乙卯17	丙辰18	丁巳19	戊午20	己未21	庚申22	辛酉23	壬戌24	癸亥25	甲子26	乙丑27	丙寅28	丁卯29	戊辰30	己巳31	庚午(9)	辛未2	壬申3	癸酉4	甲戌5	乙亥6	丙子7	丁丑8	戊寅9	己卯10	庚辰11	辛巳12	
九月小	己酉	干支曆 天地西	壬午13	癸未14	甲申15	乙酉16	丙戌17	丁亥18	戊子19	己丑20	庚寅21	辛卯22	壬辰23	癸巳24	甲午25	乙未26	丙申27	丁酉28	戊戌29	己亥30	庚子(10)	辛丑2	壬寅3	癸卯4	甲辰5	乙巳6	丙午7	丁未8	戊申9	己酉10	庚戌11		丁酉秋分
十月大	庚戌	干支曆 天地西	辛亥12	壬子13	癸丑14	甲寅15	乙卯16	丙辰17	丁巳18	戊午19	己未20	庚申21	辛酉22	壬戌23	癸亥24	甲子25	乙丑26	丙寅27	丁卯28	戊辰29	己巳30	庚午31	辛未(11)	壬申2	癸酉3	甲戌4	乙亥5	丙子6	丁丑7	戊寅8	己卯9	庚辰10	
十一月小	辛亥	干支曆 天地西	辛巳11	壬午12	癸未13	甲申14	乙酉15	丙戌16	丁亥17	戊子18	己丑19	庚寅20	辛卯21	壬辰22	癸巳23	甲午24	乙未25	丙申26	丁酉27	戊戌28	己亥29	庚子30	辛丑(12)	壬寅2	癸卯3	甲辰4	乙巳5	丙午6	丁未7	戊申8	己酉9		辛巳立冬
十二月大	壬子	干支曆 天地西	庚戌10	辛亥11	壬子12	癸丑13	甲寅14	乙卯15	丙辰16	丁巳17	戊午18	己未19	庚申20	辛酉21	壬戌22	癸亥23	甲子24	乙丑25	丙寅26	丁卯27	戊辰28	己巳29	庚午30	辛未31	壬申(1)	癸酉2	甲戌3	乙亥4	丙子5	丁丑6	戊寅7	己卯8	乙丑冬至 己卯日食

朔閏異同	曆名	正月	二月	三月	四月	五月	六月	七月	八月	九月	十月	十一	十二	閏月	曆名	正月	二月	三月	四月	五月	六月	七月	八月	九月	十月	十一	十二	閏月
	周曆夏曆	乙卯甲寅	乙酉甲申	甲寅癸丑	甲申癸未	癸丑壬子	癸未壬午	壬子辛亥	壬午辛巳	辛亥庚戌	辛巳庚辰	庚戌己酉	庚辰己卯		顓頊新曆	丙戌甲寅	丙辰甲申	乙酉甲寅	乙卯癸未	甲申癸丑	甲寅壬午	癸未壬子	癸丑辛巳	壬午辛亥	壬子庚辰	辛巳庚戌	辛亥己卯	

周赧王十七年（癸亥 猪年） 公元前298年 歲在壽星

殷曆月序		中西曆日對照	初一	初二	初三	初四	初五	初六	初七	初八	初九	初十	十一	十二	十三	十四	十五	十六	十七	十八	十九	二十	二一	二二	二三	二四	二五	二六	二七	二八	二九	三十	節氣與天象
正月小	癸丑	天干地支西曆	庚辰9	辛巳10	壬午11	癸未12	甲申13	乙酉14	丙戌15	丁亥16	戊子17	己丑18	庚寅19	辛卯20	壬辰21	癸巳22	甲午23	乙未24	丙申25	丁酉26	戊戌27	己亥28	庚子29	辛丑30	壬寅31	癸卯(2)	甲辰2	乙巳3	丙午4	丁未5	戊申6		
二月大	甲寅	天干地支西曆	己酉7	庚戌8	辛亥9	壬子10	癸丑11	甲寅12	乙卯13	丙辰14	丁巳15	戊午16	己未17	庚申18	辛酉19	壬戌20	癸亥21	甲子22	乙丑23	丙寅24	丁卯25	戊辰26	己巳27	庚午28	辛未(3)	壬申2	癸酉3	甲戌4	乙亥5	丙子6	丁丑7	戊寅8	庚戌立春
三月小	乙卯	天干地支西曆	己卯9	庚辰10	辛巳11	壬午12	癸未13	甲申14	乙酉15	丙戌16	丁亥17	戊子18	己丑19	庚寅20	辛卯21	壬辰22	癸巳23	甲午24	乙未25	丙申26	丁酉27	戊戌28	己亥29	庚子30	辛丑31	壬寅(4)	癸卯2	甲辰3	乙巳4	丙午5	丁未6		丙申春分
四月大	丙辰	天干地支西曆	戊申7	己酉8	庚戌9	辛亥10	壬子11	癸丑12	甲寅13	乙卯14	丙辰15	丁巳16	戊午17	己未18	庚申19	辛酉20	壬戌21	癸亥22	甲子23	乙丑24	丙寅25	丁卯26	戊辰27	己巳28	庚午29	辛未30	壬申(5)	癸酉2	甲戌3	乙亥4	丙子5	丁丑6	
五月小	丁巳	天干地支西曆	戊寅7	己卯8	庚辰9	辛巳10	壬午11	癸未12	甲申13	乙酉14	丙戌15	丁亥16	戊子17	己丑18	庚寅19	辛卯20	壬辰21	癸巳22	甲午23	乙未24	丙申25	丁酉26	戊戌27	己亥28	庚子29	辛丑30	壬寅31	癸卯(6)	甲辰2	乙巳3	丙午4		壬午立夏
六月大	戊午	天干地支西曆	丁未5	戊申6	己酉7	庚戌8	辛亥9	壬子10	癸丑11	甲寅12	乙卯13	丙辰14	丁巳15	戊午16	己未17	庚申18	辛酉19	壬戌20	癸亥21	甲子22	乙丑23	丙寅24	丁卯25	戊辰26	己巳27	庚午28	辛未29	壬申30	癸酉(7)	甲戌2	乙亥3	丙子4	庚午夏至
七月小	己未	天干地支西曆	丁丑5	戊寅6	己卯7	庚辰8	辛巳9	壬午10	癸未11	甲申12	乙酉13	丙戌14	丁亥15	戊子16	己丑17	庚寅18	辛卯19	壬辰20	癸巳21	甲午22	乙未23	丙申24	丁酉25	戊戌26	己亥27	庚子28	辛丑29	壬寅30	癸卯31	甲辰(8)	乙巳2		
八月大	庚申	天干地支西曆	丙午3	丁未4	戊申5	己酉6	庚戌7	辛亥8	壬子9	癸丑10	甲寅11	乙卯12	丙辰13	丁巳14	戊午15	己未16	庚申17	辛酉18	壬戌19	癸亥20	甲子21	乙丑22	丙寅23	丁卯24	戊辰25	己巳26	庚午27	辛未28	壬申29	癸酉30	甲戌31	乙亥(9)	丙辰立秋
九月大	辛酉	天干地支西曆	丙子2	丁丑3	戊寅4	己卯5	庚辰6	辛巳7	壬午8	癸未9	甲申10	乙酉11	丙戌12	丁亥13	戊子14	己丑15	庚寅16	辛卯17	壬辰18	癸巳19	甲午20	乙未21	丙申22	丁酉23	戊戌24	己亥25	庚子26	辛丑27	壬寅28	癸卯29	甲辰30	乙巳(10)	壬寅秋分
十月小	壬戌	天干地支西曆	丙午2	丁未3	戊申4	己酉5	庚戌6	辛亥7	壬子8	癸丑9	甲寅10	乙卯11	丙辰12	丁巳13	戊午14	己未15	庚申16	辛酉17	壬戌18	癸亥19	甲子20	乙丑21	丙寅22	丁卯23	戊辰24	己巳25	庚午26	辛未27	壬申28	癸酉29	甲戌30		
十一月大	癸亥	天干地支西曆	乙亥31	丙子(11)	丁丑2	戊寅3	己卯4	庚辰5	辛巳6	壬午7	癸未8	甲申9	乙酉10	丙戌11	丁亥12	戊子13	己丑14	庚寅15	辛卯16	壬辰17	癸巳18	甲午19	乙未20	丙申21	丁酉22	戊戌23	己亥24	庚子25	辛丑26	壬寅27	癸卯28	甲辰29	丙戌立冬
十二月小	甲子	天干地支西曆	乙巳30	丙午(12)	丁未2	戊申3	己酉4	庚戌5	辛亥6	壬子7	癸丑8	甲寅9	乙卯10	丙辰11	丁巳12	戊午13	己未14	庚申15	辛酉16	壬戌17	癸亥18	甲子19	乙丑20	丙寅21	丁卯22	戊辰23	己巳24	庚午25	辛未26	壬申27	癸酉28		庚午冬至

朔閏異同	曆名	正月	二月	三月	四月	五月	六月	七月	八月	九月	十月	十一	十二	閏月	曆名	正月	二月	三月	四月	五月	六月	七月	八月	九月	十月	十一	十二	閏月
	周曆夏曆	己酉戊申	己卯戊寅	己酉丁未	戊寅丁丑	戊申丁未	丁丑丙子	丁未丙午	丙子乙亥	丙午乙巳	乙亥甲戌	乙巳--甲辰	甲戌癸酉	癸卯	顓頊新曆	庚辰己酉	庚戌戊寅	己卯戊申	己酉丁丑	戊寅丁未	戊申丁丑	戊寅丙午	丁未丙子	丁丑乙巳	丙午--乙亥	丙子甲辰	乙巳甲戌	癸卯

周赧王十八年（甲子 鼠年） 公元前298 ~前**297** ~ 前296年 歲在大火

殷曆月序		中西曆日對照	初一	初二	初三	初四	初五	初六	初七	初八	初九	初十	十一	十二	十三	十四	十五
正月大	乙丑	干支曆 天地西	甲戌 29	乙亥 30	丙子 31	丁丑 (1)	戊寅 2	己卯 3	庚辰 4	辛巳 5	壬午 6	癸未 7	甲申 8	乙酉 9	丙戌 10	丁亥 11	戊子 12
二月小	丙寅	干支曆 天地西	甲辰 28	乙巳 29	丙午 30	丁未 31	戊申 (2)	己酉 2	庚戌 3	辛亥 4	壬子 5	癸丑 6	甲寅 7	乙卯 8	丙辰 9	丁巳 10	戊午 11
三月大	丁卯	干支曆 天地西	癸酉 26	甲戌 27	乙亥 28	丙子 29	丁丑 (3)	戊寅 2	己卯 3	庚辰 4	辛巳 5	壬午 6	癸未 7	甲申 8	乙酉 9	丙戌 10	丁亥 11
閏三月小	丁卯	干支曆 天地西	癸卯 27	甲辰 28	乙巳 29	丙午 30	丁未 31	戊申 (4)	己酉 2	庚戌 3	辛亥 4	壬子 5	癸丑 6	甲寅 7	乙卯 8	丙辰 9	丁巳 10
四月大	戊辰	干支曆 天地西	壬申 25	癸酉 26	甲戌 27	乙亥 28	丙子 29	丁丑 30	戊寅 (5)	己卯 2	庚辰 3	辛巳 4	壬午 5	癸未 6	甲申 7	乙酉 8	丙戌 9
五月小	己巳	干支曆 天地西	壬寅 25	癸卯 26	甲辰 27	乙巳 28	丙午 29	丁未 30	戊申 31	己酉 (6)	庚戌 2	辛亥 3	壬子 4	癸丑 5	甲寅 6	乙卯 7	丙辰 8
六月大	庚午	干支曆 天地西	辛未 23	壬申 24	癸酉 25	甲戌 26	乙亥 27	丙子 28	丁丑 29	戊寅 30	己卯 (7)	庚辰 2	辛巳 3	工午 4	癸未 5	甲申 6	乙酉 7
七月小	辛未	干支曆 天地西	辛丑 23	壬寅 24	癸卯 25	甲辰 26	乙巳 27	丙午 28	丁未 29	戊申 30	己酉 31	庚戌 (8)	辛亥 2	壬子 3	癸丑 4	甲寅 5	乙卯 6
八月大	壬申	干支曆 天地西	庚午 21	辛未 22	壬申 23	癸酉 24	甲戌 25	乙亥 26	丙子 27	丁丑 28	戊寅 29	己卯 30	庚辰 31	辛巳 (9)	壬午 2	癸未 3	甲申 4
九月小	癸酉	干支曆 天地西	庚子 20	辛丑 21	壬寅 22	癸卯 23	甲辰 24	乙巳 25	丙午 26	丁未 27	戊申 28	己酉 29	庚戌 30	辛亥 (10)	壬子 2	癸丑 3	甲寅 4
十月大	甲戌	干支曆 天地西	己巳 19	庚午 20	辛未 21	壬申 22	癸酉 23	甲戌 24	乙亥 25	丙子 26	丁丑 27	戊寅 28	己卯 29	庚辰 30	辛巳 31	壬午 (11)	癸未 2
十一月小	乙亥	干支曆 天地西	己亥 18	庚子 19	辛丑 20	壬寅 21	癸卯 22	甲辰 23	乙巳 24	丙午 25	丁未 26	戊申 27	己酉 28	庚戌 29	辛亥 30	壬子 (12)	癸丑 2
十二月大	丙子	干支曆 天地西	戊辰 17	己巳 18	庚午 19	辛未 20	壬申 21	癸酉 22	甲戌 23	乙亥 24	丙子 25	丁丑 26	戊寅 27	己卯 28	庚辰 29	辛巳 30	壬午 31

殷曆月序	十六	十七	十八	十九	二十	二一	二二	二三	二四	二五	二六	二七	二八	二九	三十	節氣與天象
正月大	己丑 13	庚寅 14	辛卯 15	壬辰 16	癸巳 17	甲午 18	乙未 19	丙申 20	丁酉 21	戊戌 22	己亥 23	庚子 24	辛丑 25	壬寅 26	癸卯 27	
二月小	己未 12	庚申 13	辛酉 14	壬戌 15	癸亥 16	甲子 17	乙丑 18	丙寅 19	丁卯 20	戊辰 21	己巳 22	庚午 23	辛未 24	壬申 25		乙卯立春
三月大	戊子 12	己丑 13	庚寅 14	辛卯 15	壬辰 16	癸巳 17	甲午 18	乙未 19	丙申 20	丁酉 21	戊戌 22	己亥 23	庚子 24	辛丑 25	壬寅 26	辛丑春分
閏三月小	戊午 11	己未 12	庚申 13	辛酉 14	壬戌 15	癸亥 16	甲子 17	乙丑 18	丙寅 19	丁卯 20	戊辰 21	己巳 22	庚午 23	辛未 24		
四月大	丁亥 10	戊子 11	己丑 12	庚寅 13	辛卯 14	壬辰 15	癸巳 16	甲午 17	乙未 18	丙申 19	丁酉 20	戊戌 21	己亥 22	庚子 23	辛丑 24	戊子立夏 辛丑日食
五月小	丁巳 9	戊午 10	己未 11	庚申 12	辛酉 13	壬戌 14	癸亥 15	甲子 16	乙丑 17	丙寅 18	丁卯 19	戊辰 20	己巳 21	庚午 22		
六月大	丙戌 8	丁亥 9	戊子 10	己丑 11	庚寅 12	辛卯 13	壬辰 14	癸巳 15	甲午 16	乙未 17	丙申 18	丁酉 19	戊戌 20	己亥 21	庚子 22	乙亥夏至
七月小	丙辰 7	丁巳 8	戊午 9	己未 10	庚申 11	辛酉 12	壬戌 13	癸亥 14	甲子 15	乙丑 16	丙寅 17	丁卯 18	戊辰 19	己巳 20		壬戌立秋
八月大	乙酉 5	丙戌 6	丁亥 7	戊子 8	己丑 9	庚寅 10	辛卯 11	壬辰 12	癸巳 13	甲午 14	乙未 15	丙申 16	丁酉 17	戊戌 18	己亥 19	
九月小	乙卯 5	丙辰 6	丁巳 7	戊午 8	己未 9	庚申 10	辛酉 11	壬戌 12	癸亥 13	甲子 14	乙丑 15	丙寅 16	丁卯 17	戊辰 18		丁未秋分
十月大	甲申 3	乙酉 4	丙戌 5	丁亥 6	戊子 7	己丑 8	庚寅 9	辛卯 10	壬辰 11	癸巳 12	甲午 13	乙未 14	丙申 15	丁酉 16	戊戌 17	壬辰立冬
十一月小	甲寅 3	乙卯 4	丙辰 5	丁巳 6	戊午 7	己未 8	庚申 9	辛酉 10	壬戌 11	癸亥 12	甲子 13	乙丑 14	丙寅 15	丁卯 16		
十二月大	癸未 (1)	甲申 2	乙酉 3	丙戌 4	丁亥 5	戊子 6	己丑 7	庚寅 8	辛卯 9	壬辰 10	癸巳 11	甲午 12	乙未 13	丙申 14	丁酉 15	丙子冬至

朔閏異同	曆名	正月	二月	三月	四月	五月	六月	七月	八月	九月	十月	十一	十二	閏月
	周曆夏曆	甲辰壬申	癸酉壬寅	癸卯辛未	---壬申辛丑	壬寅庚午	辛未庚子	辛丑己巳	辛未己亥	庚子己巳	庚午戊戌	己亥戊辰	己巳丁酉	戊戌
	顓頊新曆	乙亥癸酉	甲辰壬寅	甲戌壬申	癸卯辛丑	癸酉辛未	壬寅庚子	壬申庚子	辛丑庚子	辛未己巳	辛丑己亥	庚午戊辰	庚子戊戌	---己巳

周赧王十九年（乙丑 牛年） 公元前 **296** ~ 前 295 年 歲在析木

殷曆月序		中西曆日對照	初一	初二	初三	初四	初五	初六	初七	初八	初九	初十	十一	十二	十三	十四	十五	十六	十七	十八	十九	二十	二一	二二	二三	二四	二五	二六	二七	二八	二九	三十	節氣與天象
正月大	丁丑	天干地支西曆	戊戌16	己亥17	庚子18	辛丑19	壬寅20	癸卯21	甲辰22	乙巳23	丙午24	丁未25	戊申26	己酉27	庚戌28	辛亥29	壬子30	癸丑31	甲寅(2)	乙卯2	丙辰3	丁巳4	戊午5	己未6	庚申7	辛酉8	壬戌9	癸亥10	甲子11	乙丑12	丙寅13	丁卯14	庚申立春
二月小	戊寅	天干地支西曆	戊辰15	己巳16	庚午17	辛未18	壬申19	癸酉20	甲戌21	乙亥22	丙子23	丁丑24	戊寅25	己卯26	庚辰27	辛巳28	壬午(3)	癸未2	甲申3	乙酉4	丙戌5	丁亥6	戊子7	己丑8	庚寅9	辛卯10	壬辰11	癸巳12	甲午13	乙未14	丙申15		
三月大	己卯	天干地支西曆	丁酉16	戊戌17	己亥18	庚子19	辛丑20	壬寅21	癸卯22	甲辰23	乙巳24	丙午25	丁未26	戊申27	己酉28	庚戌29	辛亥30	壬子31	癸丑(4)	甲寅2	乙卯3	丙辰4	丁巳5	戊午6	己未7	庚申8	辛酉9	壬戌10	癸亥11	甲子12	乙丑13	丙寅14	丙午春分
四月小	庚辰	天干地支西曆	丁卯15	戊辰16	己巳17	庚午18	辛未19	壬申20	癸酉21	甲戌22	乙亥23	丙子24	丁丑25	戊寅26	己卯27	庚辰28	辛巳29	壬午30	癸未(5)	甲申2	乙酉3	丙戌4	丁亥5	戊子6	己丑7	庚寅8	辛卯9	壬辰10	癸巳11	甲午12	乙未13		癸巳立夏
五月大	辛巳	天干地支西曆	丙申14	丁酉15	戊戌16	己亥17	庚子18	辛丑19	壬寅20	癸卯21	甲辰22	乙巳23	丙午24	丁未25	戊申26	己酉27	庚戌28	辛亥29	壬子30	癸丑31	甲寅(6)	乙卯2	丙辰3	丁巳4	戊午5	己未6	庚申7	辛酉8	壬戌9	癸亥10	甲子11	乙丑12	
六月小	壬午	天干地支西曆	丙寅13	丁卯14	戊辰15	己巳16	庚午17	辛未18	壬申19	癸酉20	甲戌21	乙亥22	丙子23	丁丑24	戊寅25	己卯26	庚辰27	辛巳28	壬午29	癸未30	甲申(7)	乙酉2	丙戌3	丁亥4	戊子5	己丑6	庚寅7	辛卯8	壬辰9	癸巳10	甲午11		庚辰夏至
七月大	癸未	天干地支西曆	乙未12	丙申13	丁酉14	戊戌15	己亥16	庚子17	辛丑18	壬寅19	癸卯20	甲辰21	乙巳22	丙午23	丁未24	戊申25	己酉26	庚戌27	辛亥28	壬子29	癸丑30	甲寅31	乙卯(8)	丙辰2	丁巳3	戊午4	己未5	庚申6	辛酉7	壬戌8	癸亥9	甲子10	
八月小	甲申	天干地支西曆	乙丑11	丙寅12	丁卯13	戊辰14	己巳15	庚午16	辛未17	壬申18	癸酉19	甲戌20	乙亥21	丙子22	丁丑23	戊寅24	己卯25	庚辰26	辛巳27	壬午28	癸未29	甲申30	乙酉31	丙戌(9)	丁亥2	戊子3	己丑4	庚寅5	辛卯6	壬辰7	癸巳8		丁卯立秋
九月大	乙酉	天干地支西曆	甲午9	乙未10	丙申11	丁酉12	戊戌13	己亥14	庚子15	辛丑16	壬寅17	癸卯18	甲辰19	乙巳20	丙午21	丁未22	戊申23	己酉24	庚戌25	辛亥26	壬子27	癸丑28	甲寅29	乙卯30	丙辰(10)	丁巳2	戊午3	己未4	庚申5	辛酉6	壬戌7	癸亥8	壬子秋分
十月小	丙戌	天干地支西曆	甲子9	乙丑10	丙寅11	丁卯12	戊辰13	己巳14	庚午15	辛未16	壬申17	癸酉18	甲戌19	乙亥20	丙子21	丁丑22	戊寅23	己卯24	庚辰25	辛巳26	壬午27	癸未28	甲申29	乙酉30	丙戌31	丁亥(11)	戊子2	己丑3	庚寅4	辛卯5	壬辰6		
十一月大	丁亥	天干地支西曆	癸巳7	甲午8	乙未9	丙申10	丁酉11	戊戌12	己亥13	庚子14	辛丑15	壬寅16	癸卯17	甲辰18	乙巳19	丙午20	丁未21	戊申22	己酉23	庚戌24	辛亥25	壬子26	癸丑27	甲寅28	乙卯29	丙辰30	丁巳(12)	戊午2	己未3	庚申4	辛酉5	壬戌6	丁酉立冬 癸巳日食
十二月小	戊子	天干地支西曆	癸亥7	甲子8	乙丑9	丙寅10	丁卯11	戊辰12	己巳13	庚午14	辛未15	壬申16	癸酉17	甲戌18	乙亥19	丙子20	丁丑21	戊寅22	己卯23	庚辰24	辛巳25	壬午26	癸未27	甲申28	乙酉29	丙戌30	丁亥31	戊子(1)	己丑2	庚寅3	辛卯4		辛巳冬至

朔閏異同	曆名	正月	二月	三月	四月	五月	六月	七月	八月	九月	十月	十一	十二	閏月
	周曆夏曆	戊辰丁卯	丁酉丙申	丁卯丙寅	丙申乙未	丙寅乙丑	乙未甲午	乙丑甲子	甲午癸巳	甲子癸亥	甲午壬辰	癸亥壬戌	癸巳壬辰	
	顓頊新曆	己亥丁卯	戊辰丁酉	戊戌丙寅	丁卯乙未	丁酉乙丑	丙寅甲午	丙申甲子	乙丑甲午	乙未甲子	甲子癸巳	甲午癸亥	癸亥壬辰	

周赧王二十年（丙寅 虎年） 公元前 **295** ~ 前 294 年 歲在星紀

殷曆月序		中西曆日對照	初一	初二	初三	初四	初五	初六	初七	初八	初九	初十	十一	十二	十三	十四	十五	十六	十七	十八	十九	二十	二一	二二	二三	二四	二五	二六	二七	二八	二九	三十	節氣與天象
正月大	己丑	天干地支西曆	壬辰5	癸巳6	甲午7	乙未8	丙申9	丁酉10	戊戌11	己亥12	庚子13	辛丑14	壬寅15	癸卯16	甲辰17	乙巳18	丙午19	丁未20	戊申21	己酉22	庚戌23	辛亥24	壬子25	癸丑26	甲寅27	乙卯28	丙辰29	丁巳30	戊午31	己未(2)	庚申2	辛酉3	
二月小	庚寅	天干地支西曆	壬戌4	癸亥5	甲子6	乙丑7	丙寅8	丁卯9	戊辰10	己巳11	庚午12	辛未13	壬申14	癸酉15	甲戌16	乙亥17	丙子18	丁丑19	戊寅20	己卯21	庚辰22	辛巳23	壬午24	癸未25	甲申26	乙酉27	丙戌28	丁亥(3)	戊子2	己丑3	庚寅4		丙寅立春
三月大	辛卯	天干地支西曆	辛卯5	壬辰6	癸巳7	甲午8	乙未9	丙申10	丁酉11	戊戌12	己亥13	庚子14	辛丑15	壬寅16	癸卯17	甲辰18	乙巳19	丙午20	丁未21	戊申22	己酉23	庚戌24	辛亥25	壬子26	癸丑27	甲寅28	乙卯29	丙辰30	丁巳31	戊午(4)	己未2	庚申3	辛亥春分
四月大	壬辰	天干地支西曆	辛酉4	壬戌5	癸亥6	甲子7	乙丑8	丙寅9	丁卯10	戊辰11	己巳12	庚午13	辛未14	壬申15	癸酉16	甲戌17	乙亥18	丙子19	丁丑20	戊寅21	己卯22	庚辰23	辛巳24	壬午25	癸未26	甲申27	乙酉28	丙戌29	丁亥30	戊子(5)	己丑2	庚寅3	
五月小	癸巳	天干地支西曆	辛卯4	壬辰5	癸巳6	甲午7	乙未8	丙申9	丁酉10	戊戌11	己亥12	庚子13	辛丑14	壬寅15	癸卯16	甲辰17	乙巳18	丙午19	丁未20	戊申21	己酉22	庚戌23	辛亥24	壬子25	癸丑26	甲寅27	乙卯28	丙辰29	丁巳30	戊午31	己未(6)		戊戌立夏
六月大	甲午	天干地支西曆	庚申2	辛酉3	壬戌4	癸亥5	甲子6	乙丑7	丙寅8	丁卯9	戊辰10	己巳11	庚午12	辛未13	壬申14	癸酉15	甲戌16	乙亥17	丙子18	丁丑19	戊寅20	己卯21	庚辰22	辛巳23	壬午24	癸未25	甲申26	乙酉27	丙戌28	丁亥29	戊子30	己丑(7)	乙酉夏至
七月小	乙未	天干地支西曆	庚寅2	辛卯3	壬辰4	癸巳5	甲午6	乙未7	丙申8	丁酉9	戊戌10	己亥11	庚子12	辛丑13	壬寅14	癸卯15	甲辰16	乙巳17	丙午18	丁未19	戊申20	己酉21	庚戌22	辛亥23	壬子24	癸丑25	甲寅26	乙卯27	丙辰28	丁巳29	戊午30		
八月大	丙申	天干地支西曆	己未31	庚申(8)	辛酉2	壬戌3	癸亥4	甲子5	乙丑6	丙寅7	丁卯8	戊辰9	己巳10	庚午11	辛未12	壬申13	癸酉14	甲戌15	乙亥16	丙子17	丁丑18	戊寅19	己卯20	庚辰21	辛巳22	壬午23	癸未24	甲申25	乙酉26	丙戌27	丁亥28	戊子29	壬申立秋
九月小	丁酉	天干地支西曆	己丑30	庚寅31	辛卯(9)	壬辰2	癸巳3	甲午4	乙未5	丙申6	丁酉7	戊戌8	己亥9	庚子10	辛丑11	壬寅12	癸卯13	甲辰14	乙巳15	丙午16	丁未17	戊申18	己酉19	庚戌20	辛亥21	壬子22	癸丑23	甲寅24	乙卯25	丙辰26	丁巳27		
十月大	戊戌	天干地支西曆	戊午28	己未29	庚申30	辛酉(10)	壬戌2	癸亥3	甲子4	乙丑5	丙寅6	丁卯7	戊辰8	己巳9	庚午10	辛未11	壬申12	癸酉13	甲戌14	乙亥15	丙子16	丁丑17	戊寅18	己卯19	庚辰20	辛巳21	壬午22	癸未23	甲申24	乙酉25	丙戌26	丁亥27	戊午秋分
十一月小	己亥	天干地支西曆	戊子28	己丑29	庚寅30	辛卯31	壬辰(11)	癸巳2	甲午3	乙未4	丙申5	丁酉6	戊戌7	己亥8	庚子9	辛丑10	壬寅11	癸卯12	甲辰13	乙巳14	丙午15	丁未16	戊申17	己酉18	庚戌19	辛亥20	壬子21	癸丑22	甲寅23	乙卯24	丙辰25		壬寅立冬
閏十一大	己亥	天干地支西曆	丁巳26	戊午27	己未28	庚申29	辛酉30	壬戌(12)	癸亥2	甲子3	乙丑4	丙寅5	丁卯6	戊辰7	己巳8	庚午9	辛未10	壬申11	癸酉12	甲戌13	乙亥14	丙子15	丁丑16	戊寅17	己卯18	庚辰19	辛巳20	壬午21	癸未22	甲申23	乙酉24	丙戌25	丙戌冬至
十二月小	庚子	天干地支西曆	丁亥26	戊子27	己丑28	庚寅29	辛卯30	壬辰31	癸巳(1)	甲午2	乙未3	丙申4	丁酉5	戊戌6	己亥7	庚子8	辛丑9	壬寅10	癸卯11	甲辰12	乙巳13	丙午14	丁未15	戊申16	己酉17	庚戌18	辛亥19	壬子20	癸丑21	甲寅22	乙卯23		

朔閏異同	曆名	正月	二月	三月	四月	五月	六月	七月	八月	九月	十月	十一	十二	閏月		曆名	正月	二月	三月	四月	五月	六月	七月	八月	九月	十月	十一	十二	閏月
	周曆夏曆	壬戌辛酉	壬辰辛卯	辛酉庚申	辛卯庚寅	庚申己未	庚寅己丑	己未戊午	己丑---戊子	戊午丁巳	戊子丁亥	丁巳丙辰	---丁亥丙戌	丙辰乙卯		顓頊新曆	癸巳壬戌	癸亥辛卯	壬辰辛酉	壬戌庚寅	辛卯己未	辛酉己丑	庚寅---戊午	庚申戊子	己丑戊午	己未丁亥	戊子丁巳	戊午丁亥	---丁亥丙辰

周赧王二十一年（丁卯 兔年） 公元前 **294** ~ 前 293 年 歲在玄枵

殷曆月序		中西曆日對照	初一	初二	初三	初四	初五	初六	初七	初八	初九	初十	十一	十二	十三	十四	十五	十六	十七	十八	十九	二十	二一	二二	二三	二四	二五	二六	二七	二八	二九	三十	節氣與天象
正月大	辛丑	干支 天地 西曆	丙辰 24	丁巳 25	戊午 26	己未 27	庚申 28	辛酉 29	壬戌 30	癸亥 31	甲子 (2)	乙丑 2	丙寅 3	丁卯 4	戊辰 5	己巳 6	庚午 7	辛未 8	壬申 9	癸酉 10	甲戌 11	乙亥 12	丙子 13	丁丑 14	戊寅 15	己卯 16	庚辰 17	辛巳 18	壬午 19	癸未 20	甲申 21	乙酉 22	辛未立春
二月小	壬寅	干支 天地 西曆	丙戌 23	丁亥 24	戊子 25	己丑 26	庚寅 27	辛卯 28	壬辰 (3)	癸巳 2	甲午 3	乙未 4	丙申 5	丁酉 6	戊戌 7	己亥 8	庚子 9	辛丑 10	壬寅 11	癸卯 12	甲辰 13	乙巳 14	丙午 15	丁未 16	戊申 17	己酉 18	庚戌 19	辛亥 20	壬子 21	癸丑 22	甲寅 23		
三月大	癸卯	干支 天地 西曆	乙卯 24	丙辰 25	丁巳 26	戊午 27	己未 28	庚申 29	辛酉 30	壬戌 31	癸亥 (4)	甲子 2	乙丑 3	丙寅 4	丁卯 5	戊辰 6	己巳 7	庚午 8	辛未 9	壬申 10	癸酉 11	甲戌 12	乙亥 13	丙子 14	丁丑 15	戊寅 16	己卯 17	庚辰 18	辛巳 19	壬午 20	癸未 21	甲申 22	丁巳春分
四月小	甲辰	干支 天地 西曆	乙酉 23	丙戌 24	丁亥 25	戊子 26	己丑 27	庚寅 28	辛卯 29	壬辰 30	癸巳 (5)	甲午 2	乙未 3	丙申 4	丁酉 5	戊戌 6	己亥 7	庚子 8	辛丑 9	壬寅 10	癸卯 11	甲辰 12	乙巳 13	丙午 14	丁未 15	戊申 16	己酉 17	庚戌 18	辛亥 19	壬子 20	癸丑 21		癸卯立夏
五月大	乙巳	干支 天地 西曆	甲寅 22	乙卯 23	丙辰 24	丁巳 25	戊午 26	己未 27	庚申 28	辛酉 29	壬戌 30	癸亥 31	甲子 (6)	乙丑 2	丙寅 3	丁卯 4	戊辰 5	己巳 6	庚午 7	辛未 8	壬申 9	癸酉 10	甲戌 11	乙亥 12	丙子 13	丁丑 14	戊寅 15	己卯 16	庚辰 17	辛巳 18	壬午 19	癸未 20	
六月小	丙午	干支 天地 西曆	甲申 21	乙酉 22	丙戌 23	丁亥 24	戊子 25	己丑 26	庚寅 27	辛卯 28	壬辰 29	癸巳 30	甲午 (7)	乙未 2	丙申 3	丁酉 4	戊戌 5	己亥 6	庚子 7	辛丑 8	壬寅 9	癸卯 10	甲辰 11	乙巳 12	丙午 13	丁未 14	戊申 15	己酉 16	庚戌 17	辛亥 18	壬子 19		辛卯夏至
七月大	丁未	干支 天地 西曆	癸丑 20	甲寅 21	乙卯 22	丙辰 23	丁巳 24	戊午 25	己未 26	庚申 27	辛酉 28	壬戌 29	癸亥 30	甲子 31	乙丑 (8)	丙寅 2	丁卯 3	戊辰 4	己巳 5	庚午 6	辛未 7	壬申 8	癸酉 9	甲戌 10	乙亥 11	丙子 12	丁丑 13	戊寅 14	己卯 15	庚辰 16	辛巳 17	壬午 18	丁丑立秋
八月大	戊申	干支 天地 西曆	癸未 19	甲申 20	乙酉 21	丙戌 22	丁亥 23	戊子 24	己丑 25	庚寅 26	辛卯 27	壬辰 28	癸巳 29	甲午 30	乙未 31	丙申 (9)	丁酉 2	戊戌 3	己亥 4	庚子 5	辛丑 6	壬寅 7	癸卯 8	甲辰 9	乙巳 10	丙午 11	丁未 12	戊申 13	己酉 14	庚戌 15	辛亥 16	壬子 17	
九月小	己酉	干支 天地 西曆	癸丑 18	甲寅 19	乙卯 20	丙辰 21	丁巳 22	戊午 23	己未 24	庚申 25	辛酉 26	壬戌 27	癸亥 28	甲子 29	乙丑 30	丙寅 (10)	丁卯 2	戊辰 3	己巳 4	庚午 5	辛未 6	壬申 7	癸酉 8	甲戌 9	乙亥 10	丙子 11	丁丑 12	戊寅 13	己卯 14	庚辰 15	辛巳 16		癸亥秋分
十月大	庚戌	干支 天地 西曆	壬午 17	癸未 18	甲申 19	乙酉 20	丙戌 21	丁亥 22	戊子 23	己丑 24	庚寅 25	辛卯 26	壬辰 27	癸巳 28	甲午 29	乙未 30	丙申 31	丁酉 (11)	戊戌 2	己亥 3	庚子 4	辛丑 5	壬寅 6	癸卯 7	甲辰 8	乙巳 9	丙午 10	丁未 11	戊申 12	己酉 13	庚戌 14	辛亥 15	丁未立冬
十一月小	辛亥	干支 天地 西曆	壬子 16	癸丑 17	甲寅 18	乙卯 19	丙辰 20	丁巳 21	戊午 22	己未 23	庚申 24	辛酉 25	壬戌 26	癸亥 27	甲子 28	乙丑 29	丙寅 30	丁卯 (12)	戊辰 2	己巳 3	庚午 4	辛未 5	壬申 6	癸酉 7	甲戌 8	乙亥 9	丙子 10	丁丑 11	戊寅 12	己卯 13	庚辰 14		
十二月大	壬子	干支 天地 西曆	辛巳 15	壬午 16	癸未 17	甲申 18	乙酉 19	丙戌 20	丁亥 21	戊子 22	己丑 23	庚寅 24	辛卯 25	壬辰 26	癸巳 27	甲午 28	乙未 29	丙申 30	丁酉 31	戊戌 (1)	己亥 2	庚子 3	辛丑 4	壬寅 5	癸卯 6	甲辰 7	乙巳 8	丙午 9	丁未 10	戊申 11	己酉 12	庚戌 13	辛卯冬至

朔閏異同	曆名	正月	二月	三月	四月	五月	六月	七月	八月	九月	十月	十一	十二	閏月	曆名	正月	二月	三月	四月	五月	六月	七月	八月	九月	十月	十一	十二	閏月
	周曆 夏曆	丙戌 乙酉	丙辰 甲寅	乙酉 甲申	乙卯 甲寅	甲申 癸未	甲寅 癸丑	癸未 壬午	癸丑 壬子	壬午 辛巳	壬子 辛亥	辛巳 庚辰	辛亥 庚戌		顓頊 新曆	丁巳 丙戌	丙戌 乙卯	丙辰 乙酉	乙酉 甲寅	乙卯 癸未	乙酉 癸丑	甲寅 壬午	甲申 壬子	癸丑 辛巳	癸未 辛亥	壬子 辛巳	壬午 辛亥	

周赧王二十二年（戊辰 龍年） 公元前 293 ~ 前 292 年 歲在娵訾

殷曆月序		西曆中日對照	初一	初二	初三	初四	初五	初六	初七	初八	初九	初十	十一	十二	十三	十四	十五	十六	十七	十八	十九	二十	二一	二二	二三	二四	二五	二六	二七	二八	二九	三十	節氣與天象
正月小	癸丑	干支 天地 西曆	辛亥14	壬子15	癸丑16	甲寅17	乙卯18	丙辰19	丁巳20	戊午21	己未22	庚申23	辛酉24	壬戌25	癸亥26	甲子27	乙丑28	丙寅29	丁卯30	戊辰31	己巳(2)	庚午2	辛未3	壬申4	癸酉5	甲戌6	乙亥7	丙子8	丁丑9	戊寅10	己卯11		丙子立春
二月大	甲寅	干支 天地 西曆	庚辰12	辛巳13	壬午14	癸未15	甲申16	乙酉17	丙戌18	丁亥19	戊子20	己丑21	庚寅22	辛卯23	壬辰24	癸巳25	甲午26	乙未27	丙申28	丁酉29	戊戌(3)	己亥2	庚子3	辛丑4	壬寅5	癸卯6	甲辰7	乙巳8	丙午9	丁未10	戊申11	己酉12	
三月小	乙卯	干支 天地 西曆	庚戌13	辛亥14	壬子15	癸丑16	甲寅17	乙卯18	丙辰19	丁巳20	戊午21	己未22	庚申23	辛酉24	壬戌25	癸亥26	甲子27	乙丑28	丙寅29	丁卯30	戊辰31	己巳(4)	庚午2	辛未3	壬申4	癸酉5	甲戌6	乙亥7	丙子8	丁丑9	戊寅10		壬戌春分 庚戌日食
四月大	丙辰	干支 天地 西曆	己卯11	庚辰12	辛巳13	壬午14	癸未15	甲申16	乙酉17	丙戌18	丁亥19	戊子20	己丑21	庚寅22	辛卯23	壬辰24	癸巳25	甲午26	乙未27	丙申28	丁酉29	戊戌30	己亥(5)	庚子2	辛丑3	壬寅4	癸卯5	甲辰6	乙巳7	丙午8	丁未9	戊申10	
五月小	丁巳	干支 天地 西曆	己酉11	庚戌12	辛亥13	壬子14	癸丑15	甲寅16	乙卯17	丙辰18	丁巳19	戊午20	己未21	庚申22	辛酉23	壬戌24	癸亥25	甲子26	乙丑27	丙寅28	丁卯29	戊辰30	己巳31	庚午(6)	辛未2	壬申3	癸酉4	甲戌5	乙亥6	丙子7	丁丑8		己酉立夏
六月大	戊午	干支 天地 西曆	戊寅9	己卯10	庚辰11	辛巳12	壬午13	癸未14	甲申15	乙酉16	丙戌17	丁亥18	戊子19	己丑20	庚寅21	辛卯22	壬辰23	癸巳24	甲午25	乙未26	丙申27	丁酉28	戊戌29	己亥30	庚子(7)	辛丑2	壬寅3	癸卯4	甲辰5	乙巳6	丙午7	丁未8	丙申夏至
七月小	己未	干支 天地 西曆	戊申9	己酉10	庚戌11	辛亥12	壬子13	癸丑14	甲寅15	乙卯16	丙辰17	丁巳18	戊午19	己未20	庚申21	辛酉22	壬戌23	癸亥24	甲子25	乙丑26	丙寅27	丁卯28	戊辰29	己巳30	庚午31	辛未(8)	壬申2	癸酉3	甲戌4	乙亥5	丙子6		
八月大	庚申	干支 天地 西曆	丁丑7	戊寅8	己卯9	庚辰10	辛巳11	壬午12	癸未13	甲申14	乙酉15	丙戌16	丁亥17	戊子18	己丑19	庚寅20	辛卯21	壬辰22	癸巳23	甲午24	乙未25	丙申26	丁酉27	戊戌28	己亥29	庚子30	辛丑31	壬寅(9)	癸卯2	甲辰3	乙巳4	丙午5	癸未立秋
九月小	辛酉	干支 天地 西曆	丁未6	戊申7	己酉8	庚戌9	辛亥10	壬子11	癸丑12	甲寅13	乙卯14	丙辰15	丁巳16	戊午17	己未18	庚申19	辛酉20	壬戌21	癸亥22	甲子23	乙丑24	丙寅25	丁卯26	戊辰27	己巳28	庚午29	辛未30	壬申(10)	癸酉2	甲戌3	乙亥4		戊辰秋分
十月大	壬戌	干支 天地 西曆	丙子5	丁丑6	戊寅7	己卯8	庚辰9	辛巳10	壬午11	癸未12	甲申13	乙酉14	丙戌15	丁亥16	戊子17	己丑18	庚寅19	辛卯20	壬辰21	癸巳22	甲午23	乙未24	丙申25	丁酉26	戊戌27	己亥28	庚子29	辛丑30	壬寅31	癸卯(11)	甲辰2	乙巳3	
十一月小	癸亥	干支 天地 西曆	丙午4	丁未5	戊申6	己酉7	庚戌8	辛亥9	壬子10	癸丑11	甲寅12	乙卯13	丙辰14	丁巳15	戊午16	己未17	庚申18	辛酉19	壬戌20	癸亥21	甲子22	乙丑23	丙寅24	丁卯25	戊辰26	己巳27	庚午28	辛未29	壬申30	癸酉(12)	甲戌2		癸丑立冬
十二月大	甲子	干支 天地 西曆	乙亥3	丙子4	丁丑5	戊寅6	己卯7	庚辰8	辛巳9	壬午10	癸未11	甲申12	乙酉13	丙戌14	丁亥15	戊子16	己丑17	庚寅18	辛卯19	壬辰20	癸巳21	甲午22	乙未23	丙申24	丁酉25	戊戌26	己亥27	庚子28	辛丑29	壬寅30	癸卯31	甲辰(1)	丁酉冬至

朔閏異同	曆名	正月	二月	三月	四月	五月	六月	七月	八月	九月	十月	十一	十二	閏月
	周曆夏曆	庚辰己卯	庚戌己酉	己卯戊寅	己酉戊申	戊寅丁丑	戊申丁未	戊寅丁丑	丁未丙午	丁丑丙子	丙午乙巳	丙子乙亥	乙巳甲辰	
	顓頊新曆	辛亥庚辰	辛巳庚戌	庚戌己卯	庚辰己酉	己酉戊寅	己卯丁未	戊申丙子	戊寅丙午	戊申乙亥	丁丑乙巳	丁未乙亥	丙子乙巳	

周赧王二十三年（己巳 蛇年） 公元前 **292** ~ 前 291 年 歲在降婁

殷曆月序		中西曆日對照	殷曆日序																														節氣與天象
			初一	初二	初三	初四	初五	初六	初七	初八	初九	初十	十一	十二	十三	十四	十五	十六	十七	十八	十九	二十	二一	二二	二三	二四	二五	二六	二七	二八	二九	三十	
正月大	乙丑	天干地支西曆	乙巳2	丙午3	丁未4	戊申5	己酉6	庚戌7	辛亥8	壬子9	癸丑10	甲寅11	乙卯12	丙辰13	丁巳14	戊午15	己未16	庚申17	辛酉18	壬戌19	癸亥20	甲子21	乙丑22	丙寅23	丁卯24	戊辰25	己巳26	庚午27	辛未28	壬申29	癸酉30	甲戌31	
二月小	丙寅	天干地支西曆	乙亥(2)	丙子2	丁丑3	戊寅4	己卯5	庚辰6	辛巳7	壬午8	癸未9	甲申10	乙酉11	丙戌12	丁亥13	戊子14	己丑15	庚寅16	辛卯17	壬辰18	癸巳19	甲午20	乙未21	丙申22	丁酉23	戊戌24	己亥25	庚子26	辛丑27	壬寅28	癸卯(3)		辛巳立春
三月大	丁卯	天干地支西曆	甲辰2	乙巳3	丙午4	丁未5	戊申6	己酉7	庚戌8	辛亥9	壬子10	癸丑11	甲寅12	乙卯13	丙辰14	丁巳15	戊午16	己未17	庚申18	辛酉19	壬戌20	癸亥21	甲子22	乙丑23	丙寅24	丁卯25	戊辰26	己巳27	庚午28	辛未29	壬申30	癸酉31	丁卯春分
四月小	戊辰	天干地支西曆	甲戌(4)	乙亥2	丙子3	丁丑4	戊寅5	己卯6	庚辰7	辛巳8	壬午9	癸未10	甲申11	乙酉12	丙戌13	丁亥14	戊子15	己丑16	庚寅17	辛卯18	壬辰19	癸巳20	甲午21	乙未22	丙申23	丁酉24	戊戌25	己亥26	庚子27	辛丑28	壬寅29		
五月大	己巳	天干地支西曆	癸卯30	甲辰(5)	乙巳2	丙午3	丁未4	戊申5	己酉6	庚戌7	辛亥8	壬子9	癸丑10	甲寅11	乙卯12	丙辰13	丁巳14	戊午15	己未16	庚申17	辛酉18	壬戌19	癸亥20	甲子21	乙丑22	丙寅23	丁卯24	戊辰25	己巳26	庚午27	辛未28	壬申29	甲寅立夏
六月小	庚午	天干地支西曆	癸酉30	甲戌31	乙亥(6)	丙子2	丁丑3	戊寅4	己卯5	庚辰6	辛巳7	壬午8	癸未9	甲申10	乙酉11	丙戌12	丁亥13	戊子14	己丑15	庚寅16	辛卯17	壬辰18	癸巳19	甲午20	乙未21	丙申22	丁酉23	戊戌24	己亥25	庚子26	辛丑27		辛丑夏至
七月大	辛未	天干地支西曆	壬寅28	癸卯29	甲辰30	乙巳(7)	丙午2	丁未3	戊申4	己酉5	庚戌6	辛亥7	壬子8	癸丑9	甲寅10	乙卯11	丙辰12	丁巳13	戊午14	己未15	庚申16	辛酉17	壬戌18	癸亥19	甲子20	乙丑21	丙寅22	丁卯23	戊辰24	己巳25	庚午26	辛未27	
閏七月小	辛未	天干地支西曆	壬申28	癸酉29	甲戌30	乙亥31	丙子(8)	丁丑2	戊寅3	己卯4	庚辰5	辛巳6	壬午7	癸未8	甲申9	乙酉10	丙戌11	丁亥12	戊子13	己丑14	庚寅15	辛卯16	壬辰17	癸巳18	甲午19	乙未20	丙申21	丁酉22	戊戌23	己亥24	庚子25		戊子立秋
八月大	壬申	天干地支西曆	辛丑26	壬寅27	癸卯28	甲辰29	乙巳30	丙午31	丁未(9)	戊申2	己酉3	庚戌4	辛亥5	壬子6	癸丑7	甲寅8	乙卯9	丙辰10	丁巳11	戊午12	己未13	庚申14	辛酉15	壬戌16	癸亥17	甲子18	乙丑19	丙寅20	丁卯21	戊辰22	己巳23	庚午24	
九月小	癸酉	天干地支西曆	辛未25	壬申26	癸酉27	甲戌28	乙亥29	丙子30	丁丑(10)	戊寅2	己卯3	庚辰4	辛巳5	壬午6	癸未7	甲申8	乙酉9	丙戌10	丁亥11	戊子12	己丑13	庚寅14	辛卯15	壬辰16	癸巳17	甲午18	乙未19	丙申20	丁酉21	戊戌22	己亥23		癸酉秋分
十月大	甲戌	天干地支西曆	庚子24	辛丑25	壬寅26	癸卯27	甲辰28	乙巳29	丙午30	丁未31	戊申(11)	己酉2	庚戌3	辛亥4	壬子5	癸丑6	甲寅7	乙卯8	丙辰9	丁巳10	戊午11	己未12	庚申13	辛酉14	壬戌15	癸亥16	甲子17	乙丑18	丙寅19	丁卯20	戊辰21	己巳22	戊午立冬
十一月小	乙亥	天干地支西曆	庚午23	辛未24	壬申25	癸酉26	甲戌27	乙亥28	丙子29	丁丑30	戊寅(12)	己卯2	庚辰3	辛巳4	壬午5	癸未6	甲申7	乙酉8	丙戌9	丁亥10	戊子11	己丑12	庚寅13	辛卯14	壬辰15	癸巳16	甲午17	乙未18	丙申19	丁酉20	戊戌21		
十二月大	丙子	天干地支西曆	己亥22	庚子23	辛丑24	壬寅25	癸卯26	甲辰27	乙巳28	丙午29	丁未30	戊申31	己酉(1)	庚戌2	辛亥3	壬子4	癸丑5	甲寅6	乙卯7	丙辰8	丁巳9	戊午10	己未11	庚申12	辛酉13	壬戌14	癸亥15	甲子16	乙丑17	丙寅18	丁卯19	戊辰20	壬寅冬至

朔閏異同	曆名	正月	二月	三月	四月	五月	六月	七月	八月	九月	十月	十一	十二	閏月
	周曆夏曆	乙亥甲戌	甲辰癸卯	甲戌癸酉	癸卯---壬寅	癸酉壬申	壬寅辛丑	壬申辛未	---辛丑庚子	辛未庚午	辛丑己亥	庚午己巳	庚子己亥	己巳戊辰
	曆名	正月	二月	三月	四月	五月	六月	七月	八月	九月	十月	十一	十二	閏月
	顓頊新曆	丙午---甲戌	乙亥甲辰	乙巳甲戌	甲戌癸卯	甲辰癸酉	癸酉壬寅	癸卯辛未	壬申庚子	壬寅庚午	辛未己亥	辛丑己巳	庚午己亥	---庚子戊辰

周赧王二十四年（庚午 馬年） 公元前 291 ~ 前 290 年 歲在大梁

殷曆月序		西曆日中照對	初一	初二	初三	初四	初五	初六	初七	初八	初九	初十	十一	十二	十三	十四	十五	十六	十七	十八	十九	二十	二一	二二	二三	二四	二五	二六	二七	二八	二九	三十	節氣與天象
正月小	丁丑	天干地支西曆	己巳21	庚午22	辛未23	壬申24	癸酉25	甲戌26	乙亥27	丙子28	丁丑29	戊寅30	己卯31	庚辰(2)	辛巳2	壬午3	癸未4	甲申5	乙酉6	丙戌7	丁亥8	戊子9	己丑10	庚寅11	辛卯12	壬辰13	癸巳14	甲午15	乙未16	丙申17	丁酉18		丁亥立春
二月大	戊寅	天干地支西曆	戊戌19	己亥20	庚子21	辛丑22	壬寅23	癸卯24	甲辰25	乙巳26	丙午27	丁未28	戊申(3)	己酉2	庚戌3	辛亥4	壬子5	癸丑6	甲寅7	乙卯8	丙辰9	丁巳10	戊午11	己未12	庚申13	辛酉14	壬戌15	癸亥16	甲子17	乙丑18	丙寅19	丁卯20	
三月大	己卯	天干地支西曆	戊辰21	己巳22	庚午23	辛未24	壬申25	癸酉26	甲戌27	乙亥28	丙子29	丁丑30	戊寅31	己卯(4)	庚辰2	辛巳3	壬午4	癸未5	甲申6	乙酉7	丙戌8	丁亥9	戊子10	己丑11	庚寅12	辛卯13	壬辰14	癸巳15	甲午16	乙未17	丙申18	丁酉19	壬申春分
四月小	庚辰	天干地支西曆	戊戌20	己亥21	庚子22	辛丑23	壬寅24	癸卯25	甲辰26	乙巳27	丙午28	丁未29	戊申30	己酉(5)	庚戌2	辛亥3	壬子4	癸丑5	甲寅6	乙卯7	丙辰8	丁巳9	戊午10	己未11	庚申12	辛酉13	壬戌14	癸亥15	甲子16	乙丑17	丙寅18		己未立夏
五月大	辛巳	天干地支西曆	丁卯19	戊辰20	己巳21	庚午22	辛未23	壬申24	癸酉25	甲戌26	乙亥27	丙子28	丁丑29	戊寅30	己卯31	庚辰(6)	辛巳2	壬午3	癸未4	甲申5	乙酉6	丙戌7	丁亥8	戊子9	己丑10	庚寅11	辛卯12	壬辰13	癸巳14	甲午15	乙未16	丙申17	
六月小	壬午	天干地支西曆	丁酉18	戊戌19	己亥20	庚子21	辛丑22	壬寅23	癸卯24	甲辰25	乙巳26	丙午27	丁未28	戊申29	己酉30	庚戌(7)	辛亥2	壬子3	癸丑4	甲寅5	乙卯6	丙辰7	丁巳8	戊午9	己未10	庚申11	辛酉12	壬戌13	癸亥14	甲子15	乙丑16		丙午夏至
七月大	癸未	天干地支西曆	丙寅17	丁卯18	戊辰19	己巳20	庚午21	辛未22	壬申23	癸酉24	甲戌25	乙亥26	丙子27	丁丑28	戊寅29	己卯30	庚辰31	辛巳(8)	壬午2	癸未3	甲申4	乙酉5	丙戌6	丁亥7	戊子8	己丑9	庚寅10	辛卯11	壬辰12	癸巳13	甲午14	乙未15	癸巳立秋 乙未日食
八月小	甲申	天干地支西曆	丙申16	丁酉17	戊戌18	己亥19	庚子20	辛丑21	壬寅22	癸卯23	甲辰24	乙巳25	丙午26	丁未27	戊申28	己酉29	庚戌30	辛亥31	壬子(9)	癸丑2	甲寅3	乙卯4	丙辰5	丁巳6	戊午7	己未8	庚申9	辛酉10	壬戌11	癸亥12	甲子13		
九月大	乙酉	天干地支西曆	乙丑14	丙寅15	丁卯16	戊辰17	己巳18	庚午19	辛未20	壬申21	癸酉22	甲戌23	乙亥24	丙子25	丁丑26	戊寅27	己卯28	庚辰29	辛巳30	壬午(10)	癸未2	甲申3	乙酉4	丙戌5	丁亥6	戊子7	己丑8	庚寅9	辛卯10	壬辰11	癸巳12	甲午13	己卯秋分
十月小	丙戌	天干地支西曆	乙未14	丙申15	丁酉16	戊戌17	己亥18	庚子19	辛丑20	壬寅21	癸卯22	甲辰23	乙巳24	丙午25	丁未26	戊申27	己酉28	庚戌29	辛亥30	壬子31	癸丑(11)	甲寅2	乙卯3	丙辰4	丁巳5	戊午6	己未7	庚申8	辛酉9	壬戌10	癸亥11		癸亥立冬
十一月大	丁亥	天干地支西曆	甲子12	乙丑13	丙寅14	丁卯15	戊辰16	己巳17	庚午18	辛未19	壬申20	癸酉21	甲戌22	乙亥23	丙子24	丁丑25	戊寅26	己卯27	庚辰28	辛巳29	壬午30	癸未(12)	甲申2	乙酉3	丙戌4	丁亥5	戊子6	己丑7	庚寅8	辛卯9	壬辰10	癸巳11	
十二月小	戊子	天干地支西曆	甲午12	乙未13	丙申14	丁酉15	戊戌16	己亥17	庚子18	辛丑19	壬寅20	癸卯21	甲辰22	乙巳23	丙午24	丁未25	戊申26	己酉27	庚戌28	辛亥29	壬子30	癸丑31	甲寅(1)	乙卯2	丙辰3	丁巳4	戊午5	己未6	庚申7	辛酉8	壬戌9		丁未冬至

朔閏異同	曆名	正月	二月	三月	四月	五月	六月	七月	八月	九月	十月	十一	十二	閏月
	周曆夏曆	己亥戊戌	戊辰丁卯	戊戌丁酉	丁卯丙寅	丁酉丙申	丙寅乙丑	丙申乙未	乙丑甲子	乙未甲午	甲子癸亥	甲午癸巳	癸亥壬戌	
	顓頊新曆	庚午戊戌	己亥戊辰	己巳戊戌	戊戌丁卯	戊辰丙申	丁酉丙寅	丁卯乙未	丙申乙丑	丙寅甲午	乙未癸亥	乙丑癸巳	甲午癸亥	

周赧王二十五年（辛未 羊年） 公元前 290 年 歲在實沈

殷曆月序		中西曆日對照	初一	初二	初三	初四	初五	初六	初七	初八	初九	初十	十一	十二	十三	十四	十五	十六	十七	十八	十九	二十	二一	二二	二三	二四	二五	二六	二七	二八	二九	三十	節氣與天象
正月大	己丑	天干地支西曆	癸亥10	甲子11	乙丑12	丙寅13	丁卯14	戊辰15	己巳16	庚午17	辛未18	壬申19	癸酉20	甲戌21	乙亥22	丙子23	丁丑24	戊寅25	己卯26	庚辰27	辛巳28	壬午29	癸未30	甲申31	乙酉(2)	丙戌2	丁亥3	戊子4	己丑5	庚寅6	辛卯7	壬辰8	壬辰立春
二月小	庚寅	天干地支西曆	癸巳9	甲午10	乙未11	丙申12	丁酉13	戊戌14	己亥15	庚子16	辛丑17	壬寅18	癸卯19	甲辰20	乙巳21	丙午22	丁未23	戊申24	己酉25	庚戌26	辛亥27	壬子28	癸丑(3)	甲寅2	乙卯3	丙辰4	丁巳5	戊午6	己未7	庚申8	辛酉9		
三月大	辛卯	天干地支西曆	壬戌10	癸亥11	甲子12	乙丑13	丙寅14	丁卯15	戊辰16	己巳17	庚午18	辛未19	壬申20	癸酉21	甲戌22	乙亥23	丙子24	丁丑25	戊寅26	己卯27	庚辰28	辛巳29	壬午30	癸未31	甲申(4)	乙酉2	丙戌3	丁亥4	戊子5	己丑6	庚寅7	辛卯8	丁丑春分
四月小	壬辰	天干地支西曆	壬辰9	癸巳10	甲午11	乙未12	丙申13	丁酉14	戊戌15	己亥16	庚子17	辛丑18	壬寅19	癸卯20	甲辰21	乙巳22	丙午23	丁未24	戊申25	己酉26	庚戌27	辛亥28	壬子29	癸丑30	甲寅(5)	乙卯2	丙辰3	丁巳4	戊午5	己未6	庚申7		
五月大	癸巳	天干地支西曆	辛酉8	壬戌9	癸亥10	甲子11	乙丑12	丙寅13	丁卯14	戊辰15	己巳16	庚午17	辛未18	壬申19	癸酉20	甲戌21	乙亥22	丙子23	丁丑24	戊寅25	己卯26	庚辰27	辛巳28	壬午29	癸未30	甲申31	乙酉(6)	丙戌2	丁亥3	戊子4	己丑5	庚寅6	甲子立夏
六月小	甲午	天干地支西曆	辛卯7	壬辰8	癸巳9	甲午10	乙未11	丙申12	丁酉13	戊戌14	己亥15	庚子16	辛丑17	壬寅18	癸卯19	甲辰20	乙巳21	丙午22	丁未23	戊申24	己酉25	庚戌26	辛亥27	壬子28	癸丑29	甲寅30	乙卯(7)	丙辰2	丁巳3	戊午4	己未5		壬子夏至
七月大	乙未	天干地支西曆	庚申6	辛酉7	壬戌8	癸亥9	甲子10	乙丑11	丙寅12	丁卯13	戊辰14	己巳15	庚午16	辛未17	壬申18	癸酉19	甲戌20	乙亥21	丙子22	丁丑23	戊寅24	己卯25	庚辰26	辛巳27	壬午28	癸未29	甲申30	乙酉31	丙戌(8)	丁亥2	戊子3	己丑4	
八月大	丙申	天干地支西曆	庚寅5	辛卯6	壬辰7	癸巳8	甲午9	乙未10	丙申11	丁酉12	戊戌13	己亥14	庚子15	辛丑16	壬寅17	癸卯18	甲辰19	乙巳20	丙午21	丁未22	戊申23	己酉24	庚戌25	辛亥26	壬子27	癸丑28	甲寅29	乙卯30	丙辰31	丁巳(9)	戊午2	己未3	戊戌立秋
九月小	丁酉	天干地支西曆	庚申4	辛酉5	壬戌6	癸亥7	甲子8	乙丑9	丙寅10	丁卯11	戊辰12	己巳13	庚午14	辛未15	壬申16	癸酉17	甲戌18	乙亥19	丙子20	丁丑21	戊寅22	己卯23	庚辰24	辛巳25	壬午26	癸未27	甲申28	乙酉29	丙戌30	丁亥(10)	戊子2		甲申秋分
十月大	戊戌	天干地支西曆	己丑3	庚寅4	辛卯5	壬辰6	癸巳7	甲午8	乙未9	丙申10	丁酉11	戊戌12	己亥13	庚子14	辛丑15	壬寅16	癸卯17	甲辰18	乙巳19	丙午20	丁未21	戊申22	己酉23	庚戌24	辛亥25	壬子26	癸丑27	甲寅28	乙卯29	丙辰30	丁巳31	戊午(11)	
十一月小	己亥	天干地支西曆	己未2	庚申3	辛酉4	壬戌5	癸亥6	甲子7	乙丑8	丙寅9	丁卯10	戊辰11	己巳12	庚午13	辛未14	壬申15	癸酉16	甲戌17	乙亥18	丙子19	丁丑20	戊寅21	己卯22	庚辰23	辛巳24	壬午25	癸未26	甲申27	乙酉28	丙戌29	丁亥30		戊辰立冬
十二月大	庚子	天干地支西曆	戊子(12)	己丑2	庚寅3	辛卯4	壬辰5	癸巳6	甲午7	乙未8	丙申9	丁酉10	戊戌11	己亥12	庚子13	辛丑14	壬寅15	癸卯16	甲辰17	乙巳18	丙午19	丁未20	戊申21	己酉22	庚戌23	辛亥24	壬子25	癸丑26	甲寅27	乙卯28	丙辰29	丁巳30	壬子冬至 丁巳日食

朔閏異同	曆名	正月	二月	三月	四月	五月	六月	七月	八月	九月	十月	十一	十二	閏月
	周曆	癸巳	癸亥	壬辰	壬戌	辛卯	辛酉	庚寅	庚申	己丑	己未	戊子	戊午	
	夏曆	壬辰	辛酉	辛卯	辛酉	庚寅	庚申	己丑	己未	戊子	戊午	丁亥	丁巳	丙戌
	顓頊	甲子	癸巳	癸亥	癸巳	壬戌	壬辰	辛酉	辛卯	庚申	庚寅	己未	己丑	
	新曆	壬辰	壬戌	壬辰	辛酉	辛卯	庚申	庚寅	己未	己丑	戊午	丁亥	丁巳	丁亥

周赧王二十六年（壬申 猴年） 公元前290～前**289**～前288年 歲在鶉首

殷曆月序		中西曆日對照	初一	初二	初三	初四	初五	初六	初七	初八	初九	初十	十一	十二	十三	十四	十五	十六	十七	十八	十九	二十	二一	二二	二三	二四	二五	二六	二七	二八	二九	三十	節氣與天象
正月小	辛丑	干支曆 天地西	戊午 31	己未 (1)	庚申 2	辛酉 3	壬戌 4	癸亥 5	甲子 6	乙丑 7	丙寅 8	丁卯 9	戊辰 10	己巳 11	庚午 12	辛未 13	壬申 14	癸酉 15	甲戌 16	乙亥 17	丙子 18	丁丑 19	戊寅 20	己卯 21	庚辰 22	辛巳 23	壬午 24	癸未 25	甲申 26	乙酉 27	丙戌 28		
二月大	壬寅	干支曆 天地西	丁亥 29	戊子 30	己丑 31	庚寅 (2)	辛卯 2	壬辰 3	癸巳 4	甲午 5	乙未 6	丙申 7	丁酉 8	戊戌 9	己亥 10	庚子 11	辛丑 12	壬寅 13	癸卯 14	甲辰 15	乙巳 16	丙午 17	丁未 18	戊申 19	己酉 20	庚戌 21	辛亥 22	壬子 23	癸丑 24	甲寅 25	乙卯 26	丙辰 27	丁酉立春
三月小	癸卯	干支曆 天地西	丁巳 28	戊午 29	己未 (3)	庚申 2	辛酉 3	壬戌 4	癸亥 5	甲子 6	乙丑 7	丙寅 8	丁卯 9	戊辰 10	己巳 11	庚午 12	辛未 13	壬申 14	癸酉 15	甲戌 16	乙亥 17	丙子 18	丁丑 19	戊寅 20	己卯 21	庚辰 22	辛巳 23	壬午 24	癸未 25	甲申 26	乙酉 27		癸未春分
四月大	甲辰	干支曆 天地西	丙戌 28	丁亥 29	戊子 30	己丑 31	庚寅 (4)	辛卯 2	壬辰 3	癸巳 4	甲午 5	乙未 6	丙申 7	丁酉 8	戊戌 9	己亥 10	庚子 11	辛丑 12	壬寅 13	癸卯 14	甲辰 15	乙巳 16	丙午 17	丁未 18	戊申 19	己酉 20	庚戌 21	辛亥 22	壬子 23	癸丑 24	甲寅 25	乙卯 26	
閏四月小	甲辰	干支曆 天地西	丙辰 27	丁巳 28	戊午 29	己未 30	庚申 (5)	辛酉 2	壬戌 3	癸亥 4	甲子 5	乙丑 6	丙寅 7	丁卯 8	戊辰 9	己巳 10	庚午 11	辛未 12	壬申 13	癸酉 14	甲戌 15	乙亥 16	丙子 17	丁丑 18	戊寅 19	己卯 20	庚辰 21	辛巳 22	壬午 23	癸未 24	甲申 25		庚午立夏
五月大	乙巳	干支曆 天地西	乙酉 26	丙戌 27	丁亥 28	戊子 29	己丑 30	庚寅 31	辛卯 (6)	壬辰 2	癸巳 3	甲午 4	乙未 5	丙申 6	丁酉 7	戊戌 8	己亥 9	庚子 10	辛丑 11	壬寅 12	癸卯 13	甲辰 14	乙巳 15	丙午 16	丁未 17	戊申 18	己酉 19	庚戌 20	辛亥 21	壬子 22	癸丑 23	甲寅 24	
六月小	丙午	干支曆 天地西	乙卯 25	丙辰 26	丁巳 27	戊午 28	己未 29	庚申 30	辛酉 (7)	壬戌 2	癸亥 3	甲子 4	乙丑 5	丙寅 6	丁卯 7	戊辰 8	己巳 9	庚午 10	辛未 11	壬申 12	癸酉 13	甲戌 14	乙亥 15	丙子 16	丁丑 17	戊寅 18	己卯 19	庚辰 20	辛巳 21	壬午 22	癸未 23		丁巳夏至
七月大	丁未	干支曆 天地西	甲申 24	乙酉 25	丙戌 26	丁亥 27	戊子 28	己丑 29	庚寅 30	辛卯 31	壬辰 (8)	癸巳 2	甲午 3	乙未 4	丙申 5	丁酉 6	戊戌 7	己亥 8	庚子 9	辛丑 10	壬寅 11	癸卯 12	甲辰 13	乙巳 14	丙午 15	丁未 16	戊申 17	己酉 18	庚戌 19	辛亥 20	壬子 21	癸丑 22	甲辰立秋
八月小	戊申	干支曆 天地西	甲寅 23	乙卯 24	丙辰 25	丁巳 26	戊午 27	己未 28	庚申 29	辛酉 30	壬戌 31	癸亥 (9)	甲子 2	乙丑 3	丙寅 4	丁卯 5	戊辰 6	己巳 7	庚午 8	辛未 9	壬申 10	癸酉 11	甲戌 12	乙亥 13	丙子 14	丁丑 15	戊寅 16	己卯 17	庚辰 18	辛巳 19	壬午 20		
九月大	己酉	干支曆 天地西	癸未 21	甲申 22	乙酉 23	丙戌 24	丁亥 25	戊子 26	己丑 27	庚寅 28	辛卯 29	壬辰 30	癸巳 (10)	甲午 2	乙未 3	丙申 4	丁酉 5	戊戌 6	己亥 7	庚子 8	辛丑 9	壬寅 10	癸卯 11	甲辰 12	乙巳 13	丙午 14	丁未 15	戊申 16	己酉 17	庚戌 18	辛亥 19	壬子 20	己丑秋分
十月大	庚戌	干支曆 天地西	癸丑 21	甲寅 22	乙卯 23	丙辰 24	丁巳 25	戊午 26	己未 27	庚申 28	辛酉 29	壬戌 30	癸亥 31	甲子 (11)	乙丑 2	丙寅 3	丁卯 4	戊辰 5	己巳 6	庚午 7	辛未 8	壬申 9	癸酉 10	甲戌 11	乙亥 12	丙子 13	丁丑 14	戊寅 15	己卯 16	庚辰 17	辛巳 18	壬午 19	甲戌立冬
十一月小	辛亥	干支曆 天地西	癸未 20	甲申 21	乙酉 22	丙戌 23	丁亥 24	戊子 25	己丑 26	庚寅 27	辛卯 28	壬辰 29	癸巳 30	甲午 (12)	乙未 2	丙申 3	丁酉 4	戊戌 5	己亥 6	庚子 7	辛丑 8	壬寅 9	癸卯 10	甲辰 11	乙巳 12	丙午 13	丁未 14	戊申 15	己酉 16	庚戌 17	辛亥 18		
十二月大	壬子	干支曆 天地西	壬子 19	癸丑 20	甲寅 21	乙卯 22	丙辰 23	丁巳 24	戊午 25	己未 26	庚申 27	辛酉 28	壬戌 29	癸亥 30	甲子 31	乙丑 (1)	丙寅 2	丁卯 3	戊辰 4	己巳 5	庚午 6	辛未 7	壬申 8	癸酉 9	甲戌 10	乙亥 11	丙子 12	丁丑 13	戊寅 14	己卯 15	庚辰 16	辛巳 17	戊午冬至

朔閏異同	曆名	正月	二月	三月	四月	五月	六月	七月	八月	九月	十月	十一	十二	閏月
	周曆夏曆	丁亥丙辰	丁巳乙酉	丙戌乙卯	丙辰甲申	丙戌甲寅	乙卯甲申	---乙酉癸丑	甲寅癸未	甲申壬子	癸丑壬午	癸未辛亥	壬子辛巳	壬午
	顓頊新曆	戊午丙辰	戊子丙戌	丁巳乙卯	丁亥乙酉	丙辰乙卯	丙戌甲申	乙卯甲寅	乙酉癸未	乙卯癸丑	甲申壬午	甲寅壬子	癸未辛巳	---癸丑

周赧王二十七年（癸酉 鷄年） 公元前288 ~ 前287年 歲在鶉火

殷曆月序		中西曆日對照	初一	初二	初三	初四	初五	初六	初七	初八	初九	初十	十一	十二	十三	十四	十五	十六	十七	十八	十九	二十	二一	二二	二三	二四	二五	二六	二七	二八	二九	三十	節氣與天象
正月小	癸丑	干支 天地 西曆	壬午 18	癸未 19	甲申 20	乙酉 21	丙戌 22	丁亥 23	戊子 24	己丑 25	庚寅 26	辛卯 27	壬辰 28	癸巳 29	甲午 30	乙未 31	丙申 (2)	丁酉 2	戊戌 3	己亥 4	庚子 5	辛丑 6	壬寅 7	癸卯 8	甲辰 9	乙巳 10	丙午 11	丁未 12	戊申 13	己酉 14	庚戌 15		壬寅立春
二月大	甲寅	干支 天地 西曆	辛亥 16	壬子 17	癸丑 18	甲寅 19	乙卯 20	丙辰 21	丁巳 22	戊午 23	己未 24	庚申 25	辛酉 26	壬戌 27	癸亥 28	甲子 (3)	乙丑 2	丙寅 3	丁卯 4	戊辰 5	己巳 6	庚午 7	辛未 8	壬申 9	癸酉 10	甲戌 11	乙亥 12	丙子 13	丁丑 14	戊寅 15	己卯 16	庚辰 17	
三月小	乙卯	干支 天地 西曆	辛巳 18	壬午 19	癸未 20	甲申 21	乙酉 22	丙戌 23	丁亥 24	戊子 25	己丑 26	庚寅 27	辛卯 28	壬辰 29	癸巳 30	甲午 31	乙未 (4)	丙申 2	丁酉 3	戊戌 4	己亥 5	庚子 6	辛丑 7	壬寅 8	癸卯 9	甲辰 10	乙巳 11	丙午 12	丁未 13	戊申 14	己酉 15		戊子春分
四月大	丙辰	干支 天地 西曆	庚戌 16	辛亥 17	壬子 18	癸丑 19	甲寅 20	乙卯 21	丙辰 22	丁巳 23	戊午 24	己未 25	庚申 26	辛酉 27	壬戌 28	癸亥 29	甲子 30	乙丑 (5)	丙寅 2	丁卯 3	戊辰 4	己巳 5	庚午 6	辛未 7	壬申 8	癸酉 9	甲戌 10	乙亥 11	丙子 12	丁丑 13	戊寅 14	己卯 15	乙亥立夏
五月小	丁巳	干支 天地 西曆	庚辰 16	辛巳 17	壬午 18	癸未 19	甲申 20	乙酉 21	丙戌 22	丁亥 23	戊子 24	己丑 25	庚寅 26	辛卯 27	壬辰 28	癸巳 29	甲午 30	乙未 31	丙申 (6)	丁酉 2	戊戌 3	己亥 4	庚子 5	辛丑 6	壬寅 7	癸卯 8	甲辰 9	乙巳 10	丙午 11	丁未 12	戊申 13		
六月大	戊午	干支 天地 西曆	己酉 14	庚戌 15	辛亥 16	壬子 17	癸丑 18	甲寅 19	乙卯 20	丙辰 21	丁巳 22	戊午 23	己未 24	庚申 25	辛酉 26	壬戌 27	癸亥 28	甲子 29	乙丑 30	丙寅 (7)	丁卯 2	戊辰 3	己巳 4	庚午 5	辛未 6	壬申 7	癸酉 8	甲戌 9	乙亥 10	丙子 11	丁丑 12	戊寅 13	壬戌夏至
七月小	己未	干支 天地 西曆	己卯 14	庚辰 15	辛巳 16	壬午 17	癸未 18	甲申 19	乙酉 20	丙戌 21	丁亥 22	戊子 23	己丑 24	庚寅 25	辛卯 26	壬辰 27	癸巳 28	甲午 29	乙未 30	丙申 31	丁酉 (8)	戊戌 2	己亥 3	庚子 4	辛丑 5	壬寅 6	癸卯 7	甲辰 8	乙巳 9	丙午 10	丁未 11		
八月大	庚申	干支 天地 西曆	戊申 12	己酉 13	庚戌 14	辛亥 15	壬子 16	癸丑 17	甲寅 18	乙卯 19	丙辰 20	丁巳 21	戊午 22	己未 23	庚申 24	辛酉 25	壬戌 26	癸亥 27	甲子 28	乙丑 29	丙寅 30	丁卯 31	戊辰 (9)	己巳 2	庚午 3	辛未 4	壬申 5	癸酉 6	甲戌 7	乙亥 8	丙子 9	丁丑 10	己酉立秋
九月小	辛酉	干支 天地 西曆	戊寅 11	己卯 12	庚辰 13	辛巳 14	壬午 15	癸未 16	甲申 17	乙酉 18	丙戌 19	丁亥 20	戊子 21	己丑 22	庚寅 23	辛卯 24	壬辰 25	癸巳 26	甲午 27	乙未 28	丙申 29	丁酉 30	戊戌 (10)	己亥 2	庚子 3	辛丑 4	壬寅 5	癸卯 6	甲辰 7	乙巳 8	丙午 9		甲午秋分
十月大	壬戌	干支 天地 西曆	丁未 10	戊申 11	己酉 12	庚戌 13	辛亥 14	壬子 15	癸丑 16	甲寅 17	乙卯 18	丙辰 19	丁巳 20	戊午 21	己未 22	庚申 23	辛酉 24	壬戌 25	癸亥 26	甲子 27	乙丑 28	丙寅 29	丁卯 30	戊辰 31	己巳 (11)	庚午 2	辛未 3	壬申 4	癸酉 5	甲戌 6	乙亥 7	丙子 8	
十一月小	癸亥	干支 天地 西曆	丁丑 9	戊寅 10	己卯 11	庚辰 12	辛巳 13	壬午 14	癸未 15	甲申 16	乙酉 17	丙戌 18	丁亥 19	戊子 20	己丑 21	庚寅 22	辛卯 23	壬辰 24	癸巳 25	甲午 26	乙未 27	丙申 28	丁酉 29	戊戌 30	己亥 (12)	庚子 2	辛丑 3	壬寅 4	癸卯 5	甲辰 6	乙巳 7		己卯立冬
十二月大	甲子	干支 天地 西曆	丙午 8	丁未 9	戊申 10	己酉 11	庚戌 12	辛亥 13	壬子 14	癸丑 15	甲寅 16	乙卯 17	丙辰 18	丁巳 19	戊午 20	己未 21	庚申 22	辛酉 23	壬戌 24	癸亥 25	甲子 26	乙丑 27	丙寅 28	丁卯 29	戊辰 30	己巳 31	庚午 (1)	辛未 2	壬申 3	癸酉 4	甲戌 5	乙亥 6	癸亥冬至

朔閏異同	曆名	正月	二月	三月	四月	五月	六月	七月	八月	九月	十月	十一	十二	閏月	曆名	正月	二月	三月	四月	五月	六月	七月	八月	九月	十月	十一	十二	閏月
	周曆夏曆	辛亥庚戌	辛巳庚辰	庚戌己酉	庚辰己卯	己酉戊申	己卯戊寅	戊申丁未	戊寅丁丑	戊申丙午	丁丑丙子	丁未丙午	丙子乙亥		顓頊新曆	壬午辛亥	壬子庚辰	辛巳己酉	辛亥己卯	庚辰己酉	庚戌戊寅	己卯戊申	己酉戊寅	戊寅丁未	戊申丁丑	丁丑丙午	丁未丙子	

周赧王二十八年（甲戌 狗年） 公元前287年 歲在鶉尾

殷曆月序		中西曆日對照	初一	初二	初三	初四	初五	初六	初七	初八	初九	初十	十一	十二	十三	十四	十五	十六	十七	十八	十九	二十	二一	二二	二三	二四	二五	二六	二七	二八	二九	三十	節氣與天象
正月小	乙丑	干支曆 天地西	丙子 7	丁丑 8	戊寅 9	己卯 10	庚辰 11	辛巳 12	壬午 13	癸未 14	甲申 15	乙酉 16	丙戌 17	丁亥 18	戊子 19	己丑 20	庚寅 21	辛卯 22	壬辰 23	癸巳 24	甲午 25	乙未 26	丙申 27	丁酉 28	戊戌 29	己亥 30	庚子 31	辛丑 (2)	壬寅 2	癸卯 3	甲辰 4		
二月大	丙寅	干支曆 天地西	乙巳 5	丙午 6	丁未 7	戊申 8	己酉 9	庚戌 10	辛亥 11	壬子 12	癸丑 13	甲寅 14	乙卯 15	丙辰 16	丁巳 17	戊午 18	己未 19	庚申 20	辛酉 21	壬戌 22	癸亥 23	甲子 24	乙丑 25	丙寅 26	丁卯 27	戊辰 28	己巳 (3)	庚午 2	辛未 3	壬申 4	癸酉 5	甲戌 6	丁未立春
三月大	丁卯	干支曆 天地西	乙亥 7	丙子 8	丁丑 9	戊寅 10	己卯 11	庚辰 12	辛巳 13	壬午 14	癸未 15	甲申 16	乙酉 17	丙戌 18	丁亥 19	戊子 20	己丑 21	庚寅 22	辛卯 23	壬辰 24	癸巳 25	甲午 26	乙未 27	丙申 28	丁酉 29	戊戌 30	己亥 31	庚子 (4)	辛丑 2	壬寅 3	癸卯 4	甲辰 5	癸巳春分
四月小	戊辰	干支曆 天地西	乙巳 6	丙午 7	丁未 8	戊申 9	己酉 10	庚戌 11	辛亥 12	壬子 13	癸丑 14	甲寅 15	乙卯 16	丙辰 17	丁巳 18	戊午 19	己未 20	庚申 21	辛酉 22	壬戌 23	癸亥 24	甲子 25	乙丑 26	丙寅 27	丁卯 28	戊辰 29	己巳 30	庚午 (5)	辛未 2	壬申 3	癸酉 4		
五月大	己巳	干支曆 天地西	甲戌 5	乙亥 6	丙子 7	丁丑 8	戊寅 9	己卯 10	庚辰 11	辛巳 12	壬午 13	癸未 14	甲申 15	乙酉 16	丙戌 17	丁亥 18	戊子 19	己丑 20	庚寅 21	辛卯 22	壬辰 23	癸巳 24	甲午 25	乙未 26	丙申 27	丁酉 28	戊戌 29	己亥 30	庚子 31	辛丑 (6)	壬寅 2	癸卯 3	庚辰立夏
六月小	庚午	干支曆 天地西	甲辰 4	乙巳 5	丙午 6	丁未 7	戊申 8	己酉 9	庚戌 10	辛亥 11	壬子 12	癸丑 13	甲寅 14	乙卯 15	丙辰 16	丁巳 17	戊午 18	己未 19	庚申 20	辛酉 21	壬戌 22	癸亥 23	甲子 24	乙丑 25	丙寅 26	丁卯 27	戊辰 28	己巳 29	庚午 30	辛未 (7)	壬申 2		丁卯夏至
七月大	辛未	干支曆 天地西	癸酉 3	甲戌 4	乙亥 5	丙子 6	丁丑 7	戊寅 8	己卯 9	庚辰 10	辛巳 11	壬午 12	癸未 13	甲申 14	乙酉 15	丙戌 16	丁亥 17	戊子 18	己丑 19	庚寅 20	辛卯 21	壬辰 22	癸巳 23	甲午 24	乙未 25	丙申 26	丁酉 27	戊戌 28	己亥 29	庚子 30	辛丑 31	壬寅 (8)	
八月小	壬申	干支曆 天地西	癸卯 2	甲辰 3	乙巳 4	丙午 5	丁未 6	戊申 7	己酉 8	庚戌 9	辛亥 10	壬子 11	癸丑 12	甲寅 13	乙卯 14	丙辰 15	丁巳 16	戊午 17	己未 18	庚申 19	辛酉 20	壬戌 21	癸亥 22	甲子 23	乙丑 24	丙寅 25	丁卯 26	戊辰 27	己巳 28	庚午 29	辛未 30		甲寅立秋
九月大	癸酉	干支曆 天地西	壬申 31	癸酉 (9)	甲戌 2	乙亥 3	丙子 4	丁丑 5	戊寅 6	己卯 7	庚辰 8	辛巳 9	壬午 10	癸未 11	甲申 12	乙酉 13	丙戌 14	丁亥 15	戊子 16	己丑 17	庚寅 18	辛卯 19	壬辰 20	癸巳 21	甲午 22	乙未 23	丙申 24	丁酉 25	戊戌 26	己亥 27	庚子 28	辛丑 29	庚子秋分
十月小	甲戌	干支曆 天地西	壬寅 30	癸卯 (10)	甲辰 2	乙巳 3	丙午 4	丁未 5	戊申 6	己酉 7	庚戌 8	辛亥 9	壬子 10	癸丑 11	甲寅 12	乙卯 13	丙辰 14	丁巳 15	戊午 16	己未 17	庚申 18	辛酉 19	壬戌 20	癸亥 21	甲子 22	乙丑 23	丙寅 24	丁卯 25	戊辰 26	己巳 27	庚午 28		
十一月大	乙亥	干支曆 天地西	辛未 29	壬申 30	癸酉 31	甲戌 (11)	乙亥 2	丙子 3	丁丑 4	戊寅 5	己卯 6	庚辰 7	辛巳 8	壬午 9	癸未 10	甲申 11	乙酉 12	丙戌 13	丁亥 14	戊子 15	己丑 16	庚寅 17	辛卯 18	壬辰 19	癸巳 20	甲午 21	乙未 22	丙申 23	丁酉 24	戊戌 25	己亥 26	庚子 27	甲申立冬 辛未日食
十二月小	丙子	干支曆 天地西	辛丑 28	壬寅 29	癸卯 30	甲辰 (12)	乙巳 2	丙午 3	丁未 4	戊申 5	己酉 6	庚戌 7	辛亥 8	壬子 9	癸丑 10	甲寅 11	乙卯 12	丙辰 13	丁巳 14	戊午 15	己未 16	庚申 17	辛酉 18	壬戌 19	癸亥 20	甲子 21	乙丑 22	丙寅 23	丁卯 24	戊辰 25	己巳 26		戊辰冬至

朔閏異同	曆名	正月	二月	三月	四月	五月	六月	七月	八月	九月	十月	十一	十二	閏月
	周曆夏曆	丙午乙巳	乙亥甲戌	乙巳甲辰	甲戌癸酉	甲辰癸卯	癸酉壬申	癸卯壬寅	壬申辛未	壬寅---辛丑	辛未庚午	辛丑庚子	庚午己巳	己亥
	顓頊新曆	丁丑乙巳	丙午乙亥	丙子甲辰	乙巳癸酉	乙亥癸卯	甲辰壬申	甲戌壬寅	癸卯---壬申	癸酉辛丑	壬寅辛未	壬申辛丑	辛丑庚午	庚子

周赧王二十九年（乙亥 猪年） 公元前287～前**286**～前285年 歲在壽星

殷曆月序		中西曆日對照	初一	初二	初三	初四	初五	初六	初七	初八	初九	初十	十一	十二	十三	十四	十五	十六	十七	十八	十九	二十	二一	二二	二三	二四	二五	二六	二七	二八	二九	三十	節氣與天象
正月大	丁丑	天干支 地西曆	庚午27	辛未28	壬申29	癸酉30	甲戌31	乙亥(1)	丙子2	丁丑3	戊寅4	己卯5	庚辰6	辛巳7	壬午8	癸未9	甲申10	乙酉11	丙戌12	丁亥13	戊子14	己丑15	庚寅16	辛卯17	壬辰18	癸巳19	甲午20	乙未21	丙申22	丁酉23	戊戌24	己亥25	
閏正月小	丁丑	天干支 地西曆	庚子26	辛丑27	壬寅28	癸卯29	甲辰30	乙巳31	丙午(2)	丁未2	戊申3	己酉4	庚戌5	辛亥6	壬子7	癸丑8	甲寅9	乙卯10	丙辰11	丁巳12	戊午13	己未14	庚申15	辛酉16	壬戌17	癸亥18	甲子19	乙丑20	丙寅21	丁卯22	戊辰23		癸丑立春
二月大	戊寅	天干支 地西曆	己巳24	庚午25	辛未26	壬申27	癸酉28	甲戌(3)	乙亥2	丙子3	丁丑4	戊寅5	己卯6	庚辰7	辛巳8	壬午9	癸未10	甲申11	乙酉12	丙戌13	丁亥14	戊子15	己丑16	庚寅17	辛卯18	壬辰19	癸巳20	甲午21	乙未22	丙申23	丁酉24	戊戌25	戊戌春分
三月小	己卯	天干支 地西曆	己亥26	庚子27	辛丑28	壬寅29	癸卯30	甲辰31	乙巳(4)	丙午2	丁未3	戊申4	己酉5	庚戌6	辛亥7	壬子8	癸丑9	甲寅10	乙卯11	丙辰12	丁巳13	戊午14	己未15	庚申16	辛酉17	壬戌18	癸亥19	甲子20	乙丑21	丙寅22	丁卯23		
四月大	庚辰	天干支 地西曆	戊辰24	己巳25	庚午26	辛未27	壬申28	癸酉29	甲戌30	乙亥(5)	丙子2	丁丑3	戊寅4	己卯5	庚辰6	辛巳7	壬午8	癸未9	甲申10	乙酉11	丙戌12	丁亥13	戊子14	己丑15	庚寅16	辛卯17	壬辰18	癸巳19	甲午20	乙未21	丙申22	丁酉23	乙酉立夏
五月小	辛巳	天干支 地西曆	戊戌24	己亥25	庚子26	辛丑27	壬寅28	癸卯29	甲辰30	乙巳31	丙午(6)	丁未2	戊申3	己酉4	庚戌5	辛亥6	壬子7	癸丑8	甲寅9	乙卯10	丙辰11	丁巳12	戊午13	己未14	庚申15	辛酉16	壬戌17	癸亥18	甲子19	乙丑20	丙寅21		
六月大	壬午	天干支 地西曆	丁卯22	戊辰23	己巳24	庚午25	辛未26	壬申27	癸酉28	甲戌29	乙亥30	丙子(7)	丁丑2	戊寅3	己卯4	庚辰5	辛巳6	壬午7	癸未8	甲申9	乙酉10	丙戌11	丁亥12	戊子13	己丑14	庚寅15	辛卯16	壬辰17	癸巳18	甲午19	乙未20	丙申21	癸酉夏至
七月大	癸未	天干支 地西曆	丁酉22	戊戌23	己亥24	庚子25	辛丑26	壬寅27	癸卯28	甲辰29	乙巳30	丙午31	丁未(8)	戊申2	己酉3	庚戌4	辛亥5	壬子6	癸丑7	甲寅8	乙卯9	丙辰10	丁巳11	戊午12	己未13	庚申14	辛酉15	壬戌16	癸亥17	甲子18	乙丑19	丙寅20	己未立秋
八月小	甲申	天干支 地西曆	丁卯21	戊辰22	己巳23	庚午24	辛未25	壬申26	癸酉27	甲戌28	乙亥29	丙子30	丁丑31	戊寅(9)	己卯2	庚辰3	辛巳4	壬午5	癸未6	甲申7	乙酉8	丙戌9	丁亥10	戊子11	己丑12	庚寅13	辛卯14	壬辰15	癸巳16	甲午17	乙未18		
九月大	乙酉	天干支 地西曆	丙申19	丁酉20	戊戌21	己亥22	庚子23	辛丑24	壬寅25	癸卯26	甲辰27	乙巳28	丙午29	丁未30	戊申(10)	己酉2	庚戌3	辛亥4	壬子5	癸丑6	甲寅7	乙卯8	丙辰9	丁巳10	戊午11	己未12	庚申13	辛酉14	壬戌15	癸亥16	甲子17	乙丑18	乙巳秋分 乙丑日食
十月小	丙戌	天干支 地西曆	丙寅19	丁卯20	戊辰21	己巳22	庚午23	辛未24	壬申25	癸酉26	甲戌27	乙亥28	丙子29	丁丑30	戊寅31	己卯(11)	庚辰2	辛巳3	壬午4	癸未5	甲申6	乙酉7	丙戌8	丁亥9	戊子10	己丑11	庚寅12	辛卯13	壬辰14	癸巳15	甲午16		己丑立冬
十一月大	丁亥	天干支 地西曆	乙未17	丙申18	丁酉19	戊戌20	己亥21	庚子22	辛丑23	壬寅24	癸卯25	甲辰26	乙巳27	丙午28	丁未29	戊申30	己酉(12)	庚戌2	辛亥3	壬子4	癸丑5	甲寅6	乙卯7	丙辰8	丁巳9	戊午10	己未11	庚申12	辛酉13	壬戌14	癸亥15	甲子16	
十二月小	戊子	天干支 地西曆	乙丑17	丙寅18	丁卯19	戊辰20	己巳21	庚午22	辛未23	壬申24	癸酉25	甲戌26	乙亥27	丙子28	丁丑29	戊寅30	己卯31	庚辰(1)	辛巳2	壬午3	癸未4	甲申5	乙酉6	丙戌7	丁亥8	戊子9	己丑10	庚寅11	辛卯12	壬辰13	癸巳14		癸酉冬至

朔閏異同	曆名	正月	二月	三月	四月	五月	六月	七月	八月	九月	十月	十一	十二	閏月
	周曆夏曆	庚子己巳	庚午戊戌	---己亥戊辰	己巳丁酉	戊戌丁卯	戊辰丙申	丁酉丙寅	丁卯乙未	丙申乙丑	丙寅甲午	乙未甲子	乙丑癸巳	甲午
	曆名	正月	二月	三月	四月	五月	六月	七月	八月	九月	十月	十一	十二	閏月
	顓頊新曆	辛未己巳	庚子己亥	庚午戊辰	庚子丁酉	己巳丁卯	己亥丙申	戊辰丙寅	戊戌乙未	戊戌乙未	丁卯乙丑	丁酉乙未	丙寅乙丑	丙申甲午	---乙丑

周赧王三十年（丙子 鼠年） 公元前285 ~ 前284年 歲在大火

殷曆月序		中西曆日對照	初一	初二	初三	初四	初五	初六	初七	初八	初九	初十	十一	十二	十三	十四	十五	十六	十七	十八	十九	二十	二一	二二	二三	二四	二五	二六	二七	二八	二九	三十	節氣與天象
正月大	己丑	天干地支西曆	甲午15	乙未16	丙申17	丁酉18	戊戌19	己亥20	庚子21	辛丑22	壬寅23	癸卯24	甲辰25	乙巳26	丙午27	丁未28	戊申29	己酉30	庚戌31	辛亥(2)	壬子2	癸丑3	甲寅4	乙卯5	丙辰6	丁巳7	戊午8	己未9	庚申10	辛酉11	壬戌12	癸亥13	戊午立春
二月小	庚寅	天干地支西曆	甲子14	乙丑15	丙寅16	丁卯17	戊辰18	己巳19	庚午20	辛未21	壬申22	癸酉23	甲戌24	乙亥25	丙子26	丁丑27	戊寅28	己卯29	庚辰(3)	辛巳2	壬午3	癸未4	甲申5	乙酉6	丙戌7	丁亥8	戊子9	己丑10	庚寅11	辛卯12	壬辰13		
三月大	辛卯	天干地支西曆	癸巳14	甲午15	乙未16	丙申17	丁酉18	戊戌19	己亥20	庚子21	辛丑22	壬寅23	癸卯24	甲辰25	乙巳26	丙午27	丁未28	戊申29	己酉30	庚戌31	辛亥(4)	壬子2	癸丑3	甲寅4	乙卯5	丙辰6	丁巳7	戊午8	己未9	庚申10	辛酉11	壬戌12	甲辰春分
四月小	壬辰	天干地支西曆	癸亥13	甲子14	乙丑15	丙寅16	丁卯17	戊辰18	己巳19	庚午20	辛未21	壬申22	癸酉23	甲戌24	乙亥25	丙子26	丁丑27	戊寅28	己卯29	庚辰30	辛巳(5)	壬午2	癸未3	甲申4	乙酉5	丙戌6	丁亥7	戊子8	己丑9	庚寅10	辛卯11		辛卯立夏
五月大	癸巳	天干地支西曆	壬辰12	癸巳13	甲午14	乙未15	丙申16	丁酉17	戊戌18	己亥19	庚子20	辛丑21	壬寅22	癸卯23	甲辰24	乙巳25	丙午26	丁未27	戊申28	己酉29	庚戌30	辛亥31	壬子(6)	癸丑2	甲寅3	乙卯4	丙辰5	丁巳6	戊午7	己未8	庚申9	辛酉10	
六月小	甲午	天干地支西曆	壬戌11	癸亥12	甲子13	乙丑14	丙寅15	丁卯16	戊辰17	己巳18	庚午19	辛未20	壬申21	癸酉22	甲戌23	乙亥24	丙子25	丁丑26	戊寅27	己卯28	庚辰29	辛巳30	壬午(7)	癸未2	甲申3	乙酉4	丙戌5	丁亥6	戊子7	己丑8	庚寅9		戊寅夏至
七月大	乙未	天干地支西曆	辛卯10	壬辰11	癸巳12	甲午13	乙未14	丙申15	丁酉16	戊戌17	己亥18	庚子19	辛丑20	壬寅21	癸卯22	甲辰23	乙巳24	丙午25	丁未26	戊申27	己酉28	庚戌29	辛亥30	壬子31	癸丑(8)	甲寅2	乙卯3	丙辰4	丁巳5	戊午6	己未7	庚申8	
八月小	丙申	天干地支西曆	辛酉9	壬戌10	癸亥11	甲子12	乙丑13	丙寅14	丁卯15	戊辰16	己巳17	庚午18	辛未19	壬申20	癸酉21	甲戌22	乙亥23	丙子24	丁丑25	戊寅26	己卯27	庚辰28	辛巳29	壬午30	癸未31	甲申(9)	乙酉2	丙戌3	丁亥4	戊子5	己丑6		甲子立秋
九月大	丁酉	天干地支西曆	庚寅7	辛卯8	壬辰9	癸巳10	甲午11	乙未12	丙申13	丁酉14	戊戌15	己亥16	庚子17	辛丑18	壬寅19	癸卯20	甲辰21	乙巳22	丙午23	丁未24	戊申25	己酉26	庚戌27	辛亥28	壬子29	癸丑30	甲寅(10)	乙卯2	丙辰3	丁巳4	戊午5	己未6	庚戌秋分
十月大	戊戌	天干地支西曆	庚申7	辛酉8	壬戌9	癸亥10	甲子11	乙丑12	丙寅13	丁卯14	戊辰15	己巳16	庚午17	辛未18	壬申19	癸酉20	甲戌21	乙亥22	丙子23	丁丑24	戊寅25	己卯26	庚辰27	辛巳28	壬午29	癸未30	甲申31	乙酉(11)	丙戌2	丁亥3	戊子4	己丑5	
十一月小	己亥	天干地支西曆	庚寅6	辛卯7	壬辰8	癸巳9	甲午10	乙未11	丙申12	丁酉13	戊戌14	己亥15	庚子16	辛丑17	壬寅18	癸卯19	甲辰20	乙巳21	丙午22	丁未23	戊申24	己酉25	庚戌26	辛亥27	壬子28	癸丑29	甲寅30	乙卯(12)	丙辰2	丁巳3	戊午4		甲午立冬
十二月大	庚子	天干地支西曆	己未5	庚申6	辛酉7	壬戌8	癸亥9	甲子10	乙丑11	丙寅12	丁卯13	戊辰14	己巳15	庚午16	辛未17	壬申18	癸酉19	甲戌20	乙亥21	丙子22	丁丑23	戊寅24	己卯25	庚辰26	辛巳27	壬午28	癸未29	甲申30	乙酉31	丙戌(1)	丁亥2	戊子3	己卯冬至

朔閏異同	曆名	正月	二月	三月	四月	五月	六月	七月	八月	九月	十月	十一	十二	閏月	曆名	正月	二月	三月	四月	五月	六月	七月	八月	九月	十月	十一	十二	閏月
	周曆夏曆	甲子癸亥	癸巳壬辰	癸亥壬戌	癸巳辛卯	壬戌辛酉	壬辰辛卯	辛酉庚申	辛卯庚寅	庚申己未	庚寅己丑	己未戊午	己丑戊子		顓頊新曆	乙未甲子	甲子癸巳	甲午癸亥	癸亥壬辰	癸巳辛酉	壬戌庚寅	壬辰庚申	壬戌己丑	辛卯己未	辛酉己丑	庚寅己未	庚申戊子	

周赧王三十一年（丁丑 牛年） 公元前284 ~ 前283年 歲在析木

殷曆月序		中西曆日對照	殷曆日序																														節氣與天象
			初一	初二	初三	初四	初五	初六	初七	初八	初九	初十	十一	十二	十三	十四	十五	十六	十七	十八	十九	二十	二一	二二	二三	二四	二五	二六	二七	二八	二九	三十	
正月小	辛丑	天干地支	己丑	庚寅	辛卯	壬辰	癸巳	甲午	乙未	丙申	丁酉	戊戌	己亥	庚子	辛丑	壬寅	癸卯	甲辰	乙巳	丙午	丁未	戊申	己酉	庚戌	辛亥	壬子	癸丑	甲寅	乙卯	丙辰	丁巳		
		西曆	4	5	6	7	8	9	10	11	12	13	14	15	16	17	18	19	20	21	22	23	24	25	26	27	28	29	30	31	(2)		
二月大	壬寅	天干地支	戊午	己未	庚申	辛酉	壬戌	癸亥	甲子	乙丑	丙寅	丁卯	戊辰	己巳	庚午	辛未	壬申	癸酉	甲戌	乙亥	丙子	丁丑	戊寅	己卯	庚辰	辛巳	壬午	癸未	甲申	乙酉	丙戌	丁亥	癸亥立春
		西曆	2	3	4	5	6	7	8	9	10	11	12	13	14	15	16	17	18	19	20	21	22	23	24	25	26	27	28	(3)	2	3	
三月小	癸卯	天干地支	戊子	己丑	庚寅	辛卯	壬辰	癸巳	甲午	乙未	丙申	丁酉	戊戌	己亥	庚子	辛丑	壬寅	癸卯	甲辰	乙巳	丙午	丁未	戊申	己酉	庚戌	辛亥	壬子	癸丑	甲寅	乙卯	丙辰		己酉春分
		西曆	4	5	6	7	8	9	10	11	12	13	14	15	16	17	18	19	20	21	22	23	24	25	26	27	28	29	30	31	(4)		
四月大	甲辰	天干地支	丁巳	戊午	己未	庚申	辛酉	壬戌	癸亥	甲子	乙丑	丙寅	丁卯	戊辰	己巳	庚午	辛未	壬申	癸酉	甲戌	乙亥	丙子	丁丑	戊寅	己卯	庚辰	辛巳	壬午	癸未	甲申	乙酉	丙戌	
		西曆	2	3	4	5	6	7	8	9	10	11	12	13	14	15	16	17	18	19	20	21	22	23	24	25	26	27	28	29	30	(5)	
五月小	乙巳	天干地支	丁亥	戊子	己丑	庚寅	辛卯	壬辰	癸巳	甲午	乙未	丙申	丁酉	戊戌	己亥	庚子	辛丑	壬寅	癸卯	甲辰	乙巳	丙午	丁未	戊申	己酉	庚戌	辛亥	壬子	癸丑	甲寅	乙卯		丙申立夏
		西曆	2	3	4	5	6	7	8	9	10	11	12	13	14	15	16	17	18	19	20	21	22	23	24	25	26	27	28	29	30		
六月大	丙午	天干地支	丙辰	丁巳	戊午	己未	庚申	辛酉	壬戌	癸亥	甲子	乙丑	丙寅	丁卯	戊辰	己巳	庚午	辛未	壬申	癸酉	甲戌	乙亥	丙子	丁丑	戊寅	己卯	庚辰	辛巳	壬午	癸未	甲申	乙酉	癸未夏至
		西曆	31	(6)	2	3	4	5	6	7	8	9	10	11	12	13	14	15	16	17	18	19	20	21	22	23	24	25	26	27	28	29	
七月小	丁未	天干地支	丙戌	丁亥	戊子	己丑	庚寅	辛卯	壬辰	癸巳	甲午	乙未	丙申	丁酉	戊戌	己亥	庚子	辛丑	壬寅	癸卯	甲辰	乙巳	丙午	丁未	戊申	己酉	庚戌	辛亥	壬子	癸丑	甲寅		
		西曆	30	(7)	2	3	4	5	6	7	8	9	10	11	12	13	14	15	16	17	18	19	20	21	22	23	24	25	26	27	28		
八月大	戊申	天干地支	乙卯	丙辰	丁巳	戊午	己未	庚申	辛酉	壬戌	癸亥	甲子	乙丑	丙寅	丁卯	戊辰	己巳	庚午	辛未	壬申	癸酉	甲戌	乙亥	丙子	丁丑	戊寅	己卯	庚辰	辛巳	壬午	癸未	甲申	庚午立秋
		西曆	29	30	31	(8)	2	3	4	5	6	7	8	9	10	11	12	13	14	15	16	17	18	19	20	21	22	23	24	25	26	27	
九月小	己酉	天干地支	乙酉	丙戌	丁亥	戊子	己丑	庚寅	辛卯	壬辰	癸巳	甲午	乙未	丙申	丁酉	戊戌	己亥	庚子	辛丑	壬寅	癸卯	甲辰	乙巳	丙午	丁未	戊申	己酉	庚戌	辛亥	壬子	癸丑		
		西曆	28	29	30	31	(9)	2	3	4	5	6	7	8	9	10	11	12	13	14	15	16	17	18	19	20	21	22	23	24	25		
閏九月大	己酉	天干地支	甲寅	乙卯	丙辰	丁巳	戊午	己未	庚申	辛酉	壬戌	癸亥	甲子	乙丑	丙寅	丁卯	戊辰	己巳	庚午	辛未	壬申	癸酉	甲戌	乙亥	丙子	丁丑	戊寅	己卯	庚辰	辛巳	壬午	癸未	乙卯秋分
		西曆	26	27	28	29	30	(10)	2	3	4	5	6	7	8	9	10	11	12	13	14	15	16	17	18	19	20	21	22	23	24	25	
十月小	庚戌	天干地支	甲申	乙酉	丙戌	丁亥	戊子	己丑	庚寅	辛卯	壬辰	癸巳	甲午	乙未	丙申	丁酉	戊戌	己亥	庚子	辛丑	壬寅	癸卯	甲辰	乙巳	丙午	丁未	戊申	己酉	庚戌	辛亥	壬子		庚子立冬
		西曆	26	27	28	29	30	31	(11)	2	3	4	5	6	7	8	9	10	11	12	13	14	15	16	17	18	19	20	21	22	23		
十一月大	辛亥	天干地支	癸丑	甲寅	乙卯	丙辰	丁巳	戊午	己未	庚申	辛酉	壬戌	癸亥	甲子	乙丑	丙寅	丁卯	戊辰	己巳	庚午	辛未	壬申	癸酉	甲戌	乙亥	丙子	丁丑	戊寅	己卯	庚辰	辛巳	壬午	
		西曆	24	25	26	27	28	29	30	(12)	2	3	4	5	6	7	8	9	10	11	12	13	14	15	16	17	18	19	20	21	22	23	
十二月小	壬子	天干地支	癸未	甲申	乙酉	丙戌	丁亥	戊子	己丑	庚寅	辛卯	壬辰	癸巳	甲午	乙未	丙申	丁酉	戊戌	己亥	庚子	辛丑	壬寅	癸卯	甲辰	乙巳	丙午	丁未	戊申	己酉	庚戌	辛亥		甲申冬至
		西曆	24	25	26	27	28	29	30	31	(1)	2	3	4	5	6	7	8	9	10	11	12	13	14	15	16	17	18	19	20	21		

朔閏異同	曆名	正月	二月	三月	四月	五月	六月	七月	八月	九月	十月	十一	十二	閏月
	周曆夏曆	戊午丁巳	戊子丁亥	丁巳丙辰	丁亥丙戌	丙辰乙卯	丙戌---乙酉	乙卯甲寅	乙酉甲申	乙卯癸丑	甲申癸未	---甲寅癸丑	癸未壬午	癸丑壬子
	顓頊新曆	己丑戊午	己未戊子	戊子丁巳	戊午丁亥	丁亥---丙辰	丁巳乙酉	丙戌甲寅	丙辰甲申	乙酉癸丑	乙卯癸未	甲申癸丑	甲寅壬午	---甲申壬子

周赧王三十二年（戊寅 虎年） 公元前 283 ～ 前 282 年 歲在星紀

殷曆月序		中西曆日對照	初一	初二	初三	初四	初五	初六	初七	初八	初九	初十	十一	十二	十三	十四	十五	十六	十七	十八	十九	二十	二一	二二	二三	二四	二五	二六	二七	二八	二九	三十	節氣與天象
正月大	癸丑	天干 地支 西曆	壬子22	癸丑23	甲寅24	乙卯25	丙辰26	丁巳27	戊午28	己未29	庚申30	辛酉31	壬戌(2)	癸亥2	甲子3	乙丑4	丙寅5	丁卯6	戊辰7	己巳8	庚午9	辛未10	壬申11	癸酉12	甲戌13	乙亥14	丙子15	丁丑16	戊寅17	己卯18	庚辰19	辛巳20	戊辰立春
二月大	甲寅	天干 地支 西曆	壬午21	癸未22	甲申23	乙酉24	丙戌25	丁亥26	戊子27	己丑28	庚寅(3)	辛卯2	壬辰3	癸巳4	甲午5	乙未6	丙申7	丁酉8	戊戌9	己亥10	庚子11	辛丑12	壬寅13	癸卯14	甲辰15	乙巳16	丙午17	丁未18	戊申19	己酉20	庚戌21	辛亥22	
三月小	乙卯	天干 地支 西曆	壬子23	癸丑24	甲寅25	乙卯26	丙辰27	丁巳28	戊午29	己未30	庚申31	辛酉(4)	壬戌2	癸亥3	甲子4	乙丑5	丙寅6	丁卯7	戊辰8	己巳9	庚午10	辛未11	壬申12	癸酉13	甲戌14	乙亥15	丙子16	丁丑17	戊寅18	己卯19	庚辰20		甲寅春分
四月大	丙辰	天干 地支 西曆	辛巳21	壬午22	癸未23	甲申24	乙酉25	丙戌26	丁亥27	戊子28	己丑29	庚寅30	辛卯(5)	壬辰2	癸巳3	甲午4	乙未5	丙申6	丁酉7	戊戌8	己亥9	庚子10	辛丑11	壬寅12	癸卯13	甲辰14	乙巳15	丙午16	丁未17	戊申18	己酉19	庚戌20	辛丑立夏
五月小	丁巳	天干 地支 西曆	辛亥21	壬子22	癸丑23	甲寅24	乙卯25	丙辰26	丁巳27	戊午28	己未29	庚申30	辛酉31	壬戌(6)	癸亥2	甲子3	乙丑4	丙寅5	丁卯6	戊辰7	己巳8	庚午9	辛未10	壬申11	癸酉12	甲戌13	乙亥14	丙子15	丁丑16	戊寅17	己卯18		
六月大	戊午	天干 地支 西曆	庚辰19	辛巳20	壬午21	癸未22	甲申23	乙酉24	丙戌25	丁亥26	戊子27	己丑28	庚寅29	辛卯30	壬辰(7)	癸巳2	甲午3	乙未4	丙申5	丁酉6	戊戌7	己亥8	庚子9	辛丑10	壬寅11	癸卯12	甲辰13	乙巳14	丙午15	丁未16	戊申17	己酉18	戊子夏至
七月小	己未	天干 地支 西曆	庚戌19	辛亥20	壬子21	癸丑22	甲寅23	乙卯24	丙辰25	丁巳26	戊午27	己未28	庚申29	辛酉30	壬戌31	癸亥(8)	甲子2	乙丑3	丙寅4	丁卯5	戊辰6	己巳7	庚午8	辛未9	壬申10	癸酉11	甲戌12	乙亥13	丙子14	丁丑15	戊寅16		乙亥立秋
八月大	庚申	天干 地支 西曆	己卯17	庚辰18	辛巳19	壬午20	癸未21	甲申22	乙酉23	丙戌24	丁亥25	戊子26	己丑27	庚寅28	辛卯29	壬辰30	癸巳31	甲午(9)	乙未2	丙申3	丁酉4	戊戌5	己亥6	庚子7	辛丑8	壬寅9	癸卯10	甲辰11	乙巳12	丙午13	丁未14	戊申15	
九月小	辛酉	天干 地支 西曆	己酉16	庚戌17	辛亥18	壬子19	癸丑20	甲寅21	乙卯22	丙辰23	丁巳24	戊午25	己未26	庚申27	辛酉28	壬戌29	癸亥30	甲子(10)	乙丑2	丙寅3	丁卯4	戊辰5	己巳6	庚午7	辛未8	壬申9	癸酉10	甲戌11	乙亥12	丙子13	丁丑14		庚申秋分
十月大	壬戌	天干 地支 西曆	戊寅15	己卯16	庚辰17	辛巳18	壬午19	癸未20	甲申21	乙酉22	丙戌23	丁亥24	戊子25	己丑26	庚寅27	辛卯28	壬辰29	癸巳30	甲午31	乙未(11)	丙申2	丁酉3	戊戌4	己亥5	庚子6	辛丑7	壬寅8	癸卯9	甲辰10	乙巳11	丙午12	丁未13	乙巳立冬
十一月小	癸亥	天干 地支 西曆	戊申14	己酉15	庚戌16	辛亥17	壬子18	癸丑19	甲寅20	乙卯21	丙辰22	丁巳23	戊午24	己未25	庚申26	辛酉27	壬戌28	癸亥29	甲子30	乙丑(12)	丙寅2	丁卯3	戊辰4	己巳5	庚午6	辛未7	壬申8	癸酉9	甲戌10	乙亥11	丙子12		
十二月大	甲子	天干 地支 西曆	丁丑13	戊寅14	己卯15	庚辰16	辛巳17	壬午18	癸未19	甲申20	乙酉21	丙戌22	丁亥23	戊子24	己丑25	庚寅26	辛卯27	壬辰28	癸巳29	甲午30	乙未31	丙申(1)	丁酉2	戊戌3	己亥4	庚子5	辛丑6	壬寅7	癸卯8	甲辰9	乙巳10	丙午11	己丑冬至

朔閏異同	曆名	正月	二月	三月	四月	五月	六月	七月	八月	九月	十月	十一	十二	閏月	曆名	正月	二月	三月	四月	五月	六月	七月	八月	九月	十月	十一	十二	閏月
	周曆夏曆	壬午辛巳	壬子辛亥	辛巳庚辰	辛亥庚戌	庚辰己卯	庚戌己酉	己卯戊寅	己酉戊申	戊寅丁丑	戊申丁未	戊寅丙子	丁未丙午		顓頊新曆	癸丑壬午	癸未壬子	壬子辛巳	壬午辛亥	辛亥庚辰	辛巳己酉	庚戌戊寅	庚辰戊申	己酉丁丑	己卯丁未	戊申丙子	戊寅丙午	

周赧王三十三年（己卯 兔年） 公元前282年 歲在玄枵

殷曆月序		中西曆日對照	初一	初二	初三	初四	初五	初六	初七	初八	初九	初十	十一	十二	十三	十四	十五	十六	十七	十八	十九	二十	二一	二二	二三	二四	二五	二六	二七	二八	二九	三十	節氣與天象
正月小	乙丑	天干地支西曆	丁未12	戊申13	己酉14	庚戌15	辛亥16	壬子17	癸丑18	甲寅19	乙卯20	丙辰21	丁巳22	戊午23	己未24	庚申25	辛酉26	壬戌27	癸亥28	甲子29	乙丑30	丙寅31	丁卯(2)	戊辰2	己巳3	庚午4	辛未5	壬申6	癸酉7	甲戌8	乙亥9		甲戌立春
二月大	丙寅	天干地支西曆	丙子10	丁丑11	戊寅12	己卯13	庚辰14	辛巳15	壬午16	癸未17	甲申18	乙酉19	丙戌20	丁亥21	戊子22	己丑23	庚寅24	辛卯25	壬辰26	癸巳27	甲午28	乙未(3)	丙申2	丁酉3	戊戌4	己亥5	庚子6	辛丑7	壬寅8	癸卯9	甲辰10	乙巳11	
三月小	丁卯	天干地支西曆	丙午12	丁未13	戊申14	己酉15	庚戌16	辛亥17	壬子18	癸丑19	甲寅20	乙卯21	丙辰22	丁巳23	戊午24	己未25	庚申26	辛酉27	壬戌28	癸亥29	甲子30	乙丑31	丙寅(4)	丁卯2	戊辰3	己巳4	庚午5	辛未6	壬申7	癸酉8	甲戌9		己未春分
四月大	戊辰	天干地支西曆	乙亥10	丙子11	丁丑12	戊寅13	己卯14	庚辰15	辛巳16	壬午17	癸未18	甲申19	乙酉20	丙戌21	丁亥22	戊子23	己丑24	庚寅25	辛卯26	壬辰27	癸巳28	甲午29	乙未30	丙申(5)	丁酉2	戊戌3	己亥4	庚子5	辛丑6	壬寅7	癸卯8	甲辰9	
五月大	己巳	天干地支西曆	乙巳10	丙午11	丁未12	戊申13	己酉14	庚戌15	辛亥16	壬子17	癸丑18	甲寅19	乙卯20	丙辰21	丁巳22	戊午23	己未24	庚申25	辛酉26	壬戌27	癸亥28	甲子29	乙丑30	丙寅31	丁卯(6)	戊辰2	己巳3	庚午4	辛未5	壬申6	癸酉7	甲戌8	丙午立夏
六月小	庚午	天干地支西曆	乙亥9	丙子10	丁丑11	戊寅12	己卯13	庚辰14	辛巳15	壬午16	癸未17	甲申18	乙酉19	丙戌20	丁亥21	戊子22	己丑23	庚寅24	辛卯25	壬辰26	癸巳27	甲午28	乙未29	丙申30	丁酉(7)	戊戌2	己亥3	庚子4	辛丑5	壬寅6	癸卯7		癸巳夏至
七月大	辛未	天干地支西曆	甲辰8	乙巳9	丙午10	丁未11	戊申12	己酉13	庚戌14	辛亥15	壬子16	癸丑17	甲寅18	乙卯19	丙辰20	丁巳21	戊午22	己未23	庚申24	辛酉25	壬戌26	癸亥27	甲子28	乙丑29	丙寅30	丁卯31	戊辰(8)	己巳2	庚午3	辛未4	壬申5	癸酉6	癸酉日食
八月小	壬申	天干地支西曆	甲戌7	乙亥8	丙子9	丁丑10	戊寅11	己卯12	庚辰13	辛巳14	壬午15	癸未16	甲申17	乙酉18	丙戌19	丁亥20	戊子21	己丑22	庚寅23	辛卯24	壬辰25	癸巳26	甲午27	乙未28	丙申29	丁酉30	戊戌31	己亥(9)	庚子2	辛丑3	壬寅4		庚辰立秋
九月大	癸酉	天干地支西曆	癸卯5	甲辰6	乙巳7	丙午8	丁未9	戊申10	己酉11	庚戌12	辛亥13	壬子14	癸丑15	甲寅16	乙卯17	丙辰18	丁巳19	戊午20	己未21	庚申22	辛酉23	壬戌24	癸亥25	甲子26	乙丑27	丙寅28	丁卯29	戊辰30	己巳(10)	庚午2	辛未3	壬申4	丙寅秋分
十月小	甲戌	天干地支西曆	癸酉5	甲戌6	乙亥7	丙子8	丁丑9	戊寅10	己卯11	庚辰12	辛巳13	壬午14	癸未15	甲申16	乙酉17	丙戌18	丁亥19	戊子20	己丑21	庚寅22	辛卯23	壬辰24	癸巳25	甲午26	乙未27	丙申28	丁酉29	戊戌30	己亥31	庚子(11)	辛丑2		
十一月大	乙亥	天干地支西曆	壬寅3	癸卯4	甲辰5	乙巳6	丙午7	丁未8	戊申9	己酉10	庚戌11	辛亥12	壬子13	癸丑14	甲寅15	乙卯16	丙辰17	丁巳18	戊午19	己未20	庚申21	辛酉22	壬戌23	癸亥24	甲子25	乙丑26	丙寅27	丁卯28	戊辰29	己巳30	庚午(12)	辛未2	庚戌立冬
十二月小	丙子	天干地支西曆	壬申3	癸酉4	甲戌5	乙亥6	丙子7	丁丑8	戊寅9	己卯10	庚辰11	辛巳12	壬午13	癸未14	甲申15	乙酉16	丙戌17	丁亥18	戊子19	己丑20	庚寅21	辛卯22	壬辰23	癸巳24	甲午25	乙未26	丙申27	丁酉28	戊戌29	己亥30	庚子31		甲午冬至

朔閏異同	曆名	正月	二月	三月	四月	五月	六月	七月	八月	九月	十月	十一	十二	閏月
	周曆夏曆	丁丑丙子	丙午乙巳	丙子乙亥	乙巳甲辰	乙亥甲戌	甲辰癸卯	甲戌癸酉	癸卯壬寅	癸酉壬申	壬寅辛丑	壬申辛未	辛丑庚子	
	顓頊新曆	丁未丙子	丁丑丙午	丁未乙亥	丙子乙巳	丙午甲戌	乙亥甲辰	乙巳癸酉	甲戌癸卯	甲辰壬申	癸酉辛丑	癸卯辛未	壬申…庚子	庚午

周赧王三十四年（庚辰 龍年） 公元前**281** ~ 前 280 年 歲在娵訾

殷曆月序	中曆	西曆日照對	初一	初二	初三	初四	初五	初六	初七	初八	初九	初十	十一	十二	十三	十四	十五	十六	十七	十八	十九	二十	二一	二二	二三	二四	二五	二六	二七	二八	二九	三十	節氣與天象
正月大	丁丑	干支曆 天地西	辛丑(1)	壬寅2	癸卯3	甲辰4	乙巳5	丙午6	丁未7	戊申8	己酉9	庚戌10	辛亥11	壬子12	癸丑13	甲寅14	乙卯15	丙辰16	丁巳17	戊午18	己未19	庚申20	辛酉21	壬戌22	癸亥23	甲子24	乙丑25	丙寅26	丁卯27	戊辰28	己巳29	庚午30	庚午日食
二月小	戊寅	干支曆 天地西	辛未31	壬申(2)	癸酉2	甲戌3	乙亥4	丙子5	丁丑6	戊寅7	己卯8	庚辰9	辛巳10	壬午11	癸未12	甲申13	乙酉14	丙戌15	丁亥16	戊子17	己丑18	庚寅19	辛卯20	壬辰21	癸巳22	甲午23	乙未24	丙申25	丁酉26	戊戌27	己亥28		己卯立春
三月大	己卯	干支曆 天地西	庚子29	辛丑(3)	壬寅2	癸卯3	甲辰4	乙巳5	丙午6	丁未7	戊申8	己酉9	庚戌10	辛亥11	壬子12	癸丑13	甲寅14	乙卯15	丙辰16	丁巳17	戊午18	己未19	庚申20	辛酉21	壬戌22	癸亥23	甲子24	乙丑25	丙寅26	丁卯27	戊辰28	己巳29	乙丑春分
四月小	庚辰	干支曆 天地西	庚午30	辛未31	壬申(4)	癸酉2	甲戌3	乙亥4	丙子5	丁丑6	戊寅7	己卯8	庚辰9	辛巳10	壬午11	癸未12	甲申13	乙酉14	丙戌15	丁亥16	戊子17	己丑18	庚寅19	辛卯20	壬辰21	癸巳22	甲午23	乙未24	丙申25	丁酉26	戊戌27		
五月大	辛巳	干支曆 天地西	己亥28	庚子29	辛丑30	壬寅(5)	癸卯2	甲辰3	乙巳4	丙午5	丁未6	戊申7	己酉8	庚戌9	辛亥10	壬子11	癸丑12	甲寅13	乙卯14	丙辰15	丁巳16	戊午17	己未18	庚申19	辛酉20	壬戌21	癸亥22	甲子23	乙丑24	丙寅25	丁卯26	戊辰27	辛亥立夏
閏五月小	辛巳	干支曆 天地西	己巳28	庚午29	辛未30	壬申31	癸酉(6)	甲戌2	乙亥3	丙子4	丁丑5	戊寅6	己卯7	庚辰8	辛巳9	壬午10	癸未11	甲申12	乙酉13	丙戌14	丁亥15	戊子16	己丑17	庚寅18	辛卯19	壬辰20	癸巳21	甲午22	乙未23	丙申24	丁酉25		
六月大	壬午	干支曆 天地西	戊戌26	己亥27	庚子28	辛丑29	壬寅30	癸卯(7)	甲辰2	乙巳3	丙午4	丁未5	戊申6	己酉7	庚戌8	辛亥9	壬子10	癸丑11	甲寅12	乙卯13	丙辰14	丁巳15	戊午16	己未17	庚申18	辛酉19	壬戌20	癸亥21	甲子22	乙丑23	丙寅24	丁卯25	己亥夏至
七月小	癸未	干支曆 天地西	戊辰26	己巳27	庚午28	辛未29	壬申30	癸酉31	甲戌(8)	乙亥2	丙子3	丁丑4	戊寅5	己卯6	庚辰7	辛巳8	壬午9	癸未10	甲申11	乙酉12	丙戌13	丁亥14	戊子15	己丑16	庚寅17	辛卯18	壬辰19	癸巳20	甲午21	乙未22	丙申23		乙酉立秋
八月大	甲申	干支曆 天地西	丁酉24	戊戌25	己亥26	庚子27	辛丑28	壬寅29	癸卯30	甲辰31	乙巳(9)	丙午2	丁未3	戊申4	己酉5	庚戌6	辛亥7	壬子8	癸丑9	甲寅10	乙卯11	丙辰12	丁巳13	戊午14	己未15	庚申16	辛酉17	壬戌18	癸亥19	甲子20	乙丑21	丙寅22	
九月大	乙酉	干支曆 天地西	丁卯23	戊辰24	己巳25	庚午26	辛未27	壬申28	癸酉29	甲戌30	乙亥(10)	丙子2	丁丑3	戊寅4	己卯5	庚辰6	辛巳7	壬午8	癸未9	甲申10	乙酉11	丙戌12	丁亥13	戊子14	己丑15	庚寅16	辛卯17	壬辰18	癸巳19	甲午20	乙未21	丙申22	辛未秋分
十月小	丙戌	干支曆 天地西	丁酉23	戊戌24	己亥25	庚子26	辛丑27	壬寅28	癸卯29	甲辰30	乙巳31	丙午(11)	丁未2	戊申3	己酉4	庚戌5	辛亥6	壬子7	癸丑8	甲寅9	乙卯10	丙辰11	丁巳12	戊午13	己未14	庚申15	辛酉16	壬戌17	癸亥18	甲子19	乙丑20		乙卯立冬
十一月大	丁亥	干支曆 天地西	丙寅21	丁卯22	戊辰23	己巳24	庚午25	辛未26	壬申27	癸酉28	甲戌29	乙亥30	丙子(12)	丁丑2	戊寅3	己卯4	庚辰5	辛巳6	壬午7	癸未8	甲申9	乙酉10	丙戌11	丁亥12	戊子13	己丑14	庚寅15	辛卯16	壬辰17	癸巳18	甲午19	乙未20	
十二月小	戊子	干支曆 天地西	丙申21	丁酉22	戊戌23	己亥24	庚子25	辛丑26	壬寅27	癸卯28	甲辰29	乙巳30	丙午31	丁未(1)	戊申2	己酉3	庚戌4	辛亥5	壬子6	癸丑7	甲寅8	乙卯9	丙辰10	丁巳11	戊午12	己未13	庚申14	辛酉15	壬戌16	癸亥17	甲子18		庚子冬至

朔閏異同	曆名	正月	二月	三月	四月	五月	六月	七月	八月	九月	十月	十一	十二	閏月
	周曆夏曆	辛未庚午	庚子---己亥	庚午己巳	庚子戊戌	己巳戊辰	己亥戊戌	戊辰丁卯	---戊戌丁酉	丁卯丙寅	丁酉丙申	丙寅乙丑	丙申乙未	乙丑甲子
	顓頊新曆	壬寅庚子	辛未己巳	辛丑己亥	庚午己巳	庚子戊戌	己巳戊辰	己亥丁酉	己巳丁卯	戊戌丙申	戊辰乙丑	丁酉乙未	丁卯甲子	---丙申

周赧王三十五年（辛巳 蛇年） 公元前280～前279年 歲在降婁

殷曆月序		中西曆日對照	初一	初二	初三	初四	初五	初六	初七	初八	初九	初十	十一	十二	十三	十四	十五	十六	十七	十八	十九	二十	二一	二二	二三	二四	二五	二六	二七	二八	二九	三十	節氣與天象
正月大	己丑	天干地支 西曆	乙丑 19	丙寅 20	丁卯 21	戊辰 22	己巳 23	庚午 24	辛未 25	壬申 26	癸酉 27	甲戌 28	乙亥 29	丙子 30	丁丑 31	戊寅 (2)	己卯 2	庚辰 3	辛巳 4	壬午 5	癸未 6	甲申 7	乙酉 8	丙戌 9	丁亥 10	戊子 11	己丑 12	庚寅 13	辛卯 14	壬辰 15	癸巳 16	甲午 17	甲申立春
二月小	庚寅	天干地支 西曆	乙未 18	丙申 19	丁酉 20	戊戌 21	己亥 22	庚子 23	辛丑 24	壬寅 25	癸卯 26	甲辰 27	乙巳 28	丙午 (3)	丁未 2	戊申 3	己酉 4	庚戌 5	辛亥 6	壬子 7	癸丑 8	甲寅 9	乙卯 10	丙辰 11	丁巳 12	戊午 13	己未 14	庚申 15	辛酉 16	壬戌 17	癸亥 18		
三月大	辛卯	天干地支 西曆	甲子 19	乙丑 20	丙寅 21	丁卯 22	戊辰 23	己巳 24	庚午 25	辛未 26	壬申 27	癸酉 28	甲戌 29	乙亥 30	丙子 31	丁丑 (4)	戊寅 2	己卯 3	庚辰 4	辛巳 5	壬午 6	癸未 7	甲申 8	乙酉 9	丙戌 10	丁亥 11	戊子 12	己丑 13	庚寅 14	辛卯 15	壬辰 16	癸巳 17	庚午春分
四月小	壬辰	天干地支 西曆	甲午 18	乙未 19	丙申 20	丁酉 21	戊戌 22	己亥 23	庚子 24	辛丑 25	壬寅 26	癸卯 27	甲辰 28	乙巳 29	丙午 30	丁未 (5)	戊申 2	己酉 3	庚戌 4	辛亥 5	壬子 6	癸丑 7	甲寅 8	乙卯 9	丙辰 10	丁巳 11	戊午 12	己未 13	庚申 14	辛酉 15	壬戌 16		丁巳立夏
五月大	癸巳	天干地支 西曆	癸亥 17	甲子 18	乙丑 19	丙寅 20	丁卯 21	戊辰 22	己巳 23	庚午 24	辛未 25	壬申 26	癸酉 27	甲戌 28	乙亥 29	丙子 30	丁丑 31	戊寅 (6)	己卯 2	庚辰 3	辛巳 4	壬午 5	癸未 6	甲申 7	乙酉 8	丙戌 9	丁亥 10	戊子 11	己丑 12	庚寅 13	辛卯 14	壬辰 15	
六月小	甲午	天干地支 西曆	癸巳 16	甲午 17	乙未 18	丙申 19	丁酉 20	戊戌 21	己亥 22	庚子 23	辛丑 24	壬寅 25	癸卯 26	甲辰 27	乙巳 28	丙午 29	丁未 30	戊申 (7)	己酉 2	庚戌 3	辛亥 4	壬子 5	癸丑 6	甲寅 7	乙卯 8	丙辰 9	丁巳 10	戊午 11	己未 12	庚申 13	辛酉 14		甲辰夏至
七月大	乙未	天干地支 西曆	壬戌 15	癸亥 16	甲子 17	乙丑 18	丙寅 19	丁卯 20	戊辰 21	己巳 22	庚午 23	辛未 24	壬申 25	癸酉 26	甲戌 27	乙亥 28	丙子 29	丁丑 30	戊寅 31	己卯 (8)	庚辰 2	辛巳 3	壬午 4	癸未 5	甲申 6	乙酉 7	丙戌 8	丁亥 9	戊子 10	己丑 11	庚寅 12	辛卯 13	辛卯立秋
八月小	丙申	天干地支 西曆	壬辰 14	癸巳 15	甲午 16	乙未 17	丙申 18	丁酉 19	戊戌 20	己亥 21	庚子 22	辛丑 23	壬寅 24	癸卯 25	甲辰 26	乙巳 27	丙午 28	丁未 29	戊申 30	己酉 31	庚戌 (9)	辛亥 2	壬子 3	癸丑 4	甲寅 5	乙卯 6	丙辰 7	丁巳 8	戊午 9	己未 10	庚申 11		
九月大	丁酉	天干地支 西曆	辛酉 12	壬戌 13	癸亥 14	甲子 15	乙丑 16	丙寅 17	丁卯 18	戊辰 19	己巳 20	庚午 21	辛未 22	壬申 23	癸酉 24	甲戌 25	乙亥 26	丙子 27	丁丑 28	戊寅 29	己卯 30	庚辰 (10)	辛巳 2	壬午 3	癸未 4	甲申 5	乙酉 6	丙戌 7	丁亥 8	戊子 9	己丑 10	庚寅 11	丙子秋分
十月小	戊戌	天干地支 西曆	辛卯 12	壬辰 13	癸巳 14	甲午 15	乙未 16	丙申 17	丁酉 18	戊戌 19	己亥 20	庚子 21	辛丑 22	壬寅 23	癸卯 24	甲辰 25	乙巳 26	丙午 27	丁未 28	戊申 29	己酉 30	庚戌 31	辛亥 (11)	壬子 2	癸丑 3	甲寅 4	乙卯 5	丙辰 6	丁巳 7	戊午 8	己未 9		
十一月大	己亥	天干地支 西曆	庚申 10	辛酉 11	壬戌 12	癸亥 13	甲子 14	乙丑 15	丙寅 16	丁卯 17	戊辰 18	己巳 19	庚午 20	辛未 21	壬申 22	癸酉 23	甲戌 24	乙亥 25	丙子 26	丁丑 27	戊寅 28	己卯 29	庚辰 30	辛巳 (12)	壬午 2	癸未 3	甲申 4	乙酉 5	丙戌 6	丁亥 7	戊子 8	己丑 9	辛酉立冬
十二月小	庚子	天干地支 西曆	庚寅 10	辛卯 11	壬辰 12	癸巳 13	甲午 14	乙未 15	丙申 16	丁酉 17	戊戌 18	己亥 19	庚子 20	辛丑 21	壬寅 22	癸卯 23	甲辰 24	乙巳 25	丙午 26	丁未 27	戊申 28	己酉 29	庚戌 30	辛亥 31	壬子 (1)	癸丑 2	甲寅 3	乙卯 4	丙辰 5	丁巳 6	戊午 7		乙巳冬至

朔閏異同	曆名	正月	二月	三月	四月	五月	六月	七月	八月	九月	十月	十一	十二	閏月	曆名	正月	二月	三月	四月	五月	六月	七月	八月	九月	十月	十一	十二	閏月
	周曆夏曆	乙未甲午	甲子癸亥	甲午癸巳	癸亥壬戌	癸巳壬辰	壬戌辛酉	壬辰辛卯	壬戌辛酉	辛卯庚寅	辛酉庚申	庚寅己丑	庚申己未		顓頊新曆	丙寅甲午	乙未甲子	乙丑癸巳	甲午癸亥	甲子壬辰	癸巳壬戌	癸亥壬辰	壬辰辛酉	壬戌辛卯	壬辰庚申	辛酉庚寅	辛卯己未	

周赧王三十六年（壬午 馬年） 公元前279年 歲在大梁

殷曆月序		中西曆日對照	初一	初二	初三	初四	初五	初六	初七	初八	初九	初十	十一	十二	十三	十四	十五	十六	十七	十八	十九	二十	二一	二二	二三	二四	二五	二六	二七	二八	二九	三十	節氣與天象
正月大	辛丑	干支曆 天地西	己未8	庚申9	辛酉10	壬戌11	癸亥12	甲子13	乙丑14	丙寅15	丁卯16	戊辰17	己巳18	庚午19	辛未20	壬申21	癸酉22	甲戌23	乙亥24	丙子25	丁丑26	戊寅27	己卯28	庚辰29	辛巳30	壬午31	癸未(2)	甲申2	乙酉3	丙戌4	丁亥5	戊子6	
二月大	壬寅	干支曆 天地西	己丑7	庚寅8	辛卯9	壬辰10	癸巳11	甲午12	乙未13	丙申14	丁酉15	戊戌16	己亥17	庚子18	辛丑19	壬寅20	癸卯21	甲辰22	乙巳23	丙午24	丁未25	戊申26	己酉27	庚戌28	辛亥(3)	壬子2	癸丑3	甲寅4	乙卯5	丙辰6	丁巳7	戊午8	己丑立春
三月小	癸卯	干支曆 天地西	己未9	庚申10	辛酉11	壬戌12	癸亥13	甲子14	乙丑15	丙寅16	丁卯17	戊辰18	己巳19	庚午20	辛未21	壬申22	癸酉23	甲戌24	乙亥25	丙子26	丁丑27	戊寅28	己卯29	庚辰30	辛巳31	壬午(4)	癸未2	甲申3	乙酉4	丙戌5	丁亥6		乙亥春分
四月大	甲辰	干支曆 天地西	戊子7	己丑8	庚寅9	辛卯10	壬辰11	癸巳12	甲午13	乙未14	丙申15	丁酉16	戊戌17	己亥18	庚子19	辛丑20	壬寅21	癸卯22	甲辰23	乙巳24	丙午25	丁未26	戊申27	己酉28	庚戌29	辛亥30	壬子(5)	癸丑2	甲寅3	乙卯4	丙辰5	丁巳6	
五月小	乙巳	干支曆 天地西	戊午7	己未8	庚申9	辛酉10	壬戌11	癸亥12	甲子13	乙丑14	丙寅15	丁卯16	戊辰17	己巳18	庚午19	辛未20	壬申21	癸酉22	甲戌23	乙亥24	丙子25	丁丑26	戊寅27	己卯28	庚辰29	辛巳30	壬午31	癸未(6)	甲申2	乙酉3	丙戌4		壬戌立夏
六月大	丙午	干支曆 天地西	丁亥5	戊子6	己丑7	庚寅8	辛卯9	壬辰10	癸巳11	甲午12	乙未13	丙申14	丁酉15	戊戌16	己亥17	庚子18	辛丑19	壬寅20	癸卯21	甲辰22	乙巳23	丙午24	丁未25	戊申26	己酉27	庚戌28	辛亥29	壬子30	癸丑(7)	甲寅2	乙卯3	丙辰4	己酉夏至
七月小	丁未	干支曆 天地西	丁巳5	戊午6	己未7	庚申8	辛酉9	壬戌10	癸亥11	甲子12	乙丑13	丙寅14	丁卯15	戊辰16	己巳17	庚午18	辛未19	壬申20	癸酉21	甲戌22	乙亥23	丙子24	丁丑25	戊寅26	己卯27	庚辰28	辛巳29	壬午30	癸未31	甲申(8)	乙酉2		
八月大	戊申	干支曆 天地西	丙戌3	丁亥4	戊子5	己丑6	庚寅7	辛卯8	壬辰9	癸巳10	甲午11	乙未12	丙申13	丁酉14	戊戌15	己亥16	庚子17	辛丑18	壬寅19	癸卯20	甲辰21	乙巳22	丙午23	丁未24	戊申25	己酉26	庚戌27	辛亥28	壬子29	癸丑30	甲寅31	乙卯(9)	丙申立秋
九月小	己酉	干支曆 天地西	丙辰2	丁巳3	戊午4	己未5	庚申6	辛酉7	壬戌8	癸亥9	甲子10	乙丑11	丙寅12	丁卯13	戊辰14	己巳15	庚午16	辛未17	壬申18	癸酉19	甲戌20	乙亥21	丙子22	丁丑23	戊寅24	己卯25	庚辰26	辛巳27	壬午28	癸未29	甲申30		辛巳秋分
十月大	庚戌	干支曆 天地西	乙酉(10)	丙戌2	丁亥3	戊子4	己丑5	庚寅6	辛卯7	壬辰8	癸巳9	甲午10	乙未11	丙申12	丁酉13	戊戌14	己亥15	庚子16	辛丑17	壬寅18	癸卯19	甲辰20	乙巳21	丙午22	丁未23	戊申24	己酉25	庚戌26	辛亥27	壬子28	癸丑29	甲寅30	
十一月小	辛亥	干支曆 天地西	乙卯31	丙辰(11)	丁巳2	戊午3	己未4	庚申5	辛酉6	壬戌7	癸亥8	甲子9	乙丑10	丙寅11	丁卯12	戊辰13	己巳14	庚午15	辛未16	壬申17	癸酉18	甲戌19	乙亥20	丙子21	丁丑22	戊寅23	己卯24	庚辰25	辛巳26	壬午27	癸未28		丙寅立冬
十二月大	壬子	干支曆 天地西	甲申29	乙酉30	丙戌(12)	丁亥2	戊子3	己丑4	庚寅5	辛卯6	壬辰7	癸巳8	甲午9	乙未10	丙申11	丁酉12	戊戌13	己亥14	庚子15	辛丑16	壬寅17	癸卯18	甲辰19	乙巳20	丙午21	丁未22	戊申23	己酉24	庚戌25	辛亥26	壬子27	癸丑28	庚戌冬至

朔閏異同	曆名	正月	二月	三月	四月	五月	六月	七月	八月	九月	十月	十一	十二	閏月
	周曆夏曆	己丑戊子	己未戊午	戊子丁亥	戊午丁巳	丁亥丙戌	丁巳丙辰	丙戌乙酉	丙辰乙卯	乙酉甲申	乙卯---甲寅	乙酉癸未	甲寅癸丑	癸未
	顓頊新曆	庚申戊子	庚寅戊午	己未丁亥	己丑丁巳	戊午丙戌	戊子丙辰	丁巳丙戌	丁亥乙卯	丙辰乙酉	丙戌---乙卯	乙卯甲申	乙酉甲寅	癸未

周赧王三十七年（癸未 羊年） 公元前279 ~ 前**278** ~ 前277年 歲在實沈

殷曆月序		中西曆日對照	初一	初二	初三	初四	初五	初六	初七	初八	初九	初十	十一	十二	十三	十四	十五	十六	十七	十八	十九	二十	二一	二二	二三	二四	二五	二六	二七	二八	二九	三十	節氣與天象
正月小	癸丑	干支 天地西曆	甲寅 29	乙卯 30	丙辰 31	丁巳 (1)	戊午 2	己未 3	庚申 4	辛酉 5	壬戌 6	癸亥 7	甲子 8	乙丑 9	丙寅 10	丁卯 11	戊辰 12	己巳 13	庚午 14	辛未 15	壬申 16	癸酉 17	甲戌 18	乙亥 19	丙子 20	丁丑 21	戊寅 22	己卯 23	庚辰 24	辛巳 25	壬午 26		
二月大	甲寅	干支 天地西曆	癸未 27	甲申 28	乙酉 29	丙戌 30	丁亥 31	戊子 (2)	己丑 2	庚寅 3	辛卯 4	壬辰 5	癸巳 6	甲午 7	乙未 8	丙申 9	丁酉 10	戊戌 11	己亥 12	庚子 13	辛丑 14	壬寅 15	癸卯 16	甲辰 17	乙巳 18	丙午 19	丁未 20	戊申 21	己酉 22	庚戌 23	辛亥 24	壬子 25	乙未立春
閏二月小	甲寅	干支 天地西曆	癸丑 26	甲寅 27	乙卯 28	丙辰 (3)	丁巳 2	戊午 3	己未 4	庚申 5	辛酉 6	壬戌 7	癸亥 8	甲子 9	乙丑 10	丙寅 11	丁卯 12	戊辰 13	己巳 14	庚午 15	辛未 16	壬申 17	癸酉 18	甲戌 19	乙亥 20	丙子 21	丁丑 22	戊寅 23	己卯 24	庚辰 25	辛巳 26		庚辰春分
三月大	乙卯	干支 天地西曆	壬午 27	癸未 28	甲申 29	乙酉 30	丙戌 31	丁亥 (4)	戊子 2	己丑 3	庚寅 4	辛卯 5	壬辰 6	癸巳 7	甲午 8	乙未 9	丙申 10	丁酉 11	戊戌 12	己亥 13	庚子 14	辛丑 15	壬寅 16	癸卯 17	甲辰 18	乙巳 19	丙午 20	丁未 21	戊申 22	己酉 23	庚戌 24	辛亥 25	
四月大	丙辰	干支 天地西曆	壬子 26	癸丑 27	甲寅 28	乙卯 29	丙辰 30	丁巳 (5)	戊午 2	己未 3	庚申 4	辛酉 5	壬戌 6	癸亥 7	甲子 8	乙丑 9	丙寅 10	丁卯 11	戊辰 12	己巳 13	庚午 14	辛未 15	壬申 16	癸酉 17	甲戌 18	乙亥 19	丙子 20	丁丑 21	戊寅 22	己卯 23	庚辰 24	辛巳 25	丁卯立夏
五月小	丁巳	干支 天地西曆	壬午 26	癸未 27	甲申 28	乙酉 29	丙戌 30	丁亥 31	戊子 (6)	己丑 2	庚寅 3	辛卯 4	壬辰 5	癸巳 6	甲午 7	乙未 8	丙申 9	丁酉 10	戊戌 11	己亥 12	庚子 13	辛丑 14	壬寅 15	癸卯 16	甲辰 17	乙巳 18	丙午 19	丁未 20	戊申 21	己酉 22	庚戌 23		
六月大	戊午	干支 天地西曆	辛亥 24	壬子 25	癸丑 26	甲寅 27	乙卯 28	丙辰 29	丁巳 30	戊午 (7)	己未 2	庚申 3	辛酉 4	壬戌 5	癸亥 6	甲子 7	乙丑 8	丙寅 9	丁卯 10	戊辰 11	己巳 12	庚午 13	辛未 14	壬申 15	癸酉 16	甲戌 17	乙亥 18	丙子 19	丁丑 20	戊寅 21	己卯 22	庚辰 23	甲寅夏至
七月小	己未	干支 天地西曆	辛巳 24	壬午 25	癸未 26	甲申 27	乙酉 28	丙戌 29	丁亥 30	戊子 31	己丑 (8)	庚寅 2	辛卯 3	壬辰 4	癸巳 5	甲午 6	乙未 7	丙申 8	丁酉 9	戊戌 10	己亥 11	庚子 12	辛丑 13	壬寅 14	癸卯 15	甲辰 16	乙巳 17	丙午 18	丁未 19	戊申 20	己酉 21		辛丑立秋
八月大	庚申	干支 天地西曆	庚戌 22	辛亥 23	壬子 24	癸丑 25	甲寅 26	乙卯 27	丙辰 28	丁巳 29	戊午 30	己未 31	庚申 (9)	辛酉 2	壬戌 3	癸亥 4	甲子 5	乙丑 6	丙寅 7	丁卯 8	戊辰 9	己巳 10	庚午 11	辛未 12	壬申 13	癸酉 14	甲戌 15	乙亥 16	丙子 17	丁丑 18	戊寅 19	己卯 20	
九月小	辛酉	干支 天地西曆	庚辰 21	辛巳 22	壬午 23	癸未 24	甲申 25	乙酉 26	丙戌 27	丁亥 28	戊子 29	己丑 30	庚寅 (10)	辛卯 2	壬辰 3	癸巳 4	甲午 5	乙未 6	丙申 7	丁酉 8	戊戌 9	己亥 10	庚子 11	辛丑 12	壬寅 13	癸卯 14	甲辰 15	乙巳 16	丙午 17	丁未 18	戊申 19		丁亥秋分
十月大	壬戌	干支 天地西曆	己酉 20	庚戌 21	辛亥 22	壬子 23	癸丑 24	甲寅 25	乙卯 26	丙辰 27	丁巳 28	戊午 29	己未 30	庚申 31	辛酉 (11)	壬戌 2	癸亥 3	甲子 4	乙丑 5	丙寅 6	丁卯 7	戊辰 8	己巳 9	庚午 10	辛未 11	壬申 12	癸酉 13	甲戌 14	乙亥 15	丙子 16	丁丑 17	戊寅 18	辛未立冬
十一月小	癸亥	干支 天地西曆	己卯 19	庚辰 20	辛巳 21	壬午 22	癸未 23	甲申 24	乙酉 25	丙戌 26	丁亥 27	戊子 28	己丑 29	庚寅 30	辛卯 (12)	壬辰 2	癸巳 3	甲午 4	乙未 5	丙申 6	丁酉 7	戊戌 8	己亥 9	庚子 10	辛丑 11	壬寅 12	癸卯 13	甲辰 14	乙巳 15	丙午 16	丁未 17		
十二月大	甲子	干支 天地西曆	戊申 18	己酉 19	庚戌 20	辛亥 21	壬子 22	癸丑 23	甲寅 24	乙卯 25	丙辰 26	丁巳 27	戊午 28	己未 29	庚申 30	辛酉 31	壬戌 (1)	癸亥 2	甲子 3	乙丑 4	丙寅 5	丁卯 6	戊辰 7	己巳 8	庚午 9	辛未 10	壬申 11	癸酉 12	甲戌 13	乙亥 14	丙子 15	丁丑 16	乙卯冬至

朔閏異同	曆名	正月	二月	三月	四月	五月	六月	七月	八月	九月	十月	十一	十二	閏月
	周曆夏曆	甲申壬子	癸丑壬午	癸未辛亥	壬子辛巳	---壬午庚戌	辛亥庚辰	辛巳己酉	庚戌己卯	庚辰戊申	己酉戊寅	己卯丁未	戊申丁丑	戊寅
	顓頊新曆	甲寅癸丑	甲申壬午	甲寅辛亥	癸未辛巳	癸丑庚戌	壬午庚辰	壬子己酉	辛巳己卯	辛亥己酉	庚辰己卯	庚戌戊申	己卯戊寅	---己酉

周赧王三十八年（甲申 猴年） 公元前 277 ~ 前 276 年 歲在鶉首

殷曆月序		中西曆日對照	初一	初二	初三	初四	初五	初六	初七	初八	初九	初十	十一	十二	十三	十四	十五	十六	十七	十八	十九	二十	二一	二二	二三	二四	二五	二六	二七	二八	二九	三十	節氣與天象
正月小	乙丑	天干 地支 西曆	戊寅17	己卯18	庚辰19	辛巳20	壬午21	癸未22	甲申23	乙酉24	丙戌25	丁亥26	戊子27	己丑28	庚寅29	辛卯30	壬辰31	癸巳(2)	甲午2	乙未3	丙申4	丁酉5	戊戌6	己亥7	庚子8	辛丑9	壬寅10	癸卯11	甲辰12	乙巳13	丙午14		庚子立春
二月大	丙寅	天干 地支 西曆	丁未15	戊申16	己酉17	庚戌18	辛亥19	壬子20	癸丑21	甲寅22	乙卯23	丙辰24	丁巳25	戊午26	己未27	庚申28	辛酉29	壬戌(3)	癸亥2	甲子3	乙丑4	丙寅5	丁卯6	戊辰7	己巳8	庚午9	辛未10	壬申11	癸酉12	甲戌13	乙亥14	丙子15	
三月小	丁卯	天干 地支 西曆	丁丑16	戊寅17	己卯18	庚辰19	辛巳20	壬午21	癸未22	甲申23	乙酉24	丙戌25	丁亥26	戊子27	己丑28	庚寅29	辛卯30	壬辰31	癸巳(4)	甲午2	乙未3	丙申4	丁酉5	戊戌6	己亥7	庚子8	辛丑9	壬寅10	癸卯11	甲辰12	乙巳13		丙戌春分
四月大	戊辰	天干 地支 西曆	丙午14	丁未15	戊申16	己酉17	庚戌18	辛亥19	壬子20	癸丑21	甲寅22	乙卯23	丙辰24	丁巳25	戊午26	己未27	庚申28	辛酉29	壬戌30	癸亥(5)	甲子2	乙丑3	丙寅4	丁卯5	戊辰6	己巳7	庚午8	辛未9	壬申10	癸酉11	甲戌12	乙亥13	壬申立夏
五月小	己巳	天干 地支 西曆	丙子14	丁丑15	戊寅16	己卯17	庚辰18	辛巳19	壬午20	癸未21	甲申22	乙酉23	丙戌24	丁亥25	戊子26	己丑27	庚寅28	辛卯29	壬辰30	癸巳31	甲午(6)	乙未2	丙申3	丁酉4	戊戌5	己亥6	庚子7	辛丑8	壬寅9	癸卯10	甲辰11		
六月大	庚午	天干 地支 西曆	乙巳12	丙午13	丁未14	戊申15	己酉16	庚戌17	辛亥18	壬子19	癸丑20	甲寅21	乙卯22	丙辰23	丁巳24	戊午25	己未26	庚申27	辛酉28	壬戌29	癸亥30	甲子(7)	乙丑2	丙寅3	丁卯4	戊辰5	己巳6	庚午7	辛未8	壬申9	癸酉10	甲戌11	庚申夏至
七月小	辛未	天干 地支 西曆	乙亥12	丙子13	丁丑14	戊寅15	己卯16	庚辰17	辛巳18	壬午19	癸未20	甲申21	乙酉22	丙戌23	丁亥24	戊子25	己丑26	庚寅27	辛卯28	壬辰29	癸巳30	甲午31	乙未(8)	丙申2	丁酉3	戊戌4	己亥5	庚子6	辛丑7	壬寅8	癸卯9		
八月大	壬申	天干 地支 西曆	甲辰10	乙巳11	丙午12	丁未13	戊申14	己酉15	庚戌16	辛亥17	壬子18	癸丑19	甲寅20	乙卯21	丙辰22	丁巳23	戊午24	己未25	庚申26	辛酉27	壬戌28	癸亥29	甲子30	乙丑31	丙寅(9)	丁卯2	戊辰3	己巳4	庚午5	辛未6	壬申7	癸酉8	丙午立秋
九月大	癸酉	天干 地支 西曆	甲戌9	乙亥10	丙子11	丁丑12	戊寅13	己卯14	庚辰15	辛巳16	壬午17	癸未18	甲申19	乙酉20	丙戌21	丁亥22	戊子23	己丑24	庚寅25	辛卯26	壬辰27	癸巳28	甲午29	乙未30	丙申(10)	丁酉2	戊戌3	己亥4	庚子5	辛丑6	壬寅7	癸卯8	壬辰秋分
十月小	甲戌	天干 地支 西曆	甲辰9	乙巳10	丙午11	丁未12	戊申13	己酉14	庚戌15	辛亥16	壬子17	癸丑18	甲寅19	乙卯20	丙辰21	丁巳22	戊午23	己未24	庚申25	辛酉26	壬戌27	癸亥28	甲子29	乙丑30	丙寅31	丁卯(11)	戊辰2	己巳3	庚午4	辛未5	壬申6		
十一月大	乙亥	天干 地支 西曆	癸酉7	甲戌8	乙亥9	丙子10	丁丑11	戊寅12	己卯13	庚辰14	辛巳15	壬午16	癸未17	甲申18	乙酉19	丙戌20	丁亥21	戊子22	己丑23	庚寅24	辛卯25	壬辰26	癸巳27	甲午28	乙未29	丙申30	丁酉(12)	戊戌2	己亥3	庚子4	辛丑5	壬寅6	丙子立冬
十二月小	丙子	天干 地支 西曆	癸卯7	甲辰8	乙巳9	丙午10	丁未11	戊申12	己酉13	庚戌14	辛亥15	壬子16	癸丑17	甲寅18	乙卯19	丙辰20	丁巳21	戊午22	己未23	庚申24	辛酉25	壬戌26	癸亥27	甲子28	乙丑29	丙寅30	丁卯31	戊辰(1)	己巳2	庚午3	辛未4		辛酉冬至

朔閏異同	曆名	正月	二月	三月	四月	五月	六月	七月	八月	九月	十月	十一	十二	閏月
	周曆 夏曆	丁未 丙午	丁丑 丙子	丁未 乙巳	丙子 乙亥	丙午 乙巳	乙亥 甲戌	乙巳 甲辰	甲戌 癸酉	甲辰 癸卯	癸酉 壬申	癸卯 壬寅	壬申 辛未	
	顓頊新曆	戊寅 丁未	戊申 丁丑	丁丑 丙午	丁未 乙亥	丙子 乙巳	丙午 甲戌	丙子 癸卯	乙巳 癸酉	乙亥 癸卯	甲辰 癸酉	甲戌 壬寅	癸卯 壬申	

周赧王三十九年（乙酉 鷄年） 公元前 276 ~ 前 275 年 歲在鶉火

殷曆月序		中西曆日對照	初一	初二	初三	初四	初五	初六	初七	初八	初九	初十	十一	十二	十三	十四	十五	十六	十七	十八	十九	二十	二一	二二	二三	二四	二五	二六	二七	二八	二九	三十	節氣與天象
正月大	丁丑	天干地支西曆	壬申5	癸酉6	甲戌7	乙亥8	丙子9	丁丑10	戊寅11	己卯12	庚辰13	辛巳14	壬午15	癸未16	甲申17	乙酉18	丙戌19	丁亥20	戊子21	己丑22	庚寅23	辛卯24	壬辰25	癸巳26	甲午27	乙未28	丙申29	丁酉30	戊戌31	己亥(2)	庚子2	辛丑3	
二月小	戊寅	天干地支西曆	壬寅4	癸卯5	甲辰6	乙巳7	丙午8	丁未9	戊申10	己酉11	庚戌12	辛亥13	壬子14	癸丑15	甲寅16	乙卯17	丙辰18	丁巳19	戊午20	己未21	庚申22	辛酉23	壬戌24	癸亥25	甲子26	乙丑27	丙寅28	丁卯(3)	戊辰2	己巳3	庚午4		乙巳立春
三月大	己卯	天干地支西曆	辛未5	壬申6	癸酉7	甲戌8	乙亥9	丙子10	丁丑11	戊寅12	己卯13	庚辰14	辛巳15	壬午16	癸未17	甲申18	乙酉19	丙戌20	丁亥21	戊子22	己丑23	庚寅24	辛卯25	壬辰26	癸巳27	甲午28	乙未29	丙申30	丁酉31	戊戌(4)	己亥2	庚子3	辛卯春分
四月小	庚辰	天干地支西曆	辛丑4	壬寅5	癸卯6	甲辰7	乙巳8	丙午9	丁未10	戊申11	己酉12	庚戌13	辛亥14	壬子15	癸丑16	甲寅17	乙卯18	丙辰19	丁巳20	戊午21	己未22	庚申23	辛酉24	壬戌25	癸亥26	甲子27	乙丑28	丙寅29	丁卯30	戊辰(5)	己巳2		
五月大	辛巳	天干地支西曆	庚午3	辛未4	壬申5	癸酉6	甲戌7	乙亥8	丙子9	丁丑10	戊寅11	己卯12	庚辰13	辛巳14	壬午15	癸未16	甲申17	乙酉18	丙戌19	丁亥20	戊子21	己丑22	庚寅23	辛卯24	壬辰25	癸巳26	甲午27	乙未28	丙申29	丁酉30	戊戌31	己亥(6)	戊寅立夏
六月小	壬午	天干地支西曆	庚子2	辛丑3	壬寅4	癸卯5	甲辰6	乙巳7	丙午8	丁未9	戊申10	己酉11	庚戌12	辛亥13	壬子14	癸丑15	甲寅16	乙卯17	丙辰18	丁巳19	戊午20	己未21	庚申22	辛酉23	壬戌24	癸亥25	甲子26	乙丑27	丙寅28	丁卯29	戊辰30		乙丑夏至
七月大	癸未	天干地支西曆	己巳(7)	庚午2	辛未3	壬申4	癸酉5	甲戌6	乙亥7	丙子8	丁丑9	戊寅10	己卯11	庚辰12	辛巳13	壬午14	癸未15	甲申16	乙酉17	丙戌18	丁亥19	戊子20	己丑21	庚寅22	辛卯23	壬辰24	癸巳25	甲午26	乙未27	丙申28	丁酉29	戊戌30	
八月小	甲申	天干地支西曆	己亥31	庚子(8)	辛丑2	壬寅3	癸卯4	甲辰5	乙巳6	丙午7	丁未8	戊申9	己酉10	庚戌11	辛亥12	壬子13	癸丑14	甲寅15	乙卯16	丙辰17	丁巳18	戊午19	己未20	庚申21	辛酉22	壬戌23	癸亥24	甲子25	乙丑26	丙寅27	丁卯28		壬子立秋
九月大	乙酉	天干地支西曆	戊辰29	己巳30	庚午31	辛未(9)	壬申2	癸酉3	甲戌4	乙亥5	丙子6	丁丑7	戊寅8	己卯9	庚辰10	辛巳11	壬午12	癸未13	甲申14	乙酉15	丙戌16	丁亥17	戊子18	己丑19	庚寅20	辛卯21	壬辰22	癸巳23	甲午24	乙未25	丙申26	丁酉27	丁酉秋分
十月小	丙戌	天干地支西曆	戊戌28	己亥29	庚子30	辛丑(10)	壬寅2	癸卯3	甲辰4	乙巳5	丙午6	丁未7	戊申8	己酉9	庚戌10	辛亥11	壬子12	癸丑13	甲寅14	乙卯15	丙辰16	丁巳17	戊午18	己未19	庚申20	辛酉21	壬戌22	癸亥23	甲子24	乙丑25	丙寅26		
十一月大	丁亥	天干地支西曆	丁卯27	戊辰28	己巳29	庚午30	辛未31	壬申(11)	癸酉2	甲戌3	乙亥4	丙子5	丁丑6	戊寅7	己卯8	庚辰9	辛巳10	壬午11	癸未12	甲申13	乙酉14	丙戌15	丁亥16	戊子17	己丑18	庚寅19	辛卯20	壬辰21	癸巳22	甲午23	乙未24	丙申25	壬午立冬
閏十一大	丁亥	天干地支西曆	丁酉26	戊戌27	己亥28	庚子29	辛丑30	壬寅(12)	癸卯2	甲辰3	乙巳4	丙午5	丁未6	戊申7	己酉8	庚戌9	辛亥10	壬子11	癸丑12	甲寅13	乙卯14	丙辰15	丁巳16	戊午17	己未18	庚申19	辛酉20	壬戌21	癸亥22	甲子23	乙丑24	丙寅25	丙寅冬至
十二月小	戊子	天干地支西曆	丁卯26	戊辰27	己巳28	庚午29	辛未30	壬申31	癸酉(1)	甲戌2	乙亥3	丙子4	丁丑5	戊寅6	己卯7	庚辰8	辛巳9	壬午10	癸未11	甲申12	乙酉13	丙戌14	丁亥15	戊子16	己丑17	庚寅18	辛卯19	壬辰20	癸巳21	甲午22	乙未23		

朔閏異同	曆名	正月	二月	三月	四月	五月	六月	七月	八月	九月	十月	十一	十二	閏月
	周曆夏曆	壬寅辛丑	辛未庚午	辛丑庚子	庚午己巳	庚子己亥	庚午戊辰	己亥戊戌	己巳---戊辰	戊戌丁酉	戊辰丁卯	丁酉丙申	丁卯丙寅	丙申乙未

曆名	正月	二月	三月	四月	五月	六月	七月	八月	九月	十月	十一	十二	閏月
顓頊新曆	癸酉壬寅	壬寅辛未	壬申辛丑	辛丑庚午	辛未己亥	庚子---戊辰	庚午戊戌	己亥丁卯	己巳丁酉	己亥丁卯	戊辰丙申	戊戌丙寅	丁卯丙申

周赧王四十年（丙戌 狗年） 公元前 **275** ~ 前 274 年 歲在鶉尾

殷曆月序		中西曆日對照	初一	初二	初三	初四	初五	初六	初七	初八	初九	初十	十一	十二	十三	十四	十五	十六	十七	十八	十九	二十	二一	二二	二三	二四	二五	二六	二七	二八	二九	三十	節氣與天象
正月大	己丑	干支 天地 西曆	丙申24	丁酉25	戊戌26	己亥27	庚子28	辛丑29	壬寅30	癸卯31	甲辰(2)	乙巳2	丙午3	丁未4	戊申5	己酉6	庚戌7	辛亥8	壬子9	癸丑10	甲寅11	乙卯12	丙辰13	丁巳14	戊午15	己未16	庚申17	辛酉18	壬戌19	癸亥20	甲子21	乙丑22	庚戌立春
二月小	庚寅	干支 天地 西曆	丙寅23	丁卯24	戊辰25	己巳26	庚午27	辛未28	壬申(3)	癸酉2	甲戌3	乙亥4	丙子5	丁丑6	戊寅7	己卯8	庚辰9	辛巳10	壬午11	癸未12	甲申13	乙酉14	丙戌15	丁亥16	戊子17	己丑18	庚寅19	辛卯20	壬辰21	癸巳22	甲午23		
三月大	辛卯	干支 天地 西曆	乙未24	丙申25	丁酉26	戊戌27	己亥28	庚子29	辛丑30	壬寅31	癸卯(4)	甲辰2	乙巳3	丙午4	丁未5	戊申6	己酉7	庚戌8	辛亥9	壬子10	癸丑11	甲寅12	乙卯13	丙辰14	丁巳15	戊午16	己未17	庚申18	辛酉19	壬戌20	癸亥21	甲子22	丙申春分 乙未日食
四月小	壬辰	干支 天地 西曆	乙丑23	丙寅24	丁卯25	戊辰26	己巳27	庚午28	辛未29	壬申30	癸酉(5)	甲戌2	乙亥3	丙子4	丁丑5	戊寅6	己卯7	庚辰8	辛巳9	壬午10	癸未11	甲申12	乙酉13	丙戌14	丁亥15	戊子16	己丑17	庚寅18	辛卯19	壬辰20	癸巳21		癸未立夏
五月大	癸巳	干支 天地 西曆	甲午22	乙未23	丙申24	丁酉25	戊戌26	己亥27	庚子28	辛丑29	壬寅30	癸卯31	甲辰(6)	乙巳2	丙午3	丁未4	戊申5	己酉6	庚戌7	辛亥8	壬子9	癸丑10	甲寅11	乙卯12	丙辰13	丁巳14	戊午15	己未16	庚申17	辛酉18	壬戌19	癸亥20	
六月小	甲午	干支 天地 西曆	甲子21	乙丑22	丙寅23	丁卯24	戊辰25	己巳26	庚午27	辛未28	壬申29	癸酉30	甲戌(7)	乙亥2	丙子3	丁丑4	戊寅5	己卯6	庚辰7	辛巳8	壬午9	癸未10	甲申11	乙酉12	丙戌13	丁亥14	戊子15	己丑16	庚寅17	辛卯18	壬辰19		庚午夏至
七月大	乙未	干支 天地 西曆	癸巳20	甲午21	乙未22	丙申23	丁酉24	戊戌25	己亥26	庚子27	辛丑28	壬寅29	癸卯30	甲辰31	乙巳(8)	丙午2	丁未3	戊申4	己酉5	庚戌6	辛亥7	壬子8	癸丑9	甲寅10	乙卯11	丙辰12	丁巳13	戊午14	己未15	庚申16	辛酉17	壬戌18	丁巳立秋
八月小	丙申	干支 天地 西曆	癸亥19	甲子20	乙丑21	丙寅22	丁卯23	戊辰24	己巳25	庚午26	辛未27	壬申28	癸酉29	甲戌30	乙亥31	丙子(9)	丁丑2	戊寅3	己卯4	庚辰5	辛巳6	壬午7	癸未8	甲申9	乙酉10	丙戌11	丁亥12	戊子13	己丑14	庚寅15	辛卯16		
九月大	丁酉	干支 天地 西曆	壬辰17	癸巳18	甲午19	乙未20	丙申21	丁酉22	戊戌23	己亥24	庚子25	辛丑26	壬寅27	癸卯28	甲辰29	乙巳30	丙午(10)	丁未2	戊申3	己酉4	庚戌5	辛亥6	壬子7	癸丑8	甲寅9	乙卯10	丙辰11	丁巳12	戊午13	己未14	庚申15	辛酉16	壬寅秋分
十月小	戊戌	干支 天地 西曆	壬戌17	癸亥18	甲子19	乙丑20	丙寅21	丁卯22	戊辰23	己巳24	庚午25	辛未26	壬申27	癸酉28	甲戌29	乙亥30	丙子31	丁丑(11)	戊寅2	己卯3	庚辰4	辛巳5	壬午6	癸未7	甲申8	乙酉9	丙戌10	丁亥11	戊子12	己丑13	庚寅14		丁亥立冬
十一月大	己亥	干支 天地 西曆	辛卯15	壬辰16	癸巳17	甲午18	乙未19	丙申20	丁酉21	戊戌22	己亥23	庚子24	辛丑25	壬寅26	癸卯27	甲辰28	乙巳29	丙午30	丁未(12)	戊申2	己酉3	庚戌4	辛亥5	壬子6	癸丑7	甲寅8	乙卯9	丙辰10	丁巳11	戊午12	己未13	庚申14	
十二月小	庚子	干支 天地 西曆	辛酉15	壬戌16	癸亥17	甲子18	乙丑19	丙寅20	丁卯21	戊辰22	己巳23	庚午24	辛未25	壬申26	癸酉27	甲戌28	乙亥29	丙子30	丁丑31	戊寅(1)	己卯2	庚辰3	辛巳4	壬午5	癸未6	甲申7	乙酉8	丙戌9	丁亥10	戊子11	己丑12		辛未冬至

朔閏異同	曆名	正月	二月	三月	四月	五月	六月	七月	八月	九月	十月	十一	十二	閏月
	周曆夏曆	丙寅乙丑	乙未甲午	乙丑甲子	甲午癸巳	甲子癸亥	癸巳壬辰	癸亥壬戌	壬辰辛卯	壬戌辛酉	壬辰庚寅	辛酉庚申	辛卯庚寅	
	顓頊新曆	丁酉丙寅	丙寅乙未	丙申乙丑	乙丑甲午	乙未癸亥	甲子壬辰	甲午壬戌	癸亥辛卯	癸巳辛酉	壬戌庚寅	壬辰庚申	辛酉庚寅	

周赧王四十一年（丁亥 猪年） 公元前 274 ~ 前 273 年 歲在壽星

殷曆月序		中西曆日對照	初一	初二	初三	初四	初五	初六	初七	初八	初九	初十	十一	十二	十三	十四	十五	十六	十七	十八	十九	二十	二一	二二	二三	二四	二五	二六	二七	二八	二九	三十	節氣與天象
正月大	辛丑	天干地支	庚寅	辛卯	壬辰	癸巳	甲午	乙未	丙申	丁酉	戊戌	己亥	庚子	辛丑	壬寅	癸卯	甲辰	乙巳	丙午	丁未	戊申	己酉	庚戌	辛亥	壬子	癸丑	甲寅	乙卯	丙辰	丁巳	戊午	己未	丙辰立春
		西曆	13	14	15	16	17	18	19	20	21	22	23	24	25	26	27	28	29	30	31	(2)	2	3	4	5	6	7	8	9	10	11	
二月小	壬寅	天干地支	庚申	辛酉	壬戌	癸亥	甲子	乙丑	丙寅	丁卯	戊辰	己巳	庚午	辛未	壬申	癸酉	甲戌	乙亥	丙子	丁丑	戊寅	己卯	庚辰	辛巳	壬午	癸未	甲申	乙酉	丙戌	丁亥	戊子		
		西曆	12	13	14	15	16	17	18	19	20	21	22	23	24	25	26	27	28	(3)	2	3	4	5	6	7	8	9	10	11	12		
三月大	癸卯	天干地支	己丑	庚寅	辛卯	壬辰	癸巳	甲午	乙未	丙申	丁酉	戊戌	己亥	庚子	辛丑	壬寅	癸卯	甲辰	乙巳	丙午	丁未	戊申	己酉	庚戌	辛亥	壬子	癸丑	甲寅	乙卯	丙辰	丁巳	戊午	辛丑春分
		西曆	13	14	15	16	17	18	19	20	21	22	23	24	25	26	27	28	29	30	31	(4)	2	3	4	5	6	7	8	9	10	11	
四月大	甲辰	天干地支	己未	庚申	辛酉	壬戌	癸亥	甲子	乙丑	丙寅	丁卯	戊辰	己巳	庚午	辛未	壬申	癸酉	甲戌	乙亥	丙子	丁丑	戊寅	己卯	庚辰	辛巳	壬午	癸未	甲申	乙酉	丙戌	丁亥	戊子	戊子立夏
		西曆	12	13	14	15	16	17	18	19	20	21	22	23	24	25	26	27	28	29	30	(5)	2	3	4	5	6	7	8	9	10	11	
五月小	乙巳	天干地支	己丑	庚寅	辛卯	壬辰	癸巳	甲午	乙未	丙申	丁酉	戊戌	己亥	庚子	辛丑	壬寅	癸卯	甲辰	乙巳	丙午	丁未	戊申	己酉	庚戌	辛亥	壬子	癸丑	甲寅	乙卯	丙辰	丁巳		
		西曆	12	13	14	15	16	17	18	19	20	21	22	23	24	25	26	27	28	29	30	31	(6)	2	3	4	5	6	7	8	9		
六月大	丙午	天干地支	戊午	己未	庚申	辛酉	壬戌	癸亥	甲子	乙丑	丙寅	丁卯	戊辰	己巳	庚午	辛未	壬申	癸酉	甲戌	乙亥	丙子	丁丑	戊寅	己卯	庚辰	辛巳	壬午	癸未	甲申	乙酉	丙戌	丁亥	乙亥夏至
		西曆	10	11	12	13	14	15	16	17	18	19	20	21	22	23	24	25	26	27	28	29	30	(7)	2	3	4	5	6	7	8	9	
七月小	丁未	天干地支	戊子	己丑	庚寅	辛卯	壬辰	癸巳	甲午	乙未	丙申	丁酉	戊戌	己亥	庚子	辛丑	壬寅	癸卯	甲辰	乙巳	丙午	丁未	戊申	己酉	庚戌	辛亥	壬子	癸丑	甲寅	乙卯	丙辰		
		西曆	10	11	12	13	14	15	16	17	18	19	20	21	22	23	24	25	26	27	28	29	30	31	(8)	2	3	4	5	6	7		
八月大	戊申	天干地支	丁巳	戊午	己未	庚申	辛酉	壬戌	癸亥	甲子	乙丑	丙寅	丁卯	戊辰	己巳	庚午	辛未	壬申	癸酉	甲戌	乙亥	丙子	丁丑	戊寅	己卯	庚辰	辛巳	壬午	癸未	甲申	乙酉	丙戌	壬戌立秋 丙戌日食
		西曆	8	9	10	11	12	13	14	15	16	17	18	19	20	21	22	23	24	25	26	27	28	29	30	31	(9)	2	3	4	5	6	
九月小	己酉	天干地支	丁亥	戊子	己丑	庚寅	辛卯	壬辰	癸巳	甲午	乙未	丙申	丁酉	戊戌	己亥	庚子	辛丑	壬寅	癸卯	甲辰	乙巳	丙午	丁未	戊申	己酉	庚戌	辛亥	壬子	癸丑	甲寅	乙卯		戊申秋分
		西曆	7	8	9	10	11	12	13	14	15	16	17	18	19	20	21	22	23	24	25	26	27	28	29	30	(10)	2	3	4	5		
十月大	庚戌	天干地支	丙辰	丁巳	戊午	己未	庚申	辛酉	壬戌	癸亥	甲子	乙丑	丙寅	丁卯	戊辰	己巳	庚午	辛未	壬申	癸酉	甲戌	乙亥	丙子	丁丑	戊寅	己卯	庚辰	辛巳	壬午	癸未	甲申	乙酉	
		西曆	6	7	8	9	10	11	12	13	14	15	16	17	18	19	20	21	22	23	24	25	26	27	28	29	30	31	(11)	2	3	4	
十一月小	辛亥	天干地支	丙戌	丁亥	戊子	己丑	庚寅	辛卯	壬辰	癸巳	甲午	乙未	丙申	丁酉	戊戌	己亥	庚子	辛丑	壬寅	癸卯	甲辰	乙巳	丙午	丁未	戊申	己酉	庚戌	辛亥	壬子	癸丑	甲寅		壬辰立冬
		西曆	5	6	7	8	9	10	11	12	13	14	15	16	17	18	19	20	21	22	23	24	25	26	27	28	29	30	(12)	2	3		
十二月大	壬子	天干地支	乙卯	丙辰	丁巳	戊午	己未	庚申	辛酉	壬戌	癸亥	甲子	乙丑	丙寅	丁卯	戊辰	己巳	庚午	辛未	壬申	癸酉	甲戌	乙亥	丙子	丁丑	戊寅	己卯	庚辰	辛巳	壬午	癸未	甲申	丙子冬至
		西曆	4	5	6	7	8	9	10	11	12	13	14	15	16	17	18	19	20	21	22	23	24	25	26	27	28	29	30	31	(1)	2	

朔閏異同	曆名	正月	二月	三月	四月	五月	六月	七月	八月	九月	十月	十一	十二	閏月	曆名	正月	二月	三月	四月	五月	六月	七月	八月	九月	十月	十一	十二	閏月
	周曆夏曆	庚申己未	庚寅己丑	己未戊午	己丑戊子	戊午丁巳	戊子丁亥	丁巳丙辰	丁亥丙戌	丙辰乙卯	丙戌乙酉	乙卯甲寅	乙酉甲申		顓頊新曆	辛卯庚申	辛酉己丑	庚寅己未	庚申戊子	己丑戊午	己未丁亥	戊子丙辰	戊午丙戌	丁亥乙卯	丁巳乙酉	丙戌甲寅	丙辰甲申	

周赧王四十二年（戊子 鼠年） 公元前 273 ~ 前 272 年 歲在大火

殷曆月序		中西曆日對照	殷曆日序																														節氣與天象
			初一	初二	初三	初四	初五	初六	初七	初八	初九	初十	十一	十二	十三	十四	十五	十六	十七	十八	十九	二十	二一	二二	二三	二四	二五	二六	二七	二八	二九	三十	
正月小	癸丑	干支曆 天地西	乙酉3	丙戌4	丁亥5	戊子6	己丑7	庚寅8	辛卯9	壬辰10	癸巳11	甲午12	乙未13	丙申14	丁酉15	戊戌16	己亥17	庚子18	辛丑19	壬寅20	癸卯21	甲辰22	乙巳23	丙午24	丁未25	戊申26	己酉27	庚戌28	辛亥29	壬子30	癸丑31		
二月大	甲寅	干支曆 天地西	甲寅(2)	乙卯2	丙辰3	丁巳4	戊午5	己未6	庚申7	辛酉8	壬戌9	癸亥10	甲子11	乙丑12	丙寅13	丁卯14	戊辰15	己巳16	庚午17	辛未18	壬申19	癸酉20	甲戌21	乙亥22	丙子23	丁丑24	戊寅25	己卯26	庚辰27	辛巳28	壬午29	癸未(3)	辛酉立春
三月小	乙卯	干支曆 天地西	甲申2	乙酉3	丙戌4	丁亥5	戊子6	己丑7	庚寅8	辛卯9	壬辰10	癸巳11	甲午12	乙未13	丙申14	丁酉15	戊戌16	己亥17	庚子18	辛丑19	壬寅20	癸卯21	甲辰22	乙巳23	丙午24	丁未25	戊申26	己酉27	庚戌28	辛亥29	壬子30		丁未春分
四月大	丙辰	干支曆 天地西	癸丑31	甲寅(4)	乙卯2	丙辰3	丁巳4	戊午5	己未6	庚申7	辛酉8	壬戌9	癸亥10	甲子11	乙丑12	丙寅13	丁卯14	戊辰15	己巳16	庚午17	辛未18	壬申19	癸酉20	甲戌21	乙亥22	丙子23	丁丑24	戊寅25	己卯26	庚辰27	辛巳28	壬午29	
五月小	丁巳	干支曆 天地西	癸未30	甲申(5)	乙酉2	丙戌3	丁亥4	戊子5	己丑6	庚寅7	辛卯8	壬辰9	癸巳10	甲午11	乙未12	丙申13	丁酉14	戊戌15	己亥16	庚子17	辛丑18	壬寅19	癸卯20	甲辰21	乙巳22	丙午23	丁未24	戊申25	己酉26	庚戌27	辛亥28		癸巳立夏
六月大	戊午	干支曆 天地西	壬子29	癸丑30	甲寅31	乙卯(6)	丙辰2	丁巳3	戊午4	己未5	庚申6	辛酉7	壬戌8	癸亥9	甲子10	乙丑11	丙寅12	丁卯13	戊辰14	己巳15	庚午16	辛未17	壬申18	癸酉19	甲戌20	乙亥21	丙子22	丁丑23	戊寅24	己卯25	庚辰26	辛巳27	辛巳夏至
七月小	己未	干支曆 天地西	壬午28	癸未29	甲申30	乙酉(7)	丙戌2	丁亥3	戊子4	己丑5	庚寅6	辛卯7	壬辰8	癸巳9	甲午10	乙未11	丙申12	丁酉13	戊戌14	己亥15	庚子16	辛丑17	壬寅18	癸卯19	甲辰20	乙巳21	丙午22	丁未23	戊申24	己酉25	庚戌26		
閏七月大	己未	干支曆 天地西	辛亥27	壬子28	癸丑29	甲寅30	乙卯31	丙辰(8)	丁巳2	戊午3	己未4	庚申5	辛酉6	壬戌7	癸亥8	甲子9	乙丑10	丙寅11	丁卯12	戊辰13	己巳14	庚午15	辛未16	壬申17	癸酉18	甲戌19	乙亥20	丙子21	丁丑22	戊寅23	己卯24	庚辰25	丁卯立秋
八月大	庚申	干支曆 天地西	辛巳26	壬午27	癸未28	甲申29	乙酉30	丙戌31	丁亥(9)	戊子2	己丑3	庚寅4	辛卯5	壬辰6	癸巳7	甲午8	乙未9	丙申10	丁酉11	戊戌12	己亥13	庚子14	辛丑15	壬寅16	癸卯17	甲辰18	乙巳19	丙午20	丁未21	戊申22	己酉23	庚戌24	
九月小	辛酉	干支曆 天地西	辛亥25	壬子26	癸丑27	甲寅28	乙卯29	丙辰30	丁巳(10)	戊午2	己未3	庚申4	辛酉5	壬戌6	癸亥7	甲子8	乙丑9	丙寅10	丁卯11	戊辰12	己巳13	庚午14	辛未15	壬申16	癸酉17	甲戌18	乙亥19	丙子20	丁丑21	戊寅22	己卯23		癸丑秋分
十月大	壬戌	干支曆 天地西	庚辰24	辛巳25	壬午26	癸未27	甲申28	乙酉29	丙戌30	丁亥31	戊子(11)	己丑2	庚寅3	辛卯4	壬辰5	癸巳6	甲午7	乙未8	丙申9	丁酉10	戊戌11	己亥12	庚子13	辛丑14	壬寅15	癸卯16	甲辰17	乙巳18	丙午19	丁未20	戊申21	己酉22	丁酉立冬
十一月小	癸亥	干支曆 天地西	庚戌23	辛亥24	壬子25	癸丑26	甲寅27	乙卯28	丙辰29	丁巳30	戊午(12)	己未2	庚申3	辛酉4	壬戌5	癸亥6	甲子7	乙丑8	丙寅9	丁卯10	戊辰11	己巳12	庚午13	辛未14	壬申15	癸酉16	甲戌17	乙亥18	丙子19	丁丑20	戊寅21		
十二月大	甲子	干支曆 天地西	己卯22	庚辰23	辛巳24	壬午25	癸未26	甲申27	乙酉28	丙戌29	丁亥30	戊子31	己丑(1)	庚寅2	辛卯3	壬辰4	癸巳5	甲午6	乙未7	丙申8	丁酉9	戊戌10	己亥11	庚子12	辛丑13	壬寅14	癸卯15	甲辰16	乙巳17	丙午18	丁未19	戊申20	壬午冬至 戊申日食

朔閏異同	曆名	正月	二月	三月	四月	五月	六月	七月	八月	九月	十月	十一	十二	閏月
	周曆夏曆	甲寅癸丑	甲申癸未	甲寅癸丑	癸未壬午	癸丑┅壬子	壬午辛巳	壬子辛亥	辛巳庚辰	┅辛亥庚戌	庚辰己卯	庚戌己酉	己卯戊寅	己酉戊申
	顓頊新曆	乙酉甲寅	乙卯甲申	甲申┅癸丑	甲寅癸未	甲申壬子	癸丑壬午	癸未辛亥	壬子辛巳	壬午庚戌	辛亥己卯	辛巳己酉	庚戌戊寅	┅庚辰戊申

周赧王四十三年（己丑 牛年） 公元前 **272** ~ 前 271 年 歲在析木

殷曆月序		中西曆日對照	初一	初二	初三	初四	初五	初六	初七	初八	初九	初十	十一	十二	十三	十四	十五	十六	十七	十八	十九	二十	二一	二二	二三	二四	二五	二六	二七	二八	二九	三十	節氣與天象
正月小	乙丑	天干地支西曆	己酉21	庚戌22	辛亥23	壬子24	癸丑25	甲寅26	乙卯27	丙辰28	丁巳29	戊午30	己未31	庚申(2)	辛酉2	壬戌3	癸亥4	甲子5	乙丑6	丙寅7	丁卯8	戊辰9	己巳10	庚午11	辛未12	壬申13	癸酉14	甲戌15	乙亥16	丙子17	丁丑18		丙寅立春
二月大	丙寅	天干地支西曆	戊寅19	己卯20	庚辰21	辛巳22	壬午23	癸未24	甲申25	乙酉26	丙戌27	丁亥28	戊子(3)	己丑2	庚寅3	辛卯4	壬辰5	癸巳6	甲午7	乙未8	丙申9	丁酉10	戊戌11	己亥12	庚子13	辛丑14	壬寅15	癸卯16	甲辰17	乙巳18	丙午19	丁未20	
三月小	丁卯	天干地支西曆	戊申21	己酉22	庚戌23	辛亥24	壬子25	癸丑26	甲寅27	乙卯28	丙辰29	丁巳30	戊午31	己未(4)	庚申2	辛酉3	壬戌4	癸亥5	甲子6	乙丑7	丙寅8	丁卯9	戊辰10	己巳11	庚午12	辛未13	壬申14	癸酉15	甲戌16	乙亥17	丙子18		壬子春分
四月大	戊辰	天干地支西曆	丁丑19	戊寅20	己卯21	庚辰22	辛巳23	壬午24	癸未25	甲申26	乙酉27	丙戌28	丁亥29	戊子30	己丑(5)	庚寅2	辛卯3	壬辰4	癸巳5	甲午6	乙未7	丙申8	丁酉9	戊戌10	己亥11	庚子12	辛丑13	壬寅14	癸卯15	甲辰16	乙巳17	丙午18	己亥立夏
五月小	己巳	天干地支西曆	丁未19	戊申20	己酉21	庚戌22	辛亥23	壬子24	癸丑25	甲寅26	乙卯27	丙辰28	丁巳29	戊午30	己未31	庚申(6)	辛酉2	壬戌3	癸亥4	甲子5	乙丑6	丙寅7	丁卯8	戊辰9	己巳10	庚午11	辛未12	壬申13	癸酉14	甲戌15	乙亥16		
六月大	庚午	天干地支西曆	丙子17	丁丑18	戊寅19	己卯20	庚辰21	辛巳22	壬午23	癸未24	甲申25	乙酉26	丙戌27	丁亥28	戊子29	己丑30	庚寅(7)	辛卯2	壬辰3	癸巳4	甲午5	乙未6	丙申7	丁酉8	戊戌9	己亥10	庚子11	辛丑12	壬寅13	癸卯14	甲辰15	乙巳16	丙戌夏至
七月小	辛未	天干地支西曆	丙午17	丁未18	戊申19	己酉20	庚戌21	辛亥22	壬子23	癸丑24	甲寅25	乙卯26	丙辰27	丁巳28	戊午29	己未30	庚申31	辛酉(8)	壬戌2	癸亥3	甲子4	乙丑5	丙寅6	丁卯7	戊辰8	己巳9	庚午10	辛未11	壬申12	癸酉13	甲戌14		癸酉立秋
八月大	壬申	天干地支西曆	乙亥15	丙子16	丁丑17	戊寅18	己卯19	庚辰20	辛巳21	壬午22	癸未23	甲申24	乙酉25	丙戌26	丁亥27	戊子28	己丑29	庚寅30	辛卯31	壬辰(9)	癸巳2	甲午3	乙未4	丙申5	丁酉6	戊戌7	己亥8	庚子9	辛丑10	壬寅11	癸卯12	甲辰13	
九月小	癸酉	天干地支西曆	乙巳14	丙午15	丁未16	戊申17	己酉18	庚戌19	辛亥20	壬子21	癸丑22	甲寅23	乙卯24	丙辰25	丁巳26	戊午27	己未28	庚申29	辛酉30	壬戌(10)	癸亥2	甲子3	乙丑4	丙寅5	丁卯6	戊辰7	己巳8	庚午9	辛未10	壬申11	癸酉12		戊午秋分
十月大	甲戌	天干地支西曆	甲戌13	乙亥14	丙子15	丁丑16	戊寅17	己卯18	庚辰19	辛巳20	壬午21	癸未22	甲申23	乙酉24	丙戌25	丁亥26	戊子27	己丑28	庚寅29	辛卯30	壬辰31	癸巳(11)	甲午2	乙未3	丙申4	丁酉5	戊戌6	己亥7	庚子8	辛丑9	壬寅10	癸卯11	癸卯立冬
十一月大	乙亥	天干地支西曆	甲辰12	乙巳13	丙午14	丁未15	戊申16	己酉17	庚戌18	辛亥19	壬子20	癸丑21	甲寅22	乙卯23	丙辰24	丁巳25	戊午26	己未27	庚申28	辛酉29	壬戌30	癸亥(12)	甲子2	乙丑3	丙寅4	丁卯5	戊辰6	己巳7	庚午8	辛未9	壬申10	癸酉11	
十二月小	丙子	天干地支西曆	甲戌12	乙亥13	丙子14	丁丑15	戊寅16	己卯17	庚辰18	辛巳19	壬午20	癸未21	甲申22	乙酉23	丙戌24	丁亥25	戊子26	己丑27	庚寅28	辛卯29	壬辰30	癸巳31	甲午(1)	乙未2	丙申3	丁酉4	戊戌5	己亥6	庚子7	辛丑8	壬寅9		丁亥冬至

朔閏異同	曆名	正月	二月	三月	四月	五月	六月	七月	八月	九月	十月	十一	十二	閏月	曆名	正月	二月	三月	四月	五月	六月	七月	八月	九月	十月	十一	十二	閏月
	周曆夏曆	戊寅丁丑	戊申丁未	丁丑丙子	丁未丙午	丁丑乙亥	丙午乙巳	丙子乙亥	乙巳甲辰	乙亥甲戌	甲辰癸卯	甲戌癸酉	癸卯壬寅		顓頊新曆	己酉戊寅	己卯丁未	戊申丁丑	戊寅丁未	丁未丙子	丁亥丙午	丙午乙亥	丙子乙巳	丙午甲戌	乙亥癸卯	乙巳癸酉	甲戌壬寅	

周赧王四十四年（庚寅 虎年） 公元前271年 歲在星紀

殷曆月序		中西曆日對照	初一	初二	初三	初四	初五	初六	初七	初八	初九	初十	十一	十二	十三	十四	十五	十六	十七	十八	十九	二十	二一	二二	二三	二四	二五	二六	二七	二八	二九	三十	節氣與天象
正月大	丁丑	天干地支西曆	癸卯10	甲辰11	乙巳12	丙午13	丁未14	戊申15	己酉16	庚戌17	辛亥18	壬子19	癸丑20	甲寅21	乙卯22	丙辰23	丁巳24	戊午25	己未26	庚申27	辛酉28	壬戌29	癸亥30	甲子31	乙丑(2)	丙寅2	丁卯3	戊辰4	己巳5	庚午6	辛未7	壬申8	辛未立春
二月小	戊寅	天干地支西曆	癸酉9	甲戌10	乙亥11	丙子12	丁丑13	戊寅14	己卯15	庚辰16	辛巳17	壬午18	癸未19	甲申20	乙酉21	丙戌22	丁亥23	戊子24	己丑25	庚寅26	辛卯27	壬辰28	癸巳(3)	甲午2	乙未3	丙申4	丁酉5	戊戌6	己亥7	庚子8	辛丑9		
三月大	己卯	天干地支西曆	壬寅10	癸卯11	甲辰12	乙巳13	丙午14	丁未15	戊申16	己酉17	庚戌18	辛亥19	壬子20	癸丑21	甲寅22	乙卯23	丙辰24	丁巳25	戊午26	己未27	庚申28	辛酉29	壬戌30	癸亥31	甲子(4)	乙丑2	丙寅3	丁卯4	戊辰5	己巳6	庚午7	辛未8	丁巳春分
四月小	庚辰	天干地支西曆	壬申9	癸酉10	甲戌11	乙亥12	丙子13	丁丑14	戊寅15	己卯16	庚辰17	辛巳18	壬午19	癸未20	甲申21	乙酉22	丙戌23	丁亥24	戊子25	己丑26	庚寅27	辛卯28	壬辰29	癸巳30	甲午(5)	乙未2	丙申3	丁酉4	戊戌5	己亥6	庚子7		
五月大	辛巳	天干地支西曆	辛丑8	壬寅9	癸卯10	甲辰11	乙巳12	丙午13	丁未14	戊申15	己酉16	庚戌17	辛亥18	壬子19	癸丑20	甲寅21	乙卯22	丙辰23	丁巳24	戊午25	己未26	庚申27	辛酉28	壬戌29	癸亥30	甲子31	乙丑(6)	丙寅2	丁卯3	戊辰4	己巳5	庚午6	甲辰立夏
六月小	壬午	天干地支西曆	辛未7	壬申8	癸酉9	甲戌10	乙亥11	丙子12	丁丑13	戊寅14	己卯15	庚辰16	辛巳17	壬午18	癸未19	甲申20	乙酉21	丙戌22	丁亥23	戊子24	己丑25	庚寅26	辛卯27	壬辰28	癸巳29	甲午30	乙未(7)	丙申2	丁酉3	戊戌4	己亥5		辛卯夏至
七月大	癸未	天干地支西曆	庚子6	辛丑7	壬寅8	癸卯9	甲辰10	乙巳11	丙午12	丁未13	戊申14	己酉15	庚戌16	辛亥17	壬子18	癸丑19	甲寅20	乙卯21	丙辰22	丁巳23	戊午24	己未25	庚申26	辛酉27	壬戌28	癸亥29	甲子30	乙丑31	丙寅(8)	丁卯2	戊辰3	己巳4	
八月小	甲申	天干地支西曆	庚午5	辛未6	壬申7	癸酉8	甲戌9	乙亥10	丙子11	丁丑12	戊寅13	己卯14	庚辰15	辛巳16	壬午17	癸未18	甲申19	乙酉20	丙戌21	丁亥22	戊子23	己丑24	庚寅25	辛卯26	壬辰27	癸巳28	甲午29	乙未30	丙申31	丁酉(9)	戊戌2		戊寅立秋
九月大	乙酉	天干地支西曆	己亥3	庚子4	辛丑5	壬寅6	癸卯7	甲辰8	乙巳9	丙午10	丁未11	戊申12	己酉13	庚戌14	辛亥15	壬子16	癸丑17	甲寅18	乙卯19	丙辰20	丁巳21	戊午22	己未23	庚申24	辛酉25	壬戌26	癸亥27	甲子28	乙丑29	丙寅30	丁卯(10)	戊辰2	癸亥秋分
十月小	丙戌	天干地支西曆	己巳3	庚午4	辛未5	壬申6	癸酉7	甲戌8	乙亥9	丙子10	丁丑11	戊寅12	己卯13	庚辰14	辛巳15	壬午16	癸未17	甲申18	乙酉19	丙戌20	丁亥21	戊子22	己丑23	庚寅24	辛卯25	壬辰26	癸巳27	甲午28	乙未29	丙申30	丁酉31		
十一月大	丁亥	天干地支西曆	戊戌(11)	己亥2	庚子3	辛丑4	壬寅5	癸卯6	甲辰7	乙巳8	丙午9	丁未10	戊申11	己酉12	庚戌13	辛亥14	壬子15	癸丑16	甲寅17	乙卯18	丙辰19	丁巳20	戊午21	己未22	庚申23	辛酉24	壬戌25	癸亥26	甲子27	乙丑28	丙寅29	丁卯30	戊申立冬
十二月小	戊子	天干地支西曆	戊辰(12)	己巳2	庚午3	辛未4	壬申5	癸酉6	甲戌7	乙亥8	丙子9	丁丑10	戊寅11	己卯12	庚辰13	辛巳14	壬午15	癸未16	甲申17	乙酉18	丙戌19	丁亥20	戊子21	己丑22	庚寅23	辛卯24	壬辰25	癸巳26	甲午27	乙未28	丙申29		壬辰冬至

朔閏異同	曆名	正月	二月	三月	四月	五月	六月	七月	八月	九月	十月	十一	十二	閏月
	周曆夏曆	癸酉壬申	壬寅辛丑	壬申辛未	辛丑庚子	辛未庚午	庚子己亥	庚午己巳	己亥戊戌	己巳戊辰	己亥丁酉	戊辰丁卯	戊戌丁酉	---丙寅
	顓頊新曆	甲辰壬申	癸酉辛丑	癸卯辛未	壬申辛丑	壬寅庚午	辛未庚子	辛丑己巳	庚午己亥	庚子己巳	己巳戊戌	己亥戊辰	戊辰---丁酉	丙寅

周赧王四十五年（辛卯 兔年） 公元前 271 ~前 **270** ~ 前 269 年 歲在玄枵

殷曆月序		中西曆日對照	初一	初二	初三	初四	初五	初六	初七	初八	初九	初十	十一	十二	十三	十四	十五	十六	十七	十八	十九	二十	二一	二二	二三	二四	二五	二六	二七	二八	二九	三十	節氣與天象
正月大	己丑	天干地支西曆	丁酉30	戊戌31	己亥(1)	庚子2	辛丑3	壬寅4	癸卯5	甲辰6	乙巳7	丙午8	丁未9	戊申10	己酉11	庚戌12	辛亥13	壬子14	癸丑15	甲寅16	乙卯17	丙辰18	丁巳19	戊午20	己未21	庚申22	辛酉23	壬戌24	癸亥25	甲子26	乙丑27	丙寅28	
二月小	庚寅	天干地支西曆	丁卯29	戊辰30	己巳31	庚午(2)	辛未2	壬申3	癸酉4	甲戌5	乙亥6	丙子7	丁丑8	戊寅9	己卯10	庚辰11	辛巳12	壬午13	癸未14	甲申15	乙酉16	丙戌17	丁亥18	戊子19	己丑20	庚寅21	辛卯22	壬辰23	癸巳24	甲午25	乙未26		丁丑立春
三月大	辛卯	天干地支西曆	丙申27	丁酉28	戊戌(3)	己亥2	庚子3	辛丑4	壬寅5	癸卯6	甲辰7	乙巳8	丙午9	丁未10	戊申11	己酉12	庚戌13	辛亥14	壬子15	癸丑16	甲寅17	乙卯18	丙辰19	丁巳20	戊午21	己未22	庚申23	辛酉24	壬戌25	癸亥26	甲子27	乙丑28	壬戌春分
四月大	壬辰	天干地支西曆	丙寅29	丁卯30	戊辰31	己巳(4)	庚午2	辛未3	壬申4	癸酉5	甲戌6	乙亥7	丙子8	丁丑9	戊寅10	己卯11	庚辰12	辛巳13	壬午14	癸未15	甲申16	乙酉17	丙戌18	丁亥19	戊子20	己丑21	庚寅22	辛卯23	壬辰24	癸巳25	甲午26	乙未27	
閏四月小	壬辰	天干地支西曆	丙申28	丁酉29	戊戌30	己亥(5)	庚子2	辛丑3	壬寅4	癸卯5	甲辰6	乙巳7	丙午8	丁未9	戊申10	己酉11	庚戌12	辛亥13	壬子14	癸丑15	甲寅16	乙卯17	丙辰18	丁巳19	戊午20	己未21	庚申22	辛酉23	壬戌24	癸亥25	甲子26		己酉立夏
五月大	癸巳	天干地支西曆	乙丑27	丙寅28	丁卯29	戊辰30	己巳31	庚午(6)	辛未2	壬申3	癸酉4	甲戌5	乙亥6	丙子7	丁丑8	戊寅9	己卯10	庚辰11	辛巳12	壬午13	癸未14	甲申15	乙酉16	丙戌17	丁亥18	戊子19	己丑20	庚寅21	辛卯22	壬辰23	癸巳24	甲午25	甲午日食
六月小	甲午	天干地支西曆	乙未26	丙申27	丁酉28	戊戌29	己亥30	庚子(7)	辛丑2	壬寅3	癸卯4	甲辰5	乙巳6	丙午7	丁未8	戊申9	己酉10	庚戌11	辛亥12	壬子13	癸丑14	甲寅15	乙卯16	丙辰17	丁巳18	戊午19	己未20	庚申21	辛酉22	壬戌23	癸亥24		丙申夏至
七月大	乙未	天干地支西曆	甲子25	乙丑26	丙寅27	丁卯28	戊辰29	己巳30	庚午31	辛未(8)	壬申2	癸酉3	甲戌4	乙亥5	丙子6	丁丑7	戊寅8	己卯9	庚辰10	辛巳11	壬午12	癸未13	甲申14	乙酉15	丙戌16	丁亥17	戊子18	己丑19	庚寅20	辛卯21	壬辰22	癸巳23	癸未立秋
八月小	丙申	天干地支西曆	甲午24	乙未25	丙申26	丁酉27	戊戌28	己亥29	庚子30	辛丑31	壬寅(9)	癸卯2	甲辰3	乙巳4	丙午5	丁未6	戊申7	己酉8	庚戌9	辛亥10	壬子11	癸丑12	甲寅13	乙卯14	丙辰15	丁巳16	戊午17	己未18	庚申19	辛酉20	壬戌21		
九月大	丁酉	天干地支西曆	癸亥22	甲子23	乙丑24	丙寅25	丁卯26	戊辰27	己巳28	庚午29	辛未30	壬申(10)	癸酉2	甲戌3	乙亥4	丙子5	丁丑6	戊寅7	己卯8	庚辰9	辛巳10	壬午11	癸未12	甲申13	乙酉14	丙戌15	丁亥16	戊子17	己丑18	庚寅19	辛卯20	壬辰21	己巳秋分
十月小	戊戌	天干地支西曆	癸巳22	甲午23	乙未24	丙申25	丁酉26	戊戌27	己亥28	庚子29	辛丑30	壬寅31	癸卯(11)	甲辰2	乙巳3	丙午4	丁未5	戊申6	己酉7	庚戌8	辛亥9	壬子10	癸丑11	甲寅12	乙卯13	丙辰14	丁巳15	戊午16	己未17	庚申18	辛酉19		癸丑立冬
十一月大	己亥	天干地支西曆	壬戌20	癸亥21	甲子22	乙丑23	丙寅24	丁卯25	戊辰26	己巳27	庚午28	辛未29	壬申30	癸酉(12)	甲戌2	乙亥3	丙子4	丁丑5	戊寅6	己卯7	庚辰8	辛巳9	壬午10	癸未11	甲申12	乙酉13	丙戌14	丁亥15	戊子16	己丑17	庚寅18	辛卯19	
十二月小	庚子	天干地支西曆	壬辰20	癸巳21	甲午22	乙未23	丙申24	丁酉25	戊戌26	己亥27	庚子28	辛丑29	壬寅30	癸卯31	甲辰(1)	乙巳2	丙午3	丁未4	戊申5	己酉6	庚戌7	辛亥8	壬子9	癸丑10	甲寅11	乙卯12	丙辰13	丁巳14	戊午15	己未16	庚申17		丁酉冬至

朔閏異同	曆名	正月	二月	三月	四月	五月	六月	七月	八月	九月	十月	十一	十二	閏月		曆名	正月	二月	三月	四月	五月	六月	七月	八月	九月	十月	十一	十二	閏月
	周曆夏曆	丁卯丙申	丁酉乙丑	丙寅乙未	丙申甲子	乙丑甲午	---乙未癸亥	甲子癸巳	甲午壬戌	癸亥壬辰	癸巳辛酉	壬戌辛卯	壬辰庚申	壬戌		顓頊新曆	戊戌丙申	戊辰乙丑	丁酉乙未	丁卯甲子	丙申甲午	丙寅癸亥	乙未癸巳	乙丑癸亥	甲午壬辰	甲子壬戌	癸巳壬辰	癸亥辛酉	---壬辰

周赧王四十六年（壬辰 龍年） 公元前 **269** ~ 前 268 年 歲在娵訾

殷曆月序		中西曆日對照	初一	初二	初三	初四	初五	初六	初七	初八	初九	初十	十一	十二	十三	十四	十五	十六	十七	十八	十九	二十	二一	二二	二三	二四	二五	二六	二七	二八	二九	三十	節氣與天象
正月大	辛丑	天干地支	辛酉	壬戌	癸亥	甲子	乙丑	丙寅	丁卯	戊辰	己巳	庚午	辛未	壬申	癸酉	甲戌	乙亥	丙子	丁丑	戊寅	己卯	庚辰	辛巳	壬午	癸未	甲申	乙酉	丙戌	丁亥	戊子	己丑	庚寅	壬午立春
		西曆	18	19	20	21	22	23	24	25	26	27	28	29	30	31	(2)	2	3	4	5	6	7	8	9	10	11	12	13	14	15	16	
二月小	壬寅	天干地支	辛卯	壬辰	癸巳	甲午	乙未	丙申	丁酉	戊戌	己亥	庚子	辛丑	壬寅	癸卯	甲辰	乙巳	丙午	丁未	戊申	己酉	庚戌	辛亥	壬子	癸丑	甲寅	乙卯	丙辰	丁巳	戊午	己未		
		西曆	17	18	19	20	21	22	23	24	25	26	27	28	29	(3)	2	3	4	5	6	7	8	9	10	11	12	13	14	15	16		
三月大	癸卯	天干地支	庚申	辛酉	壬戌	癸亥	甲子	乙丑	丙寅	丁卯	戊辰	己巳	庚午	辛未	壬申	癸酉	甲戌	乙亥	丙子	丁丑	戊寅	己卯	庚辰	辛巳	壬午	癸未	甲申	乙酉	丙戌	丁亥	戊子	己丑	戊辰春分
		西曆	17	18	19	20	21	22	23	24	25	26	27	28	29	30	31	(4)	2	3	4	5	6	7	8	9	10	11	12	13	14	15	
四月小	甲辰	天干地支	庚寅	辛卯	壬辰	癸巳	甲午	乙未	丙申	丁酉	戊戌	己亥	庚子	辛丑	壬寅	癸卯	甲辰	乙巳	丙午	丁未	戊申	己酉	庚戌	辛亥	壬子	癸丑	甲寅	乙卯	丙辰	丁巳	戊午		甲寅立夏
		西曆	16	17	18	19	20	21	22	23	24	25	26	27	28	29	30	(5)	2	3	4	5	6	7	8	9	10	11	12	13	14		
五月大	乙巳	天干地支	己未	庚申	辛酉	壬戌	癸亥	甲子	乙丑	丙寅	丁卯	戊辰	己巳	庚午	辛未	壬申	癸酉	甲戌	乙亥	丙子	丁丑	戊寅	己卯	庚辰	辛巳	壬午	癸未	甲申	乙酉	丙戌	丁亥	戊子	
		西曆	15	16	17	18	19	20	21	22	23	24	25	26	27	28	29	30	31	(6)	2	3	4	5	6	7	8	9	10	11	12	13	
六月小	丙午	天干地支	己丑	庚寅	辛卯	壬辰	癸巳	甲午	乙未	丙申	丁酉	戊戌	己亥	庚子	辛丑	壬寅	癸卯	甲辰	乙巳	丙午	丁未	戊申	己酉	庚戌	辛亥	壬子	癸丑	甲寅	乙卯	丙辰	丁巳		壬寅夏至
		西曆	14	15	16	17	18	19	20	21	22	23	24	25	26	27	28	29	30	(7)	2	3	4	5	6	7	8	9	10	11	12		
七月大	丁未	天干地支	戊午	己未	庚申	辛酉	壬戌	癸亥	甲子	乙丑	丙寅	丁卯	戊辰	己巳	庚午	辛未	壬申	癸酉	甲戌	乙亥	丙子	丁丑	戊寅	己卯	庚辰	辛巳	壬午	癸未	甲申	乙酉	丙戌	丁亥	
		西曆	13	14	15	16	17	18	19	20	21	22	23	24	25	26	27	28	29	30	31	(8)	2	3	4	5	6	7	8	9	10	11	
八月大	戊申	天干地支	戊子	己丑	庚寅	辛卯	壬辰	癸巳	甲午	乙未	丙申	丁酉	戊戌	己亥	庚子	辛丑	壬寅	癸卯	甲辰	乙巳	丙午	丁未	戊申	己酉	庚戌	辛亥	壬子	癸丑	甲寅	乙卯	丙辰	丁巳	戊子立秋
		西曆	12	13	14	15	16	17	18	19	20	21	22	23	24	25	26	27	28	29	30	31	(9)	2	3	4	5	6	7	8	9	10	
九月小	己酉	天干地支	戊午	己未	庚申	辛酉	壬戌	癸亥	甲子	乙丑	丙寅	丁卯	戊辰	己巳	庚午	辛未	壬申	癸酉	甲戌	乙亥	丙子	丁丑	戊寅	己卯	庚辰	辛巳	壬午	癸未	甲申	乙酉	丙戌		甲戌秋分
		西曆	11	12	13	14	15	16	17	18	19	20	21	22	23	24	25	26	27	28	29	30	(10)	2	3	4	5	6	7	8	9		
十月大	庚戌	天干地支	丁亥	戊子	己丑	庚寅	辛卯	壬辰	癸巳	甲午	乙未	丙申	丁酉	戊戌	己亥	庚子	辛丑	壬寅	癸卯	甲辰	乙巳	丙午	丁未	戊申	己酉	庚戌	辛亥	壬子	癸丑	甲寅	乙卯	丙辰	
		西曆	10	11	12	13	14	15	16	17	18	19	20	21	22	23	24	25	26	27	28	29	30	31	(11)	2	3	4	5	6	7	8	
十一月小	辛亥	天干地支	丁巳	戊午	己未	庚申	辛酉	壬戌	癸亥	甲子	乙丑	丙寅	丁卯	戊辰	己巳	庚午	辛未	壬申	癸酉	甲戌	乙亥	丙子	丁丑	戊寅	己卯	庚辰	辛巳	壬午	癸未	甲申	乙酉		戊午立冬
		西曆	9	10	11	12	13	14	15	16	17	18	19	20	21	22	23	24	25	26	27	28	29	30	(12)	2	3	4	5	6	7		
十二月大	壬子	天干地支	丙戌	丁亥	戊子	己丑	庚寅	辛卯	壬辰	癸巳	甲午	乙未	丙申	丁酉	戊戌	己亥	庚子	辛丑	壬寅	癸卯	甲辰	乙巳	丙午	丁未	戊申	己酉	庚戌	辛亥	壬子	癸丑	甲寅	乙卯	壬寅冬至
		西曆	8	9	10	11	12	13	14	15	16	17	18	19	20	21	22	23	24	25	26	27	28	29	30	31	(1)	2	3	4	5	6	

朔閏異同	曆名	正月	二月	三月	四月	五月	六月	七月	八月	九月	十月	十一	十二	閏月	曆名	正月	二月	三月	四月	五月	六月	七月	八月	九月	十月	十一	十二	閏月
	周曆夏曆	辛卯庚寅	辛酉庚申	庚寅己丑	庚申己未	己丑戊子	己未戊午	戊子丁亥	戊午丁巳	丁亥丙戌	丁巳丙辰	丙戌乙酉	丙辰乙卯		顓頊新曆	壬戌庚寅	辛卯庚申	辛酉己丑	辛卯己未	庚申戊子	庚寅戊午	己未丁亥	己丑丁巳	戊午丁亥	戊子丙辰	丁巳丙戌	丁亥丙辰	

周赧王四十七年（癸巳 蛇年） 公元前268年 歲在降婁

殷曆月序		中西曆日對照	殷曆日序																														節氣與天象
			初一	初二	初三	初四	初五	初六	初七	初八	初九	初十	十一	十二	十三	十四	十五	十六	十七	十八	十九	二十	二一	二二	二三	二四	二五	二六	二七	二八	二九	三十	
正月小	癸丑	天干地支西曆	丙辰7	丁巳8	戊午9	己未10	庚申11	辛酉12	壬戌13	癸亥14	甲子15	乙丑16	丙寅17	丁卯18	戊辰19	己巳20	庚午21	辛未22	壬申23	癸酉24	甲戌25	乙亥26	丙子27	丁丑28	戊寅29	己卯30	庚辰31	辛巳(2)	壬午2	癸未3	甲申4		
二月大	甲寅	天干地支西曆	乙酉5	丙戌6	丁亥7	戊子8	己丑9	庚寅10	辛卯11	壬辰12	癸巳13	甲午14	乙未15	丙申16	丁酉17	戊戌18	己亥19	庚子20	辛丑21	壬寅22	癸卯23	甲辰24	乙巳25	丙午26	丁未27	戊申28	己酉(3)	庚戌2	辛亥3	壬子4	癸丑5	甲寅6	丁亥立春
三月小	乙卯	天干地支西曆	乙卯7	丙辰8	丁巳9	戊午10	己未11	庚申12	辛酉13	壬戌14	癸亥15	甲子16	乙丑17	丙寅18	丁卯19	戊辰20	己巳21	庚午22	辛未23	壬申24	癸酉25	甲戌26	乙亥27	丙子28	丁丑29	戊寅30	己卯31	庚辰(4)	辛巳2	壬午3	癸未4		癸酉春分
四月大	丙辰	天干地支西曆	甲申5	乙酉6	丙戌7	丁亥8	戊子9	己丑10	庚寅11	辛卯12	壬辰13	癸巳14	甲午15	乙未16	丙申17	丁酉18	戊戌19	己亥20	庚子21	辛丑22	壬寅23	癸卯24	甲辰25	乙巳26	丙午27	丁未28	戊申29	己酉30	庚戌(5)	辛亥2	壬子3	癸丑4	
五月小	丁巳	天干地支西曆	甲寅5	乙卯6	丙辰7	丁巳8	戊午9	己未10	庚申11	辛酉12	壬戌13	癸亥14	甲子15	乙丑16	丙寅17	丁卯18	戊辰19	己巳20	庚午21	辛未22	壬申23	癸酉24	甲戌25	乙亥26	丙子27	丁丑28	戊寅29	己卯30	庚辰31	辛巳(6)	壬午2		庚申立夏
六月大	戊午	天干地支西曆	癸未3	甲申4	乙酉5	丙戌6	丁亥7	戊子8	己丑9	庚寅10	辛卯11	壬辰12	癸巳13	甲午14	乙未15	丙申16	丁酉17	戊戌18	己亥19	庚子20	辛丑21	壬寅22	癸卯23	甲辰24	乙巳25	丙午26	丁未27	戊申28	己酉29	庚戌30	辛亥(7)	壬子2	丁未夏至
七月小	己未	天干地支西曆	癸丑3	甲寅4	乙卯5	丙辰6	丁巳7	戊午8	己未9	庚申10	辛酉11	壬戌12	癸亥13	甲子14	乙丑15	丙寅16	丁卯17	戊辰18	己巳19	庚午20	辛未21	壬申22	癸酉23	甲戌24	乙亥25	丙子26	丁丑27	戊寅28	己卯29	庚辰30	辛巳31		
八月大	庚申	天干地支西曆	壬午(8)	癸未2	甲申3	乙酉4	丙戌5	丁亥6	戊子7	己丑8	庚寅9	辛卯10	壬辰11	癸巳12	甲午13	乙未14	丙申15	丁酉16	戊戌17	己亥18	庚子19	辛丑20	壬寅21	癸卯22	甲辰23	乙巳24	丙午25	丁未26	戊申27	己酉28	庚戌29	辛亥30	甲午立秋
九月小	辛酉	天干地支西曆	壬子31	癸丑(9)	甲寅2	乙卯3	丙辰4	丁巳5	戊午6	己未7	庚申8	辛酉9	壬戌10	癸亥11	甲子12	乙丑13	丙寅14	丁卯15	戊辰16	己巳17	庚午18	辛未19	壬申20	癸酉21	甲戌22	乙亥23	丙子24	丁丑25	戊寅26	己卯27	庚辰28		己卯秋分
十月大	壬戌	天干地支西曆	辛巳29	壬午30	癸未(10)	甲申2	乙酉3	丙戌4	丁亥5	戊子6	己丑7	庚寅8	辛卯9	壬辰10	癸巳11	甲午12	乙未13	丙申14	丁酉15	戊戌16	己亥17	庚子18	辛丑19	壬寅20	癸卯21	甲辰22	乙巳23	丙午24	丁未25	戊申26	己酉27	庚戌28	
十一月大	癸亥	天干地支西曆	辛亥29	壬子30	癸丑31	甲寅(11)	乙卯2	丙辰3	丁巳4	戊午5	己未6	庚申7	辛酉8	壬戌9	癸亥10	甲子11	乙丑12	丙寅13	丁卯14	戊辰15	己巳16	庚午17	辛未18	壬申19	癸酉20	甲戌21	乙亥22	丙子23	丁丑24	戊寅25	己卯26	庚辰27	甲子立冬
十二月小	甲子	天干地支西曆	辛巳28	壬午29	癸未30	甲申(12)	乙酉2	丙戌3	丁亥4	戊子5	己丑6	庚寅7	辛卯8	壬辰9	癸巳10	甲午11	乙未12	丙申13	丁酉14	戊戌15	己亥16	庚子17	辛丑18	壬寅19	癸卯20	甲辰21	乙巳22	丙午23	丁未24	戊申25	己酉26		戊申冬至

朔閏異同	曆名	正月	二月	三月	四月	五月	六月	七月	八月	九月	十月	十一	十二	閏月
	周曆夏曆	乙酉甲申	乙卯甲寅	甲申癸未	甲寅癸丑	甲申壬午	癸丑壬子	癸未壬午	壬子辛亥	壬午---辛巳	辛亥庚戌	辛巳庚辰	庚戌己酉	己卯
	顓頊新曆	丙辰乙酉	丙戌乙卯	乙卯甲申	乙酉癸丑	甲寅壬午	甲申壬子	癸丑---辛巳	癸未辛亥	癸丑辛巳	壬午庚戌	壬子庚辰	辛巳庚戌	庚辰

周赧王四十八年（甲午 馬年） 公元前 268 ~ 前 **267** ~ 前 266 年 歲在大梁

殷曆月序		西中曆對照	初一	初二	初三	初四	初五	初六	初七	初八	初九	初十	十一	十二	十三	十四	十五	十六	十七	十八	十九	二十	二一	二二	二三	二四	二五	二六	二七	二八	二九	三十	節氣與天象
正月大	乙丑	天干地支西曆	庚戌27	辛亥28	壬子29	癸丑30	甲寅31	乙卯(1)	丙辰2	丁巳3	戊午4	己未5	庚申6	辛酉7	壬戌8	癸亥9	甲子10	乙丑11	丙寅12	丁卯13	戊辰14	己巳15	庚午16	辛未17	壬申18	癸酉19	甲戌20	乙亥21	丙子22	丁丑23	戊寅24	己卯25	
閏正月小	乙丑	天干地支西曆	庚辰26	辛巳27	壬午28	癸未29	甲申30	乙酉31	丙戌(2)	丁亥2	戊子3	己丑4	庚寅5	辛卯6	壬辰7	癸巳8	甲午9	乙未10	丙申11	丁酉12	戊戌13	己亥14	庚子15	辛丑16	壬寅17	癸卯18	甲辰19	乙巳20	丙午21	丁未22	戊申23		壬辰立春
二月大	丙寅	天干地支西曆	己酉24	庚戌25	辛亥26	壬子27	癸丑28	甲寅(3)	乙卯2	丙辰3	丁巳4	戊午5	己未6	庚申7	辛酉8	壬戌9	癸亥10	甲子11	乙丑12	丙寅13	丁卯14	戊辰15	己巳16	庚午17	辛未18	壬申19	癸酉20	甲戌21	乙亥22	丙子23	丁丑24	戊寅25	戊寅春分
三月小	丁卯	天干地支西曆	己卯26	庚辰27	辛巳28	壬午29	癸未30	甲申31	乙酉(4)	丙戌2	丁亥3	戊子4	己丑5	庚寅6	辛卯7	壬辰8	癸巳9	甲午10	乙未11	丙申12	丁酉13	戊戌14	己亥15	庚子16	辛丑17	壬寅18	癸卯19	甲辰20	乙巳21	丙午22	丁未23		
四月大	戊辰	天干地支西曆	戊申24	己酉25	庚戌26	辛亥27	壬子28	癸丑29	甲寅30	乙卯(5)	丙辰2	丁巳3	戊午4	己未5	庚申6	辛酉7	壬戌8	癸亥9	甲子10	乙丑11	丙寅12	丁卯13	戊辰14	己巳15	庚午16	辛未17	壬申18	癸酉19	甲戌20	乙亥21	丙子22	丁丑23	乙丑立夏 戊申日食
五月小	己巳	天干地支西曆	戊寅24	己卯25	庚辰26	辛巳27	壬午28	癸未29	甲申30	乙酉31	丙戌(6)	丁亥2	戊子3	己丑4	庚寅5	辛卯6	壬辰7	癸巳8	甲午9	乙未10	丙申11	丁酉12	戊戌13	己亥14	庚子15	辛丑16	壬寅17	癸卯18	甲辰19	乙巳20	丙午21		
六月大	庚午	天干地支西曆	丁未22	戊申23	己酉24	庚戌25	辛亥26	壬子27	癸丑28	甲寅29	乙卯30	丙辰(7)	丁巳2	戊午3	己未4	庚申5	辛酉6	壬戌7	癸亥8	甲子9	乙丑10	丙寅11	丁卯12	戊辰13	己巳14	庚午15	辛未16	壬申17	癸酉18	甲戌19	乙亥20	丙子21	壬子夏至
七月小	辛未	天干地支西曆	丁丑22	戊寅23	己卯24	庚辰25	辛巳26	壬午27	癸未28	甲申29	乙酉30	丙戌31	丁亥(8)	戊子2	己丑3	庚寅4	辛卯5	壬辰6	癸巳7	甲午8	乙未9	丙申10	丁酉11	戊戌12	己亥13	庚子14	辛丑15	壬寅16	癸卯17	甲辰18	乙巳19		己亥立秋
八月大	壬申	天干地支西曆	丙午20	丁未21	戊申22	己酉23	庚戌24	辛亥25	壬子26	癸丑27	甲寅28	乙卯29	丙辰30	丁巳31	戊午(9)	己未2	庚申3	辛酉4	壬戌5	癸亥6	甲子7	乙丑8	丙寅9	丁卯10	戊辰11	己巳12	庚午13	辛未14	壬申15	癸酉16	甲戌17	乙亥18	
九月小	癸酉	天干地支西曆	丙子19	丁丑20	戊寅21	己卯22	庚辰23	辛巳24	壬午25	癸未26	甲申27	乙酉28	丙戌29	丁亥30	戊子(10)	己丑2	庚寅3	辛卯4	壬辰5	癸巳6	甲午7	乙未8	丙申9	丁酉10	戊戌11	己亥12	庚子13	辛丑14	壬寅15	癸卯16	甲辰17		甲申秋分
十月大	甲戌	天干地支西曆	乙巳18	丙午19	丁未20	戊申21	己酉22	庚戌23	辛亥24	壬子25	癸丑26	甲寅27	乙卯28	丙辰29	丁巳30	戊午31	己未(11)	庚申2	辛酉3	壬戌4	癸亥5	甲子6	乙丑7	丙寅8	丁卯9	戊辰10	己巳11	庚午12	辛未13	壬申14	癸酉15	甲戌16	己巳立冬
十一月小	乙亥	天干地支西曆	乙亥17	丙子18	丁丑19	戊寅20	己卯21	庚辰22	辛巳23	壬午24	癸未25	甲申26	乙酉27	丙戌28	丁亥29	戊子30	己丑(12)	庚寅2	辛卯3	壬辰4	癸巳5	甲午6	乙未7	丙申8	丁酉9	戊戌10	己亥11	庚子12	辛丑13	壬寅14	癸卯15		
十二月大	丙子	天干地支西曆	甲辰16	乙巳17	丙午18	丁未19	戊申20	己酉21	庚戌22	辛亥23	壬子24	癸丑25	甲寅26	乙卯27	丙辰28	丁巳29	戊午30	己未31	庚申(1)	辛酉2	壬戌3	癸亥4	甲子5	乙丑6	丙寅7	丁卯8	戊辰9	己巳10	庚午11	辛未12	壬申13	癸酉14	癸丑冬至

朔閏異同	曆名	正月	二月	三月	四月	五月	六月	七月	八月	九月	十月	十一	十二	閏月	曆名	正月	二月	三月	四月	五月	六月	七月	八月	九月	十月	十一	十二	閏月
	周曆夏曆	庚辰戊申	己酉戊寅	---己卯丁未	戊申丁丑	戊寅丙午	丁未丙子	丁丑乙巳	丙午乙亥	丙子乙巳	丙午甲戌	乙亥甲辰	乙巳癸酉	甲戌	顓頊新曆	辛亥己酉	庚辰己卯	庚戌戊申	己卯丁丑	己酉丙午	戊寅丙子	戊申乙巳	丁丑乙亥	丁未甲辰	丙子甲戌	丙午甲辰	丙子甲戌	---乙巳

周赧王四十九年（乙未羊年） 公元前 266 ~ 前 265 年 歲在實沈

殷曆月序		中西曆日對照	初一	初二	初三	初四	初五	初六	初七	初八	初九	初十	十一	十二	十三	十四	十五	十六	十七	十八	十九	二十	二一	二二	二三	二四	二五	二六	二七	二八	二九	三十	節氣與天象
正月小	丁丑	干支	甲戌	乙亥	丙子	丁丑	戊寅	己卯	庚辰	辛巳	壬午	癸未	甲申	乙酉	丙戌	丁亥	戊子	己丑	庚寅	辛卯	壬辰	癸巳	甲午	乙未	丙申	丁酉	戊戌	己亥	庚子	辛丑	壬寅		戊戌立春
		天地西曆	15	16	17	18	19	20	21	22	23	24	25	26	27	28	29	30	31	(2)	2	3	4	5	6	7	8	9	10	11	12		
二月大	戊寅	干支	癸卯	甲辰	乙巳	丙午	丁未	戊申	己酉	庚戌	辛亥	壬子	癸丑	甲寅	乙卯	丙辰	丁巳	戊午	己未	庚申	辛酉	壬戌	癸亥	甲子	乙丑	丙寅	丁卯	戊辰	己巳	庚午	辛未	壬申	
		天地西曆	13	14	15	16	17	18	19	20	21	22	23	24	25	26	27	28	(3)	2	3	4	5	6	7	8	9	10	11	12	13	14	
三月大	己卯	干支	癸酉	甲戌	乙亥	丙子	丁丑	戊寅	己卯	庚辰	辛巳	壬午	癸未	甲申	乙酉	丙戌	丁亥	戊子	己丑	庚寅	辛卯	壬辰	癸巳	甲午	乙未	丙申	丁酉	戊戌	己亥	庚子	辛丑	壬寅	癸未春分
		天地西曆	15	16	17	18	19	20	21	22	23	24	25	26	27	28	29	30	31	(4)	2	3	4	5	6	7	8	9	10	11	12	13	
四月小	庚辰	干支	癸卯	甲辰	乙巳	丙午	丁未	戊申	己酉	庚戌	辛亥	壬子	癸丑	甲寅	乙卯	丙辰	丁巳	戊午	己未	庚申	辛酉	壬戌	癸亥	甲子	乙丑	丙寅	丁卯	戊辰	己巳	庚午	辛未		庚午立夏
		天地西曆	14	15	16	17	18	19	20	21	22	23	24	25	26	27	28	29	30	(5)	2	3	4	5	6	7	8	9	10	11	12		
五月大	辛巳	干支	壬申	癸酉	甲戌	乙亥	丙子	丁丑	戊寅	己卯	庚辰	辛巳	壬午	癸未	甲申	乙酉	丙戌	丁亥	戊子	己丑	庚寅	辛卯	壬辰	癸巳	甲午	乙未	丙申	丁酉	戊戌	己亥	庚子	辛丑	
		天地西曆	13	14	15	16	17	18	19	20	21	22	23	24	25	26	27	28	29	30	31	(6)	2	3	4	5	6	7	8	9	10	11	
六月小	壬午	干支	壬寅	癸卯	甲辰	乙巳	丙午	丁未	戊申	己酉	庚戌	辛亥	壬子	癸丑	甲寅	乙卯	丙辰	丁巳	戊午	己未	庚申	辛酉	壬戌	癸亥	甲子	乙丑	丙寅	丁卯	戊辰	己巳	庚午		丁巳夏至
		天地西曆	12	13	14	15	16	17	18	19	20	21	22	23	24	25	26	27	28	29	30	(7)	2	3	4	5	6	7	8	9	10		
七月大	癸未	干支	辛未	壬申	癸酉	甲戌	乙亥	丙子	丁丑	戊寅	己卯	庚辰	辛巳	壬午	癸未	甲申	乙酉	丙戌	丁亥	戊子	己丑	庚寅	辛卯	壬辰	癸巳	甲午	乙未	丙申	丁酉	戊戌	己亥	庚子	
		天地西曆	11	12	13	14	15	16	17	18	19	20	21	22	23	24	25	26	27	28	29	30	31	(8)	2	3	4	5	6	7	8	9	
八月小	甲申	干支	辛丑	壬寅	癸卯	甲辰	乙巳	丙午	丁未	戊申	己酉	庚戌	辛亥	壬子	癸丑	甲寅	乙卯	丙辰	丁巳	戊午	己未	庚申	辛酉	壬戌	癸亥	甲子	乙丑	丙寅	丁卯	戊辰	己巳		甲辰立秋
		天地西曆	10	11	12	13	14	15	16	17	18	19	20	21	22	23	24	25	26	27	28	29	30	31	(9)	2	3	4	5	6	7		
九月大	乙酉	干支	庚午	辛未	壬申	癸酉	甲戌	乙亥	丙子	丁丑	戊寅	己卯	庚辰	辛巳	壬午	癸未	甲申	乙酉	丙戌	丁亥	戊子	己丑	庚寅	辛卯	壬辰	癸巳	甲午	乙未	丙申	丁酉	戊戌	己亥	庚寅秋分
		天地西曆	8	9	10	11	12	13	14	15	16	17	18	19	20	21	22	23	24	25	26	27	28	29	30	(10)	2	3	4	5	6	7	
十月小	丙戌	干支	庚子	辛丑	壬寅	癸卯	甲辰	乙巳	丙午	丁未	戊申	己酉	庚戌	辛亥	壬子	癸丑	甲寅	乙卯	丙辰	丁巳	戊午	己未	庚申	辛酉	壬戌	癸亥	甲子	乙丑	丙寅	丁卯	戊辰		
		天地西曆	8	9	10	11	12	13	14	15	16	17	18	19	20	21	22	23	24	25	26	27	28	29	30	31	(11)	2	3	4	5		
十一月大	丁亥	干支	己巳	庚午	辛未	壬申	癸酉	甲戌	乙亥	丙子	丁丑	戊寅	己卯	庚辰	辛巳	壬午	癸未	甲申	乙酉	丙戌	丁亥	戊子	己丑	庚寅	辛卯	壬辰	癸巳	甲午	乙未	丙申	丁酉	戊戌	甲戌立冬
		天地西曆	6	7	8	9	10	11	12	13	14	15	16	17	18	19	20	21	22	23	24	25	26	27	28	29	30	(12)	2	3	4	5	
十二月小	戊子	干支	己亥	庚子	辛丑	壬寅	癸卯	甲辰	乙巳	丙午	丁未	戊申	己酉	庚戌	辛亥	壬子	癸丑	甲寅	乙卯	丙辰	丁巳	戊午	己未	庚申	辛酉	壬戌	癸亥	甲子	乙丑	丙寅	丁卯		戊午冬至
		天地西曆	6	7	8	9	10	11	12	13	14	15	16	17	18	19	20	21	22	23	24	25	26	27	28	29	30	31	(1)	2	3		

朔閏異同	曆名	正月	二月	三月	四月	五月	六月	七月	八月	九月	十月	十一	十二	閏月
	周曆夏曆	甲辰癸卯	癸酉壬申	癸卯壬寅	壬申辛未	壬寅辛丑	辛未庚午	辛丑庚子	庚午己巳	庚子己亥	己巳戊辰	己亥戊戌	己巳丁卯	
	顓頊新曆	乙亥癸卯	甲辰癸酉	甲戌癸卯	癸卯壬申	癸酉辛丑	壬寅庚午	壬申庚子	辛丑己巳	辛未己亥	庚子戊辰	庚午戊戌	己亥戊辰	

周赧王五十年（丙申 猴年） 公元前**265** ~ 前264年 歲在鶉首

殷曆月序		西日中曆對照	初一	初二	初三	初四	初五	初六	初七	初八	初九	初十	十一	十二	十三	十四	十五	十六	十七	十八	十九	二十	二一	二二	二三	二四	二五	二六	二七	二八	二九	三十	節氣與天象
正月大	己丑	干支曆 天地西	戊辰4	己巳5	庚午6	辛未7	壬申8	癸酉9	甲戌10	乙亥11	丙子12	丁丑13	戊寅14	己卯15	庚辰16	辛巳17	壬午18	癸未19	甲申20	乙酉21	丙戌22	丁亥23	戊子24	己丑25	庚寅26	辛卯27	壬辰28	癸巳29	甲午30	乙未31	丙申(2)	丁酉2	
二月小	庚寅	干支曆 天地西	戊戌3	己亥4	庚子5	辛丑6	壬寅7	癸卯8	甲辰9	乙巳10	丙午11	丁未12	戊申13	己酉14	庚戌15	辛亥16	壬子17	癸丑18	甲寅19	乙卯20	丙辰21	丁巳22	戊午23	己未24	庚申25	辛酉26	壬戌27	癸亥28	甲子29	乙丑(3)	丙寅2		癸卯立春
三月大	辛卯	干支曆 天地西	丁卯3	戊辰4	己巳5	庚午6	辛未7	壬申8	癸酉9	甲戌10	乙亥11	丙子12	丁丑13	戊寅14	己卯15	庚辰16	辛巳17	壬午18	癸未19	甲申20	乙酉21	丙戌22	丁亥23	戊子24	己丑25	庚寅26	辛卯27	壬辰28	癸巳29	甲午30	乙未31	丙申(4)	己丑春分
四月小	壬辰	干支曆 天地西	丁酉2	戊戌3	己亥4	庚子5	辛丑6	壬寅7	癸卯8	甲辰9	乙巳10	丙午11	丁未12	戊申13	己酉14	庚戌15	辛亥16	壬子17	癸丑18	甲寅19	乙卯20	丙辰21	丁巳22	戊午23	己未24	庚申25	辛酉26	壬戌27	癸亥28	甲子29	乙丑30		
五月大	癸巳	干支曆 天地西	丙寅(5)	丁卯2	戊辰3	己巳4	庚午5	辛未6	壬申7	癸酉8	甲戌9	乙亥10	丙子11	丁丑12	戊寅13	己卯14	庚辰15	辛巳16	壬午17	癸未18	甲申19	乙酉20	丙戌21	丁亥22	戊子23	己丑24	庚寅25	辛卯26	壬辰27	癸巳28	甲午29	乙未30	乙亥立夏
六月大	甲午	干支曆 天地西	丙申31	丁酉(6)	戊戌2	己亥3	庚子4	辛丑5	壬寅6	癸卯7	甲辰8	乙巳9	丙午10	丁未11	戊申12	己酉13	庚戌14	辛亥15	壬子16	癸丑17	甲寅18	乙卯19	丙辰20	丁巳21	戊午22	己未23	庚申24	辛酉25	壬戌26	癸亥27	甲子28	乙丑29	癸亥夏至
七月小	乙未	干支曆 天地西	丙寅30	丁卯(7)	戊辰2	己巳3	庚午4	辛未5	壬申6	癸酉7	甲戌8	乙亥9	丙子10	丁丑11	戊寅12	己卯13	庚辰14	辛巳15	壬午16	癸未17	甲申18	乙酉19	丙戌20	丁亥21	戊子22	己丑23	庚寅24	辛卯25	壬辰26	癸巳27	甲午28		
八月大	丙申	干支曆 天地西	乙未29	丙申30	丁酉31	戊戌(8)	己亥2	庚子3	辛丑4	壬寅5	癸卯6	甲辰7	乙巳8	丙午9	丁未10	戊申11	己酉12	庚戌13	辛亥14	壬子15	癸丑16	甲寅17	乙卯18	丙辰19	丁巳20	戊午21	己未22	庚申23	辛酉24	壬戌25	癸亥26	甲子27	己酉立秋
九月小	丁酉	干支曆 天地西	乙丑28	丙寅29	丁卯30	戊辰31	己巳(9)	庚午2	辛未3	壬申4	癸酉5	甲戌6	乙亥7	丙子8	丁丑9	戊寅10	己卯11	庚辰12	辛巳13	壬午14	癸未15	甲申16	乙酉17	丙戌18	丁亥19	戊子20	己丑21	庚寅22	辛卯23	壬辰24	癸巳25		
十月大	戊戌	干支曆 天地西	甲午26	乙未27	丙申28	丁酉29	戊戌30	己亥(10)	庚子2	辛丑3	壬寅4	癸卯5	甲辰6	乙巳7	丙午8	丁未9	戊申10	己酉11	庚戌12	辛亥13	壬子14	癸丑15	甲寅16	乙卯17	丙辰18	丁巳19	戊午20	己未21	庚申22	辛酉23	壬戌24	癸亥25	乙未秋分
閏十小	戊戌	干支曆 天地西	甲子26	乙丑27	丙寅28	丁卯29	戊辰30	己巳31	庚午(11)	辛未2	壬申3	癸酉4	甲戌5	乙亥6	丙子7	丁丑8	戊寅9	己卯10	庚辰11	辛巳12	壬午13	癸未14	甲申15	乙酉16	丙戌17	丁亥18	戊子19	己丑20	庚寅21	辛卯22	壬辰23		己卯立冬
十一月大	己亥	干支曆 天地西	癸巳24	甲午25	乙未26	丙申27	丁酉28	戊戌29	己亥30	庚子(12)	辛丑2	壬寅3	癸卯4	甲辰5	乙巳6	丙午7	丁未8	戊申9	己酉10	庚戌11	辛亥12	壬子13	癸丑14	甲寅15	乙卯16	丙辰17	丁巳18	戊午19	己未20	庚申21	辛酉22	壬戌23	
十二月小	庚子	干支曆 天地西	癸亥24	甲子25	乙丑26	丙寅27	丁卯28	戊辰29	己巳30	庚午31	辛未(1)	壬申2	癸酉3	甲戌4	乙亥5	丙子6	丁丑7	戊寅8	己卯9	庚辰10	辛巳11	壬午12	癸未13	甲申14	乙酉15	丙戌16	丁亥17	戊子18	己丑19	庚寅20	辛卯21		癸亥冬至

朔閏異同	曆名	正月	二月	三月	四月	五月	六月	七月	八月	九月	十月	十一	十二	閏月
	周曆夏曆	戊戌丁酉	戊辰丁卯	丁酉丙申	丁卯丙寅	丙申乙未	丙寅---乙丑	乙未甲午	乙丑甲子	甲午癸巳	甲子癸亥	---癸巳壬辰	癸亥壬戌	壬辰辛卯
	顓頊新曆	己巳戊戌	戊戌丁卯	戊辰丁酉	戊戌丙寅	丁卯---丙申	丁酉乙丑	丙寅甲午	丙申甲子	乙丑癸巳	乙未癸亥	甲子壬辰	甲午壬戌	---癸亥壬辰

周赧王五十一年（丁酉 鷄年） 公元前**264** ~ 前263年 歲在鶉火

殷曆月序		中西曆日對照	初一	初二	初三	初四	初五	初六	初七	初八	初九	初十	十一	十二	十三	十四	十五	十六	十七	十八	十九	二十	二一	二二	二三	二四	二五	二六	二七	二八	二九	三十	節氣與天象
正月大	辛丑	天干地支西曆	壬辰22	癸巳23	甲午24	乙未25	丙申26	丁酉27	戊戌28	己亥29	庚子30	辛丑31	壬寅(2)	癸卯2	甲辰3	乙巳4	丙午5	丁未6	戊申7	己酉8	庚戌9	辛亥10	壬子11	癸丑12	甲寅13	乙卯14	丙辰15	丁巳16	戊午17	己未18	庚申19	辛酉20	戊申立春
二月小	壬寅	天干地支西曆	壬戌21	癸亥22	甲子23	乙丑24	丙寅25	丁卯26	戊辰27	己巳28	庚午(3)	辛未2	壬申3	癸酉4	甲戌5	乙亥6	丙子7	丁丑8	戊寅9	己卯10	庚辰11	辛巳12	壬午13	癸未14	甲申15	乙酉16	丙戌17	丁亥18	戊子19	己丑20	庚寅21		
三月大	癸卯	天干地支西曆	辛卯22	壬辰23	癸巳24	甲午25	乙未26	丙申27	丁酉28	戊戌29	己亥30	庚子31	辛丑(4)	壬寅2	癸卯3	甲辰4	乙巳5	丙午6	丁未7	戊申8	己酉9	庚戌10	辛亥11	壬子12	癸丑13	甲寅14	乙卯15	丙辰16	丁巳17	戊午18	己未19	庚申20	甲午春分
四月小	甲辰	天干地支西曆	辛酉21	壬戌22	癸亥23	甲子24	乙丑25	丙寅26	丁卯27	戊辰28	己巳29	庚午30	辛未(5)	壬申2	癸酉3	甲戌4	乙亥5	丙子6	丁丑7	戊寅8	己卯9	庚辰10	辛巳11	壬午12	癸未13	甲申14	乙酉15	丙戌16	丁亥17	戊子18	己丑19		辛巳立夏
五月大	乙巳	天干地支西曆	庚寅20	辛卯21	壬辰22	癸巳23	甲午24	乙未25	丙申26	丁酉27	戊戌28	己亥29	庚子30	辛丑31	壬寅(6)	癸卯2	甲辰3	乙巳4	丙午5	丁未6	戊申7	己酉8	庚戌9	辛亥10	壬子11	癸丑12	甲寅13	乙卯14	丙辰15	丁巳16	戊午17	己未18	
六月小	丙午	天干地支西曆	庚申19	辛酉20	壬戌21	癸亥22	甲子23	乙丑24	丙寅25	丁卯26	戊辰27	己巳28	庚午29	辛未30	壬申(7)	癸酉2	甲戌3	乙亥4	丙子5	丁丑6	戊寅7	己卯8	庚辰9	辛巳10	壬午11	癸未12	甲申13	乙酉14	丙戌15	丁亥16	戊子17		戊辰夏至
七月大	丁未	天干地支西曆	己丑18	庚寅19	辛卯20	壬辰21	癸巳22	甲午23	乙未24	丙申25	丁酉26	戊戌27	己亥28	庚子29	辛丑30	壬寅31	癸卯(8)	甲辰2	乙巳3	丙午4	丁未5	戊申6	己酉7	庚戌8	辛亥9	壬子10	癸丑11	甲寅12	乙卯13	丙辰14	丁巳15	戊午16	乙卯立秋
八月小	戊申	天干地支西曆	己未17	庚申18	辛酉19	壬戌20	癸亥21	甲子22	乙丑23	丙寅24	丁卯25	戊辰26	己巳27	庚午28	辛未29	壬申30	癸酉31	甲戌(9)	乙亥2	丙子3	丁丑4	戊寅5	己卯6	庚辰7	辛巳8	壬午9	癸未10	甲申11	乙酉12	丙戌13	丁亥14		
九月大	己酉	天干地支西曆	戊子15	己丑16	庚寅17	辛卯18	壬辰19	癸巳20	甲午21	乙未22	丙申23	丁酉24	戊戌25	己亥26	庚子27	辛丑28	壬寅29	癸卯30	甲辰(10)	乙巳2	丙午3	丁未4	戊申5	己酉6	庚戌7	辛亥8	壬子9	癸丑10	甲寅11	乙卯12	丙辰13	丁巳14	庚子秋分
十月大	庚戌	天干地支西曆	戊午15	己未16	庚申17	辛酉18	壬戌19	癸亥20	甲子21	乙丑22	丙寅23	丁卯24	戊辰25	己巳26	庚午27	辛未28	壬申29	癸酉30	甲戌31	乙亥(11)	丙子2	丁丑3	戊寅4	己卯5	庚辰6	辛巳7	壬午8	癸未9	甲申10	乙酉11	丙戌12	丁亥13	乙酉立冬
十一月小	辛亥	天干地支西曆	戊子14	己丑15	庚寅16	辛卯17	壬辰18	癸巳19	甲午20	乙未21	丙申22	丁酉23	戊戌24	己亥25	庚子26	辛丑27	壬寅28	癸卯29	甲辰30	乙巳(12)	丙午2	丁未3	戊申4	己酉5	庚戌6	辛亥7	壬子8	癸丑9	甲寅10	乙卯11	丙辰12		
十二月大	壬子	天干地支西曆	丁巳13	戊午14	己未15	庚申16	辛酉17	壬戌18	癸亥19	甲子20	乙丑21	丙寅22	丁卯23	戊辰24	己巳25	庚午26	辛未27	壬申28	癸酉29	甲戌30	乙亥31	丙子(1)	丁丑2	戊寅3	己卯4	庚辰5	辛巳6	壬午7	癸未8	甲申9	乙酉10	丙戌11	己巳冬至

朔閏異同	曆名	正月	二月	三月	四月	五月	六月	七月	八月	九月	十月	十一	十二	閏月	曆名	正月	二月	三月	四月	五月	六月	七月	八月	九月	十月	十一	十二	閏月
	周曆夏曆	壬戌辛酉	辛卯庚寅	辛酉庚申	辛卯己丑	庚申己未	庚寅己丑	己未戊午	己丑戊子	戊午丁巳	戊子丁亥	丁巳丙辰	丁亥丙戌		顓頊新曆	癸巳辛酉	壬戌辛卯	壬辰辛酉	辛酉庚寅	辛卯庚申	庚申己丑	庚寅己未	庚申戊子	己丑丁巳	己未丁亥	戊子丙辰	戊午丙戌	

周赧王五十二年（戊戌 狗年） 公元前 263 年 歲在鶉尾

殷曆月序		中西曆日對照	殷曆日序																													節氣與天象
			初一	初二	初三	初四	初五	初六	初七	初八	初九	初十	十一	十二	十三	十四	十五	十六	十七	十八	十九	二十	二一	二二	二三	二四	二五	二六	二七	二八	二九	三十	
正月小	癸丑	天干地支	丁亥	戊子	己丑	庚寅	辛卯	壬辰	癸巳	甲午	乙未	丙申	丁酉	戊戌	己亥	庚子	辛丑	壬寅	癸卯	甲辰	乙巳	丙午	丁未	戊申	己酉	庚戌	辛亥	壬子	癸丑	甲寅	乙卯		癸丑立春
		西曆	12	13	14	15	16	17	18	19	20	21	22	23	24	25	26	27	28	29	30	31	(2)	2	3	4	5	6	7	8	9		
二月大	甲寅	天干地支	丙辰	丁巳	戊午	己未	庚申	辛酉	壬戌	癸亥	甲子	乙丑	丙寅	丁卯	戊辰	己巳	庚午	辛未	壬申	癸酉	甲戌	乙亥	丙子	丁丑	戊寅	己卯	庚辰	辛巳	壬午	癸未	甲申	乙酉	
		西曆	10	11	12	13	14	15	16	17	18	19	20	21	22	23	24	25	26	27	28	(3)	2	3	4	5	6	7	8	9	10	11	
三月小	乙卯	天干地支	丙戌	丁亥	戊子	己丑	庚寅	辛卯	壬辰	癸巳	甲午	乙未	丙申	丁酉	戊戌	己亥	庚子	辛丑	壬寅	癸卯	甲辰	乙巳	丙午	丁未	戊申	己酉	庚戌	辛亥	壬子	癸丑	甲寅		己亥春分
		西曆	12	13	14	15	16	17	18	19	20	21	22	23	24	25	26	27	28	29	30	31	(4)	2	3	4	5	6	7	8	9		
四月大	丙辰	天干地支	乙卯	丙辰	丁巳	戊午	己未	庚申	辛酉	壬戌	癸亥	甲子	乙丑	丙寅	丁卯	戊辰	己巳	庚午	辛未	壬申	癸酉	甲戌	乙亥	丙子	丁丑	戊寅	己卯	庚辰	辛巳	壬午	癸未	甲申	
		西曆	10	11	12	13	14	15	16	17	18	19	20	21	22	23	24	25	26	27	28	29	30	(5)	2	3	4	5	6	7	8	9	
五月小	丁巳	天干地支	乙酉	丙戌	丁亥	戊子	己丑	庚寅	辛卯	壬辰	癸巳	甲午	乙未	丙申	丁酉	戊戌	己亥	庚子	辛丑	壬寅	癸卯	甲辰	乙巳	丙午	丁未	戊申	己酉	庚戌	辛亥	壬子	癸丑		丙戌立夏
		西曆	10	11	12	13	14	15	16	17	18	19	20	21	22	23	24	25	26	27	28	29	30	31	(6)	2	3	4	5	6	7		
六月大	戊午	天干地支	甲寅	乙卯	丙辰	丁巳	戊午	己未	庚申	辛酉	壬戌	癸亥	甲子	乙丑	丙寅	丁卯	戊辰	己巳	庚午	辛未	壬申	癸酉	甲戌	乙亥	丙子	丁丑	戊寅	己卯	庚辰	辛巳	壬午	癸未	癸酉夏至
		西曆	8	9	10	11	12	13	14	15	16	17	18	19	20	21	22	23	24	25	26	27	28	29	30	(7)	2	3	4	5	6	7	
七月小	己未	天干地支	甲申	乙酉	丙戌	丁亥	戊子	己丑	庚寅	辛卯	壬辰	癸巳	甲午	乙未	丙申	丁酉	戊戌	己亥	庚子	辛丑	壬寅	癸卯	甲辰	乙巳	丙午	丁未	戊申	己酉	庚戌	辛亥	壬子		
		西曆	8	9	10	11	12	13	14	15	16	17	18	19	20	21	22	23	24	25	26	27	28	29	30	31	(8)	2	3	4	5		
八月大	庚申	天干地支	癸丑	甲寅	乙卯	丙辰	丁巳	戊午	己未	庚申	辛酉	壬戌	癸亥	甲子	乙丑	丙寅	丁卯	戊辰	己巳	庚午	辛未	壬申	癸酉	甲戌	乙亥	丙子	丁丑	戊寅	己卯	庚辰	辛巳	壬午	庚申立秋 癸丑日食
		西曆	6	7	8	9	10	11	12	13	14	15	16	17	18	19	20	21	22	23	24	25	26	27	28	29	30	31	(9)	2	3	4	
九月小	辛酉	天干地支	癸未	甲申	乙酉	丙戌	丁亥	戊子	己丑	庚寅	辛卯	壬辰	癸巳	甲午	乙未	丙申	丁酉	戊戌	己亥	庚子	辛丑	壬寅	癸卯	甲辰	乙巳	丙午	丁未	戊申	己酉	庚戌	辛亥		乙巳秋分
		西曆	5	6	7	8	9	10	11	12	13	14	15	16	17	18	19	20	21	22	23	24	25	26	27	28	29	30	(10)	2	3		
十月大	壬戌	天干地支	壬子	癸丑	甲寅	乙卯	丙辰	丁巳	戊午	己未	庚申	辛酉	壬戌	癸亥	甲子	乙丑	丙寅	丁卯	戊辰	己巳	庚午	辛未	壬申	癸酉	甲戌	乙亥	丙子	丁丑	戊寅	己卯	庚辰	辛巳	
		西曆	4	5	6	7	8	9	10	11	12	13	14	15	16	17	18	19	20	21	22	23	24	25	26	27	28	29	30	31	(11)	2	
十一月小	癸亥	天干地支	壬午	癸未	甲申	乙酉	丙戌	丁亥	戊子	己丑	庚寅	辛卯	壬辰	癸巳	甲午	乙未	丙申	丁酉	戊戌	己亥	庚子	辛丑	壬寅	癸卯	甲辰	乙巳	丙午	丁未	戊申	己酉	庚戌		庚寅立冬
		西曆	3	4	5	6	7	8	9	10	11	12	13	14	15	16	17	18	19	20	21	22	23	24	25	26	27	28	29	30	(12)		
十二月大	甲子	天干地支	辛亥	壬子	癸丑	甲寅	乙卯	丙辰	丁巳	戊午	己未	庚申	辛酉	壬戌	癸亥	甲子	乙丑	丙寅	丁卯	戊辰	己巳	庚午	辛未	壬申	癸酉	甲戌	乙亥	丙子	丁丑	戊寅	己卯	庚辰	甲戌冬至
		西曆	2	3	4	5	6	7	8	9	10	11	12	13	14	15	16	17	18	19	20	21	22	23	24	25	26	27	28	29	30	31	

朔閏異同	曆名	正月	二月	三月	四月	五月	六月	七月	八月	九月	十月	十一	十二	閏月
	周曆夏曆	丙辰乙卯	丙戌乙酉	乙卯甲寅	乙酉甲申	甲寅癸丑	甲申癸未	甲寅壬子	癸未壬午	癸丑壬子	壬午辛巳	壬子辛亥	辛巳庚辰	
	顓頊新曆	丁亥乙卯	丁巳乙酉	丙戌乙卯	丙辰甲申	乙酉甲寅	乙卯甲申	甲申癸丑	甲寅癸未	癸未壬子	癸丑辛巳	癸未辛亥	壬子---庚辰	庚戌

周赧王五十三年（己亥 猪年） 公元前 262 ~ 前 261 年 歲在壽星

殷曆月序		中西曆日對照	殷曆日序 初一	初二	初三	初四	初五	初六	初七	初八	初九	初十	十一	十二	十三	十四	十五	十六	十七	十八	十九	二十	二一	二二	二三	二四	二五	二六	二七	二八	二九	三十	節氣與天象
正月小	乙丑	天干地支西曆	辛巳(1)	壬午2	癸未3	甲申4	乙酉5	丙戌6	丁亥7	戊子8	己丑9	庚寅10	辛卯11	壬辰12	癸巳13	甲午14	乙未15	丙申16	丁酉17	戊戌18	己亥19	庚子20	辛丑21	壬寅22	癸卯23	甲辰24	乙巳25	丙午26	丁未27	戊申28	己酉29		
二月大	丙寅	天干地支西曆	庚戌30	辛亥31	壬子(2)	癸丑2	甲寅3	乙卯4	丙辰5	丁巳6	戊午7	己未8	庚申9	辛酉10	壬戌11	癸亥12	甲子13	乙丑14	丙寅15	丁卯16	戊辰17	己巳18	庚午19	辛未20	壬申21	癸酉22	甲戌23	乙亥24	丙子25	丁丑26	戊寅27	己卯28	己未立春
三月大	丁卯	天干地支西曆	庚辰(3)	辛巳2	壬午3	癸未4	甲申5	乙酉6	丙戌7	丁亥8	戊子9	己丑10	庚寅11	辛卯12	壬辰13	癸巳14	甲午15	乙未16	丙申17	丁酉18	戊戌19	己亥20	庚子21	辛丑22	壬寅23	癸卯24	甲辰25	乙巳26	丙午27	丁未28	戊申29	己酉30	甲辰春分
四月小	戊辰	天干地支西曆	庚戌31	辛亥(4)	壬子2	癸丑3	甲寅4	乙卯5	丙辰6	丁巳7	戊午8	己未9	庚申10	辛酉11	壬戌12	癸亥13	甲子14	乙丑15	丙寅16	丁卯17	戊辰18	己巳19	庚午20	辛未21	壬申22	癸酉23	甲戌24	乙亥25	丙子26	丁丑27	戊寅28		
五月大	己巳	天干地支西曆	己卯29	庚辰30	辛巳(5)	壬午2	癸未3	甲申4	乙酉5	丙戌6	丁亥7	戊子8	己丑9	庚寅10	辛卯11	壬辰12	癸巳13	甲午14	乙未15	丙申16	丁酉17	戊戌18	己亥19	庚子20	辛丑21	壬寅22	癸卯23	甲辰24	乙巳25	丙午26	丁未27	戊申28	辛卯立夏
六月小	庚午	天干地支西曆	己酉29	庚戌30	辛亥31	壬子(6)	癸丑2	甲寅3	乙卯4	丙辰5	丁巳6	戊午7	己未8	庚申9	辛酉10	壬戌11	癸亥12	甲子13	乙丑14	丙寅15	丁卯16	戊辰17	己巳18	庚午19	辛未20	壬申21	癸酉22	甲戌23	乙亥24	丙子25	丁丑26		
閏六月大	庚午	天干地支西曆	戊寅27	己卯28	庚辰29	辛巳30	壬午(7)	癸未2	甲申3	乙酉4	丙戌5	丁亥6	戊子7	己丑8	庚寅9	辛卯10	壬辰11	癸巳12	甲午13	乙未14	丙申15	丁酉16	戊戌17	己亥18	庚子19	辛丑20	壬寅21	癸卯22	甲辰23	乙巳24	丙午25	丁未26	戊寅夏至
七月小	辛未	天干地支西曆	戊申27	己酉28	庚戌29	辛亥30	壬子31	癸丑(8)	甲寅2	乙卯3	丙辰4	丁巳5	戊午6	己未7	庚申8	辛酉9	壬戌10	癸亥11	甲子12	乙丑13	丙寅14	丁卯15	戊辰16	己巳17	庚午18	辛未19	壬申20	癸酉21	甲戌22	乙亥23	丙子24		乙丑立秋
八月大	壬申	天干地支西曆	丁丑25	戊寅26	己卯27	庚辰28	辛巳29	壬午30	癸未31	甲申(9)	乙酉2	丙戌3	丁亥4	戊子5	己丑6	庚寅7	辛卯8	壬辰9	癸巳10	甲午11	乙未12	丙申13	丁酉14	戊戌15	己亥16	庚子17	辛丑18	壬寅19	癸卯20	甲辰21	乙巳22	丙午23	
九月小	癸酉	天干地支西曆	丁未24	戊申25	己酉26	庚戌27	辛亥28	壬子29	癸丑30	甲寅(10)	乙卯2	丙辰3	丁巳4	戊午5	己未6	庚申7	辛酉8	壬戌9	癸亥10	甲子11	乙丑12	丙寅13	丁卯14	戊辰15	己巳16	庚午17	辛未18	壬申19	癸酉20	甲戌21	乙亥22		辛亥秋分
十月大	甲戌	天干地支西曆	丙子23	丁丑24	戊寅25	己卯26	庚辰27	辛巳28	壬午29	癸未30	甲申31	乙酉(11)	丙戌2	丁亥3	戊子4	己丑5	庚寅6	辛卯7	壬辰8	癸巳9	甲午10	乙未11	丙申12	丁酉13	戊戌14	己亥15	庚子16	辛丑17	壬寅18	癸卯19	甲辰20	乙巳21	乙未立冬
十一月小	乙亥	天干地支西曆	丙午22	丁未23	戊申24	己酉25	庚戌26	辛亥27	壬子28	癸丑29	甲寅30	乙卯(12)	丙辰2	丁巳3	戊午4	己未5	庚申6	辛酉7	壬戌8	癸亥9	甲子10	乙丑11	丙寅12	丁卯13	戊辰14	己巳15	庚午16	辛未17	壬申18	癸酉19	甲戌20		
十二月大	丙子	天干地支西曆	乙亥21	丙子22	丁丑23	戊寅24	己卯25	庚辰26	辛巳27	壬午28	癸未29	甲申30	乙酉31	丙戌(1)	丁亥2	戊子3	己丑4	庚寅5	辛卯6	壬辰7	癸巳8	甲午9	乙未10	丙申11	丁酉12	戊戌13	己亥14	庚子15	辛丑16	壬寅17	癸卯18	甲辰19	己卯冬至

朔閏異同	曆名	正月	二月	三月	四月	五月	六月	七月	八月	九月	十月	十一	十二	閏月
	周曆夏曆	辛亥庚戌	庚辰己卯	庚戌---己酉	己卯戊寅	己酉戊申	戊寅丁丑	---戊申丁未	丁丑丙子	丁未丙午	丙子乙亥	丙午乙巳	丙子甲戌	乙巳甲辰
	顓頊新曆	壬午己卯	辛亥己酉	辛巳戊寅	庚戌戊申	庚辰戊寅	己酉丁未	己卯丁丑	戊申丙午	戊寅丙子	丁未乙巳	丁丑乙亥	丙午甲辰	---丙子

周赧王五十四年（庚子 鼠年） 公元前 **261** ~ 前 260 年 歲在大火

殷曆月序		中西曆日對照	初一	初二	初三	初四	初五	初六	初七	初八	初九	初十	十一	十二	十三	十四	十五	十六	十七	十八	十九	二十	二一	二二	二三	二四	二五	二六	二七	二八	二九	三十	節氣與天象
正月小	丁丑	干支曆 天地西	乙巳20	丙午21	丁未22	戊申23	己酉24	庚戌25	辛亥26	壬子27	癸丑28	甲寅29	乙卯30	丙辰31	丁巳(2)	戊午2	己未3	庚申4	辛酉5	壬戌6	癸亥7	甲子8	乙丑9	丙寅10	丁卯11	戊辰12	己巳13	庚午14	辛未15	壬申16	癸酉17		甲子立春
二月大	戊寅	干支曆 天地西	甲戌18	乙亥19	丙子20	丁丑21	戊寅22	己卯23	庚辰24	辛巳25	壬午26	癸未27	甲申28	乙酉29	丙戌(3)	丁亥2	戊子3	己丑4	庚寅5	辛卯6	壬辰7	癸巳8	甲午9	乙未10	丙申11	丁酉12	戊戌13	己亥14	庚子15	辛丑16	壬寅17	癸卯18	
三月小	己卯	干支曆 天地西	甲辰19	乙巳20	丙午21	丁未22	戊申23	己酉24	庚戌25	辛亥26	壬子27	癸丑28	甲寅29	乙卯30	丙辰31	丁巳(4)	戊午2	己未3	庚申4	辛酉5	壬戌6	癸亥7	甲子8	乙丑9	丙寅10	丁卯11	戊辰12	己巳13	庚午14	辛未15	壬申16		庚戌春分
四月大	庚辰	干支曆 天地西	癸酉17	甲戌18	乙亥19	丙子20	丁丑21	戊寅22	己卯23	庚辰24	辛巳25	壬午26	癸未27	甲申28	乙酉29	丙戌30	丁亥(5)	戊子2	己丑3	庚寅4	辛卯5	壬辰6	癸巳7	甲午8	乙未9	丙申10	丁酉11	戊戌12	己亥13	庚子14	辛丑15	壬寅16	丙申立夏
五月大	辛巳	干支曆 天地西	癸卯17	甲辰18	乙巳19	丙午20	丁未21	戊申22	己酉23	庚戌24	辛亥25	壬子26	癸丑27	甲寅28	乙卯29	丙辰30	丁巳31	戊午(6)	己未2	庚申3	辛酉4	壬戌5	癸亥6	甲子7	乙丑8	丙寅9	丁卯10	戊辰11	己巳12	庚午13	辛未14	壬申15	
六月小	壬午	干支曆 天地西	癸酉16	甲戌17	乙亥18	丙子19	丁丑20	戊寅21	己卯22	庚辰23	辛巳24	壬午25	癸未26	甲申27	乙酉28	丙戌29	丁亥30	戊子(7)	己丑2	庚寅3	辛卯4	壬辰5	癸巳6	甲午7	乙未8	丙申9	丁酉10	戊戌11	己亥12	庚子13	辛丑14		甲申夏至
七月大	癸未	干支曆 天地西	壬寅15	癸卯16	甲辰17	乙巳18	丙午19	丁未20	戊申21	己酉22	庚戌23	辛亥24	壬子25	癸丑26	甲寅27	乙卯28	丙辰29	丁巳30	戊午31	己未(8)	庚申2	辛酉3	壬戌4	癸亥5	甲子6	乙丑7	丙寅8	丁卯9	戊辰10	己巳11	庚午12	辛未13	庚午立秋
八月小	甲申	干支曆 天地西	壬申14	癸酉15	甲戌16	乙亥17	丙子18	丁丑19	戊寅20	己卯21	庚辰22	辛巳23	壬午24	癸未25	甲申26	乙酉27	丙戌28	丁亥29	戊子30	己丑31	庚寅(9)	辛卯2	壬辰3	癸巳4	甲午5	乙未6	丙申7	丁酉8	戊戌9	己亥10	庚子11		
九月大	乙酉	干支曆 天地西	辛丑12	壬寅13	癸卯14	甲辰15	乙巳16	丙午17	丁未18	戊申19	己酉20	庚戌21	辛亥22	壬子23	癸丑24	甲寅25	乙卯26	丙辰27	丁巳28	戊午29	己未30	庚申(10)	辛酉2	壬戌3	癸亥4	甲子5	乙丑6	丙寅7	丁卯8	戊辰9	己巳10	庚午11	丙辰秋分
十月小	丙戌	干支曆 天地西	辛未12	壬申13	癸酉14	甲戌15	乙亥16	丙子17	丁丑18	戊寅19	己卯20	庚辰21	辛巳22	壬午23	癸未24	甲申25	乙酉26	丙戌27	丁亥28	戊子29	己丑30	庚寅31	辛卯(11)	壬辰2	癸巳3	甲午4	乙未5	丙申6	丁酉7	戊戌8	己亥9		
十一月大	丁亥	干支曆 天地西	庚子10	辛丑11	壬寅12	癸卯13	甲辰14	乙巳15	丙午16	丁未17	戊申18	己酉19	庚戌20	辛亥21	壬子22	癸丑23	甲寅24	乙卯25	丙辰26	丁巳27	戊午28	己未29	庚申30	辛酉(12)	壬戌2	癸亥3	甲子4	乙丑5	丙寅6	丁卯7	戊辰8	己巳9	庚子立冬
十二月小	戊子	干支曆 天地西	庚午10	辛未11	壬申12	癸酉13	甲戌14	乙亥15	丙子16	丁丑17	戊寅18	己卯19	庚辰20	辛巳21	壬午22	癸未23	甲申24	乙酉25	丙戌26	丁亥27	戊子28	己丑29	庚寅30	辛卯31	壬辰(1)	癸巳2	甲午3	乙未4	丙申5	丁酉6	戊戌7		甲申冬至

朔閏異同	曆名	正月	二月	三月	四月	五月	六月	七月	八月	九月	十月	十一	十二	閏月	曆名	正月	二月	三月	四月	五月	六月	七月	八月	九月	十月	十一	十二	閏月
	周曆夏曆	乙亥甲戌	甲辰癸卯	甲戌癸酉	癸卯壬寅	癸酉壬申	壬寅辛丑	壬申辛未	辛丑庚子	辛未庚午	庚子己亥	庚午己巳	己亥戊戌		顓頊新曆	乙巳甲戌	乙亥癸卯	乙巳癸酉	甲戌壬寅	甲辰壬申	癸酉辛丑	癸卯辛未	壬申辛丑	壬寅庚午	辛未庚子	辛丑庚午	庚午己亥	

周赧王五十五年（辛丑 牛年） 公元前**260年** 歲在析木

殷曆月序		中西曆日對照	初一	初二	初三	初四	初五	初六	初七	初八	初九	初十	十一	十二	十三	十四	十五	十六	十七	十八	十九	二十	二一	二二	二三	二四	二五	二六	二七	二八	二九	三十	節氣與天象
正月大	己丑	干支曆	己亥	庚子	辛丑	壬寅	癸卯	甲辰	乙巳	丙午	丁未	戊申	己酉	庚戌	辛亥	壬子	癸丑	甲寅	乙卯	丙辰	丁巳	戊午	己未	庚申	辛酉	壬戌	癸亥	甲子	乙丑	丙寅	丁卯	戊辰	
		天地西曆	8	9	10	11	12	13	14	15	16	17	18	19	20	21	22	23	24	25	26	27	28	29	30	31	(2)	2	3	4	5	6	
二月小	庚寅	干支曆	己巳	庚午	辛未	壬申	癸酉	甲戌	乙亥	丙子	丁丑	戊寅	己卯	庚辰	辛巳	壬午	癸未	甲申	乙酉	丙戌	丁亥	戊子	己丑	庚寅	辛卯	壬辰	癸巳	甲午	乙未	丙申	丁酉		己巳立春
		天地西曆	7	8	9	10	11	12	13	14	15	16	17	18	19	20	21	22	23	24	25	26	27	28	(3)	2	3	4	5	6	7		
三月大	辛卯	干支曆	戊戌	己亥	庚子	辛丑	壬寅	癸卯	甲辰	乙巳	丙午	丁未	戊申	己酉	庚戌	辛亥	壬子	癸丑	甲寅	乙卯	丙辰	丁巳	戊午	己未	庚申	辛酉	壬戌	癸亥	甲子	乙丑	丙寅	丁卯	乙卯春分
		天地西曆	8	9	10	11	12	13	14	15	16	17	18	19	20	21	22	23	24	25	26	27	28	29	30	31	(4)	2	3	4	5	6	
四月小	壬辰	干支曆	戊辰	己巳	庚午	辛未	壬申	癸酉	甲戌	乙亥	丙子	丁丑	戊寅	己卯	庚辰	辛巳	壬午	癸未	甲申	乙酉	丙戌	丁亥	戊子	己丑	庚寅	辛卯	壬辰	癸巳	甲午	乙未	丙申		
		天地西曆	7	8	9	10	11	12	13	14	15	16	17	18	19	20	21	22	23	24	25	26	27	28	29	30	(5)	2	3	4	5		
五月大	癸巳	干支曆	丁酉	戊戌	己亥	庚子	辛丑	壬寅	癸卯	甲辰	乙巳	丙午	丁未	戊申	己酉	庚戌	辛亥	壬子	癸丑	甲寅	乙卯	丙辰	丁巳	戊午	己未	庚申	辛酉	壬戌	癸亥	甲子	乙丑	丙寅	壬寅立夏 丙寅日食
		天地西曆	6	7	8	9	10	11	12	13	14	15	16	17	18	19	20	21	22	23	24	25	26	27	28	29	30	31	(6)	2	3	4	
六月小	甲午	干支曆	丁卯	戊辰	己巳	庚午	辛未	壬申	癸酉	甲戌	乙亥	丙子	丁丑	戊寅	己卯	庚辰	辛巳	壬午	癸未	甲申	乙酉	丙戌	丁亥	戊子	己丑	庚寅	辛卯	壬辰	癸巳	甲午	乙未		己丑夏至
		天地西曆	5	6	7	8	9	10	11	12	13	14	15	16	17	18	19	20	21	22	23	24	25	26	27	28	29	30	(7)	2	3		
七月大	乙未	干支曆	丙申	丁酉	戊戌	己亥	庚子	辛丑	壬寅	癸卯	甲辰	乙巳	丙午	丁未	戊申	己酉	庚戌	辛亥	壬子	癸丑	甲寅	乙卯	丙辰	丁巳	戊午	己未	庚申	辛酉	壬戌	癸亥	甲子	乙丑	
		天地西曆	4	5	6	7	8	9	10	11	12	13	14	15	16	17	18	19	20	21	22	23	24	25	26	27	28	29	30	31	(8)	2	
八月小	丙申	干支曆	丙寅	丁卯	戊辰	己巳	庚午	辛未	壬申	癸酉	甲戌	乙亥	丙子	丁丑	戊寅	己卯	庚辰	辛巳	壬午	癸未	甲申	乙酉	丙戌	丁亥	戊子	己丑	庚寅	辛卯	壬辰	癸巳	甲午		丙子立秋
		天地西曆	3	4	5	6	7	8	9	10	11	12	13	14	15	16	17	18	19	20	21	22	23	24	25	26	27	28	29	30	31		
九月大	丁酉	干支曆	乙未	丙申	丁酉	戊戌	己亥	庚子	辛丑	壬寅	癸卯	甲辰	乙巳	丙午	丁未	戊申	己酉	庚戌	辛亥	壬子	癸丑	甲寅	乙卯	丙辰	丁巳	戊午	己未	庚申	辛酉	壬戌	癸亥	甲子	辛酉秋分
		天地西曆	(9)	2	3	4	5	6	7	8	9	10	11	12	13	14	15	16	17	18	19	20	21	22	23	24	25	26	27	28	29	30	
十月大	戊戌	干支曆	乙丑	丙寅	丁卯	戊辰	己巳	庚午	辛未	壬申	癸酉	甲戌	乙亥	丙子	丁丑	戊寅	己卯	庚辰	辛巳	壬午	癸未	甲申	乙酉	丙戌	丁亥	戊子	己丑	庚寅	辛卯	壬辰	癸巳	甲午	
		天地西曆	(10)	2	3	4	5	6	7	8	9	10	11	12	13	14	15	16	17	18	19	20	21	22	23	24	25	26	27	28	29	30	
十一月小	己亥	干支曆	乙未	丙申	丁酉	戊戌	己亥	庚子	辛丑	壬寅	癸卯	甲辰	乙巳	丙午	丁未	戊申	己酉	庚戌	辛亥	壬子	癸丑	甲寅	乙卯	丙辰	丁巳	戊午	己未	庚申	辛酉	壬戌	癸亥		丙午立冬
		天地西曆	31	(11)	2	3	4	5	6	7	8	9	10	11	12	13	14	15	16	17	18	19	20	21	22	23	24	25	26	27	28		
十二月大	庚子	干支曆	甲子	乙丑	丙寅	丁卯	戊辰	己巳	庚午	辛未	壬申	癸酉	甲戌	乙亥	丙子	丁丑	戊寅	己卯	庚辰	辛巳	壬午	癸未	甲申	乙酉	丙戌	丁亥	戊子	己丑	庚寅	辛卯	壬辰	癸巳	庚寅冬至 甲子日食
		天地西曆	29	30	(12)	2	3	4	5	6	7	8	9	10	11	12	13	14	15	16	17	18	19	20	21	22	23	24	25	26	27	28	

朔閏異同	曆名	正月	二月	三月	四月	五月	六月	七月	八月	九月	十月	十一	十二	閏月
	周曆夏曆	己巳戊辰	戊戌丁酉	戊辰丁卯	戊戌丁酉	丁卯丙寅	丁酉丙申	丙寅乙丑	丙申乙未	乙丑甲子	乙未甲午	甲子癸亥	甲午癸巳	壬戌
	顓頊新曆	庚子戊辰	己巳戊戌	己亥丁卯	戊辰丁酉	戊戌丙寅	戊辰乙未	丁酉乙丑	丁卯乙未	丙申甲子	丙寅甲午	乙未--甲子	乙丑甲午	癸亥

周赧王五十六年（壬寅 虎年） 公元前 260 ~ 前 **259** ~ 前 258 年 歲在星紀

殷曆月序		中西曆日對照	初一	初二	初三	初四	初五	初六	初七	初八	初九	初十	十一	十二	十三	十四	十五	十六	十七	十八	十九	二十	二一	二二	二三	二四	二五	二六	二七	二八	二九	三十	節氣與天象
正月小	辛丑	干支 天地西曆	甲午29	乙未30	丙申31	丁酉(1)	戊戌2	己亥3	庚子4	辛丑5	壬寅6	癸卯7	甲辰8	乙巳9	丙午10	丁未11	戊申12	己酉13	庚戌14	辛亥15	壬子16	癸丑17	甲寅18	乙卯19	丙辰20	丁巳21	戊午22	己未23	庚申24	辛酉25	壬戌26		
二月大	壬寅	干支 天地西曆	癸亥27	甲子28	乙丑29	丙寅30	丁卯31	戊辰(2)	己巳2	庚午3	辛未4	壬申5	癸酉6	甲戌7	乙亥8	丙子9	丁丑10	戊寅11	己卯12	庚辰13	辛巳14	壬午15	癸未16	甲申17	乙酉18	丙戌19	丁亥20	戊子21	己丑22	庚寅23	辛卯24	壬辰25	甲戌立春
閏二月小	壬寅	干支 天地西曆	癸巳26	甲午27	乙未28	丙申(3)	丁酉2	戊戌3	己亥4	庚子5	辛丑6	壬寅7	癸卯8	甲辰9	乙巳10	丙午11	丁未12	戊申13	己酉14	庚戌15	辛亥16	壬子17	癸丑18	甲寅19	乙卯20	丙辰21	丁巳22	戊午23	己未24	庚申25	辛酉26		庚申春分
三月大	癸卯	干支 天地西曆	壬戌27	癸亥28	甲子29	乙丑30	丙寅31	丁卯(4)	戊辰2	己巳3	庚午4	辛未5	壬申6	癸酉7	甲戌8	乙亥9	丙子10	丁丑11	戊寅12	己卯13	庚辰14	辛巳15	壬午16	癸未17	甲申18	乙酉19	丙戌20	丁亥21	戊子22	己丑23	庚寅24	辛卯25	
四月小	甲辰	干支 天地西曆	壬辰26	癸巳27	甲午28	乙未29	丙申30	丁酉(5)	戊戌2	己亥3	庚子4	辛丑5	壬寅6	癸卯7	甲辰8	乙巳9	丙午10	丁未11	戊申12	己酉13	庚戌14	辛亥15	壬子16	癸丑17	甲寅18	乙卯19	丙辰20	丁巳21	戊午22	己未23	庚申24		丁未立夏
五月大	乙巳	干支 天地西曆	辛酉25	壬戌26	癸亥27	甲子28	乙丑29	丙寅30	丁卯31	戊辰(6)	己巳2	庚午3	辛未4	壬申5	癸酉6	甲戌7	乙亥8	丙子9	丁丑10	戊寅11	己卯12	庚辰13	辛巳14	壬午15	癸未16	甲申17	乙酉18	丙戌19	丁亥20	戊子21	己丑22	庚寅23	
六月小	丙午	干支 天地西曆	辛卯24	壬辰25	癸巳26	甲午27	乙未28	丙申29	丁酉30	戊戌(7)	己亥2	庚子3	辛丑4	壬寅5	癸卯6	甲辰7	乙巳8	丙午9	丁未10	戊申11	己酉12	庚戌13	辛亥14	壬子15	癸丑16	甲寅17	乙卯18	丙辰19	丁巳20	戊午21	己未22		甲午夏至
七月大	丁未	干支 天地西曆	庚申23	辛酉24	壬戌25	癸亥26	甲子27	乙丑28	丙寅29	丁卯30	戊辰31	己巳(8)	庚午2	辛未3	壬申4	癸酉5	甲戌6	乙亥7	丙子8	丁丑9	戊寅10	己卯11	庚辰12	辛巳13	壬午14	癸未15	甲申16	乙酉17	丙戌18	丁亥19	戊子20	己丑21	辛巳立秋
八月小	戊申	干支 天地西曆	庚寅22	辛卯23	壬辰24	癸巳25	甲午26	乙未27	丙申28	丁酉29	戊戌30	己亥31	庚子(9)	辛丑2	壬寅3	癸卯4	甲辰5	乙巳6	丙午7	丁未8	戊申9	己酉10	庚戌11	辛亥12	壬子13	癸丑14	甲寅15	乙卯16	丙辰17	丁巳18	戊午19		
九月大	己酉	干支 天地西曆	己未20	庚申21	辛酉22	壬戌23	癸亥24	甲子25	乙丑26	丙寅27	丁卯28	戊辰29	己巳30	庚午(10)	辛未2	壬申3	癸酉4	甲戌5	乙亥6	丙子7	丁丑8	戊寅9	己卯10	庚辰11	辛巳12	壬午13	癸未14	甲申15	乙酉16	丙戌17	丁亥18	戊子19	丙寅秋分
十月小	庚戌	干支 天地西曆	己丑20	庚寅21	辛卯22	壬辰23	癸巳24	甲午25	乙未26	丙申27	丁酉28	戊戌29	己亥30	庚子31	辛丑(11)	壬寅2	癸卯3	甲辰4	乙巳5	丙午6	丁未7	戊申8	己酉9	庚戌10	辛亥11	壬子12	癸丑13	甲寅14	乙卯15	丙辰16	丁巳17		辛亥立冬
十一月大	辛亥	干支 天地西曆	戊午18	己未19	庚申20	辛酉21	壬戌22	癸亥23	甲子24	乙丑25	丙寅26	丁卯27	戊辰28	己巳29	庚午30	辛未(12)	壬申2	癸酉3	甲戌4	乙亥5	丙子6	丁丑7	戊寅8	己卯9	庚辰10	辛巳11	壬午12	癸未13	甲申14	乙酉15	丙戌16	丁亥17	戊午日食
十二月大	壬子	干支 天地西曆	戊子18	己丑19	庚寅20	辛卯21	壬辰22	癸巳23	甲午24	乙未25	丙申26	丁酉27	戊戌28	己亥29	庚子30	辛丑31	壬寅(1)	癸卯2	甲辰3	乙巳4	丙午5	丁未6	戊申7	己酉8	庚戌9	辛亥10	壬子11	癸丑12	甲寅13	乙卯14	丙辰15	丁巳16	乙未冬至

朔閏異同	曆名	正月	二月	三月	四月	五月	六月	七月	八月	九月	十月	十一	十二	閏月
	周曆夏曆	癸亥壬辰	癸巳辛酉	壬戌辛卯	---壬辰庚申	辛酉庚寅	辛卯己未	辛酉己丑	庚寅己未	庚申戊子	己丑戊午	己未丁亥	戊子丁巳	戊午
	顓頊新曆	甲午癸巳	甲子壬戌	癸巳辛卯	癸亥庚申	壬辰庚寅	---壬戌己未	辛卯己丑	辛酉戊午	庚寅戊子	庚申戊午	庚寅戊子	己未丁巳	己丑

周赧王五十七年（癸卯 兔年） 公元前258 ~ 前257年 歲在玄枵

殷曆月序		中西曆日對照	初一	初二	初三	初四	初五	初六	初七	初八	初九	初十	十一	十二	十三	十四	十五	十六	十七	十八	十九	二十	二一	二二	二三	二四	二五	二六	二七	二八	二九	三十	節氣與天象
正月小	癸丑	天干地支/西曆	戊午17	己未18	庚申19	辛酉20	壬戌21	癸亥22	甲子23	乙丑24	丙寅25	丁卯26	戊辰27	己巳28	庚午29	辛未30	壬申31	癸酉(2)	甲戌2	乙亥3	丙子4	丁丑5	戊寅6	己卯7	庚辰8	辛巳9	壬午10	癸未11	甲申12	乙酉13	丙戌14		庚辰立春
二月大	甲寅	天干地支/西曆	丁亥15	戊子16	己丑17	庚寅18	辛卯19	壬辰20	癸巳21	甲午22	乙未23	丙申24	丁酉25	戊戌26	己亥27	庚子28	辛丑(3)	壬寅2	癸卯3	甲辰4	乙巳5	丙午6	丁未7	戊申8	己酉9	庚戌10	辛亥11	壬子12	癸丑13	甲寅14	乙卯15	丙辰16	
三月小	乙卯	天干地支/西曆	丁巳17	戊午18	己未19	庚申20	辛酉21	壬戌22	癸亥23	甲子24	乙丑25	丙寅26	丁卯27	戊辰28	己巳29	庚午30	辛未31	壬申(4)	癸酉2	甲戌3	乙亥4	丙子5	丁丑6	戊寅7	己卯8	庚辰9	辛巳10	壬午11	癸未12	甲申13	乙酉14		乙丑春分
四月大	丙辰	天干地支/西曆	丙戌15	丁亥16	戊子17	己丑18	庚寅19	辛卯20	壬辰21	癸巳22	甲午23	乙未24	丙申25	丁酉26	戊戌27	己亥28	庚子29	辛丑30	壬寅(5)	癸卯2	甲辰3	乙巳4	丙午5	丁未6	戊申7	己酉8	庚戌9	辛亥10	壬子11	癸丑12	甲寅13	乙卯14	壬子立夏 丙戌日食
五月小	丁巳	天干地支/西曆	丙辰15	丁巳16	戊午17	己未18	庚申19	辛酉20	壬戌21	癸亥22	甲子23	乙丑24	丙寅25	丁卯26	戊辰27	己巳28	庚午29	辛未30	壬申31	癸酉(6)	甲戌2	乙亥3	丙子4	丁丑5	戊寅6	己卯7	庚辰8	辛巳9	壬午10	癸未11	甲申12		
六月大	戊午	天干地支/西曆	乙酉13	丙戌14	丁亥15	戊子16	己丑17	庚寅18	辛卯19	壬辰20	癸巳21	甲午22	乙未23	丙申24	丁酉25	戊戌26	己亥27	庚子28	辛丑29	壬寅30	癸卯(7)	甲辰2	乙巳3	丙午4	丁未5	戊申6	己酉7	庚戌8	辛亥9	壬子10	癸丑11	甲寅12	己亥夏至
七月小	己未	天干地支/西曆	乙卯13	丙辰14	丁巳15	戊午16	己未17	庚申18	辛酉19	壬戌20	癸亥21	甲子22	乙丑23	丙寅24	丁卯25	戊辰26	己巳27	庚午28	辛未29	壬申30	癸酉31	甲戌(8)	乙亥2	丙子3	丁丑4	戊寅5	己卯6	庚辰7	辛巳8	壬午9	癸未10		
八月大	庚申	天干地支/西曆	甲申11	乙酉12	丙戌13	丁亥14	戊子15	己丑16	庚寅17	辛卯18	壬辰19	癸巳20	甲午21	乙未22	丙申23	丁酉24	戊戌25	己亥26	庚子27	辛丑28	壬寅29	癸卯30	甲辰31	乙巳(9)	丙午2	丁未3	戊申4	己酉5	庚戌6	辛亥7	壬子8	癸丑9	丙戌立秋
九月小	辛酉	天干地支/西曆	甲寅10	乙卯11	丙辰12	丁巳13	戊午14	己未15	庚申16	辛酉17	壬戌18	癸亥19	甲子20	乙丑21	丙寅22	丁卯23	戊辰24	己巳25	庚午26	辛未27	壬申28	癸酉29	甲戌30	乙亥(10)	丙子2	丁丑3	戊寅4	己卯5	庚辰6	辛巳7	壬午8		壬申秋分
十月大	壬戌	天干地支/西曆	癸未9	甲申10	乙酉11	丙戌12	丁亥13	戊子14	己丑15	庚寅16	辛卯17	壬辰18	癸巳19	甲午20	乙未21	丙申22	丁酉23	戊戌24	己亥25	庚子26	辛丑27	壬寅28	癸卯29	甲辰30	乙巳31	丙午(11)	丁未2	戊申3	己酉4	庚戌5	辛亥6	壬子7	
十一月小	癸亥	天干地支/西曆	癸丑8	甲寅9	乙卯10	丙辰11	丁巳12	戊午13	己未14	庚申15	辛酉16	壬戌17	癸亥18	甲子19	乙丑20	丙寅21	丁卯22	戊辰23	己巳24	庚午25	辛未26	壬申27	癸酉28	甲戌29	乙亥30	丙子(12)	丁丑2	戊寅3	己卯4	庚辰5	辛巳6		丙辰立冬
十二月大	甲子	天干地支/西曆	壬午7	癸未8	甲申9	乙酉10	丙戌11	丁亥12	戊子13	己丑14	庚寅15	辛卯16	壬辰17	癸巳18	甲午19	乙未20	丙申21	丁酉22	戊戌23	己亥24	庚子25	辛丑26	壬寅27	癸卯28	甲辰29	乙巳30	丙午31	丁未(1)	戊申2	己酉3	庚戌4	辛亥5	庚子冬至

朔閏異同	曆名	正月	二月	三月	四月	五月	六月	七月	八月	九月	十月	十一	十二	閏月
	周曆夏曆	丁亥丙戌	丁巳丙辰	丙戌乙酉	丙辰乙卯	乙酉甲申	乙卯甲寅	甲申癸未	甲寅癸丑	癸未壬午	癸丑壬子	癸未辛巳	壬子辛亥	
	顓頊新曆	戊午丁亥	戊子丁巳	丁巳丙戌	丁亥乙卯	丙辰甲申	丙戌甲寅	乙卯癸未	乙酉癸丑	甲寅壬午	甲申壬子	癸丑壬午	癸未壬子	

周赧王五十八年（甲辰 龍年） 公元前 257 ~ 前 256 年 歲在娵訾

殷曆月序		中西曆日對照	殷曆日序																														節氣與天象
			初一	初二	初三	初四	初五	初六	初七	初八	初九	初十	十一	十二	十三	十四	十五	十六	十七	十八	十九	二十	二一	二二	二三	二四	二五	二六	二七	二八	二九	三十	
正月小	乙丑	天干地支西曆	壬子 6	癸丑 7	甲寅 8	乙卯 9	丙辰 10	丁巳 11	戊午 12	己未 13	庚申 14	辛酉 15	壬戌 16	癸亥 17	甲子 18	乙丑 19	丙寅 20	丁卯 21	戊辰 22	己巳 23	庚午 24	辛未 25	壬申 26	癸酉 27	甲戌 28	乙亥 29	丙子 30	丁丑 31	戊寅 (2)	己卯 2	庚辰 3		
二月大	丙寅	天干地支西曆	辛巳 4	壬午 5	癸未 6	甲申 7	乙酉 8	丙戌 9	丁亥 10	戊子 11	己丑 12	庚寅 13	辛卯 14	壬辰 15	癸巳 16	甲午 17	乙未 18	丙申 19	丁酉 20	戊戌 21	己亥 22	庚子 23	辛丑 24	壬寅 25	癸卯 26	甲辰 27	乙巳 28	丙午 29	丁未 (3)	戊申 2	己酉 3	庚戌 4	乙酉立春
三月小	丁卯	天干地支西曆	辛亥 5	壬子 6	癸丑 7	甲寅 8	乙卯 9	丙辰 10	丁巳 11	戊午 12	己未 13	庚申 14	辛酉 15	壬戌 16	癸亥 17	甲子 18	乙丑 19	丙寅 20	丁卯 21	戊辰 22	己巳 23	庚午 24	辛未 25	壬申 26	癸酉 27	甲戌 28	乙亥 29	丙子 30	丁丑 31	戊寅 (4)	己卯 2		庚午春分
四月大	戊辰	天干地支西曆	庚辰 3	辛巳 4	壬午 5	癸未 6	甲申 7	乙酉 8	丙戌 9	丁亥 10	戊子 11	己丑 12	庚寅 13	辛卯 14	壬辰 15	癸巳 16	甲午 17	乙未 18	丙申 19	丁酉 20	戊戌 21	己亥 22	庚子 23	辛丑 24	壬寅 25	癸卯 26	甲辰 27	乙巳 28	丙午 29	丁未 30	戊申 (5)	己酉 2	
五月大	己巳	天干地支西曆	庚戌 3	辛亥 4	壬子 5	癸丑 6	甲寅 7	乙卯 8	丙辰 9	丁巳 10	戊午 11	己未 12	庚申 13	辛酉 14	壬戌 15	癸亥 16	甲子 17	乙丑 18	丙寅 19	丁卯 20	戊辰 21	己巳 22	庚午 23	辛未 24	壬申 25	癸酉 26	甲戌 27	乙亥 28	丙子 29	丁丑 30	戊寅 31	己卯 (6)	丁巳立夏
六月小	庚午	天干地支西曆	庚辰 2	辛巳 3	壬午 4	癸未 5	甲申 6	乙酉 7	丙戌 8	丁亥 9	戊子 10	己丑 11	庚寅 12	辛卯 13	壬辰 14	癸巳 15	甲午 16	乙未 17	丙申 18	丁酉 19	戊戌 20	己亥 21	庚子 22	辛丑 23	壬寅 24	癸卯 25	甲辰 26	乙巳 27	丙午 28	丁未 29	戊申 30		乙巳夏至
七月大	辛未	天干地支西曆	己酉 (7)	庚戌 2	辛亥 3	壬子 4	癸丑 5	甲寅 6	乙卯 7	丙辰 8	丁巳 9	戊午 10	己未 11	庚申 12	辛酉 13	壬戌 14	癸亥 15	甲子 16	乙丑 17	丙寅 18	丁卯 19	戊辰 20	己巳 21	庚午 22	辛未 23	壬申 24	癸酉 25	甲戌 26	乙亥 27	丙子 28	丁丑 29	戊寅 30	
八月小	壬申	天干地支西曆	己卯 31	庚辰 (8)	辛巳 2	壬午 3	癸未 4	甲申 5	乙酉 6	丙戌 7	丁亥 8	戊子 9	己丑 10	庚寅 11	辛卯 12	壬辰 13	癸巳 14	甲午 15	乙未 16	丙申 17	丁酉 18	戊戌 19	己亥 20	庚子 21	辛丑 22	壬寅 23	癸卯 24	甲辰 25	乙巳 26	丙午 27	丁未 28		辛卯立秋
九月大	癸酉	天干地支西曆	戊申 29	己酉 30	庚戌 31	辛亥 (9)	壬子 2	癸丑 3	甲寅 4	乙卯 5	丙辰 6	丁巳 7	戊午 8	己未 9	庚申 10	辛酉 11	壬戌 12	癸亥 13	甲子 14	乙丑 15	丙寅 16	丁卯 17	戊辰 18	己巳 19	庚午 20	辛未 21	壬申 22	癸酉 23	甲戌 24	乙亥 25	丙子 26	丁丑 27	丁丑秋分
十月小	甲戌	天干地支西曆	戊寅 28	己卯 29	庚辰 30	辛巳 (10)	壬午 2	癸未 3	甲申 4	乙酉 5	丙戌 6	丁亥 7	戊子 8	己丑 9	庚寅 10	辛卯 11	壬辰 12	癸巳 13	甲午 14	乙未 15	丙申 16	丁酉 17	戊戌 18	己亥 19	庚子 20	辛丑 21	壬寅 22	癸卯 23	甲辰 24	乙巳 25	丙午 26		
十一月大	乙亥	天干地支西曆	丁未 27	戊申 28	己酉 29	庚戌 30	辛亥 31	壬子 (11)	癸丑 2	甲寅 3	乙卯 4	丙辰 5	丁巳 6	戊午 7	己未 8	庚申 9	辛酉 10	壬戌 11	癸亥 12	甲子 13	乙丑 14	丙寅 15	丁卯 16	戊辰 17	己巳 18	庚午 19	辛未 20	壬申 21	癸酉 22	甲戌 23	乙亥 24	丙子 25	辛酉立冬
閏十一小	乙亥	天干地支西曆	丁丑 26	戊寅 27	己卯 28	庚辰 29	辛巳 30	壬午 (12)	癸未 2	甲申 3	乙酉 4	丙戌 5	丁亥 6	戊子 7	己丑 8	庚寅 9	辛卯 10	壬辰 11	癸巳 12	甲午 13	乙未 14	丙申 15	丁酉 16	戊戌 17	己亥 18	庚子 19	辛丑 20	壬寅 21	癸卯 22	甲辰 23	乙巳 24		乙巳冬至
十二月大	丙子	天干地支西曆	丙午 25	丁未 26	戊申 27	己酉 28	庚戌 29	辛亥 30	壬子 31	癸丑 (1)	甲寅 2	乙卯 3	丙辰 4	丁巳 5	戊午 6	己未 7	庚申 8	辛酉 9	壬戌 10	癸亥 11	甲子 12	乙丑 13	丙寅 14	丁卯 15	戊辰 16	己巳 17	庚午 18	辛未 19	壬申 20	癸酉 21	甲戌 22	乙亥 23	

朔閏異同	曆名	正月	二月	三月	四月	五月	六月	七月	八月	九月	十月	十一	十二	閏月	曆名	正月	二月	三月	四月	五月	六月	七月	八月	九月	十月	十一	十二	閏月
	周曆 夏曆	壬午 辛巳	辛亥 庚戌	辛巳 庚辰	庚戌 己酉	庚辰 己卯	己酉 戊申	己卯 --- 戊寅	戊申 丁未	戊寅 丁丑	丁未 丙午	丁丑 丙子	丙午 乙巳	--- 丙子 乙亥	顓頊新曆	壬子 辛巳	壬午 辛亥	壬子 庚辰	辛巳 庚戌	辛亥 己卯	庚辰 --- 戊申	庚戌 戊寅	己卯 丁未	己酉 丁丑	戊寅 丙午	戊申 丙子	丁丑 丙子	乙亥

周赧王五十九年（乙巳 蛇年） 公元前256～前255年 歲在降婁

殷曆月序		中西曆日對照	初一	初二	初三	初四	初五	初六	初七	初八	初九	初十	十一	十二	十三	十四	十五	十六	十七	十八	十九	二十	二一	二二	二三	二四	二五	二六	二七	二八	二九	三十	節氣與天象
正月小	丁丑	天干地支西曆	丙子24	丁丑25	戊寅26	己卯27	庚辰28	辛巳29	壬午30	癸未31	甲申(2)	乙酉2	丙戌3	丁亥4	戊子5	己丑6	庚寅7	辛卯8	壬辰9	癸巳10	甲午11	乙未12	丙申13	丁酉14	戊戌15	己亥16	庚子17	辛丑18	壬寅19	癸卯20	甲辰21		庚寅立春
二月大	戊寅	天干地支西曆	乙巳22	丙午23	丁未24	戊申25	己酉26	庚戌27	辛亥28	壬子(3)	癸丑2	甲寅3	乙卯4	丙辰5	丁巳6	戊午7	己未8	庚申9	辛酉10	壬戌11	癸亥12	甲子13	乙丑14	丙寅15	丁卯16	戊辰17	己巳18	庚午19	辛未20	壬申21	癸酉22	甲戌23	
三月小	己卯	天干地支西曆	乙亥24	丙子25	丁丑26	戊寅27	己卯28	庚辰29	辛巳30	壬午31	癸未(4)	甲申2	乙酉3	丙戌4	丁亥5	戊子6	己丑7	庚寅8	辛卯9	壬辰10	癸巳11	甲午12	乙未13	丙申14	丁酉15	戊戌16	己亥17	庚子18	辛丑19	壬寅20	癸卯21		丙子春分
四月大	庚辰	天干地支西曆	甲辰22	乙巳23	丙午24	丁未25	戊申26	己酉27	庚戌28	辛亥29	壬子30	癸丑(5)	甲寅2	乙卯3	丙辰4	丁巳5	戊午6	己未7	庚申8	辛酉9	壬戌10	癸亥11	甲子12	乙丑13	丙寅14	丁卯15	戊辰16	己巳17	庚午18	辛未19	壬申20	癸酉21	癸亥立夏
五月小	辛巳	天干地支西曆	甲戌22	乙亥23	丙子24	丁丑25	戊寅26	己卯27	庚辰28	辛巳29	壬午30	癸未31	甲申(6)	乙酉2	丙戌3	丁亥4	戊子5	己丑6	庚寅7	辛卯8	壬辰9	癸巳10	甲午11	乙未12	丙申13	丁酉14	戊戌15	己亥16	庚子17	辛丑18	壬寅19		
六月大	壬午	天干地支西曆	癸卯20	甲辰21	乙巳22	丙午23	丁未24	戊申25	己酉26	庚戌27	辛亥28	壬子29	癸丑30	甲寅(7)	乙卯2	丙辰3	丁巳4	戊午5	己未6	庚申7	辛酉8	壬戌9	癸亥10	甲子11	乙丑12	丙寅13	丁卯14	戊辰15	己巳16	庚午17	辛未18	壬申19	庚戌夏至
七月小	癸未	天干地支西曆	癸酉20	甲戌21	乙亥22	丙子23	丁丑24	戊寅25	己卯26	庚辰27	辛巳28	壬午29	癸未30	甲申31	乙酉(8)	丙戌2	丁亥3	戊子4	己丑5	庚寅6	辛卯7	壬辰8	癸巳9	甲午10	乙未11	丙申12	丁酉13	戊戌14	己亥15	庚子16	辛丑17		丙申立秋
八月大	甲申	天干地支西曆	壬寅18	癸卯19	甲辰20	乙巳21	丙午22	丁未23	戊申24	己酉25	庚戌26	辛亥27	壬子28	癸丑29	甲寅30	乙卯31	丙辰(9)	丁巳2	戊午3	己未4	庚申5	辛酉6	壬戌7	癸亥8	甲子9	乙丑10	丙寅11	丁卯12	戊辰13	己巳14	庚午15	辛未16	辛未日食
九月大	乙酉	天干地支西曆	壬申17	癸酉18	甲戌19	乙亥20	丙子21	丁丑22	戊寅23	己卯24	庚辰25	辛巳26	壬午27	癸未28	甲申29	乙酉30	丙戌(10)	丁亥2	戊子3	己丑4	庚寅5	辛卯6	壬辰7	癸巳8	甲午9	乙未10	丙申11	丁酉12	戊戌13	己亥14	庚子15	辛丑16	壬午秋分
十月小	丙戌	天干地支西曆	壬寅17	癸卯18	甲辰19	乙巳20	丙午21	丁未22	戊申23	己酉24	庚戌25	辛亥26	壬子27	癸丑28	甲寅29	乙卯30	丙辰31	丁巳(11)	戊午2	己未3	庚申4	辛酉5	壬戌6	癸亥7	甲子8	乙丑9	丙寅10	丁卯11	戊辰12	己巳13	庚午14		丁卯立冬
十一月大	丁亥	天干地支西曆	辛未15	壬申16	癸酉17	甲戌18	乙亥19	丙子20	丁丑21	戊寅22	己卯23	庚辰24	辛巳25	壬午26	癸未27	甲申28	乙酉29	丙戌30	丁亥(12)	戊子2	己丑3	庚寅4	辛卯5	壬辰6	癸巳7	甲午8	乙未9	丙申10	丁酉11	戊戌12	己亥13	庚子14	
十二月小	戊子	天干地支西曆	辛丑15	壬寅16	癸卯17	甲辰18	乙巳19	丙午20	丁未21	戊申22	己酉23	庚戌24	辛亥25	壬子26	癸丑27	甲寅28	乙卯29	丙辰30	丁巳31	戊午(1)	己未2	庚申3	辛酉4	壬戌5	癸亥6	甲子7	乙丑8	丙寅9	丁卯10	戊辰11	己巳12		辛亥冬至

朔閏異同	曆名	正月	二月	三月	四月	五月	六月	七月	八月	九月	十月	十一	十二	閏月	曆名	正月	二月	三月	四月	五月	六月	七月	八月	九月	十月	十一	十二	閏月
	周曆夏曆	丙午甲辰	乙亥甲戌	乙巳甲辰	甲戌癸酉	甲辰癸卯	癸酉壬申	癸卯壬寅	壬申辛未	壬寅辛丑	辛未庚午	辛丑庚子	庚午己巳		顓頊新曆	丁未乙巳	丙子乙亥	丙午甲辰	乙亥甲戌	乙巳癸卯	乙亥壬申	甲辰壬寅	甲戌辛未	癸卯辛丑	癸酉庚午	壬寅庚子	壬申己巳	---辛丑

* 赧王卒。秦灭东周。

秦昭襄王五十二年（丙午 馬年） 公元前 255 ~ 前 254 年 歲在大梁

殷曆月序		中西曆日對照	初一	初二	初三	初四	初五	初六	初七	初八	初九	初十	十一	十二	十三	十四	十五	十六	十七	十八	十九	二十	二一	二二	二三	二四	二五	二六	二七	二八	二九	三十	節氣與天象
正月大	己丑	天干地支西曆	庚午13	辛未14	壬申15	癸酉16	甲戌17	乙亥18	丙子19	丁丑20	戊寅21	己卯22	庚辰23	辛巳24	壬午25	癸未26	甲申27	乙酉28	丙戌29	丁亥30	戊子31	己丑(2)	庚寅2	辛卯3	壬辰4	癸巳5	甲午6	乙未7	丙申8	丁酉9	戊戌10	己亥11	乙未立春
二月小	庚寅	天干地支西曆	庚子12	辛丑13	壬寅14	癸卯15	甲辰16	乙巳17	丙午18	丁未19	戊申20	己酉21	庚戌22	辛亥23	壬子24	癸丑25	甲寅26	乙卯27	丙辰28	丁巳(3)	戊午2	己未3	庚申4	辛酉5	壬戌6	癸亥7	甲子8	乙丑9	丙寅10	丁卯11	戊辰12		
三月大	辛卯	天干地支西曆	己巳13	庚午14	辛未15	壬申16	癸酉17	甲戌18	乙亥19	丙子20	丁丑21	戊寅22	己卯23	庚辰24	辛巳25	壬午26	癸未27	甲申28	乙酉29	丙戌30	丁亥31	戊子(4)	己丑2	庚寅3	辛卯4	壬辰5	癸巳6	甲午7	乙未8	丙申9	丁酉10	戊戌11	辛巳春分
四月小	壬辰	天干地支西曆	己亥12	庚子13	辛丑14	壬寅15	癸卯16	甲辰17	乙巳18	丙午19	丁未20	戊申21	己酉22	庚戌23	辛亥24	壬子25	癸丑26	甲寅27	乙卯28	丙辰29	丁巳30	戊午(5)	己未2	庚申3	辛酉4	壬戌5	癸亥6	甲子7	乙丑8	丙寅9	丁卯10		
五月大	癸巳	天干地支西曆	戊辰11	己巳12	庚午13	辛未14	壬申15	癸酉16	甲戌17	乙亥18	丙子19	丁丑20	戊寅21	己卯22	庚辰23	辛巳24	壬午25	癸未26	甲申27	乙酉28	丙戌29	丁亥30	戊子31	己丑(6)	庚寅2	辛卯3	壬辰4	癸巳5	甲午6	乙未7	丙申8	丁酉9	戊辰立夏
六月小	甲午	天干地支西曆	戊戌10	己亥11	庚子12	辛丑13	壬寅14	癸卯15	甲辰16	乙巳17	丙午18	丁未19	戊申20	己酉21	庚戌22	辛亥23	壬子24	癸丑25	甲寅26	乙卯27	丙辰28	丁巳29	戊午30	己未(7)	庚申2	辛酉3	壬戌4	癸亥5	甲子6	乙丑7	丙寅8		乙卯夏至
七月大	乙未	天干地支西曆	丁卯9	戊辰10	己巳11	庚午12	辛未13	壬申14	癸酉15	甲戌16	乙亥17	丙子18	丁丑19	戊寅20	己卯21	庚辰22	辛巳23	壬午24	癸未25	甲申26	乙酉27	丙戌28	丁亥29	戊子30	己丑31	庚寅(8)	辛卯2	壬辰3	癸巳4	甲午5	乙未6	丙申7	
八月小	丙申	天干地支西曆	丁酉8	戊戌9	己亥10	庚子11	辛丑12	壬寅13	癸卯14	甲辰15	乙巳16	丙午17	丁未18	戊申19	己酉20	庚戌21	辛亥22	壬子23	癸丑24	甲寅25	乙卯26	丙辰27	丁巳28	戊午29	己未30	庚申31	辛酉(9)	壬戌2	癸亥3	甲子4	乙丑5		壬寅立秋
九月大	丁酉	天干地支西曆	丙寅6	丁卯7	戊辰8	己巳9	庚午10	辛未11	壬申12	癸酉13	甲戌14	乙亥15	丙子16	丁丑17	戊寅18	己卯19	庚辰20	辛巳21	壬午22	癸未23	甲申24	乙酉25	丙戌26	丁亥27	戊子28	己丑29	庚寅30	辛卯(10)	壬辰2	癸巳3	甲午4	乙未5	丁亥秋分
十月小	戊戌	天干地支西曆	丙申6	丁酉7	戊戌8	己亥9	庚子10	辛丑11	壬寅12	癸卯13	甲辰14	乙巳15	丙午16	丁未17	戊申18	己酉19	庚戌20	辛亥21	壬子22	癸丑23	甲寅24	乙卯25	丙辰26	丁巳27	戊午28	己未29	庚申30	辛酉31	壬戌(11)	癸亥2	甲子3		
十一月大	己亥	天干地支西曆	乙丑4	丙寅5	丁卯6	戊辰7	己巳8	庚午9	辛未10	壬申11	癸酉12	甲戌13	乙亥14	丙子15	丁丑16	戊寅17	己卯18	庚辰19	辛巳20	壬午21	癸未22	甲申23	乙酉24	丙戌25	丁亥26	戊子27	己丑28	庚寅29	辛卯30	壬辰(12)	癸巳2	甲午3	壬申立冬
十二月大	庚子	天干地支西曆	乙未4	丙申5	丁酉6	戊戌7	己亥8	庚子9	辛丑10	壬寅11	癸卯12	甲辰13	乙巳14	丙午15	丁未16	戊申17	己酉18	庚戌19	辛亥20	壬子21	癸丑22	甲寅23	乙卯24	丙辰25	丁巳26	戊午27	己未28	庚申29	辛酉30	壬戌31	癸亥(1)	甲子2	丙辰冬至

朔閏異同	曆名	正月	二月	三月	四月	五月	六月	七月	八月	九月	十月	十一	十二	閏月	曆名	正月	二月	三月	四月	五月	六月	七月	八月	九月	十月	十一	十二	閏月
	周曆夏曆	庚子己亥	己巳戊辰	己亥戊戌	戊辰丁卯	戊戌丁酉	戊辰丙寅	丁酉丙申	丁卯丙寅	丙申乙未	丙寅乙丑	乙未甲午	乙丑甲子		顓頊新曆	辛未己亥	庚子己巳	庚午戊戌	己亥戊辰	己巳戊戌	戊戌丁卯	戊辰丙申	丁酉丙寅	丁卯乙未	丁酉乙丑	丙寅甲午	丙申甲子	

秦昭襄王五十三年（丁未 羊年） 公元前254～前253年 歲在實沈

殷曆月序		中西日曆對照	初一	初二	初三	初四	初五	初六	初七	初八	初九	初十	十一	十二	十三	十四	十五	十六	十七	十八	十九	二十	二一	二二	二三	二四	二五	二六	二七	二八	二九	三十	節氣與天象
正月小	辛丑	天干地支 西曆	乙丑 3	丙寅 4	丁卯 5	戊辰 6	己巳 7	庚午 8	辛未 9	壬申 10	癸酉 11	甲戌 12	乙亥 13	丙子 14	丁丑 15	戊寅 16	己卯 17	庚辰 18	辛巳 19	壬午 20	癸未 21	甲申 22	乙酉 23	丙戌 24	丁亥 25	戊子 26	己丑 27	庚寅 28	辛卯 29	壬辰 30	癸巳 31		
二月大	壬寅	天干地支 西曆	甲午 (2)	乙未 2	丙申 3	丁酉 4	戊戌 5	己亥 6	庚子 7	辛丑 8	壬寅 9	癸卯 10	甲辰 11	乙巳 12	丙午 13	丁未 14	戊申 15	己酉 16	庚戌 17	辛亥 18	壬子 19	癸丑 20	甲寅 21	乙卯 22	丙辰 23	丁巳 24	戊午 25	己未 26	庚申 27	辛酉 28	壬戌 (3)	癸亥 2	庚子立春
三月小	癸卯	天干地支 西曆	甲子 3	乙丑 4	丙寅 5	丁卯 6	戊辰 7	己巳 8	庚午 9	辛未 10	壬申 11	癸酉 12	甲戌 13	乙亥 14	丙子 15	丁丑 16	戊寅 17	己卯 18	庚辰 19	辛巳 20	壬午 21	癸未 22	甲申 23	乙酉 24	丙戌 25	丁亥 26	戊子 27	己丑 28	庚寅 29	辛卯 30	壬辰 31		丙戌春分
四月大	甲辰	天干地支 西曆	癸巳 (4)	甲午 2	乙未 3	丙申 4	丁酉 5	戊戌 6	己亥 7	庚子 8	辛丑 9	壬寅 10	癸卯 11	甲辰 12	乙巳 13	丙午 14	丁未 15	戊申 16	己酉 17	庚戌 18	辛亥 19	壬子 20	癸丑 21	甲寅 22	乙卯 23	丙辰 24	丁巳 25	戊午 26	己未 27	庚申 28	辛酉 29	壬戌 30	
五月小	乙巳	天干地支 西曆	癸亥 (5)	甲子 2	乙丑 3	丙寅 4	丁卯 5	戊辰 6	己巳 7	庚午 8	辛未 9	壬申 10	癸酉 11	甲戌 12	乙亥 13	丙子 14	丁丑 15	戊寅 16	己卯 17	庚辰 18	辛巳 19	壬午 20	癸未 21	甲申 22	乙酉 23	丙戌 24	丁亥 25	戊子 26	己丑 27	庚寅 28	辛卯 29		癸酉立夏
六月大	丙午	天干地支 西曆	壬辰 30	癸巳 31	甲午 (6)	乙未 2	丙申 3	丁酉 4	戊戌 5	己亥 6	庚子 7	辛丑 8	壬寅 9	癸卯 10	甲辰 11	乙巳 12	丙午 13	丁未 14	戊申 15	己酉 16	庚戌 17	辛亥 18	壬子 19	癸丑 20	甲寅 21	乙卯 22	丙辰 23	丁巳 24	戊午 25	己未 26	庚申 27	辛酉 28	庚申夏至
七月小	丁未	天干地支 西曆	壬戌 29	癸亥 30	甲子 (7)	乙丑 2	丙寅 3	丁卯 4	戊辰 5	己巳 6	庚午 7	辛未 8	壬申 9	癸酉 10	甲戌 11	乙亥 12	丙子 13	丁丑 14	戊寅 15	己卯 16	庚辰 17	辛巳 18	壬午 19	癸未 20	甲申 21	乙酉 22	丙戌 23	丁亥 24	戊子 25	己丑 26	庚寅 27		
八月大	戊申	天干地支 西曆	辛卯 28	壬辰 29	癸巳 30	甲午 31	乙未 (8)	丙申 2	丁酉 3	戊戌 4	己亥 5	庚子 6	辛丑 7	壬寅 8	癸卯 9	甲辰 10	乙巳 11	丙午 12	丁未 13	戊申 14	己酉 15	庚戌 16	辛亥 17	壬子 18	癸丑 19	甲寅 20	乙卯 21	丙辰 22	丁巳 23	戊午 24	己未 25	庚申 26	丁未立秋
九月小	己酉	天干地支 西曆	辛酉 27	壬戌 28	癸亥 29	甲子 30	乙丑 31	丙寅 (9)	丁卯 2	戊辰 3	己巳 4	庚午 5	辛未 6	壬申 7	癸酉 8	甲戌 9	乙亥 10	丙子 11	丁丑 12	戊寅 13	己卯 14	庚辰 15	辛巳 16	壬午 17	癸未 18	甲申 19	乙酉 20	丙戌 21	丁亥 22	戊子 23	己丑 24		
十月大	庚戌	天干地支 西曆	庚寅 25	辛卯 26	壬辰 27	癸巳 28	甲午 29	乙未 30	丙申 (10)	丁酉 2	戊戌 3	己亥 4	庚子 5	辛丑 6	壬寅 7	癸卯 8	甲辰 9	乙巳 10	丙午 11	丁未 12	戊申 13	己酉 14	庚戌 15	辛亥 16	壬子 17	癸丑 18	甲寅 19	乙卯 20	丙辰 21	丁巳 22	戊午 23	己未 24	癸巳秋分
閏十大	庚戌	天干地支 西曆	庚申 25	辛酉 26	壬戌 27	癸亥 28	甲子 29	乙丑 30	丙寅 31	丁卯 (11)	戊辰 2	己巳 3	庚午 4	辛未 5	壬申 6	癸酉 7	甲戌 8	乙亥 9	丙子 10	丁丑 11	戊寅 12	己卯 13	庚辰 14	辛巳 15	壬午 16	癸未 17	甲申 18	乙酉 19	丙戌 20	丁亥 21	戊子 22	己丑 23	丁丑立冬
十一月小	辛亥	天干地支 西曆	庚寅 24	辛卯 25	壬辰 26	癸巳 27	甲午 28	乙未 29	丙申 30	丁酉 (12)	戊戌 2	己亥 3	庚子 4	辛丑 5	壬寅 6	癸卯 7	甲辰 8	乙巳 9	丙午 10	丁未 11	戊申 12	己酉 13	庚戌 14	辛亥 15	壬子 16	癸丑 17	甲寅 18	乙卯 19	丙辰 20	丁巳 21	戊午 22		
十二月小	壬子	天干地支 西曆	己未 23	庚申 24	辛酉 25	壬戌 26	癸亥 27	甲子 28	乙丑 29	丙寅 30	丁卯 31	戊辰 (1)	己巳 2	庚午 3	辛未 4	壬申 5	癸酉 6	甲戌 7	乙亥 8	丙子 9	丁丑 10	戊寅 11	己卯 12	庚辰 13	辛巳 14	壬午 15	癸未 16	甲申 17	乙酉 18	丙戌 19	丁亥 20		辛酉冬至

朔閏異同	曆名	正月	二月	三月	四月	五月	六月	七月	八月	九月	十月	十一	十二	閏月
	周曆夏曆	甲午 癸巳	甲子 癸亥	癸巳 壬辰	癸亥 --- 壬戌	壬辰 辛卯	壬戌 辛酉	辛卯 庚寅	辛酉 庚申	--- 庚寅 己丑	庚申 己未	庚寅 己丑	己未 戊午	己丑 戊子
	顓頊新曆	乙丑 --- 癸巳	乙未 癸亥	甲子 癸巳	甲午 壬戌	癸亥 壬辰	癸巳 辛酉	壬戌 辛卯	壬辰 庚申	辛酉 庚寅	辛卯 己未	庚申 己丑	--- 庚寅 戊午	庚申 戊子

秦昭襄王五十四年（戊申 猴年） 公元前 253 ~ 前 252 年 歲在鶉首

殷曆月序		中西曆日對照	初一	初二	初三	初四	初五	初六	初七	初八	初九	初十	十一	十二	十三	十四	十五	十六	十七	十八	十九	二十	二一	二二	二三	二四	二五	二六	二七	二八	二九	三十	節氣與天象
正月大	癸丑	天干 地支 西曆	戊子21	己丑22	庚寅23	辛卯24	壬辰25	癸巳26	甲午27	乙未28	丙申29	丁酉30	戊戌31	己亥(2)	庚子2	辛丑3	壬寅4	癸卯5	甲辰6	乙巳7	丙午8	丁未9	戊申10	己酉11	庚戌12	辛亥13	壬子14	癸丑15	甲寅16	乙卯17	丙辰18	丁巳19	丙午立春
二月小	甲寅	天干 地支 西曆	戊午20	己未21	庚申22	辛酉23	壬戌24	癸亥25	甲子26	乙丑27	丙寅28	丁卯29	戊辰(3)	己巳2	庚午3	辛未4	壬申5	癸酉6	甲戌7	乙亥8	丙子9	丁丑10	戊寅11	己卯12	庚辰13	辛巳14	壬午15	癸未16	甲申17	乙酉18	丙戌19		
三月大	乙卯	天干 地支 西曆	丁亥20	戊子21	己丑22	庚寅23	辛卯24	壬辰25	癸巳26	甲午27	乙未28	丙申29	丁酉30	戊戌31	己亥(4)	庚子2	辛丑3	壬寅4	癸卯5	甲辰6	乙巳7	丙午8	丁未9	戊申10	己酉11	庚戌12	辛亥13	壬子14	癸丑15	甲寅16	乙卯17	丙辰18	辛卯春分
四月大	丙辰	天干 地支 西曆	丁巳19	戊午20	己未21	庚申22	辛酉23	壬戌24	癸亥25	甲子26	乙丑27	丙寅28	丁卯29	戊辰30	己巳(5)	庚午2	辛未3	壬申4	癸酉5	甲戌6	乙亥7	丙子8	丁丑9	戊寅10	己卯11	庚辰12	辛巳13	壬午14	癸未15	甲申16	乙酉17	丙戌18	戊寅立夏
五月小	丁巳	天干 地支 西曆	丁亥19	戊子20	己丑21	庚寅22	辛卯23	壬辰24	癸巳25	甲午26	乙未27	丙申28	丁酉29	戊戌30	己亥31	庚子(6)	辛丑2	壬寅3	癸卯4	甲辰5	乙巳6	丙午7	丁未8	戊申9	己酉10	庚戌11	辛亥12	壬子13	癸丑14	甲寅15	乙卯16		
六月大	戊午	天干 地支 西曆	丙辰17	丁巳18	戊午19	己未20	庚申21	辛酉22	壬戌23	癸亥24	甲子25	乙丑26	丙寅27	丁卯28	戊辰29	己巳30	庚午(7)	辛未2	壬申3	癸酉4	甲戌5	乙亥6	丙子7	丁丑8	戊寅9	己卯10	庚辰11	辛巳12	壬午13	癸未14	甲申15	乙酉16	丙寅夏至 乙酉日食
七月小	己未	天干 地支 西曆	丙戌17	丁亥18	戊子19	己丑20	庚寅21	辛卯22	壬辰23	癸巳24	甲午25	乙未26	丙申27	丁酉28	戊戌29	己亥30	庚子31	辛丑(8)	壬寅2	癸卯3	甲辰4	乙巳5	丙午6	丁未7	戊申8	己酉9	庚戌10	辛亥11	壬子12	癸丑13	甲寅14		壬子立秋
八月大	庚申	天干 地支 西曆	乙卯15	丙辰16	丁巳17	戊午18	己未19	庚申20	辛酉21	壬戌22	癸亥23	甲子24	乙丑25	丙寅26	丁卯27	戊辰28	己巳29	庚午30	辛未31	壬申(9)	癸酉2	甲戌3	乙亥4	丙子5	丁丑6	戊寅7	己卯8	庚辰9	辛巳10	壬午11	癸未12	甲申13	
九月小	辛酉	天干 地支 西曆	乙酉14	丙戌15	丁亥16	戊子17	己丑18	庚寅19	辛卯20	壬辰21	癸巳22	甲午23	乙未24	丙申25	丁酉26	戊戌27	己亥28	庚子29	辛丑30	壬寅(10)	癸卯2	甲辰3	乙巳4	丙午5	丁未6	戊申7	己酉8	庚戌9	辛亥10	壬子11	癸丑12		戊戌秋分
十月大	壬戌	天干 地支 西曆	甲寅13	乙卯14	丙辰15	丁巳16	戊午17	己未18	庚申19	辛酉20	壬戌21	癸亥22	甲子23	乙丑24	丙寅25	丁卯26	戊辰27	己巳28	庚午29	辛未30	壬申31	癸酉(11)	甲戌2	乙亥3	丙子4	丁丑5	戊寅6	己卯7	庚辰8	辛巳9	壬午10	癸未11	壬午立冬
十一月小	癸亥	天干 地支 西曆	甲申12	乙酉13	丙戌14	丁亥15	戊子16	己丑17	庚寅18	辛卯19	壬辰20	癸巳21	甲午22	乙未23	丙申24	丁酉25	戊戌26	己亥27	庚子28	辛丑29	壬寅30	癸卯(12)	甲辰2	乙巳3	丙午4	丁未5	戊申6	己酉7	庚戌8	辛亥9	壬子10		
十二月大	甲子	天干 地支 西曆	癸丑11	甲寅12	乙卯13	丙辰14	丁巳15	戊午16	己未17	庚申18	辛酉19	壬戌20	癸亥21	甲子22	乙丑23	丙寅24	丁卯25	戊辰26	己巳27	庚午28	辛未29	壬申30	癸酉31	甲戌(1)	乙亥2	丙子3	丁丑4	戊寅5	己卯6	庚辰7	辛巳8	壬午9	丙寅冬至

朔閏異同	曆名	正月	二月	三月	四月	五月	六月	七月	八月	九月	十月	十一	十二	閏月	曆名	正月	二月	三月	四月	五月	六月	七月	八月	九月	十月	十一	十二	閏月
	周曆夏曆	戊午丁巳	戊子丁亥	丁巳丙辰	丁亥丙戌	丙辰乙卯	丙戌乙酉	乙卯甲寅	乙酉甲申	甲寅癸丑	甲申癸未	癸丑壬子	癸未壬午		顓頊新曆	己丑丁巳	己未丁亥	戊子丙辰	戊午丙戌	丁亥乙卯	丁巳乙酉	丙戌乙卯	丙辰甲申	乙酉甲寅	乙卯癸未	甲申癸丑	甲寅壬午	

秦昭襄王五十五年（己酉 鷄年） 公元前252年 歲在鶉火

殷曆月序		中西日照對	初一	初二	初三	初四	初五	初六	初七	初八	初九	初十	十一	十二	十三	十四	十五	十六	十七	十八	十九	二十	二一	二二	二三	二四	二五	二六	二七	二八	二九	三十	節氣與天象
正月小	乙丑	天干地支西曆	癸未10	甲申11	乙酉12	丙戌13	丁亥14	戊子15	己丑16	庚寅17	辛卯18	壬辰19	癸巳20	甲午21	乙未22	丙申23	丁酉24	戊戌25	己亥26	庚子27	辛丑28	壬寅29	癸卯30	甲辰31	乙巳(2)	丙午2	丁未3	戊申4	己酉5	庚戌6	辛亥7		辛亥立春
二月大	丙寅	天干地支西曆	壬子8	癸丑9	甲寅10	乙卯11	丙辰12	丁巳13	戊午14	己未15	庚申16	辛酉17	壬戌18	癸亥19	甲子20	乙丑21	丙寅22	丁卯23	戊辰24	己巳25	庚午26	辛未27	壬申28	癸酉(3)	甲戌2	乙亥3	丙子4	丁丑5	戊寅6	己卯7	庚辰8	辛巳9	
三月小	丁卯	天干地支西曆	壬午10	癸未11	甲申12	乙酉13	丙戌14	丁亥15	戊子16	己丑17	庚寅18	辛卯19	壬辰20	癸巳21	甲午22	乙未23	丙申24	丁酉25	戊戌26	己亥27	庚子28	辛丑29	壬寅30	癸卯31	甲辰(4)	乙巳2	丙午3	丁未4	戊申5	己酉6	庚戌7		丁酉春分
四月大	戊辰	天干地支西曆	辛亥8	壬子9	癸丑10	甲寅11	乙卯12	丙辰13	丁巳14	戊午15	己未16	庚申17	辛酉18	壬戌19	癸亥20	甲子21	乙丑22	丙寅23	丁卯24	戊辰25	己巳26	庚午27	辛未28	壬申29	癸酉30	甲戌(5)	乙亥2	丙子3	丁丑4	戊寅5	己卯6	庚辰7	
五月小	己巳	天干地支西曆	辛巳8	壬午9	癸未10	甲申11	乙酉12	丙戌13	丁亥14	戊子15	己丑16	庚寅17	辛卯18	壬辰19	癸巳20	甲午21	乙未22	丙申23	丁酉24	戊戌25	己亥26	庚子27	辛丑28	壬寅29	癸卯30	甲辰31	乙巳(6)	丙午2	丁未3	戊申4	己酉5		甲申立夏
六月大	庚午	天干地支西曆	庚戌6	辛亥7	壬子8	癸丑9	甲寅10	乙卯11	丙辰12	丁巳13	戊午14	己未15	庚申16	辛酉17	壬戌18	癸亥19	甲子20	乙丑21	丙寅22	丁卯23	戊辰24	己巳25	庚午26	辛未27	壬申28	癸酉29	甲戌30	乙亥(7)	丙子2	丁丑3	戊寅4	己卯5	辛未夏至 己卯日食
七月大	辛未	天干地支西曆	庚辰6	辛巳7	壬午8	癸未9	甲申10	乙酉11	丙戌12	丁亥13	戊子14	己丑15	庚寅16	辛卯17	壬辰18	癸巳19	甲午20	乙未21	丙申22	丁酉23	戊戌24	己亥25	庚子26	辛丑27	壬寅28	癸卯29	甲辰30	乙巳31	丙午(8)	丁未2	戊申3	己酉4	
八月小	壬申	天干地支西曆	庚戌5	辛亥6	壬子7	癸丑8	甲寅9	乙卯10	丙辰11	丁巳12	戊午13	己未14	庚申15	辛酉16	壬戌17	癸亥18	甲子19	乙丑20	丙寅21	丁卯22	戊辰23	己巳24	庚午25	辛未26	壬申27	癸酉28	甲戌29	乙亥30	丙子31	丁丑(9)	戊寅2		丁巳立秋
九月大	癸酉	天干地支西曆	己卯3	庚辰4	辛巳5	壬午6	癸未7	甲申8	乙酉9	丙戌10	丁亥11	戊子12	己丑13	庚寅14	辛卯15	壬辰16	癸巳17	甲午18	乙未19	丙申20	丁酉21	戊戌22	己亥23	庚子24	辛丑25	壬寅26	癸卯27	甲辰28	乙巳29	丙午30	丁未(10)	戊申2	癸卯秋分
十月小	甲戌	天干地支西曆	己酉3	庚戌4	辛亥5	壬子6	癸丑7	甲寅8	乙卯9	丙辰10	丁巳11	戊午12	己未13	庚申14	辛酉15	壬戌16	癸亥17	甲子18	乙丑19	丙寅20	丁卯21	戊辰22	己巳23	庚午24	辛未25	壬申26	癸酉27	甲戌28	乙亥29	丙子30	丁丑31		
十一月大	乙亥	天干地支西曆	戊寅(11)	己卯2	庚辰3	辛巳4	壬午5	癸未6	甲申7	乙酉8	丙戌9	丁亥10	戊子11	己丑12	庚寅13	辛卯14	壬辰15	癸巳16	甲午17	乙未18	丙申19	丁酉20	戊戌21	己亥22	庚子23	辛丑24	壬寅25	癸卯26	甲辰27	乙巳28	丙午29	丁未30	戊子立冬
十二月小	丙子	天干地支西曆	戊申(12)	己酉2	庚戌3	辛亥4	壬子5	癸丑6	甲寅7	乙卯8	丙辰9	丁巳10	戊午11	己未12	庚申13	辛酉14	壬戌15	癸亥16	甲子17	乙丑18	丙寅19	丁卯20	戊辰21	己巳22	庚午23	辛未24	壬申25	癸酉26	甲戌27	乙亥28	丙子29		壬申冬至

朔閏異同	曆名	正月	二月	三月	四月	五月	六月	七月	八月	九月	十月	十一	十二	閏月
	周曆夏曆	癸丑辛亥	壬午辛巳	壬子辛亥	辛巳庚辰	辛亥庚戌	庚辰己卯	庚戌己酉	己卯戊寅	己酉戊申	戊寅丁丑	戊申丁未	丁丑丙子	---丙午
	顓頊新曆	癸未壬子	癸丑辛巳	壬午辛亥	壬子庚辰	壬午庚戌	辛亥己卯	辛巳己酉	庚戌戊寅	庚辰戊申	己酉戊寅	己卯---丁未	戊申丁丑	丙午

秦昭襄王五十六年（庚戌 狗年） 公元前 252 ~ 前 **251** ~ 前 250 年 歲在鶉尾

殷曆月序		中西日曆對照	初一	初二	初三	初四	初五	初六	初七	初八	初九	初十	十一	十二	十三	十四	十五	十六	十七	十八	十九	二十	二一	二二	二三	二四	二五	二六	二七	二八	二九	三十	節氣與天象
正月大	丁丑	天干地支西曆	丁丑30	戊寅31	己卯(1)	庚辰2	辛巳3	壬午4	癸未5	甲申6	乙酉7	丙戌8	丁亥9	戊子10	己丑11	庚寅12	辛卯13	壬辰14	癸巳15	甲午16	乙未17	丙申18	丁酉19	戊戌20	己亥21	庚子22	辛丑23	壬寅24	癸卯25	甲辰26	乙巳27	丙午28	
二月小	戊寅	天干地支西曆	丁未29	戊申30	己酉31	庚戌(2)	辛亥2	壬子3	癸丑4	甲寅5	乙卯6	丙辰7	丁巳8	戊午9	己未10	庚申11	辛酉12	壬戌13	癸亥14	甲子15	乙丑16	丙寅17	丁卯18	戊辰19	己巳20	庚午21	辛未22	壬申23	癸酉24	甲戌25	乙亥26		丙辰立春
三月大	己卯	天干地支西曆	丙子27	丁丑28	戊寅(3)	己卯2	庚辰3	辛巳4	壬午5	癸未6	甲申7	乙酉8	丙戌9	丁亥10	戊子11	己丑12	庚寅13	辛卯14	壬辰15	癸巳16	甲午17	乙未18	丙申19	丁酉20	戊戌21	己亥22	庚子23	辛丑24	壬寅25	癸卯26	甲辰27	乙巳28	壬寅春分
四月小	庚辰	天干地支西曆	丙午29	丁未30	戊申31	己酉(4)	庚戌2	辛亥3	壬子4	癸丑5	甲寅6	乙卯7	丙辰8	丁巳9	戊午10	己未11	庚申12	辛酉13	壬戌14	癸亥15	甲子16	乙丑17	丙寅18	丁卯19	戊辰20	己巳21	庚午22	辛未23	壬申24	癸酉25	甲戌26		
五月大	辛巳	天干地支西曆	乙亥27	丙子28	丁丑29	戊寅30	己卯(5)	庚辰2	辛巳3	壬午4	癸未5	甲申6	乙酉7	丙戌8	丁亥9	戊子10	己丑11	庚寅12	辛卯13	壬辰14	癸巳15	甲午16	乙未17	丙申18	丁酉19	戊戌20	己亥21	庚子22	辛丑23	壬寅24	癸卯25	甲辰26	己丑立夏
閏五月大	壬午	天干地支西曆	乙巳27	丙午28	丁未29	戊申30	己酉31	庚戌(6)	辛亥2	壬子3	癸丑4	甲寅5	乙卯6	丙辰7	丁巳8	戊午9	己未10	庚申11	辛酉12	壬戌13	癸亥14	甲子15	乙丑16	丙寅17	丁卯18	戊辰19	己巳20	庚午21	辛未22	壬申23	癸酉24	甲戌25	
六月小	癸未	天干地支西曆	乙亥26	丙子27	丁丑28	戊寅29	己卯30	庚辰(7)	辛巳2	壬午3	癸未4	甲申5	乙酉6	丙戌7	丁亥8	戊子9	己丑10	庚寅11	辛卯12	壬辰13	癸巳14	甲午15	乙未16	丙申17	丁酉18	戊戌19	己亥20	庚子21	辛丑22	壬寅23	癸卯24		丙子夏至
七月大	癸未	天干地支西曆	甲辰25	乙巳26	丙午27	丁未28	戊申29	己酉30	庚戌31	辛亥(8)	壬子2	癸丑3	甲寅4	乙卯5	丙辰6	丁巳7	戊午8	己未9	庚申10	辛酉11	壬戌12	癸亥13	甲子14	乙丑15	丙寅16	丁卯17	戊辰18	己巳19	庚午20	辛未21	壬申22	癸酉23	癸亥立秋
八月小	甲申	天干地支西曆	甲戌24	乙亥25	丙子26	丁丑27	戊寅28	己卯29	庚辰30	辛巳31	壬午(9)	癸未2	甲申3	乙酉4	丙戌5	丁亥6	戊子7	己丑8	庚寅9	辛卯10	壬辰11	癸巳12	甲午13	乙未14	丙申15	丁酉16	戊戌17	己亥18	庚子19	辛丑20	壬寅21		
九月大	乙酉	天干地支西曆	癸卯22	甲辰23	乙巳24	丙午25	丁未26	戊申27	己酉28	庚戌29	辛亥30	壬子(10)	癸丑2	甲寅3	乙卯4	丙辰5	丁巳6	戊午7	己未8	庚申9	辛酉10	壬戌11	癸亥12	甲子13	乙丑14	丙寅15	丁卯16	戊辰17	己巳18	庚午19	辛未20	壬申21	戊申秋分
十月小	丙戌	天干地支西曆	癸酉22	甲戌23	乙亥24	丙子25	丁丑26	戊寅27	己卯28	庚辰29	辛巳30	壬午31	癸未(11)	甲申2	乙酉3	丙戌4	丁亥5	戊子6	己丑7	庚寅8	辛卯9	壬辰10	癸巳11	甲午12	乙未13	丙申14	丁酉15	戊戌16	己亥17	庚子18	辛丑19		癸巳立冬
十一月大	丁亥	天干地支西曆	壬寅20	癸卯21	甲辰22	乙巳23	丙午24	丁未25	戊申26	己酉27	庚戌28	辛亥29	壬子30	癸丑(12)	甲寅2	乙卯3	丙辰4	丁巳5	戊午6	己未7	庚申8	辛酉9	壬戌10	癸亥11	甲子12	乙丑13	丙寅14	丁卯15	戊辰16	己巳17	庚午18	辛未19	
十二月小	戊子	天干地支西曆	壬申20	癸酉21	甲戌22	乙亥23	丙子24	丁丑25	戊寅26	己卯27	庚辰28	辛巳29	壬午30	癸未31	甲申(1)	乙酉2	丙戌3	丁亥4	戊子5	己丑6	庚寅7	辛卯8	壬辰9	癸巳10	甲午11	乙未12	丙申13	丁酉14	戊戌15	己亥16	庚子17		丁丑冬至

朔閏異同	曆名	正月	二月	三月	四月	五月	六月	七月	八月	九月	十月	十一	十二	閏月
	周曆夏曆	丁未乙亥	丙子乙巳	丙午甲戌	乙亥甲辰	乙巳癸酉	---乙亥癸卯	甲辰癸酉	甲戌壬寅	癸卯壬申	癸卯辛丑	壬寅辛未	壬申庚子	辛丑
	顓頊新曆	戊寅丙子	丁未乙巳	丁丑甲戌	丙午甲辰	丙子癸酉	乙巳癸卯	乙亥壬申	甲辰壬寅	甲戌壬申	甲辰壬寅	癸酉辛未	癸卯辛丑	---壬申

秦孝文王元年（辛亥 猪年） 公元前 250 ~ 前 249 年 歲在壽星

殷曆月序		中西曆日對照	初一	初二	初三	初四	初五	初六	初七	初八	初九	初十	十一	十二	十三	十四	十五	十六	十七	十八	十九	二十	二一	二二	二三	二四	二五	二六	二七	二八	二九	三十	節氣與天象
正月大	己丑	天干地支西曆	辛丑18	壬寅19	癸卯20	甲辰21	乙巳22	丙午23	丁未24	戊申25	己酉26	庚戌27	辛亥28	壬子29	癸丑30	甲寅31	乙卯(2)	丙辰2	丁巳3	戊午4	己未5	庚申6	辛酉7	壬戌8	癸亥9	甲子10	乙丑11	丙寅12	丁卯13	戊辰14	己巳15	庚午16	辛酉立春
二月小	庚寅	天干地支西曆	辛未17	壬申18	癸酉19	甲戌20	乙亥21	丙子22	丁丑23	戊寅24	己卯25	庚辰26	辛巳27	壬午28	癸未(3)	甲申2	乙酉3	丙戌4	丁亥5	戊子6	己丑7	庚寅8	辛卯9	壬辰10	癸巳11	甲午12	乙未13	丙申14	丁酉15	戊戌16	己亥17		
三月大	辛卯	天干地支西曆	庚子18	辛丑19	壬寅20	癸卯21	甲辰22	乙巳23	丙午24	丁未25	戊申26	己酉27	庚戌28	辛亥29	壬子30	癸丑31	甲寅(4)	乙卯2	丙辰3	丁巳4	戊午5	己未6	庚申7	辛酉8	壬戌9	癸亥10	甲子11	乙丑12	丙寅13	丁卯14	戊辰15	己巳16	丁未春分
四月小	壬辰	天干地支西曆	庚午17	辛未18	壬申19	癸酉20	甲戌21	乙亥22	丙子23	丁丑24	戊寅25	己卯26	庚辰27	辛巳28	壬午29	癸未30	甲申(5)	乙酉2	丙戌3	丁亥4	戊子5	己丑6	庚寅7	辛卯8	壬辰9	癸巳10	甲午11	乙未12	丙申13	丁酉14	戊戌15		甲午立夏
五月大	癸巳	天干地支西曆	己亥16	庚子17	辛丑18	壬寅19	癸卯20	甲辰21	乙巳22	丙午23	丁未24	戊申25	己酉26	庚戌27	辛亥28	壬子29	癸丑30	甲寅31	乙卯(6)	丙辰2	丁巳3	戊午4	己未5	庚申6	辛酉7	壬戌8	癸亥9	甲子10	乙丑11	丙寅12	丁卯13	戊辰14	
六月小	甲午	天干地支西曆	己巳15	庚午16	辛未17	壬申18	癸酉19	甲戌20	乙亥21	丙子22	丁丑23	戊寅24	己卯25	庚辰26	辛巳27	壬午28	癸未29	甲申30	乙酉(7)	丙戌2	丁亥3	戊子4	己丑5	庚寅6	辛卯7	壬辰8	癸巳9	甲午10	乙未11	丙申12	丁酉13		辛巳夏至
七月大	乙未	天干地支西曆	戊戌14	己亥15	庚子16	辛丑17	壬寅18	癸卯19	甲辰20	乙巳21	丙午22	丁未23	戊申24	己酉25	庚戌26	辛亥27	壬子28	癸丑29	甲寅30	乙卯31	丙辰(8)	丁巳2	戊午3	己未4	庚申5	辛酉6	壬戌7	癸亥8	甲子9	乙丑10	丙寅11	丁卯12	
八月小	丙申	天干地支西曆	戊辰13	己巳14	庚午15	辛未16	壬申17	癸酉18	甲戌19	乙亥20	丙子21	丁丑22	戊寅23	己卯24	庚辰25	辛巳26	壬午27	癸未28	甲申29	乙酉30	丙戌31	丁亥(9)	戊子2	己丑3	庚寅4	辛卯5	壬辰6	癸巳7	甲午8	乙未9	丙申10		戊辰立秋
九月大	丁酉	天干地支西曆	丁酉11	戊戌12	己亥13	庚子14	辛丑15	壬寅16	癸卯17	甲辰18	乙巳19	丙午20	丁未21	戊申22	己酉23	庚戌24	辛亥25	壬子26	癸丑27	甲寅28	乙卯29	丙辰30	丁巳(10)	戊午2	己未3	庚申4	辛酉5	壬戌6	癸亥7	甲子8	乙丑9	丙寅10	癸丑秋分
十月小	戊戌	天干地支西曆	丁卯11	戊辰12	己巳13	庚午14	辛未15	壬申16	癸酉17	甲戌18	乙亥19	丙子20	丁丑21	戊寅22	己卯23	庚辰24	辛巳25	壬午26	癸未27	甲申28	乙酉29	丙戌30	丁亥31	戊子(11)	己丑2	庚寅3	辛卯4	壬辰5	癸巳6	甲午7	乙未8		
十一月大	己亥	天干地支西曆	丙申9	丁酉10	戊戌11	己亥12	庚子13	辛丑14	壬寅15	癸卯16	甲辰17	乙巳18	丙午19	丁未20	戊申21	己酉22	庚戌23	辛亥24	壬子25	癸丑26	甲寅27	乙卯28	丙辰29	丁巳30	戊午(12)	己未2	庚申3	辛酉4	壬戌5	癸亥6	甲子7	乙丑8	戊戌立冬
十二月小	庚子	天干地支西曆	丙寅9	丁卯10	戊辰11	己巳12	庚午13	辛未14	壬申15	癸酉16	甲戌17	乙亥18	丙子19	丁丑20	戊寅21	己卯22	庚辰23	辛巳24	壬午25	癸未26	甲申27	乙酉28	丙戌29	丁亥30	戊子31	己丑(1)	庚寅2	辛卯3	壬辰4	癸巳5	甲午6		壬午冬至

朔閏異同	曆名	正月	二月	三月	四月	五月	六月	七月	八月	九月	十月	十一	十二	閏月
	周曆夏曆	辛未庚午	庚子己亥	庚午己巳	己亥戊戌	己巳戊辰	戊戌丁酉	戊辰丁卯	戊戌丙申	丁卯丙寅	丁酉丙申	丙寅乙丑	丙申乙未	
	顓頊新曆	壬寅庚午	辛未庚子	辛丑己巳	庚午戊戌	庚子戊辰	己巳丁酉	己亥丁卯	戊辰丙申	戊戌丙寅	丁卯丙申	丁酉丙寅	丁卯乙未	

秦莊襄王元年（壬子 鼠年） 公元前249年 歲在析木

殷曆月序		中西曆日對照	殷曆日序																														節氣與天象
			初一	初二	初三	初四	初五	初六	初七	初八	初九	初十	十一	十二	十三	十四	十五	十六	十七	十八	十九	二十	二一	二二	二三	二四	二五	二六	二七	二八	二九	三十	
正月大	辛丑	天干地支西曆	乙未7	丙申8	丁酉9	戊戌10	己亥11	庚子12	辛丑13	壬寅14	癸卯15	甲辰16	乙巳17	丙午18	丁未19	戊申20	己酉21	庚戌22	辛亥23	壬子24	癸丑25	甲寅26	乙卯27	丙辰28	丁巳29	戊午30	己未31	庚申(2)	辛酉2	壬戌3	癸亥4	甲子5	
二月小	壬寅	天干地支西曆	乙丑6	丙寅7	丁卯8	戊辰9	己巳10	庚午11	辛未12	壬申13	癸酉14	甲戌15	乙亥16	丙子17	丁丑18	戊寅19	己卯20	庚辰21	辛巳22	壬午23	癸未24	甲申25	乙酉26	丙戌27	丁亥28	戊子29	己丑(3)	庚寅2	辛卯3	壬辰4	癸巳5		丁卯立春
三月大	癸卯	天干地支西曆	甲午6	乙未7	丙申8	丁酉9	戊戌10	己亥11	庚子12	辛丑13	壬寅14	癸卯15	甲辰16	乙巳17	丙午18	丁未19	戊申20	己酉21	庚戌22	辛亥23	壬子24	癸丑25	甲寅26	乙卯27	丙辰28	丁巳29	戊午30	己未31	庚申(4)	辛酉2	壬戌3	癸亥4	壬子春分
四月大	甲辰	天干地支西曆	甲子5	乙丑6	丙寅7	丁卯8	戊辰9	己巳10	庚午11	辛未12	壬申13	癸酉14	甲戌15	乙亥16	丙子17	丁丑18	戊寅19	己卯20	庚辰21	辛巳22	壬午23	癸未24	甲申25	乙酉26	丙戌27	丁亥28	戊子29	己丑30	庚寅(5)	辛卯2	壬辰3	癸巳4	癸巳日食
五月小	乙巳	天干地支西曆	甲午5	乙未6	丙申7	丁酉8	戊戌9	己亥10	庚子11	辛丑12	壬寅13	癸卯14	甲辰15	乙巳16	丙午17	丁未18	戊申19	己酉20	庚戌21	辛亥22	壬子23	癸丑24	甲寅25	乙卯26	丙辰27	丁巳28	戊午29	己未30	庚申31	辛酉(6)	壬戌2		己亥立夏
六月大	丙午	天干地支西曆	癸亥3	甲子4	乙丑5	丙寅6	丁卯7	戊辰8	己巳9	庚午10	辛未11	壬申12	癸酉13	甲戌14	乙亥15	丙子16	丁丑17	戊寅18	己卯19	庚辰20	辛巳21	壬午22	癸未23	甲申24	乙酉25	丙戌26	丁亥27	戊子28	己丑29	庚寅30	辛卯(7)	壬辰2	丙戌夏至
七月小	丁未	天干地支西曆	癸巳3	甲午4	乙未5	丙申6	丁酉7	戊戌8	己亥9	庚子10	辛丑11	壬寅12	癸卯13	甲辰14	乙巳15	丙午16	丁未17	戊申18	己酉19	庚戌20	辛亥21	壬子22	癸丑23	甲寅24	乙卯25	丙辰26	丁巳27	戊午28	己未29	庚申30	辛酉31		
八月大	戊申	天干地支西曆	壬戌(8)	癸亥2	甲子3	乙丑4	丙寅5	丁卯6	戊辰7	己巳8	庚午9	辛未10	壬申11	癸酉12	甲戌13	乙亥14	丙子15	丁丑16	戊寅17	己卯18	庚辰19	辛巳20	壬午21	癸未22	甲申23	乙酉24	丙戌25	丁亥26	戊子27	己丑28	庚寅29	辛卯30	癸酉立秋
九月小	己酉	天干地支西曆	壬辰31	癸巳(9)	甲午2	乙未3	丙申4	丁酉5	戊戌6	己亥7	庚子8	辛丑9	壬寅10	癸卯11	甲辰12	乙巳13	丙午14	丁未15	戊申16	己酉17	庚戌18	辛亥19	壬子20	癸丑21	甲寅22	乙卯23	丙辰24	丁巳25	戊午26	己未27	庚申28		己未秋分
十月大	庚戌	天干地支西曆	辛酉29	壬戌30	癸亥(10)	甲子2	乙丑3	丙寅4	丁卯5	戊辰6	己巳7	庚午8	辛未9	壬申10	癸酉11	甲戌12	乙亥13	丙子14	丁丑15	戊寅16	己卯17	庚辰18	辛巳19	壬午20	癸未21	甲申22	乙酉23	丙戌24	丁亥25	戊子26	己丑27	庚寅28	
十一月小	辛亥	天干地支西曆	辛卯29	壬辰30	癸巳31	甲午(11)	乙未2	丙申3	丁酉4	戊戌5	己亥6	庚子7	辛丑8	壬寅9	癸卯10	甲辰11	乙巳12	丙午13	丁未14	戊申15	己酉16	庚戌17	辛亥18	壬子19	癸丑20	甲寅21	乙卯22	丙辰23	丁巳24	戊午25	己未26		癸卯立冬
十二月大	壬子	天干地支西曆	庚申27	辛酉28	壬戌29	癸亥30	甲子(12)	乙丑2	丙寅3	丁卯4	戊辰5	己巳6	庚午7	辛未8	壬申9	癸酉10	甲戌11	乙亥12	丙子13	丁丑14	戊寅15	己卯16	庚辰17	辛巳18	壬午19	癸未20	甲申21	乙酉22	丙戌23	丁亥24	戊子25	己丑26	丁亥冬至

朔閏異同	曆名	正月	二月	三月	四月	五月	六月	七月	八月	九月	十月	十一	十二	閏月		曆名	正月	二月	三月	四月	五月	六月	七月	八月	九月	十月	十一	十二	閏月
	周曆夏曆	乙丑甲子	乙未甲午	甲子癸亥	甲午癸巳	癸亥壬戌	癸巳壬辰	壬戌辛酉	壬辰辛卯	辛酉---庚申	辛卯庚寅	庚申己未	庚寅己丑	戊午		顓頊新曆	丙申乙丑	丙寅甲午	乙未甲子	乙丑癸巳	甲午癸亥	甲子壬辰	癸巳---辛酉	癸亥辛卯	壬辰庚申	壬戌庚寅	辛卯庚申	辛酉己丑	己未

* 歲星超辰。秦滅東周，周室祀絶。秦國用顓頊曆，以十月爲歲首。

秦莊襄王二年（癸丑 牛年） 公元前249 ~ 前248年 歲在星紀

顯項月序		中西曆日對照	顯項日序																													節氣與天象
			初一	初二	初三	初四	初五	初六	初七	初八	初九	初十	十一	十二	十三	十四	十五	十六	十七	十八	十九	二十	二一	二二	二三	二四	二五	二六	二七	二八	二九	三十	
十月大	辛亥	天地 干支 西曆	庚寅28	辛卯29	壬辰30	癸巳31	甲午(11)	乙未2	丙申3	丁酉4	戊戌5	己亥6	庚子7	辛丑8	壬寅9	癸卯10	甲辰11	乙巳12	丙午13	丁未14	戊申15	己酉16	庚戌17	辛亥18	壬子19	癸丑20	甲寅21	乙卯22	丙辰23	丁巳24	戊午25	己未26	癸卯立冬
十一月小	壬子	天地 干支 西曆	庚申27	辛酉28	壬戌29	癸亥30	甲子(12)	乙丑2	丙寅3	丁卯4	戊辰5	己巳6	庚午7	辛未8	壬申9	癸酉10	甲戌11	乙亥12	丙子13	丁丑14	戊寅15	己卯16	庚辰17	辛巳18	壬午19	癸未20	甲申21	乙酉22	丙戌23	丁亥24	戊子25		丁亥冬至
十二月大	癸丑	天地 干支 西曆	己丑26	庚寅27	辛卯28	壬辰29	癸巳30	甲午31	乙未(1)	丙申2	丁酉3	戊戌4	己亥5	庚子6	辛丑7	壬寅8	癸卯9	甲辰10	乙巳11	丙午12	丁未13	戊申14	己酉15	庚戌16	辛亥17	壬子18	癸丑19	甲寅20	乙卯21	丙辰22	丁巳23	戊午24	
正月大	甲寅	天地 干支 西曆	己未25	庚申26	辛酉27	壬戌28	癸亥29	甲子30	乙丑31	丙寅(2)	丁卯2	戊辰3	己巳4	庚午5	辛未6	壬申7	癸酉8	甲戌9	乙亥10	丙子11	丁丑12	戊寅13	己卯14	庚辰15	辛巳16	壬午17	癸未18	甲申19	乙酉20	丙戌21	丁亥22	戊子23	壬申立春
二月小	乙卯	天地 干支 西曆	己丑24	庚寅25	辛卯26	壬辰27	癸巳28	甲午(3)	乙未2	丙申3	丁酉4	戊戌5	己亥6	庚子7	辛丑8	壬寅9	癸卯10	甲辰11	乙巳12	丙午13	丁未14	戊申15	己酉16	庚戌17	辛亥18	壬子19	癸丑20	甲寅21	乙卯22	丙辰23	丁巳24		
三月大	丙辰	天地 干支 西曆	戊午25	己未26	庚申27	辛酉28	壬戌29	癸亥30	甲子31	乙丑(4)	丙寅2	丁卯3	戊辰4	己巳5	庚午6	辛未7	壬申8	癸酉9	甲戌10	乙亥11	丙子12	丁丑13	戊寅14	己卯15	庚辰16	辛巳17	壬午18	癸未19	甲申20	乙酉21	丙戌22	丁亥23	戊午春分
四月小	丁巳	天地 干支 西曆	戊子24	己丑25	庚寅26	辛卯27	壬辰28	癸巳29	甲午30	乙未(5)	丙申2	丁酉3	戊戌4	己亥5	庚子6	辛丑7	壬寅8	癸卯9	甲辰10	乙巳11	丙午12	丁未13	戊申14	己酉15	庚戌16	辛亥17	壬子18	癸丑19	甲寅20	乙卯21	丙辰22		甲辰立夏 戊子日食
五月大	戊午	天地 干支 西曆	丁巳23	戊午24	己未25	庚申26	辛酉27	壬戌28	癸亥29	甲子30	乙丑31	丙寅(6)	丁卯2	戊辰3	己巳4	庚午5	辛未6	壬申7	癸酉8	甲戌9	乙亥10	丙子11	丁丑12	戊寅13	己卯14	庚辰15	辛巳16	壬午17	癸未18	甲申19	乙酉20	丙戌21	
六月小	己未	天地 干支 西曆	丁亥22	戊子23	己丑24	庚寅25	辛卯26	壬辰27	癸巳28	甲午29	乙未30	丙申(7)	丁酉2	戊戌3	己亥4	庚子5	辛丑6	壬寅7	癸卯8	甲辰9	乙巳10	丙午11	丁未12	戊申13	己酉14	庚戌15	辛亥16	壬子17	癸丑18	甲寅19	乙卯20		壬辰夏至
七月大	庚申	天地 干支 西曆	丙辰21	丁巳22	戊午23	己未24	庚申25	辛酉26	壬戌27	癸亥28	甲子29	乙丑30	丙寅31	丁卯(8)	戊辰2	己巳3	庚午4	辛未5	壬申6	癸酉7	甲戌8	乙亥9	丙子10	丁丑11	戊寅12	己卯13	庚辰14	辛巳15	壬午16	癸未17	甲申18	乙酉19	戊寅立秋
八月小	辛酉	天地 干支 西曆	丙戌20	丁亥21	戊子22	己丑23	庚寅24	辛卯25	壬辰26	癸巳27	甲午28	乙未29	丙申30	丁酉31	戊戌(9)	己亥2	庚子3	辛丑4	壬寅5	癸卯6	甲辰7	乙巳8	丙午9	丁未10	戊申11	己酉12	庚戌13	辛亥14	壬子15	癸丑16	甲寅17		
九月大	壬戌	天地 干支 西曆	乙卯18	丙辰19	丁巳20	戊午21	己未22	庚申23	辛酉24	壬戌25	癸亥26	甲子27	乙丑28	丙寅29	丁卯30	戊辰(10)	己巳2	庚午3	辛未4	壬申5	癸酉6	甲戌7	乙亥8	丙子9	丁丑10	戊寅11	己卯12	庚辰13	辛巳14	壬午15	癸未16	甲申17	甲子秋分
後九月小	壬戌	天地 干支 西曆	乙酉18	丙戌19	丁亥20	戊子21	己丑22	庚寅23	辛卯24	壬辰25	癸巳26	甲午27	乙未28	丙申29	丁酉30	戊戌31	己亥(11)	庚子2	辛丑3	壬寅4	癸卯5	甲辰6	乙巳7	丙午8	丁未9	戊申10	己酉11	庚戌12	辛亥13	壬子14	癸丑15		戊申立冬

朔閏異同	曆名	正月	二月	三月	四月	五月	六月	七月	八月	九月	十月	十一	十二	閏月
	周曆殷曆	庚申己未	己丑己丑	---己未戊午	戊子戊子	戊午丁巳	丁亥丁亥	丁巳丁巳	丙戌丙戌	丙辰丙辰	乙酉乙酉	乙卯乙卯	甲申甲申	甲寅
	曆名	正月	二月	三月	四月	五月	六月	七月	八月	九月	十月	十一	十二	閏月
	夏曆新曆	戊子己丑	戊午戊午	丁亥戊子	丁巳丁巳	丙戌丁亥	丙辰丙辰	乙酉乙酉	乙卯乙卯	甲申甲申	---甲寅甲寅	癸未癸未	癸丑癸丑	壬午

秦莊襄王三年（甲寅 虎年） 公元前248 ~ 前247年 歲在玄枵

顯項月序		中西曆對照	初一	初二	初三	初四	初五	初六	初七	初八	初九	初十	十一	十二	十三	十四	十五	十六	十七	十八	十九	二十	二一	二二	二三	二四	二五	二六	二七	二八	二九	三十	節氣與天象
十月大	癸亥	干支 天地 西曆	甲寅16	乙卯17	丙辰18	丁巳19	戊午20	己未21	庚申22	辛酉23	壬戌24	癸亥25	甲子26	乙丑27	丙寅28	丁卯29	戊辰30	己巳(12)	庚午2	辛未3	壬申4	癸酉5	甲戌6	乙亥7	丙子8	丁丑9	戊寅10	己卯11	庚辰12	辛巳13	壬午14	癸未15	
十一月小	甲子	干支 天地 西曆	甲申16	乙酉17	丙戌18	丁亥19	戊子20	己丑21	庚寅22	辛卯23	壬辰24	癸巳25	甲午26	乙未27	丙申28	丁酉29	戊戌30	己亥31	庚子(1)	辛丑2	壬寅3	癸卯4	甲辰5	乙巳6	丙午7	丁未8	戊申9	己酉10	庚戌11	辛亥12	壬子13		癸巳冬至
十二月大	乙丑	干支 天地 西曆	癸丑14	甲寅15	乙卯16	丙辰17	丁巳18	戊午19	己未20	庚申21	辛酉22	壬戌23	癸亥24	甲子25	乙丑26	丙寅27	丁卯28	戊辰29	己巳30	庚午31	辛未(2)	壬申2	癸酉3	甲戌4	乙亥5	丙子6	丁丑7	戊寅8	己卯9	庚辰10	辛巳11	壬午12	丁丑立春
正月小	丙寅	干支 天地 西曆	癸未13	甲申14	乙酉15	丙戌16	丁亥17	戊子18	己丑19	庚寅20	辛卯21	壬辰22	癸巳23	甲午24	乙未25	丙申26	丁酉27	戊戌28	己亥(3)	庚子2	辛丑3	壬寅4	癸卯5	甲辰6	乙巳7	丙午8	丁未9	戊申10	己酉11	庚戌12	辛亥13		
二月大	丁卯	干支 天地 西曆	壬子14	癸丑15	甲寅16	乙卯17	丙辰18	丁巳19	戊午20	己未21	庚申22	辛酉23	壬戌24	癸亥25	甲子26	乙丑27	丙寅28	丁卯29	戊辰30	己巳31	庚午(4)	辛未2	壬申3	癸酉4	甲戌5	乙亥6	丙子7	丁丑8	戊寅9	己卯10	庚辰11	辛巳12	癸亥春分
三月大	戊辰	干支 天地 西曆	壬午13	癸未14	甲申15	乙酉16	丙戌17	丁亥18	戊子19	己丑20	庚寅21	辛卯22	壬辰23	癸巳24	甲午25	乙未26	丙申27	丁酉28	戊戌29	己亥30	庚子(5)	辛丑2	壬寅3	癸卯4	甲辰5	乙巳6	丙午7	丁未8	戊申9	己酉10	庚戌11	辛亥12	庚戌立夏
四月小	己巳	干支 天地 西曆	壬子13	癸丑14	甲寅15	乙卯16	丙辰17	丁巳18	戊午19	己未20	庚申21	辛酉22	壬戌23	癸亥24	甲子25	乙丑26	丙寅27	丁卯28	戊辰29	己巳30	庚午31	辛未(6)	壬申2	癸酉3	甲戌4	乙亥5	丙子6	丁丑7	戊寅8	己卯9	庚辰10		
五月大	庚午	干支 天地 西曆	辛巳11	壬午12	癸未13	甲申14	乙酉15	丙戌16	丁亥17	戊子18	己丑19	庚寅20	辛卯21	壬辰22	癸巳23	甲午24	乙未25	丙申26	丁酉27	戊戌28	己亥29	庚子30	辛丑(7)	壬寅2	癸卯3	甲辰4	乙巳5	丙午6	丁未7	戊申8	己酉9	庚戌10	丁酉夏至
六月小	辛未	干支 天地 西曆	辛亥11	壬子12	癸丑13	甲寅14	乙卯15	丙辰16	丁巳17	戊午18	己未19	庚申20	辛酉21	壬戌22	癸亥23	甲子24	乙丑25	丙寅26	丁卯27	戊辰28	己巳29	庚午30	辛未31	壬申(8)	癸酉2	甲戌3	乙亥4	丙子5	丁丑6	戊寅7	己卯8		
七月大	壬申	干支 天地 西曆	庚辰9	辛巳10	壬午11	癸未12	甲申13	乙酉14	丙戌15	丁亥16	戊子17	己丑18	庚寅19	辛卯20	壬辰21	癸巳22	甲午23	乙未24	丙申25	丁酉26	戊戌27	己亥28	庚子29	辛丑30	壬寅31	癸卯(9)	甲辰2	乙巳3	丙午4	丁未5	戊申6	己酉7	甲申立秋 己酉日食
八月小	癸酉	干支 天地 西曆	庚戌8	辛亥9	壬子10	癸丑11	甲寅12	乙卯13	丙辰14	丁巳15	戊午16	己未17	庚申18	辛酉19	壬戌20	癸亥21	甲子22	乙丑23	丙寅24	丁卯25	戊辰26	己巳27	庚午28	辛未29	壬申30	癸酉(10)	甲戌2	乙亥3	丙子4	丁丑5	戊寅6		己巳秋分
九月大	甲戌	干支 天地 西曆	己卯7	庚辰8	辛巳9	壬午10	癸未11	甲申12	乙酉13	丙戌14	丁亥15	戊子16	己丑17	庚寅18	辛卯19	壬辰20	癸巳21	甲午22	乙未23	丙申24	丁酉25	戊戌26	己亥27	庚子28	辛丑29	壬寅30	癸卯31	甲辰(11)	乙巳2	丙午3	丁未4	戊申5	

朔閏異同	曆名	正月	二月	三月	四月	五月	六月	七月	八月	九月	十月	十一	十二	閏月
	周曆殷曆	癸未甲寅	癸丑癸未	壬午癸丑	壬子壬午	壬午壬子	辛亥辛巳	辛巳辛亥	庚戌庚辰	庚辰庚戌	己酉己卯	己卯己酉	戊申己卯	
	夏曆新曆	壬午癸未	壬子癸丑	辛巳壬午	辛亥壬子	辛巳辛巳	庚戌庚戌	庚辰庚辰	己酉己酉	己卯己卯	戊申戊申	戊寅戊寅	丁未丁未	

秦王政元年（乙卯 兔年） 公元前247～前246年 歲在娵訾

顯項月序		中西曆日對照	初一	初二	初三	初四	初五	初六	初七	初八	初九	初十	十一	十二	十三	十四	十五	十六	十七	十八	十九	二十	二一	二二	二三	二四	二五	二六	二七	二八	二九	三十	節氣與天象
十月小	乙亥	天干地支西曆	己酉6	庚戌7	辛亥8	壬子9	癸丑10	甲寅11	乙卯12	丙辰13	丁巳14	戊午15	己未16	庚申17	辛酉18	壬戌19	癸亥20	甲子21	乙丑22	丙寅23	丁卯24	戊辰25	己巳26	庚午27	辛未28	壬申29	癸酉30	甲戌(12)	乙亥2	丙子3	丁丑4		甲寅立冬
十一月大	丙子	天干地支西曆	戊寅5	己卯6	庚辰7	辛巳8	壬午9	癸未10	甲申11	乙酉12	丙戌13	丁亥14	戊子15	己丑16	庚寅17	辛卯18	壬辰19	癸巳20	甲午21	乙未22	丙申23	丁酉24	戊戌25	己亥26	庚子27	辛丑28	壬寅29	癸卯30	甲辰31	乙巳(1)	丙午2	丁未3	戊戌冬至
十二月小	丁丑	天干地支西曆	戊申4	己酉5	庚戌6	辛亥7	壬子8	癸丑9	甲寅10	乙卯11	丙辰12	丁巳13	戊午14	己未15	庚申16	辛酉17	壬戌18	癸亥19	甲子20	乙丑21	丙寅22	丁卯23	戊辰24	己巳25	庚午26	辛未27	壬申28	癸酉29	甲戌30	乙亥31	丙子(2)		
正月大	戊寅	天干地支西曆	丁丑2	戊寅3	己卯4	庚辰5	辛巳6	壬午7	癸未8	甲申9	乙酉10	丙戌11	丁亥12	戊子13	己丑14	庚寅15	辛卯16	壬辰17	癸巳18	甲午19	乙未20	丙申21	丁酉22	戊戌23	己亥24	庚子25	辛丑26	壬寅27	癸卯28	甲辰(3)	乙巳2	丙午3	壬午立春
二月小	己卯	天干地支西曆	丁未4	戊申5	己酉6	庚戌7	辛亥8	壬子9	癸丑10	甲寅11	乙卯12	丙辰13	丁巳14	戊午15	己未16	庚申17	辛酉18	壬戌19	癸亥20	甲子21	乙丑22	丙寅23	丁卯24	戊辰25	己巳26	庚午27	辛未28	壬申29	癸酉30	甲戌31	乙亥(4)		戊辰春分
三月大	庚辰	天干地支西曆	丙子2	丁丑3	戊寅4	己卯5	庚辰6	辛巳7	壬午8	癸未9	甲申10	乙酉11	丙戌12	丁亥13	戊子14	己丑15	庚寅16	辛卯17	壬辰18	癸巳19	甲午20	乙未21	丙申22	丁酉23	戊戌24	己亥25	庚子26	辛丑27	壬寅28	癸卯29	甲辰30	乙巳(5)	
四月小	辛巳	天干地支西曆	丙午2	丁未3	戊申4	己酉5	庚戌6	辛亥7	壬子8	癸丑9	甲寅10	乙卯11	丙辰12	丁巳13	戊午14	己未15	庚申16	辛酉17	壬戌18	癸亥19	甲子20	乙丑21	丙寅22	丁卯23	戊辰24	己巳25	庚午26	辛未27	壬申28	癸酉29	甲戌30		乙卯立夏
五月大	壬午	天干地支西曆	乙亥31	丙子(6)	丁丑2	戊寅3	己卯4	庚辰5	辛巳6	壬午7	癸未8	甲申9	乙酉10	丙戌11	丁亥12	戊子13	己丑14	庚寅15	辛卯16	壬辰17	癸巳18	甲午19	乙未20	丙申21	丁酉22	戊戌23	己亥24	庚子25	辛丑26	壬寅27	癸卯28	甲辰29	壬寅夏至
六月小	癸未	天干地支西曆	乙巳30	丙午(7)	丁未2	戊申3	己酉4	庚戌5	辛亥6	壬子7	癸丑8	甲寅9	乙卯10	丙辰11	丁巳12	戊午13	己未14	庚申15	辛酉16	壬戌17	癸亥18	甲子19	乙丑20	丙寅21	丁卯22	戊辰23	己巳24	庚午25	辛未26	壬申27	癸酉28		
七月大	甲申	天干地支西曆	甲戌29	乙亥30	丙子31	丁丑(8)	戊寅2	己卯3	庚辰4	辛巳5	壬午6	癸未7	甲申8	乙酉9	丙戌10	丁亥11	戊子12	己丑13	庚寅14	辛卯15	壬辰16	癸巳17	甲午18	乙未19	丙申20	丁酉21	戊戌22	己亥23	庚子24	辛丑25	壬寅26	癸卯27	己丑立秋
八月大	乙酉	天干地支西曆	甲辰28	乙巳29	丙午30	丁未31	戊申(9)	己酉2	庚戌3	辛亥4	壬子5	癸丑6	甲寅7	乙卯8	丙辰9	丁巳10	戊午11	己未12	庚申13	辛酉14	壬戌15	癸亥16	甲子17	乙丑18	丙寅19	丁卯20	戊辰21	己巳22	庚午23	辛未24	壬申25	癸酉26	甲辰日食
九月小	丙戌	天干地支西曆	甲戌27	乙亥28	丙子29	丁丑30	戊寅(10)	己卯2	庚辰3	辛巳4	壬午5	癸未6	甲申7	乙酉8	丙戌9	丁亥10	戊子11	己丑12	庚寅13	辛卯14	壬辰15	癸巳16	甲午17	乙未18	丙申19	丁酉20	戊戌21	己亥22	庚子23	辛丑24	壬寅25		甲戌秋分
後九月大	丙戌	天干地支西曆	癸卯26	甲辰27	乙巳28	丙午29	丁未30	戊申31	己酉(11)	庚戌2	辛亥3	壬子4	癸丑5	甲寅6	乙卯7	丙辰8	丁巳9	戊午10	己未11	庚申12	辛酉13	壬戌14	癸亥15	甲子16	乙丑17	丙寅18	丁卯19	戊辰20	己巳21	庚午22	辛未23	壬申24	己未立冬

朔閏異同	曆名	正月	二月	三月	四月	五月	六月	七月	八月	九月	十月	十一	十二	閏月
	周曆殷曆	戊寅戊申	丁未戊寅	丁丑丁未	丙午丁丑	丙子丙午	乙巳丙子	乙亥乙巳	乙巳---乙亥	甲戌甲辰	甲辰甲戌	癸酉癸卯	---癸卯癸酉	壬申壬寅
	夏曆新曆	丁丑丁丑	丙午丁未	丙子丙子	乙巳丙午	---乙亥丙子	甲辰---乙巳	甲戌甲戌	癸卯甲辰	癸酉癸酉	癸卯癸卯	壬申壬申	壬寅壬寅	辛未辛未

秦王政二年（丙辰 龍年） 公元前246 ~ 前245年 歲在降婁

顓項月序		中西曆對照	初一	初二	初三	初四	初五	初六	初七	初八	初九	初十	十一	十二	十三	十四	十五	十六	十七	十八	十九	二十	二一	二二	二三	二四	二五	二六	二七	二八	二九	三十	節氣與天象
十月小	丁亥	天干地支西曆	癸酉25	甲戌26	乙亥27	丙子28	丁丑29	戊寅30	己卯(12)	庚辰2	辛巳3	壬午4	癸未5	甲申6	乙酉7	丙戌8	丁亥9	戊子10	己丑11	庚寅12	辛卯13	壬辰14	癸巳15	甲午16	乙未17	丙申18	丁酉19	戊戌20	己亥21	庚子22	辛丑23		
十一月大	戊子	天干地支西曆	壬寅24	癸卯25	甲辰26	乙巳27	丙午28	丁未29	戊申30	己酉31	庚戌(1)	辛亥2	壬子3	癸丑4	甲寅5	乙卯6	丙辰7	丁巳8	戊午9	己未10	庚申11	辛酉12	壬戌13	癸亥14	甲子15	乙丑16	丙寅17	丁卯18	戊辰19	己巳20	庚午21	辛未22	癸卯冬至
十二月小	己丑	天干地支西曆	壬申23	癸酉24	甲戌25	乙亥26	丙子27	丁丑28	戊寅29	己卯30	庚辰31	辛巳(2)	壬午2	癸未3	甲申4	乙酉5	丙戌6	丁亥7	戊子8	己丑9	庚寅10	辛卯11	壬辰12	癸巳13	甲午14	乙未15	丙申16	丁酉17	戊戌18	己亥19	庚子20		戊子立春
正月大	庚寅	天干地支西曆	辛丑21	壬寅22	癸卯23	甲辰24	乙巳25	丙午26	丁未27	戊申28	己酉29	庚戌(3)	辛亥2	壬子3	癸丑4	甲寅5	乙卯6	丙辰7	丁巳8	戊午9	己未10	庚申11	辛酉12	壬戌13	癸亥14	甲子15	乙丑16	丙寅17	丁卯18	戊辰19	己巳20	庚午21	
二月小	辛卯	天干地支西曆	辛未22	壬申23	癸酉24	甲戌25	乙亥26	丙子27	丁丑28	戊寅29	己卯30	庚辰31	辛巳(4)	壬午2	癸未3	甲申4	乙酉5	丙戌6	丁亥7	戊子8	己丑9	庚寅10	辛卯11	壬辰12	癸巳13	甲午14	乙未15	丙申16	丁酉17	戊戌18	己亥19		癸酉春分
三月大	壬辰	天干地支西曆	庚子20	辛丑21	壬寅22	癸卯23	甲辰24	乙巳25	丙午26	丁未27	戊申28	己酉29	庚戌30	辛亥(5)	壬子2	癸丑3	甲寅4	乙卯5	丙辰6	丁巳7	戊午8	己未9	庚申10	辛酉11	壬戌12	癸亥13	甲子14	乙丑15	丙寅16	丁卯17	戊辰18	己巳19	庚申立夏
四月小	癸巳	天干地支西曆	庚午20	辛未21	壬申22	癸酉23	甲戌24	乙亥25	丙子26	丁丑27	戊寅28	己卯29	庚辰30	辛巳31	壬午(6)	癸未2	甲申3	乙酉4	丙戌5	丁亥6	戊子7	己丑8	庚寅9	辛卯10	壬辰11	癸巳12	甲午13	乙未14	丙申15	丁酉16	戊戌17		
五月大	甲午	天干地支西曆	己亥18	庚子19	辛丑20	壬寅21	癸卯22	甲辰23	乙巳24	丙午25	丁未26	戊申27	己酉28	庚戌29	辛亥30	壬子(7)	癸丑2	甲寅3	乙卯4	丙辰5	丁巳6	戊午7	己未8	庚申9	辛酉10	壬戌11	癸亥12	甲子13	乙丑14	丙寅15	丁卯16	戊辰17	丁未夏至
六月小	乙未	天干地支西曆	己巳18	庚午19	辛未20	壬申21	癸酉22	甲戌23	乙亥24	丙子25	丁丑26	戊寅27	己卯28	庚辰29	辛巳30	壬午31	癸未(8)	甲申2	乙酉3	丙戌4	丁亥5	戊子6	己丑7	庚寅8	辛卯9	壬辰10	癸巳11	甲午12	乙未13	丙申14	丁酉15		甲午立秋
七月大	丙申	天干地支西曆	戊戌16	己亥17	庚子18	辛丑19	壬寅20	癸卯21	甲辰22	乙巳23	丙午24	丁未25	戊申26	己酉27	庚戌28	辛亥29	壬子30	癸丑31	甲寅(9)	乙卯2	丙辰3	丁巳4	戊午5	己未6	庚申7	辛酉8	壬戌9	癸亥10	甲子11	乙丑12	丙寅13	丁卯14	
八月小	丁酉	天干地支西曆	戊辰15	己巳16	庚午17	辛未18	壬申19	癸酉20	甲戌21	乙亥22	丙子23	丁丑24	戊寅25	己卯26	庚辰27	辛巳28	壬午29	癸未30	甲申(10)	乙酉2	丙戌3	丁亥4	戊子5	己丑6	庚寅7	辛卯8	壬辰9	癸巳10	甲午11	乙未12	丙申13		庚辰秋分
九月大	戊戌	天干地支西曆	丁酉14	戊戌15	己亥16	庚子17	辛丑18	壬寅19	癸卯20	甲辰21	乙巳22	丙午23	丁未24	戊申25	己酉26	庚戌27	辛亥28	壬子29	癸丑30	甲寅31	乙卯(11)	丙辰2	丁巳3	戊午4	己未5	庚申6	辛酉7	壬戌8	癸亥9	甲子10	乙丑11	丙寅12	甲子立冬

朔閏異同	曆名	正月	二月	三月	四月	五月	六月	七月	八月	九月	十月	十一	十二	閏月	曆名	正月	二月	三月	四月	五月	六月	七月	八月	九月	十月	十一	十二	閏月
	周曆殷曆	壬寅壬申	辛未壬寅	辛丑辛未	庚午辛丑	庚子庚午	己巳庚子	己亥己巳	戊辰己亥	戊戌戊辰	丁卯戊戌	丁酉丁卯	丁卯丁酉		夏曆新曆	辛丑辛丑	庚午庚午	庚子庚子	己巳庚午	己亥己亥	戊辰己巳	戊戌戊戌	丁卯戊辰	丁酉丁酉	丙寅丁卯	丙申丙申	乙丑丙寅	

秦王政三年（丁巳 蛇年） 公元前245 ~ 前244年 歲在大梁

顯項月序		中西曆日對照	初一	初二	初三	初四	初五	初六	初七	初八	初九	初十	十一	十二	十三	十四	十五	十六	十七	十八	十九	二十	二一	二二	二三	二四	二五	二六	二七	二八	二九	三十	節氣與天象
十月小	己亥	天干地支西曆	丁卯13	戊辰14	己巳15	庚午16	辛未17	壬申18	癸酉19	甲戌20	乙亥21	丙子22	丁丑23	戊寅24	己卯25	庚辰26	辛巳27	壬午28	癸未29	甲申30	乙酉(12)	丙戌2	丁亥3	戊子4	己丑5	庚寅6	辛卯7	壬辰8	癸巳9	甲午10	乙未11		
十一月大	庚子	天干地支西曆	丙申12	丁酉13	戊戌14	己亥15	庚子16	辛丑17	壬寅18	癸卯19	甲辰20	乙巳21	丙午22	丁未23	戊申24	己酉25	庚戌26	辛亥27	壬子28	癸丑29	甲寅30	乙卯31	丙辰(1)	丁巳2	戊午3	己未4	庚申5	辛酉6	壬戌7	癸亥8	甲子9	乙丑10	戊申冬至
十二月大	辛丑	天干地支西曆	丙寅11	丁卯12	戊辰13	己巳14	庚午15	辛未16	壬申17	癸酉18	甲戌19	乙亥20	丙子21	丁丑22	戊寅23	己卯24	庚辰25	辛巳26	壬午27	癸未28	甲申29	乙酉30	丙戌31	丁亥(2)	戊子2	己丑3	庚寅4	辛卯5	壬辰6	癸巳7	甲午8	乙未9	癸巳立春
正月小	壬寅	天干地支西曆	丙申10	丁酉11	戊戌12	己亥13	庚子14	辛丑15	壬寅16	癸卯17	甲辰18	乙巳19	丙午20	丁未21	戊申22	己酉23	庚戌24	辛亥25	壬子26	癸丑27	甲寅28	乙卯(3)	丙辰2	丁巳3	戊午4	己未5	庚申6	辛酉7	壬戌8	癸亥9	甲子10		
二月大	癸卯	天干地支西曆	乙丑11	丙寅12	丁卯13	戊辰14	己巳15	庚午16	辛未17	壬申18	癸酉19	甲戌20	乙亥21	丙子22	丁丑23	戊寅24	己卯25	庚辰26	辛巳27	壬午28	癸未29	甲申30	乙酉31	丙戌(4)	丁亥2	戊子3	己丑4	庚寅5	辛卯6	壬辰7	癸巳8	甲午9	己卯春分
三月小	甲辰	天干地支西曆	乙未10	丙申11	丁酉12	戊戌13	己亥14	庚子15	辛丑16	壬寅17	癸卯18	甲辰19	乙巳20	丙午21	丁未22	戊申23	己酉24	庚戌25	辛亥26	壬子27	癸丑28	甲寅29	乙卯30	丙辰(5)	丁巳2	戊午3	己未4	庚申5	辛酉6	壬戌7	癸亥8		
四月大	乙巳	天干地支西曆	甲子9	乙丑10	丙寅11	丁卯12	戊辰13	己巳14	庚午15	辛未16	壬申17	癸酉18	甲戌19	乙亥20	丙子21	丁丑22	戊寅23	己卯24	庚辰25	辛巳26	壬午27	癸未28	甲申29	乙酉30	丙戌31	丁亥(6)	戊子2	己丑3	庚寅4	辛卯5	壬辰6	癸巳7	乙丑立夏
五月小	丙午	天干地支西曆	甲午8	乙未9	丙申10	丁酉11	戊戌12	己亥13	庚子14	辛丑15	壬寅16	癸卯17	甲辰18	乙巳19	丙午20	丁未21	戊申22	己酉23	庚戌24	辛亥25	壬子26	癸丑27	甲寅28	乙卯29	丙辰30	丁巳(7)	戊午2	己未3	庚申4	辛酉5	壬戌6		癸丑夏至
六月大	丁未	天干地支西曆	癸亥7	甲子8	乙丑9	丙寅10	丁卯11	戊辰12	己巳13	庚午14	辛未15	壬申16	癸酉17	甲戌18	乙亥19	丙子20	丁丑21	戊寅22	己卯23	庚辰24	辛巳25	壬午26	癸未27	甲申28	乙酉29	丙戌30	丁亥31	戊子(8)	己丑2	庚寅3	辛卯4	壬辰5	
七月小	戊申	天干地支西曆	癸巳6	甲午7	乙未8	丙申9	丁酉10	戊戌11	己亥12	庚子13	辛丑14	壬寅15	癸卯16	甲辰17	乙巳18	丙午19	丁未20	戊申21	己酉22	庚戌23	辛亥24	壬子25	癸丑26	甲寅27	乙卯28	丙辰29	丁巳30	戊午31	己未(9)	庚申2	辛酉3		己亥立秋
八月大	己酉	天干地支西曆	壬戌4	癸亥5	甲子6	乙丑7	丙寅8	丁卯9	戊辰10	己巳11	庚午12	辛未13	壬申14	癸酉15	甲戌16	乙亥17	丙子18	丁丑19	戊寅20	己卯21	庚辰22	辛巳23	壬午24	癸未25	甲申26	乙酉27	丙戌28	丁亥29	戊子30	己丑(10)	庚寅2	辛卯3	乙酉秋分
九月小	庚戌	天干地支西曆	壬辰4	癸巳5	甲午6	乙未7	丙申8	丁酉9	戊戌10	己亥11	庚子12	辛丑13	壬寅14	癸卯15	甲辰16	乙巳17	丙午18	丁未19	戊申20	己酉21	庚戌22	辛亥23	壬子24	癸丑25	甲寅26	乙卯27	丙辰28	丁巳29	戊午30	己未31	庚申(11)		

朔閏異同	曆名	正月	二月	三月	四月	五月	六月	七月	八月	九月	十月	十一	十二	閏月	曆名	正月	二月	三月	四月	五月	六月	七月	八月	九月	十月	十一	十二	閏月
	周曆殷曆	丙申丙寅	丙寅丙申	乙未乙丑	乙丑乙未	甲午甲子	甲子甲午	癸巳甲了	癸亥癸巳	壬辰癸亥	壬戌壬辰	辛卯壬戌	辛酉辛卯		夏曆新曆	乙未乙未	乙丑乙丑	甲午甲午	甲子甲子	癸巳癸巳	癸亥癸亥	壬辰癸巳	壬戌壬戌	辛卯壬辰	辛酉辛酉	庚寅辛卯	庚申---庚申	庚寅

秦王政四年（戊午 馬年） 公元前 244 ~ 前 243 年 歲在實沈

月序	月建	中西曆日對照	初一	初二	初三	初四	初五	初六	初七	初八	初九	初十	十一	十二	十三	十四	十五	十六	十七	十八	十九	二十	二一	二二	二三	二四	二五	二六	二七	二八	二九	三十	節氣與天象
十月大	辛亥	干支天地 西曆	辛酉 2	壬戌 3	癸亥 4	甲子 5	乙丑 6	丙寅 7	丁卯 8	戊辰 9	己巳 10	庚午 11	辛未 12	壬申 13	癸酉 14	甲戌 15	乙亥 16	丙子 17	丁丑 18	戊寅 19	己卯 20	庚辰 21	辛巳 22	壬午 23	癸未 24	甲申 25	乙酉 26	丙戌 27	丁亥 28	戊子 29	己丑 30	庚寅 (12)	己巳立冬
十一月小	壬子	干支天地 西曆	辛卯 2	壬辰 3	癸巳 4	甲午 5	乙未 6	丙申 7	丁酉 8	戊戌 9	己亥 10	庚子 11	辛丑 12	壬寅 13	癸卯 14	甲辰 15	乙巳 16	丙午 17	丁未 18	戊申 19	己酉 20	庚戌 21	辛亥 22	壬子 23	癸丑 24	甲寅 25	乙卯 26	丙辰 27	丁巳 28	戊午 29	己未 30		甲寅冬至
十二月大	癸丑	干支天地 西曆	庚申 31	辛酉 (1)	壬戌 2	癸亥 3	甲子 4	乙丑 5	丙寅 6	丁卯 7	戊辰 8	己巳 9	庚午 10	辛未 11	壬申 12	癸酉 13	甲戌 14	乙亥 15	丙子 16	丁丑 17	戊寅 18	己卯 19	庚辰 20	辛巳 21	壬午 22	癸未 23	甲申 24	乙酉 25	丙戌 26	丁亥 27	戊子 28	己丑 29	
正月小	甲寅	干支天地 西曆	庚寅 30	辛卯 31	壬辰 (2)	癸巳 2	甲午 3	乙未 4	丙申 5	丁酉 6	戊戌 7	己亥 8	庚子 9	辛丑 10	壬寅 11	癸卯 12	甲辰 13	乙巳 14	丙午 15	丁未 16	戊申 17	己酉 18	庚戌 19	辛亥 20	壬子 21	癸丑 22	甲寅 23	乙卯 24	丙辰 25	丁巳 26	戊午 27		戊戌立春
二月大	乙卯	干支天地 西曆	己未 28	庚申 (3)	辛酉 2	壬戌 3	癸亥 4	甲子 5	乙丑 6	丙寅 7	丁卯 8	戊辰 9	己巳 10	庚午 11	辛未 12	壬申 13	癸酉 14	甲戌 15	乙亥 16	丙子 17	丁丑 18	戊寅 19	己卯 20	庚辰 21	辛巳 22	壬午 23	癸未 24	甲申 25	乙酉 26	丙戌 27	丁亥 28	戊子 29	甲申春分
三月大	丙辰	干支天地 西曆	己丑 30	庚寅 31	辛卯 (4)	壬辰 2	癸巳 3	甲午 4	乙未 5	丙申 6	丁酉 7	戊戌 8	己亥 9	庚子 10	辛丑 11	壬寅 12	癸卯 13	甲辰 14	乙巳 15	丙午 16	丁未 17	戊申 18	己酉 19	庚戌 20	辛亥 21	壬子 22	癸丑 23	甲寅 24	乙卯 25	丙辰 26	丁巳 27	戊午 28	
四月小	丁巳	干支天地 西曆	己未 29	庚申 30	辛酉 (5)	壬戌 2	癸亥 3	甲子 4	乙丑 5	丙寅 6	丁卯 7	戊辰 8	己巳 9	庚午 10	辛未 11	壬申 12	癸酉 13	甲戌 14	乙亥 15	丙子 16	丁丑 17	戊寅 18	己卯 19	庚辰 20	辛巳 21	壬午 22	癸未 23	甲申 24	乙酉 25	丙戌 26	丁亥 27		辛未立夏
五月大	戊午	干支天地 西曆	戊子 28	己丑 29	庚寅 30	辛卯 31	壬辰 (6)	癸巳 2	甲午 3	乙未 4	丙申 5	丁酉 6	戊戌 7	己亥 8	庚子 9	辛丑 10	壬寅 11	癸卯 12	甲辰 13	乙巳 14	丙午 15	丁未 16	戊申 17	己酉 18	庚戌 19	辛亥 20	壬子 21	癸丑 22	甲寅 23	乙卯 24	丙辰 25	丁巳 26	
六月小	己未	干支天地 西曆	戊午 27	己未 28	庚申 29	辛酉 30	壬戌 (7)	癸亥 2	甲子 3	乙丑 4	丙寅 5	丁卯 6	戊辰 7	己巳 8	庚午 9	辛未 10	壬申 11	癸酉 12	甲戌 13	乙亥 14	丙子 15	丁丑 16	戊寅 17	己卯 18	庚辰 19	辛巳 20	壬午 21	癸未 22	甲申 23	乙酉 24	丙戌 25		戊午夏至
七月大	庚申	干支天地 西曆	丁亥 26	戊子 27	己丑 28	庚寅 29	辛卯 30	壬辰 31	癸巳 (8)	甲午 2	乙未 3	丙申 4	丁酉 5	戊戌 6	己亥 7	庚子 8	辛丑 9	壬寅 10	癸卯 11	甲辰 12	乙巳 13	丙午 14	丁未 15	戊申 16	己酉 17	庚戌 18	辛亥 19	壬子 20	癸丑 21	甲寅 22	乙卯 23	丙辰 24	乙巳立秋
八月小	辛酉	干支天地 西曆	丁巳 25	戊午 26	己未 27	庚申 28	辛酉 29	壬戌 30	癸亥 31	甲子 (9)	乙丑 2	丙寅 3	丁卯 4	戊辰 5	己巳 6	庚午 7	辛未 8	壬申 9	癸酉 10	甲戌 11	乙亥 12	丙子 13	丁丑 14	戊寅 15	己卯 16	庚辰 17	辛巳 18	壬午 19	癸未 20	甲申 21	乙酉 22		
九月大	壬戌	干支天地 西曆	丙戌 23	丁亥 24	戊子 25	己丑 26	庚寅 27	辛卯 28	壬辰 29	癸巳 30	甲午 (10)	乙未 2	丙申 3	丁酉 4	戊戌 5	己亥 6	庚子 7	辛丑 8	壬寅 9	癸卯 10	甲辰 11	乙巳 12	丙午 13	丁未 14	戊申 15	己酉 16	庚戌 17	辛亥 18	壬子 19	癸丑 20	甲寅 21	乙卯 22	庚寅秋分
後九月小	壬戌	干支天地 西曆	丙辰 23	丁巳 24	戊午 25	己未 26	庚申 27	辛酉 28	壬戌 29	癸亥 30	甲子 31	乙丑 (11)	丙寅 2	丁卯 3	戊辰 4	己巳 5	庚午 6	辛未 7	壬申 8	癸酉 9	甲戌 10	乙亥 11	丙子 12	丁丑 13	戊寅 14	己卯 15	庚辰 16	辛巳 17	壬午 18	癸未 19	甲申 20		乙亥立冬

朔閏異同	曆名	正月	二月	三月	四月	五月	六月	七月	八月	九月	十月	十一	十二	閏月	曆名	正月	二月	三月	四月	五月	六月	七月	八月	九月	十月	十一	十二	閏月
	周曆殷曆	庚寅辛酉	庚申庚寅	己丑庚申	己未己丑	己丑己未	戊午戊子	戊子---戊午	---丁巳丁亥	丁亥丁巳	丙辰丙戌	丙戌丙辰	乙卯丙戌	乙酉乙卯	夏曆新曆	己丑己未	---己未己丑	戊子戊午	戊午丁亥	戊子丁巳	丁巳丁亥	丁亥丙辰	丙辰丙戌	丙戌丙辰	乙卯乙酉	乙酉乙卯	甲寅甲申	甲申

秦王政五年（己未 羊年） 公元前243 ~ 前**242**年 歲在鶉首

顯項月序		中西曆日對照	初一	初二	初三	初四	初五	初六	初七	初八	初九	初十	十一	十二	十三	十四	十五	十六	十七	十八	十九	二十	二一	二二	二三	二四	二五	二六	二七	二八	二九	三十	節氣與天象
十月大	癸亥	天干地支西曆	乙酉21	丙戌22	丁亥23	戊子24	己丑25	庚寅26	辛卯27	壬辰28	癸巳29	甲午30	乙未(12)	丙申2	丁酉3	戊戌4	己亥5	庚子6	辛丑7	壬寅8	癸卯9	甲辰10	乙巳11	丙午12	丁未13	戊申14	己酉15	庚戌16	辛亥17	壬子18	癸丑19	甲寅20	
十一月小	甲子	天干地支西曆	乙卯21	丙辰22	丁巳23	戊午24	己未25	庚申26	辛酉27	壬戌28	癸亥29	甲子30	乙丑31	丙寅(1)	丁卯2	戊辰3	己巳4	庚午5	辛未6	壬申7	癸酉8	甲戌9	乙亥10	丙子11	丁丑12	戊寅13	己卯14	庚辰15	辛巳16	壬午17	癸未18		己未冬至
十二月大	乙丑	天干地支西曆	甲申19	乙酉20	丙戌21	丁亥22	戊子23	己丑24	庚寅25	辛卯26	壬辰27	癸巳28	甲午29	乙未30	丙申31	丁酉(2)	戊戌2	己亥3	庚子4	辛丑5	壬寅6	癸卯7	甲辰8	乙巳9	丙午10	丁未11	戊申12	己酉13	庚戌14	辛亥15	壬子16	癸丑17	癸卯立春
正月小	丙寅	天干地支西曆	甲寅18	乙卯19	丙辰20	丁巳21	戊午22	己未23	庚申24	辛酉25	壬戌26	癸亥27	甲子28	乙丑(3)	丙寅2	丁卯3	戊辰4	己巳5	庚午6	辛未7	壬申8	癸酉9	甲戌10	乙亥11	丙子12	丁丑13	戊寅14	己卯15	庚辰16	辛巳17	壬午18		
二月大	丁卯	天干地支西曆	癸未19	甲申20	乙酉21	丙戌22	丁亥23	戊子24	己丑25	庚寅26	辛卯27	壬辰28	癸巳29	甲午30	乙未31	丙申(4)	丁酉2	戊戌3	己亥4	庚子5	辛丑6	壬寅7	癸卯8	甲辰9	乙巳10	丙午11	丁未12	戊申13	己酉14	庚戌15	辛亥16	壬子17	己丑春分
三月小	戊辰	天干地支西曆	癸丑18	甲寅19	乙卯20	丙辰21	丁巳22	戊午23	己未24	庚申25	辛酉26	壬戌27	癸亥28	甲子29	乙丑30	丙寅(5)	丁卯2	戊辰3	己巳4	庚午5	辛未6	壬申7	癸酉8	甲戌9	乙亥10	丙子11	丁丑12	戊寅13	己卯14	庚辰15	辛巳16		丙子立夏
四月大	己巳	天干地支西曆	壬午17	癸未18	甲申19	乙酉20	丙戌21	丁亥22	戊子23	己丑24	庚寅25	辛卯26	壬辰27	癸巳28	甲午29	乙未30	丙申31	丁酉(6)	戊戌2	己亥3	庚子4	辛丑5	壬寅6	癸卯7	甲辰8	乙巳9	丙午10	丁未11	戊申12	己酉13	庚戌14	辛亥15	辛亥日食
五月小	庚午	天干地支西曆	壬子16	癸丑17	甲寅18	乙卯19	丙辰20	丁巳21	戊午22	己未23	庚申24	辛酉25	壬戌26	癸亥27	甲子28	乙丑29	丙寅30	丁卯(7)	戊辰2	己巳3	庚午4	辛未5	壬申6	癸酉7	甲戌8	乙亥9	丙子10	丁丑11	戊寅12	己卯13	庚辰14		癸亥夏至
六月大	辛未	天干地支西曆	辛巳15	壬午16	癸未17	甲申18	乙酉19	丙戌20	丁亥21	戊子22	己丑23	庚寅24	辛卯25	壬辰26	癸巳27	甲午28	乙未29	丙申30	丁酉31	戊戌(8)	己亥2	庚子3	辛丑4	壬寅5	癸卯6	甲辰7	乙巳8	丙午9	丁未10	戊申11	己酉12	庚戌13	庚戌立秋
七月大	壬申	天干地支西曆	辛亥14	壬子15	癸丑16	甲寅17	乙卯18	丙辰19	丁巳20	戊午21	己未22	庚申23	辛酉24	壬戌25	癸亥26	甲子27	乙丑28	丙寅29	丁卯30	戊辰31	己巳(9)	庚午2	辛未3	壬申4	癸酉5	甲戌6	乙亥7	丙子8	丁丑9	戊寅10	己卯11	庚辰12	
八月小	癸酉	天干地支西曆	辛巳13	壬午14	癸未15	甲申16	乙酉17	丙戌18	丁亥19	戊子20	己丑21	庚寅22	辛卯23	壬辰24	癸巳25	甲午26	乙未27	丙申28	丁酉29	戊戌30	己亥(10)	庚子2	辛丑3	壬寅4	癸卯5	甲辰6	乙巳7	丙午8	丁未9	戊申10	己酉11		乙未秋分
九月大	甲戌	天干地支西曆	庚戌12	辛亥13	壬子14	癸丑15	甲寅16	乙卯17	丙辰18	丁巳19	戊午20	己未21	庚申22	辛酉23	壬戌24	癸亥25	甲子26	乙丑27	丙寅28	丁卯29	戊辰30	己巳31	庚午(11)	辛未2	壬申3	癸酉4	甲戌5	乙亥6	丙子7	丁丑8	戊寅9	己卯10	

朔閏異同	曆名	正月	二月	三月	四月	五月	六月	七月	八月	九月	十月	十一	十二	閏月	曆名	正月	二月	三月	四月	五月	六月	七月	八月	九月	十月	十一	十二	閏月
	周曆殷曆	甲寅乙酉	甲申甲寅	癸丑甲申	癸未癸丑	壬子癸未	壬午壬子	壬子壬午	辛巳辛亥	辛亥辛巳	庚辰庚戌	庚戌庚辰	己卯己酉		夏曆新曆	癸丑甲寅	癸未癸未	壬子壬子	壬午壬午	辛亥辛亥	辛巳辛巳	庚戌庚戌	庚辰庚辰	庚戌庚戌	己卯庚辰	己酉己酉	戊寅己卯	

秦王政六年（庚申 猴年） 公元前 242 ~ 前 **241** 年 歲在鶉火

顯項月序		中西曆日對照	顯項日序																													節氣與天象
			初一	初二	初三	初四	初五	初六	初七	初八	初九	初十	十一	十二	十三	十四	十五	十六	十七	十八	十九	二十	二一	二二	二三	二四	二五	二六	二七	二八	二九	三十	
十月小	乙亥	干支 天地 西曆	庚辰 11	辛巳 12	壬午 13	癸未 14	甲申 15	乙酉 16	丙戌 17	丁亥 18	戊子 19	己丑 20	庚寅 21	辛卯 22	壬辰 23	癸巳 24	甲午 25	乙未 26	丙申 27	丁酉 28	戊戌 29	己亥 30	庚子 (12)	辛丑 2	壬寅 3	癸卯 4	甲辰 5	乙巳 6	丙午 7	丁未 8	戊申 9		庚辰立冬
十一月大	丙子	干支 天地 西曆	己酉 10	庚戌 11	辛亥 12	壬子 13	癸丑 14	甲寅 15	乙卯 16	丙辰 17	丁巳 18	戊午 19	己未 20	庚申 21	辛酉 22	壬戌 23	癸亥 24	甲子 25	乙丑 26	丙寅 27	丁卯 28	戊辰 29	己巳 30	庚午 31	辛未 (1)	壬申 2	癸酉 3	甲戌 4	乙亥 5	丙子 6	丁丑 7	戊寅 8	甲子冬至
十二月小	丁丑	干支 天地 西曆	己卯 9	庚辰 10	辛巳 11	壬午 12	癸未 13	甲申 14	乙酉 15	丙戌 16	丁亥 17	戊子 18	己丑 19	庚寅 20	辛卯 21	壬辰 22	癸巳 23	甲午 24	乙未 25	丙申 26	丁酉 27	戊戌 28	己亥 29	庚子 30	辛丑 31	壬寅 (2)	癸卯 2	甲辰 3	乙巳 4	丙午 5	丁未 6		
正月大	戊寅	干支 天地 西曆	戊申 7	己酉 8	庚戌 9	辛亥 10	壬子 11	癸丑 12	甲寅 13	乙卯 14	丙辰 15	丁巳 16	戊午 17	己未 18	庚申 19	辛酉 20	壬戌 21	癸亥 22	甲子 23	乙丑 24	丙寅 25	丁卯 26	戊辰 27	己巳 28	庚午 29	辛未 (3)	壬申 2	癸酉 3	甲戌 4	乙亥 5	丙子 6	丁丑 7	己酉立春
二月小	己卯	干支 天地 西曆	戊寅 8	己卯 9	庚辰 10	辛巳 11	壬午 12	癸未 13	甲申 14	乙酉 15	丙戌 16	丁亥 17	戊子 18	己丑 19	庚寅 20	辛卯 21	壬辰 22	癸巳 23	甲午 24	乙未 25	丙申 26	丁酉 27	戊戌 28	己亥 29	庚子 30	辛丑 31	壬寅 (4)	癸卯 2	甲辰 3	乙巳 4	丙午 5		甲午春分
三月大	庚辰	干支 天地 西曆	丁未 6	戊申 7	己酉 8	庚戌 9	辛亥 10	壬子 11	癸丑 12	甲寅 13	乙卯 14	丙辰 15	丁巳 16	戊午 17	己未 18	庚申 19	辛酉 20	壬戌 21	癸亥 22	甲子 23	乙丑 24	丙寅 25	丁卯 26	戊辰 27	己巳 28	庚午 29	辛未 30	壬申 (5)	癸酉 2	甲戌 3	乙亥 4	丙子 5	
四月小	辛巳	干支 天地 西曆	丁丑 6	戊寅 7	己卯 8	庚辰 9	辛巳 10	壬午 11	癸未 12	甲申 13	乙酉 14	丙戌 15	丁亥 16	戊子 17	己丑 18	庚寅 19	辛卯 20	壬辰 21	癸巳 22	甲午 23	乙未 24	丙申 25	丁酉 26	戊戌 27	己亥 28	庚子 29	辛丑 30	壬寅 31	癸卯 (6)	甲辰 2	乙巳 3		辛巳立夏
五月大	壬午	干支 天地 西曆	丙午 4	丁未 5	戊申 6	己酉 7	庚戌 8	辛亥 9	壬子 10	癸丑 11	甲寅 12	乙卯 13	丙辰 14	丁巳 15	戊午 16	己未 17	庚申 18	辛酉 19	壬戌 20	癸亥 21	甲子 22	乙丑 23	丙寅 24	丁卯 25	戊辰 26	己巳 27	庚午 28	辛未 29	壬申 30	癸酉 (7)	甲戌 2	乙亥 3	戊辰夏至
六月小	癸未	干支 天地 西曆	丙子 4	丁丑 5	戊寅 6	己卯 7	庚辰 8	辛巳 9	壬午 10	癸未 11	甲申 12	乙酉 13	丙戌 14	丁亥 15	戊子 16	己丑 17	庚寅 18	辛卯 19	壬辰 20	癸巳 21	甲午 22	乙未 23	丙申 24	丁酉 25	戊戌 26	己亥 27	庚子 28	辛丑 29	壬寅 30	癸卯 31	甲辰 (8)		
七月大	甲申	干支 天地 西曆	乙巳 2	丙午 3	丁未 4	戊申 5	己酉 6	庚戌 7	辛亥 8	壬子 9	癸丑 10	甲寅 11	乙卯 12	丙辰 13	丁巳 14	戊午 15	己未 16	庚申 17	辛酉 18	壬戌 19	癸亥 20	甲子 21	乙丑 22	丙寅 23	丁卯 24	戊辰 25	己巳 26	庚午 27	辛未 28	壬申 29	癸酉 30	甲戌 31	乙卯立秋
八月小	乙酉	干支 天地 西曆	乙亥 (9)	丙子 2	丁丑 3	戊寅 4	己卯 5	庚辰 6	辛巳 7	壬午 8	癸未 9	甲申 10	乙酉 11	丙戌 12	丁亥 13	戊子 14	己丑 15	庚寅 16	辛卯 17	壬辰 18	癸巳 19	甲午 20	乙未 21	丙申 22	丁酉 23	戊戌 24	己亥 25	庚子 26	辛丑 27	壬寅 28	癸卯 29		辛丑秋分
九月大	丙戌	干支 天地 西曆	甲辰 30	乙巳 (10)	丙午 2	丁未 3	戊申 4	己酉 5	庚戌 6	辛亥 7	壬子 8	癸丑 9	甲寅 10	乙卯 11	丙辰 12	丁巳 13	戊午 14	己未 15	庚申 16	辛酉 17	壬戌 18	癸亥 19	甲子 20	乙丑 21	丙寅 22	丁卯 23	戊辰 24	己巳 25	庚午 26	辛未 27	壬申 28	癸酉 29	

朔閏異同	曆名	正月	二月	三月	四月	五月	六月	七月	八月	九月	十月	十一	十二	閏月	曆名	正月	二月	三月	四月	五月	六月	七月	八月	九月	十月	十一	十二	閏月
	周曆殷曆	己酉己卯	戊寅己酉	戊申戊寅	丁丑戊申	丁未丁丑	丙子丁示	丙午丙子	乙亥丙午	乙巳乙亥	甲戌乙巳	甲辰甲戌	甲戌甲辰		夏曆新曆	戊申戊申	丁丑戊寅	丁未丁未	丙子丙子	丙午丙午	乙亥乙亥	乙巳乙巳	甲戌---甲戌	甲辰甲辰	癸酉癸酉	---癸卯癸卯	癸酉癸酉	壬寅癸卯

秦王政七年（辛酉 鷄年） 公元前241 ~ 前240年 歲在鶉尾

顯項月序		中西曆對照	初一	初二	初三	初四	初五	初六	初七	初八	初九	初十	十一	十二	十三	十四	十五	十六	十七	十八	十九	二十	二一	二二	二三	二四	二五	二六	二七	二八	二九	三十	節氣與天象
十月大	丁亥	天干地支 西曆	甲戌 30	乙亥 31	丙子 (11)	丁丑 2	戊寅 3	己卯 4	庚辰 5	辛巳 6	壬午 7	癸未 8	甲申 9	乙酉 10	丙戌 11	丁亥 12	戊子 13	己丑 14	庚寅 15	辛卯 16	壬辰 17	癸巳 18	甲午 19	乙未 20	丙申 21	丁酉 22	戊戌 23	己亥 24	庚子 25	辛丑 26	壬寅 27	癸卯 28	乙酉立冬
十一月小	戊子	天干地支 西曆	甲辰 29	乙巳 30	丙午 (12)	丁未 2	戊申 3	己酉 4	庚戌 5	辛亥 6	壬子 7	癸丑 8	甲寅 9	乙卯 10	丙辰 11	丁巳 12	戊午 13	己未 14	庚申 15	辛酉 16	壬戌 17	癸亥 18	甲子 19	乙丑 20	丙寅 21	丁卯 22	戊辰 23	己巳 24	庚午 25	辛未 26	壬申 27		己巳冬至
十二月大	己丑	天干地支 西曆	癸酉 28	甲戌 29	乙亥 30	丙子 31	丁丑 (1)	戊寅 2	己卯 3	庚辰 4	辛巳 5	壬午 6	癸未 7	甲申 8	乙酉 9	丙戌 10	丁亥 11	戊子 12	己丑 13	庚寅 14	辛卯 15	壬辰 16	癸巳 17	甲午 18	乙未 19	丙申 20	丁酉 21	戊戌 22	己亥 23	庚子 24	辛丑 25	壬寅 26	
正月小	庚寅	天干地支 西曆	癸卯 27	甲辰 28	乙巳 29	丙午 30	丁未 31	戊申 (2)	己酉 2	庚戌 3	辛亥 4	壬子 5	癸丑 6	甲寅 7	乙卯 8	丙辰 9	丁巳 10	戊午 11	己未 12	庚申 13	辛酉 14	壬戌 15	癸亥 16	甲子 17	乙丑 18	丙寅 19	丁卯 20	戊辰 21	己巳 22	庚午 23	辛未 24		甲寅立春
二月大	辛卯	天干地支 西曆	壬申 25	癸酉 26	甲戌 27	乙亥 28	丙子 (3)	丁丑 2	戊寅 3	己卯 4	庚辰 5	辛巳 6	壬午 7	癸未 8	甲申 9	乙酉 10	丙戌 11	丁亥 12	戊子 13	己丑 14	庚寅 15	辛卯 16	壬辰 17	癸巳 18	甲午 19	乙未 20	丙申 21	丁酉 22	戊戌 23	己亥 24	庚子 25	辛丑 26	庚子春分
三月小	壬辰	天干地支 西曆	壬寅 27	癸卯 28	甲辰 29	乙巳 30	丙午 31	丁未 (4)	戊申 2	己酉 3	庚戌 4	辛亥 5	壬子 6	癸丑 7	甲寅 8	乙卯 9	丙辰 10	丁巳 11	戊午 12	己未 13	庚申 14	辛酉 15	壬戌 16	癸亥 17	甲子 18	乙丑 19	丙寅 20	丁卯 21	戊辰 22	己巳 23	庚午 24		
四月大	癸巳	天干地支 西曆	辛未 25	壬申 26	癸酉 27	甲戌 28	乙亥 29	丙子 30	丁丑 (5)	戊寅 2	己卯 3	庚辰 4	辛巳 5	壬午 6	癸未 7	甲申 8	乙酉 9	丙戌 10	丁亥 11	戊子 12	己丑 13	庚寅 14	辛卯 15	壬辰 16	癸巳 17	甲午 18	乙未 19	丙申 20	丁酉 21	戊戌 22	己亥 23	庚子 24	丙戌立夏
五月小	甲午	天干地支 西曆	辛丑 25	壬寅 26	癸卯 27	甲辰 28	乙巳 29	丙午 30	丁未 31	戊申 (6)	己酉 2	庚戌 3	辛亥 4	壬子 5	癸丑 6	甲寅 7	乙卯 8	丙辰 9	丁巳 10	戊午 11	己未 12	庚申 13	辛酉 14	壬戌 15	癸亥 16	甲子 17	乙丑 18	丙寅 19	丁卯 20	戊辰 21	己巳 22		
六月大	乙未	天干地支 西曆	庚午 23	辛未 24	壬申 25	癸酉 26	甲戌 27	乙亥 28	丙子 29	丁丑 30	戊寅 (7)	己卯 2	庚辰 3	辛巳 4	壬午 5	癸未 6	甲申 7	乙酉 8	丙戌 9	丁亥 10	戊子 11	己丑 12	庚寅 13	辛卯 14	壬辰 15	癸巳 16	甲午 17	乙未 18	丙申 19	丁酉 20	戊戌 21	己亥 22	甲戌夏至
七月小	丙申	天干地支 西曆	庚子 23	辛丑 24	壬寅 25	癸卯 26	甲辰 27	乙巳 28	丙午 29	丁未 30	戊申 31	己酉 (8)	庚戌 2	辛亥 3	壬子 4	癸丑 5	甲寅 6	乙卯 7	丙辰 8	丁巳 9	戊午 10	己未 11	庚申 12	辛酉 13	壬戌 14	癸亥 15	甲子 16	乙丑 17	丙寅 18	丁卯 19	戊辰 20		庚申立秋
八月大	丁酉	天干地支 西曆	己巳 21	庚午 22	辛未 23	壬申 24	癸酉 25	甲戌 26	乙亥 27	丙子 28	丁丑 29	戊寅 30	己卯 31	庚辰 (9)	辛巳 2	壬午 3	癸未 4	甲申 5	乙酉 6	丙戌 7	丁亥 8	戊子 9	己丑 10	庚寅 11	辛卯 12	壬辰 13	癸巳 14	甲午 15	乙未 16	丙申 17	丁酉 18	戊戌 19	
九月小	戊戌	天干地支 西曆	己亥 20	庚子 21	辛丑 22	壬寅 23	癸卯 24	甲辰 25	乙巳 26	丙午 27	丁未 28	戊申 29	己酉 30	庚戌 (10)	辛亥 2	壬子 3	癸丑 4	甲寅 5	乙卯 6	丙辰 7	丁巳 8	戊午 9	己未 10	庚申 11	辛酉 12	壬戌 13	癸亥 14	甲子 15	乙丑 16	丙寅 17	丁卯 18		丙午秋分
後九月大	戊戌	天干地支 西曆	戊辰 19	己巳 20	庚午 21	辛未 22	壬申 23	癸酉 24	甲戌 25	乙亥 26	丙子 27	丁丑 28	戊寅 29	己卯 30	庚辰 31	辛巳 (11)	壬午 2	癸未 3	甲申 4	乙酉 5	丙戌 6	丁亥 7	戊子 8	己丑 9	庚寅 10	辛卯 11	壬辰 12	癸巳 13	甲午 14	乙未 15	丙申 16	丁酉 17	庚寅立冬

朔閏異同	曆名	正月	二月	三月	四月	五月	六月	七月	八月	九月	十月	十一	十二	閏月	曆名	正月	二月	三月	四月	五月	六月	七月	八月	九月	十月	十一	十二	閏月
	周曆殷曆	癸卯癸酉	癸酉癸卯	壬寅---壬申	---壬申壬寅	辛丑辛未	辛未辛丑	庚子辛未	庚午庚子	己亥庚午	己巳己亥	戊戌己巳	戊辰戊戌	丁酉戊辰	夏曆新曆	壬申壬申	辛丑壬寅	辛未辛未	庚子辛丑	庚午庚午	己亥己亥	己巳戊辰	戊戌戊戌	戊辰戊辰	丁酉丁酉	丁卯丁卯	丙申丁酉	

秦王政八年（壬戌 狗年） 公元前240 ~ 前239年 歲在壽星

顯項月序		中西曆日對照	初一	初二	初三	初四	初五	初六	初七	初八	初九	初十	十一	十二	十三	十四	十五	十六	十七	十八	十九	二十	二一	二二	二三	二四	二五	二六	二七	二八	二九	三十	節氣與天象
十月小	己亥	天干 地支 西曆	戊戌18	己亥19	庚子20	辛丑21	壬寅22	癸卯23	甲辰24	乙巳25	丙午26	丁未27	戊申28	己酉29	庚戌30	辛亥(12)	壬子2	癸丑3	甲寅4	乙卯5	丙辰6	丁巳7	戊午8	己未9	庚申10	辛酉11	壬戌12	癸亥13	甲子14	乙丑15	丙寅16		
十一月大	庚子	天干 地支 西曆	丁卯17	戊辰18	己巳19	庚午20	辛未21	壬申22	癸酉23	甲戌24	乙亥25	丙子26	丁丑27	戊寅28	己卯29	庚辰30	辛巳31	壬午(1)	癸未2	甲申3	乙酉4	丙戌5	丁亥6	戊子7	己丑8	庚寅9	辛卯10	壬辰11	癸巳12	甲午13	乙未14	丙申15	乙亥冬至
十二月小	辛丑	天干 地支 西曆	丁酉16	戊戌17	己亥18	庚子19	辛丑20	壬寅21	癸卯22	甲辰23	乙巳24	丙午25	丁未26	戊申27	己酉28	庚戌29	辛亥30	壬子31	癸丑(2)	甲寅2	乙卯3	丙辰4	丁巳5	戊午6	己未7	庚申8	辛酉9	壬戌10	癸亥11	甲子12	乙丑13		己未立春
正月大	壬寅	天干 地支 西曆	丙寅14	丁卯15	戊辰16	己巳17	庚午18	辛未19	壬申20	癸酉21	甲戌22	乙亥23	丙子24	丁丑25	戊寅26	己卯27	庚辰28	辛巳(3)	壬午2	癸未3	甲申4	乙酉5	丙戌6	丁亥7	戊子8	己丑9	庚寅10	辛卯11	壬辰12	癸巳13	甲午14	乙未15	
二月大	癸卯	天干 地支 西曆	丙申16	丁酉17	戊戌18	己亥19	庚子20	辛丑21	壬寅22	癸卯23	甲辰24	乙巳25	丙午26	丁未27	戊申28	己酉29	庚戌30	辛亥31	壬子(4)	癸丑2	甲寅3	乙卯4	丙辰5	丁巳6	戊午7	己未8	庚申9	辛酉10	壬戌11	癸亥12	甲子13	乙丑14	乙巳春分
三月小	甲辰	天干 地支 西曆	丙寅15	丁卯16	戊辰17	己巳18	庚午19	辛未20	壬申21	癸酉22	甲戌23	乙亥24	丙子25	丁丑26	戊寅27	己卯28	庚辰29	辛巳30	壬午(5)	癸未2	甲申3	乙酉4	丙戌5	丁亥6	戊子7	己丑8	庚寅9	辛卯10	壬辰11	癸巳12	甲午13		壬辰立夏 丙寅日食
四月大	乙巳	天干 地支 西曆	乙未14	丙申15	丁酉16	戊戌17	己亥18	庚子19	辛丑20	壬寅21	癸卯22	甲辰23	乙巳24	丙午25	丁未26	戊申27	己酉28	庚戌29	辛亥30	壬子31	癸丑(6)	甲寅2	乙卯3	丙辰4	丁巳5	戊午6	己未7	庚申8	辛酉9	壬戌10	癸亥11	甲子12	
五月小	丙午	天干 地支 西曆	乙丑13	丙寅14	丁卯15	戊辰16	己巳17	庚午18	辛未19	壬申20	癸酉21	甲戌22	乙亥23	丙子24	丁丑25	戊寅26	己卯27	庚辰28	辛巳29	壬午30	癸未(7)	甲申2	乙酉3	丙戌4	丁亥5	戊子6	己丑7	庚寅8	辛卯9	壬辰10	癸巳11		己卯夏至
六月大	丁未	天干 地支 西曆	甲午12	乙未13	丙申14	丁酉15	戊戌16	己亥17	庚子18	辛丑19	壬寅20	癸卯21	甲辰22	乙巳23	丙午24	丁未25	戊申26	己酉27	庚戌28	辛亥29	壬子30	癸丑31	甲寅(8)	乙卯2	丙辰3	丁巳4	戊午5	己未6	庚申7	辛酉8	壬戌9	癸亥10	
七月小	戊申	天干 地支 西曆	甲子11	乙丑12	丙寅13	丁卯14	戊辰15	己巳16	庚午17	辛未18	壬申19	癸酉20	甲戌21	乙亥22	丙子23	丁丑24	戊寅25	己卯26	庚辰27	辛巳28	壬午29	癸未30	甲申31	乙酉(9)	丙戌2	丁亥3	戊子4	己丑5	庚寅6	辛卯7	壬辰8		丙寅立秋
八月大	己酉	天干 地支 西曆	癸巳9	甲午10	乙未11	丙申12	丁酉13	戊戌14	己亥15	庚子16	辛丑17	壬寅18	癸卯19	甲辰20	乙巳21	丙午22	丁未23	戊申24	己酉25	庚戌26	辛亥27	壬子28	癸丑29	甲寅30	乙卯(10)	丙辰2	丁巳3	戊午4	己未5	庚申6	辛酉7	壬戌8	辛亥秋分
九月小	庚戌	天干 地支 西曆	癸亥9	甲子10	乙丑11	丙寅12	丁卯13	戊辰14	己巳15	庚午16	辛未17	壬申18	癸酉19	甲戌20	乙亥21	丙子22	丁丑23	戊寅24	己卯25	庚辰26	辛巳27	壬午28	癸未29	甲申30	乙酉31	丙戌(11)	丁亥2	戊子3	己丑4	庚寅5	辛卯6		

朔閏異同	曆名	正月	二月	三月	四月	五月	六月	七月	八月	九月	十月	十一	十二	閏月
	周曆殷曆	丁卯丁酉	丁酉丁卯	丙寅丙申	丙申丙寅	乙丑乙未	乙未乙丑	甲子甲午	甲午甲子	癸亥甲午	癸巳癸亥	壬戌癸巳	壬辰壬戌	
	夏曆新曆	丙寅丁卯	乙未丙申	乙丑丙寅	乙未乙未	甲子乙丑	甲午甲午	癸亥癸亥	癸巳壬辰	壬戌壬戌	壬辰辛卯	辛酉辛酉	辛卯辛卯	

秦王政九年（癸亥 猪年） 公元前239～前238年 歲在大火

顯項月序	中西曆日對照	初一	初二	初三	初四	初五	初六	初七	初八	初九	初十	十一	十二	十三	十四	十五	十六	十七	十八	十九	二十	二一	二二	二三	二四	二五	二六	二七	二八	二九	三十	節氣與天象
十月大 辛亥	天干地支西曆	壬辰7	癸巳8	甲午9	乙未10	丙申11	丁酉12	戊戌13	己亥14	庚子15	辛丑16	壬寅17	癸卯18	甲辰19	乙巳20	丙午21	丁未22	戊申23	己酉24	庚戌25	辛亥26	壬子27	癸丑28	甲寅29	乙卯30	丙辰(12)	丁巳2	戊午3	己未4	庚申5	辛酉6	丙申立冬
十一月小 壬子	天干地支西曆	壬戌7	癸亥8	甲子9	乙丑10	丙寅11	丁卯12	戊辰13	己巳14	庚午15	辛未16	壬申17	癸酉18	甲戌19	乙亥20	丙子21	丁丑22	戊寅23	己卯24	庚辰25	辛巳26	壬午27	癸未28	甲申29	乙酉30	丙戌31	丁亥(1)	戊子2	己丑3	庚寅4		庚辰冬至
十二月大 癸丑	天干地支西曆	辛卯5	壬辰6	癸巳7	甲午8	乙未9	丙申10	丁酉11	戊戌12	己亥13	庚子14	辛丑15	壬寅16	癸卯17	甲辰18	乙巳19	丙午20	丁未21	戊申22	己酉23	庚戌24	辛亥25	壬子26	癸丑27	甲寅28	乙卯29	丙辰30	丁巳31	戊午(2)	己未2	庚申3	
正月小 甲寅	天干地支西曆	辛酉4	壬戌5	癸亥6	甲子7	乙丑8	丙寅9	丁卯10	戊辰11	己巳12	庚午13	辛未14	壬申15	癸酉16	甲戌17	乙亥18	丙子19	丁丑20	戊寅21	己卯22	庚辰23	辛巳24	壬午25	癸未26	甲申27	乙酉28	丙戌(3)	丁亥2	戊子3	己丑4		甲子立春
二月大 乙卯	天干地支西曆	庚寅5	辛卯6	壬辰7	癸巳8	甲午9	乙未10	丙申11	丁酉12	戊戌13	己亥14	庚子15	辛丑16	壬寅17	癸卯18	甲辰19	乙巳20	丙午21	丁未22	戊申23	己酉24	庚戌25	辛亥26	壬子27	癸丑28	甲寅29	乙卯30	丙辰31	丁巳(4)	戊午2	己未3	庚戌春分
三月小 丙辰	天干地支西曆	庚申4	辛酉5	壬戌6	癸亥7	甲子8	乙丑9	丙寅10	丁卯11	戊辰12	己巳13	庚午14	辛未15	壬申16	癸酉17	甲戌18	乙亥19	丙子20	丁丑21	戊寅22	己卯23	庚辰24	辛巳25	壬午26	癸未27	甲申28	乙酉29	丙戌30	丁亥(5)	戊子2		庚申日食
四月大 丁巳	天干地支西曆	己丑3	庚寅4	辛卯5	壬辰6	癸巳7	甲午8	乙未9	丙申10	丁酉11	戊戌12	己亥13	庚子14	辛丑15	壬寅16	癸卯17	甲辰18	乙巳19	丙午20	丁未21	戊申22	己酉23	庚戌24	辛亥25	壬子26	癸丑27	甲寅28	乙卯29	丙辰30	丁巳31	戊午(6)	丁酉立夏
五月小 戊午	天干地支西曆	己未2	庚申3	辛酉4	壬戌5	癸亥6	甲子7	乙丑8	丙寅9	丁卯10	戊辰11	己巳12	庚午13	辛未14	壬申15	癸酉16	甲戌17	乙亥18	丙子19	丁丑20	戊寅21	己卯22	庚辰23	辛巳24	壬午25	癸未26	甲申27	乙酉28	丙戌29	丁亥30		甲申夏至
六月大 己未	天干地支西曆	戊子(7)	己丑2	庚寅3	辛卯4	壬辰5	癸巳6	甲午7	乙未8	丙申9	丁酉10	戊戌11	己亥12	庚子13	辛丑14	壬寅15	癸卯16	甲辰17	乙巳18	丙午19	丁未20	戊申21	己酉22	庚戌23	辛亥24	壬子25	癸丑26	甲寅27	乙卯28	丙辰29	丁巳30	
七月大 庚申	天干地支西曆	戊午31	己未(8)	庚申2	辛酉3	壬戌4	癸亥5	甲子6	乙丑7	丙寅8	丁卯9	戊辰10	己巳11	庚午12	辛未13	壬申14	癸酉15	甲戌16	乙亥17	丙子18	丁丑19	戊寅20	己卯21	庚辰22	辛巳23	壬午24	癸未25	甲申26	乙酉27	丙戌28	丁亥29	辛未立秋
八月小 辛酉	天干地支西曆	戊子30	己丑31	庚寅(9)	辛卯2	壬辰3	癸巳4	甲午5	乙未6	丙申7	丁酉8	戊戌9	己亥10	庚子11	辛丑12	壬寅13	癸卯14	甲辰15	乙巳16	丙午17	丁未18	戊申19	己酉20	庚戌21	辛亥22	壬子23	癸丑24	甲寅25	乙卯26	丙辰27		丙辰秋分
九月大 壬戌	天干地支西曆	丁巳28	戊午29	己未30	庚申(10)	辛酉2	壬戌3	癸亥4	甲子5	乙丑6	丙寅7	丁卯8	戊辰9	己巳10	庚午11	辛未12	壬申13	癸酉14	甲戌15	乙亥16	丙子17	丁丑18	戊寅19	己卯20	庚辰21	辛巳22	壬午23	癸未24	甲申25	乙酉26	丙戌27	

朔閏異同	曆名	正月	二月	三月	四月	五月	六月	七月	八月	九月	十月	十一	十二	閏月
	周曆殷曆	辛酉壬辰	辛卯辛酉	庚申辛卯	庚寅庚申	己未庚寅	己丑己未	己未己丑	戊子戊午	戊午戊子	丁亥丁巳	丁巳---丁亥	丙戌丙辰	---丙辰丙戌
	夏曆新曆	庚申辛酉	庚寅庚寅	己未庚申	己丑庚寅	戊午己未	戊子戊子	丁巳---戊午	---丁亥丁亥	丁巳丁巳	丙戌丙戌	丙辰乙卯	乙酉乙酉	乙卯乙卯

秦王政十年（甲子 鼠年） 公元前238～前237年 歲在析木

顯項月序		中西曆日對照	初一	初二	初三	初四	初五	初六	初七	初八	初九	初十	十一	十二	十三	十四	十五	十六	十七	十八	十九	二十	二一	二二	二三	二四	二五	二六	二七	二八	二九	三十	節氣與天象
十月小	癸亥	天干地支西曆	丁亥28	戊子29	己丑30	庚寅31	辛卯(11)	壬辰2	癸巳3	甲午4	乙未5	丙申6	丁酉7	戊戌8	己亥9	庚子10	辛丑11	壬寅12	癸卯13	甲辰14	乙巳15	丙午16	丁未17	戊申18	己酉19	庚戌20	辛亥21	壬子22	癸丑23	甲寅24	乙卯25		辛丑立冬
十一月大	甲子	天干地支西曆	丙辰26	丁巳27	戊午28	己未29	庚申30	辛酉(12)	壬戌2	癸亥3	甲子4	乙丑5	丙寅6	丁卯7	戊辰8	己巳9	庚午10	辛未11	壬申12	癸酉13	甲戌14	乙亥15	丙子16	丁丑17	戊寅18	己卯19	庚辰20	辛巳21	壬午22	癸未23	甲申24	乙酉25	乙酉冬至
十二月小	乙丑	天干地支西曆	丙戌26	丁亥27	戊子28	己丑29	庚寅30	辛卯31	壬辰(1)	癸巳2	甲午3	乙未4	丙申5	丁酉6	戊戌7	己亥8	庚子9	辛丑10	壬寅11	癸卯12	甲辰13	乙巳14	丙午15	丁未16	戊申17	己酉18	庚戌19	辛亥20	壬子21	癸丑22	甲寅23		
正月大	丙寅	天干地支西曆	乙卯24	丙辰25	丁巳26	戊午27	己未28	庚申29	辛酉30	壬戌31	癸亥(2)	甲子2	乙丑3	丙寅4	丁卯5	戊辰6	己巳7	庚午8	辛未9	壬申10	癸酉11	甲戌12	乙亥13	丙子14	丁丑15	戊寅16	己卯17	庚辰18	辛巳19	壬午20	癸未21	甲申22	庚午立春
二月小	丁卯	天干地支西曆	乙酉23	丙戌24	丁亥25	戊子26	己丑27	庚寅28	辛卯29	壬辰(3)	癸巳2	甲午3	乙未4	丙申5	丁酉6	戊戌7	己亥8	庚子9	辛丑10	壬寅11	癸卯12	甲辰13	乙巳14	丙午15	丁未16	戊申17	己酉18	庚戌19	辛亥20	壬子21	癸丑22		
三月大	戊辰	天干地支西曆	甲寅23	乙卯24	丙辰25	丁巳26	戊午27	己未28	庚申29	辛酉30	壬戌31	癸亥(4)	甲子2	乙丑3	丙寅4	丁卯5	戊辰6	己巳7	庚午8	辛未9	壬申10	癸酉11	甲戌12	乙亥13	丙子14	丁丑15	戊寅16	己卯17	庚辰18	辛巳19	壬午20	癸未21	乙卯春分
四月小	己巳	天干地支西曆	甲申22	乙酉23	丙戌24	丁亥25	戊子26	己丑27	庚寅28	辛卯29	壬辰30	癸巳(5)	甲午2	乙未3	丙申4	丁酉5	戊戌6	己亥7	庚子8	辛丑9	壬寅10	癸卯11	甲辰12	乙巳13	丙午14	丁未15	戊申16	己酉17	庚戌18	辛亥19	壬子20		壬寅立夏
五月大	庚午	天干地支西曆	癸丑21	甲寅22	乙卯23	丙辰24	丁巳25	戊午26	己未27	庚申28	辛酉29	壬戌30	癸亥31	甲子(6)	乙丑2	丙寅3	丁卯4	戊辰5	己巳6	庚午7	辛未8	壬申9	癸酉10	甲戌11	乙亥12	丙子13	丁丑14	戊寅15	己卯16	庚辰17	辛巳18	壬午19	
六月小	辛未	天干地支西曆	癸未20	甲申21	乙酉22	丙戌23	丁亥24	戊子25	己丑26	庚寅27	辛卯28	壬辰29	癸巳30	甲午(7)	乙未2	丙申3	丁酉4	戊戌5	己亥6	庚子7	辛丑8	壬寅9	癸卯10	甲辰11	乙巳12	丙午13	丁未14	戊申15	己酉16	庚戌17	辛亥18		己丑夏至
七月大	壬申	天干地支西曆	壬子19	癸丑20	甲寅21	乙卯22	丙辰23	丁巳24	戊午25	己未26	庚申27	辛酉28	壬戌29	癸亥30	甲子31	乙丑(8)	丙寅2	丁卯3	戊辰4	己巳5	庚午6	辛未7	壬申8	癸酉9	甲戌10	乙亥11	丙子12	丁丑13	戊寅14	己卯15	庚辰16	辛巳17	丙子立秋
八月小	癸酉	天干地支西曆	壬午18	癸未19	甲申20	乙酉21	丙戌22	丁亥23	戊子24	己丑25	庚寅26	辛卯27	壬辰28	癸巳29	甲午30	乙未31	丙申(9)	丁酉2	戊戌3	己亥4	庚子5	辛丑6	壬寅7	癸卯8	甲辰9	乙巳10	丙午11	丁未12	戊申13	己酉14	庚戌15		
九月大	甲戌	天干地支西曆	辛亥16	壬子17	癸丑18	甲寅19	乙卯20	丙辰21	丁巳22	戊午23	己未24	庚申25	辛酉26	壬戌27	癸亥28	甲子29	乙丑30	丙寅(10)	丁卯2	戊辰3	己巳4	庚午5	辛未6	壬申7	癸酉8	甲戌9	乙亥10	丙子11	丁丑12	戊寅13	己卯14	庚辰15	壬戌秋分 辛亥日食
後九月大	甲戌	天干地支西曆	辛巳16	壬午17	癸未18	甲申19	乙酉20	丙戌21	丁亥22	戊子23	己丑24	庚寅25	辛卯26	壬辰27	癸巳28	甲午29	乙未30	丙申31	丁酉(11)	戊戌2	己亥3	庚子4	辛丑5	壬寅6	癸卯7	甲辰8	乙巳9	丙午10	丁未11	戊申12	己酉13	庚戌14	丙午立冬

朔閏異同	曆名	正月	二月	三月	四月	五月	六月	七月	八月	九月	十月	十一	十二	閏月		曆名	正月	二月	三月	四月	五月	六月	七月	八月	九月	十月	十一	十二	閏月
	周曆殷曆	乙酉丙辰	乙卯乙酉	甲申乙卯	甲寅甲申	癸未甲寅	癸丑癸未	壬午癸丑	壬子壬午	辛巳壬子	辛亥辛巳	辛巳辛亥	庚戌庚辰			夏曆新曆	甲申甲申	甲寅甲寅	癸未甲申	癸丑癸丑	壬午癸未	壬子壬子	辛巳壬午	辛亥辛亥	庚辰辛巳	庚戌庚戌	庚辰庚辰	己酉己酉	

秦王政十一年（乙丑 牛年） 公元前237～前236年 歲在星紀

顯項月序		中西曆日對照	初一	初二	初三	初四	初五	初六	初七	初八	初九	初十	十一	十二	十三	十四	十五	十六	十七	十八	十九	二十	二一	二二	二三	二四	二五	二六	二七	二八	二九	三十	節氣與天象
十月小	乙亥	天干地支	辛亥	壬子	癸丑	甲寅	乙卯	丙辰	丁巳	戊午	己未	庚申	辛酉	壬戌	癸亥	甲子	乙丑	丙寅	丁卯	戊辰	己巳	庚午	辛未	壬申	癸酉	甲戌	乙亥	丙子	丁丑	戊寅	己卯		
		西曆	15	16	17	18	19	20	21	22	23	24	25	26	27	28	29	30	(12)	2	3	4	5	6	7	8	9	10	11	12	13		
十一月大	丙子	天干地支	庚辰	辛巳	壬午	癸未	甲申	乙酉	丙戌	丁亥	戊子	己丑	庚寅	辛卯	壬辰	癸巳	甲午	乙未	丙申	丁酉	戊戌	己亥	庚子	辛丑	壬寅	癸卯	甲辰	乙巳	丙午	丁未	戊申	己酉	庚寅冬至
		西曆	14	15	16	17	18	19	20	21	22	23	24	25	26	27	28	29	30	31	(1)	2	3	4	5	6	7	8	9	10	11	12	
十二月小	丁丑	天干地支	庚戌	辛亥	壬子	癸丑	甲寅	乙卯	丙辰	丁巳	戊午	己未	庚申	辛酉	壬戌	癸亥	甲子	乙丑	丙寅	丁卯	戊辰	己巳	庚午	辛未	壬申	癸酉	甲戌	乙亥	丙子	丁丑	戊寅		乙亥立春
		西曆	13	14	15	16	17	18	19	20	21	22	23	24	25	26	27	28	29	30	31	(2)	2	3	4	5	6	7	8	9	10		
正月大	戊寅	天干地支	己卯	庚辰	辛巳	壬午	癸未	甲申	乙酉	丙戌	丁亥	戊子	己丑	庚寅	辛卯	壬辰	癸巳	甲午	乙未	丙申	丁酉	戊戌	己亥	庚子	辛丑	壬寅	癸卯	甲辰	乙巳	丙午	丁未	戊申	
		西曆	11	12	13	14	15	16	17	18	19	20	21	22	23	24	25	26	27	28	(3)	2	3	4	5	6	7	8	9	10	11	12	
二月小	己卯	天干地支	己酉	庚戌	辛亥	壬子	癸丑	甲寅	乙卯	丙辰	丁巳	戊午	己未	庚申	辛酉	壬戌	癸亥	甲子	乙丑	丙寅	丁卯	戊辰	己巳	庚午	辛未	壬申	癸酉	甲戌	乙亥	丙子	丁丑		辛酉春分
		西曆	13	14	15	16	17	18	19	20	21	22	23	24	25	26	27	28	29	30	31	(4)	2	3	4	5	6	7	8	9	10		
三月大	庚辰	天干地支	戊寅	己卯	庚辰	辛巳	壬午	癸未	甲申	乙酉	丙戌	丁亥	戊子	己丑	庚寅	辛卯	壬辰	癸巳	甲午	乙未	丙申	丁酉	戊戌	己亥	庚子	辛丑	壬寅	癸卯	甲辰	乙巳	丙午	丁未	丁未立夏
		西曆	11	12	13	14	15	16	17	18	19	20	21	22	23	24	25	26	27	28	29	30	(5)	2	3	4	5	6	7	8	9	10	
四月小	辛巳	天干地支	戊申	己酉	庚戌	辛亥	壬子	癸丑	甲寅	乙卯	丙辰	丁巳	戊午	己未	庚申	辛酉	壬戌	癸亥	甲子	乙丑	丙寅	丁卯	戊辰	己巳	庚午	辛未	壬申	癸酉	甲戌	乙亥	丙子		
		西曆	11	12	13	14	15	16	17	18	19	20	21	22	23	24	25	26	27	28	29	30	31	(6)	2	3	4	5	6	7	8		
五月大	壬午	天干地支	丁丑	戊寅	己卯	庚辰	辛巳	壬午	癸未	甲申	乙酉	丙戌	丁亥	戊子	己丑	庚寅	辛卯	壬辰	癸巳	甲午	乙未	丙申	丁酉	戊戌	己亥	庚子	辛丑	壬寅	癸卯	甲辰	乙巳	丙午	乙未夏至
		西曆	9	10	11	12	13	14	15	16	17	18	19	20	21	22	23	24	25	26	27	28	29	30	(7)	2	3	4	5	6	7	8	
六月小	癸未	天干地支	丁未	戊申	己酉	庚戌	辛亥	壬子	癸丑	甲寅	乙卯	丙辰	丁巳	戊午	己未	庚申	辛酉	壬戌	癸亥	甲子	乙丑	丙寅	丁卯	戊辰	己巳	庚午	辛未	壬申	癸酉	甲戌	乙亥		
		西曆	9	10	11	12	13	14	15	16	17	18	19	20	21	22	23	24	25	26	27	28	29	30	31	(8)	2	3	4	5	6		
七月大	甲申	天干地支	丙子	丁丑	戊寅	己卯	庚辰	辛巳	壬午	癸未	甲申	乙酉	丙戌	丁亥	戊子	己丑	庚寅	辛卯	壬辰	癸巳	甲午	乙未	丙申	丁酉	戊戌	己亥	庚子	辛丑	壬寅	癸卯	甲辰	乙巳	辛巳立秋
		西曆	7	8	9	10	11	12	13	14	15	16	17	18	19	20	21	22	23	24	25	26	27	28	29	30	31	(9)	2	3	4	5	
八月小	乙酉	天干地支	丙午	丁未	戊申	己酉	庚戌	辛亥	壬子	癸丑	甲寅	乙卯	丙辰	丁巳	戊午	己未	庚申	辛酉	壬戌	癸亥	甲子	乙丑	丙寅	丁卯	戊辰	己巳	庚午	辛未	壬申	癸酉	甲戌		丁卯秋分
		西曆	6	7	8	9	10	11	12	13	14	15	16	17	18	19	20	21	22	23	24	25	26	27	28	29	30	(10)	2	3	4		
九月大	丙戌	天干地支	乙亥	丙子	丁丑	戊寅	己卯	庚辰	辛巳	壬午	癸未	甲申	乙酉	丙戌	丁亥	戊子	己丑	庚寅	辛卯	壬辰	癸巳	甲午	乙未	丙申	丁酉	戊戌	己亥	庚子	辛丑	壬寅	癸卯	甲辰	
		西曆	5	6	7	8	9	10	11	12	13	14	15	16	17	18	19	20	21	22	23	24	25	26	27	28	29	30	31	(11)	2	3	

朔閏異同	曆名	正月	二月	三月	四月	五月	六月	七月	八月	九月	十月	十一	十二	閏月	曆名	正月	二月	三月	四月	五月	六月	七月	八月	九月	十月	十一	十二	閏月
	周曆殷曆	庚辰庚戌	己酉己卯	己卯己酉	戊申戊寅	戊寅戊申	丁未戊寅	丁丑丁未	丙午丁丑	丙子丙午	乙巳丙了	乙亥乙巳	甲辰乙亥		夏曆新曆	己卯己卯	戊申戊申	戊寅戊寅	丁未丁未	丁丑丁丑	丙午丁未	丙子丙子	乙巳丙午	乙亥乙亥	甲辰乙巳	甲戌甲戌	癸卯甲辰	

秦王政十二年（丙寅 虎年） 公元前236 ~ 前235年 歲在玄枵

顯項月序		中西曆日對照	初一	初二	初三	初四	初五	初六	初七	初八	初九	初十	十一	十二	十三	十四	十五	十六	十七	十八	十九	二十	二一	二二	二三	二四	二五	二六	二七	二八	二九	三十	節氣與天象
十月小	丁亥	干支 天地 西曆	乙巳4	丙午5	丁未6	戊申7	己酉8	庚戌9	辛亥10	壬子11	癸丑12	甲寅13	乙卯14	丙辰15	丁巳16	戊午17	己未18	庚申19	辛酉20	壬戌21	癸亥22	甲子23	乙丑24	丙寅25	丁卯26	戊辰27	己巳28	庚午29	辛未30	壬申(12)	癸酉2		辛亥立冬
十一月大	戊子	干支 天地 西曆	甲戌3	乙亥4	丙子5	丁丑6	戊寅7	己卯8	庚辰9	辛巳10	壬午11	癸未12	甲申13	乙酉14	丙戌15	丁亥16	戊子17	己丑18	庚寅19	辛卯20	壬辰21	癸巳22	甲午23	乙未24	丙申25	丁酉26	戊戌27	己亥28	庚子29	辛丑30	壬寅31	癸卯(1)	乙未冬至
十二月小	己丑	干支 天地 西曆	甲辰2	乙巳3	丙午4	丁未5	戊申6	己酉7	庚戌8	辛亥9	壬子10	癸丑11	甲寅12	乙卯13	丙辰14	丁巳15	戊午16	己未17	庚申18	辛酉19	壬戌20	癸亥21	甲子22	乙丑23	丙寅24	丁卯25	戊辰26	己巳27	庚午28	辛未29	壬申30		
正月大	庚寅	干支 天地 西曆	癸酉31	甲戌(2)	乙亥2	丙子3	丁丑4	戊寅5	己卯6	庚辰7	辛巳8	壬午9	癸未10	甲申11	乙酉12	丙戌13	丁亥14	戊子15	己丑16	庚寅17	辛卯18	壬辰19	癸巳20	甲午21	乙未22	丙申23	丁酉24	戊戌25	己亥26	庚子27	辛丑28	壬寅(3)	庚辰立春 癸酉日食
二月大	辛卯	干支 天地 西曆	癸卯2	甲辰3	乙巳4	丙午5	丁未6	戊申7	己酉8	庚戌9	辛亥10	壬子11	癸丑12	甲寅13	乙卯14	丙辰15	丁巳16	戊午17	己未18	庚申19	辛酉20	壬戌21	癸亥22	甲子23	乙丑24	丙寅25	丁卯26	戊辰27	己巳28	庚午29	辛未30	壬申31	丙寅春分
三月小	壬辰	干支 天地 西曆	癸酉(4)	甲戌2	乙亥3	丙子4	丁丑5	戊寅6	己卯7	庚辰8	辛巳9	壬午10	癸未11	甲申12	乙酉13	丙戌14	丁亥15	戊子16	己丑17	庚寅18	辛卯19	壬辰20	癸巳21	甲午22	乙未23	丙申24	丁酉25	戊戌26	己亥27	庚子28	辛丑29		
四月大	癸巳	干支 天地 西曆	壬寅30	癸卯(5)	甲辰2	乙巳3	丙午4	丁未5	戊申6	己酉7	庚戌8	辛亥9	壬子10	癸丑11	甲寅12	乙卯13	丙辰14	丁巳15	戊午16	己未17	庚申18	辛酉19	壬戌20	癸亥21	甲子22	乙丑23	丙寅24	丁卯25	戊辰26	己巳27	庚午28	辛未29	癸丑立夏
五月小	甲午	干支 天地 西曆	壬申30	癸酉31	甲戌(6)	乙亥2	丙子3	丁丑4	戊寅5	己卯6	庚辰7	辛巳8	壬午9	癸未10	甲申11	乙酉12	丙戌13	丁亥14	戊子15	己丑16	庚寅17	辛卯18	壬辰19	癸巳20	甲午21	乙未22	丙申23	丁酉24	戊戌25	己亥26	庚子27		庚子夏至
六月大	乙未	干支 天地 西曆	辛丑28	壬寅29	癸卯30	甲辰(7)	乙巳2	丙午3	丁未4	戊申5	己酉6	庚戌7	辛亥8	壬子9	癸丑10	甲寅11	乙卯12	丙辰13	丁巳14	戊午15	己未16	庚申17	辛酉18	壬戌19	癸亥20	甲子21	乙丑22	丙寅23	丁卯24	戊辰25	己巳26	庚午27	
七月小	丙申	干支 天地 西曆	辛未28	壬申29	癸酉30	甲戌31	乙亥(8)	丙子2	丁丑3	戊寅4	己卯5	庚辰6	辛巳7	壬午8	癸未9	甲申10	乙酉11	丙戌12	丁亥13	戊子14	己丑15	庚寅16	辛卯17	壬辰18	癸巳19	甲午20	乙未21	丙申22	丁酉23	戊戌24	己亥25		丁亥立秋
八月大	丁酉	干支 天地 西曆	庚子26	辛丑27	壬寅28	癸卯29	甲辰30	乙巳31	丙午(9)	丁未2	戊申3	己酉4	庚戌5	辛亥6	壬子7	癸丑8	甲寅9	乙卯10	丙辰11	丁巳12	戊午13	己未14	庚申15	辛酉16	壬戌17	癸亥18	甲子19	乙丑20	丙寅21	丁卯22	戊辰23	己巳24	
九月小	戊戌	干支 天地 西曆	庚午25	辛未26	壬申27	癸酉28	甲戌29	乙亥30	丙子(10)	丁丑2	戊寅3	己卯4	庚辰5	辛巳6	壬午7	癸未8	甲申9	乙酉10	丙戌11	丁亥12	戊子13	己丑14	庚寅15	辛卯16	壬辰17	癸巳18	甲午19	乙未20	丙申21	丁酉22	戊戌23		壬申秋分
後九月大	戊戌	干支 天地 西曆	己亥24	庚子25	辛丑26	壬寅27	癸卯28	甲辰29	乙巳30	丙午31	丁未(11)	戊申2	己酉3	庚戌4	辛亥5	壬子6	癸丑7	甲寅8	乙卯9	丙辰10	丁巳11	戊午12	己未13	庚申14	辛酉15	壬戌16	癸亥17	甲子18	乙丑19	丙寅20	丁卯21	戊辰22	丁巳立冬

朔閏異同	曆名	正月	二月	三月	四月	五月	六月	七月	八月	九月	十月	十一	十二	閏月
	周曆殷曆	甲戌甲辰	甲辰甲戌	癸酉癸卯	癸卯癸酉	壬申壬寅	壬寅壬申	辛未辛丑	辛丑辛未	庚午---辛丑	---庚子庚午	己巳庚子	己亥己巳	戊辰己亥
	夏曆新曆	癸酉癸酉	壬寅癸卯	壬申---壬申	---壬寅壬寅	辛未辛未	辛丑辛丑	庚午庚午	庚子庚子	己巳庚午	己亥己亥	戊辰己巳	戊戌戊戌	丁卯戊辰

秦王政十三年（丁卯 兔年） 公元前235 ~ 前**234**年 歲在旃蒙

顯項月序		中西曆日對照	初一	初二	初三	初四	初五	初六	初七	初八	初九	初十	十一	十二	十三	十四	十五	十六	十七	十八	十九	二十	二一	二二	二三	二四	二五	二六	二七	二八	二九	三十	節氣與天象
十月小	己亥	天干地支	己巳	庚午	辛未	壬申	癸酉	甲戌	乙亥	丙子	丁丑	戊寅	己卯	庚辰	辛巳	壬午	癸未	甲申	乙酉	丙戌	丁亥	戊子	己丑	庚寅	辛卯	壬辰	癸巳	甲午	乙未	丙申	丁酉		
		西曆	23	24	25	26	27	28	29	30	(12)	2	3	4	5	6	7	8	9	10	11	12	13	14	15	16	17	18	19	20	21		
十一月大	庚子	天干地支	戊戌	己亥	庚子	辛丑	壬寅	癸卯	甲辰	乙巳	丙午	丁未	戊申	己酉	庚戌	辛亥	壬子	癸丑	甲寅	乙卯	丙辰	丁巳	戊午	己未	庚申	辛酉	壬戌	癸亥	甲子	乙丑	丙寅	丁卯	辛丑冬至
		西曆	22	23	24	25	26	27	28	29	30	31	(1)	2	3	4	5	6	7	8	9	10	11	12	13	14	15	16	17	18	19	20	
十二月小	辛丑	天干地支	戊辰	己巳	庚午	辛未	壬申	癸酉	甲戌	乙亥	丙子	丁丑	戊寅	己卯	庚辰	辛巳	壬午	癸未	甲申	乙酉	丙戌	丁亥	戊子	己丑	庚寅	辛卯	壬辰	癸巳	甲午	乙未	丙申		乙酉立春
		西曆	21	22	23	24	25	26	27	28	29	30	31	(2)	2	3	4	5	6	7	8	9	10	11	12	13	14	15	16	17	18		
正月大	壬寅	天干地支	丁酉	戊戌	己亥	庚子	辛丑	壬寅	癸卯	甲辰	乙巳	丙午	丁未	戊申	己酉	庚戌	辛亥	壬子	癸丑	甲寅	乙卯	丙辰	丁巳	戊午	己未	庚申	辛酉	壬戌	癸亥	甲子	乙丑	丙寅	
		西曆	19	20	21	22	23	24	25	26	27	28	(3)	2	3	4	5	6	7	8	9	10	11	12	13	14	15	16	17	18	19	20	
二月小	癸卯	天干地支	丁卯	戊辰	己巳	庚午	辛未	壬申	癸酉	甲戌	乙亥	丙子	丁丑	戊寅	己卯	庚辰	辛巳	壬午	癸未	甲申	乙酉	丙戌	丁亥	戊子	己丑	庚寅	辛卯	壬辰	癸巳	甲午	乙未		辛未春分
		西曆	21	22	23	24	25	26	27	28	29	30	31	(4)	2	3	4	5	6	7	8	9	10	11	12	13	14	15	16	17	18		
三月大	甲辰	天干地支	丙申	丁酉	戊戌	己亥	庚子	辛丑	壬寅	癸卯	甲辰	乙巳	丙午	丁未	戊申	己酉	庚戌	辛亥	壬子	癸丑	甲寅	乙卯	丙辰	丁巳	戊午	己未	庚申	辛酉	壬戌	癸亥	甲子	乙丑	戊午立夏
		西曆	19	20	21	22	23	24	25	26	27	28	29	30	(5)	2	3	4	5	6	7	8	9	10	11	12	13	14	15	16	17	18	
四月大	乙巳	天干地支	丙寅	丁卯	戊辰	己巳	庚午	辛未	壬申	癸酉	甲戌	乙亥	丙子	丁丑	戊寅	己卯	庚辰	辛巳	壬午	癸未	甲申	乙酉	丙戌	丁亥	戊子	己丑	庚寅	辛卯	壬辰	癸巳	甲午	乙未	
		西曆	19	20	21	22	23	24	25	26	27	28	29	30	31	(6)	2	3	4	5	6	7	8	9	10	11	12	13	14	15	16	17	
五月小	丙午	天干地支	丙申	丁酉	戊戌	己亥	庚子	辛丑	壬寅	癸卯	甲辰	乙巳	丙午	丁未	戊申	己酉	庚戌	辛亥	壬子	癸丑	甲寅	乙卯	丙辰	丁巳	戊午	己未	庚申	辛酉	壬戌	癸亥	甲子		乙巳夏至
		西曆	18	19	20	21	22	23	24	25	26	27	28	29	30	(7)	2	3	4	5	6	7	8	9	10	11	12	13	14	15	16		
六月大	丁未	天干地支	乙丑	丙寅	丁卯	戊辰	己巳	庚午	辛未	壬申	癸酉	甲戌	乙亥	丙子	丁丑	戊寅	己卯	庚辰	辛巳	壬午	癸未	甲申	乙酉	丙戌	丁亥	戊子	己丑	庚寅	辛卯	壬辰	癸巳	甲午	壬辰立秋
		西曆	17	18	19	20	21	22	23	24	25	26	27	28	29	30	31	(8)	2	3	4	5	6	7	8	9	10	11	12	13	14	15	
七月小	戊申	天干地支	乙未	丙申	丁酉	戊戌	己亥	庚子	辛丑	壬寅	癸卯	甲辰	乙巳	丙午	丁未	戊申	己酉	庚戌	辛亥	壬子	癸丑	甲寅	乙卯	丙辰	丁巳	戊午	己未	庚申	辛酉	壬戌	癸亥		
		西曆	16	17	18	19	20	21	22	23	24	25	26	27	28	29	30	31	(9)	2	3	4	5	6	7	8	9	10	11	12	13		
八月大	己酉	天干地支	甲子	乙丑	丙寅	丁卯	戊辰	己巳	庚午	辛未	壬申	癸酉	甲戌	乙亥	丙子	丁丑	戊寅	己卯	庚辰	辛巳	壬午	癸未	甲申	乙酉	丙戌	丁亥	戊子	己丑	庚寅	辛卯	壬辰	癸巳	丁丑秋分
		西曆	14	15	16	17	18	19	20	21	22	23	24	25	26	27	28	29	30	(10)	2	3	4	5	6	7	8	9	10	11	12	13	
九月小	庚戌	天干地支	甲午	乙未	丙申	丁酉	戊戌	己亥	庚子	辛丑	壬寅	癸卯	甲辰	乙巳	丙午	丁未	戊申	己酉	庚戌	辛亥	壬子	癸丑	甲寅	乙卯	丙辰	丁巳	戊午	己未	庚申	辛酉	壬戌		壬戌立冬
		西曆	14	15	16	17	18	19	20	21	22	23	24	25	26	27	28	29	30	31	(11)	2	3	4	5	6	7	8	9	10	11		

朔閏異同	曆名	正月	二月	三月	四月	五月	六月	七月	八月	九月	十月	十一	十二	閏月
	周曆殷曆	戊戌戊辰	丁卯戊戌	丁酉丁卯	丙寅丁酉	丙申丙寅	丙寅丙申	乙未乙丑	乙丑乙未	甲午甲子	甲子甲午	癸巳癸亥	癸亥癸巳	
	夏曆新曆	丁酉丁酉	丙寅丁卯	丙申丙申	乙丑乙丑	乙未乙未	甲子甲子	甲午甲午	甲子甲子	癸巳癸巳	癸亥癸亥	壬辰癸巳	壬戌壬戌	

秦王政十四年（戊辰 龍年） 公元前 234 ~ 前 233 年 歲在降婁

月序	月建	中西曆日對照	初一	初二	初三	初四	初五	初六	初七	初八	初九	初十	十一	十二	十三	十四	十五	十六	十七	十八	十九	二十	二一	二二	二三	二四	二五	二六	二七	二八	二九	三十	節氣與天象
十月大	辛亥	天干地支	癸亥	甲子	乙丑	丙寅	丁卯	戊辰	己巳	庚午	辛未	壬申	癸酉	甲戌	乙亥	丙子	丁丑	戊寅	己卯	庚辰	辛巳	壬午	癸未	甲申	乙酉	丙戌	丁亥	戊子	己丑	庚寅	辛卯	壬辰	
		西曆	12	13	14	15	16	17	18	19	20	21	22	23	24	25	26	27	28	29	30	(12)	2	3	4	5	6	7	8	9	10	11	
十一月小	壬子	天干地支	癸巳	甲午	乙未	丙申	丁酉	戊戌	己亥	庚子	辛丑	壬寅	癸卯	甲辰	乙巳	丙午	丁未	戊申	己酉	庚戌	辛亥	壬子	癸丑	甲寅	乙卯	丙辰	丁巳	戊午	己未	庚申	辛酉		丙午冬至
		西曆	12	13	14	15	16	17	18	19	20	21	22	23	24	25	26	27	28	29	30	31	(1)	2	3	4	5	6	7	8	9		
十二月大	癸丑	天干地支	壬戌	癸亥	甲子	乙丑	丙寅	丁卯	戊辰	己巳	庚午	辛未	壬申	癸酉	甲戌	乙亥	丙子	丁丑	戊寅	己卯	庚辰	辛巳	壬午	癸未	甲申	乙酉	丙戌	丁亥	戊子	己丑	庚寅	辛卯	辛卯立春
		西曆	10	11	12	13	14	15	16	17	18	19	20	21	22	23	24	25	26	27	28	29	30	31	(2)	2	3	4	5	6	7	8	
正月小	甲寅	天干地支	壬辰	癸巳	甲午	乙未	丙申	丁酉	戊戌	己亥	庚子	辛丑	壬寅	癸卯	甲辰	乙巳	丙午	丁未	戊申	己酉	庚戌	辛亥	壬子	癸丑	甲寅	乙卯	丙辰	丁巳	戊午	己未	庚申		
		西曆	9	10	11	12	13	14	15	16	17	18	19	20	21	22	23	24	25	26	27	28	29	(3)	2	3	4	5	6	7	8		
二月大	乙卯	天干地支	辛酉	壬戌	癸亥	甲子	乙丑	丙寅	丁卯	戊辰	己巳	庚午	辛未	壬申	癸酉	甲戌	乙亥	丙子	丁丑	戊寅	己卯	庚辰	辛巳	壬午	癸未	甲申	乙酉	丙戌	丁亥	戊子	己丑	庚寅	丙子春分
		西曆	9	10	11	12	13	14	15	16	17	18	19	20	21	22	23	24	25	26	27	28	29	30	31	(4)	2	3	4	5	6	7	
三月小	丙辰	天干地支	辛卯	壬辰	癸巳	甲午	乙未	丙申	丁酉	戊戌	己亥	庚子	辛丑	壬寅	癸卯	甲辰	乙巳	丙午	丁未	戊申	己酉	庚戌	辛亥	壬子	癸丑	甲寅	乙卯	丙辰	丁巳	戊午	己未		
		西曆	8	9	10	11	12	13	14	15	16	17	18	19	20	21	22	23	24	25	26	27	28	29	30	(5)	2	3	4	5	6		
四月大	丁巳	天干地支	庚申	辛酉	壬戌	癸亥	甲子	乙丑	丙寅	丁卯	戊辰	己巳	庚午	辛未	壬申	癸酉	甲戌	乙亥	丙子	丁丑	戊寅	己卯	庚辰	辛巳	壬午	癸未	甲申	乙酉	丙戌	丁亥	戊子	己丑	癸亥立夏
		西曆	7	8	9	10	11	12	13	14	15	16	17	18	19	20	21	22	23	24	25	26	27	28	29	30	31	(6)	2	3	4	5	
五月小	戊午	天干地支	庚寅	辛卯	壬辰	癸巳	甲午	乙未	丙申	丁酉	戊戌	己亥	庚子	辛丑	壬寅	癸卯	甲辰	乙巳	丙午	丁未	戊申	己酉	庚戌	辛亥	壬子	癸丑	甲寅	乙卯	丙辰	丁巳	戊午		庚戌夏至
		西曆	6	7	8	9	10	11	12	13	14	15	16	17	18	19	20	21	22	23	24	25	26	27	28	29	30	(7)	2	3	4		
六月大	己未	天干地支	己未	庚申	辛酉	壬戌	癸亥	甲子	乙丑	丙寅	丁卯	戊辰	己巳	庚午	辛未	壬申	癸酉	甲戌	乙亥	丙子	丁丑	戊寅	己卯	庚辰	辛巳	壬午	癸未	甲申	乙酉	丙戌	丁亥	戊子	
		西曆	5	6	7	8	9	10	11	12	13	14	15	16	17	18	19	20	21	22	23	24	25	26	27	28	29	30	31	(8)	2	3	
七月小	庚申	天干地支	己丑	庚寅	辛卯	壬辰	癸巳	甲午	乙未	丙申	丁酉	戊戌	己亥	庚子	辛丑	壬寅	癸卯	甲辰	乙巳	丙午	丁未	戊申	己酉	庚戌	辛亥	壬子	癸丑	甲寅	乙卯	丙辰	丁巳		丁酉立秋
		西曆	4	5	6	7	8	9	10	11	12	13	14	15	16	17	18	19	20	21	22	23	24	25	26	27	28	29	30	31	(9)		
八月大	辛酉	天干地支	戊午	己未	庚申	辛酉	壬戌	癸亥	甲子	乙丑	丙寅	丁卯	戊辰	己巳	庚午	辛未	壬申	癸酉	甲戌	乙亥	丙子	丁丑	戊寅	己卯	庚辰	辛巳	壬午	癸未	甲申	乙酉	丙戌	丁亥	癸未秋分
		西曆	2	3	4	5	6	7	8	9	10	11	12	13	14	15	16	17	18	19	20	21	22	23	24	25	26	27	28	29	30	(10)	
九月大	壬戌	天干地支	戊子	己丑	庚寅	辛卯	壬辰	癸巳	甲午	乙未	丙申	丁酉	戊戌	己亥	庚子	辛丑	壬寅	癸卯	甲辰	乙巳	丙午	丁未	戊申	己酉	庚戌	辛亥	壬子	癸丑	甲寅	乙卯	丙辰	丁巳	
		西曆	2	3	4	5	6	7	8	9	10	11	12	13	14	15	16	17	18	19	20	21	22	23	24	25	26	27	28	29	30	31	

朔閏異同	曆名	正月	二月	三月	四月	五月	六月	七月	八月	九月	十月	十一	十二	閏月
	周曆殷曆	壬辰癸亥	壬戌壬辰	辛卯壬戌	辛酉辛卯	庚寅辛酉	庚申庚寅	己丑庚申	己未己丑	己丑己未	戊午戊子	戊子戊午	丁巳丁亥	
	夏曆新曆	辛卯壬辰	辛酉辛酉	庚寅庚寅	庚申庚申	己丑己丑	己未己未	戊子戊子	戊午戊午	丁亥丁亥	丁巳---丁巳	丁亥丁亥	丙辰丁巳	---丙戌丙戌

秦王政十五年（己巳 蛇年） 公元前233 ~ 前232年 歲在大梁

顯項月序		中西曆日對照	初一	初二	初三	初四	初五	初六	初七	初八	初九	初十	十一	十二	十三	十四	十五	十六	十七	十八	十九	二十	二一	二二	二三	二四	二五	二六	二七	二八	二九	三十	節氣與天象
十月小	癸亥	干支 天地西曆	戊午(11)	己未2	庚申3	辛酉4	壬戌5	癸亥6	甲子7	乙丑8	丙寅9	丁卯10	戊辰11	己巳12	庚午13	辛未14	壬申15	癸酉16	甲戌17	乙亥18	丙子19	丁丑20	戊寅21	己卯22	庚辰23	辛巳24	壬午25	癸未26	甲申27	乙酉28	丙戌29		丁卯立冬
十一月大	甲子	干支 天地西曆	丁亥30	戊子(12)	己丑2	庚寅3	辛卯4	壬辰5	癸巳6	甲午7	乙未8	丙申9	丁酉10	戊戌11	己亥12	庚子13	辛丑14	壬寅15	癸卯16	甲辰17	乙巳18	丙午19	丁未20	戊申21	己酉22	庚戌23	辛亥24	壬子25	癸丑26	甲寅27	乙卯28	丙辰29	辛亥冬至 丁亥日食
十二月小	乙丑	干支 天地西曆	丁巳30	戊午31	己未(1)	庚申2	辛酉3	壬戌4	癸亥5	甲子6	乙丑7	丙寅8	丁卯9	戊辰10	己巳11	庚午12	辛未13	壬申14	癸酉15	甲戌16	乙亥17	丙子18	丁丑19	戊寅20	己卯21	庚辰22	辛巳23	壬午24	癸未25	甲申26	乙酉27		
正月大	丙寅	干支 天地西曆	丙戌28	丁亥29	戊子30	己丑31	庚寅(2)	辛卯2	壬辰3	癸巳4	甲午5	乙未6	丙申7	丁酉8	戊戌9	己亥10	庚子11	辛丑12	壬寅13	癸卯14	甲辰15	乙巳16	丙午17	丁未18	戊申19	己酉20	庚戌21	辛亥22	壬子23	癸丑24	甲寅25	乙卯26	丙申立春
二月小	丁卯	干支 天地西曆	丙辰27	丁巳28	戊午(3)	己未2	庚申3	辛酉4	壬戌5	癸亥6	甲子7	乙丑8	丙寅9	丁卯10	戊辰11	己巳12	庚午13	辛未14	壬申15	癸酉16	甲戌17	乙亥18	丙子19	丁丑20	戊寅21	己卯22	庚辰23	辛巳24	壬午25	癸未26	甲申27		壬午春分
三月大	戊辰	干支 天地西曆	乙酉28	丙戌29	丁亥30	戊子31	己丑(4)	庚寅2	辛卯3	壬辰4	癸巳5	甲午6	乙未7	丙申8	丁酉9	戊戌10	己亥11	庚子12	辛丑13	壬寅14	癸卯15	甲辰16	乙巳17	丙午18	丁未19	戊申20	己酉21	庚戌22	辛亥23	壬子24	癸丑25	甲寅26	
四月小	己巳	干支 天地西曆	乙卯27	丙辰28	丁巳29	戊午30	己未(5)	庚申2	辛酉3	壬戌4	癸亥5	甲子6	乙丑7	丙寅8	丁卯9	戊辰10	己巳11	庚午12	辛未13	壬申14	癸酉15	甲戌16	乙亥17	丙子18	丁丑19	戊寅20	己卯21	庚辰22	辛巳23	壬午24	癸未25		戊辰立夏
五月大	庚午	干支 天地西曆	甲申26	乙酉27	丙戌28	丁亥29	戊子30	己丑31	庚寅(6)	辛卯2	壬辰3	癸巳4	甲午5	乙未6	丙申7	丁酉8	戊戌9	己亥10	庚子11	辛丑12	壬寅13	癸卯14	甲辰15	乙巳16	丙午17	丁未18	戊申19	己酉20	庚戌21	辛亥22	壬子23	癸丑24	
六月小	辛未	干支 天地西曆	甲寅25	乙卯26	丙辰27	丁巳28	戊午29	己未30	庚申(7)	辛酉2	壬戌3	癸亥4	甲子5	乙丑6	丙寅7	丁卯8	戊辰9	己巳10	庚午11	辛未12	壬申13	癸酉14	甲戌15	乙亥16	丙子17	丁丑18	戊寅19	己卯20	庚辰21	辛巳22	壬午23		丙辰夏至
七月大	壬申	干支 天地西曆	癸未24	甲申25	乙酉26	丙戌27	丁亥28	戊子29	己丑30	庚寅31	辛卯(8)	壬辰2	癸巳3	甲午4	乙未5	丙申6	丁酉7	戊戌8	己亥9	庚子10	辛丑11	壬寅12	癸卯13	甲辰14	乙巳15	丙午16	丁未17	戊申18	己酉19	庚戌20	辛亥21	壬子22	壬寅立秋
八月小	癸酉	干支 天地西曆	癸丑23	甲寅24	乙卯25	丙辰26	丁巳27	戊午28	己未29	庚申30	辛酉31	壬戌(9)	癸亥2	甲子3	乙丑4	丙寅5	丁卯6	戊辰7	己巳8	庚午9	辛未10	壬申11	癸酉12	甲戌13	乙亥14	丙子15	丁丑16	戊寅17	己卯18	庚辰19	辛巳20		
九月大	甲戌	干支 天地西曆	壬午21	癸未22	甲申23	乙酉24	丙戌25	丁亥26	戊子27	己丑28	庚寅29	辛卯30	壬辰(10)	癸巳2	甲午3	乙未4	丙申5	丁酉6	戊戌7	己亥8	庚子9	辛丑10	壬寅11	癸卯12	甲辰13	乙巳14	丙午15	丁未16	戊申17	己酉18	庚戌19	辛亥20	戊子秋分
後九月小	甲戌	干支 天地西曆	壬子21	癸丑22	甲寅23	乙卯24	丙辰25	丁巳26	戊午27	己未28	庚申29	辛酉30	壬戌31	癸亥(11)	甲子2	乙丑3	丙寅4	丁卯5	戊辰6	己巳7	庚午8	辛未9	壬申10	癸酉11	甲戌12	乙亥13	丙子14	丁丑15	戊寅16	己卯17	庚辰18		壬申立冬

朔閏異同	曆名	正月	二月	三月	四月	五月	六月	七月	八月	九月	十月	十一	十二	閏月	曆名	正月	二月	三月	四月	五月	六月	七月	八月	九月	十月	十一	十二	閏月
	周曆殷曆	丁亥丁巳	丙辰丙戌	丙戌丙辰	乙卯丙戌	乙酉乙卯	---甲寅---乙酉	甲申甲寅	癸丑甲申	癸未癸丑	壬子癸未	壬午壬子	辛亥壬午	辛巳辛亥	夏曆新曆	乙卯丙辰	乙酉乙酉	甲寅乙卯	甲申甲申	癸丑癸丑	癸未壬午	壬子壬子	壬午壬午	辛亥辛亥	辛巳辛巳	庚戌辛亥	庚辰辛巳	

秦王政十六年（庚午 馬年） 公元前232～前231年 歲在實沈

顯項月序		中西曆日對照	初一	初二	初三	初四	初五	初六	初七	初八	初九	初十	十一	十二	十三	十四	十五	十六	十七	十八	十九	二十	二一	二二	二三	二四	二五	二六	二七	二八	二九	三十	節氣與天象
十月大	乙亥	天干地支西曆	辛巳19	壬午20	癸未21	甲申22	乙酉23	丙戌24	丁亥25	戊子26	己丑27	庚寅28	辛卯29	壬辰30	癸巳(12)	甲午2	乙未3	丙申4	丁酉5	戊戌6	己亥7	庚子8	辛丑9	壬寅10	癸卯11	甲辰12	乙巳13	丙午14	丁未15	戊申16	己酉17	庚戌18	辛巳日食
十一月小	丙子	天干地支西曆	辛亥19	壬子20	癸丑21	甲寅22	乙卯23	丙辰24	丁巳25	戊午26	己未27	庚申28	辛酉29	壬戌30	癸亥31	甲子(1)	乙丑2	丙寅3	丁卯4	戊辰5	己巳6	庚午7	辛未8	壬申9	癸酉10	甲戌11	乙亥12	丙子13	丁丑14	戊寅15	己卯16		丙辰冬至
十二月大	丁丑	天干地支西曆	庚辰17	辛巳18	壬午19	癸未20	甲申21	乙酉22	丙戌23	丁亥24	戊子25	己丑26	庚寅27	辛卯28	壬辰29	癸巳30	甲午31	乙未(2)	丙申2	丁酉3	戊戌4	己亥5	庚子6	辛丑7	壬寅8	癸卯9	甲辰10	乙巳11	丙午12	丁未13	戊申14	己酉15	辛丑立春
正月大	戊寅	天干地支西曆	庚戌16	辛亥17	壬子18	癸丑19	甲寅20	乙卯21	丙辰22	丁巳23	戊午24	己未25	庚申26	辛酉27	壬戌28	癸亥(3)	甲子2	乙丑3	丙寅4	丁卯5	戊辰6	己巳7	庚午8	辛未9	壬申10	癸酉11	甲戌12	乙亥13	丙子14	丁丑15	戊寅16	己卯17	
二月小	己卯	天干地支西曆	庚辰18	辛巳19	壬午20	癸未21	甲申22	乙酉23	丙戌24	丁亥25	戊子26	己丑27	庚寅28	辛卯29	壬辰30	癸巳31	甲午(4)	乙未2	丙申3	丁酉4	戊戌5	己亥6	庚子7	辛丑8	壬寅9	癸卯10	甲辰11	乙巳12	丙午13	丁未14	戊申15		丁亥春分
三月大	庚辰	天干地支西曆	己酉16	庚戌17	辛亥18	壬子19	癸丑20	甲寅21	乙卯22	丙辰23	丁巳24	戊午25	己未26	庚申27	辛酉28	壬戌29	癸亥30	甲子(5)	乙丑2	丙寅3	丁卯4	戊辰5	己巳6	庚午7	辛未8	壬申9	癸酉10	甲戌11	乙亥12	丙子13	丁丑14	戊寅15	甲戌立夏
四月小	辛巳	天干地支西曆	己卯16	庚辰17	辛巳18	壬午19	癸未20	甲申21	乙酉22	丙戌23	丁亥24	戊子25	己丑26	庚寅27	辛卯28	壬辰29	癸巳30	甲午31	乙未(6)	丙申2	丁酉3	戊戌4	己亥5	庚子6	辛丑7	壬寅8	癸卯9	甲辰10	乙巳11	丙午12	丁未13		
五月大	壬午	天干地支西曆	戊申14	己酉15	庚戌16	辛亥17	壬子18	癸丑19	甲寅20	乙卯21	丙辰22	丁巳23	戊午24	己未25	庚申26	辛酉27	壬戌28	癸亥29	甲子30	乙丑(7)	丙寅2	丁卯3	戊辰4	己巳5	庚午6	辛未7	壬申8	癸酉9	甲戌10	乙亥11	丙子12	丁丑13	辛酉夏至
六月小	癸未	天干地支西曆	戊寅14	己卯15	庚辰16	辛巳17	壬午18	癸未19	甲申20	乙酉21	丙戌22	丁亥23	戊子24	己丑25	庚寅26	辛卯27	壬辰28	癸巳29	甲午30	乙未31	丙申(8)	丁酉2	戊戌3	己亥4	庚子5	辛丑6	壬寅7	癸卯8	甲辰9	乙巳10	丙午11		
七月大	甲申	天干地支西曆	丁未12	戊申13	己酉14	庚戌15	辛亥16	壬子17	癸丑18	甲寅19	乙卯20	丙辰21	丁巳22	戊午23	己未24	庚申25	辛酉26	壬戌27	癸亥28	甲子29	乙丑30	丙寅31	丁卯(9)	戊辰2	己巳3	庚午4	辛未5	壬申6	癸酉7	甲戌8	乙亥9	丙子10	戊申立秋
八月小	乙酉	天干地支西曆	丁丑11	戊寅12	己卯13	庚辰14	辛巳15	壬午16	癸未17	甲申18	乙酉19	丙戌20	丁亥21	戊子22	己丑23	庚寅24	辛卯25	壬辰26	癸巳27	甲午28	乙未29	丙申30	丁酉(10)	戊戌2	己亥3	庚子4	辛丑5	壬寅6	癸卯7	甲辰8	乙巳9		癸巳秋分
九月大	丙戌	天干地支西曆	丙午10	丁未11	戊申12	己酉13	庚戌14	辛亥15	壬子16	癸丑17	甲寅18	乙卯19	丙辰20	丁巳21	戊午22	己未23	庚申24	辛酉25	壬戌26	癸亥27	甲子28	乙丑29	丙寅30	丁卯31	戊辰(11)	己巳2	庚午3	辛未4	壬申5	癸酉6	甲戌7	乙亥8	

朔閏異同	曆名	正月	二月	三月	四月	五月	六月	七月	八月	九月	十月	十一	十二	閏月	曆名	正月	二月	三月	四月	五月	六月	七月	八月	九月	十月	十一	十二	閏月
	周曆殷曆	辛亥辛巳	庚辰庚戌	庚戌庚辰	己卯己酉	己酉己卯	戊寅戊申	戊申戊寅	丁丑戊申	丁未丁丑	丙子丁未	丙午丙子	乙亥丙午		夏曆新曆	己酉庚戌	己卯庚辰	己酉己酉	戊寅己卯	戊申戊申	丁丑丁丑	丁未丙午	丙子丙子	丙午乙巳	乙亥乙亥	乙巳乙巳	甲戌乙亥	

秦王政十七年（辛未 羊年） 公元前231～前230年 歲在鶉首

顯項月序		中西日曆對照	初一	初二	初三	初四	初五	初六	初七	初八	初九	初十	十一	十二	十三	十四	十五	十六	十七	十八	十九	二十	二一	二二	二三	二四	二五	二六	二七	二八	二九	三十	節氣與天象
十月小	丁亥	天干地支西曆	丙子 9	丁丑 10	戊寅 11	己卯 12	庚辰 13	辛巳 14	壬午 15	癸未 16	甲申 17	乙酉 18	丙戌 19	丁亥 20	戊子 21	己丑 22	庚寅 23	辛卯 24	壬辰 25	癸巳 26	甲午 27	乙未 28	丙申 29	丁酉 30	戊戌 (12)	己亥 2	庚子 3	辛丑 4	壬寅 5	癸卯 6	甲辰 7		戊寅立冬
十一月大	戊子	天干地支西曆	乙巳 8	丙午 9	丁未 10	戊申 11	己酉 12	庚戌 13	辛亥 14	壬子 15	癸丑 16	甲寅 17	乙卯 18	丙辰 19	丁巳 20	戊午 21	己未 22	庚申 23	辛酉 24	壬戌 25	癸亥 26	甲子 27	乙丑 28	丙寅 29	丁卯 30	戊辰 31	己巳 (1)	庚午 2	辛未 3	壬申 4	癸酉 5	甲戌 6	壬戌冬至
十二月小	己丑	天干地支西曆	乙亥 7	丙子 8	丁丑 9	戊寅 10	己卯 11	庚辰 12	辛巳 13	壬午 14	癸未 15	甲申 16	乙酉 17	丙戌 18	丁亥 19	戊子 20	己丑 21	庚寅 22	辛卯 23	壬辰 24	癸巳 25	甲午 26	乙未 27	丙申 28	丁酉 29	戊戌 30	己亥 31	庚子 (2)	辛丑 2	壬寅 3	癸卯 4		
正月大	庚寅	天干地支西曆	甲辰 5	乙巳 6	丙午 7	丁未 8	戊申 9	己酉 10	庚戌 11	辛亥 12	壬子 13	癸丑 14	甲寅 15	乙卯 16	丙辰 17	丁巳 18	戊午 19	己未 20	庚申 21	辛酉 22	壬戌 23	癸亥 24	甲子 25	乙丑 26	丙寅 27	丁卯 28	戊辰 (3)	己巳 2	庚午 3	辛未 4	壬申 5	癸酉 6	丙午立春
二月小	辛卯	天干地支西曆	甲戌 7	乙亥 8	丙子 9	丁丑 10	戊寅 11	己卯 12	庚辰 13	辛巳 14	壬午 15	癸未 16	甲申 17	乙酉 18	丙戌 19	丁亥 20	戊子 21	己丑 22	庚寅 23	辛卯 24	壬辰 25	癸巳 26	甲午 27	乙未 28	丙申 29	丁酉 30	戊戌 31	己亥 (4)	庚子 2	辛丑 3	壬寅 4		壬辰春分
三月大	壬辰	天干地支西曆	癸卯 5	甲辰 6	乙巳 7	丙午 8	丁未 9	戊申 10	己酉 11	庚戌 12	辛亥 13	壬子 14	癸丑 15	甲寅 16	乙卯 17	丙辰 18	丁巳 19	戊午 20	己未 21	庚申 22	辛酉 23	壬戌 24	癸亥 25	甲子 26	乙丑 27	丙寅 28	丁卯 29	戊辰 30	己巳 (5)	庚午 2	辛未 3	壬申 4	
四月大	癸巳	天干地支西曆	癸酉 5	甲戌 6	乙亥 7	丙子 8	丁丑 9	戊寅 10	己卯 11	庚辰 12	辛巳 13	壬午 14	癸未 15	甲申 16	乙酉 17	丙戌 18	丁亥 19	戊子 20	己丑 21	庚寅 22	辛卯 23	壬辰 24	癸巳 25	甲午 26	乙未 27	丙申 28	丁酉 29	戊戌 30	己亥 31	庚子 (6)	辛丑 2	壬寅 3	己卯立夏
五月小	甲午	天干地支西曆	癸卯 4	甲辰 5	乙巳 6	丙午 7	丁未 8	戊申 9	己酉 10	庚戌 11	辛亥 12	壬子 13	癸丑 14	甲寅 15	乙卯 16	丙辰 17	丁巳 18	戊午 19	己未 20	庚申 21	辛酉 22	壬戌 23	癸亥 24	甲子 25	乙丑 26	丙寅 27	丁卯 28	戊辰 29	己巳 30	庚午 (7)	辛未 2		丙寅夏至
六月大	乙未	天干地支西曆	壬申 3	癸酉 4	甲戌 5	乙亥 6	丙子 7	丁丑 8	戊寅 9	己卯 10	庚辰 11	辛巳 12	壬午 13	癸未 14	甲申 15	乙酉 16	丙戌 17	丁亥 18	戊子 19	己丑 20	庚寅 21	辛卯 22	壬辰 23	癸巳 24	甲午 25	乙未 26	丙申 27	丁酉 28	戊戌 29	己亥 30	庚子 31	辛丑 (8)	
七月小	丙申	天干地支西曆	壬寅 2	癸卯 3	甲辰 4	乙巳 5	丙午 6	丁未 7	戊申 8	己酉 9	庚戌 10	辛亥 11	壬子 12	癸丑 13	甲寅 14	乙卯 15	丙辰 16	丁巳 17	戊午 18	己未 19	庚申 20	辛酉 21	壬戌 22	癸亥 23	甲子 24	乙丑 25	丙寅 26	丁卯 27	戊辰 28	己巳 29	庚午 30		癸丑立秋
八月大	丁酉	天干地支西曆	辛未 31	壬申 (9)	癸酉 2	甲戌 3	乙亥 4	丙子 5	丁丑 6	戊寅 7	己卯 8	庚辰 9	辛巳 10	壬午 11	癸未 12	甲申 13	乙酉 14	丙戌 15	丁亥 16	戊子 17	己丑 18	庚寅 19	辛卯 20	壬辰 21	癸巳 22	甲午 23	乙未 24	丙申 25	丁酉 26	戊戌 27	己亥 28	庚子 29	戊戌秋分
九月小	戊戌	天干地支西曆	辛丑 30	壬寅 (10)	癸卯 2	甲辰 3	乙巳 4	丙午 5	丁未 6	戊申 7	己酉 8	庚戌 9	辛亥 10	壬子 11	癸丑 12	甲寅 13	乙卯 14	丙辰 15	丁巳 16	戊午 17	己未 18	庚申 19	辛酉 20	壬戌 21	癸亥 22	甲子 23	乙丑 24	丙寅 25	丁卯 26	戊辰 27	己巳 28		

朔閏異同	曆名	正月	二月	三月	四月	五月	六月	七月	八月	九月	十月	十一	十二	閏月	曆名	正月	二月	三月	四月	五月	六月	七月	八月	九月	十月	十一	十二	閏月
	周曆殷曆	乙巳乙亥	甲戌乙巳	甲辰甲戌	癸酉甲辰	癸卯癸酉	癸酉癸卯	壬寅壬申	壬申壬寅	辛丑辛未	辛未辛丑	庚子庚午	庚午庚子		夏曆新曆	甲辰甲辰	癸酉甲戌	癸卯甲辰	壬申癸酉	壬寅癸卯	壬申壬申	辛丑辛丑	辛未---庚午	庚子庚子	---庚午己巳	己亥己亥	己巳己巳	戊戌戊戌

秦王政十八年（壬申 猴年） 公元前230 ~ 前229年 歲在鶉火

顓項月序		中西曆日對照	初一	初二	初三	初四	初五	初六	初七	初八	初九	初十	十一	十二	十三	十四	十五	十六	十七	十八	十九	二十	二一	二二	二三	二四	二五	二六	二七	二八	二九	三十	節氣與天象
十月大	己亥	干支曆 天地西	庚午29	辛未30	壬申31	癸酉(11)	甲戌2	乙亥3	丙子4	丁丑5	戊寅6	己卯7	庚辰8	辛巳9	壬午10	癸未11	甲申12	乙酉13	丙戌14	丁亥15	戊子16	己丑17	庚寅18	辛卯19	壬辰20	癸巳21	甲午22	乙未23	丙申24	丁酉25	戊戌26	己亥27	癸未立冬
十一月小	庚子	干支曆 天地西	庚子28	辛丑29	壬寅30	癸卯(12)	甲辰2	乙巳3	丙午4	丁未5	戊申6	己酉7	庚戌8	辛亥9	壬子10	癸丑11	甲寅12	乙卯13	丙辰14	丁巳15	戊午16	己未17	庚申18	辛酉19	壬戌20	癸亥21	甲子22	乙丑23	丙寅24	丁卯25	戊辰26		丁卯冬至
十二月大	辛丑	干支曆 天地西	己巳27	庚午28	辛未29	壬申30	癸酉31	甲戌(1)	乙亥2	丙子3	丁丑4	戊寅5	己卯6	庚辰7	辛巳8	壬午9	癸未10	甲申11	乙酉12	丙戌13	丁亥14	戊子15	己丑16	庚寅17	辛卯18	壬辰19	癸巳20	甲午21	乙未22	丙申23	丁酉24	戊戌25	
正月小	壬寅	干支曆 天地西	己亥26	庚子27	辛丑28	壬寅29	癸卯30	甲辰31	乙巳(2)	丙午2	丁未3	戊申4	己酉5	庚戌6	辛亥7	壬子8	癸丑9	甲寅10	乙卯11	丙辰12	丁巳13	戊午14	己未15	庚申16	辛酉17	壬戌18	癸亥19	甲子20	乙丑21	丙寅22	丁卯23		壬子立春
二月大	癸卯	干支曆 天地西	戊辰24	己巳25	庚午26	辛未27	壬申28	癸酉29	甲戌(3)	乙亥2	丙子3	丁丑4	戊寅5	己卯6	庚辰7	辛巳8	壬午9	癸未10	甲申11	乙酉12	丙戌13	丁亥14	戊子15	己丑16	庚寅17	辛卯18	壬辰19	癸巳20	甲午21	乙未22	丙申23	丁酉24	丁酉春分
三月小	甲辰	干支曆 天地西	戊戌25	己亥26	庚子27	辛丑28	壬寅29	癸卯30	甲辰31	乙巳(4)	丙午2	丁未3	戊申4	己酉5	庚戌6	辛亥7	壬子8	癸丑9	甲寅10	乙卯11	丙辰12	丁巳13	戊午14	己未15	庚申16	辛酉17	壬戌18	癸亥19	甲子20	乙丑21	丙寅22		
四月大	乙巳	干支曆 天地西	丁卯23	戊辰24	己巳25	庚午26	辛未27	壬申28	癸酉29	甲戌30	乙亥(5)	丙子2	丁丑3	戊寅4	己卯5	庚辰6	辛巳7	壬午8	癸未9	甲申10	乙酉11	丙戌12	丁亥13	戊子14	己丑15	庚寅16	辛卯17	壬辰18	癸巳19	甲午20	乙未21	丙申22	甲申立夏
五月小	丙午	干支曆 天地西	丁酉23	戊戌24	己亥25	庚子26	辛丑27	壬寅28	癸卯29	甲辰30	乙巳31	丙午(6)	丁未2	戊申3	己酉4	庚戌5	辛亥6	壬子7	癸丑8	甲寅9	乙卯10	丙辰11	丁巳12	戊午13	己未14	庚申15	辛酉16	壬戌17	癸亥18	甲子19	乙丑20		
六月大	丁未	干支曆 天地西	丙寅21	丁卯22	戊辰23	己巳24	庚午25	辛未26	壬申27	癸酉28	甲戌29	乙亥30	丙子(7)	丁丑2	戊寅3	己卯4	庚辰5	辛巳6	壬午7	癸未8	甲申9	乙酉10	丙戌11	丁亥12	戊子13	己丑14	庚寅15	辛卯16	壬辰17	癸巳18	甲午19	乙未20	辛未夏至
七月小	戊申	干支曆 天地西	丙申21	丁酉22	戊戌23	己亥24	庚子25	辛丑26	壬寅27	癸卯28	甲辰29	乙巳30	丙午31	丁未(8)	戊申2	己酉3	庚戌4	辛亥5	壬子6	癸丑7	甲寅8	乙卯9	丙辰10	丁巳11	戊午12	己未13	庚申14	辛酉15	壬戌16	癸亥17	甲子18		戊午立秋
八月大	己酉	干支曆 天地西	乙丑19	丙寅20	丁卯21	戊辰22	己巳23	庚午24	辛未25	壬申26	癸酉27	甲戌28	乙亥29	丙子30	丁丑31	戊寅(9)	己卯2	庚辰3	辛巳4	壬午5	癸未6	甲申7	乙酉8	丙戌9	丁亥10	戊子11	己丑12	庚寅13	辛卯14	壬辰15	癸巳16	甲午17	
九月大	庚戌	干支曆 天地西	乙未18	丙申19	丁酉20	戊戌21	己亥22	庚子23	辛丑24	壬寅25	癸卯26	甲辰27	乙巳28	丙午29	丁未30	戊申(10)	己酉2	庚戌3	辛亥4	壬子5	癸丑6	甲寅7	乙卯8	丙辰9	丁巳10	戊午11	己未12	庚申13	辛酉14	壬戌15	癸亥16	甲子17	甲辰秋分
後九月小	庚戌	干支曆 天地西	乙丑18	丙寅19	丁卯20	戊辰21	己巳22	庚午23	辛未24	壬申25	癸酉26	甲戌27	乙亥28	丙子29	丁丑30	戊寅31	己卯(11)	庚辰2	辛巳3	壬午4	癸未5	甲申6	乙酉7	丙戌8	丁亥9	戊子10	己丑11	庚寅12	辛卯13	壬辰14	癸巳15		戊子立冬

朔閏異同	曆名	正月	二月	三月	四月	五月	六月	七月	八月	九月	十月	十一	十二	閏月
	周曆殷曆	己亥庚午	---己巳 ---己亥	戊戌己巳	戊辰戊戌	丁酉戊辰	丁卯丁酉	丙申丁卯	丙寅丙申	丙申丙寅	乙丑乙未	乙未乙丑	甲子甲午	甲午甲子
	夏曆新曆	戊辰戊辰	丁酉戊戌	丁卯丁卯	丙申丁酉	丙寅丙寅	乙未丙申	乙丑乙丑	甲午乙未	甲子甲子	甲午癸巳	癸亥癸亥	癸巳癸巳	

秦王政十九年（癸酉 鷄年） 公元前229 ~ 前228年 歲在鶉尾

顯項月序		中西曆日對照	初一	初二	初三	初四	初五	初六	初七	初八	初九	初十	十一	十二	十三	十四	十五	十六	十七	十八	十九	二十	二一	二二	二三	二四	二五	二六	二七	二八	二九	三十	節氣與天象
十月大	辛亥	干支	甲午	乙未	丙申	丁酉	戊戌	己亥	庚子	辛丑	壬寅	癸卯	甲辰	乙巳	丙午	丁未	戊申	己酉	庚戌	辛亥	壬子	癸丑	甲寅	乙卯	丙辰	丁巳	戊午	己未	庚申	辛酉	壬戌	癸亥	
		西曆	16	17	18	19	20	21	22	23	24	25	26	27	28	29	30	(12)	2	3	4	5	6	7	8	9	10	11	12	13	14	15	
十一月小	壬子	干支	甲子	乙丑	丙寅	丁卯	戊辰	己巳	庚午	辛未	壬申	癸酉	甲戌	乙亥	丙子	丁丑	戊寅	己卯	庚辰	辛巳	壬午	癸未	甲申	乙酉	丙戌	丁亥	戊子	己丑	庚寅	辛卯	壬辰		壬申冬至
		西曆	16	17	18	19	20	21	22	23	24	25	26	27	28	29	30	31	(1)	2	3	4	5	6	7	8	9	10	11	12	13		
十二月大	癸丑	干支	癸巳	甲午	乙未	丙申	丁酉	戊戌	己亥	庚子	辛丑	壬寅	癸卯	甲辰	乙巳	丙午	丁未	戊申	己酉	庚戌	辛亥	壬子	癸丑	甲寅	乙卯	丙辰	丁巳	戊午	己未	庚申	辛酉	壬戌	丁巳立春
		西曆	14	15	16	17	18	19	20	21	22	23	24	25	26	27	28	29	30	31	(2)	2	3	4	5	6	7	8	9	10	11	12	
正月小	甲寅	干支	癸亥	甲子	乙丑	丙寅	丁卯	戊辰	己巳	庚午	辛未	壬申	癸酉	甲戌	乙亥	丙子	丁丑	戊寅	己卯	庚辰	辛巳	壬午	癸未	甲申	乙酉	丙戌	丁亥	戊子	己丑	庚寅	辛卯		
		西曆	13	14	15	16	17	18	19	20	21	22	23	24	25	26	27	28	(3)	2	3	4	5	6	7	8	9	10	11	12	13		
二月大	乙卯	干支	壬辰	癸巳	甲午	乙未	丙申	丁酉	戊戌	己亥	庚子	辛丑	壬寅	癸卯	甲辰	乙巳	丙午	丁未	戊申	己酉	庚戌	辛亥	壬子	癸丑	甲寅	乙卯	丙辰	丁巳	戊午	己未	庚申	辛酉	癸卯春分
		西曆	14	15	16	17	18	19	20	21	22	23	24	25	26	27	28	29	30	31	(4)	2	3	4	5	6	7	8	9	10	11	12	
三月小	丙辰	干支	壬戌	癸亥	甲子	乙丑	丙寅	丁卯	戊辰	己巳	庚午	辛未	壬申	癸酉	甲戌	乙亥	丙子	丁丑	戊寅	己卯	庚辰	辛巳	壬午	癸未	甲申	乙酉	丙戌	丁亥	戊子	己丑	庚寅		己丑立夏
		西曆	13	14	15	16	17	18	19	20	21	22	23	24	25	26	27	28	29	30	(5)	2	3	4	5	6	7	8	9	10	11		
四月大	丁巳	干支	辛卯	壬辰	癸巳	甲午	乙未	丙申	丁酉	戊戌	己亥	庚子	辛丑	壬寅	癸卯	甲辰	乙巳	丙午	丁未	戊申	己酉	庚戌	辛亥	壬子	癸丑	甲寅	乙卯	丙辰	丁巳	戊午	己未	庚申	
		西曆	12	13	14	15	16	17	18	19	20	21	22	23	24	25	26	27	28	29	30	31	(6)	2	3	4	5	6	7	8	9	10	
五月小	戊午	干支	辛酉	壬戌	癸亥	甲子	乙丑	丙寅	丁卯	戊辰	己巳	庚午	辛未	壬申	癸酉	甲戌	乙亥	丙子	丁丑	戊寅	己卯	庚辰	辛巳	壬午	癸未	甲申	乙酉	丙戌	丁亥	戊子	己丑		丁丑夏至
		西曆	11	12	13	14	15	16	17	18	19	20	21	22	23	24	25	26	27	28	29	30	(7)	2	3	4	5	6	7	8	9		
六月大	己未	干支	庚寅	辛卯	壬辰	癸巳	甲午	乙未	丙申	丁酉	戊戌	己亥	庚子	辛丑	壬寅	癸卯	甲辰	乙巳	丙午	丁未	戊申	己酉	庚戌	辛亥	壬子	癸丑	甲寅	乙卯	丙辰	丁巳	戊午	己未	
		西曆	10	11	12	13	14	15	16	17	18	19	20	21	22	23	24	25	26	27	28	29	30	31	(8)	2	3	4	5	6	7	8	
七月小	庚申	干支	庚申	辛酉	壬戌	癸亥	甲子	乙丑	丙寅	丁卯	戊辰	己巳	庚午	辛未	壬申	癸酉	甲戌	乙亥	丙子	丁丑	戊寅	己卯	庚辰	辛巳	壬午	癸未	甲申	乙酉	丙戌	丁亥	戊子		癸亥立秋
		西曆	9	10	11	12	13	14	15	16	17	18	19	20	21	22	23	24	25	26	27	28	29	30	31	(9)	2	3	4	5	6		
八月大	辛酉	干支	己丑	庚寅	辛卯	壬辰	癸巳	甲午	乙未	丙申	丁酉	戊戌	己亥	庚子	辛丑	壬寅	癸卯	甲辰	乙巳	丙午	丁未	戊申	己酉	庚戌	辛亥	壬子	癸丑	甲寅	乙卯	丙辰	丁巳	戊午	己酉秋分 己丑日食
		西曆	7	8	9	10	11	12	13	14	15	16	17	18	19	20	21	22	23	24	25	26	27	28	29	30	(10)	2	3	4	5	6	
九月小	壬戌	干支	己未	庚申	辛酉	壬戌	癸亥	甲子	乙丑	丙寅	丁卯	戊辰	己巳	庚午	辛未	壬申	癸酉	甲戌	乙亥	丙子	丁丑	戊寅	己卯	庚辰	辛巳	壬午	癸未	甲申	乙酉	丙戌	丁亥		
		西曆	7	8	9	10	11	12	13	14	15	16	17	18	19	20	21	22	23	24	25	26	27	28	29	30	31	(11)	2	3	4		

朔閏異同	曆名	正月	二月	三月	四月	五月	六月	七月	八月	九月	十月	十一	十二	閏月
	周曆殷曆	癸亥癸巳	癸巳癸亥	壬戌癸巳	壬辰壬戌	辛酉壬辰	辛卯辛酉	庚申辛卯	庚寅庚申	己未庚寅	己丑己未	戊午己丑	戊子戊午	
	夏曆新曆	壬戌壬戌	壬辰壬辰	辛酉壬戌	辛卯辛卯	庚申辛酉	庚寅庚寅	己未庚申	己丑己丑	戊午己未	戊子戊子	丁巳丁巳	丁亥丁亥	

秦王政二十年（甲戌 狗年） 公元前 228 ~ 前 **227** 年 歲在壽星

顓項月序		中西曆日對照	初一	初二	初三	初四	初五	初六	初七	初八	初九	初十	十一	十二	十三	十四	十五	十六	十七	十八	十九	二十	二一	二二	二三	二四	二五	二六	二七	二八	二九	三十	節氣與天象
十月大	癸亥	干支天地 西曆	戊子5	己丑6	庚寅7	辛卯8	壬辰9	癸巳10	甲午11	乙未12	丙申13	丁酉14	戊戌15	己亥16	庚子17	辛丑18	壬寅19	癸卯20	甲辰21	乙巳22	丙午23	丁未24	戊申25	己酉26	庚戌27	辛亥28	壬子29	癸丑30	甲寅(12)	乙卯2	丙辰3	丁巳4	癸巳立冬
十一月大	甲子	干支天地 西曆	戊午5	己未6	庚申7	辛酉8	壬戌9	癸亥10	甲子11	乙丑12	丙寅13	丁卯14	戊辰15	己巳16	庚午17	辛未18	壬申19	癸酉20	甲戌21	乙亥22	丙子23	丁丑24	戊寅25	己卯26	庚辰27	辛巳28	壬午29	癸未30	甲申31	乙酉(1)	丙戌2	丁亥3	丁丑冬至
十二月小	乙丑	干支天地 西曆	戊子4	己丑5	庚寅6	辛卯7	壬辰8	癸巳9	甲午10	乙未11	丙申12	丁酉13	戊戌14	己亥15	庚子16	辛丑17	壬寅18	癸卯19	甲辰20	乙巳21	丙午22	丁未23	戊申24	己酉25	庚戌26	辛亥27	壬子28	癸丑29	甲寅30	乙卯31	丙辰(2)		
正月大	丙寅	干支天地 西曆	丁巳2	戊午3	己未4	庚申5	辛酉6	壬戌7	癸亥8	甲子9	乙丑10	丙寅11	丁卯12	戊辰13	己巳14	庚午15	辛未16	壬申17	癸酉18	甲戌19	乙亥20	丙子21	丁丑22	戊寅23	己卯24	庚辰25	辛巳26	壬午27	癸未28	甲申(3)	乙酉2	丙戌3	壬戌立春 丙戌日食
二月小	丁卯	干支天地 西曆	丁亥4	戊子5	己丑6	庚寅7	辛卯8	壬辰9	癸巳10	甲午11	乙未12	丙申13	丁酉14	戊戌15	己亥16	庚子17	辛丑18	壬寅19	癸卯20	甲辰21	乙巳22	丙午23	丁未24	戊申25	己酉26	庚戌27	辛亥28	壬子29	癸丑30	甲寅31	乙卯(4)		戊申春分
三月大	戊辰	干支天地 西曆	丙辰2	丁巳3	戊午4	己未5	庚申6	辛酉7	壬戌8	癸亥9	甲子10	乙丑11	丙寅12	丁卯13	戊辰14	己巳15	庚午16	辛未17	壬申18	癸酉19	甲戌20	乙亥21	丙子22	丁丑23	戊寅24	己卯25	庚辰26	辛巳27	壬午28	癸未29	甲申30	乙酉(5)	
四月小	己巳	干支天地 西曆	丙戌2	丁亥3	戊子4	己丑5	庚寅6	辛卯7	壬辰8	癸巳9	甲午10	乙未11	丙申12	丁酉13	戊戌14	己亥15	庚子16	辛丑17	壬寅18	癸卯19	甲辰20	乙巳21	丙午22	丁未23	戊申24	己酉25	庚戌26	辛亥27	壬子28	癸丑29	甲寅30		乙未立夏
五月大	庚午	干支天地 西曆	乙卯31	丙辰(6)	丁巳2	戊午3	己未4	庚申5	辛酉6	壬戌7	癸亥8	甲子9	乙丑10	丙寅11	丁卯12	戊辰13	己巳14	庚午15	辛未16	壬申17	癸酉18	甲戌19	乙亥20	丙子21	丁丑22	戊寅23	己卯24	庚辰25	辛巳26	壬午27	癸未28	甲申29	壬午夏至
六月小	辛未	干支天地 西曆	乙酉30	丙戌(7)	丁亥2	戊子3	己丑4	庚寅5	辛卯6	壬辰7	癸巳8	甲午9	乙未10	丙申11	丁酉12	戊戌13	己亥14	庚子15	辛丑16	壬寅17	癸卯18	甲辰19	乙巳20	丙午21	丁未22	戊申23	己酉24	庚戌25	辛亥26	壬子27	癸丑28		
七月大	壬申	干支天地 西曆	甲寅29	乙卯30	丙辰31	丁巳(8)	戊午2	己未3	庚申4	辛酉5	壬戌6	癸亥7	甲子8	乙丑9	丙寅10	丁卯11	戊辰12	己巳13	庚午14	辛未15	壬申16	癸酉17	甲戌18	乙亥19	丙子20	丁丑21	戊寅22	己卯23	庚辰24	辛巳25	壬午26	癸未27	己巳立秋
八月小	癸酉	干支天地 西曆	甲申28	乙酉29	丙戌30	丁亥31	戊子(9)	己丑2	庚寅3	辛卯4	壬辰5	癸巳6	甲午7	乙未8	丙申9	丁酉10	戊戌11	己亥12	庚子13	辛丑14	壬寅15	癸卯16	甲辰17	乙巳18	丙午19	丁未20	戊申21	己酉22	庚戌23	辛亥24	壬子25		
九月大	甲戌	干支天地 西曆	癸丑26	甲寅27	乙卯28	丙辰29	丁巳30	戊午(10)	己未2	庚申3	辛酉4	壬戌5	癸亥6	甲子7	乙丑8	丙寅9	丁卯10	戊辰11	己巳12	庚午13	辛未14	壬申15	癸酉16	甲戌17	乙亥18	丙子19	丁丑20	戊寅21	己卯22	庚辰23	辛巳24	壬午25	甲寅秋分
後九月小	甲戌	干支天地 西曆	癸未26	甲申27	乙酉28	丙戌29	丁亥30	戊子31	己丑(11)	庚寅2	辛卯3	壬辰4	癸巳5	甲午6	乙未7	丙申8	丁酉9	戊戌10	己亥11	庚子12	辛丑13	壬寅14	癸卯15	甲辰16	乙巳17	丙午18	丁未19	戊申20	己酉21	庚戌22	辛亥23		己亥立冬

朔閏異同	曆名	正月	二月	三月	四月	五月	六月	七月	八月	九月	十月	十一	十二	閏月		曆名	正月	二月	三月	四月	五月	六月	七月	八月	九月	十月	十一	十二	閏月
	周曆殷曆	戊午戊子	丁亥丁巳	丁巳丁亥	丙戌丙辰	丙辰丙戌	乙酉乙卯	乙卯乙酉	甲申乙卯	甲寅甲申	癸未---甲寅	---癸丑癸未	壬午癸丑	壬子壬午		夏曆新曆	丙辰丙辰	丙戌丙戌	丙辰丙辰	乙酉乙酉	乙卯---乙卯	---甲申甲申	甲寅甲寅	癸未甲申	癸丑癸丑	壬午癸未	壬子壬子	辛巳壬午	辛亥辛亥

秦王政二十一年（乙亥 猪年） 公元前227～前226年 歲在大火

顯項月序		中西曆日對照	初一	初二	初三	初四	初五	初六	初七	初八	初九	初十	十一	十二	十三	十四	十五	十六	十七	十八	十九	二十	二一	二二	二三	二四	二五	二六	二七	二八	二九	三十	節氣與天象
十月大	乙亥	天干地支西曆	壬子24	癸丑25	甲寅26	乙卯27	丙辰28	丁巳29	戊午30	己未(12)	庚申2	辛酉3	壬戌4	癸亥5	甲子6	乙丑7	丙寅8	丁卯9	戊辰10	己巳11	庚午12	辛未13	壬申14	癸酉15	甲戌16	乙亥17	丙子18	丁丑19	戊寅20	己卯21	庚辰22	辛巳23	
十一月小	丙子	天干地支西曆	壬午24	癸未25	甲申26	乙酉27	丙戌28	丁亥29	戊子30	己丑31	庚寅(1)	辛卯2	壬辰3	癸巳4	甲午5	乙未6	丙申7	丁酉8	戊戌9	己亥10	庚子11	辛丑12	壬寅13	癸卯14	甲辰15	乙巳16	丙午17	丁未18	戊申19	己酉20	庚戌21		癸未冬至
十二月大	丁丑	天干地支西曆	辛亥22	壬子23	癸丑24	甲寅25	乙卯26	丙辰27	丁巳28	戊午29	己未30	庚申31	辛酉(2)	壬戌2	癸亥3	甲子4	乙丑5	丙寅6	丁卯7	戊辰8	己巳9	庚午10	辛未11	壬申12	癸酉13	甲戌14	乙亥15	丙子16	丁丑17	戊寅18	己卯19	庚辰20	丁卯立春
正月小	戊寅	天干地支西曆	辛巳21	壬午22	癸未23	甲申24	乙酉25	丙戌26	丁亥27	戊子28	己丑(3)	庚寅2	辛卯3	壬辰4	癸巳5	甲午6	乙未7	丙申8	丁酉9	戊戌10	己亥11	庚子12	辛丑13	壬寅14	癸卯15	甲辰16	乙巳17	丙午18	丁未19	戊申20	己酉21		
二月大	己卯	天干地支西曆	庚戌22	辛亥23	壬子24	癸丑25	甲寅26	乙卯27	丙辰28	丁巳29	戊午30	己未31	庚申(4)	辛酉2	壬戌3	癸亥4	甲子5	乙丑6	丙寅7	丁卯8	戊辰9	己巳10	庚午11	辛未12	壬申13	癸酉14	甲戌15	乙亥16	丙子17	丁丑18	戊寅19	己卯20	癸丑春分
三月大	庚辰	天干地支西曆	庚辰21	辛巳22	壬午23	癸未24	甲申25	乙酉26	丙戌27	丁亥28	戊子29	己丑30	庚寅(5)	辛卯2	壬辰3	癸巳4	甲午5	乙未6	丙申7	丁酉8	戊戌9	己亥10	庚子11	辛丑12	壬寅13	癸卯14	甲辰15	乙巳16	丙午17	丁未18	戊申19	己酉20	庚子立夏
四月小	辛巳	天干地支西曆	庚戌21	辛亥22	壬子23	癸丑24	甲寅25	乙卯26	丙辰27	丁巳28	戊午29	己未30	庚申31	辛酉(6)	壬戌2	癸亥3	甲子4	乙丑5	丙寅6	丁卯7	戊辰8	己巳9	庚午10	辛未11	壬申12	癸酉13	甲戌14	乙亥15	丙子16	丁丑17	戊寅18		
五月大	壬午	天干地支西曆	己卯19	庚辰20	辛巳21	壬午22	癸未23	甲申24	乙酉25	丙戌26	丁亥27	戊子28	己丑29	庚寅30	辛卯(7)	壬辰2	癸巳3	甲午4	乙未5	丙申6	丁酉7	戊戌8	己亥9	庚子10	辛丑11	壬寅12	癸卯13	甲辰14	乙巳15	丙午16	丁未17	戊申18	丁亥夏至
六月小	癸未	天干地支西曆	己酉19	庚戌20	辛亥21	壬子22	癸丑23	甲寅24	乙卯25	丙辰26	丁巳27	戊午28	己未29	庚申30	辛酉31	壬戌(8)	癸亥2	甲子3	乙丑4	丙寅5	丁卯6	戊辰7	己巳8	庚午9	辛未10	壬申11	癸酉12	甲戌13	乙亥14	丙子15	丁丑16		甲戌立秋
七月大	甲申	天干地支西曆	戊寅17	己卯18	庚辰19	辛巳20	壬午21	癸未22	甲申23	乙酉24	丙戌25	丁亥26	戊子27	己丑28	庚寅29	辛卯30	壬辰31	癸巳(9)	甲午2	乙未3	丙申4	丁酉5	戊戌6	己亥7	庚子8	辛丑9	壬寅10	癸卯11	甲辰12	乙巳13	丙午14	丁未15	
八月小	乙酉	天干地支西曆	戊申16	己酉17	庚戌18	辛亥19	壬子20	癸丑21	甲寅22	乙卯23	丙辰24	丁巳25	戊午26	己未27	庚申28	辛酉29	壬戌30	癸亥(10)	甲子2	乙丑3	丙寅4	丁卯5	戊辰6	己巳7	庚午8	辛未9	壬申10	癸酉11	甲戌12	乙亥13	丙子14		己未秋分
九月大	丙戌	天干地支西曆	丁丑15	戊寅16	己卯17	庚辰18	辛巳19	壬午20	癸未21	甲申22	乙酉23	丙戌24	丁亥25	戊子26	己丑27	庚寅28	辛卯29	壬辰30	癸巳31	甲午(11)	乙未2	丙申3	丁酉4	戊戌5	己亥6	庚子7	辛丑8	壬寅9	癸卯10	甲辰11	乙巳12	丙午13	甲辰立冬

朔閏異同	曆名	正月	二月	三月	四月	五月	六月	七月	八月	九月	十月	十一	十二	閏月	曆名	正月	二月	三月	四月	五月	六月	七月	八月	九月	十月	十一	十二	閏月
	周曆殷曆	辛巳壬子	辛亥辛巳	辛巳辛亥	庚戌庚辰	庚辰庚戌	己酉己卯	己卯己酉	戊申戊寅	戊寅戊申	丁未戊寅	丁丑丁未	丙午丁丑		夏曆新曆	庚辰庚辰	庚戌庚戌	己卯己卯	己酉己酉	己卯己卯	戊申戊申	戊寅戊寅	丁未戊申	丁丑丁丑	丙午丁未	丙子丙子	乙巳丙午	

秦王政二十二年（丙子 鼠年） 公元前226 ~ 前225年 歲在析木

顯項月序		中西曆日對照	初一	初二	初三	初四	初五	初六	初七	初八	初九	初十	十一	十二	十三	十四	十五	十六	十七	十八	十九	二十	二一	二二	二三	二四	二五	二六	二七	二八	二九	三十	節氣與天象
十月小	丁亥	干支天地西曆	丁未14	戊申15	己酉16	庚戌17	辛亥18	壬子19	癸丑20	甲寅21	乙卯22	丙辰23	丁巳24	戊午25	己未26	庚申27	辛酉28	壬戌29	癸亥30	甲子(12)	乙丑2	丙寅3	丁卯4	戊辰5	己巳6	庚午7	辛未8	壬申9	癸酉10	甲戌11	乙亥12		
十一月大	戊子	干支天地西曆	丙子13	丁丑14	戊寅15	己卯16	庚辰17	辛巳18	壬午19	癸未20	甲申21	乙酉22	丙戌23	丁亥24	戊子25	己丑26	庚寅27	辛卯28	壬辰29	癸巳30	甲午31	乙未(1)	丙申2	丁酉3	戊戌4	己亥5	庚子6	辛丑7	壬寅8	癸卯9	甲辰10	乙巳11	戊子冬至
十二月小	己丑	干支天地西曆	丙午12	丁未13	戊申14	己酉15	庚戌16	辛亥17	壬子18	癸丑19	甲寅20	乙卯21	丙辰22	丁巳23	戊午24	己未25	庚申26	辛酉27	壬戌28	癸亥29	甲子30	乙丑31	丙寅(2)	丁卯2	戊辰3	己巳4	庚午5	辛未6	壬申7	癸酉8	甲戌9		癸酉立春
正月大	庚寅	干支天地西曆	乙亥10	丙子11	丁丑12	戊寅13	己卯14	庚辰15	辛巳16	壬午17	癸未18	甲申19	乙酉20	丙戌21	丁亥22	戊子23	己丑24	庚寅25	辛卯26	壬辰27	癸巳28	甲午29	乙未(3)	丙申2	丁酉3	戊戌4	己亥5	庚子6	辛丑7	壬寅8	癸卯9	甲辰10	
二月小	辛卯	干支天地西曆	乙巳11	丙午12	丁未13	戊申14	己酉15	庚戌16	辛亥17	壬子18	癸丑19	甲寅20	乙卯21	丙辰22	丁巳23	戊午24	己未25	庚申26	辛酉27	壬戌28	癸亥29	甲子30	乙丑31	丙寅(4)	丁卯2	戊辰3	己巳4	庚午5	辛未6	壬申7	癸酉8		戊午春分
三月大	壬辰	干支天地西曆	甲戌9	乙亥10	丙子11	丁丑12	戊寅13	己卯14	庚辰15	辛巳16	壬午17	癸未18	甲申19	乙酉20	丙戌21	丁亥22	戊子23	己丑24	庚寅25	辛卯26	壬辰27	癸巳28	甲午29	乙未30	丙申(5)	丁酉2	戊戌3	己亥4	庚子5	辛丑6	壬寅7	癸卯8	
四月小	癸巳	干支天地西曆	甲辰9	乙巳10	丙午11	丁未12	戊申13	己酉14	庚戌15	辛亥16	壬子17	癸丑18	甲寅19	乙卯20	丙辰21	丁巳22	戊午23	己未24	庚申25	辛酉26	壬戌27	癸亥28	甲子29	乙丑30	丙寅31	丁卯(6)	戊辰2	己巳3	庚午4	辛未5	壬申6		乙巳立夏
五月大	甲午	干支天地西曆	癸酉7	甲戌8	乙亥9	丙子10	丁丑11	戊寅12	己卯13	庚辰14	辛巳15	壬午16	癸未17	甲申18	乙酉19	丙戌20	丁亥21	戊子22	己丑23	庚寅24	辛卯25	壬辰26	癸巳27	甲午28	乙未29	丙申30	丁酉(7)	戊戌2	己亥3	庚子4	辛丑5	壬寅6	壬辰夏至 壬寅日食
六月小	乙未	干支天地西曆	癸卯7	甲辰8	乙巳9	丙午10	丁未11	戊申12	己酉13	庚戌14	辛亥15	壬子16	癸丑17	甲寅18	乙卯19	丙辰20	丁巳21	戊午22	己未23	庚申24	辛酉25	壬戌26	癸亥27	甲子28	乙丑29	丙寅30	丁卯31	戊辰(8)	己巳2	庚午3	辛未4		
七月大	丙申	干支天地西曆	壬申5	癸酉6	甲戌7	乙亥8	丙子9	丁丑10	戊寅11	己卯12	庚辰13	辛巳14	壬午15	癸未16	甲申17	乙酉18	丙戌19	丁亥20	戊子21	己丑22	庚寅23	辛卯24	壬辰25	癸巳26	甲午27	乙未28	丙申29	丁酉30	戊戌31	己亥(9)	庚子2	辛丑3	己卯立秋
八月大	丁酉	干支天地西曆	壬寅4	癸卯5	甲辰6	乙巳7	丙午8	丁未9	戊申10	己酉11	庚戌12	辛亥13	壬子14	癸丑15	甲寅16	乙卯17	丙辰18	丁巳19	戊午20	己未21	庚申22	辛酉23	壬戌24	癸亥25	甲子26	乙丑27	丙寅28	丁卯29	戊辰30	己巳(10)	庚午2	辛未3	乙丑秋分
九月小	戊戌	干支天地西曆	壬申4	癸酉5	甲戌6	乙亥7	丙子8	丁丑9	戊寅10	己卯11	庚辰12	辛巳13	壬午14	癸未15	甲申16	乙酉17	丙戌18	丁亥19	戊子20	己丑21	庚寅22	辛卯23	壬辰24	癸巳25	甲午26	乙未27	丙申28	丁酉29	戊戌30	己亥31	庚子(11)		

朔閏異同	曆名	正月	二月	三月	四月	五月	六月	七月	八月	九月	十月	十一	十二	閏月
	周曆殷曆	丙子丙午	乙巳丙子	乙亥乙巳	甲辰乙亥	甲戌甲辰	癸卯甲戌	癸酉癸卯	癸卯癸酉	壬申壬寅	壬寅壬申	辛未辛丑	辛丑辛未	
	夏曆新曆	乙亥乙亥	甲辰甲辰	甲戌甲戌	癸卯癸卯	癸酉癸酉	壬寅壬寅	壬申壬申	辛丑壬寅	辛未辛未	辛丑辛丑	庚午辛未	庚子---庚子	庚午

秦王政二十三年（丁丑 牛年） 公元前225 ~ 前224年 歲在星紀

顯項月序		中西曆日對照	初一	初二	初三	初四	初五	初六	初七	初八	初九	初十	十一	十二	十三	十四	十五	十六	十七	十八	十九	二十	二一	二二	二三	二四	二五	二六	二七	二八	二九	三十	節氣與天象
十月大	己亥	天干地支西曆	辛丑2	壬寅3	癸卯4	甲辰5	乙巳6	丙午7	丁未8	戊申9	己酉10	庚戌11	辛亥12	壬子13	癸丑14	甲寅15	乙卯16	丙辰17	丁巳18	戊午19	己未20	庚申21	辛酉22	壬戌23	癸亥24	甲子25	乙丑26	丙寅27	丁卯28	戊辰29	己巳30	庚午(12)	己酉立冬
十一月小	庚子	天干地支西曆	辛未2	壬申3	癸酉4	甲戌5	乙亥6	丙子7	丁丑8	戊寅9	己卯10	庚辰11	辛巳12	壬午13	癸未14	甲申15	乙酉16	丙戌17	丁亥18	戊子19	己丑20	庚寅21	辛卯22	壬辰23	癸巳24	甲午25	乙未26	丙申27	丁酉28	戊戌29	己亥30		癸巳冬至
十二月大	辛丑	天干地支西曆	庚子31	辛丑(1)	壬寅2	癸卯3	甲辰4	乙巳5	丙午6	丁未7	戊申8	己酉9	庚戌10	辛亥11	壬子12	癸丑13	甲寅14	乙卯15	丙辰16	丁巳17	戊午18	己未19	庚申20	辛酉21	壬戌22	癸亥23	甲子24	乙丑25	丙寅26	丁卯27	戊辰28	己巳29	
正月小	壬寅	天干地支西曆	庚午30	辛未31	壬申(2)	癸酉2	甲戌3	乙亥4	丙子5	丁丑6	戊寅7	己卯8	庚辰9	辛巳10	壬午11	癸未12	甲申13	乙酉14	丙戌15	丁亥16	戊子17	己丑18	庚寅19	辛卯20	壬辰21	癸巳22	甲午23	乙未24	丙申25	丁酉26	戊戌27		戊寅立春
二月大	癸卯	天干地支西曆	己亥28	庚子(3)	辛丑2	壬寅3	癸卯4	甲辰5	乙巳6	丙午7	丁未8	戊申9	己酉10	庚戌11	辛亥12	壬子13	癸丑14	甲寅15	乙卯16	丙辰17	丁巳18	戊午19	己未20	庚申21	辛酉22	壬戌23	癸亥24	甲子25	乙丑26	丙寅27	丁卯28	戊辰29	癸亥春分
三月小	甲辰	天干地支西曆	己巳30	庚午31	辛未(4)	壬申2	癸酉3	甲戌4	乙亥5	丙子6	丁丑7	戊寅8	己卯9	庚辰10	辛巳11	壬午12	癸未13	甲申14	乙酉15	丙戌16	丁亥17	戊子18	己丑19	庚寅20	辛卯21	壬辰22	癸巳23	甲午24	乙未25	丙申26	丁酉27		
四月大	乙巳	天干地支西曆	戊戌28	己亥29	庚子30	辛丑(5)	壬寅2	癸卯3	甲辰4	乙巳5	丙午6	丁未7	戊申8	己酉9	庚戌10	辛亥11	壬子12	癸丑13	甲寅14	乙卯15	丙辰16	丁巳17	戊午18	己未19	庚申20	辛酉21	壬戌22	癸亥23	甲子24	乙丑25	丙寅26	丁卯27	庚戌立夏
五月小	丙午	天干地支西曆	戊辰28	己巳29	庚午30	辛未31	壬申(6)	癸酉2	甲戌3	乙亥4	丙子5	丁丑6	戊寅7	己卯8	庚辰9	辛巳10	壬午11	癸未12	甲申13	乙酉14	丙戌15	丁亥16	戊子17	己丑18	庚寅19	辛卯20	壬辰21	癸巳22	甲午23	乙未24	丙申25		
六月大	丁未	天干地支西曆	丁酉26	戊戌27	己亥28	庚子29	辛丑30	壬寅(7)	癸卯2	甲辰3	乙巳4	丙午5	丁未6	戊申7	己酉8	庚戌9	辛亥10	壬子11	癸丑12	甲寅13	乙卯14	丙辰15	丁巳16	戊午17	己未18	庚申19	辛酉20	壬戌21	癸亥22	甲子23	乙丑24	丙寅25	戊戌夏至
七月小	戊申	天干地支西曆	丁卯26	戊辰27	己巳28	庚午29	辛未30	壬申31	癸酉(8)	甲戌2	乙亥3	丙子4	丁丑5	戊寅6	己卯7	庚辰8	辛巳9	壬午10	癸未11	甲申12	乙酉13	丙戌14	丁亥15	戊子16	己丑17	庚寅18	辛卯19	壬辰20	癸巳21	甲午22	乙未23		甲申立秋
八月大	己酉	天干地支西曆	丙申24	丁酉25	戊戌26	己亥27	庚子28	辛丑29	壬寅30	癸卯31	甲辰(9)	乙巳2	丙午3	丁未4	戊申5	己酉6	庚戌7	辛亥8	壬子9	癸丑10	甲寅11	乙卯12	丙辰13	丁巳14	戊午15	己未16	庚申17	辛酉18	壬戌19	癸亥20	甲子21	乙丑22	
九月小	庚戌	天干地支西曆	丙寅23	丁卯24	戊辰25	己巳26	庚午27	辛未28	壬申29	癸酉30	甲戌(10)	乙亥2	丙子3	丁丑4	戊寅5	己卯6	庚辰7	辛巳8	壬午9	癸未10	甲申11	乙酉12	丙戌13	丁亥14	戊子15	己丑16	庚寅17	辛卯18	壬辰19	癸巳20	甲午21		庚午秋分
後九月大	庚戌	天干地支西曆	乙未22	丙申23	丁酉24	戊戌25	己亥26	庚子27	辛丑28	壬寅29	癸卯30	甲辰31	乙巳(11)	丙午2	丁未3	戊申4	己酉5	庚戌6	辛亥7	壬子8	癸丑9	甲寅10	乙卯11	丙辰12	丁巳13	戊午14	己未15	庚申16	辛酉17	壬戌18	癸亥19	甲子20	甲寅立冬

朔閏異同	曆名	正月	二月	三月	四月	五月	六月	七月	八月	九月	十月	十一	十二	閏月	曆名	正月	二月	三月	四月	五月	六月	七月	八月	九月	十月	十一	十二	閏月
	周曆殷曆	庚午庚子	庚子庚午	己巳庚子	己亥己巳	戊辰己亥	戊戌戊辰	丁卯---戊戌	---丁酉丁卯	丙寅丁酉	丙申丙寅	乙丑丙申	乙未乙丑	乙丑乙未	夏曆新曆	己巳己亥	---己亥戊辰	戊辰戊戌	戊戌丁卯	丁卯丁酉	丁酉丙寅	丙寅丙申	丙申乙丑	乙丑乙未	乙未乙丑	甲子乙未	甲午甲子	甲子

秦王政二十四年（戊寅 虎年） 公元前224 ~ 前223 年 歲在玄枵

顓項月序		西日照中曆對	初一	初二	初三	初四	初五	初六	初七	初八	初九	初十	十一	十二	十三	十四	十五	十六	十七	十八	十九	二十	二一	二二	二三	二四	二五	二六	二七	二八	二九	三十	節氣與天象
十月大	辛亥	天干地支西曆	乙丑21	丙寅22	丁卯23	戊辰24	己巳25	庚午26	辛未27	壬申28	癸酉29	甲戌30	乙亥(12)	丙子2	丁丑3	戊寅4	己卯5	庚辰6	辛巳7	壬午8	癸未9	甲申10	乙酉11	丙戌12	丁亥13	戊子14	己丑15	庚寅16	辛卯17	壬辰18	癸巳19	甲午20	
十一月小	壬子	天干地支西曆	乙未21	丙申22	丁酉23	戊戌24	己亥25	庚子26	辛丑27	壬寅28	癸卯29	甲辰30	乙巳31	丙午(1)	丁未2	戊申3	己酉4	庚戌5	辛亥6	壬子7	癸丑8	甲寅9	乙卯10	丙辰11	丁巳12	戊午13	己未14	庚申15	辛酉16	壬戌17	癸亥18		戊戌冬至
十二月大	癸丑	天干地支西曆	甲子19	乙丑20	丙寅21	丁卯22	戊辰23	己巳24	庚午25	辛未26	壬申27	癸酉28	甲戌29	乙亥30	丙子31	丁丑(2)	戊寅2	己卯3	庚辰4	辛巳5	壬午6	癸未7	甲申8	乙酉9	丙戌10	丁亥11	戊子12	己丑13	庚寅14	辛卯15	壬辰16	癸巳17	癸未立春
正月小	甲寅	天干地支西曆	甲午18	乙未19	丙申20	丁酉21	戊戌22	己亥23	庚子24	辛丑25	壬寅26	癸卯27	甲辰28	乙巳(3)	丙午2	丁未3	戊申4	己酉5	庚戌6	辛亥7	壬子8	癸丑9	甲寅10	乙卯11	丙辰12	丁巳13	戊午14	己未15	庚申16	辛酉17	壬戌18		
二月大	乙卯	天干地支西曆	癸亥19	甲子20	乙丑21	丙寅22	丁卯23	戊辰24	己巳25	庚午26	辛未27	壬申28	癸酉29	甲戌30	乙亥31	丙子(4)	丁丑2	戊寅3	己卯4	庚辰5	辛巳6	壬午7	癸未8	甲申9	乙酉10	丙戌11	丁亥12	戊子13	己丑14	庚寅15	辛卯16	壬辰17	己巳春分
三月小	丙辰	天干地支西曆	癸巳18	甲午19	乙未20	丙申21	丁酉22	戊戌23	己亥24	庚子25	辛丑26	壬寅27	癸卯28	甲辰29	乙巳30	丙午(5)	丁未2	戊申3	己酉4	庚戌5	辛亥6	壬子7	癸丑8	甲寅9	乙卯10	丙辰11	丁巳12	戊午13	己未14	庚申15	辛酉16		丙辰立夏
四月大	丁巳	天干地支西曆	壬戌17	癸亥18	甲子19	乙丑20	丙寅21	丁卯22	戊辰23	己巳24	庚午25	辛未26	壬申27	癸酉28	甲戌29	乙亥30	丙子31	丁丑(6)	戊寅2	己卯3	庚辰4	辛巳5	壬午6	癸未7	甲申8	乙酉9	丙戌10	丁亥11	戊子12	己丑13	庚寅14	辛卯15	
五月小	戊午	天干地支西曆	壬辰16	癸巳17	甲午18	乙未19	丙申20	丁酉21	戊戌22	己亥23	庚子24	辛丑25	壬寅26	癸卯27	甲辰28	乙巳29	丙午30	丁未(7)	戊申2	己酉3	庚戌4	辛亥5	壬子6	癸丑7	甲寅8	乙卯9	丙辰10	丁巳11	戊午12	己未13	庚申14		癸卯夏至
六月大	己未	天干地支西曆	辛酉15	壬戌16	癸亥17	甲子18	乙丑19	丙寅20	丁卯21	戊辰22	己巳23	庚午24	辛未25	壬申26	癸酉27	甲戌28	乙亥29	丙子30	丁丑31	戊寅(8)	己卯2	庚辰3	辛巳4	壬午5	癸未6	甲申7	乙酉8	丙戌9	丁亥10	戊子11	己丑12	庚寅13	己丑立秋
七月小	庚申	天干地支西曆	辛卯14	壬辰15	癸巳16	甲午17	乙未18	丙申19	丁酉20	戊戌21	己亥22	庚子23	辛丑24	壬寅25	癸卯26	甲辰27	乙巳28	丙午29	丁未30	戊申31	己酉(9)	庚戌2	辛亥3	壬子4	癸丑5	甲寅6	乙卯7	丙辰8	丁巳9	戊午10	己未11		
八月大	辛酉	天干地支西曆	庚申12	辛酉13	壬戌14	癸亥15	甲子16	乙丑17	丙寅18	丁卯19	戊辰20	己巳21	庚午22	辛未23	壬申24	癸酉25	甲戌26	乙亥27	丙子28	丁丑29	戊寅30	己卯(10)	庚辰2	辛巳3	壬午4	癸未5	甲申6	乙酉7	丙戌8	丁亥9	戊子10	己丑11	乙亥秋分
九月小	壬戌	天干地支西曆	庚寅12	辛卯13	壬辰14	癸巳15	甲午16	乙未17	丙申18	丁酉19	戊戌20	己亥21	庚子22	辛丑23	壬寅24	癸卯25	甲辰26	乙巳27	丙午28	丁未29	戊申30	己酉31	庚戌(11)	辛亥2	壬子3	癸丑4	甲寅5	乙卯6	丙辰7	丁巳8	戊午9		

朔閏異同	曆名	正月	二月	三月	四月	五月	六月	七月	八月	九月	十月	十一	十二	閏月	曆名	正月	二月	三月	四月	五月	六月	七月	八月	九月	十月	十一	十二	閏月
	周曆殷曆	甲午甲子	甲子甲午	癸巳癸亥	癸亥癸巳	壬辰壬戌	壬戌壬辰	辛卯壬戌	辛酉辛卯	庚寅辛酉	庚申庚寅	己丑庚申	己未己丑		夏曆新曆	癸巳甲午	癸亥癸亥	壬辰癸巳	壬戌壬戌	辛卯辛卯	辛酉庚申	庚寅庚寅	庚申己未	己丑己丑	己未己未	戊子己丑	戊午戊午	

秦王政二十五年（己卯 兔年） 公元前 223 ～ 前 222 年 歲在娵訾

顯項月序		中西曆日對照	顯項日序																														節氣與天象
			初一	初二	初三	初四	初五	初六	初七	初八	初九	初十	十一	十二	十三	十四	十五	十六	十七	十八	十九	二十	二一	二二	二三	二四	二五	二六	二七	二八	二九	三十	
十月大	癸亥	干支 天地 西曆	己未 10	庚申 11	辛酉 12	壬戌 13	癸亥 14	甲子 15	乙丑 16	丙寅 17	丁卯 18	戊辰 19	己巳 20	庚午 21	辛未 22	壬申 23	癸酉 24	甲戌 25	乙亥 26	丙子 27	丁丑 28	戊寅 29	己卯 30	庚辰 (12)	辛巳 2	壬午 3	癸未 4	甲申 5	乙酉 6	丙戌 7	丁亥 8	戊子 9	庚申立冬
十一月小	甲子	干支 天地 西曆	己丑 10	庚寅 11	辛卯 12	壬辰 13	癸巳 14	甲午 15	乙未 16	丙申 17	丁酉 18	戊戌 19	己亥 20	庚子 21	辛丑 22	壬寅 23	癸卯 24	甲辰 25	乙巳 26	丙午 27	丁未 28	戊申 29	己酉 30	庚戌 31	辛亥 (1)	壬子 2	癸丑 3	甲寅 4	乙卯 5	丙辰 6	丁巳 7		甲辰冬至
十二月大	乙丑	干支 天地 西曆	戊午 8	己未 9	庚申 10	辛酉 11	壬戌 12	癸亥 13	甲子 14	乙丑 15	丙寅 16	丁卯 17	戊辰 18	己巳 19	庚午 20	辛未 21	壬申 22	癸酉 23	甲戌 24	乙亥 25	丙子 26	丁丑 27	戊寅 28	己卯 29	庚辰 30	辛巳 31	壬午 (2)	癸未 2	甲申 3	乙酉 4	丙戌 5	丁亥 6	
正月小	丙寅	干支 天地 西曆	戊子 7	己丑 8	庚寅 9	辛卯 10	壬辰 11	癸巳 12	甲午 13	乙未 14	丙申 15	丁酉 16	戊戌 17	己亥 18	庚子 19	辛丑 20	壬寅 21	癸卯 22	甲辰 23	乙巳 24	丙午 25	丁未 26	戊申 27	己酉 28	庚戌 (3)	辛亥 2	壬子 3	癸丑 4	甲寅 5	乙卯 6	丙辰 7		戊子立春
二月大	丁卯	干支 天地 西曆	丁巳 8	戊午 9	己未 10	庚申 11	辛酉 12	壬戌 13	癸亥 14	甲子 15	乙丑 16	丙寅 17	丁卯 18	戊辰 19	己巳 20	庚午 21	辛未 22	壬申 23	癸酉 24	甲戌 25	乙亥 26	丙子 27	丁丑 28	戊寅 29	己卯 30	庚辰 31	辛巳 (4)	壬午 2	癸未 3	甲申 4	乙酉 5	丙戌 6	甲戌春分
三月大	戊辰	干支 天地 西曆	丁亥 7	戊子 8	己丑 9	庚寅 10	辛卯 11	壬辰 12	癸巳 13	甲午 14	乙未 15	丙申 16	丁酉 17	戊戌 18	己亥 19	庚子 20	辛丑 21	壬寅 22	癸卯 23	甲辰 24	乙巳 25	丙午 26	丁未 27	戊申 28	己酉 29	庚戌 30	辛亥 (5)	壬子 2	癸丑 3	甲寅 4	乙卯 5	丙辰 6	
四月小	己巳	干支 天地 西曆	丁巳 7	戊午 8	己未 9	庚申 10	辛酉 11	壬戌 12	癸亥 13	甲子 14	乙丑 15	丙寅 16	丁卯 17	戊辰 18	己巳 19	庚午 20	辛未 21	壬申 22	癸酉 23	甲戌 24	乙亥 25	丙子 26	丁丑 27	戊寅 28	己卯 29	庚辰 30	辛巳 31	壬午 (6)	癸未 2	甲申 3	乙酉 4		辛酉立夏
五月大	庚午	干支 天地 西曆	丙戌 5	丁亥 6	戊子 7	己丑 8	庚寅 9	辛卯 10	壬辰 11	癸巳 12	甲午 13	乙未 14	丙申 15	丁酉 16	戊戌 17	己亥 18	庚子 19	辛丑 20	壬寅 21	癸卯 22	甲辰 23	乙巳 24	丙午 25	丁未 26	戊申 27	己酉 28	庚戌 29	辛亥 30	壬子 (7)	癸丑 2	甲寅 3	乙卯 4	戊申夏至
六月小	辛未	干支 天地 西曆	丙辰 5	丁巳 6	戊午 7	己未 8	庚申 9	辛酉 10	壬戌 11	癸亥 12	甲子 13	乙丑 14	丙寅 15	丁卯 16	戊辰 17	己巳 18	庚午 19	辛未 20	壬申 21	癸酉 22	甲戌 23	乙亥 24	丙子 25	丁丑 26	戊寅 27	己卯 28	庚辰 29	辛巳 30	壬午 31	癸未 (8)	甲申 2		
七月大	壬申	干支 天地 西曆	乙酉 3	丙戌 4	丁亥 5	戊子 6	己丑 7	庚寅 8	辛卯 9	壬辰 10	癸巳 11	甲午 12	乙未 13	丙申 14	丁酉 15	戊戌 16	己亥 17	庚子 18	辛丑 19	壬寅 20	癸卯 21	甲辰 22	乙巳 23	丙午 24	丁未 25	戊申 26	己酉 27	庚戌 28	辛亥 29	壬子 30	癸丑 31	甲寅 (9)	乙未立秋
八月小	癸酉	干支 天地 西曆	乙卯 2	丙辰 3	丁巳 4	戊午 5	己未 6	庚申 7	辛酉 8	壬戌 9	癸亥 10	甲子 11	乙丑 12	丙寅 13	丁卯 14	戊辰 15	己巳 16	庚午 17	辛未 18	壬申 19	癸酉 20	甲戌 21	乙亥 22	丙子 23	丁丑 24	戊寅 25	己卯 26	庚辰 27	辛巳 28	壬午 29	癸未 30		庚辰秋分
九月大	甲戌	干支 天地 西曆	甲申 (10)	乙酉 2	丙戌 3	丁亥 4	戊子 5	己丑 6	庚寅 7	辛卯 8	壬辰 9	癸巳 10	甲午 11	乙未 12	丙申 13	丁酉 14	戊戌 15	己亥 16	庚子 17	辛丑 18	壬寅 19	癸卯 20	甲辰 21	乙巳 22	丙午 23	丁未 24	戊申 25	己酉 26	庚戌 27	辛亥 28	壬子 29	癸丑 30	

朔閏異同	曆名	正月	二月	三月	四月	五月	六月	七月	八月	九月	十月	十一	十二	閏月	曆名	正月	二月	三月	四月	五月	六月	七月	八月	九月	十月	十一	十二	閏月
	周曆 殷曆	戊子 己未	戊午 戊子	戊子 戊午	丁巳 丁亥	丁亥 丁巳	丙辰 丙戌	丙戌 丙辰	乙卯 乙酉	乙酉 乙卯	甲寅 乙酉	甲申 甲寅	癸丑 甲申		夏曆 新曆	丁亥 戊子	丁巳 戊午	丙戌 丁亥	丙辰 丁巳	丙戌 丙戌	乙卯 乙卯	乙酉 甲申	甲寅 甲寅	甲申 癸未	癸丑 --- 癸丑	--- 癸未 癸未	壬子 壬子	壬午 壬午

秦始皇二十六年（庚辰 龍年） 公元前 222 ~ 前 221 年

夏曆月序		中西曆日對照	初一	初二	初三	初四	初五	初六	初七	初八	初九	初十	十一	十二	十三	十四	十五	十六	十七	十八	十九	二十	二一	二二	二三	二四	二五	二六	二七	二八	二九	三十	節氣與天象
十月小	乙亥	天干地支西曆	甲寅31	乙卯(11)	丙辰2	丁巳3	戊午4	己未5	庚申6	辛酉7	壬戌8	癸亥9	甲子10	乙丑11	丙寅12	丁卯13	戊辰14	己巳15	庚午16	辛未17	壬申18	癸酉19	甲戌20	乙亥21	丙子22	丁丑23	戊寅24	己卯25	庚辰26	辛巳27	壬午28		癸亥立冬
十一月大	丙子	天干地支西曆	癸未29	甲申30	乙酉(12)	丙戌2	丁亥3	戊子4	己丑5	庚寅6	辛卯7	壬辰8	癸巳9	甲午10	乙未11	丙申12	丁酉13	戊戌14	己亥15	庚子16	辛丑17	壬寅18	癸卯19	甲辰20	乙巳21	丙午22	丁未23	戊申24	己酉25	庚戌26	辛亥27	壬子28	己酉冬至
十二月小	丁丑	天干地支西曆	癸丑29	甲寅30	乙卯31	丙辰(1)	丁巳2	戊午3	己未4	庚申5	辛酉6	壬戌7	癸亥8	甲子9	乙丑10	丙寅11	丁卯12	戊辰13	己巳14	庚午15	辛未16	壬申17	癸酉18	甲戌19	乙亥20	丙子21	丁丑22	戊寅23	己卯24	庚辰25	辛巳26		
正月大	戊寅	天干地支西曆	壬午27	癸未28	甲申29	乙酉30	丙戌31	丁亥(2)	戊子2	己丑3	庚寅4	辛卯5	壬辰6	癸巳7	甲午8	乙未9	丙申10	丁酉11	戊戌12	己亥13	庚子14	辛丑15	壬寅16	癸卯17	甲辰18	乙巳19	丙午20	丁未21	戊申22	己酉23	庚戌24	辛亥25	乙未立春
二月小	己卯	天干地支西曆	壬子26	癸丑27	甲寅28	乙卯29	丙辰(3)	丁巳2	戊午3	己未4	庚申5	辛酉6	壬戌7	癸亥8	甲子9	乙丑10	丙寅11	丁卯12	戊辰13	己巳14	庚午15	辛未16	壬申17	癸酉18	甲戌19	乙亥20	丙子21	丁丑22	戊寅23	己卯24	庚辰25		庚辰春分
三月大	庚辰	天干地支西曆	辛巳26	壬午27	癸未28	甲申29	乙酉30	丙戌31	丁亥(4)	戊子2	己丑3	庚寅4	辛卯5	壬辰6	癸巳7	甲午8	乙未9	丙申10	丁酉11	戊戌12	己亥13	庚子14	辛丑15	壬寅16	癸卯17	甲辰18	乙巳19	丙午20	丁未21	戊申22	己酉23	庚戌24	
四月小	辛巳	天干地支西曆	辛亥25	壬子26	癸丑27	甲寅28	乙卯29	丙辰30	丁巳(5)	戊午2	己未3	庚申4	辛酉5	壬戌6	癸亥7	甲子8	乙丑9	丙寅10	丁卯11	戊辰12	己巳13	庚午14	辛未15	壬申16	癸酉17	甲戌18	乙亥19	丙子20	丁丑21	戊寅22	己卯23		丙寅立夏 辛亥日食
五月大	壬午	天干地支西曆	庚辰24	辛巳25	壬午26	癸未27	甲申28	乙酉29	丙戌30	丁亥31	戊子(6)	己丑2	庚寅3	辛卯4	壬辰5	癸巳6	甲午7	乙未8	丙申9	丁酉10	戊戌11	己亥12	庚子13	辛丑14	壬寅15	癸卯16	甲辰17	乙巳18	丙午19	丁未20	戊申21	己酉22	
六月大	癸未	天干地支西曆	庚戌23	辛亥24	壬子25	癸丑26	甲寅27	乙卯28	丙辰29	丁巳30	戊午(7)	己未2	庚申3	辛酉4	壬戌5	癸亥6	甲子7	乙丑8	丙寅9	丁卯10	戊辰11	己巳12	庚午13	辛未14	壬申15	癸酉16	甲戌17	乙亥18	丙子19	丁丑20	戊寅21	己卯22	壬子夏至
七月小	甲申	天干地支西曆	庚辰23	辛巳24	壬午25	癸未26	甲申27	乙酉28	丙戌29	丁亥30	戊子31	己丑(8)	庚寅2	辛卯3	壬辰4	癸巳5	甲午6	乙未7	丙申8	丁酉9	戊戌10	己亥11	庚子12	辛丑13	壬寅14	癸卯15	甲辰16	乙巳17	丙午18	丁未19	戊申20		丁酉立秋
八月大	乙酉	天干地支西曆	己酉21	庚戌22	辛亥23	壬子24	癸丑25	甲寅26	乙卯27	丙辰28	丁巳29	戊午30	己未31	庚申(9)	辛酉2	壬戌3	癸亥4	甲子5	乙丑6	丙寅7	丁卯8	戊辰9	己巳10	庚午11	辛未12	壬申13	癸酉14	甲戌15	乙亥16	丙子17	丁丑18	戊寅19	
九月小	丙戌	天干地支西曆	己卯20	庚辰21	辛巳22	壬午23	癸未24	甲申25	乙酉26	丙戌27	丁亥28	戊子29	己丑30	庚寅(10)	辛卯2	壬辰3	癸巳4	甲午5	乙未6	丙申7	丁酉8	戊戌9	己亥10	庚子11	辛丑12	壬寅13	癸卯14	甲辰15	乙巳16	丙午17	丁未18		癸未秋分
後九月大	丙戌	天干地支西曆	戊申19	己酉20	庚戌21	辛亥22	壬子23	癸丑24	甲寅25	乙卯26	丙辰27	丁巳28	戊午29	己未30	庚申31	辛酉(11)	壬戌2	癸亥3	甲子4	乙丑5	丙寅6	丁卯7	戊辰8	己巳9	庚午10	辛未11	壬申12	癸酉13	甲戌14	乙亥15	丙子16	丁丑17	己巳立冬

朔閏異同	曆名	正月	二月	三月	四月	五月	六月	七月	八月	九月	十月	十一	十二	閏月
	周曆殷曆	癸未癸丑	壬子癸未	壬午壬子	---辛亥---壬午	辛巳辛亥	庚戌辛巳	庚辰庚戌	庚戌庚辰	己卯己酉	己酉己卯	戊寅戊申	戊申戊寅	丁丑丁未
	曆名	正月	二月	三月	四月	五月	六月	七月	八月	九月	十月	十一	十二	閏月
	夏曆新曆	辛亥壬子	辛巳壬午	庚戌辛亥	庚辰庚辰	己酉庚戌	己卯己卯	戊申戊申	戊寅戊寅	戊申丁未	丁丑丁丑	丁未丙午	丙子丙子	

附録

一、中國曆法通用表

1. 六十干支順序表

1 甲子	2 乙丑	3 丙寅	4 丁卯	5 戊辰	6 己巳	7 庚午	8 辛未	9 壬申	10 癸酉
11 甲戌	12 乙亥	13 丙子	14 丁丑	15 戊寅	16 己卯	17 庚辰	18 辛巳	19 壬午	20 癸未
21 甲申	22 乙酉	23 丙戌	24 丁亥	25 戊子	26 己丑	27 庚寅	28 辛卯	29 壬辰	30 癸巳
31 甲午	32 乙未	33 丙申	34 丁酉	35 戊戌	36 己亥	37 庚子	38 辛丑	39 壬寅	40 癸卯
41 甲辰	42 乙巳	43 丙午	44 丁未	45 戊申	46 己酉	47 庚戌	48 辛亥	49 壬子	50 癸丑
51 甲寅	52 乙卯	53 丙辰	54 丁巳	55 戊午	56 己未	57 庚申	58 辛酉	59 壬戌	60 癸亥

2. 干支紀月紀日表

月份 / 年天干	一	二	三	四	五	六	七	八	九	十	十一	十二
甲或己	丙寅	丁卯	戊辰	己巳	庚午	辛未	壬申	癸酉	甲戌	乙亥	丙子	丁丑
乙或庚	戊寅	己卯	庚辰	辛巳	壬午	癸未	甲申	乙酉	丙戌	丁亥	戊子	己丑
丙或辛	庚寅	辛卯	壬辰	癸巳	甲午	乙未	丙申	丁酉	戊戌	己亥	庚子	辛丑
丁或壬	壬寅	癸卯	甲辰	乙巳	丙午	丁未	戊申	己酉	庚戌	辛亥	壬子	癸丑
戊或癸	甲寅	乙卯	丙辰	丁巳	戊午	己未	庚申	辛酉	壬戌	癸亥	甲子	乙丑
時辰 / 日天干	子	丑	寅	卯	辰	巳	午	未	申	酉	戌	亥
甲或己	甲子	乙丑	丙寅	丁卯	戊辰	己巳	庚午	辛未	壬申	癸酉	甲戌	乙亥
乙或庚	丙子	丁丑	戊寅	己卯	庚辰	辛巳	壬午	癸未	甲申	乙酉	丙戌	丁亥
丙或辛	戊子	己丑	庚寅	辛卯	壬辰	癸巳	甲午	乙未	丙申	丁酉	戊戌	己亥
丁或壬	庚子	辛丑	壬寅	癸卯	甲辰	乙巳	丙午	丁未	戊申	己酉	庚戌	辛亥
戊或癸	壬子	癸丑	甲寅	乙卯	丙辰	丁巳	戊午	己未	庚申	辛酉	壬戌	癸亥

3. 韻目代日表

一日	東先董送屋	九日	佳青蟹泰屑	十七日	篠霰洽	二十五日	有徑
二日	冬蕭腫宋沃	十日	灰蒸賄卦藥	十八日	巧嘯	二十六日	寢宥
三日	江肴講絳覺	十一日	真尤軫隊陌	十九日	皓效	二十七日	感沁
四日	支豪紙寘質	十二日	文侵吻震錫	二十日	哿號	二十八日	儉勘
五日	微歌尾未物	十三日	元覃阮問職	二十一日	馬箇	二十九日	豏豔
六日	魚麻語禦月	十四日	寒鹽旱願緝	二十二日	養禡	三十日	陷
七日	虞陽麌遇曷	十五日	刪鹹潸翰合	二十三日	梗漾	三十一日	世引
八日	齊庚薺霽黠	十六日	銑諫葉	二十四日	迥敬		

4. 干支星歲對照表

干支紀年	史記年名	爾雅年名	太歲所在	歲星所在
甲子	焉逢困敦	閼逢困敦	子	大火
乙丑	端蒙赤奮若	旃蒙赤奮若	丑	析木
丙寅	遊兆攝提格	柔兆攝提格	寅	星紀
丁卯	彊梧單閼	强圉單閼	卯	玄枵
戊辰	徒維執徐	著雍執徐	辰	娵訾
己巳	祝犁大荒駱	屠維大荒落	巳	降婁
庚午	商橫敦牂	上章敦牂	午	大梁
辛未	昭陽協洽	重光協洽	未	實沈
壬申	橫艾上章	玄黓涒灘	申	鶉首
癸酉	尚章作噩	昭陽作噩	酉	鶉火
甲戌	焉逢淹茂	閼逢閹茂	戌	鶉尾
乙亥	端蒙大淵獻	旃蒙大淵獻	亥	壽星
丙子	遊兆困敦	柔兆困敦	子	大火
丁丑	彊梧赤奮若	强圉赤奮若	丑	析木
戊寅	徒維攝提格	著雍攝提格	寅	星紀
己卯	祝犁單閼	屠維單閼	卯	玄枵
庚辰	商橫執徐	上章執徐	辰	娵訾
辛巳	昭陽大荒駱	重光大荒落	巳	降婁
壬午	橫艾敦牂	玄黓敦牂	午	大梁
癸未	尚章協洽	昭陽協洽	未	實沈
甲申	焉逢上章	閼逢涒灘	申	鶉首
乙酉	端蒙作噩	旃蒙作噩	酉	鶉火
丙戌	遊兆淹茂	柔兆閹茂	戌	鶉尾
丁亥	彊梧大淵獻	强圉大淵獻	亥	壽星
戊子	徒維困敦	著雍困敦	子	大火
己丑	祝犁赤奮若	屠維赤奮若	丑	析木
庚寅	商橫攝提格	上章攝提格	寅	星紀
辛卯	昭陽單閼	重光單閼	卯	玄枵
壬辰	橫艾執徐	玄黓執徐	辰	娵訾
癸巳	尚章大荒駱	昭陽大荒落	巳	降婁

干支紀年	史記年名	爾雅年名	太歲所在	歲星所在
甲午	焉逢敦牂	閼逢敦牂	午	大梁
乙未	端蒙協洽	旃蒙協洽	未	實沈
丙申	遊兆上章	柔兆涒灘	申	鶉首
丁酉	彊梧作噩	强圉作噩	酉	鶉火
戊戌	徒維淹茂	著雍閹茂	戌	鶉尾
己亥	祝犁大淵獻	屠維大淵獻	亥	壽星
庚子	商橫困敦	上章困敦	子	大火
辛丑	昭陽赤奮若	重光赤奮若	丑	析木
壬寅	橫艾攝提格	玄黓攝提格	寅	星紀
癸卯	尚章單閼	昭陽單閼	卯	玄枵
甲辰	焉逢執徐	閼逢執徐	辰	娵訾
乙巳	端蒙大荒駱	旃蒙大荒落	巳	降婁
丙午	遊兆敦牂	柔兆敦牂	午	大梁
丁未	彊梧協洽	强圉協洽	未	實沈
戊申	徒維上章	著雍涒灘	申	鶉首
己酉	祝犁作噩	屠維作噩	酉	鶉火
庚戌	商橫淹茂	上章閹茂	戌	鶉尾
辛亥	昭陽大淵獻	重光大淵獻	亥	壽星
壬子	橫艾困敦	玄黓困敦	子	大火
癸丑	尚章赤奮若	昭陽赤奮若	丑	析木
甲寅	焉逢攝提格	閼逢攝提格	寅	星紀
乙卯	端蒙單閼	旃蒙單閼	卯	玄枵
丙辰	遊兆執徐	柔兆執徐	辰	娵訾
丁巳	彊梧大荒駱	强圉大荒落	巳	降婁
戊午	徒維敦牂	著雍敦牂	午	大梁
己未	祝犁協洽	屠維協洽	未	實沈
庚申	商橫上章	上章涒灘	申	鶉首
辛酉	昭陽作噩	重光作噩	酉	鶉火
壬戌	橫艾淹茂	玄黓閹茂	戌	鶉尾
癸亥	尚章大淵獻	昭陽大淵獻	亥	壽星

5. 二十四節氣七十二候表

季節	節氣名稱	公曆日期	候應	
			逸周書・時訓	魏書・律曆志
春季	立春（正月節）	2月4或5日	東風解凍、蟄蟲始振、魚陟負冰	鷄始乳、東風解凍、蟄蟲始振
	雨水（正月中）	2月19或20日	［驚蟄］獺祭魚、候雁北、草木萌動	魚上冰、獺祭魚、鴻雁來
	驚蟄（二月節）	3月5或6日	［雨水］桃始華、倉庚鳴、鷹化爲鳩	始雨水、桃始華、倉庚鳴
	春分（二月中）	3月20或21日	玄鳥至、雷乃發聲、始電	化爲鳩、玄鳥至、雷乃發聲
	清明（三月節）	4月4或5日	桐始華、田鼠化駕、虹始見	電始見、蟄蟲鹹動、蟄蟲啓戶
	穀雨（三月中）	4月20或21日	萍始生、鳴鳩拂其羽、戴勝降于桑	桐始華、田鼠化駕、虹始見
夏季	立夏（四月節）	5月5或6日	螻蟈鳴、蚯蚓出、王瓜生	萍始生、戴勝降于桑、螻蟈鳴
	小滿（四月中）	5月21或22日	苦菜秀、靡草死、麥秋至	蚯蚓出、王瓜生、苦菜秀
	芒種（五月節）	6月5或6日	螳螂生、鵙始鳴、反舌元聲	靡草死、小暑至、螳螂生
	夏至（五月中）	6月21或22日	鹿角解、蜩始鳴、半夏生	鵙始鳴、反舌元聲、鹿角解
	小暑（六月節）	7月7或8日	温風至、蟋蟀居壁、鷹始摯	蟬始鳴、半夏生、木槿榮
	大暑（六月中）	7月23或24日	腐草爲螢、土潤溽暑、大雨時行	温風至、蟋蟀居壁、鷹乃摯
秋季	立秋（七月節）	8月7日或8日	凉風至、白露降、寒蟬鳴	腐草化螢、土潤溽暑、凉風至
	處暑（七月中）	8月23或24日	鷹乃祭鳥、天地始肅、禾乃登	白露降、寒蟬鳴、鷹祭鳥
	白露（八月節）	9月7日或8日	鴻雁來、玄鳥歸、群鳥養羞	天地始肅、暴風至、鴻雁來
	秋分（八月中）	9月23或24日	雷始收聲、蟄蟲壞戶、水始涸	玄鳥歸、群鳥養羞、雷始收聲
	寒露（九月節）	10月8日或9日	鴻雁來賓、雀入大水爲蛤、菊有黄華	蟄蟲附戶、殺氣浸盛、陽氣始衰
	霜降（九月中）	10月23或24日	豺乃祭獸、草木黄落、蟄蟲鹹俯	水始涸、鴻雁來賓、雀入大水爲蛤
冬季	立冬（十月節）	11月7日或8日	水始冰、地始凍、雉入大水爲蜃	菊有黄華、豺祭獸、水始冰
	小雪（十月中）	11月22或23日	虹藏不見、天氣上升、閉塞成冬	地始凍、雉入大水爲蜃、虹藏不見
	大雪（十一月節）	12月7日或8日	鶡鴠不鳴、虎始交、荔挺出	冰益壯、地始坼、鶡鴠不鳴
	冬至（十一月中）	12月21或22日	蚯蚓結、麋角解、水泉動	虎始交、芸始生、荔挺出
	小寒（十二月節）	1月5日或6日	雁北鄉、鵲始巢、雉鴝	蚯蚓結、麋角解、水泉動
	大寒（十二月中）	1月20或21日	鷄乳、征鳥厲疾、水澤腹堅	雁北向、鵲始巢、雉始鴝

二、先秦帝王世系表

夏朝王系表

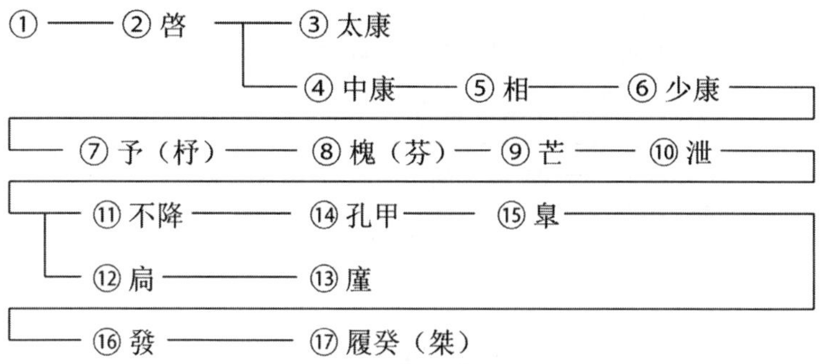

商朝王系表

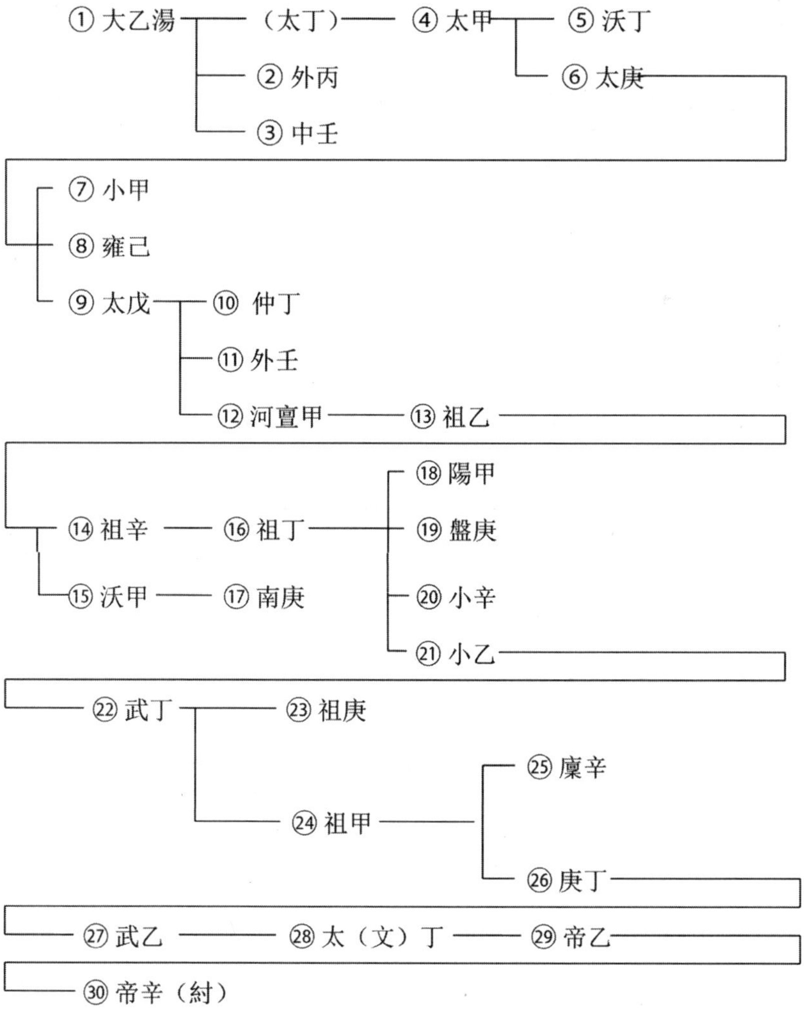

西周王系表

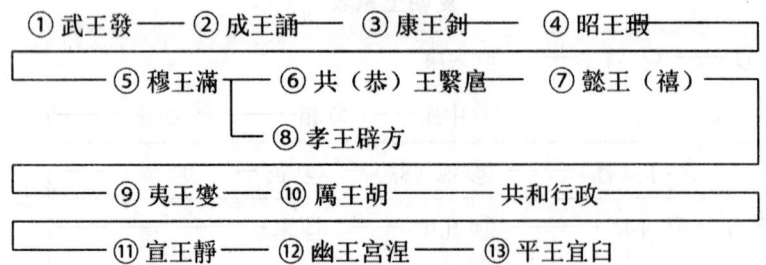

①武王發——②成王誦——③康王釗——④昭王瑕

⑤穆王滿——⑥共（恭）王緊扈——⑦懿王（禧）

⑧孝王辟方

⑨夷王燮——⑩厲王胡——共和行政

⑪宣王靜——⑫幽王宮涅——⑬平王宜臼

東周王系表

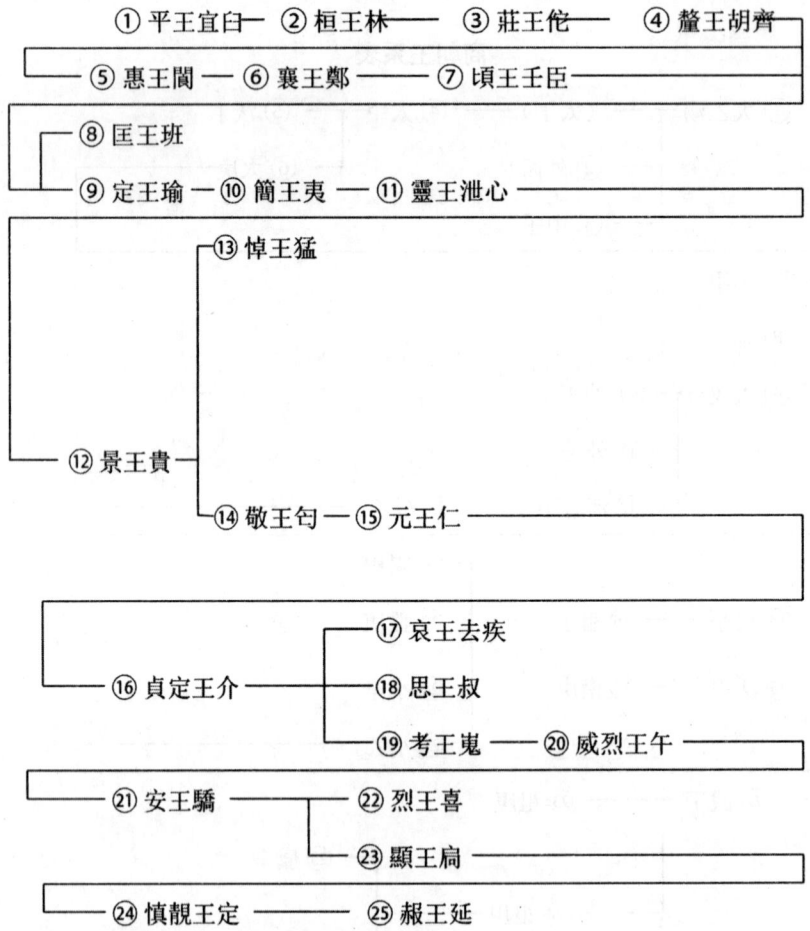

①平王宜臼——②桓王林——③莊王佗——④釐王胡齊

⑤惠王閬——⑥襄王鄭——⑦頃王壬臣

⑧匡王班

⑨定王瑜——⑩簡王夷——⑪靈王泄心

⑬悼王猛

⑫景王貴

⑭敬王匄——⑮元王仁

⑰哀王去疾

⑯貞定王介

⑱思王叔

⑲考王嵬——⑳威烈王午

㉑安王驕——㉒烈王喜

㉓顯王扁

㉔慎靚王定——㉕赧王延

春秋魯國世系表

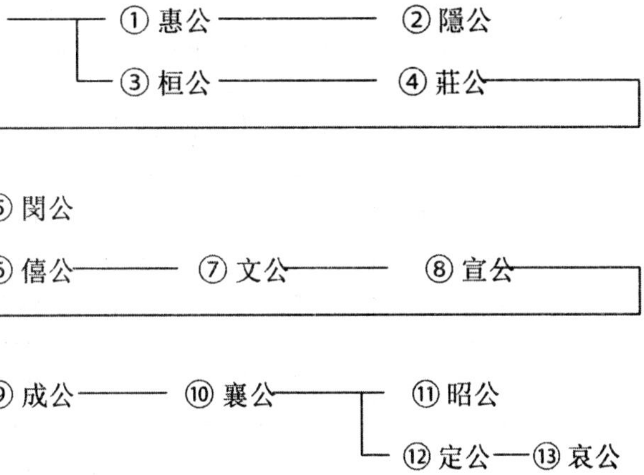

戰國秦國世系表

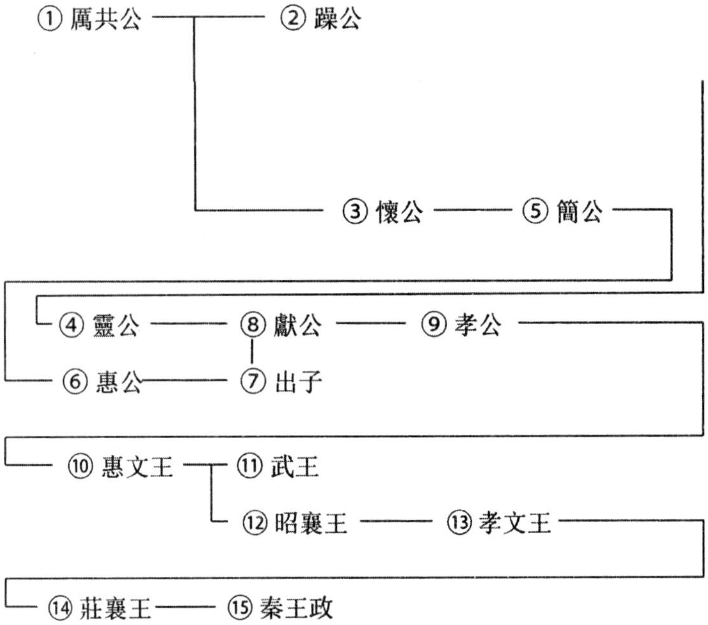

三、先秦頒行曆法數據表

朝代	曆名	編者	修成时间	行用年代	回歸年	朔望月
東周	夏曆	無考	無考	春秋戰國	365.2500000	29.5308511
東周	周曆	無考	無考	春秋戰國	365.2500000	29.5308511
東周	魯曆	無考	無考	春秋戰國	365.2500000	29.5308511
東周	殷曆	無考	無考	春秋戰國	365.2500000	29.5308511
東周	黄帝曆	無考	無考	春秋戰國	365.2500000	29.5308511
東周	顓頊曆	無考	無考	？—前 105	365.2500000	29.5308511

四、先秦中西年代對照表

春秋戰國時期 ①

帝王年序	干支	公曆日期（公元）
周平王元年	辛未	770.1.7 ~ 769.1.25
二年	壬申	769.1.26 ~ 768.1.13
三年	癸酉	768..1.14 ~ 767.1.2
四年	甲戌	767.1.3 ~ 766.1.21
五年	乙亥	766.1.22 ~ 765.1.11
六年	丙子	765.1.12 ~ 764.1.29
七年	丁丑	764.1.30 ~ 763.1.18
八年	戊寅	763.1.19 ~ 762.1.8
九年	己卯	762.1.9 ~ 761.1.26
十年	庚辰	761.1.27 ~ 760.1.14
十一年	辛巳	760.1.15 ~ 759.1.4
十二年	壬午	759.1.5 ~ 758.1.23
十三年	癸未	758.1.24 ~ 757.1.12
十四年	甲申	757.1.13 ~ 756.1.1
十五年	乙酉	756.1.2 ~ 755.1.20
十六年	丙戌	755.1.21 ~ 754.1.9
十七年	丁亥	754.1.10 ~ 753.1.28
十八年	戊子	753.1.29 ~ 752.1.16
十九年	己丑	752.1.17 ~ 751.1.5
二十年	庚寅	751.1.6 ~ 750.1.24
二十一年	辛卯	750.1.25 ~ 749.1.13
二十二年	壬辰	749.1.14 ~ 748.1.2
二十三年	癸巳	748.1.3 ~ 747.1.21
二十四年	甲午	747.1.22 ~ 746.1.11
二十五年	乙未	746.1.12 ~ 746.12.31
二十六年	丙申	745.1.1 ~ 744.1.18
二十七年	丁酉	744.1.19 ~ 743.1.7
二十八年	戊戌	743.1.8 ~ 742.1.26
二十九年	己亥	742.1.27 ~ 741.1.15
三十年	庚子	741.1.16 ~ 740.1.3
三十一年	辛丑	740.1.4 ~ 739.1.22
三十二年	壬寅	739.1.23 ~ 738.1.12
三十三年	癸卯	738.1.13 ~ 737.1.2
三十四年	甲辰	737.1.3 ~ 736.1.20
三十五年	乙巳	736.1.21 ~ 735.1.9
三十六年	丙午	735.1.10 ~ 734.1.28
三十七年	丁未	734.1.29 ~ 733.1.17
三十八年	戊申	733.1.18 ~ 732.1.5
三十九年	己酉	732.1.6 ~ 731.1.24
四十年	庚戌	731.1.25 ~ 730.1.13
四十一年	辛亥	730.1.14 ~ 729.1.3
四十二年	壬子	729.1.4 ~ 728.1.21
四十三年	癸丑	728.1.22 ~ 727.1.10
四十四年	甲寅	727.1.11 ~ 727.12.31
四十五年	乙卯	726.1.1 ~ 725.1.18
四十六年	丙辰	725.1.19 ~ 724.1.6
四十七年	丁巳	724.1.7 ~ 723.1.25
四十八年	戊午	723.1.26 ~ 722.1.15
四十九年	己未	722.1.16 ~ 721.1.4
五十年	庚申	721.1.5 ~ 720.1.22
五十一年	辛酉	720.1.23 ~ 719.1.11
周桓王元年	壬戌	719.1.12 ~ 718.1.1
二年	癸亥	718.1.2 ~ 717.1.20
三年	甲子	717.1.21 ~ 716.1.8
四年	乙丑	716.1.9 ~ 715.1.27
五年	丙寅	715.1.28 ~ 714.1.16
六年	丁卯	714.1.17 ~ 713.2.4
七年	戊辰	713.2.5 ~ 712.1.24
八年	己巳	712.1.25 ~ 711.1.13
九年	庚午	711.1.14 ~ 710.2.1
十年	辛未	710.2.2 ~ 709.1.21
十一年	壬申	709.1.22 ~ 708.1.10
十二年	癸酉	708.1.11 ~ 707.1.28
十三年	甲戌	707.1.29 ~ 706.1.18
十四年	乙亥	706.1.19 ~ 705.1.7
十五年	丙子	705.1.8 ~ 704.1.25
十六年	丁丑	704.1.26 ~ 703.1.14
十七年	戊寅	703.1.15 ~ 702.1.4
十八年	己卯	702.1.5 ~ 701.1.23

① 史學界一般將平王東遷至秦統一稱作春秋戰國時期，與傳統意義上的“春秋”（前 722 ~ 前 481）、“戰國”（前 480 ~ 前 221）在時間上略有差異。這一時期諸國曆法不盡相同，有周曆、殷曆、夏曆、顓頊曆之分。本表前 770 至前 722 年按張培瑜所編合朔月表换算，前 722 至前 476 年用魯曆，前 475 至前 250 年用殷曆，前 249 至前 221 年則用顓頊曆换算。

十九年	庚辰	701.1.24 ~ 700.1.11
二十年	辛巳	700.1.12 ~ 699.1.30
二十一年	壬午	699.1.31 ~ 698.1.19
二十二年	癸未	698.1.20 ~ 697.1.9
二十三年	甲申	697.1.10 ~ 697.12.28
周莊王元年	乙酉	697.12.30 ~ 695.1.16
二年	丙戌	695.1.17 ~ 694.1.5
三年	丁亥	594.1.6 ~ 694.12.26
四年	戊子	694.12.27 ~ 692.1.13
五年	己丑	692.1.4 ~ 691.1.2
六年	庚寅	691.1.3 ~ 690.1.21
七年	辛卯	690.1.22 ~ 689.1.10
八年	壬辰	689.1.11 ~ 689.12.30
九年	癸巳	689.12.31 ~ 688.12.19
十年	甲午	688.12.20 ~ 686.1.7
十一年	乙未	686.1.8 ~ 686.12.27
十二年	丙申	686.12.28 ~ 685.12.16
十三年	丁酉	685.12.17 ~ 684.12.5
十四年	戊戌	684.12.6 ~ 683.12.24
十五年	己亥	683.11.24 ~ 682.12.13
周釐王元年	庚子	682.12.14 ~ 681.12.31
二年	辛丑	680.1.1 ~ 680.12.21.
三年	壬寅	680.12.22 ~ 678.1.8
四年	癸卯	678.1.9 ~ 677.1.27
五年	甲辰	677.1.28 ~ 676.2.14
周惠王元年	乙巳	676.2.15 ~ 675.2.4
二年	丙午	675.2.5 ~ 574.1.24
三年	丁未	674.1.25 ~ 473.1.13
四年	戊申	673.1.14 ~ 672.1.2
五年	己酉	672.1.3 ~ 672.12.22
六年	庚戌	672.12.23 ~ 670.1.10
七年	辛亥	670.1.11 ~ 670.12.30
八年	壬子	670.12.31 ~ 669.12.19
九年	癸丑	669.12.20 ~ 667.1.7
十年	甲寅	667.1.8 ~ 667.12.27
十一年	乙卯	667.12.28 ~ 665.1.15
十二年	丙辰	665.1.16 ~ 664.1.3
十三年	丁巳	664.1.4 ~ 664.12.24
十四年	戊午	664.12.25 ~ 662.1.12
十五年	己未	662.1.13 ~ 661.1.1
十六年	庚申	661.1.2 ~ 661.12.20
十七年	辛酉	661.12.21 ~ 659.1.8

十八年	壬戌	659.1.9 ~ 658.1.27
十九年	癸亥	658.1.28 ~ 657.1.16
二十年	甲子	657.1.17 ~ 656.1.5
二十一年	乙丑	656.1.6 ~ 656.12.25
二十二年	丙寅	656.12.26 ~ 655.12.14
二十三年	丁卯	655.12.15 ~ 654.12.4
二十四年	戊辰	654.12.5 ~ 653.12.22
二十五年	己巳	653.12.23 ~ 652.12.11
周襄王元年	庚午	652.12.12 ~ 651.12.30
二年	辛未	651.12.31 ~ 650.12.19
三年	壬申	650.12.20 ~ 648.1.6
四年	癸酉	648.1.7 ~ 648.12.27
五年	甲戌	648.12.27 ~ 646.1.15
六年	乙亥	646.1.16 ~ 645.1.4
七年	丙子	645.1.5 ~ 645.12.23
八年	丁丑	645.12.24 ~ 644.12.13
九年	戊寅	644.12.14 ~ 642.1.1
十年	己卯	642.1.2 ~ 642.12.21
十一年	庚辰	642.12.22 ~ 640.1.8
十二年	辛巳	640.1.9 ~ 640.12.28
十三年	壬午	640.12.29 ~ 639.12.18
十四年	癸未	639.12.19 ~ 638.12.7
十五年	甲申	638.12.8 ~ 637.12.25
十六年	乙酉	637.12.26 ~ 636.12.14
十七年	丙戌	636.12.15 ~ 634.1.2
十八年	丁亥	634.1.3 ~ 634.12.23
十九年	戊子	634.12.24 ~ 633.12.11
二十年	己丑	633.12.12 ~ 632.11.30
二十一年	庚寅	632.12.1 ~ 631.11.20
二十二年	辛卯	631.11.21 ~ 630.12.9
二十三年	壬辰	630.12.10 ~ 629.11.27
二十四年	癸巳	629.11.28 ~ 628.11.16
二十五年	甲午	628.11.17 ~ 627.12.5
二十六年	乙未	627.12.6 ~ 626.12.24
二十七年	丙申	626.12.25 ~ 625.12.12
二十八年	丁酉	625.12.13 ~ 624.12.31
二十九年	戊戌	623.1.1 ~ 623.12.21
三十年	己亥	623.12.22 ~ 622.12.10
三十一年	庚子	622.12.11 ~ 621.12.28
三十二年	辛丑	621.12.29 ~ 620.12.17
三十三年	壬寅	620.12.18 ~ 619.12.7
周頃王元年	癸卯	619.12.8 ~ 618.12.26

二年	甲辰	618.12.27 ~ 617.12.14
三年	乙巳	617.12.15 ~ 616.12.3
四年	丙午	616.12.4 ~ 615.12.22
五年	丁未	615.12.23 ~ 614.12.12
六年	戊申	614.12.13 ~ 613.11.30
周匡王元年	己酉	613.12.1 ~ 612.12.19
二年	庚戌	612.12.20 ~ 611.12.8
三年	辛亥	611.12.9 ~ 610.11.28
四年	壬子	610.11.29 ~ 609.12.15
五年	癸丑	609.12.16 ~ 608.12.5
六年	甲寅	608.12.6 ~ 607.11.24
周定王元年	乙卯	607.11.25 ~ 606.11.14
二年	丙辰	606.11.15 ~ 605.12.1
三年	丁巳	605.12.2 ~ 604.11.21
四年	戊午	604.11.22 ~ 603.12.10
五年	己未	603.12.11 ~ 602.11.29
六年	庚申	602.11.30 ~ 601.12.17
七年	辛酉	601.12.18 ~ 600.12.6
八年	壬戌	600.12.7 ~ 599.12.25
九年	癸亥	599.12.26 ~ 598.12.15
十年	甲子	598.12.16 ~ 597.12.3
十一年	乙丑	597.12.4 ~ 596.12.22
十二年	丙寅	596.12.23 ~ 595.12.11
十三年	丁卯	595.12.12 ~ 594.12.30
十四年	戊辰	594.12.31 ~ 593.12.19
十五年	己巳	593.12.20 ~ 592.12.8
十六年	庚午	592.12.9 ~ 591.11.27
十七年	辛未	591.11.28 ~ 590.12.16
十八年	壬申	590.12.17 ~ 589.12.5
十九年	癸酉	589.12.6 ~ 588.11.24
二十年	甲戌	588.11.25 ~ 587.12.13
二十一年	乙亥	587.12.14 ~ 586.12.2
周簡王元年	丙子	586.12.3 ~ 585.11.21
二年	丁丑	585.11.22 ~ 584.12.9
三年	戊寅	584.12.10 ~ 583.11.29
四年	己卯	583.11.30 ~ 582.11.18
五年	庚辰	582.11.19 ~ 581.12.6
六年	辛巳	581.12.7 ~ 580.11.25
七年	壬午	580.11.26 ~ 579.12.15
八年	癸未	579.12.16 ~ 577.1.2
九年	甲申	577.1.3 ~ 577.12.22
十年	乙酉	577.12.23 ~ 576.12.11

十一年	丙戌	576.12.12 ~ 575.11.30
十二年	丁亥	575.12.1 ~ 574.12.19
十三年	戊子	574.12.20 ~ 573.12.8
十四年	己丑	573.12.9 ~ 572.12.26
周靈王元年	庚寅	572.12.27 ~ 571.12.16
二年	辛卯	571.12.17 ~ 570.12.5
三年	壬辰	570.12.6 ~ 569.12.23
四年	癸巳	569.12.24 ~ 568.12.13
五年	甲午	568.12.14 ~ 567.12.2
六年	乙未	567.12.3 ~ 566.12.21
七年	丙申	566.12.22 ~ 565.12.9
八年	丁酉	565.12.10 ~ 564.11.29
九年	戊戌	564.11.30 ~ 563.12.17
十年	己亥	563.12.18 ~ 562.12.7
十一年	庚子	562.12.8 ~ 561.12.25
十二年	辛丑	561.12.26 ~ 560.12.14
十三年	壬寅	560.12.15 ~ 559.12.3
十四年	癸卯	559.12.4 ~ 558.11.23
十五年	甲辰	558.11.24 ~ 557.12.11
十六年	乙巳	557.12.12 ~ 556.11.30
十七年	丙午	556.12.1 ~ 555.11.19
十八年	丁未	555.11.20 ~ 554.12.8
十九年	戊申	554.12.9 ~ 553.12.26
二十年	己酉	553.12.27 ~ 552.12.16
二十一年	庚戌	552.12.17 ~ 551.12.5
二十二年	辛亥	551.12.6 ~ 550.12.24
二十三年	壬子	550.12.25 ~ 549.12.12
二十四年	癸丑	549.12.13 ~ 548.12.2
二十五年	甲寅	548.12.3 ~ 547.11.21
二十六年	乙卯	547.11.22 ~ 546.12.10
二十七年	丙辰	546.12.11 ~ 545.12.28
周景王元年	丁巳	545.12.29 ~ 544.12.17
二年	戊午	544.12.18 ~ 543.12.7
三年	己未	543.12.8 ~ 542.11.26
四年	庚申	542.11.27 ~ 541.12.14
五年	辛酉	541.12.15 ~ 540.12.3
六年	壬戌	540.12.4 ~ 539.12.22
七年	癸亥	539.12.23 ~ 538.12.11
八年	甲子	538.12.12 ~ 537.11.30
九年	乙丑	537.12.1 ~ 536.12.19
十年	丙寅	536.12.20 ~ 535.12.8
十一年	丁卯	535.12.9 ~ 534.12.27

十二年	戊辰	534.12.28 ~ 533.12.15
十三年	己巳	533.12.16 ~ 532.12.5
十四年	庚午	532.12.6 ~ 531.12.24
十五年	辛未	531.12.25 ~ 530.12.13
十六年	壬申	530.12.14 ~ 529.12.1
十七年	癸酉	529.12.2 ~ 528.11.21
十八年	甲戌	528.11.22 ~ 527.12.10
十九年	乙亥	527.12.11 ~ 526.11.29
二十年	丙子	526.11.30 ~ 525.12.17
二十一年	丁丑	525.12.18 ~ 524.12.6
二十二年	戊寅	524.12.7 ~ 523.12.25
二十三年	己卯	523.12.26 ~ 522.12.14
二十四年	庚辰	522.12.15 ~ 521.12.3
二十五年	辛巳	521.12.4 ~ 520.12.22
周敬王元年	壬午	520.12.23 ~ 519.12.11
二年	癸未	519.12.12 ~ 518.11.30
三年	甲申	518.12.1 ~ 517.12.18
四年	乙酉	517.12.19 ~ 516.12.8
五年	丙戌	516.12.9 ~ 515.11.27
六年	丁亥	515.11.28 ~ 514.12.16
七年	戊子	514.12.17 ~ 512.1.3
八年	己丑	512.1.4 ~ 512.12.23
九年	庚寅	512.12.24 ~ 511.12.13
十年	辛卯	511.12.14 ~ 510.12.2
十一年	壬辰	510.12.3 ~ 509.11.20
十二年	癸巳	509.11.21 ~ 508.12.9
十三年	甲午	508.12.10 ~ 507.11.29
十四年	乙未	507.11.30 ~ 506.12.18
十五年	丙申	506.12.19 ~ 505.12.6
十六年	丁酉	505.12.7 ~ 504.12.25
十七年	戊戌	504.12.26 ~ 503.12.14
十八年	己亥	503.12.15 ~ 502.12.4
十九年	庚子	502.12.5 ~ 501.11.22
二十年	辛丑	501.11.23 ~ 500.12.11
二十一年	壬寅	500.12.12 ~ 499.11.30
二十二年	癸卯	499.12.1 ~ 498.12.19
二十三年	甲辰	498.12.20 ~ 497.12.7
二十四年	乙巳	497.12.8 ~ 496.12.26
二十五年	丙午	496.12.27 ~ 495.12.16
二十六年	丁未	495.12.17 ~ 494.12.5
二十七年	戊申	494.12.6 ~ 493.12.23
二十八年	己酉	493.12.24 ~ 492.12.12
二十九年	庚戌	492.12.13 ~ 491.12.2
三十年	辛亥	491.12.3 ~ 490.12.21
三十一年	壬子	490.12.22 ~ 489.12.9
三十二年	癸丑	489.12.10 ~ 488.12.28
三十三年	甲寅	488.12.29 ~ 487.12.17
三十四年	乙卯	487.12.18 ~ 486.12.7
三十五年	丙辰	486.12.8 ~ 485.12.25
三十六年	丁巳	485.12.26 ~ 484.12.14
三十七年	戊午	484.12.15 ~ 483.12.3
三十八年	己未	483.12.4 ~ 482.12.22
三十九年	庚申	482.12.23 ~ 481.12.11
四十年	辛酉	481.12.11 ~ 480.11.30
四十一年	壬戌	480.12.1 ~ 479.12.19
四十二年	癸亥	479.12.20 ~ 478.12.8
四十三年	甲子	478.12.9 ~ 477.11.26
四十四年	乙丑	477.11.27 ~ 476.12.15
周元王元年	丙寅	475.1.15 ~ 474.1.3 ◎
二年	丁卯	474.1.4 ~ 473.1.22
三年	戊辰	473.1.23 ~ 472.1.10
四年	己巳	472.1.11 ~ 472.12.31
五年	庚午	471.1.1 ~ 470.1.19
六年	辛未	470.1.20 ~ 469.1.8
七年	壬申	469.1.9 ~ 469.12.27
周貞定王元年	癸酉	469.12.28 ~ 467.1.15
二年	甲戌	467.1.16 ~ 466.1.5
三年	乙亥	466.1.6 ~ 465.1.24
四年	丙子	465.1.25 ~ 464.1.12
五年	丁丑	464.1.13 ~ 463.1.1
六年	戊寅	463.1.2 ~ 462.1.20
七年	己卯	462.1.21 ~ 461.1.10
八年	庚辰	461.1.11 ~ 461.12.29
九年	辛巳	461.12.30 ~ 459.1.17
十年	壬午	459.1.18 ~ 458.1.6
十一年	癸未	458.1.7 ~ 458.12.27
十二年	甲申	458.12.28 ~ 456.1.13
十三年	乙酉	456.1.14 ~ 455.1.3
十四年	丙戌	455.1.4 ~ 454.1.22
十五年	丁亥	454.1.23 ~ 453.1.11
十六年	戊子	453.1.12 ~ 453.12.30
十七年	己丑	453.12.31 ~ 451.1.18
十八年	庚寅	451.1.19 ~ 450.1.8
十九年	辛卯	450.1.9 ~ 450.12.28

二十年	壬辰	450.12.29 ~ 448.1.15
二十一年	癸巳	448.1.16 ~ 447.1.4
二十二年	甲午	447.1.5 ~ 446.1.23
二十三年	乙未	446.1.24 ~ 445.1.13
二十四年	丙申	445.1.14 ~ 444.1.1
二十五年	丁酉	444.1.2 ~ 443.1.20
二十六年	戊戌	443.1.21 ~ 442.1.9
二十七年	己亥	442.1.10 ~ 442.12.30
二十八年	庚子	442.12.31 ~ 440.1.17
周考王元年	辛丑	440.1.18 ~ 439.1.6
二年	壬寅	439.1.7 ~ 439.12.26
三年	癸卯	439.12.27 ~ 437.1.14
四年	甲辰	437.1.15 ~ 436.1.3
五年	乙巳	436.1.4 ~ 435.1.21
六年	丙午	435.1.22 ~ 434.1.11
七年	丁未	434.1.12 ~ 434.12.31
八年	戊申	433.1.1 ~ 432.12.18
九年	己酉	432.12.19 ~ 431.1.7
十年	庚戌	431.1.8 ~ 431.12.28
十一年	辛亥	431.12.29 ~ 429.1.16
十二年	壬子	429.1.17 ~ 428.1.4
十三年	癸丑	428.1.5 ~ 427.1.23
十四年	甲寅	427.1.24 ~ 426.1.12
十五年	乙卯	426.1.13 ~ 425.1.2
周威烈王元年	丙辰	425.1.3 ~ 424.1.20
二年	丁巳	424.1.21 ~ 423.1.9
三年	戊午	423.1.10 ~ 423.12.29
四年	己未	423.12.30 ~ 421.1.17
五年	庚申	421.1.18 ~ 420.1.6
六年	辛酉	420.1.7 ~ 420.12.26
七年	壬戌	420.12.27 ~ 418.1.14
八年	癸亥	418.1.15 ~ 417.1.3
九年	甲子	417.1.4 ~ 416.1.21
十年	乙丑	416.1.22 ~ 415.1.11
十一年	丙寅	415.1.12 ~ 415.12.31
十二年	丁卯	414.1.1 ~ 413.1.19
十三年	戊辰	413.1.20 ~ 412.1.7
十四年	己巳	412.1.8 ~ 412.12.28
十五年	庚午	412.12.29 ~ 410.1.16
十六年	辛未	410.1.17 ~ 409.1.5
十七年	壬申	409.1.6 ~ 408.1.23
十八年	癸酉	408.1.24 ~ 407.1.12

十九年	甲戌	407.1.13 ~ 406.1.2
二十年	乙亥	406.1.3 ~ 405.1.20
二十一年	丙子	405.1.21 ~ 404.1.9
二十二年	丁丑	404.1.10 ~ 404.12.29
二十三年	戊寅	404.12.30 ~ 402.1.17
二十四年	己卯	402.1.18 ~ 401.1.6
周安王元年	庚辰	401.1.7 ~ 400.1.24
二年	辛巳	400.1.25 ~ 399.1.14
三年	壬午	399.1.15 ~ 398.1.3
四年	癸未	398.1.4 ~ 397.1.22
五年	甲申	397.1.23 ~ 396.1.10
六年	乙酉	396.1.11 ~ 396.12.31
七年	丙戌	395.1.1 ~ 394.1.19
八年	丁亥	394.1.20 ~ 393.1.8
九年	戊子	393.1.9 ~ 393.12.27
十年	己丑	393.12.28 ~ 391.1.15
十一年	庚寅	391.1.16 ~ 390.1.5
十二年	辛卯	390.1.6 ~ 389.1.24
十三年	壬辰	389.1.25 ~ 388.1.12
十四年	癸巳	388.1.13 ~ 387.1.1
十五年	甲午	387.1.2 ~ 386.1.20
十六年	乙未	386.1.21 ~ 385.1.10
十七年	丙申	385.1.11 ~ 385.12.29
十八年	丁酉	385.12.30 ~ 383.1.17
十九年	戊戌	383.1.18 ~ 382.1.6
二十年	己亥	382.1.7 ~ 382.12.26
二十一年	庚子	382.12.27 ~ 380.1.13
二十二年	辛丑	380.1.14 ~ 379.1.3
二十三年	壬寅	379.1.4 ~ 378.1.22
二十四年	癸卯	378.1.23 ~ 377.1.11
二十五年	甲辰	377.1.12 ~ 377.12.30
二十六年	乙巳	377.12.31 ~ 375.1.18
周烈王元年	丙午	375.1.19 ~ 374.1.8
二年	丁未	374.1.9 ~ 374.12.28
三年	戊申	374.12.29 ~ 372.1.15
四年	己酉	372.1.16 ~ 371.1.4
五年	庚戌	371.1.5 ~ 370.1.23
六年	辛亥	370.1.24 ~ 369.1.13
七年	壬子	369.1.14 ~ 368.1.1
周顯王元年	癸丑	368.1.2 ~ 367.1.20
二年	甲寅	367.1.21 ~ 366.1.9
三年	乙卯	366.1.10 ~ 366.12.30

四年	丙辰	366.12.31 ~ 364.1.17
五年	丁巳	364.1.18 ~ 363.1.6
六年	戊午	363.1.7 ~ 363.12.26
七年	己未	363.12.27 ~ 361.1.14
八年	庚申	361.1.15 ~ 360.1.3
九年	辛酉	360.1.4 ~ 359.1.21
十年	壬戌	359.1.22 ~ 358.1.11
十一年	癸亥	358.1.12 ~ 358.12.31
十二年	甲子	357.1.1 ~ 356.1.18
十三年	乙丑	356.1.19 ~ 355.1.7
十四年	丙寅	355.1.8 ~ 355.12.28
十五年	丁卯	355.12.29 ~ 353.1.16
十六年	戊辰	353.1.17 ~ 352.1.4
十七年	己巳	352.1.5 ~ 351.1.23
十八年	庚午	351.1.24 ~ 350.1.12
十九年	辛未	350.1.13 ~ 349.1.2
二十年	壬申	349.1.3 ~ 348.1.20
二十一年	癸酉	348.1.21 ~ 347.1.9
二十二年	甲戌	347.1.10 ~ 347.12.29
二十三年	乙亥	347.12.30 ~ 345.1.17
二十四年	丙子	345.1.18 ~ 344.1.6
二十五年	丁丑	344.1.7 ~ 344.12.26
二十六年	戊寅	344.12.27 ~ 342.1.14
二十七年	己卯	342.1.15 ~ 341.1.3
二十八年	庚辰	341.1.4 ~ 340.1.21
二十九年	辛巳	340.1.22 ~ 339.1.11
三十年	壬午	339.1.12 ~ 339.12.31
三十一年	癸未	338.1.1 ~ 337.1.19
三十二年	甲申	337.1.20 ~ 336.1.7
三十三年	乙酉	336.1.8 ~ 336.12.28
三十四年	丙戌	336.12.29 ~ 334.1.16
三十五年	丁亥	334.1.17 ~ 333.1.5
三十六年	戊子	333.1.6 ~ 332.1.23
三十七年	己丑	332.1.24 ~ 331.1.12
三十八年	庚寅	331.1.13 ~ 330.1.2
三十九年	辛卯	330.1.3 ~ 329.1.20
四十年	壬辰	329.1.21 ~ 328.1.9
四十一年	癸巳	328.1.10 ~ 328.12.29
四十二年	甲午	328.12.30 ~ 326.1.17
四十三年	乙未	326.1.18 ~ 325.1.6
四十四年	丙申	325.1.7 ~ 324.1.24
四十五年	丁酉	324.1.25 ~ 323.1.14
四十六年	戊戌	323.1.15 ~ 322.1.3
四十七年	己亥	322.1.4 ~ 321.1.22
四十八年	庚子	321.1.23 ~ 320.1.10
周慎靚王元年	辛丑	320.1.11 ~ 320.12.31
二年	壬寅	319.1.1 ~ 318.1.19
三年	癸卯	318.1.20 ~ 317.1.8
四年	甲辰	317.1.9 ~ 317.12.27
五年	乙巳	317.12.28 ~ 315.1.15
六年	丙午	315.1.16 ~ 314.1.5
周赧王元年	丁未	314.1.6 ~ 313.1.24
二年	戊申	313.1.25 ~ 312.1.12
三年	己酉	312.1.13 ~ 311.1.1
四年	庚戌	311.1.2 ~ 310.1.20
五年	辛亥	310.1.21 ~ 309.1.10
六年	壬子	309.1.11 ~ 309.12.29
七年	癸丑	309.12.30 ~ 307.1.17
八年	甲寅	307.1.18 ~ 306.1.6
九年	乙卯	306.1.7 ~ 306.12.27
十年	丙辰	306.12.28 ~ 304.1.13
十一年	丁巳	304.1.14 ~ 303.1.3
十二年	戊午	303.1.4 ~ 302.1.22
十三年	己未	302.1.23 ~ 301.1.11
十四年	庚申	301.1.21 ~ 301.12.30
十五年	辛酉	301.12.31 ~ 299.1.18
十六年	壬戌	299.1.19 ~ 298.1.8
十七年	癸亥	298.1.9 ~ 298.12.28
十八年	甲子	298.12.29 ~ 296.1.15
十九年	乙丑	296.1.16 ~ 295.1.4
二十年	丙寅	295.1.5 ~ 294.1.23
二十一年	丁卯	294.1.24 ~ 293.1.13
二十二年	戊辰	293.1.14 ~ 292.1.1
二十三年	己巳	292.1.2 ~ 291.1.20
二十四年	庚午	291.1.21 ~ 290.1.9
二十五年	辛未	290.1.10 ~ 290.12.30
二十六年	壬申	290.12.31 ~ 288.1.17
二十七年	癸酉	288.1.18 ~ 287.1.6
二十八年	甲戌	287.1.7 ~ 287.12.26
二十九年	乙亥	287.12.27 ~ 285.1.14
三十年	丙子	285.1.15 ~ 284.1.3
三十一年	丁丑	284.1.4 ~ 283.1.21
三十二年	戊寅	283.1.22 ~ 282.1.11
三十三年	己卯	282.1.12 ~ 282.12.31

三十四年	庚辰	281.1.1 ~ 280.1.18
三十五年	辛巳	280.1.19 ~ 279.1.7
三十六年	壬午	279.1.8 ~ 279.12.28
三十七年	癸未	279.12.29 ~ 277.1.16
三十八年	甲申	277.1.17 ~ 276.1.4
三十九年	乙酉	276.1.5 ~ 275.1.23
四十年	丙戌	275.1.24 ~ 274.1.12
四十一年	丁亥	274.1.13 ~ 273.1.2
四十二年	戊子	273.1.3 ~ 272.1.20
四十三年	己丑	272.1.21 ~ 271.1.9
四十四年	庚寅	271.1.10 ~ 271.12.29
四十五年	辛卯	271.12.30 ~ 269.1.17
四十六年	壬辰	269.1.18 ~ 268.1.6
四十七年	癸巳	268.1.7 ~ 268.12.26
四十八年	甲午	268.12.27 ~ 266.1.14
四十九年	乙未	266.1.15 ~ 265.1.3
五十年	丙申	265.1.4 ~ 264.1.21
五十一年	丁酉	264.1.22 ~ 263.1.11
五十二年	戊戌	263.1.12 ~ 263.12.31
五十三年	己亥	262.1.1 ~ 261.1.19
五十四年	庚子	261.1.20 ~ 260.1.7
五十五年	辛丑	260.1.8 ~ 260.12.28
五十六年	壬寅	260.12.29 ~ 258.1.16
五十七年	癸卯	258.1.17 ~ 257.1.5
五十八年	甲辰	257.1.6 ~ 256.1.23
五十九年	乙巳	256.1.24 ~ 255.1.12
秦昭王五十二年	丙午	255.1.13 ~ 254.1.2
五十三年	丁未	254.1.3 ~ 253.1.20
五十四年	戊申	253.1.21 ~ 252.1.9
五十五年	己酉	252.1.10 ~ 252.12.29
五十六年	庚戌	252.12.30 ~ 250.1.17
秦孝文王元年	辛亥	250.1.18 ~ 249.1.6
秦莊襄王元年①	壬子	249.1.7 ~ 249.12.26

①本年秦滅東周，改用顓頊曆。

主要參考書目

〔西漢〕司馬遷《史記》，中華書局，1973。

〔東漢〕班固《漢書》，中華書局，1962。

〔晉〕皇甫謐《帝王世紀》，齊魯書社《二十五別史》本。

〔宋〕王應麟《六經天文編》，《文淵閣四庫全書》本。

〔宋〕邵雍《皇極經世書》，《文淵閣四庫全書》本。

〔宋〕程公說《春秋分記》，《文淵閣四庫全書》本。

〔元〕馬端臨《文獻通考》，《文淵閣四庫全書》本。

〔元〕宋魯珍等《類編曆法通書大全》，《續修四庫全書》第 1062 册。

〔明〕章潢《圖書編》，《文淵閣四庫全書》本。

〔清〕蔣廷錫等編《曆法大典》，雍正銅活字本。

〔清〕薛鳳祚《曆學會通致用》，《四庫未收書輯刊》第 8 輯 11 册。

〔康熙〕《御定歷代紀事年表》，《文淵閣四庫全書》本。

〔清〕武文斌《歷代紀年備考》，《四庫未收書輯刊》第 9 輯 8 册。

〔清〕鍾淵映《歷代建元考》，《文淵閣四庫全書》本。

〔清〕鄒漢勳《顓頊曆考》，《續修四庫全書》第 1036 册。

〔清〕陳厚耀《春秋長曆》，《文淵閣四庫全書》本。

〔清〕陳松《天文算學纂要》，《四庫未收書輯刊》第 4 輯 17 册。

〔清〕齊召南《歷代帝王年表》，《四庫備要》本。

〔清〕段長基《歷代統記表》，《國學基本叢書》本。

〔日〕新城新藏《東洋天文學史研究》，弘文堂，1928。

高平子《史日長編》，“中央研究院”天文研究所，1932。

朱文鑫《曆法通志》，商務印書館，1934。

汪曰楨《歷代長術輯要》，中華書局，1936。

董作賓《殷曆譜》，“中央研究院”歷史語言研究所，1945。

范祥雍《古本竹書紀年輯校訂補》，新知識出版社，1956。

章鴻釗《中國古曆析疑》，科學出版社，1958。

〔日〕藪内清《中國的天文曆法》，平凡社，1960。

中華書局編輯部《歷代天文律曆等志彙編》，中華書局，1975。

董作賓《中國年曆總譜》，臺北藝文印書館，1977。

萬國鼎《中國歷史紀年表》，中華書局，1978。

徐振韜《日曆漫談》，科學出版社，1978。
唐漢良《談天干地支》，陝西科技出版社，1980。
中國大百科全書編委會《中國大百科全書·天文卷》，中國大百科全書出版社，1980。
饒宗頤、曾憲通《雲夢秦簡日書研究》，香港中文大學出版社，1982。
陳遵媯《中國天文學史》，上海人民出版社，1984。
張培瑜《中國先秦史曆表》，齊魯書社，1987。
張汝舟《二毋室古代天文曆法論叢》，浙江古籍出版社，1987。
郭盛熾《中國古代的計時科學》，科學出版社，1988。
何幼琦《西周年代學論叢》，湖北人民出版社，1989。
張培瑜《三千五百年曆日天象》，河南教育出版社，1990。
嚴一萍《續殷曆譜》，臺北藝文印書館，1991。
李仲操《西周年代》，文物出版社，1991。
陳美東《古曆新探》，遼寧教育出版社，1995。
鄭慧生《古代天文曆法研究》，河南大學出版社，1995。
張聞玉《西周王年論稿》，貴州人民出版社，1996。
[日]平勢隆郎《中國古代紀年研究》，汲古書院，1996。
北京師範大學國學研究所《武王克商之年研究》，北京師範大學出版社，1997。
任繼愈主編《中國科學技術典籍通彙·天文卷》，河南教育出版社，1997。
曾次亮《四千年氣朔交食速算法》，中華書局，1998。
常玉芝《殷商曆法研究》，吉林文史出版社，1998。
朱鳳瀚、張榮明編《西周諸王年代研究》，貴州人民出版社，1998。
夏商周斷代工程項目組《夏商周斷代工程1996—2000階段成果報告》，世界圖書出版公司，2000。
中華五千年長曆編寫組《中華五千年長曆》，氣象出版社，2002。
劉洪濤《古代曆法計算法》，南開大學出版社，2003。
江曉原、鈕衛星《中國天學史》，上海人民出版社，2005。
曲安京主編《中國曆法與數學》，科學出版社，2005。
張培瑜等《中國古代曆法》，中國科學技術出版社，2008。
劉操南《古代天文曆法釋證》，浙江大學出版社，2009。
陳久金、楊怡《中國古代天文與曆法》，中國國際廣播出版社，2010。
馮時《百年來甲骨文天文曆法研究》，中國社會科學出版社，2011。
張培瑜《先秦秦漢曆法和殷周年代》，科學出版社，2015。
章潛五等編著《中國曆法的科學探索》，西安電子科技大學出版，2017。